D60-2
전기산업기사 필기

PART 1 (핵심요점정리)
PART 2 (2025~2017)
PART 3 (2016~2003)

머리말

국가 기초 산업의 중추적인 역할을 담당하고 있는 전기 분야에서 가장 단시간만에 쉽게 자격증을 취득하기 위해서는 먼저 기 출제된 문제를 철저하게 분석하여 시험범위 및 난이도를 분석하여 그에 맞도록 준비하는 것이 가장 중요하다고 할 수 있습니다.

이에 따라 본서는 Part 1, Part 2, Part 3로 구성하여 자격증 취득을 준비하시는 수험생분들이 단시간에 다양한 문제를 접할 수 있는 기회를 제공함과 동시에 최근의 출제방향을 알 수 있도록 구성하였으며 본서는 다음과 같은 점에 중점을 두었습니다.

Part 1 : 수험생들이 꼭 이해 또는 암기하여야 할 기초전기수학, 과목별 주요공식 및 핵심 내용을 요약정리하여 수록하였습니다.
Part 2 : 2025년부터 2017년까지의 원문 및 CBT 복원문제를 연도순으로 수록하여 최근의 출제경향 파악을 용이하도록 준비하였습니다.
Part 3 : 2016년부터 2003년까지의 출제문제 중 2017년 이후에 출제된 문제와 동일한 문제 또는 유사한 문제는 출제년도, 회차 및 문제번호를 표시한 후 삭제하여 수험생들에게 공부할 분량을 줄여줌과 동시에 다양한 문제 유형을 접할 수 있는 기회를 제공할 수 있도록 준비하였습니다.

첫째 : **검증을 통한 답과 상세한 풀이 과정을 수록함으로써** 수험생 여러분들이 완벽하고 정확하게 이해할 수 있도록 준비하였습니다.
둘째 : 개정된 KEC규정에 맞게 기 출제된 문제를 수정 보완 하였습니다.

끝으로 본 수험서로 필기시험을 준비하시는 여러분들에게 깊은 감사를 드리며 출판 과정에서 발생할 수 있는 오·탈자 및 오답이 발견될 경우 연락주시면 수정토록하여 보다 나은 수험서가 되도록 노력하겠습니다. 또한 본 수험서에 잘못된 내용은 인터넷 홈페이지 **고객센터/정오표** 신고란에 게시할 예정이오니 많은 참고 바랍니다.

「인터넷 주소 : www.ent1.co.kr」

저 자

차 례

● PART 1 (핵심 요점정리)

Chap. 1 기호 및 기초전기수학 9
Chap. 2 전기자기 15
Chap. 3 전력공학 49
Chap. 4 전기기기 75
Chap. 5 회로이론 105
Chap. 6 전기설비 기술기준 127

● PART 2 (2025~2017)

25년 제1회 전기산업기사(CBT 복원문제) 152
25년 제2회 전기산업기사(CBT 복원문제) 173
25년 제3회 전기산업기사(CBT 복원문제) 195

24년 제1회 전기산업기사(CBT 복원문제) 218
24년 제2회 전기산업기사(CBT 복원문제) 239
24년 제3회 전기산업기사(CBT 복원문제) 261

23년 제1회 전기산업기사(CBT 복원문제) 284
23년 제2회 전기산업기사(CBT 복원문제) 304
23년 제3회 전기산업기사(CBT 복원문제) 324

22년 제1회 전기산업기사(CBT 복원문제) 346
22년 제2회 전기산업기사(CBT 복원문제) 365
22년 제3회 전기산업기사(CBT 복원문제) 385

21년 제1회 전기산업기사(CBT 복원문제) 406
21년 제2회 전기산업기사(CBT 복원문제) 426
21년 제3회 전기산업기사(CBT 복원문제) 446

20년 제1,2회 전기산업기사 466
20년 제3회 전기산업기사 488
20년 제4회 전기산업기사 508

19년 제1회 전기산업기사 530
19년 제2회 전기산업기사 549
19년 제3회 전기산업기사 569

18년 제1회 전기산업기사 ────────────── 588
18년 제2회 전기산업기사 ────────────── 608
18년 제3회 전기산업기사 ────────────── 627

17년 제1회 전기산업기사 ────────────── 648
17년 제2회 전기산업기사 ────────────── 668
17년 제3회 전기산업기사 ────────────── 688

PART 3 (2016~2003)

16년 제1회 전기산업기사 ────────────── 712
16년 제2회 전기산업기사 ────────────── 725
16년 제3회 전기산업기사 ────────────── 739

15년 제1회 전기산업기사 ────────────── 752
15년 제2회 전기산업기사 ────────────── 764
15년 제3회 전기산업기사 ────────────── 776

14년 제1회 전기산업기사 ────────────── 790
14년 제2회 전기산업기사 ────────────── 801
14년 제3회 전기산업기사 ────────────── 810

13년 제1회 전기산업기사 ────────────── 822
13년 제2회 전기산업기사 ────────────── 833
13년 제3회 전기산업기사 ────────────── 844

12년 제1회 전기산업기사 ────────────── 856
12년 제2회 전기산업기사 ────────────── 864
12년 제3회 전기산업기사 ────────────── 872

11년 제1회 전기산업기사 ────────────── 882
11년 제2회 전기산업기사 ────────────── 890
11년 제3회 전기산업기사 ────────────── 897

10년 제1회 전기산업기사 ────────────── 908
10년 제2회 전기산업기사 ────────────── 916
10년 제3회 전기산업기사 ────────────── 924

09년 제1회 전기산업기사	934
09년 제2회 전기산업기사	941
09년 제3회 전기산업기사	949
08년 제1회 전기산업기사	958
08년 제2회 전기산업기사	964
08년 제3회 전기산업기사	971
07년 제1회 전기산업기사	978
07년 제2회 전기산업기사	984
07년 제3회 전기산업기사	990
06년 제1회 전기산업기사	998
06년 제2회 전기산업기사	1005
06년 제3회 전기산업기사	1011
05년 제1회 전기산업기사	1018
05년 제2회 전기산업기사	1024
05년 제3회 전기산업기사	1030
04년 제1회 전기산업기사	1038
04년 제2회 전기산업기사	1044
04년 제3회 전기산업기사	1050
03년 제1회 전기산업기사	1056
03년 제2회 전기산업기사	1062
03년 제3회 전기산업기사	1068

PART 1

D60-2
핵심 요점정리

- Chap. 1 기호 및 기초전기수학
- Chap. 2 전기자기
- Chap. 3 전력공학
- Chap. 4 전기기기
- Chap. 5 회로이론
- Chap. 6 전기설비 기술기준

Chap. 1 기호 및 기초전기수학

1. 기호 및 단위

(1) 물리량과 단위

물리량	기호	단위	
커패시턴스	C	패라드(farad)	F
전하량	Q	쿨롱(coulomb)	C
도전율	G	지멘(siemen)	S
전류	I	암페어(ampere)	A
에너지	W	주울(joule)	J
주파수	f	헤르쯔(hertz)	Hz
임피던스	Z	옴(ohm)	Ω
인덕턴스	L	헨리(henry)	H
전력	P	와트(watt)	W
리액턴스	X	오옴(ohm)	Ω
저항	R	오옴(ohm)	Ω
시간	t	초(second)	s
전압	V	볼트(volt)	V

(2) 자주 사용되는 접두 미터법과 기호

접두 미터법	미터법 기호	10의 누승
기가(giga)	G	10^9
메가(mega)	M	10^6
킬로(kilo)	K	10^3
밀리(milli)	m	10^{-3}
마이크로(micro)	μ	10^{-6}
나노(nano)	n	10^{-9}
피코(pico)	p	10^{-12}

(3) 그리스 문자

그리스 문자		호 칭		그리스 문자		호 칭	
A	α	alpha	알 파	N	ν	nu	뉴 어
B	β	beta	베 타	Ξ	ξ	xi	크 사 이
Γ	γ	gamma	감 마	O	o	omicron	오미크론
Δ	δ	delta	델 타	Π	π	pi	파 이
E	ϵ	epsilon	입실론	P	ρ	rho	로 우
Z	ζ	zeta	제에타	Σ	σ	sigma	시 그 마
H	η	eta	이이타	T	τ	tau	타 우
Θ	θ	theta	시이타	Y	υ	upsilon	웁실론
I	ι	iota	이오타	Φ	$\phi(\varphi)$	phi	화 이
K	κ	kappa	갑 파	X	χ	chi	카 이
Λ	λ	lambda	람 다	Ψ	ψ	psi	프 사 이
M	μ	mu	뮤 우	Ω	ω	omega	오 메 가

2. 전기수학

(1) 삼각함수

1) 삼각비의 정의

직각삼각형에서 한 예각($\angle B$)이 결정되면 임의의 2변의 비는 삼각형의 크기에 관계 없이 일정하다. 이들 비를 그 각의 삼각비라 한다.

① 사인(sine) : 빗변에 대한 높이의 비
$$\sin B = \frac{높이}{빗변} = \frac{b}{c}$$

② 코사인(cosine) : 빗변에 대한 밑변의 비
$$\cos B = \frac{밑변}{빗변} = \frac{a}{c}$$

③ 탄젠트(tangent) : 밑변에 대한 높이의 비
$$\tan B = \frac{높이}{밑변} = \frac{b}{a}$$

2) 특수각의 삼각비

  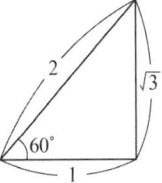

삼각비 θ	30°	45°	60°
$\sin\theta$	$\dfrac{1}{2}$	$\dfrac{1}{\sqrt{2}}$	$\dfrac{\sqrt{3}}{2}$
$\cos\theta$	$\dfrac{\sqrt{3}}{2}$	$\dfrac{1}{\sqrt{2}}$	$\dfrac{1}{2}$
$\tan\theta$	$\dfrac{1}{\sqrt{3}}$	1	$\sqrt{3}$

3) 삼각비의 상호관계

① $\sin(\alpha \pm \beta) = \sin\alpha\cos\beta \pm \cos\alpha\sin\beta$
② $\cos(\alpha \pm \beta) = \cos\alpha\cos\beta \mp \sin\alpha\sin\beta$
③ $\sin(90° - A) = \cos A$ ④ $\cos(90° - A) = \sin A$
⑤ $\tan(90° - A) = \dfrac{1}{\tan A}$ ⑥ $\sin(180° - A) = \sin A$
⑦ $\cos(180° - A) = -\cos A$ ⑧ $\tan(180° - A) = -\tan A$
⑨ $\sin^2 A + \cos^2 A = 1$
⑩ $\tan A = \dfrac{\sin A}{\cos A}$ ⑪ $1 + \tan^2 A = \dfrac{1}{\cos^2 A}$

(2) 제곱근 계산

$a > 0$, $b > 0$일 때

① $(\sqrt{a})^2 = a$ ② $\sqrt{a}\sqrt{b} = \sqrt{ab}$
③ $a\sqrt{b} = \sqrt{a^2 b}$ ④ $\dfrac{\sqrt{b}}{\sqrt{a}} = \sqrt{\dfrac{b}{a}}$
⑤ $\dfrac{\sqrt{b}}{\sqrt{a}} = \dfrac{\sqrt{ab}}{a}$ ⑥ $\dfrac{1}{\sqrt{a}+\sqrt{b}} = \dfrac{\sqrt{a}-\sqrt{b}}{a-b}$
⑦ $a > 0$일 때 $\sqrt{a^2} = a$, $a < 0$일 때 $\sqrt{a^2} = -a$

(3) 지수법칙

① $a^m a^n = a^{m+n}$
② $(a^m)^n = a^{mn}$
③ $(ab)^m = a^m b^m$
④ $\dfrac{a^m}{a^n} = a^{m-n}$
⑤ $a^{-n} = \dfrac{1}{a^n}$
⑥ $a^0 = 1$

(4) 곱셈 공식, 인수분해 공식

① $m(a+b-c) = ma + mb - mc$
② $(a+b)^2 = a^2 + 2ab + b^2$
③ $(a-b)^2 = a^2 - 2ab + b^2$
④ $(a+b)(a-b) = a^2 - b^2$
⑤ $(x+a)(x+b) = x^2 + (a+b)x + ab$
⑥ $(ax+b)(cx+d) = acx^2 + (bc+ad)x + bd$

(5) 분수식

① 약분 : $\dfrac{bc}{ac} = \dfrac{b}{a}$
② 통분 : $\dfrac{b}{a} + \dfrac{d}{c} = \dfrac{bc}{ac} + \dfrac{ad}{ac}$
③ 덧셈, 뺄셈 : $\dfrac{b}{a} \pm \dfrac{d}{c} = \dfrac{bc \pm ad}{ac}$
④ 곱셈 : $\dfrac{b}{a} \times \dfrac{d}{c} = \dfrac{bd}{ac}$
⑤ 나눗셈 : $\dfrac{b}{a} \div \dfrac{d}{c} = \dfrac{b}{a} \times \dfrac{c}{d} = \dfrac{bc}{ad}$

(6) 복소수

1) 복소수의 정의

방정식 $x^2 + 1 = 0$의 근의 하나인 $\sqrt{-1}$을, 즉 제곱해서 -1이 되는 수를 편의상 기호로서 $j = \sqrt{-1}$로 표시하며, 이것을 허수 단위(imaginary part)라고 한다. 일반적으로 복소수는 $a + jb$형으로 사용하는데 a는 실수부(real part), b는 허수부(imaginary part)라 한다.

2) 복소수의 사칙연산

$Z_1 = a + jb$, $Z_2 = c + jd$라 하면

① 더하기 빼기 : $Z_1 \pm Z_2 = (a+jb) \pm (c+jd) = (a \pm c) + j(b \pm d)$
② 곱하기 : $Z_1 Z_2 = (a+jb)(c+jd) = (ac-bd) + j(ad+bc)$

③ 나누기 : $\dfrac{Z_1}{Z_2} = \dfrac{a+jb}{c+jd} = \dfrac{(a+jb)(c-jd)}{(c+jd)(c-jd)} = \dfrac{ac+bd}{c^2+d^2} + j\dfrac{bc-ad}{c^2+d^2}$

(단, $c^2 + d^2 \neq 0$)

3) 공액복소수의 성질

$Z = a + jb$에 대하여 $\overline{Z} = a - jb$인 복소수를 Z의 공액복소수라 하며, Z와 $\overline{Z}$는 서로 공액(conjugate)이라고 한다. 즉 허수부의 부호가 서로 반대이다.

① $Z + \overline{Z} = $ 실수 ∵ $(a+jb) + (a-jb) = 2a$

② $Z \cdot \overline{Z} = $ 실수 ∵ $(a+jb)(a-jb) = a^2 + b^2$

4) 복소수의 극형식

복소수 $Z = a + jb$를 표시하는 점을 P라 하고,
$OP = r$, $\angle POA = \theta$라 하면, 다음과 같이 표시한다.

$r = |Z| = \sqrt{a^2 + b^2}$

$\theta = \arg |Z| = \tan^{-1} \dfrac{b}{a}$

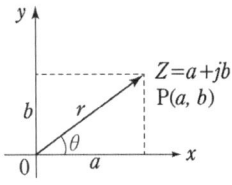

위의 식에서 복소수 $Z = a + jb$는 r의 θ를 사용해서
$Z = a + jb = r\cos\theta + jr\sin\theta = r(\cos\theta + j\sin\theta)$
로 된다. 이것을 복소수 Z의 극형식(polar form)이라고 한다.

5) 지수함수

복소수 $Z = a + jb$에 대한 지수는 e^Z로 나타내고 다음과 같이 표시한다.

$e^Z = e^a(\cos y + j\sin y) = \exp Z$

따라서, 복소수 $a + jb$의 극형식이 다음과 같이 표시됨을 알 수 있다.

$Z = r(\cos\theta + j\sin\theta) = re^{j\theta}$

그러므로, 공액복소수 $\overline{Z}$의 경우도 같은 방법에 의하여

$\overline{Z} = a - jb = r(\cos\theta - j\sin\theta) = re^{-j\theta}$

로 된다.

(7) 미분

① $y = C$ (C는 상수) $y' = 0$

② $y = x^m$ $y' = m x^{m-1}$

③ $y = f(x)g(x)$ $y' = f'(x)g(x) + f(x)g'(x)$

④ $y = \dfrac{f(x)}{g(x)}$ $y' = \dfrac{f'(x)g(x) - f(x)g'(x)}{g(x)^2}$

⑤ $y = \epsilon^{ax}$ $y' = a\epsilon^{ax}$

⑥ $y = \sin x$ $y' = \cos x$

⑦ $y = \cos x$ $y' = -\sin x$

⑧ $y = \tan x$ $y' = \sec^2 x = \dfrac{1}{\cos^2 x}$

(8) 적분

① $n \neq -1$일 때 $\int x^n dx = \dfrac{1}{n+1} x^{n+1} + C$

② $n = -1$일 때 $\int x^{-1} dx = \int \dfrac{1}{x} dx = \ln x + C$

③ $\int \sin x\, dx = -\cos x + C$

④ $\int \sin ax\, dx = -\dfrac{1}{a} \cos ax + C$

⑤ $\int \cos x\, dx = \sin x + C$

⑥ $\int \cos ax\, dx = \dfrac{1}{a} \sin ax + C$

⑦ $\int \sec^2 ax\, dx = \dfrac{1}{a} \tan ax + C$

⑧ $\int k f(x) dx = k \int f(x) dx$

⑨ $\int [f(x) \pm g(x)] dx = \int f(x) dx \pm \int g(x) dx$

Chap. 2 전기자기

1. 벡터(Vector)

(1) 벡터의 내적 $A \cdot B = AB\cos\theta = A_x B_x + A_y B_y + A_z B_z$

(2) 벡터의 외적 $A \times B = AB\sin\theta$

$$= \begin{vmatrix} i & j & k \\ A_x & A_y & A_z \\ B_x & B_y & B_z \end{vmatrix}$$

$$= \begin{vmatrix} A_y & A_z \\ B_y & B_z \end{vmatrix} i + \begin{vmatrix} A_z & A_x \\ B_z & B_x \end{vmatrix} j + \begin{vmatrix} A_x & A_y \\ B_x & B_y \end{vmatrix} k$$

(3) 미분연산자 $\nabla = \left(\dfrac{\partial}{\partial x} i + \dfrac{\partial}{\partial y} j + \dfrac{\partial}{\partial z} k \right)$

(4) 전위경도 $\nabla V = \mathrm{grad}\, V = \dfrac{\partial V}{\partial x} i + \dfrac{\partial V}{\partial y} j + \dfrac{\partial V}{\partial z} k$

(5) 전계의 세기 $E = -\nabla V = -\mathrm{grad}\, V$

전계의 세기는 전위경도와 크기는 같고 방향은 반대

(6) 가우스 법칙 : $\mathrm{div}\, D = \rho$

전하가 존재하는 공간에서는 전속선이 발산(발생)한다.

(7) $\mathrm{div}\, E = \nabla \cdot E = \dfrac{\rho}{\epsilon_0}$

단위체적에서 발산하는 전기력선 수 = 단위체적당의 전하량 $\times \dfrac{1}{\epsilon_0}$

(8) $\mathrm{div}\, E = \nabla \cdot E = 0$

전하가 존재하지 않는 점은 전기력선의 새로운 발생이나 소멸이 없는 연속을 의미한다.

(9) 라플라시안 $\nabla \cdot \nabla = \nabla^2 = \dfrac{\partial^2}{\partial x^2} + \dfrac{\partial^2}{\partial y^2} + \dfrac{\partial^2}{\partial z^2} = \mathrm{div}\,\mathrm{grad}$

(10) 푸아송 방정식 : 전하밀도가 공간적으로 분포하고 있을 때, 그 내부의 임의의 점에서 전위를 결정하는 식

$$\nabla^2 V = \dfrac{\partial^2 V}{\partial x^2} + \dfrac{\partial^2 V}{\partial y^2} + \dfrac{\partial^2 V}{\partial z^2} = -\dfrac{\rho}{\epsilon_0}$$

(11) **라플라스 방정식** : 전하분포 영역 이외의 한 점의 전위 V를 생각할 때는 그 점에 전하가 없으므로 전위가 0이다.

$$\nabla^2 V = \frac{\partial^2 V}{\partial x^2} + \frac{\partial^2 V}{\partial y^2} + \frac{\partial^2 V}{\partial z^2} = 0$$

(12) • **기울기** $\nabla V = \text{grad}\, V$
　• **발산** $\nabla \cdot \boldsymbol{E} = \text{div}\, \boldsymbol{E}$
　• **회전** $\nabla \times \boldsymbol{H} = \text{rot}\, \boldsymbol{H} = \text{curl}\, \boldsymbol{H}$

2. 진공중의 정전계

(1) **쿨롱의 법칙** : 두 점전하 사이에 작용하는 힘의 크기

$$F = \frac{Q_1 Q_2}{4\pi\epsilon_0 r^2} = 9 \times 10^9 \times \frac{Q_1 Q_2}{r^2}\ [\text{N}]$$

두 전하 사이에 작용하는 힘　• 동종의 전하 : 반발력
　　　　　　　　　　　　• 이종의 전하 : 흡인력

여기서, Q : 전하량 [C], r : 양 전하간의 거리 [m],
　　　ϵ_0 : 진공중의 유전율(8.85×10^{-12} [F/m])

(2) **점전하와 전계의 세기**

1) 힘과 전계의 세기

　① $\boldsymbol{F} = Q\boldsymbol{E}$ [N]에서　$\boldsymbol{E} = \frac{F}{Q}$ [V/m] (F : 힘[N], E : 전계의 세기[V/m])

　② $\boldsymbol{F} = m\boldsymbol{a}$ [N]　(m : 질량[kg], a : 가속도 [m/s^2])

　③ $\boldsymbol{E} = \frac{V}{d}$ [V/m] (V : 전위차[V], d : 전극간의 간격[m])

2) 한 개의 점전하에 의한 전계의 세기
　• 전계의 세기 : 전계 내의 임의의 한 점에 단위전하 +1[C]을 놓았을 때, 이에 작용하는 힘

$$F = E = \frac{1}{4\pi\epsilon_0}\frac{Q \times 1}{r^2} = \frac{1}{4\pi\epsilon_0}\frac{Q}{r^2}\ [\text{V/m}]$$

3) 복수 개의 점전하에 의한 전계의 세기
　각 점전하에 의한 전계를 구하여 벡터적으로 합성

$$E = E_1 + E_2 = \frac{1}{4\pi\epsilon_0}\frac{Q_1}{r_1^2}r_{01} + \frac{1}{4\pi\epsilon_0}\frac{Q_2}{r_2^2}r_{02}$$

4) 두 개의 점전하에 의해 전계의 세기가 0이 되는 점

① 두 개의 점전하의 극성이 동일한 경우 : 전계의 세기가 0이 되는 점은 두 점전하 사이에 존재

$$\frac{Q_a}{4\pi\epsilon_0 x^2} = \frac{Q_b}{4\pi\epsilon_0 (r-x)^2}$$

② 두 개의 점전하의 극성이 서로 다른 경우($|Q_a| > |Q_b|$인 경우)

: 전계의 세기가 0이 되는 점은 전하의 절대값이 작은 측의 외측에 존재

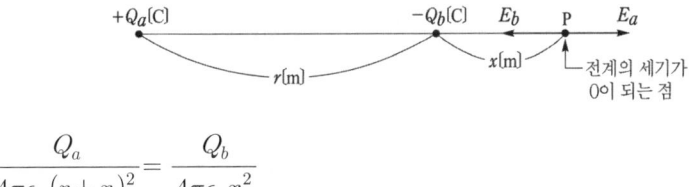

$$\frac{Q_a}{4\pi\epsilon_0 (r+x)^2} = \frac{Q_b}{4\pi\epsilon_0 x^2}$$

(3) 전계 및 전위

1) 반지름 a[m]인 구체상의 균일 전하분포에 의한 전계

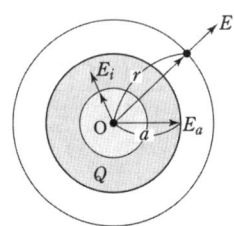

| 구체상 전하 |

	구체외부($r>a$)	구체 표면($r=a$)	구체내부($r<a$)
전계의 세기 [V/m]	$E = \dfrac{Q}{4\pi\epsilon_0 r^2}$	$E_a = \dfrac{Q}{4\pi\epsilon_0 a^2}$	$E_i = \dfrac{r}{4\pi\epsilon_0 a^3}Q$
전위 [V]	$V = \dfrac{Q}{4\pi\epsilon_0 r}$	$V_a = \dfrac{Q}{4\pi\epsilon_0 a}$	$V_i = \dfrac{Q}{4\pi\epsilon_0 a}\left(\dfrac{3}{2} - \dfrac{r^2}{2a^2}\right)$

2) 무한장 직선

   (1) 전계의 세기 $E = \dfrac{\lambda}{2\pi\epsilon_0 r}$ [V/m] (λ : 선전하 밀도[C/m])

   (2) 전위차 (직선도체로부터 거리 $r_2 > r_1$) $V_{AB} = \dfrac{\lambda}{2\pi\epsilon_0} \ln \dfrac{r_2}{r_1}$ [V]

3) 반지름 a[m]인 무한장 원주형 대전체에서의 전계

   (1) 원주 외부에서의 전계의 세기($r > a$) $E = \dfrac{\lambda}{2\pi\epsilon_0 r}$ [V/m]

   (2) 원주 표면에서의 전계의 세기($r = a$) $E_a = \dfrac{\lambda}{2\pi\epsilon_0 a}$ [V/m]

   (3) 원주 내부에서의 전계의 세기($r < a$) $E_i = \dfrac{\lambda}{2\pi\epsilon_0 a^2} r$ [V/m]

   만일 원주형 대전체 내부에 전하가 없다면 내부의 전계의 세기는 0이 되어 완전도체와 같은 경우가 된다.

4) 동심 도체구에서의 전계 및 전위

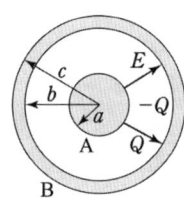

구 분	도체 A, B 사이의 전계	도체 B의 외측 전계	도체A의 전위	도체B의 전위
도체 A에 전하 : Q 도체 B에 전하 : 0	$\dfrac{Q}{4\pi\epsilon_0 r^2}$	$\dfrac{Q}{4\pi\epsilon_0 r^2}$	$\dfrac{Q}{4\pi\epsilon_0}\left(\dfrac{1}{a} - \dfrac{1}{b} + \dfrac{1}{c}\right)$	$\dfrac{Q}{4\pi\epsilon_0 c}$
도체 A에 전하 : 0 도체 B에 전하 : Q	0	$\dfrac{Q}{4\pi\epsilon_0 r^2}$	$\dfrac{Q}{4\pi\epsilon_0 c}$	$\dfrac{Q}{4\pi\epsilon_0 c}$
도체 A에 전하 : Q 도체 B에 전하 : $-Q$	$\dfrac{Q}{4\pi\epsilon_0 r^2}$	0	$\dfrac{Q}{4\pi\epsilon_0}\left(\dfrac{1}{a} - \dfrac{1}{b}\right)$	0

5) 무한 평면 도체에서의 전계 및 전위

   ① 한 장의 무한 평판 도체

   • 전속밀도 $D = \dfrac{\sigma}{2}$ [C/m^2] (σ : 면전하밀도[C/m^2])

   • 전계의 세기 $E = \dfrac{D}{\epsilon_0} = \dfrac{\sigma}{2\epsilon_0}$ [V/m]

② 두 장의 무한 평판 도체
- 평판 외측의 전계의 세기 $E = 0 [V/m]$
- 평판 내측의 전계의 세기 $E = \dfrac{\sigma}{\epsilon_0} [V/m]$
- 두 평판 도체의 전위차 : $V = Ed [V]$

(4) 전기력선의 성질
① 전기력선의 방향은 전계의 방향과 일치한다.
② 전기력선 밀도는 그 점에서의 전계의 세기와 같다.
(전기력선 밀도 $\dfrac{N}{S} [lines/m^2]$=전계의 세기 $E [V/m]$)
③ 단위전하 (1 [C])에서는 $\dfrac{1}{\epsilon_0} = 36\pi \times 10^9$개의 전기력선이 발생한다.
④ 전기력선은 정전하(+ 전하)에서 출발하여 부전하(- 전하)에서 멈추거나 무한원까지 퍼진다.
⑤ 전하가 없는 곳에서는 전기력선의 발생과 소멸이 없고 연속적이다.
⑥ 전기력선은 전위가 높은 곳에서 낮은 곳으로 향한다.($E = - \text{grad } V$)
⑦ 전기력선은 자신만으로 폐곡선이 되는 일은 없다.($\nabla \times E = 0$)
⑧ 2개의 전기력선은 서로 교차하지 않는다.
⑨ 전기력선은 등전위면과 직교한다.(단, 전계가 0인 곳에서는 이 조건은 성립되지 않는다.)
⑩ 도체 내부에서 전기력선은 없다.(도체내부 전계의 세기가 0)
⑪ 전기력선은 도체 표면에서 수직으로 출입한다.
⑫ 전기력선은 무한원점에서 끝나거나, 무한원점에서 오는 것이 있다.
⑬ 무한원점에 있는 전하까지 합하면 전하의 총량은 0 이다.

(5) 전기력선 방정식 $\dfrac{dx}{E_x} = \dfrac{dy}{E_y} = \dfrac{dz}{E_z}$

(6) 전속과 전속밀도
1) 전속 Ψ = 전하 $Q [C]$: 매질에 관계없다.
2) 전기력선수 $N = \dfrac{Q}{\epsilon_0}$: 매질에 따라 그 값이 달라진다.
3) 진공 중에 점전하 $Q[C]$이 있고, 거리 $r[m]$ 떨어진 구면상에서의 전속밀도 D
$$D = \dfrac{Q}{S} = \dfrac{Q}{4\pi r^2} [C/m^2]$$

4) 전속밀도와 전계와의 관계

$$D = \epsilon_0 E \,[\text{C/m}^2] \text{ 또는 } E = \frac{D}{\epsilon_0} = \frac{Q}{S\epsilon_0} = \frac{\Psi}{S\epsilon_0}\,[\text{V/m}]$$

(7) 전속밀도 및 전계세기와 전하에 관한 법칙

1) 전속밀도와 전하
   ① **적분형** : 폐곡면에서 나오는 전 전속선 수는 폐곡면 내에 있는 전 전하량과 같다.

   $$\oint_S D \cdot dS = Q$$

   ② **미분형** : 전속선의 발산량은 그 점에서의 체적(공간) 전하밀도 크기와 같다.

   $$\rho = \text{div}\, D = \nabla \cdot D = \frac{\partial D_x}{\partial x} + \frac{\partial D_y}{\partial y} + \frac{\partial D_z}{\partial z}\,[\text{C/m}^3]$$

2) 전계세기와 전하
   ① **적분형** : 폐곡면에서 나오는 전 전기력선 수는 폐곡면 내에 있는 전 전하량의 $\frac{1}{\epsilon_0}$ 배와 같다.

   $$\oint_S E \cdot dS = \frac{Q}{\epsilon_0}$$

   ② **미분형** : 전기력선의 발산량은 그 점에서의 체적 전하밀도의 $\frac{1}{\epsilon_0}$ 배와 같다.

   $$\text{div}\, E = \nabla \cdot E = \frac{\rho}{\epsilon_0}$$

(8) 전위 및 전위차

1) 전위 $V_P = -\int_{\infty}^{P} E \cdot dl$

2) 한 개의 점전하에 의한 전위 $V = \dfrac{Q}{4\pi\epsilon_0 r} = 9 \times 10^9 \times \dfrac{Q}{r}\,[\text{V}]$

3) 2개 이상의 점전하 Q에 의한 전위의 합 $V = V_1 + V_2$ (대수합)
   (반면에 전계의 합은 벡터 합이 되어야 한다 $E = E_1 + E_2$)

4) 점전하 Q로부터 A, B점 까지의 거리가 r_A, r_B일 때 두 점 사이의 전위차

$$V_{AB} = \frac{Q}{4\pi\epsilon_0}\left(\frac{1}{r_A} - \frac{1}{r_B}\right)[\text{V}]$$

5) 폐회로를 일주할 때 전계가 하는 일은 0이 된다.

$$\oint \boldsymbol{E} \cdot dl = 0 \ (\text{rot } \boldsymbol{E} = 0)$$

6) 전위차 V_{AB}는 점 A(종점)와 점 B(시점)의 위치만으로 결정되며 그 값은 경로에 관계없이 일정하다.

(9) 등전위면

1) 등전위면은 폐곡면이다.
2) 전기력선은 등전위면과 항상 직교한다.
3) 두 개의 서로 다른 등전위면은 서로 교차하지 않는다.

(10) 전위경도

1) 전위가 단위 길이 당 변화하는 정도를 전위경도라 한다.

전위경도 $\dfrac{dV}{dl} = -\boldsymbol{E}$ [V/m]

2) 전위경도는 전계의 세기와 크기는 같고, 방향은 반대 방향이다.
  - 전위경도 $\nabla V = \text{grad } V$ [V/m]
  - 전계의 세기 $\boldsymbol{E} = -\left(\dfrac{\partial}{\partial x}i + \dfrac{\partial}{\partial y}j + \dfrac{\partial}{\partial z}k\right)V = -\text{grad } V = -\nabla V$ [V/m]

(11) 입체각

1) 전구면의 입체각 $\omega = \dfrac{4\pi r^2}{r^2} = 4\pi$ [sr]

2) 반구면의 입체각 $\omega = \dfrac{2\pi r^2}{r^2} = 2\pi$ [sr]

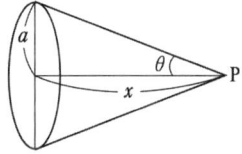

3) 반지름 a[m]의 원 또는 원판의 중심축상 x[m]의 점 P에 대하여 이루는 입체각

$$\omega = 2\pi(1 - \cos\theta) = 2\pi\left(1 - \dfrac{x}{\sqrt{x^2 + a^2}}\right)$$

(12) 도체의 성질과 전하분포

1) 도체 표면과 내부의 전위는 동일하고(등전위), 표면은 등전위면이다.
2) 도체 내부의 전계의 세기는 0 이다.
3) 전하는 도체 내부에는 존재하지 않고, 도체 표면에만 분포한다.
4) 도체 면에서의 전계의 세기는 도체 표면에 항상 수직이다.
   즉, 전계는 법선성분만 존재하고, 접선성분은 존재하지 않는다.

- 법선성분의 전계 $E_n = \dfrac{\sigma}{\epsilon_0}$

- 접선성분의 전계 $E_t = 0$

⑤ 도체 표면에서의 전하밀도는 곡률이 클수록(뾰족할수록) 높다.

⑥ 중공부에 전하가 없고 대전 도체라면, 전하는 도체 외부의 표면에만 분포한다.

(13) 정전응력

$$f = \frac{1}{2}DE = \frac{1}{2}\epsilon_0 E^2 = \frac{D^2}{2\epsilon_0} = \frac{\sigma^2}{2\epsilon_0}[\text{N/m}^2] \quad (\sigma : \text{면전하밀도 }[\text{C/m}^2])$$

(14) 전기 쌍극자 모멘트 M

1) 크기 : $M = Qd\,[\text{C}\cdot\text{m}]$
2) 방향 : $-Q$에서 $+Q$로 향하는 방향

(15) 전기쌍극자에 의한 전위 및 전계

1) 전위 $V = \dfrac{Q}{4\pi\epsilon_0}\left(\dfrac{1}{r_1} - \dfrac{1}{r_2}\right) = \dfrac{M\cos\theta}{4\pi\epsilon_0 r^2}\,[\text{V}]$

2) 합성전계의 크기 $E = \dfrac{M\sqrt{1+3\cos^2\theta}}{4\pi\epsilon_0 r^3}\,[\text{V/m}]$

- 전계의 최대 값 : $\theta = 0°\ (\cos 0° = 1)$
- 전계의 최소 값 : $\theta = 90°\ (\cos 90° = 0)$

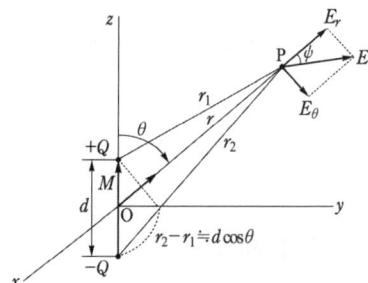

(16) 전기 이중층

1) 세기 : $M = \sigma t\,[\text{C/m}]$ (σ : 면전하 밀도 $[\text{C/m}^2]$, t : 판의 두께 $[\text{m}]$)

2) 전위 : $V = \pm \dfrac{M}{4\pi\epsilon_0}\omega\,[\text{V}]$

3) 전기 이중층 양면의 전위차 $V_{PQ} = \dfrac{M}{\epsilon_0}\,[\text{V}]$

(17) 포아송 방정식(Poisson's equation) : 전하밀도가 0이 아닌 곳에 적용

- $\text{div grad } V = -\dfrac{\rho}{\epsilon_0}$
- $\nabla \cdot \nabla V = \nabla^2 V = -\dfrac{\rho}{\epsilon_0} \quad \left(\therefore \nabla^2 V = -\dfrac{\rho}{\epsilon_0}\right) \quad (\rho : \text{체적 전하밀도}[\text{C/m}^3])$

(18) 라플라스 방정식(Laplace's equation) : 전하밀도가 0일 때 적용

$\nabla \cdot \nabla V = \nabla^2 V = 0 \quad (\therefore \nabla^2 V = 0)$

3. 진공 중의 도체계와 정전용량

(1) 전위계수의 성질

- $P_{ii} > 0$
- $P_{ii} \geq P_{ji}$
- $P_{ji} \geq 0$
- $P_{ij} = P_{ji}$

(전위계수 P_{ij} : 도체 j에만 단위전하 +1[C]을 주었을 때 도체 i의 전위)

(2) 전위계수 $= \dfrac{1}{C} = \dfrac{V}{Q}$ [1/F] [엘라스턴스 (elastance) (daraf)]

(3) 용량계수와 유도계수

- 용량계수(q_{ii}) > 0
- 유도계수(q_{ij}) ≤ 0
- $q_{ij} = q_{ji}$
- $q_{11} \geq -(q_{21} + q_{31} + q_{41} + \cdots + q_{n1})$ 또는 $q_{11} + q_{21} + q_{31} + q_{41} + \cdots + q_{n1} \geq 0$

(4) 정전용량

1) 진공 중에 고립된 도체의 정전용량 $C = \dfrac{Q}{V}$ [F]

2) 평행평판 도체에서의 정전용량 $C = \dfrac{\epsilon_0}{d} S$ [F]

3) 반지름 a[m]인 고립 도체구의 정전용량 $C = \dfrac{Q}{V} = 4\pi\epsilon_0 a$ [F]

(5) 콘덴서의 직렬접속 및 병렬접속

항 목	직렬접속	병렬접속
결 선	C_1 C_2 (직렬)	C_1 C_2 (병렬)
합 성 정전용량	$C_0 = \dfrac{C_1 C_2}{C_1 + C_2}$	$C_0 = C_1 + C_2$
전압 및 전하량	• 각 콘덴서의 전하량 동일 $Q_1 = Q_2 = Q_t$ • $C_1 V_1 = C_2 V_2 = \dfrac{C_1 C_2}{C_1 + C_2} \cdot V$	• 각 콘덴서의 충전전압 동일 • $V = \dfrac{Q_1}{C_1} = \dfrac{Q_2}{C_2} = \dfrac{Q_t}{C_1 + C_2}$

(6) 콘덴서 직렬접속 후 전압을 상승 시킬 때 제일먼저 파괴되는 콘덴서

1) 콘덴서 내압이 같은 경우 : 정전용량이 제일 적은 콘덴서
2) 콘덴서 내압이 다른 경우 : 전하량(내압×정전 용량)이 제일 적은 콘덴서

(7) 정전 에너지 W

$$W = \frac{1}{2}QV = \frac{1}{2}CV^2 = \frac{Q^2}{2C}[J]$$

(8) 정전 에너지 밀도

1) 평행평판 콘덴서의 정전에너지

$$W = \frac{1}{2}CV^2 = \frac{1}{2} \cdot \frac{\epsilon S}{d} \cdot (dE)^2 = \frac{1}{2}\epsilon E^2 \cdot Sd[J]$$

(V : 전위차, d : 간격, S : 면적)

2) 단위 체적당 축적되는 정전에너지 (정전에너지 밀도)

$$w = \frac{W}{Sd} = \frac{1}{2}\epsilon E^2 = \frac{1}{2}DE = \frac{1}{2}\frac{D^2}{\epsilon}\ [J/m^3]$$

3) 진공 내에서 전위 함수 V[V]로 주어질 때 공간에 저축되는 에너지

$$W = \int_v \frac{1}{2}\epsilon_0 E^2 dv = \frac{1}{2}\epsilon_0 \int_v |-\operatorname{grad} V|^2 dv[J]$$

(9) 정전 응력

1) 도체표면에 작용하는 정전응력 f

$$f = \frac{\sigma^2}{2\epsilon_0} = \frac{D^2}{2\epsilon_0} = \frac{1}{2}DE = \frac{1}{2}\epsilon_0 E^2\ [N/m^2]$$

(여기서, $\sigma[C/m^2]$: 도체의 표면 전하밀도)

2) 반지름 a[m]인 구도체 표면에 작용하는 응력

$$f = \frac{1}{2}\epsilon_0 E^2 = \frac{1}{2}\epsilon_0 \left(\frac{Q}{4\pi\epsilon_0 a^2}\right)^2 = \frac{Q^2}{32\pi^2\epsilon_0 a^4}[N/m^2]$$

4. 유전체

(1) 유전체 손실

$$W_d = EI_R = EI_C \tan\delta = 2\pi f C E^2 \tan\delta$$

(2) 유전체 역률

$$\tan\delta = \frac{I_R}{I_C} = \frac{E/R}{2\pi f C E} = \frac{1}{2\pi f C R}$$

(3) 비유전율 ϵ_s의 성질

   1) 유전체의 비유전율 ϵ_s는 항상 1보다 크다.
   2) 비유전율 ϵ_s는 물질의 종류에 따라 다르다.
   3) 진공 중 비유전율 $\epsilon_s = 1$
   4) 공기 중 비유전율 $\epsilon_s \fallingdotseq 1.00058$

(4) 분극의 종류

   1) 전자분극(electronic polarization) : 원자내의 전자와 핵의 상대적 변위로 발생
   2) 이온분극(ionic polarization) : 양으로 대전된 원자와 음으로 대전된 원자의 상대적 변위에 의하여 발생
   3) 쌍극자 분극(orientational polarization) : 유극성 분자가 전계 방향에 의해 재배열한 분극

(5) 분극의 세기 P

   1) $\boldsymbol{P} = \chi \boldsymbol{E} = (\epsilon - \epsilon_0)\boldsymbol{E} = \epsilon \boldsymbol{E} - \epsilon_0 \boldsymbol{E} \;(D = \epsilon E) = \boldsymbol{D} - \epsilon_0 \boldsymbol{E}$ [χ (분극율) $= \epsilon - \epsilon_0$]

   2) $\boldsymbol{P} = \dfrac{Q}{S}$ (분극의 세기 : 단위 면적당의 분극 전하량)

   3) $\boldsymbol{P} = \dfrac{M}{V}$ (분극의 세기 : 단위 체적당의 전기 쌍극자 모멘트)

(6) 분극의 방향 : 부(−)의 분극전하 → 정(+)의 분극전하

(7) 전기 감수율(비분극률) $\chi_{er} = \dfrac{\chi}{\epsilon_0} = \epsilon_s - 1$

(8) 패러데이관의 특징

   1) 패러데이관 내의 전속선 수는 일정하다.
   2) 진전하가 없는 점에서는 패러데이관은 연속적이다.
   3) 패러데이관 양단에 정·부의 단위 전하가 있다.
   4) 패러데이관의 밀도는 전속밀도와 같다.

5) 패러데이 관은 $\text{div } D = \rho$에 의하여 정전하에서 나와 부전하에서 끝나게 된다.
6) 패러데이관 수 = 전속선 수

(9) 전속밀도 $D = \epsilon E = \epsilon_0 \epsilon_s E = \epsilon_0 E + \epsilon_0 (\epsilon_s - 1) E = \epsilon_0 E + P [\text{C}/\text{m}^2]$
   1) 전속밀도(D)= 진전하밀도 (σ)
   2) 분극의 세기(분극도 P) = 분극전하밀도(σ_p)

(10) 유전체 중의 쿨롱의 법칙

균일한 유전체 중에 거리 $r[\text{m}]$인 점전하 Q_1, $Q_2[\text{C}]$ 사이에 작용하는 힘

$$F = \frac{Q_1 Q_2}{4\pi\epsilon_0 \epsilon_s r^2} = 9 \times 10^9 \times \frac{Q_1 Q_2}{\epsilon_s r^2} [\text{N}]$$

(11) 점전하 $Q[\text{C}]$에서 거리 $r[\text{m}]$인 점에 생기는 전위

$$V = \frac{Q}{4\pi\epsilon_0 \epsilon_s r} = 9 \times 10^9 \times \frac{Q}{\epsilon_s r} [\text{V}]$$

(12) 두 유전체의 경계조건 (굴절법칙)

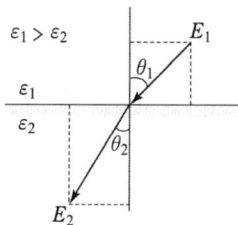

| 전속의 굴절 | | 전기력선의 굴절 |

1) 전속밀도(D)의 법선성분(수직성분)이 같다. ($D_1 \cos\theta_1 = D_2 \cos\theta_2$)
2) 전계(E)는 접선성분(평행성분)이 같다. ($E_1 \sin\theta_1 = E_2 \sin\theta_2$)
3) 두 경계면에서의 전위는 서로 같다. ($V_1 = V_2$)
4) $\epsilon_1 > \epsilon_2$이면, $\theta_1 > \theta_2$이다.
5) $\dfrac{\tan\theta_1}{\tan\theta_2} = \dfrac{\epsilon_1}{\epsilon_2}$

(13) 경계면 수직($\theta_1 = 0°$) 입사, $\epsilon_1 > \epsilon_2$인 경우
   1) 전속 및 전기력선은 굴절하지 않고 직진한다. ($\theta_2 = 0°$)
   2) 전속밀도는 연속(일정)한다. ($D_1 = D_2$)
   3) 전계는 불연속이다. ($E_1 < E_2$)

(14) 경계면 평행($\theta_1 = 90°$) 입사, $\epsilon_1 > \epsilon_2$인 경우

1) 전속 및 전기력선은 굴절하지 않고 직진한다. ($\theta_2 = 90°$)
2) 전속밀도는 불연속이다. ($D_1 > D_2$)
3) 전계는 연속(일정)한다. ($E_1 = E_2$)

(15) 유전체 중의 정전 에너지 밀도

$$w = \frac{1}{2} \boldsymbol{E} \cdot \boldsymbol{D} = \frac{\epsilon E^2}{2} = \frac{D^2}{2\epsilon} \, [\text{J/m}^3]$$

(16) 유전체에 작용하는 힘 ($\epsilon_1 > \epsilon_2$인 경우)

1) 전계가 경계면에 수직일 때

[경계조건 ($\epsilon_1 > \epsilon_2$)
$D_1 = D_2 = D$
$E_1 < E_2$
$f_1 < f_2$]

① $f_n = \frac{1}{2}\left(\frac{1}{\epsilon_2} - \frac{1}{\epsilon_1}\right)D^2 \, [\text{N/m}^2]$

② 법선 성분만 존재한다.
③ 경계면에 인장응력 작용
④ 힘의 방향 : 유전율이 큰 쪽에서 적은 쪽으로

2) 전계가 경계면에 평행일 때 ($\epsilon_1 > \epsilon_2$인 경우)

[경계조건 ($\epsilon_1 > \epsilon_2$)
$E_1 = E_2 = E$
$D_1 > D_2$
$f_1 > f_2$]

① $f_n = \frac{1}{2}(\epsilon_1 - \epsilon_2)E^2 \, [\text{N/m}^2]$

② 접선 성분만 존재한다.

③ 경계면에 압축응력 작용
④ 힘의 방향 : 유전율이 큰 쪽에서 적은 쪽으로

5. 전기 영상법

(1) 평면 도체와 점 전하

1) 유도전하 $-Q$와 점전하 Q 사이에 작용하는 힘 F(영상력)

$$F = \frac{Q \times (-Q)}{4\pi\epsilon_0 (2d)^2} = -\frac{Q^2}{16\pi\epsilon_0 d^2} \text{ [N]}$$

(− 부호 : 인력)

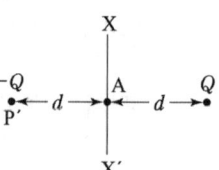

영상력은 전하의 종류에 관계없이 항상 흡인력이 작용한다.

2) 원점으로부터 거리 x 만큼 떨어진 도체 위의 한 점의 전계 E

$$E = \frac{Q\,d}{2\pi\epsilon_0 (d^2 + x^2)^{3/2}}$$

3) 도체 표면의 전하 밀도

$$\sigma = \epsilon_0 E = \frac{Qd}{2\pi(d^2 + x^2)^{3/2}} \text{ [C/m}^2\text{]}$$

4) 도체 표면의 최대 전하 밀도

$$|\sigma|_{\max} = \frac{Q}{2\pi d^2} \text{ [C/m}^2\text{]}$$

5) 영상전하 수량 $n = \dfrac{360}{\theta} - 1 \text{[개]}$

(2) 접지 도체구와 점전하

반지름 a의 접지 도체구의 중심으로부터 $d\,(>a)$인 점에 점전하 Q가 있는 경우

1) 영상점 : 중심으로부터 $\dfrac{a^2}{d}$인 점

2) 영상전하 $Q' = -\dfrac{a}{d}Q$

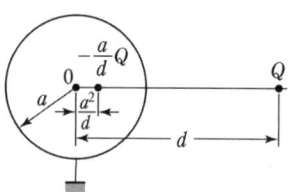

(3) 절연 도체구와 점전하

전계의 세기는 점전하 Q, 영상전하 $-\left(\dfrac{a}{d}\right)Q$ 및 $+\left(\dfrac{a}{d}\right)Q$ 의 세 개의 점전하에 의한 것이 된다.

1) 제1 영상전하
 - 영상점 : $\dfrac{a^2}{d}$
 - 영상전하의 크기 : $Q' = -\dfrac{a}{d}Q$

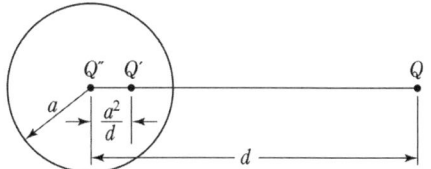

2) 제2 영상전하
 - 영상점 : 원점
 - 영상전하의 크기 : $Q'' = \dfrac{a}{d}Q$

(4) 평판 도체와 선 전하

무한 평판 도체와 높이 h에 선전하밀도 λ를 갖는 반지름 a인 무한 직선도체가 평행으로 놓여 있는 경우의 정전용량

$$C = \dfrac{2\pi\epsilon_0}{\ln\dfrac{2h}{a}}\,[\text{F/m}]$$

(5) 평등전계 중의 유전체구

1) 유전체 구의 전계의 세기 E_i

    유전율 ϵ_1인 유전체 내의 평등전계 E_0 중에 유전율 ϵ_2 반지름 a인 유전체구를 놓은 경우

$$E_i = \dfrac{3\epsilon_1}{2\epsilon_1 + \epsilon_2}E_0\,[\text{V/m}]$$

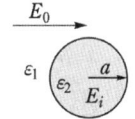

2) 유전체구 내부의 전속밀도 D_i

$$D_i = \epsilon_2 E_i = \dfrac{3\epsilon_2}{2\epsilon_1 + \epsilon_2}D_0$$

   (D_0 : 최초의 전속밀도)

3) 전속은 유전율이 큰 부분으로 집중된다.

4) 전계는 유전율이 작은 부분으로 집중된다.

6. 전류

(1) 전류는 미소시간 dt 사이에 그 단면을 통과한 전하량의 비율로써 정의한다.

$$I = \frac{dQ}{dt} [\text{A}]$$

(2) **전도 전류** I_c (conduction current) : 금속 도체 중을 흐르는 전류

- 순시값 $i_c = \frac{V_m}{R} \sin\omega t [\text{A}]$
- 실효값 $I_c = \frac{V}{R} [\text{A}]$

(3) **변위 전류** I_d (displac-ement current) : 전속밀도의 시간적 변화에 의하여 발생

- 순시값 $i_d = \omega C V_m \sin(\omega t + 90°)$
- 실효값 $I_d = \omega C V$

(4) **전류밀도와 도전율**

1) 전　류　$I = neSv = \rho_v Sv [\text{A}]$

2) 전류밀도　$i = \frac{I}{S} = nev = \rho_v v [\text{A/m}^2]$

3) 전류밀도　$i = \sigma \boldsymbol{E}$: 정상전류의 미분형

4) 도 전 율　$\sigma = ne\mu = \rho_v \mu [\Omega \cdot \text{m}]^{-1}$

5) 체적전하밀도　$\rho_v = ne [\text{C/m}^3]$

6) 전하의 이동속도　$v = \mu \boldsymbol{E}$

7) 전자의 비전하 $= \frac{e}{m} = \frac{-1.602 \times 10^{-19} [\text{C}]}{9.107 \times 10^{-31} [\text{kg}]} = -1.759 \times 10^{11} [\text{C/kg}]$

　　여기서, n : 단위체적당 전하의 수　　　μ : 하전입자의 이동도(mobility)
　　　　　v : 전하의 이동속도 [m/sec]　　S : 단면적 [m^2]
　　　　　ρ_v : 체적전하밀도 [C/m^3]　　σ : 도전율(conductivity)
　　　　　ρ : 고유저항 [$\Omega \cdot$m]
　　　　　e : 한 개 입자의 전하량 [C] (1.602×10^{-19} [C])

(5) **저항**　$R = \frac{l}{\sigma S} = \rho \frac{l}{S} [\Omega]$

(6) **저항률**　$\rho = \frac{RS}{l} [\Omega \cdot \text{m}]$ 로 저항과 면적에 비례하며, 길이에 반비례한다.

(7) **콘덕턴스**　$G = \frac{1}{R} = \sigma \frac{S}{l} = \frac{S}{\rho l}$ [℧] 또는 [S]　($\rho = \frac{1}{도전율} = \frac{1}{\sigma} [\Omega \cdot \text{m}]$)

(8) 전기 저항과 정전 용량

물질의 도전율과 유전율을 알고 있으면 저항만을 측정하여 정전용량을 구할 수 있다.

$$RC = \frac{\epsilon}{\sigma} = \epsilon \rho \qquad \therefore RC = \epsilon \rho$$

(9) 임의의 온도 $t[℃]$ 및 $t_0[℃]$에서의 고유저항을 ρ_t, ρ_0라 하면

$$\rho_t = \rho_0 \{1 + \alpha_0(t + t_0)\}$$

(10) 온도 t_1일 때의 저항 온도계수

$$\alpha_1 = \frac{1}{\frac{1}{\alpha_0} + t_1} = \frac{\alpha_0}{1 + \alpha_0 t_1}$$

(단, 0 [℃]에서의 동선의 온도계수 : $\alpha_0 = \frac{1}{234.5}$)

(11) 온도 t_1 및 t_2일 때 저항을 각각 R_1, R_2라 하고, t_1에서의 온도계수 α_1이라 하면

$$R_2 = R_1 \{1 + \alpha_1(t_2 - t_1)\}$$

(12) 합성저항 온도계수 $\alpha_t = \dfrac{R_1\alpha_1 + R_2\alpha_2}{R_1 + R_2}$

(13) 전력 $P = \dfrac{W}{t} = V\dfrac{Q}{t} = VI\,[\text{J/s}] = VI\,[\text{W}]$

(14) 줄의 법칙

- 에너지(전력량) $W = P \cdot t = VIt = I^2Rt = \dfrac{V^2}{R}t\,[\text{W}\cdot\text{s}]$

- 열량 $Q = 0.24W = 0.24P \cdot t = 0.24I^2Rt = 0.24\dfrac{V^2}{R}t\,[\text{cal}]$

(15) 열전현상

1) 제베크 효과(Seebeck effect)
   ① 서로 다른 두 종류의 금속선으로 폐회로 구성
   ② 두 접합점의 온도를 달리하였을 때, 폐회로에 열기전력이 발생
   ③ 열전대에 이용

2) 펠티에 효과(Peltier effect)
① 서로 다른 두 종류의 금속선으로 폐회로 구성
② 전류를 흘리면 금속선의 접속점에서 열의 흡수(온도 강하) 또는 발생(온도 상승)
③ 제베크 효과의 역효과로서 이 현상을 이용하여 저온을 얻는 것을 전자냉동이라 한다.

3) 톰슨 효과(Thomson effect)
① 동일한 금속 도선
② 고온 쪽에서 저온 쪽으로 전류를 흘리면 도선 속에서 열이 발생되거나 흡수가 일어나는 현상

7. 정자계

(1) 쿨롱의 법칙

$$F = \frac{m_1 m_2}{4\pi\mu_0 r^2} = 6.33 \times 10^4 \times \frac{m_1 m_2}{r^2} [\text{N}]$$

(m_1, m_2 : 자극의 세기[Wb], r : 자극간의 거리[m])

- 진공의 투자율 $\mu_0 = 4\pi \times 10^{-7}$[H/m]
- $\dfrac{1}{4\pi\mu_0} = 6.33 \times 10^4$
- 동일 부호의 자극사이에는 반발력, 서로 다른 부호의 자극사이에는 흡인력이 작용

(2) m[Wb]의 점자극에서 나오는 자력선 수 N

$$N = \frac{m}{\mu} = \frac{m}{\mu_0 \mu_s} [\text{개}]$$

(3) 자속밀도 B

$$B = \frac{\phi}{S} = \frac{m}{S} [\text{Wb/m}^2] \text{ 또는 } \phi = \boldsymbol{B} \cdot \boldsymbol{S} \ (\phi : 자속[\text{Wb}], \ S : 면적[\text{m}^2])$$

(4) 자속밀도 B와 자계의 세기 H와의 관계

$$B = \mu H [\text{Wb/m}^2]$$

(5) 자계의 세기 H

자계 중의 한 점에 단위자하 ($+1\,[\text{Wb}]$)를 놓았을 때, 이에 작용하는 힘

$$H = \frac{m}{4\pi\mu_0 r^2} = 6.33 \times 10^4 \times \frac{m}{r^2}\,[\text{AT/m}]$$

(6) 쿨롱력과 자계

- 진공 중 $F = \dfrac{m^2}{4\pi\mu_0 r^2}\,[\text{N}]$
- 진공 이외의 매질 $F = \dfrac{m^2}{4\pi\mu r^2}\,[\text{N}]$

(7) 점자극 m에서 r 거리인 점의 자위 $U_m = \dfrac{m}{4\pi\mu r}\,[\text{AT}]$

(8) 자기 모멘트 M

- 크기 : $M = ml\,[\text{Wb}\cdot\text{m}]$
- 방향 : $-m$에서 $+m$으로 향하는 방향

(9) 자기 쌍극자에서 거리 r 만큼 떨어진 임의의 한 점에서의 자위 U

$$U = \frac{M\cos\theta}{4\pi\mu_0 r^2} = 6.33 \times 10^4 \times \frac{M\cos\theta}{r^2}\,[\text{AT}]$$

(10) 자기 쌍극자에서 거리 r 만큼 떨어진 임의의 한 점에서의 자계의 세기 H

$$H = \frac{M}{4\pi\mu_0 r^3}\sqrt{1+3\cos^2\theta}\,[\text{AT/m}]$$

(11) 판자석의 자위 $U_m = \pm\dfrac{M\omega}{4\pi\mu_0}\,[\text{AT}]$

(12) 판자석 양면의 자위차 $U_{NS} = \dfrac{M}{\mu_0}\,[\text{AT}]$

(13) 자석의 자기 모멘트 $M = ml\,[\text{Wb}\cdot\text{m}]$ (m : 자극, l : 자극간의 거리)

(14) 평등자계 H 내에 길이 l, 자극의 세기 $\pm m$인 자석이 자계와 θ의 각을 이루고 있을 때 자석이 받는 회전력 T

$$T = Fl' = Fl\sin\theta = mHl\sin\theta\,[\text{N}\cdot\text{m}]$$

(15) 정전계와 정자계의 유사성

정 전 계		정 자 계	
전하	$Q[\text{C}]$	자하 (자극의 세기)	$m[\text{Wb}]$
진공의 유전율	$\epsilon_0 = 8.85 \times 10^{-12}[\text{F/m}]$	진공의 투자율	$\mu_0 = 4\pi \times 10^{-7}[\text{H/m}]$
전속	$\Psi = Q[\text{C}]$	자속	$\phi = m[\text{Wb}]$
전속밀도	$D = \dfrac{\Psi}{S} = \dfrac{Q}{S}[\text{C/m}^2]$ $\therefore \Psi = DS[\text{C}]$	자속밀도	$B = \dfrac{\phi}{S} = \dfrac{m}{S}[\text{Wb/m}^2]$ $\therefore \phi = BS[\text{Wb}]$
전기력선	$N = \dfrac{\Psi}{\epsilon_0} = \dfrac{Q}{\epsilon_0}[\text{lines}]$	자력선	$N = \dfrac{\phi}{\mu_0} = \dfrac{m}{\mu_0}[\text{lines}]$
전계의 세기 (=전기력선밀도)	$E = \dfrac{D}{\epsilon_0}[\text{V/m}]$ $\therefore D = \epsilon_0 E$	자계의 세기 (=자력선밀도)	$H = \dfrac{B}{\mu_0}[\text{AT/m}]$ $\therefore B = \mu_0 H$
쿨롱의 법칙 (전기력)	$F = \dfrac{Q_1 Q_2}{4\pi \epsilon_0 r^2}[\text{N}]$	쿨롱의 법칙 (전기력)	$F = \dfrac{m_1 m_2}{4\pi \mu_0 r^2}[\text{N}]$
전계의 세기	$E = \dfrac{Q}{4\pi \epsilon_0 r^2}[\text{V/m}]$	자계의 세기	$H = \dfrac{m}{4\pi \mu_0 r^2}[\text{AT/m}]$
힘과 전계	$F = QE[\text{N}]$	힘과 전계	$F = mH[\text{N}]$
전위	$V = \dfrac{Q}{4\pi \epsilon_0 r}[\text{V}]$	자위	$U = \dfrac{m}{4\pi \mu_0 r}[\text{AT}]$
전기쌍극자	$V = \dfrac{M\cos\theta}{4\pi \epsilon_0 r^2}[\text{V}]$	소자석	$U = \dfrac{M\cos\theta}{4\pi \mu_0 r^2}[\text{AT}]$
전기이중층	$V = \dfrac{M}{4\pi \epsilon_0}\omega[\text{V}]$	판자석	$U = \dfrac{M}{4\pi \mu_0}\omega[\text{AT}]$
전위경도	$\boldsymbol{E} = -\text{grad } V$	자위경도	$\boldsymbol{H} = -\text{grad } U$

8. 전류에 의한 자계

(1) 무한직선 전류에 의한 자계 H

$$H = \dfrac{I}{2\pi r}[\text{AT/m}] \quad (r : 거리[\text{m}])$$

(2) 반지름 a[m]인 원통형(원주형) 도체의 전류에 의한 자계

- 도체 내부$(r \leq a)$: $H = \dfrac{rI}{2\pi a^2}[\text{AT/m}]$
- 도체 외부$(r \geq a)$: $H = \dfrac{I}{2\pi r}[\text{AT/m}]$

- 도체 내부에서는 축으로부터 떨어진 거리 r에 비례하나 도체 외부에서는 r에 반비례하게 된다.

(3) 유한 직선도체에 전류 I[A]가 흐를 때 자계

$$H = \frac{I}{4\pi r}(\sin\theta_1 + \sin\theta_2) = \frac{I}{4\pi r}(\cos\alpha_1 + \cos\alpha_2)[\text{AT/m}]$$

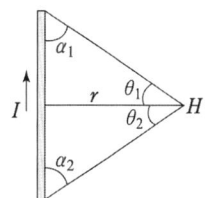

(4) 한 변이 l인 정삼각형 중심의 자계 : $H = \dfrac{9I}{2\pi l}[\text{AT/m}]$

(5) 한 변이 l인 정사각형 중심의 자계 : $H = \dfrac{2\sqrt{2}I}{\pi l}[\text{AT/m}]$

(6) 한 변이 l인 정육각형 중심의 자계 : $H = \dfrac{\sqrt{3}I}{\pi l}[\text{AT/m}]$

(7) 반지름 r인 원에 내접하는 정n각형의 회로에 전류 I가 흐를 때 원 중심점에서의 자계

  1) 전류에 의한 한 변의 자계 : $H_1 = \dfrac{I}{2\pi r}\tan\dfrac{\pi}{n}[\text{AT/m}]$

  2) n변형 중심의 자계 : $H = \dfrac{nI}{2\pi r}\tan\dfrac{\pi}{n}[\text{AT/m}]$

(8) 원형 전류 중심의 자계의 세기 : $H_0 = \dfrac{I}{2a}[\text{AT/m}]$

(9) 원형전류 중심 축상 점 P에서의 자계의 세기

$$H_x = \frac{a^2 I}{2(a^2 + x^2)^{3/2}}[\text{AT/m}]$$

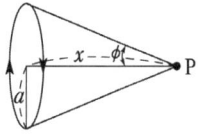

(10) 무한장 솔레노이드

  1) 내부 : $H = nI$ (내부에서는 평등자계 임)

  2) 외부 : $H = 0$

(11) 평등자계를 얻는 방법

  1) 단면적에 비하여 길이가 충분히 긴 solenoid

  2) 솔레노이드에 도선을 촘촘히 감는다.

  3) 무한장 솔레노이드 (∵ 누설 자속이 발생하지 않도록 하기 위함)

(12) 환상 솔레노이드

  1) 내부 : $H = \dfrac{NI}{2\pi r}$ (내부에서는 균등자계 임)

  2) 외부 : $H = 0$

(13) 원형전류의 등가 판자석

1) 점 P에서의 자위 $U = \dfrac{I}{4\pi}\omega$ [A]

2) 자계 중의 두 점 A, B 사이의 자위차 $U_{AB} = -\displaystyle\int_B^A \boldsymbol{H} \cdot dl = I = \dfrac{M}{\mu_0}$

   (등가판자석의 세기 $\boldsymbol{M} = \mu_0 I$)

(14) 비오-사바르 법칙

임의의 형상의 도선에 전류 I[A]가 흐를 때, 도선 상의 미소길이 dl 부분에 흐르는 전류에 의하여 거리 r 만큼 떨어진 점 P에서의 자계의 세기 $d\boldsymbol{H}$는

$$dH = \dfrac{I dl \sin\theta}{4\pi r^2}$$

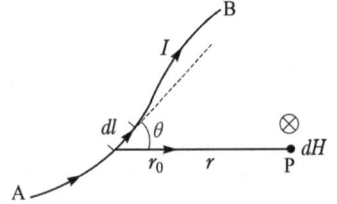

(15) 자계 내에서 전류 도체가 받는 힘 $F = BIl\sin\theta$ [N]

(16) 플레밍의 왼손 법칙(Fleming's left hand law)

- 엄지 : 힘(F)의 방향
- 인지 : 자속(B)의 방향
- 중지 : 전류(I)의 방향

(17) 전하 q가 자속밀도 B인 평등자계 내를 이동할 때의 전자력 F

- $\boldsymbol{F} = q(\boldsymbol{v} \times \boldsymbol{B})$ [N]
- $F = Bqv\sin\theta$ [N]
- 자계와 평행 입사 : $F = 0$이 되어 처음 상태와 같은 직선 궤적
- 자계와 수직 입사 : $F = qvB$가 되고 플레밍 왼손법칙에 의해 등속 원운동
- 회전 반경 $r = \dfrac{mv}{qB}$ [m]
- 각속도 $\omega = \dfrac{qB}{m}$ [rad/sec]
- 주기 $T = \dfrac{2\pi m}{qB}$ [sec]

여기서, m : 질량[kg], q : 전기량[C]

v : 속도[m/sec], ω : 각속도[rad/sec]

B : 자속밀도[Wb/m^2]

(18) 운동 전하 q에 전계 E와 자계 H가 동시에 작용하고 있는 경우

$F = q(E + v \times B)$ [N] : 로렌쯔의 힘(Lorentz's force)

(19) 평행도체 상호간에 작용하는 힘
- 도체 A에 의한 도체 B의 단위길이에 작용하는 힘

$$F = \mu_0 H_1 I_2 = \frac{\mu_0 I_1 I_2}{2\pi r} [\text{N/m}]$$

- 두 도체의 전류가 동일 방향 : 흡인력
- 두 도체의 전류가 반대 방향 : 반발력

9. 자성체

(1) 자성체의 특징

자성체의 종류	투자율	비투자율	비자하율	자기모멘트의 크기와 배열	종 류
강자성체	$\mu \gg \mu_0$	$\mu_s \gg 1$	$\chi_m \gg 1$		철(Fe), 니켈(Ni) 코발트(Co)
페리자성체					자철석(Fe_3O_4) 페라이트
상자성체	$\mu > \mu_0$	$\mu_s > 1$	$\chi_m > 0$		백금(Pt), 알루미늄(Al) 산소(O_2), 질소(N_2)
반자성체	$\mu < \mu_0$	$\mu_s < 1$	$\chi_m < 0$		금(Au), 은(Ag) 구리(Cu), 비스무트(Bi) 물(H_2O)
반강자성체					

(2) 강자성체의 특징
1) 자구가 존재한다.
2) 히스테리시스 현상이 있다.
3) 자기포화 특성이 있다.
4) 투자율이 높다.

(3) 자석 재료
1) 영구자석 재료 : 잔류자기(B_r) 및 보자력(H_c)이 클 것
2) 전자석 재료 : 잔류자기(B_r)는 크고 H_c(보자력)가 적을 것

(4) 퀴리점 또는 임계온도
강자성이 상자성으로 변하면서 강자성을 잃어버리는 온도를 임계온도 또는 퀴리점이라 한다.

(5) 소자법
① 직류법   ② 교류법   ③ 가열법

(6) 자성체 내부자계 (H) = 외부자계 (H_0) - 감자력 (H')

(7) 감자력 H'는 자화의 세기 J에 비례하며 자성체의 형태에 따라 결정된다.
$$H' = \frac{N}{\mu_0} J \quad (N : 감자율,\ 0 \leq N \leq 1)$$

(8) 자기 차폐
1) 자속은 투자율이 큰 자성체 내부로만 통과하므로 투자율이 큰 강자성체를 사용하여 외부자계의 영향을 작게 하는 자기적인 차단을 자기 차폐(magnetic shielding)라 한다.
2) 자계에서는 투자율이 ∞인 자성체가 존재하지 않기 때문에 완전히 차단하는 것은 불가능

(9) 정전 차폐
정전 차폐는 임의의 도체를 접지된 도체로 완전 포위하면 외부 전계의 영향을 완전히 막을 수 있다.

(10) 자화의 세기 J
1) 단위면적당의 자화된 자극의 세기로 표시 : $J = \dfrac{m}{S} = \dfrac{ml}{Sl} = \dfrac{M}{V}\,[\text{Wb/m}^2]$
2) 단위체적당의 자기모멘트로 표시 : $J = \dfrac{M}{V}\,[\text{Wb/m}^2]$

(11) 자화의 세기 J와 자계의 세기 H와의 관계
1) $J = \chi H = (\mu - \mu_0)H = \mu_0(\mu_s - 1)H = \dfrac{\mu_0(\mu_s - 1)B}{\mu} = \dfrac{\mu_s - 1}{\mu_s} B\,[\text{Wb/m}^2]$
   - 자화율 $\chi = \mu - \mu_0$
   - 비자화율 $\chi_s = \mu_s - 1$

   여기서, $\dfrac{\mu_s - 1}{\mu_s}$는 1보다 약간 작으므로 J도 B보다 약간 작다.

2) $J = (\mu - \mu_0)H = B - \mu_0 H$

(12) 자화의 세기 J와 분극의 세기 P의 대응

분극의 세기(유전체 내부현상)	자화의 세기(자성체 내부현상)
$P = \chi E$ 분극률 : $\chi = \epsilon - \epsilon_0 = \epsilon_0(\epsilon_s - 1)$	$J = \chi H$ 자화율 : $\chi = \mu - \mu_0 = \mu_0(\mu_s - 1)$
$P = (\epsilon - \epsilon_0)E$ $\quad = \epsilon E - \epsilon_0 E \ (D = \epsilon E)$ $\quad = D - \epsilon_0 E$	$J = (\mu - \mu_0)H$ $\quad = \mu H - \mu_0 H \ (B = \mu H)$ $\quad = B - \mu_0 H$
$\therefore D = \epsilon_0 E + P$	$\therefore B = \mu_0 H + J$

(13) 자속밀도 $B = \mu H + J \ [\text{Wb/m}^2]$

(14) 자기회로

   1) 기자력 $F = NI = \phi_m R_m \ [\text{AT}]$ (N : 코일의 권수)

   2) 자기저항 $R_m = \dfrac{l}{\mu S} \ [\text{AT/Wb}]$ (S : 단면적$[\text{m}^2]$, l : 자로의 길이$[\text{m}]$)

   3) 자기회로의 옴의 법칙 $\phi = \dfrac{F}{R_m}$ (ϕ : 자속)

   4) 자기회로에서의 키르히호프의 법칙 $\sum\limits_{i=1}^{n} R_i \phi_i = \sum\limits_{i=1}^{n} N_i I_i$

   5) 철심부의 자기저항 $R_i = \dfrac{l_i}{\mu S}$ (여기서, l_i : 철심의 자로의 길이)

   6) 공극부의 자기저항 $R_g = \dfrac{l_g}{\mu_0 S}$ (여기서, l_g : 공극부의 자로의 길이)

   7) 합성자기저항 (철심의 자기저항과 공극부의 자기저항은 직렬접속)

$$R_m = R_i + R_g = \dfrac{l_i}{\mu S} + \dfrac{l_g}{\mu_0 S} = \dfrac{l_i}{\mu S}\left(1 + \dfrac{l_g}{l_i}\mu_s\right)$$

   8) 자속 $\phi = \dfrac{NI}{R} = \dfrac{NI}{\dfrac{l_i}{\mu S}\left(1 + \dfrac{l_g}{l_i}\mu_s\right)} \ [\text{Wb}]$

(15) 공극이 있는 경우와 공극이 없는 경우의 비교

   1) 자기저항 비교

     ① 공극이 있는 경우의 자기저항 $R_m = \dfrac{l_i}{\mu S}\left(1 + \dfrac{l_g}{l_i}\mu_s\right)$

     ② 공극이 없는 경우의 자기저항 $R_0 = \dfrac{l_i + l_g}{\mu S} = \dfrac{l}{\mu S}$

③ 자기저항의 비 $\dfrac{R_m}{R_0} = 1 + \dfrac{l_g}{l_i}\mu_s$ ($l_i \gg l_g$인 경우)

2) 자계의 세기 비교

① 철심에서의 자계의 세기 $H_i = \dfrac{\phi}{\mu S} = \dfrac{NI}{l_i\left(1 + \dfrac{l_g}{l_i}\mu_s\right)}$

② 공극에서의 자계의 세기 $H_g = \dfrac{\phi}{\mu_0 S} = \dfrac{NI\mu_s}{l_i\left(1 + \dfrac{l_g}{l_i}\mu_s\right)}$

(16) 전기회로와 자기회로의 대응

전 기 회 로		자 기 회 로	
기 전 력	U [V]	기 자 력	F_m [AT]
전 류	I [A]	자 속	ϕ [Wb]
전 계	E [V/m]	자 계	H [AT/m]
전기저항	R [Ω]	자기저항	R_m [AT/Wb]
도 전 율	σ [S/m]	투 자 율	μ [H/m]
옴의 법칙	$E = IR$ [V] $\therefore I = \dfrac{E}{R}$ [A]	옴의 법칙	$F_m = \phi R_m$ [AT] $\therefore \phi = \dfrac{NI}{R_m}$ [Wb]

(17) 자성체에서의 경계조건

1) $B_1 \cos\theta_1 = B_2 \cos\theta_2$ ($B_1 = \mu_1 H_1$, $B_2 = \mu_2 H_2$)

2) $H_1 \sin\theta_1 = H_2 \sin\theta_2$

3) 자성체의 굴절의 법칙 $\dfrac{\tan\theta_2}{\tan\theta_1} = \dfrac{\mu_2}{\mu_1}$

즉, 굴절각은 투자율에 비례한다.

(18) 자계 에너지

1) 정자계 에너지 밀도 : $w_m = \dfrac{1}{2}BH = \dfrac{1}{2}\mu H^2 = \dfrac{B^2}{2\mu}$ [J/m³]

2) 흡인력 : $f = \dfrac{1}{2}BH = \dfrac{1}{2}\mu H^2 = \dfrac{B^2}{2\mu}$ [N/m²]

10. 전자유도

(1) 전자 유도 전압 $e = -\dfrac{d\Phi}{dt} = -N\dfrac{d\phi}{dt}[\text{V}]$

  1) 렌쯔의 법칙
    ① 전자유도에 의해 발생하는 기전력은 자속 변화를 방해하는 방향
    ② 기전력의 방향(−)을 결정
    ③ 유도기전력의 방향이 −인 것은 전류 및 자속 ϕ의 방향을 +로 정했기 때문

  2) 패러데이 법칙(Faraday's law) 또는 노이만 법칙(Neumann's law)
    ① 유도 기전력의 크기는 폐회로에 쇄교하는 자속의 시간적 변화율에 비례한다.
    ② 기전력의 크기를 결정한다.

(2) 상호 유도작용에 의한 유기기전력

  1) $e_1 = M\dfrac{di_2}{dt}[\text{V}]$

  2) $e_2 = M\dfrac{di_1}{dt}[\text{V}]$ (M : 상호인덕턴스)

(3) 전자 에너지(electromagnetic energy) 혹은 자계 에너지(magnetic energy)

  1) 회로가 1개일 때 $W_m = \dfrac{1}{2}LI^2[\text{J}]$

  2) 회로가 2개일 때 $W_m = \dfrac{1}{2}L_1 I_1^2 + \dfrac{1}{2}L_2 I_2^2 \pm MI_1 I_2 [\text{J}]$

(4) 운동 기전력 $e = Blv\sin\theta[\text{V}]$
  (B : 자속밀도[Wb/m^2], l : 도체의 길이[m], v : 속도[m/sec])

(5) 자속밀도 B에서 반지름 a인 도체가 이동 또는 회전할 때

  유기기전력 $e = \dfrac{\omega B a^2}{2} = \dfrac{\omega \mu_0 H a^2}{2} = \dfrac{\left(\dfrac{2\pi N}{60}\right)\mu_0 H a^2}{2} = \dfrac{\pi N \mu_0 H a^2}{60}[\text{V}]$

(6) 표피두께(skin depth) 또는 침투깊이 δ

$$\delta = \sqrt{\dfrac{2}{\omega\sigma\mu}} = \sqrt{\dfrac{1}{\pi f \sigma \mu}}[\text{m}]$$

  (f : 주파수, σ : 도전율, μ : 투자율)

11. 인덕턴스

(1) 자기유도 작용에 의해 발생하는 기전력의 크기

$$e = -L\frac{dI}{dt} \text{ [V]}$$

(2) 전자유도 작용에 의해 발생하는 기전력의 크기

$$e = -\frac{d\Phi}{dt} = -N\frac{d\phi}{dt} \text{ [V]}$$

(3) 쇄교 자속수 $\Phi(=N\phi)$와 자기 인덕턴스 L과의 관계

$$N\phi = LI \quad \therefore L = \frac{N\phi}{I} \text{ [Wb/A] 또는 [H]}$$

(4) 자기 인덕턴스(L)와 상호 인덕턴스(M)의 부호

  1) 자기 인덕턴스란 항상 정(+)의 값을 갖는다.

  2) 두 코일에 흐르는 전류가 만드는 자속이 같은 방향이면 정(+)의 값을, 반대 방향이면 부(-)의 값을 갖는다.

  3) 인덕턴스의 단위 $[\text{henry}] = [\frac{\text{volt}}{\text{ampere}} \cdot \sec] = [\Omega \cdot \sec]$

(5) 자기 인덕턴스 L을 구하는 방법

  1) 자속 쇄교법 $L = \frac{N\phi}{I} \text{[H]}$

  2) 자기 에너지법 $L = \int_v \boldsymbol{B} \cdot \boldsymbol{H} \, dv \text{[H]}$

  3) 벡터 포텐셜법 $L = \frac{1}{I^2} \int_v \boldsymbol{A} \cdot \boldsymbol{J} \, dv = \frac{1}{I} \int_s \boldsymbol{B} \cdot ds = \frac{\phi}{I} \text{[H]}$

  4) 정전 용량법 $LC = \frac{\phi}{I} \times \frac{Q}{V} = \mu\epsilon$ 에서 $L = \frac{\mu\epsilon}{C} \text{[H]}$

(6) 자기인덕턴스 계산 예

  1) 환상 솔레노이드 : $L = \frac{\mu S N^2}{l} \text{[H]}$

    (S : 단면적[m²], l : 길이[m], N : 권수)

  2) 직선 솔레노이드 : $L = \frac{\mu S N^2}{l} \text{[H]}$

3) 무한장 솔레노이드의 단위길이당 자기 인덕턴스 : $L = \mu S n^2 [\text{H/m}]$
   (n : 단위길이당 권수)

4) 원형 코일 : $L = \dfrac{\pi a \mu N^2}{2} [\text{H}]$ (a : 반지름[m])

5) 동축 케이블

   ① 내부 인덕턴스 : $L_i = \dfrac{\mu}{8\pi} [\text{H/m}]$

   ② 외부 인덕턴스 : $L_e = \dfrac{\mu_0}{2\pi} \ln \dfrac{b}{a} [\text{H/m}]$ (a : 내경의 반지름, b : 외경의 반지름)

   ③ 전 인덕턴스 : $L = L_e + L_i = \dfrac{\mu_0}{2\pi} \ln \dfrac{b}{a} + \dfrac{\mu}{8\pi} [\text{H/m}]$

6) 평행 왕복 도체

   ① 선간의 자기 인덕턴스 $L_0 = \dfrac{\phi}{I} = \dfrac{\mu_0}{\pi} \ln \dfrac{d}{a} [\text{H/m}]$

   ② 도체 내부에서의 자기인덕턴스 $L_i = \dfrac{\mu}{8\pi} [\text{H/m}]$

   ③ 전 인덕턴스 $L = \dfrac{\mu_0}{\pi} \ln \dfrac{d}{a} + 2 \times \dfrac{\mu}{8\pi} = \dfrac{\mu_0}{\pi} \ln \dfrac{d}{a} + \dfrac{\mu}{4\pi} [\text{H/m}]$

(7) 상호 인덕턴스

   1) $M_{12} = \dfrac{N_2 \phi_1}{I_1}$ 2) $M_{21} = \dfrac{N_1 \phi_2}{I_2}$

(8) 상호인덕턴스에 의해 유기되는 기전력

   $$e_2 = -N_2 \dfrac{d\phi_1}{dt} = -M \dfrac{dI_1}{dt} [\text{V}]$$

(9) 자기인덕턴스와 상호인덕턴스의 관계

   1) 누설자속이 없는 경우 $M^2 = L_1 L_2$ 가 된다. ∴ $M = \sqrt{L_1 L_2}$

   2) 누설자속이 있는 경우
      $k = \dfrac{M}{\sqrt{L_1 L_2}}$ 또는 $M = k\sqrt{L_1 L_2}$ (k : 결합계수)

   3) 자기인덕턴스 $L_1 = \dfrac{N_1 \phi_1}{I_1} = \dfrac{N_1}{I_1} \cdot \dfrac{N_1 I_1}{R_m} = \dfrac{N_1^2}{R_m} [\text{H}]$

4) 누설자속이 없는 경우 상호인덕턴스

① $M_{12} = M_{21} = M = \dfrac{N_1 N_2}{R_m}$ [H]

② $M = \dfrac{N_2}{N_1} L_1$ [H] 가 된다.

5) 결합계수($0 \leq k \leq 1$)

① $k = 0$: 자기적 결합이 전혀 되지 않음 ($M = 0$)
② $0 < k < 1$: 일반적인 자기 결합 상태 ($M = k\sqrt{L_1 L_2}$)
③ $k = 1$: 완전한 자기 결합 ($M = \sqrt{L_1 L_2}$)

6) C_1, C_2의 두 폐회로간의 상호 인덕턴스를 구하는 노이만 공식

$$M = \dfrac{\mu}{4\pi} \oint_{c2} \oint_{c1} \dfrac{d\boldsymbol{l_1} \cdot d\boldsymbol{l_2}}{r}$$

(10) 자기적 결합(유도 결합)을 갖는 인덕턴스의 직렬 접속

1) 1, 2차 코일에 유도되는 전압 v_1, v_2

- $v_1 = L_1 \dfrac{di_1}{dt} \pm M \dfrac{di_2}{dt}$
- $v_2 = L_2 \dfrac{di_2}{dt} \pm M \dfrac{di_1}{dt}$

여기서, $L_1 \dfrac{di_1}{dt}$, $L_2 \dfrac{di_2}{dt}$: 자기유도전압, $\pm M \dfrac{di_2}{dt}$, $\pm M \dfrac{di_1}{dt}$: 상호유도전압

2) 상호 유도 전압의 극성

- 자속이 같은방향 : $+ M \dfrac{di_2}{dt}$
- 자속이 반대방향 : $- M \dfrac{di_2}{dt}$

3) $M > 0$일 때의 등가 인덕턴스 L^+ (L_1, L_2에 흐르는 전류가 같은 방향)

$L^+ = L_1 + L_2 + 2M$

4) $M < 0$일 때의 등가 인덕턴스 L^- (L_1, L_2에 흐르는 전류가 반대방향)

$L^- = L_1 + L_2 - 2M$

5) 상호 인덕턴스 $M = \dfrac{L^+ - L^-}{4}$

12. 전자계

(1) 변위 전류 및 변위 전류 밀도는 시간적으로 변화하는 전속 밀도에 의한 전류를 말한다.

$$i_d = \frac{\partial D}{\partial t} \, [\text{A/m}^2] \quad (D : \text{전속밀도})$$

(2) 콘덴서의 전극 사이에 흐르는 전류

   1) 전도 전류 : $+Q$에서 $-Q$로 흐른다.

   2) 변위 전류 : $-Q$에서 $+Q$로 흐른다.

(3) 변위전류는 전도전류와 마찬가지로 그 주위에 자계를 발생시키고 그 크기와 방향은 비오사바르 법칙이나 암페어의 주회적분 법칙을 따른다.

   1) 변위 전류 밀도 $i_d = \dfrac{\partial D}{\partial t} = \dfrac{\epsilon}{d} \omega V_m \sin(\omega t + \dfrac{\pi}{2})[\text{A/m}^2]$

   2) 변위 전류 $I_d = i_d S = \dfrac{\epsilon S}{d} \omega V_m \cos \omega t = \dfrac{\epsilon S}{d} \omega V_m \sin(\omega t + \dfrac{\pi}{2})[\text{A}]$

(4) 유전체 중에서의 변위전류밀도

$$i_d = \epsilon_0 \frac{\partial E}{\partial t} + \frac{\partial P}{\partial t} [\text{A/m}^2] \quad (E : \text{전계의 세기}, P : \text{분극의 세기})$$

유전체 중의 변위 전류 = 진공 중의 전계 변화에 의한 변위 전류 + 구속 전자의 변위에 의한 분극 전류

(5) 전도전류와 변위전류의 크기가 같게 되는 임계주파수

$$f_c = \frac{\sigma}{2\pi\epsilon} \quad (\sigma : \text{도전율}, \epsilon : \text{유전율})$$

(6) 임의의 주파수 f에서의 유전체 손실각

$$\tan\theta = \frac{i_c}{i_d} = \frac{f_c}{f}$$

(7) 시변계에서의 전계의 세기

$$E = -\text{grad} \, V - \frac{\partial A}{\partial t}$$

E = 전하에 의한 전계 + 자계의 시간적 변화에 따른 전계

단, A는 벡터 퍼텐셜, V는 전위, H는 자계의 세기

(8) 전자계의 파동방정식

1) 전계 $\nabla^2 E = \epsilon\mu \dfrac{\partial^2 E}{\partial t^2}$

2) 자계 $\nabla^2 H = \epsilon\mu \dfrac{\partial^2 H}{\partial t^2}$

(9) 포인팅 벡터 $P = E \times H$

(10) 특성임피던스 η : 전계 E 와 자계 H의 비

$$\eta = \dfrac{E_x}{H_y} = \sqrt{\dfrac{\mu}{\epsilon}}$$

1) 진공의 고유 임피던스 $\eta_0 = \dfrac{E}{H} = \sqrt{\dfrac{\mu_0}{\epsilon_0}} = 377\ [\Omega]$

2) 매질의 고유 임피던스 $\eta = \dfrac{E}{H} = \sqrt{\dfrac{\mu}{\epsilon}} = \sqrt{\dfrac{\mu_0}{\epsilon_0}} \cdot \sqrt{\dfrac{\mu_s}{\epsilon_s}} = 377\sqrt{\dfrac{\mu_s}{\epsilon_s}}\ [\Omega]$

(11) 전송로에서의 특성 임피던스

1) 일반식 $Z_0 = \sqrt{\dfrac{R+j\omega L}{G+j\omega C}}\ [\Omega]$

2) 무손실 선로($R = G = 0$)인 경우 $Z_0 = \sqrt{\dfrac{L}{C}}\ [\Omega]$

3) 동축 케이블(고주파에서 사용)

$$Z_0 = \sqrt{\dfrac{L}{C}} = \dfrac{1}{2\pi}\sqrt{\dfrac{\mu}{\epsilon}}\ln\dfrac{b}{a} = 60\sqrt{\dfrac{\mu_s}{\epsilon_s}}\ln\dfrac{b}{a}\ [\Omega]$$

(12) 진공 및 매질 중에서의 전자파

1) 진공 중에서의 파장 $\lambda_0 = \dfrac{v_0}{f} = \dfrac{1}{f\sqrt{\epsilon_0\mu_0}} = \dfrac{c}{f}\ [\mathrm{m}]$ (c : 광속)

2) 매질 중에서의 파장 $\lambda = \dfrac{v}{f} = \dfrac{c}{f\sqrt{\epsilon_s\mu_s}} = \dfrac{\lambda_o}{\sqrt{\epsilon_s\mu_s}}\ [\mathrm{m}]$

3) 진공 중에서의 전파속도 $v_0 = \dfrac{1}{\sqrt{\epsilon_0\mu_0}} = 3\times 10^8 = c\ [\mathrm{m/s}]$ (광속)

4) 매질 중에서의 전파속도 $v = \dfrac{1}{\sqrt{\epsilon_0\mu_0}} \times \dfrac{1}{\sqrt{\epsilon_s\mu_s}} = \dfrac{c}{\sqrt{\epsilon_s\mu_s}}\ [\mathrm{m/s}]$

(13) 도체 내의 전자파

1) 전파정수 $\gamma = \alpha + j\beta = \sqrt{\dfrac{\omega\sigma\mu}{2}} + j\sqrt{\dfrac{\omega\sigma\mu}{2}}$ (σ : 도전율, μ : 투자율)

2) $\alpha = \beta = \sqrt{\dfrac{\omega\sigma\mu}{2}}$ (α : 감쇠정수, β : 위상정수)

3) 도체에서의 진자파는 지수함수적으로 감쇠 진동한다.

4) 도체에서의 전자파는 도전율 σ 및 주파수 f가 큰 도체일수록 감쇠가 크고 진입하기 어려우며, 완전도체에서는 전혀 진입할 수 없다.

5) 전파속도 $v = \sqrt{\dfrac{2\omega}{\sigma\mu}}$ [m/s]

6) 도체내의 전자파 침투깊이 또는 표피두께 $\delta = \dfrac{1}{\sqrt{\pi f \sigma \mu}}$

(14) 유전체에서의 전파속도는 주파수 f와 무관하며 매질의 특성 ϵ, μ에 관계된다.

$$v = f\lambda = \dfrac{1}{\sqrt{\epsilon\mu}} \text{ [m/s]}$$

(15) 완전 유전체에서 전자파는 무감쇠 진동을 한다.

전파정수 $\gamma = \alpha + j\beta = 0 \mp j\omega\sqrt{\epsilon\mu}$ (감쇠정수 $\alpha = 0$)

(16) 정재파비(VSWR : voltage standing wave ratio)

1) 정재파비 $S = \dfrac{1+\text{반사계수}}{1-\text{반사계수}}$

2) 데시벨[dB]로 표시하면 $S = 20\log_{10}\dfrac{1+\Gamma}{1-\Gamma}$ [dB]

(17) 정자계 에너지와 포인팅 벡터

1) 전계 에너지 $w_e = \dfrac{1}{2}\boldsymbol{D}\cdot\boldsymbol{E} = \dfrac{1}{2}\epsilon E^2$ [J/m^3]

2) 자계 에너지 $w_m = \dfrac{1}{2}\boldsymbol{B}\cdot\boldsymbol{H} = \dfrac{1}{2}\mu H^2$ [J/m^3]

3) 단위 체적당의 전 에너지 밀도 $w = w_e + w_m = \dfrac{1}{2}(\epsilon E^2 + \mu H^2)$ [J/m^3]

(18) 고유 임피던스, 전계 및 자계의 관계식

$$\eta = \sqrt{\dfrac{\mu}{\epsilon}}, \quad E = \sqrt{\dfrac{\mu}{\epsilon}}H = \eta H$$

(19) 전력 밀도 P의 크기

$$P = wv = \epsilon E^2 \cdot \frac{1}{\sqrt{\epsilon\mu}} = \mu H^2 \cdot \frac{1}{\sqrt{\epsilon\mu}} = EH \, [\text{W/m}^2]$$

(20) 포인팅 벡터(Poynting vector) 또는 방사 벡터 P

$$\boldsymbol{P} = \boldsymbol{E} \times \boldsymbol{H} = EH \sin\theta = EH \sin 90° = EH \, [\text{W/m}^2]$$

Chap. 3 전력공학

1. 송배전 계통의 구성

(1) 교류송전 방식의 장점
1) 전압의 승압, 강압이 용이하다.
2) 회전자계를 쉽게 얻을 수 있다.
3) 일관된 운용을 기할 수 있다.

(2) 직류송전방식의 장·단점
1) 장점
① 절연레벨을 낮출 수 있다.
② 선로의 리액턴스가 없으므로 안정도가 높다.
③ 유전체손과 무효전력이 없으므로 이로 인한 손실도 없다.
④ 표피 효과나 근접 효과가 없으므로 실효 저항의 증대가 없다.
⑤ 주파수가 다른 교류 계통과 연계가 가능하다.
⑥ 코로나 손실이 적고 충전전류가 없다.

2) 단점
① 직·교류 변환 장치가 필요하다.
② 전압의 승·강압이 안 된다.
③ 고주파나 고조파 억제대책이 필요하다.
④ 직류 차단이 어렵다.

(3) 전압의 종류
1) 공칭 전압(nominal voltage)
전선로를 대표하는 선간 전압을 말하며 그 계통의 송전 전압을 나타낸다.

2) 최고 전압 = $\dfrac{공칭\ 전압}{1.1} \times 1.15$

(4) 경제적인 송전전압(Alfred still 식)

$$송전전압\,[kV] = 5.5\sqrt{0.6 \times 송전거리[km] + \frac{송전전력[kW]}{100}}$$

(5) 전압과의 관계

항 목	관 계	관 계 식
송전전력(P)	전압의 자승에 비례	$\propto V^2$
공급용량(P_p)	전압에 비례	$\propto V$
전압강하(e)	전압에 반비례	$\propto \frac{1}{V}$
• 전선의 단면적(A) • 전선의 총중량(W) • 전력손실(P_l) • 전압강하율(ϵ)	전압의 자승에 반비례	$\propto \frac{1}{V^2}$

2. 송전 선로

(1) ACSR 전선과 경동선의 비교
1) 코로나 발생 : ACSR 전선은 바깥지름이 크므로 경동선에 비해 코로나 발생이 적다.
2) 전선의 진동 : ACSR 전선은 경동선에 비해 가볍고 바깥지름이 크므로 진동이 많이 발생한다.

(2) 연선
1) 소선의 총수 $N = 3n(n+1) + 1$ (n : 소선의 총수)
2) 바깥지름 $D = (2n+1)d$ [mm] (d : 소선의 지름[mm])
3) 연선의 단면적 $A = Na$ [mm²] (a : 소선의 단면적[mm²])

(3) 전선의 굵기 선정 시 고려사항
1) 허용전류
2) 전압강하
3) 기계적 강도
4) 코로나
5) 전력손실 및 경제성
6) 부하증가에 대한 예측 등

(4) 경제적인 전선의 굵기 : 켈빈의 법칙 (Kelvin's law)

(5) 이도(dip) $D = \dfrac{wS^2}{8T}$ [m]

여기서, D : 이도 [m]
T : 전선의 수평장력 [kg]
w : 단위 길이당 전선의 중량 [kg/m]
S : 경간(전선의 지지점간의 거리) [m]

(6) 경간
 1) 표준 경간 : 건설비가 최소로 되는 경간
 2) 장경간 : 표준경간에 250[m]를 가산한 경간으로서

(7) 전선의 실제길이 $L = S + \dfrac{8D^2}{3S}$

(8) 전선의 진동이 발생하기 좋은 조건
 1) 가벼운 전선
 2) 경간이 길 경우
 3) 가선 장력이 클 경우
 4) 전선의 바깥지름이 클 경우

(9) 진동 억제 장치
 1) 스톡 브리지 댐퍼
 2) 토셔널 댐퍼
 3) 베이츠 댐퍼
 4) 아머로드

(10) 오프셋 두는 이유 : 전선 도약에 의한 상부전선과 하부전선의 단락사고 방지

(11) 전압에 따른 현수애자(250 [mm])의 연결 개수

전압 [kV]	66	154	220	345	765
수량	4~6	10~11	12~13	18~20	40~45

(연결개수 = $\dfrac{\text{사용전압}[kV]}{20[kV]}$ + 여유(1 ~ 2개) ⋯ 단지 참고 자료 임)

(12) 애자련의 전압분포
 1) 최대 전압 분담애자 : 전선에 가장 가까운 애자
 2) 최소 전압 분담애자 : 전선으로부터 2/3 (철탑으로부터 1/3)되는 지점에 있는 애자

(13) 연효율 $\eta = \dfrac{V_n}{nV_1} \times 100[\%]$

여기서, V_n : 애자련의 건조 섬락전압
V_1 : 애자 1개의 건조섬락전압
n : 애자개수

(14) 초호환, 초호각의 설치 효과
1) 애자련의 전압분포가 개선되고
2) 선로의 섬락으로부터 애자련을 보호할 수 있다.

(15) 지중 케이블 고장점 탐지법
1) 머레이 루프법(Murray loop)
2) 정전 용량의 측정으로 발견하는 법(Capacity bridge)
3) 수색 코일로 하는 방법
4) 펄스로 하는 방법(Pulse radar)
5) 음향으로 고장점을 측정하는 방법

3. 다도체와 선로정수 및 코로나

(1) 선로정수 : R, L, C, G의 4가지 정수
(리액턴스 $[X_L = 2\pi f L]$는 주파수에 관계되므로 선로정수가 아니다.)

(2) 단도체 방식과 비교한 복도체 방식의 장·단점
1) 코로나 임계전압 상승
2) 선로의 정전용량 증가
3) 선로의 인덕턴스 감소
4) 선로의 송전용량 증가
5) 안정도 증대
6) 전위경도 감소
7) 페란티 효과에 의한 수전단 전압 상승
8) 단락사고시 각 소도체에 같은 방향의 대전류가 흘러 소도체 상호간에 흡인력 발생

(3) 전선의 저항 $R = \rho\dfrac{l}{A} = \dfrac{1}{58} \times \dfrac{100}{C} \times \dfrac{l}{A}\,[\Omega]$

(ρ : 고유저항, c : 도전율[%], l : 선로길이[m], A : 단면적[mm^2])

(4) $t[℃]$에서의 저항값 $R_t = R_{20}[1 + \alpha_{20}(t-20)]$

(5) 표피효과 $\delta = \sqrt{\dfrac{1}{\pi f \sigma \mu}}\,[\text{m}]$

주파수가 높을수록, 도전율이 높을수록, 투자율이 클수록, 표피 두께 δ가 감소하므로 표피 효과는 증대되어 도체의 실효 저항이 증가한다.

(6) 인덕턴스(L)

    1) 단도체 인덕턴스 : $L = 0.4605\log_{10}\dfrac{D}{r} + 0.05\,[\text{mH/km}]$

                  (D : 선간거리, r : 전선의 반지름)

    2) n도체 인덕턴스 : $L_n = 0.4605\log_{10}\dfrac{D_e}{\sqrt[n]{rs^{n-1}}} + \dfrac{0.05}{n}\,[\text{mH/km}]$

                (D_e : 등가선간거리, n : 복도체 수, s : 소도체 간격)

    3) 작용인덕턴스 $L = L_e$(자기인덕턴스)$- L_e{'}$(상호인덕턴스)

(7) 정전 용량(C_w)

    1) 단도체 정전 용량 : $C_w = \dfrac{0.02413}{\log_{10}\dfrac{D}{r}}\,[\mu\text{F/km}]$

    2) n도체 정전 용량 : $C_w = \dfrac{0.02413}{\log_{10}\dfrac{D}{\sqrt[n]{rs^{n-1}}}}\,[\mu\text{F/km}]$

    3) 단상 1회선인 경우 작용정전 용량 $C_w = C_s + 2C_m$

      (C_s : 대지정전용량, C_m : 선간정전용량)

    4) 3상 1회선인 경우 작용정전 용량 $C_w = C_s + 3C_m$

    5) 3상 2회선인 경우 작용정전 용량 $C_w = C_s + 3(C_m + C_m{'})$

    6) 3상 1회선인 경우 대지 정전 용량 $C_s = \dfrac{0.02413}{\log_{10}\dfrac{8h^3}{rD^2}}\,[\mu\text{F/km}]$

      (h : 지표면상 높이[m])

    7) 충전전류 $I_c = 2\pi f C_w \dfrac{V}{\sqrt{3}}\,[\text{A}]$ (C_w : 작용 정전 용량)

8) 전선로의 충전 용량 : $P_c = 2\pi f C_w V^2 [\text{VA}] = 2\pi f C_w V^2 \times 10^{-3} [\text{kVA}]$

9) 비 접지방식에서의 1선지락 전류 $I_g = j3\omega C_s E [\text{A}]$
   (C_s : 대지 정전용량, E : 상전압[V])

(8) 연가

1) 연가의 목적 : 선로정수의 평형
2) 연가의 효과 : 직렬공진 방지, 유도장해 감소, 선로정수 평형

(9) 페란티 현상

1) 현상 : 수전단 전압이 송전단 전압보다 높아지는 현상

2) 발생원인 : 전압보다 위상이 90° 앞선 충전 전류가 흘러서 발생

3) 페란티 현상 방지 대책
   ① 수전단에 분로 리액터 설치
   ② 동기 조상기의 부족여자 운전

(10) 공기의 파열극한 전위경도

1) DC : 30 [kV/cm]
2) AC : 21 [kV/cm] (실효값 $= \dfrac{\text{최대값}}{\sqrt{2}} = \dfrac{30}{\sqrt{2}} = 21.2 [\text{kV}]$)

(11) 코로나

1) 코로나 임계전압 $E_o = 24.3 m_o m_1 \delta d \log_{10} \dfrac{D}{r} [\text{kV}]$

2) 코로나 방지대책
   ① 전선의 지름을 크게 한다.
   ② 복도체를 사용한다.
   ③ 가선 금구를 개량한다.

3) 코로나 손실(Peek 식)

$$P = \dfrac{241}{\delta}(f+25)\sqrt{\dfrac{d}{2D}}(E-E_0)^2 \times 10^{-5} [\text{kW/km/line}]$$

d : 전선의 지름[cm], r : 전선의 반지름[m], δ : 상대공기밀도
m_0 : 전선의 표면계수, m_1 : 일기에 대한 계수
D : 선간거리[m], E : 전선의 대지전압[kV]

4. 송전 특성

(1) 송전선로의 구분

구 분	거 리	선 로 정 수	회 로
단거리	수 [km]	R, L 만 고려	집중 정수회로로 취급
중거리	수십 [km]	R, L, C 만 고려	T회로, π회로로 취급
장거리	수백 [km]	R, L, C, G 고려	분포정수 회로로 취급

(2) 단거리 송전선로

1) 3상 송전전압 $V_s \fallingdotseq V_r + \sqrt{3}\,I(R\cos\theta_r + X\sin\theta_r)$

 (V_s, V_r : 송·수전단 선간전압)

2) 단상 송전전압 $E_s \fallingdotseq E_r + I(R\cos\theta_r + X\sin\theta_r)$

 (E_s, E_r : 송·수전단 상전압)

3) 전압강하 $e = \dfrac{P}{V_r}(R + X\tan\theta_r)$

4) 최대 전압 강하가 발생하는 상차각(θ_r) $\tan\theta_r = \dfrac{\sin\theta_r}{\cos\theta_r} = \dfrac{X}{R}$

5) 전압 강하율 $\epsilon = \dfrac{V_s - V_r}{V_r} \times 100 = \dfrac{P}{V_r^2}(R + X\tan\theta_r) \times 100 [\%]$

6) 전압 변동률 $\delta = \dfrac{V_{r_0} - V_r}{V_r} \times 100\,[\%] = \dfrac{Q_c}{P_s} \times 100\,[\%]$

 V_{r_0} : 무부하 상태에서의 수전단 전압

 V_r : 정격부하 상태에서의 수전단 전압

 Q_c : 조상설비 용량, P_s : 모선 단락용량

7) 전력 손실률 $K = \dfrac{P_l}{P} \times 100[\%] = \dfrac{RP}{V^2\cos^2\theta} \times 100[\%]$

(3) 중거리 송전선로

1) T 회로

 • $E_s = \left(1 + \dfrac{ZY}{2}\right)E_r + Z\left(1 + \dfrac{ZY}{4}\right)I_r$ • $I_s = YE_r + \left(1 + \dfrac{ZY}{2}\right)I_r$

2) π 회로

 • $E_s = \left(1 + \dfrac{ZY}{2}\right)E_r + ZI_r$ • $I_s = Y\left(1 + \dfrac{ZY}{4}\right)E_r + \left(1 + \dfrac{ZY}{2}\right)I_r$

(4) 장거리 송전선로

1) 특성(파동)임피던스 $Z_0 = \sqrt{\dfrac{Z}{Y}} = \sqrt{\dfrac{(R+j\omega L)}{(G+j\omega C)}}\ [\Omega]$

   선로의 특성임피던스는 선로의 저항(R)과 누설콘덕턴스(G)를 무시하면

   $$Z_0 \fallingdotseq \sqrt{\dfrac{L}{C}} = 138\log_{10}\dfrac{D}{r}\ [\Omega]\quad (D:\text{선간거리},\ r:\text{전선의 반지름})$$

   - 어드미턴스 Y : 개방시험
   - 임피던스 Z : 단락시험에서 측정

2) 전파 정수 $\gamma = \sqrt{ZY} = \sqrt{(R+j\omega L)(G+j\omega C)}\ [\text{rad}] = \alpha + j\beta$
   (α : 감쇠정수, β : 위상정수)

3) 서지파의 진행속도 $v = \dfrac{\omega}{\beta} = \dfrac{\omega}{\omega\sqrt{LC}} = \dfrac{1}{\sqrt{LC}}$

(5) 4단자 정수

- $E_s = AE_r + BI_r$
- $I_s = CE_r + DI_r$
- $AD - BC = 1$
- $A = D$

(6) T형 회로

$$\begin{bmatrix} A & B \\ C & D \end{bmatrix} = \begin{bmatrix} 1+\dfrac{ZY}{2} & Z\left(1+\dfrac{ZY}{4}\right) \\ Y & 1+\dfrac{ZY}{2} \end{bmatrix}$$

(7) π형 회로

$$\begin{bmatrix} A & B \\ C & D \end{bmatrix} = \begin{bmatrix} 1+\dfrac{ZY}{2} & Z \\ Y\left(1+\dfrac{ZY}{4}\right) & 1+\dfrac{ZY}{2} \end{bmatrix}$$

(8) 전력원선도

1) 원선도
   - 가로축 : 유효전력
   - 세로축 : 무효전력

2) 원선도의 반지름 $\rho = \dfrac{V_s V_r}{b}\quad (B = b\angle\beta)$

3) 전력 원선도 작성시 필요한 것
   ① 송전단 전압 : E_s
   ② 수전단 전압 : E_r
   ③ 회로정수 : A, B, C, D

4) 원선도에서 구할 수 없는 것 : 과도 안정 극한전력, 코로나 손실

(9) 송전용량 개략 계산법

1) Still의 식(경제적인 송전 전압) $V_s = 5.5\sqrt{0.6\,l + \dfrac{P}{100}}$ [kV]

   (l : 송전거리[km], P : 송전용량[kW])

2) 고유 부하법 $P = \dfrac{V_r^2}{Z} = \dfrac{V_r^2}{\sqrt{\dfrac{L}{C}}}$ [MW/회선] (Z : 특성 임피던스[Ω])

3) 송전 용량 계수법 $P_R = k\dfrac{V_r^2}{l}$ [kW]

(10) 송전 전력 $P = \dfrac{V_s V_r}{X}\sin\delta$ [MW]

   (V_s, V_r : 송·수전단 전압[kV], X : 리액턴스)

5. 중성점 접지방식과 유도장해

(1) 유효접지
1선 지락사고 시 건전상의 전위상승이 상규대지 전압의 1.3배 이하가 되도록 하는 접지방식으로 직접접지가 해당되며 그 조건은 다음과 같다.

① $\dfrac{R_0}{X_1} \le 1$ ② $0 \le \dfrac{X_0}{X_1} \le 3$

(R_0 : 저항, X_0 : 영상 리액턴스, X_1 : 정상 리액턴스)

(2) 비유효접지 : 비접지방식, 저항접지방식 및 소호리액터 접지방식

(3) 저항 접지방식 : $Z_n = R$
1) 고저항 접지 : $R = 100 \sim 1{,}000$[Ω] 정도
2) 저저항 접지 : $R = 30$[Ω] 정도

(4) 비접지방식

1) 지락전류 $I_g = j3\omega C_s E$ [A]

(C_s : 대지정전용량, E : 고장점 대지전압($= \frac{V}{\sqrt{3}}$))

2) 특징

① 33[kV] 이하 계통에 적용
② 변압기 결선을 △-△로 할 수 있어 변압기 1대 고장 시 V-V 결선으로 송전
③ 1선 지락사고 시 지락전류가 아주 적어서 그대로 송전 가능

(5) 직접 접지 방식

1) 지락전류 $I_g = \frac{E}{R+jX}$ [A]

선로의 저항 R을 무시하면 $I_g = \frac{E}{jX} = -j\frac{E}{X}$ [A]로 전압보다 $90°$ 늦은 전류

2) 특징

① 22.9[kV], 154[kV], 345[kV], 765[kV] 계통에 적용
② 1선 지락 시 건전상의 대지전압 상승은 거의 없다.
③ 선로 및 기기의 절연레벨을 낮출 수 있다. (저감절연, 단절연 가능)
④ 보호 계전기의 동작이 확실하다.
⑤ 지락전류가 저 역률의 대 전류이므로 과도 안정도가 나빠진다.
⑥ 지락고장 시 통신선에 전자유도 장해를 크게 미친다.

(6) 소호 리액터 접지 방식

1) 원리 : 선로의 대지 정전 용량과 병렬 공진하는 리액터를 이용하여 중성점을 접지

2) 지락전류 : 1선 지락고장시 고장점에는 극히 작은 손실전류만이 흐른다.

3) 소호리액터의 크기

① 변압기의 임피던스 x_t를 고려하지 않는 경우

$$\omega L = \frac{1}{3\omega C_s}, \quad L = \frac{1}{3\omega^2 C_s} = \frac{1}{3(2\pi f)^2 C_s}$$

② 변압기의 임피던스 x_t를 고려하는 경우

$$\omega L = \frac{1}{3\omega C_s} - \frac{x_t}{3}, \quad L = \frac{1}{3\omega^2 C_s} - \frac{L_t}{3}$$

4) 합조도 $P = \dfrac{I_L - I_C}{I_C} \times 100 [\%]$

(I_C : 대지충전전류, I_L : 소호리액터 사용탭 전류)

(7) 접지 방식별 특성비교

1) 지락 전류의 크기 : 직접 접지 > 고저항 접지 > 비접지 > 소호 리액터 접지

2) 지락 고장시 통신선의 유도장해 : 직접 접지 > 고저항 접지 > 비접지 > 소호 리액터

3) 지락 고장시 전위상승 : 소호 리액터 접지 > 비 접지 > 저항접지 > 직접접지

4) 과도 안정도 : 소호 리액터 접지 > 비 접지 > 저항접지 > 직접접지

(8) 중성점의 잔류 전압

$$E_n = \dfrac{\sqrt{C_a(C_a - C_b) + C_b(C_b - C_c) + C_c(C_c - C_a)}}{C_a + C_b + C_c} \times \dfrac{V}{\sqrt{3}} [V]$$

(C_a, C_b, C_c : 각 선의 대지정전 용량)

연가를 완벽하게 하여 $C_a = C_b = C_c$의 조건이 되면 잔류전압은 0이 된다.

(9) 유도 장해

1) 정전 유도 : 전력선과 통신선과의 상호 정전 용량에 의해 발생

2) 전자 유도 : 전력선과 통신선과의 상호 인덕턴스 M에 의해 발생

  전자유도전압 $E_m = -j\omega Ml(I_a + I_b + I_c) = -j\omega Ml(3I_0)$

3) 고조파 유도 : 고조파의 유도에 의한 잡음 장해

6. 고장계산

(1) 단락고장 계산

1) 옴[Ω] 법

① 단락전류 $I_s = \dfrac{E}{Z} = \dfrac{E}{\sqrt{R^2 + X^2}} [A]$

② 단락용량 $P_s = 3EI_s = \sqrt{3}\,VI_s [VA]$

2) % 임피던스 법

① $\%Z = \dfrac{I_n[\text{A}] \times Z[\Omega]}{E[\text{V}]} \times 100 [\%]$

② $\%Z = \dfrac{P_n[\text{kVA}] \times Z[\Omega]}{10 V^2[\text{kV}]} [\%]$ (V 및 P_n의 단위가 [kV] 및 [kVA]인 것에 주의)

③ 단락전류 $I_s = \dfrac{E[\text{V}]}{Z[\Omega]} = \dfrac{100}{\%Z} \times I_n$

④ 단락용량 $P_s = \dfrac{100}{\%Z} \times P_n$ (P_n : 기준용량)

⑤ 3상 단락용량 $P_s = \sqrt{3} \times$ 공칭전압 $\times$ 단락전류[VA]

⑥ 3상 차단기의 차단용량 $P_s = \sqrt{3} \times$ 차단기의 정격전압 $\times$ 차단전류[VA]

⑦ %Z (기준용량) = $\dfrac{\text{기준용량 [kVA]}}{\text{자기용량 [kVA]}} \times$ %Z (자기용량)

(2) 대칭좌표법

1) 방법 : 불평형전압 이나 불평형전류를 3개의 성분(영상분, 정상분, 역상분)으로 나누어 계산하는 방법

2) 고장별 대칭분 및 전류의 크기

고장의 종류	대 칭 분	전류의 크기
3상 단락	정상분	$I_1 \neq 0$, $I_2 = I_0 = 0$
선간 단락	정상분, 역상분	$I_1 = -I_2 \neq 0$, $I_0 = 0$
1선 지락	정상분, 역상분, 영상분	$I_0 = I_1 = I_2 \neq 0$

(I_0 : 영상전류, I_1 : 정상전류, I_2 : 역상전류)

① 영상전류(I_0)
  - 크기가 같고 같은 위상각을 가진 평형 단상전류
  - 지락고장 시 접지계전기를 동작시키는 전류
  - △결선이 있으면 △결선의 내부를 순환

② 정상전류(I_1) : 전원과 동일한 상회전 방향, 전동기에 회전토크를 준다.

③ 역상전류(I_2) : 전원의 상회전 방향과 반대 방향, 전동기에 제동력을 준다.

3) 불평형 전압

① $V_a = V_0 + V_1 + V_2$

② $V_b = V_0 + a^2 V_1 + a V_2$

③ $V_c = V_0 + a V_1 + a^2 V_2$

4) 대칭분 전압

① 영상분 $V_0 = \dfrac{1}{3}(V_a + V_b + V_c)$

② 정상분 $V_1 = \dfrac{1}{3}(V_a + aV_b + a^2V_c)$ $(1 \to a \to a^2$의 순서$)$

③ 역상분 $V_2 = \dfrac{1}{3}(V_a + a^2V_b + aV_c)$ $(1 \to a^2 \to a$의 순서$)$

5) 발전기의 기본식

① $V_0 = -I_0 Z_0$

② $V_1 = E_1 - I_1 Z_1 = E_a - I_1 Z_1$

③ $V_2 = -I_2 Z_2$

(3) 1선(a선) 지락고장 시

1) 대칭분 $I_0 = I_1 = I_2 = \dfrac{E_a}{Z_0 + Z_1 + Z_2}$

2) 지락전류 $I_a = I_0 + I_1 + I_2 = 3I_0 = \dfrac{3E_a}{Z_0 + Z_1 + Z_2}$

(4) 각 기기별 임피던스 관계

1) 변압기 : $Z_1 = Z_2 = Z_0$

2) 송전선로 : $Z_1 = Z_2 < Z_0$
   - 송전 선로는 정지 회로이므로 정상 임피던스(Z_1)와 역상 임피던스(Z_2)는 같다
   - 송전 선로의 영상 임피던스(Z_0)는 정상분의 약 4배 정도이다.

3) 발전기 : $Z_1 \neq Z_2$

7. 전력계통의 안정도

(1) 안정도에 관한 공식

1) 송전 전력 : $P = \dfrac{V_s V_r}{X} \sin \delta$ (δ : V_s와 V_r의 상차각)

2) 최대 송전 전력 : $P_m = \dfrac{V_s V_r}{X}$ (X : 리액턴스)

(2) 안정도 향상대책

1) 직렬 리액턴스(X)를 작게 한다(기기의 리액턴스를 적게, 복도체 방식, 직렬콘덴서)
2) 전압 변동을 작게 한다(속응여자 방식, 계통 연계)
3) 계통에 주는 충격의 경감(고속 재폐로 방식, 차단기의 고속화, 중간 개폐소)
4) 고장시 발전기 입·출력의 불평형을 작게 한다.

8. 이상전압 및 방호대책

(1) 개폐 이상전압

1) 개폐 이상전압이 가장 큰 경우 : 무부하 송전 선로의 충전 전류를 차단할 경우
2) 개폐 이상 전압의 크기 : 상규 대지 전압의 3.5배 이하로서 4배를 넘는 경우는 거의 없다.

(2) 뇌전압 또는 뇌전류의 특징

1) 충격파이다.
2) 외부 이상 전압과 내부 이상전압은 파두장 및 파미장 모두 다르다.
3) 충격 전압 시험시의 표준 충격 전압 파형 : $1.2 \times 50 [\mu s]$

(3) 진행파의 반사와 투과

1) 전파속도 $v = \dfrac{1}{\sqrt{LC}}\,[\text{m/sec}]$

2) 반사 계수 $= \dfrac{Z_2 - Z_1}{Z_2 + Z_1}$

3) 투과 계수 $= \dfrac{2Z_2}{Z_2 + Z_1}$

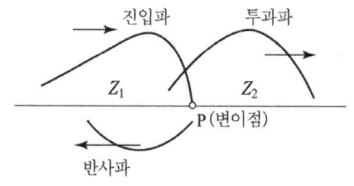

(4) 이상전압에 대한 방호 장치 및 기능

1) 가공지선 : 뇌의 차폐
2) 피뢰기 : 기기 보호
3) 매설지선 : 역섬락 방지
4) 개폐 저항기 : 개폐 서지 이상전압의 억제
5) 서지 흡수기 : 변압기, 발전기 등을 서지로부터 보호

(5) 가공지선의 특징
1) 보호각(차폐각)은 될 수 있는 대로 작게 하는 것이 바람직하다.
2) 2회선 가공에 대해서 지선 1가닥의 경우는 보호각을 35~40° 정도
3) 가공지선을 2가닥으로 하면 차폐 효과가 더 좋아진다.

(6) 피뢰기
1) 피뢰기의 제1보호 대상 : 변압기

2) 구성 : 직렬갭 + 특성요소
   ① 직렬갭 : 뇌 전류를 방전하고 속류를 차단
   ② 특성요소 : 뇌 전류 방전 시 피뢰기 자신의 전위상승을 억제
   ③ 쉴드링 : 전기적, 자기적 충격으로부터 보호

3) 피뢰기의 구비조건
   ① 상용 주파 방전 개시 전압이 높을 것
   ② 충격 방전 개시 전압이 낮을 것
   ③ 제한 전압이 낮을 것
   ④ 속류 차단 능력이 클 것

4) 피뢰기의 정격전압
   ① 직접 접지계 : 선로의 공칭전압 × 0.8~1.0배
   ② 저항 또는 소호 리액터 접지 : 선로의 공칭전압 × 1.4~1.6배
   ③ 유효접지 계통에서 피뢰기의 정격 전압을 결정하는 데 가장 중요한 요소
      : 1선 지락 고장시 건전상의 대지전위 즉, 지속성 이상전압의 크기

(7) 절연협조
1) 절연협조의 기준 : 피뢰기의 제한전압
2) 절연협조 : 선로, 애자 > 부싱, 차단기 > 변압기 > 피뢰기 제한전압

9. 보호계전방식

(1) 보호계전기의 책무
1) 주보호의 책무 : 신속하게 고장구간을 최소 범위로 한정해서 제거
2) 후비보호의 책무 : 주보호가 실패했을 경우 일정한 시간을 두고 동작하는 백업(back up) 계전방식

(2) 보호 계전기의 동작 시간에 의한 분류

1) 순한시 계전기 : 고장 즉시 동작
2) 정한시 계전기 : 고장 후 일정시간이 경과하면 동작
3) 반한시 계전기 : 고장전류의 크기에 반비례하여 동작
4) 반한시 정한시 계전기 : 반한시와 정한시 특성을 겸함

(3) 변류기 2차측 개방 시

1) 1차 전류가 모두 여자전류가 되어 2차측에 과전압 유기 및 절연 파괴
2) CT 2차측 기기를 교체하고자 하는 경우는 반드시 CT 2차측을 단락시켜야 한다.

(4) 영상 변류기(ZCT) : 지락 사고시 지락 전류(영상 전류)를 검출

(5) 접지형 계기용 변압기(GPT) : 비접지 계통에서 지락 사고시의 영상 전압 검출

(6) 선택 지락 계전기 (Selective Ground Relay : SGR)

1) 병행 2회선 송전 선로에서 한쪽의 1회선에 지락 사고가 일어났을 경우 이것을 검출하여 고장 회선만을 선택 차단
2) 구성 : SGR + GPT + ZCT

(7) 비율 차동 계전기

1) 용도 : 발전기나 변압기의 내부 고장에 대한 보호용
2) 비율 차동 계전기용 변류기의 결선은 변압기 결선과 반대로 한다.

변압기 결선	변류기 결선
Y − △	△ − Y
△ − Y	Y − △

3) 보상 변류기의 역할 : 변압기 고·저압간의 전류의 크기 및 위상을 보상

(8) 방사상 선로의 단락 보호

1) 전원이 1단에만 있는 경우 : 과전류 계전기(OCR)
2) 전원이 양단에 있는 경우 : 방향 단락 계전기(DS) + 과전류 계전기(OC)

(9) 환상 선로의 단락 보호

1) 전원이 1단에만 있는 경우 : 방향 단락 계전기(DS)
2) 전원이 2군데 이상 있는 경우 : 방향 거리 계전기(DZ)

(10) 모선 보호 계전 방식

    1) 전류 차동 계전 방식   2) 전압 차동 계전 방식

    3) 위상 비교 계전 방식   4) 방향 비교 계전 방식

(11) 표시선(pilot wire) 계전 방식의 종류

    1) 전류 순환 방식

    2) 전압 반향 방식

    3) 방향 비교 방식

10. 변전소 설비 및 전력계통 운영

(1) 변전소의 역할

    1) 전압의 변성(승압, 강압)과 조정

    2) 전력의 집중과 배분

    3) 전력 조류의 제어

    4) 송배전선로 및 변전소의 보호

(2) 1차 변전소

    1) 1차 변전소의 변압기 결선 : $Y-Y-\triangle$결선

    2) 3차 권선($\triangle$결선, 안정 권선)의 용도

        • 제3고조파의 제거   • 조상설비의 설치   • 소내용 전원의 공급

(3) $\triangle$결선이 없는 Y-Y 결선에는 제3고조파의 전류가 흐른다.

(4) 조상설비의 종류

    1) 콘덴서 : 앞선 전류를 취하여 전압강하를 보상한다.

    2) 리액터 : 늦은 전류를 취하여 이상전압의 상승을 억제한다.

    3) 동기조상기 : 무부하 운전중인 동기전동기를 과여자 운전하면 콘덴서로 작용하며, 부족여자 운전하면 리액터로 작용한다.

(5) 모선의 종류

    1) 단일 모선 방식   2) 표준 2중 모선 방식

    3) $1\frac{1}{2}$차단기 방식   4) 환상 모선 방식

(6) 각 차단기별 소호 매질은?

종 류	소호매질
유입차단기(OCB)	절연유
진공차단기(VCB)	고진공
자기차단기(MBB)	자기력
공기차단기(ABB)	압축공기
가스차단기(GCB)	SF_6 가스

(7) 가스절연개폐장치(GIS)

가스절연 개폐장치(GIS)는 차단기, 단로기, 피뢰기, 변성기, 변류기 및 접지장치 등의 변전설비를 SF_6 가스를 충전한 금속제 함에 수납한 구조

(8) 차단기의 차단시간 및 재점호

1) 차단기의 차단시간은 트립 코일(trip coil)의 여자부터 아크 소호 시간을 합한 것

정격 차단 시간 = 개극 시간 + 아크 소호 시간

2) 차단기의 정격 차단 시간(표준) : 3 [Hz], 5 [Hz], 8 [Hz]

(9) 차단기의 표준 동작 책무

어느 시간 간격을 두고 행하여지는 일련의 동작을 규정한 것을 차단기의 동작책무(duty cycle) 라고 한다.

- 일반용 O − 3분 − CO − 3분 − CO
             CO − 15초 − CO
- 고속도 재투입용 O − 0.3초 − CO − 3분(또는 15초, 1분) − CO
    (O : 차단동작, C : 투입동작, CO : 투입 직후 차단)

(10) 차단기의 트립방식

1) CT 2차 전류 트립 방식
2) DC 전압 방식
3) CTD 방식(콘덴서 트립 방식)

정류기로 교류를 정류하여 콘덴서를 충전하고, 그 방전 에너지에 의해 트립 코일을 여자하여 트립 시키는 방법으로 정류기와 콘덴서로 구성되어 있다.

(11) DC 전압 방식에 필요한 축전지 용량

1) 축전지 용량 산출 일반식 $C = \dfrac{1}{L} KI$ [Ah]

(L : 보수율, K : 용량 환산시간[h], I : 방전전류[A])

2) 연축전지
- 공칭 전압 : 2.0 [V/cell]
- 공칭 용량 : 10시간율 [Ah]
- 방전 종료 전압 : 1.8 [V]

3) 알칼리축전지
- 공칭 전압 : 1.2 [V/cell]
- 공칭 용량 : 5 시간율 [Ah]

(12) SF$_6$ 가스의 특성
1) 무색, 무취, 무독, 불연성 가스
2) 공기에 비해 소호 능력이 약 100배
3) 불활성 가스
4) 1기압 하에서 절연 내력이 공기의 2~3배

(13) 단로기와 각종 개폐기 및 차단기와의 기능 비교

기능 \ 능력	회로 분리		사고 차단	
	무부하	부하	과부하	단락
퓨즈	○			○
차단기	○	○	○	○
개폐기	○	○	○	
단로기	○			
전자 접촉기	○	○	○	

(14) 인터록

단로기(DS)는 부하 전류를 개폐할 수 없다. 따라서 단로기는 차단기(CB)가 열려 있어야 열고 닫을 수 있으며, 부하 통전시 단로기를 열 수 없도록 하는것을 인터록이라고 한다.
- 급전시 : DS → CB 순
- 정전시 : CB → DS 순

(15) 각종 개폐기의 적용
1) 단로기
① 단로 구간을 확실하게 하여 정전 개소를 확보
② 충전전류와 변압기의 여자 전류 및 경부하 전류 등의 미약한 전류 개폐

2) 자동부하 전환 개폐기(ALTS : automatic load transfer switch)
이중 전원을 확보하여 주전원 정전시나, 주 전원의 전압이 정격전압 이하로 떨어지는 경우 예비전원으로 자동 전환

3) 선로개폐기 : 보안상의 책임 분기점에서 보수 점검시 전로를 구분하기 위하여 시설 (단로기와 비슷한 용도).

(16) 전력 퓨즈
1) 전력 퓨즈의 주된 차단전류 : 단락전류
2) 퓨즈의 가장 큰 단점 : 재투입이 불가능

(17) 주파수, 전압제어
1) 유효전력 조정 → 주파수 조정
2) 무효전력 조정 → 전압 조정

(18) 위상 조정 변압기 : 조류제어 할 때 사용

(19) 전력 계통을 연계시키면 전력 계통의 규모가 증대되고 계통의 임피던스는 감소하여 단락전류가 증대되고 통신선의 전자유도장해도 커진다.

11. 배전계통

(1) 캐스케이딩(cascading)현상
1) 캐스케이딩(cascading)현상이 발생하는 배전방식 : **저압 뱅킹방식**
2) 캐스케이딩 원인 및 현상
변압기 또는 선로의 사고에 의해서 뱅킹내의 건전한 변압기의 일부 또는 전부가 연쇄적으로 회로로부터 차단되는 현상
3) 대책 : 인접 변압기와 연결되어 있는 저압선의 중간에 구분 퓨즈 설치

(2) 단상 3선식
1) 2종류의 전압공급을 하기 위해 사용하는 방법
2) 중성선이 단선되면 불평형 부하일 경우 부하 전압에 심한 불평형이 발생하며 이에 대한 대책으로 저압선의 말단에 밸런스를 설치한다.
3) 밸런스 : 권수비가 1 : 1인 단권변압기로서 누설 임피던스가 적다.

(3) 전력 손실

1) 손실계수

- $H = \dfrac{\text{어느 기간 중의 평균 전력 손실}}{\text{같은 기간 중의 최대 손실 전력}} \times 100[\%]$

- $H = \alpha F + (1-\alpha)F^2$ (α : 정수로서 0.1~0.4)

2) 부하율 F와 손실계수 H와의 관계 : $1 \geq \boldsymbol{F} \geq \boldsymbol{H} \geq \boldsymbol{F^2} \geq 0$

(4) 집중부하와 분산부하

구 분	전력손실	전압강하
말단에 집중부하	$I^2 rL$	IrL
평등분포 부하	$\dfrac{1}{3}I^2 rL$	$\dfrac{1}{2}IrL$

(5) 수용률 = $\dfrac{\text{최대 전력}}{\text{부하 설비 용량}} \times 100\,[\%]$

(6) 부등률 = $\dfrac{\text{각 수용가의 최대전력의 합계}}{\text{합성 최대 전력}}$

(7) 부하율 = $\dfrac{\text{평균 전력}}{\text{최대 전력}} \times 100[\%] = \dfrac{\text{평균 전력}}{\text{부하 설비 용량}} \times \dfrac{\text{부등률}}{\text{수용률}}$

(8) 변압기 용량 [kW] ≥ 합성 최대 수용 전력

$= \dfrac{\text{각 부하의 최대 수요 전력의 합 [kW]}}{\text{부등률}}$

$= \dfrac{\text{부하 설비 합계 [kW]} \times \text{수용률}}{\text{부등률}}$

(9) V-V 결선

1) V 결선 출력 $P_V = \sqrt{3}\,P_1$ (P_1 : 단상변압기 1대 용량)

2) 이용률 $= \dfrac{\sqrt{3}\,P_1}{2P_1} = 0.866$

3) 출력비 $= \dfrac{\sqrt{3}\,P_1}{3P_1} = 0.577$

(10) 역률 개선

1) 콘덴서 용량 $Q_c = P(\tan\theta_1 - \tan\theta_2) = P\left(\dfrac{\sqrt{1-\cos^2\theta_1}}{\cos\theta_1} - \dfrac{\sqrt{1-\cos^2\theta_2}}{\cos\theta_2}\right)$

(P_1 : 부하전력[kW], $\cos\theta_1$: 개선 전 역률, $\cos\theta_2$: 개선 후 역률)

2) 방전 코일 (DC) : 콘덴서에 축적된 잔류 전하를 방전하여 감전 사고 방지

3) 직렬 리액터
    ① 제5고조파로부터 전력용 콘덴서 보호
    ② 직렬리액터 용량
        • 이론적 : 콘덴서 용량×4[%]
        • 실제(주파수 변동 등의 여유를 고려하여 선정) : 콘덴서 용량×5~6[%]

(11) 배전선로의 과전류 보호
1) 배전 변압기 1차 측 : 고압퓨즈(COS, Cut Out Switch)
2) 변압기 2차 측 : 저압 퓨즈(catch holder)
3) 수용가 실내의 인입구에서 과전류 보호 : 배선용 차단기(MCCB)
4) 수용가 실내의 인입구에서 누전으로부터 보호 : 누전 차단기(ELB)

(12) 구분 개폐기
선로 고장시 또는 정전공사 등의 경우에 전체 선로를 정전 시키지 않고 일부 구간만을 구분해서 정전시키기 위하여 설치하는 것으로서 그 종류는 다음과 같다.
1) 가스절연 부하개폐기
2) 유입 개폐기
3) 기중 개폐기

(13) 배전선로의 보호협조
변전소 차단기 – 리클로저 – 섹셔너라이저 – 라인 퓨즈

(14) 고장구간 자동개폐기(ASS)
수용가의 구내 고장이 배전선로에 파급되는 것을 방지

(15) 자동부하 절체 개폐기(ALTS)
주전원이 정전되면 자동적으로 예비전원으로 절체

12. 수력발전

(1) 발전기 출력 $P_g = 9.8QH\eta_t\eta_g$[kW]
    (여기서, η_t : 수차효율, η_g : 발전기 효율, Q : 유량[m³/s], H : 유효낙차[m])

(2) 수두 : 단위 무게 [kg]당의 물이 갖는 에너지

   1) 위치 수두 : H_0[m]

   2) 속도 수두 : $H_V = \dfrac{v^2}{2g}$ [m] (v : 유속[m/s], g : 중력 가속도(≒9.8[m/s²]))

   3) 압력 수두 : $H_P = \dfrac{P}{w}$ [m] = $\dfrac{P}{1000}$ [m]

       (P : 수압[kg/m²], w : 물의 단위 부피의 무게[kg/m³])

(3) 연속의 정리 $A_1 v_1 = A_2 v_2 = Q$ (일정)

(4) 베르누이의 정리

   1) 손실을 무시할 때 : $H + \dfrac{P}{w} + \dfrac{v^2}{2g} = k$ (일정)

   2) 손실 수두(h_{12})를 고려할 때 : $H_1 + \dfrac{P_1}{w} + \dfrac{v_1^2}{2g} = H_2 + \dfrac{P_2}{w} + \dfrac{v_2^2}{2g} + h_{12}$

(5) 물의 이론 분출 속도 $v = \sqrt{2gH}$ [m/s]

(6) 하천 유량의 크기

   1) 갈수량 : 1년 365일 중 355일은 이것보다 내려가지 않는 유량

   2) 저수량 : 1년 365일 중 275일은 이것보다 내려가지 않는 유량

   3) 평수량 : 1년 365일 중 185일은 이것보다 내려가지 않는 유량

   4) 풍수량 : 1년 365일 중 95일은 이것보다 내려가지 않는 유량

   5) 고수량 : 매년 1~2회 생기는 유량

   6) 홍수량 : 3~4년에 한 번 생기는 유량

(7) 유황곡선 : 하천 유량의 종류(갈수량, 저수량, 평수량, 풍수량)를 알 수 있으며 발전계획을 수립할 경우 유용하게 이용된다.

(8) 적산 유량곡선 : 저수지 계획에 유용하게 사용된다.

(9) 취수 설비 및 도수 설비

   1) 취수구 : 제수문으로 취수량을 조절하고 제진 격자 또는 스크린으로 유목이나 유수 중의 부유물의 유입을 방지한다.

   2) 조압 수조 : 부하 변동에 대해 수격압을 흡수, 수차 사용 수량 변동에 따른 서지 작용을 흡수하는 기능

(10) 수차

1) 충동수차 (위치 에너지 → 운동 에너지) : 펠톤수차

2) 반동수차 (위치 에너지 → 압력 에너지)
   ① 프란시스 수차
   ② 프로펠러 수차
   ③ 카플란 수차

3) 수차의 특유 속도 $N_s = N\dfrac{\sqrt{P}}{H^{5/4}}\,[\text{rpm}]$

   (N : 정격회전수, H : 유효낙차, P : 낙차 $H[\text{m}]$에서의 최대출력)

(11) 낙차 변화에 의한 특성 변화

1) 회전수 : $\dfrac{N_2}{N_1} = \left(\dfrac{H_2}{H_1}\right)^{1/2}$

2) 유 량 : $\dfrac{Q_2}{Q_1} = \left(\dfrac{H_2}{H_1}\right)^{1/2}$

3) 출 력 : $\dfrac{P_2}{P_1} = \left(\dfrac{H_2}{H_1}\right)^{3/2}$

(12) 양수발전소의 특징

1) 심야 잉여전력을 유효하게 소비(발전 단가를 낮추는 효과)할 수 있다.
2) 첨두부하 발전소로 운전한다.
3) 계통 사고시 운전예비력을 확보할 수 있다. (비상용 발전소)
4) 무효전력 공급원의 역할을 담당할 수 있으므로 조상설비용량이 경감된다.
5) 주파수 제어 운전에 기여할 수 있다.

(13) 조속기

1) 부하가 변하여도 수차의 회전수를 일정하게 유지하기 위해 수차의 유량조정을 자동적으로 행하는 장치를 조속기라 한다.
2) 기계식 조속기의 동작순서 : 평속기 → 배압 밸브 → 서보 전동기 → 복원 기구

(14) 흡출관 : 낙차를 유효하게 이용(낙차를 늘리기 위해)하기 위해 사용

1) 충동수차 : 흡출관 필요없다.
2) 반동수차 : 흡출관 필요하다.

13. 화력발전

(1) 열량의 단위
- 1 [kWh] = 860 [kcal]
- 1 [kcal] = 4.186 [kJ]

(2) 압력
1) 절대압 = 대기압 + 게이지압
2) 1기압 = 760 [mmHg] = 1.033 [kg/cm²]
3) $P = 1.033 \times \dfrac{P_a - P_0}{760}$ [kg/cm² a]   (P_a : 대기압[mmHg], P_0 : 진공도[mmHg])

(3) 증기 발생장치에서 상태변화
1) 보일러 : 등압 가열
2) 터빈 : 단열 팽창 (과열증기 → 습증기)
3) 복수기 : 등압 냉각
4) 급수펌프 : 단열 압축

(4) $T-s$(온도-엔트로피) 선도
- $A_1 \to A_2$: 급수 펌프에 의한 등적 단열 압축
- $A_2 \to B$: 보일러 내에서의 등압 가열
- $B \to C$: 보일러 내에서의 건조 포화 증기의 등온 등압 수열
- $C \to D$: 과열기 내에서의 건조 포화 증기의 등압 과열
- $D \to E$: 터빈 내의 단열 팽창
- $E \to A_1$: 복수기 내의 터빈 배기의 등온 등압 응결

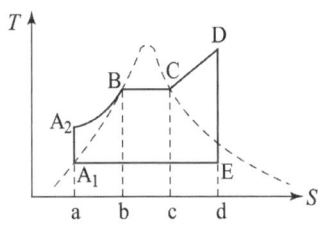

(5) 보일러 설비
1) 과열기 : 포화 증기를 과열 증기로 만들어 증기 터빈에 공급하는 장치
2) 재열기 : 터빈에서 팽창한 증기를 다시 가열하여 과열 증기의 온도 근처까지 온도를 올리기 위한 장치
3) 절탄기 : 연소 가스가 갖는 열량을 회수하여 보일러 급수를 가열하는 장치
4) 공기 예열기 : 연소 가스가 갖는 열량을 회수하여 연소용 공기의 온도를 예열
5) 집진기 : 연도로 배출되는 분진을 수거하기 위한 설비

14. 원자력

(1) 원자로의 연료, 감속재 및 냉각재

종 류	연 료	감속재	냉각재
가스 냉각로(GCR)	천연우라늄	흑연	탄산가스
가압수형 경수로(PWR)	저농축우라늄	경수	경수
비등수형 경수로(BWR)	저농축우라늄	경수	경수
중수로(CANDU)	천연우라늄	중수	중수
고속 증식로(FBR)	농축우라늄, 플루토늄	-	나트륨

(2) 제어재의 구비조건

1) 중성자 흡수 단면적이 클 것
2) 냉각재에 대하여 내부식성이 있는 것
3) 열과 방사능에 대해 안정적일 것

(3) 핵연료의 구비 조건

1) 중성자를 빨리 감속시킬 수 있을 것
2) 중성자 흡수 단면적이 작을 것
3) 열전도율이 높고, 내식성, 내방사성이 우수할 것
4) 가볍고, 밀도가 클 것

Chap. 4 전기기기

1. 직류 발전기

(1) 직류 발전기의 주요 부분 및 역할
  1) 계자(field) : 전기자를 통과하는 자속을 만드는 부분
  2) 전기자(armature) : 계자에서 만든 자속을 끊어서 기전력을 유도하는 부분
  3) 정류자(commutator) : 전기자 권선에서 유도된 교류를 직류로 바꾸어 주는 부분

(2) 보극 : 정류 개선

(3) 보상권선 : 전기자 반작용 억제

(4) 전기자
  1) 규소강판을 사용하는 이유 : 히스테리시스손 감소
  2) 얇은 철판을 성층하는 이유 : 와류손 감소

(5) 직류기의 전기자 권선 : 이층권, 고상권, 폐로권을 채택한다.

(6) 중권과 파권의 비교

비교 항목	단중 중권	단중 파권
전기자의 병렬 회로수(a)	$p\,(mp)$	$2\,(2m)$
브러시 수(b)	p	2
용 도	저전압, 대전류	고전압, 소전류
균압접속	4극 이상이면 균압 접속을 하여야 한다.	균압 접속은 필요 없다.

p : 극수, m : 다중도

(7) 유기기전력
  1) 전기자 도체 1개에 유도되는 유기기전력 $e = Blv$ [V]
    (B : 자속밀도[Wb/m^2], l : 도체의 길이[m], v : 도체의 회전속도[m/s])

2) 도체 총 수가 Z인 발전기의 유기기전력 $E = p\phi n \times \dfrac{Z}{a}$[V]

(p : 극수, ϕ : 매극당 자속[Wb], n : 회전수[rps], Z : 총 도체수,
a : 내부 병렬회로수)

(8) 전기자 반작용의 영향

1) 전기적 중성축 이동
2) 주자속 감소
3) 정류자 편간의 불꽃섬락 발생
4) 발전기의 출력감소

(9) 전기자 반작용에 대한 대책

1) 브러시를 새로운 중성점으로 이동
   ① 발전기 : 회전 방향으로 이동
   ② 전동기 : 회전 방향과 반대 방향으로 이동

2) 보상권선 설치

(10) 감자 기자력 $AT_d = \dfrac{Z}{2p} \cdot \dfrac{2\alpha}{180°} \cdot \dfrac{I_a}{a}$[AT/극]

(11) 교차 기자력 $AT_c = \dfrac{Z}{2p} \cdot \dfrac{\beta}{180°} \cdot \dfrac{I_a}{a}$[AT/극]

(12) 정류곡선 : 직선정류, 정현파 정류, 부족정류, 과정류 등이 있으며 불꽃없는 정류는 직선 또는 정현파 정류이다.

(13) 정류 코일의 리액턴스 전압(평균값) $e_L = L\dfrac{di}{dt} = L\dfrac{2I_c}{T_c}$ (T_c : 정류주기)

(14) 양호한 정류를 얻는 방법

1) 저항 정류 : 탄소브러시 사용
2) 전압 정류 : 보극설치
3) 리액턴스(L)를 적게 한다 : 단절권 채택
4) 정류주기(T_c)를 길게 한다. : 회전속도를 낮춘다.

(15) 정류자 편간전압 $e_{sa} = \dfrac{E}{\dfrac{K}{p}} = \dfrac{pE}{K}$ [V]

(E : 유기기전력, K : 정류자 편수, p : 극수)

(16) 타여자 발전기 : 외부의 독립된 직류 전원에 의해 계자권선을 여자시키는 방법

  1) 유기기전력 $E = p\phi n \dfrac{Z}{a}$ [V]

  2) 단자전압 $V = E - I_a R_a - e_a - e_b$

    여기서, e_a : 전기자 반작용에 의한 전압강하[V]

          e_b : 브러시 접촉저항에 의한 전압강하[V]

  3) 특징

    ① 잔류 자기가 없어도 발전 가능

    ② 운전 중 전기자 회전 방향 반대 ⇒ +, − 극성이 반대로 발전

(17) 분권 발전기 : 전기자 권선과 계자 권선이 병렬로 접속

  1) 부하전류 $I = \dfrac{P}{V}$

  2) 계자전류 $I_f = \dfrac{V}{R_f}$

  3) 전기자 전류 $I_a = I_f + I$

  4) 단자전압 $V = E - I_a R_a - e_a - e_b = E - (I_f + I)R_a - e_a - e_b$

  5) 분권발전기의 특징

    ① 잔류 자기가 없으면 ⇒ 발전 불가능

    ② 운전 중 전기자 회전 방향을 반대로 하면 ⇒ 잔류 자기를 소멸시켜 발전 불가능

    ③ 운전 중 계자 회로를 갑자기 열면 계자 권선에 고압을 유기하여 계자 권선의 절연을 파괴할 우려가 있다.

    ④ 운전 중 서서히 단락 ⇒ 처음에는 큰 전류가 흐르나 종래에는 소전류가 흐른다.

(18) **직권 발전기** : 전기자 권선과 계자 권선이 직렬로 접속

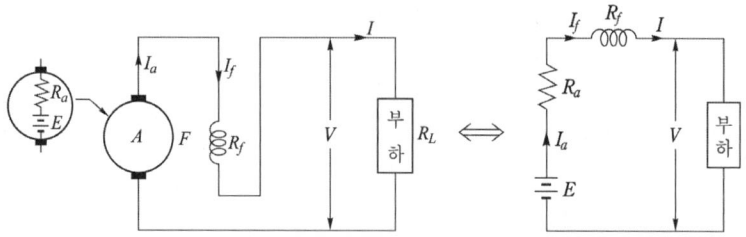

1) 전기자전류=계자전류= 부하전류($I_a = I_f = I$)
2) 부하전류 $I = \dfrac{P}{V}$
3) 단자전압 $V = E - I_a R_a - I_f R_f - e_a - e_b = E - IR_a - IR_f - e_a - e_b$
4) 특징
   ① 잔류 자기가 없으면 발전 불가능
   ② 운전 중 전기자 회전 방향을 반대 ⇒ 잔류 자기를 소멸시켜 발전 불가능
   ③ 무부하시에는 자기여자로 전압을 확립할 수 없다.

(19) **복권 발전기**

전기자 권선과 직렬로 접속되어 있는 직권 계자 권선과 전기자 권선과 병렬로 접속되어 있는 분권 계자 권선이 설치되어 있다.

(20) **차동복권 발전기**

분권계자권선의 기자력과 직권계자권선의 기자력이 서로 감해지는 방향으로 되어있는 발전기로서 수하특성을 갖고 있다.

(21) **전압 변동률** $\epsilon = \dfrac{V_0 - V_n}{V_n} \times 100$ [%] (V_0 : 무부하 전압[V], V_n : 정격전압[V])

- 전압변동률 $\epsilon > 0(V_0 > V_n)$인 발전기 : 타여자, 분권 및 부족복권 발전기
- 전압변동률 $\epsilon = 0(V_0 = V_n)$인 발전기 : 평복권
- 전압변동률 $\epsilon < 0(V_0 < V_n)$인 발전기 : 직권, 과복권발전기

(22) **직류 발전기의 병렬 운전 조건**

1) 전압 및 극성이 같을 것
2) 외부 특성 곡선이 어느 정도 수하 특성일 것
3) 용량이 같으면 각 발전기의 외부 특성 곡선이 같을 것
4) 용량이 다를 경우 [%] 부하 전류로 나타낸 외부 특성 곡선이 거의 일치할 것

(23) 분권 발전기 병렬 운전 시 부하의 분담
   1) 저항(R_a)이 같으면 유기 전압(E)이 큰 발전기가 부하를 많이 분담
   2) 유기 전압(E)이 같으면 부하는 전기자 회로 저항에 반비례해서 분배
   3) 외부 특성 곡선이 같은 경우 부하분담은 용량에 비례

(24) 병렬운전 시 균압모선이 필요한 발전기
   • 직권발전기   • 평복권   • 과복권

(25) 병렬운전 시 균압모선이 필요 없는 발전기
   • 부족복권   • 차동복권   • 분권발전기

2. 직류 전동기

(1) **직류 전동기** : 전기적 에너지를 운동에너지로 변환

(2) **단자전압** $V = E_c + I_a R_a [\text{V}]$

(3) **역기전력** $E_c = p\phi n \dfrac{Z}{a} [\text{V}]$

   여기서, V : 단자 전압 [V], E_c : 역기전력 [V], p : 극수
   ϕ : 자속 [Wb], I_a : 전기자 전류 [A], R_a : 전기자 권선 저항 [Ω]
   n : 회전수 [rps], Z : 전체 도체 수, a : 내부 병렬 회로 수

(4) **발전기의 유기기전력** : 플레밍의 오른손 법칙

(5) **전동기의 운동 방향** : 플레밍의 왼손법칙

(6) **타여자 전동기**
   1) 역기전력 $E_c = p\phi n \dfrac{Z}{a} [\text{V}]$, $E_c = V - I_a R_a [\text{V}]$
   2) 회전 속도 $n = K \dfrac{E_c}{\phi} = K \dfrac{V - I_a R_a}{\phi} [\text{rps}]$ (단, $K = \dfrac{a}{pZ}$)
   3) 출력 $P = E_c I_a = 2\pi n T [\text{W}]$
   4) 토오크 $T = \dfrac{E_c I_a}{2\pi n} = \dfrac{p\phi n \dfrac{Z}{a} I_a}{2\pi n} = \dfrac{pZ}{2\pi a} \phi I_a = K\phi I_a [\text{N}\cdot\text{m}]$

5) 타여자 전동기에서 계자전류를 0으로 하면 자속 ϕ가 0이 되어 회전자 속도가 상승하여 위험하게 되므로 계자회로에는 퓨즈를 넣어서는 안된다.
6) 공급 전원의 방향을 반대로 하며 회전방향은 반대로 된다.

(7) 분권 전동기

1) 계자 전류 $I_f = \dfrac{V}{R_f}$

2) 전원에서 흘러들어가는 전전류 $I = I_a + I_f$ (I_a : 전기자 전류, I_f : 계자전류)

3) 회전 속도 $n = K \dfrac{V - I_a R_a}{\phi}$ [rps]

4) 출력 $P = E_c I_a = 2\pi n T$ [W]

5) 토오크 $T = \dfrac{E_c I_a}{2\pi n} = \dfrac{p \phi n \dfrac{Z}{a} I_a}{2\pi n} = \dfrac{pZ}{2\pi a} \phi I_a = K \phi I_a$ [N·m]

   토오크 $T = \dfrac{P}{2\pi \dfrac{N}{60}} \times \dfrac{1}{9.8} = 0.975 \times \dfrac{P}{N}$ [kg·m]

6) 계자 회로가 단선이 되면 자속 ϕ가 0이 되어 경부하시에는 원심력에 의해 기계가 파괴될 정도의 과속도에 도달할 수 있으므로 주의하여야 한다.

7) 공급 전원의 방향을 반대로 하면 계자 전류와 전기자 전류의 방향이 동시에 반대로 되어 회전 방향은 바뀌지 않는다.

(8) 직권 전동기

1) 전기자 전류 = 계자 전류 = 부하 전류 ($I_a = I_f = I$)

2) 단자 전압 $V = E_c + I_a(R_s + R_a)$ (R_s : 직권계자 권선저항, R_a : 전기자 저항)

3) 회전속도 $n = K \cdot \dfrac{V - I_a(R_a + R_s)}{\phi}$ [rps]

4) 토크 $T = \dfrac{E_c I_a}{2\pi n} = \dfrac{p \phi n \dfrac{Z}{a} I_a}{2\pi n} = \dfrac{pZ}{2\pi a} \phi I_a = K \phi I_a$ [N·m]

   ① 부하 전류가 적어 철심의 자기포화가 되지 않는 범위 $T = K I_a^2$ [N·m]

   ② 부하 전류가 증가하여 철심이 자기포화된 경우 $T = K I_a$ [N·m]

5) 직권 전동기에서 무부하가 되면($I = I_a = I_f = 0$, $\phi = 0$) 속도는 무한대가 되어 원심력 때문에 기계를 파괴할 염려가 있다. 따라서, 직권 전동기는 벨트 운전을 하지 않는다.

6) 직권전동기의 용도

직권전동기는 전차, 기중기등의 부하 변동이 심하고 큰 기동토크가 요구되는 기기에 주로 사용된다.

(9) 속도 변동률

$\epsilon = \dfrac{N_0 - N_n}{N_n} \times 100 [\%]$ (N_0 : 무부하 속도, N_n : 정격부하에서 정격속도)

(10) 전기자 전류

1) 운전중에 있는 직류전동기의 전기자 전류 $I_a = \dfrac{V - E_c}{R_a}[A]$

2) 기동시 직류전동기의 전기자 전류 $I_a = \dfrac{V}{R_a}[A]$ (기동시 역기전력 $E_c = 0$)

(11) 직류 분권 전동기의 속도 제어법

구 분	제어 특성	특 징
계자 제어법	· 정출력 제어	· 속도제어 범위가 좁다.
전압 제어법	· 정토크 제어 ┌ 워드 레오나드 방식 └ 일그너 방식	· 제어범위가 넓다. · 손실이 매우 적다. · 정역운전이 가능 · 설비비가 많이 든다.
직렬 저항법		· 효율 나쁘다.

(12) 직권 전동기의 속도제어

1) 계자 제어법
2) 직렬 저항 제어법
3) 직·병렬 제어법

(13) 직류기의 제동법

1) 발전 제동 : 전동기를 발전기로 동작시켜 그때 발생된 전력을 열로 소비하여 제동
2) 회생 제동 : 전동기를 발전기로 동작시켜 발생하는 전력을 전원으로 반환함으로써 제동
3) 역상 제동(플러깅 제동) : 전기자의 결선을 바꾸어 역 방향의 토크를 발생하여 급 제동하는 방법

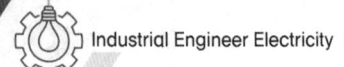

3. 직류기의 손실, 효율 및 정격

(1) 손실의 종류
- 총 손실 = 무부하손 + 부하손
- 무부하손 = 철손 + 기계손
- 철손 = 히스테리시스손 + 와류손

(2) 실측 효율 $\eta = \dfrac{출력}{입력} \times 100[\%]$

(3) 규약효율(전기적 에너지를 기준으로 하여 암기)

1) 발전기 (입력 : 기계적 에너지, 출력 : 전기적 에너지)

$$\eta = \dfrac{출력}{출력+손실} \times 100[\%] \quad (입력=출력+손실)$$

2) 전동기 (입력 : 전기적 에너지, 출력 : 기계적 에너지)

$$\eta = \dfrac{입력-손실}{입력} \times 100[\%] \quad (출력=입력-손실)$$

(4) 최대효율 발생 조건 : 무부하손(고정손)=부하손(가변손)

4. 특수 직류기

(1) 토크 측정방법
1) 소형 전동기 토크 측정방법 : 와전류 제동기, 프로니 브레이크법
2) 대형 전동기의 토크 측정 : 전기 동력계

(2) 전기 동력계
1) 토크 $T = W \cdot L \,[\text{kg} \cdot \text{m}] = 9.8\,W \cdot L \,[\text{N} \cdot \text{m}]$
   (W : 힘[kg], L : 동력계 중심과의 거리[m])

2) 출력 $P = 2\pi n T = 2\pi \dfrac{N}{60} \times 9.8\,W \cdot L = 1.027 N \cdot W \cdot L \,[\text{W}]$

(3) 단극 발전기
1) 일정 방향의 기전력을 발생하여 정류자가 필요 없는 구조의 발전기

2) 3~15 [V]의 저전압과 수 천 [A] 이상의 대전류 발생용으로 화학공업이나 저항 용접 등에 사용

(4) 3선식 발전기 : 두 종류의 전압(220[V] / 110[V])을 하나의 발전기로 겸용하여 사용

(5) 증폭기의 종류
   1) 앰플리다인   2) 로토트롤   3) HT 다이나모

(6) 앰플리다인 : 2단으로 증폭이 되므로 10,000 정도의 증폭률이 얻어진다.

(7) 정전압 발전기의 종류
   1) 로젠베르그 발전기   2) 베르그만 발전기   3) 제3브러시 발전기

5. 동기 발전기

(1) 동기 속도 $n_s = \dfrac{2f}{p}[\text{rps}]$, $N_s = \dfrac{120f}{p}[\text{rpm}]$

(2) 동기기에서 분포권의 장점 및 단점

  1) 장점
    ① 기전력의 파형이 좋아진다.
    ② 권선의 누설리액턴스가 감소
    ③ 전기자에 발생되는 열을 골고루 분포시켜 과열을 방지

  2) 단점 : 집중권에 비해 합성 유기 기전력이 감소

(3) 분포권 계수 $K_{dn} = \dfrac{\sin\dfrac{n\pi}{2m}}{q\sin\dfrac{n\pi}{2mq}}$

(n차 고조파, q : 매극매상 당 슬롯 수, m : 상수)

(4) 매극 매상 당 슬롯 수 = $\dfrac{\text{총 슬롯 수}}{\text{상수} \times \text{극수}}$

(5) 총 코일 수 = $\dfrac{\text{총 슬롯 수} \times \text{층수}}{2}$

(6) 단절권의 장·단점

　1) 장점
　　① 고조파를 제거하여 기전력의 파형을 개선하고
　　② 동의 양이 적게 되는 이점이 있다.

　2) 단점 : 전절권에 비해 합성 유기기전력이 감소

(7) 단절권 계수 $K_{pn} = \sin \dfrac{n\beta\pi}{2}$ (n차 고조파, $\beta = \dfrac{코일간격}{극간격}$)

(8) 동기기의 전기자 권선법
　　• 2층권　• 단절권　• 분포권 을 사용

(9) 전기자 권선을 Y결선으로 하는 이유
　1) 중성점을 접지할 수 있으므로 권선보호 장치의 시설이 용이
　2) 이상전압의 방지 대책이 용이
　3) 권선의 불평형 및 제3고조파에 의한 순환전류가 흐르지 않는다.
　4) 상전압은 선간 전압의 $\dfrac{1}{\sqrt{3}}$이 되어 코일의 절연이 용이하고 코로나 발생을 억제

(10) 고조파 기전력을 제거하여 정현파로 하기 위해 채용되는 방법
　1) 매극 매상의 슬롯수 q를 크게 한다.
　2) 단절권 및 분포권으로 한다.
　3) 전기자 철심을 사(skewed slot) 슬롯으로 한다.
　4) Y(성형)결선을 한다.

(11) 유기 기전력
　1) 1개의 도체에 유기되는 기전력의 순시치 $e = Blv$ [V]
　2) 권수 W에 유기되는 기전력의 실효치 $E = 4.44K_w f W\phi$ [V]

(12) 전압변동률 $\epsilon = \dfrac{V_0 - V_n}{V_n} \times 100$ [%] (V_0 : 무부하 단자전압, V_n : 정격단자전압)

　1) 유도부하인 경우 : $\epsilon > 0$ ($V_0 > V_n$)
　2) 용량부하인 경우 : $\epsilon < 0$ ($V_0 < V_n$)

(13) 동기 발전기의 출력

1) 비돌극기(원통형)의 출력

- 단상 발전기 $P = \dfrac{EV}{x_s}\sin\delta$ (E : 유기기전력, V : 단자전압, δ : 부하각)
- 3상 발전기 $P = \dfrac{3EV}{x_s}\sin\delta$
- 최대 출력 : 부하각 $\delta = 90°$에서 발생

2) 돌극기의 출력

- 출력 $P = \dfrac{EV}{x_d}\sin\delta + \dfrac{V^2(x_d - x_q)}{2x_d x_q}\sin 2\delta$

  (x_d : 직축 동기 리액턴스, x_q : 횡축 동기 리액턴스)
- 최대 출력 : 부하각 $\delta = 60°$에서 발생

(14) 전기자 반작용

역률	부하	전류와 전압과의 위상	작용
역률 1	저항	I_a가 E와 동상인 경우	교차 자화 작용(횡축 반작용)
뒤진역률 0	유도성 부하	I_a가 E보다 $\pi/2$ 뒤지는 경우	감자 작용(직축 반작용)
앞선역률 0	용량성 부하	I_a가 E보다 $\pi/2$ 앞서는 경우	증자 작용(자화 작용)

1) 횡축 반작용 성분 : $I\cos\theta$
2) 직축 반작용 성분 : $I\sin\theta$

- 전압보다 $\dfrac{\pi}{2}$ 앞선 $I\sin\theta$ (진상전류, 콘덴서 부하) : 증자작용
- 전압보다 $\dfrac{\pi}{2}$ 뒤진 $I\sin\theta$ (지상전류, 리액터 부하) : 감자작용

(15) 동기 임피던스 $Z_s = r_a + jx_s = r_a + j(x_a + x_l)\,[\Omega]$

(r_a : 전기자 저항[Ω], x_a : 전기자 반작용 리액턴스[Ω],

x_l : 전기자 누설 리액턴스[Ω])

동기 임피던스 $Z_s = \dfrac{E_n}{I_s} = \dfrac{V_n}{\sqrt{3}\,I_s}\,[\Omega]$

(16) %동기 임피던스 %Z_s

1) $\%Z_s = \dfrac{Z_s I_n}{E_n} \times 100\,[\%]$

2) $\%Z_s = \dfrac{PZ_s}{10V^2}[\%]$ (P : 기준용량[kVA], V : 선간전압[kV])

(17) 리액턴스의 크기 비교
1) 초기 과도 리액턴스 < 과도 리액턴스 < 동기리액턴스
2) 돌극형 동기 발전기 : $x_d > x_q$ (x_d : 직축 동기리액턴스)
3) 원통형(비철극기) 동기발전기 : $x_d = x_q = x_s$ (x_q : 횡축 동기리액턴스)

(18) 단락 전류
1) 돌발 단락 전류 $I_s = \dfrac{E}{r_a + jx_l} \fallingdotseq \dfrac{E}{jx_l}$ (돌발 단락 전류 억제 : 누설 리액턴스 x_l)
2) 영구 단락 전류 $I_s = \dfrac{E}{r_a + jx_s} = \dfrac{E}{r_a + j(x_a + x_l)} \fallingdotseq \dfrac{E}{jx_s}$

($x_s = x_a + x_l$, 영구 단락 전류 억제 : 동기 리액턴스 x_s)

(19) 단락 시 흐르는 단락전류의 크기변화
단락초기 막대한 과도 전류가 흐르다가 점차 감소하여 수초 후에는 영구 단락 전류값에 이르게 된다.

(20) 단락비 $K_s = \dfrac{I_f'}{I_f''} = \dfrac{1}{Z[\text{PU}]}$

여기서, I_f' : 무부하에서 정격 전압을 유기하는데 요하는 여자 전류

I_f'' : 3상 영구 단락 전류를 통하는 데 요하는 여자 전류

(21) 철기계(돌극형)의 특징
① 단락비가 크다. ② 동기 임피던스가 적다.
③ 반작용 리액턴스 x_a가 적다. ④ 전압 변동률이 양호해진다.
⑤ 기계의 중량이 크다. ⑥ 과부하 내량이 증대
⑦ 극수가 많은 저속기에 적합하다. ⑧ 안정도가 높다

(22) 동기계(원통형, 비돌극형)의 특징
① 단락비가 적다.
② 동기 임피던스가 크다.
③ 전기자 반작용이 크다.
④ 중량이 가볍고, 가격이 싸다.

(23) 발전기의 병렬운전 조건
① 기전력의 크기가 같을 것 ② 기전력의 위상이 같을 것
③ 기전력의 주파수가 같을 것 ④ 기전력의 파형이 같을 것
이 외에도 3상 동기 발전기의 병렬 운전 시에는 상회전 방향이 같아야 한다.

(24) 동기화 전류(유효전류) $I_s = \dfrac{E_1}{x_s} \sin \dfrac{\delta}{2}$ [A] (δ : 위상차)

(25) 동기화력(유효전력) $P_s = \dfrac{E_1^{\,2}}{2x_s} \sin \delta$ [W] (x_s : 동기리액턴스)

(26) 부하의 분담
1) 유효 전력의 분담 : 원동기의 속도 특성에 따라 정해진다.
2) 무효 전력의 분담 : 기전력의 크기. 즉, 계자 전류의 크기에 의해 결정된다.

(27) 동기발전기의 안정도 향상대책
1) 동기 임피던스를 작게 한다.
2) 속응 여자 방식을 채택한다.
3) 단락비를 크게 한다.
4) 동기 탈조 계전기를 사용한다.
5) 회전자에 플라이 휘일을 설치하여 관성 모멘트를 크게 한다.
6) 정상 임피던스는 작고, 영상, 역상 임피던스를 크게 한다.

(28) 동기발전기의 시험 및 측정

측정 항목	시험의 종류
철 손	무부하 시험
기계손	무부하 시험
동기임피던스	단락 시험
동기리액턴스	단락 시험
단락비	무부하(포화)시험, 단락 시험

6. 동기 전동기

(1) 동기 전동기의 입·출력
1) 동기전동기의 입력 $P_1 ≒ \dfrac{VE}{x_s} \sin \delta$

(V : 단자전압, E : 역기전력, δ : V와 E의 위상차)

2) 동기전동기의 출력 $P_2 = \dfrac{VE}{Z_s}\cos(\beta-\delta) - \dfrac{E^2}{Z_s}\cos\beta$ ($\beta = \tan^{-1}\dfrac{x_s}{r}$)

3) 최대출력 $P_{2\max} = \dfrac{VE}{Z_s} - \dfrac{E^2}{Z_s}\cos\beta$ 즉, 최대출력은 $\delta = \beta$일 때 발생

(2) 동기와트

1) 전동기의 출력 $P = 2\pi nT$에서 출력은 토크와 속도의 곱으로 나타낸다.
2) 동기전동기의 경우 속도 n은 항상 일정하므로 기계적 출력을 토크로 표시하기도 하는데 이와 같이 출력와트를 토크로 표시할 때를 동기와트라 한다.

(3) 토크 T

- $T = \dfrac{60}{2\pi} \cdot \dfrac{P_2}{N_s}[\text{N}\cdot\text{m}]$

- $T = \dfrac{1}{9.8} \times \dfrac{60}{2\pi} \times \dfrac{P_2}{N_s} = 0.975 \times \dfrac{P_2}{N_s}[\text{kg}\cdot\text{m}]$

(4) 동기기의 전기자 반작용

작 용	동기 발전기	동기 전동기
교차 자화 작용(횡축 반작용)	I_a가 E와 동상인 경우	I_a가 V와 동상인 경우
감자 작용(직축 반작용)	I_a가 E보다 $\pi/2$ 뒤지는 경우	I_a가 V보다 $\pi/2$ 앞서는 경우
증자 작용(자화 작용)	I_a가 E보다 $\pi/2$ 앞서는 경우	I_a가 V보다 $\pi/2$ 뒤지는 경우

여기서, I_a : 전기자 전류, E : 유기 기전력, V : 단자전압(공급전압)

(5) 제동 권선의 기능

1) 난조 방지
2) 기동 토크 발생
3) 불평형 부하시의 전류, 전압 파형 개선
4) 송전선의 불평형 단락시의 이상 전압 방지

(6) 동기 전동기의 위상특성곡선 (V 곡선)

1) 역률 1
   ① $\cos\theta = 1$ (V와 I는 동상)
   ② 전기자 전류 $I\left(I ≒ \dfrac{E_s}{jX}\right)$는 최소

2) 과여자
   ① $\cos\theta$ = 진상
   ② 콘덴서의 역할
   ③ 진상의 전기자 전류 증대
      (I가 V보다 위상이 θ만큼 앞섬)

3) 부족 여자
   ① $\cos\theta$ = 지상
   ② 리액터의 역할
   ③ 지상의 전기자 전류 증대 (I가 V보다 위상이 θ만큼 뒤짐)

7. 변압기

(1) 여자전류의 순시치 $i_0 = \sqrt{2}\,I_0\sin(\omega t - \dfrac{\pi}{2})[\text{A}]$

여기서, 실효치 $I_0 = \dfrac{V_1}{\omega L_1}[\text{A}]$ 로 전압 V_1보다 위상이 90° 뒤진다.

(2) 유기기전력의 실효값
   1) 1차측 유기기전력의 실효값 $E_1 = 4.44 f n_1 \phi_m [\text{V}]$
   2) 2차측 유기기전력의 실효값 $E_2 = 4.44 f n_2 \phi_m [\text{V}]$

(3) 변압기의 권수비(전압비) $a = \dfrac{E_1}{E_2} = \dfrac{N_1}{N_2}$

전압비는 선간전압이 아니고 반드시 상전압이 되어야 한다.

(4) 변압기의 전류비 = $\dfrac{2\text{차측 상전류}}{1\text{차측 상전류}}$, $\dfrac{I_{p1}}{I_{p2}} = \dfrac{1}{a}$

전류비는 선전류가 아니고 반드시 상전류가 되어야 한다.

(5) 변압기의 등가회로 작성에 필요한 시험
   ① 직류 저항 측정 : 권선 저항 측정
   ② 무부하 시험 : 철손 측정
   ③ 단락 시험 : 동손 측정

(6) 변압기 2차측에서 1차측으로 환산시

- 전압은 a배
- 전류는 $\dfrac{1}{a}$배
- 임피던스는 a^2배

(7) 변압기 1차측에서 2차측으로 환산시

- 전압은 $\dfrac{1}{a}$배
- 전류는 a배
- 임피던스는 $\dfrac{1}{a^2}$배
- 어드미턴스는 a^2배

(8) **여자전류** $I_0 = I_\phi + I_i = \sqrt{I_\phi^2 + I_i^2}$ (I_ϕ : 자화전류, I_i : 철손전류)

(9) **철손전류** $I_i = \dfrac{P_i}{V_1}[\mathrm{A}]$ (P_i : 철손)

(10) **여자 어드미턴스** $Y_0 = \sqrt{g_0^2 + b_0^2} = \dfrac{I_0}{V_1}[\mho]$

(11) **컨덕턴스** $g_o = \dfrac{I_i}{V_1} = \dfrac{P_i}{V_1^2}[\mho]$

(12) **서셉턴스** $b_0 = \sqrt{Y_0^2 - g_0^2} = \sqrt{\left(\dfrac{I_0}{V_1}\right)^2 - \left(\dfrac{P_i}{V_1^2}\right)^2}[\mho]$

(13) **변압기의 누설리액턴스** $L = \dfrac{\mu A N^2}{l} \propto N^2$

 (A : 철심의 단면적[m²], N : 코일의 권수, l : 자로의 길이[m])

(14) **변압기 1차측 단락전류**

 1) $I_{1s} = \dfrac{V_1}{Z_1 + Z_2'}[\mathrm{A}]$: 옴(ohm)법으로 표현

  (Z_2' : 2차측 임피던스를 1차측으로 환산한 임피던스)

 2) $I_{1s} = \dfrac{100}{\%Z} \times I_n$: $\%Z$ 법으로 표현

(15) **%저항 강하** $p = \dfrac{r_{21} I_{1n}}{V_{1n}} \times 100 = \dfrac{r_{21} I_{1n}^2}{V_{1n} I_{1n}} \times 100 = \dfrac{P_c}{V_{1n} I_{1n}} \times 100 \, [\%]$

(16) **%리액턴스 강하** $q = \dfrac{x_{21} I_{1n}}{V_{1n}} \times 100 \, [\%]$

(17) %임피던스 강하 $z = \dfrac{z_{21} I_{1n}}{V_{1n}} \times 100 = \dfrac{V_s}{V_{1n}} \times 100 = \sqrt{p^2 + q^2}$ [%]

(18) 전압 변동률

  1) 전압으로 구하는 전압 변동률 $\epsilon = \dfrac{V_{20} - V_{2n}}{V_{2n}} \times 100$ [%]

  2) %임피던스로 구하는 전압변동률 (지상 부하 시)

   $\epsilon = p\cos\phi + q\sin\phi + \dfrac{1}{200}(q\cos\phi - p\sin\phi)^2$ [%]

   $\fallingdotseq p\cos\phi + q\sin\phi$ (ϕ : 부하 Z의 위상각)

  3) %임피던스로 구하는 전압변동률 (진상 부하 시)

   $\epsilon \fallingdotseq p\cos\phi - q\sin\phi$

  4) 역률이 100 [%]일 때 전압 변동률

   $\cos\phi = 1$, $\sin\phi = 0$이므로

   $\epsilon \fallingdotseq p = \dfrac{I_{2n} r}{V_{2n}} \times 100 = \dfrac{{I_{2n}}^2 r}{V_{2n} I_{2n}} \times 100 = \dfrac{\text{전부하 동손}}{\text{정격 용량}} \times 100$ [%]

  5) 최대 전압변동률 $\epsilon_{\max} = \sqrt{p^2 + q^2}$

  6) 최대 전압변동률을 발생하는 역률 $\cos\phi_{\max} = \dfrac{p}{\sqrt{p^2 + q^2}}$

(19) 변압기 손실의 종류

  1) 변압기 손실 = 무부하손 + 부하손
  2) 무부하손 = 히스테리시스손 + 와류손 + 유전체손
   (철손 = 히스테리시스손 + 와류손 ; 부하의 크기에 무관)
  3) 부하손 = 동손 + 표류 부하손

(20) 히스테리시스손 $P_h = K_h f B_m^2$ [W/kg]

  (K_h : 히스테리시스 계수, B_m : 최대 자속밀도[Wb/m²])

  $P_h = K \cdot f \cdot \left(\dfrac{V}{f}\right)^2 = K\dfrac{V^2}{f}$

(21) 와류손 $P_e = K_e (t \cdot f \cdot K_f \cdot B_m)^2$

  (K_e : 재료에 따라 정해지는 상수, t : 철심의 두께, K_f : 파형률)

  $P_e = K\left(f \cdot \dfrac{V}{f}\right)^2 = KV^2$

(22) **유전체손** : 절연물에서 생기는 손실

(23) **동손** $P_c = I^2 R$ [W]로서 변압기의 부하율에 따라 그 값이 달라진다.
- 전 부하일 때의 동손 $P_c = I^2 R$ [W]
- 부하율 m일 때의 동손 $P_{cm} = m^2 P_c = m^2 \times I^2 R$ [W]

(24) **변압기의 손실과 주파수와의 관계**
① 동손 $P_c = I^2 R$ 로 동손은 전류의 자승에 비례하나 주파수와는 무관하다.
② 와류손 $P_e = KE^2$ 에서 와류손은 주파수와 무관
③ 히스테리시스손 $P_h = K\dfrac{E^2}{f}$ 로 주파수에 반비례 한다.

(25) **정격 부하시 효율** $\eta = \dfrac{V_{2n} I_{2n} \cos\theta}{V_{2n} I_{2n} \cos\theta + P_i + I_{2n}^2 r_{21}} \times 100$ [%]

(26) **부하율 m으로 운전시 효율** $\eta = \dfrac{m V_{2n} I_{2n} \cos\theta}{m V_{2n} I_{2n} \cos\theta + P_i + m^2 I_{2n}^2 r_{21}} \times 100$ [%]

(27) **최대 효율 운전 조건** : 부하율 $m = \sqrt{\dfrac{P_i}{P_c}}$ 의 부하로 운전시 최대 효율로 운전된다.

(28) **변압기 결선**

1) △-△ 결선도
   ① $V_l = V_p \angle 0°$: 선간 전압과 상전압은 크기가 같고 동상이 된다.
   ② $I_l = \sqrt{3} I_p \angle -30°$: 선전류는 상전류에 비해 크기가 $\sqrt{3}$ 배이고 위상은 30° 뒤진다.

2) Y-Y 결선
   ① $V_l = \sqrt{3} V_p \angle 30°$: 선간 전압은 상전압에 비해 크기가 $\sqrt{3}$ 배이고 위상은 30° 앞선다.
   ② $I_l = I_p \angle 0°$: 선전류는 상전류와 크기가 같고 위상이 동상이 된다.

(29) **3상 출력** $P = \sqrt{3} V_l I_l = 3 V_p I_p = 3 \times$ **단상 출력**

(30) **최대전력 공급조건** : "전원의 내부 저항 = 부하 저항"

(31) V-V 결선

1) V결선 출력 $P_V = \sqrt{3}\, V_p I_p = \sqrt{3} \times$ 단상변압기 1대 용량

2) 출력의 비 $= \dfrac{V 결선 출력}{3상 출력} = \dfrac{\sqrt{3}\,VI}{3VI} = \dfrac{1}{\sqrt{3}} \fallingdotseq 0.577 = 57.7[\%]$

3) 이용률 $= \dfrac{3상 출력}{설비용량} = \dfrac{\sqrt{3}\,VI}{2VI} = \dfrac{\sqrt{3}}{2} = 0.866 = 86.6[\%]$

(32) 변압기 병렬 운전 조건

1) 극성이 같을 것
2) 권수비가 같고, 1차와 2차의 정격 전압이 같을 것
3) %임피던스 강하가 같을 것
4) 3상식에서는 위의 조건 외에 각 변압기의 상회전 방향 및 각 변위가 같을 것

(33) 변압기 병렬운전 시 부하 분담

$$\dfrac{P_a}{P_b} = \dfrac{P_A}{P_B} \times \dfrac{\%Z_B}{\%Z_A}$$

여기서, P_a, P_b : A, B 변압기의 분담부하

P_A, P_B : A, B 변압기의 용량

$\%Z_A$, $\%Z_B$: A, B 변압기의 %Z

- 부하 분담은 변압기의 %Z에 반비례 한다.
- 부하 분담을 많이 하는 변압기(%Z가 적은 변압기)라도 변압기의 자기 용량 이상을 분담하지 못한다.

(34) 3상 변압기의 병렬 운전 결선

병렬 운전 가능	병렬 운전 불가능
△-△ 와 △-△ Y-△ 와 Y-△ Y-Y 와 Y-Y △-Y 와 △-Y △-△ 와 Y-Y △-Y 와 Y-△	△-△ 와 △-Y △-Y 와 Y-Y

(35) 상수의 변환

1) 3상-2상간의 상수 변환
   ① 스코트 결선(T결선)   ② 메이어 결선   ③ 우드 브리지 결선

2) 3상-6상간의 상수 변환
   ① 환상 결선
   ② 2중 3각 결선
   ③ 2중 성형 결선
   ④ 대각 결선
   ⑤ 포크 결선

(36) 스코트 결선

1) 권선비

   ① 주좌변압기 $\alpha_M = \dfrac{n_1}{n_2}$

   ② T좌변압기 $\alpha_T = \dfrac{\frac{\sqrt{3}}{2}n_1}{n_2} = \dfrac{\sqrt{3}}{2}\alpha_M$

2) 이용률 $= \dfrac{\sqrt{3}\,VI}{2\,VI} = 0.866 = 86.6[\%]$

(37) 단권 변압기의 자기 용량과 부하 용량

1) 변압기 1차 정격전압과 공급전압이 동일 한 경우
   - 단권 변압기 용량 (자기 용량) = 부하 용량 × $\dfrac{\text{고압}-\text{저압}}{\text{고압}}$

2) 변압기 1차 정격전압과 공급전압이 서로 다른 경우(승압기의 경우)
   - 단권변압기 자기용량 $P_n = e_2 I_2$

(38) 계기용 변압기

- 공칭 전압비 : $K_{np} = \dfrac{V_1}{V_2}$
- 2차 전압은 110 [V]가 정격이다.

(39) 변류기

- 공칭 전류비 : $K_{nc} = \dfrac{I_1}{I_2}$
- 2차 전류는 5 [A]가 정격이다.
- 변류기는 사용 중 고장으로 계기를 수리하고자 할 때 2차를 개로해서는 안된다.

(40) 변압기 내부고장 검출용 보호 계전기
   1) 차동 계전기 (비율 차동 계전기)   2) 압력 계전기
   3) 부흐홀쯔 계전기   4) 가스 검출 계전기

(41) 변압기 개방회로 시험으로 측정 할 수 있는 항목
   1) 무부하전류   2) 히스테리시스손
   3) 와류손   4) 여자어드미턴스
   5) 철손

(42) 변압기 단락시험으로 측정 할 수 있는 항목
   ① 동손   ② 임피던스 와트   ③ 임피던스 전압

(43) 절연의 종류

종 류	최고사용온도 [℃]	종 류	최고사용온도 [℃]
Y 종	90	F 종	155
A 종	105	H 종	180
E 종	120	C 종	180 이상
B 종	130		

(44) 절연유

   1) 열화 원인
      변압기의 호흡작용에 의해 고온의 절연유가 외부 공기와의 접촉에 의해 열화 발생

   2) 열화영향
      • 절연내력의 저하   • 냉각효과 감소   • 침식작용

   3) 열화 방지설비
      • 브리더   • 질소봉입   • 콘서베이터

8. 유도 전동기

(1) 동기속도 : 극수와 주파수에 의해 정해지는 속도

   • $n_s = \dfrac{2f}{p}$ [rps]   • $N_s = \dfrac{120f}{p}$ [rpm]

(2) 전기각$(\alpha) = \dfrac{180°}{\text{슬롯수/극수}}$

(3) 전기적 각도 $= \dfrac{p}{2} \times$ 기하학적 각도 (p : 극수)

(4) 슬립 $s = \dfrac{N_s - N}{N_s} \times 100[\%]$ (N_s : 동기속도, N : 전동기의 실제 회전속도)

회전자 속도 $N = (1-s)N_s$ [rpm]

(5) 기기별 슬립의 범위

　1) 유도 전동기의 슬립 : $0 < s < 1$
　　① $s = 1$이면 $N = 0$이고 전동기는 정지상태
　　② $s = 0$이면 $N = N_s$가 되어 전동기가 동기속도로 회전

　2) 유도 제동기의 슬립 : $s > 1$

　3) 유도 발전기(비동기 발전기) : $s < 0$

　4) 슬립측정 방법
　　① DC 밀리볼트계법
　　② 수화기법
　　③ 스트로보스코프법

(6) 유도 기전력 및 권선비

　1) 전동기가 정지하고 있는 경우($s = 1$)
　　① 1차 유도기전력 $E_1 = 4.44 K_{w1} w_1 f \Phi$ [V]
　　② 2차 유도기전력 $E_2 = 4.44 K_{w2} w_2 f \Phi$ [V]
　　　K_{w1}, K_{w2} : 1차·2차 권선계수
　　　w_1, w_2 : 1차·2차 1상당 권선수
　　　ϕ : 1극의 평균자속[Wb]
　　③ 1차, 2차 권수비 : $\dfrac{w_1 K_{w1}}{w_2 K_{w2}} = \dfrac{E_1}{E_2} = \alpha$

　2) 전동기가 슬립 s로 회전하고 있는 경우
　　회전자가 회전하고 있을 때의 상대속도는 회전자가 정지하고 있을 때의 s배가 된다.
　　① 2차전압 $E_{2s} = s E_2$
　　② 2차 주파수 $f' = s f$

③ 2차전류 $I_2 = \dfrac{E_{2s}}{Z_{2s}} = \dfrac{sE_2}{\sqrt{r_2^{\,2}+(sx_2)^2}} = \dfrac{E_2}{\sqrt{\left(\dfrac{r_2}{s}\right)^2 + x_2^{\,2}}}$ [A]

④ 슬립 s로 회전하고 있을 때 역률 $\cos\theta_2 = \dfrac{r_2}{\sqrt{r_2^2+(sx_2)^2}}$, $\theta = \tan^{-1}\dfrac{sx_2}{r_2}$

(7) 기계적 출력을 대표하는 부하저항 $R = \dfrac{1-s}{s}r_2$ (r_2 : 2차 권선 1상의 저항)

(8) 1차, 2차 환산

  1) 2차 전압의 1차 환산 : $E_2' = E_1 = \alpha E_2$ [V]

  2) 2차 전류의 1차 환산 : $I_2' = I_1 = \dfrac{1}{\alpha\beta} I_2$ [A]

  (상수비 $\beta = \dfrac{m_1}{m_2}$, m_1, m_2 : 1차·2차 상수)

  3) 2차 임피던스의 1차 환산 : $Z_2' = \dfrac{E_2'}{I_2'} = \dfrac{\alpha E_2}{\dfrac{I_2}{\alpha\beta}} = \alpha^2 \beta Z_2$ [Ω]

(9) 2차 저항손 $P_{c2} = s E_2 I_2 \cos\theta = s P_2$

(10) 기계적 출력 $P_0 = P_2 - P_{c2} = P_2 - sP_2 = P_2(1-s)$

(11) 2차 효율 $\eta_2 = \dfrac{기계적출력}{2차입력} = \dfrac{P_0}{P_2} = \dfrac{P_2(1-s)}{P_2} = (1-s)$

(12) 동기 와트 $P_2 = 2\pi \cdot \dfrac{N_s}{60} \cdot T$

  동기 와트 $P_2 = P_0 + P_{c2} + P_m = $ 출력 + 2차 동손 + 기계손

(13) 토크 T

  1) $T = 0.975 \dfrac{P_2}{N_s}$ [kg·m]

  2) $T = 0.975 \dfrac{P_0}{N}$ [kg·m]

  3) $T \propto K\phi I$에서 $\phi \propto V$, $I \propto V$ 이므로 $T \propto V^2$, 혹은 $T \propto I^2$

(14) 3상 유도 전동기의 특성

1) 2차전류 $I_2 = \dfrac{s E_2}{\sqrt{r_2^2 + (s x_2)^2}}$

2) 토크 $T = K_0 \dfrac{s E_2^2 r_2}{r_2 + (s x_2)^2}$

3) 최대 토크가 발생하는 슬립 $s_m = \dfrac{r_2}{x_2}$

4) 최대 토크 $T_m = K_0 \dfrac{E_2^2}{2x_2} [\text{N} \cdot \text{m}]$

(15) 2차 저항과 최대토크와의 관계

1) 3상 유도 전동기 : 2차 저항의 크기를 변화시키면 최대 토크의 크기는 변하지 않으나 최대 토크를 발생하는 슬립점이 2차 회로의 저항에 비례하여 이동한다.

2) 단상 유도 전동기 : 2차 저항의 크기를 변화시키면 최대 토크를 발생하는 슬립점 뿐만 아니라 최대 토크의 크기까지 변화한다.

(16) 기동 시 최대 토크를 발생시키기 위하여 삽입하여야 하는 저항의 크기

$R_s' = \sqrt{r_1^2 + (x_1 + x_2')^2} - r_2'$

(17) 공급전압 V와 슬립 s와의 관계 : $s \propto \dfrac{1}{V^2}$

(18) 비례추이

- $\dfrac{r_2}{s_m} = \dfrac{r_2 + R_s}{s_t}$

  (r_2 : 2차 권선의 저항, s_m : 최대 토크시 슬립, s_t : 기동시 슬립, R_s : 2차 외부회로 저항)

- 비례추이가 되는 항목 : 토크, 역률, 2차 전류, 1차 전류

(19) 원선도 작성에 필요한 기본량

1) 저항측정
2) 무부하시험
3) 구속시험

(20) 전동기 토크(T)와 부하 토크(T_L)와의 관계

1) $T > T_L$ ($\frac{d\omega}{dt} > 0$) : 가속상태

2) $T = T_L$ ($\frac{d\omega}{dt} = 0$) : 평형속도 상태

3) $T < T_L$ ($\frac{d\omega}{dt} < 0$) : 감속상태

(21) 농형 유도 전동기의 기동법

1) 전 전압 기동법
   ① 5 [kW] 이하의 소용량 농형 유도 전동기에 적용
   ② 기동 전류가 정격 전류의 4~6배 정도이다.

2) Y-△ 기동 방법
   ① 5~15 [kW] 정도의 농형 유도전동기 기동에 적용
   ② Y로 기동시 △ 기동시에 비해 기동전류는 1/3, 기동토오크도 1/3로 감소한다.

3) 리액터 기동방법

4) 기동보상기법

5) 콘도로퍼법

(22) 고조파의 회전자계 방향 및 속도

1) 회전 자계 방향
   ① $h = 3n + 1$: 기본파와 같은 방향의 회전 자계 발생 (n : 상수 1, 2, 3 …)
   ② $h = 3n$: 회전자계를 발생하지 않는다.
   ③ $h = 3n - 1$: 기본파와 반대 방향의 회전자계 발생

(2) 회전속도 = $\dfrac{1}{\text{고조파 차수}(h)}$

(23) 유도 전동기의 이상기동

1) 차동기 운전(크로우링 현상) : 3상 유도 전동기에서 고조파에 의해 낮은 속도에서 안정상태가 되어 더 이상 가속하지 않는 현상

2) 게르게스 현상 : 3상 권선형 유도 전동기의 2차 회로가 한 개 단선된 경우 슬립 $s = 50[\%]$ 부근에서 더 이상 가속되지 않는 현상

(24) 유도 전동기의 속도제어

1) 농형 유도 전동기의 속도 제어법
① 주파수를 바꾸는 방법
② 극수를 바꾸는 방법
③ 전원 전압을 바꾸는 방법

2) 권선형 유도 전동기의 속도 제어법
① 2차 저항을 제어하는 방법
② 2차 여자법 등이 있다.
③ 종속 제어법

(25) 종속 제어법

1) 직렬 종속법 : $N = \dfrac{120f}{p_1 + p_2}$ [rpm]

2) 차동 종속법 : $N = \dfrac{120f}{p_1 - p_2}$ [rpm]

3) 병렬 종속법 : $N = \dfrac{2 \times 120f}{p_1 + p_2}$ [rpm]

(26) 주파수가 60 [Hz]에서 50 [Hz]로 감소한 경우

1) 속도 감소 2) 자속 ϕ 증가 3) 역률 $\cos\theta$ 저하
4) 온도 상승 5) 최대 토크 증가 6) 기동 전류 약간 증가

(27) 단상유도 전압조정기

1) 구조
① 1차 권선 : 회전자
② 2차 권선 : 고정자

2) 직렬권선과 분로권선이 이루는 각 θ에 따른 출력전압
① $\theta = 0°$일 때 : $E = E_1 + E_2$ (E_1 : 입력전압, E_2 : 조정전압, E : 출력전압)
② $\theta = 90°$일 때 : $E = E_1$
③ $\theta = 180°$일 때 : $E = E_1 - E_2$

3) 단락권선의 설치목적 : 전압강하 감소

4) 정격출력 $P_a = E_2 I_2 \times 10^{-3}$ [kVA]

5) 입력 전압과 출력 전압 사이에 위상차가 없다.

(28) 3상 유도 전압조정기

1) 구조
   ① 1차 권선 : 회전자
   ② 2차 권선 : 고정자

2) 출력전압 $E = \sqrt{(E_1 + E_2\cos\theta)^2 + (E_2\sin\theta)^2}$
   (θ : 직렬권선과 분로권선이 이루는 각)

3) 단락권선 : 필요 없다.

4) 정격출력 $P_a = \sqrt{3}\,E_2 I_2 \times 10^{-3}$ [kVA]

5) 입력 전압과 출력 전압 사이에 위상차가 있다.

(29) 3상 유도전동기의 시험

1) 실부하법에 의한 부하시험
   ① 전기동력계법
   ② 프로니브레이크법
   ③ 손실을 알고 있는 직류발전기를 사용하는 방법 등이 있다.

2) 슬립의 측정
   ① 회전계법
   ② 직류 밀리볼트계법
   ③ 수화기법
   ④ 스트로보스코프

(30) 2중 농형 유도 전동기

1) 회전자의 농형권선을 내외 이중으로 설치한 것

2) 도체
   ① 외측도체 : 저항이 높은 황동 또는 동니켈 합금의 도체를 사용
   ② 내측도체 : 저항이 낮은 전기동 사용

(31) 단상 유도전동기의 기동토크의 크기 및 용도

종 류	기동 토크 [%]	용 도
분상 기동형	125 이상	복사기, 계산기
콘덴서 기동형	250 이상	냉장고
콘덴서 전동기	140~160	세탁기, 선풍기
반발 기동형	300 이상	펌프
셰이딩 코일형	40~100	플레이어, 테이프 레코더

9. 전력용 반도체 및 정류기

(1) **회전 변류기** : 정류기로서 교류 전력을 직류 전력으로 변성하는 회전기계이다.

1) 전압비 : $\dfrac{E_a}{E_d} = \dfrac{1}{\sqrt{2}} \sin \dfrac{\pi}{m}$ (E_a : 교류측 전압, E_d : 직류측 전압, m : 상수)

2) 전류비 : $\dfrac{I_l}{I_d} = \dfrac{2\sqrt{2}}{m \cos\theta}$ (I_l : 교류측 선전류, I_d : 직류측 전류)

3) 회전 변류기의 전압 조정법
① 직렬 리액턴스에 의한 방법
② 유도 전압 조정기를 사용하는 방법
③ 부하시 전압 조정 변압기를 사용하는 방법
④ 동기 승압기에 의한 방법

(2) **실리콘 정류기의 특성**
① 역내전압이 크다.
② 전압 강하가 적다.
③ 전류 밀도가 크다.(게르마늄의 2~3배, 셀렌의 500~1000배)
④ 온도에 의한 영향이 작다.(최고 허용 온도 140~200 [℃])
⑤ 효율은 가장 좋다.(99 [%])
⑥ 대용량 정류기에 적합하다

(3) **다이오드의 접속**

- 다이오드 직렬 연결 : 과전압으로부터 보호
- 다이오드 병렬 연결 : 과전류로부터 보호

(4) **다이오드의 종류 및 용도**

- 정류용 다이오드 : 교류를 직류로 변환
- 바랙터 다이오드 : 정전용량이 전압에 따라 변화하는 소자
- 바리스터 다이오드 : 과도전압, 이상 전압에 대한 회로 보호용으로 사용
- 제너 다이오드 : 정전압 회로용 소자

(5) **SCR**

1) 위상 제어
- SCR 반파전류 $E_d = \dfrac{\sqrt{2}E}{2\pi}(1 + \cos\alpha)$

- SCR 전파정류 $E_d = \dfrac{\sqrt{2}E}{\pi}(1+\cos\alpha)$

2) 전압제어 범위
- 가능한 범위 : $\phi < \alpha \leq \pi$　(α : 점호각, ϕ : 역률각)
- 불 가능한 범위 : $\alpha \leq \phi$

    여기서, 역률각 $\phi = \tan^{-1}\dfrac{X}{R}$

3) SCR의 특징
   ① 아크가 생기지 않으므로 열의 발생이 적다.
   ② 과전압에 약하다.
   ③ 열용량이 적어 고온에 약하다.
   ④ 게이트 신호를 인가할 때부터 도통할 때까지의 시간이 짧다.
   ⑤ 전류가 흐르고 있을 때 양극의 전압강하가 작다.
   ⑥ 정류기능을 갖는 단일방향성 3단자 소자이다.
   ⑦ 역률각 이하에서는 제어가 되지 않는다.

(6) TRIAC(trielectrode AC switch)의 특징
1) 양방향으로 도통할 수 있다.
2) 2개의 SCR을 역병렬 접속한 것과 같다.
3) 게이트에 전류를 흘리면 어느 방향이건 전압이 높은 쪽에서 낮은 쪽으로 도통
4) TRIAC은 오직 교류 전력의 제어용으로 사용된다.
5) TRIAC은 정격 전류 이하의 전류에 있어서 과전압에 의해 파괴되지 않는다.

(7) 각종 반도체 소자의 비교

명 칭			단 자	신 호	응용 예
사이리스터	역저지 사이리스터	SCR	3단자	게이트 신호	정류기 인버터
		LASCR		빛 또는 게이트 신호	정지스위치 및 응용 스위치
		GTO		게이트 신호 on, off	초퍼 직류 스위치
		SCS	4단자		
	쌍방향 사이리스터	TRIAC	3단자	게이트 신호	조광장치, 교류 스위치
		역도통 사이리스터		게이트 신호	직류 효과
다이오드			2단자		정류기
트랜지스터			3단자		증폭기

(8) 정류회로

1) 단상

	반파정류	전파정류
다이오드	$E_d = \dfrac{\sqrt{2}E}{\pi} = 0.45E$	$E_d = \dfrac{2\sqrt{2}E}{\pi} = 0.9E$
SCR	$E_d = \dfrac{\sqrt{2}E}{2\pi}(1+\cos\alpha)$	$E_d = \dfrac{\sqrt{2}E}{\pi}(1+\cos\alpha)$
효율	40.6 [%]	81.2 [%]
PIV	\multicolumn{2}{c}{$PIV = E_d \times \pi$}

2) 다상 정류 $E_d = \dfrac{\sqrt{2}\sin\dfrac{\pi}{m}}{\dfrac{\pi}{m}} \cdot E$ (m : 상수)

3) 3상 반파제어정류회로 $E_d = \dfrac{3\sqrt{6}}{2\pi}V\cos\theta$

(9) PIV (첨두 역전압)

1) 단상 반파 정류 회로 : $PIV = \sqrt{2}E = \pi E_d$

   (E_d : 직류전압, E : 교류전압(실효값))

2) 단상 전파 정류 회로 : $PIV = 2\sqrt{2}E = \pi E_d$

(10) 맥동률 $= \sqrt{\dfrac{\text{실효값}^2 - \text{평균값}^2}{\text{평균값}^2}} \times 100 = \dfrac{\text{교류분}}{\text{직류분}} \times 100 [\%]$

- 단상 반파 : 121 [%]
- 단상 전파 : 48 [%]
- 삼상 반파 : 17 [%]
- 삼상 전파 : 4 [%]

(11) 수은 정류기

1) 전압비 $\dfrac{E_d}{E_a} = \dfrac{\sqrt{2} \cdot \sin\dfrac{\pi}{m}}{\dfrac{\pi}{m}}$ 여기서, m : 상수

2) 전류비 $\dfrac{I_d}{I_a} = \sqrt{m}$

3) 수은 정류기의 이상현상

   ① 역호 : 밸브 작용을 상실하여 전자가 역류하는 현상
   ② 실호 : 점호 실패   ③ 통호 : 아크 유출   ④ 이상 전압 발생

Chap. 5 회로이론

1. 전기기초

(1) **전위차**는 두 점간의 에너지 차

$$V = \frac{W[J]}{Q[C]} \text{ [V] 또는 } W = QV \text{ [J]}$$

(2) **대지전압** : 대지를 기준으로 할 때의 전압으로서 대지전위는 0[V] 이다.

(3) **선간전압** : 회로에서 두 점 a, b사이의 전압을 나타내는데 a점을 기준으로 해서 b점의 전압을 나타낼 때는 보통 V_{ab}로 나타낸다.

(4) 도체의 어느 단면을 Q[C]의 전하가 t초 동안에 이동된 경우 전류 I

- $I = \dfrac{Q}{t}$ [A] 또는 $Q = I \cdot t$ [C]
- $i(t) = \dfrac{dq}{dt}$ [A] 또는 $q = \displaystyle\int_0^t i\, dt$ [C]

(5) 전자 1개의 전하량
- 양전하(+)인 양자 : 1.602×10^{-19}[C]
- 음전하(-)인 전자 : -1.602×10^{-19} [C]

(6) 도선에 흐르는 전류가 $t(s)$ 동안에 W[J]의 일을 행하였다면 전력 P[W]

$$P = \frac{W}{t} = \frac{QV}{t} = V\frac{Q}{t} = VI = I^2R = \frac{V^2}{R} \text{ [W]}$$

(7) 1 [W] = 1 [J/sec], 1 [J] = 1 [N·m], 1 [kg·m] = 9.8 [N·m]

(8) **전력량** $W = Pt$[J]

(9) $1[\text{kWh}] = 1,000[\text{Wh}] = 1,000 \times 3,600[\text{W} \cdot \text{sec}]$

$\qquad\qquad = 3.6 \times 10^6 [\dfrac{\text{J}}{\text{sec}} \cdot \text{sec}] = 3.6 \times 10^6 [\text{J}]$

2. 전기회로의 기본법칙

(1) 옴의 법칙
- 전압 $V = RI$ [V]
- 전류 $I = \dfrac{V}{R}$ [A]
- 저항 $R = \dfrac{V}{I}$ [Ω]

(2) 키르히호프의 전류법칙(Kirchhoff's Current Law : KCL : 제1법칙)
한 절점(접속점)에서의 유입 전류와 유출 전류의 대수적인 합은 같다.
$$\sum I_{in} = \sum I_{out}$$

(3) 키르히호프의 전압법칙(Kirchhoff's Voltage Law : KVL : 제2법칙)
임의의 폐회로(경로)에 있어서 전원전압(E_i)의 합은 전압강하의 합($V_i = IR_i$)과 같다.
$$\sum E_i = \sum V_i$$

(4) 주울의 법칙(Joule's Law)
저항 R인 도체에 전류 I가 $t(s)$동안 흘렀을 때 발생되는 에너지 H [J]
- $H = I^2 Rt = Pt$ [J]
- $H = 0.24 I^2 Rt = 0.24 Pt$ [cal]

(5) 단위 환산
- 1 [J] = 0.239 [cal] ≒ 0.24 [cal]
- 1 [cal] = 4.186 [J] ≒ 4.2 [J]
- 1 [kWh] = 860 [kcal]
- 1 [kcal] = 4.186 [kJ]

(6) 패러데이 법칙(Faraday' Law)
전해액에 전류 I[A]가 t[s] 동안 흐른 경우, 석출되는 물질의 양 w[g]은
$$w = kQ = kIt \text{ [g]} \quad (k : 전기화학당량)$$

3. 회로 소자

(1) 저항 $R = \rho \dfrac{l}{A} [\Omega]$

(2) 컨덕턴스(conductance)

$$G = \dfrac{1}{R} = \sigma \dfrac{A}{l} (\text{mho} : [\mho]) \text{ 또는 } (\text{siemens} : [S])$$

여기서, σ : 도전율($=1/\rho$)

(3) 저항온도계수(Temperature coefficient of resistance)
- 금속 도체 : 정(+) 온도특성
- 반도체나 부도체 : 부(−) 온도특성

(4) 온도 $t_1[℃]$에서의 도체의 저항을 R_1, $t_2[℃]$에서의 저항을 R_2라 하면

$$R_2 = R_1\{1 + \alpha_1(t_2 - t_1)\}[\Omega]$$

(α_1 : $t_1[℃]$일 때의 저항온도계수)

(5) 합성저항
- 직렬접속 $R_0 = R_1 + R_2 + R_3 + \cdots + R_n$
- 병렬접속 $R_0 = \dfrac{1}{\dfrac{1}{R_1} + \dfrac{1}{R_2} + \cdots + \dfrac{1}{R_n}}$

(6) 전압분배법칙

1) $V_1 = E \times \dfrac{R_1}{R_1 + R_2}$

2) $V_2 = E \times \dfrac{R_2}{R_1 + R_2}$

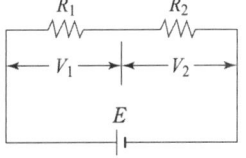

(7) 전류분배법칙

1) $I_1 = I \times \dfrac{R_2}{R_1 + R_2}$

2) $I_2 = I \times \dfrac{R_1}{R_1 + R_2}$

(8) 배율기의 배율 $m = \dfrac{V}{V_a} = 1 + \dfrac{R_m}{r_v}$

여기서, r_v : 전압계 내부저항, R_m : 배율기 저항

(9) 분류기의 배율 $m = \dfrac{I}{I_a} = 1 + \dfrac{r_a}{R_s}$

여기서, r_a : 전류계 내부저항, R_s : 분류기 저항

(10) 인덕턴스(inductance) $L = \dfrac{N\varPhi}{I} = \dfrac{\mu A N^2}{l} [\text{H}]$

여기서, N : 코일의 권수, μ : 코일의 투자율, l : 코일 길이

(11) 역기전력 $e = -N\dfrac{d\phi}{dt}$ [V]

1) 기전력의 크기 결정 : 패러데이 법칙
2) 기전력의 방향 결정 : 렌쯔의 법칙

(12) 인덕터의 특징 및 에너지 저장

1) 인덕터에 직류전류가 흐르면 $\dfrac{di}{dt}=0$가 되므로 유도전압이 생성되지 않는다.
2) 직류(D.C)에 대해서 인덕터는 회로적으로 단락(short)되어 도체적 역할만 할 뿐이며 전압강하는 생기지 않는다.
3) 직류에 의해서도 자기장은 형성되므로 직류전류 I에 의한 자기에너지 W_L[J]가 인덕터에 저장된다.

$$W_L = \dfrac{1}{2}LI^2 [\text{J}]$$

(13) 합성인덕턴스

1) 직렬접속 $L_0 = L_1 + L_2 + \cdots + L_n$
2) 병렬접속 $L_0 = \dfrac{1}{\dfrac{1}{L_1}+\dfrac{1}{L_2}+ \cdots +\dfrac{1}{L_n}}$

(14) 정전용량 $C = \dfrac{\epsilon_0 \epsilon_s S}{d}$ [F]

(15) 커패시터의 직렬접속

1) 각 콘덴서에 걸리는 전하량은 동일하다.
$Q = Q_1 = Q_2 = Q_3 = \cdots = Q_n = Q_0$

2) 합성 정전용량 $C_0 = \dfrac{1}{\dfrac{1}{C_1}+\dfrac{1}{C_2}+ \cdots +\dfrac{1}{C_n}}$

(16) 커패시터의 병렬접속

   1) 각 콘덴서에 걸리는 전압은 동일하다.
$$E_1 = E_2 = E_3 \cdots E_n = E_0$$

   2) 합성정전용량 $C_0 = C_1 + C_2 + \cdots + C_n$

(17) 분압법칙(콘덴서)

- $V_1 = E \times \dfrac{C_2}{C_1 + C_2}$
- $V_2 = E \times \dfrac{C_1}{C_1 + C_2}$

(18) 콘덴서에 교류전압 v를 인가하는 경우 흐르는 전류 $i = \dfrac{dq}{dt} = C\dfrac{dv}{dt}$ [A]

(19) 교류전류 i 가 흐르는 경우 커패시터 양단에서의 전압강하 $v = \dfrac{1}{C}\int i\, dt$ [V]

(20) 전압의 시간적 변화가 없는 $dv/dt = 0$인 직류전압을 커패시터에 인가한 경우 $i = 0$가 되어 커패시터는 개방상태로 된다.

(21) 커패시터에 저장되는 정전에너지 $W_c = \dfrac{1}{2}CV^2 = \dfrac{Q^2}{2C}$ [J]

4. 전기회로의 일반해석

(1) 전압원

   1) 이상적인 전압원은 내부 저항이(r) 적을수록 좋다.
   2) 전압원의 직렬접속 : 전압의 크기가 서로 같지 않아도 된다.
   3) 전압원의 병렬접속 조건 : 전압의 크기가 동일하여야 한다.

(2) 전류원

   1) 이상적인 전류원의 내부저항값(r)은 클수록 좋다.
   2) 전류원의 직렬접속 조건 : 전류원의 크기가 동일하여야 한다.
   3) 전류원의 병렬접속 : 전류원의 크기가 서로 같지 않아도 된다.

(3) 브리지 회로(Bridge circuit)의 평형조건

1) 저항회로

   서로 마주보는 변의 저항 값의 곱이 서로 같을 때이다.
   즉, $R_1 R_4 = R_2 R_3$

2) 임피던스 회로

   서로 마주보는 변의 임피던스 곱의 실수부는 실수부끼리 허수부는 허수부끼리 서로 같을 때 이다.

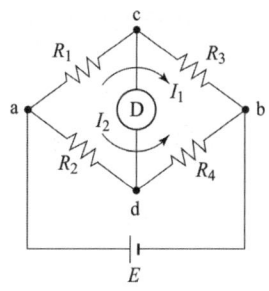

(4) 저항의 등가변환

- 저항이 평형상태인 경우 $R_\Delta = 3R_Y$ 또는 $R_Y = \dfrac{1}{3} R_\Delta$

(5) 중첩의 정리

1) 먼저, 한 개의 전원(전압원이나 전류 원)을 취하고 나머지 전원은 모두 없앤다.
   (이때, 다른 전압원은 단락, 다른 전류원은 개방)
2) 한 개의 전원 만에 의해 지로에 흐르는 전류를 구한다.
3) 구하려는 지로의 전류는 각각의 전원에 의해 구한 전류값을 대수적으로 합하여 구한다. 이때 전류 방향이 같은 것은 (+)하고 다른 것은 (−)로 한다. 전류방향은 (+)값과 (−)값을 비교하여 큰 것으로 결정한다.

(6) 테브낭의 정리(Thevenin's theorem)

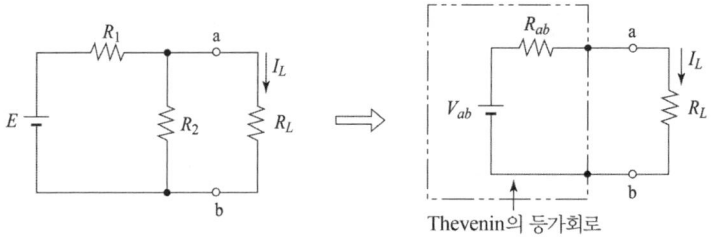

1) a, b 단자 사이에 걸리는 개방전압 $V_{ab} = \dfrac{R_2}{R_1 + R_2} E$

2) a, b 단자에서 회로측으로 바라본 등가저항 $R_{ab} = \dfrac{R_1 R_2}{R_1 + R_2}$

   이때, 전압원일 경우는 단락시키고 전류원의 경우는 개방시킨다.

3) 부하전류 $I_L = \dfrac{V_{ab}}{R_{ab} + R_L}$

(7) 노튼의 정리(Norton's theorem)

(a) 단락전류　　　　　　　　(b) 등가저항

1) 전류원　$I_s = \dfrac{V_0}{R_1}$

2) a, b 단자에서 회로측으로 바라본 등가저항　$R_{ab} = \dfrac{R_1 R_2}{R_1 + R_2}$

3) 부하전류　$I_L = \dfrac{R_{ab}}{R_{ab} + R_L} I_s$

(8) 밀만의 정리(Millman's theorem)

$$V_{ab} = \dfrac{\dfrac{E_1}{R_1} + \dfrac{E_2}{R_2} + \dfrac{E_3}{R_3}}{\dfrac{1}{R_1} + \dfrac{1}{R_2} + \dfrac{1}{R_3}} = \dfrac{G_1 E_1 + G_2 E_2 + G_3 E_3}{G_1 + G_2 + G_3}$$

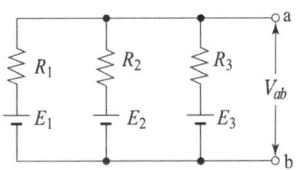

5. 교류 회로

(1) 주기　$T = \dfrac{1}{f}$ [sec]

(2) 각속도　$\omega = 2\pi f$ [rad/sec]

(3) 기하각과 전기각의 관계

   1) 기하각 $\theta\,[°] = \omega t$ [rad]

   2) 전기각 $\omega t = \dfrac{\theta}{180}\pi$ [rad]

(4) 평균값(average value)　$V_{av} = \dfrac{1}{T}\displaystyle\int_0^T v\,dt$

(5) 정현파 교류의 평균치

1) $V_{av} = \dfrac{2}{\pi} V_m ≒ 0.637 V_m$ 2) $I_{av} = \dfrac{2}{\pi} I_m ≒ 0.637 I_m$

(6) 실효값(effective value)의 정의

동일한 저항회로에 직류와 교류를 동일시간 인가하였을 때 소비되는 전력량이 같은 경우 이 때의 직류값을 정현파 교류의 실효값으로 정의한다.

(7) 정현파 교류의 실효치

1) $V = \dfrac{V_m}{\sqrt{2}} ≒ 0.707 V_m$ 2) $I = \dfrac{I_m}{\sqrt{2}} ≒ 0.707 I_m$

(8) 정현파 교류에 대한 파형률과 파고율

1) 파형률 $= \dfrac{실효값}{평균값} = \dfrac{V}{V_{av}} = \dfrac{\frac{V_m}{\sqrt{2}}}{\frac{2I_m}{\pi}} ≒ 1.109$

2) 파고율 $= \dfrac{최대값}{실효값} = \dfrac{V_m}{V} = \dfrac{V_m}{\frac{V_m}{\sqrt{2}}} = 1.414$

(9) R, L, C 회로의 전류 및 벡터

요소	순시치 표시	파형	실효치	벡터	벡터도	전류
R	$i = \dfrac{e}{R}$	$e = E_m \sin\omega t [V]$ $i = I_m \sin\omega t [A]$	$I = \dfrac{E}{R}$	$I = \dfrac{E}{R}$		동상전류 유효전류
L	$e = L\dfrac{di}{dt}$ $i = \dfrac{1}{L}\int e\,dt$	$e = E_m \sin\omega t [V]$ $i = I_m \sin\left(\omega t - \dfrac{\pi}{2}\right)[A]$	$I = \dfrac{E}{\omega L}$	$I = \dfrac{E}{j\omega L}$		지상전류 자화전류
C	$e = \dfrac{1}{C}\int i\,dt$ $i = C\dfrac{de}{dt}$	$e = E_m \sin\omega t [V]$ $i = I_m \sin\left(\omega t + \dfrac{\pi}{2}\right)[A]$	$I = \omega CE$	$I = j\omega CE$		진상전류 충전전류

(10) $R-L$ 직렬회로

1) 복소임피던스 $\mathbf{Z} = R + jX_L$
2) 크기 $Z = \sqrt{R^2 + X_L^2}$

3) 편각 $\theta = \tan^{-1}\dfrac{X_L}{R} = \tan^{-1}\dfrac{\omega L}{R}$

4) 전압은 전류보다 $\theta = \tan^{-1}\dfrac{X_L}{R}$ 만큼 빠르다.

(11) $R-C$ 직렬회로

1) 복소임피던스 $\boldsymbol{Z} = R - jX_C$

2) 크기 $Z = \sqrt{R^2 + X_C^2}$

3) 편각 $\theta = \tan^{-1}\dfrac{X_C}{R} = \tan^{-1}\dfrac{1}{\omega CR}$

4) 전압은 전류보다 $\theta = \tan^{-1}\dfrac{1}{\omega CR}$ 만큼 늦다.

(12) $R-L-C$ 직렬회로

1) 복소임피던스 $\boldsymbol{Z} = R + j(X_L - X_C)$

2) 크기 $Z = \sqrt{R^2 + (X_L - X_C)^2}$

3) 편각 $\theta = \tan^{-1}\dfrac{X_L - X_C}{R}$

6. 교류 전력과 에너지

(1) 저항 R 회로

1) 순시전력 p의 주파수는 전압이나 전류 주파수의 2배(2ω)로서 항상 (+) 전력값

2) 평균전력 $P = VI = I^2 R = \dfrac{V^2}{R}$

3) 시간 $t(s)$ 동안에 저항에서 열로 소비되는 에너지(전력량) $W_R = Pt = I^2 Rt\,[\text{J}]$

(2) 인덕턴스 L 회로 및 커패시턴스 C 회로

1) 순시전력 p의 주파수는 전압이나 전류 주파수의 2배(2ω)로 되며 주기적으로 (+)와 (-)가 변하는 정현파 전력특성을 나타낸다.

2) 평균전력 $P = \dfrac{1}{T}\displaystyle\int_0^T VI\sin 2\omega t\, dt = 0$

3) 전원과 인덕턴스 또는 커패시턴스 사이에 주기적인 에너지 교환이 일어날 뿐이며 전력의 소모는 발생하지 않는다.

4) L에 축적되는 에너지의 평균값 $W_L = \dfrac{1}{2}LI^2$

5) C에 축적되는 에너지의 평균값 $W_C = \dfrac{1}{2}CV^2$

(3) 역률

1) 직렬 회로의 역률 $\cos\theta = \dfrac{R}{\sqrt{R^2+X^2}}$

2) 병렬 회로의 역률 $\cos\theta = \dfrac{X}{\sqrt{R^2+X^2}}$

(4) 역률의 범위

1) 순 저항성 회로의 경우 $\theta = 0°$ 이므로 $\cos\theta = 1$

2) 순 유도성 회로인 경우 $\theta = 90°$ 이므로 $\cos\theta = 0$

3) 순 용량성 회로의 경우 $\theta = -90°$ 이므로 $\cos\theta = 0$

(5) 교류회로의 전력

1) 유효전력 $P = VI\cos\theta = I^2R$ [W]

2) 무효전력 $Q = VI\sin\theta = I^2X$ [Var]

3) 피상전력 $P_a = VI = I^2Z$ [VA]

(6) 전력과의 관계

1) $P_a^2 = P^2 + Q^2$ 또는 $P_a = \sqrt{P^2+Q^2}$

2) 역률 $\cos\theta = \dfrac{P}{P_a} = \dfrac{\text{유효전력}}{\text{피상전력}}$

3) 무효율 $\sin\theta = \dfrac{Q}{P_a} = \dfrac{\text{무효전력}}{\text{피상전력}}$

(7) 역률 개선용 콘덴서 용량

$$Q_c = P\tan\theta_1 - P\tan\theta_2 = P(\tan\theta_1 - \tan\theta_2)$$

(θ_1 : 역률개선 전, θ_2 : 역률개선 후)

(8) $Z_S = R_S$, $Z_L = R_L$인 경우(순수한 저항회로) 최대전력전달

1) 최대전력 전달조건 $R_S = R_L$

2) 최대전력 $P_{Lmax} = \dfrac{V_S^2}{4R_L} = \dfrac{V_S^2}{4R_S}$

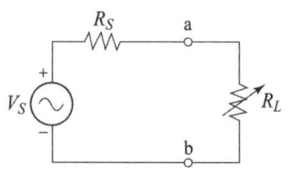

(9) $Z_S = R_S + jX_S$, $Z_L = R_L + jX_L$인 경우 최대전력전달

   1) 최대전력 전달조건 $Z_L = Z_S^*$ 즉, $R_L = R_S$, $X_L = -X_S$

   2) 최대출력 $P_{Lmax} = \dfrac{V_S^2}{4R_L} = \dfrac{V_S^2}{4R_S}$

7. 벡터궤적

임피던스 궤적	어드미턴스 궤적 (전류 궤적)	특 징
$R-L$ 직렬	$R-C$ 병렬	• 가변하는 축에 평행한 직선 • 1상한에 존재
$R-C$ 직렬	$R-L$ 병렬	• 가변하는 축에 평행한 직선 • 4상한에 존재
$R-L$ 병렬	$R-C$ 직렬	• 가변하지 않는 축에 원의 중심점을 둔 반원벡터 • 원점을 지나는 반원벡터 • 1상한에 존재
$R-C$ 병렬	$R-L$ 직렬	• 가변하지 않는 축에 원의 중심점을 둔 반원벡터 • 원점을 지나는 반원벡터 • 4상한에 존재

8. 유도 결합 회로

(1) 1차 코일에 유도되는 전압 $v_1 = L_1 \dfrac{di_1}{dt} \pm M \dfrac{di_2}{dt}$

   • 두 코일에서 생기는 자속이 합쳐지는 방향이면 : $+ M \dfrac{di_2}{dt}$

   • 두 코일에서 생기는 자속이 반대방향이면 : $- M \dfrac{di_2}{dt}$

(2) 2차 코일에 유도되는 전압 $v_2 = L_2 \dfrac{di_2}{dt} \pm M \dfrac{di_1}{dt}$

(3) 가극성 (L_1, L_2에 흘러 들어가는 전류의 방향이 모두 같은 방향)

   $L^+ = L_1 + L_2 + 2M$

(4) 감극성 (L_1, L_2에 흘러 들어가는 전류의 방향이 서로 반대방향)

   $L^- = L_1 + L_2 - 2M$

(5) 결합계수 $k = \dfrac{M}{\sqrt{L_1 L_2}}$ $(0 \leq k \leq 1)$

9. 3상 교류

(1) 3상 기전력의 순시값

$$v_a = V_m \sin\omega t, \quad v_b = V_m \sin(\omega t - 120°), \quad v_c = V_m \sin(\omega t - 240°)$$

(2) 페이저로 표시

$$\boldsymbol{V}_a = V\underline{/0°}, \quad \boldsymbol{V}_b = V\underline{/-120°}, \quad \boldsymbol{V}_c = V\underline{/-240°}$$

(3) 평형 3상 전원 : 기전력의 크기가 같고 120°의 위상차를 갖는 3상 기전력

(4) 평형 3상 전원의 벡터 합 $V_a + V_b + V_c = 0$

(5) Y결선

  1) $V_l = \sqrt{3}\, V_p\, \underline{/30°}$: 선간전압은 상전압에 비해 크기가 $\sqrt{3}$ 배이며 위상은 30° 빠르다.

  2) $I_l = I_P$: 선전류는 상전류와 크기와 위상이 같다.

(6) △ 결선

  1) $V_l = V_P$: 선간전압은 상전압과 크기와 위상이 같다.

  2) $I_l = \sqrt{3}\, I_p\, \underline{/-30°}$: 선전류는 상전류에 비해 크기가 $\sqrt{3}$ 배이며 위상은 30° 늦다.

(7) 대칭 n상 성형결선

  1) 선간전압 $E_l = 2E_P \sin\dfrac{\pi}{n}$

  2) 선전류=성형전류

  3) 위상 : 선간전압이 상전압보다 $\dfrac{\pi}{2}\left(1 - \dfrac{2}{n}\right)$[rad] 만큼 앞선다.

(8) 대칭 n상 환상결선

  1) 선간전압=환상전압

  2) 선전류 $I_l = 2I_P \sin\dfrac{\pi}{n}$

  3) 위상 : 선전류가 성형전류보다 $\dfrac{\pi}{2}\left(1 - \dfrac{2}{n}\right)$[rad] 만큼 뒤진다.

(9) n상 전력 $P = \dfrac{n}{2\sin\dfrac{\pi}{n}} V_l I_l \cos\theta [\text{W}]$

(10) 회전자계

   1) 대칭 전류 : 원형회전 자계 형성

   2) 비대칭 전류 : 타원 회전자계 형성

(11) 불평형 회로

   1) 3상 3선식 Y-Y회로(중성선이 연결되어 있지 않는 경우) $I_1 + I_2 + I_3 = 0$

   2) 3상 4선식(중성선이 연결되어 있는 경우) $I_1 + I_2 + I_3 = I_n$

(12) 불평형 3상전압

- $V_a = V_0 + V_1 + V_2$
- $V_b = V_0 + a^2 V_1 + a V_2$
- $V_c = V_0 + a V_1 + a^2 V_2$

(13) 영상, 정상, 역상전압

- 영상 전압 $V_0 = \dfrac{1}{3}(V_a + V_b + V_c)$
- 정상 전압 $V_1 = \dfrac{1}{3}(V_a + a V_b + a^2 V_c)$
- 역상 전압 $V_2 = \dfrac{1}{3}(V_a + a^2 V_b + a V_c)$

(14) 3상 교류발전기의 기본식

   $V_0 = -Z_0 I_0, \quad V_1 = E_a - Z_1 I_1, \quad V_2 = -Z_2 I_2$

(15) 불평형률 $= \dfrac{\text{역상분}}{\text{정상분}} \times 100[\%] = \dfrac{V_2}{V_1} \times 100[\%]$ 또는 $\dfrac{I_2}{I_1} \times 100[\%]$

(16) 2전력계법

   1) 유효전력 $P = P_1 + P_2$

   2) 무효전력 $Q = \sqrt{3}(P_1 - P_2)$

   3) 피상전력 $P_a = \sqrt{P^2 + Q^2} = 2\sqrt{P_1^2 + P_2^2 - P_1 P_2}$

   4) 역률 $\cos\theta = \dfrac{P}{P_a} = \dfrac{P_1 + P_2}{2\sqrt{P_1^2 + P_2^2 - P_1 P_2}}$

10. 비정현파 교류

(1) 비정현파 교류의 실효값

- $I = \sqrt{I_0^2 + \left(\dfrac{I_{m1}}{\sqrt{2}}\right)^2 + \left(\dfrac{I_{m2}}{\sqrt{2}}\right)^2 + \cdots + \left(\dfrac{I_{mn}}{\sqrt{2}}\right)^2} = \sqrt{I_0^2 + I_1^2 + I_2^2 + \cdots + I_n^2}$

- $V = \sqrt{V_0^2 + V_1^2 + V_2^2 + V_3^2 + \cdots}$

  (V_0 : 직류분, V_1 : 기본파, V_n : 고조파)

(2) 왜형률 $= \dfrac{\text{고조파 실효값의 합}}{\text{기본파 실효값}} = \sqrt{\left(\dfrac{V_2}{V_1}\right)^2 + \left(\dfrac{V_3}{V_1}\right)^2 + \cdots}$

(3) n차 고조파에서 임피던스의 변화

  1) 저항 : 변화 없음 (주파수와 무관)

  2) 유도 리액턴스 $X_{Ln} = 2\pi n f L = n \cdot X_L$ → n배로 증가

  3) 용량 리액턴스 $X_{cn} = \dfrac{1}{2\pi n f C} = \dfrac{1}{n} \cdot \dfrac{1}{2\pi f C} = \dfrac{1}{n} \cdot X_c$ → $\dfrac{1}{n}$배로 감소

(4) n차 고조파에서 전류

  1) 기본파 $I_1 = \dfrac{V_1}{Z_1} = \dfrac{V_1}{\sqrt{R^2 + X_L^2}}$

  2) 3고조파(인덕턴스 회로) $I_3 = \dfrac{V_3}{\sqrt{R^2 + (3X_L)^2}}$

  3) 3고조파(콘덴서 회로) $I_3 = \dfrac{V_3}{\sqrt{R^2 + \left(\dfrac{1}{3}X_c\right)^2}}$

(5) 비정현파 교류의 전력

  1) 비정현파에 의해 공급되는 유효전력과 무효전력은 주파수가 같은 성분의 전압, 전류에서만 발생된다.

  2) 비정현파 교류전력의 평균전력 $P = V_0 I_0 + V_1 I_1 \cos\theta_1 + V_2 I_2 \cos\theta_2 + \cdots$

   즉, 비정현파 교류전력은 직류분과 각 고조파 전력의 합으로 나타난다.

  3) 무효전력 $Q = \sum V_n I_n \sin\theta_n = V_1 I_1 \sin\theta_1 + V_2 I_2 \sin\theta_2 + \cdots$ (직류분이 없다)

  4) 피상전력 $P_a = V_0 I_0 + \sum V_n I_n = V_0 I_0 + V_1 I_1 + V_2 I_2 + \cdots$

5) 역률 $\cos\theta = \dfrac{P}{VI} = \dfrac{V_0 I_0 + V_1 I_1 \cos\theta_1 + V_2 I_2 \cos\theta_2 + \cdots}{\sqrt{(V_0^2 + V_1^2 + V_2^2 + \cdots)} \cdot \sqrt{(I_0^2 + I_1^2 + I_2^2 + \cdots)}}$

(6) 비정현파에 대한 푸리에 급수 표현식

1) $f(t) = a_0 + \sum_{n=0}^{\infty} a_n \cos n\omega t + \sum_{n=0}^{\infty} b_n \sin n\omega t$

2) 비정현파 교류 = 직류분 + 기본파 + 고조파

(7) 반파 대칭파

1) 대칭 조건 $y(x) = -y(\pi + x)$
2) 기수파(홀수파)
3) (+)파형과 (−)파형이 같으므로 직류분(a_0)은 존재하지 않는다.
4) $\sin$항(정현항)과 $\cos$항(여현항)이 존재한다.

(8) 정현 대칭파

1) 대칭조건 $y(x) = -y(2\pi - x) = -y(-x)$
2) (+)파형과 (−)파형이 같으므로 직류분(a_0)은 존재하지 않는다.
3) $\sin$항(정현항)만 존재하고 $\cos$항(여현항)은 존재하지 않는다.

(9) 여현 대칭파

1) 대칭조건 $y(x) = y(2\pi - x) = y(-x)$
2) 우함수 파
3) 직류분(a_0)이 존재할 수 있다.
4) $\cos$항(여현항)만 존재하고, $\sin$항(정현항)은 존재하지 않는다.

(10) 반파 정현 대칭파

1) 대칭조건 $y(x) = -y(-x) = -y(\pi + x)$
2) 기수파
3) $\sin$항(정현항)만 존재하고 $\cos$항(여현항)은 존재하지 않는다.

(11) 반파 여현 대칭

1) 대칭조건 $y(x) = y(-x)$
2) 기수파
3) $\cos$항(여현항)만 존재하고, $\sin$항(정현항)은 존재하지 않는다.

11. 2단자 회로망

(1) R, L, C 직렬회로의 임피던스 $Z_s(s) = R + sL + \dfrac{1}{sC}$

(2) R, L, C 병렬회로의 임피던스 $Z_p(s) = \dfrac{1}{\dfrac{1}{R} + \dfrac{1}{sL} + sC}$

(3) 영점 및 극점

영 점	극 점
• $Z(s) = 0$가 되는 s의 값 • 분자항 = 0 • 회로의 단락상태 • ○로 표시	• $Z(s) = \infty$가 되는 s의 값 • 분모항 = 0 • 회로의 개방상태 • ×으로 표시

(4) 역회로

임피던스의 곱이 주파수에 무관한 점의 정수로 될 때 즉,

$$Z_1 Z_2 = K^2 \text{ 또는 } \dfrac{Y_1}{Y_2} = K^2 \ (K\text{는 실정수})$$

의 관계에 있을 때 이 두 회로의 Z_1, Z_2는 $K > 0$에 관해서 역회로라 한다.

(5) 정저항 회로
- 2단자 구동점 임피던스가 주파수에 관계없이 항상 일정한 순저항으로 될 때의 회로
- 정저항 회로 조건 $R^2 = \dfrac{L}{C}$에서, $R = \sqrt{\dfrac{L}{C}}$

12. 4단자 회로망

(1) 임피던스 파라미터(Z parameter)

$V_1 = Z_{11}I_1 + Z_{12}I_2$

$V_2 = Z_{21}I_1 + Z_{22}I_2$

(2) 행렬식으로 표시

$$\begin{bmatrix} V_1 \\ V_2 \end{bmatrix} = \begin{bmatrix} Z_{11} & Z_{12} \\ Z_{21} & Z_{22} \end{bmatrix} \begin{bmatrix} I_1 \\ I_2 \end{bmatrix}$$

- Z_{11} : 단자 1-1'에서의 개방 구동점 임피던스 $Z_{11} = \dfrac{V_1}{I_1}\bigg|_{I_2=0}$

- Z_{21} : 개방 순방형 전달임피던스 $Z_{21} = \dfrac{V_2}{I_1}\bigg|_{I_2=0}$

- Z_{22} : 단자 2-2'에서의 개방 구동점 임피던스 $Z_{22} = \dfrac{V_2}{I_2}\bigg|_{I_1=0}$

- Z_{12} : 개방 역방형 전달임피던스 $Z_{12} = \dfrac{V_1}{I_2}\bigg|_{I_1=0}$

(3) ABCD 파라미터(전송 파라미터)

$V_1 = AV_2 + BI_2$, $I_1 = CV_2 + DI_2$ 에서

- $A = \dfrac{V_1}{V_2}\bigg|_{I_2=0}$: 전압비   … 2차측 개방

- $B = \dfrac{V_1}{I_2}\bigg|_{V_2=0}$: 임피던스 차원   … 2차측 단락

- $C = \dfrac{I_1}{V_2}\bigg|_{I_2=0}$: 어드미턴스 차원   … 2차측 개방

- $D = \dfrac{I_1}{I_2}\bigg|_{V_2=0}$: 전류비   … 2차측 단락

(4) 영상임피던스

1) 1차측에서 본 영상임피던스 $Z_{01} = \sqrt{\dfrac{AB}{CD}}$

2) 2차측에서 본 영상임피던스 $Z_{02} = \sqrt{\dfrac{DB}{CA}}$

3) 전달정수 $\theta = \ln(\sqrt{AD} + \sqrt{BC})$

   $\theta = \alpha + j\beta$ (α : 영상 감쇠정수, β : 영상 위상정수)

13. 공진회로

(1) 직렬공진회로

1) 임피던스 $Z = R + j\left(\omega L - \dfrac{1}{\omega C}\right)$

2) 직렬공진조건 : 허수부 = 0, 즉 리액턴스 성분 $X = 0$가 되는 조건

즉, $\omega L - \dfrac{1}{\omega C} = 0$ 즉, $\omega L = \dfrac{1}{\omega C}$

3) 공진주파수 $f_r = \dfrac{1}{2\pi \sqrt{LC}}$

4) 전압확대율 또는 양호도 $Q = Q_L = Q_C = \dfrac{\omega_r L}{R} = \dfrac{1}{R \omega_r C} = \dfrac{1}{R}\sqrt{\dfrac{L}{C}}$

(2) 병렬공진회로

1) 공진주파수 $f_a = \dfrac{1}{2\pi}\sqrt{\left(\dfrac{1}{LC} - \dfrac{R^2}{L^2}\right)}$

2) 전류확대율 $Q = \dfrac{I_L}{I_a} = \dfrac{I_C}{I_a} = \dfrac{\omega_a L}{R} = \dfrac{1}{R \omega_a C} = \dfrac{1}{R}\sqrt{\dfrac{L}{C}}$

14. 분포정수회로

(1) 특성 임피던스 (파동 임피던스)의 크기

$$Z_0 = \sqrt{\dfrac{Z}{Y}} = \sqrt{\dfrac{R + j\omega L}{G + j\omega C}}\,[\Omega]$$

여기서, R, G를 무시하면 $Z_0 \fallingdotseq \sqrt{\dfrac{L}{C}}\,[\Omega]$

(2) 전파정수 $\gamma = \sqrt{ZY} = \sqrt{(R + j\omega L)(G + j\omega C)} \fallingdotseq j\omega\sqrt{LC}$ [rad]

전파정수 $\gamma = \alpha + j\beta$ (α : 감쇠정수 β : 위상정수)

(3) 분포정수 회로의 4단자 정수

$A = D = \cosh\gamma l$, $B = Z_0 \sinh\gamma l$, $C = \dfrac{1}{Z_0}\sinh\gamma l$

(4) 무손실 선로 : $R = G = 0$인 선로를 무손실 선로라 한다.

1) 특성임피던스 $Z_0 = \sqrt{\dfrac{L}{C}}$

2) 전파정수 $\gamma = \alpha + j\beta = j\omega\sqrt{LC}$ $\therefore$ $\alpha = 0$, $\beta = \omega\sqrt{LC}$

3) 진행파의 전파속도 $v = \dfrac{1}{\sqrt{LC}}$

4) 무손실 선로에서는 신호의 감쇠가 없으며 주파수에 관계없이 같은 크기의 파형이 전파속도 v로 진행한다.

(5) 무왜형 선로

1) 무왜형 선로의 조건 $RC = GL$

2) 특성임피던스 $Z_0 = \sqrt{\dfrac{L}{C}}$

3) 전파정수 $\gamma = \sqrt{RG} + j\omega\sqrt{LC}$

   ∴ 감쇠정수 $\alpha = \sqrt{RG}$, 위상정수 $\beta = \omega\sqrt{LC}$

4) 진행파의 전파속도 $v = \dfrac{1}{\sqrt{LC}}$

5) 무왜형 선로에서 Z_0, α, v는 주파수에 관계없다.

15. 과도현상

(1) 인덕터

1) 인덕터에 흐르는 전류는 순간적으로 변화될 수가 없다.
2) 전류가 흐르지 않던 인덕터에 전원을 연결하는 경우 인덕터는 마치 회로를 개방(open)시키는 작용을 한다.

(2) 커패시터

1) 커패시터의 단자전압은 순간적으로 변화될 수 없다.
2) 초기전하를 갖지 않는 커패시터에 전원을 연결하면 순간적으로 큰 전류가 흐르면서 마치 커패시터가 회로를 단락(short)시키는 작용을 한다.

(3) $R-L$ 직렬의 직류회로

1) 정상해 $i_s = \dfrac{E}{R}$ [A]

2) 과도해 $i_t = -\dfrac{E}{R}e^{-\frac{R}{L}t}$

3) 일반해 $i = \dfrac{E}{R}(1 - e^{-\frac{R}{L}t})$

4) 시정수 $\tau = \dfrac{L}{R}$ [sec]

(4) $R-C$ 직렬의 직류회로

1) 정상해 $q_s = CE\,[\text{C}]$

2) 과도해 $q_t = -CE\,e^{-\frac{1}{RC}t}$

3) 전류 $i = \dfrac{dq}{dt} = \dfrac{E}{R}e^{-\frac{1}{RC}t}$

4) 시정수 $\tau = RC\,[\text{sec}]$

(5) $R-L-C$ 직렬회로

1) $R > 2\sqrt{\dfrac{L}{C}}$: 과제동 (비진동적)

2) $R = 2\sqrt{\dfrac{L}{C}}$: 임계 진동

3) $R < 2\sqrt{\dfrac{L}{C}}$: 부족 제동(감쇠진동)

4) $R = 0$: 무제동($L-C$ 회로)

(6) $R-L$ 직렬회로에 교류전원 인가시 흐르는 전류

$$i(t) = I_m\left[\sin(\omega t + \theta - \phi) - e^{-\left(\frac{R}{L}\right)t}\sin(\theta - \phi)\right]$$

(7) $R-C$ 직렬회로에 교류전원 인가시 흐르는 전류

$$i(t) = I_m\left\{\sin(\omega t + \theta + \phi) - \dfrac{1}{\omega CR}e^{-\frac{1}{RC}t}\cos(\theta + \phi)\right\}$$

16. 라플라스 변환

(1) $f(t)$의 라플라스 변환 $F(s) = \mathcal{L}[f(t)] = \displaystyle\int_0^\infty f(t)\,e^{-st}\,dt$

(2) 라플라스 역변환

라플라스 변환식 $F(s)$로부터 그 본래의 함수 $f(t)$를 구하는 것을 $F(s)$의 라플라스 역변환이라고 한다.

$$f(t) = \mathcal{L}^{-1}[F(s)] = \dfrac{1}{2\pi j}\int_{c-j\infty}^{c+j\infty} f(t)e^{st}\,ds$$

(3) 단위 계단함수가 시간 이동하는 경우의 라플라스 변환 $\mathcal{L}\left[u(t-a)\right] = \dfrac{1}{s}e^{-as}$

(4) 단위 램프함수의 라플라스 변환 $\mathcal{L}\left[t\,u(t)\right] = \dfrac{1}{s^2}$

(5) 기울기가 a인 경우의 라플라스 변환 $\mathcal{L}\left[at\right] = \dfrac{a}{s^2}$

(6) 라플라스 변환의 기본정리

상사정리	$\mathcal{L}\left[f\left(\dfrac{t}{a}\right)\right] = aF(as)$
시간추이정리	$\mathcal{L}\left[f(t-a)\right] = e^{-as}F(s)$
복소추이정리	$\mathcal{L}\left[e^{\mp at}f(t)\right] = F(s \pm a)$
초기값정리	$\lim\limits_{t \to 0} f(t) = \lim\limits_{s \to \infty} sF(s)$
최종값정리	$\lim\limits_{t \to \infty} f(t) = \lim\limits_{s \to 0} sF(s)$

(7) 기본함수의 라플라스 변환

	$f(t)$	$F(s)$		$f(t)$	$F(s)$
1	$\delta(t)$	1	8	$\sin\omega t$	$\dfrac{\omega}{s^2+\omega^2}$
2	$u(t)$	$\dfrac{1}{s}$	9	$\cos\omega t$	$\dfrac{s}{s^2+\omega^2}$
3	t	$\dfrac{1}{s^2}$	10	$t\sin\omega t$	$\dfrac{2\omega s}{(s^2+\omega^2)^2}$
4	t^n	$\dfrac{n!}{s^{n+1}}$	11	$t\cos\omega t$	$\dfrac{s^2-\omega^2}{(s^2+\omega^2)^2}$
5	e^{-at}	$\dfrac{1}{s+a}$	12	$e^{-at}\sin\omega t$	$\dfrac{\omega}{(s+a)^2+\omega^2}$
6	te^{-at}	$\dfrac{1}{(s+a)^2}$	13	$e^{-at}\cos\omega t$	$\dfrac{s+a}{(s+a)^2+\omega^2}$
7	$t^n e^{-at}$	$\dfrac{n!}{(s+a)^{n+1}}$			

17. 전달함수

(1) 전달함수의 정의

선형미분방정식의 초기값을 0으로 했을 때 출력신호의 라플라스 변환과 입력 신호의 라플라스 변환의 값이다.

$$G(s) = \frac{C(s)}{R(s)} = \frac{\text{출력을 라플라스 변환한 값}}{\text{입력을 라플라스 변환한 값}}$$

(2) 시스템의 입력

1) 입력신호가 단위 임펄스 함수인 $r(t) = \delta(t)$일 때 $R(s) = \mathcal{L}[\delta(t)] = 1$

2) 입력신호가 단위 계단 함수인 $r(t) = u_s(t)$일 때 $R(s) = \mathcal{L}[u_s(t)] = \dfrac{1}{s}$

(3) 제어요소의 전달함수

1) 비례요소 : $c(t) = Kr(t)$　　　전달함수 $G(s) = \dfrac{C(s)}{R(s)} = K$ (K : 이득 정수)

2) 미분요소 : $c(t) = K\dfrac{dr(t)}{dt}$　　　전달함수 $G(s) = \dfrac{C(s)}{R(s)} = sK$

3) 적분요소 : $c(t) = K\displaystyle\int r(t)dt$　　　전달함수 $G(s) = \dfrac{C(s)}{R(s)} = \dfrac{K}{s}$

4) 1차 지연 요소 : $b_1\dfrac{dc(t)}{dt} + b_0 c(t) = a_0 r(t)$ ($b_1,\ b_0 > 0$)

   전달함수 $G(s) = \dfrac{C(s)}{R(s)} = \dfrac{K}{Ts+1}$

5) 2차 지연 요소 : $b_2\dfrac{d^2 c(t)}{dt^2} + b_1\dfrac{dc(t)}{dt} + b_0 c(t) = a_0 r(t)$ ($b_2,\ b_1,\ b_0 > 0$)

   전달함수 $G(s) = \dfrac{C(s)}{R(s)} = \dfrac{K\omega_n^2}{s^2 + 2\delta\omega_n s + \omega_n^2}$

   여기서, δ : 감쇠 계수 또는 제동비, ω_n : 고유 주파수

6) 부동작 시간 요소 : $c(t) = Kr(t-L)$

   전달함수 $G(s) = \dfrac{C(s)}{R(s)} = Ke^{-Ls}$

   여기서, L : 부동작 시간

Chap. 6 전기설비기술기준

1. 공통사항

(1) 통칙

1) 전압의 종별

    이 규정에서 적용하는 전압의 구분은 다음과 같다.

분 류	전압의 범위
저 압	• 직류 : 1.5 [kV] 이하 • 교류 : 1 [kV] 이하
고 압	• 직류 : 1.5 [kV]를 초과하고, 7 [kV] 이하 • 교류 : 1 [kV]를 초과하고, 7 [kV] 이하
특고압	7 [kV]를 초과

2) 용어

    ① 급전소 : 전력계통의 운용에 관한 지시 및 급전조작을 하는 것을 말한다.

    ② 연접인입선 : 하나의 수용장소의 인입선으로부터 다른 지지물을 거치지 않고 다른 수용장소의 인입구에 이르는 분기 전선

    ③ 관등 회로 : 방전등용 안정기 또는 방전등용 변압기로부터 방전관까지의 전로

    ④ 접근 상태

    • 1차 접근 상태 : 지지물의 높이에 상당하는 거리에 시설
    • 2차 접근 상태 : 수평거리 3 [m] 미만의 곳에 다른 시설물을 시설

⑤ 계통 접지 : 전력계통에서 돌발적으로 발생하는 이상현상에 대비하여 대지와 계통을 연결하는 것으로, 중성점을 대지에 접속하는 것
⑥ 리플프리 직류 : 교류를 직류로 변환할 때 리플성분의 실효값이 10[%] 이하로 포함된 직류

3) 감전에 대한 보호
① **기본보호**
기본보호는 일반적으로 직접접촉을 방지하는 것으로, 전기설비의 충전부에 인축이 접촉하여 일어날 수 있는 위험으로부터 보호되어야 한다. 기본보호는 다음 중 어느 하나에 적합하여야 한다.
㉠ 인축의 몸을 통해 전류가 흐르는 것을 방지
㉡ 인축의 몸에 흐르는 전류를 위험하지 않는 값 이하로 제한

② **고장 보호**
고장 보호는 일반적으로 기본절연의 고장에 의한 간접접촉을 방지하는 것이다.
㉠ 노출도전부에 인축이 접촉하여 일어날 수 있는 위험으로부터 보호되어야 한다.
㉡ 고장 보호는 다음 중 어느 하나에 적합하여야 한다.
- 인축의 몸을 통해 고장전류가 흐르는 것을 방지
- 인축의 몸에 흐르는 고장전류를 위험하지 않는 값 이하로 제한
- 인축의 몸에 흐르는 고장전류의 지속시간을 위험하지 않은 시간까지로 제한

(2) 전선

1) 전선의 식별

상(문자)	색상
L1	갈색
L2	흑색
L3	회색
N	청색
보호도체	녹색-노란색

2) 특고압 케이블
① 절연체가 에틸렌 프로필렌고무혼합물 또는 가교폴리에틸렌 혼합물인 케이블로서 선심 위에 금속제의 전기적 차폐층을 설치한 것
② 파이프형 압력 케이블·연피케이블·알루미늄피케이블
③ 금속피복을 한 케이블을 사용하여야 한다.

3) 전선의 접속

전선을 접속하는 경우에는 전선의 전기저항을 증가시키지 아니하도록 접속하여야 하며, 또한 다음에 따라야 한다.

① 전선의 세기를 20[%] 이상 감소시키지 아니할 것.
② 접속부분은 접속관 기타의 기구를 사용할 것.
③ 접속부분의 절연전선에 절연전선의 절연물과 동등 이상의 절연효력이 있는 것으로 충분히 피복할 것.
④ 알루미늄(알루미늄 합금을 포함한다.)을 사용하는 전선과 동(동합금을 포함한다.)을 사용하는 전선을 접속하는 등 전기 화학적 성질이 다른 도체를 접속하는 경우에는 접속부분에 전기적 부식이 생기지 않도록 할 것.
⑤ 두 개 이상의 전선을 병렬로 사용하는 경우에는 다음에 의하여 시설할 것.
  - 병렬로 사용하는 각 전선의 굵기는 동선 50[mm^2] 이상 또는 알루미늄 70[mm^2] 이상
  - 병렬로 사용하는 전선에는 각각에 퓨즈를 설치하지 말 것.
  - 교류회로에서 병렬로 사용하는 전선은 금속관 안에 전자적 불평형이 생기지 않도록 시설할 것.

(3) 전로의 절연

1) 사용전압이 저압인 전로에서 정전이 어려운 경우 등 절연저항 측정이 곤란한 경우에는 누설전류를 1[mA] 이하로 유지하여야 한다.

2) 저압전로의 절연성능

전로의 사용전압[V]	DC시험전압[V]	절연저항[MΩ]
SELV 및 PELV	250	0.5
FELV, 500[V] 이하	500	1.0
500[V] 초과	1,000	1.0

3) 고압 및 특고압 전로의 절연내력 시험 방법 및 시험전압

① 절연내력을 시험할 부분에 최대사용전압에 의하여 결정되는 시험전압을 계속하여 10분간 가하였을 때에 견디어야 한다.
② 전선에 케이블을 사용하는 경우에는 교류 시험전압의 2배의 직류전압을 전로와 대지 사이에 연속하여 10분간 가하였을 때에 견디어야 한다.

4) 절연 내력 시험전압

구 분		배율	최저전압
중성점 직접 접지식이 아닌 경우	7 [kV] 이하	1.5	
	7 [kV] 초과 ~ 60 [kV] 이하	1.25	10.5 [kV]
	60 [kV] 초과(비접지식)	1.25	
	60 [kV] 초과(중성점 접지식)	1.1	75 [kV]
중성점 직접 접지식	25 [kV] 이하(다중접지)	0.92	
	60 [kV] 초과 170 [kV]까지	0.72	
	170 [kV] 초과(발·변전소에 한함)	0.64	

5) 연료전지 및 태양전지 모듈의 절연내력

최대사용전압의 1.5배의 직류전압 또는 1배의 교류전압(500[V] 미만으로 되는 경우에는 500 [V])을 충전부분과 대지 사이에 연속하여 10분간 가하여 절연내력을 시험하였을 때에 이에 견디는 것이어야 한다.

(4) 접지시스템의 시설

1) 접지시스템의 구분 및 종류
① 구분 : 계통접지, 보호접지, 피뢰시스템 접지 등
② 종류 : 단독접지, 공통접지, 통합접지

접지설비 개요

2) 접지시스템 구성요소
   ① 접지시스템은 접지극, 접지도체, 보호도체 및 기타 설비로 구성한다.
   ② 접지극은 접지도체를 사용하여 주 접지단자에 연결하여야 한다.

3) 접지극의 시설 및 접지저항
   ① 가능한 다습한 부분에 설치
   ② 접지극은 지하 0.75 [m] 이상의 깊이에 매설
   ③ 철주의 밑면에서 0.3 [m] 이상의 깊이에 매설하거나 금속체로부터 1 [m] 이상 떼어 설치(금속체를 따라 시설하는 경우)
   ④ 수도관 등을 접지극으로 사용하는 경우 : 3 [Ω] 이하
   ⑤ 건축물·구조물의 철골을 접지극으로 사용하는 경우 : 2 [Ω] 이하

4) 접지도체의 단면적 및 시설
   ① 접지도체의 최소 단면적
      • 구리 : 6 [mm^2] 이상
      • 철 : 50 [mm^2] 이상
   ② 접지도체에 피뢰시스템이 접속되는 경우
      • 구리 : 16 [mm^2] 이상
      • 철 : 50 [mm^2] 이상
   ③ 특고압·고압 전기설비용 접지도체 : 6 [mm^2] 이상의 연동선
   ④ 중성점 접지도체 : 16 [mm^2] 이상의 연동선
      (다만, 다음의 경우에는 6 [mm^2] 이상의 연동선
      • 7 [kV] 이하의 전로
      • 사용전압이 25 [kV] 이하인 특고압 가공전선로. (다만, 중성선 다중접지식의 것으로서 전로에 지락이 생겼을 때 2초 이내에 자동적으로 이를 전로로부터 차단하는 장치가 되어 있는 것.)
   ⑤ 이동하여 사용하는 전기기계기구의 금속제 외함 등의 접지시스템의 경우는 다음의 것을 사용하여야 한다.

접지도체	접지선의 종류	접지선의 단면적
특고압·고압 전기설비 중성점 접지	• 클로로프렌캡타이어케이블(3종 및 4종) • 클로로설포네이트폴리에틸렌캡타이어 케이블의 일심 (3종 및 4종) • 다심캡타이어케이블의 차폐 기타의 금속제	10 [mm^2]
저압 전기설비	다심 코드 또는 다심 캡타이어케이블의 일심	0.75 [mm^2]
	다심코드 및 다심 캡타이어케이블의 일심 이외의 가요성이 있는 연동연선	1.5 [mm^2]

⑥ 접지도체는 지하 0.75 [m]~지표 상 2 [m]까지 합성수지관(두께 2 [mm] 미만의 합성수지제 전선관 및 가연성 콤바인덕트관은 제외한다) 으로 덮을 것

5) 보호도체의 단면적

선도체의 단면적 S ([mm²], 구리)	보호도체의 최소 단면적([mm²], 구리)	
	보호도체의 재질	
	선도체와 같은 경우	선도체와 다른 경우
$S \leq 16$	S	$(k_1/k_2) \times S$
$16 < S \leq 35$	16(a)	$(k_1/k_2) \times 16$
$S > 35$	S(a)/2	$(k_1/k_2) \times (S/2)$

여기서, - k_1 : 선도체에 대한 k값
- k_2 : 보호도체에 대한 k값
- a : PEN 도체의 최소단면적은 중성선과 동일하게 적용한다.

6) 변압기 중성점 접지

적 용	접지 저항값
변압기 중성점	$\frac{150}{1선 지락전류}[\Omega]$ 이하 • 자동차단 설비가 1초 이내 동작하면 $600/I[\Omega]$ • 자동차단설비가 1초 초과 2초이내 동작하면 $300/I[\Omega]$

7) 보호등전위본딩 도체의 단면적

주접지단자에 접속하기 위한 등전위본딩 도체는 설비 내에 있는 가장 큰 보호접지도체 단면적의 1/2 이상의 단면적을 가져야 하고 다음의 단면적 이상이어야 한다.
- 구리 : 6 [mm²] 이상
- 알루미늄 : 16 [mm²] 이상
- 강철 : 50 [mm²] 이상

(5) 피뢰시스템

1) 피뢰시스템의 적용범위
  ① 전기전자설비가 설치된 건축물·구조물로서 낙뢰로부터 보호가 필요한 것 또는 지상으로부터 높이가 20[m] 이상인 것
  ② 전기설비 및 전자설비 중 낙뢰로부터 보호가 필요한 설비

2) 피뢰시스템의 구성
  ① 외부피뢰시스템 : 직격뢰로부터 대상물을 보호
  ② 내부피뢰시스템 : 간접뢰 및 유도뢰로부터 대상물을 보호

3) 피뢰시스템의 등급 선정
① 등급 : Ⅰ, Ⅱ, Ⅲ, Ⅳ
② 위험물의 제조소·저장소 및 처리장에 설치하는 피뢰시스템은 Ⅱ 등급 이상으로 한다.

2. 저압전기설비

(1) 저압전기설비

1) 계통접지의 방식
① 계통접지 구성
- TN 계통   • TT 계통   • IT 계통

② TN 계통 : 전원측의 한 점을 직접접지하고 설비의 노출도전부를 보호도체로 접속시키는 방식
- TN-S 계통 : 계통 전체에 대해 별도의 중성선 또는 PE 도체를 사용하는 방식
- TN-C 계통 : 그 계통 전체에 대해 중성선과 보호도체의 기능을 동일도체로 겸용한 PEN 도체를 사용하는 방식
- TN-C-S계통 : 계통의 일부분에서 PEN 도체를 사용하거나, 중성선과 별도의 PE 도체를 사용하는 방식

③ TT 계통 : 전원의 한 점을 직접 접지하고 설비의 노출도전부는 전원의 접지전극과 전기적으로 독립적인 접지극에 접속시킨 방식

④ IT 계통 : 충전부 전체를 대지로부터 절연시키거나, 한 점을 임피던스를 통해 대지에 접속시킨 방식으로 전기설비의 노출도전부를 단독 또는 일괄적으로 계통의 PE 도체에 접속시킨다.

(2) 안전을 위한 보호

1) 감전에 대한 보호
① 고장시의 자동차단(32 [A] 이하 분기회로의 최대 차단시간)

계통	50[V]< U_0 ≤120[V]		120[V]< U_0 ≤230[V]		230[V]< U_0 ≤400[V]		U_0 >400[V]	
	교류	직류	교류	직류	교류	직류	교류	직류
TN	0.8초	[비고1]	0.4초	5초	0.2초	0.4초	0.1초	0.1초
TT	0.3초	[비고1]	0.2초	0.4초	0.07초	0.2초	0.04초	0.1초

U_0는 대지에서 공칭교류전압 또는 직류 선간전압이다.
[비고1] 차단은 감전보호 외에 다른 원인에 의해 요구될 수도 있다.

2) SELV와 PELV를 적용한 특별저압에 의한 보호

① 특별저압 계통에 의한 보호대책
- SELV(Safety Extra-Low Voltage) : 비접지회로 보호수단
- PELV(Protective Extra-Low Voltage) : 접지회로 보호수단

② 보호대책의 요구사항
- 특별저압 계통의 전압한계는 교류 50[V] 이하, 직류 120[V] 이하
- 모든 회로로부터 특별저압 계통을 보호 분리하고, 특별저압 계통과 다른 특별저압 계통간에는 기본절연을 함
- SELV 계통과 대지간의 기본절연을 하여야 한다.

3) 과전류에 대한 보호

① **과부하 전류에 대한 보호**

㉠ 도체와 과부하 보호장치 사이의 협조

$$I_B \leq I_n \leq I_Z, \quad I_2 \leq 1.45 \times I_Z$$

- I_B : 회로의 설계전류
- I_Z : 케이블의 허용전류
- I_n : 보호장치의 정격전류
- I_2 : 보호장치가 규약시간 이내에 유효하게 동작하는 것을 보장하는 전류

㉡ 과부하 보호장치의 설치 위치 : 도체의 허용전류 값이 줄어드는 곳에 설치

② **단락보호장치의 설치위치**

단락전류 보호장치는 분기점(O)에 설치해야 한다.

단, 분기회로의 단락보호장치 설치점(B)과 분기점(O) 사이에 다른 분기회로 또는 콘센트의 접속이 없는 경우

㉠ 단락, 화재 및 인체에 대한 위험이 최소화될 경우
분기 회로의 단락 보호장치 P_2는 분기점(O)으로 부터 3[m]까지 이동하여 설치할 수 있다.

ⓛ 분기회로의 시작점(O)과 이 분기회로의 단락보호장치(P_2) 사이에 있는 도체가 전원측에 설치되는 보호장치(P_1)에 의해 단락보호가 되는 경우 P_2의 설치위치는 분기점(O)로부터 거리제한이 없이 설치할 수 있다.

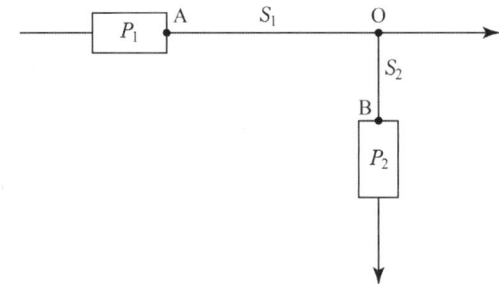

4) 저압전로 중의 전동기 보호용 과전류보호장치의 시설

옥내에 시설하는 전동기에는 전동기가 손상될 우려가 있는 과전류가 생겼을 때에 자동적으로 이를 저지하거나 이를 경보하는 장치를 하여야 한다. 다만, 다음의 어느 하나에 해당하는 경우에는 그러하지 아니하다.

① 전동기를 운전 중 상시 취급자가 감시할 수 있는 위치에 시설하는 경우
② 전동기의 구조나 부하의 성질로 보아 전동기가 손상될 수 있는 과전류가 생길 우려가 없는 경우
③ 단상전동기로써 그 전원측 전로에 시설하는 과전류 차단기의 정격전류가 16[A] (배선용 차단기는 20[A]) 이하인 경우
④ 정격 출력이 0.2[kW] 이하인 것

(3) 전선로

1) 구내 인입선
   ① 저압 인입선의 시설
      • 전선은 절연 전선 또는 케이블일 것
      • 전선이 절연전선인 경우

- 경간이 15 [m] 초과 : 인장강도 2.30 [kN] 이상의 것 또는 지름 2.6 [mm] 이상의 인입용 비닐절연전선
- 경간이 15 [m] 이하 : 인장강도 1.25 [kN] 이상의 것 또는 지름 2 [mm] 이상의 인입용 비닐절연전선
- 옥외용 비닐 절연 전선은 사람이 쉽게 접촉할 수 없도록 시설
- 전선의 높이

구 분	지상고	비고
도로(차도) 횡단 시	5 [m] 이상 (교통에 지장이 없는 경우 : 3 [m] 이상)	노면상
철도 또는 궤도 횡단 시	6.5 [m] 이상	레일면상
횡단보도교 위	3 [m] 이상	노면상
그 외의 경우	4 [m] 이상 (교통에 지장이 없는 경우 : 2.5 [m] 이상)	지표상

- 저압가공인입선 조영물의 구분에 따른 이격거리
  - 위쪽 : 2 [m] (전선이 저압 절연전선인 경우는 1.0[m], 고압절연전선, 특고압 절연전선 또는 케이블인 경우는 0.5[m])
  - 옆쪽 또는 아래쪽 : 0.3 [m](전선이 고압절연전선, 특고압 절연전선 또는 케이블인 경우는 0.15[m])

② 저압 연접 인입선의 시설
- 인입선에서 분기하는 점으로부터 100[m]를 넘지 않는 지역이어야 한다.
- 폭 5[m]를 넘는 도로를 횡단하지 말 것
- 옥내를 통과하지 아니할 것

2) 옥측 전선로

① 공사방법 : 애자공사(전개된 장소에 한한다.), 합성수지관공사, 금속관공사(목조 이외의 조영물), 버스덕트공사(목조 이외의 조영물), 케이블공사

② 애자공사에 의한 옥측전선로
- 전선은 4 [mm^2] 이상의 연동 절연전선(OW, DV 제외)
- 전선의 지지점간의 거리 : 2 [m] 이하
- 저압 옥측전선로의 전선과 다른 시설물 사이의 이격거리

다른 시설물의 구분	접근 형태	이격 거리
조영물의 상부 조영재	위 쪽	2[m] (전선이 고압 절연전선, 특고압 절연전선 또는 케이블인 경우는 1[m])
	상부 조영재 이외의 부분 또는 조영물 이외의 시설물	0.6[m] (전선이 고압 절연전선, 특고압 절연전선 또는 케이블인 경우는 0.3[m])

- 저압 옥측전선로의 전선과 식물 사이의 이격거리
  - 0.2[m] 이상
  - 전선이 고압 및 특고압 절연전선인 경우 : 전선을 식물에 접촉하지 않도록 시설

3) 옥상 전선로
① 전선 : 지름 2.6 [mm]의 경동선 또는 절연전선(OW 포함)
② 전선의 지지점간의 거리(애자를 사용하여 지지) : 15 [m] 이하
③ 조영재와의 이격 거리
  - 2 [m] 이상
  - 전선이 고압 및 특고압 절연전선인 경우 : 1 [m] 이상
④ 전선을 식물에 접촉하지 않도록 시설

(4) 저압 가공전선로

1) 저압 가공전선의 굵기 및 종류
① 저압 가공전선은 나전선, 절연전선, 다심형전선 또는 케이블을 사용

전 압	조 건	전선의 굵기 및 인장강도
400 [V] 이하	절연전선	인장강도 2.3 [kN] 이상의 것 또는 지름 2.6 [mm] 이상의 경동선
	케이블 이외	인장강도 3.43 [kN] 이상의 것 또는 지름 3.2 [mm] 이상의 경동선
400 [V] 초과인 저압 (케이블 이외)	시가지에 시설	인장강도 8.01 [kN] 이상의 것 또는 지름 5 [mm] 이상의 경동선
	시가지 외에 시설	인장강도 5.26 [kN] 이상의 것 또는 지름 4 [mm] 이상의 경동선

② 사용전압이 400 [V] 초과인 저압 가공전선에는 인입용 비닐절연전선을 사용해서는 안 된다.

2) 저압 가공전선의 높이

구분	지상고	비고
도로횡단 시	6 [m] 이상	지표상
철도 횡단 시	6.5 [m] 이상	레일면상
횡단보도교 위	3.5 [m] 이상 (저압 절연전선, 다심형 전선 또는 케이블인 경우 : 3 [m] 이상)	노면상
일반 장소	5 [m] 이상 (교통에 지장이 없는 경우 : 4 [m] 이상)	지표상

(5) 배선 및 조명설비

1) 옥내 전로의 대지 전압의 제한
   ① 주택을 제외한 옥내전로 : 대지전압 300 [V] 이하
   ② 주택의 옥내전로
   - 사용전압 400 [V] 이하일 것(대지전압 300 [V] 이하)
   - 전로의 입구에는 인체보호용 누전차단기를 설치할 것
   - 정격 소비전력 3 [kW] 이상의 기계기구는 전기를 공급하기 위한 전로에 전용의 개폐기 및 과전류 차단기를 시설

2) 저압 옥내배선의 사용전선
   단면적 2.5 [mm^2] 이상의 연동선

3) 애자공사

전 압		전선과 조영재와의 이격 거리		전선 상호 간격	전선 지지점간의 거리	
					조영재의 윗면 또는 옆면에 따라 시설	조영재에 따라 시설하지 않는 경우
저압	400[V] 이하	2.5 [cm] 이상		6 [cm] 이상	2 [m] 이하	–
	400[V] 초과	건조한 장소	2.5[cm] 이상			6 [m] 이하
		기타의 장소	4.5[cm] 이상			

4) 합성수지관공사
   ① 단선 사용시 전선 굵기 : 10[mm^2](알루미늄선은 16[mm^2]) 이하
   ② 관 상호간 및 박스 삽입깊이 : 바깥지름의 1.2배(접착제 사용시 0.8배)
   ③ 관의 지지점간의 거리 : 1.5[m] 이하

5) 금속관공사
   ① 단선 사용시 전선 굵기 : 10 [mm^2](알루미늄선은 16 [mm^2]) 이하
   ② 관의 두께
   - 콘크리트 매설 : 1.2 [mm] 이상
   - 기타의 것 : 1 [mm] 이상

6) 금속덕트공사
   ① 금속덕트에 넣을 수 있는 전선의 단면적 : 덕트 내부 단면적의 20[%]
      (제어회로 등은 50 [%] 이하)
   ② 폭 50 [mm] 초과, 두께 1.2 [mm] 이상의 철판 또는 동등 이상의 금속제로 제작

③ 지지점간의 거리
- 수평 : 3[m] 이하
- 수직 : 6[m] 이하

7) 버스덕트공사
① 피더 버스 덕트 : 간선용의 덕트
② 플러그인 버스 덕트 : 플러그의 수구를 설치하여 쉽게 분기할 수 있는 덕트
③ 트롤리 버스 덕트 : 이동 시킬 수 있는 구조

8) 점멸기구의 시설
① 관광숙박업 또는 숙박업(여인숙업 제외) : 객실 입구등은 1분 이내 소등
② 일반주택 및 아파트 각 호실 : 현관등은 3분 이내 소등

9) 수중조명등의 시설
① 사용전압
- 1차측 전로의 사용전압 400 [V] 이하
- 2차측 전로의 사용전압 150 [V] 이하
② 절연변압기의 2차측 배선 : 금속관배선

10) 교통신호등
① 2차측 배선의 사용 전압 300 [V] 이하
② 전선 : 케이블인 경우 이외에는 단면적 2.5 [mm^2] 이상의 연동선
③ 조가용선 4 [mm] 이상의 철선 2가닥
④ 건조물 이외 다른 시설물 등과 이격거리 0.6 [m] (케이블 0.3 [m]) 이상
⑤ 교통 신호등 회로의 인하선, 전선의 지표상 높이 : 2.5 [m] 이상

(6) 특수설비

1) 특수시설

종류	사용전압	전선굵기
전 기 울타리	• 1차측 250 [V] 이하	• 2 [mm] 이상의 경동선
	• 전선과 다른 시설물(가공 전선을 제외) 또는 수목과의 이격거리 0.3 [m] 이상	
전 기 욕 기	• 전원 변압기 2차측 전로 10 [V] 이하	• 2.5 [mm^2] 이상의 연동선, 케이블
	• 전극간의 거리 1 [m] 이상	
전극식 온천 온수기	• 사용전압 400 [V] 이하	
	• 1차측에 개폐기 및 과전류 차단기를 시설한 절연변압기 시설	
	• 차폐장치와의 거리 　전극식 온천온수기 : 0.5 [m] 이상 　욕탕 : 1.5 [m] 이상	
전 기 온 상	• 대지전압 300 [V] 이하	
	• 개폐기 및 과전류 차단기의 시설	
	• 발열선 온도 : 80 [℃] 이하 유지	
유희용 전 차	• 1차측 400 [V] 이하	
	• 2차측 직류 60 [V], 교류 40 [V] 이하	
	• 절연변압기 사용	
	• 전차내 승압기 사용시 2차 전압 150 [V] 이하	
아크 용접기	• 1차 대지전압 300 [V] 이하	
	• 전용개폐기를 시설한 절연변압기의 사용	
소세력 회 로	• 1차 대지전압 300 [V] 이하 • 2차 사용전압 60 [V] 이하	• 1.0 [mm^2] 이상의 연동선 • 가공전선의 경우 1.2 [mm] 이상의 경동선
전 기 부 식 방 지	• 전원장치 전로의 사용전압은 저압	
	• 전기부식방지 회로의 사용전압은 직류 60 [V] 이하	
	• 지중매설 양극의 매설깊이 0.75 [m] 이상	
	• 수중의 양극과 주위 1[m] 이내 임의의 점 사이의 전위차는 10[V]를 넘지 아니할 것	

3. 고압·특고압 전기설비

(1) 접지설비

1) 고압·특고압 접지계통

① 고압 또는 특고압 기기는 접촉전압 및 보폭전압의 허용 값 이내로 시설

② 모든 케이블의 금속시스(sheath) 부분은 접지

2) 혼촉에 의한 위험방지 시설
① 특고압과 고압의 혼촉 등에 의한 위험방지 시설 : 사용전압의 3배 이하인 전압이 고압전로에 가해진 경우에 방전하는 장치를 변압기의 단자에 가까운 1극에 설치
② 전로의 중성점의 접지 : 접지도체는 16 [mm²] 이상의 연동선

(2) 전선로

1) 풍압하중의 종류별 적용

종 별	지 역	적용방법
갑종풍압하중	고온계 지방	구성재의 수직 투영면적 1[m²]에 대한 풍압을 기초로 하여 계산
을종풍압하중	빙설이 많은 저온계	전선 기타의 가섭선 주위에 두께 6[mm], 비중 0.9의 빙설이 부착된 상태에서 수직 투영면적 372[Pa](다도체를 구성하는 전선은 333[Pa]), 그 이외의 것은 갑종풍압하중의 2분의 1을 기초로 하여 계산한 것.
병종풍압하중	인가 밀집 지역	갑종풍압하중의 1/2을 기준으로 적용

2) 지지물의 기초 안전율
① 일반적으로 2 이상이어야 한다.
② 철탑의 경우 이상시 상정 하중에 대하여 1.33 이상으로 계산한 값과 상시 상정 하중에 대해 2 이상으로 계산한 값 중에서 큰 값

3) 지선의 사용
① 지선의 설치조건
  ㉠ 지선의 안전율은 2.5 이상
  ㉡ 인장하중 4.31 [kN] 이상
  ㉢ 3조 이상의 연선인 소선을 사용
  ㉣ 2.6[mm] 금속선 또는 인장강도가 0.68[kN/mm²]인 아연도 강연선은 지름 2.0[mm]도 가능함
  ㉤ 지중 부분 및 지표상 0.3[m]까지 아연도금 철봉을 사용하고, 근가로 시설한다.
② 지선의 높이
  ㉠ 도로횡단 5 [m]
  ㉡ 교통에 지장이 없는 도로 4.5 [m]
  ㉢ 보도 2.5 [m]

4) 특고압 전선로(170[kV] 이하)의 시가지 등의 시설
   ① 애자
   50[%] 충격섬락의 값이 그 전선의 근접한 다른 부분을 지지하는 애자장치의 110[%](130[kV]를 넘는 경우 105[%]) 이상인 것
   ② 지지물의 경간 (목주는 사용할 수 없음)
      ㉠ A종 : 75[m] 이하
      ㉡ B종 : 150[m] 이하
      ㉢ 철탑 : 400[m] 이하(단주 : 300[m] 이하)
   ③ 전선의 굵기
      ㉠ 100[kV] 미만 : 55[mm^2] 이상
      ㉡ 100[kV] 이상 : 150[mm^2] 이상
   ④ 지표상 높이
      ㉠ 35[kV] 이하 : 10[m] 이상 (특고압 절연전선인 경우 8[m] 이상)
      ㉡ 35[kV] 초과 : 10[m]에 35[kV]를 초과하는 10[kV] 단수마다 0.12[m]를 더한 것
   ⑤ 100[kV]를 초과하는 것은 지락 또는 단락 시 1초 안에 동작하는 자동 차단 장치를 시설할 것

5) 유도 장해의 방지
   ① 60[kV] 이하의 경우 전화선로 12[km]마다 유도전류가 2[μA]를 넘지 아니할 것
   ② 60[kV]를 초과하는 경우 전화선로 40[km]마다 유도전류가 3[μA]를 넘지 아니할 것

6) 가공 케이블의 시설
   ① 조가용선에 행가로 시설, 행가의 간격은 0.5[m] 이하
   ② 금속 테이프 작업시 테이프를 나선형으로 감으며 간격은 0.2[m] 이하
   ③ 조가용선은 단면적 22[mm^2]의 아연도강연선

7) 가공전선의 굵기

구 분	전선의 굵기
저 압	① 사용전압이 400[V] 이하(케이블인 경우 이외) • 나전선 : 3.2[mm] 이상의 것 • 절연전선 : 2.6[mm] 이상의 경동선 ② 사용전압이 400[V] 초과(케이블인 경우 이외) • 시가지에 시설 : 5[mm] 이상의 경동선 • 시가지 외에 시설 : 4[mm] 이상의 경동선
고 압	5[mm] 이상 경동선
특고압	22[mm^2] 이상 경동연선

8) 가공전선의 안전율
   - 경동선 : 2.2 이상
   - 기타 전선(연동, AL선) : 2.5 이상

9) 전선로의 경간 제한

지지물	표준경간	저·고압 보안 공사	1종 특고압 보안공사	2·3종 특고압 보안공사
목주, A종	150 [m]	100 [m]	×	100 [m]
B종	250 [m]	150 [m]	150 [m]	200 [m]
철탑	600 [m]	400 [m]	400 [m]	400 [m]

10) 가공 전선 등의 병가 (2종의 전압을 함께 시설)
   ① 저·고압 가공 전선의 병가
      0.5[m] 이상 이격 고압에 케이블 사용할 때 0.3[m] 이상)
   ② 특고압 가공 전선과 저·고압 가공전선의 병가 시 이격 거리

전 압	표 준	특고압에 케이블 사용 및 저·고압에 절연전선 또는 케이블 사용
35 [kV] 이하	1.2 [m] 이상	0.5 [m] 이상
35 [kV] 초과 100 [kV] 미만	2 [m] 이상	1 [m] 이상

11) 가공 전선의 공가(전력선과 약전류 전선 함께 시설)

시설방법	저압	고압
원 칙	0.75 [m]	1.5 [m]
케이블	0.3 [m]	0.5 [m]

12) 보호망의 시설
   ① 특고압 가공전선의 직하에 시설하는 금속선에는 5[mm] 이상의 경동선, 그 밖의 부분에 시설하는 금속선에는 4[mm] 이상의 경동선
   ② 금속선의 상호간격 1.5[m] 이하

13) 25 [kV] 이하인 특고압 가공전선로
   ① 15 [kV] 이하
      ㉠ 접지도체선의 굵기 : 6 [mm^2] 이상의 연동선
      ㉡ 접지개소 상호간의 거리 : 300 [m] 이하
      ㉢ 각 접지점의 대지 전기저항값은 300 [Ω] 이하이고 1 [km]마다 중성선과 대지 사이의 합성전기저항은 30 [Ω] 이하이어야 한다.

② 15 [kV]를 초과하고 25 [kV] 이하
   ㉠ 접지도체선의 굵기 : 6 [mm²] 이상의 연동선
   ㉡ 접지개소 상호간의 거리 : 150 [m] 이하
   ㉢ 각 접지점의 대지 전기저항값은 300 [Ω] 이하이고 1 [km]마다 중성선과 대지 사이의 합성전기저항은 15 [Ω] 이하이어야 한다.

14) 지중 전선로

지중 전선로는 전선에 케이블을 사용하고 또한 관로식·암거식(暗渠式) 또는 직접 매설식에 의하여 시설하여야 한다.

① 관로식
   ㉠ 중량을 받지 않는 곳 : 0.6 [m] 이상
   ㉡ 기타 : 1.0 [m] 이상 매설
② 직접 매설식
   ㉠ 중량을 받는 지역 : 1.0 [m] 이상
   ㉡ 기타 : 0.6 [m] 이상 매설
③ 지중 전선과 지중약전류전선 등 또는 관과의 접근 또는 교차

조 건	전 압	이격거리
지중 약전류 전선과 접근 또는 교차하는 경우	저압 또는 고압	0.3 [m]
	특고압	0.6 [m]
가연성, 유독성의 유체를 내포하는 관과 접근 또는 교차	특고압	1 [m]
	25 [kV] 이하, 다중접지방식	0.5 [m]
기타의 관과 접근 또는 교차	특고압	0.3[m]

15) 터널 안 전선로

① 철도·궤도 또는 자동차도 전용터널 안의 전선로

전 압	전선의 굵기	시공방법	애자공사 시 높이
저 압	인장강도 2.30[kN] 이상 또는 2.6 [mm] 이상의 경동선의 절연전선	• 합성수지관 공사 • 금속관공사 • 금속제가요전선관공사 • 케이블공사 • 애자공사	노면상, 레일면상 2.5 [m] 이상
고 압	인장강도 5.26[kN] 이상 또는 4 [mm] 이상의 경동선	• 케이블공사 • 애자공사	노면상, 레일면상 3 [m] 이상
특고압		• 케이블공사	

② 사람이 상시 통행하는 터널 안의 전선로 사용전압은 저압 또는 고압에 한하며, 다음에 따라 시설하여야 한다.

전 압	전선의 굵기	시공방법	애자공사 시 높이
저 압	인장강도 2.30[kN] 이상 또는 2.6 [mm] 이상의 경동선의 절연전선	• 합성수지관 공사 • 금속관공사 • 금속제가요전선관공사 • 케이블공사 • 애자공사	노면상 2.5 [m] 이상
고 압		• 케이블공사	

(14) 기계 기구 시설 및 옥내배선

1) 특고압 배전용 변압기의 시설

① 변압기의 1차 전압은 35 [kV] 이하, 2차는 저압 또는 고압일 것
② 변압기의 특고압측에 개폐기 및 과전류차단기를 시설할 것
③ 변압기의 2차 전압이 고압인 경우에는 고압측에 개폐기를 시설하고 또한 쉽게 개폐할 수 있도록 할 것

2) 특고압용 기계 기구의 시설

① 기계기구의 주위에 규정에 준하여 울타리·담 등을 시설하는 경우
   • 울타리·담 등의 높이 : 2 [m] 이상
   • 지표면과 울타리·담 등의 하단사이의 간격 : 0.15 [m] 이하
② 기계기구를 지표상 5 [m] 이상의 높이에 시설하고 충전부분의 지표상의 높이를 표에서 정한 값 이상으로 하고 또한 사람이 접촉할 우려가 없도록 시설하는 경우

사용전압의 구분	울타리·담 등의 높이와 울타리·담 등으로부터 충전 부분까지의 거리의 합계
35[kV] 이하	5 [m]
35[kV] 초과 160[kV] 이하	6 [m]
160[kV] 초과	• 거리의 합계 = 6 + 단수 × 0.12 [m] • 단수 = $\dfrac{\text{사용전압 [kV]}-160}{10}$ 단수 계산에서 소수점 이하는 절상

3) 개폐기의 시설

각 극에 설치하여야 하나 다음의 경우에는 예외로 한다.
① 중성선 또는 접지선
② 특고압 가공 전선로로서 다중 접지한 중성선
③ 제어 회로의 조작용 개폐기

4) 개폐기

고압용 또는 특고압용 개폐기로서 부하 전류의 차단 능력이 없는 것은 부하 전류가 통하고 있을 때에는 열리지 않도록 시설해야 한다. 다만, 다음의 경우에는 예외로 한다.

① 개폐기의 조작 위치에 부하 전류의 유무 표시 장치가 있는 경우
② 개폐기의 조작 위치에 전화기 등의 지시 장치가 있는 경우
③ 태블릿(tablet) 등을 사용하는 경우

5) 고압 및 특고압 전로 중의 과전류 차단기의 시설

① 고압용 포장 퓨즈 : 정격 전류의 1.3배에 견디고 2배의 전류에 120분 안에 용단
② 고압용 비포장 퓨즈 : 정격 전류의 1.25배에 견디고 2배의 전류에 2분 안에 용단

6) 과전류 차단기의 시설제한

① 접지공사의 접지선
② 다선식 전로의 중성선
③ 접지 공사를 한 저압 가공 전선로의 접지측 전선

7) 지락 차단 장치의 시설

특고압전로 또는 고압전로에 변압기에 의하여 결합되는 사용전압 400 [V] 초과의 저압전로 또는 발전기에서 공급하는 사용전압 400 [V] 초과의 저압전로에 시설

8) 피뢰기 등의 시설

① 발·변전소 또는 이에 준하는 장소의 가공 전선 인입구 및 인출구
② 가공 전선로에 접속하는 배전용 변압기의 고압측 및 특고압측
③ 고압·특고압 가공 전선로로 공급 받는 수용 장소의 인입구
④ 가공 전선과 지중 전선이 접속되는 곳
⑤ 설치 적용 제외
  • 가공 전선이 짧은 경우
  • 피보호 기기가 보호 범위 내에 위치하는 경우

9) 피뢰기의 접지

고압 및 특고압의 전로에 시설하는 피뢰기 접지저항 값은 10[Ω] 이하

(15) 발전소, 변전소, 개폐소 등의 보호장치

1) 기기의 보호장치

기기의 종류	용량	사고의 종류	보호장치
발전기		과전류나 과전압	자동차단장치
	100 [kVA] 이상	풍차 압유장치 유압의 현저한 저하	
	500 [kVA] 이상	수차 압유장치 유압의 현저한 저하	
	2,000 [kVA] 이상	수차 발전기 스러스트 베어링 과열	
	10,000 [kVA] 이상	내부고장	
	10,000 [kW] 초과	증기터빈 베어링의 마모, 과열	
특고압용 변압기	5,000 [kVA] 이상 10,000 [kVA] 미만	변압기의 내부고장	자동차단장치 또는 경보장치
	10,000 [kVA] 이상	변압기의 내부고장	자동차단장치
	타냉식 변압기	냉각장치고장	경보장치
전력용 콘덴서 및 분로 리액터	500 [kVA] 초과 15,000 [kVA] 미만	내부고장 또는 과전류	자동차단장치
	15,000 [kVA] 이상	내부고장 및 과전류 또는 과전압	
조상기	15,000 [kVA] 이상	내부고장	

2) 발·변전소의 계측 장치
① 발전기·연료전지 또는 태양전지 모듈의 전압 및 전류 또는 전력
② 발전기의 베어링 및 고정자의 온도
③ 주요 변압기의 전압 및 전류 또는 전력
④ 특고압용 변압기의 온도

(16) 전력보안 통신설비

1) 시설장소(발전소, 변전소 및 변환소)
① 원격감시제어가 되지 않는 발전소·원격 감시제어가 되지 아니하는 변전소, 개폐소, 전선로 및 이를 운용하는 급전소(분소) 간
② 2 이상의 급전소(분소) 상호 간
③ 발·변전소 등과 긴급연락이 필요한 기상대, 측후소, 소방서 및 방사선 감시계측 시설물 등
④ 동일 전력계통의 발전소, 변전소, 발·변전 제어소 및 개폐소 상호

2) 높이와 이격거리

① 전력 보안 가공통신선의 높이

시설 장소		지상고	비고
도로(차도)	일반적인 경우	5.0 [m] 이상	지표상
	교통에 지장을 안 주는 경우	4.5 [m] 이상	지표상
철도 또는 궤도 횡단 시		6.5 [m] 이상	레일면상
횡단보도교 위		3.0 [m] 이상	그 노면상
기타		3.5 [m] 이상	

② 가공전선로의 지지물에 시설하는 통신선 또는 이에 직접 접속하는 가공 통신선의 높이

시설 장소		가공전선로의 지지물에 시설	
		고·저압[m]	특고압[m]
도로횡단	일반적인 경우	6[m] 이상	6[m] 이상
	교통에 지장을 안 주는 경우	5[m] 이상	
철도 횡단(레일면상)		6.5[m] 이상	6.5[m] 이상
횡단 보도교 위	노면상	3.5[m] 이상	5[m] 이상
	절연전선 사용	3[m] 이상	
	광섬유 케이블 사용		4[m] 이상
기타의 장소	일반적인 경우 (절연전선 사용)	4[m] 이상	5[m] 이상
	광섬유 케이블 사용	3.5[m] 이상	

③ 가공전선과 첨가 통신선과의 이격거리
통신선은 가공전선의 아래에 시설할 것.

가공전선		통신선		
		일반	절연전선	광섬유케이블
중성선	25[kV] 이하, 다중 접지 중성선	0.6[m] 이상		
저압 가공전선	절연전선 또는 케이블	0.6[m] 이상	0.3[m] 이상	
	인입선			0.15[m] 이상
고압 가공전선	케이블	0.6[m] 이상	0.3[m] 이상	
특고압 가공전선	케이블	1.2[m] 이상	0.3[m] 이상	
	25[kV]이하, 다중 접지방식	0.75[m] 이상		

PART 2

D60-2
최신기출문제

- 2025년도 전기산업기사(CBT)
- 2024년도 전기산업기사(CBT)
- 2023년도 전기산업기사(CBT)
- 2022년도 전기산업기사(CBT)
- 2021년도 전기산업기사(CBT)
- 2020년도 전기산업기사
- 2019년도 전기산업기사
- 2018년도 전기산업기사
- 2017년도 전기산업기사

D60-2

2025년도 전기산업기사 필기 CBT 복원문제

- 2025년도 제1회 전기산업기사
- 2025년도 제2회 전기산업기사
- 2025년도 제3회 전기산업기사

국가기술자격검정 필기시험 문제

2025년도 전기산업기사 일반검정 제1회			(CBT 복원문제)	수검 번호	성 명
자격종목 및 등급(선택분야)	종목코드	시험시간	문제지형별		
전기산업기사	2140	2시간 30분	A		

제1과목 전기자기학

문제 01 비유전율이 2.4인 유전체 내의 전계의 세기가 100[mV/m]이다. 유전체에 저축되는 단위체적당 정전에너지는 몇 [J/m³]인가?

① 1.06×10^{-13}
② 1.77×10^{-13}
③ 2.32×10^{-13}
④ 2.32×10^{-11}

풀이
정전 에너지
$w = \frac{1}{2} \boldsymbol{E} \cdot \boldsymbol{D} = \frac{\epsilon E^2}{2} = \frac{\epsilon_0 \epsilon_s E^2}{2} [J/m^3]$ 에서
$w = \frac{8.855 \times 10^{-12} \times 2.4 \times (100 \times 10^{-3})^2}{2}$
$= 1.0626 \times 10^{-13} [J/m^3]$ **답** ①

문제 02 전기력선의 성질이 아닌 것은?

① 전기력선은 도체내부에 존재한다.
② 전기력선은 등전위면인 도체표면과 수직으로 출입한다.
③ 전기력선은 그 자신만으로 폐곡선이 되는 일이 없다.
④ 1[C]의 단위전하에는 $\frac{1}{\epsilon_0}$ 개의 전기력선이 출입한다.

풀이
전기력선의 성질
① 전기력선의 방향은 전계의 방향과 일치한다.
② 전기력선 밀도는 그 점에서의 전계의 세기와 같다.
③ 단위전하 (1 [C])에서는 $\frac{1}{\epsilon_0} = 36\pi \times 10^9$ 개의 전기력선이 발생한다.
④ 전기력선은 정전하(+ 전하)에서 출발하여 부전하(-전하)에서 멈추거나 무한원까지 퍼진다.
⑤ 전하가 없는 곳에서는 전기력선의 발생과 소멸이 없고 연속적이다.
⑥ 전기력선은 전위가 높은 곳에서 낮은 곳으로 향한다. ($E = -\text{grad } V$)
⑦ 전기력선은 자신만으로 폐곡선이 되는 일은 없다. ($\nabla \times E = 0$)
⑧ 2개의 전기력선은 서로 교차하지 않는다.
⑨ 전기력선은 등전위면과 직교한다.
⑩ 도체 내부에서 전기력선은 없다. (도체내부 전계의 세기가 0)
⑪ 전기력선은 도체 표면에서 수직으로 출입한다.
⑫ 무한원점에 있는 전하까지 합하면 전하의 총량은 0 이다. **답** ①

문제 03 질량이 m[kg]인 작은 물체가 전하 Q[C]를 가지고 중력 방향과 직각인 무한도체평면 아래쪽 d[m]의 거리에 놓여있다. 정전력이 중력과 같게 되는데 필요한 Q[C]의 크기는?

① $d\sqrt{\pi\epsilon_0 mg}$
② $\frac{d}{2}\sqrt{\pi\epsilon_0 mg}$
③ $2d\sqrt{\pi\epsilon_0 mg}$
④ $4d\sqrt{\pi\epsilon_0 mg}$

풀이
전기 영상법에 의해
$F = \frac{Q^2}{4\pi\epsilon_0 r^2} = \frac{Q^2}{4\pi\epsilon_0 (2d)^2} = mg$

$\frac{Q^2}{16\pi\epsilon_0 d^2} = mg$

$Q^2 = 16\pi\epsilon_0 d^2 mg$ 에서 $Q = 4d\sqrt{\pi\epsilon_0 mg}$

답 ④

문제 04
반지름이 1[m]인 도체구에 최고로 줄 수 있는 전위는 몇 [kV]인가? (단, 주위 공기의 절연내력은 3×10^6[V/m] 이다.)

① 30
② 300
③ 3000
④ 30000

풀이

$V = \dfrac{Q}{4\pi\epsilon_0 r}$[V], $G = E = \dfrac{Q}{4\pi\epsilon_0 r^2}$[V/m]

단, G는 구의 표면에 있어서의 전위경도

$V = Gr = 3 \times 10^6$[V/m] $\times 1$[m] $= 3 \times 10^6$[V] $= 3000$[kV]

답 ③

문제 05
다음 식들 중 옳지 못한 것은?

① 라플라스(Laplace)의 방정식 $\nabla^2 V = 0$
② 발산정리 $\oint_S A dS = \int_v \text{div} A dv$
③ 포아송(poisson's)의 방정식 $\nabla^2 V = \dfrac{\rho}{\epsilon_o}$
④ 가우스(Gauss)의 정리 $\text{div} D = \rho$

풀이

전위와 공간 전하 밀도의 관계 :
포아송 방정식 $\nabla^2 V = -\dfrac{\rho}{\epsilon_o}$

답 ③

문제 06
MKS 합리화 단위계에서 진공 중의 유전율 값으로 틀린 것은? 단, c [m/sec]는 진공 중 전자파 속도이다.

① $\dfrac{1}{120\pi c}$
② $\dfrac{10^7}{4\pi c^2}$
③ $\dfrac{1}{36\pi \times 10^9}$
④ $\dfrac{10^7}{14\pi c}$

풀이

매질 중 전파의 파장을 λ[m], 주파수를 f[Hz]라 할 때, 전파속도 v는

$v = f\lambda = \dfrac{1}{\sqrt{\epsilon\mu}}$[m/s]

이고, 주파수에 무관한 매질의 특성(ϵ, μ)에 의해 결정된다. 이 값은 진공 중에서

$v_0 = \dfrac{1}{\sqrt{\epsilon_0 \mu_0}} = 3 \times 10^8 = c$[m/s] (광속)

따라서, 진공 중 유전율

$\epsilon_0 = \dfrac{1}{\mu_0 c^2} = \dfrac{10^7}{4\pi c^2} = \dfrac{1}{120\pi c} = \dfrac{1}{36\pi \times 10^9}$[F/m]

($\because \mu_0 = 4\pi \times 10^{-7}, c = 3 \times 10^8$)

답 ④

문제 07
평행판 공기콘덴서의 극판 사이에 비유전율 ϵ_s의 유전체를 채운 경우 동일 전위차에 대한 극판 간의 전하량 Q[C]는?

① ϵ_s 배로 증가
② $\dfrac{1}{\epsilon_s}$로 감소
③ $\pi\epsilon_s$ 배로 증가
④ 불변

풀이

① 극판 사이가 진공일 때
 - 정전용량 $C_0 = \dfrac{\epsilon_0 S}{d}$
 - 전하량 $Q_0 = C_0 V$

② 극판 사이를 비유전율 ϵ_s의 유전체를 채웠을 때
 - 정전용량 $C = \dfrac{\epsilon_0 \epsilon_s S}{d} = \epsilon_s C_0$
 - 전하량 $Q = CV = \epsilon_s C_0 V$

따라서, $Q = \epsilon_s Q_0$로 ϵ_s배 만큼 커진다.

답 ①

문제 08
어떤 TV 방송의 전자파의 주파수를 190[MHz]의 평면파로 보고 $\mu_s = 1$, $\epsilon_s = 64$인 물속에서의 전파속도[m/s]와 파장[m]을 구하면?

① $v = 0.375 \times 10^8$, $\lambda = 0.19$
② $v = 2.33 \times 10^8$, $\lambda = 0.21$
③ $v = 0.87 \times 10^8$, $\lambda = 0.17$
④ $v = 0.425 \times 10^8$, $\lambda = 1.2$

풀이

- 전파속도 $v = \dfrac{c}{\sqrt{\epsilon_s \mu_s}} = \dfrac{3 \times 10^8}{\sqrt{64 \times 1}} = 0.375 \times 10^8$[m/s]

- 파장 $\lambda = \dfrac{v}{f} = \dfrac{0.375 \times 10^8}{190 \times 10^6} = 0.19$[m]

답 ①

문제 09 전기기기의 철심(자심)재료로 규소강판을 사용하는 이유는?
① 동손을 줄이기 위해
② 와전류손을 줄이기 위해
③ 히스테리시스손을 줄이기 위해
④ 제작을 쉽게 하기 위하여

풀이
- 규소 강판 : 히스테리시스손 감소
- 성층 철심 : 와류손 감소   답 ③

문제 10 10 [mH] 인덕턴스 2개가 있다. 결합계수를 0.1로부터 0.9까지 변화시킬 수 있다면 이것을 직렬 접속시켜 얻을 수 있는 합성인덕턴스의 최대값과 최소값의 비는?
① 9 : 1
② 13 : 1
③ 16 : 1
④ 19 : 1

풀이
결합 계수 $\alpha = 0.9$일 때 합성 인덕턴스 최대값 L_0'와 최소값 L_0의 비가 가장 크므로,
$L_0 = L_1 + L_2 \pm 2\alpha\sqrt{L_1 L_2}$ 에서
최대 : $L_0' = 10 + 10 + 2 \times 0.9\sqrt{10 \times 10} = 38$
최소 : $L_0 = 10 + 10 - 2 \times 0.9\sqrt{10 \times 10} = 2$
∴ 최대와 최소의 비는 $38 : 2 = 19 : 1$ 답 ④

문제 11 동심구형 콘덴서의 내외 반지름을 각각 2배로 증가시켜서 처음의 정전용량과 같게 하려면 유전체의 비유전율은 처음의 유전체에 비하여 어떻게 하면 되는가?
① 1배로 한다.
② 2배로 한다.
③ $\frac{1}{2}$로 줄인다.
④ $\frac{1}{4}$로 줄인다.

풀이
내외 반지름을 각각 2배로 증가시켜서 처음의 정전용량과 같게 하려면
$C = \frac{4\pi\epsilon_1 ab}{b-a} = \frac{4\pi\epsilon_2 (2a)(2b)}{2b-2a} = \frac{4\pi \times 2\epsilon_2 \times ab}{b-a}$ [F]
에서 $\epsilon_1 = 2\epsilon_2$
따라서, $\epsilon_2 = \frac{1}{2}\epsilon_1$이 되어야 한다.   답 ③

문제 12 유전율이 각각 ϵ_1, ϵ_2인 두 유전체가 접해 있다. 각 유전체 중의 전계 및 전속밀도가 각각 E_1, D_1 및 E_2, D_2이고, 경계면에 대한 입사각 및 굴절각이 θ_1, θ_2일 때 경계조건으로 옳은 것은?
① $\frac{\sin\theta_2}{\sin\theta_1} = \frac{\epsilon_2}{\epsilon_1}$
② $\frac{\cos\theta_2}{\cos\theta_1} = \frac{D_2}{D_1}$
③ $\frac{\tan\theta_2}{\tan\theta_1} = \frac{\epsilon_2}{\epsilon_1}$
④ $\frac{\cot\theta_2}{\cot\theta_1} = \frac{E_2}{E_1}$

풀이
- 전속밀도의 법선 성분(수직 성분)이 같다.
  $(D_1 \cos\theta_1 = D_2 \cos\theta_2)$
- 전계는 접선 성분(평행 성분)이 같다.
  $(E_1 \sin\theta_1 = E_2 \sin\theta_2)$
- 두 경계면에서의 전위는 서로 같다. $(V_1 = V_2)$
- $\epsilon_1 > \epsilon_2$이면, $\theta_1 > \theta_2$ 이다.
- $\frac{\tan\theta_2}{\tan\theta_1} = \frac{\epsilon_2}{\epsilon_1}$ 답 ③

문제 13 무한 평면 도체로부터 a[m]의 거리에 점전하 Q[C]가 있을 때 이 점전하와 평면 도체간의 작용력은 몇 [N]인가?
① $\frac{Q^2}{2\pi\epsilon a^2}$
② $-\frac{Q^2}{4\pi\epsilon a^2}$
③ $\frac{Q^2}{8\pi\epsilon a^2}$
④ $-\frac{Q^2}{16\pi\epsilon a^2}$

풀이
① 전기 영상법

그림과 같이 도체 평면 XX'에서 거리 a인 점 P에 점전하 Q가 있는 경우 도체면에 대하여 대칭인 영상점 P'에 크기는 점전하와 같고 부호는 반대인 영상 전하 $-Q$가 있다고 가상하고 해석한다.
② 점전하 Q[C]과 무한 평면 도체의 작용력[N]은 점전하 Q[C]과 영상 전하 $-Q$[C]과의 작용력[N]이므로
$F = \frac{-Q^2}{4\pi\epsilon(2a)^2}$[N] $= \frac{-Q^2}{16\pi\epsilon a^2}$[N]
여기서, $(-)$는 흡인력이다.   답 ④

문제 14 자유 전자 e가 전계 E 중을 열에너지에 의해 진동하고 있는 원자와 충돌하면서 운동하는 경우 평균 자유 시간을 τ라 하면 도전율 σ는 얼마인가? 단, 자유 전자의 밀도는 n, 질량은 m이라 한다.

① $\dfrac{ne\tau}{2m}$ ② $\dfrac{ne^2\tau}{2m}$

③ $\dfrac{ne\tau}{m}$ ④ $\dfrac{ne^2\tau}{m}$

[풀이]

충돌과 충돌 사이에서 전하의 운동 방정식
$$m\dfrac{dv}{dt} = eE, \quad \dfrac{dv}{dt} = \dfrac{eE}{m}$$
$$\therefore v = \dfrac{eE}{m}t + v(0)$$
이 식에서 충돌시 초기 속도 $v(0) = 0$, 충돌과 충돌 사이의 시간 $t = \tau$를 대입하면 속도 v는 다음과 같이 된다.
$$v = \dfrac{eE}{m}\tau$$
따라서 전류밀도 $i = nev = \sigma E$의 관계식으로부터
$$ne \times \dfrac{eE}{m}\tau = \sigma E \quad \therefore \sigma = \dfrac{ne^2}{m}\tau$$
답 ④

문제 15 진공 중에 놓인 $3[\mu C]$의 점전하에서 $3[m]$ 되는 점의 전계는 몇 [V/m]인가?

① 100 ② 1000
③ 300 ④ 3000

[풀이]

점전하에 의한 전계 $E = \dfrac{Q}{4\pi\epsilon_0 r^2}$ 에서

전계 $E = 9 \times 10^9 \times \dfrac{3 \times 10^{-6}}{3^2} = 3000[V/m]$

($\because \dfrac{1}{4\pi\epsilon_0} = 9 \times 10^9$) **답** ④

문제 16 자속밀도 $0.5[Wb/m^2]$인 균일한 자장 내에 반지름 $10[cm]$, 권수 $1000[회]$인 원형코일이 매분 1800 회전할 때 이 코일의 저항이 $100[\Omega]$일 경우 이 코일에 흐르는 전류의 최대값[A]은 약 몇 [A]인가?

① 14.4 ② 23.5
③ 29.6 ④ 43.2

[풀이]

유기기전력 $e = \omega nSB\sin\omega t = E_m\sin\omega t$에서
유기기전력의 최대값 $E_m = \omega nSB[V]$

(참고로 $\omega = \dfrac{d\theta}{dt} = 2\pi \times \dfrac{N}{60}$,

여기서 N은 분당회전수[rpm], $S = \pi r^2$)

따라서, $E_m = 2\pi \times \dfrac{1800}{60} \times 1000 \times \pi \times 0.1^2 \times 0.5$
$= 2960.88[V]$

이때 흐르는 최대전류 $I_m = \dfrac{E_m}{R} = \dfrac{2960.88}{100} = 29.6[A]$

답 ③

문제 17 진공 내 전위함수가 $V = x^2 + y^2[V]$로 주어졌을 때, $0 \leq x \leq 1$, $0 \leq y \leq 1$, $0 \leq z \leq 1$인 공간에 저장되는 정전에너지[J]는?

① $\dfrac{4}{3}\epsilon_0$ ② $\dfrac{2}{3}\epsilon_0$

③ $4\epsilon_0$ ④ $2\epsilon_0$

[풀이]

• 전계의 세기
$$E = -\nabla V = -\left(\dfrac{\partial V}{\partial x}i + \dfrac{\partial V}{\partial y}j + \dfrac{\partial V}{\partial z}k\right)$$
$$= -2xi - 2yj [V/m]$$

• 전계의 세기의 크기
$$E = |E| = \sqrt{(2x)^2 + (2y)^2} = 2\sqrt{x^2 + y^2}$$

따라서 공간에 저장되는 정전에너지 W는
$$W = \dfrac{1}{2}\int_v \epsilon_0 E^2 dv = \dfrac{1}{2}\int_v \epsilon_0 (2\sqrt{x^2+y^2})^2 dv$$
$$= \dfrac{4\epsilon_0}{2}\int_0^1\int_0^1\int_0^1 (x^2+y^2)dxdydz = \dfrac{4}{3}\epsilon_0[J]$$

[참고]
3중적분
$$\int_0^1\int_0^1\int_0^1 (x^2+y^2)dxdydz = \int_0^1\int_0^1 \left[\dfrac{x^3}{3} + y^2 x\right]_0^1 dydz$$
$$= \int_0^1\int_0^1 \left(\dfrac{1}{3} + y^2\right)dydz$$
$$= \int_0^1 \left[\dfrac{y}{3} + \dfrac{y^3}{3}\right]_0^1 dz$$
$$= \int_0^1 \dfrac{2}{3} dz$$
$$= \left[\dfrac{2z}{3}\right]_0^1 = \dfrac{2}{3}$$

답 ①

문제 18 내압과 용량이 각각 200[V] 5[μF], 300[V] 4[μF], 400[V] 3[μF], 500[V] 3[μF]인 4개의 콘덴서를 직렬 연결하고 양단에 직류전압을 가하여 전압을 서서히 상승시키면 최초로 파괴되는 콘덴서는? (단, 콘덴서의 재질이나 형태는 동일하다.)
① 200[V] 5[μF]
② 300[V] 4[μF]
③ 400[V] 3[μF]
④ 500[V] 3[μF]

풀이
직렬 회로에서 각 콘덴서의 전하용량이 작을수록 빨리 파괴된다.
$Q_1 = C_1 \times V_1 = 5 \times 10^{-6} \times 200 = 1 \times 10^{-3}$
$Q_2 = C_2 \times V_2 = 4 \times 10^{-6} \times 300 = 1.2 \times 10^{-3}$
$Q_3 = C_3 \times V_3 = 3 \times 10^{-6} \times 400 = 1.2 \times 10^{-3}$
$Q_4 = C_4 \times V_4 = 3 \times 10^{-6} \times 500 = 1.5 \times 10^{-3}$
따라서, 전하용량이 $Q_4 > Q_3 = Q_2 > Q_1$ 이므로 **전하용량이 가장 작은 200[V] 5[μF]의 콘덴서가 가장 빨리 파괴**된다.
답 ①

문제 19 내구의 반지름이 6[cm], 외구의 반지름이 8[cm]인 동심구 콘덴서의 외구를 접지하고 내구에 전위 1800[V]를 가했을 경우 내구에 충전된 전기량은 몇 [C] 인가?
① 2.8×10^{-8}
② 3.8×10^{-8}
③ 4.8×10^{-8}
④ 5.8×10^{-8}

풀이
- 전기량 $Q = \dfrac{4\pi\epsilon_0 V}{\dfrac{1}{a}-\dfrac{1}{b}} = \dfrac{\dfrac{1}{9 \times 10^9} \times 1800}{\dfrac{1}{6 \times 10^{-2}} - \dfrac{1}{8 \times 10^{-2}}}$
$= 4.8 \times 10^{-8}$[C]
답 ③

문제 20 전류에 의한 자계의 발생 방향을 결정하는 법칙은?
① 비오사바르의 법칙
② 쿨롱의 법칙
③ 패러데이의 법칙
④ 암페어의 오른손 법칙

풀이
- 비오사바르(Biot Savart)의 법칙 : 전류에 의한 자계의 세기

- 쿨롱의 법칙 : 전하들간에 작용하는 힘
- 패러데이 법칙 : 전자유도 법칙에 의한 기전력
- 암페어의 오른나사 법칙 : 전류에 의한 자계의 방향
답 ④

제2과목 전력공학

문제 21 수전 용량에 비해 첨두부하가 커지면 부하율은 그에 따라 어떻게 되는가?
① 높아진다.
② 낮아진다.
③ 변하지 않고 일정하다.
④ 부하의 종류에 따라 달라진다.

풀이
부하율 = $\dfrac{평균\ 전력}{최대\ 전력}$ 에서
첨두 부하가 커지면 최대 전력이 증가하여 부하율은 낮아진다.
답 ②

문제 22 최대 출력 350[MW], 평균부하율 80[%]로 운전되고 있는 화력 발전소의 10일간 중유 소비량이 1.6×10^7[L]라고 하면 발전단에서의 열효율은 몇 [%] 인가? (단, 중유의 열량은 10000 [kcal/L]이다.)
① 35.3
② 36.1
③ 37.8
④ 39.2

풀이
- 발전소 열효율 = $\dfrac{출력}{입력}$ = $\dfrac{발전전력에\ 해당하는\ 열량}{연료의\ 열량}$
- 열효율 $\eta = \dfrac{860W}{mH} = \dfrac{860 \times 350 \times 10^6 \times 0.8 \times 24}{\dfrac{1.6 \times 10^7}{10} \times 10000 \times 10^3} \times 100$
$= 36.12[\%]$ ($\because 1[\text{kWh}] = 860[\text{kcal}]$)
답 ②

문제 23 단거리 송전선의 4단자 정수 A, B, C, D 중 그 값이 0인 정수는?
① A
② B
③ C
④ D

[풀이]

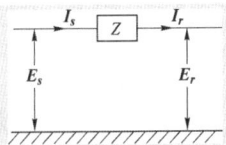

단거리 송전 선로에서는 선로길이가 짧은 관계로 선로 정수로서 저항과 인덕턴스만을 생각한다.
$E_s = E_r + ZI_r$, $I_s = I_r$ 이므로
$E_s = AE_r + BI_r$, $I_s = CE_r + DI_r$ 에서
$A=1$, $B=Z$, $C=0$, $D=1$

답 ③

문제 24 유효저수량 200,000[m³], 평균유효낙차 100[m], 발전기출력 7,500[kW]이다. 1대를 운전할 경우 약 몇 시간 정도 발전할 수 있는가? (단, 발전기 및 수차의 합성효율은 85[%]이다.)

① 4   ② 5
③ 6   ④ 7

[풀이]
- 출력 $P = 9.8QH\eta$ [kW]에서 7500[kW]를 발전하는데 필요한 유량 Q [m³/sec]는
$Q = \dfrac{P}{9.8H\eta} = \dfrac{7500}{9.8 \times 100 \times 0.85} ≒ 9$[m³/sec]
- 발전 시간
$t = \dfrac{V}{Q} = \dfrac{200000}{9} = 22222.22$[sec] $= \dfrac{22222.22}{60 \times 60} ≒ 6.17$[h]

답 ③

문제 25 변류기 개방 시 2차측을 단락하는 이유는?
① 2차측 절연 보호
② 2차측 과전류 보호
③ 측정오차 방지
④ 1차측 과전류 방지

[풀이]
변류기의 2차측을 개방하면 1차 전류가 모두 여자 전류가 되어 2차 권선에 매우 높은 전압이 유기되어 **절연이 파괴**되고 소손될 염려가 있다. 따라서, 변류기를 개방 할 경우에는 반드시 2차측을 단락해야 한다.

답 ①

문제 26 동일한 전압에서 동일한 전력을 송전할 때 역률을 0.8에서 0.9로 개선하면 전력손실은 약 몇 [%] 정도 감소하는가?

① 5   ② 10
③ 20   ④ 40

[풀이]
전력 손실 $P_l = \dfrac{R \cdot P^2}{V^2 \cos^2\theta}$에서 $P_l \propto \dfrac{1}{\cos^2\theta}$

$\therefore \dfrac{P_l'}{P_l} = \dfrac{\frac{1}{0.9^2}}{\frac{1}{0.8^2}} = \left(\dfrac{0.8}{0.9}\right)^2$ $P_l' = 0.79 P_l$

$\therefore$ 21[%] 감소한다.

답 ③

문제 27 다음 보호계전기 회로에서 박스 (A) 부분의 명칭은?

① 차단코일
② 영상변류기
③ 계기용변류기
④ 계기용변압기

[풀이]
계기용 변압기 (PT : Potential Transformer)
고전압을 **저전압**으로 **변성**하여 계기나 계전기에 공급하기 위한 목적으로 사용

답 ④

문제 28 교류 송전방식과 직류 송전방식을 비교할 때 교류 송전방식의 장점에 해당되는 것은?
① 전압의 승압, 강압 변경이 용이하다.
② 절연계급을 낮출 수 있다.
③ 송전효율이 좋다.
④ 안정도가 좋다.

[풀이]
교류 송전 방식의 장점
① **승압·강압이 용이**하다.
② 회전자계를 쉽게 얻을 수 있다.
③ 계통의 일관된 운용이 가능

답 ①

문제 29 그림에서와 같이 부하가 균일한 밀도로 도중에서 분기되어 선로전류가 송전단에 이를수록 직선적으로 증가할 경우 선로 말단의 전압강하는 이 송전단 전류와 같은 전류의 부하가 선로의 말단에만 집중되어 있을 경우의 전압강하 보다 대략 어떻게 되는가? (단, 부하역률은 모두 같다고 한다.)

① $\frac{1}{3}$로 된다.
② $\frac{1}{2}$로 된다.
③ 동일하다.
④ $\frac{1}{4}$로 된다.

풀이
집중 부하와 분산 부하

구 분	전력 손실	전압 강하
말단에 집중 부하	I^2rL	IrL
균등 분포 부하	$\frac{1}{3}I^2rL$	$\frac{1}{2}IrL$

답 ②

문제 30 선로의 특성임피던스에 관한 내용으로 옳은 것은?
① 선로의 길이에 관계없이 일정하다.
② 선로의 길이가 길어질수록 값이 커진다.
③ 선로의 길이가 길어질수록 값이 작아진다.
④ 선로의 길이보다는 부하전력에 따라 값이 변한다.

풀이
선로의 특성임피던스 $Z_0 = \sqrt{\frac{L}{C}}$: 길이에 무관하다.
(저항 및 누설콘덕턴스 무시)
답 ①

문제 31 송전선의 특성임피던스를 Z_0, 전파속도를 V라 할 때, 이 송전선의 단위길이에 대한 인덕턴스 L은?
① $L = \frac{V}{Z_0}$
② $L = \frac{Z_0}{V}$
③ $L = \frac{Z_0^2}{V}$
④ $L = \sqrt{Z_0} V$

풀이
- 파동 임피던스 $Z_0 = \sqrt{\frac{L}{C}}$
- 전파속도 $V = \sqrt{\frac{1}{LC}}$

$\therefore \frac{Z_0}{V} = \sqrt{\frac{\frac{L}{C}}{\frac{1}{LC}}} = L$

답 ②

문제 32 연가의 효과로 볼 수 없는 것은?
① 선로 정수의 평형
② 대지 정전용량의 감소
③ 통신선의 유도장해의 감소
④ 직렬 공진의 방지

풀이
연가의 효과
① 선로 정수 평형
② 임피던스 평형
③ 소호 리액터 접지시 직렬 공진 방지
④ 유도 장해 감소

답 ②

문제 33 250[mm] 현수 애자 10개를 직렬로 접속한 애자연의 건조 섬락 전압이 590[kV]이고 연효율(string efficiency) 0.74이다. 현수 애자 한 개의 건조 섬락 전압은 약 몇 [kV]인가?
① 80
② 90
③ 100
④ 120

풀이
$\eta = \frac{V_n}{nV_1}$에서 $V_1 = \frac{V_n}{n\eta} = \frac{590}{10 \times 0.74} = 79.73$ [kV]
여기서, V_n : 애자련의 섬락전압
n : 애자련의 애자개수
V_1 : 애자 1개의 섬락전압

답 ①

문제 34 조상설비가 있는 1차 변전소에서 주변압기로 주로 사용되는 변압기는?
① 승압용 변압기
② 단권 변압기
③ 단상 변압기
④ 3권선 변압기

풀이

3권선 변압기
- 1차 — Y, 2차 — Y
- 3차(안정권선) — △
  - 조상설비
  - 소내용 전원공급

답 ④

문제 35 송전단 전압이 3300[V], 수전단 전압은 3000[V]이다. 수전단의 부하를 차단한 경우, 수전단 전압이 3200[V]라면 이 회로의 전압 변동률은 약 몇 [%] 인가?

① 3.25 ② 4.28
③ 5.67 ④ 6.67

풀이

$$\text{전압변동률} = \frac{\text{무부하시의 전압} - \text{정격 전압}}{\text{정격 전압}} \times 100$$

$$= \frac{3200-3000}{3000} \times 100 = 6.67[\%]$$

답 ④

문제 36 전력계통에서의 안정도란 주어진 운전 조건하에서 계통이 안정하게 운전을 계속할 수 있는가의 능력을 말한다. 다음 중 안정도의 구분에 포함되지 않는 것은?

① 동태 안정도 ② 과도 안정도
③ 정태 안정도 ④ 동기 안정도

풀이

안정도의 종류
① **정태 안정도**(static stability) : 송전 계통이 불변 부하 또는 극히 서서히 증가하는 부하에 대하여 계속적으로 송전할 수 있는 능력을 정태 안정도로 하고, 안정도를 유지할 수 있는 극한의 송전 전력을 정태 안정 극한 전력이라고 한다.
② **과도 안정도**(transient stability) : 계통에 갑자기 고장 사고와 같은 급격한 외란이 발생하였을 때에도 탈조하지 않고 새로운 평형 상태를 회복하여 송전을 계속할 수 있는 능력을 과도 안정도라 하고 이 경우의 극한 전력을 과도 안정 극한 전력이라고 한다.
③ **동태 안정도**(dynamic stability) : 고속 자동 전압조정기로 동기기의 여자전류를 제어 할 경우의 정태 안정도를 특히 동태 안정도라 한다.

답 ④

문제 37 차단기의 개폐에 의한 이상 전압의 크기는 대부분의 경우 송전선 대지 전압의 최고 몇 배 정도인가?

① 2배 ② 4배
③ 6배 ④ 8배

풀이

개폐서지의 크기는 선로의 길이, 차단기의 성능 및 중성점 접지방식에 따라 차이는 있으나 **대부분의 경우 상규 대지전압의 4배를 넘는 경우는 거의 없다.**

답 ②

문제 38 변압기 보호용 비율차동계전기를 사용하여 △-Y 결선의 변압기를 보호하려고 한다. 이때 변압기 1, 2차측에 설치하는 변류기의 결선 방식은? (단, 위상 보정기능이 없는 경우이다.)

① △-△ ② △-Y
③ Y-△ ④ Y-Y

풀이

변압기 보호용 계전기는 비율차동계전기가 사용되며 변압기 1차와 2차간의 변위를 보정하기 위하여 **변류기의 결선은 변압기의 결선과 반대로** 한다. 즉, **변압기 결선이 △-Y이면 변류기 결선은 Y-△로** 한다.

답 ③

문제 39 3상 1회선 송전선로의 소호 리액터의 용량 [kVA]은?

① 선로 충전 용량과 같다.
② 선간 충전 용량의 1/2이다.
③ 3선 일괄의 대지 충전 용량과 같다.
④ 1선과 중성점 사이의 충전 용량과 같다.

풀이

3상 1회선 소호 리액터 용량
$$P = 3 \times 2\pi f C_s E^2 \times 10^{-3} \text{ [kVA]}$$
로 표현된다. 따라서, **소호 리액터 용량은 3선 일괄의 대지 충전 용량과 같다.**
여기서, C_s : 1상당 대지 정전 용량 $[\mu F]$
E : 대지 전압 [kV]

답 ③

문제 40 3상 1회선과 대지간의 충전전류가 1[km]당 0.25 [A]일 때 길이가 18 [km]인 선로의 충전전류는 몇 [A] 인가?

① 1.5 ② 4.5
③ 13.5 ④ 40.5

풀이
충전 전류 $I_c = 0.25[A/km] \times 18[km] = 4.5[A]$ 답 ②

풀이
2중 농형 유도 전동기
① 회전자의 농형권선을 내외 이중으로 설치한 것
② 도체
 • 외측도체 : 저항이 높은 황동 또는 동니켈 합금의 도체를 사용
 • 내측도체 : 저항이 낮은 전기동 사용
③ 기동시에는 저항이 높은 외측 도체로 흐르는 전류에 의해 큰 기동 토오크를 얻고 기동완료 후에는 저항이 적은 내측 도체로 전류가 흘러 우수한 운전 특성을 얻는 전동기로서 **별도의 기동장치가 필요 없다.** 답 ①

제3과목 전기기기

문제 41 8극, 유도기전력 100[V], 전기자전류 200[A]인 직류발전기의 전기자권선을 중권에서 파권으로 변경했을 경우의 유도기전력과 전기자전류는?

① 100[V], 200[A] ② 200[V], 100[A]
③ 400[V], 50[A] ④ 800[V], 25[A]

풀이
1) 중권과 파권의 비교

구 분	중권 (병렬권)	파권 (직렬권)
전기자 병렬회로 수 a	$p\ (a=mp)$	$2\ (a=2m)$
브러시 수 b	p	2

여기서, p : 극수, m : 다중도
2) 유기기전력
중권에서 $a=p=8$, 파권에서 $a=2$ 이므로
$E = p\phi n \dfrac{Z}{a}$ 에서 $E \propto \dfrac{1}{a}$ 이므로
$100 : E = \dfrac{1}{8} : \dfrac{1}{2}$ $\therefore E = 400[V]$
3) 전기자 전류
• 중권에서 전기자 전류 $I_a = 200[A]$일 때, 각 권선에 흐르는 전류
$i_a = \dfrac{200}{a} = \dfrac{200}{8} = 25[A]$
• 파권($a=2$)에서 전기자 전류
$\therefore I_a = ai_a = 2 \times 25 = 50[A]$ 답 ③

문제 42 기동장치를 갖는 단상 유도전동기가 아닌 것은?
① 2중 농형 ② 분상기동형
③ 반발기동형 ④ 셰이딩코일형

문제 43 3상 유도전동기에 불평형 3상 전압을 가한 경우 다음 전동기의 특성 중 옳은 것은?
① 영상분 전압은 존재하지 않는다.
② 영상 전압을 고려하여야 한다.
③ 정상 전압과 역상 전압에 의한 회전자계의 방향은 같다.
④ 정상 운전 상태에서 역상분은 제동 작용을 하지 않는다.

풀이
불평형 전압이 가해져도 **중성점이 접지되어 있지 않으므로 영상분은 존재하지 않는다.** 정상분과 역상분의 회전자계는 서로 반대방향으로 회전하나 정상분에 의한 토크가 더 크므로 전동기는 정상분 회전자계의 회전방향으로 회전한다. 답 ①

문제 44 일반적인 농형 유도전동기에 관한 설명 중 틀린 것은?
① 2차측을 개방할 수 없다.
② 2차측의 전압을 측정할 수 있다.
③ 2차 저항 제어법으로 속도를 제어할 수 없다.
④ 1차 3선 중 2선을 바꾸면 회전방향을 바꿀 수 있다.

풀이
농형유도전동기의 회전자(2차측)는 그림과 같이 회전자 권선이 단락환으로 단락된 구조로서, 농형 유도전동기의 1차측(고정자 권선)에서 유도된 2차측(회전자) 전압은 측정할 수 없다. 답 ②

농형 유도전동기 회전자

문제 45 동기발전기에 회전계자형을 사용하는 이유로 틀린 것은?
① 기전력의 파형을 개선한다.
② 계자가 회전자이지만 저전압 소용량의 직류이므로 구조가 간단하다.
③ 전기자가 고정자이므로 고전압 대전류용에 좋고 절연이 쉽다.
④ 전기자보다 계자극을 회전자로 하는 것이 기계적으로 튼튼하다.

풀이
회전 계자형을 사용하는 이유
① 전기자 권선은 전압이 높고 결선이 복잡하며, 대용량으로 되면 전류도 커지고, 3상 권선의 경우에는 4개의 도선을 인출하여야 한다.
② 계자 회로는 직류의 저압 회로이므로 소요 동력도 작으며, 인출 도선이 2개만 있어도 되기 때문이다.
③ 계자극은 기계적으로 튼튼하게 만드는 데 용이하기 때문이다.
④ 고장시의 과도 안정도를 높이기 위하여 회전자의 관성을 크게 하기 쉽기 때문이기도 하다.
그러나, **기전력의 파형을 개선하기 위해서는 전기자 권선을 분포권 및 단절권으로 하여야 한다.** 답 ①

문제 46 어떤 IGBT의 열용량은 0.02[J/℃], 열저항은 0.625[℃/W]이다. 이 소자에 직류 25[A]가 흐를 때 전압강하는 3[V]이다. 몇 [℃]의 온도상승이 발생하는가?
① 1.5 ② 1.7
③ 47 ④ 52

풀이
열저항 $R_\theta = \dfrac{\Delta T}{P}$ [℃/W] 이므로,
(여기서, ΔT : 온도상승범위[℃], P : 손실[W])
따라서 $\Delta T = R_\theta \times P = 0.625 \times 25 \times 3 = 46.88$[℃] 답 ③

문제 47 단상 유도전압조정기의 원리는 다음 중 어느 것을 응용한 것인가?
① 3권선 변압기
② V결선 변압기
③ 단상 단권변압기
④ 스콧트결선(T결선) 변압기

풀이
단상 유도전압조정기는 직렬권선에 대한 분로권선의 위치를 연속적으로 바꾸는 **단상 단권변압기의 일종**이다. 구조는 유도전동기와 비슷하며 고정자와 회전자로 구성되어 있다.

단상 유도 전압 조정기

P : 분로 권선, S : 직렬 권선, T : 단락 권선
$V_2 = V_1 + E_2\cos\alpha$ 답 ③

문제 48 직류 분권 발전기의 전압확립에 대한 내용으로 틀린 것은?
① 잔류자기에 의해 초기 전압이 발생한다.
② 전압이 상승하면 여자전류도 증가한다.
③ 자기포화가 되면 전압 증가가 느려진다.
④ 회전 방향은 전압 형성에 영향을 주지 않는다.

풀이
자여자 발전기의 전압 확립
① 자여자 발전기에는 잔류자기가 있어 발전기를 회전시키면 소량의 전압이 발생하고, 이 전압이 계자에 전류를 흘려보내 자속을 증가시켜 전압이 점차 높아진다. 그러나 계자 철심이 자기포화 상태에 이르면 자속 증가가 제한되면서 전압 상승도 서서히 멈추고 일정한 값으로 안정된다.
② 운전 중 **전기자 회전 방향을 반대로** 하면 ⇒
• 반대방향의 기전력이 유기되어 계자전류가 반대로 흐르게 된다.
• 잔류 자기를 소멸시켜 발전 불가능 답 ④

문제 49 3상 전원에서 2상 전원을 얻기 위한 변압기의 결선방법은?
① △ ② T ③ Y ④ V

풀이
상수의 변환
① 3상-2상간의 상수 변환
• **스코트 결선(T결선)** • 메이어 결선
• 우드 브리지 결선
② 3상-6상간의 상수 변환
• 환상 결선 • 2중 3각 결선

- 2중 성형 결선
- 포크 결선
- 대각 결선

답 ②

문제 50 변압기의 결선 중에서 1차에 제3고조파가 있을 때 2차에 제3고조파 전압이 외부로 나타나는 결선은?

① Y-Y
② Y-△
③ △-Y
④ △-△

풀이
△결선이 포함된 변압기에서는 제3고조파가 순환전류가 되어 소멸되나, Y결선만 있는 변압기에서는 제3고조파가 나타난다.

답 ①

문제 51 동기기의 과도 안정도를 증가시키는 방법이 아닌 것은?

① 속응 여자방식을 채용한다.
② 동기 탈조계전기를 사용한다.
③ 동기화 리액턴스를 작게 한다.
④ 회전자의 플라이휠 효과를 작게 한다.

풀이
1) 과도 안정도
   부하의 급변, 선로의 개폐, 접지, 단락 등의 고장 또는 기타의 원인에 의해서 운전 상태가 급변하여도 계통이 안정을 유지하는 정도를 말한다.
2) 안정도 향상대책
   ① 동기 임피던스를 작게 한다.
   ② 속응 여자 방식을 채택한다.
   ③ 회전자에 플라이 휘일을 설치하여 관성 모멘트를 크게 한다.
   ④ 정상 임피던스는 작고, 영상, 역상 임피던스를 크게 한다.
   ⑤ 단락비를 크게 한다.
   ⑥ 동기 탈조 계전기를 사용한다.

답 ④

문제 52 2방향성 3단자 사이리스터는?

① SCR
② SSS
③ SCS
④ TRIAC

풀이
각 종 반도체 소자의 비교
① 방향성
   • 양방향성(쌍방향성) 소자 : DIAC, TRIAC, SSS

• 역저지(단방향성) 소자 : SCR, LASCR, GTO
② 극(단자) 수
   • 2극(단자) 소자 : DIAC, SSS, Diode
   • **3극(단자) 소자 : SCR, LASCR, GTO, TRIAC**
   • 4극(단자) 소자 : SCS

답 ④

문제 53 코일피치와 자극피치의 비를 β라 하면 기본파 기전력에 대한 단절계수는?

① $\sin\beta\pi$
② $\cos\beta\pi$
③ $\sin\dfrac{\beta\pi}{2}$
④ $\cos\dfrac{\beta\pi}{2}$

풀이
• 기본파에 대한 **단절권 계수** $K_p = \sin\dfrac{\beta\pi}{2}$
• n차 고조파에 단절권 계수 $K_{pn} = \sin\dfrac{n\beta\pi}{2}$

여기서, $\beta = \dfrac{코일간격}{극간격}$

답 ③

문제 54 스테핑전동기의 스텝각이 3°이고, 스테핑 주파수(pulse rate)가 1200[pps] 이다. 이 스테핑전동기의 회전속도[rps]는?

① 10
② 12
③ 14
④ 16

풀이
스테핑전동기는 디지털 신호에 비례하여 일정 각도만큼 회전하는 모터로 그 총회전각은 입력펄스의 수로, 회전속도는 입력펄스의 빠르기로 쉽게 제어가 가능한 특징이 있다.
• 1초당 입력펄스 : 1200 (pps : pulse/sec)
• 1펄스 당 회전각도 : 3°
• 1초당 회전각도 : 1200 × 3° = 3600°
• 전동기 1회전 당 회전각도 : 360°
• 전동기 1초당 회전속도 : $\dfrac{3600°}{360°} = 10[회전]$

답 ①

문제 55 교류 전압제어기를 전원과 부하회로에 연결된 조광기에 교류 실효전압을 변화시켜서 사용할 수 있는 소자 중 가장 적합한 것은?

① 파워 트랜지스터(Power Transister)
② 트라이액(Triac)
③ 모스 에프이티(MOS-FET)
④ 다이오드(Diode)

풀이
TRIAC은 기능상 2개의 SCR를 역병렬 접속한 것과 같은 것으로서, SCR은 한 방향으로만 도통할 수 있는데 반하여 TRIAC은 양방향 도통할 수 있으며, **교류 실효전압을 변화시켜서 부하를 제어**할 수 있다.   답 ②

문제 56 어떤 변압기의 단락시험에서 %저항강하 1.5[%]와 %리액턴스강하 3[%]를 얻었다. 부하 역률이 80[%] 앞선 경우의 전압변동률 [%]은?
① −0.6 ② 0.6 ③ −3.0 ④ 3.0

풀이
$p=1.5[\%]$, $q=3[\%]$, $\cos\theta=0.8$(진상)
앞선 역률이므로
$\epsilon = p\cos\phi - q\sin\phi = 1.5\times0.8 - 3\times0.6 = -0.6[\%]$ 답 ①

문제 57 기동시 회전자의 슬롯수 및 권선법이 적당하지 않은 경우 정격속도보다 낮은 속도에서 안정운전이 되는 현상을 무엇이라 하는가?
① 난조 ② 게르게스
③ 크로우링 ④ 자기여자

풀이
균일하지 않은 슬롯 부분의 자기 저항 차이 때문에 공극의 퍼미언스가 일정하지 않고 위치에 따라 변하기 때문에 공극내 자속분포에는 많은 고조파 성분이 있으며 이로 인해 유도전동기에 있어서 **정지상태로부터 동기속도의 수 분의 1인 저속도까지 가속하고, 안정하기는 하지만 그 이상은 가속하지 않는 이상한 운전 상태가 발생될 수 있으며 이러한 현상을 크로우링 현상**이라 한다.   답 ③

문제 58 포화하고 있지 않은 직류발전기의 회전수가 1/2로 감소되었을 때 기전력을 속도 변화 전과 같은 값으로 하려면 여자를 어떻게 해야 하는가?
① 1/2로 감소시킨다.
② 1배로 증가시킨다.
③ 2배로 증가시킨다.
④ 4배로 증가시킨다.

풀이
$E=k\phi N$에서 N이 $\frac{1}{2}$로 되면, ϕ가 2배가 되어야 E가 일정하다.   답 ③

문제 59 단상 유도전압조정기에서 단락권선의 역할은?
① 철손 경감 ② 절연 보호
③ 전압강하 경감 ④ 전압조정 용이

풀이
2차 권선의 누설 리액턴스에 의해 매우 큰 **전압강하가 발생하므로 이를 방지하기 위해** 1차 권선과 직각 방향으로 단락권선을 감는다.   답 ③

문제 60 어떤 변압기의 부하역률이 60[%]일 때 전압변동률이 최대라고 한다. 지금 이 변압기의 부하역률이 100[%]일 때 전압변동률을 측정했더니 3[%]였다. 이 변압기의 부하역률이 80[%]일 때 전압변동률은 몇 [%]인가?
① 2.4 ② 3.6
③ 4.8 ④ 5.0

풀이
전압변동률 $\epsilon = p\cos\theta + q\sin\theta$이다.
(여기서, p : %저항강하, q : %리액턴스강하)
• 부하 역률 100[%]일 때
$\epsilon_{100} = p\cos\theta + q\sin\theta = p\times1 + q\times0 = p = 3[\%]$
• 최대 전압 변동률 ϵ_{max}을 부하 역률 $\cos\theta_m$ 일 때라고 하면,
$\cos\theta_m = \frac{p}{\sqrt{p^2+q^2}} = \frac{3}{\sqrt{3^2+q^2}} = 0.6$ $q=4[\%]$
• 따라서, 부하 역률이 80[%]일 때의 전압변동률은
$\epsilon_{80} = p\cos\theta + q\sin\theta = 3\times0.8 + 4\times0.6 = 4.8[\%]$ 답 ③

제4과목 회로이론

문제 61 $L=2[H]$인 인덕턴스에 $i(t)=20e^{-2t}$ [A]의 전류가 흐를 때 L의 단자 전압[V]은?
① $40e^{-2t}$ ② $-40e^{-2t}$
③ $80e^{-2t}$ ④ $-80e^{-2t}$

풀이
$v_L = L\frac{di(t)}{dt} = 2\times\frac{d}{dt}(20e^{-2t}) = -80e^{-2t}$

참고
$y=e^{ax}$의 미분 $y'=ae^{ax}$ 답 ④

문제 62 다음과 같은 회로가 정저항 회로가 되기 위한 저항 R의 값은?

① 8.2[Ω]
② 14.1[Ω]
③ 20[Ω]
④ 28[Ω]

풀이
정저항 회로 조건 $R^2 = \dfrac{L}{C}$ 에서, $R = \sqrt{\dfrac{L}{C}}$

$\therefore R = \sqrt{\dfrac{2 \times 10^{-3}}{10 \times 10^{-6}}} = 14.1[\Omega]$ 답 ②

문제 63 $R-L-C$ 직렬공진회로에서 $R=100[\Omega]$, $L=314[\text{mH}]$, $C=125.6[\text{pF}]$일 때, 선택도(전압 확대율) Q는?

① 2×10^3
② 3×10^3
③ 4×10^2
④ 5×10^2

풀이
직렬공진회로에서 선택도 $Q = \dfrac{1}{R}\sqrt{\dfrac{L}{C}}$

$\therefore Q = \dfrac{1}{100}\sqrt{\dfrac{314 \times 10^{-3}}{125.6 \times 10^{-12}}} = 500$ 답 ④

문제 64 공급전압이 10[V]이며 회로에 흐른 전류가 10[A]일 때, 이 회로의 유효전력이 50[W]라면 전압과 전류의 위상차는?

① 0°   ② 35°   ③ 45°   ④ 60°

풀이
피상전력 $P_a = VI = 10 \times 10 = 100[\text{VA}]$
역률 $\cos\theta = \dfrac{P}{P_a} = \dfrac{50}{100} = 0.5$
따라서 위상차 $\theta = \cos^{-1}0.5 = 60°$ 답 ④

문제 65 회로에서 저항 15[Ω]에 흐르는 전류는 몇 [A]인가?

① 8
② 5.5
③ 2
④ 0.5

풀이
중첩의 원리에 의하여
- 10[V]에 의한 전류 (이때 전류원은 개방)
  : $I_1 = \dfrac{V}{R} = \dfrac{10}{5+15} = 0.5[\text{A}]$
- 6[A]에 의한 전류 (이때 전압원은 단락)
  : $I_2 = \dfrac{R_1}{R_1+R_2}I = \dfrac{5}{5+15} \times 6 = 1.5[\text{A}]$

$\therefore I = I_1 + I_2 = 0.5 + 1.5 = 2[\text{A}]$ 답 ③

문제 66 다음 그림에서 $V_1 = 24[\text{V}]$일 때 $V_0[\text{V}]$의 값은?

① 8
② 12
③ 16
④ 24

풀이
병렬 부분의 저항
$R = \dfrac{6 \times 3}{6+3} = 2[\Omega]$

$\therefore V_0 = 24 \times \dfrac{1}{2} = 12[\text{V}]$

답 ②

문제 67 비정현파에서 여현 대칭의 조건은 어느 것인가?

① $f(t) = f(-t)$
② $f(t) = -f(-t)$
③ $f(t) = -f(t)$
④ $f(t) = -f\left(t + \dfrac{T}{2}\right)$

풀이
우함수는 여현대칭(Y축 대칭)으로 직류분과 여현항(cos항)만 존재하며, 정현항(sin항)이 없다.

	기함수파 (정현대칭)	우함수파 (여현대칭)	대칭파 (반파대칭)
대칭 조건	$f(t) = -f(-t)$	$f(t) = f(-t)$	$f(t) = -f\left(t + \dfrac{T}{2}\right)$
결과	sin항만 존재한다.	cos항 존재 직류분 존재	고조파 차수가 홀수 차 항만 존재한다.

답 ①

문제 68 $R-L$ 직렬회로에서 시정수의 값이 클수록 과도현상이 소멸되는 시간은 어떻게 되는가?

① 짧아진다.
② 길어진다.
③ 과도기가 없어진다.
④ 관계없다.

풀이
- 시정수는 정상전류의 63.2[%]에 도달할 때까지의 시간을 의미
- 시정수 $\tau = \dfrac{L}{R}[\sec]$
- 시정수가 크면 과도현상이 오래 지속되고 시정수가 적으면 과도현상이 짧아진다. **답** ②

문제 69 그림과 같은 평형 3상 Y결선에서 각 상이 8[Ω]의 저항과 6[Ω]의 리액턴스가 직렬로 연결된 부하에 선간전압 $100\sqrt{3}$ [V]가 공급되었다. 이때 선전류는 몇 [A]인가?

① 5   ② 10   ③ 15   ④ 20

풀이
- 상전류 $I_p = \dfrac{E_p}{Z} = \dfrac{\frac{100\sqrt{3}}{\sqrt{3}}}{\sqrt{8+j6}} = 10[A]$
- Y결선에서 상전류 = 선전류 이므로 $I_l = I_p = 10[A]$ **답** ②

문제 70 그림과 같은 회로가 공진이 되기 위한 조건을 만족하는 어드미턴스는?

① $\dfrac{CL}{R}$ ② $\dfrac{CR}{L}$ ③ $\dfrac{L}{CR}$ ④ $\dfrac{LR}{C}$

풀이
- 합성어드미턴스

$$Y = Y_1 + Y_2 = \dfrac{1}{R+j\omega L} + j\omega C$$

$$= \dfrac{R}{R^2+\omega^2 L^2} + j\left(\omega C - \dfrac{\omega L}{R^2+\omega^2 L^2}\right)$$

- 병렬공진조건 : 허수부가 0이 되어야 한다.

즉, $\omega C = \dfrac{\omega L}{R^2+\omega^2 L^2}$ 에서 $R^2+\omega^2 L^2 = \dfrac{\omega L}{\omega C} = \dfrac{L}{C}$

- 병렬공진시 어드미턴스 :

$$Y_r = \dfrac{R}{R^2+\omega^2 L^2} = \dfrac{R}{L/C} = \dfrac{CR}{L}$$ **답** ②

문제 71 3상 불평형 전압에서 불평형률은?

① $\dfrac{\text{영상전압}}{\text{정상전압}} \times 100[\%]$

② $\dfrac{\text{역상전압}}{\text{정상전압}} \times 100[\%]$

③ $\dfrac{\text{정상전압}}{\text{역상전압}} \times 100[\%]$

④ $\dfrac{\text{정상전압}}{\text{영상전압}} \times 100[\%]$

풀이
불평형률 = $\dfrac{\text{역상분}}{\text{정상분}} \times 100[\%]$ **답** ②

문제 72 그림과 같은 회로에서 $t=0$일 때 스위치 K를 닫을 때 과도전류 $i(t)$는 어떻게 표시되는가?

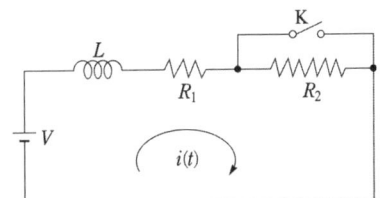

① $i(t) = \dfrac{V}{R_1}\left(1 - \dfrac{R_2}{R_1+R_2}e^{-\frac{R_1}{L}t}\right)$

② $i(t) = \dfrac{V}{R_1+R_2}\left(1 + \dfrac{R_2}{R_1}e^{-\frac{(R_1+R_2)}{L}t}\right)$

③ $i(t) = \dfrac{V}{R_1}\left(1 + \dfrac{R_2}{R_1}e^{-\frac{R_2}{L}t}\right)$

④ $i(t) = \dfrac{R_1 V}{R_2+R_1}\left(1+\dfrac{R_1}{R_2+R_1}e^{-\frac{(R_1+R_2)}{L}t}\right)$

풀이

- 정상전류 $I_s = \dfrac{V}{R_1}$
 (전원이 직류이므로 인덕턴스 L은 고려할 필요없다.)
- 시정수 $\tau = \dfrac{L}{R_1}$
- 초기전류 $i(0) = \dfrac{V}{R_1+R_2} = \dfrac{V}{R_1}+K$ 에서
 $K = \dfrac{-R_2 V}{R_1(R_1+R_2)}$
- $i(t) = I_s + Ke^{-\frac{1}{\tau}}$ [A]에서
 $i(t) = \dfrac{V}{R_1} - \dfrac{R_2 V}{R_1(R_1+R_2)}e^{-\frac{R_1}{L}}$
 $= \dfrac{V}{R_1}\left(1-\dfrac{R_2}{R_1+R_2}e^{-\frac{R_1}{L}t}\right)$ [A] 답 ①

문제 73 $E = 40+j30$ [V]의 전압을 가하면 $I = 30+j10$ [A]의 전류가 흐른다. 이 회로의 역률은?

① 0.456 ② 0.567
③ 0.854 ④ 0.949

풀이

$P_a = \overline{E}I = (40-j30)(30+j10) = 1500-j500$ [VA]
즉, 유효전력 $P = 1500$ [W], 무효전력 $Q = 500$ [Var] 이다.
$\cos\theta = \dfrac{P}{\sqrt{P^2+Q^2}} = \dfrac{1500}{\sqrt{1500^2+500^2}} = 0.949$ 답 ④

문제 74 어떤 제어계의 출력이 $C(s) = \dfrac{5}{s(s^2+s+2)}$ 로 주어질 때 출력의 시간함수 $c(t)$의 정상값은?

① 5 ② 2
③ $\dfrac{2}{5}$ ④ $\dfrac{5}{2}$

풀이

최종값 정리에 의해서
$\lim\limits_{t\to\infty}c(t) = \lim\limits_{s\to 0}sC(s) = \lim\limits_{s\to 0}s\cdot\dfrac{5}{s(s^2+s+2)} = \dfrac{5}{2}$ 답 ④

문제 75 테브난의 정리를 사용하여 다음의 (a)회로를 (b)와 같은 등가 회로로 바꾸려 한다. V[V]와 R[Ω]의 값은?

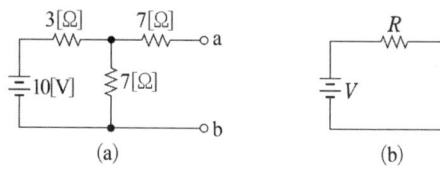

① 7[V], 9.1[Ω] ② 10[V], 9.1[Ω]
③ 7[V], 6.5[Ω] ④ 10[V], 6.5[Ω]

풀이

- a, b 단자 사이에 걸리는 개방전압
 $V_{ab} = \dfrac{10}{3+7}\times 7 = 7$ [V]
- a, b단자에서 전원측으로 본 합성저항 (전압원은 단락시킨다.)
 $R_{ab} = 7 + \dfrac{3\times 7}{3+7} = 9.1$ [Ω] 답 ①

문제 76 그림과 같은 회로에서 $V_1(s)$를 입력, $V_2(s)$를 출력으로 한 전달함수는?

① $\dfrac{1}{\dfrac{1}{Ls}+Cs}$ ② $\dfrac{1}{1+s^2LC}$

③ $\dfrac{1}{LC+Cs}$ ④ $\dfrac{Cs}{s^2(s+LC)}$

풀이

$\begin{cases} V_1(s) = \left(Ls+\dfrac{1}{Cs}\right)I(s) \\ V_2(s) = \dfrac{1}{Cs}I(s) \end{cases}$

$\therefore G(s) = \dfrac{V_2(s)}{V_1(s)} = \dfrac{\dfrac{1}{Cs}}{Ls+\dfrac{1}{Cs}} = \dfrac{1}{1+s^2LC}$ 답 ②

문제 77 △결선된 저항부하를 Y결선으로 바꾸면 소비 전력은? (단, 저항과 선간 전압은 일정하다.)

① 3배로 된다.
② 9배로 된다.
③ $\dfrac{1}{9}$로 된다.
④ $\dfrac{1}{3}$로 된다.

풀이

$$P_\triangle = 3I^2 R = 3\left(\dfrac{V}{R}\right)^2 R = 3 \cdot \dfrac{V^2}{R}$$

다음 Y결선시 상전압은 선간 전압의 $\dfrac{1}{\sqrt{3}}$이므로

$$P_Y = 3\left(\dfrac{\frac{V}{\sqrt{3}}}{R}\right)^2 \cdot R = 3 \cdot \dfrac{V^2}{3R} = \dfrac{V^2}{R}$$

$$\therefore \dfrac{P_Y}{P_\triangle} = \dfrac{\frac{V^2}{R}}{\frac{3V^2}{R}} = \dfrac{1}{3}, \quad P_Y = \dfrac{1}{3}P_\triangle$$

답 ④

문제 78 그림과 같은 회로에서 최대 눈금 15[A]의 직류 전류계 2개를 접속하고 전류 20[A]를 흘리면 각 전류계 Ⓐ₁, Ⓐ₂의 지시는 몇 [A]인가? 단, 전류계 최대 눈금의 전압강하는 Ⓐ₁이 75[mV], Ⓐ₂가 50[mV] 임.

① 2, 18
② 4, 16
③ 6, 14
④ 8, 12

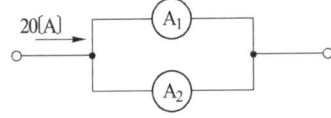

풀이

전류계 내부 저항

$$R_1 = \dfrac{e_1}{I_1} = \dfrac{75 \times 10^{-3}}{15} = 5 \times 10^{-3}[\Omega]$$

$$R_2 = \dfrac{e_2}{I_2} = \dfrac{50 \times 10^{-3}}{15} = 3.33 \times 10^{-3}[\Omega]$$

전류 분배 법칙에 의해 각 전류계에 흐르는 전류 A_1, A_2는

$$A_1 = \dfrac{R_2}{R_1 + R_2} \times I = \dfrac{3.33 \times 10^{-3}}{5 \times 10^{-3} + 3.33 \times 10^{-3}} \times 20 = 8[A]$$

$$A_2 = I - A_1 = 20 - 8 = 12[A]$$

답 ④

문제 79 부동작 시간(dead time) 요소의 전달함수는?

① Ks
② $\dfrac{K}{s}$
③ Ke^{-Ls}
④ $\dfrac{K}{Ts+1}$

풀이

부동작 시간함수 $y(t) = Kx(t-L)$의 양변을 라플라스 변환하면

$$Y(s) = Ke^{-Ls} \cdot X(s)$$

$$\therefore G(s) = \dfrac{Y(s)}{X(s)} = Ke^{-Ls}$$

참고

- 비례 요소의 전달함수 : K
- 미분 요소의 전달함수 : Ks
- 적분요소의 전달함수 : $\dfrac{K}{s}$
- 1차 지연요소의 전달함수 : $G(s) = \dfrac{K}{1+Ts}$
- 부동작 시간요소의 전달함수 : $G(s) = Ke^{-Ls}$

답 ③

문제 80 최대치 100[V], 주파수 60[Hz]인 정현파 전압이 $t=0$에서 순시치가 50[V]이고 이 순간에 전압이 감소하고 있을 경우의 정현파의 순시치식은?

① $100\sin(120\pi t + 45°)$
② $100\sin(120\pi t + 135°)$
③ $100\sin(120\pi t + 150°)$
④ $100\sin(120\pi t + 30°)$

풀이

$v = 100\sin(\omega t + 150°)$

답 ③

제5과목 전기설비 기술기준

문제 81 애자공사에 의한 저압 옥내배선을 시설할 때 전선 상호간의 간격은 몇 [cm] 이상이어야 하는가?

① 2　　　　　　② 4
③ 6　　　　　　④ 8

풀이
232.56 애자공사
가. 전선은 절연전선(옥외용 비닐 절연전선 및 인입용 비닐 절연전선을 제외한다)일 것.
나. 이격거리

전 압		전선과 조영재와의 이격 거리	전선 상호 간격	전선 지지점간의 거리	
				조영재의 윗면 또는 옆면에 따라 시설	조영재에 따라 시설하지 않는 경우
저압	400[V] 이하	2.5[cm] 이상	6[cm] 이상	2[m] 이하	–
	400[V] 초과	건조한 장소 2.5[cm] 이상			6[m] 이하
		기타의 장소 4.5[cm] 이상			

답 ③

문제 82 전기 온상의 발열선의 지지점 간의 거리는 몇 [m] 이하여야 하는가?(단, 발열선 상호 간의 간격이 0.06[m] 미만인 경우이다.)

① 1　　　　　　② 1.5
③ 2　　　　　　④ 2.5

풀이
241.5 전기온상 등
가. 전기온상에 전기를 공급하는 전로의 대지전압은 300[V] 이하일 것.
나. 발열선은 그 온도가 80[℃]를 넘지 않도록 시설 할 것.
다. 발열선과 조영재 사이의 이격거리는 0.025[m] 이상으로 할 것.
라. 발열선의 지지점 간의 거리는 **1[m] 이하일 것**. 다만, 발열선 상호 간의 간격이 0.06[m] 이상인 경우에는 2[m] 이하로 할 수 있다.

답 ①

문제 83 다음 (㉮), (㉯)에 들어갈 내용으로 옳은 것은?

"지중전선로는 기설 지중 약전류 전선로에 대하여 (㉮) 또는 (㉯)에 의하여 통신상의 장해를 주지 않도록 기설 약전류 전선로로부터 충분히 이격시키거나 기타 적당한 방법으로 시설하여야 한다."

① ㉮ 정전용량 ㉯ 표피작용
② ㉮ 정전용량 ㉯ 유도작용
③ ㉮ 누설전류 ㉯ 표피작용
④ ㉮ 누설전류 ㉯ 유도작용

풀이
334.5 지중약전류전선의 유도장해 방지
지중전선로는 기설 지중약전류전선로에 대하여 **누설전류 또는 유도작용**에 의하여 통신상의 장해를 주지 않도록 충분히 이격시키거나 기타 적당한 방법으로 시설하여야 하다.

답 ④

문제 84 22.9[kV] 특고압 가공전선로의 중성선은 다중 접지를 하여야 한다. 각 접지선을 중성선으로부터 분리하였을 경우 1[km]마다 중성선과 대지 사이의 합성전기저항 값은 몇 [Ω] 이하인가? (단, 전로에 지락이 생겼을 때에 2초 이내에 자동적으로 이를 전로로부터 차단하는 장치가 되어 있다.)

① 5　　　② 10　　　③ 15　　　④ 20

풀이
333.32 25 [kV] 이하인 특고압 가공전선로의 시설
사용전압이 15[kV]를 초과하고 25[kV] 이하인 특고압 가공전선로(중성선 다중접지식의 것으로서 전로에 지락이 생겼을 때에 2초 이내에 자동적으로 이를 전로로부터 차단하는 장치가 되어 있는 것에 한한다)를 다음에 따라 시설하여야 한다.
가. 접지도체는 공칭단면적 6[mm^2] 이상의 연동선
나. 접지공사는 각각 접지한 곳 상호 간의 거리는 전로에 따라 150[m] 이하일 것.
다. 각 접지도체를 중성선으로부터 분리하였을 경우의 각 접지점의 대지 전기저항 값과 1[km]마다 중성선과 대지 사이의 합성전기저항 값은 표에서 정한 값 이하일 것.

사용전압	각 접지점의 대지 전기저항치	1[km] 마다의 합성 전기저항치
15[kV] 이하	300 [Ω]	30[Ω]
15[kV] 초과 25[kV] 이하	300 [Ω]	15[Ω]

답 ③

문제 85 특고압 가공전선이 건조물과 제1차 접근상태로 시설되는 경우에 이 특고압 가공전선로의 보안공사는 어떤 종류의 보안공사로 하여야 하는가?
① 고압 보안공사
② 제1종 특고압 보안공사
③ 제2종 특고압 보안공사
④ 제3종 특고압 보안공사

풀이
333.23 특고압 가공전선과 건조물의 접근
가. 건조물과 제1차 접근상태 : 제3종 특고압 보안공사
나. 건조물과 제2차 접근상태
　① 사용전압이 35[kV] 이하 : 제2종 특고압 보안공사
　② 사용전압이 35[kV] 초과 400[kV] 미만 : 제1종 특고압 보안공사
답 ④

문제 86 전기철도차량에 전력을 공급하는 전차선의 가선방식에 포함되지 않는 것은?
① 가공방식
② 강체방식
③ 제3레일방식
④ 지중조가선방식

풀이
431.1 전차선 가선방식
전차선의 가선방식은 열차의 속도 및 노반의 형태, 부하전류 특성에 따라 적합한 방식을 채택하여야 하며, **가공방식, 강체방식, 제3레일방식을 표준**으로 한다.
답 ④

문제 87 전기부식방지 시설을 할 때 전기부식방지용 전원 장치로부터 양극 및 피방식체까지의 전로에 사용되는 전압은 직류 몇 [V] 이하이어야 하는가?
① 20[V]
② 40[V]
③ 60[V]
④ 80[V]

풀이
241.16 전기부식방지 시설
가. 전기부식방지용 전원장치에 전기를 공급하는 전로의 사용전압은 저압이어야 한다.
나. 전기부식방지용 변압기는 절연변압기일 것
다. 전기부식방지 회로(전기부식방지용 전원장치로부터 양극 및 피방식체까지의 전로를 말한다.)의 **사용전압은 직류 60 [V] 이하**일 것.
답 ③

문제 88 금속덕트에 넣은 전선의 단면적의 합계는 덕트의 내부 단면적의 몇 [%] 이하이어야 하는가?
① 10
② 20
③ 32
④ 48

풀이
232.31 금속덕트공사
금속덕트에 넣은 전선의 단면적(절연피복의 단면적을 포함한다)의 합계
가. **일반적인 경우 : 덕트 내부 단면적의 20[%] 이하**
나. 전광표시장치 또는 제어회로 만의 배선만을 넣는 경우 : 50[%] 이하
답 ②

문제 89 태양광발전이나 풍력발전 등이 현재 조건에서 가능한 최대의 전력을 생산할 수 있도록 인버터 제어를 이용하여 해당 발전원의 전압이나 회전속도를 조정하는 기능을 무엇이라 하는가?
① BIPV
② BAPV
③ MPPT
④ BMS

풀이
502 용어의 정의
① 건물일체형 태양광발전(BIPV : Building-Integrated Photovoltaic) : 태양모듈을 건축물에 설치하여 건축부자재의 역할 및 기능과 전력생산을 동시에 할 수 있는 설비
② 건물부착형 태양광발전(BAPV : Building-Attached Photovoltaic) : 건축물 경사 지붕 또는 외벽 등에 밀착하여 설치하는 태양광설비의 유형을 말한다.
③ **최대출력추종(MPPT** : Maximum Power Point Tracking) : 태양광발전이나 풍력발전 등이 현재 조건에서 가능한 최대의 전력을 생산할 수 있도록 인버터 제어를 이용하여 해당 발전원의 전압이나 회전속도를 조정하는 기능을 말한다.
④ 전지관리시스템(BMS : Battery Management System) : 이차전지의 전압, 전류, 온도 등의 값을 측정하여 이차전지를 효율적으로 사용할 수 있도록 상위 시스템과의 통신을 통해 현재의 상태를 전송하며, 이상 징후 발생 시 내부 안전장치를 작동시키는 등 이차전지를 관리하는 시스템을 말한다.
답 ③

문제 90 교량의 윗면에 시설하는 고압 전선로는 전선의 높이를 교량의 노면상 몇 [m] 이상으로 하여야 하는가?
① 3
② 4
③ 5
④ 6

풀이
335.6 교량에 시설하는 전선로
교량의 윗면에 시설하는 고압 전선로는 전선의 높이를 **교량의 노면상 5[m] 이상으로 하여 시설할 것.** 답 ③

문제 91 백열전등 또는 방전등에 전기를 공급하는 옥내전로의 대지전압은 몇 [V] 이하이어야 하는가?
① 150 ② 300
③ 400 ④ 600

풀이
231.6 옥내전로의 대지 전압의 제한
백열전등 또는 방전등에 전기를 공급하는 **옥내의 전로의 대지전압은 300[V] 이하**여야 한다. 답 ②

문제 92 다음 ( )의 ㉠, ㉡에 들어갈 내용으로 옳은 것은?

전로에 시설하는 기계기구의 철대 및 금속제 외함에는 접지공사를 하여야 하나 저압용 기계기구에 전기를 공급하는 전로의 전원측에 절연변압기(2차 전압이 (㉠)[V] 이하이며, 정격용량이 (㉡)[kVA] 이하인 것에 한한다)를 시설하고 또한 그 절연변압기의 부하측 전로를 접지하지 않은 경우에는 접지를 생략할 수 있다.

① ㉠ 300, ㉡ 3 ② ㉠ 300, ㉡ 5
③ ㉠ 500, ㉡ 3 ④ ㉠ 500, ㉡ 5

풀이
142.7 기계기구의 철대 및 외함의 접지
전로에 시설하는 기계기구의 철대 및 금속제 외함에는 접지공사를 하여야 하나 다음의 어느 하나에 해당하는 경우에는 **접지를 생략 할 수 있다.**
가. 사용전압이 직류 300[V] 또는 교류 대지전압이 150[V] 이하인 기계기구를 건조한 곳에 시설하는 경우
나. 철대 또는 외함의 주위에 적당한 절연대를 설치하는 경우
다. 외함이 없는 계기용변성기가 고무·합성수지 기타의 절연물로 피복한 것일 경우
라. 2중 절연구조로 되어 있는 기계기구를 시설하는 경우
마. 저압용 기계기구에 전기를 공급하는 전로의 전원측에 **절연변압기(2차 전압이 300[V] 이하이며, 정격용량이 3[kVA] 이하인 것에 한한다)**를 시설하고 또한 그 절연변압기의 부하측 전로를 접지하지 않은 경우

바. 물기 있는 장소 이외의 장소에 시설하는 저압용의 개별 기계기구에 전기를 공급하는 전로에 인체감전보호용 누전차단기(정격감도전류가 30[mA] 이하, 동작시간이 0.03[초] 이하의 전류동작형에 한한다)를 시설하는 경우 답 ①

문제 93 저압 가공전선(다중접지된 중성선은 제외한다)과 고압 가공전선을 동일 지지물에 시설하는 경우 저압 가공전선과 고압 가공전선 사이의 이격거리는 몇 [cm] 이상이어야 하는가? (단, 각도주(角度柱)·분기주(分岐柱) 등에서 혼촉(混觸)의 우려가 없도록 시설하는 경우가 아니다.)
① 50 ② 60
③ 80 ④ 100

풀이
332.8 고압 가공전선 등의 병행설치
저압 가공전선(다중접지된 중성선은 제외한다. 이하 같다)과 고압 가공전선을 동일 지지물에 시설하는 경우에는 다음에 따라야 한다.
가. 저압 가공전선을 고압 가공전선의 아래로 하고 별개의 완금류에 시설할 것.
나. **저압 가공전선과 고압 가공전선 사이의 이격거리는 0.5[m] 이상일 것.**
다. 다음의 어느 하나에 해당하는 경우에는 "가" 및 "나"에 의하지 아니할 수 있다.
  ① 고압 가공전선에 케이블을 사용하고, 또한 그 케이블과 저압 가공전선 사이의 이격거리를 0.3[m] 이상으로 하여 시설하는 경우
  ② 저압 가공인입선을 분기하기 위하여 저압 가공전선을 고압용의 완금류에 견고하게 시설하는 경우 답 ①

문제 94 주택에 시설하는 전기저장장치는 이차전지에서 전력변환장치에 이르는 옥내 직류 전로를 사람이 접촉할 우려가 없도록 케이블배선에 의하여 시설하고 전선에 적당한 방호장치를 시설한 경우 주택의 옥내전로의 대지전압은 직류 몇 [V] 까지 적용할 수 있는가? (단, 전로에 지락이 생겼을 때 자동적으로 전로를 차단하는 장치를 시설한 경우이다.)
① 150 ② 300
③ 400 ④ 600

풀이
511.1.3 옥내전로의 대지전압 제한
주택에 시설하는 전기저장장치는 이차전지에서 전력변환 장치에 이르는 옥내 직류 전로를 다음에 따라 시설하는 경우에 주택의 옥내전로의 **대지전압은 직류 600[V] 까지** 적용할 수 있다.
가. 전로에 지락이 생겼을 때 자동적으로 전로를 차단하는 장치를 시설할 것
나. 사람이 접촉할 우려가 없는 은폐된 장소에 합성수지관배선, 금속관배선 및 케이블배선에 의하여 시설하거나, 사람이 접촉할 우려가 있는 장소에 케이블배선에 의하여 시설하는 경우에는 전선에 적당한 방호장치를 시설할 것
🔲 ④

문제 95 사용전압이 20[kV]인 변전소에 울타리·담 등을 시설하고자 할 때 울타리·담 등의 높이는 몇 [m] 이상이어야 하는가?
① 1   ② 2   ③ 5   ④ 6

풀이
351.1 발전소 등의 울타리·담 등의 시설
가. **울타리·담 등의 높이는 2[m] 이상**으로 하고 지표면과 울타리·담 등의 하단 사이의 간격은 0.15[m] 이하로 할 것.
나. 울타리·담 등의 높이와 울타리·담 등으로부터 충전 부분까지 거리의 합계는 표에서 정한 값 이상으로 할 것.

사용전압의 구분	울타리·담 등의 높이와 울타리·담 등으로부터 충전 부분까지의 거리의 합계
35[kV] 이하	5 [m]
35[kV] 초과 160[kV] 이하	6 [m]
160[kV] 초과	• 거리의 합계 = 6 + 단수 × 0.12 [m] • 단수 = $\frac{사용전압\,[kV]-160}{10}$ 단수 계산에서 소수점 이하는 절상

🔲 ②

문제 96 변압기에 의하여 특고압전로에 결합되는 고압전로에는 사용전압의 몇 배 이하인 전압이 가하여진 경우에 방전하는 장치를 그 변압기의 단자에 가까운 1극에 설치하여야 하는가?
① 3   ② 4
③ 5   ④ 6

풀이
322.3 특고압과 고압의 혼촉 등에 의한 위험방지 시설
변압기에 의하여 특고압전로에 결합되는 고압전로에는 **사용전압의 3배 이하인 전압**이 가하여진 경우에 **방전하는 장치**를 그 변압기의 단자에 가까운 1극에 설치하여야 한다.
🔲 ①

문제 97 고압 보안공사 시에 지지물이 B종 철근 콘크리트주인 경우 경간은 몇 [m] 이하인가?
① 100   ② 150
③ 250   ④ 400

풀이
332.10 고압 보안공사
고압 보안공사는 다음에 따라야 한다.
가. 전선은 케이블인 경우 이외에는 인장강도 8.01[kN] 이상의 것 또는 지름 5[mm] 이상의 경동선일 것.
나. 목주의 풍압하중에 대한 안전율은 1.5 이상일 것.
다. 경간은 표에서 정한 값 이하일 것.

지지물의 종류	경간
목주·A종 철주 또는 A종 철근 콘크리트주	100[m] 이하
B종 철주 또는 B종 철근 콘크리트주	**150[m] 이하**
철탑	400[m] 이하

🔲 ②

문제 98 보호도체의 전기적 연속성에서 보호도체의 보호에 대한 내용으로 옳지 않은 것은?
① 접속부는 납땜으로 접속해야 한다.
② 보호도체를 접속하는 나사는 다른 목적으로 겸용해서는 안 된다.
③ 기계적인 손상, 화학적·전기화학적 열화, 전기역학적·열역학적 힘에 대해 보호되어야 한다.
④ 나사접속·클램프접속 등 보호도체 사이 또는 보호도체와 타 기기 사이의 접속은 전기적연속성 보장 및 기계적강도와 보호를 구비하여야 한다.

풀이
142.3.2 보호도체
보호도체의 전기적 연속성은 다음에 의한다.
가. 보호도체의 보호는 다음에 의한다.

(1) 기계적인 손상, 화학적·전기화학적 열화, 전기역학적·열역학적 힘에 대해 보호되어야 한다.
(2) 나사접속·클램프접속 등 보호도체 사이 또는 보호도체와 타 기기 사이의 접속은 전기적연속성 보장 및 기계적강도와 보호를 구비하여야 한다.
(3) 보호도체를 접속하는 나사는 다른 목적으로 겸용해서는 안 된다.
(4) **접속부는 납땜(soldering)으로 접속해서는 안 된다.**

답 ①

문제 99 수소 냉각식 발전기·조상기 또는 이에 부속하는 수소 냉각 장치의 시설방법으로 틀린 것은?

① 발전기안 또는 조상기안의 수소의 순도가 70[%] 이하로 저하한 경우에 경보장치를 시설할 것
② 발전기 또는 조상기는 기밀구조의 것이고 또한 수소가 대기압에서 폭발하는 경우 생기는 압력에 견디는 강도를 가지는 것일 것
③ 발전기안 또는 조상기안의 수소의 압력을 계측하는 장치 및 그 압력이 현저히 변동할 경우에 이를 경보하는 장치를 시설할 것
④ 발전기축의 밀봉부에는 질소 가스를 봉입할 수 있는 장치와 누설한 수소가스를 안전하게 외부에 방출할 수 있는 장치를 설치할 것

풀이
351.10 수소냉각식 발전기 등의 시설
수소냉각식의 발전기·조상기 또는 이에 부속하는 수소 냉각 장치는 발전기 내부 또는 조상기 내부의 **수소의 순도가 85[%] 이하**로 저하한 경우에 이를 **경보하는 장치**를 시설할 것.

답 ①

풀이
461.6 전자파 장해의 방지
전차선로는 무선설비의 기능에 계속적이고 또한 중대한 장해를 주는 전자파가 생길 우려가 있는 경우에는 이를 방지하도록 시설하여야 한다.

답 ④

문제 100 다음 ( )에 들어갈 내용으로 옳은 것은?

전차선로는 무선설비의 기능에 계속적이고 또한 중대한 장해를 주는 ( )가 생길 우려가 있는 경우에는 이를 방지하도록 시설하여야 한다.

① 정전유도
② 전자유도
③ 누설전류
④ 전자파

국가기술자격검정 필기시험 문제

2025년도 전기산업기사 일반검정 제 2 회			**(CBT 복원문제)**	수검 번호	성 명
자격종목 및 등급(선택분야)	종목코드	시험시간	문제지형별		
전기산업기사	2140	2시간 30분	A		

제1과목 전기자기학

문제 01 2[cm]의 간격을 가진 선간전압 6600[V]인 두 개의 평행도선에 2000[A]의 전류가 흐를 때 도선 1[m] 마다 작용하는 힘은 몇 [N/m]인가?

① 20 ② 30 ③ 40 ④ 50

풀이
평행도선 단위길이당 작용하는 힘은
$F = \dfrac{\mu_0 I_1 I_2}{2\pi r} = \dfrac{2 I_1 I_2}{r} \times 10^{-7}$ [N/m]에서
$F = \dfrac{2 \times 2000^2}{2 \times 10^{-2}} \times 10^{-7} = 40$ [N]   **답** ③

문제 02 $\nabla \cdot J = -\dfrac{\partial \rho}{\partial t}$ 에 대한 설명으로 옳지 않은 것은?

① "−" 부호는 전류가 폐곡면에서 유출되고 있음을 뜻한다.
② 단위 체적당 전하밀도의 시간당 증가 비율이다.
③ 전류가 정상전류가 흐르면 폐곡면에 통과하는 전류는 0 (ZERO)이다.
④ 폐곡면에서 수직으로 유출되는 전류밀도는 미소체적인 한 점에서 유출되는 단위 체적당 전류가 된다.

풀이
전류의 연속 방정식 $\nabla \cdot J = -\dfrac{\partial \rho}{\partial t}$ 으로부터 전류밀도의 발산은 **체적 전하밀도의 단위시간 당 감소(−)비율**을 의미하고, 정상전류에서는 $\dfrac{\partial \rho}{\partial t} = 0 (\rho\ \text{일정})$ 이므로 $\nabla \cdot J = 0$ 이다.   **답** ②

문제 03 두 개의 코일 a, b가 있다. 두 개를 직렬로 접속하였더니 합성 인덕턴스가 119[mH]이었고, 극성을 반대로 접속하였더니 합성 인덕턴스가 11[mH]이었다. 코일 a의 자기 인덕턴스가 20[mH]라면 결합계수 k는 얼마인가?

① 0.6 ② 0.7
③ 0.8 ④ 0.9

풀이
$L_a + L_b + 2M = 119$ ·········· ①
$L_a + L_b - 2M = 11$ ·········· ②
식 ① − ②에서
$M = \dfrac{119 - 11}{4} = \dfrac{108}{4} = 27$ [mH]
식 ①에서 $L_b = 119 - 2M - L_a = 119 - 2 \times 27 - 20 = 45$ [mH]
$\therefore k = \dfrac{M}{\sqrt{L_a L_b}} = \dfrac{27}{\sqrt{20 \times 45}} = 0.9$ **답** ④

문제 04 대전도체 표면의 전하밀도를 σ[C/m²]이라 할 때, 대전도체 표면의 단위면적이 받는 정전응력은 전하밀도 σ와 어떤 관계에 있는가?

① $\sigma^{\frac{1}{2}}$에 비례 ② $\sigma^{\frac{3}{2}}$에 비례
③ σ에 비례 ④ σ^2에 비례

풀이
정전 에너지 W
$W = \dfrac{Q^2}{2C} = \dfrac{Q^2}{2\left(\dfrac{\epsilon_0 S}{d}\right)} = \dfrac{Q^2 d}{2\epsilon_0 S} = \dfrac{\sigma^2 d}{2\epsilon_0} S$ [J] ($\because Q = \sigma \times S$)

정전응력 $F = -\dfrac{\partial W}{\partial d} = -\dfrac{\sigma^2}{2\epsilon_0} S$ [N] 에서
$F \propto \sigma^2$ **답** ④

문제 05 자극의 세기가 8×10^{-6} [Wb] 이고, 길이가 30 [cm]인 막대자석을 120[AT/m] 평등자계 내에 자력선과 30°의 각도로 놓았다면 자석이 받는 회전력은 몇 [N·m]인가?

① 1.44×10^{-4} ② 1.44×10^{-5}
③ 2.88×10^{-4} ④ 2.88×10^{-5}

풀이

$$T = MH\sin\theta = mlH\sin\theta$$
$$= 8 \times 10^{-6} \times 30 \times 10^{-2} \times 120 \times \sin 30°$$
$$= 1.44 \times 10^{-4} [N \cdot m]$$

답 ①

문제 06 대전도체의 성질로 가장 알맞은 것은?
① 도체 내부에 정전에너지가 저축된다.
② 도체 표면의 정전응력은 $\frac{\sigma^2}{2\epsilon_0}$ [N/m²] 이다.
③ 도체 표면의 전계의 세기는 $\frac{\sigma^2}{\epsilon_0}$ [V/m] 이다.
④ 도체의 내부전위와 도체 표면의 전위는 다르다.

풀이
- 전하는 도체 내부에는 존재하지 않고, 도체 표면에만 분포한다.
- 도체 표면의 전하 밀도를 σ[c/m²]이라 하면 **표면상의 정전응력은 $\frac{\sigma^2}{2\epsilon_0}$ [N/m²] 이다.**
- 도체 표면의 전계는 $E = \frac{\sigma}{\epsilon_0}$ [V/m]이다.
- 도체 표면과 내부의 전위는 동일하고(등전위), 표면은 등전위면 이다.

답 ②

문제 07 자기회로에서 철심의 투자율을 μ라 하고 회로의 길이를 l이라 할 때 그 회로의 일부에 미소공극 l_g를 만들면 회로의 자기저항은 처음의 몇 배인가? (단, $l_g \ll l$, 즉 $l - l_g \fallingdotseq l$이다.)

① $1 + \frac{\mu l_g}{\mu_0 l}$ ② $1 + \frac{\mu l}{\mu_0 l_g}$
③ $1 + \frac{\mu_0 l_g}{\mu l}$ ④ $1 + \frac{\mu_0 l}{\mu l_g}$

풀이
투자율 μ인 자기저항 $R_\mu = \frac{l}{\mu A}$

여기서, A는 철심의 단면적, 미소 공극은 l_g이므로 철심의 길이는 $l - l_g \fallingdotseq l$ 이라 하면 이때의 자기저항 R_m은

$$R_m = R_1 + R_2 = \frac{l_g}{\mu_0 A} + \frac{l}{\mu A} \text{ 이므로}$$

$$\therefore \frac{R_m}{R_\mu} = 1 + \frac{\mu}{\mu_0} \frac{l_g}{l} = 1 + \frac{l_g}{l} \mu_s$$

답 ①

문제 08 그림과 같은 동축 원통의 왕복 전류 회로가 있다. 도체 단면에 고르게 퍼진 일정 크기의 전류가 내부 도체로 흘러 들어가고 외부 도체로 흘러 나올 때, 전류에 의하여 생기는 자계에 대하여 다음 중 옳지 않은 것은?

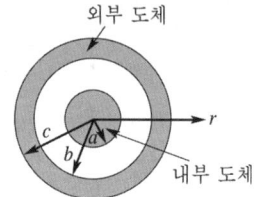

① 내부 도체 내($r < a$)에 생기는 자계의 크기는 중심으로부터의 거리에 비례한다.
② 두 도체 사이(내부 공간)($a < r < b$)에 생기는 자계의 크기는 중심으로부터의 거리에 반비례한다.
③ 외부 도체 내($b < r < c$)에 생기는 자계의 크기는 중심으로부터의 거리에 관계없이 일정하다.
④ 외부 공간($r > c$)의 자계는 영(0)이다.

풀이
① 내부 도체에 있어서 $r < a$인 점의 자계를 H_1이라 하면 반지름 r 내를 흐르는 전류, 즉 쇄교하는 전류

$$I_r = \frac{\pi r^2}{\pi a^2} I = \frac{r^2}{a^2} I \text{ 이므로,}$$

주회 적분의 법칙에서 $2\pi r H_1 = I_r$

$$\therefore H_1 = \frac{I_r}{2\pi r} = \frac{1}{2\pi r} \frac{r^2}{a^2} I = \frac{rI}{2\pi a^2} [A/m]$$

② $a < r < b$일 때의 자계 H_2는 $2\pi r H_2 = I$

$$\therefore H_2 = \frac{I}{2\pi r} [A/m]$$

③ $b < r < c$인 점의 자계 H_3 는

$$H_3 2\pi r = I - \frac{\pi r^2 - \pi b^2}{\pi c^2 - \pi b^2} I = \left(1 - \frac{r^2 - b^2}{c^2 - b^2}\right)I$$

$$H_3 = \frac{I}{2\pi r}\left(1 - \frac{r^2 - b^2}{c^2 - b^2}\right) [A/m] \text{(거리에 반비례)}$$

④ 외부 도체 외의 공간 $c < r$인 점의 자계 H_4는
$2\pi r H_4 = I - I = 0$
$\therefore H_4 = 0$ 　　　　　답 ③

문제 09
비유전율이 2.8인 유전체에서의 전속밀도가 $D = 3.0 \times 10^{-7}$ [C/m²]일 때 분극의 세기 P는 약 몇 [C/m²]인가?

① 1.93×10^{-7}
② 2.93×10^{-7}
③ 3.50×10^{-7}
④ 4.07×10^{-7}

풀이
분극의 세기
$P = D - \epsilon_0 E$ 　(단, $E = \dfrac{D}{\epsilon} = \dfrac{D}{\epsilon_0 \epsilon_r}$)
$= D - \epsilon_0 \left(\dfrac{D}{\epsilon_0 \epsilon_r}\right) = D - \dfrac{D}{\epsilon_r} = \left(1 - \dfrac{1}{\epsilon_r}\right) D$
$\therefore P = \left(1 - \dfrac{1}{2.8}\right) \times 3 \times 10^{-7} = 1.93 \times 10^{-7}$ [C/m²] 　답 ①

문제 10
맥스웰 전자계의 기초 방정식으로 틀린 것은?

① $\text{rot } \boldsymbol{H} = i_c + \dfrac{\partial \boldsymbol{D}}{\partial t}$
② $\text{rot } \boldsymbol{E} = -\dfrac{\partial \boldsymbol{B}}{\partial t}$
③ $\text{div } \boldsymbol{D} = \rho$
④ $\text{div } \boldsymbol{B} = -\dfrac{\partial \boldsymbol{D}}{\partial t}$

풀이
맥스웰 방정식의 미분형
① $\text{rot } \boldsymbol{H} = i + \dfrac{\partial \boldsymbol{D}}{\partial t}$: 암페어의 주회적분 법칙
② $\text{rot } \boldsymbol{E} = -\dfrac{\partial \boldsymbol{B}}{\partial t}$: Faraday 법칙
③ $\text{div } \boldsymbol{D} = \rho$: 가우스의 법칙
④ $\text{div } \boldsymbol{B} = 0$: 고립된 자하는 없다. 　　　답 ④

문제 11
전위 계수에 있어서 $P_{11} = P_{21}$의 관계가 의미하는 것은?

① 도체 1과 도체 2가 멀리 떨어져 있다.
② 도체 1과 도체 2가 가까이 있다.
③ 도체 1이 도체 2의 내측에 있다.
④ 도체 2가 도체 1의 내측에 있다.

풀이
$P_{11} = P_{21}$: 도체 2가 도체 1속에 포함되어 있는 경우
즉, 도체 1이 도체 2를 감싸고 있다(도체 2가 도체 1의 내측에 있다). 　　　답 ④

문제 12
면적 $S = 100$[cm²]의 평행판 콘덴서가 비유전율 2.1, 절연내력 1.2×10^5[V/cm]인 기름 중에 있을 때 축적되는 최대 전하는 몇 [C]인가?

① 2.23×10^{-6}
② 3.14×10^{-6}
③ 4.28×10^{-6}
④ 6.28×10^{-6}

풀이
$Q = CV = \dfrac{\epsilon_0 \epsilon_s S}{d} \cdot E_d = \epsilon_0 \epsilon_s S E$
$\therefore Q = (8.855 \times 10^{-12}) \times 2.1 \times (100 \times 10^{-4})$
　　　$\times (1.2 \times 10^5 \times 10^2)$
　　$= 2.23 \times 10^{-6}$ [C] 　　　답 ①

문제 13
유도기전력의 크기는 폐회로에 쇄교하는 자속의 시간적 변화율에 비례한다는 법칙은?

① 쿨롱의 법칙
② 패러데이 법칙
③ 플레밍의 오른손 법칙
④ 암페어의 주회적분 법칙

풀이
유도기전력 $e = -n \dfrac{d\phi}{dt}$
① 패러데이 법칙 : 유도기전력의 크기 결정
　(유도기전력의 크기는 권선수 n 및 쇄교하는 자속의 시간적 변화율 $\dfrac{d\phi}{dt}$에 비례)
② 렌쯔의 법칙 : 유도기전력의 방향 결정
　("–" 부호 : 자속변화를 방해하는 방향) 　　　답 ②

문제 14 그림과 같은 정전용량이 C_o[F]가 되는 평행판 공기콘덴서가 있다. 이 콘덴서의 판면적의 $\frac{2}{3}$가 되는 공간에 비유전율 ϵ_s인 유전체를 채우면 공기콘덴서의 정전용량[F]은?

① $\frac{2\epsilon_s}{3}C_0$

② $\frac{3}{1+2\epsilon_s}C_0$

③ $\frac{1+\epsilon_s}{3}C_0$

④ $\frac{1+2\epsilon_s}{3}C_0$

풀이

$C_1 = \frac{\epsilon_0\left(\frac{1}{3}S\right)}{d} = \frac{1}{3}C_0$, $C_2 = \frac{\epsilon_0\epsilon_s\left(\frac{2}{3}S\right)}{d} = \frac{2}{3}\epsilon_s C_0$

C_1, C_2는 병렬 접속이므로

$C_t = C_1 + C_2 = \frac{1+2\epsilon_s}{3}C_0$ 답 ④

문제 15 다음 중 인덕턴스의 공식이 옳은 것은? (단, N은 권수, I는 전류, l은 철심의 길이, R_m은 자기저항, μ는 투자율, S는 철심 단면적이다.)

① $\frac{NI}{R_m}$

② $\frac{N^2}{R_m}$

③ $\frac{\mu NS}{l}$

④ $\frac{\mu_o NIS}{l}$

풀이

- 자기회로의 옴의 법칙 $\phi = \frac{F}{R_m} = \frac{NI}{R_m}$
- $N\phi = LI$ 에서 $L = \frac{N\phi}{I} = \frac{N}{I} \cdot \frac{NI}{R_m} = \frac{N^2}{R_m}$[H]   답 ②

문제 16 두 벡터 $A = 2i + 4j$, $B = 6j - 4k$가 이루는 각은 약 몇 °인가?

① 36   ② 42   ③ 50   ④ 61

풀이

$A \cdot B = A_xB_x + A_yB_y + A_zB_z = 4 \times 6 = 24$

$A = |A| = \sqrt{2^2+4^2} = \sqrt{20}$

$B = |B| = \sqrt{6^2+4^2} = \sqrt{52}$

$\cos\theta = \frac{A \cdot B}{AB} = \frac{24}{\sqrt{20} \times \sqrt{52}} = 0.744$

$\therefore \theta = \cos^{-1}0.744 = 41.92°$ 답 ②

문제 17 자화의 세기 J_m[C/m^2]을 자속밀도 B[Wb/m^2]와 비투자율 μ_r로 나타내면?

① $J_m = (1-\mu_r)B$

② $J_m = (\mu_r - 1)B$

③ $J_m = \left(1 - \frac{1}{\mu_r}\right)B$

④ $J_m = \left(\frac{1}{\mu_r} - 1\right)B$

풀이

$B = \mu_0 H + J_m$ 의 관계에서 $H = \frac{B}{\mu} = \frac{B}{\mu_0\mu_r}$ 이므로

$J_m = B - \mu_0 H = \left(1 - \frac{1}{\mu_r}\right)B$ 답 ③

문제 18 $E = xi - yj$[V/m]일 때 점 (3, 4)[m]를 통과하는 전기력선의 방정식은?

① $y = 12x$ ② $y = \frac{x}{12}$

③ $y = \frac{12}{x}$ ④ $y = \frac{3}{4}x$

풀이

전기력선 방정식 : $\frac{dx}{E_x} = \frac{dy}{E_y}$

주어진 식 $E_x = x$, $E_y = -y$ 이므로 $\therefore \frac{dx}{x} = \frac{dy}{-y}$

양변 적분(적분 C 누락하지 않도록 주의)

$\int \frac{dx}{x} = -\int \frac{dy}{y} + C \Rightarrow \ln x = -\ln y + C$

$\ln x + \ln y = C \Rightarrow \ln xy = C$ $xy = e^C$

점 (3, 4)를 지나므로

$xy = 12$ $\therefore y = \frac{12}{x}$ 답 ③

문제 19 6.28[A]가 흐르는 무한장 직선 도선상에서 1[m] 떨어진 점의 자계의 세기[A/m]는?

① 0.5   ② 1

③ 2   ④ 3

풀이

무한장 직선 전류에 의한 자계의 세기

$H = \dfrac{I}{2\pi r}$ [AT/m]에서 $H = \dfrac{6.28}{2\pi \times 1} = 1$ [AT/m] **답 ②**

문제 20 일반적으로 도체를 관통하는 자속이 변화하든가 또는 자속과 도체가 상대적으로 운동하여 도체 내의 자속이 시간적 변화를 일으키면, 이 변화를 막기 위하여 도체 내에 국부적으로 형성되는 임의의 폐회로를 따라 전류가 유기되는데 이 전류를 무엇이라 하는가?

① 변위전류 ② 대칭전류
③ 와전류   ④ 도전전류

풀이

와전류는 도체내에 국부적으로 흐르는 맴돌이 전류로 $\mathrm{rot}\; i = -K\dfrac{\partial B}{\partial t}$ 로 **자속의 변화를 방해하기 위한 역자속을 만드는 전류**이다. 따라서 이 전류는 자속의 수직되는 면을 회전한다. **답 ③**

제2과목 전력공학

문제 21 진상 전류만이 아니라 지상 전류도 잡아서 광범위하게 연속적인 전압조정을 할 수 있는 것은?

① 전력용 콘덴서 ② 동기조상기
③ 분로 리액터   ④ 직렬 리액터

풀이

〈조상설비의 비교〉

항 목	동기 조상기	전력용 콘덴서	분로 리액터
전력손실	많음 (1.5~2.5 [%])	적음 (0.3 [%] 이하)	적음 (0.6 [%] 이하)
가격	비싸다(전력용 콘덴서, 분로 리액터의 1.5~2.5배)	저렴	저렴
무효전력	진상, 지상 양용	진상전용	지상전용
조 정	연속적	계단적	계단적
사고시 전압유지	큼	작음	작음
시송전	가 능	불가능	불가능
보 수	손질필요	용 이	용 이

답 ②

문제 22 송전선로에서 매설지선을 사용하는 주된 목적은?

① 코로나 전압을 저감시키기 위하여
② 뇌해를 방지하기 위하여
③ 탑각 접지저항을 줄여서 섬락을 방지하기 위하여
④ 인축의 감전사고를 막기 위하여

풀이

탑각 접지 저항이 충분히 낮지 않으면 가공 지선이 포착한 직격뢰는 대지로 흐를 수 없고, 철탑 전위가 상승하여 철탑부가 애자를 통하여, 또는 경간 내에서 가공 지선과 전력선간의 공기를 통하여, 전력선에 방전하는 역섬락을 일으킨다. 따라서, **매설지선**이란 지하 30~60[cm] 정도의 깊이에 30~50[m] 정도의 아연도금 철선을 매설한 것으로서 철탑의 **탑각 접지 저항을 낮추어 역섬락을 방지**하기 위한 것이다. **답 ③**

문제 23 그림과 같은 배전선로에서 부하의 급전 시와 차단 시에 조작 방법 중 옳은 것은?

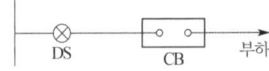

① 급전 시는 DS, CB 순이고, 차단 시는 CB, DS 순이다
② 급전 시는 CB, DS 순이고, 차단 시는 DS, CB 순이다.
③ 급전 및 차단 시 모두 DS, CB 순이다.
④ 급전 및 차단 시 모두 CB, DS 순이다.

풀이

단로기는 부하 차단 능력이 없으므로
• 정전시 CB - DS
• 급전시 DS - CB 가 되어야 한다.
즉, **차단기가 열려 있어야 단로기를 열고 닫을 수 있다.** **답 ①**

문제 24 역률 개선을 통해 얻을 수 있는 효과와 거리가 먼 것은?
① 고조파 제거
② 전력 손실의 경감
③ 전압 강하의 경감
④ 설비 용량의 여유분 증가

풀이
역률 개선의 효과
① 전력 손실 경감
② 전압 강하 경감
③ 설비 용량의 여유분 증가
④ 전력 요금의 절약
즉, 고조파는 역률을 개선 한다고 제거 되지 않는다. 답 ①

문제 25 송전선로의 건설비와 전압과의 관계를 나타낸 것은?

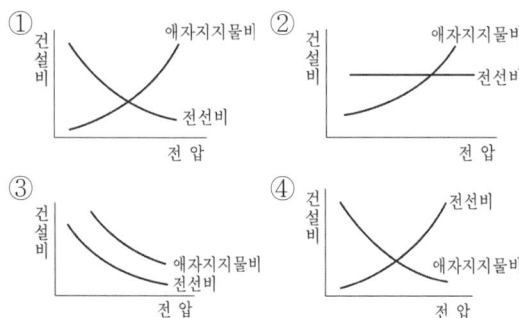

풀이
송전전압이 증가하면
• 전류가 감소하므로 전선의 굵기는 작아져 **전선비는 감소**한다.
• 절연 레벨의 상승으로 애자의 개수 및 선로의 건설비용이 증가하므로 **애자지지물비는 증가**한다. 답 ①

문제 26 송전선에 복도체를 사용하는 주된 목적은?
① 역률개선
② 정전용량의 감소
③ 인덕턴스의 증가
④ 코로나 발생의 방지

풀이
3상 송전선의 한 상당 전선을 2가닥 이상으로 한 것을 다도체라 하고, 2가닥으로 한 것을 보통 복도체라 한다. **복도체의 특징**으로는

① 코로나 임계 전압이 15~20[%] 상승하여 **코로나 발생을 억제**
② 인덕턴스 20~30[%] 감소
③ 정전 용량 20[%] 증가 답 ④

문제 27 평형 3상 송전선에서 보통의 운전상태인 경우 중성점 전위는 항상 얼마인가?
① 0
② 1
③ 송전 전압과 같다.
④ ∞(무한대)

풀이
불평형 상태에서는 중성점 전위가 존재하나 **평형 상태에서는 항상 0**이다. 답 ①

문제 28 플리커 경감을 위한 전력 공급측의 방안이 아닌 것은?
① 공급전압을 낮춘다.
② 전용 변압기로 공급한다.
③ 단독 공급계통을 구성한다.
④ 단락용량이 큰 계통에서 공급한다.

풀이
플리커 경감 대책
(1) **전력 공급측에서 실시**
 ① 전용 계통으로 공급
 ② 단락 용량이 큰 계통에서 공급
 ③ 전용 변압기로 공급
 ④ **공급 전압을 승압**
(2) 수용가 측에서의 대책
 ① 전원 계통에 리액터 분을 보상
 ② 전압 강하를 보상
 ③ 부하의 무효 전력 변동분을 흡수
 ④ 플리커 부하 전류의 변동분을 억제 답 ①

문제 29 피뢰기의 제한전압이란?
① 상용주파전압에 대한 피뢰기의 충격방전 개시전압
② 충격파 침입 시 피뢰기의 충격방전 개시전압
③ 피뢰기가 충격파 방전 종료 후 언제나 속류를 확실히 차단할 수 있는 상용주파 최대전압
④ 충격파 전류가 흐르고 있을 때의 피뢰기 단자전압

풀이
제한 전압 : 피뢰기 동작 중에 계속해서 걸리고 있는 단자 전압의 파고값 **답** ④

문제 30 그림과 같은 22[kV] 3상 3선식 전선로의 P점에 단락이 발생하였다면 3상 단락전류는 약 몇 [A]인가? (단, %리액턴스는 8[%]이며 저항분은 무시한다.)

① 6561
② 8560
③ 11364
④ 12684

22[kV]
20000[kVA]

풀이
단락 전류 $I_s = \frac{100}{\%Z}I_n = \frac{100}{\%Z} \cdot \frac{P_n}{\sqrt{3}\,V_n}$
$= \frac{100}{8} \times \frac{20000}{\sqrt{3}\times 22} = 6560.8[A]$ **답** ①

문제 31 소호리액터 접지에 대한 설명으로 틀린 것은?
① 지락전류가 작다.
② 과도안정도가 높다.
③ 전자유도장애가 경감된다.
④ 선택지락계전기의 작동이 쉽다.

풀이
접지방식별 특징

방식	보호계전기 동작	지락전류	전위상승	과도안정도	유도장해	특징
직접 접지 (22.9, 154, 345[kV])	확실	최대	1.3	최소	최대	중성점영전위, 단절연가능
저항 접지	↓	↓	$\sqrt{3}$	↓	↓	
비접지 (3.3, 6.6[kV])	×	↓	$\sqrt{3}$	↓	↓	저전압 단거리에 적용
소호 리액터 접지 (66[kV])	불확실	최소	$\sqrt{3}$ 이상	최대	최소	병렬공진, 고장전류최소

답 ④

문제 32 터빈 발전기의 냉각방식에 있어서 수소냉각방식을 채택하는 이유가 아닌 것은?
① 코로나에 의한 손실이 적다.
② 수소 압력의 변화로 출력을 변화시킬 수 있다.
③ 수소의 열전도율이 커서 발전기 내 온도상승이 저하한다.
④ 수소 부족시 공기와 혼합사용이 가능하므로 경제적이다.

풀이
수소 냉각의 장·단점
1) 장점
 • 수소의 밀도는 공기의 약 7[%]이므로 풍손이 공기냉각에 비해 1/10로 감소
 • 냉각효과가 크다.
 • 수소는 공기보다 불활성이므로 코일의 절연 수명이 길게 된다.
 • 전폐형으로 함으로서 불순물의 침입이 없고 소음을 현저하게 감소시킨다.
 • 코로나 전압이 높아 코로나의 발생이 적다.
2) 단점
 • 수소와 공기가 적당히 혼합 시 폭발하게 된다.
 • 설비비가 많이 든다. **답** ④

문제 33 유효낙차 75[m], 최대 사용 수량 200[m³/s], 수차 및 발전기의 합성효율이 70[%]인 수력발전소의 최대출력은 약 몇 [MW] 인가?
① 102.9
② 157.3
③ 167.5
④ 177.8

풀이
발전기 최대출력
$P = 9.8QH\eta_t\eta_g[kW]$에서
$P = 9.8 \times 200 \times 75 \times 0.7 \times 10^{-3} = 102.9[MW]$ **답** ①

문제 34 3상 Y결선된 발전기가 무부하 상태로 운전 중 3상 단락고장이 발생하였을 때 나타나는 현상으로 틀린 것은?
① 영상분 전류는 흐르지 않는다.
② 역상분 전류는 흐르지 않는다.
③ 3상 단락전류는 정상분 전류의 3배가 흐른다.
④ 정상분 전류는 영상분 및 역상분 임피던스에 무관하고 정상분 임피던스에 반비례한다.

풀이

고장별 대칭분 및 전류의 크기

고장의 종류	대 칭 분	전류의 크기
3상 단락	정상분	$I_1 \neq 0,\ I_2 = I_0 = 0$
선간 단락	정상분, 역상분	$I_1 = -I_2 \neq 0,\ I_0 = 0$
1선 지락	정상분, 역상분, 영상분	$I_0 = I_1 = I_2 \neq 0$

따라서, 3상 단락 고장시 정상분 임피던스에 반비례하는 정상분 전류만 흐르게 된다. **답 ③**

문제 35 한류 리액터의 사용 목적은?

① 충전 전류의 제한 ② 단락 전류의 제한
③ 누설 전류의 제한 ④ 접지 전류의 제한

풀이
- **한류 리액터** : 단락 전류 감소
- 분로리액터 : 페란티 현상 감소
- 직렬리액터 : 제5고조파 억제 **답 ②**

문제 36 배전선로 개폐기 중 반드시 차단기능이 있는 후비 보조장치와 직렬로 설치하여 고장구간을 분리시키는 개폐기는?

① 컷아웃 스위치 ② 부하개폐기
③ 리클로저 ④ 섹셔널라이저

풀이
섹셔널라이저(sectionalizer) : 배전선로에 고장이 발생할 경우 리클로저의 동작으로 선로가 무전압 상태가 되면 섹셔널라이저는 이를 감지하여 무전압 상태의 횟수를 기억하였다가 정해진 횟수에 도달하면 섹셔널라이저는 선로의 무전압 상태에서 선로를 개방하여 고장구간을 분리시킨다. 섹셔널라이저는 고장전류를 차단할 수 있는 능력이 없기 때문에 리클로저와 직렬로 조합하여 사용한다. **답 ④**

문제 37 22,000[V], 60[Hz], 1회선의 3상 지중 송전선의 무부하 충전 용량[kVar]은? 단, 송전선의 길이는 20[km], 1선의 1[km]당의 정전 용량은 0.5[μF]이다.

① 1,750 ② 1,825
③ 1,900 ④ 1,925

풀이
$Q_c = 3EI_c = 3\omega CE^2$

$= 3 \times 2\pi f \times 0.5 \times 10^{-6} \times 20 \times \left(\dfrac{22,000}{\sqrt{3}}\right)^2 \times 10^{-3}$

$= 1,825 [\text{kVar}]$ **답 ②**

문제 38 원자로 내에서 발생한 열에너지를 외부로 끄집어내기 위한 열매체를 무엇이라고 하는가?

① 반사체 ② 감속재
③ 냉각재 ④ 제어봉

풀이
- 반사재 : 핵분열에 의하여 발생하는 중성자가 외부로 누설되는 것을 원자로 내부로 다시 반사시키는 목적으로 사용
- 감속재 : 핵분열로 발생한 고속 중성자를 열중성자로 바꾸는 작용
- **냉각제** : 원자로에서 생긴 열을 **노심 밖으로 보내기 위하여 사용되는 열 매체**
- 제어재 : 원자로의 핵분열 반응을 조절하기 위하여 중성자를 흡수할 목적으로 사용 **답 ③**

문제 39 전압을 $\sqrt{3}$ 배로 증가시키고 동일한 전력 손실률로 송전할 경우 송전전력은 몇 배로 증가되는가?

① $\sqrt{3}$ ② $\dfrac{3}{2}$ ③ 3 ④ $2\sqrt{3}$

풀이
전력 손실률 $h = \dfrac{P_l}{P} = \dfrac{\frac{P^2 R}{V^2 \cos^2\theta}}{P} = \dfrac{PR}{V^2 \cos^2\theta}$

에서 **전력 손실률이 일정한 경우에는** $P \propto V^2$

따라서, $\dfrac{P'}{P} = \left(\dfrac{V'}{V}\right)^2$

$\therefore P' = \left(\dfrac{\sqrt{3}}{1}\right)^2 P = 3P$ 가 된다. **답 ③**

문제 40 주상 변압기의 2차 측 접지는 어느 것에 대한 보호를 목적으로 하는가?

① 1차 측의 단락
② 2차 측의 단락
③ 2차 측의 전압강하
④ 1차 측과 2차 측의 혼촉

풀이
주상 변압기는 1차측과 2차측의 혼촉에 의한 2차측 전압의 상승을 막기 위해서 2차측에 접지를 하여, 고전압에 의한 사고를 막아준다.

답 ④

제3과목 전기기기

문제 41 자기용량 3[kVA], 3000/100[V]의 단권변압기를 승압기로 연결하고 1차측에 3000[V]를 가했을 때 그 부하용량[kVA]은?

① 76   ② 85
③ 93   ④ 94

풀이

$V_2 = V_1 + \dfrac{100}{3000}V_1 = 3000 + \dfrac{100}{3000} \times 3000 = 3100\,[V]$

$\dfrac{\text{자기 용량}}{\text{부하 용량}} = \dfrac{V_2 - V_1}{V_2}$ 에서

부하 용량 $= \dfrac{V_2}{V_2 - V_1} \times \text{자기 용량} = \dfrac{3100}{3100 - 3000} \times 3$
$= 93[kVA]$

답 ③

문제 42 3상 유도전동기의 동기속도는 주파수와 어떤 관계가 있는가?

① 비례한다.
② 반비례한다.
③ 자승에 비례한다.
④ 자승에 반비례한다.

풀이
동기속도 $N_s = \dfrac{120f}{p}\,[\text{rpm}]$에서 $N_s \propto f$
따라서, 동기속도 N_s는 주파수 f에 비례한다.

답 ①

문제 43 유도전동기의 제동법이 아닌 것은?

① 회생 제동   ② 발전제동
③ 역전 제동   ④ 3상 제동

풀이
유도전동기의 제동법
① **회생 제동** : 유도전동기를 유도발전기로 동작시켜 그 발생전력을 전원에 반환하면서 제동하는 방법
② **발전제동** : 전동기를 전원으로부터 분리한 후 1차 측에 직류전원을 공급하여 발전기로 동작시킨 후 발생된 전력을 저항에서 열로 소비시키는 방법
③ **역전 제동** : 회전중인 전동기의 1차 권선 3단자 중 임의의 2단자의 접속을 바꾸면 역방향의 토크가 발생되어 제동하는 방법으로 이 방법은 급속하게 정지시키고자 하는 경우에 사용된다.
④ **단상 제동** : 권선형 유도전동기의 1차 측을 단상교류로 여자하고 2차 측에 적당한 크기의 저항을 넣으면 전동기의 회전과는 역방향의 토크가 발생되므로 제동된다.

답 ④

문제 44 직류전동기 중 부하가 변하면 속도가 심하게 변하는 전동기는?

① 분권 전동기   ② 직권 전동기
③ 자동 복권 전동기   ④ 가동 복권 전동기

풀이
직권 전동기는 전기자 권선과 계자 권선이 직렬로 되어
$I = I_a = I_f\,[A]$
가 된다. 따라서 **부하 전류 I의 증감에 따라서 자속 ϕ도 변**하게 된다. 직권 전동기에서 R_a 및 R_s 값이 매우 적기 때문에 $I_a(R_a + R_s)$값도 적게되어 무시하면 직권 전동기의 속도
$n = K\dfrac{V - I_a(R_a + R_s)}{\phi}$ 에서 $n = K\dfrac{V}{\phi}$로 되어
$n \propto \dfrac{1}{\phi} \propto \dfrac{1}{I}$ 가 된다. 따라서, 직권전동기는 **부하의 변화**에 따라 전동기의 속도도 크게 변화게 된다.

답 ②

문제 45 직류발전기의 전기자에 대한 설명 중 잘못된 것은?

① 전기자 권선은 대전류인 경우 평각동선을 사용한다.
② 전기자 권선은 소전류인 경우 연동환선을 사용한다.
③ 소형기에는 반폐 슬롯을 사용한다.
④ 중형 및 대형기에는 가지형 슬롯을 사용한다.

> [풀이]
> • 반폐 슬롯 : 소형기 및 고속도 기기에 적용
> • 개방 슬롯 : 중형기 및 대형기에 적용 답 ④

문제 46 유도전동기의 2차 동손(P_c), 2차 입력(P_2), 슬립(s)일 때의 관계식으로 옳은 것은?

① $P_2 P_c s = 1$ ② $s = P_2 P_c$
③ $s = \dfrac{P_2}{P_c}$ ④ $P_c = s P_2$

> [풀이]
> 2차 동손 $P_c = I_2^2 r_2 = I_2 r_2 \cdot \dfrac{sE_2}{\sqrt{r_2^2 + (sx_2)^2}}$
> $= sE_2 I_2 \dfrac{r_2}{\sqrt{r_2^2 + (sx_2)^2}} = sE_2 I_2 \cos\theta_2 = sP_2$
> (2차 전류 $I_2 = \dfrac{sE_2}{\sqrt{r_2^2 + (sx_2)^2}}$,
> 2차 역률 $\cos\theta_2 = \dfrac{r_2}{\sqrt{r_2^2 + (sx_2)^2}}$) 답 ④

문제 47 변압기 결선방식 중 3상에서 2상으로 변환할 수 없는 것은?

① 스코트 결선 ② 메이어 결선
③ 우드 브리지 결선 ④ 포크 결선

> [풀이]
> • 3상에서 2상을 얻는 방법 : 스코트(Scott) 결선, 메이어 결선, 우드 브리지 결선
> • 3상에서 6상을 얻는 방법 : 환상결선, 2중 3각 결선, 2중 성형결선, 대각결선, **포크 결선** 답 ④

문제 48 단상 정류자전동기에 보상권선을 사용하는 이유는?

① 정류개선 ② 기동토크조절
③ 속도제어 ④ 역률개선

> [풀이]
> 단상 정류자 전동기의 **보상 권선**은 직류 직권 전동기와 달리 전기자 반작용으로 생기는 필요 없는 자속을 상쇄하도록 하여, 무효 전력의 증대에 따르는 **역률의 저하를 방지**한다. 답 ④

문제 49 직류기에 탄소 브러시를 사용하는 주된 이유는?

① 고유저항이 작기 때문에
② 접촉저항이 작기 때문에
③ 접촉저항이 크기 때문에
④ 고유저항이 크기 때문에

> [풀이]
> **저항 정류** : 접촉저항이 큰 탄소 브러시를 사용하여 정류 코일의 단락 전류를 억제해서 양호한 정류를 얻는 방법 답 ③

문제 50 그림과 같은 동기발전기의 무부하 포화곡선에서 포화계수는?

① $\overline{OA}/\overline{OG}$
② $\overline{OD}/\overline{DB}$
③ $\overline{BC}/\overline{CD}$
④ $\overline{CD}/\overline{CO}$

> [풀이]
>
> 동기 발전기의 포화 정도를 나타내는 데는 포화율(saturation factor)이 사용된다. 동기기의 무부하 포화곡선상에 정격 전압 V_n의 1.2배가 되는 점 c를 잡고 점 c에서 횡축에 평행선을 그어 종축과 만나는 점을 b라고 한다. 다음에 원점 0에서 무부하 포화 곡선 0M에 접선(공극선)을 긋고, 선 bc와 만나는 점을 c'라고 하면, 포화율 σ는
> $\sigma = \dfrac{cc'}{bc'}$ 답 ③

문제 51 전압비가 무부하에서는 33 : 1, 정격부하에서는 33.6 : 1인 변압기의 전압변동률[%]은?

① 약 1.5 ② 약 1.8
③ 약 2.0 ④ 약 2.2

> [풀이]
> 권수비는 무부하시의 전압비와 같으므로
> $\dfrac{V_1}{V_{20}} = 33, \quad \dfrac{V_1}{V_{2n}} = 33.6$

따라서, $V_{20} = \dfrac{V_1}{33}$, $V_{2n} = \dfrac{V_1}{33.6}$

$$\dfrac{V_{20}}{V_{2n}} = \dfrac{\frac{V_1}{33}}{\frac{V_1}{33.6}} = \dfrac{33.6}{33}$$

그러므로, 전압 변동률 ϵ은

$$\therefore \epsilon = \dfrac{V_{20} - V_{2n}}{V_{2n}} \times 100 = \left(\dfrac{V_{20}}{V_{2n}} - 1\right) \times 100 = \left(\dfrac{33.6}{33} - 1\right) \times 100$$
$$= 1.82[\%]$$

답 ②

문제 52
sE_2는 권선형 유도전동기의 2차 유기전압이고 E_c는 외부에서 2차 회로에 가하는 2차 주파수와 같은 주파수의 전압이다. E_c가 sE_2와 반대 위상일 경우 E_c를 크게 하면 속도는 어떻게 되는가? (단, $sE_2 - E_c$는 일정하다.)

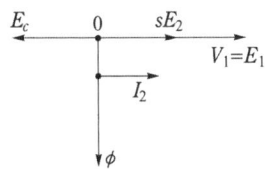

① 속도가 증가한다.
② 속도가 감소한다.
③ 속도에 관계없다.
④ 난조현상이 발생한다.

풀이

① E_c를 2차 기전력과(sE_2) 반대 방향으로 인가

$I_2 = \dfrac{sE_2 - E_c}{r_2}$에서 I_2 및 r_2가 일정하면 $sE_2 - E_c$도 일정하다. 이때 E_c를 증가시키면 sE_2도 증가, 즉, 슬립 s도 증가하게 되며 반면에 **속도는 감소**하게 된다. 반대로 E_c를 감소시키면 sE_2도 감소 즉, 슬립 s도 감소하게 되며 반면에 속도는 증가하게 된다.

② E_c를 2차 기전력(sE_2)과 같은 방향으로 인가

$I_2 = \dfrac{sE_2 + E_c}{r_2}$에서 I_2 및 r_2가 일정하면 $sE_2 + E_c$도 일정하고 E_c를 증가시키면 sE_2는 감소 즉, 슬립 s도 감소하게 되며 반면에 속도는 증가하게 된다. 반대로 E_c를 감소시키면 sE_2는 증가 즉, 슬립 s도 증가하게 되며 반면에 속도는 감소하게 된다.

답 ②

문제 53
다음 그림은 변압기 여자 회로에 흐르는 전류의 벡터도이다. C는 어떤 전류인가?

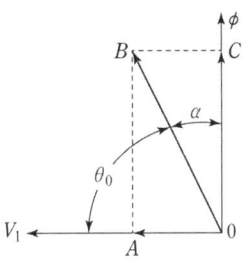

① 1차 전류
② 철손 전류
③ 여자전류
④ 자화 전류

풀이

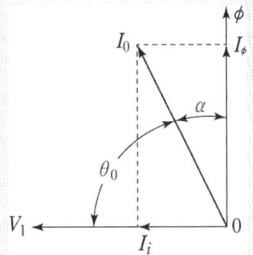

여자전류 $\dot{I}_o = \dot{I}_\phi + \dot{I}_i = \sqrt{I_\phi^2 + I_i^2}$

• $\dot{I}_\phi$ (자화전류) : 자속을 유지하는 전류
• $\dot{I}_i$ (철손전류) : 철손을 공급하는 전류

답 ④

문제 54
3상 교류 발전기의 기전력에 대하여 $\dfrac{\pi}{2}$ [rad] 뒤진 전기자 전류가 흐르면 전기자 반작용은?

① 증자작용을 한다.
② 감자작용을 한다.
③ 횡축 반작용을 한다.
④ 교차 자화작용을 한다.

풀이

발전기와 전동기의 전기자 반작용은 서로 반대이다.

분 류	동기 발전기	동기 전동기
전압과 동상	교차 자화 작용 (횡축 반작용)	교차 자화 작용 (횡축 반작용)
전압에 대하여 진상전류	증자 작용	감자 작용
전압에 대하여 지상전류	**감자 작용**	증자 작용

답 ②

2025년도 2회 183

문제 55 동기점검등의 세 램프가 모두 꺼질 때의 상태로 옳은 것은?
① 위상과 주파수가 일치하지 않음
② 전압의 크기만 맞음
③ 전압, 주파수, 위상이 모두 일치
④ 전압과 위상이 일치하지 않음

풀이
동기점금등
(1) 발전기나 비상전원을 계통에 병입하기 전에 해당 발전기의 출력이 계통 전원과 주파수, 위상이 일치하는지 육안으로 확인하기 위한 장치로 주로 병렬운전 조건 확인과 병입 시점 판단에 사용된다.
(2) 작동
① 주파수 차이, 램프 깜박임
② 위상 차이, 램프 교대로 깜박임
③ 전압 차이가 클수록 램프가 밝아짐
④ **전압, 위상, 주파수 일치, 램프 모두 꺼짐** 답 ③

문제 56 유도전동기의 슬립 s의 범위는?
① $1 < s < 0$ ② $0 < s < 1$
③ $-1 < s < 1$ ④ $-1 < s < 0$

풀이
슬립의 범위
- 유도 전동기 : $0 < s < 1$
- 유도 발전기 : $s < 0$
- 제동기 : $s > 1$ 답 ②

문제 57 단상 3권선 변압기가 있다. 1차 전압은 66[kV], 2차 전압은 11[kV], 3차 전압은 6.6[kV]이다. 2차에 10000[kVA], 유도 역률 80[%]의 부하가, 3차에 6000[kVar]의 진상 무효전력이 걸렸을 때 1차의 역률은 약 얼마인가? (단 주어지지 않은 조건은 무시한다.)
① 0.6 ② 0.8 ③ 0.9 ④ 1

풀이
- 2차측 유효전력 $P_2 = P_{a2}\cos\theta = 10,000 \times 0.8 = 8000[kW]$
  2차측 무효전력(지상)
  $P_{r2} = P_{a2}\sin\theta = 10,000 \times \sqrt{1-0.8^2} = 6000[kVar]$
- 3차측 무효전력(진상) $P_{r3} = -6000[kVar]$
- 1차측에서 보는 전체 부하는 2차와 3차의 합이므로
  $P_{a1} = \sqrt{P_2^2 + (P_{r2}+P_{r3})^2} = \sqrt{8000^2 + (6000-6000)^2}$
  $= 8000[kVA]$

따라서 역률 $\cos\theta = \dfrac{P}{P_{a1}} = \dfrac{8000}{8000} = 1$ 답 ④

문제 58 20[kVA]의 단상변압기가 역률 1일 때 전부하 효율이 97[%]이다. 3/4 부하일 때 이 변압기는 최고 효율을 나타낸다. 전부하에서 철손(P_i)과 동손(P_c)은 각각 몇 [W]인가?
① $P_i = 222$, $P_c = 396$
② $P_i = 232$, $P_c = 386$
③ $P_i = 242$, $P_c = 376$
④ $P_i = 252$, $P_c = 356$

풀이
변압기의 효율은 $P_i = m^2 P_c$일때 최대 효율이 되므로
$$P_i = \left(\frac{3}{4}\right)^2 P_c \quad 즉, \ P_i = 0.5625 P_c$$
전부하 효율 $\eta = \dfrac{P}{P + P_i + P_c} \times 100[\%]$에서
$$\eta = \dfrac{20000}{20000 + 0.5625P_c + P_c} \times 100 = 97[\%]$$
$$\therefore P_c = \dfrac{\left(\dfrac{20000 \times 100}{97} - 20000\right)}{1.5625} = 395.88[W]$$
$P_i = 0.5625 P_c = 0.5625 \times 395.88 = 222.68[W]$ 답 ①

문제 59 제13차 고조파에 의한 회전자계의 회전방향과 속도를 기본파 회전자계와 비교할 때 옳은 것은?
① 기본파와 반대방향이고, 1/13의 속도
② 기본파와 동일방향이고, 1/13의 속도
③ 기본파와 동일방향이고, 13배의 속도
④ 기본파와 반대방향이고, 13배의 속도

풀이
① 회전 자계 방향
- $h = 2nm + 1$: **기본파와 같은 방향**의 회전 자계 발생
  (즉, 7차, 13차, ⋯)
  여기서, h : 고조파 차수, n : 1, 2, 3, ⋯
- $h = 3n$: 회전자계를 발생하지 않는다.
- $h = 2nm - 1$: 기본파와 반대 방향의 회전자계 발생

② 회전속도 = $\dfrac{1}{고조파\ 차수}$ 답 ②

문제 60 60[Hz]의 전원에서 슬립 5[%]로 운전하고 있는 4극 3상 권선형 유도 전동기의 회전자 1상의 저항은 0.05[Ω]이다. 외부에서 회전자 각 상에 0.05[Ω]의 저항을 삽입하여 운전하면 회전 속도[rpm]는? 단, 부하 토크는 저항 삽입 전, 후에 변동 없이 일정하다.

① 810 ② 870
③ 1620 ④ 1741

풀이

$\dfrac{r_2}{s} = \dfrac{r_2+R}{s'}$, $\dfrac{0.05}{0.05} = \dfrac{0.05+0.05}{s'}$

∴ $s' = 0.1$

$N_s = \dfrac{120f}{p} = \dfrac{120 \times 60}{4} = 1800$ [rpm]

∴ $N = (1-s')N_s = (1-0.1) \times 1800 = 1620$[rpm] **답** ③

제4과목 회로이론

문제 61 전압 200[V]의 3상 회로에 그림과 같은 평형 부하를 접속했을 때 선전류 I[A]는? 단, $r = 9$[Ω], $\dfrac{1}{\omega C} = 4$[Ω]이다.

① 48.1
② 38.5
③ 28.9
④ 115.5

풀이

부하를 Y변환하면 1상의 어드미턴스는

$Y = \dfrac{1}{3} + j\dfrac{1}{4}$[Ω]

∴ $I = YV_p = \left(\dfrac{1}{3} + j\dfrac{1}{4}\right) \cdot \dfrac{200}{\sqrt{3}}$

$I = \dfrac{200}{\sqrt{3}}\sqrt{\left(\dfrac{1}{3}\right)^2 + \left(\dfrac{1}{4}\right)^2} = 48.1$[A]

답 ①

문제 62 30[Ω]의 저항과 40[Ω]의 유도성 리액턴스가 병렬로 연결되어 있다. 이 $R-L$ 병렬회로에 $v = 220\sqrt{2}\sin 377t$[V]의 전압을 가할 때 전원에 흐르는 전류[A]는 약 얼마인가?

① $i = 12.96\sin(377t - 36.87°)$
② $i = 9.17\sin(377t - 36.87°)$
③ $i = 12.96\angle -36.87°$
④ $i = 10.37 + j7.78$

풀이

$I_R = \dfrac{E}{R} = \dfrac{220}{30} = 7.33$[A]

$I_L = \dfrac{E}{jX_L} = \dfrac{220}{j40} = -j5.5$[A]

$I = 7.33 - j5.5 = 9.16\angle -36.87$

∴ $i = \sqrt{2} \times 9.16\sin(377t - 36.87°) = 12.96\sin(377t - 36.87°)$

답 ①

문제 63 그림과 같은 회로에서 S를 열었을 때 전류계는 10 [A]를 지시하였다. S를 닫을 때 전류계의 지시는 몇 [A]인가?

① 10
② 12
③ 14
④ 16

풀이

S를 열었을 때 전전압을 구해 보면

$E = IR = 10\left(\dfrac{3 \times 6}{3+6} + 4\right) = 60$[V]

따라서, S를 닫으면 전전류

$I' = \dfrac{E}{R'} = \dfrac{60}{\dfrac{3 \times 6}{3+6} + \dfrac{4 \times 12}{4+12}} = \dfrac{60}{2+3} = 12$[A] **답** ②

문제 64 $e = 200\sqrt{2}\sin\omega t + 150\sqrt{2}\sin 3\omega t + 100\sqrt{2}\sin 5\omega t$[V]인 전압을 $R-L$ 직렬회로에 가할 때에 제3고조파 전류의 실효값은 몇 [A]인가? (단, $R = 8$[Ω], $\omega L = 2$[Ω] 이다.)

① 5 ② 8 ③ 10 ④ 15

풀이

$I_3 = \dfrac{V_3}{Z_3} = \dfrac{V_3}{\sqrt{R^2 + (3\omega L)^2}} = \dfrac{150}{\sqrt{8^2 + (3 \times 2)^2}} = 15$[A]

(∵ 저항은 기본파일 때나 고조파일 때나 그 크기의 변화는 없다. 그러나 **리액턴스는 제n차 고조파에서는 주파수가 n배가 되므로,** 리액턴스 $X_n = 2\pi(nf)L = n \times 2\pi fL$로 **기본파의 n배가 된다.**) 답 ④

문제 65 다음 회로에 대한 설명으로 옳은 것은?

① 이 회로의 시정수는 $\dfrac{L}{R_1+R_2}$ 이다.

② 이 회로의 특성근은 $\dfrac{R_1+R_2}{L}$ 이다.

③ 정상 전류값은 $\dfrac{E}{R_2}$ 이다.

④ 이 회로의 전류값은
$i(t) = \dfrac{E}{R_1+R_2}\left(1 - e^{-\frac{L}{R_1+R_2}t}\right)$ 이다.

풀이

① **시정수** $\tau = \dfrac{L}{R_1+R_2}$

② 특성근 $= -\dfrac{1}{\text{시정수}} = -\dfrac{R_1+R_2}{L}$ 항상 (−)의 값을 갖는다.

③ 정상전류 $i_s = \dfrac{E}{R_1+R_2}$

④ 전류 $i(t) = \dfrac{E}{R_1+R_2}(1 - e^{-\frac{R_1+R_2}{L}t})$ 답 ①

문제 66 임피던스 궤적이 직선일 때 이의 역수인 어드미턴스 궤적은?

① 원점을 통하는 직선
② 원점을 통하지 않는 직선
③ 원점을 통하는 원
④ 원점을 통하지 않는 원

풀이
직선 궤적의 역궤적은 원점을 통과하는 반원이다. 답 ③

문제 67 그림과 같은 구형파의 라플라스 변환은?

① $\dfrac{1}{s}(1 - e^{-s})$

② $\dfrac{1}{s}(1 + e^{-s})$

③ $\dfrac{1}{s}(1 - e^{-2s})$

④ $\dfrac{1}{s}(1 + e^{-2s})$

풀이

$f(t) = u(t) - u(t-2)$
$F(s) = \mathcal{L}[f(t)] = \mathcal{L}[u(t) - u(t-2)]$
$= \dfrac{1}{s} - \dfrac{1}{s}e^{-2s} = \dfrac{1}{s}(1 - e^{-2s})$ 답 ③

문제 68 비정현파의 성분을 가장 옳게 나타낸 것은?

① 직류분 + 고조파
② 교류분 + 고조파
③ 교류분 + 기본파 + 고조파
④ 직류분 + 기본파 + 고조파

풀이
정현파로부터 일그러진 파형을 총칭하여 비정현파라고 하며, 비정현파는 다음과 같이 표시한다.
비정현파 = 직류분 + 기본파 + 고조파 답 ④

문제 69 RLC 직렬회로에서 공진 시의 전류는 공급전압에 대하여 어떤 위상차를 갖는가?

① $0°$
② $90°$
③ $180°$
④ $270°$

풀이
직렬공진은 리액턴스 성분이 0 ($j\omega L = \dfrac{1}{j\omega c}$)이 되므로 공진 시 **전압과 전류는 동상**이 되고 **전류는 최대**로 된다. 답 ①

문제 70 정전용량 C[F]인 콘덴서를 V_c[V]까지 충전한 뒤, 저항 R[Ω]에 직렬 연결하여 방전시켰다. t_1[s] 후 전압이 V[V]로 감소하였을 때 정전용량 C[F]을 나타낸 식은?

① $\dfrac{t_1}{R\ln\left(\dfrac{V}{V_c}\right)}$ ② $\dfrac{t_1}{R\ln\left(\dfrac{V_c}{V}\right)}$

③ $\dfrac{\ln\left(\dfrac{V}{V_c}\right)t_1}{R}$ ④ $\dfrac{\ln\left(\dfrac{V_c}{V}\right)t_1}{R}$

풀이
t_1[s] 후 저항 양단에 감소한 전압 V

$V = V_C e^{-\frac{1}{RC}t_1}$, $\dfrac{V}{V_C} = e^{-\frac{1}{RC}t_1}$

$\ln\left(\dfrac{V}{V_C}\right) = \ln e^{-\frac{1}{RC}t_1}$, $\ln\left(\dfrac{V}{V_C}\right) = -\dfrac{t_1}{RC}$

$C = -\dfrac{t_1}{R\ln\left(\dfrac{V}{V_C}\right)}$

여기서, $-\ln\left(\dfrac{V}{V_C}\right) = -(\ln V - \ln V_C)$
$= \ln V_C - \ln V = \ln\left(\dfrac{V_C}{V}\right)$ 이므로

$\therefore C = \dfrac{t_1}{R\ln\left(\dfrac{V_C}{V}\right)}$ **답** ②

문제 71 평형 3상 3선식 회로가 있다. 부하는 Y결선이고 $V_{ab} = 100\sqrt{3} \angle 0°$[V]일 때 $I_a = 20 \angle -120°$[A]이었다. Y결선된 부하 한 상의 임피던스는 몇 [Ω]인가?

① $5 \angle 60°$ ② $5\sqrt{3} \angle 60°$
③ $5 \angle 90°$ ④ $5\sqrt{3} \angle 90°$

풀이
Y결선에서 선전류 = 상전류
선간 전압 = $\sqrt{3}$×상전압 $\angle 30°$ 이므로
상전압 $V_a = \dfrac{V_{ab}}{\sqrt{3}} \angle -30° = \dfrac{100\sqrt{3}}{\sqrt{3}} \angle -30°$
$= 100 \angle -30°$[V]

$\therefore Z_a = \dfrac{V_a}{I_a} = \dfrac{100 \angle -30°}{20 \angle -120°} = 5 \angle 90°$[Ω] **답** ③

문제 72 코일의 권수 $N = 1000$회이고, 코일의 저항 $R = 10$[Ω]이다. 전류 $I = 10$[A]를 흘릴 때 코일의 권수 1회에 대한 자속이 $\phi = 3 \times 10^{-2}$[Wb]이라면 이 회로의 시정수[s]는?

① 0.3 ② 0.4
③ 3.0 ④ 4.0

풀이
코일의 인덕턴스 L은
$L = \dfrac{N\phi}{I} = \dfrac{1000 \times 3 \times 10^{-2}}{10} = 3$[H]

$\therefore$ 시정수 $\tau = \dfrac{L}{R} = \dfrac{3}{10} = 0.3$[s] **답** ①

문제 73 $\cos \omega t$의 라플라스 변환은?

① $\dfrac{s}{s^2 + \omega^2}$ ② $\dfrac{-s}{s^2 + \omega^2}$

③ $\dfrac{\omega}{s^2 + \omega^2}$ ④ $\dfrac{\omega}{s^2 - \omega^2}$

풀이
라플라스 변환표

$f(t)$	$F(s)$
$\sin\omega t$	$\dfrac{\omega}{s^2 + \omega^2}$
$\cos\omega t$	$\dfrac{s}{s^2 + \omega^2}$

답 ①

문제 74 $V = 50\sqrt{3} - j50$ [V], $I = 15\sqrt{3} + j15$[A]일 때 유효전력 P[W]와 무효전력 P_r[Var]은 각각 얼마인가?

① $P = 3000$, $P_r = 1500$
② $P = 1500$, $P_r = 1500\sqrt{3}$
③ $P = 750$, $P_r = 750\sqrt{3}$
④ $P = 2250$, $P_r = 1500\sqrt{3}$

풀이
$P_a = VI^* = P + jQ = (50\sqrt{3} - j50)(15\sqrt{3} - j15)$
$= 2250 - j750\sqrt{3} - j750\sqrt{3} - 750$
$= 1500 - j1500\sqrt{3}$
따라서, 유효전력 $P = 1500$[W]
무효전력 $P_r = 1500\sqrt{3}$[Var] **답** ②

문제 75 그림의 회로에서 전원 주파수가 일정할 경우 평형 조건은?

① $R_1R_3 - R_2R_4 = \dfrac{L}{C}$, $\dfrac{R_4}{R_2} = \dfrac{1}{\omega^2 LC}$

② $R_1R_3 + R_2R_4 = \dfrac{L}{C}$, $\dfrac{R_4}{R_2} = \dfrac{1}{\omega^2 LC}$

③ $R_1R_3 - R_2R_4 = \dfrac{L}{C}$, $\dfrac{R_4}{R_2} = \dfrac{L}{C}$

④ $R_1R_3 + R_2R_4 = \dfrac{L}{C}$, $\dfrac{R_4}{R_2} = \dfrac{L}{C}$

풀이

브리지 평형 조건에서

$R_1R_3 = (R_2 + j\omega L)\left(R_4 - j\dfrac{1}{\omega C}\right)$

$= \left(R_2R_4 + \dfrac{L}{C}\right) + j\left(\omega LR_4 - \dfrac{R_2}{\omega C}\right)$

양변의 실수부와 허수부는 같으므로

$R_1R_3 = R_2R_4 + \dfrac{L}{C}$ ∴ $R_1R_3 - R_2R_4 = \dfrac{L}{C}$

또, $\omega LR_4 = \dfrac{R_2}{\omega C}$ ∴ $\dfrac{R_4}{R_2} = \dfrac{1}{\omega^2 LC}$ 답 ①

문제 76 그림의 회로에서 단자 a, b에 3[Ω]의 저항을 연결할 때 저항에서의 소비 전력은 몇 [W]인가?

① $\dfrac{1}{12}$

② $\dfrac{1}{3}$

③ 1

④ 12

풀이

문제의 그림에서 전류원을 전압원으로 등가 하면,

전류 $I = \dfrac{V}{R} = \dfrac{3-2}{1+2+3} = \dfrac{1}{6}$[A]

따라서 전력 $P = I^2 R = \left(\dfrac{1}{6}\right)^2 \cdot 3 = \dfrac{3}{36} = \dfrac{1}{12}$[W] 답 ①

문제 77 비정현파 전압 $v = 100\sqrt{2}\sin\omega t + 50\sqrt{2}\sin 2\omega t + 30\sqrt{2}\sin 3\omega t$[V]의 왜형률은 약 얼마인가?

① 0.36
② 0.58
③ 0.87
④ 1.41

풀이

왜형률 $= \dfrac{\text{전 고조파의 실효값}}{\text{기본파의 실효값}} = \dfrac{\sqrt{V_2^2 + V_3^2}}{V_1}$

$= \dfrac{\sqrt{50^2 + 30^2}}{100} = 0.58$ 답 ②

문제 78 그림의 $R-L-C$ 직렬회로에서 입력을 전압 $e_i(t)$, 출력을 전류 $i(t)$로 할 때 이 계의 전달함수는?

① $\dfrac{s}{s^2 + 10s + 10}$
② $\dfrac{10s}{s^2 + 10s + 10}$
③ $\dfrac{s}{s^2 + s + 1}$
④ $\dfrac{10s}{s^2 + s + 1}$

풀이

$\dfrac{I(s)}{E(s)} = Y(s) = \dfrac{1}{Z(s)} = \dfrac{1}{R + Ls + \dfrac{1}{Cs}}$

$= \dfrac{Cs}{LCs^2 + RCs + 1} = \dfrac{0.1s}{1 \times 0.1s^2 + 10 \times 0.1s + 1}$

$= \dfrac{s}{s^2 + 10s + 10}$ 답 ①

문제 79 두 개의 회로망 N_1과 N_2가 있다. a–b 단자, a′–b′ 단자의 각각의 전압은 50 [V], 30 [V]이다. 또, 양 단자에서 N_1, N_2를 본 임피던스가 15 [Ω]과 25 [Ω]이다. a–a′, b–b′를 연결하면 이 때 흐르는 전류는 몇 [A]인가?

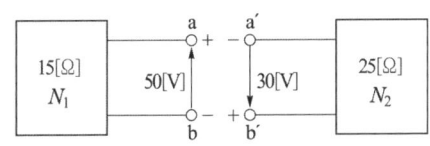

① 0.5 ② 1
③ 2   ④ 4

풀이

N_1과 N_2의 전압 방향이 반대이므로

$$\therefore I = \frac{V_1 + V_2}{Z_1 + Z_2} = \frac{50+30}{15+25} = 2[A]$$

답 ③

문제 80 $i = 2t^2 + 8t$ [A]로 표시되는 전류를 도선에 3 [sec] 동안 흘렸을 때 통과한 전 전기량은 몇 [C]인가?

① 18 ② 48
③ 54 ④ 61

풀이

$$Q = \int_0^t i\,dt = \int_0^3 (2t^2 + 8t)dt = \left[\frac{2}{3}t^3 + 4t^2\right]_0^3 = 54[C]$$

답 ③

제5과목 전기설비 기술기준

문제 81 구리 재질의 선도체 단면적이 35[mm²]인 경우, 보호도체의 재질이 선도체와 같다면 보호도체의 최소 단면적은 얼마인가?

① 10 ② 16
③ 25 ④ 35

풀이

142.3.2 보호도체

선도체의 단면적 S ([mm²], 구리)	보호도체의 최소 단면적([mm²], 구리)	
	보호도체의 재질이 선도체와 같은 경우	보호도체의 재질이 선도체와 다른 경우
$S \leq 16$	S	$(k_1/k_2) \times S$
$16 < S \leq 35$	$16^{(a)}$	$(k_1/k_2) \times 16$
$S > 35$	$S^{(a)}/2$	$(k_1/k_2) \times (S/2)$

여기서, • k_1 : 선도체에 대한 k값
• k_2 : 보호도체에 대한 k값
• a : PEN 도체의 최소단면적은 중성선과 동일하게 적용한다.

답 ②

문제 82 저압 가공전선로와 기설 가공약전류전선로가 병행하는 경우에는 유도작용에 의하여 통신상의 장해가 생기지 아니하도록 전선과 기설 약전류전선 간의 이격거리는 몇 [m] 이상이어야 하는가?

① 1   ② 2
③ 2.5 ④ 4.5

풀이

332.1 가공약전류전선로의 유도장해 방지
저압 가공전선로 또는 고압 가공전선로와 기설 가공약전류전선로가 병행하는 경우에는 유도작용에 의하여 통신상의 장해가 생기지 않도록 전선과 **기설 약전류전선간의 이격거리는 2 [m] 이상**이어야 한다.

답 ②

문제 83 60[kV] 초과인 정류기의 절연내력 시험은 직류측 최대 사용 전압의 몇 배의 직류전압을 직류고 전압측 단자와 대지사이에 연속하여 10분간 가하여 이에 견디어야 하는가?

① 1배 ② 1.1배 ③ 1.25배 ④ 1.5배

풀이

133 회전기 및 정류기의 절연내력

표 133-1 회전기 및 정류기 시험전압

종류		시험 전압	시험 방법
정류기	최대사용전압 60[kV] 이하	직류측의 최대사용전압의 1배의 교류전압(500 V 미만으로 되는 경우에는 500 V)	충전부분과 외함 간에 연속하여 10분간 가한다.
	최대사용전압 60[kV] 초과	교류측의 최대사용전압의 1.1배의 교류전압 또는 직류측의 최대사용전압의 1.1배의 직류전압	교류측 및 직류고전압측단자와 대지 사이에 연속하여 10분간 가한다.

답 ②

문제 84 그림은 전력선 반송통신용 결합장치의 보안장치이다. 그림에서 DR은 무엇인가?

① 접지형 개폐기
② 결합 필터
③ 방전갭
④ 배류선륜

풀이

362.11 전력선 반송 통신용 결합장치의 보안장치

전력선 반송통신용 결합 커패시터에 접속하는 회로에는 그림의 보안장치 또는 이에 준하는 보안장치를 시설하여야 한다.

〈전력선 반송 통신용 결합 장치의 보안장치〉

- FD : 동축 케이블
- F : 정격전류 10[A] 이하의 포장 퓨즈
- **DR** : 전류 용량 2[A] 이상의 **배류 선륜**
- L_1 : 교류 300[V] 이하에서 동작하는 피뢰기
- L_2 : 동작 전압이 교류 1,300[V]를 넘고 1,600[V] 이하

로 조정된 방전갭
- L_3 : 동작 전압이 교류 2[kV]를 넘고 3[kV] 이하로 조성된 구상 방전갭
- S : 접지용 개폐기
- CF : 결합 필터
- CC : 결합 콘덴서(결합 안테나를 포함한다)
- E : 접지

답 ④

문제 85 사용전압이 400[V] 이하인 저압 옥측전선로를 애자공사에 의해 시설하는 경우 전선 상호 간의 간격은 몇 [m] 이상이어야 하는가? (단, 비나 이슬에 젖지 않는 장소에 사람이 쉽게 접촉될 우려가 없도록 시설한 경우이다.)

① 0.025   ② 0.045
③ 0.06   ④ 0.12

풀이

221.2 옥측전선로

애자공사에 의한 저압 옥측전선로는 다음에 의하고 또한 **사람이 쉽게 접촉될 우려가 없도록 시설**할 것
가. 전선의 단면적은 4[mm²] 이상의 연동 절연전선(옥외용 비닐절연전선 및 인입용 절연전선은 제외한다.)일 것.
나. 전선 상호 간의 간격 및 전선과 조영재 사이의 이격거리

전 압	전선 상호 간의 간격		전선과 조영재 사이의 이격거리	
	사용전압 400[V] 이하인 경우	사용전압 400[V] 초과인 경우	사용전압 400[V] 이하인 경우	사용전압 400[V] 초과인 경우
비나 이슬에 젖지 않는 장소	0.06[m] 이상	0.06[m] 이상	0.025[m] 이상	0.025[m] 이상
비나 이슬에 젖는 장소	0.06[m] 이상	0.12[m] 이상	0.025[m] 이상	0.045[m] 이상

다. 전선의 지지점 간의 거리는 2[m] 이하일 것.
라. 애자는 절연성·난연성 및 내수성이 있는 것일 것.

답 ③

문제 86 발전기를 구동하는 풍차의 압유장치의 유압, 압축공기장치의 공기압 또는 전동식 브레이드 제어장치의 전원전압이 현저히 저하한 경우 발전기를 자동적으로 전로로부터 차단하는 장치를 시설하여야 하는 발전기 용량은 몇 [kVA] 이상인가?

① 100   ② 300   ③ 500   ④ 1000

풀이
351.3 발전기 등의 보호장치
발전기에는 다음의 경우에 자동적으로 이를 전로로부터 차단하는 장치를 시설하여야 한다.
가. 발전기에 과전류나 과전압이 생긴 경우
나. 용량이 500[kVA] 이상의 발전기를 구동하는 수차의 압유 장치의 유압이 현저히 저하한 경우
다. **용량이 100[kVA] 이상의 발전기를 구동하는 풍차의 압 유장치의 유압이 현저히 저하한 경우**
라. 용량이 2,000[kVA] 이상인 수차 발전기의 스러스트 베어링의 온도가 현저히 상승한 경우
마. 용량이 10,000[kVA] 이상인 발전기의 내부에 고장이 생긴 경우
바. 정격출력이 10,000[kW]를 초과하는 증기터빈은 그 스러스트베어링이 현저하게 마모되거나 그의 온도가 현저히 상승한 경우 답 ①

문제 87 교통신호등 회로의 사용전압은 최대 몇 [V]인가?
① 100
② 200
③ 300
④ 400

풀이
234.15 교통신호등
사용전압은 300[V] 이하로서, 전선은 케이블을 제외하고 2.5[mm²]의 연동선일 것. 답 ③

문제 88 저압가공전선 상호 간을 접근 또는 교차하여 시설하는 경우 전선 상호 간 이격거리 및 하나의 저압 가공전선과 다른 저압, 가공전선로의 지지물 사이의 이격거리는 각각 몇 [cm] 이상이어야 하는가?
(단, 어느 한 쪽의 전선이 고압 절연전선, 특고압 절연전선 또는 케이블이 아닌 경우이다.)
① 전선 상호 간 : 30[cm], 전선과 지지물 간 : 30[cm]
② 전선 상호 간 : 30[cm], 전선과 지지물 간 : 60[cm]
③ 전선 상호 간 : 60[cm], 전선과 지지물 간 : 30[cm]
④ 전선 상호 간 : 60[cm], 전선과 지지물 간 : 60[cm]

풀이
222.16 저압 가공전선 상호 간의 접근 또는 교차
저압 가공전선이 다른 저압 가공전선과 접근상태로 시설되거나 교차하여 시설되는 경우 이격거리

전선의 종류구분	다른 저압 가공전선	
	전선 상호 간	지지물
저압 절연전선	0.6[m]	0.3[m]
어느 한 쪽의 전선이 고압·특고압절연전선 또는 케이블	0.3[m]	

답 ③

문제 89 단상교류 공칭전압 25[kV]인 전차선과 차량 간의 동적 최소 절연이격거리는 몇 [mm] 이상인가?
① 25
② 100
③ 150
④ 170

풀이
431.3 전차선로의 충전부와 차량 간의 절연이격
전차선과 차량 간의 최소 절연간격

시스템 종류	공칭전압(V)	동적(mm)	정적(mm)
직류	750	25	25
	1,500	100	150
단상교류	25,000	170	270

답 ④

문제 90 전력 보안 통신용 전화설비를 시설하여야 하는 곳은?
① 2개 이상의 발전소 상호 간
② 원격 감시 제어가 되는 변전소
③ 원격 감시 제어가 되는 급전소
④ 원격 감시 제어가 되지 않는 발전소

풀이
362.1 전력보안통신설비의 시설 요구사항
발전소, 변전소 및 변환소에서의 전력보안통신설비의 시설 장소는 다음에 따른다.
가. **원격감시제어가 되지 아니하는 발전소**·변전소·개폐소·전선로 및 이를 운용하는 급전소 및 급전분소 간
나. 2개 이상의 급전소(분소) 상호 간과 이들을 통합 운용하는 급전소(분소) 간
다. 수력설비의 안전상 필요한 양수소 및 강수량 관측소와 수력발전소 간

라. 동일 수계에 속하고 안전상 긴급 연락의 필요가 있는 수력발전소 상호 간
마. 동일 전력계통에 속하고 또한 안전상 긴급연락의 필요가 있는 발전소·변전소 및 개폐소 상호 간 답 ④

문제 91 저압 가공인입선에 사용하지 않는 전선은?

① 나전선
② 절연전선
③ 인입용 비닐절연전선
④ 케이블

풀이
221.1.1 저압 인입선의 시설
저압 가공인입선은 다음에 따라 시설하여야 한다.
가. 전선은 **절연전선 또는 케이블**일 것.
나. 전선이 절연전선인 경우
  ① 경간이 15[m] 초과 : 인장강도 2.30[kN] 이상의 것 또는 지름 2.6[mm] 이상의 인입용 비닐절연전선일 것.
  ② 경간이 15[m] 이하 : 인장강도 1.25[kN] 이상의 것 또는 지름 2[mm] 이상의 인입용 비닐절연전선일 것.
다. 전선이 옥외용 비닐 절연 전선인 경우에는 사람이 접촉할 우려가 없도록 시설할 것. 답 ①

문제 92 다음 중 전로의 중성점 접지의 목적으로 거리가 먼 것은?

① 대지전압의 저하
② 이상전압의 억제
③ 손실전력의 감소
④ 보호장치의 확실한 동작의 확보

풀이
322.5 전로의 중성점의 접지
전로의 중성점 접지공사의 목적
가. **보호 장치의 확실한 동작의 확보**
나. **이상 전압의 억제**
다. **대지전압의 저하** 답 ③

문제 93 아파트 세대 욕실에 '비데용 콘센트'를 시설하고자 한다. 다음의 시설방법 중 적합하지 않는 것은?

① 충전 부분이 노출되지 않을 것
② 배선기구에 방습장치를 시설할 것
③ 저압용 콘센트는 접지극이 없는 것을 사용할 것
④ 인체감전보호용 누전차단기가 부착된 것을 사용할 것

풀이
234.5 콘센트의 시설
욕조나 샤워시설이 있는 욕실 또는 화장실 등 인체가 물에 젖어있는 상태에서 전기를 사용하는 장소에 콘센트를 시설하는 경우에는 다음에 따라 시설하여야한다.
가. 인체감전보호용 누전차단기(정격감도전류 15[mA] 이하, 동작시간 0.03[초] 이하의 전류동작형의 것에 한한다) 또는 절연변압기(정격용량 3[kVA] 이하인 것에 한한다)로 보호된 전로에 접속하거나, 인체감전보호용 누전차단기가 부착된 콘센트를 시설하여야 한다.
나. 콘센트는 **접지극이 있는 방적형 콘센트를 사용**하여 규정에 준하여 접지하여야 한다. 답 ③

문제 94 전기 온상의 발열선의 온도는 몇 [℃]를 넘지 아니하도록 시설하여야 하는가?

① 70 ② 80
③ 90 ④ 100

풀이
241.5 전기온상 등
가. 전기온상에 전기를 공급하는 전로의 대지전압은 300[V] 이하일 것.
나. **발열선은 그 온도가 80[℃]를 넘지 않도록 시설** 할 것.
다. 발열선과 조영재 사이의 이격거리는 0.025[m] 이상으로 할 것.
라. 발열선의 지지점 간의 거리는 1[m] 이하일 것. 다만, 발열선 상호 간의 간격이 0.06[m] 이상인 경우에는 2[m] 이하로 할 수 있다. 답 ②

문제 95 고압 가공전선로에 케이블을 조가용선에 행거로 시설할 경우 그 행거의 간격은 몇 [cm] 이하로 하여야 하는가?

① 50 ② 60
③ 70 ④ 80

풀이

332.2 가공케이블의 시설
저압 가공전선 또는 고압 가공전선에 케이블을 사용하는 경우에는 다음에 따라 시설하여야 한다.
가. 케이블은 조가용선에 행거로 시설할 것. 이 경우에는 사용전압이 고압인 때에는 **행거의 간격은 0.5[m] 이하**로 하는 것이 좋다.
나. 조가용선은 인장강도 5.93[kN] 이상의 것 또는 단면적 22 [mm²] 이상인 아연도강연선일 것.
다. 조가용선 및 케이블의 피복에 사용하는 금속체에는 접지공사를 할 것.
라. 조가용선을 케이블에 접촉시켜 금속 테이프를 감는 경우에는 20[cm] 이하의 간격으로 나선상으로 한다.

답 ①

풀이

341.4 특고압용 기계기구의 시설
특고압용 기계기구 충전부분의 지표상 높이

사용전압의 구분	울타리·담 등의 높이와 울타리·담 등으로부터 충전 부분까지의 거리의 합계
35[kV] 이하	5[m]
35[kV] 초과 160[kV] 이하	6[m]
160[kV] 초과	• 거리의 합계 = 6 + 단수 × 0.12[m] • 단수 = $\dfrac{사용전압\,[kV]-160}{10}$ 단수 계산에서 소수점 이하는 절상

답 ②

문제 96 전력 보안 통신 설비인 무선통신용 안테나 또는 반사판을 지지하는 철근 콘크리트주의 기초의 안전율은 얼마 이상이어야 하는가? 단, 무선통신용 안테나 또는 반사판이 전선로의 주위상태를 감시할 목적으로 시설되는 것이 아닌 경우이다.

① 1.5   ② 2.2
③ 2.5   ④ 4.5

풀이

364.1 무선용 안테나 등을 지지하는 철탑 등의 시설
전력보안통신설비인 무선통신용 안테나 또는 반사판을 지지하는 목주·철주·철근 콘크리트주 또는 철탑은 다음에 따라 시설하여야 한다. 다만, 무선용 안테나 등이 전선로의 주위상태를 감시할 목적으로 시설되는 것일 경우에는 그러하지 아니하다.
가. 목주는 풍압하중에 대한 안전율은 1.5 이상이어야 한다.
나. 철주·철근 콘크리트주 또는 철탑의 **기초 안전율은 1.5 이상**이어야 한다.

답 ①

문제 97 66[kV]에 사용되는 변압기를 취급자 이외의 자가 들어가지 않도록 적당한 울타리·담 등을 설치하여 시설하는 경우 울타리·담 등의 높이와 울타리·담 등으로부터 충전부분까지의 거리의 합계는 최소 몇 [m] 이상으로 하여야 하는가?

① 5   ② 6   ③ 8   ④ 10

문제 98 전선의 색상 중 틀린 것은?

① L1 : 갈색   ② L2 : 흑색
③ L3 : 흰색   ④ N : 청색

풀이

121.2 전선의 식별

상(문자)	L1	L2	L3	N	보호도체
색상	갈색	흑색	회색	청색	녹색-노란색

답 ③

문제 99 철탑의 강도 계산에 사용하는 이상 시 상정하중의 종류가 아닌 것은?

① 수직하중   ② 좌굴하중
③ 수평 횡하중   ④ 수평 종하중

풀이

333.14 이상 시 상정하중
철탑의 강도계산에 사용하는 **이상 시 상정하중은 풍압이** 전선로에 직각방향으로 가하여지는 경우의 하중과 **전선로의 방향으로 가하여지는 경우의 수직하중, 수평 횡하중, 수평 종하중을 계산**하여 각 부재에 대한 이들의 하중 중 그 부재에 큰 응력이 생기는 쪽의 하중을 채택한다.

답 ②

문제 100 저압 옥내배선에 사용되는 연동선의 굵기는 일반적인 경우 몇 [mm²] 이상이어야 하는가?

① 2   ② 2.5
③ 4   ④ 6

> **풀이**
> 231.3 저압 옥내배선의 사용전선
> 가. 저압 옥내배선의 전선 : **단면적 2.5[mm^2] 이상의 연동선**
> 나. 옥내배선의 사용 전압이 400 [V] 이하인 경우는 다음 에 의하여 시설할 수 있다.
> ① 전광표시 장치 또는 제어 회로
>   - 단면적 1.5[mm^2] 이상의 연동선
>   - 단면적 0.75[mm^2] 이상인 다심케이블 또는 다심 캡타이어 케이블을 사용하고 또한 과전류가 생겼을 때에 자동적으로 전로에서 차단하는 장치를 시설
> ② 진열장 또는 이와 유사한 것의 내부 배선 : 단면적 0.75[mm^2] 이상인 코드 또는 캡타이어케이블
>
> **답** ②

국가기술자격검정 필기시험 문제

2025년도 전기산업기사 일반검정 제3회		(CBT 복원문제)	수검 번호	성 명
자격종목 및 등급(선택분야)	종목코드	시험시간	문제지형별	
전기산업기사	2140	2시간 30분	A	

제1과목 전기자기학

문제 01 두 종류의 금속 접합면에 전류를 흘리면 접속점에서 열의 흡수 또는 발생이 일어나는 현상은?
① 제벡효과　　② 펠티에효과
③ 톰슨효과　　④ 파이로효과

풀이
- 제어벡(지벡) 효과 : 두 종류 금속 접속면에 온도차가 있으면 기전력이 발생하는 효과
- 펠티에 효과 : 두 종류 금속 접속면에 전류를 흘리면 접속점에서 **열의 흡수, 발생**이 일어나는 효과
- 톰슨 효과 : 동일한 금속 도선의 두 점간에 온도차를 주고, 고온 쪽에서 저온 쪽으로 전류를 흘리면 도선 속에서 열이 발생되거나 흡수가 일어나는 현상
- 파이로 전기(초전기) : 로셸염, 수정 등에 열을 가하거나 냉각을 하면 전기 분극이 발생   **답** ②

문제 02 서로 같은 2개의 구 도체에 동일 양의 전하를 대전시킨 후 20[cm] 떨어뜨린 결과 구 도체에 서로 6×10^{-4}[N]의 반발력이 작용한다. 구 도체에 주어진 전하는?
① 약 5.2×10^{-8}[C]　② 약 6.2×10^{-8}[C]
③ 약 7.2×10^{-8}[C]　④ 약 8.2×10^{-8}[C]

풀이
$F = \dfrac{Q^2}{4\pi\epsilon_0 r^2}$ 의 식에서
$Q = \sqrt{4\pi\epsilon_0 r^2 F}$
$= \sqrt{4\pi \times 8.85 \times 10^{-12} \times 0.2^2 \times 6 \times 10^{-4}}$
$= 5.2 \times 10^{-8}$[C]   **답** ①

문제 03 그림과 같이 단면적이 균일한 환상철심에 권수 N_1인 A코일과 권수 N_2인 B코일이 있을 때 A코일의 자기인덕턴스가 L_1[H]라면 두 코일의 상호인덕턴스 M은 몇 [H]인가? (단, 누설자속은 0이라고 한다.)

① $\dfrac{L_1 N_1}{N_2}$　　② $\dfrac{N_2}{L_1 N_1}$
③ $\dfrac{N_1}{L_1 N_2}$　　④ $\dfrac{L_1 N_2}{N_1}$

풀이
$R = \dfrac{N_1^2}{L_1} = \dfrac{N_1 N_2}{M}$ 에서
자기 인덕턴스 $L_1 = \dfrac{N_1^2}{R}$[H]
상호 인덕턴스 $M = \dfrac{N_1 N_2}{R}$[H]
위의 두 식에서 R을 소거하면
∴ $M = \dfrac{L_1 N_2}{N_1}$[H]   **답** ④

문제 04 그림과 같이 권수가 1이고 반지름 a[m]인 원형전류 I[A]가 만드는 자계의 세기[AT/m]는?

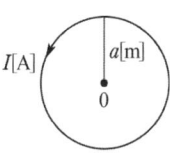

① $\dfrac{I}{a}$　② $\dfrac{I}{2a}$　③ $\dfrac{I}{3a}$　④ $\dfrac{I}{4a}$

풀이

$$H_0 = \oint dH = \int_0^{2\pi a} \frac{Idl\sin\theta}{4\pi a^2} = \int_0^{2\pi a} \frac{Idl}{4\pi a^2}$$
$$= \frac{I}{4\pi a^2}\int_0^{2\pi a} dl = \frac{I}{2a} \text{ [AT/m]}$$

또는

$$H_x = \frac{I}{2}\cdot\frac{a^2}{(a^2+x^2)^{3/2}}$$

에서 원형 코일 중심의 자계의 세기 H_0는 $x=0$ 이므로

$$\therefore H_0 = \frac{I}{2a} \text{ [AT/m]} \quad \text{답 ②}$$

문제 **05** 직선 전류에 의해서 그 주위에 생기는 환상의 자계 방향은?

① 전류의 방향
② 전류와 반대 방향
③ 오른 나사의 진행 방향
④ 오른 나사의 회전 방향

풀이

암페어의 오른나사 법칙 : 전류가 만드는 자계의 방향 즉, **전류에 의한 자계의 방향은 암페어의 오른 나사 법칙**에 따르며 그림과 같은 방향이다.

⊗ : 들어가는 방향
⊙ : 나오는 방향

답 ④

문제 **06** 그림과 같이 진공내의 A, B, C 각 점에 $Q_A = 4\times10^{-6}$[C], $Q_B = 2\times10^{-6}$[C], $Q_C = 5\times10^{-6}$[C]의 점전하가 일직선상에 놓여 있을 때 B점에 작용하는 힘은 몇 [N]인가?

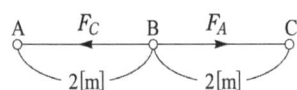

① 0.8×10^{-2}
② 1.2×10^{-2}
③ 1.8×10^{-2}
④ 2.4×10^{-2}

풀이

- 점전하 A가 점전하 B에 작용하는 힘
$$F_A = \frac{1}{4\pi\epsilon_0}\frac{Q_AQ_B}{r^2} = 9\times10^9\times\frac{4\times2\times10^{-12}}{2^2}$$
$$= 1.8\times10^{-2} \text{[N]}$$

- 점전하 C가 점전하 B에 작용하는 힘
$$F_C = \frac{1}{4\pi\epsilon_0}\frac{Q_BQ_C}{r^2} = 9\times10^9\times\frac{2\times5\times10^{-12}}{3^2} = 1\times10^{-2} \text{[N]}$$

- 점전하 B가 받는 힘 F는 F_A와 F_C의 합성력이므로
$$F = F_A - F_C = (1.8-1)\times10^{-2} = 0.8\times10^{-2} \text{[N]} \quad \text{답 ①}$$

문제 **07** 자기 회로의 자기 저항이 일정할 때 코일의 권수를 1/2로 줄이면 자기 인덕턴스는 원래의 몇 배가 되는가?

① $\frac{1}{\sqrt{2}}$ 배
② $\frac{1}{2}$ 배
③ $\frac{1}{4}$ 배
④ $\frac{1}{8}$ 배

풀이

$L = \frac{N^2}{R}$ 에서 자기 저항이 일정한 경우
인덕턴스는 권수의 자승에 비례하므로
$$L' = \left(\frac{1}{2}\right)^2 L = \frac{1}{4}L \quad \text{답 ③}$$

문제 **08** 접지된 직교 도체 평면과 점전하 사이에는 몇 개의 영상 전하가 존재하는가?

① 1 ② 2 ③ 3 ④ 4

풀이

$n = \frac{360°}{\theta°} - 1 = \frac{360}{90} - 1 = 3$개 (직교하므로 $\theta = 90°$) 답 ③

문제 **09** 도전율이 5.8×10^7 [℧/m]이고, 길이가 1[km]이며, 단면적이 1.309×10^{-6} [m²]인 물체가 갖는 저항값은 약 몇 [Ω]인가?

① 7.64 ② 13.2 ③ 21.2 ④ 32.4

풀이

도체 저항
$$R = \rho\frac{l}{S} = \frac{l}{\sigma S} = \frac{1\times10^3}{5.8\times10^7\times1.309\times10^{-6}} = 13.2[\Omega] \quad \text{답 ②}$$

문제 10 반지름 10[cm]인 도체구 A에 9[C]의 전하가 분포되어 있다. 이 도체구에 반지름 5[cm]인 도체구 B를 접촉시켰을 때 도체구 B로 이동한 전하는 몇 [C]인가?

① 3
② 9
③ 18
④ 24

풀이

- 전체 전하량 $Q = Q_1 + Q_2$
  여기서, Q_1 : 도체구 접촉 후 A 도체의 전하량
  Q_2 : 도체구 접촉 후 B 도체의 전하량
  Q : 도체구 접촉 전 A도체의 전하량(총 전하량)
- 두 도체구를 접속시키면 전위는 같게 되므로,

$$V = \frac{Q_1}{4\pi\epsilon_0 r_1} = \frac{Q_2}{4\pi\epsilon_0 r_2}$$

$$Q_2 = \frac{4\pi\epsilon_0 r_2}{4\pi\epsilon_0 r_1} Q_1 = \frac{r_2}{r_1} Q_1 = \frac{r_2}{r_1}(Q - Q_2) = \frac{5}{10}(9 - Q_2)$$

∴ $Q_2 = 3$[C]

답 ①

문제 11 전계 E[V/m] 및 자계 H[AT/m]의 에너지가 자유공간 사이를 C[m/s]의 속도로 전파될 때 단위 시간에 단위 면적을 지나는 에너지[W/m²]는?

① $\frac{1}{2}EH$
② EH
③ EH^2
④ E^2H

풀이

단위 면적당 전력 = 포인팅 Vector
: $P = E \times H = EH$ [W/m²]

답 ②

문제 12 전계 내에서 폐회로를 따라 단위 전하가 일주할 때 전계가 한 일은 몇 [J]인가?

① ∞
② π
③ 1
④ 0

풀이

전계의 주회 적분과 에너지와의 관계에서

$$\oint_c QE \cdot dl = Q \oint_c E \cdot dl = 0$$

즉, 폐회로를 따라 단위 정전하를 일주시킬 때 **전계가 하는 일은 항상 0**을 의미한다(에너지 보존적).

답 ④

문제 13 대전된 구도체를 반지름이 2배가 되는 대전이 되지 않은 구도체에 가는 도선으로 연결할 때 원래의 에너지에 대해 손실된 에너지의 비율은 얼마가 되는가? (단, 구도체는 충분히 떨어져 있다고 한다.)

① $\frac{1}{2}$
② $\frac{1}{3}$
③ $\frac{2}{3}$
④ $\frac{2}{5}$

풀이

대전된 도체구의 정전 용량을 C라 하면 $C = 4\pi\epsilon_0 a$
대전되지 않은 구의 정전 용량을 C'라 하면
$C' = 4\pi\epsilon_0 a' = 4\pi\epsilon_0(2a) = 2C$[F]
연결 전후의 에너지를 W, W'라 하면

$$W = \frac{Q^2}{2C}, \quad W' = \frac{Q^2}{2(C+2C)} = \frac{Q^2}{6C}$$

따라서, 손실비는

∴ 손실비 $= \frac{W - W'}{W} = \frac{\frac{Q^2}{2C} - \frac{Q^2}{6C}}{\frac{Q^2}{2C}} = \frac{2}{3}$

답 ③

문제 14 비유전율 $\epsilon_s = 5$인 유전체 내의 분극률은 몇 [F/m]인가?

① $\frac{10^{-8}}{9\pi}$
② $\frac{10^9}{9\pi}$
③ $\frac{10^{-9}}{9\pi}$
④ $\frac{10^8}{9\pi}$

풀이

분극의 세기 $P = \epsilon_0(\epsilon_s - 1)E$ 식에서

분극률 $\chi = \frac{P}{E} = \epsilon_0(\epsilon_s - 1) = \frac{1}{36\pi \times 10^9} \times (5-1)$

$= \frac{10^{-9}}{9\pi}$ [F/m]

($\epsilon_0 = \frac{10^7}{4\pi C^2} = \frac{1}{36\pi \times 10^9}$, C : 빛의 속도 $= 3 \times 10^8$[m/s])

답 ③

문제 15 다음 물질 중 반자성체는?

① 구리
② 백금
③ 니켈
④ 알루미늄

풀이

- 강자성체 : Fe, Ni, Co
- 상자성체 : Al, Mn, Pt, W, Sn, O₂, N₂ 등
- **반자성체** : Ag, 구리(Cu), Bi, H₂O, C, Si, Ag, Pb 등

답 ①

문제 16 전류의 연속 방정식으로 옳은 것은

① $\nabla \times H = J + \dfrac{\partial D}{\partial t}$

② $\nabla \times E = -\dfrac{\partial B}{\partial t}$

③ $\nabla \cdot J = -\dfrac{\partial \rho}{\partial t}$

④ $\nabla \cdot D = \rho$

풀이

① $\nabla \times H = J + \dfrac{\partial D}{\partial t}$: 암페어 주회적분 법칙의 미분형

② $\nabla \times E = -\dfrac{\partial B}{\partial t}$: 패러데이법칙의 미분형

③ $\nabla \cdot J = -\dfrac{\partial \rho}{\partial t}$: 전류의 연속방정식

④ $\nabla \cdot D = \rho$: 가우스정리의 미분형

즉, 거시적으로 임의의 공간에서 폐곡면에서 유출하는 전류는 폐곡면 내 전하의 감소량과 같고, 이를 미소적인 해석은 단위체적에서 발산하는 전류는 전하량의 시간적 감소량과 같다. 이것을 수학적으로 표현하면

$$\nabla \cdot J = -\dfrac{\partial \rho}{\partial t}$$

이고, 이 관계식을 전류의 연속방정식이라 한다. **답** ③

문제 17 횡전자파(TEM)의 특성은?

① 진행 방향의 E, H 성분이 모두 존재한다.
② 진행 방향의 E, H 성분이 모두 존재하지 않는다.
③ 진행 방향의 E 성분만 모두 존재하고, H 성분은 존재하지 않는다.
④ 진행 방향의 H 성분만 모두 존재하고, E 성분은 존재하지 않는다.

풀이

TEM(transverse electromagnetic : 횡전자파)는 전계 E와 자계 H가 모두 전파의 진행방향과 수직으로 존재하며, **진행방향의 성분은 존재하지 않는다.** **답** ②

문제 18 자위의 단위에 해당되는 것은?

① A   ② J/C
③ N/Wb   ④ Gauss

풀이

무한 원점에서 자계 중의 한 점 P까지 단위 점자극(+1 [Wb])을 운반할 때, 소요되는 일을 그 점에 대한 자위라고 한다.

$$U_m = -\int_{\infty}^{P} H \cdot dl \text{ 에서 } [A/m] \cdot [m] = [A]$$

답 ①

문제 19 정전 유도에 의해서 고립 도체에 유기되는 전하는?

① 정, 부 동량이며 도체는 등전위이다.
② 정, 부 동량이며 도체는 등전위가 아니다.
③ 정전하 뿐이며 도체는 등전위이다.
④ 부전하 뿐이며 도체는 등전위이다.

풀이

도체가 고립 돼있어 전하의 총량이 변할 수 없으므로, 정전하와 부전하가 크기가 같은 양으로 쌍을 이룬다. **답** ①

문제 20 감자율(Demagnetization factor)이 "0" 인 자성체로 가장 알맞은 것은?

① 환상 솔레노이드
② 굵고 짧은 막대 자성체
③ 가늘고 긴 막대 자성체
④ 가늘고 짧은 막대 자성체

풀이

감자력 $H' = \dfrac{N}{\mu_0} J$에서 감자력 $H' = 0$이 되기 위해서는 **감자율 N이 0**이 되어야 한다.
따라서, **자극이 존재하지 않는 환상 철심**이 이에 해당한다.
참고로 구 자성체의 감자율 $N = \dfrac{1}{3}$이고,

원통 자성체의 감자율 $N = \dfrac{1}{2}$이다.

그리고, 가늘고 긴 막대 자성체가 자계와 평행으로 놓여 있을 때 감자율은 거의 0에 가깝지만, 수직으로 놓여 있으면 감자율은 1에 가까운 값이 된다. **답** ①

제2과목 전력공학

문제 21 3상 3선식 3각형 배치의 송전선로에 있어서 각 선의 대지 정전용량이 0.5038[μF]이고, 선간 정전용량이 0.1237[μF]일 때 1선의 작용정전용량은 약 몇 [μF]인가?

① 0.6275　　② 0.8749
③ 0.9164　　④ 0.9755

풀이
$C_w = C_s + 3C_m = 0.5038 + 3 \times 0.1237 = 0.8749 [\mu F/km]$
여기서, C_w : 작용정전용량
　　　　C_s : 대지정전용량
　　　　C_m : 선간정전용량
답 ②

문제 22 길이가 35[km]인 단상 2선식 전선로의 유도 리액턴스는 몇 [Ω]인가? 단, 전선로 단위길이 당 인덕턴스는 1.3[mH/km/선], 주파수 60[Hz]이다.

① 17.6　　② 26.5
③ 34.3　　④ 68.5

풀이
$X_L = 2\pi f L l = 2\pi \times 60 \times 1.3 \times 10^{-3} \times 2 \times 35 = 34.3 [\Omega]$
답 ③

문제 23 전력용 콘덴서에 직렬로 콘덴서 용량의 5[%] 정도의 유도 리액턴스를 삽입하는 목적은?

① 제3고조파를 제거시키기 위하여
② 제5고조파를 제거시키기 위하여
③ 이상전압의 발생을 방지하기 위하여
④ 정전용량을 조절하기 위하여

풀이
직렬 리액터는 제5고조파 제거를 목적으로 사용된다.
$$2\pi (5f_0) L = \frac{1}{2\pi (5f_0) C}$$
따라서, $X_L = \frac{1}{25} \times X_c = 0.04 X_c$
즉, 5고조파를 제거하기 위해서는 콘덴서 용량의 4[%]에 해당하는 직렬리액터를 설치하면 되지만 여유를 고려하여 콘덴서 용량의 5~6[%]에 해당하는 직렬리액턴스를 설치한다.
답 ②

문제 24 전력계통의 경부하시나 또는 다른 발전소의 발전전력에 여유가 있을 때, 이 잉여전력을 이용하여 전동기로 펌프를 돌려서 물을 상부의 저수지에 저장하였다가 필요에 따라 이 물을 이용해서 발전하는 발전소는?

① 조력발전소　　② 양수식발전소
③ 유역변경식발전소　　④ 수로식발전소

풀이
양수식 발전소란 경부하시 또는 심야에 **잉여 전력**을 이용해서 펌프로 물을 하부 저수지에서 상부저수지로 양수하여 저장하였다가 **첨두부하 시에 발전하는 발전소**를 말한다.
답 ②

문제 25 어느 일정한 방향으로 일정한 크기 이상의 단락전류가 흘렀을 때 동작하는 보호계전기의 약어는?

① ZR　　② UFR
③ OVR　　④ DOCR

풀이
① 거리 계전기 (ZR) : 계전기가 설치된 위치로부터 고장점까지의 전기적 거리에 비례하여 한시 동작하는 것으로 복잡한 계통의 단락 보호에 과전류 계전기의 대용으로 쓰인다.
② 저주파수 계전기 (UFR) : 주파수가 일정값 보다 낮을 경우 동작한다.
③ 과전압 계전기 (OVR) : 일정값 이상의 전압이 걸렸을 때 동작한다.
④ **단락 방향 계전기 (DOCR, DSR) : 어느 일정한 방향으로 일정값 이상의 단락 전류가 흘렀을 경우 동작하는 것**
답 ④

문제 26 모선의 보호 계전 방식에 해당되는 것은?

① 전력 평형 보호 방식
② 전압 차동 보호 방식
③ 표시선 계전 방식
④ 위상 비교 반송 방식

풀이
모선 보호 계전 방식의 종류
① 전류 차동 계전 방식
② **전압 차동 계전 방식**
③ 위상 비교 계전 방식
④ 방향 비교 계전 방식
답 ②

문제 27
정삼각형 배치의 선간거리가 5[m]이고, 전선의 지름이 1[cm]인 3상 가공 송전선의 1선의 정전용량은 약 몇 [μF/km]인가?

① 0.008 ② 0.016
③ 0.024 ④ 0.032

풀이

$$C_w = \frac{0.02413}{\log_{10}\frac{D}{r}} = \frac{0.02413}{\log_{10}\frac{5}{0.5\times 10^{-2}}} = 0.008[\mu F/km]$$

답 ①

문제 28
배전 계통에서 콘덴서를 설치하는 것은 여러 가지 목적이 있으나 그 중에서 가장 주된 목적은?

① 전압 강하 보상 ② 전력 손실 감소
③ 송전 용량 증가 ④ 기기의 보호

풀이

전력용 콘덴서 설치(역률 개선)의 효과
① 전력 손실 감소
② 변압기, 개폐기 등의 소요 용량 감소
③ 송전 용량 증대
④ 전압 강하 감소
이들 중 **가장 큰 효과는 전력 손실 감소**이다(전력 손실은 역률의 제곱에 역비례하여 감소한다).

답 ②

문제 29
급수의 엔탈피 130[kcal/kg], 보일러 출구 과열 증기 엔탈피 830[kcal/kg], 터빈 배기 엔탈피 550 [kcal/kg]인 랭킨 사이클의 열사이클 효율은?

① 0.2 ② 0.4
③ 0.6 ④ 0.8

풀이

$$\eta_c = \frac{H_e}{i_1 - i_f}$$

여기서, η_c : 터빈의 열효율
H_e : 증기 1[kg]이 터빈에서 유효하게 일을 한 열량[kcal/kg]
i_1 : 터빈 입구의 증기 엔탈피[kcal/kg]
i_f : 복수기의 엔탈피[kcal/kg]

라고 하면
$H_e = 830 - 550 = 280[kcal/kg]$
$i_1 = 830[kcal/kg],\ i_f = 130[kcal/kg]$ 이므로

$$\therefore \eta = \frac{280}{830-130} = \frac{280}{700} = 0.4$$

답 ②

문제 30
개폐 서지를 흡수할 목적으로 설치하는 것의 약어는?

① CT ② SA
③ GIS ④ ATS

풀이

① CT(계기용 변류기) : 회로의 대전류를 소전류로 변성하여 계기나 계전기에 공급
② **SA(서지 흡수기) : 변압기, 발전기 등을 서지로부터 보호**
③ GIS(가스 절연 개폐기) : SF_6 가스를 이용하여 정상상태 및 사고, 단락 등의 고장상태에서 선로를 안전하게 개폐하여 보호
④ ATS(자동 절환 개폐기) : 주 전원이 정전되거나, 전압이 기준치 이하로 떨어질 경우 예비전원으로 자동 절환하는 개폐기

답 ②

문제 31
전력선 a의 충전 전압을 E, 통신선 b의 대지 정전 용량을 C_b, $a-b$ 사이의 상호 정전 용량을 C_{ab}라고 하면 통신선 b의 정전 유도 전압 E_s는?

① $\dfrac{C_{ab}+C_b}{C_b}E$

② $\dfrac{C_{ab}+C_b}{C_{ab}}E$

③ $\dfrac{C_b}{C_{ab}+C_b}E$

④ $\dfrac{C_{ab}}{C_{ab}+C_b}E$

풀이

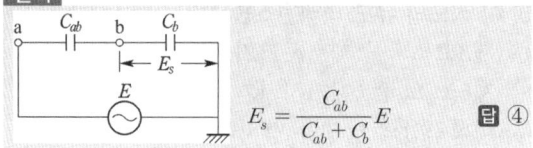

$$E_s = \frac{C_{ab}}{C_{ab}+C_b}E$$

답 ④

문제 32
중성점접지방식 중 비접지방식을 직접 접지방식과 비교한 것으로 옳지 않은 것은?

① 지락전류가 적다.
② 보호계전기 동작이 확실하다.
③ 1선지락 시 통신선 유도장해가 적다.
④ 과도안정도가 크다.

풀이
비접지방식의 특징(직접 접지방식과 비교)
① 지락전류가 비교적 적다(유도 장해 감소).
② 보호계전기 동작이 불확실하다.
③ V—V결선 가능
④ 저전압 단거리에 적합   답 ②

문제 33 연가를 하는 주된 목적으로 옳은 것은?
① 선로정수의 평형
② 유도뢰의 방지
③ 계전기의 확실한 동작의 확보
④ 전선의 절약

풀이
- 연가의 목적 : 선로정수의 평형
- 연가의 효과 : 직렬공진 방지, 유도장해 감소, 선로정수 평형   답 ①

문제 34 어떤 발전소의 발전기가 13.2[kV], 용량 9.3[MVA], 동기임피던스 94[%]일 때, 임피던스는 몇 [Ω]인가?
① 9.8[Ω]   ② 12.8[Ω]
③ 17.6[Ω]   ④ 22.4[Ω]

풀이
퍼센트 임피던스 $\%Z = \dfrac{ZP}{10V^2}$ 에서

임피던스 $Z = \dfrac{10V^2}{P} \times \%Z = \dfrac{10 \times 13.2^2}{9300} \times 94 = 17.6[\Omega]$

(여기서, **전압 V의 단위가 [kV], 기준 용량 P의 단위가 [kVA]**가 되어야 함)   답 ③

문제 35 A, B 및 C상의 전류를 각각 I_a, I_b, I_c 라 할 때, $I_x = \dfrac{1}{3}(I_a + aI_b + a^2 I_c)$이고, $a = -\dfrac{1}{2} + j\dfrac{\sqrt{3}}{2}$이다. I_x는 어떤 전류인가?
① 정상전류
② 역상전류
③ 영상전류
④ 무효전류

풀이
대칭 좌표법의 대칭 전류를 보면
- 정상 전류 $I_1 = \dfrac{1}{3}(I_a + aI_b + a^2 I_c)$ ($1 \to a \to a^2$의 순서)
- 역상 전류 $I_2 = \dfrac{1}{3}(I_a + a^2 I_b + a I_c)$ ($1 \to a^2 \to a$의 순서)
- 영상 전류 $I_0 = \dfrac{1}{3}(I_a + I_b + I_c)$ 답 ①

문제 36 그림과 같은 평형 3상 발전기가 있다. a상이 지락한 경우 지락전류는 어떻게 표현되는가? (단, Z_0 : 영상 임피던스, Z_1 : 정상 임피던스, Z_2 : 역상 임피던스이다.)

① $\dfrac{E_a}{Z_0 + Z_1 + Z_2}$

② $\dfrac{3E_a}{Z_0 + Z_1 + Z_2}$

③ $\dfrac{-Z_0 E_a}{Z_0 + Z_1 + Z_2}$

④ $\dfrac{2Z_2 E_a}{Z_1 + Z_2}$

풀이
대칭 좌표법과 발전기의 기본식을 이용하여 풀면
$I_0 = I_1 = I_2 = \dfrac{E_a}{Z_0 + Z_1 + Z_2}$

지락전류 $I_a = I_0 + I_1 + I_2 = 3I_0 = \dfrac{3E_a}{Z_0 + Z_1 + Z_2}$ 답 ②

문제 37 충전된 콘덴서의 에너지에 의해 트립되는 방식으로 정류기, 콘덴서 등으로 구성되어 있는 차단기의 트립방식은?
① 과전류 트립방식
② 콘덴서 트립방식
③ 직류전압 트립방식
④ 부족전압 트립방식

풀이
콘덴서 트립 방식(CTD)
충전기로 교류를 정류하여 콘덴서를 충전하고, 그 방전 에너지에 의해 트립 코일을 여자 하여 트립 시키는 방법으로 **정류기와 콘덴서로 구성**되어 있다.   답 ②

문제 38 피뢰기의 구비조건이 아닌 것은?
① 속류의 차단능력이 충분할 것
② 충격 방전 개시 전압이 높을 것
③ 상용 주파 방전 개시 전압이 높을 것
④ 방전 내량이 크고, 제한 전압이 낮을 것

풀이
피뢰기의 구비조건
① 상용 주파 방전 개시 전압이 높을 것
② 충격 방전 개시 전압이 낮을 것
③ 제한 전압이 낮을 것
④ 속류 차단 능력이 클 것
⑤ 방전 내량이 크며 장시간 사용하여도 열화가 적을 것

답 ②

문제 39 역률 80[%]인 10,000[kVA]의 부하를 갖는 변전소에 2000[kVA]의 콘덴서를 설치해서 역률을 개선하면 변압기에 걸리는 부하[kVA]는 대략 얼마쯤 되겠는가?
① 8000[kVA]   ② 8540[kVA]
③ 8940[kVA]   ④ 9440[kVA]

풀이

변압기에 걸리는 부하 P_a'는
$$P_a' = \sqrt{P_1^2 + (Q_1 - Q_c)^2} = \sqrt{8000^2 + (6000-2000)^2}$$
$$= 8944.27 \ [kVA]$$

답 ③

문제 40 부하에 따라 전압변동이 심한 급전선을 가진 배전 변전소의 전압 조정 장치로서 적당한 것은?
① 단권 변압기
② 주변압기 탭
③ 전력용 콘덴서
④ 유도 전압 조정기

풀이
부하 변동이 심한 경우 탭 절환 방식을 채용할 수 없다. 따라서, **유도 전압 조정기**가 많이 채용된다.

답 ④

제3과목 전기기기

문제 41 A, B 2대의 동기발전기를 병렬운전 중 계통 주파수를 바꾸지 않고 B기의 역률을 좋게 하는 것은?
① A기의 여자전류를 증대
② A기의 원동기 출력을 증대
③ B기의 여자전류를 증대
④ B기의 원동기 출력을 증대

풀이
- 유기 기전력이 높은 발전기(여자 전류가 높은 경우) : 90° 지상전류가 흘러 역률이 저하
- 유기 기전력이 낮은 발전기(여자 전류가 낮은 경우) : 90° 진상전류가 흘러 역률이 상승

답 ①

문제 42 2단자 쌍방향 스위칭 소자로서, 임계전압 이상에서 양방향 모두 도통하는 특성을 가지며 TRIAC 점호용으로 사용되는 것은?
① SCR   ② DIAC
③ TRIAC   ④ 제너 다이오드

풀이
각 종 반도체 소자의 비교
① 방향성
  - 양방향성(쌍방향성) 소자 : DIAC, TRIAC, SSS
  - 역저지(단방향성) 소자 : SCR, LASCR, GTO, SCS
② 극(단자) 수
  - 2극(단자) 소자 : DIAC, SSS, Diode
  - 3극(단자) 소자 : SCR, LASCR, GTO, TRIAC
  - 4극(단자) 소자 : SCS

답 ②

문제 43 유도전동기 원선도에서 원의 지름은? (단, E를 1차 전압, r는 1차로 환산한 저항, x를 1차로 환산한 누설 리액턴스라 한다.)
① rE에 비례   ② rxE에 비례
③ $\dfrac{E}{r}$에 비례   ④ $\dfrac{E}{x}$에 비례

풀이
유도 전동기는 일정값의 리액턴스와 부하에 의하여 변하는 저항(r_2'/s)의 직렬 회로라고 생각되므로 부하에 의하

여 변화하는 전류 벡터의 궤적, 즉 원선도의 지름은 전압에 비례하고 리액턴스에 반비례한다. 답 ④

문제 44 변압기 온도시험을 하는데 가장 좋은 방법은?
① 반환 부하법 ② 실 부하법
③ 단락 시험법 ④ 내전압 시험법

풀이
변압기의 온도 상승 시험중 실부하법은 전력 손실이 크기 때문에 소용량 이외에는 별로 적용되지 않는다. **반환 부하법**은 동일 정격의 변압기가 2대 이상 있을 경우에 채용되며, 전력 소비가 적고 철손과 동손을 따로 공급하는 것으로 **현재 가장 많이 사용**하고 있다. 답 ①

문제 45 3상 직권 정류자 전동기의 중간 변압기는 고정자 권선과 회전자 권선 사이에 직렬로 접속되는데 이 중간 변압기를 사용하는 중요한 이유는?
① 경부하시 속도의 급상승 방지를 위하여
② 주파수 변동으로 속도를 조정하기 위하여
③ 회전자 상수를 감소하기 위하여
④ 역회전을 방지하기 위하여

풀이
3상 직권 정류자 전동기의 **중간 변압기**는 고정자 권선과 회전자 권선 사이에 직렬로 접속되며 이 중간 변압기를 사용하는 주요한 이유는 다음과 같다.
① 전원 전압의 크기에 관계없이 정류에 알맞은 회전자 전압을 선택할 수 있다.
② 중간 변압기의 권수비를 바꾸어 전동기의 특성을 조정할 수 있다.
③ 직권 특성이기 때문에 **경부하에서는 속도가 매우 상승하나 중간 변압기를 사용. 그 철심을 포화하도록 하면 그 속도 상승을 제한할 수 있다.** 답 ①

문제 46 유도전동기의 주파수가 60[Hz]이고 전부하에서 회전수가 매분 1164회이면 극수는? (단, 슬립은 3[%]이다.)
① 4 ② 6
③ 8 ④ 10

풀이
$N = (1-s)N_s$에서

$N_s = \dfrac{N}{1-s} = \dfrac{1164}{1-0.03} = 1200\,[\text{rpm}]$

$\therefore p = \dfrac{120f}{N_s} = \dfrac{120 \times 60}{1200} = 6\,[\text{극}]$ 답 ②

문제 47 2대의 변압기로 V결선하여 3상 변압하는 경우 변압기 이용률[%]은?
① 57.8 ② 66.6
③ 86.6 ④ 100

풀이
이용률 $= \dfrac{3\text{상 출력}}{\text{설비용량}} = \dfrac{\sqrt{3}\,VI}{2VI} = \dfrac{\sqrt{3}}{2} = 0.866\,(86.6\,[\%])$ 답 ③

문제 48 220[V], 60[Hz], 8극, 15[kW]의 3상 유도 전동기에서 전부하 회전수가 864[rpm]이면 이 전동기의 2차 동손은 몇 [W]인가?
① 435 ② 537
③ 625 ④ 723

풀이
- 동기속도 $N_s = \dfrac{120f}{p} = \dfrac{120 \times 60}{8} = 900\,[\text{rpm}]$
- 슬립 $s = \dfrac{N_s - N}{N_s} = \dfrac{900 - 864}{900} = 0.04$
- 2차 동손 $P_{c2} = sP_2 = s \times \dfrac{P_0}{1-s} = 0.04 \times \dfrac{15000}{1-0.04} = 625\,[\text{W}]$ 답 ③

문제 49 3상 동기발전기에서 그림과 같이 1상의 권선을 서로 똑같은 2조로 나누어서 그 1조의 권선전압을 E[V], 각 권선의 전류를 I[A]라 하고 2중 Y형 (double star)으로 결선한 경우 선간전압 [V], 선전류 [A], 피상전력 [VA]은?
① $3E,\ I,\ 5.19EI$
② $\sqrt{3}E,\ 2I,\ 6EI$
③ $E,\ 2\sqrt{3}I,\ 6EI$
④ $\sqrt{3}E,\ \sqrt{3}I,\ 5.19EI$

풀이
- Y결선의 선간전압 $V_l = \sqrt{3}E$
- 2개의 코일이 병렬로 되어 있으므로 전체 선전류 $I_l = 2I$
- 피상전력 $P_a = \sqrt{3}\,V_l I_l = \sqrt{3} \times \sqrt{3}\,E \times 2I = 6EI$ **답** ②

문제 50 IGBT(Insulated Gate Bipolar Transistor)에 대한 설명으로 틀린 것은?

① MOSFET와 같이 전압제어 소자이다.
② GTO 사이리스터와 같이 역방향 전압저지 특성을 갖는다.
③ 게이트와 에미터 사이의 입력 임피던스가 매우 낮아 BJT보다 구동하기 쉽다.
④ BJT처럼 on-drop이 전류에 관계없이 낮고 거의 일정하며, MOSFET보다 훨씬 큰 전류를 흘릴 수 있다.

풀이
IGBT (Insulated Gate Bipolar Transistor)
IGBT는 MOSFET와 트랜지스터의 장점을 취한 것으로서
① 소스에 대한 게이트의 전압으로 도통과 차단을 제어한다.
② 게이트 구동전력이 매우 낮다.
③ 스위칭 속도는 FET와 트랜지스터의 중간정도로 빠른 편에 속한다.
④ 용량은 일반 트랜지스터와 동등한 수준이다.
⑤ MOSFET과 같이 **입력 임피던스가 매우 높아 BJT보다 구동하기 쉽다.** **답** ③

문제 51 유도전동기의 회전력 발생 요소 중 제곱에 비례하는 요소는?

① 슬립
② 2차 권선저항
③ 2차 임피던스
④ 2차 기전력

풀이
토크 $T = K_0 \dfrac{sE_2^2 r_2}{r_2^2 + (sx_2)^2}$ 에서 $T \propto E_2^2$ (2차 기전력)
여기서, s : 슬립, r_2 : 2차 권선저항, E_2 : 2차 기전력 **답** ④

문제 52 단상변압기 2대를 사용하여 3150[V]의 평형 3상에서 210[V]의 평형 2상으로 변환하는 경우에 각 변압기의 1차 전압과 2차 전압은 얼마인가?

① 주좌 변압기 : 1차 3150[V], 2차 210[V]
   T좌 변압기 : 1차 3150[V], 2차 210[V]
② 주좌 변압기 : 1차 3150[V], 2차 210[V]
   T좌 변압기 : 1차 $3150 \times \dfrac{\sqrt{3}}{2}$[V], 2차 210[V]
③ 주좌 변압기 : 1차 $3150 \times \dfrac{\sqrt{3}}{2}$[V], 2차 210[V]
   T좌 변압기 : 1차 $3150 \times \dfrac{\sqrt{3}}{2}$[V], 2차 210[V]
④ 주좌 변압기 : 1차 $3150 \times \dfrac{\sqrt{3}}{2}$[V], 2차 210[V]
   T좌 변압기 : 1차 3150[V], 2차 210[V]

풀이
스코트 결선
① 결선

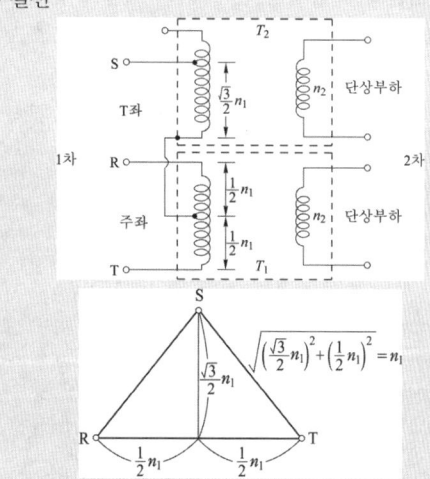

② 결선 방법
주좌변압기 T_1의 1차 권선의 $\dfrac{1}{2}$ 되는 점, 즉, $\dfrac{1}{2}n_1$에서 탭을 인출하여 T좌 변압기 T_2의 한 단자에 접속하고 T좌 변압기의 $\dfrac{\sqrt{3}}{2}$ 되는 점, 즉, $\dfrac{\sqrt{3}}{2}n_1$에서 탭을 인출하여 전원 전압을 공급
③ 주좌 변압기 : 1차 3150[V], 2차 210[V]
   T좌 변압기 : 1차 $3150 \times \dfrac{\sqrt{3}}{2}$[V], 2차 210[V] **답** ②

문제 53 전류가 불연속인 경우 전원전압 220[V]인 단상 전파정류 회로에서 점호각 $\alpha = 90°$일 때의 직류 평균전압은 약 몇 [V]인가?

① 45　　② 84　　③ 90　　④ 99

풀이

$E_{d\alpha} = \frac{\sqrt{2}}{\pi} E_s (1+\cos\alpha)[V]$ 에서

$E_{d\alpha} = \frac{\sqrt{2}}{\pi} \times 220 \times (1+\cos 90°) = 99.03[V]$

답 ④

문제 54 권수비가 1 : 2인 변압기(이상 변압기로 한다)를 사용하여 교류 100[V]의 입력을 가했을 때 전파 정류하면 출력 전압의 평균값은?

① $400\sqrt{2}/\pi$　　② $300\sqrt{2}/\pi$
③ $600\sqrt{2}/\pi$　　④ $200\sqrt{2}/\pi$

풀이

$E_{dc} = \frac{2\sqrt{2}}{\pi} E = \frac{2\sqrt{2}}{\pi} \times 100 \times 2 = \frac{400\sqrt{2}}{\pi}[V]$

답 ①

문제 55 8극과 4극 2개의 유도 전동기를 종속법에 의한 직렬 종속법으로 속도제어를 할 때, 전원주파수가 60[Hz]인 경우 무부하 속도[rpm]는?

① 600　　② 900　　③ 1200　　④ 1800

풀이

직렬 종속 $N = \frac{2f}{p_1+p_2}[\text{rps}] = \frac{120f}{p_1+p_2}[\text{rpm}]$ 에서

$N = \frac{120 \times 60}{8+4} = 600[\text{rpm}]$

답 ①

문제 56 다음 중 일반적인 동기전동기 난조 방지에 가장 유효한 방법은?

① 자극수를 적게 한다.
② 회전자의 관성을 크게 한다.
③ 자극면에 제동권선을 설치한다.
④ 동기리액턴스 x_x를 작게 하고 동기화력을 크게 한다.

풀이

회전자의 관성을 크게 하면 난조의 발생 방지에는 유효하나 난조가 일어난 후에는 오히려 그 정지를 저해할 우려가 있다. 동기 화력도 이와 같다. 자극수의 감소도 효과가 있으나 이것은 원동기 조건으로 정해지는 것으로서 이 목적에는 맞지 않는다. 따라서 **난조방지에는 제동권선**이 가장 적합하다.

답 ③

문제 57 교류전동기에서 브러시 이동으로 속도변화가 용이한 전동기는?

① 동기전동기
② 시라게 전동기
③ 3상 농형 유도전동기
④ 2중 농형 유도전동기

풀이

속도를 변화시킬 수 있는 교류 전동기로서 널리 사용되고 있는 것은 **시라게 전동기**이며 그 구조는 직류전동기와 유사하지만 브러시가 2조가 있어 각 조의 **브러시를 반대 방향**으로 이동하면 속도를 조정할 수 있다.

답 ②

문제 58 3000[V], 1500[kVA], 동기 임피던스 3[Ω]인 동일 정격의 두 동기발전기를 병렬 운전하던 중 한 쪽 계자 전류가 증가해서 각 상 유도 기전력 사이에 300[V]의 전압차가 발생했다면 두 발전기 사이에 흐르는 무효횡류는 몇 [A]인가?

① 20　　② 30　　③ 40　　④ 50

풀이

기전력의 크기가 같지 않은 경우 흐르는 무효횡류

$I_c = \frac{E_1 - E_2}{2Z_s} = \frac{E_r}{2Z_s}[A]$ 에서

무효횡류 $I_c = \frac{300}{2 \times 3} = 50[A]$

답 ④

문제 59 200[kW], 200[V]의 직류 분권발전기가 있다. 전기자 권선의 저항이 0.025[Ω]일 때 전압변동률은 몇 [%]인가?

① 6.0　　② 12.5　　③ 20.5　　④ 25.0

[풀이]

무부하 단자전압 V_0는

$$V_0 = V_n + R_a I_a = 200 + 0.025 \times \frac{200 \times 10^3}{200} = 225\,[\text{V}]$$

그러므로, 전압변동률 $\epsilon[\%]$

$$\therefore \epsilon = \frac{V_0 - V_n}{V_n} \times 100 = \frac{225 - 200}{200} \times 100 = 12.5[\%]$$ 답 ②

문제 60 인버터에 대한 설명으로 옳은 것은?

① 직류를 교류로 변환
② 교류를 교류로 변환
③ 직류를 직류로 변환
④ 교류를 직류로 변환

[풀이]
- 초퍼 : DC → DC로 변환
- 컨버터 : AC → DC로 변환
- 인버터 : DC → AC로 변환 답 ①

제4과목 회로이론

문제 61 그림과 같은 순저항으로 된 회로에 대칭 3상 전압을 가할 때 각 선에 흐르는 전류가 같으려면 $R[\Omega]$의 값은?

① 20
② 25
③ 30
④ 35

[풀이]

△저항을 Y저항으로 변환하면

위 그림에서 각 선전류가 같기 위해서는 각 선저항이 같아야 하므로 $R + 25 = 50[\Omega]$ 이라야 한다.

$R = 50 - 25 = 25[\Omega]$ 답 ②

문제 62 그림과 같이 높이가 1인 펄스의 라플라스 변환은?

① $\dfrac{1}{s}(e^{-as} + e^{-bs})$

② $\dfrac{1}{a-b}\left(\dfrac{e^{-as} + e^{-bs}}{1}\right)$

③ $\dfrac{1}{s}(e^{-as} - e^{-bs})$

④ $\dfrac{1}{a-b}\left(\dfrac{e^{-as} - e^{-bs}}{s}\right)$

[풀이]

$f(t) = u(t-a) - u(t-b)$ 이므로

$$\mathcal{L}[f(t)] = \mathcal{L}[u(t-a)] - \mathcal{L}[u(t-b)]$$

$$= \left\{\frac{e^{-as}}{s} - \frac{e^{-bs}}{s}\right\} = \frac{1}{s}(e^{-as} - e^{-bs})$$ 답 ③

문제 63 그림과 같은 회로의 영상 임피던스 Z_{01}, $Z_{02}[\Omega]$는 각각 얼마인가?

① 9, 5
② 6, $\dfrac{10}{3}$
③ 4, 5
④ 4, $\dfrac{20}{9}$

[풀이]

$$\begin{bmatrix} A & B \\ C & D \end{bmatrix} = \begin{bmatrix} 1 & 4 \\ 0 & 1 \end{bmatrix} \begin{bmatrix} 1 & 0 \\ \frac{1}{5} & 1 \end{bmatrix} = \begin{bmatrix} 1+\frac{4}{5} & 4 \\ \frac{1}{5} & 1 \end{bmatrix}$$

$A = 1 + \dfrac{4}{5} = \dfrac{9}{5}$, $B = 4$, $C = \dfrac{1}{5}$, $D = 1$ 이므로

$$Z_{01} = \sqrt{\frac{AB}{CD}} = \sqrt{\frac{\frac{9}{5} \times 4}{\frac{1}{5} \times 1}} = 6[\Omega]$$

$$Z_{02} = \sqrt{\frac{BD}{AC}} = \sqrt{\frac{4 \times 1}{\frac{9}{5} \times \frac{1}{5}}} = \frac{10}{3}[\Omega]$$ 답 ②

문제 64 각 상의 전류가 $i_a = 30\sin\omega t$[A], $i_b = 30\sin(\omega t - 90°)$[A], $i_c = 30\sin(\omega t + 90°)$[A]일 때 영상분 전류[A]의 순시치는?

① $10\sin\omega t$
② $10\sin\dfrac{\omega t}{3}$
③ $30\sin\omega t$
④ $\dfrac{30}{\sqrt{3}}\sin(\omega t + 45°)$

풀이
영상 대칭분 전류
$i_0 = \dfrac{1}{3}(i_a + i_b + i_c)$
$= \dfrac{1}{3}\{30\sin\omega t + 30\sin(\omega t - 90°) + 30\sin(\omega t + 90°)\}$
$= \dfrac{30}{3}(\sin\omega t + \sin\omega t \cos 90° - \cos\omega t \sin 90°$
$\quad + \sin\omega t \cos 90° + \cos\omega t \sin 90°)$
$= 10\sin\omega t$ [A]
($\because \sin(\alpha \pm \beta) = \sin\alpha\cos\beta \pm \cos\alpha\sin\beta,\ \cos 90° = 0$)   **답** ①

문제 65 $F(s) = \dfrac{s+1}{s^2 + 2s}$의 역라플라스 변환은?

① $\dfrac{1}{2}(1 - e^{-t})$
② $\dfrac{1}{2}(1 - e^{-2t})$
③ $\dfrac{1}{2}(1 + e^{t})$
④ $\dfrac{1}{2}(1 + e^{-2t})$

풀이
$F(s) = \dfrac{s+1}{s(s+2)} = \dfrac{A}{s} + \dfrac{B}{s+2}$
$A = \dfrac{s+1}{s+2}\bigg|_{s=0} = \dfrac{1}{2}$
$B = \dfrac{s+1}{s}\bigg|_{s=-2} = \dfrac{-2+1}{-2} = \dfrac{1}{2}$ 이므로
$F(s) = \dfrac{\frac{1}{2}}{s} + \dfrac{\frac{1}{2}}{s+2} = \dfrac{1}{2}\left(\dfrac{1}{s} + \dfrac{1}{s+2}\right)$
$\therefore \mathcal{L}^{-1}[F(s)] = \dfrac{1}{2}(1 + e^{-2t})$ **답** ④

문제 66 인덕턴스 $L = 20$[mH]인 코일에 실효값 $V = 50$[V], 주파수 $f = 60$[Hz]인 정현파 전압을 인가했을 때 코일에 축적되는 평균 자기에너지(W_L)은 약 몇 [J]인가?

① 0.22
② 0.33
③ 0.44
④ 0.55

풀이
$W_L = \dfrac{LI^2}{2} = \dfrac{L}{2}\left(\dfrac{V}{2\pi f L}\right)^2 = \dfrac{V^2}{8\pi^2 f^2 L}$
$= \dfrac{50^2}{8\pi^2 \times 60^2 \times 20 \times 10^{-3}} = 0.44$[J]   **답** ③

문제 67 회로에서 10[Ω]의 저항에 흐르는 전류[A]는?

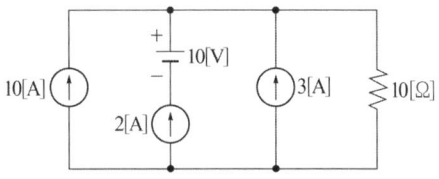

① 8
② 10
③ 15
④ 20

풀이
중첩의 정리에 의해
$I_R = 10 + 2 + 3 = 15$[A]
(10[V] 전압원에 의해서는 2[A]전류원이 개방되므로 저항에 전류가 흐르지 못한다)   **답** ③

문제 68 그림과 같이 주기가 3[s]인 전압 파형의 실효값은 약 몇 [V] 인가?

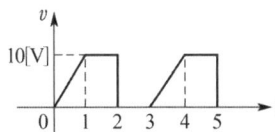

① 5.67
② 6.67
③ 7.57
④ 8.57

풀이
실효값 $V = \sqrt{\dfrac{1}{T}\int_0^T v^2 dt}$
$= \sqrt{\dfrac{1}{3}\left\{\int_0^1 (10t)^2 dt + \int_1^2 10^2 dt\right\}}$

$$= \sqrt{\frac{1}{3}\left\{\left[\frac{100}{3}t^3\right]_0^1 + [100t]_1^2\right\}} = 6.67[\text{V}]$$ 답 ②

문제 69
전기회로의 입력을 V_1, 출력을 V_2라고 할 때 전달함수는? (단, $s = j\omega$이다.)

① $\dfrac{1}{R+\dfrac{1}{j\omega C}}$
② $\dfrac{1}{j\omega+\dfrac{1}{RC}}$
③ $\dfrac{j\omega}{j\omega+\dfrac{1}{RC}}$
④ $\dfrac{j\omega}{R+\dfrac{1}{j\omega C}}$

풀이

$G(s) = \dfrac{출력(Z)}{입력(Z)} = \dfrac{R}{R+\dfrac{1}{sC}} = \dfrac{RsC}{RsC+1}$

$= \dfrac{s}{s+\dfrac{1}{RC}} = \dfrac{j\omega}{j\omega+\dfrac{1}{RC}}$ 답 ③

문제 70
ϕ가 0에서 π까지는 $i=20[\text{A}]$, π에서 2π까지는 $i=0[\text{A}]$인 파형을 푸리에 급수로 전개할 때 a_0는?

① 5
② 7.07
③ 10
④ 14.14

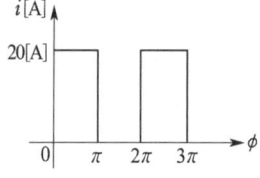

풀이

$a_0 = \dfrac{1}{2\pi}\displaystyle\int_0^\pi i d(\phi) = \dfrac{1}{2\pi}\int_0^\pi 20 d(\phi) = \dfrac{20}{2\pi}\cdot\pi = 10[\text{A}]$ 답 ③

문제 71
그림과 같은 회로망에서 전류를 계산하는 데 옳게 표시된 것은?

① $I_1 + I_2 + I_3 + I_4 = 0$
② $I_1 + I_2 - I_3 + I_4 = 0$
③ $I_1 + I_4 = I_2 + I_3$
④ $I_1 + I_2 - I_4 = I_3$

풀이

키르히호프의 전류 법칙(제1법칙) 답 ②

문제 72
다음 회로에서 부하 R_L에 최대 전력이 공급될 때의 전력 값이 5[W]라고 하면 $R_L + R_i$의 값은 몇 [Ω]인가? (단, R_i는 전원의 내부저항이다.)

① 5
② 10
③ 15
④ 20

풀이

최대공급전력 $P_m = \dfrac{V^2}{4R_L}[\text{W}]$ 이므로

$5 = \dfrac{10^2}{4R_L}$ 에서 $R_L = \dfrac{10^2}{4\times 5} = 5[\Omega]$이 된다.

최대전력전송조건은 $R_i = R_L$ 이므로
$R_L + R_i = 5+5 = 10[\Omega]$이 된다. 답 ②

문제 73
시정수 τ를 갖는 RL 직렬회로에 직류전압을 가할 때 $t=2\tau$ 되는 시간에 회로에 흐르는 전류는 최종값의 약 몇 [%]인가?

① 98
② 95
③ 86
④ 63

풀이

$i(t) = \dfrac{E}{R}\left(1-e^{-\frac{R}{L}t}\right) = I\left(1-e^{-\frac{1}{\tau}\times t}\right)$ 이므로

$t=2\tau$일 때 전류
$i_\tau = I\left(1-e^{-\frac{1}{\tau}\times 2\tau}\right) = I(1-e^{-2}) \fallingdotseq 0.86I$ 답 ③

문제 74
0.2[H]의 인덕터와 150[Ω]의 저항을 직렬로 접속하고 220[V] 상용교류를 인가하였다. 1시간 동안 소비된 전력량은 약 몇 [Wh] 인가?

① 209.6　　② 226.4
③ 257.6　　④ 286.9

풀이
- 리액턴스 $X_L = \omega L = 2\pi f L = 2\pi \times 60 \times 0.2 = 75.4[\Omega]$
- 전류 $I = \dfrac{V}{Z} = \dfrac{V}{\sqrt{R^2 + X_L^2}} = \dfrac{220}{\sqrt{150^2 + 75.4^2}} = 1.31[A]$

$\therefore W = P \cdot t = I^2 R \cdot t = 1.31^2 \times 150 \times 1 = 257.42[Wh]$

답 ③

문제 75
저항 R인 검류계 G에 그림과 같이 r_1인 저항을 병렬로, 또 r_2인 저항을 직렬로 접속하였을 때 A, B단자 사이의 저항을 R과 같게 하고 또한 G에 흐르는 전류를 전 전류의 $1/n$로 하기 위한 $r_1[\Omega]$의 값은?

① $\dfrac{n-1}{R}$　　② $R\left(1 - \dfrac{1}{n}\right)$
③ $\dfrac{R}{n-1}$　　④ $R\left(1 + \dfrac{1}{n}\right)$

풀이

전 전류를 I, 검류계 G에 흐르는 전류를 I_G라고 하면

$I_G = \dfrac{1}{n} I = \dfrac{r_1}{R + r_1} \times I$ 이므로

$nr_1 = R + r_1$　　$\therefore r_1 = \dfrac{R}{n-1}$

참고로 보상용 저항 r_2는 $\dfrac{R \times r_1}{R + r_1} + r_2 = R$ 에서

$r_2 = R - \dfrac{R \cdot r_1}{R + r_1} = R\left(1 - \dfrac{r_1}{R + r_1}\right)$

$= R\left(1 - \dfrac{\frac{R}{n-1}}{R + \frac{R}{n-1}}\right) = R\left(1 - \dfrac{1}{n}\right)$

이 되어야 한다.

답 ③

문제 76
L형 4단자 회로망에서 R_1, R_2를 정합하기 위한 Z_1은? (단, $R_2 > R_1$ 이다.)

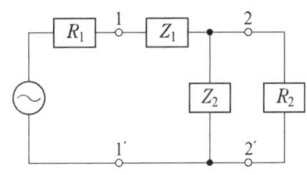

① $\pm j R_2 \sqrt{\dfrac{R_1}{R_2 - R_1}}$　　② $\pm j R_1 \sqrt{\dfrac{R_1}{R_2 - R_1}}$

③ $\pm j \sqrt{R_2(R_2 - R_1)}$　　④ $\pm j \sqrt{R_1(R_2 - R_1)}$

풀이
단자 11'의 영상임피던스 Z_{01}, 단자 22'의 영상임피던스 Z_{02}라 할 때 정합조건은

$R_1 = Z_{01} = \sqrt{Z_1(Z_1 + Z_2)}$

$R_2 = Z_{02} = \sqrt{\dfrac{Z_1 Z_2^2}{Z_1 + Z_2}}$

두 관계식에서 Z_1을 구한다.

$R_1^2 = Z_1(Z_1 + Z_2) \rightarrow Z_1 + Z_2 = \dfrac{R_1^2}{Z_1}$

$R_2^2 = \dfrac{Z_1 Z_2^2}{Z_1 + Z_2} \rightarrow R_2^2 = \dfrac{Z_1^2 Z_2^2}{R_1^2}$

$\therefore R_2 = \dfrac{Z_1 Z_2}{R_1}$

$Z_1 = \dfrac{R_1 R_2}{Z_2}$　$\left(Z_2 = \dfrac{R_1^2}{Z_1} - Z_1 = \dfrac{R_1^2 - Z_1^2}{Z_1}\right)$

$\therefore Z_1 = \dfrac{R_1 R_2 Z_1}{R_1^2 - Z_1^2} \rightarrow R_1^2 - Z_1^2 = R_1 R_2$,

$Z_1^2 = R_1^2 - R_1 R_2$

$Z_1 = \pm \sqrt{R_1(R_1 - R_2)}$　($R_2 > R_1$이므로)

$\therefore Z_1 = \pm j \sqrt{R_1(R_2 - R_1)}$

답 ④

문제 77
다음 보기 중 전구에 불이 들어오지 않는 경우는?

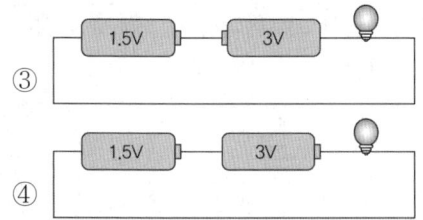

③

④

풀이
②번 보기의 그림은 1.5V 건전지 두 개가 극성이 반대로 직렬연결 되었으므로.
$V = 1.5 - 1.5 = 0[V]$
따라서 전위차가 없어 전구에 불이 들어오지 않는다.

답 ②

문제 78 어떤 회로의 전압 E, 전류 I 일 때 $P_a = \overline{E}I = P + jP_r$ 에서 $P_r > 0$ 이다. 이 회로는 어떤 부하인가? (단, $\overline{E}$는 E의 공액복소수이다.)

① 용량성 ② 무유도성
③ 유도성 ④ 정저항

풀이

공액	$+j$	$-j$
전압공액 $P_a = \overline{E} \cdot I = P \mp jP_r$	용량성	유도성
전류공액 $P_a = E \cdot \overline{I} = P \pm jP_r$	유도성	용량성

답 ①

문제 79 평형 3상 Y결선 회로의 선간전압이 V_l, 상전압이 V_p, 선전류가 I_l, 상전류가 I_p 일 때 다음의 수식 중 틀린 것은? (단, P는 3상 부하전력을 의미한다.)

① $V_l = \sqrt{3}\, V_p$
② $I_l = I_p$
③ $P = \sqrt{3}\, V_l I_l \cos\theta$
④ $P = \sqrt{3}\, V_p I_p \cos\theta$

풀이
Y결선 및 △결선과의 비교

결선법	선간전압 V_l	선전류 I_l	출력	
Y결선	$\sqrt{3}\,V_p$	I_p	$\sqrt{3}\,V_l I_l \cos\theta$	$3V_p I_p \cos\theta$
△결선	V_p	$\sqrt{3}\,I_p$	$\sqrt{3}\,V_l I_l \cos\theta$	$3V_p I_p \cos\theta$

여기서, V_l : 선간 전압, I_l : 선로 전류, V_p : 상전압, I_p : 상전류

답 ④

문제 80 $a + a^2$의 값은?
(단, $a = e^{j2\pi/3} = 1\angle 120°$ 이다.)

① 0 ② -1
③ 1 ④ a^3

풀이
$a = -\dfrac{1}{2} + j\dfrac{\sqrt{3}}{2}$, $a^2 = -\dfrac{1}{2} - j\dfrac{\sqrt{3}}{2}$ 이므로
$a + a^2 = -\dfrac{1}{2} + j\dfrac{\sqrt{3}}{2} - \dfrac{1}{2} - j\dfrac{\sqrt{3}}{2} = -1$

답 ②

제5과목 전기설비 기술기준

문제 81 특고압가공전선이 저고압가공전선과 제1차 접근상태로 시설하는 경우, 66[kV] 특고압가공전선과 저고압가공전선 사이의 이격거리는 몇 [m] 이상이어야 하는가?

① 2.0[m] ② 2.12[m]
③ 2.2[m] ④ 2.5[m]

풀이
333.26 특고압 가공전선과 저고압 가공전선 등의 접근 또는 교차

특고압 가공전선이 가공약전류전선 등 저압 또는 고압의 가공전선이나 저압 또는 고압의 전차선(이하에서 "저고압 가공전선 등"이라 한다)과 제1차 접근상태로 시설되는 경우
가. 특고압 가공전선로는 제3종 특고압 보안공사에 의할 것.
나. 특고압 가공전선과 저고압 가공 전선 등 또는 이들의 지지물이나 지주 사이의 이격거리는 표에서 정한 값 이상일 것.

사용전압의 구분	이격거리
60[kV] 이하	2[m]
60[kV] 초과	• 이격거리 = 2 + 단수 × 0.12[m] • 단수 = $\dfrac{\text{사용전압}[kV] - 60}{10}$ … 단수 계산에서 소수점 이하는 절상

단수계산에서 소수점 이하는 절상한다.
이격거리 2[m] + 1 × 0.12[m] = 2.12
답 ②

문제 82
특고압 가공전선과 가공약전류 전선 사이에 보호망을 시설하는 경우 보호망을 구성하는 금속선 상호 간의 간격은 가로 및 세로를 각각 몇 [m] 이하로 시설하여야 하는가?

① 0.75   ② 1.0   ③ 1.25   ④ 1.5

풀이
333.26 특고압 가공전선과 저고압 가공전선 등의 접근 또는 교차
보호망은 규정에 준하여 접지공사를 한 금속제의 망상장치로 하고 또한 다음에 따라 시설하여야 한다.
가. 보호망을 구성하는 금속선은 그 외주 및 특고압 가공전선의 바로 아래에 시설하는 금속선에 인장강도 8.01 [kN] 이상의 것 또는 지름 5 [mm] 이상의 경동선을 사용하고 기타 부분에 시설하는 금속선에 인장강도 3.64 [kN] 이상 또는 지름 4 [mm] 이상의 아연도철선을 사용할 것.
나. 보호망을 구성하는 **금속선 상호 간의 간격은 가로세로 각 1.5 [m] 이하**일 것.
다. 보호망과 저고압 가공전선 등과의 수직 이격거리는 60[cm] 이상일 것.
답 ④

문제 83
발전기가 정격운전상태에 있을 때, 동기기 단자에서의 전압을 무엇이라 하는가?

① 접촉전압   ② 사용전압
③ 정격전압   ④ 공칭전압

풀이
112 용어 정의
"정격전압"이란 발전기가 정격운전상태에 있을 때, 동기기 단자에서의 전압을 말한다.
답 ③

문제 84
사용전압이 400[V]를 초과하는 저압가공전선에 사용할 수 없는 전선은?

① 인입용 비닐절연전선
② 나전선(중성선 또는 다중접지된 접지측 전선으로 사용하는 전선에 한한다)
③ 케이블
④ 다심형 전선

풀이
222.5 저압 가공전선의 굵기 및 종류
가. 저압 가공전선은 나전선(중성선 또는 다중접지된 접지측 전선으로 사용하는 전선에 한한다), 절연전선, 다심형 전선 또는 케이블을 사용하여야 한다.
나. **사용전압이 400[V] 초과인 저압 가공전선에는 인입용 비닐절연전선을 사용하여서는 안 된다.**
답 ①

문제 85
전차선로가 경동선인 경우 안전율은 얼마 이상인가?

① 1.0   ② 2.0
③ 2.2   ④ 2.5

풀이
431.10 전차선로 설비의 안전율
하중을 지탱하는 전차선로 설비의 강도는 작용이 예상되는 하중의 최악 조건 조합에 대하여 다음의 최소 안전율이 곱해진 값을 견디어야 한다.
1. 합금전차선의 경우 2.0 이상
2. **경동선의 경우 2.2 이상**
3. 조가선 및 조가선 장력을 지탱하는 부품에 대하여 2.5 이상
4. 복합체 자재(고분자 애자 포함)에 대하여 2.5 이상
5. 지지물 기초에 대하여 2.0 이상
6. 장력조정장치 2.0 이상
7. 빔 및 브래킷은 소재 허용응력에 대하여 1.0 이상
8. 철주 소재 허용응력에 대하여 1.0 이상
9. 브래킷의 애자는 최대 굽힘하중에 대하여 2.5 이상
10. 지지선은 선형일 경우 2.5 이상, 강봉형은 소재 허용응력에 대하여 1.0 이상
답 ③

문제 86
특고압 가공전선로에서 발생하는 극저주파 전자계는 지표상 1 [m]에서 전계가 몇 [kV/m]이하가 되도록 시설하여야 하는가?

① 3.5   ② 2.5
③ 1.5   ④ 0.5

풀이
유도장해 방지(기술기준 제17조)
특고압 가공전선로에서 발생하는 극저주파 전자계는 **지표상 1[m]에서 전계가 3.5[kV/m] 이하**, 자계가 83.3[μT] 이하가 되도록 시설하는 등 상시 정전유도 및 전자유도 작용에 의하여 사람에게 위험을 줄 우려가 없도록 시설하여야 한다.
답 ①

문제 87 과전류차단기를 시설할 수 있는 곳은?

① 접지공사의 접지선
② 다선식 전로의 중성선
③ 단상 3선식 전로의 저압측 전선
④ 접지공사를 한 저압 가공전선로의 접지측 전선

풀이
341.11 과전류차단기의 시설 제한
접지공사의 접지도체, 다선식 전로의 중성선 및 전로의 일부에 접지공사를 한 저압 가공전선로의 접지측 전선에는 과전류차단기를 시설하여서는 안 된다.
다만, 다음의 경우에는 예외로 한다.
가. 다선식 전로의 중성선에 시설한 과전류차단기가 동작한 경우에 각 극이 동시에 차단될 때
나. 저항기·리액터 등을 사용하여 접지공사를 한 때에 과전류차단기의 동작에 의하여 그 접지도체가 비접지 상태로 되지 아니할 때
답 ③

문제 88 급전용변압기는 교류 전기철도의 경우 어떤 변압기의 적용을 원칙으로 하고, 급전계통에 적합하게 선정하여야 하는가?

① 3상 정류기용 변압기
② 단상 정류기용 변압기
③ 3상 스코트결선 변압기
④ 단상 스코트결선 변압기

풀이
421.4 변전소의 설비
1. 변전소 등의 계통을 구성하는 각종 기기는 운용 및 유지보수성, 시공성, 내구성, 효율성, 친환경성, 안전성 및 경제성 등을 종합적으로 고려하여 선정하여야 한다.
2. **급전용 변압기는** 직류 전기철도의 경우 3상 정류기용 변압기, **교류 전기철도의 경우 3상 스코트결선 변압기의 적용을 원칙으로 하고,** 급전계통에 적합하게 선정하여야 한다.
답 ③

문제 89 345[kV] 변전소의 충전 부분에서 5.98[m] 거리에 울타리를 설치할 경우 울타리 최소 높이는 몇 [m] 인가?

① 2.1
② 2.3
③ 2.5
④ 2.7

풀이
351.1 발전소 등의 울타리·담 등의 시설

사용전압의 구분	울타리·담 등의 높이와 울타리·담 등으로부터 충전 부분까지의 거리의 합계
35[kV] 이하	5 [m]
35[kV] 초과 160[kV] 이하	6 [m]
160[kV] 초과	• 거리의 합계 = 6+단수×0.12[m] • 단수 = $\dfrac{\text{사용전압 [kV]}-160}{10}$ 단수 계산에서 소수점 이하는 절상

• 단수 = $\dfrac{345-160}{10}$ = 18.5 → 19단
• 이격거리 + 울타리높이 = 6+19×0.12 = 8.28[m]
• 울타리높이 = 8.28−이격거리 = 8.28−5.98 = 2.3[m]
답 ②

문제 90 전기철도의 변전소 설비에 대한 설명 중 옳지 않은 것은?

① 급전용변압기는 직류 전기철도의 경우 3상 정류기용 변압기의 적용을 원칙으로 한다.
② 교류 전기철도의 경우 3상 스코트결선 변압기의 적용을 원칙으로 한다.
③ 제어용 교류전원은 상용과 예비의 2계통으로 구성하여야 한다.
④ 제어반의 경우 아날로그전기방식을 원칙으로 하여야 한다.

풀이
421.4 변전소의 설비
1. 변전소 등의 계통을 구성하는 각종 기기는 운용 및 유지보수성, 시공성, 내구성, 효율성, 친환경성, 안전성 및 경제성 등을 종합적으로 고려하여 선정하여야 한다.
2. 급전용변압기는 직류 전기철도의 경우 3상 정류기용 변압기, 교류 전기철도의 경우 3상 스코트결선 변압기의 적용을 원칙으로 하고, 급전계통에 적합하게 선정하여야 한다.
3. 차단기는 계통의 장래계획을 고려하여 용량을 결정하고, 회로의 특성에 따라 기종과 동작책무 및 차단시간을 선정하여야 한다.
4. 개폐기는 선로 중 중요한 분기점, 고장발견이 필요한 장소, 빈번한 개폐를 필요로 하는 곳에 설치하며, 개폐상태의 표시, 잠금장치 등을 설치하여야 한다.
5. 제어용 교류전원은 상용과 예비의 2계통으로 구성하여야 한다.

6. 제어반의 경우 디지털계전기방식을 원칙으로 하여야 한다. 　답 ④

문제 91 지중전선로를 직접 매설식에 의하여 시설할 때, 중량물의 압력을 받을 우려가 있는 장소에 지중전선을 견고한 트라프 기타 방호물에 넣지 않고도 부설할 수 있는 케이블은?

① 염화비닐 절연 케이블
② 폴리에틸렌 외장 케이블
③ 콤바인 덕트 케이블
④ 알루미늄피 케이블

풀이
334.1 지중전선로의 시설
지중 전선로를 직접 매설식에 의하여 시설하는 경우에 지중 전선을 견고한 트라프 기타 방호물에 넣어 시설하여야 한다.
단, 다음의 어느 하나에 해당하는 경우에는 지중전선을 견고한 트라프 기타 방호물에 넣지 아니하여도 된다.
① 저압 또는 고압의 지중전선을 차량 기타 중량물의 압력을 받을 우려가 없는 경우에 그 위를 견고한 판 또는 몰드로 덮어 시설하는 경우
② 저압 또는 고압의 **지중전선에 콤바인덕트 케이블 또는 개장한 케이블을 사용**하여 시설하는 경우 　답 ③

문제 92 특고압 가공전선로의 지지물로 사용하는 목주의 풍압하중에 대한 안전율은 얼마 이상이어야 하는가?

① 1.2　　② 1.5
③ 2.0　　④ 2.5

풀이
333.10 특고압 가공전선로의 목주 시설
332.7 고압 가공전선로의 지지물의 강도
222.8 저압 가공전선로의 지지물의 강도

지지물이 목주인 경우 안전율 및 말구의 지름

전압의 종별	안전율	말구의 지름
저 압	1.2	-
고 압	1.3	0.12 [m] 이상
특고압	1.5	0.12 [m] 이상

답 ②

문제 93 사용전압이 25[kV] 이하인 다중접지방식 지중전선로를 관로식 또는 직접매설식으로 시설하는 경우, 그 간격은 몇 [m] 이상이 되도록 시설하여야 하는가? 단, 압입공법을 적용한 경우가 아니며 지하매설 공간이 부족한 경우도 아니다.

① 0.1　　② 0.15
③ 0.3　　④ 1.0

풀이
334.7 지중전선 상호 간의 접근 또는 교차
사용전압이 25[kV] 이하인 다중접지방식 지중전선로를 관로식 또는 직접매설식으로 시설하는 경우, 그 간격이 **0.1[m] 이상**이 되도록 시설하여야 한다. 다만, 다음 중 어느 하나에 따라 시설하는 경우에는 예외로 할 수 있다.
가. 관로식으로 시공시 지하매설 공간 부족으로 간격 확보가 곤란하여 관로 사이를 콘크리트 등 견고한 격벽 또는 채움재로 보강한 경우
나. 압입공법을 적용한 경우 　답 ①

문제 94 시가지 또는 그 밖에 인가가 밀집한 지역에 154 [kV] 가공전선로의 전선을 케이블로 시설하고자 한다. 이때 가공전선을 지지하는 애자장치의 50[%] 충격섬락전압 값이 그 전선의 근접한 다른 부분을 지지하는 애자장치 값의 몇 [%] 이상이어야 하는가?

① 75　　② 100
③ 105　　④ 110

풀이
333.1 시가지 등에서 특고압 가공전선로의 시설
특고압 가공전선로는 전선이 케이블인 경우 또는 전선로를 다음과 같이 시설하는 경우에는 시가지 그 밖에 인가가 밀집한 지역에 시설할 수 있다.
1. 사용전압이 170[kV] 이하인 전선로를 다음에 의하여 시설하는 경우
　가. 특고압 가공전선을 지지하는 애자장치는 다음 중 어느 하나에 의할 것.
　　(1) 50[%] 충격섬락전압 값이 그 전선의 근접한 다른 부분을 지지하는 애자장치 값의 110[%](**사용전압이 130 [kV]를 초과하는 경우는 105[%]**) 이상인 것.
　　(2) 아킹혼을 붙인 현수애자·장간애자 또는 라인포스트애자를 사용하는 것.
　　(3) 2련 이상의 현수애자 또는 장간애자를 사용하는 것.
　　(4) 2개 이상의 핀애자 또는 라인포스트애자를 사용하는 것. 　답 ③

문제 95 가공전선로의 지지물에 시설하는 지선으로 연선을 사용할 경우 소선은 몇 가닥 이상이어야 하는가?

① 2
② 3
③ 5
④ 9

풀이
331.11 지선의 시설
가. 지선의 **안전율은 2.5 이상**일 것. 이 경우에 허용 인장하중의 최저는 4.31[kN]으로 한다.
나. 지선에 연선을 사용할 경우에는 다음에 의할 것.
　① **소선 3가닥 이상의 연선**일 것.
　② 소선의 **지름이 2.6[mm] 이상의 금속선**을 사용한 것일 것.
답 ②

문제 96 금속제가요전선관공사에 의한 저압 옥내배선으로 틀린 것은?

① 2종 금속제 가요전선관을 사용하였다.
② 전선은 연선을 사용하였다.
③ 전선으로 옥외용 비닐 절연전선을 사용하였다.
④ 가요전선관은 접지공사를 하였다.

풀이
232.13 금속제가요전선관공사
가. **전선은 절연전선(옥외용 비닐 절연전선을 제외한다)**일 것.
나. 전선은 연선일 것. 다만, 단면적 10[mm^2](알루미늄선은 단면적 16[mm^2]) 이하인 것은 그러하지 아니하다.
다. 가요전선관 안에는 전선에 접속점이 없도록 할 것.
라. 가요전선관은 2종 금속제 가요전선관일 것
답 ③

문제 97 발전소·변전소 또는 이에 준하는 곳의 특고압 전로에는 그의 보기 쉬운 곳에 어떤 표시를 반드시 하여야 하는가?

① 모선(母線) 표시
② 상별(相別) 표시
③ 차단(遮斷) 위험표시
④ 수전(受電) 위험표시

풀이
351.2 특고압전로의 상 및 접속 상태의 표시
가. 발전소·변전소 또는 이에 준하는 곳의 **특고압전로에는 그의 보기 쉬운 곳에 상별 표시**를 하여야 한다.
나. 발전소·변전소 또는 이에 준하는 곳의 특고압전로에 대하여는 그 접속 상태를 모의모선의 사용 기타의 방법에 의하여 표시하여야 한다. 다만, 이러한 전로에 접속하는 특고압전선로의 회선수가 2 이하이고 또한 특고압의 모선이 단일모선인 경우에는 그러하지 아니하다.
답 ②

문제 98 6.6[kV] 지중전선로의 케이블을 직류전원으로 절연 내력시험을 하자면 시험전압은 직류 몇 [V]인가?

① 9900
② 14420
③ 16500
④ 19800

풀이
132 전로의 절연저항 및 절연내력

전로의 종류	접지방식	시험전압(최대사용전압의 배수)	최저시험전압
1. 7[kV] 이하		1.5배	
2. 7[kV] 초과 25[kV] 이하	다중접지	0.92배	
3. 7[kV] 초과 60[kV] 이하 (2란의 것 제외)		1.25배	10.5[kV]
4. 60[kV] 초과	비접지	1.25배	
5. 60[kV] 초과 (6란과 7란의 것 제외)	접지식	1.1배	75[kV]
6. 60[kV] 초과 (7란의 것 제외)	직접접지	0.72배	
7. 170[kV] 초과 (발전소 또는 변전소 혹은 이에 준하는 장소에 시설하는 것.)	직접접지	0.64배	

※ 전로에 케이블을 사용하는 경우에는 **직류로 시험할 수 있으며, 시험 전압은 교류의 경우의 2배**가 된다.
∴ 시험 전압 = 6.6[kV] × 1.5 × 2 = 19.8[kV] = 19800[V]
답 ④

문제 99 옥내배선에서 나전선을 사용할 수 없는 것은?

① 전선의 피복 전열물이 부식하는 장소의 전선
② 취급자 이외의 자가 출입할 수 없도록 설비한 장소의 전선
③ 전용의 개폐기 및 과전류 차단기가 시설된 전기기계기구의 저압전선
④ 애자공사에 의하여 전개된 장소에 시설하는 경우로 전기로용 전선

> **풀이**

231.4 나전선의 사용 제한
옥내에 시설하는 저압전선에는 나전선을 사용하여서는 아니 된다. 다만, 다음중 어느 하나에 해당하는 경우에는 그러하지 아니하다.
가. 애자공사에 의하여 전개된 곳에 다음의 전선을 시설하는 경우
  ① **전기로용 전선**
  ② 전선의 **피복 절연물이 부식하는 장소**에 시설하는 전선
나. **버스덕트공사**에 의하여 시설하는 경우
다. **라이팅덕트공사**에 의하여 시설하는 경우
라. **접촉 전선**을 시설하는 경우   답 ③

문제 100 전기철도차량이 전차선로와 접촉한 상태에서 견인력을 끄고 보조전력을 가동한 상태로 정지해 있는 경우, 가공 전차선로의 유효전력이 200[kW] 이상일 경우 총 역률은 얼마보다 작아서는 안되는가?
① 0.6   ② 0.7
③ 0.8   ④ 0.9

> **풀이**

441.4 전기철도차량의 역률
1. 최저 비영구전압에서 최고 비영구전압까지의 전압범위에서 유도성 역률 및 전력소비에 대해서만 적용되며, 회생제동 중에는 전압을 제한 범위내로 유지시키기 위하여 유도성 역률을 낮출 수 있다. 다만, 전기철도차량이 전차선로와 접촉한 상태에서 견인력을 끄고 보조전력을 가동한 상태로 정지해 있는 경우, 가공 전차선로의 **유효전력이 200[kW] 이상일 경우 총 역률은 0.8보다는 작아서는 안된다.**
2. 역행 모드에서 전압을 제한 범위 내로 유지하기 위하여 용량성 역률이 허용되며, 규정된 최저 비영구전압에서 최고비영구 전압까지의 전압범위에서 용량성 역률은 제한 받지 않는다.   답 ③

memo

D60-2

2024년도 전기산업기사 필기 CBT 복원문제

- 2024년도 제1회 전기산업기사
- 2024년도 제2회 전기산업기사
- 2024년도 제3회 전기산업기사

국가기술자격검정 필기시험 문제

2024년도 전기산업기사 일반검정 제1회 (CBT 복원문제)

자격종목 및 등급(선택분야)	종목코드	시험시간	문제지형별
전기산업기사	2140	2시간 30분	A

제1과목 전기자기학

문제 01 전기쌍극자에 의한 전위 V[V]에 해당되는 것은? 단, 전기 쌍극자의 전기 모멘트는 M[C·m], 쌍극자의 중심으로부터의 거리는 r[m], 쌍극자의 정방향과의 각도는 θ라 한다.

① $\dfrac{M\sin\theta}{4\pi\epsilon_0 r}$ ② $\dfrac{M\sin\theta}{4\pi\epsilon_0 r^2}$

③ $\dfrac{M\cos\theta}{4\pi\epsilon_0 r}$ ④ $\dfrac{M\cos\theta}{4\pi\epsilon_0 r^2}$

풀이

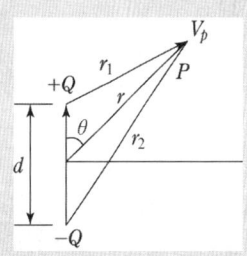

전기쌍극자에 의한 전위는 점 P에서 쌍극자의 두 점전하 $\pm Q$에 의한 두 전위의 대수합이므로

$$V = \dfrac{Q}{4\pi\epsilon_0}\left(\dfrac{1}{r_1} - \dfrac{1}{r_2}\right) = \dfrac{Q}{4\pi\epsilon_0} \cdot \dfrac{r_2 - r_1}{r_1 r_2}$$

이다. 또 $r_2 - r_1 \fallingdotseq d\cos\theta$, $r_1 = r_2 = r$의 근사식 관계로부터

$$V = \dfrac{Q}{4\pi\epsilon_0} \cdot \dfrac{d\cos\theta}{r^2} = \dfrac{M\cos\theta}{4\pi\epsilon_0 r^2}\text{[V]}$$

답 ④

문제 02 전자계에서 전파속도와 관계없는 것은?
① 도전율   ② 유전율
③ 비투자율   ④ 주파수

풀이

전파 속도 $v = \dfrac{1}{\sqrt{\mu\epsilon}}$[m/s]

$v = f\lambda$(주파수, 파장)

두 식에서 **전파 속도** v는 유전율(ϵ), **투자율**(μ), **주파수**(f), 파장(λ)에 관계된다.

답 ①

문제 03 반지름 a[m]인 전선을 지상 h[m] 높이에 지면에 나란하게 가설했을 때의 단위 길이당 자기유도계수 L [H/m]은? (단, 도선의 투자율은 μ [H/m]이다.)

① $\dfrac{\mu}{4\pi} + \dfrac{\mu_0}{2\pi}\ln\dfrac{2h}{a}$ ② $\dfrac{\mu}{4\pi} + \dfrac{\mu_0}{\pi}\ln\dfrac{2h}{a}$

③ $\dfrac{\mu}{8\pi} + \dfrac{\mu_0}{2\pi}\ln\dfrac{2h}{a}$ ④ $\dfrac{\mu}{8\pi} + \dfrac{\mu_0}{\pi}\ln\dfrac{2h}{a}$

풀이

전선에 전류 I가 흐를 때 지면에 대칭적으로 영상전류($-I$)를 생각하고, 대지를 제거하여 전선과 영상간의 전류, 즉 평행왕복 도체의 자기 인덕턴스와 같다. 즉, 간격 d, 반지름 a인 평행왕복 도체의 한 선당 단위길이에 대한 자기 인덕턴스는

$$L = \dfrac{\mu}{8\pi} + \dfrac{\mu_0}{2\pi}\ln\dfrac{d}{a}$$

여기서, $d = 2h$ 이므로

$$\therefore L = \dfrac{\mu}{8\pi} + \dfrac{\mu_0}{2\pi}\ln\dfrac{2h}{a}$$

답 ③

문제 04
임의의 점의 전계가 $E = iE_x + jE_y + kE_z$로 표시되었을 때, $\dfrac{\partial E_x}{\partial x} + \dfrac{\partial E_y}{\partial y} + \dfrac{\partial E_z}{\partial z}$와 같은 의미를 갖는 것은?

① $\nabla \times E$
② $\nabla^2 E$
③ $\nabla \cdot E$
④ $\text{grad}\,|E|$

풀이

$\begin{aligned} \text{div}\,E &= \nabla \cdot E \\ &= \left(i\dfrac{\partial}{\partial x} + j\dfrac{\partial}{\partial y} + k\dfrac{\partial}{\partial z} \right) \cdot (iE_x + jE_y + kE_z) \\ &= \dfrac{\partial E_x}{\partial x} + \dfrac{\partial E_y}{\partial y} + \dfrac{\partial E_z}{\partial z} \end{aligned}$

답 ③

문제 05
다음 정전계에 관한 식 중에서 틀린 것은? (단, D는 전속밀도, V는 전위, ρ는 공간(체적) 전하 밀도, ϵ은 유전율이다.)

① 가우스의 정리 : $\text{div}\,D = \rho$
② 포아송의 방정식 : $\nabla^2 V = \dfrac{\rho}{\epsilon}$
③ 라플라스의 방정식 : $\nabla^2 V = 0$
④ 발산의 정리 : $\oint_s D \cdot ds = \int_v \text{div}\,D\,dv$

풀이

- $\text{div}\,E = \nabla \cdot E = \dfrac{\rho}{\epsilon_0}$
- $E = -\text{grad}\,V = -\nabla V$

이 두 식에서 다음의 관계식을 얻을 수 있다.

$\text{div grad}\,V = -\dfrac{\rho}{\epsilon_0}$

$\nabla \cdot \nabla V = \nabla^2 V = -\dfrac{\rho}{\epsilon_0}$

즉, 전하밀도가 공간적으로 분포하고 있을 때 그 내부의 임의의 점에서 전위를 결정하는 식으로 $\nabla^2 V = -\dfrac{\rho}{\epsilon_0}$을 **포아송의 방정식**이라고 한다.

답 ②

문제 06
맥스웰(Maxwell) 전자방정식의 물리적 의미 중 틀린 것은?

① 자계의 시간적 변화에 따라 전계의 회전이 발생한다.
② 전도전류와 변위전류는 자계를 발생시킨다.
③ 고립된 자극이 존재한다.
④ 전하에서 전속선이 발산한다.

풀이

맥스웰의 전자방정식 중 $\nabla \cdot B = 0$의 의미
- 독립된 자극은 존재하지 않고 항상 N, S극이 존재함을 의미

답 ③

문제 07
전하 $\pi[C]$이 2[m/s]의 속도로 진공 중을 직선운동하고 있다면, 이 운동 방향에 대하여 각도 θ이고, 거리 2[m] 떨어진 점의 자계의 세기는 몇 [A/m]인가?

① $\cos\theta$
② $\dfrac{\sin\theta}{2}$
③ $\dfrac{\sin\theta}{4}$
④ $\dfrac{\sin\theta}{8}$

풀이

등가전류 $I = \dfrac{q}{t} = \dfrac{qv}{l}$ ($\because v = \dfrac{l}{t}$)

비오사바르 법칙

$H = \dfrac{Il\sin\theta}{4\pi r^2} = \dfrac{qv\sin\theta}{4\pi r^2} = \dfrac{\pi \times 2 \times \sin\theta}{4\pi \times 2^2} = \dfrac{\sin\theta}{8}$ [A/m]

답 ④

문제 08
도체계에서의 전위 계수의 성질로 옳지 않은 것은?

① $P_{rr} \geq P_{rs}$
② $P_{rr} < 0$
③ $P_{rs} \geq 0$
④ $P_{rs} = P_{sr}$

풀이

전위 계수의 성질
- $P_{rr} > 0$
- $P_{rr} \geq P_{rs}$
- $P_{rs} \geq 0$
- $P_{rs} = P_{sr}$

답 ②

문제 09
그림과 같은 동축케이블에 유전체가 채워졌을 때의 정전용량[F]은? (단, 유전체의 비유전율은 ϵ_s이고 내반지름과 외반지름은 각각 a[m], b[m]이며 케이블의 길이는 l[m]이다.)

① $\dfrac{2\pi\epsilon_s l}{\ln\dfrac{b}{a}}$ ② $\dfrac{2\pi\epsilon_0\epsilon_s l}{\ln\dfrac{b}{a}}$

③ $\dfrac{\pi\epsilon_s l}{\ln\dfrac{b}{a}}$ ④ $\dfrac{\pi\epsilon_0\epsilon_s l}{\ln\dfrac{b}{a}}$

풀이
- 동축 원통 사이의 단위 길이당 정전용량
$$C_0 = \dfrac{2\pi\epsilon_0\epsilon_s}{\ln\dfrac{b}{a}}\,[\text{F/m}]$$
- 길이 l[m]인 동축케이블의 정전용량
$$C = C_0 l = \dfrac{2\pi\epsilon_0\epsilon_s l}{\ln\dfrac{b}{a}}\,[\text{F}]$$

답 ②

문제 10
㉠ $\Omega \cdot \sec$, ㉡ $\sec/\Omega$과 같은 단위는?

① ㉠ H, ㉡ F
② ㉠ H/m, ㉡ F/m
③ ㉠ F, ㉡ H
④ ㉠ F/m, ㉡ H/m

풀이
시정수 t[sec]와 R[Ω], L[H], C[F]의 관계에서
$t = \dfrac{L}{R}$ 에서 $L = Rt$
$\therefore$ [H] = [Ω·sec]
$t = RC$ 에서 $C = \dfrac{t}{R}$
$\therefore$ [F] = [sec/Ω]

답 ①

문제 11
반지름 a[m]인 접지 도체구의 중심에서 r[m]되는 거리에 점전하 Q[C]을 놓았을 때 도체구에 유도된 총 전하는 몇 [C]인가?

① 0 ② $-Q$

③ $-\dfrac{a}{r}Q$ ④ $-\dfrac{r}{a}Q$

풀이

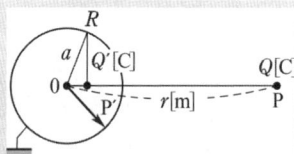

점 P'의 영상 전하는 도체에 유기되는 전하를 대표할 수 있다.
- 영상전하 $Q' = -\dfrac{a}{r}Q$ [C]
  (실제로 유기된 구도체상의 전하 밀도는 불균일)
- 영상점 $\overline{OP'} = \dfrac{a^2}{r}$ [m]

답 ③

문제 12
정전계에 대한 설명으로 옳은 것은?
① 전계 에너지가 최소로 되는 전하분포의 전계이다.
② 전계 에너지가 최대로 되는 전하분포의 전계이다.
③ 전계 에너지가 항상 0인 전기장을 말한다.
④ 전계 에너지가 항상 ∞인 전기장을 말한다.

풀이
① 전계(전기장, 전장) : 전기력이 미치는 공간을 말한다.
② **정전계 : 전계 에너지가 최소로 되는 전하 분포의 전계**

답 ①

문제 13
자장 중에서 도선에 발생되는 유기 기전력의 방향은 어떤 법칙에 의하여 설명되는가?
① 패러데이(Faraday)의 법칙
② 앙페르(Ampere)의 오른나사 법칙
③ 렌츠(Lenz)의 법칙
④ 가우스(Gauss)의 법칙

풀이
유도 기전력 $e = -\dfrac{d\Phi}{dt} = -N\dfrac{d\phi}{dt}$ [V]에서

- **렌츠의 법칙** : 전자유도에 의해 발생하는 기전력은 자속 변화를 방해하는 방향으로 전류가 발생한다. 이것을 렌츠의 법칙(Lenz's law)이라 하고, **기전력의 방향(−)을 결정**한다.
- **페러데이 법칙** : 유도 기전력의 크기는 폐회로에 쇄교하는 자속의 시간적 변화율에 비례한다." 이것을 패러데이 법칙(Faraday's law) 또는 노이만 법칙(Neumann's law)이라 하며, **기전력의 크기를 결정**한다. 답 ③

l_2 : 코일의 폭[m]
θ : 코일면의 법선과 자계가 이루는 각 답 ④

문제 16 투자율 μ_1 및 μ_2인 두 자성체의 경계면에서 자력선의 굴절법칙을 나타낸 식은?

① $\dfrac{\mu_1}{\mu_2}=\dfrac{\sin\theta_1}{\sin\theta_2}$ ② $\dfrac{\mu_1}{\mu_2}=\dfrac{\sin\theta_2}{\sin\theta_1}$

③ $\dfrac{\mu_1}{\mu_2}=\dfrac{\tan\theta_1}{\tan\theta_2}$ ④ $\dfrac{\mu_1}{\mu_2}=\dfrac{\tan\theta_2}{\tan\theta_1}$

풀이
① 자속밀도는 경계면에서 법선성분이 같다.
$B_1\cos\theta_1 = B_2\cos\theta_2$ ($B_1=\mu_1 H_1$, $B_2=\mu_2 H_2$)
② 자계의 세기는 경계면에서 접선성분이 같다.
$H_1\sin\theta_1 = H_2\sin\theta_2$
두 조건에서
$\dfrac{H_2\sin\theta_2}{B_2\cos\theta_2}=\dfrac{H_1\sin\theta_1}{B_1\cos\theta_1}$

$\dfrac{H_2}{\mu_2 H_2}\cdot\tan\theta_2=\dfrac{H_1}{\mu_1 H_1}\cdot\tan\theta_1$

따라서, **자성체의 굴절의 법칙**은 $\dfrac{\tan\theta_1}{\tan\theta_2}=\dfrac{\mu_1}{\mu_2}$의 관계가 얻어진다. 답 ③

문제 14 비투자율 $\mu_r=4$인 자성체 내에서 주파수 1[GHz]인 전자기파의 파장[m]은?

① 0.1 ② 0.15
③ 0.25 ④ 0.4

풀이
전자파의 전파속도
$v=\dfrac{1}{\sqrt{\epsilon\mu}}=\dfrac{1}{\sqrt{\epsilon_0\mu_0}\sqrt{\epsilon_r\mu_r}}=\dfrac{1}{\sqrt{\epsilon_0\mu_0}}\times\dfrac{1}{\sqrt{\epsilon_r\mu_r}}$

여기서, $\dfrac{1}{\sqrt{\epsilon_0\mu_0}}=\dfrac{1}{\sqrt{\dfrac{1}{4\pi\times 9\times 10^9}\times 4\pi\times 10^{-7}}}$
$=3\times 10^8$ [m/sec]

$v=\dfrac{3\times 10^8}{\sqrt{\epsilon_r\mu_r}}=\dfrac{3\times 10^8}{\sqrt{1\times 4}}=1.5\times 10^8$ [m/s]

$\lambda=\dfrac{v}{f}=\dfrac{1.5\times 10^8}{1\times 10^9}=0.15$ [m] 답 ②

문제 17 자기인덕턴스가 각각 L_1, L_2인 두 코일을 서로 간섭이 없도록 병렬로 연결했을 때 그 합성 인덕턴스는?

① L_1+L_2 ② $L_1\cdot L_2$
③ $\dfrac{L_1+L_2}{L_1\cdot L_2}$ ④ $\dfrac{L_1\cdot L_2}{L_1+L_2}$

풀이
병렬 접속
- 가극성 $L=\dfrac{L_1 L_2-M^2}{L_1+L_2-2M}$
- 감극성 $L=\dfrac{L_1 L_2-M^2}{L_1+L_2+2M}$

간섭이 없도록 병렬로 연결하면 $M=0$ 이므로
$L=\dfrac{L_1 L_2}{L_1+L_2}$ 답 ④

문제 15 권선수가 400회, 면적이 9π[cm²]인 장방형 코일에 1[A]의 직류가 흐르고 있다. 코일의 장방형 면과 평행한 방향으로 자속밀도가 0.8[Wb/m²]인 균일한 자계가 가해져 있다. 코일의 평행한 두 변의 중심을 연결하는 선을 축으로 할 때 이 코일에 작용하는 회전력은 약 몇 [N·m] 인가?

① 0.3 ② 0.5
③ 0.7 ④ 0.9

풀이
회전력 $T=nBIl_1 l_2\sin\theta$
$=400\times 0.8\times 1\times 9\pi\times 10^{-4}\times\sin 90°$
$=0.9$[N·m]
여기서, n : 코일의 권수
B : 자속밀도[Wb/m²]
I : 전류[A]
l_1 : 코일의 길이[m]

문제 18 다음 중 맥스웰의 전자 방정식으로 옳지 않은 것은?

① $\text{rot } \boldsymbol{H} = i + \dfrac{\partial \boldsymbol{D}}{\partial t}$

② $\text{rot } \boldsymbol{E} = -\dfrac{\partial \boldsymbol{B}}{\partial t}$

③ $\text{div } \boldsymbol{B} = \phi$

④ $\text{div } \boldsymbol{D} = \rho$

풀이
맥스웰의 전자 방정식
- $\text{rot } \boldsymbol{E} = -\dfrac{\partial \boldsymbol{B}}{\partial t}$
- $\text{rot } \boldsymbol{H} = i + \dfrac{\partial \boldsymbol{D}}{\partial t}$

보조 방정식
- $\text{div } \boldsymbol{D} = \rho$
- $\text{div } \boldsymbol{B} = 0$

답 ③

문제 19 액체 유전체를 넣은 콘덴서의 용량이 20 [μF]이다. 여기에 500[kV]의 전압을 가하면 누설전류는 몇 [A]인가? (단, 비유전율 $\epsilon_s = 2.2$, 고유저항 $\rho = 10^{11}[\Omega \cdot \text{m}]$ 이다.)

① 4.2
② 5.13
③ 54.5
④ 61

풀이
$RC = \rho\epsilon$ [s], $R = \dfrac{\rho\epsilon}{C}[\Omega]$

$\therefore I = \dfrac{V}{R} = \dfrac{CV}{\rho\epsilon} = \dfrac{CV}{\rho\epsilon_0\epsilon_s} = \dfrac{20 \times 10^{-6} \times 500 \times 10^3}{10^{11} \times 8.855 \times 10^{-12} \times 2.2}$
$= 5.13$ [A]

답 ②

문제 20 자기 인덕턴스의 성질을 설명한 것으로 옳은 것은?

① 경우에 따라 정(+) 또는 부(-)의 값을 갖는다.
② 항상 정(+)의 값을 갖는다.
③ 항상 부(-)의 값을 갖는다.
④ 항상 0이다.

풀이
① **자기 인덕턴스**
- 자신의 회로에 단위 전류가 흐를 때의 자속 쇄교수
- **항상 정(+)의 값**

② 상호 인덕턴스
- 근접한 두 회로 상호 간의 인덕턴스
- 두 코일에 흐르는 전류가 만드는 자속이 같은 방향이면 정(+)의 값
- 두 코일에 흐르는 전류가 만드는 자속이 반대 방향이면 부(-)의 값

답 ②

제2과목 전력공학

문제 21 송전선로에 낙뢰를 방지하기 위하여 설치하는 것은?

① 댐퍼
② 초호환
③ 가공지선
④ 애자

풀이
① 댐퍼 : 전선의 진동 방지
② 초호환 : 섬락으로부터 애자련의 보호, 애자련의 전압 분포 개선
③ **가공지선 : 뇌의 차폐**
④ 애자 : 전선을 지지하고 절연

답 ③

문제 22 석탄연소 화력발전소에서 사용되는 집진 장치의 효율이 가장 큰 것은?

① 전기식 집진장치
② 수세식 집진장치
③ 원심력식 집진장치
④ 직렬결합식 집진장치

풀이
집진 효율이 가장 큰 것은 전기식으로 코트렐식 집진 장치가 현재 가장 많이 사용되고 있다.

답 ①

문제 23 송전전력, 송전거리, 전선의 비중 및 전력 손실률이 일정하다고 하면 전선의 단면적 A[mm^2]와 송전전압 V[kV]와의 관계로 옳은 것은?

① $A \propto V$
② $A \propto V^2$
③ $A \propto \dfrac{1}{V^2}$
④ $A \propto \sqrt{V}$

풀이

- 전력손실 $P_l = 3I^2R = \dfrac{P^2\rho l}{V^2\cos^2\theta A}$ (전류 $I = \dfrac{P}{\sqrt{3}\,V\cos\theta}$)
- 전력손실률 $h = \dfrac{P_l}{P} = \dfrac{P\rho l}{V^2\cos^2\theta A}$ 에서

  전선의 단면적 $A = \dfrac{P\rho l}{hV^2\cos^2\theta}$
- $P, \rho, l, h, \cos\theta$가 일정한 경우이므로

  전선의 단면적 $A \propto \dfrac{1}{V^2}$

  답 ③

문제 24 부하율이란?

① $\dfrac{\text{피상 전력}}{\text{부하 설비 용량}} \times 100[\%]$

② $\dfrac{\text{부하 설비 용량}}{\text{피상 전력}} \times 100[\%]$

③ $\dfrac{\text{최대 수용 전력}}{\text{평균 수용 전력}} \times 100[\%]$

④ $\dfrac{\text{평균 수용 전력}}{\text{최대 수용 전력}} \times 100[\%]$

풀이

부하율 = $\dfrac{\text{평균 수요 전력 [kW]}}{\text{최대 수요 전력 (합성 최대 전력) [kW]}} \times 100[\%]$

= $\dfrac{\text{평균 수요 전력 [kW]}}{\text{부하 설비 합계 [kW]}} \times \dfrac{\text{부등률}}{\text{수용률}} \times 100[\%]$

답 ④

문제 25 배전전압, 배전거리 및 전력손실이 같다는 조건에서 단상 2선식 전기방식의 전선 총중량을 100[%]라 할 때 3상 3선식 전기방식은 몇 [%]인가?

① 33.3 ② 37.5
③ 75.0 ④ 100.0

풀이

- 송전 전력은 동일하므로

  $\sqrt{3}\,VI_3\cos\theta = VI_1\cos\theta$

  $\therefore I_1 = \sqrt{3}\,I_3$
- 전력 손실이 동일하므로

  $3I_3^2\rho\dfrac{l}{A_3} = 2I_1^2\rho\dfrac{l}{A_1}$

  $3I_3^2\rho\dfrac{l}{A_3} = 2(\sqrt{3}\,I_3)^2\rho\dfrac{l}{A_1}, \quad A_3 = \dfrac{1}{2}A_1$

- 전선량(무게)비

  $\dfrac{3상3선식}{단상2선식} = \dfrac{3A_3 l\sigma}{2A_1 l\sigma} = \dfrac{3}{2} \times \dfrac{1}{2} = \dfrac{3}{4} = 0.75$

- 단상 2선식 기준 소요 전선량 요약

전기 방식	소요 전선량 [%]	비 고
단상 2선식	100	단상 2선식 기준
단상 3선식	37.5	중성선과 전압선의 굵기가 동일
	31.3	중성선의 굵기가 전압선의 1/2
3상 3선식	75	
3상 4선식	33.3	중성선과 전압선의 굵기가 동일
	29.2	중성선의 굵기가 전압선의 1/2

답 ③

문제 26 전력계통의 전력용 콘덴서와 직렬로 연결하는 리액터로 제거되는 고조파는?

① 제2고조파 ② 제3고조파
③ 제4고조파 ④ 제5고조파

풀이

- 제3고조파 제거 : 변압기의 △결선 방식
- 제5고조파 제거 : 콘덴서와 직렬로 접속하는 **직렬 리액터**

답 ④

문제 27 3상 3선식 수직배치인 선로에서 오프셋(off-set)을 주는 주된 이유는?

① 단락방지
② 전선진동 억제
③ 전선 풍압감소
④ 철탑 중량감소

풀이

오프셋 : 전선 도약에 의한 **상간 단락 사고 방지**

답 ①

문제 28 우리나라의 특고압 배전방식으로 가장 많이 사용되고 있는 것은?

① 단상 2선식 ② 단상 3선식
③ 3상 3선식 ④ 3상 4선식

풀이

3상 4선식은 같은 회선에서 선간전압과 상전압의 양전압을 이용할 수 있기 때문에 배전에서 많이 채용되고 있다.

답 ④

문제 29 하천유량을 측정하는 방법으로 유속의 측정방법과 직접유량을 측정하는 방법이 있는데 다음 보기 중 직접유량을 측정하는 방법이 아닌 것은?

① 염분법
② 언측법
③ 수위 관측법
④ 부표법

풀이

하천유량은 그 통로의 단면적과 그 단면에 대한 직각방향의 유속과의 곱으로 표시되므로 유량을 알기 위해서는 단면적과 유속을 측정해야 한다.

1) 유속의 측정방법
  ① 유속계법
  ② 부표법
  ③ 염수속도법
  ④ 수압 시간법
  ⑤ 피토관법
2) **직접유량을 측정**하는 방법
  ① 염분법
  ② 언측법
  ③ 수위 관측법

답 ④

문제 30 송전계통의 안정도 증진방법에 대한 설명이 아닌 것은?

① 전압변동을 작게 한다.
② 직렬리액턴스를 크게 한다.
③ 고장 시 발전기 입·출력의 불평형을 작게 한다.
④ 고장전류를 줄이고 고장구간을 신속하게 차단한다.

풀이

안정도 향상 대책

- **계통의 직렬 리액턴스 감소**(직렬콘덴서 설치, 단락비 크게, 복도체 사용, 병행회선 채용)
- 전압변동률을 적게 한다. (속응 여자 방식 채용, 계통의 연계, 중간 조상 방식)
- 계통에 주는 충격을 적게 한다. (적당한 중성점 접지 방식, 고속 차단 방식, 재폐로 방식)
- 고장 중의 발전기 돌입 출력의 불평형을 적게 한다.

답 ②

문제 31 30000[kW]의 전력을 50[km] 떨어진 지점에 송전하려고 할 때 송전전압[kV]은 약 얼마인가? (단, still 식에 의하여 산정한다.)

① 22
② 33
③ 66
④ 100

풀이

Still 식 $V_s = 5.5\sqrt{0.6 \times l + 0.01P}$
$= 5.5\sqrt{0.6 \times 50 + 0.01 \times 30000} = 99.91[kV]$

여기서, V_s : 송전전압[kV]
l : 송전거리[km]
P : 송전전력[kW]

답 ④

문제 32 전선의 자체 중량과 빙설의 종합하중을 W_1, 풍압하중을 W_2라 할 때 합성하중은?

① $W_1 + W_2$
② $W_2 - W_1$
③ $\sqrt{W_1 - W_2}$
④ $\sqrt{W_1^2 + W_2^2}$

풀이

w_c : 전선의 자체중량
w_i : 부착빙설의 중량
w_w : 수평풍압

합성하중 $W = \sqrt{(w_c + w_i)^2 + w_w^2}$

∴ 합성 하중 $W = \sqrt{(빙설하중 + 자중)^2 + (풍압하중)^2}$
$= \sqrt{W_1^2 + W_2^2}$

답 ④

문제 33 전력용 퓨즈의 설명으로 옳지 않은 것은?

① 소형으로 큰 차단용량을 갖는다.
② 가격이 싸고 유지 보수가 간단하다.
③ 밀폐형 퓨즈는 차단시에 소음이 없다.
④ 과도 전류에 의해 쉽게 용단되지 않는다.

풀이

전력용 퓨즈의 장점
- 소형, 경량이다.
- **과도전류를 고속도 차단할 수 있다.**
- 소형으로 큰 차단 용량을 가진다.
- 유지 보수가 간단하다.
- 가격이 저렴하다.

답 ④

문제 34 부하전류의 차단능력이 없는 것은?
① 공기차단기 ② 유입차단기
③ 진공차단기 ④ 단로기

풀이
- 차단기(Breaker) : 아크 소호능력이 있어 부하전류나 사고전류의 차단이 가능
- 스위치(Switch) : 아크 소호능력이 없어 부하전류나 사고전류의 차단이 불 가능
- **단로기**(Disconnecting Switch)**는 스위치** 이므로 아크 소호 능력이 없어 부하 전류의 개폐를 하지 못한다.

답 ④

문제 35 역률 0.8인 부하 480[kW]를 공급하는 변전소에 전력용 콘덴서 220[kVA]를 설치하면 역률은 몇 [%]로 개선할 수 있는가?
① 92 ② 94
③ 96 ④ 99

풀이
- 부하의 유효전력 $P = 480$[kW]
- 부하의 무효전력
$$Q_L = \frac{P}{\cos\theta} \times \sin\theta = \frac{480}{0.8} \times 0.6 = 360[\text{kVar}]$$
- 콘덴서 용량 $Q_c = 220$[kVA]
- 부하 역률 $\cos\theta = \frac{P}{\sqrt{P^2 + (Q_L - Q_c)^2}} \times 100$

$$= \frac{480}{\sqrt{480^2 + (360-220)^2}} \times 100$$
$$= 96[\%]$$

답 ③

문제 36 그림과 같은 선로에서 점 F에서의 1선 지락이 발생한 경우 영상임피던스는?

① $Z_{TS} + Z_n + 3Z_o$ ② $Z_{TS} + 3Z_n + Z_o$
③ $Z_{TS} + Z_n + Z_o\dfrac{L_f}{L}$ ④ $Z_{TS} + 3Z_n + Z_o\dfrac{L_f}{L}$

풀이
- 임피던스는 거리에 비례하므로 선로임피던스 $= Z_o\dfrac{L_f}{L}$

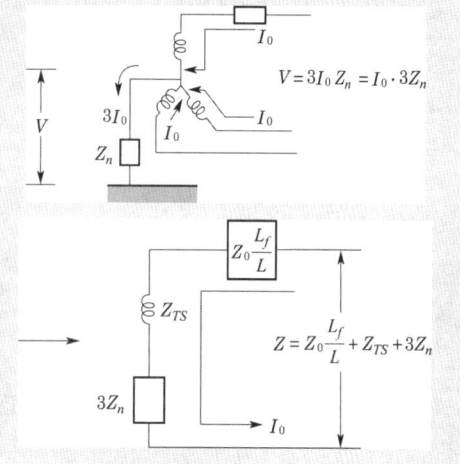

$V = 3I_0 Z_n = I_0 \cdot 3Z_n$

$Z = Z_0\dfrac{L_f}{L} + Z_{TS} + 3Z_n$

따라서 영상임피던스 $= Z_{TS} + 3Z_n + Z_o\dfrac{L_f}{L}$

단, I_0 : 영상전류, Z_n : 지락저항,
Z_{TS} : 송전 측 변압기 임피던스,
Z_0 : 선로임피던스

답 ④

문제 37 송전선로에서 코로나 임계전압이 높아지는 경우는?
① 온도가 높아지는 경우
② 상대공기밀도가 작을 경우
③ 전선의 지름이 큰 경우
④ 기압이 낮은 경우

풀이
코로나 임계전압 E_o

$$E_o = 24.3 m_0 m_1 \delta d \log_{10}\frac{D}{r}[\text{kV}]$$

여기서, δ : 상대공기밀도 $\left(\delta = \dfrac{0.386b}{273+t}\right)$

b : 기압 [mmHg]
t : 온도 [℃]
m_0 : 전선 표면계수
m_1 : 기후에 관한 계수
r : 전선의 반지름 [m]
D : 선간거리 [m]

전선의 직경 d가 증가하면 코로나 임계전압은 상승한다.

답 ③

문제 38 다음 송전선의 전압변동률 식에서 V_{R1}은 무엇을 의미하는가?

$$\epsilon = \frac{V_{R1} - V_{R2}}{V_{R2}} \times 100[\%]$$

① 부하시 송전단 전압
② 무부하시 송전단 전압
③ 전부하시 수전단 전압
④ 무부하시 수전단 전압

풀이

전압변동률 = $\dfrac{\text{무부하시의 수전단 전압} - \text{전부하시의 수전단 전압}}{\text{전부하시의 수전단 전압}}$
$\times 100[\%]$
$= \dfrac{V_{R1} - V_{R2}}{V_{R2}} \times 100[\%]$ **답** ④

문제 39 154[kV] 송전선로에 10개의 현수애자가 연결되어 있다. 다음 중 전압부담이 가장 적은 것은?
① 철탑에 가장 가까운 것
② 철탑에서 3번째에 있는 것
③ 전선에서 가장 가까운 것
④ 전선에서 3번째에 있는 것

풀이
- 전압 부담 최대 : 전선에 가장 가까운 애자
- 전압 부담 최소 : 전선에서 2/3 지점에 있는 애자
  (철탑에서 1/3 지점에 있는 애자) **답** ②

문제 40 차단기의 정격투입전류란 투입되는 전류의 최초 주파수의 어느 값을 말하는가?
① 평균값   ② 최대값
③ 실효값   ④ 직류값

풀이
차단기의 **정격 투입 전류**란 성능에 지장 없이 투입할 수 있는 전류의 한도를 말하며, 투입 전류의 **최초 주파수**에서의 **최대값**으로 나타낸다. 크기는 정격 차단 전류(실효값)의 2.5배를 표준으로 한다. **답** ②

제3과목 전기기기

문제 41 단상 직권 정류자 전동기에서 주자속의 최대치를 ϕ_m, 자극수를 P, 전기자 병렬 회로수를 a, 전기자 전 도체수를 Z, 전기자의 속도를 N[rpm]이라 하면 속도 기전력의 실효값 E_r[V]은? (단, 주자속은 정현파이다.)

① $E_r = \sqrt{2}\,\dfrac{P}{a}Z\dfrac{N}{60}\phi_m$

② $E_r = \dfrac{1}{\sqrt{2}}\,\dfrac{P}{a}ZN\phi_m$

③ $E_r = \dfrac{P}{a}Z\dfrac{N}{60}\phi_m$

④ $E_r = \dfrac{1}{\sqrt{2}}\,\dfrac{P}{a}Z\dfrac{N}{60}\phi_m$

풀이

$E_r = P\phi n \dfrac{Z}{a} = P\dfrac{\phi_m}{\sqrt{2}}\dfrac{N}{60} \cdot \dfrac{Z}{a} = \dfrac{1}{\sqrt{2}}\dfrac{P}{a}Z\dfrac{N}{60}\phi_m$ **답** ④

문제 42 변압기유로 쓰이는 절연유에 요구되는 특성이 아닌 것은?
① 응고점이 낮을 것
② 절연 내력이 클 것
③ 인화점이 높을 것
④ 점도가 클 것

풀이
변압기의 기름으로서 갖추어야 할 조건은
① 절연 내력이 클 것
② 절연 재료 및 금속에 화학 작용을 일으키지 않을 것
③ 인화점이 높고, 응고점이 낮을 것
④ **점도가 낮고, 비열이 커서 냉각 효과가 클 것**
⑤ 고온에서도 석출물이 생기거나 산화하지 않을 것
  답 ④

문제 43 3상 유도전동기의 운전 중 전압을 80[%]로 낮추면 부하회전력은 몇 [%]로 감소되는가?
① 94   ② 80
③ 72   ④ 64

풀이

3상 유도 전동기의 **토크는 전압의 2승에 비례**하므로
$T : T' = V^2 : (0.8V)^2$
$T' = 0.64T$ 　　　답 ④

문제 44 직류 직권 전동기를 정격전압에서 전부하 전류 50 [A]로 운전할 때, 부하토크가 1/2로 감소하면 그 부하전류는 약 몇 [A]인가? (단, 자기포화는 무시한다.)

① 20　　② 25
③ 30　　④ 35

풀이

직권 전동기에서 자기 포화를 무시하면
$T = kI^2$ 에서 $T \propto I^2$
$T : \dfrac{1}{2}T = 50^2 : I^2$
$\therefore I = \sqrt{\dfrac{\frac{1}{2}T}{T}} \cdot 50 = \dfrac{50}{\sqrt{2}} = 35.36[A]$ 　답 ④

문제 45 동기발전기 종류 중 회전계자형의 특징으로 옳은 것은?

① 고주파 발전기에 사용
② 극소용량, 특수용으로 사용
③ 소요전력이 크고 기구적으로 복잡
④ 기계적으로 튼튼하여 가장 많이 사용

풀이

회전 계자형 동기 발전기는 전기자를 고정자로 하고 계자극을 회전자로 한 것으로 회전계자형을 사용하는 이유로는
- 전기자 권선은 전압이 높고 결선이 복잡하며, 대용량으로 되면 전류도 커지고, 3상 권선의 경우에는 4개의 도선을 인출하여야 한다.
- 계자 회로는 직류의 저압 회로이므로 소요 동력도 작으며, 인출 도선이 2개만 있어도 되기 때문이다.
- **계자극은 기계적으로 튼튼**하게 만드는 데 용이하기 때문이다.
- 고장시의 과도 안정도를 높이기 위하여 회전자의 관성을 크게 하기 쉽기 때문이기도 하다. 　답 ④

문제 46 직류에서 교류로 변환하는 기기는?

① 초퍼
② 인버터
③ 회전 변류기
④ 사이클로 컨버터

풀이

- 초퍼 : 직류를 직류로 변환
- **인버터 : 직류를 교류로 변환**
- 컨버터 : 교류를 직류로 변환
- 회전 변류기 : 교류 전력을 직류 전력으로 변환
- 사이클로 컨버터 : 교류를 교류로 변환　답 ②

문제 47 직류 분권전동기의 공급전압의 극성을 반대로 하면 회전 방향은 어떻게 되는가?

① 반대로 된다.
② 변하지 않는다.
③ 발전기로 된다.
④ 회전하지 않는다.

풀이

직류 분권 전동기의 공급 전압의 극성이 반대로 되면, **계자 전류와 전기자 전류의 방향이 동시에 반대로 된다. 따라서, 회전 방향은 변하지 않는다.**

답 ②

문제 48 직류분권전동기의 전체 도체수는 100이고, 단중 중권이며 자극수는 4, 자속수는 극당 0.628 [Wb]이다. 부하를 걸어 전기자에 5[A]가 흐르고 있을 때의 토크는 약 몇 [N·m]인가?

① 15　　② 25
③ 50　　④ 100

풀이

$p = 4$, $Z = 100$, $\phi = 0.628[Wb]$, $I_a = 5[A]$
단중 중권이므로 $a = p = 4$이다.
$P = EI_a = p\phi n \dfrac{Z}{a} I_a = 2\pi n T$

$$\therefore T = \frac{p\phi n \frac{Z}{a} I_a}{2\pi n} = \frac{p\phi Z I_a}{2\pi a} = \frac{4 \times 0.628 \times 100 \times 5}{2\pi \times 4}$$
$$= 49.97 [\text{N} \cdot \text{m}]$$
답 ③

문제 49 동기발전기의 병렬운전에서 일치하지 않아도 되는 것은?

① 기전력의 크기 ② 기전력의 위상
③ 기전력의 극성 ④ 기전력의 주파수

풀이

동기발전기의 **병렬운전 조건**
① 기전력의 **크기**가 같을 것
② 기전력의 **위상**이 같을 것
③ 기전력의 **주파수**가 같을 것
④ 기전력의 **파형**이 같을 것
⑤ 상회전 방향이 같을 것
답 ③

문제 50 직류기의 손실 중 기계손에 속하는 것은?

① 풍손 ② 와전류손
③ 히스테리시스손 ④ 브러시의 전기손

풀이

총손실	무부하손	철손	히스테리시스손
			와류손
		기계손 : 풍손, 베어링 마찰손, 브러시 마찰손	
	부하손	전기자 저항손 $P_c = I_a^2 R [W]$	
		브러시 전기손	
		표유부하손 : 권선 이외 부분의 누설 자속에 의해 발생	

답 ①

문제 51 동기기의 전기자 권선법이 아닌 것은?

① 중권 ② 2층권
③ 분포권 ④ 전절권

풀이

코일 간격이 극 간격과 같은 것을 전절권이라 하고, 극 간격보다 작은 것을 단절권이라 한다. 단절권은 고조파를 제거하고 기전력의 파형을 좋게 하고, 코일 단부가 짧게 되어 동(Cu)의 양이 적게 드는 이점이 있어, 동기기에는 단절권을 사용하며 **전절권은 사용하지 않는다**.
답 ④

문제 52 변류기의 수리 및 점검 시 변류기 2차측 절연보호를 위해 조치하여야 하는 방법은?

① 변류기 1차측 단자를 개방
② 변류기 2차측 단자를 개방
③ 변류기 1차측 단자를 단락
④ 변류기 2차측 단자를 단락

풀이

변류기의 2차측을 개방하면 1차 전류가 모두 여자 전류가 되어 2차 권선에 매우 높은 전압이 유기되어 절연이 파괴되고 소손될 염려가 있다. 따라서, **2차 측의 절연을 보호하기 위해서는 변류기를 개방하기 전에 2차측을 반드시 단락해야 한다.**
답 ④

문제 53 전기기기에 있어 와전류손(Eddy current loss)을 감소시키기 위한 방법은?

① 냉각압연
② 보상권선 설치
③ 교류전원을 사용
④ 규소강판을 성층하여 사용

풀이

와류손 $P_e = \delta_e (tfk_f B_m)^2 [\text{W/kg}]$
여기서, δ_e : 재료에 의한 정수
f : 주파수[Hz],
B_m : 자속 밀도의 최대값 [Wb/m^2]
t : 철판의 두께[m]
k_f : 파형률
즉, 와류류손(와류손)은 철판의 두께 t^2에 비례한다. 따라서, **와전류손을 감소시키기 위해서는 얇은 규소강판을 성층**하여 사용하면 된다.
답 ④

문제 54 와류손이 3 [kW]인 3300/110[V], 60[Hz]용 단상 변압기를 50[Hz], 3000[V]의 전원에 사용하면 이 변압기의 와류손은 약 몇 [kW]로 되는가?

① 1.7 ② 2.1
③ 2.3 ④ 2.5

풀이

와류손 $P_e = \sigma_e (tfB_m)^2 = K\left(f \cdot \frac{V}{f}\right)^2 = KV^2$
에서 와류손은 주파수와는 무관하고 전압의 제곱에 비례하므로

$$P_e' = P_e \times \left(\frac{V'}{V}\right)^2 = 3 \times \left(\frac{3000}{3300}\right)^2 = 2.48[kW]$$ 답 ④

문제 55 직류전압의 맥동률이 가장 작은 정류회로는? (단, 저항부하를 사용한 경우이다.)
① 단상전파   ② 단상반파
③ 3상반파   ④ 3상전파

풀이
- 맥동률 $= \sqrt{\dfrac{실효값^2 - 평균값^2}{평균값^2}} \times 100 = \dfrac{교류분}{직류분} \times 100[\%]$

정류 종류	단상 반파	단상 전파	3상 반파	3상 전파
맥동률[%]	121	48	17.7	4.04

답 ④

문제 56 동기전동기에서 제동권선의 역할에 해당 되지 않는 것은?
① 기동 토크를 발생한다.
② 난조 방지작용을 한다.
③ 전기자반작용을 방지한다.
④ 급격한 부하의 변화로 인한 속도의 요동을 방지한다.

풀이
제동 권선의 역할
① 난조 방지
② 기동 토크 발생
③ 불평형 부하시의 전류, 전압 파형 개선
④ 송전선의 불평형 단락시의 이상 전압 방지   답 ③

문제 57 3상 권선형 유도 전동기의 2차 회로에 저항을 삽입하는 목적이 아닌 것은?
① 속도는 줄어지지만 최대 토크를 크게 하기 위하여
② 속도 제어를 하기 위하여
③ 기동 토크를 크게 하기 위하여
④ 기동 전류를 줄이기 위하여

풀이
- 최대 토크 $T_m \propto \dfrac{V^2}{2x_2}$: 2차 저항에 무관

- 최대 토크를 발생하는 슬립 $s_m = \pm \dfrac{r_2}{x_2}$: 2차 저항에 비례

따라서, 3상 유도 전동기의 **최대 토크의 크기는 2차저항** r_2 와 슬립 s 에 관계없이 항상 일정하고 다만 최대 토크가 발생하는 슬립점이 2차 회로의 저항에 비례해서 이동할 뿐이다.   답 ①

문제 58 3상 유도 전동기의 원선도 작성에 필요한 시험이 아닌 것은?
① 저항측정   ② 슬립측정
③ 무부하시험   ④ 구속시험

풀이
① 원선도 작성에 필요한 시험은
  • 저항 측정
  • 무부하 시험
  • 구속 시험이 있다.
② 유도 전동기의 원선도에서 구할 수 있는 항목
  • 전부하 전류   • 역률   • 효율   • 슬립
  • 최대출력/정격출력   • 토크
즉, 슬립은 원선도 상에서 구할 수 있다.   답 ②

문제 59 다음은 직류 발전기의 정류 곡선이다. 이 중에서 정류 말기에 정류의 상태가 좋지 않은 것은?

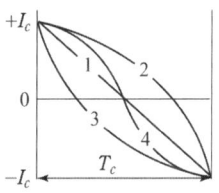

① 1   ② 2
③ 3   ④ 4

풀이
1 : 직선정류
2 : 부족정류
3 : 과정류
4 : 정현파 정류

부족정류 : 정류종료 시 $\dfrac{dI_c}{dt}$ 가

부족 정류 곡선

매우 커서 **정류 종료**
즉, 브러시 뒤쪽에서 불꽃 발생   답 ②

문제 60 3상 농형 유도전동기 기동법 중 옳은 것은?

① Y-△ 기동을 한다.
② 콘덴서를 이용하여 기동한다.
③ 2차 회로에 저항을 넣어 기동한다.
④ 기동저항기법을 사용한다.

풀이
농형 유도전동기의 기동법
① 전 전압 기동기(5[kW] 이하의 소형)
② Y-△ 기동(5~15[kW] 정도)
③ 리액터 기동(기동전류를 제한하고자 할 때)
④ 기동 보상기(15[kW] 이상) **답 ①**

제4과목 회로이론

문제 61 평형 3상 무유도 저항 부하가 3상 4선식 회로에 접속되어 있을 때 단상 전력계를 그림과 같이 접속했더니 그 지시값이 W[W]이었다. 이 부하의 전력[W]은? (단, 정현파 교류이다.)

① $\sqrt{2}\,W$ ② $2W$
③ $\sqrt{3}\,W$ ④ $3W$

풀이
선간 전압을 E_{12}, 부하 전류를 I_1이라 하면 I_1은 상전압 E_1과 동상이 되지만 E_{12}와는 30° 위상차가 있으므로
$$W = E_{12}I_1\cos 30° = \frac{\sqrt{3}}{2}E_{12}\cdot I_1$$
$$\therefore E_{12}\cdot I_1 = \frac{2W}{\sqrt{3}}$$
부하 전력 $P = \sqrt{3}\,E_{12}\cdot I_1 = \sqrt{3}\times\frac{2W}{\sqrt{3}} = 2W[W]$ **답 ②**

문제 62 상순이 abc인 3상 회로에 있어서 대칭분 전압이 $V_0 = -8+j3$[V], $V_1 = 6-j8$[V], $V_2 = 8+j12$[V] 일 때 a상의 전압 V_a[V]는?

① $6+j7$ ② $8+j12$
③ $6+j14$ ④ $16+j4$

풀이
$V_a = V_0 + V_1 + V_2$
$= -8+j3+6-j8+8+j12 = 6+j7$[V] **답 ①**

문제 63 정현파 교류의 실효값을 구하는 식이 잘못된 것은?

① $\sqrt{\dfrac{1}{T}\displaystyle\int_0^T i^2\,dt}$ ② 파고율×평균치
③ $\dfrac{최대값}{\sqrt{2}}$ ④ $\dfrac{\pi}{2\sqrt{2}}\times$평균치

풀이
실효값 $= \sqrt{\dfrac{1}{T}\displaystyle\int_0^T i^2\,dt} = \dfrac{1}{파고율}\times$최대값
$=$ 파형률×평균값
$= \dfrac{1}{\sqrt{2}}$최대값 $= \dfrac{\pi}{2\sqrt{2}}$평균값 **답 ②**

문제 64 22[kVA]의 부하가 0.8의 역률로 운전될 때 이 부하의 무효전력[kVar]은?

① 11.5 ② 12.3
③ 13.2 ④ 14.5

풀이
부하의 무효전력
$Q_L = P_a \sin\theta = P_a\sqrt{1-\cos^2\theta}$
$= 22\times\sqrt{1-0.8^2} = 13.2$[kVar] **답 ③**

문제 65 기본파의 30[%]인 제3고조파와 기본파의 20[%]인 제5고조파를 포함하는 전압의 왜형률은 약 얼마인가?

① 0.21 ② 0.31
③ 0.36 ④ 0.42

풀이

왜형률 = $\dfrac{\text{각 고조파의 실효값의 합}}{\text{기본파의 실효값}}$

$= \dfrac{\sqrt{V_3^2 + V_5^2}}{V_1} = \sqrt{\left(\dfrac{V_3}{V_1}\right)^2 + \left(\dfrac{V_5}{V_1}\right)^2}$

$= \sqrt{0.3^2 + 0.2^2} = 0.36$

답 ③

문제 66 그림과 같은 회로에서 스위치 S를 닫았을 때 시정수[sec]의 값은? (단, $L = 10$[mH], $R = 20$ [Ω] 이다.)

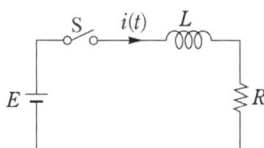

① 200
② 2000
③ 5×10^{-3}
④ 5×10^{-4}

풀이

$R-L$ 직렬 회로의 시정수 $\tau = \dfrac{L}{R}$[s]

$\therefore \tau = \dfrac{10 \times 10^{-3}}{20} = 5 \times 10^{-4}$ [s]

답 ④

문제 67 회로의 전압비 전달함수 $G(s) = \dfrac{V_2(s)}{V_1(s)}$는?

① RC
② $\dfrac{1}{RC}$
③ $RCs + 1$
④ $\dfrac{1}{RCs + 1}$

풀이

$G(s) = \dfrac{V_2(s)}{V_1(s)} = \dfrac{\dfrac{1}{Cs}}{R + \dfrac{1}{Cs}} = \dfrac{1}{RCs + 1}$

답 ④

문제 68 어떤 회로의 단자전압이
$V = 100\sin\omega t + 40\sin 2\omega t + 30\sin(3\omega t + 60°)$
[V]이고, 전압강하의 방향으로 흐르는 전류가
$I = 10\sin(\omega t - 60°) + 2\sin(3\omega t + 105°)$ [A] 일 때 회로에 공급되는 평균전력[W]은?

① 271.2
② 371.2
③ 530.2
④ 630.2

풀이

주파수가 서로 다른 전압, 전류 사이에서는 유효전력도 무효전력도 전혀 발생하지 않는다.

$\therefore$ 소비전력 $P = V_1 I_1 \cos\theta_1 + V_3 I_3 \cos\theta_3$

$= \dfrac{100}{\sqrt{2}} \times \dfrac{10}{\sqrt{2}} \times \cos 60° + \dfrac{30}{\sqrt{2}} \times \dfrac{2}{\sqrt{2}} \times \cos(105° - 60°)$

$= 271.21$ [W]

답 ①

문제 69 불평형 Y결선의 부하 회로에 평형 3상 전압을 가할 경우 중성점의 전위 $V_{n'n}$[V]는? (단, Z_1, Z_2, Z_3는 각 상의 임피던스[Ω]이고, Y_1, Y_2, Y_3는 각 상의 임피던스에 대한 어드미턴스[℧] 이다.)

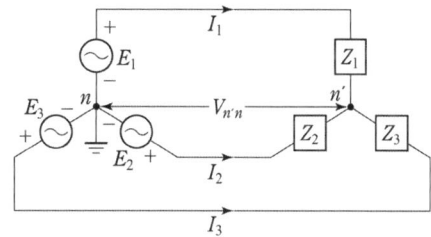

① $\dfrac{E_1 + E_2 + E_3}{Z_1 + Z_2 + Z_3}$

② $\dfrac{Z_1 E_1 + Z_2 E_2 + Z_3 E_3}{Z_1 + Z_2 + Z_3}$

③ $\dfrac{E_1 + E_2 + E_3}{Y_1 + Y_2 + Y_3}$

④ $\dfrac{Y_1 E_1 + Y_2 E_2 + Y_3 E_3}{Y_1 + Y_2 + Y_3}$

풀이

밀만의 정리

$V_{n'n} = \dfrac{\dfrac{E_1}{Z_1} + \dfrac{E_2}{Z_2} + \dfrac{E_3}{Z_3}}{\dfrac{1}{Z_1} + \dfrac{1}{Z_2} + \dfrac{1}{Z_3}} = \dfrac{Y_1 E_1 + Y_2 E_2 + Y_3 E_3}{Y_1 + Y_2 + Y_3}$

답 ④

문제 70
3상 평형회로에서 선간전압이 200[V]이고 각 상의 임피던스가 $24+j7[\Omega]$인 Y결선 3상 부하의 유효전력은 약 몇 [W] 인가?

① 192　　② 512
③ 1536　　④ 4608

풀이

Y결선시 상전압(V_p)은 선간전압(V_l)의 $\frac{1}{\sqrt{3}}$배 이므로

상전류 $I_p = \frac{V_p}{Z_p} = \frac{\frac{V_l}{\sqrt{3}}}{Z_p} = \frac{\frac{200}{\sqrt{3}}}{\sqrt{24^2+7^2}} = \frac{200}{25\sqrt{3}}[A]$

$\therefore P = 3I_p^2 R = 3 \times \left(\frac{200}{25\sqrt{3}}\right)^2 \times 24 = 1536[W]$　답 ③

문제 71
그림에서 절점 B의 전위[V]는?

① 130
② 110
③ 100
④ 90

풀이

$I = \frac{V}{R} = \frac{110}{(20+25+10)} = 2[A]$

접지를 기준(0[V])으로 잡고, 각 저항에서의 전압강하를 구하면

- B점과 C점 사이의 전압강하 $e_{BC} = IR_1 = 2 \times 20 = 40[V]$
- C점과 D점 사이의 전압강하 $e_{CD} = 2 \times 25 = 50[V]$
- D점과 A점 사이의 전압강하 $e_{DA} = (-2) \times 10 = -20[V]$

따라서, B점의 전위는
$e_{BD} = 40+50 = 90[V]$이다.　답 ④

문제 72
대칭 6상 기전력의 선간 전압과 상기전력의 위상차는?

① 120°　　② 60°
③ 30°　　④ 15°

풀이

대칭 n상인 경우 기전력의 위상차는
$\theta = \frac{\pi}{2}\left(1-\frac{2}{n}\right) = \frac{180}{2}\left(1-\frac{2}{6}\right) = 90° \times \frac{2}{3} = 60°$　답 ②

문제 73
$\frac{B(s)}{A(s)} = \frac{2}{2s+3}$의 전달 함수를 미분 방정식으로 표시하면?

① $2\frac{d}{dt}b(t) + 3b(t) = a(t)$

② $\frac{d}{dt}b(t) + b(t) = a(t)$

③ $2\frac{d}{dt}b(t) + 3b(t) = 2a(t)$

④ $3\frac{d}{dt}a(t) + (t) = 2b(t)$

풀이

$\frac{B(s)}{A(s)} = \frac{2}{2s+3}$

$2sB(s) + 3B(s) = 2A(s)$

$\therefore 2\frac{d}{dt}b(t) + 3b(t) = 2a(t)$　답 ③

문제 74
RL 직렬회로에 직류전압 E[V]를 어느 순간에 인가하였을 때 시정수의 5배의 시간에서는 정상 전류의 약 몇 [%]에 도달하는가?

① 93.3　　② 95.3
③ 97.3　　④ 99.3

풀이

- RL 직렬회로에 흐르는 전류
$i = \frac{E}{R}(1-e^{-\frac{R}{L}t}) = \frac{E}{R}(1-e^{-\frac{t}{\tau}})$에서 $(\because \tau = \frac{L}{R})$

$t = 5\tau$ 이므로
$i = \frac{E}{R}(1-e^{-\frac{5\tau}{\tau}}) = \frac{E}{R}(1-e^{-5}) = 0.993\frac{E}{R}$

- 정상 전류는 $I = \frac{E}{R}$이므로 시정수의 5배의 시간에서는 정상전류의 99.3[%]에 도달한다.　답 ④

문제 75
2단자 회로망에 단상 100[V]의 전압을 가하면 30[A]의 전류가 흐르고 1.8[kW]의 전력이 소비된다. 이 회로망과 병렬로 커패시터를 접속하여 합성 역률을 100[%]로 하기 위한 용량성 리액턴스는 약 몇 [Ω]인가?

① 2.1　　② 4.2
③ 6.3　　④ 8.4

풀이

- 역률 $\cos\theta = \dfrac{P}{VI} = \dfrac{1800}{100\times 30} = 0.6$
- 무효율 $\sin\theta = \sqrt{1-\cos^2\theta} = \sqrt{1-0.6^2} = 0.8$
- 무효전력 $Q = VI\sin\theta = 100\times 30\times 0.8 = 2400[\text{Var}]$
- 역률이 100[%]가 되기 위해서는 진상의 무효전력인 2400[VA]의 콘덴서가 필요하다.
- $Q_c = VI_c = 2\pi f CV^2 = \dfrac{V^2}{X_c}$

따라서 $X_c = \dfrac{V^2}{Q_c} = \dfrac{100^2}{2400} = 4.17[\Omega]$ **답 ②**

문제 76 어떤 회로에 흐르는 전류가 $i = 5 + 14.1\sin\omega t$인 경우 실효값은 약 몇 [A]인가?

① 11.2[A]   ② 12.5[A]
③ 14.4[A]   ④ 16.1[A]

풀이

비정현파의 실효값
$I = \sqrt{I_0^2 + I_1^2 + I_2^2 + \cdots + I_n^2}$ 에서
$I = \sqrt{5^2 + \left(\dfrac{14.1}{\sqrt{2}}\right)^2} = 11.2[A]$ **답 ①**

문제 77 그림과 같은 회로에서 $5[\Omega]$에 흐르는 전류 I는 몇 [A]인가?

① $\dfrac{1}{2}$ ② $\dfrac{2}{3}$
③ 1   ④ $\dfrac{5}{3}$

풀이

① 10[V] 전압원에 의해 흐르는 전류
(이때 5[V] 전압원은 단락) $I_1 = 0$

⇒ $5[\Omega]$으로 전류 흐르지 않는다.

② 5[V] 전압원에 의해 흐르는 전류
(이때 10[V] 전압원은 단락)

$I_2 = \dfrac{5}{5} = 1[A]$

③ $5[\Omega]$에 흐르는 전류 $I = I_1 + I_2 = 0 + 1 = 1[A]$ **답 ③**

문제 78 T형 4단자 회로의 임피던스 파라미터 중 Z_{22}는?

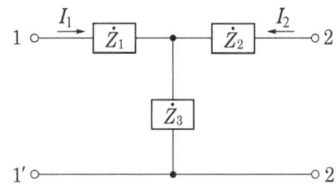

① $Z_1 + Z_2$ ② $Z_2 + Z_3$
③ $Z_1 + Z_3$ ④ $-Z_2$

풀이

- $Z_{11} = \left.\dfrac{V_1}{I_1}\right|_{I_2=0} = \dfrac{I_1(Z_1+Z_3)}{I_1} = Z_1 + Z_3$
- $Z_{12} = \left.\dfrac{V_1}{I_2}\right|_{I_1=0} = \dfrac{I_2 Z_3}{I_2} = Z_3$
- $Z_{21} = \left.\dfrac{V_2}{I_1}\right|_{I_2=0} = \dfrac{I_1 Z_3}{I_1} = Z_3$
- $Z_{22} = \left.\dfrac{V_2}{I_2}\right|_{I_1=0} = \dfrac{I_2(Z_2+Z_3)}{I_2} = Z_2 + Z_3$ **답 ②**

문제 79 3상 평형 부하가 있다. 선간전압이 200[V], 역률이 0.8이고, 소비전력이 10[kW]라면 선전류는 약 몇 [A]인가?

① 30   ② 32
③ 34   ④ 36

풀이

소비전력 $P = \sqrt{3}\,VI\cos\theta$

$\therefore I = \dfrac{P_0}{\sqrt{3}\,V\cos\theta} = \dfrac{10\times 10^3}{\sqrt{3}\times 200\times 0.8} = 36.08[A]$ **답 ④**

문제 80 그림과 같이 주기가 3[s]인 전압 파형의 실효값은 약 몇 [V] 인가?

① 5.67
② 6.67
③ 7.57
④ 8.57

풀이
실효값 $V = \sqrt{\dfrac{1}{T}\int_0^T v^2 dt}$
$= \sqrt{\dfrac{1}{3}\left\{\int_0^1 (10t)^2 dt + \int_1^2 10^2 dt\right\}}$
$= \sqrt{\dfrac{1}{3}\left\{\left[\dfrac{100}{3}t^3\right]_0^1 + [100t]_1^2\right\}}$
$= 6.67[V]$ 답 ②

표. 전차선과 건조물 간의 최소 절연이격거리				
시스템 종류	공칭전압 (V)	동적(mm)		정적(mm)	
		비오염	오염	비오염	오염
직류	750	25	25	25	25
	1,500	100	110	150	160
단상교류	25,000	170	220	270	320

답 ①

제5과목 전기설비기술기준

문제 81 건조물과 전차선, 급전선 및 전기철도차량 집전장치의 공기절연 이격거리는 시스템 종류 및 공칭전압에 따라 정적 및 동적 최소 절연이격거리 이상을 확보하여야 한다. 다음 빈 칸에 들어갈 공칭전압은?

시스템 종류	공칭전압 (V)	동적(mm)		정적(mm)	
		비오염	오염	비오염	오염
직류	( )	25	25	25	25

① 750
② 1,500
③ 3,000
④ 25,000

풀이
431.2 전차선로의 충전부와 건조물 간의 절연이격
건조물과 전차선, 급전선 및 전기철도차량 집전장치의 공기절연 이격거리는 표에 제시되어 있는 정적 및 동적 최소 절연이격거리 이상을 확보하여야 한다. 동적 절연이격의 경우 팬터그래프가 통과하는 동안의 일시적인 전선의 움직임을 고려하여야 한다.

문제 82 열차 설계속도가 250<V≤300[km/h], 속도 등급이 300킬로급인 경우, 전차선의 기울기(천분율)는? 단, 구분장치 또는 분기 구간이 아닌 경우이다.

① 0
② 1
③ 2
④ 3

풀이
431.7 전차선의 기울기
전차선의 기울기는 해당 구간의 열차 통과 속도에 따라 표를 따른다. 다만 구분장치 또는 분기 구간에서는 전차선에 기울기를 주지 않아야 한다. 또한, 궤도면상으로부터 전차선 높이는 같은 높이로 가선하는 것을 원칙으로 하되 터널, 과선교 등 특정 구간에서 높이 변화가 필요한 경우에는 가능한 한 작은 기울기로 이루어져야 한다.

전차선의 기울기		
설계속도 V(km/시간)	속도등급	기울기(천분율)
300<V≤350	350킬로급	0
250<V≤300	300킬로급	0
200<V≤250	250킬로급	1
150<V≤200	200킬로급	2
120<V≤150	150킬로급	3
70<V≤120	120킬로급	4
V≤70	70킬로급	10

답 ①

문제 83 풍력터빈에 설비의 손상을 방지하기 위하여 시설하는 운전상태를 계측하는 계측장치로 틀린 것은?

① 조도계
② 압력계
③ 온도계
④ 풍속계

풀이

532.3.7 계측장치의 시설
풍력터빈에는 설비의 손상을 방지하기 위하여 운전상태를 계측하는 다음의 계측장치를 시설하여야 한다.
1. 회전속도계
2. 나셀(nacelle) 내의 진동을 감시하기 위한 진동계
3. 풍속계
4. 압력계
5. 온도계

답 ①

문제 84 터널 내에 교류 220[V]의 애자공사로 전선을 시설할 경우 노면으로부터 몇 [m] 이상의 높이로 유지해야 하는가?

① 2 ② 2.5
③ 3 ④ 4

풀이

사람이 상시 통행하는 터널 안의 전선로 사용전압은 저압 또는 고압에 한하며, 다음에 따라 시설하여야 한다.

전압	전선의 굵기	시공방법	애자공사 시 높이
저압	인장강도 2.30[kN] 이상 또는 2.6[mm] 이상의 경동선의 절연전선	• 합성수지관공사 • 금속관공사 • 금속제가요전선관공사 • 케이블공사 • 애자공사	노면상, 2.5[m] 이상
고압		• 케이블공사	

답 ②

문제 85 특고압 가공전선로의 지지물 양쪽의 경간의 차가 큰 곳에 사용되는 철탑은?

① 내장형철탑 ② 인류형철탑
③ 각도형철탑 ④ 보강형철탑

풀이

333.11 특고압 가공전선로의 철주·철근 콘크리트주 또는 철탑의 종류
특고압 가공전선로의 지지물로 사용하는 B종 철근·B종 콘크리트주 또는 철탑의 종류는 다음과 같다.
가. 직선형 : 전선로의 직선 부분(3° 이하의 수평 각도 이루는 곳 포함)에 사용되는 것
나. 각도형 : 전선로 중 수평 각도 3°를 넘는 곳에 사용되는 것

다. 인류형 : 전 가섭선을 인류하는 곳에 사용하는 것
라. **내장형** : 전선로 지지물 **양측의 경간차가 큰 곳에 사용하는 것**
마. 보강형 : 전선로 직선 부분을 보강하기 위하여 사용하는 것

답 ①

문제 86 전로를 대지로부터 절연을 하여야 하는 것은 다음 중 어느 것인가?

① 전기로 ② 전기욕기
③ 전기다리미 ④ 전해조

풀이

131 전로의 절연 원칙
전로는 다음 이외에는 대지로부터 절연하여야 한다.
가. 저압전로에 접지공사를 하는 경우의 접지점
나. 전로의 중성점에 접지공사를 하는 경우의 접지점
다. 계기용변성기의 2차측 전로에 접지공사를 하는 경우의 접지점
라. 다중 접지를 하는 경우의 접지점
마. 변압기의 2차측 전로에 접지공사를 하는 경우의 접지점
바. 직류계통에 접지공사를 하는 경우의 접지점
사. 다음과 같이 절연할 수 없는 부분
 ① 시험용 변압기, 전력선 반송용 결합 리액터, 전기울타리용 전원장치, 엑스선발생장치, 전기부식방지용 양극, 단선식 전기철도의 귀선 등 전로의 일부를 대지로부터 절연하지 아니하고 전기를 사용하는 것이 부득이한 것.
 ② **전기욕기·전기로·전기보일러·전해조** 등 대지로부터 절연하는 것이 기술상 곤란한 것.

답 ③

문제 87 전력계통의 일부가 전력계통의 전원과 전기적으로 분리된 상태에서 분산형전원에 의해서만 운전되는 상태를 무엇이라 하는가?

① 전부하 운전
② 병렬운전
③ 단독운전
④ 무부하 운전

풀이

112 용어정의
"**단독운전**"이란 전력계통의 일부가 전력계통의 전원과 전기적으로 분리된 상태에서 분산형전원에 의해서만 운전되는 상태를 말한다.

답 ③

문제 88 전기 울타리의 시설에 관한 설명으로 틀린 것은?
① 전원장치에 전기를 공급하는 전로의 사용전압은 600[V] 이하이어야 한다.
② 사람이 쉽게 출입하지 아니하는 곳에 시설한다.
③ 전선은 지름 2[mm] 이상의 경동선을 사용한다.
④ 수목 사이의 이격거리는 30[cm] 이상이어야 한다.

풀이
241.1 전기울타리
가. 전기울타리용 전원장치에 전원을 공급하는 전로의 **사용전압은 250[V] 이하**이어야 한다.
나. 전기울타리는 사람이 쉽게 출입하지 아니하는 곳에 시설할 것.
다. 전선은 인장강도 1.38[kN] 이상의 것 또는 지름 2[mm] 이상의 경동선일 것.
라. 전선과 이를 지지하는 기둥 사이의 이격거리는 25[mm] 이상일 것.
마. 전선과 다른 시설물(가공 전선을 제외한다) 또는 수목과의 이격거리는 0.3[m] 이상일 것. 답 ①

문제 89 가공전선로의 지지물에는 취급자가 오르고 내리는데 사용하는 발판 볼트 등은 특별한 경우를 제외하고 지표상 몇 [m] 미만에는 시설하지 않아야 하는가?
① 1.5   ② 1.8
③ 2.0   ④ 2.2

풀이
331.4 가공전선로 지지물의 철탑오름 및 전주오름 방지
가공전선로의 지지물에 취급자가 오르고 내리는데 사용하는 **발판 볼트 등을 지표상 1.8[m] 미만에 시설하여서는 아니**된다. 답 ②

문제 90 고압 가공전선으로 ACSR(강심알루미늄연선)을 사용할 때의 안전율은 얼마 이상이 되는 이도(弛度)로 시설하여야 하는가?
① 1.38   ② 2.1
③ 2.5   ④ 4.01

풀이
332.4 고압 가공전선의 안전율,
222.6 저압 가공전선의 안전율
가공전선이 케이블 이외인 경우 안전율이 다음 이상이 되는 이도로 시설하여야 한다.
가. 경동선 또는 내열 동합금선 : 2.2 이상
나. **그 밖의 전선 : 2.5** 답 ③

문제 91 특고압을 옥내에 시설하는 경우 그 사용전압의 최대한도는 몇 [kV] 이하인가? (단, 케이블 트레이공사는 제외)
① 25   ② 80
③ 100   ④ 160

풀이
342.4 특고압 옥내 전기설비의 시설
특고압 옥내배선은 다음에 따르고 또한 위험의 우려가 없도록 시설하여야 한다.
가. **사용전압은 100[kV] 이하일 것.** 다만, 케이블트레이배선에 의하여 시설하는 경우에는 35[kV] 이하일 것.
나. 전선은 케이블일 것.
다. 특고압 옥내배선과 저압 옥내전선·관등회로의 배선 또는 고압 옥내전선 사이 : 0.6[m] 이상 답 ③

문제 92 사용전압 22.9 [kV]의 가공전선이 철도를 횡단하는 경우 전선의 궤조면상 높이는 몇 [m] 이상이어야 하는가?
① 5   ② 5.5
③ 6   ④ 6.5

풀이
333.7 특고압 가공전선의 높이

전압의 범위	일반 장소	도로 횡단	철도 또는 궤도횡단	횡단보도교
35[kV] 이하	5 [m]	6 [m]	6.5 [m]	4 [m](특고압절연전선 또는 케이블 사용)
35[kV] 초과 160[kV] 이하	6 [m]	6 [m]	6.5 [m]	5 [m](케이블 사용)
	산지 등에서 사람이 쉽게 들어갈 수 없는 장소 ; 5 [m] 이상			
160[kV] 초과	일반장소	가공전선의 높이 = 6 + 단수×0.12[m]		
	철도 또는 궤도횡단	가공전선의 높이 = 6.5 + 단수×0.12[m]		
	산지	가공전선의 높이 = 5 + 단수×0.12[m]		

※ 단수 = $\dfrac{\text{전압 [kV]}-160}{10}$

… 단수 계산에서 소수점 이하는 절상 답 ④

문제 93 내부고장이 발생하는 경우를 대비하여 자동차단장치 또는 경보장치를 시설하여야 하는 특고압용 변압기의 뱅크용량의 구분으로 알맞은 것은?
① 5000 [kVA] 미만
② 5000 [kVA] 이상 10000 [kVA] 미만
③ 10000 [kVA] 이상
④ 타냉식 변압기

풀이
351.4 특고압용 변압기의 보호장치
특고압용의 변압기에는 그 내부에 고장이 생겼을 경우에 보호하는 장치를 표와 같이 시설하여야 한다.

뱅크 용량의 구분	동작조건	장치의 종류
5,000 [kVA] 이상 10,000 [kVA] 미만	변압기 내부 고장	자동차단장치 또는 경보장치
10,000 [kVA] 이상	변압기 내부 고장	자동차단장치
타냉식 변압기(변압기의 권선 및 철심을 직접 냉각시키기 위하여 봉입한 냉매를 강제 순환시키는 냉각 방식을 말한다.)	냉각 장치에 고장이 생긴 경우 또는 변압기의 온도가 현저히 상승한 경우	경보장치

답 ②

문제 94 220[V]용 전동기의 절연 내력 시험시 시험 전압은 몇 [V]로 하여야 하는가?
① 300   ② 330
③ 450   ④ 500

풀이
133 회전기 및 정류기의 절연내력

종류		시험 전압	시험 방법
회전기	발전기·전동기·조상기·기타회전기	7 [kV] 이하	1.5배 (최저 500 [V])	권선과 대지 사이에 연속하여 10분간
		7 [kV] 초과	1.25배 (최저 10.5 [kV])	
	회전 변류기	직류측의 최대사용전압의 1배의 교류전압 (최저 500 [V])	

∴ 시험 전압 = 220 × 1.5 = 330[V] 이나 **최저 시험 전압이 500 [V]** 이므로 시험 전압은 500 [V]가 되어야 한다.
답 ④

문제 95 금속관공사에서 절연 부싱을 사용하는 가장 주된 목적은?
① 관의 끝이 터지는 것을 방지
② 관의 단구에서 조영재의 접촉 방지
③ 관내 해충 및 이물질 출입 방지
④ 관의 단구에서 전선 피복의 손상 방지

풀이
232.12 금속관공사
관의 끝 부분에는 **전선의 피복을 손상하지 아니하도록** 적당한 구조의 부싱을 사용할 것. 다만, 금속관공사로부터 애자공사로 옮기는 경우에는 그 부분의 **관의 끝부분에는 절연 부싱 또는 이와 유사한 것을 사용**하여야 한다.
답 ④

문제 96 상시 상정하중 중 풍압하중에 전가섭선에 관하여 각 가섭선의 상정 최대장력의 33[%]와 같은 불평균 장력의 수평 종분력에 의한 하중을 가산하여야 할 철탑은?
① 인류형
② 내장형
③ 보강형
④ 각도형

풀이
333.13 상시 상정하중
인류형·내장형 또는 보강형·직선형·각도형의 철주·철근 콘크리트주 또는 철탑의 경우에는 풍압하중에 가섭선 불평균 장력에 의한 수평 종하중을 가산한다.
① 인류형 : 전가섭선에 관하여 각 가섭선의 상정 최대장력과 같은 불평균 장력의 수평 종분력에 의한 하중
② **내장형**·보강형 : 전가섭선에 관하여 각 가섭선의 **상정 최대장력의 33[%]와 같은 불평균 장력의 수평 종분력에 의한 하중**
③ 직선형 : 전가섭선에 관하여 각 가섭선의 상정 최대장력의 3[%]와 같은 불평균 장력의 수평 종분력에 의한 하중 (단, 내장형은 제외한다)
④ 각도형 : 전가섭선에 관하여 각 가섭선의 상정 최대장력의 10[%]와 같은 불평균 장력의 수평 종분력에 의한 하중
답 ②

문제 97
빙설이 적고 인가가 밀집된 도시에 시설하는 고압가공전선로의 지지물 설계에 사용하는 풍압하중은?

① 갑종 풍압하중
② 을종 풍압하중
③ 병종 풍압하중
④ 갑종 풍압하중과 을종 풍압하중을 각 설비에 따라 혼용

풀이
331.6 풍압하중의 종별과 적용
인가가 많이 연접되어 있는 장소에 시설하는 가공전선로의 구성재 중 다음의 풍압하중에 대하여는 규정에 불구하고 갑종 풍압하중 또는 을종 풍압하중 대신에 **병종 풍압하중을 적용**할 수 있다.
가. 저압 또는 고압 가공전선로의 지지물 또는 가섭선
나. 사용전압이 35 [kV] 이하의 전선에 특고압 절연전선 또는 케이블을 사용하는 특고압 가공전선로의 지지물, 가섭선 및 특고압 가공전선을 지지하는 애자장치 및 완금류

답 ③

문제 98
다음 ( )의 ㉠, ㉡에 들어갈 내용으로 옳은 것은?

> "전기철도용 급전선"이란 전기철도용 (㉠)로부터 다른 전기철도용 (㉠) 또는 (㉡)에 이르는 전선을 말한다.

① ㉠ 급전소 ㉡ 개폐소
② ㉠ 궤전선 ㉡ 변전소
③ ㉠ 변전소 ㉡ 전차선
④ ㉠ 전차선 ㉡ 급전소

풀이
112 용어 정의
"전기철도용 급전선"이란 전기철도용 변전소로부터 다른 전기철도용 변전소 또는 전차선에 이르는 전선을 말한다.

답 ③

문제 99
정격전류가 63[A] 이하인 경우 산업용 배선차단기의 동작 전류는 정격전류의 몇 배 인가?

① 1.05
② 1.13
③ 1.3
④ 1.45

풀이
212.3.4 보호장치의 특성
과전류트립 동작시간 및 특성(산업용 배선차단기)

정격전류의 구분	시 간	정격전류의 배수 (모든 극에 통전)	
		부동작 전류	동작 전류
63[A] 이하	60분	1.05배	1.3배
63[A] 초과	120분	1.05배	1.3배

답 ③

문제 100
22.9[kV] 특고압가공전선로를 시가지에 설치할 때, 전선의 인장강도 21.67[kN] 이상의 연선 또는 단면적 최소 몇 [mm^2] 이상의 경동 연선 또는 이와 동등 이상의 세기 및 굵기의 경동 연선을 사용해야 하는가?

① 30
② 38
③ 50
④ 55

풀이
333.1 시가지 등에서 특고압 가공전선로의 시설
사용전압이 170[kV] 이하인 전선로에서의 전선의 굵기

사용전압의 구분	전선의 단면적
100[kV] 미만	인장강도 21.67[kN] 이상의 연선 또는 **단면적 55[mm^2] 이상의 경동연선**
100[kV] 이상	인장강도 58.84[kN] 이상의 연선 또는 단면적 150[mm^2] 이상의 경동연선

답 ④

국가기술자격검정 필기시험 문제

2024년도 전기산업기사 일반검정 제2회			(CBT 복원문제)	수검 번호	성 명
자격종목 및 등급(선택분야)	종목코드	시험시간	문제지형별		
전기산업기사	2140	2시간 30분	A		

제1과목 전기자기학

문제 01 그림과 같이 Ox, Oy, Oz를 직각 좌표축이라 하고, 무한장 직선 도선 l이 z축상에 있으며, 이것에 z의 +방향으로 전류 i_1이 흐르고 있다. 그리고 $y-z$ 면상에 직사각형 도선 ABCD가 있고 이것에 ABCD 방향으로 전류 i_2가 흐르고 있을 때 z의 +방향으로 힘이 발생하는 변은?

① AB
② BC
③ CD
④ DA

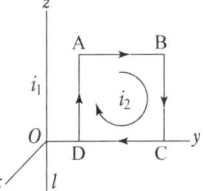

풀이

평행 도선 간에 작용하는 힘(전자력)
- 전류 같은 방향 : 흡인력
- 전류 반대방향 : 반발력

마주보는 도선 AB와 CD, BC와 DA는 각각 전류가 반대방향으로 흐르는 평행도선으로 볼 수 있으므로 전자력의 방향은 서로 반발력이 작용한다.
즉 전자력에 의한 각 도선에 작용하는 힘의 방향은 각각
도선 AB : +z 방향,   도선 BC : +y 방향
도선 CD : -z 방향,   도선 DA : -y 방향

(그림과 같이 직사각형 도선의 외부로 향하는 방향이 됨)
따라서 +z방향의 도선(변)은 AB가 된다.
(전류도체 i_1을 고려하지 않아도 됨) 답 ①

문제 02 전자석에 사용하는 연철(soft iron)은 다음 어느 성질을 갖는가?

① 잔류자기, 보자력이 모두 크다.
② 보자력이 크고 잔류자기가 작다.
③ 보자력이 크고 히스테리시스 곡선의 면적이 작다.
④ 보자력과 히스테리시스 곡선의 면적이 모두 작다.

풀이

자석 재료

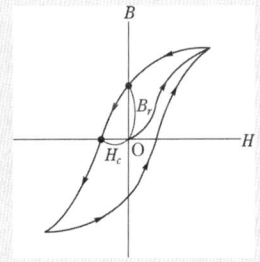

- 영구자석 재료 : 잔류자기(B_r) 및 보자력(H_c)이 클 것
- 전자석 재료 : 히스테리시스 곡선 면적은 적고, 잔류자기(B_r)는 크고, 보자력(H_c)은 작아야 한다. 답 ④

문제 03 평행판 콘덴서에서 전극간에 V[V]의 전위차를 가할 때, 전계의 강도가 공기의 절연내력 E[V/m]를 넘지 않도록 하기 위한 콘덴서의 단위면적당 최대용량은 몇 [F/m²] 인가?

① $\epsilon_0 EV$
② $\dfrac{\epsilon_0 E}{V}$
③ $\dfrac{\epsilon_0 V}{E}$
④ $\dfrac{EV}{\epsilon_0}$

풀이

전위 $V = Ed[V]$, 정전용량 $C = \dfrac{\epsilon_0 S}{d}[F]$에서

$$C = \dfrac{\epsilon_0 S}{\dfrac{V}{E}} = \dfrac{\epsilon_0 SE}{V}[F]$$

따라서, 단위면적당 정전용량

$$C_0 = \dfrac{C}{S} = \dfrac{\dfrac{\epsilon_0 SE}{V}}{S} = \dfrac{\epsilon_0 E}{V}[F/m^2]$$

답 ②

문제 04 두 개의 똑같은 작은 도체구를 접촉하여 대전시킨 후 1[m] 거리에 떼어 놓았더니 작은 도체구는 서로 9×10^{-3}[N]의 힘으로 반발했다. 각 전하는 몇 [C]인가?

① 10^{-8} ② 10^{-6}
③ 10^{-4} ④ 10^{-2}

풀이

쿨롱의 법칙 $F = 9 \times 10^9 \dfrac{Q_1 Q_2}{r^2}[N]$

에서 두 개의 같은 점전하($Q_1 = Q_2$)가 1[m] 떨어져 있고, 힘(F)이 9×10^{-3}[N] 이므로

$$F = 9 \times 10^9 \dfrac{Q^2}{1^2} = 9 \times 10^{-3}[N]$$

$$\therefore Q = \sqrt{\dfrac{9 \times 10^{-3}}{9 \times 10^9}} = 10^{-6}[C]$$

답 ②

문제 05 전속밀도의 시간적 변화율을 무엇이라 하는가?

① 전계의 세기 ② 변위전류밀도
③ 에너지밀도 ④ 유전율

풀이

• 변위 전류 : 전속 밀도의 시간적 변화에 의한 것으로 하전체에 의하지 않는 전류

(변위 전류 $J_d = \dfrac{dD}{dt}$)

답 ②

문제 06 다른 종류의 금속선으로 된 폐회로의 두 접합점의 온도를 달리하였을 때 전기가 발생하는 효과는?

① 제벡 효과 ② 펠티에 효과
③ 톰슨 효과 ④ 파이로 효과

풀이

① 제벡(지벡) 효과 : 두 종류 금속 접속면에 온도차가 있으면 기전력이 발생하는 효과
② 펠티에 효과(Peltier effect) : 서로 다른 두 종류의 금속선으로 폐회로를 만들고 온도를 일정하게 유지하면서 전류를 흘리면 금속선의 접속점에서 열의 흡수(온도 강하) 또는 발생(온도 상승)이 일어나는 현상을 펠티에 효과라 한다. 이때, 발열 및 흡수 현상은 전류의 방향을 반대로 흘려주면 바뀌게 된다.
③ 톰슨 효과 : 동일한 금속 도선의 두 점간에 온도차를 주고, 고온 쪽에서 저온 쪽으로 전류를 흘리면 도선 속에서 열이 발생되거나 흡수가 일어나는 이러한 현상을 톰슨 효과라 한다.
④ 파이로 전기(초전기) : 로셀염, 수정 등에 열을 가하거나 냉각을 하면 전기 분극이 발생

답 ①

문제 07 평행판 콘덴서의 양극판 면적을 3배로 하고 간격을 1/3로 줄이면 정전용량은 처음의 몇 배가 되는가?

① 1 ② 3
③ 6 ④ 9

풀이

면적 S_1, 간격 d_1인 평행판 콘덴서의 정전 용량을 C_1이라 하면

$$C_1 = \dfrac{\epsilon_0}{d_1} S_1$$

문제에서 $d = \dfrac{1}{3}d_1$, $S = 3S_1$이므로 구하는 용량은

$$\therefore C = \dfrac{\epsilon_0}{\dfrac{1}{3}d_1} \cdot 3S_1 = 9\dfrac{\epsilon_0}{d_1}S_1 = 9C_1$$

답 ④

문제 08 두 종류의 유전체 경계면에서 전속과 전기력선이 경계면에 수직으로 도달할 때에 대한 설명으로 틀린 것은?

① 전속밀도는 변하지 않는다.
② 전속과 전기력선은 굴절하지 않는다.
③ 전계의 세기는 불연속적으로 변한다.
④ 전속선은 유전율이 작은 유전체 쪽으로 모이려는 성질이 있다.

풀이

① $\theta_1 = \theta_2 = 0°$이므로 $D_1\cos\theta_1 = D_2\cos\theta_2$에서 $\cos 0° = 1$이므로 $D_1 = D_2$, 즉 전속 밀도는 불변(연속)이다.

② $E_1\sin\theta_1 = E_2\sin\theta_2$에서 입사각 $\theta_1 = 0°$이므로 $0 = E_2\sin\theta_2$에서 $E_2 \neq 0$이 아닌 경우 $\sin\theta_2 = 0$이 되어야 하므로 $\theta_2 = 0$ 즉, 굴절하지 않는다.

③ $D_1 = \epsilon_1 E_1$, $D_2 = \epsilon_2 E_2$이므로 $D_1 = D_2$인 경우 $\epsilon_1 E_1 = \epsilon_2 E_2$가 성립하는데 $\epsilon_1 \neq \epsilon_2$인 경우 $E_1 \neq E_2$이다. 즉, 전계의 세기는 크기가 같지 않다(불연속이다).

④ 전속선은 유전율이 큰 유전체 쪽으로 모이려는 성질이 있다. 　답 ④

문제 09 단면적 S, 평균 반지름 r, 권선수 N인 토로이드 코일에 누설 자속이 없는 경우 자기 인덕턴스의 크기는?

① 권선수의 제곱에 비례하고 단면적에 반비례한다.
② 권선수 및 단면적에 비례한다.
③ 권선수의 제곱 및 단면적에 비례한다.
④ 권선수의 제곱 및 평균 반지름에 비례한다.

풀이

자기인덕턴스 $L = \dfrac{\mu S N^2}{l}$ 　답 ③

문제 10 대전도체의 성질 중 옳지 않은 것은?

① 도체 표면의 전하 밀도를 σ [C/m²]이라 하면 표면상의 전계는 $E = \dfrac{\sigma}{\epsilon_0}$ [V/m]이다.
② 도체 표면상의 전계는 면에 대해서 수평이다.
③ 도체 내부의 전계는 0이다.
④ 도체는 등전위이고, 그의 표면은 등전위면이다.

풀이

도체의 성질과 전하분포
- 도체표면과 내부의 전위는 동일하고(등전위), 표면은 등전위면이다.
- 도체 내부의 전계의 세기는 0이다.
- 전하는 도체 내부에는 존재하지 않고, 도체 표면에만 분포한다.
- **도체 면에서의 전계의 세기는 도체 표면에 항상 수직이다.**
- 도체 표면에서의 전하밀도는 곡률이 클수록 높다. 즉, 곡률반경이 작을수록 높다. 　답 ②

문제 11 전계 및 자계가 z방향의 성분을 갖지 않고 동일한 전계와 자계를 합한 면이 z축에 수직이 되는 파를 무엇이라 하는가?

① 직선파
② 전자파
③ 굴절파
④ 평면파

풀이

평면파는 진행파의 **진행 방향에 대하여 수직**인 무한 평면내에서 진행파의 크기, 위상이 같은 파를 의미한다. 　답 ④

문제 12 같은 양, 같은 부호의 전하가 어느 거리만큼 떨어져 있을 때, 전하 사이의 중점에 있어서의 전계[V/m]의 세기는?

① 0
② ∞
③ 9×10^9
④ $\dfrac{1}{9 \times 10^9}$

풀이

$Q_A \bullet \xleftarrow{E_B} \underset{P}{\quad} \xleftarrow{E_A} \bullet Q_B$

전계의 세기 $E = \dfrac{1}{4\pi\epsilon_0} \dfrac{Q}{r^2}$ [V/m]에서 전하 Q의 크기가 같고 같은 부호이므로 전계의 크기는 같고 방향이 반대가 되므로 두 전하의 중점에 있어서의 전계의 세기는 0이 된다. 　답 ①

문제 13 전류가 흐르는 도선을 자계 내에 놓으면 이 도선에 힘이 작용한다. 평등자계의 진공 중에 놓여 있는 직선전류 도선이 받는 힘에 대한 설명으로 옳은 것은?

① 도선의 길이에 비례한다.
② 전류의 세기에 반비례한다.
③ 자계의 세기에 반비례한다.
④ 전류와 자계 사이의 각에 대한 정현(sine)에 반비례한다.

풀이
플레밍의 왼손 법칙 : 자속밀도가 $B[\text{Wb}/\text{m}^2]$인 자계 중에 길이 $l[\text{m}]$인 도체를 놓고 $I[\text{A}]$의 전류를 흘릴 경우 자계 내에서 도체가 받는 힘 $F = BIl\sin\theta$ [N] 이다.
즉, 힘(F)은 자계의 세기(B), 전류의 세기(I), 도선의 길이(l) 및 전류와 자계 사이의 $\sin\theta$에 비례한다. **답** ①

문제 14 유전율 ϵ, 투자율 μ인 매질 중을 주파수 f [Hz]의 전자파가 전파되어 나갈 때의 파장은 몇 [m] 인가?

① $f\sqrt{\epsilon\mu}$
② $\dfrac{1}{f\sqrt{\epsilon\mu}}$
③ $\dfrac{f}{\sqrt{\epsilon\mu}}$
④ $\dfrac{\sqrt{\epsilon\mu}}{f}$

풀이
전자파의 전파속도
$v = \dfrac{1}{\sqrt{\epsilon\mu}} = \dfrac{3\times 10^8}{\sqrt{\epsilon_r \mu_r}}$ [m/s] 이므로
파장 $\lambda = \dfrac{v}{f} = \dfrac{\frac{1}{\sqrt{\epsilon\mu}}}{f} = \dfrac{1}{f\sqrt{\epsilon\mu}}$ [m] **답** ②

문제 15 그림과 같이 균일한 자계의 세기 H [AT/m]내에 자극의 세기가 $+m$[Wb], 길이 l[m]인 막대자석을 그 중심 주위에 회전할 수 있도록 놓는다. 이때 자석과 자계의 방향이 이룬각을 θ라고 하면 자석이 받는 회전력 [N·m]은?

① $mHl\cos\theta$
② $mHl\sin\theta$
③ $2mHl\cos\theta$
④ $2mHl\tan\theta$

풀이

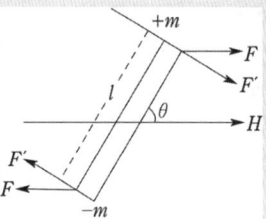

그림에서 자석의 축 방향에 직각인 수직 방향의 분력 F'는
$F' = F\sin\theta = mH\sin\theta$
$\therefore T = 2F'\dfrac{l}{2} = mHl\sin\theta = MH\sin\theta$ [N·m] **답** ②

문제 16 정전용량 5[μF]인 콘덴서를 200[V]로 충전하여 자기인덕턴스 20[mH], 저항 0[Ω]인 코일을 통해 방전할 때 생기는 전기진동 주파수는 약 몇 [Hz] 이며, 코일에 축적되는 에너지는 몇 [J] 인가?

① 50[Hz], 1[J]
② 500[Hz], 0.1[J]
③ 500[Hz], 1[J]
④ 5000[Hz], 0.1[J]

풀이
- 진동 주파수
$f = \dfrac{1}{2\pi\sqrt{LC}} = \dfrac{1}{2\times 3.14\sqrt{20\times 10^{-3}\times 5\times 10^{-6}}}$
$= 503 \fallingdotseq 500$[Hz]
- 코일에 축적되는 에너지
$W = \dfrac{1}{2}CV^2 = \dfrac{1}{2}\times 5\times 10^{-6}\times 200^2 = 0.1$[J] **답** ②

문제 17 도체 Ⅰ, Ⅱ 및 Ⅲ이 있을 때 도체 Ⅱ가 도체 Ⅰ에 완전 포위되어 있음을 나타내는 것은?

① $P_{11} = P_{21}$
② $P_{11} = P_{31}$
③ $P_{11} = P_{33}$
④ $P_{12} = P_{22}$

풀이

그림과 같이 반지름 a[m]인 도체구 Ⅱ를 안 반지름 b[m], 바깥 반지름 c[m]인 동심 도체구 Ⅰ로 포위하는 경우 도체 Ⅰ에만 $+Q$[C]의 전하를 주었다면 $V_1 = P_{11}Q$, $V_2 = P_{21}Q$의 관계식이 성립한다.

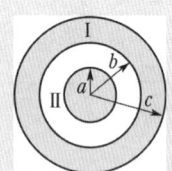

여기서, $P_{11} = \dfrac{V_1}{Q} = \dfrac{1}{4\pi\epsilon_0 c}$

도체구 Ⅰ의 외부 표면 전위는 $\dfrac{Q}{4\pi\epsilon_0 c}$

$P_{21} = \dfrac{V_2}{Q} = \dfrac{1}{4\pi\epsilon_0 c}$

도체구 Ⅰ, Ⅱ 사이의 전위차 = 0 이므로

∴ $P_{11} = P_{21}$ **답** ①

문제 18 무한히 넓은 2개의 평행 도체판의 간격이 d[m]이며 그 전위차는 V[V]이다. 도체판의 단위면적에 작용하는 힘은 몇 [N/m²]인가? (단, 유전율은 ϵ_0이다.)

① $\epsilon_0 \left(\dfrac{V}{d}\right)^2$
② $\dfrac{1}{2}\epsilon_0 \left(\dfrac{V}{d}\right)^2$
③ $\dfrac{1}{2}\epsilon_0 \left(\dfrac{V}{d}\right)$
④ $\epsilon_0 \left(\dfrac{V}{d}\right)$

풀이

도체판의 단위면적당 작용하는 힘

$F = \dfrac{1}{2}\epsilon_0 E^2 = \dfrac{1}{2}\epsilon_0 \left(\dfrac{V}{d}\right)^2$ [N/m²] **답** ②

문제 19 히스테리시스손은 주파수 및 최대자속밀도와 어떤 관계에 있는가?

① 주파수와 최대자속밀도에 비례한다.
② 주파수에 비례하고 최대자속밀도의 1.6승에 비례한다.
③ 주파수와 최대자속밀도에 반비례한다.
④ 주파수에 반비례하고 최대자속밀도의 1.6승에 비례한다.

풀이

• 히스테리시스손 $P_h = \eta f B_m^{1.6}$ [J/m³]
• 히스테리시스손은 주파수 f에 비례하고 최대자속밀도 B_m의 1.6승에 비례한다. **답** ②

문제 20 진공 중에서 8π[Wb]의 자하(磁荷)로부터 발산되는 총자력선의 수는?

① 10^7[개]
② 2×10^7[개]
③ $8\pi \times 10^7$[개]
④ $\dfrac{10^7}{8\pi}$[개]

풀이

진공 중에서 m[Wb]의 자하로부터 나오는 자력선의 수는

$\Phi = \dfrac{m}{\mu_0} = \dfrac{8\pi}{\mu_0} = \dfrac{8\pi}{4\pi \times 10^{-7}} = 2 \times 10^7$[개] **답** ②

제2과목 전력공학

문제 21 다음 ( )에 알맞은 내용으로 옳은 것은? (단, 공급 전력과 선로 손실률은 동일하다.)

> 선로의 전압을 2배로 승압할 경우, 공급전력은 승압 전의 (㉮)로 되고, 선로 손실은 승압 전의 (㉯)로 된다.

① ㉮ $\dfrac{1}{4}$, ㉯ 2배
② ㉮ $\dfrac{1}{4}$, ㉯ 4배
③ ㉮ 2배, ㉯ $\dfrac{1}{4}$
④ ㉮ 4배, ㉯ $\dfrac{1}{4}$

풀이

전력 손실률 $h = \dfrac{P_l}{P} = \dfrac{RP}{V^2 \cos^2\theta}$ 에서

• 공급전력 $P = \dfrac{hV^2\cos^2\theta}{R}$

따라서, $P \propto V^2$

$P : P' = V^2 : (2V)^2$

∴ $P' = 4P$

• 전력손실 $P_l = 3I^2 R = 3\left(\dfrac{P}{\sqrt{3}\,V\cos\theta}\right)^2 R = \dfrac{RP^2}{V^2\cos^2\theta}$ 에서

$P_l \propto \dfrac{1}{V^2}$

$P_l : P_l' = \dfrac{1}{V^2} : \dfrac{1}{(2V)^2}$

∴ $P_l' = \dfrac{1}{4}P_l$ **답** ④

문제 22
송전선로에서 4단자 정수 A, B, C, D 사이의 관계는?

① $BC - AD = 1$
② $AC - BD = 1$
③ $AB - CD = 1$
④ $AD - BC = 1$

풀이
$AD - BC = 1$ ····· 답 ④

문제 23
3상 3선식 송전선에서 1선의 저항이 15[Ω], 리액턴스는 20[Ω]이고 수전단의 선간전압은 30[kV], 부하역률이 0.8인 경우 전압강하율을 10[%]라 하면, 이 송전선로로는 몇 [kW]까지 수전할 수 있는가?

① 2500[kW]
② 2750[kW]
③ 3000[kW]
④ 3250[kW]

풀이
- 전압강하율 $\epsilon = \dfrac{P}{V^2}(R + X\tan\theta)$에서
- 수전전력 $P = \dfrac{\epsilon V^2}{R + X\tan\theta} = \dfrac{\epsilon V^2}{R + X\dfrac{\sin\theta}{\cos\theta}}$

$$= \frac{0.1 \times 30000^2}{15 + 20 \times \dfrac{0.6}{0.8}}$$

$= 3000000[W] = 3000[kW]$ ····· 답 ③

문제 24
그림과 같은 수전단 전력원선도가 있다. 부하직선을 참고하여 다음 중 전압조정을 위한 조상설비가 없어도 정전압운전이 가능한 부하전력은 대략 어느 정도일 때인가?

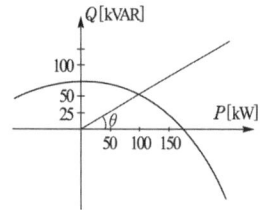

① 무부하일 때
② 50[kW]일 때
③ 100[kW]일 때
④ 150[kW]일 때

풀이

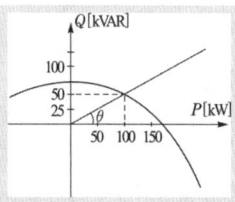

정전압 송전방식(송전단 전압 V_s는 일정, 수전단 전압 V_r도 일정)에서는 원의 반지름 $\rho = \dfrac{V_s V_r}{b}$이 일정하므로 송·수전 전력은 언제나 원선도의 원주상에 존재하여야 한다. 따라서, 조상설비가 없어도 정전압운전이 가능한 부하전력은 유효전력 100[kW], 무효전력 50[kVAR]이다.
····· 답 ③

문제 25
조상설비(調相設備)와 거리가 먼 것은?

① 분로리액터
② 상순(相順)표시기
③ 전력용콘덴서
④ 동기조상기

풀이
조상설비는 무효전력을 공급하는 설비로서 동기조상기, 전력용 콘덴서 및 리액터가 있다.
- 동기 조상기 : 지상 및 진상 무효전력 공급
- 전력용 콘덴서 : 진상 무효전력 공급
- 분로 리액터 : 지상 무효전력 공급

그러나, **상순 표시기는 공급 전원의 상순을 표시하는 계측기**로서 조상설비가 아니다. ····· 답 ②

문제 26
차단기에서 O − 3분 − CO − 3분 − CO인 것의 의미는? 단, O : 차단동작, C : 투입동작, CO : 투입동작에 뒤따라 곧 차단동작

① 일반 차단기의 표준동작책무
② 자동 재폐로용
③ 정격차단용량 50[mA] 미만의 것
④ 무전압시간

풀이
차단기의 동작책무 : 어느 시간 간격을 두고 행하여지는 일련의 동작을 규정한 것
- 일반용
  CO − (15초) − CO
  O − (3분) − CO − (3분) − CO
- 고속도 재투입용
  O − (0.3초) − CO − (3분 또는 15초, 1분) − CO ····· 답 ①

문제 27 임피던스 Z_1, Z_2 및 Z_3을 그림과 같이 접속한 선로의 A쪽에서 전압파 E가 진행해 왔을 때 접속점 B에서 무반사로 되기 위한 조건은?

① $Z_1 = Z_2 + Z_3$

② $\dfrac{1}{Z_1} = \dfrac{1}{Z_3} - \dfrac{1}{Z_2}$

③ $\dfrac{1}{Z_1} = \dfrac{1}{Z_2} + \dfrac{1}{Z_3}$

④ $\dfrac{1}{Z_1} = -\dfrac{1}{Z_2} - \dfrac{1}{Z_3}$

[풀이]

$Z_A = Z_1$, $Z_B = \dfrac{1}{\dfrac{1}{Z_2} + \dfrac{1}{Z_3}}$ 라고 하면

반사계수 $= \dfrac{Z_B - Z_A}{Z_A + Z_B}$에서 무반사 조건은 $Z_A = Z_B$일 때이다.

따라서, $Z_1 = \dfrac{1}{\dfrac{1}{Z_2} + \dfrac{1}{Z_3}}$

∴ $\dfrac{1}{Z_1} = \dfrac{1}{Z_2} + \dfrac{1}{Z_3}$ **답 ③**

문제 28 반한시성 과전류계전기의 전류-시간 특성에 대한 설명으로 옳은 것은?

① 계전기 동작시간은 전류의 크기와 비례한다.
② 계전기 동작시간은 전류의 크기와 관계없이 일정하다.
③ 계전기 동작시간은 전류의 크기와 반비례한다.
④ 계전기 동작시간은 전류의 크기의 제곱에 비례한다.

[풀이]

동작 시간에 의한 보호 계전기 분류
① 순한시 계전기 : 고장 즉시 동작
② 정한시 계전기 : 고장 후 일정시간이 경과하면 동작
③ **반한시 계전기 : 고장전류의 크기에 반비례하여 동작**
④ 반한시 정한시 계전기 : 반한시와 정한시 특성을 겸함

답 ③

문제 29 지중 케이블에서 고장점을 찾는 방법이 아닌 것은?

① 머리 루프(Murray loop)시험기에 의한 방법
② 메거(Megger)에 의한 측정 방법
③ 임피던스 브리지법
④ 펄스에 의한 측정법

[풀이]

지중 케이블 고장 수색법
① 머리 루프법
② 정전 용량의 측정으로 발견하는 법
③ 수색 코일로 하는 방법
④ 펄스로 하는 방법
⑤ 음향으로 고장점을 측정하는 방법
※ 메거는 절연저항을 측정하는 계측기기 이다. **답 ②**

문제 30 소호리액터 접지방식에서 사용되는 탭의 크기로 일반적인 것은?

① 과보상   ② 부족보상
③ (-)보상   ④ 직렬공진

[풀이]

소호리액터 접지방식에서 직렬 공진에 의한 이상 전압을 억제하기 위하여 10[%] 정도 과보상하는 것이 일반적이다.

답 ①

문제 31 원자력발전소와 화력발전소의 특성을 비교한 것 중 옳지 않은 것은?

① 원자력발전소는 화력발전소의 보일러 대신 원자로와 열교환기를 사용한다.
② 원자력발전소의 건설비는 화력발전소에 비하여 낮다.
③ 동일 출력일 경우 원자력발전소의 터빈이나 복수기가 화력발전소에 비하여 대형이다.
④ 원자력발전소는 방사능에 대한 차폐 시설물의 투자가 필요하다.

[풀이]

화력 발전과 비교하여 원자력 발전은 출력 밀도(단위 체적당 출력)가 크므로 같은 출력이라면 소형화가 가능하며, **단위 출력당 건설비는 화력 발전소에 비하여 비싸다.** **답 ②**

문제 32 지상부하를 가진 3상 3선식 배전선로 또는 단거리 송전선로에서 선간 전압강하를 나타낸 식은? (단, I, R, X, θ는 각각 수전단 전류, 선로저항, 리액턴스 및 수전단 전류의 위상각이다.)

① $I(R\cos\theta + X\sin\theta)$
② $2I(R\cos\theta + X\sin\theta)$
③ $\sqrt{3}I(R\cos\theta + X\sin\theta)$
④ $3I(R\cos\theta + X\sin\theta)$

풀이

전압강하 $e = V_s - V_r$
(여기서, V_s : 송전단 전압, V_r : 수전단 전압)

전기 방식	전압강하
단상3선식, 3상4선식	$e_1 = I(R\cos\theta + X\sin\theta)$
단상2선식	$e_2 = 2I(R\cos\theta + X\sin\theta)$
3상3선식	$e_3 = \sqrt{3}I(R\cos\theta + X\sin\theta)$

답 ③

문제 33 변압기의 기계적 보호계전기인 부흐홀쯔계전기(Buchholtzrelay)의 설치위치로 알맞은 것은?
① 유면 위의 탱크내
② 컨서베이터 내부
③ 변압기의 고압측 부싱
④ 주탱크와 컨서베이터를 연결하는 파이프의 관중

풀이

부흐홀쯔계전기(Buchholtzrelay)는 변압기의 **주탱크와 컨서베이터 사이에 부착**하여 변압기의 내부 고장이 생기는 때에 오일의 분해가스나 오일의 분류를 이용하여 경보를 발하거나 차단기를 작동시킨다.

답 ④

문제 34 공칭단면적 200[mm²], 전선무게 1.838 [kg/m], 전선의 외경 18.5[mm]인 경동연선을 경간 200[m]로 가설하는 경우의 이도는 약 몇 [m]인가? (단, 경동연선의 전단 인장하중은 7910[kg], 빙설하중은 0.416 [kg/m], 풍압하중은 1.525[kg/m], 안전율은 2.0이다.)

① 3.44 [m] ② 3.78 [m]
③ 4.28 [m] ④ 4.78 [m]

풀이

- 수직하중 = 자중 + 빙설하중
  = 1.838 + 0.416 = 2.254[kg/m]
- 수평하중 = 풍압하중 = 1.525[kg/m]
- 하중 = $\sqrt{(수직하중)^2 + (수평하중)^2} = \sqrt{2.254^2 + 1.525^2}$
  = 2.721[kg/m]
- 이도 $D = \dfrac{WS^2}{8T} = \dfrac{2.721 \times 200^2}{8 \times \dfrac{7910}{2}} = 3.44[\text{m}]$

답 ①

문제 35 무손실 송전선로에서 송전할 수 있는 송전용량은? (단, E_S : 송전단 전압, E_R : 수전단 전압, δ : 부하각, X : 송전선로의 리액턴스, R : 송전선로의 저항, Y : 송전선로의 어드미턴스 이다.)

① $\dfrac{E_S E_R}{X}\sin\delta$ ② $\dfrac{E_S E_R}{R}\sin\delta$
③ $\dfrac{E_S E_R}{Y}\cos\delta$ ④ $\dfrac{E_S E_R}{X}\cos\delta$

풀이

전력 계통은 고효율 전력 전송 목적으로 설계되므로 저항 손과 대지 정전 용량은 극히 적으므로 무시한다. 그러므로 그림과 같이 등가로 나타낼 수 있다.

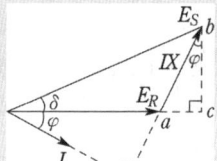

$\overline{bc} = XI\cos\varphi = E_S\sin\delta$

$I\cos\varphi = \dfrac{E_S}{X}\sin\delta$

$P = E_R I\cos\varphi$

$\therefore P = \dfrac{E_S E_R}{X}\sin\delta$

답 ①

문제 36 송전계통에서 안정도 증진과 관계 없는 것은?
① 고속 재폐로방식 채용
② 계통의 전달 리액턴스 감소
③ 계통의 전압변동의 제어
④ 차폐선의 채용

풀이
안정도 향상 대책
① 계통의 직렬 리액턴스 감소
② 전압변동률을 적게 한다.(속응여자방식 채용, 계통의 연계, 중간 조상 방식)
③ 계통에 주는 충격을 적게 한다.(적당한 중성점접지방식, 고속차단방식, 재폐로방식)
④ 고장 중의 발전기 돌입 출력의 불평형을 적게 한다.
차폐선은 유도 장해 방지 대책으로 채용된다.
답 ④

문제 37 순저항 부하의 부하전력 P[kW], 전압 E[V], 선로의 길이 l[m], 고유저항 ρ[Ω·mm²/m]인 단상 2선식 선로에서 선로 손실을 q[W]라 하면, 전선의 단면적[mm²]은 어떻게 표현되는가?

① $\dfrac{\rho l P^2}{qE^2} \times 10^6$ ② $\dfrac{2\rho l P^2}{qE^2} \times 10^6$

③ $\dfrac{\rho l P^2}{2qE^2} \times 10^6$ ④ $\dfrac{2\rho l P^2}{q^2 E} \times 10^6$

풀이
단상에서의 전류
$$I = \dfrac{P[\text{kW}]}{E} = \dfrac{P \times 10^3[\text{W}]}{E}[\text{A}]$$
저항 $R = \rho \dfrac{l}{A}$[Ω] 이므로 단상 2선식의 선로손실
$$q = 2I^2 R = 2 \times \left(\dfrac{P \times 10^3}{E}\right)^2 \times \rho \dfrac{l}{A} = \dfrac{2\rho l P^2}{AE^2} \times 10^6[\text{W}]$$
따라서 전선의 단면적
$$A = \dfrac{2\rho l P^2}{qE^2} \times 10^6 [\text{mm}^2]$$
답 ②

문제 38 소도체의 반지름이 r[m], 소도체 간의 선간거리가 d[m]인 2개의 소도체를 사용한 345[kV] 송전선로가 있다. 복도체의 등가 반지름은?

① $\sqrt{r \cdot d}$
② $\sqrt{r \cdot d^2}$
③ $\sqrt{r^2 \cdot d}$
④ $r \cdot d$

풀이
등가 반지름 = $\sqrt[n]{rd^{n-1}}$ 에서 $n=2$를 대입하면 $\sqrt{r \cdot d}$ 가 된다.
답 ①

문제 39 3상용 차단기의 정격전압은 170[kV]이고 정격차단전류가 50[kA]일 때 차단기의 정격차단용량은 약 몇 [MVA]인가?

① 5000 ② 10000
③ 15000 ④ 20000

풀이
정격 차단 용량
$$P_s = \sqrt{3}\, V I_s = \sqrt{3} \times 170 \times 50 = 14722.43[\text{MVA}]$$
여기서, V : 정격 전압[kV],
I_s : 정격 차단 전류[kA]
답 ③

문제 40 보일러 절탄기(economizer)의 용도는?
① 증기를 과열한다.
② 공기를 예열한다.
③ 석탄을 건조한다.
④ 보일러 급수를 예열한다.

풀이
- 절탄기 : 보일러 급수를 예열
- 공기 예열기 : 연소용 공기를 예열
- 재열기 : 터빈에서 팽창한 증기를 다시 가열
- 과열기 : 포화증기를 가열
답 ④

제3과목 전기기기

문제 41 총 도체 수 200, 단중파권으로 자극 수 4, 매극 당 자속 수 3.14[Wb]의 부하를 가하여 전기자에 3[A]가 흐르고 있는 직류 분권전동기의 토크는 몇 [N·m]인가?

① 600 ② 500
③ 400 ④ 300

풀이
자극 $p=4$, 총도체 수 $Z=200$, 매극 당 자속 수 $\phi=3.14$[Wb], 전기자 전류 $I_a=3$[A], 파권이므로 내부 회로 수 $a=2$이다.
- 역기전력 $E_c = p\phi n \dfrac{Z}{a}$[V]
- $P = 2\pi n T = E_c I_a = p\phi n \dfrac{Z}{a} I_a$

$$\therefore T = \frac{p\phi ZI_a}{2\pi a} = \frac{4 \times 3.14 \times 200 \times 3}{2\pi \times 2} = 600[\text{N} \cdot \text{m}]$$ 답 ①

문제 42 교류정류자기에서 갭의 자속분포가 정현파로 $\phi_m = 0.14[\text{Wb}]$, $p = 2$, $a = 1$, $Z = 200$, $N = 1200 [\text{rpm}]$인 경우 브러시 축이 자극 축과 30°라면 속도 기전력의 실효값 E_s는 약 몇 [V]인가?

① 160
② 400
③ 560
④ 800

풀이

$$E_s = p\phi n \frac{Z}{a} \sin\theta = p \times \frac{\phi_m}{\sqrt{2}} \times \frac{N}{60} \times \frac{Z}{a} \times \sin\theta$$
$$= 2 \times \frac{0.14}{\sqrt{2}} \times \frac{1200}{60} \times \frac{200}{1} \times \sin 30°$$
$$= 395.98[\text{V}]$$ 답 ②

문제 43 3상 유도전압 조정기의 동작원리 중 가장 적당한 것은?

① 두 전류 사이에 작용하는 힘이다.
② 교번자계의 전자유도작용을 이용한다.
③ 충전된 두 물체 사이에 작용하는 힘이다.
④ 회전자계에 의한 유도작용을 이용하여 2차 전압의 위상전압 조정에 따라 변화한다.

풀이

3상 유도 전압조정기
(1) 구조

① 1차 권선 : 회전자
② 2차 권선 : 고정자
권선형 3상 유도 전동기의 1차 권선 P와 2차 권선 S를 3상 성형 단권변압기와 같이 접속하고 회전자를 구속하고 사용하는 것과 같다.
(2) 원리
분로권선에 3상 전압을 가하면 여자전류가 흐르고 3상 유도전동기와 같이 회전자속이 생긴다. 이 회전자속에 의하여 직렬권선의 1상에 유도되는 기전력을 조정전압이라고 하고 이것을 $E_2[\text{V}]$ 라고 하면 E_2는 일정한 크기의 회전자속에 의하여 생기는 것이므로 회전자와 고정자와의 관계위치에 관계없이 항상 그 크기는 일정하다. 그러나 회전자와 고정자의 관계위치의 변화에 따라 분로권선전압 E_1 에 대한 E_2 의 위상이 변화한다.

$$E = \sqrt{(E_1 + E_2\cos\theta)^2 + (E_2\sin\theta)^2}$$ 답 ④

문제 44 다음의 정류 회로 중 가장 큰 출력값을 갖는 회로는?

① 단상 반파 정류 회로
② 3상 반파 정류 회로
③ 단상 전파 정류 회로
④ 3상 전파 정류 회로

풀이

- 단상 반파 정류 : $E_d = \frac{\sqrt{2}}{\pi}E = 0.45E$
- 3상 반파 정류 : $E_d = \frac{3\sqrt{3}}{\sqrt{2}\pi}E = 1.17E$
- 단상 전파 정류 : $E_d = \frac{2\sqrt{2}}{\pi}E = 0.9E$
- 3상 전파 정류 : $E_d = 2.34E$

답 ④

문제 45 변압기 단락시험에서 계산할 수 있는 것은?

① 백분율 전압강하, 백분율 리액턴스강하
② 백분율 저항강하, 백분율 리액턴스강하
③ 백분율 전압강하, 여자 어드미턴스
④ 백분율 리액턴스강하, 여자 어드미턴스

풀이

변압기 단락시험으로부터 구할 수 있는 항목
- 권선의 저항
- 권선의 임피던스
- 권선의 누설리액턴스
- 백분율 저항강하
- 백분율 리액턴스 강하

답 ②

문제 46 유도전동기의 실부하법에서 부하로 쓰이지 않는 것은?

① 전동발전기
② 전기동력계
③ 프로니 브레이크
④ 손실을 알고 있는 직류발전기

풀이

부하시험 : 3상 유도전동기의 특성은 원선도에 의하여 구하는 것이 보통이지만 실부하법이 편리한 경우에는 실부하법을 사용한다.
실부하법으로는
① 전기동력계법
② 프로니브레이크법
③ 손실을 알고 있는 직류발전기를 사용하는 방법 등이 있다.
답 ①

문제 47 동기 전동기를 부족여자로 운전하면 어떠한 작용을 하는가?
① 충전 전류가 흐른다.
② 콘덴서 작용을 한다.
③ 뒤진 전류가 흐른다.
④ 뒤진 전류를 보상한다.

풀이

- 동기조상기는 무부하로 운전되는 동기전동기의 V곡선을 이용
- 동기전동기 운전
 - 과여자 운전 : 앞선 전류가 흘러 콘덴서로 작용
 - **부족 여자 운전 : 뒤진 전류가 흘러 리액터로 작용**   **답 ③**

문제 48 3000[V], 60[Hz], 8극, 100[kW]의 3상 유도 전동기가 있다. 전부하에서 2차 동손이 3.0[kW], 기계손이 2.0[kW]라고 한다. 전부하 회전수[rpm]를 구하면?
① 674 ② 774
③ 874 ④ 974

풀이

2차 입력 $P_2 = P_0 + P_{c2} + P_m$
$\qquad = $ 출력 + 2차 동손 + 기계손에서
$P_2 = 100 + 3 + 2 = 105[kW]$
슬립 $s = \dfrac{P_{c2}}{P_2} = \dfrac{3.0}{105} = \dfrac{1}{35}$

$\therefore N = (1-s)N_s = (1-s) \times \dfrac{120f}{p}$
$\qquad = \left(1 - \dfrac{1}{35}\right) \times \dfrac{120 \times 60}{8} = 874[rpm]$ **답 ③**

문제 49 유기 기전력 210[V], 단자 전압 200[V]인 5[kW] 분권 발전기의 계자 저항이 500[Ω]이면 그 전기자 저항[Ω]은?
① 0.2 ② 0.4
③ 0.6 ④ 0.8

풀이

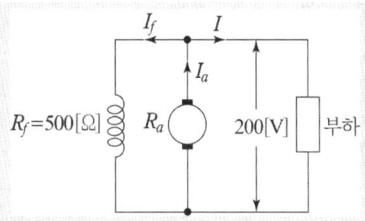

$I_f = \dfrac{V}{R_f} = \dfrac{200}{500} = 0.4[A]$

$I = \dfrac{P}{V} = \dfrac{5 \times 10^3}{200} = 25[A]$

전기자 전류 $I_a = I + I_f$이므로
$I_a = 25 + 0.4 = 25.4[A]$
또한, $V = E - I_a R_a$ 식에서
$\therefore R_a = \dfrac{E-V}{I_a} = \dfrac{210-200}{25.4} = \dfrac{10}{25.4} = 0.39[\Omega]$ **답 ②**

문제 50 3상 전원의 수전단에서 전압 3300[V], 전류 1000[A], 뒤진 역률 0.8의 전력을 받고 있을 때 동기조상기로 역률을 개선하여 1로 하고자 한다. 필요한 동기조상기의 용량은 약 몇 [kVA] 인가?
① 1525 ② 1950
③ 3150 ④ 3429

풀이

- 부하의 무효전력 $Q_L = \sqrt{3}\,VI\sin\theta$ 에서
$Q_L = \sqrt{3} \times 3300 \times 1000 \times 0.6 \times 10^{-3} = 3429.46[kVar]$
($\because \cos\theta = 0.8$이므로 $\sin\theta = \sqrt{1-0.8^2} = 0.6$)
- **역률이 1이 되려면 무효전력 $Q = 0[kVar]$이 되어야 하므로** 동기조상기에서 진상 무효전력 $Q_c = Q_L = 3429.46$ [kVA]를 공급하여야 한다.   **답 ④**

문제 51 교류 전동기에서 브러시의 이동으로 속도 변화가 가능한 것은?
① 농형 전동기
② 2중 농형 전동기
③ 동기 전동기
④ 시라게 전동기

풀이
속도를 변화시킬 수 있는 교류 전동기로서 널리 사용되고 있는 것은 **시라게 전동기**이며 그 구조는 직류전동기와 유사하지만 브러시가 2조가 있어 각 조의 **브러시를 반대 방향으로 이동하면 속도를 조정**할 수 있다. **답** ④

문제 52 변압기의 원리는?
① 전자유도 작용을 이용
② 정전유도 작용을 이용
③ 자기유도 작용을 이용
④ 플레밍의 오른손 법칙을 이용

풀이
변압기는 전자 유도 작용을 이용하여 교류 전압과 전류의 크기를 변성하는 장치로 2개 이상의 전기회로와 1개 이상의 공통 자기 회로로 이루어져 있다. **답** ①

문제 53 SCR에 관한 설명으로 틀린 것은?
① 3단자 소자이다.
② 전류는 애노드에서 캐소드로 흐른다.
③ 소형의 전력을 다루고 고주파 스위칭을 요구하는 응용분야에 주로 사용된다.
④ 도통 상태에서 순방향 애노드전류가 유지전류 이하로 되면 SCR은 차단상태로 된다.

풀이

SCR은 정류기능을 갖는 **단일방향성 3단자 소자**로서 게이트에 (+)의 트리거 펄스가 인가되면 통전 상태로 되어 **전류는 애노드에서 캐소드 방향**으로 흐르게 된다. 일단 통전이 시작되면 게이트 전류를 차단해도 주전류(애노드 전류)는 차단되지 않는다.
- 래칭전류 : SCR이 ON 되기 위하여 애노우드에서 캐소드 쪽으로 흘러야 할 최소전류
- 유지전류 : ON된 후에 ON 상태를 유지하기 위한 최소전류로서 래칭전류보다 작다. **답** ③

문제 54 탭전환 변압기 1차측에 몇 개의 탭이 있는 이유는?
① 예비용 단자
② 부하 전류를 조정하기 위하여
③ 수전점의 전압을 조정하기 위하여
④ 변압기의 여자전류를 조정하기 위하여

풀이
탭(tap) 전환 변압기 : 전원 전압의 변동이나 부하의 변동에 따라 **변압기 2차측의 전압변동을 보상하고 일정 전압으로 유지**시키기 위하여, 고압측 1차 권선의 중앙 위치에 몇 개의 탭 단자를 두어 변압기의 권수비를 바꿀 수 있도록 설계한 변압기 **답** ③

문제 55 권선형 유도전동기에서 비례추이를 할 수 없는 것은?
① 토크
② 출력
③ 1차 전류
④ 2차 전류

풀이
- 비례추이가 되는 항목 : 토크, 역률, 2차 전류, 1차 전류
- 비례추이가 되지 않는 항목 : 기계적 출력, 2차 동손, 효율, 저항, 동기속도 **답** ②

문제 56 다음 중 권선형 유도 전동기의 2차 여자 제어법으로 사용되는 제어 방식은?
① 세르비우스 방식
② 플러깅 방식
③ 발전 방식
④ 회생 방식

풀이
권선형 유도전동기의 2차측에 2차 주파수와 같은 주파수로 적당한 크기와 위상의 전압을 외부에서 가하는 방법을 **2차 여자 제어**라 하고 크래머(kramer) 방법과 세르비우스 (scherbious) 방식이 있다. **답** ①

문제 57 3상 유도전동기의 2차 저항을 m배로 하면 동일하게 m배로 되는 것은?
① 역률
② 전류
③ 슬립
④ 토크

풀이

$$\frac{r_2}{s_m} = \frac{r_2+R_s}{s_t}$$

여기서, r_2 : 2차 권선의 저항, s_m : 최대 토크시 슬립,
s_t : 기동시 슬립, R_s : 2차 외부회로 저항,
r_2+R_s : 2차 회로 저항

즉, **2차 회로 저항 r_2+R_s와 슬립 s_t는 비례 관계**에 있다.

답 ③

문제 58 극수는 6 회전수가 1200[rpm]인 교류발전기와 병렬 운전하는 극수가 8인 교류발전기의 회전수[rpm]는?

① 1200   ② 900
③ 750   ④ 520

풀이

교류발전기의 **병렬운전 조건은 주파수가 같아야** 한다.
극수 6인 발전기의 주파수를 구하면, $N_s = \frac{120f}{p}$ 에서

$$\therefore f = \frac{N_s \times p}{120} = \frac{1200 \times 6}{120} = 60[Hz]$$

따라서, 극수 8인 발전기의 회전수는

$$\therefore N = \frac{120f}{p} = \frac{120 \times 60}{8} = 900[rpm]$$

답 ②

문제 59 가동 복권 발전기의 내부 결선을 바꾸어 분권 발전기로 하자면?

① 내분권 복권형으로 해야 한다.
② 외분권 복권형으로 해야 한다.
③ 분권 계자를 단락시킨다.
④ 직권 계자를 단락시킨다.

풀이

복권 발전기

직권 계자 권선 F_s을 단락시킨다. 외분권, 내분권들은 어느 것이나 복권 발전기의 일종이다.

답 ④

문제 60 권선형 유도전동기에서 2차 저항을 변화시켜서 속도제어를 하는 경우 최대 토크는?

① 항상 일정하다.
② 2차 저항에만 비례한다.
③ 최대 토크가 생기는 점의 슬립에 비례한다.
④ 최대 토크가 생기는 점의 슬립에 반비례한다.

풀이

• 최대 토크 $T_m \propto \frac{V^2}{2x_2}$: 2차 저항에 무관

• 최대 토크를 발생하는 슬립 $s_m = \pm \frac{r_2}{x_2}$: 2차 저항에 비례

따라서, 3상 유도 전동기의 **최대 토크의 크기는 2차저항 r_2와 슬립 s에 관계없이 항상 일정**하고 다만 최대 토크가 발생하는 슬립점이 2차 회로의 저항에 비례해서 이동할 뿐이다.

답 ①

제4과목 회로이론

문제 61 $f(t) = e^{at}$의 라플라스 변환은?

① $\frac{1}{s-a}$

② $\frac{1}{s+a}$

③ $\frac{1}{s^2-a^2}$

④ $\frac{1}{s^2+a^2}$

풀이

라플라스 변환 표

$f(t)$	$F(s)$
$e^{\mp at}$	$\frac{1}{s \pm a}$
$t e^{\mp at}$	$\frac{1}{(s \pm a)^2}$
$t^n e^{-at}$	$\frac{n!}{(s+a)^{n+1}}$

답 ①

문제 62 같은 저항 $r[\Omega]$ 6개를 사용하여 그림과 같이 결선하고 대칭 3상 전압 $V[V]$를 가하였을 때 흐르는 전류 I는 몇 [A] 인가?

① $\dfrac{V}{2r}$ ② $\dfrac{V}{3r}$
③ $\dfrac{V}{4r}$ ④ $\dfrac{V}{5r}$

풀이

- △를 Y로 환산하면 1상의 등가 저항 R은
$R = \dfrac{r \times r}{r+r+r} = \dfrac{r^2}{3r} = \dfrac{r}{3}[\Omega]$

- 선전류 $I_l = \dfrac{\frac{V}{\sqrt{3}}}{r + \frac{r}{3}} = \dfrac{\sqrt{3}\,V}{4r}[A]$

따라서 상전류 $I = \dfrac{I_l}{\sqrt{3}} = \dfrac{V}{4r}[A]$ **답 ③**

문제 63 그림 (a)와 그림 (b)가 역회로 관계에 있으려면 L의 값[mH]은? 단, $K^2 = 2000$이다.

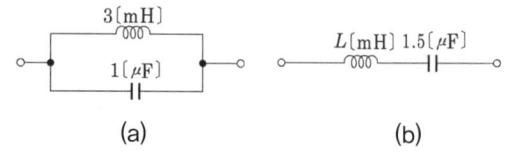

(a)   (b)

① 1.5×10^9
② 2×10^6
③ 3
④ 2

풀이

경우 $\dfrac{L_1}{C_1} = \dfrac{L_2}{C_2} = K^2$의 관계에서

$L_2 = K^2 C_2 = 2000 \times 1 \times 10^{-6} = 2 \times 10^{-3} = 2[mH]$ **답 ④**

문제 64 $R = 5[\Omega]$, $L = 10[mH]$, $C = 1[\mu F]$의 직렬 회로에서 공진 주파수 f_r[Hz]는 약 얼마인가?

① 3181   ② 1820
③ 1592   ④ 1432

풀이

$f_r = \dfrac{1}{2\pi\sqrt{LC}} = \dfrac{1}{2\pi\sqrt{10\times 10^{-3} \times 1 \times 10^{-6}}} = 1591.55[Hz]$

답 ③

문제 65 $t = 0$에서 스위치 S를 닫았을 때 정상 전류값[A]은?

① 1
② 2.5
③ 3.5
④ 7

풀이

$R-L$ 직렬 회로에 직류 전압 인가 시 흐르는 전류
$i = \dfrac{E}{R}\left(1 - e^{-\frac{R}{L}t}\right)[A]$에서
$i = \dfrac{70}{20}\left(1 - e^{-\frac{20}{2}\times\infty}\right) = 3.5[A]$ **답 ③**

문제 66 위상정수 $\beta = 10[rad/km]$, 위상속도 $v = 20[m/s]$일 때 각주파수 ω는 몇 [rad/s]인가?

① $0.1[rad/s]$
② $0.2[rad/s]$
③ $14.1[rad/s]$
④ $200[rad/s]$

풀이

위상차가 2π로 되는 거리가 1 파장이므로

$$\beta\lambda = 2\pi$$
$$\therefore \lambda = \frac{2\pi}{\beta}$$

전파속도 v는

$$v = f\lambda = \frac{2\pi f}{\beta} = \frac{\omega}{\beta}$$

$$\therefore \omega = \beta v = \frac{10}{1000} \times 20 = 0.2[\text{rad/s}]$$

답 ②

문제 67 불평형 회로에서 영상분이 존재하는 3상 회로 구성은?

① △-△결선의 3상 3선식
② △-Y결선의 3상 3선식
③ Y-Y결선의 3상 3선식
④ Y-Y결선의 3상 4선식

풀이

- 영상분은 비대칭 3상회로의 접지선, 중성선에 존재하며, 비대칭 3상회로의 비접지식 회로에는 영상분이 존재하지 않는다.
- Y-Y결선의 3상 4선식은 중성점을 접지하므로 영상분이 존재한다.

답 ④

문제 68 변압비 $\frac{n_1}{n_2} = 30$인 단상 변압기 3개를 1차 △결선, 2차 Y결선 하고 1차 선간에 3000[V]를 가했을 때 무부하 2차 선간전압[V]은?

① $\frac{100}{\sqrt{3}}$[V]

② $\frac{190}{\sqrt{3}}$[V]

③ 100[V]

④ $100\sqrt{3}$[V]

풀이

$a = \frac{E_1}{E_2}$에서 $E_2 = \frac{E_1}{a} = \frac{3000}{30} = 100[\text{V}]$

2차는 Y결선이므로 선간 전압 V_2는

$V_2 = \sqrt{3}\,E_2 = \sqrt{3} \times 100 = 173.2[\text{V}]$

답 ④

문제 69 그림과 같은 단위 계단함수는?

① $u(t)$
② $u(t-a)$
③ $u(a-t)$
④ $-u(t-a)$

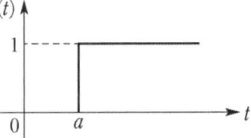

풀이

$f(t) = 1 \cdot u(t-a)$

답 ②

문제 70 전압 $e = 100\sin 10t + 20\sin 20t$[V]이고, 전류 $i = 20\sin(10t - 60) + 10\sin 20t$[A]일 때 소비전력은 몇 [W]인가?

① 500   ② 550
③ 600   ④ 650

풀이

비정현파의 유효전력 $P = \sum_{n=1}^{\infty} V_n I_n \cos\theta_n$ 에서

$P = \frac{100}{\sqrt{2}} \times \frac{20}{\sqrt{2}} \times \cos 60° + \frac{20}{\sqrt{2}} \times \frac{10}{\sqrt{2}} \times \cos 0° = 600[\text{W}]$

답 ③

문제 71 다음 그림과 같은 전기회로의 입력을 e_i, 출력을 e_o 라고 할 때 전달함수는?

① $\dfrac{R_2(1 + R_1 L s)}{R_1 + R_2 + R_1 R_2 L s}$

② $\dfrac{1 + R_2 L s}{1 + (R_1 + R_2) L s}$

③ $\dfrac{R_2(R_1 + L s)}{R_1 R_2 + R_1 L s + R_2 L s}$

④ $\dfrac{R_2 + \dfrac{1}{Ls}}{R_1 + R_2 + \dfrac{1}{Ls}}$

풀이

$$G(s) = \frac{E_0(s)}{E_i(s)} = \frac{R_2}{R_2 + \frac{R_1 Ls}{R_1 + Ls}} = \frac{R_2(R_1 + Ls)}{R_1 R_2 + R_1 Ls + R_2 Ls}$$

답 ③

문제 72 $\frac{E_o(s)}{E_i(s)} = \frac{1}{s^2 + 3s + 1}$ 의 전달함수를 미분방정식으로 표시하면?
(단, $\mathcal{L}^{-1}[E_o(s)] = e_o(t)$, $\mathcal{L}^{-1}[E_i(s)] = e_i(t)$ 이다.)

① $\frac{d^2}{dt^2} e_i(t) + 3\frac{d}{dt} e_i(t) + e_i(t) = e_o(t)$

② $\frac{d^2}{dt^2} e_o(t) + 3\frac{d}{dt} e_o(t) + e_o(t) = e_i(t)$

③ $\frac{d^2}{dt^2} e_i(t) + 3\frac{d}{dt} e_i(t) + \int e_i(t) dt = e_o(t)$

④ $\frac{d^2}{dt^2} e_o(t) + 3\frac{d}{dt} e_o(t) + \int e_o(t) dt = e_i(t)$

풀이

$\frac{E_o(s)}{E_i(s)} = \frac{1}{s^2 + 3s + 1}$

$E_i(s) = s^2 E_o(s) + 3s E_o(s) + E_o(s)$

$\therefore e_i(t) = \frac{d^2}{dt^2} e_o(t) + 3\frac{d}{dt} e_o(t) + e_o(t)$

답 ②

문제 73 그림과 같은 회로에서 콘덴서에 흐르는 전류 i를 나타낸 식은?

① $C\frac{di}{dt}$

② $\frac{1}{C}\int v\, dt$

③ $C\frac{dv}{dt}$

④ $\frac{1}{C}\int i\, dt$

풀이

콘덴서에 흐르는 전류

$i = \frac{dq}{dt} = \frac{d}{dt} Cv = C\frac{dv}{dt}$ [A]

답 ③

문제 74 그림과 같은 RC 직렬회로에 비정현파 전압 $v = 20 + 220\sqrt{2}\sin120\pi t + 40\sqrt{2}\sin360\pi t$ [V]를 가할 때 제3고조파전류 i_3[A]는 약 얼마인가?

① $0.49\sin(360\pi t - 14.04°)$

② $0.49\sqrt{2}\sin(360\pi t - 14.04°)$

③ $0.49\sin(360\pi t + 14.04°)$

④ $0.49\sqrt{2}\sin(360\pi t + 14.04°)$

풀이

- 3고조파에 대한 리액턴스

$X_3 = \frac{1}{2\pi \times 3f \times C} = \frac{1}{2\pi \times 3 \times 60 \times 44.21 \times 10^{-6}} = 20[\Omega]$

- 3고조파 전류

$I_3 = \frac{V_3}{\sqrt{R^2 + X_3^2}} = \frac{40}{\sqrt{80^2 + 20^2}} = 0.49[V]$

- $\theta = \tan^{-1}\frac{X_3}{R} = \tan^{-1}\frac{20}{80} = 14.04°$

따라서, 순시치 $i_3 = 0.49\sqrt{2}\sin(360\pi t + 14.04°)$[A]

답 ④

문제 75 그림과 같은 L형 회로의 4단자 A, B, $\overline{C}$, D 정수 중 A는?

① $1 + \frac{1}{\omega LC}$

② $1 - \frac{1}{\omega^2 LC}$

③ $1 + \frac{1}{j\omega L}$

④ $\frac{1}{2\sqrt{LC}}$

풀이

$$\begin{bmatrix} A & B \\ C & D \end{bmatrix} = \begin{bmatrix} 1 & \frac{1}{j\omega C} \\ 0 & 1 \end{bmatrix} \begin{bmatrix} 1 & 0 \\ \frac{1}{j\omega L} & 1 \end{bmatrix} = \begin{bmatrix} 1 - \frac{1}{\omega^2 LC} & \frac{1}{j\omega C} \\ \frac{1}{j\omega L} & 1 \end{bmatrix}$$

답 ②

문제 76
두 개의 자기 인덕턴스를 직렬로 접속하여 합성 인덕턴스를 측정하였더니 75[mH]가 되었고, 한쪽의 인덕턴스를 반대로 접속하여 측정하니 25[mH] 되었다면 두 코일의 상호 인덕턴스 [mH]는?

① 12.5[mH]   ② 45[mH]
③ 50[mH]   ④ 90[mH]

풀이

$L_+ = L_1 + L_2 + 2M = 75[\text{mH}]$
$L_- = L_1 + L_2 - 2M = 25[\text{mH}]$ 에서
M에 관해서 풀면

$$\therefore M = \frac{L_+ - L_-}{4} = \frac{75 - 25}{4} = \frac{50}{4} = 12.5[\text{mH}]$$

답 ①

문제 77
어떤 회로에서 유효전력 80[W], 무효전력 60[Var]일 때 역률은?

① 50[%]   ② 70[%]
③ 80[%]   ④ 90[%]

풀이

$P = 80[\text{W}]$, $P_r = 60[\text{Var}]$
피상 전력 $P_a = \sqrt{P^2 + P_r^2} = \sqrt{80^2 + 60^2} = 100[\text{VA}]$

$$\cos\theta = \frac{P}{P_a} = \frac{80}{100} = 0.8, \quad \therefore 80[\%]$$

답 ③

문제 78
9[Ω]과 3[Ω]의 저항 각 3개를 그림과 같이 연결하였을 때 A, B 사이의 합성 저항은 몇 [Ω]인가?

① 2   ② 3
③ 4   ④ 6

풀이

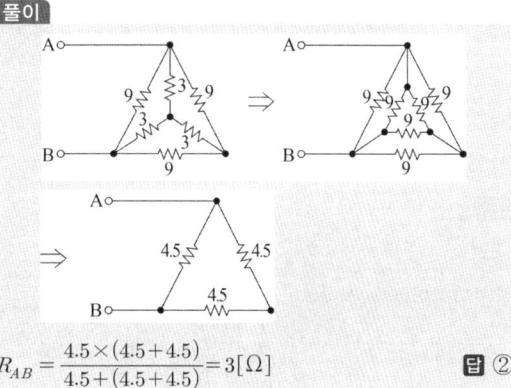

$$R_{AB} = \frac{4.5 \times (4.5 + 4.5)}{4.5 + (4.5 + 4.5)} = 3[\Omega]$$

답 ②

문제 79
그림과 같은 비정현파의 실효값[V]은?

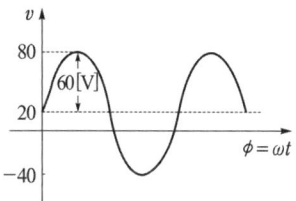

① 46.90
② 51.61
③ 59.04
④ 80

풀이

그림은 크기가 20[V]인 직류 전압과 최대값 $V_m = 60[\text{V}]$인 정현파의 합이다. 따라서, 전압 $V = 20 + 60\sin\omega t\,[\text{V}]$으로 표현된다.

비정현파의 실효값
$V = \sqrt{\text{각 파의 실효값 제곱의 합}}$
$= \sqrt{20^2 + \left(\frac{60}{\sqrt{2}}\right)^2} = 46.90[\text{V}]$

답 ①

문제 80 다음 회로에서 정저항 회로가 되기 위해서는 $\frac{1}{\omega C}$의 값은 몇 [Ω]이면 되는가?

① 2 ② 4 ③ 6 ④ 8

풀이

$\frac{1}{\omega C} = X_c$ 라고 하면

합성임피던스

$Z = \frac{10 \times j5}{10 + j5} - jX_c = \frac{j50(10-j5)}{(10+j5)(10-j5)} - jX_c$

$= \frac{j500 + 250}{125} - jX_c = \frac{250}{125} + j\frac{500}{125} - jX_c$

정저항 회로가 되기 위해서는 허수부가 영이 되어야 하므로

$j\frac{500}{125} - jX_c = 0$

따라서 $X_c = \frac{1}{\omega C} = \frac{500}{125} = 4[\Omega]$

답 ②

제5과목 전기설비기술기준

문제 81 조상기의 보호장치로서 내부 고장 시에 자동적으로 전로로부터 차단되는 장치를 설치하여야 하는 조상기 용량은 몇 [kVA] 이상인가?

① 5000 ② 7500
③ 10000 ④ 15000

풀이

351.5 조상설비의 보호장치
조상 설비에는 그 내부에 고장이 생긴 경우에 보호하는 장치를 표와 같이 시설하여야 한다.

설비 종별	뱅크 용량의 구분	자동적으로 전로로부터 차단하는 장치
전력용 커패시터 및 분로리액터	500 [kVA] 초과 15,000 [kVA] 미만	·내부에 고장이 생긴 경우 ·과전류가 생긴 경우
	15,000 [kVA] 이상	·내부에 고장이 생긴 경우 ·과전류가 생긴 경우 ·과전압이 생긴 경우
조상기	15,000 [kVA] 이상	·내부에 고장이 생긴 경우

답 ④

문제 82 터널 등에 시설하는 사용 전압이 220[V]인 저압의 전구선으로 300/300[V] 편조고무 코드를 사용하는 경우 단면적은 몇 [mm²] 이상이어야 하는가?

① 0.5 [mm²] ② 0.75 [mm²]
③ 1.0 [mm²] ④ 1.5 [mm²]

풀이

242.7.2 터널 등의 전구선 또는 이동전선 등의 시설
터널 등에 시설하는 사용전압이 400[V] 이하인 저압의 전구선 또는 이동전선은 다음과 같이 시설하여야 한다.
가. **전구선은 단면적 0.75[mm²] 이상의 300/300[V] 편조 고무코드** 또는 0.6/1[kV] EP 고무 절연 클로로프렌 캡타이어 케이블일 것.
나. 이동전선은 300/300[V] 편조 고무코드, 비닐 코드 또는 캡타이어 케이블일 것.

답 ②

문제 83 빙설의 정도에 따라 풍압하중을 적용하도록 규정하고 있는 내용 중 옳은 것은?
① 빙설이 많은 지방에서는 고온계절에는 갑종풍압하중, 저온계절에는 을종 풍압하중을 적용한다.
② 빙설이 많은 지방에서는 고온계절에는 을종풍압하중, 저온계절에는 갑종 풍압하중을 적용한다.
③ 빙설이 적은 지방에서는 고온계절에는 갑종풍압하중, 저온계절에는 을종 풍압하중을 적용한다.
④ 빙설이 적은 지방에서는 고온계절에는 을종풍압하중, 저온계절에는 갑종 풍압하중을 적용한다.

풀이

331.6 풍압하중의 종별과 적용

지역		고온계절	저온계절
빙설이 많은 지방 이외의 지방		갑종	병종
빙설이 많은 지방	일반지역	갑종	을종
	해안지방, 기타 저온계절에 최대 풍압이 생기는 지역	갑종	갑종과 을종 중 큰 값 선정
인가가 많이 연접되어 있는 장소		병종	병종

답 ①

문제 84
전자개폐기의 조작회로 또는 초인벨·경보벨 등에 접속하는 전로로서 최대사용전압이 60[V] 이하인 것으로 대지전압이 몇 [V] 이하인 강 전류 전기의 전송에 사용하는 전로와 변압기로 결합되는 것을 소세력 회로라 하는가?

① 100   ② 150
③ 300   ④ 440

풀이
241.14 소세력 회로
가. 전자 개폐기의 조작회로 또는 초인벨·경보벨 등에 접속하는 전로로서 최대 사용전압이 60[V] 이하인 것
나. 소세력 회로에 전기를 공급하기 위한 절연변압기의 사용전압은 대지전압 300[V] 이하로 하여야 한다. **답** ③

문제 85
금속덕트공사에 의한 저압 옥내배선 공사 시설 기준에 적합하지 않는 것은?

① 금속 덕트에 넣은 전선의 단면적의 합계가 덕트의 내부 단면적의 20[%] 이하가 되게 하였다.
② 덕트 상호 및 덕트와 금속관과는 전기적으로 완전하게 접속했다.
③ 덕트를 조영재에 붙이는 경우 덕트의 지지점간의 거리를 4[m] 이하로 견고하게 붙였다.
④ 덕트에는 접지공사를 한다.

풀이
232.31 금속덕트공사
가. 전선은 절연전선(옥외용 비닐절연전선을 제외한다)일 것.
나. 금속덕트에 넣은 전선의 단면적(절연피복의 단면적을 포함한다)의 합계는 덕트의 내부 단면적의 20[%](전광표시 장치 기타 이와 유사한 장치 또는 제어회로 등의 배선만을 넣는 경우에는 50[%]) 이하일 것.
다. 금속덕트 안에는 전선에 접속점이 없도록 할 것.
라. 덕트 상호 간은 견고하고 또한 전기적으로 완전하게 접속할 것.
마. **덕트를 조영재에 붙이는 경우에는 덕트의 지지점 간의 거리를 3[m]**(취급자 이외의 자가 출입할 수 없도록 설비한 곳에서 수직으로 붙이는 경우에는 6[m]) 이하로 할 것.
바. 덕트는 접지공사를 할 것. **답** ③

문제 86
폭연성 분진 또는 화약류의 분말이 전기설비가 발화원이 되어 폭발할 우려가 있는 곳에 시설하는 저압 옥내배선의 공사방법으로 옳은 것은?

① 금속관공사
② 애자공사
③ 합성수지관공사
④ 캡타이어케이블공사

풀이
242.2.1 폭연성 분진 위험장소
폭연성 분진(마그네슘·알루미늄·티탄·지르코늄) 또는 **화약류**의 분말이 전기설비가 발화원이 되어 폭발할 우려가 있는 곳에 시설하는 저압 옥내배선, 저압 관등회로 배선, 소세력 회로의 전선은 **금속관공사 또는 케이블공사**(캡타이어 케이블을 사용하는 것을 제외한다)에 의할 것. **답** ①

문제 87
지중 전선로를 직접 매설식에 의하여 시설하는 경우에 차량 및 기타 중량물의 압력을 받을 우려가 있는 장소의 매설 깊이는 몇 [m] 이상인가?

① 1.0   ② 1.2
③ 1.5   ④ 1.8

풀이
334.1 지중전선로의 시설
가. 지중 전선로는 전선에 케이블을 사용하고 또한 관로식·암거식 또는 직접 매설식에 의하여 시설하여야 한다.
나. 지중 전선로를 직접 매설식에 의하여 시설하는 경우에는 매설 깊이는
① 차량 기타 중량물의 압력을 받을 우려가 있는 장소 : 1.0[m] 이상
② 기타 장소 : 0.6[m] 이상 **답** ①

문제 88
전기욕기에 전기를 공급하기 위한 전원장치에 내장되어 있는 전원변압기의 2차 측 전로의 사용전압은 몇 [V] 이하인 것을 사용하여야 하는가?

① 5   ② 10
③ 25   ④ 35

풀이
241.2 전기욕기
전기욕기에 전기를 공급하기 위한 전기욕기용 전원장치(내장되는 전원 **변압기의 2차측 전로의 사용전압이 10[V] 이하의 것에 한한다**)는 안전기준에 적합하여야 한다. **답** ②

문제 89. 특고압가공전선로에 사용하는 철탑 중에서 전선로의 수평각도가 3°를 넘는 곳에 사용하는 철탑은?

① 내장형 철탑 ② 인류형 철탑
③ 보강형 철탑 ④ 각도형 철탑

풀이
333.11 특고압 가공전선로의 철주·철근 콘크리트주 또는 철탑의 종류
특고압 가공전선로의 지지물로 사용하는 B종 철근·B종 콘크리트주 또는 철탑의 종류는 다음과 같다.
가. 직선형 : 전선로의 직선 부분(3° 이하의 수평 각도 이루는 곳 포함)에 사용되는 것
나. **각도형** : 전선로 중 **수평 각도 3°를 넘는 곳에 사용**되는 것
다. 인류형 : 전 가섭선을 인류하는 곳에 사용하는 것
라. 내장형 : 전선로 지지물 양측의 경간차가 큰 곳에 사용하는 것
마. 보강형 : 전선로 직선 부분을 보강하기 위하여 사용하는 것
답 ④

문제 90. 고압 가공전선이 철도를 횡단하는 경우 레일면상에서 몇 [m] 이상으로 유지되어야 하는가?

① 5.5 ② 6
③ 6.5 ④ 7.0

풀이
332.5 고압 가공전선의 높이,
222.7 저압 가공전선의 높이
저·고압 가공전선의 높이는 다음에 따라야 한다.

설치장소		가공전선의 높이
도로횡단(번잡하지 않은 도로 제외)		지표상 6[m] 이상
철도 또는 궤도 횡단		레일면상 6.5[m] 이상
횡단보도교 위	저압	노면상 3.5[m] 이상 (단, 절연전선의 경우 3[m] 이상)
	고압	노면상 3.5[m] 이상
일반장소		지표상 5[m] 이상 단, 저압의 경우 절연전선 또는 케이블을 사용하여 교통에 지장이 없도록 하여 옥외조명용에 공급하는 경우 4[m]까지 감할 수 있다.
다리의 하부 기타 이와 유사한 장소		저압의 전기철도용 급전선은 지표상 3.5[m]까지로 감할 수 있다.

답 ③

문제 91. 변전소의 주요 변압기에 시설하지 않아도 되는 계측 장치는?

① 전압계
② 역률계
③ 전류계
④ 전력계

풀이
351.6 계측장치
변전소 또는 이에 준하는 곳에는 다음의 사항을 계측하는 장치를 시설하여야 한다.
가. **주요 변압기의 전압 및 전류 또는 전력**
나. 특고압용 변압기의 온도
답 ②

문제 92. 전선의 접속법 중 두 개 이상의 전선을 병렬로 사용하는 경우에 대한 설명으로 틀린 것은?

① 병렬로 사용하는 각 전선의 굵기는 동선 50[mm^2] 이상 또는 알루미늄 70[mm^2] 이상이어야 한다.
② 같은 극의 각 전선의 터미널러그에 완전히 접속해야 한다.
③ 병렬로 사용하는 전선에는 각각에 퓨즈를 설치해야 한다.
④ 병렬로 사용하는 각 전선은 같은 도체, 같은 재료, 같은 길이 및 같은 굵기의 것을 사용해야 한다.

풀이
123 전선의 접속
전선을 접속하는 경우에는 전선의 전기저항을 증가시키지 아니하도록 접속 하여야 하며, 또한 다음에 따라야 한다.
가. 절연전선 상호·절연전선과 코드, 캡타이어 케이블과 접속하는 경우에는
  ① 전선의 세기를 20[%] 이상 감소시키지 아니할 것
  ② 접속부분은 접속관 기타의 기구를 사용할 것
  ③ 접속부분의 절연전선에 절연전선의 절연물과 동등 이상의 절연효력이 있는 것으로 충분히 피복할 것.
나. 코드 상호, 캡타이어 케이블 상호 또는 이들 상호를 접속하는 경우에는 코드 접속기·접속함 기타의 기구를 사용할 것.
다만 공칭단면적이 10[mm^2] 이상인 캡타이어 케이블 상호를 규정에 준하여 접속하는 경우에는 기구를 사용하지 않을 수 있다.

다. 두 개 이상의 전선을 병렬로 사용하는 경우에는
  ① 병렬로 사용하는 각 전선의 굵기는 동선 50[mm²] 이상 또는 알루미늄 70[mm²] 이상으로 하고, 전선은 같은 도체, 같은 재료, 같은 길이 및 같은 굵기의 것을 사용할 것
  ② 같은 극의 각 전선의 터미널러그에 완전히 접속할 것
  ③ 병렬로 사용하는 전선에는 각각에 퓨즈를 설치하지 말 것

답 ③

문제 93 철도·궤도 또는 자동차도의 전용터널 안의 터널내 전선로의 시설방법으로 틀린 것은?

① 저압전선으로 지름 2.0[mm]의 경동선을 사용하였다.
② 고압전선은 케이블공사로 하였다.
③ 저압전선을 애자공사에 의하여 시설하고 이를 레일면상 또는 노면상 2.5[m] 이상으로 하였다.
④ 저압전선을 금속제가요전선관공사에 의하여 시설하였다.

풀이
335.1 터널 안 전선로의 시설
철도·궤도 또는 자동차도 전용터널 안의 전선로

전압	전선의 굵기	시공방법	애자공사 시 높이
저압	인장강도 2.30[kN] 이상 또는 2.6[mm] 이상의 경동선의 절연전선	• 합성수지관공사 • 금속관공사 • 금속제가요전선관공사 • 케이블공사 • 애자공사	노면상, 레일면상 2.5[m] 이상
고압	인장강도 5.26[kN] 이상 또는 4[mm] 이상의 경동선	• 케이블공사 • 애자공사	노면상, 레일면상 3[m] 이상
특고압		• 케이블공사	

답 ①

문제 94 고압용 또는 특고압용 개폐기의 시설에 있어서 법규상의 규정이 아닌 사항은?

① 그 동작에 따라 개폐 상태를 표시하는 장치를 가져야 한다.
② 중력 등에 의하여 자연히 작동할 우려가 있는 것은 자물쇠 장치 등이 있어야 한다.
③ 고압용 또는 특고압용이라는 위험 표시를 하여야 한다.
④ 부하 전로를 차단하기 위한 것이 아닌 단로기 등은 부하 전류가 통하고 있을 경우에 개로될 수 없도록 시설한다.

풀이
341.9 개폐기의 시설
1. 전로 중에 개폐기를 시설하는 경우에는 그곳의 각 극에 설치하여야 한다.
2. 고압용 또는 특고압용의 개폐기는 그 **작동에 따라 그 개폐상태를 표시하는 장치**가 되어 있는 것이어야 한다.
3. 고압용 또는 특고압용의 개폐기로서 **중력 등에 의하여 자연히 작동할 우려가 있는 것은 자물쇠장치 기타 이를 방지하는 장치를 시설**하여야 한다.
4. 고압용 또는 특고압용의 개폐기로서 **부하전류를 차단하기 위한 것이 아닌 개폐기는 부하전류가 통하고 있을 경우에는 개로할 수 없도록 시설**하여야 한다.

답 ③

문제 95 피뢰기 설치기준으로 옳지 않은 것은?

① 발전소·변전소 또는 이에 준하는 장소의 가공전선의 인입구 및 인출구
② 가공전선로와 특고압 전선로가 접속되는 곳
③ 가공 전선로에 접속한 1차측 전압이 35[kV] 이하인 배전용 변압기의 고압측 및 특고압측
④ 고압 및 특고압 가공전선로로부터 공급 받는 수용장소의 인입구

풀이
341.13 피뢰기의 시설
고압 및 특고압의 전로 중 다음에 열거하는 곳 또는 이에 근접한 곳에는 피뢰기를 시설하여야 한다.
가. **발전소·변전소** 또는 이에 준하는 장소의 **가공전선 인입구 및 인출구**
나. 특고압 가공전선로에 접속하는 **배전용 변압기의 고압측 및 특고압측**
다. 고압 및 특고압 가공전선로로부터 공급을 받는 **수용장소의 인입구**
라. 가공전선로와 지중전선로가 접속되는 곳

답 ②

문제 96. 금속제 수도관로를 접지공사의 접지극으로 사용하는 경우에 대한 사항이다. (㉠), (㉡), (㉢)에 들어갈 수치로 알맞은 것은?

"접지선과 금속제 수도관로의 접속은 안지름 (㉠)[mm] 이상인 금속제 수도관의 부분 또는 이로부터 분기한 안지름 (㉡)[mm] 미만인 금속제 수도관의 그 분기점으로부터 5[m] 이내의 부분에서 할 것. 다만, 금속제 수도관로와 대지간의 전기저항치가 (㉢)[Ω] 이하인 경우에는 분기점으로부터의 거리는 5[m]를 넘을 수 있다."

① ㉠ 75, ㉡ 75, ㉢ 2
② ㉠ 75, ㉡ 50, ㉢ 2
③ ㉠ 50, ㉡ 75, ㉢ 4
④ ㉠ 50, ㉡ 50, ㉢ 4

풀이
142.2 접지극의 시설 및 접지저항
지중에 매설되어 있고 대지와의 전기저항 값이 3[Ω] 이하의 값을 유지하고 있는 금속제 수도관로와 접지도체의 접속은 금속제 수도관로의 **안지름이 75[mm] 이상**인 부분 또는 여기에서 분기한 안지름 75[mm] 미만인 분기점으로부터 5[m] 이내의 부분에서 하여야 한다. 다만, 금속제 수도관로와 대지 사이의 **전기저항 값이 2[Ω] 이하**인 경우에는 분기점으로부터의 **거리는 5[m]을 넘을 수 있다.** **답 ①**

문제 97. 태양광설비에 시설하여야 하는 계측장치가 아닌 것은?
① 전압
② 전류
③ 역률
④ 전력

풀이
522.3.3 태양광설비의 계측장치
태양광설비에는 **전압, 전류 및 전력을 계측하는 장치**를 시설하여야 한다. **답 ③**

문제 98. 주택 등 저압 수용 장소에서 고정 전기설비에 TN-C-S 접지방식으로 접지공사 시 중성선 겸용 보호도체(PEN)를 알루미늄으로 사용 할 경우 단면적은 몇 [mm²] 이상이어야 하는가?
① 2.5
② 6
③ 10
④ 16

풀이
142.4.2 주택 등 저압수용장소 접지
저압수용장소에서 계통접지가 TN-C-S 방식인 경우 **중성선 겸용 보호도체(PEN)**는 고정 전기설비에만 사용할 수 있고, 그 도체의 단면적이 **구리는 10[mm²] 이상, 알루미늄은 16[mm²] 이상**이어야 하며, 그 계통의 최고전압에 대하여 절연되어야 한다. **답 ④**

문제 99. 전력보안통신설비의 전원공급기 시설에 대한 다음 설명 중 옳지 않은 것은?
① 누전차단기를 내장하여야 한다.
② 지상에서 3[m] 이상 유지하여야 한다.
③ 통신사업자는 기기 전면에 명판을 부착하여야 한다.
④ 기기주, 변대주 및 분기주 등 설비 복잡개소에는 시설하지 않아야 한다.

풀이
362.9 전원공급기의 시설
1. 전원공급기는 다음에 따라 시설하여야 한다.
 가. **지상에서 4[m] 이상 유지할 것.**
 나. 누전차단기를 내장할 것.
 다. 시설방향은 인도측으로 시설하며 외함은 접지를 시행할 것.
2. 기기주, 변대주 및 분기주 등 설비 복잡개소에는 전원공급기를 시설할 수 없다.
3. 전원공급기 시설시 통신사업자는 기기 전면에 명판을 부착하여야 한다. **답 ②**

문제 100. 지중 전선로의 매설방법이 아닌 것은?
① 관로식
② 인입식
③ 암거식
④ 직접 매설식

풀이
334.1 지중전선로의 시설
가. 지중 전선로는 전선에 **케이블을 사용**하고 또한 **관로식 · 암거식 또는 직접 매설식에 의하여 시설**하여야 한다.
나. 지중 전선로를 직접 매설식에 의하여 시설하는 경우에는 매설 깊이를 차량 기타 중량물의 압력을 받을 우려가 있는 장소에는 1.0[m] 이상, 기타 장소에는 0.6[m] 이상으로 하고 또한 지중 전선을 견고한 트라프 기타 방호물에 넣어 시설하여야 한다. **답 ②**

국가기술자격검정 필기시험 문제

2024년도 전기산업기사 일반검정 제3회		(CBT 복원문제)	수검 번호	성 명
자격종목 및 등급(선택분야)	종목코드	시험시간	문제지형별	
전기산업기사	2140	2시간 30분	A	

제1과목 전기자기학

문제 01 강자성체의 자화의 세기 J와 자화력 H 사이의 관계는?

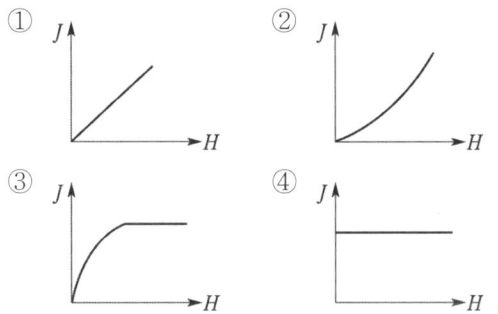

풀이
강자성체의 자화는 천천히 증가하지만 그 한계를 넘으면 자기 포화를 일으켜 H의 증가에도 불구하고 J는 일정하게 된다. **답** ③

문제 02 두 유전체의 경계면에서 정전계가 만족하는 것은?
① 전계의 법선 성분이 같다.
② 전속 밀도의 접선 성분이 같다.
③ 경계면상의 두 점의 전위는 서로 같다.
④ 전속은 유전율이 작은 유전체로 모인다.

풀이
경계 조건
- 전속밀도의 법선 성분(수직 성분)이 같다.
  ($D_1 \cos\theta_1 = D_2 \cos\theta_2$)
- 전계는 접선 성분(평행 성분)이 같다.
  ($E_1 \sin\theta_1 = E_2 \sin\theta_2$)
- 두 경계면에서의 전위는 서로 같다. ($V_1 = V_2$)
- $\epsilon_1 > \epsilon_2$이면, $\theta_1 > \theta_2$ 이다.
- $\dfrac{\tan\theta_1}{\tan\theta_2} = \dfrac{\epsilon_1}{\epsilon_2}$
- 전속선은 유전율이 큰 유전체 쪽으로 모이려는 성질이 있다. **답** ③

문제 03 자기인덕턴스가 10[H]인 코일에 3[A]의 전류가 흐를 때 코일에 축적된 자계에너지는 몇 [J]인가?
① 30
② 45
③ 60
④ 90

풀이
$W = \dfrac{1}{2}LI^2 = \dfrac{1}{2} \times 10 \times 3^2 = 45 \,[\text{J}]$ **답** ②

문제 04 원점 주위의 전류밀도가 $J = \dfrac{2}{r} a_r$ [A/m²]의 분포를 가질 때 반지름 5[cm]의 구면을 지나는 전 전류는 몇 [A] 인가?
① 0.1π
② 0.2π
③ 0.3π
④ 0.4π

풀이
$I = J \cdot S = \dfrac{2}{r} \times 4\pi r^2 = 8\pi r = 8\pi \times 0.05 = 0.4\pi\,[\text{A}]$ **답** ④

문제 05 전계와 자계와의 관계식으로 옳은 것은?
① $\sqrt{\epsilon} H = \sqrt{\mu} E$
② $\sqrt{\epsilon \mu} = EH$
③ $\sqrt{\mu} H = \sqrt{\epsilon} E$
④ $\epsilon \mu = EH$

풀이

고유 임피던스 $\eta = \dfrac{E}{H} = \sqrt{\dfrac{\mu}{\epsilon}}\,[\Omega]$에서

$\sqrt{\mu}\,H = \sqrt{\epsilon}\,E$

답 ③

문제 06 동심구에서 내부도체의 반지름이 a, 절연체의 반지름이 b, 외부도체의 반지름이 c이다. 내부도체에만 전하 Q를 주었을 때 내부도체의 전위는? (단, 절연체의 유전율은 ϵ_0이다.)

① $\dfrac{Q}{4\pi\epsilon_0 a}\left(\dfrac{1}{a} + \dfrac{1}{b}\right)$

② $\dfrac{Q}{4\pi\epsilon_0}\left(\dfrac{1}{a} - \dfrac{1}{b}\right)$

③ $\dfrac{Q}{4\pi\epsilon_0}\left(\dfrac{1}{a} - \dfrac{1}{b} - \dfrac{1}{c}\right)$

④ $\dfrac{Q}{4\pi\epsilon_0}\left(\dfrac{1}{a} - \dfrac{1}{b} + \dfrac{1}{c}\right)$

풀이

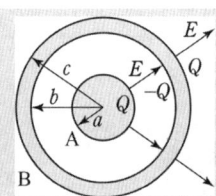

내부도체 A에 전하 Q를 주면 정전유도에 의해 도체 B의 내측 표면에 $-Q$, 외측 표면에는 Q가 유도된다. 즉, 전계 E는 도체 B의 외측($r \geq c$)과 도체 A와 B 사이($a \leq r \leq b$)의 범위에 분포하고, 전계 E에 의한 각 부분의 전위와 전위차는 다음과 같다.

① 도체 B의 표면 전위, $V_c\,(r=c)$

$V_c = \dfrac{Q}{4\pi\epsilon_0 c}$

(중심에 점전하 Q가 놓인 거리 $r=c$인 전위로 구함)

② 도체 A와 B 사이의 전위차, $V_{ab}\,(a \leq r \leq b)$

$V_{ab} = \dfrac{Q}{4\pi\epsilon_0}\left(\dfrac{1}{a} - \dfrac{1}{b}\right)$

(중심에 점전하 Q가 놓인 a와 b 사이의 전위차로 구함)

③ 도체 A의 표면 전위, $V_a\,(r=a)$

(도체 A의 표면 전위는 무한원점에서 전위와 전위차의 합이 됨)

$\therefore V_a = V_c + V_{bc} + V_{ab}$

$= \dfrac{Q}{4\pi\epsilon_0 c} + 0 + \dfrac{Q}{4\pi\epsilon_0}\left(\dfrac{1}{a} - \dfrac{1}{b}\right)$

$= \dfrac{Q}{4\pi\epsilon_0}\left(\dfrac{1}{a} - \dfrac{1}{b} + \dfrac{1}{c}\right)$

답 ④

문제 07 전자석의 흡인력은 공극(air gap)의 자속 밀도를 B라 할 때 다음의 어느 것에 비례하는가?

① B　　② $B^{0.5}$

③ $B^{1.6}$　　④ $B^{2.0}$

풀이

그림의 N 극의 강자성체를 Δx 움직일 때의 에너지의 증가 ΔW는(가상 변위의 원리)

$\Delta W = \dfrac{1}{2\mu}B^2 \Delta xS - \dfrac{1}{2\mu_0}B^2 \Delta xS$

$F_x = -\dfrac{\Delta W}{\Delta x} = \left(\dfrac{B^2}{2\mu_0} - \dfrac{B^2}{2\mu}\right)S\,[N]$

위의 식에서 $\dfrac{B^2}{2\mu_0} \gg \dfrac{B^2}{2\mu}$ 이다.

($\because$ 강자성체에서는 $\mu_0 \ll \mu$).

$\therefore F_x = \dfrac{B^2}{2\mu_0}S\,[N]$ (흡인력)

또, S 극의 강자성체에도 같은 크기의 흡인력이 작용한다.

답 ④

문제 08 점 $P(1, 2, 3)\,[m]$와 $Q(2, 0, 5)\,[m]$에 각각 $4 \times 10^{-5}\,[C]$과 $-2 \times 10^{-4}\,[C]$의 점전하가 있을 때, 점 P에 작용하는 힘은 몇 $[N]$인가?

① $\dfrac{8}{3}(i - 2j + 2k)$　　② $\dfrac{8}{3}(-i - 2j + 2k)$

③ $\dfrac{3}{8}(i + 2j + 2k)$　　④ $\dfrac{3}{8}(2i + j - 2k)$

풀이

$F = \dfrac{1}{4\pi\epsilon_0} \cdot \dfrac{Q_1 Q_2}{r^2} r_0 = 9 \times 10^9 \times \dfrac{Q_1 Q_2}{r^2} r_0$

$= 9 \times 10^9 \times \dfrac{4 \times 10^{-5} \times (-2 \times 10^{-4})}{(1-2)^2 + (2-0)^2 + (3-5)^2}$

$\quad \times \dfrac{(1-2)i + (2-0)j + (3-5)k}{\sqrt{(1-2)^2 + (2-0)^2 + (3-5)^2}}$

$= 9 \times 10^9 \times \dfrac{(-8 \times 10^{-9})}{9} \times \dfrac{(-i + 2j - 2k)}{3}$

$= \dfrac{8}{3}(i - 2j + 2k)$

답 ①

문제 09 점전하 $+Q$의 무한 평면도체에 대한 영상전하는?

① $+Q$
② $-Q$
③ $+2Q$
④ $-2Q$

풀이
전기 영상법

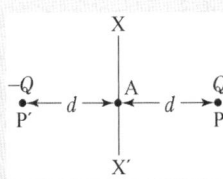

그림과 같이 도체 평면 XX'에서 거리 d인 점 P에 점 전하 Q가 있는 경우 도체면에 대하여 대칭인 영상점 P'에 크기는 점전하와 같고 부호는 반대인 영상 전하 $-Q$가 있다고 가상하고 해석한다. 답 ②

문제 10 강자성체가 아닌 것은?

① 철(Fe)
② 니켈(Ni)
③ 백금(Pt)
④ 코발트(Co)

풀이
자성체의 특징

자성체의 종류	투자율	비투자율	자화율	자기모멘트의 크기와 배열	종류
강자성체	$\mu \gg \mu_0$	$\mu_s \gg 1$	$\chi_m \gg 1$		철(Fe) 니켈(Ni) 코발트(Co)
상자성체	$\mu > \mu_0$	$\mu_s > 1$	$\chi_m > 0$		백금(Pt) 알루미늄(Al) 산소(O_2)
반자성체	$\mu < \mu_0$	$\mu_s < 1$	$\chi_m < 0$		은(Ag) 구리(Cu) 비스무트(Bi) 물(H_2O)
반강자성체					

답 ③

문제 11 벡터 $A = 2i - 6j - 3k$와 $B = 4i + 3j - k$에 수직한 단위 벡터는?

① $\pm \left(\dfrac{3}{7}i - \dfrac{2}{7}j + \dfrac{6}{7}k \right)$
② $\pm \left(\dfrac{3}{7}i + \dfrac{2}{7}j - \dfrac{6}{7}k \right)$
③ $\pm \left(\dfrac{3}{7}i - \dfrac{2}{7}j - \dfrac{6}{7}k \right)$
④ $\pm \left(\dfrac{3}{7}i + \dfrac{2}{7}j + \dfrac{6}{7}k \right)$

풀이
벡터적의 정의를 이용하면
$A \times B = |A \times B| n$
(n : 법선 벡터이므로 A와 B에 수직인 단위 벡터)

$$n = \frac{A \times B}{|A \times B|} = \frac{\begin{vmatrix} i & j & k \\ 2 & -6 & -3 \\ 4 & 3 & -1 \end{vmatrix}}{|A \times B|}$$

$$= \frac{15i - 10j + 30k}{\sqrt{15^2 + (-10)^2 + 30^2}}$$

$$= \frac{1}{35}(15i - 10j + 30k) = \frac{3}{7}i - \frac{2}{7}j + \frac{6}{7}k$$

법선 벡터 n의 부(-)의 벡터도 벡터 A와 B에 수직이 되므로
$n = \pm \left(\dfrac{3}{7}i - \dfrac{2}{7}j + \dfrac{6}{7}k \right)$가 된다. 답 ①

문제 12 도전성을 가진 매질내의 평면파에서 전송계수 γ를 표현한 것으로 알맞은 것은? (단, α는 감쇠정수, β는 위상정수 이다.)

① $\gamma = \alpha + j\beta$
② $\gamma = \alpha - j\beta$
③ $\gamma = j\alpha + \beta$
④ $\gamma = j\alpha - \beta$

풀이
$\gamma = \alpha + j\beta$
여기서, α : 감쇠정수
β : 위상정수 답 ①

문제 13 공기 중에서 1 [V/m]의 크기를 가진 정현파 전계에 대한 변위전류 1 [A/m²]를 흐르게 하기 위해서는 이 전계의 주파수가 몇 [MHz]가 되어야 하는가?

① 1500 [MHz]
② 1800 [MHz]
③ 15000 [MHz]
④ 18000 [MHz]

풀이

$f = \dfrac{i_d}{2\pi \epsilon E}$ [Hz]에서

$f = \dfrac{1}{2\pi \times 8.855 \times 10^{-12} \times 1} = 17973 \times 10^6$ [Hz]

$= 17973$ [MHz]   답 ④

문제 14 접지 구도체와 점전하 사이에 작용하는 힘은?

① 항상 반발력이다.   ② 항상 흡인력이다.
③ 조건적 반발력이다.   ④ 조건적 흡인력이다.

풀이

접지 구도체에는 항상 **점전하와 반대 극성인 전하**
($Q' = -\dfrac{a}{d}Q$)가 유도되므로 항상 **흡인력**이 작용한다.   답 ②

문제 15 열전대는 무슨 효과를 이용한 것인가?

① 압전효과   ② 제벡효과
③ 홀효과   ④ 가우스효과

풀이

제벡 효과(Seebeck effect)
서로 다른 두 종류의 금속선을 접합하여 폐회로를 만든 후 두 접합점의 온도를 달리하였을 때, 폐회로에 열기전력이 발생하여 열전류가 흐르게 된다. 이러한 현상을 제벡 효과라 하며 이때 연결한 **금속 루프를 열전대**라 한다.   답 ②

문제 16 그림과 같이 평행 왕복 도선에 $\pm I$[A]가 흐르고 있을 때 점 $\mathrm{P}\,(\theta = 90°)$의 자계의 세기는 몇 [AT/m]인가?

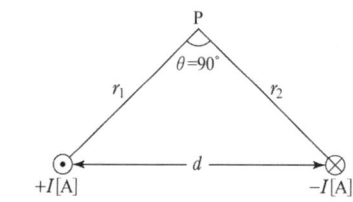

① $\dfrac{I}{2\pi d}$ ② $\dfrac{I}{2\pi r_1 r_2}$

③ $\dfrac{I\sqrt{r_1 + r_2}}{2\pi d}$ ④ $\dfrac{Id}{2\pi r_1 r_2}$

풀이

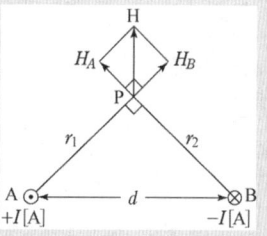

그림에서 A와 B 도선 전류에 의한 자계는 암페어 오른나사 법칙에 의해 동심원을 그리므로 점 P에서의 자계 방향은 접선 방향 H_A, H_B ($H_A \neq H_B$)가 되고, 크기는 각각

$H_A = \dfrac{I}{2\pi r_1}$, $H_B = \dfrac{I}{2\pi r_2}$

이다. 두 자계 H_A, H_B가 이루는 각은 기하학적으로 90°이므로 두 자계 H_A, H_B의 합성자계 H는 피타고라스 정리에 의해

$\therefore H = \sqrt{H_A^2 + H_B^2}$

$= \sqrt{\left(\dfrac{I}{2\pi r_1}\right)^2 + \left(\dfrac{I}{2\pi r_2}\right)^2} = \sqrt{\dfrac{I^2}{(2\pi)^2}\left(\dfrac{1}{r_1^2} + \dfrac{1}{r_2^2}\right)}$

$= \sqrt{\dfrac{I^2}{(2\pi)^2}\left(\dfrac{r_1^2 + r_2^2}{r_1^2 r_2^2}\right)}$ $(r_1^2 + r_2^2 = d^2)$

$= \sqrt{\dfrac{I^2}{(2\pi)^2}\left(\dfrac{d^2}{r_1^2 r_2^2}\right)} = \dfrac{Id}{2\pi r_1 r_2}$ [AT/m]   답 ④

문제 17 전류에 의한 자계의 방향을 결정하는 법칙은?

① 렌츠의 법칙
② 플레밍의 왼손 법칙
③ 플레밍의 오른손 법칙
④ 암페어의 오른나사 법칙

풀이

- 렌츠의 법칙 : 자속의 변화에 따른 전자유도법칙
- 플레밍의 왼손 법칙(전동기에 적용) : 자계내에 놓여진 전류도선이 받는 힘의 방향
- 플레밍의 오른손 법칙(발전기에 적용) : 자계 중에서 도체가 운동할 때 유기 기전력의 방향
- 암페어의 오른나사 법칙 : 전류가 만드는 자계의 방향 즉, **전류에 의한 자계의 방향은 암페어의 오른 나사 법칙**에 따르며 그림과 같은 방향이다.

답 ④

문제 18 정전 용량 C[F]와 컨덕턴스 G[S]와의 관계는 어떤 관계에 있는가? 단, k : 도전율[℧/m], ϵ : 유전율 [F/m]

① $\dfrac{C}{G} = \dfrac{\epsilon}{k}$ ② $Ck = \dfrac{\epsilon}{G}$

③ $CG = k\epsilon$ ④ $\dfrac{C}{G} = \dfrac{k}{\epsilon}$

풀이

$R = \rho\dfrac{d}{S} = \dfrac{d}{kS}[\Omega] \quad C = \dfrac{\epsilon S}{d}[F]$

$RC = \dfrac{d}{kS} \times \dfrac{\epsilon S}{d} = \dfrac{\epsilon}{k} = \rho\epsilon$

$RC = \rho\epsilon$ 또는 $\dfrac{C}{G} = \dfrac{\epsilon}{k}$ **답** ①

문제 19 전자파의 에너지 전달방향은?

① $\nabla \times \boldsymbol{E}$의 방향과 같다.
② $\boldsymbol{E} \times \boldsymbol{H}$의 방향과 같다.
③ 전계 $\boldsymbol{E}$의 방향과 같다.
④ 자계 $\boldsymbol{H}$의 방향과 같다.

풀이

전자파의 진행 방향은 $\boldsymbol{E} \times \boldsymbol{H}$이고, 전자계에서 에너지(전력)의 흐름을 나타내는 **포인팅 벡터** $\boldsymbol{P} = \boldsymbol{E} \times \boldsymbol{H}$이므로 $\boldsymbol{P}$의 방향은 전자계의 에너지 흐름의 진행 방향과 같다. **답** ②

문제 20 도체의 성질에 대한 설명으로 틀린 것은?

① 도체 내부의 전계는 0이다.
② 전하는 도체 표면에만 존재한다.
③ 도체의 표면 및 내부의 전위는 등전위이다.
④ 도체 표면의 전하밀도는 표면의 곡률이 큰 부분일수록 작다.

풀이

도체의 성질과 전하분포
- 도체 표면과 내부의 전위는 동일하고(등전위), 표면은 등전위면이다.
- 도체 내부의 전계의 세기는 0이다.
- 전하는 도체 내부에는 존재하지 않고, 도체 표면에만 분포한다.
- 도체 면에서의 전계의 세기는 도체 표면에 항상 수직이다.

- 도체 표면에서의 전하밀도는 곡률이 클수록 (곡률반경이 작을수록) 높다.
- 중공부에 전하가 없고 대전 도체라면, 전하는 도체 외부의 표면에만 분포한다.
- 중공부에 전하를 두면 도체 내부표면에 동량 이부호, 도체 외부 표면에 동량 동부호의 전하가 분포한다. **답** ④

제2과목 전력공학

문제 21 전압이 일정값 이하로 되었을 때 동작하는 것으로서 단락 시 고장 검출용으로도 사용되는 계전기는?

① OVR ② OVGR
③ NSR ④ UVR

풀이

① 전압이 정정값 이하 시 동작 : 부족 전압 계전기
   (Under Voltage Relay : UVR)
② 전압이 정정값 초과 시 동작 : 과전압 계전기
   (Over Voltage Relay : OVR) **답** ④

문제 22 정격 출력 500[MW]의 화력 발전소가 하루 15시간은 정격 출력으로, 9시간은 정격의 50[%]로 운전된다. 발전단 열효율은 정격에서 40[%], 50[%] 출력으로 37.5[%]라 하면 하루의 열 소비량은 몇 [kcal] 정도 되는가?

① $10,643 \times 10^3$ ② $10,643 \times 10^6$
③ $21,285 \times 10^3$ ④ $21,285 \times 10^6$

풀이

발전소의 열효율 $\eta = \dfrac{860W}{mH}$

(여기서, W : 발전전력량[kWh]
 m : 연료 소비량[kg]
 H : 연료의 발열량[kcal/kg])

열 소비량

$mH = \dfrac{860W}{\eta}$

$= \dfrac{860 \times (500 \times 10^3) \times 15}{0.4} + \dfrac{860 \times (500 \times 10^3 \times \frac{1}{2}) \times 9}{0.375}$

$= 21,285 \times 10^6$ [kcal] **답** ④

문제 23 송전선에 복도체를 사용할 때의 설명으로 틀린 것은?

① 코로나 손실이 경감된다.
② 안정도가 상승하고 송전용량이 증가한다.
③ 정전 반발력에 의한 전선의 진동이 감소된다.
④ 전선의 인덕턴스는 감소하고, 정전용량이 증가한다.

풀이
단도체 방식에 비해서 복도체 방식의 특징은
① 전선의 인덕턴스가 감소하고 정전 용량이 증가되어 선로의 송전 용량이 증가하고 계통의 안정도를 증진시킨다.
② 전선 표면의 전위 경도가 저감되므로 코로나 인계 전압을 높일 수 있고 코로나손, 코로나 잡은 등의 장해가 저감된다.
③ 복도체에서 **단락시는 모든 소도체에는 동일 방향으로 전류가 흐르므로 흡인력이 생긴다.** 답 ③

문제 24 비접지식 송전선로에서 1선 지락고장이 생겼을 경우 지락점에 흐르는 전류는?

① 직선성을 가진 직류이다.
② 고장 상의 전압과 동상의 전류이다.
③ 고장 상의 전압보다 90° 늦은 전류이다.
④ 고장 상의 전압보다 90° 빠른 전류이다.

풀이
지락전류 $I_g = j3\omega C_s E$ [A]
따라서, **지락 전류는 전압보다 $+j(90°)$ 앞선 전류**가 흐른다. 답 ④

문제 25 전력계통의 전압안정도를 나타내는 P-V 곡선에 대한 설명 중 적합하지 않은 것은?

① 가로축은 수전단 전압을 세로축은 무효전력을 나타낸다.
② 진상무효전력이 부족하면 전압은 안정되고 진상무효전력이 과잉되면 전압은 불안정하게 된다.
③ 전압 불안정 현상이 일어나지 않도록 전압을 일정하게 유지하려면 무효전력을 적절하게 공급하여야 한다.
④ P-V 곡선에서 주어진 역률에서 전압을 증가시키더라도 송전할 수 있는 최대 전력이 존재하는 임계점이 있다.

풀이

$P_r - V_r$ 곡선

즉, P-V 곡선의 가로축은 유효전력을 세로축은 수전단 전압을 나타낸다. 답 ①

문제 26 송전선에 코로나가 발생하면 전선이 부식된다. 무엇에 의하여 부식되는가?

① 산소
② 질소
③ 수소
④ 오존

풀이
코로나의 영향
① 전력손실 : peek 식으로 계산
② 코로나 잡음
③ **전선 부식 (원인 : 오존 O_3)**
④ 통신선에의 유도장해
⑤ 소호 리액터의 소호능력 저하
⑥ 진행파의 파고값 감쇠 (코로나의 장점) 답 ④

문제 27 수압관의 평균지름(안지름)을 D[m], 관 내의 평균 유속을 v[m/s]라고 할 때 유량 Q[m³/s] 은?

① $\pi D^2 v$
② $2\pi D^2 v$
③ $\dfrac{\pi}{4} D^2 v$
④ $\dfrac{\pi}{8} D^2 v$

풀이
유량 $Q = A \times v = \dfrac{\pi}{4} D^2 v$ [m³/s]
단, v : 관 내의 평균 유속[m/s]
　　D : 관의 안지름[m] 답 ③

문제 28 역률 0.8, 출력 360 [kW]인 3상 평형유도부하가 3상 배전선로에 접속되어 있다. 부하단의 수전전압이 6000[V], 배전선 1조의 저항 및 리액턴스가 각각 5[Ω], 4[Ω]라고 하면 송전단전압은 몇 [V] 인가?

① 6120　　② 6277
③ 6300　　④ 6480

풀이

전류 $I = \dfrac{P}{\sqrt{3}\,V\cos\theta} = \dfrac{360 \times 10^3}{\sqrt{3} \times 6000 \times 0.8} = 43.3[A]$

송전단 전압 $V_s = V_r + \sqrt{3}\,I(R\cos\theta + X\sin\theta)$
$= 6000 + \sqrt{3} \times 43.3 \times (5 \times 0.8 + 4 \times 0.6)$
$= 6480[V]$

답 ④

문제 29 직류 2선식 배전선로에서 전압변동률과 전력손실률과의 관계는?

① 전압변동률은 전력손실률의 $\sqrt{3}$ 배이다.
② 전압변동률은 전력손실률의 2배이다.
③ 전압변동률과 전력손실률은 서로 같다.
④ 전압변동률은 전력손실률의 $\dfrac{1}{2}$ 배이다.

풀이
- 직류 선로에서는 인덕턴스를 고려하지 않아도 되므로, 전압변동률과 전압강하율은 서로 같다.
- 전압변동률 $= \dfrac{E_{r0} - E_r}{E_r} \times 100 = \dfrac{E_s - E_r}{E_r} \times 100$
  $=$ 전압강하율
- 왕복 전체 길이의 저항을 R, 전부하 전류를 I라고 하면
  전압강하율 $= \dfrac{E_s - E_r}{E_r} \times 100 = \dfrac{IR}{E_r} \times 100 = \dfrac{I^2 R}{E_r I} \times 100$
  $=$ 전력손실률

따라서, 전압변동률과 전력손실률은 서로 같다. **답 ③**

문제 30 송전선로에 충전전류가 흐르면 수전단 전압이 송전단 전압보다 높아지는 현상과 이 현상의 발생 원인으로 가장 옳은 것은?

① 페란티 효과, 선로의 인덕턴스 때문
② 페란티 효과, 선로의 정전용량 때문
③ 근접 효과, 선로의 인덕턴스 때문
④ 근접 효과, 선로의 정전용량 때문

풀이
페란티 현상이란 선로의 정전 용량으로 인하여 무부하시나 경부하시에 진상 전류가 흘러 수전단 전압이 송전단 전압보다 높아지는 현상을 말하며 이의 대책으로는 분로 리액터나 동기 조상기의 지상 용량으로 방지할 수 있다. **답 ②**

문제 31 가스차단기에 대한 설명으로 틀린 것은?

① 절연회복이 빨라 고전압, 대전류에 적합하다.
② 액화 방지 및 산화 방지 대책이 필요 없다.
③ 소호능력이 뛰어나다.
④ 절연내력이 우수하다.

풀이
SF_6 가스 차단기의 특징
[장점]
- 밀폐구조이므로 소음이 없다.
- 소전류 차단에도 안정된 차단이 가능하다.
- 절연내력이 공기의 2~3배, 소호 능력은 공기의 100~200배
- 근거리 고장 등 가혹한 재기전압에 대해서도 성능이 우수
- SF_6 가스는 무독, 무취, 무해성이다.

[단점]
- 내부를 직접 눈으로 볼 수 없다.
- 가스 압력, 수분 등을 엄중하게 감시할 필요가 있다.
- **한랭지, 산악지방에서는 액화 방지대책이 필요하다.**
- 내부점검, 부품교환이 번거롭다.
- 비교적 고가이다.

답 ②

문제 32 단상 2선식과 3상 3선식의 부하전력, 전압을 같게 하였을 때 단상 2선식의 선로전류를 100[%]로 보았을 경우, 3상 3선식의 선로 전류는?

① 38[%]　　② 48[%]
③ 58[%]　　④ 68[%]

풀이
송전 전력이 동일한 조건이므로
$VI_1 \cos\theta = \sqrt{3}\,VI_3 \cos\theta$
$\therefore I_3 = \dfrac{1}{\sqrt{3}} I_1 = 0.577 I_1$

답 ③

문제 33 전력용 퓨즈는 주로 어떤 전류의 차단을 목적으로 사용하는가?
① 지락전류
② 단락전류
③ 과도전류
④ 과부하전류

풀이
전력용 퓨즈(Power Fuse)는 단락 보호용으로 사용된다.
답 ②

문제 34 차단기 개방시 재점호가 일어나기 쉬운 경우는?
① 1선 지락 전류인 경우
② 3상 단락 전류인 경우
③ 무부하 변압기의 여자전류인 경우
④ 무부하 충전전류인 경우

풀이
재점호란 전류가 0인 점에서 아크가 소호된 후 차단점에서 다시 아크를 일으키는 현상을 재점호라 하며, 이러한 현상은 무부하 충전 전류를 차단할 때 발생하기 쉽다.
답 ④

문제 35 송전선로의 중성점을 접지하는 목적이 아닌 것은?
① 송전 용량의 증가
② 과도 안정도의 증진
③ 이상 전압 발생의 억제
④ 보호 계전기의 신속, 확실한 동작

풀이
송전 선로의 중성점 접지의 목적
① 이상 전압 발생 방지
② 1선 지락시 건전상 전압 상승 억제 및 기기나 선로의 절연 절감
③ 보호 계전기 동작 확실
④ 소호 리액터 계통에서의 1선 지락시 아크 소멸
송전 용량을 증가시키려면 선로의 직렬 리액턴스 성분을 감소시켜야 한다.
답 ①

문제 36 위상 비교 반송 방식에 대한 설명으로 맞는 것은?
① 일단에서의 전압과 타단에서의 전압의 위상각을 비교한다.
② 일단에서 유입하는 전류와 타단에서 유출하는 전류의 위상각을 비교한다.
③ 일단에서 유입하는 전류와 타단에서의 전압의 위상각을 비교한다.
④ 일단에서의 전압과 타단에서 유출되는 전류의 위상각을 비교한다.

풀이
위상 비교 방식
일단에서 유입하는 전류와 타단에서 유출하는 전류의 위상각을 비교하여 고장 여부를 판단하는 방법
답 ②

문제 37 주상변압기의 고장이 배전선로에 파급되는 것을 방지하고 변압기의 과부하 소손을 예방하기 위하여 사용되는 개폐기는?
① 리클로저
② 부하개폐기
③ 컷아웃스위치
④ 섹셔널라이저

풀이
① 리클로저(recloser) : 배전 선로에서 지락 고장이나 단락 고장 사고가 발생하였을 때 고장을 검출하여 선로를 차단한 후 일정시간이 경과하면 자동적으로 재투입 동작을 반복함으로써 순간 고장을 제거한다.
② 부하 개폐기 : 고장 전류와 같은 대전류는 차단할 수 없지만 평상 운전시의 부하전류는 개폐할 수 있다.
③ 컷아웃 스위치(C.O.S) : 주상변압기의 고장이 배전선로에 파급되는 것을 방지하고 변압기의 과부하 소손을 예방하고자 변압기 1차측에 사용하는 보호장치
④ 섹셔널라이저(sectionalizer) : 고장전류를 차단 할 수 있는 능력은 없으며, 선로의 무전압 상태에서 선로를 개방하여 고장구간을 분리시킨다.
답 ③

문제 38 100[MVA]의 3상 변압기 2뱅크를 가지고 있는 배전용 2차측의 배전선에 시설할 차단기 용량[MVA]은? (단, 변압기는 병렬로 운전되며, 각각의 %Z는 20[%]이고, 전원의 임피던스는 무시한다.)
① 1000
② 2000
③ 3000
④ 4000

풀이

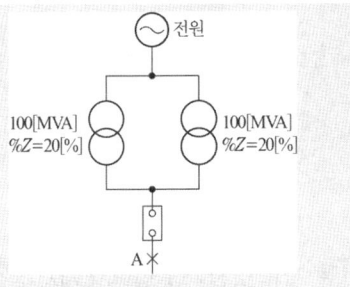

기준용량 $P_n = 100[\text{MVA}]$로 정하고, %Z를 기준용량으로 환산하면

$$\%Z_t = 20 \times \frac{100}{100} = 20[\%]$$

A점에서의 합성 $\%Z = \frac{20 \times 20}{20 + 20} = 10[\%]$

차단기 용량 $P_s = \frac{100}{\%Z} \times P_n$ 에서

$$P_s = \frac{100}{10} \times 100 = 1000[\text{MVA}]$$

답 ①

문제 39 배전방식으로 저압 네트워크방식이 적당한 경우는?
① 부하가 밀집되어 있는 시가지
② 바람이 많은 어촌지역
③ 농촌지역
④ 화학공장

풀이
네트워크 배전 방식의 장점
• 무정전 공급이 가능해서 배전 신뢰도가 높다.
• 기기 이용률이 향상된다.
• 전압 변동이 적다.
• 적응성 양호하다.
• 전력 손실이 감소한다.
• 변전소 수를 줄일 수 있다.
따라서, 저압 네트워크 방식은 부하가 밀집되어 있는 시가지에 적당하다.

답 ①

문제 40 외뢰(外雷)에 대한 주 보호장치로서 송전계통의 절연협조의 기본이 되는 것은?
① 애자   ② 변압기
③ 차단기   ④ 피뢰기

풀이
계통 내의 각 기기, 기구 및 애자 등의 상호간에 적정한 절연 강도를 지니게 함으로써 계통 설계를 합리적, 경제적으로 할 수 있게 한 것을 절연 협조라고 하며 피뢰기의 제한 전압이 기본이 된다.

답 ④

제3과목 전기기기

문제 41 3상 동기기의 제동권선을 사용하는 주목적은?
① 출력이 증가한다.
② 효율이 증가한다.
③ 역률을 개선한다.
④ 난조를 방지한다.

풀이
제동 권선의 역할
① 난조 방지
② 기동 토크 발생
③ 불평형 부하시의 전류, 전압 파형 개선
④ 송전선의 불평형 단락시의 이상 전압 방지

답 ④

문제 42 전기자저항과 계자저항이 각각 0.8[Ω]인 직류직권전동기가 회전수 200[rpm], 전기자전류 30[A]일 때 역기전력은 300[V] 이다. 이 전동기의 단자전압을 500[V]로 사용한다면 전기자전류가 위와 같은 30[A]로 될 때의 속도[rpm]는? (단, 전기자 반작용, 마찰손, 풍손 및 철손은 무시한다.)
① 200   ② 301
③ 452   ④ 500

풀이
• 회전수 $n_1 = 200[\text{rpm}]$일 때 역기전력 $E_{c1} = 300[\text{V}]$
• 단자전압 500[V] 인가 시 역기전력 E_{c2}
$$E_{c2} = V - I \times (R_a + R_s) = 500 - 30 \times (0.8 + 0.8) = 452[\text{V}]$$
• 역기전력 $E_c = p\phi n \frac{Z}{a} = K\phi n \propto n$
(계자전류가 일정한 경우)에서
$300 : 452 = 200 : n_2$
$$n_2 = \frac{452}{300} \times 200 = 301.33[\text{rpm}]$$

답 ②

문제 43 타여자 직류전동기의 속도제어에 사용되는 워드 레오나드(Ward Leonard) 방식은 다음 중 어느 제어법을 이용한 것인가?

① 저항제어법
② 전압제어법
③ 주파수제어법
④ 직병렬제어법

풀이
직류 전동기의 속도 제어법 비교

구 분	제어 특성	특 징
계자 제어법	• 정출력 제어	• 속도제어 범위가 좁다.
전압 제어법	• 정토크 제어 ┌ 워드 레오나드 방식 └ 일그너 방식	• 제어 범위가 넓다. • 손실이 매우 적다. • 정역 운전이 가능 • 압연기나 권상기 등의 속도제어에 사용 • 설비가 많이 든다.
직렬 저항법		• 효율이 나쁘다.

답 ②

문제 44 동기발전기의 병렬운전에서 기전력의 위상이 다른 경우, 동기화력(P_s)을 나타낸 식은?
(단, P : 수수전력, δ : 상차각 이다.)

① $P_s = \dfrac{dP}{d\delta}$ ② $P_s = \int P d\delta$

③ $P_s = P \times \cos\delta$ ④ $P_s = \dfrac{P}{\cos\delta}$

풀이
동기화력은 상차각 δ의 미소변동에 대한 출력(P)의 변화율이므로
$$P_s = \dfrac{dP}{d\delta} = \dfrac{d}{d\delta} \cdot \dfrac{E^2}{2x_s}\sin\delta = \dfrac{E^2}{2x_s}\cos\delta [W]$$

답 ①

문제 45 전기자 총 도체수 500, 6극, 중권의 직류전동기가 있다. 전기자 전 전류가 100[A]일 때의 발생 토크는 약 몇 [kg·m] 인가?
(단, 1극당 자속수는 0.01 [Wb] 이다.)
① 8.12   ② 9.54
③ 10.25   ④ 11.58

풀이
$$T = \dfrac{pZ}{2\pi a}\phi I_a = \dfrac{6 \times 500}{2 \times \pi \times 6} \times 0.01 \times 100 = 79.58[\text{N}\cdot\text{m}]$$

$1[\text{kg}\cdot\text{m}] = 9.8[\text{N}\cdot\text{m}]$ 이므로

토크 $T = \dfrac{79.58}{9.8} = 8.12[\text{kg}\cdot\text{m}]$

답 ①

문제 46 직류 발전기에 있어서 계자 철심에 잔류자기가 없어도 발전되는 직류기는?
① 분권 발전기
② 직권 발전기
③ 타여자 발전기
④ 복권 발전기

풀이
타여자 발전기는 외부에서 계자 권선 F에 직류 전원을 공급하므로 **잔류 자기가 없어도 된다.**

답 ③

문제 47 직류기의 전기자 반작용의 영향이 아닌 것은?
① 주자속이 증가한다.
② 전기적 중성축이 이동한다.
③ 정류 작용에 악영향을 준다.
④ 정류자 편간전압이 상승한다.

풀이
전기자 반작용 : 전기자 권선에 흐르는 전류에 의한 자속이 계자에서 만든 주자속에 영향을 미치는 현상을 전기자 반작용이라고 하며, 그 영향은 다음과 같다.
① 전기적 중성축 이동
 • 발전기 : 회전 방향으로 이동
 • 전동기 : 회전 방향과 반대 방향으로 이동
② 주자속 감소
③ 정류자 편간의 불꽃섬락이 발생하여 정류 불량 발생

답 ①

문제 48 직류기에서 양호한 정류를 얻는 조건으로 틀린 것은?
① 정류 주기를 크게 한다.
② 브러시의 접촉 저항을 크게 한다.
③ 전기자 권선의 인덕턴스를 작게 한다.
④ 평균 리액턴스 전압을 브러시 접촉면 전압 강하보다 크게 한다.

풀이
양호한 정류를 얻는 조건
① 리액턴스 전압을 작게 한다. $\left(e_L = L\dfrac{2I_c}{T_c}\right)$
② 단절권 채용으로 자기 인덕턴스를 작게 한다.
③ 고속을 피하여 정류 주기를 길게 한다.
④ 저항 정류로서 접촉저항이 큰 탄소 브러시를 사용한다.
⑤ 전압 정류로서 보극을 설치한다.   **답** ④

문제 49 3상 동기발전기가 그림과 같이 1선 지락이 발생하였을 경우 지락전류 I_0를 구하는 식은?
(단, E_a는 무부하 유기기전력의 상전압, Z_0, Z_1, Z_2는 영상, 정상, 역상 임피던스이다.)

① $\dot{I_0} = \dfrac{3\dot{E_a}}{\dot{Z_0} \times \dot{Z_1} \times \dot{Z_2}}$

② $\dot{I_0} = \dfrac{\dot{E_a}}{\dot{Z_0} \times \dot{Z_1} \times \dot{Z_2}}$

③ $\dot{I_0} = \dfrac{3\dot{E_a}}{\dot{Z_0} + \dot{Z_1} + \dot{Z_2}}$

④ $\dot{I_0} = \dfrac{3\dot{E_a}}{\dot{Z_0} + \dot{Z_1^2} + \dot{Z_2^3}}$

풀이
1선 지락전류 $\dot{I_0} = \dfrac{3\dot{E_a}}{\dot{Z_0}+\dot{Z_1}+\dot{Z_2}}$ [A]   **답** ③

문제 50 슬립 5[%]인 유도전동기의 기계적 출력을 대표하는 부하저항은 2차 저항의 몇 배인가?
① 19   ② 20
③ 29   ④ 40

풀이
$R = r_2\left(\dfrac{1}{s}-1\right) = r_2\left(\dfrac{1}{0.05}-1\right) = 19r_2$ **답** ①

문제 51 직류전동기의 속도제어 방법에서 광범위한 속도제어가 가능하며, 운전효율이 가장 좋은 방법은?
① 계자제어   ② 전압제어
③ 직렬 저항제어   ④ 병렬 저항제어

풀이
직류 전동기의 속도 제어법 비교

구 분	제어 특성	특 징
계자 제어법	• 정출력 제어	• 속도 제어 범위가 좁다.
전압 제어법	• 정토크 제어 ┌워드 레오나드 방식 └일그너 방식	• 제어 범위가 넓다. • 손실이 매우 적다. • 정역 운전이 가능 • 압연기나 권상기 등의 속도제어에 사용 • 설비가 많이 든다.
직렬 저항법		• 효율이 나쁘다.

답 ②

문제 52 직류 직권전동기의 속도제어에 사용되는 기기는?
① 초퍼
② 인버터
③ 듀얼 컨버터
④ 사이클로 컨버터

풀이
• AC → DC 컨버터(위상제어정류기) : 직류 전동기의 속도제어
• DC → AC 인버터 : 교류 전동기의 속도 제어
• DC-DC **직류초퍼회로** : 직류 전동기의 속도 제어
• AC-AC 사이클로컨버터 : 가변 주파수, 가변 출력 전압 발생   **답** ①

문제 53 계자저항 100[Ω], 계자전류 2[A], 전기자 저항이 0.2[Ω]이고, 무부하 정격속도로 회전하고 있는 직류 분권발전기가 있다. 이때의 유기기전력[V]은?

① 196.2 ② 200.4
③ 220.5 ④ 320.2

풀이

단자 전압 V는 계자 회로의 전압 강하와 같으므로
$V = R_f I_f = 100 \times 2 = 200\ [V]$
$I_a = I + I_f$에서 무부하 이므로
$I = 0[A]$ $\therefore\ I_a = I_f$
유기기전력 $E = V + I_a R_a = V + I_f R_a$
$= 200 + 2 \times 0.2 = 200.4[V]$ **답 ②**

문제 54 단상 유도 전동기를 기동 토크가 큰 것부터 낮은 순서로 배열한 것은?

① 모노사이클릭형 → 반발 유도형 → 반발 기동형 → 콘덴서 기동형 → 분상 기동형
② 반발 기동형 → 반발 유도형 → 모노사이클릭형 → 콘덴서 기동형 → 분상 기동형
③ 반발 기동형 → 반발 유도형 → 콘덴서 기동형 → 분상 기동형 → 모노사이클릭형
④ 반발 기동형 → 분상 기동형 → 콘덴서 기동형 → 반발 유도형 → 모노사이클릭형

풀이
단상 유도 전동기에서 기동 토크가 큰 것부터 순서로 배열하면
반발 기동형 > 반발 유도형 > 콘덴서 기동형 > 분상 기동형 > 셰이딩 코일형 > 모노사이클릭형 순이다. **답 ③**

문제 55 변압기의 내부고장에 대한 보호용으로 사용되는 계전기는 어느 것이 적당한가?

① 방향계전기 ② 과전류 계전기
③ 접지계전기 ④ 비율차동계전기

풀이
변압기 내부고장 검출용 보호 계전기
① 차동 계전기(비율 차동 계전기)
② 압력 계전기
③ 부흐홀쯔 계전기
④ 가스 검출 계전기 **답 ④**

문제 56 단상 반파 정류회로에서 변압기 2차 전압의 실효값을 $E[V]$라 할 때 직류 전류 평균값[A]은? (단, 정류기의 전압강하는 $e[V]$, 부하저항은 $R[\Omega]$이다.)

① $\left(\dfrac{\sqrt{2}}{\pi}E - e\right)/R$ ② $\dfrac{1}{2} \cdot \dfrac{E-e}{R}$
③ $\dfrac{2\sqrt{2}}{\pi} \cdot \dfrac{E}{R}$ ④ $\dfrac{\sqrt{2}}{\pi} \cdot \dfrac{E-e}{R}$

풀이
무부하 직류 전압 E_{d0}는
$$E_{d0} = \frac{1}{2\pi}\int_0^{\pi} \sqrt{2}E\sin\theta \cdot d\theta = \frac{\sqrt{2}}{\pi}E = 0.45E\ [V]$$
정류기 내의 전압 강하(수은 정류기에서는 아크 전압 강하)를 e라 하면 직류 전압 평균값 E_d는
$E_d = E_{d0} - e\ [V]$
따라서 직류 전류 평균값 I_d는
$$\therefore\ I_d = \frac{E_d}{R} = \frac{E_{d0} - e}{R} = \frac{\frac{\sqrt{2}}{\pi}E - e}{R} = \frac{0.45E - e}{R}\ [A]$$
단, E : 변압기 2차 상전압(실효값)[V]
  R : 부하 저항[Ω] **답 ①**

문제 57 유도전동기의 동기와트에 대한 설명으로 옳은 것은?

① 동기속도에서 1차 입력
② 동기속도에서 2차 입력
③ 동기속도에서 2차 출력
④ 동기속도에서 2차 동손

풀이
동기와트란 슬립 s, 토크 T를 발생하며 회전하는 유도 전동기가 같은 토크 T를 발생하며 **동기 속도로 회전하는 것으로 가정하는 때의 입력 P_2를 말한다.** 2차 입력(동기 와트) P_2, 회전 각속도 ω, 동기 각속도 ω_s라 하면
$$T = \frac{P}{\omega} = \frac{P_2(1-s)}{\omega_s(1-s)} = \frac{P_2}{\omega_s}$$

$$\therefore P_2 = \omega_s T [\text{동기 와트}]$$ 답 ②

문제 **58** 동기기에서 동기 임피던스 값과 실용상 같은 것은? (단, 전기자 저항은 무시한다.)
① 전기자 누설 리액턴스
② 동기 리액턴스
③ 유도 리액턴스
④ 등가 리액턴스

풀이
동기 임피던스 $Z_s = r + jx_s [\Omega]$에서 일반적으로 전기자 저항 r은 매우 적으므로 무시하면 $Z_s ≒ x_s$
즉, "동기임피던스 = 동기리액턴스"라고 한다. 답 ②

문제 **59** 경부하로 회전중인 3상 농형 유도전동기에서 전원의 3선중 1선이 개방되면 3상 전동기는?
① 개방시 바로 정지한다.
② 속도가 급상승한다.
③ 회전을 계속한다.
④ 일정시간 회전 후 정지한다.

풀이
3상 농형 유도전동기에서 전원의 3선중 1선이 개방되면 3상 전동기는 단상 전동기가 된다. 이때 큰 부하가 인가되어 있는 경우에는 전동기가 정지하게 되고 큰 전류가 흘러 전동기가 소손된다. 그러나 **경부하에서는 회전을 계속하게 되나 경부하 부하전류는 증가**하게 된다. 답 ③

문제 **60** 정격전압 1차 6600[V], 2차 220[V]의 단상변압기 두 대를 승압기로 V결선하여 6300 [V]의 3상 전원에 접속한다면 승압된 전압[V]은?
① 6410
② 6460
③ 6510
④ 6560

풀이
승압된 전압 $E_2 = E_1\left(1 + \dfrac{1}{n}\right) = 6300\left(1 + \dfrac{220}{6600}\right) = 6510[V]$
답 ③

제4과목 회로이론

문제 **61** 3상 불평형 전압에서 역상전압이 50[V], 정상전압이 200[V], 영상전압이 10[V]라고 할 때 전압의 불평형률[%]은?
① 1
② 5
③ 25
④ 50

풀이
불평형률 = $\dfrac{\text{역상 전압}}{\text{정상 전압}} \times 100 = \dfrac{50}{200} \times 100 = 25[\%]$ 답 ③

문제 **62** 그림과 같은 회로에서 임피던스 파라미터 Z_{11}은?
① sL_1
② sM
③ sL_1L_2
④ sL_2

풀이
T형 등가 변환하면

Z_{11} : 단자 $1-1'$에서의 개방 구동점 임피던스
$Z_{11} = \left.\dfrac{V_1}{I_1}\right|_{I_2=0}$ 이므로
$L_{11} = L_1 + M - M = L_1$
$\therefore Z_{11} = sL_1$ 답 ①

문제 **63** 다음의 회로가 정저항 회로가 되기 위한 L[H]의 값은?
① 1
② 0.1
③ 0.01
④ 0.001

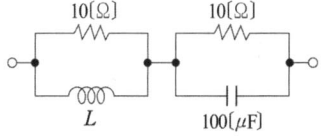

풀이

정저항의 조건 $R=\sqrt{\dfrac{L}{C}}$ 에서

$L=R^2C=10^2\times 100\times 10^{-6}=0.01[\text{H}]$ **답 ③**

문제 64 일정 전압의 직류 전원에 저항 R을 접속하고 전류를 흘릴 때, 이 전류값을 20[%] 증가시키기 위해서는 저항값은 얼마로 하여야 하는가?

① $1.25R$ ② $1.20R$
③ $0.83R$ ④ $0.80R$

풀이

$I=\dfrac{E}{R}$ …… ①

$I_2=\dfrac{E}{R_2}=1.2I$ …… ②

식 ①, ②에서

$E=IR=I_2R_2=1.2\,IR_2$

$\therefore R_2=\dfrac{IR}{1.2I}\fallingdotseq 0.83R$ **답 ③**

문제 65 정현파 교류의 실효값을 계산하는 식은?

① $I=\dfrac{1}{T}\displaystyle\int_0^T i^2\,dt$

② $I^2=\dfrac{2}{T}\displaystyle\int_0^T i\,dt$

③ $I^2=\dfrac{1}{T}\displaystyle\int_0^T i^2\,dt$

④ $I=\sqrt{\dfrac{2}{T}\displaystyle\int_0^T i^2\,dt}$

풀이

동일한 저항 R에 직류전류 I [A]가 흐를 때
 소비전력 $P_{DC}=I^2R$ [W]

교류전류 i [A]가 흐를 때 소비전력 P_{AC}는 주기를 T라 하면

$P_{AC}=\dfrac{1}{T}\displaystyle\int_0^T i^2R\,dt$ [W]

실효값의 정의에 의해 $P_{DC}=P_{AC}$ 이므로

$I^2R=\dfrac{R}{T}\displaystyle\int_0^T i^2\,dt \quad \therefore I^2=\dfrac{1}{T}\displaystyle\int_0^T i^2\,dt$ **답 ③**

문제 66 그림과 같은 회로에 교류전압 $E=100\angle 0°$[V]를 인가할 때 전전류 I는 몇 [A]인가?

① $6+j28$ ② $6-j28$
③ $28+j6$ ④ $28-j6$

풀이

- 저항 5[Ω]에 흐르는 전류 $I_1=\dfrac{100}{5}=20$[A]

- $R-L$ 직렬회로에 흐르는 전류

$I_2=\dfrac{100}{8+j6}=\dfrac{100(8-j6)}{(8+j6)(8-j6)}=\dfrac{800-j600}{100}$

$=8-j6$[A]

- 전전류 $I=I_1+I_2=20+8-j6=28-j6$[A] **답 ④**

문제 67 2단자 회로 소자 중에서 인가한 전류파형과 동위상의 전압파형을 얻을 수 있는 것은?

① 저항 ② 콘덴서
③ 인덕턴스 ④ 저항 + 콘덴서

풀이

① **저항 R** : 저항 R에 정현파전류 $i=I_m\sin\omega t$가 흐를 때 저항 양단의 전압은 옴의 법칙으로부터
$v=Ri=RI_m\sin\omega t=V_m\sin\omega t$
즉, **전압과 전류는 동상**이다.

② **인덕턴스 L** : 인덕턴스 L에 정현파 전류가 흐를 때 전류의 방향으로 생기는 전압강하 v는

$v=L\dfrac{di}{dt}=L\dfrac{d}{dt}(I_m\sin\omega t)=\omega LI_m\cos\omega t$

$=V_m\sin(\omega t+90°)$

즉, 전압은 전류보다 90° 앞선다.

③ **커패시턴스 C** : 커패시턴스 C에 정현파 전류가 흐를 때 전류의 방향으로 생기는 전압강하 v는

$v=\dfrac{1}{C}\displaystyle\int i\,dt=\dfrac{1}{C}\displaystyle\int I_m\sin\omega t\,dt=-\dfrac{1}{\omega C}I_m\cos\omega t$

$$= \frac{1}{\omega C} I_m \sin(\omega t - 90°) = V_m \sin(\omega t - 90°)$$

즉, 전압은 전류보다 90° 뒤진다. **답** ①

문제 68 그림의 회로에서 단자 a-b에 나타나는 전압은 몇 [V]인가?

① 10 [V]　　② 12 [V]
③ 14 [V]　　④ 16 [V]

풀이
밀만의 정리에 의해
$$V_{ab} = \frac{\frac{E_1}{R_1}+\frac{E_2}{R_2}+\frac{E_3}{R_3}+\frac{E_4}{R_4}}{\frac{1}{R_1}+\frac{1}{R_2}+\frac{1}{R_3}+\frac{1}{R_4}} \text{[V]에서}$$

4[V] 전원의 극성이 반대 방향이므로
$$V_{ab} = \frac{\frac{12}{2}-\frac{4}{4}+\frac{24}{8}+\frac{112}{16}}{\frac{1}{2}+\frac{1}{4}+\frac{1}{8}+\frac{1}{16}}$$
$$= \frac{12\times 8 - 4\times 4 + 24\times 2 + 112}{8+4+2+1}$$
$$= 16 \text{[V]}$$
(분모, 분자에 16을 곱해서 정리) **답** ④

문제 69 0.1[H]인 코일의 리액턴스가 377[Ω]일 때 주파수[Hz]는?

① 60　　② 120
③ 360　　④ 600

풀이
유도 리액턴스 $X_L = 2\pi f L$ 에서
$$f = \frac{X_L}{2\pi L} = \frac{377}{2\times 3.14\times 0.1} = 600 \text{[Hz]}$$ **답** ④

문제 70 그림과 같은 회로에서 0.2[Ω]의 저항에 흐르는 전류는 몇 [A] 인가?

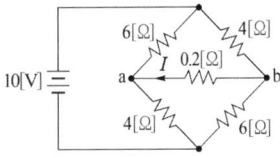

① 0.1　　② 0.2
③ 0.3　　④ 0.4

풀이
테브낭 정리 이용 a, b개방
$$V_a = \frac{10}{6+4}\times 6 = 6\text{[V]}$$
$$V_b = \frac{10}{4+6}\times 4\text{[V]}$$
$$\therefore V_{ab} = V_a - V_b$$
$$= 6-4 = 2\text{[V]}$$

전압원 제거(단락)하고, a, b에서 본 저항 R_t는
$$R_t = \frac{6\times 4}{6+4}+\frac{6\times 4}{6+4} = 4.8\text{[Ω]}$$
$$\therefore I = \frac{V}{R} = \frac{2}{0.2+4.8} = 0.4\text{[A]}$$

답 ④

문제 71 그림과 같은 회로에서 저항 R_4에 소비되는 전력은 약 몇 [W]인가?

① 2.38　　② 4.76
③ 9.52　　④ 29.2

풀이
• R_2, R_3, R_4의 합성저항
$$R_t = \frac{1}{\frac{1}{R_2}+\frac{1}{R_3}+\frac{1}{R_4}} = \frac{1}{\frac{1}{2}+\frac{1}{4}+\frac{1}{8}} = \frac{8}{7} = 1.14\text{[Ω]}$$

• R_2, R_3, R_4에 걸리는 전압
$$V_t = \frac{12}{2+R_t}\times R_t = \frac{12}{2+1.14}\times 1.14 = 4.36\text{[V]}$$

- R_4에서 소비되는 전력

$$P_4 = \frac{V_t^2}{R_4} = \frac{4.36^2}{8} = 2.38[W]$$

답 ①

문제 72 어느 소자에 전압 $e = 125\sin 377t[V]$를 가했을 때 전류 $i = 50\cos 377t[A]$가 흘렀다. 이 회로의 소자는 어떤 종류인가?

① 순저항
② 용량 리액턴스
③ 유도 리액턴스
④ 저항과 유도 리액턴스

풀이

$i = 50\cos 377t = 50\sin(377t + 90°)[A]$ 에서
전류가 전압보다 위상이 90° 앞선 진상전류가 흐르므로 회로의 소자는 **용량 리액턴스**이다.

- 저항 : 전압과 전류는 동상 ($I = \frac{E}{R}[A]$)
- 유도리액턴스 : 전류가 전압보다 90° 뒤진다.
  ($I = \frac{E}{j\omega L} = -j\frac{E}{\omega L}[A]$)
- 용량리액턴스 : 전류가 전압보다 90° 앞선다.
  ($I = \frac{E}{\frac{1}{j\omega C}} = j\omega CE[A]$)

답 ②

문제 73 RL 직렬회로에 $V_R = 100[V]$이고, $V_L = 173[V]$이다. 전원전압이 $v = \sqrt{2}\,V\sin\omega t$ [V]일 때 리액턴스 양단 전압의 순시값 $V_L[V]$은?

① $173\sqrt{2}\sin(\omega t + 60°)$
② $173\sqrt{2}\sin(\omega t + 30°)$
③ $173\sqrt{2}\sin(\omega t - 60°)$
④ $173\sqrt{2}\sin(\omega t - 30°)$

풀이

전류 I를 기준 벡터로 하면
$V = V_R + jV_L$
$\quad = 100 + j173$
$\quad = 200\angle 60°$

V_L이 V보다 30° 앞서고 문제에서 V의 위상은 0°이므로
$V_L = 173\angle 30°$
$\therefore v_L = 173\sqrt{2}\sin(\omega t + 30°)$

답 ②

문제 74 입력 신호가 v_i, 출력 신호가 v_o일 때, $a_1 v_o + a_2 \dfrac{dv_o}{dt} + a_3 \int v_o dt = v_i$의 전달함수는?

① $\dfrac{s}{a_2 s^2 + a_1 s + a_3}$

② $\dfrac{1}{a_2 s^2 + a_1 s + a_3}$

③ $\dfrac{s}{a_3 s^2 + a_2 s + a_1}$

④ $\dfrac{1}{a_3 s^2 + a_2 s + a_1}$

풀이

초기값을 0으로 하고 라플라스 변환하면

$a_1 V_o(s) + a_2 s V_o(s) + \dfrac{1}{s} a_3 V_o(s) = V_i(s)$

$\left(a_1 + a_2 s + \dfrac{a_3}{s}\right) V_o(s) = V_i(s)$

$\therefore G(s) = \dfrac{V_o(s)}{V_i(s)} = \dfrac{1}{a_1 + a_2 s + \dfrac{a_3}{s}} = \dfrac{s}{a_2 s^2 + a_1 s + a_3}$

답 ①

문제 75 대칭 3상 Y결선에서 선간전압이 $200\sqrt{3}$ [V]이고 각 상의 임피던스가 $30 + j40[\Omega]$의 평형부하일 때 선전류[A]는?

① 2
② $2\sqrt{3}$
③ 4
④ $4\sqrt{3}$

풀이

상전류 $I_p = \dfrac{V_p}{Z} = \dfrac{200}{\sqrt{30^2 + 40^2}} = 4\,[A]$

Y결선이므로 선전류 $I_l = $ 상전류 $I_p = 4[A]$

답 ③

문제 76
그림과 같은 회로에서 $G_2[\mho]$ 양단의 전압강하 $E_2[V]$는?

① $\dfrac{G_2}{G_1+G_2}E$ ② $\dfrac{G_1}{G_1+G_2}E$

③ $\dfrac{G_1 G_2}{G_1+G_2}E$ ④ $\dfrac{G_1+G_2}{G_1 G_2}E$

풀이
전압분배법칙에 의해
$E_1 = \dfrac{G_2}{G_1+G_2}E\,[V]$
$E_2 = \dfrac{G_1}{G_1+G_2}E\,[V]$

답 ②

문제 77
다음과 같은 브리지 회로가 평형이 되기 위한 Z_4의 값은?

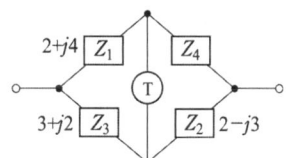

① $2+j4$ ② $-2+j4$
③ $4+j2$ ④ $4-j2$

풀이
$Z_4(3+j2) = (2+j4)(2-j3)$
$\therefore Z_4 = \dfrac{(2+j4)(2-j3)}{3+j2} = \dfrac{(16+j2)(3-j2)}{(3+j2)(3-j2)} = 4-j2$

답 ④

문제 78
$\dfrac{1}{s^2+2s+5}$ 의 라플라스 역변환 값은?

① $e^{-2t}\cos 2t$ ② $\dfrac{1}{2}e^{-t}\sin t$
③ $\dfrac{1}{2}e^{-t}\sin 2t$ ④ $\dfrac{1}{2}e^{-t}\cos 2t$

풀이
$F(s) = \dfrac{1}{s^2+2s+5} = \dfrac{1}{2} \cdot \dfrac{2}{(s+1)^2+2^2}$ 이므로
$\therefore f(t) = \mathcal{L}^{-1}[F(s)] = \dfrac{1}{2}e^{-t}\sin 2t$

답 ③

문제 79
1000 [Hz]인 정현파 교류에서 5 [mH]인 유도 리액턴스와 같은 용량 리액턴스를 갖는 C의 값은 몇 [μF]인가?

① 4.07 ② 5.07
③ 6.07 ④ 7.07

풀이
$\omega L = \dfrac{1}{\omega C}$ 에서 $C = \dfrac{1}{\omega^2 L}$
따라서, $C = \dfrac{1}{(2\times\pi\times 1000)^2 \times 5\times 10^{-3}}$
$= 5.07 \times 10^{-6}\,[F]$
$= 5.07\,[\mu F]$

답 ②

문제 80
1차 지연 요소의 전달함수는?

① K ② $\dfrac{K}{s}$
③ Ks ④ $\dfrac{K}{1+Ts}$

풀이
- K : 비례 요소의 전달 함수
- $\dfrac{K}{s}$: 적분 요소의 전달 함수
- Ks : 미분 요소의 전달 함수
- $\dfrac{K}{Ts+1}$: 1차 지연 요소의 전달 함수

답 ④

제5과목 전기설비기술기준

문제 81 저압 옥측전선로에서 목조의 조영물에 시설할 수 있는 공사방법은?

① 금속관공사
② 버스덕트공사
③ 합성수지관공사
④ 연피 또는 알루미늄 케이블공사

풀이
221.2 옥측전선로
저압 옥측전선로는 다음의 공사방법에 의할 것.
가. 애자공사(전개된 장소에 한한다.)
나. **합성수지관공사**
다. 금속관공사(목조 이외의 조영물에 시설하는 경우에 한한다)
라. 버스덕트공사[목조 이외의 조영물(점검할 수 없는 은폐된 장소는 제외한다)에 시설하는 경우에 한한다]
마. 케이블공사(연피 케이블·알루미늄피 케이블 또는 무기물 절연 케이블을 사용하는 경우에는 목조 이외의 조영물에 시설하는 경우에 한한다)   **답** ③

문제 82 직류 750[V]인 경우 전차선로의 충전부와 차량 간의 동적 절연이격 거리는 몇 [mm] 이상인가?

① 25
② 100
③ 150
④ 170

풀이
431.3 전차선로의 충전부와 차량 간의 최소 절연이격

시스템 종류	공칭전압(V)	동적(mm)	정적(mm)
직류	750	25	25
	1,500	100	150
단상교류	25,000	170	270

답 ①

문제 83 폭발성 또는 연소성의 가스가 침입할 우려가 있는 지중함에 그 크기가 몇 [m³] 이상의 것은 통풍장치 기타 가스를 방산시키기 위한 적당한 장치를 시설하여야 하는가?

① 0.9
② 1.0
③ 1.5
④ 2.0

풀이
334.2 지중함의 시설
지중전선로에 사용하는 지중함은 다음에 따라 시설하여야 한다.
가. 지중함은 견고하고 차량 기타 중량물의 압력에 견디는 구조일 것.
나. 지중함은 그 안의 고인 물을 제거할 수 있는 구조로 되어 있을 것.
다. 폭발성 또는 연소성의 가스가 침입할 우려가 있는 것에 시설하는 지중함으로서 그 **크기가 1[m³] 이상**인 것에는 통풍장치 기타 가스를 방산시키기 위한 적당한 장치를 시설할 것.
라. 지중함의 뚜껑은 시설자이외의 자가 쉽게 열 수 없도록 시설할 것.   **답** ②

문제 84 고압 가공전선로의 지지물로 철탑을 사용한 경우 최대경간은 몇 [m]이하이어야 하는가?

① 300
② 400
③ 500
④ 600

풀이
332.9 고압 가공전선로 경간의 제한
고압 가공전선로의 경간은 표에서 정한 값 이하이어야 한다.

지지물의 종류	경간
목주·A종 철주 또는 A종 철근 콘크리트주	150[m]
B종 철주 또는 B종 철근 콘크리트주	250[m]
철탑	600[m]

답 ④

문제 85 다음의 저압용 보안장치에서 L_1은 어떤 크기로 동작하는 기기의 명칭인가?

① 교류 1000[V] 이하에서 동작하는 단로기
② 교류 1000[V] 이하에서 동작하는 피뢰기
③ 교류 1500[V] 이하에서 동작하는 단로기
④ 교류 1500[V] 이하에서 동작하는 피뢰기

풀이

362.5 특고압 가공전선로 첨가설치 통신선의 시가지 인입 제한

- H : 250[mA] 이하에서 동작하는 열 코일
- RP_1 : 교류 300[V] 이하에서 동작하고, 최소 감도 전류가 3[A] 이하로서 최소 감도전류 때의 응동시간이 1사이클 이하이고 또한 전류 용량이 50[A], 20초 이상인 자복성(自復性)이 있는 릴레이 보안기
- L_1 : 교류 1[kV] 이하에서 동작하는 피뢰기
- E_1 및 E_2 : 접지

답 ②

문제 86 발전소의 개폐기 또는 차단기에 사용하는 압축공기장치의 주 공기탱크에 시설하는 압력계의 최고 눈금의 범위로 옳은 것은?

① 사용압력의 1배 이상 2배 이하
② 사용압력의 1.15배 이상 2배 이하
③ 사용압력의 1.5배 이상 3배 이하
④ 사용압력의 2배 이상 3배 이하

풀이

341.15 압축공기계통

발전소·변전소·개폐소 또는 이에 준하는 곳에서 개폐기 또는 차단기에 사용하는 압축공기장치는 다음에 따라 시설하여야 한다.

가. 공기압축기는 최고 사용압력의 1.5배의 수압(수압을 연속하여 10분간 가하여 시험을 하기 어려울 때에는 최고 사용압력의 1.25배의 기압)을 연속하여 10분간 가하여 시험을 하였을 때에 이에 견디고 또한 새지 아니할 것.

나. 주 공기탱크 또는 이에 근접한 곳에는 **사용압력의 1.5배 이상 3배 이하의 최고 눈금이 있는 압력계를 시설할 것**.

다. 사용 압력에서 공기의 보급이 없는 상태로 개폐기 또는 차단기의 투입 및 차단을 연속하여 1회 이상 할 수 있는 용량을 가지는 것일 것.

답 ③

문제 87 다음 중 파이프라인 등에 발열선을 시설하는 기준에 대한 설명으로 옳지 않은 것은?

① 발열선에 전기를 공급하는 전로의 사용 전압은 저압일 것
② 발열선은 사람이 접촉할 우려가 없고 또한 손상을 받을 우려가 없도록 시설할 것
③ 발열선은 그 온도가 피 가열 액체의 발화 온도의 90[%]를 넘지 않도록 시설할 것
④ 발열선 또는 발열선에 직접 접속하는 전선의 피복에 사용하는 금속체·파이프라인 등에는 접지공사를 할 것

풀이

241.11 파이프라인 등의 전열장치

가. 파이프라인 등의 전열장치 중 발열선을 파이프라인 등 자체에 고정하여 시설하는 경우 발열선에 전기를 공급하는 전로의 사용전압은 400[V] 이하으로 하여야 한다.
나. 직접 가열장치에 전기를 공급하기 위해 전용의 절연변압기를 사용하고 또한 그 변압기의 부하측 전로는 접지해서는 안 된다.
다. 직접 가열장치에 있어서 **발열체는 그 온도가 피 가열 액체의 발화 온도의 80[%]를 넘지 아니하도록 시설할 것**.
라. 파이프라인 등의 전열장치에 시설하는 경우에는 접지 공사를 하여야 한다.

답 ③

문제 88 고압 가공전선로에 사용하는 가공지선으로 나경동선을 사용할 때의 최소 굵기[mm]는?

① 3.2　　② 3.5
③ 4.0　　④ 5.0

풀이

332.6 고압 가공전선로의 가공지선

고압 가공전선로에 사용하는 가공지선은 인장강도 5.26[kN] 이상의 것 또는 **지름 4[mm] 이상의 나경동선**을 사용한다.

답 ③

문제 89 22.9[kV] 특고압으로 가공전선과 조영물이 아닌 다른 시설물이 교차하는 경우, 상호간의 이격거리는 몇 [cm] 까지 감할 수 있는가? (단, 전선은 케이블이다.)

① 50　　② 60　　③ 100　　④ 120

[풀이]
333.28 특고압 가공전선과 다른 시설물의 접근 또는 교차
특고압 절연전선 또는 케이블을 사용하는 사용전압이 35[kV] 이하의 특고압 가공전선과 다른 시설물 사이의 이격거리

다른 시설물의 구분	접근형태	이격거리
조영물의 상부조영재	위쪽	2[m] (전선이 케이블인 경우는 1.2[m])
	옆쪽 또는 아래쪽	1[m] (전선이 케이블인 경우는 0.5[m])
조영물의 상부조영재 이외의 부분 또는 조영물 이외의 시설물		1[m] (전선이 케이블인 경우는 0.5[m])

답 ①

문제 90 옥내에 시설하는 저압전선으로 나전선을 절대로 사용할 수 없는 경우는?
① 금속덕트공사에 의하여 시설하는 경우
② 버스덕트공사에 의하여 시설하는 경우
③ 애자공사에 의하여 전개된 곳에 전기로용 전선을 시설하는 경우
④ 유희용 전차에 전기를 공급하기 위하여 접촉전선을 사용하는 경우

[풀이]
231.4 나전선의 사용 제한
옥내에 시설하는 저압전선에는 나전선을 사용하여서는 아니 된다. 다만, 다음중 어느 하나에 해당하는 경우에는 그러하지 아니하다.
가. 애자공사에 의하여 전개된 곳에 다음의 전선을 시설하는 경우
  ① **전기로용 전선**
  ② 전선의 **피복 절연물이 부식하는 장소**에 시설하는 전선
나. **버스덕트공사**에 의하여 시설하는 경우
다. **라이팅덕트공사**에 의하여 시설하는 경우
라. **접촉 전선**을 시설하는 경우

답 ①

문제 91 고압 가공전선로에 시설하는 피뢰기의 접지저항 값은 몇 [Ω] 까지 허용되는가? 단, 피뢰기 접지공사의 접지선은 전용의 것으로 한다.
① 20
② 30
③ 50
④ 75

[풀이]
341.14 피뢰기의 접지
가. 고압 및 특고압의 전로에 시설하는 피뢰기 접지저항 값은 10[Ω] 이하로 하여야 한다.
나. 고압가공전선로에 시설하는 피뢰기의 접지공사의 **접지선이 전용의 것인 경우에는 접지 저항치가 30[Ω]까지 허용**된다.

답 ②

문제 92 고압 가공인입선이 케이블 이외의 것으로서 그 아래에 위험표시를 하였다면 전선의 지표상 높이는 몇 [m]까지로 감할 수 있는가?
① 2.5[m]
② 3.5[m]
③ 4.5[m]
④ 5.5[m]

[풀이]
331.12.1 고압 가공인입선의 시설
고압 가공 인입선의 지표상 높이는 5[m] 이상으로 되어 있으나 인입선에 한하여 **전선의 아래쪽에 위험 표시를 하면 3.5[m]까지로 감할 수 있다**

답 ②

문제 93 가공전선로에 사용하는 지지물의 강도 계산 시 구성재의 수직 투영면적 1[m²]에 대한 풍압을 기초로 적용하는 갑종풍압하중 값의 기준이 잘못된 것은?
① 목주 : 588 [Pa]
② 원형 철주 : 588 [Pa]
③ 철근콘크리트주 : 1117 [Pa]
④ 강관으로 구성된 철탑 : 1255 [Pa]

[풀이]
331.6 풍압하중의 종별과 적용

풍압을 받는 구분		풍압[Pa]
철근 콘크리트주	원형의 것	588
	기타의 것	882

답 ③

문제 94 분기회로의 시설에서 저압 옥내간선과의 분기점에서 전선의 길이가 몇 [m] 이하인 곳에 개폐기 및 과전류 차단기를 시설하여야 하는가? 단, 분기점과 분기회로의 과부하 보호장치 설치점 사이의 배선 부분에 다른 분기회로나 콘센트 회로가 접속되어 있지 않고, 단락의 위험과 화재 및 인체에 대한 위험성이 최소화 되도록 시설된 경우이다.

① 3 ② 4
③ 5 ④ 6

풀이
212.4.2 과부하 보호장치의 설치 위치
가. 과부하 보호장치는 전로 중 도체의 단면적, 특성, 설치 방법, 구성의 변경으로 도체의 허용전류 값이 줄어드는 곳(이하 분기점이라 함)에 설치해야 한다.
나. **과부하 보호장치는 분기점(O)에 설치**해야 하나, 분기점(O)점과 분기회로의 과부하 보호장치(P_2) 설치점 사이의 배선 부분에 다른 분기회로나 콘센트 회로가 접속되어 있지 않고, 다음 중 하나를 충족하는 경우에는 변경이 있는 배선에 설치할 수 있다.
① 분기회로에 대한 단락보호가 이루어지고 있는 경우 : 분기회로의 보호장치 P_2는 분기회로의 분기점(O)으로부터 부하 측으로 거리에 구애 받지 않고 이동하여 설치할 수 있다.

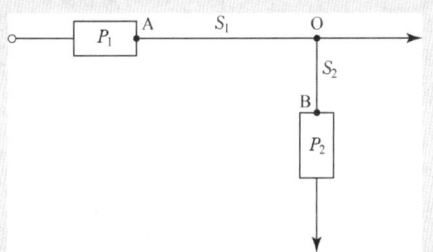

② 단락의 위험과 화재 및 인체에 대한 위험성이 최소화 되도록 시설된 경우 : 분기회로의 보호장치 (P_2)는 분기회로의 분기점(O)으로부터 3[m]까지 이동하여 설치할 수 있다.

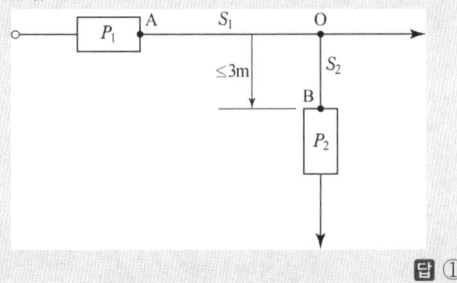

답 ①

문제 95 제작자에 의해 다른 정보가 주어지지 않은 경우 모든 방향에서 가연성 재료와 스포트라이트나 프로젝터와 의 최소 이격 거리에 대한 설명 중 옳지 않은 것은?

① 정격용량 100[W] 이하 : 0.3[m]
② 정격용량 100[W] 초과 300[W] 이하 : 0.8[m]
③ 정격용량 300[W] 초과 500[W] 이하 : 1.0[m]
④ 정격용량 500[W] 초과 : 1.0[m] 초과

풀이
234.1.3 열 영향에 대한 주변의 보호
제작자에 의해 다른 정보가 주어지지 않으면, 스포트라이트나 프로젝터는 모든 방향에서 가연성 재료로부터 다음의 최소 거리를 두고 설치하여야 한다.
(1) **정격용량 100[W] 이하 : 0.5[m]**
(2) 정격용량 100[W] 초과 300[W] 이하 : 0.8[m]
(3) 정격용량 300[W] 초과 500[W] 이하 : 1.0[m]
(4) 정격용량 500[W] 초과 : 1.0[m] 초과

답 ①

문제 96 전력용 커패시터의 용량 15000[kVA] 이상은 자동적으로 전로로부터 차단하는 장치가 필요하다. 자동적으로 전로로부터 차단하는 장치가 필요한 사유로 틀린 것은?

① 과전류가 생긴 경우
② 과전압이 생긴 경우
③ 내부에 고장이 생긴 경우
④ 절연유의 압력이 변화하는 경우

풀이
351.5 조상설비의 보호장치
조상 설비에는 그 내부에 고장이 생긴 경우에 보호하는 장치를 표와 같이 시설하여야 한다.

설비 종별	뱅크 용량의 구분	자동적으로 전로로부터 차단하는 장치
전력용 커패시터 및 분로리액터	500[kVA] 초과 15,000[kVA] 미만	• 내부에 고장이 생긴 경우 • 과전류가 생긴 경우
	15,000[kVA] 이상	• 내부에 고장이 생긴 경우 • 과전류가 생긴 경우 • 과전압이 생긴 경우
조상기 (調相機)	15,000[kVA] 이상	• 내부에 고장이 생긴 경우

답 ④

문제 97 특고압 가공전선이 도로, 횡단보도교, 철도와 제1차 접근상태로 시설되는 경우 특고압 가공전선로는 제 몇 종 보안공사를 하여야 하는가?

① 제1종 특고압 보안공사
② 제2종 특고압 보안공사
③ 제3종 특고압 보안공사
④ 특별 제3종 특고압 보안공사

풀이
333.24 특고압 가공전선과 도로 등의 접근 또는 교차
가. 특고압 가공전선이 도로·횡단보도교·철도 또는 궤도와 **제1차 접근 상태로 시설 : 특고압 가공전선로는 제3종 특고압 보안**
나. 특고압 가공전선이 도로 등과 제2차 접근상태로 시설 : 특고압 가공전선로는 제2종 특고압 보안공사에 의할 것.

답 ③

문제 98 3상 4선식 22.9[kV] 중성선 다중접지식 가공전선로의 전로와 대지 사이의 절연내력시험전압은 몇 [V]인가?

① 11,450
② 21,068
③ 25,190
④ 28,625

풀이
132 전로의 절연저항 및 절연내력

전로의 종류	접지방식	시험전압 (최대사용 전압의 배수)	최저 시험전압
1. 7[kV] 이하인 전로		1.5배	
2. 7[kV] 초과 25[kV] 이하	다중접지	0.92배	
3. 7[kV] 초과 60[kV] 이하 (2란의 것 제외)		1.25배	10.5[kV]
4. 60[kV] 초과	비접지	1.25배	
5. 60[kV] 초과 (6란, 7란의 것 제외)	접지식	1.1배	75[kV]
6. 60[kV] 초과(7란의 것 제외)	직접접지	0.72배	
7. 170[kV] 초과(발전소 또는 변전소 혹은 이에 준하는 장소에 시설하는 것.)	직접접지	0.64배	

∴ 시험전압 = $22,900 \times 0.92 = 21,068$[V]

답 ②

문제 99 사용전압이 저압인 전로에서 정전이 어려운 경우 등 절연저항 측정이 곤란한 경우에 누설전류는 몇 [mA] 이하로 유지하여야 하는가?

① 1
② 2
③ 3
④ 5

풀이
132 전로의 절연저항 및 절연내력
사용전압이 저압인 전로에서 정전이 어려운 경우 등 절연저항 측정이 곤란한 경우에는 **누설전류를 1[mA] 이하로 유지**하여야 한다.

답 ①

문제 100 가공전선로의 지지물로서 길이 9[m], 설계하중이 6.8[kN] 이하인 철근 콘크리트주를 시설할 때 땅에 묻히는 깊이는 몇 [m] 이상으로 하여야 하는가?

① 1.2
② 1.5
③ 2
④ 2.5

풀이
331.7 가공전선로 지지물의 기초의 안전율
가공전선로의 지지물에 하중이 가하여지는 경우에 그 하중을 받는 지지물의 기초의 안전율은 2(이상 시 상정하중에 대한 철탑의 기초에 대하여는 1.33) 이상이어야 한다. 다만, 다음에 따라 시설하는 경우에는 적용하지 않는다.

설계하중 전장	6.8[kN] 이하	6.8[kN] 초과 ~9.8[kN] 이하	9.8[kN] 초과 ~14.72[kN] 이하
15[m] 이하	전장 × 1/6[m] 이상	전장 × 1/6 + 0.3[m] 이상	전장 × 1/6 + 0.5[m] 이상
15[m] 초과	2.5[m] 이상	2.8[m] 이상	–
16[m] 초과~ 20[m] 이하	2.8[m] 이상	–	–
15[m] 초과~ 18[m] 이하	–	–	3[m] 이상
18[m] 초과	–	–	3.2[m] 이상

∴ 땅에 묻히는 깊이 = $9[m] \times \dfrac{1}{6} = 1.5[m]$

답 ②

D60-2

2023년도 전기산업기사 필기 CBT 복원문제

- 2023년도 제1회 전기산업기사
- 2023년도 제2회 전기산업기사
- 2023년도 제3회 전기산업기사

국가기술자격검정 필기시험 문제

2023년도 전기산업기사 일반검정 제1회		(CBT 복원문제)	수검 번호	성 명
자격종목 및 등급(선택분야)	종목코드	시험시간	문제지형별		
전기산업기사	2140	2시간 30분	A		

제1과목 전기자기학

문제 01 비유전율이 4이고, 전계의 세기가 20[kV/m]인 유전체 내의 전속밀도는 약 몇 [μC/m^2]인가?

① 0.71 ② 1.42 ③ 2.83 ④ 5.28

풀이
$D = \epsilon_0 \epsilon_s E = 8.855 \times 10^{-12} \times 4 \times 20 \times 10^3$
$= 0.71 \times 10^{-6} [C/m^2] = 0.71 [\mu C/m^2]$ **답** ①

문제 02 반지름 a[m]되는 도선의 1[m]당 내부 자기인덕턴스는 몇 [H/m]인가?

① $\dfrac{\mu}{8\pi}$ ② $\dfrac{\mu}{4\pi}$ ③ $\dfrac{\mu a}{8\pi}$ ④ $\dfrac{\mu a}{4\pi}$

풀이
- 단위 길이 당 자계 에너지 $W = \dfrac{\mu I^2}{16\pi}$[J/m]
- 단위 길이 당 내부 인덕턴스
$L_i = \dfrac{2W}{I^2} = \dfrac{2}{I^2} \times \dfrac{\mu I^2}{16\pi} = \dfrac{\mu}{8\pi}$ [H/m] **답** ①

문제 03 전계 E[V/m] 및 자계 H[AT/m]의 에너지가 자유공간 사이를 C[m/s]의 속도로 전파될 때 단위 시간에 단위 면적을 지나는 에너지[W/m^2]는?

① $\dfrac{1}{2}EH$ ② EH
③ EH^2 ④ E^2H

풀이
단위 면적당 전력 = 포인팅 Vector
: $P = E \times H = EH$ [W/m^2] **답** ②

문제 04 다음 (가), (나)에 대한 법칙으로 알맞은 것은?

> 전자유도에 의하여 회로에 발생되는 기전력은 쇄교 자속수의 시간에 대한 감소비율에 비례한다는 (가)에 따르고 특히, 유도된 기전력의 방향은 (나)에 따른다.

① (가) 패러데이의 법칙 (나) 렌츠의 법칙
② (가) 렌츠의 법칙 (나) 패러데이의 법칙
③ (가) 플레밍의 왼손법칙 (나) 패러데이의 법칙
④ (가) 패러데이의 법칙 (나) 플레밍의 왼손법칙

풀이
유도기전력 $e = -n\dfrac{d\phi}{dt}$
① 패러데이 법칙 : 유도기전력의 크기 결정
(유도기전력의 크기는 권선수 n 및 쇄교하는 자속의 시간적 변화율 $\dfrac{d\phi}{dt}$에 비례)
② 렌쯔의 법칙 : 유도기전력의 방향 결정
("−" 부호 : 자속변화를 방해하는 방향) **답** ①

문제 05 선간전압이 66000[V]인 2개의 평행 왕복 도선에 10[kA]의 전류가 흐르고 있을 때 도선 1[m]마다 작용하는 힘의 크기는 몇 [N/m]인가? (단, 도선 간의 간격은 1[m] 이다.)

① 1 ② 10 ③ 20 ④ 200

풀이
$F = \dfrac{\mu_0 I_1 I_2}{2\pi r} = \dfrac{2I_1 I_2}{r} \times 10^{-7}$
$I_1 = I_2$ 이므로
$F = \dfrac{2 \times (10 \times 10^3)^2}{1} \times 10^{-7} = 20$[N/m] (흡인력) **답** ③

문제 06
유전율 ϵ [F/m]인 유전체 중에서 전하가 Q [C], 전위가 V [V], 반지름 a [m]인 도체구가 갖는 에너지는 몇 [J] 인가?

① $\frac{1}{2}\pi\epsilon a V^2$ ② $\pi\epsilon a V^2$

③ $2\pi\epsilon a V^2$ ④ $4\pi\epsilon a V^2$

풀이
반경 a인 도체구의 정전 용량은 $C=4\pi\epsilon a$ [F]이므로
$W = \frac{1}{2}CV^2 = \frac{1}{2}\times 4\pi\epsilon a V^2 = 2\pi\epsilon a V^2$ [J]   답 ③

문제 07
접지된 직교 도체 평면과 점전하 사이에는 몇 개의 영상 전하가 존재하는가?

① 1 ② 2
③ 3 ④ 4

풀이

$n = \frac{360°}{\theta°} - 1 = \frac{360}{90} - 1 = 3$개 (직교하므로 $\theta = 90°$)   답 ③

문제 08
공기 중에서 무한평면 도체로부터 수직으로 10^{-10} [m] 떨어진 점에 한 개의 전자가 있다. 이 전자에 작용하는 힘은 약 몇 [N]인가?
(단, 전자의 전하량 : -1.602×10^{-19} [C] 이다.)

① 5.77×10^{-9} ② 1.602×10^{-9}
③ 5.77×10^{-19} ④ 1.602×10^{-19}

풀이
무한 평면 도체에서 r [m] 떨어진 점전하 Q [C]이 받는 힘은 전기 영상법에 의해

$F = \frac{1}{4\pi\epsilon_0} \frac{QQ'}{(2r)^2} = \frac{Q^2}{16\pi\epsilon_0 r^2}$

$= \frac{1}{4} \times 9 \times 10^9 \times \frac{(1.602 \times 10^{-19})^2}{(1 \times 10^{-10})^2}$

$= 5.77 \times 10^{-9}$ [N]

$(\because \frac{1}{4\pi\epsilon_0} = 9 \times 10^9)$ 답 ①

문제 09
면전하 밀도가 ρ_s [C/m²]인 무한히 넓은 도체판에서 R [m]만큼 떨어져 있는 점의 전계의 세기 [V/m]는?

① $\frac{\rho_s}{\epsilon_o}$ ② $\frac{\rho_s}{2\epsilon_o}$ ③ $\frac{\rho_s}{2R}$ ④ $\frac{\rho_s}{4\pi R^2}$

풀이
전속밀도 $D = \frac{\rho_s}{2}$ 와 $D = \epsilon_o E$에 의하여

전계의 세기 $E = \frac{D}{\epsilon_0} = \frac{\rho_s}{2\epsilon_o}$ [V/m]   답 ②

문제 10
맥스웰 전자계의 기초 방정식으로 틀린 것은?

① $\text{rot } \boldsymbol{H} = i_c + \frac{\partial \boldsymbol{D}}{\partial t}$ ② $\text{rot } \boldsymbol{E} = -\frac{\partial \boldsymbol{B}}{\partial t}$

③ $\text{div } \boldsymbol{D} = \rho$ ④ $\text{div } \boldsymbol{B} = -\frac{\partial \boldsymbol{D}}{\partial t}$

풀이
맥스웰 방정식의 미분형

① $\text{rot } \boldsymbol{H} = i + \frac{\partial \boldsymbol{D}}{\partial t}$: 암페어의 주회적분 법칙

② $\text{rot } \boldsymbol{E} = -\frac{\partial \boldsymbol{B}}{\partial t}$: Faraday 법칙

③ $\text{div } \boldsymbol{D} = \rho$: 가우스의 법칙

④ $\text{div } \boldsymbol{B} = 0$: 고립된 자하는 없다.   답 ④

문제 11
무한길이의 직선 도체에 전하가 균일하게 분포되어 있다. 이 직선 도체로부터 l인 거리에 있는 점의 전계의 세기는?

① l에 비례한다.
② l에 반비례한다.
③ l^2에 비례한다.
④ l^2에 반비례한다.

풀이
전계의 세기 : 선전하 밀도 λ [C/m]로 분포되어 있는 무한장 직선 도체에서 거리 l [m]인 점에서의 전계의 세기 E

• $E = \frac{\lambda}{2\pi\epsilon_0 l}$ [V/m]

$\therefore E \propto \frac{1}{l}$ 답 ②

문제 12
전계 내에서 폐회로를 따라 단위 전하가 일주할 때 전계가 한 일은 몇 [J]인가?

① ∞ ② π
③ 1 ④ 0

풀이
전계의 주회 적분과 에너지와의 관계에서
$$\oint_c QE \cdot dl = Q\oint_c E \cdot dl = 0$$
즉, 폐회로를 따라 단위 정전하를 일주시킬 때 **전계가 하는 일은 항상 0**을 의미한다(에너지 보존적). **답 ④**

문제 13
전류의 세기가 I[A], 반지름 r[m]인 원형 선전류 중심에 m[Wb]인 가상 점자극을 둘 때 원형 선전류가 받는 힘은?

① $\dfrac{mI}{2\pi r}$[N] ② $\dfrac{mI}{2r}$[N]
③ $\dfrac{mI^2}{2\pi r}$[N] ④ $\dfrac{mI}{2\pi r^2}$[N]

풀이
반지름 r인 원형 선전류 중심의 자계의 세기
$H_0 = \dfrac{I}{2r}$[AT/m] ∴ $F = mH = \dfrac{mI}{2r}$[N] **답 ②**

문제 14
유전체 중을 흐르는 전도전류 i_σ와 변위전류 i_d를 같게 하는 주파수를 임계주파수 f_c, 임의의 주파수를 f라 할 때 유전손실 $\tan\delta$는?

① $\dfrac{f_c}{2f}$ ② $\dfrac{f}{2f_c}$
③ $\dfrac{f_c}{f}$ ④ $\dfrac{f}{f_c}$

풀이
전도전류 $i_\sigma = \sigma E$, 변위전류 $i_d = \omega \epsilon E$ 일 때 $i_\sigma = i_d$를 만족시키는 임계주파수 f_c는 $\sigma E = \omega \epsilon E = 2\pi f_c \epsilon E$ 에서

임계주파수 $f_c = \dfrac{\sigma}{2\pi\epsilon}$

따라서 유전손실
$\tan\delta = \dfrac{i_\sigma}{i_d} = \dfrac{\sigma E}{\omega \epsilon E} = \dfrac{\sigma}{2\pi f \epsilon} = \dfrac{\sigma}{2\pi\epsilon} \cdot \dfrac{1}{f} = \dfrac{f_c}{f}$ **답 ③**

문제 15
크기가 동일한 자기 인덕턴스 2개가 직렬로 연결되어 있다. 상호 인덕턴스가 9[mH]이고, 결합계수가 0.9일 때 얻을 수 있는 합성 인덕턴스의 최댓값은?

① 32 ② 34
③ 36 ④ 38

풀이
결합계수 $k = 0.9$이고, 자기 인덕턴스 크기가 동일하므로 $L_1 = L_2 = L$이라 하면
상호 인덕턴스 $M = k\sqrt{L_1 L_2} = k\sqrt{L^2} = 0.9L = 9$[mH]
∴ $L = L_1 = L_2 = 10$[mH]
$L_{+MAX} = L_1 + L_2 + 2M = 10 + 10 + 2 \times 9 = 38$[mH] **답 ④**

문제 16
그림과 같은 정전용량이 C_o[F]가 되는 평행판 공기콘덴서가 있다. 이 콘덴서의 판면적의 $\dfrac{2}{3}$가 되는 공간에 비유전율 ϵ_s인 유전체를 채우면 공기콘덴서의 정전용량[F]은?

① $\dfrac{2\epsilon_s}{3} C_0$

② $\dfrac{3}{1+2\epsilon_s} C_0$

③ $\dfrac{1+\epsilon_s}{3} C_0$

④ $\dfrac{1+2\epsilon_s}{3} C_0$

풀이
$C_1 = \dfrac{\epsilon_0 \left(\dfrac{1}{3}S\right)}{d} = \dfrac{1}{3}C_0$, $C_2 = \dfrac{\epsilon_0 \epsilon_s \left(\dfrac{2}{3}S\right)}{d} = \dfrac{2}{3}\epsilon_s C_0$

C_1, C_2는 병렬 접속이므로
$C_t = C_1 + C_2 = \dfrac{1+2\epsilon_s}{3} C_0$ **답 ④**

문제 17
도전율의 단위로 옳은 것은?

① m/Ω ② Ω/m²
③ 1/℧·m ④ ℧/m

풀이
- 저항 $R = \rho \dfrac{l}{S}$에서 저항율 $\rho = \dfrac{RS}{l} = \dfrac{\Omega \cdot m^2}{m} = \Omega \cdot m$

- 도전율 $\sigma = \dfrac{1}{저항율} = \dfrac{1}{\rho}$ 이므로

$$\sigma = \dfrac{l}{RS} = \dfrac{m}{\Omega \cdot m^2} = \dfrac{1}{\Omega} \cdot \dfrac{1}{m} = \mho/m \quad (\because \mho = \dfrac{1}{\Omega})$$

답 ④

풀이

$$L = \dfrac{N\phi}{I} = \dfrac{N \cdot \dfrac{NI}{R_m}}{I} = \dfrac{N^2}{R_m} = \dfrac{\mu S N^2}{l}[H]$$

답 ④

문제 18 대전된 구도체를 반지름이 2배가 되는 대전이 되지 않은 구도체에 가는 도선으로 연결할 때 원래의 에너지에 대해 손실된 에너지의 비율은 얼마가 되는가? (단, 구도체는 충분히 떨어져 있다고 한다.)

① $\dfrac{1}{2}$ ② $\dfrac{1}{3}$
③ $\dfrac{2}{3}$ ④ $\dfrac{2}{5}$

풀이

대전된 도체구의 정전 용량을 C라 하면
$C = 4\pi\epsilon_0 a$
대전되지 않은 구의 정전 용량을 C'라 하면
$C' = 4\pi\epsilon_0 a' = 4\pi\epsilon_0 (2a) = 2C[F]$
연결 전후의 에너지를 W, W'라 하면
$W = \dfrac{Q^2}{2C}$, $W' = \dfrac{Q^2}{2(C+2C)} = \dfrac{Q^2}{6C}$
따라서, 손실비는
$\therefore$ 손실비 $= \dfrac{W - W'}{W} = \dfrac{\dfrac{Q^2}{2C} - \dfrac{Q^2}{6C}}{\dfrac{Q^2}{2C}} = \dfrac{2}{3}$

답 ③

문제 20 비투자율 800의 환상철심으로 하여 권선 600회 감아서 환상솔레노이드를 만들었다. 이 솔레노이드의 평균반경이 20[cm]이고, 단면적이 10[cm²]이다. 이 권선에 전류 1[A]를 흘리면 내부에 통하는 자속 [Wb]은?

① 2.7×10^{-4} ② 4.8×10^{-4}
③ 6.8×10^{-4} ④ 9.6×10^{-4}

풀이

환상 솔레노이드의 내부 자속
$$\phi = BS = \mu HS = \mu \cdot \dfrac{NI}{2\pi r} S$$
$\mu = \mu_0 \mu_s = 4\pi \times 10^{-7} \times 800$, $N = 600[회]$, $I = 1[A]$,
$S = 10 \times 10^{-4}[m^2]$, $r = 0.2[m]$
$\therefore \phi = \dfrac{4\pi \times 10^{-7} \times 800 \times 600 \times 1 \times 10^{-4}}{2\pi \times 0.2}$
$= 4.8 \times 10^{-4}[Wb]$

답 ②

제2과목 전력공학

문제 19 그림과 같이 일정한 권선이 감겨진 권회수 N회, 단면적 $S[m^2]$, 평균자로의 길이 $l[m]$인 환상솔레노이드에 전류 $I[A]$를 흘렸을 때 이 환상솔레노이드의 자기인덕턴스[H]는? (단, 환상철심의 투자율은 μ이다.)

① $\dfrac{\mu^2 N}{l}$
② $\dfrac{\mu S N}{l}$
③ $\dfrac{\mu^2 S N}{l}$
④ $\dfrac{\mu S N^2}{l}$

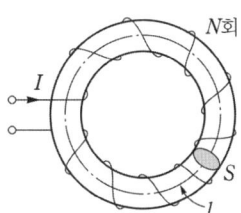

문제 21 변전소에 분로 리액터를 설치하는 주된 목적은?

① 진상무효전력 보상   ② 전압강하 방지
③ 전력손실 경감   ④ 잔류전하 방지

풀이

페란티 효과의 원인이 선로의 정전용량(진상무효전력)이므로 이를 보상시키기 위하여 선로에 분로 리액터(지상 무효전력 공급)를 설치한다.

답 ①

문제 22 개폐 서지를 흡수할 목적으로 설치하는 것의 약어는?

① CT   ② SA
③ GIS   ④ ATS

풀이
① CT(계기용 변류기) : 회로의 대전류를 소전류로 변성하여 계기나 계전기에 공급
② **SA(서지 흡수기) : 변압기, 발전기 등을 서지로부터 보호**
③ GIS(가스 절연 개폐기) : SF_6 가스를 이용하여 정상상태 및 사고, 단락 등의 고장상태에서 선로를 안전하게 개폐하여 보호
④ ATS(자동 절환 개폐기) : 주 전원이 정전되거나, 전압이 기준치 이하로 떨어질 경우 예비전원으로 자동 절환하는 개폐기

답 ②

문제 23 선로의 특성임피던스에 관한 내용으로 옳은 것은?
① 선로의 길이에 관계없이 일정하다.
② 선로의 길이가 길어질수록 값이 커진다.
③ 선로의 길이가 길어질수록 값이 작아진다.
④ 선로의 길이보다는 부하전력에 따라 값이 변한다.

풀이
선로의 특성임피던스 $Z_0 = \sqrt{\dfrac{L}{C}}$: 길이에 무관하다.
(저항 및 누설콘덕턴스 무시)

답 ①

문제 24 선간전압이 V[kV]이고, 1상의 대지정전용량이 C[μF], 주파수가 f[Hz]인 3상 3선식 1회선 송전선의 소호리액터 접지방식에서 소호리액터의 용량은 몇 [kVA] 인가?
① $6\pi fCV^2 \times 10^{-3}$ ② $3\pi fCV^2 \times 10^{-3}$
③ $2\pi fCV^2 \times 10^{-3}$ ④ $\sqrt{3}\pi fCV^2 \times 10^{-3}$

풀이
소호리액터 접지방식은 선로의 대지정전용량과 공진하는 리액터를 통하여 접지하는 방식이므로
$I = \dfrac{E}{2\pi fL} = 2\pi fCE$ 가 된다.
따라서, 3상 1회선 소호 리액터 용량
$P = 3EI = 3E \times 2\pi fCE = 6\pi fCE^2$ 에서
정전용량 $C[\mu F]$, 선간전압 V[kV]이므로 단위를 고려하면
$P = 6\pi fC \times 10^{-6} \times \left(\dfrac{V}{\sqrt{3}} \times 10^3\right)^2$ [VA] $= 2\pi fCV^2$ [VA]
$= 2\pi fCV^2 \times 10^{-3}$ [kVA]

답 ③

문제 25 초호환(arcing ring)의 설치 목적은?
① 애자연의 보호
② 클램프의 보호
③ 이상전압 발생의 방지
④ 코로나손의 방지

풀이
초호환(소호환 : arcing ring)의 목적
• 애자련의 전압분포 개선
• 선로의 섬락으로부터 **애자련의 보호**

답 ①

문제 26 전원이 양단에 있는 방사상 송전선로에서 과전류 계전기와 조합하여 단락보호에 사용하는 계전기는?
① 선택지락계전기   ② 방향단락계전기
③ 과전압계전기   ④ 부족전류계전기

풀이
• 전원이 2군데 이상 환상 선로의 단락 보호
 → 방향 거리 계전기(DZ)
• **전원이 2군데 이상 방사 선로의 단락 보호**
 → **방향 단락 계전기(DS)와 과전류 계전기(OC)를 조합**

답 ②

문제 27 3상 배전선로의 전압강하율[%]을 나타내는 식이 아닌 것은? (단, V_s : 송전단 전압, V_r : 수전단 전압, I : 전부하전류, P : 부하전력, Q : 무효전력이다.)
① $\dfrac{PR + QX}{V_r^2} \times 100$
② $\dfrac{V_s - V_r}{V_r} \times 100$
③ $\dfrac{V_s(PR + QX)}{V_r} \times 100$
④ $\dfrac{\sqrt{3}I}{V_r}(R\cos\theta + X\sin\theta) \times 100$

풀이
전압강하율 $\epsilon = \dfrac{V_s - V_r}{V_r} \times 100$
$= \dfrac{\sqrt{3}I(R\cos\theta + X\sin\theta)}{V_r} \times 100$[%]

$$= \frac{\sqrt{3}\,V_r I(R\cos\theta + X\sin\theta)}{V_r^2} \times 100$$
$$= \frac{RP + QX}{V_r^2} \times 100[\%]$$
답 ③

문제 28 수력발전소의 조압 수조(서지 탱크)설치 목적은?
① 수차 보호
② 흡출관 보호
③ 수격작용 흡수
④ 조속기 보호

풀이
조압수조(서지탱크)는 자유 수면을 가진 수조로서 부하가 급격히 변화하였을 때 생기는 **수격 작용을 흡수**하여 **압력수로를 보호**하고, 수차의 사용 유량 변동에 의한 서징(surging)작용을 흡수한다. 답 ③

문제 29 일반회로정수가 A, B, C, D이고 송전단 상전압이 E_S인 경우, 무부하 시의 충전전류(송전단 전류)는?
① CE_S
② ACE_S
③ $\dfrac{C}{A}E_S$
④ $\dfrac{A}{C}E_S$

풀이
$E_S = AE_R + BI_R$ 에서 무부하($I_R = 0$)이므로 $E_S = AE_R$
$\therefore E_R = \dfrac{E_S}{A}$
$I_S = CE_R + DI_R$ 에서 **무부하**($I_R = 0$)이므로
$I_S = CE_R = \dfrac{C}{A}E_S$ 답 ③

문제 30 단상 2선식 110[V] 저압배전선로를 단상 3선식 110/220[V]로 변경할 때 부하의 크기 및 공급전 압을 일정하게 하고 또 부하를 평형시켰을 때 전선로의 전압강하율은 변경 전에 비하여 어떻게 되는가?
① $\dfrac{1}{2}$
② $\dfrac{1}{3}$
③ $\dfrac{1}{4}$
④ $\dfrac{1}{5}$

풀이

즉, 단상 2선식 110[V] 저압배전선로를 단상 3선식 110/220[V]로 변경하면 전압을 2배로 승압 한 경우와 같다. 따라서 부하의 크기가 일정 한 경우 전압이 2배가 되면 전류는 $\dfrac{1}{2}$이 되므로
$\epsilon = \dfrac{V_s - V_r}{V_r} = \dfrac{2IR}{V_r}$ 에서
$\epsilon' = \dfrac{2\frac{1}{2}IR}{2V_r} = \dfrac{IR}{2V_r}$, $\dfrac{\epsilon'}{\epsilon} = \dfrac{\frac{IR}{2V_r}}{\frac{2IR}{V_r}} = \dfrac{1}{4}$ 답 ③

문제 31 전력계통에서 무효전력을 조정하는 조상 설비 중 전력용 콘덴서를 동기조상기와 비교할 때 옳은 것은?
① 전력손실이 크다.
② 지상 무효전력분을 공급할 수 있다.
③ 전압조정을 계단적으로 밖에 못한다.
④ 송전선로를 시송전할 때 선로를 충전할 수 있다.

풀이
조상설비의 비교

항 목	동기 조상기	전력용 콘덴서	분로 리액터
전력손실	많음 (1.5~2.5[%])	적음 (0.3[%] 이하)	적음 (0.6[%] 이하)
무효전력	진상, 지상 양용	진상전용	지상전용
조정	연속적	계단적	계단적
사고시 전압유지	큼	작음	작음
시송전	가능	불가능	불가능

답 ③

문제 32 단거리 송전선로에서 정상상태 유효전력의 크기는?
① 선로리액턴스 및 전압위상차에 비례한다.
② 선로리액턴스 및 전압위상차에 반비례한다.
③ 선로리액턴스에 반비례하고 상차각에 비례한다.
④ 선로리액턴스에 비례하고 상차각에 반비례한다.

풀이
송전 전력 $P = \dfrac{V_s V_r}{X} \sin\delta$ [MW]
여기서, V_s, V_r : 송·수전단 전압 [kV]
δ : 송·수전단 전압의 위상차
X : 선로의 리액턴스 [Ω]
답 ③

문제 33 변압기의 결선 중에서 1차에 제3고조파가 있을 때 2차에 제3고조파 전압이 외부로 나타나는 결선은?
① Y-Y ② Y-△ ③ △-Y ④ △-△

풀이
△결선이 포함된 변압기에서는 제3고조파가 순환전류가 되어 소멸되나, Y결선만 있는 변압기에서는 제3고조파가 나타난다.
답 ①

문제 34 송전단 전압이 3300 [V], 수전단 전압은 3000 [V]이다. 수전단의 부하를 차단한 경우, 수전단 전압이 3200 [V]라면 이 회로의 전압 변동률은 약 몇 [%] 인가?
① 3.25 ② 4.28 ③ 5.67 ④ 6.67

풀이
전압변동률 $= \dfrac{\text{무부하시의 전압} - \text{정격 전압}}{\text{정격 전압}} \times 100$
$= \dfrac{3200 - 3000}{3000} \times 100 = 6.67 [\%]$
답 ④

문제 35 선간 단락 고장을 대칭좌표법으로 해석할 경우 필요한 것 모두를 나열한 것은?
① 정상 임피던스
② 역상 임피던스
③ 정상 임피던스, 역상 임피던스
④ 정상 임피던스, 영상 임피던스

풀이
• 1선 지락고장 : 정상분, 역상분, 영상분
• **선간단락고장 : 정상분, 역상분**
• 3상 단락고장 : 정상분
답 ③

문제 36 화력 발전소에서 가장 큰 손실은?
① 소내용 동력
② 복수기의 방열손
③ 연돌 배출가스 손실
④ 터빈 및 발전기의 손실

풀이
발전소마다 각 손실의 비가 다르나 복수식 발전소에서는 **복수기 냉각수에 의한 열량**이 가장 크며 석탄 열량의 50~60[%]에 달한다. 그 다음 큰 것은 굴뚝 배출 가스 손실로 10[%] 정도이다.
답 ②

문제 37 뒤진 역률 80[%], 1000[kW]의 3상 부하가 있다. 이것에 콘덴서를 설치하여 역률을 95[%]로 개선하려면 콘덴서의 용량은 약 몇 [kVA]로 해야 하는가?
① 240 ② 420
③ 630 ④ 950

풀이
$Q_c = P(\tan\theta_1 - \tan\theta_2)$ 에서
$Q_c = P\left(\dfrac{\sin\theta_1}{\cos\theta_1} - \dfrac{\sin\theta_2}{\cos\theta_2}\right)$
$= P\left(\dfrac{\sqrt{1-\cos^2\theta_1}}{\cos\theta_1} - \dfrac{\sqrt{1-\cos^2\theta_2}}{\cos\theta_2}\right)$
$Q_c = 1000\left(\dfrac{0.6}{0.8} - \dfrac{\sqrt{1-0.95^2}}{0.95}\right) = 421.32 [\text{kVA}]$
답 ②

문제 38 150[kVA] 전력용 콘덴서에 제5고조파를 억제시키기 위해 필요한 직렬리액터의 최소용량은 몇 [kVA] 인가?
① 1.5 ② 3
③ 4.5 ④ 6

풀이

제5고조파로부터 전력용 콘덴서 보호 및 파형 개선의 목적으로 사용되는 직렬 리액터의 용량은 다음과 같다.
① 이론적 : 콘덴서 용량 × 4[%]
② 실제(주파수 변동 등의 여유를 고려하여 선정)
 : 콘덴서 용량 × 6[%]
따라서, 직렬리액터의 최소용량 = 150 × 0.04 = 6[kVA]

답 ④

문제 39 송전선로의 저항은 R, 리액턴스를 X 라 하면 성립하는 식은?

① $R \geq 2X$　　② $R < X$
③ $R = X$　　④ $R > X$

풀이

일반적으로 **선로의 리액턴스는 저항의 약 6배**가 되며, 간단한 고장계산시에는 저항분을 무시해도 좋다. 즉, $R < X$ 의 관계가 성립된다.

답 ②

문제 40 1선 지락 시에 전위상승이 가장 적은 접지 방식은?

① 직접 접지　　② 저항 접지
③ 리액터 접지　　④ 소호리액터 접지

풀이

방식	보호계전기 동작	지락 전류	고장중 운전	전위 상승	과도 안정도	유도 장해	특징
직접 접지 (22.9, 154, 345[kV])	확실	최대	×	1.3	최소	최대	중성점영전위, 단절연가능
저항 접지	↓	↓	×	$\sqrt{3}$	↓	↓	
비접지 (3.3, 6.6[kV])	×	↓	가능	$\sqrt{3}$	↓	↓	저압 단거리에 적용
소호 리액터 접지 (66[kV])	불확실	최소	가능	$\sqrt{3}$ 이상	최대	최소	병렬공진, 고장전류최소

즉, **직접접지방식은** 타 접지방식에 비해 **지락사고시 건전상의 전위상승이 가장 낮으므로** 송전계통의 절연레벨을 저감시킬 수 있다. 따라서, 절연비가 커지는 초고압 송전계통에서는 직접접지방식이 가장 경제적이다.

답 ①

제3과목　전기기기

문제 41 어떤 IGBT의 열용량은 0.02[J/℃], 열저항은 0.625[℃/W]이다. 이 소자에 직류 25[A]가 흐를 때 전압강하는 3[V]이다. 몇 [℃]의 온도상승이 발생하는가?

① 1.5　　② 1.7
③ 47　　④ 52

풀이

열저항 $R_\theta = \dfrac{\Delta T}{P}$[℃/W] 이므로,
(여기서, ΔT : 온도상승범위[℃], P : 손실[W])
따라서 $\Delta T = R_\theta \times P = 0.625 \times 25 \times 3 = 46.88$[℃]

답 ③

문제 42 직류 분권전동기 기동 시 계자 저항기의 저항값은?

① 최대로 해 둔다.
② 0(영)으로 해 둔다.
③ 중간으로 해 둔다.
④ 1/3로 해 둔다.

풀이

토크 $T = K\phi I_a$, 회전속도 $N = K\dfrac{V - I_a R_a}{\phi}$

에서 **기동시 계자 저항을 최소**로 하여 계자 전류를 크게(자속 ϕ를 크게)하면 기동 토크가 크게 되고 속도는 저속으로 된다.

답 ②

문제 43 직류 분권 발전기를 역회전하면?

① 발전되지 않는다.
② 정회전 때와 마찬가지다.
③ 과대전압이 유기된다.
④ 섬락이 일어난다.

풀이

운전 중 전기자 회전 방향을 반대로 하면 ⇒
- 반대방향의 기전력이 유기되어 계자전류가 반대로 흐르게 된다.
- 잔류 자기를 소멸시켜 발전 불가능

답 ①

문제 44 일반적으로 전철이나 화학용과 같이 비교적 용량이 큰 수은 정류기용 변압기의 2차측 결선 방식으로 쓰이는 것은?
① 3상 반파
② 3상 전파
③ 3상 크로스파
④ 6상 2중 성형

풀이
수은 정류기의 직류측 전압은 맥동이 있으므로 맥동을 적게 하기 위하여 상수를 6상 또는 12상을 사용한다. 특히 대용량의 경우는 보통 6상식이 쓰인다. 답 ④

문제 45 다음 중 전기기계에 있어서 히스테리시스손을 감소시키기 위하여 어떻게 하는 것이 가장 좋은가?
① 성층 철심 사용
② 규소 강판 사용
③ 보극 설치
④ 보상 권선 설치

풀이
• 규소강판 ⇒ 히스테리 시스손 감소
• 성층철심 ⇒ 와류손 감소 답 ②

문제 46 동기기의 전기자 권선법 중 단절권과 분포권을 사용하는 이유 중 가장 중요한 목적은?
① 높은 전압을 얻기 위해서
② 일정한 주파수를 얻기 위해서
③ 좋은 파형을 얻기 위해서
④ 효율을 좋게 하기 위해서

풀이
• 단절권의 장점
  ① 고조파를 제거하여 기전력의 **파형을 좋게 한다.**
  ② 코일 끝부분의 길이가 단축되어 기계 전체의 길이가 축소된다.
  ③ 구리의 양이 적게 든다.
• 분포권의 장점
  ① 기전력의 고조파가 감소하여 **파형이 좋아진다.**
  ② 권선의 누설 리액턴스가 감소한다.
  ③ 전기자 권선에 의한 열을 고르게 분포시켜 과열을 방지한다. 답 ③

문제 47 직류전동기 중 부하가 변하면 속도가 심하게 변하는 전동기는?
① 분권 전동기
② 직권 전동기
③ 자동 복권 전동기
④ 가동 복권 전동기

풀이
직권 전동기는 전기자 권선과 계자 권선이 직렬로 되어 $I = I_a = I_f$[A]가 된다. 따라서 **부하 전류 I의 증감에 따라서 자속 ϕ도 변화**하게 된다.
직권 전동기에서 R_a 및 R_s값이 매우 적기 때문에 $I_a(R_a + R_s)$값도 적게되어 무시하면 직권 전동기의 속도 $n = K\dfrac{V - I_a(R_a + R_s)}{\phi}$ 에서 $n = K\dfrac{V}{\phi}$로 되어
$n \propto \dfrac{1}{\phi} \propto \dfrac{1}{I}$ 가 된다.
따라서, 직권전동기는 **부하의 변화에 따라 전동기의 속도도 크게 변화**게 된다. 답 ②

문제 48 직류 및 교류 양용에 사용되는 만능 전동기는?
① 복권전동기
② 유도전동기
③ 동기전동기
④ 직권 정류자전동기

풀이
직류 직권 전동기에 가해 주는 직류 전압을 그림과 같이 바꿀 경우에도 자속과 전기자 전류의 방향이 동시에 모두 반대가 되므로, 회전 방향은 변하지 않는다.

직·교류 양용 전동기의 원리

따라서, 이 직류 직권 전동기에 교류 전압을 가해 주어도 전동기는 항상 같은 방향의 토크를 발생하고, 회전을 같은 방향으로 계속한다. 직·교류 양용 전동기(만능 전동기)는 이와 같은 원리를 이용한 전동기로서 단상 직권 정류자 전동기라고 하며, 믹서기, 재봉틀, 진공청소기, 휴대용 드릴 및 영사기 등에 사용된다. 답 ④

문제 49 변압기의 표유부하손이란?
① 동손, 철손
② 부하 전류 중 누전에 의한 손실
③ 권선이외 부분의 누설 자속에 의한 손실
④ 무부하시 여자 전류에 의한 동손

풀이

총손실
1. 무부하손(철손)
   ① 와류손 : 와전류에 의해 발생
   ② 히스테리시스손 : 잔류 자기와 보자력에 의해 발생
2. 부하손
   ① 전부하 동손 : 권선에 의해 발생
   ② **표유부하손** : 권선 이외 부분의 누설 자속에 의해 발생

답 ③

문제 50 3상 동기 발전기를 병렬운전 하는 경우 필요한 조건이 아닌 것은?
① 회전수가 같다.
② 상회전이 같다.
③ 발생 전압이 같다.
④ 전압 파형이 같다.

풀이

동기 발전기의 병렬 운전 조건은 다음과 같다.
① 기전력의 크기가 같을 것
② 기전력의 위상이 같을 것
③ 기전력의 주파수가 같을 것
④ 기전력의 파형이 같을 것
⑤ 상회전 방향이 같을 것

주파수가 같다는 것은 $N_s = \dfrac{120f}{p}$ 에서 $f = \dfrac{N_s p}{120}$

즉, (회전수×극수)가 같아야 한다는 것이다.   답 ①

문제 51 교류 전압제어기를 전원과 부하회로에 연결된 조광기에 교류 실효전압을 변화시켜서 사용할 수 있는 소자 중 가장 적합한 것은?
① 파워 트랜지스터(Power Transister)
② 트라이액(Triac)
③ 모스 에프이티(MOS-FET)
④ 다이오드(Diode)

풀이

TRIAC은 기능상 2개의 SCR를 역병렬 접속한 것과 같은 것으로서, SCR은 한 방향으로만 도통할 수 있는데 반하여 TRIAC은 양방향 도통할 수 있으며, **교류 실효전압을 변화시켜서 부하를 제어할 수 있다.**   답 ②

문제 52 동기전동기의 위상특성곡선(V곡선)에 대한 설명으로 옳은 것은?
① 출력을 일정하게 유지할 때 부하전류와 전기자 전류의 관계를 나타낸 곡선
② 역률을 일정하게 유지할 때 계자전류와 전기자 전류의 관계를 나타낸 곡선
③ 계자전류를 일정하게 유지할 때 전기자전류와 출력 사이의 관계를 나타낸 곡선
④ 공급전압 V와 부하가 일정할 때 계자전류의 변화에 대한 전기자전류의 변화를 나타낸 곡선

풀이

위상 특성 곡선이란 **단자전압과 부하를 일정**하게 유지하고, 여자 전류를 변화시킬 경우 **계자전류와 전기자 전류와의 관계를 표시**한 것으로 그 형상이 V자와 같으므로 V곡선이라고도 한다.
• 계자전류가 역률 1일 때 보다 크면, 앞선 전기자 전류가 흐른다.
• 계자전류가 역률 1일 때 보다 작으면, 뒤진 전기자 전류가 흐른다.

답 ④

문제 53 6상 회전 변류기의 정격 출력이 2000 [kW]이고 직류측 정격 전압이 1000 [V]이다. 교류측 입력 전류는? 단, 역률 및 효율은 전부 100 [%]이고 $\cos\theta = 1$이다.
① 약 471 [A]   ② 약 667 [A]
③ 약 943 [A]   ④ 약 1633 [A]

풀이

$I_d = \dfrac{P_d}{E_d} = \dfrac{2000 \times 10^3}{1000} = 2000 \, [A]$

$\dfrac{I_a}{I_d} = \dfrac{2\sqrt{2}}{m\cos\theta}$ 에서

$\therefore I_a = \dfrac{2\sqrt{2}}{m\cos\theta} I_d = \dfrac{2\sqrt{2} \times 2000}{6 \times 1} = 942.8 \, [A]$ 답 ③

Industrial Engineer Electricity

문제 54 1차측 권수가 1500인 변압기의 2차측에 접속한 저항 16[Ω]을 1차측으로 환산했을 때 8[kΩ]으로 되어 있다면 2차측 권수는 약 얼마인가?
① 75 ② 70 ③ 67 ④ 64

풀이
$n_1 = 1500$, $R_2 = 16[\Omega]$, $R_1 = 8000[\Omega]$
2차를 1차로 환산 $R_1 = a^2 R_2$에서
권수비 $a = \sqrt{\dfrac{R_1}{R_2}} = \sqrt{\dfrac{8000}{16}} = 22.36$
$\therefore N_2 = \dfrac{N_1}{a} = \dfrac{1500}{22.36} = 67.08 [회]$ **답 ③**

문제 55 3상 유도전동기의 공급 전압이 일정하고, 주파수가 정격값보다 수 [%] 감소할 때 다음 현상 중 옳지 않은 것은?
① 동기속도가 감소한다.
② 누설 리액턴스가 증가한다.
③ 철손이 약간 증가한다.
④ 역률이 나빠진다.

풀이
누설리액턴스 $x_l = 2\pi f L$에서 **주파수 f가 감소하면 누설 리액턴스도 감소**한다. **답 ②**

문제 56 220[V], 6극, 60[Hz], 10[kW]인 3상 유도전동기의 회전자 1상의 저항은 0.1[Ω], 리액턴스는 0.5[Ω]이다. 정격전압을 가했을 때 슬립이 4[%]일 때 회전자 전류는 몇 [A]인가? (단, 고정자와 회전자는 △결선으로서 권수는 각각 300회와 150회이며, 각 권선계수는 같다.)
① 27 ② 36 ③ 43 ④ 52

풀이
권선 계수가 같으므로 $k_{w1} = k_{w2}$
권수비 $a = \dfrac{w_1}{w_2} = \dfrac{300}{150} = 2$
2차 유기 전압 $E_2 = \dfrac{E_2'}{a} ≒ \dfrac{V_1}{a} = \dfrac{220}{2} = 110 [V]$
$\therefore$ 회전자 전류 $I_2 = \dfrac{sE_2}{\sqrt{r_2^2 + (sx_2)^2}}$
$= \dfrac{0.04 \times 110}{\sqrt{0.1^2 + (0.04 \times 0.5)^2}} = 43[A]$ **답 ③**

문제 57 3상, 60 [Hz]전원에 의해 여자되는 6극 권선형 유도전동기가 있다. 이 전동기가 1150 [rpm]으로 회전할 때 회전자 전류의 주파수는 몇 [Hz]인가?
① 1 ② 1.5
③ 2 ④ 2.5

풀이
$N_s = \dfrac{120f}{p} = \dfrac{120 \times 60}{6} = 1200 [rpm]$
$s = \dfrac{N_s - N}{N_s} = \dfrac{1200 - 1150}{1200} = 0.0417$
$\therefore f_2 = sf_1 = 0.0417 \times 60 = 2.5[Hz]$ **답 ④**

문제 58 3300/210[V], 5[kVA] 단상변압기의 퍼센트 저항강하 2.4[%], 퍼센트 리액턴스강하 1.8[%]이다. 임피던스 와트[W]는?
① 320 ② 240
③ 120 ④ 90

풀이
$\%R = \dfrac{I_n R}{E_n} \times 100 = \dfrac{I_n^2 R}{E_n I_n} \times 100 = \dfrac{P_s}{P_n} \times 100 [\%]$에서
$P_s = \dfrac{\%R \cdot P_n}{100} = \dfrac{2.4 \times 5 \times 10^3}{100} = 120[W]$ **답 ③**

문제 59 다음 유도전동기 기동법 중 권선형 유도전동기에 가장 적합한 기동법은?
① Y-△기동법
② 기동보상기법
③ 전전압기동법
④ 2차 저항법

풀이
2차 저항에 의한 기동방법은 권선형 유도전동기의 2차 회로에 가변 저항기(R_s)를 접속하여 비례추이의 원리에 의하여 **기동시 큰 기동토크**를 얻는 반면에 기동전류는 억제하는 기동방법이다.
$\dfrac{r_2}{s_m} = \dfrac{r_2 + R_s}{s_t}$
여기서, r_2 : 2차 권선의 저항
s_m : 최대 토크시 슬립
s_t : 기동시 슬립(정지상태에서 기동시 $s_t = 1$)
R_s : 2차 외부회로 저항 **답 ④**

문제 60 스테핑모터의 여자방식이 아닌 것은?

① 2-4상 여자 ② 1-2상 여자
③ 2상 여자   ④ 1상 여자

풀이
스테핑모터의 여자방식
① 1상 여자방식 : 항상 하나의 상에만 전류가 흐르게 하는 방식
② 2상 여자방식 : 항상 2개의 상에 전류를 흐르게 하는 방식으로 1상 여자방식에 비해 2배의 전류가 흐른다.
③ 1-2상 여자방식 : 1상 여자방식과 2상 여자방식을 교대로 반복하는 여자방식

답 ①

풀이
$R-L$ 직렬 회로에서 역률
$$\cos\theta = \frac{R}{Z} = \frac{R}{\sqrt{R^2 + X_L^2}} = \frac{R}{\sqrt{R^2 + (\omega L)^2}}$$
$$\therefore \cos\theta = \frac{50}{\sqrt{50^2 + (2\pi \times 50 \times 200 \times 10^{-3})^2}} \times 100$$
$$= 62.27[\%]$$

답 ③

제4과목 회로이론

문제 61 다음과 같이 변환시 $R_1 + R_2 + R_3$의 값 [Ω]은? (단, $R_{ab} = 2[\Omega]$, $R_{bc} = 4[\Omega]$, $R_{ca} = 6[\Omega]$이다.)

① 1.57 [Ω]   ② 2.67 [Ω]
③ 3.67 [Ω]   ④ 4.87 [Ω]

풀이
$R_1 = \dfrac{R_{ab} \cdot R_{ca}}{R_{ab} + R_{bc} + R_{ca}}$, $R_2 = \dfrac{R_{ab} \cdot R_{bc}}{R_{ab} + R_{bc} + R_{ca}}$,
$R_3 = \dfrac{R_{bc} \cdot R_{ca}}{R_{ab} + R_{bc} + R_{ca}}$ 이므로
$\therefore R_1 + R_2 + R_3 = \dfrac{R_{ab} \cdot R_{ca} + R_{ab} \cdot R_{bc} + R_{bc} \cdot R_{ca}}{R_{ab} + R_{bc} + R_{ca}}$
$= \dfrac{2 \times 6 + 2 \times 4 + 4 \times 6}{2 + 4 + 6} = 3.67[\Omega]$

답 ③

문제 62 $R = 50[\Omega]$, $L = 200[mH]$의 직렬회로에서 주파수 $f = 50[Hz]$의 교류에 대한 역률[%]은?

① 82.3   ② 72.3
③ 62.3   ④ 52.3

문제 63 그림과 같이 접속된 회로의 단자 a, b에서 본 등가임피던스는 어떻게 표현되는가? (단, $M[H]$은 두 코일 L_1, L_2 사이의 상호인덕턴스이다.)

① $R_1 + R_2 + j\omega(L_1 + L_2)$
② $R_1 + R_2 + j\omega(L_1 - L_2)$
③ $R_1 + R_2 + j\omega(L_1 + L_2 + 2M)$
④ $R_1 + R_2 + j\omega(L_1 + L_2 - 2M)$

풀이

화동결합 $L = L_1 + L_2 + 2M$ (전류가 L_1, L_2의 •방향으로 흐름)	차동결합 $L = L_1 + L_2 - 2M$ (전류가 L_1에는 •방향, L_2에는 •반대 방향으로 흐름)

(•와 전류의 방향에 따라 상호 인덕턴스는 $+2M$ 또는 $-2M$이 된다.)

답 ④

문제 64 다음과 같은 4단자 회로에서 영상 임피던스[Ω]는?

① 200
② 300
③ 450
④ 600

풀이
$Z_{01} = \sqrt{\dfrac{AB}{CD}}$ 에서 대칭 T형 회로에서는 $A = D$이므로

2023년도 1회

$Z_{01} = \sqrt{\dfrac{B}{C}}$ 이고 회로에서

$C = \dfrac{1}{450}$

$B = \dfrac{R_1 R_3 + R_1 R_2 + R_2 R_3}{R_3}$

$= \dfrac{300 \times 450 + 300 \times 300 + 300 \times 450}{450} = 800$

$\therefore Z_{01} = \sqrt{\dfrac{B}{C}} = \sqrt{\dfrac{800}{1/450}} = 600 [\Omega]$ 　　답 ④

문제 65 다음 회로에서 S를 닫은 후 $t = 2$초 일 때 회로에 흐르는 전류는 약 몇 [A]인가?

① 3.7[A]
② 4.6[A]
③ 5.2[A]
④ 6.3[A]

풀이

$R-L$ 직렬 회로에 직류 전압 인가 시 흐르는 전류

$i(t) = \dfrac{E}{R}\left(1 - e^{-\frac{R}{L}t}\right)$ 에서 $t = 2$ [s]이므로

$i(t=2) = \dfrac{10}{1}\left(1 - e^{-\frac{1}{2} \cdot 2}\right) = 10(1 - e^{-1}) = 6.32 [A]$ 　답 ④

문제 66 정현파 교류전압의 파고율은?

① 0.91　　② 1.11
③ 1.41　　④ 1.73

풀이

파고율 = $\dfrac{\text{최대치}}{\text{실효치}}$

로 표현되며, 각 파형의 파형률 및 파고율은 다음과 같다.

	구형파	3각파	정현파	정류파(전파)	정류파(반파)
파형률	1.0	1.15	1.11	1.11	1.57
파고율	1.0	1.732	**1.414**	1.414	2.0

답 ③

문제 67 단자 a-b에 30[V]의 전압을 가했을 때 전류 I는 3[A]가 흘렀다고 한다. 저항 $r[\Omega]$은 얼마인가?

① 5
② 10
③ 15
④ 20

풀이

단자 a-b 사이의 합성 저항

$R = \dfrac{2r \times r}{2r + r} = \dfrac{2}{3}r$ (∵ $2r$과 r의 병렬 회로)

$V = IR = I \times \dfrac{2}{3}r$ 이므로

$\therefore r = \dfrac{V}{I} \times \dfrac{3}{2} = \dfrac{30}{3} \times \dfrac{3}{2} = 15[\Omega]$ 　　답 ③

문제 68 주기함수 $f(t)$의 푸리에 급수 전개식으로 옳은 것은?

① $f(t) = \sum_{n=1}^{\infty} a_n \sin n\omega t + \sum_{n=1}^{\infty} b_n \sin n\omega t$

② $f(t) = b_0 + \sum_{n=2}^{\infty} a_n \sin n\omega t + \sum_{n=2}^{\infty} b_n \cos n\omega t$

③ $f(t) = a_0 + \sum_{n=1}^{\infty} a_n \cos n\omega t + \sum_{n=1}^{\infty} b_n \sin n\omega t$

④ $f(t) = \sum_{n=1}^{\infty} a_n \cos n\omega t + \sum_{n=1}^{\infty} b_n \cos n\omega t$

풀이

푸리에 급수는 주파수와 진폭을 달리하는 무수히 많은 성분을 갖는 비정현파를 무수히 많은 정현항과 여현항의 합으로 표현하는 것이다.

$f(t) = a_0 + \sum_{n=1}^{\infty} a_n \cos n\omega t + \sum_{n=1}^{\infty} b_n \sin n\omega t$ 　답 ③

문제 69 $Z = 8 + j6[\Omega]$인 평형 Y부하에 선간전압 200 [V]인 대칭 3상 전압을 가할 때 선전류는 약 몇 [A]인가?

① 20　　② 11.5
③ 7.5　　④ 5.5

풀이

상전류 $I_P = \dfrac{V_P}{Z} = \dfrac{200/\sqrt{3}}{\sqrt{8^2+6^2}} = 11.55[A]$

Y결선이므로
선전류 $I_l =$ 상전류 $I_P = 11.55[A]$ ... 답 ②

문제 70 어떤 계에 임펄스 함수(δ함수)가 입력으로 가해졌을 때 시간함수 e^{-2t}가 출력으로 나타났다. 이 계의 전달함수는?

① $\dfrac{1}{s+2}$ ② $\dfrac{1}{s-2}$
③ $\dfrac{2}{s+2}$ ④ $\dfrac{2}{s-2}$

풀이
- 입력 $R(s) = \mathcal{L}[r(t)] = \mathcal{L}[\delta(t)] = 1$
- 출력 $C(s) = \mathcal{L}[c(t)] = \mathcal{L}[e^{-2t}] = \dfrac{1}{s+2}$
- 따라서, 전달함수 $G(s) = \dfrac{C(s)}{R(s)} = \dfrac{1}{s+2}$ ... 답 ①

문제 71 다음과 같은 전류의 초기값 $i(0^+)$를 구하면?

$$I(s) = \dfrac{12(s+8)}{4s(s+6)}$$

① 1 ② 2 ③ 3 ④ 4

풀이
초기값 정리에 의해
$i(0^+) = \lim_{t \to 0} i(t) = \lim_{s \to \infty} s \cdot I(s)$
$= \lim_{s \to \infty} s \cdot \dfrac{12(s+8)}{4s(s+6)} = \lim_{s \to \infty} \dfrac{12(s+8)}{4(s+6)}$
$= \lim_{s \to \infty} \dfrac{12\left(1+\dfrac{8}{s}\right)}{4\left(1+\dfrac{6}{s}\right)} = 3$ ... 답 ③

문제 72 $e = 200\sqrt{2}\sin\omega t + 150\sqrt{2}\sin 3\omega t + 100\sqrt{2}\sin 5\omega t$[V]인 전압을 $R-L$ 직렬회로에 가할 때에 제3고조파 전류의 실효값은 몇 [A]인가? (단, $R = 8[\Omega]$, $\omega L = 2[\Omega]$ 이다.)

① 5 ② 8
③ 10 ④ 15

풀이
$I_3 = \dfrac{V_3}{Z_3} = \dfrac{V_3}{\sqrt{R^2+(3\omega L)^2}} = \dfrac{150}{\sqrt{8^2+(3\times 2)^2}} = 15[A]$

(∵ 저항은 기본파일 때나 고조파 일 때나 그 크기의 변화는 없다. 그러나 리액턴스는 제n차 고조파에서는 주파수가 n배가 되므로, 리액턴스 $X_n = 2\pi(nf)L = n \times 2\pi fL$로 기본파의 n배가 된다.) ... 답 ④

문제 73 대칭 5상 회로의 선간전압과 상전압의 위상차는?

① 27° ② 36°
③ 54° ④ 72°

풀이
대칭 n상인 경우 기전력의 위상차는
$\theta = \dfrac{\pi}{2}\left(1 - \dfrac{2}{n}\right) = \dfrac{180°}{2}\left(1 - \dfrac{2}{5}\right) = 90° \times \dfrac{3}{5} = 54°$ ... 답 ③

문제 74 22[kVA]의 부하가 역률 0.8이라면 무효전력[kVar]은?

① 16.6 ② 17.6
③ 15.2 ④ 13.2

풀이
$\cos^2\theta + \sin^2\theta = 1$에서
무효율 $\sin\theta = \sqrt{1-\cos^2\theta} = \sqrt{1-0.8^2} = 0.6$
무효전력 $P_r = VI\sin\theta = P_a \cdot \sin\theta = 22 \times 0.6 = 13.2[kVar]$ ... 답 ④

문제 75 한 상의 임피던스가 $20 + j10[\Omega]$인 Y결선 부하에 대칭 3상 선간 전압 200[V]를 가할 때 전 소비전력은?

① 1600[W] ② 1700[W]
③ 1800[W] ④ 1900[W]

풀이
1상에 흐르는 전류
$I_P = \dfrac{V_P}{Z} = \dfrac{200/\sqrt{3}}{\sqrt{20^2+10^2}} = 5.164 \,[\text{A}]$
$P = 3I_P^2 R = 3 \times 5.164^2 \times 20 = 1600[\text{W}]$ **답** ①

문제 76 비정현파 전압
$v = 100\sqrt{2}\sin\omega t + 50\sqrt{2}\sin 2\omega t + 30\sqrt{2}\sin 3\omega t$[V]의 왜형률은 약 얼마인가?
① 0.36 ② 0.58
③ 0.87 ④ 1.41

풀이
왜형률 $= \dfrac{\text{전 고조파의 실효값}}{\text{기본파의 실효값}} = \dfrac{\sqrt{V_2^2+V_3^2}}{V_1}$
$= \dfrac{\sqrt{50^2+30^2}}{100} = 0.58$ **답** ②

문제 77 2개의 교류 전압
$e_1 = 141\sin(120\pi t - 30°)$과
$e_2 = 150\cos(120\pi t - 30°)$의 위상차를 시간으로 표시하면 몇 초인가?
① $\dfrac{1}{60}$ ② $\dfrac{1}{120}$ ③ $\dfrac{1}{240}$ ④ $\dfrac{1}{360}$

풀이
$e_1 = 141\sin(120\pi t - 30°)$
$e_2 = 150\sin(120\pi t - 30° + 90°)$
$\therefore$ e_1과 e_2의 위상차 $\theta = \dfrac{\pi}{2}$, $\omega = 120\pi$
$\theta = \omega t$ 에서 $t = \dfrac{\theta}{\omega} = \dfrac{\pi}{2} \times \dfrac{1}{120\pi} = \dfrac{1}{240}$[sec] **답** ③

문제 78 4단자 회로에서 4단자 정수를 A, B, C, D라 할 때 전달정수 θ는 어떻게 되는가?
① $\ln(\sqrt{AB}+\sqrt{BC})$
② $\ln(\sqrt{AB}-\sqrt{CD})$
③ $\ln(\sqrt{AD}+\sqrt{BC})$
④ $\ln(\sqrt{AD}-\sqrt{BC})$

풀이
영상전달정수
$\theta = \ln(\sqrt{AD}+\sqrt{BC}) = \cosh^{-1}\sqrt{AD} = \sinh^{-1}\sqrt{BC}$
$= \tanh^{-1}\sqrt{\dfrac{BC}{AD}}$ **답** ③

문제 79 대칭 좌표법에 관한 설명 중 잘못된 것은?
① 불평형 3상 회로 비접지식 회로에서는 영상분이 존재한다.
② 대칭 3상 전압에서 영상분은 0 이다.
③ 대칭 3상 전압은 정상분만 존재한다.
④ 불평형 3상 회로의 접지식 회로에서는 영상분이 존재한다.

풀이
- 비 접지식에서는 중성선이 없으므로 중성선에 전류가 흐를 수 없다. 따라서, 3상 전류의 합 $I_a + I_b + I_c = 0$ 이 되어야 한다.
- 대칭 좌표법에서 영상전류 $I_0 = \dfrac{1}{3}(I_a+I_b+I_c) = 0$이 되어 비 접지식에서는 영상분이 존재하지 않는다. **답** ①

문제 80 다음과 같은 회로에서 $t=0$ 인 순간에 스위치 S를 닫았다. 이 순간에 인덕턴스 L에 걸리는 전압[V]은? (단, L의 초기 전류는 0 이다.)
① 0
② $\dfrac{LE}{R}$
③ E
④ $\dfrac{E}{R}$

풀이
$E_L = Ee^{-\frac{R}{L}t} = Ee^{-\frac{R}{L}\times 0} = E[\text{V}]$
여기서, $e^0 = 1$ **답** ③

제5과목 전기설비기술기준

문제 81 저압 옥상전선로의 전선과 식물사이의 이격거리는 일반적으로 어떻게 규정하고 있는가?
① 20 [cm] 이상 이격거리를 두어야 한다.
② 30 [cm] 이상 이격거리를 두어야 한다.
③ 특별한 규정이 없다.
④ 바람 등에 의하여 접촉하지 않도록 한다.

풀이
221.3 옥상전선로
저압 옥상전선로의 전선은 상시 부는 바람 등에 의하여 **식물에 접촉하지 아니하도록** 시설하여야 한다. 답 ④

문제 82 가공 전선로의 지지물이 원형 철근콘크리트주인 경우 갑종 풍압하중은 몇 [Pa]를 기초로 하여 계산하는가?
① 294 ② 588
③ 627 ④ 1078

풀이
331.6 풍압하중의 종별과 적용

풍압을 받는 구분			풍압[Pa]
지지물	목주		588
	철주	원형의 것	588
		삼각형 또는 농형	1412
		강관에 의하여 구성되는 4각형의 것	1117
		기타의 것으로 복재가 전후면에 겹치는 경우	1627
		기타의 것으로 겹치지 않은 경우	1784
	철근 콘크리트주	원형의 것	588
		기타의 것	882
	철탑	강관으로 구성되는 것	1255
		기타의 것	2157

답 ②

문제 83 저압 가공전선로의 지지물이 목주인 경우 풍압하중의 몇 배의 하중에 견디는 강도를 가지는 것이어야 하는가?
① 1.2 ② 1.5
③ 2   ④ 3

풀이
222.8 저압 가공전선로의 지지물의 강도
지지물이 목주인 경우 안전율 및 말구의 지름

전압의 종별	안전율	말구의 지름
저 압	1.2	–
고 압	1.3	0.12[m] 이상
특고압	1.5	0.12[m] 이상

답 ①

문제 84 전기철도차량에 전력을 공급하는 전차선의 가선방식에 포함되지 않는 것은?
① 가공방식 ② 강체방식
③ 제3레일방식 ④ 지중조가선방식

풀이
431.1 전차선 가선방식
전차선의 가선방식은 열차의 속도 및 노반의 형태, 부하전류 특성에 따라 적합한 방식을 채택하여야 하며, **가공방식, 강체방식, 제3레일방식을 표준**으로 한다. 답 ④

문제 85 전력 보안 통신 설비인 무선통신용 안테나 또는 반사판을 지지하는 철근 콘크리트주의 기초의 안전율은 얼마 이상이어야 하는가? 단, 무선통신용 안테나 또는 반사판이 전선로의 주위상태를 감시할 목적으로 시설되는 것이 아닌 경우이다.
① 1.5 ② 2.2 ③ 2.5 ④ 4.5

풀이
364.1 무선용 안테나 등을 지지하는 철탑 등의 시설
전력보안통신설비인 무선통신용 안테나 또는 반사판을 지지하는 목주·철주·철근 콘크리트주 또는 철탑은 다음에 따라 시설하여야 한다. 다만, 무선용 안테나 등이 전선로의 주위상태를 감시할 목적으로 시설되는 것일 경우에는 그러하지 아니하다.
가. 목주는 풍압하중에 대한 안전율은 1.5 이상이어야 한다.
나. 철주·철근 콘크리트주 또는 철탑의 **기초 안전율은 1.5 이상**이어야 한다. 답 ①

문제 86 보호장치의 통상적인 동작전류는 도체 허용전류의 몇 배 이하여야 하는가?
① 1.1   ② 1.25
③ 1.45 ④ 1.5

풀이

212.4.1 도체와 과부하 보호장치 사이의 협조
과부하에 대해 케이블(전선)을 보호하는 장치의 동작특성은 다음의 조건을 충족해야 한다.

$$I_B \leq I_n \leq I_Z, \quad I_2 \leq 1.45 \times I_Z$$

I_B : 회로의 설계전류(선도체를 흐르는 설계전류 또는 함유율이 높은 영상분 고조파, 특히 제3고조파가 지속적으로 흐르는 경우 중성선에 흐르는 전류이다.)
I_Z : 케이블의 허용전류
I_n : 보호장치의 정격전류(사용현장에 적합하게 조정된 전류의 설정 값)
I_2 : 보호장치가 규약시간 이내에 유효하게 동작하는 것을 보장하는 전류

과부하 보호 설계 조건도 **답 ③**

문제 87 유희용 전차에 전기를 공급하는 전로의 사용전압이 교류인 경우 몇 [V] 이하이어야 하는가?

① 20   ② 40
③ 60   ④ 100

풀이

241.8 유희용 전차
가. 유희용 전차에 전기를 공급하기 위하여 사용하는 변압기의 1차 전압은 400[V] 이하이어야 한다.
나. 유희용 전차에 전기를 공급하는 **전원장치의 2차측 단자의 최대사용전압은 직류의 경우 60[V] 이하, 교류의 경우 40[V] 이하**일 것.
다. 접촉전선은 제3레일 방식에 의하여 시설할 것.
라. 유희용 전차의 전차 내에서 승압하여 사용하는 경우 변압기는 절연변압기를 사용하고 2차 전압은 150[V] 이하로 할 것.   **답 ②**

문제 88 애자공사에 의한 고압 옥내배선을 시설하고자 한다. 다음 중 잘못된 내용은?

① 저압 옥내배선과 쉽게 식별되도록 시설한다.
② 전선은 공칭단면적 6[mm²] 이상의 연동선을 사용한다.
③ 전선 상호간의 간격은 8[cm] 이상이어야 한다.
④ 전선과 조영재 사이의 이격거리는 4[cm] 이상이어야 한다.

풀이

342.1 고압 옥내배선 등의 시설
가. 고압 옥내배선은 다음에 따라 시설하여야 한다.
  ① 애자공사(건조한 장소로서 전개된 장소에 한한다)
  ② 케이블공사
  ③ 케이블트레이공사
나. 전선은 공칭단면적 6[mm²] 이상의 연동선
다. 이격거리

전압	전선과 조영재와의 이격 거리	전선 상호 간격	전선 지지점간의 거리	
			조영재의 면을 따라 붙이는 경우	조영재에 따라 시설하지 않는 경우
고압	5[cm] 이상	8[cm] 이상	2[m] 이하	6[m] 이하

라. 고압 옥내배선은 저압 옥내배선과 쉽게 식별되도록 시설할 것.   **답 ④**

문제 89 66[kV] 특고압 가공전선과 저압 가공전선을 동일 지지물에 병가하여 시설하는 경우 이격거리는 몇 [m] 이상이어야 하는가? 단, 특고압 전선은 케이블 사용 이외의 조건이다.

① 1   ② 2   ③ 3   ④ 4

풀이

333.17 특고압 가공전선과 저고압 가공전선 등의 병행설치

전 압	표 준	특고압에 케이블 사용 및 저·고압에 절연전선 또는 케이블 사용
35[kV] 이하	1.2[m] 이상	0.5[m] 이상
35[kV] 초과 100[kV] 미만	2[m] 이상	1[m] 이상

답 ②

문제 90 저압전로에 사용하는 80[A] 퓨즈는 수평으로 붙일 경우 정격전류의 1.6배 전류에 몇 분 안에 용단되어야 하는가?

① 60   ② 120
③ 180   ④ 240

풀이

212.3.4 보호장치의 특성
1. 과전류 보호장치는 KS C 또는 KS C IEC 관련 표준(배선차단기, 누전차단기, 퓨즈 등의 표준)의 동작특성에 적합하여야 한다.
2. 과전류차단기로 저압전로에 사용하는 범용의 퓨즈는 표에 적합한 것이어야 한다.

정격전류의 구분	시간	정격전류의 배수	
		불용단전류	용단전류
4[A] 이하	60분	1.5배	2.1배
4[A] 초과 16[A] 미만	60분	1.5배	1.9배
16[A] 이상 63[A] 이하	60분	1.25배	1.6배
63[A] 초과 160[A] 이하	120분	1.25배	1.6배
160[A] 초과 400[A] 이하	180분	1.25배	1.6배
400[A] 초과	240분	1.25배	1.6배

답 ②

문제 91 시가지내에 시설하는 154[kV] 가공 전선로에 지락 또는 단락이 생겼을 때 몇 초 안에 자동적으로 이를 전로로부터 차단하는 장치를 시설하여야 하는가?

① 1 ② 3 ③ 5 ④ 10

풀이

333.1 시가지 등에서 특고압 가공전선로의 시설
사용전압이 100[kV]를 초과하는 특고압 가공전선에 **지락 또는 단락**이 생겼을 때에는 **1초 이내**에 자동적으로 이를 전로로부터 차단하는 장치를 시설할 것.

답 ①

문제 92 발열선을 도로, 주차장 또는 조영물의 조영재에 고정시켜 시설하는 경우 발열선에 전기를 공급하는 전로의 대지전압은 몇 [V] 이하이어야 하는가?

① 100 ② 150 ③ 200 ④ 300

풀이

241.12 도로 등의 전열장치
발열선을 도로, 주차장 또는 조영물의 조영재에 고정시켜 시설하는 경우에는 다음에 따라야 한다.
가. 발열선에 전기를 공급하는 **전로의 대지전압은 300[V] 이하**일 것.
나. 발열선은 그 온도가 80[℃]를 넘지 아니하도록 시설할 것. 다만, 도로 또는 옥외주차장에 금속피복을 한 발열선을 시설할 경우에는 발열선의 온도를 120[℃] 이하로 할 수 있다.

답 ④

문제 93 지중에 매설되어 있는 금속제 수도관로를 각종 접지공사의 접지극으로 사용하려면 대지와의 전기저항 값이 몇 [Ω] 이하의 값을 유지하여야 하는가?

① 1 ② 2 ③ 3 ④ 5

풀이

142.2 접지극의 시설 및 접지저항
가. 지중에 매설되어 있고 대지와의 전기저항 값이 3[Ω] 이하의 값을 유지하고 있는 **금속제 수도관로**가 규정에 따르는 경우 접지극으로 사용이 가능하다.
나. 대지와의 사이에 전기저항 값이 2[Ω] 이하인 값을 유지하는 **건축물·구조물의 철골 기타의 금속제**는 접지공사의 접지극으로 사용할 수 있다.

답 ③

문제 94 관등회로의 사용전압이 400[V] 초과이고, 1[kV] 이하인 배선은 애자공사일 경우 전선 상호간의 거리가 몇 [cm] 이상이어야 하는가?

① 3 ② 6 ③ 9 ④ 12

풀이

234.11.4 관등회로의 배선
관등회로의 사용전압이 400[V] 초과이고, 1[kV] 이하인 배선은 애자공사일 경우 전선에 사람이 쉽게 접촉될 우려가 없도록 다음 표에 의하여 시설하여야 한다.

애자공사의 시설

공사 방법	전선 상호간의 거리	전선과 조영재의 거리	전선 지지점간의 거리	
			관등회로의 전압이 400[V] 초과 600[V] 이하의 것	관등회로의 전압이 600[V] 초과 1[kV] 이하의 것
애자공사	60[mm] 이상	25[mm] 이상 (습기가 많은 장소는 45[mm] 이상)	2[m] 이하	1[m] 이하

답 ②

문제 95 특고압 가공전선과 가공약전류 전선 사이에 보호망을 시설하는 경우 보호망을 구성하는 금속선 상호 간의 간격은 가로 및 세로를 각각 몇 [m] 이하로 시설하여야 하는가?

① 0.75 ② 1.0 ③ 1.25 ④ 1.5

풀이

333.26 특고압 가공전선과 저고압 가공전선 등의 접근 또는 교차

보호망은 규정에 준하여 접지공사를 한 금속제의 망상장치로 하고 또한 다음에 따라 시설하여야 한다.
가. 보호망을 구성하는 금속선은 그 외주 및 특고압 가공전선의 바로 아래에 시설하는 금속선에 인장강도 8.01[kN] 이상의 것 또는 지름 5[mm] 이상의 경동선을 사용하고 기타 부분에 시설하는 금속선에 인장강도 3.64[kN] 이상 또는 지름 4[mm] 이상의 아연도철선을 사용할 것.
나. 보호망을 구성하는 **금속선 상호 간의 간격은 가로세로 각 1.5[m] 이하**일 것.
다. 보호망과 저고압 가공전선 등과의 수직 이격거리는 60[cm] 이상일 것. 답 ④

문제 96
변전소를 관리하는 기술원이 상주하는 장소에 경보장치를 시설하지 아니하여도 되는 것은?
① 조상기 내부에 고장이 생긴 경우
② 주요 변압기의 전원측 전로가 무전압으로 된 경우
③ 특고압용 타냉식변압기의 냉각장치가 고장난 경우
④ 출력 2000[kVA] 특고압용 변압기의 온도가 현저히 상승한 경우

풀이
351.9 상주 감시를 하지 아니하는 변전소의 시설
다음의 경우에는 **변전제어소 또는 기술원이 상주하는 장소에 경보장치를 시설할 것**.
가. 운전조작에 필요한 차단기가 자동적으로 차단한 경우
나. 주요 변압기의 전원측 전로가 무전압으로 된 경우
다. 제어 회로의 전압이 현저히 저하한 경우
라. **출력 3,000[kVA]를 초과하는 특고압용변압기는 그 온도가 현저히 상승한 경우**
마. 특고압용 타냉식변압기는 그 냉각장치가 고장난 경우
바. 조상기는 내부에 고장이 생긴 경우
사. 수소냉각식조상기는 그 조상기 안의 수소의 순도가 90[%] 이하로 저하한 경우, 수소의 압력이 현저히 변동한 경우 또는 수소의 온도가 현저히 상승한 경우 답 ④

문제 97
고압 가공전선 상호 간의 접근 또는 교차하여 시설되는 경우, 고압 가공전선 상호 간의 이격거리는 몇 [cm] 이상이어야 하는가? (단, 고압 가공전선은 모두 케이블이 아니라고 한다.)

① 50 ② 60
③ 70 ④ 80

풀이
332.17 고압 가공전선 상호 간의 접근 또는 교차
고압 가공전선이 다른 고압 가공 전선과 접근상태로 시설되거나 교차하여 시설되는 경우에는 다음에 따라 시설하여야 한다.
가. 고압 가공전선로는 고압 보안공사에 의할 것.
나. 고압 가공전선과 다른 고압 가공 전선과의 이격거리

구 분	고압 가공전선	
	일 반	케이블
고압가공전선	0.8[m]	0.4[m]
고압가공전선로의 지지물	0.6[m]	0.3[m]

답 ④

문제 98
과전류차단기로 시설하는 퓨즈 중 고압전로에 사용하는 비포장 퓨즈는 정격전류의 몇 배의 전류에 견디어야 하는가?

① 1.1 ② 1.25
③ 1.5 ④ 2

풀이
341.10 고압 및 특고압 전로 중의 과전류차단기의 시설
가. 과전류차단기로 시설하는 퓨즈 중 고압전로에 사용하는 포장 퓨즈는 정격전류의 1.3배의 전류에 견디고 또한 2배의 전류로 120분 안에 용단되는 것.
나. 과전류차단기로 시설하는 퓨즈 중 고압전로에 사용하는 **비포장 퓨즈는 정격전류의 1.25배의 전류에 견디고 또한 2배의 전류로 2분 안에 용단되는 것**. 답 ②

문제 99
고압 보안공사에 철탑을 지지물로 사용하는 경우 경간은 몇 [m] 이하이어야 하는가?

① 100 ② 150
③ 400 ④ 600

풀이
332.10 고압 보안공사
고압 보안공사는 다음에 따라야 한다.
가. 전선은 케이블인 경우 이외에는 인장강도 8.01[kN] 이상의 것 또는 지름 5[mm] 이상의 경동선일 것.
나. 목주의 풍압하중에 대한 안전율은 1.5 이상일 것.
다. 경간은 표에서 정한 값 이하일 것.

지지물의 종류	경간
목주·A종 철주 또는 A종 철근 콘크리트주	100[m] 이하
B종 철주 또는 B종 철근 콘크리트주	150[m] 이하
철탑	**400[m] 이하**

답 ③

문제 100 저압 연접인입선은 폭 몇 [m]를 초과하는 도로를 횡단하지 않아야 하는가?
① 5
② 6
③ 7
④ 8

풀이
221.1.2 연접 인입선의 시설
저압 연접인입선은 다음에 따라 시설하여야 한다.
가. 인입선에서 분기하는 점으로부터 100[m]를 초과하는 지역에 미치지 아니할 것.
나. **폭 5[m]를 초과하는 도로를 횡단하지 아니할 것.**
다. 옥내를 통과하지 아니할 것.

답 ①

국가기술자격검정 필기시험 문제

2023년도 전기산업기사 일반검정 제 2 회		(CBT 복원문제)	수검 번호	성 명
자격종목 및 등급(선택분야)	종목코드	시험시간	문제지형별	
전기산업기사	2140	2시간 30분	A	

제1과목 전기자기학

문제 01 지름 2[mm]의 동선에 π[A]의 전류가 균일하게 흐를 때 전류밀도는 몇 [A/m²]인가?

① 10^3 ② 10^4
③ 10^5 ④ 10^6

풀이
전류밀도 $J = \dfrac{I}{S} = \dfrac{I}{\pi r^2} = \dfrac{\pi}{\pi \times (1 \times 10^{-3})^2} = 10^6 [\text{A/m}^2]$
(∵ 반지름 1[mm] = 1×10^{-3}[m])   답 ④

문제 02 $C = 5[\mu F]$인 평행판 콘덴서에 5[V]인 전압을 걸어 줄 때 콘덴서에 축적되는 에너지는 몇 [J]인가?

① 6.25×10^{-5} ② 6.25×10^{-3}
③ 1.25×10^{-5} ④ 1.25×10^{-3}

풀이
콘덴서에 축적되는 에너지 W는
$W = \dfrac{1}{2}CV^2 = \dfrac{1}{2} \times 5 \times 10^{-6} \times 5^2 = 6.25 \times 10^{-5}[\text{J}]$ 답 ①

문제 03 자계의 세기가 800[AT/m]이고, 자속밀도가 0.2[Wb/m²]인 재질의 투자율[H/m]은?

① 2.5×10^{-3}[H/m] ② 4×10^{-3}[H/m]
③ 2.5×10^{-4}[H/m] ④ 4×10^{-4}[H/m]

풀이
$B = \mu H$ 에서
$\mu = \dfrac{B}{H} = \dfrac{0.2}{800} = 2.5 \times 10^{-4}$ [H/m]   답 ③

문제 04 축이 무한히 길고 반지름이 a[m]인 원주 내에 전하가 축대칭이며, 축방향으로 균일하게 분포되어 있을 경우, 반지름 $r(>a)$[m] 되는 동심 원통면 상 외부의 한 점 P의 전계의 세기는 몇 [V/m]인가? (단, 원주의 단위 길이당의 전하를 λ [C/m]라 한다.)

① $\dfrac{\lambda}{\epsilon_0}$ ② $\dfrac{\lambda}{2\pi\epsilon_0}$
③ $\dfrac{\lambda}{\pi a}$ ④ $\dfrac{\lambda}{2\pi\epsilon_0 r}$

풀이
• 원주 외부에서의 전계의 세기 ($r > a$)
$E = \dfrac{\lambda}{2\pi\epsilon_0 r}$ [V/m]

• 원주 표면에서의 전계의 세기 ($r = a$)
$E_a = \dfrac{\lambda}{2\pi\epsilon_0 a}$ [V/m]

답 ④

문제 05 질량이 m[kg]인 작은 물체가 전하 Q[C]를 가지고 중력 방향과 직각인 무한도체평면 아래쪽 d[m]의 거리에 놓여있다. 정전력이 중력과 같게 되는데 필요한 Q[C]의 크기는?

① $d\sqrt{\pi\epsilon_0 mg}$ ② $\dfrac{d}{2}\sqrt{\pi\epsilon_0 mg}$
③ $2d\sqrt{\pi\epsilon_0 mg}$ ④ $4d\sqrt{\pi\epsilon_0 mg}$

풀이
전기 영상법에 의해
$F = \dfrac{Q^2}{4\pi\epsilon_0 r^2} = \dfrac{Q^2}{4\pi\epsilon_0 (2d)^2} = mg$
$\dfrac{Q^2}{16\pi\epsilon_0 d^2} = mg$

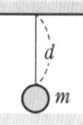

$Q^2 = 16\pi\epsilon_0 d^2 mg$ 에서 $Q = 4d\sqrt{\pi\epsilon_0 mg}$

답 ④

문제 06 투자율이 각각 μ_1, μ_2인 두 자성체의 경계면에서 자기력선의 굴절의 법칙을 나타낸 식은?

① $\dfrac{\mu_1}{\mu_2} = \dfrac{\sin\theta_1}{\sin\theta_2}$ ② $\dfrac{\mu_1}{\mu_2} = \dfrac{\sin\theta_2}{\sin\theta_1}$

③ $\dfrac{\mu_1}{\mu_2} = \dfrac{\tan\theta_1}{\tan\theta_2}$ ④ $\dfrac{\mu_1}{\mu_2} = \dfrac{\tan\theta_2}{\tan\theta_1}$

풀이
자성체의 경계조건

〈자속의 굴절〉   〈자력선의 굴절〉

① 자속밀도는 경계면에서 법선성분이 같다. ($B_{1n} = B_{2n}$)
  $B_1\cos\theta_1 = B_2\cos\theta_2$ ($B_1 = \mu_1 H_1$, $B_2 = \mu_2 H_2$)
② 자계의 세기는 경계면에서 접선성분이 같다. ($H_{1t} = H_{2t}$)
  $H_1\sin\theta_1 = H_2\sin\theta_2$
③ 굴절의 법칙 $\dfrac{\tan\theta_1}{\tan\theta_2} = \dfrac{\mu_1}{\mu_2}$

답 ③

문제 07 지름 20[cm]의 구리로 만든 반구의 볼에 물을 채우고 그 중에 지름 10[cm]의 구를 띄운다. 이 때에 양구가 동심구라면 양구간의 저항[Ω]은 약 얼마인가? (단, 물의 도전율은 10^{-3}[℧/m]이고 물은 충만되어 있다.)

① 159 ② 1590
③ 2800 ④ 2850

풀이
동심구의 정전용량에서 반구이므로
$C = \dfrac{4\pi\epsilon}{\dfrac{1}{a} - \dfrac{1}{b}} \times \dfrac{1}{2} = \dfrac{2\pi\epsilon}{\dfrac{1}{a} - \dfrac{1}{b}}$ [F]

$RC = \epsilon\rho = \dfrac{\epsilon}{\sigma}$ 에서

$\therefore R = \dfrac{\epsilon}{\sigma C} = \dfrac{1}{2\pi\sigma}\left(\dfrac{1}{a} - \dfrac{1}{b}\right) = \dfrac{1}{2\pi \times 10^{-3}}\left(\dfrac{1}{0.05} - \dfrac{1}{0.1}\right)$
$= 1591[\Omega]$

답 ②

문제 08 반지름 $r = a$[m]인 원통 도선에 I[A]의 전류가 균일하게 흐를 때, 자계의 최대값 [AT/m]는?

① $\dfrac{I}{\pi a}$ ② $\dfrac{I}{2\pi a}$
③ $\dfrac{I}{3\pi a}$ ④ $\dfrac{I}{4\pi a}$

풀이

원통형(원주형) 도체에서 표면($r = a$)에서 자계의 세기가 최대가 되므로
$H = \dfrac{I}{2\pi r} = \dfrac{I}{2\pi a}$ [AT/m]

답 ②

문제 09 자유공간에서 특성 임피던스 $\sqrt{\dfrac{\mu_0}{\epsilon_0}}$ 의 값은?

① $\dfrac{1}{110\pi}[\Omega]$ ② $\dfrac{1}{120\pi}[\Omega]$
③ $110\pi[\Omega]$ ④ $120\pi[\Omega]$

풀이
특성 임피던스
$Z_0 = \dfrac{E}{H} = \sqrt{\dfrac{\mu_0}{\epsilon_0}} = \sqrt{\dfrac{4\pi \times 10^{-7}}{\dfrac{1}{36\pi \times 10^9}}}$
$= \sqrt{144\pi^2 \times 100} = 120\pi[\Omega]$

답 ④

문제 10 반지름 10[cm]인 도체구 A에 9[C]의 전하가 분포되어 있다. 이 도체구에 반지름 5[cm]인 도체구 B를 접촉시켰을 때 도체구 B로 이동한 전하는 몇 [C]인가?

① 3 ② 9
③ 18 ④ 24

풀이
• 전체 전하량 $Q = Q_1 + Q_2$
여기서, Q_1 : 도체구 접촉 후 A 도체의 전하량
Q_2 : 도체구 접촉 후 B 도체의 전하량
Q : 도체구 접촉 전 A도체의 전하량(총 전하량)

- 두 도체구를 접속시키면 전위는 같게 되므로,

$$V = \frac{Q_1}{4\pi\epsilon_0 r_1} = \frac{Q_2}{4\pi\epsilon_0 r_2}$$

따라서, $Q_2 = \frac{4\pi\epsilon_0 r_2}{4\pi\epsilon_0 r_1} Q_1 = \frac{r_2}{r_1} Q_1 = \frac{r_2}{r_1}(Q - Q_2)$

$= \frac{5}{10}(9 - Q_2)$ ∴ $Q_2 = 3[C]$ 답 ①

문제 11 자유공간의 변위전류가 만드는 것은?
① 전계 ② 전속
③ 자계 ④ 분극지력선

풀이
rot $\boldsymbol{H} = \boldsymbol{J} + i_d$
$\boldsymbol{J}$: 전도 전류 밀도, i_d : 변위 전류 밀도
자유 공간에서 전도 전류 밀도 $\boldsymbol{J} = 0$이므로, 변위 전류 밀도 $i_d = $ rot $\boldsymbol{H}$ 가 된다.
따라서, **변위 전류는 회전 자계를 형성시킨다.** 답 ③

문제 12 평행판콘덴서의 극판사이가 진공일 때의 용량을 C_0, 비유전율 ϵ_s의 유전체를 채웠을 때의 용량을 C라 할 때, 이들의 관계식은?
① $\frac{C}{C_0} = \frac{1}{\epsilon_0 \epsilon_s}$ ② $\frac{C}{C_0} = \frac{1}{\epsilon_s}$
③ $\frac{C}{C_0} = \epsilon_0 \epsilon_s$ ④ $\frac{C}{C_0} = \epsilon_s$

풀이
- 극판 사이가 진공일 때의 정전용량
$C_0 = \frac{\epsilon_0 s}{d}$
- 극판 사이를 비유전율 ϵ_s의 유전체를 채웠을 때의 정전 용량
$C = \frac{\epsilon_0 \epsilon_s s}{d} = \epsilon_s C_0$ ∴ $\frac{C}{C_0} = \epsilon_s$ 답 ④

문제 13 강자성체의 자속 밀도 B의 크기와 자화의 세기 J의 크기 사이에는 어떤 관계가 있는가?
① J 가 B 보다 약간 크다.
② J 는 B 보다 대단히 크다.
③ J 는 B 보다 약간 작다.
④ J 는 B 와 똑같다.

풀이
강자성체는 $\mu_s \gg 1$
이므로 $J = \frac{\mu_s - 1}{\mu_s} B$ 에서
$\frac{\mu_s - 1}{\mu_s}$ 은 1보다 약간 작으므로 J도 B보다 약간 작다.

(강자성체 자화곡선)

답 ③

문제 14 평행판 콘덴서에서 전극판사이의 거리를 1/2로 줄이면 콘덴서의 용량은 처음 값에 대하여 어떻게 되는가?
① $\frac{1}{2}$ 로 감소한다. ② $\frac{1}{4}$ 로 감소한다.
③ 2배로 증가한다. ④ 4배로 증가한다.

풀이
$C = \epsilon \frac{S}{d}$[F]에서 $C' = \epsilon \frac{S}{\frac{d}{2}} = 2\epsilon \frac{S}{d}$[F]이므로 2배가 된다.

답 ③

문제 15 $\epsilon_1 > \epsilon_2$인 두 유전체의 경계면에 전계가 수직으로 입사할 때 단위면적당 경계면에 작용하는 힘은?

① 힘 $f = \frac{1}{2}\left(\frac{1}{\epsilon_1} - \frac{1}{\epsilon_2}\right)D^2$이 ϵ_2에서 ϵ_1로 작용한다.

② 힘 $f = \frac{1}{2}\left(\frac{1}{\epsilon_1} - \frac{1}{\epsilon_2}\right)E^2$이 ϵ_2에서 ϵ_1로 작용한다.

③ 힘 $f = \frac{1}{2}\left(\frac{1}{\epsilon_2} - \frac{1}{\epsilon_1}\right)D^2$이 ϵ_1에서 ϵ_2로 작용한다.

④ 힘 $f = \frac{1}{2}\left(\frac{1}{\epsilon_1} - \frac{1}{\epsilon_2}\right)E^2$이 ϵ_1에서 ϵ_2로 작용한다.

풀이

$\epsilon_1 > \epsilon_2$인 경우

전계가 경계면에 수직으로 입사할 때, 경계면을 공통 전극으로 취하는 2개의 콘덴서가 직렬로 되어있는 회로로 볼 수 있다. 따라서, 콘덴서의 두 전극 사이에는 흡인력이 작

용하므로 f_1과 f_2의 방향은 서로 반대 방향이 되고 이때 단위면적당 작용하는 힘 f_1, f_2는

- $f_1 = \frac{1}{2}\frac{D^2}{\epsilon_1}$, $f_2 = \frac{1}{2}\frac{D^2}{\epsilon_2}$ 이 된다.

따라서, $\epsilon_1 > \epsilon_2$이면 $f_1 < f_2$가 되므로 경계면에 작용하는 힘 f는

$$f = f_2 - f_1 = \frac{1}{2}\left(\frac{1}{\epsilon_2} - \frac{1}{\epsilon_1}\right)D^2$$

즉, 경계면에서의 정전력은 유전율이 큰 쪽에서 작은 쪽으로 향한다. **답 ③**

풀이
전기력선 방정식 : $\frac{dx}{E_x} = \frac{dy}{E_y}$

주어진 식 $E_x = x$, $E_y = -y$이므로 ∴ $\frac{dx}{x} = \frac{dy}{-y}$

양변 적분(적분 C 누락하지 않도록 주의)

$$\int \frac{dx}{x} = -\int \frac{dy}{y} + C \Rightarrow \ln x = -\ln y + C$$

$\ln x + \ln y = C \Rightarrow \ln xy = C \quad xy = e^c$

점 (3, 4)를 지나므로

$xy = 12$ ∴ $y = \frac{12}{x}$ **답 ③**

문제 16 $E = [(\sin x)a_x + (\cos x)a_y]e^{-y}$ [V/m] 인 전계가 자유공간 내에 존재한다. 공간 내의 모든 곳에서 전하밀도는 몇 [C/m³]인가?

① $\sin x$
② $\cos x$
③ e^{-y}
④ 0

풀이
가우스 정리의 미분형
$\rho = \nabla \cdot D = \nabla \cdot \epsilon_0 E = \epsilon_0 \left(\frac{\partial}{\partial x}e^{-y}\sin x + \frac{\partial}{\partial y}e^{-y}\cos x\right)$
$= \epsilon_0(e^{-y}\cos x - e^{-y}\cos x) = 0$ **답 ④**

문제 19 100 [kW]의 전력이 안테나에서 사방으로 균일하게 방사될 때 안테나에서 1 [km]의 거리에 있는 전계의 실효값은 약 몇 [V/m]인가?

① 1.73
② 2.45
③ 3.68
④ 6.21

풀이
단위면적당의 전력 $P = \frac{P_s}{S} = \frac{P_s}{4\pi r^2}$ 에서

$P = \frac{100 \times 10^3}{4 \times 3.14 \times (10^3)^2} = 7.96 \times 10^{-3}$ [W/m²]

$H_e = \sqrt{\frac{\epsilon_0}{\mu_0}} E_e = \sqrt{\frac{8.855 \times 10^{-12}}{4\pi \times 10^{-7}}} E_e$

$= 2.654 \times 10^{-3} E_e$ [A/m]

$P = H_e E_e$ 이므로

$2.654 \times 10^{-3} E_e^2 = 7.96 \times 10^{-3}$, $E_e^2 = 3$

∴ $E_e = \sqrt{3} = 1.73$ [V/m] **답 ①**

문제 17 다음 물질 중 반자성체는?

① 구리
② 백금
③ 니켈
④ 알루미늄

풀이
- 강자성체 : Fe, Ni, Co
- 상자성체 : Al, Mn, Pt, W, Sn, O₂, N₂ 등
- 반자성체 : Ag, 구리(Cu), Bi, H₂O, C, Si, Ag, Pb 등 **답 ①**

문제 20 어느 철심에 도선을 250회 감고 여기에 4 [A]의 전류를 흘릴 때 발생하는 자속이 0.02 [Wb]이었다. 이 코일의 자기인덕턴스는 몇 [H]인가?

① 1.05
② 1.25
③ 2.5
④ $\sqrt{2}\pi$

풀이
쇄교 자속수 $\Phi = N\phi = LI$ 에서
자기 인덕턴스 $L = \frac{N\phi}{I} = \frac{250 \times 0.02}{4} = 1.25$ [H] **답 ②**

문제 18 $E = xi - yj$ [V/m]일 때 점 (3, 4) [m]를 통과하는 전기력선의 방정식은?

① $y = 12x$
② $y = \frac{x}{12}$
③ $y = \frac{12}{x}$
④ $y = \frac{3}{4}x$

제2과목 전력공학

문제 21 3상의 전원에 접속된 3각형 결선의 콘덴서를 성형 결선으로 바꾸면 진상 용량은 몇 배인가?

① 3 ② $\sqrt{3}$ ③ $\dfrac{1}{\sqrt{3}}$ ④ $\dfrac{1}{3}$

풀이

- 3각형($\triangle$) 결선의 진상 용량
$Q_\triangle = 3 \times 2\pi f C E^2 = 3 \times 2\pi f C V^2$ ($\triangle$결선에서 $E=V$)
- 성형(Y) 결선의 진상 용량
$Q_Y = 3 \times 2\pi f C E^2 = 3 \times 2\pi f C (\dfrac{V}{\sqrt{3}})^2 = 2\pi f C V^2$
(Y결선에서 $E=\dfrac{V}{\sqrt{3}}$)
- $Q_Y = \dfrac{1}{3} Q_\triangle$

답 ④

문제 22 유효낙차가 40[%] 저하되면 수차의 효율이 20[%] 저하된다고 할 경우 이때의 출력은 원래의 약 몇 [%] 인가? (단, 안내 날개의 열림은 불변인 것으로 한다.)

① 37.2 ② 48.0 ③ 52.7 ④ 63.7

풀이

출력 P, 낙차 H, 효율을 η라 하면

유량 $Q=\sqrt{2gH}$ 에서 $Q \propto H^{\frac{1}{2}}$

출력 $P=9.8QH\eta$ 에서 $P \propto QH\eta = H^{\frac{3}{2}} \times \eta$

따라서, $P : P' = H^{\frac{3}{2}}\eta : (0.6H)^{\frac{3}{2}}(0.8\eta)$

$\therefore P' = (0.6^{\frac{3}{2}} \times 0.8)P = 0.3718P$

답 ①

문제 23 어느 발전소에서 합성 임피던스가 0.4[%] (10[MVA] 기준)인 장소에 설치하는 차단기의 차단용량은 몇 [MVA]인가?

① 10 ② 250 ③ 1000 ④ 2500

풀이

- 차단기의 차단 용량 > 단락 용량 $P_s = \dfrac{100}{\%Z}P_n$ 에서
- $P_s = \dfrac{100}{\%Z}P_n = \dfrac{100}{0.4} \times 10 = 2500[\text{MVA}]$

답 ④

문제 24 초고압 장거리 송전선로에 접속되는 1차 변전소에 병렬 리액터를 설치하는 목적은?

① 페란티효과 방지 ② 코로나손실 경감
③ 전압강하 경감   ④ 선로손실 경감

풀이

페란티 현상이란 선로의 정전 용량으로 인하여 무부하시나 경부하시에 진상 전류가 흘러 수전단 전압이 송전단 전압보다 높아지는 현상을 말하며 이의 **대책으로는 분로 리액터(병렬 리액터)**나 동기 조상기의 지상 용량으로 방지할 수 있다.

답 ①

문제 25 전압과 역률이 일정할 때 전력을 몇 [%] 증가시키면 전력 손실이 2배로 되는가?

① 31 ② 41 ③ 51 ④ 61

풀이

- 전력 손실을 P_l, 전력을 P라고 하면
$P_l = 3I^2R = \dfrac{P^2 R}{V^2 \cos^2\theta}$ 에서
$P_l \propto P^2$ 이므로 $P \propto \sqrt{P_l}$ 이다.
- 전력 손실을 2배로 한 경우의 전력 P'는
$\dfrac{P'}{P} = \dfrac{\sqrt{2P_l}}{\sqrt{P_l}} = \sqrt{2}$ 에서 $P' = \sqrt{2}P$
∴ 증가시킬 수 있는 전력 증가율
$= \dfrac{P'-P}{P} \times 100 = \dfrac{\sqrt{2}P - P}{P} \times 100$
$= \dfrac{\sqrt{2}-1}{1} \times 100 = 41[\%]$

답 ②

문제 26 다음 중 VCB의 소호원리로 맞는 것은?

① 압축된 공기를 아크에 불어넣어서 차단
② 절연유 분해가스의 흡부력을 이용해서 차단
③ 고진공에서 전자의 고속도 확산에 의해 차단
④ 고성능 절연특성을 가진 가스를 이용하여 차단

풀이

소호 원리에 따른 차단기의 종류

종류	약어	소 호 원 리
유입 차단기	OCB	소호실에서 아크에 의한 절연유 분해 가스의 흡부력을 이용해서 차단
기중 차단기	ACB	대기 중에서 아크를 길게 하여 소호실에서 냉각 차단
자기 차단기	MBB	대기 중에서 전자력을 이용하여 아크를 소호실내로 유도해서 냉각차단
공기 차단기	ABB	압축된 공기를 아크에 불어 넣어서 차단
진공 차단기	VCB	고진공 중에서 전자의 고속도 확산에 의해 차단
가스 차단기	GCB	고성능 절연 특성을 가진 특수 가스(SF_6)를 흡수해서 차단

답 ③

문제 27 18~23개를 한 줄로 이어 단 표준현수애자를 사용하는 전압[kV]은?

① 23[kV] ② 154[kV]
③ 345[kV] ④ 765[kV]

풀이

전압별 현수애자의 개수

22.9[kV]	66[kV]	154[kV]	345[kV]
2~3	4~6	10~11	18~20

참고로, 전압에 따른 현수애자의 연결 개수는 주변 환경에 따라 다르나 일반적으로 다음과 같이 계산할 수 있다.

연결개수 $n = \dfrac{전압[kV]}{20[kV]} + 1 \sim 2(여유)$

따라서 전압[kV]=(연결개수 $- 1 \sim 2$) × 20
= (18 − 1) × 20 = 340[kV]
이므로 345[kV] 계통이라는 것을 알 수 있다.

답 ③

문제 28 원자력 발전의 특징으로 적절하지 않은 것은?

① 처음에는 과잉량의 핵연료를 넣고 그 후에는 조금씩 보급하면 되므로 연료의 수송기지와 저장시설이 크게 필요하지 않다.
② 핵연료의 허용온도와 열전달특성 등에 의해서 증발 조건이 결정되므로 비교적 저온, 저압의 증기로 운전 된다.
③ 핵분열 생성물에 의한 방사선 장해와 방사선 폐기물이 발생하므로 방사선측정기, 폐기물처리

장치 등이 필요하다.
④ 기력발전보다 발전소 건설비가 낮아 발전원가 면에서 유리하다.

풀이

원자력 발전의 장점
· 건설비는 높지만 연료비가 적다.
· 발전 원가가 낮다.
· 공해를 배출하지 않는다.
· 핵연료의 수송 저장이 용이하다.
· 설비는 국내 관련 사업을 발전시킨다.

답 ④

문제 29 다음 보호계전기 회로에서 박스 (A) 부분의 명칭은?

① 차단코일 ② 영상변류기
③ 계기용변류기 ④ 계기용변압기

풀이

계기용 변압기 (PT : Potential Transformer)
고전압을 저전압으로 변성하여 계기나 계전기에 공급하기 위한 목적으로 사용

답 ④

문제 30 조상설비가 있는 1차 변전소에서 주변압기로 주로 사용되는 변압기는?

① 승압용 변압기 ② 단권 변압기
③ 단상 변압기 ④ 3권선 변압기

풀이

답 ④

문제 31 100[kVA] 단상변압기 3대를 △-△결선으로 사용하다가 1대의 고장으로 V-V결선으로 사용하면 약 몇 [kVA] 부하까지 사용할 수 있는가?

① 150 ② 173 ③ 225 ④ 300

풀이
변압기 1대의 출력을 P_1라 하면
V-V결선 시 출력 $P_V = \sqrt{3}\,P_1 = \sqrt{3} \times 100 = 173.2 [\text{kVA}]$
답 ②

문제 32 66[kV], 60[Hz] 3상 3선식 선로에서 중성점을 소호리액터 접지하여 완전 공진상태로 되었을 때 중성점에 흐르는 전류는 몇 [A]인가? (단, 소호리액터를 포함한 영상회로의 등가저항은 200[Ω], 중성점 잔류전압은 4400[V]라고 한다.)
① 11　② 22　③ 33　④ 44

풀이
완전 공진 상태에서의 전류는 $I = \dfrac{E}{R}$이다.
$I = \dfrac{4400}{200} = 22[\text{A}]$
답 ②

문제 33 배전선로용 퓨즈(Power Fuse)는 주로 어떤 전류의 차단을 목적으로 사용하는가?
① 충전전류　② 단락전류
③ 부하전류　④ 과도전류

풀이
전력용 퓨즈(Power Fuse)는 **단락 보호용**으로 사용된다.
답 ②

문제 34 송전선로에서 매설지선을 사용하는 주된 목적은?
① 코로나 전압을 저감시키기 위하여
② 뇌해를 방지하기 위하여
③ 탑각 접지저항을 줄여서 섬락을 방지하기 위하여
④ 인축의 감전사고를 막기 위하여

풀이
탑각 접지 저항이 충분히 낮지 않으면 가공 지선이 포착한 직격뢰는 대지로 흐를 수 없고, 철탑 전위가 상승하여 철탑부가 애자를 통하여, 또는 경간 내에서 가공 지선과 전력선간의 공기를 통하여, 전력선에 방전하는 역섬락을 일으킨다.
따라서, **매설지선**이란 지하 30~60[cm] 정도의 깊이에 30~50[m] 정도의 아연도금 철선을 매설한 것으로서 철탑의 **탑각 접지 저항을 낮추어 역섬락을 방지하기 위한** 것이다.
답 ③

문제 35 직류 송전방식이 교류 송전방식에 비하여 유리한 점이 아닌 것은?
① 선로의 절연이 용이하다.
② 통신선에 대한 유도잡음이 적다.
③ 표피효과에 의한 송전손실이 적다.
④ 정류가 필요 없고 승압 및 강압이 쉽다.

풀이
직류 송전 방식의 장·단점
[장점]
① 선로의 리액턴스가 없으므로 안정도가 높다.
② 유전체손 및 충전 용량이 없고 절연 내력이 강하다.
③ 비동기 연계가 가능하다.
④ 단락전류가 적고 임의 크기의 교류 계통을 연계시킬 수 있다.
⑤ 코로나손 및 전력 손실이 적다.
⑥ 표피효과나 근접 효과가 없으므로 실효 저항의 증대가 없다.
[단점]
① 직교 변환 장치가 필요하다.
② **전압의 승압 및 강압이 불리하다.**
③ 고조파나 고주파 억제 대책이 필요하다.
④ 직류 차단기가 개발되어 있지 않다.
답 ④

문제 36 전선의 굵기가 균일하고 부하가 균등하게 분산 분포되어 있는 배전선로의 전력손실은 전체 부하가 송전단으로부터 전체 전선로 길이의 어느 지점에 집중되어 있을 경우의 손실과 같은가?
① $\dfrac{3}{4}$　② $\dfrac{2}{3}$　③ $\dfrac{1}{3}$　④ $\dfrac{1}{2}$

풀이
집중 부하와 분산 부하

구 분	전력 손실	전압 강하
말단에 집중 부하	I^2rL	IrL
균등 분산 분포 부하	$\dfrac{1}{3}I^2rL = I^2r\left(\dfrac{1}{3}L\right)$	$\dfrac{1}{2}IrL = Ir\left(\dfrac{1}{2}L\right)$

여기서, I : 전선의 전류, r : 전선 단위 길이당 저항
　　　　L : 전선의 길이
답 ③

문제 37 한류 리액터의 사용 목적은?
① 충전 전류의 제한　② 단락 전류의 제한
③ 누설 전류의 제한　④ 접지 전류의 제한

풀이
- 한류 리액터 : 단락 전류 감소
- 분로리액터 : 페란티 현상 감소
- 직렬리액터 : 제5고조파 억제

답 ②

문제 38 그림과 같이 D[m]의 간격으로 반지름 r[m]의 두 전선 a, b가 평행하게 가선되어 있다고 한다. 작용인덕턴스 L[mH/km]의 표현으로 알맞은 것은?

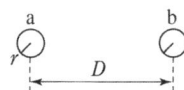

① $L = 0.05 + 0.4605\log_{10}(rD)$ [mH/km]

② $L = 0.05 + 0.4605\log_{10}\dfrac{r}{D}$ [mH/km]

③ $L = 0.05 + 0.4605\log_{10}\dfrac{D}{r}$ [mH/km]

④ $L = 0.05 + 0.4605\log_{10}\left(\dfrac{1}{rD}\right)$ [mH/km]

풀이
단도체 인덕턴스 $L = 0.05 + 0.4605\log_{10}\dfrac{D}{r}$ [mH/km]

답 ③

문제 39 배전선의 전압을 조정하는 방법으로 적당하지 않은 것은?
① 유도 전압 조정기
② 승압기
③ 주상 변압기 탭 전환
④ 동기 조상기

풀이
배전선 전압 조정 장치로는
① 주변압기 1차측의 무부하시(탭 변환 장치), 부하시(탭 절환 장치)
② 정지형 전압 조정기(SVR)
③ 유도 전압 조정기(IVR)

답 ④

문제 40 송전단의 전력원 방정식이 $P_s^2 + (Q_s - 300)^2 = 250000$인 전력계통에서 최대 전송 가능한 유효전력은 얼마인가?
① 300 ② 400 ③ 500 ④ 600

풀이
최대전송 가능한 유효전력은 무효분이 0일 때 이므로, 무효분 $(Q_s - 300)^2 = 0$ 이다.
∴ $P_s^2 + 0 = 250000$ → $P_s = 500$

답 ③

제3과목 전기기기

문제 41 교류 단상 직권전동기의 구조를 설명한 것 중 옳은 것은?
① 역률 및 정류개선을 위해 약계자 강전기자형으로 한다.
② 전기자 반작용을 줄이기 위해 약계자 강전기자형으로 한다.
③ 정류개선을 위해 강계자 약전기자형으로 한다.
④ 역률개선을 위해 고정자와 회전자의 자로를 성층철심으로 한다.

풀이
단상직권 전동기의 구조
- 철손을 감소시키기 위하여 전기자 및 계자는 성층철심을 사용하고 원통형 회전자로 한다.
- 정류 개선을 위해 브러시는 접촉저항이 어느 정도 큰 것을 사용하여 저항 정류로 하여야 한다.
- 전기자 반작용을 감소시키기 위해 보상권선을 설치한다.
- **역률을 개선하기 위해 약계자 강전기자형으로 한다.** 답 ①

문제 42 변압기의 임피던스 전압이란?
① 정격전류 시 2차측 단자전압이다.
② 변압기의 1차를 단락, 1차에 1차 정격전류와 같은 전류를 흐르게 하는데 필요한 1차 전압이다.
③ 변압기 내부임피던스와 정격전류와의 곱인 내부 전압강하이다.
④ 변압기의 2차를 단락, 2차에 2차 정격전류와 같은 전류를 흐르게 하는데 필요한 2차 전압이다.

풀이
변압기의 **임피던스 전압**이란, 변압기의 임피던스와 정격 전류와의 곱을 말한다. ($E_s = I_n \cdot Z$)

즉, 정격 전류에 의한 변압기 내부 전압 강하를 의미한다.
답 ③

문제 43 3상 직권 정류자 전동기의 중간 변압기는 고정자 권선과 회전자 권선 사이에 직렬로 접속되는데 이 중간 변압기를 사용하는 중요한 이유는?
① 경부하시 속도의 급상승 방지를 위하여
② 주파수 변동으로 속도를 조정하기 위하여
③ 회전자 상수를 감소하기 위하여
④ 역회전을 방지하기 위하여

풀이
3상 직권 정류자 전동기의 **중간 변압기**는 고정자 권선과 회전자 권선 사이에 직렬로 접속되며 이 중간 변압기를 사용하는 주요한 이유는 다음과 같다.
① 전원 전압의 크기에 관계없이 정류에 알맞은 회전자 전압을 선택할 수 있다.
② 중간 변압기의 권수비를 바꾸어 전동기의 특성을 조정할 수 있다.
③ 직권 특성이기 때문에 **경부하에서는 속도가 매우 상승하나 중간 변압기를 사용, 그 철심을 포화하도록 하면 그 속도 상승을 제한**할 수 있다.
답 ①

문제 44 직류 전동기의 실측효율을 측정하는 방법이 아닌 것은?
① 보조 발전기를 사용하는 방법
② 프로니 브레이크를 사용하는 방법
③ 전기 동력계를 사용하는 방법
④ 블론델법을 사용하는 방법

풀이
직류기의 온도시험 방법
① 실부하법
② 반환부하법 : 블론델법, 카프법 및 홉킨스 법
따라서, **블론델법**은 효율을 측정하는 방법이 아니라 **온도시험 방법의 한 종류**이다.
답 ④

문제 45 직류 전동기의 회전수를 1/2로 줄이려면 계자 자속을 몇 배로 하여야 하는가?
① 1   ② 2
③ 3   ④ 4

풀이
회전수 $n = K\dfrac{V - I_a R_a}{\phi}$ 에서 $n \propto \dfrac{1}{\phi}$
따라서, n을 $\dfrac{1}{2}$로 하자면 자속 ϕ는 2배가 되어야 한다.
답 ②

문제 46 2상 서보모터의 제어방식이 아닌 것은?
① 온도제어   ② 전압제어
③ 위상제어   ④ 전압·위상 혼합제어

풀이
2상 서보모터의 제어방식
① **전압제어 방식** : 주권선에 보통 위상을 90°진상으로 콘덴서 C를 직렬로 접속하여 일정 전압을 가하고 제어권선에는 입력전압의 크기만이 변화하는 신호를 걸어 속도 제어를 하는 방식
② **위상제어 방식** : 주권선에는 위상을 90° 진상으로 콘덴서를 통하여 일정전압을 가하고, 제어권선에도 정격 전압을 가하여 그 위상을 ±90° 변화시켜 제어 하는 방식
③ **전압·위상 혼합 제어방식** : 가장 일반적으로 사용되는 방식이며, 전압제어와 위상제어의 각각의 장점을 취한 방식이다.
답 ①

문제 47 변압기의 원리는?
① 전자유도 작용을 이용
② 정전유도 작용을 이용
③ 자기유도 작용을 이용
④ 플레밍의 오른손 법칙을 이용

풀이
변압기는 전자 유도 작용을 이용하여 교류 전압과 전류의 크기를 변성하는 장치로 2개 이상의 전기회로와 1개 이상의 공통 자기 회로로 이루어져 있다.
답 ①

문제 48 유도전동기의 속도제어 방식으로 틀린 것은?
① 크레머 방식
② 일그너 방식
③ 2차 저항제어 방식
④ 1차 주파수제어 방식

풀이

유도전동기의 속도 제어방식
- 2차 여자 제어 : 2차 여자 제어는 크레머 방식과 셀비어스 방식이 있으며 정지 셀비어스 방식은 전동 발전기 대신 다이리스터를 사용한다.
- 2차 저항 제어 : $\dfrac{r_2}{s_1}+\dfrac{r_2+R}{s_2}$ 의 비례추이를 이용한 방식
- 1차 주파수 제어 : $N_s=\dfrac{120f}{p}$에서 인버터를 이용하여 주파수 f를 변환시킴으로서 속도를 제어하는 방법. $\dfrac{V}{f}$=일정 의 관계를 유지한다.

그러나, **일그너 방식은 직류전동기의 속도제어 방식이다.**

답 ②

문제 49 단상변압기를 병렬 운전하는 경우 부하전류의 분담에 관한 설명 중 옳은 것은?

① 누설리액턴스에 비례한다.
② 누설임피던스에 비례한다.
③ 누설임피던스에 반비례한다.
④ 누설리액턴스의 제곱에 반비례한다.

풀이

무부하 전압이 같다고 생각하면 무부하 전류에 의한 내부 전압강하가 같아야 하므로 $I_A Z_A = I_B Z_B$

$\therefore \dfrac{I_A}{I_B}=\dfrac{Z_B}{Z_A}$

그러므로, **부하전류의 분담은 누설 임피던스에 반비례한다.**

답 ③

문제 50 10극인 직류 발전기의 전기자 도체수가 600, 단중 파권이고 매극의 자속수가 0.01[Wb], 600[rpm]일 때의 유도기전력[V]은?

① 150　　　　② 200
③ 250　　　　④ 300

풀이

파권이므로 내부 병렬 회로수 $a=2$이다.

$\therefore E=\dfrac{pZ}{a}\phi\dfrac{N}{60}=\dfrac{10\times 600}{2}\times 0.01\times \dfrac{600}{60}=300[V]$ **답 ④**

문제 51 동기발전기의 단락비나 동기임피던스를 산출하는데 필요한 특성곡선은?

① 부하 포화곡선과 3상 단락곡선
② 단상 단락곡선과 3상 단락곡선
③ 무부하 포화곡선과 3상 단락곡선
④ 무부하 포화곡선과 외부특성곡선

풀이

측정항목	시험의 종류
철손	무부하 시험
기계손	무부하 시험
동기임피던스	단락 시험
동기리액턴스	단락 시험
단락비	무부하(포화) 시험, 단락 시험

답 ③

문제 52 불평형 전압 상태에서 3상 유도전동기를 운전하면 토크와 입력은 어떻게 되는가?

① 토크가 감소하고 입력도 감소한다.
② 토크는 감소하고 입력은 증가한다.
③ 토크는 증가하고 입력은 감소한다.
④ 토크가 증가하고 입력은 증가한다.

풀이

전압이 불평형이 되면 불평형 전류가 흘러 **전류는 증가하나 토크는 감소한다.** **답 ②**

문제 53 서보 모터가 갖추어야 할 조건이 아닌 것은?

① 기동 토크가 클 것
② 관성 모멘트가 클 것
③ 가감속이 용이할 것
④ 토크 속도곡선이 수하특성을 가질 것

풀이

서보 모터는 기동 토크는 크고, 회전자의 관성 모멘트는 적어야 한다.

답 ②

문제 54 동기발전기에서 전기자 전류를 I, 역률을 $\cos\theta$라 하면 횡축 반작용을 하는 성분은?

① $I\cos\theta$　　　　② $I\cot\theta$
③ $I\sin\theta$　　　　④ $I\tan\theta$

> 풀이
- 유효분 $I\cos\theta$: 기전력과 같은 위상의 전류 성분으로서 횡축 반작용
- 무효분 $I\sin\theta$: 기전력 보다 $\pi/2$[rad]만큼 뒤지거나 앞서기 때문에 직축 반작용

답 ①

문제 55 직류기의 전기자권선 중 중권 권선에서 뒤피치가 앞피치보다 큰 경우를 무엇이라 하는가?
① 진권 ② 쇄권
③ 여권 ④ 장절권

> 풀이
- 진권 : 권선의 진행 방향은 시계 방향의 방사형이며, 후절(뒤피치)이 전절(앞피치)보다 크다.
- 누권(역진권) : 권선 방향은 반시계 방향으로 감겨지게 되고 후절(뒤피치)이 전절(앞피치)보다 적다.

답 ①

문제 56 3상 동기발전기에서 그림과 같이 1상의 권선을 서로 똑같은 2조로 나누어서 그 1조의 권선전압을 E[V], 각 권선의 전류를 I[A]라 하고 2중 Y형(double star)으로 결선한 경우 선간전압 [V], 선전류 [A], 피상전력 [VA]은?
① $3E$, I, $5.19EI$
② $\sqrt{3}E$, $2I$, $6EI$
③ E, $2\sqrt{3}I$, $6EI$
④ $\sqrt{3}E$, $\sqrt{3}I$, $5.19EI$

> 풀이
- Y결선의 선간전압 $V_l = \sqrt{3}E$
- 2개의 코일이 병렬로 되어 있으므로 전체 선전류 $I_l = 2I$
- 피상전력 $P_a = \sqrt{3}V_l I_l = \sqrt{3} \times \sqrt{3}E \times 2I = 6EI$

답 ②

문제 57 단상 다이오드 반파정류회로인 경우 정류효율은 약 몇 [%]인가? (단, 저항부하인 경우이다.)
① 12.6 ② 40.6
③ 60.6 ④ 81.2

> 풀이
단상 반파정류 효율
$\eta = \dfrac{P_{dc}}{P_{ac}} = \dfrac{(I_m/\pi)^2 R}{(I_m/2)^2 R} \times 100 = \dfrac{4}{\pi^2} \times 100 = 40.53[\%]$

답 ②

문제 58 균압선을 설치하여 병렬 운전하는 발전기는?
① 타여자 발전기 ② 분권 발전기
③ 복권 발전기 ④ 동기기

> 풀이
균압선의 목적은 병렬 운전을 안정하게 하기 위하여 설치하는 것으로 일반적으로 **직권 및 복권 발전기**에서는 직권 계자 코일에 흐르는 전류에 의하여 병렬 운전이 불안정하게 되므로, 균압선을 설치하여 직권 계자 코일에 흐르는 전류를 분류하게 한다.

답 ③

문제 59 단자전압 100[V], 전기자 전류 10[A], 전기자 회로 저항 1[Ω], 회전수 1800[rpm] 으로 전부하 운전하고 있는 직류 전동기의 토크는 약 몇 [kg·m] 인가?
① 0.049 ② 0.49
③ 49 ④ 490

> 풀이
- 역기전력 $E_c = V - I_a R_a = 100 - 10 \times 1 = 90[V]$
- $P = 2\pi nT = E_c I_a$ 에서
토크 $T = \dfrac{E_c I_a}{2\pi n} = \dfrac{90 \times 10}{2\pi \times \dfrac{1800}{60}} = 4.775[N \cdot m]$

$= \dfrac{4.775}{9.8}[kg \cdot m] = 0.487[kg \cdot m]$

답 ②

문제 60 어떤 변압기의 단락시험에서 %저항강하 1.5[%]와 %리액턴스강하 3[%]를 얻었다. 부하 역률이 80[%] 앞선 경우의 전압변동률[%]은?
① -0.6 ② 0.6
③ -3.0 ④ 3.0

> 풀이
$p = 1.5[\%]$, $q = 3[\%]$, $\cos\theta = 0.8$(진상)
앞선 역률이므로
$\epsilon = p\cos\phi - q\sin\phi = 1.5 \times 0.8 - 3 \times 0.6 = -0.6[\%]$

답 ①

제4과목 회로이론

문제 61 회로에서 Z 파라미터가 잘못 구하여진 것은?

① $Z_{11} = 8[\Omega]$ ② $Z_{12} = 3[\Omega]$
③ $Z_{21} = 3[\Omega]$ ④ $Z_{22} = 5[\Omega]$

풀이
$Z_{11} = Z_1 + Z_2 = 5 + 3 = 8\,[\Omega]$
$Z_{12} = Z_{21} = Z_2 = 3\,[\Omega]$
$Z_{22} = Z_2 = 3\,[\Omega]$ 답 ④

문제 62 이상적인 전압원과 전류원의 내부저항 $[\Omega]$은 각각 얼마인가?

① 전압원과 전류원의 내부저항은 모두 0 이다.
② 전압원의 내부저항은 ∞ 이고, 전류원의 내부저항은 0 이다.
③ 전압원과 전류원의 내부저항은 모두 ∞ 이다.
④ 전압원의 내부저항은 0 이고, 전류원의 내부저항은 ∞ 이다.

풀이
- 이상 전압원은 내부 저항이 적을수록 좋다. ⇒ 내부 저항이 적을수록 내부 전압 강하가 적어진다.
- 이상 전류원은 내부 저항이 클수록 좋다. ⇒ 내부 저항이 클수록 내부 저항으로 흐르는 분로 전류가 적어진다.
답 ④

문제 63 대칭 3상 Y부하에서 각 상의 임피던스가 $Z = 3 + j4[\Omega]$이고 부하전류가 20 [A]일 때 피상전력은 얼마인가?

① 1800 [VA]   ② 2000 [VA]
③ 2400 [VA]   ④ 2800 [VA]

풀이
임피던스 $Z = \sqrt{R^2 + X^2} = \sqrt{3^2 + 4^2} = 5[\Omega]$
피상전력 $P_a = I^2 Z = 20^2 \times 5 = 2000[VA]$ 답 ②

문제 64 그림에서 전류계는 0.4 [A], 전압계 V_1은 3 [V], V_2는 4[V]를 지시했다. 저항 R_3의 값$[\Omega]$은? (단, 전류계 및 전압계의 내부저항은 무시한다.)

① 5
② 11
③ 12.5
④ 13.7

풀이
키르히호프의 전압법칙에 의해 회로망 내의 임의의 폐회로에 있어서 전원전압의 합은 폐회로내의 전압강하의 합과 같다.
$V = IR_1 + IR_2 + IR_3 = V_1 + V_2 + IR_3 = 3 + 4 + IR_3 = 12[V]$
이므로, $IR_3 = 5[V]$
$\therefore R_3 = \dfrac{5}{I} = \dfrac{5}{0.4} = 12.5[\Omega]$ 답 ③

문제 65 RLC 직렬회로에서 공진 시의 전류는 공급전압에 대하여 어떤 위상차를 갖는가?

① 0°   ② 90°
③ 180° ④ 270°

풀이
직렬공진은 리액턴스 성분이 0 $\left(j\omega L = \dfrac{1}{j\omega c}\right)$이 되므로 공진 시 전압과 전류는 동상이 되고 전류는 최대로 된다.   답 ①

문제 66 그림과 같은 회로의 전압 전달함수 $G(s)$는?

① $\dfrac{RC}{s + \dfrac{1}{RC}}$ ② $\dfrac{RC}{s + RC}$

③ $\dfrac{RC}{RCs + 1}$ ④ $\dfrac{1}{RCs + 1}$

풀이

$$\begin{cases} v_1(t) = Ri(t) + \frac{1}{C}\int i(t)dt \\ v_2(t) = \frac{1}{C}\int i(t)dt \end{cases}$$

$$\begin{cases} V_1(s) = \left(R + \frac{1}{Cs}\right)I(s) \\ V_2(s) = \frac{1}{Cs}I(s) \end{cases}$$

∴ 전달함수 $G(s) = \frac{V_2(s)}{V_1(s)} = \frac{\frac{1}{Cs}}{R+\frac{1}{Cs}} = \frac{1}{RCs+1}$ 답 ④

문제 67 전달함수 출력(응답)식 $C(s) = G(s)R(s)$에서 입력함수 $R(s)$를 단위 임펄스 $\delta(t)$로 인가할 때 이 계의 출력은?

① $C(s) = G(s)\delta(s)$
② $C(s) = \frac{G(s)}{\delta(s)}$
③ $C(s) = \frac{G(s)}{s}$
④ $C(s) = G(s)$

풀이

$r(t) = \delta(t)$를 라플라스 변환하면
$R(s) = \mathcal{L}[r(t)] = \mathcal{L}[\delta(t)] = 1$
∴ $C(s) = G(s)R(s) = G(s) \times 1 = G(s)$ 답 ④

문제 68 $R-L-C$ 직렬회로에서 시정수의 값이 작을수록 과도현상이 소멸되는 시간은 어떻게 되는가?

① 짧아진다. ② 관계없다.
③ 길어진다. ④ 일정하다.

풀이

시정수가 크면 클수록 과도기가 오래 지속되고, 적으면 적을수록 지속시간이 짧아진다. 답 ①

문제 69 정전용량 C만의 회로에서 100[V], 60[Hz]의 교류를 가했을 때 60[mA]의 전류가 흐른다면 C는 몇 [μF] 인가?

① 5.26[μF] ② 4.32[μF]
③ 3.59[μF] ④ 1.59[μF]

풀이

$X_c = \frac{V}{I} = \frac{100}{60 \times 10^{-3}} = \frac{10}{6} \times 10^3 = 1.66 \times 10^3 [\Omega]$

$X_c = \frac{1}{\omega C}$에서 $C = \frac{1}{\omega X_c}$

$C = \frac{1}{\omega(1.66 \times 10^3)} = \frac{1}{2 \times 3.14 \times 60 \times 1.66 \times 10^3}$
$= 1.59 \times 10^{-6}[\text{F}] = 1.59[\mu\text{F}]$ 답 ④

문제 70 4단자 정수를 구하는 식으로 틀린 것은?

① $A = \left(\frac{V_1}{V_2}\right)_{I_2=0}$
② $B = \left(\frac{V_2}{I_2}\right)_{V_1=0}$
③ $C = \left(\frac{I_1}{V_2}\right)_{I_2=0}$
④ $D = \left(\frac{I_1}{I_2}\right)_{V_2=0}$

풀이

$V_1 = AV_2 + BI_2$, $I_1 = CV_2 + DI_2$에서

$A = \frac{V_1}{V_2}\bigg|_{I_2=0}$ $B = \frac{V_1}{I_2}\bigg|_{V_2=0}$

$C = \frac{I_1}{V_2}\bigg|_{I_2=0}$ $D = \frac{I_1}{I_2}\bigg|_{V_2=0}$ 답 ②

문제 71 대칭 3상 전압을 공급한 3상 유도전동기에서 각 계기의 지시는 다음과 같다. 유도전동기의 역률은 얼마인가? (단, $W_1 = 1.2$[kW], $W_2 = 1.8$[kW], $V = 200$[V], $A = 10$[A] 이다.)

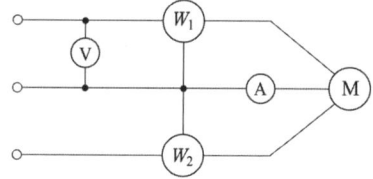

① 0.70 ② 0.76
③ 0.80 ④ 0.87

풀이

3상 전력 $W = \sqrt{3}VI\cos\theta$에서

$\cos\theta = \frac{W_1+W_2}{\sqrt{3}VI} = \frac{1200+1800}{\sqrt{3} \times 200 \times 10} = 0.866$ 답 ④

문제 72 $V = 50\sqrt{3} - j50$ [V], $I = 15\sqrt{3} + j15$ [A]일 때 유효전력 P [W]와 무효전력 P_r [Var]은 각각 얼마인가?

① $P = 3000$, $P_r = 1500$
② $P = 1500$, $P_r = 1500\sqrt{3}$
③ $P = 750$, $P_r = 750\sqrt{3}$
④ $P = 2250$, $P_r = 1500\sqrt{3}$

풀이
$P_a = VI^* = P + jQ$
$= (50\sqrt{3} - j50)(15\sqrt{3} - j15)$
$= 2250 - j750\sqrt{3} - j750\sqrt{3} - 750$
$= 1500 - j1500\sqrt{3}$
따라서, 유효전력 $P = 1500$[W],
무효전력 $P_r = 1500\sqrt{3}$ [Var] **답** ②

문제 73 전원이 Y결선, 부하가 △결선된 3상 대칭 회로가 있다. 전원의 상전압이 220[V] 이고 전원의 상전류가 10[A]일 경우, 부하 한 상의 임피던스[Ω]는?

① 66
② $22\sqrt{3}$
③ 22
④ $\dfrac{22}{\sqrt{3}}$

풀이

- 전원의 선간전압=부하의 상전압 이므로 부하 1상에 인가되는 상전압 $V_p = 220\sqrt{3}$ [V]
- 전원의 상전류=부하의 선전류 이므로 부하의 상전류 $I_p = \dfrac{I_l}{\sqrt{3}} = \dfrac{10}{\sqrt{3}}$ [A]
- 부하 1상의 임피던스 $Z_p = \dfrac{V_p}{I_p} = \dfrac{220\sqrt{3}}{\frac{10}{\sqrt{3}}} = 66$ [Ω]

답 ①

문제 74 비대칭 다상 교류가 만드는 회전 자계는?
① 교번자기장
② 타원형 회전자기장
③ 원형 회전자기장
④ 포물선 회전자기장

풀이
회전자계
① 대칭 전류 : 원형 회전 자계 형성
② **비대칭** 전류 : **타원 회전 자계 형성** **답** ②

문제 75 다음과 같은 교류 브리지 회로에서 Z_0에 흐르는 전류가 0이 되기 위한 각 임피던스의 조건은?

① $Z_1 Z_2 = Z_3 Z_4$
② $Z_1 Z_2 = Z_3 Z_0$
③ $Z_2 Z_3 = Z_1 Z_0$
④ $Z_2 Z_3 = Z_1 Z_4$

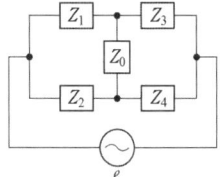

풀이
브리지의 평형조건 : 서로 대각선으로 마주보고 있는 임피던스의 곱이 서로 같을 때 이 회로는 평형상태가 되었다고 말하며, **평형상태에서는 Z_0에 전류가 흐르지 않는다.**
∴ $Z_2 Z_3 = Z_1 Z_4$ **답** ④

문제 76 RL 병렬회로의 합성 임피던스[Ω]는? (단, ω[rad/s]는 이 회로의 각 주파수이다.)

① $R\left(1 + j\dfrac{\omega L}{R}\right)$
② $R\left(1 - j\dfrac{1}{\omega L}\right)$
③ $\dfrac{R}{\left(1 - j\dfrac{R}{\omega L}\right)}$
④ $\dfrac{R}{\left(1 + j\dfrac{R}{\omega L}\right)}$

풀이
$Z = \dfrac{R \cdot j\omega L}{R + j\omega L} = \dfrac{R}{1 + \dfrac{R}{j\omega L}} = \dfrac{R}{1 - j\dfrac{R}{\omega L}}$

$(\because \dfrac{R}{j\omega L} = \dfrac{jR}{j^2 \omega L} = -j\dfrac{R}{\omega L})$ **답** ③

문제 77 $F(s) = \dfrac{2}{(s+1)(s+3)}$ 의 역 Laplace 변환은?

① $e^{-t} - e^{-3t}$ ② $e^{t} - e^{3t}$
③ $e^{-t} - e^{3t}$ ④ $e^{t} - e^{-3t}$

풀이

$F(s) = \dfrac{2}{(s+1)(s+3)} = \dfrac{A}{s+1} + \dfrac{B}{s+3}$

$A = \dfrac{2}{s+3}\bigg|_{s=-1} = \dfrac{2}{2} = 1,\ B = \dfrac{2}{s+1}\bigg|_{s=-3} = \dfrac{2}{-2} = -1$

이므로

$F(s) = \dfrac{1}{s+1} - \dfrac{1}{s+3}$

$\mathcal{L}^{-1}(F(s)) = e^{-t} - e^{-3t}$

답 ①

문제 78 그림과 같은 회로망에서 전류를 계산하는 데 옳게 표시된 것은?

① $I_1 + I_2 + I_3 + I_4 = 0$
② $I_1 + I_2 - I_3 + I_4 = 0$
③ $I_1 + I_4 = I_2 + I_3$
④ $I_1 + I_2 - I_4 = I_3$

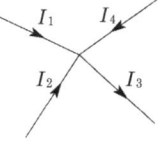

풀이

키르히호프의 전류 법칙 (제1법칙) **답 ②**

문제 79 어떤 회로 소자에 $e = 125\sin 377t$ [V]를 가했을 때 전류 $i = 25\sin 377t$ [A]가 흐른다면 이 소자는?

① 다이오드 ② 순저항
③ 유도 리액턴스 ④ 용량 리액턴스

풀이

- L 회로 : $I = \dfrac{E}{j\omega L} = -j\dfrac{E}{\omega L}$: 전류가 전압보다 위상이 $\dfrac{\pi}{2}$ 늦다.
- C 회로 : $I = j\omega CE$: 전류가 전압보다 위상이 $\dfrac{\pi}{2}$ 앞선다.
- R 회로 : $I = \dfrac{E}{R}$: 전압과 전류가 동상이다.

따라서, **전압과 전류의 위상차가 없으므로 순 저항만의 부하**이다.

답 ②

문제 80 대칭 좌표법에서 사용되는 용어 중 3상에 공통된 성분을 표시하는 것은?

① 공통분 ② 정상분
③ 역상분 ④ 영상분

풀이

- 정상분 : 상회전 방향이 전원과 같은 방향으로, 전동기에서 토크를 발생
- 역상분 : 상회전 방향이 전원과 반대 방향으로, 전동기에서 제동작용을 한다.
- **영상분 : 각 상별로 같은 크기와 같은 위상각을 가진 단상 전류**

답 ④

제5과목 전기설비기술기준

문제 81 횡단보도교 위에 시설하는 경우 그 노면상 전력보안 가공통신선의 높이는 몇 [m] 이상인가?

① 3 ② 4 ③ 5 ④ 6

풀이

362.2 전력보안통신선의 시설 높이와 이격거리
1. 전력 보안 가공통신선(이하 "가공통신선"이라 한다)의 높이는 다음을 따른다.

구 분		지상고	비고
도로 (차도)	일반적인 경우	5.0[m] 이상	
	교통에 지장을 안 주는 경우	4.5[m] 이상	
철도 또는 궤도 횡단 시		6.5[m] 이상	레일면상
횡단보도교 위		3.0[m] 이상	그 노면상
기타		3.5[m] 이상	

답 ①

문제 82 케이블 트레이공사에 사용하는 케이블 트레이에 적합하지 않은 것은?

① 금속재의 것은 적절한 방식처리를 하거나 내식성 재료의 것이어야 한다.
② 비금속재 케이블 트레이는 난연성 재료가 아니어도 된다.
③ 케이블 트레이가 방화구획의 벽 등을 관통하는 경

우에는 개구부에 연소방지시설을 하여야 한다.
④ 금속제 케이블 트레이 계통은 기계적 또는 전기적으로 완전하게 접속하여야 한다.

풀이
232.41 케이블트레이공사
케이블트레이공사는 케이블을 지지하기 위하여 사용하는 금속재 또는 불연성 재료로 제작된 유닛 또는 유닛의 집합체 및 그에 부속하는 부속재 등으로 구성된 견고한 구조물을 말하며 사다리형, 펀칭형, 메시형, 바닥밀폐형 기타 이와 유사한 구조물을 포함하여 적용한다.
가. 케이블 트레이의 안전율은 1.5 이상으로 하여야 한다.
나. 금속재의 것은 적절한 방식처리를 한 것이거나 내식성 재료의 것이어야 한다.
다. **비금속제 케이블 트레이는 난연성 재료**의 것이어야 한다.
라. 금속제 케이블 트레이 계통은 기계적 및 전기적으로 완전하게 접속하여야 하며 금속제 트레이는 접지공사를 하여야 한다. **답** ②

문제 83 연료전지의 내압시험은 연료전지 설비의 내압 부분 중 최고 사용압력이 0.1[MPa] 이상의 부분은 최고 사용압력의 몇 배의 수압까지 가압하여 압력이 안정된 후 최소 10분간 유지하는 시험을 실시하였을 때 이것에 견디고 누설이 없어야 하는가?
① 1 ② 1.25
③ 1.5 ④ 2

풀이
542.1.3 연료전지설비의 구조
내압시험은 연료전지 설비의 내압 부분 중 **최고 사용압력이 0.1[MPa] 이상의 부분**은 최고 사용압력의 **1.5배의 수압**(수압으로 시험을 실시하는 것이 곤란한 경우는 최고 사용압력의 1.25배의 기압)까지 가압하여 압력이 안정된 후 최소 10분간 유지하는 시험을 실시하였을 때 이것에 견디고 누설이 없어야 한다. **답** ③

문제 84 수소 냉각식 발전기·조상기 또는 이에 부속하는 수소 냉각 장치의 시설방법으로 틀린 것은?
① 발전기안 또는 조상기안의 수소의 순도가 70[%] 이하로 저하한 경우에 경보장치를 시설할 것
② 발전기 또는 조상기는 기밀구조의 것이고 또한 수소가 대기압에서 폭발하는 경우 생기는 압력에 견디는 강도를 가지는 것일 것

③ 발전기안 또는 조상기안의 수소의 압력을 계측하는 장치 및 그 압력이 현저히 변동할 경우에 이를 경보하는 장치를 시설할 것
④ 발전기축의 밀봉부에는 질소 가스를 봉입할 수 있는 장치와 누설한 수소가스를 안전하게 외부에 방출할 수 있는 장치를 설치할 것

풀이
351.10 수소냉각식 발전기 등의 시설
수소냉각식의 발전기·조상기 또는 이에 부속하는 수소 냉각 장치는 발전기 내부 또는 조상기 내부의 **수소의 순도가 85[%] 이하**로 저하한 경우에 이를 **경보하는 장치**를 시설할 것. **답** ①

문제 85 사용전압이 몇 [kV] 이상의 중성점 직접접지식 전로에 접속하는 변압기를 설치하는 곳에는 절연유의 구외 유출 및 지하 침투를 방지하기 위한 설비를 갖추어야 하는가?
① 50 ② 100 ③ 150 ④ 200

풀이
기술기준 제20조 절연유
사용전압이 **100[kV] 이상의 중성점 직접접지식 전로**에 접속하는 변압기를 설치하는 곳에는 절연유의 구외 유출 및 지하 침투를 방지하기 위한 설비를 갖추어야 한다. **답** ②

문제 86 사용전압이 170[kV]을 초과하는 특고압 가공전선로를 시가지에 시설하는 경우 전선의 단면적은 몇 [mm²] 이상의 강심알루미늄 또는 이와 동등 이상의 인장강도 및 내 아크 성능을 가지는 연선을 사용하여야 하는가?
① 22 ② 55
③ 150 ④ 240

풀이
333.1 시가지 등에서 특고압 가공전선로의 시설
가. 사용전압이 170[kV] 이하인 전선로에서의 전선의 굵기

사용전압의 구분	전선의 단면적
100[kV] 미만	인장강도 21.67[kN] 이상의 연선 또는 단면적 55[mm²] 이상의 경동연선
100[kV] 이상	인장강도 58.84[kN] 이상의 연선 또는 **단면적 150[mm²] 이상의 경동연선**

나. **사용전압이 170[kV] 초과**하는 전선로에서의 전선은 **단면적 240[mm² 이상**의 강심알루미늄선 또는 이와 동등 이상의 인장강도 및 내(耐)아크 성능을 가지는 연선을 사용할 것.　　　　　　　　　　　　　　답 ④

문제 87
풀용 수중조명등의 시설공사에서 절연변압기는 그 2차측 전로의 사용전압이 몇 [V] 이하인 경우에는 1차 권선과 2차 권선 사이에 금속제의 혼촉방지판을 설치하여야 하는가?

① 30[V]　　　　② 50[V]
③ 60[V]　　　　④ 100[V]

풀이
234.14 수중조명등
수중조명등의 절연변압기는 그 **2차측 전로의 사용전압이 30[V] 이하**인 경우는 1차권선과 2차권선 사이에 금속제의 **혼촉방지판을 설치**하고, 규정에 준하여 접지공사를 하여야 한다.　　　　　　　　　　　　　　답 ①

문제 88
지중 공가설비로 사용하는 광섬유 케이블 및 동축케이블은 지름 몇 [mm] 이하여야 하는가?

① 14　　② 22　　③ 30　　④ 38

풀이
363.1 지중통신선로설비 시설
지중 공가설비로 사용하는 광섬유 케이블 및 동축케이블은 **지름 22[mm] 이하**일 것.　　　　　　답 ②

문제 89
전체의 길이가 16[m]이고 설계하중이 6.8[kN] 초과 9.8[kN] 이하인 철근 콘크리트주를 논, 기타 지반이 연약한 곳 이외의 곳에 시설할 때, 묻히는 깊이를 2.5[m] 보다 몇 [cm] 가산하여 시설하는 경우에는 기초의 안전율에 대한 고려없이 시설하여도 되는가?

① 10　　　　② 20
③ 30　　　　④ 40

풀이
331.7 가공전선로 지지물의 기초의 안전율
가공전선로의 지지물에 하중이 가하여지는 경우에 그 하중을 받는 지지물의 기초의 안전율은 2(이상 시 상정하중에 대한 철탑의 기초에 대하여는 1.33) 이상이어야 한다.

다만, 다음에 따라 시설하는 경우에는 적용하지 않는다.

설계하중 전장	6.8 [kN] 이하	6.8 [kN] 초과 ~9.8 [kN] 이하	9.8 [kN] 초과 ~14.72 [kN] 이하
15[m] 이하	전장 × 1/6 이상	전장 × 1/6 + 0.3[m] 이상	전장 × 1/6 + 0.5[m] 이상
15[m] 초과	2.5[m] 이상	2.8[m] 이상	-
16[m] 초과~ 20[m] 이하	2.8[m] 이상	-	-
15[m] 초과~ 18[m] 이하	-	-	3[m] 이상
18[m] 초과	-	-	3.2[m] 이상

답 ③

문제 90
통신선에 직접 접속하는 옥내 통신 설비를 시설하는 곳에 반드시 하여야 하는 것은? 단, 통신선은 광섬유 케이블을 제외하며, 뇌 또는 전선과의 혼촉에 의하여 사람에게 위험의 우려는 있다고 한다.

① 유도 조절 장치　　② 전류 제한 장치
③ 전력 절감 장치　　④ 보안 장치

풀이
362.10 전력보안통신설비의 보안장치
통신선(광섬유 케이블을 제외한다)에 직접 접속하는 옥내 통신 설비를 시설하는 곳에는 **통신선의 구별에 따라 적합한 보안장치** 또는 이에 준하는 보안장치를 시설하여야 한다. 다만, 통신선이 통신용 케이블인 경우에 뇌(雷) 또는 전선과의 혼촉에 의하여 사람에게 위험을 줄 우려가 없도록 시설하는 경우에는 그러하지 아니하다.　　　답 ④

문제 91
사용전압이 400[V]를 초과하는 저압가공전선에 사용 할 수 없는 전선은?

① 인입용 비닐절연전선
② 나전선(중성선 또는 다중접지된 접지측 전선으로 사용하는 전선에 한한다)
③ 케이블
④ 다심형 전선

풀이
222.5 저압 가공전선의 굵기 및 종류
가. 저압 가공전선은 나전선(중성선 또는 다중접지된 접지측 전선으로 사용하는 전선에 한한다), 절연전선, 다심형 전선 또는 케이블을 사용하여야 한다.
나. **사용전압이 400[V] 초과인 저압 가공전선에는 인입용 비닐절연전선을 사용하여서는 안 된다.**　　답 ①

문제 92
시가지에 시설하는 154[kV] 가공전선로를 도로와 제1차 접근상태로 시설하는 경우, 전선과 도로와의 이격거리는 몇 [m] 이상이어야 하는가?

① 4.4
② 4.8
③ 5.2
④ 5.6

풀이

333.24 특고압 가공전선과 도로 등의 접근 또는 교차
특고압 가공전선이 도로·횡단보도교·철도 또는 궤도와 **제1차 접근 상태로 시설**되는 경우에는 다음에 따라야 한다.
가. 특고압 가공전선로는 제3종 특고압 보안공사에 의할 것.
나. 특고압 가공전선과 도로 등 사이의 이격거리는 표에서 정한 값 이상일 것.
다만, 특고압 절연전선을 사용하는 사용전압이 35[kV] 이하의 특고압 가공전선과 도로 등 사이의 수평 이격거리가 1.2[m] 이상인 경우에는 그러하지 아니하다.

사용전압의 구분	이격거리
35[kV] 이하	3[m]
35[kV] 초과	• 이격거리 = 3 + 단수×0.15[m] • 단수 = $\frac{전압[kV]-35}{10}$ 단수 계산에서 소수점 이하는 절상

• 단수 = $\frac{154-35}{10}$ = 11.9 → 12단
• 이격거리 = 3 + 12×0.15 = 4.8[m]

답 ②

문제 93
사람이 상시 통행하는 터널 내 저압전선로의 애자공사시 노면상 최소 높이는?

① 2.0[m]
② 2.2[m]
③ 2.5[m]
④ 3.0[m]

풀이

335.1 터널 안 전선로의 시설
사람이 상시 통행하는 터널 안의 전선로 사용전압은 저압 또는 고압에 한하며, 다음에 따라 시설하여야 한다.

전압	전선의 굵기	시공방법	애자공사 시 높이
저압	인장강도 2.30[kN] 이상 또는 2.6[mm] 이상의 경동선의 절연전선	• 합성수지관공사 • 금속관공사 • 금속제가요전선관 공사 • 케이블공사 • 애자공사	노면상 2.5[m] 이상
고압		• 케이블공사	

답 ③

문제 94
345[kV] 변전소의 충전 부분에서 6[m]의 거리에 울타리를 설치하려고 한다. 울타리의 최소 높이는 약 몇 [m]인가?

① 2
② 2.28
③ 2.57
④ 3

풀이

351.1 발전소 등의 울타리·담 등의 시설
가. 울타리·담 등의 높이는 2[m] 이상으로 하고 지표면과 울타리·담 등의 하단사이의 간격은 0.15[m] 이하로 할 것.
나. 울타리·담 등의 높이와 울타리·담 등으로부터 충전부분까지 거리의 합계는 표에서 정한 값 이상으로 할 것.

사용전압의 구분	울타리·담 등의 높이와 울타리·담 등으로부터 충전 부분까지의 거리의 합계
35[kV] 이하	5[m]
35[kV] 초과 160[kV] 이하	6[m]
160[kV] 초과	• 거리의 합계=6+단수×0.12[m] • 단수 = $\frac{사용전압[kV]-160}{10}$ 단수 계산에서 소수점 이하는 절상

• 단수 = $\frac{345-160}{10}$ = 18.5 → 19단
• 이격거리 + 울타리높이 = 6 + 19×0.12 = 8.28[m]
• 울타리높이 = 8.28 - 이격거리 = 8.28 - 6 = 2.28[m]

답 ②

문제 95
금속제가요전선관공사에 의한 저압 옥내배선 시설에 대한 설명으로 틀린 것은?

① 옥외용 비닐전선을 제외한 절연전선을 사용한다.
② 가요전선관은 2종 금속제 가요전선관일 것
③ 중량물의 압력 또는 기계적 충격을 받을 우려가 없도록 시설한다.
④ 옥내배선의 사용전압이 400[V] 이하인 경우에는 접지공사를 하지 않아도 된다.

풀이

232.13 금속제가요전선관공사
가. 전선은 절연전선(옥외용 비닐 절연전선을 제외한다)일 것.
나. 전선은 연선일 것. 다만, 단면적 10[mm^2](알루미늄선은 단면적 16[mm^2]) 이하인 것은 그러하지 아니하다.
다. 가요전선관 안에는 전선에 접속점이 없도록 할 것.

라. 가요전선관은 2종 금속제 가요전선관일 것
마. 가요전선관배선에는 접지공사를 할 것. 답 ④

문제 96
고압 가공전선로에 케이블을 조가용선에 행거로 시설할 경우 그 행거의 간격은 몇 [cm] 이하로 하여야 하는가?

① 50 ② 60 ③ 70 ④ 80

풀이
332.2 가공케이블의 시설
저압 가공전선 또는 고압 가공전선에 케이블을 사용하는 경우에는 다음에 따라 시설하여야 한다.
가. 케이블은 조가용선에 행거로 시설할 것. 이 경우에는 사용전압이 고압인 때에는 **행거의 간격은 0.5[m] 이하**로 하는 것이 좋다.
나. 조가용선은 인장강도 5.93[kN] 이상의 것 또는 단면적 22 [mm²] 이상인 아연도강연선일 것.
다. 조가용선 및 케이블의 피복에 사용하는 금속체에는 접지공사를 할 것.
라. 조가용선을 케이블에 접촉시켜 금속 테이프를 감는 경우에는 20[cm] 이하의 간격으로 나선상으로 한다.

답 ①

문제 97
저압 가공전선이 다른 저압 가공전선과 접근상태로 시설 되거나 교차하여 시설되는 경우에 저압 가공전선 상호간의 이격거리는 몇 [cm] 이상이어야 하는가? (단, 한 쪽의 전선이 고압 절연전선이라고 한다.)

① 30 ② 60 ③ 80 ④ 100

풀이
222.16 저압 가공전선 상호 간의 접근 또는 교차
저압 가공전선이 다른 저압 가공전선과 접근상태로 시설 되거나 교차하여 시설되는 경우 이격거리

전선의 종류구분	다른 저압 가공전선	
	전선 상호 간	지지물
저압 절연전선	0.6[m]	0.3[m]
어느 한 쪽의 전선이 고압·특고압 절연전선 또는 케이블	0.3[m]	

답 ①

문제 98
고압 가공전선이 교류 전차선과 교차하는 경우, 고압 가공전선으로 케이블을 사용하는 경우 이외에는 단면적 몇 [mm²] 이상의 경동연선(교류 전차선 등과 교차하는 부분을 포함하는 경간에 접속점이 없는 것에 한한다.)을 사용하여야 하는가?

① 14 ② 22
③ 30 ④ 38

풀이
332.15 고압 가공전선과 교류전차선 등의 접근 또는 교차
저압 가공전선 또는 고압 가공전선이 교류 전차선 등과 교차하는 경우에 저압 가공전선 또는 고압 가공전선이 교류 전차선 등의 위에 시설되는 때에는 다음에 따라야 한다.
가. 저압 가공전선에는 케이블을 사용하고 또한 이를 단면적 35[mm²] 이상인 아연도강 연선으로서 인장강도 19.61[kN] 이상인 것(교류 전차선 등과 교차하는 부분을 포함하는 경간에 접속점이 없는 것에 한한다)으로 조가하여 시설할 것.
나. 고압 가공전선은 케이블인 경우 이외에는 인장강도 14.51 [kN] 이상의 것 또는 **단면적 38 [mm²] 이상의 경동연선**(교류 전차선 등과 교차하는 부분을 포함하는 경간에 접속점이 없는 것에 한한다)일 것.
다. 고압 가공전선이 케이블인 경우에는 이를 단면적 38 [mm²] 이상인 아연도강연선으로서 인장강도 19.61 [kN] 이상인 것(교류 전차선 등과 교차하는 부분을 포함하는 경간에 접속점이 없는 것에 한한다)으로 조가하여 시설할 것.

답 ④

문제 99
6.6[kV] 지중전선로의 케이블을 직류전원으로 절연 내력시험을 하자면 시험전압은 직류 몇 [V]인가?

① 9900 ② 14420
③ 16500 ④ 19800

풀이
132 전로의 절연저항 및 절연내력

전로의 종류	접지방식	시험전압 (최대사용 전압의 배수)	최저 시험전압
1. 7[kV] 이하		1.5배	
2. 7[kV] 초과 25[kV] 이하	다중접지	0.92배	
3. 7[kV] 초과 60[kV] 이하 (2란의 것 제외)		1.25배	10.5[kV]
4. 60[kV] 초과	비접지	1.25배	
5. 60[kV] 초과 (6란과 7란의 것 제외)	접지식	1.1배	75[kV]

전로의 종류	접지 방식	시험전압 (최대사용 전압의 배수)	최저 시험전압
6. 60[kV] 초과 (7란의 것 제외)	직접접지	0.72배	
7. 170[kV] 초과 (발전소 또는 변전소 혹은 이에 준하는 장소에 시설하는 것.)	직접접지	0.64배	

※ 전로에 케이블을 사용하는 경우에는 **직류로 시험할 수 있으며, 시험 전압은 교류의 경우의 2배**가 된다.
∴ 시험 전압 = 6.6[kV] × 1.5 × 2 = 19.8[kV] = 19800[V]

답 ④

문제 100
고압 옥상전선로의 전선이 다른 시설물과 접근하거나 교차하는 경우 이들 사이의 이격거리는 몇 [cm] 이상이어야 하는가?

① 30
② 60
③ 90
④ 120

풀이

331.14.1 고압 옥상전선로의 시설
가. 고압 옥상 전선로의 전선이 **다른 시설물**(가공전선을 제외한다)**과 접근하거나 교차**하는 경우에는 고압 옥상 전선로의 전선과 이들 사이의 **이격거리는 0.6[m] 이상**이어야 한다.
나. 고압 옥상전선로의 전선은 상시 부는 바람 등에 의하여 식물에 접촉하지 아니하도록 시설하여야 한다.

답 ②

국가기술자격검정 필기시험 문제

2023년도 전기산업기사 일반검정 제3회		(CBT 복원문제)	수검 번호	성 명
자격종목 및 등급(선택분야)	종목코드	시험시간	문제지형별		
전기산업기사	2140	2시간 30분	A		

제1과목 전기자기학

문제 01 비유전율이 2.4인 유전체 내의 전계의 세기가 100 [mV/m]이다. 유전체에 저축되는 단위체적당 정전에너지는 몇 [J/m³]인가?

① 1.06×10^{-13}
② 1.77×10^{-13}
③ 2.32×10^{-13}
④ 2.32×10^{-11}

풀이
정전 에너지
$$w = \frac{1}{2} \boldsymbol{E} \cdot \boldsymbol{D} = \frac{\epsilon E^2}{2} = \frac{\epsilon_0 \epsilon_s E^2}{2} [\text{J/m}^3]$$ 에서
$$w = \frac{8.855 \times 10^{-12} \times 2.4 \times (100 \times 10^{-3})^2}{2}$$
$$= 1.0626 \times 10^{-13} [\text{J/m}^3]$$
답 ①

문제 02 정전계에서 도체의 성질에 대한 설명으로 옳지 않은 것은?
① 전계의 세기와 전위경도의 크기는 같다.
② 도체 내부의 전계의 세기는 0 이다.
③ 전계의 세기를 유전율로 나누면 전속밀도이다.
④ 전위경도는 전위의 미분연산이다.

풀이
① 전계의 세기와 전위경도는 크기는 같고, 방향은 반대이다.
$\boldsymbol{E} = -\text{grad}V = -\nabla V [\text{V/m}]$
② 전계의 세기는 전기력선 밀도(단위면적당 전기력선 수)와 같고, 도체 내부에는 전기력선이 존재하지 않기 때문에 도체 내부의 전계의 세기는 0 이다.
③ 전속밀도 $D = \epsilon_0 E [\text{C/m}^2]$
④ 전위경도 $\nabla V = \text{grad}V$
답 ③

문제 03 동심구형 콘덴서의 내외 반지름을 각각 2배로 증가시켜서 처음의 정전용량과 같게 하려면 유전체의 비유전율은 처음의 유전체에 비하여 어떻게 하면 되는가?
① 1배로 한다.
② 2배로 한다.
③ $\frac{1}{2}$로 줄인다.
④ $\frac{1}{4}$로 줄인다.

풀이
내외 반지름을 각각 2배로 증가시켜서 처음의 정전용량과 같게 하려면
$$C = \frac{4\pi\epsilon_1 ab}{b-a} = \frac{4\pi\epsilon_2(2a)(2b)}{2b-2a} = \frac{4\pi \times 2\epsilon_2 \times ab}{b-a} [\text{F}]$$
에서 $\epsilon_1 = 2\epsilon_2$
따라서, $\epsilon_2 = \frac{1}{2}\epsilon_1$이 되어야 한다.
답 ③

문제 04 정전용량이 C인 콘덴서에서 극판사이의 비유전율이 2인 유전체를 제거하고 공기로 채운 경우 그 때의 용량을 C_0라고 하면, C와 C_0의 관계는?
① $C = 2C_0$
② $C = 4C_0$
③ $C = \frac{C_0}{4}$
④ $C = \frac{C_0}{2}$

풀이
- $C_0 = \frac{\epsilon_0 S}{d}$
- $C = \frac{\epsilon_0 \epsilon_s S}{d}$

따라서, $C = \epsilon_s C_0 = 2C_0$
답 ①

문제 05
면적 S [m^2], 간격 d [m]인 평행판 콘덴서에 그림과 같이 두께 d_1, d_2 [m]이며 유전율 ϵ_1, ϵ_2 [F/m]인 두 유전체를 극판 간에 평행으로 채웠을 때 정전용량[F]은?

① $\dfrac{S}{\dfrac{d_1}{\epsilon_1}+\dfrac{d_2}{\epsilon_2}}$ 　② $\dfrac{S^2}{\dfrac{d_1}{\epsilon_2}+\dfrac{d_2}{\epsilon_1}}$

③ $\dfrac{\epsilon_1 S}{d_1}+\dfrac{\epsilon_2 S}{d_2}$ 　④ $\dfrac{\epsilon_1 \epsilon_2 S}{d}$

풀이
유전율이 ϵ_1, ϵ_2인 각 유전체의 정전용량을 C_1, C_2라 하면
$C_1 = \dfrac{\epsilon_1 S}{d_1}$, $C_2 = \dfrac{\epsilon_2 S}{d_2}$ 이므로
직렬 합성 용량 C는

$$\therefore C = \dfrac{1}{\dfrac{1}{C_1}+\dfrac{1}{C_2}} = \dfrac{C_1 C_2}{C_1+C_2} = \dfrac{\dfrac{\epsilon_1 S \epsilon_2 S}{d_1 d_2}}{\dfrac{\epsilon_1 S}{d_1}+\dfrac{\epsilon_2 S}{d_2}}$$

$$= \dfrac{\epsilon_1 \epsilon_2 S}{\epsilon_2 d_1 + \epsilon_1 d_2} = \dfrac{S}{\dfrac{d_1}{\epsilon_1}+\dfrac{d_2}{\epsilon_2}}$$

답 ①

문제 06
진공 중에서 폐곡면을 통하여 나가는 전력선의 총 수는 그 내부에 있는 점전하의 대수적 합의 몇 배가 되는가?

① ϵ_0 　② $\dfrac{1}{\epsilon_0}$

③ ϵ_0^2 　④ 1

풀이
가우스의 정리 $\int_s E \cdot dS = \dfrac{1}{\epsilon_0} \times \sum_{n=1}^{n} Q_i$
즉, 진공 중의 폐곡면에서 나오는 전 전기력선 수는 폐곡면 내에 있는 전 전하량의 $\dfrac{1}{\epsilon_0}$ 배와 같다.

답 ②

문제 07
내구의 반지름이 6[cm], 외구의 반지름이 8[cm]인 동심구 콘덴서의 외구를 접지하고 내구에 전위 1800[V]를 가했을 경우 내구에 충전된 전기량은 몇 [C] 인가?

① 2.8×10^{-8} 　② 3.8×10^{-8}
③ 4.8×10^{-8} 　④ 5.8×10^{-8}

풀이
• 전기량 $Q = \dfrac{4\pi\epsilon_0 V}{\dfrac{1}{a}-\dfrac{1}{b}} = \dfrac{\dfrac{1}{9\times 10^9}\times 1800}{\dfrac{1}{6\times 10^{-2}}-\dfrac{1}{8\times 10^{-2}}}$
$= 4.8 \times 10^{-8}$ [C]

답 ③

문제 08
균등자장 H_0 중에 비투자율 μ_s, 반지름 a의 자성체구를 놓았을 때 자화의 세기가 M이었다면 자성체 구의 내부자계의 세기는?

① $-\dfrac{M}{2}$ 　② $-\dfrac{M}{3}$ 　③ $\dfrac{M}{2}$ 　④ $\dfrac{M}{3}$

풀이
z축의 방향으로 균일하게 자화된 $M = Mk$인 자성체구를 생각하면 구 내부의 스칼라 자기 포텐셜 ϕ는 Laplace의 경계조건을 만족한다. 따라서 M은 r 및 θ의 함수이므로
$\phi = \dfrac{1}{3} Mr\cos\theta = \dfrac{1}{3} Mz$
$\therefore H = -\text{grad}\,\phi = -\nabla\phi$
$= -\left(\dfrac{\partial}{\partial x}i + \dfrac{\partial}{\partial y}j + \dfrac{\partial}{\partial z}k\right)\left(\dfrac{1}{3}Mz\right) = -\dfrac{1}{3}Mk$
$\therefore H = -\dfrac{M}{3}$
따라서 자계 H는 자화의 세기와 반대방향$(-k)$ 이다.

답 ②

문제 09
비유전율 $\epsilon_r = 5$인 유전체 내의 한 점에서 전계의 세기가 10^4[V/m]라면, 이 점의 분극의 세기는 약 몇 [C/m^2] 인가?

① 3.5×10^{-7} 　② 4.3×10^{-7}
③ 3.5×10^{-11} 　④ 4.3×10^{-11}

풀이
분극의 세기
$P = \epsilon_0(\epsilon_r - 1)E = \dfrac{1}{36\pi \times 10^9} \times (5-1) \times 10^4$
$= 3.5 \times 10^{-7}$ [C/m^2]

답 ①

문제 10 그림과 같이 유전체 경계면에서 $\epsilon_1 < \epsilon_2$ 이었을 때 경계조건으로 옳은 것은?

① $E_1 > E_2$
② $E_1 \cos\theta_1 = E_2 \cos\theta_2$
③ $D_1 \sin\theta_1 = D_2 \sin\theta_2$
④ $D_1 > D_2$

풀이
(1) 두 유전체의 경계면에서 경계조건
- 전속밀도는 법선성분이 같다. ($D_{1n} = D_{2n}$)
  $D_1 \cos\theta_1 = D_2 \cos\theta_2$
- 전계의 세기는 접선성분이 같다. ($E_{1t} = E_{2t}$)
  $E_1 \sin\theta_1 = E_2 \sin\theta_2$
- 굴절의 법칙 : $\dfrac{\tan\theta_1}{\tan\theta_2} = \dfrac{\epsilon_1}{\epsilon_2}$

(2) 굴절의 법칙에서 $\epsilon_1 < \epsilon_2$이면, $\theta_1 < \theta_2$이다.
따라서 $\sin\theta_1 < \sin\theta_2$, $\cos\theta_1 > \cos\theta_2$이다.
전계의 세기의 관계 $\dfrac{E_1}{E_2} = \dfrac{\sin\theta_2}{\sin\theta_1} > 1$ ∴ $E_1 > E_2$
전속밀도의 관계 $\dfrac{D_1}{D_2} = \dfrac{\cos\theta_2}{\cos\theta_1} < 1$ ∴ $D_1 < D_2$ **답 ①**

문제 11 판자석의 세기가 P [Wb/m]되는 판자석을 보는 입체각 ω인 점의 자위는 몇 [A]인가?

① $\dfrac{P}{4\pi\mu_0\omega}$
② $\dfrac{P\omega}{4\pi\mu_0}$
③ $\dfrac{P}{2\pi\mu_0\omega}$
④ $\dfrac{P\omega}{2\pi\mu_0}$

풀이
그림에서 미소 면적 dS인 소자석에 의한 점 P의 자위는
$dU = \dfrac{1}{4\pi\mu_0} \cdot \dfrac{PdS\cos\theta}{r^2}$
$= \dfrac{P}{4\pi\mu_0} \cdot \dfrac{dS\cos\theta}{r^2}$ [A]

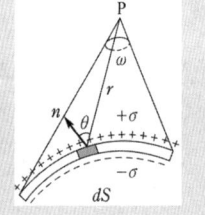

따라서 판 전체에 의한 자위는
$U = \dfrac{P}{4\pi\mu_0} \int_s \dfrac{dS\cos\theta}{r^2}$
여기서, $\int_s \dfrac{dS\cos\theta}{r^2}$는 판 S가 점 P에 대하여 짓는 입체각 ω가 되므로
∴ $U = \dfrac{P\omega}{4\pi\mu_0}$ [A] **답 ②**

문제 12 비투자율이 400인 환상 철심 중의 평균 자계의 세기가 300 [AT/m]일 때, 자화의 세기는 몇 [Wb/m²]인가?

① 0.1
② 0.15
③ 0.2
④ 0.25

풀이
$J = \mu_0(\mu_s - 1)H$
$= 4\pi \times 10^{-7}(400-1) \times 300 = 0.15$ [Wb/m²] **답 ②**

문제 13 그림과 같이 반지름 a [m]인 원의 임의의 두 점 A, B(각도 θ) 사이에 전류 I[A]가 흐른다. 원의 중심 O에서의 자계의 세기[AT/m]는?

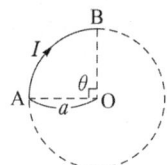

① $\dfrac{I\theta}{4\pi a^2}$
② $\dfrac{I\theta}{4\pi a}$
③ $\dfrac{I\theta}{2\pi a^2}$
④ $\dfrac{I\theta}{2\pi a}$

풀이
비오-사바르 법칙을 적용하면
$H = \int_0^\theta dH = \int_0^\theta \dfrac{Idl}{4\pi a^2} = \int_0^\theta \dfrac{Ia d\theta}{4\pi a^2}$
$= \dfrac{I}{4\pi a} \int_0^\theta d\theta = \dfrac{I}{4\pi a}\theta \Big|_0^\theta$
$= \dfrac{I\theta}{4\pi a}$ [A/m] **답 ②**

문제 14 자기회로의 자기저항에 대한 설명으로 틀린 것은?

① 단위는 [AT/Wb] 이다.
② 자기회로의 길이에 반비례한다.
③ 자기회로의 단면적에 반비례한다.
④ 자성체의 비투자율에 반비례한다.

풀이
자기 저항 $R = \dfrac{l}{\mu_0 \mu_s S}$[AT/Wb]이므로 $R \propto l$ 이다.
즉, **자기 저항은 길이에 비례한다**. 답 ②

문제 15 10[V]의 기전력을 유기시키려면 5초간에 몇 [Wb]의 자속을 끊어야 하는가?

① 2   ② 10
③ 25 ④ 50

풀이
패러데이 법칙 $e = \dfrac{d\phi}{dt}$ 에서
$10 = \dfrac{d\phi}{5}$ 이므로 $d\phi = 10 \times 5 = 50$[Wb] 답 ④

문제 16 그림 (a)의 인덕턴스에 전류가 그림 (b)와 같이 흐를 때 2초에서 6초 사이의 인덕턴스 전압 V_L [V]은?

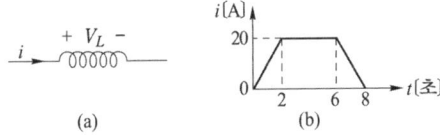

① 0   ② 5
③ 10   ④ −5

풀이
$2 \leq t \leq 6$인 구간에서는 **전류의 변화** $\left(\dfrac{di}{dt}\right)$가 없으므로 $V_L = 0$이다. ($V_L = -L\dfrac{di}{dt}$) 답 ①

문제 17 그림과 같이 공기 중에서 1[m]의 거리를 사이에 둔 2점 A, B에 각각 3×10^{-4}[Wb]와 -3×10^{-4}[Wb]의 점자극을 두었다. 이때 점 P에 단위 정(+)자극을 두었을 때 이 극에 작용하는 힘의 합력은 약 몇 [N]인가? (단, $m(\overline{AP}) = m(\overline{BP})$, $m(\angle APB) = 90°$ 이다.)

① 0
② 18.9
③ 37.9
④ 53.7

풀이

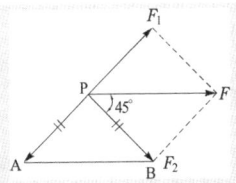

$\overline{AP} = \overline{BP} = \dfrac{1}{\sqrt{2}}$

$F = \dfrac{m_1 m_2}{4\pi \mu_0 r^2} = 6.33 \times 10^4 \times \dfrac{m_1 m_2}{r^2}$[N]

$F_1 = 6.33 \times 10^4 \times \dfrac{1 \times 3 \times 10^{-4}}{\left(\dfrac{1}{\sqrt{2}}\right)^2} = 12.66 \times 3 = 37.98$ [N]

$F_2 = 6.33 \times 10^4 \times \dfrac{1 \times (-3) \times 10^{-4}}{\left(\dfrac{1}{\sqrt{2}}\right)^2} = 12.66 \times (-3)$
$= -37.98$[N]

$\therefore F = 2F_1 \cos 45° = 2 \times 37.98 \times \dfrac{1}{\sqrt{2}} = 53.71$ [N] 답 ④

문제 18 정전차폐와 자기차폐를 비교하였을 때 옳은 것은?

① 정전차폐가 자기차폐에 비교하여 완전하다.
② 정전차폐가 자기차폐에 비교하여 불완전하다.
③ 두 차폐방법은 모두 완전하다.
④ 두 차폐방법은 모두 불완전하다.

풀이
① 정전 차폐

- 그림과 같이 도체 2를 접지하여 도체 1과 3 사이의 관계와 같이 도체간에 정전현상이 미치지 않도록 완전히 차단된 상태를 정전차폐라 한다.
- 정전 차폐는 도체를 사용하여 외부 전계의 영향을 완전히 막을 수 있다.

② **자기차폐**

- 투자율이 큰 강자성체를 사용하여 외부자계의 영향을 작게 하는 자기적인 차단을 자기 차폐(magnetic shielding)라 한다.
- 자계에서는 투자율이 ∞인 자성체가 존재하지 않기 때문에 완전히 차단하는 것은 불가능하다. 따라서, 정전차폐와 자기 차폐를 비교해보면 **정전차폐가 자기 차폐에 비해 완전**하다.

답 ①

문제 19 100 [MHz]의 전자파의 파장은?

① 0.3[m] ② 0.6[m]
③ 3[m]   ④ 6[m]

풀이

$\lambda = \dfrac{v}{f} = \dfrac{3 \times 10^8}{100 \times 10^6} = 3[\text{m}]$

여기서, λ : 전파의 파장 [m], f : 주파수[Hz]
v : 전파속도(진공 중에서 $v = 3 \times 10^8$[m/s])

답 ③

문제 20 다음 중 인덕턴스의 공식이 옳은 것은?
(단, N은 권수, I는 전류, l은 철심의 길이, R_m은 자기저항, μ는 투자율, S는 철심 단면적이다.)

① $\dfrac{NI}{R_m}$ ② $\dfrac{N^2}{R_m}$

③ $\dfrac{\mu NS}{l}$ ④ $\dfrac{\mu_o NIS}{l}$

풀이

- 자기회로의 옴의 법칙 $\phi = \dfrac{F}{R_m} = \dfrac{NI}{R_m}$
- $N\phi = LI$ 에서 $L = \dfrac{N\phi}{I} = \dfrac{N}{I} \cdot \dfrac{NI}{R_m} = \dfrac{N^2}{R_m}$ [H]

답 ②

제2과목 전력공학

문제 21 직렬 콘덴서를 선로에 삽입할 때의 현상으로 옳은 것은?

① 부하의 역률을 개선한다.
② 선로의 리액턴스가 증가된다.
③ 선로의 전압강하를 줄일 수 없다.
④ 계통의 정태안정도를 증가시킨다.

풀이

직렬 콘덴서는 선로의 유도 리액턴스(부하의 리액턴스에 비해서 작은 값)를 상쇄시키는 것이므로 **선로의 정태 안정도를 증가**시키고 선로의 전압 강하를 줄일 수는 있지만 계통의 역률을 개선시킬 정도의 큰 용량은 되지 못한다.

답 ④

문제 22 그림과 같은 배전선로에서 부하의 급전 시와 차단 시에 조작 방법 중 옳은 것은?

① 급전 시는 DS, CB 순이고, 차단 시는 CB, DS 순이다
② 급전 시는 CB, DS 순이고, 차단 시는 DS, CB 순이다.
③ 급전 및 차단 시 모두 DS, CB 순이다.
④ 급전 및 차단 시 모두 CB, DS 순이다.

풀이

단로기는 부하 차단 능력이 없으므로
- 정전시 CB – DS
- 급전시 DS – CB 가 되어야 한다.

즉, **차단기가 열려 있어야 단로기를 열고 닫을 수 있다.**

답 ①

문제 23 선간거리를 D, 전선의 반지름을 r이라 할 때 송전선의 정전용량은?

① $\log_{10}\dfrac{D}{r}$ 에 비례한다.

② $\log_{10}\dfrac{r}{D}$ 에 비례한다.

③ $\log_{10}\dfrac{D}{r}$에 반비례한다.

④ $\log_{10}\dfrac{r}{D}$에 반비례한다.

풀이

- 선로의 정전용량 $C = \dfrac{0.02413}{\log_{10}\dfrac{D}{r}}[\mu F/km]$

여기서, r : 반지름, D : 선간거리

따라서, **정전용량** C는 $\log_{10}\dfrac{D}{r}$에 반비례한다. 답 ③

문제 24 수전단을 단락한 경우 송전단에서 본 임피던스는 300[Ω]이고, 수전단을 개방한 경우에는 1200[Ω]일 때 이 선로의 특성 임피던스는 몇 [Ω] 인가?

① 300　② 500　③ 600　④ 800

풀이

- 수전단을 단락한 경우 임피던스
  $Z = 300[\Omega]$
- 수전단을 개방한 경우 어드미턴스
  $Y = \dfrac{1}{1200}[\mho]$이므로
- 특성임피던스
  $Z_0 = \sqrt{\dfrac{Z}{Y}} = \sqrt{\dfrac{300}{1/1200}} = 600[\Omega]$ 답 ③

문제 25 변전소에서 사용되는 조상설비 중 지상용으로만 사용되는 조상설비는?

① 분로 리액터
② 동기 조상기
③ 전력용 콘덴서
④ 정지형 무효전력 보상장치

풀이

조상설비의 비교

항 목	동기 조상기	전력용 콘덴서	분로 리액터
전력손실	많음 (1.5~2.5[%])	적음 (0.3[%] 이하)	적음 (0.6[%] 이하)
무효전력	진상, 지상 양용	진상전용	지상전용
조 정	연속적	계단적	계단적
사고시 전압유지	큼	작음	작음
시송전	가능	불가능	불가능

답 ①

문제 26 30000[kW]의 전력을 51[km] 떨어진 지점에 송전하는데 필요한 전압은 약 몇 [kV]인가? (단, Still의 식에 의하여 산정한다.)

① 22　② 33　③ 66　④ 100

풀이

Still 식(송전전압의 결정식)

$V_s = 5.5\sqrt{0.6l + 0.01P} = 5.5\sqrt{0.6 \times 51 + 0.01 \times 30000}$
$= 100[kV]$

여기서, l : 송전 거리[km], P : 송전 용량[kW] 답 ④

문제 27 중성점 저항접지방식에서 1선 지락 시의 영상전류를 I_0라고 할 때, 접지저항으로 흐르는 전류는?

① $\dfrac{1}{3}I_0$　② $\sqrt{3}I_0$　③ $3I_0$　④ $6I_0$

풀이

지락전류 $I_g = I_0 + I_1 + I_2 = 3I_0$ ($\because I_0 = I_1 = I_2$) 답 ③

문제 28 배전선로의 역률개선에 따른 효과로 적합하지 않은 것은?

① 전원측 설비의 이용률 향상
② 선로절연에 요하는 비용 절감
③ 전압강하 감소
④ 선로의 전력손실 경감

풀이

역률 개선의 효과
① 전력 손실 경감　② 전압 강하 경감
③ 설비 용량의 여유분 증가　④ 전력 요금의 절약
즉, **선로절연에 요하는 비용**은 선로 전압의 크기에 좌우되지 **선로의 역률과는 무관**하다. 답 ②

문제 29 22.9[kV]로 수전하는 자가용 전기설비가 있다. 수전점에 설치한 차단기의 차단용량이 520[MVA]일 때 차단기의 정격차단전류는 약 몇 [kA]인가?

① 3.5　② 5.5　③ 8.5　④ 12.5

풀이

차단기의 차단용량 $P_s = \sqrt{3} V I_s$ 에서

차단전류 $I_s = \dfrac{P_s}{\sqrt{3} V} = \dfrac{520 \times 10^3}{\sqrt{3} \times 22.9 \times \dfrac{1.2}{1.1}} \times 10^{-3}$

$= 12.02 [kA]$ **답 ④**

문제 30 단상 변압기 3대를 △결선으로 운전하던 중 1대의 고장으로 V결선된 경우, △결선에 대한 V결선의 출력비는 약 몇 [%]인가?

① 52.2 ② 57.7
③ 66.7 ④ 86.6

풀이

1대의 단상 변압기 용량을 P_1이라 하면 그 출력비는

출력비 $= \dfrac{\text{V결선의 출력}}{\triangle \text{결선의 출력}} = \dfrac{\sqrt{3} P_1}{3 P_1} = \dfrac{\sqrt{3}}{3}$

$= 0.577 = 57.7 [\%]$ **답 ②**

문제 31 3상 1회선 전선로에서 대지정전용량은 C_s이고 선간정전용량을 C_m이라 할 때, 작용정전용량 C_n은?

① $C_s + C_m$ ② $C_s + 2C_m$
③ $C_s + 3C_m$ ④ $2C_s + C_m$

풀이

3상 1회선인 경우 작용정전 용량 $C_w = C_s + 3C_m$

※ $3C_m$ 사이의 중성점에는 0전위 이므로 대지와 접속하여도 무방하다. **답 ③**

문제 32 송전계통의 중성점을 접지하는 목적으로 틀린 것은?

① 지락 고장 시 전선로의 대지 전위 상승을 억제하고 전선로와 기기의 절연을 경감시킨다.
② 소호리엑터 접지방식에서는 1선 지락 시 지락점 아크를 빨리 소멸시킨다.
③ 차단기의 차단용량을 증대시킨다.
④ 지락고장에 대한 계전기의 동작을 확실하게 한다.

풀이

① 직접 접지의 장점
- 1선 지락 시 건전상의 대지전압 상승을 1.3배 이하로 억제한다.(유효접지)
- 선로 및 기기의 절연레벨을 저감한다. (저감절연, 단절연 가능)
- 보호 계전기의 동작을 확실하게 한다.

② 소호 리액터 계통에서의 1선 지락시 아크 소멸 **답 ③**

문제 33 변류기 점검 시 과전압에 의한 2차 권선의 소손을 방지하기 위해서 어떻게 해야 하는가?

① 변류기 1차측 개방
② 변류기 1차측 단락
③ 변류기 2차측 개방
④ 변류기 2차측 단락

풀이

CT(직렬연결)는 개방하면 2차 권선에 매우 높은 전압이 유기되어 절연이 파괴되고 소손될 우려가 있으므로, CT를 점검할 경우에는 반드시 변류기 2차측을 단락해야 한다. **답 ④**

문제 34 유효낙차 400[m]의 수력발전소에서 펠턴 수차의 노즐에서 분출하는 물의 속도를 이론값의 0.95배로 한다면 물의 분출속도는 약 몇 [m/s]인가?

① 42.3 ② 59.5
③ 62.6 ④ 84.1

풀이

높이 $H[m]$의 수두를 갖는 물이 노즐로부터 분출하는 유수의 속도 v는

$v = C_v \sqrt{2gH} = 0.95 \times \sqrt{2 \times 9.8 \times 400}$

$= 84.116 [m/s]$ **답 ④**

문제 35 충전된 콘덴서의 에너지에 의해 트립되는 방식으로 정류기, 콘덴서 등으로 구성되어 있는 차단기의 트립방식은?
① 과전류 트립방식　② 콘덴서 트립방식
③ 직류전압 트립방식　④ 부족전압 트립방식

풀이
콘덴서 트립 방식(CTD)
충전기로 교류를 정류하여 콘덴서를 충전하고, 그 방전 에너지에 의해 트립 코일을 여자 하여 트립 시키는 방법으로 **정류기와 콘덴서로 구성**되어 있다.　답 ②

문제 36 화력발전소에서 열 사이클의 효율 향상을 위한 방법이 아닌 것은?
① 조속기의 설치
② 재생, 재열사이클의 채용
③ 절탄기, 공기예열기의 설치
④ 고압, 고온증기의 채용과 과열기의 설치

풀이
① 열 사이클 효율 향상 대책
　• 고압, 고온 증기 채용
　• 과열기 설치
　• 재생, 재열 사이클 채용
　• 절탄기, 공기예열기 설치
② **조속기는 회전체의 원심력을 이용하여 증기의 유입량을 조절하여 터빈의 회전속도를 일정하게 해주는 장치**이다.　답 ①

문제 37 3상 동기발전기의 고장전류를 계산할 때, 영상전류 I_0, 정상전류 I_1 및 역상전류 I_2가 같은 경우는 어떤 사고로 볼 수 있는가?
① 선간 지락　② 1선 지락
③ 2선 단락　④ 3상 단락

풀이
고장별 대칭분 및 전류의 크기

고장의 종류	대 칭 분	전류의 크기
3상 단락	정상분	$I_1 \neq 0$, $I_2 = I_0 = 0$
선간 단락	정상분, 역상분	$I_1 = -I_2 \neq 0$, $I_0 = 0$
1선 지락	정상분, 역상분, 영상분	$I_0 = I_1 = I_2 \neq 0$

답 ②

문제 38 그림에서 X부분에 흐르는 전류는 어떤 전류인가?
① b상 전류
② 정상전류
③ 역상전류
④ 영상전류

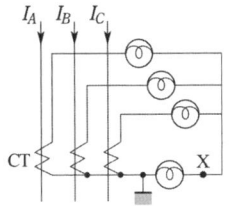

풀이
접지선에 흐르는 전류는 영상 전류이다.　답 ④

문제 39 여러 회선인 비접지 3상 3선식 배전 선로에 방향 지락 계전기를 사용하여 선택 지락 보호를 하려고 한다. 필요한 것은?
① CT와 ZCT　② CT와 PT
③ GPT와 ZCT　④ GPT와 PT

풀이
비접지 계통의 지락 사고 검출
• 지락 계전기(GR) + 영상 전류 검출 (ZCT)
• 선택 접지 계전기(SGR) + 영상 전류 검출 (ZCT) + 영상 전압 검출(GPT)
(ZCT : 영상변류기, GPT : 접지 변압기)　답 ③

문제 40 차단기의 소호재료가 아닌 것은?
① 수소　② 기름
③ 공기　④ SF_6

풀이
차단기별 소호 매질은?

종 류	소호매질
유입차단기(OCB)	절연유
진공차단기(VCB)	고진공
자기차단기(MBB)	전자기력
공기차단기(ABB)	압축공기
가스차단기(GCB)	SF_6 가스

그러나 수소가스는 공기와 적당히 혼합하게 되면 폭발하므로 소호재료로 사용할 수 없다.　답 ①

제3과목 전기기기

문제 41 3상 동기발전기의 전기자 권선을 Y결선으로 하는 이유로서 적당하지 않은 것은?
① 고조파 순환 전류가 흐르지 않는다.
② 이상전압 방지의 대책이 용이하다.
③ 전기자 반작용이 감소한다.
④ 코일의 코로나, 열화 등이 감소된다.

풀이
전기자 권선을 Y결선으로 하는 이유
① 중성점을 접지할 수 있으므로 권선보호 장치의 시설이 용이
② 이상전압의 방지대책이 용이
③ 권선의 불평형 및 제3고조파에 의한 순환전류가 흐르지 않는다.
④ 상전압은 선간 전압의 $\frac{1}{\sqrt{3}}$이 되어 코일의 절연이 용이하고 코로나 발생을 억제 **답 ③**

문제 42 변압기의 철심이 갖추어야 할 조건으로 틀린 것은?
① 투자율이 클 것
② 전기 저항이 작을 것
③ 성층 철심으로 할 것
④ 히스테리시스손 계수가 작을 것

풀이
변압기 철심의 구비조건
- 투자율이 클 것
- **전기 저항이 클 것**
- 히스테리시스 계수가 작을 것(히스테리시스손이 적을 것)
- 성층 철심으로 할 것(와류손이 적을 것) **답 ②**

문제 43 어느 변압기의 무유도 전부하의 효율은 95[%], 전압 변동률은 3[%]라 한다. 이 변압기에 최대 효율을 발생 할 수 있는 무유도 부하가 인가되었을 때의 최대 효율[%]은?
① 약 93   ② 약 95
③ 약 97   ④ 약 99

풀이
무유도 전부하 출력을 1이라 하고, 이때의 동손 및 철손의 정격 출력에 대한 비를 P_c, P_i라고 하면
$$\eta = \frac{1}{1+P_c+P_i} \text{에서}$$
$$1+P_c+P_i = \frac{1}{\eta}$$
$$P_c+P_i = \frac{1}{\eta}-1 = \frac{1}{0.95}-1 = 0.05$$
전압 변동률
$$\epsilon = \frac{V_0-V_n}{V_n} = \frac{IR}{V_n} = \frac{I^2R}{V_nI} = \frac{P_c}{P} \text{에서}$$
전부하 출력 $P=1$일 때
$$\epsilon = P_c = 0.03$$
$$\therefore P_i = 0.05-P_c = 0.05-0.03 = 0.02$$
m 부하의 경우, 최대 효율이 된다고 하면
$$m^2P_c = P_i$$
$$m = \sqrt{\frac{P_i}{P_c}} = \sqrt{\frac{0.02}{0.03}} = 0.8165$$
그러므로 무유도 부하의 최대 효율 η_m은 $m=0.8165$일 때 발생하므로
$$\therefore \eta_m = \frac{mP}{mP+m^2P_c+P_i} \times 100$$
$$= \frac{0.8165 \times 1}{0.8165 \times 1 + 0.8165^2 \times 0.03 + 0.02} \times 100$$
$$= 95.33[\%]$$ **답 ②**

문제 44 브러시를 이동하여 회전속도를 제어하는 전동기는?
① 반발 전동기
② 단상 직권전동기
③ 직류 직권전동기
④ 반발기동형 단상유도전동기

풀이
반발 전동기는 브러시 이동만으로 기동, 정지, 속도 제어가 가능하다. **답 ①**

문제 45 직류기에서 전기자 반작용을 방지하기 위한 보상 권선의 전류 방향은?
① 전기자 전류의 방향과 같다.
② 전기자 전류의 방향과 반대이다.
③ 계자 전류의 방향과 같다.
④ 계자 전류의 방향과 반대이다.

풀이

보상권선은 전기자 전류의 기전력을 상쇄하기 위하여 주자 극의 자극편에 슬롯을 만들어 그림과 같이 **전기자 전류와 반대 방향으로 전류**가 흐르게 한다. 보상권선을 설치하면 브러시를 기하학적 중성축에 놓는다. **답 ②**

문제 46 직류 발전기의 병렬 운전 조건 중 잘못된 것은?

① 단자 전압이 같을 것
② 외부 특성이 같을 것
③ 극성을 같게 할 것
④ 유도 기전력이 같을 것

풀이
병렬 운전 조건
① 정격 전압 및 극성이 같을 것
② 외부 특성 곡선이 어느 정도 수하 특성일 것
③ 용량이 다를 경우 [%] 부하 전류로 나타낸 외부 특성 곡선이 거의 일치할 것
즉, 직류발전기의 병렬운전에서 유기기전력의 크기는 달라도 되지만 단자전압의 크기는 같아야 한다. **답 ④**

문제 47 변압기에서 철심의 자속밀도 $B = 1.2$ [Wb/m²]인 경우 히스테리시스손과 와류손은 각각 최대 자속 밀도의 몇 승에 비례하는가?

① 히스테리시스손 : 1.6 , 와류손 : 1.6
② 히스테리시스손 : 1.6 , 와류손 : 2
③ 히스테리시스손 : 2 , 와류손 : 1.6
④ 히스테리시스손 : 1 , 와류손 : 1

풀이
① 히스테리시스손
　• $B = 1.2$ [Wb/m²] 인 경우 $P_h \propto f B_m^{1.6}$
　• $B = 1.2 \sim 1.5$ [Wb/m²] 인 경우 $P_h \propto f B_m^2$
② 와류손 $P_e \propto f^2 B_m^2$
　여기서, f : 주파수 [Hz],
　　　　 B_m : 최대 자속 밀도 [Wb/m²] **답 ②**

문제 48 변압기의 임피던스 와트와 임피던스 전압을 구하는 시험은?

① 부하시험　　② 단락시험
③ 무부하시험　④ 충격전압시험

풀이
변압기의 시험
① 개방 회로 시험(무부하 시험)으로 측정할 수 있는 항목
　• 무부하 전류　• 히스테리시스손　• 와류손
　• 여자 어드미턴스　• 철손
② **단락 시험**으로 측정할 수 있는 항목
　• 동손　• **임피던스 와트**　• 임피던스 전압 **답 ②**

문제 49 자기용량 3[kVA], 3000/100[V]의 단권변압기를 승압기로 연결하고 1차측에 3000[V]를 가했을 때 그 부하용량[kVA]은?

① 76　　② 85
③ 93　　④ 94

풀이

$V_2 = V_1 + \dfrac{100}{3000} V_1 = 3000 + \dfrac{100}{3000} \times 3000 = 3100$ [V]

$\dfrac{\text{자기 용량}}{\text{부하 용량}} = \dfrac{V_2 - V_1}{V_2}$ 에서

부하 용량 $= \dfrac{V_2}{V_2 - V_1} \times$ 자기 용량 $= \dfrac{3100}{3100 - 3000} \times 3$

$= 93$ [kVA] **답 ③**

문제 50 단상 전파 정류의 맥동률은?

① 0.17　　② 0.34
③ 0.48　　④ 0.86

풀이
• 맥동률 $= \sqrt{\dfrac{\text{실효값}^2 - \text{평균값}^2}{\text{평균값}^2}} \times 100 = \dfrac{\text{교류분}}{\text{직류분}} \times 100$ [%]

정류 종류	단상 반파	단상 전파	3상 반파	3상 전파
맥동률 [%]	121	48	17.7	4.04

답 ③

문제 51 전동기의 입력이 1[kW]일 때 출력이 1[HP] 인 경우 손실은 약 몇[W]인가?

① 154[W] ② 230[W]
③ 254[W] ④ 275[W]

풀이
- 1[HP] = 746[W]
- 손실 = 입력 − 출력 = 1000 − 746 = 254[W] **답 ③**

문제 52 6극인 유도전동기의 토크가 τ이다. 극수를 12극으로 변환하였다면 변환한 후의 토크는? 단, 유도전동기의 2차입력 및 주파수는 일정하다고 한다.

① τ ② 2τ
③ $\dfrac{\tau}{2}$ ④ $\dfrac{\tau}{4}$

풀이

$\tau = 0.975 \dfrac{P_2}{N_s} = 0.975 \dfrac{P_2}{\dfrac{120}{p}f}$ [kg·m] 이므로, $\tau \propto p$(극수)이다. 극수가 6극에서 12극으로 2배 증가하였으므로, 토크도 2배가 증가하게 된다. **답 ②**

문제 53 유도전동기 역상제동의 상태를 크레인이나 권상기의 강하 시에 이용하고 속도제한의 목적에 사용되는 경우의 제동방법은?

① 발전제동 ② 유도제동
③ 회생제동 ④ 단상제동

풀이
유도 전동기의 제동법
① 발전 제동 : 전동기를 전원으로부터 분리한 후 1차측에 직류전원을 공급하여 발전기로 동작시킨 후 발생된 전력을 저항에서 열로 소비시키는 방법
② **유도 제동** : 유도전동기 역상제동의 상태를 크레인이나 권상기의 **강하 시에 이용하고 속도제한의 목적**에 사용되는 경우의 제동방법
③ 회생 제동 : 유도 전동기를 유도 발전기로 동작시켜 그 발생 전력을 전원에 반환하면서 제동하는 방법으로, 크레인이나 언덕길을 운전하는 긴 전기 기관차 등에 사용된다.
④ 단상 제동 : 권선형 유도전동기의 1차측을 단상교류로 여자하고 2차측에 적당한 크기의 저항을 넣으면 전동기의 회전과는 역방향의 토크가 발생되므로 제동된다. **답 ②**

문제 54 중부하에서도 기동되도록 하고 회전계자형의 동기전동기에 고정자인 전기자 부분이 회전자의 주위를 회전할 수 있도록 2중 베어링의 구조를 가지고 있는 전동기는?

① 유도자형 전동기
② 유도 동기 전동기
③ 초동기 전동기
④ 반작용 전동기

풀이
초동기 전동기
기동 토크가 작은 것이 단점인 동기 전동기는 경부하에서 기동이 거의 불가능하므로 이것을 보완하여 **중부하에서도 기동이 되도록 한 것이 초동기 전동기**이다. 이 전동기는 회전계자형의 동기 전동기에 전기자 부분도 회전자의 주위를 회전할 수 있도록 2중 베어링의 구조로 되어 있어 고정자 회전 기동형이라고 한다. **답 ③**

문제 55 다음 중 GTO의 특징이 아닌 것은?

① 전류회로가 반드시 필요하다.
② 전압-전류 특성은 SCR과 거의 같다.
③ +게이트전류로 턴 온 된다.
④ −게이트전류로 턴 오프 된다.

풀이
GTO(gate turn off thyristor)

SCR은 도통 시점을 임의로 조절하는 것이 가능하지만 소호시키는 시점은 제어할 수 없다. 따라서, 이러한 단점을 보완한 것이 GTO로서 게이트에 흐르는 전류를 점호할 때의 전류와 반대 방향의 전류를 흐르게 함으로서 임의로 GTO를 소호시킬 수 있다. **답 ①**

문제 56 4극 3상 유도전동기를 60[Hz]의 전원에 접속하여 운전하고 있다. 회전자의 주파수가 3[Hz]일 때 회전자 속도[rpm]는?

① 1700
② 1710
③ 1720
④ 1730

풀이

회전자 주파수 $f_2 = sf_1$ 에서

슬립 $s = \dfrac{f_2}{f_1} = \dfrac{3}{60} = 0.05$

따라서 회전자 속도 N 은

$N = (1-s)\dfrac{120f}{p} = (1-0.05)\times \dfrac{120\times 60}{4} = 1710$ [rpm]

답 ②

문제 57 12극과 8극인 2개의 유도전동기를 종속법에 의한 직렬접속법으로 속도제어할 때 전원주파수가 60[Hz]인 경우 무부하 속도 N_o는 몇 [rps]인가?

① 5
② 6
③ 200
④ 360

풀이

① 직렬 종속법 $N_s = \dfrac{120f}{p_1 + p_2}$

② 병렬 종속법 $N_s = \dfrac{2\times 120f}{p_1 + p_2}$

③ 차동 접속법 $N_s = \dfrac{120f}{p_1 - p_2}$

따라서, 직렬접속법으로 속도 제어할 경우 무부하속도

$N_0 = \dfrac{120 \times 60}{12+8} = 360$ [rpm] $= 6$ [rps]

답 ②

문제 58 전동력 응용기기에서 GD^2의 값이 적은 것이 바람직한 기기는?

① 압연기
② 엘리베이터
③ 송풍기
④ 냉동기

풀이

엘리베이터용 전동기는 일반적으로 성능이 높은 신뢰도를 지니며 기동 토크가 큰 것이 요구된다. 또한 사용빈도가 높으며, 마이너스 부하로부터 과부하까지 광범위하게 제어가 되어야 할 뿐만 아니라 기동 전류와 전동기의 GD^2이 작아야 하고, 소음 및 속도와 회전력의 맥동이 없어야 한다.

답 ②

문제 59 단상 반발전동기에 해당되지 않는 것은?

① 아트킨손 전동기
② 슈라게 전동기
③ 데리 전동기
④ 톰슨 전동기

풀이

단상 반발 전동기의 종류
• 아트킨손형전동기 • 톰슨전동기 • 데리전동기
그러나, 슈라게 전동기는 3상 분권 정류자 전동기의 한 종류이다.

답 ②

문제 60 변압기에서 1차 측의 여자 어드미턴스를 Y_0라고 한다. 2차 측으로 환산한 여자 어드미턴스 $Y_0{}'$을 옳게 표현한 식은? (단, 권수비를 a라고 한다.)

① $Y_0{}' = a^2 Y_0$
② $Y_0{}' = a Y_0$
③ $Y_0{}' = \dfrac{Y_0}{a^2}$
④ $Y_0{}' = \dfrac{Y_0}{a}$

풀이

1차측에서 2차측으로 환산

• 전압 $V_1{}' = \dfrac{V_1}{a}$

• 전류 $I_1{}' = aI_1$, 여자 전류 $I_0{}' = aI_0$

• 임피던스 $Z_1{}' = \dfrac{Z_1}{a^2} = \dfrac{r_1 + jx_1}{a^2}$

• 여자 어드미턴스 $Y_0{}' = a^2 Y_0 = a^2(g_0 - jb_0)$

답 ①

제4과목 회로이론

문제 61 다음의 회로에서 전류 I_2는 몇 [A]인가?

① 1 [A]
② 2 [A]
③ 3 [A]
④ 5 [A]

풀이
각 지로의 전류는 저항의 크기에 반비례하여 분배된다. 따라서, 전류원 10[A]에서 본 좌·우측 저항값이 동일하므로 전류는 5[A]씩 양분되어 흐른다. **답** ④

풀이
직선 궤적의 역궤적은 원점을 통과하는 반원이다. **답** ③

문제 62 저항 4[Ω]과 유도 리액턴스 X_L[Ω]이 병렬로 접속된 회로에 12[V]의 교류전압을 가하니 5[A]의 전류가 흘렀다. 이 회로의 X_L[Ω]은?
① 8   ② 6   ③ 3   ④ 1

풀이

$V = I_R \cdot R = I_L \cdot X_L$ 에서

$I_R = \dfrac{V}{R} = \dfrac{12}{4} = 3[A]$

$I_L = \sqrt{I^2 - I_R^2} = \sqrt{5^2 - 3^2} = 4[A]$

$V = I_L \cdot X_L = 12[V]$ 에서

$X_L = \dfrac{12}{I_L} = \dfrac{12}{4} = 3[\Omega]$ **답** ③

문제 65 RLC 직렬회로에 $t = 0$에서 교류전압 $e = E_m \sin(\omega t + \theta)$를 가할 때 $R^2 - 4\dfrac{L}{C} > 0$ 이면 이 회로는?
① 진동적이다.   ② 비진동적이다.
③ 임계적이다.   ④ 비감쇠진동이다.

풀이
- $R^2 = 4\dfrac{L}{C}$: 임계진동
- $R^2 - 4\dfrac{L}{C} > 0$: 비진동
- $R^2 - 4\dfrac{L}{C} < 0$: 진동   **답** ②

문제 63 $E = 40 + j30$[V]의 전압을 가하면 $I = 30 + j10$[A]의 전류가 흐른다. 이 회로의 역률은?
① 0.456   ② 0.567
③ 0.854   ④ 0.949

풀이
$P_a = \overline{E}I = (40 - j30)(30 + j10)$
$\quad = 1500 - j500$[VA]
즉, 유효전력 $P = 1500$[W], 무효전력 $Q = 500$[Var] 이다.
$\cos\theta = \dfrac{P}{\sqrt{P^2 + Q^2}} = \dfrac{1500}{\sqrt{1500^2 + 500^2}} = 0.949$ **답** ④

문제 66 어떤 교류 전압의 평균값이 382[V]일 때 실효값은 약 얼마인가?
① 390[V]   ② 424[V]
③ 540[V]   ④ 614[V]

풀이
평균값 $V_{av} = \dfrac{2}{\pi} V_m$ 에서 최대값 $V_m = \dfrac{\pi}{2} V_{av}$
실효값 $V = \dfrac{V_m}{\sqrt{2}} = \dfrac{\pi}{2\sqrt{2}} V_{av} = \dfrac{\pi}{2\sqrt{2}} \times 382 = 424.3$[V]   **답** ②

문제 64 임피던스 궤적이 직선일 때 이의 역수인 어드미턴스 궤적은?
① 원점을 통하는 직선
② 원점을 통하지 않는 직선
③ 원점을 통하는 원
④ 원점을 통하지 않는 원

문제 67 r[Ω]인 6개의 저항을 그림과 같이 접속하고 평형 3상 전압 E를 가했을 때 전류 I는 몇 [A]인가? (단, $r = 3$[Ω], $E = 60$[V] 이다.)

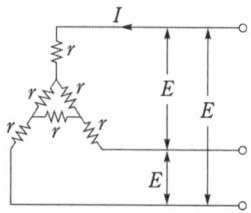

① 8.66   ② 9.56
③ 10.8   ④ 12.6

풀이

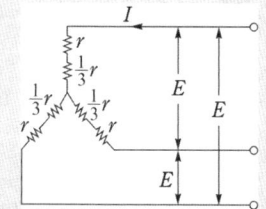

△를 Y로 변환시키면

상전류 $I = \dfrac{\dfrac{E}{\sqrt{3}}}{r+\dfrac{1}{3}r} = \dfrac{\sqrt{3}E}{4r} = \dfrac{\sqrt{3}\times 60}{4\times 3} = 8.66[A]$

($\because$ △결선된 저항을 Y로 변환시키면 $R_Y = \dfrac{1}{3}R_\Delta$) 답 ①

문제 68 다음 회로에서 $E=40$ [V]일 때 정상 전류는?

① 0.5 [A]
② 1 [A]
③ 2 [A]
④ 4 [A]

풀이

$I = \dfrac{E}{R} = \dfrac{40}{20} = 2[A]$

(직류에서는 주파수가 없으므로 리액턴스 $X_L = 2\pi fL = 0$이 된다) 답 ③

문제 69 $V_a = 3$ [V], $V_b = 2-j3$ [V], $V_c = 4+j3$ [V]를 3상 불평형 전압이라고 할 때 영상 전압[V]은?

① 3
② 9
③ 27
④ 0

풀이

$V_0 = \dfrac{1}{3}(V_a + V_b + V_c) = \dfrac{1}{3}(3+2-j3+4+j3) = 3[V]$

답 ①

문제 70 그림과 같은 회로에서 인가 전압에 의한 전류 i를 입력, V_o를 출력이라 할 때 전달 함수는? (단, 초기조건은 모두 0이다.)

① $\dfrac{1}{Cs}$
② Cs
③ $\dfrac{1}{1+Cs}$
④ $1+Cs$

풀이

$v_0(t) = \dfrac{1}{C}\int i(t)dt$ 이므로 $V_o(s) = \dfrac{1}{Cs}\cdot I(s)$

따라서, 전달함수 $G(s) = \dfrac{V_o(s)}{I(s)} = \dfrac{\dfrac{1}{Cs}\cdot I(s)}{I(s)} = \dfrac{1}{Cs}$

답 ①

문제 71 리액턴스 함수가 $Z(s) = \dfrac{3s}{s^2+15}$ 로 표시되는 리액턴스 2단자망은?

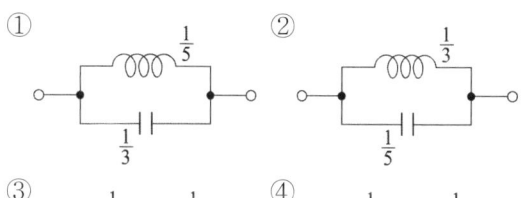

풀이

$Z(s)$의 함수가 주어졌을 때 회로망을 그리는 방법

• 모든 분수의 분자를 1로 만든다.
• 분수 밖의 ⊕는 직렬, 분수 속의 ⊕는 병렬로 그린다.
• 분수 밖에 존재하는 복소함수 s의 계수는 L의 값이고, $\dfrac{1}{s}$의 계수는 C의 값이다.
• 분수 안에 존재하는 복소함수 s의 계수는 C의 값이고, $\dfrac{1}{s}$의 계수는 L의 값이다.

따라서, $Z(s) = \dfrac{3s}{s^2+15} = \dfrac{1}{\dfrac{s^2}{3s}+\dfrac{15}{3s}} = \dfrac{1}{\dfrac{1}{3}s+\dfrac{1}{\dfrac{1}{5}s}}$

그러므로 $C = \dfrac{1}{3}$, $L = \dfrac{1}{5}$, 분수 속의 ⊕이므로 병렬을 나타낸다.

답 ①

문제 72 그림과 같이 선형저항 R_1과 이상 전압원 V_2와의 직렬접속된 회로에서 $V-i$ 특성을 나타낸 것은?

① ②

③ ④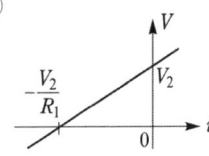

풀이

$i = \dfrac{V-V_2}{R_1}$ [A]에서

- $V=0$일 때 $i=-\dfrac{V_2}{R_1}$ [A]
- $V=V_2$일 때 $i=0$ [A]   답 ④

문제 73 $e^{-at}\cos\omega t$의 라플라스 변환은?

① $\dfrac{s-a}{(s-a)^2+\omega^2}$ ② $\dfrac{s+a}{(s+a)^2+\omega^2}$

③ $\dfrac{s+a}{(s^2+\omega^2)^2}$ ④ $\dfrac{s-a}{(s^2-\omega^2)^2}$

풀이

복소 추이 정리에 의해서

$\mathcal{L}[e^{-at}\cos\omega t] = \mathcal{L}[\cos\omega t]_{s=s+a} = \left[\dfrac{s}{s^2+\omega^2}\right]_{s=s+a}$

$= \dfrac{s+a}{(s+a)^2+\omega^2}$ 답 ②

문제 74 $F(s) = \dfrac{s+1}{s^2+2s}$의 역라플라스 변환은?

① $\dfrac{1}{2}(1-e^{-t})$ ② $\dfrac{1}{2}(1-e^{-2t})$

③ $\dfrac{1}{2}(1+e^{t})$ ④ $\dfrac{1}{2}(1+e^{-2t})$

풀이

$F(s) = \dfrac{s+1}{s(s+2)} = \dfrac{A}{s} + \dfrac{B}{s+2}$

$A = \dfrac{s+1}{s+2}\bigg|_{s=0} = \dfrac{1}{2}$, $B = \dfrac{s+1}{s}\bigg|_{s=-2} = \dfrac{-2+1}{-2} = \dfrac{1}{2}$

이므로

$F(s) = \dfrac{\frac{1}{2}}{s} + \dfrac{\frac{1}{2}}{s+2} = \dfrac{1}{2}\left(\dfrac{1}{s} + \dfrac{1}{s+2}\right)$

$\therefore \mathcal{L}^{-1}[F(s)] = \dfrac{1}{2}(1+e^{-2t})$ 답 ④

문제 75 그림의 회로에서 스위치 S를 갑자기 닫은 후 회로에 흐르는 전류 $i(t)$의 시정수는? (단, C에 초기 전하는 없었다.)

① $\dfrac{R+R_1}{RR_1C}$ ② $\dfrac{C}{RR_1+R_1}$

③ $\dfrac{RR_1C}{R+R_1}$ ④ $(RR_1+R_1)C$

풀이

$\tau = R_0 C = \dfrac{RR_1}{R+R_1}C$ [sec]   답 ③

문제 76 전압 $e=100\sqrt{2}\sin(\omega_1 t+\pi/3)$ [V]이고, 전류 $i=100\sqrt{2}\sin(\omega_2 t+0)$ [A]일 때, 평균전력은 몇 [W]인가? 단, $\omega_1 \neq \omega_2$이다.

① 0   ② 10,000

③ 5,000   ④ $5,000\sqrt{3}$

풀이

$\omega_1 \neq \omega_2$ (주파수가 서로 다르다.)이므로 0이 된다.   답 ①

문제 77
어떤 회로의 단자 전압 및 전류의 순시값이 $v = 220\sqrt{2}\sin(377t + \frac{\pi}{4})$ [V], $i = 5\sqrt{2}\sin(377t + \frac{\pi}{3})$ [A]일 때, 복소 임피던스는 약 몇 [Ω]인가?

① $42.5 - j11.4$ ② $42.5 - j9$
③ $50 + j11.4$ ④ $50 - j11.4$

풀이
주어진 식을 실효값 정지 벡터로 표시하면,
$V = 220\angle\frac{\pi}{4}$, $I = 5\angle\frac{\pi}{3}$
따라서, 임피던스
$Z = \frac{V}{I} = \frac{220\angle\frac{\pi}{4}}{5\angle\frac{\pi}{3}} = 44\angle -15° = 44(\cos 15° - j\sin 15°)$
$= 42.5 - j11.4$ [Ω]

답 ①

문제 78
어떤 회로에 $E = 200\angle\frac{\pi}{3}$ [V]의 전압을 가하니 $I = 10\sqrt{3} + j10$ [A]의 전류가 흘렀다. 이 회로의 무효전력[Var]은?

① 707 ② 1000
③ 1732 ④ 2000

풀이
$I = 10\sqrt{3} + j10 = \sqrt{(10\sqrt{3})^2 + 10^2}\angle\tan^{-1}\left(\frac{1}{\sqrt{3}}\right)$
$= 20\angle 30°$ [A]
$\therefore P_a = \overline{E}I = 200\angle -60° \times 20\angle 30° = 4000\angle -30°$
$= 4000(\cos 30° - j\sin 30°) = 2000\sqrt{3} - j2000$ [VA]
따라서, 이 회로의 유효전력은 $2000\sqrt{3}$ [W], 무효전력은 2000[Var]이다.

답 ④

문제 79
최댓값이 10[V]인 정현파 전압이 있다. $t=0$에서의 순시값이 5[V]이고 이 순간에 전압이 증가하고 있다. 주파수가 60[Hz]일 때, $t = 2$[ms]에서의 전압의 순시값[V]은?

① $10\sin 30°$ ② $10\sin 43.2°$
③ $10\sin 73.2°$ ④ $10\sin 103.2°$

풀이

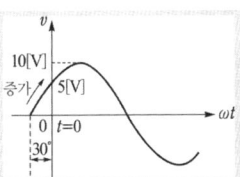

$t=0$에서의 순시값 $v=5$[V]이므로
$v = V_m\sin(\omega t + \theta) = 10\sin(\omega\times 0 + \theta) = 10\sin\theta = 5$[V]
$\sin\theta = \frac{5}{10} = \frac{1}{2} \rightarrow \theta = \sin^{-1}\frac{1}{2} = 30°$
따라서 $t = 2$[ms] $= 2\times 10^{-3}$[s]에서의 순시값 v는
$v = V_m\sin(\omega t + \theta) = 10\sin(\omega t + 30°)$
$= 10\sin(2\times 180° \times 60 \times 2\times 10^{-3} + 30°)$
$= 10\sin 73.2°$

답 ③

문제 80
전원과 부하가 다 같이 △결선된 3상 평형 회로에서 전원전압이 200 [V], 부하 한 상의 임피던스가 $6 + j8$[Ω]인 경우 선전류는 몇 [A]인가?

① 20 ② $\frac{20}{\sqrt{3}}$
③ $20\sqrt{3}$ ④ $40\sqrt{3}$

풀이
△결선시 선간 전압 E_l = 상전압 E_p
$\therefore$ 상전류 $I_p = \frac{E_p}{Z} = \frac{E_l}{Z} = \frac{E_l}{\sqrt{R^2 + X^2}} = \frac{200}{\sqrt{6^2 + 8^2}} = 20$[A]
△결선시 선전류 $I_l = \sqrt{3}I_p$이므로
$I_l = \sqrt{3}\times 20 = 20\sqrt{3}$ [A]

답 ③

제5과목 전기설비기술기준

문제 81
고압 옥내배선의 공사법이 아닌 것은?

① 애자사용공사(건조한 장소로서 전개된 장소에 한한다.)
② 케이블 공사
③ 금속관공사
④ 케이블 트레이 공사

[풀이]
342.1 고압 옥내배선 등의 시설
가. **고압 옥내배선**은 다음에 따라 시설하여야 한다.
  ① 애자사용공사(건조한 장소로서 전개된 장소에 한한다.)
  ② 케이블공사
  ③ 케이블트레이공사
나. 전선은 공칭단면적 6[mm²] 이상의 연동선
  답 ③

문제 82 "지중 관로"에 포함되지 않는 것은?
① 지중 전선로
② 지중 레일 선로
③ 지중 약전류 전선로
④ 지중 광섬유 케이블 선로

[풀이]
112 용어 정의
"지중 관로"란 지중 전선로·지중 약전류 전선로·지중 광섬유 케이블 선로·지중에 시설하는 수관 및 가스관과 이와 유사한 것 및 이들에 부속하는 지중함 등을 말한다.
  답 ②

문제 83 저압 가공전선이 상부 조영재 위쪽에서 접근하는 경우 전선과 상부 조영재간의 이격거리 [m]는 얼마 이상이어야 하는가? (단, 특고압 절연전선 또는 케이블인 경우이다.)
① 0.8   ② 1.0   ③ 1.2   ④ 2.0

[풀이]
332.11 고압 가공전선과 건조물의 접근
222.11 저압 가공전선과 건조물의 접근
저압 가공전선 또는 고압 가공전선이 건조물과 접근 상태로 시설되는 경우에는 다음에 따라야 한다.
가. 고압 가공전선로는 고압 보안공사에 의할 것.
나. 저·고압 가공전선과 건조물의 조영재 사이의 이격거리는 표에서 정한 값 이상일 것.

사용 전압 부분 공작물의 종류			저압 [m]	고압 [m]
건조물	상부 조영재 위쪽	일반적인 경우	2	2
		전선이 고압절연전선	1	2
		전선이 케이블인 경우	1	1
	기타 조영재 또는 상부조영재의 옆쪽 또는 아래쪽	일반적인 경우	1.2	1.2
		전선이 고압절연전선	0.4	1.2
		전선이 케이블인 경우	0.4	0.4
		사람이 쉽게 접근할 수 없도록 시설한 경우	0.8	0.8

  답 ②

문제 84 다음 (㉮), (㉯)에 들어갈 내용으로 옳은 것은?

"지중전선로는 기설 지중 약전류 전선로에 대하여 (㉮) 또는 (㉯)에 의하여 통신상의 장해를 주지 않도록 기설 약전류 전선로로부터 충분히 이격시키거나 기타 적당한 방법으로 시설하여야 한다."

① ㉮ 정전용량 ㉯ 표피작용
② ㉮ 정전용량 ㉯ 유도작용
③ ㉮ 누설전류 ㉯ 표피작용
④ ㉮ 누설전류 ㉯ 유도작용

[풀이]
334.5 지중약전류전선의 유도장해 방지
지중전선로는 기설 지중약전류전선로에 대하여 **누설전류 또는 유도작용**에 의하여 통신상의 장해를 주지 않도록 충분히 이격시키거나 기타 적당한 방법으로 시설하여야 하다.
  답 ④

문제 85 전로의 사용전압이 FELV, 500[V] 이하인 저압 전로는 시험전압 DC 500[V]로 측정 하였을 때 절연저항 값은 몇 [MΩ] 이상이 되어야 하는가?
① 0.5   ② 1
③ 1.5   ④ 2

[풀이]
222.24 저압 직류 가공전선로

전로의 사용전압[V]	DC 시험전압[V]	절연저항[MΩ]
SELV 및 PELV	250	0.5
FELV, 500[V]이하	500	1.0
500[V] 초과	1,000	1.0

  답 ②

문제 86 전기저장장치를 시설하는 곳에서 계측장치를 시설하지 않아도 되는 것은?
① 주요변압기의 전압, 전류 및 전력
② 축전지 출력 단자의 전압, 전류, 전력
③ 축전지 출력 단자의 충방전 상태
④ 주요변압기의 온도

풀이

512.2.3 계측장치
전기저장장치를 시설하는 곳에는 다음의 사항을 계측하는 장치를 시설하여야 한다.
가. 축전지 출력 단자의 전압, 전류, 전력 및 충방전 상태
다. 주요 변압기의 전압 및 전류 또는 전력 답 ④

문제 87 목주, A종 철주 및 A종 철근 콘크리트주를 사용할 수 없는 보안공사는?

① 고압 보안공사
② 제1종 특고압 보안공사
③ 제2종 특고압 보안공사
④ 제3종 특고압 보안공사

풀이

333.22 특고압 보안공사
제1종 특고압 보안공사에서 전선로의 지지물로는 B종 철주·B종 철근 콘크리트주 또는 철탑을 사용할 것(목주나 A종은 사용 불가) 답 ②

문제 88 특고압 가공전선은 케이블인 경우 이외에는 단면적이 몇 [mm²] 이상의 경동연선이어야 하는가?

① 8   ② 14
③ 22   ④ 30

풀이

333.4 특고압 가공전선의 굵기 및 종류
특고압 가공전선은 케이블인 경우 이외에는 인장강도 8.71 [kN] 이상의 연선 또는 **단면적이 22[mm²] 이상의 경동연선** 또는 동등이상의 인장강도를 갖는 알루미늄 전선이나 절연전선이어야 한다. 답 ③

문제 89 플로어덕트공사에 의한 저압 옥내배선에서 단선을 사용하여도 되는 전선(동선)의 단면적은 최대 몇 [mm²]인가?

① 2.5[mm²]   ② 4.0[mm²]
③ 6.0[mm²]   ④ 10[mm²]

풀이

232.32 플로어덕트공사
플로어덕트공사에 의한 저압 옥내 배선은 다음 각호에 의하여 시설한다.

가. 전선은 절연전선(옥외용 비닐 절연전선을 제외한다)일 것.
나. **전선은 연선일 것. 다만, 단면적 10[mm²](알루미늄선은 단면적 16[mm²]) 이하인 것은 그러하지 아니하다.**
다. 플로어덕트 안에는 전선에 접속점이 없도록 할 것. 다만, 전선을 분기하는 경우에 접속점을 쉽게 점검할 수 있을 때에는 그러하지 아니하다. 답 ④

문제 90 금속관공사에 의한 저압 옥내배선의 방법으로 틀린 것은?

① 전선으로 연선을 사용하였다.
② 옥외용 비닐절연전선을 사용하였다.
③ 콘크리트에 매설하는 관은 두께 1.2[mm] 이상을 사용하였다.
④ 금속관은 접지를 하였다.

풀이

232.12 금속관공사
가. 전선은 절연전선(**옥외용 비닐절연전선을 제외한다**)일 것.
나. 전선은 연선일 것. 다만, 다음의 것은 적용하지 않는다.
 ① 짧고 가는 금속관에 넣은 것.
 ② 단면적 10[mm²](알루미늄선은 단면적 16[mm²]) 이하의 것.
다. 관의 두께는 다음에 의할 것.
 ① 콘크리트에 매설하는 것은 1.2[mm] 이상
 ② 콘크리트 매설 이외의 것은 1[mm] 이상
라. 관에는 접지공사를 할 것. 답 ②

문제 91 금속덕트공사에 의한 저압 옥내배선에서, 금속덕트에 넣은 전선의 단면적의 합계는 덕트 내부 단면적의 몇 [%] 이하이어야 하는가?

① 20   ② 30
③ 40   ④ 50

풀이

232.31 금속덕트공사
금속덕트에 넣은 전선의 단면적(절연피복의 단면적을 포함한다)의 합계는 **덕트의 내부 단면적의 20[%]**(전광표시 장치·기타 이와 유사한 장치 또는 **제어회로 등의 배선만을 넣는 경우에는 50[%]**) 이하일 것. 답 ①

문제 92 KS C IEC 60364에서 충전부 전체를 대지로부터 절연시키거나 한 점에 임피던스를 삽입하여 대지에 접속시키고, 전기기기의 노출 도전성 부분 단독 또는 일괄적으로 접지 하거나 또는 계통접지로 접속하는 접지계통을 무엇이라 하는가?

① TT 계통 ② IT 계통
③ TN-C 계통 ④ TN-S 계통

풀이
203.1 계통접지 구성
가. TN계통
① TN-S 계통은 계통 전체에 대해 별도의 중성선 또는 PE 도체를 사용한다.
② TN-C 계통은 그 계통 전체에 대해 중성선과 보호도체의 기능을 동일도체로 겸용한 PEN 도체를 사용한다.
③ TN-C-S계통은 계통의 일부분에서 PEN 도체를 사용하거나, 중성선과 별도의 PE 도체를 사용하는 방식이 있다.
나. TT 계통
전원의 한 점을 직접 접지하고 설비의 노출도전부는 전원의 접지전극과 전기적으로 독립적인 접지극에 접속시킨다.
다. IT 계통
충전부 전체를 대지로부터 절연, 한 점을 임피던스를 통해 대지에 접속시킨다. 전기설비의 노출도전부를 단독 또는 일괄적으로 계통의 PE 도체에 접속시킨다. 배전계통에서 추가접지가 가능하다. 답 ②

문제 93 제2종 특고압 보안공사 시 B종 철주를 지지물로 사용하는 경우 경간은 몇 [m] 이하인가?

① 100 ② 200
③ 400 ④ 500

풀이
333.22 특고압 보안공사
제2종 특고압 보안공사 시 경간은 표에서 정한 값 이하일 것

지지물의 종류	표준 경간	제2종 특고압 보안공사
목주·A종 철주 또는 A종 철근 콘크리트주	150[m]	100[m]
B종 철주 또는 B종 철근 콘크리트주	250[m]	**200[m]**
철탑	600[m] 이하 (단주인 경우 400[m])	400[m] (단주인 경우에는 300[m])

답 ②

문제 94 지중 전선로에 사용하는 지중함의 시설기준으로 틀린 것은?

① 조명 및 세척이 가능한 장치를 하도록 할 것
② 그 안의 고인 물을 제거할 수 있는 구조일 것
③ 견고하고 차량 기타 중량물의 압력에 견딜 수 있을 것
④ 뚜껑은 시설자 이외의 자가 쉽게 열 수 없도록 할 것

풀이
334.2 지중함의 시설
지중전선로에 사용하는 지중함은 다음에 따라 시설하여야 한다.
가. 지중함은 견고하고 차량 기타 **중량물의 압력에 견디는 구조**일 것.
나. 지중함은 그 안의 **고인 물을 제거할 수 있는 구조**로 되어 있을 것.
다. 폭발성 또는 연소성의 가스가 침입할 우려가 있는 것에 시설하는 지중함으로서 그 **크기가 1[m³] 이상**인 것에는 **통풍장치** 기타 가스를 방산시키기 위한 적당한 장치를 시설할 것.
라. 지중함의 **뚜껑은 시설자이외의 자가 쉽게 열 수 없도록 시설**할 것. 답 ①

문제 95 발전기·변압기·조상기·계기용변성기·모선 또는 이를 지지하는 애자는 어떤 전류에 의하여 생기는 기계적 충격에 견디는 것인가?

① 지상전류 ② 유도전류
③ 충전전류 ④ 단락전류

풀이
발전기 등의 기계적 강도(기술기준 제23조)
발전기, 변압기, 조상기, 모선 또는 이를 지지하는 애자는 단락 전류에 의하여 생기는 기계적 충격에 견디어야 한다. 답 ④

문제 96 건조한 장소에 시설하는 애자공사로 사용전압이 440[V]인 경우 전선과 조영재와의 이격거리는 최소 몇 [cm] 이상이어야 하는가?

① 2.5 ② 3.5
③ 4.5 ④ 5.5

풀이

232.56 애자공사

가. 전선은 절연전선(옥외용 비닐 절연전선 및 인입용 비닐 절연전선을 제외한다)일 것.

나. 이격거리

전압		전선과 조영재와의 이격 거리	전선 상호 간격	전선 지지점간의 거리	
				조영재의 윗면 또는 옆면에 따라 시설	조영재에 따라 시설하지 않는 경우
저압	400[V] 이하	2.5[cm] 이상	6[cm] 이상	2[m] 이하	—
	400[V] 초과	건조한 장소 2.5[cm] 이상			6[m] 이하
		기타의 장소 4.5[cm] 이상			

답 ①

문제 97 저압 가공전선이 가공약전류 전선과 접근하여 시설될 때 저압 가공전선과 가공약전류 전선 사이의 이격거리는 몇 [cm] 이상이어야 하는가?

① 40 ② 50 ③ 60 ④ 80

풀이

332.13 고압 가공전선과 가공약전류전선 등의 접근 또는 교차
222.13 저압 가공전선과 가공약전류전선 등의 접근 또는 교차

가공 약전류 전선	저압 가공전선		고압 가공전선	
	저압 절연전선	고압 절연전선 또는 케이블	절연 전선	케이블
일반	0.6[m]	0.3[m]	0.8[m]	0.4[m]
절연전선 또는 통신용 케이블인 경우	0.3[m]	0.15[m]		

답 ③

문제 98 고저압 혼촉에 의한 위험방지시설로 가공공동지선을 설치하여 시설하는 경우에 각 접지선을 가공공동지선으로부터 분리하였을 경우의 각 접지선과 대지간의 전기저항 값은 몇 [Ω] 이하로 하여야 하는가?

① 75 ② 150 ③ 300 ④ 600

풀이

322.1 고압 또는 특고압과 저압의 혼촉에 의한 위험방지시설

가공공동지선과 대지 사이의 합성 전기저항 값은 1[km]를 지름으로 하는 지역 안마다 규정에 의해 접지저항 값을 가지는 것으로 하고 또한 **각 접지도체를 가공공동지선으로부터 분리**하였을 경우의 각 접지도체와 대지 사이의 **전기저항값은 300[Ω]** 이하로 할 것.

답 ③

문제 99 혼촉 사고 시에 1초를 초과하고 2초 이내에 자동 차단되는 6.6[kV] 전로에 결합된 변압기 저압측의 전압이 220[V]인 경우 접지 저항값[Ω]은? (단, 고압측 1선 지락전류는 30[A]라 한다.)

① 5 ② 10 ③ 20 ④ 30

풀이

142.5 변압기 중성점 접지

변압기의 고압·특고압측 전로 또는 사용전압이 35[kV] 이하의 특고압전로가 저압측 전로와 혼촉하고 저압전로의 대지전압이 150[V]를 초과하는 경우는 저항 값은 다음에 의한다.

가. 1초 초과 2초 이내에 고압·특고압 전로를 자동으로 차단하는 장치를 설치할 때는 300을 나눈 값 이하

$$R = \frac{300}{\text{고압측 또는 특고압측의 1선 지락전류}} [\Omega]$$

나. 1초 이내에 고압·특고압 전로를 자동으로 차단하는 장치를 설치할 때는 600을 나눈 값 이하

$$R = \frac{600}{\text{고압측 또는 특고압측의 1선 지락전류}} [\Omega]$$

$$\therefore R = \frac{300}{\text{1선 지락 전류}} = \frac{300}{30} = 10[\Omega]$$

답 ②

문제 100 방직공장의 구내 도로에 220[V] 조명등용 가공전선로를 시설하고자 한다. 전선로의 경간은 몇 [m] 이하이어야 하는가?

① 20 ② 30 ③ 40 ④ 50

풀이

222.23 구내에 시설하는 저압 가공전선로

가. 전선은 지름 2[mm] 이상의 경동선의 절연전선 일 것. 다만, 경간이 10[m] 이하인 경우에 한하여 공칭단면

적 4 [mm²] 이상의 연동 절연전선을 사용할 수 있다.
나. **전선로의 경간은 30 [m] 이하일 것**
다. 1구내에만 시설하는 사용전압이 400[V] 이하인 저압 가공전선로의 높이
   ① 도로(폭이 5[m]이하)를 횡단하는 경우 : 4[m] 이상
   ② 도로를 횡단하지 않는 경우 : 3[m] 이상의 높이일 것

답 ②

D60-2

2022년도 전기산업기사 필기 CBT 복원문제

- 2022년도 제1회 전기산업기사
- 2022년도 제2회 전기산업기사
- 2022년도 제3회 전기산업기사

국가기술자격검정 필기시험 문제

2022년도 전기산업기사 일반검정 제1회		(CBT 복원문제)	수검 번호	성 명
자격종목 및 등급(선택분야)	종목코드	시험시간	문제지형별	
전기산업기사	2140	2시간 30분	A	

제1과목 전기자기학

문제 01 비유전율이 9이고, 비투자율이 1인 매질내의 고유 임피던스는 약 몇 [Ω]인가?

① 42 ② 84
③ 126 ④ 377

풀이
고유 임피던스
$Z_0 = \dfrac{E}{H} = \sqrt{\dfrac{\mu}{\epsilon}} = \sqrt{\dfrac{\mu_0}{\epsilon_0}} \cdot \sqrt{\dfrac{\mu_s}{\epsilon_s}}$
$= \sqrt{\dfrac{4\pi \times 10^{-7}}{8.855 \times 10^{-12}}} \cdot \sqrt{\dfrac{\mu_s}{\epsilon_s}}$
$= 377\sqrt{\dfrac{\mu_s}{\epsilon_s}} = 377\sqrt{\dfrac{1}{9}} = 125.67 \, [\Omega]$ **답 ③**

문제 02 비유전율 $\epsilon_s = 5$인 유전체 내의 분극률은 몇 [F/m]인가?

① $\dfrac{10^{-8}}{9\pi}$ ② $\dfrac{10^9}{9\pi}$
③ $\dfrac{10^{-9}}{9\pi}$ ④ $\dfrac{10^8}{9\pi}$

풀이
분극의 세기 $P = \epsilon_0(\epsilon_s - 1)E$ 식에서
분극률 $\chi = \dfrac{P}{E} = \epsilon_0(\epsilon_s - 1) = \dfrac{1}{36\pi \times 10^9} \times (5-1)$
$= \dfrac{10^{-9}}{9\pi}$ [F/m]
($\epsilon_0 = \dfrac{10^7}{4\pi C^2} = \dfrac{1}{36\pi \times 10^9}$, C : 빛의 속도 = 3×10^8[m/s]) **답 ③**

문제 03 그림과 같이 진공내의 A, B, C 각 점에 $Q_A = 4 \times 10^{-6}$[C], $Q_B = 2 \times 10^{-6}$[C], $Q_C = 5 \times 10^{-6}$[C]의 점전하가 일직선상에 놓여 있을 때 B점에 작용하는 힘은 몇 [N]인가?

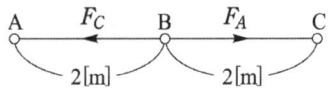

① 0.8×10^{-2} ② 1.2×10^{-2}
③ 1.8×10^{-2} ④ 2.4×10^{-2}

풀이
• 점전하 A가 점전하 B에 작용하는 힘
$F_A = \dfrac{1}{4\pi\epsilon_0} \dfrac{Q_A Q_B}{r^2} = 9 \times 10^9 \times \dfrac{4 \times 2 \times 10^{-12}}{2^2}$
$= 1.8 \times 10^{-2}$[N]
• 점전하 C가 점전하 B에 작용하는 힘
$F_C = \dfrac{1}{4\pi\epsilon_0} \dfrac{Q_B Q_C}{r^2} = 9 \times 10^9 \times \dfrac{2 \times 5 \times 10^{-12}}{3^2}$
$= 1 \times 10^{-2}$[N]
• 점전하 B가 받는 힘 F는 F_A와 F_C의 합성력이므로
$F = F_A - F_C = (1.8 - 1) \times 10^{-2} = 0.8 \times 10^{-2}$[N] **답 ①**

문제 04 전계 $E = \sqrt{2} E_c \sin\omega\left(t - \dfrac{z}{v}\right)$[V/m]의 평면 전자파가 있다. 진공 중에서의 자계의 실효값은 약 몇 [AT/m] 인가?

① $2.65 \times 10^{-4} E_e$
② $2.65 \times 10^{-3} E_e$
③ $3.77 \times 10^{-2} E_e$
④ $3.77 \times 10^{-1} E_e$

풀이

특성임피던스에서 전계와 자계의 관계식

$$\frac{E_e}{H_e} = \sqrt{\frac{\mu_o}{\epsilon_o}} = 377 \ (진공 중이므로 \ \epsilon_s = 1, \ \mu_s = 1)$$

$$\therefore \ H_e = \frac{1}{377} E_e = 2.65 \times 10^{-3} E_e \ [A/m]$$

답 ②

문제 05 평행판 콘덴서의 극간 전압이 일정한 상태에서 극간에 공기가 있을 때의 흡인력을 F_1, 극판 사이에 극판 간격의 2/3두께의 유리판($\epsilon_r = 10$)을 삽입할 때의 흡인력을 F_2라 하면 $\frac{F_2}{F_1}$는?

① 0.6 ② 0.8
③ 1.5 ④ 2.5

풀이

- 공기 콘덴서의 정전용량
$$C_1 = \frac{\epsilon_0 S}{d}$$

- 유전체 삽입한 콘덴서의 정전용량
(복합유전체의 등가회로 그림 참고)

$$C_2 = \frac{\frac{\epsilon_0 S}{d/3} \cdot \frac{10\epsilon_0 S}{2d/3}}{\frac{\epsilon_0 S}{d/3} + \frac{10\epsilon_0 S}{2d/3}} = \frac{5}{2} \frac{\epsilon_0 S}{d} = \frac{5}{2} C_1$$

- 힘은 에너지에 비례($F \propto W$)하고, 전압이 일정할 때 에너지는 정전용량에 비례($W \propto C$)하므로 힘도 정전용량에 비례하는 관계($F \propto C$)로부터 다음의 관계식이 성립하므로

$$\therefore \ \frac{F_2}{F_1} = \frac{W_2}{W_1} = \frac{C_2}{C_1} = \frac{5}{2} = 2.5 \ (\because F \propto W \propto C)$$

답 ④

참고

만약 전하가 일정한 경우에는 정전에너지가 정전용량에 반비례하므로 다음의 관계식이 성립

$$\therefore \ \frac{F_2}{F_1} = \frac{W_2}{W_1} = \frac{C_1}{C_2} = \frac{2}{5} = 0.4 \ (\because F \propto W \propto \frac{1}{C})$$

문제 06 전계 E의 x, y, z 성분을 E_x, E_y, E_z라 할 때 $\text{div} E$는?

① $\frac{\partial E_x}{\partial x} + \frac{\partial E_y}{\partial y} + \frac{\partial E_z}{\partial z}$

② $i \frac{\partial E_x}{\partial x} + j \frac{\partial E_y}{\partial y} + k \frac{\partial E_z}{\partial z}$

③ $\frac{\partial^2 E_x}{\partial x^2} + \frac{\partial^2 E_y}{\partial y^2} + \frac{\partial^2 E_z}{\partial z^2}$

④ $i \frac{\partial^2 E_x}{\partial x^2} + j \frac{\partial^2 E_y}{\partial y^2} + k \frac{\partial^2 E_z}{\partial z^2}$

풀이

벡터의 발산 (divergence)

$$\nabla \cdot E = \left(\frac{\partial}{\partial x} i + \frac{\partial}{\partial y} j + \frac{\partial}{\partial z} k \right) \cdot (E_x i + E_y j + E_z k)$$

$$= \frac{\partial E_x}{\partial x} + \frac{\partial E_y}{\partial y} + \frac{\partial E_z}{\partial z}$$

이 관계식은 벡터 E방향으로 그려진 단위체적에서 발산(divergence)하는 선속수의 물리적 의미를 가지므로 즉, $\nabla \cdot E = \text{div} E$로 표시 ($\nabla \cdot$ 대신에 div를 사용)

답 ①

문제 07 강자성체의 자화에 관한 설명으로 틀린 것은?

① 강자성체의 자화의 세기는 자계의 세기에 비례한다.
② 강자성체에 자계를 변화시키면 히스테리시스 현상이 나타난다.
③ 강자성체의 히스테리시스손은 히스테리시스 곡선의 면적과 같다.
④ 강자성체의 자속밀도 B는 자계의 세기 H에 비례하지 않는다.

풀이

자화의 세기 J와 자계의 세기 H와의 관계

(강자성체 자화곡선)

$$J = \chi H = (\mu - \mu_0) H = \mu_0 (\mu_s - 1) H \ [Wb/m^2]$$

- 강자성체 이외의 자성체 : 자화의 세기와 자계가 비례 (즉, μ와 χ_m을 정수로 취급)
- 강자성체 : 전혀 자화되어 있지 않은 강자성체에 자계를 가하여 그 자계 H를 점점 크게 하면 그에 따라 자화의 세기 J도 점점 크게 된다. 그러나 **일정 범위를 지나면 자계의 세기 H가 증가하여도 자화의 세기 J는 더 이상 증가하지 않고 거의 일정하게 된다.**

답 ①

문제 08 직류 500[V] 절연저항계로 절연저항을 측정하니 2[MΩ]이 되었다면 누설전류는?

① 25[μA]　　② 250[μA]
③ 1000[μA]　　④ 1250[μA]

풀이
누설 전류 $i = \dfrac{E}{R_g} = \dfrac{500}{2\times 10^6} = 250\times 10^{-6}[\text{A}] = 250[\mu\text{A}]$

답 ②

문제 09 공기 중 임의의 점에서 자계의 세기(H)가 20 [AT/m]라면 자속밀도(B)는 약 몇 인가?

① 2.5×10^{-5}　　② 3.5×10^{-5}
③ 4.5×10^{-5}　　④ 5.5×10^{-5}

풀이
자속밀도 $B = \mu H = \mu_0 \mu_s H = 4\pi\times 10^{-7} \times 1 \times 20$
$= 2.51\times 10^{-5}[\text{Wb/m}^2]$

답 ①

문제 10 전계의 세기가 1500[V/m]인 전장에 5[μC]의 전하를 놓았을 때 이 전하에 작용하는 힘은 몇 [N]인가?

① 4.5×10^{-3}　　② 5.5×10^{-3}
③ 6.5×10^{-3}　　④ 7.5×10^{-3}

풀이
전하에 작용하는 힘
$F = Eq = 1500\times 5\times 10^{-6} = 7.5\times 10^{-3}[\text{N}]$

답 ④

문제 11 반지름이 5[mm]인 구리선에 10[A]의 전류가 흐르고 있을 때 단위 시간당 구리선의 단면을 통과하는 전자의 개수는?
(단, 전자의 전하량 $e = 1.602\times 10^{-19}$[C] 이다.)

① 6.24×10^{17}　　② 6.24×10^{19}
③ 1.28×10^{21}　　④ 1.28×10^{23}

풀이
단위시간당 통과한 전기량 $Q = it = 10\times 1 = 10$[C] 이고
전자 1개의 전하량 $e = 1.602\times 10^{-19}$[C] 이므로
∴ 전자의 개수 $n = \dfrac{Q}{e} = \dfrac{10}{1.602\times 10^{-19}} = 6.24\times 10^{19}$

답 ②

문제 12 자유공간의 변위전류가 만드는 것은?

① 전계　　② 전속
③ 자계　　④ 분극지력선

풀이
rot $\boldsymbol{H} = \boldsymbol{J} + i_d$
$\boldsymbol{J}$: 전도 전류 밀도,　i_d : 변위 전류 밀도
자유 공간에서 전도 전류 밀도 $\boldsymbol{J} = 0$이므로, 변위 전류 밀도 $i_d = $ rot $\boldsymbol{H}$ 가 된다.
따라서, **변위 전류는 회전 자계를 형성**시킨다.

답 ③

문제 13 500[AT/m]의 자계 중에 어떤 자극을 놓았을 때 3×10^3[N]의 힘이 작용했다면 이 때 자극의 세기는 몇 [Wb]인가?

① 2[Wb]　　② 3[Wb]
③ 5[Wb]　　④ 6[Wb]

풀이
$F = mH$ 에서
∴ $m = \dfrac{F}{H} = \dfrac{3\times 10^3}{500} = \dfrac{3000}{500} = 6[\text{Wb}]$

답 ④

문제 14 투자율 $\mu = \mu_0$, 굴절률 $n = 2$, 전도율 $\sigma = 0.5$의 특성을 갖는 매질내부의 한 점에서 전계가 $E = 10\cos(2\pi ft)a_x$로 주어질 경우 전도 전류밀도와 변위 전류밀도의 최대값의 크기가 같아지는 전계의 주파수 f[GHz]는?

① 1.75　　② 2.25
③ 5.75　　④ 10.25

풀이
전도전류밀도 $i_c = \sigma E$, 변위전류밀도 $i_d = \omega \epsilon E$와 $i_c = i_d$
로부터
$\sigma E = \omega \epsilon E$,　$\sigma = 2\pi f \epsilon$
주파수 f는
∴ $f = \dfrac{\sigma}{2\pi \epsilon} = \dfrac{\sigma}{2\pi(n^2 \epsilon_0)}$
$= \dfrac{0.5}{2\pi\times 2^2 \times 8.85\times 10^{-12}}$
$= 2.25\times 10^9[\text{Hz}] = 2.25[\text{GHz}]$

답 ②

문제 15 자기회로에서 철심의 투자율을 μ라 하고 회로의 길이를 l이라 할 때 그 회로의 일부에 미소공극 l_g를 만들면 회로의 자기저항은 처음의 몇 배인가? (단, $l_g \ll l$, 즉 $l-l_g \fallingdotseq l$ 이다.)

① $1+\dfrac{\mu l_g}{\mu_0 l}$　　　② $1+\dfrac{\mu l}{\mu_0 l_g}$

③ $1+\dfrac{\mu_0 l_g}{\mu l}$　　　④ $1+\dfrac{\mu_0 l}{\mu l_g}$

풀이

투자율 μ인 자기저항 $R_\mu = \dfrac{l}{\mu A}$

여기서, A는 철심의 단면적, 미소 공극은 l_g이므로 철심의 길이는 $l-l_g \fallingdotseq l$ 이라 하면 이때의 자기저항 R_m은

$R_m = R_1 + R_2 = \dfrac{l_g}{\mu_0 A} + \dfrac{l}{\mu A}$ 이므로

$\therefore \dfrac{R_m}{R_\mu} = 1+\dfrac{\mu l_g}{\mu_0 l} = 1+\dfrac{l_g}{l}\mu_s$

답 ①

문제 16 내압이 1[kV]이고, 용량이 각각 0.01[μF], 0.02[μF], 0.05[μF]인 콘덴서를 직렬로 연결했을 때의 전체내압은?

① 1500[V]　　　② 1600[V]
③ 1700[V]　　　④ 1800[V]

풀이

$Q = C_1 V_1 = C_2 V_2 = C_3 V_3$

에서 콘덴서 용량이 적을수록 콘덴서에 인가되는 전압이 높아진다. 즉, 내압이 동일하다면 용량이 제일 적은 콘덴서가 제일 먼저 파괴 된다. 따라서, 최초로 파괴되는 0.01[μF] 콘덴서를 기준하여 전압을 인가하면 된다.

$Q = CV$에서 $V \propto \dfrac{1}{C}$ 이므로

$V_1 : V_2 : V_3 = \dfrac{1}{0.01} : \dfrac{1}{0.02} : \dfrac{1}{0.05} = 10 : 5 : 2$

즉, 0.01[μF] 콘덴서에 인가되는 전압 V_1은 전체전압의 $\dfrac{10}{(10+5+2)}$ 만큼이 인가된다.

$\therefore V_1 = \dfrac{10}{17} V \to V = \dfrac{17}{10} \times 1,000 = 1,700 [V]$

답 ③

문제 17 그림과 같이 도체 1을 도체 2로 포위하여 도체 2를 일정 전위로 유지하고 도체 1과 도체 2의 외측에 도체 3이 있을 때 용량계수 및 유도계수의 성질로 옳은 것은?

① $q_{23} = q_{11}$　　　② $q_{13} = -q_{11}$
③ $q_{31} = q_{11}$　　　④ $q_{21} = -q_{11}$

풀이

① 도체 1을 도체 2로 포위하고 도체 2를 접지(영전위)하면 도체 1과 도체 3은 정전차폐가 되기 때문에 정전기적으로 관계하지 않게 된다.
  따라서 $q_{23} \neq q_{11}$, $q_{13} = 0$, $q_{31} = 0$
② 도체 1에 단위 전위를 주었을 때 도체 1의 전하 q_{11}과 도체 2의 유도 전하 q_{21}은 서로 양은 같고 부호는 반대가 된다. 따라서 $q_{21} = -q_{11}$
※ 도체 1과 도체 3은 정전기적으로 관계가 없는 정전차폐이므로 용량계수와 유도계수의 아래 첨자에 3을 포함하지 않은 ④번만이 정답이 된다.

답 ④

문제 18 어떤 대전체가 진공 중에서 전속이 Q[C]이었다. 이 대전체를 비유전율 10인 유전체 속으로 가져갈 경우에 전속은 몇 Q[C]이 되겠는가?

① Q　　② $10Q$　　③ $\dfrac{Q}{10}$　　④ $10\epsilon_0 Q$

풀이

• 점전하 Q[C]로부터 나오는 총 전기력선 수는 $\dfrac{Q}{\epsilon}$개로 유전율 ϵ에 따라 변한다.
• 전속 Ψ는 매질에 관계없이 전하 Q[C]일 때 Q개의 전속선이 나온다.
$\therefore \Psi = Q$[C]

답 ①

문제 19 금속도체의 전기저항은 일반적으로 온도와 어떤 관계인가?

① 전기저항은 온도의 변화에 무관하다.
② 전기저항은 온도의 변화에 대해 정특성을 갖는다.
③ 전기저항은 온도의 변화에 대해 부특성을 갖는다.
④ 금속도체의 종류에 따라 전기저항의 온도특성은 일관성이 없다.

[풀이]
- 금속 도체 : 온도의 상승과 더불어 전기 저항은 증가한다.
- 절연체 또는 반도체 : 온도의 상승과 더불어 전기 저항은 감소한다. 답 ②

문제 20 자계의 벡터퍼텐셜을 A [Wb/m]라 할 때 도체 주위에서 자계 B [Wb/m²]가 시간적으로 변화하면 도체에 생기는 전계의 세기 E [V/m]은?

① $E = -\dfrac{\partial A}{\partial t}$ ② rot $E = -\dfrac{\partial A}{\partial t}$

③ E = rot A ④ rot $E = \dfrac{\partial B}{\partial t}$

[풀이]
$B = \nabla \times A$로 정의되고 $\nabla \times E = -\dfrac{\partial B}{\partial t}$에서

$\nabla \times E = -\dfrac{\partial B}{\partial t} = -\dfrac{\partial}{\partial t}(\nabla \times A) = \nabla \times \left(-\dfrac{\partial A}{\partial t}\right)$

$\therefore E = -\dfrac{\partial A}{\partial t}$ 답 ①

제2과목 전력공학

문제 21 154 [kV] 송전선로에서 송전거리가 154 [km]라 할 때 송전용량 계수법에 의한 송전용량은 몇 [kW]인가? (단, 송전용량계수는 1200으로 한다.)

① 61600 ② 92400
③ 123200 ④ 184800

[풀이]
송전용량 $P = $ 회선 수 $\times K\dfrac{V^2}{l}$ [kW]
K : 용량계수, V : 송전전압[kV], l : 송전거리[km]
$P = 1 \times 1200 \times \dfrac{154^2}{154} = 184800$ [kW] 답 ④

문제 22 인터록(interlock)의 기능에 대한 설명으로 맞는 것은?
① 조작자의 의중에 따라 개폐되어야 한다.
② 차단기가 열려 있어야 단로기를 닫을 수 있다.
③ 차단기가 닫혀 있어야 단로기를 닫을 수 있다.
④ 차단기와 단로기를 별도로 닫고, 열 수 있어야 한다.

[풀이]
단로기는 부하 전류를 개폐할 수 없다. 따라서 단로기는 차단기가 열려 있어야 (무전압 상태)열고 닫을 수 있다. 즉, 인터록 장치를 두어 부하 통전 시 단로기를 열 수 없도록 하여야 한다. 답 ②

문제 23 다음 중 수력 발전소의 저수지 용량 등을 결정하는데 사용되는 것으로 가장 적당한 것은?
① 적산 유량 곡선 ② 수위 유량 곡선
③ 유황 곡선 ④ 유량도

[풀이]
적산 유량 곡선은 매일의 수량을 차례로 적산해서 가로축에 일수를, 세로축에 적산 수량을 그린 곡선으로서 **수력 발전소의 댐을 설계하거나 저수지 용량 결정**에 사용된다. 답 ①

문제 24 154[kV] 송전선로에 10개의 현수애자가 연결되어 있다. 다음 중 전압부담이 가장 적은 것은?
① 철탑에 가장 가까운 것
② 철탑에서 3번째에 있는 것
③ 전선에서 가장 가까운 것
④ 전선에서 3번째에 있는 것

[풀이]
- 전압 부담 최대 : 전선에 가장 가까운 애자
- 전압 부담 최소 : 전선에서 2/3 지점에 있는 애자 (철탑에서 1/3 지점에 있는 애자) 답 ②

문제 25 저압 뱅킹 방식에 대한 설명으로 틀린 것은?
① 전압동요가 적다.
② 캐스케이딩 현상에 의해 고장확대가 축소된다.
③ 부하증가에 대해 융통성이 좋다.
④ 고장 보호 방식이 적당할 때 공급 신뢰도는 향상된다.

[풀이]
캐스케이딩 현상이란 Banking 배전방식으로 운전 중 건전한 변압기 일부가 고장이 발생하면 부하가 다른 건전한 변압기에 걸려서 **고장이 확대되는 현상**을 말한다. 답 ②

문제 26 선로의 단락보호용으로 사용되는 계전기는?

① 접지계전기 ② 역상계전기
③ 재폐로계전기 ④ 거리계전기

풀이
거리 계전기 (Distance Relay ; ZR) : 계전기가 설치된 위치로부터 고장점까지의 전기적 거리에 비례하여 한시 동작하는 것으로 **복잡한 계통의 단락 보호**에 과전류 계전기의 대용으로 쓰인다. **답** ④

문제 27 교류송전에서는 송전거리가 멀어질수록 동일 전압에서의 송전 가능 전력이 적어진다. 다음 중 그 이유로 가장 알맞은 것은?

① 선로의 어드미턴스가 커지기 때문이다.
② 선로의 유도성 리액턴스가 커지기 때문이다.
③ 코로나 손실이 증가하기 때문이다.
④ 표피효과가 커지기 때문이다.

풀이
$P = \dfrac{E_S E_R}{X} \sin\delta$ 에서 알 수 있듯이 송전 거리가 멀어질수록 선로의 유도 리액턴스가 커지기 때문에 송전 가능 전력은 적어진다. **답** ②

문제 28 동일 굵기의 전선으로 된 3상 3선식 2회선 송전선이 있다. A회선의 전류는 100 [A], B회선의 전류는 50 [A]이고 선로 손실은 합계 50 [kW]이다. 개폐기를 닫아서 양 회선을 병렬로 사용하여 합계 150 [A]의 전류를 통하도록 하려면 선로 손실 [kW]은?

① 40 ② 45
③ 50 ④ 55

풀이
A회선의 선로 손실과 B회선의 선로 손실에서 저항을 구하면,
$I_A^2 R + I_B^2 R = 50 \text{ [kW]}$
$100^2 R + 50^2 R = 50 \times 10^3$
$\therefore R = 4 \text{ [}\Omega\text{]}$
양 회선을 병렬로 사용하면 동일 전선이므로 동일한 전류가 흐른다.
2회선 $\times 75^2 R = 2 \times 75^2 \times 4 = 45,000 \text{ [W]}$
$\therefore 45 \text{[kW]}$ **답** ②

문제 29 켈빈(Kelvin)의 법칙이 적용되는 경우는?

① 전압 강하를 감소시키고자 하는 경우
② 부하 배분의 균형을 얻고자 하는 경우
③ 전력 손실량을 축소시키고자 하는 경우
④ 경제적인 전선의 굵기를 선정하고자 하는 경우

풀이
• 경제적인 전선의 굵기 : 켈빈의 법칙
• 경제적인 송전전압 결정 : Still 식 **답** ④

문제 30 송전선로를 연가하는 주된 목적은?

① 페란티효과의 방지 ② 직격뢰의 방지
③ 선로정수의 평형 ④ 유도뢰의 방지

풀이
• 연가의 목적 : 선로정수의 평형
• 연가의 효과 : 직렬공진 방지, 유도장해 감소, 선로정수 평형 **답** ③

문제 31 용량 25000[kVA], 임피던스 10[%]인 3상 변압기가 2차 측에서 3상 단락 되었을 때 단락용량은 몇 [MVA]인가?

① 225[MVA] ② 250[MVA]
③ 275[MVA] ④ 433[MVA]

풀이
단락용량 $P_s = \dfrac{100}{\%Z} P_n = \dfrac{100}{10} \times 25000 \times 10^{-3} = 250 \text{[MVA]}$ **답** ②

문제 32 원자력발전소와 화력발전소의 특성을 비교한 것 중 옳지 않은 것은?

① 원자력발전소는 화력발전소의 보일러 대신 원자로와 열교환기를 사용한다.
② 원자력발전소의 건설비는 화력발전소에 비하여 낮다.
③ 동일 출력일 경우 원자력발전소의 터빈이나 복수기가 화력발전소에 비하여 대형이다.
④ 원자력발전소는 방사능에 대한 차폐 시설물의 투자가 필요하다.

풀이

화력 발전과 비교하여 원자력 발전은 출력 밀도(단위 체적당 출력)가 크므로 같은 출력이라면 소형화가 가능하며, 단위 출력당 건설비는 화력 발전소에 비하여 비싸다. **답** ②

문제 33 전선에서 전류의 밀도가 도선의 중심으로 들어갈수록 작아지는 현상은?

① 표피효과 ② 근접효과
③ 접지효과 ④ 페란티효과

풀이

표피효과(skin effect) : 도체의 중심으로 갈수록 전류의 밀도가 낮아지는(전류가 잘 흐르지 못하는) 현상

$$\delta = \sqrt{\frac{2}{\omega\sigma\mu}} = \sqrt{\frac{1}{\pi f \sigma\mu}} \text{ [m]}$$

f(주파수), σ(도전율), μ(투자율) 가 클수록 δ가 작게 되어 표피 효과가 심해진다. **답** ①

문제 34 동일한 2대의 단상변압기를 V결선 하여 3상 전력을 100[kVA]까지 배전할 수 있다면 똑같은 단상변압기 1대를 추가하여 △결선하게 되면 3상 전력은 약 몇 [kVA] 까지 배전할 수 있겠는가?

① 57.7[kVA]   ② 70.5[kVA]
③ 141.5[kVA] ④ 173.2[kVA]

풀이

$P_\triangle = 3P_1 = \sqrt{3} \cdot \sqrt{3}\,P_1 = \sqrt{3}\,P_V$ 이므로

∴ $P_\triangle = \sqrt{3} \times 100 = 173.2 [kVA]$

(∵ V결선 출력 $P_V = \sqrt{3}\,P_1$) **답** ④

문제 35 송전계통의 절연협조에 있어 절연 레벨을 가장 낮게 잡고 있는 것은?

① 피뢰기 ② 단로기
③ 변압기 ④ 차단기

풀이

절연 협조는 계통의 각 기기 및 기구, 선로, 애자 상호간의 균형있는 적당한 절연 강도를 가지는 것을 말하며 피뢰기의 제한 전압이 기기의 기준 충격 절연 강도보다 낮아야 한다.
즉, **절연 레벨 : 피뢰기 < 변압기 < 차단기, CT, PT, …
< 선로 애자** **답** ①

문제 36 서지파(진행파)가 서지 임피던스 Z_1의 선로측에서 서지 임피던스 Z_2의 선로측으로 입사할 때 투과계수(투과파 전압÷입사파 전압) b를 나타내는 식은?

① $b = \dfrac{Z_2 - Z_1}{Z_1 + Z_2}$ ② $b = \dfrac{2Z_2}{Z_1 + Z_2}$

③ $b = \dfrac{Z_1 - Z_2}{Z_1 + Z_2}$ ④ $b = \dfrac{2Z_1}{Z_1 + Z_2}$

풀이

- 파동(서지)임피던스가 서로 다른 회로에 연결된 점(이것을 보통 변이점이라 한다)에 진행파가 진입하면 일부는 반사하고 나머지는 변이점을 통과해서 다음회로에 침입해 들어가게 된다.
- 서지파(진행파)가 서지 임피던스 Z_1의 선로측에서 서지 임피던스 Z_2의 선로측으로 입사할 때

투과 계수$(b) = \dfrac{2Z_2}{Z_2 + Z_1}$ 반사 계수$(\beta) = \dfrac{Z_2 - Z_1}{Z_2 + Z_1}$ **답** ②

문제 37 3상3선식 배전선로에 역률이 0.8(지상)인 3상 평형 부하 40[kW]를 연결했을 때 전압강하는 약 몇 [V] 인가? (단, 부하의 전압은 200[V], 전선 1조의 저항은 0.02[Ω]이고, 리액턴스는 무시한다.)

① 2   ② 3   ③ 4   ④ 5

풀이

전압 강하 $e = \dfrac{P}{V}(R + X\tan\theta)$에서 리액턴스를 무시하므로 $X = 0$

∴ $e = \dfrac{PR}{V} = \dfrac{40 \times 10^3 \times 0.02}{200} = 4[V]$ **답** ③

문제 38 송전 계통의 중성점 접지용 소호 리액터의 인덕턴스 L은? 단, 선로 한 선의 대지 정전 용량을 C라 한다.

① $L = \dfrac{1}{C}$ ② $L = \dfrac{C}{2\pi f}$

③ $L = \dfrac{1}{2\pi f C}$ ④ $L = \dfrac{1}{3(2\pi f)^2 C}$

풀이

소호리액터 접지방식은 **선로의 대지정전용량과 공진하는 리액터를 통하여 접지하는 방식**이므로

$$\omega L = \frac{1}{3\omega C} \quad (\because \text{변압기의 리액턴스는 무시})$$
$$\therefore L = \frac{1}{3\omega^2 C} = \frac{1}{3(2\pi f)^2 C} \quad \text{답 ④}$$

문제 39 송전선에의 뇌격에 대한 차폐 등으로 가선하는 가공지선에 대한 설명 중 옳은 것은?

① 차폐각은 보통 15~30° 정도로 하고 있다.
② 차폐각이 클수록 벼락에 대한 차폐효과가 크다.
③ 가공지선을 2선으로 하면 차폐각이 적어진다.
④ 가공지선으로는 연동선을 주로 사용한다.

풀이
가공 지선은 뇌 서지로부터 송전선의 차폐를 위해 시설한다. 차폐각은 35°~40° 정도로 잡고 있으며, 차폐각이 작을수록 (가공지선을 2회선으로 하면 차폐각이 적어진다.) 보호율이 높으나 그 반면에 건설비가 비싸다. 가공 지선은 ACSR을 사용한다. 답 ③

문제 40 등가 송전선로의 정전용량 $C = 0.008[\mu F/km]$, 선로길이 $l = 100[km]$, 대지전압 $E = 37000[V]$이고 주파수 $f = 60[Hz]$일 때, 충전전류는 약 몇 [A]인가?

① 11.2
② 6.7
③ 0.635
④ 0.426

풀이
충전전류 $I_c = 2\pi f C l E$
$= 2\pi \times 60 \times 0.008 \times 10^{-6} \times 100 \times 37000$
$= 11.2[A]$ 답 ①

제3과목 전기기기

문제 41 직류전동기의 속도제어법 중 정지 워드 레오나드 방식에 관한 설명으로 틀린 것은?

① 광범위한 속도제어가 가능하다.
② 정토크 가변속도의 용도에 적합하다.
③ 제철용압연기, 엘리베이터 등에 사용된다.
④ 직권전동기의 저항제어와 조합하여 사용한다.

풀이
직류 전동기의 속도 제어법 비교

구 분	제어 특성	특 징
계자 제어법	• 정출력 제어	• 속도 제어 범위가 좁다.
전압 제어법	• 정토크 제어 ┌ 워드 레오나드 방식 └ 일그너 방식	• 제어 범위가 넓다. • 손실이 매우 적다. • 정역 운전이 가능 • 압연기나 권상기 등의 속도제어에 사용 • 설비비가 많이 든다.
직렬 저항법		• 효율이 나쁘다.

답 ④

문제 42 정격 전압에서 전 부하로 운전하는 직류 직권전동기의 부하전류가 50[A]이다. 부하토크가 반으로 감소하면 부하전류는 약 몇 [A] 인가? (단, 자기포화는 무시한다.)

① 25
② 35
③ 45
④ 50

풀이
토크와 속도와의 관계 (자기포화가 되지 않는 범위, 즉 $\phi \propto I$)에서 $T = K_1 \phi I_a$ 에서 $T = K_2 I^2$
($\because$ 직권전동기에서 $I_a = I_f = I \propto \phi$ 이다.)
따라서, $T : \frac{1}{2}T = 50^2 : I^2$
$\therefore I^2 = \frac{1}{2} \times 50^2, \quad I = \frac{1}{\sqrt{2}} \times 50 = 35.36[A]$ 답 ②

문제 43 발전기의 종류 중 회전계자형으로 하는 것은?

① 동기 발전기
② 유도 발전기
③ 직류 복권발전기
④ 직류 타여자발전기

풀이
회전 계자형은 전기자를 고정자로 하고, 계자극을 회전자로 한 것으로서 발전기 중 현재 가장 많이 사용되고 있는 **동기 발전기는 회전 계자형**으로 되어 있다. 답 ①

문제 44 3상 유도전동기의 2차 저항을 m배로 하면 동일하게 m배로 되는 것은?
① 역률
② 전류
③ 슬립
④ 토크

풀이
$$\frac{r_2}{s_m} = \frac{r_2 + R_s}{s_t}$$
여기서, r_2 : 2차 권선의 저항, s_m : 최대 토크시 슬립, s_t : 기동시 슬립, R_s : 2차 외부회로 저항, $r_2 + R_s$: 2차 회로 저항
즉, 2차 회로 저항 $r_2 + R_s$와 슬립 s_t는 비례 관계에 있다. 답 ③

문제 45 다음 권선법 중 직류기에서 주로 사용되는 것은?
① 폐로권, 환상권, 이층권
② 폐로권, 고상권, 이층권
③ 개로권, 환상권, 단층권
④ 개로권, 고상권, 이층권

풀이
직류기의 전기자 권선법
- 환상권과 고상권 중에서 **고상권**을 사용
- 폐로권과 개로권 중에서 **폐로권**을 사용
- 단층권과 2층권 중에서 **2층권**을 사용
- 전절권과 단절권 중에서 **단절권**을 사용 답 ②

문제 46 그림의 단상 전파 정류회로에서 교류측 공급전압 $628\sin 314t$[V], 직류측 부하저항 20 [Ω]일 때의 직류측 부하전류의 평균치 I_d [A] 및 직류측 부하전압의 평균치 E_d [V]는?

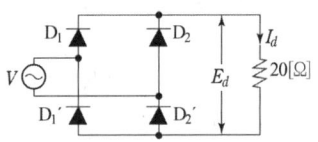

① $I_d = 20$, $E_d = 400$
② $I_d = 10$, $E_d = 200$
③ $I_d = 14.1$, $E_d = 282$
④ $I_d = 28.2$, $E_d = 565$

풀이
$$E = \frac{E_m}{\sqrt{2}} = \frac{628}{\sqrt{2}} = 444[V]$$
$$E_d = \frac{2\sqrt{2}}{\pi}E = 0.9E = 0.9 \times 444 = 400 [V]$$
$$I_d = \frac{E_d}{R} = \frac{400}{20} = 20[A]$$
답 ①

문제 47 직류 직권전동기의 운전상 위험속도를 방지하는 방법 중 가장 적합한 것은?
① 무부하 운전한다.
② 경부하 운전한다.
③ 무여자 운전한다.
④ 부하와 기어를 연결한다.

풀이
직권 전동기에서는 $I_a = I = I_f$이므로 $I = I_f \propto \phi$가 된다.
회전 속도 $n = K\dfrac{V - I_a(R_a + R_s)}{\phi}$에서 알 수 있듯이 **무부하 상태**($I = 0$, 즉 $\phi = 0$)가 되면 속도가 급격히 상승하여 원심력으로 파괴될 우려가 있다. 그러므로, 직권 전동기로 다른 기계를 운전하려면, 반드시 **직결하거나 기어(gear)를 사용하여야 한다.** 답 ④

문제 48 정격전압 6000[V], 용량 5000[kVA]의 3상 동기발전기에서 여자전류가 200[A]일 때 무부하 단자 전압이 6000[V], 단락전류는 500[A]이었다. 동기 리액턴스는 약 몇 [Ω]인가?
① 8.65
② 7.26
③ 6.93
④ 5.77

풀이
단락전류 $I_s = \dfrac{E}{Z_s} = \dfrac{V}{\sqrt{3}\,Z_s}$[A]에서
$$Z_s = X_s = \frac{V}{\sqrt{3}\,I_s} = \frac{6000}{\sqrt{3} \times 500} = 6.93[\Omega]$$
(단, 저항분은 무시한 경우임) 답 ③

문제 49 동기발전기의 병렬운전 조건에서 같지 않아도 되는 것은?
① 주파수   ② 용량
③ 위상   ④ 기전력

풀이
동기 발전기의 **병렬 운전 조건**은 다음과 같다.
① 기전력의 **크기**가 같을 것
② 기전력의 **위상**이 같을 것
③ 기전력의 **주파수**가 같을 것
④ 기전력의 **파형**이 같을 것
⑤ **상회전 방향**이 같을 것   **답** ②

문제 50 직류기의 정류 작용에서 전압 정류를 하고자 한다. 어떻게 하여야 하는가?
① 계자를 이동시킨다.
② 보극을 설치한다.
③ 탄소 브러시를 단락시킨다.
④ 환상 권선을 분리시킨다.

풀이
양호한 정류를 얻는 조건
① 리액턴스 전압을 작게 한다. $\left(e_L = L \dfrac{2I_c}{T_c}\right)$
② 단절권 채용으로 자기 인덕턴스를 작게 한다.
③ 고속을 피하여 정류 주기를 길게 한다.
④ 저항 정류로서 접촉저항이 큰 탄소 브러시를 사용한다.
⑤ **전압 정류로서 보극을 설치**한다.   **답** ②

문제 51 전압이 일정한 모선에 접속되어 역률 100[%]로 운전하고 있는 동기전동기의 여자전류를 증가시키면 역률과 전기자전류는 어떻게 되는가?
① 뒤진 역률이 되고 전기자 전류는 증가한다.
② 뒤진 역률이 되고 전기자 전류는 감소한다.
③ 앞선 역률이 되고 전기자 전류는 증가한다.
④ 앞선 역률이 되고 전기자 전류는 감소한다.

풀이

- I_{f_1} : $\cos\theta = 1$
- I_{f_2}(여자 전류 증가) : 진상의 전기자 전류가 흐르고, 전류는 증가한다.
- I_{f_3}(여자 전류 감소) : 지상의 전기자 전류가 흐르고, 전류는 증가한다.   **답** ③

문제 52 변압기의 부하 전류 및 전압이 일정하고, 주파수가 낮아 졌을 때 의 현상으로 옳은 것은?
① 철손감소   ② 철손증가
③ 동손감소   ④ 동손증가

풀이
- 동손 $P_c = I^2 R$ 로 동손은 전류의 자승에 비례하나 주파수와는 무관하다.
- 유기기전력 $E = 4.44 f W \phi_m$ [V]에서 기전력이 일정한 경우
$$f \propto \dfrac{E}{\phi_m} \propto \dfrac{E}{B_m}$$
- 와류손 $P_e = K_e (t \cdot f \cdot K_f \cdot B_m)^2 = K_e \left(t \cdot f \cdot K_f \cdot \dfrac{E}{f}\right)^2$
$= KE^2$ 에서 와류손은 주파수와 무관하다.
- 히스테리시스손
$$P_h = K_h \cdot f \cdot B_m^2 = K \cdot f \cdot \left(\dfrac{E}{f}\right)^2 = K \dfrac{E^2}{f}$$
로 주파수에 반비례 한다.
따라서, 철손 = 와류손 + 히스테리시스손 으로 구성되어 있으므로 주파수가 낮아지면 철손은 증가 하게 된다. 즉, **와류손은 주파수에 무관 하지만 히스테리시스손은 주파수에 반비례 하므로 주파수가 낮아지면 전체 철손은 증가하게 된다.**   **답** ②

문제 53 유도전동기의 부하를 증가시키면 역률은?
① 좋아진다.   ② 나빠진다.
③ 변함이 없다.   ④ 1이 된다.

풀이
유도 전동기는 자기 회로에 공극이 있기 때문에 여자 전류가 전부하 전류의 20~50[%]에 이른다. 그리고 무부하 상태에서는 유효 전류가 매우 적기 때문에 무부하 전류≒자화 전류로 보아도 좋다. 따라서, 무부하 전류는 역률이 매우 낮다. 그러나 2차측에 부하가 증가하면 유효분 전류의 증가로 인하여 1차측에서 본 역률은 점점 좋아지게 된다.   **답** ①

문제 54 전부하에서 동손 100 [W], 철손 50 [W]인 변압기가 최대 효율[%]을 나타내는 부하는?
① 50 ② 67 ③ 70 ④ 86

풀이
최대 효율은 철손과 동손이 같을 때이므로 $P_i = m^2 P_c$
∴ $m = \sqrt{\dfrac{P_i}{P_c}} = \sqrt{\dfrac{50}{100}} = 0.7 = 70[\%]$ 답 ③

문제 55 220[V], 50[kW]인 직류 직권전동기를 운전하는데 전기자 저항(브러시의 접촉저항 포함)이 0.05[Ω]이고 기계적 손실이 1.7 [kW], 표유손이 출력의 1 [%]이다. 부하전류가 100 [A]일 때의 출력은 약 몇 [kW] 인가?
① 14.5 ② 16.7 ③ 18.2 ④ 19.6

풀이
역기전력 $E_c = V - (R_a + R_s)I = 220 - 0.05 \times 100 = 215[V]$
∴ $P = E_c I = 215 \times 100 = 21500[W] = 21.5[kW]$
∴ $P' = 21.5 - 1.7 - (21.5 \times 0.01) = 19.6[kW]$ 답 ④

문제 56 용량 40[kVA], 3200/200[V]인 3상 변압기 2차측에 3상 단락이 생겼을 경우 단락전류는 약 몇 A]인가? (단, %임피던스 전압은 4[%] 이다.)
① 1887 ② 2887
③ 3243 ④ 3558

풀이
단락전류 $I_s = \dfrac{100}{\%Z} \times I_n [A]$에서
$I_s = \dfrac{100}{\%Z} \times \dfrac{P}{\sqrt{3}\,V} = \dfrac{100}{4} \times \dfrac{40000}{\sqrt{3} \times 200} = 2887[A]$
(V : 2차측 단락전류를 구할 때는 2차측 전압을, 1차측에서의 단락전류를 구할 때는 1차측 전압)   답 ②

문제 57 제13차 고조파에 의한 회전자계의 회전방향과 속도를 기본파 회전자계와 비교할 때 옳은 것은?
① 기본파와 반대방향이고, 1/13의 속도
② 기본파와 동일방향이고, 1/13의 속도
③ 기본파와 동일방향이고, 13배의 속도
④ 기본파와 반대방향이고, 13배의 속도

풀이
① 회전 자계 방향
- $h = 2nm + 1$: **기본파와 같은 방향**의 회전 자계 발생 (즉, 7차, 13차, …) 여기서, h : 고조파 차수, n : 1, 2, 3, …
- $h = 3n$: 회전자계를 발생하지 않는다.
- $h = 2nm - 1$: 기본파와 반대 방향의 회전자계 발생
② 회전속도 = $\dfrac{1}{\text{고조파 차수}}$ 답 ②

문제 58 동기 발전기의 돌발 단락 전류를 주로 제한하는 것은?
① 동기 리액턴스 ② 누설 리액턴스
③ 권선 저항   ④ 동기 임피던스

풀이
동기기에서 저항은 누설 리액턴스에 비하여 작으며 전기자 반작용은 단락 전류가 흐른 뒤에 작용하므로 **돌발 단락 전류를 제한하는 것은 누설 리액턴스**이다. 역상 리액턴스는 역상 전류에 대응하는 것으로 3상 평형 단락이 되면 역상 전류는 흐르지 않는다.
동기 리액턴스 = 누설 리액턴스 + 반작용 리액턴스   답 ②

문제 59 동기 전동기의 기동법 중 자기동법에서 계자권선을 단락하는 이유는?
① 고전압의 유도를 방지한다.
② 전기자 반작용을 방지한다.
③ 기동 권선으로 이용한다.
④ 기동이 쉽다.

풀이
동기전동기의 자기동법
이 방식은 난조 방지용인 제동권선을 기동권선으로 하여 시동토크를 얻는 방법으로서, **기동 시 전기자권선에 의한 회전자계에 의해 계자권선내에 고압이 유도되어 절연을 파괴할** 우려가 있으므로 계자권선은 외부 저항을 통해 단락해 놓고 기동해야 한다.   답 ①

문제 60 기동장치를 갖는 단상 유도전동기가 아닌 것은?
① 2중 농형   ② 분상기동형
③ 반발기동형 ④ 셰이딩코일형

풀이

2중 농형 유도 전동기
① 회전자의 농형권선을 내외 이중으로 설치한 것
② 도체
  • 외측도체 : 저항이 높은 황동 또는 동니켈 합금의 도체를 사용
  • 내측도체 : 저항이 낮은 전기동 사용
③ 기동시에는 저항이 높은 외측 도체로 흐르는 전류에 의해 큰 기동 토오크를 얻고 기동완료 후에는 저항이 적은 내측 도체로 전류가 흘러 우수한 운전 특성을 얻는 전동기로서 **별도의 기동장치가 필요 없다.** **답** ①

제4과목 회로이론

문제 61 그림과 같은 비정현파의 주기함수에 대한 설명으로 틀린 것은?

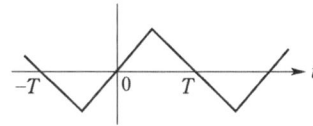

① 기함수파이다.
② 반파 대칭파이다.
③ 직류 성분은 존재하지 않는다.
④ 홀수차의 정현항 계수는 0이다.

풀이
그림의 파형은 반파 정현 대칭 함수이므로
$f(t) = -f(t+\pi)$와 $f(t) = -f(-t)$
의 두 조건을 만족하는 기함수파 **답** ④

문제 62 T형 4단자 회로망에서 영상 임피던스가 $Z_{01} = 50[\Omega]$, $Z_{02} = 2[\Omega]$이고, 전달 정수가 0일 때 이 회로의 4단자 정수 D의 값은?
① 10 ② 5
③ 0.2 ④ 0.1

풀이
$D = \sqrt{\dfrac{Z_{02}}{Z_{01}}}\cosh\theta = \sqrt{\dfrac{2}{50}}\cosh 0 = \dfrac{1}{5}$ **답** ③

문제 63 대칭 3상 교류에서 순시값의 벡터 합은?
① 0 ② 40
③ 0.577 ④ 86.6

풀이
a상을 기준하면
$e_a + e_b + e_c = e_a + a^2 e_a + a e_a = e_a(1+a^2+a) = 0$
($\because 1+a+a^2 = 0$) **답** ①

문제 64 $\dfrac{s\sin\theta + \omega\cos\theta}{s^2 + \omega^2}$의 역라플라스 변환을 구하면 어떻게 되는가?
① $\sin(\omega t - \theta)$ ② $\sin(\omega t + \theta)$
③ $\cos(\omega t - \theta)$ ④ $\cos(\omega t + \theta)$

풀이
$F(s) = \dfrac{s\sin\theta + \omega\cos\theta}{s^2+\omega^2} = \dfrac{s}{s^2+\omega^2}\sin\theta + \dfrac{\omega}{s^2+\omega^2}\cos\theta$
역 Laplace 변환하면
$f(t) = \cos\omega t\sin\theta + \sin\omega t\cos\theta = \sin(\omega t+\theta)$ **답** ②

참고
$\mathcal{L}[\sin\omega t] = \dfrac{\omega}{s^2+\omega^2}$, $\mathcal{L}[\cos\omega t] = \dfrac{s}{s^2+\omega^2}$
$f(t) = \sin(\omega t + \theta) = \sin\omega t \cdot \cos\theta + \cos\omega t \cdot \sin\theta$

문제 65 임피던스 함수 $Z(s) = \dfrac{s+50}{s^2+3s+2}[\Omega]$ 으로 주어지는 2단자 회로망에 100[V]의 직류 전압을 가했다면 회로의 전류는 몇 [A]인가?
① 4 ② 6 ③ 8 ④ 10

풀이
직류이므로 $s(j\omega) = 0$, $Z(s) = \dfrac{50}{2} = 25[\Omega]$
$\therefore I = \dfrac{V}{Z(s)} = \dfrac{100}{25} = 4[A]$ **답** ①

문제 66 회로에서 10[Ω]의 저항에 흐르는 전류[A]는?
① 8
② 10
③ 15
④ 20

풀이

중첩의 정리에 의해 $I_R = 10 + 2 + 3 = 15[A]$
(10[V] 전압원에 의해서는 2[A]전류원이 개방되므로 저항에
전류가 흐르지 못한다)   **답 ③**

문제 67 데브낭의 정리와 쌍대 관계에 있는 정리는?

① 보상의 정리   ② 노튼의 정리
③ 중첩의 정리   ④ 밀만의 정리

풀이

테브난의 정리(등가 전압원 정리)와 노튼 정리(등가 전류원 정리)는 쌍대 관계가 있다.   **답 ②**

문제 68 $R = 15[\Omega]$, $X_L = 12[\Omega]$, $X_C = 30[\Omega]$이 병렬로 접속된 회로에 120[V]의 교류 전압을 가하면 전원에 흐르는 전류는 몇 [A]인가?

① 5[A]   ② 7[A]
③ 10[A]   ④ 22[A]

풀이

병렬 접속인 경우 전압이 일정하므로

- 저항에 흐르는 전류 $I_R = \dfrac{V}{R} = \dfrac{120}{15} = 8[A]$
- 유도성 리액턴스에 흐르는 전류
$I_L = \dfrac{V}{jX_L} = \dfrac{120}{j12} = -j10[A]$
- 용량성 리액턴스에 흐르는 전류
$I_C = \dfrac{V}{-jX_C} = \dfrac{120}{-j30} = j4[A]$

따라서 전체 전류
$I = I_R + I_L + I_C = 8 - j10 + j4 = 8 - j6 = 10\underline{/-36.86}$ [A]
가 된다.   **답 ③**

문제 69 RL 직렬회로에 직류전압을 가했을 때 흐르는 전류가 정상전류 $I = \dfrac{E}{R}$ 의 70[%]에 도달하는 데 요하는 시간은? (단, τ 는 시정수이다.)

① $t = 0.7\tau$
② $t = 1.1\tau$
③ $t = 1.2\tau$
④ $t = 1.4\tau$

풀이

$I = 0.7\dfrac{E}{R} = \dfrac{E}{R}(1 - e^{-\frac{t}{\tau}})$의 관계식에서

$1 - e^{-\frac{t}{\tau}} = 0.7$, $e^{-\frac{t}{\tau}} = 1 - 0.7 = 0.3$,

$-\dfrac{t}{\tau} = \ln 0.3$, $t = -\tau \ln 0.3$ ∴ $t = 1.2\tau$ **답 ③**

문제 70 3상 불평형 전압에서 역상전압이 50[V], 정상전압이 200[V], 영상전압이 10[V]라고 할 때 전압의 불평형률[%]은?

① 1   ② 5   ③ 25   ④ 50

풀이

불평형률 = $\dfrac{역상\ 전압}{정상\ 전압} \times 100 = \dfrac{50}{200} \times 100 = 25[\%]$ **답 ③**

문제 71 다음 회로에 대한 설명으로 옳은 것은?

① 이 회로의 시정수는 $\dfrac{L}{R_1 + R_2}$ 이다.

② 이 회로의 특성근은 $\dfrac{R_1 + R_2}{L}$ 이다.

③ 정상 전류값은 $\dfrac{E}{R_2}$ 이다.

④ 이 회로의 전류값은
$i(t) = \dfrac{E}{R_1 + R_2}\left(1 - e^{-\frac{L}{R_1 + R_2}t}\right)$ 이다.

풀이

① **시정수** $\tau = \dfrac{L}{R_1 + R_2}$

② **특성근** $= -\dfrac{1}{시정수} = -\dfrac{R_1 + R_2}{L}$

③ **정상전류** $i_s = \dfrac{E}{R_1 + R_2}$

④ **전류** $i(t) = \dfrac{E}{R_1 + R_2}(1 - e^{-\frac{R_1 + R_2}{L}t})$ **답 ①**

문제 72 저항 40 [Ω], 임피던스 50 [Ω]의 직렬 유도부하에서 100 [V]가 인가될 때 소비되는 무효전력은?

① 120 [Var]   ② 160 [Var]
③ 200 [Var]   ④ 250 [Var]

풀이
- 전류 $I = \dfrac{E}{Z} = \dfrac{100}{50} = 2[A]$
- 임피던스 $Z = \sqrt{R^2 + X_L^2}$ 에서
  리액턴스 $X_L = \sqrt{Z^2 - R^2} = \sqrt{50^2 - 40^2} = 30\,[\Omega]$
- 무효전력 $P_r = I^2 \cdot X_L = 2^2 \times 30 = 120[Var]$ **답** ①

문제 73 그림과 같은 교류 브리지가 평형상태에 있다. $L[H]$의 값은 얼마인가?

① $L = \dfrac{R_1 R_2}{C}$
② $L = \dfrac{C}{R_1 R_2}$
③ $L = R_1 R_2 C$
④ $L = \dfrac{R_2}{R_1 C}$

풀이
브리지 평형조건
$R_1 \times R_2 = \dfrac{1}{j\omega C} \times j\omega L$에서 $L = R_1 R_2 C\,[H]$ **답** ③

문제 74 파고율이 2이고 파형률이 1.57인 파형은?

① 구형파   ② 정현반파
③ 삼각파   ④ 정현파

풀이

	구형파	3각파	정현파	정류파(전파)	정류파(반파)
파형률	1.0	1.15	1.11	1.11	1.57
파고율	1.0	1.732	1.414	1.414	2.0

답 ②

문제 75 다음과 같은 T형 회로의 임피던스 파라미터 Z_{22}의 값은?

① Z_1
② Z_3
③ $Z_1 + Z_3$
④ $Z_2 + Z_3$

풀이
$Z_{22} = \dfrac{V_2}{I_2}\bigg|_{I_1=0} = \dfrac{I_2 \times (Z_2 + Z_3)}{I_2} = Z_2 + Z_3$

[참고로 $V_2 = I_2 \times (Z_2 + Z_3)$]   **답** ④

문제 76 1[mV]의 입력을 가했을 때 100[mV]의 출력이 나오는 4단자 회로의 이득[dB]은?

① 40   ② 30
③ 20   ④ 10

풀이
이득 $G = 20\log\dfrac{100}{1} = 20\log 10^2 = 40[dB]$ **답** ①

문제 77 그림과 같은 4단자망의 영상 전달정수 θ는?

① $\sqrt{5}$
② $\log_e \sqrt{5}$
③ $\log_e \dfrac{1}{\sqrt{5}}$
④ $5\log_e \sqrt{5}$

풀이
$\begin{bmatrix} A & B \\ C & D \end{bmatrix} = \begin{bmatrix} 1+\dfrac{4}{5} & 4 \\ \dfrac{1}{5} & 1 \end{bmatrix} = \begin{bmatrix} \dfrac{9}{5} & 4 \\ \dfrac{1}{5} & 1 \end{bmatrix}$

$\therefore \theta = \log_e(\sqrt{AD} + \sqrt{BC})$
$= \log_e\left(\sqrt{\dfrac{9}{5} \times 1} + \sqrt{4 \times \dfrac{1}{5}}\right)$
$= \log_e\left(\dfrac{3}{\sqrt{5}} + \dfrac{2}{\sqrt{5}}\right) = \log_e\left(\dfrac{5}{\sqrt{5}}\right) = \log_e \sqrt{5}$ **답** ②

문제 78 부하저항 R_L [Ω]이 전원의 내부저항 R_0 [Ω]의 3배가 되면 부하저항 R_L에서 소비되는 전력 P_L [W]는 최대 전송전력 P_m [W]의 몇 배인가?

① 0.89배
② 0.75배
③ 0.5배
④ 0.3배

풀이

$$P_L = I^2 R_L = \left(\frac{V_g}{R_0 + R_L}\right)^2 \cdot R_L$$

$$= \left(\frac{V_g}{R_0 + 3R_0}\right)^2 \times 3R_0 = \frac{3}{16} \cdot \frac{V_g^2}{R_0}$$

최대 전력 전송 조건은 $R_L = R_0$ 이므로

$$P_{\max} = I^2 R_L = \left(\frac{V_g}{2R_0}\right)^2 \cdot R_0 = \frac{V_g^2}{4R_0}$$

$$\therefore \frac{P_L}{P_{\max}} = \frac{\frac{3}{16} \cdot \frac{V_g^2}{R_0}}{\frac{1}{4} \cdot \frac{V_g^2}{R_0}} = \frac{12}{16} = 0.75 \, [\text{배}]$$

답 ②

문제 79 구동점 임피던스에 있어서 영점(Zero)은?

① 전류가 흐르지 않는 경우이다.
② 회로를 개방한 것과 같다.
③ 전압이 가장 큰 상태이다.
④ 회로를 단락한 것과 같다.

풀이

• 영점 : $Z(s) = 0$, 회로의 단락상태를 의미
• 극점 : $Z(s) = \infty$, 회로의 개방상태를 의미

답 ④

문제 80 $t = 3$[ms]에서 최대치 5[V]에 도달하는 60[Hz]의 정현파 전압 $e(t)$를 시간함수로 표시하면 어떻게 되는가?

① $e = 5\sin(376.8t + 25.2°)$ [V]
② $e = 5\sin(376.8t + 35.2°)$ [V]
③ $e = 5\sqrt{2}\sin(376.8t + 25.2°)$ [V]
④ $e = 5\sqrt{2}\sin(376.8t + 35.2°)$ [V]

풀이

순시값 e의 표현은 $e = E_m \sin(\omega t + \theta)$ 이다.
(여기서, ωt 의 단위는 [rad])

따라서, $t = 3$[ms]에서 최대값($E_m = 5$[V])이 되어야 하므로 $(\omega t + \theta) = 90°$가 되어야 한다.

즉, $2\pi \times 60 \times 3 \times 10^{-3} \times \frac{180°}{\pi} + \theta° = 90°$ 에서 $\theta = 25.23°$

$(1[\text{rad}] = \frac{180°}{\pi}$, 여기서 $\pi = 3.14$ 임)

따라서, 순시값 $e = 5\sin(376.8t + 25.2°)$[V]

답 ①

제5과목 전기설비기술기준

문제 81 비접지식 고압 전로에 접속되는 변압기의 외함에 실시하는 접지 공사의 접지극으로 사용할 수 있는 건물 철골의 대지 전기 저항은 몇 [Ω] 이하인가?

① 2
② 3
③ 5
④ 10

풀이

142.2 접지극의 시설 및 접지저항
가. 지중에 매설되어 있고 대지와의 전기저항 값이 3[Ω] 이하의 값을 유지하고 있는 금속제 수도관로가 규정에 따르는 경우 접지극으로 사용이 가능하다.
나. 대지와의 사이에 전기저항 값이 2[Ω] 이하인 값을 유지하는 건축물·구조물의 철골 기타의 금속제는 접지공사의 접지극으로 사용할 수 있다.

답 ①

문제 82 고압 가공전선로의 지지물로 철탑을 사용한 경우 최대경간은 몇 [m]이하이어야 하는가?

① 300
② 400
③ 500
④ 600

풀이

332.9 고압 가공전선로 경간의 제한
고압 가공전선로의 경간은 표에서 정한 값 이하이어야 한다.

지지물의 종류	경간
목주·A종 철주 또는 A종 철근 콘크리트주	150[m]
B종 철주 또는 B종 철근 콘크리트주	250[m]
철탑	600[m]

답 ④

문제 83
특고압 옥내배선과 저압 옥내전선·관등회로의 배선 또는 고압 옥내전선 사이의 이격거리는 일반적으로 몇 [cm] 이상이어야 하는가?

① 15　② 30　③ 45　④ 60

풀이
342.4 특고압 옥내 전기설비의 시설
특고압 옥내배선은 다음에 따르고 또한 위험의 우려가 없도록 시설하여야 한다.
가. 사용전압은 100[kV] 이하일 것. 다만, 케이블트레이 배선에 의하여 시설하는 경우에는 35[kV] 이하일 것.
나. 전선은 케이블일 것.
다. **특고압 옥내배선과 저압 옥내전선·관등회로의 배선 또는 고압 옥내전선 사이 : 0.6[m] 이상** 답 ④

문제 84
특고압 가공전선로에 사용하는 가공지선에는 지름 몇 [mm] 이상의 나경동선을 사용하여야 하는가?

① 2.6　② 3.5　③ 4　④ 5

풀이
333.8 특고압 가공전선로의 가공지선
특고압 가공전선로에 사용하는 가공지선은 다음과 같다.
가. 인장강도 8.01[kN] 이상의 나선 나. **지름 5[mm] 이상의 나경동선**
다. 단면적 22[mm²] 이상의 나경동연선라. 아연도강연선 22[mm²]
마. OPGW 전선
답 ④

문제 85
과전류차단기를 시설할 수 있는 곳은?

① 접지공사의 접지선
② 다선식 전로의 중성선
③ 단상 3선식 전로의 저압측 전선
④ 접지공사를 한 저압 가공전선로의 접지측 전선

풀이
341.11 과전류차단기의 시설 제한
접지공사의 접지도체, 다선식 전로의 중성선 및 전로의 일부에 접지공사를 한 저압 가공전선로의 접지측 전선에는 과전류차단기를 시설하여서는 안 된다. 다만, 다음의 경우에는 예외로 한다.
가. 다선식 전로의 중성선에 시설한 과전류차단기가 동작한 경우에 각 극이 동시에 차단될 때

나. 저항기·리액터 등을 사용하여 접지공사를 한 때에 과전류차단기의 동작에 의하여 그 접지도체가 비접지 상태로 되지 아니할 때 답 ③

문제 86
345[kV] 옥외 변전소에 울타리 높이와 울타리에서 충전부분까지 거리[m]의 합계는?

① 6.48　② 8.16
③ 8.40　④ 8.28

풀이
351.1 발전소 등의 울타리·담 등의 시설
가. 울타리·담 등의 높이는 2[m] 이상으로 하고 지표면과 울타리·담 등의 하단 사이의 간격은 0.15[m] 이하로 할 것.
나. 울타리·담 등의 높이와 울타리·담 등으로부터 충전 부분까지 거리의 합계는 표에서 정한 값 이상으로 할 것.

사용전압의 구분	울타리·담 등의 높이와 울타리·담 등으로부터 충전 부분까지의 거리의 합계
35[kV] 이하	5[m]
35[kV] 초과 160[kV] 이하	6[m]
160[kV] 초과	• 거리의 합계 = 6 + 단수 × 0.12[m] • 단수 = $\dfrac{\text{사용전압}[kV] - 160}{10}$ 단수 계산에서 소수점 이하는 절상

- 단수 = $\dfrac{345-160}{10} = 18.5 \rightarrow 19$단
- 이격거리 + 울타리높이 = $6 + 19 \times 0.12 = 8.28$[m]

답 ④

문제 87
옥내의 저압전선으로 나전선 사용이 허용되지 않는 경우는?

① 라이팅덕트공사에 의하여 시설하는 경우
② 버스덕트공사에 의하여 시설하는 경우
③ 애자공사에 의하여 전개된 곳에 시설하는 경우
④ 금속관공사에 의하여 시설하는 경우

풀이
231.4 나전선의 사용 제한
옥내에 시설하는 저압전선에는 나전선을 사용하여서는 아니 된다. 다만, 다음중 어느 하나에 해당하는 경우에는 그러하지 아니하다.
가. 애자공사에 의하여 전개된 곳에 다음의 전선을 시설하는 경우

① 전기로용 전선
② 전선의 **피복 절연물이 부식하는 장소**에 시설하는 전선
나. 버스덕트공사에 의하여 시설하는 경우
다. 라이팅덕트공사에 의하여 시설하는 경우
라. **접촉 전선**을 시설하는 경우 **답** ④

문제 88 발전기의 용량에 관계없이 자동적으로 이를 전로로부터 차단하는 장치를 시설하여야 하는 경우는?

① 과전류 인입
② 베어링 과열
③ 발전기 내부 고장
④ 유압의 과팽창

풀이
351.3 발전기 등의 보호장치
발전기에는 다음의 경우에 자동적으로 이를 전로로부터 차단하는 장치를 시설하여야 한다.
가. **발전기에 과전류나 과전압이 생긴 경우**
나. 용량이 500 [kVA] 이상의 발전기를 구동하는 수차의 압유 장치의 유압이 현저히 저하한 경우
다. 용량이 100 [kVA] 이상의 발전기를 구동하는 풍차의 압유장치의 유압이 현저히 저하한 경우
라. 용량이 2,000 [kVA] 이상인 수차 발전기의 스러스트 베어링의 온도가 현저히 상승한 경우
마. 용량이 10,000 [kVA] 이상인 발전기의 내부에 고장이 생긴 경우
바. 정격출력이 10,000 [kW]를 초과하는 증기터빈은 그 스러스트 베어링이 현저하게 마모되거나 그의 온도가 현저히 상승한 경우 **답** ①

문제 89 다음 중 보호도체의 종류가 아닌 것은?

① PEL
② PEM
③ PEN
④ PES

풀이
112 용어 정의
• "**PEN 도체**(protective earthing conductor and neutral conductor)"란 교류회로에서 중성선 겸용 보호도체를 말한다.
• "**PEM 도체**(protective earthing conductor and a mid-point conductor)"란 직류회로에서 중간선 겸용 보호도체를 말한다.
• "**PEL 도체**(protective earthing conductor and a line conductor)"란 직류회로에서 선도체 겸용 보호도체를 말한다. **답** ④

문제 90 특고압 전선로에 접속하는 배전용 변압기의 1차 및 2차 전압은?

① 1차 : 35[kV] 이하, 2차 : 저압 또는 고압
② 1차 : 50[kV] 이하, 2차 : 저압 또는 고압
③ 1차 : 35[kV] 이하, 2차 : 특고압 또는 고압
④ 1차 : 50[kV] 이하, 2차 : 특고압 또는 고압

풀이
341.2 특고압 배전용 변압기의 시설
특고압 전선로에 접속하는 배전용 변압기를 시설하는 경우에는 특고압 전선에 특고압 절연전선 또는 케이블을 사용하고 또한 다음에 따라야 한다.
가. **변압기의 1차 전압은 35[kV] 이하, 2차 전압은 저압 또는 고압일 것.**
나. 변압기의 특고압측에 개폐기 및 과전류차단기를 시설할 것
다. 변압기의 2차 전압이 고압인 경우에는 고압측에 개폐기를 시설하고 또한 쉽게 개폐할 수 있도록 할 것. **답** ①

문제 91 최대사용전압 440[V]인 전동기의 절연내력 시험전압은 몇 [V] 인가?

① 330
② 440
③ 500
④ 660

풀이
133 회전기 및 정류기의 절연내력

종류		시험 전압	시험 방법
회전기	발전기·전동기·조상기·기타 회전기	7 [kV] 이하	1.5배 (최저 500 [V])	권선과 대지 사이에 연속하여 10분간
		7 [kV] 초과	1.25배 (최저 10.5 [kV])	
	회전 변류기		직류측의 최대사용전압의 1배의 교류전압(최저 500 [V])	

따라서, 시험전압 = 440×1.5 = 660[V] **답** ④

문제 92 154[kV] 가공전선을 사람이 쉽게 들어갈 수 없는 산지(山地)에 시설하는 경우 전선의 지표상 높이는 몇 [m] 이상으로 하여야 하는가?

① 5.0
② 5.5
③ 6.0
④ 6.5

풀이

333.7 특고압 가공전선의 높이

전압의 범위	일반 장소	도로 횡단	철도 또는 궤도횡단	횡단보도교
35 [kV] 이하	5 [m]	6 [m]	6.5 [m]	4 [m] (특고압절연전선 또는 케이블 사용)
35 [kV] 초과 160 [kV] 이하	6 [m] 산지 등에서 사람이 쉽게 들어갈 수 없는 장소 ; 5 [m] 이상	6 [m]	6.5 [m]	5 [m](케이블 사용)
160 [kV] 초과	일반장소 가공전선의 높이 = 6 + 단수 × 0.12 [m]			
	철도 또는 궤도횡단 가공전선의 높이 = 6.5 + 단수 × 0.12 [m]			
	산지 가공전선의 높이 = 5 + 단수 × 0.12 [m]			

※ 단수 = $\frac{(전압 [kV] - 160)}{10}$ … 단수 계산에서 소수점 이하는 절상

답 ①

문제 93 저압가공전선이 건조물의 상부 조영재 옆쪽에서 접근하는 경우 저압가공전선과 건조물의 조영재사이의 이격거리[m]는 얼마 이상이어야 하는가? (단, 전선이 케이블인 경우이다.)

① 0.4 ② 0.8
③ 1   ④ 1.2

풀이

332.11 고압 가공전선과 건조물의 접근
222.11 저압 가공전선과 건조물의 접근
저압 가공전선 또는 고압 가공전선이 건조물과 접근 상태로 시설되는 경우에는 다음에 따라야 한다.
가. 고압 가공전선로는 고압 보안공사에 의할 것.
나. 저·고압 가공전선과 건조물의 조영재 사이의 이격거리는 표에서 정한 값 이상일 것.

	사용전압 부분 공작물의 종류		저압[m]	고압[m]
건조물	상부 조영재 위쪽	일반적인 경우	2	2
		전선이 고압절연전선	1	2
		전선이 케이블인 경우	1	1
	기타 조영재 또는 상부조영재의 옆쪽 또는 아래쪽	일반적인 경우	1.2	1.2
		전선이 고압절연전선	0.4	1.2
		전선이 케이블인 경우	0.4	0.4
		사람이 쉽게 접근할 수 없도록 시설한 경우	0.8	0.8

답 ①

문제 94 전체의 길이가 18[m] 이고, 설계하중이 6.8[kN]인 철근 콘크리트주를 지반이 튼튼한 곳에 시설하려고 한다. 기초 안전율을 고려하지 않기 위해서는 묻히는 깊이를 몇 [m] 이상으로 시설하여야 하는가?

① 2.5 ② 2.8
③ 3   ④ 3.2

풀이

331.7 가공전선로 지지물의 기초의 안전율
가공전선로의 지지물에 하중이 가하여지는 경우에 그 하중을 받는 지지물의 기초의 안전율은 2(이상 시 상정하중에 대한 철탑의 기초에 대하여는 1.33) 이상이어야 한다. 다만, 다음에 따라 시설하는 경우에는 적용하지 않는다.

설계하중 전장	6.8 [kN] 이하	6.8 [kN] 초과 ~9.8 [kN] 이하	9.8 [kN] 초과 ~14.72 [kN] 이하
15 [m] 이하	전장 × 1/6 이상	전장×1/6 +0.3[m] 이상	전장×1/6 +0.5[m] 이상
15 [m] 초과	2.5[m] 이상	2.8[m] 이상	-
16 [m] 초과~ 20 [m] 이하	2.8[m] 이상	-	-
15 [m] 초과~ 18 [m] 이하	-	-	3 [m] 이상
18 [m] 초과	-	-	3.2 [m] 이상

답 ②

문제 95 전선의 색상 중 틀린 것은?

① L1 : 갈색   ② L2 : 흑색
③ L3 : 적색   ④ N : 청색

풀이

1. 전선의 식별은 표에 따른다.

상(문자)	색상
L1	갈색
L2	흑색
L3	회색
N	청색
보호도체	녹색-노란색

2. 색상 식별이 종단 및 연결 지점에서만 이루어지는 나도체 등은 전선 종단부에 색상이 반영구적으로 유지될 수 있는 도색, 밴드, 색 테이프 등의 방법으로 표시해야 한다.

답 ③

문제 96
저압 가공인입선 시설 시 도로를 횡단하여 시설하는 경우 노면상 높이는 몇 [m] 이상으로 하여야 하는가?

① 4 ② 4.5 ③ 5 ④ 5.5

풀이
221.1.1 저압 인입선의 시설
저압 가공인입선의 높이
가. **도로**(차도와 보도의 구별이 있는 도로인 경우에는 차도)를 **횡단하는 경우** : **노면상 5[m]** (기술상 부득이한 경우에 교통에 지장이 없을 때에는 3[m]) 이상
나. 철도 또는 궤도를 횡단하는 경우 : 레일면상 6.5[m] 이상
다. 횡단보도교 위에 시설하는 경우 : 노면상 3[m] 이상

답 ③

문제 97
저압 연접 인입선은 인입선에서 분기하는 점으로부터 몇 [m]를 초과하는 지역에 미치지 아니하도록 시설하여야 하는가?

① 10[m] ② 20[m]
③ 100[m] ④ 200[m]

풀이
221.1.2 연접 인입선의 시설
저압 연접인입선은 다음에 따라 시설하여야 한다.
가. 인입선에서 분기하는 점으로부터 100[m]를 초과하는 지역에 미치지 아니할 것.
나. 폭 5[m]를 초과하는 도로를 횡단하지 아니할 것.
다. 옥내를 통과하지 아니할 것.

답 ③

문제 98
전선의 단면적이 38 [mm²]인 경동연선을 사용하고 지지물로는 B종 철주 또는 B종 철근 콘크리트주를 사용하는 특고압 가공 전선로를 제3종 특고압 보안공사에 의하여 시설하는 경우의 경간은 몇 [m] 이하이어야 하는가?

① 100 [m] ② 150 [m]
③ 200 [m] ④ 250 [m]

풀이
333.22 특고압 보안공사
제3종 특고압 보안공사는 다음에 따라야 한다.
가. 특고압 가공전선은 연선일 것.
나. 경간은 표에서 정한 값 이하일 것.

지지물의 종류	제3종 특고압 보안공사	전선의 굵기에 따른 경간	
목주·A종 철주 또는 A종 철근콘크리트주	100[m]	인장강도 14.51[kN] 이상 또는 38[mm²] 이상인 경동연선	150[m]
B종 철주 또는 B종 철근 콘크리트주	200[m]	인장강도 21.67[kN] 이상 또는 55[mm²] 이상인 경동연선	250[m]
철탑	400[m] (단주인 경우에는 300[m])		600[m]이하 (단주인 경우에는 400[m])

답 ③

문제 99
중량물이 통과하는 장소에 비닐외장케이블을 직접 매설식 으로 시설하는 경우 매설깊이는 몇 [m] 이상이어야 하는가?

① 0.8 ② 1.0
③ 1.2 ④ 1.5

풀이
334.1 지중전선로의 시설
가. 지중 전선로는 전선에 케이블을 사용하고 또한 관로식·암거식 또는 직접 매설식에 의하여 시설하여야 한다.
나. 지중 전선로를 직접 매설식에 의하여 시설하는 경우에는 매설 깊이는
 ① 차량 기타 중량물의 압력을 받을 우려가 있는 장소 : **1.0[m] 이상**
 ② 기타 장소 : 0.6[m] 이상

답 ②

문제 100
케이블을 지지하기 위하여 사용하는 금속제 케이블 트레이의 종류가 아닌 것은?

① 사다리형 ② 통풍 밀폐형
③ 펀칭형 ④ 바닥 밀폐형

풀이
232.41 케이블트레이공사
케이블트레이공사는 케이블을 지지하기 위하여 사용하는 금속재 또는 불연성 재료로 제작된 유닛 또는 유닛의 집합체 및 그에 부속하는 부속재 등으로 구성된 견고한 구조물을 말하며 **사다리형, 펀칭형, 메시형, 바닥밀폐형** 기타 이와 유사한 구조물을 포함하여 적용한다.

답 ②

국가기술자격검정 필기시험 문제

2022년도 전기산업기사 일반검정 제 2 회			(CBT 복원문제)	수검 번호	성 명
자격종목 및 등급(선택분야)	종목코드	시험시간	문제지형별		
전기산업기사	2140	2시간 30분	A		

제1과목 전기자기학

문제 01 반지름 a[m]인 접지 도체구의 중심에서 r[m]되는 거리에 점전하 Q[C]을 놓았을 때 도체구에 유도된 총 전하는 몇 [C] 인가?

① 0   ② $-Q$

③ $-\dfrac{a}{r}Q$ ④ $-\dfrac{r}{a}Q$

풀이

점 P'의 영상 전하는 도체에 유기되는 전하를 대표할 수 있다.

- 영상전하 $Q'=-\dfrac{a}{r}Q$ [C]
  (실제로 유기된 구도체상의 전하 밀도 는 불균일)
- 영상점 $\overline{OP'}=\dfrac{a^2}{r}$ [m]   **답** ③

문제 02 공기 중에서 반지름 a [m], 도선의 중심축 간 거리 d [m]인 평행도선 사이의 단위 길이당 정전용량은 몇 [F/m] 인가? (단, $d \gg a$ 이다.)

① $\dfrac{\pi\epsilon_0}{\log_{10}\dfrac{d}{a}}$ ② $\dfrac{12.07 \times 10^{-12}}{\log_{10}\dfrac{d}{a}}$

③ $\dfrac{24.16 \times 10^{-12}}{\log_{10}\dfrac{d}{a}}$ ④ $\dfrac{2\pi\epsilon_o}{\log_{10}\dfrac{d}{a}}$

풀이

평행 원통 도체 사이의 정전용량 C는

$$C=\dfrac{\lambda}{V}=\dfrac{\pi\epsilon_0}{\ln\dfrac{d-a}{a}} [\text{F/m}]$$

여기서 $d \gg a$ 이므로 $C \fallingdotseq \dfrac{\pi\epsilon_0}{\ln\dfrac{d}{a}}$ [F/m]

자연대수 대신에 상용대수를 취하면

$$C=\dfrac{\pi\epsilon_0}{\ln\dfrac{d}{a}}=\dfrac{\pi\epsilon_0 \log_{10}e}{\log_{10}\dfrac{d}{a}}=\dfrac{12.07 \times 10^{-12}}{\log_{10}\dfrac{d}{a}} [\text{F/m}]$$

답 ②

문제 03 푸아송의 방정식 $\nabla^2 V = -\dfrac{\rho}{\epsilon_o}$ 은 어떤 식에서 유도한 것인가?

① div $\boldsymbol{D} = \dfrac{\rho}{\epsilon_o}$ ② div $\boldsymbol{D} = -\rho$

③ div $\boldsymbol{E} = \dfrac{\rho}{\epsilon_o}$ ④ div $\boldsymbol{E} = -\dfrac{\rho}{\epsilon_o}$

풀이

푸아송의 방정식은
div $\boldsymbol{E}$ = div $(-\text{grad } V) = -\nabla^2 V = \dfrac{\rho}{\epsilon}$ 에서 $\nabla^2 V = -\dfrac{\rho}{\epsilon}$
이다.   **답** ③

문제 04 전류와 자계 사이의 힘의 효과를 이용한 것으로 자유로이 구부릴 수 있는 도선에 대전류를 통하면 도선 상호간에 반발력에 의하여 도선이 원을 형성하는데 이와 같은 현상은?

① 스트레치 효과   ② 핀치효과
③ 홀효과   ④ 스킨효과

풀이

스트레치 효과(stretch effect) : 자유로이 구부릴 수 있는 가는 직사각형의 도선에 대전류를 흘리면, 평행 도선에서 전류가 반대로 흐를 때와 마찬가지로 도선 상호간에는 반발력이 작용하게 되어 최종적으로 **도선이 원의 형태**를 이루게 된다.

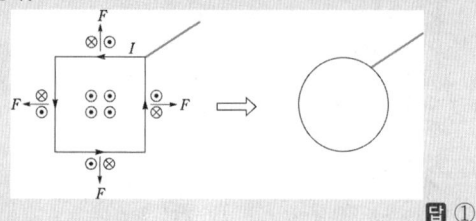

답 ①

문제 05 반지름 a[m]인 원주 도체의 단위 길이당 내부 인덕턴스[H/m]는?

① $\dfrac{\mu}{4\pi}$ ② $\dfrac{\mu}{8\pi}$ ③ $4\pi\mu$ ④ $8\pi\mu$

풀이

길이 1[m]당의 에너지는

$W = \dfrac{\mu}{16\pi}I^2 = \dfrac{1}{2}L_i I^2 [\text{J}]$ ∴ $L_i = \dfrac{\mu}{8\pi}$ [H/m]   **답** ②

문제 06 그림과 같이 전류 I[A]가 흐르는 반지름 a[m]의 원형 코일의 중심으로부터 x[m]인 점 P의 자계의 세기는 몇 [AT/m] 인가? (단, θ는 각 APO 라 한다.)

① $\dfrac{I}{2a}\sin^3\theta$
② $\dfrac{I}{2a}\cos^3\theta$
③ $\dfrac{I}{2a}\sin^2\theta$
④ $\dfrac{I}{2a}\cos^2\theta$

풀이

그림과 같이 점 P에서 코일 AB를 바라보는 입체각 ω는
$\omega = 2\pi(1-\cos\theta)$
이므로 자위는
$U_m = \dfrac{I}{4\pi}\omega = \dfrac{I}{4\pi}\cdot 2\pi(1-\cos\theta)$

$= \dfrac{I}{2}\left(1-\dfrac{x}{\sqrt{a^2+x^2}}\right)$ [AT]

따라서, 원형 전류에 의한 축방향의 자계 H_x는

$H_x = -\dfrac{\partial U}{\partial x} = \dfrac{a^2 I}{2(a^2+x^2)^{3/2}} = \dfrac{I}{2a}\sin^3\theta$ [AT/m]   **답** ①

문제 07 평행판 콘덴서의 두 극판 면적을 3배로 하고 간격을 반으로 줄이면 정전 용량은 처음의 몇 배가 되는가?

① 1.5배   ② 4.5배
③ 6배   ④ 9배

풀이

면적 S_1, 간격 d_1인 평행판 콘덴서의 정전용량을 C_1이라 하면 $C_1 = \dfrac{\epsilon_0}{d_1}S_1$

문제에서 $d = \dfrac{1}{2}d_1$, $S = 3S_1$이므로 구하는 용량은

∴ $C = \dfrac{\epsilon_0}{\dfrac{1}{2}d_1}\cdot 3S_1 = 6\dfrac{\epsilon_0}{d_1}S_1 = 6C_1$ **답** ③

문제 08 반지름 a[m]인 도체구에 전하 Q[C]를 주었다. 도체구를 둘러싸고 있는 유전체의 유전율이 ϵ_s인 경우 경계면에 나타나는 분극 전하는 몇 [C/m²] 인가?

① $\dfrac{Q}{4\pi a^2}(1-\epsilon_s)$ ② $\dfrac{Q}{4\pi a^2}(\epsilon_s - 1)$

③ $\dfrac{Q}{4\pi a^2}\left(1-\dfrac{1}{\epsilon_s}\right)$ ④ $\dfrac{Q}{4\pi a^2}\left(\dfrac{1}{\epsilon_s}-1\right)$

풀이

$D = \epsilon_0 E + P$ [C/m²], $D = \epsilon_0 \epsilon_s E = \epsilon E$

$P = D\left(1-\dfrac{1}{\epsilon_s}\right) = \epsilon E\left(1-\dfrac{1}{\epsilon_s}\right) = \dfrac{Q}{4\pi a^2}\left(1-\dfrac{1}{\epsilon_s}\right)$ [C/m²]

답 ③

문제 09 원점 주위의 전류 밀도가 $J = \dfrac{2}{r}a_r$ [A/m²]의 분포를 가질 때 반지름 5[cm]의 구면을 지나는 전 전류는 몇 [A] 인가?

① 0.1π ② 0.2π ③ 0.3π ④ 0.4π

풀이
$$I = J \cdot S = \frac{2}{r} \times 4\pi r^2 = 8\pi r = 8\pi \times 0.05 = 0.4\pi [A]$$
답 ④

풀이
무한 평면의 경우는 전하로부터 나오는 전기력선이 상하 방향으로 양분되므로 **표면 전계의 세기**는
$$E = \frac{\sigma}{2\epsilon_0} [V/m]$$
따라서 **거리에 관계가 없다.**
답 ①

문제 10 자화의 세기 단위로 옳은 것은?
① AT/Wb ② AT/m²
③ Wb·m ④ Wb/m²

풀이
자화의 세기 $J = \frac{m}{S} = \frac{ml}{Sl} = \frac{M}{V}$ [Wb/m²]

여기서, S : 자성체의 단면적 [m²]
m : 자화된 자기량 [Wb]
l : 자성체의 길이 [m]
V : 자성체의 체적 [m³]
M : 자기모멘트 ($M = ml$ [Wb·m])
답 ④

문제 13 2 [cm]의 간격을 가진 선간전압 6600 [V]인 두 개의 평행도선에 2000 [A]의 전류가 흐를 때 도선 1[m] 마다 작용하는 힘은 몇 [N/m] 인가?
① 20 ② 30
③ 40 ④ 50

풀이
평행도선 단위길이당 작용하는 힘은
$$F = \frac{\mu_0 I_1 I_2}{2\pi r} = \frac{2I_1 I_2}{r} \times 10^{-7} [N/m] 에서$$
$$F = \frac{2 \times 2000^2}{2 \times 10^{-2}} \times 10^{-7} = 40[N]$$
답 ③

문제 11 저항 10[Ω]의 코일을 지나는 자속이 $\phi = 5\sin 10t$[A]일 때, 유도기전력에 의한 전류[A]의 최대값은?
① 1[A] ② 2[A]
③ 5[A] ④ 10[A]

풀이
$\phi = \phi_m \sin\omega t$ 일 때
$$e = -\frac{d\phi}{dt} = -\omega\phi_m \cos\omega t = \omega\phi_m \sin(\omega t - \frac{\pi}{2})$$
$$= E_m \sin(\omega t - \frac{\pi}{2})$$
따라서, $E_m = \omega\phi_m$, $\phi_m = 5$, $\omega = 10$ 이므로
$E_m = 10 \times 5 = 50[V]$
$$\therefore I_m = \frac{E_m}{R} = \frac{50}{10} = 5[A]$$
답 ③

문제 14 점전하 $+2Q$ [C]이 $x=0$, $y=1$의 점에 놓여 있고, $-Q$ [C]의 전하가 $x=0$, $y=-1$의 점에 위치할 때 전계의 세기가 0이 되는 점은?
① $+2Q$쪽으로 5.83 ($x=0$, $y=5.83$)
② $+2Q$쪽으로 0.17 ($x=0$, $y=0.17$)
③ $-Q$쪽으로 5.83 ($x=0$, $y=-5.83$)
④ $-Q$쪽으로 0.17 ($x=0$, $y=-0.17$)

풀이
두 전하의 부호가 다르므로 전계의 세기가 0이 되는 점은 전하의 절대값이 작은 측의 외측에 존재하므로 그림과 같이 절대값이 작은 측의 외측에 K [m]인 P 점이 전계의 세기가 0이라 하면

$$E = \frac{1}{4\pi\epsilon_0}\left\{\frac{Q}{K^2} - \frac{2Q}{(2+K)^2}\right\} = 0$$

$$\therefore \frac{Q}{K^2} = \frac{2Q}{(2+K)^2}$$

$$2K^2 = (2+K)^2$$

$$\sqrt{2}K = 2+K$$

$$\therefore K = \frac{2}{\sqrt{2}-1} = 4.83$$

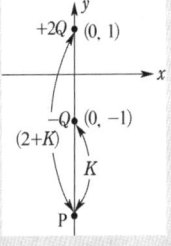

이므로 $-1 - 4.83 = -5.83$
즉, P (0, -5.83)이다.
답 ③

문제 12 무한 평면 전하에 의한 외부 전계의 크기는 거리와 어떤 관계가 있는가?
① 거리에 관계없다.
② 거리에 비례한다.
③ 거리에 반비례한다.
④ 거리에 자승에 비례한다.

문제 15 다음 중 전기력선의 성질에 관한 설명으로 옳지 않은 것은?
① 전기력선의 방향은 그 점의 전계의 방향과 같다.
② 전기력선은 전위가 높은 점에서 낮은 점으로 향한다.
③ 전하가 없는 곳에서도 전기력선의 발생, 소멸이 있다.
④ 전계가 0이 아닌 곳에서 2개의 전기력선은 교차하는 일이 없다.

풀이
전기력선의 성질은 다음과 같다.
① 전기력선은 정전하에서 시작하여 부전하에서 그친다.
② **전하가 없는 곳에서는 전기력선의 발생, 소멸이 없고 연속적이다.**
③ 전위가 높은 점에서 낮은 점으로 향한다.
④ 그 자신만으로 폐곡선이 되는 일은 없다.
⑤ 전계가 0이 아닌 곳에서는 2개의 전기력선은 교차하지 않는다.
⑥ 도체 내부에는 전기력선이 없다.
⑦ 수직 단면의 전기력선 밀도는 전계의 세기이고(1 [개/m²] = 1 [N/C]), 전기력선의 접선 방향은 전계의 방향이다.
⑧ 도체면(등전위면)에서 전기력선은 수직으로 출입한다.
⑨ 단위 전하 ±1[C]에서는 $1/\epsilon_0$개의 전기력선이 출입한다. 답 ③

문제 16 코일 A 및 코일 B가 있다. 코일 A의 전류가 $\frac{1}{30}$초간에 10 [A] 변화할 때 코일 B에 10 [V]의 기전력을 유도한다고 한다. 이때의 상호인덕턴스는 몇 [H]인가?
① $\frac{1}{0.3}$ ② $\frac{1}{3}$
③ $\frac{1}{30}$ ④ $\frac{1}{300}$

풀이
상호유도 작용에 의하여 유기되는 기전력은
$e_B = M\frac{di_A}{dt}$에서 $M = e_B \frac{dt}{di_A} = 10 \times \frac{\frac{1}{30}}{10} = \frac{1}{30}$ [H] 답 ③

문제 17 전류에 의한 자계의 발생 방향을 결정하는 법칙은?
① 비오사바르의 법칙
② 쿨롱의 법칙
③ 패러데이의 법칙
④ 암페어의 오른손 법칙

풀이
• 비오사바르(Biot Savart)의 법칙 : 전류에 의한 자계의 세기
• 쿨롱의 법칙 : 전하들간에 작용하는 힘
• 패러데이 법칙 : 전자유도 법칙에 의한 기전력
• 암페어의 오른나사 법칙 : 전류에 의한 자계의 방향 답 ④

문제 18 강자성체의 자속 밀도 B의 크기와 자화의 세기 J의 크기 사이에는 어떤 관계가 있는가?
① J가 B보다 약간 크다.
② J는 B보다 대단히 크다.
③ J는 B보다 약간 작다.
④ J는 B와 똑같다.

풀이
강자성체는 $\mu_s \gg 1$
이므로 $J = \frac{\mu_s - 1}{\mu_s} B$에서
$\frac{\mu_s - 1}{\mu_s}$은 1보다 약간 작으므로
J도 B보다 약간 작다.

(강자성체 자화곡선)
답 ③

문제 19 간격 3 [cm], 면적 30 [cm²]의 평판 콘덴서에 220 [V]의 전압을 가하면 양판간에 작용하는 힘은 약 몇 [N]인가? 단, 유전률 $\epsilon_o = 8.855 \times 10^{-12}$ [F/m]이다.
① 6.3×10^{-6} [N]   ② 7.14×10^{-7} [N]
③ 8×10^{-6} [N]   ④ 5.75×10^{-4} [N]

풀이
정전응력 $f = \frac{1}{2}\epsilon_0 E^2$ [N/m²]에서
$E = \frac{V}{d}$이므로 $f = \frac{1}{2}\epsilon_0 \left(\frac{V}{d}\right)^2$ [N/m²]
전극의 전 면적에 작용하는 힘

$$F = f \cdot S = \frac{1}{2}\epsilon_0 \left(\frac{V}{d}\right)^2 S$$
$$= \frac{1}{2} \times 8.855 \times 10^{-12} \times \left(\frac{220}{3 \times 10^{-2}}\right)^2 \times 30 \times 10^{-4}$$
$$= 7.14 \times 10^{-7}$$
답 ②

문제 20 평형상태에서 도체의 전하분포와 전계에 관한 성질로 옳지 않은 것은?

① 도체 내부에는 전계가 0이 아니다.
② 대전된 도체의 전하는 도체 표면에만 존재한다.
③ 대전된 도체 표면은 동일 전위에 있다.
④ 대전된 도체 표면의 각 점의 전기력선은 표면에 수직이다.

풀이

도체의 성질과 전하분포
- 도체 표면과 내부의 전위는 동일하고 (등전위), 표면은 등전위면이다.
- **도체 내부의 전계의 세기는 0이다.**
- 전하는 도체 내부에는 존재하지 않고, 도체 표면에만 분포한다.
- 도체 면에서의 전계의 세기는 도체 표면에 항상 수직이다.
- 도체 표면에서의 전하밀도는 곡률이 클수록 (곡률반경이 작을수록) 높다.
- 중공부에 전하가 없고 대전 도체라면, 전하는 도체 외부의 표면에만 분포한다.
- 중공부에 전하를 두면 도체 내부표면에 동량 이부호, 도체 외부 표면에 동량 동부호의 전하가 분포한다.   답 ①

제2과목 전력공학

문제 21 조상설비(調相設備)와 거리가 먼 것은?

① 분로리액터   ② 상순(相順)표시기
③ 전력용콘덴서 ④ 동기조상기

풀이

조상설비는 무효전력을 공급하는 설비로서 동기조상기, 전력용 콘덴서 및 리액터가 있다.
- 동기 조상기 : 지상 및 진상 무효전력 공급
- 전력용 콘덴서 : 진상 무효전력 공급
- 분로 리액터 : 지상 무효전력 공급
그러나, 상순 표시기는 공급 전원의 상순을 표시하는 계측기로서 조상설비가 아니다.   답 ②

문제 22 송전선에 낙뢰가 가해져서 애자에 섬락이 생기면 아크가 생겨 애자가 손상되는 경우가 있다. 이것을 방지하기 위하여 사용되는 것은?

① 댐퍼(damper)
② 아아모로드(armour rod)
③ 가공지선
④ 아킹혼(arcing horn)

풀이

- 댐퍼 : 전선의 진동 방지
- 아아모로드 : 전선의 진동 방지
- 가공지선 : 뇌의 차폐
- **아킹 혼 : 섬락으로부터 애자련의 보호**, 애자련의 전압 분포 개선   답 ④

문제 23 보일러 급수 중의 염류 등이 굳어서 내벽에 부착되어 보일러 열전도와 물의 순환을 방해하며 내면의 수관벽을 과열시켜 파열을 일으키게 하는 원인이 되는 것은?

① 스케일   ② 부식
③ 포밍   ④ 캐리오버

풀이

스케일이란, 보일러의 급수에 포함되어 있는 알루미늄, 나트륨 등의 **염류가 굳어서** 되는 것으로 관석이라고도 부르고 있다. 또한 스케일은 내벽에 부착되어 **보일러 열전도와 물의 순환을 방해**하며 내면의 수관벽을 과열시켜 파열을 일으키게 하는 원인이 되기도 한다.   답 ①

문제 24 역률 0.8인 부하 480[kW]를 공급하는 변전소에 전력용 콘덴서 220[kVA]를 설치하면 역률은 몇 [%]로 개선할 수 있는가?

① 92   ② 94
③ 96   ④ 99

풀이

- 부하의 유효전력 $P = 480[kW]$

- 부하의 무효전력

$$Q_L = \frac{P}{\cos\theta} \times \sin\theta = \frac{480}{0.8} \times 0.6 = 360[\text{kVar}]$$

- 콘덴서 용량 $Q_c = 220[\text{kVA}]$
- 부하 역률

$$\cos\theta = \frac{P}{\sqrt{P^2 + (Q_L - Q_c)^2}} \times 100$$

$$= \frac{480}{\sqrt{480^2 + (360-220)^2}} \times 100 = 96[\%]$$

답 ③

문제 25 과전류계전기(OCR)의 탭(tap) 값은?
① 계전기의 최소 동작전류
② 계전기의 최대 부하전류
③ 계전기의 동작시한
④ 변류기의 권수비

풀이
계전기에 흐르는 전류가 계전기의 탭값 보다 크면 계전기가 동작하여 전기 회로를 차단하여 기기를 보호한다. 즉, **과전류 계전기의 탭 값은 계전기의 최소 동작 전류**이다.

답 ①

문제 26 송전선 보호범위 내의 모든 사고에 대하여 고장점의 위치에 관계없이 선로 양단을 쉽고 확실하게 동시에 고속으로 차단하기 위한 계전방식은?
① 회로선택 계전방식
② 과전류 계전방식
③ 방향거리(directive distance) 계전방식
④ 표시선(pilot wire) 계전방식

풀이
표시선 계전방식의 특징
① 고장점의 위치에 관계 없이 **양단을 동시 고속** 차단할 수 있다.
② 송전선에 평행되도록 표시선을 설치하여 양단을 연락케 한다.
③ 고장시 장해를 받지 않게 하기 위하여 연피 케이블을 설치한다.
④ 시한차에 구애받지 않고 양단 동시에 고속 차단한다.

답 ④

문제 27 전력선에 의한 통신선로의 전자 유도 장해의 발생 요인은 주로 무엇 때문인가?
① 영상 전류가 흘러서
② 부하 전류가 크므로
③ 상호 정전 용량이 크므로
④ 전력선의 교차가 불충분하여

풀이
전자 유도 전압 : $E_m = -j\omega Ml\, 3I_0$
여기서, M : 상호 인덕턴스, I_0 : 영상전류
즉, **사고 시 흐르는 영상전류**에 의해 전자 유도 장해가 발생한다.

답 ①

문제 28 그림과 같은 전력계통에서 A점에 설치된 차단기의 단락용량은? (단, 각 기기의 %리액턴스는 발전기 G₁, G₂는 정격용량 15[MVA] 기준 각각 15[%]이고, 변압기는 정격용량 20[MVA] 기준 8[%], 송전선은 정격용량 10[MVA] 기준 11[%]이며, 기타 다른 정수는 무시한다.)

① 5[MVA]　　② 50[MVA]
③ 500[MVA]　　④ 5000[MVA]

풀이
기준 용량 $P_n = 20$ [MVA]로 선정하고 %Z를 기준 용량으로 환산하면

$$\%Z_g = \frac{20}{15} \times 15 = 20\,[\%]$$

$$\%Z_t = 8\,[\%]$$

$$\%Z_l = \frac{20}{10} \times 11 = 22\,[\%]$$

따라서, 고장점까지의 %Z는

$$\%Z = \frac{1}{2} \times \%Z_g + \%Z_t + \%Z_l = \frac{1}{2} \times 20 + 8 + 22 = 40\,[\%]$$

차단기 용량 $P_s = \frac{100}{\%Z} \times P_n$ 에서

$$P_s = \frac{100}{40} \times 20 = 50\,[\text{MVA}]$$

답 ②

문제 29
154 [kV]의 송전 선로의 전압을 345 [kV]로 승압하고 같은 손실률로 송전한다고 가정하면 송전 전력은 승압 전의 몇 배인가?
① 2
② 3
③ 4
④ 5

풀이
- 전력손실률 $h = \dfrac{P_l}{P} = \dfrac{PR}{V^2 \cos^2\theta}$ 에서

  송전전력 $P = \dfrac{hV^2 \cos^2\theta}{R}$ $(P \propto V^2)$

- 송전전력 P는 전압의 자승에 비례하므로

  $P' = \left(\dfrac{V'}{V}\right)^2 P = \left(\dfrac{345}{154}\right)^2 \times P = 5.02P$ **답 ④**

문제 30
송전단 전압 161[kV], 수전단 전압 155[kV], 상차각 40°, 리액턴스가 49.8[Ω]일 때 선로손실을 무시한다면 전송 전력은 약 몇 [MW]인가?
① 289
② 322
③ 373
④ 869

풀이
송전전력

$P = \dfrac{V_s V_r}{X} \sin\delta = \dfrac{161 \times 155}{49.8} \times \sin 40° = 322.1 [MW]$ **답 ②**

문제 31
송전선로의 안정도 향상 대책이 아닌 것은?
① 병행 다회선이나 복도체방식 채용
② 속응여자방식 채용
③ 계통의 직렬리액턴스 증가
④ 고속도 차단기 이용

풀이
안정도 향상 대책
① **계통의 직렬 리액턴스 감소**(다회선 방식 채택, 복도체 방식 채택, 기기의 리액턴스 감소)
② 전압 변동률을 적게 한다 (속응 여자 방식 채용, 계통의 연계, 중간 조상 방식).
③ 계통에 주는 충격을 적게 한다 (적당한 중성점 접지 방식, 고속 차단 방식, 재폐로 방식).
④ 고장 중의 발전기 돌입 출력의 불평형을 적게 한다.
답 ③

문제 32
부하설비용량 600[kW], 부등률 1.2, 수용률 60 [%]일 때의 합성최대수용전력은 몇 [kW]인가?
① 240
② 300
③ 432
④ 833

풀이
- 최대수용전력 = 설비 용량 × 수용률
  $= 600 \times 0.6 = 360[kW]$
- 부등률 = $\dfrac{\text{개별 최대 수용 전력의 합}}{\text{합성 최대 수용 전력}}$ 에서
- 합성최대 수용전력 = $\dfrac{\text{개별 최대 수용 전력의 합}}{\text{부등률}}$

  $= \dfrac{360}{1.2} = 300[kW]$ **답 ②**

문제 33
자가용 변전소의 1차측 차단기의 용량을 결정할 때 가장 밀접한 관계가 있는 것은?
① 부하설비 용량
② 공급측의 전기설비용량
③ 부하의 부하율
④ 수전계약 용량

풀이
- **차단기의 차단용량 > 계통의 단락용량**
- 단락용량 $P_s = \dfrac{100}{\%z} \times P_n$ ∴ $P_s \propto P_n$

여기서, %z : 고장점까지의 %임피던스
  P_n : 기준용량(공급 측의 전기설비 용량) **답 ②**

문제 34
전력계통의 전압을 조정하는 가장 보편적인 방법은?
① 발전기의 유효 전력 조정
② 부하의 유효 전력 조정
③ 계통의 주파수 조정
④ 계통의 무효 전력

풀이
- **무효 전력 제어 ⇔ 전압 제어**
- 유효 전력 제어 ⇔ 주파수 제어 **답 ④**

문제 35 원자로에 사용되는 감속재가 구비하여야 할 조건으로 틀린 것은?
① 중성자 에너지를 빨리 감속시킬 수 있을 것
② 불필요한 중성자 흡수가 적을 것
③ 원자의 질량이 클 것
④ 감속능 및 감속비가 클 것

풀이
감속재는 핵분열로 발생한 고속 중성자(약 2[MeV])의 에너지(=속도)를 떨어뜨려서 열중성자 (0.025 [eV])로 바꾸는 작용을 하는 것으로서 구비 하여야 할 조건은
① 중성자 흡수가 적을 것
② 감속능(slowing down power)과 감속비(moderation ratio)의 값이 클 것
③ 탄성산란의 효과가 클 것(가벼운 원자핵일수록 효과가 크다)
④ 중성자 에너지를 빨리 감속시킬 수 있을 것 **답** ③

문제 36 송전선에 복도체를 사용하는 주된 목적은?
① 역률개선 ② 정전용량의 감소
③ 인덕턴스의 증가 ④ 코로나 발생의 방지

풀이
3상 송전선의 한 상당 전선을 2가닥 이상으로 한 것을 다도체라 하고, 2가닥으로 한 것을 보통 복도체라 한다.
복도체의 특징으로는
① 코로나 임계 전압이 15~20[%] 상승하여 **코로나 발생을 억제**
② 인덕턴스 20~30 [%] 감소
③ 정전 용량 20 [%] 증가 **답** ④

문제 37 중성점 비접지방식을 이용하는 것이 적당한 것은?
① 고전압 장거리 ② 고전압 단거리
③ 저전압 장거리 ④ 저전압 단거리

풀이
중성점 비접지방식은 전압이 낮은 계통(33[kV] 정도 이하)의 **단거리 송전선 계통**에 적용한다.
그 이유는 비접지방식을 전압이 높고 선로의 길이가 긴 계통에 채용하게 되면 대지 정전 용량이 증가하게 되어 1선 지락 고장시 충전 전류에 의한 간헐 아크 지락을 일으켜서 이상 전압을 발생하게 되기 때문이다. **답** ④

문제 38 송전선로에서 송전전력, 거리, 전력손실율과 전선의 밀도가 일정하다고 할 때, 전선 단면적 A [mm²]는 전압 V[V]와 어떤 관계에 있는가?
① V에 비례한다. ② V^2에 비례한다.
③ $\frac{1}{V}$에 비례한다. ④ $\frac{1}{V^2}$에 비례한다.

풀이
- 전력손실 $P_l = 3I^2 R = \dfrac{P^2 \rho\, l}{V^2 \cos^2\theta A}$ (전류 $I = \dfrac{P}{\sqrt{3}\,V\cos\theta}$)
- 전력손실률 $h = \dfrac{P_l}{P} = \dfrac{P \rho\, l}{V^2 \cos^2\theta A}$에서
  전선의 단면적 $A = \dfrac{P \rho\, l}{h V^2 \cos^2\theta}$
- P, ρ, l, h가 일정한 경우이므로
  전선의 단면적 $A \propto \dfrac{1}{V^2}$ **답** ④

문제 39 변류기 수리 시 2차측을 단락시키는 이유는?
① 1차측 과전류 방지
② 2차측 과전류 방지
③ 1차측 과전압 방지
④ 2차측 과전압 방지

풀이
CT의 2차 회로를 개방하면 1차 전류가 모두 여자 전류가 되어 2차 권선에 매우 높은 전압이 유기되어 절연이 파괴되어 소손될 염려가 있으므로 CT의 2차측을 개방하면 안된다. **답** ④

문제 40 전력 조류계산을 하는 목적으로 거리가 먼 것은?
① 계통의 신뢰도 평가
② 계통의 확충 계획 입안
③ 계통의 운용 계획 수립
④ 계통의 사고 예방 제어

풀이
조류 계산의 필요성
(1) 전력 계통의 운전 상태 파악
 - 각 모선의 전압 분포 - 각 모선의 전력
 - 각 선로의 전력 조류 - 각 선로의 송전 손실
 - 각 모선간의 상차각

(2) 전력 계통의 운용과 계획 수립
 • 계통의 사고 예방 제어
 • 계통의 운용 계획 입안
 • 계통의 확충 계획 입안 답 ①

$$\therefore T_s' = \left(\frac{2}{3}\right)^2 T_s = \frac{4}{9} T_s = \frac{4}{9} \times 1.8T = 0.8T$$

여기서, T_s' : 전압 V'로 기동 할 때 기동 토크,
T_s : 전 전압 기동 토크
T : 전부하 토크 답 ①

제3과목 전기기기

문제 41 브흐홀쯔 계전기로 보호되는 기기는?
① 유입변압기 ② 발전기
③ 유도전동기 ④ 회전 변류기

풀이
브흐홀쯔 계전기는 유입변압기의 내부고장으로 발생하는 기름의 분해 가스 증기 또는 유류를 이용하여 부저를 움직여 계전기의 접점을 닫는 것이므로 변압기의 주탱크와 콘서베이터와의 연결관 도중에 설치한다. 답 ①

문제 42 전기자 지름 0.2[m]의 직류발전기가 1.5[kW]의 출력에서 1800[rpm]으로 회전하고 있을 때 전기자 주변속도는 약 몇 [m/s]인가?
① 18.84 ② 21.96
③ 32.74 ④ 42.85

풀이
회전자 주변 속도 $v = \pi D \frac{N_s}{60}$[m/s]
여기서, πD : 회전자 둘레
$\therefore v = \pi \times 0.2 \times \frac{1800}{60} = 18.85$[m/s] 답 ①

문제 43 3상 유도전동기의 전전압 기동토크는 전부하시의 1.8배이다. 전전압의 2/3로 기동할 때 기동 토크는 전부하시보다 약 몇 [%] 감소하는가?
① 80 ② 70
③ 60 ④ 40

풀이
토크는 전압의 제곱에 비례하므로
$T_s : T_s' = V^2 : \left(\frac{2}{3}V\right)^2$

문제 44 3상 동기발전기의 단락곡선이 직선으로 되는 이유는?
① 전기자 반작용으로
② 무부하 상태이므로
③ 자기포화가 있으므로
④ 누설 리액턴스가 크므로

풀이
단락전류는 전기자 저항을 무시하면 동기리액턴스에 의해 그 크기가 결정된다.
즉, 동기리액턴스에 의해 흐르는 전류는 90° 늦은 전류가 크게 흐르게 되며, 이 전류에 의한 **전기자 반작용이 감자 작용이 되므로 3상 단락곡선은 직선**이 된다. 답 ①

문제 45 변압기의 단락시험과 관련 없는 것은?
① 권선의 저항 ② 임피던스 전압
③ 임피던스 와트 ④ 여자 어드미턴스

풀이
변압기의 단락 시험으로는 임피던스 와트, 임피던스 전압 및 입력 전류를 측정하여 누설 임피던스, 누설 리액턴스, 권선의 저항 등을 산출하고, **여자 어드미턴스는 무부하 시험**으로 계산한다. 답 ④

문제 46 5[kVA], 3300/210[V], 단상변압기의 단락시험에서 임피던스 전압 120[V], 동손 150[W]라 하면 퍼센트 저항강하는 몇 [%]인가?
① 2 ② 3
③ 4 ④ 5

풀이
%저항 강하
$p = \frac{I_{1n} r}{E_{1n}} \times 100 = \frac{I_{1n}^2 r}{E_{1n} I_{1n}} \times 100 = \frac{P_c}{VA} \times 100$
$= \frac{150}{5000} \times 100 = 3$[%] 답 ②

문제 47 다음 중 변압기유가 갖추어야 할 조건으로 옳은 것은?
① 절연내력이 낮을 것
② 인화점이 높을 것
③ 비열이 적어 냉각효과가 클 것
④ 응고점이 높을 것

풀이
변압기의 기름으로서 갖추어야 할 조건
① 절연저항 및 절연내력이 클 것(30[kV]/2.5[mm] 이상)
② 절연 재료 및 금속에 화학 작용을 일으키지 않을 것
③ **인화점이 높고**(130[℃] 이상), **응고점이 낮을 것**(-30[℃] 이하)
④ 점도가 낮고(유동성이 풍부), 비열이 커서 냉각 효과가 클 것
⑤ 고온에서도 석출물이 생기거나 산화하지 않을 것
⑥ 열전도율이 클 것
⑦ 열 팽창계수가 작고 증발로 인한 감소량이 적을 것
답 ②

문제 48 3상 권선형 유도전동기에서 토크 τ, 1차 전류 I_1, 역률 $\cos\theta$, 2차 동손 P_{2c}, 효율 η, 출력 P_o 라 할 때 비례추이하는 량으로 조합된 것은?
① I_1, $\cos\theta$, P_o ② τ, P_{2c}, P_o
③ P_{2c}, η, P_o ④ τ, I_1, $\cos\theta$

풀이
• 비례추이가 되는 항목 : 토크, 역률, 2차 전류, 1차 전류
• 비례추이가 되지 않는 항목 : 기계적 출력, 2차 동손, 효율, 저항, 동기속도
답 ④

문제 49 단상변압기 3대를 Y-△결선해서 3상 20000[V]를 3000[V]로 내려서 3000[kW], 역률 80[%]의 부하에 전력을 공급할 때 변압기 1대의 정격용량 [kVA]은?
① 1250   ② 1767
③ 2500   ④ 3750

풀이
변압기 1대의 용량
$P_a = \dfrac{P[\text{kW}]}{3 \times \cos\theta} = \dfrac{3000}{3 \times 0.8} = 1250[\text{kVA}]$
답 ①

문제 50 전압비가 무부하에서는 33:1, 정격부하에서는 33.6:1인 변압기의 전압변동률[%]은?
① 약 1.5   ② 약 1.8
③ 약 2.0   ④ 약 2.2

풀이
권수비는 무부하시의 전압비와 같으므로
$\dfrac{V_1}{V_{20}} = 33$, $\dfrac{V_1}{V_{2n}} = 33.6$

따라서 $V_{20} = \dfrac{V_1}{33}$, $V_{2n} = \dfrac{V_1}{33.6}$,

$\dfrac{V_{20}}{V_{2n}} = \dfrac{\frac{V_1}{33}}{\frac{V_1}{33.6}} = \dfrac{33.6}{33}$

그러므로, 전압 변동률 ϵ은
$\therefore \epsilon = \dfrac{V_{20} - V_{2n}}{V_{2n}} \times 100 = \left(\dfrac{V_{20}}{V_{2n}} - 1\right) \times 100$
$= \left(\dfrac{33.6}{33} - 1\right) \times 100 = 1.82[\%]$
답 ②

문제 51 직류기의 손실 중 기계손에 속하는 것은?
① 풍손   ② 와전류손
③ 히스테리시스손   ④ 브러시의 전기손

풀이

총손실	무부하손	철손	히스테리시스손
			와류손
		기계손 : 풍손, 베어링 마찰손, 브러시 마찰손	
	부하손	전기자 저항손 $P_c = I_a^2 R[\text{W}]$	
		브러시 전기손	
		표유부하손 : 권선 이외 부분의 누설 자속에 의해 발생	

답 ①

문제 52 사이클로 컨버터(cycloconverter)란?
① AC → AC로 바꾸는 장치이다.
② AC → DC로 바꾸는 장치이다.
③ DC → DC로 바꾸는 장치이다.
④ DC → AC로 바꾸는 장치이다.

풀이
사이클로 컨버터란 정지 사이리스터 회로에 의해 **전원 주파수와 다른 주파수의 전력으로 변환**시키는 직접회로장치이다.

답 ①

문제 53 유도전동기의 동기와트에 대한 설명으로 옳은 것은?
① 동기속도에서 1차 입력
② 동기속도에서 2차 입력
③ 동기속도에서 2차 출력
④ 동기속도에서 2차 동손

풀이
동기와트란 슬립 s, 토크 T를 발생하며 회전하는 유도 전동기가 같은 토크 T를 발생하며 **동기 속도로 회전하는 것으로 가정하는 때의 입력** P_2를 말한다. 2차 입력(동기 와트) P_2, 회전 각속도 ω, 동기 각속도 ω_s라 하면
$$T = \frac{P}{\omega} = \frac{P_2(1-s)}{\omega_s(1-s)} = \frac{P_2}{\omega_s}$$
$$\therefore P_2 = \omega_s T [\text{동기 와트}]$$

답 ②

문제 54 다음 시험 중 변압기의 절연 내력 시험을 하기 위한 것은? (A : 온도 상승 시험, B : 유도 시험, C : 가압 시험, D : 단락 시험, E : 충격 전압 시험, F : 권선 저항 측정 시험)
① B, C, E
② A, B, E
③ B, E, F
④ D, E, F

풀이
- 변압기의 절연 내력 시험 : 유도 시험, 가압 시험, 충격 전압 시험
- 변압기 등가 회로 작성에 필요한 시험 : 권선 저항 측정, 무부하 시험, 단락 시험

답 ①

문제 55 A, B 2대의 동기발전기를 병렬운전 중 계통 주파수를 바꾸지 않고 B기의 역률을 좋게 하는 것은?
① A기의 여자전류를 증대
② A기의 원동기 출력을 증대
③ B기의 여자전류를 증대
④ B기의 원동기 출력을 증대

풀이
- 유기 기전력이 높은 발전기(여자 전류가 높은 경우) : 90° 지상전류가 흘러 역률이 저하
- 유기 기전력이 낮은 발전기(여자 전류가 낮은 경우) : 90° 진상전류가 흘러 역률이 상승

답 ①

문제 56 선박의 전기추진용 전동기의 속도제어에 가장 알맞은 것은?
① 주파수 변화에 의한 제어
② 극수 변환에 의한 제어
③ 1차 회전에 의한 제어
④ 2차 저항에 의한 제어

풀이
주파수 변화에 의한 제어는 전동기에 가해지는 전원 주파수를 바꾸어 속도를 제어하는 방법으로서 원동기의 속도 제어에 의해 전용 발전기의 주파수를 변화시키는 것으로 **선박의 전기 추진용 전동기, 포터 모터의 속도제어 등에 적합**하다.

답 ①

문제 57 100 [kW], 230 [V] 자여자식 분권 발전기에서 전기자 회로 저항이 0.05 [Ω]이고 계자 회로저항이 57.5 [Ω]이다. 이 발전기가 정격 전압 전부하에서 운전할 때 유기 전압을 계산하면?
① 232 [V]
② 242 [V]
③ 252 [V]
④ 262 [V]

풀이
부하전류 $I = \dfrac{100 \times 10^3}{230} = 434.78 [A]$

계자전류 $I_f = \dfrac{230}{57.5} = 4 [A]$

전기자 전류 $I_a = I + I_f$ 이므로

유기기전력 $E = V + I_a R_a = V + (I + I_f) R_a$
$= 230 + (434.78 + 4) \times 0.05$
$= 251.94 [V]$

답 ③

문제 58 다이오드를 사용한 단상전파정류회로에서 100 [A]의 직류를 얻으려고 한다. 이 때 정류기의 교류측 전류는 약 몇 [A]인가?
① 111
② 167
③ 222
④ 278

풀이

$I_d = \dfrac{2\sqrt{2}}{\pi} I = 0.9I$ 에서 $I = \dfrac{I_d}{0.9} = \dfrac{100}{0.9} = 111[A]$ **답** ①

문제 59 1방향성 4단자 사이리스터는?
① TRIAC   ② SCS
③ SCR   ④ SSS

풀이

각 종 반도체 소자의 비교
① 방향성
 • 양방향성(쌍방향성) 소자 : DIAC, TRIAC, SSS
 • 역저지(단방향성) 소자 : SCR, LASCR, GTO, SCS
② 극(단자) 수
 • 2극(단자) 소자 : DIAC, SSS, Diode
 • 3극(단자) 소자 : SCR, LASCR, GTO, TRIAC
 • 4극(단자) 소자 : SCS   **답** ②

문제 60 경부하로 회전중인 3상 농형 유도전동기에서 전원의 3선중 1선이 개방되면 3상 전동기는?
① 개방시 바로 정지한다.
② 속도가 급상승한다.
③ 회전을 계속한다.
④ 일정시간 회전 후 정지한다.

풀이

3상 농형 유도전동기에서 전원의 3선중 1선이 개방되면 3상 전동기는 단상 전동기가 된다. 이때 큰 부하가 인가되어 있는 경우에는 전동기가 정지하게 되고 큰 전류가 흘러 전동기가 소손된다. 그러나 경부하에서는 회전을 계속하게 되나 경부하 부하전류는 증가하게 된다.   **답** ③

제4과목 회로이론

문제 61 회로에서 각 계기들의 지시값은 다음과 같다. 전압계 ⓥ는 240[V], 전류계 ⓐ는 5[A], 전력계 ⓦ는 720[W]이다. 이때 인덕턴스 $L[H]$은 얼마인가? (단, 전원주파수는 60[Hz] 이다.)

① $\dfrac{1}{\pi}$
② $\dfrac{1}{2\pi}$
③ $\dfrac{1}{3\pi}$
④ $\dfrac{1}{4\pi}$

풀이

• 피상전력 $P_a = VI = 240 \times 5 = 1200[VA]$
• $P_a = \sqrt{W^2 + Q^2}$ 에서
 무효전력 $Q = \sqrt{P_a^2 - W^2} = \sqrt{1200^2 - 720^2} = 960[Var]$
• $Q = I_L^2 X_L = \left(\dfrac{V}{X_L}\right)^2 X_L$ 에서 $X_L = \dfrac{V^2}{Q}$

∴ $X_L = \dfrac{240^2}{960} = 60[\Omega]$

따라서, $L = \dfrac{X_L}{2\pi f} = \dfrac{60}{2\pi \times 60} = \dfrac{1}{2\pi}[H]$ **답** ②

문제 62 314[mH]의 자기 인덕턴스에 120[V], 60[Hz]의 교류전압을 가하였을 때 흐르는 전류[A]는?
① 10   ② 8   ③ 1   ④ 0.5

풀이

$I = \dfrac{V}{\omega L} = \dfrac{120}{2\pi \times 60 \times 314 \times 10^{-3}} = 1$ **답** ③

문제 63 다음과 같은 회로에서 출력전압 v_2의 위상은 입력전압 v_1보다 어떠한가?
① 같다.
② 앞선다.
③ 뒤진다.
④ 전압과 관계없다.

풀이

C의 전압 강하를 e_1, R_1, C에 흐르는 전류를 i_R, i_C라 하면

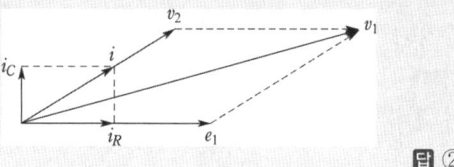

답 ②

문제 64 그림과 같은 회로가 공진이 되기 위한 조건을 만족하는 어드미턴스는?

① $\dfrac{CL}{R}$ ② $\dfrac{CR}{L}$ ③ $\dfrac{L}{CR}$ ④ $\dfrac{LR}{C}$

풀이

• 합성어드미턴스

$$Y = Y_1 + Y_2 = \dfrac{1}{R+j\omega L} + j\omega C$$

$$= \dfrac{R}{R^2+\omega^2 L^2} + j\left(\omega C - \dfrac{\omega L}{R^2+\omega^2 L^2}\right)$$

• 병렬공진조건 : 허수부가 0이 되어야 한다.

즉, $\omega C = \dfrac{\omega L}{R^2+\omega^2 L^2}$ 에서 $R^2+\omega^2 L^2 = \dfrac{\omega L}{\omega C} = \dfrac{L}{C}$

• 병렬공진시 어드미턴스 :

$$Y_r = \dfrac{R}{R^2+\omega^2 L^2} = \dfrac{R}{L/C} = \dfrac{CR}{L}$$

답 ②

문제 65 자동차 축전지의 무부하 전압을 측정하니 13.5 [V]를 지시하였다. 이 때 정격이 12 [V], 55 [W]인 자동차 전구를 연결하여 축전지의 단자전압을 측정하니 12 [V]를 지시하였다. 축전지의 내부저항은 약 몇 [Ω]인가?

① 0.33 [Ω] ② 0.45 [Ω]
③ 2.62 [Ω] ④ 3.31 [Ω]

풀이

• 전구의 저항 $R_L = \dfrac{V_n^2}{P} = \dfrac{12^2}{55} [\Omega]$

• 전구 연결 후 단자전압 $V = IR_L = 12[V]$에서 회로에 흐르는 전류 $I = \dfrac{12}{R_L} = \dfrac{55}{12}[A]$

• 전압강하 $e = IR_i = 13.5 - 12 = 1.5[V]$에서 축전지 내부저항 $R_i = \dfrac{1.5}{I} = \dfrac{1.5 \times 12}{55} = 0.327[\Omega]$

답 ①

문제 66 어떤 회로에서 전압과 전류가 각각 $e = 50\sin(\omega t + \theta)[V]$, $i = 4\sin(\omega t + \theta - 30°)$ [A]일 때 무효전력[Var]은 얼마인가?

① 100 ② 86.6
③ 70.7 ④ 50

풀이

$$P_r = \dfrac{V_m}{\sqrt{2}} \times \dfrac{I_m}{\sqrt{2}} \sin\theta = \dfrac{50 \times 4}{2} \sin 30° = 50[\text{Var}]$$

답 ④

문제 67 최대 눈금이 50 [V]인 직류 전압계가 있다. 이 전압계를 사용하여 150 [V]의 전압을 측정하려면 배율기의 저항은 몇 [Ω]을 사용하여야 하는가? 단, 전압계의 내부 저항은 5000 [Ω]이다.

① 1000 ② 2500
③ 5000 ④ 10000

풀이

배율기의 저항을 R_m, 전압계의 내부저항을 R_v이라 하면, 배율 $m = 1 + \dfrac{R_m}{R_v}$ 이므로

$\therefore R_m = R_v(m-1) = 5000\left(\dfrac{150}{50} - 1\right) = 10000[\Omega]$

답 ④

문제 68 출력이 $F(s) = \dfrac{3s+2}{s(s^2+2s+6)}$ 로 표시되는 제어계가 있다. 이 계의 시간함수 $f(t)$의 정상값은?

① 3 ② 2
③ $\dfrac{1}{3}$ ④ $\dfrac{1}{6}$

풀이

최종값 정리에 의해
$$f(\infty) = \lim_{s \to 0} sF(s) = \lim_{s \to 0} s \cdot \frac{3s+2}{s(s^2+2s+6)} = \frac{2}{6} = \frac{1}{3}$$

답 ③

문제 69 어느 저항에
$v_1 = 220\sqrt{2}\sin(2\pi \cdot 60t - 30°)$ [V]와
$v_2 = 100\sqrt{2}\sin(3 \cdot 2\pi \cdot 60t - 30°)$ [V]
의 전압이 각각 걸릴 때 올바른 것은?

① v_1이 v_2보다 위상이 15° 앞선다.
② v_1이 v_2보다 위상이 15° 뒤진다.
③ v_1이 v_2보다 위상이 75° 앞선다.
④ v_1과 v_2의 위상관계의 의미가 없다.

풀이

주파수가 서로 다른 전압, 전류 사이에서는 유효전력도 무효전력도 전혀 발생하지 않는다. 따라서, 기본파인 v_1과 3고조파인 v_2 사이에서의 위상관계는 의미가 없다.

답 ④

문제 70 불평형 3상전류 $I_a = 10 + j2$ [A], $I_b = -20 - j24$ [A], $I_c = -5 + j10$ [A]일 때의 영상전류 I_0 값은 얼마인가?

① $15 + j2$ [A] ② $-5 - j4$ [A]
③ $-15 - j12$ [A] ④ $-45 - j36$ [A]

풀이

영상전류
$$I_0 = \frac{1}{3}(I_a + I_b + I_c) = \frac{1}{3}(10+j2-20-j24-5+j10)$$
$$= \frac{1}{3}(-15-j12) = -5 - j4 \text{ [A]}$$

답 ②

문제 71 다음 그림은 전압이 10[V]인 전원장치에 가변저항과 전열기를 연결한 회로이다. 가변저항이 5[Ω]일 때 회로에 흐르는 전류는 1[A]이다. 가변저항을 15[Ω]으로 바꾸고 전열기를 4초 동안 사용할 경우 전열기에서 소비되는 전력[W]은 얼마인가? (단, 전원장치의 전압과 전열기의 저항은 일정하다.)

① 1.25
② 1.5
③ 1.88
④ 2.0

풀이

① 전체 저항(R_T)은 가변 저항과 전열기 저항(R_H)의 합이므로
$$R_T = \frac{V}{I} = \frac{10}{1} = 10 = 5 + R_H [\Omega]$$
가변 저항이 5[Ω]일 때 전열기의 저항은 5[Ω]이다.
② 가변 저항을 15[Ω]으로 바꾸면
$$I = \frac{V}{R_T} = \frac{10}{(15+5)} = 0.5 \text{ [A]}$$
따라서, 전열기에서 소비되는 전력
$$P = I^2 R_H = 0.5^2 \times 5 = 1.25 \text{ [W]}$$

답 ①

문제 72 어떤 회로에서 $i = 10\sin\left(314t - \frac{\pi}{6}\right)$ [A]의 전류가 흐른다. 이를 복소수로 표시하면?

① $6.12 - j3.54$ [A] ② $17.32 - j5$ [A]
③ $3.54 - j6.12$ [A] ④ $5 - j17.32$ [A]

풀이

$$I = \frac{10}{\sqrt{2}}\angle-\frac{\pi}{6} = \frac{10}{\sqrt{2}}\left(\cos\frac{\pi}{6} - j\sin\frac{\pi}{6}\right) = 6.12 - j3.54$$

답 ①

문제 73 2단자 회로 소자 중에서 인가한 전류파형과 동위상의 전압파형을 얻을 수 있는 것은?

① 저항 ② 콘덴서
③ 인덕턴스 ④ 저항 + 콘덴서

풀이

① **저항 R** : 저항 R에 정현파전류 $i = I_m\sin\omega t$가 흐를 때 저항 양단의 전압은 옴의 법칙으로부터
$$v = Ri = RI_m\sin\omega t = V_m\sin\omega t$$
즉 **전압과 전류는 동상**이다.
② **인덕턴스 L** : 인덕턴스 L에 정현파 전류가 흐를 때 전류의 방향으로 생기는 전압강하 v는
$$v = L\frac{di}{dt} = L\frac{d}{dt}(I_m\sin\omega t) = \omega LI_m\cos\omega t$$
$$= V_m\sin(\omega t + 90°)$$
즉, **전압은 전류보다 90° 앞선다**.
③ **커패시턴스 C** : 커패시턴스 C에 정현파 전류가 흐를 때 전류의 방향으로 생기는 전압강하 v는

$$v = \frac{1}{C}\int i\,dt = \frac{1}{C}\int I_m \sin\omega t\,dt = -\frac{1}{\omega C}I_m \cos\omega t$$
$$= \frac{1}{\omega C}I_m \sin(\omega t - 90°) = V_m \sin(\omega t - 90°)$$

즉, 전압은 전류보다 90° 뒤진다. 　　답 ①

문제 74
$R = 100[\Omega]$, $L = \frac{1}{\pi}[H]$, $C = \frac{100}{4\pi}$ [pF]가 직렬로 연결되어 공진할 경우 이 공진회로의 전압확대율 Q는?

① 2×10^3 ② 2×10^4
③ 3×10^3 ④ 3×10^4

풀이
전압 확대율
$$Q = \frac{1}{R}\sqrt{\frac{L}{C}} = \frac{1}{100}\sqrt{\frac{\frac{1}{\pi}}{\frac{100}{4\pi} \times 10^{-12}}} = 2 \times 10^3$$ 　　답 ①

문제 75
어드미턴스 Y_1과 Y_2가 직렬로 접속된 회로의 합성 어드미턴스는?

① $Y_1 + Y_2$ ② $\dfrac{Y_1 Y_2}{Y_1 + Y_2}$
③ $\dfrac{1}{Y_1} + \dfrac{1}{Y_2}$ ④ $\dfrac{1}{Y_1 + Y_2}$

풀이
어드미턴스 $Y = \dfrac{1}{\dfrac{1}{Y_1} + \dfrac{1}{Y_2}} = \dfrac{Y_1 Y_2}{Y_1 + Y_2}[\mho]$ 　　답 ②

문제 76
그림과 같이 접속된 회로에 평형 3상 전압 E[V]를 가할 때의 전류 I_1[A]은?

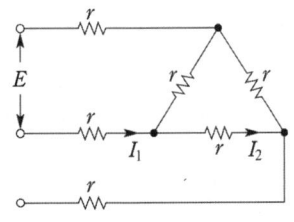

① $\dfrac{\sqrt{3}}{4E}$ ② $\dfrac{4E}{\sqrt{3}}$
③ $\dfrac{4r}{\sqrt{3}E}$ ④ $\dfrac{\sqrt{3}E}{4r}$

풀이
△를 Y로 환산하면 1상의 등가 저항 R은
$$R = \frac{r^2}{r+r+r} = \frac{r^2}{3r} = \frac{r}{3}$$
따라서 선전류
$$I_1 = \frac{\frac{E}{\sqrt{3}}}{r + \frac{r}{3}} = \frac{\sqrt{3}E}{4r}$$

　　답 ④

문제 77
그림의 회로에서 a-b 사이의 전압 E_{ab} 값은?

① 8[V]
② 10[V]
③ 12[V]
④ 14[V]

풀이
전압 분배 법칙을 적용하면
$E_{ab} = \dfrac{6}{3+6} \times 12 = 8$[V]이 된다. 　　답 ①

문제 78
테브난의 정리를 사용하여 다음의 (a)회로를 (b)와 같은 등가 회로로 바꾸려 한다. V[V]와 R[Ω]의 값은?

　　(a)　　　　　　　(b)

① 7[V], 9.1[Ω] ② 10[V], 9.1[Ω]
③ 7[V], 6.5[Ω] ④ 10[V], 6.5[Ω]

풀이
• a, b 단자 사이에 걸리는 개방전압
$$V_{ab} = \frac{10}{3+7} \times 7 = 7[V]$$

- a, b단자에서 전원측으로 본 합성저항
  (전압원은 단락시킨다.)

$$R_{ab} = 7 + \frac{3 \times 7}{3+7} = 9.1\,[\Omega]$$

답 ①

문제 79 그림과 같은 회로에서 a-b 단자에서 본 합성저항은 몇 [Ω]인가?

① 2
② 4
③ 6
④ 8

풀이

a-b 사이의 합성 저항은

따라서, 합성저항 $R_{ab} = 6 + \frac{4 \times 4}{4+4} = 8\,[\Omega]$

답 ④

문제 80 전압 $e = 5 + 10\sqrt{2}\sin\omega t + 10\sqrt{2}\sin 3\omega t\,[V]$일 때 실효값은?

① 7.07 [V]
② 10 [V]
③ 15 [V]
④ 20 [V]

풀이

비정현파 교류의 실효값은 직류분, 기본파 및 고조파의 제곱 합의 평방근으로 나타내므로

$V = \sqrt{V_0^2 + V_1^2 + V_2^2 + V_3^2 + \cdots}$ 에서

$V = \sqrt{5^2 + 10^2 + 10^2} = 15\,[V]$

답 ③

제5과목 전기설비기술기준

문제 81 버스덕트공사에 대한 설명 중 옳은 것은?
① 버스덕트 끝부분을 개방할 것
② 덕트를 수직으로 붙이는 경우 지지점간 거리는 12[m] 이하로 할 것
③ 덕트를 조영재에 붙이는 경우 덕트의 지지점간 거리는 6[m] 이하로 할 것
④ 덕트에 접지공사를 할 것

풀이

232.61 버스덕트공사
가. 덕트 상호 간 및 전선 상호 간은 견고하고 또한 전기적으로 완전하게 접속할 것.
나. 덕트를 조영재에 붙이는 경우에는 **덕트의 지지점 간의 거리를 3 [m](수직으로 붙이는 경우에는 6 [m]) 이하로** 하고 또한 견고하게 붙일 것.
다. 덕트(환기형의 것을 제외한다)의 끝부분은 막을 것.
라. 덕트(환기형의 것을 제외한다)의 내부에 먼지가 침입하지 아니하도록 할 것.
마. **덕트는 접지공사를 할 것.**

답 ④

문제 82 뱅크용량이 20000[kVA]인 전력용 커패시터에 자동적으로 전로로부터 차단하는 보호장치를 하려고 한다. 반드시 시설하여야 할 보호장치가 아닌 것은?
① 내부에 고장이 생긴 경우에 동작하는 장치
② 절연유의 압력이 변화할 때 동작하는 장치
③ 과전류가 생긴 경우에 동작하는 장치
④ 과전압이 생긴 경우에 동작하는 장치

풀이

351.5 조상설비의 보호장치
조상 설비에는 그 내부에 고장이 생긴 경우에 보호하는 장치를 표와 같이 시설하여야 한다.

설비 종별	뱅크 용량의 구분	자동적으로 전로로부터 차단하는 장치
전력용 커패시터 및 분로리액터	500 [kVA] 초과 15,000 [kVA] 미만	·내부에 고장이 생긴 경우 ·과전류가 생긴 경우
	15,000 [kVA] 이상	·내부에 고장이 생긴 경우 ·과전류가 생긴 경우 ·과전압이 생긴 경우
조상기	15,000 [kVA] 이상	·내부에 고장이 생긴 경우

답 ②

문제 83 고압 가공전선과 식물과의 이격거리에 대한 기준으로 가장 적절한 것은?

① 고압 가공전선의 주위에 보호망으로 이격시킨다.
② 식물과의 접촉에 대비하여 차폐선을 시설하도록 한다.
③ 고압 가공전선을 절연전선으로 사용하고 주변의 식물을 제거시키도록 한다.
④ 식물에 접촉하지 아니하도록 시설하여야 한다.

풀이
332.19 고압 가공전선과 식물의 이격거리
고압 가공전선은 상시 부는 바람 등에 의하여 **식물에 접촉하지 않도록** 시설하여야 한다. 답 ④

문제 84 수소냉각식 발전기안의 수소 순도가 몇 [%] 이하로 저하한 경우에 이를 경보하는 장치를 시설해야 하는가?

① 65
② 75
③ 85
④ 95

풀이
351.10 수소냉각식 발전기 등의 시설
수소냉각식의 발전기·조상기 또는 이에 부속하는 수소 냉각 장치는 발전기 내부 또는 조상기 내부의 **수소의 순도가 85[%]** 이하로 저하한 경우에 이를 경보하는 장치를 시설할 것. 답 ③

문제 85 옥내에 시설하는 전동기에 과부하 보호장치의 시설을 생략할 수 없는 경우는?

① 정격출력이 0.75[kW]인 전동기
② 전동기의 구조나 부하의 성질로 보아 전동기가 손상할 수 있는 과전류가 생길 우려가 없는 경우
③ 전동기가 단상의 것으로 전원측 전로에 시설하는 배선용 차단기의 정격전류가 20[A] 이하인 경우
④ 전동기가 단상의 것으로 전원측 전로에 시설하는 과전류 차단기의 정격전류가 16[A] 이하인 경우

풀이
212.6.3 저압전로 중의 전동기 보호용 과전류보호장치의 시설
옥내에 시설하는 전동기에는 전동기가 손상될 우려가 있는 과전류가 생겼을 때에 자동적으로 이를 저지하거나 이를 경보하는 장치를 하여야 한다. 다만, 다음의 어느 하나에 해당하는 경우에는 그러하지 아니하다.
가. 전동기를 운전 중 상시 취급자가 감시할 수 있는 위치에 시설하는 경우
나. 전동기의 구조나 부하의 성질로 보아 전동기가 손상될 수 있는 과전류가 생길 우려가 없는 경우
다. 단상전동기로써 그 전원측 전로에 시설하는 과전류 차단기의 정격전류가 16[A](배선용 차단기는 20[A]) 이하인 경우
라. 정격 출력이 0.2[kW] 이하의 전동기 답 ①

문제 86 지중전선로를 직접 매설식에 의하여 시설할 때, 중량물의 압력을 받을 우려가 있는 장소에 지중전선을 견고한 트라프 기타 방호물에 넣지 않고도 부설할 수 있는 케이블은?

① 염화비닐 절연 케이블
② 폴리에틸렌 외장 케이블
③ 콤바인 덕트 케이블
④ 알루미늄피 케이블

풀이
334.1 지중전선로의 시설
지중 전선로를 직접 매설식에 의하여 시설하는 경우에 지중 전선을 견고한 트라프 기타 방호물에 넣어 시설하여야 한다. 단, 다음의 어느 하나에 해당하는 경우에는 지중전선을 견고한 트라프 기타 방호물에 넣지 아니하여도 된다.
① 저압 또는 고압의 지중전선을 차량 기타 중량물의 압력을 받을 우려가 없는 경우에 그 위를 견고한 판 또는 몰드로 덮어 시설하는 경우
② 저압 또는 고압의 **지중전선에 콤바인덕트 케이블 또는 개장한 케이블을 사용**하여 시설하는 경우 답 ③

문제 87 폭발성 또는 연소성의 가스가 침입할 우려가 있는 지중함에 그 크기가 몇 [m³] 이상의 것은 통풍장치 기타 가스를 방산시키기 위한 적당한 장치를 시설하여야 하는가?

① 0.9
② 1.0
③ 1.5
④ 2.0

풀이

334.2 지중함의 시설
지중전선로에 사용하는 지중함은 다음에 따라 시설하여야 한다.
가. 지중함은 견고하고 차량 기타 중량물의 압력에 견디는 구조일 것.
나. 지중함은 그 안의 고인 물을 제거할 수 있는 구조로 되어 있을 것.
다. 폭발성 또는 연소성의 가스가 침입할 우려가 있는 것에 시설하는 지중함으로서 그 **크기가 1[m³] 이상**인 것에는 통풍장치 기타 가스를 방산시키기 위한 적당한 장치를 시설할 것.
라. 지중함의 뚜껑은 시설자이외의 자가 쉽게 열 수 없도록 시설할 것.
답 ②

문제 88 66[kV] 특고압 가공전선로를 시가지에 시설하려고 한다. 애자장치는 50[%] 충격섬락전압의 값이 다른 부분을 지지하는 애자장치의 몇 [%] 이상으로 되어야 하는가?

① 100　　② 115　　③ 110　　④ 105

풀이

333.1 시가지 등에서 특고압 가공전선로의 시설
사용전압이 170[kV] 이하인 특고압 가공전선로를 시가지 그 밖에 인가가 밀집한 지역에 시설하기 위한 특고압 가공전선을 지지하는 애자장치는 다음 중 어느 하나에 의할 것.
가. **50[%] 충격섬락전압 값이 그 전선의 근접한 다른 부분을 지지하는 애자장치 값의 110[%]**(사용전압이 130[kV]를 초과하는 경우는 105[%]) **이상**인 것.
나. 아킹혼을 붙인 현수애자·장간애자 또는 라인포스트애자를 사용하는 것.
다. 2련 이상의 현수애자 또는 장간애자를 사용하는 것.
라. 2개 이상의 핀애자 또는 라인포스트애자를 사용하는 것.
답 ③

문제 89 교류 전차선 등 충전부와 식물 사이의 이격거리는 몇 [m] 이상이어야 하는가? (단, 현장여건을 고려한 방호벽 등의 안전조치를 하지 않은 경우이다.)

① 1　　② 3　　③ 5　　④ 10

풀이

431.11 전차선 등과 식물사이의 이격거리
교류 전차선 등 충전부와 식물사이의 이격거리는 5[m] 이상이어야 한다. 다만, 5[m] 이상 확보하기 곤란한 경우에는 현장여건을 고려하여 방호벽 등 안전조치를 하여야 한다.
답 ③

문제 90 연료전지 및 태양전지 모듈의 절연내력시험을 하는 경우 충전부분과 대지사이에 어느 정도의 시험전압을 인가하여야 하는가? (단, 연속하여 10분간 가하여 견디는 것이어야 한다.)

① 최대 사용 전압의 1.5배의 직류 전압 또는 1.25배의 교류 전압
② 최대 사용 전압의 1.25배의 직류 전압 또는 1.25배의 교류 전압
③ 최대 사용 전압의 1.5배의 직류 전압 또는 1배의 교류 전압
④ 최대 사용 전압의 1.25배의 직류 전압 또는 1배의 교류 전압

풀이

134 연료전지 및 태양전지 모듈의 절연내력
연료전지 및 태양전지 모듈은 **최대사용전압의 1.5배의 직류 전압 또는 1배의 교류전압(500[V]** 미만으로 되는 경우에는 **500[V])**을 충전부분과 대지사이에 연속하여 10분간 가하여 절연내력을 시험하였을 때에 이에 견디는 것이어야 한다.
답 ③

문제 91 가반형의 용접전극을 사용하는 아크 용접장치를 시설할 때 용접변압기의 1차측 전로의 대지전압은 몇 [V] 이하이어야 하는가?

① 200　　② 250
③ 300　　④ 600

풀이

241.10 아크 용접기
가반형의 용접 전극을 사용하는 아크 용접장치는 다음에 따라 시설하여야 한다.
가. 용접변압기는 절연변압기일 것.
나. 용접변압기의 **1차측 전로의 대지전압은 300[V] 이하**일 것.
다. 용접변압기의 1차측 전로에는 용접 변압기에 가까운 곳에 쉽게 개폐할 수 있는 개폐기를 시설할 것.
라. 용접기 외함 및 피용접재 또는 이와 전기적으로 접속되는 받침대·정반 등의 금속체는 규정에 준하여 접지공사를 하여야 한다.
답 ③

문제 92 금속관공사에서 절연 부싱을 사용하는 가장 주된 목적은?

① 관의 끝이 터지는 것을 방지
② 관의 단구에서 조영재의 접촉 방지
③ 관내 해충 및 이물질 출입 방지
④ 관의 단구에서 전선 피복의 손상 방지

풀이
232.12 금속관공사
관의 끝 부분에는 **전선의 피복을 손상하지 아니하도록** 적당한 구조의 부싱을 사용할 것. 다만, 금속관공사로부터 애자공사로 옮기는 경우에는 그 부분의 **관의 끝부분에는 절연 부싱 또는 이와 유사한 것을 사용**하여야 한다.　답 ④

문제 93 가공전선로의 지지물에 하중이 가하여지는 경우에 그 하중을 받는 지지물의 기초의 안전율은 일반적인 경우 얼마 이상이어야 하는가?

① 1.2　② 1.5
③ 1.8　④ 2

풀이
331.7 가공전선로 지지물의 기초의 안전율
가공전선로의 지지물에 하중이 가하여지는 경우에 그 하중을 받는 지지물의 **기초의 안전율은 2이상** (단, 이상시 상정하중에 대한 철탑의 기초에 대하여는 1.33)이어야 한다.　답 ④

문제 94 동작시에 아크가 생기는 고압용 개폐기는 목재로부터 몇 [m] 이상 떼어 놓아야 하는가?

① 1　② 1.2　③ 1.5　④ 2

풀이
341.7 아크를 발생하는 기구의 시설
고압용 또는 특고압용의 개폐기·차단기·피뢰기 기타 이와 유사한 기구로서 동작 시에 아크가 생기는 것은 목재의 벽 또는 천장 기타의 가연성 물체로부터 표에서 정한 값 이상 이격하여 시설하여야 한다.

기구 등의 구분	이격거리
고압용의 것	1[m] 이상
특고압용의 것	2[m] 이상(사용전압이 35[kV] 이하의 특고압용의 기구 등으로서 동작할 때에 생기는 아크의 방향과 길이를 화재가 발생할 우려가 없도록 제한하는 경우에는 1[m] 이상)

답 ①

문제 95 폭연성 분진 또는 화약류의 분말이 전기설비가 발화원이 되어 폭발할 우려가 있는 곳에 시설하는 저압 옥내 전기설비를 케이블공사로 할 경우 관이나 방호장치에 넣지 않고 노출로 설치할 수 있는 케이블은?

① 무기물 절연 케이블
② 고무절연 비닐 시스케이블
③ 폴리에틸렌절연 비닐 시스케이블
④ 폴리에틸렌절연 폴리에틸렌 시스케이블

풀이
242.2.1 폭연성 분진 위험장소
케이블공사에 의하는 때에는 전선은 **개장된 케이블 또는 무기물 절연 케이블을 사용하는 경우** 이외에는 관 기타의 방호장치에 넣어 사용할 것.　답 ①

문제 96 전광표시 장치에 사용하는 저압 옥내배선을 금속관공사로 시설할 경우 연동선의 단면적은 몇 [mm²] 이상 사용하여야 하는가?

① 0.75　② 1.25
③ 1.5　④ 2.5

풀이
231.3.1 저압 옥내배선의 사용전선
가. 저압 옥내배선의 전선 : 단면적 2.5[mm²] 이상의 연동선
나. 옥내배선의 사용 전압이 400 [V] 이하인 경우는 다음에 의하여 시설할 수 있다.
  ① **전광표시 장치 또는 제어 회로**
    • **단면적 1.5[mm²] 이상의 연동선**
    • 단면적 0.75[mm²] 이상인 다심케이블 또는 다심 캡타이어 케이블을 사용하고 또한 과전류가 생겼을 때에 자동적으로 전로에서 차단하는 장치를 시설
  ② 진열장 또는 이와 유사한 것의 내부 배선 : 단면적 0.75[mm²] 이상인 코드 또는 캡타이어케이블

답 ③

문제 97 특고압 가공전선로의 지지물 중 전선로의 지지물 양쪽의 경간의 차가 큰 곳에 사용하는 철탑은?

① 내장형 철탑　② 인류형철탑
③ 보강형철탑　④ 각도형철탑

[풀이]

333.11 특고압 가공전선로의 철주·철근 콘크리트주 또는 철탑의 종류
특고압 가공전선로의 지지물로 사용하는 B종 철근·B종 콘크리트주 또는 철탑의 종류는 다음과 같다.
가. 직선형 : 전선로의 직선 부분(3° 이하의 수평 각도 이루는 곳 포함)에 사용되는 것
나. 각도형 : 전선로 중 수평 각도 3°를 넘는 곳에 사용되는 것
다. 인류형 : 전 가섭선을 인류하는 곳에 사용하는 것
라. 내장형 : 전선로 지지물 **양측의 경간차가 큰 곳에 사용하는 것**
마. 보강형 : 전선로 직선 부분을 보강하기 위하여 사용하는 것

답 ①

문제 98 과전류 차단기로 시설하는 퓨즈 중 고압 전로에 사용되는 포장 퓨즈는 정격전류의 몇 배의 전류에 견디어야 하는가?

① 1.1 ② 1.2
③ 1.3 ④ 1.5

[풀이]

341.10 고압 및 특고압 전로 중의 과전류차단기의 시설
가. 과전류차단기로 시설하는 퓨즈 중 고압전로에 사용하는 **포장 퓨즈는 정격전류의 1.3배의 전류에 견디고 또한 2배의 전류로 120분 안에 용단되는 것이어야 한다.**
나. 과전류차단기로 시설하는 퓨즈 중 고압전로에 사용하는 비포장 퓨즈는 정격전류의 1.25배의 전류에 견디고 또한 2배의 전류로 2분 안에 용단되는 것이어야 한다.

답 ③

문제 99 변전소의 주요 변압기에 시설하지 않아도 되는 계측 장치는?

① 전압계   ② 역률계
③ 전류계   ④ 전력계

[풀이]

351.6 계측장치
변전소 또는 이에 준하는 곳에는 다음의 사항을 계측하는 장치를 시설하여야 한다.
가. **주요 변압기의 전압 및 전류 또는 전력**
나. 특고압용 변압기의 온도

답 ②

문제 100 사용전압 66 [kV]의 가공전선을 시가지에 시설할 경우 전선의 지표상 최소 높이는 몇 [m] 인가?

① 6.48   ② 8.36
③ 10.48 ④ 12.36

[풀이]

333.1 시가지 등에서 특고압 가공전선로의 시설

사용전압의 구분	지표상의 높이
35 [kV] 이하	10 [m] (전선이 특고압 절연전선인 경우에는 8 [m])
35 [kV] 초과	10 [m]에 35 [kV]를 초과하는 10 [kV] 또는 그 단수마다 12 [cm]를 더한 값

• 단수 = $\dfrac{66-35}{10} = 3.1 \rightarrow 4$단
• 지표상의 높이 = $10 + 4 \times 0.12 = 10.48$ [m]

답 ③

국가기술자격검정 필기시험 문제

2022년도 전기산업기사 일반검정 제3회 (CBT 복원문제)

자격종목 및 등급(선택분야)	종목코드	시험시간	문제지형별
전기산업기사	2140	2시간 30분	A

제1과목 전기자기학

문제 01 송전선의 전류가 0.01[초] 사이에 10[kA] 변화될 때 이 송전선에 나란한 통신선에 유도되는 유도전압은 몇 [V]인가? (단, 송전선과 통신선 간의 상호유도계수는 0.3[mH] 이다.)

① 30   ② 3×10^2
③ 3×10^3 ④ 3×10^4

풀이
유도전압 $e = M\dfrac{di(t)}{dt}$ 에서

$e = 0.3 \times 10^{-3} \times \dfrac{10 \times 10^3}{0.01} = 3 \times 10^2 [V]$ 답 ②

문제 02 판자석의 세기가 0.01[Wb/m], 반지름이 5[cm]인 원형 자석판이 있다. 자석의 중심에서 축상 10[cm]인 점에서의 자위의 세기는 몇 [AT]인가?

① 100   ② 175   ③ 370   ④ 420

풀이
$$U = \dfrac{\phi_m \omega}{4\pi\mu_0} = \dfrac{\phi_m 2\pi(1-\cos\theta)}{4\pi\mu_0} = \dfrac{\phi_m(1-\cos\theta)}{2\mu_0}$$

$$= \dfrac{\phi_m\left(1 - \dfrac{x}{\sqrt{x^2+a^2}}\right)}{2\mu_0} = \dfrac{0.01 \times \left(1 - \dfrac{10}{\sqrt{5^2+10^2}}\right)}{2 \times 4\pi \times 10^{-7}}$$

$= 420 [AT]$ 답 ④

문제 03 점 (−2, 1, 5)[m]와 점(1, 3, −1)[m]에 각각 위치해 있는 점전하 1[μC]과 4[μC]에 의해 발생된 전위장 내에 저장된 정전 에너지는 약 몇 [mJ]인가?

① 2.57   ② 5.14
③ 7.71   ④ 10.28

풀이
두 점간의 거리
$r = \sqrt{(1+2)^2 + (3-1)^2 + (-1-5)^2} = 7[m]$
정전 에너지
$$w = \dfrac{1}{2}(Q_1 V_1 + Q_2 V_2) = \dfrac{1}{2}\left(Q_1 \times \dfrac{Q_2}{4\pi\epsilon_0 r} + Q_2 \times \dfrac{Q_1}{4\pi\epsilon_0 r}\right)$$

$$= \dfrac{Q_1 Q_2}{4\pi\epsilon_0 r} = 9 \times 10^9 \times \dfrac{1 \times 10^{-6} \times 4 \times 10^{-6}}{7}$$

$= 0.00514 [J] = 5.14 [mJ]$ 답 ②

문제 04 대전도체 표면의 전하밀도를 $\sigma[C/m^2]$이라 할 때, 대전도체 표면의 단위면적이 받는 정전응력은 전하밀도 σ와 어떤 관계에 있는가?

① $\sigma^{\frac{1}{2}}$에 비례   ② $\sigma^{\frac{3}{2}}$에 비례
③ σ에 비례   ④ σ^2에 비례

풀이
정전 에너지 W
$$W = \dfrac{Q^2}{2C} = \dfrac{Q^2}{2\left(\dfrac{\epsilon_0 S}{d}\right)} = \dfrac{Q^2 d}{2\epsilon_0 S} = \dfrac{\sigma^2 d}{2\epsilon_0} S [J] \; (\because Q = \sigma \times S)$$

정전응력 $F = -\dfrac{\partial W}{\partial d} = -\dfrac{\sigma^2}{2\epsilon_0} S [N]$ 에서 $F \propto \sigma^2$ 답 ④

문제 05 내경의 반지름이 1[mm], 외경의 반지름이 3[mm]인 동축케이블의 단위 길이 당 인덕턴스는 약 몇 [μH/m]인가? (단, 이 때 $\mu_r = 1$이며, 내부 인덕턴스는 무시한다.)

① 0.1 [μH/m] ② 0.2 [μH/m]
③ 0.3 [μH/m] ④ 0.4 [μH/m]

풀이
동축케이블의 외부인덕턴스 L은
$L = \dfrac{\phi}{I} = \dfrac{\mu_0}{2\pi} \ln \dfrac{b}{a}$ [H/m]에서
$L = \dfrac{4\pi \times 10^{-7}}{2\pi} \ln \dfrac{3}{1} = 0.2 \times 10^{-6}$ [H/m] $= 0.2$ [μH/m] **답** ②

문제 06 하나의 금속에서 전류의 흐름으로 인한 온도 구배부분의 줄열 이외의 발열 또는 흡열에 관한 현상은?
① 펠티에 효과(Peltier effect)
② 볼타 법칙(Volta law)
③ 지벡 효과(Seebeck effect)
④ 톰슨 효과(Thomson effect)

풀이
- **제어벡 효과** : 두 종류 금속 접속면에 온도차가 있으면 기전력이 발생하는 효과
- **펠티에 효과** : 두 종류 금속 접속면에 전류를 흘리면 접속점에서 열의 흡수, 발생이 일어나는 효과
- **톰슨 효과** : 동일한 금속 도선의 두 점간에 온도차를 주고, 고온 쪽에서 저온 쪽으로 전류를 흘리면 도선 속에서 열이 발생되거나 흡수가 일어나는 이러한 현상을 톰슨 효과라 한다. **답** ④

문제 07 진공 중의 도체계에서 임의의 도체를 일정 전위의 도체로 완전 포위하면 내외공간의 전계를 완전 차단시킬 수 있는데 이것을 무엇이라 하는가?
① 홀효과   ② 정전차폐
③ 핀치효과 ④ 전자차폐

풀이
임의의 도체를 **접지된 도체로 완전 포위**하면 외부에서 유도되는 전하를 차단할 수 있다. 이것을 **정전차폐**라고 한다. **답** ②

문제 08 고전압이 가해진 유전체 중에 공기의 기포가 있으면 유전체 중의 기포는 절연에 영향을 준다. 절연은 유전체의 유전율에 대하여 어떠한가?

① 유전율이 클수록 절연은 향상된다.
② 유전율이 작을수록 절연은 나빠진다.
③ 유전율에는 무관계하다.
④ 유전율이 클수록 절연은 나빠진다.

풀이
구형 기포 내의 전계의 세기 E_i는
$E_i = \dfrac{3\epsilon_1}{2\epsilon_1 + \epsilon_2} E = \dfrac{3\epsilon_r}{2\epsilon_r + 1} E$
따라서 유전체의 유전율이 클수록 기포 내부의 전계의 세기(=전기력선 밀도)는 커지게 되어 절연이 나빠진다. **답** ④

문제 09 액체 유전체를 넣은 콘덴서의 용량이 30 [μF]이다. 여기에 500 [V]의 전압을 가했을 때 누설전류는 약 얼마인가? (단, 고유저항 ρ는 10^{11} [Ω·m], 비유전율 ϵ_s는 2.2 이다.)
① 5.1 [mA]   ② 7.7 [mA]
③ 10.2 [mA]   ④ 15.4 [mA]

풀이
$RC = \rho\epsilon$ [s], $R = \dfrac{\rho\epsilon}{C}$ [Ω]
$\therefore I = \dfrac{V}{R} = \dfrac{CV}{\rho\epsilon} = \dfrac{CV}{\rho\epsilon_0\epsilon_s} = \dfrac{30 \times 10^{-6} \times 500}{10^{11} \times 8.855 \times 10^{-12} \times 2.2}$
$= 7.7 \times 10^{-3}$ [A] $= 7.7$ [mA] **답** ②

문제 10 길이 l[m], 단면적의 반지름 a[m]인 원통이 길이 방향으로 균일하게 자하되어 자화의 세기가 J[Wb/m²]인 경우, 원통 양단에서의 전자극의 세기 m[Wb]은?
① J ② $2\pi J$ ③ $\pi a^2 J$ ④ $\dfrac{J}{\pi a^2}$

풀이
자화의 세기 $J = \dfrac{m}{s}$ [Wb/m²]
$\therefore m = J \cdot s = J \cdot \pi a^2$ [Wb] **답** ③

문제 11 한 변의 길이가 10 [m] 되는 정방형 회로에 100 [A]의 전류가 흐를 때 회로 중심부의 자계의 세기는 약 몇 [A/m]인가?

① 5 [A/m]   ② 9 [A/m]
③ 16 [A/m] ④ 21 [A/m]

풀이

한 변 AB에 대한 중심점의 자계는

$H_{AB} = \dfrac{I}{4\pi a}(\sin\beta_1 + \sin\beta_2)$

이므로 $a = \dfrac{l}{2}$,

$\sin\beta_1 = \sin\beta_2 = \sin 45° = \dfrac{1}{\sqrt{2}}$

을 대입하면

$H_{AB} = \dfrac{I}{4\pi\left(\dfrac{l}{2}\right)} \times 2 \times \dfrac{1}{\sqrt{2}}$

$= \dfrac{I}{\sqrt{2}\,\pi l}$ [AT/m]

$\therefore H_0 = H_{AB} + H_{BC} + H_{CD} + H_{DA}$

$= 4H_{AB} = 4 \times \dfrac{I}{\sqrt{2}\,\pi l} = 4 \times \dfrac{100}{\sqrt{2}\,\pi \times 10}$

$= 9$ [AT/m]

답 ②

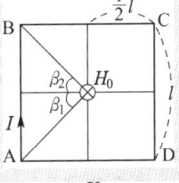

문제 12 점전하 $+Q$[C]의 무한 평면도체에 대한 영상전하는?

① Q[C]와 같다.   ② $-Q$[C]와 같다.
③ Q[C] 보다 작다. ④ Q[C] 보다 크다.

풀이

전기 영상법
그림과 같이 도체 평면 XX'에서 거리 d인 점 P에 점전하 Q가 있는 경우 도체면에 대하여 대칭인 영상점 P'에 크기는 점전하와 같고 부호는 반대인 영상 전하 $-Q$가 있다고 가상하고 해석한다.

답 ②

문제 13 서로 결합하고 있는 두 코일 C_1과 C_2의 자기인덕턴스가 각각 L_{c1}, L_{c2}라고 한다. 이들을 직렬로 연결하여 합성인덕턴스값을 얻은 후 두 코일간 상호인덕턴스의 크기($|M|$)를 얻고자 한다. 직렬로 연결할 때, 두 코일간 자속이 서로 가해져서 보강되는 방향이 있고, 서로 상쇄되는 방향이 있다. 전자의 경우 얻은 합성인덕턴스의 값이 L_1, 후자의 경우 얻은 합성인덕턴스의 값이 L_2일 때, 다음 중 알맞은 식은?

① $L_1 < L_2$, $|M| = \dfrac{L_2 + L_1}{4}$

② $L_1 > L_2$, $|M| = \dfrac{L_1 + L_2}{4}$

③ $L_1 < L_2$, $|M| = \dfrac{L_2 - L_1}{4}$

④ $L_1 > L_2$, $|M| = \dfrac{L_1 - L_2}{4}$

풀이

자속이 같은 방향인 경우의 합성 인덕턴스
$L_1 = L_{c1} + L_{c2} + 2M$ ······ ①
자속이 반대 방향인 경우의 합성 인덕턴스
$L_2 = L_{c1} + L_{c2} - 2M$ ······ ②
따라서, $L_1 > L_2$이고 ① - ② 를 하면

$L_1 - L_2 = 4M$ $\therefore M = \dfrac{L_1 - L_2}{4}$

답 ④

문제 14 접지 구도체와 점전하 사이에 작용하는 힘은?

① 항상 반발력이다.   ② 항상 흡인력이다.
③ 조건적 반발력이다. ④ 조건적 흡인력이다.

풀이

접지 구도체에는 항상 점전하와 반대 극성인 전하 $\left(Q' = -\dfrac{a}{d}Q\right)$가 유도되므로 항상 흡인력이 작용한다.

답 ②

문제 15 정전 용량 C[F]와 컨덕턴스 G[S]와의 관계는 어떤 관계에 있는가? 단, k : 도전율 [℧/m], ϵ : 유전율 [F/m]

① $\dfrac{C}{G} = \dfrac{\epsilon}{k}$ ② $Ck = \dfrac{\epsilon}{G}$

③ $CG = k\epsilon$ ④ $\dfrac{C}{G} = \dfrac{k}{\epsilon}$

풀이

$R = \rho\dfrac{d}{S} = \dfrac{d}{kS}$ [Ω] $C = \dfrac{\epsilon S}{d}$ [F]

$RC = \dfrac{d}{kS} \times \dfrac{\epsilon S}{d} = \dfrac{\epsilon}{k} = \rho\epsilon$

$RC = \rho\epsilon$ 또는 $\dfrac{C}{G} = \dfrac{\epsilon}{k}$

답 ①

문제 16 평등 자계 내에 수직으로 돌입한 전자의 궤적은?

① 원운동을 하는데, 원의 반지름은 자계의 세기에 비례한다.
② 구면 위에서 회전하고 반지름은 자계의 세기에 비례한다.
③ 원운동을 하고 반지름은 전자의 처음 속도에 비례한다.
④ 원운동을 하고, 반지름은 자계의 세기에 비례한다.

풀이
- 플레밍의 왼손 법칙에 의하여 전자가 받는 힘은 운동 방향에 수직하므로 전자는 원운동을 한다.
- v[m/s]의 속도를 가진 전자가 B [Wb/m²]인 평등 자계에 직각으로 돌입할 때
  전자가 받는 힘 $F = e(v \times B)$
  크기 $F = evB$
  이때의 구심력 $F_0 = \dfrac{mv^2}{r}$ 이고 $F_0 = F$ 이므로
  $evB = \dfrac{mv^2}{r}$ ∴ $r = \dfrac{mv}{eB}$ [m] $\propto v$

답 ③

문제 17 전계와 자계와의 관계식으로 옳은 것은?

① $\sqrt{\epsilon}H = \sqrt{\mu}E$
② $\sqrt{\epsilon\mu} = EH$
③ $\sqrt{\mu}H = \sqrt{\epsilon}E$
④ $\epsilon\mu = EH$

풀이
고유 임피던스 $\eta = \dfrac{E}{H} = \sqrt{\dfrac{\mu}{\epsilon}}$ [Ω]에서 $\sqrt{\mu}H = \sqrt{\epsilon}E$

답 ③

문제 18 반지름 25 [cm]의 원주형 도선에 π [A]의 전류가 흐를 때 도선의 중심축에서 50 [cm] 되는 점의 자계의 세기[AT/m]는? 단, 도선의 길이 l 은 매우 길다.

① 1
② π
③ $\dfrac{1}{2}\pi$
④ $\dfrac{1}{4}\pi$

풀이
$H = \dfrac{I}{2\pi r} = \dfrac{\pi}{2\pi \times 0.5} = 1$ [AT/m]

답 ①

문제 19 반자성체의 비투자율(μ_r) 값의 범위는?

① $\mu_r = 1$
② $\mu_r < 1$
③ $\mu_r > 1$
④ $\mu_r = 0$

풀이
자성체 종류에 따른 자화율과 비투자율의 관계

자성체 종류	자화율(비자화율)	비투자율
상자성체	$\chi(\chi_s) > 0$	$\mu_r > 1$
반자성체	$\chi(\chi_s) < 0$	$\mu_r < 1$
강자성체	$\chi(\chi_s) \gg 0$	$\mu_r \gg 1$

답 ②

문제 20 평등 전계 내에 수직으로 비유전율 $\epsilon_s = 2$인 유전체 판을 놓았을 경우 판 내의 전속 밀도가 $D = 4 \times 10^{-6}$ [C/m²]이었다. 유전체 내의 분극의 세기 P[C/m²]는?

① 1×10^{-6}
② 2×10^{-6}
③ 4×10^{-6}
④ 8×10^{-6}

풀이
$P = \epsilon_0(\epsilon_s - 1)E = D\left(1 - \dfrac{1}{\epsilon_s}\right) = 4 \times 10^{-6} \times \left(1 - \dfrac{1}{2}\right)$
$= 2 \times 10^{-6}$ [C/m²]

답 ②

제2과목 전력공학

문제 21 어느 일정한 방향으로 일정한 크기 이상의 단락전류가 흘렀을 때 동작하는 보호계전기의 약어는?

① ZR
② UFR
③ OVR
④ DOCR

풀이
① 거리 계전기 (ZR) : 계전기가 설치된 위치로부터 고장 점까지의 전기적 거리에 비례하여 한시 동작하는 것으로 복잡한 계통의 단락 보호에 과전류 계전기의 대용으로 쓰인다.
② 저주파수 계전기 (UFR) : 주파수가 일정값 보다 낮을 경우 동작한다.

③ 과전압 계전기 (OVR) : 일정값 이상의 전압이 걸렸을 때 동작한다.
④ 단락 방향 계전기 (DOCR, DSR) : 어느 일정한 방향으로 일정값 이상의 단락 전류가 흘렀을 경우 동작하는 것
답 ④

• 크로스본드 : cable의 시스전압을 저감시키고 시스손을 감소시기 위한 접지방식
• 차폐선 : 유도 장해 감소
답 ②

문제 22 3상 3선식 수직배치인 선로에서 오프셋(off-set)을 주는 주된 이유는?
① 단락방지 ② 전선진동 억제
③ 전선 풍압감소 ④ 철탑 중량감소

풀이
오프셋 : 전선 도약에 의한 **상간 단락 사고 방지**

답 ①

문제 25 중거리 및 장거리 송전선로에서 페란티 효과의 발생 원인으로 볼 수 있는 것은?
① 선로의 누설컨덕턴스
② 선로의 누설전류
③ 선로의 정전용량
④ 선로의 인덕턴스

풀이
무부하의 경우 **선로의 정전용량** 때문에 전압보다 위상이 **90° 앞선 충전 전류**의 영향이 커져서 선로에 흐르는 전류가 진상이 되어 수전단 전압이 송전단 전압보다 높아지는 현상을 페란티 현상이라 한다.
답 ③

문제 23 부하가 $P[kW]$이고, 그의 역률이 $\cos\theta_1$인 것을 $\cos\theta_2$로 개선하기 위한 전력용 콘덴서의 용량[kVA]은?

① $P(\tan\theta_1 - \tan\theta_2)$ ② $P\left(\dfrac{\cos\theta_1}{\sin\theta_1} - \dfrac{\cos\theta_2}{\sin\theta_2}\right)$

③ $\dfrac{P}{(\tan\theta_1 - \tan\theta_2)}$ ④ $\dfrac{P}{(\cos\theta_1 - \cos\theta_2)}$

풀이
$$Q_c = P(\tan\theta_1 - \tan\theta_2)$$
$$= P\left(\dfrac{\sin\theta_1}{\cos\theta_1} - \dfrac{\sin\theta_2}{\cos\theta_2}\right)$$
$$= P\left(\dfrac{\sqrt{1-\cos^2\theta_1}}{\cos\theta_1} - \dfrac{\sqrt{1-\cos^2\theta_2}}{\cos\theta_2}\right)$$

답 ①

문제 26 다음 설명 중 옳지 않은 것은?
① 직류송전에서는 무효전력을 보낼 수 없다.
② 선로의 정상 및 역상임피던스는 같다.
③ 계통을 연계하면 통신선에 대한 유도장해가 감소된다.
④ 장간애자는 2련 또는 3련으로 사용할 수 있다.

풀이
계통을 연계하면 계통의 %Z가 감소하게 되므로 단락전류 ($I_s = \dfrac{100}{\%Z} \times I_n$)가 증대되어 통신선에 전자 유도 장해는 증가한다.
답 ③

문제 24 접지봉으로 탑각의 접지 저항값을 희망하는 접지저항치까지 줄일 수 없을 때 사용하는 것은?
① 가공지선 ② 매설지선
③ 크로스본드선 ④ 차폐선

풀이
• 가공지선 : 뇌차폐
• 매설지선 : 접지저항을 낮추어 역섬락 방지

문제 27 역률 개선용 콘덴서를 부하와 병렬로 연결하고자 한다. △결선방식과 Y결선방식을 비교하면 콘덴서의 정전용량[μF]의 크기는 어떠한가?
① △결선방식과 Y결선방식은 동일하다.
② Y결선방식이 △결선방식의 $\dfrac{1}{2}$이다.
③ △결선방식이 Y결선방식의 $\dfrac{1}{3}$이다.
④ Y결선방식이 △결선방식의 $\dfrac{1}{\sqrt{3}}$이다.

풀이

$Q = 3EI = 3E2\pi fCE = 3 \times 2\pi fCE^2$ 에서

$C_\triangle = \dfrac{Q}{3 \times 2\pi fV^2}$

($\because$ △결선에서 상전압 E =선간전압 V)

$C_Y = \dfrac{Q}{3 \times 2\pi f\left(\dfrac{V}{\sqrt{3}}\right)^2} = \dfrac{Q}{2\pi fV^2}$

(Y결선에서 상전압 $= \dfrac{\text{선간전압}}{\sqrt{3}}$)

$\therefore \dfrac{C_\triangle}{C_Y} = \dfrac{\dfrac{Q}{3 \times 2\pi fV^2}}{\dfrac{Q}{2\pi fV^2}} = \dfrac{1}{3} \quad \therefore C_\triangle = \dfrac{1}{3}C_Y$ **답** ③

문제 28 부하전류 및 단락전류를 모두 개폐할 수 있는 스위치는?

① 단로기 ② 차단기
③ 선로개폐기 ④ 전력퓨즈

풀이

퓨즈와 각종 개폐기 및 차단기와의 기능비교

기능 \ 능력	회로 분리		사고 차단	
	무부하	부하	과부하	단락
퓨 즈	○			○
차단기	○	○	○	○
개폐기	○	○	○	
단로기	○			
전자 접촉기	○	○		

즉, **부하전류와 단락전류 모두를 개폐 할 수 있는 것은 차단기**만 가능하다. **답** ②

문제 29 피뢰기에 대한 다음 설명 중 옳지 않은 것은?

① 제한 전압이란 피뢰기가 동작 중일 때의 단자 전압의 파고값을 말한다.
② 직렬 갭은 속류를 차단하는 역할을 한다.
③ 정격 전압이란 속류를 차단하는 최고 교류 전압의 최대값을 말한다.
④ 송전계통의 절연 협조 중 가장 높게 잡는다.

풀이

계통 내의 각 기기, 기구 및 애자 등의 상호간에 적정한 절연 강도를 지니게 함으로써 계통 설계를 합리적, 경제적으로 할 수 있게 한 것을 절연 협조라고 하며 피뢰기의 제한 전압이 기본이 된다. 따라서, **피뢰기의 절연레벨이 제일 낮다.** **답** ④

문제 30 송전선에 댐퍼(damper)를 다는 목적은?

① 전선의 진동 방지
② 전자 유도 감소
③ 코로나의 방지
④ 현수 애자의 경사 방지

풀이

댐퍼는 진동 억제 장치이며 지지점 가까운 곳에 설치한다. **답** ①

문제 31 코로나 방지에 가장 효과적인 방법은?

① 선간거리를 증가시킨다.
② 전선의 높이를 가급적 낮게 한다.
③ 전선 표면의 전위경도를 높인다.
④ 전선의 바깥지름을 크게 한다.

풀이

코로나 방지 대책

코로나 임계전압 $\left(E_0 = 24.3 m_0 m_1 \delta d \log_{10} \dfrac{D}{r}\right)$을 상승시킨다.

① **전선의 지름(d)을 크게 한다.**
② 복도체를 사용한다.
③ 가선 금구를 개량한다.
④ 가선시에 전선 표면의 금구를 손상하지 않게 한다.
임계 전압 식에서 선간 거리(D)를 증가시켜도 코로나 임계 전압이 상승하나, 선간 거리를 증가시키려면 철탑을 보강하여야 하므로 경제적 측면에서 부적당하다. **답** ④

문제 32 정격 출력 500 [MW]의 화력 발전소가 하루 15시간은 정격 출력으로, 9시간은 정격의 50 [%]로 운전된다. 발전단 열효율은 정격에서 40 [%], 50 [%] 출력으로 37.5 [%]라 하면 하루의 열 소비량은 몇 [kcal] 정도 되는가?

① $10,643 \times 10^3$ ② $10,643 \times 10^6$
③ $21,285 \times 10^3$ ④ $21,285 \times 10^6$

풀이

발전소의 열효율 $\eta = \dfrac{860W}{mH}$

(여기서, W : 발전전력량[kWh], m : 연료 소비량[kg], H : 연료의 발열량[kcal/kg])

열 소비량 $mH = \dfrac{860W}{\eta} = \dfrac{860 \times (500 \times 10^3) \times 15}{0.4}$

$+ \dfrac{860 \times (500 \times 10^3 \times \frac{1}{2}) \times 9}{0.375}$

$= 21,285 \times 10^6$ [kcal]   답 ④

문제 33 전선의 손실계수 H와 부하율 F와의 관계는?

① $0 \leq F^2 \leq H \leq F \leq 1$
② $0 \leq H^2 \leq F \leq H \leq 1$
③ $0 \leq H \leq F^2 \leq F \leq 1$
④ $0 \leq F \leq H^2 \leq H \leq 1$

풀이

부하율 F와 손실계수 H와의 관계
• $0 \leq F^2 \leq H \leq F \leq 1$ • $H = \alpha F + (1-\alpha)F^2$
여기서, α : 정수로서 0.1~0.4   답 ①

문제 34 부하측에 밸런스를 필요로 하는 배전 방식은?

① 3상 3선식   ② 3상 4선식
③ 단상 2선식 ④ 단상 3선식

풀이

단상 3선식의 특징
① 전압강하 및 전력손실은 1/4로 감소한다.
② 소요 전선량은 감소한다.
③ 110/220 [V]와 같이 2종의 전압을 얻을 수 있다.
④ 상시 부하가 불평형이면 전압이 불평형이 되고 이에 대한 대책으로 **밸런스를 설치**하여야 한다.
⑤ 중성선에는 퓨즈를 설치하지 않는다.   답 ④

문제 35 단상 2선식 배전선로의 선로임피던스가 $2+j5[\Omega]$이고 무유도성 부하전류 10[A] 일 때 송전단 역률은? (단, 수전단 전압의 크기는 100[V] 이고, 위상각은 0°이다.)

① $\dfrac{5}{12}$ ② $\dfrac{5}{13}$ ③ $\dfrac{11}{12}$ ④ $\dfrac{12}{13}$

풀이

$I = \dfrac{V_r}{R_L}$ (무유도 부하이고 수전단 전압의 위상이 0°이므로 부하는 저항이다.)에서

저항 $R_L = \dfrac{V_r}{I} = \dfrac{100}{10} = 10[\Omega]$

$\therefore \cos\theta = \dfrac{R+R_L}{\sqrt{(R+R_L)^2 + X^2}} = \dfrac{(2+10)}{\sqrt{(2+10)^2 + 5^2}} = \dfrac{12}{13}$

답 ④

문제 36 수차 발전기에 제동권선을 설치하는 주된 목적은?

① 정지시간 단축
② 회전력의 증가
③ 과부하 내량의 증대
④ 발전기 안정도의 증진

풀이

발전기의 **안정도 향상 대책**
① 정태 극한 전력을 크게 한다(정상 리액턴스 작게).
② 난조 방지 (플라이 휠 효과 선정, **제동권선 설치**)
③ 단락비를 크게 한다.   답 ④

문제 37 송배전 선로에서 내부 이상전압에 속하지 않는 것은?

① 개폐 이상전압
② 유도뢰에 의한 이상전압
③ 사고시의 과도 이상전압
④ 계통 조작과 고장시의 지속 이상전압

풀이

① 내부 이상 전압 : 내부 이상전압은 계통 조작 시 또는 고장 발생 시 발생하며 그 종류는 다음과 같다.
 • 개폐 이상전압
 • 사고시의 과도 이상전압
 • 계통 조작과 고장시의 지속 이상전압

② 외부 이상 전압
- 직격뢰에 의한 이상전압
- 유도뢰에 의한 이상전압
- 타선과의 혼촉 시 발생하는 이상전압   답 ②

문제 38 고장점에서 전원 측을 본 계통 임피던스를 $Z[\Omega]$, 고장점의 상전압을 $E[V]$라 하면 3상 단락전류[A]는?

① $\dfrac{E}{Z}$ ② $\dfrac{ZE}{\sqrt{3}}$

③ $\dfrac{\sqrt{3}\,E}{Z}$ ④ $\dfrac{3E}{Z}$

풀이
단락전류 $I_s = \dfrac{상전압}{1상의 임피던스} = \dfrac{E}{Z}[A]$ 답 ①

문제 39 불평형 부하에서 역률은?

① $\dfrac{유효전력}{각 상의 피상전력의 산술합}$

② $\dfrac{무효전력}{각 상의 피상전력의 산술합}$

③ $\dfrac{무효전력}{각 상의 피상전력의 벡터합}$

④ $\dfrac{유효전력}{각 상의 피상전력의 벡터합}$

풀이
역률 $\cos\theta = \dfrac{P}{P_a} = \dfrac{유효전력}{피상전력}$

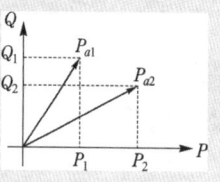

에서 각각의 피상전력은 위상이 서로 다르므로 벡터 합이 되어야 한다.
피상전력의 합
$P_a = P_{a1} + P_{a2} = \sqrt{(P_1+P_2)^2 + (Q_1+Q_2)^2}$ 답 ④

문제 40 터빈(turbine)의 임계속도란?
① 비상조속기를 동작시키는 회전수
② 회전자의 고유 진동수와 일치하는 위험 회전수
③ 부하를 급히 차단하였을 때의 순간 최대 회전수
④ 부하 차단 후 자동적으로 정정된 회전수

풀이
임계 속도란
① 안정할 수 있는 최고 속도
② 회전자의 고유 진동수와 일치하는 위험 회전수   답 ②

제3과목 전기기기

문제 41 다음에서 게이트에 의한 턴온(turn-on)을 이용하지 않는 소자는?
① DIAC   ② SCR
③ GTO   ④ TRAIC

풀이
DIAC은 양방향으로 전류를 흘릴 수 있는 pn-pn 구조로서 애노드와 캐소드의 2개의 단자로 구성되어 있으며, 2단자 양단의 어느 극성에서도 브레이크 오버 전압에 도달하면 도통되고, 전류가 유지전류 이하로 떨어지면 턴-오프 된다. 따라서 DIAC은 게이트에 의한 턴온(turn-on)을 이용하지 않는다.   답 ①

문제 42 직류 분권전동기 운전 중 계자권선의 저항이 증가할 때 회전속도는?
① 일정하다.   ② 감소한다.
③ 증가한다.   ④ 관계없다.

풀이
$n = k\dfrac{V - I_a R_a}{\phi}$ 에서 자속 ϕ가 감소(여자전류 I_f 감소)하면 회전속도 n이 증가하게 된다. ($I_f = \dfrac{V}{R_f}$에서 계자 권선 저항 R_f가 증가하면 계자 전류 I_f는 감소한다.)   답 ③

문제 43 유도 전동기의 2차 효율은? (단, s는 슬립이다.)
① $\dfrac{1}{s}$ ② s ③ $1-s$ ④ s^2

풀이
2차 효율 $\eta_2 = \dfrac{기계적출력}{2차입력} = \dfrac{P_0}{P_2} = \dfrac{P_2(1-s)}{P_2} = (1-s)$ 답 ③

문제 44 6극, 200[V], 10[kW]의 3상 유도전동기가 960 [rpm]으로 회전하고 있을 때의 회전자 기전력의 주파수는? (단, 전원의 주파수는 60[Hz]이다.)

① 12 [Hz] ② 8 [Hz]
③ 6 [Hz]   ④ 4 [Hz]

풀이

동기속도 $N_s = \dfrac{120f}{p} = \dfrac{120 \times 60}{6} = 1200$ [rpm]

슬립 $s = \dfrac{N_s - N}{N_s} = \dfrac{1200-960}{1200} = 0.2$ 이므로

회전자 기전력의 주파수 $f' = sf = 0.2 \times 60 = 12$[Hz]

답 ①

문제 45 직류 분권전동기에서 단자전압 210[V], 전기자전류 20[A], 1500[rpm]으로 운전할 때 발생 토크는 약 몇 [N·m] 인가? (단, 전기자저항은 0.15[Ω]이다.)

① 13.2 ② 26.4
③ 33.9 ④ 66.9

풀이

$V = 210$[V], $I_a = 20$[A], $N = 1500$[rpm], $r_a = 0.15$[Ω]이므로

$E_c = V - I_a R_a = 210 - (20 \times 0.15) = 207$[V]

발생 토크 $T = \dfrac{P}{\omega} = \dfrac{E_c I_a}{2\pi n} = \dfrac{E_c I_a}{2\pi \dfrac{N}{60}}$ 에서

$T = \dfrac{207 \times 20}{2\pi \times \dfrac{1500}{60}} = 26.36$[N·m]

답 ②

문제 46 동기 발전기의 단락비를 계산하는데 필요한 시험의 종류는?

① 동기화 시험, 3상 단락 시험
② 부하 포화 시험, 동기화 시험
③ 무부하 포화 시험, 3상 단락시험
④ 전기자 반작용 시험, 3상 단락 시험

풀이

측정항목	시험의 종류
철손	무부하 시험
기계손	무부하 시험
동기임피던스	단락 시험
동기리액턴스	단락 시험
단락비	무부하(포화) 시험, 단락 시험

답 ③

문제 47 3000/200[V] 변압기의 1차 임피던스가 225[Ω]이면 2차 환산 임피던스는 약 몇 [Ω] 인가?

① 1.0 ② 1.5
③ 2.1 ④ 2.8

풀이

권수비 $a = \dfrac{E_1}{E_2} = \dfrac{3000}{200} = 15$

따라서, 2차 환산 임피던스

$Z_2 = \dfrac{1}{a^2} Z_1 = \dfrac{1}{15^2} \times 225 = 1$[Ω]

답 ①

문제 48 4극 7.5[kW], 200[V], 60[Hz]인 3상 유도전동기가 있다. 전부하에서의 2차 입력이 7950 [W]이다. 이 경우의 2차 효율은 약 몇 [%]인가? (단, 기계손은 130[W]이다.)

① 92 ② 94 ③ 96 ④ 98

풀이

$P_2 = P_0 + P_{c2} + P_m$ 에서
$P_{c2} = P_2 - P_0 - P_m = 7950 - 7500 - 130 = 320$ [W]
$P_{c2} = sP_2$에서

$s = \dfrac{P_{c2}}{P_2} = \dfrac{320}{7950} = 0.04$

$\eta_2 = 1 - s = 1 - 0.04 = 0.96 = 96$[%]

답 ③

문제 49 1[kg·m]의 회전력으로 매분 1000회전하는 직류 전동기의 출력[kW]은 다음의 어느 것에 가장 가까운가?

① 0.1 ② 1 ③ 2 ④ 5

풀이

$P = 2\pi n T = 2\pi \times \dfrac{1000}{60} \times 1 \times 9.8 = 1026.25$[W] ≒ 1[kW]

답 ②

문제 50 20극, 360 [rpm]의 3상 동기 발전기가 있다. 전 슬롯수 180, 2층권 각 코일의 권수 4, 전기자 권선은 성형으로, 단자 전압 6600 [V]인 경우 1극의 자속[Wb]은 얼마인가? 단, 권선 계수는 0.9라 한다.
① 0.0375 ② 0.3751
③ 0.0662 ④ 0.6621

풀이
$E = 4.44 k_w f W \phi$ [V]에서 1상의 기전력은
$E = \frac{6600}{\sqrt{3}} = 3810.51$ [V]
$N_s = \frac{120f}{p}$ 에서 $f = \frac{pN_s}{120} = \frac{20 \times 360}{120} = 60$[Hz]
$W = \frac{180 \times 4}{3} = 240$
$\therefore \phi = \frac{3810.51}{4.44 \times 0.9 \times 60 \times 240} = 0.0662$[Wb]   답 ③

문제 51 직류 발전기에 있어서 계자 철심에 잔류자기가 없어도 발전되는 직류기는?
① 분권 발전기 ② 직권 발전기
③ 타여자 발전기 ④ 복권 발전기

풀이
타여자 발전기는 외부에서 계자 권선 F에 직류 전원을 공급하므로 **잔류 자기가 없어도 된다.**

답 ③

문제 52 대형 직류 전동기의 토크를 측정하는데 가장 적당한 방법은?
① 전기 동력계
② 와전류 제동기
③ 프로니 브레이크법
④ 앰플리다인

풀이
• **전기 동력계** : 대형 전동기 및 수차 등의 **출력이나 토크 측정**
• 와전류 제동기 : 소형의 전동기 토크 측정
• 프로니 브레이크 법 : 소형의 전동기 토크 측정
• 앰플리다인 : 증폭기   답 ①

문제 53 2개의 사이리스터로 단상전파정류를 하여 90 [V]의 직류 전압을 얻는데 필요한 최대 첨두역전압은 약 얼마인가?
① 141[V] ② 283[V]
③ 365[V] ④ 400[V]

풀이
첨두역전압 PIV$=\pi E_d$ [V] 에서
PIV$= \pi \times 90 = 282.74$ [V]   답 ②

문제 54 그림과 같은 변압기 회로에서 부하 R_2에 공급되는 전력이 최대로 되는 변압기의 권수비 a는?
① $\sqrt{5}$
② $\sqrt{10}$
③ 5
④ 10

풀이
최대전력 공급조건은 "**전원의 내부 저항 = 부하 저항**" 이다.
즉, $R_1 = a^2 R_2$ $\therefore a = \sqrt{\frac{R_1}{R_2}} = \sqrt{\frac{1000}{100}} = \sqrt{10}$ 답 ②

문제 55 3상 권선형 유도 전동기의 2차 회로의 한 상이 단선 된 경우에 부하가 약간 커지면 슬립이 50 [%]인 곳에서 운전이 되는 것을 무엇이라 하는가?
① 차동기 운전 ② 자기여자
③ 게르게스 현상 ④ 난조

풀이
게르게스 현상이란 3상 권선형 유도 전동기의 2차 회로 중 1선이 단선된 경우에 약간의 과부하 상태에서도 **슬립 $S = 0.5$ 부근에서 가속되지 않는 현상**을 말한다.   답 ③

문제 56 직류기의 다중 중권 권선법에서 전기자 병렬회로수(a)와 극수(p)와의 관계는? (단, 다중도는 m이다.)
① $a = 2$ ② $a = 2m$
③ $a = p$ ④ $a = mp$

풀이

중권과 파권의 비교

구 분	중권 (병렬권)	파권 (직렬권)
전기자 병렬회로 수 a	$p\ (a=mp)$	$2\ (a=2m)$
브러시 수 b	p	2
용 도	저전압, 대전류	고전압, 소전류
균압접속	4극 이상	

여기서, p : 극수, m : 다중도

답 ④

문제 57 직류 분권전동기의 단자전압과 계자전류를 일정하게 하고 2배의 속도로 2배의 토크를 발생하는데 필요한 전력은 처음 전력의 몇 배인가?

① 불변 ② 2배
③ 4배 ④ 8배

풀이

출력 $P = \omega T = 2\pi \times \dfrac{N}{60} \times T$ 에서 $P \propto NT$

따라서, $P : P' = NT : (2N)(2T)$ $P' = 4P$

답 ③

문제 58 정류자형 주파수변환기의 회전자에 주파수 f_1의 교류를 가할 때 시계방향으로 회전자계가 발생하였다. 정류자 위의 브러시 사이에 나타나는 주파수 f_c를 설명한 것 중 틀린 것은? (단, n : 회전자의 속도, n_s : 회전자계의 속도, s : 슬립이다.)

① 회전자를 정지시키면 $f_c = f_1$인 주파수가 된다.
② 회전자를 반시계방향으로 $n = n_s$의 속도로 회전시키면, $f_c = 0[Hz]$가 된다.
③ 회전자를 반시계방향으로 $n < n_s$의 속도로 회전시키면, $f_c = sf_1[Hz]$가 된다.
④ 회전자를 시계방향으로 $n < n_s$의 속도로 회전시키면, $f_c < f_1[Hz]$가 된다.

풀이

정류자형 주파수 변환기
① 회전자가 정지하고 있는 경우 정류자 상의 브러시 사이에 나타나는 전압 E_c의 주파수 f_c는 슬립링에 가해진 전원용 주파수 f_1과 같다.
② 회전자의 외부에서 힘을 가하여 Φ와 반대방향으로 속도 $n = n_s$로 회전시 E_c의 주파수 f_c는 0이 되어 직류 전압이 된다.
③ 회전자의 속도 $n < n_s$의 경우 E_c의 주파수 $f_c = sf_1[Hz]$가 된다.
④ 회전자를 Φ와 같은 방향의 속도 n으로 회전시 E_c의 주파수 $f_c = f_1 + f[Hz]$이다.
즉, 전원의 주파수 f_1을 임의의 주파수 $f_1 + f$로 변환할 수 있다.

답 ④

문제 59 3300/220[V] 변압기 A, B의 정격용량이 각각 400[kVA], 300[kVA]이고, %임피던스 강하가 각각 2.4[%]와 3.6[%]일 때 그 2대의 변압기에 걸 수 있는 합성부하용량은 몇 [kVA]인가?

① 550 ② 600
③ 650 ④ 700

풀이

- $m = \dfrac{P_A}{P_B} = \dfrac{(kVA)_A}{(kVA)_B} = \dfrac{400}{300} = \dfrac{4}{3}$

- $\dfrac{P_a}{P_b} = \dfrac{(kVA)_A}{(kVA)_B} = m \times \dfrac{(\%I_B Z_B)}{(\%I_A Z_A)} = \dfrac{4}{3} \times \dfrac{3.6}{2.4} = 2$

- $P_b = \dfrac{P_a}{2} = \dfrac{400}{2} = 200\,[kVA]$

따라서, 합성 용량 $= 400 + 200 = 600[kVA]$

답 ②

문제 60 변압기 결선방법 중 3상 전원을 이용하여 2상 전압을 얻고자 할 때 사용할 결선 방법은?

① Fork 결선 ② Scott 결선
③ 환상 결선 ④ 2중 3각 결선

풀이

상수의 변환
① 3상-2상간의 상수 변환
  • 스코트 결선(T결선) • 메이어 결선
  • 우드 브리지 결선
② 3상-6상간의 상수 변환
  • 환상 결선 • 2중 3각 결선 • 2중 성형 결선
  • 대각 결선 • 포크 결선

답 ②

제4과목 회로이론

문제 61 비접지 3상 Y부하의 각 선에 흐르는 비대칭 각 선전류를 I_a, I_b, I_c라 할 때 선전류의 영상분 I_0는?

① $I_a + I_b$
② $I_a + I_b + I_c$
③ $\dfrac{1}{3}(I_a - I_b - I_c)$
④ 0

풀이
영상분은 접지선, 중성선에 존재한다. 따라서 비접지 3상 Y부하는 중성선이 없으므로 영상분이 존재하지 않는다.
답 ④

문제 62 회로에서 저항 15[Ω]에 흐르는 전류는 몇 [A]인가?

① 8
② 5.5
③ 2
④ 0.5

풀이
중첩의 원리에 의하여
• 10[V]에 의한 전류 (이때 전류원은 개방) :
$I_1 = \dfrac{V}{R} = \dfrac{10}{5+15} = 0.5[A]$
• 6[A]에 의한 전류(이때 전압원은 단락) :
$I_2 = \dfrac{R_1}{R_1+R_2}I = \dfrac{5}{5+15}\times 6 = 1.5[A]$
$\therefore I = I_1 + I_2 = 0.5 + 1.5 = 2[A]$
답 ③

문제 63 시정수 τ를 갖는 RL 직렬회로에 직류전압을 가할 때 $t = 2\tau$ 되는 시간에 회로에 흐르는 전류는 최종값의 약 몇 [%]인가?

① 98　② 95　③ 86　④ 63

풀이
$i(t) = \dfrac{E}{R}\left(1-e^{-\frac{R}{L}t}\right) = I(1-e^{-\frac{1}{\tau}\times t})$ 이므로
$t = 2\tau$ 일 때 전류
$i_\tau = I\left(1-e^{-\frac{1}{\tau}\times 2\tau}\right) = I(1-e^{-2}) \fallingdotseq 0.86I$
답 ③

문제 64 다음 회로에서 4단자 정수 A, B, C, D 중 C의 값은?

① 1
② $j\omega L$
③ $j\omega C$
④ $1 + j\omega(L+C)$

풀이
$C = \dfrac{I_1}{V_2}\bigg|_{I_2=0} = \dfrac{I_1}{\dfrac{I_1}{j\omega C}} = j\omega C$
답 ③

문제 65 대칭 3상 전압이 있다. 1상의 Y결선 전압의 순시값이 다음과 같을 때 선간전압에 대한 상전압의 비율은?

$e = 1000\sqrt{2}\sin\omega t + 500\sqrt{2}\sin(3\omega t + 20°)$
$\quad + 100\sqrt{2}\sin(5\omega t + 30°)[V]$

① 약 55[%]　② 약 65[%]
③ 약 70[%]　④ 약 75[%]

풀이
상전압의 실효값 V_p는
$V_p = \sqrt{V_1^2 + V_3^2 + V_5^2} = \sqrt{1000^2 + 500^2 + 100^2}$
$\quad = 1122.5[V]$
선간 전압에는 제3 고조파분이 나타나지 않으므로
$V_l = \sqrt{3}\cdot\sqrt{V_1^2 + V_5^2} = \sqrt{3}\cdot\sqrt{1000^2 + 100^2}$
$\quad = 1740.7[V]$
$\therefore \dfrac{V_p}{V_l} = \dfrac{1122.5}{1740.7} = 0.645$
답 ②

문제 66 어떤 부하에 $100\sin\left(100\pi t + \dfrac{\pi}{6}\right)[V]$의 전압을 가했을 때 흐르는 전류가 $10\cos\left(100\pi t - \dfrac{\pi}{3}\right)[A]$이었다면 이 부하의 소비 전력은?

① 250[W]　② 433[W]
③ 500[W]　④ 866[W]

풀이
$\cos\alpha = \sin\left(\alpha + \dfrac{\pi}{2}\right)$ 이므로

전류 $i = 10\cos\left(100\pi t - \dfrac{\pi}{3}\right) = 10\sin\left(100\pi t - \dfrac{\pi}{3} + \dfrac{\pi}{2}\right)$
$= 10\sin\left(100\pi t + \dfrac{\pi}{6}\right)$

그러므로 전압과 전류의 상차각은 0°로 전력 P는
$P = VI\cos\theta = \dfrac{100}{\sqrt{2}} \times \dfrac{10}{\sqrt{2}} \times \cos 0° = 500[W]$가 된다. 답 ③

문제 67 그림과 같은 구형파의 라플라스 변환은?

① $\dfrac{1}{s}(1 - e^{-s})$
② $\dfrac{1}{s}(1 + e^{-s})$
③ $\dfrac{1}{s}(1 - e^{-2s})$
④ $\dfrac{1}{s}(1 + e^{-2s})$

풀이

$f(t) = u(t) - u(t-2)$
$F(s) = \mathcal{L}[f(t)] = \mathcal{L}[u(t) - u(t-2)]$
$= \dfrac{1}{s} - \dfrac{1}{s}e^{-2s} = \dfrac{1}{s}(1 - e^{-2s})$ 답 ③

문제 68 RC 회로의 입력단자에 계단전압을 인가하면 출력전압은?

① 0부터 지수적으로 증가한다.
② 처음에는 입력과 같이 변했다가 지수적으로 감쇠한다.
③ 같은 모양의 계단전압이 나타난다.
④ 아무것도 나타나지 않는다.

풀이

$V_o = Ve^{-\frac{1}{RC}t}$이므로 처음에는 입력과 같이 변했다가 지수적으로 감쇠한다. 답 ②

문제 69 100 [μF]인 콘덴서의 양단에 전압을 30 [V/ms]의 비율로 변화시킬 때 콘덴서에 흐르는 전류의 크기[A]는?

① 0.03   ② 0.3   ③ 3   ④ 30

풀이

$i = C\dfrac{dv}{dt} = 100 \times 10^{-6} \times \dfrac{30}{10^{-3}} = 3[A]$ 답 ③

문제 70 대칭 n상 환상결선에서 선전류와 환상전류 사이의 위상차는 어떻게 되는가?

① $2\left(1 - \dfrac{2}{n}\right)$
② $\dfrac{n}{2}\left(1 - \dfrac{\pi}{2}\right)$
③ $\dfrac{\pi}{2}\left(1 - \dfrac{n}{2}\right)$
④ $\dfrac{\pi}{2}\left(1 - \dfrac{2}{n}\right)$

풀이

대칭 n상에서 선전류는 환상 전류(상전류)보다
$\dfrac{\pi}{2}\left(1 - \dfrac{2}{n}\right)$[rad]만큼 위상이 뒤진다. 답 ④

문제 71 다음의 4단자 회로에서 단자 a-b에서 본 구동점 임피던스 $Z_{11}[\Omega]$은?

① $2 + j4$
② $2 - j4$
③ $3 + j4$
④ $3 - j4$

풀이

$Z_{11} = \dfrac{V_1}{I_1}\bigg|_{I_2 = 0} = \dfrac{V_1}{\dfrac{V_1}{3 + j4}} = 3 + j4$

($\because I_2 = 0$라는 것은 2차측 개방) 답 ③

문제 72 그림과 같은 순 저항회로에서 대칭 3상 전압을 가할 때 각 선에 흐르는 전류가 같으려면 R의 값은 몇 [Ω] 인가?

① 8
② 12
③ 16
④ 20

풀이

△저항을 Y저항으로 변환하면

에서 각 선전류가 같기 위해서는 각 선저항이 같아야 하므로 $R+8=24$라야 한다.
$R = 24-8 = 16\,[\Omega]$ **답** ③

문제 73 그림과 같은 회로의 a-b간에 20 [V]의 전압을 가할 때 5 [A]의 전류가 흐른다. r_1 및 r_2에 흐르는 전류의 비를 1 : 2로 하려면 r_1 및 r_2는 각각 몇 [Ω]인가?

① $r_1 = 2$, $r_2 = 4$
② $r_1 = 4$, $r_2 = 2$
③ $r_1 = 3$, $r_2 = 6$
④ $r_1 = 6$, $r_2 = 3$

풀이

$I = 5 = \dfrac{E}{R_t} = \dfrac{20}{R_t}$ ∴ $R_t = \dfrac{20}{5} = 4\,[\Omega]$

$2 + \dfrac{r_1 r_2}{r_1 + r_2} = 4$

전류비가 1 : 2이므로 저항비는
$r_1 : r_2 = 2 : 1$ ∴ $r_1 = 2r_2$

$\dfrac{2r_2^2}{2r_2 + r_2} = 4 - 2$, $\dfrac{2}{3}r_2 = 2$

∴ $r_2 = 3\,[\Omega]$, $r_1 = 6\,[\Omega]$ **답** ④

문제 74 다음과 같은 회로에서 $L = 50\,[\text{mH}]$, $R = 20\,[\text{k}\Omega]$인 경우 회로의 시정수는?

① $4.0\,[\mu s]$
② $3.5\,[\mu s]$
③ $3.0\,[\mu s]$
④ $2.5\,[\mu s]$

풀이

$R-L$ 직렬회로에 직류 전압 인가 시 시정수 τ

$\tau = \dfrac{L}{R} = \dfrac{50 \times 10^{-3}}{20 \times 10^3} = 2.5 \times 10^{-6}\,[\text{sec}] = 2.5\,[\mu s]$ **답** ④

문제 75 그림에서 절점 B의 전위[V]는?

① 130
② 110
③ 100
④ 90

풀이

$I = \dfrac{V}{R} = \dfrac{110}{(20+25+10)} = 2\,[\text{A}]$

접지를 기준(0[V])으로 잡고, 각 저항에서의 전압강하를 구하면
- B점과 C점 사이의 전압강하 $e_{BC} = IR_1 = 2 \times 20 = 40\,[\text{V}]$
- C점과 D점 사이의 전압강하 $e_{CD} = 2 \times 25 = 50\,[\text{V}]$
- D점과 A점 사이의 전압강하 $e_{DA} = (-2) \times 10 = -20\,[\text{V}]$

따라서, B점의 전위는 $e_{BD} = 40 + 50 = 90\,[\text{V}]$이다. **답** ④

문제 76 다음과 같은 회로에서 단자 a, b 사이의 합성 저항 [Ω]은?

① r
② $\dfrac{3}{2}r$
③ $\dfrac{1}{2}r$
④ $3r$

풀이

브리지 회로의 평형상태이므로 $3r$을 무시하면

$R = \dfrac{(2r+r) \times (2r+r)}{(2r+r) + (2r+r)} = \dfrac{9r^2}{6r} = \dfrac{3}{2}r\,[\Omega]$ **답** ②

문제 77 다음과 같은 회로가 정저항 회로로 되기 위한 C의 값은? (단, $R = 10\,[\Omega]$, $L = 100\,[\text{mH}]$이다.)

① $1\,[\mu F]$
② $10\,[\mu F]$
③ $100\,[\mu F]$
④ $1000\,[\mu F]$

풀이

정저항 회로조건 $R=\sqrt{\dfrac{L}{C}}$ 에서

$C=\dfrac{L}{R^2}=\dfrac{100\times10^{-3}}{10^2}=100\times10^{-5}\,[\mathrm{F}]=1000\,[\mu\mathrm{F}]$ **답** ④

문제 78 그림과 같은 R-L-C 회로망에서 입력 전압을 $e_i(t)$, 출력량을 전류 $i(t)$로 할 때, 이 요소의 전달 함수는 어느 것인가?

① $\dfrac{Rs}{LCs^2+RCs+1}$

② $\dfrac{RLs}{LCs^2+RCs+1}$

③ $\dfrac{Ls}{LCs^2+RCs+1}$

④ $\dfrac{Cs}{LCs^2+RCs+1}$

풀이

$e_i(t)=Ri(t)+L\dfrac{d}{dt}i(t)+\dfrac{1}{C}\int i(t)dt$

라플라스 변환하면

$E_i(s)=RI(s)+LsI(s)+\dfrac{1}{Cs}I(s)$

$\therefore \dfrac{I(s)}{E_i(s)}=\dfrac{Cs}{LCs^2+RCs+1}$ **답** ④

문제 79 그림과 같은 회로의 합성 인덕턴스는?

① $\dfrac{L_1-M^2}{L_1+L_2-2M}$

② $\dfrac{L_2-M^2}{L_1+L_2-2M}$

③ $\dfrac{L_1L_2+M^2}{L_1+L_2-2M}$

④ $\dfrac{L_1L_2-M^2}{L_1+L_2-2M}$

풀이

병렬 접속형의 등가 회로를 그려 보면 그림과 같다.

그러므로, 합성 인덕턴스 L_0는

$L_0=M+\dfrac{(L_1-M)(L_2-M)}{(L_1-M)+(L_2-M)}=\dfrac{L_1L_2-M^2}{L_1+L_2-2M}$ **답** ④

문제 80 어떤 교류 회로에

$v=100\sin\omega t+20\sin\left(3\omega t+\dfrac{\pi}{3}\right)$ [V]인 전압을 가할 때 회로에 흐르는 전류가

$i=40\sin\left(\omega t-\dfrac{\pi}{6}\right)+5\sin\left(3\omega t+\dfrac{\pi}{12}\right)$ [A]라 한다. 이 회로에서 소비되는 전력 [W]은?

① 4254 ② 3256
③ 2267 ④ 1767

풀이

비정현파의 전력은 주파수가 같은 성분만 존재하며, 주파수가 다르면 0이 된다.

$P=\dfrac{100}{\sqrt{2}}\times\dfrac{40}{\sqrt{2}}\times\cos30°+\dfrac{20}{\sqrt{2}}\times\dfrac{5}{\sqrt{2}}\times\cos45°$
$=1767.4\,[\mathrm{W}]$ **답** ④

제5과목 전기설비기술기준

문제 81 타냉식 특고압용 변압기의 냉각장치에 고장이 생긴 경우 시설해야 하는 보호장치는?

① 경보장치
② 온도측정장치
③ 자동차단장치
④ 과전류 측정장치

풀이

351.4 특고압용 변압기의 보호장치
특고압용의 변압기에는 그 내부에 고장이 생겼을 경우에 보호하는 장치를 표와 같이 시설하여야 한다.

뱅크 용량의 구분	동작조건	장치의 종류
5,000 [kVA] 이상 10,000 [kVA] 미만	변압기 내부 고장	자동차단장치 또는 경보장치
10,000 [kVA] 이상	변압기 내부 고장	자동차단장치
타냉식 변압기(변압기의 권선 및 철심을 직접 냉각시키기 위하여 봉입한 냉매를 강제 순환시키는 냉각 방식을 말한다.)	냉각 장치에 고장이 생긴 경우 또는 변압기의 온도가 현저히 상승한 경우	경보장치

답 ①

문제 82 가공전선로의 지지물에 취급자가 오르고 내리는데 사용하는 발판 볼트 등은 원칙적으로는 지표상 몇 [m] 미만에 시설하여서는 아니 되는가?

① 1.2   ② 1.5
③ 1.8   ④ 2.0

풀이
331.4 가공전선로 지지물의 철탑오름 및 전주오름 방지
가공전선로의 지지물에 취급자가 오르고 내리는데 사용하는 발판 볼트 등을 **지표상 1.8[m] 미만에 시설하여서는 아니 된다.**

답 ③

문제 83 특고압 가공전선이 다른 특고압 가공전선과 교차하여 시설하는 경우는 제 몇 종 특고압 보안 공사에 의하여야 하는가?

① 1종   ② 2종   ③ 3종   ④ 4종

풀이
333.27 특고압 가공전선 상호 간의 접근 또는 교차
특고압 가공전선이 다른 특고압 가공전선과 접근상태로 시설되거나 교차하여 시설되는 경우 위쪽 또는 옆쪽에 시설되는 특고압 가공전선로는 제3종 특고압 보안공사에 의할 것

답 ③

문제 84 백열전등 또는 방전등에 전기를 공급하는 옥내전로의 대지전압은 몇 [V] 이하인가?

① 120   ② 150   ③ 200   ④ 300

풀이
231.6 옥내전로의 대지 전압의 제한
백열전등 또는 방전등에 전기를 공급하는 **옥내의 전로의 대지전압은 300[V] 이하여야 한다.**

답 ④

문제 85 옥내에 시설하는 저압 전선으로 나전선을 사용할 수 있는 배선공사는?

① 합성수지관공사
② 금속관공사
③ 버스덕트공사
④ 플로어덕트공사

풀이
231.4 나전선의 사용 제한
옥내에 시설하는 저압전선에는 나전선을 사용하여서는 아니 된다. 다만, 다음중 어느 하나에 해당하는 경우에는 그러하지 아니하다.
가. 애자공사에 의하여 전개된 곳에 다음의 전선을 시설하는 경우
  ① 전기로용 전선
  ② 전선의 피복 절연물이 부식하는 장소에 시설하는 전선
나. **버스덕트공사**에 의하여 시설하는 경우
다. 라이팅덕트공사에 의하여 시설하는 경우
라. 접촉 전선을 시설하는 경우

답 ③

문제 86 주상변압기 전로의 절연내력을 시험할 때 최대 사용전압이 23000 [V]인 권선으로서 중성점 접지식 전로(중성선을 가지는 것으로서 그 중성선에 다중접지를 한 것)에 접속하는 것의 시험전압은?

① 16560[V]   ② 21160[V]
③ 25300[V]   ④ 28750[V]

풀이
135 변압기 전로의 절연내력

권선의 종류 (최대사용전압)	접지방식	시험전압(최대사용 전압의 배수)	최저 시험 전압
1. 7 [kV] 이하		1.5배	500[V]
	다중접지	0.92배	500[V]
2. 7[kV] 초과 25[kV] 이하	다중접지	0.92배	
3. 7[kV] 초과 60[kV] 이하 (2란의 것 제외)		1.25배	10.5[kV]
4. 60 [kV] 초과 (8란의 것 제외)	비접지	1.25	
5. 60[kV] 초과 (6란 및 8란의 것 제외)	접지식	1.1배	75 [kV]
6. 60[kV] 초과	직접접지	0.72배	
7. 170[kV] 초과	직접접지	0.64배	

∴ 시험 전압 = 23000×0.92 = 21,160[V]

답 ②

문제 87
지선을 사용하여 그 강도를 분담시키면 안 되는 가공전선로의 지지물은?

① 목주 ② 철주
③ 철탑 ④ 철근 콘크리트주

풀이
331.11 지선의 시설
가. 가공전선로의 지지물로 사용하는 **철탑은 지선을 사용하여 그 강도를 분담시켜서는 안 된다.**
나. 가공전선로의 지지물로 사용하는 철주 또는 철근 콘크리트주는 지선을 사용하지 않는 상태에서 2분의 1 이상의 풍압하중에 견디는 강도를 가지는 경우 이외에는 지선을 사용하여 그 강도를 분담시켜서는 안 된다.

답 ③

문제 88
고압 가공전선로에 시설하는 피뢰기의 접지저항 값은 몇 [Ω]까지 허용되는가? 단, 피뢰기 접지공사의 접지선은 전용의 것으로 한다.

① 20 ② 30
③ 50 ④ 75

풀이
341.14 피뢰기의 접지
가. 고압 및 특고압의 전로에 시설하는 피뢰기 접지저항 값은 10[Ω] 이하로 하여야 한다.
나. 고압가공전선로에 시설하는 피뢰기의 접지공사의 접지선이 전용의 것인 경우에는 접지 저항치가 30[Ω]까지 허용된다.

답 ②

문제 89
단상교류 25,000[V]인 경우 전차선로의 충전부와 차량간의 동적 절연이격 거리는 몇 [mm] 이상인가?

① 25 ② 100
③ 150 ④ 170

풀이
431.3 전차선로의 충전부와 차량 간의 최소 절연이격

시스템 종류	공칭전압(V)	동적(mm)	정적(mm)
직류	750	25	25
	1,500	100	150
단상교류	25,000	170	270

답 ④

문제 90
동기발전기를 사용하는 전력계통에 시설하여야 하는 장치는?

① 비상 조속기 ② 분로 리액터
③ 동기검정장치 ④ 절연유 유출방지설비

풀이
351.6 계측장치
동기발전기를 시설하는 경우에는 동기검정장치를 시설하여야 한다. 다만, 동기발전기의 용량이 그 발전기를 연계하는 전력계통의 용량과 비교하여 현저히 적은 경우에는 그러하지 아니하다.

답 ③

문제 91
사용전압이 60[kV] 이하인 경우 전화선로의 길이 12[km] 마다 유도전류는 몇 [μA]를 넘지 않도록 하여야 하는가?

① 1 ② 2
③ 3 ④ 4

풀이
333.2 유도장해의 방지
가. 사용전압이 60[kV] 이하인 경우에는 전화선로의 길이 12[km] 마다 유도전류가 2[μA]를 넘지 아니하도록 할 것.
나. 사용전압이 60[kV]를 초과하는 경우에는 전화선로의 길이 40[km] 마다 유도전류가 3[μA]을 넘지 아니하도록 할 것.

답 ②

문제 92
옥내에 시설하는 사용전압 400[V] 이하의 이동전선으로 사용할 수 없는 전선은?

① 면절연전선
② 고무코드전선
③ 용접용케이블
④ 고무절연 클로로프렌 캡타이어 케이블

풀이
234.3 코드 및 이동전선
가. 조명용 전원코드 또는 이동전선은 단면적 0.75[mm²] 이상의 코드 또는 캡타이어케이블을 용도에 따라서 선정하여야 한다.
나. 옥내에서 조명용 전원코드 또는 이동전선을 습기가 많은 장소에 시설할 경우에는 고무코드(사용전압이 400[V] 이하인 경우에 한함) 또는 0.6/1[kV] EP 고무 절연 클로로프렌캡타이어케이블로서 단면적이 0.75[mm²] 이상인 것이어야 한다.

답 ①

문제 93 사용전압이 1 [kV] 이하인 방전등에 전기를 공급하는 옥내전로의 대지전압은 몇 [V] 이하이어야 하는가?

① 150 ② 220
③ 300 ④ 600

풀이

234.11 1[kV] 이하 방전등
관등회로의 사용전압이 1 [kV] 이하인 방전등을 옥내에 시설할 경우 방전등에 전기를 공급하는 **전로의 대지전압은 300 [V] 이하**로 하여야 한다. **답** ③

문제 94 특고압 가공전선로의 지지물로서 직선형의 철탑을 연속하여 사용하는 부분에는 몇 기 이하마다 내장 애자장치가 되어있는 철탑 또는 이와 동등 이상의 강도를 가지는 철탑 1기를 시설하여야 하는가?

① 5   ② 10
③ 15 ④ 20

풀이

333.16 특고압 가공전선로의 내장형등의 지지물 시설
특고압 가공전선로 중 지지물로서 직선형의 철탑을 연속하여 10기 이상 사용하는 부분에는 **10기 이하마다 장력에 견디는 애자장치가 되어 있는 철탑** 또는 이와 동등 이상의 강도를 가지는 철탑 1기를 시설하여야 한다. **답** ②

문제 95 사용전압이 220[V]인 가공전선을 절연전선으로 사용하는 경우 그 최소 굵기는 지름 몇 [mm]인가?

① 2 ② 2.6 ③ 3.2 ④ 4

풀이

222.5 저압 가공전선의 굵기 및 종류

전압	조건	전선의 굵기 및 인장강도
400 [V] 이하	절연전선	인장강도 2.3[kN] 이상의 것 또는 지름 **2.6[mm]** 이상의 경동선
	케이블 이외	인장강도 3.43[kN] 이상의 것 또는 지름 3.2[mm] 이상의 경동선
400 [V] 초과인 저압 (케이블 이외)	시가지에 시설	인장강도 8.01 [kN] 이상의 것 또는 지름 5[mm] 이상의 경동선
	시가지 외에 시설	인장강도 5.26[kN] 이상의 것 또는 지름 4[mm] 이상의 경동선

답 ②

문제 96 전자개폐기의 조작회로 또는 초인벨·경보벨 등에 접속하는 전로로서 최대사용전압이 60 [V] 이하인 것으로 대지전압이 몇 [V] 이하인 강 전류 전기의 전송에 사용하는 전로와 변압기로 결합되는 것을 소세력 회로라 하는가?

① 100 ② 150
③ 300 ④ 440

풀이

241.14 소세력 회로
가. 전자 개폐기의 조작회로 또는 초인벨·경보벨 등에 접속하는 전로로서 최대 사용전압이 60[V] 이하인 것
나. **소세력 회로에 전기를 공급하기 위한 절연변압기의 사용전압은 대지전압 300[V] 이하**로 하여야 한다. **답** ③

문제 97 전선의 접속법을 열거한 것 중 틀린 것은?

① 전선의 세기를 20[%] 이상 감소시키지 않는다.
② 접속 부분을 절연전선의 절연물과 동등 이상의 절연 효력이 있도록 충분히 피복한다.
③ 접속 부분은 접속관, 기타의 기구를 사용한다.
④ 두 개 이상의 전선을 병렬로 사용하는 경우 각 전선의 굵기는 동선 35[mm^2] 이상이어야 한다.

풀이

123 전선의 접속
전선을 접속하는 경우에는 전선의 전기저항을 증가시키지 아니하도록 접속 하여야 하며, 또한 다음에 따라야 한다.
가. 절연전선 상호·절연전선과 코드, 캡타이어 케이블과 접속하는 경우에는
  ① 전선의 세기를 20[%] 이상 감소시키지 아니할 것.
  ② 접속부분은 접속관 기타의 기구를 사용할 것.
  ③ 접속부분의 절연전선에 절연전선의 절연물과 동등 이상의 절연효력이 있는 것으로 충분히 피복할 것.
나. 코드 상호, 캡타이어 케이블 상호 또는 이들 상호를 접속하는 경우에는 코드 접속기·접속함 기타의 기구를 사용할 것. 다만 공칭단면적이 10[mm^2] 이상인 캡타이어 케이블 상호를 규정에 준하여 접속하는 경우에는 기구를 사용하지 않을 수 있다.
다. 두 개 이상의 전선을 병렬로 사용하는 경우에는
  ① **병렬로 사용하는 각 전선의 굵기는 동선 50[mm^2] 이상** 또는 알루미늄 70[mm^2] 이상으로 하고, 전선은 같은 도체, 같은 재료, 같은 길이 및 같은 굵기의 것을 사용할 것
  ② 같은 극의 각 전선의 터미널러그에 완전히 접속할 것

③ 병렬로 사용하는 전선에는 각각에 퓨즈를 설치하지 말 것
답 ④

문제 98 저압 옥측전선로의 시설로 잘못된 것은?
① 철골주 조영물에 버스덕트공사로 시설
② 합성수지관공사로 시설
③ 목조 조영물에 금속관공사로 시설
④ 전개된 장소에 애자공사로 시설

풀이
221.2 옥측전선로
저압 옥측전선로는 다음의 공사방법에 의할 것.
가. 애자공사(전개된 장소에 한한다.)
나. 합성수지관공사
다. **금속관공사(목조 이외의 조영물**에 시설하는 경우에 한한다.)
라. 버스덕트공사[목조 이외의 조영물(점검할 수 없는 은폐된 장소는 제외한다)에 시설하는 경우에 한한다.]
마. 케이블공사(연피 케이블·알루미늄피 케이블 또는 무기물 절연 케이블을 사용하는 경우에는 목조 이외의 조영물에 시설하는 경우에 한한다.)
답 ③

문제 99 소맥분, 전분 기타의 가연성 분진이 존재하는 곳의 저압옥내배선으로 적합하지 않은 공사방법은?
① 케이블공사
② 두께 2[mm] 이상의 합성수지관공사
③ 금속관공사
④ 금속제가요전선관공사

풀이
242.2.2 가연성 분진 위험장소
가연성 분진에 전기설비가 발화원이 되어 폭발할 우려가 있는 곳에 시설하는 저압 옥내 전기설비는 다음에 따르고 또한 위험의 우려가 없도록 시설하여야 한다.
가. **합성수지관공사**(두께 2[mm] 미만의 합성 수지 전선관 및 난연성이 없는 콤바인 덕트관을 사용하는 것을 제외한다)
나. **금속관공사**
다. **케이블공사**
답 ④

문제 100 의료 장소에서 인접하는 의료장소와의 바닥면적 합계가 몇 [m²] 이하인 경우 등전위본딩 바를 공용으로 할 수 있는가?
① 30
② 50
③ 80
④ 100

풀이
242.10.4 의료장소 내의 접지 설비
의료장소마다 그 내부 또는 근처에 등전위본딩 바를 설치할 것. 다만, **인접하는 의료장소와의 바닥 면적 합계가 50 [m²] 이하인 경우에는 등전위본딩 바를 공용할 수 있다.**
답 ②

memo

D60-2

2021년도 전기산업기사 필기 CBT 복원문제

- 2021년도 제1회 전기산업기사
- 2021년도 제2회 전기산업기사
- 2021년도 제3회 전기산업기사

국가기술자격검정 필기시험 문제

2021년도 전기산업기사 일반검정 제1회 (CBT 복원문제)

자격종목 및 등급(선택분야)	종목코드	시험시간	문제지형별	수검 번호	성 명
전기산업기사	2140	2시간 30분	A		

제1과목 전기자기학

문제 01 자유 공간 내에 밀도가 10^{-9} [C/m]인 균일한 선전하가 $x=4$, $y=3$인 무한장 선상에 있을 때 점 (8, 6, −3)에서 전계 E [V/m]는?

① $2.88a_x + 2.16a_y$ [V/m]
② $2.16a_x + 2.88a_y$ [V/m]
③ $2.88a_x - 2.16a_y$ [V/m]
④ $2.16a_x - 2.88a_y$ [V/m]

풀이

$$E = \frac{\lambda}{2\pi\epsilon_0 r}a_r = \frac{2\lambda}{4\pi\epsilon_0 r}a_r$$

$$= 2 \times 9 \times 10^9 \times \frac{10^{-9}}{\sqrt{4^2+3^2}} \times \frac{4a_x + 3a_y}{\sqrt{4^2+3^2}}$$

$(r = \sqrt{(8-4)^2 + (6-3)^2} = \sqrt{4^2+3^2}$, z값은 무관)

$= 0.72(4a_x + 3a_y) = 2.88a_x + 2.16a_y$ **답** ①

문제 02 자기 인덕턴스를 계산하는 공식이 아닌 것은? 단, A는 벡터 퍼텐셜[Wb/m]이고, J는 전류 밀도[A/m³] 이다.

① $L = \dfrac{N\phi}{I}$

② $L = \dfrac{1}{I^2}\int_v \boldsymbol{B} \cdot \boldsymbol{H} dv$

③ $L = \dfrac{1}{I^2}\oint_c \boldsymbol{A} \cdot dl$

④ $L = \dfrac{1}{I^2}\int_v \boldsymbol{A} \cdot \boldsymbol{J} dv$

풀이

① $N\phi = LI$ ∴ $L = \dfrac{N\phi}{I}$

② 자계 에너지 밀도 $w = \dfrac{1}{2}\boldsymbol{B} \cdot \boldsymbol{H}$ [J/m³]이므로 자계 에너지는

$$W = \frac{1}{2}\int_v \boldsymbol{B} \cdot \boldsymbol{H} dv [J]$$

$$W = \frac{1}{2}LI^2 [J], \quad \frac{1}{2}LI^2 = \frac{1}{2}\int_v \boldsymbol{B} \cdot \boldsymbol{H} dv$$

∴ $L = \dfrac{1}{I^2}\int_v \boldsymbol{B} \cdot \boldsymbol{H} dv$

④ 인덕턴스 L은 $\boldsymbol{B} = \nabla \times \boldsymbol{A}$ 와 $\nabla \times \boldsymbol{H} = \boldsymbol{J}$를 적용하면

$$L = \frac{1}{I^2}\int_v \boldsymbol{B} \cdot \boldsymbol{H} dv = \frac{1}{I^2}\int_v (\nabla \times \boldsymbol{A}) \cdot \boldsymbol{H} dv$$

$$= \frac{1}{I^2}\int_v \boldsymbol{A} \cdot (\nabla \times \boldsymbol{H}) dv = \frac{1}{I^2}\int_v \boldsymbol{A} \cdot \boldsymbol{J} dv$$

답 ③

문제 03 무한장 직선 도체에 선전하밀도 λ[C/m]의 전하가 분포되어 있는 경우 직선도체를 축으로 하는 반경 r의 원통면상의 전계는 몇 [V/m]인가?

① $E = \dfrac{\lambda}{4\pi\epsilon_0 r^2}$

② $E = \dfrac{\lambda}{2\pi\epsilon_0 r}$

③ $E = \dfrac{\lambda}{2\pi\epsilon_0 r^2}$

④ $E = \dfrac{\lambda}{4\pi\epsilon_0}$

풀이

전계의 세기
선전하 밀도 λ [C/m]로 분포되어 있는 무한장 직선 도체에서 거리 r [m]인 점에서의 전계의 세기 E

• $E = \dfrac{\lambda}{2\pi\epsilon_0 r}$ [V/m]

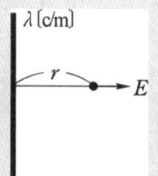

답 ②

문제 04
대전도체표면의 전하밀도를 $\sigma[C/m^2]$이라 할 때, 대전도체표면의 단위면적이 받는 정전응력은 전하밀도 σ와 어떤 관계에 있는가?

① $\sigma^{\frac{1}{2}}$에 비례
② $\sigma^{\frac{3}{2}}$에 비례
③ σ에 비례
④ σ^2에 비례

풀이
정전 에너지 W
$$W = \frac{Q^2}{2C} = \frac{Q^2}{2\left(\frac{\epsilon_0 S}{d}\right)} = \frac{Q^2 d}{2\epsilon_0 S} = \frac{\sigma^2 d}{2\epsilon_0} S \,[J] \quad (\because Q = \sigma \times S)$$

정전응력 $F = -\frac{\partial W}{\partial d} = -\frac{\sigma^2}{2\epsilon_0} S \,[N]$ 에서 $F \propto \sigma^2$ **답** ④

문제 05
진공 중의 도체계에서 임의의 도체를 일정 전위의 도체로 완전 포위하면 내외공간의 전계를 완전 차단시킬 수 있는데 이것을 무엇이라 하는가?

① 홀효과
② 정전차폐
③ 핀치효과
④ 전자차폐

풀이
임의의 도체를 **접지된 도체로 완전 포위**하면 외부에서 유도되는 전하를 차단할 수 있다. 이것을 **정전차폐**라고 한다. **답** ②

문제 06
단면적 $S\,[m^2]$의 철심에 $\phi\,[Wb]$의 자속을 통하게 하려면 $H\,[AT/m]$의 자계가 필요하다. 이 철심의 비투자율은 얼마인가?

① $\dfrac{\phi}{\mu_0 SH^2}$
② $\dfrac{\phi}{SH}$
③ $\dfrac{\phi}{SH^2}$
④ $\dfrac{\phi}{\mu_0 SH}$

풀이
자속밀도 $B = \dfrac{\phi}{S} = \mu H = \mu_0 \mu_s H$ 에서
비투자율은 $\mu_s = \dfrac{\phi}{\mu_0 SH}$ 가 된다. **답** ④

문제 07
900 [V]의 전위차는 C.G.S 정전단위로 몇 [esu]의 전위차에 해당되는가?

① 1 ② 2 ③ 3 ④ 4

풀이
M.K.S 단위 1[V]와 C.G.S 정전단위(esu)의 전위 관계는
$1\,[V] = \dfrac{1}{300}\,[esu\,V]$ 이므로
900[V]를 [esu V]로 환산하면
$$V[esu\,V] = \frac{1}{300} \times 900 = 3\,[esu\,V]$$
답 ③

문제 08
공기 중에서 평등 전계 $E_0\,[V/m]$에 수직으로 비유전율이 ϵ_s인 유전체를 놓았더니 $\sigma^r\,[C/m^2]$의 분극 전하가 표면에 생겼다면 유전체 중의 전계 강도 $E\,[V/m]$는?

① $\dfrac{\sigma^r}{\epsilon_0 \epsilon_s}$
② $\dfrac{\sigma^r}{\epsilon_0(\epsilon_s - 1)}$
③ $\epsilon_0 \epsilon_s \sigma^r$
④ $\epsilon_0(\epsilon_s - 1)\sigma^r$

풀이
분극의 세기는 분극전하밀도로 정의하므로 $P = \sigma^r$
분극의 세기와 전계의 세기의 관계식 $P = \epsilon_0(\epsilon_s - 1)E$ 에서
$\sigma^r = \epsilon_0(\epsilon_s - 1)E$
$\therefore E = \dfrac{\sigma^r}{\epsilon_0(\epsilon_s - 1)}\,[V/m]$ **답** ②

문제 09
반지름 $a\,[m]$되는 접지 도체구의 중심에서 $d\,[m]$되는 거리에 점전하 $Q\,[C]$을 놓았을 때 도체구에 유도된 총 전하는 몇 [C]인가?

① 0
② $-Q$
③ $-\dfrac{a}{d}Q$
④ $-\dfrac{d}{a}Q$

풀이

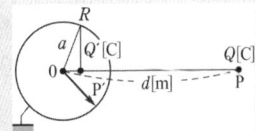

점 P'의 영상 전하는 도체에 유기되는 전하를 대표할 수 있으므로 그 값은 $Q' = -\dfrac{a}{d}Q\,[C]$이고(실제로 유기된 구도체상의 전하 밀도는 불균일) 중심으로부터의 거리 $\overline{OP'} = \dfrac{a^2}{d}\,[m]$이다. **답** ③

문제 10 다음 현상 가운데서 반드시 외부에서 자계를 가할 때만 일어나는 효과는?

① Seebeck 효과 ② Pinch 효과
③ Hall 효과 ④ Peltier 효과

풀이
도체나 반도체의 물질에 전류를 흘리고 이것과 직각 방향으로 자계를 가하면 I와 B가 이루는 면에 직각방향으로 기전력이 발생되는데 이러한 현상을 **홀 효과**(Hall effect)라고 한다.

답 ③

문제 11 N회의 권선에 최대값 1[V], 주파수 f[Hz]인 기전력을 유기시키기 위한 쇄교 자속의 최대값은 몇 [Wb]인가?

① $\dfrac{f}{2\pi N}$ ② $\dfrac{2N}{\pi f}$
③ $\dfrac{1}{2\pi f N}$ ④ $\dfrac{N}{2\pi f}$

풀이
$E_m = \omega N \phi_m = 2\pi f N \phi_m [V]$
$\therefore \phi_m = \dfrac{E_m}{2\pi f N} = \dfrac{1}{2\pi f N}[Wb]$

답 ③

문제 12 그림과 같이 권수가 1이고 반지름 a[m]인 원형전류 I[A]가 만드는 자계의 세기[AT/m]는?

① $\dfrac{I}{a}$ ② $\dfrac{I}{2a}$
③ $\dfrac{I}{3a}$ ④ $\dfrac{I}{4a}$

풀이
$H_0 = \oint dH = \int_0^{2\pi a}\dfrac{Idl\sin\theta}{4\pi a^2} = \int_0^{2\pi a}\dfrac{Idl}{4\pi a^2}$
$= \dfrac{I}{4\pi a^2}\int_0^{2\pi a}dl = \dfrac{I}{2a}$ [AT/m]

또는 $H_x = \dfrac{I}{2}\cdot\dfrac{a^2}{(a^2+x^2)^{3/2}}$
에서 원형 코일 중심의 자계의 세기 H_0는 $x=0$ 이므로
$\therefore H_0 = \dfrac{I}{2a}$ [AT/m]

답 ②

문제 13 대전된 도체의 표면 전하밀도는 도체 표면의 모양에 따라 어떻게 되는가?

① 곡률 반지름이 크면 커진다.
② 곡률 반지름이 크면 작아진다.
③ 표면 모양에 관계없다.
④ 평면일 때 가장 크다.

풀이
전하는 뾰족한 부분에 모인다.
그런 부분은 곡률 반경이 작다.
따라서, **곡률 반경이 클수록 전하밀도는 낮다.**

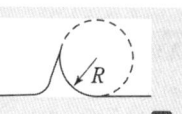

답 ②

문제 14 유전체 내의 전속밀도가 D [C/m²]인 전계에 저축되는 단위 체적당 정전에너지가 W_e [J/m³]일 때 유전체의 비유전율은?

① $\dfrac{D^2}{2\epsilon_0 W_e}$ ② $\dfrac{D^2}{\epsilon_0 W_e}$
③ $\dfrac{2\epsilon_0 D^2}{W_e}$ ④ $\dfrac{\epsilon_0 D^2}{W_e}$

풀이
정전에너지 밀도 W_e는
$W_e = \dfrac{1}{2}DE = \dfrac{1}{2}\epsilon_0\epsilon_s E^2 = \dfrac{1}{2}\dfrac{D^2}{\epsilon_0\epsilon_s}$ [J/m³] 에서
비유전율 $\epsilon_s = \dfrac{D^2}{2\epsilon_0 W_e}$

답 ①

문제 15 공기 중에서 전계의 진행파 진폭이 10 [mV/m]일 때 자계의 진행파 진폭은 몇 [mAT/m]인가?

① 26.5×10^{-1} ② 26.5×10^{-3}
③ 26.5×10^{-5} ④ 26.5×10^{-6}

풀이

$$H_e = \sqrt{\frac{\epsilon_0}{\mu_0}} E_e = \sqrt{\frac{8.854 \times 10^{-12}}{4\pi \times 10^{-7}}} E_e = 2.65 \times 10^{-3} E_e$$

$E_e = 10 \, [\text{mV/m}]$ 이므로 $H_e = 26.5 \times 10^{-3} [\text{mAT/m}]$

답 ②

문제 16 도전성(導電性)이 없고 유전율과 투자율이 일정하며, 전하 분포가 없는 균질 완전 절연체 내에서 전계 및 자계가 만족하는 미분 방정식의 형태는? 단, $\alpha = \sqrt{\epsilon\mu}$, $v = \dfrac{1}{\sqrt{\epsilon\mu}}$

① $\nabla^2 E = D$

② $\nabla^2 E = \dfrac{1}{\alpha^2} \cdot \dfrac{\partial E}{\partial t}$

③ $\nabla^2 E = \dfrac{1}{v^2} \cdot \dfrac{\partial^2 E}{\partial t^2}$

④ $\nabla^2 E = \dfrac{1}{\alpha^2} \cdot \dfrac{\partial E}{\partial t} + \dfrac{1}{v^2} \cdot \dfrac{\partial^2 E}{\partial t^2}$

풀이

파동방정식 : 위치 z와 시간 t를 독립변수로 하고 전파속도 v가 포함된 함수

일반식 : $f(t, z) = f\left(t - \dfrac{z}{v}\right)$,

$$E(t, z) = E_m \cos(\omega t - \beta z) = E_m \cos\omega\left(t - \dfrac{z}{v}\right)$$

1차원의 파동방정식 : $\dfrac{\partial^2 E}{\partial z^2} = \dfrac{1}{v^2} \cdot \dfrac{\partial^2 E}{\partial t^2}$

또는 $\dfrac{\partial^2 E}{\partial z^2} - \dfrac{1}{v^2} \cdot \dfrac{\partial^2 E}{\partial t^2} = 0$

3차원의 파동방정식 : $\nabla^2 E = \dfrac{1}{v^2} \cdot \dfrac{\partial^2 E}{\partial t^2}$

또는 $\nabla^2 E - \dfrac{1}{v^2} \cdot \dfrac{\partial^2 E}{\partial t^2} = 0$

답 ③

문제 17 직선 전류에 의해서 그 주위에 생기는 환상의 자계 방향은?

① 전류의 방향
② 전류와 반대 방향
③ 오른 나사의 진행 방향
④ 오른 나사의 회전 방향

풀이

암페어의 오른나사 법칙 : 전류가 만드는 자계의 방향 즉, **전류에 의한 자계의 방향은 암페어의 오른 나사 법칙**에 따르며 그림과 같은 방향이다.

⊗ : 들어가는 방향
⊙ : 나오는 방향

답 ④

문제 18 거리 r[m]를 두고 m_1, m_2 [Wb]인 같은 부호의 자극이 놓여 있다. 두 자극을 잇는 선상의 어느 일점에서 자계의 세기가 0인 점은 m_1 [Wb]에서 몇 [m] 떨어져 있는가?

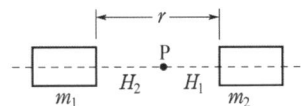

① $\dfrac{m_1 r}{m_1 + m_2}$ [m]

② $\dfrac{\sqrt{m_1} r}{\sqrt{m_1 + m_2}}$ [m]

③ $\dfrac{\sqrt{m_1} \cdot r}{\sqrt{m_1} + \sqrt{m_2}}$ [m]

④ $\dfrac{m_1^2 r}{m_1^2 + m_2^2}$ [m]

풀이

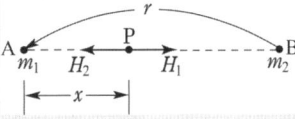

그림에서와 같이 m_1과 m_2의 부호가 같을 때는 두 자하 사이에 자계의 세기가 0인 점이 존재하는데 이때 $H_1 = H_2$이며 방향은 반대이다. 자계가 0인 점을 P라 하고 m_1에서 P점까지의 거리를 x라 하면

$$H_1 = \dfrac{m_1}{4\pi\mu_0 x^2} = H_2 = \dfrac{m_2}{4\pi\mu_0 (r-x)^2}$$ 에서

$\dfrac{m_1}{x^2} = \dfrac{m_2}{(r-x)^2}$, $m_2 x^2 = m_1(r-x)^2$

양변에 $\sqrt{}$를 취하면

$\sqrt{m_2}\, x = \sqrt{m_1}(r-x) = \sqrt{m_1}\, r - \sqrt{m_1}\, x$

$x(\sqrt{m_1} + \sqrt{m_2}) = \sqrt{m_1}\, r$

$\therefore x = \dfrac{\sqrt{m_1} \cdot r}{\sqrt{m_1} + \sqrt{m_2}}$ [m]

답 ③

문제 19
전위함수가 $V = 2x + 5yz + 3$일 때, 점 (2, 1, 0)에서의 전계의 세기는?

① $-2i - 5j - 3k$
② $i + 2j + 3k$
③ $-2i - 5k$
④ $4i + 3k$

풀이

$V = 2x + 5yz + 3$ (2, 1, 0)에서
전계의 세기

$$E = -\text{grad}\, V = -\left(\frac{\partial}{\partial x}i + \frac{\partial}{\partial y}j + \frac{\partial}{\partial z}k\right)V$$

$$= -\left(\frac{\partial}{\partial x}i + \frac{\partial}{\partial y}j + \frac{\partial}{\partial z}k\right)(2x + 5yz + 3)$$

$$= -(2i + 5zj + 5yk)$$

$\therefore [E]_{x=2,\, y=1,\, z=0} = -(2i + 5zj + 5yk) = -2i - 5k$

답 ③

문제 20
정전용량이 1 [μF], 2 [μF]인 콘덴서에 각각 2×10^{-4} [C] 및 3×10^{-4} [C]의 전하를 주고 극성을 같게 하여 병렬로 접속할 때 콘덴서에 축적된 에너지는 약 몇 [J]인가?

① 0.042
② 0.063
③ 0.084
④ 0.126

풀이

$Q = Q_1 + Q_2 = 2 \times 10^{-4} + 3 \times 10^{-4} = 5 \times 10^{-4}$ [C]
$C = C_1 + C_2 = (1+2) \times 10^{-6} = 3 \times 10^{-6}$ [F]

$\therefore W = \dfrac{Q^2}{2C} = \dfrac{(5 \times 10^{-4})^2}{2 \times 3 \times 10^{-6}} = 0.042$ [J]

답 ①

제2과목 전력공학

문제 21
전력계통의 안정도 향상대책으로 옳지 않은 것은?

① 계통의 직렬 리액턴스를 낮게 한다.
② 고속도 재폐로방식을 채용한다.
③ 지락전류를 크게 하기 위하여 직접 접지방식을 채용한다.
④ 고속도 차단방식을 채용한다.

풀이

① 계통의 직렬 리액턴스 감소(다회선 방식 채택, 복도체 방식 채택, 기기의 리액턴스 감소)
② 전압 변동률을 적게 한다. (속응 여자 방식 채용, 계통의 연계, 중간 조상 방식 채택)
③ **계통에 주는 충격을 적게 한다. (적당한 중성점 접지 방식, 고속 차단 방식, 재폐로 방식 채택)**
④ 고장 중의 발전기 돌입 출력의 불평형을 적게 한다.

답 ③

문제 22
송전선의 특성임피던스를 Z_0, 전파속도를 V라 할 때, 이 송전선의 단위길이에 대한 인덕턴스 L은?

① $L = \dfrac{V}{Z_0}$
② $L = \dfrac{Z_0}{V}$
③ $L = \dfrac{Z_0^2}{V}$
④ $L = \sqrt{Z_0}\, V$

풀이

- 파동 임피던스 $Z_0 = \sqrt{\dfrac{L}{C}}$
- 전파속도 $V = \sqrt{\dfrac{1}{LC}}$

$\therefore \dfrac{Z_0}{V} = \sqrt{\dfrac{\frac{L}{C}}{\frac{1}{LC}}} = L$

답 ②

문제 23
가공 송전선에 사용하는 애자련 중 전압부담이 최대인 것은?

① 전선에 가장 가까운 것
② 중앙에 있는 것
③ 철탑에 가장 가까운 것
④ 철탑에서 $\dfrac{1}{3}$ 지점의 것

풀이

애자련의 전압분포
① **최대 전압 분담애자 : 전선에 가장 가까운 애자**
② 최소 전압 분담애자 : 전선으로부터 2/3 (철탑으로부터 1/3)되는 지점에 있는 애자

답 ①

문제 24 부하측에 밸런스를 필요로 하는 배전 방식은?
① 3상 3선식
② 3상 4선식
③ 단상 2선식
④ 단상 3선식

풀이
단상 3선식의 특징
① 전압강하 및 전력손실은 1/4로 감소한다.
② 소요 전선량은 감소한다.
③ 110/220 [V]와 같이 2종의 전압을 얻을 수 있다.
④ 상시 부하가 불평형이면 **전압이 불평형**이 되고 이에 대한 대책으로 **밸런스를 설치**하여야 한다.
⑤ 중성선에는 퓨즈를 설치하지 않는다. 답 ④

문제 25 차단기에서 O – 3분 – CO – 3분 – CO인 것의 의미는? 단, O : 차단동작, C : 투입동작, CO : 투입동작에 뒤따라 곧 차단동작
① 일반 차단기의 표준동작책무
② 자동 재폐로용
③ 정격차단용량 50[mA] 미만의 것
④ 무전압시간

풀이
차단기의 동작책무 : 어느 시간 간격을 두고 행하여지는 일련의 동작을 규정한 것
• 일반용 : CO – (15초) – CO
   O – (3분) – CO – (3분) – CO
• 고속도 재투입용 : O – (0.3초) – CO
   – (3분 또는 15초, 1분) – CO 답 ①

문제 26 3상용 차단기의 정격 차단 용량은?
① $\dfrac{1}{\sqrt{3}}$ (정격전압) × (정격차단전류)
② $\dfrac{1}{\sqrt{3}}$ (정격전압) × (정격전류)
③ $\sqrt{3}$ (정격전압) × (정격전류)
④ $\sqrt{3}$ (정격전압) × (정격차단전류)

풀이
$P_s = \sqrt{3} V I_s$ 답 ④

문제 27 그림에서와 같이 부하가 균일한 밀도로 도중에서 분기되어 선로전류가 송전단에 이를수록 직선적으로 증가할 경우 선로 말단의 전압강하는 이 송전단 전류와 같은 전류의 부하가 선로의 말단에만 집중되어 있을 경우의 전압강하 보다 대략 어떻게 되는가? (단, 부하역률은 모두 같다고 한다.)

① $\dfrac{1}{3}$로 된다.
② $\dfrac{1}{2}$로 된다.
③ 동일하다.
④ $\dfrac{1}{4}$로 된다.

풀이

집중 부하와 분산 부하

구 분	전력 손실	전압 강하
말단에 집중 부하	$I^2 r L$	$I r L$
균등 분포 부하	$\dfrac{1}{3} I^2 r L$	$\dfrac{1}{2} I r L$

답 ②

문제 28 피뢰기의 정격전압이란?
① 상용주파수의 방전개시전압
② 속류를 차단할 수 있는 최고의 교류전압
③ 방전을 개시할 때 단자전압의 순시값
④ 충격방전전류를 통하고 있을 때 단자전압

풀이
피뢰기의 정격전압 : 속류의 차단이 되는 최고의 교류전압. 즉, 피뢰기의 양단자 사이에 인가할 수 있는 상용주파수의 최대 전압의 실효값을 말한다.

$$E_R = \alpha \beta \dfrac{V_m}{\sqrt{3}}$$

여기서, E_R : 피뢰기의 정격전압,
  α : 접지계수 (유효접지 계통 : 1.1~1.3)
  β : 여유도 (1.15)
  V_m : 선간의 최고 허용전압(V_m=공칭전압×$\dfrac{1.2}{1.1}$)

• 직접 접지 방식 : $E_R = 0.8 \sim 1.0 V$의 피뢰기
• 저항 또는 소호리액터 접지방식 : $E_R = 1.4 \sim 1.6 V$의 피뢰기
 여기서, V는 선로의 공칭전압을 1.1로 나눈값 답 ②

문제 29 어느 빌딩 부하의 총설비 전력이 400 [kW], 수용률이 0.5라 하면 이 빌딩의 변전설비용량은 몇 [kVA]인가? 단, 부하역률은 80 [%]라 한다.
① 180 [kVA] ② 250 [kVA]
③ 300 [kVA] ④ 360 [kVA]

풀이
변압기 용량 [kVA] = $\dfrac{\text{설비용량[kW]} \times \text{수용률}}{\text{역률}}$

= $\dfrac{400 \times 0.5}{0.8}$ = 250 [kVA]   답 ②

문제 30 전극의 어느 일부분의 전위경도가 커져서 공기와의 절연이 파괴되어 생기는 현상은?
① 페란티 현상   ② 코로나 현상
③ 카르노 현상   ④ 보어 현상

풀이
전선 주위의 **공기절연이 국부적으로 파괴**되어 낮은 소리나 엷은 빛을 내면서 **방전하게 되는 현상을 코로나** 또는 코로나 방전이라고 한다.   답 ②

문제 31 연가를 하는 주된 목적으로 옳은 것은?
① 선로정수의 평형
② 유도뢰의 방지
③ 계전기의 확실한 동작의 확보
④ 전선의 절약

풀이
• 연가의 목적 : 선로정수의 평형
• 연가의 효과 : 직렬공진 방지, 유도장해 감소, 선로정수 평형   답 ①

문제 32 설비용량 900[kW], 부등률 1.2, 수용률 50[%]일 때의 합성 최대전력은 몇 [kW]인가?
① 300   ② 375
③ 400   ④ 415

풀이
합성최대전력 = $\dfrac{\text{설비용량} \times \text{수용률}}{\text{부등률}}$

= $\dfrac{900 \times 0.5}{1.2}$ = 375[kW]   답 ②

문제 33 저항 10[Ω], 리액턴스 15[Ω]인 3상 송전선로가 있다. 수전단 전압 60[kV], 부하역률 0.8 [lag], 전류 100[A]라 할 때 송전단 전압은?
① 약 33[kV]   ② 약 42[kV]
③ 약 58[kV]   ④ 약 63[kV]

풀이
$V_s = V_r + \sqrt{3}I(R\cos\theta + X\sin\theta)$
$= 60 \times 10^3 + \sqrt{3} \times 100 \times (10 \times 0.8 + 15 \times 0.6)$
$= 62944[V] \fallingdotseq 63[kV]$ 답 ④

문제 34 역률 80 [%]인 10,000 [kVA]의 부하를 갖는 변전소에 2000 [kVA]의 콘덴서를 설치해서 역률을 개선하면 변압기에 걸리는 부하[kVA]는 대략 얼마쯤 되겠는가?
① 8000 [kVA]   ② 8540 [kVA]
③ 8940 [kVA]   ④ 9440 [kVA]

풀이

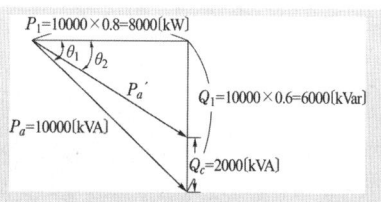

변압기에 걸리는 부하 P_a'는
$P_a' = \sqrt{P_1^2 + (Q_1 - Q_c)^2} = \sqrt{8000^2 + (6000-2000)^2}$
$= 8944.27\ [\text{kVA}]$ 답 ③

문제 35 부하전력 및 역률이 같을 때 전압을 n배 승압하면 전압강하율과 전력손실은 어떻게 되는가?

	전압강하율	전력손실
①	$\dfrac{1}{n^2}$	$\dfrac{1}{n^2}$
②	$\dfrac{1}{n}$	$\dfrac{1}{n}$
③	$\dfrac{1}{n}$	$\dfrac{1}{n^2}$
④	$\dfrac{1}{n^2}$	$\dfrac{1}{n}$

풀이

항 목	관 계	관계식
송전전력(P)	전압의 자승에 비례	$\propto V^2$
공급용량	전압에 비례	$\propto V$
전압강하(e)	전압에 반비례	$\propto \frac{1}{V}$
• 전력손실(P_l) • 전압강하율(ϵ)	전압의 자승에 반비례	$\propto \frac{1}{V^2}$

따라서, 전압을 n배로 승압하면 전압 강하율과 전력손실은 $\frac{1}{n^2}$로 감소한다.   답 ①

문제 36 3상 3선식 3각형 배치의 송전선로에 있어서 각 선의 대지 정전용량이 0.5038[μF]이고, 선간 정전용량이 0.1237[μF]일 때 1선의 작용정전용량은 약 몇 [μF]인가?

① 0.6275 ② 0.8749
③ 0.9164 ④ 0.9755

풀이

$C_w = C_s + 3C_m = 0.5038 + 3 \times 0.1237 = 0.8749[\mu\text{F/km}]$
여기서, C_w : 작용정전용량, C_s : 대지정전용량,
  C_m : 선간정전용량   답 ②

문제 37 배전선의 전력손실 경감 대책이 아닌 것은?

① 피더(feeder) 수를 줄인다.
② 역률을 개선한다.
③ 배전 전압을 높인다.
④ 부하의 불평형을 방지한다.

풀이

배전선로의 전력손실

$P_l = 3I^2 r = \frac{\rho w^2 L}{A V^2 \cos^2\theta}$에서 $P_l \propto \frac{1}{V^2 \cos^2\theta}$

이므로 전력손실을 경감시키기 위해서는 역률을 개선하고, 전압을 높여야 하며 또한, 부하의 불평형을 방지함으로서 중성선에 흐르는 전류에 의한 전력 손실을 억제 하여야 한다. 그러나 **피더(feeder) 수 감소는 전력손실 경감 대책이 될 수 없다.**   답 ①

문제 38 차단기와 차단기의 소호 매질이 틀리게 결합된 것은 어느 것인가?

① 공기차단기 – 압축 공기
② 가스 차단기 – SF_6 가스
③ 자기 차단기 – 진공
④ 유입 차단기 – 절연유

풀이

차단기별 소호 매질은?

종 류	소호매질
유입차단기(OCB)	절연유
진공차단기(VCB)	고진공
자기차단기(MBB)	전자기력
공기차단기(ABB)	압축공기
가스차단기(GCB)	SF_6 가스

답 ③

문제 39 단상 2선식 교류 배전선로가 있다. 전선의 1가닥 저항이 0.15[Ω]이고, 리액턴스는 0.25[Ω] 이다. 부하는 순저항부하이고 100[V], 3[kW] 이다. 급전점의 전압[V]은 약 얼마인가?

① 105 ② 110
③ 115 ④ 124

풀이

$V_s = V_r + 2I(R\cos\theta + X\sin\theta)$
  (여기서, 부하는 순저항부하 이므로 $\cos\theta = 1$, $\sin\theta = 0$)
$= 100 + 2 \times \frac{3000}{100} \times 0.15 \times 1 = 109[V]$ 답 ②

문제 40 그림과 같은 T형 4단자 회로의 4단자 정수 중 B의 값은?

① $1 + \frac{Z_1}{Z_3}$

② $\frac{1}{Z_3}$

③ $\frac{Z_3 + Z_2}{Z_3}$

④ $\frac{Z_1 Z_2 + Z_2 Z_3 + Z_3 Z_1}{Z_3}$

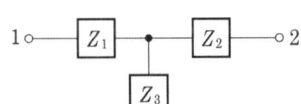

풀이

$$\begin{bmatrix} A & B \\ C & D \end{bmatrix} = \begin{bmatrix} 1 & Z_1 \\ 0 & 1 \end{bmatrix} \begin{bmatrix} 1 & 0 \\ \frac{1}{Z_3} & 1 \end{bmatrix} \begin{bmatrix} 1 & Z_2 \\ 0 & 1 \end{bmatrix}$$

$$= \begin{bmatrix} \dfrac{Z_1+Z_3}{Z_3} & \dfrac{Z_1 Z_2 + Z_2 Z_3 + Z_3 Z_1}{Z_3} \\ \dfrac{1}{Z_3} & \dfrac{Z_2+Z_3}{Z_3} \end{bmatrix}$$

답 ④

제3과목 전기기기

문제 41 8극, 50[kW], 3300[V], 60[Hz]인 3상 권선형 유도전동기의 전부하 슬립이 4[%]라고 한다. 이 전동기의 슬립링 사이에 0.16[Ω]의 저항 3개를 Y로 삽입하면 전부하 토크를 발생할 때의 회전수[rpm]는? (단, 2차 각 상의 저항은 0.04[Ω]이고, Y접속이다.)

① 660 ② 720
③ 750 ④ 880

풀이

$\dfrac{r_2}{s} = \dfrac{r_2+R}{s'}$ 에서 $\dfrac{0.04}{0.04} = \dfrac{0.04+0.16}{s'}$ ∴ $s' = 0.2$

동기속도 $N_s = \dfrac{120f}{p} = \dfrac{120 \times 60}{8} = 900$ [rpm]

∴ $N = (1-s)N_s = (1-0.2) \times 900 = 720$ [rpm] 답 ②

문제 42 그림과 같은 6상 반파 정류 회로에서 450[V]의 직류 전압을 얻는 데 필요한 변압기의 직류 권선 전압은 몇 [V]인가?

① 333
② 348
③ 356
④ 375

풀이

$\dfrac{E_d}{E} = \dfrac{\sqrt{2} \sin \pi/m}{\pi/m}$

∴ $E = \dfrac{E_d}{\dfrac{\sqrt{2}\sin(\pi/m)}{(\pi/m)}} = \dfrac{450}{\dfrac{\sqrt{2}\sin(\pi/6)}{(\pi/6)}} = 333.25$ [V] 답 ①

문제 43 200±200 [V], 자기 용량 3 [kVA]인 단상 유도 전압 조정기가 있다. 최대 출력[kVA]은?

① 2 ② 4 ③ 6 ④ 8

풀이

단상 유도 전압 조정기의 1차 전압 $V_1 = 200$[V], 2차 전압 $V_2 = 200 \pm 200$[V]이므로 고압측 V_2의 최고 전압은 400[V]가 된다.

유도 전압 조정기의 용량 = 부하 용량 × $\dfrac{승압\ 전압}{고압측\ 전압}$

$3 = 부하용량 \times \dfrac{200}{400}$

∴ 부하용량 $= \dfrac{3}{\dfrac{200}{400}} = 6$ [kVA] 답 ③

문제 44 직류 직권 전동기의 전원 극성을 반대로 하면?

① 회전 방향이 변하지 않는다.
② 회전 방향이 변한다.
③ 속도가 증가된다.
④ 발전기로 된다.

풀이

직류 직권 전동기는 계자 권선과 전기자 권선이 직렬로 연결되어 있으므로 **전원 극성을 반대로** 하면 전기자 전류와 여자 전류의 방향이 모두 반대로 되므로 **회전 방향은 변하지 않는다.** 답 ①

문제 45 6극 직류 발전기의 정류자 편수가 132, 단자 전압이 220 [V], 직렬 도체수가 132개이고 중권이다. 정류자 편간 전압은 몇 [V]인가?

① 10 ② 20 ③ 30 ④ 40

풀이

e_{sa} : 정류자 편간 전압, E : 유기 기전력,
p : 극수, K : 정류자 편수

$e_{sa} = \dfrac{pE}{K} = \dfrac{6 \times 220}{132} = 10$ [V] 답 ①

문제 46 포화하고 있지 않은 직류발전기의 회전수가 1/2로 감소되었을 때 기전력을 속도 변화 전과 같은 값으로 하려면 여자를 어떻게 해야 하는가?

① 1/2로 감소시킨다.
② 1배로 증가시킨다.
③ 2배로 증가시킨다.
④ 4배로 증가시킨다.

풀이
$E = k\phi N$에서 N이 $\frac{1}{2}$로 되면, ϕ가 2배가 되어야 E가 일정하다.   답 ③

문제 47 전기자 저항이 0.3 [Ω]이며, 단자 전압이 210 [V], 부하 전류가 95 [A], 계자 전류가 5 [A]인 직류 분권 발전기의 유기 기전력[V]은?
① 180   ② 230
③ 240   ④ 250

풀이

$E = V + (I + I_f)R_a = 210 + (95+5) \times 0.3 = 240[V]$ 답 ③

문제 48 그림과 같은 회로에서 Q_1에 역바이어스가 걸리는 시간을 나타낸 식은?

① $0.693 C_0/R$ [sec]   ② $0.693 R/C_0$ [sec]
③ RC_0 [sec]   ④ $0.693 RC_0$ [sec]

풀이
역바이어스 시간은 $e_{c0} = E_1\left(1 - 2e^{-\frac{1}{RC_0}t}\right) = 0$에서 이 식을 만족하는 $t = t_c$는
∴ $t_c = C_0 R \log_e 2 = 0.693 RC_0$ [sec]   답 ④

문제 49 변압기의 정격을 정의한 것 중 옳은 것은?
① 전부하의 경우 1차 단자전압을 정격 1차 전압이라 한다.
② 정격 2차 전압은 명판에 기재되어 있는 2차 권선의 단자전압이다.
③ 정격 2차 전압을 2차 권선의 저항으로 나눈 것이 정격 2차 전류이다.
④ 2차 단자 간에서 얻을 수 있는 유효전력을 [kW]로 표시한 것이 정격출력이다.

답 ②

문제 50 유기 기전력 210 [V], 단자 전압 200 [V]인 5 [kW] 분권 발전기의 계자 저항이 500 [Ω]이면 그 전기자 저항[Ω]은?
① 0.2   ② 0.4
③ 0.6   ④ 0.8

풀이

$I_f = \dfrac{V}{R_f} = \dfrac{200}{500} = 0.4$ [A], $I = \dfrac{P}{V} = \dfrac{5 \times 10^3}{200} = 25$ [A]
전기자 전류 $I_a = I + I_f$이므로
$I_a = 25 + 0.4 = 25.4$ [A]
또한, $V = E - I_a R_a$ 식에서
∴ $R_a = \dfrac{E - V}{I_a} = \dfrac{210 - 200}{25.4} = \dfrac{10}{25.4} = 0.39[\Omega]$ 답 ②

문제 51 6극 60 [Hz] Y결선 3상 동기발전기의 극당 자속이 0.16 [Wb], 회전수 1200 [rpm], 1상의 권수 186, 권선 계수 0.96이면 단자전압은?
① 13183 [V]   ② 12254 [V]
③ 26366 [V]   ④ 27456 [V]

풀이
코일의 유기 기전력
$E = 4.44 f \omega k_w \Phi = 4.44 \times 60 \times 186 \times 0.96 \times 0.16$
$= 7610.94$ [V]

단자 전압(선간 전압)= $\sqrt{3}E = \sqrt{3} \times 7610.94 = 13183$ [V]

답 ①

문제 52
2회전 자계설로 단상 유도 전동기를 설명하는 경우 정방향 회전자계에 대한 회전자의 슬립이 s이면 역방향 회전자계에 대한 회전자 슬립은?

① $1+s$
② s
③ $1-s$
④ $2-s$

풀이
단상 유도 전동기가 슬립 s로 회전하면 회전 주파수는 정상분 전동기에서는 $(1-s)f$이고 **역상분 전동기에서는** $f + (1-s)f = (2-s)f$ 가 된다. 따라서 회전자 권선은 sf와 $(2-s)f$ 되는 주파수의 기전력을 유기한다.

답 ④

문제 53
3000 [V], 1500 [kVA], 동기 임피던스 3 [Ω]인 동일 정격의 두 동기발전기를 병렬 운전하던 중 한쪽 계자 전류가 증가해서 각 상 유도 기전력 사이에 300 [V]의 전압차가 발생했다면 두 발전기 사이에 흐르는 무효횡류는 몇 [A]인가?

① 20 ② 30 ③ 40 ④ 50

풀이
기전력의 크기가 같지 않은 경우 흐르는 무효횡류
$I_c = \dfrac{E_1 - E_2}{2Z_s} = \dfrac{E_r}{2Z_s}$ [A]에서

무효횡류 $I_c = \dfrac{300}{2 \times 3} = 50$ [A]

답 ④

문제 54
실리콘 다이오드의 특성에서 잘못된 것은?

① 전압강하가 크다. ② 정류비가 크다.
③ 허용온도가 높다. ④ 역내전압이 크다.

풀이
실리콘 정류기의 특성은
① 역내전압이 크다.
② 전류 밀도가 크다.
    (게르마늄의 2~3배, 셀렌의 500~1000배)
③ 온도에 의한 영향이 작다.
    (최고 허용 온도 140~200 [℃])
④ 효율은 가장 좋다.(99 [%])
⑤ 대용량 정류기에 적합하다.

답 ①

문제 55
농형 유도전동기의 속도제어법이 아닌 것은?

① 극수변환 ② 1차 저항변환
③ 전원전압변환 ④ 전원주파수변환

풀이
유도전동기의 속도 제어법
① 농형 유도 전동기의 속도 제어법은
  • 주파수를 바꾸는 방법
  • 극수를 바꾸는 방법
  • 전원 전압을 바꾸는 방법
② 권선형 유도 전동기는
  • 2차 저항을 제어하는 방법
  • 2차 여자법 등이 있다.

답 ②

문제 56
정격 부하에서 역률 0.8(뒤짐)로 운전될 때, 전압 변동률이 12[%]인 변압기가 있다. 이 변압기에 역률 100[%]의 정격 부하를 걸고 운전할 때의 전압 변동률은 약 몇 [%] 인가? (단, %저항강하는 %리액턴스강하의 1/12이라고 한다.)

① 0.909 ② 1.5
③ 6.85 ④ 16.18

풀이
$\epsilon = p\cos\theta + q\sin\theta$ 식에서
  (여기서, p : %저항강하, q : %리액턴스강하)
$\cos\theta = 0.8$일 때 $\sin\theta = 0.6$
  $\epsilon = p \times 0.8 + q \times 0.6 = 12$
$q = 12p$ 이므로
  $12 = 0.8p + 12p \times 0.6$ ∴ $p = \dfrac{12}{8} = 1.5$

역률 100[%]일 때
전압변동률 $\epsilon_{100} = p\cos\theta + q\sin\theta = p \times 1 + q \times 0 = p = 1.5$
  ($\cos\theta = 1$일 때 $\sin\theta = 0$)

답 ②

문제 57
직류분권 발전기의 무부하 포화곡선이 $V = \dfrac{940 I_f}{33 + I_f}$ 이고, I_f는 계자전류[A], V는 무부하 전압 [V]으로 주어질 때 계자 회로의 저항이 20[Ω]이면 몇 [V]의 전압이 유기되는가?

① 140 ② 160
③ 280 ④ 300

풀이

$$V = \frac{940 I_f}{33 + I_f}$$

계자 권선의 저항이 20 [Ω]이므로

$$V = I_f R_f = 20 I_f \quad \therefore I_f = \frac{V}{20}$$

이 식을 윗식에 대입하면

$$V = \frac{940 \cdot \frac{V}{20}}{33 + \frac{V}{20}}, \quad 33V + \frac{V^2}{20} = 940 \times \frac{V}{20}, \quad 33 + \frac{V}{20} = 47$$

$$\therefore V = 280 \,[V] \qquad \text{답} ③$$

문제 58 임피던스 강하가 5 [%]인 변압기가 운전 중 단락되었을 때 그 단락 전류는 정격 전류의 몇 배인가?

① 20 ② 25
③ 30 ④ 35

풀이

단락 전류 I_{1s} 는

$$I_{1s} = I_{1n} \frac{100}{\%z} = I_{1n} \times \frac{100}{5} = 20 I_{1n} \qquad \text{답} ①$$

문제 59 3상 권선형 유도 전동기에서 1차와 2차간의 상수비, 권수비가 β, α 이고 2차 전류가 I_2일 때 1차 1상으로 환산한 $I_2{'}$는?

① $\dfrac{\alpha}{I_2 \beta}$ ② $\alpha \beta I_2$
③ $\dfrac{\beta I_2}{\alpha}$ ④ $\dfrac{I_2}{\beta \alpha}$

풀이

- 1차 유도기전력 $E_1 = 4.44 k_{w1} w_1 f \phi \,[V]$
- 2차 유도기전력 $E_2 = 4.44 k_{w2} w_2 f \phi \,[V]$
- 권수비 $\alpha = \dfrac{E_1}{E_2} = \dfrac{4.44 K_{w1} w_1 f \phi}{4.44 K_{w2} w_2 f \phi} = \dfrac{K_{w1} w_1}{K_{w2} w_2}$
- 손실이 없는 경우 $m_1 I_1 k_{w1} w_1 = m_2 I_2 k_{w2} w_2$
  이므로 ($\because I_2{'} = I_1$)

$$I_2{'} = I_1 = \frac{m_2 k_{w2} w_2}{m_1 k_{w1} w_1} I_2 = \frac{1}{\alpha \beta} I_2$$

(여기서, 권수비 $\alpha = \dfrac{k_{w1} w_1}{k_{w2} w_2}$, 상수비 $\beta = \dfrac{m_1}{m_2}$) 답 ④

문제 60 직류 발전기에서 양호한 정류를 얻기 위한 방법이 아닌 것은?

① 보상 권선을 설치한다.
② 보극을 설치한다.
③ 브러시의 접촉저항을 크게 한다.
④ 리액턴스 전압을 크게 한다.

풀이

양호한 정류를 얻는 방법
불꽃없는 정류를 위한 조건 : 브러시 접촉면 전압강하 > 평균 리액턴스 전압
① 보상 권선을 설치하여 전기자 반작용 억제.
② 전압 정류 : 보극 설치
③ 저항 정류 : 접촉저항이 큰 탄소 브러시를 사용
④ 리액턴스(L)를 적게 하여 리액턴스 전압을 낮게 한다. : 단절권 채택
⑤ 정류주기(T_c)를 길게 한다. : 회전속도를 낮춘다.

답 ④

제4과목 회로이론

문제 61 $R-L$ 직렬회로에서 시정수의 값이 클수록 과도현상의 소멸되는 시간은 어떻게 되는가?

① 짧아진다. ② 길어진다.
③ 과도기가 없어진다. ④ 관계없다.

풀이

- 시정수는 정상전류의 63.2 [%]에 도달할 때까지의 시간을 의미
- 시정수 $\tau = \dfrac{L}{R} [\sec]$
- 시정수가 크면 과도현상이 오래 지속되고 시정수가 적으면 과도현상이 짧아진다.

답 ②

문제 62 아래와 같은 비정현파 전압을 RL 직렬회로에 인가할 때에 제 3고조파 전류의 실효값[A]은? (단, $R = 4\,[\Omega]$, $\omega L = 1\,[\Omega]$이다.)

$$e = 100\sqrt{2}\sin\omega t + 75\sqrt{2}\sin 3\omega t + 20\sqrt{2}\sin 5\omega t \,[V]$$

① 4 ② 15 ③ 20 ④ 75

풀이

$$I_3 = \frac{V_3}{Z_3} = \frac{V_3}{\sqrt{R^2+(3\omega L)^2}} = \frac{75}{\sqrt{4^2+(3\times 1)^2}} = 15[A]$$

(∵ 저항은 기본파일 때나 고조파일 때나 그 크기의 변화는 없다. 그러나 **리액턴스는 제n차 고조파에서는 주파수가 n배가 되므로,** 리액턴스 $X_n = 2\pi(nf)L = n\times 2\pi fL$로 기본파의 n배가 된다.) **답** ②

문제 63 분포정수 전송회로에 대한 설명이 아닌 것은?

① $\frac{R}{L} = \frac{G}{C}$인 회로를 무왜형 회로라 한다.
② $R = G = 0$인 회로를 무손실 회로라 한다.
③ 무손실 회로와 무왜형 회로의 감쇠정수는 $\sqrt{RG}$ 이다.
④ 무손실 회로와 무왜형 회로에서의 위상속도는 $\frac{1}{\sqrt{LC}}$ 이다.

풀이
- 무손실 회로 감쇠 정수 $\alpha = 0$
- 무왜형 선로 감쇠 정수 $\alpha = \sqrt{RG}$ **답** ③

문제 64 전압 $v = V(\sin\omega t - \sin 3\omega t)$, 전류 $i = I\sin\omega t$ 인 교류의 평균 전력[W]은?

① $\int_0^{2\pi} vidt$
② $\frac{1}{2}VI$
③ $\frac{1}{2}VI\sin\omega t$
④ $\frac{2}{\sqrt{3}}VI$

풀이
주파수가 서로 다른 전압, 전류 사이에서는 유효전력도 무효전력도 전혀 발생하지 않는다.
따라서 주파수가 같은 성분만 고려하면
$P = \frac{V}{\sqrt{2}} \times \frac{I}{\sqrt{2}} \times \cos 0° = \frac{VI}{2}$[W]가 된다. **답** ②

문제 65 대칭 좌표법에 관한 설명 중 잘못된 것은?
① 불평형 3상 회로 비접지식 회로에서는 영상분이 존재한다.
② 대칭 3상 전압에서 영상분은 0 이다.
③ 대칭 3상 전압은 정상분만 존재한다.
④ 불평형 3상 회로의 접지식 회로에서는 영상분이 존재한다.

풀이
- 비 접지식에서는 중성선이 없으므로 중성선에 전류가 흐를 수 없다. 따라서, 3상 전류의 합 $I_a+I_b+I_c = 0$ 이 되어야 한다.
- 대칭 좌표법에서 영상전류 $I_0 = \frac{1}{3}(I_a+I_b+I_c) = 0$이 되어 **비 접지식에서는 영상분이 존재하지 않는다.** **답** ①

문제 66 그림의 회로에서 단자 a, b 에 3[Ω]의 저항을 연결할 때 저항에서의 소비 전력은 몇 [W]인가?

① 1/12
② 1/3
③ 1
④ 12

풀이
문제의 그림에서 전류원을 전압원으로 등가 하면,

전류 $I = \frac{V}{R} = \frac{3-2}{1+2+3} = \frac{1}{6}$[A]

따라서 전력 $P = I^2R = \left(\frac{1}{6}\right)^2 \cdot 3 = \frac{3}{36} = \frac{1}{12}$[W] **답** ①

문제 67 그림에서 $e(t) = E_m\cos\omega t$의 전원전압을 인가했을 때 인덕턴스 L에 축적되는 에너지[J]는?

① $\frac{1}{2}\frac{E_m^2}{\omega^2 L^2}(1+\cos\omega t)$
② $\frac{1}{4}\frac{E_m^2}{\omega^2 L}(1-\cos\omega t)$
③ $\frac{1}{2}\frac{E_m^2}{\omega^2 L^2}(1+\cos 2\omega t)$
④ $\frac{1}{4}\frac{E_m^2}{\omega^2 L}(1-\cos 2\omega t)$

풀이

인덕턴스에 흐르는 전류 $i_L(t)$는

$$i_L(t) = \frac{1}{L}\int e(t)dt = \frac{1}{L}\int E_m \cos\omega t\, dt = \frac{E_m}{\omega L}\sin\omega t$$

$$\therefore W_L(t) = \frac{Li_L(t)^2}{2}$$

$$= \frac{L}{2}\left(\frac{E_m}{\omega L}\right)^2 \sin^2\omega t = \frac{E_m^2}{2\omega^2 L}\left(\frac{1-\cos 2\omega t}{2}\right)$$

$$= \frac{1}{4}\frac{E_m^2}{\omega^2 L}(1-\cos 2\omega t)$$

답 ④

문제 68 3상 △부하에서 각 선전류를 I_a, I_b, I_c 라 하면 전류의 영상분은?

① ∞ ② -1 ③ 1 ④ 0

풀이

- △결선은 중성선이 없으므로 비접지 방식이다. 따라서 △결선에서 3상 전류의 합 $I_a + I_b + I_c = 0$ 이 되어야 한다.
- 대칭 좌표법에서 영상전류 $I_0 = \frac{1}{3}(I_a + I_b + I_c) = 0$이 되어 △결선(비 접지식)에서는 영상분 전류가 존재하지 않는다.

답 ④

문제 69 그림과 같은 회로에서 $i_1 = I_m \sin\omega t$ 일 때 개방된 2차단자에 나타나는 유기기전력 e_2는 몇 [V]인가?

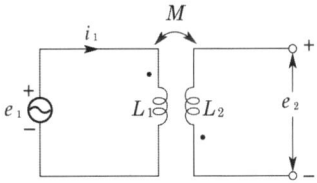

① $\omega M I_m \sin\omega t$
② $\omega M I_m \cos\omega t$
③ $\omega M I_m \sin(\omega t - 90°)$
④ $\omega M I_m \sin(\omega t + 90°)$

풀이

1차 전류에 의한 2차 단자의 유기 기전력
$e_2 = -M\frac{di_1}{dt}$ 로 정의한다.

$e_2 = -M\frac{di_1}{dt} = -M\frac{d}{dt}(I_m \sin\omega t)$

$= -\omega M I_m \cos\omega t = -\omega M I_m \sin(\omega t + 90°)$
$= \omega M I_m \sin(\omega t + 90° \pm 180°)$

$\therefore e_2 = \omega M I_m \sin(\omega t + 270°)$ [V]

또는 $e_2 = \omega M I_m \sin(\omega t - 90°)$ [V]

답 ③

참고

일반적으로 순시값의 위상 범위는 $-180° \leq \theta \leq 180°$로 표현하므로 $e_2 = \omega M I_m \sin(\omega t - 90°)$[V]

문제 70 왜형률이란 무엇인가?

① $\dfrac{\text{전 고조파의 실효값의 합}}{\text{기본파의 실효값}}$

② $\dfrac{\text{전 고조파의 평균값의 합}}{\text{기본파의 평균값}}$

③ $\dfrac{\text{제3고조파의 실효값}}{\text{기본파의 실효값}}$

④ $\dfrac{\text{우수 고조파의 실효값}}{\text{기수 고조파의 실효값}}$

풀이

비정현파에서 기본파에 대해 고조파 성분이 어느 정도 포함되었는가를 나타내는 지표로서 왜형률(distortion factor)이 사용된다. 이는 비정현파가 정현파를 기준으로 하였을 때 얼마나 일그러졌는가를 표시하는 척도가 된다.

왜형률 $= \dfrac{\text{고조파 실효값의 합}}{\text{기본파 실효값}} = \dfrac{\sqrt{(V_2^2 + V_3^2 + \cdots)}}{V_1}$

$= \sqrt{\dfrac{(V_2^2 + V_3^2 + \cdots)}{V_1^2}} = \sqrt{\left(\dfrac{V_2}{V_1}\right)^2 + \left(\dfrac{V_3}{V_1}\right)^2 + \cdots}$

답 ①

문제 71 전기회로에서 일어나는 과도현상은 그 회로의 시정수와 관계가 있다. 이 사이의 관계를 옳게 표현한 것은?

① 회로의 시정수가 클수록 과도현상은 오래동안 지속된다.
② 시정수는 과도현상의 지속시간에는 상관되지 않는다.
③ 시정수의 역이 클수록 과도현상은 천천히 사라진다.
④ 시정수가 클수록 과도현상은 빨리 사라진다.

풀이
- 시정수는 정상전류의 63.2[%]에 도달할 때까지의 시간을 의미
- 시정수가 크면 과도현상이 오래 지속되고 시정수가 적으면 과도현상이 짧아진다. 답 ①

문제 72 6상 성형 상전압이 200[V]일 때 선간전압[V]은?

① 200 ② 150 ③ 100 ④ 50

풀이
대칭 n상 회로의 선간전압 $E_l = 2E_p \sin \dfrac{\pi}{n}$ 에서
$n=6$ 이므로 선간전압 $E_l = 2E_p \sin \dfrac{\pi}{6} = E_p$
∴ $E_l = E_p = 200[V]$ 답 ①

문제 73 다음과 같은 비정현파 전압 및 전류에 의한 전력을 구하면 몇 [W]인가?

$v = 100 \sin \omega t - 50 \sin(3\omega t + 30°)$
$\quad + 20 \sin(5\omega t + 45°)$ [V]
$i = 20 \sin \omega t + 10 \sin(3\omega t - 30°)$
$\quad + 5 \sin(5\omega t - 45°)$ [A]

① 1175 ② 925
③ 875   ④ 825

풀이
주파수가 서로 다른 전압, 전류 사이에서는 유효전력도 무효전력도 전혀 발생하지 않는다. 따라서
$P = \dfrac{100}{\sqrt{2}} \times \dfrac{20}{\sqrt{2}} \cos 0° + \dfrac{-50}{\sqrt{2}} \times \dfrac{10}{\sqrt{2}} \cos 60°$
$\quad + \dfrac{20}{\sqrt{2}} \times \dfrac{5}{\sqrt{2}} \cos 90° = 875$ [W] 답 ③

문제 74 $5\dfrac{d^2 q}{dt^2} + \dfrac{dq}{dt} = 10 \sin t$ 에서 모든 초기 조건을 0으로 하고 라플라스 변환하면?

① $Q(s) = \dfrac{10}{(5s+1)(s^2+1)}$
② $Q(s) = \dfrac{10}{(5s^2+s)(s^2+1)}$
③ $Q(s) = \dfrac{10}{2(s^2+1)}$
④ $Q(s) = \dfrac{10}{(s^2+5)(s^2+1)}$

풀이
초기 조건이 0일 때 $\mathcal{L}\left[\dfrac{d^2 q}{dt^2}\right] = s^2 Q(s)$, $\mathcal{L}\left[\dfrac{dq}{dt}\right] = sQ(s)$
$5s^2 Q(s) + sQ(s) = 10\left(\dfrac{1}{s^2+1}\right)$
$(5s^2 + s)Q(s) = \dfrac{10}{s^2+1}$
∴ $Q(s) = \dfrac{10}{(5s^2+s)(s^2+1)}$ 답 ②

문제 75 a, b 단자의 전압 v는?

① 2
② -2
③ -8
④ 8

풀이
v는 개방단의 전압이므로 ∴ $v = 2 \times 1 = 2$[V] 답 ①

문제 76 라플라스 변환함수 $\dfrac{1}{s(s+1)}$에 대한 역라플라스 변환은?

① $1 + e^{-t}$ ② $1 - e^{-t}$
③ $\dfrac{1}{1 - e^{-t}}$ ④ $\dfrac{1}{1 + e^{-t}}$

풀이
$F(s) = \dfrac{1}{s(s+1)} = \dfrac{A}{s} + \dfrac{B}{s+1}$
$A = \dfrac{1}{s+1}\bigg|_{s=0} = \dfrac{1}{1} = 1$, $B = \dfrac{1}{s}\bigg|_{s=-1} = \dfrac{1}{-1} = -1$ 이므로
$F(s) = \dfrac{1}{s} - \dfrac{1}{s+1}$, $\mathcal{L}^{-1}[F(s)] = 1 - e^{-t}$ 답 ②

문제 77 저항 10 [Ω], 인덕턴스 10 [mH]인 인덕턴스에 실효값 100 [V]인 정현파 전압을 인가했을 때 흐르는 전류의 최대값[A]은? 단, 정현파의 각주파수는 1000 [rad/s]이다.

① 5 ② $5\sqrt{2}$ ③ 10 ④ $10\sqrt{2}$

풀이

$X_L = \omega L = 1000 \times 10 \times 10^{-3} = 10 \,[\Omega]$

$I = \dfrac{V}{Z} = \dfrac{V}{\sqrt{R^2 + X_L^2}} = \dfrac{100}{\sqrt{10^2 + 10^2}} = \dfrac{100}{10\sqrt{2}} = \dfrac{10}{\sqrt{2}} [A]$

∴ 최대전류 $I_m = \sqrt{2} I = \sqrt{2} \times \dfrac{10}{\sqrt{2}} = 10 \,[A]$ **답 ③**

문제 78 그림과 같은 파형의 라플라스 변환은?

① $\dfrac{1}{b}\left(\dfrac{1-e^{-bs}}{s}\right)$

② $\dfrac{1}{b}\left(\dfrac{1+e^{-bs}}{s}\right)$

③ $\dfrac{1}{s}(1-e^{-bs})$

④ $\dfrac{1}{s}(1+e^{-bs})$

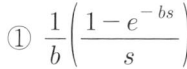

풀이

$f(t) = u(t) - u(t-b)$ 이므로

$\mathcal{L}[f(t)] = \mathcal{L}[u(t)] - \mathcal{L}[u(t-b)]$

$= \dfrac{1}{s} - \dfrac{1}{s}e^{-bs} = \dfrac{1}{s}(1-e^{-bs})$ **답 ③**

문제 79 저항 $R = 6\,[\Omega]$과 유도리액턴스 $X_L = 8\,[\Omega]$이 직렬로 접속된 회로에서 $v = 200\sqrt{2}\sin\omega t\,[V]$인 전압을 인가하였다. 이 회로의 소비되는 무효전력[kvar]은?

① 1.2 ② 2.2 ③ 2.4 ④ 3.2

풀이

RL 직렬회로에서 전류

$I = \dfrac{V}{Z} = \dfrac{V}{\sqrt{R^2 + X^2}} = \dfrac{200}{\sqrt{6^2 + 8^2}} = 20\,[A]$

무효전력 $Q = I^2 X = 20^2 \times 8 = 3200\,[W] = 3.2\,[kW]$ **답 ④**

문제 80 3상 3선식에서 선간전압이 100 [V] 송전선에 $5\angle 45°\,[\Omega]$의 부하를 △접속할 때의 선전류 [A]는?

① 20 ② 28.2 ③ 34.6 ④ 40

풀이

△결선에서 선간전압(V_l)과 상전압(V_p)은 같고, 선전류 $I_l = \sqrt{3} I_p$ 이므로

- △결선에서 상전류 $I_p = \dfrac{V_p}{Z} = \dfrac{100}{5} = 20\,[A]$
- △결선에서 선전류 $I_l = \sqrt{3} I_p = \sqrt{3} \times 20 = 34.64\,[A]$

답 ③

제5과목 전기설비기술기준

문제 81 전기욕기에 전기를 공급하기 위한 전원장치에 내장되어 있는 전원변압기의 2차 측 전로의 사용전압은 몇 [V] 이하인 것을 사용하여야 하는가?

① 5 ② 10
③ 25 ④ 35

풀이

전기욕기에 전기를 공급하기 위한 전기욕기용 전원장치(내장되는 전원 **변압기의 2차측 전로의 사용전압이 10[V] 이하**의 것에 한한다)는 안전기준에 적합하여야 한다. **답 ②**

문제 82 전력 보안 통신 설비인 무선통신용 안테나 또는 반사판을 지지하는 철근 콘크리트주의 기초의 안전율은 얼마 이상이어야 하는가? 단, 무선통신용 안테나 또는 반사판이 전선로의 주위상태를 감시할 목적으로 시설되는 것이 아닌 경우이다.

① 1.5 ② 2.2
③ 2.5 ④ 4.5

풀이

364.1 무선용 안테나 등을 지지하는 철탑 등의 시설
전력보안통신설비인 무선통신용 안테나 또는 반사판을 지지하는 목주·철주·철근 콘크리트주 또는 철탑은 다음에 따라 시설하여야 한다. 다만, 무선용 안테나 등이 전선로의 주위상태를 감시할 목적으로 시설되는 것일 경우에는 그러하지 아니하다.
가. 목주는 풍압하중에 대한 안전율은 1.5 이상이어야 한다.
나. 철주·철근 콘크리트주 또는 철탑의 **기초 안전율은 1.5 이상**이어야 한다. **답 ①**

문제 83 일반 주택 및 아파트 각 호실의 현관 등에 조명용 백열 전등을 설치할 때, 몇 [분] 이내에 소등되는 타임 스위치를 시설하여야 하는가?

① 1   ② 2   ③ 3   ④ 5

풀이

234.6 점멸기의 시설
다음의 경우에는 센서등(타임스위치 포함)을 시설하여야 한다.
가. 관광숙박업 또는 숙박업(여인숙업을 제외한다)에 이용되는 객실의 입구등은 1분 이내에 소등되는 것.
나. 일반주택 및 **아파트 각 호실의 현관등은 3분** 이내에 소등되는 것.

답 ③

문제 84 전자개폐기의 조작회로 또는 초인벨·경보벨 등에 접속하는 전로로서 최대사용전압이 60 [V] 이하인 것으로 대지전압이 몇 [V] 이하인 강 전류 전기의 전송에 사용하는 전로와 변압기로 결합되는 것을 소세력 회로라 하는가?

① 100   ② 150
③ 300   ④ 440

풀이

241.14 소세력 회로
가. 전자 개폐기의 조작회로 또는 초인벨·경보벨 등에 접속하는 전로로서 **최대 사용전압이 60[V] 이하**인 것
나. 소세력 회로에 전기를 공급하기 위한 절연변압기의 사용전압은 **대지전압 300[V] 이하**로 하여야 한다.

답 ③

문제 85 태양전지 모듈의 시설에 대한 설명으로 옳은 것은?

① 충전부분은 노출하여 시설할 것
② 출력배선은 극성별로 확인 가능토록 표시할 것
③ 전선은 공칭단면적 1.5[mm^2] 이상의 연동선을 사용할 것
④ 전선을 옥내에 시설할 경우에는 애자공사에 준하여 시설할 것

풀이

520 태양광발전설비
가. 태양전지 모듈, 전선, 개폐기 및 기타 기구는 충전부분이 노출되지 않도록 시설하여야 한다.
나. 모듈의 **출력배선은 극성별로 확인할 수 있도록 표시할 것**
다. 전선은 공칭단면적 2.5[mm^2] 이상의 연동선 또는 이와 동등 이상의 세기 및 굵기의 것일 것.
라. 모듈을 병렬로 접속하는 전로에는 그 주된 전로에 단락전류가 발생할 경우에 전로를 보호하는 과전류차단기 또는 기타 기구를 시설할 것
마. 배선설비 공사는 옥내에 시설할 경우에는 합성수지관공사, 금속관공사, 금속제가요전선관공사, 케이블공사의 규정에 준하여 시설할 것.

답 ②

문제 86 저압 옥상전선로의 시설에 대한 설명으로 옳지 않은 것은?

① 전선과 옥상전선로를 시설하는 조영재와의 이격거리를 0.5 [m]로 하였다.
② 전선은 상시 부는 바람 등에 의하여 식물에 접촉하지 않도록 시설하였다.
③ 전선은 절연 전선을 사용하였다.
④ 전선은 지름 2.6[mm]의 경동선을 사용하였다.

풀이

221.3 옥상전선로
저압 옥상전선로는 전개된 장소에 다음에 따르고 또한 위험의 우려가 없도록 시설하여야 한다.
가. 전선은 인장강도 2.30[kN] 이상의 것 또는 지름 2.6 [mm] 이상의 경동선을 사용할 것.
나. 전선은 절연전선(OW전선을 포함한다.) 또는 이와 동등 이상의 절연효력이 있는 것을 사용할 것.
다. 전선은 조영재에 견고하게 붙인 지지주 또는 지지대에 절연성·난연성 및 내수성이 있는 애자를 사용하여 지지하고 또한 그 지지점 간의 거리는 15[m] 이하일 것.
라. 전선과 그 저압 옥상 전선로를 시설하는 **조영재와의 이격거리는 2 [m]**(전선이 고압절연전선, 특고압 절연전선 또는 케이블인 경우에는 1 [m]) 이상일 것.
마. 저압 옥상전선로의 전선은 상시 부는 바람 등에 의하여 식물에 접촉하지 아니하도록 시설하여야 한다.

답 ①

문제 87 저압 옥내 배선은 일반적인 경우, 단면적 몇 [mm^2] 이상의 연동선 이거나 이와 동등 이상의 세기 및 굵기의 것을 사용하여야 하는가?

① 2.5   ② 4.0
③ 6.0   ④ 10

풀이
231.3 저압 옥내배선의 사용전선
가. **저압 옥내배선의 전선 : 단면적 2.5[mm^2] 이상의 연동선**
나. 옥내배선의 사용 전압이 400[V] 이하인 경우는 다음에 의하여 시설할 수 있다.
① 전광표시 장치 또는 제어 회로
  - 단면적 1.5[mm^2] 이상의 연동선
  - 단면적 0.75[mm^2] 이상인 다심케이블 또는 다심 캡타이어 케이블을 사용하고 또한 과전류가 생겼을 때에 자동적으로 전로에서 차단하는 장치를 시설
② 진열장 또는 이와 유사한 것의 내부 배선 : 단면적 0.75[mm^2] 이상인 코드 또는 캡타이어케이블

답 ①

문제 88 유희용 전차의 시설에 대한 설명 중 틀린 것은?

① 전로의 사용전압은 직류의 경우 60[V] 이하, 교류의 경우 40[V] 이하일 것
② 전기를 공급하기 위하여 사용하는 접촉전선은 제3레일 방식일 것
③ 전기를 변성하기 위하여 사용하는 변압기의 1차 전압은 400[V] 이하일 것
④ 전차안의 승압용 변압기의 2차 전압은 200[V] 이하일 것

풀이
241.8 유희용 전차
가. 유희용 전차에 전기를 공급하기 위하여 사용하는 변압기의 1차 전압은 400[V] 이하이어야 한다.
나. 유희용 전차에 전기를 공급하는 전원장치의 2차측 단자의 최대사용전압은 직류의 경우 60[V] 이하, 교류의 경우 40[V] 이하일 것.
다. 접촉전선은 제3레일 방식에 의하여 시설할 것.
라. 유희용 전차의 전차 내에서 **승압하여 사용하는 경우** 변압기는 절연변압기를 사용하고 **2차 전압은 150[V] 이하**로 할 것.

답 ④

문제 89 사용전압 66[kV] 가공전선과 6[kV] 가공전선을 동일 지지물에 시설하는 경우, 특고압 가공전선은 케이블인 경우를 제외하고는 단면적이 몇 [mm^2]인 경동연선 또는 이와 동등이상의 세기 및 굵기의 연선이어야 하는가?

① 22   ② 38   ③ 50   ④ 100

풀이
333.17 특고압 가공전선과 저고압 가공전선 등의 병행설치
사용전압이 35[kV]을 초과하고 100[kV] 미만인 특고압 가공전선과 저압 또는 고압 가공전선을 동일 지지물에 시설하는 경우에는 다음에 따라 시설하여야 한다.
가. 특고압 가공전선로는 제2종 특고압 보안공사에 의할 것.
나. 특고압 가공전선은 케이블인 경우를 제외하고는 인장강도 21.67[kN] 이상의 연선 또는 **단면적이 50[mm^2] 이상인 경동연선**일 것.
다. 특고압 가공전선로의 지지물은 철주·철근 콘크리트주 또는 철탑일 것

답 ③

문제 90 전기저장장치를 시설하는 곳에서 계측장치를 시설하지 않아도 되는 것은?

① 주요변압기의 전압, 전류 및 전력
② 축전지 출력 단자의 전압, 전류, 전력
③ 축전지 출력 단자의 충방전 상태
④ 주요변압기의 온도

풀이
512.2.2 계측장치
전기저장장치를 시설하는 곳에는 다음의 사항을 계측하는 장치를 시설하여야 한다.
1. 축전지 출력 단자의 전압, 전류, 전력 및 충방전 상태
2. **주요변압기의 전압, 전류 및 전력**

답 ④

문제 91 최대 사용전압 15[V]를 넘고 30[V] 이하인 소세력 회로에 사용하는 절연변압기의 2차 단락전류값이 제한을 받지 않을 경우는 2차측에 시설하는 과전류 차단기의 용량이 몇 [A] 이하일 경우인가?

① 0.5   ② 1.5   ③ 3.0   ④ 5.0

풀이
241.14 소세력 회로
1. 소세력 회로에 전기를 공급하기 위한 변압기는 절연변압기이어야 한다.
2. 절연변압기의 2차 단락전류는 소세력 회로의 최대사용전압에 따라 표에서 정한 값 이하의 것일 것.

소세력 회로의 최대사용전압의 구분	2차 단락전류	과전류 차단기의 정격전류
15[V] 이하	8[A]	5[A]
15[V] 초과 30[V] 이하	**5[A]**	**3[A]**
30[V] 초과 60[V] 이하	3[A]	1.5[A]

답 ③

문제 92
발전소·변전소 또는 이에 준하는 곳의 특고압전로에 대한 접속상태를 모의모선의 사용 또는 기타의 방법으로 표시 하여야 하는데, 그 표시의 의무가 없는 것은?

① 전선로의 회선수가 3회선 이하로서 복모선
② 전선로의 회선수가 2회선 이하로서 복모선
③ 전선로의 회선수가 3회선 이하로서 단일모선
④ 전선로의 회선수가 2회선 이하로서 단일모선

풀이
351.2 특고압전로의 상 및 접속 상태의 표시
발·변전소, 개폐소 등에 있어서는 보수의 편의를 도모하고 오조작, 오접속을 방지하기 위하여 특고압 전로에는 다음의 시설이 필요하다.
가. 보기 쉬운 곳에 상별표시를 한다.
나. 접속 상태를 모의 모선 등으로 표시한다. 다만, **단모선으로 회선수가 2 이하의 간단한 것은 예외로 한다.** 답 ④

문제 93
과전류차단기로 시설하는 퓨즈 중 고압전로에 사용하는 포장 퓨즈는 2배의 정격전류시 몇 분 안에 용단되어야 하는가?

① 2   ② 30   ③ 60   ④ 120

풀이
341.10 고압 및 특고압 전로 중의 과전류차단기의 시설
가. 과전류차단기로 시설하는 퓨즈 중 고압전로에 사용하는 **포장 퓨즈는 정격전류의 1.3배의 전류에 견디고 또한 2배의 전류로 120분 안에 용단**되는 것이어야 한다.
나. 과전류차단기로 시설하는 퓨즈 중 고압전로에 사용하는 비포장 퓨즈는 정격전류의 1.25배의 전류에 견디고 또한 2배의 전류로 2분 안에 용단되는 것이어야 한다.
답 ④

문제 94
시가지내에 시설하는 154 [kV] 가공 전선로에 지락 또는 단락이 생겼을 때 몇 초 안에 자동적으로 이를 전로로부터 차단하는 장치를 시설하여야 하는가?

① 1   ② 3   ③ 5   ④ 10

풀이
333.1 시가지 등에서 특고압 가공전선로의 시설
사용전압이 100[kV]를 초과하는 특고압 가공전선에 **지락 또는 단락이 생겼을 때에는 1초 이내에 자동적으로 이를 전로로부터 차단하는 장치를 시설할 것.** 답 ①

문제 95
금속관공사에 의한 저압 옥내배선의 방법으로 틀린 것은?

① 전선으로 연선을 사용하였다.
② 옥외용 비닐절연전선을 사용하였다.
③ 콘크리트에 매설하는 관은 두께 1.2[mm] 이상을 사용하였다.
④ 금속관은 접지를 하였다.

풀이
232.12 금속관공사
가. 전선은 절연전선(**옥외용 비닐절연전선을 제외한다**)일 것.
나. 전선은 연선일 것. 다만, 다음의 것은 적용하지 않는다.
 ① 짧고 가는 금속관에 넣은 것.
 ② 단면적 10[mm²](알루미늄선은 단면적 16[mm²]) 이하의 것.
다. 관의 두께는 다음에 의할 것.
 ① 콘크리트에 매설하는 것은 1.2 [mm] 이상
 ② 콘크리트 매설 이외의 것은 1 [mm] 이상
라. 관에는 접지공사를 할 것. 답 ②

문제 96
최대사용전압이 380 [V]인 3상 유도전동기의 절연내력은 몇 [V]의 시험전압에 견디어야 하는가?

① 475   ② 500
③ 570   ④ 760

풀이
133 회전기 및 정류기의 절연내력

종류		시험 전압	시험 방법
회전기	발전기·전동기·조상기·기타회전기 7[kV] 이하	1.5배 (최저 500 [V])	권선과 대지 사이에 연속하여 10분간
	발전기·전동기·조상기·기타회전기 7[kV] 초과	1.25배 (최저 10.5 [kV])	
	회전 변류기	직류측의 최대사용전압의 1배의 교류전압(최저 500 [V])	

시험 전압은 최대 사용 전압에 표의 배수를 곱하고 그 값을 권선과 대지간에 10분간 시험한다.
따라서, 시험전압 $= 380 \times 1.5 = 570[V]$ 답 ③

문제 97 계통연계하는 분산형전원을 설치하는 경우에 이상 또는 고장 발생 시 자동적으로 분산형전원을 전력계통으로부터 분리하기 위한 장치를 시설해야 하는 경우가 아닌 것은?

① 역률 저하 상태
② 단독운전 상태
③ 분산형전원의 이상 또는 고장
④ 연계한 전력계통의 이상 또는 고장

풀이
503.2.3 계통 연계용 보호장치의 시설
계통 연계하는 분산형전원설비를 설치하는 경우 다음에 해당하는 이상 또는 고장 발생 시 **자동적으로 분산형전원설비를 전력계통으로부터 분리하기 위한 장치** 시설 및 해당 계통과의 보호협조를 실시하여야 한다.
가. 분산형전원설비의 이상 또는 고장
나. 연계한 전력계통의 이상 또는 고장
다. 단독운전 상태   답 ①

문제 98 백열 전등 또는 방전등에 전기를 공급하는 옥내 전로의 대지전압은 몇 [V]이하 이어야 하는가? 단, 백열전등 또는 방전등 및 이에 부속하는 전선은 사람이 접촉할 우려가 없다고 한다.

① 150   ② 220   ③ 300   ④ 600

풀이
231.6 옥내전로의 대지 전압의 제한
백열전등 또는 방전등에 전기를 공급하는 **옥내의 전로의 대지전압은 300[V] 이하**이어야 한다.   답 ③

문제 99 전선 기타의 가섭선(架涉線) 주위에 두께 6[mm], 비중 0.9의 빙설이 부착된 상태에서 을종 풍압하중은 구성재의 수직 투영면적 1[m²]당 몇 [Pa]을 기초로 하여 계산하는가? (단, 다도체를 구성하는 전선이 아니라고 한다.)

① 333[Pa]   ② 372[Pa]
③ 588[Pa]   ④ 666[Pa]

풀이
331.6 풍압하중의 종별과 적용
을종 풍압하중 : 전선 기타의 가섭선 주위에 두께 6[mm], 비중 0.9의 빙설이 부착된 상태에서 **수직 투영면적 372 [Pa]**(다도체를 구성하는 전선은 333[Pa]), 그 이외의 것은 갑종풍압하중의 2분의 1을 기초로 하여 계산한 것.   답 ②

문제 100 가공전선로의 지지물에 지선을 시설할 때 옳은 방법은?

① 지선의 안전률을 2.0 으로 하였다.
② 소선은 최소 2가닥 이상의 연선을 사용하였다.
③ 지중의 부분 및 지표상 20[cm]까지의 부분은 아연도금 철봉 등 내부식성 재료를 사용하였다.
④ 도로를 횡단하는 곳의 지선의 높이는 지표상 5[m]로 하였다.

풀이
331.11 지선의 시설
가. 지선의 안전율은 2.5 이상일 것. 이 경우에 허용 인장하중의 최저는 4.31[kN]으로 한다.
나. 지선에 연선을 사용할 경우에는 다음에 의할 것.
 ① 소선 3가닥 이상의 연선일 것.
 ② 소선의 지름이 2.6[mm] 이상의 금속선을 사용한 것일 것.
다. 지중부분 및 지표상 0.3[m]까지의 부분에는 내식성이 있는 것 또는 아연도금을 한 철봉을 사용하고 쉽게 부식되지 않는 근가에 견고하게 붙일 것.
라. 도로를 횡단하여 시설하는 **지선의 높이는 지표상 5[m] 이상**으로 하여야 한다. 다만, 기술상 부득이한 경우로서 교통에 지장을 초래할 우려가 없는 경우에는 지표상 4.5[m] 이상, 보도의 경우에는 2.5[m] 이상으로 할 수 있다.   답 ④

국가기술자격검정 필기시험 문제

2021년도 전기산업기사 일반검정 제2회			(CBT 복원문제)	수검 번호	성 명
자격종목 및 등급(선택분야)	종목코드	시험시간	문제지형별		
전기산업기사	2140	2시간 30분	A		

제1과목 전기자기학

문제 01 전류 및 자계와 직접 관련이 없는 것은?
① 앙페르의 오른손 법칙
② 플레밍의 왼손 법칙
③ 비오-사바르의 법칙
④ 렌츠의 법칙

풀이
① 앙페르의 오른나사 법칙 : 전류가 만드는 자계의 방향
② 플레밍의 왼손 법칙 : 자계내에 놓여진 전류도선이 받는 힘의 방향
③ 비오-사바르(Biot Savart)의 법칙 : 전류에 의한 자계의 세기
④ 렌츠의 법칙 : 자속의 변화에 따른 전자유도법칙   답 ④

문제 02 10^4 [eV]의 전자속도는 10^2 [eV]의 전자속도의 몇 배인가?
① 10   ② 100   ③ 1000   ④ 10000

풀이
전하량 q인 전자 입자가 전위차 V를 통과할 때 일은 $W_e = qV$[eV] 이다. 이때의 에너지 단위는 전자볼트 eV를 사용한다. 전자 입자의 질량 m, 전자속도 v일 때 운동에너지는
$$W_m = \frac{1}{2}mv^2 \text{[eV]}$$
즉, 두 관계식에서
$W_e = W_m$, $W_e = \frac{1}{2}mv^2$, $v = \sqrt{\frac{2W_e}{m}}$ ∴ $v \propto \sqrt{W_e}$
$W_{e1} = 10^4$ [eV]일 때 전자속도 v_1,
$W_{e2} = 10^2$ [eV]일 때 전자속도 v_2라 하면
$v_1 : v_2 = \sqrt{W_{e1}} : \sqrt{W_{e2}}$

$v_1 = \sqrt{\frac{W_{e1}}{W_{e2}}} v_2 = \sqrt{\frac{10^4}{10^2}} v_2 = \sqrt{100} v_2$
∴ $v_1 = 10 v_2$ (10배)   답 ①

문제 03 유전체 중의 전계의 세기를 E, 유전률을 ϵ이라 하면 전기 변위는?
① $\frac{1}{2}\epsilon E^2$ ② $\frac{E}{\epsilon}$
③ ϵE^2 ④ ϵE

풀이
전속밀도 D는 전기 변위(electric displacement)를 의미한다. 따라서 유전율 ϵ일 때 전속밀도 D와 전계의 세기 E의 관계식은
$D = \epsilon E$ 답 ④

문제 04 전계의 세기가 $E = E_x i + E_y j$인 경우 x, y 평면 내의 전력선을 표시하는 미분 방정식은?
① $\frac{dy}{dx} = \frac{E_x}{E_y}$
② $\frac{dy}{dx} = \frac{E_y}{E_x}$
③ $E_x dx + E_y dy = 0$
④ $E_x dy + E_y dx = 0$

풀이
전기력선 방정식은 $\frac{dx}{E_x} = \frac{dy}{E_y} = \frac{dz}{E_z}$ 이므로 $\frac{dx}{Ex} = \frac{dy}{Ey}$ 에서 $dx E_y = dy E_x$ 가 된다.
문제에서 ②항의 $\frac{dy}{dx} = \frac{E_y}{E_x}$도 $dx E_y = dy E_x$ 가 된다.   답 ②

문제 05
도체의 단면적이 5[m²]인 곳을 3초 동안에 30 [C]의 전하가 통과하였다면 이때의 전류는?

① 5[A]   ② 10[A]
③ 30[A] ④ 90[A]

풀이
전류 $I = \dfrac{dQ}{dt} = \dfrac{30}{3} = 10[\text{A}]$

답 ②

문제 06
도체의 성질에 대한 설명으로 틀린 것은?

① 도체 내부의 전계는 0이다.
② 전하는 도체 표면에만 존재한다.
③ 도체의 표면 및 내부의 전위는 등전위이다.
④ 도체 표면의 전하밀도는 표면의 곡률이 큰 부분일수록 작다.

풀이
도체의 성질과 전하분포
- 도체 표면과 내부의 전위는 동일하고(등전위), 표면은 등전위면이다.
- 도체 내부의 전계의 세기는 0이다.
- 전하는 도체 내부에는 존재하지 않고, 도체 표면에만 분포한다.
- 도체 면에서의 전계의 세기는 도체 표면에 항상 수직이다.
- **도체 표면에서의 전하밀도는 곡률이 클수록(곡률반경이 작을수록) 높다.**
- 중공부에 전하가 없고 대전 도체라면, 전하는 도체 외부의 표면에만 분포한다.
- 중공부에 전하를 두면 도체 내부표면에 동량 이부호, 도체 외부 표면에 동량 동부호의 전하가 분포한다.

답 ④

문제 07
두 개의 코일이 있다. 각각의 자기 인덕턴스가 $L_1 = 0.25$ [H], $L_2 = 0.4$ [H]일 때 상호 인덕턴스는 몇 [H]인가? 단, 결합 계수는 1이라 한다.

① 0.125   ② 0.197
③ 0.258   ④ 0.316

풀이
상호인덕턴스 $M = k\sqrt{L_1 L_2}$ [H] 에서
$M = 1 \times \sqrt{0.25 \times 0.4} = 0.316[\text{H}]$

답 ④

문제 08
Maxwell의 전자기파 방정식이 아닌 것은?

① $\oint_c \boldsymbol{H} \cdot dl = nI$

② $\oint_c \boldsymbol{E} \cdot dl = -\int_s \dfrac{\partial \boldsymbol{B}}{\partial t} ds$

③ $\oint_s \boldsymbol{D} \cdot ds = \int_v \rho \, dv$

④ $\oint_s \boldsymbol{B} \cdot ds = 0$

풀이
전자계에서 성립하는 기본 방정식

맥스웰 전자방정식		의 미
미 분 형	적 분 형	
rot $\boldsymbol{E} = -\dfrac{\partial \boldsymbol{B}}{\partial t}$	$\oint_c \boldsymbol{E} \cdot dl = -\int_s \dfrac{\partial \boldsymbol{B}}{\partial t} \cdot d\boldsymbol{S}$	패러데이 법칙
rot $\boldsymbol{H} = i_c + \dfrac{\partial \boldsymbol{D}}{\partial t}$	$\oint_c \boldsymbol{H} \cdot dl = I + \int_s \dfrac{\partial \boldsymbol{D}}{\partial t} \cdot d\boldsymbol{S}$	암페어 주회적분 법칙
div $\boldsymbol{D} = \rho$	$\oint_S \boldsymbol{D} \cdot d\boldsymbol{S} = \int_v \rho \, dv = Q$	가우스 법칙
div $\boldsymbol{B} = 0$	$\oint_S \boldsymbol{B} \cdot d\boldsymbol{S} = 0$	가우스 법칙

답 ①

문제 09
손실 유전체에서 전자파에 관한 전파정수 γ로서 옳은 것은?

① $j\omega\sqrt{\mu\epsilon}\sqrt{j\dfrac{\sigma}{\omega\epsilon}}$

② $j\omega\sqrt{\mu\epsilon}\sqrt{1-j\dfrac{\sigma}{2\omega\epsilon}}$

③ $j\omega\sqrt{\mu\epsilon}\sqrt{1-j\dfrac{\sigma}{\omega\epsilon}}$

④ $j\omega\sqrt{\mu\epsilon}\sqrt{1-j\dfrac{\omega\epsilon}{\sigma}}$

풀이
$\gamma^2 = j\omega\mu(\sigma + j\omega\epsilon)$
$\gamma = \pm\sqrt{j\omega\mu(\sigma + j\omega\epsilon)}$
$\therefore \gamma = \sqrt{j\omega\mu(\sigma + j\omega\epsilon)} = j\omega\sqrt{\epsilon\mu}\sqrt{1 - j\dfrac{\sigma}{\omega\epsilon}}$

답 ③

문제 10 쌍극자 모멘트가 $M[\text{C}\cdot\text{m}]$인 전기 쌍극자에 의한 임의의 점 P에서의 전계의 크기는 전기 쌍극자의 중심에서 축방향과 점 P를 잇는 선분 사이의 각이 얼마일 때 최대가 되는가?

① 0   ② $\dfrac{\pi}{2}$ ③ $\dfrac{\pi}{3}$ ④ $\dfrac{\pi}{4}$

풀이

$E = \dfrac{M}{4\pi\epsilon_0 r^3}(\sqrt{1+3\cos^2\theta})$

에서 점 P의 전계는 $\theta = 0°$일 때 최대이고 $\theta = 90°$일 때 최소가 된다.   **답** ①

문제 11 그림과 같은 반지름 $a[\text{m}]$인 원형 코일에 $I[\text{A}]$의 전류가 흐르고 있다. 이 도체 중심축상 $x[\text{m}]$인 P점의 자위는 몇 $[\text{AT}]$인가?

① $\dfrac{I}{2}\left(1-\dfrac{x}{\sqrt{a^2+x^2}}\right)$

② $\dfrac{I}{2}\left(1-\dfrac{a}{\sqrt{a^2+x^2}}\right)$

③ $\dfrac{I}{2}\left(1-\dfrac{x^2}{(a^2+x^2)^{\frac{3}{2}}}\right)$

④ $\dfrac{I}{2}\left(1-\dfrac{a^2}{(a^2+x^2)^{\frac{3}{2}}}\right)$

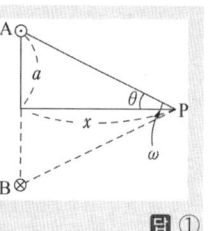

풀이

그림과 같이 점 P에서 코일 AB를 바라보는 입체각 ω는

$\omega = 2\pi(1-\cos\theta)$

이므로 자위는

$U_m = \dfrac{I}{4\pi}\omega = \dfrac{I}{4\pi}\cdot 2\pi(1-\cos\theta)$

$= \dfrac{I}{2}\left(1-\dfrac{x}{\sqrt{a^2+x^2}}\right)[\text{AT}]$ **답** ①

문제 12 비유전율 4, 비투자율 1인 공간에서 전자파의 전파 속도는 몇 $[\text{m/sec}]$인가?

① 0.5×10^8 ② 1.0×10^8
③ 1.5×10^8 ④ 2.0×10^8

풀이

전파 속도 $v = \dfrac{3\times 10^8}{\sqrt{\epsilon_s\mu_s}} = \dfrac{3\times 10^8}{\sqrt{4\times 1}} = 1.5\times 10^8 [\text{m/s}]$ **답** ③

문제 13 진공 중에서 어떤 대전체의 전속이 Q이었다. 이 대전체를 비유전율 2.2인 유전체 속에 넣었을 경우의 전속은?

① Q ② ϵQ
③ $2.2Q$ ④ 0

풀이

전기력선 수는 $\dfrac{Q}{\epsilon}$로 유전율에 반비례하나 **전속수**는 유전체의 Gauss 법칙에서 $\oint D\cdot n\,dS = Q$로 유전율에 관계없이 항상 Q개이다.   **답** ①

문제 14 $B[\text{Wb/m}^2]$의 자계 내에서 $-1[\text{C}]$의 점전하가 $v[\text{m/s}]$ 속도로 이동할 때 받는 힘 F는 몇 $[\text{N}]$인가?

① $B\cdot v$ ② $\dfrac{B\cdot v}{2}$
③ $B\times v$ ④ $2B\times v$

풀이

자계 내에서 전하가 받는 힘, 즉 전자력은 $F = q(v\times B)$ 전하량 $q = -1[\text{C}]$을 대입하면 $F = -(v\times B)$이고, 벡터적 $A\times B = -(B\times A)$의 관계식에 의해
∴ $F = -(v\times B) = B\times v$ **답** ③

문제 15 서로 다른 두 유전체 사이의 경계면에 전하분포가 없다면 경계면 양쪽에서의 전계 및 전속밀도는?

① 전계 및 전속밀도의 접선성분은 서로 같다.
② 전계 및 전속밀도의 법선 성분은 서로 같다.
③ 전계의 법선성분이 서로 같고, 전속밀도의 접선성분이 서로 같다.
④ 전계의 접선성분이 서로 같고, 전속밀도의 법선성분이 서로 같다.

풀이

경계조건

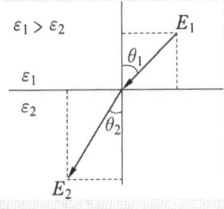

전속의 굴절   전기력선의 굴절

- 전속밀도의 법선성분(수직성분)이 같다.
  ($D_1 \cos\theta_1 = D_2 \cos\theta_2$)
- 전계는 접선성분(평행성분)이 같다. ($E_1 \sin\theta_1 = E_2 \sin\theta_2$)
- 두 경계면에서의 전위는 서로 같다. ($V_1 = V_2$)
- $\epsilon_1 > \epsilon_2$이면, $\theta_1 > \theta_2$이다.
- $\dfrac{\tan\theta_1}{\tan\theta_2} = \dfrac{\epsilon_1}{\epsilon_2}$

답 ④

문제 16 한 변의 길이가 2[m] 되는 정 3각형의 3 정점 A, B, C에 10^{-4}[C]의 점전하가 있다. 점 B에 작용하는 힘은 몇 [N]인가?

① 29   ② 39   ③ 45   ④ 49

풀이

점 A에 있는 전하에 의한 작용력 F_1

$F_1 = \dfrac{1}{4\pi\epsilon_0} \dfrac{Q_1 Q_2}{r^2}$

$= 9 \times 10^9 \times \dfrac{10^{-8}}{2^2} = 22.5 [N]$

점 C에 있는 전하에 의한 작용력 F_2는 F_1과 크기는 같고 방향은 그림과 같다. 따라서

$F = 2F_1 \cos\theta = 2F_2 \cos\theta$
$= 2 \times 22.5 \times \cos 30° = 38.97 [N]$

답 ②

문제 17 전위 분포가 $V = 6x + 3$[V]로 주어졌을 때 점(10, 0)[m]에서의 전계의 크기[V/m] 및 방향은 어떻게 표현되는가?

① $6a_x$ ② $-6a_x$ ③ $3a_x$ ④ $-3a_x$

풀이

$E = -\text{grad}\, V = -\nabla V$
$= -\left(\dfrac{\partial V}{\partial x}a_x + \dfrac{\partial V}{\partial y}a_y + \dfrac{\partial V}{\partial z}a_z\right) = -6a_x$

답 ②

문제 18 전하 q[C]가 진공 중의 자계 H[AT/m]에 수직방향으로 v[m/s]의 속도로 움직일 때 받는 힘은 몇 [N]인가? 단, μ_0는 진공의 투자율이다.

① $\dfrac{qH}{\mu_0 v}$ ② qvH

③ $\dfrac{qvH}{\mu_0}$ ④ $\mu_0 qvH$

풀이

자계 내에 놓여진 운동 전하가 받는 힘은
$F = qvB\sin\theta = qv\mu_0 H\sin\theta$ [N]에서 $\theta = 90°$ 이므로
$F = qv\mu_0 H$[N] 이다.

답 ④

문제 19 전위계수의 단위는?

① [1/F]   ② [C]
③ [C/V]   ④ 없다.

풀이

전위계수는 +1[C]이 만드는 전위로 $P = \dfrac{V}{Q}$[V/C], [1/F], [daraf] 등이 쓰인다.

답 ①

문제 20 대지면에서 높이 h[m]로 가선된 대단히 긴 평행도선의 선전하(선전하 밀도 λ[C/m])가 지면 으로부터 받는 힘[N/m]은?

① h에 비례   ② h^2에 비례
③ h에 반비례   ④ h^2에 반비례

풀이

지상의 높이 h[m]와 같은 거리에 선전하 밀도 $-\lambda$ [C/m] 인 영상 전하를 고려하여 선전하간의 작용력을 구하면
$f = -\lambda E = -\lambda \cdot \dfrac{\lambda}{2\pi\epsilon_0 (2h)} = \dfrac{-\lambda^2}{4\pi\epsilon_0 h} \propto \dfrac{1}{h}$

답 ③

제2과목 전력공학

문제 21 송전선에 복도체를 사용할 경우, 같은 단면적의 단도체를 사용하였을 경우와 비교할 때 옳지 않은 것은?
① 전선의 인덕턴스는 감소되고 정전용량은 증가된다.
② 고유 송전용량이 증대되고 정태안정도가 증대된다.
③ 전선 표면의 전위경도가 증가한다.
④ 전선의 코로나 개시전압이 높아진다.

풀이
복도체 방식의 장점
복도체의 경우 전선의 등가반지름 $r_e(\sqrt[n]{rs^{n-1}})$가 단도체의 반지름 r보다 증가하므로 다음과 같은 장점이 있다.
① 선로의 인덕턴스 감소
$L_n = \dfrac{0.05}{n} + 0.4605 \log_{10} \dfrac{D}{\sqrt[n]{rs^{n-1}}}$ 에서 $\sqrt[n]{rs^{n-1}}$ 이 증가하므로 L_n은 감소
② 선로의 정전용량 증가
$C_n = \dfrac{0.02413}{\log_{10} \dfrac{D}{\sqrt[n]{rs^{n-1}}}}$ 에서 $\sqrt[n]{rs^{n-1}}$ 이 증가하므로 C_n은 증가
③ 코로나 임계전압 상승
$E_0 = 24.3 m_0 m_1 \delta d \log_{10} \dfrac{D}{r}$ 에서 d 증가
④ 선로의 송전용량 증가
$P = \dfrac{V_s V_r}{X} \sin\delta$ 에서 X가 감소하므로 P는 증가
⑤ 안정도 증대
$P = \dfrac{E_G E_M}{X} \sin\theta$ 에서 X가 감소하므로 θ가 감소하여 안정도 증대
⑥ 전위경도 감소
$g = \dfrac{2q}{r} \times 9 \times 10^9 [\text{V/m}]$ 에서 **전선의 등가 반지름이 증가하므로 전위 경도는 낮아진다.** 답 ③

문제 22 다음 중 조상(調相) 설비에 해당되지 않는 것은?
① 분로 리액터   ② 동기 조상기
③ 상순(相順) 표시기   ④ 진상 콘덴서

풀이
조상설비는 무효전력을 공급하는 설비로서 동기 조상기, 전력용 콘덴서 및 리액터가 있다.
• 동기 조상기 : 지상 및 진상 무효전력 공급
• 전력용 콘덴서 : 진상 무효전력 공급
• 분로 리액터 : 지상 무효전력 공급
그러나, 상순 표시기는 공급 전원의 상순을 표시하는 계측기로서 조상설비가 아니다. 답 ③

문제 23 송전계통에서 콘덴서와 리액터를 직렬로 연결하여 제거시키는 고조파는?
① 제2고조파   ② 제3고조파
③ 제4고조파   ④ 제5고조파

풀이
직렬 리액터는 제5고조파 제거를 목적으로 사용된다.
$2\pi(5f_0)L = \dfrac{1}{2\pi(5f_0)C}$ 에서 $2\pi f_0 L = \dfrac{1}{25} \times \dfrac{1}{2\pi f_0 C}$
따라서, $X_L = \dfrac{1}{25} \times X_c = 0.04 X_c$
즉, 5고조파를 제거하기 위해서는 콘덴서 용량의 4[%]에 해당하는 직렬리액터를 설치하면 되지만 **여유를 고려하여 콘덴서 용량의 5~6[%]에 해당하는 직렬리액턴스를 설치**한다. 답 ④

문제 24 발전소 원동기로 이용되는 가스터빈의 특징을 증기터빈과 내연기관에 비교하였을 때 옳은 것은?
① 평균효율이 증기터빈에 비하여 대단히 낮다.
② 기동시간이 짧고 조작이 간단하므로 첨두부하 발전에 적당하다.
③ 냉각수가 비교적 많이 든다.
④ 설비가 복잡하며, 건설비 및 유지비가 많고 보수가 어렵다.

풀이
가스 터빈의 장점
① 소형 경량으로 건설비가 싸고 유지비가 적다.
② **기동시간이 짧고** 부하의 급변에도 잘 견딘다.
③ 냉각수를 다량으로 필요치 않다.
④ **첨두부하 발전용**으로 사용된다. 답 ②

문제 25 단락 전류를 제한하기 위하여 사용되는 것은?
① 현수 애자 ② 사이리스터
③ 한류 리액터 ④ 직렬 콘덴서

풀이
한류 리액터는 선로에 직렬로 설치한 리액터로서, 단락 사고 시 발전기에 전기자 반작용이 일어나기 전 커다란 돌발 단락 전류가 흐르므로 이를 제한하기 위해 설치한다. **답** ③

문제 26 피뢰기의 구비조건이 아닌 것은?
① 속류의 차단능력이 충분할 것
② 충격 방전 개시 전압이 높을 것
③ 상용 주파 방전 개시 전압이 높을 것
④ 방전 내량이 크고, 제한 전압이 낮을 것

풀이
피뢰기의 구비조건
① 상용 주파 방전 개시 전압이 높을 것
② 충격 방전 개시 전압이 낮을 것
③ 제한 전압이 낮을 것
④ 속류 차단 능력이 클 것
⑤ 방전 내량이 크며 장시간 사용하여도 열화가 적을 것
답 ②

문제 27 3상 송전선로의 선간전압이 100[kV], 기준용량이 10,000[kVA]일 때, 1선 당의 선로리액턴스 150[Ω]을 %임피던스로 환산하면 몇 [%]인가?
① 5 ② 10 ③ 15 ④ 20

풀이
$$\%Z = \frac{ZP}{10V^2} = \frac{150 \times 10000}{10 \times 100^2} = 15[\%]$$
여기서, V : 정격전압[kV] P : 기준용량[kVA]
(단위가 [kV] 이고 [kVA]인 것에 유의) **답** ③

문제 28 배전계통에서 전력용 콘덴서를 설치하는 목적으로 가장 타당한 것은?
① 배전선의 전력손실 감소
② 전압강하 증대
③ 고장 시 영상전류 감소
④ 변압기 여유율 감소

풀이
전력용 콘덴서 설치(역률 개선)의 효과
① 전력 손실 감소
② 변압기, 개폐기 등의 소요 용량 감소
③ 송전 용량 증대
④ 전압 강하 감소
이들 중 가장 큰 효과는 전력 손실 감소가 된다(전력 손실은 역률의 제곱에 역비례하여 감소한다) **답** ①

문제 29 수전 용량에 비해 첨두부하가 커지면 부하율은 그에 따라 어떻게 되는가?
① 높아진다.
② 낮아진다.
③ 변하지 않고 일정하다.
④ 부하의 종류에 따라 달라진다.

풀이
부하율 = $\frac{평균\ 전력}{최대\ 전력}$ 에서
첨두 부하가 커지면 최대 전력이 증가하여 부하율은 낮아진다.
답 ②

문제 30 보호계전기 동작이 가장 확실한 중성점 접지방식은?
① 비접지방식
② 저항접지방식
③ 직접접지방식
④ 소호리액터접지방식

풀이
접지방식별 특징

방 식	보호계전기 동작	지락 전류	고장중 운전	전위 상승	과도 안정도	유도 장해	특 징
직접 접지 (22.9, 154, 345 [kV])	확실	최대	×	1.3	최소	최대	중성점영전위, 단절연가능
저항 접지	↓	↓	×	$\sqrt{3}$	↓	↓	
비접지 (3.3, 6.6 [kV])	×	↓	가능	$\sqrt{3}$	↓	↓	저전압 단거리에 적용
소호 리액터 접지 (66 [kV])	불확실	최소	가능	$\sqrt{3}$ 이상	최대	최소	병렬공진, 고장전류최소

답 ③

문제 31 전등 설비 250 [W], 전열 설비 800 [W], 전동기 설비 200 [W], 기타 150 [W]인 수용가가 있다. 이 수용가의 최대 수용 전력이 910 [W]이면 수용률은?

① 65 ② 70
③ 75 ④ 80

풀이

수용률 = $\dfrac{최대\ 수용\ 전력}{설비\ 용량(접속부하)} \times 100$

$= \dfrac{910}{250+800+200+150} \times 100$

$= \dfrac{910}{1400} \times 100 = 65\ [\%]$

답 ①

문제 32 송전선로에서 역섬락이 생기기 가장 쉬운 경우는?

① 선로 손실이 큰 경우
② 코로나 현상이 발생한 경우
③ 선로정수가 균일하지 않을 경우
④ 철탑의 탑각 접지 저항이 큰 경우

풀이

탑각 접지 저항이 충분히 낮지 않으면 가공 지선이 포착한 직격뢰는 대지로 흐를 수 없고, 철탑 전위가 상승하여 철탑부가 애자를 통하여 또는 경간 내에서 가공 지선과 전력선 간의 공기를 통하여, 전력선에 방전하는 **역섬락을 일으킨다**.

답 ④

문제 33 송전선로에 관한 설명 중 옳지 않은 것은?

① 송전선로의 유도 장해를 억제하기 위해서 접지 저항은 보호장치가 허용할 수 있는 범위에서 작게 하여야 한다.
② 송전선로에 발생하는 내부 이상 전압은 그 대부분이 사용 대지 전압의 파고값의 약 4배 이하이다.
③ 송전계통의 안정도를 높이기 위해 복도체 방식을 택하거나 직렬 콘덴서 등을 설치한다.
④ 결합 콘덴서는 반송 전화 장치를 송전선에 결합시키기 위해 사용하는 것으로 그 용량은 0.001 ~0.002 [μF] 정도이다.

풀이

전자 유도 전압: $E_m = -j\omega Ml\,3I_0$
(여기서, M: 상호 인덕턴스, I_0: 영상전류)
즉, 사고 시 흐르는 영상전류에 의해 전자 유도 장해가 발생한다. 따라서 보호장치가 허용할 수 있는 범위내에서 **접지 저항값을 크게 하여 전자 유도전압을 억제함**으로서 유도장해를 억제하는 것이 바람직하다.

답 ①

문제 34 송전선의 중성점을 접지하는 이유가 아닌 것은?

① 코로나를 방지한다.
② 기기의 절연강도를 낮출 수 있다.
③ 이상전압을 방지한다.
④ 지락 사고선을 선택 차단한다.

풀이

송전선로의 **중성점 접지의 목적**
① 이상 전압 발생 방지
② 1선 지락시 건전상 전압상승 억제 및 기기나 선로의 절연절감
③ 보호 계전기 동작 확실
④ 소호 리액터 계통에서의 1선 지락시 아크 소멸

답 ①

문제 35 철탑으로부터의 전선의 오프셋을 주는 이유로 가장 알맞은 것은?

① 불평형 전압의 유도방지
② 지락사고 방지
③ 전선의 진동방지
④ 상하 전선의 접촉방지

풀이

오프셋: 전선 도약에 의한 **상간 단락 사고 방지**

답 ④

문제 36 중성점 저항 접지방식의 병행 2회선 송전선로의 지락사고 차단에 사용되는 계전기는?

① 선택접지계전기 ② 거리계전기
③ 과전류계전기 ④ 역상계전기

풀이
병행 2회선의 지락 사고 시에 **선택 접지 계전기**가 동작하여 **지락사고 선로**를 선택하여 **차단**한다.　　　답 ①

문제 37 다음 중 수력 발전소의 저수지 용량 등을 결정하는데 사용되는 것으로 가장 적당한 것은?
① 적산 유량 곡선　② 수위 유량 곡선
③ 유황 곡선　　　④ 유량도

풀이
적산 유량 곡선은 매일의 수량을 차례로 적산해서 가로축에 일수를, 세로축에 적산 수량을 그린 곡선으로서 **수력 발전소의 댐을 설계하거나 저수지 용량 결정**에 사용된다.　답 ①

문제 38 송전계통의 절연협조에 있어 절연 레벨을 가장 낮게 잡고 있는 것은?
① 피뢰기　② 단로기
③ 변압기　④ 차단기

풀이
절연협조는 계통의 각 기기 및 기구, 선로, 애자 상호간의 균형있는 적당한 절연강도를 가지는 것을 말하며 피뢰기의 제한전압이 기기의 기준충격 절연강도보다 낮아야 한다.
즉, **절연 레벨** : **피뢰기** < 변압기 < 차단기, CT, PT, … < 선로 애자　답 ①

문제 39 다음 그림과 같이 200/5 [CT] 1차측에 150 [A]의 3상 평형 전류가 흐를 때 전류계 A_3에 흐르는 전류는 몇 [A]인가?
① 3.75
② 5
③ $\sqrt{3} + 3.75$
④ $\sqrt{3} \times 5$

풀이
CT 권수비가 40이므로 1차측에 150 [A]가 흐르면 2차측에는 $\frac{150}{40} = 3.75$ [A]가 흐른다.
$A_3 = 2A_1 \cos 60°$
　　$= 2A_2 \cos 60°$
　　$= A_1 = A_2 = 3.75$ [A]　　답 ①

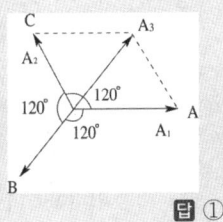

문제 40 전력선 반송전화 장치를 송전선에 연결하는 장치로 사용되는 것은?
① 분로 리액터　② 분배기
③ 중계선륜　　④ 결합 콘덴서

풀이
결합 콘덴서 : 전력선 반송전파 장치와 송전선의 연결에 사용　　답 ④

제3과목　전기기기

문제 41 가동 복권 발전기의 내부 결선을 바꾸어 분권 발전기로 하자면?
① 내분권 복권형으로 해야 한다.
② 외분권 복권형으로 해야 한다.
③ 분권 계자를 단락시킨다.
④ 직권 계자를 단락시킨다.

풀이

복권 발전기

직권 계자 권선 F_s을 단락시킨다. 외분권, 내분권들은 어느 것이나 복권 발전기의 일종이다.　답 ④

문제 42 유도 전동기를 기동하기 위하여 △를 Y로 전환했을 때 토크는 몇 배가 되는가?
① $\frac{1}{3}$배　　② $\frac{1}{\sqrt{3}}$배
③ $\sqrt{3}$배　　④ 3배

풀이
전동기 결선을 △에서 Y로 전환하면 1상에 가해지는 전압은 $\frac{1}{\sqrt{3}}$배로 감소하게 된다. 따라서 **토크는 전압의 제곱에 비례**하므로
$T : T' = V^2 : \left(\frac{V}{\sqrt{3}}\right)^2$　∴ $T' = \frac{1}{3}T$가 된다.　답 ①

문제 43
2차 저항과 2차 리액턴스가 0.04[Ω], 0.06[Ω]인 3상 유도전동기의 슬립이 4[%]일 때 1차 부하전류가 10[A]이었다면 기계적 출력은 약 몇 [kW]인가? (단, 권선비 $\alpha = 2$, 상수비 $\beta = 1$ 이다.)

① 0.57 ② 0.85
③ 1.15 ④ 1.35

풀이

$r_2 = 0.04[\Omega]$ 이므로

$r_2' = \alpha^2 \beta r_2 = 2^2 \times 1 \times 0.04 = 0.16[\Omega]$

기계적 출력을 대표하는 부하 저항의 1차 환산값 R'은

$R' = \frac{1-s}{s} r_2' = \frac{1-0.04}{0.04} \times 0.16 = 3.84[\Omega]$

$\therefore P = 3(I_1')^2 R' = 3 \times 10^2 \times 3.84 = 1,152[W] = 1.152[kW]$

답 ③

문제 44
T-결선에 의하여 3300 [V]의 3상으로부터 200 [V], 40 [kVA]의 전력을 얻는 경우 T좌 변압기의 권수비는 약 얼마인가?

① 16.5 ② 14.3
③ 11.7 ④ 10.2

풀이

주좌 변압기의 권수비를 a_M, T좌 변압기의 권수비를 a_T라 하면

$a_T = a_M \times \frac{\sqrt{3}}{2} = \frac{3300}{200} \times \frac{\sqrt{3}}{2} = 16.5 \times 0.866 = 14.29$ 답 ②

문제 45
터빈발전기의 냉각을 수소 냉각방식으로 하는 이유가 아닌 것은?

① 풍손이 공기냉각시의 약 1/10로 줄어든다.
② 동일기계일 때 공기냉각시 보다 정격 출력이 약 25 [%] 증가한다.
③ 수분, 먼지 등이 없어 코로나에 의한 손상이 없다.
④ 비열은 공기의 약 10배 이고 열전도율은 약 15배로 된다.

풀이

가스 냉각 방식 : 대형 고속기에 적용
① 수소 냉각 발전기의 장점
 • 비중이 공기의 약 7[%]로 가볍고 풍손은 공기의 약 1/10로 감소
 • 비열이 공기의 약 14배로 열전도성이 좋고, 공기냉각 발전기에 비하여 약 25 [%]의 출력이 증가
 • 가스 냉각기가 적어도 된다.
 • 코로나 발생전압이 높고 절연물의 수명이 길어진다.
 • 공기에 비해 대류율이 1.3배이고 운전중 소음이 적다.
② 수소 냉각 발전기의 단점
 • 공기와 적당히 혼합하면 폭발할 우려가 있다.
 • 폭발 예방을 위한 부속설비가 필요하며 설비비가 증가

답 ④

문제 46
교류정류자기에서 갭의 자속분포가 정현파로 $\phi_m = 0.14$[Wb], $p=2$, $a=1$, $Z=200$, $N=1200$ [rpm]인 경우 브러시 축이 자극 축과 30°라면 속도 기전력의 실효값 E_s는 약 몇 [V]인가?

① 160 ② 400
③ 560 ④ 800

풀이

$E_s = p\phi n \frac{Z}{a} \sin\theta = p \times \frac{\phi_m}{\sqrt{2}} \times \frac{N}{60} \times \frac{Z}{a} \times \sin\theta$

$= 2 \times \frac{0.14}{\sqrt{2}} \times \frac{1200}{60} \times \frac{200}{1} \times \sin 30° = 395.98[V]$ 답 ②

문제 47
단락비가 큰 동기발전기에 대한 설명 중 틀린 것은?

① 효율이 나쁘다.
② 계자전류가 크다.
③ 전압변동률이 크다.
④ 안정도와 선로 충전용량이 크다.

풀이

단락비가 큰 기계(철기계)
• 동기 임피던스가 적다 ($K_s \propto \frac{1}{Z_s}$)
• **전압변동률이 작다.**
• 전기자 반작용이 작다.
• 출력이 크다.
• 과부하 내량이 크고 안정도가 높다.
• 자기 여자 현상이 작다.
• 송전선로의 충전용량이 크다.
• 철손, 기계손 등의 고정손이 커서 효율이 나쁘다.
• 극수가 많은 저속기에 적합하다.
• 부피가 커지며 가격이 비싸다.

답 ③

문제 48 전기자 저항이 0.3[Ω]인 분권발전기가 단자전압 550[V]에서 부하전류가 100[A]일 때 발생하는 유도기전력[V]은? (단, 계자전류는 무시한다.)
① 260　　② 420
③ 580　　④ 750

풀이

$I_a = I + I_f$에서 계자전류 I_f를 무시하므로
∴ $I_a = I = 100[A]$
유기기전력 $E = V + I_a R_a = 550 + 100 \times 0.3 = 580[V]$　답 ③

문제 49 유도전동기의 보호 방식에 따른 종류가 아닌 것은?
① 방진형　　② 방수형
③ 전개형　　④ 방폭형

풀이
회전기의 보호 방식에 전개형은 없다.　답 ③

문제 50 전압변동률이 작은 동기 발전기는?
① 전기자 반작용이 크다.
② 동기 리액턴스가 크다.
③ 단락비가 크다.
④ 값이 싸다.

풀이
단락비가 큰 기계(철기계)
- 동기 임피던스가 적다 ($K_s \propto \dfrac{1}{Z_s}$)
- **전압변동률이 작다.**
- 전기자 반작용이 작다.
- 출력이 크다.
- 과부하 내량이 크고 안정도가 높다.
- 자기 여자 현상이 작다.　답 ③

문제 51 동기발전기에서 동기속도와 극수와의 관계를 표시한 것은? (단, N : 동기 속도, p : 극수 이다.)

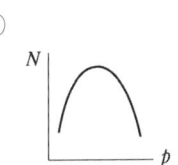

풀이
$N_s = \dfrac{120f}{p} \propto \dfrac{1}{p}$

즉, 동기 속도는 극수 p에 반비례하므로 쌍곡선이 된다.
답 ②

문제 52 8극 60[Hz], 3상 권선형 유도 전동기의 전부하시의 2차 주파수가 3[Hz], 2차 동손이 500[W]라면 발생 토크는 약 몇 [kg·m]인가? 단, 기계손은 무시한다.
① 10.4　② 10.8　③ 11.1　④ 12.5

풀이
- 슬립 $s = \dfrac{f_2}{f_1} = \dfrac{3}{60} = 0.05$
- 2차 입력 $P_2 = \dfrac{P_{c2}}{s} = \dfrac{500}{0.05} = 10000[W] = 10[kW]$
- 출력 $P = (1-s)P_2 = (1-0.05) \times 10 = 9.5[kW]$
- 동기속도 $N_s = \dfrac{120f}{p} = \dfrac{120 \times 60}{8} = 900[rpm]$
- 토크 $T = 0.975\dfrac{P_2}{N_s} = \dfrac{0.975 \times 10000}{900} = 10.83[kg \cdot m]$　답 ②

문제 53 직류 발전기의 부하 포화 곡선은 다음 어느 것의 관계인가?
① 단자 전압과 부하 전류
② 출력과 부하 전력
③ 단자 전압과 계자 전류
④ 부하 전류와 계자 전류

풀이

부하 포화 곡선은 정격 속도에서 부하 전류 I를 정격값으로 유지했을 때 **계자 전류 I_f와 단자 전압 V와의 관계**를 나타내는 곡선이다.   답 ③

문제 54 정격 출력 6 [kW], 전압 100 [V]의 직류 분권 전동기를 전기 동력계로 시험하였더니 전기 동력계의 저울이 10 [kg]을 가리켰다. 이 전동기의 출력 P [kW]와 토크 τ는 몇 [kg·m]인가? 단, 동력계의 암의 길이는 0.4 [m], 전동기의 회전수는 1600 [rpm]이다.

① $P = 6$, $\tau = 3.7$
② $P = 6.56$, $\tau = 4$
③ $P = 4.2$, $\tau = 3.7$
④ $P = 7.4$, $\tau = 4$

풀이

- 전동기의 토크 $\tau = WL$ [kg·m]에 의하여
 $\tau = 10 \times 0.4 = 4$ [kg·m]
- 전동기의 출력 P는
$P = \omega \tau = 2\pi n \tau = 2\pi \times \dfrac{1600}{60} \times 4 \times 9.8$
$= 6568 [W] = 6.568 [kW]$ ($\because 1 [kg·m] = 9.8 [N·m]$)   답 ②

문제 55 일정 전압으로 운전하는 직류전동기의 손실이 $x + yI^2$으로 될 때 어떤 전류에서 효율이 최대가 되는가? (단, x, y는 정수이다.)

① $I = \sqrt{\dfrac{x}{y}}$ ② $I = \sqrt{\dfrac{y}{x}}$
③ $I = \dfrac{x}{y}$ ④ $I = \dfrac{y}{x}$

풀이

x는 부하 전류에 관계없는 고정손, yI^2은 전류의 제곱에 비례하는 가변손 **최대 효율 조건은 고정손 = 가변손**이므로 즉, $x = yI^2$이 되는 부하 전류 $I = \sqrt{\dfrac{x}{y}}$에서 최대 효율이 된다.   답 ①

문제 56 권선형 유도전동기의 속도제어 방법 중 저항제어법의 특징으로 옳은 것은?

① 효율이 높고 역률이 좋다.
② 부하에 대한 속도 변동률이 작다.
③ 구조가 간단하고 제어조작이 편리하다.
④ 전부하로 장시간 운전하여도 온도에 영향이 적다.

풀이

2차 저항제어는 권선형 유도전동기에서만 사용할 수 있는 방법으로 2차회로의 저항의 변화에 의한 토오크 속도특성의 비례추이를 응용한 것으로 다음과 같은 특징이 있다.

① 전류가 큰 2차 회로에 저항을 삽입하여 제어 하므로 2차 저항손이 현저하게 커져서 효율이 낮게 되는 결점이 있다.
② **구조가 간단하고 조작이 용이**하며, 동기속도 이하의 속도제어를 원활하고 광범위하게 행할 수 있다.
③ 속도제어의 한도는 동기속도의 40[%]정도 이다.   답 ③

문제 57 정격 전압 6000 [V], 용량 5000 [kVA]의 3상 동기 발전기에 있어서 여자 전류 200 [A]에 상당하는 무부하 단자 전압은 6000 [V]이고, 단락 전류는 600 [A]이다. 이 발전기의 단락비 및 동기 리액턴스 (per unit, [p.u])는?

① 단락비 1.25, 동기 리액턴스 0.80
② 단락비 1.25, 동기 리액턴스 5.77
③ 단락비 0.80, 동기 리액턴스 1.25
④ 단락비 0.17, 동기 리액턴스 5.77

풀이

정격전류 $I_n = \dfrac{P}{\sqrt{3} V_n} = \dfrac{5000 \times 10^3}{\sqrt{3} \times 6000} = 481.13 [A]$

단락 시의 유도기전력 $E_n = \dfrac{V_n}{\sqrt{3}}$은 동기임피던스 강하 $I_s Z_s$와 같으므로,

$E_n = \dfrac{V_n}{\sqrt{3}} = I_s Z_s = \dfrac{6000}{\sqrt{3}} = 600 Z_s [V]$

$Z_s = \dfrac{6000}{\sqrt{3} \times 600} = 5.77 [\Omega]$

- 동기 임피던스 (p.u 법)

$$Z_s' = \frac{I_n Z_s}{E_n} = \frac{481.13 \times 5.77}{6000/\sqrt{3}} = 0.80 \text{ [p.u]}$$

- 단락비 $K_s = \dfrac{100}{\%Z_s} = \dfrac{100}{Z_s' \times 100} = \dfrac{100}{0.8 \times 100} = 1.25$ 답 ①

문제 58 소형 유도 전동기의 슬롯을 사구(skew slot)로 하는 이유는?
① 토크 증가
② 게르게스 현상의 방지
③ 크로우링 현상의 방지
④ 제동 토크의 증가

풀이
크로우링 현상을 경감시키기 위해서 회전자의 슬롯을 고정자 또는 회전자의 1슬롯 피치 정도 축방향에 대해서 경사시켜서 해결하는 일이 많다. 이와 같은 슬롯을 사구라 한다. 답 ③

문제 59 직류 분권전동기의 정격전압 220[V], 정격전류 105[A], 전기자저항 및 계자회로의 저항이 각각 0.1[Ω] 및 40[Ω] 이다. 기동전류를 정격전류의 150[%]로 할 때의 기동저항은 약 몇 [Ω]인가?
① 0.46 ② 0.92 ③ 1.21 ④ 1.35

풀이
- 계자전류 $I_f = \dfrac{V}{R_f} = \dfrac{220}{40} = 5.5 \text{[A]}$

- 기동전류는 정격의 150[%]이므로
기동전류 = $105 \times 1.5 = 157.5 \text{[A]}$
- 전기자 전류
$I_a = I - I_f = 157.5 - 5.5 = 152 \text{[A]}$
- $R_a + R_s = \dfrac{V}{I_a} = \dfrac{220}{152} = 1.45 \text{[Ω]}$

따라서 기동저항 $R_s = 1.45 - R_a = 1.45 - 0.1 = 1.35 \text{[Ω]}$ 답 ④

문제 60 슬립 5[%]인 유도전동기의 기계적 출력을 대표하는 부하저항은 2차 저항의 몇 배인가?
① 19 ② 20 ③ 29 ④ 40

풀이
$$R = r_2 \left(\frac{1}{s} - 1 \right) = r_2 \left(\frac{1}{0.05} - 1 \right) = 19 r_2$$
답 ①

제4과목 회로이론

문제 61 그림과 같은 회로망에서 Z_1을 4단자 정수에 의해 표시하면 어떻게 되는가?
① $\dfrac{1}{C}$
② $\dfrac{D-1}{C}$
③ $\dfrac{B-1}{C}$
④ $\dfrac{A-1}{C}$

풀이
그림과 같은 4단자망의 4단자 정수 중 A와 C는
$A = 1 + \dfrac{Z_1}{Z_3}$, $C = \dfrac{1}{Z_3}$
$\therefore Z_1 = (A-1)Z_3 = \dfrac{A-1}{C}$ 답 ④

문제 62 $R-L-C$ 직렬회로에서 회로 저항값이 다음의 어느 값이어야 이 회로가 임계적으로 제동되는가?
① $\sqrt{\dfrac{L}{C}}$
② $2\sqrt{\dfrac{L}{C}}$
③ $\dfrac{1}{\sqrt{CL}}$
④ $2\sqrt{\dfrac{C}{L}}$

풀이

조건	특성
$R^2 > \dfrac{4L}{C}$	과제동(비진동적)
$R^2 = \dfrac{4L}{C}$	임계제동(진동)
$R^2 < \dfrac{4L}{C}$	부족제동(진동적)

즉, 임계제동 조건 $R^2 = \dfrac{4L}{C}$에서 $R = 2\sqrt{\dfrac{L}{C}}$ 　답 ②

문제 63 분포정수 선로에서 위상정수를 β [rad/m]라 할 때 파장은?

① $2\pi\beta$　② $\dfrac{2\pi}{\beta}$　③ $4\pi\beta$　④ $\dfrac{4\pi}{\beta}$

풀이

위상정수 β와 파장 λ 사이의 관계는 $\lambda\beta = 2\pi$ 이므로
$\lambda = \dfrac{2\pi}{\beta}$　답 ②

문제 64 상순이 abc인 3상 회로에 있어서 대칭분 전압이 $V_0 = -8 + j3$[V], $V_1 = 6 - j8$[V], $V_2 = 8 + j12$[V] 일 때 a상의 전압 V_a[V]는?

① $6 + j7$　② $8 + j12$
③ $6 + j14$　④ $16 + j4$

풀이

$V_a = V_0 + V_1 + V_2$
$= -8 + j3 + 6 - j8 + 8 + j12 = 6 + j7$ [V] 　답 ①

문제 65 회로 방정식의 특성근과 회로의 시정수에 대하여 바르게 서술된 것은?

① 특성근과 시정수는 같다.
② 특성근의 역(逆)과 회로의 시정수는 같다.
③ 특성근의 절대값의 역과 회로의 시정수는 같다.
④ 특성근과 회로의 시정수는 서로 상관되지 않는다.

풀이

안정된 회로에 있어서는 $\tau = \dfrac{-1}{\alpha} = \dfrac{1}{|\alpha|}$의 관계가 있으며 τ는 시정수, α는 특성근 또는 감쇠 정수라 한다. 　답 ③

문제 66 정현파 교류의 실효값을 계산하는 식은?

① $I = \dfrac{1}{T}\int_0^T i^2 dt$　② $I^2 = \dfrac{2}{T}\int_0^T i\, dt$

③ $I^2 = \dfrac{1}{T}\int_0^T i^2 dt$　④ $I = \sqrt{\dfrac{2}{T}\int_0^T i^2 dt}$

풀이

동일한 저항 R에 직류전류 I[A]가 흐를 때
소비전력 $P_{DC} = I^2 R$ [W]
교류전류 i[A]가 흐를 때 소비전력 P_{AC}는 주기를 T라 하면
$P_{AC} = \dfrac{1}{T}\int_0^T i^2 R\, dt$ [W]
실효값의 정의에 의해 $P_{DC} = P_{AC}$ 이므로
$I^2 R = \dfrac{R}{T}\int_0^T i^2 dt$
$\therefore I^2 = \dfrac{1}{T}\int_0^T i^2 dt$ 　답 ③

문제 67 어떤 회로에 흐르는 전류가 $i = 5 + 14.1\sin\omega t$인 경우 실효값은 약 몇 [A]인가?

① 11.2 [A]　② 12.5 [A]
③ 14.4 [A]　④ 16.1 [A]

풀이

비정현파의 실효값
$I = \sqrt{I_0^2 + I_1^2 + I_2^2 + \cdots + I_n^2}$ 에서
$I = \sqrt{5^2 + \left(\dfrac{14.1}{\sqrt{2}}\right)^2} = 11.2$[A] 　답 ①

문제 68 비정현파 $y(x)$가 반파 및 정현 대칭일 때 옳은 식은?

① $y(-x) = -y(x),\ y(2\pi - x) = y(x)$
② $y(-x) = y(x),\ y(2\pi - x) = y(x)$
③ $y(-x) = -y(x),\ y(\pi + x) = -y(x)$
④ $y(-x) = y(x),\ y(\pi - x) = -y(-x)$

풀이

그림에서 반파 및 정현 대칭 조건은
$y(-x) = -y(x)$
$y(2\pi - x) = y(-x) = y(\pi + x)$
$y(\pi + x) = y(-x) = -y(x)$ 　답 ③

문제 69 키르히호프의 전압 법칙의 적용에 대한 서술 중 잘못된 것은?

① 이 법칙은 집중 정수 회로에 적용된다.
② 이 법칙은 회로 소자의 선형, 비선형에는 관계를 받지 않고 적용된다.
③ 이 법칙은 회로 소자의 시변, 시불변성에 구애를 받지 아니한다.
④ 이 법칙은 선형 소자로만 이루어진 회로에 적용된다.

풀이
- 중첩의 원리 : 선형 회로인 경우에만 적용한다.
- 키르히호프의 법칙 : 선형, 비선형에 무관하게 항상 성립된다. 답 ④

문제 70 그림과 같은 $i = I_m \sin \omega t$ 인 정현파 교류의 반파 정류 파형의 실효값은?

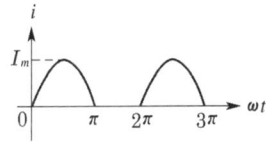

① $\dfrac{I_m}{\sqrt{2}}$ ② $\dfrac{I_m}{\sqrt{3}}$ ③ $\dfrac{I_m}{2\sqrt{2}}$ ④ $\dfrac{I_m}{2}$

풀이

파 형	정현파	정현반파	삼각파	구형반파	구형파
실효값	$\dfrac{I_m}{\sqrt{2}}$	$\dfrac{I_m}{2}$	$\dfrac{I_m}{\sqrt{3}}$	$\dfrac{I_m}{\sqrt{2}}$	I_m
평균값	$\dfrac{2I_m}{\pi}$	$\dfrac{I_m}{\pi}$	$\dfrac{I_m}{2}$	$\dfrac{I_m}{2}$	I_m

답 ④

문제 71 $R = 100[\Omega]$, $L = 1/\pi [\text{H}]$, $C = 100/4\pi [\text{pF}]$이다. 직렬 공진회로의 Q는 얼마인가?

① 2×10^3 ② 2×10^4
③ 3×10^3 ④ 3×10^4

풀이
직렬 공진회로의 선택도 $Q = \dfrac{1}{R}\sqrt{\dfrac{L}{C}}$ 에서

$Q = \dfrac{1}{100}\sqrt{\dfrac{1/\pi}{100/4\pi \times 10^{-12}}} = \dfrac{1}{100} \times \dfrac{1}{5} \times 10^6 = 2 \times 10^3$

답 ①

문제 72 그림과 같은 직류 LC 직렬 회로에 대한 설명 중 옳은 것은?

① e_L은 진동 함수이나 e_C는 진동하지 않는다.
② e_L의 최대치는 $2E$까지 될 수 있다.
③ e_C의 최대치가 $2E$까지 될 수 있다.
④ C의 충전 전하 q는 시간 t에 무관계이다.

풀이
$e_L = E\cos\dfrac{1}{\sqrt{LC}}t$, $e_C = E\left(1-\cos\dfrac{1}{\sqrt{LC}}t\right)$ 이므로
$e_{L\max} = E$, $e_{L\min} = -E$
$e_{C\max} = E[1-(-1)] = 2E$ 답 ③

문제 73 각 상의 전류가 $i_a = 30\sin\omega t [\text{A}]$, $i_b = 30\sin(\omega t - 90°)[\text{A}]$, $i_c = 30\sin(\omega t + 90°)$ [A]일 때 영상분 전류[A]의 순시치는?

① $10\sin\omega t$ ② $10\sin\dfrac{\omega t}{3}$
③ $30\sin\omega t$ ④ $\dfrac{30}{\sqrt{3}}\sin(\omega t + 45°)$

풀이
영상 대칭분 전류
$i_0 = \dfrac{1}{3}(i_a + i_b + i_c)$
$= \dfrac{1}{3}\{30\sin\omega t + 30\sin(\omega t - 90°) + 30\sin(\omega t + 90°)\}$
$= \dfrac{30}{3}(\sin\omega t + \sin\omega t \cos 90° - \cos\omega t \sin 90°$
$\qquad + \sin\omega t \cos 90° + \cos\omega t \sin 90°)$
$= 10\sin\omega t [\text{A}]$
($\because \sin(\alpha \pm \beta) = \sin\alpha\cos\beta \pm \cos\alpha\sin\beta$, $\cos 90° = 0$) 답 ①

문제 74 그림과 같은 회로의 전달 함수는?
단, $\frac{L}{R} = T$: 시정수이다.

① $\dfrac{1}{Ts^2 + 1}$

② $\dfrac{1}{Ts + 1}$

③ $Ts^2 + 1$

④ $Ts + 1$

풀이
$$G(s) = \frac{R}{sL + R} = \frac{1}{s \cdot \frac{L}{R} + 1} = \frac{1}{Ts + 1}$$
답 ②

문제 75 비정현파 교류를 나타내는 식은?
① 기본파 + 고조파 + 직류분
② 기본파 + 직류분 – 고조파
③ 직류분 + 고조파 – 기본파
④ 교류분 + 기본파 + 고조파

풀이
비정현파 = 직류분 + 기본파 + 고조파
답 ①

문제 76 어떤 회로의 전압 및 전류의 순시값이
$v = 200\sin 314t$ [V], $i = 10\sin\left(314t - \dfrac{\pi}{6}\right)$ [A]일
때, 이 회로의 임피던스를 복소수[Ω]로 표시하면?
① $17.32 + j12$
② $16.30 + j11$
③ $17.32 + j10$
④ $18.30 + j9$

풀이
전압과 전류의 순시값을 정지 벡터로 표시하면
$\dot{V} = \dfrac{200}{\sqrt{2}} \angle 0°$, $\dot{I} = \dfrac{10}{\sqrt{2}} \angle -\dfrac{\pi}{6}$

$\therefore \dot{Z} = \dfrac{\dot{V}}{\dot{I}} = \dfrac{\frac{200}{\sqrt{2}}\angle 0°}{\frac{10}{\sqrt{2}}\angle -30°} = 20 \angle 30°$

$= 20(\cos 30° + j\sin 30°)$
$= 10\sqrt{3} + j10 = 17.32 + j10\,[\Omega]$
답 ③

문제 77 어떤 회로에 전압을 115[V] 인가하였더니 유효전력이 230[W], 무효전력이 345[Var]를 지시한다면 회로에 흐르는 전류는 약 몇 [A]인가?
① 2.5
② 5.6
③ 3.6
④ 4.5

풀이
피상전력 $P_a = \sqrt{P^2 + P_r^2} = \sqrt{230^2 + 345^2} = 414.6$ [VA]

$I = \dfrac{P_a}{V} = \dfrac{414.6}{115} \fallingdotseq 3.6$ [A]
답 ③

문제 78 정격전압에서 1[kW]의 전력을 소비하는 저항에 정격의 80[%]의 전압을 가할 때의 전력[W]은?
① 340
② 540
③ 640
④ 740

풀이
$P = \dfrac{V^2}{R}$ [W]에서 $P \propto V^2$

따라서, $P : P' = V^2 : V'^2 = V^2 : (0.8V)^2$

$\therefore P' = 0.64P = 0.64 \times 1000 = 640$[W]
답 ③

문제 79 입력 신호가 v_i, 출력 신호가 v_o일 때,
$a_1 v_o + a_2 \dfrac{dv_o}{dt} + a_3 \displaystyle\int v_o dt = v_i$의 전달함수는?

① $\dfrac{s}{a_2 s^2 + a_1 s + a_3}$

② $\dfrac{1}{a_2 s^2 + a_1 s + a_3}$

③ $\dfrac{s}{a_3 s^2 + a_2 s + a_1}$

④ $\dfrac{1}{a_3 s^2 + a_2 s + a_1}$

풀이
초기값을 0으로 하고 라플라스 변환하면
$a_1 V_o(s) + a_2 s V_o(s) + \dfrac{1}{s} a_3 V_o(s) = V_i(s)$

$\left(a_1 + a_2 s + \dfrac{a_3}{s}\right) V_o(s) = V_i(s)$

$\therefore G(s) = \dfrac{V_o(s)}{V_i(s)} = \dfrac{1}{a_1 + a_2 s + \frac{a_3}{s}} = \dfrac{s}{a_2 s^2 + a_1 s + a_3}$
답 ①

문제 80 그림과 같은 회로의 컨덕턴스 G_2에 흐르는 전류[A]는?

① 5
② 3
③ 10
④ 15

풀이
전류원 두 개가 방향이 반대이므로 그림과 같은 회로가 된다.

$I_2 = \dfrac{G_2}{G_1 + G_2} I$

$= \dfrac{15}{30+15} \times 15 = 5$ [A]

답 ①

제5과목 전기설비기술기준

문제 81 가공 전선로의 지지물 구성체가 강관으로 구성되는 철탑으로 할 경우 갑종 풍압하중은 몇 [Pa]의 풍압을 기초로 하여 계산한 것인가? 단, 단주는 제외하며, 풍압은 구성재의 수직 투영면적 1[m²]에 대한 풍압이다.

① 588   ② 1117   ③ 1255   ④ 2157

풀이
331.6 풍압하중의 종별과 적용

	단주	원형의 것	588 [Pa]
철탑	(완철류는 제외함)	기타의 것	1,117 [Pa]
	강관으로 구성되는 것(단주는 제외함)		1,255 [Pa]
	기타의 것		2,157 [Pa]

답 ③

문제 82 철탑의 강도 계산에 사용하는 이상 시 상정하중의 종류가 아닌 것은?

① 수직하중   ② 좌굴하중
③ 수평 횡하중   ④ 수평 종하중

풀이
333.14 이상 시 상정하중
철탑의 강도계산에 사용하는 **이상 시 상정하중은 풍압이 전**선로에 직각방향으로 가하여지는 경우의 하중과 **전선로의 방향으로 가하여지는 경우의 수직하중, 수평 횡하중, 수평 종하중을 계산하여** 각 부재에 대한 이들의 하중 중 그 부재에 큰 응력이 생기는 쪽의 하중을 채택한다.

답 ②

문제 83 고압 가공인입선이 케이블 이외의 것으로서 그 아래에 위험표시를 하였다면 전선의 지표상 높이는 몇 [m]까지로 감할 수 있는가?

① 2.5[m]   ② 3.5[m]
③ 4.5[m]   ④ 5.5[m]

풀이
331.12.1 고압 가공인입선의 시설
고압 가공 인입선의 지표상 높이는 5[m] 이상으로 되어 있으나 인입선에 한하여 전선의 아래쪽에 **위험 표시**를 하면 **3.5**[m]까지 감할 수 있다.

답 ②

문제 84 조상기의 보호장치로서 내부 고장 시에 자동적으로 전로로부터 차단되는 장치를 설치하여야 하는 조상기 용량은 몇 [kVA] 이상인가?

① 5000   ② 7500
③ 10000   ④ 15000

풀이
351.5 조상설비의 보호장치
조상 설비에는 그 내부에 고장이 생긴 경우에 보호하는 장치를 표와 같이 시설하여야 한다.

설비 종별	뱅크 용량의 구분	자동적으로 전로로부터 차단하는 장치
전력용 커패시터 및 분로리액터	500 [kVA] 초과 15,000 [kVA] 미만	·내부에 고장이 생긴 경우 ·과전류가 생긴 경우
	15,000 [kVA] 이상	·내부에 고장이 생긴 경우 ·과전류가 생긴 경우 ·과전압이 생긴 경우
조상기	15,000 [kVA] 이상	·내부에 고장이 생긴 경우

답 ④

문제 85 전기철도차량이 전차선로와 접촉한 상태에서 견인력을 끄고 보조전력을 가동한 상태로 정지해 있는 경우, 가공 전차선로의 유효전력이 200[kW] 이상일 경우 총 역률은 얼마보다 작아서는 안되는가?

① 0.6   ② 0.7   ③ 0.8   ④ 0.9

풀이

441.4 전기철도차량의 역률
1. 최저 비영구전압에서 최고 비영구전압까지의 전압범위에서 유도성 역률 및 전력소비에 대해서만 적용되며, 회생제동 중에는 전압을 제한 범위내로 유지시키기 위하여 유도성 역률을 낮출 수 있다. 다만, 전기철도차량이 전차선로와 접촉한 상태에서 견인력을 끄고 보조전력을 가동한 상태로 정지해 있는 경우, 가공 전차선로의 유효전력이 200[kW] 이상일 경우 총 역률은 0.8보다는 작아서는 안된다.
2. 역행 모드에서 전압을 제한 범위 내로 유지하기 위하여 용량성 역률이 허용되며, 규정된 최저 비영구전압에서 최고 비영구전압까지의 전압범위에서 용량성 역률은 제한 받지 않는다.

답 ③

문제 86 태양광설비에 시설하여야 하는 계측장치가 아닌 것은?

① 전압   ② 전류
③ 역률   ④ 전력

풀이

522.3.3 태양광설비의 계측장치
태양광설비에는 **전압, 전류 및 전력을 계측하는 장치**를 시설하여야 한다.

답 ③

문제 87 차량 기타 중량물의 압력을 받을 우려가 없는 장소에 지중 전선로를 직접 매설식에 의하여 시설하는 경우 매설 깊이는 최소 몇 [cm] 이상으로 하면 되는가?

① 30   ② 60
③ 80   ④ 100

풀이

334.1 지중전선로의 시설
가. 지중 전선로는 전선에 케이블을 사용하고 또한 관로식·암거식 또는 직접 매설식에 의하여 시설하여야 한다.
나. 지중 전선로를 직접 매설식에 의하여 시설하는 경우에는 매설 깊이는
  ① 차량 기타 중량물의 압력을 받을 우려가 있는 장소 : 1.0[m] 이상
  ② 기타 장소 : 0.6[m] 이상

답 ②

문제 88 내부고장이 발생하는 경우를 대비하여 자동차단장치 또는 경보장치를 시설하여야 하는 특고압용 변압기의 뱅크용량의 구분으로 알맞은 것은?

① 5000 [kVA] 미만
② 5000 [kVA] 이상 10000 [kVA] 미만
③ 10000 [kVA] 이상
④ 타냉식 변압기

풀이

351.4 특고압용 변압기의 보호장치
특고압용의 변압기에는 그 내부에 고장이 생겼을 경우에 보호하는 장치를 표와 같이 시설하여야 한다.

뱅크 용량의 구분	동작조건	장치의 종류
5,000 [kVA] 이상 10,000 [kVA] 미만	변압기 내부 고장	자동차단장치 또는 경보장치
10,000 [kVA] 이상	변압기 내부 고장	자동차단장치
타냉식 변압기(변압기의 권선 및 철심을 직접 냉각시키기 위하여 봉입한 냉매를 강제 순환시키는 냉각 방식을 말한다.)	냉각 장치에 고장이 생긴 경우 또는 변압기의 온도가 현저히 상승한 경우	경보장치

답 ②

문제 89 사용전압이 35 [kV] 이하인 특고압 가공전선이 상부 조영재의 위쪽에서 제1차 접근 상태로 시설되는 경우 특고압 가공전선과 건조물의 조영재 이격거리는 몇 [m] 이상이어야 하는가? 단, 전선의 종류는 케이블이라고 한다.

① 0.5 [m]   ② 1.2 [m]
③ 2.5 [m]   ④ 3.0 [m]

풀이

333.23 특고압 가공전선과 건조물의 접근
특고압 가공전선이 건조물과 제1차 접근상태로 시설되는 경우에는 다음에 따라야 한다.
가. 특고압 가공전선로는 제3종 특고압 보안공사에 의할 것.
나. 사용전압이 35[kV] 이하인 특고압 가공전선과 건조물의 조영재 이격거리는 표에서 정한 값 이상일 것.

건조물과 조영재의 구분	전선종류	접근형태	이격거리
상부 조영재	특고압 절연전선	위쪽	2.5 [m]
		옆쪽 또는 아래쪽	1.5 [m] (전선에 사람이 쉽게 접촉할 우려가 없도록 시설한 경우는 1[m])

건조물과 조영재의 구분	전선종류	접근형태	이격거리
상부 조영재	케이블	위쪽	1.2[m]
		옆쪽 또는 아래쪽	0.5[m]
	기타전선		3[m]
기타 조영재	특고압 절연전선		1.5[m] (전선에 사람이 쉽게 접촉할 우려가 없도록 시설한 경우는 1[m])
	케이블		0.5[m]
	기타 전선		3[m]

답 ②

문제 90
그림은 전력선 반송통신용 결합장치의 보안장치이다. 그림에서 DR은 무엇인가?

① 접지형 개폐기
② 결합 필터
③ 방전갭
④ 배류선륜

풀이
362.10 전력선 반송 통신용 결합장치의 보안장치
전력선 반송통신용 결합 커패시터에 접속하는 회로에는 그림의 보안장치 또는 이에 준하는 보안장치를 시설하여야 한다.
전력선 반송 통신용 결합 장치의 보안장치

- FD : 동축 케이블
- F : 정격 전류 10[A] 이하의 포장 퓨즈
- **DR : 전류 용량 2[A] 이상의 배류 선륜**
- L_1 : 교류 300[V] 이하에서 동작하는 피뢰기
- L_2 : 동작 전압이 교류 1,300[V]를 넘고 1,600[V] 이하로 조정된 방전갭
- L_3 : 동작 전압이 교류 2[kV]를 넘고 3[kV] 이하로 조정된 구상 방전갭
- **S : 접지용 개폐기**   · CF : 결합 필터
- CC : 결합 콘덴서(결합 안테나를 포함한다)
- E : 접지

답 ④

문제 91
발전소 또는 변전소로부터 다른 발전소 또는 변전소를 거치지 아니하고 전차선로에 이르는 전선을 무엇이라 하는가?

① 급전선
② 전기철도용 급전선
③ 급전선로
④ 전기철도용 급전선로

풀이
112 용어 정의
"**전기철도용 급전선**"이란 전기철도용 변전소로부터 다른 전기철도용 변전소 또는 전차선에 이르는 전선을 말한다.
"전기철도용 급전선로"란 전기철도용 급전선 및 이를 지지하거나 수용하는 시설물을 말한다.

답 ②

문제 92
전압이 22.9[kV]인 중성점 접지식 전로로서 중성선이 있고 그 중성선을 다중접지하는 경우 절연내력 시험전압은 최대 사용전압의 몇 배로 하는가?

① 0.72배
② 0.92배
③ 1.1배
④ 1.25배

풀이
132 전로의 절연저항 및 절연내력

전로의 종류	접지 방식	시험전압(최대사용전압의 배수)	최저 시험전압
1. 7[kV] 이하		1.5배	
2. **7[kV] 초과 25[kV] 이하**	다중접지	0.92배	
3. 7[kV] 초과 60[kV] 이하 (2란의 것 제외)		1.25배	10.5[kV]
4. 60[kV] 초과	비접지	1.25배	
5. 60[kV] 초과 (6란과 7란의 것 제외)	접지식	1.1배	75[kV]
6. 60[kV] 초과 (7란의 것 제외)	직접접지	0.72배	
7. 170[kV] 초과 (발전소 또는 변전소 혹은 이에 준하는 장소에 시설하는 것.)	직접접지	0.64배	

답 ②

문제 93
최대사용전압이 3300[V]인 고압용 전동기가 있다. 이 전동기의 절연내력 시험전압은 몇 [V]인가?

① 3630
② 4125
③ 4290
④ 4950

풀이

133 회전기 및 정류기의 절연내력

종류		시험 전압	시험 방법
회전기	발전기·전동기·조상기·기타회전기	7[kV] 이하	1.5배 (최저 500[V])	권선과 대지 사이에 연속하여 10분간
		7[kV] 초과	1.25배 (최저 10.5[kV])	
	회전 변류기		직류측의 최대사용전압의 1배의 교류전압(최저 500[V])	

∴ 시험 전압 = 3300×1.5 = 4950[V]　답 ④

문제 94 사용전압이 380[V]인 옥내배선을 애자공사로 시설할 때 전선과 조영재 사이의 이격거리는 몇 [cm] 이상이어야 하는가?

① 2　② 2.5　③ 4.5　④ 6

풀이

232.56 애자공사
가. 전선은 절연전선(옥외용 비닐 절연전선 및 인입용 비닐 절연전선을 제외한다)일 것.
나. 이격거리

전압	전선과 조영재와의 이격 거리		전선 상호 간격	전선 지지점간의 거리	
				조영재의 윗면 또는 옆면에 따라 시설	조영재에 따라 시설하지 않는 경우
저압	400[V] 이하	2.5[cm] 이상	6[cm] 이상	2[m] 이하	—
	400[V] 초과	건조한 장소 2.5[cm] 이상			6[m] 이하
		기타의 장소 4.5[cm] 이상			

답 ②

문제 95 피뢰기를 설치하지 않아도 되는 곳은?

① 발전소·변전소의 가공전선 인입구 및 인출구
② 가공전선로의 말구 부분
③ 가공전선로에 접속한 1차측 전압이 35[kV] 이하인 배전용변압기의 고압측 및 특고압측
④ 고압 및 특고압 가공전선로로부터 공급을 받는 수용 장소의 인입구

풀이

341.13 피뢰기의 시설
고압 및 특고압의 전로 중 다음에 열거하는 곳 또는 이에 근접한 곳에는 피뢰기를 시설하여야 한다.
가. 발전소·변전소 또는 이에 준하는 장소의 **가공전선 인입구 및 인출구**
나. 특고압 가공전선로에 접속하는 **배전용 변압기의 고압측 및 특고압측**
다. 고압 및 특고압 가공전선로로부터 공급을 받는 **수용장소의 인입구**
라. **가공전선로와 지중전선로가 접속되는 곳**

답 ②

문제 96 특고압 가공전선로의 지지물에 시설하는 통신선 또는 이에 직접 접속하는 통신선이 도로, 횡단보도교, 철도, 궤도 또는 삭도와 교차하는 경우에는 통신선은 지름 몇 [mm]의 경동선이나 이와 동등이상의 세기의 것이어야 하는가?

① 4　② 4.5　③ 5　④ 5.5

풀이

362.2 전력보안통신케이블의 지상고와 배전설비와의 이격거리
통신선이 도로·횡단보도교·철도의 레일 또는 삭도와 교차하는 경우에는 통신선은 연선의 경우 단면적 16[mm²] (단선의 경우 지름 4[mm])의 절연전선과 동등 이상의 절연 효력이 있는 것, 인장강도 8.01[kN] 이상의 것 또는 **연선의 경우 단면적 25[mm²](단선의 경우 지름 5[mm])의 경동선일 것.**

답 ③

문제 97 1차 22900[V], 2차 3300[V]의 변압기를 옥외에 시설할 때 구내에 취급자 이외의 사람이 들어가지 아니하도록 울타리를 시설하려고 한다. 이때 울타리의 높이는 몇 [m] 이상으로 하여야 하는가?

① 2[m]　② 3[m]
③ 4[m]　④ 5[m]

풀이

341.4 특고압용 기계기구의 시설
특고압용 기계기구는 다음의 규정에 의하여 시설하는 경우 이외에는 시설하여서는 아니 된다.
가. 기계기구의 주위에 규정에 준하여 울타리·담 등을 시설하는 경우
 • 울타리·담 등의 높이 : 2[m] 이상
 • 지표면과 울타리·담 등의 하단사이의 간격 : 0.15[m] 이하

나. 기계기구를 지표상 5[m] 이상의 높이에 시설하고 충전 부분의 지표상의 높이를 표에서 정한 값 이상으로 하고 또한 사람이 접촉할 우려가 없도록 시설하는 경우

사용전압의 구분	울타리·담 등의 높이와 울타리·담 등으로부터 충전 부분까지의 거리의 합계
35 [kV] 이하	5 [m]
35 [kV] 초과 160 [kV] 이하	6 [m]
160 [kV] 초과	• 거리의 합계 = 6 + 단수 × 0.12 [m] • 단수 = $\dfrac{\text{사용전압 [kV]} - 160}{10}$ 단수 계산에서 소수점 이하는 절상

답 ①

문제 98 지중 전선로의 매설방법이 아닌 것은?

① 관로식 ② 인입식
③ 암거식 ④ 직접 매설식

풀이
334.1 지중전선로의 시설
가. 지중 전선로는 전선에 **케이블을 사용**하고 또한 **관로식·암거식 또는 직접 매설식에 의하여 시설**하여야 한다.
나. 지중 전선로를 직접 매설식에 의하여 시설하는 경우에는 매설 깊이를 차량 기타 중량물의 압력을 받을 우려가 있는 장소에는 1.0[m] 이상, 기타 장소에는 0.6[m] 이상으로 하고 또한 지중 전선을 견고한 트라프 기타 방호물에 넣어 시설하여야 한다. **답** ②

문제 99 다음 (㉮), (㉯) 에 들어갈 내용으로 옳은 것은?

"지중전선로는 기설 지중 약전류 전선로에 대하여 (㉮) 또는 (㉯)에 의하여 통신상의 장해를 주지 않도록 기설 약전류 전선로로부터 충분히 이격시키거나 기타 적당한 방법으로 시설하여야 한다."

① ㉮ 정전용량 ㉯ 표피작용
② ㉮ 정전용량 ㉯ 유도작용
③ ㉮ 누설전류 ㉯ 표피작용
④ ㉮ 누설전류 ㉯ 유도작용

풀이
334.5 지중약전류전선의 유도장해 방지
지중전선로는 기설 지중약전류전선로에 대하여 **누설전류 또는 유도작용**에 의하여 통신상의 장해를 주지 않도록 충분히 이격시키거나 기타 적당한 방법으로 시설하여야 한다.
답 ④

문제 100 다음 중 전선 접속 방법이 잘못된 것은?

① 알루미늄과 동을 사용하는 전선을 접속하는 경우에는 접속 부분에 전기적 부식이 생기지 않아야 한다.
② 공칭단면적 10[mm²] 미만인 캡타이어 케이블 상호간을 접속하는 경우에는 접속함을 사용할 수 없다.
③ 절연전선 상호간을 접속하는 경우에는 접속부분을 절연 효력이 있는 것으로 충분히 피복하여야 한다.
④ 나전선 상호간의 접속인 경우에는 전선의 세기를 20 [%]이상 감소시키지 않아야 한다.

풀이
123 전선의 접속
전선을 접속하는 경우에는 전선의 전기저항을 증가시키지 아니하도록 접속 하여야 하며, 또한 다음에 따라야 한다.
가. 절연전선 상호·절연전선과 코드, 캡타이어 케이블과 접속하는 경우에는
   ① 전선의 세기를 20[%] 이상 감소시키지 아니할 것.
   ② 접속부분은 접속관 기타의 기구를 사용할 것.
   ③ 접속부분의 절연전선에 절연전선의 절연물과 동등 이상의 절연효력이 있는 것으로 충분히 피복할 것.
나. 코드 상호, 캡타이어 케이블 상호 또는 이들 상호를 접속하는 경우에는 코드 접속기·접속함 기타의 기구를 사용할 것.
다만 공칭단면적이 10[mm²] **이상인** 캡타이어 케이블 상호를 규정에 준하여 **접속하는 경우에는 기구를 사용하지 않을 수 있다.**
다. 도체에 알루미늄(알루미늄 합금을 포함한다.)을 사용하는 전선과 동(동합금을 포함한다.)을 사용하는 전선을 접속하는 등 전기 화학적 성질이 다른 도체를 접속하는 경우에는 접속부분에 전기적 부식이 생기지 않도록 할 것. **답** ②

국가기술자격검정 필기시험 문제

2021년도 전기산업기사 일반검정 제3회 (CBT 복원문제)

자격종목 및 등급(선택분야)	종목코드	시험시간	문제지형별
전기산업기사	2140	2시간 30분	A

제1과목 전기자기학

문제 01 환상 철심에 감은 코일에 5 [A]의 전류를 흘리면 2000 [AT]의 기자력이 생긴다면 코일의 권수는 얼마로 하여야 하는가?

① 10000 ② 5000
③ 400 ④ 250

풀이
기자력 $F = NI$ 에서
$$\therefore N = \frac{F}{I} = \frac{2000}{5} = 400 회$$
답 ③

문제 02 변위 전류에 의하여 전자파가 발생되었을 때 전자파의 위상은?

① 변위 전류보다 90° 빠르다.
② 변위 전류보다 90° 늦다.
③ 변위 전류보다 30° 빠르다.
④ 변위 전류보다 30° 늦다.

풀이
변위전류는 유전체 내에서 흐르는 전류로 정의 되므로 콘덴서 내부의 유전체에 흐르는 충전전류로 생각하면 된다. 즉 **변위전류는 전자파보다 90° 빠른 진상전류**가 되므로 전자파의 위상은 변위전류보다 90° 늦다.
답 ②

문제 03 자속 밀도는 벡터이며 B로 표시한다. 다음 가운데서 항상 성립되는 관계는?

① grad $B = 0$ ② rot $B = 0$
③ div $B = 0$ ④ $B = 0$

풀이
자속은 시변계, 불시변계에 관계없이 항상 연속성의 성질을 가진다. 따라서 **자속의 연속성**을 의미하는 관계식은 div $B = 0$이다.
답 ③

문제 04 공기 중에 고립된 지름 1 [m]의 반구 도체를 10^6 [V]로 충전한 다음 이 에너지를 10^{-5}초 사이에 방전한 경우의 평균전력은?

① 700 [kW] ② 1389 [kW]
③ 2780 [kW] ④ 5560 [kW]

풀이
도체구의 정전용량 $C_0 = 4\pi\epsilon_0 a$ 이므로 반구 도체의 정전용량은
$$C = \frac{C_0}{2} = \frac{4\pi\epsilon_0 a}{2} = 2\pi\epsilon_0 a \, [F]$$
반구 도체의 정전에너지는
$$W = \frac{1}{2}CV^2 = \pi\epsilon_0 a V^2 \, [J]$$
따라서 평균 전력은 $P = W/t$ 이므로
$$\therefore P = \frac{\pi\epsilon_0 a V^2}{t} = \frac{\pi \times 8.855 \times 10^{-12} \times 0.5 \times (10^6)^2}{10^{-5}}$$
$\fallingdotseq 1389 \, [kW]$
답 ②

문제 05 다음 정전계에 관한 식 중에서 틀린 것은? (단, D는 전속밀도, V는 전위, ρ는 공간(체적) 전하밀도, ϵ은 유전율이다.)

① 가우스의 정리 : div $D = \rho$
② 포아송의 방정식 : $\nabla^2 V = \dfrac{\rho}{\epsilon}$
③ 라플라스의 방정식 : $\nabla^2 V = 0$
④ 발산의 정리 : $\oint_s D \cdot ds = \int_v \text{div} \, D \, dv$

풀이

- $\text{div } \boldsymbol{E} = \nabla \cdot \boldsymbol{E} = \dfrac{\rho}{\epsilon_0}$
- $\boldsymbol{E} = -\text{grad } V = -\nabla V$

이 두 식에서 다음의 관계식을 얻을 수 있다.

$$\text{div grad } V = -\dfrac{\rho}{\epsilon_0}$$

$$\nabla \cdot \nabla V = \nabla^2 V = -\dfrac{\rho}{\epsilon_0}$$

즉, 전하밀도가 공간적으로 분포하고 있을 때 그 내부의 임의의 점에서 전위를 결정하는 식으로

$\nabla^2 V = -\dfrac{\rho}{\epsilon_0}$ 을 **포아송의 방정식**이라고 한다. **답** ②

문제 06 m [Wb]의 점자극에 의한 자계 중에서 r [m] 거리에 있는 점의 자위는?

① r 에 비례한다. ② r^2에 비례한다.
③ r 에 반비례한다. ④ r^2에 반비례한다.

풀이

정전계와 정자계의 유사성에 의해 전위와 자위는 다음과 같다.
정전계에서 점전하에 의한 전위 :

$$V = \dfrac{Q}{4\pi\epsilon_0 r} \text{ [V]} \quad \left(V \propto \dfrac{1}{r}\right)$$

정자계에서 점자극에 의한 자위 :

$$U = \dfrac{m}{4\pi\mu_0 r} \text{ [A]} \quad \left(U \propto \dfrac{1}{r}\right)$$

따라서 자위 U와 거리 r 의 관계는 반비례가 성립한다.

$\left(U \propto \dfrac{1}{r}\right)$ **답** ③

문제 07 다음 중 맥스웰의 전자 방정식으로 옳지 않은 것은?

① $\text{rot } \boldsymbol{H} = i + \dfrac{\partial \boldsymbol{D}}{\partial t}$ ② $\text{rot } \boldsymbol{E} = -\dfrac{\partial \boldsymbol{B}}{\partial t}$
③ $\text{div } \boldsymbol{B} = \phi$ ④ $\text{div } \boldsymbol{D} = \rho$

풀이

맥스웰의 전자 방정식
- $\text{rot } \boldsymbol{E} = -\dfrac{\partial \boldsymbol{B}}{\partial t}$
- $\text{rot } \boldsymbol{H} = i + \dfrac{\partial \boldsymbol{D}}{\partial t}$

보조 방정식
- $\text{div } \boldsymbol{D} = \rho$
- $\text{div } \boldsymbol{B} = 0$ **답** ③

문제 08 자기인덕턴스가 각각 L_1, L_2인 두 코일을 서로 간섭이 없도록 병렬로 연결했을 때 그 합성 인덕턴스는?

① $L_1 + L_2$ ② $L_1 \cdot L_2$
③ $\dfrac{L_1 + L_2}{L_1 \cdot L_2}$ ④ $\dfrac{L_1 \cdot L_2}{L_1 + L_2}$

풀이

병렬 접속
- 가극성 $L = \dfrac{L_1 L_2 - M^2}{L_1 + L_2 - 2M}$
- 감극성 $L = \dfrac{L_1 L_2 - M^2}{L_1 + L_2 + 2M}$

간섭이 없도록 병렬로 연결하면 $M = 0$ 이므로

$L = \dfrac{L_1 L_2}{L_1 + L_2}$ **답** ④

문제 09 전기기기의 철심(자심)재료로 규소강판을 사용하는 이유는?

① 동손을 줄이기 위해
② 와전류손을 줄이기 위해
③ 히스테리시스손을 줄이기 위해
④ 제작을 쉽게 하기 위하여

풀이

- 규소 강판 : 히스테리시스손 감소
- 성층 철심 : 와류손 감소 **답** ③

문제 10 공간 도체내의 한 점에 있어서 자속이 시간적으로 변화하는 경우에 성립하는 식은?

① $\nabla \times E = \dfrac{\partial H}{\partial t}$ ② $\nabla \times E = -\dfrac{\partial H}{\partial t}$
③ $\nabla \times E = \dfrac{\partial B}{\partial t}$ ④ $\nabla \times E = -\dfrac{\partial B}{\partial t}$

풀이

- $\nabla \times \boldsymbol{E} = \text{rot } \boldsymbol{E} = \text{Curl } \boldsymbol{E} = -\dfrac{\partial B}{\partial t}$ (회전)
- $\nabla \cdot \boldsymbol{E} = \text{div } \boldsymbol{E}$ (발산) **답** ④

문제 11 반지름 a[m]인 구대칭 전하에 의한 구 내외의 전계의 세기에 해당되는 것은? (단, 구 내부에 전하가 균일분포하고 있는 경우이다.)

①
②
③
④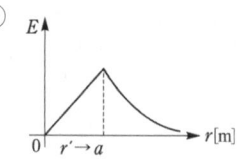

풀이
구체의 전하 분포(내부에 전하가 균일 분포하는 경우)
(중심에서부터 외부로 방사상으로 발산)
① 구체 외부($r > a$)
$$E = \frac{Q}{4\pi\epsilon_0 r^2} \propto \frac{1}{r^2} [\text{V/m}]$$
(r^2에 반비례)
② 구체 표면($r = a$)
$$E_a = \frac{Q}{4\pi\epsilon_0 a^2} [\text{V/m}] \text{ (일정)}$$
③ 구체 내부($r < a$)
$$E_i = \frac{rQ}{4\pi\epsilon_0 a^3} \propto r [\text{V/m}] (r\text{에 비례})$$
답 ④

문제 12 MKS 합리화 단위계에서 진공 중의 유전율 값으로 틀린 것은? 단, c[m/sec]는 진공 중 전자파 속도이다.

① $\dfrac{1}{120\pi c}$ ② $\dfrac{10^7}{4\pi c^2}$

③ $\dfrac{1}{36\pi \times 10^9}$ ④ $\dfrac{10^7}{14\pi c}$

풀이
매질 중 전파의 파장을 λ[m], 주파수를 f[Hz]라 할 때, 전파속도 v는
$$v = f\lambda = \frac{1}{\sqrt{\epsilon\mu}} [\text{m/s}]$$
이고, 주파수에 무관한 매질의 특성(ϵ, μ)에 의해 결정된다. 이 값은 진공 중에서
$$v_0 = \frac{1}{\sqrt{\epsilon_0 \mu_0}} = 3 \times 10^8 = c [\text{m/s}] \text{ (광속)}$$
따라서, 진공 중 유전율
$$\epsilon_0 = \frac{1}{\mu_0 c^2} = \frac{10^7}{4\pi c^2} = \frac{1}{120\pi c} = \frac{1}{36\pi \times 10^9} [\text{F/m}]$$
($\because \mu_0 = 4\pi \times 10^{-7}, c = 3 \times 10^8$)
답 ④

문제 13 권수 1회의 코일에 5[Wb]의 자속이 쇄교하고 있을 때 $t = 10^{-1}$초 사이에 이 자속을 0으로 변했다면 이 때 코일에 유도되는 기전력은 몇 [V]이겠는가?

① 5 ② 25 ③ 50 ④ 100

풀이
$$e = N\frac{d\phi}{dt} = 1 \times \frac{5-0}{10^{-1}} = 50[\text{V}]$$
답 ③

문제 14 모든 전기장치를 접지시키는 근본적 이유는?

① 영상전하를 이용하기 때문에
② 지구는 전류가 잘 통하기 때문에
③ 편의상 지면의 전위를 무한대로 보기 때문에
④ 지구의 용량이 커서 전위가 거의 일정하기 때문에

풀이
지구는 정전 용량이 크므로 많은 전하가 축적되어도 지구의 전위는 일정하다. 모든 전기 장치를 접지시키고 대지를 실용상 등전위로 한다.
답 ④

문제 15 자성체에 외부의 자계 H_0를 가하였을 때 자화의 세기 J와의 관계식은? (단, N은 감자율, μ는 투자율이다.)

① $J = \dfrac{H_0}{1 + N(\mu_s - 1)}$

② $J = \dfrac{H_0(\mu_s - 1)}{1 + N}$

③ $J = \dfrac{H_0 \mu_0(\mu_s - 1)}{1 + N(\mu_s - 1)}$

④ $J = \dfrac{H_0(\mu_s - 1)}{1 + N\mu_0(\mu_0 - 1)}$

풀이

H_0 : 외부자계
H' : 자화($-m$, $+m$)에 의한 자계(감자력)
H : 자성체 내부자계

감자력 H'는 자화의 세기 J에 비례하며 자성체의 형태에 따라 결정되므로 감자력 $H' = \dfrac{NJ}{\mu_0}$가 된다. (N : 감자율)

따라서, 자성체의 내부 자계
$H = H_0 - H' = H_0 - \dfrac{NJ}{\mu_0}$ [A/m]

$J = \chi_m H$ 이므로

$\dfrac{J}{\chi_m} = H_0 - \dfrac{NJ}{\mu_0}$, $J\left(\dfrac{1}{\chi_m} + \dfrac{N}{\mu_0}\right) = H_0$

$J = \dfrac{\chi_m \mu_0}{\mu_0 + N\chi_m} \cdot H_0$에 $\chi_m = \mu_0(\mu_s - 1)$을 대입하여 정리하면

$\therefore J = \dfrac{\mu_0(\mu_s - 1)}{1 + N(\mu_s - 1)} H_0$ [Wb/m²] **답 ③**

문제 16 두 종류의 금속 접합면에 전류를 흘리면 접속점에서 열의 흡수 또는 발생이 일어나는 현상은?

① 제벡효과 ② 펠티에효과
③ 톰슨효과 ④ 파이로효과

풀이

- 제어벡(지벡) 효과 : 두 종류 금속 접속면에 온도차가 있으면 기전력이 발생하는 효과
- **펠티에 효과 : 두 종류 금속 접속면에 전류를 흘리면 접속점에서 열의 흡수, 발생이 일어나는 효과**
- 톰슨 효과 : 동일한 금속 도선의 두 점간에 온도차를 주고, 고온 쪽에서 저온 쪽으로 전류를 흘리면 도선 속에서 열이 발생되거나 흡수가 일어나는 현상
- 파이로 전기(초전기) : 로셸염, 수정 등에 열을 가하거나 냉각을 하면 전기 분극이 발생 **답 ②**

문제 17 정전용량 C_1, C_2, C_x의 3개 커패시터를 그림과 같이 연결하고 단자 ab간에 100[V]의 전압을 가하였다. 지금 $C_1 = 0.02$[μF], $C_2 = 0.1$[μF]이며 C_1에 90[V]의 전압이 걸렸을 때 C_x는 몇 [μF]인가?

① 0.1
② 0.04
③ 0.05
④ 0.08

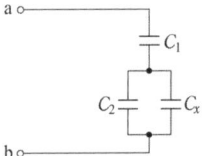

풀이

C_2와 C_x가 병렬 접속되어 있으므로
합성정전 용량 $C' = C_2 + C_x$
C_1에 충전되는 전하 Q_1과 C'에 충전되는 전하 Q'는 직렬 연결이므로 서로 같다.
즉, $C_1 V_1 = C' V_2 = 0.02 \times 90 = C' \times (100 - 90)$
$C' = 0.18 = 0.1 + C_x$
$\therefore C_x = 0.18 - 0.1 = 0.08$ [μF] **답 ④**

문제 18 역자성체 내에서 비투자율 μ_s는?

① $\mu_s \gg 1$ ② $\mu_s > 1$
③ $\mu_s < 1$ ④ $\mu_s = 1$

풀이

- 강자성체 : $\mu_s \gg 1$(온도에 변화)
- 상자성체 : $\mu_s > 1$
- **역자성체 : $\mu_s < 1$** **답 ③**

문제 19 폐곡면을 통하는 전속과 폐곡면 내부의 전하와의 상관관계를 나타내는 법칙은?

① 가우스 법칙 ② 쿨롱 법칙
③ 포아송 법칙 ④ 라플라스 법칙

풀이

가우스 법칙 (적분형) $Q = \oint_s D_s \cdot ds$

즉, 어떤 폐곡면을 통과하는 전속은 그 면 내에 존재하는 전 전하량과 같다. **답 ①**

문제 20 1000회의 코일을 감은 환상 철심 솔레노이드의 단면적이 3[cm²], 평균 길이 4π[cm]이고, 철심의 비투자율이 500일 때, 자기 인덕턴스[H]는?

① 1.5 ② 15
③ $\dfrac{15}{4\pi} \times 10^6$ ④ $\dfrac{15}{4\pi} \times 10^{-5}$

2021년도 3회

풀이

$$L = \frac{N^2}{R_m} = \frac{N^2}{\frac{l}{\mu S}} = \frac{\mu_0 \mu_s S N^2}{l}$$

$$= \frac{4\pi \times 10^{-7} \times 500 \times 3 \times 10^{-4} \times 1000^2}{4\pi \times 10^{-2}} = 1.5 [H]$$

답 ①

제2과목 전력공학

문제 21 6.6[kV] 고압 배전선로(비접지 선로)에서 지락보호를 위하여 특별히 필요치 않은 것은?

① 과전류계전기(OCR)
② 선택접지계전기(SGR)
③ 영상변류기(ZCT)
④ 접지변압기(GPT)

풀이
비접지 계통의 지락 사고 검출
선택 접지 계전기(SGR) + 영상 전류 검출 (ZCT) + 영상 전압 검출(GPT)

답 ①

문제 22 배전전압, 배전거리 및 전력손실이 같다는 조건에서 단상 2선식 전기방식의 전선 총중량을 100[%]라 할 때 3상 3선식 전기방식은 몇 [%]인가?

① 33.3
② 37.5
③ 75.0
④ 100.0

풀이
• 송전 전력은 동일하므로
$\sqrt{3} VI_3 \cos\theta = VI_1 \cos\theta$ ∴ $I_1 = \sqrt{3} I_3$
• 전력 손실이 동일하므로
$3I_3^2 \rho \frac{l}{A_3} = 2I_1^2 \rho \frac{l}{A_1}$,
$3I_3^2 \rho \frac{l}{A_3} = 2(\sqrt{3}I_3)^2 \rho \frac{l}{A_1}$
$A_3 = \frac{1}{2} A_1$
• 전선량(무게)비
$\frac{3상3선식}{단상2선식} = \frac{3A_3 l\sigma}{2A_1 l\sigma} = \frac{3}{2} \times \frac{1}{2} = \frac{3}{4} = 0.75$

• 단상 2선식 기준 소요 전선량 요약

전기 방식	소요 전선량[%]	비 고
단상 2선식	100	단상 2선식 기준
단상 3선식	37.5	중성선과 전압선의 굵기가 동일
	31.3	중성선의 굵기가 전압선의 1/2
3상 3선식	75	
3상 4선식	33.3	중성선과 전압선의 굵기가 동일
	29.2	중성선의 굵기가 전압선의 1/2

답 ③

문제 23 우리나라 22.9[kV] 배전선로에 적용하는 피뢰기의 공칭방전전류[A]는?

① 1500
② 2500
③ 5000
④ 10000

풀이
설치장소별 피뢰기 공칭방전전류(내선규정 표3250-2)

공칭방전전류	설치장소	적 용 조 건
10000 [A]	변전소	1. 154 [kV] 이상의 계통 2. 66 [kV] 및 그 이하의 계통에서 뱅크용량이 3000 [kVA]를 초과하거나 특히 중요한 곳 3. 장거리 송전선 케이블(배전선로 인출용 단거리 케이블은 제외) 4. 배전선로 인출측(배전 간선 인출용 장거리 케이블은 제외)
5000 [A]	변전소	66[kV] 및 그 이하 계통에서 뱅크 용량이 3000 [kVA] 이하인 곳
2500 [A]	선 로	배전선로

[주] **전압 22.9[kV-Y]이하** (22[kV] 비접지 제외)의 배전선로에서 수전하는 설비의 피뢰기 **공칭방전전류는 일반적으로 2500[A]의 것을 적용한다.**

답 ②

문제 24 피뢰기의 제한전압이란?

① 상용주파전압에 대한 피뢰기의 충격방전 개시전압
② 충격파 침입 시 피뢰기의 충격방전 개시전압
③ 피뢰기가 충격파 방전 종료 후 언제나 속류를 확실히 차단할 수 있는 상용주파 최대전압
④ 충격파 전류가 흐르고 있을 때의 피뢰기 단자전압

풀이

제한 전압 : 피뢰기 동작 중에 계속해서 걸리고 있는 단자 전압의 파고값 답 ④

문제 25 송전전력, 송전거리, 전선의 비중 및 전력 손실률이 일정하다고 하면 전선의 단면적 $A[\text{mm}^2]$와 송전전압 $V[\text{kV}]$와의 관계로 옳은 것은?

① $A \propto V$
② $A \propto V^2$
③ $A \propto \dfrac{1}{V^2}$
④ $A \propto \sqrt{V}$

풀이

- 전력손실 $P_l = 3I^2R = \dfrac{P^2 \rho l}{V^2 \cos^2\theta A}$ (전류 $I = \dfrac{P}{\sqrt{3}\,V\cos\theta}$)
- 전력손실률 $h = \dfrac{P_l}{P} = \dfrac{P \rho l}{V^2 \cos^2\theta A}$ 에서

  전선의 단면적 $A = \dfrac{P \rho l}{h V^2 \cos^2\theta}$

- P, ρ, l, h, $\cos\theta$가 일정한 경우이므로 전선의 단면적

  $A \propto \dfrac{1}{V^2}$ 답 ③

문제 26 공기 차단기에 비해 SF$_6$ 가스 차단기의 특징으로 볼 수 없는 것은?

① 같은 압력에서 공기의 2~3배 정도의 절연내력이 있다.
② 차단시 폭발음이 없다.
③ 소전류 차단시 이상전압이 높다.
④ 아크에 SF$_6$ 가스는 분해되지 않고 무독성이다.

풀이

SF$_6$ 가스 차단기의 특징
- 밀폐구조이므로 소음이 없다.
- **소전류 차단에도 안정된 차단이 가능하다.**
- 절연내력이 공기의 2~3배, 소호 능력은 공기의 100~200배
- 근거리 고장 등 가혹한 재기전압에 대해서도 성능이 우수
- SF$_6$ 가스는 무독, 무취, 무해성이다. 답 ③

문제 27 역상전류가 각상 전류로 바르게 표시된 것은 다음 중 어느 것인가?

① $\dot{I}_2 = \dot{I}_a + \dot{I}_b + \dot{I}_c$
② $\dot{I}_2 = 3(\dot{I}_a + a\dot{I}_b + a^2\dot{I}_c)$
③ $\dot{I}_2 = \dfrac{1}{3}(\dot{I}_a + a^2\dot{I}_b + a\dot{I}_c)$
④ $\dot{I}_2 = a\dot{I}_a + \dot{I}_b + a^2\dot{I}_c$

풀이

대칭 좌표법의 대칭 전류를 보면

- 정상전류 $I_1 = \dfrac{1}{3}(I_a + aI_b + a^2I_c)$ ($1 \to a \to a^2$의 순서)
- 역상전류 $I_2 = \dfrac{1}{3}(I_a + a^2I_b + aI_c)$ ($1 \to a^2 \to a$의 순서)
- 영상전류 $I_0 = \dfrac{1}{3}(I_a + I_b + I_c)$ 답 ③

문제 28 화력 발전소에서 1[ton]의 석탄으로 발생시킬 수 있는 전력량은 약 몇 [kWh]인가? 단, 석탄 1[kg]의 발열량 5000[kcal], 효율은 20[%]이다.

① 960
② 1060
③ 1160
④ 1260

풀이

- 발생열량 $= mH\eta = 1 \times 1000 \times 5000 \times 0.2$
  $= 1{,}000{,}000[\text{kcal}]$
- 1[kWh]=860[kcal] 이므로 전력량으로 환산하면

전력량 $W = \dfrac{\text{열량}}{860} = \dfrac{1{,}000{,}000}{860} = 1162.79[\text{kWh}]$ 답 ③

문제 29 수력 발전소에서 유효 낙차 30[m], 유역 면적 8000[km^2], 연간 강우량 1500[mm], 유출 계수 70[%]일 때 연간 발생 전력량은 몇 [kWh]인가? 단, 수차 발전기의 종합 효율은 85[%]이다.

① 5.83×10^5
② 5.83×10^8
③ 6.73×10^5
④ 6.73×10^8

풀이

평균유량 $Q = \dfrac{8000 \times 10^6 \times \dfrac{1500}{1000} \times 0.7}{365 \times 24 \times 60 \times 60} = 266.36[\text{m}^3/\text{sec}]$

따라서 연간 발생 전력량 P는
$P = 9.8 QH\eta t = 9.8 \times 266.36 \times 30 \times 0.85 \times 24 \times 365$
$= 5.83 \times 10^8 [\text{kWh}]$ 답 ②

문제 30
154 [kV]의 송전 선로의 전압을 345 [kV]로 승압하고 같은 손실률로 송전한다고 가정하면 송전 전력은 승압 전의 몇 배인가?

① 2 ② 3 ③ 4 ④ 5

풀이

- 전력손실률 $h = \dfrac{P_l}{P} = \dfrac{PR}{V^2 \cos\theta^2}$ 에서

  송전전력 $P = \dfrac{hV^2\cos\theta^2}{R}$ ($P \propto V^2$)

- 송전전력 P는 전압의 자승에 비례하므로

  $P' = \left(\dfrac{V'}{V}\right)^2 P = \left(\dfrac{345}{154}\right)^2 \times P = 5.02P$

답 ④

문제 31
어느 변전소에서 합성 임피던스 0.5 [%] (8000 [kVA] 기준)인 곳에 시설할 차단기에 필요한 차단용량은 최저 몇 [MVA]인가?

① 1600 ② 2000 ③ 2400 ④ 2800

풀이

$P_s = \dfrac{100}{\%Z} \times P_n = \dfrac{100}{0.5} \times 8000 \times 10^{-3} = 1600 \text{[MVA]}$

답 ①

문제 32
유효낙차 150 [m], 최대출력 250000 [kW]의 수력발전소의 최대사용수량은 약 몇 [m³/sec]인가? 단, 수차의 효율은 90 [%], 발전기의 효율은 98 [%]이다.

① 236 ② 193 ③ 182 ④ 173

풀이

발전기 이론 출력 $P_g = 9.8QH\eta_g\eta_t$ [kW]에서

유량 $Q = \dfrac{P_g}{9.8H\eta_g\eta_t} = \dfrac{250000}{9.8 \times 150 \times 0.98 \times 0.90}$

$= 192.82 \text{ [m}^3\text{/sec]}$

답 ②

문제 33
발전기의 자기여자현상을 방지하기 위한 대책으로 적합하지 않은 것은?

① 단락비를 크게 한다.
② 포화율을 작게 한다.
③ 선로의 충전전압을 높게 한다.
④ 발전기 정격전압을 높게 한다.

풀이

발전기가 송전선로를 충전하는 경우 자기여자 현상을 방지하기 위해서는 단락비를 크게 하면 된다.
따라서, 선로를 안전하게 충전 할 수 있는 단락비의 값은 다음 식을 만족해야 한다.

$$단락비 > \dfrac{Q'}{Q}\left(\dfrac{V}{V'}\right)^2(1+\sigma)$$

여기서, Q' : 소요 충전전압 V'에서의 선로 충전용량[kVA]
Q : 발전기의 정격출력[kVA]
V : 발전기의 정격전압[V]
σ : 발전기 정격전압에서의 포화율

따라서, 자기여자현상을 방지하기 위해서는 발전기 정격전압 V를 낮게 하여야 한다.

답 ④

문제 34
간격 S인 정4각형 배치의 4도체에서 소선 상호간의 기하학적 평균 거리는?

① $\sqrt{2}\,S$ ② $\sqrt{S}$
③ $\sqrt[3]{S}$ ④ $\sqrt[6]{2}\,S$

풀이

$S_e = \sqrt[3]{S \times S \times \sqrt{2}\,S} = \sqrt[6]{2}\,S$

답 ④

문제 35
조력 발전소에 대한 다음 설명 중 옳은 것은?

① 간만의 차가 적은 해안에 설치한다.
② 완만한 해안선을 이루고 있는 지점에 설치한다.
③ 만조로 되는 동안 바닷물을 받아들여 발전한다.
④ 지형적 조건에 따라 수로식과 양수식이 있다.

풀이

조력발전은 바닷물의 간만의 차에 의한 위치에너지를 전력으로 변환하는 발전소로서 그 설치장소는 가능한 한 간만의 차가 큰 곳이 바람직하다. 즉, 바닷물이 밀물로 밀려왔을 때 이것을 해안에 건설된 저장지에 유도해서 저장하고, 썰물로 빠져나갈 때 저장지로부터 저장한 바닷물을 바다로 낙하시켜서 양수발전의 경우와 마찬가지로 발전기를 구동해서 발전하는 방식이다.

답 ③

문제 36 배전 전압을 6,600 [V]에서 11,400 [V]로 높이면 수송전력이 같을 때 전력손실은 처음의 약 몇 배로 줄일 수 있는가?

① 1/2   ② 1/3
③ 2/3   ④ 3/4

풀이
배전 선로의 전력 손실

$$P_l = 3I^2 r = \frac{\rho W^2 L}{AV^2 \cos^2\theta} \propto \frac{1}{V^2}$$

ρ : 고유저항, W : 부하 전력, L : 배전 거리
A : 전선의 단면적, V : 수전 전압, $\cos\theta$: 부하 역률

$$\therefore P_l' = \frac{6600^2}{11400^2} P_l \fallingdotseq \frac{1}{3} P_l$$

답 ②

문제 37 전력선 a의 충전 전압을 E, 통신선 b의 대지 정전 용량을 C_b, $a-b$ 사이의 상호 정전 용량을 C_{ab}라고 하면 통신선 b의 정전 유도 전압 E_s는?

① $\dfrac{C_{ab}+C_b}{C_b}E$

② $\dfrac{C_{ab}+C_b}{C_{ab}}E$

③ $\dfrac{C_b}{C_{ab}+C_b}E$

④ $\dfrac{C_{ab}}{C_{ab}+C_b}E$

풀이

$$E_s = \frac{C_{ab}}{C_{ab}+C_b}E$$

답 ④

문제 38 장거리 송전선로의 특성을 표현한 회로로 옳은 것은?

① 분산부하 회로
② 분포정수 회로
③ 집중정수 회로
④ 특성 임피던스 회로

풀이

구 분	거 리	선로 정수	회 로
단거리	수 [km]	R, L만 고려	집중 정수 회로로 취급
중거리	수십 [km]	R, L, C만 고려	T회로, π회로로 취급
장거리	수백 [km]	R, L, C, G 고려	분포 정수 회로로 취급

답 ②

문제 39 다음 중 뇌해방지와 관계가 없는 것은?

① 댐퍼   ② 소호각
③ 가공지선 ④ 매설지선

풀이
- 댐퍼 : 선로의 진동 방지
- 아킹 혼(소호각) : 섬락사고시 애자련의 보호, 애자련의 전압 분담 균일화
- 가공지선 : 뇌의 차폐
- 매설지선(탑각 접지저항을 낮춤) : 역섬락 방지

답 ①

문제 40 그림과 같은 평형 3상 발전기가 있다. a상이 지락한 경우 지락전류는 어떻게 표현되는가? (단, Z_0 : 영상 임피던스, Z_1 : 정상 임피던스, Z_2 : 역상 임피던스이다.)

① $\dfrac{E_a}{Z_0+Z_1+Z_2}$

② $\dfrac{3E_a}{Z_0+Z_1+Z_2}$

③ $\dfrac{-Z_0 E_a}{Z_0+Z_1+Z_2}$

④ $\dfrac{2Z_2 E_a}{Z_1+Z_2}$

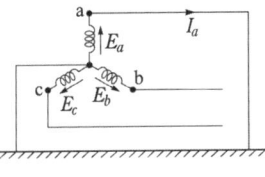

풀이
대칭 좌표법과 발전기의 기본식을 이용하여 풀면

$$I_0 = I_1 = I_2 = \frac{E_a}{Z_0+Z_1+Z_2}$$

지락전류 $I_a = I_0 + I_1 + I_2 = 3I_0 = \dfrac{3E_a}{Z_0+Z_1+Z_2}$

답 ②

제3과목 전기기기

문제 41 단상 직권 정류자 전동기에서 주자속의 최대치를 ϕ_m, 자극수를 P, 전기자 병렬 회로수를 a, 전기자 전 도체수를 Z, 전기자의 속도를 N[rpm]이라 하면 속도 기전력의 실효값 E_r [V]은? (단, 주자속은 정현파이다.)

① $E_r = \sqrt{2}\dfrac{P}{a}Z\dfrac{N}{60}\phi_m$

② $E_r = \dfrac{1}{\sqrt{2}}\dfrac{P}{a}ZN\phi_m$

③ $E_r = \dfrac{P}{a}Z\dfrac{N}{60}\phi_m$

④ $E_r = \dfrac{1}{\sqrt{2}}\dfrac{P}{a}Z\dfrac{N}{60}\phi_m$

풀이

$E_r = P\phi n\dfrac{Z}{a} = P\dfrac{\phi_m}{\sqrt{2}}\dfrac{N}{60}\cdot\dfrac{Z}{a} = \dfrac{1}{\sqrt{2}}\dfrac{P}{a}Z\dfrac{N}{60}\phi_m$ **답** ④

문제 42 출력이 20 [kW]인 직류발전기의 효율이 80 [%]이면 손실 [kW]은 얼마인가?
① 1 ② 2 ③ 5 ④ 8

풀이

효율 $= \dfrac{출력}{출력+손실}$ 에서

손실을 P_L [kW]라 하면 $0.8 = \dfrac{20}{20+P_L}$

$\therefore P_L = \dfrac{20}{0.8} - 20 = 25 - 20 = 5[\text{kW}]$ **답** ③

문제 43 스테핑전동기의 스텝각이 3°이고, 스테핑 주파수(pulse rate)가 1200[pps] 이다. 이 스테핑전동기의 회전속도[rps]는?
① 10 ② 12 ③ 14 ④ 16

풀이

스테핑전동기는 디지털 신호에 비례하여 일정 각도만큼 회전하는 모터로 그 총회전각은 입력펄스의 수로, 회전속도는 입력펄스의 빠르기로 쉽게 제어가 가능한 특징이 있다.
• 1초당 입력펄스 : 1200 (pps : pulse/sec)
• 1펄스 당 회전각도 : 3°
• 1초당 회전각도 : 1200×3° = 3600°
• 전동기 1회전 당 회전각도 : 360°
• 전동기 1초당 회전속도 : $\dfrac{3600°}{360°} = 10$[회전] **답** ①

문제 44 포화하고 있지 않은 직류 발전기의 회전수가 1/2로 감소되었을 때 기전력을 전과 같은 값으로 하자면 여자를 속도 변화 전에 비해 얼마로 해야 하는가?

① $\dfrac{1}{2}$ 배 ② 1배 ③ 2배 ④ 4배

풀이
• 직류 발전기의 유기기전력 $E = p\phi n\dfrac{Z}{a}$에서 유기기전력 E가 변함없으려면 "$\phi \times n =$**일정**" 해야 한다. 따라서, 회전수 n이 $\dfrac{1}{2}$로 감소하면 자속 ϕ는 2배가 되어야 한다.
• 여자전류 I_f는 자속 ϕ와 비례 ($I_f \propto \phi$)하므로 자속 ϕ가 2배가 되기 위해서는 여자전류가 2배가 되어야 한다. **답** ③

문제 45 변압기 온도시험을 하는데 가장 좋은 방법은?
① 반환 부하법   ② 실 부하법
③ 단락 시험법   ④ 내전압 시험법

풀이
변압기의 온도 상승 시험중 실부하법은 전력 손실이 크기 때문에 소용량 이외에는 별로 적용되지 않는다. 반환 부하법은 동일 정격의 변압기가 2대 이상 있을 경우에 채용되며, 전력 소비가 적고 철손과 동손을 따로 공급하는 것으로 **현재 가장 많이 사용**하고 있다. **답** ①

문제 46 IGBT(Insulated Gate Bipolar Transistor)에 대한 설명으로 틀린 것은?
① MOSFET와 같이 전압제어 소자이다.
② GTO 사이리스터와 같이 역방향 전압저지 특성을 갖는다.
③ 게이트와 에미터 사이의 입력 임피던스가 매우 낮아 BJT보다 구동하기 쉽다.

④ BJT처럼 on-drop이 전류에 관계없이 낮고 거의 일정하며, MOSFET보다 훨씬 큰 전류를 흘릴 수 있다.

풀이
IGBT (Insulated Gate Bipolar Transistor)
IGBT는 MOSFET와 트랜지스터의 장점을 취한 것으로서
① 소스에 대한 게이트의 전압으로 도통과 차단을 제어한다.
② 게이트 구동전력이 매우 낮다.
③ 스위칭 속도는 FET와 트랜지스터의 중간정도로 빠른 편에 속한다.
④ 용량은 일반 트랜지스터와 동등한 수준이다.
⑤ MOSFET과 같이 **입력 임피던스가 매우 높아 BJT보다 구동하기 쉽다**. **답** ③

문제 47 권수비가 1 : 2인 변압기(이상 변압기로 한다)를 사용하여 교류 100 [V]의 입력을 가했을 때 전파 정류하면 출력 전압의 평균값은?
① $400\sqrt{2}/\pi$ ② $300\sqrt{2}/\pi$
③ $600\sqrt{2}/\pi$ ④ $200\sqrt{2}/\pi$

풀이
$E_{dc} = \dfrac{2\sqrt{2}}{\pi}E = \dfrac{2\sqrt{2}}{\pi} \times 100 \times 2 = \dfrac{400\sqrt{2}}{\pi}$ [V] **답** ①

문제 48 비돌극형 동기 발전기의 단자전압(1상)을 V, 유도 기전력(1상)을 E, 동기 리액턴스(1상)를 X_s, 부하각을 δ라 하면 1상의 출력[W]은 약 얼마인가?
① $\dfrac{EV}{X_s}\cos\delta$ ② $\dfrac{EV}{X_s}\sin\delta$
③ $\dfrac{E^2V}{X_s}\sin\delta$ ④ $\dfrac{EV^2}{X_s}\cos\delta$

풀이
비돌극기의 출력 $P = \dfrac{EV}{Z_s}\sin(\alpha+\delta) - \dfrac{V^2}{Z_s}\sin\alpha$
전기자 저항 r_a는 매우 작으므로 이것을 무시하고
$Z_s \fallingdotseq X_s$, $\alpha \fallingdotseq 0$이라 하면
$\therefore P \fallingdotseq \dfrac{EV}{X_s}\sin\delta$ [W] **답** ②

문제 49 2대의 3상 동기 발전기를 병렬 운전하여 역률 0.8, 1000 [A]의 부하 전류를 공급하고 있다. 각 발전기의 유효 전류는 같고, A기의 전류가 667 [A]일 때 B기의 전류는 몇 [A]인가?
① 약 385 ② 약 405
③ 약 435 ④ 약 455

풀이
• 부하전류의 유효분 $I' = I\cos\theta = 1000 \times 0.8 = 800$[A]
• I_A, I_B의 유효분 $I_A' = I_B' = \dfrac{I'}{2} = \dfrac{800}{2} = 400$[A]
• A기의 역률 $\cos\theta_1 = \dfrac{I_A'}{I_A} = \dfrac{400}{667} \fallingdotseq 0.6$
• I_B의 무효분
$I_B\sin\theta_2 = I\sin\theta - I_A\sin\theta_1$
$= 1000 \times \sqrt{1-0.8^2} - 667 \times \sqrt{1-0.6^2} = 66$ [A]
따라서 $I_B = \sqrt{(I_B\sin\theta_2)^2 + (I_B')^2}$
$= \sqrt{66^2 + 400^2} \fallingdotseq 405$[A] **답** ②

문제 50 권선형 유도전동기에서 2차 저항을 변화시켜서 속도제어를 하는 경우 최대 토크는?
① 항상 일정하다
② 2차 저항에만 비례한다.
③ 최대 토크가 생기는 점의 슬립에 비례한다.
④ 최대 토크가 생기는 점의 슬립에 반비례한다.

풀이
• 최대 토크 $T_m \propto \dfrac{V^2}{2x_2}$: 2차 저항에 무관
• 최대 토크를 발생하는 슬립 $s_m \fallingdotseq \pm\dfrac{r_2}{x_2}$: 2차 저항에 비례

따라서, 3상 유도 전동기의 **최대 토크의 크기는 2차저항** r_2 **와 슬립** s **에 관계없이 항상 일정**하고 다만 최대 토크가 발생하는 슬립점이 2차 회로의 저항에 비례해서 이동할 뿐이다. **답** ①

문제 51 변압기에서 2차를 1차로 환산한 등가회로의 부하 소비전력 P_2 [W]는, 실제의 부하의 소비전력 P_2 [W]에 대하여 어떠한가? 단, a는 변압비이다.
① a배 ② a^2배
③ $1/a$ ④ 변함없다

[풀이]
등가회로의 부하전력이나 실제의 부하전력에는 변함이 없다. **답 ④**

문제 52 변압기에서 부하에 관계없이 자속만을 만드는 전류는?
① 철손전류   ② 자화전류
③ 여자전류   ④ 교차전류

[풀이]
$\dot{I}_o = \dot{I}_\phi + \dot{I}_i \quad \therefore I_o = \sqrt{I_\phi^2 + I_i^2}$
I_o : 여자전류
I_ϕ (자화전류) : 자속을 유지하는 전류
I_i (철손전류) : 철손을 공급하는 전류 **답 ②**

문제 53 2000/100 [V], 10 [kVA] 변압기의 1차 환산 등가 임피던스가 $6.2+j7\,[\Omega]$이라면 % 임피던스 강하는 약 몇 [%]인가?
① 2.34   ② 3.25
③ 4.14   ④ 5.25

[풀이]
$Z = \sqrt{6.2^2 + 7^2} = 9.35\,[\Omega]$
$\%Z = \dfrac{ZP}{10\,V^2} = \dfrac{9.35 \times 10}{10 \times 2^2} = 2.34\,[\%]$ **답 ①**

문제 54 단상 반파정류로 직류전압 150[V]를 얻으려고 한다. 최대 역전압(Peak Inverse Voltage)이 약 몇 [V] 이상의 다이오드를 사용하여야 하는가?
(단, 정류회로 및 변압기의 전압강하는 무시한다.)
① 150   ② 166
③ 333   ④ 471

[풀이]
단상 반파 정류 회로에서 $PIV = \sqrt{2}E = \pi E_d$
$\therefore PIV = \pi \times 150 = 471.2\,[V]$ **답 ④**

문제 55 자동제어장치에 쓰이는 서보 모터(servo motor)의 특성을 나타내는 것 중 틀린 것은?

① 빈번한 시동, 정지, 역전 등의 가혹한 상태에 견디도록 견고하고 큰 돌입 전류에 견딜 것
② 시동 토크는 크나, 회전부의 관성 모멘트가 작고 전기적 시정수가 짧을 것
③ 발생 토크는 입력신호(入力信號)에 비례하고 그 비가 클 것
④ 직류 서보 모터에 비하여 교류 서보 모터의 시동 토크가 매우 클 것

[풀이]
서보 모터의 특징
① 기동 토크가 크다.
② 회전자 관성 모멘트가 작다.
③ 제어권선 전압이 0에서는 기동해서는 안되고, 곧 정지해야 한다.
④ **직류 서보 모터의 기동 토크가 교류 서보 모터보다 크다.**
⑤ 속응성이 좋고, 시정수가 짧으며, 기계적 응답이 좋다.
⑥ 회전자 팬에 의한 냉각 효과를 기대할 수 없다. **답 ④**

문제 56 동기 조상기를 부족여자로 사용하면?
① 리액터로 작용
② 저항손의 보상
③ 일반 부하의 뒤진 전류를 보상
④ 콘덴서로 작용

[풀이]
- 동기조상기는 무부하로 운전되는 동기전동기의 V곡선을 이용
- 동기전동기 운전
  - 과여자 운전 : 앞선 전류가 흘러 콘덴서로 작용
  - **부족 여자 운전 : 뒤진 전류가 흘러 리액터로 작용**

답 ①

문제 57 3상 유도 전동기의 원선도 작성에 필요한 시험이 아닌 것은?
① 저항측정   ② 슬립측정
③ 무부하시험   ④ 구속시험

[풀이]
① 원선도 작성에 필요한 시험은
  • 저항 측정   • 무부하 시험   • 구속 시험이 있다.

② 유도 전동기의 원선도에서 구할 수 있는 항목
- 전부하 전류 · 역률 · 효율 · 슬립
- 최대출력/정격출력 · 토크

즉, 슬립은 원선도 상에서 구할 수 있다. 답 ②

문제 58 다음 중 옳은 것은?
① 전차용 전동기는 차동 복권 전동기이다.
② 분권 전동기의 운전 중 계자 회로만이 단선되면 위험 속도가 된다.
③ 직권 전동기에서는 부하가 줄면 속도가 감소한다.
④ 분권 전동기는 부하에 따라 속도가 많이 변한다.

풀이
속도 $N = K \dfrac{V - I_a R_a}{\Phi}$ 에서 계자회로가 단선되면 자속 Φ가 0이 되기 때문에 위험속도가 된다. 답 ②

문제 59 220 [V], 3상 유도 전동기의 전부하 슬립이 4 [%]이다. 공급 전압이 10 [%] 저하된 경우의 전부하 슬립[%]은?
① 4 ② 5 ③ 6 ④ 7

풀이
공급전압이 10[%] 저하된 경우의 전부하 슬립을 s'라 하면
$$s' = s \times \left(\dfrac{V_1}{V_1'}\right)^2 = s \times \left(\dfrac{V_1}{V_1 \times 0.9}\right)^2$$
$$= 0.04 \times \left(\dfrac{220}{220 \times 0.9}\right)^2 = 0.05 = 5[\%]$$ 답 ②

문제 60 2 [kVA], 3000/100 [V]의 단상변압기의 철손이 200 [W]이면 1차에 환산한 여자 컨덕턴스[℧]는?
① 66.6×10^{-3} ② 22.2×10^{-6}
③ 22×10^{-2} ④ 2×10^{-6}

풀이
$P_i = 200[W]$, $V_1 = 3000[V]$, $V_2 = 100[V]$
$g_0 = \dfrac{P_i}{V_1^2} = \dfrac{200}{3000^2} = 22.2 \times 10^{-6}[℧]$ 답 ②

제4과목 회로이론

문제 61 그림과 같은 회로에서 2 [Ω]의 단자 전압[V]은?
① 3
② 4
③ 6
④ 8

풀이
- 전압원만 존재할 때 2[Ω]에 흐르는 전류 (이때 전류원은 개방)
$I_1 = \dfrac{V}{R} = \dfrac{3}{2+1} = 1[A]$
- 전류원만 존재할 때 2[Ω]에 흐르는 전류 (이때 전압원은 단락)
$I_2 = \dfrac{R_1}{R_1 + R_2} I = \dfrac{1}{1+2} \times 6 = 2[A]$
- 2[Ω]을 흐르는 전 전류 $I = I_1 + I_2 = 1 + 2 = 3[A]$
$\therefore V = IR = 3 \times 2 = 6[V]$ 답 ③

문제 62 4단자 회로망이 가역적이기 위한 조건으로 틀린 것은?
① $Z_{12} = Z_{21}$ ② $Y_{12} = Y_{21}$
③ $H_{12} = -H_{21}$ ④ $AB - CD = 1$

풀이
4단자 회로망이 **가역성**을 가질 때 각 파라미터의 조건은
$Z_{12} = Z_{21}$, $Y_{12} = Y_{21}$, $H_{12} = -H_{21}$, $AD - BC = 1$
이고, 좌우 대칭인 경우는
$Z_{11} = Z_{22}$, $Y_{11} = Y_{22}$, $H_{11}H_{22} - H_{12}H_{21} = 1$, $A = D$
이다. 답 ④

문제 63 그림과 같은 $R-L-C$ 직렬 회로에서 발생하는 과도 현상이 진동이 되지 않는 조건은 어느 것인가?

① $\left(\dfrac{R}{2L}\right)^2 - \dfrac{1}{LC} < 0$ ② $\left(\dfrac{R}{2L}\right)^2 - \dfrac{1}{LC} > 0$
③ $\left(\dfrac{R}{2L}\right)^2 = \dfrac{1}{LC}$ ④ $\dfrac{R}{2L} = \dfrac{1}{LC}$

풀이

$\left(\dfrac{R}{2L}\right)^2 - \dfrac{1}{LC} > 0$: 비진동적

$\left(\dfrac{R}{2L}\right)^2 - \dfrac{1}{LC} < 0$: 진동적

$\left(\dfrac{R}{2L}\right)^2 - \dfrac{1}{LC} = 0$: 임계적

답 ②

문제 64 어느 회로에 전압과 전류의 실효값이 각각 50[V], 10[A]이고, 역률이 0.8이다. 무효전력[Var]은?

① 300   ② 400   ③ 500   ④ 600

풀이

$P_r = VI\sin\theta = 50 \times 10 \times \sqrt{1-0.8^2} = 300[\text{Var}]$

(여기서, $\sin\theta = \sqrt{1-\cos^2\theta} = \sqrt{1-0.8^2} = 0.6$)

답 ①

문제 65 3상 불평형 전압을 V_a, V_b, V_c라고 할 때 역상 전압 V_2는?

① $V_2 = \dfrac{1}{3}(V_a + V_b + V_c)$

② $V_2 = \dfrac{1}{3}(V_a + aV_b + a^2 V_c)$

③ $V_2 = \dfrac{1}{3}(V_a + a^2 V_b + V_c)$

④ $V_2 = \dfrac{1}{3}(V_a + a^2 V_b + aV_c)$

풀이

• 영상전압 $V_0 = \dfrac{1}{3}(V_a + V_b + V_c)$

• 정상전압 $V_1 = \dfrac{1}{3}(V_a + aV_b + a^2 V_c)$ ($1 \to a \to a^2$의 순서)

• 역상전압 $V_2 = \dfrac{1}{3}(V_a + a^2 V_b + aV_c)$ ($1 \to a^2 \to a$의 순서)

답 ④

문제 66 어떤 회로에 전압 v와 전류 i가 각각

$v = 100\sqrt{2}\sin\left(377t + \dfrac{\pi}{3}\right)$ [V],

$i = \sqrt{8}\sin\left(377t + \dfrac{\pi}{6}\right)$ [A]

일 때 소비전력[W]은?

① 100   ② $200\sqrt{3}$
③ 300   ④ $100\sqrt{3}$

풀이

$P = VI\cos\theta = 100 \times \dfrac{\sqrt{8}}{\sqrt{2}}\cos\left(\dfrac{\pi}{3} - \dfrac{\pi}{6}\right) = 100\sqrt{3}[\text{W}]$

답 ④

문제 67 그림과 같은 회로의 영상 임피던스 Z_{01}, $Z_{02}[\Omega]$는 각각 얼마인가?

① 9, 5   ② 6, $\dfrac{10}{3}$

③ 4, 5   ④ 4, $\dfrac{20}{9}$

풀이

$\begin{bmatrix} A & B \\ C & D \end{bmatrix} = \begin{bmatrix} 1 & 4 \\ 0 & 1 \end{bmatrix}\begin{bmatrix} 1 & 0 \\ \dfrac{1}{5} & 1 \end{bmatrix} = \begin{bmatrix} 1+\dfrac{4}{5} & 4 \\ \dfrac{1}{5} & 1 \end{bmatrix}$

$A = 1 + \dfrac{4}{5} = \dfrac{9}{5}$, $B = 4$, $C = \dfrac{1}{5}$, $D = 1$ 이므로

$Z_{01} = \sqrt{\dfrac{AB}{CD}} = \sqrt{\dfrac{\dfrac{9}{5} \times 4}{\dfrac{1}{5} \times 1}} = 6[\Omega]$

$Z_{02} = \sqrt{\dfrac{BD}{AC}} = \sqrt{\dfrac{4 \times 1}{\dfrac{9}{5} \times \dfrac{1}{5}}} = \dfrac{10}{3}[\Omega]$

답 ②

문제 68 $R = 1[\text{M}\Omega]$, $C = 1[\mu\text{F}]$의 직렬 회로에 직류 100[V]를 가했다. 시정수 τ, 전류의 초기값 I를 구하면?

① 5 [sec], 10^{-4} [A]   ② 4 [sec], 10^{-3} [A]
③ 1 [sec], 10^{-4} [A]   ④ 2 [sec], 10^{-3} [A]

풀이

$R-C$ 직렬회로(직류전압을 인가하는 경우)

• 시정수 $\tau = RC$ [sec]

• 전류 $i(t) = \dfrac{E}{R}e^{-\dfrac{1}{RC}t}$ [A] 이다.

따라서, 시정수 $\tau = RC = 10^6 \times 10^{-6} = 1$ [sec]

초기값 전류 $I = \dfrac{E}{R}\bigg|_{t=0} = \dfrac{100}{1\times 10^6} = 10^{-4}[A]$ 답 ③

문제 69
그림과 같은 회로에 $t=0$에서 S를 닫을 때의 방전 과도전류 $i(t)[A]$는?

① $\dfrac{Q}{RC}e^{-\frac{t}{RC}}$

② $-\dfrac{Q}{RC}e^{\frac{t}{RC}}$

③ $\dfrac{Q}{RC}(1+e^{\frac{t}{RC}})$

④ $-\dfrac{1}{RC}(1-e^{-\frac{t}{RC}})$

풀이
스위치를 닫은 상태에서 회로의 평형 방정식은
$R\dfrac{dq(t)}{dt} + \dfrac{1}{C}q(t) = 0$ 이므로 $q(t) = Ae^{-\frac{1}{RC}t}$
초기 조건에서 $q(0) = Q$라 하면
$q(t) = Qe^{-\frac{1}{RC}t}$
$\therefore i(t) = \dfrac{dq(t)}{dt} = \dfrac{d}{dt}Qe^{-\frac{1}{RC}t} = -\dfrac{Q}{RC}e^{-\frac{1}{RC}t}$
그런데, 문제의 그림에서는 전류 방향이 일치하므로 부호는 +이다. 답 ①

문제 70
$f(t) = \sin t \cos t$ 를 라플라스 변환하면?

① $\dfrac{1}{s^2 + 2}$ ② $\dfrac{1}{s^2 + 4}$

③ $\dfrac{1}{(s+2)^2}$ ④ $\dfrac{1}{(s+4)^2}$

풀이
삼각함수의 가법 정리에 의해서 $\sin t \cos t = \dfrac{1}{2}\sin 2t$ 이므로
$F(s) = \mathcal{L}[\sin t \cos t] = \mathcal{L}\left[\dfrac{1}{2}\sin 2t\right]$
$= \dfrac{1}{2} \cdot \dfrac{2}{s^2 + 2^2} = \dfrac{1}{s^2 + 4}$ 답 ②

문제 71
그림에서 4단자망의 개방 순방향 전달 임피던스 $Z_{21}[\Omega]$과 단락 순방향 전달 어드미턴스 $Y_{21}[\mho]$은?

① $Z_{21} = 5$, $Y_{21} = -\dfrac{1}{2}$

② $Z_{21} = 3$, $Y_{21} = -\dfrac{1}{3}$

③ $Z_{21} = 3$, $Y_{21} = -\dfrac{1}{2}$

④ $Z_{21} = 5$, $Y_{21} = -\dfrac{5}{6}$

풀이
- $Z_{21} = \dfrac{V_2}{I_1}\bigg|_{I_2 = 0} = \dfrac{3I_1}{I_1} = 3$
- $Y_{21} = \dfrac{I_2}{V_1}\bigg|_{V_2 = 0} = \dfrac{-I_1}{2I_1} = -\dfrac{1}{2}$ 답 ③

문제 72
다음과 같은 전기 회로의 입력을 e_i, 출력을 e_o라고 할 때 전달함수는?
(단, $T = \dfrac{L}{R}$ 이다.)

① $Ts + 1$ ② $Ts^2 + 1$

③ $\dfrac{1}{Ts + 1}$ ④ $\dfrac{Ts}{Ts + 1}$

풀이
$G(s) = \dfrac{V_o(s)}{V_i(s)} = \dfrac{Ls}{R+Ls} = \dfrac{\frac{L}{R}s}{1+\frac{L}{R}s} = \dfrac{Ts}{1+Ts}$ 답 ④

문제 73
저항 $R = 60[\Omega]$과 유도리액턴스 $\omega L = 80[\Omega]$인 코일이 직렬로 연결된 회로에 $200[V]$의 전압을 인가할 때 전압과 전류의 위상차는?

① $48.17°$ ② $50.23°$

③ $53.13°$ ④ $55.27°$

풀이

임피던스 $Z = R + j\omega L$ 에서
$Z = 60 + j80 = \sqrt{60^2 + 80^2} \big/ \tan^{-1}\frac{80}{60} = 100 \big/ 53.13°$

따라서 전류 $I = \dfrac{E}{Z} = \dfrac{200 \big/ 0°}{100 \big/ 53.13°} = 2 \big/ -53.13°$ **답** ③

문제 74 최대 눈금 $I = n$ [mA]의 전류계 A(내부 저항 무시)에 직렬로 R [kΩ]의 저항을 접속하여 전압계로 했을 때 몇 [V]까지 측정할 수 있는가?

① $\dfrac{R}{n-1}$ ② $\dfrac{R}{n}$
③ nR ④ $(n-1)R$

풀이

$I = n$ [mA], R [kΩ] 이므로
$V = IR = n \times 10^{-3} \times R \times 10^3 = nR$ [V]   **답** ③

문제 75 다음 ( ) 안에 들어갈 내용으로 가장 적합한 것은?

> "3상 3선식에서는 회로의 평형, 불평형 또는 부하의 △, Y에 불구하고 세 선전류의 합은 0 이므로 선전류의 ( )은 0이다."

① 정상분   ② 역상분
③ 영상분   ④ 평형분

풀이

중성점 비접지식에서는 평형, 불평형 또는 부하의 △, Y에 불구하고 영상전류 $I_0 = \dfrac{1}{3}(I_a + I_b + I_c)$에서
$I_a + I_b + I_c = 0$이므로 I_0(영상분) $= 0$ 이다.   **답** ③

문제 76 한 상의 임피던스가 $3 + j4$ [Ω]인 평형 △ 부하에 대칭인 선간 전압 200 [V]를 가할 때 3상 전력은 몇 [kW]인가?

① 9.6   ② 12.5
③ 14.4   ④ 20.5

풀이

상전류 : $I_p = \dfrac{V_p}{Z_p} = \dfrac{200}{\sqrt{3^2 + 4^2}} = 40$ [A]

$\therefore P = 3I_p^2 R = 3 \times 40^2 \times 3 = 14400$ [W] $= 14.4$ [kW]   **답** ③

문제 77 극좌표 형식으로 표현된 전류의 페이저가 각각 $I_1 = 10 \angle \tan^{-1}\dfrac{4}{3}$ [A], $I_2 = 10 \angle \tan^{-1}\dfrac{3}{4}$ [A]이고, $I = I_1 + I_2$ 일 때, I [A]는?

① $-2 + j2$ ② $14 + j14$
③ $14 + j4$ ④ $14 + j3$

풀이

$\theta_1 = \tan^{-1}\dfrac{4}{3}$, $\theta_2 = \tan^{-1}\dfrac{3}{4}$
이라면 그림과 같다.

I_1 과 I_2 를 복소수로 변환하면
$I_1 = 10 \angle \theta_1 = 10(\cos\theta_1 + j\sin\theta_1)$
$= 10\left(\dfrac{3}{5} + j\dfrac{4}{5}\right) = 6 + j8$
$I_2 = 10 \angle \theta_2 = 10(\cos\theta_2 + j\sin\theta_2) = 10\left(\dfrac{4}{5} + j\dfrac{3}{5}\right) = 8 + j6$

$\therefore I = I_1 + I_2 = 6 + j8 + 8 + j6 = 14 + j14$ **답** ②

문제 78 4단자 회로망에서의 영상 임피던스[Ω]는?

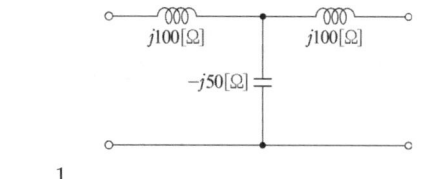

① $j\dfrac{1}{50}$ ② -1 ③ 1 ④ 0

풀이

- 영상 임피던스 $Z_{01} = \sqrt{\dfrac{AB}{CD}}$
- 대칭 T형 회로에서는 $A = D$ 이므로 $Z_{01} = \sqrt{\dfrac{B}{C}}$ 이다.

- $\begin{bmatrix} A & B \\ C & D \end{bmatrix} = \begin{bmatrix} 1 & j100 \\ 0 & 1 \end{bmatrix} \begin{bmatrix} 1 & 0 \\ \dfrac{1}{-j50} & 1 \end{bmatrix} \begin{bmatrix} 1 & j100 \\ 0 & 1 \end{bmatrix} = \begin{bmatrix} -1 & 0 \\ j\dfrac{1}{50} & -1 \end{bmatrix}$

$\therefore Z_0 = \sqrt{\dfrac{B}{C}} = \sqrt{\dfrac{0}{j\dfrac{1}{50}}} = 0$ **답** ④

문제 79
2전력계법을 써서 대칭 평형 3상 전력을 측정하였더니 각 전력계가 500[W], 300[W]를 지시하였다면 전 전력은?
① 200[W]   ② 300[W]
③ 500[W]   ④ 800[W]

풀이
전 전력 $W = W_1 + W_2 = 500 + 300 = 800[W]$ 답 ④

문제 80
주기적인 구형파 신호의 구성은?
① 직류성분만으로 구성된다.
② 기본파 성분만으로 구성된다.
③ 고조파 성분만으로 구성된다.
④ 직류 성분, 기본파 성분, 무수히 많은 고조파 성분으로 구성된다.

풀이
주기적인 비정현파는 일반적으로 푸리에 급수에 의해 표시되므로 무수히 많은 주파수의 합성이다.   답 ④

제5과목 전기설비기술기준

문제 81
전기철도차량에 전력을 공급하는 전차선의 가선방식에 포함되지 않는 것은?
① 가공방식   ② 강체방식
③ 제3레일방식   ④ 지중조가선방식

풀이
431.1 전차선 가선방식
전차선의 가선방식은 열차의 속도 및 노반의 형태, 부하전류 특성에 따라 적합한 방식을 채택하여야 하며, **가공방식, 강체방식, 제3레일방식**을 표준으로 한다.   답 ④

문제 82
주택 등 저압 수용 장소에서 고정 전기설비에 TN-C-S 접지방식으로 접지공사 시 중성선 겸용 보호도체(PEN)를 알루미늄으로 사용 할 경우 단면적은 몇 [mm²]이상이어야 하는가?
① 2.5   ② 6   ③ 10   ④ 16

풀이
142.4.2 주택 등 저압수용장소 접지
저압수용장소에서 계통접지가 TN-C-S 방식인 경우 **중성선 겸용 보호도체(PEN)**는 고정 전기설비에만 사용할 수 있고, 그 도체의 단면적이 구리는 10[mm²] 이상, 알루미늄은 16[mm²] 이상이어야 하며, 그 계통의 최고전압에 대하여 절연되어야 한다.   답 ④

문제 83
케이블트레이공사에 사용하는 케이블트레이의 최소 안전율은?
① 1.5   ② 1.8
③ 2.0   ④ 3.0

풀이
232.41 케이블트레이공사
가. 케이블 트레이의 안전율은 1.5 이상으로 하여야 한다.
나. 금속재의 것은 적절한 방식처리를 한 것이거나 내식성 재료의 것이어야 한다.
다. 비금속제 케이블 트레이는 난연성 재료의 것이어야 한다.
라. 금속제 케이블 트레이 계통은 기계적 및 전기적으로 완전하게 접속하여야 하며 금속제 트레이는 접지공사를 하여야 한다.   답 ①

문제 84
다음은 무엇에 관한 설명인가?

"가공 전선이 다른 시설물과 접근하는 경우에 그 가공 전선이 다른 시설물의 위쪽 또는 옆쪽에 수평거리로 3[m] 미만인 곳에 시설되는 상태"

① 제1차 접근상태   ② 제2차 접근상태
③ 제3차 접근상태   ④ 제4차 접근상태

풀이
112 용어 정의
"제2차 접근상태"란 가공 전선이 다른 시설물과 접근하는 경우에 그 가공 전선이 다른 시설물의 위쪽 또는 옆쪽에서 **수평 거리 3[m] 미만인 곳에 시설되는 상태**를 말한다.

답 ②

문제 85 전기저장장치에서의 제어 및 보호장치 시설기준에 대한 내용으로 틀린 것은?

① 전기저장장치의 접속점에는 쉽게 개폐할 수 없는 곳에 개방상태를 육안으로 확인할 수 있는 전용의 개폐기를 시설하여야 한다.
② 직류 전로에 과전류차단기를 설치하는 경우 직류 단락전류를 차단하는 능력을 가지는 것이어야 하고 "직류용" 표시를 하여야 한다.
③ 전기저장장치의 직류 전로에는 지락이 생겼을 때에 자동적으로 전로를 차단하는 장치를 시설하여야 한다.
④ 발전소 또는 변전소 혹은 이에 준하는 장소에 전기저장장치를 시설하는 경우 전로가 차단되었을 때에 경보하는 장치를 시설하여야 한다.

풀이
512 전기저장장치의 시설
① 전기저장장치의 접속점에는 **쉽게 개폐할 수 있는 곳**에 개방상태를 육안으로 확인할 수 있는 **전용의 개폐기를 시설**하여야 한다.
② 직류 전로에 과전류차단기를 설치하는 경우 직류 단락전류를 차단하는 능력을 가지는 것이어야 하고 "직류용" 표시를 하여야 한다.
③ 전기저장장치의 직류 전로에는 지락이 생겼을 때에 자동적으로 전로를 차단하는 장치를 시설하여야 한다.
④ 발전소 또는 변전소 혹은 이에 준하는 장소에 전기저장장치를 시설하는 경우 전로가 차단되었을 때에 경보하는 장치를 시설하여야 한다. **답** ①

문제 86 특고압 가공전선로의 지지물로 사용하는 목주의 풍압하중에 대한 안전율은 얼마 이상이어야 하는가?

① 1.2 ② 1.5 ③ 2.0 ④ 2.5

풀이
333.10 특고압 가공전선로의 목주 시설.
332.7 고압 가공전선로의 지지물의 강도
222.8 저압 가공전선로의 지지물의 강도
지지물이 목주인 경우 안전율 및 말구의 지름

전압의 종별	안전율	말구의 지름
저 압	1.2	–
고 압	1.3	0.12 [m] 이상
특고압	1.5	0.12 [m] 이상

답 ②

문제 87 석유류를 저장하는 장소의 전등배선에 사용하지 않는 공사방법은?

① 케이블공사
② 금속관공사
③ 애자공사
④ 합성수지관공사

풀이
242.4 위험물 등이 존재하는 장소
셀룰로이드 · 성냥 · **석유류 기타 타기 쉬운 위험한 물질**을 제조하거나 저장하는 곳에 시설하는 저압 옥내 전기설비는 다음에 따르고 또한 위험의 우려가 없도록 시설하여야 한다.
가. 이동전선은 접속점이 없는 0.6/1[kV] EP 고무 절연 클로로프렌 캡타이어 케이블 또는 0.6/1[kV] 비닐 절연 비닐캡타이어 케이블을 사용할 것.
나. 저압 옥내배선 등은 **합성수지관공사**(두께 2[mm] 미만의 합성수지 전선관 및 난연성이 없는 콤바인 덕트관을 사용하는 것을 제외한다) · **금속관공사 또는 케이블공사**에 의할 것. **답** ③

문제 88 고압 가공전선로의 지지물이 B종 철주인 경우, 경간은 몇 [m] 이하이어야 하는가?

① 150 ② 200
③ 250 ④ 300

풀이
332.9 고압 가공전선로 경간의 제한
고압 가공전선로의 경간은 표에서 정한 값 이하이어야 한다.

지지물의 종류	경간
목주 · A종 철주 또는 A종 철근 콘크리트주	150[m]
B종 철주 또는 B종 철근 콘크리트주	250[m]
철탑	600[m]

답 ③

문제 89 지중전선로의 전선으로 적합한 것은?

① 케이블 ② 동복강선
③ 절연전선 ④ 나경동선

풀이
334.1 지중전선로의 시설
지중 전선로는 전선에 케이블을 사용하고 또한 관로식 · 암거식 또는 직접 매설식에 의하여 시설하여야 한다. **답** ①

문제 90 옥내의 네온 방전등 공사에 대한 설명으로 틀린 것은?

① 방전등용 변압기는 네온변압기일 것
② 관등회로의 배선은 점검할 수 없는 은폐장소에 시설할 것
③ 관등회로의 배선은 애자공사에 의하여 시설할 것
④ 방전등용 변압기의 외함에는 접지공사를 할 것

풀이
234.12.2 관등회로의 배선
관등회로의 배선은 애자공사로 다음에 따라서 시설하여야 한다.
가. 전선은 네온관용전선을 사용할 것.
나. **배선**은 외상을 받을 우려가 없고 사람이 접촉될 우려가 없는 **노출장소 또는 점검할 수 있는 은폐장소에 시설할 것**.
다. 전선지지점간의 거리는 1[m] 이하로 할 것. **답** ②

문제 91 지선을 사용하여 그 강도를 분담시켜서는 아니되는 가공전선로 지지물은?

① 목주   ② 철주
③ 철탑   ④ 철근콘크리트주

풀이
331.11 지선의 시설
가. 가공전선로의 지지물로 사용하는 **철탑은 지선을 사용하여 그 강도를 분담시켜서는 안 된다.**
나. 가공전선로의 지지물로 사용하는 철주 또는 철근 콘크리트주는 지선을 사용하지 않는 상태에서 2분의 1 이상의 풍압하중에 견디는 강도를 가지는 경우 이외에는 지선을 사용하여 그 강도를 분담시켜서는 안 된다. **답** ③

문제 92 고압 가공전선로의 가공지선으로 나경동선을 사용하는 경우의 지름은 몇 [mm] 이상이어야 하는가?

① 3.2   ② 4   ③ 5.5   ④ 6

풀이
332.6 고압 가공전선로의 가공지선
고압 가공전선로에 사용하는 **가공지선**은 인장강도 5.26 [kN] 이상의 것 또는 **지름 4[mm] 이상의 나경동선**을 사용한다. **답** ②

문제 93 애자공사에 의한 고압 옥내배선의 시설에 사용되는 연동선의 단면적은 최소 몇 [mm²] 의 것을 사용하여야 하는가?

① 2.5   ② 4   ③ 6   ④ 10

풀이
342.1 고압 옥내배선 등의 시설
가. 고압 옥내배선은 다음에 따라 시설하여야 한다.
　① 애자공사(건조한 장소로서 전개된 장소에 한한다)
　② 케이블공사
　③ 케이블트레이공사
나. **전선은 공칭단면적 6[mm²] 이상의 연동선** **답** ③

문제 94 흥행장의 저압 전기설비공사로 무대·무대마루 밑·오케스트라 박스·영사실 기타 사람이나 무대 도구가 접촉할 우려가 있는 곳에 시설하는 저압 옥내배선·전구선 또는 이동전선은 사용전압이 몇 [V] 이하이어야 하는가?

① 100   ② 200
③ 300   ④ 400

풀이
242.6 전시회, 쇼 및 공연장의 전기설비
무대·무대마루 밑·오케스트라 박스·영사실 기타 사람이나 무대 도구가 접촉할 우려가 있는 곳에 시설하는 저압 옥내배선, 전구선 또는 이동전선은 **사용전압이 400[V] 이하**이어야 한다. **답** ④

문제 95 금속제가요전선관공사에 의한 저압 옥내배선으로 틀린 것은?

① 2종 금속제 가요전선관을 사용하였다.
② 전선은 연선을 사용하였다.
③ 전선으로 옥외용 비닐 절연전선을 사용하였다.
④ 가요전선관은 접지공사를 하였다.

풀이
232.13 금속제가요전선관공사
가. **전선은 절연전선(옥외용 비닐 절연전선을 제외한다)일 것.**
나. 전선은 연선일 것. 다만, 단면적 10[mm²](알루미늄선은 단면적 16[mm²]) 이하인 것은 그러하지 아니하다.
다. 가요전선관 안에는 전선에 접속점이 없도록 할 것.
라. 가요전선관은 2종 금속제 가요전선관일 것 **답** ③

문제 96 가공전선로의 지지물에 시설하는 지선으로 연선을 사용할 경우 소선은 몇 가닥 이상이어야 하는가?

① 2　　② 3　　③ 5　　④ 9

풀이

331.11 지선의 시설
가. 지선의 **안전율은 2.5 이상**일 것. 이 경우에 허용 인장하중의 최저는 4.31[kN]으로 한다.
나. 지선에 연선을 사용할 경우에는 다음에 의할 것.
　① **소선 3가닥 이상**의 연선일 것.
　② 소선의 **지름이 2.6[mm] 이상의 금속선**을 사용한 것일 것.　　**답** ②

문제 97 철도·궤도 또는 자동차도의 전용터널 안의 터널내 전선로의 시설방법으로 틀린 것은?

① 저압전선으로 지름 2.0[mm]의 경동선을 사용하였다.
② 고압전선은 케이블공사로 하였다.
③ 저압전선을 애자공사에 의하여 시설하고 이를 레일면상 또는 노면상 2.5[m] 이상으로 하였다.
④ 저압전선을 금속제가요전선관공사에 의하여 시설하였다.

풀이

335.1 터널 안 전선로의 시설
철도·궤도 또는 자동차도 전용터널 안의 전선로

전압	전선의 굵기	시공방법	애자공사 시 높이
저압	인장강도 2.30[kN]이상 또는 2.6[mm] 이상의 경동선의 절연전선	• 합성수지관공사 • 금속관공사 • 금속제가요전선관 공사 • 케이블공사 • 애자공사	노면상, 레일면상 2.5[m] 이상
고압	인장강도 5.26[kN] 이상 또는 4[mm] 이상의 경동선	• 케이블공사 • 애자공사	노면상, 레일면상 3[m] 이상
특고압		• 케이블공사	

답 ①

문제 98 접지 공사에 사용하는 접지선을 사람이 접촉할 우려가 있는 곳에 시설하는 경우에 그 접지선의 어느 부분까지 합성 수지관 또는 이와 동등 이상의 절연 효력 및 강도를 가지는 몰드로 덮어야 하는가?

① 지하 50[cm]로부터 지표상 1.6[m]까지의 부분
② 지하 60[cm]로부터 지표상 2[m]까지의 부분
③ 지하 75[cm]로부터 지표상 2[m]까지의 부분
④ 지하 80[cm]로부터 지표상 1.8[m]까지의 부분

풀이

142.3.1 접지도체
접지도체는 **지하 0.75[m] 부터 지표 상 2[m]** 까지 부분은 **합성수지관**(두께 2[mm] 미만의 합성수지제 전선관 및 가연성 콤바인덕트관은 제외한다) 또는 이와 동등 이상의 절연 효과와 강도를 가지는 몰드로 덮어야 한다.　　**답** ③

문제 99 지중에 매설되어 있는 금속제 수도관로를 각종 접지공사의 접지극으로 사용하려면 대지와의 전기저항 값이 몇 [Ω] 이하의 값을 유지하여야 하는가?

① 1　　② 2　　③ 3　　④ 5

풀이

142.2 접지극의 시설 및 접지저항
가. 지중에 매설되어 있고 대지와의 전기저항 값이 **3[Ω] 이하**의 값을 유지하고 있는 **금속제 수도관로**가 규정에 따르는 경우 접지극으로 사용이 가능하다.
나. 대지와의 사이에 전기저항 값이 **2[Ω] 이하**인 값을 유지하는 **건축물·구조물의 철골 기타의 금속제**는 접지공사의 접지극으로 사용할 수 있다.　　**답** ③

문제 100 전기부식방지 시설을 할 때 전기부식방지용 전원 장치로부터 양극 및 피방식체까지의 전로에 사용되는 전압은 직류 몇 [V] 이하이어야 하는가?

① 20[V]　　② 40[V]
③ 60[V]　　④ 80[V]

풀이

241.16 전기부식방지 시설
가. 전기부식방지용 전원장치에 전기를 공급하는 전로의 사용전압은 저압이어야 한다.
나. 전기부식방지용 변압기는 절연변압기 일 것
다. 전기부식방지 회로(전기부식방지용 전원장치로부터 양극 및 피방식체까지의 전로를 말한다.)의 **사용전압은 직류 60[V] 이하**일 것.　　**답** ③

D60-2
2020년도 전기산업기사 필기

- 2020년도 제1,2회 전기산업기사
- 2020년도 제2회 전기산업기사
- 2020년도 제3회 전기산업기사

국가기술자격검정 필기시험 문제

2020년도 전기산업기사 일반검정 제1,2회

자격종목 및 등급(선택분야)	종목코드	시험시간	문제지형별	수검 번호	성 명
전기산업기사	2140	2시간 30분	A		

제1과목 전기자기학

문제 01 유전율이 각각 다른 두 종류의 유전체 경계면에 전속이 입사될 때 이 전속은 어떻게 되는가? (단, 경계면에 수직으로 입사하지 않는 경우이다.)
① 굴절 ② 반사
③ 회절 ④ 직진

풀이
1) 두 유전체 경계면에서의 경계조건

 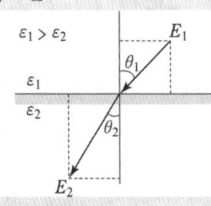

전속의 굴절   전기력선의 굴절

- 전속밀도의 법선성분(수직성분)이 같다.
  ($D_1 \cos\theta_1 = D_2 \cos\theta_2$)
- 전계는 접선성분(평행성분)이 같다.
  ($E_1 \sin\theta_1 = E_2 \sin\theta_2$)
- 두 경계면에서의 전위는 서로 같다. ($V_1 = V_2$)
- 굴절의 법칙 : $\dfrac{\tan\theta_1}{\tan\theta_2} = \dfrac{\epsilon_1}{\epsilon_2}$ (θ_1 : 입사각, θ_2 : 굴절각)
- $\epsilon_1 > \epsilon_2$ 이면, $\theta_1 > \theta_2$ 이다.

2) **전속 및 전기력선의 굴절** ($0° < \theta_1 < 90°$, $\epsilon_1 > \epsilon_2$ 인 경우)
   ① 입사각과 굴절각 : $\theta_1 > \theta_2$
   ② 전속밀도 : $D_1 > D_2$ (불연속)
   ③ 전계 : $E_1 < E_2$ (불연속)

3) 경계면 수직 입사($\theta_1 = 0°$, $\epsilon_1 > \epsilon_2$ 인 경우)
   ① 전속 및 전기력선은 굴절하지 않고 직진한다.
      ($\theta_2 = 0°$)
   ② 전속밀도 : $D_1 = D_2$ (연속, 일정)
   ③ 전계 : $E_1 < E_2$ (불연속)

4) 경계면 평행 입사($\theta_1 = 90°$, $\epsilon_1 > \epsilon_2$ 인 경우)
   ① 전속 및 전기력선은 굴절하지 않고 경계면과 평행으로 진행($\theta_2 = 90°$)
   ② 전속밀도 : $D_1 > D_2$ (불연속)
   ③ 전계 : $E_1 = E_2$ (연속, 일정)   **답 ①**

문제 02 반지름이 9[cm]인 도체구 A에 8[C]의 전하가 균일하게 분포되어 있다. 이 도체구에 반지름 3[cm]인 도체구 B를 접촉시켰을 때 도체구 B로 이동한 전하는 몇 [C]인가?
① 1 ② 2 ③ 3 ④ 4

풀이
- 전체 전하량 $Q = Q_1 + Q_2$
  여기서, Q_1 : 도체구 접촉 후 A 도체의 전하량
  Q_2 : 도체구 접촉 후 B 도체의 전하량
  Q : 도체구 접촉 전 A도체의 전하량(총 전하량)
- 두 도체구를 접속시키면 전위는 같게 되므로,
  $V = \dfrac{Q_1}{4\pi\epsilon_0 r_1} = \dfrac{Q_2}{4\pi\epsilon_0 r_2}$
  따라서, $Q_2 = \dfrac{4\pi\epsilon_0 r_2}{4\pi\epsilon_0 r_1} Q_1 = \dfrac{r_2}{r_1} Q_1 = \dfrac{r_2}{r_1}(Q - Q_2)$
  $= \dfrac{3}{9}(8 - Q_2)$ ∴ $Q_2 = 2$ [C]   **답 ②**

문제 03 내구의 반지름 a[m], 외구의 반지름 b[m]인 동심 구 도체 간에 도전율이 k[S/m]인 저항물질이 채워져 있을 때의 내외구간의 합성저항[Ω]은?
① $\dfrac{1}{8\pi k}\left(\dfrac{1}{a} - \dfrac{1}{b}\right)$
② $\dfrac{1}{4\pi k}\left(\dfrac{1}{a} - \dfrac{1}{b}\right)$
③ $\dfrac{1}{2\pi k}\left(\dfrac{1}{a} - \dfrac{1}{b}\right)$
④ $\dfrac{1}{\pi k}\left(\dfrac{1}{a} + \dfrac{1}{b}\right)$

풀이

- 내구의 반지름 a, 외구의 반지름 b인 동심 구 도체의 정전용량 $C = \dfrac{4\pi\epsilon}{\dfrac{1}{a}-\dfrac{1}{b}}$ [F]

- $RC = \rho\epsilon$ 에서

$$R = \dfrac{\rho\epsilon}{C} = \dfrac{\rho\epsilon}{\dfrac{4\pi\epsilon}{\dfrac{1}{a}-\dfrac{1}{b}}} = \dfrac{\rho}{4\pi}\left(\dfrac{1}{a}-\dfrac{1}{b}\right) = \dfrac{1}{4\pi k}\left(\dfrac{1}{a}-\dfrac{1}{b}\right) [\Omega]$$

($\because$ 도전율 $k = \dfrac{1}{\text{저항률}} = \dfrac{1}{\rho}$)   **답 ②**

문제 04 대전된 도체 표면의 전하밀도를 σ[C/m²]이라고 할 때, 대전된 도체 표면의 단위면적이 받는 정전응력[N/m²]은 전하밀도 σ와 어떤 관계가 있는가?

① $\sigma^{\frac{1}{2}}$에 비례   ② $\sigma^{\frac{3}{2}}$에 비례
③ σ에 비례   ④ σ^2에 비례

풀이

도체에 전하가 분포되어 있을 때, **도체 표면에 작용하는 힘을 정전응력**이라 하며, **단위 면적당의 힘**으로 정의한다.
면전하밀도 σ[C/m²]인 도체 표면에서 전속밀도 $D = \sigma$, 전계의 세기 $E = \dfrac{\sigma}{\epsilon_0}$이므로 정전응력 $f = \dfrac{1}{2} E \cdot D$에서
$f = \dfrac{1}{2}\epsilon_0 E^2 = \dfrac{\sigma^2}{2\epsilon_0}$ [N/m²]이 된다. 즉, $f \propto \sigma^2$ **답 ④**

문제 05 양극판의 면적이 S[m²], 극판 간의 간격이 d[m], 정전용량이 C_1[F]인 평행판 콘덴서가 있다. 양극판 면적을 각각 $3S$[m²]로 늘이고 극판 간격을 $\dfrac{1}{3}d$[m]로 줄였을 때의 정전용량 C_2[F]는?

① $C_2 = C_1$ ② $C_2 = 3C_1$
③ $C_2 = 6C_1$ ④ $C_2 = 9C_1$

풀이

- 면적 S, 간격 d인 평행판 콘덴서의 정전용량을 C_1이라 하면 $C_1 = \dfrac{\epsilon_0}{d} S$

- 면적 $3S$, 간격 $\dfrac{1}{3}d$인 평행판 콘덴서의 정전용량을 C_2이라 하면

$C_2 = \dfrac{\epsilon_0}{\dfrac{1}{3}d} 3S = 9 \times \dfrac{\epsilon_0}{d} S = 9C_1$ **답 ④**

문제 06 전계 내에서 폐회로를 따라 단위 전하가 일주할 때 전계가 한 일은 몇 [J]인가?

① ∞ ② π
③ 1   ④ 0

풀이

전계의 주회 적분과 에너지와의 관계에서
$$\oint_c QE \cdot dl = Q \oint_c E \cdot dl = 0$$
즉, 폐회로를 따라 단위 정전하를 일주시킬 때 전계가 하는 일은 항상 0을 의미한다(에너지 보존적).   **답 ④**

문제 07 투자율이 각각 μ_1, μ_2인 두 자성체의 경계면에서 자기력선의 굴절의 법칙을 나타낸 식은?

① $\dfrac{\mu_1}{\mu_2} = \dfrac{\sin\theta_1}{\sin\theta_2}$ ② $\dfrac{\mu_1}{\mu_2} = \dfrac{\sin\theta_2}{\sin\theta_1}$

③ $\dfrac{\mu_1}{\mu_2} = \dfrac{\tan\theta_1}{\tan\theta_2}$ ④ $\dfrac{\mu_1}{\mu_2} = \dfrac{\tan\theta_2}{\tan\theta_1}$

풀이

자성체의 경계조건

전속의 굴절   전기력선의 굴절

① 자속밀도는 경계면에서 법선성분이 같다.($B_{1n} = B_{2n}$)
$B_1 \cos\theta_1 = B_2 \cos\theta_2$ ($B_1 = \mu_1 H_1$, $B_2 = \mu_2 H_2$)

② 자계의 세기는 경계면에서 접선성분이 같다.($H_{1t} = H_{2t}$)
$H_1 \sin\theta_1 = H_2 \sin\theta_2$

③ 굴절의 법칙
$\dfrac{\tan\theta_1}{\tan\theta_2} = \dfrac{\mu_1}{\mu_2}$ **답 ③**

문제 08 진공 중에서 멀리 떨어져 있는 반지름이 각각 a_1[m], a_2[m]인 두 도체구를 V_1[V], V_2[V]인 전위를 갖도록 대전시킨 후 가는 도선으로 연결할 때 연결 후의 공통 전위 V[V]는?

① $\dfrac{V_1}{a_1} + \dfrac{V_2}{a_2}$
② $\dfrac{V_1 + V_2}{a_1 a_2}$
③ $a_1 V_1 + a_2 V_2$
④ $\dfrac{a_1 V_1 + a_2 V_2}{a_1 + a_2}$

풀이
- 두 도체구를 연결하기전의 전하
 $Q = Q_1 + Q_2 = 4\pi\epsilon_0 a_1 V_1 + 4\pi\epsilon_0 a_2 V_2$
 $= 4\pi\epsilon_0 (a_1 V_1 + a_2 V_2)$[C]
- 연결 후의 전하 Q'(두 도체구를 도선으로 연결하면 등전위가 된다. $V_1 = V_2$)
 $Q' = Q_1' + Q_2' = 4\pi\epsilon_0 a_1 V + 4\pi\epsilon_0 a_2 V$
 $= 4\pi\epsilon_0 V(a_1 + a_2)$[C]
- 연결 전·후에도 전하의 총량은 변함이 없으므로 $Q = Q'$
 $4\pi\epsilon_0 (a_1 V_1 + a_2 V_2) = 4\pi\epsilon_0 V(a_1 + a_2)$
 ∴ 공통전위 $V = \dfrac{a_1 V_1 + a_2 V_2}{a_1 + a_2}$ 답 ④

문제 09 자기 인덕턴스가 L_1, L_2이고 상호 인덕턴스가 M인 두 회로의 결합계수가 1일 때, 성립되는 식은?

① $L_1 \cdot L_2 = M$
② $L_1 \cdot L_2 < M^2$
③ $L_1 \cdot L_2 > M^2$
④ $L_1 \cdot L_2 = M^2$

풀이
결합 계수 $K = \dfrac{M}{\sqrt{L_1 L_2}}$ 에서
결합 계수 $K = 1$인 경우 $\dfrac{M}{\sqrt{L_1 L_2}} = 1$
∴ $L_1 L_2 = M^2$ 이 된다. 답 ④

문제 10 전계 E[V/m] 및 자계 H[AT/m]의 에너지가 자유공간 사이를 C[m/s]의 속도로 전파될 때 단위 시간에 단위 면적을 지나는 에너지[W/m²]는?

① $\dfrac{1}{2}EH$
② EH
③ EH^2
④ $E^2 H$

풀이
단위 면적당 전력 = 포인팅 Vector :
$P = E \times H = EH$ [W/m²] 답 ②

문제 11 그림과 같이 도체 1을 도체 2로 포위하여 도체 2를 일정 전위로 유지하고 도체 1과 도체 2의 외측에 도체 3이 있을 때 용량계수 및 유도계수의 성질로 옳은 것은?

① $q_{23} = q_{11}$
② $q_{13} = -q_{11}$
③ $q_{31} = q_{11}$
④ $q_{21} = -q_{11}$

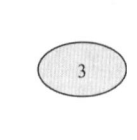

풀이
① 도체 1을 도체 2로 포위하고 도체 2를 접지(영전위)하면 도체 1과 도체 3은 정전차폐가 되기 때문에 정전기적으로 관계하지 않게 된다.
 따라서, $q_{23} \neq q_{11}$, $q_{13} = 0$, $q_{31} = 0$
② 도체 1에 단위 전위를 주었을 때 도체 1의 전하 q_{11}과 도체 2의 유도 전하 q_{21}은 서로 양은 같고 부호는 반대가 된다.
 따라서, $q_{21} = -q_{11}$
※ 도체 1과 도체 3은 정전기적으로 관계가 없는 정전차폐이므로 용량계수와 유도계수의 아래 첨자에 3을 포함하지 않은 ④번만이 정답이 된다. 답 ④

문제 12 와전류(eddy current)손에 대한 설명으로 틀린 것은?

① 주파수에 비례한다.
② 저항에 반비례한다.
③ 도전율이 클수록 크다.
④ 자속밀도의 제곱에 비례한다.

풀이
와전류손 $W_e \propto \sigma f^2 B^2$ [W]
여기서, σ : 철심의 도전율, B : 자속밀도, f : 주파수
즉, 와전류손은 도전율에 비례(저항율에 반비례)하고 주파수 및 자속밀도의 제곱에 비례한다. 답 ①

문제 13 공기 중에 선간거리 10[cm]의 평행왕복 도선이 있다. 두 도선 간에 작용하는 힘이 4×10^{-6} [N/m]이었다면 도선에 흐르는 전류는 몇 [A]인가?

① 1　　② 2
③ $\sqrt{2}$　　④ $\sqrt{3}$

[풀이]
평행 왕복 도선에 작용하는 전자력 $F = \dfrac{\mu_0 I^2}{2\pi r}$ [N/m] 에서

$I = \sqrt{\dfrac{2\pi r F}{\mu_0}} = \sqrt{\dfrac{2\pi \times 0.1 \times 4 \times 10^{-6}}{4\pi \times 10^{-7}}} = \sqrt{2}$ [A]　　**답 ③**

문제 14 어떤 콘덴서에 비유전율 ϵ_s 인 유전체로 채워져 있을 때의 정전용량 C와 공기로 채워져 있을 때의 정전용량 C_0의 비$\left(\dfrac{C}{C_0}\right)$는?

① ϵ_s　　② $\dfrac{1}{\epsilon_s}$　　③ $\sqrt{\epsilon_s}$　　④ $\dfrac{1}{\sqrt{\epsilon_s}}$

[풀이]
전계 중에서 분극현상이 나타나는 절연체를 유전체라 한다. 즉, 비유전율 ϵ_s가 1보다 큰 절연체를 유전체라 한다.
따라서, **유전체를 삽입하면 전위차 및 전계의 세기는 감소하지만 정전용량은 증가**한다.
C_0 : 유전체 삽입 전(진공) 콘덴서의 정전용량
C : 유전체 삽입 후 콘덴서의 정전용량
- $C > C_0$　　・$\dfrac{C}{C_0} = \epsilon_s$　($\epsilon_s > 1$)

모든 유전체의 ϵ_s는 1보다 크다.(진공, 공기의 $\epsilon_s = 1$)
답 ①

문제 15 유전체에서의 변위전류에 대한 설명으로 틀린 것은?

① 변위전류가 주변에 자계를 발생시킨다.
② 변위전류의 크기는 유전율에 반비례한다.
③ 전속밀도의 시간적 변화가 변위전류를 발생시킨다.
④ 유전체 중의 변위전류는 진공 중의 전계변화에 의한 변위전류와 구속전자의 변위에 의한 분극전류와의 합이다.

[풀이]
변위전류 및 변위전류밀도는 시간적으로 변화하는 전속밀도에 의한 전류를 말한다.

변위전류밀도 $i_d = \dfrac{\partial D}{\partial t} = \epsilon \dfrac{\partial E}{\partial t}$ [A/m²]

즉, **변위전류는 유전율에 비례**한다.　**답 ②**

문제 16 환상 솔레노이드의 자기 인덕턴스[H]와 반비례하는 것은?

① 철심의 투자율　　② 철심의 길이
③ 철심의 단면적　　④ 코일의 권수

[풀이]
옴의 법칙 $\phi = \dfrac{NI}{R_m}$, $R_m = \dfrac{l}{\mu s}$ 이므로

$L = \dfrac{N\phi}{I}$ 에서 $L = \dfrac{N}{I} \cdot \dfrac{NI}{R_m} = \dfrac{N^2}{R_m} = \dfrac{\mu S N^2}{l}$ [H]

즉 인덕턴스(L)는 투자율(μ)과 단면적(S)에 비례하고, 권수(N)의 제곱에 비례하고, 길이(l)에 반비례한다.　**답 ②**

문제 17 자성체에 대한 자화의 세기를 정의한 것으로 틀린 것은?

① 자성체의 단위 체적당 자기모멘트
② 자성체의 단위 면적당 자화된 자하량
③ 자성체의 단위 면적당 자화선의 밀도
④ 자성체의 단위 면적당 자기력선의 밀도

[풀이]
자화의 세기 J
자성체의 양 단면의 단위면적에 발생한 자기량을 그 자성체에 대한 자화의 세기라고 한다.

$J = \dfrac{m}{S} = \dfrac{ml}{Sl} = \dfrac{M}{V}$ [Wb/m²]

여기서, S : 자성체의 단면적 [m²]
m : 자화된 자기량 [Wb]
l : 자성체의 길이 [m]
V : 자성체의 체적 [m³]
M : 자기모멘트($M = ml$ [Wb·m])

따라서, 자화의 세기 J는
- 단위면적당의 자화된 자극의 세기로 표시 : $J = \dfrac{m}{S}$
- 단위체적당의 자기모멘트로 표시 : $J = \dfrac{M}{V}$

답 ④

문제 18
그림과 같이 권수가 1이고 반지름이 a[m]인 원형 코일에 전류 I[A]가 흐르고 있다. 원형 코일 중심에서의 자계의 세기[AT/m]는?

① $\dfrac{I}{a}$
② $\dfrac{I}{2a}$
③ $\dfrac{I}{3a}$
④ $\dfrac{I}{4a}$

풀이
- 원형코일 중심의 자계의 세기 $H = \dfrac{NI}{2a}$ [AT/m]
- 권수 $N=1$일 때 원형코일 중심에서의 자계 $H = \dfrac{I}{2a}$ [AT/m]가 된다. 답 ②

문제 19
정사각형 회로의 면적을 3배로, 흐르는 전류를 2배로 증가시키면 정사각형의 중심에서의 자계의 세기는 약 몇 [%]가 되는가?

① 47   ② 115   ③ 150   ④ 225

풀이
- 한변의 길이가 l[m]인 정사각형의 회로에 전류 I[A]를 흘릴 때 회로중심에서 자계의 세기
  $H_0 = \dfrac{2\sqrt{2}I}{\pi l}$ [AT/m]
- 정사각형 면적을 3배로 하고 전류를 $2I$[A]를 흘릴 때 회로중심에서의 자계의 세기
  $H_1 = \dfrac{2\sqrt{2}I'}{\pi l'} = \dfrac{2\sqrt{2}\times 2I}{\pi \times \sqrt{3}l} = \dfrac{2}{\sqrt{3}} \times \dfrac{2\sqrt{2}I}{\pi l} = 1.15 H_0$
  ($\because S = l^2,\ 3S = 3l^2 = l'^2$에서 $l' = \sqrt{3}l$)
  따라서 정사각형 중심에서 자계의 세기는 약 115[%]가 된다. 답 ②

문제 20
두 전하 사이 거리의 세제곱에 반비례하는 것은?

① 두 점전하 사이에 작용하는 힘
② 전기쌍극자에 의한 전계
③ 직선 전하에 의한 전계
④ 전하에 의한 전위

풀이
① 두 점전하 사이에 작용하는 힘(쿨롱의 법칙)
  $F = \dfrac{Q_1 Q_2}{4\pi\epsilon_0 r^2}$ [N] $\therefore F \propto \dfrac{1}{r^2}$
② 전기쌍극자에 의한 전계
  $E = \dfrac{M\sqrt{1+3\cos^2\theta}}{4\pi\epsilon_0 r^3}$ [V/m] $\therefore E \propto \dfrac{1}{r^3}$
③ 직선전하에 의한 전계
  $E = \dfrac{\lambda}{2\pi\epsilon_0 r}$ [V/m] $\therefore E \propto \dfrac{1}{r}$
④ 점전하에 의한 전위
  $V = \dfrac{Q}{4\pi\epsilon_0 r}$ [V] $\therefore V \propto \dfrac{1}{r}$ 답 ②

제2과목 전력공학

문제 21
전압이 일정값 이하로 되었을 때 동작하는 것으로서 단락 시 고장 검출용으로도 사용되는 계전기는?

① OVR   ② OVGR
③ NSR   ④ UVR

풀이
① 전압이 정정값 이하 시 동작 : 부족 전압 계전기 (Under Voltage Relay : UVR)
② 전압이 정정값 초과 시 동작 : 과전압 계전기 (Over Voltage Relay : OVR)   답 ④

문제 22
반동수차의 일종으로 주요부분은 러너, 안내날개, 스피드링 및 흡출관 등으로 되어 있으며 50~500[m] 정도의 중낙차 발전소에 사용되는 수차는?

① 카플란수차   ② 프란시스수차
③ 펠턴수차   ④ 튜블러수차

풀이

동작원리에 의한 분류	수차의 종류	낙차
충동형	펠톤수차	300[m] 이상 고낙차
반동형	프란시스 수차	50~500[m]의 중낙차
	카플란 수차	30[m] 이하의 저낙차
	튜우블러 수차	20[m] 이하의 저낙차

답 ②

문제 23 페란티현상이 발생하는 원인은?
① 선로의 과도한 저항
② 선로의 정전용량
③ 선로의 인덕턴스
④ 선로의 급격한 전압강하

풀이
- 페란티 현상 : 수전단 전압이 송전단 전압보다 높아지는 현상
- 원인 : 진상전류(선로의 정전용량)
- 방지 대책 : 지상전류 공급(분로 리액터, 동기 조상기의 지상 용량)   답 ②

문제 24 전력계통의 경부하시나 또는 다른 발전소의 발전전력에 여유가 있을 때, 이 잉여전력을 이용하여 전동기로 펌프를 돌려서 물을 상부의 저수지에 저장하였다가 필요에 따라 이 물을 이용해서 발전하는 발전소는?
① 조력발전소
② 양수식발전소
③ 유역변경식발전소
④ 수로식발전소

풀이
양수식 발전소란 경부하시 또는 심야에 잉여 전력을 이용해서 펌프로 물을 하부 저수지에서 상부저수지로 양수하여 저장하였다가 첨두부하 시에 발전하는 발전소를 말한다.   답 ②

문제 25 열의 일당량에 해당되는 단위는?
① kcal/kg
② kg/cm^2
③ kcal/cm^3
④ kg·m/kcal

풀이
- 1[kcal]에 해당하는 일의 양을 열의 일당량이라고 부른다.
- J : 열의 일당량 = 427 [kg·m/kcal]   답 ④

문제 26 가공전선을 단도체식으로 하는 것보다 같은 단면적의 복도체식으로 하였을 경우에 대한 내용으로 틀린 것은?
① 전선의 인덕턴스가 감소된다.
② 전선의 정전용량이 감소된다.
③ 코로나 발생률이 적어진다.
④ 송전용량이 증가한다.

풀이
복도체의 특징
- 인덕턴스는 20~30 [%] 감소
- 정전 용량은 20 [%] 증가
- 코로나 임계전압은 15~20 [%] 증가
- 송전용량 증가 및 안정도 향상   답 ②

문제 27 연가의 효과로 볼 수 없는 것은?
① 선로 정수의 평형
② 대지 정전용량의 감소
③ 통신선의 유도장해의 감소
④ 직렬 공진의 방지

풀이
연가의 효과
① 선로 정수 평형
② 임피던스 평형
③ 소호 리액터 접지시 직렬 공진 방지
④ 유도 장해 감소   답 ②

문제 28 발전기나 변압기의 내부고장 검출로 주로 사용되는 계전기는?
① 역상계전기
② 과전압계전기
③ 과전류계전기
④ 비율차동계전기

풀이
비율 차동 계전기는 발전기와 변압기의 내부 고장에 대한 보호장치로 1차 전류와 2차 전류의 차 전류가 일정 비율 이상으로 되면 동작하는 계전기이다.   답 ④

문제 29 송전선로에서 역섬락을 방지하는 가장 유효한 방법은?
① 피뢰기를 설치한다.
② 가공지선을 설치한다.
③ 소호각을 설치한다.
④ 탑각 접지저항을 작게 한다.

풀이
철탑에 뇌격 시 철탑 탑각 접지저항이 높으면 철탑의 전위가 올라가게 되고 만일 이때의 전압이 애자련의 절연 파괴 전압 이상으로 될 경우에는 거꾸로 철탑으로부터 전선을 향해서 섬락을 일으키게 된다.

이와 같은 현상을 **역섬락**이라고 하며 역섬락을 방지하기 위해서는 철탑의 탑각 접지저항값을 낮추어야 하는데 이를 위해서 지면 밑 30[cm]에 30~50[m]길이의 접지선을 방사상으로 몇 가닥 매설하고 있는데 이를 **매설지선** 이라고 한다.
답 ④

풀이
동작 시간에 의한 보호 계전기 분류
① 순한시 계전기 : 고장 즉시 동작
② 정한시 계전기 : 고장 후 일정시간이 경과하면 동작
③ **반한시 계전기 : 고장전류의 크기에 반비례하여 동작**
④ 반한시 정한시 계전기 : 반한시와 정한시 특성을 겸함
답 ③

문제 30 교류 송전방식과 직류 송전방식을 비교할 때 교류 송전방식의 장점에 해당되는 것은?
① 전압의 승압, 강압 변경이 용이하다.
② 절연계급을 낮출 수 있다.
③ 송전효율이 좋다.
④ 안정도가 좋다.

풀이
교류 송전 방식의 장점
① **승압·강압이 용이하다.**
② 회전자계를 쉽게 얻을 수 있다.
③ 계통의 일관된 운용이 가능
답 ①

문제 31 단상 2선식 교류 배전선로가 있다. 전선의 1가닥 저항이 0.15[Ω]이고, 리액턴스는 0.25[Ω] 이다. 부하는 순저항부하이고 100[V], 3[kW] 이다. 급전점의 전압[V]은 약 얼마인가?
① 105   ② 110   ③ 115   ④ 124

풀이
$V_s = V_r + 2I(R\cos\theta + X\sin\theta)$
(여기서, 부하는 순저항부하 이므로 $\cos\theta = 1$, $\sin\theta = 0$)
$= 100 + 2 \times \dfrac{3000}{100} \times 0.15 \times 1 = 109[V]$
답 ②

문제 33 지상부하를 가진 3상 3선식 배전선로 또는 단거리 송전선로에서 선간 전압강하를 나타낸 식은? (단, I, R, X, θ는 각각 수전단 전류, 선로저항, 리액턴스 및 수전단 전류의 위상각이다.)
① $I(R\cos\theta + X\sin\theta)$
② $2I(R\cos\theta + X\sin\theta)$
③ $\sqrt{3}I(R\cos\theta + X\sin\theta)$
④ $3I(R\cos\theta + X\sin\theta)$

풀이
전압강하 $e = V_s - V_r$
(여기서, V_s : 송전단 전압, V_r : 수전단 전압)

전기 방식	전압강하
단상3선식, 3상4선식	$e_1 = I(R\cos\theta + X\sin\theta)$
단상2선식	$e_2 = 2I(R\cos\theta + X\sin\theta)$
3상3선식	$e_3 = \sqrt{3}I(R\cos\theta + X\sin\theta)$

답 ③

문제 34 다음 중 송·배전선로의 진동 방지대책에 사용되지 않는 기구는?
① 댐퍼   ② 조임쇠
③ 클램프   ④ 아머 로드

풀이
진동 억제장치
• 스톡브리지 댐퍼, 토셔널댐퍼 : 지지점 가까운 곳에서 1개소 또는 2개소에 추(damper)를 달아서 진동을 감소시키는 방법
• 아머로드 : 지지점 부근의 전선을 보강
• 베이츠 댐퍼 : 가공지선에 별도의 선을 첨가하여 보강하는 방법
• 스페이서 댐퍼 : 복도체방식에서 스페이서가 진동 방지를 할 수 있도록 개발된 스페이서
답 ②

문제 32 반한시성 과전류계전기의 전류-시간 특성에 대한 설명으로 옳은 것은?
① 계전기 동작시간은 전류의 크기와 비례한다.
② 계전기 동작시간은 전류의 크기와 관계없이 일정하다.
③ 계전기 동작시간은 전류의 크기와 반비례한다.
④ 계전기 동작시간은 전류의 크기의 제곱에 비례한다.

문제 35 단락전류를 제한하기 위하여 사용되는 것은?
① 한류리액터 ② 사이리스터
③ 현수애자 ④ 직렬콘덴서

풀이
한류 리액터는 선로에 직렬로 설치한 리액터로서, 단락 사고 시 발전기에 전기자 반작용이 일어나기 전 커다란 돌발 단락 전류가 흐르므로 이를 제한하기 위해 설치한다. **답** ①

문제 36 어느 변전설비의 역률을 60[%]에서 80[%]로 개선하는데 2800[kVA]의 전력용 커패시터가 필요하였다. 이 변전설비의 용량은 몇 [kW]인가?
① 4800 ② 5000
③ 5400 ④ 5800

풀이
콘덴서 용량
$$Q_c = P(\tan\theta_1 - \tan\theta_2)$$
$$= P\left(\frac{\sqrt{1-\cos^2\theta_1}}{\cos\theta_1} - \frac{\sqrt{1-\cos^2\theta_2}}{\cos\theta_2}\right)[kVA]$$

따라서 설비용량
$$P = \frac{Q_c}{\left(\frac{\sqrt{1-\cos^2\theta_1}}{\cos\theta_1} - \frac{\sqrt{1-\cos^2\theta_2}}{\cos\theta_2}\right)}$$
$$= \frac{2800}{\left(\frac{\sqrt{1-0.6^2}}{0.6} - \frac{\sqrt{1-0.8^2}}{0.8}\right)} = 4800[kW]$$ **답** ①

문제 37 교류 단상 3선식 배전방식을 교류 단상 2선식에 비교하면?
① 전압강하가 크고, 효율이 낮다.
② 전압강하가 작고, 효율이 낮다.
③ 전압강하가 작고, 효율이 높다.
④ 전압강하가 크고, 효율이 높다.

풀이

항 목	단상 2선식	단상 3선식
회로도	I, V	I, V, $2V$

즉, 단상 3선식은 단상 2선식에 비해 **전압이 2배로 승압**되는 효과가 있다. 따라서, 단상 3선식의 경우 단상 2선식에 비해 **전압 강하 및 전력 손실은 감소하고 배전 효율은 상승**한다. **답** ③

문제 38 배전선로의 전압을 $\sqrt{3}$ 배로 증가시키고 동일한 전력 손실률로 송전할 경우 송전전력은 몇 배로 증가되는가?
① $\sqrt{3}$ ② $\frac{3}{2}$ ③ 3 ④ $2\sqrt{3}$

풀이
전력 손실률 $h = \frac{P_l}{P} = \frac{\frac{P^2 R}{V^2 \cos^2\theta}}{P} = \frac{PR}{V^2 \cos^2\theta}$

에서 **전력 손실률이 일정한 경우**에는 $P \propto V^2$

따라서, $\frac{P'}{P} = \left(\frac{V'}{V}\right)^2$

$\therefore P' = \left(\frac{\sqrt{3}}{1}\right)^2 P = 3P$ 가 된다. **답** ③

문제 39 주상 변압기의 2차 측 접지는 어느 것에 대한 보호를 목적으로 하는가?
① 1차 측의 단락
② 2차 측의 단락
③ 2차 측의 전압강하
④ 1차 측과 2차 측의 혼촉

풀이
주상 변압기는 1차측과 2차측의 혼촉에 의한 2차측 전압의 상승을 막기 위해서 2차측에 접지를 하여, 고전압에 의한 사고를 막아준다.

답 ④

문제 40 100[MVA]의 3상 변압기 2뱅크를 가지고 있는 배전용 2차 측 의 배전선에 시설할 차단기 용량 [MVA]은? (단, 변압기는 병렬로 운전되며, 각각의 %Z는 20[%]이고, 전원의 임피던스는 무시한다.)
① 1000 ② 2000
③ 3000 ④ 4000

[풀이]

기준용량 $P_n = 100[\text{MVA}]$로 정하고, %Z를 기준용량으로 환산하면

$\%Z_t = 20 \times \dfrac{100}{100} = 20[\%]$

A점에서의 합성

$\%Z = \dfrac{20 \times 20}{20 + 20} = 10[\%]$

차단기 용량

$P_s = \dfrac{100}{\%Z} \times P_n$ 에서

$P_s = \dfrac{100}{10} \times 100 = 1000[\text{MVA}]$

답 ①

제3과목 전기기기

문제 41 단상 다이오드 반파정류회로인 경우 정류효율은 약 몇 [%]인가? (단, 저항부하인 경우이다.)

① 12.6
② 40.6
③ 60.6
④ 81.2

[풀이]

단상 반파정류 효율

$\eta = \dfrac{P_{dc}}{P_{ac}} = \dfrac{(I_m/\pi)^2 R}{(I_m/2)^2 R} \times 100 = \dfrac{4}{\pi^2} \times 100 = 40.53[\%]$

답 ②

문제 42 직류발전기의 병렬운전에서 균압모선을 필요로 하지 않는 것은?

① 분권발전기
② 직권발전기
③ 평복권발전기
④ 과복권발전기

[풀이]

- 균압모선의 목적 : 직류발전기의 안정된 병렬 운전을 위하여
- 병렬운전 시 균압모선이 필요한 발전기 : 직권 발전기, 평복권 발전기, 과복권 발전기
- 병렬운전 시 **균압모선이 필요없는 발전기** : **분권** 발전기, 부족복권 발전기, 차동복권 발전기

답 ①

문제 43 3상 유도전동기의 전원측에서 임의의 2선을 바꾸어 접속하여 운전하면?

① 즉각 정지된다.
② 회전방향이 반대가 된다.
③ 바꾸지 않았을 때와 동일하다.
④ 회전방향은 불변이나 속도가 약간 떨어진다.

[풀이]

3상 유도전동기의 경우 **임의의 2선의 접속을 반대로 하면** 회전자계의 **회전방향이 반대**로 되어 회전자의 회전방향이 반대로 된다.

정회전   역회전

답 ②

문제 44 직류 분권전동기의 정격전압 220[V], 정격전류 105[A], 전기자저항 및 계자회로의 저항이 각각 0.1[Ω] 및 40[Ω] 이다. 기동전류를 정격전류의 150[%]로 할 때의 기동저항은 약 몇 [Ω]인가?

① 0.46
② 0.92
③ 1.21
④ 1.35

[풀이]

- 계자전류 $I_f = \dfrac{V}{R_f} = \dfrac{220}{40} = 5.5[\text{A}]$
- 기동전류는 정격의 150[%]이므로
  기동전류 $= 105 \times 1.5 = 157.5[\text{A}]$
- 전기자 전류 $I_a = I - I_f = 157.5 - 5.5 = 152[\text{A}]$
- $R_a + R_s = \dfrac{V}{I_a} = \dfrac{220}{152} = 1.45[\Omega]$

따라서 기동저항 $R_s = 1.45 - R_a = 1.45 - 0.1 = 1.35[\Omega]$

답 ④

문제 45 전기자저항과 계자저항이 각각 0.8[Ω]인 직류직권전동기가 회전수 200[rpm], 전기자전류 30[A]일 때 역기전력은 300[V] 이다. 이 전동기의 단자전압을 500[V]로 사용한다면 전기자전류가 위와

같은 30[A]로 될 때의 속도[rpm]는? (단, 전기자 반작용, 마찰손, 풍손 및 철손은 무시한다.)

① 200
② 301
③ 452
④ 500

풀이
- 회전수 $n_1 = 200$[rpm] 일 때 역기전력 $E_{c1} = 300$[V]
- 단자전압 500[V] 인가 시 역기전력 E_{c2}
  $E_{c2} = V - I \times (R_a + R_s) = 500 - 30 \times (0.8 + 0.8) = 452$[V]
- 역기전력 $E_c = p\phi n \dfrac{Z}{a} = K\phi n \propto n$
  (계자전류가 일정 한 경우)에서
  $300 : 452 = 200 : n_2$
  $n_2 = \dfrac{452}{300} \times 200 = 301.33$[rpm]   **답** ②

문제 46 수은 정류기에 있어서 정류기의 밸브작용이 상실되는 현상을 무엇이라고 하는가?

① 통호
② 실호
③ 역호
④ 점호

풀이
수은 정류기의 이상현상
① **역호** : 밸브 작용을 상실하여 전자가 역류하는 현상
② 실호 : 점호 실패
③ 통호 : 아크 유출
④ 이상 전압 발생   **답** ③

문제 47 3상 유도전동기의 전원주파수와 전압의 비가 일정하고 정격속도 이하로 속도를 제어하는 경우 전동기의 출력 P와 주파수 f와의 관계는?

① $P \propto f$
② $P \propto \dfrac{1}{f}$
③ $P \propto f^2$
④ P는 f에 무관

풀이
- $n = (1-s)n_s = (1-s)\dfrac{2f}{p}$에서 $n \propto f$ (극수 p=일정)
- 출력 $P = 2\pi n T$ 에서 토크 T가 일정한 경우 $P \propto n$
  $\therefore P \propto n \propto f$ **답** ①

문제 48 SCR에 대한 설명으로 옳은 것은?

① 증폭기능을 갖는 단방향성 3단자 소자이다.
② 제어기능을 갖는 양방향성 3단자 소자이다.
③ 정류기능을 갖는 단방향성 3단자 소자이다.
④ 스위칭기능을 갖는 양방향성 3단자 소자이다.

풀이
SCR은 정류기능을 갖는 단일방향성 3단자 소자로, 일단 도통된 후 게이트 전류를 차단 시켜도 계속 도통상태를 유지한다.

답 ③

문제 49 유도전동기의 주파수가 60[Hz]이고 전부하에서 회전수가 매분 1164회이면 극수는? (단, 슬립은 3[%]이다.)

① 4
② 6
③ 8
④ 10

풀이
$N = (1-s)N_s$ 에서
$N_s = \dfrac{N}{1-s} = \dfrac{1164}{1-0.03} = 1200$ [rpm]
$\therefore p = \dfrac{120f}{N_s} = \dfrac{120 \times 60}{1200} = 6$[극]   **답** ②

문제 50 동기기의 과도 안정도를 증가시키는 방법이 아닌 것은?

① 속응 여자방식을 채용한다.
② 동기 탈조계전기를 사용한다.
③ 동기화 리액턴스를 작게 한다.
④ 회전자의 플라이휠 효과를 작게 한다.

풀이
1) 과도 안정도
   부하의 급변, 선로의 개폐, 접지, 단락 등의 고장 또는 기타의 원인에 의해서 운전 상태가 급변하여도 계통이 안정을 유지하는 정도를 말한다.
2) 안정도 향상대책
   ① 동기 임피던스를 작게 한다.
   ② 속응 여자 방식을 채택한다.
   ③ 회전자에 플라이 휠을 설치하여 관성 모멘트를 크게 한다.

④ 정상 임피던스는 작고, 영상, 역상 임피던스를 크게 한다.
⑤ 단락비를 크게 한다.
⑥ 동기 탈조 계전기를 사용한다.   답 ④

문제 51 전압비 3300/110[V], 1차 누설 임피던스 $Z_1 = 12 + j13[\Omega]$, 2차 누설 임피던스 $Z_2 = 0.015 + j0.013[\Omega]$인 변압기가 있다. 1차로 환산된 등가 임피던스[Ω]는?

① $22.7 + 25.5$　　② $24.7 + 25.5$
③ $25.5 + 22.7$　　④ $25.5 + 24.7$

풀이
- 권수비 $a = \dfrac{3300}{110} = 30$
- 2차측 임피던스 Z_2를 1차로 환산한 임피던스
$Z_2' = a^2 Z_2 = a^2(r_2 + jx_2)$
$= 30^2(0.015 + j0.013) = 13.5 + j11.7[\Omega]$
- 1차로 환산한 등가 임피던스
$Z = Z_1 + Z_2' = 12 + j13 + 13.5 + j11.7 = 25.5 + j24.7[\Omega]$ 답 ④

문제 52 어떤 공장에 뒤진 역률 0.8인 부하가 있다. 이 선로에 동기조상기를 병렬로 결선해서 선로의 역률을 0.95로 개선하였다. 개선 후 전력의 변화에 대한 설명으로 틀린 것은?

① 피상전력과 유효전력은 감소한다.
② 피상전력과 무효전력은 감소한다.
③ 피상전력은 감소하고 유효전력은 변화가 없다.
④ 무효전력은 감소하고 유효전력은 변화가 없다.

풀이
역률이 개선되면 유효전력은 변화가 없고, 피상전력과 무효전력은 감소한다.

답 ①

문제 53 기동 시 정류자의 불꽃으로 라디오의 장해를 주며 단락장치의 고장이 일어나기 쉬운 전동기는?

① 직류 직권전동기
② 단상 직권전동기
③ 반발기동형 단상유도전동기
④ 셰이딩코일형 단상유도전동기

풀이
반발 기동형 : 기동시에 반발 전동기로서 기동하고 기동 후 원심력 개폐기로 정류자를 자동적으로 단락하여 농형 회전자로 하는 방법으로서 기동 시 **정류자에서 발생하는 불꽃**으로 라디오의 장해를 줄 수 있다.   답 ③

문제 54 동기발전기의 단자 부근에서 단락이 발생되었을 때 단락전류에 대한 설명으로 옳은 것은?

① 서서히 증가한다.
② 발전기는 즉시 정지한다.
③ 일정한 큰 전류가 흐른다.
④ 처음은 큰 전류가 흐르나 점차 감소한다.

풀이
평형 3상 전압을 유기하고 있는 발전기의 단자를 갑자기 단락하면 **단락 초기**에 전기자 반작용이 순간적으로 나타나지 않기 때문에 **막대한 과도 전류가 흐르고**, 수초 후에는 전기자 반작용 리액턴스에 의해 **단락 전류는 점차 감소되어 영구 단락 전류값**에 이르게 된다.   답 ④

문제 55 8극, 유도기전력 100[V], 전기자전류 200[A]인 직류발전기의 전기자권선을 중권에서 파권으로 변경했을 경우의 유도기전력과 전기자전류는?

① 100[V], 200[A]　　② 200[V], 100[A]
③ 400[V], 50[A]　　④ 800[V], 25[A]

풀이
1) 중권과 파권의 비교

구 분	중권 (병렬권)	파권 (직렬권)
전기자 병렬회로 수 a	$p\,(a=mp)$	$2\,(a=2m)$
브러시 수 b	p	2

여기서, p : 극수, m : 다중도
2) 유기기전력
중권에서 $a = p = 8$, 파권에서 $a = 2$ 이므로
$E = p\phi n \dfrac{Z}{a}$ 에서 $E \propto \dfrac{1}{a}$ 이므로

$100 : E = \frac{1}{8} : \frac{1}{2}$　　∴ $E = 400[V]$

3) 전기자 전류
- 중권에서 전기자 전류 $I_a = 200[A]$ 일 때, 각 권선에 흐르는 전류
  $i_a = \frac{200}{a} = \frac{200}{8} = 25[A]$
- 파권($a=2$)에서 전기자 전류
  ∴ $I_a = ai_a = 2 \times 25 = 50[A]$　　답 ③

문제 56 8극, 50[kW], 3300[V], 60[Hz]인 3상 권선형 유도전동기의 전부하 슬립이 4[%]라고 한다. 이 전동기의 슬립링 사이에 0.16[Ω]의 저항 3개를 Y로 삽입하면 전부하 토크를 발생할 때의 회전수[rpm]는? (단, 2차 각 상의 저항은 0.04[Ω]이고, Y접속이다.)

① 660　　② 720
③ 750　　④ 880

풀이
$\frac{r_2}{s} = \frac{r_2 + R}{s'}$ 에서 $\frac{0.04}{0.04} = \frac{0.04 + 0.16}{s'}$
∴ $s' = 0.2$
동기속도 $N_s = \frac{120f}{p} = \frac{120 \times 60}{8} = 900[rpm]$
∴ $N = (1-s)N_s = (1-0.2) \times 900 = 720[rpm]$
답 ②

문제 57 임피던스 강하가 5[%]인 변압기가 운전 중 단락되었을 때 그 단락전류는 정격전류의 몇 배인가?

① 20　　② 25　　③ 30　　④ 35

풀이
단락전류 $I_{1s} = \frac{100}{\%Z} I_{1n} = \frac{100}{5} \times I_{1n} = 20 I_{1n}$　　답 ①

문제 58 변압기에서 1차 측의 여자 어드미턴스를 Y_0라고 한다. 2차 측으로 환산한 여자 어드미턴스 Y_0'을 옳게 표현한 식은? (단, 권수비를 a라고 한다.)

① $Y_0' = a^2 Y_0$　　② $Y_0' = a Y_0$
③ $Y_0' = \frac{Y_0}{a^2}$　　④ $Y_0' = \frac{Y_0}{a}$

풀이
1차측에서 2차측으로 환산

- 전압 $V_1' = \frac{V_1}{a}$
- 전류 $I_1' = aI_1$, 여자 전류 $I_0' = aI_0$
- 임피던스 $Z_1' = \frac{Z_1}{a^2} = \frac{r_1 + jx_1}{a^2}$
- 여자 어드미턴스 $Y_0' = a^2 Y_0 = a^2(g_0 - jb_0)$　　답 ①

문제 59 3상 동기기의 제동권선을 사용하는 주목적은?

① 출력이 증가한다.
② 효율이 증가한다.
③ 역률을 개선한다.
④ 난조를 방지한다.

풀이
제동 권선의 역할
① **난조 방지**
② 기동 토크 발생
③ 불평형 부하시의 전류, 전압 파형 개선
④ 송전선의 불평형 단락시의 이상 전압 방지　　답 ④

문제 60 변압기의 임피던스 와트와 임피던스 전압을 구하는 시험은?

① 부하시험　　② 단락시험
③ 무부하시험　　④ 충격전압시험

풀이
변압기의 시험
① 개방 회로 시험(무부하 시험)으로 측정할 수 있는 항목
  - 무부하 전류　・히스테리시스손　・와류손
  - 여자 어드미턴스　・철손
② **단락 시험**으로 측정할 수 있는 항목
  ・동손　・**임피던스 와트**　・**임피던스 전압**　　답 ②

제4과목 회로이론

문제 61 그림과 같은 회로에서 스위치 S를 $t=0$에서 닫았을 때 $v_L(t)|_{t=0} = 100[V]$, $\dfrac{di(t)}{dt}\bigg|_{t=0} = 400[A/s]$ 이다. $L[H]$의 값은?

① 0.75
② 0.5
③ 0.25
④ 0.1

풀이

$v_L(t) = L\dfrac{di(t)}{dt}$ 이므로

$\therefore L = \dfrac{v_L(t)}{\dfrac{di(t)}{dt}} = \dfrac{100}{400} = 0.25[H]$ 답 ③

문제 62 $Z = 5\sqrt{3} + j5[\Omega]$인 3개의 임피던스를 Y결선하여 선간전압 250[V]의 평형 3상 전원에 연결하였다. 이때 소비되는 유효전력은 약 몇 [W]인가?

① 3125
② 5413
③ 6252
④ 7120

풀이

- 상전류 $I_p = \dfrac{V_p}{Z} = \dfrac{V}{\sqrt{3}Z}[A]$
- 3상 유효전력

$W = 3I_p^2 R = 3\left(\dfrac{V}{\sqrt{3}Z}\right)^2 R = \dfrac{V^2}{Z^2}R = \dfrac{V^2}{R^2+X^2}R$

$W = \dfrac{250^2}{(5\sqrt{3})^2 + 5^2} \times 5\sqrt{3} = 5412.66[W]$ 답 ②

문제 63 $r_1[\Omega]$인 저항에 $r[\Omega]$인 가변저항이 연결된 그림과 같은 회로에서 전류 I를 최소로 하기 위한 저항 $r_2[\Omega]$는?
(단, $r[\Omega]$은 가변저항의 최대 크기이다.)

① $\dfrac{r_1}{2}$
② $\dfrac{r}{2}$
③ r_1
④ r

풀이

회로의 합성 저항 r_0는

$r_0 = r_1 + \dfrac{r_2(r-r_2)}{r_2+(r-r_2)} = r_1 + \dfrac{r_2(r-r_2)}{r}$

전류를 최소로 하기 위해서는 r_0가 최대이어야 하고 r, r_1은 일정하므로 $r_2(r-r_2) = r_2r - r_2^2$가 최대이어야 한다. $r_2r - r_2^2$가 최대가 되기 위해서는 $\dfrac{d}{dr_2}(r_2r - r_2^2) = 0$ 이 되어야 한다.

즉, $r - 2r_2 = 0$ $\therefore r_2 = \dfrac{r}{2}[\Omega]$ 답 ②

문제 64 다음과 같은 회로에서 $V_a, V_b, V_c[V]$를 평형 3상 전압이라 할 때 $V_0[V]$는?

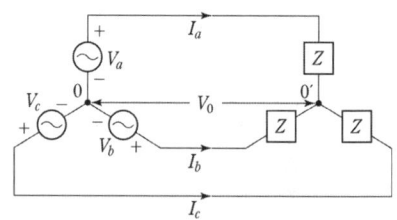

① 0
② $\dfrac{V_1}{3}$
③ $\dfrac{2}{3}V_1$
④ V_1

풀이

밀만의 정리

$V_0 = \dfrac{\dfrac{V_a}{Z} + \dfrac{V_b}{Z} + \dfrac{V_c}{Z}}{\dfrac{1}{Z} + \dfrac{1}{Z} + \dfrac{1}{Z}} = \dfrac{\dfrac{1}{Z}(V_a+V_b+V_c)}{\dfrac{3}{Z}} = 0$

즉, 평형 3상 전압인 경우 $\dot{V}_a + \dot{V}_b + \dot{V}_c = 0$ 이므로 중성점 간의 전위는 0[V] 이다. 답 ①

문제 65 $9[\Omega]$과 $3[\Omega]$인 저항 6개를 그림과 같이 연결하였을 때, a와 b 사이의 합성저항$[\Omega]$은?

① 9
② 4
③ 3
④ 2

풀이

$$\therefore R_{ab} = \frac{4.5 \times (4.5+4.5)}{4.5+(4.5+4.5)} = 3[\Omega]$$

답 ③

문제 66 그림과 같은 회로의 전달함수는?
(단, 초기조건은 0이다.)

① $\dfrac{R_2 + Cs}{R_1 + R_2 + Cs}$ ② $\dfrac{R_1 + R_2 + Cs}{R_1 + Cs}$

③ $\dfrac{R_2 Cs + 1}{R_2 Cs + R_1 Cs + 1}$ ④ $\dfrac{R_1 Cs + R_2 Cs + 1}{R_2 Cs + 1}$

풀이

$$\begin{cases} e_1(t) = R_1 i(t) + R_2 i(t) + \frac{1}{C}\int i(t)dt \\ e_2(t) = R_2 i(t) + \frac{1}{C}\int i(t)dt \end{cases} \Rightarrow$$

$$\begin{cases} E_1(s) = \left(R_1 + R_2 + \frac{1}{Cs}\right)I(s) \\ E_2(s) = \left(R_2 + \frac{1}{Cs}\right)I(s) \end{cases}$$

$$G(s) = \frac{E_2(s)}{E_1(s)} = \frac{R_2 + \frac{1}{Cs}}{R_1 + R_2 + \frac{1}{Cs}} = \frac{R_2 Cs + 1}{R_1 Cs + R_2 Cs + 1}$$

답 ③

문제 67 그림과 같은 회로에서 5[Ω]에 흐르는 전류 I는 몇 [A]인가?

① $\dfrac{1}{2}$ ② $\dfrac{2}{3}$ ③ 1   ④ $\dfrac{5}{3}$

풀이

① 10[V] 전압원에 의해 흐르는 전류(이때 5[V] 전압원은 단락) $I_1 = 0$

⇒ 5[Ω]으로 전류 흐르지 않는다.

② 5[V] 전압원에 의해 흐르는 전류(이때 10[V] 전압원은 단락)

$I_2 = \dfrac{5}{5} = 1[A]$

③ 5[Ω]에 흐르는 전류 $I = I_1 + I_2 = 0 + 1 = 1[A]$

답 ③

문제 68 전류의 대칭분이 $I_0 = -2 + j4[A]$, $I_1 = 6 - j5[A]$, $I_2 = 8 + j10[A]$일 때 3상 전류 중 a상 전류(I_a)의 크기($|I_a|$)는 몇 [A]인가? (단, I_0는 영상분이고, I_1은 정상분이고, I_2는 역상분이다.)

① 9   ② 12   ③ 15   ④ 19

풀이

$I_a = I_0 + I_1 + I_2$
$= (-2+j4) + (6-j5) + (8+j10) = 12 + j9$
$\therefore |I_a| = \sqrt{12^2 + 9^2} = 15[A]$

답 ③

문제 69 $V = 50\sqrt{3} - j50[V]$, $I = 15\sqrt{3} + j15[A]$일 때 유효전력 $P[W]$와 무효전력 $Q[Var]$는 각각 얼마인가?

① $P = 3000$, $Q = -1500$
② $P = 1500$, $Q = -1500\sqrt{3}$
③ $P = 750$, $Q = -750\sqrt{3}$
④ $P = 2250$, $Q = -1500\sqrt{3}$

풀이

$P_a = VI^* = P + jQ = (50\sqrt{3} - j50)(15\sqrt{3} - j15)$
$= 2250 - j750\sqrt{3} - j750\sqrt{3} - 750 = 1500 - j1500\sqrt{3}$

따라서, 유효전력 $P = 1500[W]$
무효전력 $Q = -1500\sqrt{3}[Var]$

답 ②

문제 70 그림과 같은 회로에서 L_2에 흐르는 전류 I_2[A]가 단자전압 V[V]보다 위상이 90° 뒤지기 위한 조건은? (단, ω는 회로의 각주파수[rad/s] 이다.)

① $\dfrac{R_2}{R_1} = \dfrac{L_2}{L_1}$

② $R_1 R_2 = L_1 L_2$

③ $R_1 R_2 = \omega L_1 L_2$

④ $R_1 R_2 = \omega^2 L_1 L_2$

풀이

회로의 어드미턴스 Y

$Y_1 = \dfrac{1}{j\omega L_1}, \quad Y_2 = \dfrac{1}{R_1} + \dfrac{1}{R_2 + j\omega L_2}$

$Y = \dfrac{Y_1 Y_2}{Y_1 + Y_2} = \dfrac{\dfrac{1}{j\omega L_1}\left(\dfrac{1}{R_1} + \dfrac{1}{R_2 + j\omega L_2}\right)}{\dfrac{1}{j\omega L_1} + \dfrac{1}{R_1} + \dfrac{1}{R_2 + j\omega L_2}}$

$= \dfrac{\dfrac{1}{R_1} + \dfrac{1}{R_2 + j\omega L_2}}{1 + \dfrac{j\omega L_1}{R_1} + \dfrac{j\omega L_1}{R_2 + j\omega L_2}}$

$= \dfrac{R_1 + R_2 + j\omega L_2}{R_1(R_2 + j\omega L_2) + j\omega L_1(R_2 + j\omega L_2) + jR_1\omega L_1}$

$= \dfrac{R_1 + R_2 + j\omega L_2}{R_1 R_2 - \omega^2 L_1 L_2 + j(R_1\omega L_2 + R_2\omega L_1 + R_1\omega L_1)}$

회로의 전체 전류 $I_1 = YV$이고, 전류 I_2는 전류 분류 법칙에 의해

$I_2 = \dfrac{R_1}{R_1 + R_2 + j\omega L_2} I_1 = \dfrac{R_1}{R_1 + R_2 + j\omega L_2} YV$

$= \dfrac{R_1 V}{R_1 R_2 - \omega^2 L_1 L_2 + j(R_1\omega L_2 + R_2\omega L_1 + R_1\omega L_1)}$

I_2의 분모에서 실수부가 0이 되어야 전압 V보다 90° 뒤지게 된다. 즉

$I_2 = \dfrac{R_1 V}{j(R_1\omega L_2 + R_2\omega L_1 + R_1\omega L_1)}$

$= -j\dfrac{R_1 V}{(R_1\omega L_2 + R_2\omega L_1 + R_1\omega L_1)}$

$= \dfrac{R_1 V}{(R_1\omega L_2 + R_2\omega L_1 + R_1\omega L_1)} \angle -90°$

따라서 전류 I_2가 전압 V보다 위상이 90° 뒤지기 위한 조건은

$R_1 R_2 - \omega^2 L_1 L_2 = 0$

$\therefore R_1 R_2 = \omega^2 L_1 L_2$

답 ④

문제 71 푸리에 급수로 표현된 왜형파 $f(t)$가 반파대칭 및 정현대칭일 때 $f(t)$에 대한 특징으로 옳은 것은?

$$f(t) = a_0 + \sum_{n=1}^{\infty} a_n \cos n\omega t + \sum_{n=1}^{\infty} b_n \sin n\omega t$$

① a_n의 우수항만 존재한다.

② a_n의 기수항만 존재한다.

③ b_n의 우수항만 존재한다.

④ b_n의 기수항만 존재한다.

풀이

	기함수파 (정현대칭)	우함수파 (여현대칭)	대칭파 (반파대칭)
대칭 조건	$f(t) = -f(-t)$	$f(t) = f(-t)$	$f(t) = -f\left(t + \dfrac{T}{2}\right)$
결과	sin항만 존재한다.	cos항 존재 직류분 존재	고조파 차수가 홀수 차 항만 존재한다.

※ 반파 및 정현 대칭의 경우 sin항의 홀수(기수)항만 존재한다.

답 ④

문제 72 RC 직렬회로의 과도현상에 대한 설명으로 옳은 것은?

① $(R \times C)$의 값이 클수록 과도 전류는 빨리 사라진다.

② $(R \times C)$의 값이 클수록 과도 전류는 천천히 사라진다.

③ 과도전류는 $(R \times C)$의 값에 관계가 없다.

④ $\dfrac{1}{R \times C}$의 값이 클수록 과도 전류는 천천히 사라진다.

풀이

$R-C$ 직렬 회로의 전류 $i(t)$는 $i(t) = \dfrac{E}{R} e^{-\frac{1}{RC}t}$

따라서 시정수 $\tau = RC$가 된다.

또한, **시정수가 크면 클수록 과도현상은 오래 지속**되므로 $R \cdot C$ 값이 클수록 과도 전류의 값이 천천히 사라진다.

답 ②

문제 73 용량이 50[kVA]인 단상 변압기 3대를 △결선하여 3상으로 운전하는 중 1대의 변압기에 고장이 발생하였다. 나머지 2대의 변압기를 이용하여 3상 V결선으로 운전하는 경우 최대 출력은 몇 [kVA]인가?

① $30\sqrt{3}$
② $50\sqrt{3}$
③ $100\sqrt{3}$
④ $200\sqrt{3}$

풀이

단상 변압기 2대로 V결선 시 출력
$P_V = \sqrt{3}\,P_1 = \sqrt{3} \times 50 = 50\sqrt{3}$ [kVA]
여기서, P_1 : 단상 변압기 1대의 출력

답 ②

문제 74 각 상의 전류가 $i_a = 30\sin\omega t$ [A], $i_b = 30\sin(\omega t - 90°)$ [A], $i_c = 30\sin(\omega t + 90°)$ [A]일 때 영상분 전류[A]의 순시치는?

① $10\sin\omega t$
② $10\sin\dfrac{\omega t}{3}$
③ $30\sin\omega t$
④ $\dfrac{30}{\sqrt{3}}\sin(\omega t + 45°)$

풀이

영상 대칭분 전류
$i_0 = \dfrac{1}{3}(i_a + i_b + i_c)$
$= \dfrac{1}{3}\{30\sin\omega t + 30\sin(\omega t - 90°) + 30\sin(\omega t + 90°)\}$
$= \dfrac{30}{3}(\sin\omega t + \sin\omega t\cos 90° - \cos\omega t\sin 90°$
$\quad + \sin\omega t\cos 90° + \cos\omega t\sin 90°)$
$= 10\sin\omega t$ [A]
($\because \sin(\alpha \pm \beta) = \sin\alpha\cos\beta \pm \cos\alpha\sin\beta,\ \cos 90° = 0$)

답 ①

문제 75 $f(t) = \sin t + 2\cos t$를 라플라스 변환하면?

① $\dfrac{2s}{s^2 + 1}$
② $\dfrac{2s + 1}{(s + 1)^2}$
③ $\dfrac{2s + 1}{s^2 + 1}$
④ $\dfrac{2s}{(s + 1)^2}$

풀이

라플라스 변환의 선형성 정리에 의해서
$F(s) = \mathcal{L}[f(t)] = \mathcal{L}[\sin t] + \mathcal{L}[2\cos t]$
$= \dfrac{1}{s^2 + 1} + \dfrac{2s}{s^2 + 1} = \dfrac{2s + 1}{s^2 + 1}$

답 ③

문제 76 어떤 회로에 흐르는 전류가 $i(t) = 7 + 14.1\sin\omega t$ [A]인 경우 실효값은 약 몇 [A]인가?

① 11.2
② 12.2
③ 13.2
④ 14.2

풀이

비정현파의 실효값
$I = \sqrt{I_0^2 + I_1^2 + I_2^2 + \cdots + I_n^2}$ 에서
$I = \sqrt{7^2 + \left(\dfrac{14.1}{\sqrt{2}}\right)^2} = 12.18$ [A]

답 ②

문제 77 어떤 전지에 연결된 외부 회로의 저항은 5[Ω]이고 전류는 8[A]가 흐른다. 외부 회로에 5[Ω] 대신 15[Ω]의 저항을 접속하면 전류는 4[A]로 떨어진다. 이 전지의 내부 기전력은 몇 [V]인가?

① 15 ② 20 ③ 50 ④ 80

풀이

외부 회로의 저항을 R, 전지의 내부저항을 r이라고 하면,
내부 기전력 $E = rI + RI$

- 외부 회로의 저항 5[Ω], 전류는 8[A]인 경우
  $E = rI + RI = r \times 8 + 5 \times 8$
  $= 8r + 40$
- 외부 회로의 저항 15[Ω], 전류는 4[A]인 경우
  $E = r \times 4 + 15 \times 4 = 4r + 60$
- 전지의 내부 기전력 E와 내부저항 r은 일정하므로,
  $8r + 40 = 4r + 60$
  $4r = 20 \;\rightarrow\; r = 5[\Omega]$
$\therefore E = 8r + 40 = 8 \times 5 + 40 = 80$ [V]

답 ④

문제 78 파형률과 파고율이 모두 1인 파형은?

① 고조파
② 삼각파
③ 구형파
④ 사인파

풀이

주기적인 비정현파에 대한 파형율과 파고율

파 형		파형률	파고율
구형파		1	1
반원파		1.040	1.225

파 형		파형률	파고율
정현파	~	1.109	1.414
삼각파	~	1.155	1.732

답 ③

문제 79 회로의 4단자 정수로 틀린 것은?

① $A = 2$
② $B = 12$
③ $C = \dfrac{1}{4}$
④ $D = 6$

풀이

$$\begin{bmatrix} A & B \\ C & D \end{bmatrix} = \begin{bmatrix} 1 & 4 \\ 0 & 1 \end{bmatrix} \begin{bmatrix} 1 & 0 \\ \frac{1}{4} & 1 \end{bmatrix} \begin{bmatrix} 1 & 4 \\ 0 & 1 \end{bmatrix}$$

$$= \begin{bmatrix} 2 & 4 \\ \frac{1}{4} & 1 \end{bmatrix} \begin{bmatrix} 1 & 4 \\ 0 & 1 \end{bmatrix} = \begin{bmatrix} 2 & 12 \\ \frac{1}{4} & 2 \end{bmatrix}$$

답 ④

문제 80 그림과 같은 4단자 회로망에서 출력 측을 개방하니 $V_1 = 12[V]$, $I_1 = 2[A]$, $V_2 = 4[V]$이고, 출력 측을 단락하니 $V_1 = 16[V]$, $I_1 = 4[A]$, $I_2 = 2[A]$이었다. 4단자 정수 A, B, C, D는 얼마인가?

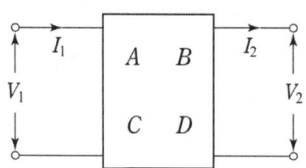

① $A = 2$, $B = 3$, $C = 8$, $D = 0.5$
② $A = 0.5$, $B = 2$, $C = 3$, $D = 8$
③ $A = 8$, $B = 0.5$, $C = 2$, $D = 3$
④ $A = 3$, $B = 8$, $C = 0.5$, $D = 2$

풀이

4단자 정수

$\begin{bmatrix} V_1 \\ I_1 \end{bmatrix} = \begin{bmatrix} A & B \\ C & D \end{bmatrix} \begin{bmatrix} V_2 \\ I_2 \end{bmatrix}$ 에서

$V_1 = AV_2 + BI_2$
$I_1 = CV_2 + DI_2$

$A = \dfrac{V_1}{V_2}\bigg|_{I_2=0(\text{2차측 개방})} = \dfrac{12}{4} = 3$

$B = \dfrac{V_1}{I_2}\bigg|_{V_2=0(\text{2차측 단락})} = \dfrac{16}{2} = 8$

$C = \dfrac{I_1}{V_2}\bigg|_{I_2=0(\text{2차측 개방})} = \dfrac{2}{4} = 0.5$

$D = \dfrac{I_1}{I_2}\bigg|_{V_2=0(\text{2차측 단락})} = \dfrac{4}{2} = 2$

답 ④

제5과목 전기설비기술기준

문제 81 가공전선로의 지지물에 지선을 시설하려는 경우 이 지선의 최저 기준으로 옳은 것은?

① 허용인장하중 : 2.11[kN],
  소선지름 : 2.0[mm], 안전율 : 3.0
② 허용인장하중 : 3.21[kN],
  소선지름 : 2.6[mm], 안전율 : 1.5
③ 허용인장하중 : 4.31[kN],
  소선지름 : 1.6[mm], 안전율 : 2.0
④ 허용인장하중 : 4.31[kN],
  소선지름 : 2.6[mm], 안전율 : 2.5

풀이

331.11 지선의 시설
가공전선로의 지지물에 시설하는 지선은 다음에 따라야 한다.
가. 지선의 안전율은 2.5 이상일 것. 이 경우에 허용 인장하중의 최저는 4.31 [kN]으로 한다.
나. 지선에 연선을 사용할 경우에는 다음에 의할 것.
  ① 소선 3가닥 이상의 연선일 것.
  ② 소선의 지름이 2.6[mm] 이상의 금속선을 사용한 것일 것.
다. 지중부분 및 지표상 0.3[m]까지의 부분에는 내식성이 있는 것 또는 아연도금을 한 철봉을 사용하고 쉽게 부식되지 않는 근가에 견고하게 붙일 것.
라. 도로를 횡단하여 시설하는 지선의 높이는 지표상 5[m] 이상으로 하여야 한다.

답 ④

문제 82
변압기에 의하여 특고압전로에 결합되는 고압전로에는 사용전압의 몇 배 이하인 전압이 가하여진 경우에 방전하는 장치를 그 변압기의 단자에 가까운 1극에 설치하여야 하는가?

① 3 ② 4 ③ 5 ④ 6

풀이
322.3 특고압과 고압의 혼촉 등에 의한 위험방지 시설
변압기에 의하여 특고압전로에 결합되는 고압전로에는 **사용전압의 3배 이하인** 전압이 가하여진 경우에 **방전하는 장치**를 그 변압기의 단자에 가까운 1극에 설치하여야 한다.

답 ①

문제 83
수상전선로의 시설기준으로 옳은 것은?

① 사용전압이 고압인 경우에는 클로로프렌 캡타이어 케이블을 사용한다.
② 수상전선로에 사용하는 부대(浮臺)는 쇠사슬 등으로 견고하게 연결한다.
③ 고압 수상전선로에 지락이 생길 때를 대비하여 전로를 수동으로 차단하는 장치를 시설한다.
④ 수상전선로의 전선은 부대의 아래에 지지하여 시설하고 또한 그 절연피복을 손상하지 아니하도록 시설한다.

풀이
335.3 수상전선로의 시설
수상전선로를 시설하는 경우에는 그 사용전압은 저압 또는 고압인 것에 한 한다.
가. 전선
 ① 저압 : 클로로프렌 캡타이어 케이블
 ② 고압 : 캡타이어 케이블
나. 수상전선로의 전선과 가공전선로 접속점의 높이
 ① 접속점이 육상에 있는 경우 : 지표상 5[m] 이상. 다만, 저압인 경우에 도로상 이외의 곳에 있을 때에는 지표상 4[m]
 ② 접속점이 수면상에 있는 경우 : 저압 4[m] 이상, 고압 5[m] 이상
다. 수상전선로의 사용전압이 고압인 경우에는 전로에 지락이 생겼을 때에 **자동적으로 전로를 차단**하기 위한 장치를 시설하여야 한다.
라. 수상전선로에 사용하는 **부대(浮臺)는 쇠사슬 등으로 견고하게 연결**한 것일 것.
마. 수상전선로의 **전선은 부대의 위에 지지**하여 시설하고 또한 그 절연피복을 손상하지 아니하도록 시설할 것.

답 ②

문제 84
특고압 가공전선이 가공약전류 전선 등 저압 또는 고압의 가공전선이나 저압 또는 고압의 전차선과 제1차 접근상태로 시설되는 경우 60[kV] 이하 가공전선과 저고압 가공전선 등 또는 이들의 지지물이나 지주 사이의 이격거리는 몇 [m] 이상인가?

① 1.2 ② 2
③ 2.6 ④ 3.2

풀이
333.26 특고압 가공전선과 저고압 가공전선 등의 접근 또는 교차
특고압 가공전선이 가공약전류전선 등 저압 또는 고압의 가공전선이나 저압 또는 고압의 전차선(이하에서 "저고압 가공전선 등"이라 한다)과 제1차 접근상태로 시설되는 경우
가. 특고압 가공전선로는 제3종 특고압 보안공사에 의할 것.
나. 특고압 가공전선과 저고압 가공 전선 등 또는 이들의 **지지물이나 지주 사이의 이격거리**는 표에서 정한 값 이상일 것.

사용전압의 구분	이격거리
60[kV] 이하	2[m]
60[kV] 초과	• 이격거리 = 2 + 단수 × 0.12 [m] • 단수 = $\dfrac{전압[kV]-60}{10}$ 단수 계산에서 소수점 이하는 절상

답 ②

문제 85
가공전선로의 지지물에는 취급자가 오르고 내리는데 사용하는 발판 볼트 등은 특별한 경우를 제외하고 지표상 몇 [m] 미만에는 시설하지 않아야 하는가?

① 1.5 ② 1.8
③ 2.0 ④ 2.2

풀이
331.4 가공전선로 지지물의 철탑오름 및 전주오름 방지
가공전선로의 지지물에 취급자가 오르고 내리는데 사용하는 **발판 볼트 등을 지표상 1.8 [m] 미만에 시설하여서는 아니 된다.**

답 ②

문제 86 옥내 고압용 이동전선의 시설기준에 적합하지 않은 것은?

① 전선은 고압용의 캡타이어케이블을 사용하였다.
② 전로에 지락이 생겼을 때에 자동적으로 전로를 차단하는 장치를 시설하였다.
③ 이동전선과 전기사용기계기구와는 볼트 조임 기타의 방법에 의하여 견고하게 접속하였다.
④ 이동전선에 전기를 공급하는 전로의 중성극에 전용 개폐기 및 과전류 차단기를 시설하였다.

풀이
342.2 옥내 고압용 이동전선의 시설
옥내에 시설하는 고압의 이동전선은 다음에 따라 시설하여야 한다.
가. 전선은 고압용의 캡타이어케이블일 것.
나. 이동전선에 전기를 공급하는 전로에는 전용 개폐기 및 **과전류 차단기를 각극(과전류 차단기는 다선식 전로의 중성극을 제외**한다)**에 시설**하고, 또한 전로에 지락이 생겼을 때에 자동적으로 전로를 차단하는 장치를 시설할 것.

답 ④

문제 87 특고압 가공전선과 가공약전류 전선 사이에 보호망을 시설하는 경우 보호망을 구성하는 금속선 상호 간의 간격은 가로 및 세로를 각각 몇 [m] 이하로 시설하여야 하는가?

① 0.75   ② 1.0
③ 1.25   ④ 1.5

풀이
333.26 특고압 가공전선과 저고압 가공전선 등의 접근 또는 교차
보호망은 규정에 준하여 접지공사를 한 금속제의 망상장치로 하고 또한 다음에 따라 시설하여야 한다.
가. 보호망을 구성하는 금속선은 그 외주 및 특고압 가공전선의 바로 아래에 시설하는 금속선에 인장강도 8.01 [kN] 이상의 것 또는 지름 5 [mm] 이상의 경동선을 사용하고 기타 부분에 시설하는 금속선에 인장강도 3.64 [kN] 이상 또는 지름 4 [mm] 이상의 아연도철선을 사용할 것.
나. 보호망을 구성하는 **금속선 상호 간의 간격은 가로세로 각 1.5[m] 이하일 것.**
다. 보호망과 저고압 가공전선 등과의 수직 이격거리는 60[cm] 이상일 것.

답 ④

문제 88 교통신호등의 시설기준에 관한 내용으로 틀린 것은?

① 제어장치의 금속제 외함에 접지공사를 한다.
② 교통신호등 회로의 사용전압은 300[V] 이하로 한다.
③ 교통신호등 회로의 인하선은 지표상 2[m] 이상으로 시설한다.
④ LED를 광원으로 사용하는 교통신호등의 설치는 KS C 7528 "LED 교통신호등"에 적합한 것을 사용한다.

풀이
234.15.4 교통신호등의 인하선
교통신호등의 전구에 접속하는 인하선은 다음에 의하여 시설하여야 한다.
가. **전선의 지표상의 높이는 2.5 [m] 이상일 것.** 다만, 전선을 금속관공사 또는 케이블공사에 의하여 시설하는 경우에는 그러하지 아니하다.
나. 전선을 애자공사에 의하여 시설하는 경우에는 전선을 적당한 간격마다 묶을 것.

답 ③

문제 89 사람이 상시 통행하는 터널 안 배선의 시설기준으로 틀린 것은?

① 사용전압은 저압에 한한다.
② 전로에는 터널의 입구에 가까운 곳에 전용 개폐기를 시설한다.
③ 애자사용 공사에 의하여 시설하고 이를 노면상 2[m] 이상의 높이에 시설한다.
④ 공칭단면적 2.5[mm^2] 연동선과 동등 이상의 세기 및 굵기의 절연전선을 사용한다.

풀이
242.7.1 사람이 상시 통행하는 터널 안의 배선의 시설
사람이 상시 통행하는 터널 안의 배선(전기기계기구 안의 배선, 관등회로의 배선 및 소세력 회로의 전선을 제외한다.)은 그 사용전압이 저압의 것에 한하고 또한 다음에 따라 시설하여야 한다.
가. 합성수지관공사, 금속관공사, 금속제가요전선관 공사, 케이블공사 및 애자공사에 의할 것
나. 전선은 공칭단면적 2.5[mm^2]의 연동선과 동등 이상의 세기 및 굵기의 절연전선(옥외용 비닐절연전선 및 인입용 비닐절연전선을 제외한다)을 사용하여 **애자공사에 의하여 시설하고 또한 이를 노면상 2.5[m] 이상의 높이로 할 것.**

다. 전로에는 터널의 입구에 가까운 곳에 전용 개폐기를 시설할 것.　답 ③

문제 90 1차측 3300[V], 2차측 220[V]인 변압기 전로의 절연내력 시험전압은 각각 몇 [V]에서 10분간 견디어야 하는가?

① 1차측 4950[V], 2차측 500[V]
② 1차측 4500[V], 2차측 400[V]
③ 1차측 4125[V], 2차측 500[V]
④ 1차측 3300[V], 2차측 400[V]

풀이

135 변압기 전로의 절연내력

권선의 종류 (최대사용전압)	접지방식	시험전압(최대사용 전압의 배수)	최저 시험 전압
1. 7[kV] 이하		1.5배	500[V]
	다중접지	0.92배	500[V]
2. 7[kV] 초과 25[kV] 이하	다중접지	0.92배	
3. 7[kV] 초과 60[kV] 이하 (2란의 것 제외)		1.25배	10.5[kV]
4. 60[kV] 초과 (8란의 것 제외)	비접지	1.25	
5. 60[kV] 초과 (6란 및 8란의 것 제외)	접지식	1.1배	75[kV]
6. 60[kV] 초과	직접접지	0.72배	
7. 170[kV] 초과	직접접지	0.64배	

- 1차측 시험전압 = 3300×1.5 = 4950[V]
- 2차측 시험전압 = 220×1.5 = 330[V]

그러나 **최저시험전압이 500[V]** 이므로 2차측 시험전압은 500[V]가 되어야 한다.　답 ①

문제 91 고압 가공전선이 교류 전차선과 교차하는 경우, 고압 가공전선으로 케이블을 사용하는 경우 이외에는 단면적 몇 [mm²] 이상의 경동연선(교류 전차선 등과 교차하는 부분을 포함하는 경간에 접속점이 없는 것에 한한다.)을 사용하여야 하는가?

① 14　② 22
③ 30　④ 38

풀이

332.15 고압 가공전선과 교류전차선 등의 접근 또는 교차
저압 가공전선 또는 고압 가공전선이 교류 전차선 등과 교차하는 경우에 저압 가공전선 또는 고압 가공전선이 교류 전차선 등의 위에 시설되는 때에는 다음에 따라야 한다.

가. 저압 가공전선에는 케이블을 사용하고 또한 이를 단면적 35[mm²] 이상인 아연도강 연선으로서 인장강도 19.61[kN] 이상인 것(교류 전차선 등과 교차하는 부분을 포함하는 경간에 접속점이 없는 것에 한한다)으로 조가하여 시설할 것.
나. 고압 가공전선은 케이블인 경우 이외에는 인장강도 14.51[kN] 이상의 것 또는 **단면적 38[mm²] 이상의 경동연선**(교류 전차선 등과 교차하는 부분을 포함하는 경간에 접속점이 없는 것에 한한다)일 것.
다. 고압 가공전선이 케이블인 경우에는 이를 단면적 38[mm²] 이상인 아연도강연선으로서 인장강도 19.61[kN] 이상인 것(교류 전차선 등과 교차하는 부분을 포함하는 경간에 접속점이 없는 것에 한한다)으로 조가하여 시설할 것.　답 ④

문제 92 저압 가공전선과 고압 가공전선을 동일 지지물에 시설하는 경우 이격거리는 몇 [cm] 이상이어야 하는가? (단, 각도주(角度柱)·분기주(分岐柱) 등에서 혼촉(混觸)의 우려가 없도록 시설하는 경우는 제외한다.)

① 50　② 60
③ 70　④ 80

풀이

332.8 고압 가공전선 등의 병행설치
저압 가공전선(다중접지된 중성선은 제외한다. 이하 같다)과 고압 가공전선을 동일 지지물에 시설하는 경우에는 다음에 따라야 한다.

가. 저압 가공전선을 고압 가공전선의 아래로 하고 별개의 완금류에 시설할 것.
나. **저압 가공전선과 고압 가공전선 사이의 이격거리는 0.5[m] 이상일 것.**
다. 다음의 어느 하나에 해당하는 경우에는 "가" 및 "나"에 의하지 아니할 수 있다.
① 고압 가공전선에 케이블을 사용하고, 또한 그 케이블과 저압 가공전선 사이의 이격거리를 0.3[m] 이상으로 하여 시설하는 경우
② 저압 가공인입선을 분기하기 위하여 저압 가공전선을 고압용의 완금류에 견고하게 시설하는 경우　답 ①

문제 93 중성선 다중접지식의 것으로서 전로에 지락이 생겼을 때 2초 이내에 자동적으로 이를 전로로부터 차단하는 장치가 되어 있는 22.9[kV] 특고압 가공전선이 다른 특고압 가공전선과 접근하는 경우 이격거리는 몇 [m] 이상으로 하여야 하는가? (단, 양쪽이 나전선인 경우이다.)

① 0.5 ② 1.0
③ 1.5 ④ 2.0

풀이

333.32 25 [kV] 이하인 특고압 가공전선로의 시설
사용전압이 15[kV]를 초과하고 25[kV] 이하인 특고압 가공전선로(중성선 다중접지식의 것으로서 전로에 지락이 생겼을 때에 2초 이내에 자동적으로 이를 전로로부터 차단하는 장치가 되어 있는 것에 한한다.)가 상호 간 접근 또는 교차하는 경우 이격거리

사용 전선의 종류	이격거리
어느 한쪽 또는 양쪽이 나전선인 경우	1.5 [m]
양쪽이 특고압 절연전선인 경우	1 [m]
한쪽이 케이블이고 다른 한쪽이 케이블이거나 특고압 절연전선인 경우	0.5 [m]

답 ③

문제 94 고압 또는 특고압 가공전선과 금속제의 울타리가 교차하는 경우 교차점과 좌, 우로 몇 [m] 이내의 개소에 규정에 의한 접지공사를 하여야 하는가? (단, 전선에 케이블을 사용하는 경우는 제외한다.)

① 25 ② 35
③ 45 ④ 55

풀이

351.1 발전소 등의 울타리·담 등의 시설
고압 또는 특고압 가공전선(전선에 케이블을 사용하는 경우는 제외함)과 금속제의
울타리·담 등이 교차하는 경우에 금속제의 울타리·담 등에는 교차점과 **좌, 우로 45 [m] 이내의 개소에 규정에 의한 접지공사를 하여야 한다.**
또한 울타리·담 등에 문 등이 있는 경우에는 접지공사를 하거나 울타리·담 등과 전기적으로 접속하여야한다. 다만, 토지의 상황에 의하여 규정에 의한 접지저항 값을 얻기 어려울 경우에는 100 [Ω] 이하로 하고 또한 고압 가공전선로는 고압보안공사, 특고압 가공전선로는 제2종 특고압 보안공사에 의하여 시설할 수 있다.

답 ③

문제 95 의료장소 중 그룹 1 및 그룹 2의 의료 IT 계통에 시설되는 전기설비의 시설기준으로 틀린 것은?

① 의료용 절연변압기의 정격출력은 10[kVA] 이하로 한다.
② 의료용 절연변압기의 2차측 정격전압은 교류 250[V] 이하로 한다.
③ 전원측에 강화절연을 한 의료용 절연변압기를 설치하고 그 2차측 전로는 접지한다.
④ 절연감시장치를 설치하여 절연저항이 50[kΩ]까지 감소하면 표시설비 및 음향설비로 경보를 발하도록 한다.

풀이

242.10.3 의료장소의 안전을 위한 보호 설비
그룹 1 및 그룹 2의 의료 IT 계통은 다음과 같이 시설할 것.
가. 전원측에 따라 이중 또는 강화절연을 한 비단락보증 절연변압기를 설치하고 그 **2차측 전로는 접지하지 말 것**.
나. 비단락보증 절연변압기의 2차측 정격전압은 교류 250 [V] 이하로 하며 공급방식 및 정격출력은 단상 2선식, 10[kVA] 이하로 할 것.
다. 비단락보증 절연변압기의 과부하 및 온도를 지속적으로 감시하는 장치를 적절한 장소에 설치할 것.
라. 의료 IT 계통의 절연상태를 지속적으로 계측, 감시하는 장치를 다음과 같이 설치할 것.
  (1) 절연 감시장치를 설치하여 절연저항이 50[kΩ]까지 감소하면 표시설비 및 음향설비로 경보를 발하도록 할 것.
  (2) 표시설비 및 음향설비를 적절한 장소에 배치하여 의료진에 의하여 지속적으로 감시될 수 있도록 할 것.
  (3) 수술실 등의 내부에 설치되는 음향설비가 의료행위에 지장을 줄 우려가 있는 경우에는 기능을 정지시킬 수 있는 구조일 것.
마. 의료 IT 계통의 분전반은 의료장소의 내부 혹은 가까운 외부에 설치할 것.

답 ③

문제 96 전력 보안통신 설비인 무선통신용 안테나를 지지하는 목주의 풍압하중에 대한 안전율은 얼마 이상으로 해야 하는가?

① 0.5 ② 0.9
③ 1.2 ④ 1.5

풀이

364.1 무선용 안테나 등을 지지하는 철탑 등의 시설
전력보안통신설비인 무선통신용 안테나 또는 반사판 을 지지하는 목주·철주·철근 콘크리트주 또는 철탑은 다음에 따라 시설하여야 한다. 다만, 무선용 안테나 등이 전선로의 주위상태를 감시할 목적으로 시설되는 것일 경우에는 그러하지 아니하다.

가. **목주는 풍압하중에 대한 안전율은 1.5 이상**이어야 한다.
나. 철주·철근 콘크리트주 또는 철탑의 기초 안전율은 1.5 이상이어야 한다.

답 ④

> 출제기준 변경 및 개정된 관계 법규에 따라 삭제된 문제가 있어 20문항이 안됩니다.

국가기술자격검정 필기시험 문제

2020년도 전기산업기사 일반검정 제3회

자격종목 및 등급(선택분야)	종목코드	시험시간	문제지형별
전기산업기사	2140	2시간 30분	A

제1과목 전기자기학

문제 01 표의 ㉠, ㉡과 같은 단위로 옳게 나열한 것은?

㉠	$\Omega \cdot s$
㉡	s/Ω

① ㉠ H, ㉡ F
② ㉠ H/m, ㉡ F/m
③ ㉠ F, ㉡ H
④ ㉠ F/m, ㉡ H/m

풀이

㉠ $v = L\dfrac{di}{dt}$ 관계식에서 $L = \dfrac{dt}{di}v$,

$H = \left[\dfrac{\sec \cdot V}{A}\right] = \left[\sec \cdot \dfrac{V}{A}\right] = [\sec \cdot \Omega]$

㉡ $v = \dfrac{1}{C}\int i\,dt$ 관계식에서 $C = \dfrac{1}{v}\int i\,dt$,

$F = \left[\dfrac{A \cdot \sec}{V}\right] = \left[\sec \cdot \dfrac{A}{V}\right] = [\sec/\Omega]$

답 ①

문제 02 진공 중에 판간 거리가 d[m]인 무한 평판 도체 간의 전위차[V]는? (단, 각 평판 도체에는 면전하밀도 $+\sigma$[C/m²], $-\sigma$[C/m²]가 각각 분포되어 있다.)

① σd ② $\dfrac{\sigma}{\epsilon_0}$ ③ $\dfrac{\epsilon_0 \sigma}{d}$ ④ $\dfrac{\sigma d}{\epsilon_0}$

풀이

평행판 전하밀도 σ[C/m²]가 분포된 경우의 무한 평행판 전극 사이의 내부 전계 E는

$E = \dfrac{\sigma}{\epsilon_0}$ [V/m]

∴ 전위차 $V = Ed = \dfrac{\sigma}{\epsilon_0}d$ [V]

답 ④

문제 03 어떤 자성체 내에서의 자계의 세기가 800 [AT/m]이고 자속밀도가 0.05[Wb/m²]일 때 이 자성체의 투자율은 몇 [H/m]인가?

① 3.25×10^{-5}
② 4.25×10^{-5}
③ 5.25×10^{-5}
④ 6.25×10^{-5}

풀이

자속밀도 $B = \mu H$에서

$\mu = \dfrac{B}{H} = \dfrac{0.05}{800} = 6.25 \times 10^{-5}$ [H/m]

답 ④

문제 04 자기 인덕턴스의 성질을 설명한 것으로 옳은 것은?

① 경우에 따라 정(+) 또는 부(−)의 값을 갖는다.
② 항상 정(+)의 값을 갖는다.
③ 항상 부(−)의 값을 갖는다.
④ 항상 0이다.

풀이

① 자기 인덕턴스
  • 자신의 회로에 단위 전류가 흐를 때의 자속 쇄교수
  • **항상 정(+)의 값**
② 상호 인덕턴스
  • 근접한 두 회로 상호 간의 인덕턴스
  • 두 코일에 흐르는 전류가 만드는 자속이 같은 방향이면 정(+)의 값
  • 두 코일에 흐르는 전류가 만드는 자속이 반대 방향이면 부(−)의 값

답 ②

문제 05 자기회로에 대한 설명 중 틀린 것은? (단, S는 자기회로의 단면적이다.)

① 자기저항의 단위는 H(Henry)의 역수이다.
② 자기저항의 역수를 퍼미언스(permeance)라

고 한다.
③ "자기저항 = (자기회로의 단면을 통과하는 자속) / (자기회로의 총 기자력)"이다.
④ 자속밀도 B가 모든 단면에 걸쳐 균일하다면 자기회로의 자속은 BS 이다.

풀이

① 인덕턴스 $L=\dfrac{\mu SN^2}{l}$에서 자기저항 $R_m=\dfrac{l}{\mu S}$이므로

$L=\dfrac{\mu SN^2}{l}=\dfrac{N^2}{R_m}$ (권수 N은 무차원)이다.

따라서 자기저항 $R_m=\dfrac{N^2}{L}$[1/H]이므로 자기저항의 단위는 H(Henry)의 역수이다.

② 자기저항 $R_m=\dfrac{l}{\mu S}$[AT/Wb]이 되고, 자기저항의 역수를 퍼미언스라고 한다. 퍼미언스는 전기저항의 역수인 컨덕턴스 G에 대응된다.

③ $NI=\phi R_m$ 에서 자기저항 $R_m=\dfrac{NI}{\phi}$[AT/Wb]

"자기저항 =(자기회로의 총 기자력)/(자기회로의 단면을 통과하는 자속) " 이 된다.

④ $\phi=BS$[Wb]

답 ③

문제 06 비유전율이 2.8인 유전체에서의 전속밀도가 $D=3.0\times 10^{-7}$[C/m²]일 때 분극의 세기 P는 약 몇 [C/m²]인가?

① 1.93×10^{-7}
② 2.93×10^{-7}
③ 3.50×10^{-7}
④ 4.07×10^{-7}

풀이

분극의 세기 $P=D-\epsilon_0 E$ (단, $E=\dfrac{D}{\epsilon}=\dfrac{D}{\epsilon_0\epsilon_r}$)

$=D-\epsilon_0\left(\dfrac{D}{\epsilon_0\epsilon_r}\right)=D-\dfrac{D}{\epsilon_r}=\left(1-\dfrac{1}{\epsilon_r}\right)D$

$\therefore P=\left(1-\dfrac{1}{2.8}\right)\times 3\times 10^{-7}=1.93\times 10^{-7}$[C/m²]

답 ①

문제 07 전계의 세기가 5×10^2[V/m]인 전계 중에 8×10^{-8}[C]의 전하가 놓일 때 전하가 받는 힘은 몇 [N]인가?

① 4×10^{-2}
② 4×10^{-3}
③ 4×10^{-4}
④ 4×10^{-5}

풀이

전하에 작용하는 힘
$F=Eq=5\times 10^2\times 8\times 10^{-8}=4\times 10^{-5}$[N]

답 ④

문제 08 지름 2[mm]의 동선에 π[A]의 전류가 균일하게 흐를 때 전류밀도는 몇 [A/m²]인가?

① 10^3
② 10^4
③ 10^5
④ 10^6

풀이

전류밀도 $J=\dfrac{I}{S}=\dfrac{I}{\pi r^2}=\dfrac{\pi}{\pi\times (1\times 10^{-3})^2}=10^6$[A/m²]

($\because$ 반지름 1[mm]$=1\times 10^{-3}$[m])

답 ④

문제 09 반지름이 a[m]인 도체구에 전하 Q[C]을 주었을 때, 구 중심에서 r[m] 떨어진 구외부($r>a$)의 한 점에서의 전속밀도 D[C/m²]는?

① $\dfrac{Q}{4\pi a^2}$
② $\dfrac{Q}{4\pi r^2}$
③ $\dfrac{Q}{4\pi\epsilon a^2}$
④ $\dfrac{Q}{4\pi\epsilon r^2}$

풀이

① 구체 외부($r>a$) $D=\dfrac{Q}{4\pi r^2}$[C/m²]

② 구체 표면($r=a$) $D=\dfrac{Q}{4\pi a^2}$[C/m²]

③ 구체 내부($r<a$) $D=\dfrac{rQ}{4\pi a^3}$[C/m²]

답 ②

문제 10 2[Wb/m²]인 평등 자계 속에 길이가 30[cm]인 도선이 자계와 직각 방향으로 놓여있다. 이 도선이 자계와 30°의 방향으로 30[m/s]의 속도로 이동할 때, 도체 양단에 유기되는 기전력[V]의 크기는?

① 3
② 9
③ 30
④ 90

풀이

유기기전력 $e=Blv\sin\theta=2\times 0.3\times 30\times\sin 30°=9$[V]

답 ②

문제 11 공기 중에 있는 무한직선 도체에 전류 I [A]가 흐르고 있을 때 도체에서 r[m] 떨어진 점에서의 자속밀도는 몇 [Wb/m²]인가?

① $\dfrac{I}{2\pi r}$ ② $\dfrac{2\mu_0 I}{\pi r}$

③ $\dfrac{\mu_0 I}{r}$ ④ $\dfrac{\mu_0 I}{2\pi r}$

풀이

- 무한직선 전류에 의한 자계 $H = \dfrac{I}{2\pi r}$ [AT/m]
- 자속밀도 $B = \mu_0 H = \dfrac{\mu_0 I}{2\pi r}$ [Wb/m²]   **답** ④

문제 12 무한 평면 도체로부터 d[m]인 곳에 점전하 Q[C]가 있을 때 도체 표면상에 최대로 유도되는 전하밀도는 몇 [C/m²]인가?

① $-\dfrac{Q}{2\pi d^2}$

② $-\dfrac{Q}{2\pi \epsilon_0 d^2}$

③ $-\dfrac{Q}{4\pi d^2}$

④ $-\dfrac{Q}{4\pi \epsilon_0 d^2}$

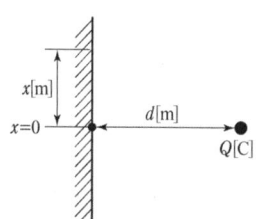

풀이

무한 평면 도체상의 기준 원점으로부터 d[m]인 곳의 유기 전하 밀도[C/m²]는

$\sigma = -D = -\epsilon_0 E$

$= -\dfrac{Q \cdot d}{2\pi(d^2 + x^2)^{3/2}}$ [C/m²]

이다. 그러므로 최대전하밀도는 $x=0$일 때 이므로

$\therefore \sigma_{\max} = [\sigma]_{x=0} = -\dfrac{Q}{2\pi d^2}$ [C/m²]   **답** ①

문제 13 선간전압이 66000[V]인 2개의 평행 왕복 도선에 10[kA]의 전류가 흐르고 있을 때 도선 1[m] 마다 작용하는 힘의 크기는 몇 [N/m]인가? (단, 도선 간의 간격은 1[m] 이다.)

① 1   ② 10   ③ 20   ④ 200

풀이

$F = \dfrac{\mu_0 I_1 I_2}{2\pi r} = \dfrac{2 I_1 I_2}{r} \times 10^{-7}$

$I_1 = I_2$ 이므로

$F = \dfrac{2 \times (10 \times 10^3)^2}{1} \times 10^{-7} = 20$ [N/m] (흡인력)   **답** ③

문제 14 무손실 유전체에서 평면 전자파의 전계 E와 자계 H 사이 관계식으로 옳은 것은?

① $H = \sqrt{\dfrac{\epsilon}{\mu}} E$ ② $H = \sqrt{\dfrac{\mu}{\epsilon}} E$

③ $H = \dfrac{\epsilon}{\mu} E$ ④ $H = \dfrac{\mu}{\epsilon} E$

풀이

$\dfrac{E}{H} = \sqrt{\dfrac{\mu}{\epsilon}}$ 에서 $H = \sqrt{\dfrac{\epsilon}{\mu}} E$ 이다.   **답** ①

문제 15 대전 도체 표면의 전하밀도는 도체 표면의 모양에 따라 어떻게 되는가?

① 곡률이 작으면 작아진다.
② 곡률 반지름이 크면 커진다.
③ 평면일 때 가장 크다.
④ 곡률 반지름이 작으면 작다.

풀이

전하는 **뾰족한 부분에 모이는 성질**이 있는데, 그런 부분은 곡률 반경이 작다(곡률이 크다). 따라서, 곡률 반경이 클수록(곡률이 작을수록) 전하밀도는 낮다.

(곡률 반경 $\propto \dfrac{1}{곡률}$)

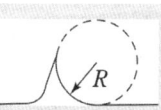

답 ①

문제 16 1[Ah]의 전기량은 몇 [C]인가?

① $\dfrac{1}{3600}$ ② 1

③ 60   ④ 3600

풀이

$Q = I \cdot t$ [C]에서 $Q = 1 \times 60 \times 60 = 3,600$ [C] 이 된다.   **답** ④

문제 17 강자성체가 아닌 것은?
① 철 ② 구리 ③ 니켈 ④ 코발트

풀이
자성체의 특징

자성체의 종류	투자율	비투자율	비자하율	자기모멘트의 크기와 배열	종류
강자성체	$\mu \gg \mu_0$	$\mu_s \gg 1$	$\chi_m \gg 1$	↑↑↑↑↑↑↑↑	철(Fe) 니켈(Ni) 코발트(Co)
상자성체	$\mu > \mu_0$	$\mu_s > 1$	$\chi_m > 0$	(불규칙)	백금(Pt) 알루미늄(Al) 산소(O_2)
반자성체	$\mu < \mu_0$	$\mu_s < 1$	$\chi_m < 0$	↑↓↑↓↑↓	은(Ag) 구리(Cu) 비스무트(Bi) 물(H_2O)
반강자성체				↑↓↑↓↑↓	

답 ②

문제 18 맥스웰(Maxwell) 전자방정식의 물리적 의미 중 틀린 것은?
① 자계의 시간적 변화에 따라 전계의 회전이 발생한다.
② 전도전류와 변위전류는 자계를 발생시킨다.
③ 고립된 자극이 존재한다.
④ 전하에서 전속선이 발산한다.

풀이
맥스웰의 전자방정식 중 $\nabla \cdot B = 0$의 의미
- 독립된 자극은 존재하지 않고 항상 N, S극이 존재함을 의미

답 ③

문제 19 $2[\mu F]$, $3[\mu F]$, $4[\mu F]$의 커패시터를 직렬로 연결하고 양단에 가한 전압을 서서히 상승시킬 때의 현상으로 옳은 것은? (단, 유전체의 재질 및 두께는 같다고 한다.)
① $2[\mu F]$의 커패시터가 제일 먼저 파괴된다.
② $3[\mu F]$의 커패시터가 제일 먼저 파괴된다.
③ $4[\mu F]$의 커패시터가 제일 먼저 파괴된다.
④ 3개의 커패시터가 동시에 파괴된다.

풀이
콘덴서를 직렬로 접속하고 전압을 서서히 증가시키면, 콘덴서의 **전하량이 가장 적은 콘덴서가 제일 먼저 파괴**된다. 따라서, 각 콘덴서의 내압이 동일한 경우 ($V_1 = V_2 = V_3 = V$) 용량이 제일 작은 $2[\mu F]$의 콘덴서가 제일 먼저 파괴된다.

답 ①

문제 20 패러데이관의 밀도와 전속밀도는 어떠한 관계인가?
① 동일하다.
② 패러데이관의 밀도가 항상 높다.
③ 전속밀도가 항상 높다.
④ 항상 틀리다.

풀이
단위전하에서 나오는 전속선의 관을 패러데이관이라 하며, 그 특징은 다음과 같다.
- 패러데이관 내의 전속수는 일정하다.
- **페러데이관의 밀도는 전속 밀도와 같다.**
  (패러데이관 수 = 전속선 수).
- 진전하가 없는 점에서 패러데이관은 연속이다.
- 패러데이관 양단에 정, 부의 단위 전하가 있다.

답 ①

제2과목 전력공학

문제 21
수전용 변전설비의 1차측에 설치하는 차단기의 용량은 어느 것에 의하여 정하는가?
① 수전전력과 부하율
② 수전계약용량
③ 공급측 전원의 단락용량
④ 부하설비용량

풀이
차단기 차단 용량은 그 점에 있어서의 단락 용량에 의해 결정된다. 즉, 단락용량 $P_s = \frac{100}{\%Z} P_n$에서 알 수 있듯이 차단기 차단 용량은 전원측으로부터 단락점까지의 %임피던스(%Z)와 공급측 전기 설비 용량 P_n에 의해 결정된다.

답 ③

문제 22
어떤 발전소의 유효 낙차가 100[m]이고, 사용 수량이 10[m³/s]일 경우 이 발전소의 이론적인 출력[kW]은?
① 4900 ② 9800
③ 10000 ④ 14700

풀이
이론출력 $P = 9.8QH = 9.8 \times 10 \times 100 = 9800$[kW] **답 ②**

문제 23
피뢰기의 제한전압이란?
① 상용주파전압에 대한 피뢰기의 충격방전 개시전압
② 충격파 침입 시 피뢰기의 충격방전 개시전압
③ 피뢰기가 충격파 방전 종료 후 언제나 속류를 확실히 차단할 수 있는 상용주파 최대전압
④ 충격파 전류가 흐르고 있을 때의 피뢰기 단자전압

풀이
제한 전압 : 피뢰기 동작 중에 계속해서 걸리고 있는 **단자 전압의 파고값** **답 ④**

문제 24
발전기의 정태 안정 극한전력이란?
① 부하가 서서히 증가할 때의 극한전력
② 부하가 갑자기 크게 변동할 때의 극한전력
③ 부하가 갑자기 사고가 났을 때의 극한전력
④ 부하가 변하지 않을 때의 극한전력

풀이
안정도의 종류
① **정태 안정도**(static stability) : 송전 계통이 **불변 부하 또는 극히 서서히 증가하는 부하**에 대하여 계속적으로 송전할 수 있는 능력을 정태 안정도로 하고, 안정도를 유지할 수 있는 극한의 송전 전력을 정태 안정 극한 전력이라고 한다.
② 과도 안정도(transient stability) : 계통에 갑자기 고장 사고와 같은 급격한 외란이 발생하였을 때에도 탈조하지 않고 새로운 평형 상태를 회복하여 송전을 계속할 수 있는 능력을 과도 안정도라 하고 이 경우의 극한 전력을 과도 안정 극한 전력이라고 한다.
③ 동태 안정도(dynamic stability) : 고속 자동 전압 조정기로 동기기의 여자 전류를 제어 할 경우의 정태 안정도를 특히 동태 안정도라 한다. **답 ①**

문제 25
3상으로 표준전압 3[kV], 용량 600[kW], 역률 0.85로 수전하는 공장의 수전회로에 시설할 계기용 변류기의 변류비로 적당한 것은? (단, 변류기의 2차 전류는 5[A]이며, 여유율은 1.5배로 한다.)
① 10 ② 20 ③ 30 ④ 40

풀이
$P = \sqrt{3} V_1 I_1 \cos\theta$ 에서
1차 전류 $I_1 = \dfrac{600 \times 10^3}{\sqrt{3} \times 3000 \times 0.85} = 135.85$[A]
변류기의 여유율 1.5를 고려한 변류비
$= \dfrac{1차 전류 \times 1.5}{5} = \dfrac{135.85 \times 1.5}{5} = 40.76$
따라서, 변류비가 40인 변류기가 적당하다. **답 ④**

문제 26
30000[kW]의 전력을 50[km] 떨어진 지점에 송전하려고 할 때 송전전압[kV]은 약 얼마인가? (단, still 식에 의하여 산정한다.)
① 22 ② 33 ③ 66 ④ 100

풀이
Still 식 $V_s = 5.5\sqrt{0.6 \times l + 0.01P}$
$= 5.5\sqrt{0.6 \times 50 + 0.01 \times 30000} = 99.91$[kV]
여기서, V_s : 송전전압[kV], l : 송전거리[km], P : 송전전력[kW] **답 ④**

문제 27
다음 중 전력선에 의한 통신선의 전자유도 장해의 주된 원인은?
① 전력선과 통신선 사이의 상호 정전용량
② 전력선의 불충분한 연가
③ 전력선의 1선 지락사고 등에 의한 영상전류
④ 통신선 전압보다 높은 전력선의 전압

풀이
전자 유도 전압 : $E_m = j\omega M l I_g = j\omega M l(3I_0)$
즉, **전자 유도 전압은 1선 지락사고 등에 의한 영상전류** I_0가 흐르기 때문에 발생한다. **답 ③**

문제 28
조상설비가 있는 발전소 측 변전소에서 주변압기로 주로 사용되는 변압기는?
① 강압용 변압기 ② 단권 변압기
③ 3권선 변압기 ④ 단상 변압기

풀이

- 3차(안정권선)
- 조상설비
- 소내용 전원공급

답 ③

①×2 = ② 이므로

$$2 \times \left[2\pi f(C_s + 3C_m)\frac{V}{\sqrt{3}}\right] = 2\pi f(3C_s)\frac{V}{\sqrt{3}}$$

$2C_s + 6C_m = 3C_s$ 에서 $6C_m = C_s$

$$\therefore \frac{C_m}{C_s} = \frac{1}{6}$$

답 ①

문제 29 3상 1회선의 송전선로에 3상 전압을 가해 충전할 때 1선에 흐르는 충전전류는 30[A], 또 3선을 일괄하여 이것과 대지 사이에 상전압을 가하여 충전시켰을 때 전 충전전류는 60[A]가 되었다. 이 선로의 대지정전용량과 선간정전용량의 비는? (단, 대지정전용량= C_s, 선간정전용량= C_m 이다.)

① $\frac{C_m}{C_s} = \frac{1}{6}$
② $\frac{C_m}{C_s} = \frac{8}{15}$
③ $\frac{C_m}{C_s} = \frac{1}{3}$
④ $\frac{C_m}{C_s} = \frac{1}{\sqrt{3}}$

풀이

1) 3상 1회선의 송전선로에 3상 전압을 가해 충전할 때 흐르는 충전전류
- 3상 1회선인 경우 $C_1 = C_s + 3C_m$

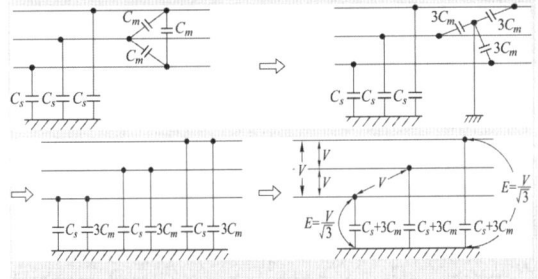

* $3C_m$ 사이의 중성점에는 0전위 이므로 대지와 접속하여도 무방하다.
$C_1 = C_s + 3C_m$
$I_{C1} = 2\pi f C_1 \frac{V}{\sqrt{3}} = 2\pi f(C_s + 3C_m)\frac{V}{\sqrt{3}} = 30[A]$ ······ ①

2) 3선을 일괄하여 이것과 대지 사이에 상전압을 가하여 충전시켰을 때 충전전류

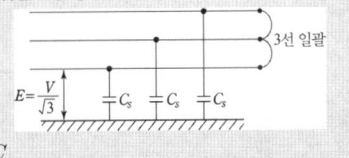

$C_2 = 3C_s$
$I_{C2} = 2\pi f C_2 \frac{V}{\sqrt{3}} = 2\pi f(3C_s)\frac{V}{\sqrt{3}} = 60[A]$ ······ ②

문제 30 전력 사용의 변동 상태를 알아보기 위한 것으로 가장 적당한 것은?
① 수용률
② 부등률
③ 부하율
④ 역률

풀이
- 수용률 : 수요를 상정할 경우 사용
- 부등률 : 최대 전력의 발생시각 또는 발생 시기의 분산을 나타내는 지표로 사용
- **부하율** : 일정 기간 중 **부하 변동의 정도를 나타내는 것으로** 서 전기설비가 얼마만큼 유효하게 이용되고 있는가 하는 정도를 파악하는 데 사용

답 ③

문제 31 단상 교류회로에 3150/210[V]의 승압기를 80[kW], 역률 0.8인 부하에 접속하여 전압을 상승시키는 경우 약 몇 [kVA]의 승압기를 사용하여야 적당한가? (단, 전원전압은 2900[V] 이다.)
① 3.6
② 5.5
③ 6.8
④ 10

풀이

$V_h = V_l + e = V_l\left(1 + \frac{1}{n}\right)$
$= 2900 \times \left(1 + \frac{210}{3150}\right)$
$= 3093.33[V]$

$I = \frac{P}{V_h \times \cos\theta}$
$= \frac{80 \times 10^3}{3093.33 \times 0.8} = 32.33[A]$

승압기의 자기용량
$W = eI = 210 \times 32.33 \times 10^{-3} = 6.79[kVA]$

답 ③

[참고]
승압분 전압 e_2는 변압기 용량을 결정할 때는 계산상 전압을 사용하지 않고 최대 전압이 될 수 있는 210[V]를 사용한다.

문제 32 철탑의 접지저항이 커지면 가장 크게 우려되는 문제점은?
① 정전 유도
② 역섬락 발생
③ 코로나 증가
④ 차폐각 증가

풀이
철탑의 탑각 접지저항이 크면 낙뢰 시 철탑의 전위가 상승하여 철탑으로부터 송전선으로 섬락을 일으키게 되며 이것을 **역섬락**이라 한다. 따라서, 역섬락을 방지하기 위해서는 철탑의 접지저항을 낮추어야 하며 이를 적게 하기 위하여 설치하는 것이 매설지선이다. **답** ②

문제 33 역률 0.8(지상), 480[kW] 부하가 있다. 전력용 콘덴서를 설치하여 역률을 개선하고자 할 때 콘덴서 220[kVA]를 설치하면 역률은 몇 [%]로 개선되는가?
① 82
② 85
③ 90
④ 96

풀이
• 부하의 무효전력
$$Q_L = \frac{P}{\cos\theta} \times \sin\theta = \frac{480}{0.8} \times 0.6 = 360[\text{kVar}]$$
• 전력용 콘덴서 $Q_C = 220[\text{kVA}]$
$$\therefore \cos\theta = \frac{P}{\sqrt{P^2 + (Q_L - Q_C)^2}} \times 100$$
$$= \frac{480}{\sqrt{480^2 + (360 - 220)^2}} \times 100 = 96[\%]$$ **답** ④

문제 34 화력발전소에서 탈기기를 사용하는 주 목적은?
① 급수 중에 함유된 산소 등의 분리 제거
② 보일러 관벽의 스케일 부착의 방지
③ 급수 중에 포함된 염류의 제거
④ 연소용 공기의 예열

풀이
급수 중에 용해되어 있는 산소는 증기 계통, 급수 계통 등을 부식시킨다. **탈기기**(deaerator)는 **용해 산소 분리**의 목적으로 쓰인다. **답** ①

문제 35 변류기를 개방할 때 2차측을 단락하는 이유는?
① 1차측 과전류 보호
② 1차측 과전압 방지
③ 2차측 과전류 보호
④ 2차측 절연보호

풀이
변류기의 2차측을 개방하면 1차 전류가 모두 여자 전류가 되어 **2차 권선에 매우 높은 전압이 유기되어 절연이 파괴**되고 소손될 염려가 있다. **답** ④

문제 36 ( )안에 들어갈 알맞은 내용은?

"화력발전소의 (㉠)은 발생 (㉡)을 열량으로 환산한 값과 이것을 발생하기 위하여 소비된 (㉢)의 보유열량 (㉣)를 말한다."

① ㉠ 손실율 ㉡ 발열량 ㉢ 물 ㉣ 차
② ㉠ 열효율 ㉡ 전력량 ㉢ 연료 ㉣ 비
③ ㉠ 발전량 ㉡ 증기량 ㉢ 연료 ㉣ 결과
④ ㉠ 연료소비율 ㉡ 증기량 ㉢ 물 ㉣ 차

풀이
화력발전소의 열효율 = $\dfrac{\text{전력량을 열량으로 환산한 값}}{\text{연료의 보유열량}}$

(참고 : 1[kWh] = 860[kcal]) **답** ②

문제 37 다음 중 전압강하의 정도를 나타내는 식이 아닌 것은? (단, E_s는 송전단전압, E_r은 수전단전압이다.)

① $\dfrac{I}{E_r}(R\cos\theta + X\sin\theta) \times 100[\%]$

② $\dfrac{\sqrt{3}I}{E_r}(R\cos\theta + X\sin\theta) \times 100[\%]$

③ $\dfrac{E_s - E_r}{E_r} \times 100[\%]$

④ $\dfrac{E_s + E_r}{E_s} \times 100[\%]$

풀이
- 전압강하
  $e = E_s - E_r = \sqrt{3}I(R\cos\theta + X\sin\theta)$ (3상의 경우)
- 전압강하율
  $\epsilon = \dfrac{e}{E_r} \times 100[\%] = \dfrac{E_s - E_r}{E_r} \times 100[\%]$
  $= \dfrac{\sqrt{3}I}{E_r}(R\cos\theta + X\sin\theta) \times 100[\%]$

답 ④

문제 38 수전단 전압이 송전단 전압보다 높아지는 현상과 관련된 것은?
① 페란티 효과 ② 표피 효과
③ 근접 효과 ④ 도플러 효과

풀이
- **페란티 효과** : 송전 선로에 충전 전류(전압보다 위상이 빠른 전류)가 흐르면 **수전단 전압이 송전단 전압보다 높아지는 현상**
- 표피 효과 : 교류전류의 경우 도체 중심보다 도체 표면에 전류가 많이 흐르는 현상
- 근접 효과 : 같은 방향의 전류는 바깥쪽으로 다른 방향의 전류는 안쪽으로 모이는 현상

답 ①

문제 39 송전선로의 중성점을 접지하는 목적으로 가장 알맞은 것은?
① 전선량의 절약
② 송전용량의 증가
③ 전압강하의 감소
④ 이상 전압의 경감 및 발생 방지

풀이
송전선로의 **중성점 접지의 목적**
① 이상 전압 발생 방지
② 1선 지락시 건전상 전압 상승 억제 및 기기나 선로의 절연 절감
③ 보호 계전기 동작 확실
④ 소호 리액터 계통에서의 1선 지락시 아크 소멸

답 ④

문제 40 송전선로에서 4단자 정수 A, B, C, D 사이의 관계는?
① $BC - AD = 1$ ② $AC - BD = 1$
③ $AB - CD = 1$ ④ $AD - BC = 1$

풀이
$AD - BC = 1$

답 ④

제3과목 전기기기

문제 41 돌극형 동기발전기에서 직축 리액턴스 X_d와 횡축 리액턴스 X_q는 그 크기 사이에 어떤 관계가 있는가?
① $X_d = X_q$ ② $X_d > X_q$
③ $X_d < X_q$ ④ $2X_d = X_q$

풀이
돌극형(철극기)에서는 직축이 횡축에 비하여 공극(air gap)이 작으므로 직축(동기) 리액턴스 X_d가 횡축(동기) 리액턴스 X_q보다 크다 ($\boldsymbol{X_d > X_q}$).
그러나 비철극기에서는 공극이 일정하므로 $X_d = X_q = X_s$로 된다.

답 ②

문제 42 어떤 정류기의 출력전압 평균값이 2000[V]이고 맥동률이 3[%]이면 교류분은 몇 [V] 포함되어 있는가?
① 20 ② 30 ③ 60 ④ 70

풀이
맥동률 $= \dfrac{\text{교류분}(\Delta E)}{\text{직류분}(E_d)} \times 100[\%]$에서
$\therefore \Delta E = \dfrac{3}{100} \times 2000 = 60[V]$

답 ③

문제 43 직류기에서 전류용량이 크고 저전압 대전류에 가장 적합한 브러시 재료는?
① 탄소질 ② 금속 탄소질
③ 금속 흑연질 ④ 전기 흑연질

풀이
① 탄소질 브러시 : 탄소분말을 원료로 한 것으로서 저항률, 마찰계수는 크고 허용전류는 작으며 주로 소형기, 저속기에 사용된다.

② **흑연질 브러시** : 천연 흑연을 원료로 한 것으로서 윤활성이 풍부하며 저항률과 접촉 저항이 적고 허용 전류는 커서 대전류, 고속기에 사용된다.

③ **금속 흑연질 브러시** : 동의 가루와 흑연분말을 혼합 소결한 것으로 **전류 용량이 크고 저전압, 대전류**의 기계에 사용된다.

답 ③

문제 44 전압비 a인 단상변압기 3대를 1차 △결선, 2차 Y결선으로 하고 1차에 선간전압 $V[V]$를 가했을 때 무부하 2차 선간전압[V]은?

① $\dfrac{V}{a}$ ② $\dfrac{a}{V}$

③ $\sqrt{3}\,\dfrac{V}{a}$ ④ $\sqrt{3}\,\dfrac{a}{V}$

풀이

- 권수비 $a = \dfrac{E_1}{E_2} = \dfrac{1차\ 상전압}{2차\ 상전압}$

- 2차 상전압 $E_2 = \dfrac{E_1}{a} = \dfrac{V}{a}$

  (△결선에서는 상전압 E = 선간전압 V)

- 2차 선간전압 $V_2 = \sqrt{3}\,E_2 = \sqrt{3} \cdot \dfrac{V}{a}$

  (Y결선에서 선간전압 $V = \sqrt{3}\,E$)

답 ③

문제 45 동기발전기 종류 중 회전계자형의 특징으로 옳은 것은?

① 고주파 발전기에 사용
② 극소용량, 특수용으로 사용
③ 소요전력이 크고 기구적으로 복잡
④ 기계적으로 튼튼하여 가장 많이 사용

풀이

회전 계자형 동기 발전기는 전기자를 고정자로 하고 계자극을 회전자로 한 것으로 회전계자형을 사용하는 이유로는
- 전기자 권선은 전압이 높고 결선이 복잡하며, 대용량으로 되면 전류도 커지고, 3상 권선의 경우에는 4개의 도선을 인출하여야 한다.
- 계자 회로는 직류의 저압 회로이므로 소요 동력도 작으며, 인출 도선이 2개만 있어도 되기 때문이다.
- **계자극은 기계적으로 튼튼**하게 만드는 데 용이하기 때문이다.
- 고장시의 과도 안정도를 높이기 위하여 회전자의 관성을 크게 하기 쉽기 때문이기도 하다.

답 ④

문제 46 단상 및 3상 유도전압조정기에 대한 설명으로 옳은 것은?

① 3상 유도전압조정기에는 단락권선이 필요없다.
② 3상 유도전압조정기의 1차와 2차 전압은 동상이다.
③ 단락권선은 단상 및 3상 유도전압조정기 모두 필요하다.
④ 단상 유도전압조정기의 기전력은 회전자계에 의해서 유도된다.

풀이

단락권선
3상 유도 전압조정기에서는 직렬권선에 의한 기자력은 회전자의 위치에 관계없이 항상 1차 부하전류에 의한 분로권선 기전력에 의해 상쇄되므로 단상에서와 같은 **단락권선을 필요로 하지 않는다.**

답 ①

문제 47 12극과 8극인 2개의 유도전동기를 종속법에 의한 직렬접속법으로 속도제어할 때 전원주파수가 60[Hz]인 경우 무부하 속도 N_o는 몇 [rps]인가?

① 5 ② 6 ③ 200 ④ 360

풀이

① **직렬 종속법** $N_s = \dfrac{120f}{p_1 + p_2}$

② **병렬 종속법** $N_s = \dfrac{2 \times 120f}{p_1 + p_2}$

③ **차동 접속법** $N_s = \dfrac{120f}{p_1 - p_2}$

따라서, 직렬접속법으로 속도 제어할 경우 무부하속도

$N_0 = \dfrac{120 \times 60}{12 + 8} = 360[\text{rpm}] = 6[\text{rps}]$

답 ②

문제 48 인버터에 대한 설명으로 옳은 것은?

① 직류를 교류로 변환
② 교류를 교류로 변환
③ 직류를 직류로 변환
④ 교류를 직류로 변환

풀이

- 초퍼 : DC → DC로 변환
- 컨버터 : AC → DC로 변환
- 인버터 : DC → AC로 변환

답 ①

문제 49 직류전동기의 역기전력에 대한 설명으로 틀린 것은?

① 역기전력은 속도에 비례한다.
② 역기전력은 회전방향에 따라 크기가 다르다.
③ 역기전력이 증가할수록 전기자 전류는 감소한다.
④ 부하가 걸려 있을 때에는 역기전력은 공급전압보다 크기가 작다.

풀이
전동기가 정격 속도로 회전하면 도체는 자속을 끊어 발전기와 마찬가지로 기전력을 유기한다. 이 기전력의 방향은 플레밍의 오른손 법칙에 의해 공급해준 단자 전압과는 반대 방향 이므로 역기전력(E_c)이라고 한다.
- 단자 전압 $V = E_c + I_a R_a$
- 역기전력 $E_c = p\phi n \dfrac{Z}{a}$

① $E_c = p\phi n \dfrac{Z}{a}$에서 $E_c \propto n$
② 역기전력의 크기는 회전방향과 관계가 없다.
③ 전기자 전류 $I_a = \dfrac{V - E_c}{R_a}$ 에서 역기전력 E_c가 증가하면 전기자전류 I_a는 감소한다.
④ $E_c = V - I_a R_a$에서 부하가 증가하면, 즉 I_a가 증가하면 역기전력 E_c는 공급전압 V 보다 작아진다. **답 ②**

문제 50 유도전동기의 실부하법에서 부하로 쓰이지 않는 것은?

① 전동발전기
② 전기동력계
③ 프로니 브레이크
④ 손실을 알고 있는 직류발전기

풀이
부하시험 : 3상 유도전동기의 특성은 원선도에 의하여 구하는 것이 보통이지만 실부하법이 편리한 경우에는 실부하법을 사용한다. 실부하법으로는
① 전기동력계법
② 프로니브레이크법
③ 손실을 알고 있는 직류발전기를 사용하는 방법 등이 있다. **답 ①**

문제 51 직류기의 구조가 아닌 것은?

① 계자 권선
② 전기자 권선
③ 내철형 철심
④ 전기자 철심

풀이
직류기의 주요 3요소는 계자, 전기자, 정류자이다.
- 계자 : 자속을 만드는 부분으로 계자 철심과 계자 권선, 계철, 자극 등으로 구성되어 있다.
- 전기자 : 기전력을 유기하는 부분으로 전기자 철심과 전기자 권선으로 되어 있다.
- 정류자 : 발생한 기전력을 직류로 변환하는 부분이다.
답 ③

문제 52 30[kW]의 3상 유도전동기에 전력을 공급할 때 2대의 단상변압기를 사용하는 경우 변압기의 용량은 약 몇 [kVA]인가? (단, 전동기의 역률과 효율은 각각 84[%], 86[%]이고 전동기 손실은 무시한다.)

① 17　　② 24　　③ 51　　④ 72

풀이
- 3상 유도전동기의 입력[kVA]는
$P_i = \dfrac{P}{\eta_m \cos\theta} = \dfrac{30}{0.86 \times 0.84} = 41.53 [\text{kVA}]$
- 단상변압기 2대로 V결선시 출력
$P_V = \sqrt{3} P_1 = 41.53 [\text{kVA}]$ (변압기 출력= 전동기 입력)
- 단상변압기 1대의 용량
$P_1 = \dfrac{P_V}{\sqrt{3}} = \dfrac{41.53}{\sqrt{3}} = 23.98 [\text{kVA}]$ **답 ②**

문제 53 3상 6극 슬롯 수 54의 동기발전기가 있다. 어떤 전기자 코일의 두 변이 제 1슬롯과 제 8슬롯에 들어있다면 단절권 계수는 약 얼마인가?

① 0.9397　　② 0.9567
③ 0.9837　　④ 0.9117

풀이
- 코일간격 : $8 - 1 = 7$
- 극간격 $= \dfrac{\text{총 슬롯수}}{\text{극수}} = \dfrac{S}{p} = \dfrac{54}{6} = 9$
- $\beta = \dfrac{\text{코일간격}}{\text{극간격}} = \dfrac{7}{9}$
∴ 단절권 계수 $K_P = \sin \dfrac{1}{2}\beta\pi = \sin \dfrac{1}{2} \times \dfrac{7}{9}\pi = 0.9397$
답 ①

문제 54 부흐홀츠 계전기로 보호되는 기기는?
① 변압기 ② 발전기
③ 유도전동기 ④ 회전변류기

풀이
변압기 내부고장 검출용 보호 계전기
① 차동 계전기 (비율 차동 계전기)
② 압력 계전기
③ 부흐홀츠 계전기
④ 가스 검출 계전기 **답 ①**

문제 55 변압기의 효율이 가장 좋을 때의 조건은?
① 철손 = 동손 ② 철손 = $\frac{1}{2}$동손
③ $\frac{1}{2}$철손 = 동손 ④ 철손 = $\frac{2}{3}$동손

풀이
최대 효율은 고정손인 철손과 가변손인 동손이 같게 될 때 발생한다. **답 ①**

문제 56 직류전동기 중 부하가 변하면 속도가 심하게 변하는 전동기는?
① 분권 전동기 ② 직권 전동기
③ 차동 복권 전동기 ④ 가동 복권 전동기

풀이
직권 전동기는 전기자 권선과 계자 권선이 직렬로 되어 $I = I_a = I_f$ [A]가 된다. 따라서 부하 전류 I의 증감에 따라서 자속 ϕ도 변화하게 된다. 직권 전동기에서 R_a 및 R_s 값이 매우 적기 때문에 $I_a(R_a + R_s)$값도 적게되어 무시하면 직권 전동기의 속도 $n = K \frac{V - I_a(R_a + R_s)}{\phi}$ 에서 $n = K \frac{V}{\phi}$ 로 되어 $n \propto \frac{1}{\phi} \propto \frac{1}{I}$ 가 된다.
따라서, 직권전동기는 부하의 변화에 따라 전동기의 속도도 크게 변화게 된다. **답 ②**

문제 57 1차 전압 6900[V], 1차 권선 3000회, 권수비 20의 변압기가 60[Hz]에 사용할 때 철심의 최대 자속[Wb]은?
① 0.76×10^{-4} ② 8.63×10^{-3}
③ 80×10^{-3} ④ 90×10^{-3}

풀이
1차 유기기전력 $E_1 = 4.44 f \phi_m N_1$ [V]
$\therefore \phi_m = \frac{E_1}{4.44 f N_1} = \frac{6900}{4.44 \times 60 \times 3000}$
$= 0.00863 = 8.63 \times 10^{-3}$ [Wb] **답 ②**

문제 58 동기기의 전기자 권선법으로 적합하지 않은 것은?
① 중권 ② 2층권
③ 분포권 ④ 환상권

풀이
환상권은 환상철심의 안팎으로 권선을 감은 것으로 현재에는 거의 사용하지 않는다. **답 ④**

문제 59 표면을 절연 피막처리 한 규소강판을 성층하는 이유로 옳은 것은?
① 절연성을 높이기 위해
② 히스테리시스손을 작게 하기 위해
③ 자속을 보다 잘 통하게 하기 위해
④ 와전류에 의한 손실을 작게 하기 위해

풀이
• 성층철심 ⇒ 와류손 감소
• 규소강판 ⇒ 히스테리 시스손 감소 **답 ④**

문제 60 단상 유도전동기 중 기동토크가 가장 작은 것은?
① 반발 기동형
② 분상 기동형
③ 쉐이딩 코일형
④ 커패시터 기동형

풀이
단상 유도전동기에서 기동 토크가 큰 것부터 순서로 배열하면
반발 기동형 > 반발 유도형 > 콘덴서 기동형 > 분상 기동형 > 셰이딩 코일형 > 모노사이클릭형 **답 ③**

제4과목 회로이론

문제 61 2단자 회로망에 단상 100[V]의 전압을 가하면 30[A]의 전류가 흐르고 1.8[kW]의 전력이 소비된다. 이 회로망과 병렬로 커패시터를 접속하여 합성 역률을 100[%]로 하기 위한 용량성 리액턴스는 약 몇 [Ω]인가?

① 2.1 ② 4.2
③ 6.3 ④ 8.4

풀이
- 역률 $\cos\theta = \dfrac{P}{VI} = \dfrac{1800}{100 \times 30} = 0.6$
- 무효율 $\sin\theta = \sqrt{1-\cos^2\theta} = \sqrt{1-0.6^2} = 0.8$
- 무효전력 $Q = VI\sin\theta = 100 \times 30 \times 0.8 = 2400[\text{Var}]$
- 역률이 100[%]가 되기 위해서는 진상의 무효전력인 2400[VA]의 콘덴서가 필요하다.
- $Q_c = VI_c = 2\pi f CV^2 = \dfrac{V^2}{X_c}$

따라서 $X_c = \dfrac{V^2}{Q_c} = \dfrac{100^2}{2400} = 4.17[\Omega]$ **답 ②**

문제 62 $e_i(t) = Ri(t) + L\dfrac{di(t)}{dt} + \dfrac{1}{C}\int i(t)dt$

에서 모든 초기값을 0으로 하고 라플라스 변환했을 때 $I(s)$는? (단, $I(s)$, $E_i(s)$는 각각 $i(t)$, $e_i(t)$를 라플라스 변환한 것이다.)

① $\dfrac{Cs}{LCs^2+RCs+1}E_i(s)$

② $\dfrac{1}{R+Ls+\dfrac{1}{C}s}E_i(s)$

③ $\dfrac{1}{s^2+\dfrac{L}{R}s+\dfrac{1}{LC}}E_i(s)$

④ $\left(R+Ls+\dfrac{1}{Cs}\right)E_i(s)$

풀이
라플라스 변환하면
$E_i(s) = RI(s) + LsI(s) + \dfrac{1}{Cs}I(s) = \left(R+Ls+\dfrac{1}{Cs}\right)I(s)$
이므로

$\therefore I(s) = \dfrac{1}{R+Ls+\dfrac{1}{Cs}}E_i(s) = \dfrac{Cs}{LCs^2+RCs+1}E_i(s)$

답 ①

문제 63 기본파의 30[%]인 제3고조파와 기본파의 20[%]인 제5고조파를 포함하는 전압의 왜형률은 약 얼마인가?

① 0.21 ② 0.31
③ 0.36 ④ 0.42

풀이
왜형률 = $\dfrac{\text{각 고조파의 실효값의 합}}{\text{기본파의 실효값}}$

$= \dfrac{\sqrt{V_3^2+V_5^2}}{V_1} = \sqrt{\left(\dfrac{V_3}{V_1}\right)^2 + \left(\dfrac{V_5}{V_1}\right)^2}$

$= \sqrt{0.3^2 + 0.2^2} = 0.36$ **답 ③**

문제 64 3상회로의 대칭분 전압이 $V_0 = -8+j3$[V], $V_1 = 6-j8$[V], $V_2 = 8+j12$[V]일 때 a상의 전압[V]은? (단, V_0은 영상분, V_1은 정상분, V_2는 역상분 전압이다.)

① $5-j6$ ② $5+j6$
③ $6-j7$ ④ $6+j7$

풀이
$V_a = V_0 + V_1 + V_2 = -8+j3+6-j8+8+j12$
$= 6+j7$ [V] **답 ④**

문제 65 어느 회로에 $V = 120+j90$[V]의 전압을 인가하면 $I = 3+j4$[A]의 전류가 흐른다. 이 회로의 역률은?

① 0.92 ② 0.94
③ 0.96 ④ 0.98

풀이
$P_a = V\overline{I} = (120+j90)(3-j4) = 720 - j210$

$\therefore \cos\theta = \dfrac{P(\text{유효전력})}{P_a(\text{피상전력})} = \dfrac{720}{\sqrt{720^2+210^2}} = 0.96$ **답 ③**

문제 66 22[kVA]의 부하가 0.8의 역률로 운전될 때 이 부하의 무효전력[kVar]은?
① 11.5 ② 12.3
③ 13.2 ④ 14.5

풀이
부하의 무효전력
$Q_L = P_a \sin\theta = P_a \sqrt{1-\cos^2\theta} = 22 \times \sqrt{1-0.8^2} = 13.2 [\text{kVar}]$
답 ③

문제 67 어드미턴스 $Y[\mho]$로 표현된 4단자 회로망에서 4단자 정수 행렬 T는?

(단, $\begin{bmatrix} V_1 \\ I_1 \end{bmatrix} = T \begin{bmatrix} V_2 \\ I_2 \end{bmatrix}$, $T = \begin{bmatrix} A & B \\ C & D \end{bmatrix}$)

① $\begin{bmatrix} 1 & 0 \\ Y & 1 \end{bmatrix}$
② $\begin{bmatrix} 1 & Y \\ 0 & 1 \end{bmatrix}$
③ $\begin{bmatrix} 1 & 0 \\ \frac{1}{Y} & 1 \end{bmatrix}$
④ $\begin{bmatrix} Y & 1 \\ 1 & 0 \end{bmatrix}$

풀이
$\begin{bmatrix} A & B \\ C & D \end{bmatrix} = \begin{bmatrix} 1 & 0 \\ Y & 1 \end{bmatrix}$
답 ①

문제 68 회로에서 10[Ω]의 저항에 흐르는 전류[A]는?
① 8
② 10
③ 15
④ 20

풀이
중첩의 정리에 의해
$I_R = 10 + 2 + 3 = 15[\text{A}]$
(10[V] 전압원에 의해서는 2[A]전류원이 개방되므로 저항에 전류가 흐르지 못한다)
답 ③

문제 69 10[Ω]의 저항 5개를 접속하여 얻을 수 있는 합성저항 중 가장 적은 값은 몇 [Ω]인가?
① 10 ② 5 ③ 2 ④ 0.5

풀이
- 합성저항은 직렬로만 접속하였을 때 가장 크고, 병렬만 연결하였을 때 가장 작다.
- 합성저항은 동일한 크기의 저항 r을 n개 **직렬연결하면** $n \cdot r$, **병렬연결하면** $\frac{r}{n}$이 된다.

$\therefore R_T = \frac{R_1}{n} = \frac{10}{5} = 2[\Omega]$
답 ③

문제 70 동일한 용량 2대의 단상 변압기를 V결선하여 3상으로 운전하고 있다. 단상 변압기 2대의 용량에 대한 3상 V결선시 변압기 용량의 비인 변압기 이용률은 약 몇 [%]인가?
① 57.7 ② 70.7
③ 80.1 ④ 86.6

풀이
이용률 $= \frac{3\text{상 출력}}{\text{설비용량}} = \frac{\sqrt{3}\,VI}{2VI} = \frac{\sqrt{3}}{2} = 0.866(86.6[\%])$
답 ④

문제 71 4단자 회로망에서의 영상 임피던스[Ω]는?
① $j\frac{1}{50}$
② -1
③ 1
④ 0

풀이
- 영상 임피던스 $Z_{01} = \sqrt{\frac{AB}{CD}}$
- 대칭 T형 회로에서는 $A = D$ 이므로 $Z_{01} = \sqrt{\frac{B}{C}}$ 이다.
- $\begin{bmatrix} A & B \\ C & D \end{bmatrix} = \begin{bmatrix} 1 & j100 \\ 0 & 1 \end{bmatrix} \begin{bmatrix} 1 & 0 \\ \frac{1}{-j50} & 1 \end{bmatrix} \begin{bmatrix} 1 & j100 \\ 0 & 1 \end{bmatrix} = \begin{bmatrix} -1 & 0 \\ j\frac{1}{50} & -1 \end{bmatrix}$

$\therefore Z_0 = \sqrt{\frac{B}{C}} = \sqrt{\frac{0}{j\frac{1}{50}}} = 0$
답 ④

문제 72 $i(t) = 3\sqrt{2}\sin(377t - 30°)$[A]의 평균값은 약 몇 [A]인가?

① 1.35 ② 2.7 ③ 4.35 ④ 5.4

풀이
평균 전류 $I_{av} = \dfrac{2}{\pi}I_m = \dfrac{2}{\pi} \times 3\sqrt{2} = 2.7$[A] **답** ②

문제 73 20[Ω]과 30[Ω]의 병렬회로에서 20[Ω]에 흐르는 전류가 6[A]이라면 전체 전류 I[A]는?

① 3
② 4
③ 9
④ 10

풀이
- 전압 $E = I_1 R = 6 \times 20 = 120$[V]
- 30[Ω]의 저항에 흐르는 전류 $I_2 = \dfrac{120}{30} = 4$[A]
- 전체 전류 $I = I_1 + I_2 = 6 + 4 = 10$[A] **답** ④

문제 74 $F(s) = \dfrac{A}{\alpha + s}$의 라플라스 역변환은?

① αe^{At}
② $A e^{\alpha t}$
③ αe^{-At}
④ $A e^{-\alpha t}$

풀이
$\mathcal{L}^{-1}\left[\dfrac{A}{s+\alpha}\right] = A\mathcal{L}^{-1}\left[\dfrac{1}{s+\alpha}\right] = Ae^{-\alpha t}$ **답** ④

문제 75 RC 직렬회로의 과도현상에 대한 설명으로 옳은 것은?

① 과도상태 전류의 크기는 $(R \times C)$의 값과 무관하다.
② $(R \times C)$의 값이 클수록 과도상태 전류의 크기는 빨리 사라진다.
③ $(R \times C)$의 값이 클수록 과도상태 전류의 크기는 천천히 사라진다.
④ $\dfrac{1}{R \times C}$의 값이 클수록 과도상태 전류의 크기는 천천히 사라진다.

풀이
$R-C$ 직렬 회로의 전류 $i(t)$는 $i(t) = \dfrac{E}{R}e^{-\frac{1}{RC}t}$

따라서 시정수 $\tau = RC$가 된다. 또한, 시정수가 크면 클수록 과도현상은 오래 지속되므로 $R \cdot C$값이 클수록 과도 전류의 값이 천천히 사라진다. **답** ③

문제 76 불평형 Y결선의 부하 회로에 평형 3상 전압을 가할 경우 중성점의 전위 $V_{n'n}$[V]는? (단, Z_1, Z_2, Z_3는 각 상의 임피던스[Ω]이고, Y_1, Y_2, Y_3는 각 상의 임피던스에 대한 어드미턴스[℧] 이다.)

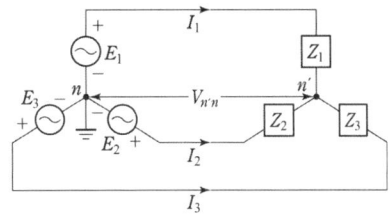

① $\dfrac{E_1 + E_2 + E_3}{Z_1 + Z_2 + Z_3}$

② $\dfrac{Z_1 E_1 + Z_2 E_2 + Z_3 E_3}{Z_1 + Z_2 + Z_3}$

③ $\dfrac{E_1 + E_2 + E_3}{Y_1 + Y_2 + Y_3}$

④ $\dfrac{Y_1 E_1 + Y_2 E_2 + Y_3 E_3}{Y_1 + Y_2 + Y_3}$

풀이
밀만의 정리
$V_{n'n} = \dfrac{\dfrac{E_1}{Z_1} + \dfrac{E_2}{Z_2} + \dfrac{E_3}{Z_3}}{\dfrac{1}{Z_1} + \dfrac{1}{Z_2} + \dfrac{1}{Z_3}} = \dfrac{Y_1 E_1 + Y_2 E_2 + Y_3 E_3}{Y_1 + Y_2 + Y_3}$ **답** ④

문제 77 RL 병렬회로에서 $t = 0$일 때 스위치 S를 닫는 경우 R[Ω]에 흐르는 전류 $i_R(t)$[A]는?

① $I_0\left(1-e^{-\frac{R}{L}t}\right)$ ② $I_0\left(1+e^{-\frac{R}{L}t}\right)$

③ I_0 ④ $I_0 e^{-\frac{R}{L}t}$

풀이

인덕턴스에 흐르는 전류 $i_L(t)=I_0\left(1-e^{-\frac{R}{L}t}\right)$
키르히호프의 전류법칙에 의해 $I_0=i_R(t)+i_L(t)$ 이므로
∴ $i_R(t)=I_0-i_L(t)=I_0-I_0\left(1-e^{-\frac{R}{L}t}\right)=I_0 e^{-\frac{R}{L}t}$ **답** ④

문제 78 1상의 임피던스가 $14+j48[\Omega]$인 평형 △부하에 선간전압이 200[V]인 평형 3상 전압이 인가될 때 이 부하의 피상전력[VA]은?

① 1200 ② 1384 ③ 2400 ④ 4157

풀이

$P_a=3I^2Z=3\left(\dfrac{V_P}{\sqrt{R^2+X^2}}\right)^2 Z=\dfrac{3V_P^2 Z}{R^2+X^2}$

$=\dfrac{3\times 200^2\times\sqrt{14^2+48^2}}{14^2+48^2}=2400[VA]$ **답** ③

문제 79 $i(t)=100+50\sqrt{2}\sin\omega t+20\sqrt{2}\sin\left(3\omega t+\dfrac{\pi}{6}\right)$[A]로 표현되는 비정현파 전류의 실효값은 약 몇 [A]인가?

① 20 ② 50 ③ 114 ④ 150

풀이

왜형파의 실효값은 직류분, 기본파 및 각 고조파의 제곱합의 제곱근이므로
$I=\sqrt{I_0^2+I_1^2+I_3^2}=\sqrt{100^2+50^2+20^2}=113.58[A]$ **답** ③

문제 80 저항만으로 구성된 그림의 회로에 평형 3상 전압을 가했을 때 각 선에 흐르는 선전류가 모두 같게 되기 위한 R[Ω]의 값은?

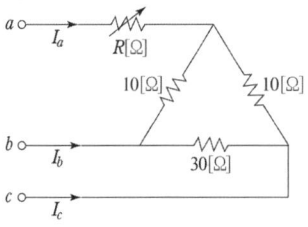

① 2 ② 4
③ 6 ④ 8

풀이

△저항을 Y저항으로 변환하면

위에서 각 선전류가 같기 위해서는 각 선저항이 같아야 하므로 $R+2=6$ 이어야 한다.
∴ $R=6-2=4[\Omega]$ **답** ②

제5과목 전기설비기술기준

문제 81 제1종 특고압 보안공사로 시설하는 전선로의 지지물로 사용할 수 없는 것은?

① 목주 ② 철탑
③ B종 철주 ④ B종 철근 콘크리트주

풀이

333.22 특고압 보안공사
제1종 특고압 보안공사에서 전선로의 지지물은 B종 철주·B종 철근 콘크리트주 또는 철탑을 사용할 것.
즉, A종 철근콘크리트주 및 목주는 사용할 수 없다. **답** ①

문제 82 154[kV] 가공전선과 식물과의 최소 이격거리는 몇 [m]인가?

① 2.8 ② 3.2
③ 3.8 ④ 4.2

풀이

333.30 특고압 가공전선과 식물의 이격거리

사용전압의 구분	이격거리
60[kV] 이하	2[m]
60[kV] 초과	2[m]에 사용전압이 60[kV]를 초과하는 10[kV] 또는 그 단수마다 12[cm]를 더한 값

단수 $n=\dfrac{154-60}{10}=9.4\to 10$단
이격거리$=2+10\times 0.12=3.2[m]$ **답** ②

문제 83
다음 (   )의 ㉠, ㉡에 들어갈 내용으로 옳은 것은?

"전기철도용 급전선"이란 전기철도용 (㉠)로부터 다른 전기철도용 (㉠) 또는 (㉡)에 이르는 전선을 말한다.

① ㉠ 급전소 ㉡ 개폐소
② ㉠ 궤전선 ㉡ 변전소
③ ㉠ 변전소 ㉡ 전차선
④ ㉠ 전차선 ㉡ 급전소

풀이
112 용어 정의
"전기철도용 급전선"이란 전기철도용 변전소로부터 다른 전기철도용 변전소 또는 전차선에 이르는 전선을 말한다.
답 ③

문제 84
저압 가공인입선 시설 시 도로를 횡단하여 시설하는 경우 노면상 높이는 몇 [m] 이상으로 하여야 하는가?

① 4   ② 4.5   ③ 5   ④ 5.5

풀이
221.1.1 저압 인입선의 시설
저압 가공인입선의 높이는 다음에 의할 것.
가. **도로**(차도와 보도의 구별이 있는 도로인 경우에는 차도**)를 횡단하는 경우 : 노면상 5[m]**(기술상 부득이한 경우에 교통에 지장이 없을 때에는 3[m]) 이상
나. 철도 또는 궤도를 횡단하는 경우 : 레일면상 6.5[m] 이상
다. 횡단보도교의 위에 시설하는 경우 : 노면상 3[m] 이상
라. "가"에서 "다" 까지 이외의 경우 : 지표상 4[m] 이상 (기술상 부득이한 경우에 교통에 지장이 없을 때에는 2.5[m] 이상)
답 ③

문제 85
기구 등의 전로의 절연내력 시험에서 최대 사용전압이 60[kV]를 초과하는 기구 등의 전로로서 중성점 비접지식 전로에 접속하는 것은 최대 사용전압의 몇 배의 전압에 10분간 견디어야 하는가?

① 0.72   ② 0.92
③ 1.25   ④ 1.5

풀이
136 기구 등의 전로의 절연내력
개폐기·차단기·전력용 커패시터·유도전압조정기·계기용변성기 기타의 기구의 전로 및 발전소·변전소·개폐소 또는 이에 준하는 곳에 시설하는 기계기구의 접속선 및 모선은 표에서 정하는 시험전압을 충전 부분과 대지 사이(다심케이블은 심선 상호 간 및 심선과 대지 사이)에 연속하여 10분간 가하여 절연내력을 시험하였을 때에 이에 견디어야 한다.

전로의 종류	접지 방식	시험전압(최대 사용전압의 배수)	최저 시험전압
1. 7[kV] 이하		1.5배	
2. 7[kV] 초과 25[kV] 이하	다중접지	0.92배	
3. 7[kV] 초과 60[kV] 이하 (2란의 것 제외)		1.25배	10.5[kV]
4. 60[kV] 초과	비접지	1.25배	
5. 60[kV] 초과 (6란과 7란의 것 제외)	접지식	1.1배	75[kV]
6. 60[kV] 초과 (7란의 것 제외)	직접접지	0.72배	
7. 170[kV] 초과 (발전소 또는 변전소 혹은 이에 준하는 장소에 시설하는 것.)	직접접지	0.64배	

답 ③

문제 86
저압 가공전선(다중접지된 중성선은 제외한다)과 고압 가공전선을 동일 지지물에 시설하는 경우 저압 가공전선과 고압 가공전선 사이의 이격거리는 몇 [cm] 이상이어야 하는가? (단, 각도주(角度柱)·분기주(分岐柱) 등에서 혼촉(混觸)의 우려가 없도록 시설하는 경우가 아니다.)

① 50   ② 60
③ 80   ④ 100

풀이
332.8 고압 가공전선 등의 병행설치
저압 가공전선(다중접지된 중성선은 제외한다. 이하 같다)과 고압 가공전선을 동일 지지물에 시설하는 경우에는 다음에 따라야 한다.
가. 저압 가공전선을 고압 가공전선의 아래로 하고 별개의 완금류에 시설할 것.
나. **저압 가공전선과 고압 가공전선 사이의 이격거리는 0.5[m] 이상**일 것.
다. 다음의 어느 하나에 해당하는 경우에는 "가" 및 "나"에 의하지 아니할 수 있다.

① 고압 가공전선에 케이블을 사용하고, 또한 그 케이블과 저압 가공전선 사이의 이격거리를 0.3 [m] 이상으로 하여 시설하는 경우
② 저압 가공인입선을 분기하기 위하여 저압 가공전선을 고압용의 완금류에 견고하게 시설하는 경우

답 ①

문제 87 폭연성 분진이 많은 장소의 저압 옥내배선에 적합한 배선공사방법은?
① 금속관 공사
② 애자 공사
③ 합성수지관 공사
④ 가요전선관 공사

풀이
242.2.1 폭연성 분진 위험장소
폭연성 분진(마그네슘·알루미늄·티탄·지르코늄) 또는 화약류의 분말이 전기설비가 발화원이 되어 폭발할 우려가 있는 곳에 시설하는 저압 옥내배선, 저압 관등회로 배선, 소세력 회로의 전선은 **금속관공사 또는 케이블공사**(캡타이어 케이블을 사용하는 것을 제외한다)에 의할 것.

답 ①

문제 88 변압기에 의하여 154[kV]에 결합되는 3300[V] 전로에는 몇 배 이하의 사용전압이 가하여진 경우에 방전하는 장치를 그 변압기의 단자에 가까운 1극에 시설하여야 하는가?
① 2
② 3
③ 4
④ 5

풀이
322.3 특고압과 고압의 혼촉 등에 의한 위험방지 시설
변압기에 의하여 특고압전로에 결합되는 고압전로에는 사용전압의 3배 이하인 전압이 가하여진 경우에 방전하는 장치를 그 변압기의 단자에 가까운 1극에 설치하여야 한다.

답 ②

문제 89 특고압 가공전선로의 지지물에 시설하는 통신선 또는 이에 직접 접속하는 통신선이 도로·횡단보도교·철도의 레일 등 또는 교류 전차선 등과 교차하는 경우의 시설기준으로 옳은 것은?
① 인장강도 4.0[kN] 이상의 것 또는 지름 3.5[mm] 경동선일 것
② 통신선이 케이블 또는 광섬유 케이블일 때는 이격거리의 제한이 없다.

③ 통신선과 삭도 또는 다른 가공약전류 전선 등 사이의 이격거리는 20[cm] 이상으로 할 것
④ 통신선이 도로·횡단보도교·철도의 레일과 교차하는 경우에는 통신선은 지름 4[mm]의 절연전선과 동등 이상의 절연 효력이 있을 것

풀이
362.2 전력보안통신선의 시설 높이와 이격거리
특고압 가공전선로의 지지물에 시설하는 통신선 또는 이에 직접 접속하는 통신선이 도로·횡단보도교·철도의 레일·삭도·가공전선·다른 가공약전류 전선 등 또는 교류전차선 등과 교차하는 경우에는 다음에 따라 시설하여야 한다.
가. 통신선이 도로·횡단보도교·철도의 레일 또는 삭도와 교차하는 경우에는 **통신선은 연선의 경우 단면적 16[mm^2](단선의 경우 지름 4[mm])의 절연전선과 동등 이상의 절연 효력이 있는 것, 인장강도 8.01[kN] 이상의 것 또는 연선의 경우 단면적 25[mm^2](단선의 경우 지름 5[mm])의 경동선일 것.
나. 통신선과 삭도 또는 다른 가공약전류 전선 등 사이의 이격거리는 0.8[m](통신선이 케이블 또는 광섬유 케이블일 때는 0.4[m]) 이상으로 할 것.

답 ④

문제 90 절연내력시험은 전로와 대지 사이에 연속하여 10분간 가하여 절연내력을 시험하였을 때에 이에 견디어야 한다. 최대 사용전압이 22.9[kV]인 중성선 다중 접지식 가공전선로의 전로와 대지 사이의 절연내력 시험전압은 몇 [V]인가?
① 16488
② 21068
③ 22900
④ 28625

풀이
135 변압기 전로의 절연내력

권선의 종류 (최대사용전압)	접지방식	시험전압(최대사용 전압의 배수)	최저 시험 전압
1. 7[kV] 이하		1.5배	500[V]
	다중접지	0.92배	500[V]
2. 7[kV] 초과 25[kV] 이하	다중접지	0.92배	
3. 7[kV] 초과 60[kV] 이하 (2란의 것 제외)		1.25배	10.5[kV]
4. 60[kV] 초과 (8란의 것 제외)	비접지	1.25	
5. 60[kV] 초과 (6란 및 8란의 것 제외)	접지식	1.1배	75[kV]
6. 60[kV] 초과	직접접지	0.72배	
7. 170[kV] 초과	직접접지	0.64배	

※ 전로에 케이블을 사용하는 경우에는 직류로 시험할 수 있으며, 시험 전압은 교류의 경우의 2배가 된다.
∴ 시험 전압 = 22900 × 0.92 = 21068[V]   답 ②

문제 91
시가지 또는 그 밖에 인가가 밀집한 지역에 154[kV] 가공전선로의 전선을 케이블로 시설하고자 한다. 이때 가공전선을 지지하는 애자장치의 50[%] 충격섬락전압 값이 그 전선의 근접한 다른 부분을 지지하는 애자장치 값의 몇 [%] 이상이어야 하는가?
① 75
② 100
③ 105
④ 110

풀이
333.1 시가지 등에서 특고압 가공전선로의 시설
특고압 가공전선로는 전선이 케이블인 경우 또는 전선로를 다음과 같이 시설하는 경우에는 시가지 그 밖에 인가가 밀집한 지역에 시설할 수 있다.
1. 사용전압이 170[kV] 이하인 전선로를 다음에 의하여 시설하는 경우
가. 특고압 가공전선을 지지하는 애자장치는 다음 중 어느 하나에 의할 것.
  (1) 50[%] 충격섬락전압 값이 그 전선의 근접한 다른 부분을 지지하는 애자장치 값의 110[%](**사용전압이 130[kV]를 초과하는 경우는 105[%]**) 이상인 것.
  (2) 아킹혼을 붙인 현수애자·장간애자 또는 라인포스트애자를 사용하는 것.
  (3) 2련 이상의 현수애자 또는 장간애자를 사용하는 것.
  (4) 2개 이상의 핀애자 또는 라인포스트애자를 사용하는 것.   답 ③

문제 92
고압 가공전선으로 ACSR(강심알루미늄연선)을 사용할 때의 안전율은 얼마 이상이 되는 이도(弛度)로 시설하여야 하는가?
① 1.38
② 2.1
③ 2.5
④ 4.01

풀이
332.4 고압 가공전선의 안전율, 222.6 저압 가공전선의 안전율
가공전선이 케이블 이외인 경우 안전율이 다음 이상이 되는 이도로 시설하여야 한다.
가. 경동선 또는 내열 동합금선 : 2.2 이상
나. **그 밖의 전선 : 2.5**   답 ③

문제 93
뱅크용량 15000[kVA] 이상인 분로리액터에서 자동적으로 전로로부터 차단하는 장치가 동작하는 경우가 아닌 것은?
① 내부 고장 시
② 과전류 발생 시
③ 과전압 발생 시
④ 온도가 현저히 상승한 경우

풀이
351.5 조상설비의 보호장치
조상 설비에는 그 내부에 고장이 생긴 경우에 보호하는 장치를 표와 같이 시설하여야 한다.

설비 종별	뱅크 용량의 구분	자동적으로 전로로부터 차단하는 장치
전력용 커패시터 및 분로리액터	500 [kVA] 초과 15,000 [kVA] 미만	·내부에 고장이 생긴 경우 ·과전류가 생긴 경우
	15,000 [kVA] 이상	**내부에 고장이 생긴 경우** **과전류가 생긴 경우** **과전압이 생긴 경우**
조상기	15,000 [kVA] 이상	내부에 고장이 생긴 경우

답 ④

문제 94
욕조나 샤워시설이 있는 욕실 또는 화장실 등 인체가 물에 젖어있는 상태에서 전기를 사용하는 장소에 콘센트를 시설하는 경우에 적합한 누전차단기는?
① 정격감도전류 15[mA] 이하, 동작시간 0.03초 이하의 전류동작형 누전차단기
② 정격감도전류 15[mA] 이하, 동작시간 0.03초 이하의 전압동작형 누전차단기
③ 정격감도전류 20[mA] 이하, 동작시간 0.3초 이하의 전류동작형 누전차단기
④ 정격감도전류 20[mA] 이하, 동작시간 0.3초 이하의 전압동작형 누전차단기

풀이
234.5 콘센트의 시설
욕조나 샤워시설이 있는 **욕실 또는 화장실** 등 인체가 물에 젖어있는 상태에서 전기를 사용하는 장소에 콘센트를 시설하는 경우에는 다음에 따라 시설하여야 한다.
가. 인체감전보호용 **누전차단기(정격감도전류 15[mA] 이하, 동작시간 0.03[초] 이하의 전류동작형의 것에 한한다)** 또는 절연변압기(정격용량 3[kVA] 이하인 것에 한한다)로 보호된 전로에 접속하거나, 인체감전보호용 누전

차단기가 부착된 콘센트를 시설하여야 한다.
나. 콘센트는 접지극이 있는 방적형 콘센트를 사용하여 규정에 준하여 접지하여야 한다. **답 ①**

문제 95
발전기를 구동하는 풍차의 압유장치의 유압, 압축공기장치의 공기압 또는 전동식 브레이드 제어장치의 전원전압이 현저히 저하한 경우 발전기를 자동적으로 전로로부터 차단하는 장치를 시설하여야 하는 발전기 용량은 몇 [kVA] 이상인가?

① 100
② 300
③ 500
④ 1000

풀이
351.3 발전기 등의 보호장치
발전기에는 다음의 경우에 자동적으로 이를 전로로부터 차단하는 장치를 시설하여야 한다.
가. 발전기에 과전류나 과전압이 생긴 경우
나. 용량이 500[kVA] 이상의 발전기를 구동하는 수차의 압유 장치의 유압이 현저히 저하한 경우
다. **용량이 100[kVA] 이상의 발전기를 구동하는 풍차의 압유장치의 유압이 현저히 저하한 경우**
라. 용량이 2,000[kVA] 이상인 수차 발전기의 스러스트 베어링의 온도가 현저히 상승한 경우
마. 용량이 10,000[kVA] 이상인 발전기의 내부에 고장이 생긴 경우
바. 정격출력이 10,000[kW]를 초과하는 증기터빈은 그 스러스트베어링이 현저하게 마모되거나 그의 온도가 현저히 상승한 경우 **답 ①**

문제 96
풀장용 수중조명등에 전기를 공급하기 위하여 사용되는 절연변압기에 대한 설명으로 틀린 것은?

① 절연변압기 2차측 전로의 사용전압은 150[V] 이하이어야 한다.
② 절연변압기의 2차측 전로에는 반드시 접지공사를 하며, 그 저항값은 5[Ω] 이하가 되도록 하여야 한다.
③ 절연변압기의 2차측 전로의 사용전압이 30[V] 이하인 경우에는 1차 권선과 2차 권선 사이에 금속제의 혼촉방지판이 있어야 한다.
④ 절연변압기의 2차측 전로의 사용전압이 30[V]를 초과하는 경우에는 그 전로에 지락이 생겼을 때에 자동적으로 전로를 차단하는 장치가 있어야 한다.

풀이
234.14 수중조명등
가. 수영장 기타 이와 유사한 장소에 사용하는 수중조명등에 전기를 공급하기 위해서는 절연변압기를 사용하고, 그 사용전압은 다음에 의하여야 한다.
 ① 1차측 전로의 사용전압은 400[V] 이하일 것.
 ② 2차측 전로의 사용전압은 150[V] 이하일 것.
나. **절연변압기의 2차 측 전로는 접지하지 말 것.**
다. 절연변압기는 그 2차측 전로의 사용전압이 30[V] 이하인 경우는 1차권선과 2차권선 사이에 금속제의 혼촉방지판을 설치하고, 규정에 준하여 접지공사를 하여야 한다.
라. 절연변압기의 2차측 전로의 사용전압이 30[V]를 초과하는 경우에는 그 전로에 지락이 생겼을 때에 자동적으로 전로를 차단하는 정격감도전류 30[mA] 이하의 누전차단기를 시설하여야 한다. **답 ②**

문제 97
가공전선로의 지지물에 사용하는 지선의 시설기준과 관련된 내용으로 틀린 것은?

① 지선에 연선을 사용하는 경우 소선(素線) 3가닥 이상의 연선일 것
② 지선의 안전율은 2.5 이상, 허용 인장하중의 최저는 3.31[kN]으로 할 것
③ 지선에 연선을 사용하는 경우 소선의 지름이 2.6[mm] 이상의 금속선을 사용한 것일 것
④ 가공전선로의 지지물로 사용하는 철탑은 지선을 사용하여 그 강도를 분담시키지 않을 것

풀이
331.11 지선의 시설
가. 가공전선로의 지지물로 사용하는 철탑은 지선을 사용하여 그 강도를 분담시켜서는 안 된다.
나. 지선의 **안전율은 2.5 이상**일 것. 이 경우에 **허용 인장하중의 최저는 4.31[kN]**으로 한다.
다. 지선에 연선을 사용할 경우에는 다음에 의할 것.
 ① 소선 3가닥 이상의 연선일 것.
 ② 소선의 지름이 2.6[mm] 이상의 금속선을 사용한 것일 것.
라. 지중부분 및 지표상 0.3[m]까지의 부분에는 내식성이 있는 것 또는 아연도금을 한 철봉을 사용하고 쉽게 부식되지 않는 근가에 견고하게 붙일 것.
마. 도로를 횡단하여 시설하는 지선의 높이는 지표상 5[m] 이상으로 하여야 한다. **답 ②**

문제 98 발열선을 도로, 주차장 또는 조영물의 조영재에 고정시켜 시설하는 경우, 발열선에 전기를 공급하는 전로의 대지전압은 몇 [V] 이하이어야 하는가?

① 220
② 300
③ 380
④ 600

풀이

241.12 도로 등의 전열장치
가. 발열선에 전기를 공급하는 전로의 **대지전압은 300[V] 이하**일 것.
나. 발열선은 그 온도가 80[℃]를 넘지 아니하도록 시설할 것. 다만, 도로 또는 옥외주차장에 금속피복을 한 발열선을 시설할 경우에는 발열선의 온도를 120[℃] 이하로 할 수 있다.
다. 발열선은 다른 전기설비·약전류전선 등 또는 수관·가스관이나 이와 유사한 것에 전기적·자기적 또는 열적인 장해를 주지 아니하도록 시설할 것. **답** ②

출제기준 변경 및 개정된 관계 법규에 따라 삭제된 문제가 있어 20문항이 안됩니다.

국가기술자격검정 필기시험 문제

2020년도 전기산업기사 일반검정 제4회

자격종목 및 등급(선택분야)	종목코드	시험시간	문제지형별
전기산업기사	2140	2시간 30분	A

제1과목 전기자기학

문제 01 반지름 a[m]인 접지 도체구의 중심에서 d[m]되는 거리에 점전하 Q[C]을 놓았을 때 도체구에 유도된 총 전하는 몇 [C]인가?

① 0
② $-Q$
③ $-\dfrac{a}{d}Q$
④ $-\dfrac{d}{a}Q$

풀이

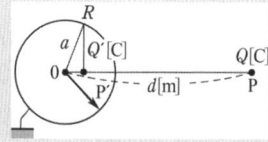

점 P'의 영상 전하는 도체에 유기되는 전하를 대표할 수 있으므로 그 값은 $Q'=-\dfrac{a}{d}Q$[C]이고(실제로 유기된 구도체상의 전하밀도는 불균일) 중심으로부터의 거리 $\overline{OP'}=\dfrac{a^2}{d}$[m] 이다. **답** ③

문제 02 비유전율이 2.4인 유전체 내의 전계의 세기가 100 [mV/m]이다. 유전체에 저축되는 단위체적당 정전에너지는 몇 [J/m³]인가?

① 1.06×10^{-13}
② 1.77×10^{-13}
③ 2.32×10^{-13}
④ 2.32×10^{-11}

풀이

정전 에너지 $w=\dfrac{1}{2}\boldsymbol{E}\cdot\boldsymbol{D}=\dfrac{\epsilon E^2}{2}=\dfrac{\epsilon_0\epsilon_s E^2}{2}$ [J/m³]에서

$w=\dfrac{8.855\times 10^{-12}\times 2.4\times (100\times 10^{-3})^2}{2}$

$=1.0626\times 10^{-13}$[J/m³] **답** ①

문제 03 액체 유전체를 넣은 콘덴서의 용량이 30 [μF]이다. 여기에 500[V]의 전압을 가했을 때 누설전류는 약 얼마인가? (단, 고유저항 ρ는 10^{11}[Ω·m], 비유전율 ϵ_s는 2.2이다.)

① 5.1[mA]
② 7.7[mA]
③ 10.2[mA]
④ 15.4[mA]

풀이

$RC=\rho\epsilon$ [s], $R=\dfrac{\rho\epsilon}{C}$ [Ω]

$\therefore I=\dfrac{V}{R}=\dfrac{CV}{\rho\epsilon}=\dfrac{CV}{\rho\epsilon_0\epsilon_s}=\dfrac{30\times 10^{-6}\times 500}{10^{11}\times 8.855\times 10^{-12}\times 2.2}$

$=7.7\times 10^{-3}$ [A]$=7.7$[mA] **답** ②

문제 04 투자율이 다른 두 자성체의 경계면에서 굴절각과 입사각의 관계가 옳은 것은? (단, μ : 투자율, θ_1 : 입사각, θ_2 : 굴절각 이다.)

① $\dfrac{\sin\theta_1}{\sin\theta_2}=\dfrac{\mu_1}{\mu_2}$
② $\dfrac{\tan\theta_2}{\tan\theta_1}=\dfrac{\mu_1}{\mu_2}$
③ $\dfrac{\cos\theta_1}{\cos\theta_2}=\dfrac{\mu_1}{\mu_2}$
④ $\dfrac{\tan\theta_1}{\tan\theta_2}=\dfrac{\mu_1}{\mu_2}$

풀이

- 자계 세기의 접선 성분의 연속성 : $H_1\sin\theta_1=H_2\sin\theta_2$
- 자속 밀도의 법선 성분의 연속성 : $B_1\cos\theta_1=B_2\cos\theta_2$
- 굴절각 : $\dfrac{\tan\theta_1}{\tan\theta_2}=\dfrac{\mu_1}{\mu_2}$ **답** ④

문제 05 비유전율 $\epsilon_s=5$인 유전체 내의 분극률은 몇 [F/m]인가?

① $\dfrac{10^{-8}}{9\pi}$
② $\dfrac{10^9}{9\pi}$
③ $\dfrac{10^{-9}}{9\pi}$
④ $\dfrac{10^8}{9\pi}$

[풀이]

분극의 세기 $P = \epsilon_0(\epsilon_s - 1)E$ 식에서

분극률 $\chi = \dfrac{P}{E} = \epsilon_0(\epsilon_s - 1) = \dfrac{1}{36\pi \times 10^9} \times (5-1)$

$= \dfrac{10^{-9}}{9\pi}$ [F/m]

($\epsilon_0 = \dfrac{10^7}{4\pi C^2} = \dfrac{1}{36\pi \times 10^9}$, C : 빛의 속도 $= 3 \times 10^8$ [m/s])

답 ③

문제 06 평행판 콘덴서의 양극판 면적을 3배로 하고 간격을 1/3로 줄이면 정전용량은 처음의 몇 배가 되는가?

① 1　② 3
③ 6　④ 9

[풀이]

면적 S_1, 간격 d_1인 평행판 콘덴서의 정전 용량을 C_1이라 하면

$C_1 = \dfrac{\epsilon_0}{d_1} S_1$

문제에서 $d = \dfrac{1}{3}d_1$, $S = 3S_1$이므로 구하는 용량은

$\therefore C = \dfrac{\epsilon_0}{\frac{1}{3}d_1} \cdot 3S_1 = 9 \dfrac{\epsilon_0}{d_1} S_1 = 9C_1$

답 ④

문제 07 패러데이관의 설명 중 틀린 것은?

① +1[C]의 진전하에 −1[C]의 진전하로 끝나는 1개의 관으로 가정한다.
② 관의 양끝에는 정, 부의 단위 진전하가 있다.
③ 관의 밀도는 전속밀도와 동일하다.
④ 관속에 있는 전속수는 진전하가 있으면 일정하고 연속이다.

[풀이]

패러데이관의 특징
① 패러데이 관은 $\text{div } D = \rho$에 의하여 정전하에서 나와 부전하에서 끝나게 된다.
② 패러데이관 양단에 정·부의 단위 전하가 있다.
③ 패러데이관의 밀도는 전속밀도와 같다.
④ **진전하가 없는 점에서는 패러데이관은 연속적이다.**
⑤ 패러데이관 내의 전속선 수는 일정하다.

답 ④

문제 08 진공 중에 있는 반지름 a[m]인 도체구의 표면전하밀도가 σ[C/m²]일 때 도체구 표면의 전계의 세기는 몇 [V/m] 인가?

① $\dfrac{\sigma}{\epsilon_0}$　② $\dfrac{\sigma}{2\epsilon_0}$

③ $\dfrac{\sigma^2}{2\epsilon_0}$　④ $\dfrac{\epsilon_0 \sigma^2}{2}$

[풀이]

전하 밀도 σ[C/m²]에서 나오는 전기력선 밀도는

$\dfrac{\sigma}{\epsilon_0}$[개/m²] $= \dfrac{\sigma}{\epsilon_0}$[V/m]가 된다.

반지름 a[m]인 도체구에서도 역시 표면 전계의 세기는

$\dfrac{\sigma}{\epsilon_0}$[V/m] 이다.

답 ①

문제 09 다른 종류의 금속선으로 된 폐회로의 두 접합점의 온도를 달리하였을 때 전기가 발생하는 효과는?

① 제벡 효과　② 펠티에 효과
③ 톰슨 효과　④ 파이로 효과

[풀이]

① **제어벡(지벡) 효과** : 두 종류 금속 접속면에 온도차가 있으면 기전력이 발생하는 효과
② **펠티에 효과(Peltier effect)** : 서로 다른 두 종류의 금속선으로 폐회로를 만들고 온도를 일정하게 유지하면서 전류를 흘리면 금속선의 접속점에서 열의 흡수(온도 강하) 또는 발생(온도 상승)이 일어나는 현상을 펠티에 효과라 한다. 이때, 발열 및 흡수 현상은 전류의 방향을 반대로 흘려주면 바뀌게 된다.
③ **톰슨 효과** : 동일한 금속 도선의 두 점간에 온도차를 주고, 고온 쪽에서 저온 쪽으로 전류를 흘리면 도선 속에서 열이 발생되거나 흡수가 일어나는 이러한 현상을 톰슨 효과라 한다.
④ **파이로 전기(초전기)** : 로셸염, 수정 등에 열을 가하거나 냉각을 하면 전기 분극이 발생

답 ①

문제 10 철심에 도선을 250회 감고 1.2[A]의 전류를 흘렸더니 1.5×10^{-3} [Wb]의 자속이 생겼다. 이때 자기저항[AT/Wb]은?

① 2×10^5　② 3×10^5
③ 4×10^5　④ 5×10^5

풀이

$\phi = \dfrac{F}{R_m}$ 에서

$R_m = \dfrac{F}{\phi} = \dfrac{NI}{\phi} = \dfrac{250 \times 1.2}{1.5 \times 10^{-3}} = 200 \times 10^3 = 2 \times 10^5 [\text{AT/Wb}]$

답 ①

문제 11 감자율(Demagnetization factor)이 "0"인 자성체로 가장 알맞은 것은?
① 환상 솔레노이드
② 굵고 짧은 막대 자성체
③ 가늘고 긴 막대 자성체
④ 가늘고 짧은 막대 자성체

풀이

감자력 $H' = \dfrac{N}{\mu_0} J$ 에서 감자력 $H' = 0$이 되기 위해서는 **감자율 N이 0**이 되어야 한다.

따라서, **자극이 존재하지 않는 환상 철심**이 이에 해당한다.

참고로 구 자성체의 감자율 $N = \dfrac{1}{3}$ 이고,

원통 자성체의 감자율 $N = \dfrac{1}{2}$ 이다.

그리고, 가늘고 긴 막대 자성체가 자계와 평행으로 놓여 있을 때 감자율은 거의 0에 가깝지만, 수직으로 놓여 있으면 감자율은 1에 가까운 값이 된다.

답 ①

문제 12 내압과 용량이 각각 200[V] 5[μF], 300[V] 4[μF], 400[V] 3[μF], 500[V] 3[μF]인 4개의 콘덴서를 직렬 연결하고 양단에 직류전압을 가하여 전압을 서서히 상승시키면 최초로 파괴되는 콘덴서는? (단, 콘덴서의 재질이나 형태는 동일하다.)
① 200[V] 5[μF]   ② 300[V] 4[μF]
③ 400[V] 3[μF]   ④ 500[V] 3[μF]

풀이

직렬 회로에서 각 콘덴서의 전하용량이 작을수록 빨리 파괴된다.

$Q_1 = C_1 \times V_1 = 5 \times 10^{-6} \times 200 = 1 \times 10^{-3}$
$Q_2 = C_2 \times V_2 = 4 \times 10^{-6} \times 300 = 1.2 \times 10^{-3}$
$Q_3 = C_3 \times V_3 = 3 \times 10^{-6} \times 400 = 1.2 \times 10^{-3}$
$Q_4 = C_4 \times V_4 = 3 \times 10^{-6} \times 500 = 1.5 \times 10^{-3}$

따라서, 전하용량이 $Q_4 > Q_3 = Q_2 > Q_1$ 이므로 **전하용량이 가장 작은 200[V] 5[μF]의 콘덴서가 가장 빨리 파괴**된다.

답 ①

문제 13 유전체에서 변위 전류를 발생하는 것은?
① 분극 전하 밀도의 시간적 변화
② 전속 밀도의 시간적 변화
③ 자속 밀도의 시간적 변화
④ 분극 전하 밀도의 공간적 변화

풀이

변위 전류는 전속 밀도의 시간적 변화에 의해서 발생한다.

즉, $i_d = \dfrac{\partial D}{\partial t}$

답 ②

문제 14 0.2[Wb/m²]의 평등자계 속에 자계와 직각방향으로 놓인 길이 30[cm]의 도선을 자계와 30°의 방향으로 30[m/s]의 속도로 이동시킬 때 도체 양단에 유기되는 기전력은 몇 [V]인가?
① 0.45   ② 0.9   ③ 1.8   ④ 90

풀이

유기기전력
$e = Blv\sin\theta = 0.2 \times 0.3 \times 30 \times \sin 30° = 0.9 [\text{V}]$

답 ②

문제 15 전자석의 재료로 가장 적당한 것은?
① 잔류자기와 보자력이 모두 커야 한다.
② 잔류자기는 작고, 보자력은 커야 한다.
③ 잔류자기와 보자력이 모두 작아야 한다.
④ 잔류자기는 크고, 보자력은 작아야 한다.

풀이

- **영구자석 재료** : 잔류자기(B_r) 및 보자력(H_c)이 클 것
- **전자석 재료** : 히스테리시스 곡선 면적은 적고, **잔류자기(B_r)는 크고, 보자력(H_c)은 작아야 한다.**

답 ④

문제 16 쌍극자 자기 모멘트를 이용하면 자화율과 절대 온도의 관계는 어떠한가?
① 항상 같다. ② 비례한다.
③ 반비례한다. ④ 관계가 없다.

풀이
퀴리의 법칙 : 물질의 자화율은 절대온도 T에 반비례한다.
$$\chi = \frac{C}{(T-\Theta)}$$
(χ : 자화율, C : 퀴리상수, Θ : 퀴리온도) 답 ③

문제 17 전자계에서 맥스웰의 기본 이론이 아닌 것은?
① 고립된 자극이 존재하지 않는다.
② 전하에서 전속선이 발산된다.
③ 전도 전류와 변위전류는 자계를 발생한다.
④ 자계의 시간적 변화에 따라 자계의 회전이 생긴다.

풀이
• 자계의 시간적 변화에 따라 **전계의 회전이 생긴다.** 답 ④

문제 18 비유전율이 3인 유전체내의 한 점의 전장이 3×10^5 [V/m]일 때, 이 점의 분극의 세기는 몇 [C/m²]인가?
① 1.77×10^{-6} [C/m²]
② 5.31×10^{-6} [C/m²]
③ 7.08×10^{-6} [C/m²]
④ 8.85×10^{-6} [C/m²]

풀이
$P = \epsilon_0(\epsilon_s - 1)E = 2\epsilon_0 E = 2 \times 8.855 \times 10^{-12} \times 3 \times 10^5$
$= 5.31 \times 10^{-6}$ [C/m²] 답 ②

문제 19 자계의 세기가 2×10^4 [AT/m]인 평등자계 내에서 자계와 30° 각도로 무한장 직선 도체를 놓고 도체에 전류 2 [A]를 흘렸을 경우, 도체에 작용하는 단위길이 당의 힘은 몇 [N/m]인가?
① $2\pi \times 10^{-3}$ ② $4\pi \times 10^{-3}$
③ $6\pi \times 10^{-3}$ ④ $8\pi \times 10^{-3}$

풀이
자속밀도 B는
$$B = \mu H = 4\pi \times 10^{-7} \times 2 \times 10^4 = 8\pi \times 10^{-3} [\text{Wb/m}^2]$$
따라서 도체에 작용하는 단위길이당의 힘 F는
$$F = IBl\sin\theta = 2 \times 8\pi \times 10^{-3} \times \sin 30°$$
$$= 8\pi \times 10^{-3} [\text{N/m}]$$
답 ④

문제 20 자기 쌍극자의 중심축으로부터 r[m]인 점의 자계의 세기에 관한 설명으로 옳은 것은?
① r에 비례한다. ② r^2에 비례한다.
③ r^2에 반비례한다. ④ r^3에 반비례한다.

풀이
• 자기 쌍극자에 의한 자위
$$U = \frac{M\cos\theta}{4\pi\mu_0 r^2} [\text{AT}] \propto \frac{1}{r^2}$$
• 자기 쌍극자에 의한 자계
$$H = \frac{M\sqrt{1+3\cos^2\theta}}{4\pi\mu_0 r^3} [\text{AT/m}] \propto \frac{1}{r^3}$$
답 ④

제2과목 전력공학

문제 21 수전단전압 60,000[V], 전류 200[A], 선로의 저항 $R = 7.5[\Omega]$, 리액턴스 $X = 10.8[\Omega]$일 때, 전압강하율은 몇 [%]인가? 단, 수전단 역률은 0.8이라 한다.
① 6.38 ② 6.82
③ 7.21 ④ 7.87

풀이
전압강하율
$$\epsilon = \frac{V_s - V_r}{V_r} \times 100 = \frac{e}{V_r} \times 100$$
$$= \frac{\sqrt{3}I(R\cos\theta + X\sin\theta)}{V_r} \times 100$$
$$= \frac{\sqrt{3} \times 200(7.5 \times 0.8 + 10.8 \times 0.6)}{60,000} \times 100 = 7.21[\%]$$
답 ③

문제 22 출력 20,000[kW]의 화력발전소가 부하율 80[%]로 운전할 때 1일의 석탄소비량은 약 몇 ton 인가? (단, 보일러 효율 80[%], 터빈의 열 사이클 효율 35[%], 터빈효율 85[%], 발전기 효율 76[%], 석탄의 발열량은 5500[kcal/kg] 이다.)

① 272　　　　　　② 293
③ 312　　　　　　④ 333

풀이
- 1일 발전량 = 출력 × 부하율 × 24
  = 20000 × 0.8 × 24 = 384,000[kWh]
- 종합 효율 = 0.8 × 0.35 × 0.85 × 0.76 = 0.18
- 발전에 필요한 총열량 = $\dfrac{384,000 \times 860}{0.18}$
  = 1.83×10^9[kcal]
  (1[kWh]=860[kcal])
- 필요한 석탄량 = $\dfrac{1.83 \times 10^9}{5500} = 3.3 \times 10^5$[kg]
  = 330[ton]　　　　**답 ④**

문제 23 단상 2선식을 100[%]로 하여 3상 3선식의 부하 전력 및 전압을 같게 하였을 때 선로 전류의 비[%]는?

① 38　　② 48　　③ 58　　④ 68

풀이
단상 2선식 과 3상 3선식의 부하전력 및 전압이 동일한 경우
$P = VI_1\cos\theta = \sqrt{3}\,VI_3\cos\theta$
$I_1 = \sqrt{3}\,I_3$
따라서, 전류비 = $\dfrac{I_3}{I_1} \times 100 = \dfrac{1}{\sqrt{3}} \times 100 = 57.73[\%]$　**답 ③**

문제 24 압축된 공기를 아크에 불어 넣어서 차단하는 차단기는?

① ABB　　　　② MBB
③ VCB　　　　④ ACB

풀이
소호 원리에 따른 차단기의 종류

종류	약어	소 호 원 리
유입 차단기	OCB	소호실에서 아크에 의한 절연유 분해 가스의 흡부력을 이용해서 차단
기중 차단기	ACB	대기 중에서 아크를 길게 하여 소호실에서 냉각 차단
자기 차단기	MBB	대기 중에서 전자력을 이용하여 아크를 소호실내로 유도해서 냉각차단
공기 차단기	ABB	압축된 공기를 아크에 불어 넣어서 차단
진공 차단기	VCB	고진공 중에서 전자의 고속도 확산에 의해 차단
가스 차단기	GCB	고성능 절연 특성을 가진 특수 가스(SF_6)를 흡수해서 차단

답 ①

문제 25 과전류계전기(OCR)의 탭(tap) 값은?

① 계전기의 최소 동작전류
② 계전기의 최대 부하전류
③ 계전기의 동작시한
④ 변류기의 권수비

풀이
계전기에 흐르는 전류가 계전기의 탭값 보다 크면 계전기가 동작하여 전기 회로를 차단하여 기기를 보호한다. 즉, **과전류 계전기의 탭 값은 계전기의 최소 동작 전류**이다.
답 ①

문제 26 송배전선로에서 전선의 수평장력을 2배로 하고 또 경간을 2배로 하면 전선의 이도는 처음보다 어떻게 되는가?

① $\dfrac{1}{4}$로 줄어든다.　　② $\dfrac{1}{2}$로 줄어든다.
③ 2배로 늘어난다.　　④ 4배로 늘어난다.

풀이
이도 $D = \dfrac{WS^2}{8T}$에서
$D' = \dfrac{W \times (2S)^2}{8 \times (2T)} = \dfrac{W \times 4S^2}{8 \times 2T} = 2 \times \dfrac{WS^2}{8T} = 2D$　**답 ③**

문제 27 3상 3선식 복도체 방식의 송전선로를 3상 3선식 단도체 방식 송전선로와 비교한 것으로 알맞은 것은? (단, 단도체의 단면적은 복도체 방식 소선의 단면적 합과 같은 것으로 한다.)
① 전선의 인덕턴스와 정전용량은 모두 감소한다.
② 전선의 인덕턴스와 정전용량은 모두 증가한다.

③ 전선의 인덕턴스는 증가하고, 정전용량은 감소한다.
④ 전선의 인덕턴스는 감소하고, 정전용량은 증가한다.

풀이
복도체의 장점
① 선로의 **인덕턴스 감소**
② 선로의 **정전용량 증가**
③ 선로의 송전용량 증가
④ 안정도 증가
⑤ 코로나 개시전압 증가

답 ④

문제 30 가공 송전선에 사용되는 애자 1연중 전압 분담이 최대인 애자는?
① 철탑에 제일 가까운 애자
② 전선에 제일 가까운 애자
③ 중앙에 있는 애자
④ 철탑과 애자연 중앙의 그 중간에 있는 애자

풀이
• 전압 부담 최대 : 전선에 가장 가까운 애자
• 전압 부담 최소 : 전선에서 2/3 지점에 있는 애자 (철탑에서 1/3 지점에 있는 애자)

답 ②

문제 28 단선식 전력선과 단선식 통신선이 그림과 같이 근접되었을 때, 통신선의 정전유도전압 E_0는?

① $\dfrac{C_m}{C_0 + C_m} E_1$

② $\dfrac{C_0 + C_m}{C_m} E_1$

③ $\dfrac{C_0}{C_0 + C_m} E_1$

④ $\dfrac{C_0 + C_m}{C_0} E_1$

풀이
콘덴서 직렬접속 회로로 보면

$C_m E_m = C_0 E_0 = \dfrac{C_m C_0}{C_m + C_0} E_1$

에서 ($\because Q_m = Q_0 = Q_1$)

$\therefore E_0 = \dfrac{C_m}{C_0 + C_m} E_1$

답 ①

문제 31 비등수형 원자로의 특색에 대한 설명으로 옳지 않은 것은?
① 증기 발생기가 필요하다.
② 저농축 우라늄을 연료로 사용한다.
③ 순환펌프로서는 급수펌프뿐이므로 펌프동력이 작다.
④ 방사능 때문에 증기는 완전히 기수분리를 해야 한다.

풀이
비등수형 원자로
노심에서 비등을 일으킨 증기를 직접 터빈에 공급하는 원자로서 다음과 같은 특징이 있다.
• **증기 발생기가 필요없고, 열교환기도 필요없다.**
• 증기가 직접 터빈에 들어가기 때문에 누출을 철저히 방지해야 한다.
• 소내용 동력은 적어도 된다.
• 노내의 물의 압력이 높지 않다.
• 노심 및 압력 용기가 커진다.

답 ①

문제 29 단일 부하의 선로에서 부하율 50 [%], 선로 전류의 변화 곡선의 모양에 따라 달라지는 계수 $\alpha = 0.2$인 배전선의 손실계수는 얼마인가?
① 0.05 ② 0.15
③ 0.25 ④ 0.30

풀이
손실계수 $H = \alpha F + (1-\alpha) F^2$
$= 0.2 \times 0.5 + (1-0.2) \times 0.5^2 = 0.3$

답 ④

문제 32 250 [mm] 현수 애자 10개를 직렬로 접속한 애자연의 건조 섬락 전압이 590 [kV]이고 연효율 (string efficiency) 0.74이다. 현수 애자 한 개의 건조 섬락 전압은 약 몇 [kV]인가?
① 80 ② 90 ③ 100 ④ 120

풀이
$\eta = \dfrac{V_n}{n V_1}$ 에서 $V_1 = \dfrac{V_n}{n\eta} = \dfrac{590}{10 \times 0.74} ≒ 80[kV]$

여기서, V_n : 애자련의 섬락전압, n : 애자련의 애자개수
V_1 : 애자 1개의 섬락전압

답 ①

문제 33 부하전류의 차단능력이 없는 것은?
① 공기차단기 ② 유입차단기
③ 진공차단기 ④ 단로기

풀이
- 차단기(Breaker) : 아크 소호능력이 있어 부하전류나 사고전류의 차단이 가능
- 스위치(Switch) : 아크 소호능력이 없어 부하전류나 사고전류의 차단이 불 가능
- **단로기(Disconnecting Switch)는 스위치** 이므로 아크 소호 능력이 없어 부하 전류의 개폐를 하지 못한다.

답 ④

문제 34 그림과 같은 단상 2선식 배선에서 인입구 A점의 전압이 220[V]라면 C점의 전압[V]은? (단, 저항값은 1선의 값이며 AB간은 0.05[Ω], BC간은 0.1[Ω]이다.)
① 214
② 210
③ 196
④ 192

풀이
- B점의 전압
$V_B = V_A - 2IR = 220 - 2 \times (40+20) \times 0.05 = 214[V]$
- C점의 전압
$V_C = V_B - 2IR = 214 - 2 \times 20 \times 0.1 = 210[V]$

답 ②

문제 35 배전선로의 손실을 경감시키는 방법이 아닌 것은?
① 전압 조정
② 역률 개선
③ 다중접지방식 채용
④ 부하의 불평형 방지

풀이
배전선로의 전력 손실
$$P_L = 3I^2 r = \frac{\rho W^2 L}{AV^2 \cos^2\theta}$$
ρ : 고유저항 W : 부하 전력 L : 배전 거리
A : 전선의 단면적 V : 수전 전압 $\cos\theta$: 부하 역률

답 ③

문제 36 다음 중 원자로에서 독작용이란 것을 설명한 것으로 가장 알맞은 것은?
① 열중성자가 독성을 받는 것을 말한다.
② $_{54}Xe^{135}$와 $_{62}Sn^{149}$가 인체에 독성을 주는 작용이다.
③ 열중성자 이용률이 저하되고 반응도가 감소되는 작용을 말한다.
④ 방사성 물질이 생체에 유해 작용을 하는 것을 말한다.

풀이
원자로 운전 중 연료 내에 핵분열 생성 물질이 축적된다. 이 핵분열 생성물 중에서 열중성자의 흡수 단면적이 큰 것이 포함되어 있다. 이것이 **원자로의 반응도를 저하시키는 작용**을 한다. 이것을 독작용(poisoning)이라 하고 열중성자 흡수 단면적이 큰 핵분열 생성물을 독물질(poison)이라고 한다.

답 ③

문제 37 전선 지지점에 고저차가 없는 경간 300[m]인 송전선로가 있다. 이도를 8[m]로 유지할 경우 지지점 간의 전선 길이는 약 몇 [m]인가?
① 300.1[m]
② 300.3[m]
③ 300.6[m]
④ 300.9[m]

풀이
전선의 길이 $L = S + \frac{8D^2}{3S} = 300 + \frac{8 \times 8^2}{3 \times 300} = 300.57[m]$

답 ③

문제 38 전력계통에서 무효전력을 조정하는 조상설비 중 전력용 콘덴서를 동기조상기와 비교할 때 옳은 것은?
① 전력손실이 크다.
② 지상 무효전력분을 공급할 수 있다.
③ 전압조정을 계단적으로 밖에 못한다.
④ 송전선로를 시송전할 때 선로를 충전할 수 있다.

풀이
조상설비의 비교

항목	동기 조상기	전력용 콘덴서	분로 리액터
전력손실	많음 (1.5~2.5 [%])	적음 (0.3 [%] 이하)	적음 (0.6 [%] 이하)
무효전력	진상, 지상 양용	진상전용	지상전용
조정	연속적	계단적	계단적
사고시 전압유지	큼	작음	작음
시송전	가능	불가능	불가능

답 ③

문제 39 수전단에 관련된 사항 중 틀린 것은?
① 중부하 시 수전단에 설치된 전력용 콘덴서를 투입한다.
② 중부하 시 수전단에 설치된 동기조상기는 부족여자로 운전한다.
③ 경부하 시 수전단에 설치된 동기조상기는 부족여자로 운전한다.
④ 장거리 송전선로의 시충전 시 수전단 전압이 송전단 전압보다 높게 될 수 있다.

풀이
• 경부하시 수전단에 설치된 동기 조상기는 부족여자로 운전 : 리액터로 작용
• 중부하시 수전단에 설치된 동기 조상기는 과여자로 운전 : 콘덴서로 작용
답 ②

문제 40 3상용 차단기의 정격 차단 용량이라 함은?
① 정격 전압×정격 차단 전류
② $\sqrt{3}$×정격 전압×정격 전류
③ 3×정격 전압×정격 차단 전류
④ $\sqrt{3}$×정격 전압×정격 차단 전류

풀이
$P_s = \sqrt{3} V I_s$
답 ④

제3과목 전기기기

문제 41 직류 타여자발전기의 부하전류와 전기자 전류의 크기는?
① 부하전류가 전기자전류보다 크다.
② 전기자전류가 부하전류보다 크다.
③ 전기자전류와 부하전류가 같다.
④ 전기자전류와 부하전류는 항상 0이다.

풀이

타여자 발전기는 외부에서 계자 권선 F에 직류 전원을 공급하므로 잔류 자기가 없어도 되며, **전기자 전류(I_a)와 부하전류(I)의 크기가 같다.**
답 ③

문제 42 직류 분권전동기 기동 시 계자 저항기의 저항값은?
① 최대로 해 둔다. ② 0(영)으로 해 둔다.
③ 중간으로 해 둔다. ④ 1/3로 해 둔다.

풀이
토크 $T = K\phi I_a$, 회전속도 $N = K \dfrac{V - I_a R_a}{\phi}$ 에서 **기동시 계자 저항을 최소로 하여 계자 전류를 크게(자속 ϕ를 크게)하면 기동 토크가 크게 되고 속도는 저속**으로 된다.
답 ②

문제 43 3상 직권 정류자 전동기의 중간변압기의 사용목적은?
① 역회전의 방지
② 역회전을 위하여
③ 전동기의 특성을 조정
④ 직권 특성을 얻기 위하여

풀이
3상 직권 정류자 전동기의 **중간 변압기**는 고정자 권선과 회전자 권선 사이에 직렬로 접속되며 이 중간 변압기를 사용하는 주요한 이유는 다음과 같다.

① 전원 전압의 크기에 관계없이 정류에 알맞은 회전자 전압을 선택할 수 있다.
② 중간 변압기의 권수비를 바꾸어 **전동기의 특성을 조정**할 수 있다.
③ 직권 특성이기 때문에 경부하에서는 속도가 매우 상승하나 중간 변압기를 사용, 그 철심을 포화하도록 하면 그 속도 상승을 제한할 수 있다.

답 ③

문제 44 변압기의 전일효율을 최대로 하기 위한 조건은?

① 전부하 시간이 짧을수록 무부하손을 적게 한다.
② 전부하 시간이 짧을수록 철손을 크게 한다.
③ 부하시간에 관계없이 전부하 동손과 철손을 같게 한다.
④ 전부하 시간이 길수록 철손을 적게 한다.

풀이
전일 효율이 최대가 되려면,
철손 = 동손 $(24P_i = \Sigma h P_c)$일 때다.
따라서 **전부하 시간이 짧을수록(동손이 적을수록) 철손(무부하손)을 적게** 하여야 한다.

답 ①

문제 45 직류기에서 양호한 정류를 얻는 조건으로 틀린 것은?

① 정류 주기를 크게 한다.
② 브러시의 접촉 저항을 크게 한다.
③ 전기자 권선의 인덕턴스를 작게 한다.
④ 평균 리액턴스 전압을 브러시 접촉면 전압 강하보다 크게 한다.

풀이
양호한 정류를 얻는 조건
① **리액턴스 전압을 작게 한다.** $\left(e_L = L \dfrac{2I_c}{T_c}\right)$
② 단절권 채용으로 자기 인덕턴스를 작게 한다.
③ 고속을 피하여 정류 주기를 길게 한다.
④ 저항 정류로서 접촉저항이 큰 탄소 브러시를 사용한다.
⑤ 전압 정류로서 보극을 설치한다.

답 ④

문제 46 유도전동기의 특성에서 토크와 2차 입력 및 동기속도의 관계는?

① 토크는 2차 입력과 동기속도의 곱에 비례한다.
② 토크는 2차 입력에 반비례하고, 동기속도에 비례한다.
③ 토크는 2차 입력에 비례하고, 동기속도에 반비례한다.
④ 토크는 2차 입력의 자승에 비례하고, 동기속도의 자승에 반비례한다.

풀이
토크 $T = \dfrac{P_2}{2\pi n_s}$

즉, 토크(T)는 2차 입력(P_2)에 비례하고 동기속도(n_s)에 반비례한다.

답 ③

문제 47 3상 동기 발전기에 무부하 전압보다 90° 늦은 전기자 전류가 흐를 때 전기자 반작용은?

① 교차 자화 작용　② 자기여자 작용
③ 감자 작용　　　④ 증자 작용

풀이
발전기와 전동기의 전기자 반작용은 서로 반대 이다.

분류	동기 발전기	동기 전동기
전압과 동상	교차 자화 작용	교차 자화 작용
진상전류	증자 작용	감자 작용
지상전류	감자 작용	증자 작용

답 ③

문제 48 직류기에서 전기자 반작용이란 전기자 권선에 흐르는 전류로 인하여 생긴 자속이 무엇에 영향을 주는 현상인가?

① 모든 부분에 영향을 주는 현상
② 계자극에 영향을 주는 현상
③ 감자 작용만을 하는 현상
④ 편자 작용만을 하는 현상

풀이
전기자 반작용 : 전기자 권선에 흐르는 전류에 의한 자속이 계자에서 만든 주자속에 영향을 미치는 현상을 전기자 반작용이라고 하며, 그 영향은 다음과 같다.

① 전기적 중성축 이동
  • 발전기 : 회전 방향으로 이동
  • 전동기 : 회전 방향과 반대 방향으로 이동
② 주자속 감소
③ 정류자 편간의 불꽃섬락이 발생하여 정류 불량 발생

답 ②

문제 49 직류발전기의 무부하 특성곡선은 다음 중 어느 관계를 표시한 것인가?

① 계자전류-부하전류
② 단자전압-계자전류
③ 단자전압-회전속도
④ 부하전류-단자전압

풀이

직류 발전기의 특성곡선 : 유기 기전력 E[V], 단자 전압 V[V], 전기자 전류 I_a[A], 부하 전류 I[A], 계자 전류 I_f[A], 속도 n[rps] 등의 상호 관계를 표시하는 곡선을 특성곡선이라고 한다.

구 분	횡축	종축	조 건
무부하 포화(특성) 곡선	I_f	$V(=E)$	n=일정 $I=0$
외부 특성 곡선	I	V	n=일정 R_f=일정
내부 특성 곡선	I	E	n=일정 R_f=일정
부하 특성 곡선	I_f	V	n=일정 I=일정
계자 조정 곡선	I	I_f	n=일정 V=일정

답 ②

문제 50 다음 중 무부하 특성곡선이 존재하지 않는 발전기는?

① 직류 직권 발전기
② 직류 분권 발전기
③ 직류 차동복권 발전기
④ 직류 가동복권 발전기

풀이

무부하 특성곡선은 계자전류와 전압과의 관계 곡선이다. 직류 직권 발전기는 전기자와 계자권선이 직렬로 접속되어 있어 $I=I_f=I_a$가 된다.
따라서 **직권발전기는 무부하에서 계자전류 I_f가 0이 되므로 발전할 수 없고 무부하 특성곡선은 존재하지 않는다.** 답 ①

문제 51 다음은 직류 발전기의 정류 곡선이다. 이 중에서 정류 말기에 정류의 상태가 좋지 않은 것은?

① 1
② 2
③ 3
④ 4

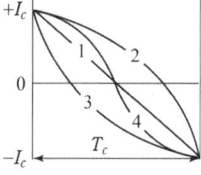

풀이

1 : 직선정류
2 : 부족정류
3 : 과정류
4 : 정현파 정류
부족정류 : 정류종료 시
$\dfrac{dI_c}{dt}$가 매우 커서 **정류**

부족 정류 곡선

종료 즉, 브러시 뒤쪽에서 불꽃 발생

답 ②

문제 52 와류손이 3[kW]인 3300/110 [V], 60[Hz]용 단상 변압기를 50 [Hz], 3000 [V]의 전원에 사용하면 이 변압기의 와류손은 약 몇 [kW]로 되는가?

① 1.7
② 2.1
③ 2.3
④ 2.5

풀이

와류손 $P_e = \sigma_e(tfB_m)^2 = K\left(f \cdot \dfrac{V}{f}\right)^2 = KV^2$

에서 와류손은 주파수와는 무관하고 전압의 제곱에 비례하므로

$P_e' = P_e \times \left(\dfrac{V'}{V}\right)^2 = 3 \times \left(\dfrac{3000}{3300}\right)^2 = 2.48$[kW]

답 ④

문제 53 220[V], 3상 유도전동기의 전부하 슬립이 6[%]이다. 공급전압이 10[%] 저하된 경우의 전부하 슬립은 어떻게 되는가?

① 0.074
② 0.067
③ 0.054
④ 0.049

풀이

공급전압이 10[%] 저하된 경우의 전부하 슬립을 s'라 하면

$s' = s \times \left(\dfrac{V_1}{V_1'}\right)^2 = s \times \left(\dfrac{V_1}{V_1 \times 0.9}\right)^2 = 0.06 \times \left(\dfrac{220}{220 \times 0.9}\right)^2$
$= 0.074[\%]$

답 ①

문제 54 직류 분권 발전기를 역회전하면?
① 발전되지 않는다.
② 정회전 때와 마찬가지다.
③ 과대전압이 유기된다.
④ 섬락이 일어난다.

풀이
운전 중 **전기자 회전 방향을 반대**로 하면 ⇒
- 반대방향의 기전력이 유기되어 계자전류가 반대로 흐르게 된다.
- 잔류 자기를 소멸시켜 발전 불가능 답 ①

문제 55 3상 동기발전기의 전기자 권선을 Y결선으로 하는 이유로서 적당하지 않은 것은?
① 고조파 순환 전류가 흐르지 않는다.
② 이상전압 방지의 대책이 용이하다.
③ 전기자 반작용이 감소한다.
④ 코일의 코로나, 열화 등이 감소된다.

풀이
전기자 권선을 Y결선으로 하는 이유
① 중성점을 접지할 수 있으므로 권선보호 장치의 시설이 용이
② 이상전압의 방지대책이 용이
③ 권선의 불평형 및 제3고조파에 의한 순환전류가 흐르지 않는다.
④ 상전압은 선간 전압의 $\frac{1}{\sqrt{3}}$이 되어 코일의 절연이 용이하고 코로나 발생을 억제 답 ③

문제 56 동기전동기의 특징으로 틀린 것은?
① 속도가 일정하다.
② 역률을 조정할 수 없다.
③ 직류전원을 필요로 한다.
④ 난조를 일으킬 염려가 있다.

풀이
동기 전동기의 특징
(1) 장점
　① 속도가 일정 불변이다.
　② **역률을 조정하여 항상 역률 1로 운전할 수 있다.**
　③ 부하의 역률을 개선할 수 있다.
　④ 유도 전동기에 비하여 효율이 좋다.
(2) 단점
　① 보통 구조의 것은 기동 토크가 적고 속도 조정을 할 수 없다.
　② 난조를 일으킬 염려가 있다.
　③ 여자용의 직류 전원을 필요로 하며 설비비가 많이 든다. 답 ②

문제 57 직류기에서 전기자 반작용을 방지하기 위한 보상 권선의 전류 방향은?
① 전기자 전류의 방향과 같다.
② 전기자 전류의 방향과 반대이다.
③ 계자 전류의 방향과 같다.
④ 계자 전류의 방향과 반대이다.

풀이
보상권선은 전기자 전류의 기전력을 상쇄하기 위하여 주자극의 자극편에 슬롯을 만들어 그림과 같이 **전기자 전류와 반대 방향으로 전류**가 흐르게 한다. 보상권선을 설치하면 브러시를 기하학적 중성축에 놓는다.

답 ②

문제 58 3상 유도 전동기의 원선도를 그리는데 필요하지 않은 시험은?
① 슬립 측정　　② 구속 시험
③ 무부하 시험　④ 저항 시험

풀이
1) 원선도 작성에 필요한 시험은
　• 저항 측정　• 무부하 시험　• 구속 시험이 있다.
2) 유도 전동기의 **원선도에서 구할 수 있는 항목**
　• 전부하 전류　• 역률　• 효율　• 슬립
　• 최대출력/정격출력　• 정·동토크/전부하토크 답 ①

문제 59 9000[kVA], 6000[V]인 3상 교류 발전기의 % 동기 임피던스가 80[%]이다. 이 발전기의 동기 임피던스는 몇 [Ω]인가?
① 3.0　　　　② 3.2
③ 3.4　　　　④ 3.6

풀이

$\%Z = \dfrac{ZP}{10V^2}$ 이므로

$\therefore Z = \dfrac{10V^2 \times \%Z}{P} = \dfrac{10 \times 6^2 \times 80}{9000} = 3.2[\Omega]$

(여기서, V의 단위가[kV], P의 단위가[kVA] 임) **답** ②

문제 60 3상 유도전동기에서 비례추이를 하지 않는 것은?

① 효율 ② 역률
③ 1차 전류 ④ 동기 와트

풀이

1) 비례추이를 하는 제량
 ① 토오크 τ ② 1차 전류 I_1 ③ 2차 전류 I_2
 ④ 역률 $\cos\theta$ ⑤ 1차 입력 P_1
2) 비례추이를 할 수 없는 것
 ① 출력 P_0 ② 효율 η, η_2 ③ 2차 동손 P_{c2} **답** ①

제4과목 회로이론

문제 61 6상 성형 상전압이 200[V]일 때 선간전압 [V]은?

① 200 ② 150
③ 100 ④ 50

풀이

대칭 n상 회로의 선간전압 $E_l = 2E_p \sin\dfrac{\pi}{n}$ 에서 $n=6$ 이므로

선간전압 $E_l = 2E_p \sin\dfrac{\pi}{6} = E_p$

$\therefore E_l = E_p = 200[V]$ **답** ①

문제 62 주기적인 구형파 신호의 구성은?

① 직류성분만으로 구성된다.
② 기본파 성분만으로 구성된다.
③ 고조파 성분만으로 구성된다.
④ 직류 성분, 기본파 성분, 무수히 많은 고조파 성분으로 구성된다.

풀이

주기적인 비정현파는 일반적으로 푸리에 급수에 의해 표시되므로 무수히 많은 주파수의 합성이다. **답** ④

문제 63 대칭 3상 Y부하에서 각 상의 임피던스가 $Z = 3 + j4[\Omega]$이고 부하전류가 20 [A]일 때 피상전력은 얼마인가?

① 1800 [VA] ② 2000 [VA]
③ 2400 [VA] ④ 2800 [VA]

풀이

임피던스 $Z = \sqrt{R^2+X^2} = \sqrt{3^2+4^2} = 5[\Omega]$

피상전력 $P_a = I^2 Z = 20^2 \times 5 = 2000[VA]$ **답** ②

문제 64 $f(t) = u(t-a) - u(t-b)$식으로 표시되는 4각파의 라플라스변환은?

① $\dfrac{1}{s}(e^{-as} - e^{-bs})$ ② $\dfrac{1}{s}(e^{as} + e^{bs})$
③ $\dfrac{1}{s^2}(e^{-as} - e^{-bs})$ ④ $\dfrac{1}{s^2}(e^{as} + e^{bs})$

풀이

$\mathcal{L}[f(t)] = \mathcal{L}[u(t-a) - u(t-b)]$
$= \dfrac{e^{-as}}{s} - \dfrac{e^{-bs}}{s} = \dfrac{1}{s}(e^{-as} - e^{-bs})$ **답** ①

문제 65 $F(s) = \dfrac{5s+3}{s(s+1)}$일 때 $f(t)$의 정상값은?

① 3 ② -3 ③ 2 ④ -2

풀이

최종값 정리에 의하여

$\lim_{t\to\infty} f(t) = \lim_{s\to 0} sF(s) = \lim_{s\to 0} s \cdot \dfrac{5s+3}{s(s+1)} = \dfrac{3}{1} = 3$ **답** ①

문제 66 대칭 좌표법에 관한 설명 중 잘못된 것은?

① 불평형 3상 회로 비접지식 회로에서는 영상분이 존재한다.
② 대칭 3상 전압에서 영상분은 0 이다.

③ 대칭 3상 전압은 정상분만 존재한다.
④ 불평형 3상 회로의 접지식 회로에서는 영상분이 존재한다.

풀이
- 비 접지식에서는 중성선이 없으므로 중성선에 전류가 흐를 수 없다. 따라서, 3상 전류의 합 $I_a+I_b+I_c=0$ 이 되어야 한다.
- 대칭 좌표법에서 영상전류 $I_0=\frac{1}{3}(I_a+I_b+I_c)=0$ 이 되어 비 접지식에서는 영상분이 존재하지 않는다. **답** ①

문제 67 다상 교류회로 설명 중 잘못된 것은? (단, $n=$상수)
① 평형 3상 교류에서 △결선의 상전류는 선전류의 $\frac{1}{\sqrt{3}}$과 같다.
② n상 전력 $P=\frac{1}{2\sin\frac{\pi}{n}}V_lI_l\cos\theta$이다.
③ 성형결선에서 선간전압과 상전압과의 위상차는 $\frac{\pi}{2}(1-\frac{2}{n})$[rad]이다.
④ 비대칭 다상교류가 만드는 회전 자기장은 타원 회전 자기장이다.

풀이
n상 전력 $P=\frac{n}{2\sin\frac{\pi}{n}}V_lI_l\cos\theta$ [W] **답** ②

문제 68 내부저항이 15 [kΩ]이고 최대눈금이 150 [V]인 전압계와 내부저항이 10 [kΩ]이고 최대눈금이 150 [V]인 전압계가 있다. 두 전압계를 직렬 접속하여 측정하면 최대 몇 [V] 까지 측정할 수 있는가?
① 200 ② 250
③ 300 ④ 375

풀이

$I_1=\frac{V_{m1}}{R_1}=\frac{150}{15000}=0.01[A]$

$I_2=\frac{V_{m2}}{R_2}=\frac{150}{10000}=0.015[A]$

직렬회로에서 $I_2>I_1$ 이므로 전압계에 흐를 수 있는 전류는 적은 전류인 0.01[A]가 흐를 수 있다.
따라서, 측정할 수 있는 최대전압
$V_m=I_1\times(R_1+R_2)=0.01\times(15000+10000)=250[V]$ **답** ②

문제 69 교류의 파형률이란?
① $\frac{최대값}{실효값}$ ② $\frac{실효값}{최대값}$
③ $\frac{평균값}{실효값}$ ④ $\frac{실효값}{평균값}$

풀이
- 파형률 = $\frac{실효값}{평균값}$
- 파고율 = $\frac{최대값}{실효값}$

답 ④

문제 70 9 [Ω]과 3 [Ω]의 저항 각 3개를 그림과 같이 연결하였을 때 A, B 사이의 합성 저항은 몇 [Ω]인가?
① 2
② 3
③ 4
④ 6

풀이

$R_{AB}=\frac{4.5\times(4.5+4.5)}{4.5+(4.5+4.5)}=3[\Omega]$ **답** ②

문제 71 다음 회로에서 $V_1=6[V]$, $R_1=1[k\Omega]$, $R_2=2[k\Omega]$ 일 때 등가회로로 변환한 회로의 합성 저항 $R_{th}[k\Omega]$와 등가전압 $V_{eq}[V]$는 각각 얼마인가?

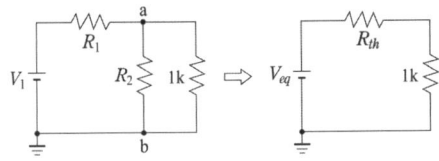

① $R_{th} = 0.67$, $V_{eq} = 2$
② $R_{th} = 0.67$, $V_{eq} = 4$
③ $R_{th} = 3$, $V_{eq} = 2$
④ $R_{th} = 4$, $V_{eq} = 4$

풀이
테브낭의 정리에 의해
- a, b 단자에서 회로측으로 바라본 저항(이때 회로측의 전원을 모두 0으로 해야 하는데, **전압원일 경우는 단락시키고 전류원의 경우는 개방**한다)

$R_{th} = \dfrac{R_1 R_2}{R_1 + R_2} = \dfrac{1 \times 10^3 \times 2 \times 10^3}{(1+2) \times 10^3}$
$\fallingdotseq 667[\Omega] = 0.67[k\Omega]$ (전압원 단락)

- a, b 단자에 걸리는 개방전압

$V_{eq} = \dfrac{V_1}{R_1 + R_2} R_2 = \dfrac{6}{(1+2) \times 10^3} \times 2 \times 10^3 = 4[V]$ **답** ②

문제 72 $10t^3$의 라플라스 변환은?

① $\dfrac{60}{s^4}$ ② $\dfrac{30}{s^4}$
③ $\dfrac{10}{s^4}$ ④ $\dfrac{80}{s^4}$

풀이
$\mathcal{L}[at^n] = a\mathcal{L}[t^n] = \dfrac{an!}{s^{n+1}}$ 에서 $\mathcal{L}[10t^3] = \dfrac{10 \times 3!}{s^{3+1}} = \dfrac{60}{s^4}$
($\because 3! = 3 \times 2 \times 1 = 6$) **답** ①

문제 73 $R-L-C$ 직렬회로에서 시정수의 값이 작을수록 과도현상이 소멸되는 시간은 어떻게 되는가?

① 짧아진다. ② 관계없다.
③ 길어진다. ④ 일정하다.

풀이
시정수가 크면 클수록 과도기가 오래 지속되고, **적으면 적을수록 지속시간이 짧아진다**. **답** ①

문제 74 $V_a = 3[V]$, $V_b = 2-j3[V]$, $V_c = 4+j3[V]$를 3상 불평형 전압이라고 할 때 영상 전압[V]은?

① 3 ② 9 ③ 27 ④ 0

풀이
$V_0 = \dfrac{1}{3}(V_a + V_b + V_c) = \dfrac{1}{3}(3+2-j3+4+j3) = 3[V]$ **답** ①

문제 75 부하저항 $R_L[\Omega]$이 전원의 내부저항 $R_0[\Omega]$의 3배가 되면 부하저항 R_L에서 소비되는 전력 $P_L[W]$는 최대 전송전력 $P_m[W]$의 몇 배인가?

① 0.89배 ② 0.75배
③ 0.5배   ④ 0.3배

풀이
$P_L = I^2 R_L = \left(\dfrac{V_g}{R_0 + R_L}\right)^2 \cdot R_L = \left(\dfrac{V_g}{R_0 + 3R_0}\right)^2 \times 3R_0$
$= \dfrac{3}{16} \cdot \dfrac{V_g^2}{R_0}$

최대 전력 전송 조건은 $R_L = R_0$ 이므로
$P_{max} = I^2 R_L = \left(\dfrac{V_g}{2R_0}\right)^2 \cdot R_0 = \dfrac{V_g^2}{4R_0}$

$\therefore \dfrac{P_L}{P_{max}} = \dfrac{\dfrac{3}{16} \cdot \dfrac{V_g^2}{R_0}}{\dfrac{1}{4} \cdot \dfrac{V_g^2}{R_0}} = \dfrac{12}{16} = 0.75$[배] **답** ②

문제 76 어떤 코일의 임피던스를 측정하고자 직류 전압 100[V]를 가했더니 500[W]가 소비되고, 교류 전압 150[V]를 가했더니 720[W]가 소비되었다. 코일의 저항[Ω]과 리액턴스[Ω]는 각각 얼마인가?

① $R = 20$, $X_L = 15$ ② $R = 15$, $X_L = 20$
③ $R = 25$, $X_L = 20$ ④ $R = 30$, $X_L = 25$

풀이
직류 : $P = I^2 R = \left(\dfrac{V}{R}\right)^2 R = \dfrac{V^2}{R}$ 에서
$R = \dfrac{V^2}{P} = \dfrac{100^2}{500} = 20[\Omega]$
($\because$ 직류를 인가하면 주파수 $f = 0$이므로, $X = 2\pi f L = 0$이 된다.)

교류 : $P = I^2 R = \left(\dfrac{V}{\sqrt{R^2+X^2}}\right)^2 R = \dfrac{V^2 R}{R^2+X^2}$ 에서

$720 = \dfrac{150^2 \times 20}{20^2 + X^2}$ ∴ $X = 15[\Omega]$ **답** ①

문제 77 다음 회로에서 전압비 전달함수 $\dfrac{V_2(s)}{V_1(s)}$ 는 어떻게 되는가?

① $\dfrac{R_1 R_2 Cs + R_2}{R_1 R_2 Cs + R_1 + R_2}$

② $\dfrac{R_1 + R_2 + R_1 R_2 Cs}{R_2 + R_1 R_2 Cs}$

③ $\dfrac{R_1 Cs + R_2}{R_2 + R_1 R_2 Cs}$

④ $\dfrac{R_1 R_2 Cs}{R_1 R_2 Cs + R_1 + R_2}$

풀이
문제의 R_1과 C의 합성 임피던스 등가 회로는 그림과 같다. 그림에서

$V_1(s) = \left\{\left(\dfrac{R_1}{1+CsR_1}\right) + R_2\right\} I(s)$

$V_2(s) = R_2 I(s)$

∴ $G(s) = \dfrac{V_2(s)}{V_1(s)} = \dfrac{R_2}{\dfrac{R_1}{1+CsR_1} + R_2} = \dfrac{R_2 + R_1 R_2 Cs}{R_1 + R_2 + R_1 R_2 Cs}$

답 ①

문제 78 대칭 3상 전압이 있다. 1상의 Y결선 전압의 순시값이 다음과 같을 때 선간전압에 대한 상전압의 비율은?

$e = 1000\sqrt{2}\sin\omega t + 500\sqrt{2}\sin(3\omega t + 20°)$
$\quad + 100\sqrt{2}\sin(5\omega t + 30°)[V]$

① 약 55[%] ② 약 65[%]
③ 약 70[%] ④ 약 75[%]

풀이
상전압의 실효값 V_p는

$V_p = \sqrt{V_1^2 + V_3^2 + V_5^2} = \sqrt{1000^2 + 500^2 + 100^2}$
$\quad = 1122.5[V]$

선간 전압에는 제3 고조파분이 나타나지 않으므로

$V_l = \sqrt{3} \cdot \sqrt{V_1^2 + V_5^2} = \sqrt{3} \cdot \sqrt{1000^2 + 100^2}$
$\quad = 1740.7[V]$

∴ $\dfrac{V_p}{V_l} = \dfrac{1122.5}{1740.7} = 0.645$ **답** ②

문제 79 $R[\Omega]$의 저항 3개를 Y로 접속하고 이것을 200[V]의 평형 3상 교류 전원에 연결할 때 선전류가 20[A]가 흘렀다. 이 3개의 저항을 △로 접속하고 동일전원에 연결하였을 때의 선전류[A]는?

① 30 ② 40 ③ 50 ④ 60

풀이

$20 = \dfrac{\frac{200}{\sqrt{3}}}{R}$ 에서 $R = 5.77[\Omega]$이므로 △접속시의 선전류는

$I_\triangle = \dfrac{200}{5.77} \times \sqrt{3} = 60.03[A]$ **답** ④

문제 80 △결선된 저항부하를 Y결선으로 바꾸면 소비 전력은? (단, 저항과 선간 전압은 일정하다.)

① 3배 ② 9배
③ $\dfrac{1}{9}$ 배 ④ $\dfrac{1}{3}$ 배

풀이

$P_\triangle = 3I^2 R = 3\left(\dfrac{V}{R}\right)^2 R = 3 \cdot \dfrac{V^2}{R}$

다음 Y결선시 상전압은 선간 전압의 $\dfrac{1}{\sqrt{3}}$ 이므로

$P_Y = 3\left(\dfrac{\frac{V}{\sqrt{3}}}{R}\right)^2 \cdot R = 3 \cdot \dfrac{V^2}{3R} = \dfrac{V^2}{R}$

∴ $\dfrac{P_Y}{P_\triangle} = \dfrac{\frac{V^2}{R}}{\frac{3V^2}{R}} = \dfrac{1}{3}$, $P_Y = \dfrac{1}{3} P_\triangle$ **답** ④

제5과목 전기설비기술기준

문제 81 특고압 가공전선로 중 지지물로 직선형의 철탑을 연속하여 10기 이상 사용하는 부분에는 몇 기 이하마다 내장 애자 장치가 되어 있는 철탑 또는 이와 동등 이상의 강도를 가지는 철탑 1기를 시설하여야 하는가?

① 3 ② 5 ③ 7 ④ 10

풀이
333.16 특고압 가공전선로의 내장형 등의 지지물 시설
특고압 가공전선로 중 지지물로서 직선형의 철탑을 연속하여 10기 이상 사용하는 부분에는 **10기 이하마다 장력에 견디는 애자장치가 되어 있는 철탑 또는 이와 동등 이상의 강도를 가지는 철탑 1기를 시설**하여야 한다. **답** ④

문제 82 발열선을 도로, 주차장 또는 조영물의 조영재에 고정시켜 시설하는 경우 발열선에 전기를 공급하는 전로의 대지전압은 몇 [V] 이하이어야 하는가?

① 100 ② 150 ③ 200 ④ 300

풀이
241.12 도로 등의 전열장치
발열선을 도로, 주차장 또는 조영물의 조영재에 고정시켜 시설하는 경우에는 다음에 따라야 한다.
가. 발열선에 전기를 공급하는 **전로의 대지전압은 300[V] 이하**일 것.
나. 발열선은 그 온도가 80[℃]를 넘지 아니하도록 시설할 것. 다만, 도로 또는 옥외주차장에 금속피복을 한 발열선을 시설할 경우에는 발열선의 온도를 120[℃] 이하로 할 수 있다. **답** ④

문제 83 태양전지 모듈의 시설에 대한 설명으로 옳은 것은?
① 충전부분은 노출하여 시설할 것
② 출력배선은 극성별로 확인 가능토록 표시할 것
③ 전선은 공칭단면적 1.5[mm²] 이상의 연동선을 사용할 것
④ 전선을 옥내에 시설할 경우에는 애자공사에 준하여 시설할 것

풀이
520 태양광발전설비
가. 태양전지 모듈, 전선, 개폐기 및 기타 기구는 충전부분이 노출되지 않도록 시설하여야 한다.
나. 모듈의 **출력배선은 극성별로 확인**할 수 있도록 표시할 것
다. 전선은 공칭단면적 2.5[mm²] 이상의 연동선 또는 이와 동등 이상의 세기 및 굵기의 것일 것.
라. 모듈을 병렬로 접속하는 전로에는 그 주된 전로에 단락전류가 발생할 경우에 전로를 보호하는 과전류차단기 또는 기타 기구를 시설할 것
마. 배선설비 공사는 옥내에 시설할 경우에는 합성수지관공사, 금속관공사, 금속제가요전선관공사, 케이블공사의 규정에 준하여 시설할 것. **답** ②

문제 84 저압 옥측전선로에서 목조의 조영물에 시설할 수 있는 공사방법은?
① 금속관공사
② 버스덕트공사
③ 합성수지관공사
④ 연피 또는 알루미늄 케이블공사

풀이
221.2 옥측전선로
저압 옥측전선로는 다음의 공사방법에 의할 것.
가. 애자공사(전개된 장소에 한한다.)
나. **합성수지관공사**
다. 금속관공사(목조 이외의 조영물에 시설하는 경우에 한한다)
라. 버스덕트공사[목조 이외의 조영물(점검할 수 없는 은폐된 장소는 제외한다)에 시설하는 경우에 한한다]
마. 케이블공사(연피 케이블·알루미늄 케이블 또는 무기물 절연 케이블을 사용하는 경우에는 목조 이외의 조영물에 시설하는 경우에 한한다) **답** ③

문제 85 최대사용전압이 69 [kV]인 중성점 비접지식 전로의 절연내력 시험전압은 몇 [kV]인가?
① 63.48
② 75.9
③ 86.25
④ 103.5

풀이

132 전로의 절연저항 및 절연내력

전로의 종류	접지 방식	시험전압(최대사용전압의 배수)	최저 시험전압
1. 7[kV] 이하		1.5배	
2. 7[kV] 초과 25[kV] 이하	다중접지	0.92배	
3. 7[kV] 초과 60[kV] 이하 (2란의 것 제외)		1.25배	10.5[kV]
4. 60[kV] 초과	비접지	1.25배	
5. 60[kV] 초과 (6란과 7란의 것 제외)	접지식	1.1배	75[kV]
6. 60[kV] 초과 (7란의 것 제외)	직접접지	0.72배	
7. 170[kV] 초과 (발전소 또는 변전소 혹은 이에 준하는 장소에 시설하는 것.)	직접접지	0.64배	

※ 전로에 케이블을 사용하는 경우에는 직류로 시험할 수 있으며, 시험전압은 교류의 경우의 2배가 된다.

∴ 시험전압 = 69 × 1.25 = 86.25[kV]

답 ③

문제 86 저압전로의 중성점에 접지도체로 시설하는 연동선의 공칭단면적은 몇 [mm²] 이상이어야 하는가?

① 4[mm²] 이상
② 6[mm²] 이상
③ 10[mm²] 이상
④ 16[mm²] 이상

풀이

322.5 전로의 중성점의 접지

가. 전로의 중성점 접지공사의 목적
  ① 보호 장치의 확실한 동작의 확보
  ② 이상 전압의 억제
  ③ 대지전압의 저하

나. 접지도체는 공칭단면적 16[mm²] 이상의 연동선(**저압전로의 중성점에 시설하는 것은 공칭단면적 6[mm²] 이상의 연동선**)으로서 고장시 흐르는 전류가 안전하게 통할 수 있는 것을 사용하고 또한 손상을 받을 우려가 없도록 시설할 것.

답 ②

문제 87 그림은 전력선 반송통신용 결합장치의 보안장치를 나타낸 것이다. ㉠, ㉡의 명칭으로 옳게 짝지어진 것은?

① ㉠ S, ㉡ FD
② ㉠ CF, ㉡ CC
③ ㉠ S, ㉡ CC
④ ㉠ CF, ㉡ FD

풀이

362.11 전력선 반송 통신용 결합장치의 보안장치
전력선 반송통신용 결합 커패시터에 접속하는 회로에는 그림의 보안장치 또는 이에 준하는 보안장치를 시설하여야 한다.

전력선 반송 통신용 결합 장치의 보안장치

- FD : 동축 케이블
- F : 정격 전류 10[A] 이하의 포장 퓨즈
- DR : 전류 용량 2[A] 이상의 배류 선륜
- L_1 : 교류 300[V] 이하에서 동작하는 피뢰기
- L_2 : 동작 전압이 교류 1,300 [V]를 넘고 1,600 [V] 이하로 조정된 방전갭
- L_3 : 동작 전압이 교류 2 [kV]를 넘고 3 [kV] 이하로 조성된 구상 방전갭
- S : 접지용 개폐기
- CF : 결합 필터
- CC : 결합 콘덴서(결합 안테나를 포함한다)
- E : 접지

답 ④

문제 88 전선을 접속하는 방법으로 틀린 것은?

① 전기 저항이 증가되지 않아야 한다.
② 전선의 세기는 30[%] 이상 감소시키지 않아야 한다.
③ 접속 부분을 그 부분의 절연전선 절연물과 동등 이상의 절연 성능이 있는 것으로 충분히 피복할 것
④ 알루미늄을 접속할 때는 고시된 규격에 맞는 접속 기구를 사용한다.

풀이

123 전선의 접속

전선을 접속하는 경우에는 전선의 전기저항을 증가시키지 아니하도록 접속하여야 하며, 또한 다음에 따라야 한다.
1. 절연전선 상호·절연전선과 코드, 캡타이어 케이블과 접속하는 경우에는
   가. 전선의 세기를 20[%] 이상 감소시키지 아니할 것.
   나. 접속부분은 접속관 기타의 기구를 사용할 것.
   다. 접속부분의 절연전선에 절연전선의 절연물과 동등 이상의 절연효력이 있는 것으로 충분히 피복할 것.
2. 코드 상호, 캡타이어 케이블 상호 또는 이들 상호를 접속하는 경우에는 코드 접속기·접속함 기타의 기구를 사용할 것. 다만 공칭단면적이 10[mm²] 이상인 캡타이어 케이블 상호를 규정에 준하여 접속하는 경우에는 기구를 사용하지 않을 수 있다.
3. 도체에 알루미늄(알루미늄 합금을 포함한다.)을 사용하는 전선과 동(동합금을 포함한다.)을 사용하는 전선을 접속하는 등 전기 화학적 성질이 다른 도체를 접속하는 경우에는 접속부분에 전기적 부식이 생기지 않도록 할 것.

답 ②

문제 89 발전소의 개폐기 또는 차단기에 사용하는 압축공기장치의 주 공기탱크에 시설하는 압력계의 최고 눈금의 범위로 옳은 것은?

① 사용압력의 1배 이상 2배 이하
② 사용압력의 1.15배 이상 2배 이하
③ 사용압력의 1.5배 이상 3배 이하
④ 사용압력의 2배 이상 3배 이하

풀이

341.15 압축공기계통

발전소·변전소·개폐소 또는 이에 준하는 곳에서 개폐기 또는 차단기에 사용하는 압축공기장치는 다음에 따라 시설하여야 한다.
가. 공기압축기는 최고 사용압력의 1.5배의 수압(수압을 연속하여 10분간 가하여 시험을 하기 어려울 때에는 최고 사용압력의 1.25배의 기압)을 연속하여 10분간 가하여 시험을 하였을 때에 이에 견디고 또한 새지 아니할 것.
나. 주 공기탱크 또는 이에 근접한 곳에는 **사용압력의 1.5배 이상 3배 이하의 최고 눈금이 있는 압력계를 시설할 것.**
다. 사용 압력에서 공기의 보급이 없는 상태로 개폐기 또는 차단기의 투입 및 차단을 연속하여 1회 이상 할 수 있는 용량을 가지는 것일 것.

답 ③

문제 90 상시 상정하중 중 풍압하중에 전가섭선에 관하여 각 가섭선의 상정 최대장력의 33[%]와 같은 불평균 장력의 수평 종분력에 의한 하중을 가산하여야 할 철탑은?

① 인류형
② 내장형
③ 보강형
④ 각도형

풀이

333.13 상시 상정하중

인류형·내장형 또는 보강형·직선형·각도형의 철주·철근 콘크리트주 또는 철탑의 경우에는 풍압하중에 가섭선 불평균 장력에 의한 수평 종하중을 가산한다.
① 인류형 : 전가섭선에 관하여 각 가섭선의 상정 최대장력과 같은 불평균 장력의 수평 종분력에 의한 하중
② **내장형·보강형 : 전가섭선에 관하여 각 가섭선의 상정 최대장력의 33[%]와 같은 불평균 장력의 수평 종분력에 의한 하중**
③ 직선형 : 전가섭선에 관하여 각 가섭선의 상정 최대장력의 3[%]와 같은 불평균 장력의 수평 종분력에 의한 하중.(단 내장형은 제외한다)
④ 각도형 : 전가섭선에 관하여 각 가섭선의 상정 최대장력의 10[%]와 같은 불평균 장력의 수평 종분력에 의한 하중.

답 ②

문제 91 냉각장치에 고장이 생긴 경우 특고압용 타냉식 변압기의 보호장치는?

① 경보장치
② 과전류 측정장치
③ 온도 측정장치
④ 자동차단장치

풀이

351.4 특고압용 변압기의 보호장치

특고압용의 변압기에는 그 내부에 고장이 생겼을 경우에 보호하는 장치를 표와 같이 시설하여야 한다.

뱅크 용량의 구분	동작조건	장치의 종류
5,000 [kVA] 이상 10,000 [kVA] 미만	변압기 내부 고장	자동차단장치 또는 경보장치
10,000 [kVA] 이상	변압기 내부 고장	자동차단장치
타냉식 변압기(변압기의 권선 및 철심을 직접 냉각시키기 위하여 봉입한 냉매를 강제 순환시키는 냉각 방식을 말한다.)	냉각 장치에 고장이 생긴 경우 또는 변압기의 온도가 현저히 상승한 경우	경보장치

답 ①

문제 92 특고압가공전선로의 지지물에 시설하는 통신선 또는 이것에 직접 접속하는 통신선일 경우에 설치하여야 할 보안장치로서 모두 옳은 것은?
① 특고압용 제2종 보안장치, 고압용 제2종 보안장치
② 특고압용 제1종 보안장치, 특고압용 제3종 보안장치
③ 특고압용 제2종 보안장치, 특고압용 제3종 보안장치
④ 특고압용 제1종 보안장치, 특고압용 제2종 보안장치

풀이
362.10 전력보안통신설비의 보안장치
특고압가공전선로의 지지물에 시설하는 통신선 또는 이에 직접 접속하는 통신선에 접속하는 휴대전화기를 접속하는 곳 및 옥외 전화기를 시설하는 곳에는 **특고압용 제1종 보안장치, 특고압용 제2종 보안장치** 또는 이에 준하는 보안장치를 시설하여야 한다. **답** ④

문제 93 전기욕기에 전기를 공급하기 위한 전원장치에 내장되어 있는 전원변압기의 2차 측 전로의 사용전압은 몇 [V] 이하인 것을 사용하여야 하는가?
① 5   ② 10   ③ 25   ④ 35

풀이
241.2 전기욕기
전기욕기에 전기를 공급하기 위한 전기욕기용 전원장치(내장되는 전원 **변압기의 2차측 전로의 사용전압이 10[V] 이하의 것에 한한다**)는 안전기준에 적합하여야 한다. **답** ②

문제 94 400[V] 이하의 저압 가공전선은 절연전선을 사용하는 경우 몇 [mm] 이상의 경동선을 사용해야 하는가?
① 1.6   ② 2.0
③ 2.6   ④ 3.2

풀이
222.5 저압 가공전선의 굵기 및 종류
가. 저압 가공전선은 나전선(중성선 또는 다중접지된 접지측 전선으로 사용하는 전선에 한한다), 절연전선, 다심형 전선 또는 케이블을 사용하여야 한다.

나. 전선의 굵기

전압	조건	전선의 굵기 및 인장강도
400 [V] 이하	절연전선	인장강도 2.3[kN] 이상의 것 또는 지름 2.6[mm] 이상의 경동선
	케이블 이외	인장강도 3.43[kN] 이상의 것 또는 지름 3.2[mm] 이상의 경동선
400 [V] 초과인 저압 (케이블 이외)	시가지에 시설	인장강도 8.01 [kN] 이상의 것 또는 지름 5[mm] 이상의 경동선
	시가지 외에 시설	인장강도 5.26[kN] 이상의 것 또는 지름 4[mm] 이상의 경동선

답 ③

문제 95 차량, 기타 중량물의 압력을 받을 우려가 없는 장소에 지중전선로를 직접 매설식에 의하여 매설하는 경우에는 매설 깊이를 몇 [cm] 이상으로 하여야 하는가?
① 40   ② 60   ③ 80   ④ 100

풀이
334.1 지중전선로의 시설
가. 지중 전선로는 전선에 케이블을 사용하고 또한 관로식·암거식 또는 직접 매설식에 의하여 시설하여야 한다.
나. 지중 전선로를 직접 매설식에 의하여 시설하는 경우에는 매설 깊이는
 ① 차량 기타 중량물의 압력을 받을 우려가 있는 장소 : 1.0[m] 이상
 ② **기타 장소 : 0.6[m] 이상** **답** ②

문제 96 고압 옥측전선로에 사용할 수 있는 전선은?
① 케이블   ② 나경동선
③ 절연전선   ④ 다심형 전선

풀이
331.13 옥측전선로
고압 옥측전선로는 전개된 장소에는 다음에 따라 시설하여야 한다.
가. **전선은 케이블일 것.**
나. 케이블은 견고한 관 또는 트라프에 넣거나 사람이 접촉할 우려가 없도록 시설할 것.
다. 케이블을 조영재의 옆면 또는 아랫면에 따라 붙일 경우에는 케이블의 지지점 간의 거리를 2[m] (수직으로 붙일 경우에는 6[m])이하로 하고 또한 피복을 손상하지 아니하도록 붙일 것. **답** ①

문제 97 **금속 덕트 공사에 의한 저압 옥내배선 공사 시설 기준에 적합하지 않는 것은?**

① 금속 덕트에 넣은 전선의 단면적의 합계가 덕트의 내부 단면적의 20[%] 이하가 되게 하였다.
② 덕트 상호 및 덕트와 금속관과는 전기적으로 완전하게 접속했다.
③ 덕트를 조영재에 붙이는 경우 덕트의 지지점 간의 거리를 4[m] 이하로 견고하게 붙였다.
④ 덕트의 끝부분을 막았다.

풀이
232.31 금속덕트공사
가. 전선은 절연전선(옥외용 비닐절연전선을 제외한다)일 것.
나. 금속덕트에 넣은 전선의 단면적(절연피복의 단면적을 포함한다)의 합계는 덕트의 내부 단면적의 20[%](전광표시 장치, 기타 이와 유사한 장치 또는 제어회로 등의 배선만을 넣는 경우에는 50[%]) 이하일 것.
다. 덕트 상호 간은 견고하고 또한 전기적으로 완전하게 접속할 것.
라. 덕트를 조영재에 붙이는 경우에는 **덕트의 지지점 간의 거리를 3[m]**(수직으로 붙이는 경우에는 6[m]) 이하로 할 것.
마. 덕트의 끝부분은 막을 것.
바. 폭이 50[mm]를 초과하고 또한 두께가 1.2[mm] 이상인 철판 또는 금속제의 것.
사. 덕트는 접지공사를 할 것.   답 ③

문제 98 **수상 전선로를 시설하는 경우 알맞은 것은?**

① 사용전압이 고압인 경우에는 클로로프렌 캡타이어 케이블을 사용한다.
② 가공전선로의 전선과 접속하는 경우, 접속점이 육상에 있는 경우에는 지표상 4[m] 이상의 높이로 지지물에 견고하고 붙인다.
③ 가공전선로의 전선과 접속하는 경우, 접속점이 수면상에 있는 경우, 사용전압이 고압인 경우에는 수면상 5[m] 이상의 높이로 지지물에 견고하게 붙인다.
④ 고압 수상 전선로에 지락이 생길 때를 대비하여 전로를 수동으로 차단하는 장치를 시설한다.

풀이
335.3 수상전선로의 시설
수상전선로를 시설하는 경우에는 그 사용전압은 저압 또는 고압인 것에 한 한다.
가. 전선
① 저압 : 클로로프렌 캡타이어 케이블
② 고압 : 캡타이어 케이블
나. 수상전선로의 전선과 가공전선로 접속점의 높이
① 접속점이 육상에 있는 경우 : 지표상 5[m] 이상. 다만, 저압인 경우에 도로상 이외의 곳에 있을 때에는 지표상 4[m]
② **접속점이 수면상에 있는 경우 : 저압 4[m] 이상, 고압 5[m] 이상**
다. 수상전선로의 사용전압이 고압인 경우에는 전로에 지락이 생겼을 때에 자동적으로 전로를 차단하기 위한 장치를 시설하여야 한다.   답 ③

출제기준 변경 및 개정된 관계 법규에 따라 삭제된 문제가 있어 20문항이 안됩니다.

memo

D60-2
2019년도 전기산업기사 필기

- 2019년도 제1회 전기산업기사
- 2019년도 제2회 전기산업기사
- 2019년도 제3회 전기산업기사

국가기술자격검정 필기시험 문제

2019년도 전기산업기사 일반검정 제1회

자격종목 및 등급(선택분야)	종목코드	시험시간	문제지형별
전기산업기사	2140	2시간 30분	A

제1과목 전기자기학

문제 01 그림과 같은 동축케이블에 유전체가 채워졌을 때의 정전용량[F]은? (단, 유전체의 비유전율은 ϵ_s이고 내반지름과 외반지름은 각각 a[m], b[m]이며 케이블의 길이는 l[m]이다.)

① $\dfrac{2\pi\epsilon_s l}{\ln\dfrac{b}{a}}$ ② $\dfrac{2\pi\epsilon_o \epsilon_s l}{\ln\dfrac{b}{a}}$

③ $\dfrac{\pi\epsilon_s l}{\ln\dfrac{b}{a}}$ ④ $\dfrac{\pi\epsilon_o \epsilon_s l}{\ln\dfrac{b}{a}}$

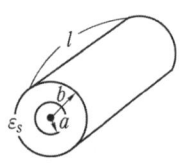

풀이
- 동축 원통 사이의 단위 길이당 정전용량
$$C_0 = \dfrac{2\pi\epsilon_o \epsilon_s}{\ln\dfrac{b}{a}} \text{[F/m]}$$
- 길이 l[m]인 동축케이블의 정전용량
$$C = C_0 l = \dfrac{2\pi\epsilon_o \epsilon_s l}{\ln\dfrac{b}{a}} \text{[F]}$$

답 ②

문제 02 두 유전체가 접했을 때 $\dfrac{\tan\theta_1}{\tan\theta_2} = \dfrac{\epsilon_1}{\epsilon_2}$의 관계식에서 $\theta_1 = 0°$일 때의 표현으로 틀린 것은?

① 전속밀도는 불변이다.
② 전기력선은 굴절하지 않는다.
③ 전계는 불연속적으로 변한다.
④ 전기력선은 유전율이 큰 쪽에 모여진다.

풀이
경계면 수직 입사($\theta_1 = 0°$)
① $\theta_1 = \theta_2 = 0°$이므로 $D_1 \cos\theta_1 = D_2 \cos\theta_2$에서 $\cos 0° = 1$이므로 $D_1 = D_2$, 즉 전속 밀도는 불변(연속)이다.
② $E_1 \sin\theta_1 = E_2 \sin\theta_2$에서 입사각 $\theta_1 = 0°$이므로 $0 = E_2 \sin\theta_2$에서 $E_2 \neq 0$가 아닌 경우 $\sin\theta_2 = 0$가 되어야 하므로 $\theta_2 = 0$ 즉, 굴절하지 않는다.
③ $D_1 = \epsilon_1 E_1$, $D_2 = \epsilon_2 E_2$이므로 $D_1 = D_2$인 경우 $\epsilon_1 E_1 = \epsilon_2 E_2$가 성립하는데 $\epsilon_1 \neq \epsilon_2$인 경우 $E_1 \neq E_2$이다. 즉, 전계의 세기는 크기가 같지 않다(불연속이다).
④ 전기력선은 유전율이 작은 쪽으로 모여진다.

답 ④

문제 03 두 벡터가 $A = 2a_x + 4a_y - 3a_z$, $B = a_x - a_y$일 때 $A \times B$는?

① $6a_x - 3a_y + 3a_z$ ② $-3a_x - 3a_y - 6a_z$
③ $6a_x + 3a_y - 3a_z$ ④ $-3a_x + 3a_y + 6a_z$

풀이
$$A \times B = \begin{vmatrix} a_x & a_y & a_z \\ 2 & 4 & -3 \\ 1 & -1 & 0 \end{vmatrix} = -3a_x - 3a_y - 6a_z$$

답 ②

문제 04 공기 중 임의의 점에서 자계의 세기(H)가 20[AT/m]라면 자속밀도(B)는 약 몇 인가?

① 2.5×10^{-5} ② 3.5×10^{-5}
③ 4.5×10^{-5} ④ 5.5×10^{-5}

풀이
자속밀도 $B = \mu H = \mu_0 \mu_s H$
$= 4\pi \times 10^{-7} \times 1 \times 20$
$= 2.51 \times 10^{-5}$ [Wb/m²]

답 ①

문제 05 전자석의 흡인력은 공극(air gap)의 자속밀도를 B라 할 때 다음의 어느 것에 비례하는가?

① B ② $B^{0.5}$ ③ $B^{1.6}$ ④ $B^{2.0}$

풀이

그림의 N 극의 강자성체를 $\triangle x$ 움직일 때의 에너지의 증가 $\triangle W$는(가상 변위의 원리)

$$\triangle W = \frac{1}{2\mu}B^2 \triangle xS - \frac{1}{2\mu_0}B^2 \triangle xS$$

$$F_x = -\frac{\triangle W}{\triangle x} = \left(\frac{B^2}{2\mu_0} - \frac{B^2}{2\mu}\right)S \,[N]$$

위의 식에서 $\frac{B^2}{2\mu_0} \gg \frac{B^2}{2\mu}$ 이다.

(∵ 강자성체에서는 $\mu_0 \ll \mu$)

∴ $F_x = \frac{B^2}{2\mu_0}S\,[N]$ (흡인력)

또, S 극의 강자성체에도 같은 크기의 흡인력이 작용한다.

답 ④

문제 06 감자율(Demagnetization factor)이 "0"인 자성체로 가장 알맞은 것은?

① 환상 솔레노이드
② 굵고 짧은 막대 자성체
③ 가늘고 긴 막대 자성체
④ 가늘고 짧은 막대 자성체

풀이

감자력은 자화의 세기에 비례하며 이때 비례 상수를 감자율이라 한다. **감자율이 0**이 되려면 잘려진 극이 존재하지 않으면 되는데 **환상 솔레노이드**(toroid)가 무단(無端) 철심이므로 이에 해당한다. 환상 솔레노이드를 제외하면 가늘고 긴 막대 자성체가 자계와 평행으로 놓여 있을 때 감자율이 거의 0에 가깝다. 그러나 가늘고 긴 막대 자성체가 자계와 직각으로 놓여 있을 때는 감자율이 거의 1로 가장 크다. 참고로 구(球)인 경우 감자율은 $N=\frac{1}{3}$이다.

답 ①

문제 07 그림과 같이 평행한 두 개의 무한 직선도선에 전류가 각각 I, $2I$인 전류가 흐른다. 두 도선 사이의 점 P에서 자계의 세기가 0이다. 이때 $\frac{a}{b}$는?

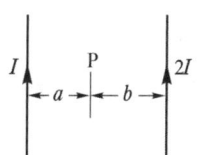

① 4 ② 2 ③ $\frac{1}{2}$ ④ $\frac{1}{4}$

풀이

I와 $2I$ 도선에 의한 자계의 방향은 서로 반대이므로 크기가 같으면 $H=0$이 된다.

• I 도선에 의한 자계 $H_I = \frac{I}{2\pi a}\,[AT/m]$ (⊗ 방향)

• $2I$ 도선에 의한 자계 $H_{2I} = \frac{2I}{2\pi b}\,[AT/m]$ (⊙ 방향)

$H_I = H_{2I}$ 이므로

$$\frac{I}{2\pi a} = \frac{2I}{2\pi b} \quad \therefore \frac{a}{b} = \frac{1}{2}$$

답 ③

문제 08 질량이 $m[kg]$인 작은 물체가 전하 $Q[C]$를 가지고 중력 방향과 직각인 무한도체평면 아래쪽 $d[m]$의 거리에 놓여있다. 정전력이 중력과 같게 되는데 필요한 $Q[C]$의 크기는?

① $d\sqrt{\pi\epsilon_o mg}$ ② $\frac{d}{2}\sqrt{\pi\epsilon_o mg}$
③ $2d\sqrt{\pi\epsilon_o mg}$ ④ $4d\sqrt{\pi\epsilon_o mg}$

풀이

전기 영상법에 의해

$$F = \frac{Q^2}{4\pi\epsilon_o r^2} = \frac{Q^2}{4\pi\epsilon_o (2d)^2} = mg$$

$$\frac{Q^2}{16\pi\epsilon_o d^2} = mg$$

$Q^2 = 16\pi\epsilon_o d^2 mg$ 에서 $Q = 4d\sqrt{\pi\epsilon_o mg}$

답 ④

문제 09 극판의 면적 $S=10[cm^2]$, 간격 $d=1[mm]$의 평행판 콘덴서에 비유전율 $\epsilon_s = 3$인 유전체를 채웠을 때 전압 100[V]를 인가하면 축적되는 에너지는 약 몇 [J] 인가?

① 0.3×10^{-7} ② 0.6×10^{-7}
③ 1.3×10^{-7} ④ 2.1×10^{-7}

풀이

• 평행판 콘덴서의 정전 용량

$$C = \frac{\epsilon_0 \epsilon_s S}{d} = \frac{8.855 \times 10^{-12} \times 3 \times 10 \times 10^{-4}}{10^{-3}}$$

$$= 2.6565 \times 10^{-11}\,[F]$$

• 축적되는 에너지

$$\therefore W = \frac{1}{2}CV^2 = \frac{1}{2} \times 2.6565 \times 10^{-11} \times 100^2$$
$$= 1.33 \times 10^{-7}[\text{J}]$$

답 ③

문제 10 자기인덕턴스 0.5[H]의 코일에 1/200초 동안에 전류가 25[A]로부터 20[A]로 줄었다. 이 코일에 유기된 기전력의 크기 및 방향은?

① 50[V], 전류와 같은 방향
② 50[V], 전류와 반대 방향
③ 500[V], 전류와 같은 방향
④ 500[V], 전류와 반대 방향

풀이

① 유기된 기전력의 크기

$$e = -L\frac{di}{dt} = -0.5 \times \frac{20-25}{\frac{1}{200}} = 500[\text{V}]$$

② 유기된 기전력의 방향
• 전류가 증가할 때는 전류와 반대 방향의 기전력이 유기되어 전류의 증가를 방해
• 전류가 감소할 때는 전류 방향과 동일 방향의 기전력이 유기되어 전류의 감소를 방해

답 ③

문제 11 어느 점전하에 의하여 생기는 전위를 처음 전위의 $\frac{1}{2}$이 되게 하려면 전하로부터의 거리를 어떻게 해야 하는가?

① $\frac{1}{2}$로 감소시킨다.
② $\frac{1}{\sqrt{2}}$로 감소시킨다.
③ 2배 증가시킨다.
④ $\sqrt{2}$배 증가시킨다.

풀이

전위 $V = 9 \times 10^9 \times \frac{Q}{r}$[V]에서 **전위는 거리에 반비례**한다. 따라서 거리를 2배하면 전위는 $\frac{1}{2}$배가 된다.

답 ③

문제 12 자계의 세기를 표시하는 단위가 아닌 것은?

① A/m
② Wb/m
③ N/Wb
④ AT/m

풀이

자계의 세기는 1[Wb]당의 작용력이므로

$$\left[\frac{\text{N}}{\text{Wb}}\right] = \left[\frac{\text{N} \cdot \text{m}}{\text{Wb} \cdot \text{m}}\right] = \left[\frac{\text{J/Wb}}{\text{m}}\right] = \left[\frac{\text{A}}{\text{m}}\right] = \left[\frac{\text{Wb}}{\text{H} \cdot \text{m}}\right]$$

답 ②

문제 13 그림과 같이 면적 S[m²], 간격 d[m]인 극판 간에 유전율 ϵ, 저항률 ρ인 매질을 채웠을 때 극판 간의 정전용량 C와 저항 R의 관계는? (단, 전극판의 저항률은 매우 작은 것으로 한다.)

① $R = \frac{\epsilon\rho}{C}$
② $R = \frac{C}{\epsilon\rho}$
③ $R = \epsilon\rho C$
④ $R = \frac{1}{\epsilon\rho C}$

풀이

$RC = \rho\epsilon$에서 $R = \frac{\rho\epsilon}{C}[\Omega]$

답 ①

문제 14 점전하 Q[C]와 무한평면도체에 대한 영상전하는?

① Q[C]와 같다.
② $-Q$[C]와 같다.
③ Q[C]보다 크다.
④ Q[C]보다 작다.

풀이

전기 영상법
그림과 같이 도체 평면 XX'에서 거리 d인 점 P에 점 전하 Q가 있는 경우 도체면에 대하여 대칭인 영상점 P'에 **크기는 점전하와 같고 부호는 반대인 영상 전하 $-Q$**가 있다고 가상하고 해석한다.

답 ②

문제 15 전계의 세기 E, 자계의 세기가 H일 때 포인팅 벡터(P)는?

① $P = E \times H$
② $P = \frac{1}{2}E \times H$
③ $P = H\,\text{curl}E$
④ $P = E\,\text{curl}H$

풀이
- 포인팅 벡터(방사 벡터) : 진행 방향에 수직되는 단위 면적을 단위 시간에 통과하는 에너지
- 포인팅 벡터 $P = E \times H = EH\sin\theta\,[\text{W/m}^2]$ **답** ①

문제 16 철심환의 일부에 공극(air gap)을 만들어 철심부의 길이 $l[\text{m}]$, 단면적 $A[\text{m}^2]$, 비투자율이 μ_r 이고 공극부의 길이 $\delta[\text{m}]$일 때 철심부에서 총권수 N 회인 도선을 감아 전류 $I[\text{A}]$를 흘리면 자속이 누설되지 않는다고 하고 공극 내에 생기는 자계의 자속 ϕ_0 [Wb]는?

① $\dfrac{\mu_0 ANI}{\delta\mu_r + l}$ ② $\dfrac{\mu_0 ANI}{\delta + \mu_r l}$

③ $\dfrac{\mu_0 \mu_r ANI}{\delta\mu_r + l}$ ④ $\dfrac{\mu_0 \mu_r ANI}{\delta + \mu_r l}$

풀이
- 자기 저항 $R_m = R_i + R_g = \dfrac{l}{\mu A} + \dfrac{\delta}{\mu_0 A}$
- 자기 회로의 옴의 법칙

$\phi = \dfrac{NI}{R_m} = \dfrac{NI}{\dfrac{\delta}{\mu_0 A} + \dfrac{l}{\mu A}} = \dfrac{\mu_0 \mu_r ANI}{\delta\mu_r + l}$ **답** ③

문제 17 내구의 반지름이 6[cm], 외구의 반지름이 8[cm]인 동심구 콘덴서의 외구를 접지하고 내구에 전위 1800[V]를 가했을 경우 내구에 충전된 전기량은 몇 [C] 인가?

① 2.8×10^{-8} ② 3.8×10^{-8}
③ 4.8×10^{-8} ④ 5.8×10^{-8}

풀이
- 전기량 $Q = \dfrac{4\pi\epsilon_0 V}{\dfrac{1}{a} - \dfrac{1}{b}} = \dfrac{\dfrac{1}{9\times 10^9} \times 1800}{\dfrac{1}{6\times 10^{-2}} - \dfrac{1}{8\times 10^{-2}}}$
$= 4.8 \times 10^{-8}[\text{C}]$ **답** ③

문제 18 권선수가 N회인 코일에 전류 $I[\text{A}]$를 흘릴 경우, 코일에 $\phi[\text{Wb}]$의 자속이 지나간다면 이 코일에 저장된 자계에너지[J]는?

① $\dfrac{1}{2}N\phi^2 I$ ② $\dfrac{1}{2}N\phi I$
③ $\dfrac{1}{2}N^2 \phi I$ ④ $\dfrac{1}{2}N\phi I^2$

풀이
- 자기인덕턴스 $L = \dfrac{N\phi}{I}$ 이므로, $LI = N\phi$ 이다.
- 자계에너지 $W = \dfrac{1}{2}LI^2 = \dfrac{1}{2}LI \cdot I = \dfrac{1}{2}N\phi I[\text{J}]$ **답** ②

문제 19 다음 중 인덕턴스의 공식이 옳은 것은? (단, N은 권수, I는 전류, l은 철심의 길이, R_m은 자기저항, μ는 투자율, S는 철심 단면적이다.)

① $\dfrac{NI}{R_m}$ ② $\dfrac{N^2}{R_m}$
③ $\dfrac{\mu NS}{l}$ ④ $\dfrac{\mu_0 NIS}{l}$

풀이
- 자기회로의 옴의 법칙 $\phi = \dfrac{F}{R_m} = \dfrac{NI}{R_m}$
- $N\phi = LI$ 에서 $L = \dfrac{N\phi}{I} = \dfrac{N}{I} \cdot \dfrac{NI}{R_m} = \dfrac{N^2}{R_m}[\text{H}]$ **답** ②

문제 20 다음 중 ( )에 들어갈 내용으로 옳은 것은?

> 맥스웰은 전극간의 유전체를 통하여 흐르는 전류를 해석하기 위해 (㉠)의 개념을 도입하였고, 이것도 (㉡)를 발생한다고 가정하였다.

① ㉠ 와전류, ㉡ 자계
② ㉠ 변위전류, ㉡ 자계
③ ㉠ 전자전류, ㉡ 전계
④ ㉠ 파동전류, ㉡ 전계

풀이
- 전도 전류 : 도체에 전장(기전력)을 가할 때 흐르는 전류 $J_c = \sigma E$
- 변위 전류 : 유전체(공기)내에서 전속 밀도의 시간적 변화에 의한 전류 $J_d = \dfrac{dD}{dt}$
- 변위 전류도 전도전류와 마찬가지로 자계를 발생시킨다. **답** ②

제2과목 전력공학

문제 21 직렬 콘덴서를 선로에 삽입할 때의 현상으로 옳은 것은?
① 부하의 역률을 개선한다.
② 선로의 리액턴스가 증가된다.
③ 선로의 전압강하를 줄일 수 없다.
④ 계통의 정태안정도를 증가시킨다.

풀이
직렬 콘덴서는 선로의 유도 리액턴스(부하의 리액턴스에 비해서 작은 값)를 상쇄시키는 것이므로 **선로의 정태 안정도를 증가시키고** 선로의 전압 강하를 줄일 수는 있지만 계통의 역률을 개선시킬 정도의 큰 용량은 되지 못한다.
답 ④

문제 22 송전선로의 중성점을 접지하는 목적으로 가장 옳은 것은?
① 전압강하의 감소   ② 유도장해의 감소
③ 전선 동량의 절약 ④ 이상전압의 발생 방지

풀이
송전 선로의 중성점 접지의 목적
① **이상 전압 발생 방지**
② 1선 지락시 건전상 전압 상승 억제 및 기기나 선로의 절연 절감
③ 보호 계전기 동작 확실
④ 소호 리액터 계통에서의 1선 지락시 아크 소멸
답 ④

문제 23 그림과 같은 3상 송전계통의 송전전압은 22[kV]이다. 한 점 P에서 3상 단락했을 때 발전기에 흐르는 단락전류는 약 몇 [A] 인가?
① 725
② 1150
③ 1990
④ 3725

풀이
$Z = Z_g + Z_l$ 에서 $Z_g = j6$, $Z_l = 1+j5$ 이므로
$Z = 1+j11[\Omega]$, $|Z| = \sqrt{1^2+11^2} = 11.05[\Omega]$
$I_s = \dfrac{E}{Z} = \dfrac{22000/\sqrt{3}}{11.05} = 1149.48[A]$
답 ②

문제 24 전력계통의 전력용 콘덴서와 직렬로 연결하는 리액터로 제거되는 고조파는?
① 제2고조파   ② 제3고조파
③ 제4고조파   ④ 제5고조파

풀이
• 제3고조파 제거 : 변압기의 △결선 방식
• 제5고조파 제거 : 콘덴서와 직렬로 접속하는 **직렬 리액터**
답 ④

문제 25 배전선로에서 사용하는 전압 조정방법이 아닌 것은?
① 승압기 사용
② 병렬콘덴서 사용
③ 저전압계전기 사용
④ 주상변압기 탭 전환

풀이
선로전압 조정
① 선로전압 강하 보상기
② 고정 승압기 : 단상 승압기, 3상 V결선 승압기, 3상 △결선 승압기
③ 직렬콘덴서(병렬콘덴서는 주로 역률 개선용으로 사용되지만 동시에 전압조정 효과도 있다.)
④ 주상변압기의 탭 조정
답 ③

문제 26 다음 중 뇌해방지와 관계가 없는 것은?
① 댐퍼   ② 소호환
③ 가공지선 ④ 탑각접지

풀이
• 댐퍼 : 선로의 진동 방지
• 소호각(소호환) : 섬락 사고 시 애자련 보호
• 가공지선 : 뇌의 차폐
• 탑각 접지 : 뇌 침입 시 역섬락 방지
답 ①

문제 27 다음 ( )에 알맞은 내용으로 옳은 것은? (단, 공급 전력과 선로 손실률은 동일하다.)

선로의 전압을 2배로 승압할 경우, 공급전력은 승압 전의 (㉮)로 되고, 선로 손실은 승압 전의 (㉯)로 된다.

① ㉮ $\frac{1}{4}$, ㉯ 2배   ② ㉮ $\frac{1}{4}$, ㉯ 4배

③ ㉮ 2배, ㉯ $\frac{1}{4}$ ④ ㉮ 4배, ㉯ $\frac{1}{4}$

풀이

전력 손실률 $h = \frac{P_l}{P} = \frac{RP}{V^2\cos^2\theta}$ 에서

- 공급전력 $P = \frac{hV^2\cos^2\theta}{R}$ 따라서, $P \propto V^2$

  $P : P' = V^2 : (2V)^2$ ∴ $P' = 4P$

- 전력 손실 $P_l = 3I^2R = 3\left(\frac{P}{\sqrt{3}\,V\cos\theta}\right)^2 R = \frac{RP^2}{V^2\cos^2\theta}$

  에서 $P_l \propto \frac{1}{V^2}$

  $P_l : P_l' = \frac{1}{V^2} : \frac{1}{(2V)^2}$ ∴ $P_l' = \frac{1}{4}P_l$ **답** ④

문제 28 일반회로정수가 A, B, C, D이고 송전단 상전압이 E_S인 경우, 무부하 시의 충전전류(송전단 전류)는?

① CE_S ② ACE_S

③ $\frac{C}{A}E_S$ ④ $\frac{A}{C}E_S$

풀이

$E_S = AE_R + BI_R$ 에서 무부하($I_R = 0$)이므로

$E_S = AE_R$ ∴ $E_R = \frac{E_S}{A}$

$I_S = CE_R + DI_R$ 에서 무부하($I_R = 0$)이므로

$I_s = CE_R = \frac{C}{A}E_S$ **답** ③

문제 29 주상변압기의 고장이 배전선로에 파급되는 것을 방지하고 변압기의 과부하 소손을 예방하기 위하여 사용되는 개폐기는?

① 리클로저   ② 부하개폐기
③ 컷아웃스위치   ④ 섹셔널라이저

풀이

① 리클로저(recloser) : 배전 선로에서 지락 고장이나 단락 고장 사고가 발생하였을 때 고장을 검출하여 선로를 차단한 후 일정시간이 경과하면 자동적으로 재투입 동작을 반복함으로써 순간 고장을 제거한다.

② 부하 개폐기 : 고장 전류와 같은 대전류는 차단할 수 없지만 평상 운전시의 부하전류는 개폐할 수 있다.
③ **컷아웃 스위치**(C.O.S) : 주상변압기의 고장이 배전선로에 파급되는 것을 방지하고 **변압기의 과부하 소손을 예방**하고자 변압기 1차측에 사용하는 보호장치
④ 섹셔널라이저(sectionalizer) : 고장전류를 차단 할 수 있는 능력은 없으며, 선로의 무전압 상태에서 선로를 개방하여 고장구간을 분리시킨다.   **답** ③

문제 30 중성점 저항접지방식에서 1선 지락 시의 영상전류를 I_0라고 할 때, 접지저항으로 흐르는 전류는?

① $\frac{1}{3}I_0$ ② $\sqrt{3}\,I_0$

③ $3I_0$ ④ $6I_0$

풀이

지락전류 $I_g = I_0 + I_1 + I_2 = 3I_0$ (∵ $I_0 = I_1 = I_2$)   **답** ③

문제 31 변전소에서 수용가로 공급되는 전력을 차단하고 소내 기기를 점검할 경우, 차단기와 단로기의 개폐 조작 방법으로 옳은 것은?

① 점검 시에는 차단기로 부하회로를 끊고 난 다음에 단로기를 열어야 하며, 점검 후에는 단로기를 넣은 후 차단기를 넣어야 한다.
② 점검 시에는 단로기를 열고 난 후 차단기를 열어야 하며, 점검 후에는 단로기를 넣고 난 다음에 차단기로 부하회로를 연결하여야 한다.
③ 점검 시에는 차단기로 부하회로를 끊고 단로기를 열어야 하며, 점검 후에는 차단기로 부하회로를 연결한 후 단로기를 넣어야 한다.
④ 점검 시에는 단로기를 열고 난 후 차단기를 열어야 하며, 점검이 끝난 경우에는 차단기를 부하에 연결한 다음에 단로기를 넣어야 한다.

풀이

DS(단로기)는 부하 전류를 개폐할 수 없으므로 정전시에는 차단기로 부하 전류를 차단 후 DS를 조작하고 급전시에는 DS를 조작 후 CB를 닫아야 한다. 즉, **차단기가 개방되어 있는 상태에서만 단로기를 개방 또는 투입**할 수 있다.   **답** ①

문제 32 설비용량 600[kW], 부등률 1.2, 수용률 60[%]일 때의 합성 최대전력은 몇 [kW]인가?
① 240
② 300
③ 432
④ 833

풀이

합성 최대전력 = $\dfrac{\text{설비용량} \times \text{수용률}}{\text{부등률}} = \dfrac{600 \times 0.6}{1.2}$
$= 300[\text{kW}]$

답 ②

문제 33 다음 보호계전기 회로에서 박스 (A) 부분의 명칭은?

① 차단코일
② 영상변류기
③ 계기용변류기
④ 계기용변압기

풀이

계기용 변압기 (PT : Potential Transformer)
고전압을 저전압으로 변성하여 계기나 계전기에 공급하기 위한 목적으로 사용

답 ④

문제 34 단거리 송전선로에서 정상상태 유효전력의 크기는?
① 선로리액턴스 및 전압위상차에 비례한다.
② 선로리액턴스 및 전압위상차에 반비례한다.
③ 선로리액턴스에 반비례하고 상차각에 비례한다.
④ 선로리액턴스에 비례하고 상차각에 반비례한다.

풀이

송전 전력 $P = \dfrac{V_s V_r}{X} \sin\delta \,[\text{MW}]$

여기서, V_s, V_r : 송·수전단 전압 [kV]
δ : 송·수전단 전압의 위상차
X : 선로의 리액턴스 [Ω]

답 ③

문제 35 전력 원선도의 실수축과 허수축은 각각 어느 것을 나타내는가?
① 실수축은 전압이고, 허수축은 전류이다.
② 실수축은 전압이고, 허수축은 역률이다.
③ 실수축은 전류이고, 허수축은 유효전력이다.
④ 실수축은 유효전력이고, 허수축은 무효전력이다.

풀이

- 전력 원선도의 가로축(실수축) : 유효 전력
- 전력 원선도의 세로축(허수축) : 무효 전력

답 ④

문제 36 전선로의 지지물 양쪽의 경간의 차가 큰 장소에 사용되며, 일명 E형 철탑이라고도 하는 표준 철탑의 일종은?
① 직선형 철탑
② 내장형 철탑
③ 각도형 철탑
④ 인류형 철탑

풀이

철주, 철근 콘크리트주 또는 철탑의 종류
① 직선형 : 전선로의 직선 부분(3도 이하의 수평 각도를 이루는 곳을 포함)에 사용하는 것으로 내장형과 보강형은 제외한다.
② **내장형** : 전선로의 지지물 양쪽의 경간의 차가 큰 곳에 사용하며, **E형 철탑**이라고도 한다.
③ 각도형 : 전선로 중 3도를 넘는 수평 각도를 이루는 곳에 사용하는 것
④ 인류형 : 전 가섭선을 인류하는 곳에 사용하는 것
⑤ 보강형 : 전선로의 직선 부분에 그 보강을 위하여 사용하는 것

답 ②

문제 37 수차발전기가 난조를 일으키는 원인은?
① 수차의 조속기가 예민하다.
② 수차의 속도 변동률이 적다.
③ 발전기의 관성 모멘트가 크다.
④ 발전기의 자극에 제동권선이 있다.

풀이

난조 발생의 원인
난조 방지에 대한 대책으로는 제동 권선이 적당하며 난조에 대한 원인 및 대책은 다음과 같다.
① **조속기 감도가 지나치게 예민한 경우**
방지대책 : 조속기를 적당히 조정하면 충분히 방지할 수 있다.

② 원동기의 토크에 고조파 토크가 포함된 경우
　방지대책 : 디젤기관 등에 생기는 문제로 회전부의 플라이휠 효과를 적당히 선정하면 방지할 수 있다.
③ 전기자 회로의 저항이 상당히 큰 경우
　방지대책 : 회로의 저항을 작게 하거나 리액턴스를 삽입하면 방지할 수 있다.
④ 부하가 맥동할 때
　방지대책 : 회전부의 플라이휠 효과를 적당히 선정하면 방지할 수 있다.

답 ①

문제 38 차단기가 전류를 차단할 때, 재점호가 일어나기 쉬운 차단 전류는?
① 동상전류　② 지상전류
③ 진상전류　④ 단락전류

풀이
충전전류를 차단할 때 전류파의 0의 위치에서 소거된 아크가 재기전압에 의하여 극간에 다시 발생하는 것을 재점호라고 하며 이러한 **재점호 전류는 콘덴서 C에 의한 진상전류**에 의해 발생한다.

답 ③

문제 39 배전선에 부하가 균등하게 분포되었을 때 배전선 말단에서의 전압강하는 전 부하가 집중적으로 배전선 말단에 연결되어 있을 때의 몇 [%] 인가?
① 25　② 50　③ 75　④ 100

풀이
집중 부하와 분산 부하

구 분	전력 손실	전압 강하
말단에 집중 부하	I^2rL	IrL
균등 분산 분포 부하	$\frac{1}{3}I^2rL = I^2r\left(\frac{1}{3}L\right)$	$\frac{1}{2}IrL = Ir\left(\frac{1}{2}L\right)$

여기서, I : 전선의 전류, r : 전선 단위 길이당 저항,
　　　　L : 전선의 길이

답 ②

문제 40 송전선의 특성임피던스를 Z_0, 전파속도를 V라 할 때, 이 송전선의 단위길이에 대한 인덕턴스 L은?
① $L = \frac{V}{Z_0}$　② $L = \frac{Z_0}{V}$
③ $L = \frac{Z_0^2}{V}$　④ $L = \sqrt{Z_0}\,V$

풀이
• 파동 임피던스 $Z_0 = \sqrt{\frac{L}{C}}$
• 전파속도 $V = \sqrt{\frac{1}{LC}}$

$\therefore \frac{Z_0}{V} = \sqrt{\frac{\frac{L}{C}}{\frac{1}{LC}}} = L$

답 ②

제3과목　전기기기

문제 41 정격 150 [kVA], 철손 1 [kW], 전부하 동손이 4 [kW]인 단상변압기의 최대 효율[%]과 최대효율 시의 부하[kVA]는? (단, 부하 역률은 1이다.)
① 96.8[%], 125[kVA]
② 97[%], 50[kVA]
③ 97.2[%], 100[kVA]
④ 97.4[%], 75[kVA]

풀이
변압기 효율은 $m^2P_c = P_i$ 일 때 최대이므로
$m^2 \times 4 = 1 \quad \therefore m = \sqrt{\frac{1}{4}} = \frac{1}{2}$

따라서 $150 \times \frac{1}{2} = 75$ [kVA]에서 최대 효율이 된다

$\therefore \eta_m = \frac{150 \times \frac{1}{2}}{150 \times \frac{1}{2} + 1 \times 2} \times 100 = 97.4[\%]$

답 ④

문제 42 사이리스터에 의한 제어는 무엇을 제어하여 출력전압을 변환시키는가?
① 토크　② 위상각
③ 회전수　④ 주파수

풀이
반도체 사이리스터에 의한 제어는 정류 전압의 **위상각**을 제어한다.

답 ②

문제 43 전동력 응용기기에서 GD^2의 값이 적은 것이 바람직한 기기는?

① 압연기 ② 송풍기
③ 냉동기 ④ 엘리베이터

[풀이]
엘리베이터용 전동기는 일반적으로 성능이 높은 신뢰도를 지니며 기동 토크가 큰 것이 요구된다. 또한 사용빈도가 높으며, 마이너스 부하로부터 과부하까지 광범위하게 제어가 되어야 할 뿐만 아니라 기동 전류와 전동기의 GD^2이 **작아야 하고**, 소음 및 속도와 회전력의 맥동이 없어야 한다. **답 ④**

문제 44 직류 및 교류 양용에 사용되는 만능 전동기는?

① 복권전동기 ② 유도전동기
③ 동기전동기 ④ 직권 정류자전동기

[풀이]
직류 직권 전동기에 가해 주는 직류 전압을 그림과 같이 바꿀 경우에도 자속과 전기자 전류의 방향이 동시에 모두 반대가 되므로, 회전 방향은 변하지 않는다.

〈직·교류 양용 전동기의 원리〉

따라서, 이 직류 직권 전동기에 교류 전압을 가해 주어도 전동기는 항상 같은 방향의 토크를 발생하고, 회전을 같은 방향으로 계속한다. 직·교류 양용 전동기(만능 전동기)는 이와 같은 원리를 이용한 전동기로서 단상 직권 정류자 전동기라고 하며, 믹서기, 재봉틀, 진공청소기, 휴대용 드릴 및 영사기 등에 사용된다. **답 ④**

문제 45 온도 측정장치 중 변압기의 권선온도 측정에 가장 적당한 것은?

① 탐지코일 ② dial온도계
③ 권선온도계 ④ 봉상온도계

[풀이]
권선온도계 : 변압기의 상부 온도와 부하전류에 의한 **권선의 온도**를 측정한다. **답 ③**

문제 46 어떤 변압기의 백분율 저항강하가 2[%], 백분율 리액턴스강하가 3[%]라 한다. 이 변압기로 역률(지역률)이 80[%]인 부하에 전력을 공급하고 있다. 이 변압기의 전압변동률은 몇 [%] 인가?

① 2.4 ② 3.4
③ 3.8 ④ 4.0

[풀이]
뒤진 역률(지역률)이므로
전압 변동률 $\epsilon = p\cos\theta + q\sin\theta$
$= 2 \times 0.8 + 3 \times 0.6 = 3.4[\%]$ **답 ②**

문제 47 어떤 IGBT의 열용량은 0.02[J/℃], 열저항은 0.625[℃/W]이다. 이 소자에 직류 25[A]가 흐를 때 전압강하는 3[V]이다. 몇 [℃]의 온도상승이 발생하는가?

① 1.5 ② 1.7 ③ 47 ④ 52

[풀이]
열저항 $R_\theta = \dfrac{\Delta T}{P}$ [℃/W] 이므로,
(여기서, ΔT : 온도상승범위[℃], P : 손실[W])
따라서 $\Delta T = R_\theta \times P = 0.625 \times 25 \times 3 = 46.88[℃]$ **답 ③**

문제 48 직류전동기의 속도제어법 중 정지 워드 레오나드 방식에 관한 설명으로 틀린 것은?

① 광범위한 속도제어가 가능하다.
② 정토크 가변속도의 용도에 적합하다.
③ 제철용 압연기, 엘리베이터 등에 사용된다.
④ 직권전동기의 저항제어와 조합하여 사용한다.

[풀이]
직류 전동기의 속도 제어법 비교

구 분	제어 특성	특 징
계자제어법	•정출력 제어	•속도 제어 범위가 좁다.
전압제어법	•정토크 제어 ┌ 워드 레오나드 방식 └ 일그너 방식	•제어 범위가 넓다. •손실이 매우 적다. •정역 운전이 가능 •압연기나 권상기 등의 속도제어에 사용 •설비비가 많이 든다.
직렬저항법		•효율이 나쁘다.

답 ④

문제 49 동기전동기에서 90° 앞선 전류가 흐를 때 전기자 반작용은?

① 감자작용 ② 증자작용
③ 편자작용 ④ 교차자화작용

풀이
발전기와 전동기의 전기자 반작용은 서로 반대이다.

분류	동기 발전기	동기 전동기
전압과 동상	교차 자화 작용	교차 자화 작용
진상 전류	증자 작용	감자 작용
지상 전류	감자 작용	증자 작용

답 ①

문제 50 권수비 30인 단상변압기의 1차에 6600[V]를 공급하고, 2차에 40[kW], 뒤진 역률 80[%]의 부하를 걸 때 2차 전류 I_2 및 1차 전류 I_1은 약 몇 [A]인가? (단, 변압기의 손실은 무시한다.)

① $I_2 = 145.5$, $I_1 = 4.85$
② $I_2 = 181.8$, $I_1 = 6.06$
③ $I_2 = 227.3$, $I_1 = 7.58$
④ $I_2 = 321.3$, $I_1 = 10.28$

풀이
- 2차 전압 $V_2 = \dfrac{V_1}{a} = \dfrac{6600}{30} = 220[V]$
- 2차 전류 $I_2 = \dfrac{P}{V_2 \cos\theta} = \dfrac{40 \times 10^3}{220 \times 0.8} = 227.27[A]$
- 1차 전류 $I_1 = \dfrac{I_2}{a} = \dfrac{227.27}{30} = 7.58[A]$

답 ③

문제 51 일정 전압으로 운전하는 직류전동기의 손실이 $x + yI^2$으로 될 때 어떤 전류에서 효율이 최대가 되는가? (단, x, y는 정수이다.)

① $I = \sqrt{\dfrac{x}{y}}$ ② $I = \sqrt{\dfrac{y}{x}}$
③ $I = \dfrac{x}{y}$ ④ $I = \dfrac{y}{x}$

풀이
x는 부하 전류에 관계없는 고정손, yI^2은 전류의 제곱에 비례하는 가변손 **최대 효율 조건은 고정손 = 가변손**이므로 즉, $x = yI^2$이 되는 부하 전류 $I = \sqrt{\dfrac{x}{y}}$ 에서 최대 효율이 된다.

답 ①

문제 52 T-결선에 의하여 3300[V]의 3상으로부터 200[V], 40[kVA]의 전력을 얻는 경우 T좌 변압기의 권수비는 약 얼마인가?

① 10.2 ② 11.7
③ 14.3 ④ 16.5

풀이
주좌 변압기의 권수비를 a_M, T좌 변압기의 권수비를 a_T라 하면

$a_T = a_M \times \dfrac{\sqrt{3}}{2} = \dfrac{3300}{200} \times \dfrac{\sqrt{3}}{2} = 16.5 \times 0.866 = 14.29$

답 ③

문제 53 유도전동기 슬립 s의 범위는?

① $1 < s$
② $s < -1$
③ $-1 < s < 0$
④ $0 < s < 1$

풀이
슬립의 범위
- 유도 전동기 : $0 < s < 1$
- 유도 발전기 : $s < 0$
- 제동기 : $s > 1$

답 ④

문제 54 전기자 총 도체수 500, 6극, 중권의 직류 전동기가 있다. 전기자 전 전류가 100[A]일 때의 발생 토크는 약 몇 [kg·m] 인가? (단, 1극당 자속수는 0.01[Wb] 이다.)

① 8.12 ② 9.54
③ 10.25 ④ 11.58

풀이
$T = \dfrac{pZ}{2\pi a}\phi I_a = \dfrac{6 \times 500}{2 \times \pi \times 6} \times 0.01 \times 100 = 79.58[N \cdot m]$

$1[kg \cdot m] = 9.8[N \cdot m]$ 이므로

토크 $T = \dfrac{79.58}{9.8} = 8.12[kg \cdot m]$

답 ①

문제 55 3상 동기발전기 각 상의 유기기전력 중 제3고조파를 제거하려면 코일간격/극간격을 어떻게 하면 되는가?

① 0.11 ② 0.33 ③ 0.67 ④ 1.34

풀이

- 제n고조파에 대한 단절 계수(코일 간격/극 간격)
  $K_{pn} = \sin\dfrac{n\beta\pi}{2}$ 이므로 제3고조파에 대한 단절 계수
  $K_{p3} = \sin\dfrac{3\beta\pi}{2}$ 이다.
- $\sin\theta$의 값이 0이 되기 위해서는 $\theta = 0$, π, 2π, …가 되어야 한다.
- $\dfrac{3\beta\pi}{2}(=\theta)$가 0, π, 2π, … 이 되기 위한 β는 0, 0.67, 1.33, … 이나 이 중에서 1보다 작고 가장 가까운 $\beta = 0.67$이 제일 적당하다. **답 ③**

문제 56 3상 유도전동기의 토크와 출력에 대한 설명으로 옳은 것은?

① 속도에 관계가 없다.
② 동일 속도에서 발생한다.
③ 최대 출력은 최대 토크보다 고속도에서 발생한다.
④ 최대 토크가 최대 출력보다 고속도에서 발생한다.

풀이

3상 유도 전동기 속도 특성 곡선

속도 상승시(슬립 s 가 감소) 출력이 토크보다 나중에 최대값에 도달하므로, 최대 출력은 최대 토크보다 고속도에서 발생한다. **답 ③**

문제 57 단자전압 220[V], 부하전류 48[A], 계자전류 2[A], 전기자 저항 0.2[Ω]인 직류분권발전기의 유도기전력[V]은? (단, 전기자 반작용은 무시한다.)

① 210 ② 220
③ 230 ④ 240

풀이

유기기전력
$E = V + I_a R_a$
$= V + (I + I_f)R_a$
$= 220 + (48 + 2) \times 0.2$
$= 230[\text{V}]$

답 ③

문제 58 200[kW], 200[V]의 직류 분권발전기가 있다. 전기자 권선의 저항이 0.025[Ω]일 때 전압변동률은 몇 [%] 인가?

① 6.0 ② 12.5
③ 20.5 ④ 25.0

풀이

무부하 단자 전압 V_0는

$V_0 = V_n + R_a I_a = 200 + 0.025 \times \dfrac{200 \times 10^3}{200} = 225[\text{V}]$

그러므로, 전압 변동률 $\epsilon[\%]$

$\therefore \epsilon = \dfrac{V_0 - V_n}{V_n} \times 100 = \dfrac{225 - 200}{200} \times 100 = 12.5[\%]$ **답 ②**

문제 59 동기발전기에서 전기자 전류를 I, 역률을 $\cos\theta$라 하면 횡축 반작용을 하는 성분은?

① $I\cos\theta$ ② $I\cot\theta$
③ $I\sin\theta$ ④ $I\tan\theta$

풀이

- 유효분 $I\cos\theta$: 기전력과 같은 위상의 전류 성분으로서 **횡축 반작용**
- 무효분 $I\sin\theta$: 기전력 보다 $\pi/2$ [rad]만큼 뒤지거나 앞서기 때문에 직축 반작용 **답 ①**

문제 60 단상 유도전동기와 3상 유도전동기를 비교했을 때 단상 유도전동기의 특징에 해당되는 것은?

① 대용량이다.
② 중량이 작다.
③ 역률, 효율이 좋다.
④ 기동장치가 필요하다.

풀이
단상 유도전동기는 회전자가 정지하고 있을 때에는 회전 자계가 생기지 않는다. 즉, 기동토크가 0 이기 때문에 자기 기동을 하지 못한다.
따라서, 정류자와 브러시를 도입하거나 반발 전동기 내에 분상형과 같은 보조권선의 수단에 의해서 **회전 자계를 발생하는 기동장치가 필요**하다. 답 ④

제4과목 회로이론

문제 61 비정현파의 성분을 가장 옳게 나타낸 것은?
① 직류분 + 고조파
② 교류분 + 고조파
③ 교류분 + 기본파 + 고조파
④ 직류분 + 기본파 + 고조파

풀이
정현파로부터 일그러진 파형을 총칭하여 비정현파라고 하며, 비정현파는 다음과 같이 표시한다.
비정현파 = 직류분 + 기본파 + 고조파 답 ④

문제 62 다음과 같은 전류의 초기값 $i(0^+)$를 구하면?
$$I(s) = \frac{12(s+8)}{4s(s+6)}$$
① 1 ② 2
③ 3 ④ 4

풀이
초기값 정리에 의해
$i(0^+) = \lim_{t \to 0} i(t) = \lim_{s \to \infty} s \cdot I(s)$
$= \lim_{s \to \infty} s \cdot \frac{12(s+8)}{4s(s+6)} = \lim_{s \to \infty} \frac{12(s+8)}{4(s+6)}$
$= \lim_{s \to \infty} \frac{12\left(1 + \frac{8}{s}\right)}{4\left(1 + \frac{6}{s}\right)} = 3$ 답 ③

문제 63 대칭 n상 환상결선에서 선전류와 환상전류 사이의 위상차는 어떻게 되는가?
① $2\left(1 - \frac{2}{n}\right)$
② $\frac{n}{2}\left(1 - \frac{\pi}{2}\right)$
③ $\frac{\pi}{2}\left(1 - \frac{n}{2}\right)$
④ $\frac{\pi}{2}\left(1 - \frac{2}{n}\right)$

풀이
대칭 n상에서 선전류는 환상 전류(상전류)보다
$\frac{\pi}{2}\left(1 - \frac{2}{n}\right)$[rad]만큼 위상이 뒤진다. 답 ④

문제 64 V_a, V_b, V_c를 3상 불평형 전압이라 하면 정상(正相)전압[V]은? (단, $a = -\frac{1}{2} + j\frac{\sqrt{3}}{2}$이다.)
① $3(V_a + V_b + V_c)$
② $\frac{1}{3}(V_a + V_b + V_c)$
③ $\frac{1}{3}(V_a + a^2 V_b + a V_c)$
④ $\frac{1}{3}(V_a + a V_b + a^2 V_c)$

풀이
- 영상 전압 $V_0 = \frac{1}{3}(V_a + V_b + V_c)$
- 정상 전압 $V_1 = \frac{1}{3}(V_a + a V_b + a^2 V_c)$ ($1 \to a \to a^2$의 순서)
- 역상 전압 $V_2 = \frac{1}{3}(V_a + a^2 V_b + a V_c)$
  ($1 \to a^2 \to a$의 순서) 답 ④

문제 65 그림에서 4단자 회로 정수 A, B, C, D 중 출력 단자 3, 4가 개방되었을 때의 $\frac{V_1}{V_2}$인 A의 값은?

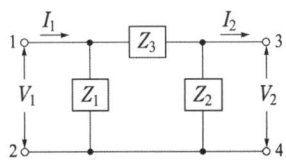

① $1 + \frac{Z_2}{Z_1}$
② $1 + \frac{Z_3}{Z_2}$
③ $1 + \frac{Z_2}{Z_3}$
④ $\frac{Z_1 + Z_2 + Z_3}{Z_1 Z_3}$

풀이

- 전압분배법칙에 의해 Z_2에 걸리는 전압

$$V_2 = \frac{V_1}{Z_2+Z_3} \times Z_2$$

- $A = \left.\frac{V_1}{V_2}\right|_{I_2=0} = \frac{V_1}{\frac{Z_2}{Z_2+Z_3}\cdot V_1} = \frac{Z_2+Z_3}{Z_2} = 1+\frac{Z_3}{Z_2}$

답 ②

문제 66 $R=1[\text{k}\Omega]$, $C=1[\mu\text{F}]$가 직렬접속된 회로에 스텝(구형파)전압 10[V]를 인가하는 순간에 커패시터 C에 걸리는 최대전압[V]은?

① 0 ② 3.72
③ 6.32 ④ 10

풀이

$i_c = C\dfrac{dv}{dt}$에서 v가 급격히 변화하면 i_c가 ∞가 되는 모순이 생긴다. 따라서 **콘덴서에서는 전압이 급격하게 변화하지 않는다.** 그러므로 스텝(구형파)전압을 인가하는 순간 커패시터 C에 걸리는 전압은 0이 된다.

답 ①

문제 67 저항 $R=6[\Omega]$과 유도리액턴스 $X_L=8$ $[\Omega]$이 직렬로 접속된 회로에서 $v=200\sqrt{2}\sin\omega t$ [V]인 전압을 인가하였다. 이 회로의 소비되는 전력 [kW]은?

① 1.2 ② 2.2 ③ 2.4 ④ 3.2

풀이

RL 직렬회로에서 전류 $I=\dfrac{V}{Z}=\dfrac{V}{\sqrt{R^2+X^2}}$[A] 이므로

전력 $P = I^2 R = \left(\dfrac{V}{\sqrt{R^2+X^2}}\right)^2 R = \dfrac{V^2 R}{R^2+X^2}$

$= \dfrac{200^2 \times 6}{6^2+8^2} = 2400[\text{W}] = 2.4[\text{kW}]$

답 ③

문제 68 어느 소자에 전압 $e=125\sin 377t$[V]를 가했을 때 전류 $i=50\cos 377t$[A]가 흘렀다. 이 회로의 소자는 어떤 종류인가?

① 순저항 ② 용량 리액턴스
③ 유도 리액턴스 ④ 저항과 유도 리액턴스

풀이

$i=50\cos 377t = 50\sin(377t+90°)$[A] 에서
전류가 전압보다 위상이 90° 앞선 진상전류가 흐르므로 회로의 소자는 용량 리액턴스이다.

- 저항 : 전압과 전류는 동상($I=\dfrac{E}{R}$[A])
- 유도리액턴스 : 전류가 전압보다 90° 뒤진다.

  ($I=\dfrac{E}{j\omega L}=-j\dfrac{E}{\omega L}$[A])

- 용량리액턴스 : 전류가 전압보다 90° 앞선다.

  ($I=\dfrac{E}{\frac{1}{j\omega C}}=j\omega CE$[A])

답 ②

문제 69 기전력 3[V], 내부저항 0.5[Ω]의 전지 9개가 있다. 이것을 3개씩 직렬로 하여 3조 병렬 접속한 것에 부하저항 1.5[Ω]을 접속하면 부하전류[A]는?

① 2.5 ② 3.5 ③ 4.5 ④ 5.5

풀이

- 전체 합성저항 $R_0 = \dfrac{0.5\times 3}{3}+1.5 = 2[\Omega]$
- 부하전류 $I_0 = \dfrac{V}{R_0} = \dfrac{9}{2} = 4.5$[A]

  (전지의 기전력은 $3\times 3 = 9$[V])

답 ③

문제 70 $\dfrac{E_o(s)}{E_i(s)} = \dfrac{1}{s^2+3s+1}$의 전달함수를 미분방정식으로 표시하면? (단, $\mathcal{L}^{-1}[E_o(s)]=e_o(t)$, $\mathcal{L}^{-1}[E_i(s)]=e_i(t)$이다.)

① $\dfrac{d^2}{dt^2}e_i(t)+3\dfrac{d}{dt}e_i(t)+e_i(t)=e_o(t)$

② $\dfrac{d^2}{dt^2}e_o(t)+3\dfrac{d}{dt}e_o(t)+e_o(t)=e_i(t)$

③ $\dfrac{d^2}{dt^2}e_i(t)+3\dfrac{d}{dt}e_i(t)+\int e_i(t)dt=e_o(t)$

④ $\dfrac{d^2}{dt^2}e_o(t)+3\dfrac{d}{dt}e_o(t)+\int e_o(t)dt=e_i(t)$

풀이

$$\frac{E_o(s)}{E_i(s)} = \frac{1}{s^2+3s+1}$$

$$E_i(s) = s^2 E_o(s) + 3sE_o(s) + E_o(s)$$

$$\therefore e_i(t) = \frac{d^2}{dt^2}e_o(t) + 3\frac{d}{dt}e_o(t) + e_o(t)$$

답 ②

문제 71 정격전압에서 1[kW]의 전력을 소비하는 저항에 정격의 80[%]의 전압을 가할 때의 전력[W]은?

① 340 ② 540
③ 640 ④ 740

풀이

$P = \frac{V^2}{R}$[W]에서 $P \propto V^2$

따라서, $P : P' = V^2 : V'^2 = V^2 : (0.8V)^2$

$\therefore P' = 0.64P = 0.64 \times 1000 = 640$[W]

답 ③

문제 72 $e = 200\sqrt{2}\sin\omega t + 150\sqrt{2}\sin3\omega t + 100\sqrt{2}\sin5\omega t$ [V]인 전압을 $R-L$ 직렬회로에 가할 때에 제3고조파 전류의 실효값은 몇 [A]인가? (단, $R = 8[\Omega]$, $\omega L = 2[\Omega]$ 이다.)

① 5 ② 8
③ 10 ④ 15

풀이

$I_3 = \frac{V_3}{Z_3} = \frac{V_3}{\sqrt{R^2+(3\omega L)^2}} = \frac{150}{\sqrt{8^2+(3\times 2)^2}} = 15$ [A]

(∵ 저항은 기본파일 때나 고조파 일 때나 그 크기의 변화는 없다. 그러나 **리액턴스는 제n차 고조파에서는 주파수가** n배가 되므로, 리액턴스 $X_n = 2\pi(nf)L = n \times 2\pi fL$로 **기본파의 n배가 된다.**)

답 ④

문제 73 대칭 3상 Y결선에서 선간전압이 $200\sqrt{3}$ [V]이고 각 상의 임피던스가 $30+j40[\Omega]$의 평형부하일 때 선전류[A]는?

① 2 ② $2\sqrt{3}$
③ 4 ④ $4\sqrt{3}$

풀이

상전류 $I_p = \frac{V_p}{Z}$

$= \frac{200}{\sqrt{30^2+40^2}} = 4$ [A]

Y결선이므로
선전류 I_l = 상전류 $I_p = 4$[A]

답 ③

문제 74 3상 회로에 △결선된 평형 순저항 부하를 사용하는 경우 선간전압 220[V], 상전류가 7.33[A]라면 1상의 부하저항은 약 몇 [Ω] 인가?

① 80 ② 60
③ 45 ④ 30

풀이

부하 1상의 임피던스

$= \frac{\text{상전압}}{\text{상전류}} = \frac{220}{7.33} = 30.01[\Omega]$

(∵ △결선에서 선간전압
=상전압)

답 ④

문제 75 $t=0$에서 스위치 S를 닫았을 때 정상 전류값[A]은?

① 1
② 2.5
③ 3.5
④ 7

풀이

$R-L$ 직렬 회로에 직류 전압 인가 시 흐르는 전류

$i = \frac{E}{R}\left(1-e^{-\frac{R}{L}t}\right)$[A]에서

$i = \frac{70}{20}\left(1-e^{-\frac{20}{2}\times\infty}\right) = 3.5$[A]

답 ③

문제 76 두 대의 전력계를 사용하여 3상 평형 부하의 역률을 측정하려고 한다. 전력계의 지시가 각각 P_1[W], P_2[W]라고 할 때 이 회로의 역률은?

① $\dfrac{\sqrt{P_1+P_2}}{P_1+P_2}$

② $\dfrac{P_1+P_2}{P_1^2+P_2^2-2P_1P_2}$

③ $\dfrac{2(P_1+P_2)}{\sqrt{P_1^2+P_2^2-P_1P_2}}$

④ $\dfrac{P_1+P_2}{2\sqrt{P_1^2+P_2^2-P_1P_2}}$

풀이
2전력계법
- 피상전력 $P_a = 2\sqrt{P_1^2+P_2^2-P_1P_2}$ [VA]
- 유효전력 $P = P_1+P_2$ [W]
- 무효전력 $Q = \sqrt{3}(P_1-P_2)$ [Var]
- 역률 $\cos\phi = \dfrac{P_1+P_2}{2\sqrt{P_1^2+P_2^2-P_1\times P_2}}$

답 ④

문제 77 L형 4단자 회로망에서 4단자 정수가 $B=\dfrac{5}{3}$, $C=1$이고, 영상임피던스 $Z_{01}=\dfrac{20}{3}$[Ω]일 때 영상임피던스 Z_{02}[Ω]의 값은?

① 4 ② $\dfrac{1}{4}$ ③ $\dfrac{100}{9}$ ④ $\dfrac{9}{100}$

풀이
$Z_{01}\cdot Z_{02} = \dfrac{B}{C}$ 에서

$Z_{02} = \dfrac{B}{C\cdot Z_{01}} = \dfrac{\frac{5}{3}}{1\times\frac{20}{3}} = \dfrac{1}{4}$ [Ω]

답 ②

문제 78 다음과 같은 회로에서 a, b 양단의 전압은 몇 [V]인가?

① 1
② 2
③ 2.5
④ 3.5

풀이
a, b 양단의 전압은 1[Ω]과 4[Ω]에서의 전압차와 같으므로, 전압분배 법칙을 적용하여 구하면 다음과 같다.

$V_a = \dfrac{1}{1+2}\times 6 = 2$[V], $V_b = \dfrac{4}{4+2}\times 6 = 4$[V]

$\therefore V_{ab} = 4-2 = 2$[V]

답 ②

문제 79 저항 R_1[Ω], R_2[Ω] 및 인덕턴스 L[H]이 직렬로 연결되어 있는 회로의 시정수[s]는?

① $\dfrac{R_1+R_2}{L}$ ② $\dfrac{L}{R_1+R_2}$

③ $-\dfrac{R_1+R_2}{L}$ ④ $-\dfrac{L}{R_1+R_2}$

풀이
R_1+R_2를 R이라 하면 $R-L$ 직렬 회로와 같다.

$\therefore \tau = \dfrac{L}{R} = \dfrac{L}{R_1+R_2}$

답 ②

문제 80 $F(s) = \dfrac{s}{s^2+\pi^2}\cdot e^{-2s}$ 함수를 시간추이정리에 의해서 역변환하면?

① $\sin\pi(t+a)\cdot u(t+a)$
② $\sin\pi(t-2)\cdot u(t-2)$
③ $\cos\pi(t+a)\cdot u(t+a)$
④ $\cos\pi(t-2)\cdot u(t-2)$

풀이
$\mathcal{L}^{-1}\left[\dfrac{s}{s^2+\pi^2}\right] = \cos\pi t$,

$\mathcal{L}^{-1}[e^{-as}F(s)] = f(t-a)\cdot u(t-a)$이므로, 시간 추이 정리에 의해서 역변환하면

$\mathcal{L}^{-1}[F(s)] = f(t) = \cos\pi(t-2)\cdot u(t-2)$

답 ④

제5과목 전기설비기술기준

문제 81 건조한 장소로서 전개된 장소에 한하여 시설할 수 있는 고압 옥내배선의 방법은?
① 금속관공사
② 애자공사
③ 금속제가요전선관공사
④ 합성수지관공사

풀이
342.1 고압 옥내배선 등의 시설
고압 옥내배선은 다음 중 하나에 의하여 시설할 것.
가. 애자공사(건조한 장소로서 전개된 장소에 한한다)
나. 케이블공사
다. 케이블트레이공사 답 ②

문제 82 22.9[kV] 특고압 가공전선로의 중성선은 다중 접지를 하여야 한다. 각 접지선을 중성선으로부터 분리하였을 경우 1[km]마다 중성선과 대지 사이의 합성전기저항 값은 몇 [Ω] 이하인가? (단, 전로에 지락이 생겼을 때에 2초 이내에 자동적으로 이를 전로로부터 차단하는 장치가 되어 있다.)

① 5 ② 10 ③ 15 ④ 20

풀이
333.32 25 [kV] 이하인 특고압 가공전선로의 시설
사용전압이 15[kV]를 초과하고 25[kV] 이하인 특고압 가공전선로(중성선 다중접지식의 것으로서 전로에 지락이 생겼을 때에 2초 이내에 자동적으로 이를 전로로부터 차단하는 장치가 되어 있는 것에 한한다)를 다음에 따라 시설하여야 한다.
가. 접지도체는 공칭단면적 6[mm^2] 이상의 연동선
나. 접지공사는 각각 접지한 곳 상호 간의 거리는 전선로에 따라 150[m] 이하일 것.
다. 각 접지도체를 중성선으로부터 분리하였을 경우의 각 접지점의 대지 전기저항 값과 1[km]마다 중성선과 대지 사이의 합성전기저항 값은 표에서 정한 값 이하일 것.

사용전압	각 접지점의 대지 전기저항치	1[km] 마다의 합성 전기저항치
15[kV] 이하	300 [Ω]	30 [Ω]
15[kV] 초과 25[kV] 이하	300 [Ω]	15 [Ω]

답 ③

문제 83 154/22.9[kV]용 변전소의 주요 변압기에 반드시 시설하지 않아도 되는 계측장치는?
① 전압계 ② 전류계
③ 역률계 ④ 온도계

풀이
351.6 계측장치
변전소 또는 이에 준하는 곳에는 다음의 사항을 계측하는 장치를 시설하여야 한다.

가. 주요 변압기의 전압 및 전류 또는 전력
나. 특고압용 변압기의 온도 답 ③

문제 84 고압 가공전선이 가공약전류전선 등과 접근하는 경우에 고압 가공전선과 가공약전류전선 사이의 이격거리는 몇 [cm] 이상이어야 하는가? (단, 전선이 케이블인 경우)
① 20 ② 30
③ 40 ④ 50

풀이
332.13 고압 가공전선과 가공약전류전선 등의 접근 또는 교차, 222.13 저압 가공전선과 가공약전류전선 등의 접근 또는 교차

가공약전류 전선	저압 가공전선		고압 가공전선	
	저압 절연전선	고압 절연전선 또는 케이블	절연전선	케이블
일반	0.6 [m]	0.3 [m]	0.8 [m]	0.4 [m]
절연전선 또는 통신용 케이블인 경우	0.3 [m]	0.15 [m]		

답 ③

문제 85 전기부식방지 시설은 지표 또는 수중에서 1 [m] 간격의 임의의 2점(양극의 주위 1 [m] 이내의 거리에 있는 점 및 울타리의 내부점을 제외한다.)간의 전위차가 몇 [V]를 넘으면 안되는가?
① 5 ② 10 ③ 25 ④ 30

풀이
241.16 전기부식방지 시설
가. 수중에 시설하는 양극과 그 주위 1 [m] 이내의 거리에 있는 임의 점과의 사이의 전위차는 10[V]를 넘지 아니할 것.
나. 지표 또는 수중에서 1 [m] 간격의 임의의 2점간의 전위차가 5 [V]를 넘지 아니할 것. 답 ①

문제 86 가공전선로의 지지물에 지선을 시설하는 기준으로 옳은 것은?
① 소선 지름 : 1.6[mm], 안전율 : 2.0, 허용인장 하중 : 4.31[kN]
② 소선 지름 : 2.0[mm], 안전율 : 2.5, 허용인장

하중 : 2.11[kN]
③ 소선 지름 : 2.6[mm], 안전율 : 1.5, 허용인장 하중 : 3.21[kN]
④ 소선 지름 : 2.6[mm], 안전율 : 2.5, 허용인장 하중 : 4.31[kN]

풀이

331.11 지선의 시설
가. 가공전선로의 지지물로 사용하는 철탑은 지선을 사용하여 그 강도를 분담시켜서는 안 된다.
나. 지선의 **안전율은 2.5 이상**일 것. 이 경우에 **허용 인장하중의 최저는 4.31[kN]**으로 한다.
다. 지선에 연선을 사용할 경우에는 다음에 의할 것.
　① 소선 3가닥 이상의 연선일 것.
　② **소선의 지름이 2.6[mm] 이상**의 금속선을 사용한 것일 것.　답 ④

문제 87 중성선 다중접지식의 것으로 전로에 지락이 생겼을 때에 2초 이내에 자동적으로 이를 전로로부터 차단하는 장치가 되어 있는 22.9[kV] 가공전선로를 상부 조영재의 위쪽에서 접근상태로 시설하는 경우, 가공전선과 건조물과의 이격거리는 몇 [m] 이상이어야 하는가? (단, 전선으로는 나전선을 사용한다고 한다.)
① 1.2　② 1.5　③ 2.5　④ 3.0

풀이

333.32 25[kV] 이하인 특고압 가공전선로의 시설
사용전압이 15[kV]를 초과하고 25[kV] 이하인 특고압 가공전선로(중성선 다중접지식의 것으로서 전로에 지락이 생겼을 때에 2초 이내에 자동적으로 이를 전로로부터 차단하는 장치가 되어 있는 것에 한한다)가 건조물과 접근하는 경우에 특고압 가공전선과 건조물의 조영재 사이의 이격거리는 표에서 정한 값 이상일 것.

건조물의 조영재	접근형태	전선의 종류	이격거리
상부 조영재	위쪽	나전선	3.0[m]
		특고압 절연전선	2.5[m]
		케이블	1.2[m]
	옆쪽 또는 아래쪽	나전선	1.5[m]
		특고압 절연전선	1.0[m]
		케이블	0.5[m]
기타의 조영재		나전선	1.5[m]
		특고압 절연전선	1.0[m]
		케이블	0.5[m]

답 ④

문제 88 시가지 등에서 특고압 가공전선로를 시설하는 경우 특고압 가공전선로용 지지물로 사용할 수 없는 것은? (단, 사용전압이 170[kV] 이하인 경우이다.)
① 철탑　② 목주
③ 철주　④ 철근 콘크리트주

풀이

333.1 시가지 등에서 특고압 가공전선로의 시설
특고압 가공 전선로를 시가지, 기타 인가가 밀집한 지역에 시설하는 경우 **지지물은 목주를 사용할 수 없고 철주, 철근 콘크리트주, 또는 철탑을 사용**한다.　답 ②

문제 89 시가지에 시설하는 고압 가공전선으로 경동선을 사용하려면 그 지름은 최소 몇 [mm] 이어야 하는가?
① 2.6　② 3.2
③ 4.0　④ 5.0

풀이

332.3 고압 가공전선의 굵기 및 종류
고압 가공전선은 인장강도 8.01[kN] 이상의 고압 절연전선, 특고압 절연전선 또는 **지름 5[mm] 이상**의 경동선의 고압 절연전선, 특고압 절연전선을 사용하여야 한다.　답 ④

문제 90 케이블을 지지하기 위하여 사용하는 금속제 케이블 트레이의 종류가 아닌 것은?
① 사다리형　② 통풍 밀폐형
③ 펀칭형　④ 바닥 밀폐형

풀이

232.41 케이블트레이공사
케이블트레이공사는 케이블을 지지하기 위하여 사용하는 금속재 또는 불연성 재료로 제작된 유닛 또는 유닛의 집합체 및 그에 부속하는 부속재 등으로 구성된 견고한 구조물을 말하며 **사다리형, 펀칭형, 메시형, 바닥밀폐형** 기타 이와 유사한 구조물을 포함하여 적용한다.　답 ②

문제 91 발전소·변전소 또는 이에 준하는 곳의 특고압 전로에는 그의 보기 쉬운 곳에 어떤 표시를 반드시 하여야 하는가?

① 모선(母線) 표시
② 상별(相別) 표시
③ 차단(遮斷) 위험표시
④ 수전(受電) 위험표시

풀이
351.2 특고압전로의 상 및 접속 상태의 표시
가. 발전소·변전소 또는 이에 준하는 곳의 **특고압전로에는 그의 보기 쉬운 곳에 상별 표시를 하여야 한다.**
나. 발전소·변전소 또는 이에 준하는 곳의 특고압전로에 대하여는 그 접속 상태를 모의모선의 사용 기타의 방법에 의하여 표시하여야 한다. 다만, 이러한 전로에 접속하는 특고압전선로의 회선수가 2 이하이고 또한 특고압의 모선이 단일모선인 경우에는 그러하지 아니하다. 답 ②

문제 92 전력 보안 통신용 전화설비를 시설하여야 하는 곳은?
① 2개 이상의 발전소 상호 간
② 원격 감시 제어가 되는 변전소
③ 원격 감시 제어가 되는 급전소
④ 원격 감시 제어가 되지 않는 발전소

풀이
362.1 전력보안통신설비의 시설 요구사항
발전소, 변전소 및 변환소 에서의 전력보안통신설비의 시설 장소는 다음에 따른다.
가. **원격감시제어가 되지 아니하는 발전소**·변전소·개폐소·전선로 및 이를 운용하는 급전소 및 급전분소 간
나. 2개 이상의 급전소(분소) 상호 간과 이들을 통합 운용하는 급전소(분소) 간
다. 수력설비의 안전상 필요한 양수소 및 강수량 관측소와 수력발전소 간
라. 동일 수계에 속하고 안전상 긴급 연락의 필요가 있는 수력발전소 상호 간
마. 동일 전력계통에 속하고 또한 안전상 긴급연락의 필요가 있는발전소·변전소 및 개폐소 상호 간 답 ④

문제 93 전기부식방지 시설을 시설할 때 전기부식방지용 전원 장치로부터 양극 및 피방식체까지의 전로의 사용전압은 직류 몇 [V] 이하이어야 하는가?
① 20   ② 40
③ 60   ④ 80

풀이
241.16 전기부식방지 시설
전기부식방지 회로(전기부식방지용 전원장치로부터 양극 및 피방식체까지의 전로를 말한다. 이하 같다)의 **사용전압은 직류 60 [V] 이하일 것.** 답 ③

문제 94 6.6[kV] 지중전선로의 케이블을 직류전원으로 절연 내력시험을 하자면 시험전압은 직류 몇 [V]인가?
① 9900   ② 14420
③ 16500   ④ 19800

풀이
132 전로의 절연저항 및 절연내력

전로의 종류	접지방식	시험전압(최대 사용전압의 배수)	최저 시험전압
1. 7[kV] 이하		1.5배	
2. 7[kV] 초과 25[kV] 이하	다중접지	0.92배	
3. 7[kV] 초과 60[kV] 이하 (2란의 것 제외)		1.25배	10.5[kV]
4. 60[kV] 초과	비접지	1.25배	
5. 60[kV] 초과 (6란과 7란의 것 제외)	접지식	1.1배	75[kV]
6. 60[kV] 초과 (7란의 것 제외)	직접접지	0.72배	
7. 170[kV] 초과 (발전소 또는 변전소 혹은 이에 준하는 장소에 시설하는 것.)	직접접지	0.64배	

※ 전로에 케이블을 사용하는 경우에는 **직류로 시험할 수 있으며, 시험 전압은 교류의 경우의 2배가 된다.**
∴ 시험 전압 = 6.6[kV] × 1.5 × 2 = 19.8[kV] = 19800[V] 답 ④

문제 95 고압 가공전선 상호 간의 접근 또는 교차하여 시설되는 경우, 고압 가공전선 상호 간의 이격거리는 몇 [cm] 이상이어야 하는가? (단, 고압 가공전선은 모두 케이블이 아니라고 한다.)
① 50   ② 60   ③ 70   ④ 80

풀이
332.17 고압 가공전선 상호 간의 접근 또는 교차
고압 가공전선이 다른 고압 가공 전선과 접근상태로 시설되거나 교차하여 시설되는 경우에는 다음에 따라 시설하여야 한다.

가. 고압 가공전선로는 고압 보안공사에 의할 것.
나. 고압 가공전선과 다른 고압 가공 전선과의 이격거리

구 분	고압 가공전선	
	일 반	케이블
고압가공전선	0.8[m]	0.4[m]
고압가공전선로의 지지물	0.6[m]	0.3[m]

답 ④

문제 96 과전류차단기로 시설하는 퓨즈 중 고압전로에 사용하는 비포장 퓨즈는 정격전류의 몇 배의 전류에 견디어야 하는가?

① 1.1
② 1.25
③ 1.5
④ 2

풀이
341.10 고압 및 특고압 전로 중의 과전류차단기의 시설
가. 과전류차단기로 시설하는 퓨즈 중 고압전로에 사용하는 포장 퓨즈는 정격전류의 1.3배의 전류에 견디고 또한 2배의 전류로 120분 안에 용단되는 것.
나. 과전류차단기로 시설하는 퓨즈 중 고압전로에 사용하는 **비포장 퓨즈는 정격전류의 1.25배의 전류에 견디고 또한 2배의 전류로 2분 안에 용단**되는 것.

답 ②

출제기준 변경 및 개정된 관계 법규에 따라 삭제된 문제가 있어 20문항이 안됩니다.

국가기술자격검정 필기시험 문제

2019년도 전기산업기사 일반검정 제 2 회

자격종목 및 등급(선택분야)	종목코드	시험시간	문제지형별
전기산업기사	2140	2시간 30분	A

제1과목 전기자기학

문제 01 두 종류의 유전체 경계면에서 전속과 전기력선이 경계면에 수직으로 도달할 때에 대한 설명으로 틀린 것은?

① 전속밀도는 변하지 않는다.
② 전속과 전기력선은 굴절하지 않는다.
③ 전계의 세기는 불연속적으로 변한다.
④ 전속선은 유전율이 작은 유전체 쪽으로 모이려는 성질이 있다.

풀이

① $\theta_1 = \theta_2 = 0°$이므로 $D_1\cos\theta_1 = D_2\cos\theta_2$에서 $\cos0° = 1$이므로 $D_1 = D_2$, 즉 전속밀도는 불변(연속)이다.
② $E_1\sin\theta_1 = E_2\sin\theta_2$에서 입사각 $\theta_1 = 0°$이므로 $0 = E_2\sin\theta_2$에서 $E_2 \neq 0$가 아닌 경우 $\sin\theta_2 = 0$가 되어야 하므로 $\theta_2 = 0$ 즉, 굴절하지 않는다.
③ $D_1 = \epsilon_1 E_1$, $D_2 = \epsilon_2 E_2$이므로 $D_1 = D_2$인 경우 $\epsilon_1 E_1 = \epsilon_2 E_2$가 성립하는데 $\epsilon_1 \neq \epsilon_2$인 경우 $E_1 \neq E_2$이다. 즉, 전계의 세기는 크기가 같지 않다(불연속이다).
④ 전속선은 유전율이 큰 유전체 쪽으로 모이려는 성질이 있다. 답 ④

문제 02 진공 중에 서로 떨어져 있는 두 도체 A, B가 있다. A에만 1[C]의 전하를 줄 때 도체 A, B의 전위가 각각 3[V], 2[V]였다고 하면, A에 2[C], B에 1[C]의 전하를 주면 도체 A의 전위는 몇 [V] 인가?

① 6   ② 7   ③ 8   ④ 9

풀이

• $Q_A = 1[C]$, $Q_B = 0[C]$ 일 때
$V_A = P_{AA}Q_A + P_{AB}Q_B$에서
$3 = P_{AA} \times 1 + P_{AB} \times 0$ ∴ $P_{AA} = 3$
$V_B = P_{BA}Q_A + P_{BB}Q_B$에서
$2 = P_{BA} \times 1 + P_{BB} \times 0$ ∴ $P_{BA} = 2$
• $Q_A = 2[C]$, $Q_B = 1[C]$ 일 때
$V_A = P_{AA}Q_A + P_{AB}Q_B = 3Q_A + 2Q_B$
$= 3 \times 2 + 2 \times 1 = 8[V]$ 답 ③

문제 03 점전하 $+Q$의 무한 평면도체에 대한 영상전하는?

① $+Q$ ② $-Q$ ③ $+2Q$ ④ $-2Q$

풀이

전기 영상법
그림과 같이 도체 평면 XX'에서 거리 d인 점 P에 점전하 Q가 있는 경우 도체 면에 대하여 대칭인 영상점 P'에 크기는 점전하와 같고 부호는 반대인 영상 전하 $-Q$가 있다고 가상하고 해석한다.

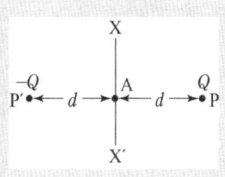

답 ②

문제 04 MKS 단위계에서 진공 유전율 값은?

① $4\pi \times 10^{-7}$ [H/m]
② $\dfrac{1}{9 \times 10^9}$ [F/m]
③ $\dfrac{1}{4\pi \times 9 \times 10^9}$ [F/m]
④ 6.33×10^{-4} [H/m]

풀이

$\dfrac{1}{4\pi\epsilon_0} = 9 \times 10^9$ 에서

$$\epsilon_0 = \frac{1}{4\pi \times 9 \times 10^9} \fallingdotseq 8.854 \times 10^{-12} \, [\text{F/m}]$$

답 ③

문제 05 비유전율 $\epsilon_r = 5$인 유전체 내의 한 점에서 전계의 세기가 10^4 [V/m]라면, 이 점의 분극의 세기는 약 몇 [C/m²] 인가?

① 3.5×10^{-7}　　② 4.3×10^{-7}
③ 3.5×10^{-11}　　④ 4.3×10^{-11}

풀이
분극의 세기
$$P = \epsilon_0(\epsilon_r - 1)E = \frac{1}{36\pi \times 10^9} \times (5-1) \times 10^4$$
$$= 3.5 \times 10^{-7} [\text{C/m}^2]$$

답 ①

문제 06 자기 유도계수가 20[mH]인 코일에 전류를 흘릴 때 코일과의 쇄교 자속수가 0.2[Wb]였다면 코일에 축적된 에너지는 몇 [J] 인가?

① 1　　② 2　　③ 3　　④ 4

풀이
$N\phi = LI$ 에서 $I = \frac{N\phi}{L}$
쇄교 자속수 $N\phi$가 0.2 [Wb] 이므로
$$I = \frac{N\phi}{L} = \frac{0.2}{20 \times 10^{-3}} = 10[\text{A}]$$
따라서 코일에 축적된 에너지
$$W = \frac{1}{2}LI^2 = \frac{1}{2} \times 20 \times 10^{-3} \times 10^2 = 1[\text{J}]$$

답 ①

문제 07 전자파의 에너지 전달방향은?

① $\nabla \times \boldsymbol{E}$의 방향과 같다.
② $\boldsymbol{E} \times \boldsymbol{H}$의 방향과 같다.
③ 전계 $\boldsymbol{E}$의 방향과 같다.
④ 자계 $\boldsymbol{H}$의 방향과 같다.

풀이
전자파의 진행 방향은 $\boldsymbol{E} \times \boldsymbol{H}$이고, 전자계에서 에너지(전력)의 흐름을 나타내는 **포인팅 벡터** $\boldsymbol{P} = \boldsymbol{E} \times \boldsymbol{H}$ 이므로 $\boldsymbol{P}$의 방향은 전자계의 에너지 흐름의 진행 방향과 같다.

답 ②

문제 08 등전위면을 따라 전하 Q[C]를 운반하는데 필요한 일은?

① 항상 0이다.
② 전하의 크기에 따라 변한다.
③ 전위의 크기에 따라 변한다.
④ 전하의 극성에 따라 변한다.

풀이
미소 길이를 운반하는데 필요한 일은
$$dW = q\boldsymbol{E} \cdot d\boldsymbol{l} = qE\cos\theta dl \, [\text{J}]$$
로 나타내어지는데 전계와 등전위면(dl)은 항상 $\theta = 90°$의 각을 이루므로 일은 0이다.

답 ①

문제 09 접지된 직교 도체 평면과 점전하 사이에는 몇 개의 영상 전하가 존재하는가?

① 1　　② 2　　③ 3　　④ 4

풀이
$$n = \frac{360°}{\theta°} - 1 = \frac{360}{90} - 1 = 3개 (직교하므로 \theta = 90°)$$

답 ③

문제 10 비자화율 $\chi_m = 2$, 자속밀도 $B = 20y\boldsymbol{a}_x$[Wb/m²]인 균일 물체가 있다. 자계의 세기 H는 약 몇 [AT/m]인가?

① $0.53 \times 10^7 y\boldsymbol{a}_x$　　② $0.13 \times 10^7 y\boldsymbol{a}_x$
③ $0.53 \times 10^7 x\boldsymbol{a}_y$　　④ $0.13 \times 10^7 x\boldsymbol{a}_y$

풀이
자화의 세기 $J = \chi H$, 자화율 $\chi = \mu_0 \chi_m$ 이므로
자속 밀도 $B = \mu_0 H + J = \mu_0 H + \chi H = (\mu_0 + \chi)H$
$$= (\mu_0 + \mu_0\chi_m)H = (1+\chi_m)\mu_0 H$$
따라서 자계의 세기
$$H = \frac{B}{(1+\chi_m)\mu_0} = \frac{20y\boldsymbol{a}_x}{(1+2) \times 4\pi \times 10^{-7}} = 0.53 \times 10^7 y\boldsymbol{a}_x$$

답 ①

문제 11 자위의 단위에 해당되는 것은?
① A
② J/C
③ N/Wb
④ Gauss

풀이
무한 원점에서 자계 중의 한 점 P까지 단위 점자극(+1 [Wb])을 운반할 때, 소요되는 일을 그 점에 대한 자위라고 한다.
$U_m = -\int_{\infty}^{P} \boldsymbol{H} \cdot dl$ 에서 [A/m]·[m] = [A]   **답** ①

문제 12 유전체의 초전효과(pyroelectric effect)에 대한 설명이 아닌 것은?
① 온도변화에 관계없이 일어난다.
② 자발 분극을 가진 유전체에서 생긴다.
③ 초전효과가 있는 유전체를 공기 중에 놓으면 중화된다.
④ 열에너지를 전기에너지로 변환시키는데 이용된다.

풀이
초전효과(pyroelectric effect)
① 압전 효과가 일어나는 결정체에 가열 또는 냉각하면 전기 분극이 일어나는 현상 (즉, **온도 변화에 의해 전기 분극이 발생하고 열에너지를 전기에너지로 변환**)
② 전기 분극의 방향은 가열과 냉각에 따라 서로 반대 방향으로 결정   **답** ①

문제 13 자기 인덕턴스 0.05[H]의 회로에 흐르는 전류가 매 초 500[A]의 비율로 증가할 때 자기 유도 기전력의 크기는 몇 [V] 인가?
① 2.5
② 25
③ 100
④ 1000

풀이
유도기전력 $e = -L\dfrac{di}{dt} = -0.05 \times \dfrac{500}{1} = -25[V]$
(전류와 반대 방향)   **답** ②

문제 14 진공 중 반지름이 a[m]인 원형 도체판 2매를 사용하여 극판거리 d[m]인 콘덴서를 만들었다. 만약 이 콘덴서의 극판거리를 2배로 하고 정전용량은 일정하게 하려면 이 도체판의 반지름 a는 얼마로 하면 되는가?
① $2a$
② $\dfrac{1}{2}a$
③ $\sqrt{2}\,a$
④ $\dfrac{1}{\sqrt{2}}a$

풀이
· 반지름 a, 양극판의 거리 d 일 때
  정전용량 $C_1 = \dfrac{\epsilon S}{d} = \dfrac{\epsilon \pi a^2}{d}$ (극판면적 $S = \pi a^2$)
· 양극판의 거리 $2d$일 때 정전용량 $C_2 = \dfrac{\epsilon \pi a'^2}{2d}$
· $C_1 = C_2$의 경우 $\dfrac{\epsilon \pi a^2}{d} = \dfrac{\epsilon \pi a'^2}{2d} \rightarrow a'^2 = 2a^2$
  $\therefore a' = \sqrt{2}\,a$ **답** ③

문제 15 두 개의 코일에서 각각의 자기인덕턴스가 $L_1 = 0.35$[H], $L_2 = 0.5$[H] 이고, 상호인덕턴스는 $M = 0.1$[H]이라고 하면 이때 코일의 결합계수는 약 얼마인가?
① 0.175
② 0.239
③ 0.392
④ 0.586

풀이
결합계수 $k = \dfrac{M}{\sqrt{L_1 L_2}} = \dfrac{0.1}{\sqrt{0.35 \times 0.5}} = 0.239$ **답** ②

문제 16 맥스웰 전자방정식에 대한 설명으로 틀린 것은?
① 폐곡면을 통해 나오는 전속은 폐곡면 내의 전하량과 같다.
② 폐곡면을 통해 나오는 자속은 폐곡면 내의 자극의 세기와 같다.
③ 폐곡선에 따른 전계의 선적분은 폐곡선 내를 통하는 자속의 시간 변화율과 같다.
④ 폐곡선에 따른 자계의 선적분은 폐곡선 내를 통하는 전류와 전속의 시간적 변화율을 더한 것과 같다.

풀이

맥스웰 전자 방정식(적분형)	전자 방정식의 물리적 의미
① $\oint_S D \cdot dS = Q$	폐곡면을 통해 나오는 전속은 폐곡면 내의 전하량과 같다.
② $\oint_S B \cdot dS = 0$	폐곡면을 통해 나오는 자속은 0이다. (고립 자하[단독 자극]는 존재하지 않기 때문)
③ $\oint_c E \cdot dl = -\int_S \frac{\partial B}{\partial t} \cdot dS$	폐곡선에 따른 전계의 선적분은 폐곡선 내 통하는 자속의 시간 변화율과 같다.
④ $\oint_c H \cdot dl = I_c + \int_S \frac{\partial D}{\partial t} \cdot dS$	폐곡선에 따른 자계의 선적분은 폐곡선 내 통하는 전류와 전속의 시간적 변화율을 더한 것과 같다.

답 ②

문제 17 원점 주위의 전류밀도가 $J = \frac{2}{r} a_r$[A/m^2]의 분포를 가질 때 반지름 5[cm]의 구면을 지나는 전 전류는 몇 [A] 인가?

① 0.1π ② 0.2π
③ 0.3π ④ 0.4π

풀이
$I = J \cdot S = \frac{2}{r} \times 4\pi r^2 = 8\pi r = 8\pi \times 0.05 = 0.4\pi$[A]   답 ④

문제 18 다음 조건 중 틀린 것은? (단, χ_m : 비자화율, μ_r : 비투자율이다.)
① $\mu_r \gg 1$이면 강자성체
② $\chi_m > 0$, $\mu_r < 1$이면 상자성체
③ $\chi_m < 0$, $\mu_r < 1$이면 반자성체
④ 물질은 χ_m 또는 μ_r의 값에 따라 반자성체, 상자성체, 강자성체 등으로 구분한다.

풀이

자성체의 종류	투자율	비투자율	비자화율
강자성체, 페리자성체	$\mu \gg \mu_0$	$\mu_r \gg 1$	$\chi_m \gg 1$
상자성체	$\mu > \mu_0$	$\mu_r > 1$	$\chi_m > 0$
반자성체, 반강자성체	$\mu < \mu_0$	$\mu_r < 1$	$\chi_m < 0$

답 ②

문제 19 권선수가 400회, 면적이 9π[cm^2]인 장방형 코일에 1[A]의 직류가 흐르고 있다. 코일의 장방형 면과 평행한 방향으로 자속밀도가 0.8[Wb/m^2]인 균일한 자계가 가해져 있다. 코일의 평행한 두 변의 중심을 연결하는 선을 축으로 할 때 이 코일에 작용하는 회전력은 약 몇 [N·m] 인가?

① 0.3 ② 0.5 ③ 0.7 ④ 0.9

풀이
회전력 $T = nBIl_1l_2\sin\theta$
$= 400 \times 0.8 \times 1 \times 9\pi \times 10^{-4} \times \sin 90°$
$= 0.9$[N·m]
여기서, n : 코일의 권수, B : 자속밀도[Wb/m^2],
I : 전류[A], l_1 : 코일의 길이[m],
l_2 : 코일의 폭[m],
θ : 코일면의 법선과 자계가 이루는 각   답 ④

문제 20 자기회로의 자기저항에 대한 설명으로 틀린 것은?
① 단위는 [AT/Wb] 이다.
② 자기회로의 길이에 반비례한다.
③ 자기회로의 단면적에 반비례한다.
④ 자성체의 비투자율에 반비례한다.

풀이
자기 저항 $R = \frac{l}{\mu_0 \mu_s S}$[AT/Wb]이므로 $R \propto l$ 이다.
즉, **자기 저항은 길이에 비례**한다.   답 ②

제2과목 전력공학

문제 21 차단기의 정격차단시간을 설명한 것으로 옳은 것은?
① 계기용변성기로부터 고장전류를 감지한 후 계전기가 동작할 때까지의 시간
② 차단기가 트립 지령을 받고 트립 장치가 동작하여 전류차단을 완료할 때까지의 시간
③ 차단기의 개극(발호)부터 이동행정 종료 시까지의 시간

④ 차단기 가동접촉자 시동부터 아크 소호가 완료될 때까지의 시간

풀이
차단기의 차단 시간
- 트립코일(Trip coil)의 여자부터 아크소호시간을 합한 것
  즉, 정격차단시간 = 개극시간 + 아크소호시간
- 차단기의 정격차단시간 : 3[Hz], 5[Hz], 8[Hz] **답** ②

문제 22 송전계통의 안정도를 증진시키는 방법은?
① 중간 조상설비를 설치한다.
② 조속기의 동작을 느리게 한다.
③ 계통의 연계는 하지 않도록 한다.
④ 발전기나 변압기의 직렬 리액턴스를 가능한 크게 한다.

풀이
안정도 향상 대책
① 계통의 직렬 리액턴스 감소(직렬콘덴서, 단락비 크게, 복도체 사용, 병행회선)
② **전압 변동률을 적게** 한다. (속응 여자 방식 채용, 계통의 연계, 중간 조상 방식 채택)
③ 계통에 주는 충격을 적게 한다. (적당한 중성점 접지 방식, 고속 차단 방식, 재폐로 방식 채택)
④ 고장 중의 발전기 돌입 출력의 불평형을 적게 한다. (조속기 동작을 빠르게 한다.) **답** ①

문제 23 보호 계전 방식의 구비 조건이 아닌 것은?
① 여자돌입전류에 동작할 것
② 고장 구간의 선택 차단을 신속 정확하게 할 수 있을 것
③ 과도 안정도를 유지하는 데 필요한 한도 내의 동작 시한을 가질 것
④ 적절한 후비 보호 능력이 있을 것

풀이
보호 계전 방식의 구비 조건
① 고장 회선 내지 고장 구간의 선택 차단을 신속 정확하게 할 수 있을 것
② 과도 안정도를 유지하는 데 필요한 한도 내의 동작 시한을 가질 것
③ 적절한 후비 보호 능력이 있을 것

④ 계통 구성이라든지 발전기 운전 대수의 변화에 따른 고장 전류의 변동에 대해서도 동작 시간의 조정 등으로 소정의 계전기 동작이 수행되어야 할 것
⑤ 전력 계통 운용의 입장에서도 보호 계전 방식 전체가 경제적이어야 할 것
⑥ **여자돌입 전류에 오동작 하지 말 것** **답** ①

문제 24 보일러 절탄기(economizer)의 용도는?
① 증기를 과열한다.
② 공기를 예열한다.
③ 석탄을 건조한다.
④ 보일러 급수를 예열한다.

풀이
- **절탄기 : 보일러 급수를 예열**
- 공기 예열기 : 연소용 공기를 예열
- 재열기 : 터빈에서 팽창한 증기를 다시 가열
- 과열기 : 포화증기를 가열 **답** ④

문제 25 가공지선을 설치하는 주된 목적은?
① 뇌해 방지
② 전선의 진동 방지
③ 철탑의 강도 보강
④ 코로나의 발생 방지

풀이
가공 지선의 설치 목적
① 직격 뇌에 대한 차폐 효과
② 유도 뇌에 대한 정전 차폐 효과
③ 통신선에 대한 전자 유도 장해 경감 효과 **답** ①

문제 26 변압기의 보호방식에서 차동계전기는 무엇에 의하여 동작하는가?
① 1, 2차 전류의 차로 동작한다.
② 전압과 전류의 배수 차로 동작한다.
③ 정상전류와 역상전류의 차로 동작한다.
④ 정상전류와 영상전류의 차로 동작한다.

풀이
차동 계전기는 보호 구간에 유입하는 전류와 유출하는 전류의 **차**를 검출해서 동작하는 계전기이다. **답** ①

문제 27 직류송전방식의 장점은?
① 역률이 항상 1이다.
② 회전자계를 얻을 수 있다.
③ 전력변환장치가 필요하다.
④ 전압의 승압, 강압이 용이하다.

풀이
직류 송전 방식의 장·단점
[장점]
① 선로의 리액턴스가 없으므로 안정도가 높다.
② 유전체손 및 충전 용량이 없고 절연 내력이 강하다.
③ 비동기 연계가 가능하다.
④ 단락 전류가 적고 임의 크기의 교류 계통을 연계시킬 수 있다.
⑤ 코로나손 및 전력 손실이 적다.
⑥ 표피 효과나 근접 효과가 없으므로 실효 저항의 증대가 없다.
⑦ **역률이 항상** 1로 되기 때문에 송전효율도 좋아진다.
[단점]
① 직교 변환 장치가 필요하다.
② 전압의 승압 및 강압이 불리하다.
③ 고조파나 고주파 억제 대책이 필요하다.
④ 직류 차단기가 개발되어 있지 않다. **답 ①**

문제 28 저압뱅킹 배전방식에서 저전압 측의 고장에 의하여 건전한 변압기의 일부 또는 전부가 차단되는 현상은?
① 아킹(Arcing)
② 플리커(Flicker)
③ 밸런서(Balancer)
④ 캐스케이딩(Cascading)

풀이
캐스케이딩 현상이란 Banking 배전방식으로 운전 중 건전한 변압기 일부가 고장이 발생하면 부하가 다른 건전한 변압기에 걸려서 **고장이 확대되는 현상**을 말한다. **답 ④**

문제 29 전선에서 전류의 밀도가 도선의 중심으로 들어갈수록 작아지는 현상은?
① 표피효과
② 근접효과
③ 접지효과
④ 페란티효과

풀이
표피효과(skin effect) : 도체의 중심으로 갈수록 전류의 밀도가 낮아지는(전류가 잘 흐르지 못하는) 현상
$$\delta = \sqrt{\frac{2}{\omega\sigma\mu}} = \sqrt{\frac{1}{\pi f \sigma \mu}}\,[m]$$
f(주파수), σ(도전율), μ(투자율) 가 클수록 δ가 작게 되어 표피효과가 심해진다. **답 ①**

문제 30 그림에서 X부분에 흐르는 전류는 어떤 전류인가?
① b상 전류
② 정상전류
③ 역상전류
④ 영상전류

풀이
접지선에 흐르는 전류는 영상 전류이다. **답 ④**

문제 31 주파수 60[Hz], 정전용량 $\frac{1}{6\pi}[\mu F]$의 콘덴서를 △결선해서 3상 전압 20000[V]를 가했을 때의 충전용량은 몇 [kVA] 인가?
① 12 ② 24 ③ 48 ④ 50

풀이
- 콘덴서 Y 결선시 충전용량 :
$$Q_Y = 3 \times 2\pi f C \left(\frac{V}{\sqrt{3}}\right)^2 = 2\pi f C V^2 \,[VA]$$
- 콘덴서 △결선시 충전용량 :
$$Q_\triangle = 3 \times 2\pi f C E^2 = 3 \times 2\pi f C V^2 \,[VA]$$

따라서, $Q_\triangle = 3 \times 2\pi \times 60 \times \frac{1}{6\pi} \times 10^{-6} \times 20000^2 \times 10^{-3}$
$= 24 [kVA]$ **답 ②**

문제 32 345[kV] 송전계통의 절연협조에서 충격절연내력의 크기순으로 나열한 것은?
① 선로애자 > 차단기 > 변압기 > 피뢰기
② 선로애자 > 변압기 > 차단기 > 피뢰기
③ 변압기 > 차단기 > 선로애자 > 피뢰기
④ 변압기 > 선로애자 > 차단기 > 피뢰기

풀이
- 절연 협조 : 계통 내의 각 기기, 기구 및 애자 등의 상호 간에 적정한 절연 강도를 지니게 함으로써 계통 설계를 합리적, 경제적으로 할 수 있게 한 것을 절연 협조라고 하며 피뢰기의 제한 전압이 기본이 된다. 따라서, 피뢰기의 절연레벨이 제일 낮다.
- **절연 레벨 : 선로애자 > 차단기, CT, PT, ⋯ > 변압기 > 피뢰기**

답 ①

문제 33 화력발전소의 기본 사이클이다. 그 순서로 옳은 것은?

① 급수펌프 → 과열기 → 터빈 → 보일러 → 복수기 → 급수펌프
② 급수펌프 → 보일러 → 과열기 → 터빈 → 복수기 → 급수펌프
③ 보일러 → 급수펌프 → 과열기 → 복수기 → 급수펌프 → 보일러
④ 보일러 → 과열기 → 복수기 → 터빈 → 급수펌프 → 축열기 → 과열기

풀이
실제 기력 발전소에 쓰이는 기본 사이클(Rankine cycle)은 다음과 같다.

답 ②

문제 34 증기의 엔탈피(Enthalpy)란?

① 증기 1[kg]의 잠열
② 증기 1[kg]의 기화 열량
③ 증기 1[kg]의 보유 열량
④ 증기 1[kg]의 증발열을 그 온도로 나눈 것

풀이
증기의 엔탈피 : 증기 1[kg]의 내부에 축적되어진 내부에너지와 증기의 유동에 의한 기계적 일에 상당하는 열량의 합. 즉 **증기 1[kg]의 보유열량**

답 ③

문제 35 최대 수용전력의 합계와 합성 최대 수용전력의 비를 나타내는 계수는?

① 부하율   ② 수용률
③ 부등률   ④ 보상률

풀이
부등률 = $\dfrac{\text{수용설비 개개의 최대수용전력의 합계}}{\text{합성 최대 수용 전력}} \geq 1$

답 ③

문제 36 연가를 하는 주된 목적은?

① 미관상 필요   ② 전압강하 방지
③ 선로정수의 평형   ④ 전선로의 비틀림 방지

풀이
연가는 선로 정수를 평형시키고 통신선의 유도 장해를 방지하기 위하여 선로를 3배수 등분하여 실시한다.
① 직렬 공진 방지
② 유도 장해 감소
③ **선로 정수 평형**

답 ③

문제 37 지름 5[mm]의 경동선을 간격 1[m]로 정삼각형 배치를 한 가공전선 1선의 작용 인덕턴스는 약 몇 [mH/km]인가? (단, 송전선은 평형 3상 회로)

① 1.13   ② 1.25
③ 1.42   ④ 1.55

풀이
- 등가선간거리 $D = \sqrt[3]{1 \times 1 \times 1} = 1[m]$
- 반지름 $r = \dfrac{5 \times 10^{-3}}{2} = 2.5 \times 10^{-3}[m]$

∴ 인덕턴스 $L = 0.05 + 0.4605 \log \dfrac{D}{r}$

$= 0.05 + 0.4605 \log \dfrac{1}{2.5 \times 10^{-3}}$

$= 1.25[mH/km]$

답 ②

문제 38 지상 역률 80[%], 10000[kVA]의 부하를 가진 변전소에 6000[kVA]의 콘덴서를 설치하여 역률을 개선하면 변압기에 걸리는 부하[kVA]는 콘덴서 설치 전의 몇 [%]로 되는가?

① 60   ② 75   ③ 80   ④ 85

풀이
- 부하의 유효전력 $P = P_a \cos\theta = 10000 \times 0.8 = 8000[\text{kW}]$
- 부하의 무효전력
  $Q_L = P_a \sin\theta = 10000 \times \sqrt{1-0.8^2} = 6000[\text{kVar}]$
- 콘덴서 용량 $Q_C = 6000[\text{kVA}]$
- 역률 개선 후 피상전력
  $P_a' = \sqrt{P^2 + (Q_L - Q_C)^2}$
  $= \sqrt{8000^2 + (6000-6000)^2} = 8000[\text{kVA}]$
- 역률 개선 전·후 변압기에 걸리는 부하
  $= \dfrac{8000}{10000} \times 100 = 80[\%]$

답 ③

문제 39 송전선로의 후비 보호 계전 방식의 설명으로 틀린 것은?

① 주보호 계전기가 그 어떤 이유로 정지해 있는 구간의 사고를 보호한다.
② 주보호 계전기에 결함이 있어 정상 동작을 할 수 없는 상태에 있는 구간 사고를 보호한다.
③ 차단기 사고 등 주 보호 계전기로 보호할 수 없는 장소의 사고를 보호한다.
④ 후비 보호 계전기의 정정값은 주 보호 계전기와 동일하다.

풀이
전력 계통에 발생한 사고를 제거하기 위한 보호 계전 방식은 주보호 계전 방식과 후비 보호 계전 방식으로 나눌 수 있다. 주보호는 신속하게 고장 구간을 최소 범위로 한정해서 제거한다는 것을 책무로 하며, **후비 보호**는 주보호가 실패했을 경우 또는 보호할 수 없을 경우에 **일정한 시간을 두고 동작하는 백업 계전 방식**으로 보호구간은 다음과 같다.
① 주보호 계전기가 그 어떤 이유로 정지해 있는 구간의 사고
② 주보호 계전기에 결함이 있어 정상 동작을 할 수 없는 상태에 있는 구간의 사고
③ 차단기 사고 등 주보호 계전기로 보호할 수 없는 장소의 사고

답 ④

문제 40 3상 3선식 3각형 배치의 송전선로에 있어서 각 선의 대지정전용량이 $0.5038[\mu\text{F}]$이고, 선간정전용량이 $0.1237[\mu\text{F}]$일 때 1선의 작용정전용량은 약 몇 $[\mu\text{F}]$인가?

① 0.6275
② 0.8749
③ 0.9164
④ 0.9755

풀이
$C_w = C_s + 3C_m = 0.5038 + 3 \times 0.1237 = 0.8749[\mu\text{F/km}]$
여기서, C_w : 작용정전용량
C_s : 대지정전용량,
C_m : 선간정전용량

답 ②

제3과목 전기기기

문제 41 단상변압기 3대를 이용하여 △−△결선하는 경우에 대한 설명으로 틀린 것은?

① 중성점을 접지할 수 없다.
② Y−Y결선에 비해 상전압이 선간전압의 $\dfrac{1}{\sqrt{3}}$ 배이므로 절연이 용이하다.
③ 3대 중 1대에서 고장이 발생하여도 나머지 2대로 V결선하여 운전을 계속할 수 있다.
④ 결선 내에 순환 전류가 흐르나 외부에는 나타나지 않으므로 통신 장애에 대한 염려가 없다.

풀이
△−△**결선**에서는 선간전압과 상전압은 크기가 같고 동상이 된다. $V_l = V_p \angle 0°$
따라서, △−△결선의 변압기 권선 절연은 선간전압을 기준으로 하여야 하므로 **절연은 Y−Y결선에 비해 불리하다.**

답 ②

문제 42 누설 변압기에 필요한 특성은 무엇인가?
① 수하특성
② 정전압특성
③ 고저항특성
④ 고임피던스특성

풀이
누설 변압기는 2차 전류가 증가하려 하면 1차 및 2차 누설 자속이 증가하여 2차 유기 기전력이 감소하고 전압강하가 증대되어 2차 전류는 감소하게 된다. 즉, I_2가 증가하면 E_2가 감소하는 **수하특성**을 갖게 되어 I_2를 일정하게 유지시키게 된다.

답 ①

문제 43 권선형 유도전동기의 저항제어법의 장점은?

① 부하에 대한 속도변동이 크다.
② 역률이 좋고, 운전효율이 양호하다.
③ 구조가 간단하며, 제어조작이 용이하다.
④ 전부하로 장시간 운전하여도 온도 상승이 적다.

풀이

2차 저항제어는 권선형 유도전동기에서만 사용할 수 있는 방법으로 2차회로의 저항의 변화에 의한 토오크 속도특성의 비례추이를 응용한 것으로 다음과 같은 특징이 있다.
① 전류가 큰 2차 회로에 저항을 삽입하여 제어하므로 2차 저항원이 현저하게 커져서 효율이 낮게 되는 결점이 있다.
② **구조가 간단하고 조작이 용이**하며, 동기속도 이하의 속도제어를 원활하고 광범위하게 행할 수 있다.
③ 속도제어의 한도는 농기속도의 40[%]정도 이다.

답 ③

문제 44 권선형 유도전동기에서 비례추이를 할 수 없는 것은?

① 토크 ② 출력
③ 1차 전류 ④ 2차 전류

풀이
- 비례추이가 되는 항목 : 토크, 역률, 2차 전류, 1차 전류
- 비례추이가 되지 않는 항목 : **기계적 출력**, 2차 동손, 효율, 저항, 동기속도

답 ②

문제 45 동기발전기의 단락시험, 무부하시험에서 구할 수 없는 것은?

① 철손
② 단락비
③ 동기리액턴스
④ 전기자 반작용

풀이

측정항목	시험의 종류
철 손	무부하 시험
기계손	무부하 시험
동기임피던스	단락 시험
동기리액턴스	단락 시험
단락비	무부하(포화) 시험, 단락 시험

답 ④

문제 46 직류발전기에서 기하학적 중성축과 각도 θ만큼 브러시의 위치가 이동되었을 때 감자기자력 [AT/극]은? (단, $K = \dfrac{I_a Z}{2pa}$)

① $K\dfrac{\theta}{\pi}$ ② $K\dfrac{2\theta}{\pi}$
③ $K\dfrac{3\theta}{\pi}$ ④ $K\dfrac{4\theta}{\pi}$

풀이
중성축과 각도 θ만큼 브러시의 위치가 이동되었을 경우 감자기자력은
$$AT_d = \dfrac{Z}{2p} \cdot \dfrac{4\theta}{2\pi} \cdot \dfrac{I_a}{a} = \dfrac{I_a Z}{2pa} \times \dfrac{2\theta}{\pi} = K\dfrac{2\theta}{\pi} \,[\text{AT/극}]$$

답 ②

문제 47 다음은 직류 발전기의 정류곡선이다. 이 중에서 정류 말기에 정류의 상태가 좋지 않은 것은?

① ⓐ
② ⓑ
③ ⓒ
④ ⓓ

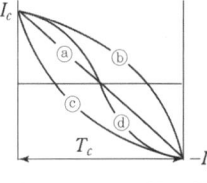

풀이
ⓐ : 직선 정류 (불꽃 없는 정류)
ⓑ : 부족 정류 (정류말기에 $\dfrac{dI}{dt}$가 크므로 정류 말기에 불꽃이 발생)
ⓒ : 과정류 (정류초기에 $\dfrac{dI}{dt}$가 크므로 정류 초기에 불꽃이 발생)
ⓓ : 정현파 정류 (불꽃 없는 정류)

답 ②

문제 48 자극수 4, 전기자 도체수 50, 전기자저항 0.1[Ω]의 중권 타여자전동기가 있다. 정격전압 105[V], 정격전류 50[A]로 운전하던 것을 전압 106[V] 및 계자회로를 일정히 하고 무부하로 운전했을 때 전기자전류가 10[A]이라면 속도변동률[%]은?
(단, 매극의 자속은 0.05[Wb]라 한다.)

① 3 ② 5 ③ 6 ④ 8

풀이

- 부하시 역기전력 $E_c = V - I_a R_a = 105 - 50 \times 0.1 = 100[V]$
- 역 기전력 $E_c = \frac{pZ}{a}\Phi\frac{N}{60}[V]$에서

  회전속도 $N = \frac{aE_c \times 60}{pZ\Phi} = \frac{4 \times 100 \times 60}{4 \times 50 \times 0.05} = 2400[rpm]$

  (중권에서 $a = p$)

- 무부하 시 역기전력
  $E_c' = V' - I_a' R_a = 106 - 10 \times 0.1 = 105[V]$

- 회전속도 $N' = \frac{aE' \times 60}{pZ\Phi} = \frac{4 \times 105 \times 60}{4 \times 50 \times 0.05} = 2520[rpm]$

- 속도 변동률 $= \frac{N' - N}{N} \times 100[\%]$

  $= \frac{2520 - 2400}{2400} \times 100 = 5[\%]$

답 ②

문제 49 동기 주파수변환기의 주파수 f_1 및 f_2 계통에 접속되는 양극을 P_1, P_2라 하면 다음 어떤 관계가 성립되는가?

① $\frac{f_1}{f_2} = P_2$ ② $\frac{f_1}{f_2} = \frac{P_2}{P_1}$

③ $\frac{f_1}{f_2} = \frac{P_1}{P_2}$ ④ $\frac{f_2}{f_1} = P_1 \cdot P_2$

풀이

동기 주파수 변환기

주파수가 다른 2개의 송전 계통을 연결하여 전력을 주고받고자 하는 경우 또는 전원 주파수와 다른 주파수를 필요로 하는 경우 사용되며 동기 전동기와 동기 발전기를 직결하여 주파수를 변환하는 장치이다.
따라서, 전동기와 발전기의 회전속도 N_s가 같아야 하므로

$N_s = \frac{120 f_1}{P_1} = \frac{120 f_2}{P_2}$의 관계가 있다.

따라서, $\frac{f_1}{P_1} = \frac{f_2}{P_2}$에서 $\frac{f_1}{f_2} = \frac{P_1}{P_2}$

답 ③

문제 50 직류 직권전동기의 속도제어에 사용되는 기기는?

① 초퍼 ② 인버터
③ 듀얼 컨버터 ④ 사이클로 컨버터

풀이

- AC → DC 컨버터(위상제어정류기) : 직류 전동기의 속도 제어
- DC → AC 인버터 : 교류 전동기의 속도 제어
- DC-DC **직류초퍼회로** : 직류 전동기의 속도 제어
- AC-AC 사이클로컨버터 : 가변 주파수, 가변 출력 전압 발생

답 ①

문제 51 6극 유도전동기의 고정자 슬롯(slot)홈 수가 36이라면 인접한 슬롯 사이의 전기각은?

① 30° ② 60° ③ 120° ④ 180°

풀이

전기각(α) $= \frac{180°}{슬롯수/극수} = \frac{180°}{36/6} = 30°$

답 ①

문제 52 단락비가 큰 동기발전기에 대한 설명 중 틀린 것은?

① 효율이 나쁘다.
② 계자전류가 크다.
③ 전압변동률이 크다.
④ 안정도와 선로 충전용량이 크다.

풀이

단락비가 큰 기계(철기계)

- 동기 임피던스가 적다 ($K_s \propto \frac{1}{Z_s}$)

- 전압변동률이 작다.
- 전기자 반작용이 작다.
- 출력이 크다.
- 과부하 내량이 크고 안정도가 높다.
- 자기 여자 현상이 작다.
- 송전선로의 충전용량이 크다.
- 철손, 기계손 등의 고정손이 커서 효율이 나쁘다.
- 극수가 많은 저속기에 적합하다.
- 부피가 커지며 가격이 비싸다.

답 ③

문제 53 직류전압의 맥동률이 가장 작은 정류회로는? (단, 저항부하를 사용한 경우이다.)
① 단상전파 ② 단상반파
③ 3상반파   ④ 3상전파

풀이

- 맥동률 $= \sqrt{\dfrac{실효값^2 - 평균값^2}{평균값^2}} \times 100 = \dfrac{교류분}{직류분} \times 100 [\%]$

정류 종류	단상 반파	단상 전파	3상 반파	3상 전파
맥동률 [%]	121	48	17.7	4.04

답 ④

문제 54 직류 분권발전기가 운전 중 단락이 발생하면 나타나는 현상으로 옳은 것은?
① 과전압이 발생한다.
② 계자저항선이 확립된다.
③ 큰 단락전류로 소손된다.
④ 작은 단락전류가 흐른다.

풀이

운전 중 서서히 단락 ⇒ 처음에는 큰 전류가 흐르나 종래에는 소전류가 흐른다.

- 초기의 큰 단락 전류에 의한 전압 강하($I_a R_a + e_a + e_b$) 때문에 단자 전압 V 감소 ($V = E - I_a R_a - e_a - e_b$)
- 단자 전압 V가 감소하였으므로 $I_f = \dfrac{V}{R_f}$에서 계자 전류 I_f 및 자속 ϕ 감소
- 자속 ϕ가 감소하였기 때문에 $E = P\phi n \dfrac{Z}{a}$에서 유기기전력 E 감소
- 유기기전력 E가 감소하므로 단자전압 $V = E - I_a R_a - e_a - e_b$가 더 감소하게 되고 종래에는 소전류가 흐르게 된다.

답 ④

문제 55 직류전동기의 속도제어 방법에서 광범위한 속도제어가 가능하며, 운전효율이 가장 좋은 방법은?
① 계자제어   ② 전압제어
③ 직렬 저항제어 ④ 병렬 저항제어

풀이

직류 전동기의 속도 제어법 비교

구 분	제어 특성	특 징
계자 제어법	• 정출력 제어	• 속도 제어 범위가 좁다.
전압 제어법	• 정토크 제어 ㅡ 워드 레오나드 방식 ㅡ 일그너 방식	• **제어 범위가 넓다.** • **손실이 매우 적다.** • 정역 운전이 가능 • 압연기나 권상기 등의 속도제어에 사용 • 설비비가 많이 든다.
직렬 저항법		• 효율이 나쁘다.

답 ②

문제 56 동기발전기의 권선을 분포권으로 하면?
① 난조를 방지한다.
② 파형이 좋아진다.
③ 권선의 리액턴스가 커진다.
④ 집중권에 비하여 합성 유도 기전력이 높아진다.

풀이

분포권의 장·단점
[장점]
① 기전력의 **고조파가 감소하여 파형이 좋아진다.**
② 권선의 누설 리액턴스가 감소한다.
③ 전기자 권선에 의한 열을 고르게 분포시켜 과열을 방지한다.
[단점]
① 분포권은 집중권에 비하여 합성 유기 기전력이 감소한다.

답 ②

문제 57 어떤 변압기의 부하 역률이 60[%]일 때 전압변동률이 최대라고 한다. 지금 이 변압기의 부하 역률이 100[%]일 때 전압변동률을 측정했더니 3[%]였다. 이 변압기의 부하 역률이 80[%]일 때 전압변동률은 몇 [%]인가?
① 2.4   ② 3.6
③ 4.8   ④ 5.0

2019년도 2회

풀이

전압변동률 $\epsilon = p\cos\theta + q\sin\theta$이다.
(여기서, p : %저항강하, q : %리액턴스강하)

- 부하 역률 100[%]일 때
  $\epsilon_{100} = p\cos\theta + q\sin\theta = p\times 1 + q\times 0 = p = 3[\%]$
- 최대 전압 변동률 ϵ_{max}을 부하 역률 $\cos\theta_m$일 때라고 하면,
  $\cos\theta_m = \dfrac{p}{\sqrt{p^2+q^2}} = \dfrac{3}{\sqrt{3^2+q^2}} = 0.6 \quad q=4[\%]$
- 따라서, 부하 역률이 80[%]일 때의 전압변동률은
  $\epsilon_{80} = p\cos\theta + q\sin\theta = 3\times 0.8 + 4\times 0.6 = 4.8[\%]$ 답 ③

문제 58 그림은 복권발전기의 외부특성곡선이다. 이 중 과복권을 나타내는 곡선은?

① A
② B
③ C
④ D

풀이

A : 과복권,   B : 평복권,
C : 부족복권,   D : 차동복권   답 ①

문제 59 200[V]의 배전선 전압을 220[V]로 승압하여 30[kVA]의 부하에 전력을 공급하는 단권변압기가 있다. 이 단권변압기의 자기 용량은 약 몇 [kVA]인가?

① 2.73
② 3.55
③ 4.26
④ 5.25

풀이

$\dfrac{\text{자기 용량}}{\text{부하 용량}} = \dfrac{V_h - V_l}{V_h}$에서

$\therefore$ 자기 용량 $= \dfrac{V_h - V_l}{V_h}\times$부하 용량

$= \dfrac{220-200}{220}\times 30 = 2.73[kVA]$ 답 ①

문제 60 유도전동기에서 공간적으로 본 고정자에 의한 회전자계와 회전자에 의한 회전자계는?

① 항상 동상으로 회전한다.
② 슬립만큼의 위상각을 가지고 회전한다.
③ 역률각만큼의 위상각을 가지고 회전한다.
④ 항상 180°만큼의 위상각을 가지고 회전한다.

풀이

회전자가 $N=(1-s)N_s[\text{rpm}]$으로 회전하고 있을 때 이 회전자의 전류에 의하여 형성되는 회전자 전류의 주파수가 $sf[\text{Hz}]$이므로 회전자에 대해서 $sN_s[\text{rpm}]$의 속도로 회전자와 같은 방향으로 회전하고 있다. 한편 회전자 자신은 $(1-s)N_s[\text{rpm}]$의 속도로 돌고 있으므로 회전자가 만드는 회전자계는 고정자에 대하여 $(1-s)N_s + sN_s = N_s[\text{rpm}]$ 그러므로 **회전자가 만드는 회전자계는 고정자가 만드는 회전자계의 방향으로 동기속도, 즉 항상 동상**으로 회전한다.
답 ①

제4과목 회로이론

문제 61 $f(t) = e^{-t} + 3t^2 + 3\cos 2t + 5$의 라플라스 변환식은?

① $\dfrac{1}{s+1} + \dfrac{6}{s^2} + \dfrac{3s}{s^2+5} + \dfrac{5}{s}$

② $\dfrac{1}{s+1} + \dfrac{6}{s^3} + \dfrac{3s}{s^2+4} + \dfrac{5}{s}$

③ $\dfrac{1}{s+1} + \dfrac{5}{s^2} + \dfrac{3s}{s^2+5} + \dfrac{4}{s}$

④ $\dfrac{1}{s+1} + \dfrac{5}{s^3} + \dfrac{2s}{s^2+4} + \dfrac{4}{s}$

풀이

$F(s) = \mathcal{L}[f(t)] = \mathcal{L}[e^{-t} + 3t^2 + 3\cos 2t + 5]$
$= \mathcal{L}[e^{-t}] + \mathcal{L}[3t^2] + \mathcal{L}[3\cos 2t] + \mathcal{L}[5]$

$\mathcal{L}[e^{-t}] = \dfrac{1}{s+1}$ \quad $\mathcal{L}[3t^2] = \dfrac{3\times 2!}{s^{2+1}} = \dfrac{6}{s^3}$

$\mathcal{L}[3\cos 2t] = \dfrac{3s}{s^2+2^2} = \dfrac{3s}{s^2+4}$ \quad $\mathcal{L}[5] = \dfrac{5}{s}$

$\therefore F(s) = \dfrac{1}{s+1} + \dfrac{6}{s^3} + \dfrac{3s}{s^2+4} + \dfrac{5}{s}$ 답 ②

문제 62 구형파의 파형률(㉠)과 파고율(㉡)은?

① ㉠ 1, ㉡ 0
② ㉠ 1.11, ㉡ 1.414
③ ㉠ 1, ㉡ 1
④ ㉠ 1.57, ㉡ 2

풀이

	구형파	3각파	정현파	정류파(전파)	정류파(반파)
파형률	1.0	1.15	1.11	1.11	1.57
파고율	1.0	1.732	1.414	1.414	2.0

답 ③

문제 63 기본파의 60[%]인 제3고조파와 80[%]인 제5고조파를 포함하는 전압의 왜형률은?

① 0.3 ② 1 ③ 5 ④ 10

풀이

왜형률 = $\dfrac{\text{각 고조파의 실효값의 합}}{\text{기본파의 실효값}}$

$= \dfrac{\sqrt{V_3^2 + V_5^2}}{V_1} = \sqrt{\left(\dfrac{V_3}{V_1}\right)^2 + \left(\dfrac{V_5}{V_1}\right)^2}$

$= \sqrt{0.6^2 + 0.8^2} = 1$

답 ②

문제 64 RLC 직렬회로에서 $R=100[\Omega]$, $L=5[mH]$, $C=2[\mu F]$일 때 이 회로는?

① 과제동이다. ② 무제동이다.
③ 임계제동이다. ④ 부족제동이다.

풀이

진동 여부의 판별식

- $R^2 = 4\dfrac{L}{C}$: 임계진동
- $R^2 - 4\dfrac{L}{C} > 0$: 비진동
- $R^2 - 4\dfrac{L}{C} < 0$: 진동

$R^2 = 100^2 = 10^4$, $4\dfrac{L}{C} = 4 \times \dfrac{5 \times 10^{-3}}{2 \times 10^{-6}} = 10^4$

∴ $R^2 = 4\dfrac{L}{C}$ 이므로 임계제동이다.

답 ③

문제 65 그림과 같은 회로의 전압 전달함수 $G(s)$는?

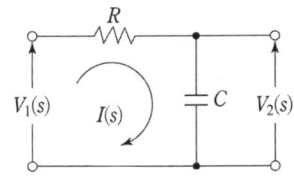

① $\dfrac{RC}{s + \dfrac{1}{RC}}$ ② $\dfrac{RC}{s + RC}$

③ $\dfrac{RC}{RCs + 1}$ ④ $\dfrac{1}{RCs + 1}$

풀이

$\begin{cases} v_1(t) = Ri(t) + \dfrac{1}{C}\int i(t)dt \\ v_2(t) = \dfrac{1}{C}\int i(t)dt \end{cases}$, $\begin{cases} V_1(s) = \left(R + \dfrac{1}{Cs}\right)I(s) \\ V_2(s) = \dfrac{1}{Cs}I(s) \end{cases}$

∴ 전달함수 $G(s) = \dfrac{V_2(s)}{V_1(s)} = \dfrac{\dfrac{1}{Cs}}{R + \dfrac{1}{Cs}} = \dfrac{1}{RCs+1}$

답 ④

문제 66 RL 직렬회로에서 시정수의 값이 클수록 과도현상은 어떻게 되는가?

① 없어진다. ② 짧아진다.
③ 길어진다. ④ 변화가 없다.

풀이

시정수가 크면 클수록 과도기가 오래 지속되고, 적으면 적을수록 지속시간이 짧아진다.

답 ③

문제 67 평형 3상 부하에 전력을 공급할 때 선전류가 20[A]이고 부하의 소비전력이 4[kW]이다. 이 부하의 등가 Y회로에 대한 각 상의 저항은 약 몇 [Ω]인가?

① 3.3 ② 5.7 ③ 7.2 ④ 10

풀이

Y결선에서 선전류와 상전류는 같고
또, 유효전력 $P = 3I^2R[W]$ 이므로

$R = \dfrac{P}{3I^2} = \dfrac{4 \times 10^3}{3 \times 20^2} = 3.33[\Omega]$

답 ①

문제 68 그림과 같은 회로의 영상 임피던스 Z_{01}, $Z_{02}[\Omega]$는 각각 얼마인가?

① 9, 5 ② 6, $\dfrac{10}{3}$

③ 4, 5 ④ 4, $\dfrac{20}{9}$

풀이

$$\begin{bmatrix} A & B \\ C & D \end{bmatrix} = \begin{bmatrix} 1 & 4 \\ 0 & 1 \end{bmatrix} \begin{bmatrix} 1 & 0 \\ \frac{1}{5} & 1 \end{bmatrix} = \begin{bmatrix} 1+\frac{4}{5} & 4 \\ \frac{1}{5} & 1 \end{bmatrix}$$

$A = 1 + \frac{4}{5} = \frac{9}{5}$, $B = 4$, $C = \frac{1}{5}$, $D = 1$ 이므로

$Z_{01} = \sqrt{\frac{AB}{CD}} = \sqrt{\frac{\frac{9}{5} \times 4}{\frac{1}{5} \times 1}} = 6[\Omega]$,

$Z_{02} = \sqrt{\frac{BD}{AC}} = \sqrt{\frac{4 \times 1}{\frac{9}{5} \times \frac{1}{5}}} = \frac{10}{3}[\Omega]$ **답** ②

문제 69 $e_1 = 6\sqrt{2}\sin\omega t[\text{V}]$, $e_2 = 4\sqrt{2}\sin(\omega t - 60°)[\text{V}]$일 때, $e_1 - e_2$의 실효값[V]은?

① 4 ② $2\sqrt{2}$
③ $2\sqrt{7}$ ④ $2\sqrt{13}$

풀이

$e_1 = 6\underline{/0°} = 6[\text{V}]$
$e_2 = 4\underline{/-60°} = 4(\cos 60° - j\sin 60°)$
$\therefore e_1 - e_2 = 6 - 4(\cos 60° - j\sin 60°)$
$= 6 - 4 \times \frac{1}{2} + j2\sqrt{3}$
$= 4 + j2\sqrt{3} = \sqrt{4^2 + (2\sqrt{3})^2} = 2\sqrt{7}[\text{V}]$ **답** ③

문제 70 3상 평형회로에서 선간전압이 200[V]이고 각 상의 임피던스가 $24 + j7[\Omega]$인 Y결선 3상 부하의 유효전력은 약 몇 [W]인가?

① 192 ② 512
③ 1536 ④ 4608

풀이

Y결선시 상전압(V_p)은 선간전압(V_l)의 $\frac{1}{\sqrt{3}}$배 이므로

상전류 $I_p = \frac{V_p}{Z_p} = \frac{\frac{V_l}{\sqrt{3}}}{Z_p} = \frac{\frac{200}{\sqrt{3}}}{\sqrt{24^2 + 7^2}} = \frac{200}{25\sqrt{3}}[\text{A}]$

$\therefore P = 3I_p^2 R = 3 \times \left(\frac{200}{25\sqrt{3}}\right)^2 \times 24 = 1536[\text{W}]$ **답** ③

문제 71 대칭 6상 전원이 있다. 환상결선으로 각 전원이 150[A]의 전류를 흘린다고 하면 선전류는 몇 [A]인가?

① 50 ② 75 ③ $\frac{150}{\sqrt{3}}$ ④ 150

풀이

$I_l = 2I_p \sin\frac{\pi}{n} = 2 \times 150 \times \sin\frac{\pi}{6} = 150[\text{A}]$ **답** ④

문제 72 $f(t) = e^{at}$의 라플라스 변환은?

① $\frac{1}{s-a}$ ② $\frac{1}{s+a}$
③ $\frac{1}{s^2-a^2}$ ④ $\frac{1}{s^2+a^2}$

풀이

라플라스 변환 표

$f(t)$	$F(s)$
$e^{\mp at}$	$\frac{1}{s \pm a}$
$t e^{\mp at}$	$\frac{1}{(s \pm a)^2}$
$t^n e^{-at}$	$\frac{n!}{(s+a)^{n+1}}$

답 ①

문제 73 $i = 20\sqrt{2}\sin(377t - \frac{\pi}{6})$의 주파수는 약 몇 [Hz]인가?

① 50 ② 60 ③ 70 ④ 80

풀이

순시전류 $i = \sqrt{2}I\sin(\omega t - \theta) = 20\sqrt{2}\sin(377t - \frac{\pi}{6})[\text{A}]$
이므로 $\omega t = 377t$ 이다.
$\omega = 2\pi f = 377$ $\therefore f = \frac{377}{2\pi} = 60[\text{Hz}]$ **답** ②

문제 74 1상의 직렬 임피던스가 $R = 6[\Omega]$, $X_L = 8[\Omega]$인 △결선의 평형부하가 있다. 여기에 선간전압 100[V]인 대칭 3상 교류전압을 가하면 선전류는 몇 [A]인가?

① $3\sqrt{3}$ ② $\dfrac{10\sqrt{3}}{3}$

③ 10 ④ $10\sqrt{3}$

풀이

△결선시 선간 전압 E_l = 상전압 E_p

∴ 상전류 $I_p = \dfrac{E_p}{Z} = \dfrac{E_l}{Z} = \dfrac{E_l}{\sqrt{R^2+X^2}} = \dfrac{100}{\sqrt{6^2+8^2}} = 10[A]$

△결선시 선전류 $I_l = \sqrt{3}\,I_p$ 이므로

$I_l = \sqrt{3} \times 10 = 10\sqrt{3}[A]$ **답 ④**

문제 75 그림의 회로에서 전류 I는 약 몇 [A]인가? (단, 저항의 단위는 [Ω]이다.)

① 1.125
② 1.29
③ 6
④ 7

풀이

밀만의 정리에 의해

$V_{ab} = \dfrac{\dfrac{E_1}{R_1}+\dfrac{E_2}{R_2}+\dfrac{E_3}{R_3}}{\dfrac{1}{R_1}+\dfrac{1}{R_2}+\dfrac{1}{R_3}+\dfrac{1}{R_4}}[V]$ 에서

$V_{ab} = \dfrac{\dfrac{2}{1}+\dfrac{4}{2}+\dfrac{6}{3}}{\dfrac{1}{1}+\dfrac{1}{2}+\dfrac{1}{3}+\dfrac{1}{2}} = 2.57[V]$

∴ $I = \dfrac{2.57}{2} = 1.29[V]$ **답 ②**

문제 76 $Z(s) = \dfrac{2s+3}{s}$ 로 표시되는 2단자 회로망은?

① 2[Ω] — 1/3[F]
② 2[H] — 3[Ω]
③ 2[Ω] — 3[H]
④ 3[F] — 2[Ω]

풀이

$Z(s) = \dfrac{2s+3}{s} = 2+\dfrac{3}{s} = 2+\dfrac{1}{\dfrac{1}{3}s}$ 이므로

저항 2[Ω]과 정전용량 $\dfrac{1}{3}$[F]의 직렬회로가 된다. **답 ①**

문제 77 a-b 단자의 전압이 $50\angle 0°$[V], a-b단자에서 본 능동 회로망(N)의 임피던스가 $Z = 6+j8$[Ω]일 때, a-b 단자에 임피던스 $Z' = 2-j2$[Ω]를 접속하면 이 임피던스에 흐르는 전류[A]는?

① $3-j4$
② $3+j4$
③ $4-j3$
④ $4+j3$

풀이

테브난 등가 회로는 다음과 같다.

$I = \dfrac{V}{Z+Z'} = \dfrac{50}{6+j8+2-j2}$

$= \dfrac{50}{8+j6} = \dfrac{50(8-j6)}{(8+j6)(8-j6)} = 4-j3[A]$ **답 ③**

문제 78 $F(s) = \dfrac{2}{(s+1)(s+3)}$ 의 역라플라스 변환은?

① $e^{-t} - e^{-3t}$ ② $e^{-t} - e^{3t}$
③ $e^t - e^{3t}$ ④ $e^t - e^{-3t}$

풀이

$F(s) = \dfrac{2}{(s+1)(s+3)} = \dfrac{A}{s+1} + \dfrac{B}{s+3}$

$A = \dfrac{2}{s+3}\bigg|_{s=-1} = \dfrac{2}{2} = 1$

$B = \dfrac{2}{s+1}\bigg|_{s=-3} = \dfrac{2}{-2} = -1$ 이므로

$F(s) = \dfrac{1}{s+1} - \dfrac{1}{s+3}$

$\mathcal{L}^{-1}(F(s)) = e^{-t} - e^{-3t}$ **답 ①**

문제 79 그림과 같은 평형 3상 Y결선에서 각 상이 8[Ω]의 저항과 6[Ω]의 리액턴스가 직렬로 연결된 부하에 선간전압 $100\sqrt{3}$[V]가 공급되었다. 이때 선전류는 몇 [A]인가?

① 5
② 10
③ 15
④ 20

풀이
- 상전류 $I_p = \dfrac{E_p}{Z} = \dfrac{\frac{100\sqrt{3}}{\sqrt{3}}}{\sqrt{8+j6}} = 10$[A]
- Y결선에서 상전류=선전류 이므로 $I_l = I_p = 10$[A]

답 ②

문제 80 인덕턴스가 각각 5[H], 3[H]인 두 코일을 모두 dot 방향으로 전류가 흐르게 직렬로 연결하고 인덕턴스를 측정하였더니 15[H] 이었다. 두 코일간의 상호 인덕턴스[H]는?

① 3.5   ② 4.5   ③ 7   ④ 9

풀이
두 코일 모두 dot 방향으로 전류가 흐르므로 합성인덕턴스
$L = L_1 + L_2 + 2M$ 이다.
따라서 상호인덕턴스
$M = \dfrac{L - L_1 - L_2}{2} = \dfrac{15 - 5 - 3}{2} = 3.5$[H]

답 ①

제5과목 전기설비기술기준

문제 81 23[kV] 특고압 가공전선로의 전로와 저압전로를 결합한 주상변압기의 2차측 접지선의 굵기는 공칭단면적이 몇 [mm²] 이상의 연동선인가? (단, 특고압 가공전선로는 중성선 다중접지식의 것을 제외한다.)

① 2.5   ② 6
③ 10   ④ 16

풀이
142.3.1 접지도체
중성점 접지용 접지도체는 **공칭단면적 16[mm²] 이상의 연동선** 또는 동등 이상의 단면적 및 세기를 가져야 한다. 다만, 다음의 경우에는 공칭단면적 6[mm²] 이상의 연동선 또는 동등 이상의 단면적 및 강도를 가져야 한다.
가. 7[kV] 이하의 전로
나. 사용전압이 25[kV] 이하인 특고압 가공전선로. 다만, 중성선 다중접지식의 것으로서 전로에 지락이 생겼을 때 2초 이내에 자동적으로 이를 전로로부터 차단하는 장치가 되어 있는 것.

답 ④

문제 82 특고압 가공전선로의 지지물 양쪽의 경간의 차가 큰 곳에 사용되는 철탑은?

① 내장형철탑
② 인류형철탑
③ 각도형철탑
④ 보강형철탑

풀이
333.11 특고압 가공전선로의 철주·철근 콘크리트주 또는 철탑의 종류
특고압 가공전선로의 지지물로 사용하는 B종 철근·B종 콘크리트주 또는 철탑의 종류는 다음과 같다.
가. 직선형 : 전선로의 직선 부분(3° 이하의 수평 각도 이루는 곳 포함)에 사용되는 것
나. 각도형 : 전선로 중 수평 각도 3°를 넘는 곳에 사용되는 것
다. 인류형 : 전 가섭선을 인류하는 곳에 사용하는 것
라. **내장형** : 전선로 지지물 **양측의 경간차가 큰 곳에 사용하는 것**
마. 보강형 : 전선로 직선 부분을 보강하기 위하여 사용하는 것

답 ①

문제 83 고압 가공 전선이 경동선 또는 내열동합금선인 경우 안전율의 최소값은?

① 2.0   ② 2.2
③ 2.5   ④ 4.0

풀이
332.4 고압 가공전선의 안전율
고압 가공전선은 케이블인 경우 이외에는 그 안전율이 경동선 또는 내열 동합금선은 2.2 이상, 그 밖의 전선은 2.5 이상이 되는 이도로 시설하여야 한다.

답 ②

문제 84 사용전압 60000[V]인 특고압 가공전선과 그 지지물·지주·완금류 또는 지선 사이의 이격거리는 몇 [cm] 이상이어야 하는가?

① 35 ② 40 ③ 45 ④ 65

풀이
333.5 특고압 가공전선과 지지물 등의 이격거리
특고압 가공전선과 그 지지물·완금류·지주 또는 지선 사이의 이격거리는 표에서 정한 값 이상이어야 한다. 다만, 기술상 부득이한 경우에 위험의 우려가 없도록 시설한 때에는 표에서 정한 값의 0.8배까지 감할 수 있다.

사용전압	이격거리[cm]
15 [kV] 미만	15
15 [kV] 이상 25 [kV] 미만	20
25 [kV] 이상 35 [kV] 미만	25
60 [kV] 이상 70 [kV] 미만	40
130 [kV] 이상 160 [kV] 미만	90

답 ②

문제 85 특고압 가공전선로의 지지물에 시설하는 통신선 또는 이것에 직접 접속하는 통신선일 경우에 설치하여야 할 보안장치로서 모두 옳은 것은?

① 특고압용 제2종 보안장치, 고압용 제2종 보안장치
② 특고압용 제1종 보안장치, 특고압용 제3종 보안장치
③ 특고압용 제2종 보안장치, 특고압용 제3종 보안장치
④ 특고압용 제1종 보안장치, 특고압용 제2종 보안장치

풀이
362.10 전력보안통신설비의 보안장치
특고압 가공전선로의 지지물에 시설하는 통신선 또는 이에 직접 접속하는 통신선에 접속하는 휴대전화기를 접속하는 곳 및 옥외전화기를 시설하는 곳에는 표준에 적합한 **특고압용 제1종 보안장치, 특고압용 제2종 보안장치** 또는 이에 준하는 보안장치를 시설하여야 한다.

답 ④

문제 86 특고압 가공전선로에서 발생하는 극저주파 전자계는 지표상 1[m]에서 전계가 몇 [kV/m]이하가 되도록 시설하여야 하는가?

① 3.5 ② 2.5 ③ 1.5 ④ 0.5

풀이
유도장해 방지(기술기준 제17조)
특고압 가공전선로에서 발생하는 극저주파 전자계는 지표상 1[m]에서 전계가 3.5[kV/m] 이하, 자계가 83.3[μT] 이하가 되도록 시설하는 등 상시 정전유도 및 전자유도 작용에 의하여 사람에게 위험을 줄 우려가 없도록 시설하여야 한다.

답 ①

문제 87 철탑의 강도 계산에 사용하는 이상 시 상정하중의 종류가 아닌 것은?

① 좌굴하중 ② 수직하중
③ 수평 횡하중 ④ 수평 종하중

풀이
333.14 이상 시 상정하중
철탑의 강도계산에 사용하는 **이상 시 상정하중**은 풍압이 전선로에 직각방향으로 가하여지는 경우의 하중과 **전선로의 방향으로 가하여지는 경우의 수직하중, 수평 횡하중, 수평 종하중**을 계산하여 각 부재에 대한 이들의 하중 중 그 부재에 큰 응력이 생기는 쪽의 하중을 채택한다.

답 ①

문제 88 고압 옥내배선을 애자공사로 하는 경우, 전선의 지지점간의 거리는 전선을 조영재의 면을 따라 붙이는 경우 몇 [m] 이하이어야 하는가?

① 1 ② 2 ③ 3 ④ 5

풀이
342.1 고압 옥내배선 등의 시설

전압	전선과 영재와의 이격거리	전선 상호 간격	전선 지지점간의 거리	
			조영재의 면을 따라 붙이는 경우	조영재에 따라 시설하지 않는 경우
고압	5[cm] 이상	8[cm] 이상	2[m] 이하	6[m] 이하

답 ②

문제 89 수소냉각식의 발전기·조상기에 부속하는 수소냉각 장치에서 필요 없는 장치는?

① 수소의 압력을 계측하는 장치
② 수소의 온도를 계측하는 장치
③ 수소의 유량을 계측하는 장치
④ 수소의 순도 저하를 경보하는 장치

[풀이]
351.10 수소냉각식 발전기 등의 시설
수소냉각식의 발전기·조상기 또는 이에 부속하는 수소 냉각 장치는 다음 각 호에 따라 시설하여야 한다.
가. 발전기 내부 또는 조상기 내부의 **수소의 순도**가 85[%] 이하로 저하한 경우에 이를 경보하는 장치를 시설할 것.
나. 발전기 내부 또는 조상기 내부의 **수소의 압력**을 계측하는 장치 및 그 압력이 현저히 변동한 경우에 이를 경보하는 장치를 시설할 것.
다. 발전기 내부 또는 조상기 내부의 **수소의 온도**를 계측하는 장치를 시설할 것.
답 ③

문제 90 동일 지지물에 저압 가공전선(다중접지된 중성선은 제외)과 고압 가공전선을 시설하는 경우 저압 가공전선은?
① 고압 가공전선의 위로 하고 동일 완금류에 시설
② 고압 가공전선과 나란하게 하고 동일 완금류에 시설
③ 고압 가공전선의 아래로 하고 별개의 완금류에 시설
④ 고압 가공전선과 나란하게 하고 별개의 완금류에 시설

[풀이]
332.8 고압 가공전선 등의 병행설치
저압 가공전선(다중접지된 중성선은 제외한다. 이하 같다)과 고압 가공전선을 동일 지지물에 시설하는 경우에는 다음에 따라야 한다.
가. **저압 가공전선을 고압 가공전선의 아래로 하고 별개의 완금류에 시설할 것.**
나. 저압 가공전선과 고압 가공전선 사이의 이격거리는 0.5[m] 이상일 것.
답 ③

문제 91 저압 옥내배선과 옥내 저압용의 전구선의 시설방법으로 틀린 것은?
① 쇼케이스 내의 배선에 0.75[mm²]의 캡타이어 케이블을 사용하였다.
② 전광표시장치의 배선으로 0.75[mm²]의 다심 케이블을 사용하였다.
③ 전광표시장치의 배선으로 1.5[mm²]의 연동선을 사용하고 합성수지관에 넣어 시설하였다.
④ 조명용 전원코드로 0.55[mm²]의 캡타이어케이블을 사용하였다.

[풀이]
231.3 저압 옥내배선의 사용전선
가. 저압 옥내배선의 전선 : 단면적 2.5[mm²] 이상의 연동선
나. 옥내배선의 사용 전압이 400[V] 이하인 경우는 다음에 의하여 시설할 수 있다.
① 전광표시 장치 또는 제어 회로
  • 단면적 1.5[mm²] 이상의 연동선
  • 단면적 0.75[mm²] 이상인 다심케이블 또는 다심 캡타이어 케이블을 사용하고 또한 과전류가 생겼을 때에 자동적으로 전로에서 차단하는 장치를 시설
② 진열장 또는 이와 유사한 것의 내부 배선 : 단면적 0.75[mm²] 이상인 코드 또는 캡타이어케이블
답 ④

문제 92 사용전압 15[kV] 이하인 특고압 가공전선로의 중성선 다중 접지시설은 각 접지선을 중성선으로부터 분리하였을 경우 1[km] 마다의 중성선과 대지 사이의 합성 전기저항 값은 몇 [Ω] 이하이어야 하는가?
① 30   ② 50
③ 400   ④ 500

[풀이]
333.32 25[kV] 이하인 특고압 가공전선로의 시설
각 접지도체를 중성선으로부터 분리하였을 경우의 각 접지점의 대지 전기저항 값과 1[km]마다 중성선과 대지 사이의 합성전기저항 값은 표에서 정한 값 이하일 것.

사용전압	각 접지점의 대지 전기저항치	1[km] 마다의 합성 전기저항치
15[kV] 이하	300 [Ω]	30 [Ω]
15[kV] 초과 25[kV] 이하	300 [Ω]	15 [Ω]

답 ①

문제 93 저압 및 고압 가공전선의 높이에 대한 기준으로 틀린 것은?
① 철도를 횡단하는 경우는 레일면상 6.5[m] 이상이다.
② 횡단 보도교 위에 시설하는 경우 저압 가공전선은 노면 상에서 3[m] 이상이다.

③ 횡단 보도교 위에 시설하는 경우 고압 가공전선은 그 노면 상에서 3.5[m] 이상이다.
④ 다리의 하부 기타 이와 유사한 장소에 시설하는 저압의 전기철도용 급전선은 지표상 3.5[m] 까지로 감할 수 있다.

풀이

332.5 고압 가공전선의 높이, 222.7 저압 가공전선의 높이
저·고압 가공전선의 높이는 다음에 따라야 한다.

설치장소		가공전선의 높이
도로횡단 (번잡하지 않은 도로 제외)		지표상 6[m] 이상
철도 또는 궤도 횡단		레일면상 6.5[m] 이상
횡단보도교 위	저압	노면상 3.5[m] 이상 (단, 절연전선의 경우 3[m] 이상)
	고압	노면상 3.5[m] 이상
일반장소		지표상 5[m] 이상. 단, 저압의 경우 절연전선 또는 케이블을 사용하여 교통에 지장이 없도록 하여 옥외 조명용으로 공급하는 경우 4[m]까지 감할 수 있다.
다리의 하부 기타 이와 유사한 장소		저압의 전기철도용 급전선은 지표상 3.5[m] 까지로 감할 수 있다.

답 ②

문제 94 "지중 관로"에 포함되지 않는 것은?
① 지중 전선로
② 지중 레일 선로
③ 지중 약전류 전선로
④ 지중 광섬유 케이블 선로

풀이

112 용어 정의
"지중 관로"란 지중 전선로·지중 약전류 전선로·지중 광섬유 케이블 선로·지중에 시설하는 수관 및 가스관과 이와 유사한 것 및 이들에 부속하는 지중함 등을 말한다. **답 ②**

문제 95 전체의 길이가 16[m]이고 설계하중이 6.8 [kN] 초과 9.8[kN] 이하인 철근 콘크리트주를 논, 기타 지반이 연약한 곳 이외의 곳에 시설할 때, 묻히는 깊이를 2.5[m] 보다 몇 [cm] 가산하여 시설하는 경우에는 기초의 안전율에 대한 고려 없이 시설하여도 되는가?

① 10 ② 20 ③ 30 ④ 40

풀이

331.7 가공전선로 지지물의 기초의 안전율
가공전선로의 지지물에 하중이 가하여지는 경우에 그 하중을 받는 지지물의 기초의 안전율은 2(이상 시 상정하중에 대한 철탑의 기초에 대하여는 1.33) 이상이어야 한다. 다만, 다음에 따라 시설하는 경우에는 적용하지 않는다.

설계하중 전장	6.8 [kN] 이하	6.8 [kN] 초과 ~9.8 [kN] 이하	9.8 [kN] 초과 ~14.72 [kN] 이하
15 [m] 이하	전장 × 1/6[m] 이상	전장×1/6 +0.3[m] 이상	전장×1/6 +0.5[m] 이상
15 [m] 초과	2.5[m] 이상	2.8[m] 이상	
16 [m] 초과~20 [m] 이하	2.8[m] 이상	–	
15 [m] 초과~18 [m] 이하			3 [m] 이상
18 [m] 초과			3.2 [m] 이상

답 ③

문제 96 사용전압이 20[kV]인 변전소에 울타리·담 등을 시설하고자 할 때 울타리·담 등의 높이는 몇 [m] 이상이어야 하는가?

① 1 ② 2 ③ 5 ④ 6

풀이

351.1 발전소 등의 울타리·담 등의 시설
가. 울타리·담 등의 높이는 2[m] 이상으로 하고 지표면과 울타리·담 등의 하단 사이의 간격은 0.15[m] 이하로 할 것.
나. 울타리·담 등의 높이와 울타리·담 등으로부터 충전 부분까지 거리의 합계는 표에서 정한 값 이상으로 할 것.

사용전압의 구분	울타리·담 등의 높이와 울타리·담 등으로 부터 충전 부분까지의 거리의 합계
35 [kV] 이하	5 [m]
35 [kV] 초과 160 [kV] 이하	6 [m]
160 [kV] 초과	· 거리의 합계 = 6 + 단수 × 0.12 [m] · 단수 = $\frac{\text{사용전압 [kV]} - 160}{10}$ 단수 계산에서 소수점 이하는 절상

답 ②

문제 97 최대사용전압 440[V]인 전동기의 절연내력 시험전압은 몇 [V] 인가?
① 330 ② 440
③ 500 ④ 660

풀이

133 회전기 및 정류기의 절연내력

종류		시험 전압	시험 방법
회전기	발전기·전동기·조상기·기타 회전기	7[kV] 이하	1.5배 (최저 500 [V])	권선과 대지 사이에 연속하여 10분간
		7[kV] 초과	1.25배 (최저 10.5 [kV])	
	회전 변류기	직류측의 최대사용전압의 1배의 교류전압 (최저 500 [V])	

따라서, 시험전압 $= 440 \times 1.5 = 660[V]$ 답 ④

출제기준 변경 및 개정된 관계 법규에 따라 삭제된 문제가 있어 20문항이 안됩니다.

국가기술자격검정 필기시험 문제

2019년도 전기산업기사 일반검정 제3회

자격종목 및 등급(선택분야)	종목코드	시험시간	문제지형별
전기산업기사	2140	2시간 30분	A

제1과목 전기자기학

문제 01 인덕턴스가 20[mH]인 코일에 흐르는 전류가 0.2초 동안 6[A]가 변화되었다면 코일에 유기되는 기전력은 몇 [V]인가?

① 0.6 ② 1 ③ 6 ④ 30

풀이
$$e = L\frac{di}{dt} = 20 \times 10^{-3} \times \frac{6}{0.2} = 0.6[V]$$

답 ①

문제 02 어떤 물체에 $F_1 = -3i + 4j - 5k$와 $F_2 = 6i + 3j - 2k$의 힘이 작용하고 있다. 이 물체에 F_3를 가하였을 때 세 힘이 평형이 되기 위한 F_3은?

① $F_3 = -3i - 7j + 7k$
② $F_3 = 3i + 7j - 7k$
③ $F_3 = 3i - j - 7k$
④ $F_3 = 3i - j + 3k$

풀이
$F_1 + F_2 + F_3 = 0$(평형)
$\therefore F_3 = -(F_1 + F_2)$
$= -\{(-3i+4j-5k)+(6i+3j-2k)\}$
$= -(3i+7j-7k) = -3i-7j+7k$

답 ①

문제 03 동심구에서 내부도체의 반지름이 a, 절연체의 반지름이 b, 외부도체의 반지름이 c이다. 내부도체에만 전하 Q를 주었을 때 내부도체의 전위는? (단, 절연체의 유전율은 ϵ_o이다.)

① $\dfrac{Q}{4\pi\epsilon_o a}\left(\dfrac{1}{a} + \dfrac{1}{b}\right)$

② $\dfrac{Q}{4\pi\epsilon_o}\left(\dfrac{1}{a} - \dfrac{1}{b}\right)$

③ $\dfrac{Q}{4\pi\epsilon_o}\left(\dfrac{1}{a} - \dfrac{1}{b} - \dfrac{1}{c}\right)$

④ $\dfrac{Q}{4\pi\epsilon_o}\left(\dfrac{1}{a} - \dfrac{1}{b} + \dfrac{1}{c}\right)$

풀이
내부도체 A에 전하 Q를 주면 정전유도에 의해 도체 B의 내측 표면에는 $-Q$, 외측 표면에는 Q가 유도된다. 즉, 전계 E는 도체 B의 외측($r \geq c$)과 도체 A와 B 사이 ($a \leq r \leq b$)의 범위에 분포하고, 전계 E에 의한 각 부분의 전위와 전위차는 다음과 같다.

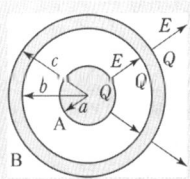

① 도체 B의 표면 전위, V_c $(r = c)$

$$V_c = \frac{Q}{4\pi\epsilon_o c}$$

(중심에 점전하 Q가 놓인 거리 $r = c$인 전위로 구함)

② 도체 A와 B 사이의 전위차, V_{ab} $(a \leq r \leq b)$

$$V_{ab} = \frac{Q}{4\pi\epsilon_o}\left(\frac{1}{a} - \frac{1}{b}\right)$$

(중심에 점전하 Q가 놓인 a와 b 사이의 전위차로 구함)

③ 도체 A의 표면 전위, V_a $(r = a)$
(도체 A의 표면 전위는 무한원점에서 전위와 전위차의 합이 됨)

$\therefore V_a = V_c + V_{bc} + V_{ab}$

$= \dfrac{Q}{4\pi\epsilon_o c} + 0 + \dfrac{Q}{4\pi\epsilon_o}\left(\dfrac{1}{a} - \dfrac{1}{b}\right)$

$= \dfrac{Q}{4\pi\epsilon_o}\left(\dfrac{1}{a} - \dfrac{1}{b} + \dfrac{1}{c}\right)$

답 ④

문제 04 직류 500[V] 절연저항계로 절연저항을 측정하니 2[MΩ]이 되었다면 누설전류[μA]는?

① 25　　　　② 250
③ 1000　　　④ 1250

풀이

누설전류 $i = \dfrac{E}{R_q} = \dfrac{500}{2 \times 10^6} = 250 \times 10^{-6}[\text{A}] = 250[\mu\text{A}]$

답 ②

문제 05 자유공간의 변위전류가 만드는 것은?

① 전계　　　② 전속
③ 자계　　　④ 분극지력선

풀이

$\text{rot } \boldsymbol{H} = \boldsymbol{J} + i_d$

$\boldsymbol{J}$: 전도 전류 밀도, i_d : 변위 전류 밀도

자유 공간에서 전도 전류 밀도 $\boldsymbol{J} = 0$이므로, 변위 전류 밀도 $i_d = \text{rot } \boldsymbol{H}$ 가 된다.

따라서, **변위 전류는 회전 자계를 형성시킨다.**

답 ③

문제 06 M.K.S 단위로 나타낸 진공에 대한 유전율은?

① $8.855 \times 10^{-12}[\text{N/m}]$
② $8.855 \times 10^{-10}[\text{N/m}]$
③ $8.855 \times 10^{-12}[\text{F/m}]$
④ $8.855 \times 10^{-10}[\text{F/m}]$

풀이

$\dfrac{1}{4\pi\epsilon_0} = 9 \times 10^9$ 에서

$\epsilon_0 = \dfrac{1}{4\pi \times 9 \times 10^9} \fallingdotseq 8.854 \times 10^{-12}\,[\text{F/m}]$

답 ③

문제 07 인덕턴스의 단위에서 1[H]는?

① 1[A]의 전류에 대한 자속이 1[Wb]인 경우이다.
② 1[A]의 전류에 대한 유전율이 1[F/m]이다.
③ 1[A]의 전류가 1초간에 변화하는 양이다.
④ 1[A]의 전류에 대한 자계가 1[AT/m]인 경우이다.

풀이

- 인덕턴스 $L = \dfrac{N\phi}{I}[\text{H}]$
- 전류 1[A]에 대한 쇄교 자속수가 1[Wb]일 때 1[H]로 정의한다.

답 ①

문제 08 평행한 두 도선간의 전자력은?
(단, 두 도선간의 거리는 r[m]라 한다.)

① r에 반비례　　② r에 비례
③ r^2에 비례　　④ r^2에 반비례

풀이

평행도선 단위 길이당 작용하는 힘은 간격(거리)을 r[m]라 할 때

$F = \dfrac{\mu_0 I_1 I_2}{2\pi r} = \dfrac{2 I_1 I_2}{r} \times 10^{-7}[\text{N/m}]$

로 두 전류의 곱에 비례하고, **간격(거리)에 반비례**하며 두 전류의 방향이 같은 방향이면 흡인력, 다른 방향(왕복전류)이면 반발력이 작용한다.

답 ①

문제 09 간격 d[m]인 두 평행판 전극 사이에 유전율 ϵ인 유전체를 넣고 전극 사이에 전압 $e = E_m \sin\omega t$[V]를 가했을 때 변위 전류 밀도 [A/m²]는?

① $\dfrac{\epsilon\omega E_m \cos\omega t}{d}$　　② $\dfrac{\epsilon E_m \cos\omega t}{d}$

③ $\dfrac{\epsilon\omega E_m \sin\omega t}{d}$　　④ $\dfrac{\epsilon E_m \sin\omega t}{d}$

풀이

변위 전류 밀도

$i_d = \dfrac{\partial D}{\partial t} = \dfrac{\partial(\epsilon E)}{\partial t} = \dfrac{\partial}{\partial t}\epsilon\left(\dfrac{e}{d}\right) = \dfrac{\epsilon}{d}E_m \dfrac{\partial}{\partial t}\sin\omega t$

$= \dfrac{\epsilon\omega E_m \cos\omega t}{d}[\text{A/m}^2]$

답 ①

문제 10 10^6 [cal]의 열량은 약 몇 [kWh]의 전력량인가?

① 0.06　　　② 1.16
③ 2.27　　　④ 4.17

풀이

1 [kWh] = 860 [kcal]이므로

$$\frac{10^6}{860 \times 10^3} = 1.16 \text{[kWh]}$$

답 ②

문제 11 전기기기의 철심(자심)재료로 규소강판을 사용하는 이유는?
① 동손을 줄이기 위해
② 와전류손을 줄이기 위해
③ 히스테리시스손을 줄이기 위해
④ 제작을 쉽게 하기 위하여

풀이
· 규소 강판 : 히스테리시스손 감소
· 성층 철심 : 와류손 감소

답 ③

문제 12 접지 구도체와 점전하 사이에 작용하는 힘은?
① 항상 반발력이다.
② 항상 흡인력이다.
③ 조건적 반발력이다.
④ 조건적 흡인력이다.

풀이
접지 구도체에는 항상 **점전하와 반대 극성**인 전하 ($Q' = -\frac{a}{d}Q$)가 유도되므로 **항상 흡인력**이 작용한다.

답 ②

문제 13 플레밍의 왼손법칙에서 왼손의 엄지, 검지, 중지의 방향에 해당되지 않는 것은?
① 전압
② 전류
③ 자속밀도
④ 힘

풀이
· 플레밍의 왼손 법칙(전동기에 적용)
자속밀도가 $B[\text{Wb/m}^2]$인 자계 중에 길이 $l[\text{m}]$인 도체를 놓고 $I[\text{A}]$의 전류를 흘릴 경우 자계 내에서 도체가 받는 힘 $F = BIl\sin\theta[\text{N}]$ 이다.

· 플레밍의 오른손 법칙(발전기에 적용) : 자계 중에서 도체가 운동할 때 유기 기전력의 방향

답 ①

문제 14 $E = i + 2j + 3k[\text{V/cm}]$로 표시되는 전계가 있다. $0.02[\mu\text{C}]$의 전하를 원점으로부터 $r = 3i[\text{m}]$로 움직이는데 필요로 하는 일[J]은?
① 3×10^{-6}
② 6×10^{-6}
③ 3×10^{-8}
④ 6×10^{-8}

풀이
$$W = F \cdot r = QE \cdot r$$
$$= 0.02 \times 10^{-6} \times (i + 2j + 3k) \times 10^2 \cdot (3i)$$
$$(i \cdot i = j \cdot j = k \cdot k = 1 \text{ 이고}$$
$$i \cdot j = j \cdot k = k \cdot i = 0, j \cdot i = k \cdot j = i \cdot k = 0)$$
$$= 0.02 \times 10^{-6} \times 3 \times 10^2$$
$$= 0.06 \times 10^{-4} = 6 \times 10^{-6}[\text{J}]$$

답 ②

문제 15 전류가 흐르는 도선을 자계 내에 놓으면 이 도선에 힘이 작용한다. 평등자계의 진공 중에 놓여 있는 직선전류 도선이 받는 힘에 대한 설명으로 옳은 것은?
① 도선의 길이에 비례한다.
② 전류의 세기에 반비례한다.
③ 자계의 세기에 반비례한다.
④ 전류와 자계 사이의 각에 대한 정현(sine)에 반비례한다.

풀이
플레밍의 왼손 법칙
자속밀도가 $B[\text{Wb/m}^2]$인 자계 중에 길이 $l[\text{m}]$인 도체를 놓고 $I[\text{A}]$의 전류를 흘릴 경우 자계 내에서 도체가 받는 힘 $F = BIl\sin\theta[\text{N}]$ 이다.
즉, 힘(F)은 자계의 세기(B), 전류의 세기(I), 도선의 길이(l) 및 전류와 자계 사이의 $\sin\theta$에 비례한다.

답 ①

문제 16 반지름 1[m]의 원형 코일에 1[A]의 전류가 흐를 때 중심점의 자계의 세기[AT/m]는?
① $\frac{1}{4}$
② $\frac{1}{2}$
③ 1
④ 2

풀이
원형 코일 중심의 자계의 세기
$$H_0 = \frac{I}{2a} = \frac{1}{2 \times 1} = \frac{1}{2}[\text{AT/m}]$$

답 ②

문제 17 동일 용량 $C[\mu F]$의 커패시터 n개를 병렬로 연결하였다면 합성정전용량은 얼마인가?

① $n^2 C$ ② nC
③ $\dfrac{C}{n}$ ④ C

풀이

항목	직렬접속	병렬접속
결선	C_1 C_2	C_1 C_2
합성정전용량	• $C_0 = \dfrac{C_1 C_2}{C_1 + C_2}$ • 저항의 병렬결선과 동일 방법 • 접속되는 콘덴서가 증가할수록 합성정전 용량은 감소	• $C_0 = C_1 + C_2$ • 저항의 직렬결선과 동일 방법 • 접속되는 콘덴서가 증가할수록 합성정전용량은 증가

커패시터의 병렬연결은 저항의 직렬연결과 동일 하므로
합성용량 $C_0 = C + C + \cdots + C = nC[\mu F]$ **답** ②

문제 18 여러 가지 도체의 전하 분포에 있어서 각 도체의 전하를 n배 할 경우, 중첩의 원리가 성립하기 위해서 그 전위는 어떻게 되는가?

① $\dfrac{1}{2}n$이 된다. ② n배가 된다.
③ $2n$배가 된다. ④ n^2배가 된다.

풀이
$V_i = P_{i1}Q_1 + P_{i2}Q_2 + \cdots + P_{in}Q_n$에서 각 전하를 n배 하면 V_i는 n배 된다. **답** ②

문제 19 무한장 직선 도체에 선전하밀도 $\lambda[C/m]$의 전하가 분포되어 있는 경우, 이 직선 도체를 축으로 하는 반지름 $r[m]$의 원통면상의 전계[V/m]는?

① $\dfrac{\lambda}{2\pi\epsilon_0 r^2}$ ② $\dfrac{\lambda}{2\pi\epsilon_0 r}$
③ $\dfrac{\lambda}{4\pi\epsilon_0 r^2}$ ④ $\dfrac{\lambda}{4\pi\epsilon_0 r}$

풀이
무한 선전하에 의한 전계는 $E = \dfrac{\lambda}{2\pi\epsilon_0 r}$[V/m]로 거리에 반비례한다. **답** ②

문제 20 전류 2π[A]가 흐르고 있는 무한직선 도체로부터 2[m]만큼 떨어진 자유공간 내 P점의 자속밀도의 세기[Wb/m²]는?

① $\dfrac{\mu_o}{8}$ ② $\dfrac{\mu_o}{4}$ ③ $\dfrac{\mu_o}{2}$ ④ μ_o

풀이
무한 직선 전류에 의한 자계
$H = \dfrac{I}{2\pi r} = \dfrac{2\pi}{2\pi \times 2} = \dfrac{1}{2}$[AT/m] 이므로,
자속밀도 $B = \mu_0 H = \mu_0 \times \dfrac{1}{2} = \dfrac{\mu_o}{2}$[Wb/m²] 이다. **답** ③

제2과목 전력공학

문제 21 송전계통의 중성점을 접지하는 목적으로 틀린 것은?

① 지락고장 시 전선로의 대지전위상승을 억제하고 전선로와 기기의 절연을 경감시킨다.
② 소호리엑터 접지방식에서는 1선 지락 시 지락점 아크를 빨리 소멸시킨다.
③ 차단기의 차단용량을 증대시킨다.
④ 지락고장에 대한 계전기의 동작을 확실하게 한다.

풀이
① 직접 접지의 장점
 • 1선 지락 시 건전상의 대지전압 상승을 1.3배 이하로 억제한다.(유효접지)
 • 선로 및 기기의 절연레벨을 저감한다.
  (저감절연, 단절연 가능)
 • 보호 계전기의 동작을 확실하게 한다.
② 소호 리액터 계통에서의 1선 지락시 아크 소멸 **답** ③

문제 22 가공 왕복선 배치에서 지름이 d[m]이고 선간거리가 D[m]인 선로 한 가닥의 작용인덕턴스는 몇 [mH/km]인가? (단, 선로의 투자율은 1이라 한다.)

① $0.5 + 0.4605\log_{10}\dfrac{D}{d}$

② $0.05 + 0.4605\log_{10}\dfrac{D}{d}$

③ $0.5 + 0.4605\log_{10}\dfrac{2D}{d}$

④ $0.05 + 0.4605\log_{10}\dfrac{2D}{d}$

풀이

$L = 0.05 + 0.4605 \log \dfrac{D}{r}$

$= 0.05 + 0.4605 \log \dfrac{D}{\frac{d}{2}}$

$= 0.05 + 0.4605 \log \dfrac{2D}{d}$ [mH/km]   답 ④

문제 23 다음 중 전력선 반송 보호계전방식의 장점이 아닌 것은?
① 저주파 반송전류를 중첩시켜 사용하므로 계통의 신뢰도가 높아진다.
② 고장 구간의 선택이 확실하다.
③ 동작이 예민하다.
④ 고장점이나 계통의 여하에 불구하고 선택차단 개소를 동시에 고속도 차단할 수 있다.

풀이
전력선 반송계전방식은 가공송전선을 이용하여 반송파를 전송하는 계전방식으로서 송전계통 보호에 널리 사용되고 있으며 사용되는 반송파의 주파수 범위는 30~300[kHz]의 높은 주파수를 사용한다.   답 ①

문제 24 뒤진 역률 80[%], 10[kVA]의 부하를 가지는 주상변압기의 2차측에 2[kVA]의 전력용 콘덴서를 접속하면 주상변압기에 걸리는 부하는 약 몇 [kVA]가 되겠는가?
① 8   ② 8.5   ③ 9   ④ 9.5

풀이
부하의 유효전력 $P = P_a \cos\theta = 10 \times 0.8 = 8$[kVar]
부하의 무효전력 $Q = P_a \sin\theta = 10 \times 0.6 = 6$[kVar]
콘덴서 설치 후 무효전력
$Q' = Q - Q_c = 6 - 2 = 4$[kVar]
콘덴서 설치 후 피상전력
$P_a' = \sqrt{P^2 + Q'^2} = \sqrt{8^2 + 4^2} \fallingdotseq 8.94$[kVA]   답 ③

문제 25 발전소의 발전기 정격전압[kV]으로 사용되는 것은?
① 6.6   ② 33   ③ 66   ④ 154

풀이
보통 발전기의 표준전압은 소형기가 3300[V], 중형기는 6600[V] 또는 11000[V]이며 대형기에서는 13800[V], 16500[V] 또는 18000[V] 등이 있다.   답 ①

문제 26 송전선로를 연가하는 주된 목적은?
① 페란티효과의 방지
② 직격뢰의 방지
③ 선로정수의 평형
④ 유도뢰의 방지

풀이
- 연가의 목적 : 선로정수의 평형
- 연가의 효과 : 직렬공진 방지, 유도장해 감소, 선로정수 평형   답 ③

문제 27 부하전류 및 단락전류를 모두 개폐할 수 있는 스위치는?
① 단로기   ② 차단기
③ 선로개폐기   ④ 전력퓨즈

풀이
퓨즈와 각종 개폐기 및 차단기와의 기능비교

기능 \ 능력	회로 분리		사고 차단	
	무부하	부하	과부하	단락
퓨 즈	○			○
차단기	○	○	○	○
개폐기	○	○	○	
단로기	○			
전자 접촉기	○	○	○	

즉, 부하전류와 단락전류 모두를 개폐 할 수 있는 것은 차단기만 가능하다.   답 ②

문제 28 양수발전의 주된 목적으로 옳은 것은?
① 연간 발전량을 늘이기 위하여
② 연간 평균 손실 전력을 줄이기 위하여
③ 연간 발전비용을 줄이기 위하여
④ 연간 수력발전량을 늘이기 위하여

풀이
양수 발전은 심야 또는 경부하시 발전 단가가 낮은 잉여 전력을 사용하여 낮은 곳에 있는 물을 높은 곳으로 퍼올렸다가 첨두부하시에 양수된 물로 발전하는 것으로 **연간 발전비용을 감소시키는데** 목적을 두고 있다. 답 ③

문제 29 송전선로에 낙뢰를 방지하기 위하여 설치하는 것은?
① 댐퍼
② 초호환
③ 가공지선
④ 애자

풀이
① 댐퍼 : 전선의 진동 방지
② 초호환 : 섬락으로부터 애자련의 보호, 애자련의 전압 분포 개선
③ 가공지선 : 뇌의 차폐
④ 애자 : 전선을 지지하고 절연 답 ③

문제 30 송·수전단 전압을 E_S, E_R이라 하고 4단자 정수를 A, B, C, D라 할 때 전력 원선도의 반지름은?
① $\dfrac{E_S E_R}{A}$
② $\dfrac{E_S^2 E_R^2}{A}$
③ $\dfrac{E_S E_R}{B}$
④ $\dfrac{E_S^2 E_R^2}{B}$

풀이
원선도의 반지름 $\rho = \dfrac{E_S E_R}{B}$ 답 ③

문제 31 동일한 부하전력에 대하여 전압을 2배로 승압하면 전압강하, 전압강하율, 전력손실률은 각각 얼마나 감소하는지를 순서대로 나열한 것은?
① $\dfrac{1}{2}, \dfrac{1}{2}, \dfrac{1}{2}$
② $\dfrac{1}{2}, \dfrac{1}{2}, \dfrac{1}{4}$
③ $\dfrac{1}{2}, \dfrac{1}{4}, \dfrac{1}{4}$
④ $\dfrac{1}{4}, \dfrac{1}{4}, \dfrac{1}{4}$

풀이

항 목	관 계	관계식
송전전력(P)	전압의 자승에 비례	$\propto V^2$
공급용량	전압에 비례	$\propto V$
전압강하(e)	전압에 반비례	$\propto \dfrac{1}{V}$
• 전력손실(P_l) • 전압강하율(ϵ)	전압의 자승에 반비례	$\propto \dfrac{1}{V^2}$

따라서, 전압을 2배로 승압하면 전압강하는 $\dfrac{1}{2}$, 전압 강하율과 전력손실은 $\dfrac{1}{4}$로 감소 한다. 답 ③

문제 32 송전선로에 근접한 통신선에 유도장해가 발생하였을 때, 전자유도의 원인은?
① 역상전압
② 정상전압
③ 정상전류
④ 영상전류

풀이
① 정전유도 : 영상전압에 의해 발생 (정상시)
② **전자유도 : 영상전류에 의해 발생** (사고시)
  전자유도 전압 $E_m = -j\omega Ml \times 3I_0 [V]$ 답 ④

문제 33 66[kV], 60[Hz] 3상 3선식 선로에서 중성점을 소호리액터 접지하여 완전 공진상태로 되었을 때 중성점에 흐르는 전류는 몇 [A]인가? (단, 소호리액터를 포함한 영상회로의 등가저항은 200[Ω], 중성점 잔류전압은 4400[V]라고 한다.)
① 11
② 22
③ 33
④ 44

풀이
완전 공진 상태에서의 전류는 $I = \dfrac{E}{R}$이다.
$I = \dfrac{4400}{200} = 22[A]$ 답 ②

문제 34 변류기 개방 시 2차측을 단락하는 이유는?
① 2차측 절연 보호
② 2차측 과전류 보호
③ 측정오차 방지
④ 1차측 과전류 방지

풀이
변류기의 **2차측을 개방**하면 1차 전류가 모두 여자 전류가 되어 2차 권선에 매우 높은 전압이 유기되어 **절연이 파괴**되고 소손될 염려가 있다.
따라서, 변류기를 개방할 경우에는 반드시 2차측을 단락해야 한다. **답 ①**

문제 35 3상 3선식 송전 선로에서 정격전압이 66 [kV]이고, 1선당 리액턴스가 10[Ω]일 때, 100 [MVA] 기준의 %리액턴스는 약 얼마인가?
① 17[%] ② 23[%]
③ 52[%] ④ 69[%]

풀이
$$\%X = \frac{P_n X}{10 V^2} = \frac{100 \times 10^3 \times 10}{10 \times 66^2} = 22.96[\%]$$
(참고 : V 및 P_n의 단위가 [kV] 및 [kVA]가 되어야 한다.) **답 ②**

문제 36 정격용량 150[kVA]인 단상 변압기 두 대로 V결선을 했을 경우 최대 출력은 약 몇 [kVA]인가?
① 170 ② 173
③ 260 ④ 280

풀이
변압기 1개의 출력을 P_1이라 하면
V결선 시 출력 $P_V = \sqrt{3} P_1 = \sqrt{3} \times 150 = 259.81 [kVA]$ **답 ③**

문제 37 차단기에서 정격차단 시간의 표준이 아닌 것은?
① 3[Hz] ② 5[Hz]
③ 8[Hz] ④ 10[Hz]

풀이
차단기의 정격 차단 시간이란 트립 코일 여자로부터 아크 소호까지의 시간을 말하며 **3, 5, 8[Hz]**의 규격이 있다. **답 ④**

문제 38 배전선로의 역률개선에 따른 효과로 적합하지 않은 것은?
① 전원측 설비의 이용률 향상
② 선로절연에 요하는 비용 절감
③ 전압강하 감소
④ 선로의 전력손실 경감

풀이
역률 개선의 효과
① 전력 손실 경감 ② 전압 강하 경감
③ 설비 용량의 여유분 증가 ④ 전력 요금의 절약
즉, **선로절연에 요하는 비용**은 선로 전압의 크기에 좌우되지 **선로의 역률과는 무관**하다. **답 ②**

문제 39 어떤 수력발전소의 수압관에서 분출되는 물의 속도와 직접적인 관련이 없는 것은?
① 수면에서의 연직거리
② 관의 경사
③ 관의 길이
④ 유량

풀이
토리첼리의 정리
유속 $v = c_v \sqrt{2gh} \, [m/s]$
단, c_v : 유속계수, g : 중력 가속도[m/s²],
h : 유효 낙차[m] **답 ③**

문제 40 송전단 전압 161 [kV], 수전단 전압 155 [kV], 상차각 40°, 리액턴스가 49.8 [Ω]일 때 선로손실을 무시한다면 전송 전력은 약 몇 [MW]인가?
① 289 ② 322
③ 373 ④ 869

풀이
송전전력 $P = \frac{V_s V_r}{X} \sin\delta = \frac{161 \times 155}{49.8} \times \sin 40°$
$= 322.1 [MW]$ **답 ②**

제3과목 전기기기

문제 41 동기발전기에 회전계자형을 사용하는 이유로 틀린 것은?
① 기전력의 파형을 개선한다.
② 계자가 회전자이지만 저전압 소용량의 직류이므로 구조가 간단하다.
③ 전기자가 고정자이므로 고전압 대전류용에 좋고 절연이 쉽다.
④ 전기자보다 계자극을 회전자로 하는 것이 기계적으로 튼튼하다.

풀이
회전 계자형을 사용하는 이유
① 전기자 권선은 전압이 높고 결선이 복잡하며, 대용량으로 되면 전류도 커지고, 3상 권선의 경우에는 4개의 도선을 인출하여야 한다.
② 계자 회로는 직류의 저압 회로이므로 소요 동력도 작으며, 인출 도선이 2개만 있어도 되기 때문이다.
③ 계자극은 기계적으로 튼튼하게 만드는 데 용이하기 때문이다.
④ 고장시의 과도 안정도를 높이기 위하여 회전자의 관성을 크게 하기 쉽기 때문이기도 하다.
그러나, **기전력의 파형을 개선하기 위해서는 전기자 권선을 분포권 및 단절권**으로 하여야 한다.   답 ①

문제 42 60[Hz], 12극, 회전자 외경 2[m]의 동기발전기에 있어서 자극면의 주변속도[m/s]는 약 얼마인가?
① 34   ② 43   ③ 59   ④ 63

풀이
$N_s = \dfrac{120f}{p} = \dfrac{120 \times 60}{12} = 600[\text{rpm}]$

$\therefore v = \pi D \cdot \dfrac{N_s}{60} = \pi \times 2 \times \dfrac{600}{60} = 62.8[\text{m/s}]$ 답 ④

문제 43 단상 전파정류회로를 구성한 것으로 옳은 것은?

풀이

답 ①

문제 44 동기전동기의 전기자반작용에서 전기자 전류가 앞서는 경우 어떤 작용이 일어나는가?
① 증자작용   ② 감자작용
③ 횡축반작용 ④ 교차자화작용

풀이
발전기와 전동기의 전기자 반작용은 서로 반대이다.

분 류	동기 발전기	동기 전동기
전압과 동상	교차 자화 작용 (횡축 반작용)	교차 자화 작용 (횡축 반작용)
전압에 대하여 진상전류	증자 작용	감자 작용
전압에 대하여 지상전류	감자 작용	증자 작용

답 ②

문제 45 단상 직권정류자전동기에 관한 설명 중 틀린 것은? (단, A : 전기자, C : 보상권선, F : 계자권선이라 한다.)
① 직권형은 A와 F가 직렬로 되어 있다.
② 보상 직권형은 A, C 및 F가 직렬로 되어 있다.
③ 단상 직권정류자전동기에서는 보극권선을 사용하지 않는다.
④ 유도 보상 직권형은 A와 F가 직렬로 되어 있고 C는 A에서 분리한 후 단락되어 있다.

[풀이]
① 단상 직권정류자 전동기의 종류

　(a) 직권형　(b) 보상 직권형　(c) 유도 보상 직권형

② 단상 직권정류자 전동기는 브러시로 단락되는 코일에 단락 전류가 커져 정류가 곤란해지므로 **보극을 설치**한다.
답 ③

문제 46 3상 유도전동기의 원선도 작성에 필요한 기본량이 아닌 것은?
① 저항 측정　② 슬립 측정
③ 구속 시험　④ 무부하 시험

[풀이]
① 원선도 작성에 필요한 시험은
　• 저항 측정　• 무부하 시험　• 구속 시험이 있다.
② 유도 전동기의 원선도에서 구할 수 있는 항목
　• 전부하 전류　• 역률　• 효율　• 슬립
　• 최대출력/정격출력　• 토크
즉, 슬립은 원선도 상에서 구할 수 있다.
답 ②

문제 47 유도전동기 원선도에서 원의 지름은?
(단, E를 1차 전압, r는 1차로 환산한 저항, x를 1차로 환산한 누설 리액턴스라 한다.)
① rE에 비례　② rxE에 비례
③ $\dfrac{E}{r}$에 비례　④ $\dfrac{E}{x}$에 비례

[풀이]
유도 전동기는 일정값의 리액턴스와 부하에 의하여 변하는 저항(r_2'/s)의 직렬 회로라고 생각되므로 부하에 의하여 변화하는 전류 벡터의 궤적, 즉 **원선도의 지름은 전압에 비례하고 리액턴스에 반비례**한다.
답 ④

문제 48 PN 접합 구조로 되어 있고 제어는 불가능하나 교류를 직류로 변환하는 반도체 정류 소자는?
① IGBT　② 다이오드
③ MOSFET　④ 사이리스터

[풀이]
다이오드는 회로의 주변 상황에 따라 순방향으로 전압이 가해지면 도통하고 역방향으로 전압이 가해지면 도통하지 않는 **수동적인 소자로 사용자가 임의로 ON, OFF 시킬 수 없**다.
답 ②

문제 49 3상 분권정류자전동기의 설명으로 틀린 것은?
① 변압기를 사용하여 전원전압을 낮춘다.
② 정류자권선은 저전압 대전류에 적합하다.
③ 부하가 가해지면 슬립의 발생 소요 토크는 직류 전동기와 같다.
④ 특성이 가장 뛰어나고 널리 사용되고 있는 전동기는 시라게 전동기이다.

[풀이]
3상 분권 정류자 전동기
① 정류자 권선은 구조상 저전압, 대전류에 적합하기 때문에 변압기를 사용하여 전원 전압을 낮추고 동시에 이 전압을 제어하기 위하여 탭을 설치한다.
② 시라게 전동기의 특성이 가장 뛰어나고 가장 널리 사용되고 있다.
답 ③

문제 50 유도전동기의 회전자에 슬립 주파수의 전압을 공급하여 속도를 제어하는 방법은?
① 2차 저항법　② 2차 여자법
③ 직류 여자법　④ 주파수 변환법

[풀이]
2차 주파수 sf와 같은 주파수의 전압 E_c을 발생시켜 슬립링을 통하여 회전자 권선에 공급하고 $I_2 = \dfrac{sE_2 \pm E_c}{r_2}$에서 정토크 부하의 경우 I_2는 일정하고 r_2도 일정하므로 E_c의 크기에 따라 s가 변하게 되고 속도가 변하게 된다. 이와 같은 속도제어 방법을 **2차 여자법**이라 한다.
답 ②

문제 51 권선형 유도전동기의 속도-토크 곡선에서 비례추이는 그 곡선이 무엇에 비례하여 이동하는가?
① 슬립　② 회전수
③ 공급전압　④ 2차 저항

풀이

권선형 유도 전동기에서 **2차 저항이 증가하면 토크 곡선 등**이 슬립이 증가하는 방향으로 2차 저항에 비례하며 이동한다. 즉 같은 토크에서 2차 저항과 슬립은 비례한다. 이를 비례 추이라 한다. **답** ④

문제 52 정격전압 200[V], 전기자 전류 100[A]일 때 1000[rpm]으로 회전하는 직류 분권전동기가 있다. 이 전동기의 무부하 속도는 약 몇 [rpm]인가? (단, 전기자 저항은 0.15[Ω], 전기자 반작용은 무시한다.)

① 981　　② 1081
③ 1100　　④ 1180

풀이

$I_a = 100[A]$일 때의
역기전력 $E_c = V - I_a R_a = 200 - (100 \times 0.15) = 185[V]$
$I_a = 0$일 때의 역기전력 $E_{c0} = 200[V] (\because I_a = 0)$
전기자 반작용을 무시하면 $E = k\phi N$에서 $E \propto N$ 이므로
$E_{c0} : E_c = N_0 : N$
$200 : 185 = N_0 : 1000$
$\therefore N_0 = \dfrac{200}{185} \times 1000 = 1081.08[rpm]$ **답** ②

문제 53 이상적인 변압기에서 2차를 개방한 벡터도 중 서로 반대 위상인 것은?

① 자속, 여자전류
② 입력전압, 1차 유도기전력
③ 여자전류, 2차 유도기전력
④ 1차 유도기전력, 2차 유도기전력

풀이

이상적인 변압기
① 자속은 인가전압보다 90° 뒤지고, 여자전류와는 동위상이다.
② 공급전압과 1차 유도기전력은 크기는 같고, 방향은 반대이다.
③ 1차 유도기전력과 2차 유도기전력은 동위상이다. **답** ②

문제 54 동일 정격의 3상 동기발전기 2대를 무부하로 병렬 운전하고 있을 때, 두 발전기의 기전력 사이에 30°의 위상차가 있으면 한 발전기에서 다른 발전기에 공급되는 유효전력은 몇 [kW]인가? (단, 각 발전기의(1상) 기전력은 1000[V], 동기 리액턴스는 4[Ω]이고, 전기자 저항은 무시한다.)

① 62.5　　② $62.5 \times \sqrt{3}$
③ 125.5　　④ $125.5 \times \sqrt{3}$

풀이

동기 화력 $P_s = \dfrac{E^2}{2x_s} \sin\delta [W]$에서

$P_s = \dfrac{1000^2}{2 \times 4} \times \sin 30° = 62500[W] = 62.5[kW]$ **답** ①

문제 55 어떤 단상 변압기의 2차 무부하전압이 240[V]이고 정격 부하시의 2차 단자전압이 230[V]이다. 전압변동률은 약 몇 [%]인가?

① 2.35　　② 3.35
③ 4.35　　④ 5.35

풀이

전압 변동률 $\epsilon = \dfrac{V_{20} - V_{2n}}{V_{2n}} \times 100 = \dfrac{240 - 230}{230} \times 100$
$= 4.35[\%]$
단, V_{20} : 2차 무부하 전압
　　V_{2n} : 정격 부하시의 2차 단자 전압 **답** ③

문제 56 정격전압 6000[V], 용량 5000[kVA]의 Y결선 3상 동기발전기가 있다. 여자전류 200[A]에서의 무부하 단자전압 6000[V], 단락전류 600[A]일 때, 이 발전기의 단락비는 약 얼마인가?

① 0.25　　② 1　　③ 1.25　　④ 1.5

풀이

정격전류 $I_n = \dfrac{P}{\sqrt{3} V} = \dfrac{5000 \times 10^3}{\sqrt{3} \times 6000} = 481.13 [A]$

정격전류(481.13 [A])와 같은 단락전류를 통하는 데 요하는 여자전류 I_f''는

$I_f'' = 200 \times \dfrac{481.13}{600} = 160.38 [A]$

$\therefore$ 단락비 $K_s = \dfrac{I_f'}{I_f''} = \dfrac{200}{160.38} = 1.25$ **답** ③

문제 57 3300/200[V], 50[kVA]인 단상 변압기의 %저항, %리액턴스를 각각 2.4[%], 1.6[%]라 하면 이 때의 임피던스 전압은 약 몇 [V]인가?

① 95 ② 100
③ 105 ④ 110

풀이

%저항 $p = 2.4\,[\%]$, %리액턴스 $q = 1.6\,[\%]$이므로

%임피던스 $z = \sqrt{p^2 + q^2} = \sqrt{2.4^2 + 1.6^2} = 2.88\,[\%]$

%임피던스 $z = \dfrac{V_s}{V_{1n}} \times 100$ 이므로

$\therefore V_s = \dfrac{z V_{1n}}{100} = \dfrac{2.88 \times 3300}{100} = 95.04\,[V]$ **답** ①

문제 58 다음은 직류 발전기의 정류 곡선이다. 이 중에서 정류 초기에 정류의 상태가 좋지 않은 것은?

① ⓐ
② ⓑ
③ ⓒ
④ ⓓ

풀이

ⓐ : 직선 정류 (불꽃 없는 정류)

ⓑ : 부족 정류 (정류말기에 $\dfrac{dI}{dt}$가 크므로 정류 말기에 불꽃이 발생)

ⓒ : 과정류 (정류초기에 $\dfrac{dI}{dt}$가 크므로 정류 초기에 불꽃이 발생)

ⓓ : 정현파 정류 (불꽃 없는 정류) **답** ③

문제 59 2대의 변압기로 V결선하여 3상 변압하는 경우 변압기 이용률[%]은?

① 57.8 ② 66.6
③ 86.6 ④ 100

풀이

이용률 $= \dfrac{3상\ 출력}{설비용량} = \dfrac{\sqrt{3}\,VI}{2VI} = \dfrac{\sqrt{3}}{2} = 0.866\,(86.6\,[\%])$ **답** ③

문제 60 직류기의 전기자에 일반적으로 사용되는 전기자 권선법은?

① 2층권 ② 개로권
③ 환상권 ④ 단층권

풀이

직류기의 전기자 권선법
- 단층권과 이층권 중에서 **이층권**을 사용
- 환상권과 고상권 중에서 **고상권**을 사용
- 개로권과 폐로권 중에서 **폐로권**을 사용한다. **답** ①

제4과목 회로이론

문제 61 전달함수 출력(응답)식

$C(s) = G(s)R(s)$에서 입력함수 $R(s)$를 단위 임펄스 $\delta(t)$로 인가할 때 이 계의 출력은?

① $C(s) = G(s)\delta(s)$ ② $C(s) = \dfrac{G(s)}{\delta(s)}$

③ $C(s) = \dfrac{G(s)}{s}$ ④ $C(s) = G(s)$

풀이

$r(t) = \delta(t)$를 라플라스 변환하면

$R(s) = \mathcal{L}[r(t)] = \mathcal{L}[\delta(t)] = 1$

$\therefore C(s) = G(s)R(s) = G(s) \times 1 = G(s)$ **답** ④

문제 62 단자 a와 b사이에 전압 30[V]를 가했을 때 전류 I가 3[A] 흘렀다고 한다. 저항 $r[\Omega]$은 얼마인가?

① 5
② 10
③ 15
④ 20

풀이

단자 a-b 사이의 합성 저항

$R = \dfrac{2r \times r}{2r + r} = \dfrac{2}{3}r$ (∵ $2r$과 r의 병렬 회로)

$V = IR = I \times \dfrac{2}{3}r$ 이므로

$\therefore r = \dfrac{V}{I} \times \dfrac{3}{2} = \dfrac{30}{3} \times \dfrac{3}{2} = 15\,[\Omega]$ **답** ③

문제 63 3상 불평형 전압에서 불평형률은?

① $\dfrac{\text{영상전압}}{\text{정상전압}} \times 100[\%]$

② $\dfrac{\text{역상전압}}{\text{정상전압}} \times 100[\%]$

③ $\dfrac{\text{정상전압}}{\text{역상전압}} \times 100[\%]$

④ $\dfrac{\text{정상전압}}{\text{영상전압}} \times 100[\%]$

풀이

불평형률 $= \dfrac{\text{역상분}}{\text{정상분}} \times 100[\%]$ 답 ②

문제 64 전압과 전류가 각각

$$v = 141.4\sin\left(377t + \dfrac{\pi}{3}\right)[\text{V}],$$

$$i = \sqrt{8}\sin\left(377t + \dfrac{\pi}{6}\right)[\text{A}]$$

인 회로의 소비(유효)전력은 약 몇 [W]인가?

① 100 ② 173
③ 200 ④ 344

풀이

유효전력 $P = \dfrac{V_m}{\sqrt{2}} \times \dfrac{I_m}{\sqrt{2}} \cos\theta$

$= \dfrac{141.4 \times \sqrt{8}}{2} \times \cos\left(\dfrac{\pi}{3} - \dfrac{\pi}{6}\right)$

$= 173.18[\text{W}]$ 답 ②

문제 65 다음과 같은 4단자 회로에서 영상 임피던스[Ω]는?

① 200
② 300
③ 450
④ 600

풀이

$Z_{01} = \sqrt{\dfrac{AB}{CD}}$ 에서 대칭 T형 회로에서는 $A = D$ 이므로

$Z_{01} = \sqrt{\dfrac{B}{C}}$ 이고 회로에서

$C = \dfrac{1}{450}$

$B = \dfrac{R_1 R_3 + R_1 R_2 + R_2 R_3}{R_3}$

$= \dfrac{300 \times 450 + 300 \times 300 + 300 \times 450}{450} = 800$

$\therefore Z_{01} = \sqrt{\dfrac{B}{C}} = \sqrt{\dfrac{800}{1/450}} = 600[\Omega]$ 답 ④

문제 66 저항 1[Ω]과 인덕턴스 1[H]를 직렬로 연결한 후 60[Hz], 100[V]의 전압을 인가할 때 흐르는 전류의 위상은 전압의 위상보다 어떻게 되는가?

① 뒤지지만 90° 이하이다.
② 90° 늦다.
③ 앞서지만 90° 이하이다.
④ 90° 빠르다.

풀이

- $R-L$ 직렬 회로에서 임피던스 $Z = R + jX_L$,

  상차각 $\theta = \tan^{-1}\dfrac{X_L}{R}$

- 임피던스 $Z = Z\angle\theta$

- 전압을 기준하면 전류 $I = \dfrac{E\angle 0°}{Z\angle\theta°} = \dfrac{E}{Z}\angle -\theta°$ 답 ①

문제 67 평형 3상 저항 부하가 3상 4선식 회로에 접속되어 있을 때 단상 전력계를 그림과 같이 접속하였더니 그 지시 값이 $W[\text{W}]$이었다. 이 부하의 3상 전력[W]은?

① $\sqrt{2}\,W$
② $2\,W$
③ $\sqrt{3}\,W$
④ $3\,W$

풀이

Y결선에서 선간 전압을 E_{12}, 부하 전류를 I_1이라 하면 I_1은 상전압 E_1과 동상이 되지만 E_{12}와는 30° 위상차가 있으므로

$W = E_{12} I_1 \cos 30° = \dfrac{\sqrt{3}}{2} E_{12} \cdot I_1$

$\therefore E_{12} \cdot I_1 = \dfrac{2W}{\sqrt{3}}$

부하 전력 $P = \sqrt{3}\,E_{12} \cdot I_1 = \sqrt{3} \times \dfrac{2W}{\sqrt{3}} = 2W[\text{W}]$ 답 ②

문제 68 어떤 정현파 교류전압의 실효값이 314[V]일 때 평균값은 약 몇 [V]인가?

① 142　　② 283
③ 365　　④ 382

풀이
평균값 $V_{av} = \dfrac{2\sqrt{2}}{\pi} \cdot V = \dfrac{2\sqrt{2}}{\pi} \cdot 314 = 282.7$[V]　**답** ②

문제 69 다음 두 회로의 4단자 정수 A, B, C, D 가 동일할 조건은?

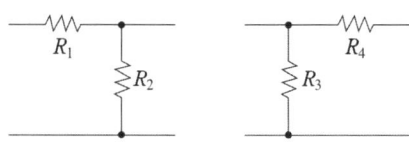

① $R_1 = R_2$, $R_3 = R_4$
② $R_1 = R_3$, $R_2 = R_4$
③ $R_1 = R_4$, $R_2 = R_3 = 0$
④ $R_2 = R_3$, $R_1 = R_4 = 0$

풀이
①
$\begin{bmatrix} A & B \\ C & D \end{bmatrix} = \begin{bmatrix} 1 & R_1 \\ 0 & 1 \end{bmatrix}\begin{bmatrix} 1 & 0 \\ \frac{1}{R_2} & 1 \end{bmatrix}$

$= \begin{bmatrix} 1+\frac{R_1}{R_2} & R_1 \\ \frac{1}{R_2} & 1 \end{bmatrix}$

②
$\begin{bmatrix} A & B \\ C & D \end{bmatrix} = \begin{bmatrix} 1 & 0 \\ \frac{1}{R_3} & 1 \end{bmatrix}\begin{bmatrix} 1 & R_4 \\ 0 & 1 \end{bmatrix}$

$= \begin{bmatrix} 1 & R_4 \\ \frac{1}{R_3} & 1+\frac{R_4}{R_3} \end{bmatrix}$

∴ $R_2 = R_3$, $R_1 = R_4 = 0$　**답** ④

문제 70 Y결선된 대칭 3상 회로에서 전원 한 상의 전압이 $V_a = 220\sqrt{2}\sin\omega t$[V]일 때 선간전압의 실효값 크기는 약 몇 [V]인가?

① 220　　② 310
③ 380　　④ 540

풀이
Y결선시 선간전압(V_l)은 상전압(V_p)의 $\sqrt{3}$배 이므로
∴ $V_l = \sqrt{3}\,V_p = \sqrt{3}\times 220 = 381.05$[V]　**답** ③

문제 71 그림과 같은 RC 직렬회로에 $t=0$에서 스위치 S를 닫아 직류 전압 100[V]를 회로의 양단에 인가하면 시간 t에서의 충전전하는? (단, $R=10$[Ω], $C=0.1$[F]이다.)

① $10(1-e^{-t})$
② $-10(1-e^t)$
③ $10e^{-t}$
④ $-10e^t$

풀이
$q = CE\left(1-e^{-\frac{1}{RC}t}\right) = 0.1\times 100\left(1-e^{-\frac{1}{10\times 0.1}t}\right)$
$= 10(1-e^{-t})$[C]　**답** ①

문제 72 $a+a^2$의 값은?
(단, $a = e^{j2\pi/3} = 1\angle 120°$ 이다.)

① 0　　② -1　　③ 1　　④ a^3

풀이
$a = -\dfrac{1}{2}+j\dfrac{\sqrt{3}}{2}$, $a^2 = -\dfrac{1}{2}-j\dfrac{\sqrt{3}}{2}$ 이므로
$a+a^2 = -\dfrac{1}{2}+j\dfrac{\sqrt{3}}{2}-\dfrac{1}{2}-j\dfrac{\sqrt{3}}{2} = -1$　**답** ②

문제 73 평형 3상 Y결선 회로의 선간전압이 V_l, 상전압이 V_p, 선전류가 I_l, 상전류가 I_p 일 때 다음의 수식 중 틀린 것은? (단, P는 3상 부하전력을 의미한다.)

① $V_l = \sqrt{3}\,V_p$
② $I_l = I_p$
③ $P = \sqrt{3}\,V_l I_l \cos\theta$
④ $P = \sqrt{3}\,V_p I_p \cos\theta$

풀이

Y결선 및 △결선과의 비교

결선법	선간전압 V_l	선전류 I_l	출력	
Y결선	$\sqrt{3}\,V_p$	I_p	$\sqrt{3}\,V_l I_l \cos\theta$	$3V_p I_p \cos\theta$
△결선	V_p	$\sqrt{3}\,I_p$	$\sqrt{3}\,V_l I_l \cos\theta$	$3V_p I_p \cos\theta$

여기서, V_l : 선간 전압, I_l : 선로 전류, V_p : 상전압, I_p : 상전류

답 ④

문제 74 전압이 $v=10\sin 10t+20\sin 20t$ [V] 이고 전류가 $i=20\sin 10t+10\sin 20t$ [A]이면, 소비(유효)전력[W]은?

① 400 ② 283
③ 200 ④ 141

풀이

비정현파의 유효전력 $P=\sum_{n=1}^{\infty} V_n I_n \cos\theta_n$ 에서

$P=\dfrac{10}{\sqrt{2}}\times\dfrac{20}{\sqrt{2}}\times\cos 0°+\dfrac{20}{\sqrt{2}}\times\dfrac{10}{\sqrt{2}}\times\cos 0°=200\,[\text{W}]$

답 ③

문제 75 코일의 권수 $N=1000$회이고, 코일의 저항 $R=10[\Omega]$이다. 전류 $I=10[\text{A}]$를 흘릴 때 코일의 권수 1회에 대한 자속이 $\phi=3\times10^{-2}[\text{Wb}]$이라면 이 회로의 시정수[s]는?

① 0.3 ② 0.4
③ 3.0 ④ 4.0

풀이

코일의 인덕턴스 L은

$L=\dfrac{N\phi}{I}=\dfrac{1000\times 3\times 10^{-2}}{10}=3[\text{H}]$

∴ 시정수 $\tau=\dfrac{L}{R}=\dfrac{3}{10}=0.3[\text{s}]$

답 ①

문제 76 $\mathcal{L}[f(t)]=F(s)=\dfrac{5s+8}{5s^2+4s}$ 일 때, $f(t)$의 최종값 $f(\infty)$는?

① 1 ② 2
③ 3 ④ 4

풀이

최종값 정리 $f(\infty)=\lim_{t\to\infty} f(t)=\lim_{s\to 0} sF(s)$ 에 의해서

$\lim_{t\to\infty} f(t)=\lim_{s\to 0} s\cdot F(s)=\lim_{s\to 0} s\cdot \dfrac{5s+8}{5s^2+4s}$

$=\lim_{s\to 0} s\cdot \dfrac{5s+8}{s(5s+4)}=\lim_{s\to 0}\dfrac{5s+8}{5s+4}=\dfrac{8}{4}=2$

답 ②

문제 77 정현파 교류 $i=10\sqrt{2}\sin\left(\omega t+\dfrac{\pi}{3}\right)$를 복소수의 극좌표 형식인 페이저(phasor)로 나타내면?

① $10\sqrt{2}\angle\dfrac{\pi}{3}$ ② $10\sqrt{2}\angle-\dfrac{\pi}{3}$
③ $10\angle\dfrac{\pi}{3}$ ④ $10\angle-\dfrac{\pi}{3}$

풀이

$i=\sqrt{2}\,I\sin(\omega t+\theta)\to \dot{I}=I\angle\theta$ 이므로

∴ $i=10\sqrt{2}\sin\left(\omega t+\dfrac{\pi}{3}\right)\to 10\angle\dfrac{\pi}{3}$

답 ③

문제 78 $V_1(s)$을 입력, $V_2(s)$를 출력이라 할 때, 다음 회로의 전달함수는?
(단, $C_1=1[\text{F}]$, $L_1=1[\text{H}]$)

① $\dfrac{s}{s+1}$

② $\dfrac{s^2}{s^2+1}$

③ $\dfrac{1}{s+1}$

④ $1+\dfrac{1}{s}$

풀이

$\begin{cases} V_1(s)=\left(\dfrac{1}{Cs}+Ls\right)I(s) \\ V_2(s)=Ls\,I(s) \end{cases}$

∴ $G(s)=\dfrac{V_2(s)}{V_1(s)}=\dfrac{Ls}{\dfrac{1}{Cs}+Ls}=\dfrac{LCs^2}{LCs^2+1}$

$=\dfrac{1\times 1\times s^2}{1\times 1\times s^2+1}=\dfrac{s^2}{s^2+1}$

답 ②

문제 79
평형 3상 부하의 결선을 Y에서 △로 하면 소비전력은 몇 배가 되는가?

① 1.5　　② 1.73
③ 3　　　④ 3.46

풀이
- Y결선시 상전압은 선간 전압의 $\frac{1}{\sqrt{3}}$ 이므로

$$P_Y = 3 \cdot I^2 R = 3 \times \left(\frac{V/\sqrt{3}}{R}\right)^2 R = \frac{V^2}{R}$$

- △결선시 상전압은 선간전압과 크기가 같으므로

$$P_\triangle = 3I^2 R = 3\left(\frac{V}{R}\right)^2 R = 3 \cdot \frac{V^2}{R}$$

∴ $P_\triangle = 3P_Y$ 이므로 △결선이 Y결선에 3배가 된다.

답 ③

문제 80
$\frac{dx(t)}{dt} + 3x(t) = 5$ 의 라플라스 변환은?
(단, $x(0) = 0$, $X(s) = \mathcal{L}[x(t)]$)

① $X(s) = \dfrac{5}{s+3}$　　② $X(s) = \dfrac{3}{s(s+5)}$

③ $X(s) = \dfrac{3}{s+5}$　　④ $X(s) = \dfrac{5}{s(s+3)}$

풀이
초기값을 0으로 하고 라플라스 변환하면,
$\{sX(s) - x(0)\} + 3X(s) = \dfrac{5}{s}$ → $(s+3)X(s) = \dfrac{5}{s}$

∴ $X(s) = \dfrac{5}{s(s+3)}$

답 ④

제5과목 전기설비기술기준

문제 81
과전류차단기를 설치하지 않아야 할 곳은?
① 수용가의 인입선 부분
② 고압 배전선로의 인출장소
③ 직접 접지계통에 설치한 변압기의 접지선
④ 역률조정용 고압 병렬콘덴서 뱅크의 분기선

풀이
341.11 과전류차단기의 시설 제한
접지공사의 접지도체, 다선식 전로의 중성선 및 전로의 일부에 접지공사를 한 저압 가공전선로의 접지측 전선에는 과전류차단기를 시설하여서는 안 된다.
다만, 다음의 경우에는 예외로 한다.
가. 다선식 전로의 중성선에 시설한 과전류차단기가 동작한 경우에 각 극이 동시에 차단될 때
나. 저항기·리액터 등을 사용하여 접지공사를 한 때에 과전류차단기의 동작에 의하여 그 접지도체가 비접지 상태로 되지 아니할 때

답 ③

문제 82
사용전압 154[kV]의 가공전선을 시가지에 시설하는 경우 전선의 지표상의 높이는 최소 몇 [m] 이상이어야 하는가? (단, 발전소·변전소 또는 이에 준하는 곳의 구내와 구외를 연결하는 1경간 가공전선은 제외한다.)

① 7.44　　② 9.44
③ 11.44　　④ 13.44

풀이
333.1 시가지 등에서 특고압 가공전선로의 시설

사용전압의 구분	지표상의 높이
35 [kV] 이하	10 [m] (전선이 특고압 절연전선인 경우에는 8 [m])
35 [kV] 초과	10 [m]에 35 [kV]를 초과하는 10 [kV] 또는 그 단수마다 12 [cm]를 더한 값

- 단수 = $\dfrac{154-35}{10} = 11.9$ → 12단
- 지표상의 높이 = $10 + 12 \times 0.12 = 11.44$ [m]

답 ③

문제 83
특고압 가공전선로의 지지물에 시설하는 가공통신 인입선은 조영물의 붙임점에서 지표상의 높이를 몇 [m] 이상으로 하여야 하는가? (단, 교통에 지장이 없고 또한 위험의 우려가 없을 때에 한한다.)

① 2.5　　② 3　　③ 3.5　　④ 4

풀이
362.12 가공통신 인입선 시설
① 교통에 지장을 줄 우려가 없을 경우 가공통신 인입선 부분의 높이
- 차량이 통행하는 노면상의 높이 : 4.5 [m] 이상
- 조영물의 붙임점에서의 지표상의 높이 : 2.5 [m] 이상

② 특고압 가공전선로의 지지물에 시설하는 통신선
- 교통에 지장이 없고 또한 위험의 우려가 없을 때 : 5[m] 이상
- 조영물의 붙임점에서의 지표상의 높이 : 3.5[m] 이상
- 다른 가공약전류 전선 사이의 이격거리 : 60[cm] 이상

답 ③

문제 84
발전기의 보호장치에 있어서 과전류, 압유장치의 유압저하 및 베어링의 온도가 현저히 상승한 경우 자동적으로 이를 전로로부터 차단하는 장치를 시설하여야 한다. 해당되지 않는 것은?
① 발전기에 과전류가 생긴 경우
② 용량 10000[kVA] 이상인 발전기의 내부에 고장이 생긴 경우
③ 원자력발전소에 시설하는 비상용 예비발전기에 있어서 비상용 노심냉각장치가 작동한 경우
④ 용량 100[kVA] 이상의 발전기를 구동하는 풍차의 압유장치의 유압, 압축공기장치의 공기압이 현저히 저하한 경우

풀이
351.3 발전기 등의 보호장치
발전기에는 다음의 경우에 자동적으로 이를 전로로부터 차단하는 장치를 시설하여야 한다.
가. **발전기에 과전류**나 과전압이 생긴 경우
나. 용량이 500[kVA] 이상의 발전기를 구동하는 수차의 압유 장치의 유압이 현저히 저하한 경우
다. **용량이 100[kVA] 이상의 발전기를 구동하는 풍차의 압유장치의 유압이 현저히 저하한 경우**
라. 용량이 2,000[kVA] 이상인 수차 발전기의 스러스트 베어링의 온도가 현저히 상승한 경우
마. **용량이 10,000[kVA] 이상인 발전기의 내부에 고장이 생긴 경우**
바. 정격출력이 10,000[kW]를 초과하는 증기터빈은 그 스러스트 베어링이 현저하게 마모되거나 그의 온도가 현저히 상승한 경우

답 ③

문제 85
지중 또는 수중에 시설되어 있는 금속체의 부식을 방지하기 위한 전기부식방지 회로의 사용전압은 직류 몇 [V] 이하이어야 하는가? (단, 전기부식방지 회로는 전기부식방지용 전원 장치로부터 양극 및 피방식체까지의 전로를 말한다.)
① 30 ② 60 ③ 90 ④ 120

풀이
241.16 전기부식방지 시설
전기부식방지 회로(전기부식방지용 전원장치로부터 양극 및 피방식체까지의 전로를 말한다. 이하 같다)의 **사용전압은 직류 60[V] 이하**일 것.

답 ②

문제 86
특고압 전선로에 사용되는 애자장치에 대한 갑종 풍압하중은 그 구성재의 수직 투영면적 1[m²]에 대한 풍압하중을 몇 [Pa]를 기초로 하여 계산한 것인가?
① 588 ② 666 ③ 946 ④ 1039

풀이
331.6 풍압하중의 종별과 적용

풍압을 받는 구분	구성재의 수직 투영면적 1[m²]에 대한 풍압
목 주	588[Pa]
애자장치 (특고압 전선용의 것에 한한다)	1,039[Pa]
목주·철주(원형의 것에 한한다) 및 철근 콘크리트주의 완금류(특고압 전선로용의 것에 한한다)	단일재로서 사용하는 경우에는 1,196[Pa], 기타의 경우에는 1,627[Pa]

답 ④

문제 87
특고압 가공전선로에서 철탑(단주 제외)의 경간은 몇 [m] 이하로 하여야 하는가?
① 400 ② 500
③ 600 ④ 700

풀이
333.21 특고압 가공전선로의 경간 제한
특고압 가공전선로의 경간은 표에서 정한 값 이하이어야 한다.

지지물의 종류	경간
목주·A종 철주 또는 A종 철근 콘크리트주	150[m] 이하
B종 철주 또는 B종 철근 콘크리트주	250[m] 이하
철탑	600[m] 이하 (단주인 경우에는 400[m] 이하)

답 ③

문제 88
지중전선이 지중약전류 전선 등과 접근하거나 교차하는 경우에 상호 간의 이격거리가 저압 또는 고압의 지중전선이 몇 [cm] 이하일 때, 지중전선과 지중약전류 전선 사이에 견고한 내화성의 격벽(隔壁)을 설치하여야 하는가?

① 10 ② 20 ③ 30 ④ 60

풀이

334.6 지중전선과 지중약전류전선 등 또는 관과의 접근 또는 교차
지중전선이 다음 조건의 이격거리 이하로 설치되는 경우에는 상호간에 내화성의 격벽을 설치하여야 한다.

조 건	전 압	이격거리
지중 약전류 전선과 접근 또는 교차하는 경우	저압 또는 고압	0.3[m]
	특고압	0.6[m]
가연성, 유독성의 유체를 내포하는 관과 접근 또는 교차	특고압	1[m]
	25[kV] 이하, 다중접지방식	0.5[m]
기타의 관과 접근 또는 교차	특고압	0.3[m]

답 ③

문제 89
가공전선로의 지지물에 시설하는 지선의 안전율과 허용 인장하중의 최저값은?

① 안전율은 2.0 이상, 허용 인장하중 최저값은 4[kN]
② 안전율은 2.5 이상, 허용 인장하중 최저값은 4[kN]
③ 안전율은 2.0 이상, 허용 인장하중 최저값은 4.4 [kN]
④ 안전율은 2.5 이상, 허용 인장하중 최저값은 4.31 [kN]

풀이

331.11 지선의 시설
가. 가공전선로의 지지물로 사용하는 철탑은 지선을 사용하여 그 강도를 분담시켜서는 안 된다.
나. 지선의 **안전율은 2.5 이상**일 것. 이 경우에 **허용 인장하중의 최저는 4.31 [kN]**으로 한다.
다. 지선에 연선을 사용할 경우에는 다음에 의할 것.
  ① 소선 3가닥 이상의 연선일 것.
  ② 소선의 지름이 2.6[mm] 이상의 금속선을 사용한 것일 것.

답 ④

문제 90
지중 전선로를 직접 매설식에 의하여 시설하는 경우에 차량 및 기타 중량물의 압력을 받을 우려가 있는 장소의 매설 깊이는 몇 [m] 이상인가?

① 1.0 ② 1.2
③ 1.5 ④ 1.8

풀이

334.1 지중전선로의 시설
가. 지중 전선로는 전선에 케이블을 사용하고 또한 관로식 · 암거식 또는 직접 매설식에 의하여 시설하여야 한다.
나. 지중 전선로를 직접 매설식에 의하여 시설하는 경우에는 매설 깊이는
  ① **차량 기타 중량물의 압력을 받을 우려가 있는 장소 : 1.0[m] 이상**
  ② **기타 장소 : 0.6 [m] 이상**

답 ①

문제 91
피뢰기를 반드시 시설하지 않아도 되는 곳은?

① 발전소·변전소의 가공전선의 인출구
② 가공전선로와 지중전선로가 접속되는 곳
③ 고압 가공전선로로부터 수전하는 차단기 2차측
④ 특고압 가공전선로로부터 공급을 받는 수용장소의 인입구

풀이

341.13 피뢰기의 시설
가. 고압 및 특고압의 전로 중 다음에 열거하는 곳 또는 이에 근접한 곳에는 피뢰기를 시설하여야 한다.
  ① 발전소·변전소 또는 이에 준하는 장소의 **가공전선 인입구 및 인출구**
  ② 특고압 가공전선로에 접속하는 배전용 변압기의 고압측 및 특고압측
  ③ 고압 및 특고압 가공전선로로부터 공급을 받는 **수용장소의 인입구**
  ④ **가공전선로와 지중전선로가 접속되는 곳**
나. 다음의 어느 하나에 해당하는 경우에는 피뢰기를 시설하지 않아도 된다.
  ① 직접 접속하는 전선이 짧은 경우
  ② 피보호기기가 보호범위 내에 위치하는 경우

답 ③

문제 92 건조한 장소로서 전개된 장소에 한하여 고압 옥내배선을 할 수 있는 것은?
① 금속관공사
② 애자공사
③ 합성수지관공사
④ 금속제가요전선관공사

풀이
342.1 고압 옥내배선 등의 시설
고압 옥내배선은 다음 중 하나에 의하여 시설할 것.
가. 애자공사(**건조한 장소로서 전개된 장소에 한한다**)
나. 케이블공사
다. 케이블트레이공사 　　　　　　　　**답 ②**

문제 93 백열전등 또는 방전등에 전기를 공급하는 옥내전로의 대지전압은 몇 [V] 이하이어야 하는가?
① 150　② 300　③ 400　④ 600

풀이
231.6 옥내전로의 대지 전압의 제한
백열전등 또는 방전등에 전기를 공급하는 옥내의 전로의 **대지전압은 300[V] 이하여야 한다**. 　　　**답 ②**

문제 94 내부에 고장이 생긴 경우에 자동적으로 전로로부터 차단하는 장치가 반드시 필요한 것은?
① 뱅크용량 1000[kVA]인 변압기
② 뱅크용량 10000[kVA]인 조상기
③ 뱅크용량 300[kVA]인 분로리액터
④ 뱅크용량 1000[kVA]인 전력용 커패시터

풀이
351.5 조상설비의 보호장치
조상 설비에는 그 내부에 고장이 생긴 경우에 보호하는 장치를 표와 같이 시설하여야 한다.

설비 종별	뱅크 용량의 구분	자동적으로 전로로부터 차단하는 장치
전력용 커패시터 및 분로리액터	500 [kVA] 초과 15,000 [kVA] 미만	·내부에 고장이 생긴 경우 ·과전류가 생긴 경우
	15,000 [kVA] 이상	·내부에 고장이 생긴 경우 ·과전류가 생긴 경우 ·과전압이 생긴 경우
조상기	15,000 [kVA] 이상	·내부에 고장이 생긴 경우

답 ④

문제 95 특고압 가공전선로에 사용하는 가공지선에는 지름 몇 [mm] 이상의 나경동선을 사용하여야 하는가?
① 2.6　② 3.5　③ 4　④ 5

풀이
333.8 특고압 가공전선로의 가공지선
특고압 가공전선로에 사용하는 가공지선은 다음과 같다.
가. 인장강도 8.01 [kN] 이상의 나선
나. **지름 5 [mm] 이상의 나경동선**
다. 단면적 22[mm²] 이상의 나경동연선
라. 아연도강연선 22[mm²]
마. OPGW 전선 　　　　　　　　**답 ④**

문제 96 접지공사에 사용하는 접지도체를 사람이 접촉할 우려가 있는 곳에 철주 기타의 금속체를 따라서 시설하는 경우에는 접지극을 그 금속체로부터 지중에서 몇 [m] 이상 이격시켜야 하는가? (단, 접지극을 철주의 밑면으로부터 30[cm] 이상의 깊이에 매설하는 경우는 제외한다.)
① 1　② 2　③ 3　④ 4

풀이
142.2 접지극의 시설 및 접지저항
접지극의 매설은 다음에 의한다.
가. 접지극은 지표면으로부터 지하 0.75[m] 이상으로 하되 동결 깊이를 감안하여 매설 깊이를 정해야 한다.
나. 접지도체를 철주 기타의 금속체를 따라서 시설하는 경우에는 접지극을 철주의 밑면으로부터 0.3[m] 이상의 깊이에 매설 하는 경우 이외에는 **접지극을 지중에서 그 금속체로부터 1 [m] 이상 떼어 매설하여야 한다**. 　**답 ①**

출제기준 변경 및 개정된 관계 법규에 따라 삭제된 문제가 있어 20문항이 안됩니다.

D60-2

2018년도 전기산업기사 필기

- 2018년도 제1회 전기산업기사
- 2018년도 제2회 전기산업기사
- 2018년도 제3회 전기산업기사

국가기술자격검정 필기시험 문제

2018년도 전기산업기사 일반검정 제1회

자격종목 및 등급(선택분야)	종목코드	시험시간	문제지형별	수검 번호	성 명
전기산업기사	2140	2시간 30분	A		

제1과목 전기자기학

문제 01 무한장 원주형 도체에 전류 I가 표면에만 흐른다면 원주 내부의 자계의 세기는 몇 [AT/m]인가? (단, r[m]는 원주의 반지름이고, N은 권선수이다.)

① 0 ② $\dfrac{NI}{2\pi r}$ ③ $\dfrac{I}{2r}$ ④ $\dfrac{I}{2\pi r}$

풀이
도체의 전류가 표면에만 흐르면 **내부 자계는 0**이다. 답 ①

문제 02 비유전율이 9인 유전체 중에 1[cm]의 거리를 두고 1[μC]과 2[μC]의 두 점전하가 있을 때 서로 작용하는 힘은 약 몇 [N] 인가?

① 18 ② 20 ③ 180 ④ 200

풀이
Q_1과 Q_2 사이에 작용하는 쿨롱의 힘

$F = \dfrac{1}{4\pi\epsilon} \cdot \dfrac{Q_1 \cdot Q_2}{r^2}$ [N]에서

$F = \dfrac{1}{4\pi\epsilon_0} \cdot \dfrac{Q_1 Q_2}{\epsilon_s r^2} = 9 \times 10^9 \times \dfrac{1\times10^{-6} \times 2\times10^{-6}}{9\times(1\times10^{-2})^2} = 20$ [N]

답 ②

문제 03 비투자율 μ_s, 자속 밀도 B[Wb/m²]인 자계 중에 있는 m[Wb]의 자극이 받는 힘[N]은?

① $\dfrac{Bm}{\mu_0 \mu_s}$ ② $\dfrac{Bm}{\mu_0}$ ③ $\dfrac{\mu_0 \mu_s}{Bm}$ ④ $\dfrac{Bm}{\mu_s}$

풀이
자속밀도 $B = \mu H = \mu_0 \mu_s H$ 에서 $H = \dfrac{B}{\mu_0 \mu_s}$

힘 $F = mH = m \times \dfrac{B}{\mu_0 \mu_s} = \dfrac{mB}{\mu_0 \mu_s}$ [N]

답 ①

문제 04 다음이 설명하고 있는 것은?

수정, 로셀염 등에 열을 가하면 분극을 일으켜 한쪽 끝에 양(+) 전기, 다른 쪽 끝에 음(−) 전기가 나타나며, 냉각할 때에는 역분극이 생긴다.

① 강유전성   ② 압전기현상
③ 파이로(Pyro)전기   ④ 톰슨(Thomson)효과

풀이
파이로 전기 : 압전 현상이 나타나는 결정을 가열하면 한 면에 정(+)의 전기가, 다른 면에 부(−)의 전기가 나타나 분극을 일으킨다. 반대로 냉각시키면 역의 분극이 일어난다. 이 전기를 파이로 전기(pyro-electricity)라 하며 **이 현상은 전기석, 수정, 로셀염, 티탄산바륨에서 일어난다.** 답 ③

문제 05 반지름이 1[m]인 도체구에 최고로 줄 수 있는 전위는 몇 [kV] 인가? (단, 주위 공기의 절연내력은 3×10^6 [V/m] 이다.)

① 30 ② 300 ③ 3000 ④ 30000

풀이
$V = \dfrac{Q}{4\pi\epsilon_0 r}$ [V], $G = E = \dfrac{Q}{4\pi\epsilon_0 r^2}$ [V/m]

단, G는 구의 표면에 있어서의 전위경도

$V = Gr = 3\times10^6$ [V/m] $\times 1$ [m] $= 3\times10^6$ [V] $= 3000$ [kV]

답 ③

문제 06
단면적 $S[\text{m}^2]$, 자로의 길이 $l[\text{m}]$, 투자율 $\mu[\text{H/m}]$의 환상 철심에 1[m]당 N회 코일을 균등하게 감았을 때 자기인덕턴스[H]는?

① μNlS ② $\mu N^2 lS$
③ $\dfrac{\mu N^2 l}{S}$ ④ $\dfrac{\mu N^2 S}{l}$

풀이
자기 인덕턴스 L은 $L = \dfrac{\mu S(Nl)^2}{l} = \mu N^2 lS [\text{H}]$ **답** ②

문제 07
그림과 같은 정전용량이 $C_o[\text{F}]$가 되는 평행판 공기콘덴서가 있다. 이 콘덴서의 판면적의 2/3가 되는 공간에 비유전율 ϵ_s인 유전체를 채우면 공기콘덴서의 정전용량[F]은?

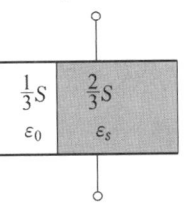

① $\dfrac{2\epsilon_s}{3} C_o$ ② $\dfrac{3}{1+2\epsilon_s} C_o$
③ $\dfrac{1+\epsilon_s}{3} C_o$ ④ $\dfrac{1+2\epsilon_s}{3} C_o$

풀이
$C_1 = \dfrac{\epsilon_0 \left(\dfrac{1}{3}S\right)}{d} = \dfrac{1}{3} C_o$, $C_2 = \dfrac{\epsilon_0 \epsilon_s \left(\dfrac{2}{3}S\right)}{d} = \dfrac{2}{3} \epsilon_s C_o$

C_1, C_2는 병렬 접속이므로
$C_t = C_1 + C_2 = \dfrac{1+2\epsilon_s}{3} C_o$ **답** ④

문제 08
반지름 $a[\text{m}]$인 접지 도체구의 중심에서 $r[\text{m}]$되는 거리에 점전하 $Q[\text{C}]$을 놓았을 때 도체구에 유도된 총 전하는 몇 [C]인가?

① 0 ② $-Q$
③ $-\dfrac{a}{r} Q$ ④ $-\dfrac{r}{a} Q$

풀이

점 P'의 영상 전하는 도체에 유기되는 전하를 대표할 수 있다.
- 영상전하 $Q' = -\dfrac{a}{r} Q [\text{C}]$
  (실제로 유기된 구도체상의 전하 밀도는 불균일)
- 영상점 $\overline{OP'} = \dfrac{a^2}{r} [\text{m}]$ **답** ③

문제 09
각각 $\pm Q[\text{C}]$로 대전된 두 개의 도체 간의 전위차를 전위계수로 표시하면?
(단, $P_{12} = P_{21}$이다.)

① $(P_{11} + P_{12} + P_{22})Q$
② $(P_{11} + P_{12} - P_{22})Q$
③ $(P_{11} - P_{12} + P_{22})Q$
④ $(P_{11} - 2P_{12} + P_{22})Q$

풀이
$V_1 = P_{11}Q_1 + P_{12}Q_2$, $V_2 = P_{21}Q_1 + P_{22}Q_2$ 에서
$Q_1 = Q$, $Q_2 = -Q$를 대입하면
$V_1 = P_{11}Q - P_{12}Q$, $V_2 = P_{21}Q - P_{22}Q$
전위차 $V = V_1 - V_2 = (P_{11} - 2P_{12} + P_{22})Q$ **답** ④

문제 10
공기 중에서 무한평면 도체로부터 수직으로 $10^{-10}[\text{m}]$ 떨어진 점에 한 개의 전자가 있다. 이 전자에 작용하는 힘은 약 몇 [N]인가?
(단, 전자의 전하량 : $-1.602 \times 10^{-19} [\text{C}]$이다.)

① 5.77×10^{-9} ② 1.602×10^{-9}
③ 5.77×10^{-19} ④ 1.602×10^{-19}

풀이

무한 평면 도체에서 $r[\text{m}]$ 떨어진 점전하 $Q[\text{C}]$이 받는 힘은 전기 영상법에 의해
$F = \dfrac{1}{4\pi\epsilon_0} \dfrac{QQ'}{(2r)^2} = \dfrac{Q^2}{16\pi\epsilon_0 r^2}$
$= \dfrac{1}{4} \times 9 \times 10^9 \times \dfrac{(1.602 \times 10^{-19})^2}{(1 \times 10^{-10})^2} = 5.77 \times 10^{-9} [\text{N}]$
$\left(\because \dfrac{1}{4\pi\epsilon_0} = 9 \times 10^9\right)$ **답** ①

문제 11 접지구 도체와 점전하간의 작용력은?
① 항상 반발력이다.
② 항상 흡인력이다.
③ 조건적 반발력이다.
④ 조건적 흡인력이다.

풀이
접지 구도체에는 항상 **점전하와 반대 극성인 전하** ($Q' = -\frac{a}{d}Q$)가 유도되므로 **항상 흡인력**이 작용한다.

답 ②

문제 12 자속밀도 B[Wb/m²]가 도체 중에서 f[Hz]로 변화할 때 도체 중에 유기되는 기전력 e는 무엇에 비례하는가?

① $e \propto Bf$ ② $e \propto \frac{B}{f}$
③ $e \propto \frac{B^2}{f}$ ④ $e \propto \frac{f}{B}$

풀이
$\phi = \phi_m \sin\omega t = B_m S \sin 2\pi f t$[Wb] 라 하면 유기기전력 e는
$e = -N\frac{d\phi}{dt} = -N\frac{d}{dt}(B_m S \sin 2\pi f t)$
$= -2\pi f N B_m S \cos 2\pi f t$[V]
$\therefore e \propto B_m f$

답 ①

문제 13 유전율 ϵ, 투자율 μ인 매질 내에서 전자파의 전파속도는?

① $\sqrt{\epsilon\mu}$ ② $\sqrt{\frac{\epsilon}{\mu}}$
③ $\frac{1}{\sqrt{\epsilon\mu}}$ ④ $\sqrt{\frac{\mu}{\epsilon}}$

풀이
전자파의 속도는 $v^2 = \frac{1}{\epsilon\mu}$ 에서
$\therefore v = \frac{1}{\sqrt{\epsilon\mu}} = \frac{1}{\sqrt{\epsilon_0\mu_0}} \cdot \frac{1}{\sqrt{\epsilon_s\mu_s}} = c\frac{1}{\sqrt{\epsilon_s\mu_s}}$
$= \frac{3\times10^8}{\sqrt{\epsilon_s\mu_s}}$[m/s]

답 ③

문제 14 유전체 중의 전계의 세기를 E, 유전율을 ϵ이라 하면 전기변위는?

① ϵE ② ϵE^2
③ $\frac{\epsilon}{E}$ ④ $\frac{E}{\epsilon}$

풀이
전기변위(Electric Displacement)=**전속밀도**(D), 전속밀도(전기변위)와 전계의 세기의 관계식은 $D = \epsilon E$ 이다.

답 ①

문제 15 맥스웰의 전자방정식으로 틀린 것은?

① $\text{div } B = \phi$ ② $\text{div } \boldsymbol{D} = \rho$
③ $\text{rot } \boldsymbol{E} = -\frac{\partial \boldsymbol{B}}{\partial t}$ ④ $\text{rot } \boldsymbol{H} = i + \frac{\partial \boldsymbol{D}}{\partial t}$

풀이

맥스웰 전자방정식	
미 분 형	의 미
$\text{rot } \boldsymbol{E} = -\frac{\partial \boldsymbol{B}}{\partial t}$	패러데이 법칙
$\text{rot } \boldsymbol{H} = i_c + \frac{\partial \boldsymbol{D}}{\partial t}$	암페어 주회적분 법칙
$\text{div } \boldsymbol{D} = \rho$	가우스 법칙
$\text{div } \boldsymbol{B} = 0$	고립된 자하는 없다.(N극과 S극이 공존)

답 ①

문제 16 평행판 콘덴서에서 전극간에 V[V]의 전위차를 가할 때 전계의 세기가 공기의 절연내력 E[V/m]를 넘지 않도록 하기 위한 콘덴서의 단위 면적당의 최대용량은 몇 [F/m²] 인가?

① $\frac{\epsilon_0 V}{E}$ ② $\frac{\epsilon_0 E}{V}$
③ $\frac{\epsilon_0 V^2}{E}$ ④ $\frac{\epsilon_0 E^2}{V}$

풀이
전위 $V = Ed$[V], 정전용량 $C = \frac{\epsilon_0 S}{d}$[F]에서
단위 면적당($S = 1$[m²]) 정전용량 C
$\therefore C = \frac{\epsilon_0}{d} = \frac{\epsilon_0}{\frac{V}{E}} = \frac{\epsilon_0 E}{V}$ [F/m²]

답 ②

문제 17 두 점전하 q, $\frac{1}{2}q$가 a만큼 떨어져 놓여있다. 이 두 점전하를 연결하는 선상에서 전계의 세기가 영(0)이 되는 점은 q가 놓여 있는 점으로부터 얼마나 떨어진 곳인가?

① $\sqrt{2}\,a$　　② $(2-\sqrt{2})a$
③ $\frac{\sqrt{3}}{2}a$　　④ $\frac{(1+\sqrt{2})a}{2}$

풀이

두 점전하(q, $q/2$)에 의한 전계의 방향을 세 영역에 대해 고찰하면, 두 점전하에 대해 각각 I영역은 좌측 방향, III 영역은 우측 방향이 되어 전계가 0인 점이 존재하지 않는다.

II 영역은 그림과 같이 q에 의한 전계 E_1, $q/2$에 의한 전계 E_2가 반대 방향이 되어 전계가 0인 점이 존재한다. 따라서 전계의 세기(크기) $E_1 = E_2$의 조건을 만족하는 거리 x를 구하면 된다.

$\frac{q}{4\pi\epsilon_0 x^2} = \frac{q/2}{4\pi\epsilon_0 (a-x)^2}$, $\frac{1}{x^2} = \frac{1}{2(a-x)^2}$

$x^2 = 2(a-x)^2$ (양변에 제곱근 $\sqrt{\ }$ 적용)

$x = \sqrt{2}(a-x)$, $(1+\sqrt{2})x = \sqrt{2}a$

$\therefore x = \frac{\sqrt{2}a}{(1+\sqrt{2})} = (2-\sqrt{2})a$　　**답** ②

문제 18 그림과 같이 권수가 1이고 반지름 a[m]인 원형 전류 I[A]가 만드는 자계의 세기[AT/m]는?

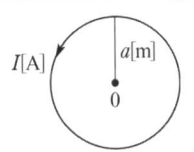

① $\frac{I}{a}$　　② $\frac{I}{2a}$
③ $\frac{I}{3a}$　　④ $\frac{I}{4a}$

풀이

$H_0 = \oint dH = \int_0^{2\pi a} \frac{Idl\sin\theta}{4\pi a^2} = \int_0^{2\pi a} \frac{Idl}{4\pi a^2}$
$= \frac{I}{4\pi a^2} \int_0^{2\pi a} dl = \frac{I}{2a}$ [AT/m]

또는

$H_x = \frac{I}{2} \cdot \frac{a^2}{(a^2+x^2)^{3/2}}$

에서 원형 코일 중심의 자계의 세기 H_0는 $x=0$이므로

$\therefore H_0 = \frac{I}{2a}$ [AT/m]　　**답** ②

문제 19 전류밀도 J, 전계 E, 입자의 이동도 μ, 도전율을 σ라 할 때 전류밀도[A/m²]를 옳게 표현한 것은?

① $J=0$　　② $J=E$
③ $J=\sigma E$　　④ $J=\mu E$

풀이

전류밀도 $\boldsymbol{J} = nq\mu\boldsymbol{E} = \rho\mu\boldsymbol{E}$ 또는 $\boldsymbol{J} = \sigma \boldsymbol{E}$ [A/m²]가 되며, 이 식을 정상전류계의 미분형이라 한다.

여기서, n : 단위체적당 전하의 수
　　　　q : 한 개 입자의 전하량[C]
　　　　μ : 하전 입자의 이동도
$\rho = nq$ [C/m³] : 체적전하밀도
$\sigma = nq\mu = \rho\mu$: 도전율　　**답** ③

문제 20 균일한 자장 내에서 자장에 수직으로 놓여 있는 직선도선이 받는 힘에 대한 설명 중 옳은 것은?

① 힘은 자장의 세기에 비례한다.
② 힘은 전류의 세기에 반비례한다.
③ 힘은 도선 길이의 $\frac{1}{2}$ 승에 비례한다.
④ 자장의 방향에 상관없이 일정한 방향으로 힘을 받는다.

풀이

$F = BIl\sin\theta = BIl\sin 90° = BIl = \mu_0 HIl$　　$\therefore F \propto HIl$
(힘 F는 자계[자장]의 세기 H, 전류 I, 도선 길이 l에 비례)　　**답** ①

제2과목 전력공학

문제 21 차단기의 정격투입전류란 투입되는 전류의 최초 주파수의 어느 값을 말하는가?
① 평균값 ② 최대값
③ 실효값 ④ 직류값

풀이
차단기의 **정격 투입 전류**란 성능에 지장 없이 투입할 수 있는 전류의 한도를 말하며, 투입 전류의 **최초 주파수에서의 최대값**으로 나타낸다. 크기는 정격 차단 전류(실효값)의 2.5배를 표준으로 한다. **답** ②

문제 22 전력계통에서의 단락용량 증대가 문제가 되고 있다. 이러한 단락용량을 경감하는 대책이 아닌 것은?
① 사고 시 모선을 통합한다.
② 상위전압 계통을 구성한다.
③ 모선 간에 한류 리액터를 삽입한다.
④ 발전기와 변압기의 임피던스를 크게 한다.

풀이
단락용량의 경감 대책
① 고임피던스 기기(변압기, 발전기 등)의 채용
② 한류리액터의 채용(직렬리액터 방식, 분로리액터 방식)
③ **계통분할방식 채용(상시 분할방식, 사고 시 분할방식)**
④ 계통전압의 격상
⑤ 직류연계
⑥ 고장전류 제한기 채용 **답** ①

문제 23 영상변류기와 관계가 가장 깊은 계전기는?
① 차동계전기 ② 과전류계전기
③ 과전압계전기 ④ 선택접지계전기

풀이
비접지 계통의 지락 사고 검출
• 선택 접지 계전기(SGR) + 영상 전류 검출(ZCT) + 영상 전압 검출(GPT)
• 지락 계전기(GR) + 영상 전류 검출(ZCT) **답** ④

문제 24 송전계통의 안정도 증진방법에 대한 설명이 아닌 것은?
① 전압변동을 작게 한다.
② 직렬리액턴스를 크게 한다.
③ 고장 시 발전기 입·출력의 불평형을 작게 한다.
④ 고장전류를 줄이고 고장구간을 신속하게 차단한다.

풀이
안정도 향상 대책
• 계통의 **직렬 리액턴스 감소**(직렬콘덴서 설치, 단락비 크게, 복도체 사용, 병행회선 채용)
• 전압 변동률을 적게 한다. (속응 여자 방식 채용, 계통의 연계, 중간 조상 방식)
• 계통에 주는 충격을 적게 한다. (적당한 중성점 접지 방식, 고속 차단 방식, 재폐로 방식)
• 고장 중의 발전기 돌입 출력의 불평형을 적게 한다. **답** ②

문제 25 보일러 급수 중에 포함되어 있는 산소 등에 의한 보일러배관의 부식을 방지할 목적으로 사용되는 장치는?
① 탈기기 ② 공기 예열기
③ 급수 가열기 ④ 수위 경보기

풀이
급수 중에 용해되어 있는 산소는 증기 계통, 급수 계통 등을 부식시킨다. **탈기기**(deaerator)는 **용해 산소 분리**의 목적으로 쓰인다. **답** ①

문제 26 150[kVA] 전력용 콘덴서에 제5고조파를 억제시키기 위해 필요한 직렬리액터의 최소용량은 몇 [kVA]인가?
① 1.5 ② 3 ③ 4.5 ④ 6

풀이
제5고조파로부터 전력용 콘덴서 보호 및 파형 개선의 목적으로 사용되는 직렬 리액터의 용량은 다음과 같다.
① 이론적 : 콘덴서 용량×4[%]
② 실 제(주파수 변동 등의 여유를 고려하여 선정) : 콘덴서 용량×6[%]
따라서, 직렬리액터의 최소용량=150×0.04=6 [kVA]
답 ④

문제 27. 다음 중 그 값이 1 이상인 것은?
① 부등률
② 부하율
③ 수용률
④ 전압강하율

풀이

부등률 = $\dfrac{\text{수용설비 개개의 최대수용전력의 합계}}{\text{합성 최대 수용 전력}} \geq 1$

답 ①

문제 28. 화력 발전소에서 가장 큰 손실은?
① 소내용 동력
② 복수기의 방열손
③ 연돌 배출가스 손실
④ 터빈 및 발전기의 손실

풀이

발전소마다 각 손실의 비가 다르나 복수식 발전소에서는 **복수기 냉각수에 의한 열량이 가장 크며** 석탄 열량의 50~60[%]에 달한다. 그 다음 큰 것은 굴뚝 배출 가스 손실로 10[%] 정도이다.

답 ②

문제 29. 선간거리를 D, 전선의 반지름을 r이라 할 때 송전선의 정전용량은?

① $\log_{10} \dfrac{D}{r}$에 비례한다.

② $\log_{10} \dfrac{r}{D}$에 비례한다.

③ $\log_{10} \dfrac{D}{r}$에 반비례한다.

④ $\log_{10} \dfrac{r}{D}$에 반비례한다.

풀이

• 선로의 정전용량 $C = \dfrac{0.02413}{\log_{10} \dfrac{D}{r}} [\mu F/km]$

여기서, r : 반지름, D : 선간거리

따라서, **정전용량 C는 $\log_{10} \dfrac{D}{r}$에 반비례**한다.

답 ③

문제 30. 송전계통에서 발생한 고장 때문에 일부 계통의 위상각이 커져서 동기를 벗어나려고 할 경우 이것을 검출하고 계통을 분리하기 위해서 차단하지 않으면 안 될 경우에 사용되는 계전기는?
① 한시계전기
② 선택단락계전기
③ 탈조보호계전기
④ 방향거리계전기

풀이

① 한시계전기 : 계전기에 입력을 가했을 때 또는 입력을 제거하였을 때 계전기의 동작시간을 지연(遲延)시키는 계전기
② 선택 단락 계전기(Selective Short circuit relay ; SS) 병행 2회선 송전 선로에서 한 쪽의 1회선에 단락 고장이 발생하였을 경우 고장 회선을 선택 차단 할 수 있는 계전기
③ **탈조 보호 계전기**(Step-Out protective relay ; SO) 송전 계통에 발생한 고장 때문에 일부 계통의 **위상각이 커져서 동기를 벗어나려고 할 경우** 이것을 검출하고 그 **계통을 분리**하기 위해서 사용하는 계전기
④ 방향 거리 계전기(Directive Distance relay ; DZ) 거리 계전기에 방향성을 가지게 한 것으로서 복잡한 계통에서 방향 단락 계전기의 대용으로 쓰인다.

답 ③

문제 31. 배전선로의 용어 중 틀린 것은?
① 궤전점 : 간선과 분기선의 접속점
② 분기선 : 간선으로 분기되는 변압기에 이르는 선로
③ 간선 : 급전선에 접속되어 부하로 전력을 공급하거나 분기선을 통하여 배전하는 선로
④ 급전선 : 배전용 변전소에서 인출되는 배전선로에서 최초의 분기점까지의 전선으로 도중에 부하가 접속되어 있지 않은 선로

풀이

궤전점 : 급전선과 배전 간선과의 접속점

답 ①

문제 32. 가공 송전선에 사용되는 애자 1연 중 전압 부담이 최대인 애자는?
① 중앙에 있는 애자
② 철탑에 제일 가까운 애자
③ 전선에 제일 가까운 애자
④ 전선으로부터 1/4 지점에 있는 애자

> **풀이**
> - 전압 부담 최대 : 전선에 가장 가까운 애자
> - 전압 부담 최소 : 전선에서 2/3 지점에 있는 애자 (철탑에서 1/3 지점에 있는 애자)
>
> 답 ③

문제 33 송전선에 복도체를 사용하는 주된 목적은?
① 역률개선 ② 정전용량의 감소
③ 인덕턴스의 증가 ④ 코로나 발생의 방지

> **풀이**
> 3상 송전선의 한 상당 전선을 2가닥 이상으로 한 것을 다도체라 하고, 2가닥으로 한 것을 보통 복도체라 한다. **복도체의 특징으로는**
> ① 코로나 임계 전압이 15~20 [%] 상승하여 **코로나 발생을 억제**
> ② 인덕턴스 20~30 [%] 감소
> ③ 정전 용량 20 [%] 증가
>
> 답 ④

문제 34 선간전압, 부하역률, 선로손실, 전선중량 및 배전거리가 같다고 할 경우 단상 2선식과 3상 3선식의 공급전력의 비(단상/3상)는?

① $\dfrac{3}{2}$ ② $\dfrac{1}{\sqrt{3}}$ ③ $\sqrt{3}$ ④ $\dfrac{\sqrt{3}}{2}$

> **풀이**
> 전선의 중량이 같다면 $W_0 = 2A_1 L = 3A_3 L$
> $\therefore \dfrac{A_3}{A_1} = \dfrac{2}{3} = \dfrac{R_1}{R_3}$
> 또한 전력손실이 같으면 $P_c = 2I_1^2 R_1 = 3I_3^2 R_3$ 에서
> $\left(\dfrac{I_1}{I_3}\right)^2 = \dfrac{3R_3}{2R_1} = \dfrac{3}{2} \times \dfrac{3}{2}$ $\therefore \dfrac{I_1}{I_3} = \dfrac{3}{2}$
> $\therefore$ 공급전력의 비 $\dfrac{P_1}{P_3} = \dfrac{VI_1}{\sqrt{3}\,VI_3} = \dfrac{1}{\sqrt{3}} \times \dfrac{3}{2} = \dfrac{\sqrt{3}}{2}$
>
> 답 ④

문제 35 송전선로의 중성점 접지의 주된 목적은?
① 단락전류 제한
② 송전용량의 극대화
③ 전압강하의 극소화
④ 이상전압의 발생 방지

> **풀이**
> 송전 선로의 **중성점 접지의 목적**
> ① **이상 전압 발생 방지**
> ② 1선 지락시 건전상 전압 상승 억제 및 기기나 선로의 절연 절감
> ③ 보호 계전기 동작 확실
> ④ 소호 리액터 계통에서의 1선 지락시 아크 소멸
>
> 답 ④

문제 36 전주사이의 경간이 80[m]인 가공전선로에서 전선 1[m]당의 하중이 0.37[kg], 전선의 이도가 0.8[m]일 때 수평장력은 몇 [kg]인가?
① 330 ② 350 ③ 370 ④ 390

> **풀이**
> 이도 $D = \dfrac{WS^2}{8T}$ 에서
> 수평장력 $T = \dfrac{WS^2}{8D} = \dfrac{0.37 \times 80^2}{8 \times 0.8} = 370 [kg]$
>
> 답 ③

문제 37 수차의 특유속도 N_s를 나타내는 계산식으로 옳은 것은? (단, 유효낙차 : H[m], 수차의 출력 : P[kW], 수차의 정격 회전수 : N[rpm] 이라 한다.)

① $N_s = \dfrac{NP^{\frac{1}{2}}}{H^{\frac{5}{4}}}$ ② $N_s = \dfrac{H^{\frac{5}{4}}}{NP}$

③ $N_s = \dfrac{HP^{\frac{1}{2}}}{N^{\frac{5}{4}}}$ ④ $N_s = \dfrac{NP^2}{H^{\frac{5}{4}}}$

> **풀이**
> - 특유속도 : 어느 수차와 서로 닮은 모형이 유효낙차 1[m], 출력 1[kW]로 동작할 때의 회전속도이다.
> - 특유 속도 $N_s = \dfrac{NP^{\frac{1}{2}}}{H^{\frac{5}{4}}} = \dfrac{N\sqrt{P}}{H\sqrt{\sqrt{H}}}$ [rpm]
>
> 답 ①

문제 38 고장점에서 전원 측을 본 계통 임피던스를 Z[Ω], 고장점의 상전압을 E[V]라 하면 3상 단락전류[A]는?

① $\dfrac{E}{Z}$ ② $\dfrac{ZE}{\sqrt{3}}$ ③ $\dfrac{\sqrt{3}\,E}{Z}$ ④ $\dfrac{3E}{Z}$

풀이

단락전류 $I_s = \dfrac{\text{상전압}}{1\text{상의 임피던스}} = \dfrac{E}{Z}[A]$ 　　답 ①

문제 39 3상 계통에서 수전단전압 60[kV], 전류 250[A], 선로의 저항 및 리액턴스가 각각 7.61[Ω], 11.85[Ω] 일 때 전압강하율은? (단, 부하역률은 0.8(늦음)이다.)

① 약 5.50[%]
② 약 7.34[%]
③ 약 8.69[%]
④ 약 9.52[%]

풀이

전압강하율 $\epsilon = \dfrac{V_s - V_r}{V_r} \times 100$

$= \dfrac{\sqrt{3}\,I(R\cos\theta + X\sin\theta)}{V_r} \times 100$

$= \dfrac{\sqrt{3} \times 250 \times (7.61 \times 0.8 + 11.85 \times 0.6)}{60,000} \times 100$

$= 9.52\,[\%]$ 　　답 ④

문제 40 피뢰기의 구비조건이 아닌 것은?

① 속류의 차단능력이 충분할 것
② 충격 방전 개시 전압이 높을 것
③ 상용 주파 방전 개시 전압이 높을 것
④ 방전 내량이 크고, 제한 전압이 낮을 것

풀이

피뢰기의 구비조건
① 상용 주파 방전 개시 전압이 높을 것
② **충격 방전 개시 전압이 낮을 것**
③ 제한 전압이 낮을 것
④ 속류 차단 능력이 클 것
⑤ 방전 내량이 크며 장시간 사용하여도 열화가 적을 것
　　답 ②

제3과목　전기기기

문제 41 유도전동기의 출력과 같은 것은?

① 출력 = 입력전압 − 철손
② 출력 = 기계출력 − 기계손
③ 출력 = 2차 입력 − 2차 저항손
④ 출력 = 입력전압 − 1차 저항손

풀이

• 기계적 출력 = 2차입력 − 2차 저항손 − 2차 철손
　(아주 적으므로 일반적으로 무시)
• 전동기의 총출력 = 기계적 출력 − 기계손
문제에서 기계적 출력인지? 전동기 총출력인지? 정확하게 제시 되지 않은 관계로 ②, ③을 정답으로 인정하였음.
　　답 ②, ③

문제 42 75[W] 이하의 소 출력으로 소형공구, 영사기, 치과 의료용 등에 널리 이용되는 전동기는?

① 단상 반발전동기
② 영구자석 스텝전동기
③ 3상 직권 정류자전동기
④ 단상 직권 정류자전동기

풀이

직류 직권 전동기에 가해 주는 직류 전압을 그림과 같이 바꿀 경우에도 자속과 전기자 전류의 방향이 동시에 모두 반대가 되므로, 회전 방향은 변하지 않는다.

직·교류 양용 전동기의 원리

따라서, 이 직류 직권 전동기에 교류 전압을 가해 주어도 전동기는 항상 같은 방향의 토크를 발생하고, 회전을 같은 방향으로 계속한다. 직·교류 양용 전동기(만능 전동기)는 이와 같은 원리를 이용한 전동기로서 **단상 직권 정류자 전동기**라고 하며, 믹서기, 재봉틀, 진공청소기, **휴대용 드릴 및 영사기** 등에 사용된다. 　　답 ④

문제 43 직류발전기를 병렬 운전할 때 균압선이 필요한 직류발전기는?
① 분권발전기, 직권발전기
② 분권발전기, 복권발전기
③ 직권발전기, 복권발전기
④ 분권발전기, 단극발전기

풀이
균압선의 목적은 병렬 운전을 안정하게 하기 위하여 설치하는 것으로 일반적으로 **직권 및 복권 발전기**에서는 직권 계자 코일에 흐르는 전류에 의하여 병렬 운전이 불안정하게 되므로, 균압선을 설치하여 직권 계자 코일에 흐르는 전류를 분류하게 한다. **답** ③

문제 44 병렬 운전하고 있는 2대의 3상 동기발전기 사이에 무효순환전류가 흐르는 경우는?
① 부하의 증가
② 부하의 감소
③ 여자전류의 변화
④ 원동기의 출력변화

풀이
병렬 운전 조건이 다른 경우

병렬 운전 조건	다른 경우 흐르는 전류
기전력의 크기가 같을 것	무효 순환 전류
기전력의 위상이 같을 것	동기화 전류
기전력의 주파수가 같을 것	동기화 전류
기전력의 파형이 같을 것	고주파 무효순환전류

즉, 여자 전류가 변화면 유기기전력의 크기가 변화고 그 결과 무효 순환 전류가 흐른다. **답** ③

문제 45 전압이나 전류의 제어가 불가능한 소자는?
① SCR
② GTO
③ IGBT
④ Diode

풀이

다이오드(Diode)는 회로의 주변 상황에 따라 순방향으로 전압이 가해지면 도통하고 역방향으로 전압이 가해지면 도통하지 않는 수동적인 소자로 사용자가 임의로 ON, OFF 시킬 수 없다.
따라서, **다이오드는 전압이나 전류의 제어가 불가능**하다. **답** ④

문제 46 △결선 변압기의 한 대가 고장으로 제거되어 V결선으로 공급할 때 공급할 수 있는 전력은 고장전 전력에 대하여 몇 [%] 인가?
① 57.7
② 66.7
③ 75.0
④ 86.6

풀이
1대의 단상 변압기 용량을 P_1라 하면 그 출력비는
$$\frac{V결선의\ 출력}{\triangle결선의\ 출력} = \frac{\sqrt{3}P_1}{3P_1} = \frac{\sqrt{3}}{3} = 0.577 = 57.7[\%]$$ **답** ①

문제 47 전기자저항이 각각 $R_A = 0.1[\Omega]$과 $R_B = 0.2[\Omega]$인 100[V], 10[kW]의 두 분권발전기의 유기기전력을 같게 해서 병렬 운전하여, 정격전압으로 135[A]의 부하전류를 공급할 때 각 기기의 분담전류는 몇 [A] 인가?
① $I_A = 80$, $I_B = 55$
② $I_A = 90$, $I_B = 45$
③ $I_A = 100$, $I_B = 35$
④ $I_A = 110$, $I_B = 25$

풀이
병렬운전에서 두 분권발전기의 단자전압은 같아야 하므로
$$V = E_A - I_A R_A = E_B - I_B R_B$$
$$= E_A - 0.1 I_A = E_B - 0.2 I_B$$
문제의 조건에서 $E_A = E_B$ 이므로 $0.1 I_A = 0.2 I_B$
따라서, $I_A = 2 I_B$
부하전류 $I = I_A + I_B = 2I_B + I_B = 3I_B = 135[A]$ 이므로
$$I_B = \frac{135}{3} = 45[A]$$
$$\therefore I_A = I - I_B = 135 - 45 = 90[A]$$ **답** ②

문제 48 다이오드를 사용한 정류회로에서 여러 개를 병렬로 연결하여 사용할 경우 얻는 효과는?
① 인가전압 증가
② 다이오드의 효율 증가
③ 부하 출력의 맥동률 감소
④ 다이오드의 허용전류 증가

풀이
• 다이오드 직렬 연결 : 과전압으로 부터 보호(인가허용전압 증가)

- 다이오드 병렬 연결 : 과전류로부터 보호(허용전류 증가)

답 ④

문제 49 변압기의 2차를 단락한 경우에 1차 단락전류 I_{s1}은? (단, V_1 : 1차 단자전압, Z_1 : 1차 권선의 임피던스, Z_2 : 2차 권선의 임피던스, a : 권수비, Z : 부하의 임피던스)

① $I_{s1} = \dfrac{V_1}{Z_1 + a^2 Z_2}$ ② $I_{s1} = \dfrac{V_1}{Z_1 + a Z_2}$

③ $I_{s1} = \dfrac{V_1}{Z_1 - a Z_2}$ ④ $I_{s1} = \dfrac{V_1}{Z_1 + Z_2 + Z}$

풀이

- 2차측에서 1차측으로 환산시 : 임피던스는 a^2 배
- 1차측에서 2차측으로 환산시 : 임피던스는 $\dfrac{1}{a^2}$ 배
- 1차 단락전류 $I_{s1} = \dfrac{V_1}{Z_1 + a^2 Z_2}$

(2차 권선의 임피던스 Z_2 를 1차로 환산하면 $a^2 Z_2$ 가 된다.)

답 ①

문제 50 직류 분권전동기에서 단자전압 210[V], 전기자전류 20[A], 1500[rpm]으로 운전할 때 발생 토크는 약 몇 [N·m] 인가? (단, 전기자저항은 0.15[Ω]이다.)

① 13.2   ② 26.4
③ 33.9   ④ 66.9

풀이

$V = 210$[V], $I_a = 20$[A], $N = 1500$[rpm], $r_a = 0.15$[Ω] 이므로

$E_c = V - I_a R_a = 210 - (20 \times 0.15) = 207$[V]

발생 토크 $T = \dfrac{P}{\omega} = \dfrac{E_c I_a}{2\pi n} = \dfrac{E_c I_a}{2\pi \dfrac{N}{60}}$ 에서

$T = \dfrac{207 \times 20}{2\pi \times \dfrac{1500}{60}} = 26.36$[N·m]

답 ②

문제 51 220[V], 50[kW]인 직류 직권전동기를 운전하는데 전기자 저항(브러시의 접촉저항 포함)이 0.05[Ω]이고 기계적 손실이 1.7[kW], 표유손이 출력의 1[%]이다. 부하전류가 100[A] 일 때의 출력은 약 몇 [kW] 인가?

① 14.5   ② 16.7
③ 18.2   ④ 19.6

풀이

역기전력 $E_c = V - (R_a + R_s)I = 220 - 0.05 \times 100 = 215$[V]

∴ $P = E_c I = 215 \times 100 = 21500$[W] $= 21.5$[kW]

∴ $P' = 21.5 - 1.7 - (21.5 \times 0.01) = 19.6$[kW]

답 ④

문제 52 변압기의 등가회로를 작성하기 위하여 필요한 시험은?

① 권선저항측정, 무부하시험, 단락시험
② 상회전시험, 절연내력시험, 권선저항측정
③ 온도상승시험, 절연내력시험, 무부하시험
④ 온도상승시험, 절연내력시험, 권선저항측정

풀이

① 변압기의 절연 내력 시험 : 유도 시험, 가압 시험, 충격전압 시험
② 변압기 등가 회로 작성에 필요한 시험
- **권선의 저항**을 알아야 하고
- 철손을 측정하는 **무부하 시험**
- 동손을 측정하는 **단락 시험**이 필요하다.

답 ①

문제 53 60[Hz], 12극, 회전자의 외경 2[m]인 동기발전기에 있어서 회전자의 주변속도는 약 몇 [m/s] 인가?

① 43   ② 62.8
③ 120   ④ 132

풀이

$N_s = \dfrac{120f}{p} = \dfrac{120 \times 60}{12} = 600$[rpm]

∴ $v = \pi D \cdot \dfrac{N_s}{60} = \pi \times 2 \times \dfrac{600}{60} = 62.8$[m/s]

답 ②

문제 54 직류 타여자발전기의 부하전류와 전기자전류의 크기는?

① 전기자전류와 부하전류가 같다.
② 부하전류가 전기자전류보다 크다.
③ 전기자전류가 부하전류보다 크다.
④ 전기자전류와 부하전류는 항상 0 이다.

풀이
타여자 발전기는 외부에서 계자 권선 F에 직류 전원을 공급하므로 잔류 자기가 없어도 되며, **전기자 전류(I_a)와 부하전류(I)의 크기가 같다.**

답 ①

문제 55 유도전동기의 특성에서 토크와 2차 입력 및 동기속도의 관계는?

① 토크는 2차 입력과 동기속도의 곱에 비례한다.
② 토크는 2차 입력에 반비례하고, 동기속도에 비례한다.
③ 토크는 2차 입력에 비례하고, 동기속도에 반비례한다.
④ 토크는 2차 입력의 자승에 비례하고, 동기속도의 자승에 반비례한다.

풀이
토크 $T = \dfrac{P_2}{2\pi n_s}$
즉, 토크(T)는 2차 입력(P_2)에 비례하고 동기속도(n_s)에 반비례한다.

답 ③

문제 56 농형 유도전동기의 속도제어법이 아닌 것은?

① 극수변환 ② 1차 저항변환
③ 전원전압변환 ④ 전원주파수변환

풀이
유도전동기의 속도 제어법
① **농형 유도 전동기의 속도 제어법**은
 • 주파수를 바꾸는 방법
 • 극수를 바꾸는 방법
 • 전원 전압을 바꾸는 방법
② 권선형 유도 전동기는
 • 2차 저항을 제어하는 방법
 • 2차 여자법 등이 있다.

답 ②

문제 57 220[V], 60[Hz], 8극, 15[kW]의 3상 유도전동기에서 전부하 회전수가 864[rpm]이면 이 전동기의 2차 동손은 몇 [W] 인가?

① 435 ② 537 ③ 625 ④ 723

풀이
• 동기속도 $N_s = \dfrac{120f}{p} = \dfrac{120 \times 60}{8} = 900 \text{[rpm]}$
• 슬립 $s = \dfrac{N_s - N}{N_s} = \dfrac{900 - 864}{900} = 0.04$
• 2차 동손 $P_{c2} = sP_2 = s \times \dfrac{P_0}{1-s}$
 $= 0.04 \times \dfrac{15000}{1-0.04} = 625 \text{[W]}$

답 ③

문제 58 2대의 동기발전기가 병렬 운전하고 있을 때 동기화 전류가 흐르는 경우는?

① 부하분담에 차가 있을 때
② 기전력의 크기에 차가 있을 때
③ 기전력의 위상에 차가 있을 때
④ 기전력의 파형에 차가 있을 때

풀이

병렬 운전 조건	병렬 운전 조건이 다른 경우
기전력의 크기가 같을 것	무효 순환 전류가 흐른다.
기전력의 위상이 같을 것	**유효 전류로 동기화 전류가 흐른다.**
기전력의 주파수가 같을 것	동기화 전류가 주기적으로 흐른다.
기전력의 파형이 같을 것	고조파 무효 순환 전류가 흐른다.

답 ③

문제 59 선박추진용 및 전기자동차용 구동전동기의 속도제어로 가장 적합한 것은?

① 저항에 의한 제어
② 전압에 의한 제어
③ 극수변환에 의한 제어
④ 전원주파수에 의한 제어

풀이

주파수 변화에 의한 제어는 전동기에 가해지는 전원 주파수를 바꾸어 속도를 제어하는 방법으로서, 원동기의 속도 제어에 의해 전용 발전기의 주파수를 변화시키는 것으로 **선박의 전기 추진용 전동기, 포터 모터의 속도제어** 등에 적합하다.

답 ④

문제 60 변압기에서 권수가 2배가 되면 유기기전력은 몇 배가 되는가?

① 1 ② 2 ③ 4 ④ 8

풀이

$E_1 = 4.44 f n_1 \phi_m$에서 기전력(E_1)은 권수(n_1)에 비례하므로 권수(n_1)가 2배로 되면 유기기전력(E_1)도 2배가 된다.

답 ②

제4과목 회로이론

문제 61 다음과 같은 Y결선 회로와 등가인 △결선 회로의 A, B, C 값은 몇 [Ω] 인가?

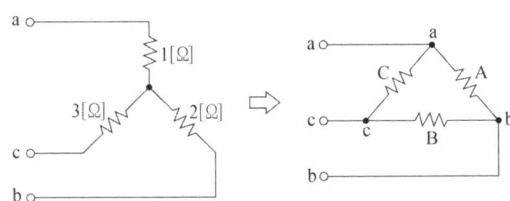

① $A = \dfrac{7}{3}$, $B = 7$, $C = \dfrac{7}{2}$

② $A = 7$, $B = \dfrac{7}{2}$, $C = \dfrac{7}{3}$

③ $A = 11$, $B = \dfrac{11}{2}$, $C = \dfrac{11}{3}$

④ $A = \dfrac{11}{3}$, $B = 11$, $C = \dfrac{11}{2}$

풀이

Y → △로 등가변환

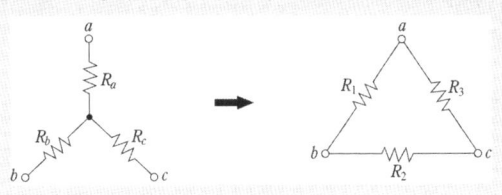

- $R_1 = \dfrac{R_a R_b + R_b R_c + R_c R_a}{R_c}$
- $R_2 = \dfrac{R_a R_b + R_b R_c + R_c R_a}{R_a}$
- $R_3 = \dfrac{R_a R_b + R_b R_c + R_c R_a}{R_b}$

따라서,
- A(R_3) = $\dfrac{1 \times 3 + 3 \times 2 + 2 \times 1}{3} = \dfrac{11}{3}$
- B(R_2) = $\dfrac{1 \times 3 + 3 \times 2 + 2 \times 1}{1} = 11$
- C(R_1) = $\dfrac{1 \times 3 + 3 \times 2 + 2 \times 1}{2} = \dfrac{11}{2}$

답 ④

문제 62 측정하고자 하는 전압이 전압계의 최대눈금보다 클 때에 전압계에 직렬로 저항을 접속하여 측정 범위를 넓히는 것은?

① 분류기 ② 분광기
③ 배율기 ④ 감쇠기

풀이

- **배율기** : 전압계의 측정범위를 확대하기 위하여 내부저항 $r_a[\Omega]$인 전압계에 직렬로 접속하는 저항

$V_a = I r_a \text{[V]}$, $I = \dfrac{V}{r_a + R_m}$이므로

$V_a = \dfrac{r_a}{r_a + R_m} \cdot V$

$\therefore V = \dfrac{r_a + R_m}{r_a} \cdot V_a = \left(1 + \dfrac{R_m}{r_a}\right) V_a$

배율 $m = \dfrac{V}{V_a} = 1 + \dfrac{R_m}{r_a}$

- **분류기** : 전류계의 측정범위를 확대하기 위하여 내부저항 $r_a[\Omega]$인 전류계에 병렬로 접속하는 저항

$I_a = \dfrac{R_s}{r_a + R_s} \times I$

$\therefore I = \dfrac{r_a + R_s}{R_s} \times I_a = \left(1 + \dfrac{r_a}{R_s}\right) \times I_a$

배율 $m = \dfrac{I}{I_a} = 1 + \dfrac{r_a}{R_s}$

답 ③

문제 63 그림과 같이 주기가 3[s]인 전압 파형의 실효값은 약 몇 [V]인가?

① 5.67
② 6.67
③ 7.57
④ 8.57

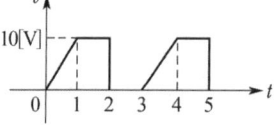

풀이

실효값 $V = \sqrt{\dfrac{1}{T}\int_0^T v^2 dt}$

$= \sqrt{\dfrac{1}{3}\left\{\int_0^1 (10t)^2 dt + \int_1^2 10^2 dt\right\}}$

$= \sqrt{\dfrac{1}{3}\left\{\left[\dfrac{100}{3}t^3\right]_0^1 + [100t]_1^2\right\}} = 6.67[\mathrm{V}]$

답 ②

문제 64 1[mV]의 입력을 가했을 때 100[mV]의 출력이 나오는 4단자 회로의 이득[dB]은?

① 40
② 30
③ 20
④ 10

풀이

이득 $G = 20 \log \dfrac{100}{1} = 20 \log 10^2 = 40[\mathrm{dB}]$

답 ①

문제 65 다음과 같은 회로에서 $t=0$ 인 순간에 스위치 S를 닫았다. 이 순간에 인덕턴스 L에 걸리는 전압[V]은? (단, L의 초기 전류는 0 이다.)

① 0
② $\dfrac{LE}{R}$
③ E
④ $\dfrac{E}{R}$

풀이

$E_L = E e^{-\frac{R}{L}t} = E e^{-\frac{R}{L}\times 0} = E[\mathrm{V}]$

여기서, $e^0 = 1$

답 ③

문제 66 $f(t) = 3u(t) + 2e^{-t}$인 시간함수를 라플라스 변환한 것은?

① $\dfrac{3s}{s^2+1}$
② $\dfrac{s+3}{s(s+1)}$
③ $\dfrac{5s+3}{s(s+1)}$
④ $\dfrac{5s+1}{(s+1)s^2}$

풀이

$F(s) = \mathcal{L}[f(t)] = \mathcal{L}[3u(t) + 2e^{-t}]$

$= \dfrac{3}{s} + \dfrac{2}{s+1} = \dfrac{5s+3}{s(s+1)}$

답 ③

문제 67 비정현파 $f(x)$가 반파대칭 및 정현대칭일 때 옳은 식은? (단, 주기는 2π이다.)

① $f(-x) = f(x)$, $f(x+\pi) = f(x)$
② $f(-x) = f(x)$, $f(x+2\pi) = f(x)$
③ $f(-x) = -f(x)$, $-f(x+\pi) = f(x)$
④ $f(-x) = -f(x)$, $-f(x+2\pi) = f(x)$

풀이

① 정현 반파 대칭이므로 sin의 기수(홀수)차 항만 존재한다.
② 그림에서 반파 및 정현 대칭 조건은

$f(-x) = -f(x)$
$f(2\pi - x) = f(-x) = f(\pi + x)$
$f(\pi + x) = f(-x) = -f(x)$

답 ③

문제 68 $F(s) = \dfrac{2(s+1)}{s^2+2s+5}$의 시간함수 $f(t)$는 어느 것인가?

① $2e^t \cos 2t$
② $2e^t \sin 2t$
③ $2e^{-t} \cos 2t$
④ $2e^{-t} \sin 2t$

풀이

$F(s) = \dfrac{2(s+1)}{s^2+2s+5} = \dfrac{2(s+1)}{(s+1)^2+2^2} = 2\dfrac{s}{s^2+2^2}\bigg|_{s=s+1}$

$\therefore \mathcal{L}\left[\dfrac{2(s+1)}{(s+1)^2+2^2}\right] = 2e^{-t}\cos 2t$

답 ③

문제 69 그림과 같은 회로에서 스위치 S를 닫았을 때 시정수[sec]의 값은? (단, $L = 10$[mH], $R = 20$[Ω] 이다.)

① 200
② 2000
③ 5×10^{-3}
④ 5×10^{-4}

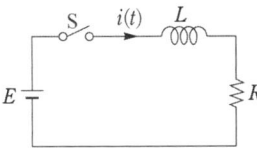

풀이

$R-L$ 직렬 회로의 시정수 $\tau = \dfrac{L}{R}$[s]

∴ $\tau = \dfrac{10 \times 10^{-3}}{20} = 5 \times 10^{-4}$ [s]   답 ④

문제 70 대칭 10상 회로의 선간전압이 100[V]일 때 상전압은 약 몇 [V] 인가? (단, sin18°= 0.309 이다.)

① 161.8   ② 172
③ 183.1   ④ 193

풀이

대칭 n상 성형결선

• 선간전압 $E_l = 2E_p \sin\dfrac{\pi}{n} \left/ \dfrac{\pi}{2}\left(1 - \dfrac{2}{n}\right)\right.$

• 선전류 = 성형전류

• 위상 : 선간전압이 상전압보다 $\dfrac{\pi}{2}\left(1 - \dfrac{2}{n}\right)$[rad] 만큼 앞선다.

$E_l = 2E_p \sin\dfrac{\pi}{n} = 2E_p \sin\dfrac{\pi}{10} = 2E_p \sin 18°$

∴ $E_p = \dfrac{E_l}{2\sin 18°} = \dfrac{100}{2 \times 0.309} = 161.8$[V]   답 ①

문제 71 회로에서 단자 1-1′에서 본 구동점 임피던스 Z_{11}은 몇 [Ω] 인가?

① 5
② 8
③ 10
④ 15

풀이

$Z_{11} = \dfrac{V_1}{I_1}\bigg|_{I_2 = 0}$ $I_1 = \dfrac{V_1}{3+5} = \dfrac{V_1}{8}$

∴ $Z_{11} = \dfrac{V_1}{\dfrac{V_1}{8}} = 8$[Ω]   답 ②

문제 72 r[Ω]인 6개의 저항을 그림과 같이 접속하고 평형 3상 전압 E를 가했을 때 전류 I는 몇 [A]인가? (단, $r = 3$[Ω], $E = 60$[V] 이다.)

① 8.66
② 9.56
③ 10.8
④ 12.6

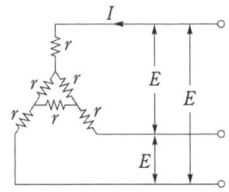

풀이

△를 Y로 변환시키면

상전류 $I = \dfrac{\dfrac{E}{\sqrt{3}}}{r + \dfrac{1}{3}r} = \dfrac{\sqrt{3}E}{4r}$

$= \dfrac{\sqrt{3} \times 60}{4 \times 3} = 8.66$[A]

(∵ △결선된 저항을 Y로 변환시키면 $R_Y = \dfrac{1}{3}R_\triangle$)   답 ①

문제 73 회로의 전압비 전달함수 $G(s) = \dfrac{V_2(s)}{V_1(s)}$는?

① RC
② $\dfrac{1}{RC}$
③ $RCs + 1$
④ $\dfrac{1}{RCs + 1}$

풀이

$G(s) = \dfrac{V_2(s)}{V_1(s)} = \dfrac{\dfrac{1}{Cs}}{R + \dfrac{1}{Cs}} = \dfrac{1}{RCs + 1} = \dfrac{\dfrac{1}{RC}}{s + \dfrac{1}{RC}}$ 답 ④

문제 74 다음 중 정전용량의 단위 F(패럿)와 같은 것은? (단, C는 쿨롱, N은 뉴턴, V는 볼트, m은 미터이다.)

① $\dfrac{V}{C}$ ② $\dfrac{N}{C}$ ③ $\dfrac{C}{m}$ ④ $\dfrac{C}{V}$

풀이

정전 용량 $C = \dfrac{Q}{V}[C/V]$ ∴ $[F] = [C/V]$ **답** ④

문제 75 어느 회로망의 응답 $h(t) = (e^{-t} + 2e^{-2t})u(t)$의 라플라스 변환은?

① $\dfrac{3s+4}{(s+1)(s+2)}$ ② $\dfrac{3s}{(s-1)(s-2)}$

③ $\dfrac{3s+2}{(s+1)(s+2)}$ ④ $\dfrac{-s-4}{(s-1)(s-2)}$

풀이

$H(s) = \mathcal{L}[h(t)] = \dfrac{1}{s+1} + \dfrac{2}{s+2} = \dfrac{3s+4}{(s+1)(s+2)}$ **답** ①

문제 76 그림과 같은 $e = E_m \sin\omega t$인 정현파 교류의 반파정류파형의 실효값은?

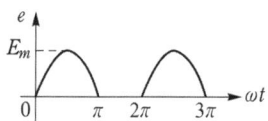

① E_m ② $\dfrac{E_m}{\sqrt{2}}$

③ $\dfrac{E_m}{2}$ ④ $\dfrac{E_m}{\sqrt{3}}$

풀이

실효값 $E = \sqrt{\dfrac{1}{T}\int_0^T e^2 dt} = \sqrt{\dfrac{1}{2\pi}\int_0^{2\pi} e^2 d(\omega t)}$ 에서

반파 정류파는 $\pi \sim 2\pi$일 때 $e = 0$이므로

$E = \sqrt{\dfrac{1}{2\pi}\int_0^\pi e^2 d(\omega t)} = \sqrt{\dfrac{1}{2\pi}\int_0^\pi E_m^2 \sin^2\omega t \, d(\omega t)}$

$= \sqrt{\dfrac{E_m^2}{2\pi}\int_0^\pi \dfrac{1-\cos 2\omega t}{2} d(\omega t)} = \dfrac{E_m}{2}$

$\left(\because \sin^2\omega t = \dfrac{1-\cos 2\omega t}{2}, \cos^2\omega t = \dfrac{1+\cos 2\omega t}{2}\right)$

파형	정현파	정현반파	삼각파	구형반파	구형파
실효값	$\dfrac{E_m}{\sqrt{2}}$	$\dfrac{E_m}{2}$	$\dfrac{E_m}{\sqrt{3}}$	$\dfrac{E_m}{\sqrt{2}}$	E_m
평균값	$\dfrac{2E_m}{\pi}$	$\dfrac{E_m}{\pi}$	$\dfrac{E_m}{2}$	$\dfrac{E_m}{2}$	E_m

답 ③

문제 77 전압 $e = 100\sin 10t + 20\sin 20t[V]$이고, 전류 $i = 20\sin(10t - 60) + 10\sin 20t[A]$일 때 소비전력은 몇 [W]인가?

① 500 ② 550
③ 600 ④ 650

풀이

비정현파의 유효전력 $P = \sum\limits_{n=1}^{\infty} V_n I_n \cos\theta_n$ 에서

$P = \dfrac{100}{\sqrt{2}} \times \dfrac{20}{\sqrt{2}} \times \cos 60° + \dfrac{20}{\sqrt{2}} \times \dfrac{10}{\sqrt{2}} \times \cos 0° = 600[W]$

답 ③

문제 78 $R = 50[\Omega]$, $L = 200[mH]$의 직렬회로에서 주파수 $f = 50[Hz]$의 교류에 대한 역률[%]은?

① 82.3 ② 72.3
③ 62.3 ④ 52.3

풀이

$R-L$ 직렬 회로에서 역률

$\cos\theta = \dfrac{R}{Z} = \dfrac{R}{\sqrt{R^2 + X_L^2}} = \dfrac{R}{\sqrt{R^2 + (\omega L)^2}}$

∴ $\cos\theta = \dfrac{50}{\sqrt{50^2 + (2\pi \times 50 \times 200 \times 10^{-3})^2}} \times 100$

$= 62.27[\%]$

답 ③

문제 79 대칭 3상 교류전원에서 각 상의 전압이 v_a, v_b, v_c일 때 3상 전압[V]의 합은?

① 0 ② $0.3v_a$
③ $0.5v_a$ ④ $3v_a$

풀이

a상을 기준으로 하면

$v_a + v_b + v_c = v_a + a^2 v_a + a v_a = v_a(1 + a^2 + a) = 0$

($\because 1+a^2+a=0$) 답 ①

문제 80 RLC 직렬회로에서 공진 시의 전류는 공급전압에 대하여 어떤 위상차를 갖는가?
① 0°
② 90°
③ 180°
④ 270°

풀이
직렬공진은 리액턴스 성분이 0 ($j\omega L = \dfrac{1}{j\omega c}$)이 되므로 공진 시 **전압과 전류는 동상**이 되고 **전류는 최대**로 된다. 답 ①

제5과목 전기설비기술기준

문제 81 전가섭선에 관하여 각 가섭선의 상정 최대 장력의 33[%]와 같은 불평균 장력의 수평종분력에 의한 하중을 더 고려하여야 할 철탑의 유형은?
① 직선형
② 각도형
③ 내장형
④ 인류형

풀이
333.13 상시 상정하중
인류형·내장형 또는 보강형·직선형·각도형의 철주·철근 콘크리트주 또는 철탑의 경우에는 다음에 따라 **가섭선 불평균 장력에 의한 수평 종하중을 가산**한다.
가. 인류형의 경우에는 전가섭선에 관하여 각 가섭선의 상정 최대 장력과 같은 불평균 장력의 수평 종분력에 의한 하중
나. 내장형·보강형의 경우에는 전가섭선에 관하여 각 가섭선의 **상정 최대장력의 33[%]와 같은 불평균 장력의 수평 종분력에 의한 하중**
다. 직선형의 경우에는 전가섭선에 관하여 각 가섭선의 상정 최대 장력의 3[%]와 같은 불평균 장력의 수평 종분력에 의한 하중.(단 내장형은 제외한다)
라. 각도형의 경우에는 전가섭선에 관하여 각 가섭선의 상정 최대 장력의 10[%]와 같은 불평균 장력의 수평 종분력에 의한 하중. 답 ③

문제 82 철근 콘크리트주로서 전장이 15[m]이고, 설계하중이 8.2[kN]이다. 이 지지물을 논이나 기타 지반이 연약한 곳 이외에 기초 안전율의 고려 없이 시설하는 경우에 그 묻히는 깊이는 기준보다 몇 [cm]를 가산하여 시설하여야 하는가?
① 10
② 30
③ 50
④ 70

풀이
331.7 가공전선로 지지물의 기초의 안전율
가공전선로의 지지물에 하중이 가하여지는 경우에 그 하중을 받는 지지물의 기초의 안전율은 2(이상 시 상정하중에 대한 철탑의 기초에 대하여는 1.33) 이상이어야 한다. 다만, 다음에 따라 시설하는 경우에는 적용하지 않는다.

설계하중 전장	6.8 [kN] 이하	6.8 [kN] 초과 ~9.8 [kN] 이하	9.8 [kN] 초과 ~14.72 [kN] 이하
15 [m] 이하	전장 × 1/6[m] 이상	전장×1/6 +0.3[m] 이상	전장×1/6 +0.5[m] 이상
15 [m] 초과	2.5[m] 이상	2.8[m] 이상	—
16 [m] 초과~ 20 [m] 이하	2.8[m] 이상	—	—
15 [m] 초과~ 18 [m] 이하			3 [m] 이상
18 [m] 초과			3.2 [m] 이상

답 ②

문제 83 케이블트레이공사에 사용되는 케이블 트레이가 수용된 모든 전선을 지지할 수 있는 적합한 강도의 것일 경우 케이블 트레이의 안전율은 얼마 이상으로 하여야 하는가?
① 1.1
② 1.2
③ 1.3
④ 1.5

풀이
232.41 케이블트레이공사
가. **케이블 트레이의 안전율은 1.5 이상**으로 하여야 한다.
나. 금속재의 것은 적절한 방식처리를 한 것이거나 내식성 재료의 것이어야 한다.
다. 비금속제 케이블 트레이는 난연성 재료의 것이어야 한다.
라. 금속제 케이블 트레이 계통은 기계적 및 전기적으로 완전하게 접속하여야 하며 금속제 트레이는 접지공사를 하여야 한다.
마. 전선의 피복 등을 손상시킬 돌기 등이 없이 매끈하여야 한다. 답 ④

문제 84 금속관공사에 의한 저압 옥내배선 시설에 대한 설명으로 틀린 것은?

① 인입용 비닐절연전선을 사용했다.
② 옥외용 비닐절연전선을 사용했다.
③ 짧고 가는 금속관에 연선을 사용했다.
④ 단면적 10[mm²] 이하의 전선을 사용했다.

풀이
232.12 금속관공사
가. 전선은 절연전선(**옥외용 비닐절연전선을 제외한다**)일 것.
나. 전선은 연선일 것. 다만, 다음의 것은 적용하지 않는다.
　① 짧고 가는 금속관에 넣은 것.
　② 단면적 10[mm²](알루미늄선은 단면적 16[mm²]) 이하의 것.
다. 관의 두께는 다음에 의할 것.
　① 콘크리트에 매설하는 것은 1.2 [mm] 이상
　② 콘크리트 매설 이외의 것은 1 [mm] 이상
라. 관에는 접지공사를 할 것.   **답 ②**

문제 85 케이블공사에 의한 저압 옥내배선의 시설 방법에 대한 설명으로 틀린 것은?

① 전선은 케이블 및 캡타이어케이블로 한다.
② 콘크리트 안에는 전선에 접속점을 만들지 아니한다.
③ 전선을 넣는 방호장치의 금속제 부분에는 접지공사를 한다.
④ 전선을 조영재의 옆면에 따라 붙이는 경우 전선의 지지점 간의 거리를 케이블은 3[m]이하로 한다.

풀이
232.51 케이블공사
케이블 배선에 의한 저압 옥내배선은 다음에 따라 시설하여야 한다.
가. 전선은 케이블 및 캡타이어케이블일 것.
나. 전선을 조영재의 아랫면 또는 옆면에 따라 붙이는 경우 **전선의 지지점 간의 거리**
　① 케이블 : 2 [m](사람이 접촉할 우려가 없는 곳에서 수직으로 붙이는 경우에는 6 [m]) 이하
　② 캡타이어 케이블 : 1 [m] 이하   **답 ④**

문제 86 고압 가공전선로에 케이블을 조가용선에 행거로 시설할 경우 그 행거의 간격은 몇 [cm] 이하로 하여야 하는가?

① 50　② 60　③ 70　④ 80

풀이
332.2 가공케이블의 시설
저압 가공전선 또는 고압 가공전선에 케이블을 사용하는 경우에는 다음에 따라 시설하여야 한다.
가. 케이블은 조가용선에 행거로 시설할 것. 이 경우에는 사용전압이 고압인 때에는 **행거의 간격은 0.5[m] 이하**로 하는 것이 좋다.
나. 조가용선은 인장강도 5.93[kN] 이상의 것 또는 단면적 22[mm²] 이상인 아연도강연선일 것.
다. 조가용선 및 케이블의 피복에 사용하는 금속체에는 접지공사를 할 것.
라. 조가용선을 케이블에 접촉시켜 금속 테이프를 감는 경우에는 20[cm] 이하의 간격으로 나선상으로 한다.

답 ①

문제 87 태양전지 발전소에 태양전지 모듈 등을 시설 할 경우 사용 전선(연동선)의 공칭단면적은 몇 [mm²] 이상인가?

① 1.6　② 2.5
③ 5　④ 10

풀이
522 태양광설비의 시설
가. 전선은 **공칭단면적 2.5[mm²] 이상의 연동선** 또는 이와 동등 이상의 세기 및 굵기의 것일 것.
나. 배선설비 공사는 옥내에 시설할 경우에는 합성수지관공사, 금속관공사, 금속제가요전선관공사, 케이블공사의 규정에 준하여 시설할 것.   **답 ②**

문제 88 66[kV] 특고압 가공전선과 저압 가공전선을 동일 지지물에 병행설치하여 시설하는 경우 이격거리는 몇 [m] 이상이어야 하는가? 단, 특고압 전선은 케이블 사용 이외의 조건이다.

① 1　② 2　③ 3　④ 4

[풀이]

333.17 특고압 가공전선과 저고압 가공전선 등의 병행설치

전 압	표 준	특고압에 케이블 사용 및 저·고압에 절연전선 또는 케이블 사용
35 [kV] 이하	1.2 [m] 이상	0.5 [m] 이상
35 [kV] 초과 100 [kV] 미만	2 [m] 이상	1 [m] 이상

답 ②

문제 89 변압기의 고압측 1선 지락전류가 30[A]인 경우에 접지공사의 최대 접지저항 값은 몇 [Ω]인가? (단, 고압측 전로가 저압측 전로와 혼촉하는 경우 1초 이내에 자동적으로 차단하는 장치가 설치되어 있다.)

① 5
② 10
③ 15
④ 20

[풀이]

142.5 변압기 중성점 접지
변압기의 고압측 또는 사용전압이 35[kV] 이하의 특고압 전로가 저압측 전로와 혼촉하고 저압전로의 대지전압이 150[V]를 초과하는 경우 1초 이내에 고압·특고압 전로를 자동으로 차단하는 장치를 설치할 경우 접지저항값

$$R = \frac{600}{\text{고압측 또는 특고압측의 1선 지락전류}} [\Omega]$$

즉, 1초 이내에 자동적으로 차단하는 장치가 설치되어 있으므로

접지 저항값 $R = \frac{600}{30} = 20[\Omega]$

답 ④

문제 90 전광표시 장치에 사용하는 저압 옥내배선을 금속관공사로 시설할 경우 연동선의 단면적은 몇 [mm²] 이상 사용하여야 하는가?

① 0.75
② 1.25
③ 1.5
④ 2.5

[풀이]

231.3.1 저압 옥내배선의 사용전선
가. 저압 옥내배선의 전선 : 단면적 2.5[mm²] 이상의 연동선
나. 옥내배선의 사용 전압이 400 [V] 이하인 경우는 다음에 의하여 시설할 수 있다.
① **전광표시 장치** 또는 제어 회로

- 단면적 1.5 [mm²] 이상의 연동선
- 단면적 0.75[mm²] 이상인 다심케이블 또는 다심 캡타이어 케이블을 사용하고 또한 과전류가 생겼을 때에 자동적으로 전로에서 차단하는 장치를 시설
② 진열장 또는 이와 유사한 것의 내부 배선 : 단면적 0.75[mm²] 이상인 코드 또는 캡타이어케이블

답 ③

문제 91 고압 가공전선로에 사용하는 가공지선은 인장강도 5.26[kN] 이상의 것 또는 지름이 몇 [mm] 이상의 나경동선을 사용하여야 하는가?

① 2.6
② 3.2
③ 4.0
④ 5.0

[풀이]

332.6 고압 가공전선로의 가공지선
고압 가공전선로에 사용하는 **가공지선**은 인장강도 5.26 [kN] 이상의 것 또는 **지름 4[mm] 이상의 나경동선**을 사용한다.

답 ③

문제 92 전력보안 통신용 전화설비를 시설하지 않아도 되는 것은?

① 원격감시제어가 되지 아니하는 발전소
② 원격감시제어가 되지 아니하는 변전소
③ 2개 이상의 급전소 상호 간과 이들을 통합 운용하는 급전소 간
④ 발전소로서 전기공급에 지장을 미치지 않고, 휴대용 전력보안통신 전화설비에 의하여 연락이 확보된 경우

[풀이]

362.1 전력보안통신설비의 시설 요구사항
발전소·변전소 및 개폐소와 기술원 주재소 간에는 전력보안통신 설비의 시설이 요구된다.
다만, 다음 어느 항목에 적합하고 또한 휴대용 또는 이동용 전력 보안통신 전화 설비에 의하여 연락이 확보된 경우에는 그러하지 아니하다.
가. **발전소로서 전기의 공급에 지장을 미치지 않는 것.**
나. 상주감시를 하지 않는 변전소(사용전압이 35[kV] 이하의 것에 한한다.)로서 그 변전소에 접속되는 전선로가 동일 기술원 주재소에 의하여 운용되는 곳.

답 ④

문제 93 지중 전선로에 사용하는 지중함의 시설기준으로 틀린 것은?

① 조명 및 세척이 가능한 장치를 하도록 할 것
② 그 안의 고인 물을 제거할 수 있는 구조일 것
③ 견고하고 차량 기타 중량물의 압력에 견딜 수 있을 것
④ 뚜껑은 시설자 이외의 자가 쉽게 열 수 없도록 할 것

풀이
334.2 지중함의 시설
지중전선로에 사용하는 지중함은 다음에 따라 시설하여야 한다.
가. 지중함은 견고하고 차량 기타 **중량물의 압력에 견디는 구조**일 것.
나. 지중함은 그 안의 **고인 물**을 제거할 수 있는 구조로 되어 있을 것.
다. 폭발성 또는 연소성의 가스가 침입할 우려가 있는 것에 시설하는 지중함으로서 그 **크기가 1[m³] 이상**인 것에는 통풍장치 기타 가스를 방산시키기 위한 적당한 장치를 시설할 것.
라. 지중함의 **뚜껑은 시설자이외의 자가 쉽게 열 수 없도록 시설할 것.**   **답** ①

문제 94 특고압 가공전선은 케이블인 경우 이외에는 단면적이 몇 [mm²] 이상의 경동연선이어야 하는가?

① 8   ② 14
③ 22   ④ 30

풀이
333.4 특고압 가공전선의 굵기 및 종류
특고압 가공전선은 케이블인 경우 이외에는 인장강도 8.71[kN] 이상의 연선 또는 **단면적이 22[mm²] 이상의 경동연선** 또는 동등이상의 인장강도를 갖는 알루미늄 전선이나 절연전선이어야 한다.   **답** ③

문제 95 345[kV] 변전소의 충전 부분에서 6[m]의 거리에 울타리를 설치하려고 한다. 울타리의 최소 높이는 약 몇 [m] 인가?

① 2   ② 2.28
③ 2.57   ④ 3

풀이
351.1 발전소 등의 울타리·담 등의 시설
가. 울타리·담 등의 높이는 2[m] 이상으로 하고 지표면과 울타리·담 등의 하단 사이의 간격은 0.15[m] 이하로 할 것.
나. 울타리·담 등의 높이와 울타리·담 등으로부터 충전 부분까지 거리의 합계는 표에서 정한 값 이상으로 할 것.

사용전압의 구분	울타리·담 등의 높이와 울타리·담 등으로부터 충전 부분까지의 거리의 합계
35[kV] 이하	5[m]
35[kV] 초과 160[kV] 이하	6[m]
160[kV] 초과	• 거리의 합계 = 6 + 단수 × 0.12 [m] • 단수 = $\frac{\text{사용전압 [kV]}-160}{10}$ 단수 계산에서 소수점 이하는 절상

• 단수 = $\frac{345-160}{10}$ = 18.5 → 19단
• 이격거리 + 울타리높이 = 6 + 19×0.12 = 8.28[m]
• 울타리높이 = 8.28 − 이격거리 = 8.28 − 6 = 2.28[m]   **답** ②

문제 96 지중 전선로의 시설방식이 아닌 것은?

① 관로식
② 압착식
③ 암거식
④ 직접매설식

풀이
334.1 지중전선로의 시설
가. **지중 전선로는 전선에 케이블을 사용하고 또한 관로식·암거식 또는 직접 매설식**에 의하여 시설하여야 한다.
나. 지중 전선로를 직접 매설식에 의하여 시설하는 경우에는 매설 깊이는
① 차량 기타 중량물의 압력을 받을 우려가 있는 장소 : 1.0[m] 이상
② 기타 장소 : 0.6 [m] 이상   **답** ②

문제 97 최대사용전압이 23000[V]인 중성점 비접지식 전로의 절연내력 시험전압은 몇 [V]인가?

① 16560   ② 21160
③ 25300   ④ 28750

풀이

132 전로의 절연저항 및 절연내력

권선의 종류 (최대사용전압)	접지방식	시험전압(최대사 용 전압의 배수)	최저 시험 전압
1. 7 [kV] 이하		1.5배	500[V]
	다중접지	0.92배	500[V]
2. 7[kV] 초과 25[kV] 이하	다중접지	0.92배	
3. 7[kV] 초과 60[kV] 이하 (2란의 것 제외)		1.25배	10.5[kV]
4. 60 [kV] 초과 (8란의 것 제외)	비접지	1.25	
5. 60[kV] 초과 (6란 및 8란의 것 제외)	접지식	1.1배	75 [kV]
6. 60[kV] 초과	직접접지	0.72배	
7. 170[kV] 초과	직접접지	0.64배	

∴ 시험 전압 = $23{,}000 \times 1.25 = 28{,}750 [V]$ **답** ④

출제기준 변경 및 개정된 관계 법규에 따라 삭제된 문제가 있어 20문항이 안됩니다.

국가기술자격검정 필기시험 문제

2018년도 전기산업기사 일반검정 제2회

자격종목 및 등급(선택분야)	종목코드	시험시간	문제지형별
전기산업기사	2140	2시간 30분	A

제1과목 전기자기학

문제 01 유전체에 가한 전계 E[V/m]와 분극의 세기 P[C/m²]와의 관계로 옳은 것은?

① $P = \epsilon_o(\epsilon_s + 1)E$
② $P = \epsilon_o(\epsilon_s - 1)E$
③ $P = \epsilon_s(\epsilon_o + 1)E$
④ $P = \epsilon_s(\epsilon_o - 1)E$

풀이

전계 $E = \dfrac{\sigma - \sigma_p}{\epsilon_o} = \dfrac{D - P}{\epsilon_o}$ [V/m]에서 $D - P = \epsilon_0 E$

전속밀도 $D = \epsilon_o E + P = \epsilon_o \epsilon_s E$ [C/m²]

따라서 분극의 세기 $P = \epsilon_o(\epsilon_s - 1)E$ [C/m²]

(여기서, σ : 진전하, σ_p : 속박전하, $\sigma - \sigma_p$: 자유전하)

답 ②

문제 02 자유공간(진공)에서의 고유임피던스[Ω]는?

① 144
② 277
③ 377
④ 544

풀이

① 고유 임피던스 $\eta = \dfrac{E}{H} = \sqrt{\dfrac{\mu}{\epsilon}}$ [Ω]

② 진공의 고유 임피던스 $\eta_0 = \dfrac{E}{H} = \sqrt{\dfrac{\mu_0}{\epsilon_0}}$ [Ω]

따라서, 자유공간(진공)에서의 고유임피던스

$\eta_0 = \sqrt{\dfrac{\mu_0}{\epsilon_0}} = \sqrt{\dfrac{4\pi \times 10^{-7}}{\dfrac{1}{36\pi \times 10^9}}} = \sqrt{144\pi^2 \times 100}$

$= 120\pi = 377$ [Ω]

답 ③

문제 03 크기가 1[C]인 두 개의 같은 점전하가 진공 중에서 일정한 거리가 떨어져 9×10^9 [N]의 힘으로 작용할 때 이들 사이의 거리는 몇 [m]인가?

① 1
② 2
③ 4
④ 10

풀이

- Q_1과 Q_2 사이에 작용하는 쿨롱의 힘

$F = 9 \times 10^9 \cdot \dfrac{Q_1 \cdot Q_2}{r^2}$ [N]

- $F = 9 \times 10^9 \cdot \dfrac{1 \times 1}{r^2} = 9 \times 10^9$ [N] 이므로 $r^2 = 1$

$\therefore r = 1$ [m]

답 ①

문제 04 공극을 가진 환상 솔레노이드에서 총 권수 N, 철심의 비투자율 μ_r, 단면적 A, 길이 l이고 공극이 δ일 때, 공극부에 자속밀도 B를 얻기 위해서는 전류를 몇 [A] 흘려야 하는가?

① $\dfrac{10^7 B}{2\pi N}\left(\dfrac{l}{\mu_r} + \delta\right)$
② $\dfrac{10^7 B}{2\pi N}\left(\dfrac{\delta}{\mu_r} + l\right)$
③ $\dfrac{10^7 B}{4\pi N}\left(\dfrac{l}{\mu_r} + \delta\right)$
④ $\dfrac{10^7 B}{4\pi N}\left(\dfrac{\delta}{\mu_r} + l\right)$

풀이

자기 저항 $R_m = R_i + R_g = \dfrac{l}{\mu_0 \mu_r A} + \dfrac{\delta}{\mu_0 A} = \dfrac{1}{\mu_0 A}\left(\dfrac{l}{\mu_r} + \delta\right)$

자기 회로의 옴의 법칙 $\phi = \dfrac{NI}{R_m}$ 이므로

$\therefore I = \dfrac{\phi R_m}{N} = \dfrac{(BA)R_m}{N} = \dfrac{B}{\mu_0 N}\left(\dfrac{l}{\mu_r} + \delta\right) = \dfrac{10^7 B}{4\pi N}\left(\dfrac{l}{\mu_r} + \delta\right)$

(여기서, $\mu_0 = 4\pi \times 10^{-7}$)

답 ③

문제 05 자계의 세기가 H인 자계 중에 직각으로 속도 v로 발사된 전하 Q가 그리는 원의 반지름 r은?

① $\dfrac{mv}{QH}$ ② $\dfrac{mv^2}{QH}$

③ $\dfrac{mv}{\mu HQ}$ ④ $\dfrac{mv^2}{\mu HQ}$

풀이
자계 내에서 직각으로 전하 Q가 입사하면 등속 원운동하고, 이때 전자력에 의한 구심력(F)과 원심력(F')는 같아야 한다.
즉 $F=F'$이므로
$BQv = \dfrac{mv^2}{r}$

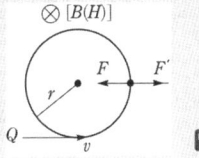

$\therefore r = \dfrac{mv^2}{BQv} = \dfrac{mv}{BQ} = \dfrac{mv}{\mu HQ}$ 답 ③

문제 06 면전하밀도 $\sigma[C/m^2]$, 판간 거리 $d[m]$인 무한 평행판 대전체 간의 전위차[V]는?

① σd ② $\dfrac{\sigma}{\epsilon}$

③ $\dfrac{\epsilon_o \sigma}{d}$ ④ $\dfrac{\sigma d}{\epsilon_o}$

풀이
• 전하밀도 $\sigma[C/m^2]$에서 나오는
  전기력선 밀도 $\dfrac{\sigma}{\epsilon_0}$[개/$m^2$] = $\dfrac{\sigma}{\epsilon_0}$[V/m]
• 전기력선 밀도는 전계의 세기와 같으므로
• 전위차 $V = Ed = \dfrac{\sigma d}{\epsilon_0}$[V] 답 ④

문제 07 진공 중의 도체계에서 임의의 도체를 일정 전위의 도체로 완전 포위하면 내외공간의 전계를 완전 차단시킬 수 있는데 이것을 무엇이라 하는가?

① 홀효과 ② 정전차폐
③ 핀치효과 ④ 전자차폐

풀이
임의의 도체를 접지된 도체로 완전 포위하면 외부에서 유도되는 전하를 차단할 수 있다. 이것을 정전차폐라고 한다. 답 ②

문제 08 평면 전자파의 전계 E와 자계 H사이의 관계식은?

① $E = \sqrt{\dfrac{\epsilon}{\mu}} H$ ② $E = \sqrt{\mu\epsilon} H$

③ $E = \sqrt{\dfrac{\mu}{\epsilon}} H$ ④ $E = \sqrt{\dfrac{1}{\mu\epsilon}} H$

풀이
$\dfrac{E}{H} = \sqrt{\dfrac{\mu}{\epsilon}}$에서, $E = \sqrt{\dfrac{\mu}{\epsilon}} H$ 이다. 답 ③

문제 09 그림과 같은 반지름 $a[m]$인 원형 코일에 $I[A]$의 전류가 흐르고 있다. 이 도체 중심축상 $x[m]$인 P점의 자위는 몇 [A]인가?

① $\dfrac{I}{2}\left(1 - \dfrac{x}{\sqrt{a^2+x^2}}\right)$

② $\dfrac{I}{2}\left(1 - \dfrac{a}{\sqrt{a^2+x^2}}\right)$

③ $\dfrac{I}{2}\left(1 - \dfrac{x^2}{(a^2+x^2)^{\frac{3}{2}}}\right)$

④ $\dfrac{I}{2}\left(1 - \dfrac{a^2}{(a^2+x^2)^{\frac{3}{2}}}\right)$

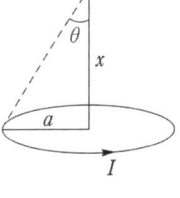

풀이
그림과 같이 점 P에서 코일 AB를 바라보는 입체각 ω는
$\omega = 2\pi(1-\cos\theta)$
이므로 자위는
$U_m = \dfrac{I}{4\pi}\omega$
$= \dfrac{I}{4\pi} \cdot 2\pi(1-\cos\theta)$
$= \dfrac{I}{2}\left(1 - \dfrac{x}{\sqrt{a^2+x^2}}\right)$ [AT]

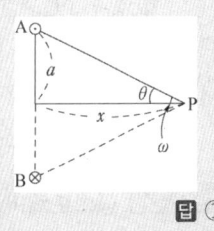

답 ①

문제 10 자기인덕턴스가 각각 L_1, L_2인 두 코일을 서로 간섭이 없도록 병렬로 연결했을 때 그 합성 인덕턴스는?

① $L_1 L_2$ ② $\dfrac{L_1 + L_2}{L_1 L_2}$

③ $L_1 + L_2$ ④ $\dfrac{L_1 L_2}{L_1 + L_2}$

풀이

병렬 접속

- 가극성 $L = \dfrac{L_1 L_2 - M^2}{L_1 + L_2 - 2M}$

- 감극성 $L = \dfrac{L_1 L_2 - M^2}{L_1 + L_2 + 2M}$

간섭이 없도록 병렬로 연결하면 $M = 0$ 이므로

$L = \dfrac{L_1 L_2}{L_1 + L_2}$

답 ④

문제 11 도체의 성질에 대한 설명으로 틀린 것은?

① 도체 내부의 전계는 0이다.
② 전하는 도체 표면에만 존재한다.
③ 도체의 표면 및 내부의 전위는 등전위이다.
④ 도체 표면의 전하밀도는 표면의 곡률이 큰 부분일수록 작다.

풀이

도체의 성질과 전하분포

- 도체 표면과 내부의 전위는 동일하고 (등전위), 표면은 등전위면이다.
- 도체 내부의 전계의 세기는 0이다.
- 전하는 도체 내부에는 존재하지 않고, 도체 표면에만 분포한다.
- 도체 면에서의 전계의 세기는 도체 표면에 항상 수직이다.
- **도체 표면에서의 전하밀도는 곡률이 클수록 (곡률반경이 작을수록) 높다.**
- 중공부에 전하가 없고 대전 도체라면, 전하는 도체 외부의 표면에만 분포한다.
- 중공부에 전하를 두면 도체 내부표면에 동량 이부호, 도체 외부 표면에 동량 동부호의 전하가 분포한다.

답 ④

문제 12 금속도체의 전기저항은 일반적으로 온도와 어떤 관계인가?

① 전기저항은 온도의 변화에 무관하다.
② 전기저항은 온도의 변화에 대해 정특성을 갖는다.
③ 전기저항은 온도의 변화에 대해 부특성을 갖는다.
④ 금속도체의 종류에 따라 전기저항의 온도특성은 일관성이 없다.

풀이

- **금속 도체** : 온도의 상승과 더불어 전기 저항은 증가한다 (정특성).
- **절연체 또는 반도체** : 온도의 상승과 더불어 전기 저항은 감소한다 (부특성).

답 ②

문제 13 전류에 의한 자계의 방향을 결정하는 법칙은?

① 렌츠의 법칙
② 플레밍의 왼손 법칙
③ 플레밍의 오른손 법칙
④ 암페어의 오른나사 법칙

풀이

- 렌츠의 법칙 : 자속의 변화에 따른 전자유도법칙
- 플레밍의 왼손 법칙(전동기에 적용) : 자계내에 놓여진 전류도선이 받는 힘의 방향
- 플레밍의 오른손 법칙(발전기에 적용) : 자계 중에서 도체가 운동할 때 유기 기전력의 방향
- 암페어의 오른나사 법칙 : 전류가 만드는 자계의 방향

즉, **전류에 의한 자계의 방향은 암페어의 오른 나사 법칙**에 따르며 그림과 같은 방향이다.

답 ④

문제 14 반지름 a[m]인 두 개의 무한장 도선이 d[m]의 간격으로 평행하게 놓여 있을 때 $a \ll d$인 경우, 단위 길이당 정전용량[F/m]은?

① $\dfrac{2\pi\epsilon_o}{\ln \dfrac{d}{a}}$
② $\dfrac{\pi\epsilon_o}{\ln \dfrac{d}{a}}$
③ $\dfrac{4\pi\epsilon_o}{\dfrac{1}{a} - \dfrac{1}{d}}$
④ $\dfrac{2\pi\epsilon_o}{\dfrac{1}{a} - \dfrac{1}{d}}$

풀이

평행 도체에 $\pm \lambda$ [C/m]의 전하를 준 경우

두 도체 사이의 전위차는 $V = \dfrac{\lambda}{\pi\epsilon_o} \ln \dfrac{d-a}{a}$ [V] 이므로,

단위길이당 정전용량은 $C_0 = \dfrac{\lambda}{V} = \dfrac{\pi\epsilon_o}{\ln \dfrac{d-a}{a}}$ [F/m]가 된다.

따라서 $a \ll d$인 경우, $C_0 = \dfrac{\pi\epsilon_o}{\ln \dfrac{d}{a}}$ [F/m] 이다.

답 ②

문제 15 비유전율이 2.4인 유전체 내의 전계의 세기가 100[mV/m]이다. 유전체에 축적되는 단위체적당 정전에너지는 몇 [J/m³]인가?

① 1.06×10^{-13} ② 1.77×10^{-13}
③ 2.32×10^{-13} ④ 2.32×10^{-11}

풀이

정전 에너지 $w = \frac{1}{2}\boldsymbol{E} \cdot \boldsymbol{D} = \frac{\epsilon E^2}{2} = \frac{\epsilon_0 \epsilon_s E^2}{2}$ [J/m³]에서

$w = \frac{8.855 \times 10^{-12} \times 2.4 \times (100 \times 10^{-3})^2}{2}$
$= 1.0626 \times 10^{-13}$ [J/m³]   **답** ①

문제 16 두 개의 코일이 있다. 각각의 자기인덕턴스가 0.4[H], 0.9[H]이고, 상호인덕턴스가 0.36[H]일 때 결합계수는?

① 0.5 ② 0.6
③ 0.7 ④ 0.8

풀이

결합 계수 $k = \frac{M}{\sqrt{L_1 L_2}}$ 에서 $k = \frac{0.36}{\sqrt{0.4 \times 0.9}} = 0.6$ **답** ②

문제 17 동심구 사이의 공극에 절연내력이 50[kV/mm]이며 비유전율이 3인 절연유를 넣으면, 공기인 경우의 몇 배의 전하를 축적할 수 있는가? (단, 공기의 절연내력은 3[kV/mm]라 한다.)

① 3 ② $\frac{50}{3}$ ③ 50 ④ 150

풀이

• 공기(ϵ_0)인 경우의 전하량

$Q = CV = \frac{4\pi\epsilon_0}{\frac{1}{a} - \frac{1}{b}} E_0 d \rightarrow \frac{4\pi\epsilon_0}{\frac{1}{a} - \frac{1}{b}} d = \frac{Q}{E_0}$

• 절연유인 경우의 전하량

$Q' = C'V' = \frac{4\pi\epsilon_0 \epsilon_s}{\frac{1}{a} - \frac{1}{b}} Ed = \epsilon_s \frac{E}{E_0} Q = 3 \times \frac{50}{3} Q = 50Q$

(50배)   **답** ③

문제 18 자계의 벡터 포텐셜을 A라 할 때, A와 자계의 변화에 의해 생기는 전계 E 사이에 성립하는 관계식은?

① $A = \frac{\partial E}{\partial t}$ ② $E = \frac{\partial A}{\partial t}$
③ $A = -\frac{\partial E}{\partial t}$ ④ $E = -\frac{\partial A}{\partial t}$

풀이

도체 주위에서 자계 B[Wb/m²]가 시간적으로 변화하면

$B = \nabla \times A$로 정의되고 $\nabla \times E = -\frac{\partial B}{\partial t}$에서

$\nabla \times E = -\frac{\partial B}{\partial t} = -\frac{\partial}{\partial t}(\nabla \times A) = \nabla \times \left(-\frac{\partial A}{\partial t}\right)$

$\therefore E = -\frac{\partial A}{\partial t}$ **답** ④

문제 19 그림과 같이 유전체 경계면에서 $\epsilon_1 < \epsilon_2$이었을 때 E_1과 E_2의 관계식 중 옳은 것은?

① $E_1 > E_2$
② $E_1 < E_2$
③ $E_1 = E_2$
④ $E_1 \cos\theta_1 = E_2 \cos\theta_2$

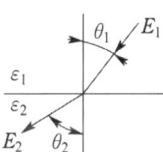

풀이

전계는 접선 성분이 같다.
$E_1 \sin\theta_1 = E_2 \sin\theta_2$

또, $\epsilon_1 < \epsilon_2$이면 $\theta_1 < \theta_2$이므로 $E_1 \sin\theta_1 = E_2 \sin\theta_2$가 되기 위해서는 $E_1 > E_2$가 되어야 한다.   **답** ①

문제 20 균등하게 자화된 구(球)자성체가 자화될 때의 감자율은?

① $\frac{1}{2}$ ② $\frac{1}{3}$ ③ $\frac{2}{3}$ ④ $\frac{3}{4}$

풀이

• 구 자성체의 감자율 $N = \frac{1}{3}$

• 원통 자성체의 감자율 $N = \frac{1}{2}$ **답** ②

제2과목 전력공학

문제 21 보호계전기 동작이 가장 확실한 중성점 접지방식은?
① 비접지방식 ② 저항접지방식
③ 직접접지방식 ④ 소호리액터접지방식

풀이

접지방식별 특징

방 식	보호 계전기 동작	지락 전류	전위 상승	과도 안정도	유도 장해	특 징
직접 접지(22.9, 154, 345 [kV])	확실	최대	1.3	최소	최대	중성점영전위, 단절연가능
저항 접지	↓	↓	$\sqrt{3}$	↓	↓	
비접지 (3.3, 6.6 [kV])	×	↓	$\sqrt{3}$	↓	↓	저전압 단거리에 적용
소호 리액터 접지 (66 [kV])	불확실	최소	$\sqrt{3}$ 이상	최대	최소	병렬공진, 고장전류최소

답 ③

문제 22 단상 2선식의 교류 배전선이 있다. 전선 한 줄의 저항은 0.15[Ω], 리액턴스는 0.25[Ω]이다. 부하는 무유도성으로 100[V], 3[kW] 일 때 급전점의 전압은 약 몇 [V] 인가?
① 100 ② 110
③ 120 ④ 130

풀이
$V_s = V_r + 2I(R\cos\theta + X\sin\theta)$
(여기서, 부하는 무유도성 이므로 $\cos\theta = 1$)
$= 100 + 2 \times \dfrac{3000}{100} \times 0.15 \times 1 = 109[V]$

답 ②

문제 23 우리나라에서 현재 사용되고 있는 송전전압에 해당되는 것은?
① 150[kV] ② 220[kV]
③ 345[kV] ④ 700[kV]

풀이
송전전압
• 765[kV] • 345[kV] • 154[kV]

답 ③

문제 24 제5고조파를 제거하기 위하여 전력용 콘덴서 용량의 몇 [%]에 해당하는 직렬 리액터를 설치하는가?
① 2~3 ② 5~6
③ 7~8 ④ 9~10

풀이

직렬 리액터는 제5고조파 제거를 목적으로 사용된다.
$2\pi(5f_0)L = \dfrac{1}{2\pi(5f_0)C}$ 에서 $2\pi f_0 L = \dfrac{1}{25} \times \dfrac{1}{2\pi f_0 C}$
따라서, $X_L = \dfrac{1}{25} \times X_c = 0.04 X_c$
즉, 5고조파를 제거하기 위해서는 콘덴서 용량의 4[%]에 해당하는 직렬리액터를 설치하면 되지만 여유를 고려하여 콘덴서 용량의 5~6[%]에 해당하는 직렬리액턴스를 설치한다.

답 ②

문제 25 변전소에서 사용되는 조상설비 중 지상용으로만 사용되는 조상설비는?
① 분로 리액터
② 동기 조상기
③ 전력용 콘덴서
④ 정지형 무효전력 보상장치

풀이

조상설비의 비교

항 목	동기 조상기	전력용 콘덴서	분로 리액터
전력손실	많음 (1.5~2.5 [%])	적음 (0.3 [%] 이하)	적음 (0.6 [%] 이하)
무효전력	진상, 지상 양용	진상전용	지상전용
조 정	연속적	계단적	계단적
사고시 전압유지	큼	작음	작음
시송전	가능	불가능	불가능

답 ①

문제 26 정정된 값 이상의 전류가 흘렀을 때 동작전류의 크기와 상관없이 항상 정해진 시간이 경과한 후에 동작하는 보호계전기는?
① 순시계전기
② 정한시계전기
③ 반한시계전기
④ 반한시성 정한시계전기

풀이
보호 계전기 특징
① 순한시 특성 : 최소 동작 전류 이상의 전류가 흐르면 즉시 동작하는 특성
② 반한시 특성 : 동작 전류가 커질수록 동작 시간이 짧게 되는 특성
③ 정한시 특성 : 동작 전류의 크기에 관계없이 **일정한 시간에 동작**하는 특성
④ 반한시 정한시 특성 : 동작 전류가 적은 동안에는 동작 전류가 커질수록 동작 시간이 짧게 되고 어떤 전류 이상이면 동작 전류의 크기에 관계없이 일정한 시간에 동작하는 특성
답 ②

문제 27 저압 뱅킹(Banking)배전방식이 적당한 곳은?
① 농촌 ② 어촌
③ 화학공장 ④ 부하 밀집지역

풀이
고압선에 접속한 두 대 이상의 변압기의 저압측을 병렬 접속하는 방식을 **저압 뱅킹 방식**이라 하며 **부하가 밀집된 시가지**에 좋다.
답 ④

문제 28 유효낙차가 40[%] 저하되면 수차의 효율이 20[%] 저하 된다고 할 경우 이때의 출력은 원래의 약 몇 [%] 인가? (단, 안내 날개의 열림은 불변인 것으로 한다.)
① 37.2 ② 48.0
③ 52.7 ④ 63.7

풀이
출력 P, 낙차 H, 효율을 η라 하면
유량 $Q = \sqrt{2gH}$ 에서 $Q \propto H^{\frac{1}{2}}$
출력 $P = 9.8QH\eta$ 에서 $P \propto QH\eta = H^{\frac{3}{2}} \times \eta$
따라서, $P : P' = H^{\frac{3}{2}}\eta : (0.6H)^{\frac{3}{2}}(0.8\eta)$
$\therefore P' = (0.6^{\frac{3}{2}} \times 0.8)P = 0.3718P$
답 ①

문제 29 전력용 퓨즈는 주로 어떤 전류의 차단을 목적으로 사용하는가?
① 지락전류 ② 단락전류
③ 과도전류 ④ 과부하전류

풀이
전력용 퓨즈(Power Fuse)는 **단락 보호용**으로 사용된다.
답 ②

문제 30 장거리 송전선로의 4단자 정수(A, B, C, D) 중 일반식을 잘못 표기한 것은?
① $A = \cosh\sqrt{ZY}$
② $B = \sqrt{\dfrac{Z}{Y}}\sinh\sqrt{ZY}$
③ $C = \sqrt{\dfrac{Z}{Y}}\sinh\sqrt{ZY}$
④ $D = \cosh\sqrt{ZY}$

풀이

회로의 종류	
4단자 정수	A	$\cosh\sqrt{ZY}$
	B	$\sqrt{\dfrac{Z}{Y}}\sinh\sqrt{ZY}$
	C	$\sqrt{\dfrac{Y}{Z}}\sinh\sqrt{ZY}$
	D	$\cosh\sqrt{ZY}$

답 ③

문제 31 3상 1회선 전선로에서 대지정전용량은 C_s 이고 선간정전용량을 C_m 이라 할 때, 작용정전용량 C_n은?
① $C_s + C_m$ ② $C_s + 2C_m$
③ $C_s + 3C_m$ ④ $2C_s + C_m$

풀이
3상 1회선인 경우 작용정전 용량 $C_w = C_s + 3C_m$

* $3C_m$ 사이의 중성점에는 0전위 이므로 대지와 접속하여도 무방하다.　　　　　　　　　　　　　　　　　**답** ③

문제 32 송전선로의 뇌해방지와 관계없는 것은?
① 댐퍼　　　　② 피뢰기
③ 매설지선　　④ 가공지선

풀이
- 댐퍼 : 선로의 진동 방지
- 피뢰기 : 뇌로부터 기기 보호
- 매설지선(탑각 접지저항을 낮춤) : 뇌 침입 시 역섬락 방지
- 가공지선 : 뇌의 차폐　　　　　　　　　　　　**답** ①

문제 33 소호리액터 접지에 대한 설명으로 틀린 것은?
① 지락전류가 작다.
② 과도안정도가 높다.
③ 전자유도장애가 경감된다.
④ 선택지락계전기의 작동이 쉽다.

풀이

접지방식별 특징

방 식	보호 계전기 동작	지락 전류	전위 상승	과도 안정도	유도 장해	특 징
직접 접지(22.9, 154, 345 [kV])	확실	최대	1.3	최소	최대	중성점영전위, 단절연가능
저항 접지		↓	↓	$\sqrt{3}$	↓	
비접지 (3.3, 6.6 [kV])	×	↓	$\sqrt{3}$	↓		저전압 단거리에 적용
소호 리액터 접지 (66 [kV])	불확실	최소	$\sqrt{3}$ 이상	최대	최소	병렬공진, 고장전류최소

답 ④

문제 34 3상3선식 배전선로에 역률이 0.8(지상)인 3상 평형 부하 40[kW]를 연결했을 때 전압강하는 약 몇 [V] 인가? (단, 부하의 전압은 200[V], 전선 1조의 저항은 0.02[Ω]이고, 리액턴스는 무시한다.)
① 2　　　　② 3
③ 4　　　　④ 5

풀이
전압 강하 $e = \dfrac{P}{V}(R + X\tan\theta)$ 에서 리액턴스를 무시하므로 $X = 0$

$\therefore e = \dfrac{PR}{V} = \dfrac{40 \times 10^3 \times 0.02}{200} = 4[V]$　　**답** ③

문제 35 분기회로용으로 개폐기 및 자동차단기의 2가지 역할을 수행하는 것은?
① 기중차단기　　② 진공차단기
③ 전력용 퓨즈　　④ 배선용차단기

풀이
배선용차단기는 간선 분기회로의 전원차단 개폐기로서 수동조작 되고, 과전류를 검출하고 자동으로 차단하는 과전류차단기로서 **개폐기 및 자동차단기의 2가지 역할을 수행** 한다.　　　　　　　　　　　　　　　　　　**답** ④

문제 36 교류 저압 배전방식에서 밸런서를 필요로 하는 방식은?
① 단상 2선식　　② 단상 3선식
③ 3상 3선식　　　④ 3상 4선식

풀이
단상 3선식의 특징
① 전압강하 및 전력손실은 1/4로 감소한다.
② 소요 전선량은 감소한다.
③ 110/220 [V]와 같이 2종의 전압을 얻을 수 있다.
④ 상시 부하가 불평형이면 전압이 불평형이 되고 이에 대한 대책으로 **밸런스를 설치**하여야 한다.
⑤ 중성선에는 퓨즈를 설치하지 않는다.　　　　**답** ②

문제 37 보일러에서 흡수열량이 가장 큰 것은?
① 수냉벽　　　② 과열기
③ 절탄기　　　④ 공기예열기

풀이

	가열면적 [%]	흡수열량 [%]
수 냉 벽	10~15	40~50
보일러 수관	5~10	10~15
과 열 기	10~15	15~20
절 탄 기	15	10~15
공기 예열기	50	5~10

답 ①

문제 38 단상 승압기 1대를 사용하여 승압할 경우 승압전의 전압을 E_1이라 하면, 승압 후의 전압 E_2는 어떻게 되는가? (단, 승압기의 변압비는 $\dfrac{\text{전원측전압}}{\text{부하측전압}} = \dfrac{e_1}{e_2}$ 이다.)

① $E_2 = E_1 + e_1$
② $E_2 = E_1 + e_2$
③ $E_2 = E_1 + \dfrac{e_2}{e_1}E_1$
④ $E_2 = E_1 + \dfrac{e_1}{e_2}E_1$

풀이
$$E_2 = e_1 + e_2 = E_1 + \dfrac{E_1}{a}$$
$$= E_1\left(1 + \dfrac{1}{a}\right)$$
$$= E_1\left(1 + \dfrac{e_2}{e_1}\right) = E_1 + \dfrac{e_2}{e_1}E_1$$
답 ③

문제 39 3상 차단기의 정격차단용량을 나타낸 것은?

① $\sqrt{3} \times$ 정격전압 $\times$ 정격전류
② $\dfrac{1}{\sqrt{3}} \times$ 정격전압 $\times$ 정격전류
③ $\sqrt{3} \times$ 정격전압 $\times$ 정격차단전류
④ $\dfrac{1}{\sqrt{3}} \times$ 정격전압 $\times$ 정격차단전류

풀이
$P_s = \sqrt{3}\,V_n I_s$ **답** ③

문제 40 변류기 개방 시 2차측을 단락하는 이유는?
① 측정 오차 방지
② 2차측 절연 보호
③ 1차측 과전류 방지
④ 2차측 과전류 보호

풀이
변류기의 2차측을 개방하면 1차 전류가 모두 여자 전류가 되어 2차 권선에 매우 높은 전압이 유기되어 절연이 파괴되고 소손될 염려가 있다.
따라서, 변류기를 점검할 경우에는 반드시 2차측을 단락해야 한다. **답** ②

제3과목 전기기기

문제 41 직류 직권전동기의 운전상 위험속도를 방지하는 방법 중 가장 적합한 것은?
① 무부하 운전한다.
② 경부하 운전한다.
③ 무여자 운전한다.
④ 부하와 기어를 연결한다.

풀이
직권 전동기에서는 $I_a = I = I_f$ 이므로 $I = I_f \propto \phi$가 된다. 회전 속도 $n = K\dfrac{V - I_a(R_a + R_s)}{\phi}$에서 알 수 있듯이 **무부하 상태**($I = 0$, 즉 $\phi = 0$)가 되면 속도가 급격히 상승하여 원심력으로 파괴될 우려가 있다. 그러므로, 직권 전동기로 다른 기계를 운전하려면, 반드시 **직결하거나 기어(gear)를 사용하여야 한다**. **답** ④

문제 42 권선형 유도전동기의 설명으로 틀린 것은?
① 회전자의 3개의 단자는 슬립링과 연결되어 있다.
② 기동할 때에 회전자는 슬립링을 통하여 외부에 가감저항기를 접속한다.
③ 기동할 때에 회전자에 적당한 저항을 갖게 하여 필요한 기동토크를 갖게 한다.
④ 전동기 속도가 상승함에 따라 외부저항을 점점 감소시키고 최후에는 슬립링을 개방한다.

풀이
권선형 유도전동기의 2차저항법
기동시에는 2차 회로에 적당한 저항을 갖게하여 필요한 기동토크를 얻음과 동시에 기동전류를 억제하고 속도가 상승함에 따라 외부저항을 점차로 감소시켜 **최후에는 슬립링에서 단락**하여 저항손의 증대를 막고 운전상태에서는 양호한 특성을 얻게한다. **답** ④

문제 43 3상 전원에서 2상 전원을 얻기 위한 변압기의 결선방법은?
① △
② T
③ Y
④ V

풀이

상수의 변환
① 3상-2상간의 상수 변환
- 스코트 결선 (T결선)
- 메이어 결선
- 우드 브리지 결선

② 3상-6상간의 상수 변환
- 환상 결선
- 2중 성형 결선
- 포크 결선
- 2중 3각 결선
- 대각 결선

답 ②

문제 44 단상 반파정류회로에서 평균직류전압 200[V]를 얻는데 필요한 변압기 2차 전압은 약 몇 [V] 인가? (단, 부하는 순저항이고 정류기의 전압강하는 15[V]로 한다.)

① 400
② 478
③ 512
④ 642

풀이

단상 반파 정류

$E_d = \frac{\sqrt{2}}{\pi}E - e = 0.45E - e$ [V]

$\therefore E = \frac{E_d + e}{0.45} = \frac{200 + 15}{0.45} = 477.78$ [V]

답 ②

문제 45 유도전동기의 슬립 s의 범위는?

① $1 < s < 0$
② $0 < s < 1$
③ $-1 < s < 1$
④ $-1 < s < 0$

풀이

슬립의 범위
- 유도 전동기 : $0 < s < 1$
- 유도 발전기 : $s < 0$
- 제동기 : $s > 1$

답 ②

문제 46 정격 전압에서 전 부하로 운전하는 직류 직권전동기의 부하전류가 50[A]이다. 부하토크가 반으로 감소하면 부하전류는 약 몇 [A] 인가? (단, 자기포화는 무시한다.)

① 25
② 35
③ 45
④ 50

풀이

토크와 속도와의 관계
(자기포화가 되지 않는 범위, 즉 $\phi \propto I$)에서
$T = K_1 \phi I_a$에서 $T = K_2 I^2$
($\because$ 직권전동기에서 $I_a = I_f = I \propto \phi$ 이다.)
따라서, $T : \frac{1}{2}T = 50^2 : I^2$

$\therefore I^2 = \frac{1}{2} \times 50^2$, $I = \frac{1}{\sqrt{2}} \times 50 = 35.36$[A]

답 ②

문제 47 단상변압기를 병렬 운전하는 경우 부하전류의 분담에 관한 설명 중 옳은 것은?

① 누설리액턴스에 비례한다.
② 누설임피던스에 비례한다.
③ 누설임피던스에 반비례한다.
④ 누설리액턴스의 제곱에 반비례한다.

풀이

무부하 전압이 같다고 생각하면 무부하 전류에 의한 내부 전압강하가 같아야 하므로 $I_A Z_A = I_B Z_B$

$\therefore \frac{I_A}{I_B} = \frac{Z_B}{Z_A}$

그러므로, **부하전류의 분담은 누설 임피던스에 반비례한다.**

답 ③

문제 48 3상 동기기에서 제동권선의 주 목적은?

① 출력 개선
② 효율 개선
③ 역률 개선
④ 난조 방지

풀이

제동 권선의 역할
① **난조 방지**
② 기동 토크 발생
③ 불평형 부하시의 전류, 전압 파형 개선
④ 송전선의 불평형 단락시의 이상 전압 방지

답 ④

문제 49 단상 유도전압조정기의 원리는 다음 중 어느 것을 응용한 것인가?

① 3권선 변압기
② V결선 변압기
③ 단상 단권변압기
④ 스코트결선(T결선) 변압기

풀이

단상 유도전압조정기는 직렬권선에 대한 분로권선의 위치를 연속적으로 바꾸는 **단상 단권변압기의 일종**이다. 구조는 유도전동기와 비슷하며 고정자와 회전자로 구성되어 있다.

P : 분로 권선, S : 직렬 권선, T : 단락 권선
단상 유도 전압 조정기

$V_2 = V_1 + E_2\cos\alpha$

답 ③

문제 50 유도전동기의 속도제어 방식으로 틀린 것은?
① 크레머 방식
② 일그너 방식
③ 2차 저항제어 방식
④ 1차 주파수제어 방식

풀이
유도전동기의 속도 제어방식
- 2차 여자 제어 : 2차 여자 제어는 크레머 방식과 셀비어스 방식이 있으며 정지 셀비어스 방식은 전동 발전기 대신 다이리스터를 사용한다.
- 2차 저항 제어 : $\dfrac{r_2}{s_1} + \dfrac{r_2+R}{s_2}$ 의 비례추이를 이용한 방식
- 1차 주파수 제어 : $N_s = \dfrac{120f}{p}$ 에서 인버터를 이용하여 주파수 f를 변환시킴으로서 속도를 제어하는 방법. $\dfrac{V}{f}$ =일정 의 관계를 유지한다.

그러나, **일그너 방식은 직류전동기의 속도제어 방식**이다.

답 ②

문제 51 4극, 60[Hz]의 정류자 주파수 변환기가 1440[rpm]으로 회전할 때의 주파수는 몇 [Hz]인가?
① 8
② 10
③ 12
④ 15

풀이
$N_s = \dfrac{120f}{p} = \dfrac{120 \times 60}{4} = 1800 \text{ [rpm]}$

$s = \dfrac{N_s - N}{N_s} = \dfrac{1800 - 1440}{1800} = 0.2$

$\therefore f_2 = sf_1 = 0.2 \times 60 = 12 \text{ [Hz]}$

답 ③

문제 52 직류전동기의 속도제어법 중 광범위한 속도제어가 가능하며 운전효율이 좋은 방법은?
① 병렬 제어법
② 전압 제어법
③ 계자 제어법
④ 저항 제어법

풀이
직류 전동기의 속도 제어법 비교

구 분	제어 특성	특 징
계자 제어법	• 정출력 제어	• 속도 제어 범위가 좁다.
전압 제어법	• 정토크 제어 ┌ 워드 레오나드 방식 └ 일그너 방식	• 제어 범위가 넓다. • 손실이 매우 적다. • 정역 운전이 가능 • 압연기나 권상기 등의 속도제어에 사용 • 설비비가 많이 든다.
직렬 저항법		• 효율이나쁘다.

답 ②

문제 53 변압기 단락시험과 관계없는 것은?
① 전압 변동률
② 임피던스 와트
③ 임피던스 전압
④ 여자 어드미턴스

풀이
변압기의 시험
(1) **개방회로(무부하) 시험**으로 측정할 수 있는 항목
① 무부하 전류 ② 히스테리시스손 ③ 와류손
④ **여자 어드미턴스** ⑤ 철손
(2) 단락시험으로 측정할 수 있는 항목
① 동손 ② 임피던스 와트 ③ 임피던스 전압

답 ④

문제 54 교류 단상 직권전동기의 구조를 설명한 것 중 옳은 것은?
① 역률 및 정류개선을 위해 약계자 강전기자형으로 한다.
② 전기자 반작용을 줄이기 위해 약계자 강전기자형으로 한다.
③ 정류개선을 위해 강계자 약전기자형으로 한다.
④ 역률개선을 위해 고정자와 회전자의 자로를 성층철심으로 한다.

2018년도 2회

풀이

단상직권 전동기의 구조
- 철손을 감소시키기 위하여 전기자 및 계자는 성층철심을 사용하고 원통형 회전자로 한다.
- 정류 개선을 위해 브러시는 접촉저항이 어느 정도 큰 것을 사용하여 저항 정류로 하여야 한다.
- 전기자 반작용을 감소시키기 위해 보상권선을 설치한다.
- 역률을 개선하기 위해 약계자 강전기자형으로 한다. 답 ①

문제 55 전기자 저항이 0.3[Ω]인 분권발전기가 단자전압 550[V]에서 부하전류가 100[A]일 때 발생하는 유도기전력[V]은? (단, 계자전류는 무시한다.)

① 260 ② 420
③ 580 ④ 750

풀이

$I_a = I + I_f$에서 계자전류 I_f를 무시하므로
∴ $I_a = I = 100[A]$
유기기전력 $E = V + I_a R_a = 550 + 100 \times 0.3 = 580[V]$

답 ③

문제 56 병렬운전 중인 A, B 두 동기발전기 중 A발전기의 여자를 B발전기보다 증가시키면 A발전기는?

① 동기화 전류가 흐른다.
② 부하 전류가 증가한다.
③ 90° 진상 전류가 흐른다.
④ 90° 지상 전류가 흐른다.

풀이

A, B 두 대의 발전기가 병렬 운전 중에 A기의 여자를 증대하면, 즉 A기의 전압이 B기의 전압보다 높게 되면 A기로부터 B기로 전류가 흐르게 되는데 이때의 전류 I_c는

$$I_c = \frac{E_A - E_B}{j2x_s} = -j\frac{E_A - E_B}{2x_s}$$

로 A기에는 전압보다 90° 늦은 전류가 흐르게 된다.

답 ④

문제 57 동기기의 단락전류를 제한하는 요소는?
① 단락비
② 정격 전류
③ 동기 임피던스
④ 자기 여자 작용

풀이

① 돌발 단락 전류 $I_s = \dfrac{E}{r_a + jx_l}$

- 돌발 단락 전류 제한 : 전기자 권선저항 r_a+누설 리액턴스 x_l

② 영구 단락 전류
$$I_s = \frac{E}{r_a + jx_s} = \frac{E}{r_a + j(x_a + x_l)} = \frac{E}{Z_s}$$

- 영구 단락 전류 제한 : 전기자 권선 저항 r_a+누설 리액턴스 x_l+전기자 반작용 리액턴스 x_a

즉, **영구 단락 전류는 동기 임피던스 Z_s에 의해 억제**된다.

답 ③

문제 58 3상 동기발전기가 그림과 같이 1선 지락이 발생하였을 경우 단락전류 I_0를 구하는 식은?
(단, E_a는 무부하 유기기전력의 상전압, Z_0, Z_1, Z_2는 영상, 정상, 역상 임피던스이다.)

① $\dot{I}_0 = \dfrac{3\dot{E}_a}{\dot{Z}_0 \times \dot{Z}_1 \times \dot{Z}_2}$

② $\dot{I}_0 = \dfrac{\dot{E}_a}{\dot{Z}_0 \times \dot{Z}_1 \times \dot{Z}_2}$

③ $\dot{I}_0 = \dfrac{3\dot{E}_a}{\dot{Z}_0 + \dot{Z}_1 + \dot{Z}_2}$

④ $\dot{I}_0 = \dfrac{3\dot{E}_a}{\dot{Z}_0 + \dot{Z}_1^2 + \dot{Z}_2^3}$

풀이

- 지락전류를 구하는 식은 어떤 것인가? 로 했어야 하나 오타가 발생하여 단락전류를 구하는 식을 질문한 관계로 전항 정답 처리됨.
- 참고 : 1선지락전류 $\dot{I}_0 = \dfrac{3\dot{E}_a}{\dot{Z}_0 + \dot{Z}_1 + \dot{Z}_2}[A]$

답 전항정답

문제 59 유도전동기의 동기와트에 대한 설명으로 옳은 것은?
① 동기속도에서 1차 입력
② 동기속도에서 2차 입력
③ 동기속도에서 2차 출력
④ 동기속도에서 2차 동손

풀이

동기와트란 슬립 s, 토크 T를 발생하며 회전하는 유도 전동기가 같은 토크 T를 발생하며 **동기 속도로 회전하는 것으로 가정하는 때의 입력** P_2를 말한다. 2차 입력(동기 와트) P_2, 회전 각속도 ω, 동기 각속도 ω_s라 하면

$$T = \frac{P}{\omega} = \frac{P_2(1-s)}{\omega_s(1-s)} = \frac{P_2}{\omega_s}$$

$$\therefore P_2 = \omega_s T \text{[동기 와트]}$$

답 ②

문제 60 임피던스 전압강하 4[%]의 변압기가 운전 중 단락되었을 때 단락전류는 정격전류의 몇 배가 흐르는가?
① 15 ② 20 ③ 25 ④ 30

풀이

단락 전류 I_{1s}는

$$I_{1s} = I_{1n}\frac{100}{\%Z} = I_{1n} \times \frac{100}{4} = 25 I_{1n}$$

답 ③

제4과목 회로이론

문제 61 3상 불평형 전압에서 역상전압이 50[V], 정상전압이 200[V], 영상전압이 10[V]라고 할 때 전압의 불평형률[%]은?
① 1 ② 5
③ 25 ④ 50

풀이

$$불평형률 = \frac{역상\ 전압}{정상\ 전압} \times 100 = \frac{50}{200} \times 100 = 25[\%]$$

답 ③

문제 62 다음과 같은 회로의 a-b간 합성 인덕턴스는 몇 [H]인가? (단, $L_1 = 4$[H], $L_2 = 4$[H], $L_3 = 2$[H], $L_4 = 2$[H] 이다.)
① $\frac{8}{9}$
② 6
③ 9
④ 12

풀이

합성 인덕턴스

$$L = \frac{1}{\frac{1}{L_1+L_2}+\frac{1}{L_3}+\frac{1}{L_4}} = \frac{1}{\frac{1}{4+4}+\frac{1}{2}+\frac{1}{2}} = \frac{8}{9}[H]$$

답 ①

문제 63 $R-L-C$ 직렬회로에서 시정수의 값이 작을수록 과도현상이 소멸되는 시간은 어떻게 되는가?
① 짧아진다.
② 관계없다.
③ 길어진다.
④ 일정하다.

풀이

시정수가 크면 클수록 과도기가 오래 지속되고, **적으면 적을수록 지속시간이 짧아진다.**

답 ①

문제 64 대칭 좌표법에서 사용되는 용어 중 3상에 공통된 성분을 표시하는 것은?
① 공통분 ② 정상분
③ 역상분 ④ 영상분

풀이

- **정상분** : 상회전 방향이 전원과 같은 방향으로, 전동기에서 토크를 발생
- **역상분** : 상회전 방향이 전원과 반대 방향으로, 전동기에서 제동작용을 한다.
- **영상분** : 각 상별로 같은 크기와 같은 위상각을 가진 단상전류

답 ④

문제 65
어떤 회로의 단자전압이
$V = 100\sin\omega t + 40\sin 2\omega t + 30\sin(3\omega t + 60°)$
[V]이고, 전압강하의 방향으로 흐르는 전류가
$I = 10\sin(\omega t - 60°) + 2\sin(3\omega t + 105°)$[A]일 때 회로에 공급되는 평균전력[W]은?

① 271.2 ② 371.2
③ 530.2 ④ 630.2

풀이
주파수가 서로 다른 전압, 전류 사이에서는 유효전력도 무효전력도 전혀 발생하지 않는다.
따라서, 소비전력
$P = V_1 I_1 \cos\theta_1 + V_3 I_3 \cos\theta_3$
$= \frac{100}{\sqrt{2}} \times \frac{10}{\sqrt{2}} \times \cos 60° + \frac{30}{\sqrt{2}} \times \frac{2}{\sqrt{2}} \times \cos(105° - 60°)$
$= 271.21$[W]   **답** ①

문제 66
3상 대칭분 전류를 I_0, I_1, I_2라 하고 선전류를 I_a, I_b, I_c라고 할 때 I_b는 어떻게 되는가?

① $I_0 + I_1 + I_2$ ② $I_0 + a^2 I_1 + a I_2$
③ $I_0 + a I_1 + a^2 I_2$ ④ $\frac{1}{3}(I_0 + I_1 + I_2)$

풀이
불평형 3상 전류
$I_a = I_0 + I_1 + I_2$
$I_b = I_0 + a^2 I_1 + a I_2$
$I_c = I_0 + a I_1 + a^2 I_2$ **답** ②

문제 67
부하에 $100/\underline{30°}$[V]의 전압을 가하였을 때 $10/\underline{60°}$[A]의 전류가 흘렀다면 부하에서 소비되는 유효전력은 약 몇 [W] 인가?

① 400   ② 500
③ 682   ④ 866

풀이
$P = VI^* = 100/\underline{30°} \times 10/\underline{-60°} = 1000/\underline{-30°}$
$= 1000\cos 30° - j1000\sin 30° = 866 - j500$ [VA]
따라서, 유효전력은 866[W], 무효전력은 500[Var] 이다.   **답** ④

문제 68
그림과 같은 회로에서 $0.2[\Omega]$의 저항에 흐르는 전류는 몇 [A] 인가?

① 0.1   ② 0.2   ③ 0.3   ④ 0.4

풀이
테브낭 정리 이용 a, b개방
$V_a = \frac{10}{6+4} \times 6 = 6$[V]
$V_b = \frac{10}{4+6} \times 4 = 4$[V]
$\therefore V_{ab} = V_a - V_b$
$= 6 - 4 = 2$[V]
전압원 제거(단락)하고, a, b에서 본 저항 R_t는
$R_t = \frac{6 \times 4}{6+4} + \frac{6 \times 4}{6+4} = 4.8[\Omega]$
$\therefore I = \frac{V}{R} = \frac{2}{0.2 + 4.8}$
$= 0.4$[A]

답 ④

문제 69
$\frac{1}{s^2 + 2s + 5}$의 라플라스 역변환 값은?

① $e^{-2t}\cos 2t$ ② $\frac{1}{2}e^{-t}\sin t$
③ $\frac{1}{2}e^{-t}\sin 2t$ ④ $\frac{1}{2}e^{-t}\cos 2t$

풀이
$F(s) = \frac{1}{s^2 + 2s + 5} = \frac{1}{2} \cdot \frac{2}{(s+1)^2 + 2^2}$ 이므로
$\therefore f(t) = \mathcal{L}^{-1}[F(s)] = \frac{1}{2}e^{-t}\sin 2t$ **답** ③

문제 70
$\mathcal{L}[u(t-a)]$는 어느 것인가?

① $\frac{e^{as}}{s^2}$ ② $\frac{e^{-as}}{s^2}$ ③ $\frac{e^{as}}{s}$ ④ $\frac{e^{-as}}{s}$

풀이
시간추이 정리 $\mathcal{L}[f(t-a)] = e^{-as} \cdot F(s)$에 의해
$\mathcal{L}[u(t-a)] = e^{-as} \cdot \frac{1}{s}$ **답** ④

문제 71 2단자 임피던스함수
$Z(s) = \dfrac{(s+2)(s+3)}{(s+4)(s+5)}$ 일 때 극점(pole)은?

① $-2, -3$
② $-3, -4$
③ $-2, -4$
④ $-4, -5$

풀이
극점 : $Z(s) = \infty$, 회로의 개방상태를 의미
(즉, 분모가 0이 되는 경우)
따라서, 극점은 분모가 0이 되는 $-4, -5$ 가 된다. **답** ④

문제 72 그림과 같은 회로에서 $G_2[\mho]$양단의 전압강하 $E_2[V]$는?

① $\dfrac{G_2}{G_1+G_2}E$
② $\dfrac{G_1}{G_1+G_2}E$
③ $\dfrac{G_1 G_2}{G_1+G_2}E$
④ $\dfrac{G_1+G_2}{G_1+G_2}E$

풀이
전압분배법칙에 의해
$E_1 = \dfrac{G_2}{G_1+G_2}E[V]$
$E_2 = \dfrac{G_1}{G_1+G_2}E[V]$ **답** ②

문제 73 그림과 같은 T형 회로의 영상 전달정수 θ는?

① 0
② 1
③ -3
④ -1

풀이
$\begin{bmatrix} A & B \\ C & D \end{bmatrix} = \begin{bmatrix} 1 & j600 \\ 0 & 1 \end{bmatrix} \begin{bmatrix} 1 & 0 \\ \dfrac{1}{-j300} & 1 \end{bmatrix} \begin{bmatrix} 1 & j600 \\ 0 & 1 \end{bmatrix}$
$= \begin{bmatrix} -1 & 0 \\ j\dfrac{1}{300} & -1 \end{bmatrix}$ 에서

$A = -1, \ B = 0, \ C = j\dfrac{1}{300}, \ D = -1$
$\therefore \theta = \sinh^{-1}\sqrt{BC} = \cosh^{-1}\sqrt{AD}$
$= \cosh^{-1}\sqrt{(-1)\times(-1)} = 0$ **답** ①

문제 74 저항 $\dfrac{1}{3}[\Omega]$, 유도리액턴스 $\dfrac{1}{4}[\Omega]$인 $R-L$ 병렬회로의 합성 어드미턴스[℧]는?

① $3+j4$
② $3-j4$
③ $\dfrac{1}{3}+j\dfrac{1}{4}$
④ $\dfrac{1}{3}-j\dfrac{1}{4}$

풀이
$Y = Y_1 + Y_2 = \dfrac{1}{R} + \dfrac{1}{j\omega L} = \dfrac{1}{\dfrac{1}{3}} + \dfrac{1}{j\dfrac{1}{4}} = 3 + \dfrac{4}{j} = 3 - j4[\mho]$ **답** ②

문제 75 대칭 3상 Y결선 부하에서 각상의 임피던스가 $Z = 16 + j12[\Omega]$이고 부하전류가 5[A]일 때, 이 부하의 선간전압[V]은?

① $100\sqrt{2}$
② $100\sqrt{3}$
③ $200\sqrt{2}$
④ $200\sqrt{3}$

풀이
Y결선에서 상전압 $V_p = $부하 전류 × 1상 임피던스
$= 5 \times \sqrt{16^2 + 12^2} = 100 [V]$
Y결선 선간 전압 $= \sqrt{3} \times$상전압
$\therefore V_l = \sqrt{3}\, V_p = 100\sqrt{3}[V]$ **답** ②

문제 76 정현파의 파고율은?

① 1.111
② 1.414
③ 1.732
④ 2.356

풀이

항목	구형파	3각파	정현파	정류파(전파)	정류파(반파)
파형률	1.0	1.15	1.11	1.11	1.57
파고율	1.0	1.732	1.414	1.414	2.0

답 ②

문제 77
$i(t) = I_o e^{st}$ [A]로 주어지는 전류가 콘덴서 C[F]에 흐르는 경우의 임피던스[Ω]는?

① C ② sC
③ $\dfrac{C}{s}$ ④ $\dfrac{1}{sC}$

풀이
C에서의 전압 $v(t) = \dfrac{1}{C}\int i(t)dt$ 이므로

$v(t) = \dfrac{1}{C}\int I_0 e^{st} dt = \dfrac{I_0}{sC} e^{st}$

$\therefore Z = \dfrac{v(t)}{i(t)} = \dfrac{\dfrac{I_0 e^{st}}{sC}}{I_0 e^{st}} = \dfrac{1}{sC}$ **답 ④**

문제 78
부동작 시간(dead time) 요소의 전달함수는?

① Ks ② $\dfrac{K}{s}$
③ Ke^{-Ls} ④ $\dfrac{K}{Ts+1}$

풀이
부동작 시간함수 $y(t) = Kx(t-L)$의 양변을 라플라스 변환하면

$Y(s) = Ke^{-Ls} \cdot X(s)$

$\therefore G(s) = \dfrac{Y(s)}{X(s)} = Ke^{-Ls}$ **답 ③**

참고
- 비례 요소의 전달함수 : K
- 미분 요소의 전달함수 : Ks
- 적분요소의 전달함수 : $\dfrac{K}{s}$
- 1차 지연요소의 전달함수 : $G(s) = \dfrac{K}{1+Ts}$
- 부동작 시간요소의 전달함수 : $G(s) = Ke^{-Ls}$

문제 79
전기회로의 입력을 V_1, 출력을 V_2라고 할 때 전달함수는? (단, $s = j\omega$이다.)

① $\dfrac{1}{R + \dfrac{1}{j\omega C}}$ ② $\dfrac{1}{j\omega + \dfrac{1}{RC}}$

③ $\dfrac{j\omega}{j\omega + \dfrac{1}{RC}}$ ④ $\dfrac{j\omega}{R + \dfrac{1}{j\omega C}}$

풀이
$G(s) = \dfrac{출력(Z)}{입력(Z)} = \dfrac{R}{R + \dfrac{1}{sC}} = \dfrac{RsC}{RsC+1}$

$= \dfrac{s}{s + \dfrac{1}{RC}} = \dfrac{j\omega}{j\omega + \dfrac{1}{RC}}$ **답 ③**

문제 80
비정현파 전압 $v = 100\sqrt{2}\sin\omega t + 50\sqrt{2}\sin 2\omega t + 30\sqrt{2}\sin 3\omega t$[V]의 왜형률은 약 얼마인가?

① 0.36 ② 0.58
③ 0.87 ④ 1.41

풀이
왜형률 $= \dfrac{전\ 고조파의\ 실효값}{기본파의\ 실효값} = \dfrac{\sqrt{V_2^2 + V_3^2}}{V_1}$

$= \dfrac{\sqrt{50^2 + 30^2}}{100} = 0.58$ **답 ②**

제5과목 전기설비기술기준

문제 81
사용전압이 1[kV] 이하인 방전등에 전기를 공급하는 옥내전로의 대지전압은 몇 [V] 이하이어야 하는가?

① 150 ② 220
③ 300 ④ 600

풀이
234.11 1[kV] 이하 방전등
관등회로의 사용전압이 1[kV] 이하인 방전등을 옥내에 시설할 경우 방전등에 전기를 공급하는 **전로의 대지전압은 300[V] 이하로 하여야 한다.** **답 ③**

문제 82
특고압 가공전선로에 사용하는 철탑 중에서 전선로의 지지물 양쪽의 경간의 차가 큰 곳에 사용하는 철탑의 종류는?

① 각도형 ② 인류형
③ 보강형 ④ 내장형

풀이
333.11 특고압 가공전선로의 철주 · 철근 콘크리트주 또는 철탑의 종류
특고압 가공전선로의 지지물로 사용하는 B종 철근 · B종 콘크리트주 또는 철탑의 종류는 다음과 같다.
가. 직선형 : 전선로의 직선 부분(3° 이하의 수평 각도 이루는 곳 포함)에 사용되는 것
나. 각도형 : 전선로 중 수평 각도 3°를 넘는 곳에 사용되는 것
다. 인류형 : 전 가섭선을 인류하는 곳에 사용하는 것
라. **내장형** : 전선로 지지물 **양측의 경간차가 큰 곳에 사용하는 것**
마. 보강형 : 전선로 직선 부분을 보강하기 위하여 사용하는 것

답 ④

문제 83
저압 가공전선이 가공약전류 전선과 접근하여 시설될 때 저압 가공전선과 가공약전류 전선 사이의 이격거리는 몇 [cm] 이상이어야 하는가?

① 40 ② 50 ③ 60 ④ 80

풀이
332.13 고압 가공전선과 가공약전류전선 등의 접근 또는 교차
222.13 저압 가공전선과 가공약전류전선 등의 접근 또는 교차

가공약전류 전선	저압 가공전선		고압 가공전선	
	저압 절연전선	고압 절연전선 또는 케이블	절연 전선	케이블
일반	0.6 [m]	0.3 [m]	0.8 [m]	0.4 [m]
절연전선 또는 통신용 케이블인 경우	0.3 [m]	0.15 [m]		

답 ③

문제 84
345[kV] 가공 송전선로를 평야에 시설할 때, 전선의 지표상의 높이는 몇 [m] 이상으로 하여야 하는가?

① 6.12 ② 7.36
③ 8.28 ④ 9.48

풀이
333.7 특고압 가공전선의 높이

전압의 범위	일반 장소	도로 횡단	철도 또는 궤도횡단	횡단보도교
35 [kV] 이하	5 [m]	6 [m]	6.5 [m]	4 [m] (특고압절연전선 또는 케이블 사용)
35 [kV] 초과 160 [kV] 이하	6 [m]	6 [m]	6.5 [m]	5 [m](케이블 사용)
	산지 등에서 사람이 쉽게 들어갈 수 없는 장소 ; 5 [m] 이상			
160 [kV] 초과	일반장소	가공전선의 높이 = 6 + 단수 × 0.12 [m]		
	철도 또는 궤도횡단	가공전선의 높이 = 6.5 + 단수 × 0.12 [m]		
	산지	가공전선의 높이 = 5 + 단수 × 0.12 [m]		

※ 단수 = $\frac{\text{전압 [kV]} - 160}{10}$ ··· 단수 계산에서 소수점 이하는 절상

• 단수 = $\frac{345 - 160}{10}$ = 18.5 → 19단

∴ 전선의 지표상 높이 = 6 + 19 × 0.12 = 8.28 [m]

답 ③

문제 85
저압 옥내배선의 사용전선으로 틀린 것은?

① 단면적 2.5[mm^2] 이상의 연동선
② 진열장 내부배선 시 단면적 0.75[mm^2] 이상의 캡타이어케이블
③ 사용전압 400[V] 이하의 전광표시장치 배선 시 단면적 1.5[mm^2] 이상의 연동선
④ 사용전압 400[V] 이하의 전광표시장치 배선 시 단면적 0.5[mm^2] 이상의 다심케이블

풀이
231.3 저압 옥내배선의 사용전선
가. 저압 옥내배선의 전선 : 단면적 2.5[mm^2] 이상의 연동선
나. 옥내배선의 사용전압이 400[V] 이하인 경우는 다음에 의하여 시설할 수 있다.
  ① 전광표시 장치 또는 제어 회로
    • 단면적 1.5[mm^2] 이상의 연동선
    • **단면적 0.75[mm^2] 이상인 다심케이블 또는 다심 캡타이어 케이블**을 사용하고 또한 과전류가 생겼을 때에 자동적으로 전로에서 차단하는 장치를 시설
  ② 진열장 또는 이와 유사한 것의 내부 배선 : 단면적 0.75 [mm^2] 이상인 코드 또는 캡타이어케이블

답 ④

문제 86
가공전선로의 지지물 중 지선을 사용하여 그 강도를 분담시켜서는 안 되는 것은?
① 철탑
② 목주
③ 철주
④ 철근콘크리트주

풀이
331.11 지선의 시설
가. 가공전선로의 지지물로 사용하는 **철탑은 지선을 사용하여 그 강도를 분담시켜서는 안 된다.**
나. 가공전선로의 지지물로 사용하는 철주 또는 철근 콘크리트주는 지선을 사용하지 않는 상태에서 2분의 1 이상의 풍압하중에 견디는 강도를 가지는 경우 이외에는 지선을 사용하여 그 강도를 분담시켜서는 안 된다.

답 ①

문제 87
금속제가요전선관공사에 의한 저압 옥내배선 시설에 대한 설명으로 틀린 것은?
① 옥외용 비닐전선을 제외한 절연전선을 사용한다.
② 가요전선관은 2종 금속제 가요전선관일 것
③ 중량물의 압력 또는 기계적 충격을 받을 우려가 없도록 시설한다.
④ 옥내배선의 사용전압이 400[V] 이하인 경우에는 접지공사를 하지 않아도 된다.

풀이
232.13 금속제가요전선관공사
가. 전선은 절연전선(옥외용 비닐 절연전선을 제외한다)일 것.
나. 전선은 연선일 것. 다만, 단면적 10[mm^2](알루미늄선은 단면적 16[mm^2]) 이하인 것은 그러하지 아니하다.
다. 가요전선관 안에는 전선에 접속점이 없도록 할 것.
라. 가요전선관은 2종 금속제 가요전선관일 것
마. **가요전선관배선에는 접지공사를 할 것.**

답 ④

문제 88
최대 사용전압이 23[kV]인 권선으로서 중성선 다중접지방식의 전로에 접속되는 변압기권선의 절연내력시험 시험전압은 약 몇 [kV] 인가?
① 21.16
② 25.3
③ 28.75
④ 34.5

풀이
135 변압기 전로의 절연내력

권선의 종류 (최대사용전압)	접지방식	시험전압(최대사용 전압의 배수)	최저 시험 전압
1. 7[kV] 이하		1.5배	500[V]
	다중접지	0.92배	500[V]
2. 7[kV] 초과 25[kV] 이하	다중접지	0.92배	
3. 7[kV] 초과 60[kV] 이하 (2란의 것 제외)		1.25배	10.5[kV]
4. 60[kV] 초과 (8란의 것 제외)	비접지	1.25	
5. 60[kV] 초과 (6란 및 8란의 것 제외)	접지식	1.1배	75[kV]
6. 60[kV] 초과	직접접지	0.72배	
7. 170[kV] 초과	직접접지	0.64배	

∴ 시험전압 = 23[kV] × 0.92 = 21.16[kV]

답 ①

문제 89
고압 가공전선로의 경간은 B종 철근 콘크리트주로 시설하는 경우 몇 [m] 이하로 하여야 하는가?
① 100
② 150
③ 200
④ 250

풀이
332.9 고압 가공전선로 경간의 제한
고압 가공전선로의 경간은 표에서 정한 값 이하이어야 한다.

지지물의 종류	경간
목주 · A종 철주 또는 A종 철근 콘크리트주	150[m]
B종 철주 또는 B종 철근 콘크리트주	250[m]
철탑	600[m]

답 ④

문제 90
목주, A종 철주 및 A종 철근 콘크리트주를 사용할 수 없는 보안공사는?
① 고압 보안공사
② 제1종 특고압 보안공사
③ 제2종 특고압 보안공사
④ 제3종 특고압 보안공사

풀이
333.22 특고압 보안공사
제1종 특고압 보안공사에서 전로의 지지물로는 B종 철주 · B종 철근 콘크리트주 또는 철탑을 사용할 것 (목주나 A종은 사용 불가)

답 ②

문제 91 사용전압이 380[V]인 옥내배선을 애자공사로 시설할 때 전선과 조영재 사이의 이격거리는 몇 [cm] 이상이어야 하는가?

① 2 ② 2.5 ③ 4.5 ④ 6

풀이
232.56 애자공사
가. 전선은 절연전선(옥외용 비닐 절연전선 및 인입용 비닐 절연전선을 제외한다)일 것.
나. 이격거리

전압		전선과 조영재와의 이격 거리	전선 상호 간격	전선 지지점간의 거리	
				조영재의 윗면 또는 옆면에 따라 시설	조영재에 따라 시설하지 않는 경우
저압	400[V] 이하	2.5 [cm] 이상	6 [cm] 이상	2 [m] 이하	
	400[V] 초과	건조한 장소 2.5[cm] 이상 / 기타의 장소 4.5[cm] 이상			6 [m] 이하

답 ②

문제 92 특고압 가공전선로의 경간은 지지물이 철탑인 경우 몇 [m] 이하이어야 하는가? (단, 단주가 아닌 경우이다.)

① 400 ② 500
③ 600 ④ 700

풀이
333.21 특고압 가공전선로의 경간 제한
특고압 가공전선로의 경간은 표에서 정한 값 이하이어야 한다.

지지물의 종류	경간
목주·A종 철주 또는 A종 철근 콘크리트주	150[m] 이하
B종 철주 또는 B종 철근 콘크리트주	250[m] 이하
철탑	600[m] 이하 (단주인 경우에는 400[m] 이하)

답 ③

문제 93 전력보안통신 설비인 무선통신용 안테나를 지지하는 목주는 풍압하중에 대한 안전율이 얼마 이상이어야 하는가?

① 1.0 ② 1.2
③ 1.5 ④ 2.0

풀이
364.1 무선용 안테나 등을 지지하는 철탑 등의 시설
전력보안통신설비인 무선통신용 안테나 또는 반사판을 지지하는 목주·철주·철근 콘크리트주 또는 철탑은 다음에 따라 시설하여야 한다. 다만, 무선용 안테나 등이 전선로의 주위상태를 감시할 목적으로 시설되는 것일 경우에는 그러하지 아니하다.
가. **목주는 풍압하중에 대한 안전율은 1.5 이상**이어야 한다.
나. 철주·철근 콘크리트주 또는 철탑의 기초 안전율은 1.5 이상이어야 한다.

답 ③

문제 94 과전류차단기로 저압전로에 사용하는 30[A] 퓨즈는 정격전류의 몇 배의 전류에 견뎌야 하는가?

① 1.1 ② 1.25 ③ 1.6 ④ 2.0

풀이
212.3.4 보호장치의 특성
1. 과전류 보호장치는 KS C 또는 KS C IEC 관련 표준(배선차단기, 누전차단기, 퓨즈등의 표준)의 동작특성에 적합하여야 한다.
2. 과전류차단기로 저압전로에 사용하는 범용의 퓨즈는 표에 적합한 것이어야 한다.

정격전류의 구분	시 간	정격전류의 배수	
		불용단전류	용단전류
4 [A] 이하	60분	1.5배	2.1배
4 [A] 초과 16 [A] 미만	60분	1.5배	1.9배
16 [A] 이상 63 [A] 이하	60분	**1.25배**	1.6배
63 [A] 초과 160[A] 이하	120분	1.25배	1.6배
160 [A] 초과 400[A] 이하	180분	1.25배	1.6배
400 [A] 초과	240분	1.25배	1.6배

답 ②

문제 95 "조상설비"에 대한 용어의 정의로 옳은 것은?

① 전압을 조정하는 설비를 말한다.
② 전류를 조정하는 설비를 말한다.
③ 유효전력을 조정하는 전기기계기구를 말한다.
④ 무효전력을 조정하는 전기기계기구를 말한다.

풀이
조상 설비 : 무효 전력을 조정하는 전기 기계 기구를 말한다.

답 ④

출제기준 변경 및 개정된 관계 법규에 따라 삭제된 문제가 있어 20문항이 안됩니다.

국가기술자격검정 필기시험 문제

2018년도 전기산업기사 일반검정 제3회

자격종목 및 등급(선택분야)	종목코드	시험시간	문제지형별
전기산업기사	2140	2시간 30분	A

제1과목 전기자기학

문제 01 자화율을 χ, 자속밀도를 B, 자계의 세기를 H, 자화의 세기를 J라고 할 때, 다음 중 성립될 수 없는 식은?

① $B = \mu H$ ② $J = \chi B$

③ $\mu = \mu_0 + \chi$ ④ $\mu_s = 1 + \dfrac{\chi}{\mu_0}$

풀이

- $B = \mu_0 H + J = \mu_0 H + \chi H$
  $= (\mu_0 + \chi)H = \mu_0 \mu_s H\,[\text{Wb/m}^2]$
- $J = \chi H\,[\text{Wb/m}^2]$
- $\mu = \mu_0 + \chi\,[\text{H/m}]$
- $\mu_s = \dfrac{\mu}{\mu_0} = \dfrac{\mu_0 + \chi}{\mu_0} = 1 + \dfrac{\chi}{\mu_0}$

답 ②

문제 02 두 유전체의 경계면에서 정전계가 만족하는 것은?

① 전계의 법선성분이 같다.
② 전계의 접선성분이 같다.
③ 전속밀도의 접선성분이 같다.
④ 분극 세기의 접선성분이 같다.

풀이

경계 조건

- 전속밀도의 법선 성분(수직 성분)이 같다.
  ($D_1 \cos\theta_1 = D_2 \cos\theta_2$)
- 전계는 접선 성분(평행 성분)이 같다.
  ($E_1 \sin\theta_1 = E_2 \sin\theta_2$)
- 두 경계면에서의 전위는 서로 같다. ($V_1 = V_2$)
- $\epsilon_1 > \epsilon_2$이면, $\theta_1 > \theta_2$ 이다.

- $\dfrac{\tan\theta_1}{\tan\theta_2} = \dfrac{\epsilon_1}{\epsilon_2}$
- 전속선은 유전율이 큰 유전체 쪽으로 모이려는 성질이 있다.

답 ②

문제 03 자기 쌍극자의 중심축으로부터 $r\,[\text{m}]$인 점의 자계의 세기에 관한 설명으로 옳은 것은?

① r에 비례한다. ② r^2에 비례한다.
③ r^2에 반비례한다. ④ r^3에 반비례한다.

풀이

- 자기 쌍극자에 의한 자위
  $U = \dfrac{M\cos\theta}{4\pi\mu_0 r^2}\,[\text{AT}] \propto \dfrac{1}{r^2}$

- 자기 쌍극자에 의한 자계
  $H = \dfrac{M\sqrt{1+3\cos^2\theta}}{4\pi\mu_0 r^3}\,[\text{AT/m}] \propto \dfrac{1}{r^3}$

답 ④

문제 04 진공 중의 전계강도 $E = ix + jy + kz$로 표시될 때 반지름 10[m]의 구면을 통해 나오는 전체 전속은 약 몇 [C] 인가?

① 1.1×10^{-7} ② 2.1×10^{-7}
③ 3.2×10^{-7} ④ 5.1×10^{-7}

풀이

$\nabla \cdot E = \dfrac{\rho}{\epsilon_0}$ 의 관계에서 체적전하밀도 ρ

$\rho = \epsilon_0 (\nabla \cdot E) = \epsilon_0 \left(\dfrac{\partial}{\partial x}x + \dfrac{\partial}{\partial y}y + \dfrac{\partial}{\partial z}z\right) = 3\epsilon_0\,[\text{C/m}^3]$

구면 내부의 총 전하량 Q

$Q = \rho V_{체적} = \rho \cdot \dfrac{4}{3}\pi r^3 = 3\epsilon_0 \cdot \dfrac{4}{3}\pi \cdot 10^3$
$= 4\pi\epsilon_0 \times 10^3 = 1.11 \times 10^{-7}\,[\text{C}]$

전체 전속 ϕ은 구면내의 총 전하량 Q와 같으므로
$\phi = Q = 1.11 \times 10^{-7} [C]$

답 ①

문제 05
물의 유전율을 ϵ, 투자율을 μ라 할 때 물 속에서의 전파속도는 몇 [m/s] 인가?

① $\dfrac{1}{\sqrt{\epsilon\mu}}$ ② $\sqrt{\epsilon\mu}$
③ $\sqrt{\dfrac{\mu}{\epsilon}}$ ④ $\sqrt{\dfrac{\epsilon}{\mu}}$

풀이
전자파의 속도는 $v^2 = \dfrac{1}{\epsilon\mu}$ 에서
$\therefore v = \dfrac{1}{\sqrt{\epsilon\mu}} = \dfrac{1}{\sqrt{\epsilon_0\mu_0}} \cdot \dfrac{1}{\sqrt{\epsilon_s\mu_s}} = c\dfrac{1}{\sqrt{\epsilon_s\mu_s}}$
$= \dfrac{3 \times 10^8}{\sqrt{\epsilon_s\mu_s}}$ [m/s]

답 ①

문제 06
반지름 a[m]인 원주 도체의 단위 길이당 내부 인덕턴스[H/m]는?

① $\dfrac{\mu}{4\pi}$ ② $\dfrac{\mu}{8\pi}$
③ $4\pi\mu$ ④ $8\pi\mu$

풀이
길이 1[m]당의 에너지는
$W = \dfrac{\mu}{16\pi}I^2 = \dfrac{1}{2}L_i I^2$ [J]
$\therefore L_i = \dfrac{\mu}{8\pi}$ [H/m]

답 ②

문제 07
[$\Omega \cdot \sec$]와 같은 단위는?

① F ② H
③ F/m ④ H/m

풀이
시정수 t[sec]와 R[Ω], L[H], C[F]의 관계에서
$t = \dfrac{L}{R}$ 에서
$L = Rt$, $\therefore$ [H]=[$\Omega \cdot \sec$]
$t = RC$ 에서
$C = \dfrac{t}{R}$, $\therefore$ [F]=[sec/Ω]

답 ②

문제 08
그림과 같이 일정한 권선이 감겨진 권회수 N회, 단면적 S[m²], 평균자로의 길이 l[m]인 환상솔레노이드에 전류 I[A]를 흘렸을 때 이 환상솔레노이드의 자기인덕턴스[H]는? (단, 환상철심의 투자율은 μ이다.)

① $\dfrac{\mu^2 N}{l}$
② $\dfrac{\mu SN}{l}$
③ $\dfrac{\mu^2 SN}{l}$
④ $\dfrac{\mu SN^2}{l}$

풀이
$L = \dfrac{N\phi}{I} = \dfrac{N\dfrac{NI}{R_m}}{I} = \dfrac{N^2}{R_m} = \dfrac{\mu SN^2}{l}$ [H]

답 ④

문제 09
콘덴서의 성질에 관한 설명으로 틀린 것은?

① 정전용량이란 도체의 전위를 1[V]로 하는데 필요한 전하량을 말한다.
② 용량이 같은 콘덴서를 n개 직렬 연결하면 내압은 n배, 용량은 $1/n$로 된다.
③ 용량이 같은 콘덴서를 n개 병렬 연결하면 내압은 같고, 용량은 n배로 된다.
④ 콘덴서를 직렬 연결할 때 각 콘덴서에 분포되는 전하량은 콘덴서 크기에 비례한다.

풀이
콘덴서를 **직렬 연결**할 때 각 콘덴서에 분포되는 **전하량은** 콘덴서 용량에 관계없이 일정하게 충전된다.

답 ④

문제 10
두 도체 사이에 100[V]의 전위를 가하는 순간 700[μC]의 전하가 축적되었을 때 이 두 도체 사이의 정전용량은 몇 [μF] 인가?

① 4 ② 5 ③ 6 ④ 7

풀이

정전용량 $C = \dfrac{Q}{V} = \dfrac{700}{100} = 7\,[\mu F]$ 답 ④

문제 11 무한 평면도체로부터 거리 $a[m]$의 곳에 점전하 $2\pi[C]$가 있을 때 도체 표면에 유도되는 최대 전하밀도는 몇 $[C/m^2]$ 인가?

① $-\dfrac{1}{a^2}$　② $-\dfrac{1}{2a^2}$　③ $-\dfrac{1}{2\pi a}$　④ $-\dfrac{1}{4\pi a}$

풀이

무한 평면 도체상의 기준 원점으로부터 $x[m]$인 곳의 유기 전하 밀도$[C/m^2]$는

$$\sigma = D = \epsilon_0 E$$
$$= -\dfrac{Q \cdot a}{2\pi(a^2+x^2)^{3/2}}\,[C/m^2]$$

이다.

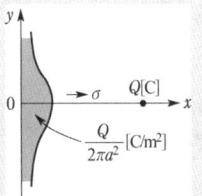

따라서, $x=0$일 때 ρ는 최대가 되므로

$$\therefore \sigma_{max} = [\sigma]_{x=0} = -\dfrac{Q}{2\pi a^2} = -\dfrac{2\pi}{2\pi a^2} = -\dfrac{1}{a^2}\,[C/m^2]$$

답 ①

문제 12 강자성체가 아닌 것은?

① 철(Fe)　② 니켈(Ni)
③ 백금(Pt)　④ 코발트(Co)

풀이

자성체의 특징

자성체의 종류	투자율	비투자율	비자하율	자기모멘트의 크기와 배열	종류
강자성체	$\mu \gg \mu_0$	$\mu_s \gg 1$	$\chi_m \gg 1$		철(Fe) 니켈(Ni) 코발트(Co)
상자성체	$\mu > \mu_0$	$\mu_s > 1$	$\chi_m > 0$		백금(Pt) 알루미늄(Al) 산소(O_2)
반자성체	$\mu < \mu_0$	$\mu_s < 1$	$\chi_m < 0$		은(Ag) 구리(Cu) 비스무트(Bi) 물(H_2O)
반강자성체					

답 ③

문제 13 온도 $0[℃]$에서 저항이 $R_1[\Omega]$, $R_2[\Omega]$, 저항 온도계수가 α_1, $\alpha_2[1/℃]$인 두 개의 저항선을 직렬로 접속하는 경우, 그 합성저항 온도계수는 몇 $[1/℃]$ 인가?

① $\dfrac{\alpha_1 R_2}{R_1+R_2}$　② $\dfrac{\alpha_1 R_1 + \alpha_2 R_2}{R_1+R_2}$
③ $\dfrac{\alpha_1 R_1 - \alpha_2 R_2}{R_1+R_2}$　④ $\dfrac{\alpha_1 R_2 + \alpha_2 R_1}{R_1+R_2}$

풀이

$\alpha_1 R_1 + \alpha_2 R_2 = \alpha_t (R_1 + R_2)$

$\therefore \alpha_t = \dfrac{\alpha_1 R_1 + \alpha_2 R_2}{R_1+R_2}$

답 ②

문제 14 평행판 콘덴서에서 전극간에 $V[V]$의 전위차를 가할 때, 전계의 강도가 공기의 절연내력 $E[V/m]$를 넘지 않도록 하기 위한 콘덴서의 단위면적당 최대용량은 몇 $[F/m^2]$ 인가?

① $\epsilon_0 EV$　② $\dfrac{\epsilon_0 E}{V}$
③ $\dfrac{\epsilon_0 V}{E}$　④ $\dfrac{EV}{\epsilon_0}$

풀이

전위 $V = Ed[V]$,

정전용량 $C = \dfrac{\epsilon_0 S}{d}[F]$에서 $C = \dfrac{\epsilon_0 S}{\dfrac{V}{E}} = \dfrac{\epsilon_0 SE}{V}[F]$

따라서, 단위면적당 정전용량

$C_0 = \dfrac{C}{S} = \dfrac{\dfrac{\epsilon_0 SE}{V}}{S} = \dfrac{\epsilon_0 E}{V}[F/m^2]$

답 ②

문제 15 그림과 같이 반지름 $a[m]$, 중심간격 $d[m]$, A에 $+\lambda[C/m]$, B에 $-\lambda[C/m]$의 평행 원통도체가 있다. $d \gg a$라 할 때의 단위 길이당 정전용량은 약 몇 $[F/m]$ 인가?

① $\dfrac{2\pi\epsilon_0}{\ln\dfrac{a}{d}}$ ② $\dfrac{\pi\epsilon_0}{\ln\dfrac{a}{d}}$

③ $\dfrac{2\pi\epsilon_0}{\ln\dfrac{d}{a}}$ ④ $\dfrac{\pi\epsilon_0}{\ln\dfrac{d}{a}}$

[풀이]

$C_{AB} = \dfrac{\pi\epsilon_0}{\ln\dfrac{d-a}{a}}$ [F/m]

$d \gg a$ 일 때 $\ln\dfrac{d-a}{a} \fallingdotseq \ln\dfrac{d}{a}$ 로 되어 $C_{AB} = \dfrac{\pi\epsilon_0}{\ln\dfrac{d}{a}}$ [F/m]

답 ④

문제 16 벡터 $A = 5r\sin\phi\, a_z$ 가 원기둥 좌표계로 주어졌다. 점 $(2, \pi, 0)$에서의 $\nabla \times A$를 구한 값은?

① $5a_r$ ② $-5a_r$
③ $5a_\phi$ ④ $-5a_\phi$

[풀이]

벡터 A는 z성분만 가지므로

$\nabla \times A = \dfrac{1}{r}\dfrac{\partial}{\partial\phi}(5r\sin\phi)a_r - \dfrac{\partial}{\partial r}(5r\sin\phi)a_\phi$

$= 5\cos\phi\, a_r - 5\sin\phi\, a_\phi$

점 $(2, \pi, 0)$ 대입

$\therefore \nabla \times A = 5\cos\pi\, a_r - 5\sin\pi\, a_\phi = -5a_r$

답 ②

문제 17 두 종류의 금속으로 된 폐회로에 전류를 흘리면 양 접속점에서 한쪽은 온도가 올라가고 다른 쪽은 온도가 내려가는 현상을 무엇이라 하는가?

① 볼타(Volta) 효과
② 지벡(Seebeck) 효과
③ 펠티에(Peltier) 효과
④ 톰슨(Thomson) 효과

[풀이]

- 볼타 효과 : 도체와 도체사이에 접촉 전기가 일어날 때 두 도체 사이에 전위차가 생기는 효과
- 제어벡(지벡) 효과 : 두 종류 금속 접속면에 온도차가 있으면 기전력이 발생하는 효과
- 펠티에 효과(Peltier effect) : **서로 다른 두 종류의 금속선**으로 폐회로를 만들고 온도를 일정하게 유지하면서 전류를 흘리면 **금속선의 접속점에서 열의 흡수(온도 강하)** 또는 발생(온도 상승)이 일어나는 현상을 펠티에 효과라 한다. 이때, 발열 및 흡수 현상은 전류의 방향을 반대로 흘려주면 바뀌게 된다.
- 톰슨 효과 : 동일한 금속 도선의 두 점간에 온도차를 주고, 고온 쪽에서 저온 쪽으로 전류를 흘리면 도선 속에서 열이 발생되거나 흡수가 일어나는 이러한 현상을 톰슨 효과라 한다.

답 ③

문제 18 전자유도작용에서 벡터퍼텐셜을 A [Wb/m]라 할 때 유도되는 전계 E[V/m]는?

① $\dfrac{\partial A}{\partial t}$ ② $\int A\, dt$

③ $-\dfrac{\partial A}{\partial t}$ ④ $-\int A\, dt$

[풀이]

전계 $E = -\dfrac{\partial A}{\partial t}$

답 ③

문제 19 비투자율 μ_s, 자속밀도 B[Wb/m²]인 자계 중에 있는 m[Wb]의 점자극이 받는 힘[N]은?

① $\dfrac{mB}{\mu_0}$ ② $\dfrac{mB}{\mu_0\mu_s}$ ③ $\dfrac{mB}{\mu_s}$ ④ $\dfrac{\mu_0\mu_s}{mB}$

[풀이]

자속밀도 $B = \mu H = \mu_0\mu_s H$ 에서 $H = \dfrac{B}{\mu_0\mu_s}$

힘 $F = mH = m \times \dfrac{B}{\mu_0\mu_s} = \dfrac{mB}{\mu_0\mu_s}$ [N]

답 ②

문제 20 모든 전기장치를 접지시키는 근본적 이유는?

① 영상전하를 이용하기 때문에
② 지구는 전류가 잘 통하기 때문에
③ 편의상 지면의 전위를 무한대로 보기 때문에
④ 지구의 용량이 커서 전위가 거의 일정하기 때문에

[풀이]

지구는 정전 용량이 크므로 많은 전하가 축적되어도 **지구의 전위는 일정**하다. 모든 전기 장치를 접지시키고 대지를 실용상 등전위로 한다.

답 ④

제2과목 전력공학

문제 21 단상 2선식에 비하여 단상 3선식의 특징으로 옳은 것은?
① 소요 전선량이 많아야 한다.
② 중성선에는 반드시 퓨즈를 끼워야 한다.
③ 110[V] 부하 외에 220[V] 부하의 사용이 가능하다.
④ 전압 불평형을 줄이기 위하여 저압선의 말단에 전력용 콘덴서를 설치한다.

풀이
단상 3선식의 특징
① 전압강하 및 전력손실은 1/4로 감소한다.
② 소요 전선량은 감소한다.
③ 110/220 [V]와 같이 2종의 전압을 얻을 수 있다.
④ 상시 부하가 불평형이면 전압이 불평형이 되고 이에 대한 대책으로 밸런스를 설치하여야 한다.
⑤ 중성선이 단선하면 불평형 부하일 경우 부하 전압에 심한 불평형이 발생하므로 중성선에는 퓨즈를 설치하지 않는다.
답 ③

문제 22 수력발전소의 취수 방법에 따른 분류로 틀린 것은?
① 댐식   ② 수로식
③ 역조정지식   ④ 유역변경식

풀이
낙차를 얻는 방법에 의한 분류
• 댐식 : 댐을 쌓아 인공적인 낙차를 이용하는 방식
• 수로식 : 경사가 급하고 굴곡된 곳을 짧은 수로로 연결함으로 높은 낙차를 얻는 방식
• 댐 수로식 : 댐으로 얻어진 낙차와 하류부의 경사에 의한 낙차를 함께 이용하는 방식
• 유역 변경식 : 인접해 있는 두 하천을 수로로 연결해서 그 낙차를 이용하는 방식
답 ③

문제 23 정삼각형 배치의 선간거리가 5 [m]이고, 전선의 지름이 1 [cm]인 3상 가공 송전선의 1선의 정전용량은 약 몇 [μF/km] 인가?
① 0.008   ② 0.016
③ 0.024   ④ 0.032

풀이
$$C_w = \frac{0.02413}{\log_{10}\frac{D}{r}} = \frac{0.02413}{\log_{10}\frac{5}{0.5 \times 10^{-2}}} = 0.008 [\mu F/km]$$
답 ①

문제 24 선로의 특성임피던스에 관한 내용으로 옳은 것은?
① 선로의 길이에 관계없이 일정하다.
② 선로의 길이가 길어질수록 값이 커진다.
③ 선로의 길이가 길어질수록 값이 작아진다.
④ 선로의 길이보다는 부하전력에 따라 값이 변한다.

풀이
선로의 특성임피던스 $Z_1 = \sqrt{\frac{L}{C}}$: 길이에 무관하다.
(저항 및 누설콘덕턴스 무시)
답 ①

문제 25 송전선에 복도체를 사용할 때의 설명으로 틀린 것은?
① 코로나 손실이 경감된다.
② 안정도가 상승하고 송전용량이 증가한다.
③ 정전 반발력에 의한 전선의 진동이 감소된다.
④ 전선의 인덕턴스는 감소하고, 정전용량이 증가한다.

풀이
단도체 방식에 비해서 복도체 방식의 특징은
① 전선의 인덕턴스가 감소하고 정전 용량이 증가되어 선로의 송전 용량이 증가하고 계통의 안정도를 증진시킨다.
② 전선 표면의 전위 경도가 저감되므로 코로나 인계 전압을 높일 수 있고 코로나손, 코로나 잡은 등의 장해가 저감된다.
③ 복도체에서 단락시는 모든 소도체에는 동일 방향으로 전류가 흐르므로 흡인력이 생긴다.
답 ③

문제 26 선간전압이 V[kV]이고, 1상의 대지정전용량이 C[μF], 주파수가 f[Hz]인 3상 3선식 1회선 송전선의 소호리액터 접지방식에서 소호리액터의 용량은 몇 [kVA] 인가?

① $6\pi fCV^2 \times 10^{-3}$　② $3\pi fCV^2 \times 10^{-3}$
③ $2\pi fCV^2 \times 10^{-3}$　④ $\sqrt{3}\pi fCV^2 \times 10^{-3}$

풀이

소호리액터 접지방식은 선로의 대지정전용량과 공진하는 리액터를 통하여 접지하는 방식이므로

$I = \dfrac{E}{2\pi fL} = 2\pi fCE$ 가 된다.

따라서, 3상 1회선 소호 리액터 용량

$P = 3EI = 3E \times 2\pi fCE = 6\pi fCE^2$ 에서

정전용량 $C[\mu F]$, 선간전압 $V[kV]$이므로 단위를 고려하면

$P = 6\pi fC \times 10^{-6} \times (\dfrac{V}{\sqrt{3}} \times 10^3)^2$ [VA]

$= 2\pi fCV^2$ [VA] $= 2\pi fCV^2 \times 10^{-3}$ [kVA]　**답 ③**

문제 27 화력발전소에서 증기 및 급수가 흐르는 순서는?

① 보일러 → 과열기 → 절탄기 → 터빈 → 복수기
② 보일러 → 절탄기 → 과열기 → 터빈 → 복수기
③ 절탄기 → 보일러 → 과열기 → 터빈 → 복수기
④ 절탄기 → 과열기 → 보일러 → 터빈 → 복수기

풀이

실제 기력 발전소에 쓰이는 기본 사이클(Rankine cycle)은 다음과 같다.

증기 및 급수가 흐르는 순서
절탄기 → 보일러 → 과열기 → 터빈 → 복수기 → 복수 펌프 → 급수펌프 → 절탄기　**답 ③**

문제 28 중성점 비접지방식을 이용하는 것이 적당한 것은?

① 고전압 장거리　② 고전압 단거리
③ 저전압 장거리　④ 저전압 단거리

풀이

중성점 비접지방식은 전압이 낮은 계통(33[kV] 정도 이하)의 단거리 송전선 계통에 적용한다.

그 이유는 비접지방식을 전압이 높고 선로의 길이가 긴 계통에 채용하게 되면 대지 정전 용량이 증가하게 되어 1선 지락 고장시 충전 전류에 의한 간헐 아크 지락을 일으켜서 이상 전압을 발생하게 되기 때문이다.　**답 ④**

문제 29 수전단전압이 3300[V]이고, 전압강하율이 4[%]인 송전선의 송전단전압은 몇 [V]인가?

① 3395　② 3432
③ 3495　④ 5678

풀이

전압 강하율 $\epsilon = \dfrac{V_s - V_r}{V_r} \times 100$[%]에서

송전단 전압 $V_s = V_r\left(1 + \dfrac{\epsilon}{100}\right) = 3300\left(1 + \dfrac{4}{100}\right) = 3432$[V]　**답 ②**

문제 30 현수애자 4개를 1련으로 한 66[kV] 송전선로가 있다. 현수애자 1개의 절연저항은 1500[MΩ], 이 선로의 경간이 200[m]라면 선로 1[km]당의 누설 컨덕턴스는 몇 [℧]인가?

① 0.83×10^{-9}　② 0.83×10^{-6}
③ 0.83×10^{-3}　④ 0.83×10^{-2}

풀이

현수 애자 1련의 저항 (직렬 접속)
$r = 1500$ [MΩ] $\times 4 = 6 \times 10^9$ [Ω]

표준 경간이 200 [m]이고 1 [km]당 현수 애자는 5련이 설치되므로 (병렬 접속)

$R = \dfrac{r}{n} = \dfrac{6}{5} \times 10^9$ [Ω]

누설 컨덕턴스

$G = \dfrac{1}{R} = \dfrac{5}{6} \times 10^{-9}$ [℧] $= 0.83 \times 10^{-9}$ [℧]　**답 ①**

문제 31 변압기의 손실 중 철손의 감소 대책이 아닌 것은?

① 자속 밀도의 감소
② 권선의 단면적 증가
③ 아몰퍼스 변압기의 채용
④ 고배향성 규소 강판 사용

풀이
변압기의 **무부하손과 여자용량**은 개개의 변압기 전압과 용량과 권선의 형식과는 무관계하게 **철심중량만으로 결정**되어진다. 예를 들면 60[Hz]용 변압기가 극히 클 경우 철심 중량 Pound 당 1[W]로 무부하손실을 계산하게 된다.
답 ②

풀이
비접지 계통의 지락 사고 검출
• **지락 계전기(GR) + 영상 전류 검출 (ZCT)**
• 선택 접지 계전기(SGR) + 영상 전류 검출 (ZCT) + 영상 전압 검출(GPT)
  (ZCT : 영상변류기, GPT : 접지 변압기)
답 ①

문제 32 그림과 같은 전선로의 단락용량은 약 몇 [MVA] 인가? (단, 그림의 수치는 10000[kVA]를 기준으로 한 %리액턴스를 나타낸다.)
① 33.7
② 66.7
③ 99.7
④ 132.7

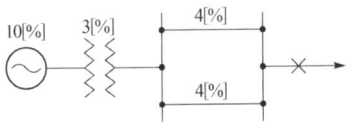

풀이
• 단락점까지의 합성
$$\%X = \%X_g + \%X_t + \frac{\%X_{l1} \times \%X_{l2}}{\%X_{l1} + \%X_{l2}}$$
$$= 10 + 3 + \frac{4 \times 4}{4+4} = 15[\%]$$
(여기서, $\%X_g$: 발전기 %리액턴스, $\%X_t$: 변압기 %리액턴스, $\%X_l$: 선로의 %리액턴스)
• 단락용량 $P_s = \frac{100}{\%X} P_n = \frac{100}{15} \times 10000$
$= 66666.67 [kVA] = 66.67[MVA]$
답 ②

문제 33 변압기 내부 고장에 대한 보호용으로 현재 가장 많이 쓰이고 있는 계전기는?
① 주파수 계전기
② 전압차동 계전기
③ 비율차동 계전기
④ 방향 거리 계전기

풀이
비율 차동 계전기는 변압기 내부 고장에 대한 보호 장치로 변압기 1차 전류와 2차 전류의 차 전류가 일정 비율 이상으로 되면 동작하는 계전기이다.
답 ③

문제 34 영상변류기를 사용하는 계전기는?
① 지락계전기
② 차동계전기
③ 과전류계전기
④ 과전압계전기

문제 35 전선의 지지점 높이가 31 [m]이고, 전선의 이도가 9[m]라면 전선의 평균 높이는 몇 [m] 인가?
① 25.0
② 26.5
③ 28.5
④ 30.0

풀이
$$h = h' - \frac{2}{3}D = 31 - \frac{2}{3} \times 9 = 25[m]$$
단, h : 전선의 평균 높이 h' : 지지점의 높이 D : 이도
답 ①

문제 36 초고압용 차단기에서 개폐저항을 사용하는 이유는?
① 차단전류 감소
② 이상전압 감쇄
③ 차단속도 증진
④ 차단전류의 역률개선

풀이
차단기의 개폐시에 재점호로 인하여 **개폐 서지 이상 전압**이 발생된다. 이것을 낮추고 절연 내력을 높일 수 있게 하기 위해 차단기 접촉자간에 병렬 임피던스로서 저항을 삽입하는데 이것을 **개폐저항기**라고 한다.
답 ②

문제 37 전력계통 안정도는 외란의 종류에 따라 구분되는데, 송전선로에서의 고장, 발전기 탈락과 같은 큰 외란에 대한 전력계통의 동기운전 가능 여부로 판정되는 안정도는?
① 과도안정도
② 정태안정도
③ 전압안정도
④ 미소신호안정도

풀이
안정도의 종류
① 정태 안정도(static stability) : 송전 계통이 불변 부하 또는 극히 서서히 증가하는 부하에 대하여 계속적으로 송전할 수 있는 능력을 정태 안정도로 하고, 안정도를 유지할 수 있는 극한의 송전 전력을 정태 안정 극한 전력이라고 한다.

② **과도 안정도**(transient stability) : 계통에 갑자기 고장 사고와 같은 **급격한 외란이 발생**하였을 때에도 탈조하지 않고 새로운 평형 상태를 회복하여 **송전을 계속할 수 있는 능력**을 과도 안정도라 하고 이 경우의 극한 전력을 과도 안정 극한 전력이라고 한다.
③ **동태 안정도**(dynamic stability) : 고속 자동 전압 조정기로 동기기의 여자 전류를 제어할 경우의 정태 안정도를 특히 동태 안정도라 한다. **답** ①

[풀이]
- 부등률 : 최대 전력의 발생시각 또는 발생 시기의 분산을 나타내는 지표로 사용
- 부하율 : 일정 기간 중 부하 변동의 정도를 나타내는 것으로서 전기설비가 얼마만큼 유효하게 이용되고 있는가 하는 정도를 파악하는 데 사용
- 수용률 : 수요를 상정할 경우 사용 **답** ①

문제 38 역률개선에 의한 배전계통의 효과가 아닌 것은?
① 전력손실 감소 ② 전압강하 감소
③ 변압기 용량 감소 ④ 전선의 표피효과 감소

[풀이]
역률 개선의 효과
① 전력 손실 경감 ② 전압 강하 경감
③ 설비 용량의 여유분 증가 ④ 전력 요금의 절약
즉, 전선의 표피효과는 역률개선과 무관하다. **답** ④

제3과목 ▶ 전기기기

문제 41 3상 Y결선, 30[kW], 460[V], 60[Hz] 정격인 유도전동기의 시험결과가 다음과 같다. 이 전동기의 무부하시 1상당 동손은 약 몇 [W]인가? (단, 소수점이하는 무시한다.)

- 무부하 시험 : 인가전압 460[V], 전류 32[A]
- 소비전력 : 4600[W]
- 직류시험 : 인가전압 12[V], 전류 60[A]

① 102 ② 104 ③ 106 ④ 108

[풀이]

- 직류 전압을 인가한 후 이때 흐르는 전류를 측정하여 권선의 저항을 측정 (직류 전압을 인가하므로 리액턴스 $X=0$)
$I = \dfrac{E}{2R}$ 에서,

1상당 저항 $R = \dfrac{E}{2I} = \dfrac{12}{2 \times 60} = 0.1[\Omega]$

- 1상당 동손 $P_c = I^2 R = 32^2 \times 0.1 = 102.4[W]$ **답** ①

문제 39 원자력 발전의 특징이 아닌 것은?
① 건설비와 연료비가 높다.
② 설비는 국내 관련 사업을 발전시킨다.
③ 수송 및 저장이 용이하여 비용이 절감된다.
④ 방사선 측정기, 폐기물 처리 장치 등이 필요하다.

[풀이]
원자력 발전의 장점
- 건설비는 높지만 **연료비가 적다.**
- 발전 원가가 낮다.
- 공해를 배출하지 않는다.
- **핵연료의 수송 저장이 용이**하다.
- 설비는 국내 관련 사업을 발전시킨다.
여기서, ③번항은 무엇에 대한 수송 및 저장인지 주어지지 않은 관계로 정답 처리 됨. **답** ①, ③

문제 42 3상 유도전동기의 속도제어법이 아닌 것은?
① 극수변환법
② 1차 여자제어
③ 2차 저항제어
④ 1차 주파수제어

문제 40 최대 전력의 발생시각 또는 발생시기의 분산을 나타내는 지표는?
① 부등률 ② 부하율
③ 수용률 ④ 전일효율

풀이

유도전동기의 속도 제어법
① 농형 유도 전동기의 속도 제어법은
- **주파수**를 바꾸는 방법
- **극수**를 바꾸는 방법
- 전원 전압을 바꾸는 방법

② 권선형 유도 전동기는
- **2차 저항**을 제어하는 방법
- 2차 여자법 등이 있다.

답 ②

풀이

중권과 파권의 비교

비교 항목	단중 중권	단중 파권
전기자의 병렬 회로수(a)	$P(mP)$	$2\ (2m)$
브러시 수(b)	P	2
용도	저전압, 대전류	**고전압, 소전류**
균압 접속	4극 이상이면 균압 접속을 하여야 한다.	균압 접속은 필요 없다.

여기서, m : 다중도

답 ③

문제 43 임피던스 강하가 4[%]인 변압기가 운전 중 단락되었을 때 그 단락전류는 정격전류의 몇 배인가?

① 15 ② 20 ③ 25 ④ 30

풀이

단락 전류 I_{1s}는
$$I_{1s} = I_{1n}\frac{100}{\%Z} = I_{1n} \times \frac{100}{4} = 25I_{1n}$$

답 ③

문제 46 3상 유도전동기의 출력이 10[kW], 전부하 때의 슬립이 5[%]라 하면 2차 동손은 약 몇 [kW]인가?

① 0.426 ② 0.526
③ 0.626 ④ 0.726

풀이

2차 입력 $P_2 = \dfrac{P}{1-s} = \dfrac{10}{1-0.05} = 10.526\ [\text{kW}]$

∴ $P_{c2} = sP_2 = 0.05 \times 10.526 = 0.526\ [\text{kW}]$

답 ②

문제 44 3상 유도전동기의 특성에 관한 설명으로 옳은 것은?

① 최대토크는 슬립과 반비례한다.
② 기동토크는 전압의 2승에 비례한다.
③ 최대토크는 2차 저항과 반비례한다.
④ 기동토크는 전압의 2승에 반비례한다.

풀이

- 최대 토크 $T_m = K_0 \dfrac{E_2^2}{2x_2}\ [\text{N}\cdot\text{m}]$에서 최대토크는 2차측 리액턴스 x_2에 반비례 한다.
- 토크 $T = K_0 \dfrac{sE_2^2 r_2}{r_2^2 + (sx_2)^2}$ 에서 발생토크는 **전압의 2승에 비례**한다.

답 ②

문제 47 자기용량 3[kVA], 3000/100[V]의 단권변압기를 승압기로 연결하고 1차측에 3000[V]를 가했을 때 그 부하용량[kVA]은?

① 76 ② 85
③ 93 ④ 94

풀이

$V_2 = V_1 + \dfrac{100}{3000}V_1$

$= 3000 + \dfrac{100}{3000} \times 3000$

$= 3100\ [\text{V}]$

$\dfrac{\text{자기 용량}}{\text{부하 용량}} = \dfrac{V_2 - V_1}{V_2}$ 에서

부하 용량 $= \dfrac{V_2}{V_2 - V_1} \times$ 자기 용량 $= \dfrac{3100}{3100-3000} \times 3$

$= 93[\text{kVA}]$

답 ③

문제 45 직류발전기의 전기자 권선법 중 단중 파권과 단중 중권을 비교했을 때 단중 파권에 해당하는 것은?

① 고전압 대전류
② 저전압 소전류
③ 고전압 소전류
④ 저전압 대전류

문제 48 SCR에 관한 설명으로 틀린 것은?
① 3단자 소자이다.
② 전류는 애노드에서 캐소드로 흐른다.
③ 소형의 전력을 다루고 고주파 스위칭을 요구하는 응용분야에 주로 사용된다.
④ 도통 상태에서 순방향 애노드전류가 유지전류 이하로 되면 SCR은 차단상태로 된다.

풀이

SCR은 정류기능을 갖는 **단일방향성 3단자 소자**로서 게이트에 (+)의 트리거 펄스가 인가되면 통전 상태로 되어 **전류는 애노드에서 캐소드 방향**으로 흐르게 된다. 일단 통전이 시작되면 게이트 전류를 차단해도 주전류(애노드 전류)는 차단되지 않는다.
- 래칭전류 : SCR이 ON 되기 위하여 애노우드에서 캐소드 쪽으로 흘러야 할 최소전류
- 유지전류 : ON된 후에 ON 상태를 유지하기 위한 최소전류로서 래칭전류보다 작다. **답 ③**

문제 49 일반적으로 전철이나 화학용과 같이 비교적 용량이 큰 수은 정류기용 변압기의 2차측 결선 방식으로 쓰이는 것은?
① 3상 반파 ② 3상 전파
③ 3상 크로스파 ④ 6상 2중 성형

풀이
수은 정류기의 직류측 전압은 맥동이 있으므로 맥동을 적게 하기 위하여 상수를 6상 또는 12상을 사용한다. 특히 **대용량의 경우는 보통 6상식이 쓰인다.** **답 ④**

문제 50 직류 분권전동기의 기동 시에는 계자저항기의 저항 값은 어떻게 설정하는가?
① 끊어 둔다.
② 최대로 해 둔다.
③ 0(영)으로 해 둔다.
④ 중위(中位)로 해 둔다.

풀이
토크 $T = K\phi I_a$, 회전속도 $N = K\dfrac{V - I_a R_a}{\phi}$에서 **기동시 계자 저항을 최소**로 하여 계자 전류를 크게(자속 ϕ를 크게)하면 기동 토크가 크게 되고 속도는 저속으로 된다. **답 ③**

문제 51 공급전압이 일정하고 역률 1로 운전하고 있는 동기전동기의 여자전류를 증가시키면 어떻게 되는가?
① 역률은 뒤지고 전기자 전류는 감소한다.
② 역률은 뒤지고 전기자 전류는 증가한다.
③ 역률은 앞서고 전기자 전류는 감소한다.
④ 역률은 앞서고 전기자 전류는 증가한다.

풀이
위상 특성 곡선(V곡선)에서 보는 바와 같이 **여자 전류를 증가시키면 역률은 앞서고 전기자 전류는 증가한다.**

답 ④

문제 52 동기발전기의 단락비나 동기임피던스를 산출하는데 필요한 특성곡선은?
① 부하 포화곡선과 3상 단락곡선
② 단상 단락곡선과 3상 단락곡선
③ 무부하 포화곡선과 3상 단락곡선
④ 무부하 포화곡선과 외부특성곡선

풀이

측정항목	시험의 종류
철손	무부하 시험
기계손	무부하 시험
동기임피던스	단락 시험
동기리액턴스	단락 시험
단락비	무부하(포화) 시험, 단락 시험

답 ③

문제 53 변압기의 내부고장에 대한 보호용으로 사용되는 계전기는 어느 것이 적당한가?
① 방향계전기 ② 온도계전기
③ 접지계전기 ④ 비율차동계전기

풀이
변압기 내부고장 검출용 보호 계전기
① 차동 계전기(비율 차동 계전기)
② 압력 계전기
③ 부흐홀쯔 계전기
④ 가스 검출 계전기   답 ④

문제 54 직류 분권전동기 운전 중 계자권선의 저항이 증가할 때 회전속도는?
① 일정하다. ② 감소한다.
③ 증가한다. ④ 관계없다.

풀이
$n = k \dfrac{V - I_a R_a}{\phi}$ 에서 자속 ϕ가 감소(여자전류 I_f 감소)하면 회전속도 n이 증가하게 된다.
($I_f = \dfrac{V}{R_f}$ 에서 계자 권선 저항 R_f가 증가하면 계자 전류 I_f는 감소한다.)   답 ③

문제 55 동기기의 과도 안정도를 증가시키는 방법이 아닌 것은?
① 단락비를 크게 한다.
② 속응 여자방식을 채용한다.
③ 회전부의 관성을 작게 한다.
④ 역상 및 영상임피던스를 크게 한다.

풀이
동기기의 안정도 증진법은
① 동기화 리액턴스를 작게 할 것
② 회전자의 플라이휠 효과를 크게 할 것
③ **속응 여자 방식**을 채용할 것
④ 발전기의 조속기 동작을 신속히 할 것
⑤ **단락비를 크게 할 것**
⑥ 동기 탈조 계전기를 사용할 것
⑦ 정상 임피던스는 적게, **역상, 영상 임피던스는 크게 할 것**   답 ③

문제 56 단상 반발 유도전동기에 대한 설명으로 옳은 것은?
① 역률은 반발기동형보다 나쁘다.
② 기동토크는 반발기동형보다 크다.
③ 전부하 효율은 반발기동형보다 좋다.
④ 속도의 변화는 반발기동형보다 크다.

풀이
단상 반발 유도전동기
① 기동토크는 반발 기동형보다 작다.
② 최대 토크는 반발 기동형보다 크다.
③ 부하에 의한 **속도 변화는 반발 기동형보다 크다.**
④ 역률은 반발 기동형보다 좋다.
⑤ 효율은 반발 기동형이 좋다.   답 ④

문제 57 2중 농형 유도전동기가 보통 농형 유도전동기에 비해서 다른 점은 무엇인가?
① 기동전류가 크고, 기동토크도 크다.
② 기동전류가 적고, 기동토크도 적다.
③ 기동전류는 적고, 기동토크는 크다.
④ 기동전류는 크고, 기동토크는 적다.

풀이
2중 농형 유도 전동기
① 회전자의 농형권선을 내외 이중으로 설치한 것
② 도체
 • 외측도체 : 저항이 높은 황동 또는 동니켈 합금의 도체를 사용
 • 내측도체 : 저항이 낮은 전기동 사용
③ 기동시에는 저항이 높은 외측 도체로 흐르는 전류에 의해 큰 기동 토오크를 얻고 기동완료 후에는 저항이 적은 내측 도체로 전류가 흘러 우수한 운전 특성을 얻는 전동기로서 별도의 기동장치가 필요 없다. 즉, 보통 농형에 비하여 기동 전류가 작고 기동 토크가 크다.   답 ③

문제 58 직류전동기의 공급전압을 $V[\mathrm{V}]$, 자속을 $\phi[\mathrm{Wb}]$, 전기자 전류를 $I_a[\mathrm{A}]$, 전기자 저항을 $R_a[\Omega]$, 속도를 $N[\mathrm{rpm}]$이라 할 때 속도의 관계식은 어떻게 되는가? (단, k는 상수이다.)

① $N = k \dfrac{V + I_a R_a}{\phi}$ ② $N = k \dfrac{V - I_a R_a}{\phi}$

③ $N = k \dfrac{\phi}{V + I_a R_a}$ ④ $N = k \dfrac{\phi}{V - I_a R_a}$

풀이
역 기전력 $E_c = V - I_a R_a = p\phi n \dfrac{Z}{a}$ [V]

따라서, $n = \dfrac{a}{pZ} \times \dfrac{V - I_a R_a}{\phi}$

여기서 $\dfrac{a}{pZ}$ = 일정 하므로 $N = k \dfrac{V - I_a R_a}{\phi}$ [rpm] 이 된다.

답 ②

문제 59 유입식 변압기에 콘서베이터(conservator)를 설치하는 목적으로 옳은 것은?

① 충격 방지　② 열화 방지
③ 통풍 장치　④ 코로나 방지

풀이
콘서베이터는 변압기의 상부에 설치된 원통형의 유조(기름통)로서, 그 속에는 1/2 정도의 기름이 들어 있고 주변압기 외함 내의 기름과는 가는 파이프로 연결되어 있다. 변압기 부하의 변화에 따르는 호흡 작용에 의한 변압기 기름의 팽창, 수축이 콘서베이터의 상부에서 행하여지게 되므로 높은 온도의 기름이 직접 공기와 접촉하는 것을 방지하여 **기름의 열화를 방지**하는 것이다.　**답 ②**

문제 60 3상 반파정류회로에서 직류전압의 파형은 전원전압 주파수의 몇 배의 교류분을 포함하는가?

① 1　② 2　③ 3　④ 6

풀이

정류 종류	단상 반파	단상 전파	3상 반파	3상 전파
맥동률[%]	121	48	17.7	4.04
정류 효율	40.5	81.1	96.7	99.8
맥동 주파수	f	$2f$	$3f$	$6f$

답 ③

제4과목 회로이론

문제 61 $e^{j\frac{2}{3}\pi}$ 와 같은 것은?

① $\dfrac{1}{2} - j\dfrac{\sqrt{3}}{2}$　② $-\dfrac{1}{2} - j\dfrac{\sqrt{3}}{2}$
③ $-\dfrac{1}{2} + j\dfrac{\sqrt{3}}{2}$　④ $\cos\dfrac{2}{3}\pi + \sin\dfrac{2}{3}\pi$

풀이
$e^{j\frac{2}{3}\pi} = 1(\cos 120° + j\sin 120°) = -\dfrac{1}{2} + j\dfrac{\sqrt{3}}{2}$　**답 ③**

문제 62 그림과 같은 π형 4단자 회로의 어드미턴스 상수 중 Y_{22}는 몇 [℧] 인가?

① 5　② 6　③ 9　④ 11

풀이
$Y_{22} = \left.\dfrac{I_2}{V_2}\right|_{V_1=0} = \dfrac{(Y_b + Y_c)V_2}{V_2} = Y_b + Y_c$

($V_1 = 0$는 V_1 단자가 단락된 상태, 즉 $Y_a = 0$가 되고, Y_b, Y_c는 병렬 접속이 되어 $I_2 = (Y_b + Y_c)V_2$가 된다)

$\therefore Y_{22} = 3 + 6 = 9$ [℧]　**답 ③**

문제 63 100[V], 800[W], 역률 80[%]인 교류회로의 리액턴스는 몇 [Ω] 인가?

① 6　② 8　③ 10　④ 12

풀이
$P = EI\cos\theta$ 에서

전류 $I = \dfrac{P}{E\cos\theta} = \dfrac{800}{100 \times 0.8} = 10$ [A]

임피던스 $Z = \dfrac{E}{I} = \dfrac{100}{10} = 10$ [Ω]

$\therefore X = Z\sin\theta = 10 \times \sqrt{1 - 0.8^2} = 6$ [Ω]　**답 ①**

문제 64 불평형 3상 전류 $I_a = 15+j2$[A], $I_b = -20-j14$[A], $I_c = -3+j10$[A]일 때 영상전류 I_0는 약 몇 [A]인가?

① $2.67+j0.36$
② $15.7-j3.25$
③ $-1.91+j6.24$
④ $-2.67-j0.67$

풀이

$I_0 = \dfrac{1}{3}(I_a+I_b+I_c)$

$= \dfrac{1}{3}(15+j2-20-j14-3+j10)$

$= \dfrac{1}{3}(-8-j2) = -2.67-j0.67$ [A]   **답** ④

문제 65 어떤 계에 임펄스 함수(δ함수)가 입력으로 가해졌을 때 시간함수 e^{-2t}가 출력으로 나타났다. 이 계의 전달함수는?

① $\dfrac{1}{s+2}$ ② $\dfrac{1}{s-2}$

③ $\dfrac{2}{s+2}$ ④ $\dfrac{2}{s-2}$

풀이

- 입력 $R(s) = \mathcal{L}[r(t)] = \mathcal{L}[\delta(t)] = 1$
- 출력 $C(s) = \mathcal{L}[c(t)] = \mathcal{L}[e^{-2t}] = \dfrac{1}{s+2}$
- 따라서, 전달함수 $G(s) = \dfrac{C(s)}{R(s)} = \dfrac{1}{s+2}$ **답** ①

문제 66 0.2 [H]의 인덕터와 150 [Ω]의 저항을 직렬로 접속하고 220 [V] 상용교류를 인가하였다. 1시간 동안 소비된 전력량은 약 몇 [Wh] 인가?

① 209.6   ② 226.4
③ 257.6   ④ 286.9

풀이

- 리액턴스 $X_L = \omega L = 2\pi f L = 2\pi \times 60 \times 0.2 = 75.4$ [Ω]
- 전류 $I = \dfrac{V}{Z} = \dfrac{V}{\sqrt{R^2+X_L^2}} = \dfrac{220}{\sqrt{150^2+75.4^2}} = 1.31$ [A]

∴ $W = P \cdot t = I^2 R \cdot t = 1.31^2 \times 150 \times 1 = 257.42$ [Wh]   **답** ③

문제 67 어떤 제어계의 출력이 $C(s) = \dfrac{5}{s(s^2+s+2)}$로 주어질 때 출력의 시간함수 $c(t)$의 최종값은?

① 5   ② 2   ③ $\dfrac{2}{5}$ ④ $\dfrac{5}{2}$

풀이

최종값 정리에 의해서

$\lim\limits_{t \to \infty} c(t) = \lim\limits_{s \to 0} sC(s) = \lim\limits_{s \to 0} \dfrac{5}{s^2+s+2} = \dfrac{5}{2}$ **답** ④

문제 68 같은 저항 r[Ω] 6개를 사용하여 그림과 같이 결선하고 대칭 3상 전압 V[V]를 가하였을 때 흐르는 전류 I는 몇 [A] 인가?

① $\dfrac{V}{2r}$
② $\dfrac{V}{3r}$
③ $\dfrac{V}{4r}$
④ $\dfrac{V}{5r}$

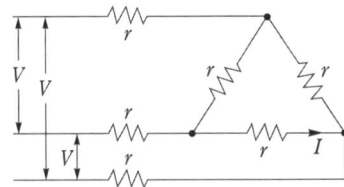

풀이

- △를 Y로 환산하면 1상의 등가 저항 R은

$R = \dfrac{r \times r}{r+r+r} = \dfrac{r^2}{3r} = \dfrac{r}{3}$ [Ω]

- 선전류 $I_l = \dfrac{\dfrac{V}{\sqrt{3}}}{r+\dfrac{r}{3}} = \dfrac{\sqrt{3}\,V}{4r}$ [A]

따라서 상전류 $I = \dfrac{I_l}{\sqrt{3}} = \dfrac{V}{4r}$ [A]   **답** ③

문제 69 어떤 교류전동기의 명판에 역률=0.6, 소비전력=120[kW]로 표기되어 있다. 이 전동기의 무효전력은 몇 [kVar] 인가?

① 80   ② 100
③ 140   ④ 160

풀이

- 전동기의 피상전력 $P_a = \dfrac{P}{\cos\theta} = \dfrac{120}{0.6} = 200$ [kVA]

- 전동기의 무효율 $\sin\theta = \sqrt{1-\cos^2\theta} = \sqrt{1-0.6^2} = 0.8$
- 전동기의 무효전력 $Q = P_a \sin\theta = 200 \times 0.8 = 160[\text{kVar}]$

답 ④

문제 70
$e = E_m \cos\left(100\pi t - \dfrac{\pi}{3}\right)$[V]와
$i = I_m \sin\left(100\pi t + \dfrac{\pi}{4}\right)$[A]의 위상차를 시간으로 나타내면 약 몇 초인가?

① 3.33×10^{-4}
② 4.33×10^{-4}
③ 6.33×10^{-4}
④ 8.33×10^{-4}

풀이
- $e = E_m \cos\left(100\pi t - \dfrac{\pi}{3}\right) = E_m \sin\left(100\pi t - \dfrac{\pi}{3} + \dfrac{\pi}{2}\right)$
  $= E_m \sin\left(100\pi t + \dfrac{\pi}{6}\right)$ 이므로
  e과 i의 위상차 $\theta = \dfrac{\pi}{4} - \dfrac{\pi}{6} = \dfrac{\pi}{12}$ 이다.
- $\theta = \omega t$ 에서 $t = \dfrac{\theta}{\omega}$
  $\therefore t = \dfrac{\theta}{\omega} = \dfrac{\pi}{12} \times \dfrac{1}{100\pi} = 8.33 \times 10^{-4}[\text{sec}]$

답 ④

문제 71
대칭 3상 전압이 있을 때 한 상의 Y전압 순시값 $e_p = 1000\sqrt{2}\sin\omega t + 500\sqrt{2}\sin(3\omega t + 20°) + 100\sqrt{2}\sin(5\omega t + 30°)$[V]이면 선간전압 E_l에 대한 상전압 E_p의 실효값 비율$\left(\dfrac{E_p}{E_l}\right)$은 약 몇 [%]인가?

① 55   ② 64   ③ 85   ④ 95

풀이
- 상전압의 실효값 $E_p = \sqrt{E_1^2 + E_3^2 + E_5^2}$
  $= \sqrt{1000^2 + 500^2 + 100^2}$
  $= 1122.5[\text{V}]$
- 선간전압의 실효값
  $E_l = \sqrt{3} \cdot \sqrt{E_1^2 + E_5^2}$
  $= \sqrt{3} \cdot \sqrt{1000^2 + 100^2} = 1740.69[\text{V}]$
  (선간전압에는 제 3고조파분이 나타나지 않으므로 $E_3 = 0$ [V])
- $\dfrac{E_p}{E_l} = \dfrac{1122.5}{1740.69} \times 100 = 64.49[\%]$

답 ②

문제 72
대칭 좌표법에서 사용되는 용어 중 각 상에 공통인 성분을 표시하는 것은?

① 영상분   ② 정상분
③ 역상분   ④ 공통분

풀이
- **정상분** : 상회전 방향이 전원과 같은 방향으로, 전동기에서 토크를 발생
- **역상분** : 상회전 방향이 전원과 반대 방향으로, 전동기에서 제동작용을 한다.
- **영상분** : 각 상별로 같은 크기와 같은 위상각을 가진 단상전류

답 ①

문제 73
$\dfrac{s\sin\theta + \omega\cos\theta}{s^2 + \omega^2}$의 역라플라스 변환을 구하면 어떻게 되는가?

① $\sin(\omega t - \theta)$ ② $\sin(\omega t + \theta)$
③ $\cos(\omega t - \theta)$ ④ $\cos(\omega t + \theta)$

풀이
$F(s) = \dfrac{s\sin\theta + \omega\cos\theta}{s^2 + \omega^2} = \dfrac{s}{s^2 + \omega^2}\sin\theta + \dfrac{\omega}{s^2 + \omega^2}\cos\theta$

역 Laplace 변환하면
$f(t) = \cos\omega t \sin\theta + \sin\omega t \cos\theta = \sin(\omega t + \theta)$

답 ②

[참고]
$\mathcal{L}[\sin\omega t] = \dfrac{\omega}{s^2 + \omega^2}$, $\mathcal{L}[\cos\omega t] = \dfrac{s}{s^2 + \omega^2}$
$f(t) = \sin(\omega t + \theta) = \sin\omega t \cdot \cos\theta + \cos\omega t \cdot \sin\theta$

문제 74
어느 저항에
$v_1 = 220\sqrt{2}\sin(2\pi \cdot 60t - 30°)$[V] 와
$v_2 = 100\sqrt{2}\sin(3 \cdot 2\pi \cdot 60t - 30°)$[V]
의 전압이 각각 걸릴 때의 설명으로 옳은 것은?

① v_1이 v_2보다 위상이 15° 앞선다.
② v_1이 v_2보다 위상이 15° 뒤진다.
③ v_1이 v_2보다 위상이 75° 앞선다.
④ v_1과 v_2의 위상관계는 의미가 없다.

풀이
주파수가 서로 다른 전압, 전류 사이에서는 유효전력도 무효전력도 전혀 발생하지 않는다. 따라서, 기본파인 v_1과 3고조파인 v_2 사이에서의 위상관계는 의미가 없다.

답 ④

문제 75 RLC 병렬 공진회로에 관한 설명 중 틀린 것은?
① R의 비중이 작을수록 Q가 높다.
② 공진 시 입력 어드미턴스는 매우 작아진다.
③ 공진 주파수 이하에서의 입력전류는 전압보다 위상이 뒤진다.
④ 공진 시 L 또는 C에 흐르는 전류는 입력전류 크기의 Q배가 된다.

풀이
• 회로의 어드미턴스
$$Y = \frac{1}{R} + \frac{1}{j\omega L} + j\omega C = \frac{1}{R} + j\left(\omega C - \frac{1}{\omega L}\right)$$
• 공진시 $\omega L - \frac{1}{\omega C} = 0$ 이므로, 공진시 $Y = \frac{1}{R}$로 되어 입력 어드미턴스는 매우 작아진다.
• 공진조건 $\omega L - \frac{1}{\omega C} = 0$에서 $f < f_r$이면 $\frac{1}{2\pi fC} > 2\pi fL$이 되어 유도성 회로가 되어 입력전류는 전압보다 위상이 뒤진다.
• 전류 확대비
$$Q = \frac{I_C}{I_r} = \frac{\omega CV}{\frac{V}{R}} = R\omega C, \quad Q = \frac{I_L}{I_r} = \frac{\frac{V}{\omega L}}{\frac{V}{R}} = \frac{R}{\omega L}$$
에서 R이 클수록 Q는 커진다. 답 ①

문제 76 대칭 5상 회로의 선간전압과 상전압의 위상차는?
① 27° ② 36° ③ 54° ④ 72°

풀이
대칭 n상인 경우 기전력의 위상차는
$$\theta = \frac{\pi}{2}\left(1 - \frac{2}{n}\right) = \frac{180}{2}\left(1 - \frac{2}{5}\right) = 90° \times \frac{3}{5} = 54°$$ 답 ③

문제 77 대칭 3상 전압이 a상 V_a[V], b상 $V_b = a^2 V_a$[V], c상 $V_c = a V_a$[V]일 때 a상을 기준으로 한 대칭분전압 중 정상분 V_1[V]은 어떻게 표시되는가? (단, $a = -\frac{1}{2} + j\frac{\sqrt{3}}{2}$ 이다.)
① 0   ② V_a ③ aV_a ④ $a^2 V_a$

풀이
$$V_1 = \frac{1}{3}(V_a + aV_b + a^2 V_c) = \frac{1}{3}(V_a + a^3 V_a + a^3 V_a)$$
$$= \frac{V_a}{3}(1 + a^3 + a^3) = V_a \quad (\because a^3 = 1)$$ 답 ②

문제 78 그림에서 a, b 단자의 전압이 100[V], a, b에서 본 능동 회로망 N의 임피던스가 15[Ω]일 때, a, b 단자에 10[Ω]의 저항을 접속하면 a, b 사이에 흐르는 전류는 몇 [A] 인가?
① 2
② 4
③ 6
④ 8

풀이
테브난 등가 회로는 다음과 같다.

$$I = \frac{100}{15 + 10} = 4[A]$$ 답 ②

문제 79 $\frac{dx(t)}{dt} + 3x(t) = 5$의 라플라스 변환 $X(s)$는? (단, $x(0^+) = 0$ 이다.)
① $\frac{5}{s+3}$ ② $\frac{3s}{s+5}$
③ $\frac{3}{s(s+5)}$ ④ $\frac{5}{s(s+3)}$

풀이
초기값을 0으로 하고 라플라스 변환하면,
$$\{sX(s) - x(0)\} + 3X(s) = \frac{5}{s} \rightarrow (s+3)X(s) = \frac{5}{s}$$
$$\therefore X(s) = \frac{5}{s(s+3)}$$ 답 ④

문제 80 전원이 Y결선, 부하가 △결선된 3상 대칭 회로가 있다. 전원의 상전압이 220[V]이고 전원의 상전류가 10[A] 일 경우, 부하 한 상의 임피던스[Ω]는?

① $22\sqrt{3}$
② 22
③ $\dfrac{22}{\sqrt{3}}$
④ 66

풀이

- 전원의 선간전압=부하의 상전압 이므로
  부하 1상에 인가되는 상전압 $V_p = 220\sqrt{3}$ [V]
- 전원의 상전류=부하의 선전류 이므로
  부하의 상전류 $I_p = \dfrac{I_l}{\sqrt{3}} = \dfrac{10}{\sqrt{3}}$ [A]
- 부하 1상의 임피던스 $Z_p = \dfrac{V_p}{I_p} = \dfrac{220\sqrt{3}}{\dfrac{10}{\sqrt{3}}} = 66$ [Ω]

답 ④

제5과목 전기설비기술기준

문제 81 사용전압이 22.9[kV]인 가공전선과 지지물 사이의 이격거리는 몇 [cm] 이상이어야 하는가?

① 5 ② 10 ③ 15 ④ 20

풀이

333.5 특고압 가공전선과 지지물 등의 이격거리
특고압 가공전선과 그 지지물・완금류・지주 또는 지선 사이의 이격거리는 표에서 정한 값 이상이어야 한다. 다만, 기술상 부득이한 경우에 위험의 우려가 없도록 시설한 때에는 표에서 정한 값의 0.8배까지 감할 수 있다.

사용전압	이격거리[cm]
15 [kV] 미만	15
15 [kV] 이상 25 [kV] 미만	**20**
25 [kV] 이상 35 [kV] 미만	25
60 [kV] 이상 70 [kV] 미만	40
130 [kV] 이상 160 [kV] 미만	90

답 ④

문제 82 농사용 저압 가공전선로의 시설에 대한 설명으로 틀린 것은?

① 전선로의 경간은 30[m] 이하일 것
② 목주의 굵기는 말구 지름이 9[cm] 이상일 것
③ 저압 가공전선의 지표상 높이는 5[m] 이상일 것
④ 저압 가공전선은 지름 2[mm] 이상의 경동선일 것

풀이

222.22 농사용 저압 가공전선로의 시설
가. 사용전압은 저압일 것.
나. 저압 가공전선은 인장강도 1.38[kN] 이상의 것 또는 지름 2[mm] 이상의 경동선일 것.
다. **저압 가공전선의 지표상의 높이는 3.5[m] 이상일 것**. 다만, 저압 가공전선을 사람이 쉽게 출입하지 못하는 곳에 시설하는 경우에는 3[m] 까지로 감할 수 있다.
라. 목주의 굵기는 말구 지름이 0.09[m] 이상일 것.
마. 전선로의 지지점 간 거리는 30[m] 이하일 것. **답** ③

문제 83 수소 냉각식 발전기・조상기 또는 이에 부속하는 수소 냉각 장치의 시설방법으로 틀린 것은?

① 발전기안 또는 조상기안의 수소의 순도가 70[%] 이하로 저하한 경우에 경보장치를 시설할 것
② 발전기 또는 조상기는 기밀구조의 것이고 또한 수소가 대기압에서 폭발하는 경우 생기는 압력에 견디는 강도를 가지는 것일 것
③ 발전기안 또는 조상기안의 수소의 압력을 계측하는 장치 및 그 압력이 현저히 변동할 경우에 이를 경보하는 장치를 시설할 것
④ 발전기축의 밀봉부에는 질소 가스를 봉입할 수 있는 장치와 누설한 수소가스를 안전하게 외부에 방출할 수 있는 장치를 설치할 것

풀이

351.10 수소냉각식 발전기 등의 시설
수소냉각식의 발전기・조상기 또는 이에 부속하는 수소 냉각 장치는 발전기 내부 또는 조상기 내부의 **수소의 순도가 85[%] 이하로 저하한 경우에 이를 경보하는 장치**를 시설할 것. **답** ①

문제 84
폭연성 분진 또는 화약류의 분말이 전기설비가 발화원이 되어 폭발할 우려가 있는 곳에 시설하는 저압 옥내배선의 공사방법으로 옳은 것은?
① 금속관공사　② 애자공사
③ 합성수지관공사　④ 캡타이어케이블공사

풀이
242.2.1 폭연성 분진 위험장소
폭연성 분진(마그네슘·알루미늄·티탄·지르코늄) 또는 **화약류**의 분말이 전기설비가 발화원이 되어 폭발할 우려가 있는 곳에 시설하는 저압 옥내배선, 저압 관등회로 배선, 소세력 회로의 전선은 **금속관공사 또는 케이블공사**(캡타이어 케이블을 사용하는 것을 제외한다)에 의할 것.　답 ①

문제 85
전력계통의 운용에 관한 지시 및 급전조작을 하는 곳은?
① 급전소　② 개폐소
③ 변전소　④ 발전소

풀이
가. 급전소 : **전력계통의 운용에 관한 지시 및 급전조작을 하는 곳**
나. 개폐소 : 개폐소 안에 시설한 개폐기 및 기타 장치에 의하여 전로를 개폐하는 곳으로서 발전소·변전소 및 수용장소 이외의 곳
다. 변전소 : 변전소의 밖으로부터 전송받은 전기를 변전소 안에 시설한 변압기·전동발전기·회전변류기·정류기 그 밖의 기계기구에 의하여 변성하는 곳으로서 변성한 전기를 다시 변전소 밖으로 전송하는 곳
라. 발전소 : 발전기·원동기·연료전지·태양전지·해양에너지발전설비·전기저장장치 그 밖의 기계기구를 시설하여 전기를 생산하는 곳　답 ①

문제 86
가공전선로의 지지물에 취급자가 오르고 내리는데 사용하는 발판 볼트 등은 지표상 몇 [m] 미만에 시설하여서는 아니되는가?
① 1.2　② 1.5
③ 1.8　④ 2.0

풀이
331.4 가공전선로 지지물의 철탑오름 및 전주오름 방지
가공전선로의 지지물에 취급자가 오르고 내리는데 사용하는 발판 볼트 등을 지표상 **1.8 [m] 미만에 시설하여서는 아니** 된다.　답 ③

문제 87
금속몰드공사에 대한 설명으로 틀린 것은?
① 몰드에는 접지공사를 하지 말 것
② 접속점을 쉽게 점검할 수 있도록 시설할 것
③ 황동제 또는 동제의 몰드는 폭이 5[cm] 이하, 두께 0.5[mm] 이상인 것일 것
④ 몰드 안의 전선을 외부로 인출하는 부분은 몰드의 관통 부분에서 전선이 손상될 우려가 없도록 시설할 것

풀이
232.22 금속몰드공사
가. 전선은 절연전선(옥외용 비닐절연 전선을 제외한다)일 것.
나. 금속몰드 안에는 전선에 접속점이 없도록 할 것. 다만, 2종 금속제 몰드를 사용하고 또한 다음에 의하여 시설하는 경우는 그러하지 아니하다.
　① 전선을 분기하는 경우일 것.
　② 접속점을 쉽게 점검할 수 있도록 시설할 것.
　③ 몰드에는 규정에 준하여 접지공사를 할 것.
　④ 몰드 안의 전선을 외부로 인출하는 부분은 몰드의 관통 부분에서 전선이 손상될 우려가 없도록 시설할 것.
다. 황동제 또는 동제의 몰드는 폭이 50[mm] 이하, 두께 0.5[mm] 이상
라. **몰드에는 규정에 준하여 접지공사를 할 것.**　답 ①

문제 88
그룹 2의 의료장소에 상용전원 공급이 중단될 경우 15초 이내에 최소 몇 [%]의 조명에 비상전원을 공급하여야 하는가?
① 30　② 40　③ 50　④ 60

풀이
242.10.5 의료장소내의 비상전원
상용전원 공급이 중단될 경우 의료행위에 중대한 지장을 초래할 우려가 있는 전기설비 및 의료용 전기기기에는 다음에 따라 비상전원을 공급하여야 한다.
가. 절환시간 0.5초 이내에 비상전원을 공급하는 장치 또는 기기
　① 0.5초 이내에 전력공급이 필요한 생명유지장치
　② 그룹 1 또는 그룹 2의 의료장소의 수술등, 내시경, 수술실 테이블, 기타 필수 조명
나. **절환시간 15초 이내에 비상전원을 공급하는 장치 또는 기기**
　① 15초 이내에 전력공급이 필요한 생명유지장치
　② **그룹 2의 의료장소에 최소 50[%]의 조명**, 그룹 1의 의

료장소에 최소 1개의 조명
다. 절환시간 15초를 초과하여 비상전원을 공급하는 장치 또는 기기
　① 병원기능을 유지하기 위한 기본 작업에 필요한 조명
　② 그 밖의 병원 기능을 유지하기 위하여 중요한 기기 또는 설비

답 ③

문제 89
고압 보안공사 시에 지지물로 A종 철근 콘크리트주를 사용할 경우 경간은 몇 [m] 이하이어야 하는가?

① 50　　　　② 100
③ 150　　　　④ 400

풀이
332.10 고압 보안공사
고압 보안공사는 다음에 따라야 한다.
가. 전선은 케이블인 경우 이외에는 인장강도 8.01[kN] 이상의 것 또는 지름 5[mm] 이상의 경동선일 것.
나. 목주의 풍압하중에 대한 안전율은 1.5 이상일 것.
다. 경간은 표에서 정한 값 이하일 것.

지지물의 종류	경간
목주·A종 철주 또는 **A종 철근 콘크리트주**	100[m] 이하
B종 철주 또는 B종 철근 콘크리트주	150[m] 이하
철탑	400[m] 이하

답 ②

문제 90
전선을 접속하는 경우 전선의 세기(인장하중)는 몇 [%] 이상 감소되지 않아야 하는가?

① 10　② 15　③ 20　④ 25

풀이
123 전선의 접속
전선을 접속하는 경우에는 전선의 전기저항을 증가시키지 아니하도록 접속 하여야 하며, 또한 다음에 따라야 한다.
가. **전선의 세기를 20[%] 이상 감소시키지 아니할 것.**
나. 접속부분은 접속관 기타의 기구를 사용할 것.
다. 접속부분의 절연전선에 절연전선의 절연물과 동등 이상의 절연효력이 있는 것으로 충분히 피복할 것.

답 ③

문제 91
154[kV] 가공전선을 사람이 쉽게 들어갈 수 없는 산지(山地)에 시설하는 경우 전선의 지표상 높이는 몇 [m] 이상으로 하여야 하는가?

① 5.0　　　　② 5.5
③ 6.0　　　　④ 6.5

풀이
333.7 특고압 가공전선의 높이

전압의 범위	일반 장소	도로 횡단	철도 또는 궤도횡단	횡단보도교
35 [kV] 이하	5[m]	6[m]	6.5[m]	4[m] (특고압절연전선 또는 케이블 사용)
35 [kV] 초과 160 [kV] 이하	6[m]	6[m]	6.5[m]	5[m](케이블 사용)
	산지 등에서 사람이 쉽게 들어갈 수 없는 장소 ; 5[m] 이상			
160 [kV] 초과	일반장소	가공전선의 높이 = 6 + 단수 × 0.12 [m]		
	철도 또는 궤도횡단	가공전선의 높이 = 6.5 + 단수 × 0.12 [m]		
	산지	가공전선의 높이 = 5 + 단수 × 0.12 [m]		

※ 단수 = $\dfrac{(전압\,[kV]-160)}{10}$ … 단수 계산에서 소수점 이하는 절상

답 ①

문제 92
조상기의 보호장치로서 내부 고장 시에 자동적으로 전로로부터 차단되는 장치를 설치하여야 하는 조상기 용량은 몇 [kVA] 이상인가?

① 5000　　　　② 7500
③ 10000　　　④ 15000

풀이
351.5 조상설비의 보호장치
조상 설비에는 그 내부에 고장이 생긴 경우에 보호하는 장치를 표와 같이 시설하여야 한다.

설비 종별	뱅크 용량의 구분	자동적으로 전로로부터 차단하는 장치
전력용 커패시터 및 분로리액터	500 [kVA] 초과 15,000 [kVA] 미만	·내부에 고장이 생긴 경우 ·과전류가 생긴 경우
	15,000 [kVA] 이상	·내부에 고장이 생긴 경우 ·과전류가 생긴 경우 ·과전압이 생긴 경우
조상기	15,000 [kVA] 이상	·내부에 고장이 생긴 경우

답 ④

문제 93 154 [kV] 가공전선로를 제1종 특고압 보안공사에 의하여 시설하는 경우 사용전선의 단면적은 몇 [mm²] 이상의 경동선이어야 하는가?

① 35
② 50
③ 95
④ 150

풀이
333.22 특고압 보안공사
제1종 특고압 보안공사 시 전선의 단면적

사용전압	전 선
100 [kV] 미만	인장강도 21.67 [kN] 이상의 연선 또는 단면적 55[mm²] 이상의 경동연선
100 [kV] 이상 300 [kV] 미만	인장강도 58.84 [kN] 이상의 연선 또는 **단면적 150[mm²] 이상의 경동연선**
300 [kV] 이상	인장강도 77.47 [kN] 이상의 연선 또는 단면적 200[mm²] 이상의 경동연선

답 ④

문제 94 인가가 많이 연접되어 있는 장소에 시설하는 가공전선로의 구성재에 병종 풍압하중을 적용할 수 없는 경우는?

① 저압 또는 고압 가공전선로의 지지물
② 저압 또는 고압 가공전선로의 가섭선
③ 사용전압이 35[kV] 이상의 전선에 특고압 가공전선로에 사용하는 케이블 및 지지물
④ 사용전압이 35[kV] 이하의 전선에 특고압 절연전선을 사용하는 특고압 가공전선로의 지지물

풀이
331.6 풍압하중의 종별과 적용
인가가 많이 연접되어 있는 장소에 시설하는 가공전선로의 구성재 중 다음의 풍압하중에 대하여는 규정에 불구하고 갑종 풍압하중 또는 을종 풍압하중 대신에 **병종 풍압하중**을 적용할 수 있다.
가. **저압 또는 고압 가공전선로의 지지물 또는 가섭선**
나. **사용전압이 35[kV] 이하의 전선에 특고압 절연전선 또는 케이블을 사용하는 특고압 가공전선로의 지지물, 가섭선 및 특고압 가공전선을 지지하는 애자장치 및 완금류**

답 ③

문제 95 지선 시설에 관한 설명으로 틀린 것은?

① 지선의 안전율은 2.5 이상이어야 한다.
② 철탑은 지선을 사용하여 그 강도를 분담시켜야 한다.
③ 지선에 연선을 사용할 경우 소선 3가닥 이상의 연선이어야 한다.
④ 지선근가는 지선의 인장하중에 충분히 견디도록 시설하여야 한다.

풀이
331.11 지선의 시설
가. 가공전선로의 지지물로 사용하는 **철탑은 지선을 사용하여 그 강도를 분담시켜서는 안 된다.**
나. 지선의 안전율은 2.5 이상일 것. 이 경우에 허용 인장하중의 최저는 4.31[kN]으로 한다.
다. 지선에 연선을 사용할 경우에는 다음에 의할 것.
  ① 소선 3가닥 이상의 연선일 것.
  ② 소선의 지름이 2.6[mm] 이상의 금속선을 사용한 것일 것.
라. 지중부분 및 지표상 0.3[m]까지의 부분에는 내식성이 있는 것 또는 아연도금을 한 철봉을 사용하고 쉽게 부식되지 않는 근가에 견고하게 붙일 것.

답 ②

문제 96 횡단보도교 위에 시설하는 경우 그 노면상 전력보안 가공통신선의 높이는 몇 [m] 이상인가?

① 3
② 4
③ 5
④ 6

풀이
362.2 전력보안통신선의 시설 높이와 이격거리
1. 전력 보안 가공통신선(이하 "가공통신선"이라 한다)의 높이는 다음을 따른다.

구 분		지상고	비고
도로 (차도)	일반적인 경우	5.0[m] 이상	
	교통에 지장을 안 주는 경우	4.5[m] 이상	
철도 또는 궤도 횡단 시		6.5[m] 이상	레일면상
횡단보도교 위		3.0[m] 이상	그 노면상
기타		3.5[m] 이상	

답 ①

문제 97 전격살충기의 시설방법으로 틀린 것은?

① 전기용품안전 관리법의 적용을 받은 것을 설치한다.
② 전용개폐기를 가까운 곳에 쉽게 개폐할 수 있게 시설한다.
③ 전격격자가 지표상 3.5[m] 이상의 높이가 되도록 시설한다.
④ 전격격자와 다른 시설물 사이의 이격거리는 50[cm] 이상으로 한다.

풀이

241.7 전격살충기
전격살충기는 다음에 의하여 시설하여야 한다.
가. 전격살충기의 전격격자는 지표 또는 바닥에서 3.5[m] 이상의 높은 곳에 시설할 것. 다만, 2차측 개방 전압이 7[kV] 이하의 절연변압기를 사용하고 보호격자에 사람이 접촉될 경우 절연변압기의 1차측 전로를 자동적으로 차단하는 보호장치를 시설한 것은 지표 또는 바닥에서 1.8[m] 까지 감할 수 있다.
나. **전격살충기의 전격격자와 다른 시설물(가공전선은 제외한다) 또는 식물과의 이격거리는 0.3[m] 이상일 것.** 답 ④

문제 98 옥내에 시설하는 사용전압 400[V] 이하의 이동전선으로 사용할 수 없는 전선은?

① 면절연전선
② 고무코드전선
③ 용접용케이블
④ 고무절연 클로로프렌 캡타이어 케이블

풀이

234.3 코드 및 이동전선
가. 조명용 전원코드 또는 이동전선은 단면적 0.75[mm²] 이상의 코드 또는 캡타이어케이블을 용도에 따라서 선정하여야 한다.
나. 옥내에서 조명용 전원코드 또는 이동전선을 습기가 많은 장소에 시설할 경우에는 **고무코드**(사용전압이 400[V] 이하인 경우에 한함) 또는 **0.6/1[kV] EP 고무절연 클로로프렌캡타이어케이블**로서 단면적이 0.75[mm²] 이상인 것이어야 한다. 답 ①

출제기준 변경 및 개정된 관계 법규에 따라 삭제된 문제가 있어 20문항이 안됩니다.

D60-2

2017년도 전기산업기사 필기

- 2017년도 제1회 전기산업기사
- 2017년도 제2회 전기산업기사
- 2017년도 제3회 전기산업기사

국가기술자격검정 필기시험 문제

2017년도 전기산업기사 일반검정 제1회

자격종목 및 등급(선택분야)	종목코드	시험시간	문제지형별
전기산업기사	2140	2시간 30분	A

제1과목 전기자기학

문제 01 자화의 세기 J_m [C/m²]을 자속밀도 B [Wb/m²]와 비투자율 μ_r로 나타내면?

① $J_m = (1-\mu_r)B$ ② $J_m = (\mu_r-1)B$
③ $J_m = \left(1-\dfrac{1}{\mu_r}\right)B$ ④ $J_m = \left(\dfrac{1}{\mu_r}-1\right)B$

풀이

$B = \mu_0 H + J_m$ 의 관계에서 $H = \dfrac{B}{\mu} = \dfrac{B}{\mu_0 \mu_r}$ 이므로

$J_m = B - \mu_0 H = \left(1-\dfrac{1}{\mu_r}\right)B$ 답 ③

문제 02 평행판 콘덴서의 양극판 면적을 3배로 하고 간격을 1/3로 줄이면 정전용량은 처음의 몇 배가 되는가?

① 1 ② 3
③ 6 ④ 9

풀이

면적 S_1, 간격 d_1인 평행판 콘덴서의 정전 용량을 C_1이라 하면

$C_1 = \dfrac{\epsilon_0}{d_1} S_1$

문제에서 $d = \dfrac{1}{3}d_1$, $S = 3S_1$ 이므로 구하는 용량은

$\therefore C = \dfrac{\epsilon_0}{\frac{1}{3}d_1} \cdot 3S_1 = 9\dfrac{\epsilon_0}{d_1}S_1 = 9C_1$ 답 ④

문제 03 임의의 절연체에 대한 유전율의 단위로 옳은 것은?

① F/m ② V/m
③ N/m ④ C/m²

풀이

① ϵ [F/m] : 유전율
② E [V/m] : 전계.
③ F [N/m] : 힘
④ D [C/m²] : 전속밀도 답 ①

문제 04 비유전율이 4이고, 전계의 세기가 20 [kV/m]인 유전체 내의 전속밀도는 약 몇 [μC/m²]인가?

① 0.71 ② 1.42
③ 2.83 ④ 5.28

풀이

$D = \epsilon_0 \epsilon_s E = 8.855 \times 10^{-12} \times 4 \times 20 \times 10^3$
$= 0.71 \times 10^{-6} [C/m^2] = 0.71 [\mu C/m^2]$ 답 ①

문제 05 저항 24[Ω]의 코일을 지나는 자속이 $0.6\cos 800t$ [Wb]일 때 코일에 흐르는 전류의 최대값은 몇 [A]인가?

① 10 ② 20 ③ 30 ④ 40

풀이

$\phi = \phi_m \cos\omega t = 0.6\cos 800t$ 에서 $\phi_m = 0.6$, $\omega = 800$

$e = \dfrac{d\phi}{dt} = \dfrac{d}{dt}\phi_m \cos\omega t = -\omega\phi_m \sin\omega t = E_m \sin\omega t$ 이므로

$|E_m| = \omega\phi_m = 800 \times 0.6 = 480 [V]$

$\therefore$ 최대전류 $I_m = \dfrac{E_m}{R} = \dfrac{480}{24} = 20 [A]$ 답 ②

문제 06 −1.2[C]의 점전하가 $5a_x + 2a_y - 3a_z$ [m/s]인 속도로 운동한다. 이 전하가 $B = -4a_x + 4a_y + 3a_z$[Wb/m²]인 자계에서 운동하고 있을 때 이 전하에 작용하는 힘은 약 몇 [N]인가? (단, a_x, a_y, a_z는 단위벡터이다.)
① 10 ② 20
③ 30 ④ 40

풀이
$$F = q(v \times B)$$
$$= -1.2\{(5a_x + 2a_y - 3a_z) \times (-4a_x + 4a_y + 3a_z)\}$$
$$= -1.2 \begin{vmatrix} a_x & a_y & a_z \\ 5 & 2 & -3 \\ -4 & 4 & 3 \end{vmatrix}$$
$$= -1.2(18a_x - 3a_y + 28a_z)$$
$$= -21.6a_x + 3.6a_y - 33.6a_z$$
$$\therefore F = \sqrt{21.6^2 + 3.6^2 + 33.6^2} = 40[N]$$
답 ④

문제 07 유도기전력의 크기는 폐회로에 쇄교하는 자속의 시간적 변화율에 비례한다는 법칙은?
① 쿨롱의 법칙
② 패러데이 법칙
③ 플레밍의 오른손 법칙
④ 암페어의 주회적분 법칙

풀이
유도기전력 $e = -n\dfrac{d\phi}{dt}$
① 패러데이 법칙 : 유도기전력의 크기 결정
 (유도기전력의 크기는 권선수 n 및 쇄교하는 자속의 시간적 변화율 $\dfrac{d\phi}{dt}$에 비례)
② 렌츠의 법칙 : 유도기전력의 방향 결정 ("−" 부호 : 자속변화를 방해하는 방향)
답 ②

문제 08 평행판 공기콘덴서 극판 간에 비유전율 6인 유리판을 일부만 삽입한 경우, 유리판과 공기 간의 경계면에서 발생하는 힘은 약 몇 [N/m²]인가? (단, 극판간의 전위경도는 30[kV/cm] 이고, 유리판의 두께는 평행판 간 거리와 같다.)
① 199 ② 223
③ 247 ④ 269

풀이
두 유전체의 경계 조건
두 유전체의 경계면에 전속 및 전기력선이 평행으로 입사하므로 전계 E는 일정하다. 즉, 경계면에 작용하는 단위면적당 힘 f는
$$f = \frac{1}{2}(D_2 - D_1)E = \frac{1}{2}(\epsilon_2 E - \epsilon_1 E)E = \frac{1}{2}(\epsilon_2 - \epsilon_1)E^2$$
$$f = \frac{1}{2}(6\epsilon_0 - \epsilon_0)E^2 = \frac{5}{2}\epsilon_0 E^2$$
$$= \frac{5}{2} \times 8.85 \times 10^{-12} \times (3 \times 10^6)^2 = 199[N/m^2]$$
답 ①

문제 09 극판면적 10[cm²], 간격 1[mm]인 평행판 콘덴서에 비유전율이 3인 유전체를 채웠을 때 전압 100[V]를 가하면 축적되는 에너지는 약 몇 [J]인가?
① 1.32×10^{-7} ② 1.32×10^{-9}
③ 2.64×10^{-7} ④ 2.64×10^{-9}

풀이
$$C = \frac{\epsilon_0 \epsilon_s}{d} \cdot S = 8.85 \times 10^{-12} \times \frac{3 \times 10 \times 10^{-4}}{1 \times 10^{-3}}$$
$$= 26.55 \times 10^{-12}\ [F]$$
$$\therefore W = \frac{1}{2}CV^2 = \frac{1}{2} \times 26.55 \times 10^{-12} \times 100^2$$
$$= 1.33 \times 10^{-7}[J]$$
답 ①

문제 10 0.2[Wb/m²]의 평등자계 속에 자계와 직각방향으로 놓인 길이 30[cm]의 도선을 자계와 30°의 방향으로 30[m/s]의 속도로 이동시킬 때 도체 양단에 유기되는 기전력은 몇 [V]인가?
① 0.45 ② 0.9
③ 1.8 ④ 90

풀이
$e = Blv\sin\theta = 0.2 \times 0.3 \times 30 \times \sin30° = 0.9[V]$
답 ②

문제 11 전기 쌍극자에서 전계의 세기(E)와 거리(r)과의 관계는?
① E는 r^2에 반비례 ② E는 r^3에 반비례
③ E는 $r^{\frac{3}{2}}$에 반비례 ④ E는 $r^{\frac{5}{2}}$에 반비례

[풀이]
전기 쌍극자에 의한 전계
$$E = \frac{M\sqrt{1+3\cos^2\theta}}{4\pi\epsilon_0 r^3} \propto \frac{1}{r^3}$$
답 ②

문제 12 대전도체 표면의 전하밀도를 $\sigma[\text{C/m}^2]$이라 할 때, 대전도체 표면의 단위면적이 받는 정전응력은 전하밀도 σ와 어떤 관계에 있는가?

① $\sigma^{\frac{1}{2}}$에 비례
② $\sigma^{\frac{3}{2}}$에 비례
③ σ에 비례
④ σ^2에 비례

[풀이]
정전 에너지
$$W = \frac{Q^2}{2C} = \frac{Q^2}{2\left(\frac{\epsilon_0 S}{d}\right)} = \frac{Q^2 d}{2\epsilon_0 S} = \frac{\sigma^2 d}{2\epsilon_0}S \,[\text{J}] \quad (\because Q = \sigma \times S)$$

정전응력 $F = -\frac{\partial W}{\partial d} = -\frac{\sigma^2}{2\epsilon_0}S\,[\text{N}]$ 에서

$F \propto \sigma^2$
답 ④

문제 13 단면적이 같은 자기회로가 있다. 철심의 투자율을 μ라 하고 철심회로의 길이를 l이라 한다. 지금 그 일부에 미소공극 l_0을 만들었을 때 자기회로의 자기저항은 공극이 없을 때의 약 몇 배 인가? (단, $l \gg l_0$ 이다.)

① $1 + \frac{\mu l}{\mu_0 l_0}$
② $1 + \frac{\mu l_0}{\mu_0 l}$
③ $1 + \frac{\mu_0 l}{\mu l_0}$
④ $1 + \frac{\mu_0 l_0}{\mu l}$

[풀이]
투자율 μ인 자기 저항 $R_\mu = \frac{l}{\mu A}$
여기서 A는 철심의 단면적, 미소 공극은 l_0이므로 철심의 길이는 $l - l_0 \fallingdotseq l$이라 하면 이때의 자기 저항 R_m은
R_m =공극부분의 자기저항 + 철심부분의 자기저항
$$= \frac{l_0}{\mu_0 A} + \frac{l}{\mu A} \fallingdotseq \frac{l_0}{\mu_0 A} + R_\mu$$

(철심부분의 자기저항 $R_\mu = \frac{l-l_0}{\mu A} \fallingdotseq \frac{l}{\mu A}$, $l-l_0 \fallingdotseq l$)

양변을 R_μ로 나누면

$$\therefore \frac{R_m}{R_\mu} = 1 + \frac{1}{R_\mu} \times \frac{l_0}{\mu_0 A} = 1 + \frac{\mu A}{l} \times \frac{l_0}{\mu_0 A} = 1 + \frac{\mu l_0}{\mu_0 l}$$
답 ②

문제 14 자위(magnetic potential)의 단위로 옳은 것은?

① C/m
② N·m
③ AT
④ J

[풀이]
1[Wb]의 정자극을 무한 원점에서 점 P까지 가져오는 데 필요한 일을 점 P의 자위라고 한다.
① 자계 중의 한 점 P에서의 자위 U_P
$$U_P = -\int_\infty^P \mathbf{H} \cdot d\mathbf{r} \,[\text{AT}]$$
② 점자극 m에서 r 거리인 점의 자위 U_m
$$U_m = \frac{m}{4\pi\mu r} \,[\text{AT}]$$
답 ③

문제 15 그림과 같이 도체구 내부 공동의 중심에 점전하 $Q[\text{C}]$가 있을 때 이 도체구의 외부로 발산되어 나오는 전기력선의 수는? (단, 도체내외의 공간은 진공이라 한다.)

① 4π
② $\dfrac{Q}{\epsilon_o}$
③ Q
④ $\epsilon_o Q$

[풀이]
전하 분포는 도체구 공동부의 전하 Q에 의해 내측 표면에 $-Q$, 외측 표면에 Q가 유도된다. 이에 따라 전기력선 분포는 도체구 내부에는 존재하지 않고, 도체구의 공동구와 외부에 존재하고 발산한다.
따라서 도체 외측 표면 전하 Q에 의해 외부의 전속 $\phi = Q$이고, 전기력선의 수 N은

$$N = \frac{Q}{\epsilon_o}$$
답 ②

문제 16 $E = xi - yj\,[\text{V/m}]$일 때 점 $(3, 4)[\text{m}]$를 통과하는 전기력선의 방정식은?

① $y = 12x$
② $y = \dfrac{x}{12}$
③ $y = \dfrac{12}{x}$
④ $y = \dfrac{3}{4}x$

풀이

전기력선 방정식 : $\dfrac{dx}{E_x}=\dfrac{dy}{E_y}$.

주어진 식 $E_x=x$, $E_y=-y$ 이므로

$\therefore \dfrac{dx}{x}=\dfrac{dy}{-y}$

양변 적분(적분 C 누락하지 않도록 주의)

$\int \dfrac{dx}{x}=-\int \dfrac{dy}{y}+C \Rightarrow \ln x=-\ln y+C$

$\ln x+\ln y=C \Rightarrow \ln xy=C \quad xy=e^C$

점 (3, 4)를 지나므로

$xy=12 \quad \therefore y=\dfrac{12}{x}$ **답 ③**

문제 17 전자파 파동임피던스 관계식으로 옳은 것은?

① $\sqrt{\epsilon}H=\sqrt{\mu}E$ ② $\sqrt{\epsilon\mu}=EH$
③ $\sqrt{\mu}H=\sqrt{\epsilon}E$ ④ $\epsilon\mu=EH$

풀이

$\eta=\dfrac{E}{H}=\sqrt{\dfrac{\mu}{\epsilon}}=\dfrac{\sqrt{\mu}}{\sqrt{\epsilon}}$ [Ω]에서 $\sqrt{\mu}H=\sqrt{\epsilon}E$ **답 ③**

문제 18 1000[AT/m]의 자계 중에 어떤 자극을 놓았을 때 3×10^2[N]의 힘을 받았다고 한다. 자극의 세기[Wb]는?

① 0.03   ② 0.3   ③ 3   ④ 30

풀이

$F=mH$ 에서

$\therefore m=\dfrac{F}{H}=\dfrac{3\times 10^2}{1000}=\dfrac{300}{1000}=0.3$[Wb] **답 ②**

문제 19 매 초마다 S면을 통과하는 전자에너지를 $W=\displaystyle\int_S \boldsymbol{P}\cdot n\,dS$ [W]로 표시하는데 이 중 틀린 설명은?

① 벡터 $\boldsymbol{P}$를 포인팅 벡터라 한다.
② n이 내향일 때는 S면 내에 공급되는 총 전력이다.
③ n이 외향일 때는 S면에서 나오는 총 전력이 된다.

④ $\boldsymbol{P}$의 방향은 전자계의 에너지 흐름의 진행방향과 다르다.

풀이

전자파의 진행 방향은 $\boldsymbol{E}\times\boldsymbol{H}$이고, 전자계에서 에너지(전력)의 흐름을 나타내는 포인팅 벡터 $\boldsymbol{P}=\boldsymbol{E}\times\boldsymbol{H}$이므로 $\boldsymbol{P}$의 방향은 전자계의 에너지 흐름의 진행 방향과 같다. **답 ④**

문제 20 자기인덕턴스 L[H]의 코일에 I[A]의 전류가 흐를 때 저장되는 자기에너지는 몇 [J]인가?

① LI ② $\dfrac{1}{2}LI$
③ LI^2 ④ $\dfrac{1}{2}LI^2$

풀이

자기인덕턴스 L에 전류를 0에서 I까지 증가시키는데 필요한 일 W는

$W=\displaystyle\int dW=\int_0^I LI\,dI=\dfrac{1}{2}LI^2$[J] **답 ④**

제2과목 전력공학

문제 21 19/1.8 [mm] 경동연선의 바깥지름은 몇 [mm]인가?

① 5   ② 7   ③ 9   ④ 11

풀이

$n=2$인 연선의 구조

19/1.8 [mm]는 직경이 1.8 [mm]인 소선 19가닥으로 구성된 연선을 의미

$N=3n(n+1)+1$에서
$19=3n(n+1)+1$
$\therefore n=2$

2층권이므로 바깥지름 $D=(2n+1)d$
$D=(2\times 2+1)\times 1.8=9$[mm] **답 ③**

문제 22 일반적으로 전선 1가닥의 단위 길이 당 작용 정전용량이 다음과 같이 표시되는 경우 D가 의미하는 것은?

$$C_n = \frac{0.02413\epsilon_s}{\log_{10}\frac{D}{r}} \ [\mu F/km]$$

① 선간거리
② 전선 지름
③ 전선 반지름
④ 선간거리 $\times \frac{1}{2}$

[풀이]
r : 전선의 반지름, D : 등가선간 거리   **답** ①

문제 23 3상 3선식 1선 1[km]의 임피던스가 Z [Ω]이고, 어드미턴스가 Y[℧]일 때 특성 임피던스는?

① $\sqrt{\frac{Z}{Y}}$
② $\sqrt{\frac{Y}{Z}}$
③ $\sqrt{ZY}$
④ $\sqrt{Z+Y}$

[풀이]
특성 임피던스 $Z_0 = \sqrt{\frac{Z}{Y}} = \sqrt{\frac{(r+j\omega L)}{(g+j\omega C)}}$ [Ω]
선로의 특성임피던스는 선로의 저항(r)과 누설콘덕턴스(g)를 무시하면 $Z_0 ≒ \sqrt{\frac{L}{C}}$ 로 표현된다.
• 어드미턴스 Y : 개방시험
• 임피던스 Z : 단락시험에서 측정한다.   **답** ①

문제 24 역률 개선을 통해 얻을 수 있는 효과와 거리가 먼 것은?

① 고조파 제거
② 전력 손실의 경감
③ 전압 강하의 경감
④ 설비 용량의 여유분 증가

[풀이]
역률 개선의 효과
① 전력 손실 경감
② 전압 강하 경감
③ 설비 용량의 여유분 증가
④ 전력 요금의 절약
즉, 고조파는 역률을 개선한다고 제거 되지 않는다. **답** ①

문제 25 가공 선로에서 이도를 D[m]라 하면 전선의 실제 길이는 경간 S[m]보다 얼마나 차이가 나는가?

① $\frac{5D}{8S}$
② $\frac{3D^2}{8S}$
③ $\frac{9D}{8S^2}$
④ $\frac{8D^2}{3S}$

[풀이]
전선의 실제길이
$L = S + \frac{8D^2}{3S}$ 에서 $L - S = \frac{8D^2}{3S}$[m]   **답** ④

문제 26 송전단 전압이 154[kV], 수전단 전압이 150[kV]인 송전선로에서 부하를 차단하였을 때 수전단 전압이 152[kV]가 되었다면 전압변동률은 약 몇 [%]인가?

① 1.11
② 1.33
③ 1.63
④ 2.25

[풀이]
전압변동률 = $\frac{무부시의 수전단 전압 - 전부하시의 수전단 전압}{전부하시의 수전단 전압} \times 100$[%]
$= \frac{152-150}{150} \times 100 = 1.33$[%]   **답** ②

문제 27 다음 중 VCB의 소호원리로 맞는 것은?
① 압축된 공기를 아크에 불어넣어서 차단
② 절연유 분해가스의 흡부력을 이용해서 차단
③ 고진공에서 전자의 고속도 확산에 의해 차단
④ 고성능 절연특성을 가진 가스를 이용하여 차단

[풀이]
소호 원리에 따른 차단기의 종류

차단기 종류	약어	소호 원리
유입 차단기	OCB	소호실에서 아크에 의한 절연유 분해가스의 흡부력을 이용해서 차단
기중 차단기	ACB	대기 중에서 아크를 길게 하여 소호실에서 냉각 차단
자기 차단기	MBB	대기 중에서 전자력을 이용하여 아크를 소호실내로 유도해서 냉각차단
공기 차단기	ABB	압축된 공기를 아크에 불어 넣어서 차단
진공 차단기	VCB	고진공 중에서 전자의 고속도 확산에 의해 차단

차단기 종류	약어	소호 원리
가스 차단기	GCB	고성능 절연 특성을 가진 특수 가스 (SF_6)를 흡수해서 차단

답 ③

문제 28 선간 단락 고장을 대칭좌표법으로 해석할 경우 필요한 것 모두를 나열한 것은?

① 정상 임피던스
② 역상 임피던스
③ 정상 임피던스, 역상 임피던스
④ 정상 임피던스, 영상 임피던스

풀이
- 1선 지락고장 : 정상분, 역상분, 영상분
- 선간단락고장 : 정상분, 역상분
- 3상 단락고장 : 정상분

답 ③

문제 29 피뢰기의 제한전압에 대한 설명으로 옳은 것은?

① 방전을 개시할 때의 단자전압의 순시값
② 피뢰기 동작 중 단자전압의 파고값
③ 특성요소에 흐르는 전압의 순시값
④ 피뢰기에 걸린 회로전압

풀이
제한 전압 : 피뢰기 동작 중에 계속해서 걸리고 있는 단자 전압의 파고값

답 ②

문제 30 전력계통에서 안정도의 종류에 속하지 않는 것은?

① 상태 안정도
② 정태 안정도
③ 과도 안정도
④ 동태 안정도

풀이
안정도의 종류
① **정태 안정도**(static stability) : 송전 계통이 불변 부하 또는 극히 서서히 증가하는 부하에 대하여 계속적으로 송전할 수 있는 능력을 정태 안정도
② **과도 안정도**(transient stability) : 부하의 급변 또는 사고가 발생해서 계통에 큰 충격을 주었을 경우에도 탈조하지 않고 새로운 평형 상태를 회복하여 송전을 계속할 수 있는 능력

③ **동태 안정도**(dynamic stability) : 고성능의 AVR이라든가 조속기 등이 갖는 제어효과까지도 고려한 안정도를 동태 안정도라 한다.

답 ①

문제 31 3300[V], 60[Hz], 뒤진역률 60[%], 300[kW]의 단상 부하가 있다. 그 역률을 100[%]로 하기 위한 전력용 콘덴서의 용량은 몇 [kVA] 인가?

① 150
② 250
③ 400
④ 500

풀이
콘덴서 용량 $Q_c = P(\tan\theta_1 - \tan\theta_2)$
$= P\left(\dfrac{\sin\theta_1}{\cos\theta_1} - \dfrac{\sin\theta_2}{\cos\theta_2}\right)$
$= \left(\dfrac{\sqrt{1-\cos^2\theta_1}}{\cos\theta_1} - \dfrac{\sqrt{1-\cos^2\theta_2}}{\cos\theta_2}\right)$ [kVA]

에서 $Q_c = 300\left(\dfrac{\sqrt{1-0.6^2}}{0.6} - \dfrac{\sqrt{1-1^2}}{1}\right) = 400$ [kVA]

답 ③

문제 32 저수지에서 취수구에 제수문을 설치하는 목적은?

① 낙차를 높인다.
② 어족을 보호한다.
③ 수차를 조절한다.
④ 유량을 조절한다.

풀이
제수문은 취수량을 조절하고 물의 유입을 단절하기 위함이다.

답 ④

문제 33 거리 계전기의 종류가 아닌 것은?

① 모우(Mho)형
② 임피던스(Impedance)형
③ 리액턴스(Reactance)형
④ 정전용량(Capacitance)형

풀이
거리 계전기(ZR, Distance Relay) : 계전기가 설치된 위치로부터 고장점까지의 임피던스(전압과 전류의 비)에 비례하여 동작하는 것으로서, 고장점으로부터 일정한 임피던스 이내이면 동작한다. 임피던스는 송전선의 거리의 척도이므로 거리 계전기라 부른다. 종류로는
- Mho형 • 임피던스형 • 리액턴스형 • Ohm형
- off-set Mho형이 있다.

답 ④

문제 34 전력용 퓨즈의 설명으로 옳지 않은 것은?

① 소형으로 큰 차단용량을 갖는다.
② 가격이 싸고 유지 보수가 간단하다.
③ 밀폐형 퓨즈는 차단시에 소음이 없다.
④ 과도 전류에 의해 쉽게 용단되지 않는다.

풀이

전력용 퓨즈의 장점
- 소형, 경량이다.
- **과도전류를 고속도 차단할 수 있다.**
- 소형으로 큰 차단 용량을 가진다.
- 유지 보수가 간단하다.
- 가격이 저렴하다.

답 ④

문제 35 갈수량이란 어떤 유량을 말하는가?

① 1년 365일 중 95일간은 이보다 낮아지지 않는 유량
② 1년 365일 중 185일간은 이보다 낮아지지 않는 유량
③ 1년 365일 중 275일간은 이보다 낮아지지 않는 유량
④ 1년 365일 중 355일간은 이보다 낮아지지 않는 유량

풀이

- 갈수량 : 1년 365일 중 355일은 이것보다 내려가지 않는 유량
- 저수량 : 1년 365일 중 275일은 이것보다 내려가지 않는 유량
- 평수량 : 1년 365일 중 185일은 이것보다 내려가지 않는 유량
- 풍수량 : 1년 365일 중 95일은 이것보다 내려가지 않는 유량
- 고수량 : 매년 1~2회 생기는 출수의 유량
- 홍수량 : 3~4년에 한 번 생기는 출수의 유량
- 최저 갈수량, 최대 홍수량 : 과거의 기록, 구전 등으로 판정된 최저 또는 최대의 유량

답 ④

문제 36 유도뢰에 대한 차폐에서 가공지선이 있을 경우 전선상에 유기되는 전하를 q_1, 가공지선이 없을 때 유기되는 전하를 q_0라 할 때 가공지선의 보호율을 구하면?

① $\dfrac{q_0}{q_1}$
② $\dfrac{q_1}{q_0}$
③ $q_1 \times q_0$
④ $q_1 - \mu_s q_0$

풀이

전선에 근접해서 전위가 0인 가공지선이 있기 때문에 뇌운으로부터 정전 유도로 전선상에 유기되는 전하의 양은 줄어든다. 가공지선이 있을 경우 전선상에 유기되는 전하를 q_1, 가공지선이 없을 때 유기전하를 q_0라 할 때 다음 식으로 표시되는 m을 가공지선의 보호율이라고 한다.

① 가공 지선의 보호율 $m = \dfrac{q_1}{q_0}$
② 보호율의 개략적인 값

	가공지선 1가닥	가공지선 2가닥
3상 1회선	0.5	0.3~0.4
3상 2회선	0.45~0.6	0.35~0.5

답 ②

문제 37 어떤 건물에서 총 설비 부하용량이 700 [kW], 수용률이 70[%] 라면, 변압기 용량은 최소 몇 [kVA]로 하여야 하는가? (단, 여기서 설비 부하의 종합 역률은 0.8 이다.)

① 425.9
② 513.8
③ 612.5
④ 739.2

풀이

변압기 용량[kVA] ≥ 합성 최대 수용 전력
$= \dfrac{\text{부하 설비 합계 [kW]} \times \text{수용률}}{\text{부등률} \times \text{역률}}$ 에서

변압기 용량[kVA] $= \dfrac{700 \text{[kW]} \times 0.7}{1 \times 0.8} = 612.5 \text{[kVA]}$

답 ③

문제 38 전력 원선도의 가로축(㉠)과 세로축(㉡)이 나타내는 것은?

① ㉠ 최대전력, ㉡ 피상전력
② ㉠ 유효전력, ㉡ 무효전력
③ ㉠ 조상용량, ㉡ 송전손실
④ ㉠ 송전효율, ㉡ 코로나손실

풀이

- 전력 원선도의 가로축 : 유효 전력
- 전력 원선도의 세로축 : 무효 전력

답 ②

문제 39 동작전류가 커질수록 동작시간이 짧게 되는 특성을 가진 계전기는?
① 반한시 계전기   ② 정한시 계전기
③ 순한시 계전기   ④ 부한시 계전기

풀이
보호 계전기 특징
① **반한시 특성 : 동작 전류가 커질수록 동작 시간이 짧게 되는 특성**
② 정한시 특성 : 동작 전류의 크기에 관계없이 일정한 시간에 동작하는 특성
③ 순한시 특성 : 최소 동작 전류 이상의 전류가 흐르면 즉시 동작하는 특성
④ 반한시 정한시 특성 : 동작 전류가 적은 동안에는 동작 전류가 커질수록 동작 시간이 짧게 되고 어떤 전류 이상이면 동작 전류의 크기에 관계없이 일정한 시간에 동작하는 특성   **답 ①**

문제 40 직접접지방식에 대한 설명이 아닌 것은?
① 과도안정도가 좋다.
② 변압기의 단절연이 가능하다.
③ 보호계전기의 동작이 용이하다.
④ 계통의 절연수준이 낮아지므로 경제적이다.

풀이
직접 접지 방식의 장·단점
[장점]
① 1선 지락시에 건전상의 대지 전압이 거의 상승하지 않는다.
② 피뢰기의 효과를 증진시킬 수 있다.
③ 단절연이 가능하다.
④ 계전기의 동작이 확실해진다.
[단점]
① **송전 계통의 과도 안정도가 나빠진다.**
② 통신선에 유도 장해가 크다.
③ 기기에 큰 영향을 주어 손상을 준다.
④ 대용량 차단기가 필요하다.   **답 ①**

제3과목 전기기기

문제 41 변압기의 철심이 갖추어야 할 조건으로 틀린 것은?
① 투자율이 클 것
② 전기 저항이 작을 것
③ 성층 철심으로 할 것
④ 히스테리시스손 계수가 작을 것

풀이
변압기 철심의 구비조건
- 투자율이 클 것
- **전기 저항이 클 것**
- 히스테리시스 계수가 작을 것(히스테리시스손이 적을 것)
- 성층 철심으로 할 것(와류손이 적을 것)   **답 ②**

문제 42 3상 유도전동기의 전원주파수와 전압의 비가 일정하고 정격속도 이하로 속도를 제어하는 경우 전동기의 출력 P와 주파수 f와의 관계는?
① $P \propto f$ ② $P \propto \dfrac{1}{f}$
③ $P \propto f^2$ ④ P는 f에 무관

풀이
출력 $P = 2\pi n T = 2\pi(1-s)n_s T = 2\pi(1-s)\dfrac{2f}{p}T$ 에서
$P \propto f$의 관계가 있다.   **답 ①**

문제 43 450[kVA], 역률 0.85, 효율 0.9인 동기발전기의 운전용 원동기의 입력은 500[kW] 이다. 이 원동기의 효율은?
① 0.75   ② 0.80
③ 0.85   ④ 0.90

풀이
- 동기 발전기의 입력 = $\dfrac{출력}{효율} = \dfrac{450 \times 0.85}{0.9} = 425[kW]$
- 동기 발전기의 입력 = 원동기의 출력
- 원동기 효율 = $\dfrac{원동기출력}{원동기입력} = \dfrac{425}{500} = 0.85$ **답 ③**

문제 44 다음 중 일반적인 동기전동기 난조 방지에 가장 유효한 방법은?
① 자극수를 적게 한다.
② 회전자의 관성을 크게 한다.
③ 자극면에 제동권선을 설치한다.
④ 동기리액턴스 x_x를 작게 하고 동기화력을 크게 한다.

풀이
회전자의 관성을 크게 하면 난조의 발생 방지에는 유효하나 난조가 일어난 후에는 오히려 그 정지를 저해할 우려가 있다. 동기 화력도 이와 같다. 자극수의 감소도 효과가 있으나 이것은 원동기 조건으로 정해지는 것으로서 이 목적에는 맞지 않는다. 따라서 **난조방지에는 제동권선이 가장 적합**하다. 답 ③

문제 45 sE_2는 권선형 유도전동기의 2차 유기전압이고 E_c는 외부에서 2차 회로에 가하는 2차 주파수와 같은 주파수의 전압이다. E_c가 sE_2와 반대 위상일 경우 E_c를 크게 하면 속도는 어떻게 되는가? (단, $sE_2 - E_c$는 일정하다.)

① 속도가 증가한다.
② 속도가 감소한다.
③ 속도에 관계없다.
④ 난조현상이 발생한다.

풀이
① E_c를 2차 기전력과(sE_2) 반대 방향으로 인가
$I_2 = \dfrac{sE_2 - E_c}{r_2}$에서 I_2 및 r_2가 일정하면 $sE_2 - E_c$ 도 일정하다. 이때 E_c를 증가시키면 sE_2도 증가, 즉, **슬립 s도 증가**하게 되며 반면에 **속도는 감소**하게 된다. 반대로 E_c를 감소시키면 sE_2도 감소 즉, 슬립 s도 감소하게 되며 반면에 속도는 증가하게 된다.

② E_c를 2차 기전력(sE_2)과 같은 방향으로 인가
$I_2 = \dfrac{sE_2 + E_c}{r_2}$에서 I_2 및 r_2가 일정하면 $sE_2 + E_c$도 일정하고 E_c를 증가시키면 sE_2는 감소 즉, 슬립 s도 감소하게 되며 반면에 속도는 증가하게 된다. 반대로 E_c를 감소시키면 sE_2는 증가 즉, 슬립 s도 증가하게 되며 반면에 속도는 감소하게 된다. 답 ②

문제 46 일반적인 농형 유도전동기에 관한 설명 중 틀린 것은?
① 2차측을 개방할 수 없다.
② 2차측의 전압을 측정할 수 있다.
③ 2차 저항 제어법으로 속도를 제어할 수 없다.
④ 1차 3선 중 2선을 바꾸면 회전방향을 바꿀 수 있다.

풀이
농형유도전동기의 회전자(2차측)는 그림과 같이 회전자 권선이 단락환으로 단락된 구조로서, 농형 유도전동기의 1차측(고정자 권선)에서 유도된 2차측(회전자) 전압은 측정할 수 없다.

농형 유도전동기 회전자 답 ②

문제 47 3상 유도전동기가 경부하로 운전 중 1선의 퓨즈가 끊어지면 어떻게 되는가?
① 전류가 증가하고 회전은 계속한다.
② 슬립은 감소하고 회전수는 증가한다.
③ 슬립은 증가하고 회전수는 증가한다.
④ 계속 운전하여도 열손실이 발생하지 않는다.

풀이
3상 농형 유도전동기에서 전원의 3선중 1선이 개방되면 3상 전동기는 단상 전동기가 된다.
이때 큰 부하가 인가되어 있는 경우에는 전동기가 정지하게 되고 큰 전류가 흘러 전동기가 소손된다.
그러나 경부하에서는 회전을 계속하게 되나 경부하 부하전류는 증가하게 된다. 답 ①

문제 48 단상 반파정류회로에서 평균출력전압은 전원전압의 약 몇 [%]인가?
① 45.0
② 66.7
③ 81.0
④ 86.7

풀이

- 단상 반파 정류 : $E_d = \dfrac{\sqrt{2}}{\pi}E = 0.45E$
- 3상 반파 정류 : $E_d = \dfrac{3\sqrt{3}}{\sqrt{2}\pi}E = 1.17E$
- 단상 전파 정류 : $\dfrac{2\sqrt{2}}{\pi}E = 0.9E$
- 3상 전파 정류 : $E_d = 2.34E$

답 ①

문제 49 그림과 같이 전기자 권선에 전류를 보낼 때 회전방향을 알기 위한 법칙 및 회전방향은?

① 플레밍의 왼손법칙, 시계방향
② 플레밍의 오른손법칙, 시계방향
③ 플레밍의 왼손법칙, 반시계방향
④ 플레밍의 오른손법칙, 반시계방향

풀이
- 발전기 : 플레밍의 오른손 법칙 (유기 기전력의 방향)
- 전동기 : 플레밍의 왼손법칙 (운동 방향)

즉, 회전자는 시계방향으로 회전하게 된다. **답 ①**

문제 50 1차측 권수가 1500인 변압기의 2차측에 접속한 저항 16 [Ω]을 1차측으로 환산했을 때 8[kΩ]으로 되어 있다면 2차측 권수는 약 얼마인가?

① 75   ② 70   ③ 67   ④ 64

풀이
$n_1 = 1500$, $R_2 = 16[\Omega]$, $R_1 = 8000[\Omega]$
2차를 1차로 환산 $R_1 = a^2 R_2$에서

권수비 $a = \sqrt{\dfrac{R_1}{R_2}} = \sqrt{\dfrac{8000}{16}} = 22.36$

$\therefore N_2 = \dfrac{N_1}{a} = \dfrac{1500}{22.36} = 67.08$[회]

답 ③

문제 51 출력과 속도가 일정하게 유지되는 동기전동기에서 여자를 증가시키면 어떻게 되는가?
① 토크가 증가한다.
② 난조가 발생하기 쉽다.
③ 유기기전력이 감소한다.
④ 전기자 전류의 위상이 앞선다.

풀이
위상 특성 곡선(V곡선)에서 보는 바와 같이 여자 전류를 증가시키면 역률은 앞서고 전기자 전류는 증가한다.

답 ④

문제 52 다음 전자석의 그림 중에서 전류의 방향이 화살표와 같을 때 위쪽부분이 N극인 것은?

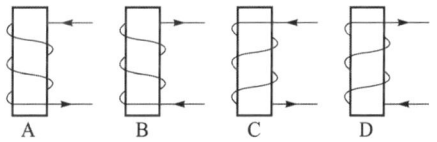

① A, B   ② B, C
③ A, D   ④ B, D

풀이
앙페르의 오른 나사법칙 적용

답 ③

문제 53 동기발전기의 전기자 권선법 중 집중권에 비해 분포권이 갖는 장점은?

① 난조를 방지할 수 있다.
② 기전력의 파형이 좋아진다.
③ 권선의 리액턴스가 커진다.
④ 합성유도기전력이 높아진다.

풀이
분포권의 장·단점
[장점] ① 기전력의 **고조파가 감소하여 파형이 좋아진다.**
② 권선의 누설 리액턴스가 감소한다.
③ 전기자 권선에 의한 열을 고르게 분포시켜 과열을 방지한다.
[단점] ① 분포권은 집중권에 비하여 합성 유기 기전력이 감소한다. **답 ②**

문제 54 단상 유도전압 조정기의 1차 전압 100[V], 2차 전압 100±30[V], 2차 전류는 50[A] 이다. 이 전압 조정기의 정격용량은 약 몇 [kVA] 인가?

① 1.5   ② 2.6
③ 5   ④ 6.5

풀이
단상 유도 전압 조정기의 용량은
$P = 부하용량 \times \dfrac{승압 전압}{고압측 전압}$
$= 130 \times 50 \times \dfrac{30}{130} \times 10^{-3} = 1.5 [kVA]$ **답 ①**

문제 55 와류손이 50[W]인 3300/110[V], 60[Hz] 용 단상 변압기를 50[Hz], 3000[V]의 전원에 사용하면 이 변압기의 와류손은 약 몇 [W]로 되는가?

① 25   ② 31
③ 36   ④ 41

풀이
와류손 $P_e = \sigma_e (tfB_m)^2 = K\left(f \cdot \dfrac{V}{f}\right)^2 = KV^2$
에서 와류손은 주파수와는 무관하고 전압의 제곱에 비례하므로
$P_e' = P_e \times \left(\dfrac{V'}{V}\right)^2 = 50 \times \left(\dfrac{3000}{3300}\right)^2 = 41.32 [W]$ **답 ④**

문제 56 2대의 동기발전기를 병렬 운전할 때, 무효 횡류(무효순환전류)가 흐르는 경우는?

① 부하분담의 차가 있을 때
② 기전력의 위상차가 있을 때
③ 기전력의 파형에 차가 있을 때
④ 기전력의 크기에 차가 있을 때

풀이

병렬운전 조건	병렬 운전 조건이 다른 경우
기전력의 크기가 같을 것	무효 순환 전류가 흐른다.
기전력의 위상이 같을 것	유효 전류로 동기화 전류가 흐른다.
기전력의 주파수가 같을 것	동기화 전류가 주기적으로 흐른다.
기전력의 파형이 같을 것	고조파 무효 순환 전류가 흐른다.

답 ④

문제 57 포화하고 있지 않은 직류발전기의 회전수가 1/2로 감소되었을 때 기전력을 속도 변화 전과 같은 값으로 하려면 여자를 어떻게 해야 하는가?

① 1/2로 감소시킨다.
② 1배로 증가시킨다.
③ 2배로 증가시킨다.
④ 4배로 증가시킨다.

풀이
$E = k\phi N$에서 N이 $\dfrac{1}{2}$로 되면, ϕ가 2배가 되어야 E가 일정하다. **답 ③**

문제 58 교류전동기에서 브러시 이동으로 속도변화가 용이한 전동기는?

① 동기전동기
② 시라게 전동기
③ 3상 농형 유도전동기
④ 2중 농형 유도전동기

풀이
속도를 변화시킬 수 있는 교류 전동기로서 널리 사용되고 있는 것은 **시라게 전동기**이며 그 구조는 직류전동기와 유사하지만 브러시가 2조가 있어 각 조의 브러시를 반대 방향으로 이동하면 속도를 조정할 수 있다. **답 ②**

문제 59 변압기의 병렬운전 조건에 해당하지 않는 것은?
① 각 변압기의 극성이 같을 것
② 각 변압기의 정격출력이 같을 것
③ 각 변압기의 백분율 임피던스 강하가 같을 것
④ 각 변압기의 권수비가 같고 1차 및 2차의 정격 전압이 같을 것

[풀이]
변압기 병렬 운전의 조건
① 각 변압기의 극성이 같을 것
② 각 변압기의 권수비가 같고, 1차와 2차의 정격 전압이 같을 것
③ 각 변압기의 %임피던스 강하가 같을 것
④ 3상식에서는 위의 조건 외에 각 변압기의 상회전 방향 및 위상 변위가 같을 것
그러나, **변압기의 정격출력은 같지 않아도 병렬운전에 문제가 없다.**
답 ②

문제 60 4극 단중 파권 직류발전기의 전전류가 I[A]일 때, 전기자 권선의 각 병렬회로에 흐르는 전류는 몇 [A]가 되는가?

① $4I$ ② $2I$ ③ $\dfrac{I}{2}$ ④ $\dfrac{I}{4}$

[풀이]
파권에서는 전기자 병렬 회로수 $a = 2$
$\therefore i_a = \dfrac{I_a}{a}$ [A] $= \dfrac{I}{2}$ [A]
I_a : 전기자에서 외부에 흐르는 전류
p : 극수
i_a : 병렬 회로에 흐르는 전류
답 ③

제4과목 회로이론

문제 61 그림과 같은 회로에서 r_1 저항에 흐르는 전류를 최소로 하기 위한 저항 r_2[Ω]는?

① $\dfrac{r_1}{2}$
② $\dfrac{r}{2}$
③ r_1
④ r

[풀이]
• 회로의 합성 저항
$r_0 = r_1 + \dfrac{r_2(r-r_2)}{r_2+(r-r_2)} = r_1 + \dfrac{r_2(r-r_2)}{r}$

• 전류를 최소로 하기 위해서는 $I = \dfrac{E}{r_0}$에서 r_0가 최대이어야 한다.

• $r_0 = r_1 + \dfrac{r_2(r-r_2)}{r}$에서 r, r_1은 일정하므로 r_0가 최대로 되기 위해서는 $r_2(r-r_2)$가 최대이어야 한다.

• r_2를 변화시켜 $r_2(r-r_2)$값이 최대로 되기 위해서는
$\dfrac{d}{dr_2}[r_2(r-r_2)] = 0$ 이 되어야 하므로
$\dfrac{d}{dr_2}[r_2(r-r_2)] = r - 2r_2 = 0$
$\therefore r_2 = \dfrac{r}{2}$ [Ω]
답 ②

문제 62 테브난의 정리를 이용하여 (a) 회로를 (b)와 같은 등가회로로 바꾸려 한다. V[V]와 R[Ω]의 값은?

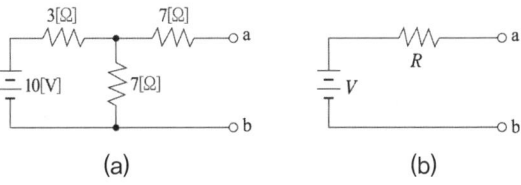

(a)　　　　(b)

① 7[V], 9.1[Ω]　② 10[V], 9.1[Ω]
③ 7[V], 6.5[Ω]　④ 10[V], 6.5[Ω]

풀이

- 단자 a, b 사이의 전압 $V = \dfrac{7}{3+7} \times 10 = 7[V]$

- 10[V] 전압원을 단락시키고 단자 a, b에서 본 저항
$R = 7 + \dfrac{3 \times 7}{3+7} = 9.1[\Omega]$

- 등가회로

답 ①

문제 63 인덕턴스 $L = 20[mH]$인 코일에 실효값 $V = 50[V]$, 주파수 $f = 60[Hz]$인 정현파 전압을 인가했을 때 코일에 축적되는 평균 자기에너지(W_L)은 약 몇 [J]인가?

① 0.22 ② 0.33
③ 0.44 ④ 0.55

풀이

$W_L = \dfrac{LI^2}{2} = \dfrac{L}{2}\left(\dfrac{V}{2\pi f L}\right)^2 = \dfrac{V^2}{8\pi^2 f^2 L}$

$= \dfrac{50^2}{8\pi^2 \times 60^2 \times 20 \times 10^{-3}} = 0.44[J]$

답 ③

문제 64 정현파 교류전압의 파고율은?

① 0.91 ② 1.11
③ 1.41 ④ 1.73

풀이

파고율 = $\dfrac{\text{최대치}}{\text{실효치}}$

로 표현되며, 각 파형의 파형률 및 파고율은 다음과 같다.

	구형파	3각파	정현파	정류파(전파)	정류파(반파)
파형률	1.0	1.15	1.11	1.11	1.57
파고율	1.0	1.732	1.414	1.414	2.0

답 ③

문제 65 그림과 같이 π형 회로에서 Z_3를 4단자 정수로 표시한 것은?

① $\dfrac{A}{1-B}$

② $\dfrac{B}{1-A}$

③ $\dfrac{A}{B-1}$

④ $\dfrac{B}{A-1}$

풀이

기본적인 4단자망의 4단자 정수

회로의 종류 \ 4단자 정수	A	B	C	D
Z_1, Z_2, Z_3 (π형)	$1 + \dfrac{Z_2}{Z_3}$	Z_2	$\dfrac{Z_1 + Z_2 + Z_3}{Z_1 Z_3}$	$1 + \dfrac{Z_2}{Z_1}$

4단자망의 4단자 정수 중 A와 B는

$A = 1 + \dfrac{Z_2}{Z_3}$, $B = Z_2$ ∴ $Z_3 = \dfrac{Z_2}{A-1} = \dfrac{B}{A-1}$

답 ④

문제 66 불평형 3상 전류가 다음과 같을 때 역상 전류 I_2는 약 몇 [A]인가?

$I_a = 15 + j2 [A]$
$I_b = -20 - j14 [A]$
$I_c = -3 + j10 [A]$

① $1.91 + j6.24$ ② $2.17 + j5.34$
③ $3.38 - j4.26$ ④ $4.27 - j3.68$

풀이

역상전류

$I_2 = \dfrac{1}{3}(I_a + a^2 I_b + a I_c)$

$= \dfrac{1}{3}\left\{(15+j2) + \left(-\dfrac{1}{2} - j\dfrac{\sqrt{3}}{2}\right)(-20-j14) \right.$

$\left. + \left(-\dfrac{1}{2} + j\dfrac{\sqrt{3}}{2}\right)(-3+j10)\right\}$

$= 1.91 + j6.24 [A]$

답 ①

문제 67 다음의 4단자 회로에서 단자 a-b에서 본 구동점 임피던스 $Z_{11}[\Omega]$은?

① $2+j4$ ② $2-j4$
③ $3+j4$ ④ $3-j4$

풀이
$Z_{11} = \dfrac{V_1}{I_1}\bigg|_{I_2=0} = \dfrac{V_1}{\dfrac{V_1}{3+j4}} = 3+j4$

($\because I_2 = 0$라는 것은 2차측 개방) 답 ③

문제 68 다음과 같은 회로에서 E_1, E_2, E_3를 대칭 3상 전압이라 할 때 전압 E_0는?

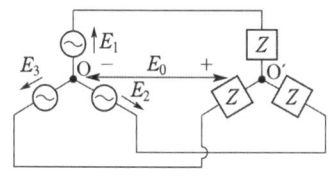

① 0 ② $\dfrac{E_1}{3}$ ③ $\dfrac{2}{3}E_1$ ④ E_1

풀이
밀만의 정리에 의해
$E_0 = \dfrac{\dfrac{E_1}{Z}+\dfrac{E_2}{Z}+\dfrac{E_3}{Z}}{\dfrac{1}{Z}+\dfrac{1}{Z}+\dfrac{1}{Z}} = \dfrac{\dfrac{1}{Z}(E_1+E_2+E_3)}{\dfrac{3}{Z}}$
$= \dfrac{1}{3}(E_1+E_2+E_3)$

E_1, E_2, E_3가 대칭 3상 전압일 때 $E_1+E_2+E_3 = 0$
따라서, $E_0 = 0[V]$가 된다. 즉, 대칭 3상 회로의 경우 중성점 전위는 0이다. 답 ①

문제 69 100[kVA] 단상 변압기 3대로 △결선하여 3상 전원을 공급하던 중 1대의 고장으로 V결선 하였다면 출력은 약 몇 [kVA] 인가?
① 100 ② 173 ③ 245 ④ 300

풀이
변압기 1대의 출력을 P_1이라 하면
V결선 시 출력 $P_V = \sqrt{3}P_1 = \sqrt{3}\times 100 = 173.2[kVA]$
답 ②

문제 70 저항 $R[\Omega]$과 리액턴스 $X[\Omega]$이 직렬로 연결된 회로에서 $\dfrac{X}{R} = \dfrac{1}{\sqrt{2}}$일 때, 이 회로의 역률은?

① $\dfrac{1}{\sqrt{2}}$ ② $\dfrac{1}{\sqrt{3}}$
③ $\sqrt{\dfrac{2}{3}}$ ④ $\dfrac{\sqrt{3}}{2}$

풀이
$\cos\theta = \dfrac{R}{\sqrt{R^2+X^2}} = \dfrac{1}{\sqrt{1+\left(\dfrac{X}{R}\right)^2}} = \dfrac{1}{\sqrt{1+\left(\dfrac{1}{\sqrt{2}}\right)^2}}$
$= \dfrac{1}{\sqrt{\dfrac{3}{2}}} = \sqrt{\dfrac{2}{3}}$
답 ③

문제 71 옴의 법칙은 저항에 흐르는 전류와 전압의 관계를 나타낸 것이다. 회로의 저항이 일정할 때 전류는?
① 전압에 비례한다.
② 전압에 반비례한다.
③ 전압의 제곱에 비례한다.
④ 전압의 제곱에 반비례한다.

풀이
- 옴의 법칙 : $I = \dfrac{E}{R}[A]$
- 전류 I는 전압 E에 비례하고 저항 R에 반비례한다.
답 ①

문제 72 어떤 회로의 단자 전압과 전류가 다음과 같을 때, 회로에 공급되는 평균전력은 약 몇 [W] 인가?
$v(t) = 100\sin\omega t + 70\sin 2\omega t + 50\sin(3\omega t - 30°)[V]$
$i(t) = 20\sin(\omega t - 60°) + 10\sin(3\omega t + 45°)[A]$

① 565 ② 525
③ 495 ④ 465

풀이

주파수가 서로 다른 전압, 전류 사이에서는 유효전력도 무효전력도 전혀 발생하지 않는다.

따라서, 소비전력

$P = V_1 I_1 \cos\theta_1 + V_3 I_3 \cos\theta_3$

$= \dfrac{100}{\sqrt{2}} \cdot \dfrac{20}{\sqrt{2}} \cos 60° + \dfrac{50}{\sqrt{2}} \cdot \dfrac{10}{\sqrt{2}} \cos(30°+45°)$

$= 564.7 [\text{W}]$

답 ①

문제 73 그림과 같은 회로가 있다. $I = 10$ [A], $G = 4$ [℧], $G_L = 6$ [℧]일 때 G_L의 소비전력[W]은?

① 100
② 10
③ 6
④ 4

풀이

- G_L에 흐르는 전류 $I_L = \dfrac{G_L}{G+G_L} \times I = \dfrac{6}{4+6} \times 10 = 6[\text{A}]$
- G_L의 소비전력 $P_L = I_L^2 \cdot \dfrac{1}{G_L} = 6^2 \times \dfrac{1}{6} = 6[\text{W}]$

$\left(\because R = \dfrac{1}{G}\right)$

답 ③

문제 74 $F(s) = \dfrac{s+1}{s^2+2s}$ 의 역라플라스 변환은?

① $\dfrac{1}{2}(1-e^{-t})$ ② $\dfrac{1}{2}(1-e^{-2t})$

③ $\dfrac{1}{2}(1+e^{t})$ ④ $\dfrac{1}{2}(1+e^{-2t})$

풀이

$F(s) = \dfrac{s+1}{s(s+2)} = \dfrac{A}{s} + \dfrac{B}{s+2}$

$A = \left.\dfrac{s+1}{s+2}\right|_{s=0} = \dfrac{1}{2}$

$B = \left.\dfrac{s+1}{s}\right|_{s=-2} = \dfrac{-2+1}{-2} = \dfrac{1}{2}$ 이므로

$F(s) = \dfrac{\frac{1}{2}}{s} + \dfrac{\frac{1}{2}}{s+2} = \dfrac{1}{2}\left(\dfrac{1}{s} + \dfrac{1}{s+2}\right)$

$\therefore \mathcal{L}^{-1}[F(s)] = \dfrac{1}{2}(1+e^{-2t})$

답 ④

문제 75 그림과 같은 회로에서 $t=0$에서 스위치를 닫으면 전류 $i(t)$[A]는? (단, 콘덴서의 초기 전압은 0[V] 이다.)

① $5(1-e^{-t})$
② $1-e^{-t}$
③ $5e^{-t}$
④ e^{-t}

풀이

스위치를 닫았을 때 회로의 평형 방정식은

$Ri(t) + \dfrac{1}{C}\int i(t)dt = E$

C의 전하를 $q(t)$, C의 양단 전압을 v_0라 하면

$q(t) = \int i(t)dt = Cv_0$, $i(t) = \dfrac{dq(t)}{dt}$

따라서, 윗 식은

$R\dfrac{dq(t)}{dt} + \dfrac{1}{C}q(t) = E$

초기 전하를 0라 하면

$\therefore q(t) = CE\left(1 - e^{-\frac{1}{RC}t}\right)$

또, $i(t) = \dfrac{dq(t)}{dt} = \dfrac{d}{dt}CE\left(1-e^{-\frac{1}{RC}t}\right) = \dfrac{E}{R}e^{-\frac{1}{RC}t}$

따라서, $i(t) = \dfrac{E}{R}e^{-\frac{1}{RC}t} = \dfrac{5}{5}e^{-\frac{1}{5\times 0.2}t} = e^{-t}[\text{A}]$

답 ④

문제 76 단위 임펄스 $\delta(t)$의 라플라스 변환은?

① e^{-s} ② $\dfrac{1}{s}$

③ $\dfrac{1}{s^2}$ ④ 1

풀이

	$f(t)$	$F(s)$
1	$\delta(t)$	1
2	$u(t)$	$\dfrac{1}{s}$

답 ④

문제 77
그림과 같은 회로에서 스위치 S를 $t=0$에서 닫았을 때 $(V_L)_{t=0} = 100[V]$, $(\frac{di}{dt})_{t=0} = 400[A/sec]$이다. $L[H]$의 값은?

① 0.75
② 0.5
③ 0.25
④ 0.1

풀이
$V_L = L\frac{di}{dt}$ 에서 $100 = L \cdot 400$
$\therefore L = \frac{100}{400} = 0.25$ **답** ③

문제 78
임피던스 함수 $Z(s) = \frac{s+50}{s^2+3s+2}[\Omega]$으로 주어지는 2단자 회로망에 100[V]의 직류 전압을 가했다면 회로의 전류는 몇 [A]인가?

① 4 ② 6 ③ 8 ④ 10

풀이
직류이므로 $s(j\omega) = 0$, $Z(s) = \frac{50}{2} = 25[\Omega]$
$\therefore I = \frac{V}{Z(s)} = \frac{100}{25} = 4[A]$ **답** ①

문제 79
$\mathcal{L}^{-1}\left[\frac{\omega}{s(s^2+\omega^2)}\right]$ 은?

① $\frac{1}{\omega}(1-\sin\omega t)$
② $\frac{1}{\omega}(1-\cos\omega t)$
③ $\frac{1}{s}(1-\sin\omega t)$
④ $\frac{1}{s}(1-\cos\omega t)$

풀이
① $F(s) = \frac{\omega}{s(s^2+\omega^2)} = \frac{K_1}{s} + \frac{K_2}{s^2+\omega^2}$

$K_1 = \lim_{s\to 0} sF(s) = \left[\frac{\omega}{s^2+\omega^2}\right]_{s=0} = \frac{1}{\omega}$

$K_2 = \lim_{s\to-\omega}(s^2+\omega^2)F(s) = \left[\frac{\omega}{s}\right]_{s^2=-\omega^2}$
$= \frac{\omega s}{s^2} = \frac{\omega s}{-\omega^2} = \frac{s}{-\omega}$

② $F(s) = \frac{1}{\omega} \cdot \frac{1}{s} - \frac{1}{\omega} \cdot \frac{s}{s^2+\omega^2} = \frac{1}{\omega}\left(\frac{1}{s} - \frac{s}{s^2+\omega^2}\right)$

$\therefore \mathcal{L}^{-1}\left[\frac{1}{\omega}\left(\frac{1}{s} - \frac{s}{s^2+\omega^2}\right)\right] = \frac{1}{\omega}(1-\cos\omega t)$ **답** ②

문제 80
전류 $I = 30\sin\omega t + 40\sin(3\omega t + 45°)$ [A]의 실효값은 약 몇 [A]인가?

① 25 ② 35.4
③ 50 ④ 70.7

풀이
실효값 $I = \sqrt{I_1^2 + I_2^2 + \cdots + I_n^2} = \sqrt{I_1^2 + I_3^2}$ 에서
$I = \sqrt{\left(\frac{30}{\sqrt{2}}\right)^2 + \left(\frac{40}{\sqrt{2}}\right)^2} = 35.36[A]$ **답** ②

제5과목 전기설비기술기준

문제 81
다음 (㉮), (㉯)에 들어갈 내용으로 옳은 것은?

> "지중전선로는 기설 지중 약전류 전선로에 대하여 (㉮) 또는 (㉯)에 의하여 통신상의 장해를 주지 않도록 기설 약전류 전선로로부터 충분히 이격시키거나 기타 적당한 방법으로 시설하여야 한다."

① ㉮ 정전용량 ㉯ 표피작용
② ㉮ 정전용량 ㉯ 유도작용
③ ㉮ 누설전류 ㉯ 표피작용
④ ㉮ 누설전류 ㉯ 유도작용

풀이
334.5 지중약전류전선의 유도장해 방지
지중전선로는 기설 지중약전류전선로에 대하여 **누설전류 또는 유도작용**에 의하여 통신상의 장해를 주지 않도록 충분히 이격시키거나 기타 적당한 방법으로 시설하여야 하다. **답** ④

문제 82
전력보안 통신선 시설에서 가공전선로의 지지물에 시설하는 가공 통신선에 직접 접속하는 통신선의 종류로 틀린 것은?

① 조가용선
② 절연전선
③ 광섬유 케이블
④ 일반통신용 케이블 이외의 케이블

풀이
362.1 전력보안통신설비의 시설 요구사항
가공 전선로의 지지물에 시설하는 가공 통신선에 직접 접속하는 통신선(옥내에 시설하는 것을 제외한다)은 **절연전선, 일반통신용 케이블 이외의 케이블 또는 광섬유 케이블**이어야 한다.

답 ①

문제 83 고압 가공전선로의 가공지선으로 나경동선을 사용할 경우 지름 몇 [mm] 이상으로 시설하여야 하는가?

① 2.5 ② 3
③ 3.5 ④ 4

풀이
332.6 고압 가공전선로의 가공지선
고압 가공전선로에 사용하는 가공지선은 인장강도 5.26 [kN] 이상의 것 또는 **지름 4[mm] 이상의 나경동선**을 사용한다.

답 ④

문제 84 저압 옥내배선을 금속덕트공사로 할 경우 금속 덕트에 넣는 전선의 단면적(절연피복의 단면적 포함)의 합계는 덕트의 내부 단면적의 몇 [%]까지 할 수 있는가?

① 20 ② 30
③ 40 ④ 50

풀이
232.31 금속덕트공사
금속덕트에 넣은 전선의 단면적(절연피복의 단면적을 포함한다)의 합계는 **덕트의 내부 단면적의 20[%]**(전광표시 장치, 기타 이와 유사한 장치 또는 제어회로 등의 배선만을 넣는 경우에는 50[%]) 이하일 것.

답 ①

문제 85 타냉식 특고압용 변압기의 냉각장치에 고장이 생긴 경우 시설해야 하는 보호장치는?

① 경보장치   ② 온도측정장치
③ 자동차단장치 ④ 과전류 측정장치

풀이
351.4 특고압용 변압기의 보호장치
특고압용의 변압기에는 그 내부에 고장이 생겼을 경우에 보호하는 장치를 표와 같이 시설하여야 한다.

뱅크 용량의 구분	동작조건	장치의 종류
5,000 [kVA] 이상 10,000 [kVA] 미만	변압기 내부 고장	자동차단장치 또는 경보장치
10,000 [kVA] 이상	변압기 내부 고장	자동차단장치
타냉식 변압기(변압기의 권선 및 철심을 직접 냉각시키기 위하여 봉입한 냉매를 강제 순환시키는 냉각 방식을 말한다.)	냉각 장치에 고장이 생긴 경우 또는 변압기의 온도가 현저히 상승한 경우	경보장치

답 ①

문제 86 B종 철주 또는 B종 철근 콘크리트주를 사용하는 특고압 가공전선로의 경간은 몇 [m] 이하이어야 하는가?

① 150 ② 250
③ 400 ④ 600

풀이
333.21 특고압 가공전선로의 경간 제한
특고압 가공전선로의 경간은 표에서 정한 값 이하이어야 한다.

지지물의 종류	경간
목주·A종 철주 또는 A종 철근 콘크리트주	150[m] 이하
B종 철주 또는 B종 철근 콘크리트주	250[m] 이하
철탑	600[m] 이하 (단주인 경우에는 400[m] 이하)

답 ②

문제 87 옥내의 네온 방전등 공사의 방법으로 옳은 것은?

① 전선 상호 간의 간격은 5[cm] 이상일 것
② 관등회로의 배선은 애자공사에 의할 것
③ 전선의 지지점간의 거리는 2[m] 이하로 할 것
④ 관등회로의 배선은 점검할 수 없는 은폐된 장소에 시설할 것

풀이
234.12 네온방전등
네온방전등에 공급하는 전로의 대지전압은 300[V] 이하로 하여야 하며, 다음에 의하여 시설하여야 한다.
가. 네온변압기는 옥내배선과 직접 접촉하여 시설할 것.
나. **관등회로의 배선은 애자공사로** 다음에 따라서 시설하여야 한다.
　① 전선은 네온관용전선을 사용할 것.
　② 전선은 자기 또는 유리제 등의 애자로 견고하게 지지하여 조영의 아랫면 또는 옆면에 부착하고 **전선 상호간의 이격거리는 60[mm] 이상**일 것.
　③ 전선지지점간의 거리는 1[m] 이하로 할 것.
　④ 애자는 절연성·난연성 및 내수성이 있는 것일 것.
　　　　　　　　　　　　　　　　　　답 ②

문제 88
변전소의 주요 변압기에서 계측하여야 하는 사항 중 계측장치가 꼭 필요하지 않는 것은? (단, 전기철도용 변전소의 주요 변압기는 제외한다.)
① 전압　　　　　② 전류
③ 전력　　　　　④ 주파수

풀이
351.6 계측장치
변전소 또는 이에 준하는 곳에는 다음의 사항을 계측하는 장치를 시설하여야 한다.
가. **주요 변압기의 전압 및 전류 또는 전력**
나. 특고압용 변압기의 온도
　　　　　　　　　　　　　　　　　　답 ④

문제 89
무대·무대마루 밑·오케스트라박스·영사실 기타 사람이나 무대 도구가 접촉할 우려가 있는 곳에 시설하는 저압 옥내배선·전구선 또는 이동전선은 사용전압이 몇 [V] 이하이어야 하는가?
① 100　　　　　② 200
③ 300　　　　　④ 400

풀이
242.6 전시회, 쇼 및 공연장의 전기설비
무대·무대마루 밑·오케스트라 박스·영사실 기타 사람이나 무대 도구가 접촉할 우려가 있는 곳에 시설하는 저압 옥내배선, 전구선 또는 이동전선은 **사용전압이 400[V] 이하**이어야 한다.
　　　　　　　　　　　　　　　　　　답 ④

문제 90
저압 가공전선로와 기설 가공약전류전선로가 병행하는 경우에는 유도작용에 의하여 통신상의 장해가 생기지 아니하도록 전선과 기설 약전류전선 간의 이격거리는 몇 [m] 이상이어야 하는가?
① 1　　　　　② 2
③ 2.5　　　　④ 4.5

풀이
332.1 가공약전류전선로의 유도장해 방지
저압 가공전선로 또는 고압 가공전선로와 기설 가공약전류전선로가 병행하는 경우에는 유도작용에 의하여 통신상의 장해가 생기지 않도록 전선과 기설 **약전류전선간의 이격거리는 2[m] 이상**이어야 한다.
　　　　　　　　　　　　　　　　　　답 ②

문제 91
금속관공사에 의한 저압 옥내배선의 방법으로 틀린 것은?
① 전선으로 연선을 사용하였다.
② 옥외용 비닐절연전선을 사용하였다.
③ 콘크리트에 매설하는 관은 두께 1.2[mm] 이상을 사용하였다.
④ 금속관은 접지를 하였다.

풀이
232.12 금속관공사
가. 전선은 절연전선(**옥외용 비닐절연전선을 제외한다**)일 것.
나. 전선은 연선일 것. 다만, 다음의 것은 적용하지 않는다.
　① 짧고 가는 금속관에 넣은 것.
　② 단면적 10[mm²](알루미늄선은 단면적 16[mm²]) 이하의 것.
다. 관의 두께는 다음에 의할 것.
　① 콘크리트에 매설하는 것은 1.2[mm] 이상
　② 콘크리트 매설 이외의 것은 1[mm] 이상
라. 관에는 접지공사를 할 것.
　　　　　　　　　　　　　　　　　　답 ②

문제 92
특고압으로 시설할 수 없는 전선로는?
① 지중전선로
② 옥상전선로
③ 가공전선로
④ 수중전선로

풀이
331.14.2 특고압 옥상전선로의 시설
특고압 옥상전선로(특고압의 인입선의 옥상부분을 제외한다)는 **시설하여서는 아니 된다**.
　　　　　　　　　　　　　　　　　　답 ②

문제 93 22.9[kV] 전선로를 제1종 특고압 보안공사로 시설할 경우 전선으로 경동연선을 사용한다면 그 단면적은 몇 [mm²] 이상의 것을 사용하여야 하는가?

① 38   ② 55   ③ 80   ④ 100

풀이
333.22 특고압 보안공사
제1종 특고압 보안공사 시 전선의 단면적

사용전압	전 선
100 [kV] 미만	인장강도 21.67 [kN] 이상의 연선 또는 단면적 55[mm²] 이상의 경동연선
100 [kV] 이상 300 [kV] 미만	인장강도 58.84 [kN] 이상의 연선 또는 단면적 150[mm²] 이상의 경동연선
300 [kV] 이상	인장강도 77.47 [kN] 이상의 연선 또는 단면적 200[mm²] 이상의 경동연선

답 ②

문제 94 변압기 1차측 3300[V], 2차측 220[V]의 변압기 전로의 절연내력시험 전압은 각각 몇 [V]에서 10분간 견디어야 하는가?

① 1차측 4950[V], 2차측 500[V]
② 1차측 4500[V], 2차측 400[V]
③ 1차측 4125[V], 2차측 500[V]
④ 1차측 3350[V], 2차측 400[V]

풀이
135 변압기 전로의 절연내력

권선의 종류 (최대사용전압)	접지방식	시험전압(최대사용 전압의 배수)	최저 시험 전압
1. 7[kV] 이하		1.5배	500[V]
	다중접지	0.92배	500[V]
2. 7[kV] 초과 25[kV] 이하	다중접지	0.92배	
3. 7[kV] 초과 60[kV] 이하 (2란의 것 제외)		1.25배	10.5[kV]
4. 60 [kV] 초과 (8란의 것 제외)	비접지	1.25	
5. 60[kV] 초과 (6란 및 8란의 것 제외)	접지식	1.1배	75 [kV]
6. 60[kV] 초과	직접접지	0.72배	
7. 170[kV] 초과	직접접지	0.64배	

① 1차측 시험전압 = 3300×1.5 = 4950[V]
② 2차측 시험전압 = 220×1.5 = 330[V]
(최저 시험 전압이 500 [V]이므로 500 [V]의 시험 전압을 가하여야 한다.)

답 ①

문제 95 저압 가공전선 또는 고압 가공전선이 도로를 횡단할 때 지표상의 높이는 몇 [m] 이상으로 하여야 하는가? (단, 농로 기타 교통이 번잡하지 않은 도로 및 횡단보도교는 제외한다.)

① 4   ② 5   ③ 6   ④ 7

풀이
332.5 고압 가공전선의 높이,
222.7 저압 가공전선의 높이
저·고압 가공전선의 높이는 다음에 따라야 한다.

설치장소		가공전선의 높이
도로횡단 (번잡하지 않은 도로 제외)		지표상 6 [m] 이상
철도 또는 궤도 횡단		레일면상 6.5 [m] 이상
횡단보도교 위	저압	노면상 3.5 [m] 이상 (단, 절연전선의 경우 3 [m] 이상)
	고압	노면상 3.5 [m] 이상
일반장소		지표상 5 [m] 이상. 단, 저압의 경우 절연전선 또는 케이블을 사용하여 교통에 지장이 없도록 하여 옥외조명용에 공급하는 경우 4 [m]까지 감할 수 있다.
다리의 하부 기타 이와 유사한 장소		저압의 전기철도용 급전선은 지표상 3.5[m] 까지로 감할 수 있다.

답 ③

문제 96 가공 전선로의 지지물에 취급자가 오르고 내리는데 사용하는 발판 볼트 등은 지표상 몇 [m] 미만에 시설하여서는 아니 되는가?

① 1.2   ② 1.5   ③ 1.8   ④ 2

풀이
331.4 가공전선로 지지물의 철탑오름 및 전주오름 방지
가공전선로의 지지물에 취급자가 오르고 내리는데 사용하는 발판 볼트 등을 지표상 1.8 [m] 미만에 시설하여서는 아니 된다.

답 ③

문제 97 22.9[kV] 특고압 가공전선로의 시설에 있어서 중성선을 다중 접지하는 경우에 각각 접지한 곳 상호 간의 거리는 전선로에 따라 몇 [m] 이하이어야 하는가?

① 150   ② 300
③ 400   ④ 500

풀이

333.32 25 [kV] 이하인 특고압 가공전선로의 시설
사용전압이 15[kV]를 초과하고 25[kV] 이하인 특고압 가공전선로(중성선 다중접지식의 것으로서 전로에 지락이 생겼을 때에 2초 이내에 자동적으로 이를 전로로부터 차단하는 장치가 되어 있는 것에 한한다)를 다음에 따라 시설하여야 한다.

가. 접지도체는 공칭단면적 6[mm^2] 이상의 연동선
나. **접지공사는 각각 접지한 곳 상호 간의 거리는 전선로에 따라 150[m] 이하일 것.**
다. 각 접지도체를 중성선으로부터 분리하였을 경우의 각 접지점의 대지 전기저항 값과 1[km]마다 중성선과 대지 사이의 합성 전기저항 값은 표에서 정한 값 이하일 것.

사용전압	각 접지점의 대지 전기저항치	1[km] 마다의 합성 전기저항치
15[kV] 이하	300 [Ω]	30 [Ω]
15[kV] 초과 25[kV] 이하	300 [Ω]	15 [Ω]

답 ①

출제기준 변경 및 개정된 관계 법규에 따라 삭제된 문제가 있어 20문항이 안됩니다.

문제 98 혼촉 사고 시에 1초를 초과하고 2초 이내에 자동 차단되는 6.6[kV] 전로에 결합된 변압기 저압측의 전압이 220[V]인 경우 접지 저항값[Ω]은? (단, 고압측 1선 지락전류는 30 [A]라 한다.)

① 5   ② 10   ③ 20   ④ 30

풀이

142.5 변압기 중성점 접지
변압기의 고압·특고압측 전로 또는 사용전압이 35[kV] 이하의 특고압전로가 저압측 전로와 혼촉하고 저압전로의 대지전압이 150[V]를 초과하는 경우는 저항 값은 다음에 의한다.

가. 1초 초과 2초 이내에 고압·특고압 전로를 자동으로 차단하는 장치를 설치할 때는 300을 나눈 값 이하

$$R = \frac{300}{\text{고압측 또는 특고압측의 1선 지락전류}} [\Omega]$$

나. 1초 이내에 고압·특고압 전로를 자동으로 차단하는 장치를 설치할 때는 600을 나눈 값 이하

$$R = \frac{600}{\text{고압측 또는 특고압측의 1선 지락전류}} [\Omega]$$

$$\therefore R = \frac{300}{\text{1선 지락 전류}} = \frac{300}{30} = 10 [\Omega]$$

답 ②

국가기술자격검정 필기시험 문제

2017년도 전기산업기사 일반검정 제 2 회

자격종목 및 등급(선택분야)	종목코드	시험시간	문제지형별
전기산업기사	2140	2시간 30분	A

제1과목 전기자기학

문제 01 전기력선의 기본 성질에 관한 설명으로 틀린 것은?

① 전기력선의 방향은 그 점의 전계의 방향과 일치한다.
② 전기력선은 전위가 높은 점에서 낮은 점으로 향한다.
③ 전기력선은 그 자신만으로도 폐곡선을 만든다.
④ 전계가 0이 아닌 곳에서는 전기력선은 도체 표면에 수직으로 만난다.

풀이
전기력선의 성질
① 전기력선의 방향은 전계의 방향과 일치한다.
② 전기력선 밀도는 그 점에서의 전계의 세기와 같다.
③ 단위전하 (1 [C])에서는 $\frac{1}{\epsilon_0} = 36\pi \times 10^9$개의 전기력선이 발생한다.
④ 전기력선은 정전하(+ 전하)에서 출발하여 부전하(- 전하)에서 멈추거나 무한원까지 퍼진다.
⑤ 전하가 없는 곳에서는 전기력선의 발생과 소멸이 없고 연속적이다.
⑥ 전기력선은 전위가 높은 곳에서 낮은 곳으로 향한다. ($E = -\operatorname{grad} V$)
⑦ 전기력선은 자신만으로 폐곡선이 되는 일은 없다. ($\nabla \times E = 0$)
⑧ 2개의 전기력선은 서로 교차하지 않는다.
⑨ 전기력선은 등전위면과 직교한다(단, 전계가 0인 곳에서는 이 조건은 성립되지 않는다.)
⑩ 도체 내부에서 전기력선은 없다. (도체내부 전계의 세기가 0)
⑪ 전기력선은 도체 표면에서 수직으로 출입한다.
⑫ 전기력선은 무한원점에서 끝나거나, 무한원점에서 오는 것이 있다.
⑬ 무한원점에 있는 전하까지 합하면 전하의 총량은 0이다. **답** ③

문제 02 여러 가지 도체의 전하 분포에 있어서 각 도체의 전하를 n배 할 경우 중첩의 원리가 성립하기 위해서는 그 전위는 어떻게 되는가?

① $\frac{1}{2}n$배가 된다.   ② n배가 된다.
③ $2n$배가 된다.   ④ n^2배가 된다.

풀이
$V_i = P_{i1}Q_1 + P_{i2}Q_2 + \cdots + P_{in}Q_n$에서
각 전하를 n배 하면 V_i는 n배 된다. **답** ②

문제 03 동일 용량 $C[\mu F]$의 콘덴서 n개를 병렬로 연결하였다면 합성용량은 얼마인가?

① $n^2 C$ ② nC ③ $\frac{C}{n}$ ④ C

풀이

항 목	직렬접속	병렬접속
결선	$C_1 \quad C_2$	$C_1 \quad C_2$
합성 정전 용량	• $C_0 = \dfrac{C_1 C_2}{C_1 + C_2}$ • 저항의 병렬결선과 동일 방법 • 접속되는 콘덴서가 증가할수록 합성정전 용량은 감소	• $C_0 = C_1 + C_2$ • 저항의 직렬결선과 동일 방법 • 접속되는 콘덴서가 증가할수록 합성정전용량은 증가

정전용량의 병렬연결은 저항의 직렬연결과 동일 하므로
합성용량 $C_0 = C + C + \cdots + C = nC\,[\mu F]$ 답 ②

문제 04
반지름 $r = 1\,[m]$인 도체구의 표면 전하밀도가 $\dfrac{10^{-8}}{9\pi}\,[C/m^2]$이 되도록 하는 도체구의 전위는 몇 [V]인가?

① 10 ② 20
③ 40 ④ 80

풀이

도체구의 표면전위 $V = \dfrac{Q}{4\pi\epsilon_0 r}\,[V]$에서

도체구 표면의 총전하는 $Q = \sigma S = \sigma(4\pi r^2)\,[C]$ 이므로
도체구의 표면전위 V_a는

$\therefore V_a = \dfrac{Q}{4\pi\epsilon_0 r} = \dfrac{\sigma 4\pi r^2}{4\pi\epsilon_0 r} = \dfrac{\sigma 4\pi r}{4\pi\epsilon_0}$

$= 9 \times 10^9 \times \dfrac{10^{-8}}{9\pi} \times 4\pi \times 1 = 40\,[V]$ 답 ③

문제 05
도전율의 단위로 옳은 것은?

① m/Ω ② Ω/m^2
③ $1/\mho \cdot m$ ④ $\mho/m$

풀이

- 저항 $R = \rho \dfrac{l}{S}$ 에서
  저항율 $\rho = \dfrac{RS}{l} = \dfrac{\Omega \cdot m^2}{m} = \Omega \cdot m$

- 도전율 $\sigma = \dfrac{1}{저항율} = \dfrac{1}{\rho}$ 이므로

  $\sigma = \dfrac{l}{RS} = \dfrac{m}{\Omega \cdot m^2} = \dfrac{1}{\Omega} \cdot \dfrac{1}{m} = \mho/m \;\left(\because \mho = \dfrac{1}{\Omega}\right)$

  답 ④

문제 06
$A = i + 4j + 3k$, $B = 4i + 2j - 4k$
의 두 벡터는 서로 어떤 관계에 있는가?

① 평행 ② 면적
③ 접근 ④ 수직

풀이

두 벡터가 이루는 각은 스칼라적에 의해 구한다.

즉 $A \cdot B = AB\cos\theta$ 에서
$\cos\theta = \dfrac{A \cdot B}{AB}$

$\begin{cases} A \cdot B = 1\times 4 + 4\times 2 + 3\times(-4) = 4 + 8 - 12 = 0 \\ A = |A| = \sqrt{1^2 + 4^2 + 3^2} = \sqrt{26} \\ B = |B| = \sqrt{4^2 + 2^2 + (-4)^2} = 6 \end{cases}$

$\cos\theta = \dfrac{A \cdot B}{AB} = \dfrac{0}{6\sqrt{26}} = 0$

$\therefore \theta = 90°\,(수직)$ 답 ④

문제 07
전류가 흐르는 도선을 자계 내에 놓으면 이 도선에 힘이 작용한다. 평등자계의 진공 중에 놓여 있는 직선전류 도선이 받는 힘에 대한 설명으로 옳은 것은?

① 도선의 길이에 비례한다.
② 전류의 세기에 반비례한다.
③ 자계의 세기에 반비례한다.
④ 전류와 자계 사이의 각에 대한 정현(sine)에 반비례한다.

풀이

플레밍의 왼손 법칙
자속밀도가 $B\,[Wb/m^2]$인 자계 중에 길이 $l\,[m]$인 도체를 놓고 $I\,[A]$의 전류를 흘릴 경우
자계 내에서 도체가 받는 힘 $F = BIl\sin\theta\,[N]$ 이다.
즉, 힘(F)은 자계의 세기(B), 전류의 세기(I), 도선의 길이(l) 및 전류와 자계 사이의 $\sin\theta$에 비례한다.   답 ①

문제 08
정전용량이 $0.5\,[\mu F]$, $1\,[\mu F]$인 콘덴서에 각각 $2\times 10^{-4}\,[C]$ 및 $3\times 10^{-4}\,[C]$의 전하를 주고 극성을 같게 하여 병렬로 접속할 때 콘덴서에 축적된 에너지는 약 몇 [J] 인가?

① 0.042 ② 0.063
③ 0.083 ④ 0.126

풀이

$Q = Q_1 + Q_2 = 2\times 10^{-4} + 3\times 10^{-4} = 5\times 10^{-4}\,[C]$
$C = C_1 + C_2 = (0.5 + 1)\times 10^{-6} = 1.5\times 10^{-6}\,[F]$

$\therefore W = \dfrac{Q^2}{2C} = \dfrac{(5\times 10^{-4})^2}{2\times 1.5\times 10^{-6}} = 0.083\,[J]$ 답 ③

문제 09 영역 1의 유전체 $\epsilon_{r1}=4$, $\mu_{r1}=1$, $\sigma_1=0$과 영역 2의 유전체 $\epsilon_{r2}=9$, $\mu_{r2}=1$, $\sigma_2=0$ 일 때 영역 1에서 영역 2로 입사된 전자파에 대한 반사계수는?

① -0.2 ② -0.5
③ 0.2 ④ 0.8

풀이
입사파 E_1, H_1, 투과파 E_2, H_2, 반사파 E_3, H_3라고 할 때, 영역 1과 영역 2의 고유 임피던스 η는 각각 다음과 같다.

$\eta_1 = \dfrac{E_1}{H_1} = \sqrt{\dfrac{\mu_1}{\epsilon_1}} = \sqrt{\dfrac{\mu_0 \mu_{r1}}{\epsilon_0 \epsilon_{r1}}} = 377\sqrt{\dfrac{\mu_{r1}}{\epsilon_{r1}}} = 377\sqrt{\dfrac{1}{4}}$
$= 188.5 \,[\Omega]$

$\eta_2 = \dfrac{E_2}{H_2} = \sqrt{\dfrac{\mu_2}{\epsilon_2}} = \sqrt{\dfrac{\mu_0 \mu_{r2}}{\epsilon_0 \epsilon_{r2}}} = 377\sqrt{\dfrac{\mu_{r2}}{\epsilon_{r2}}} = 377\sqrt{\dfrac{1}{9}}$
$= 125.67 \,[\Omega]$

$\therefore$ 반사계수 $R = \dfrac{\eta_2 - \eta_1}{\eta_2 + \eta_1} = \dfrac{125.67 - 188.5}{125.67 + 188.5} = -0.2$ **답** ①

문제 10 정전용량 및 내압이 3[μF]/1000[V], 5[μF]/500[V], 12[μF]/250[V]인 3개의 콘덴서를 직렬로 연결하고 양단에 가한 전압을 서서히 증가시킬 경우 가장 먼저 파괴되는 콘덴서는?

① 3[μF]   ② 5[μF]
③ 12[μF]   ④ 3개 동시 파괴

풀이
콘덴서를 직렬로 접속하고 전압을 서서히 증가시키면, 콘덴서의 **전하량이 가장 적은 콘덴서가 제일 먼저 파괴**된다.

$Q_1 = C_1 \times V_1 = 3 \times 10^{-6} \times 1000 = 3 \times 10^{-3} \,[C]$
$Q_2 = C_2 \times V_2 = 5 \times 10^{-6} \times 500 = 2.5 \times 10^{-3} \,[C]$
$Q_3 = C_3 \times V_3 = 12 \times 10^{-6} \times 250 = 3 \times 10^{-3} \,[C]$

$\therefore$ 전하용량이 $Q_1 = Q_3 > Q_2$ 이므로 전하용량이 가장 작은 5[μF]/500[V]의 콘덴서가 가장 먼저 파괴된다.   **답** ②

문제 11 정전용량 10[μF]인 콘덴서의 양단에 100[V]의 일정 전압을 인가하고 있다. 이 콘덴서의 극판 간의 거리를 1/10로 변화시키면 콘덴서에 충전되는 전하량은 거리를 변화시키기 이전의 전하량에 비해 어떻게 되는가?

① $\dfrac{1}{10}$로 감소   ② $\dfrac{1}{100}$로 감소
③ 10배로 증가   ④ 100배로 증가

풀이
- 정전용량 $C = \dfrac{\epsilon S}{d}$
- 전하량 $Q_1 = C_1 V = \dfrac{\epsilon S}{d}V$
- 극판간의 거리를 $\dfrac{1}{10}$로 변화시킨 경우의 전하량
  $Q_2 = C_2 V = \dfrac{\epsilon S}{0.1d}V = 10\dfrac{\epsilon S}{d}V = 10Q_1$

즉, 극판 간의 거리를 $\dfrac{1}{10}$로 변화시키면 전하량은 10배로 증가한다.   **답** ③

문제 12 접지 구도체와 점전하간의 작용력은?
① 항상 반발력이다.
② 항상 흡입력이다.
③ 조건적 반발력이다.
④ 조건적 흡입력이다.

풀이
접지 구도체에는 항상 **점전하와 반대 극성**인 전하 $(Q' = -\dfrac{a}{d}Q)$가 유도되므로 **항상 흡입력**이 작용한다.   **답** ②

문제 13 전계의 세기가 1500[V/m]인 전장에 5[μC]의 전하를 놓았을 때 이 전하에 작용하는 힘은 몇 [N]인가?

① 4.5×10^{-3} ② 5.5×10^{-3}
③ 6.5×10^{-3} ④ 7.5×10^{-3}

풀이
전하에 작용하는 힘
$F = Eq = 1500 \times 5 \times 10^{-6} = 7.5 \times 10^{-3}\,[N]$ **답** ④

문제 14 500[AT/m]의 자계 중에 어떤 자극을 놓았을 때 4×10^3[N]의 힘이 작용했다면 이때 자극의 세기는 몇 [Wb]인가?

① 2   ② 4
③ 6   ④ 8

풀이

$F = mH$ 에서

$\therefore m = \dfrac{F}{H} = \dfrac{4 \times 10^3}{500} = \dfrac{4000}{500} = 8 [\text{Wb}]$ 답 ④

문제 15 자극의 세기가 8×10^{-6} [Wb] 이고, 길이가 30[cm]인 막대자석을 120[AT/m] 평등자계 내에 자력선과 30°의 각도로 놓았다면 자석이 받는 회전력은 몇 [N·m]인가?

① 1.44×10^{-4}
② 1.44×10^{-5}
③ 2.88×10^{-4}
④ 2.88×10^{-5}

풀이

$T = MH \sin\theta = ml H \sin\theta$
$= 8 \times 10^{-6} \times 30 \times 10^{-2} \times 120 \times \sin 30°$
$= 1.44 \times 10^{-4} [\text{N} \cdot \text{m}]$ 답 ①

문제 16 도전성을 가진 매질내의 평면파에서 전송계수 γ를 표현한 것으로 알맞은 것은?
(단, α는 감쇠정수, β는 위상정수 이다.)

① $\gamma = \alpha + j\beta$
② $\gamma = \alpha - j\beta$
③ $\gamma = j\alpha + \beta$
④ $\gamma = j\alpha - \beta$

풀이

$\gamma = \alpha + j\beta$
여기서, α : 감쇠정수, β : 위상정수 답 ①

문제 17 도체 1을 Q가 되도록 대전시키고, 여기에 도체 2를 접촉했을 때 도체 2가 얻은 전하를 전위계수로 표시하면? (단, P_{11}, P_{12}, P_{21}, P_{22}는 전위계수이다.)

① $\dfrac{Q}{P_{11} - 2P_{12} + P_{22}}$
② $\dfrac{(P_{11} - P_{12})Q}{P_{11} - 2P_{12} + P_{22}}$
③ $\dfrac{(P_{11}P_{12} + P_{22})Q}{P_{11} + 2P_{12} + P_{22}}$
④ $\dfrac{(P_{11} - P_{12})Q}{P_{11} + 2P_{12} + P_{22}}$

풀이

$V_1 = P_{11}Q_1 + P_{12}Q_2$, $V_2 = P_{21}Q_1 + P_{22}Q_2$ 에서
$P_{12} = P_{21}$, $Q_1 = Q - Q_2$,
$V_1 = V_2$ (도체 1에 도체 2가 접속되면 두 도체의 전위는 동일하게 된다.)

그러므로 $P_{11}(Q - Q_2) + P_{12}Q_2 = P_{21}(Q - Q_2) + P_{22}Q_2$
$(P_{11} - P_{12})Q = (P_{11} + P_{22} - 2P_{12})Q_2$

$\therefore Q_2 = \dfrac{P_{11} - P_{12}}{P_{11} - 2P_{12} + P_{22}} Q$ 답 ②

문제 18 그림과 같이 직렬로 접속된 두 개의 코일이 있을 때, $L_1 = 20$[mH], $L_2 = 80$[mH], 결합계수 $k = 0.8$이다. 여기에 0.5[A]의 전류를 흘릴 때 이 합성코일에 저축되는 에너지는 약 몇 [J] 인가?

① 1.13×10^{-3}
② 2.05×10^{-2}
③ 6.63×10^{-3}
④ 8.25×10^{-2}

풀이

L_1, L_2에 흐르는 전류 방향이 동일하므로(dot 방향)
$L_+ = L_1 + L_2 + 2M$
$M = k\sqrt{L_1 L_2}$
$= 0.8 \sqrt{20 \times 10^{-3} \times 80 \times 10^{-3}}$
$= 32 \times 10^{-3}$[H]

$\therefore W = \dfrac{1}{2}(L_1 + L_2 + 2M)I^2$
$= \dfrac{1}{2}(20 + 80 + 2 \times 32) \times 10^{-3} \times 0.5^2$
$= 2.05 \times 10^{-2}$ [J] 답 ②

문제 19 자기 회로의 퍼미언스(permeance)에 대응하는 전기 회로의 요소는?

① 서셉턴스(susceptance)
② 컨덕턴스(conductance)
③ 엘라스턴스(elastance)
④ 정전용량(electrostatic capacity)

풀이

• 퍼미언스(permeance) : 자기 저항의 역수
• 컨덕턴스(conductance) : 전기 저항의 역수
• 엘라스턴스(elastance) : 정전 용량의 역수 답 ②

문제 20 전류가 흐르고 있는 도체에 자계를 가하면 도체 측면에 정·부(+, -)의 전하가 나타나 두 면간에 전위차가 발생하는 현상은?

① 홀효과　　② 핀치효과
③ 톰슨효과　　④ 지벡효과

풀이
전류가 흐르고 있는 도체에 자계를 가하면 플레밍의 왼손 법칙에 의하여 도체 내부의 전하가 횡방향으로 힘을 모아 도체 측면에 (+), (-)의 전하가 나타나는 현상을 홀 효과라 한다.　　**답** ①

제2과목　전력공학

문제 21 개폐 서지를 흡수할 목적으로 설치하는 것의 약어는?

① CT　　② SA
③ GIS　　④ ATS

풀이
① CT(계기용 변류기) : 회로의 대전류를 소전류로 변성하여 계기나 계전기에 공급
② SA(서지 흡수기) : 변압기, 발전기 등을 서지로부터 보호
③ GIS(가스 절연 개폐기) : SF₆ 가스를 이용하여 정상상태 및 사고, 단락 등의 고장상태에서 선로를 안전하게 개폐하여 보호
④ ATS(자동 절환 개폐기) : 주 전원이 정전되거나, 전압이 기준치 이하로 떨어질 경우 예비전원으로 자동 절환하는 개폐기　　**답** ②

문제 22 다음 중 표준형 철탑이 아닌 것은?

① 내선 철탑　　② 직선 철탑
③ 각도 철탑　　④ 인류 철탑

풀이
철탑의 종류(판단기준 제114조)
① **직선형** : 전선로의 직선부분(3도 이하인 수평각도를 이루는 곳을 포함한다.)에 사용하는 것. 다만, 내장형 및 보강형에 속하는 것을 제외한다.
② **각도형** : 전선로 중 3도를 넘는 수평각도를 이루는 곳에 사용하는 것
③ **인류형** : 전 가섭선을 인류하는 곳에 사용하는 것

④ **내장형** : 전선로의 지지물 양쪽의 경간의 차가 큰 곳에 사용하는 것
⑤ **보강형** : 전선로의 직선부분에 그 보강을 위하여 사용하는 것　　**답** ①

문제 23 전력계통의 전압안정도를 나타내는 P-V 곡선에 대한 설명 중 적합하지 않은 것은?

① 가로축은 수전단 전압을 세로축은 무효전력을 나타낸다.
② 진상무효전력이 부족하면 전압은 안정되고 진상무효전력이 과잉되면 전압은 불안정하게 된다.
③ 전압 불안정 현상이 일어나지 않도록 전압을 일정하게 유지하려면 무효전력을 적절하게 공급하여야 한다.
④ P-V 곡선에서 주어진 역률에서 전압을 증가시키더라도 송전할 수 있는 최대 전력이 존재하는 임계점이 있다.

풀이
즉, P-V 곡선의 가로축은 유효전력을 세로축은 수전단 전압을 나타낸다.

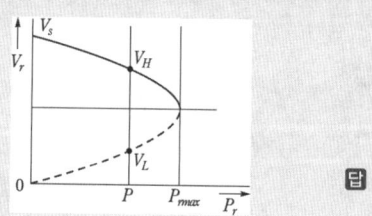

답 ①

문제 24 3상으로 표준전압 3[kV], 800[kW]를 역률 0.9로 수전하는 공장의 수전회로에 시설할 계기용 변류기의 변류비로 적당한 것은? (단, 변류기의 2차 전류는 5[A]이며, 여유율은 1.2로 한다.)

① 10　　② 20　　③ 30　　④ 40

풀이
$P = \sqrt{3} V_1 I_1 \cos\theta$ 에서

1차 전류 $I_1 = \dfrac{800 \times 10^3}{\sqrt{3} \times 3000 \times 0.9} = 171.07$ [A]

변류기의 여유율 1.2를 고려한

변류비 $= \dfrac{1\text{차 전류} \times 1.2}{5} = \dfrac{171.07 \times 1.2}{5} = 41.06$

따라서, 변류비가 40인 변류기가 적당하다. **답** ④

문제 25 수전단을 단락한 경우 송전단에서 본 임피던스는 300[Ω]이고, 수전단을 개방한 경우에는 1200[Ω]일 때 이 선로의 특성 임피던스는 몇 [Ω]인가?

① 300 ② 500 ③ 600 ④ 800

풀이

- 수전단을 단락한 경우 임피던스 $Z=300[\Omega]$
- 수전단을 개방한 경우 어드미턴스 $Y=\dfrac{1}{1200}[\mho]$ 이므로
- 특성임피던스 $Z_0=\sqrt{\dfrac{Z}{Y}}=\sqrt{\dfrac{300}{1/1200}}=600[\Omega]$ **답** ③

문제 26 3000[kW], 역률 80[%](뒤짐)의 부하에 전력을 공급하고 있는 변전소에 전력용콘덴서를 설치하여 변전소에서의 역률을 90[%]로 향상시키는데 필요한 전력용콘덴서의 용량은 약 몇 [kVA]인가?

① 600 ② 700 ③ 800 ④ 900

풀이

$$Q_c = P(\tan\theta_1 - \tan\theta_2) = P\left(\dfrac{\sin\theta_1}{\cos\theta_1} - \dfrac{\sin\theta_2}{\cos\theta_2}\right)$$
$$= \left(\dfrac{\sqrt{1-\cos^2\theta_1}}{\cos\theta_1} - \dfrac{\sqrt{1-\cos^2\theta_2}}{\cos\theta_2}\right)$$
$$= 3000\left(\dfrac{\sqrt{1-0.8^2}}{0.8} - \dfrac{\sqrt{1-0.9^2}}{0.9}\right)$$
$$= 797.03\,[\text{kVA}]$$ **답** ③

문제 27 발전기나 변압기의 내부고장 검출에 주로 사용되는 계전기는?

① 역상계전기
② 과전압계전기
③ 과전류계전기
④ 비율차동계전기

풀이

비율 차동 계전기는 발전기와 변압기의 내부 고장에 대한 보호 장치로 1차 전류와 2차 전류의 차 전류가 일정 비율 이상으로 되면 동작하는 계전기이다. **답** ④

문제 28 역률 0.8인 부하 480[kW]를 공급하는 변전소에 전력용 콘덴서 220[kVA]를 설치하면 역률은 몇 [%]로 개선할 수 있는가?

① 92 ② 94 ③ 96 ④ 99

풀이

- 부하의 유효전력 $P=480[\text{kW}]$
- 부하의 무효전력
$$Q_L = \dfrac{P}{\cos\theta}\times\sin\theta = \dfrac{480}{0.8}\times 0.6 = 360[\text{kVar}]$$
- 콘덴서 용량 $Q_c=220[\text{kVA}]$
- 부하 역률 $\cos\theta = \dfrac{P}{\sqrt{P^2+(Q_L-Q_c)^2}}\times 100$
$$= \dfrac{480}{\sqrt{480^2+(360-220)^2}}\times 100$$
$$= 96[\%]$$ **답** ③

문제 29 배전전압, 배전거리 및 전력손실이 같다는 조건에서 단상 2선식 전기방식의 전선 총중량을 100[%]라 할 때 3상 3선식 전기방식은 몇 [%]인가?

① 33.3 ② 37.5 ③ 75.0 ④ 100.0

풀이

- 송전 전력은 동일하므로
$\sqrt{3}\,VI_3\cos\theta = VI_1\cos\theta$, ∴ $I_1=\sqrt{3}\,I_3$
- 전력 손실이 동일하므로
$3I_3^2\rho\dfrac{l}{A_3} = 2I_1^2\rho\dfrac{l}{A_1}$, $3I_3^2\rho\dfrac{l}{A_3}=2(\sqrt{3}I_3)^2\rho\dfrac{l}{A_1}$,
$A_3 = \dfrac{1}{2}A_1$
- 전선량(무게)비
$\dfrac{3상3선식}{단상2선식} = \dfrac{3A_3 l\sigma}{2A_1 l\sigma} = \dfrac{3}{2}\times\dfrac{1}{2} = \dfrac{3}{4} = 0.75$
- 단상 2선식 기준 소요 전선량 요약

전기 방식	소용 전선량 [%]	비 고
단상 2선식	100	단상 2선식 기준
단상 3선식	37.5	중성선과 전압선의 굵기가 동일
	31.3	중성선의 굵기가 전압선의 1/2
3상 3선식	75	
3상 4선식	33.3	중성선과 전압선의 굵기가 동일
	29.2	중성선의 굵기가 전압선의 1/2

답 ③

Industrial Engineer Electricity

문제 30 외뢰(外雷)에 대한 주 보호장치로서 송전계통의 절연협조의 기본이 되는 것은?
① 애자 ② 변압기
③ 차단기 ④ 피뢰기

풀이
계통 내의 각 기기, 기구 및 애자 등의 상호간에 적정한 절연 강도를 지니게 함으로써 계통 설계를 합리적, 경제적으로 할 수 있게 한 것을 절연 협조라고 하며 **피뢰기의 제한 전압이 기본**이 된다. 답 ④

문제 31 배전선로의 전기적 특성 중 그 값이 1 이상인 것은?
① 전압강하율 ② 부등률
③ 부하율 ④ 수용률

풀이
$$\text{부등률} = \frac{\text{수용설비 개개의 최대수용전력의 합계}}{\text{합성 최대 수용 전력}} \geq 1$$
답 ②

문제 32 1000[kVA]의 단상변압기 3대를 △-△결선의 1뱅크로 하여 사용하는 변전소가 부하 증가로 다시 1대의 단상변압기를 증설하여 2뱅크로 사용하면 최대 약 몇 [kVA]의 3상 부하에 적용할 수 있는가?
① 1730 ② 2000
③ 3460 ④ 4000

풀이
4대의 단상 변압기로 최대의 전력을 공급할 수 있는 방법은 **V결선 2뱅크**로 구성하는 방법이므로
$P_v = 2 \times \sqrt{3} P_1 = 2 \times \sqrt{3} \times 1000 = 3464.1 [kVA]$ 답 ③

문제 33 3300[V] 배전선로의 전압을 6600[V]로 승압하고 같은 손실률로 송전하는 경우 송전전력은 승압전의 몇 배인가?
㉮ $\sqrt{3}$ ㉯ 2 ㉰ 3 ㉱ 4

풀이
• 전력손실률 $h = \frac{P_l}{P} = \frac{PR}{V^2 \cos^2\theta}$ 에서
송전전력 $P = \frac{hV^2\cos^2\theta}{R}$ $(P \propto V^2)$

• 송전전력 P는 전압의 자승에 비례하므로
$P' = \left(\frac{V'}{V}\right)^2 P = \left(\frac{6600}{3300}\right)^2 \times P = 4P$ 답 ④

문제 34 송전선로에 근접한 통신선에 유도장해가 발생하였다. 전자유도의 주된 원인은?
① 영상전류 ② 정상전류
③ 정상전압 ④ 역상전압

풀이
① **전자유도 : 영상전류에 의해 발생** (사고시)
전자유도 전압 $E_m = -j\omega Ml \times 3I_0$ [V]
② 정전유도 : 영상전압에 의해 발생 (정상시) 답 ①

문제 35 3상 배전선로의 전압강하율[%]을 나타내는 식이 아닌 것은? (단, V_s : 송전단 전압, V_r : 수전단 전압, I : 전부하전류, P : 부하전력, Q : 무효전력이다.)
① $\frac{PR + QX}{V_r^2} \times 100$
② $\frac{V_s - V_r}{V_r} \times 100$
③ $\frac{V_s(PR + QX)}{V_r} \times 100$
④ $\frac{\sqrt{3}I}{V_r}(R\cos\theta + X\sin\theta) \times 100$

풀이
전압강하율
$\epsilon = \frac{V_s - V_r}{V_r} \times 100 = \frac{\sqrt{3}I(R\cos\theta + X\sin\theta)}{V_r} \times 100 [\%]$
$= \frac{\sqrt{3}V_r I(R\cos\theta + X\sin\theta)}{V_r^2} \times 100 = \frac{RP + QX}{V_r^2} \times 100 [\%]$
답 ③

문제 36 송전선로의 보호방식으로 지락에 대한 보호는 영상전류를 이용하여 어떤 계전기를 동작시키는가?
① 선택지락 계전기 ② 전류차동 계전기
③ 과전압 계전기 ④ 거리 계전기

[풀이]
- 비접지 계통의 지락 사고 검출 : 접지 계전기(GR) + 영상 전류 검출 (ZCT)
- 비접지 다회선 계통의 선택 지락 보호 : SGR(선택 지락 계전기) + GPT(접지 변압기 : 영상 전압) + ZCT(영상 변류기 : 영상 전류)   답 ①

문제 37 기력발전소의 열사이클 과정 중 단열팽창 과정에서 물 또는 증기의 상태변화로 옳은 것은?

① 습증기 → 포화액
② 포화액 → 압축액
③ 과열증기 → 습증기
④ 압축액 → 포화액 → 포화증기

[풀이]
- 보일러 : 등압 가열
- 복수기 : 등압 냉각
- **터빈 : 단열 팽창 (과열증기 → 습증기)**
- 급수펌프 : 단열 압축   답 ③

문제 38 경수감속 냉각형 원자로에 속하는 것은?
① 고속증식로   ② 열중성자로
③ 비등수형 원자로   ④ 흑연감속 가스 냉각로

[풀이]
발전용 원자로의 종류에는 흑연감속 가스 냉각로, 경수감속 경수 냉각로, 중수감속 중수 냉각로 등이 있으며, 경수감속 경수 냉각로에는 가압수형 원자로(PWR), 비등수형 원자로(BWR)가 있다.   답 ③

문제 39 장거리 송전선로의 특성을 표현한 회로로 옳은 것은?
① 분산부하 회로   ② 분포정수 회로
③ 집중정수 회로   ④ 특성 임피던스 회로

[풀이]

구 분	거 리	선로 정수	회 로
단거리	수[km]	R, L만 고려	집중 정수 회로로 취급
중거리	수십[km]	R, L, C만 고려	T회로, π회로로 취급
장거리	수백[km]	R, L, C, G 고려	분포 정수 회로로 취급

답 ②

문제 40 배전선로에 3상 3선식 비접지방식을 채용할 경우 장점이 아닌 것은?
① 과도 안정도가 크다.
② 1선 지락고장시 고장전류가 작다.
③ 1선 지락고장시 인접 통신선의 유도장해가 작다.
④ 1선 지락고장시 건전상의 대지전위 상승이 작다.

[풀이]
비접지의 특징(직접 접지와 비교)
① 지락 전류가 비교적 적다.(유도 장해 감소)
② 보호 계전기 동작이 불확실하다.
③ V-V결선 가능
④ 저전압 단거리에 적합
⑤ **1선 지락고장시 건전상의 대지전위는 $\sqrt{3}$ 배 까지 상승**한다.   답 ④

제3과목 전기기기

문제 41 직류기에서 전기자 반작용의 영향을 설명한 것으로 틀린 것은?
① 주자극의 자속이 감소한다.
② 정류자편 사이의 전압이 불균일하게 된다.
③ 국부적으로 전압이 높아져 섬락을 일으킨다.
④ 전기적 중성점이 전동기인 경우 회전방향으로 이동한다.

[풀이]
전기자 반작용 : 전기자 권선에 흐르는 전류에 의한 자속이 계자에서 만든 주자속에 영향을 미치는 현상을 전기자 반작용이라고 하며, 그 영향은 다음과 같다.
① 전기적 중성축 이동
  - 발전기 : 회전 방향으로 이동
  - **전동기 : 회전 방향과 반대 방향으로 이동**
② 주자속 감소
③ 정류자 편간의 불꽃섬락이 발생하여 정류 불량 발생   답 ④

문제 42 6300/210[V], 20[kVA] 단상변압기 1차 저항과 리액턴스가 각각 15.2[Ω]과 21.6[Ω], 2차 저항과 리액턴스가 각각 0.019[Ω]과 0.028[Ω]이다.

백분율 임피던스는 약 몇 [%]인가?
① 1.86
② 2.86
③ 3.86
④ 4.86

풀이

- 권수비 $a = \dfrac{6300}{210} = 30$
- 1차측으로 환산한 임피던스
$$Z_1 = \sqrt{(r_1 + a^2 r_2)^2 + (x_1 + a^2 x_2)^2}$$
$$= \sqrt{(15.2 + 30^2 \times 0.019)^2 + (21.6 + 30^2 \times 0.028)^2}$$
$$= 56.86 [\Omega]$$
- $\%Z = \dfrac{I_n Z}{E} \times 100 = \dfrac{\frac{20000}{6300} \times 56.86}{6300} \times 100 = 2.865[\%]$

답 ②

문제 43 권선형 유도전동기의 속도제어 방법 중 저항제어법의 특징으로 옳은 것은?
① 효율이 높고 역률이 좋다.
② 부하에 대한 속도 변동률이 작다.
③ 구조가 간단하고 제어조작이 편리하다.
④ 전부하로 장시간 운전하여도 온도에 영향이 적다.

풀이

2차 저항제어는 권선형 유도전동기에서만 사용할 수 있는 방법으로 2차회로의 저항의 변화에 의한 토오크 속도특성의 비례추이를 응용한 것으로 다음과 같은 특징이 있다.

① 전류가 큰 2차 회로에 저항을 삽입하여 제어 하므로 2차 저항원이 현저하게 커져서 효율이 낮게 되는 결점이 있다.
② **구조가 간단하고 조작이 용이**하며, 동기속도 이하의 속도 제어를 원활하고 광범위하게 행할 수 있다.
③ 속도제어의 한도는 동기속도의 40[%] 정도이다.

답 ③

문제 44 직류 분권전동기의 공급전압의 극성을 반대로 하면 회전 방향은 어떻게 되는가?

① 반대로 된다.
② 변하지 않는다.
③ 발전기로 된다.
④ 회전하지 않는다.

풀이

직류 분권 전동기의 공급 전압의 극성이 반대로 되면, **계자 전류와 전기자 전류의 방향이 동시에 반대**로 된다. 따라서, 회전 방향은 변하지 않는다.

답 ②

문제 45 2방향성 3단자 사이리스터는?
① SCR
② SSS
③ SCS
④ TRIAC

풀이

각 종 반도체 소자의 비교
① 방향성
 - **양방향성(쌍방향성) 소자** : DIAC, TRIAC, SSS
 - 역저지(단방향성) 소자 : SCR, LASCR, GTO
② 극(단자) 수
 - 2극(단자) 소자 : DIAC, SSS, Diode
 - **3극(단자) 소자** : SCR, LASCR, GTO, **TRIAC**
 - 4극(단자) 소자 : SCS

답 ④

문제 46 단상 50[Hz], 전파 정류 회로에서 변압기의 2차 상전압 100[V], 수은 정류기의 전압 강하 20[V]에서 회로 중의 인덕턴스는 무시한다. 외부 부하로서 기전력 50[V], 내부 저항 0.3[Ω]의 축전지를 연결할 때 평균 출력은 약 몇 [W] 인가?

① 4556
② 4667
③ 4778
④ 4889

풀이

직류 평균 전압 E_d는,
$$E_d = \dfrac{2\sqrt{2}}{\pi} E - e_a = \dfrac{2\sqrt{2}}{\pi} \times 100 - 20 = 70 [V]$$
평균 부하 전류 I_d는,
$$I_d = \dfrac{E_d - 50}{0.3} = \dfrac{70 - 50}{0.3} = 66.67 [A]$$
평균 출력 P_0는,
$$\therefore P_0 = E_d I_d = 70 \times 66.67 = 4667 [W]$$

답 ②

문제 47 3상 동기발전기의 여자 전류 5[A]에 대한 1상의 유기기전력이 600[V]이고 그 3상 단락 전류는 30[A]이다. 이 발전기의 동기임피던스[Ω]는?
① 10　　　② 20
③ 30　　　④ 40

풀이
동기임피던스는 정격 상전압 E_n[V]을 단락 전류 I_s[A]로 나눈 값을 동기 임피던스라 한다.
$Z_s = \dfrac{E_n}{I_s} = \dfrac{600}{30} = 20[\Omega]$　　답 ②

문제 48 동기전동기의 제동권선은 다음 어떤 것과 같은가?
① 직류기의 전기자
② 유도기의 농형 회전자
③ 동기기의 원통형 회전자
④ 동기기의 유도자형 회전자

풀이
제동권선은 회전 자극 표면에 설치한 **유도 전동기의 농형 권선과 같은 권선**으로서 회전자가 동기 속도로 회전하고 있는 동안에는 전압을 유도하지 않으므로 아무런 작용이 없다. 그러나, 조금이라도 동기 속도를 벗어나면 전기자 자속을 끊어 전압이 유도되어 단락 전류가 흐르므로 동기 속도로 되돌아가게 된다. 즉, 진동 에너지를 열로 소비하여 진동을 방지한다. 이 제동 권선은 난조 방지에 쓰인다. 답 ②

문제 49 권선형 유도전동기가 기동하면서 동기속도 이하까지 회전속도가 증가하면 회전자의 전압은?
① 증가한다.
② 감소한다.
③ 변함없다.
④ 0이 된다.

풀이
- 슬립 s로 회전하고 있을 때 2차전압(회전자 전압)
$E_2' = sE_2 = s\dfrac{E_1}{a}$
- 슬립 $s = \dfrac{n_s - n}{n_s}$ 에서 회전자의 속도 n이 증가하게 되면 슬립 s는 감소하게 된다. 따라서, 회전자에 유기되는 전압 E_2'도 감소하게 된다. 답 ②

문제 50 동기발전기의 전기자 권선을 단절권으로 하는 가장 큰 이유는?
① 과열을 방지
② 기전력 증가
③ 기본파를 제거
④ 고조파를 제거해서 기전력 파형 개선

풀이
단절권의 특징
① **고조파를 제거하여 기전력의 파형을 좋게** 하고
② 자기 인덕턴스 감소
③ 동량 절약
④ 유기 기전력 감소　　답 ④

문제 51 3상 직권 정류자 전동기의 중간변압기의 사용목적은?
① 역회전의 방지
② 역회전을 위하여
③ 전동기의 특성을 조정
④ 직권 특성을 얻기 위하여

풀이
3상 직권 정류자 전동기의 **중간 변압기**는 고정자 권선과 회전자 권선 사이에 직렬로 접속되며 이 중간 변압기를 사용하는 주요한 이유는 다음과 같다.
① 전원 전압의 크기에 관계없이 정류에 알맞은 회전자 전압을 선택할 수 있다.
② 중간 변압기의 권수비를 바꾸어 **전동기의 특성을 조정**할 수 있다.
③ 직권 특성이기 때문에 경부하에서는 속도가 매우 상승하나 중간 변압기를 사용, 그 철심을 포화하도록 하면 그 속도 상승을 제한할 수 있다. 답 ③

문제 52 동기전동기의 특징으로 틀린 것은?
① 속도가 일정하다.
② 역률을 조정할 수 없다.
③ 직류전원을 필요로 한다.
④ 난조를 일으킬 염려가 있다.

풀이
동기 전동기의 특징
(1) 장점
　① 속도가 일정 불변이다.
　② 역률을 조정하여 항상 **역률 1로 운전할 수 있다**.

③ 부하의 역률을 개선할 수 있다.
④ 유도 전동기에 비하여 효율이 좋다.
(2) 단점
① 보통 구조의 것은 기동 토크가 적고 속도 조정을 할 수 없다.
② 난조를 일으킬 염려가 있다.
③ 여자용의 직류 전원을 필요로 하며 설비비가 많이 든다.

답 ②

문제 53 전기자 지름 0.2[m]의 직류발전기가 1.5[kW]의 출력에서 1800[rpm]으로 회전하고 있을 때 전기자 주변속도는 약 몇 [m/s]인가?

① 18.84   ② 21.96
③ 32.74   ④ 42.85

풀이

회전자 주변 속도 $v = \pi D \dfrac{N_s}{60}$ [m/s]

여기서, πD : 회전자 둘레

∴ $v = \pi \times 0.2 \times \dfrac{1800}{60} = 18.85$ [m/s]

답 ①

문제 54 정격 주파수 50[Hz]의 변압기를 일정 전압 60[Hz]의 전원에 접속하여 사용했을 때 여자전류, 철손 및 리액턴스 강하는?

① 여자 전류와 철손은 $\dfrac{5}{6}$ 감소, 리액턴스 강하 $\dfrac{6}{5}$ 증가

② 여자 전류와 철손은 $\dfrac{5}{6}$ 감소, 리액턴스 강하 $\dfrac{5}{6}$ 감소

③ 여자 전류와 철손은 $\dfrac{6}{5}$ 증가, 리액턴스 강하 $\dfrac{6}{5}$ 증가

④ 여자 전류와 철손은 $\dfrac{6}{5}$ 증가, 리액턴스 강하 $\dfrac{5}{6}$ 감소

풀이

전압이 일정할 때

① 여자전류 $I_0 = \dfrac{V_1}{\omega L_1} = \dfrac{V_1}{2\pi f L_1} \propto \dfrac{1}{f}$

② 철손 중에서 와류손은 주파수와 무관, 히스테리시스손은 주파수에 반비례($P_h \propto \dfrac{1}{f}$)

③ 리액턴스 $X_L = \omega L = 2\pi f L \propto f$

따라서, 여자 전류와 철손은 $\dfrac{5}{6}$ 감소, 리액턴스 강하 $\dfrac{6}{5}$ 증가

답 ①

문제 55 직류기에서 양호한 정류를 얻는 조건으로 틀린 것은?

① 정류 주기를 크게 한다.
② 브러시의 접촉 저항을 크게 한다.
③ 전기자 권선의 인덕턴스를 작게 한다.
④ 평균 리액턴스 전압을 브러시 접촉면 전압 강하보다 크게 한다.

풀이

양호한 정류를 얻는 조건

① 리액턴스 전압을 작게 한다. $\left(e_L = L \dfrac{2 I_c}{T_c} \right)$
② 단절권 채용으로 자기 인덕턴스를 작게 한다.
③ 고속을 피하여 정류 주기를 길게 한다.
④ 저항 정류로서 접촉저항이 큰 탄소 브러시를 사용한다.
⑤ 전압 정류로서 보극을 설치한다.

답 ④

문제 56 어떤 주상 변압기가 4/5 부하일 때 최대효율이 된다고 한다. 전부하에 있어서의 철손과 동손의 비 P_c / P_i는 약 얼마인가?

① 0.64   ② 1.56
③ 1.64   ④ 2.56

풀이

최대 효율은 철손 = 동손 일 때 발생한다.

즉, $P_i = m^2 P_c = \left(\dfrac{4}{5} \right)^2 P_c$

∴ $\dfrac{P_c}{P_i} = \dfrac{25}{16} = 1.56$

답 ②

문제 57 직류기의 손실 중 기계손에 속하는 것은?
① 풍손 ② 와전류손
③ 히스테리시스손 ④ 브러시의 전기손

풀이

총손실	무부하손	철손	히스테리시스손
			와류손
		기계손 : 풍손, 베어링 마찰손, 브러시 마찰손	
	부하손	전기자 저항손 $P_c = I_a^2 R$[W]	
		브러시 전기손	
		표유부하손 : 권선 이외 부분의 누설 자속에 의해 발생	

답 ①

문제 58 3상 유도전압조정기의 특징이 아닌 것은?
① 분로권선에 회전자계가 발생한다.
② 입력전압과 출력전압의 위상이 같다.
③ 두 권선은 2극 또는 4극으로 감는다.
④ 1차 권선은 회전자에 감고 2차 권선은 고정자에 감는다.

풀이

항 목	단상 유도전압조정기	3상 유도전압조정기
단락권선	필요하다.	필요없다.
입력전압과 출력전압 사이의 위상차	위상차 없다.	위상차 있다.
자계	교번자계	회전자계

답 ②

문제 59 권선형 3상 유도전동기의 2차 회로는 Y로 접속되고 2차 각 상의 저항은 0.3[Ω]이며 1차, 2차 리액턴스의 합은 1.5[Ω]이다. 기동 시에 최대 토크를 발생하기 위해서 삽입하여야 할 저항[Ω]은? (단, 1차 각 상의 저항은 무시한다.)
① 1.2 ② 1.5
③ 2 ④ 2.2

풀이
1차 저항 $r_1 = 0$이므로
$R_s' = \sqrt{r_1^2 + (x_1 + x_2')^2} - r_2' = \sqrt{(x_1 + x_2')^2} - r_2'$
$x_1' + x_2 = 1.5[\Omega], r_2 = 0.3[\Omega]$ 이므로

$\therefore R_s = \sqrt{(x_1 + x_2')^2} - r_2 = \sqrt{(1.5)^2} - 0.3 = 1.2[\Omega]$ 답 ①

문제 60 변압기의 부하가 증가할 때의 현상으로서 틀린 것은?
① 동손이 증가한다.
② 온도가 상승한다.
③ 철손이 증가한다.
④ 여자전류는 변함없다.

풀이
변압기의 손실은 크게 보면 철손(히스테리시스손 + 와류손)과 동손(I^2R)으로 구분된다.
• 철손 : 전압만 인가되면 발생하는 손실로서 부하의 크기와 무관하다.
• 동손 : 동손은 I^2r 로서 부하 전류의 제곱에 비례한다.
따라서, 부하가 증가하면 철손은 변함이 없으나 동손은 증가하게 되고 변압기의 온도도 상승하게 된다. 답 ③

제4과목 회로이론

문제 61 어떤 회로망의 4단자 정수가 $A = 8$, $B = j2$, $D = 3 + j2$ 이면 이 회로망의 C는?
① $2 + j3$ ② $3 + j3$
③ $24 + j14$ ④ $8 - j11.5$

풀이
$AD - BC = 1$이므로
$C = \dfrac{AD-1}{B} = \dfrac{8(3+j2)-1}{j2} = 8 - j11.5$ 답 ④

문제 62 다음 회로에서 부하 R_L에 최대 전력이 공급될 때의 전력 값이 5[W]라고 하면 $R_L + R_i$의 값은 몇 [Ω] 인가? (단, R_i는 전원의 내부저항이다.)
① 5
② 10
③ 15
④ 20

풀이

최대공급전력 $P_m = \dfrac{V^2}{4R_L}$ [W] 이므로

$5 = \dfrac{10^2}{4R_L}$ 에서 $R_L = \dfrac{10^2}{4 \times 5} = 5[\Omega]$이 된다.

최대전력전송조건은 $R_i = R_L$ 이므로

$R_L + R_i = 5 + 5 = 10[\Omega]$이 된다. **답** ②

문제 63 다음과 같은 회로에서 $i_1 = I_m \sin \omega t$[A] 일 때, 개방된 2차 단자에 나타나는 유기기전력 e_2는 몇 [V] 인가?

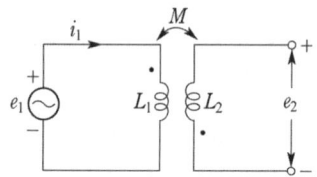

① $\omega M I_m \sin(\omega t - 90°)$
② $\omega M I_m \cos(\omega t - 90°)$
③ $-\omega M \sin \omega t$
④ $\omega M \cos \omega t$

풀이

$e_2 = -M \dfrac{di_1}{dt} = -\omega M I_m \cos \omega t = \omega M I_m \sin(\omega t - 90°)[V]$

답 ①

문제 64 부동작 시간(dead time) 요소의 전달함수는?

① K ② $\dfrac{K}{s}$ ③ Ke^{-Ls} ④ Ks

풀이

$y(t) = Kx(t-L)$의 양변을 라플라스 변환하면
$Y(s) = Ke^{-Ls} \cdot X(s)$
$\therefore G(s) = \dfrac{Y(s)}{X(s)} = Ke^{-Ls}$ **답** ③

문제 65 회로의 양 단자에서 테브난의 정리에 의한 등가 회로로 변환할 경우 V_{ab} 전압과 테브난 등가저항은?

① 60[V], 12[Ω]
② 60[V], 15[Ω]
③ 50[V], 15[Ω]
④ 50[V], 50[Ω]

풀이

- 양단자에 걸리는 전압(30[Ω]에 걸리는 전압)
$V_{ab} = 100 \times \dfrac{30}{20+30} = 60[V]$

- 양 단자에서 본 저항(이때 전압원은 단락)
$R_{th} = \dfrac{20 \times 30}{20+30} = 12[\Omega]$ **답** ①

문제 66 그림과 같은 회로에서 $V_1(s)$를 입력, $V_2(s)$를 출력으로 한 전달함수는?

① $\dfrac{1}{\dfrac{1}{Ls} + Cs}$ ② $\dfrac{1}{1+s^2 LC}$

③ $\dfrac{1}{LC+Cs}$ ④ $\dfrac{Cs}{s^2(s+LC)}$

풀이

$\begin{cases} V_1(s) = \left(Ls + \dfrac{1}{Cs}\right) I(s) \\ V_2(s) = \dfrac{1}{Cs} I(s) \end{cases}$

$\therefore G(s) = \dfrac{V_2(s)}{V_1(s)} = \dfrac{\dfrac{1}{Cs}}{Ls + \dfrac{1}{Cs}} = \dfrac{1}{1+s^2 LC}$ **답** ②

문제 67 RLC 직렬회로에서 각주파수 ω를 변화시켰을 때 어드미턴스의 궤적은

① 원점을 지나는 원
② 원점을 지나는 반원
③ 원점을 지나지 않는 원
④ 원점을 지나지 않는 직선

풀이

$Z = R + j\left(\omega L - \dfrac{1}{\omega C}\right) = R + jX$

어드미턴스 벡터 궤적(X 가변시)

$Y = \dfrac{1}{Z} = \dfrac{1}{R+jX}$ 에서 $R=R_0$로 일정하고 X가 $-\infty < X < \infty$로 변할 경우($\because \omega$ 변화)의 벡터궤적을 구해 보면

어드미턴스 $Y = \dfrac{1}{R_0+jX} = \dfrac{R}{R_0^2+X^2} + j\dfrac{-X}{R_0^2+X^2}$

여기서, $\dfrac{R_0}{R_0^2+X^2} = P$, $\dfrac{-X}{R_0^2+X^2} = Q$

로 놓고 가변항 X를 소거시키면

$P^2 + Q^2 = \dfrac{R_0^2+X^2}{(R_0^2+X^2)^2} = \dfrac{1}{R_0^2+X^2} = \dfrac{P}{R_0}$

$\therefore \left(P - \dfrac{1}{2R_0}\right)^2 + Q^2 = \left(\dfrac{1}{2R_0}\right)^2$

즉, 위 식은 중심 $\left(\dfrac{1}{2R_0}, 0\right)$, 반지름 $\dfrac{1}{2R_0}$인 원의 방정식이다. 답 ①

문제 68 2단자 회로 소자 중에서 인가한 전류파형과 동위상의 전압파형을 얻을 수 있는 것은?
① 저항 ② 콘덴서
③ 인덕턴스 ④ 저항 + 콘덴서

풀이
① **저항 R** : 저항 R에 정현파전류 $i = I_m\sin\omega t$가 흐를 때 저항 양단의 전압은 옴의 법칙으로부터
$v = Ri = RI_m\sin\omega t = V_m\sin\omega t$, 즉 **전압과 전류는 동상**이다.
② **인덕턴스 L** : 인덕턴스 L에 정현파 전류가 흐를 때 전류의 방향으로 생기는 전압강하 v는
$v = L\dfrac{di}{dt} = L\dfrac{d}{dt}(I_m\sin\omega t) = \omega L I_m\cos\omega t$
$= V_m\sin(\omega t + 90°)$
즉, 전압은 전류보다 90° 앞선다.
③ **커패시턴스 C** : 커패시턴스 C에 정현파 전류가 흐를 때 전류의 방향으로 생기는 전압강하 v는
$v = \dfrac{1}{C}\int i\,dt = \dfrac{1}{C}\int I_m\sin\omega t\,dt = -\dfrac{1}{\omega C}I_m\cos\omega t$
$= \dfrac{1}{\omega C}I_m\sin(\omega t - 90°) = V_m\sin(\omega t - 90°)$

즉, 전압은 전류보다 90° 뒤진다. 답 ①

문제 69 불평형 3상 전류가 $I_a = 15 + j2$[A], $I_b = -20 - j14$[A], $I_c = -3 + j10$[A]일 때의 영상전류 I_0[A]는?
① $1.57 - j3.25$ ② $2.85 + j0.36$
③ $-2.67 - j0.67$ ④ $12.67 + j2$

풀이
$I_0 = \dfrac{1}{3}(I_a + I_b + I_c)$
$= \dfrac{1}{3}(15 + j2 - 20 - j14 - 3 + j10)$
$= \dfrac{1}{3}(-8 - j2) = -2.67 - j0.67$[A] 답 ③

문제 70 대칭 6상 기전력의 선간 전압과 상기전력의 위상차는?
① 120° ② 60°
③ 30° ④ 15°

풀이
대칭 n상인 경우 기전력의 위상차는
$\theta = \dfrac{\pi}{2}\left(1 - \dfrac{2}{n}\right) = \dfrac{180}{2}\left(1 - \dfrac{2}{6}\right) = 90° \times \dfrac{2}{3} = 60°$ 답 ②

문제 71 저항 $R[\Omega]$, 리액턴스 $X[\Omega]$와의 직렬회로에 교류전압 V[V]를 가했을 때 소비되는 전력[W]은?
① $\dfrac{V^2R}{\sqrt{R^2+X^2}}$ ② $\dfrac{V}{\sqrt{R^2+X^2}}$
③ $\dfrac{V^2R}{R^2+X^2}$ ④ $\dfrac{X}{R^2+X^2}$

풀이
$P = I^2R$
$I = \dfrac{V}{\sqrt{R^2+X^2}}$
$\therefore P = \left(\dfrac{V}{\sqrt{R^2+X^2}}\right)^2 R = \dfrac{V^2}{R^2+X^2}R$ 답 ③

문제 72 RL 병렬회로의 양단에 $e = E_m \sin(\omega t + \theta)$[V]의 전압이 가해졌을 때 소비되는 유효전력[W]은?

① $\dfrac{E_m^2}{2R}$ ② $\dfrac{E_m^2}{\sqrt{2}\,R}$

③ $\dfrac{E_m}{2R}$ ④ $\dfrac{E_m}{\sqrt{2}\,R}$

풀이

$$P = I_r^2 R = \dfrac{V^2}{R} = \dfrac{\left(\dfrac{E_m}{\sqrt{2}}\right)^2}{R} = \dfrac{E_m^2}{2R}$$

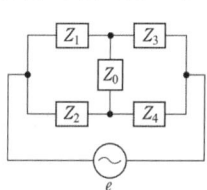

답 ①

문제 73 다음과 같은 교류 브리지 회로에서 Z_0에 흐르는 전류가 0이 되기 위한 각 임피던스의 조건은?

① $Z_1 Z_2 = Z_3 Z_4$
② $Z_1 Z_2 = Z_3 Z_0$
③ $Z_2 Z_3 = Z_1 Z_0$
④ $Z_2 Z_3 = Z_1 Z_4$

풀이

브리지의 평형조건 : 서로 대각선으로 마주보고 있는 임피던스의 곱이 서로 같을 때 이 회로는 평행상태가 되었다고 말하며, 평행상태에서는 Z_0에 전류가 흐르지 않는다.
∴ $Z_2 Z_3 = Z_1 Z_4$

답 ④

문제 74 회로에서 $L = 50$[mH], $R = 20$[kΩ]인 경우 회로의 시정수는 몇 [μs]인가?

① 4.0
② 3.5
③ 3.0
④ 2.5

풀이

$R-L$ 직렬회로에 직류 전압 인가 시 시정수 τ

$\tau = \dfrac{L}{R} = \dfrac{50 \times 10^{-3}}{20 \times 10^3} = 2.5 \times 10^{-6}$[sec] $= 2.5$[μs]

답 ④

문제 75 $F(s) = \dfrac{5s+3}{s(s+1)}$ 일 때 $f(t)$의 최종값은?

① 3 ② -3 ③ 5 ④ -5

풀이

최종값 정리 $f(\infty) = \lim\limits_{t \to \infty} f(t) = \lim\limits_{s \to 0} sF(s)$에 의해서

$\lim\limits_{t \to \infty} f(t) = \lim\limits_{s \to 0} s \cdot F(s) = \lim\limits_{s \to 0} s \cdot \dfrac{5s+3}{s(s+1)}$

$= \lim\limits_{s \to 0} \dfrac{5s+3}{s+1} = \dfrac{3}{1} = 3$

답 ①

문제 76 다음 미분 방정식으로 표시되는 계에 대한 전달함수는? (단, $x(t)$는 입력, $y(t)$는 출력을 나타낸다.)

$$\dfrac{d^2 y(t)}{dt^2} + 3\dfrac{dy(t)}{dt} + 2y(t) = x(t) + \dfrac{dx(t)}{dt}$$

① $\dfrac{s+1}{s^2+3s+2}$ ② $\dfrac{s-1}{s^2+3s+2}$

③ $\dfrac{s+1}{s^2-3s+2}$ ④ $\dfrac{s-1}{s^2-3s+2}$

풀이

양변을 라플라스 변환하면
$s^2 Y(s) + 3sY(s) + 2Y(s) = X(s) + sX(s)$
$(s^2 + 3s + 2)Y(s) = (s+1)X(s)$
∴ $G(s) = \dfrac{Y(s)}{X(s)} = \dfrac{s+1}{s^2+3s+2}$

답 ①

문제 77 RC 회로에 비정현파 전압을 가하여 흐른 전류가 다음과 같을 때 이 회로의 역률은 약 [%]인가?

$v = 20 + 220\sqrt{2}\sin 120\pi t$
$\quad + 40\sqrt{2}\sin 360\pi t$ [V]
$i = 2.2\sqrt{2}\sin(120\pi t + 36.87°)$
$\quad + 0.49\sqrt{2}\sin(360\pi t + 14.04°)$[A]

① 75.8 ② 80.4
③ 86.3 ④ 89.7

풀이

① 유효전력

$P = V_1 I_1 \cos\theta_1 + V_3 I_3 \cos\theta_3$
$= 220 \times 2.2 \times \cos 36.87° + 40 \times 0.49 \times \cos 14.04°$
$≒ 406.21 [W]$

(주파수가 서로 다른 전압, 전류 사이에서는 유효전력도 무효전력도 전혀 발생하지 않고, 주파수가 같을 때에만 발생한다.)

② 피상전력

전압의 실효값 V와 전류의 실효값 I는
$V = \sqrt{V_0^2 + V_1^2 + V_3^2} = \sqrt{20^2 + 220^2 + 40^2} = 224.5 [V]$
$I = \sqrt{I_1^2 + I_3^2} = \sqrt{2.2^2 + 0.49^2} ≒ 2.25 [A]$
$P_a = V \cdot I = 224.5 \times 2.25 = 505.13 [VA]$

따라서, 역률 $\cos\theta = \dfrac{P}{P_a} \times 100 = \dfrac{406.21}{505.13} \times 100$
$= 80.42 [\%]$

답 ②

문제 78 주기적인 구형파 신호의 구성은?

① 직류성분만으로 구성된다.
② 기본파 성분만으로 구성된다.
③ 고조파 성분만으로 구성된다.
④ 직류 성분, 기본파 성분, 무수히 많은 고조파 성분으로 구성된다.

풀이

주기적인 비정현파는 일반적으로 푸리에 급수에 의해 표시되므로 무수히 많은 주파수의 합성이다.

답 ④

문제 79 대칭 좌표법에 관한 설명이 아닌 것은?

① 대칭 좌표법은 일반적인 비대칭 3상 교류회로의 계산에도 이용된다.
② 대칭 3상 전압의 영상분과 역상분은 0 이고, 정상분만 남는다.
③ 비대칭 3상 교류회로는 영상분, 역상분 및 정상분의 3성분으로 해석한다.
④ 비대칭 3상 회로의 접지식 회로에는 영상분이 존재하지 않는다.

풀이

비대칭 3상회로는 불평형 회로로서,
· 중성점 접지 방식 : 접지선을 통해 영상전류가 흐르므로 영상분이 존재

· 중성점 비접지 방식 : 영상전류가 흐를 수 있는 중성선이 없으므로 영상분은 존재하지 않는다.

답 ④

문제 80 3상 Y결선 전원에서 각 상전압이 100[V]일 때 선간전압[V]은?

① 150 ② 170 ③ 173 ④ 179

풀이

Y결선에서 선간전압은 상전압의 $\sqrt{3}$ 배 이므로
$V_l = \sqrt{3} V_p = \sqrt{3} \times 100 = 173.2 [V]$

답 ③

제5과목 전기설비기술기준

문제 01 특고압 가공전선로의 지지물 중 전선로의 지지물 양쪽의 경간의 차가 큰 곳에 사용하는 철탑은?

① 내장형 철탑 ② 인류형철탑
③ 보강형철탑 ④ 각도형철탑

풀이

333.11 특고압 가공전선로의 철주·철근 콘크리트주 또는 철탑의 종류
특고압 가공전선로의 지지물로 사용하는 B종 철근 · B종 콘크리트주 또는 철탑의 종류는 다음과 같다.
가. 직선형 : 전선로의 직선 부분(3° 이하의 수평 각도 이루는 곳 포함)에 사용되는 것
나. 각도형 : 전선로 중 수평 각도 3°를 넘는 곳에 사용되는 것
다. 인류형 : 전 가섭선을 인류하는 곳에 사용하는 것
라. **내장형** : 전선로 지지물 **양측의 경간차가 큰 곳에 사용하는 것**
마. 보강형 : 전선로 직선 부분을 보강하기 위하여 사용하는 것

답 ①

문제 82 변전소의 주요 변압기에 시설하지 않아도 되는 계측 장치는?

① 전압계 ② 역률계
③ 전류계 ④ 전력계

풀이
351.6 계측장치
변전소 또는 이에 준하는 곳에는 다음의 사항을 계측하는 장치를 시설하여야 한다.
가. 주요 변압기의 전압 및 전류 또는 전력
나. 특고압용 변압기의 온도
답 ②

문제 83 애자공사에 의한 고압 옥내배선을 시설하고자 할 경우 전선과 조영재 사이의 이격거리는 몇 [cm] 이상인가?
① 3
② 4
③ 5
④ 6

풀이
342.1 고압 옥내배선 등의 시설

전압	전선과 조영재와의 이격 거리	전선 상호 간격	전선 지지점간의 거리	
			조영재의 면을 따라 붙이는 경우	조영재에 따라 시설하지 않는 경우
고압	5[cm] 이상	8[cm] 이상	2[m] 이하	6[m] 이하

답 ③

문제 84 특고압 전선로에 접속하는 배전용 변압기의 1차 및 2차 전압은?
① 1차 : 35[kV] 이하, 2차 : 저압 또는 고압
② 1차 : 50[kV] 이하, 2차 : 저압 또는 고압
③ 1차 : 35[kV] 이하, 2차 : 특고압 또는 고압
④ 1차 : 50[kV] 이하, 2차 : 특고압 또는 고압

풀이
341.2 특고압 배전용 변압기의 시설
특고압 전선로에 접속하는 배전용 변압기를 시설하는 경우에는 특고압 전선에 특고압 절연전선 또는 케이블을 사용하고 또한 다음에 따라야 한다.
가. **변압기의 1차 전압은 35[kV] 이하, 2차 전압은 저압 또는 고압일 것.**
나. 변압기의 특고압측에 개폐기 및 과전류차단기를 시설할 것
다. 변압기의 2차 전압이 고압인 경우에는 고압측에 개폐기를 시설하고 또한 쉽게 개폐할 수 있도록 할 것.
답 ①

문제 85 폭연성 분진 또는 화약류의 분말이 전기설비가 발화원이 되어 폭발할 우려가 있는 곳에 시설하는 저압 옥내 전기설비를 케이블공사로 할 경우 관이나 방호장치에 넣지 않고 노출로 설치할 수 있는 케이블은?
① 무기물 절연 케이블
② 고무절연 비닐 시스케이블
③ 폴리에틸렌절연 비닐 시스케이블
④ 폴리에틸렌절연 폴리에틸렌 시스케이블

풀이
242.2.1 폭연성 분진 위험장소
케이블공사에 의하는 때에는 전선은 **개장된 케이블 또는 무기물 절연 케이블을 사용하는 경우 이외**에는 관 기타의 방호장치에 넣어 사용할 것.
답 ①

문제 86 지선을 사용하여 그 강도를 분담시켜서는 아니되는 가공전선로 지지물은?
① 목주
② 철주
③ 철탑
④ 철근콘크리트주

풀이
331.11 지선의 시설
가. 가공전선로의 지지물로 사용하는 **철탑은 지선을 사용하여 그 강도를 분담시켜서는 안 된다.**
나. 가공전선로의 지지물로 사용하는 철주 또는 철근 콘크리트주는 지선을 사용하지 않는 상태에서 2분의 1 이상의 풍압하중에 견디는 강도를 가지는 경우 이외에는 지선을 사용하여 그 강도를 분담시켜서는 안 된다.
답 ③

문제 87 풀용 수중조명등의 시설공사에서 절연변압기는 그 2차측 전로의 사용전압이 몇 [V] 이하인 경우에는 1차 권선과 2차 권선 사이에 금속제의 혼촉방지판을 설치하여야 하는가?
① 30[V]
② 50[V]
③ 60[V]
④ 100[V]

풀이
234.14 수중조명등
수중조명등의 절연변압기는 그 **2차측 전로의 사용전압이 30[V] 이하**인 경우는 1차권선과 2차권선 사이에 금속제의 **혼촉방지판을 설치**하고, 규정에 준하여 접지공사를 하여야 한다.
답 ①

문제 88 수소냉각식 발전기 및 이에 부속하는 수소 냉각장치 시설에 대한 설명으로 틀린 것은?

① 발전기 안의 수소의 온도를 계측하는 장치를 시설할 것
② 발전기 안의 수소의 순도가 70[%] 이하로 저하한 경우에 이를 경보하는 장치를 시설할 것
③ 발전기 안의 수소의 압력의 계측하는 장치 및 그 압력이 현저히 변동한 경우에 이를 경보하는 장치를 시설할 것
④ 발전기는 기밀구조의 것이고 또한 수소가 대기압에서 폭발하는 경우에 생기는 압력에 견디는 강도를 가지는 것일 것

풀이
351.10 수소냉각식 발전기 등의 시설
수소냉각식의 발전기·조상기 또는 이에 부속하는 수소 냉각 장치는 발전기 내부 또는 조상기 내부의 **수소의 순도가 85[%] 이하로 저하**한 경우에 이를 **경보하는 장치**를 시설할 것.   **답** ②

문제 89 가공전선로의 지지물에 시설하는 통신선 또는 이에 직접 접속하는 가공 통신선의 높이에 대한 설명 중 틀린 것은?

① 도로를 횡단하는 경우에는 지표상 6[m] 이상으로 한다.
② 철도 또는 궤도를 횡단하는 경우에는 레일면상 6[m] 이상으로 한다.
③ 횡단보도교의 위에 시설하는 경우에는 그 노면상 5[m] 이상으로 한다.
④ 도로를 횡단하는 경우, 저압이나 고압의 가공전선로의 지지물에 시설하는 통신선이 교통에 지장을 줄 우려가 없는 경우에는 지표상 5[m]까지로 감할 수 있다.

풀이
362.2 전력보안통신선의 시설 높이와 이격거리
가공전선로의 지지물에 시설하는 통신선 또는 이에 직접 접속하는 가공 통신선의 높이는 다음에 따라야 한다.

시설 장소		가공전선로의 지지물에 시설	
		고·저압[m]	특고압[m]
도로횡단	일반적인 경우	6[m] 이상	6[m] 이상
	교통에 지장을 안 주는 경우	5[m] 이상	
철도 횡단(레일면상)		6.5[m] 이상	6.5[m] 이상
횡단보도교 위	노면상	3.5[m] 이상	5[m] 이상
	절연전선 사용	3[m] 이상	
	광섬유 케이블 사용		4[m] 이상
기타의 장소	일반적인 경우(절연전선 사용)	4[m] 이상	5[m] 이상
	광섬유 케이블 사용	3.5[m] 이상	

답 ②

문제 90 옥내에 시설하는 전동기에 과부하 보호장치의 시설을 생략할 수 없는 경우는?

① 정격출력이 0.75[kW]인 전동기
② 전동기의 구조나 부하의 성질로 보아 전동기가 손상할 수 있는 과전류가 생길 우려가 없는 경우
③ 전동기가 단상의 것으로 전원측 전로에 시설하는 배선용 차단기의 정격전류가 20[A] 이하인 경우
④ 전동기가 단상의 것으로 전원측 전로에 시설하는 과전류 차단기의 정격전류가 16[A] 이하인 경우

풀이
212.6.3 저압전로 중의 전동기 보호용 과전류보호장치의 시설
옥내에 시설하는 전동기에는 전동기가 손상될 우려가 있는 과전류가 생겼을 때에 자동적으로 이를 저지하거나 이를 경보하는 장치를 하여야 한다. 다만, 다음의 어느 하나에 해당하는 경우에는 그러하지 아니하다.
가. 전동기를 운전 중 상시 취급자가 감시할 수 있는 위치에 시설하는 경우
나. 전동기의 구조나 부하의 성질로 보아 전동기가 손상될 수 있는 과전류가 생길 우려가 없는 경우
다. 단상전동기로써 그 전원측 전로에 시설하는 과전류 차단기의 정격전류가 16[A](배선용 차단기는 20[A]) 이하인 경우
라. **정격 출력이 0.2[kW] 이하의 전동기**   **답** ①

문제 91
아크가 발생하는 고압용 차단기는 목재의 벽 또는 천장, 기타의 가연성 물체로부터 몇 [m] 이상 이격하여야 하는가?
① 0.5
② 1
③ 1.5
④ 2

풀이
341.7 아크를 발생하는 기구의 시설
고압용 또는 특고압용의 개폐기·차단기·피뢰기 기타 이와 유사한 기구로서 동작 시에 아크가 생기는 것은 목재의 벽 또는 천장 기타의 가연성 물체로부터 표에서 정한 값 이상 이격하여 시설하여야 한다.

기구 등의 구분	이격거리
고압용의 것	1 [m] 이상
특고압용의 것	2 [m] 이상 (사용전압이 35 [kV] 이하의 특고압용의 기구 등으로서 동작할 때에 생기는 아크의 방향과 길이를 화재가 발생할 우려가 없도록 제한하는 경우에는 1 [m] 이상)

답 ②

문제 92
가공 전선로의 지지물이 원형 철근콘크리트주인 경우 갑종 풍압하중은 몇 [Pa]를 기초로 하여 계산하는가?
① 294
② 588
③ 627
④ 1078

풀이
331.6 풍압하중의 종별과 적용

풍압을 받는 구분			풍압 [Pa]
지지물	목 주		588
	철 주	원형의 것	588
		삼각형 또는 농형	1412
		강관에 의하여 구성되는 4각형의 것	1117
		기타의 것으로 복재가 전후면에 겹치는 경우	1627
		기타의 것으로 겹치지 않은 경우	1784
	철근 콘크리트주	원형의 것	588
		기타의 것	882
	철 탑	강관으로 구성되는 것	1255
		기타의 것	2157

답 ②

문제 93
지중 전선로를 관로식에 의하여 시설하는 경우에는 매설 깊이를 몇 [m] 이상으로 하여야 하는가?
① 0.6
② 1.0
③ 1.2
④ 1.5

풀이
334.1 지중전선로의 시설
가. 지중 전선로는 전선에 케이블을 사용하고 또한 관로식·암거식 또는 직접 매설식에 의하여 시설하여야 한다.
나. 지중 전선로를 관로식 또는 암거식에 의하여 시설하는 경우에는 다음에 따라야 한다.
① 관로식에 의하여 시설하는 경우에는 매설 깊이를 1.0 [m] 이상, 중량물의 압력을 받을 우려가 없는 곳은 0.6 [m] 이상
② 암거식에 의하여 시설하는 경우에는 견고하고 차량 기타 중량물의 압력에 견디는 것을 사용할 것.
다. 지중 전선로를 직접 매설식에 의하여 시설하는 경우에는 매설 깊이를 차량 기타 중량물의 압력을 받을 우려가 있는 장소에는 1.0 [m] 이상, 기타 장소에는 0.6 [m] 이상

답 ②

문제 94
100 [kV] 미만인 특고압 가공전선로를 인가가 밀집한 지역에 시설할 경우 전선로에 사용되는 전선의 단면적이 몇 [mm^2] 이상의 경동연선이어야 하는가?
① 38
② 55
③ 100
④ 150

풀이
333.1 시가지 등에서 특고압 가공전선로의 시설

사용전압의 구분	전선의 단면적
100 [kV] 미만	인장강도 21.67 [kN] 이상의 연선 또는 **단면적 55 [mm^2] 이상의 경동연선**
100 [kV] 이상	인장강도 58.84 [kN] 이상의 연선 또는 단면적 150 [mm^2] 이상의 경동연선

답 ②

문제 95
터널 내에 교류 220 [V]의 애자공사로 전선을 시설할 경우 노면으로부터 몇 [m] 이상의 높이로 유지해야 하는가?
① 2
② 2.5
③ 3
④ 4

풀이

335.1 터널 안 전선로의 시설
철도 · 궤도 또는 자동차도 전용터널 안의 전선로

전압	전선의 굵기	시공방법	애자공사 시 높이
저압	인장강도 2.30[kN] 이상 또는 2.6[mm] 이상의 경동선의 절연전선	• 합성수지관공사 • 금속관공사 • 금속제가요전선관 공사 • 케이블공사 • 애자공사	노면상, 레일면상 2.5[m] 이상
고압	인장강도 5.26[kN] 이상 또는 4[mm] 이상의 경동선	• 케이블공사 • 애자공사	노면상, 레일면상 3[m] 이상
특고압		• 케이블공사	

답 ②

출제기준 변경 및 개정된 관계 법규에 따라 삭제된 문제가 있어 20문항이 안됩니다.

국가기술자격검정 필기시험 문제

2017년도 전기산업기사 일반검정 제3회

자격종목 및 등급(선택분야)	종목코드	시험시간	문제지형별
전기산업기사	2140	2시간 30분	A

제1과목 전기자기학

문제 01 100[kV]로 충전된 8×10^3[pF]의 콘덴서가 축적할 수 있는 에너지는 몇 [W] 전구가 2초 동안 한 일에 해당되는가?

① 10 ② 20
③ 30 ④ 40

풀이
- 콘덴서에 축적된 에너지
$W = \dfrac{1}{2}CV^2 = \dfrac{1}{2} \times (8 \times 10^3 \times 10^{-12}) \times (100 \times 10^3)^2 = 40$ [J]
- P[W] 전구가 2초 동안 한 일
$W = P \cdot t = P \times 2 = 40$ [J]
$\therefore P = \dfrac{40}{2} = 20$ [W]   **답** ②

문제 02 제벡(Seebeck) 효과를 이용한 것은?
① 광전지   ② 열전대
③ 전자냉동 ④ 수정 발전기

풀이
제벡 효과(Seebeck effect)
서로 다른 두 종류의 금속선을 접합하여 폐회로를 만든 후 두 접합점의 온도를 달리하였을 때, 폐회로에 열기전력이 발생하여 열전류가 흐르게 된다. 이러한 현상을 **제벡 효과**라 하며 이때 연결한 금속 루프를 **열전대**라 한다.   **답** ②

문제 03 횡전자파(TEM)의 특성은?
① 진행 방향의 E, H 성분이 모두 존재한다.
② 진행 방향의 E, H 성분이 모두 존재하지 않는다.
③ 진행 방향의 E 성분만 모두 존재하고, H 성분은 존재하지 않는다.
④ 진행 방향의 H 성분만 모두 존재하고, E 성분은 존재하지 않는다.

풀이
TEM(transverse electromagnetic : 횡전자파)는 전계 E와 자계 H가 모두 전파의 진행방향과 수직으로 존재하며, 진행방향의 성분은 존재하지 않는다.   **답** ②

문제 04 두 벡터 $A = -7i - j$, $B = -3i - 4j$가 이루는 각은?
① 30° ② 45°
③ 60° ④ 90°

풀이
$$\cos\theta = \dfrac{A \cdot B}{|A||B|} = \dfrac{A_x B_x + A_y B_y}{\sqrt{A^2}\sqrt{B^2}}$$
$$= \dfrac{(-7) \times (-3) + (-1) \times (-4)}{\sqrt{(-7)^2 + (-1)^2}\sqrt{(-3)^2 + (-4)^2}} = \dfrac{21 + 4}{\sqrt{50} \times 5}$$
$$= \dfrac{25}{25\sqrt{2}} = \dfrac{1}{\sqrt{2}}$$
$\therefore \theta = \cos^{-1}\dfrac{1}{\sqrt{2}} = 45°$ **답** ②

문제 05 그림과 같이 반지름 a[m], 중심간격 d[m]인 평행원통도체가 공기 중에 있다. 원통도체의 선전하밀도가 각각 $\pm \rho_L$[C/m]일 때 두 원통도체 사이의 단위 길이당 정전용량은 약 몇 [F/m]인가?
(단, $d \gg a$ 이다.)

① $\dfrac{\pi\epsilon_0}{\ln\dfrac{d}{a}}$ ② $\dfrac{\pi\epsilon_0}{\ln\dfrac{a}{d}}$ ③ $\dfrac{4\pi\epsilon_0}{\ln\dfrac{d}{a}}$ ④ $\dfrac{4\pi\epsilon_0}{\ln\dfrac{a}{d}}$

풀이

$C_{AB} = \dfrac{\pi\epsilon_0}{\ln\dfrac{d-a}{a}}$ [F/m]

$d \gg a$일 때 $\ln\dfrac{d-a}{a} \fallingdotseq \ln\dfrac{d}{a}$ 로 되므로

$\therefore C_{AB} = \dfrac{\pi\epsilon_0}{\ln\dfrac{d}{a}}$ [F/m]   **답** ①

문제 06 반자성체가 아닌 것은?

① 은(Ag)   ② 구리(Cu)
③ 니켈(Ni)   ④ 비스무스(Bi)

풀이
- **강자성체**: Fe, Ni, Co
- **상자성체**: Al, Mn, Pt, W, Sn, O_2, N_2 등
- **반자성체**: Ag, Cu, Bi, H_2O, C, Si, Pb 등   **답** ③

문제 07 마찰전기는 두 물체의 마찰열에 의해 무엇이 이동하는 것인가?

① 양자   ② 자하
③ 중성자   ④ 자유전자

풀이
마찰전기 : 서로 다른 두 물체를 마찰할 때 마찰열에 의해 전자가 에너지를 얻게되고, 그 결과 **전자가 한 물체에서 다른 물체로 이동**하게 되어 발생하게 되는 전기를 마찰전기라 한다.
- 전자를 잃은 물체: (−)전하의 양이 (+)전하의 양보다 적다. → (+)전하를 띤다.
- 전자를 얻은 물체: (−)전하의 양이 (+)전하의 양보다 많다. → (−)전하를 띤다.   **답** ④

문제 08 맥스웰 전자계의 기초 방정식으로 틀린 것은?

① $\text{rot } \boldsymbol{H} = i_c + \dfrac{\partial \boldsymbol{D}}{\partial t}$ ② $\text{rot } \boldsymbol{E} = -\dfrac{\partial \boldsymbol{B}}{\partial t}$
③ $\text{div } \boldsymbol{D} = \rho$ ④ $\text{div } \boldsymbol{B} = -\dfrac{\partial \boldsymbol{D}}{\partial t}$

풀이
맥스웰 방정식의 미분형
① $\text{rot } \boldsymbol{H} = i + \dfrac{\partial \boldsymbol{D}}{\partial t}$: 암페어의 주회적분 법칙
② $\text{rot } \boldsymbol{E} = -\dfrac{\partial \boldsymbol{B}}{\partial t}$: Faraday 법칙
③ $\text{div } \boldsymbol{D} = \rho$: 가우스의 법칙
④ $\text{div } \boldsymbol{B} = 0$: **고립된 자하는 없다.**   **답** ④

문제 09 무한히 긴 두 평행도선이 2[cm]의 간격으로 가설되어 100[A]의 전류가 흐르고 있다. 두 도선의 단위 길이당 작용력은 몇 [N/m] 인가?

① 0.1   ② 0.5
③ 1   ④ 1.5

풀이
평행도선에 작용하는 단위 길이당 힘
$F = \dfrac{\mu_0 I_1 I_2}{2\pi r} = \dfrac{2I^2}{r}\times 10^{-7} = \dfrac{2\times 100^2}{2\times 10^{-2}}\times 10^{-7} = 0.1\text{[N/m]}$
$(\because \mu_0 = 4\pi\times 10^{-7},\ I_1 = I_2 = I)$ **답** ①

문제 10 −1.2[C]의 점전하가 $5a_x + 2a_y - 3a_z$ [m/s]인 속도로 운동한다. 이 전하가 $E = -18a_x + 5a_y - 10a_z$[V/m] 전계에서 운동하고 있을 때 이 전하에 작용하는 힘은 약 몇 [N]인가?

① 21.1   ② 23.5
③ 25.4   ④ 27.3

풀이
전기장에서 전하에 작용하는 힘 $F = qE$
$F = qE = -1.2(-18a_x + 5a_y - 10a_z)$
$= 21.6a_x - 6a_y + 12a_z$
$\therefore F = \sqrt{21.6^2 + (-6)^2 + 12^2} = 25.4\text{[N]}$ **답** ③

문제 11 전계 $E = \sqrt{2}E_e \sin\omega\left(t - \dfrac{z}{v}\right)$[V/m]의 평면 전자파가 있다. 진공 중에서의 자계의 실효값은 약 몇 [AT/m] 인가?

① $2.65\times 10^{-4} E_e$ ② $2.65\times 10^{-3} E_e$
③ $3.77\times 10^{-2} E_e$ ④ $3.77\times 10^{-1} E_e$

풀이
특성임피던스에서 전계와 자계의 관계식
$\dfrac{E_e}{H_e} = \sqrt{\dfrac{\mu_o}{\epsilon_o}} = 377$ (진공중이므로 $\epsilon_s = 1$, $\mu_s = 1$)
$\therefore H_e = \dfrac{1}{377} E_e = 2.65 \times 10^{-3} E_e$ [A/m]   답 ②

문제 12 전자석의 재료로 가장 적당한 것은?
① 잔류자기와 보자력이 모두 커야 한다.
② 잔류자기는 작고, 보자력은 커야 한다.
③ 잔류자기와 보자력이 모두 작아야 한다.
④ 잔류자기는 크고, 보자력은 작아야 한다.

풀이

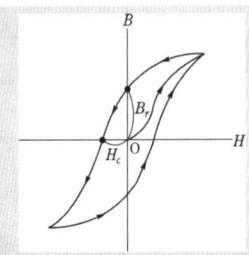

- 영구자석 재료 : 잔류자기(B_r) 및 보자력(H_c)이 클 것
- 전자석 재료 : 히스테리시스 곡선 면적은 적고, 잔류자기(B_r)는 크고, 보자력(H_c)은 작아야 한다.   답 ④

문제 13 유전체내의 전계의 세기가 E, 분극의 세기가 P, 유전율이 $\epsilon = \epsilon_s \epsilon_o$인 유전체내의 변위 전류 밀도는?
① $\epsilon \dfrac{\partial E}{\partial t} + \dfrac{\partial P}{\partial t}$
② $\epsilon_0 \dfrac{\partial E}{\partial t} + \dfrac{\partial P}{\partial t}$
③ $\epsilon_0 \left(\dfrac{\partial E}{\partial t} + \dfrac{\partial P}{\partial t} \right)$
④ $\epsilon \left(\dfrac{\partial E}{\partial t} + \dfrac{\partial P}{\partial t} \right)$

풀이
유전체 중에서의 변위전류밀도는
$D = \epsilon E = \epsilon_0 E + P$의 관계식에서
$i_d = \dfrac{\partial D}{\partial t} = \epsilon \dfrac{\partial E}{\partial t} = \epsilon_0 \dfrac{\partial E}{\partial t} + \dfrac{\partial P}{\partial t}$ [A/m²]   답 ②

문제 14 점전하 $+Q$[C]의 무한 평면도체에 대한 영상전하는?
① Q[C]와 같다.
② $-Q$[C]와 같다.
③ Q[C] 보다 작다.
④ Q[C] 보다 크다.

풀이
전기 영상법
그림과 같이 도체 평면 XX'에서 거리 d인 점 P에 점 전하 Q가 있는 경우 도체면에 대하여 대칭인 영상점 P'에 크기는 점전하와 같고 부호는 반대인 영상 전하 $-Q$가 있다고 가상하고 해석 한다.

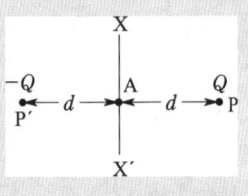

답 ②

문제 15 두 코일 A, B의 자기 인덕턴스가 각각 3[mH], 5[mH]라 한다. 두 코일을 직렬연결 시, 자속이 서로 상쇄 되도록 했을 때의 합성 인덕턴스는 서로 증가하도록 연결했을 때의 60[%] 이었다. 두 코일의 상호인덕턴스는 몇 [mH]인가?
① 0.5
② 1
③ 5
④ 10

풀이
$L = L_1 + L_2 \pm 2M$ 에서
- 증가하도록 연결했을 때 $L = 3 + 5 + 2M$ …… ①
- 상쇄되도록 연결했을 때 $L' = 0.6L = 3 + 5 - 2M$ …… ②
위 두 식에서 ① + ②를 하여 M을 소거하면
$1.6L = 16$ $\therefore L = 10$ [mH]
따라서, $10 = 3 + 5 + 2M$에서 $M = 1$ [mH]   답 ②

문제 16 N회 감긴 환상 솔레노이드의 단면적이 S [m²]이고 평균 길이가 l [m]이다. 이 코일의 권수를 반으로 줄이고 인덕턴스를 일정하게 하려면?
① 길이를 1/2로 줄인다.
② 길이를 1/4로 줄인다.
③ 길이를 1/8로 줄인다.
④ 길이를 1/16로 줄인다.

풀이
환상 코일의 자기 인덕턴스 $L = \dfrac{\mu S N^2}{l}$ [H]이므로
$\dfrac{N^2}{l} = \dfrac{\left(\dfrac{1}{2}N\right)^2}{l'}$ 에서 $l' = \dfrac{\dfrac{1}{4}N^2}{N^2} l = \dfrac{1}{4} l$
따라서, 코일의 권수 N을 $\dfrac{1}{2}$로 줄일 때 길이 l을 $\dfrac{1}{4}$로 줄이면 인덕턴스 값은 일정해진다.   답 ②

문제 17 고립 도체구의 정전용량이 50[pF]일 때 이 도체구의 반지름은 약 몇 [cm] 인가?

① 5 ② 25 ③ 45 ④ 85

풀이

구도체 정전용량 $C = 4\pi\epsilon_0 a$ [F]에서

$50 \times 10^{-12} = 4\pi\epsilon_0 a$

$\therefore a = \dfrac{50 \times 10^{-12}}{4\pi\epsilon_0} = 0.44 [\text{m}] = 45 [\text{cm}]$ **답** ③

문제 18 고유저항이 $\rho[\Omega \cdot m]$, 한 변의 길이가 r [m]인 정육면체의 저항[Ω]은?

① $\dfrac{\rho}{\pi r}$ ② $\dfrac{r}{\rho}$ ③ $\dfrac{\pi r}{\rho}$ ④ $\dfrac{\rho}{r}$

풀이

$R = \rho \dfrac{l}{A}$에서 정육면체 한 변의 길이가 r[m]이므로

$A = r^2$, $l = r$을 대입하면

$\therefore R = \rho \dfrac{r}{r^2} = \dfrac{\rho}{r}[\Omega]$ **답** ④

문제 19 내외 반지름이 각각 a, b이고 길이가 l인 동축원통도체 사이에 도전율 σ, 유전율 ϵ인 손실유전체를 넣고, 내원통과 외원통 간에 전압 V를 가했을 때 방사상으로 흐르는 전류 I는? (단, $RC = \epsilon\rho$ 이다.)

① $\dfrac{2\pi l V}{\sigma \ln \dfrac{b}{a}}$ ② $\dfrac{\pi \sigma l V}{\ln \dfrac{b}{a}}$

③ $\dfrac{2\pi \sigma l V}{\ln \dfrac{b}{a}}$ ④ $\dfrac{4\pi \sigma l V}{\ln \dfrac{b}{a}}$

풀이

동축케이블의 정전용량

$C = \dfrac{2\pi l}{\ln \dfrac{b}{a}}[\text{F}]$

$RC = \rho\epsilon = \dfrac{\epsilon}{\sigma}$에서

$R = \dfrac{\epsilon}{\sigma C} = \dfrac{\epsilon}{\dfrac{2\pi l}{\ln \dfrac{b}{a}} \cdot \sigma} = \dfrac{\ln \dfrac{b}{a}}{2\pi \sigma l}[\Omega]$

$\therefore I = \dfrac{V}{R} = \dfrac{V}{\dfrac{\ln \dfrac{b}{a}}{2\pi \sigma l}} = \dfrac{2\pi \sigma l V}{\ln \dfrac{b}{a}}[\text{A}]$ **답** ③

문제 20 콘덴서를 그림과 같이 접속했을 때 C_x의 정전용량은 몇 [μF] 인가? (단, $C_1 = C_2 = C_3 = 3$ [μF]이고 a-b 사이의 합성 정전용량은 $C_0 = 5[\mu\text{F}]$ 이다.)

① 0.5
② 1
③ 2
④ 4

풀이

합성 정전용량 $C_0 = C_x + C_3 + \dfrac{C_1 C_2}{C_1 + C_2}$

$\therefore C_x = C_0 - C_3 - \dfrac{C_1 C_2}{C_1 + C_2} = 5 - 3 - \dfrac{3 \times 3}{3 + 3} = 0.5[\mu\text{F}]$ **답** ①

제2과목 전력공학

문제 21 전력계통에 과도안정도 향상 대책과 관련 없는 것은?

① 빠른 고장 제거
② 속응 여자시스템 사용
③ 큰 임피던스의 변압기 사용
④ 병렬 송전선로의 추가 건설

풀이

안정도 향상 대책
① **계통의 직렬 리액턴스 감소**(다회선 방식 채택, 복도체 방식 채택, 기기의 리액턴스 감소)
② 전압 변동률을 적게 한다 (속응 여자 방식 채용, 계통의 연계, 중간 조상 방식).
③ 계통에 주는 충격을 적게 한다 (적당한 중성점 접지 방식, 고속 차단 방식, 재폐로 방식).
④ 고장 중의 발전기 돌입 출력의 불평형을 적게 한다.

답 ③

문제 22 다음 중 페란티 현상의 방지대책으로 적합하지 않은 것은?
① 선로 전류를 지상이 되도록 한다.
② 수전단에 분로리액터를 설치한다.
③ 동기조상기를 부족여자로 운전한다.
④ 부하를 차단하여 무부하가 되도록 한다.

풀이
① **페란티 현상 : 무부하의 경우** 선로의 정전용량 때문에 전압보다 위상이 90°앞선 충전 전류의 영향이 커져서 선로에 흐르는 **전류가 진상이 되어** 수전단 전압이 송전단 전압보다 높아지는 현상을 페란티 현상이라 한다.
② 페란티 현상 방지 대책
 • 선로에 흐르는 전류가 지상이 되도록 한다.
 • 수전단에 분로 리액터를 설치한다.
 • 동기 조상기의 부족여자 운전

⟨지상 전류가 흐를 경우의 벡터도⟩ ⟨진상 전류가 흐를 경우의 벡터도⟩
답 ④

문제 23 보호계전기의 구비 조건으로 틀린 것은?
① 고장 상태를 신속하게 선택할 것
② 조정 범위가 넓고 조정이 쉬울 것
③ 보호동작이 정확하고 감도가 예민할 것
④ 접점의 소모가 크고, 열적 기계적 강도가 클 것

풀이
보호 계전기의 구비 조건
① 고장 상태를 식별하여 정도를 파악할 수 있을 것
② 고장 개소를 정확히 선택할 수 있을 것
③ 동작이 예민하고 오동작이 없을 것
④ 적절한 후비 보호 능력이 있을 것
⑤ 접점의 소모가 작고, 열적 기계적 강도가 클 것
답 ④

문제 24 우리나라의 화력발전소에서 가장 많이 사용되고 있는 복수기는?
① 분사 복수기   ② 방사 복수기
③ 표면 복수기   ④ 증발 복수기

풀이
복수기는 진공상태를 만들어 증기터빈에서 일을 한 증기를 그 배기단에서 냉각 응축 시킴과 동시에 복수로서 회수하는 장치이다. 복수기에는 표면 복수기, 증발 복수기, 분사 복수기 및 에젝터 복수기등 4가지가 있는데, 이 중 **가장 많이 쓰이고 있는 것은 표면 복수기**이다.
답 ③

문제 25 뒤진 역률 80[%], 1000[kW]의 3상 부하가 있다. 이것에 콘덴서를 설치하여 역률을 95[%]로 개선하려면 콘덴서의 용량은 약 몇 [kVA]로 해야 하는가?
① 240   ② 420
③ 630   ④ 950

풀이
$Q_c = P(\tan\theta_1 - \tan\theta_2)$ 에서
$Q_c = P\left(\dfrac{\sin\theta_1}{\cos\theta_1} - \dfrac{\sin\theta_2}{\cos\theta_2}\right)$
$= P\left(\dfrac{\sqrt{1-\cos^2\theta_1}}{\cos\theta_1} - \dfrac{\sqrt{1-\cos^2\theta_2}}{\cos\theta_2}\right)$
$Q_c = 1000\left(\dfrac{0.6}{0.8} - \dfrac{\sqrt{1-0.95^2}}{0.95}\right) = 421.32[kVA]$
답 ②

문제 26 154[kV] 송전선로에 10개의 현수애자가 연결되어 있다. 다음 중 전압부담이 가장 적은 것은? (단, 애자는 같은 간격으로 설치되어 있다.)
① 철탑에 가장 가까운 것
② 철탑에서 3번째에 있는 것
③ 전선에서 가장 가까운 것
④ 전선에서 3번째에 있는 것

풀이
• **전압 부담 최대** : 전선에 가장 가까운 애자
• **전압 부담 최소** : 전선에서 2/3 지점에 있는 애자 (**철탑에서 1/3 지점에 있는 애자**)
답 ②

문제 27 교류송전에서는 송전거리가 멀어질수록 동일 전압에서의 송전 가능 전력이 적어진다. 그 이유로 가장 알맞은 것은?
① 표피효과가 커지기 때문이다.
② 코로나 손실이 증가하기 때문이다.

③ 선로의 어드미턴스가 커지기 때문이다.
④ 선로의 유도성 리액턴스가 커지기 때문이다.

풀이

송전전력 $P = \dfrac{E_S E_R}{X} \sin\delta$ 에서 알 수 있듯이 송전 거리가 멀어질수록 **선로의 유도 리액턴스가 커지기 때문에 송전 가능 전력은 적어진다.** 　답 ④

문제 28 어느 일정한 방향으로 일정한 크기 이상의 단락전류가 흘렀을 때 동작하는 보호계전기의 약어는?

① ZR　　　　② UFR
③ OVR　　　④ DOCR

풀이

① 거리 계전기 (ZR) : 계전기가 설치된 위치로부터 고장 점까지의 전기적 거리에 비례하여 한시 동작하는 것으로 복잡한 계통의 단락 보호에 과전류 계전기의 대용으로 쓰인다.
② 저주파수 계전기 (UFR) : 주파수가 일정값 보다 낮을 경우 동작한다.
③ 과전압 계전기 (OVR) : 일정값 이상의 전압이 걸렸을 때 동작한다.
④ **단락 방향 계전기 (DOCR, DSR) : 어느 일정한 방향으로 일정값 이상의 단락 전류가 흘렀을 경우 동작하는 것**
　답 ④

문제 29 전선의 자체 중량과 빙설의 종합하중을 W_1, 풍압하중을 W_2라 할 때 합성하중은?

① $W_1 + W_2$　　　② $W_2 - W_1$
③ $\sqrt{W_1 - W_2}$　④ $\sqrt{W_1^2 + W_2^2}$

풀이

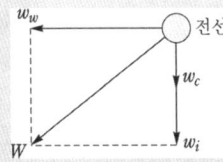

w_c : 전선의 자체중량
w_i : 부착빙설의 중량
w_w : 수평풍압

합성하중 $W = \sqrt{(w_c + w_i)^2 + w_w^2}$
∴ 합성 하중 $W = \sqrt{(빙설하중 + 자중)^2 + (풍압하중)^2}$
$= \sqrt{W_1^2 + W_2^2}$　답 ④

문제 30 충전된 콘덴서의 에너지에 의해 트립되는 방식으로 정류기, 콘덴서 등으로 구성되어 있는 차단기의 트립방식은?

① 과전류 트립방식
② 콘덴서 트립방식
③ 직류전압 트립방식
④ 부족전압 트립방식

풀이

콘덴서 트립 방식(CTD)
충전기로 교류를 정류하여 콘덴서를 충전하고, 그 방전 에너지에 의해 트립 코일을 여자하여 트립시키는 방법으로 **정류기와 콘덴서로 구성**되어 있다.　답 ②

문제 31 보호계전기 동작속도에 관한 사항으로 한시특성 중 반한시형을 바르게 설명한 것은?

① 입력 크기에 관계없이 정해진 한시에 동작하는 것
② 입력이 커질수록 짧은 한시에 동작하는 것
③ 일정 입력(200[%])에서 0.2초 이내로 동작하는 것
④ 일정 입력(200[%])에서 0.04초 이내로 동작하는 것

풀이

동작 시간에 의한 보호 계전기 분류
① 순한시 계전기 : 고장 즉시 동작
② 정한시 계전기 : 고장 후 일정시간이 경과하면 동작
③ **반한시 계전기 : 고장전류의 크기에 반비례하여 동작**
④ 반한시 정한시 계전기 : 반한시와 정한시 특성을 겸함
　답 ②

문제 32 다음 중 배전선로의 부하율이 F일 때 손실계수 H와의 관계로 옳은 것은?

① $H = F$
② $H = \dfrac{1}{F}$
③ $H = F^3$
④ $0 \leq F^2 \leq H \leq F \leq 1$

[풀이]
부하율 F와 손실계수 H와의 관계
- $0 \leq F^2 \leq H \leq F \leq 1$
- $H = \alpha F + (1-\alpha)F^2$

여기서, α : 정수로서 0.1~0.4   답 ④

문제 33 송전선에 낙뢰가 가해져서 애자에 섬락이 생기면 아크가 생겨 애자가 손상되는데 이것을 방지하기 위하여 사용하는 것은?
① 댐퍼(damper)
② 아킹혼(arcing horn)
③ 아모로드(armour rod)
④ 가공지선(Overhead ground wire)

[풀이]
- 댐퍼 : 전선의 진동 방지
- **아킹 혼 : 섬락으로부터 애자련의 보호**, 애자련의 전압 분포 개선
- 아모로드 : 전선의 진동 방지
- 가공지선 : 뇌의 차폐   답 ②

문제 34 54 [kV] 3상 1회선 송전선로의 1선의 리액턴스가 10 [Ω], 전류가 200 [A]일 때 %리액턴스는?
① 1.84
② 2.25
③ 3.17
④ 4.19

[풀이]
$$\%X = \frac{I_n X}{E} \times 100 = \frac{200 \times 10}{\frac{154 \times 10^3}{\sqrt{3}}} \times 100 = 2.25$$ 답 ②

문제 35 우리나라에서 현재 가장 많이 사용되고 있는 배전 방식은?
① 3상 3선식
② 3상 4선식
③ 단상 2선식
④ 단상 3선식

[풀이]
3상 4선식은 같은 회선에서 선간전압과 상전압의 양전압을 이용할 수 있기 때문에 **배전에서 많이 채용**되고 있다.   답 ②

문제 36 조상설비가 아닌 것은?
① 단권변압기
② 분로리액터
③ 동기조상기
④ 전력용콘덴서

[풀이]
조상설비는 무효전력을 공급하는 설비로서 동기 조상기, 전력용 콘덴서 및 리액터가 있다.
- 분로 리액터 : 지상 무효전력 공급
- 동기 조상기 : 지상 및 진상 무효전력 공급
- 전력용 콘덴서 : 진상 무효전력 공급   답 ①

문제 37 단거리 송전선의 4단자 정수 A, B, C, D 중 그 값이 0인 정수는?
① A
② B
③ C
④ D

[풀이]

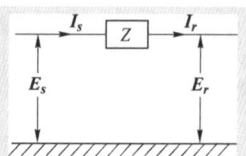

단거리 송전 선로에서는 선로길이가 짧은 관계로 선로 정수로서 저항과 인덕턴스만을 생각한다.
$E_s = E_r + ZI_r$, $I_s = I_r$ 이므로
$E_s = AE_r + BI_r$, $I_s = CE_r + DI_r$ 에서
$A = 1$, $B = Z$, $C = 0$, $D = 1$ 답 ③

문제 38 전원측과 송전선로의 합성 $\%Z_s$가 10 [MVA] 기준용량으로 1[%]의 지점에 변전설비를 시설하고자 한다. 이 변전소에 정격 용량 6[MVA]의 변압기를 설치할 때 변압기 2차측의 단락용량은 몇 [MVA] 인가? (단, 변압기의 $\%Z_t$는 6.9[%] 이다.)
① 80
② 100
③ 120
④ 140

[풀이]
- 전원 및 선로 임피던스 $Z_s = 1[\%]$
- 변압기 임피던스 $Z_t = 6.9[\%]$
- 변압기 임피던스를 10[MVA] 기준으로 환산하면
$$Z_t' = \frac{10}{6} \times 6.9 = 11.5[\%]$$
- 전원부터 변압기 2차측까지의 합성 임피던스
$$Z = Z_s + Z_t' = 1 + 11.5 = 12.5[\%]$$

- 단락용량 $P_s = \dfrac{100}{\%Z} \times P_n = \dfrac{100}{12.5} \times 10 = 80[\text{MVA}]$

답 ①

문제 39 그림과 같은 단상 2선식 배선에서 인입구 A점의 전압이 220[V]라면 C점의 전압[V]은? (단, 저항값은 1선의 값이며 AB간은 0.05[Ω], BC간은 0.1[Ω] 이다.)

① 214
② 210
③ 196
④ 192

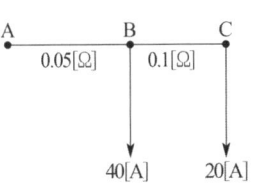

풀이

- B점의 전압 $V_B = V_A - 2IR = 220 - 2 \times (40+20) \times 0.05 = 214[V]$
- C점의 전압 $V_C = V_B - 2IR = 214 - 2 \times 20 \times 0.1 = 210[V]$

답 ②

문제 40 파동임피던스가 300[Ω]인 가공송전선 1[km] 당의 인덕턴스는 몇 [mH/km] 인가? (단, 저항과 누설콘덕턴스는 무시한다.)

① 0.5
② 1
③ 1.5
④ 2

풀이

파동 임피던스 $Z = \sqrt{\dfrac{L}{C}} = 138\log_{10}\dfrac{D}{r} = 300\,[\Omega]$ 에서

$\log_{10}\dfrac{D}{r} = \dfrac{300}{138}$

∴ $L = 0.05 + 0.4605\log_{10}\dfrac{D}{r}$
  $= 0.05 + 0.4605 \times \dfrac{300}{138} = 1.05[\text{mH/km}]$

답 ②

제3과목 전기기기

문제 41 3상 전원의 수전단에서 전압 3300[V], 전류 1000[A], 뒤진 역률 0.8의 전력을 받고 있을 때 동기조상기로 역률을 개선하여 1로 하고자 한다. 필요한 동기조상기의 용량은 약 몇 [kVA] 인가?

① 1525
② 1950
③ 3150
④ 3429

풀이

- 부하의 무효전력 $Q_L = \sqrt{3}\,VI\sin\theta$ 에서
  $Q_L = \sqrt{3} \times 3300 \times 1000 \times 0.6 \times 10^{-3} = 3429.46[\text{kVar}]$
  ($\because \cos\theta = 0.8$ 이므로 $\sin\theta = \sqrt{1-0.8^2} = 0.6$)
- 역률이 1이 되려면 무효전력 $Q = 0[\text{kVar}]$이 되어야 하므로 동기조상기에서 진상무효전력 $Q_c = Q_L = 3429.46[\text{kVA}]$를 공급하여야 한다.

답 ④

문제 42 기동장치를 갖는 단상 유도전동기가 아닌 것은?

① 2중 농형
② 분상기동형
③ 반발기동형
④ 세이딩코일형

풀이

2중 농형 유도 전동기
① 회전자의 농형권선을 내외 이중으로 설치한 것
② 도체
 - 외측도체 : 저항이 높은 황동 또는 동니켈 합금의 도체를 사용
 - 내측도체 : 저항이 낮은 전기동 사용
③ 기동시에는 저항이 높은 외측 도체로 흐르는 전류에 의해 큰 기동 토오크를 얻고 기동완료 후에는 저항이 적은 내측 도체로 전류가 흘러 우수한 운전 특성을 얻는 전동기로서 **별도의 기동장치가 필요 없다**.

답 ①

문제 43 일반적인 직류전동기의 정격표시 용어로 틀린 것은?

① 연속정격
② 순시정격
③ 반복정격
④ 단시간정격

풀이

① **연속정격** : 하루 24시간을 계속 운전해도 무리하지 않을 정도의 부하양의 한도

② **반복정격** : 주기적으로 반복하는 부하에 적합한 정격
③ **단시간정격** : 짧은 시간 즉 10분, 30분, 60분 90분간에 온도 상승 한도를 초과하지 않고, 그 밖의 제한 조건 내에서 운전할 수 있는 정격
④ **공칭 정격** : 전동차 등에 사용하는 정격으로 제시한 정격 용량보다 2배 정도의 부하를 증가해도 무리 없이 운전될 수 있는 여유 있는 정격

답 ②

문제 44 직류전동기의 속도제어 방법 중 광범위한 속도제어가 가능하며 운전 효율이 높은 방법은?

① 계자제어
② 전압제어
③ 직렬저항제어
④ 병렬저항제어

풀이

직류 전동기의 속도 제어법 비교

구 분	제어 특성	특 징
계자 제어법	• 정출력 제어	• 속도 제어 범위가 좁다.
전압 제어법	• 정토크 제어 ─ 워드 레오나드 방식 ─ 일그너 방식	• 제어 범위가 넓다. • 손실이 매우 적다. • 정역 운전이 가능 • 압연기나 권상기 등의 속도제어에 사용 • 설비비가 많이 든다.
직렬 저항법		• 효율이 나쁘다.

답 ②

문제 45 트라이액(triac)에 대한 설명으로 틀린 것은?

① 쌍방향성 3단자 사이리스터이다.
② 턴오프 시간이 SCR보다 짧으며 급격한 전압변동에 강하다.
③ SCR 2개를 서로 반대방향으로 병렬 연결하여 양방향 전류제어가 가능하다.
④ 게이트에 전류를 흘리면 어느 방향이든 전압이 높은 쪽에서 낮은 쪽으로 도통한다.

풀이

TRIAC(trielectrode AC switch)

(a) 기호   (b) 등가 역병렬 SCR

① SCR은 한 방향으로만 도통할 수 있는데 반하여 이 소자는 **양방향으로 도통**할 수 있다.
② TRIAC은 기능상으로 **2개의 SCR을 역병렬 접속**한 것과 같다.
③ TRIAC의 게이트에 전류를 흘리면 그 상항에서 어느 방향이건 **전압이 높은 쪽에서 낮은 쪽으로 도통**한다.
④ 일단 도통하면 SCR과 같이 그 방향으로 전류가 더 이상 흐르지 않을때 까지 계속 도통한다. 따라서, 전류 방향이 바뀌려고 하면 소호되고 일단 소호되면 다시 점호시킬 때까지 차단 상태를 유지한다.
⑤ TRIAC은 오직 교류 전력의 제어용으로 사용된다.

답 ②

문제 46 변압기의 냉각방식 중 유입자냉식의 표시 기호는?

① ANAN
② ONAN
③ ONAF
④ OFAF

풀이

• **유입자냉식 (ONAN, OA)**
• 유입풍냉식 (ONAF, FA)
• 건식밀폐자냉식 (ANAN, GA)
• 건식자냉식 (AN, AA)
• 건식풍냉식 (AF, AFA)
• 송유수냉식 (OFWF, FOW)
• 송유풍냉식 (OFAF, ODAF, FOA)
• 유입수냉식 (ONWF, OW)

답 ②

문제 47 탭전환 변압기 1차측에 몇 개의 탭이 있는 이유는?

① 예비용 단자
② 부하 전류를 조정하기 위하여
③ 수전점의 전압을 조정하기 위하여
④ 변압기의 여자전류를 조정하기 위하여

풀이

탭(tap) 전환 변압기 : 전원 전압의 변동이나 부하의 변동에 따라 **변압기 2차측의 전압변동을 보상하고 일정 전압으로 유지**시키기 위하여, 고압측 1차 권선의 중앙 위치에 몇 개의 탭 단자를 두어 변압기의 권수비를 바꿀 수 있도록 설계한 변압기

답 ③

문제 48
스테핑전동기의 스텝각이 3°이고, 스테핑 주파수(pulse rate)가 1200[pps] 이다. 이 스테핑전동기의 회전속도[rps]는?

① 10
② 12
③ 14
④ 16

풀이

스테핑전동기는 디지털 신호에 비례하여 일정 각도만큼 회전하는 모터로 그 총회전각은 입력펄스의 수로, 회전속도는 입력펄스의 빠르기로 쉽게 제어가 가능한 특징이 있다.
- 1초당 입력펄스 : 1200 (pps : pulse/sec)
- 1펄스 당 회전각도 : 3°
- 1초당 회전각도 : 1200 × 3°=3600°
- 전동기 1회전 당 회전각도 : 360°
- 전동기 1초당 회전속도 : $\frac{3600°}{360°}$ = 10[회전]   **답 ①**

문제 49
직류기의 전기자 반작용의 영향이 아닌 것은?

① 주자속이 증가한다.
② 전기적 중성축이 이동한다.
③ 정류 작용에 악영향을 준다.
④ 정류자 편간전압이 상승한다.

풀이

전기자 반작용 : 전기자 권선에 흐르는 전류에 의한 자속이 계자에서 만든 주자속에 영향을 미치는 현상을 전기자 반작용이라고 하며, 그 영향은 다음과 같다.
① 전기적 중성축 이동
  - 발전기 : 회전 방향으로 이동
  - 전동기 : 회전 방향과 반대 방향으로 이동
② 주자속 감소
③ 정류자 편간의 불꽃섬락이 발생하여 정류 불량 발생   **답 ①**

문제 50
유도전동기 역상제동의 상태를 크레인이나 권상기의 강하 시에 이용하고 속도제한의 목적에 사용되는 경우의 제동방법은?

① 발전제동 ② 유도제동
③ 회생제동 ④ 단상제동

풀이

유도전동기의 제동법
① 발전제동 : 전동기를 전원으로부터 분리한 후 1차측에 직류전원을 공급하여 발전기로 동작시킨 후 발생된 전력을 저항에서 열로 소비시키는 방법
② 유도제동 : 유도전동기 역상제동의 상태를 크레인이나 권상기의 강하 시에 이용하고 속도제한의 목적에 사용되는 경우의 제동방법
③ 회생제동 : 유도 전동기를 유도 발전기로 동작시켜 그 발생 전력을 전원에 반환하면서 제동하는 방법으로, 크레인이나 언덕길을 운전하는 긴 전기 기관차 등에 사용된다.
④ 단상제동 : 권선형 유도전동기의 1차측을 단상교류로 여자하고 2차측에 적당한 크기의 저항을 넣으면 전동기의 회전과는 역방향의 토크가 발생되므로 제동된다.   **답 ②**

문제 51
단락비가 큰 동기기의 특징 중 옳은 것은?

① 전압 변동률이 크다.
② 과부하 내량이 크다.
③ 전기자 반작용이 크다.
④ 송전선로의 충전 용량이 작다.

풀이

단락비가 큰 기계(철기계)
- 동기 임피던스가 적다 ($K_s \propto \frac{1}{Z_s}$)
- 전압변동률이 작다.
- 전기자 반작용이 작다.
- 출력이 크다.
- **과부하 내량이 크고** 안정도가 높다.
- 자기 여자 현상이 작다.
- 송전선로의 충전용량이 크다.
- 부피가 커지며 가격이 비싸다.   **답 ②**

문제 52
전류가 불연속인 경우 전원전압 220[V]인 단상 전파정류 회로에서 점호각 α = 90°일 때의 직류 평균전압은 약 몇 [V]인가?

① 45
② 84
③ 90
④ 99

풀이

$E_{d\alpha} = \frac{\sqrt{2}}{\pi} E_s (1+\cos\alpha)$[V]에서

$E_{d\alpha} = \frac{\sqrt{2}}{\pi} \times 220 \times (1+\cos 90°) = 99.03$[V]   **답 ④**

문제 53
타여자 직류전동기의 속도제어에 사용되는 워드 레오나드(Ward Leonard) 방식은 다음 중 어느 제어법을 이용한 것인가?

① 저항제어법
② 전압제어법
③ 주파수제어법
④ 직병렬제어법

풀이

직류 전동기의 속도 제어법 비교

구 분	제어 특성	특 징
계자 제어법	• 정출력 제어	• 속도 제어 범위가 좁다.
전압 제어법	• 정토크 제어 ┌ 워드 레오나드 방식 └ 일그너 방식	• 제어 범위가 넓다. • 손실이 매우 적다. • 정역 운전이 가능 • 압연기나 권상기 등의 속도제어에 사용 • 설비가 많이 든다.
직렬 저항법		• 효율이 나쁘다.

답 ②

문제 54
단상변압기 2대를 사용하여 3150[V]의 평형 3상에서 210[V]의 평형 2상으로 변환하는 경우에 각 변압기의 1차 전압과 2차 전압은 얼마인가?

① 주좌 변압기 : 1차 3150[V], 2차 210[V]
　T좌 변압기 : 1차 3150[V], 2차 210[V]

② 주좌 변압기 : 1차 3150[V], 2차 210[V]
　T좌 변압기 : 1차 $3150 \times \dfrac{\sqrt{3}}{2}$[V], 2차 210[V]

③ 주좌 변압기 : 1차 $3150 \times \dfrac{\sqrt{3}}{2}$[V], 2차 210[V]
　T좌 변압기 : 1차 $3150 \times \dfrac{\sqrt{3}}{2}$[V], 2차 210[V]

④ 주좌 변압기 : 1차 $3150 \times \dfrac{\sqrt{3}}{2}$[V], 2차 210[V]
　T좌 변압기 : 1차 3150[V], 2차 210[V]

풀이

스코트 결선
① 결선

② 결선 방법
주좌변압기 T_1의 1차 권선의 $\dfrac{1}{2}$ 되는 점. 즉, $\dfrac{1}{2}n_1$에서 탭을 인출하여 T좌 변압기 T_2의 한 단자에 접속하고 T좌 변압기의 $\dfrac{\sqrt{3}}{2}$ 되는 점. 즉, $\dfrac{\sqrt{3}}{2}n_1$에서 탭을 인출하여 전원 전압을 공급

③ 주좌 변압기 : 1차 3150[V], 2차 210[V]
　T좌 변압기 : 1차 $3150 \times \dfrac{\sqrt{3}}{2}$[V], 2차 210[V]

답 ②

문제 55
3상 유도전동기의 속도제어법 중 2차 저항 제어와 관계가 없는 것은?

① 농형 유도전동기에 이용된다.
② 토크 속도특성의 비례추이를 응용한 것이다.
③ 2차 저항이 커져 효율이 낮아지는 단점이 있다.
④ 조작이 간단하고 속도제어를 광범위하게 행할 수 있다.

풀이

2차 저항제어
• 이 방식은 **권선형 유도전동기에서만 사용**할 수 있는 방법으로 2차 회로의 저항의 변화에 의한 **토오크 속도특성의 비례추이를 응용**한 것이다.

- 비례 추이 : $\dfrac{r_2}{s_1} = \dfrac{r_2+R}{s_2}$ 의 비례추이를 이용한 방식

답 ①

문제 56 직류발전기의 무부하 특성곡선은 다음 중 어느 관계를 표시한 것인가?

① 계자전류-부하전류
② 단자전압-계자전류
③ 단자전압-회전속도
④ 부하전류-단자전압

풀이

직류 발전기의 특성곡선
유기 기전력 E[V], 단자 전압 V[V], 전기자 전류 I_a [A], 부하 전류 I[A], 계자 전류 I_f [A], 속도 n[rps] 등의 상호 관계를 표시하는 곡선을 특성 곡선이라고 한다.

구 분	횡축	종축	조 건
무부하 포화(특성) 곡선	I_f	$V(=E)$	n=일정 $I=0$
외부 특성 곡선	I	V	n=일정 R_f=일정
내부 특성 곡선	I	E	n=일정 R_f=일정
부하 특성 곡선	I_f	V	n=일정 I=일정
계자 조정 곡선	I	I_f	n=일정 V=일정

답 ②

문제 57 농형 유도전동기 기동법에 대한 설명 중 틀린 것은?

① 전전압 기동법은 일반적으로 소용량에 적용된다.
② Y-△ 기동법은 기동전압[V]이 $\dfrac{1}{\sqrt{3}}$ [V]로 감소한다.
③ 리액터 기동법은 기동 후 스위치로 리액터를 단락한다.
④ 기동보상기법은 최종속도 도달 후에도 기동보상기가 계속 필요하다.

풀이

기동 보상기법
① 기동시에는 3상 단권변압기를 써서 기동전압을 떨어뜨려 공급함으로써 전류를 제한한다.
(탭 전압 50[%] 또는 65[%] 또는 80[%]를 전동기에 가하여 기동 전류를 제한 한다.)
② 최종속도에 다다르면 전동기에 전전압이 가해지고 동시에 기동 보상기는 회로에서 끊기게 된다.

답 ④

문제 58 용량이 50[kVA] 변압기의 철손이 1[kW]이고 전부하동손이 2[kW] 이다. 이 변압기를 최대효율에서 사용하려면 부하를 약 몇 [kVA] 인가하여야 하는가?

① 25 ② 35 ③ 50 ④ 71

풀이

최대 효율 조건 "동손 = 철손"
즉, $m^2 P_c = P_i$ 에서 $m = \sqrt{\dfrac{P_i}{P_c}} = \sqrt{\dfrac{1}{2}} = 0.707$
∴ 출력 $P = 0.707 \times 50 = 35.4$[kVA]

답 ②

문제 59 3상 반작용 전동기(reaction motor)의 특성으로 가장 옳은 것은?

① 역률이 좋은 전동기
② 토크가 비교적 큰 전동기
③ 기동용 전동기가 필요한 전동기
④ 여자권선 없이 동기속도로 회전하는 전동기

풀이

반작용 전동기 : 자극만 있고 여자권선이 없는 회전자를 가진 일종의 동기전동기로서 출력은 작고 역률이 낮지만 직류전원을 필요로 하지 않으므로 구조가 간단하여 전기시계 및 각종 측정장치 용으로 사용된다.

답 ④

문제 60 2대의 3상 동기발전기를 동일한 부하로 병렬운전하고 있을 때 대응하는 기전력 사이에 60°의 위상차가 있다면 한 쪽 발전기에서 다른 쪽 발전기에 공급되는 1상당 전력은 약 몇 [kW]인가? (단, 각 발전기의 기전력(선간)은 3300[V], 동기 리액턴스는 5[Ω]이고, 전기자 저항은 무시한다.)

① 181 ② 314 ③ 363 ④ 720

풀이

동기화력
$P_s = \dfrac{E^2}{2X_s} \sin\delta = \dfrac{\left(\dfrac{3300}{\sqrt{3}}\right)^2}{2 \times 5} \sin 60° \times 10^{-3} = 314.37$[kW]

답 ②

제4과목 회로이론

문제 61 코일에 단상 100[V]의 전압을 가하면 30 [A]의 전류가 흐르고 1.8[kW]의 전력을 소비한다고 한다. 이 코일과 병렬로 콘덴서를 접속하여 회로의 역률을 100[%]로 하기 위한 용량 리액턴스는 약 몇 [Ω]인가?

① 4.2 ② 6.2
③ 8.2 ④ 10.2

풀이
- 피상전력 $P_a = V \cdot I = 100 \times 30 = 3000[VA] = 3[kVA]$
- 지상 무효전력 $P_r = \sqrt{P_a^2 - P^2}$
  $= \sqrt{3^2 - 1.8^2} = 2.4[kVar]$
- 역률이 100[%]로 되기 위해서는 무효전력이 0[kVar]가 되어야 하므로 진상무효 전력인 2.4[kVA]의 콘덴서가 필요하다.
- 콘덴서 용량 $Q_C = 2\pi f C V^2 = \dfrac{V^2}{X_C} = 2.4 \times 10^3 [kVA]$ 에서

$X_C = \dfrac{100^2}{2.4 \times 10^3} \fallingdotseq 4.2[\Omega]$ 답 ①

문제 62 회로에서 스위치를 닫을 때 콘덴서의 초기전하를 무시하면 회로에 흐르는 전류 $i(t)$는 어떻게 되는가?

① $\dfrac{E}{R} e^{\frac{C}{R}t}$ ② $\dfrac{E}{R} e^{\frac{R}{C}t}$

③ $\dfrac{E}{R} e^{-\frac{1}{CR}t}$ ④ $\dfrac{E}{R} e^{\frac{1}{CR}t}$

풀이
스위치를 닫았을 때 회로의 평형 방정식은
$Ri(t) + \dfrac{1}{C} \int i(t) dt = E$
C의 전하를 $q(t)$, C의 양단 전압을 v_0라 하면
$q(t) = \int i(t) dt = Cv_0$, $i(t) = \dfrac{dq(t)}{dt}$
따라서, 윗 식은
$R \dfrac{dq(t)}{dt} + \dfrac{1}{C} q(t) = E$
초기 전하를 0라 하면

$\therefore q(t) = CE \left(1 - e^{-\frac{1}{RC}t}\right)$

또, $i(t) = \dfrac{dq(t)}{dt} = \dfrac{d}{dt} CE\left(1-e^{-\frac{1}{RC}t}\right) = \dfrac{E}{R} e^{-\frac{1}{RC}t}$ 답 ③

문제 63 다음과 같은 파형을 푸리에 급수로 전개하면?

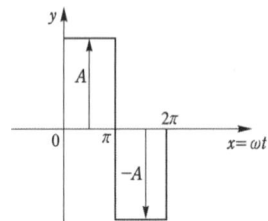

① $y = \dfrac{4A}{\pi} (\sin\alpha \sin x + \dfrac{1}{9} \sin 3\alpha \sin 3x + \cdots)$

② $y = \dfrac{4A}{\pi} (\sin x + \dfrac{1}{3} \sin 3x + \dfrac{1}{5} \sin 5x + \cdots)$

③ $y = \dfrac{4}{\pi} \left(\dfrac{\cos 2x}{1 \cdot 3} + \dfrac{\cos 4x}{3 \cdot 5} + \dfrac{\cos 6x}{5 \cdot 7} + \cdots \right)$

④ $y = \dfrac{A}{\pi} + \dfrac{\sin 2x}{2} + \dfrac{\sin 4x}{4} + \cdots$

풀이
반파 대칭 및 정현파 대칭이므로 $b_n = a_0 = 0$ 기수항의 sin 항만이 존재한다. 답 ②

문제 64 $i_1 = I_m \sin \omega t$ [A]와 $i_2 = I_m \cos \omega t$ [A]인 두 교류 전류의 위상차는 몇 도인가?

① 0° ② 30° ③ 60° ④ 90°

풀이
$i_2 = I_m \cos \omega t = I_m \sin(\omega t + 90°)$
따라서, i_1과 위상차는 90°가 된다. 답 ④

문제 65 $R-L$ 직렬회로에서
$e = 10 + 100\sqrt{2} \sin\omega t + 50\sqrt{2} \sin(3\omega t + 60°)$
$+ 60\sqrt{2} \sin(5\omega t + 30°)$[V]인 전압을 가할 때 제3고조파 전류의 실효값은 몇 [A]인가?
(단, $R = 8[\Omega]$, $\omega L = 2[\Omega]$ 이다.)

① 1 ② 3 ③ 5 ④ 7

풀이

$I_3 = \dfrac{V_3}{Z_3} = \dfrac{V_3}{\sqrt{R^2+(3\omega L)^2}} = \dfrac{50}{\sqrt{8^2+(3\times 2)^2}} = 5\,[A]$

(∵ 저항은 기본파일 때나 고조파 일 때나 그 크기의 변화는 없다. 그러나 **리액턴스는 제n차 고조파에서는 주파수가 n배가 되므로**, 리액턴스 $X_n = 2\pi(nf)L = n\times 2\pi fL$로 **기본파의 n배가 된다.**) 　답 ③

문제 66 대칭 n 상 Y형 결선에서 선간전압의 크기는 상전압의 몇 배인가?

① $\sin\dfrac{\pi}{n}$　　② $\cos\dfrac{\pi}{n}$

③ $2\sin\dfrac{\pi}{n}$　　④ $2\cos\dfrac{\pi}{n}$

풀이

대칭 n상 Y결선 선간전압

$V_l = 2V_p\sin\dfrac{\pi}{n}$　∴ $\dfrac{V_l}{V_p} = 2\sin\dfrac{\pi}{n}$　답 ③

문제 67 그림과 같은 회로에서 저항 r_1, r_2에 흐르는 전류의 크기가 1 : 2의 비율이라면 r_1, r_2는 각각 몇 $[\Omega]$인가?

① $r_1=6,\ r_2=3$
② $r_1=8,\ r_2=4$
③ $r_1=16,\ r_2=8$
④ $r_1=24,\ r_2=12$

풀이

- $I = \dfrac{E}{R_t} = \dfrac{48}{R_t} = 4\,[A]$에서 $R_t = \dfrac{48}{4} = 12\,[\Omega]$
- $I_1 : I_2 = 1 : 2$에서 저항은 전류에 반비례 하므로 $r_1 : r_2 = 2 : 1$가 된다. 즉, $r_1 = 2r_2$
- 합성저항 $R_t = 4 + \dfrac{r_1 r_2}{r_1+r_2} = 12\,[\Omega]$에서 $\dfrac{r_1 r_2}{r_1+r_2} = 8\,[\Omega]$
- $\dfrac{r_1 r_2}{r_1+r_2} = 8\,[\Omega]$에 $r_1 = 2r_2$를 대입하여 r_2을 구하면

$\dfrac{2r_2 \times r_2}{2r_2 + r_2} = \dfrac{2}{3}r_2 = 8\,[\Omega]$　∴ $r_2 = 12\,[\Omega]$,

$r_1 = 2r_2 = 2\times 12 = 24\,[\Omega]$　답 ④

문제 68 다음 그림과 같은 전기회로의 입력을 e_i, 출력을 e_o라고 할 때 전달함수는?

① $\dfrac{R_2(1+R_1 Ls)}{R_1+R_2+R_1 R_2 Ls}$

② $\dfrac{1+R_2 Ls}{1+(R_1+R_2)Ls}$

③ $\dfrac{R_2(R_1+Ls)}{R_1 R_2 + R_1 Ls + R_2 Ls}$

④ $\dfrac{R_2 + \dfrac{1}{Ls}}{R_1+R_2+\dfrac{1}{Ls}}$

풀이

$G(s) = \dfrac{E_0(s)}{E_i(s)} = \dfrac{R_2}{R_2 + \dfrac{R_1 Ls}{R_1+Ls}} = \dfrac{R_2(R_1+Ls)}{R_1 R_2 + R_1 Ls + R_2 Ls}$　답 ③

문제 69 3대의 단상변압기를 △결선으로 하여 운전하던 중 변압기 1대가 고장으로 제거하여 V결선으로 한 경우 공급할 수 있는 전력은 고장 전 전력의 몇 [%] 인가?

① 57.7　　② 50.0
③ 63.3　　④ 67.7

풀이

변압기 1개의 출력을 P라 하면

출력비 $= \dfrac{P_V}{P_\triangle} = \dfrac{\sqrt{3}P}{3P} = \dfrac{\sqrt{3}}{3} ≒ 0.577\ (57.7[\%])$　답 ①

문제 70 3상회로의 영상분, 정상분, 역상분을 각각 I_0, I_1, I_2라 하고 선전류를 I_a, I_b, I_c라 할 때 I_b는?
(단, $a = -\dfrac{1}{2} + j\dfrac{\sqrt{3}}{2}$이다.)

① $I_0 + I_1 + I_2$

② $I_0 + a^2 I_1 + a I_2$

③ $\frac{1}{3}(I_0 + I_1 + I_2)$

④ $\frac{1}{3}(I_0 + a I_1 + a^2 I_2)$

풀이

불평형 3상 전류
$I_a = I_0 + I_1 + I_2$
$I_b = I_0 + a^2 I_1 + a I_2$
$I_c = I_0 + a I_1 + a^2 I_2$

답 ②

문제 71 전압의 순시값이 $v = 3 + 10\sqrt{2}\sin\omega t$ [V]일 때 실효값은 약 몇 [V]인가?

① 10.4 ② 11.6
③ 12.5 ④ 16.2

풀이

비정현파 교류의 실효값은 직류분, 기본파 및 고조파의 제곱 합의 평방근으로 나타내므로
$V = \sqrt{V_0^2 + V_1^2 + V_2^2 + V_3^2 + \cdots}$ 에서
$V = \sqrt{3^2 + 10^2} = 10.4 \text{ [V]}$

답 ①

문제 72 다음과 같은 회로에서 단자 a, b 사이의 합성 저항[Ω]은?

① r
② $\frac{1}{2}r$
③ $\frac{3}{2}r$
④ $3r$

풀이

브리지 회로의 평형상태이므로 $3r$을 무시하면
$R = \frac{(2r+r) \times (2r+r)}{(2r+r) + (2r+r)} = \frac{9r^2}{6r} = \frac{3}{2}r\,[\Omega]$

답 ③

문제 73 4단자 회로망이 가역적이기 위한 조건으로 틀린 것은?

① $Z_{12} = Z_{21}$ ② $Y_{12} = Y_{21}$
③ $H_{12} = -H_{21}$ ④ $AB - CD = 1$

풀이

4단자 회로망이 가역성을 가질 때 각 파라미터의 조건은
$Z_{12} = Z_{21},\ Y_{12} = Y_{21},\ H_{12} = -H_{21},\ \mathbf{AD - BC = 1}$
이고, 좌우 대칭인 경우는
$Z_{11} = Z_{22},\ Y_{11} = Y_{22},\ H_{11}H_{22} - H_{12}H_{21} = 1,\ A = D$
이다.

답 ④

문제 74 저항 3개를 Y로 접속하고 이것을 선간전압 200[V]의 평형 3상 교류 전원에 연결할 때 선전류가 20[A] 흘렀다. 이 3개의 저항을 △로 접속하고 동일전원에 연결하였을 때의 선전류는 몇 [A] 인가?

① 30 ② 40 ③ 50 ④ 60

풀이

• Y접속시 상전류
$I_{Yp} = \dfrac{E}{R} = \dfrac{\frac{200}{\sqrt{3}}}{R} = 20\,[\text{A}]$에서 $R = \dfrac{200}{20\sqrt{3}}\,[\Omega]$

($\because$ Y결선 : 상전압 = $\dfrac{\text{선간전압}}{\sqrt{3}}$, 선전류=상전류)

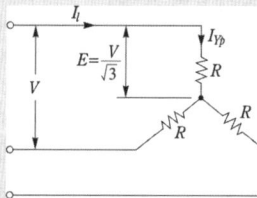

• △접속시의 상전류
$I_{\Delta P} = \dfrac{E}{R} = \dfrac{200}{\frac{200}{20\sqrt{3}}} = 20\sqrt{3}\,[\text{A}]$

($\because$ △결선 : 상전압=선간전압)

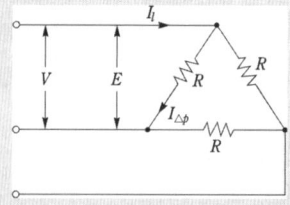

• △접속시 선전류 = $\sqrt{3} \times$상전류
$= \sqrt{3} \times 20\sqrt{3} = 60[\text{A}]$

답 ④

문제 75 그림과 같은 단일 임피던스 회로의 4단자 정수는?

① $A = Z$, $B = 0$, $C = 1$, $D = 0$
② $A = 0$, $B = 1$, $C = Z$, $D = 1$
③ $A = 1$, $B = Z$, $C = 0$, $D = 1$
④ $A = 1$, $B = 0$, $C = 1$, $D = Z$

풀이
참고로 기본적인 4단자 회로를 기준해 보면
$E_s = E_r + ZI_r$,
$I_s = I_r$ 이므로
$E_s = AE_r + BI_r$,
$I_s = CE_r + DI_r$ 에서
$A = 1$, $B = Z$, $C = 0$, $D = 1$ 답 ③

문제 76 시간 지연 요인을 포함한 어떤 특정계가 다음 미분방정식 $\dfrac{dy(t)}{dt} + y(t) = x(t - T)$로 표현된다. $x(t)$를 입력, $y(t)$를 출력이라 할 때 이 계의 전달 함수는?

① $\dfrac{e^{-sT}}{s+1}$ ② $\dfrac{s+1}{e^{-sT}}$

③ $\dfrac{e^{sT}}{s-1}$ ④ $\dfrac{e^{-2sT}}{s+2}$

풀이
양변을 라플라스 변환하면
$sY(s) + Y(s) = e^{-sT}X(s)$
$\therefore G(s) = \dfrac{Y(s)}{X(s)} = \dfrac{e^{-sT}}{s+1}$ 답 ①

문제 77 그림과 같은 회로에서 유도성 리액턴스 X_L의 값[Ω]은?

① 8
② 6
③ 4
④ 1

풀이
- $I_R = \dfrac{V}{R} = \dfrac{12}{3} = 4$ [A]
- $I_L = \sqrt{I^2 - I_R^2} = \sqrt{5^2 - 4^2} = 3$ [A]
- $E = I_R \cdot R = I_L \cdot X_L = 12$ [V]이므로
$\therefore X_L = \dfrac{12}{I_L} = \dfrac{12}{3} = 4[\Omega]$ 답 ③

문제 78 $R = 4000[\Omega]$, $L = 5[H]$의 직렬회로에 직류전압 200[V]를 가하던 중 직류전원을 제거함과 동시에 급히 부하단자 사이의 스위치를 단락시킬 경우 이로부터 1/800초 후 회로의 전류는 몇 [mA]인가?

① 18.4   ② 1.84
③ 28.4   ④ 2.84

풀이
$R-L$ 직렬회로에서 전원을 제거하는 경우이므로
$i(t) = \dfrac{E}{R}e^{-\frac{R}{L}t} = \dfrac{200}{4000}e^{-\frac{4000}{5} \times \frac{1}{800}} \times 10^3 = 18.4[\text{mA}]$

답 ①

문제 79 다음 함수 $F(s) = \dfrac{5s+3}{s(s+1)}$의 역라플라스 변환은?

① $2 + 3e^{-t}$ ② $3 + 2e^{-t}$
③ $3 - 2e^{-t}$ ④ $2 - 3e^{-t}$

풀이
$F(s) = \dfrac{5s+3}{s(s+1)} = \dfrac{A}{s} + \dfrac{B}{s+1}$
$A = \dfrac{5s+3}{s+1}\bigg|_{s=0} = \dfrac{3}{1} = 3$,
$B = \dfrac{5s+3}{s}\bigg|_{s=-1} = \dfrac{-2}{-1} = 2$ 이므로
$F(s) = \dfrac{3}{s} + \dfrac{2}{s+1}$
$\mathcal{L}^{-1}(F(s)) = 3 + 2e^{-t}$ 답 ②

문제 80 그림과 같은 회로가 공진이 되기 위한 조건을 만족하는 어드미턴스는?

① $\dfrac{CL}{R}$ ② $\dfrac{CR}{L}$ ③ $\dfrac{L}{CR}$ ④ $\dfrac{LR}{C}$

풀이
- 합성어드미턴스

$$Y = Y_1 + Y_2 = \dfrac{1}{R+j\omega L} + j\omega C$$

$$= \dfrac{R}{R^2+\omega^2 L^2} + j\left(\omega C - \dfrac{\omega L}{R^2+\omega^2 L^2}\right)$$

- 병렬공진조건 : 허수부가 0이 되어야 한다.

즉, $\omega C = \dfrac{\omega L}{R^2+\omega^2 L^2}$ 에서 $R^2+\omega^2 L^2 = \dfrac{\omega L}{\omega C} = \dfrac{L}{C}$

- 병렬공진시 어드미턴스

$$Y_r = \dfrac{R}{R^2+\omega^2 L^2} = \dfrac{R}{L/C} = \dfrac{CR}{L}$$

답 ②

제5과목 전기설비기술기준

문제 81 저압 절연전선을 사용한 220[V] 저압 가공전선이 안테나와 접근상태로 시설되는 경우 가공전선과 안테나 사이의 이격거리는 몇 [cm] 이상이어야 하는가? (단, 전선이 고압 절연전선, 특고압 절연전선 또는 케이블인 경우는 제외한다.)
① 30   ② 60   ③ 100   ④ 120

풀이
332.14 고압 가공전선과 안테나의 접근 또는 교차
저압 가공전선 또는 고압 가공전선이 안테나와 접근상태로 시설되는 경우에는 다음에 따라야 한다.
가. 고압 가공전선로는 고압 보안공사에 의할 것.
나. 가공전선과 안테나 사이의 이격거리

사용 전압 부분 공작물의 종류		저압	고압
안테나	일반적인 경우	0.6[m]	0.8[m]
	전선이 고압절연전선	0.3[m]	0.8[m]
	전선이 케이블인 경우	0.3[m]	0.4[m]

답 ②

문제 82 금속덕트에 넣은 전선의 단면적의 합계는 덕트의 내부 단면적의 몇 [%] 이하이어야 하는가?
① 10   ② 20   ③ 32   ④ 48

풀이
232.31 금속덕트공사
금속덕트에 넣은 전선의 단면적(절연피복의 단면적을 포함한다)의 합계
가. 일반적인 경우 : 덕트 내부 단면적의 20[%] 이하
나. 전광표시장치 또는 제어회로 만의 배선만을 넣는 경우 : 50[%] 이하

답 ②

문제 83 지선을 사용하여 그 강도를 분담시키면 안 되는 가공전선로의 지지물은?
① 목주   ② 철주
③ 철탑   ④ 철근 콘크리트주

풀이
331.11 지선의 시설
가. 가공전선로의 지지물로 사용하는 철탑은 지선을 사용하여 그 강도를 분담시켜서는 안 된다.
나. 가공전선로의 지지물로 사용하는 철주 또는 철근 콘크리트주는 지선을 사용하지 않는 상태에서 2분의 1 이상의 풍압하중에 견디는 강도를 가지는 경우 이외에는 지선을 사용하여 그 강도를 분담시켜서는 안 된다.

답 ③

문제 84 전기부식방지 시설에서 전원장치를 사용하는 경우로 옳은 것은?
① 전기부식방지 회로의 사용전압은 교류 60[V] 이하일 것
② 지중에 매설하는 양극(+)의 매설깊이는 50[cm] 이상일 것
③ 지표 또는 수중에서 1[m] 간격의 임의의 2점간의 전위차는 7[V]를 넘지 말 것
④ 수중에 시설하는 양극(+)과 그 주위 1[m] 이내의 거리에 있는 임의점과의 사이의 전위차는 10[V]를 넘지 말 것

풀이
241.16 전기부식방지 시설
가. 전기부식방지용 전원장치에 전기를 공급하는 전로의 사용전압은 저압이어야 한다.

나. 전기부식방지용 변압기는 절연변압기일 것
다. 전기부식방지 회로(전기부식방지용 전원장치로부터 양극 및 피방식체까지의 전로를 말한다.)의 **사용전압은 직류 60[V] 이하일 것.**
라. 지중에 매설하는 **양극의 매설깊이는 0.75[m] 이상일 것.**
마. **수중에 시설하는** 양극과 그 주위 1[m] 이내의 거리에 있는 임의 점과의 사이의 **전위차는 10[V]를 넘지 아니할 것.**
바. 지표 또는 수중에서 1[m] 간격의 임의의 2점간의 전위차가 5[V]를 넘지 아니할 것. 답 ④

문제 85 저압 가공인입선 시설 시 도로를 횡단하여 시설하는 경우 노면상 높이는 몇 [m] 이상으로 하여야 하는가?

① 4　　② 4.5
③ 5　　④ 5.5

풀이
221.1.1 저압 인입선의 시설
저압 가공인입선의 높이
가. **도로**(차도와 보도의 구별이 있는 도로인 경우에는 차도)를 **횡단하는 경우 : 노면상 5[m]** (기술상 부득이한 경우에 교통에 지장이 없을 때에는 3[m]) 이상
나. 철도 또는 궤도를 횡단하는 경우 : 레일면상 6.5[m] 이상
다. 횡단보도교 위에 시설하는 경우 : 노면상 3[m] 이상
답 ③

문제 86 60[kV] 이하의 특고압 가공전선과 식물과의 이격거리는 몇 [m] 이상이어야 하는가?

① 2　　② 2.12
③ 2.24　　④ 2.36

풀이
333.30 특고압 가공전선과 식물의 이격거리

사용전압의 구분	이격거리
60[kV] 이하	2[m]
60[kV] 초과	• 이격거리 = 2 + 단수 × 0.12[m] • 단수 = $\frac{전압[kV]-60}{10}$ 단수계산에서 소수점 이하는 절상

답 ①

문제 87 변전소를 관리하는 기술원이 상주하는 장소에 경보장치를 시설하지 아니하여도 되는 것은?

① 조상기 내부에 고장이 생긴 경우
② 주요 변압기의 전원측 전로가 무전압으로 된 경우
③ 특고압용 타냉식변압기의 냉각장치가 고장난 경우
④ 출력 2000[kVA] 특고압용 변압기의 온도가 현저히 상승한 경우

풀이
351.9 상주 감시를 하지 아니하는 변전소의 시설
다음의 경우에는 **변전제어소 또는 기술원이 상주하는 장소에 경보장치를 시설할 것.**
가. 운전조작에 필요한 차단기가 자동적으로 차단한 경우
나. 주요 변압기의 전원측 전로가 무전압으로 된 경우
다. 제어 회로의 전압이 현저히 저하한 경우
라. **출력 3,000 [kVA]를 초과하는 특고압용변압기는 그 온도가 현저히 상승한 경우**
마. 특고압용 타냉식변압기는 그 냉각장치가 고장난 경우
바. 조상기는 내부에 고장이 생긴 경우
사. 수소냉각식조상기는 그 조상기 안의 수소의 순도가 90[%] 이하로 저하한 경우, 수소의 압력이 현저히 변동한 경우 또는 수소의 온도가 현저히 상승한 경우
답 ④

문제 88 동기발전기를 사용하는 전력계통에 시설하여야 하는 장치는?

① 비상 조속기
② 분로 리액터
③ 동기검정장치
④ 절연유 유출방지설비

풀이
351.6 계측장치
동기발전기를 시설하는 경우에는 동기검정장치를 시설하여야 한다. 다만, 동기발전기의 용량이 그 발전기를 연계하는 전력계통의 용량과 비교하여 현저히 적은 경우에는 그러하지 아니하다.
답 ③

문제 89
345[kV] 변전소의 충전 부분에서 5.98[m] 거리에 울타리를 설치할 경우 울타리 최소 높이는 몇 [m] 인가?

① 2.1 ② 2.3
③ 2.5 ④ 2.7

풀이

351.1 발전소 등의 울타리·담 등의 시설

사용전압의 구분	울타리·담 등의 높이와 울타리·담 등으로부터 충전 부분까지의 거리의 합계
35[kV] 이하	5[m]
35[kV] 초과 160[kV] 이하	6[m]
160[kV] 초과	• 거리의 합계 = 6 + 단수 × 0.12[m] • 단수 = $\dfrac{\text{사용전압}[kV]-160}{10}$ 단수 계산에서 소수점 이하는 절상

- 단수 = $\dfrac{345-160}{10}$ = 18.5 → 19단
- 이격거리 + 울타리 높이 = 6 + 19×0.12 = 8.28[m]
- 울타리 높이 = 8.28 − 이격거리 = 8.28 − 5.98 = 2.3[m]

답 ②

문제 90
케이블트레이공사에 대한 설명으로 틀린 것은?

① 금속제의 것은 내식성 재료의 것이어야 한다.
② 케이블 트레이의 안전율은 1.25 이상이어야 한다.
③ 비금속제 케이블 트레이는 난연성 재료의 것이어야 한다.
④ 전선의 피복 등을 손상시킬 돌기 등이 없이 매끈하여야 한다.

풀이

232.41 케이블트레이공사
가. **케이블 트레이의 안전율은 1.5 이상**으로 하여야 한다.
나. 금속재의 것은 적절한 방식처리를 한 것이거나 내식성 재료의 것이어야 한다.
다. 비금속제 케이블 트레이는 난연성 재료의 것이어야 한다.
라. 금속제 케이블 트레이 계통은 기계적 및 전기적으로 완전하게 접속하여야 하며 금속제 트레이는 접지공사를 하여야 한다.
마. 전선의 피복 등을 손상시킬 돌기 등이 없이 매끈하여야 한다.

답 ②

문제 91
특고압 가공전선로의 지지물에 시설하는 통신선 또는 이에 직접 접속하는 통신선 중 옥내에 시설하는 부분은 몇 [V] 초과의 저압 옥내배선의 규정에 준하여 시설하도록 하고 있는가?

① 150 ② 300
③ 380 ④ 400

풀이

362.7 특고압 가공전선로 첨가설치 통신선에 직접 접속하는 옥내 통신선의 시설
특고압 가공전선로의 지지물에 시설하는 통신선(광섬유 케이블을 제외한다) 또는 이에 직접 접속하는 통신선 중 **옥내에 시설하는 부분은 400[V] 초과의 저압옥내 배선시설에 준하여 시설**하여야 한다.

답 ④

문제 92
제2종 특고압 보안공사 시 B종 철주를 지지물로 사용하는 경우 경간은 몇 [m] 이하인가?

① 100 ② 200
③ 400 ④ 500

풀이

333.22 특고압 보안공사
제2종 특고압 보안공사 시 경간은 표에서 정한 값 이하일 것.

지지물의 종류	표준 경간	제2종 특고압 보안공사
목주·A종 철주 또는 A종 철근 콘크리트주	150[m]	100[m]
B종 철주 또는 종 철근 콘크리트주	250[m]	**200[m]**
철탑	600[m] 이하 (단주인 경우 400[m])	400[m] (단주인 경우에는 300[m])

답 ②

문제 93
전체의 길이가 18[m] 이고, 설계하중이 6.8[kN]인 철근 콘크리트주를 지반이 튼튼한 곳에 시설하려고 한다. 기초 안전율을 고려하지 않기 위해서는 묻히는 깊이를 몇 [m] 이상으로 시설하여야 하는가?

① 2.5 ② 2.8
③ 3   ④ 3.2

풀이

331.7 가공전선로 지지물의 기초의 안전율
가공전선로의 지지물에 하중이 가하여지는 경우에 그 하중을 받는 지지물의 기초의 안전율은 2(이상 시 상정하중에 대한 철탑의 기초에 대하여는 1.33) 이상이어야 한다. 다만, 다음에 따라 시설하는 경우에는 적용하지 않는다.

전장 \ 설계하중	6.8 [kN] 이하	6.8 [kN] 초과 ~9.8 [kN] 이하	9.8 [kN] 초과 ~14.72 [kN] 이하
15 [m] 이하	전장 × 1/6[m] 이상	전장×1/6 +0.3[m] 이상	전장×1/6 +0.5[m] 이상
15 [m] 초과	2.5[m] 이상	2.8[m] 이상	–
16 [m] 초과~ 20 [m] 이하	2.8[m] 이상	–	–
15 [m] 초과~ 18 [m] 이하	–	–	3 [m] 이상
18 [m] 초과	–	–	3.2 [m] 이상

답 ②

문제 94 의료장소의 수술실에서 전기설비의 시설에 대한 설명으로 틀린 것은?

① 의료용 절연변압기의 정격출력은 10[kVA] 이하로 한다.
② 의료용 절연변압기의 2차측 정격전압은 교류 250[V] 이하로 한다.
③ 절연 감시장치를 설치하여 절연저항이 50[kΩ]까지 감소하면 표시설비 및 음향설비로 경보를 발하도록 할 것.
④ 전원측에 강화절연을 한 의료용 절연변압기를 설치하고 그 2차측 전로는 접지한다.

풀이

242.10.3 의료장소의 안전을 위한 보호 설비
그룹 1 및 그룹 2의 의료 IT 계통은 다음과 같이 시설할 것.
가. 전원측에 따라 이중 또는 강화절연을 한 **비단락보증 절연변압기를 설치하고 그 2차측 전로는 접지하지 말 것.**
나. 비단락보증 절연변압기의 2차측 정격전압은 교류 250[V] 이하로 하며 공급방식 및 정격출력은 단상 2선식, 10[kVA] 이하로 할 것.
다. 비단락보증 절연변압기의 과부하 및 온도를 지속적으로 감시하는 장치를 적절한 장소에 설치할 것.
라. 의료 IT 계통의 절연저항을 계측, 지시하는 절연 감시 장치를 설치하여 절연저항이 50[kΩ]까지 감소하면 표시설비 및 음향 설비로 경보를 발하도록 할 것.

답 ④

문제 95 1[kV] 이하 방전등에 저압으로 전기를 공급하는 옥내의 전로의 대지전압은 몇 [V] 이하이어야 하는가?

① 100 ② 200
③ 300 ④ 400

풀이

234.11 1[kV] 이하 방전등
관등회로의 사용전압이 1[kV] 이하인 방전등에 전기를 공급하는 전로의 **대지전압은 300[V] 이하**로 하여야 한다.

답 ③

문제 96 저압 가공인입선 시설 시 사용할 수 없는 전선은?

① 절연전선, 케이블
② 지름 2.6[mm] 이상의 인입용 비닐절연전선
③ 인장강도 1.2[kN] 이상의 인입용 비닐절연전선
④ 사람의 접촉우려가 없도록 시설하는 경우 옥외용 비닐절연전선

풀이

221.1.1 저압 인입선의 시설
저압 가공인입선은 다음에 따라 시설하여야 한다.
가. 전선은 절연전선 또는 케이블일 것.
나. 전선이 절연전선인 경우
  ① **경간이 15[m] 초과 : 인장강도 2.30 [kN] 이상의 것 또는 지름 2.6[mm] 이상의 인입용 비닐절연전선일 것.**
  ② **경간이 15[m] 이하 : 인장강도 1.25 [kN] 이상의 것 또는 지름 2[mm] 이상의 인입용 비닐절연전선일 것.**
다. 전선이 옥외용 비닐 절연 전선인 경우에는 사람이 접촉할 우려가 없도록 시설할 것.

답 ③

문제 97 고압 가공전선로의 가공지선으로 나경동선을 사용하는 경우의 지름은 몇 [mm] 이상이어야 하는가?

① 3.2 ② 4 ③ 5.5 ④ 6

풀이

332.6 고압 가공전선로의 가공지선
고압 가공전선로에 사용하는 가공지선은 인장강도 5.26 [kN] 이상의 것 또는 **지름 4[mm] 이상의 나경동선**을 사용한다.

답 ②

출제기준 변경 및 개정된 관계 법규에 따라 삭제된 문제가 있어 20문항이 안됩니다.

PART 3

D60-2
기출문제

♠ 2016년부터 2003년 기출문제 중 유사 및 동일문제는 삭제하였습니다. ♠

- 2016년도 전기산업기사
- 2015년도 전기산업기사
- 2014년도 전기산업기사
- 2013년도 전기산업기사
- 2012년도 전기산업기사
- 2011년도 전기산업기사
- 2010년도 전기산업기사
- 2009년도 전기산업기사
- 2008년도 전기산업기사
- 2007년도 전기산업기사
- 2006년도 전기산업기사
- 2005년도 전기산업기사
- 2004년도 전기산업기사
- 2003년도 전기산업기사

D60-2
2016년도 전기산업기사 필기

- 2016년도 제1회 전기산업기사
- 2016년도 제2회 전기산업기사
- 2016년도 제3회 전기산업기사

국가기술자격검정 필기시험 문제

2016년도 전기산업기사 일반검정 제1회

자격종목 및 등급(선택분야)	종목코드	시험시간	문제지형별	수검 번호	성 명
전기산업기사	2140	2시간 30분	A		

제1과목 전기자기학

문제 01 $\epsilon_1 > \epsilon_2$의 유전체 경계면에 전계가 수직으로 입사할 때 경계면에 작용하는 힘과 방향에 대한 설명으로 옳은 것은?

① $f = \frac{1}{2}\left(\frac{1}{\epsilon_2} - \frac{1}{\epsilon_1}\right)D^2$의 힘이 ϵ_1에서 ϵ_2로 작용

② $f = \frac{1}{2}\left(\frac{1}{\epsilon_1} - \frac{1}{\epsilon_2}\right)E^2$의 힘이 ϵ_2에서 ϵ_1으로 작용

③ $f = \frac{1}{2}(\epsilon_2 - \epsilon_1)E^2$의 힘이 ϵ_1에서 ϵ_2로 작용

④ $f = \frac{1}{2}(\epsilon_1 - \epsilon_2)D^2$의 힘이 ϵ_2에서 ϵ_1으로 작용

[풀이]

$\epsilon_1 > \epsilon_2$인 경우

전계가 경계면에 수직으로 입사할 때, 경계면을 공통 전극으로 취하는 2개의 콘덴서가 직렬로 되어있는 회로로 볼 수 있다. 따라서, 콘덴서의 두 전극 사이에는 흡인력이 작용하므로 f_1과 f_2의 방향은 서로 반대 방향이 되고 이때 단위면적당 작용하는 힘 f_1, f_2는

• $f_1 = \frac{1}{2}\frac{D^2}{\epsilon_1}$, $f_2 = \frac{1}{2}\frac{D^2}{\epsilon_2}$ 이된다.

따라서, $\epsilon_1 > \epsilon_2$이면 $f_1 < f_2$가 되므로
경계면에 작용하는 힘 f는

$f = f_2 - f_1 = \frac{1}{2}\left(\frac{1}{\epsilon_2} - \frac{1}{\epsilon_1}\right)D^2$

즉, 경계면에서의 정전력은 유전율이 큰 쪽에서 작은 쪽으로 향한다. **답** ①

문제 02 자속밀도 0.5 [Wb/m²]인 균일한 자장 내에 반지름 10 [cm], 권수 1000 [회]인 원형코일이 매분 1800 회전할 때 이 코일의 저항이 100 [Ω]일 경우 이 코일에 흐르는 전류의 최대값[A]은 약 몇 [A]인가?

① 14.4 ② 23.5
③ 29.6 ④ 43.2

[풀이]

유기기전력 $e = \omega nSB\sin\omega t = E_m\sin\omega t$ 에서
유기기전력의 최대값 $E_m = \omega nSB[V]$
(참고로 $\omega = \frac{d\theta}{dt} = 2\pi \times \frac{N}{60}$,
여기서 N은 분당회전수[rpm], $S = \pi r^2$)

$\therefore E_m = 2\pi \times \frac{1800}{60} \times 1000 \times \pi \times 0.1^2 \times 0.5 = 2960.88[V]$

이때 흐르는 최대전류 $I_m = \frac{E_m}{R} = \frac{2960.88}{100} = 29.6[A]$

답 ③

문제 03 우주선 중에 10^{20}[eV]의 정전에너지를 가진 하전입자가 있다고 할 때, 이 에너지는 약 몇 [J] 인가?

① 2 ② 9
③ 16 ④ 91

[풀이]

전자 1개가 1[V]의 전위차에 의해서 얻는 에너지로,
$1[eV] = 1.6 \times 10^{-19}[J]$ 이므로
$10^{20}[eV] = 1.6 \times 10^{-19} \times 10^{20} = 16[J]$ 이다. **답** ③

문제 04 코일의 면적을 2배로 하고 자속밀도의 주파수를 2배로 높이면 유기기전력의 최대값은 어떻게 되는가?

① $\frac{1}{4}$로 된다.　② $\frac{1}{2}$로 된다.
③ 2배로 된다.　④ 4배로 된다.

풀이
유기기전력의 최대값
$E_m = \omega n SB = 2\pi f n SB$ [V]에서 $E_m \propto fS$ 이므로 면적 S와 주파수 f를 2배로 높이면
$E_m' = 2\pi \times 2f \times n \times 2S \times B = 4 \times 2\pi f n SB = 4E_m$
즉, 유기기전력의 최대값은 4배로 된다.　답 ④

문제 05 전위함수가 $V = x^2 + y^2$ [V]인 자유공간 내의 전하밀도는 몇 [C/m³]인가?

① -12.5×10^{-12}　② -22.4×10^{-12}
③ -35.4×10^{-12}　④ -70.8×10^{-12}

풀이
푸아송 방정식 $\nabla^2 V = \frac{\partial^2 V}{\partial x^2} + \frac{\partial^2 V}{\partial y^2} + \frac{\partial^2 V}{\partial z^2} = -\frac{\rho}{\epsilon_0}$ 에서
$\nabla^2 V = \frac{\partial^2}{\partial x^2}(x^2 + y^2) + \frac{\partial^2}{\partial y^2}(x^2 + y^2) = 2 + 2 = -\frac{\rho}{\epsilon_0}$
$\therefore \rho = -4\epsilon_0 = -4 \times 8.855 \times 10^{-12}$
$= -35.4 \times 10^{-12}$ [C/m³]　답 ③

문제 06 그림과 같이 $+q$ [C/m]로 대전된 두 도선이 d [m]의 간격으로 평행하게 가설되었을 때, 이 두 도선 간에서 전계가 최소가 되는 점은?

① $\frac{d}{4}$ 지점
② $\frac{3}{4}d$ 지점
③ $\frac{d}{3}$ 지점
④ $\frac{d}{2}$ 지점

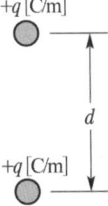

풀이
P점의 전계의 세기
$E = \frac{q}{2\pi\epsilon_0 x} - \frac{q}{2\pi\epsilon_0(d-x)} = \frac{q}{2\pi\epsilon_0}\left(\frac{1}{x} - \frac{1}{d-x}\right)$ [V]

전계의 세기가 최소가 되기 위한 조건은 $\frac{\partial E}{\partial x} = 0$ 이므로

$\frac{\partial E}{\partial x} = \frac{q}{2\pi\epsilon_0}\left[-\frac{1}{x^2} + \frac{1}{(d-x)^2}\right] = 0$

따라서, 0이 되기 위해서는 $\frac{1}{x^2} = \frac{1}{(d-x)^2}$

$\therefore x^2 = (d-x)^2$ 　 $x = d-x$ 　 $\therefore x = \frac{d}{2}$

즉, 전하의 크기가 같기 때문에 두 도선 사이의 중간지점에서의 전계의 세기가 0이 되어 최소가 된다.　답 ④

문제 07 자유공간에 있어서의 포인팅 벡터를 P [W/m²]이라 할 때, 전계의 세기 E_e [V/m]를 구하면?

① $377P$　② $\frac{P}{377}$
③ $\sqrt{377P}$　④ $\sqrt{\frac{P}{377}}$

풀이
$P = E_e H_e = E_e\left(\frac{E_e}{\sqrt{\frac{\mu_o}{\epsilon_o}}}\right) = \frac{1}{377}E_e^2$

$\left(\because \sqrt{\frac{\mu_o}{\epsilon_o}} = \sqrt{\frac{4\pi \times 10^{-7}}{8.85 \times 10^{-12}}} \fallingdotseq 377\right)$

$\therefore E_e = \sqrt{377P}$　답 ③

문제 08 판자석의 세기가 P [Wb/m]되는 판자석을 보는 입체각 ω인 점의 자위는 몇 [A]인가?

① $\frac{P}{2\pi\mu_o\omega}$　② $\frac{P\omega}{2\pi\mu_o}$
③ $\frac{P}{4\pi\mu_o\omega}$　④ $\frac{P\omega}{4\pi\mu_o}$

풀이
그림에서 미소 면적 dS인 소자석에 의한 점 P의 자위는
$dU = \frac{1}{4\pi\mu_o} \cdot \frac{PdS\cos\theta}{r^2}$
$= \frac{P}{4\pi\mu_o} \cdot \frac{dS\cos\theta}{r^2}$ [A]

따라서 판 전체에 의한 자위는

$$U = \frac{P}{4\pi\mu_0}\int_s \frac{dS\cos\theta}{r^2}$$

여기서, $\int_s \frac{dS\cos\theta}{r^2}$는 판 S가 점 P에 대하여 짓는 입체각 ω가 되므로

$$\therefore U = \frac{P\omega}{4\pi\mu_0}\,[\text{A}] \qquad \boxed{\text{답}}\ ④$$

문제 09
두께 $d[\text{m}]$인 판상 유전체의 양면사이에 150[V]의 전압을 가하였을 때 내부에서의 전계가 $3\times 10^4[\text{V/m}]$ 이었다. 이 판상 유전체의 두께는 몇 [mm] 인가?

① 2 ② 5
③ 10 ④ 20

풀이

전위차 $V = Ed[\text{V}]$에서

$$d = \frac{V}{E} = \frac{150}{3\times 10^4} = 0.005[\text{m}] = 5[\text{mm}] \qquad \boxed{\text{답}}\ ②$$

문제 10
비투자율이 μ_r인 철제 무단 솔레노이드가 있다. 평균 자로의 길이를 $l[\text{m}]$라 할 때 솔레노이드에 공극(air gap) $l_0[\text{m}]$를 만들어 자기저항을 원래의 2배로 하려면 얼마만한 공극을 만들면 되는가?
(단, $\mu_r \gg 1$이고, 자기력은 일정하다고 한다.)

① $l_0 = \dfrac{l}{2}$ ② $l_0 = \dfrac{l}{\mu_r}$
③ $l_0 = \dfrac{l}{2\mu_r}$ ④ $l_0 = 1 + \dfrac{l}{\mu_r}$

풀이

- 공극이 없을 때의 자기저항
$$R_1 = \frac{l}{\mu S}$$

- 공극의 자기저항
$$R_0 = \frac{l_0}{\mu_0 S}$$

- 공극이 있을 때의 철심의 자기저항
$$R_m = \frac{l-l_0}{\mu S} \fallingdotseq \frac{l}{\mu S} \quad (\because l - l_0 \fallingdotseq l)$$

- 공극이 있을 때의 자기저항
$$R_2 = R_0 + R_m = \frac{l_0}{\mu_0 S} + \frac{l}{\mu S} = \frac{l}{\mu S}\left(1 + \frac{\mu_r l_0}{l}\right)$$

따라서, $\dfrac{R_2}{R_1} = \dfrac{\frac{l}{\mu S}(1+\frac{\mu_r l_0}{l})}{\frac{l}{\mu S}} = 1 + \dfrac{\mu_r l_0}{l} = 2$ 에서

$$\frac{\mu_r l_0}{l} = 1 \quad \therefore l_0 = \frac{l}{\mu_r}[\text{m}] \qquad \boxed{\text{답}}\ ②$$

문제 11
반지름 $a[\text{m}]$의 구도체에 전하 $Q[\text{C}]$이 주어질 때, 구도체 표면에 작용하는 정전응력[N/m²]은?

① $\dfrac{Q^2}{64\pi^2\epsilon_0 a^4}$ ② $\dfrac{Q^2}{32\pi^2\epsilon_0 a^4}$
③ $\dfrac{Q^2}{16\pi^2\epsilon_0 a^4}$ ④ $\dfrac{Q^2}{8\pi^2\epsilon_0 a^4}$

풀이

구도체 표면의 전계의 세기 $E = \dfrac{Q}{4\pi\epsilon_0 a^2}$

따라서, 구도체 표면에 작용하는 정전응력은

$$f = \frac{1}{2}\epsilon_0 E^2 = \frac{1}{2}\epsilon_0 \left(\frac{Q}{4\pi\epsilon_0 a^2}\right)^2 = \frac{Q^2}{32\pi^2\epsilon_0 a^4}\,[\text{N/m}^2] \quad \boxed{\text{답}}\ ②$$

문제 12
반지름이 각각 $a=0.2[\text{m}]$, $b=0.5[\text{m}]$ 되는 동심구 간에 고유저항 $\rho = 2\times 10^{12}[\Omega\cdot\text{m}]$, 비유전율 $\epsilon_s = 100$인 유전체를 채우고 내외 동심구 간에 150[V]의 전위차를 가할 때 유전체를 통하여 흐르는 누설전류는 몇 [A]인가?

① 2.15×10^{-10}
② 3.14×10^{-10}
③ 5.31×10^{-10}
④ 6.13×10^{-10}

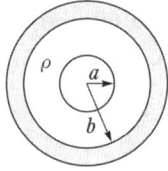

풀이

$RC = \epsilon\rho,\ R = \dfrac{\epsilon\rho}{C_{ab}}\ \left(\because C_{ab} = \dfrac{4\pi\epsilon}{\frac{1}{a}-\frac{1}{b}}\right)$

$$\therefore R = \frac{\rho}{4\pi}\left(\frac{1}{a} - \frac{1}{b}\right)$$

따라서, 전류 $I = \dfrac{V}{R} = \dfrac{4\pi V}{\rho\left(\frac{1}{a}-\frac{1}{b}\right)} = \dfrac{4\pi\times 150}{2\times 10^{12}\left(\frac{1}{0.2}-\frac{1}{0.5}\right)}$

$$= 3.14\times 10^{-10}[\text{A}] \qquad \boxed{\text{답}}\ ②$$

문제 13 유전체 내의 전속밀도에 관한 설명 중 옳은 것은?
① 진전하만이다.
② 분극 전하만이다.
③ 겉보기 전하만이다.
④ 진전하와 분극 전하이다.

풀이
가우스 정리의 미분형 $\text{div } D = \rho$에서 알 수 있듯이 유전체 중의 전속 밀도의 발산은 진전하 밀도 ρ만에 의해 좌우된다.
답 ①

문제 14 전계와 자계의 위상 관계는?
① 위상이 서로 같다.
② 전계가 자계보다 90° 늦다.
③ 전계가 자계보다 90° 빠르다.
④ 전계가 자계보다 45° 빠르다.

풀이
전파(전계)와 자파(자계)는 직교하며, 같은 위상(동상)으로 진행하고 있다.

평면파의 전파와 자파의 상호 관계
답 ①

문제 15 진공 중에 놓인 3[μC]의 점전하에서 3[m] 되는 점의 전계는 몇 [V/m]인가?
① 100   ② 1000
③ 300   ④ 3000

풀이
점전하에 의한 전계 $E = \dfrac{Q}{4\pi\epsilon_0 r^2}$에서
전계 $E = 9 \times 10^9 \times \dfrac{3 \times 10^{-6}}{3^2} = 3000[\text{V/m}]$
$\left(\because \dfrac{1}{4\pi\epsilon_0} = 9 \times 10^9\right)$
답 ④

문제 16 정전계에 대한 설명으로 옳은 것은?
① 전계 에너지가 최소로 되는 전하분포의 전계이다.
② 전계 에너지가 최대로 되는 전하분포의 전계이다.
③ 전계 에너지가 항상 0인 전기장을 말한다.
④ 전계 에너지가 항상 ∞인 전기장을 말한다.

풀이
전계
① 전계(전기장, 전장) : 전기력이 미치는 공간을 말한다.
② 정전계 : 전계 에너지가 최소로 되는 전하 분포의 전계
답 ①

문제 17 진공 중 1[C]의 전하에 대한 정의로 옳은 것은? (단, Q_1, Q_2는 전하이며, F는 작용력이다.)
① $Q_1 = Q_2$, 거리 1[m], 작용력 $F = 9 \times 10^9$[N]일 때이다.
② $Q_1 < Q_2$, 거리 1[m], 작용력 $F = 6 \times 10^4$[N]일 때이다.
③ $Q_1 = Q_2$, 거리 1[m], 작용력 $F = 1$[N]일 때이다.
④ $Q_1 > Q_2$, 거리 1[m], 작용력 $F = 1$[N]일 때이다.

풀이
쿨롱의 법칙 $F = 9 \times 10^9 \dfrac{Q_1 Q_2}{r^2}$[N]에서
1[C]의 두 점전하가 1[m] 떨어져 있다면,
작용력 $F = 9 \times 10^9 \dfrac{Q_1 Q_2}{r^2} = 9 \times 10^9 \times \dfrac{1 \times 1}{1^2} = 9 \times 10^9$[N]이다.
답 ①

제2과목 전력공학

문제 21 우리나라 22.9[kV] 배전선로에서 가장 많이 사용하는 배전 방식과 중성점 접지방식은?
① 3상 3선식 비접지
② 3상 4선식 비접지
③ 3상 3선식 다중접지
④ 3상 4선식 다중접지

풀이
① 3상 4선식은 같은 회선에서 선간전압과 상전압의 양 전압을 이용할 수 있기 때문에 배전에서 많이 채용되고 있다.
② 전압별 접지방식
 • 22.9 [kV] : 중성점 다중접지(현재 배전선로에 사용 되고 있음)
 • 154, 345 [kV] : 직접 접지
 • 22 [kV] : 비접지(단거리 선로에 한해서 일부 사용)
 • 66 [kV] : 소호 리액터 접지(일부 사용되었으나 현재는 거의 사용하고 있지 않음)   **답 ④**

문제 22 다음 송전선의 전압변동률 식에서 V_{R1}은 무엇을 의미하는가?

$$\epsilon = \frac{V_{R1} - V_{R2}}{V_{R2}} \times 100[\%]$$

① 부하시 송전단 전압
② 무부하시 송전단 전압
③ 전부하시 수전단 전압
④ 무부하시 수전단 전압

풀이
전압변동률 = $\frac{\text{무부하시의 수전단 전압} - \text{전부하시의 수전단 전압}}{\text{전부하시의 수전단 전압}} \times 100[\%]$

$= \frac{V_{R1} - V_{R2}}{V_{R2}} \times 100[\%]$ **답 ④**

문제 23 100[kVA] 단상변압기 3대를 △-△결선으로 사용하다가 1대의 고장으로 V-V결선으로 사용하면 약 몇 [kVA] 부하까지 사용할 수 있는가?
① 150   ② 173   ③ 225   ④ 300

풀이
변압기 1대의 출력을 P_1이라 하면
V-V결선 시 출력 $P_V = \sqrt{3} P_1 = \sqrt{3} \times 100 = 173.2[kVA]$ **답 ②**

문제 24 1선 지락 시에 전위상승이 가장 적은 접지방식은?
① 직접 접지   ② 저항 접지
③ 리액터 접지   ④ 소호리액터 접지

풀이

방식	보호계전기 동작	지락전류	고장중 운전	전위상승	과도안정도	유도장해	특징
직접 접지 (22.9, 154, 345 [kV])	확실	최대	×	1.3	최소	최대	중성점영전위, 단절연가능
저항 접지	↓	↓	×	$\sqrt{3}$	↓	↓	
비접지 (3.3, 6.6 [kV])	×	↓	가능	$\sqrt{3}$	↓	↓	저전압 단거리에 적용
소호 리액터 접지 (66 [kV])	불확실	최소	가능	$\sqrt{3}$ 이상	최대	최소	병렬공진, 고장전류최소

즉, **직접접지방식**은 타 접지방식에 비해 **지락사고시 건전상의 전위상승이 가장 낮으므로** 송전계통의 절연레벨을 저감시킬 수 있다. 따라서, 절연비가 커지는 초고압 송전계통에서는 직접접지방식이 가장 경제적이다.   **답 ①**

문제 25 부하에 따라 전압변동이 심한 급전선을 가진 배전 변전소의 전압 조정 장치로서 적당한 것은?
① 단권 변압기   ② 주변압기 탭
③ 전력용 콘덴서   ④ 유도 전압 조정기

풀이
부하 변동이 심한 경우 탭 절환 방식을 채용할 수 없다. 따라서, 유도 전압 조정기가 많이 채용된다.   **답 ④**

문제 26 선로의 커패시턴스와 무관한 것은?
① 전자유도
② 개폐서지
③ 중성점 잔류전압
④ 발전기 자기여자현상

풀이

- **전자 유도**: 전력선과 통신선과의 **상호 인덕턴스에 의해 발생**

  전자유도전압 $E_m = -j\omega Ml(I_a + I_b + I_c) = -j\omega Ml(3I_0)$

  여기서, M : 전력선과 통신선 사이의 상호 인덕턴스 [H/km]

  l : 병행길이 [km]

  I_0 : 영상 전류 [A]

  답 ①

문제 27 송전거리, 전력, 손실률 및 역률이 일정하다면 전선의 굵기는?

① 전류에 비례한다.
② 전류에 반비례한다.
③ 전압의 제곱에 비례한다.
④ 전압의 제곱에 반비례한다.

풀이

- 전력손실

  $P_l = 3I^2R = 3 \times \left(\dfrac{P}{\sqrt{3}\,V\cos\theta}\right)^2 \times \rho\dfrac{l}{A} = \dfrac{P^2\rho l}{V^2\cos^2\theta A}$

- 전력손실률 $h = \dfrac{P_l}{P} = \dfrac{P\rho l}{V^2\cos^2\theta A}$

- 전선단면적 $A = \dfrac{P\rho l}{hV^2\cos^2\theta}$

따라서, 송전거리 l, 전력 P, 손실률 h 및 역률 $\cos\theta$ 가 일정한 경우 $A \propto \dfrac{1}{V^2}$ 이 되어 **전선의 단면적은 송전전압의 제곱에 반비례** 한다.

답 ④

문제 28 3상 1회선 송전 선로의 소호 리액터의 용량[kVA]은?

① 선로 충전 용량과 같다.
② 선간 충전 용량의 1/2이다.
③ 3선 일괄의 대지 충전 용량과 같다.
④ 1선과 중성점 사이의 충전 용량과 같다.

풀이

3상 1회선 소호 리액터 용량

$P = 3 \times 2\pi f C_s E^2 \times 10^{-3}$ [kVA]

로 표현된다. 따라서, 소호 리액터 용량은 3선 일괄의 대지 충전 용량과 같다.

여기서, C_s : 1상당 대지 정전 용량 [μF]

E : 대지 전압 [kV]

답 ③

문제 29 감전방지 대책으로 적합하지 않은 것은?

① 외함 접지
② 아크혼 설치
③ 2중 절연기기
④ 누전 차단기 설치

풀이

아크혼의 설치 목적

- 애자련의 전압분포 개선
- 선로의 섬락으로부터 **애자련의 보호**

답 ②

문제 30 18~23개를 한 줄로 이어 단 표준현수애자를 사용하는 전압[kV]은?

① 23[kV]
② 154[kV]
③ 345[kV]
④ 765[kV]

풀이

전압별 현수애자의 개수

22.9 [kV]	66 [kV]	154 [kV]	345 [kV]
2~3	4~6	10~11	18~20

참고로, 전압에 따른 현수애자의 연결 개수는 주변 환경에 따라 다르나 일반적으로 다음과 같이 계산할 수 있다.

연결개수 $n = \dfrac{\text{전압[kV]}}{20\,[\text{kV}]} + 1 \sim 2$(여유)

따라서 전압[kV]=(연결개수 − 1 ~ 2) × 20

= (18 − 1) × 20 = 340[kV]

이므로 345[kV] 계통이라는 것을 알 수 있다.

답 ③

제3과목 전기기기

문제 41 교류 정류자 전동기의 설명 중 틀린 것은?

① 정류 작용은 직류기와 같이 간단히 해결된다.
② 구조가 일반적으로 복잡하여 고장이 생기기 쉽다.
③ 기동토크가 크고 기동 장치가 필요 없는 경우가 많다.
④ 역률이 높은 편이며 연속적인 속도 제어가 가능하다.

풀이

교류정류자 전동기는 교류로 운전하며 직류전동기와 같은 특성을 가진 것으로서 구조는 직류 전동기 회전자와 유도 전동기 고정자를 합한 것과 같다. 또한, **교류 정류자 전동기**

는 정류 작용 문제가 직류기보다 더욱 곤란하기 때문에 출력에 제한을 받는다.　　답 ①

문제 42 역률 80 [%](뒤짐)로 전부하 운전 중인 3상 100 [kVA], 3000/200 [V] 변압기의 저압측 선전류의 무효분은 몇 [A]인가?

① 100
② $80\sqrt{3}$
③ $100\sqrt{3}$
④ $500\sqrt{3}$

풀이

출력 $P = \sqrt{3} V_2 I_2$ 식에서

$I_2 = \dfrac{P}{\sqrt{3}\, V_2} = \dfrac{100 \times 10^3}{\sqrt{3} \times 200} = \dfrac{500}{\sqrt{3}}$ [A]

무효 전류 $I_q = I_2 \sin\theta$ 에서

$\therefore\ I_q = \dfrac{500}{\sqrt{3}} \times \sqrt{1-0.8^2} = \dfrac{300}{\sqrt{3}} = 100\sqrt{3}$ [A]　　답 ③

문제 43 스텝 모터(step motor)의 장점이 아닌 것은?

① 가속, 감속이 용이하며 정·역전 및 변속이 쉽다.
② 위치제어를 할 때 각도 오차가 있고 누적된다.
③ 피드백 루프가 필요 없이 오픈 루프로 손쉽게 속도 및 위치제어를 할 수 있다.
④ 디지털 신호를 직접 제어할 수 있으므로 컴퓨터 등 다른 디지털 기기와 인터페이스가 쉽다.

풀이

스텝모터의 장·단점
[장점]
① 피드백루프가 필요 없어 오픈 루프로 손쉽게 속도 및 위치제어를 할 수 있다.
② 다른 디지털 기기와의 인터페이스가 쉽다.
③ 가속, 감속이 용이하며 정·역전 및 변속이 쉽다.
④ 속도제어 범위가 광범위하며, 초저속에서 큰 토크를 얻을 수 있다.
⑤ 위치제어를 할 때 **각도오차가 적고 누적되지 않는다.**
⑥ 정지하고 있을 때 그 위치를 유지해 주는 토크가 크다.
⑦ 브러시, 슬립 링 등이 없고 부품수가 적기 때문에 유지 보수의 필요성이 적다.
[단점]
① 분해 조립, 또는 정지위치가 한정된다.
② 효율이 서보모터에 비해 나쁘다.

③ 마찰 부하의 경우 위치 오차가 크다.
④ 오버슈트 및 진동의 문제가 있다.
⑤ 대용량의 대형기는 만들기 어렵다.
⑥ 큰 관성부하에 적용하기는 부적합하다.　　답 ②

문제 44 변압기유 열화방지 방법 중 틀린 것은?

① 밀봉방식
② 흡착제방식
③ 수소봉입방식
④ 개방형 콘서베이터

풀이

• 절연유 열화의 원인은 절연유의 온도 상승과 공기와의 접촉에 의해 발생하며 기름의 **열화 방지로는 콘서베이터, 브리더(흡착제 방식), 질소 봉입**이 있다.　　답 ③

문제 45 3상 유도전동기의 동기속도는 주파수와 어떤 관계가 있는가?

① 비례한다.
② 반비례한다.
③ 자승에 비례한다.
④ 자승에 반비례한다.

풀이

동기속도 $N_s = \dfrac{120f}{p}$ [rpm]에서 $N_s \propto f$

따라서, **동기속도 N_s는 주파수 f에 비례**한다.　　답 ①

문제 46 3단자 사이리스터가 아닌 것은?

① SCR
② GTO
③ SCS
④ TRIAC

풀이

각 종 반도체 소자의 비교
① 방향성
 • 양방향성(쌍방향성) 소자 : DIAC, TRIAC, SSS
 • 역저지(단방향성) 소자 : SCR, LASCR, GTO
② 극(단자) 수
 • 2극(단자) 소자 : DIAC, SSS, Diode
 • 3극(단자) 소자 : SCR, LASCR, GTO, TRIAC
 • 4극(단자) 소자 : SCS　　답 ③

문제 47 비례추이와 관계가 있는 전동기는?
① 동기 전동기
② 정류자 전동기
③ 3상 농형 유도전동기
④ 3상 권선형 유도전동기

풀이
비례추이란 2차 회로 저항의 크기를 조정함으로써 그 크기를 제어할 수 있는 요소를 말하며 비례추이를 할 수 있는 것은 $\frac{r_2}{s}$의 함수로 표시된다. 따라서, **비례추이는 2차 저항의 크기를 변화시킬 수 있는 권선형 유도 전동기**에서 사용된다. (농형 유도 전동기에는 적용할 수 없다.) **답** ④

문제 48 200[kVA]의 단상변압기가 있다. 철손이 1.6[kW]이고 전부하 동손이 2.5[kW]이다. 이 변압기의 역률이 0.8일 때 전부하시의 효율은 약 몇 [%]인가?
① 96.5
② 97.0
③ 97.5
④ 98.0

풀이
전부하 효율
$$\eta = \frac{VI\cos\phi}{VI\cos\phi + P_i + P_c} \times 100$$
$$= \frac{P_a \cos\phi}{P_a \cos\phi + P_i + P_c} \times 100[\%] \text{ 에서}$$
$$\eta_{0.8} = \frac{200 \times 0.8}{200 \times 0.8 + 1.6 + 2.5} \times 100 = 97.5[\%]$$ **답** ③

문제 49 60[Hz], 4극 유도전동기의 슬립이 4[%]인 때의 회전수[rpm]는?
① 1728
② 1738
③ 1748
④ 1758

풀이
회전수 $N = (1-s)N_s$
$= (1-s)\frac{120f}{p} = (1-0.04) \times \frac{120 \times 60}{4}$
$= 1728[\text{rpm}]$ **답** ①

문제 50 직류직권 전동기에서 토크 T와 회전수 N과의 관계는?
① $T \propto N$
② $T \propto N^2$
③ $T \propto \frac{1}{N}$
④ $T \propto \frac{1}{N^2}$

풀이
토크와 속도와의 관계
(자기포화가 되지 않는 범위, 즉 $\phi \propto I$)
$E_c = K_1 \phi N$에서 $N = K_2 \frac{E_c}{\phi} = K_3 \frac{E_c}{I_a}$
$\therefore N \propto \frac{1}{I_a}$, $I_a \propto \frac{1}{N}$
$T = K_1 \phi I_a$에서 $T = K_2 I_a^2$
(∵ 직권전동기에서 $I_a = I_f = I \propto \phi$ 이다.)
$\therefore T \propto I_a^2 \propto \frac{1}{N^2}$ **답** ④

문제 51 직류발전기 중 무부하일 때보다 부하가 증가한 경우에 단자전압이 상승하는 발전기는?
① 직권발전기
② 분권발전기
③ 과복권발전기
④ 차동복권발전기

풀이
가동복권 발전기 : 분권 계자권선과 직권계자 권선이 만드는 기자력의 방향이 같아 서로 합해지도록 접속되어 있는 발전기로서 평복권, 부족복권, 과복권으로 구분된다.
• 평복권 : 직권계자권선에서 만들어진 자속에 의한 기전력(E_f)이 전기자반작용에 따른 유기기전력 감소분(E_a)과 전기자 저항에 의한 전압강하(E_r)를 보상함으로써 부하변동에 의한 단자전압을 일정하게 한 발전기
즉, $E_f = E_a + E_r$
• 부족복권 : $E_f < E_a + E_r$
• **과복권** : $E_f > E_a + E_r$
즉, **과복권에서는 부하전류가 증가할수록 단자전압이 상승**한다. **답** ③

제4과목 회로이론

문제 61 선간전압 220 [V], 역률 60 [%]인 평형 3상 부하에서 소비전력 $P=10$[kW]일 때 선전류는 약 몇 [A] 인가?

① 25.3 ② 32.8
③ 43.7 ④ 53.6

풀이
3상 부하에서 소비전력 $P=\sqrt{3}\,VI\cos\theta$
$$\therefore I = \frac{P}{\sqrt{3}\,V\cos\theta} = \frac{10\times 10^3}{\sqrt{3}\times 220\times 0.6} = 43.74[A]$$ 답 ③

문제 62
$$i(t) = \frac{4I_m}{\pi}\left(\sin\omega t + \frac{1}{3}\sin 3\omega t + \frac{1}{5}\sin 5\omega t + \cdots\right)$$
로 표시하는 파형은?

①
②
③
④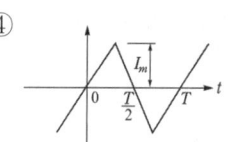

풀이
- 반파 대칭 및 정현 대칭을 동시에 만족하는 파형으로는 삼각파와 구형파가 있다.
- 반파 대칭의 특징 : 직류성분 $a_0=0$, 홀수항의 sin, cos 항 존재
- 정현 대칭의 특징 : 직류성분 $a_0=0$, cos항=0, sin항 존재

따라서, **반파 및 정현대칭의 경우 홀수항(기수항)의 sin만 존재**한다. 답 ②

문제 63 그림과 같은 회로에서 전류 I[A]는?

① 7
② 10
③ 13
④ 17

풀이
$$I = \sqrt{I_R^2 + I_L^2} = \sqrt{5^2 + 12^2} = 13[A]$$ 답 ③

문제 64 RLC 직렬회로에서 제 n고조파의 공진주파수 f[Hz]는?

① $\dfrac{1}{2\pi\sqrt{LC}}$ ② $\dfrac{1}{2\pi\sqrt{nLC}}$
③ $\dfrac{1}{2\pi n\sqrt{LC}}$ ④ $\dfrac{1}{2\pi n^2\sqrt{LC}}$

풀이
$R-L-C$ 직렬 회로의 임피던스 $Z = R + j(\omega L - \dfrac{1}{\omega C})$이고, 이때 임피던스의 허수부의 값이 0인 상태를 직렬공진 상태라 한다.

즉, $\omega L - \dfrac{1}{\omega C} = 0 \quad \omega L = \dfrac{1}{\omega C}$

따라서, n차 고조파에 있어서 공진조건은
$$2\pi(nf)L = \frac{1}{2\pi(nf)C}$$ 이므로
제 n차 고조파 공진주파수 f는
$$f = \frac{1}{2\pi n\sqrt{LC}}$$ 답 ③

문제 65 $\dfrac{1}{s+3}$을 역라플라스 변환하면?

① e^{3t} ② e^{-3t} ③ $e^{\frac{t}{3}}$ ④ $e^{-\frac{t}{3}}$

풀이
$e^{-at} \leftrightarrow \dfrac{1}{s+a}$ 이므로, 문제에서 $a=3$이다.
따라서, $f(t) = e^{-3t}$ 답 ②

문제 66 한 상의 임피던스 $Z=6+j8[\Omega]$인 평형 Y부하에 평형 3상 전압 200[V]를 인가할 때 무효전력은 약 몇 [Var]인가?

① 1330 ② 1848
③ 2381 ④ 3200

풀이
$$Q = 3I^2 X = 3\left(\frac{V_p}{\sqrt{R^2+X^2}}\right)^2 X = 3\frac{V_p^2 X}{R^2+X^2}$$

$$= \frac{3 \times \left(\frac{200}{\sqrt{3}}\right)^2 \times 8}{6^2 + 8^2} = 3200 [\text{Var}]$$

답 ④

문제 67 정전용량 C만의 회로에서 100[V], 60[Hz]의 교류를 가했을 때 60[mA]의 전류가 흐른다면 C는 약 몇 [μF]인가?

① 5.26　② 4.32
③ 3.59　④ 1.59

풀이

$X_c = \frac{V}{I} = \frac{100}{60 \times 10^{-3}} = \frac{10}{6} \times 10^3 = 1.66 \times 10^3 [\Omega]$

$X_c = \frac{1}{\omega C}$ 에서 $C = \frac{1}{\omega X_c}$ 이므로,

∴ $C = \frac{1}{\omega(1.66 \times 10^3)} = \frac{1}{2 \times 3.14 \times 60 \times 1.66 \times 10^3}$
$= 1.59 \times 10^{-6} [\text{F}] = 1.59 [\mu\text{F}]$

답 ④

문제 68 그림과 같은 회로를 $t=0$에서 스위치 S를 닫았을 때 $R[\Omega]$에 흐르는 전류 $i_R(t)[\text{A}]$는?

① $I_0(1 - e^{-\frac{R}{L}t})$
② $I_0(1 + e^{-\frac{R}{L}t})$
③ I_0
④ $I_0 e^{-\frac{R}{L}t}$

풀이

$i_R(t)$를 구하려면 $i_L(t)$를 먼저 구한다.
인덕턴스에 흐르는 전류 $i_L(t) = I_0\left(1 - e^{-\frac{R}{L}t}\right)$
키르히호프의 전류법칙에 의해 $I_0 = i_R(t) + i_L(t)$ 이므로

∴ $i_R(t) = I_0 - i_L(t) = I_0 - I_0\left(1 - e^{-\frac{R}{L}t}\right) = I_0 e^{-\frac{R}{L}t}$

답 ④

문제 69 회로의 3[Ω] 저항 양단에 걸리는 전압[V]은?

① 2
② -2
③ 3
④ -3

풀이

중첩의 원리에 의해서
- 전압원 2[V]에 의해 3[Ω]에 흐르는 전류
  (이때 전류원은 개방) $i_1 = \frac{2}{3}[\text{A}]$
- 전류원 1[A]에 의해서 3[Ω]에 흐르는 전류
  (이때 전압원은 단락) $i_2 = 0[\text{A}]$
  (전압원은 단락되므로 전류는 저항을 통하여 흐르지 않고 모두 단락회로로 흐른다.)
- 3[Ω]저항에 흐르는 전류 $i = i_1 + i_2 = \frac{2}{3} + 0 = \frac{2}{3}[\text{A}]$

∴ 저항 양단에 걸리는 전압 $E = ir = \frac{2}{3} \times 3 = 2[\text{V}]$　답 ①

문제 70 그림과 같은 회로의 구동점 임피던스[Ω]는?

① $2 + j\omega$
② $\frac{2\omega^2 + j4\omega}{3}$
③ $\frac{\omega^2 + j8\omega}{4 + \omega^2}$
④ $\frac{2\omega^2 + j4\omega}{4 + \omega^2}$

풀이

구동점 임피던스는 2단자망의 한 쌍의 단자에서 본 임피던스를 구동점 임피던스라고 하며, 보통 $j\omega$, 또는 s로 치환하여 나타낸다.

$Z(j\omega) = \frac{1}{\frac{1}{j\omega L} + \frac{1}{R}} = \frac{1}{\frac{1}{j\omega} + \frac{1}{2}} = \frac{2j\omega}{2 + j\omega}$

$= \frac{j2\omega(2 - j\omega)}{(2 + j\omega)(2 - j\omega)} = \frac{2\omega^2 + j4\omega}{4 + \omega^2}$

답 ④

제5과목 전기설비기술기준

문제 81 154 [kV]용 변성기를 사람이 접촉할 우려가 없도록 시설하는 경우에 충전부분의 지표상의 높이는 최소 몇 [m] 이상이어야 하는가?

① 4　② 5　③ 6　④ 8

풀이

341.4 특고압용 기계기구의 시설
특고압용 기계기구 충전부분의 지표상 높이

사용전압의 구분	울타리·담 등의 높이와 울타리·담 등으로부터 충전 부분까지의 거리의 합계
35 [kV] 이하	5 [m]
35 [kV] 초과 160 [kV] 이하	6 [m]
160 [kV] 초과	• 거리의 합계 = 6 + 단수 × 0.12 [m] • 단수 = $\dfrac{\text{사용전압 [kV]}-160}{10}$ 단수 계산에서 소수점 이하는 절상

답 ③

문제 82 옥내배선에서 나전선을 사용할 수 없는 것은?

① 전선의 피복 전열물이 부식하는 장소의 전선
② 취급자 이외의 자가 출입할 수 없도록 설비한 장소의 전선
③ 전용의 개폐기 및 과전류 차단기가 시설된 전기기계기구의 저압전선
④ 애자공사에 의하여 전개된 장소에 시설하는 경우로 전기로용 전선

풀이

231.4 나전선의 사용 제한
옥내에 시설하는 저압전선에는 나전선을 사용하여서는 아니 된다. 다만, 다음중 어느 하나에 해당하는 경우에는 그러하지 아니하다.
가. 애자공사에 의하여 전개된 곳에 다음의 전선을 시설하는 경우
　① **전기로용 전선**
　② 전선의 **피복 절연물이 부식하는 장소**에 시설하는 전선
나. **버스덕트공사**에 의하여 시설하는 경우
다. **라이팅덕트공사**에 의하여 시설하는 경우
라. **접촉 전선**을 시설하는 경우

답 ③

문제 83 시가지 등에서 특고압 가공전선로의 시설에 대한 내용 중 틀린 것은?

① A종 철주를 지지물로 사용하는 경우의 경간은 75[m] 이하이다.
② 사용전압이 170[kV] 이하인 전선로를 지지하는 애자장치는 2련 이상의 현수애자 또는 장간애자를 사용한다.
③ 사용전압이 100[kV]를 초과하는 특고압 가공전선에 지락 또는 단락이 생겼을 때에는 1초 이내에 자동적으로 이를 전로로부터 차단하는 장치를 시설한다.
④ 사용전압이 170[kV] 이하인 전선로를 지지하는 애자장치는 50[%] 충격섬락전압 값이 그 전선의 근접한 다른 부분을 지지하는 애자장치 값의 100[%] 이상인 것을 사용한다.

풀이

333.1 시가지 등에서 특고압 가공전선로의 시설
사용전압이 170[kV] 이하인 특고압 가공전선로를 시가지 그 밖에 인가가 밀집한 지역에 시설하기 위한 특고압 가공전선을 지지하는 애자장치는 다음 중 어느 하나에 의할 것.
가. **50[%] 충격섬락전압** 값이 그 전선의 근접한 다른 부분을 **지지하는 애자장치 값의 110[%]**(사용전압이 130[kV]를 초과하는 경우는 105[%]) 이상인 것.
나. 아킹혼을 붙인 현수애자·장간애자 또는 라인포스트애자를 사용하는 것.
다. 2련 이상의 현수애자 또는 장간애자를 사용하는 것.
라. 2개 이상의 핀애자 또는 라인포스트애자를 사용하는 것.

답 ④

문제 84 345[kV] 가공전선로를 제1종 특고압 보안공사에 의하여 시설할 때 사용되는 경동연선의 굵기는 몇 [mm²] 이상이어야 하는가?

① 100　② 125　③ 150　④ 200

풀이

333.22 특고압 보안공사
제1종 특고압 보안공사 시 전선의 단면적

사용전압	전　선
100 [kV] 미만	인장강도 21.67 [kN] 이상의 연선 또는 단면적 55[mm²] 이상의 경동연선
100 [kV] 이상 300 [kV] 미만	인장강도 58.84 [kN] 이상의 연선 또는 단면적 150[mm²] 이상의 경동연선
300 [kV] 이상	인장강도 77.47 [kN] 이상의 연선 또는 **단면적 200[mm²] 이상의 경동연선**

답 ④

문제 85 차단기에 사용하는 압축공기장치에 대한 설명 중 틀린 것은?

① 공기압축기를 통하는 관은 용접에 의한 잔류응력이 생기지 않도록 할 것
② 주 공기탱크에는 사용압력 1.5배 이상 3배 이하의 최고 눈금이 있는 압력계를 시설할 것
③ 공기압축기는 최고사용압력의 1.5배 수압을 연속하여 10분간 가하여 시험하였을 때 이에 견디고 새지 아니할 것
④ 공기탱크는 사용압력에서 공기의 보급이 없는 상태로 차단기의 투입 및 차단을 연속하여 3회 이상 할 수 있는 용량을 가질 것

풀이
341.15 압축공기계통
발전소·변전소·개폐소 또는 이에 준하는 곳에서 개폐기 또는 차단기에 사용하는 압축공기장치는 사용 압력에서 **공기의 보급이 없는** 상태로 개폐기 또는 차단기의 **투입 및 차단**을 연속하여 1회 이상 할 수 있는 용량을 가지는 것일 것. 답 ④

문제 86 사용전압이 22900[V]인 가공전선이 건조물과 제2차 접근상태로 시설되는 경우에 이 특고압 가공전선로의 보안공사는 어떤 종류의 보안공사로 하여야 하는가?

① 고압 보안공사
② 제1종 특고압 보안공사
③ 제2종 특고압 보안공사
④ 제3종 특고압 보안공사

풀이
333.23 특고압 가공전선과 건조물의 접근
가. 건조물과 제1차 접근상태 : 제3종 특고압 보안공사
나. **건조물과 제2차 접근상태**
 ① **사용전압이 35[kV] 이하 : 제2종 특고압 보안공사**
 ② 사용전압이 35[kV] 초과 400[kV] 미만 : 제1종 특고압 보안공사 답 ③

문제 87 저압 수상전선로에 사용되는 전선은?
① MI 케이블
② 알루미늄피 케이블
③ 클로로프렌시스 케이블
④ 클로로프렌 캡타이어 케이블

풀이
335.3 수상전선로의 시설
수상전선로를 시설하는 경우 사용전압이 저압 또는 고압인 것에 한 하며 사용되는 전선은 다음과 같다.
가. **저압 : 클로로프렌 캡타이어 케이블**
나. 고압 : 캡타이어 케이블 답 ④

문제 88 22.9[kV] 특고압으로 가공전선과 조영물이 아닌 다른 시설물이 교차하는 경우, 상호간의 이격거리는 몇 [cm] 까지 감할 수 있는가? (단, 전선은 케이블이다.)
① 50　② 60　③ 100　④ 120

풀이
333.28 특고압 가공전선과 다른 시설물의 접근 또는 교차
특고압 절연전선 또는 케이블을 사용하는 사용전압이 35[kV] 이하의 특고압 가공전선과 다른 시설물 사이의 이격거리

다른 시설물의 구분	접근형태	이격거리
조영물의 상부조영재	위쪽	2[m] (전선이 케이블인 경우는 1.2[m])
	옆쪽 또는 아래쪽	1[m] (전선이 케이블인 경우는 0.5[m])
조영물의 상부조영재 이외의 부분 또는 **조영물 이외의 시설물**		1[m] (전선이 케이블인 경우는 0.5[m])

답 ①

문제 89 단락전류에 의하여 생기는 기계적 충격에 견디는 것을 요구하지 않는 것은?
① 애자　② 변압기
③ 조상기　④ 접지선

풀이
발전기 등의 기계적 강도(기술기준 제23조)
발전기, 변압기, 조상기, 모선 또는 이를 지지하는 애자는 단락 전류에 의하여 생긴 기계적 충격에 견디는 것이어야 한다. 답 ④

16년 1회 동일 및 유사 문제 (년도-회-번호)

1과목 전기자기학
- 18 22-2-06
- 19 22-3-12
- 20 21-2-18

2과목 전력공학
- 31 21-1-31
- 32 21-3-23
- 33 20-3-22
- 34 21-3-31
- 35 19-1-21
- 36 19-3-27
- 37 19-1-39
- 38 21-3-28
- 39 21-1-29
- 40 22-1-31

3과목 전기기기
- 52 21-3-50
- 53 22-3-42
- 54 18-2-45
- 55 20-1,2-50
- 56 20-4-48
- 57 22-1-54
- 58 21-3-54
- 59 22-1-59
- 60 20-4-47

4과목 회로이론 및 제어공학
- 71 21-1-62
- 72 19-1-70
- 73 18-3-67
- 74 20-1,2-73
- 75 22-1-75
- 76 20-4-80
- 77 22-3-78
- 78 18-3-70
- 79 18-3-77
- 80 22-2-62

5과목 전기설비기술기준
- 90 21-3-89
- 91 19-3-81
- 92 21-1-95
- 93 22-2-81
- 94 21-1-87
- 95 21-1-82
- 96 22-1-81
- 97 19-1-86

국가기술자격검정 필기시험 문제

2016년도 전기산업기사 일반검정 제2회

자격종목 및 등급(선택분야)	종목코드	시험시간	문제지형별
전기산업기사	2140	2시간 30분	A

수검 번호: 　　　성 명:

제1과목 전기자기학

문제 01 10^{-5}[Wb]와 1.2×10^{-5}[Wb]의 점자극을 공기 중에서 2[cm] 거리에 놓았을 때 극간에 작용하는 힘은 약 몇 [N]인가?

① 1.9×10^{-2}　② 1.9×10^{-3}
③ 3.8×10^{-2}　④ 3.8×10^{-3}

풀이
쿨롱의 법칙
$F = \dfrac{m_1 m_2}{4\pi \mu_0 r^2} = 6.33 \times 10^4 \times \dfrac{m_1 m_2}{r^2}$ [N]에서

$(\because \dfrac{1}{4\pi \mu_0} = 6.33 \times 10^4)$

$F = 6.33 \times 10^4 \times \dfrac{10^{-5} \times 1.2 \times 10^{-5}}{0.02^2}$

$\fallingdotseq 1.9 \times 10^{-2}$ [N]

답 ①

문제 02 비유전율 ϵ_s에 대한 설명으로 옳은 것은?

① ϵ_s의 단위는 [C/m]이다.
② ϵ_s는 항상 1보다 작은 값이다.
③ ϵ_s는 유전체의 종류에 따라 다르다.
④ 진공의 비유전율은 0이고, 공기의 비유전율은 1이다.

풀이
비 유전율 ϵ_s[F/m]
• 진공의 비유전율 $\epsilon_s = 1$
• ϵ_s는 절연물의 종류에 따라 다르며 그 값은 1보다 크다.

답 ③

문제 03 전자장에 대한 설명으로 틀린 것은?

① 대전된 입자에서 전기력선이 발산 또는 흡수한다.
② 전류(전하이동)는 순환형의 자기장을 이루고 있다.
③ 자석은 독립적으로 존재하지 않는다.
④ 운동하는 전자는 자기장으로부터 힘을 받지 않는다.

풀이
로렌츠의 힘 : 전계와 자계가 동시에 존재할 때 입자에 작용하는 힘으로
• 전계에서의 힘 $F = qE$ [N]
• 자계에서의 힘 $F = q(v \times B)$ [N]
따라서, 전자장 내에서 운동전하는
$F = qE + q(v \times B) = q(E + v \times B)$ [N]
의 힘을 받는다.

답 ④

문제 04 영구자석의 재료로 사용되는 철에 요구되는 사항으로 옳은 것은?

① 잔류자속밀도는 작고 보자력이 커야 한다.
② 잔류자속밀도와 보자력이 모두 커야 한다.
③ 잔류자속밀도는 크고 보자력이 작아야 한다.
④ 잔류자속밀도는 커야 하나, 보자력이 0이어야 한다.

풀이
• 영구 자석 : 잔류 자속 및 보자력이 커야 한다.
• 자심 재료 : 잔류 자속은 크고 보자력이 작아야 한다.

답 ②

문제 05 온도가 20[℃]일 때 저항률의 온도계수가 가장 작은 금속은?

① 금 ② 철
③ 알루미늄 ④ 백금

풀이

금속의 저항률과 온도계수(20[℃])

금 속	$\rho \times 10^{-8}[\Omega \cdot m]$	저항온도계수(α_{20})
금	2.4	0.0034
철	10	0.0050
알루미늄	2.62	0.0039
백금	10.5	0.0030

답 ④

문제 06 대전도체의 성질로 가장 알맞은 것은?

① 도체 내부에 정전에너지가 저축된다.
② 도체 표면의 정전응력은 $\frac{\sigma^2}{2\epsilon_0}$[N/m²] 이다.
③ 도체 표면의 전계의 세기는 $\frac{\sigma^2}{\epsilon_0}$[V/m] 이다.
④ 도체의 내부전위와 도체 표면의 전위는 다르다.

풀이

- 전하는 도체 내부에는 존재하지 않고, 도체 표면에만 분포한다.
- 도체 표면의 전하밀도를 σ[c/m²]이라 하면 **표면상의 정전응력은 $\frac{\sigma^2}{2\epsilon_0}$[N/m²]** 이다.
- 도체 표면의 전계는 $E = \frac{\sigma}{\epsilon_0}$[V/m]이다.
- 도체 표면과 내부의 전위는 동일하고(등전위), 표면은 등전위면이다.

답 ②

문제 07 그림과 같이 영역 $y \leq 0$은 완전 도체로 위치해 있고, 영역 $y \geq 0$은 완전 유전체로 위치해 있을 때, 만일 경계 무한 평면의 도체면상에 면전하밀도 $\rho_s = 2$[nC/m²]가 분포되어 있다면 P점 (-4, 1, -5)[m]의 전계의 세기[V/m]는?

① $18\pi a_y$ ② $36\pi a_y$
③ $-54\pi a_y$ ④ $72\pi a_y$

풀이

- 완전도체에서 전하는 z축 면상에만 균일분포
- 전기력선은 도체 외부의 수직 방향인 유전체 내부로 진행(a_y 방향)
- 유전체 내부는 평등전계이므로 P점에 관계없이 어느 점이나 전계는 일정

전계의 세기(크기) $E = \frac{\rho_s}{\epsilon} = \frac{\rho_s}{\epsilon_0 \epsilon_s}$

$\rho_s = 2 \times 10^{-9}$[C/m²]

($\frac{1}{4\pi\epsilon_0} = 9 \times 10^9$ ∴ $\frac{1}{\epsilon_0} = 36\pi \times 10^9$, $\epsilon_s = 2$)

∴ $E = 36\pi \times 10^9 \times \frac{2 \times 10^{-9}}{2} = 36\pi$

∴ 전계의 세기(벡터) $\boldsymbol{E} = E a_y = 36\pi a_y$[V/m]   답 ②

문제 08 그림과 같이 도선에 전류 I[A]를 흘릴 때 도선의 바로 밑에 자침이 이 도선과 나란히 놓여 있다고 하면 자침의 N극의 회전력의 방향은?

① 지면을 뚫고 나오는 방향이다.
② 지면을 뚫고 들어가는 방향이다.
③ 좌측에서 우측으로 향하는 방향이다.
④ 우측에서 좌측으로 향하는 방향이다.

풀이

- 앙페르의 오른나사 법칙에 의해 도선 아래의 자기장 방향 : ⊗ (지면 위 → 아래)
- 자침의 N극의 회전방향은 자기장 방향과 일치하므로 지면 위에서 아래로 향하는 방향으로 회전력 작용   답 ②

문제 09 두 자성체 경계면에서 정자계가 만족하는 것은?

① 자계의 법선성분이 같다.
② 자속밀도의 접선성분이 같다.
③ 자속은 투자율이 작은 자성체에 모인다.
④ 양측 경계면상의 두 점간의 자위차가 같다.

풀이

경계조건
① 자계의 접선 성분이 같다. $H_1 \sin\theta_1 = H_2 \sin\theta_2$
② 자속 밀도의 법선 성분이 같다. $B_1 \cos\theta_1 = B_2 \cos\theta_2$
③ 자속은 투자율이 높은 쪽으로 모이려는 성질이 있다.
④ 경계면상의 두 점간의 자위차가 같다. **답** ④

문제 10 자속밀도가 B인 곳에 전하 Q, 질량 m인 물체가 자속밀도 방향과 수직으로 입사한다. 속도를 2배로 증가시키면, 원운동의 주기는 몇 배가 되는가?

① $\frac{1}{2}$ ② 1
③ 2   ④ 4

풀이

- 가속도 $\omega = \frac{v}{r} = \frac{eBv}{mv} = \frac{eB}{m}$ [rad/s]
- 주기 $T = \frac{2\pi}{\omega} = \frac{2\pi m}{eB}$

따라서, 원운동 주기 T는 속도 v와 무관하다. **답** ②

문제 11 대지 중의 두 전극 사이에 있는 어떤 점의 전계의 세기가 6[V/cm], 지면의 도전율이 10^{-4}[℧/cm]일 때 이 점의 전류 밀도는 몇 [A/cm²]인가?

① 6×10^{-4} ② 6×10^{-3}
③ 6×10^{-2} ④ 6×10^{-1}

풀이

전류 밀도 $i = KE = 10^{-4} \times 6 = 6 \times 10^{-4}$ [A/cm²] **답** ①

문제 12 환상 솔레노이드 코일에 흐르는 전류가 2[A]일 때 자로의 자속이 1×10^{-2} [Wb]라고 한다. 코일의 권수를 500회라 할 때 이 코일의 자기인덕턴스는 몇 [H]인가?

① 2.5   ② 3.5
③ 4.5   ④ 5.5

풀이

자기 인덕턴스
$L = \frac{N\phi}{I} = \frac{500 \times 1 \times 10^{-2}}{2} = 2.5$[H] **답** ①

문제 13 그림과 같은 환상철심에 A, B의 코일이 감겨있다. 전류 I가 120[A/s]로 변화할 때, 코일 A에 90[V], 코일 B에 40[V]의 기전력이 유도된 경우, 코일 A의 자기인덕턴스 L_1[H]과 상호인덕턴스 M[H]의 값은 얼마인가?

① $L_1 = 0.75$, $M = 0.33$
② $L_1 = 1.25$, $M = 0.7$
③ $L_1 = 1.75$, $M = 0.9$
④ $L_1 = 1.95$, $M = 1.1$

풀이

$\frac{dI_1}{dt} = 120$[A/s]일 때 $e_1 = 90$ [V], $e_2 = 40$ [V] 이므로

- 자기 인덕턴스 : $e_1 = L_1 \frac{dI_1}{dt}$ 이므로

$L_1 = \frac{e_1}{\frac{dI_1}{dt}} = \frac{90}{120} = 0.75$[H]

- 상호 인덕턴스 : $e_2 = M \frac{dI_1}{dt}$ 이므로

$M = \frac{e_2}{\frac{dI_1}{dt}} = \frac{40}{120} = 0.33$[H] **답** ①

문제 14 표피효과에 관한 설명으로 옳은 것은?
① 주파수가 낮을수록 침투깊이는 작아진다.
② 전도도가 작을수록 침투깊이는 작아진다.
③ 표피효과는 전계 혹은 전류가 도체 내부로 들어갈수록 지수함수적으로 적어지는 현상이다.
④ 도체 내부의 전계의 세기가 도체 표면의 전계세기의 1/2까지 감쇠되는 도체 표면에서 거리를 표피두께라 한다.

풀이

전류의 주파수가 증가할수록 도체 내부의 전류 밀도가 지수 함수적으로 감소되는 현상을 표피효과라 한다.

표피두께 $\delta = \sqrt{\frac{2}{\omega \sigma \mu}} = \sqrt{\frac{1}{\pi f \sigma \mu}}$ [m]

여기서, σ : 도전율, μ : 투자율
따라서, 주파수가 높을수록, 도전율이 높을수록, 투자율이 높을수록 표피 두께 δ가 감소하므로 표피효과는 증대되어 도체의 실효저항이 증가한다. 즉, 도체 내부의 전류 밀도가 지수 함수적으로 감소된다. **답** ③

제2과목 전력공학

문제 21 접촉자가 외기(外氣)로부터 격리되어 있어 아크에 의한 화재의 염려가 없으며 소형, 경량으로 구조가 간단하고 보수가 용이하며 진공 중의 아크 소호 능력을 이용하는 차단기는?
① 유입차단기
② 진공차단기
③ 공기차단기
④ 가스차단기

풀이
소호 원리에 따른 차단기의 종류

종류	약어	소 호 원 리
유입차단기	OCB	소호실에서 아크에 의한 절연유 분해 가스의 흡부력을 이용해서 차단
기중차단기	ACB	대기 중에서 아크를 길게 하여 소호실에서 냉각 차단
자기차단기	MBB	대기 중에서 전자력을 이용하여 아크를 소호실내로 유도해서 냉각차단
공기차단기	ABB	압축된 공기를 아크에 불어 넣어서 차단
진공차단기	VCB	**고진공 중**에서 전자의 고속도 확산에 의해 차단
가스차단기	GCB	고성능 절연 특성을 가진 특수 가스(SF_6)를 흡수해서 차단

답 ②

문제 22 서울과 같이 부하밀도가 큰 지역에서는 일반적으로 변전소의 수와 배전거리를 어떻게 결정하는 것이 좋은가?
① 변전소의 수를 감소하고 배전거리를 증가한다.
② 변전소의 수를 증가하고 배전거리를 감소한다.
③ 변전소의 수를 감소하고 배전거리도 감소한다.
④ 변전소의 수를 증가하고 배전거리도 증가한다.

풀이
부하 밀도가 큰 지역에서는 **변전소의 수를 증가**해서 담당 용량을 줄이고 **배전 거리를 작게** 해야 전력 손실도 줄어든다.
답 ②

문제 23 어떤 가공선의 인덕턴스가 1.6[mH/km]이고, 정전 용량이 0.008[μF/km]일 때 특성 임피던스는 약 몇 [Ω]인가?
① 128 ② 224 ③ 345 ④ 447

풀이
특성임피던스 $Z_0 = \sqrt{\dfrac{Z}{Y}} = \sqrt{\dfrac{R+j\omega L}{G+j\omega C}}$ 에서 저항 R과 누설 콘덕턴스 G를 무시하면

특성임피던스 $Z_0 = \sqrt{\dfrac{L}{C}} = \sqrt{\dfrac{1.6 \times 10^{-3}}{0.008 \times 10^{-6}}} ≒ 447[\Omega]$
답 ④

문제 24 중성점 접지방식에서 직접 접지방식을 다른 접지방식과 비교하였을 때 그 설명으로 틀린 것은?
① 변압기의 저감절연이 가능하다.
② 지락 고장시의 이상전압이 낮다.
③ 다중접지사고로의 확대 가능성이 대단히 크다.
④ 보호계전기의 동작이 확실하여 신뢰도가 높다.

풀이
직접 접지 방식의 장·단점
[장점]
　① 1선 지락시에 **건전상의 대지 전압이 거의 상승하지 않는다.**
　② 피뢰기의 효과를 증진시킬 수 있다.
　③ 변압기의 **저감절연(단절연)이 가능**하다.
　④ **계전기의 동작이 확실**해진다.
[단점]
　① 송전 계통의 과도 안정도가 나빠진다.
　② 통신선에 유도 장해가 크다.
　③ 기기에 큰 영향을 주어 손상을 준다.
　④ 대용량 차단기가 필요하다.
답 ③

문제 25 송전방식에서 선간 전압, 선로 전류, 역률이 일정할 때(3상 3선식/단상 2선식)의 전선 1선당의 전력비는 약 몇 [%]인가?
① 87.5 ② 94.7
③ 115.5 ④ 141.4

풀이
• 단상 2선식 전력 $P_1 = VI\cos\theta$ → 1선당 전력 $\dfrac{VI\cos\theta}{2}$

- 3상 3선식 전력 $P_3 = \sqrt{3}\,VI\cos\theta$
  → 1선당 전력 $\dfrac{\sqrt{3}\,VI\cos\theta}{3}$

∴ 1선당의 전력비 = $\dfrac{3상\ 3선식\ 1선당\ 전력}{단상\ 2선식\ 1선당\ 전력}\times 100$

$= \dfrac{\sqrt{3}\,VI\cos\theta/3}{VI\cos\theta/2}\times 100 = \dfrac{2\times\sqrt{3}}{3}\times 100$

$= 115.47[\%]$ **답** ③

$L_1 = S + \dfrac{8D_1^2}{3S}$, $L = 2S + \dfrac{8D^2}{3\times 2S}$

전선의 실제 길이는 떨어지기 전과 떨어진 후가 같으므로
$2L_1 = L$

$2\left(S + \dfrac{8D_1^2}{3S}\right) = 2S + \dfrac{8D^2}{3\times 2S}$

$\dfrac{8D^2}{3\times 2S} = 2\left(S + \dfrac{8D_1^2}{3S}\right) - 2S = \dfrac{2\times 8D_1^2}{3S}$

∴ $D = \sqrt{4D_1^2} = 2D_1 = 2\times 12 = 24[cm]$ **답** ②

문제 26 그림과 같은 열사이클은?

① 재생사이클
② 재열사이클
③ 카르노사이클
④ 재생재열사이클

풀이
① **재생 사이클** : 랭킨 사이클의 단열 팽창 중도에서 **증기의 일부를 추기하여 보일러 급수를 가열**함으로써 복수기에서의 열손실을 회수하는 사이클
② 재열 사이클 : 랭킨 사이클의 단열 팽창 중도에서 증기를 다시 과열시켜 과열 증기로 만들어 이것을 다시 단열 팽창시켜 열효율의 향상과 증기 습도 증가에 의한 장해를 적게 하는 사이클
③ 카르노 사이클 : 이상적인 사이클로서 2개의 등온변화와 2개의 단열변화로 이루어져 있으며 모든 사이클 중에서 최고의 열효율을 나타내는 사이클이다.
④ 재생 재열 사이클 : 재생 사이클과 재열 사이클을 겸용하여 전 사이클의 효율을 향상시킨 사이클 **답** ①

문제 28 전력원선도에서 알 수 없는 것은?

① 조상용량   ② 선로손실
③ 송전단의 역률   ④ 정태안정 극한전력

풀이
① 전력원선도에서 알 수 있는 사항
  • 정태안정 극한전력
  • 송·수전할 수 있는 최대전력
  • 선로손실과 송전효율
  • 수전단의 역률
  • 조상용량
  • 필요한 전력을 보내기 위한 송·수전단 전압간의 상차각
② 원선도에서 구할 수 없는 것
  • 과도 안정 극한전력
  • 코로나 손실
  • **송전단의 역률** **답** ③

문제 27 그림과 같이 지지점 A, B, C에는 고저차가 없으며, 경간 AB와 BC 사이에 전선이 가설되어, 그 이도가 12 [cm]이었다. 지금 경간 AC의 중점인 지지점 B에서 전선이 떨어져서 전선의 이도가 D로 되었다면 D는 몇 [cm]인가?

① 18
② 24
③ 30
④ 36

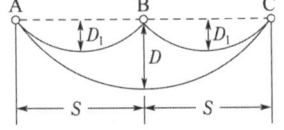

풀이
AB 및 BC 사이의 전선의 길이를 L_1이라하고 AC 사이의 전선의 길이를 L라고 하면

문제 29 200 [kVA] 단상 변압기 3대를 △결선에 의하여 급전하고 있는 경우 1대의 변압기가 소손되어 V결선으로 사용하였다. 이때의 부하가 516 [kVA] 라고 하면 변압기는 약 몇 [%]의 과부하가 되는가?

① 119   ② 129
③ 139   ④ 149

풀이
V결선 출력 $P_V = \sqrt{3}\,P_1 = \sqrt{3}\times 200$ [kVA]

과부하율 = $\dfrac{P_L}{P_V}\times 100 = \dfrac{516}{\sqrt{3}\times 200}\times 100 = 149[\%]$ **답** ④

제3과목 전기기기

문제 41 2대의 같은 정격의 타여자 직류발전기가 있다. 그 정격은 출력 10 [kW], 전압 100 [V], 회전속도 1500 [rpm] 이다. 이 2대를 카프법에 의해서 반환부하시험을 하니 전원에서 흐르는 전류는 22 [A]이었다. 이 결과에서 발전기의 효율은 약 몇 [%]인가? (단, 각 기의 계자저항손은 각각 200 [W]라고 한다.)

① 88.5 ② 87
③ 80.6 ④ 76

풀이

전원에서 흐르는 전류는 전부 손실 전류(기계손+철손) 이므로
- 발전기 2대에 대한 손실
  $P_{l0} = VI_0 = 100 \times 22 = 2200[W] = 2.2[kW]$
- 발전기 1대의 계자저항손 $P_{lf} = 200[W]$

따라서, 전체 손실은 $P_l = \frac{1}{2}P_{l0} + P_{lf} = \frac{2.2}{2} + 0.2$
$= 1.3[kW]$

발전기의 효율 η_g는

$\therefore \eta_g = \frac{출력}{출력 + 손실} \times 100 = \frac{10}{10+1.3} \times 100 = 88.5[\%]$ **답** ①

문제 42 변압기 1차측 공급전압이 일정할 때, 1차코일 권수를 4배로 하면 누설리액턴스와 여자전류 및 최대자속은? (단, 자로는 포화상태가 되지 않는다.)

① 누설리액턴스= 16, 여자전류= $\frac{1}{4}$, 최대자속 $= \frac{1}{16}$

② 누설리액턴스= 16, 여자전류= $\frac{1}{16}$, 최대자속= $\frac{1}{4}$

③ 누설리액턴스= $\frac{1}{16}$, 여자전류= 4, 최대자속 = 16

④ 누설리액턴스= 16, 여자전류= $\frac{1}{16}$, 최대자속 = 4

풀이

① 인덕턴스 $L = \frac{\mu A N^2}{l}$ 에서 $L \propto N^2$ 이므로 권수 N을 4배하면 누설리액턴스(ωL)는 16배가 된다.

② 여자 전류 $I_0 = \frac{V_1}{\omega L_1} \propto \frac{1}{L} \propto \frac{1}{N^2}$

따라서, $I_0 : I_0' = \frac{1}{N^2} : \frac{1}{(4N)^2}$, $I_0' = \frac{1}{16}I_0$

③ 최대자속 $\phi_m = \sqrt{2}\phi = \frac{\sqrt{2}\,V_1}{\omega N_1}$ 에서 $\phi_m \propto \frac{1}{N}$

따라서, 권수 N을 4배로 하면 최대자속 ϕ_m은 $\frac{1}{4}$로 감소한다. **답** ②

문제 43 직류전동기의 발전제동 시 사용하는 저항의 주된 용도는?

① 전압강하 ② 전류의 감소
③ 전력의 소비 ④ 전류의 방향전환

풀이

발전 제동 : 전동기를 전원으로부터 분리한 후 1차측에 직류전원을 공급하여 발전기로 동작시킨 후 발생된 **전력을 저항에서 열로 소비**시키는 방법 **답** ③

문제 44 8극 6 [Hz]의 유도 전동기가 부하를 연결하고 864 [rpm]으로 회전할 때 54.134 [kg·m]의 토크를 발생 시 동기와트는 약 몇 [kW]인가?

① 48 ② 50 ③ 52 ④ 54

풀이

정답이 없는 관계로 모두 정답 처리하였음 **답** ①,②,③,④

그러나, 문제에서 주파수가 6[Hz]가 아니고 60[Hz]로 주어진 경우에는

- 동기속도 $N_s = \frac{120f}{p} = \frac{120 \times 60}{8} = 900$ [rpm]
- 동기와트(2차입력) $P_2 = 2\pi n_s T$ [W]에서
  $P_2 = 2\pi \times \frac{900}{60} \times 54.134 \times 9.8 \times 10^{-3} = 50[kW]$

여기서, n_s : 동기속도[rps],
T : 토크[N·m] (1[kg·m] = 9.8[N·m]) **답** ②

문제 45 화학공장에서 선로의 역률은 앞선 역률 0.7이었다. 이 선로에 동기 조상기를 병렬로 결선해서 과여자로 하면 선로의 역률은 어떻게 되는가?

① 뒤진 역률이며 역률은 더욱 나빠진다.
② 뒤진 역률이며 역률은 더욱 좋아진다.
③ 앞선 역률이며 역률은 더욱 좋아진다.
④ 앞선 역률이며 역률은 더욱 나빠진다.

풀이
동기조상기의 운전
• 과여자 운전 : 콘덴서 작용 – 진상 전류
• 부족 여자 운전 : 리액터 작용 – 지상 전류
따라서, 동기조상기를 과여자로 하면 동기조상기는 콘덴서로 작용하게 되어 선로의 역률은 더욱 더 진상으로 되고 역률은 더 나빠지게 된다. **답** ④

문제 46 유도 전동기에서 인가전압이 일정하고 주파수가 정격 값에서 수 [%] 감소할 때 나타나는 현상 중 틀린 것은?
① 철손이 증가한다.
② 효율이 나빠진다.
③ 동기 속도가 감소한다.
④ 누설 리액턴스가 증가한다.

풀이
① • 와류손 $P_e = KE^2$: 주파수와 무관하고 전압의 자승에 비례
   • 히스테리시스손 $P_h = K\dfrac{E^2}{f}$: 주파수에 반비례 하고 전압의 자승
따라서, 주파수가 낮아지면 와류손은 변함이 없으나, 히스테리시스손이 증가하여 전체적으로 철손은 증가하게 된다 (철손 = 히스테리시스손 + 와전류손)
② 주파수가 낮아져서 철손이 증가하면 효율은 나빠진다.
③ 동기속도 $N_s = \dfrac{120f}{p}$[rpm]에서 주파수가 낮아지면 동기속도는 감소한다.
④ **누설리액턴스** $X_L = 2\pi fL[\Omega]$에서 **주파수가 낮아지면 누설리액턴스도 낮아진다.** **답** ④

문제 47 단상 유도 전동기를 기동 토크가 큰 것부터 낮은 순서로 배열한 것은?
① 모노사이클릭형 → 반발 유도형 → 반발 기동형 → 콘덴서 기동형 → 분상 기동형
② 반발 기동형 → 반발 유도형 → 모노사이클릭형 → 콘덴서 기동형 → 분상 기동형
③ 반발 기동형 → 반발 유도형 → 콘덴서 기동형 → 분상 기동형 → 모노사이클릭형
④ 반발 기동형 → 분상 기동형 → 콘덴서 기동형 → 반발 유도형 → 모노사이클릭형

풀이
단상 유도 전동기에서 기동 토크가 큰 것부터 순서로 배열하면
반발 기동형 > 반발 유도형 > 콘덴서 기동형 > 분상 기동형 > 셰이딩 코일형 > 모노사이클릭형 순이다. **답** ③

문제 48 유도 전동기에서 여자전류는 극수가 많아지면 정격 전류에 대한 비율이 어떻게 변하는가?
① 커진다.
② 불변이다.
③ 적어진다.
④ 반으로 줄어든다.

풀이
유도전동기의 자기회로에는 공극이 있기 때문에 정격전류에 대한 여자전류의 비율은 매우 크며 일반적으로 전부하 전류의 25~50[%]에 이른다. 정격전류에 대한 **여자전류의 비는 전동기의 용량이 적을수록 크고, 동일용량의 전동기에서는 극수가 많을수록 크다.** **답** ①

문제 49 브러시를 이동하여 회전속도를 제어하는 전동기는?
① 반발 전동기
② 단상 직권전동기
③ 직류 직권전동기
④ 반발기동형 단상유도전동기

풀이
반발 전동기는 브러시 이동만으로 기동, 정지, 속도 제어가 가능하다. **답** ①

문제 50 일정한 부하에서 역률 1로 동기전동기를 운전하는 중 여자를 약하게 하면 전기자 전류는
① 진상전류가 되고 증가한다.
② 진상전류가 되고 감소한다.
③ 지상전류가 되고 증가한다.
④ 지상전류가 되고 감소한다.

풀이

위상 특성 곡선(V곡선)에서 보는 바와 같이 **여자 전류(I_f)** 를 감소시키면 **역률은 뒤지고 전기자 전류는 증가**한다.

답 ③

문제 51 직류기의 전기자권선 중 중권 권선에서 뒤 피치가 앞피치보다 큰 경우를 무엇이라 하는가?

① 진권 ② 쇄권
③ 여권 ④ 장절권

풀이
- **진권** : 권선의 진행 방향은 시계 방향의 방사형이며, 후절(뒤피치)이 전절(앞피치)보다 크다.
- **누권(역진권)** : 권선 방향은 반시계 방향으로 감겨지게 되고 후절(뒤피치)이 전절(앞피치)보다 적다.

답 ①

제4과목 회로이론

문제 61 그림과 같이 높이가 1인 펄스의 라플라스 변환은?

① $\dfrac{1}{s}(e^{-as} + e^{-bs})$

② $\dfrac{1}{a-b}\left(\dfrac{e^{-as} + e^{-bs}}{1}\right)$

③ $\dfrac{1}{s}(e^{-as} - e^{-bs})$

④ $\dfrac{1}{a-b}\left(\dfrac{e^{-as} - e^{-bs}}{s}\right)$

풀이

$f(t) = u(t-a) - u(t-b)$ 이므로
$£[f(t)] = £[u(t-a)] - £[u(t-b)]$
$= \left\{\dfrac{e^{-as}}{s} - \dfrac{e^{-bs}}{s}\right\} = \dfrac{1}{s}(e^{-as} - e^{-bs})$

답 ③

문제 62 다음과 같은 회로의 전달함수 $\dfrac{E_o(s)}{I(s)}$ 는?

① $\dfrac{1}{s(C_1 + C_2)}$ ② $\dfrac{C_1 C_2}{(C_1 + C_2)}$

③ $\dfrac{C_1}{s(C_1 + C_2)}$ ④ $\dfrac{C_2}{s(C_1 + C_2)}$

풀이

$i(t) = C_1 \dfrac{d}{dt} e_o(t) + C_2 \dfrac{d}{dt} e_o(t)$

초기값을 0으로 하고 라플라스 변환하면

$I(s) = C_1 s E_o(s) + C_2 s E_o(s) = (C_1 s + C_2 s) E_o(s)$

$\therefore G(s) = \dfrac{E_o(s)}{I(s)} = \dfrac{1}{C_1 s + C_2 s} = \dfrac{1}{s(C_1 + C_2)}$

답 ①

문제 63 다음 방정식에서 $\dfrac{X_3(s)}{X_1(s)}$ 를 구하면?

$\begin{cases} x_2(t) = \dfrac{d}{dt} x_1(t) \\ x_3(t) = x_2(t) + 3\int x_3(t)dt + 2\dfrac{d}{dt} x_2(t) - 2x_1(t) \end{cases}$

① $\dfrac{s(2s^2 + s - 2)}{s - 3}$ ② $\dfrac{s(2s^2 - s - 2)}{s - 3}$

③ $\dfrac{2(s^2 + s + 2)}{s - 3}$ ④ $\dfrac{(2s^2 + s + 2)}{s - 3}$

풀이
라플라스 변환하면,
$X_2(s) = s X_1(s)$
$X_3(s) = X_2(s) + \dfrac{3}{s} X_3(s) + 2s X_2(s) - 2X_1(s)$

위 두 식에서 $X_2(s)$를 소거하면,
$X_3(s) = s X_1(s) + \dfrac{3}{s} X_3(s) + 2s^2 X_1(s) - 2X_1(s)$

$$\left(1-\frac{3}{s}\right)X_3(s) = (2s^2+s-2)X_1(s)$$
$$\therefore \frac{X_3(s)}{X_1(s)} = \frac{2s^2+s-2}{1-\frac{3}{s}} = \frac{s(2s^2+s-2)}{s-3}$$

답 ①

문제 64 그림과 같은 L형 회로의 4단자 A, B, C, D 정수 중 A는?

① $1+\dfrac{1}{\omega LC}$ ② $1-\dfrac{1}{\omega^2 LC}$

③ $1+\dfrac{1}{j\omega L}$ ④ $\dfrac{1}{2\sqrt{LC}}$

풀이

$$\begin{bmatrix} A & B \\ C & D \end{bmatrix} = \begin{bmatrix} 1 & \frac{1}{j\omega C} \\ 0 & 1 \end{bmatrix} \begin{bmatrix} 1 & 0 \\ \frac{1}{j\omega L} & 1 \end{bmatrix} = \begin{bmatrix} 1-\frac{1}{\omega^2 LC} & \frac{1}{j\omega C} \\ \frac{1}{j\omega L} & 1 \end{bmatrix}$$

답 ②

문제 65 다음 회로에서 I를 구하면 몇 [A]인가?

① 2
② -2
③ -4
④ 4

풀이

① [그림 (a), (b)]에서 전류원 개방시 I'는

전체전류 $I = \dfrac{6}{2+\frac{2\times 2}{2+2}} = 2[A]$

$1[\Omega]$의 저항에 흐르는 전류 I'는

$I' = 2\times \dfrac{2}{(1+1)+2} = 1[A]$

② [그림 (c), (d)]에서 전압원 단락시 I''는

$I'' = \dfrac{1}{\left(1+\frac{2\times 2}{2+2}\right)+1}\times 9 = 3[A]$

$I'' > I'$이고 I''의 방향이 문제에서 주어진 방향과 반대 이므로

$I = I' - I'' = 1 - 3 = -2[A]$

답 ②

문제 66 비대칭 다상 교류가 만드는 회전 자계는?
① 교번자기장   ② 타원형 회전자기장
③ 원형 회전자기장   ④ 포물선 회전자기장

풀이

회전자계
① **대칭** 전류 : 원형 회전 자계 형성
② **비대칭** 전류 : **타원 회전 자계 형성**

답 ②

문제 67 두 개의 회로망 N_1과 N_2가 있다. a–b 단자, a'–b' 단자의 각각의 전압은 50 [V], 30 [V]이다. 또, 양 단자에서 N_1, N_2를 본 임피던스가 15 [Ω]과 25 [Ω]이다. a–a', b–b'를 연결하면 이 때 흐르는 전류는 몇 [A]인가?

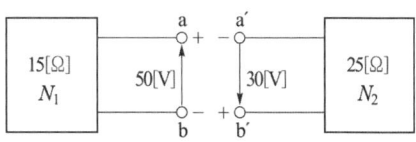

① 0.5   ② 1   ③ 2   ④ 4

풀이

N_1과 N_2의 전압 방향이 반대이므로

$\therefore I = \dfrac{V_1+V_2}{Z_1+Z_2} = \dfrac{50+30}{15+25} = 2[A]$

답 ③

문제 68 다음과 같은 파형 $v(t)$을 단위계단함수로 표시하면 어떻게 되는가?

① $10u(t-2)+10u(t-4)+10u(t-8)+10u(t-9)$
② $10u(t-2)-10u(t-4)-10u(t-8)-10u(t-9)$
③ $10u(t-2)-10u(t-4)+10u(t-8)-10u(t-9)$
④ $10u(t-2)-10u(t-4)-10u(t-8)+10u(t-9)$

풀이

$10u(t-2)-10u(t-4)$

$-10u(t-8)+10u(t-9)$

두 파형을 더하면
$f(t)=10u(t-2)-10u(t-4)-10u(t-8)+10u(t-9)$

답 ④

문제 69 3상 회로의 선간 전압이 각각 80[V], 50[V], 50[V]일 때의 전압의 불평형률[%]은?
① 39.6 ② 57.3 ③ 73.6 ④ 86.7

풀이
$E_a = 80[\text{V}]$
$E_b = -40 - j30[\text{V}]$
$E_c = -40 + j30[\text{V}]$

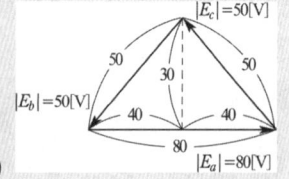

$E_1 = \frac{1}{3}(E_a + aE_b + a^2E_c)$
$= \frac{1}{3}\left\{80 + \left(-\frac{1}{2} + j\frac{\sqrt{3}}{2}\right)(-40 - j30)\right.$
$\left. + \left(-\frac{1}{2} - j\frac{\sqrt{3}}{2}\right)(-40 + j30)\right\}$
$= \frac{1}{3}(80 + 40 + 30\sqrt{3}) = 57.32[\text{V}]$

$E_2 = \frac{1}{3}(E_a + a^2E_b + aE_c)$
$= \frac{1}{3}\left\{80 + \left(-\frac{1}{2} - j\frac{\sqrt{3}}{2}\right)(-40 - j30)\right.$
$\left. + \left(-\frac{1}{2} + j\frac{\sqrt{3}}{2}\right)(-40 + j30)\right\}$
$= \frac{1}{3}(80 + 40 - 30\sqrt{3}) = 22.68[\text{V}]$

∴ 불평형률 $= \frac{|E_2|}{|E_1|} \times 100 = \frac{22.68}{57.32} \times 100 ≒ 39.6[\%]$ **답** ①

문제 70 저항 R인 검류계 G에 그림과 같이 r_1인 저항을 병렬로, 또 r_2인 저항을 직렬로 접속하였을 때 A, B단자 사이의 저항을 R과 같게 하고 또한 G에 흐르는 전류를 전 전류의 $1/n$로 하기 위한 $r_1[\Omega]$의 값은?

① $\frac{n-1}{R}$ ② $R\left(1-\frac{1}{n}\right)$
③ $\frac{R}{n-1}$ ④ $R\left(1+\frac{1}{n}\right)$

풀이

전 전류를 I, 검류계 G에 흐르는 전류를 I_G라고 하면
$I_G = \frac{1}{n}I = \frac{r_1}{R+r_1} \times I$ 이므로

$nr_1 = R + r_1$ ∴ $r_1 = \frac{R}{n-1}$

참고로 보상용 저항 r_2는
$\frac{R \times r_1}{R+r_1} + r_2 = R$ 에서
$r_2 = R - \frac{R \cdot r_1}{R+r_1} = R(1 - \frac{r_1}{R+r_1})$
$= R(1 - \frac{\frac{R}{n-1}}{R+\frac{R}{n-1}}) = R(1-\frac{1}{n})$이 되어야 한다. **답** ③

문제 71 저항 $R = 5000[\Omega]$, 정전용량 $C = 20[\mu F]$가 직렬로 접속된 회로에 일정전압 $E = 100[V]$를 가하고 $t = 0$에서 스위치를 넣을 때 콘덴서 단자 전압 $V[V]$을 구하면? (단, $t = 0$에서의 콘덴서 전압은 0[V] 이다.)

① $100(1 - e^{10t})$
② $100e^{10t}$
③ $100(1 - e^{-10t})$
④ $100e^{-10t}$

풀이

직류 전압 인가 시 전류 $i(t) = \dfrac{E}{R}e^{-\frac{1}{RC}t}$ [A]이므로 콘덴서 양단의 전압 $v_c(t)$의 적분 구간을 0~t로 잡으면

$$v_c(t) = \frac{1}{C}\int_0^t i(t)dt = \frac{1}{C}\int_0^t \frac{E}{R}\cdot e^{-\frac{1}{RC}t}dt$$

$$= E\left(1 - e^{-\frac{1}{RC}t}\right) [V]$$

$$\therefore v_c(t) = 100\left(1 - e^{-\frac{1}{5000 \times 20 \times 10^{-6}}t}\right) = 100(1 - e^{-10t})$$ 답 ③

문제 72 휘스톤 브리지에서 R_L에 흐르는 전류(I)는 약 몇 [mA]인가?

① 2.28
② 4.57
③ 7.84
④ 22.8

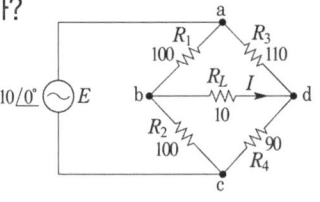

풀이

① b, d 단자의 단자전압 V_{bd}는

- b점의 전압 $V_b = 10 \times \dfrac{100}{100+100} = 5$ [V]
- d점의 전압 $V_d = 10 \times \dfrac{90}{200} = 4.5$ [V]

따라서 b-d의 전위차
$V_{bd} = V_b - V_d = 5 - 4.5 = 0.5$ [V]

② 테브낭의 등가저항 R_{bd}
(이때 전압원은 단락, 전류원은 개방)
$R_{bd} = \dfrac{100 \times 100}{100+100} + \dfrac{110 \times 90}{110+90} = 99.5$ [Ω]

③ 테브낭의 등가회로에서 R_L에 흐르는 전류 I

$\therefore I = \dfrac{0.5}{99.5 + 10} = 4.57 \times 10^{-3}$ [A] = 4.57[mA] 답 ②

문제 73 그림과 같이 T형 4단자 회로망의 A, B, C, D 파라미터 중 B 값은?

① $\dfrac{1}{Z_3}$

② $1 + \dfrac{Z_1}{Z_3}$

③ $\dfrac{Z_3 + Z_2}{Z_3}$

④ $\dfrac{Z_1Z_2 + Z_2Z_3 + Z_3Z_1}{Z_3}$

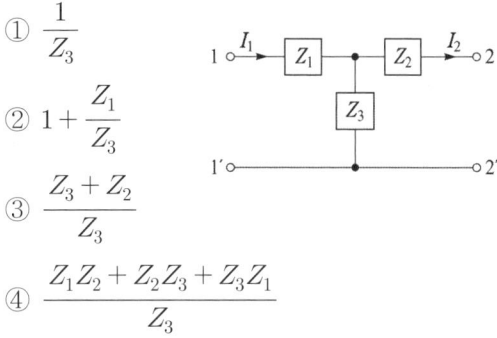

풀이

$$\begin{bmatrix} A & B \\ C & D \end{bmatrix} = \begin{bmatrix} 1 & Z_1 \\ 0 & 1 \end{bmatrix}\begin{bmatrix} 1 & 0 \\ \frac{1}{Z_3} & 1 \end{bmatrix}\begin{bmatrix} 1 & Z_2 \\ 0 & 1 \end{bmatrix}$$

$$= \begin{bmatrix} \dfrac{Z_1+Z_3}{Z_3} & \dfrac{Z_1Z_2+Z_2Z_3+Z_3Z_1}{Z_3} \\ \dfrac{1}{Z_3} & \dfrac{Z_2+Z_3}{Z_3} \end{bmatrix}$$ 답 ④

문제 74 그림은 상순이 a-b-c인 3상 대칭회로이다. 선간전압이 220[V]이고 부하 한 상의 임피던스가 $100\angle 60°[\Omega]$일 때 전력계 W_a의 지시값[W]은?

① 242
② 386
③ 419
④ 484

풀이

1전력계법에서 전력계 지시치를 W_a라 하면
$W_a = \dfrac{\sqrt{3}}{2}VI$이므로

$$\therefore W_a = \frac{\sqrt{3}}{2} \times 220 \times \frac{\frac{220}{\sqrt{3}}}{100} = 242[W]$$

답 ①

문제 75 $C[F]$인 콘덴서에 $q[C]$의 전하를 충전하였더니 C의 양단 전압이 $e[V]$이었다. C에 저장된 에너지는 몇 [J] 인가?

① qe ② Ce
③ $\frac{1}{2}Cq^2$ ④ $\frac{1}{2}Ce^2$

풀이

정전콘덴서에 축적되는 에너지
$W = \frac{1}{2}qe = \frac{1}{2}Ce^2[J]$

답 ④

문제 76 비정현파에 있어서 정현 대칭의 조건은?

① $f(t) = f(-t)$ ② $f(t) = -f(t)$
③ $f(t) = -f(t+\pi)$ ④ $f(t) = -f(-t)$

풀이

기함수
- 정현대칭, 원점대칭, ⋯ sin항만 존재
- $f(t) = -f(-t)$
- $f(t) = \sum_{n=0}^{\infty} b_n \sin n\omega t$
- $a_0, a_n = 0$

답 ④

제5과목 전기설비기술기준

문제 81 고저압 혼촉에 의한 위험방지시설로 가공공동지선을 설치하여 시설하는 경우에 각 접지선을 가공공동지선으로부터 분리하였을 경우의 각 접지선과 대지간의 전기저항 값은 몇 [Ω] 이하로 하여야 하는가?

① 75 ② 150 ③ 300 ④ 600

풀이

322.1 고압 또는 특고압과 저압의 혼촉에 의한 위험방지시설

가공공동지선과 대지 사이의 합성 전기저항 값은 1[km]를 지름으로 하는 지역 안마다 규정에 의해 접지저항 값을 가지는 것으로 하고 또한 각 접지도체를 가공공동지선으로부터 분리하였을 경우의 각 접지도체와 대지 사이의 전기저항값은 300[Ω] 이하로 할 것.

답 ③

문제 82 특고압 가공 전선이 건조물과 1차 접근 상태로 시설되는 경우를 설명한 것 중 틀린 것은?

① 상부 조영재와 위쪽으로 접근 시 케이블을 사용하면 1.2[m] 이상 이격거리를 두어야 한다.
② 상부 조영재와 옆쪽으로 접근 시 특고압 절연전선을 사용하면 1.5[m] 이상 이격거리를 두어야 한다.
③ 상부 조영재와 아래쪽으로 접근 시 특고압 절연전선을 사용하면 1.5[m] 이상 이격거리를 두어야 한다.
④ 상부 조영재와 위쪽으로 접근 시 특고압 절연전선을 사용하면 2.0[m] 이상 이격거리를 두어야 한다.

풀이

333.23 특고압 가공전선과 건조물의 접근
특고압 가공전선이 건조물과 제1차 접근상태로 시설되는 경우에는 다음에 따라야 한다.
가. 특고압 가공전선로는 제3종 특고압 보안공사에 의할 것.
나. 사용전압이 35[kV] 이하인 특고압 가공전선과 건조물의 조영재 이격거리는 표에서 정한 값 이상일 것.

건조물과 조영재의 구분	전선종류	접근형태	이격거리
상부 조영재	특고압 절연전선	위쪽	2.5[m]
		옆쪽 또는 아래쪽	1.5[m] (전선에 사람이 쉽게 접촉할 우려가 없도록 시설한 경우는 1[m])
	케이블	위쪽	1.2[m]
		옆쪽 또는 아래쪽	0.5[m]
	기타전선		3[m]
기타 조영재	특고압 절연전선		1.5[m] (전선에 사람이 쉽게 접촉할 우려가 없도록 시설한 경우는 1[m])
	케이블		0.5[m]
	기타 전선		3[m]

답 ④

문제 83 금속제 외함을 가진 저압의 기계기구로서 사람이 쉽게 접촉할 우려가 있는 곳에 시설하는 것에 전기를 공급하는 전로에 지락이 생겼을 때에 자동적으로 차단하는 장치를 설치하여야 한다. 사용전압이 몇 [V]를 초과하는 기계기구의 경우인가?

① 25　　② 30
③ 40　　④ 50

풀이
211.2.3 누전차단기의 시설
전원의 자동차단에 의한 저압전로의 보호대책으로 **누전차단기를 시설해야할 대상**은 다음과 같다.
가. 금속제 외함을 가지는 **사용전압이 50[V]를 초과하는 저압의 기계 기구로서 사람이 쉽게 접촉할 우려가 있는 곳에 시설하는 것에 전기를 공급하는 전로.**
나. 주택의 인입구 등 다른 절에서 누전차단기 설치를 요구하는 전로
다. 특고압전로, 고압전로 또는 저압전로와 변압기에 의하여 결합되는 사용전압 400[V] 초과의 저압전로

답 ④

문제 84 고압 가공전선이 철도를 횡단하는 경우 레일면상에서 몇 [m] 이상으로 유지되어야 하는가?

① 5.5　　② 6
③ 6.5　　④ 7.0

풀이
332.5 고압 가공전선의 높이,
222.7 저압 가공전선의 높이
저·고압 가공전선의 높이는 다음에 따라야 한다.

설치장소		가공전선의 높이
도로횡단 (번잡하지 않은 도로 제외)		지표상 6 [m] 이상
철도 또는 궤도 횡단		레일면상 6.5 [m] 이상
횡단보도교 위	저압	노면상 3.5 [m] 이상 (단, 절연전선의 경우 3 [m] 이상)
	고압	노면상 3.5 [m] 이상
일반장소		지표상 5 [m] 이상. 단, 저압의 경우 절연전선 또는 케이블을 사용하여 교통에 지장이 없도록 하여 옥외조명용으로 공급하는 경우 4 [m]까지 감할 수 있다.
다리의 하부 기타 이와 유사한 장소		저압의 전기철도용 급전선은 지표상 3.5[m]까지로 감할 수 있다.

답 ③

문제 85 전기설비기술기준의 안전원칙에 관계없는 것은?

① 에너지 절약 등에 지장을 주지 아니하도록 할 것
② 사람이나 다른 물체에 위해, 손상을 주지 않도록 할 것
③ 기기의 오동작에 의한 전기 공급에 지장을 주지 않도록 할 것
④ 다른 전기설비의 기능에 전기적 또는 자기적인 장해를 주지 아니하도록 할 것

풀이
안전 원칙 (기술기준 제2조)
① 전기설비는 감전, 화재 그 밖에 사람에게 위해(危害)를 주거나 물건에 손상을 줄 우려가 없도록 시설하여야 한다.
② 전기설비는 사용목적에 적절하고 안전하게 작동하여야 하며, 그 손상으로 인하여 전기 공급에 지장을 주지 않도록 시설하여야 한다.
③ 전기설비는 다른 전기설비, 그 밖의 물건의 기능에 전기적 또는 자기적인 장해를 주지 않도록 시설하여야 한다.

답 ①

문제 86 합성수지관공사 시 관 상호 간 및 박스와의 접속은 관에 삽입하는 깊이를 관 바깥지름의 몇 배 이상으로 하여야 하는가? (단, 접착제를 사용하지 않는 경우이다.)

① 0.5　　② 0.8
③ 1.2　　④ 1.5

풀이
232.11 합성수지관공사
관 상호 간 및 박스와는 관을 삽입하는 깊이를 관의 바깥지름의 **1.2배**(접착제를 사용하는 경우 0.8배) **이상**으로 할 것.

답 ③

문제 87 호텔 또는 여관 각 객실의 입구등을 설치할 경우 몇 분 이내에 소등되는 타임스위치를 시설해야 하는가?

① 1　　② 2
③ 3　　④ 10

> [풀이]
234.6 점멸기의 시설
다음의 경우에는 센서등(타임스위치 포함)을 시설하여야 한다.
가. **관광숙박업** 또는 **숙박업**(여인숙업을 제외한다)에 이용되는 **객실의 입구등은 1분 이내에 소등**되는 것.
나. 일반주택 및 아파트 각 호실의 현관등은 3분 이내에 소등되는 것. 답 ①

문제 88 전력보안통신설비로 무선용안테나 등의 시설에 관한 설명으로 옳은 것은?
① 항상 가공전선로의 지지물에 시설한다.
② 피뢰침설비가 불가능한 개소에 시설한다.
③ 접지와 공용으로 사용할 수 있도록 시설한다.
④ 전선로의 주위상태를 감시할 목적으로 시설한다.

> [풀이]
364.2 무선용 안테나 등의 시설 제한
무선용 안테나 등은 **전선로의 주위 상태를 감시**하거나 **배전자동화, 원격검침 등 지능형전력망**을 목적으로 시설하는 것 이외에는 가공전선로의 지지물에 시설하여서는 아니 된다. 답 ④

문제 89 특고압 가공전선이 삭도와 제2차 접근상태로 시설될 경우 특고압 가공전선로에 적용하는 보안공사는?
① 고압 보안공사
② 제1종 특고압 보안공사
③ 제2종 특고압 보안공사
④ 제3종 특고압 보안공사

> [풀이]
333.25 특고압 가공전선과 삭도의 접근 또는 교차
가. 특고압 가공전선이 삭도와 제1차 접근상태 : 제3종 특고압 보안공사
나. **특고압 가공전선이 삭도와 제2차 접근상태 : 제2종 특고압 보안공사** 답 ③

16년 2회 동일 및 유사 문제 (년도-회-번호)

1과목 전기자기학		**(계속)**	
15	20-3-02	55	22-1-56
16	17-1-20	56	22-1-43
17	21-3-14	57	18-2-40
18	22-3-12	58	20-3-53
19	21-3-10	59	19-3-52
20	17-3-17	60	22-3-48

2과목 전력공학		**4과목 회로이론**	
30	20-1,2-21	77	20-1,2-66
31	18-2-29	78	21-2-70
32	21-3-32	79	22-3-77
33	20-4-28	80	19-3-70
34	20-4-27	**5과목 전기설비기술기준**	
35	22-2-29	90	21-1-97
36	21-2-45	91	22-2-97
37	22-3-37	92	19-1-95
38	22-2-32	93	20-1,2-85
39	18-2-33	94	22-2-96
40	20-3-23	95	21-1-87
3과목 전기기기		96	22-3-81
52	19-3-57	97	19-2-87
53	17-3-44	98	22-2-91
54	22-1-49	99	22-1-85

국가기술자격검정 필기시험 문제

2016년도 전기산업기사 일반검정 제 3 회

자격종목 및 등급(선택분야)	종목코드	시험시간	문제지형별
전기산업기사	2140	2시간 30분	A

제1과목 전기자기학

문제 01 임의의 점의 전계가 $E = iE_x + jE_y + kE_z$로 표시되었을 때, $\dfrac{\partial E_x}{\partial x} + \dfrac{\partial E_y}{\partial y} + \dfrac{\partial E_z}{\partial z}$와 같은 의미를 갖는 것은?

① $\nabla \times E$　　② $\nabla^2 E$
③ $\nabla \cdot E$　　④ grad $|E|$

풀이

$\text{div} E = \nabla \cdot E = \left(i\dfrac{\partial}{\partial x} + j\dfrac{\partial}{\partial y} + k\dfrac{\partial}{\partial z}\right) \cdot (iE_x + jE_y + kE_z)$

$= \dfrac{\partial E_x}{\partial x} + \dfrac{\partial E_y}{\partial y} + \dfrac{\partial E_z}{\partial z}$　　답 ③

문제 02 x축 상에서 $x=1$[m], 2[m], 3[m], 4[m]인 각 점에 2[nC], 4[nC], 6[nC], 8[nC]의 점전하가 존재할 때 이들에 의하여 전계 내에 저장되는 정전 에너지는 몇 [nJ]인가?

① 483　　② 644　　③ 725　　④ 966

풀이

중첩의 정리를 적용하면

$V_1 = \sum_i \dfrac{Q_i}{4\pi\epsilon_0 r_i} = \dfrac{1}{4\pi\epsilon_0}\left(\dfrac{4}{1} + \dfrac{6}{2} + \dfrac{8}{3}\right) \times 10^{-9}$
$= 9 \times 10^9 \times 9.67 \times 10^{-9} = 87$ [V] ($x=1$[m]점)
$\left(\because \dfrac{1}{4\pi\epsilon_0} = 9 \times 10^9, \quad 1[\text{nC}] = 1 \times 10^{-9}[\text{C}]\right)$

$V_2 = \dfrac{1}{4\pi\epsilon_0}\left(\dfrac{2}{1} + \dfrac{6}{1} + \dfrac{8}{2}\right) = 108$ [V] ($x=2$[m]점)

$V_3 = \dfrac{1}{4\pi\epsilon_0}\left(\dfrac{2}{2} + \dfrac{4}{1} + \dfrac{8}{1}\right) = 117$ [V] ($x=3$[m]점)

$V_4 = \dfrac{1}{4\pi\epsilon_0}\left(\dfrac{2}{3} + \dfrac{4}{2} + \dfrac{6}{1}\right) = 78$ [V] ($x=4$[m]점)

전체 축적 에너지

$W = \sum \dfrac{1}{2} Q_i V_i = \dfrac{1}{2}(Q_1 V_1 + Q_2 V_2 + Q_3 V_3 + Q_4 V_4)$
$= \dfrac{1}{2}(2 \times 10^{-9} \times 87 + 4 \times 10^{-9} \times 108$
$\quad + 6 \times 10^{-9} \times 117 + 8 \times 10^{-9} \times 78)$
$= 966 \times 10^{-9}$ [J] $= 966$ [nJ]　　답 ④

문제 03 도체의 저항에 대한 설명으로 옳은 것은?

① 도체의 단면적에 비례한다.
② 도체의 길이에 반비례한다.
③ 저항률이 클수록 저항은 적어진다.
④ 온도가 올라가면 저항값이 증가한다.

풀이

- 저항 $R = \rho\dfrac{l}{S}$에서 저항 R은 고유저항 ρ(또는 저항률) 및 길이 l에 비례하며, 단면적 S에 반비례한다.
- 일반적으로 금속도체의 전기저항은 온도의 상승과 더불어 증가한다.
- 일반적으로 절연체 또는 반도체는 온도의 상승과 더불어 감소하는 경향이 있다.　　답 ④

문제 04 진공 중에 10^{-10}[C]의 점전하가 있을 때 전하에서 2[m] 떨어진 점의 전계는 몇 [V/m]인가?

① 2.25×10^{-1}　　② 4.50×10^{-1}
③ 2.25×10^{-2}　　④ 4.50×10^{-2}

풀이

점전하에 의한 전계의 세기

$E = 9 \times 10^9 \times \dfrac{Q}{r^2} = 9 \times 10^9 \times \dfrac{10^{-10}}{2^2} = 2.25 \times 10^{-1}$ [V/m]

답 ①

문제 05 일반적으로 도체를 관통하는 자속이 변화하든가 또는 자속과 도체가 상대적으로 운동하여 도체 내의 자속이 시간적 변화를 일으키면, 이 변화를 막기 위하여 도체 내에 국부적으로 형성되는 임의의 폐회로를 따라 전류가 유기되는데 이 전류를 무엇이라 하는가?

① 변위전류
② 대칭전류
③ 와전류
④ 도전전류

풀이

와전류는 도체내에 국부적으로 흐르는 맴돌이 전류로 rot $i = -K \dfrac{\partial B}{\partial t}$ 로 자속의 변화를 방해하기 위한 역자속을 만드는 전류이다. 따라서 이 전류는 자속의 수직되는 면을 회전한다. 답 ③

문제 06 철심이 들어있는 환상코일이 있다. 1차 코일의 권수 $N_1 = 100$회일 때 자기인덕턴스는 0.01 [H]였다. 이 철심에 2차 코일 $N_2 = 200$회를 감았을 때 1, 2차 코일의 상호인덕턴스는 몇 [H] 인가? (단, 이 경우 결합계수 $k = 1$로 한다.)

① 0.01
② 0.02
③ 0.03
④ 0.04

풀이

$L_1 = \dfrac{N_1^2}{R_m}$ [H], $M = \dfrac{N_1 N_2}{R_m}$ [H] 에서

$R_m = \dfrac{N_1^2}{L_1} = \dfrac{N_1 N_2}{M}$ [H]

상호인덕턴스 $M = L_1 \dfrac{N_2}{N_1}$ [H]

$N_1 = 100$회, $N_2 = 200$회, $L_1 = 0.01$ [H]이므로

상호인덕턴스 $M = L_1 \dfrac{N_2}{N_1} = 0.01 \times \dfrac{200}{100} = 0.02$ [H] 답 ②

문제 07 정전용량 5[μF]인 콘덴서를 200[V]로 충전하여 자기인덕턴스 20[mH], 저항 0[Ω]인 코일을 통해 방전할 때 생기는 전기진동 주파수는 약 몇 [Hz]이며, 코일에 축적되는 에너지는 몇 [J]인가?

① 50[Hz], 1[J]
② 500[Hz], 0.1[J]
③ 500[Hz], 1[J]
④ 5000[Hz], 0.1[J]

풀이

• 진동 주파수

$f = \dfrac{1}{2\pi\sqrt{LC}} = \dfrac{1}{2 \times 3.14\sqrt{20 \times 10^{-3} \times 5 \times 10^{-6}}}$
$= 503 ≒ 500$[Hz]

• 코일에 축적되는 에너지

$W = \dfrac{1}{2}CV^2 = \dfrac{1}{2} \times 5 \times 10^{-6} \times 200^2 = 0.1$[J] 답 ②

문제 08 무한히 넓은 2개의 평행 도체판의 간격이 d [m]이며 그 전위차는 V [V]이다. 도체판의 단위면적에 작용하는 힘은 몇 [N/m²] 인가? (단, 유전율은 ϵ_0이다.)

① $\epsilon_0 \left(\dfrac{V}{d}\right)^2$
② $\dfrac{1}{2}\epsilon_0 \left(\dfrac{V}{d}\right)^2$
③ $\dfrac{1}{2}\epsilon_0 \left(\dfrac{V}{d}\right)$
④ $\epsilon_0 \left(\dfrac{V}{d}\right)$

풀이

도체판의 단위면적당 작용하는 힘

$F = \dfrac{1}{2}\epsilon_0 E^2 = \dfrac{1}{2}\epsilon_0 \left(\dfrac{V}{d}\right)^2$ [N/m²] 답 ②

문제 09 내경 a[m], 외경 b[m]인 동심구 콘덴서의 내구를 접지했을 때의 정전용량은 몇 [F]인가?

① $4\pi\epsilon_0 \dfrac{b^2}{b-a}$
② $4\pi\epsilon_0 \dfrac{a^2}{b-a}$
③ $4\pi\epsilon_0 \dfrac{ab}{b-a}$
④ $4\pi\epsilon_0 \dfrac{b-a}{ab}$

풀이

• 내구가 접지된 동심구 콘덴서의 정전용량

$C = 4\pi\epsilon_0 \dfrac{b^2}{b-a}$ [F]

• 내구 절연, 외구 접지된 동심구 콘덴서의 정전용량

$C = 4\pi\epsilon_0 \dfrac{ab}{a-b}$ [F] 답 ①

문제 10 지름이 2 [m]인 구도체의 표면전계가 5 [kV/mm]일 때 이 구도체의 표면에서의 전위는 몇 [kV]인가?

① 1×10^3
② 2×10^3
③ 5×10^3
④ 1×10^4

풀이

$$V = E \cdot r = 5 \times 10^3 \times 10^3 [\text{V/m}] \times \frac{2}{2}[\text{m}]$$
$$= 5 \times 10^6 [\text{V}] = 5 \times 10^3 [\text{kV}]$$

답 ③

문제 11 평등 자계 내에 놓여 있는 전류가 흐르는 직선도선이 받는 힘에 대한 설명으로 틀린 것은?

① 힘은 전류에 비례한다.
② 힘은 자장의 세기에 비례한다.
③ 힘은 도선의 길이에 반비례한다.
④ 힘은 전류의 방향과 자장의 방향과의 사이각의 정현에 관계된다.

풀이
플레밍의 왼손 법칙
자속밀도가 $B[\text{Wb/m}^2]$인 자계중에 길이 $l[\text{m}]$인 도체를 놓고 $I[\text{A}]$의 전류를 흘릴 경우
자계 내에서 도체가 받는 힘 $F = BIl\sin\theta [\text{N}]$ 이다.
따라서, **힘은 도선의 길이에 비례**한다.

답 ③

문제 12 그림과 같이 진공 중에 자극면적이 2 [cm²], 간격이 0.1 [cm]인 자성체내에서 포화자속밀도가 2[Wb/m²]일 때 두 자극면 사이에 작용하는 힘의 크기는 약 몇 [N]인가?

① 53
② 106
③ 159
④ 318

풀이

$$F = \frac{B^2 A}{2\mu_0} = \frac{2^2 \times 2 \times 10^{-4}}{2 \times 4\pi \times 10^{-7}} = 318.3[\text{N}]$$

답 ④

문제 13 전류가 흐르고 있는 무한 직선도체로부터 2[m]만큼 떨어진 자유공간 내 P점의 자계의 세기가 $\frac{4}{\pi}$[AT/m]일 때, 이 도체에 흐르는 전류는 몇 [A]인가?

① 2   ② 4   ③ 8   ④ 16

풀이
자계의 세기
$H = \frac{I}{2\pi r}[\text{AT/m}]$에서
$\therefore I = 2\pi r H$
$= 2\pi \times 2 \times \frac{4}{\pi} = 16[\text{A}]$

답 ④

문제 14 공기콘덴서의 극판 사이에 비유전율 ϵ_s의 유전체를 채운 경우, 동일 전위차에 대한 극판간의 전하량은?

① $\frac{1}{\epsilon_s}$로 감소   ② ϵ_s배로 증가
③ $\pi\epsilon_s$배로 증가   ④ 불변

풀이
① 극판 사이가 진공일 때
 • 정전용량 $C_0 = \frac{\epsilon_0 S}{d}$
 • 전하량 $Q_0 = C_0 V$
② 극판 사이를 비유전율 ϵ_s의 유전체를 채웠을 때
 • 정전용량 $C = \frac{\epsilon_0 \epsilon_s S}{d} = \epsilon_s C_0$
 • 전하량 $Q = CV = \epsilon_s C_0 V$
따라서, $Q = \epsilon_s Q_0$로 ϵ_s배 만큼 커진다.

답 ②

문제 15 유전체 중을 흐르는 전도전류 i_σ와 변위전류 i_d를 같게 하는 주파수를 임계주파수 f_c, 임의의 주파수를 f라 할 때 유전손실 $\tan\delta$는?

① $\frac{f_c}{2f}$ ② $\frac{f}{2f_c}$
③ $\frac{f_c}{f}$ ④ $\frac{f}{f_c}$

풀이
전도전류 $i_\sigma = \sigma E$, 변위전류 $i_d = \omega \epsilon E$ 일 때
$i_\sigma = i_d$를 만족시키는 임계주파수 f_c는
$\sigma E = \omega \epsilon E = 2\pi f_c \epsilon E$ 에서 임계주파수 $f_c = \frac{\sigma}{2\pi\epsilon}$
$\therefore$ 유전손실 $\tan\delta = \frac{i_\sigma}{i_d} = \frac{\sigma E}{\omega \epsilon E} = \frac{\sigma}{2\pi f \epsilon} = \frac{\sigma}{2\pi\epsilon} \cdot \frac{1}{f} = \frac{f_c}{f}$

답 ③

제2과목 전력공학

문제 21 송전선로에 충전전류가 흐르면 수전단 전압이 송전단 전압보다 높아지는 현상과 이 현상의 발생 원인으로 가장 옳은 것은?
① 페란티 효과, 선로의 인덕턴스 때문
② 페란티 효과, 선로의 정전용량 때문
③ 근접 효과, 선로의 인덕턴스 때문
④ 근접 효과, 선로의 정전용량 때문

풀이
페란티 현상이란 선로의 정전 용량으로 인하여 무부하시나 경부하시에 **진상 전류가 흘러 수전단 전압이 송전단 전압보다 높아지는 현상**을 말하며 이의 대책으로는 분로 리액터나 동기 조상기의 지상 용량으로 방지할 수 있다. **답** ②

문제 22 양수량 Q [m³/s], 총양정 H [m], 펌프효율 η인 경우 양수펌프용 전동기의 출력 P[kW]는? (단, k는 상수이다.)
① $k\dfrac{Q^2H^2}{\eta}$
② $k\dfrac{Q^2H}{\eta}$
③ $k\dfrac{QH^2}{\eta}$
④ $k\dfrac{QH}{\eta}$

풀이
• 발전기 출력 $P_G = 9.8QH\eta_t\eta_g$ [kW]
• 양수펌프용 전동기 출력 $P_M = \dfrac{9.8QH}{\eta} = k\dfrac{QH}{\eta}$ [kW]
답 ④

문제 23 공통중성선 다중접지 3상 4선식 배전선로에서 고압측(1차측) 중성선과 저압측(2차측) 중성선을 전기적으로 연결하는 목적은?
① 저압측의 단락사고를 검출하기 위함
② 저압측의 접지사고를 검출하기 위함
③ 주상변압기의 중성선측 부싱(bushing)을 생략하기 위함
④ 고저압 혼촉 시 수용가에 침입하는 상승전압을 억제하기 위함

풀이
고압측 중성선과 저압측 중성선이 전기적으로 연결되어 있지 않으면 **고저압 혼촉시 고압측의 높은 전압이 저압측을 통해 수용가에 침입**하여 인체에 위해를 주거나 옥내 전기기기를 손상시킬 수 있다. **답** ④

문제 24 고압 수전설비를 구성하는 기기로 볼 수 없는 것은?
① 변압기   ② 변류기
③ 복수기   ④ 과전류 계전기

풀이
복수기 : 증기 터빈에서 배출되는 증기를 물로 냉각하여 복수하기 위한 장치로서 수전설비가 아니라 **발전설비**에 해당된다. **답** ③

문제 25 보호계전기의 기본 기능이 아닌 것은?
① 확실성   ② 선택성
③ 유동성   ④ 신속성

풀이
보호계전기(Protective Relay)는 전력계통의 구성요소를 항상 감시하여 이들에 고장이 발생하던가 계통의 운전에 이상이 있을때는 즉시 이를 검출, 동작하여 고장부분을 분리시킴으로써 전력공급지장을 방지하고 고장기기나 시설의 손상을 최소한으로 억제하는 기능을 가져야 한다.
따라서 **보호계전기에 요구되는 기본기능**은
① **확실성** ② **선택성** ③ **신속성**
④ 경제성 ⑤ 취급의 용이성 이다. **답** ③

문제 26 수용가군 총합의 부하율은 각 수용가의 수용률 및 수용가 사이의 부등률이 변화할 때 옳은 것은?
① 부등률과 수용률에 비례한다.
② 부등률에 비례하고 수용률에 반비례한다.
③ 수용률에 비례하고 부등률에 반비례한다.
④ 부등률과 수용률에 반비례한다.

풀이
수용률, 부등률, 부하율의 관계
• 합성 최대전력 = $\dfrac{\text{각 부하의 최대 수요 전력의 합 [kW]}}{\text{부등률}}$

$$= \frac{\text{부하 설비 합계 [kW]} \times \text{수용률}}{\text{부등률}}$$

- 부하율 $= \frac{\text{평균 수요전력 [kW]}}{\text{최대 수요 전력 (합성 최대 전력) [kW]}} \times 100$

$= \frac{\text{평균 수요전력 [kW]}}{\text{부하 설비합계 [kW]}} \times \frac{\text{부등률}}{\text{수용률}}$

따라서 **부하율은 부등률에 비례**하고 **수용률에 반비례**한다.

답 ②

문제 27 6[kV]급의 소내 전력공급용 차단기로서 현재 가장 많이 채택하는 것은?

① OCB ② GCB
③ VCB ④ ABB

풀이
VCB(진공 차단기)는 공칭 전압 30 [kV] 이하에서 소내 전력공급용 차단기로서 **현재 가장 많이 사용**된다.

답 ③

문제 28 3상 Y결선된 발전기가 무부하 상태로 운전 중 b상 및 c상에서 동시에 직접접지 고장이 발생하였을 때 나타나는 현상으로 틀린 것은?

① a상의 전류는 항상 0이다.
② 건전상의 a상 전압은 영상분 전압의 3배와 같다.
③ a상의 정상분 전압과 역상분 전압은 항상 같다.
④ 영상분 전류와 역상분 전류는 대칭성분 임피던스에 관계없이 항상 같다.

풀이
2선 지락 고장(b, c상 지락 시)
- 고장조건: $V_b = V_c = 0,\ I_a = 0$
- 영상전류 $I_0 = \frac{-Z_2 E_a}{Z_0 Z_1 + Z_1 Z_2 + Z_2 Z_0}$
- 정상전류 $I_1 = \frac{(Z_0 + Z_2) E_a}{Z_0 Z_1 + Z_1 Z_2 + Z_2 Z_0}$
- 역상전류 $I_2 = \frac{-Z_0 E_a}{Z_0 Z_1 + Z_1 Z_2 + Z_2 Z_0}$

답 ④

문제 29 전압과 역률이 일정할 때 전력을 몇 [%] 증가시키면 전력 손실이 2배로 되는가?

① 31 ② 41 ③ 51 ④ 61

풀이
- 전력 손실을 P_l, 전력을 P라고 하면
$P_l = 3I^2 R = \frac{P^2 R}{V^2 \cos^2\theta}$ 에서 $P_l \propto P^2$ 이므로
$P \propto \sqrt{P_l}$ 이다.
- 전력 손실을 2배로 한 경우의 전력 P'는
$\frac{P'}{P} = \frac{\sqrt{2P_l}}{\sqrt{P_l}} = \sqrt{2}$ 에서 $P' = \sqrt{2}P$
∴ 증가시킬 수 있는 전력 증가율
$= \frac{P' - P}{P} \times 100 = \frac{\sqrt{2}P - P}{P} \times 100$
$= \frac{\sqrt{2} - 1}{1} \times 100 = 41[\%]$

답 ②

문제 30 최대 출력 350 [MW], 평균부하율 80 [%]로 운전되고 있는 화력 발전소의 10일간 중유 소비량이 1.6×10^7[L]라고 하면 발전단에서의 열효율은 몇 [%]인가? (단, 중유의 열량은 10000 [kcal/L]이다.)

① 35.3 ② 36.1
③ 37.8 ④ 39.2

풀이
- 발전소 열효율 $= \frac{\text{출력}}{\text{입력}} = \frac{\text{발전전력에 해당하는 열량}}{\text{연료의 열량}}$
- 열효율 $\eta = \frac{860W}{mH} = \frac{860 \times 350 \times 10^6 \times 0.8 \times 24}{\frac{1.6 \times 10^7}{10} \times 10000 \times 10^3} \times 100$
$= 36.12[\%]$
($\because 1$ [kWh] $= 860$ [kcal])

답 ②

문제 31 주상변압기의 1차측 전압이 일정할 경우, 2차측 부하가 변하면, 주상변압기의 동손과 철손은 어떻게 되는가?

① 동손과 철손이 모두 변한다.
② 동손은 일정하고 철손이 변한다.
③ 동손은 변하고 철손은 일정하다.
④ 동손과 철손은 모두 변하지 않는다.

풀이
- 철손: 히스테리시스손 + 와류손 으로서 부하와 관계없이 1차 전압만 인가되면 발생되는 손실
- 동손: $P_c = I^2 R$[W]로 부하의 변화(I)에 따라 동손의 크기가 변한다.

따라서, 2차 부하가 증가하면 철손은 일정하고 동손은 증가한다. 답 ③

문제 32 3상 3선식 변압기 결선 방식이 아닌 것은?
① △ 결선　　② V 결선
③ T 결선　　④ Y 결선

풀이
스코트(T) 결선 : 단상 변압기 2대를 사용하여 3상 전원에서 2상 전압을 얻는 결선 방식 답 ③

제3과목　전기기기

문제 41 3상 동기 발전기를 병렬운전 하는 경우 필요한 조건이 아닌 것은?
① 회전수가 같다.
② 상회전이 같다.
③ 발생 전압이 같다.
④ 전압 파형이 같다.

풀이
동기 발전기의 병렬 운전 조건은 다음과 같다.
① 기전력의 크기가 같을 것
② 기전력의 위상이 같을 것
③ 기전력의 주파수가 같을 것
④ 기전력의 파형이 같을 것
⑤ 상회전 방향이 같을 것
주파수가 같다는 것은 $N_s = \dfrac{120f}{p}$에서 $f = \dfrac{N_s p}{120}$
즉, (회전수×극수)가 같아야 한다는 것이다. 답 ①

문제 42 변압기의 절연유로서 갖추어야 할 조건이 아닌 것은?
① 비열이 커서 냉각 효과가 클 것
② 절연저항 및 절연내력이 적을 것
③ 인화점이 높고 응고점이 낮을 것
④ 고온에서도 석출물이 생기거나 산화하지 않을 것

풀이
변압기의 기름으로서 갖추어야 할 조건은
① 절연 내력이 클 것
② 절연 재료 및 금속에 화학 작용을 일으키지 않을 것
③ 인화점이 높고, 응고점이 낮을 것
④ 점도가 낮고, 비열이 커서 냉각 효과가 클 것
⑤ 고온에서도 석출물이 생기거나 산화하지 않을 것
답 ②

문제 43 단상유도전압조정기의 1차 권선과 2차 권선의 축 사이의 각도를 α라 하고 양 권선의 축이 일치할 때 2차 권선의 유기전압을 E_2, 전원전압을 V_1, 부하 측의 전압을 V_2라고 하면 임의의 각 α일 때의 V_2는?
① $V_2 = V_1 + E_2 \cos\alpha$
② $V_2 = V_1 - E_2 \cos\alpha$
③ $V_2 = V_1 + E_2 \sin\alpha$
④ $V_2 = V_1 - E_2 \sin\alpha$

풀이
단상 유도 전압 조정기

P : 분로 권선, S : 직렬 권선, T : 단락 권선
$V_2 = V_1 + E_2 \cos\alpha$ 답 ①

문제 44 6극 60 [Hz]의 3상 권선형 유도전동기가 1140 [rpm]의 정격속도로 회전할 때 1차측 단자를 전환해서 상회전 방향을 반대로 바꾸어 역전제동을 하는 경우 제동토크를 전부하 토크와 같게 하기 위한 2차 삽입저항 $R [\Omega]$은? (단, 회전자 1상의 저항은 0.005 [Ω], Y결선이다.)
① 0.19　　② 0.27
③ 0.38　　④ 0.5

풀이
• 동기속도 $N_s = \dfrac{120f}{p} = \dfrac{120 \times 60}{6} = 1200 [\text{rpm}]$

- 정회전 시 슬립 $s = \dfrac{N_s - N}{N_s} = \dfrac{1200 - 1140}{1200} = 0.05$

- 역전 제동할 때에 슬립
$s' = \dfrac{N_s - (-N)}{N_s} = \dfrac{1200 - (-1140)}{1200} = 1.95$

- $s' = 1.95$에서 전부하 토크를 발생시키는데 필요한 2차 삽입 저항 R은
$\dfrac{r_2}{s} = \dfrac{r_2 + R}{s'} \rightarrow \dfrac{0.005}{0.05} = \dfrac{0.005 + R}{1.95}$
$\therefore R = \dfrac{0.005}{0.05} \times 1.95 - 0.005 = 0.19\,[\Omega]$ 답 ①

문제 45 브러시리스 모터(BLDC)의 회전자 위치 검출을 위해 사용하는 것은?
① 홀(Hall) 소자
② 리니어 스케일
③ 회전형 엔코더
④ 회전형 디코더

풀이
일반적으로 브러시리스(BLDC) 모터의 회전자 위치를 검출하는 센서로는 Resolver, Encoder, Hall sensor가 있으며, 그 중 가장 많이 쓰이는 것이 Hall sensor 이다. Encoder 또한 회전자의 회전 각도를 더욱 정밀하게 검출할 수 있기 때문에 브러시리스(BLDC) 모터의 효율을 향상시키거나, 정밀 위치 제어에 활용을 하고 있다.
따라서 정답은 ① 홀(hall)소자 ③ 회전형 엔코더 가 된다. 답 ①, ③

문제 46 전기자저항이 0.04[Ω]인 직류분권발전기가 있다. 단자전압 100[V], 회전속도 1000[rpm]일 때 전기자 전류는 50[A]라 한다. 이 발전기를 전동기로 사용할 때 전동기의 회전속도는 약 몇 [rpm]인가? (단, 전기자 반작용은 무시한다.)
① 759
② 883
③ 894
④ 961

풀이
- 발전기의 경우 유기기전력
$E = V + I_a R_a = 100 + (50 \times 0.04) = 102\,[V]$
또, $E = K\phi N$ 식에서 $K\phi = \dfrac{E}{N} = \dfrac{102}{1000} = 0.102$

- 전동기로 사용시 단자 전압 및 전기자 전류가 같으므로 역기전력 $E_c = V - I_a R_a = K\phi N$ 에서

$N = \dfrac{V - I_a R_a}{K\phi} = \dfrac{100 - (50 \times 0.04)}{0.102} = 960.78\,[rpm]$ 답 ④

문제 47 유도 발전기에 대한 설명으로 틀린 것은?
① 공극이 크고 역률이 동기기에 비해 좋다.
② 병렬로 접속된 동기기에서 여자전류를 공급받아야 한다.
③ 농형 회전자를 사용할 수 있으므로 구조가 간단하고 가격이 싸다.
④ 선로에 단락이 생기면 여자가 없어지므로 동기기에 비해 단락전류가 작다.

풀이
유도기를 전동기로서의 회전방향과 같은 방향으로 동기속도 이상의 속도로 회전시켜서 발전기로 한 경우에 이것을 유도 발전기 또는 비동기 발전기라고 하며, **유도 발전기는 동기기에 비하여 공극이 매우 작으며 효율, 역률이 나쁘다.** 답 ①

문제 48 저항부하를 갖는 단상 전파제어 정류기의 평균 출력 전압은? (단, α는 사이리스터의 점호각, V_m은 교류 입력전압의 최대값이다.)
① $V_{dc} = \dfrac{V_m}{2\pi}(1 + \cos\alpha)$
② $V_{dc} = \dfrac{V_m}{\pi}(1 + \cos\alpha)$
③ $V_{dc} = \dfrac{V_m}{2\pi}(1 - \cos\alpha)$
④ $V_{dc} = \dfrac{V_m}{\pi}(1 - \cos\alpha)$

풀이

	반파정류	전파정류
다이오드	$V_{dc} = \dfrac{\sqrt{2}E}{\pi} = 0.45E$	$V_{dc} = \dfrac{2\sqrt{2}E}{\pi} = 0.9E$
SCR	$V_{dc} = \dfrac{\sqrt{2}E}{2\pi}(1+\cos\alpha)$	$V_{dc} = \dfrac{\sqrt{2}E}{\pi}(1+\cos\alpha)$ $= \dfrac{V_m}{\pi}(1+\cos\alpha)$

여기서, V_{dc} : 직류 전압, E : 교류 전압의 실효값, V_m : 교류 전압의 최대값 답 ②

문제 49 동기전동기의 V곡선(위상특성)에 대한 설명으로 틀린 것은?

① 횡축에 여자전류를 나타낸다.
② 종축에 전기자전류를 나타낸다.
③ V곡선의 최저점에는 역률이 0[%] 이다.
④ 동일 출력에 대해서 여자가 약한 경우가 뒤진 역률이다.

풀이
위상특성곡선(V곡선)
- 전압, 주파수, 출력이 일정 할 때 계자 전류 I_f와 전기자 전류 I_a의 관계를 나타내는 곡선(V 곡선)을 위상 특성 곡선이라 하며 종축에 전기자 전류를, 횡축에 여자 전류를 나타낸다.

위상 특선 곡선

- 역률이 1일 때 전기자 전류가 최소로 된다.
- 부족여자(여자 전류를 감소)로 운전하면 뒤진전류가 흘러 일종의 리액터로 작용한다.
- 과여자(여자 전류를 증가)로 운전하면 앞선전류가 흘러 일종의 콘덴서로 작용한다. **답 ③**

문제 50 10[kW], 3상, 200[V] 유도전동기의 전부하 전류는 약 몇 [A]인가? (단, 효율 및 역률 85[%] 이다.)

① 60   ② 80
③ 40   ④ 20

풀이
$P = \sqrt{3} \, VI\cos\theta \cdot \eta$[kW] 이므로,
전부하 전류 $I = \dfrac{P}{\sqrt{3} \, V\cos\theta \cdot \eta} = \dfrac{10 \times 10^3}{\sqrt{3} \times 200 \times 0.85 \times 0.85}$
$\fallingdotseq 39.96$[A] **답 ③**

문제 51 단상 유도전동기에서 기동토크가 가장 큰 것은?

① 반발 기동형   ② 분상 기동형
③ 콘덴서 전동기   ④ 세이딩 코일형

풀이
기동 토크의 크기 : 반발 기동형 > 콘덴서 기동형 > 분상 기동형 > 세이딩 코일형 **답 ①**

문제 52 동기발전기에서 전기자 전류를 I, 유기기전력과 전기자 전류와의 위상각을 θ라 하면 직축반작용을 나타내는 성분은?

① $I\tan\theta$ ② $I\cot\theta$
③ $I\sin\theta$ ④ $I\cos\theta$

풀이
- **유효분** $I\cos\theta$: 기전력과 같은 위상의 전류 성분으로서 횡축 반작용
- **무효분** $I\sin\theta$: 기전력 보다 $\pi/2$ [rad]만큼 뒤지거나 앞서기 때문에 **직축 반작용** **답 ③**

제4과목 회로이론

문제 61 자동제어의 각 요소를 블록선도로 표시할 때 각 요소는 전달함수로 표시하고, 신호의 전달경로는 무엇으로 표시하는가?

① 전달함수   ② 단자
③ 화살표   ④ 출력

풀이
자동제어계의 각 요소를 Block 선도로 표시할 때에 각 요소를 전달함수로 표시하고, **신호의 전달 경로는 화살표**로 표시한다. **답 ③**

문제 62 $t = 0$에서 스위치 S를 닫을 때의 전류 $i(t)$는?

① $0.01(1 - e^{-t})$
② $0.01(1 + e^{-t})$
③ $0.01(1 - e^{-100t})$
④ $0.01(1 + e^{-100t})$

풀이
$R-L$ 직렬회로에 직류전압 인가시 흐르는 전류 $i(t)$는
$i(t) = \dfrac{E}{R}\left(1 - e^{-\frac{R}{L}t}\right)$
$= \dfrac{10}{1 \times 10^3}\left(1 - e^{-\frac{1 \times 10^3}{10}t}\right)$
$= 0.01(1 - e^{-100t})$[A] **답 ③**

문제 63 Var는 무엇의 단위인가?
① 효율 ② 유효전력
③ 피상전력 ④ 무효전력

풀이
- 피상전력 $P_a = VI = I^2 Z$ [VA]
- 유효전력 $P = VI\cos\theta = I^2 R$ [W]
- 무효전력 $P_r = VI\sin\theta = I^2 X$ [Var]

답 ④

문제 64 회로에서 V_{30}과 V_{15}는 각각 몇 [V]인가?

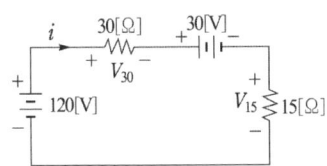

① $V_{30} = 60$, $V_{15} = 30$
② $V_{30} = 80$, $V_{15} = 40$
③ $V_{30} = 90$, $V_{15} = 45$
④ $V_{30} = 120$, $V_{15} = 60$

풀이
회로에 흐르는 전류 $i = \dfrac{120-30}{30+15} = 2$ [A]
$V_{30} = i \times r = 2 \times 30 = 60$ [V]
$V_{15} = i \times r = 2 \times 15 = 30$ [V]

답 ①

문제 65 그림은 평형 3상 회로에서 운전하고 있는 유도전동기의 결선도이다. 각 계기의 지시가 $W_1 = 2.36$ [kW], $W_2 = 5.95$ [kW], $V = 200$ [V], $I = 30$ [A]일 때, 이 유도 전동기의 역률은 약 몇 [%]인가?

① 80 ② 76 ③ 70 ④ 66

풀이
3상 전력 $W = \sqrt{3} VI \cos\theta$ 에서

$\cos\theta = \dfrac{W_1 + W_2}{\sqrt{3} VI} = \dfrac{2360 + 5950}{\sqrt{3} \times 200 \times 30} = 0.8 = 80$ [%]

답 ①

문제 66 임피던스 $Z = 15 + j4$ [Ω]의 회로에 $I = 5(2+j)$ [A]의 전류를 흘리는데 필요한 전압 V [V]는?

① $10(26+j23)$ ② $10(34+j23)$
③ $5(26+j23)$ ④ $5(34+j23)$

풀이
$I = 5(2+j) = 10 + j5$ [A]
$\therefore V = IZ = (10+j5) \times (15+j4)$
$= 130 + j115 = 5(26+j23)$ [V]

답 ③

문제 67 800[kW], 역률 80[%]의 부하가 있다. 1/4시간 동안 소비되는 전력량[kWh]은?

① 800 ② 600
③ 400 ④ 200

풀이
전력량 $W = P \cdot t = 800 \times \dfrac{1}{4} = 200$ [kWh]

답 ④

문제 68 평형 3상 Y결선 회로의 선간전압 V_l, 상전압 V_p, 선전류 I_l, 상전류가 I_p일 때 다음의 관련식 중 틀린 것은? (단 P_y는 3상 부하전력을 의미한다.)

① $V_l = \sqrt{3} V_p$
② $I_l = I_p$
③ $P_y = \sqrt{3} V_l I_l \cos\theta$
④ $P_y = \sqrt{3} V_p I_p \cos\theta$

풀이
Y결선 및 △결선과의 비교

결선법	선간전압 V_l	선전류 I_l	출력	
Y결선	$\sqrt{3} V_p$	I_p	$\sqrt{3} V_l I_l \cos\theta$	$3 V_p I_p \cos\theta$
△결선	V_p	$\sqrt{3} I_p$	$\sqrt{3} V_l I_l \cos\theta$	$3 V_p I_p \cos\theta$

여기서, V_l : 선간 전압, I_l : 선로 전류,
V_p : 상전압, I_p : 상전류

답 ④

문제 69 $f(t) = \dfrac{d}{dt}\cos\omega t$ 를 라플라스 변환하면?

① $\dfrac{\omega^2}{s^2+\omega^2}$
② $\dfrac{-s^2}{s^2+\omega^2}$
③ $\dfrac{s}{s^2+\omega^2}$
④ $\dfrac{-\omega^2}{s^2+\omega^2}$

풀이
실미분의 정리 $\mathcal{L}[f'(t)] = sF(s) - f(0)$ 에서,
$\mathcal{L}\left[\dfrac{d}{dt}\cos\omega t\right] = s \cdot \dfrac{s}{s^2+\omega^2} - 1 = \dfrac{-\omega^2}{s^2+\omega^2}$ 답 ④

문제 70 그림과 같은 커패시터 C의 초기 전압이 $V(0)$일 때 라플라스 변환에 의하여 s함수로 표시된 등가회로로 옳은 것은?

①   ②

③   ④

풀이
$v(t) = \dfrac{1}{C}\int i(t)dt$
라플라스 변환하면
$V(s) = \dfrac{1}{Cs}I(s) + \dfrac{1}{Cs}i^{-1}(0)$
여기서, $i^{-1}(0)$는 초기 충전 전하이므로 $Q_0 = Cv(0)$
$\therefore V(s) = \dfrac{1}{Cs}I(s) + \dfrac{v(0)}{s}$ 답 ②

제5과목 전기설비기술기준

문제 81 진열장 안의 사용전압이 400[V] 이하인 저압 옥내배선으로 외부에서 보기 쉬운 곳에 한하여 시설할 수 있는 전선은? (단, 진열장은 건조한 곳에 시설하고 또한 진열장 내부를 건조한 상태로 사용하는 경우이다.)
① 단면적이 $0.75[\text{mm}^2]$ 이상인 코드 또는 캡타이어 케이블
② 단면적이 $0.75[\text{mm}^2]$ 이상인 나전선 또는 캡타이어 케이블
③ 단면적이 $1.25[\text{mm}^2]$ 이상인 코드 또는 절연전선
④ 단면적이 $1.25[\text{mm}^2]$ 이상인 나전선 또는 다심형전선

풀이
231.3 저압 옥내배선의 사용전선
가. 저압 옥내배선의 전선 : 단면적 $2.5[\text{mm}^2]$ 이상의 연동선
나. 옥내배선의 사용 전압이 400[V] 이하인 경우는 다음에 의하여 시설할 수 있다.
 ① 전광표시 장치 또는 제어 회로
  • 단면적 $1.5[\text{mm}^2]$ 이상의 연동선
  • 단면적 $0.75[\text{mm}^2]$ 이상인 다심케이블 또는 다심 캡타이어 케이블을 사용하고 또한 과전류가 생겼을 때에 자동적으로 전로에서 차단하는 장치를 시설
 ② 진열장 또는 이와 유사한 것의 내부 배선 : 단면적 $0.75[\text{mm}^2]$ 이상인 코드 또는 캡타이어케이블 답 ①

문제 82 저압 옥내배선을 금속제가요전선관공사에 의해 시공하고자 한다. 이 가요전선관에 설치하는 전선으로 단선을 사용할 경우 그 단면적은 최대 몇 $[\text{mm}^2]$ 이하이어야 하는가? (단, 알루미늄선은 제외한다.)
① 2.5 ② 4 ③ 6 ④ 10

풀이
232.13 금속제가요전선관공사
가. 전선은 절연전선(옥외용 비닐 절연전선을 제외한다)일 것.

나. 전선은 연선일 것. 다만, **단면적 10[mm²]**(알루미늄선은 단면적 16[mm²]) **이하**인 것은 그러하지 아니하다.
다. 가요전선관 안에는 전선에 접속점이 없도록 할 것.
라. 가요전선관은 2종 금속제 가요전선관일 것 **답 ④**

문제 83 KS C IEC 60364에서 충전부 전체를 대지로부터 절연시키거나 한 점에 임피던스를 삽입하여 대지에 접속시키고, 전기기기의 노출 도전성 부분 단독 또는 일괄적으로 접지 하거나 또는 계통접지로 접속하는 접지계통을 무엇이라 하는가?

① TT 계통　　　② IT 계통
③ TN-C 계통　　④ TN-S 계통

풀이
203.1 계통접지 구성
가. TN계통
　① TN-S 계통은 계통 전체에 대해 별도의 중성선 또는 PE 도체를 사용한다.
　② TN-C 계통은 그 계통 전체에 대해 중성선과 보호 도체의 기능을 동일도체로 겸용한 PEN 도체를 사용한다.
　③ TN-C-S계통은 계통의 일부분에서 PEN 도체를 사용하거나, 중성선과 별도의 PE 도체를 사용하는 방식이 있다.
나. TT 계통 : 전원의 한 점을 직접 접지하고 설비의 노출도전부는 전원의 접지전극과 전기적으로 독립적인 접지극에 접속시킨다.
다. **IT 계통 : 충전부 전체를 대지로부터 절연, 한 점을 임피던스를 통해 대지에 접속시킨다. 전기설비의 노출도전부를 단독 또는 일괄적으로 계통의 PE 도체에 접속시킨다. 배전계통에서 추가접지가 가능하다.** **답 ②**

문제 84 발전기 · 변압기 · 조상기 · 계기용변성기 · 모선 또는 이를 지지하는 애자는 어떤 전류에 의하여 생기는 기계적 충격에 견디는 것인가?

① 지상전류　　② 유도전류
③ 충전전류　　④ 단락전류

풀이
발전기 등의 기계적 강도(기술기준 제23조)
발전기, 변압기, 조상기, 모선 또는 이를 지지하는 애자는 단락 전류에 의하여 생기는 기계적 충격에 견디어야 한다. **답 ④**

문제 85 변압기의 고압측 전로의 1선 지락전류가 4[A] 일 때, 일반적인 경우의 접지저항값은 몇 [Ω] 이하로 유지되어야 하는가?

① 18.75　　② 22.5
③ 37.5　　④ 52.5

풀이
142.5 변압기 중성점 접지
변압기의 중성점접지 저항 값은 다음에 의한다.
일반적으로 변압기의 고압 · 특고압측 전로 1선 지락전류로 150을 나눈 값과 같은 저항 값 이하

$$R = \frac{150}{\text{변압기의 고압측 또는 특고압측의 1선 지락전류}}[\Omega]$$

$$= \frac{150}{4} = 37.5[\Omega]$$ **답 ③**

문제 86 화약류 저장소에 전기설비를 시설할 때의 사항으로 틀린 것은?

① 전로의 대지전압이 400[V] 이하이어야 한다.
② 개폐기 및 과전류차단기는 화약류저장소 밖에 둔다.
③ 옥내배선은 금속관공사 또는 케이블공사에 의하여 시설한다.
④ 전기기계기구는 전폐형의 것일 것.

풀이
242.5 화약류 저장소 등의 위험장소
화약류 저장소 안에는 전기설비를 시설해서는 안 된다. 다만, 조명기구에 전기를 공급하기 위한 전기설비(개폐기 및 과전류 차단기를 제외한다)는 다음에 따라 시설하는 경우에는 그러하지 아니하다.
가. **전로의 대지전압은 300[V] 이하일 것.**
나. 전기기계기구는 전폐형의 것일 것.
다. 전로에 지락이 생겼을 때에 자동적으로 전로를 차단하거나 경보하는 장치를 시설하여야 한다.
라. 금속관공사 또는 케이블공사(캡타이어 케이블을 사용하는 것을 제외한다)에 의할 것. **답 ①**

16년 3회 동일 및 유사 문제 (년도-회-번호)

1과목 전기자기학
- 16 21-2-01
- 17 18-2-01
- 18 20-4-12
- 19 22-1-08
- 20 17-1-07

2과목 전력공학
- 33 20-3-27
- 34 17-1-32
- 35 19-2-21
- 36 19-3-35
- 37 21-1-36
- 38 22-3-30
- 39 20-4-35
- 40 21-3-31

3과목 전기기기
- 53 22-1-45
- 54 21-3-52
- 55 20-1,2-44
- 56 22-3-46
- 57 20-3-59
- 58 22-1-43
- 59 21-1-49
- 60 21-3-45

4과목 회로이론
- 71 19-2-69
- 72 19-3-65
- 73 22-1-61
- 74 22-1-66
- 75 19-3-63
- 76 22-3-64
- 77 20-3-63
- 78 19-3-75
- 79 19-1-64
- 80 22-2-76

5과목 전기설비기술기준
- 81 17-1-91
- 82 22-2-87
- 83 20-4-95
- 84 20-3-93
- 85 22-1-82
- 86 20-1,2-96
- 87 18-2-90
- 88 21-3-86
- 91 20-3-92

D60-2
2015년도 전기산업기사 필기

- 2015년도 제1회 전기산업기사
- 2015년도 제2회 전기산업기사
- 2015년도 제3회 전기산업기사

국가기술자격검정 필기시험 문제

2015년도 전기산업기사 일반검정 제1회

자격종목 및 등급(선택분야)	종목코드	시험시간	문제지형별	수검 번호	성 명
전기산업기사	2140	2시간 30분	A		

제1과목 전기자기학

문제 01 그림과 같은 자기회로에서 $R_1 = 0.1$[AT/Wb], $R_2 = 0.2$[AT/Wb], $R_3 = 0.3$[AT/Wb]이고 코일은 10[회] 감았다. 이 때 코일에 10[A]의 전류를 흘리면 $\overline{ACB}$ 간에 투과하는 자속 ϕ은 약 몇 [Wb]인가?

① 2.25×10^2
② 4.55×10^2
③ 6.50×10^2
④ 8.45×10^2

풀이

합성 저항 R는
$$R = R_1 + \frac{R_2 R_3}{R_2 + R_3} = 0.1 + \frac{0.2 \times 0.3}{0.2 + 0.3}$$
$$= 0.1 + 0.12 = 0.22 [\text{AT/Wb}]$$
$N=10$, $I=10[A]$ 이므로 기자력 $F=NI=R\phi$에서
자속 $\phi = \frac{NI}{R} = \frac{10 \times 10}{0.22} = 4.55 \times 10^2 [\text{Wb}]$ 답 ②

문제 02 전계의 세기를 주는 대전체 중 거리 r에 반비례하는 것은?
① 구전하에 의한 전계
② 점전하에 의한 전계
③ 선전하에 의한 전계
④ 전기쌍극자에 의한 전계

풀이
- 구전하에 의한 전계 $E = \frac{Q}{4\pi\epsilon_0 r^2} \propto \frac{1}{r^2}$
- 점전하에 의한 전계 $E = \frac{Q}{4\pi\epsilon_0 r^2} \propto \frac{1}{r^2}$
- 선전하에 의한 전계 $E = \frac{\lambda}{2\pi\epsilon_0 r} \propto \frac{1}{r}$
- 전기쌍극자에 의한 전계 $E = \frac{M\sqrt{1+3\cos^2\theta}}{4\pi\epsilon_0 r^3} \propto \frac{1}{r^3}$

답 ③

문제 03 공간도체 중의 정상 전류 밀도를 i, 공간 전하밀도를 ρ라고 할 때 키르히호프의 전류법칙을 나타내는 것은?

① $i = 0$
② $\text{div } i = 0$
③ $i = \frac{\partial \rho}{\partial t}$
④ $\text{div } i = \infty$

풀이
키르히호프의 전류 법칙은
$$\Sigma I = 0 = \int_s i \cdot d\boldsymbol{S} = \int_v \text{div } i \, dv$$
가 되어 $\text{div } i = 0$이다. 즉 단위 체적당의 전류의 발산은 없다. (전류의 연속성)   답 ②

문제 04 무한길이의 직선 도체에 전하가 균일하게 분포되어 있다. 이 직선 도체로부터 l인 거리에 있는 점의 전계의 세기는?
① l에 비례한다.
② l에 반비례한다.
③ l^2에 비례한다.
④ l^2에 반비례한다.

풀이

전계의 세기
선전하 밀도 λ [C/m]로 분포되어 있는 무한장 직선 도체에서 거리 l [m]인 점에서의 전계의 세기 E

- $E = \dfrac{\lambda}{2\pi\epsilon_0 l}$ [V/m] $\therefore E \propto \dfrac{1}{l}$

답 ②

문제 05 유전율 ϵ, 투자율 μ인 매질 중을 주파수 f [Hz]의 전자파가 전파되어 나갈 때의 파장은 몇 [m]인가?

① $f\sqrt{\epsilon\mu}$
② $\dfrac{1}{f\sqrt{\epsilon\mu}}$
③ $\dfrac{f}{\sqrt{\epsilon\mu}}$
④ $\dfrac{\sqrt{\epsilon\mu}}{f}$

풀이

전자파의 전파속도 $v = \dfrac{1}{\sqrt{\epsilon\mu}} = \dfrac{3\times 10^8}{\sqrt{\epsilon_r \mu_r}}$ [m/s] 이므로,

파장 $\lambda = \dfrac{v}{f} = \dfrac{\frac{1}{\sqrt{\epsilon\mu}}}{f} = \dfrac{1}{f\sqrt{\epsilon\mu}}$ [m]

답 ②

문제 06 정전용량 6[μF], 극간거리 2[mm]의 평행평판 콘덴서에 300[μC]의 전하를 주었을 때 극판간의 전계는 몇 [V/mm]인가?

① 25 ② 50
③ 150 ④ 200

풀이

$V = \dfrac{Q}{C} = \dfrac{300\times 10^{-6}}{6\times 10^{-6}} = 50$[V]

따라서, 전계 $E = \dfrac{V}{d} = \dfrac{50}{2} = 25$[V/mm]

답 ①

문제 07 10 [V]의 기전력을 유기시키려면 5초간에 몇 [Wb]의 자속을 끊어야 하는가?

① 2   ② 10
③ 25 ④ 50

풀이

패러데이 법칙 $e = \dfrac{d\phi}{dt}$ 에서

$10 = \dfrac{d\phi}{5}$ 이므로 $d\phi = 10\times 5 = 50$[Wb]

답 ④

문제 08 반지름이 r_1인 가상구 표면에 $+Q$의 전하가 균일하게 분포되어 있는 경우, 가상구 내의 전위분포에 대한 설명으로 옳은 것은?

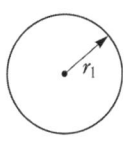

① $V = \dfrac{Q}{4\pi\epsilon_0 r_1}$ 로 반지름에 반비례하여 감소한다.

② $V = \dfrac{Q}{4\pi\epsilon_0 r_1}$ 로 일정하다.

③ $V = \dfrac{Q}{4\pi\epsilon_0 r_1^2}$ 로 반지름에 반비례하여 감소한다.

④ $V = \dfrac{Q}{4\pi\epsilon_0 r_1^2}$ 로 일정하다.

풀이

전하 $+Q$가 가상구 표면에 균일하게 분포하는 것은 도체구를 의미하므로 가상구 내부의 전위는 표면전위와 같다. 즉 가상구(도체구)의 표면전위는 점전하 $+Q$가 중심에 있고 거리 r_1인 점의 전위와 같으므로

$V = \dfrac{Q}{4\pi\epsilon_0 r_1}$ (내부 : 일정)

답 ②

문제 09 전계 $E = i\,3x^2 + j\,2xy^2 + k\,x^2 yz$의 div E는 얼마인가?

① $-i\,6x + j\,xy + k\,x^2 y$
② $i\,6x + j\,6xy + k\,x^2 y$
③ $-6x - 6xy - x^2 y$
④ $6x + 4xy + x^2 y$

[풀이]
$$\text{div}\boldsymbol{E} = \nabla \cdot \boldsymbol{E}$$
$$= \left(i\frac{\partial}{\partial x}+j\frac{\partial}{\partial y}+k\frac{\partial}{\partial z}\right) \cdot (iE_x+jE_y+kE_z)$$
$$= \frac{\partial E_x}{\partial x}+\frac{\partial E_y}{\partial y}+\frac{\partial E_z}{\partial z}$$
$$= \frac{\partial}{\partial x}(3x^2)+\frac{\partial}{\partial y}(2xy^2)+\frac{\partial}{\partial z}(x^2yz)$$
$$= 6x+4xy+x^2y \,[\text{F}]$$

답 ④

문제 10 정현파 자속으로 하여 기전력이 유기될 때 자속의 주파수가 3배로 증가하면 유기 기전력은 어떻게 되는가?
① 3배 증가　　② 3배 감소
③ 9배 증가　　④ 9배 감소

[풀이]
$\phi = \phi_m \sin\omega t = \phi_m \sin 2\pi ft\,[\text{Wb}]$ 일 때

유기기전력 $e = -N\dfrac{d\phi}{dt} = -N\dfrac{d(\phi_m \sin 2\pi ft)}{dt}$
$$= -2\pi fN\phi_m \cos 2\pi ft$$
$$= 2\pi fN\phi_m \sin(2\pi ft - \frac{\pi}{2})\,[\text{V}]$$
$\therefore e \propto f$
따라서, 주파수 f가 3배로 증가하면 유기기전력 e도 3배로 증가된다.

답 ①

문제 11 완전 유전체에서 경계조건을 설명한 것 중 맞는 것은?
① 전속밀도의 접선성분은 같다.
② 전계의 법선성분은 같다.
③ 경계면에 수직으로 입사한 전속은 굴절하지 않는다.
④ 유전율이 큰 유전체에서 유전율이 작은 유전체로 전계가 입사하는 경우 굴절각은 입사각보다 크다.

[풀이]
경계 조건
① 전속밀도의 법선 성분(수직 성분)이 같다.
  ($D_1 \cos\theta_1 = D_2 \cos\theta_2$)
② 전계는 접선 성분(평행 성분)이 같다.
  ($E_1 \sin\theta_1 = E_2 \sin\theta_2$)

③ 경계면에 수직으로 입사한 전속은 굴절하지 않는다.
  수직 입사이므로 $\theta_1 = 0°$
  $\dfrac{\tan\theta_1}{\tan\theta_2} = \dfrac{\epsilon_2}{\epsilon_1}$ 에서 $\tan\theta_2 = \dfrac{\epsilon_2}{\epsilon_1}\tan\theta_1 = 0$
  → ∴ $\theta_2 = 0$ 굴절하지 않는다.
④ 입사각과 굴절각은 유전율에 비례
  $\dfrac{\tan\theta_1}{\tan\theta_2} = \dfrac{\epsilon_1}{\epsilon_2}$ (θ_1 : 입사각, θ_2 : 굴절각)
  $\epsilon_1 > \epsilon_2$ 이면, $\theta_1 > \theta_2$ 이다.

답 ③

문제 12 W_1, W_2의 에너지를 갖는 두 콘덴서를 병렬로 연결하였을 경우 총 에너지 W에 대한 관계식으로 옳은 것은? (단, $W_1 \neq W_2$ 이다.)
① $W_1 + W_2 > W$　　② $W_1 + W_2 < W$
③ $W_1 + W_2 = W$　　④ $W_1 - W_2 = W$

[풀이]
전위가 다르게 충전된 콘덴서를 병렬로 접속시 전위차가 같아지도록 높은 전위 콘덴서의 전하가 낮은 전위 콘덴서 쪽으로 이동하며 이에 따른 **전하의 이동(전류)**으로 도선에서 **전력 소모가 발생**한다.
따라서, $W_1 + W_2 > W$가 된다.

답 ①

문제 13 $l_1 = \infty$, $l_2 = 1[\text{m}]$의 두 직선도선을 50[cm]의 간격으로 평행하게 놓고 l_1을 중심축으로 하여 l_2를 속도 100 [m/s]로 회전시키면 l_2에 유기되는 전압은 몇 [V]인가? (단, l_1에 흐르는 전류는 50 [mA]이다.)
① 0　　② 5
③ 2×10^{-6}　　④ 3×10^{-6}

[풀이]
자계내 운동 도체에 유기되는 기전력은
$e = lvB\sin\theta = lv\mu_0 H\sin\theta\,[\text{V}]$
l_1에 흐르는 전류에 의한 l_2점에 자계는
$H_1 = \dfrac{I_1}{2\pi d}\,[\text{A/m}]$이지만,
l_2가 원운동시 $\theta = 0°$ 아니면 $\theta = 180°$가 되므로 $\sin\theta = 0$
∴ $e = lvB\sin\theta = 0$이 되어 전압은 유기되지 않는다.

답 ①

문제 14 $E = [(\sin x)a_x + (\cos x)a_y]e^{-y}$ [V/m] 인 전계가 자유공간 내에 존재한다. 공간 내의 모든 곳에서 전하밀도는 몇 [C/m³]인가?

① $\sin x$ ② $\cos x$
③ e^{-y} ④ 0

풀이
가우스 정리의 미분형
$\rho = \nabla \cdot D = \nabla \cdot \epsilon_0 E$
$= \epsilon_0 \left(\dfrac{\partial}{\partial x} e^{-y} \sin x + \dfrac{\partial}{\partial y} e^{-y} \cos x \right)$
$= \epsilon_0 (e^{-y} \cos x - e^{-y} \cos x) = 0$ 답 ④

문제 15 진공 중에 같은 전기량 +1 [C]의 대전체 두 개가 약 몇 [m] 떨어져 있을 때 각 대전체에 작용하는 반발력이 1 [N]인가?

① 3.2×10^{-3} ② 3.2×10^3
③ 9.5×10^{-4} ④ 9.5×10^4

풀이
쿨롱의 법칙 $F = 9 \times 10^9 \times \dfrac{Q_1 Q_2}{r^2}$ [N]에서
$F = 1$[N], $Q_1 = Q_2 = 1$ [C] 이므로
$r^2 = \dfrac{9 \times 10^9 \times Q^2}{F} = \dfrac{9 \times 10^9 \times 1^2}{1}$
$\therefore r = 9.49 \times 10^4$ [m]   답 ④

제2과목 전력공학

문제 21 양 지지점의 높이가 같은 전선의 이도를 구하는 식은? (단, 이도는 D [m], 수평장력은 T [kg], 전선의 무게는 W [kg/m], 경간은 S [m]이다.)

① $D = \dfrac{WS^2}{8T}$ ② $D = \dfrac{SW^2}{8T}$
③ $D = \dfrac{8WT}{S^2}$ ④ $D = \dfrac{ST^2}{8W}$

풀이
• 이도(dip) $D = \dfrac{WS^2}{8T}$ [m]

• 전선의 실제길이 $L = S + \dfrac{8D^2}{3S}$ [m]   답 ①

문제 22 선로 임피던스가 Z인 단상 단거리 송전선로의 4단자 정수는?

① $A = Z, B = Z, C = 0, D = 1$
② $A = 1, B = 0, C = Z, D = 1$
③ $A = 1, B = Z, C = 0, D = 1$
④ $A = 0, B = 1, C = Z, D = 0$

풀이
• $E_s = E_r + I_r Z$
• $I_s = I_r$
즉, $\begin{vmatrix} E_s \\ I_s \end{vmatrix} = \begin{vmatrix} 1 & Z \\ 0 & 1 \end{vmatrix} \begin{vmatrix} E_r \\ I_r \end{vmatrix}$
이다.

답 ③

문제 23 낙차 350 [m], 회전수 600 [rpm]인 수차를 325 [m]의 낙차에서 사용할 때의 회전수는 약 몇 [rpm]인가?

① 500   ② 560
③ 580   ④ 600

풀이
회전수 N과 낙차 H와의 관계는
$\dfrac{N_2}{N_1} = \left(\dfrac{H_2}{H_1} \right)^{1/2}$ 이므로
$N_2 = \left(\dfrac{H_2}{H_1} \right)^{1/2} \times N_1 = \left(\dfrac{325}{350} \right)^{1/2} \times 600 = 578.17$ [rpm]   답 ③

문제 24 가공 송전선의 코로나를 고려할 때 표준상태에서 공기의 절연내력이 파괴되는 최소 전위경도는 정현파 교류의 실효값으로 약 몇 [kV/cm] 정도인가?

① 6   ② 11   ③ 21   ④ 31

풀이
파열극한 전위경도
• DC : 30 [kV/cm]
• AC : 21 [kV/cm]
(실효값 $= \dfrac{최대값}{\sqrt{2}} = \dfrac{30}{\sqrt{2}} = 21.2$ [kV])   답 ③

문제 25 리클로저에 대한 설명으로 가장 옳은 것은?

① 배전선로용은 고장구간을 고속 차단하여 제거한 후 다시 수동조작에 의해 배전이 되도록 설계된 것이다.
② 재폐로계전기와 함께 설치하여 계전기가 고장을 검출하고 이를 차단기에 통보, 차단하도록 된 것이다.
③ 3상 재폐로 차단기는 1상의 차단이 가능하고 무전압 시간을 약 20~30초로 정하여 재폐로 하도록 되어있다.
④ 배전선로의 고장구간을 고속 차단하고 재송전하는 조작을 자동적으로 시행하는 재폐로 차단 장치를 장비한 자동차단기이다.

풀이
리클로저(recloser) : 선로에 고장이 발생 하였을 때 고장 전류를 검출하여 지정된 시간 내에 고속 차단하고 **자동 재폐로 동작**을 수행하여 고장 구간을 분리하거나 재송전하는 장치이다. 답 ④

문제 26 차단기의 개폐에 의한 이상 전압의 크기는 대부분의 경우 송전선 대지 전압의 최고 몇 배 정도인가?
① 2배 ② 4배 ③ 6배 ④ 8배

풀이
개폐서지의 크기는 선로의 길이, 차단기의 성능 및 중성점 접지방식에 따라 차이는 있으나 **대부분의 경우 상규 대지전압의 4배**를 넘는 경우는 거의 없다. 답 ②

문제 27 동일 전력을 동일 선간전압, 동일 역률로 동일 거리에 보낼 때 사용하는 전선의 총중량이 같으면, 단상 2선식과 3상 3선식의 전력 손실비(3상 3선식/단상 2선식)는?
① $\dfrac{1}{3}$ ② $\dfrac{1}{2}$ ③ $\dfrac{3}{4}$ ④ 1

풀이
- 전력이 동일하므로 $VI_1 = \sqrt{3}\, VI_3$ ∴ $I_1 = \sqrt{3}\, I_3$
- 전선의 총 중량이 같으므로
  $2\sigma A_1 l = 3\sigma A_3 l$ ∴ $2A_1 = 3A_3$

- $R = \rho \dfrac{l}{A}$ 에서 **전선의 단면적과 저항은 반비례** 관계에 있으므로 ∴ $2R_3 = 3R_1$

$\dfrac{\text{3상전력손실}}{\text{단상전력손실}} = \dfrac{3I_3^2 R_3}{2I_1^2 R_1} = \dfrac{3I_3^2 R_3}{2 \times (\sqrt{3}I_3)^2 \times \dfrac{2}{3}R_3} = \dfrac{3}{4}$

답 ③

문제 28 정정된 값 이상의 전류가 흘러 보호계전기가 동작할 때 동작 전류가 낮은 구간에서는 동작 전류의 증가에 따라 동작 시간이 짧아지고, 그 이상이면 동작 전류의 크기에 관계없이 일정한 시간에서 동작하는 특성을 무슨 특성이라 하는가?
① 정한시 특성
② 반한시 특성
③ 순한시 특성
④ 반한시성 정한시 특성

풀이
보호 계전기 특징
① 순한시 특성 : 최소 동작 전류 이상의 전류가 흐르면 즉시 동작하는 특성
② 반한시 특성 : 동작 전류가 커질수록 동작 시간이 짧게 되는 특성
③ 정한시 특성 : 동작 전류의 크기에 관계없이 일정한 시간에 동작하는 특성
④ **반한시 정한시 특성** : 동작 전류가 적은 동안에는 동작 전류가 커질수록 동작 시간이 짧게 되고 어떤 전류 이상이면 동작 전류의 크기에 관계없이 일정한 시간에 동작하는 특성 답 ④

문제 29 송전선로의 단락보호계전방식이 아닌 것은?
① 과전류계전방식
② 방향단락계전방식
③ 거리계전방식
④ 과전압계전방식

풀이
과전압 계전기 : 일정값 이상의 전압이 걸렸을 때 동작하는 계전기이다.
일반적으로 **발전기가 무부하로 되었을 경우의 과전압 보호용** 및 비접지계통의 배전선로 보호용으로 사용된다. 답 ④

제3과목 전기기기

문제 41 브러시의 위치를 바꾸어서 회전방향을 바꿀 수 있는 전기기계가 아닌 것은?
① 톰슨형 반발 전동기
② 3상 직권 정류자 전동기
③ 시라게 전동기
④ 정류자형 주파수 변환기

풀이
정류자형 주파수 변환기는 권선형 유도전동기의 2차 여자를 행하기 위한 교류여자기로서 사용되며, 유도전동기와 직결한다. 따라서, 회전방향은 유도전동기의 회전방향과 같다.
답 ④

문제 42 3상 동기발전기에 평형 3상전류가 흐를 때 전기자 반작용은 이 전류가 기전력에 대하여 (A) 때 감자작용이 되고 (B) 때 증자작용이 된다. A, B의 적당한 것은?
① A : 90° 뒤질, B : 90° 앞설
② A : 90° 앞설, B : 90° 뒤질
③ A : 90° 뒤질, B : 동상일
④ A : 동상일,   B : 90° 앞설

풀이
발전기와 전동기의 전기자 반작용은 서로 반대이다.

분류	동기 발전기	동기 전동기
전압과 동상	교차 자화 작용	교차 자화 작용
진상전류	증자 작용	감자 작용
지상전류	감자 작용	증자 작용

답 ①

문제 43 정격 6600/220[V]인 변압기의 1차측에 6600[V]를 가하고 2차측에 순저항 부하를 접속하였더니 1차에 2[A]의 전류가 흘렀다. 이때 2차 출력 [kVA]은?
① 19.8 ② 15.4 ③ 13.2 ④ 9.7

풀이
손실을 무시하면 "1차 입력 = 2차 출력"이 된다.
따라서, $P = V_1 I_1 = V_2 I_2 = 6600 \times 2 \times 10^{-3} = 13.2[kVA]$ 가 된다.
답 ③

문제 44 3300/210[V], 5[kVA] 단상변압기의 퍼센트 저항강하 2.4[%], 퍼센트 리액턴스강하 1.8[%]이다. 임피던스 와트[W]는?
① 320 ② 240
③ 120 ④ 90

풀이
$\%R = \dfrac{I_n R}{E_n} \times 100 = \dfrac{I_n^2 R}{E_n I_n} \times 100 = \dfrac{P_s}{P_n} \times 100[\%]$ 에서
$P_s = \dfrac{\%R \cdot P_n}{100} = \dfrac{2.4 \times 5 \times 10^3}{100} = 120[W]$
답 ③

문제 45 단상 유도전동기의 기동토크에 대한 사항으로 틀린 것은?
① 분상기동형의 기동토크는 125[%] 이상이다.
② 콘덴서기동형의 기동토크는 350[%] 이상이다.
③ 반발기동형의 기동토크는 300[%] 이상이다.
④ 셰이딩코일형의 기동토크는 40~80[%] 이상이다.
답 ②

문제 46 유도전동기의 슬립을 측정하려고 한다. 다음 중 슬립의 측정법이 아닌 것은?
① 동력계법   ② 수화기법
③ 직류 밀리볼트계법 ④ 스트로보스코프법

풀이
슬립 측정 방법은
① DC 밀리볼트계법
② 수화기법
③ 스트로보스코프법 이 있다.
그러나 동력계법은 전동기 토크 측정법이다.
답 ①

문제 47 스테핑모터의 여자방식이 아닌 것은?
① 2-4상 여자 ② 1-2상 여자
③ 2상 여자   ④ 1상 여자

풀이

스테핑모터의 여자방식
① **1상 여자방식** : 항상 하나의 상에만 전류가 흐르게 하는 방식
② **2상 여자방식** : 항상 2개의 상에 전류를 흐르게 하는 방식으로 1상 여자방식에 비해 2배의 전류가 흐른다.
③ **1-2상 여자방식** : 1상 여자방식과 2상 여자방식을 교대로 반복하는 여자방식
답 ①

문제 48 극수 6, 회전수 1200[rpm]의 교류발전기와 병행운전하는 극수 8의 교류발전기의 회전수는 몇 [rpm] 이어야 하는가?

① 800　　　　② 900
③ 1050　　　　④ 1100

풀이

교류발전기의 **병렬운전 조건은 주파수가 같아야 한다.**

극수 6인 발전기의 주파수를 구하면, $N_s = \dfrac{120f}{p}$ 에서

$$\therefore f = \dfrac{N_s \times p}{120} = \dfrac{1200 \times 6}{120} = 60\,[\text{Hz}]$$

따라서, 극수 8인 발전기의 회전수는

$$\therefore N = \dfrac{120f}{p} = \dfrac{120 \times 60}{8} = 900\,[\text{rpm}]$$
답 ②

문제 49 3상 동기발전기의 매극 매상의 슬롯수를 3이라고 하면 분포계수는?

① $\sin\dfrac{2}{3}\pi$　　　　② $\sin\dfrac{3}{2}\pi$

③ $6\sin\dfrac{\pi}{18}$　　　　④ $\dfrac{1}{6\sin\dfrac{\pi}{18}}$

풀이

분포권 계수 $K_d = \dfrac{\sin\dfrac{n\pi}{2m}}{q\sin\dfrac{n\pi}{2mq}}$ 에서

고조파 차수 $n=1$(별도의 명기가 없으면 기본파로서 $n=1$), 상수 $m=3$, 매극, 매상의 슬롯수 $q=3$이므로

$$\therefore K_d = \dfrac{\sin\dfrac{\pi}{2\times 3}}{3\sin\dfrac{\pi}{2\times 3\times 3}} = \dfrac{\dfrac{1}{2}}{3\sin\dfrac{\pi}{18}} = \dfrac{1}{6\sin\dfrac{\pi}{18}}$$
답 ④

문제 50 단상 반발전동기에 해당되지 않는 것은?
① 아트킨손 전동기　　② 슈라게 전동기
③ 데리 전동기　　　　④ 톰슨 전동기

풀이

단상 반발 전동기의 종류
• 아트킨손형전동기
• 톰슨전동기
• 테리전동기
그러나, 슈라게 전동기는 3상 분권 정류자 전동기의 한 종류이다.
답 ②

문제 51 △-Y 결선의 3상 변압기군 A와 Y-△ 결선의 3상 변압기군 B를 병렬로 사용할 때 A군의 변압기 권수비가 30이라면 B군의 변압기 권수비는?

① 10　　② 30　　③ 60　　④ 90

풀이

A, B 변압기군의 권수비를 각각 a_1, a_2, 1차, 2차의 상전압과 선간 전압을 각각 E_1, E_2, V_1, V_2라고 하면

$$a_1 = \dfrac{E_1}{E_2} = \dfrac{V_1}{V_2/\sqrt{3}},\quad a_2 = \dfrac{E_1'}{E_2'} = \dfrac{V_1/\sqrt{3}}{V_2}$$

$$\dfrac{a_2}{a_1} = \dfrac{\dfrac{V_1}{\sqrt{3}}/V_2}{V_1/\dfrac{V_2}{\sqrt{3}}} = \dfrac{1}{3}$$

$$\therefore a_2 = \dfrac{1}{3}a_1 = \dfrac{1}{3}\times 30 = 10$$
답 ①

문제 52 동기발전기에서 기전력의 파형이 좋아지고 권선의 누설리액턴스를 감소시키기 위하여 채택한 권선법은?

① 집중권　　　　② 형권
③ 쇄권　　　　　④ 분포권

풀이

분포권의 장·단점
[장점]
　① 기전력의 **고조파가 감소**하여 **파형이 좋아진다.**
　② 권선의 누설 리액턴스가 감소한다.
　③ 전기자 권선에 의한 열을 고르게 분포시켜 과열을 방지한다.
[단점]
　① 분포권은 집중권에 비하여 합성 유기 기전력이 감소한다.
답 ④

문제 53 3상, 60 [Hz]전원에 의해 여자되는 6극 권선형 유도전동기가 있다. 이 전동기가 1150 [rpm]으로 회전할 때 회전자 전류의 주파수는 몇 [Hz]인가?

① 1　　② 1.5
③ 2　　④ 2.5

풀이

$N_s = \dfrac{120f}{p} = \dfrac{120 \times 60}{6} = 1200 \text{ [rpm]}$

$s = \dfrac{N_s - N}{N_s} = \dfrac{1200 - 1150}{1200} = 0.0417$

$\therefore f_2 = sf_1 = 0.0417 \times 60 = 2.5 [\text{Hz}]$　답 ④

제4과목　회로이론

문제 61 1000 [Hz]인 정현파 교류에서 5 [mH]인 유도 리액턴스와 같은 용량 리액턴스를 갖는 C의 값은 몇 [μF]인가?

① 4.07　　② 5.07
③ 6.07　　④ 7.07

풀이

$\omega L = \dfrac{1}{\omega C}$ 에서 $C = \dfrac{1}{\omega^2 L}$

따라서, $C = \dfrac{1}{(2 \times \pi \times 1000)^2 \times 5 \times 10^{-3}}$
$= 5.07 \times 10^{-6} [\text{F}] = 5.07 [\mu\text{F}]$　답 ②

문제 62 그림과 같은 이상적인 변압기로 구성된 4단자 회로에서 정수 A, B, C, D 중 A는?

① 1
② 0
③ n
④ $\dfrac{1}{n}$

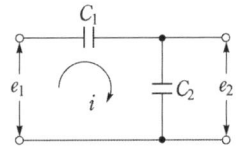

풀이

변압기의 4단자 정수는 $\begin{bmatrix} a & 0 \\ 0 & \dfrac{1}{a} \end{bmatrix}$ 이므로,

$\begin{bmatrix} A & B \\ C & D \end{bmatrix} = \begin{bmatrix} \dfrac{n_1}{n_2} & 0 \\ 0 & \dfrac{n_2}{n_1} \end{bmatrix}$ 가 된다.

따라서, $A = \dfrac{n_1}{n_2} = \dfrac{n}{1} = n$ 이다.　답 ③

문제 63 그림과 같은 회로의 전달 함수는?
(단, e_1은 입력, e_2는 출력이다.)

① $C_1 + C_2$　　② $\dfrac{C_2}{C_1}$
③ $\dfrac{C_1}{C_1 + C_2}$　　④ $\dfrac{C_2}{C_1 + C_2}$

풀이

$\begin{cases} e_1(t) = \dfrac{1}{C_1} \int i(t)dt + \dfrac{1}{C_2} \int i(t)dt \\ e_2(t) = \dfrac{1}{C_2} \int i(t)dt \end{cases}$

$\begin{cases} E_1(s) = \left(\dfrac{1}{C_1 s} + \dfrac{1}{C_2 s}\right) I(s) = \dfrac{C_1 + C_2}{C_1 C_2 s} \cdot I(s) \\ E_2(s) = \dfrac{I(s)}{C_2 s} \end{cases}$

$\therefore G(s) = \dfrac{E_2(s)}{E_1(s)} = \dfrac{\dfrac{1}{C_2 s} \cdot I(s)}{\dfrac{C_1 + C_2}{C_1 C_2 s} \cdot I(s)} = \dfrac{C_1}{C_1 + C_2}$　답 ③

문제 64 그림과 같은 회로에서 a-b 양단간의 전압은 몇 [V]인가?

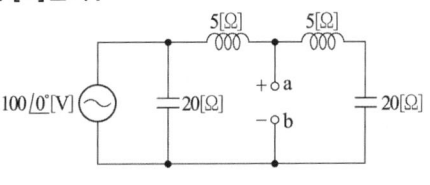

① 80　　② 90
③ 120　　④ 150

풀이

회로에 흐르는 전류 I는
$$I = \frac{100}{j5 - j15} = j10[A]$$
a, b 사이의 전압
$$V_{ab} = I \times (-j15) = j10 \times (-j15) = 150[V]$$
답 ④

문제 65 역률이 60[%]이고 1상의 임피던스가 60[Ω]인 유도부하를 △로 결선하고 여기에 병렬로 저항 20[Ω]을 Y결선으로 하여 3상 선간전압 200[V]를 가할 때의 소비전력 [W]은?

① 3200
② 3000
③ 2000
④ 1000

풀이

△결선된 60[Ω]의 부하로 Y로 변환하면
$$Z_Y = \frac{60}{3} = 20[\Omega] \quad (\because Z_Y = \frac{1}{3} Z_\Delta)$$

• 저항에서의 소비전력
$$P_1 = 3 \times \frac{V_P^2}{R} = 3 \times \frac{(200/\sqrt{3})^2}{20} = 2000[W]$$

• 임피던스에서의 소비전력
$$P_2 = 3V_P I_P \cos\theta = 3 \times \frac{200}{\sqrt{3}} \times \frac{200/\sqrt{3}}{20} \times 0.6 = 1200[W]$$

• 전 소비전력 $P = P_1 + P_2 = 2000 + 1200 = 3200[W]$
답 ①

문제 66 모든 초기 값을 0으로 할 때, 출력과 입력의 비를 무엇이라 하는가?

① 전달함수
② 충격함수
③ 경사함수
④ 포물선함수

풀이

전달 함수 : 모든 초기값을 0으로 하였을 때 출력 신호의 라플라스 변환값과 입력 신호의 라플라스 변환값의 비를 전달함수라 한다.
답 ①

문제 67 그림과 같은 파형의 라플라스 변환은?

① $\dfrac{E}{Ts}(1 - e^{-Ts})$

② $\dfrac{E}{Ts^2}(1 - e^{-Ts})$

③ $\dfrac{E}{Ts}(1 - e^{-Ts} - Ts \cdot e^{-Ts})$

④ $\dfrac{E}{Ts^2}(1 - e^{-Ts} - Ts \cdot e^{-Ts})$

풀이

$$f(t) = \frac{E}{T}tu(t) - Eu(t-T) - \frac{E}{T}(t-T)u(t-T)$$

이므로 시간추이 정리를 이용하면
$$F(s) = \frac{E}{Ts^2} - \frac{Ee^{-Ts}}{s} - \frac{Ee^{-Ts}}{Ts^2}$$
$$= \frac{E}{Ts^2}[1 - (Ts+1)e^{-Ts}]$$
답 ④

문제 68 그림에서 전류 i_5의 크기는?

① 3 [A]
② 5 [A]
③ 8 [A]
④ 12 [A]

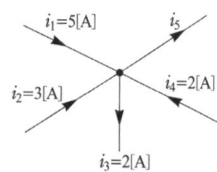

풀이

키르히호프의 전류법칙(Kirchhoff's Current Law : KCL : 제1법칙)

한 절점(접속점)에서의 유입 전류와 유출 전류의 대수적인 합은 같다.
따라서, $i_1+i_2-i_3+i_4-i_5=0$
$\therefore i_5=i_1+i_2-i_3+i_4=5+3-2+2=8[A]$ 답 ③

문제 69 그림과 같은 회로에서 S를 열었을 때 전류계는 10[A]를 지시하였다. S를 닫을 때 전류계의 지시는 몇 [A]인가?

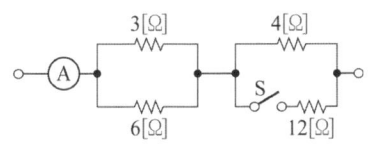

① 10 ② 12 ③ 14 ④ 16

풀이
S를 열었을 때 전전압을 구해 보면
$E=IR=10\left(\dfrac{3\times 6}{3+6}+4\right)=60[V]$
따라서, S를 닫으면 전전류
$I'=\dfrac{E}{R'}=\dfrac{60}{\dfrac{3\times 6}{3+6}+\dfrac{4\times 12}{4+12}}=\dfrac{60}{2+3}=12[A]$ 답 ②

제5과목 전기설비기술기준

문제 81 방전등용 안정기로부터 방전관까지의 전로를 무엇이라고 하는가?
① 가섭선 ② 가공인입선
③ 관등회로 ④ 지중관로

풀이
112 용어 정의
"관등회로"란 방전등용 안정기 또는 방전등용 변압기로부터 방전관까지의 전로를 말한다. 답 ③

문제 82 애자공사에 의한 저압 옥내배선을 시설할 때 전선 상호간의 간격은 몇 [cm] 이상이어야 하는가?
① 2 ② 4 ③ 6 ④ 8

풀이
232.56 애자공사
가. 전선은 절연전선(옥외용 비닐 절연전선 및 인입용 비닐 절연전선을 제외한다)일 것.
나. 이격거리

전압		전선과 조영재와의 이격 거리	전선 상호 간격	전선 지지점간의 거리	
				조영재의 윗면 또는 옆면에 따라 시설	조영재에 따라 시설하지 않는 경우
저압	400[V] 이하	2.5[cm] 이상	6[cm] 이상	2[m] 이하	–
	400[V] 초과	건조한 장소 2.5[cm] 이상 기타의 장소 4.5[cm] 이상			6[m] 이하

답 ③

문제 83 345[kV]의 송전선을 사람이 쉽게 들어갈 수 없는 산지에 시설하는 경우 전선의 지표상 높이는 최소 몇 [m] 이상이어야 하는가?
① 7.28 ② 8.28
③ 7.85 ④ 8.85

풀이
333.7 특고압 가공전선의 높이

전압의 범위	일반 장소	도로 횡단	철도 또는 궤도횡단	횡단보도교
35[kV] 이하	5[m]	6[m]	6.5[m]	4[m] (특고압절연전선 또는 케이블 사용)
35[kV] 초과 160[kV] 이하	6[m]	6[m]	6.5[m]	5[m](케이블 사용)
	산지 등에서 사람이 쉽게 들어갈 수 없는 장소 ; 5[m] 이상			
160[kV] 초과	일반장소	가공전선의 높이 = 6 + 단수 × 0.12[m]		
	철도 또는 궤도횡단	가공전선의 높이 = 6.5 + 단수 × 0.12[m]		
	산지	가공전선의 높이 = 5 + 단수 × 0.12[m]		

※ 단수 = $\dfrac{\text{전압}[kV]-160}{10}$ … 단수 계산에서 소수점 이하는 절상

- 특고압 가공 전선의 지표상 높이는 산지 등에서는 5[m]에, 160[kV]를 넘는 10[kV] 또는 그 단수마다 12[cm]를 더한 값
- 단수 = $\dfrac{345-160}{10}=18.5 \to 19$단
∴ 전선의 지표상 높이 = $5+19\times 0.12=7.28[m]$ 답 ①

문제 84 전기 울타리의 시설에 관한 설명으로 틀린 것은?
① 전원장치에 전기를 공급하는 전로의 사용전압은 600[V] 이하이어야 한다.
② 사람이 쉽게 출입하지 아니하는 곳에 시설한다.
③ 전선은 지름 2[mm] 이상의 경동선을 사용한다.
④ 수목 사이의 이격거리는 30[cm] 이상이어야 한다.

풀이
241.1 전기울타리
가. 전기울타리용 전원장치에 전원을 공급하는 전로의 **사용전압은 250[V] 이하**이어야 한다.
나. 전기울타리는 사람이 쉽게 출입하지 아니하는 곳에 시설할 것.
다. 전선은 인장강도 1.38[kN] 이상의 것 또는 지름 2[mm] 이상의 경동선일 것.
라. 전선과 이를 지지하는 기둥 사이의 이격거리는 25[mm] 이상일 것.
마. 전선과 다른 시설물(가공 전선을 제외한다) 또는 수목과의 이격거리는 0.3[m] 이상일 것. **답** ①

문제 85 66 [kV]에 사용되는 변압기를 취급자 이외의 자가 들어가지 않도록 적당한 울타리·담 등을 설치하여 시설하는 경우 울타리·담 등의 높이와 울타리·담 등으로부터 충전부분까지의 거리의 합계는 최소 몇 [m] 이상으로 하여야 하는가?
① 5   ② 6   ③ 8   ④ 10

풀이
341.4 특고압용 기계기구의 시설
특고압용 기계기구 충전부분의 지표상 높이

사용전압의 구분	울타리·담 등의 높이와 울타리·담 등으로부터 충전 부분까지의 거리의 합계
35 [kV] 이하	5 [m]
35 [kV] 초과 160 [kV] 이하	6 [m]
160 [kV] 초과	• 거리의 합계 = 6 + 단수 × 0.12 [m] • 단수 = $\dfrac{\text{사용전압 [kV]}-160}{10}$ 단수 계산에서 소수점 이하는 절상

답 ②

문제 86 가공 전선로에 사용하는 지지물의 강도 계산에 적용하는 병종풍압하중은 갑종풍압하중의 몇 [%]를 기초로 하여 계산한 것인가?
① 30   ② 50   ③ 80   ④ 110

풀이
331.6 풍압하중의 종별과 적용
가공 전선로에 사용하는 지지물의 강도 계산에 적용하는 풍압 하중은 다음의 3종으로 한다.
가. 갑종 풍압하중
  구성재의 수직 투영면적 1[m²]에 대한 풍압을 기초로 하여 계산한 것.
나. 을종 풍압하중
  전선 기타의 가섭선 주위에 두께 6[mm], 비중 0.9의 빙설이 부착된 상태에서 수직 투영면적 372 [Pa](다도체를 구성하는 전선은 333[Pa]), 그 이외의 것은 갑종풍압하중의 2분의 1을 기초로 하여 계산한 것.
다. 병종 풍압하중
  갑종풍압하중의 2분의 1을 기초로 하여 계산한 것. **답** ②

문제 87 저압옥내배선에서 시행하는 공사 내용 중 틀린 것은?
① 합성수지몰드공사에서는 절연전선을 사용한다.
② 합성수지관 안에서는 접속점이 없어야 한다.
③ 가요전선관은 2종 금속제 가요전선관이어야 한다.
④ 사용전압이 440[V]인 금속관공사에서 금속관에는 접지공사를 하지 않았다.

풀이
232.12 금속관공사
가. 전선은 절연전선(옥외용 비닐절연전선을 제외한다)일 것.
나. 전선은 연선일 것. 다만, 다음의 것은 적용하지 않는다.
  ① 짧고 가는 금속관에 넣은 것.
  ② 단면적 10[mm²](알루미늄선은 단면적 16[mm²]) 이하의 것.
다. 관의 두께는 다음에 의할 것.
  ① 콘크리트에 매설하는 것은 1.2[mm] 이상
  ② 콘크리트 매설 이외의 것은 1[mm] 이상
라. **관에는 접지공사를 할 것.** **답** ④

15년 1회 동일 및 유사 문제 (년도-회-번호)

1과목 전기자기학
- 16 22-3-18
- 17 17-3-12
- 18 18-2-01
- 19 17-3-15
- 20 20-4-04

2과목 전력공학
- 30 22-1-25
- 31 21-3-39
- 32 22-2-31
- 33 20-1,2-29
- 34 22-1-32
- 35 17-3-35
- 36 19-3-38
- 37 21-3-29
- 38 20-3-24
- 39 22-1-40
- 40 17-1-37

3과목 전기기기
- 54 20-3-49
- 55 21-1-47
- 56 19-1-58
- 57 19-1-42
- 58 21-1-45
- 59 22-2-47
- 60 21-3-57

4과목 회로이론
- 70 19-1-73
- 71 21-3-77
- 72 20-4-64
- 73 22-1-77
- 74 22-2-78
- 75 19-2-62
- 76 21-3-79
- 77 19-2-74
- 78 16-1-61
- 79 22-2-61
- 80 22-1-71

5과목 전기설비기술기준
- 88 19-2-94
- 89 18-3-81
- 90 22-2-86
- 91 20-4-88
- 92 22-3-94
- 93 18-1-82
- 94 22-2-93
- 95 20-3-98
- 96 18-1-83

국가기술자격검정 필기시험 문제

2015년도 전기산업기사 일반검정 제2회				수검 번호	성 명
자격종목 및 등급(선택분야)	종목코드	시험시간	문제지형별		
전기산업기사	2140	2시간 30분	A		

제1과목 전기자기학

문제 01 자계 내에서 운동하는 대전입자의 작용에 대한 설명으로 틀린 것은?
① 대전입자의 운동방향으로 작용하므로 입자의 속도의 크기는 변하지 않는다.
② 가속도 벡터는 항상 속도 벡터와 직각이므로 입자의 운동에너지도 변화하지 않는다.
③ 정상자계는 운동하고 있는 대전입자에 에너지를 줄 수가 없다.
④ 자계 내 대전입자를 임의 방향의 운동 속도로 투입하면 $\cos\theta$에 비례한다.

풀이
대전입자를 자계 내에 수직으로 투입하면 등속원운동, 자계에 각 θ로 비슷히 투입하면 등속의 나선운동을 한다. 따라서 임의 방향의 운동속도로 투입하면 등속운동을 하여 일정하다. 답 ④

문제 02 면적 $S[m^2]$ 평행한 평판 전극사이에 유전율이 $\epsilon_1[F/m]$, $\epsilon_2[F/m]$ 되는 두 종류의 유전체를 $\frac{d}{2}[m]$ 두께가 되도록 각각 넣으면 정전용량은 몇 [F]가 되는가?

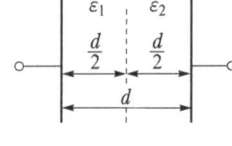

① $\dfrac{2S}{d(\epsilon_1+\epsilon_2)}$ ② $\dfrac{2\epsilon_1\epsilon_2}{dS(\epsilon_1+\epsilon_2)}$
③ $\dfrac{2S\epsilon_1\epsilon_2}{d(\epsilon_1+\epsilon_2)}$ ④ $\dfrac{S\epsilon_1\epsilon_2}{2d(\epsilon_1+\epsilon_2)}$

풀이
등가회로로 변환하면 다음 그림과 같다.

$$\therefore C = \frac{C_1 \cdot C_2}{C_1+C_2} = \frac{\dfrac{\epsilon_1 \cdot S}{\dfrac{d}{2}} \cdot \dfrac{\epsilon_2 \cdot S}{\dfrac{d}{2}}}{\dfrac{\epsilon_1 \cdot S}{\dfrac{d}{2}} + \dfrac{\epsilon_2 \cdot S}{\dfrac{d}{2}}}$$

$$= \frac{2S}{d\left(\dfrac{1}{\epsilon_1}+\dfrac{1}{\epsilon_2}\right)} = \frac{2S\epsilon_1\epsilon_2}{d(\epsilon_1+\epsilon_2)}[F]$$ 답 ③

문제 03 접지된 무한히 넓은 평면도체로부터 $a[m]$ 떨어져 있는 공간에 $Q[C]$의 점전하가 놓여 있을 때 그림 P점의 전위는 몇 [V]인가?

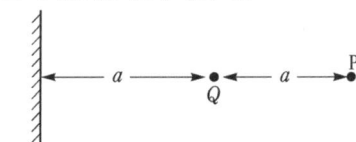

① $\dfrac{Q}{8\pi\epsilon_0 a}$ ② $\dfrac{Q}{6\pi\epsilon_0 a}$
③ $\dfrac{3Q}{4\pi\epsilon_0 a}$ ④ $\dfrac{Q}{2\pi\epsilon_0 a}$

풀이

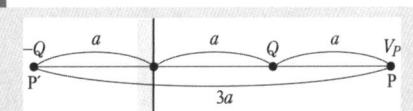

영상전하 $-Q[C]$을 생각하면 두 개의 점전하 $Q[C]$과 $-Q[C]$에 의한 점 P에서의 전위 V_P
전위 $V_P = \dfrac{Q}{4\pi\epsilon_0 a} + \dfrac{-Q}{4\pi\epsilon_0(3a)} = \dfrac{Q}{6\pi\epsilon_0 a}[V]$ 답 ②

문제 04 전계와 자계의 기본법칙에 대한 내용으로 틀린 것은?

① 암페어의 주회적분 법칙 :
$$\oint_c \boldsymbol{H} \cdot d\boldsymbol{l} = I + \int_S \frac{\partial \boldsymbol{D}}{\partial t} \cdot d\boldsymbol{S}$$

② 가우스의 정리 : $\oint_S \boldsymbol{B} \cdot d\boldsymbol{S} = 0$

③ 가우스의 정리 : $\oint_S \boldsymbol{D} \cdot d\boldsymbol{S} = \int_v \rho\, dv = Q$

④ 패러데이의 법칙 :
$$\oint_c \boldsymbol{D} \cdot d\boldsymbol{l} = -\int_S \frac{d\boldsymbol{H}}{dt} \cdot d\boldsymbol{S}$$

풀이
전자계에서 성립하는 기본 방정식

맥스웰 전자방정식		의 미
미 분 형	적 분 형	
$\mathrm{rot}\,\boldsymbol{E} = -\frac{\partial \boldsymbol{B}}{\partial t}$	$\oint_c \boldsymbol{E} \cdot d\boldsymbol{l} = -\int_S \frac{\partial \boldsymbol{B}}{\partial t} \cdot d\boldsymbol{S}$	패러데이 법칙

답 ④

문제 05 반지름 a[m]의 구도체에 Q[C]의 전하가 주어졌을 때 구심에서 $5a$[m] 되는 점의 전위는 몇 [V] 인가?

① $\dfrac{Q}{4\pi\epsilon_0 a}$ ② $\dfrac{Q}{4\pi\epsilon_0 a^2}$

③ $\dfrac{Q}{20\pi\epsilon_0 a}$ ④ $\dfrac{Q}{20\pi\epsilon_0 a^2}$

풀이
전위 $V = \dfrac{Q}{4\pi\epsilon_0(5a)} = \dfrac{Q}{20\pi\epsilon_0 a}$ [V]

답 ③

문제 06 전류와 자계 사이에 직접적인 관련이 없는 법칙은?

① 앙페르의 오른나사법칙
② 비오사바르의 법칙
③ 플레밍의 왼손법칙
④ 쿨롱의 법칙

풀이
① 앙페르의 오른나사 법칙 : 전류가 만드는 자계의 방향
② 비오사바르(Biot Savart)의 법칙 : 전류에 의한 자계의 세기
③ 플레밍의 왼손 법칙 : 자계내에 놓여진 전류도선이 받는 힘의 방향
④ **쿨롱의 법칙 : 전하들간에 작용하는 힘**
즉, 쿨롱의 법칙은 전하들간에 작용하는 힘에 대한 것으로서 전류와 자계 사이에 직접적인 관계는 없다.

답 ④

문제 07 전류분포가 벡터자기포텐셜 A[Wb/m]를 발생시킬 때 점$(-1, 2, 5)$[m]에서의 자속밀도 B[T]는? (단, $A = 2yz^2 a_x + y^2 x a_y + 4xyz a_z$ 이다.)

① $20a_x - 40a_y + 30a_z$
② $20a_x + 40a_y - 30a_z$
③ $2a_x + 4a_y + 3a_z$
④ $-20a_x - 46a_z$

풀이
$$B = \mathrm{rot}\,A = \nabla \times A = \begin{vmatrix} a_x & a_y & a_z \\ \frac{\partial}{\partial x} & \frac{\partial}{\partial y} & \frac{\partial}{\partial z} \\ 2yz^2 & y^2 x & 4xyz \end{vmatrix}$$

$= \left\{\dfrac{\partial}{\partial y}(4xyz) - \dfrac{\partial}{\partial z}(y^2 x)\right\} a_x + \left\{\dfrac{\partial}{\partial z}(2yz^2) - \dfrac{\partial}{\partial x}(4xyz)\right\} a_y$
$\quad + \left\{\dfrac{\partial}{\partial x}(y^2 x) - \dfrac{\partial}{\partial y}(2yz^2)\right\} a_z$

$= (4xz - 0) a_x + (4yz - 4yz) a_y + (y^2 - 2z^2) a_z$
$= 4xz a_x + (y^2 - 2z^2) a_z$ 점 $(-1, 2, 5)$ 대입
$= -20 a_x + (4 - 50) a_z = -20 a_x - 46 a_z$

답 ④

문제 08 축이 무한히 길고 반지름이 a[m]인 원주 내에 전하가 축대칭이며, 축방향으로 균일하게 분포되어 있을 경우, 반지름 $r(>a)$[m] 되는 동심 원통면 상 외부의 한 점 P의 전계의 세기는 몇 [V/m] 인가? (단, 원주의 단위 길이당의 전하를 λ [C/m]라 한다.)

① $\dfrac{\lambda}{\epsilon_0}$ ② $\dfrac{\lambda}{2\epsilon_0}$

③ $\dfrac{\lambda}{\pi a}$ ④ $\dfrac{\lambda}{2\pi\epsilon_0 r}$

풀이

- 원주 외부에서의 전계의 세기 ($r > a$)

$$E = \frac{\lambda}{2\pi\epsilon_0 r} \text{ [V/m]}$$

- 원주 표면에서의 전계의 세기 ($r = a$)

$$E_a = \frac{\lambda}{2\pi\epsilon_0 a} \text{ [V/m]}$$

답 ④

풀이

작용 정전 용량은
$$C_w = C_s + 3C_m = 0.008 + 3 \times 0.0018 = 0.0134 \text{ [}\mu\text{F/km]}$$

1선 충전 전류
$$I_c = \omega C_w E l = 2\pi f C_w \frac{V}{\sqrt{3}} l$$
$$= 2\pi \times 60 \times 0.0134 \times 10^{-6} \times 200 \times \frac{154,000}{\sqrt{3}}$$
$$= 89.8 \text{ [A]}$$

답 ③

문제 09 전하 Q_1, Q_2 간의 전기력이 F_1이고 이 근처에 전하 Q_3를 놓았을 경우의 Q_1과 Q_2간의 전기력을 F_2라 하면 F_1과 F_2의 관계는 어떻게 되는가?

① $F_1 > F_2$
② $F_1 = F_2$
③ $F_1 < F_2$
④ Q_3의 크기에 따라 다르다.

풀이

- Q_1과 Q_2 사이에 작용하는 쿨롱의 힘
$$F = \frac{1}{4\pi\epsilon} \cdot \frac{Q_1 \cdot Q_2}{r^2} \text{ [N]}$$

- 두 전하 사이에 작용하는 쿨롱의 힘은 두 전하 사이의 거리 r과 전하량 Q_1, Q_2 및 주위의 유전율 ϵ에만 관계되므로 부근에 제3의 점전하가 있어도 그의 영향을 받지 않는다.
따라서, $F_1 = F_2$

답 ②

문제 23 소수력 발전의 장점이 아닌 것은?

① 국내 부존자원 활용
② 일단 건설 후에는 운영비가 저렴
③ 전력생산 외에 농업용수 공급, 홍수조절에 기여
④ 양수발전과 같이 첨두부하에 대한 기여도가 많음

풀이

소수력발전(small hydro power)은 소규모 수력 발전을 의미하며, 일반적인 대규모 수력 발전과 원리면에서는 차이가 없으나 대규모 수력발전이 환경에 부정적 영향을 미치는 점을 생각한다면 국지적인 지역 조건과 조화를 이루는 규모가 작고 기술적으로 단순한 수력 발전이라고 할 수 있다.
그 장·단점으로는
① 장점
- 국내 부존자원 활용
- 전력생산 외에 농업용수 공급, 홍수조절에 기여
- 일단 건설후에는 운영비가 저렴
② 단점
- 대수력이나 양수발전과 같이 **첨두부하에 대한 기여도가 적음**
- 초기 건설비 소요가 크고, 발전량이 강수량에 따라 변동이 많음

답 ④

제2과목 전력공학

문제 21 60[Hz], 154[kV], 길이 200[km]인 3상 송전선로에서 대지정전용량 $C_s = 0.008 [\mu\text{F/km}]$, 선간정전용량 $C_m = 0.0018 [\mu\text{F/km}]$일 때, 1선에 흐르는 충전전류는 약 몇 [A]인가?

① 68.9
② 78.9
③ 89.8
④ 97.6

문제 24 유효낙차 400[m]의 수력발전소에서 펠턴수차의 노즐에서 분출하는 물의 속도를 이론값의 0.95배로 한다면 물의 분출속도는 약 몇 [m/s]인가?

① 42.3
② 59.5
③ 62.6
④ 84.1

풀이
높이 $H[m]$의 수두를 갖는 물이 노즐로부터 분출하는 유수의 속도 v는
$$v = C_v\sqrt{2gH} = 0.95 \times \sqrt{2 \times 9.8 \times 400} = 84.116[m/s]$$
답 ④

문제 25 초고압 장거리 송전선로에 접속되는 1차 변전소에 병렬 리액터를 설치하는 목적은?
① 페란티효과 방지   ② 코로나손실 경감
③ 전압강하 경감   ④ 선로손실 경감

풀이
페란티 현상이란 선로의 정전 용량으로 인하여 무부하시나 경부하시에 진상 전류가 흘러 수전단 전압이 송전단 전압보다 높아지는 현상을 말하며 이의 **대책으로는 분로 리액터(병렬 리액터)**나 동기 조상기의 지상 용량으로 방지할 수 있다.
답 ①

문제 26 SF_6 가스차단기의 설명으로 틀린 것은?
① 밀폐구조이므로 개폐 시 소음이 작다.
② SF_6 가스는 절연내력이 공기보다 크다.
③ 근거리 고장 등 가혹한 재기전압에 대해서 성능이 우수하다.
④ 아크에 의해 SF_6 가스는 분해되어 유독가스를 발생시킨다.

풀이
가스차단기(GCB)는 소호매질로서 SF_6(육불화유황)가스를 사용하며, SF_6 가스의 특징으로는 안정도가 높고 무색, 무취, **무독**, 불활성 기체이다.
따라서, SF_6 가스는 아크에 의해 유독가스를 발생시키지 않는다.
답 ④

문제 27 π형 회로의 일반회로 정수에서 B는 무엇을 의미하는가?
① 컨덕턴스   ② 리액턴스
③ 임피던스   ④ 어드미턴스

풀이
$E_s = AE_R + BI_R$, $I_s = CE_R + DI_R$
에서 A : 전압비, B : 임피던스, C : 어드미턴스, D : 전류비를 의미한다.
답 ③

문제 28 직류 송전방식이 교류 송전방식에 비하여 유리한 점이 아닌 것은?
① 선로의 절연이 용이하다.
② 통신선에 대한 유도잡음이 적다.
③ 표피효과에 의한 송전손실이 적다.
④ 정류가 필요 없고 승압 및 강압이 쉽다.

풀이
직류 송전 방식의 장·단점
[장점]
① 선로의 리액턴스가 없으므로 안정도가 높다.
② 유전체손 및 충전 용량이 없고 절연 내력이 강하다.
③ 비동기 연계가 가능하다.
④ 단락 전류가 적고 임의 크기의 교류 계통을 연계시킬 수 있다.
⑤ 코로나손 및 전력 손실이 적다.
⑥ 표피 효과나 근접 효과가 없으므로 실효 저항의 증대가 없다.
[단점]
① 직교 변환 장치가 필요하다.
② **전압의 승압 및 강압이 불리하다.**
③ 고조파나 고주파 억제 대책이 필요하다.
④ 직류 차단기가 개발되어 있지 않다.
답 ④

문제 29 전원이 양단에 있는 방사상 송전선로에서 과전류 계전기와 조합하여 단락보호에 사용하는 계전기는?
① 선택지락계전기   ② 방향단락계전기
③ 과전압계전기   ④ 부족전류계전기

풀이
• 전원이 2군데 이상 환상 선로의 단락 보호
  → 방향 거리 계전기(DZ)
• **전원이 2군데 이상 방사 선로의 단락 보호**
  → 방향 단락 계전기(DS)와 과전류 계전기(OC)를 조합
답 ②

문제 30 송전단의 전력원 방정식이 $P_s^2 + (Q_s - 300)^2 = 250000$인 전력계통에서 최대 전송 가능한 유효전력은 얼마인가?
① 300   ② 400
③ 500   ④ 600

풀이
최대전송 가능한 유효전력은 무효분이 0일 때 이므로, 무효분 $(Q_s - 300)^2 = 0$ 이다.
∴ $P_s^2 + 0 = 250000 \rightarrow P_s = 500$ **답 ③**

문제 31 피뢰기가 방전을 개시할 때 단자전압의 순시값을 방전 개시전압이라 한다. 피뢰기 방전 중 단자전압의 파고값을 무슨 전압이라고 하는가?
① 뇌전압
② 상용주파교류전압
③ 제한전압
④ 충격절연강도전압

풀이
피뢰기가 동작할 때 피뢰기 양단자 사이의 전압을 **제한전압**이라 한다. **답 ③**

문제 32 3상 1회선과 대지간의 충전전류가 1[km] 당 0.25 [A]일 때 길이가 18 [km]인 선로의 충전전류는 몇 [A] 인가?
① 1.5 ② 4.5 ③ 13.5 ④ 40.5

풀이
충전 전류 $I_c = 0.25[A/km] \times 18[km] = 4.5[A]$ **답 ②**

제3과목 전기기기

문제 41 SCR의 특징이 아닌 것은?
① 아크가 생기지 않으므로 열의 발생이 적다.
② 열용량이 적어 고온에 약하다.
③ 전류가 흐르고 있을 때 양극의 전압강하가 작다.
④ 과전압에 강하다.

풀이
SCR의 특징
- 아크가 생기지 않으므로 열의 발생이 적다.
- **과전압에 약하다.**
- 열용량이 적어 고온에 약하다.
- 게이트 신호를 인가할 때부터 도통할 때까지의 시간이 짧다.
- 전류가 흐르고 있을 때 양극의 전압강하가 작다.
- 정류기능을 갖는 단일방향성 3단자 소자이다.
- 역률각 이하에서는 제어가 되지 않는다. **답 ④**

문제 42 동기발전기의 병렬운전 시 동기화력은 부하각 δ와 어떠한 관계인가?
① $\tan\delta$에 비례
② $\cos\delta$에 비례
③ $\sin\delta$에 반비례
④ $\cos\delta$에 반비례

풀이
동기화력은 부하각 δ의 미소변동에 의한 출력의 변화율이므로 동기화력 $P_s = \dfrac{dP}{d\delta} = \dfrac{d}{d\delta} \cdot \dfrac{E^2}{2x_s}\sin\delta = \dfrac{E^2}{2x_s}\cos\delta$
즉, 동기화력 $P_s \propto \cos\delta$ **답 ②**

문제 43 유도전동기의 2차 동손을 P_c, 2차 입력을 P_2, 슬립을 s라 할 때 이들 사이의 관계는?
① $s = P_c/P_2$
② $s = P_2/P_c$
③ $s = P_2 \cdot P_c$
④ $s = P_2 + P_c$

풀이
2차 동손 $P_c = I_2^2 r_2 = I_2 r_2 \cdot \dfrac{sE_2}{\sqrt{r_2^2 + (sx_2)^2}}$
$(\because I_2 = \dfrac{sE_2}{\sqrt{r_2^2 + (sx_2)^2}})$
$= sE_2 I_2 \dfrac{r_2}{\sqrt{r_2^2 + (sx_2)^2}} = sE_2 I_2 \cos\theta_2 = sP_2$
∴ $s = \dfrac{P_c}{P_2}$ **답 ①**

문제 44 슬롯수 36의 고정자 철심이 있다. 여기에 3상 4극의 2층권을 시행할 때 매극 매상의 슬롯수와 총 코일수는?
① 3과 18
② 9와 36
③ 3과 36
④ 9와 18

풀이
- 매극매상 슬롯수 $= \dfrac{\text{총슬롯수}}{\text{상수} \times \text{극수}} = \dfrac{36}{3 \times 4} = 3$
- 코일수 $= \dfrac{\text{총슬롯수} \times m}{2} = \dfrac{36 \times 2}{2} = 36$
(단, m=코일 층수) **답 ③**

문제 45 입력전압이 220[V]일 때 3상 전파제어정류회로에서 얻을 수 있는 직류 전압은 몇 [V]인가? (단, 최대전압은 점호각 $\alpha = 0$일 때이고, 3상에서 선간전압으로 본다.)

① 152　② 198　③ 297　④ 317

풀이
3상 전파정류에서 직류전압
$E_d = 1.35 V = 1.35 \times 220 = 297 [V]$

답 ③

문제 46 단상 변압기 3대를 이용하여 3상 △-△ 결선을 했을 때 1차와 2차 전압의 각변위(위상차)는?

① 30°　② 60°
③ 120°　④ 180°

풀이
각 변위라 함은 1차 유기전압을 기준으로 하고 이에 대한 2차 유기전압의 뒤진 각을 말한다.

각 변위	전압벡터도	
	고압	저압
0도		
330도 (-30도)		
30도		
180도		
150도		
210도		

답 ④

문제 47 직류 전동기의 회전수를 $\frac{1}{2}$로 줄이려면 계자 자속을 몇 배로 하여야 하는가?

① 1　② 2　③ 3　④ 4

풀이
회전수 $n = K \frac{V - I_a R_a}{\phi}$에서 $n \propto \frac{1}{\phi}$

따라서, n을 $\frac{1}{2}$로 하자면 자속 ϕ는 2배가 되어야 한다.

답 ②

문제 48 변압기의 임피던스 전압이란?

① 정격전류 시 2차측 단자전압이다.
② 변압기의 1차를 단락, 1차에 1차 정격전류와 같은 전류를 흐르게 하는데 필요한 1차 전압이다.
③ 변압기 내부임피던스와 정격전류와의 곱인 내부 전압강하이다.
④ 변압기의 2차를 단락, 2차에 2차 정격전류와 같은 전류를 흐르게 하는데 필요한 2차 전압이다.

풀이
변압기의 **임피던스 전압**이란, 변압기의 임피던스와 정격전류와의 곱을 말한다. ($E_s = I_n \cdot Z$)
즉, 정격 전류에 의한 변압기 내부 전압 강하를 의미한다.

답 ③

문제 49 전부하로 운전하고 있는 60 [Hz], 4극 권선형 유도전동기의 전부하 속도는 1728 [rpm], 2차 1상의 저항은 0.02 [Ω]이다. 2차 회로의 저항을 3배로 할 때의 회전수[rpm]는?

① 1264　② 1356
③ 1584　④ 1765

풀이
$f = 60 [Hz], p = 4, N = 1728 [rpm], r_2 = 0.02 [\Omega],$
$r_2 + R_s = 3r_2 [\Omega]$

$N_s = \frac{120 \times 60}{4} = 1800 [rpm]$

$s_1 = \frac{1800 - 1728}{1800} = 0.04$

r_2를 3배로 하면 비례 추이의 원리로 슬립 s_2도 3배로 된다.

$\frac{r_2}{s_1} = \frac{r_2 + R}{s_2} = \frac{3r_2}{s_2}$

$s_2 = \frac{3r_2}{r_2} s_1 = \frac{3 \times 0.02}{0.02} \times 0.04 = 0.12$

$\therefore N_2 = (1 - s_2) N_s = (1 - 0.12) \times 1800 = 1584 [rpm]$

답 ③

문제 50 3상 유도전동기를 급속하게 정지시킬 경우에 사용되는 제동법은?
① 발전 제동법
② 회생 제동법
③ 마찰 제동법
④ 역상 제동법

풀이
유도 전동기의 제동
(1) 전기적 제동
① 발전 제동 : 전동기를 전원으로부터 분리한 후 1차측에 직류전원을 공급하여 발전기로 동작시킨 후 발생된 전력을 저항에서 열로 소비시키는 방법
② 회생 제동 : 유도 전동기를 유도 발전기로 동작시켜 그 발생 전력을 전원에 반환하면서 제동하는 방법
③ **역전 제동(역상제동, Pluging)** : 회전중인 전동기의 1차 권선 3단자 중 임의의 2단자의 접속을 바꾸면 역방향의 토오크가 발생되어 제동하는 방법으로 **이 방법은 급속하게 정지시키고자 하는 경우에 사용**된다.
④ 단상 제동 : 권선형 유도전동기의 1차측을 단상교류로 여자하고 2차측에 적당한 크기의 저항을 넣으면 전동기의 회전과는 역방향의 토오크가 발생되므로 제동된다.
(2) 기계적 제동 : 회전 부분과 정지 부분 사이의 마찰을 이용하여 제동하는 방법
답 ④

문제 51 2상 서보모터의 제어방식이 아닌 것은?
① 온도제어
② 전압제어
③ 위상제어
④ 전압·위상 혼합제어

풀이
2상 서보모터의 제어방식
① **전압제어 방식** : 주권선에 보통 위상을 90°진상으로 콘덴서 C를 직렬로 접속하여 일정 전압을 가하고 제어권선에는 입력전압의 크기만이 변화하는 신호를 걸어 속도 제어를 하는 방식
② **위상제어 방식** : 주권선에는 위상을 90° 진상으로 콘덴서를 통하여 일정전압을 가하고, 제어권선에도 정격 전압을 가하여 그 위상을 ±90° 변화시켜 제어 하는 방식
③ **전압·위상 혼합 제어방식** : 가장 일반적으로 사용되는 방식이며, 전압제어와 위상제어의 각각의 장점을 취한 방식이다.
답 ①

제4과목 회로이론

문제 61 4단자 회로에서 4단자 정수를 A, B, C, D라 할 때 전달정수 θ는 어떻게 되는가?
① $\ln(\sqrt{AB} + \sqrt{BC})$
② $\ln(\sqrt{AB} - \sqrt{CD})$
③ $\ln(\sqrt{AD} + \sqrt{BC})$
④ $\ln(\sqrt{AD} - \sqrt{BC})$

풀이
영상전달정수 $\theta = \ln(\sqrt{AD} + \sqrt{BC})$
$= \cosh^{-1}\sqrt{AD} = \sinh^{-1} = \sqrt{BC}$
$= \tanh^{-1} = \sqrt{\dfrac{BC}{AD}}$
답 ③

문제 62 다음 회로에서 10[Ω]의 저항에 흐르는 전류는 몇 [A]인가?
① 1
② 2
③ 4
④ 5

풀이

• 전압원만 존재할 때 10[Ω]에 흐르는 전류 I_1
 (이때, 전류원은 개방)
 $I_1 = \dfrac{V}{R} = \dfrac{10}{10} = 1[A]$
• 2[A] 전류원만 존재할 때
 10[Ω]에 흐르는 전류 I_2 (이때, 전압원은 단락)
 $I_2 = 0$ (2[A] 전류는 단락된 전압원 측으로 흐르므로 저항에는 전류가 흐르지 않는다.)
∴ $I_1 + I_2 = 1 + 0 = 1[A]$
답 ①

문제 63 어떤 코일에 흐르는 전류를 0.5[ms] 동안에 5[A]만큼 변화 시킬 때 20[V]의 전압이 발생한다. 이 코일의 자기 인덕턴스[mH]는?
① 2 ② 4 ③ 6 ④ 8

풀이

유도전압 $e = L\dfrac{di(t)}{dt}$ 에서 $20 = L\dfrac{5}{0.5 \times 10^{-3}}$

$\therefore L = \dfrac{0.5 \times 10^{-3}}{5} \times 20 = 2 \times 10^{-3} [\text{H}] = 2[\text{mH}]$ **답** ①

문제 64 어떤 소자가 60[Hz]에서 리액턴스 값이 10[Ω]이었다. 이 소자를 인덕터 또는 커패시터라 할 때, 인덕턴스[mH]와 정전용량[μF]은 각각 얼마인가?

① 26.53[mH], 295.37[μF]
② 18.37[mH], 265.25[μF]
③ 18.37[mH], 295.37[μF]
④ 26.53[mH], 265.25[μF]

풀이

$\omega = 2\pi f = 2\pi \times 60 \fallingdotseq 377$ 이므로,

① 유도성 리액턴스
  $X_L = \omega L = 377L = 10[\Omega]$
  $\therefore L = \dfrac{10}{377} = 0.02653[\text{H}] = 26.53[\text{mH}]$

② 용량성 리액턴스
  $X_C = \dfrac{1}{\omega C} = \dfrac{1}{377C} = 10[\Omega]$
  $\therefore C = \dfrac{1}{377 \times 10} = 0.00026525[\text{F}] = 265.25[\mu\text{F}]$ **답** ④

문제 65 다음 용어에 대한 설명으로 옳은 것은?

① 능동소자는 나머지 회로에 에너지를 공급하는 소자이며 그 값은 양과 음의 값을 갖는다.
② 종속전원은 회로 내의 다른 변수에 종속되어 전압 또는 전류를 공급하는 전원이다.
③ 선형소자는 중첩의 원리와 비례의 법칙을 만족할 수 있는 다이오드 등을 말한다.
④ 개방회로는 두 단자 사이에 흐르는 전류가 양단자에 전압과 관계없이 무한대 값을 갖는다.

풀이

종속 전원 : 회로내에 존재하는 **다른 전압이나 전류에 종속되**어 전압 또는 전류를 공급하는 전원으로서 회로 내의 다른 부분에는 전혀 영향을 미치지 못한다. **답** ②

문제 66 다음과 같은 π형 회로의 4단자 정수 중 D 의 값은?

① Z_2
② $1 + \dfrac{Z_2}{Z_1}$
③ $\dfrac{1}{Z_1} + \dfrac{1}{Z_2}$
④ $1 + \dfrac{Z_2}{Z_3}$

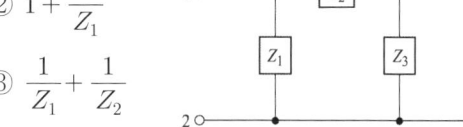

풀이

기본적인 4단자망의 4단자 정수

회로의 종류 4단자 정수	T형	π형
A	$1 + \dfrac{Z_1}{Z_2}$	$1 + \dfrac{Z_2}{Z_3}$
B	$\dfrac{Z_1Z_2 + Z_2Z_3 + Z_3Z_1}{Z_2}$	Z_2
C	$\dfrac{1}{Z_2}$	$\dfrac{Z_1 + Z_2 + Z_3}{Z_1Z_3}$
D	$1 + \dfrac{Z_3}{Z_2}$	$1 + \dfrac{Z_2}{Z_1}$

답 ②

문제 67 다음 회로에서 $t = 0$일 때 스위치 K를 닫았다. $i_1(0_+)$, $i_2(0_+)$의 값은? (단, $t < 0$에서 C 전압과 L 전압은 각각 0[V] 이다.)

① $\dfrac{V}{R_1}$, 0
② 0, $\dfrac{V}{R_2}$
③ 0, 0
④ $-\dfrac{V}{R_1}$, 0

풀이

$t = 0_+$에서 C는 단락, L은 개방이므로

$i_1 = \dfrac{V}{R_1}$, $i_2 = 0$ **답** ①

문제 68 전기량(전하)의 단위로 알맞은 것은?
① [C] ② [mA]
③ [nW] ④ [μF]

풀이
- 전기량 Q [C]
- 전류 I [A]
- 유효 전력 P [W]
- 정전 용량 C [F]

답 ①

문제 69 그림과 같이 저항 $R=3[\Omega]$과 용량 리액턴스 $\frac{1}{\omega C}=4[\Omega]$인 콘덴서가 병렬로 연결된 회로에 100[V]의 교류 전압을 인가할 때, 합성 임피던스 Z [Ω]는?
① 1.2
② 1.8
③ 2.2
④ 2.4

풀이
$$Z=\frac{1}{\sqrt{\left(\frac{1}{R}\right)^2+\left(\frac{1}{X_C}\right)^2}}=\frac{1}{\sqrt{\left(\frac{1}{3}\right)^2+\left(\frac{1}{4}\right)^2}}=2.4[\Omega]$$

답 ④

문제 70 3상 4선식에서 중성선이 필요하지 않아서 중성선을 제거하여 3상 3선식으로 하려고 한다. 이때 중성선의 조건식은 어떻게 되는가? (단, I_a, I_b, I_c[A]는 각 상의 전류이다.)
① $I_a+I_b+I_c=1$
② $I_a+I_b+I_c=\sqrt{3}$
③ $I_a+I_b+I_c=3$
④ $I_a+I_b+I_c=0$

풀이
중성선을 제거하려면 중성선에 흐르는 전류가 0이 되어야 한다. 즉, $I_a+I_b+I_c=0$

답 ④

문제 71 전달 함수 $G(s)=\dfrac{20}{3+2s}$을 갖는 요소가 있다. 이 요소에 $\omega=2$[rad/sec]인 정현파를 주었을 때 $|G(j\omega)|$를 구하면?
① 8 ② 6 ③ 4 ④ 2

풀이
$G(j\omega)=\dfrac{20}{3+2j\omega}$, $\omega=2$ 이므로
$$|G(j\omega)|=\left|\frac{20}{3+2j\omega}\right|_{\omega=2}=\left|\frac{20}{\sqrt{3^2+4^2}}\right|=4$$

답 ③

제5과목 전기설비기술기준

문제 81 변압기로서 특고압과 결합되는 고압 전로의 혼촉에 의한 위험 방지 시설은?
① 프라이머리 컷 아웃 스위치 장치
② 차단기
③ 퓨즈
④ 사용 전압의 3배의 전압에서 방전하는 방전 장치

풀이
322.3 특고압과 고압의 혼촉 등에 의한 위험방지 시설
변압기에 의하여 특고압전로에 결합되는 고압전로에는 **사용전압의 3배 이하인 전압이 가하여진 경우에 방전하는 장치**를 그 변압기의 단자에 가까운 1극에 설치하여야 한다.

답 ④

문제 82 22[kV] 전선로의 절연내력시험은 전로와 대지간에 시험전압을 연속하여 몇 분간 가하여 시험하게 되는가?
① 2 ② 4
③ 8 ④ 10

풀이
132 전로의 절연저항 및 절연내력
가. 사용전압이 저압인 전로에서 정전이 어려운 경우 등 절연저항 측정이 곤란한 경우에는 누설전류를 1[mA] 이하로 유지하여야 한다.
나. 고압 및 특고압의 전로는 규정된 시험전압을 전로와 대지 사이(다심케이블은 심선 상호 간 및 심선과 대지 사이)에 **연속하여 10분간** 가하여 절연내력을 시험하였을 때에 이에 견디어야 한다.

답 ④

문제 83
건조한 장소에 시설하는 애자공사로 사용전압이 440 [V]인 경우 전선과 조영재와의 이격거리는 최소 몇 [cm] 이상이어야 하는가?

① 2.5
② 3.5
③ 4.5
④ 5.5

풀이

232.56 애자공사
가. 전선은 절연전선(옥외용 비닐 절연전선 및 인입용 비닐 절연전선을 제외한다)일 것.
나. 이격거리

전압		전선과 조영재와의 이격 거리	전선 상호 간격	전선 지지점간의 거리	
				조영재의 윗면 또는 옆면에 따라 시설	조영재에 따라 시설하지 않는 경우
저압	400[V] 이하	2.5[cm] 이상	6[cm] 이상	2 [m] 이하	–
	400[V] 초과	건조한 장소 2.5[cm] 이상			6 [m] 이하
		기타의 장소 4.5[cm] 이상			

답 ①

문제 84
저압 옥내배선을 케이블트레이공사로 시설하려고 한다. 틀린 것은?

① 저압케이블과 고압케이블은 동일 케이블트레이 내에 시설하여서는 아니 된다.
② 케이블 트레이 내에서는 전선을 접속하여서는 아니 된다.
③ 수평으로 포설하는 케이블 이외의 케이블은 케이블트레이의 가로대에 견고하게 고정시킨다.
④ 절연전선을 금속관에 넣으면 케이블트레이공사에 사용할 수 있다.

풀이

232.41 케이블트레이공사
가. 전선
  ① 연피케이블, 알루미늄피 케이블 등 난연성 케이블
  ② 기타 케이블(적당한 간격으로 연소방지 조치를 하여야 한다)
  ③ 금속관 혹은 합성수지관 등에 넣은 절연전선
나. 케이블트레이 안에서 전선을 접속하는 경우에는 전선 접속부분에 사람이 접근할 수 있고 또한 그 부분이 측면 레일 위로 나오지 않도록 하고 그 부분을 절연처리 하여야 한다.
다. 저압 케이블과 고압 또는 특고압 케이블은 동일 케이블 트레이 안에 시설하여서는 아니 된다. 다만, 견고한 불연성의 격벽을 시설하는 경우 또는 금속 외장 케이블인 경우에는 그러하지 아니하다.

답 ②

문제 85
발전기, 변압기, 조상기, 모선 또는 이를 지지하는 애자는 단락전류에 의하여 생기는 어느 충격에 견디어야 하는가?

① 기계적 충격
② 철손에 의한 충격
③ 동손에 의한 충격
④ 표류부하손에 위한 충격

풀이

발전기 등의 기계적 강도(기술기준 제23조)
발전기, 변압기, 조상기, 모선 또는 이를 지지하는 애자는 **단락 전류에 의하여 생기는 기계적 충격**에 견디어야 한다.

답 ①

문제 86
교통신호등의 시설공사를 다음과 같이 하였을 때 틀린 것은?

① 전선은 450/750[V] 일반용 단심 비닐 절연 전선을 사용하였다.
② 신호등의 인하선은 지표상 2.5[m]로 하였다.
③ 사용전압을 300[V]이하로 하였다.
④ 교통신호등의 제어장치의 금속제외함 및 신호등을 지지하는 철주는 접지공사를 하면 안 된다.

풀이

234.15 교통신호등
가. 교통신호등 제어장치의 2차측 배선의 최대사용전압은 300 [V] 이하이어야 한다.
나. 전선은 케이블인 경우 이외에는 공칭단면적 2.5[mm²] 연동선과 동등 이상의 세기 및 굵기의 450/750[V] 일반용 단심 비닐절연전선 또는 450/750[V] 내열성에 틸렌아세테이트 고무절연전선일 것.
다. 교통신호등의 전구에 접속하는 인하선은 다음에 의하여 시설하여야 한다.
  ① 전선의 지표상의 높이는 2.5[m] 이상일 것.
  ② 전선을 애자사용배선에 의하여 시설하는 경우에는 전선을 적당한 간격마다 묶을 것.
라. 교통신호등 회로의 사용전압이 150[V]를 넘는 경우는 전로에 지락이 생겼을 경우 자동적으로 전로를 차단하는 누전차단기를 시설할 것.

마. 교통신호등의 제어장치의 금속제외함 및 신호등을 지지하는 철주에는 규정에 준하여 접지공사를 하여야 한다.

답 ④

문제 87 전로의 절연원칙에 따라 반드시 절연하여야 하는 것은?
① 수용장소의 인입구 접지점
② 고압과 특별고압 및 저압과의 혼촉 위험방지를 한 경우 접지점
③ 저압가공전선로의 접지측 전선
④ 시험용 변압기

풀이
131 전로의 절연 원칙
전로는 다음 이외에는 대지로부터 절연하여야 한다.
가. 저압전로에 접지공사를 하는 경우의 접지점
나. 전로의 중성점에 접지공사를 하는 경우의 접지점
다. 계기용변성기의 2차측 전로에 접지공사를 하는 경우의 접지점
라. 다중 접지를 하는 경우의 접지점
마. 변압기의 2차측 전로에 접지공사를 하는 경우의 **접지점**
바. 직류계통에 접지공사를 하는 경우의 접지점
사. 다음과 같이 절연할 수 없는 부분
① **시험용 변압기**, 전력선 반송용 결합 리액터, 전기울타리용 전원장치, 엑스선발생장치, 전기부식방지용 양극, 단선식 전기철도의 귀선 등 전로의 일부를 대지로부터 절연하지 아니하고 전기를 사용하는 것이 부득이한 것.
② 전기욕기·전기로·전기보일러·전해조 등 대지로부터 절연하는 것이 기술상 곤란한 것.

답 ③

문제 88 방직공장의 구내 도로에 220[V] 조명등용 가공전선로를 시설하고자 한다. 전선로의 경간은 몇 [m] 이하이어야 하는가?
① 20   ② 30
③ 40   ④ 50

풀이
222.23 구내에 시설하는 저압 가공전선로
가. 전선은 지름 2[mm] 이상의 경동선의 절연전선 일 것. 다만, 경간이 10[m] 이하인 경우에 한하여 공칭단면적 4[mm²] 이상의 연동 절연전선을 사용할 수 있다.
나. **전선로의 경간은 30[m] 이하일 것**

다. 1구내에만 시설하는 사용전압이 400[V] 이하인 저압 가공전선로의 높이
① 도로(폭이 5[m]이하)를 횡단하는 경우 : 4[m] 이상
② 도로를 횡단하지 않는 경우 : 3[m] 이상의 높이일 것

답 ②

문제 89 한 수용장소의 인입선에서 분기하여 지지물을 거치지 않고 다른 수용 장소의 인입구에 이르는 부분의 전선을 무엇이라고 하는가?
① 가공인입선   ② 인입선
③ 연접인입선   ④ 옥측배선

풀이
연접 인입선 : 한 수용장소의 인입선에서 분기하여 지지물을 거치지 않고 다른 수용 장소의 인입구에 이르는 부분의 전선

답 ③

문제 90 특고압 전로와 저압 전로를 결합하는 변압기 저압측의 중성점에 접지공사를 토지의 상황 때문에 변압기의 시설장소마다 하기 어려워서 가공접지선을 시설하려고 한다. 이 때 가공접지선으로 경동선을 사용한다면 그 최소 굵기는 몇 [mm]인가?
① 3.2   ② 4
③ 4.5   ④ 5

풀이
322.1 고압 또는 특고압과 저압의 혼촉에 의한 위험방지 시설
접지공사는 변압기의 시설장소마다 시행하여야 한다. 다만, 토지의 상황에 의하여 변압기의 시설장소에서 규정에 의한 접지저항 값을 얻기 어려운 경우, 인장강도 5.26[kN] 이상 또는 **지름 4[mm] 이상의 가공 접지도체**를 저압가공전선에 관한 규정에 준하여 시설할 때에는 변압기의 시설장소로부터 200[m]까지 떼어놓을 수 있다.

답 ②

15년 2회 동일 및 유사 문제 (년도-회-번호)

1과목 전기자기학
- 10 22-2-15
- 11 17-3-04
- 12 22-2-13
- 13 22-1-14
- 14 17-1-71
- 15 16-2-12
- 16 17-3-06
- 17 20-4-10
- 18 16-1-01
- 19 20-1,2-80
- 20 17-1-11

2과목 전력공학
- 33 20-3-28
- 34 22-2-22
- 35 20-1,2-29
- 36 21-3-40
- 37 21-1-21
- 38 19-2-30
- 39 20-3-35
- 40 19-1-31

3과목 전기기기
- 52 22-3-45
- 53 17-1-50
- 54 20-3-47
- 55 20-3-57
- 56 20-3-52
- 57 19-3-47
- 58 19-2-49
- 59 19-3-44
- 60 22-3-55

4과목 회로이론
- 72 19-3-80
- 73 19-1-74
- 74 22-3-72
- 75 20-4-77
- 76 20-1,2-71
- 77 21-3-73
- 78 18-2-75
- 79 22-3-63
- 80 20-3-62

5과목 전기설비기술기준
- 91 22-3-85
- 92 22-2-97
- 93 21-1-100
- 94 21-1-95
- 95 22-1-88
- 96 16-1-84
- 97 22-1-99
- 98 22-3-83

국가기술자격검정 필기시험 문제

2015년도 전기산업기사 일반검정 제3회

자격종목 및 등급(선택분야)	종목코드	시험시간	문제지형별	수검 번호	성 명
전기산업기사	2140	2시간 30분	A		

제1과목 전기자기학

문제 01 전자석에 사용하는 연철(soft iron)은 다음 어느 성질을 갖는가?
① 잔류자기, 보자력이 모두 크다.
② 보자력이 크고 잔류자기가 작다.
③ 보자력이 크고 히스테리시스 곡선의 면적이 작다.
④ 보자력과 히스테리시스 곡선의 면적이 모두 작다.

풀이
자석 재료
- 영구자석 재료 : 잔류자기(B_r) 및 보자력(H_c)이 클 것
- 전자석 재료 : 히스테리시스 곡선 면적은 적고, 잔류자기(B_r)는 크고, 보자력(H_c)은 작아야 한다.

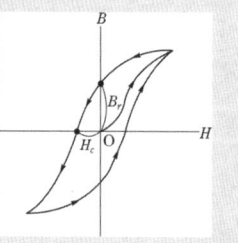

답 ④

문제 02 면적이 $S[m^2]$, 극사이의 거리가 $d[m]$, 유전체의 비유전율이 ϵ_s인 평행 평판콘덴서의 정전용량은 몇 [F]인가?

① $\dfrac{\epsilon_o S}{d}$ ② $\dfrac{\epsilon_o \epsilon_s S}{d}$
③ $\dfrac{\epsilon_o d}{S}$ ④ $\dfrac{\epsilon_o \epsilon_s d}{S}$

풀이
평행판 콘덴서의 정전용량 $C = \dfrac{\epsilon S}{d} = \dfrac{\epsilon_o \epsilon_s S}{d}$

답 ②

문제 03 전기저항 R과 정전 용량 C, 고유저항 ρ 및 유전율 ϵ 사이의 관계로 옳은 것은?
① $RC = \rho\epsilon$
② $R\rho = C\epsilon$
③ $C = R\rho\epsilon$
④ $R = \epsilon\rho C$

풀이
$R = \rho\dfrac{l}{s}$, $C = \dfrac{\epsilon s}{l}$ 에서 $RC = \rho\epsilon$

답 ①

문제 04 그림과 같이 판의 면적 $\dfrac{1}{3}S$, 두께 d와 판 면적 $\dfrac{1}{3}S$, 두께 $\dfrac{1}{2}d$ 되는 유전체($\epsilon_s = 3$)를 끼웠을 경우의 정전 용량은 처음의 몇 배인가?

① $\dfrac{1}{6}$ ② $\dfrac{5}{6}$
③ $\dfrac{11}{6}$ ④ $\dfrac{13}{6}$

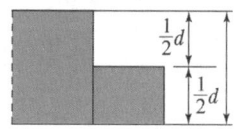

풀이
평행판 공기 콘덴서의 정전용량을 C_0라 하고 각 부분의 용량을 C_1, C_2, C_3라 하면

- $C_1 = \dfrac{3\epsilon_0 \times \dfrac{1}{3}S}{d} = \dfrac{\epsilon_0 S}{d} = C_0$

- $C_{21} = \dfrac{3\epsilon_0 \times \dfrac{1}{3}S}{\dfrac{1}{2}d} = 2\dfrac{\epsilon_0 S}{d} = 2C_0$

- $C_{22} = \dfrac{\epsilon_0 \times \dfrac{1}{3}S}{\dfrac{1}{2}d} = \dfrac{2}{3}\dfrac{\epsilon_0 S}{d} = \dfrac{2}{3}C_0$

- C_2는 C_{21}과 C_{22}의 직렬 접속이므로

$$\therefore C_2 = \frac{C_{21} \times C_{22}}{C_{21} + C_{22}} = \frac{2C_0 \times \frac{2}{3}C_0}{2C_0 + \frac{2}{3}C_0} = \frac{1}{2}C_0$$

- $C_3 = \dfrac{\epsilon_0 \times \frac{1}{3}S}{d} = \dfrac{1}{3}\dfrac{\epsilon_0 S}{d} = \dfrac{1}{3}C_0$

따라서, 합성정전 용량은 C_1, C_2, C_3의 병렬 접속이므로

$$\therefore C = C_1 + C_2 + C_3 = C_0 + \frac{1}{2}C_0 + \frac{1}{3}C_0 = \frac{11}{6}C_0$$

답 ③

문제 05
맥스웰의 전자 방정식 중 패러데이 법칙에 의하여 유도된 방정식은?

① $\nabla \times E = -\dfrac{\partial B}{\partial t}$

② $\nabla \times H = i_c + \dfrac{\partial D}{\partial t}$

③ $\text{div } D = \rho$

④ $\text{div } B = 0$

풀이
전자계에서 성립하는 기본 방정식

맥스웰 전자방정식		의 미
미 분 형	적 분 형	
$\text{rot } E = -\dfrac{\partial B}{\partial t}$	$\oint_c E \cdot dl = -\int_S \dfrac{\partial B}{\partial t} \cdot dS$	패러데이 법칙
$\text{rot } H = i_c + \dfrac{\partial D}{\partial t}$	$\oint_c H \cdot dl = I + \int_S \dfrac{\partial D}{\partial t} \cdot dS$	암페어 주회 적분 법칙
$\text{div } D = \rho$	$\oint_S D \cdot dS = \int_v \rho\, dv = Q$	가우스 법칙
$\text{div } B = 0$	$\oint_S B \cdot dS = 0$	가우스 법칙

답 ①

문제 06
한 변의 길이가 a[m]인 정육각형의 각 정점에 각각 Q[C]의 전하를 놓았을 때 정육각형의 중심 O의 전계의 세기는 몇 [V/m] 인가?

① 0
② $\dfrac{Q}{2\pi\epsilon_0 a}$
③ $\dfrac{Q}{4\pi\epsilon_0 a}$
④ $\dfrac{Q}{8\pi\epsilon_0 a}$

풀이
2개의 점전하가 3쌍으로 맞서 있고, 각 쌍의 중심 전계의 세기는 크기가 같고 방향이 정반대이므로 0이 되고 합성 전계의 세기도 0이 된다.

답 ①

문제 07
반지름 a[m]의 도체구와 내외 반지름이 각각 b[m] 및 c[m]인 도체구가 동심으로 되어 있다. 두 도체구 사이에 비유전율 ϵ_s인 유전체를 채웠을 경우의 정전용량[F]은?

① $\dfrac{1}{9 \times 10^9} \cdot \dfrac{abc}{a-b+c}$

② $9 \times 10^9 \cdot \dfrac{bc}{c-b}$

③ $\dfrac{\epsilon_s}{9 \times 10^9} \cdot \dfrac{ac}{c-a}$

④ $\dfrac{\epsilon_s}{9 \times 10^9} \cdot \dfrac{ab}{b-a}$

풀이
동심구의 내구에 $+Q$[C], 외구에 $-Q$[C]을 준 경우, 두 도체구 사이의 전위차는

$$V_{12} = \frac{Q}{4\pi\epsilon}\left(\frac{1}{a} - \frac{1}{b}\right) [V] 이므로$$

$$C = \frac{Q}{V_{12}} = \frac{4\pi\epsilon}{\frac{1}{a} - \frac{1}{b}} = \frac{4\pi\epsilon}{\frac{b-a}{ab}} = \frac{4\pi\epsilon ab}{b-a}$$

$$= \frac{4\pi\epsilon_0 \epsilon_s ab}{b-a} = \frac{\epsilon_s}{9 \times 10^9} \cdot \frac{ab}{b-a} [F]$$

답 ④

문제 08
코로나 방전이 3×10^6[V/m]에서 일어난다고 하면 반지름 10[cm]인 도체구에 저축할 수 있는 최대 전하량은 몇 [C]인가?

① 0.33×10^{-5}
② 0.72×10^{-6}
③ 0.84×10^{-7}
④ 0.98×10^{-8}

풀이
전계 $E = 3 \times 10^6$[V/m], 반지름 $r = 10 \times 10^{-2}$[m]
전계와 전위의 관계식

$$E = \frac{Q}{4\pi\epsilon_0 a^2} = \frac{Q}{4\pi\epsilon_0 a \cdot a} = \frac{V}{a} \quad \therefore V = aE$$

2015년도 3회

도체구 전하량 $Q = CV = (4\pi\epsilon_0 a)(aE) = 4\pi\epsilon_0 a^2 E$
$= \dfrac{1}{9\times 10^9} \times (10\times 10^{-2})^2 \times 3\times 10^6$
$= 0.33 \times 10^{-5}[C]$ 답 ①

문제 09 동일한 두 도체를 같은 에너지 $W_1 = W_2$로 충전한 후에 이들을 병렬로 연결하였다. 총에너지 W와의 관계로 옳은 것은?
① $W_1 + W_2 < W$
② $W_1 + W_2 = W$
③ $W_1 + W_2 > W$
④ $W_1 - W_2 = W$

풀이
동일한 두 도체의 정전용량 C_1, C_2라고 할 때 $C_1 = C_2 = C$
두 도체에 같은 정전에너지로 충전하였을 때 전하량은 $Q_1 = Q_2 = Q$, 각각의 정전에너지는
$W_1 = \dfrac{Q_1^2}{2C_1} = \dfrac{Q^2}{2C}$, $W_2 = \dfrac{Q_2^2}{2C_2} = \dfrac{Q^2}{2C}$, $W_1 + W_2 = \dfrac{Q^2}{C}$
두 도체를 병렬로 접속하였을 때 합성 정전용량
$C' = C_1 + C_2 = 2C$
충전하량 $Q' = Q_1 + Q_2 = 2Q$
총 정전에너지 $W = \dfrac{Q'^2}{2C'} = \dfrac{(Q_1+Q_2)^2}{2(C_1+C_2)} = \dfrac{(2Q)^2}{2(2C)} = \dfrac{Q^2}{C}$
∴ $W_1 + W_2 = W$ 답 ②

문제 10 자계가 보존적인 경우를 나타내는 것은? (단, j는 공간상의 0이 아닌 전류밀도를 의미한다.)
① $\nabla \cdot B = 0$
② $\nabla \cdot B = j$
③ $\nabla \times H = 0$
④ $\nabla \times H = j$

풀이
보존장의 조건 : $\oint_c H \cdot dl = 0$ (적분형)
rot $H = \nabla \times H = 0$ (미분형)
[참고] $\oint_c H \cdot dl = \oint_s \nabla \times H \cdot dS = 0 (\nabla \times H = 0)$
(미분형은 스토크스의 정리를 이용하여 적분형에서 구함)
답 ③

문제 11 자기 인덕턴스와 상호 인덕턴스와의 관계에서 결합계수 k에 영향을 주지 않는 것은?
① 코일의 형상
② 코일의 크기
③ 코일의 재질
④ 코일의 상대위치

풀이
자기 인덕턴스와 상호 인덕턴스의 관계
• 누설자속이 없는 경우 : $M = \sqrt{L_1 L_2}$
• 누설자속이 있는 경우 : $M = k\sqrt{L_1 L_2}$
여기에서 k를 결합계수라 하며 자기적 결합 정도를 나타내며, 이 결합계수는 양 코일의 형상, 크기, 상대 위치 등으로 결정된다.
답 ③

문제 12 위치 함수로 주어지는 벡터량이 $E_{(x,y,z)} = iE_x + jE_y + kE_z$ 이다. 나블라(∇)와의 내적 $\nabla \cdot E$와 같은 의미를 갖는 것은?
① $\dfrac{\partial E_x}{\partial x} + \dfrac{\partial E_y}{\partial y} + \dfrac{\partial E_z}{\partial z}$
② $i\dfrac{\partial E_z}{\partial x} + j\dfrac{\partial E_x}{\partial y} + k\dfrac{\partial E_y}{\partial z}$
③ $\int \dfrac{\partial E_x}{\partial x} + \int \dfrac{\partial E_y}{\partial y} + \int \dfrac{\partial E_z}{\partial z}$
④ $i\int E_x dx + j\int E_y dy + k\int E_z dz$

풀이
$\nabla \cdot E = \left(i\dfrac{\partial}{\partial x} + j\dfrac{\partial}{\partial y} + k\dfrac{\partial}{\partial z}\right) \cdot (iE_x + jE_y + kE_z)$
$= \dfrac{\partial E_x}{\partial x} + \dfrac{\partial E_y}{\partial y} + \dfrac{\partial E_z}{\partial z}$ 답 ①

문제 13 $\phi = \phi_m \sin 2\pi ft [Wb]$일 때, 이 자속과 쇄교하는 권수 N회인 코일에 발생하는 기전력[V]은?
① $2\pi fN\phi_m \sin 2\pi ft$
② $-2\pi fN\phi_m \sin 2\pi ft$
③ $2\pi fN\phi_m \cos 2\pi ft$
④ $-2\pi fN\phi_m \cos 2\pi ft$

풀이
기전력은 시간당 변화하는 자속의 양에 의해 결정된다.
$e = -N\dfrac{d\phi}{dt} = -N\dfrac{d}{dt}\phi_m \sin 2\pi ft = -2\pi fN\phi_m \cos 2\pi ft [V]$
답 ④

문제 14 100 [MHz]의 전자파의 파장은?
① 0.3[m]
② 0.6[m]
③ 3[m]
④ 6[m]

풀이

$$\lambda = \frac{v}{f} = \frac{3 \times 10^8}{100 \times 10^6} = 3[\text{m}]$$

여기서, λ : 전파의 파장 [m], f : 주파수[Hz]
v : 전파속도 (진공 중에서 $v = 3 \times 10^8$[m/s])

답 ③

제2과목 전력공학

문제 21 송전선로의 저항은 R, 리액턴스를 X 라 하면 성립하는 식은?

① $R \geq 2X$ ② $R < X$
③ $R = X$ ④ $R > X$

풀이
일반적으로 **선로의 리액턴스는 저항의 약 6배**가 되며, 간단한 고장계산시에는 저항분을 무시해도 좋다. 즉, $R < X$의 관계가 성립된다.

답 ②

문제 22 그림과 같이 반지름 r[m]인 세 개의 도체가 선간거리 D[m]로 수평배치 하였을 때 A도체의 인덕턴스는 몇 [mH/km]인가?

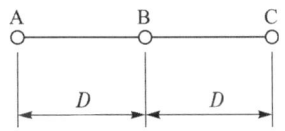

① $0.05 + 0.4605 \log_{10} \frac{D}{r}$

② $0.05 + 0.4605 \log_{10} \frac{2D}{r}$

③ $0.05 + 0.4605 \log_{10} \frac{\sqrt[3]{2}D}{r}$

④ $0.05 + 0.4605 \log_{10} \frac{\sqrt{2}D}{r}$

풀이
인덕턴스 $L = 0.05 + 0.4605 \log \frac{D_e}{r}$ [mH/km] 에서
등가선간거리 $D_e = \sqrt[3]{D \cdot D \cdot 2D} = \sqrt[3]{2}D$
$\therefore L = 0.05 + 0.4605 \log_{10} \frac{\sqrt[3]{2}D}{r}$ [mH/km]

답 ③

문제 23 주상변압기의 고압측 및 저압측에 설치되는 보호장치가 아닌 것은?
① 피뢰기 ② 1차 컷아웃스위치
③ 캐치홀더 ④ 케이블헤드

풀이
① 피뢰기(lightning arrester) : 뇌 서지 침입시 이상 전압을 대지로 방전시키고 그 속류를 차단하는 보호장치.
② 컷 아웃 스위치(cut out switch) : 주상변압기의 고장이 배전선로에 파급되는 것을 방지하고 변압기의 과부하 소손을 예방하고자 변압기 1차측에 사용하는 보호장치
③ 캐치홀더(catch holders) : 변압기 2차측 및 인입선의 분기개소에 설치하여 사용하는 변압기 보호장치
④ **케이블 헤드**(cable head) : **케이블의 단말 처리재로서 보호장치가 아니다.**

답 ④

문제 24 콘덴서형 계기용변압기의 특징으로 틀린 것은?
① 권선형에 비해 오차가 적고 특성이 좋다.
② 절연의 신뢰도가 권선형에 비해 크다.
③ 전력선 반송용 결합콘덴서와 공용할 수 있다.
④ 고압 회로용의 경우는 권선형에 비해 소형 경량이다.

풀이
콘덴서형 계기용 변압기(CPD)의 특징
• 권선형에 비해 소형 경량이고 값이 싸다.
• 절연의 신뢰도가 권선형에 비해 크다.
• 전력선 반송용 결합 콘덴서와 공용할 수 있다.
• **권선형에 비해 오차가 많고 특성이 나쁘다.**

답 ①

문제 25 동일전력을 수송할 때 다른 조건은 그대로 두고 역률을 개선한 경우의 효과로 옳지 않은 것은?
① 선로변압기 등의 저항손이 역률의 제곱에 반비례하여 감소한다.
② 변압기, 개폐기 등의 소요 용량은 역률에 비례하여 감소한다.
③ 선로의 송전용량이 그 허용전류에 의하여 제한될 때는 선로의 송전용량도 증가한다.
④ 전압강하는 $1 + \frac{X}{R} \tan\varphi$에 비례하여 감소한다.

풀이

전력 $P=\sqrt{3}\,VI\cos\theta$에서 동일전력을 공급하는 경우 **전류는 역률에 반비례** 한다.

즉, $I=\dfrac{P}{\sqrt{3}\,V\cos\theta}$에서 $I \propto \dfrac{1}{\cos\theta}$

답 ②

문제 26 소호 원리에 따른 차단기의 종류 중에서 소호실에서 아크에 의한 절연유 분해가스의 흡부력(吸付力)을 이용하여 차단하는 것은?

① 유입차단기　　② 기중차단기
③ 자기차단기　　④ 가스차단기

풀이

소호 원리에 따른 차단기의 종류

종류	약어	소 호 원 리
유입차단기	OCB	소호실에서 아크에 의한 **절연유 분해 가스의 흡부력**을 이용해서 차단
기중차단기	ACB	대기 중에서 아크를 길게 하여 소호실에서 냉각 차단
자기차단기	MBB	대기 중에서 전자력을 이용하여 아크를 소호실내로 유도해서 냉각차단
공기차단기	ABB	압축된 공기를 아크에 불어 넣어서 차단
진공차단기	VCB	고진공 중에서 전자의 고속도 확산에 의해 차단
가스차단기	GCB	고성능 절연 특성을 가진 특수 가스(SF_6)를 흡수해서 차단

답 ①

문제 27 출력 5000[kW], 유효낙차 50 [m]인 수차에서 안내날개의 개방상태나 효율의 변화 없이 일정할 때 유효낙차가 5 [m] 줄었을 경우 출력은 약 몇 [kW]인가?

① 4000　　② 4270
③ 4500　　④ 4740

풀이

출력을 P, 사용 수량을 Q, 유효 낙차를 H라고 하면
$P=9.8QH\eta$ 이므로 $P \propto QH$
수차에 유입하는 물의 유속 $v=C\sqrt{2gH}$에서 $v \propto H^{\frac{1}{2}}$
$Q=Av$에서 안내 날개의 개도 A는 일정하므로
$Q \propto v \propto H^{\frac{1}{2}}$
그러므로, $P \propto QH \propto H^{\frac{3}{2}}$

지금 P_1 : 낙차 변화 전의 출력 [kW]
　　P_2 : 낙차 변화 후의 출력 [kW]
　　H_1 : 변화 전의 낙차
　　H_2 : 변화 후의 낙차라고 하면

$\therefore P_2 = P_1 \left(\dfrac{H_2}{H_1}\right)^{3/2} = 5000 \times \left(\dfrac{50-5}{50}\right)^{3/2}$
$= 5000 \times 0.854 = 4270 [\text{kW}]$

답 ②

문제 28 비접지식 송전선로에서 1선 지락고장이 생겼을 경우 지락점에 흐르는 전류는?

① 직선성을 가진 직류이다.
② 고장 상의 전압과 동상의 전류이다.
③ 고장 상의 전압보다 90° 늦은 전류이다.
④ 고장 상의 전압보다 90° 빠른 전류이다.

풀이

지락전류 $I_g = j3\omega C_s E$ [A]
따라서, **지락 전류는 전압보다 $+j(90°)$ 앞선 전류**가 흐른다.

답 ④

문제 29 다음 사항 중 가공송전선로의 코로나손실과 관계가 없는 사항은?

① 전원주파수　　② 전선의 연가
③ 상대공기밀도　　④ 선간거리

풀이

Peek의 식
$P = \dfrac{241}{\delta}(f+25)\sqrt{\dfrac{d}{2D}}(E-E_0)^2 \times 10^{-5} [\text{kW/km/선}]$

δ : 상대 공기 밀도,　D : 선간 거리,　d : 전선의 지름,
f : 주파수,　E : 전선에 걸리는 대지 전압,
E_0 : 코로나 임계 전압

따라서, **전선의 연가는 코로나와 관계가 없다.**

답 ②

문제 30 배전방식으로 저압 네트워크방식이 적당한 경우는?

① 부하가 밀집되어 있는 시가지
② 바람이 많은 어촌지역
③ 농촌지역
④ 화학공장

풀이
네트워크 배전 방식의 장점
- 무정전 공급이 가능해서 배전 신뢰도가 높다.
- 기기 이용률이 향상된다.
- 전압 변동이 적다.
- 적응성 양호하다.
- 전력 손실이 감소한다.
- 변전소 수를 줄일 수 있다.

따라서, 저압 네트워크 방식은 **부하가 밀집되어 있는 시가지**에 **적당**하다. 답 ①

문제 31 뇌서지와 개폐서지의 파두장과 파미장에 대한 설명으로 옳은 것은?
① 파두장과 파미장이 모두 같다.
② 파두장은 같고 파미장이 다르다.
③ 파두장이 다르고 파미장은 같다.
④ 파두장과 파미장이 모두 다르다.

풀이
뇌서지와 개폐서지는 **파두장과 파미장이 모두 다르다.** 답 ④

문제 32 동일한 전압에서 동일한 전력을 송전할 때 역률을 0.7에서 0.95로 개선하면 전력손실은 개선전에 비해 약 몇 [%]인가?
① 80 ② 65 ③ 54 ④ 40

풀이
전력 손실 $P_l = \dfrac{R \cdot P^2}{V^2 \cos^2 \theta}$ 에서 $P_l \propto \dfrac{1}{\cos^2 \theta}$

$\therefore \dfrac{P_l'}{P_l} = \dfrac{\dfrac{1}{0.95^2}}{\dfrac{1}{0.7^2}} = \left(\dfrac{0.7}{0.95}\right)^2$ $P_l' = 0.543 P_l$

그러므로 약 54 [%]로 감소 답 ③

문제 33 전선이 조영재에 접근할 때에나 조영재를 관통하는 경우에 사용되는 것은?
① 노브애자
② 애관
③ 서비스캡
④ 유니버설 커플링

풀이
애자사용 배선의 절연전선이 **조영재를 관통**하는 경우는 그 부분의 모든 전선을 각각 별개의 **애관 및 합성수지관 등**에 넣어 시설하여야 한다. (내선규정 2270-7) 답 ②

문제 34 3상 Y결선된 발전기가 무부하 상태로 운전 중 3상 단락고장이 발생하였을 때 나타나는 현상으로 틀린 것은?
① 영상분 전류는 흐르지 않는다.
② 역상분 전류는 흐르지 않는다.
③ 3상 단락전류는 정상분 전류의 3배가 흐른다.
④ 정상분 전류는 영상분 및 역상분 임피던스에 무관하고 정상분 임피던스에 반비례한다.

풀이
고장별 대칭분 및 전류의 크기

고장의 종류	대 칭 분	전류의 크기
3상 단락	정상분	$I_1 \neq 0, I_2 = I_0 = 0$
선간 단락	정상분, 역상분	$I_1 = -I_2 \neq 0, I_0 = 0$
1선 지락	정상분, 역상분, 영상분	$I_0 = I_1 = I_2 \neq 0$

따라서, 3상 단락 고장시 정상분 임피던스에 반비례하는 정상분 전류만 흐르게 된다. 답 ③

제3과목 전기기기

문제 41 중부하에서도 기동되도록 하고 회전계자형의 동기전동기에 고정자인 전기자 부분이 회전자의 주위를 회전할 수 있도록 2중 베어링의 구조를 가지고 있는 전동기는?
① 유도자형 전동기
② 유도 동기 전동기
③ 초동기 전동기
④ 반작용 전동기

풀이
초동기 전동기
기동 토크가 작은 것이 단점인 동기 전동기는 경부하에서 기동이 거의 불가능하므로 이것을 보완하여 **중부하에서도 기동이 되도록 한 것이 초동기 전동기**이다. 이 전동기는 회전계자형의 동기 전동기에 전기자 부분도 회전자의 주위를 회전할 수 있도록 2중 베어링의 구조로 되어 있어 고정자 회전 기동형이라고 한다. 답 ③

문제 42. 유도전동기의 공극에 관한 설명으로 틀린 것은?
① 공극은 일반적으로 0.3~2.5[mm] 정도이다.
② 공극이 넓으면 여자 전류가 커지고 역률이 현저하게 떨어진다.
③ 공극이 좁으면 기계적으로 약간의 불평형이 생겨도 진동과 소음의 원인이 된다.
④ 공극이 좁으면 누설리액턴스가 증가하여 순간 최대전력이 증가하고 철손이 증가한다.

풀이
공극이 좁으면 누설리액턴스가 감소하게 된다. 답 ④

문제 43. 단상 전파 정류의 맥동률은?
① 0.17 ② 0.34
③ 0.48 ④ 0.86

풀이
- 맥동률 $= \sqrt{\dfrac{\text{실효값}^2 - \text{평균값}^2}{\text{평균값}^2}} \times 100 = \dfrac{\text{교류분}}{\text{직류분}} \times 100 [\%]$

정류 종류	단상 반파	단상 전파	3상 반파	3상 전파
맥동률 [%]	121	48	17.7	4.04

답 ③

문제 44. 3상 유도전동기의 운전 중 전압을 80[%]로 낮추면 부하회전력은 몇 [%]로 감소되는가?
① 94 ② 80 ③ 72 ④ 64

풀이
3상 유도 전동기의 **토크는 전압의 2승에 비례**하므로
$T : T' = V^2 : (0.8V)^2 \quad T' = 0.64T$ 답 ④

문제 45. 직류기의 권선법에 대한 설명 중 틀린 것은?
① 전기자 권선에 환상권은 거의 사용되지 않는다.
② 전기자 권선에는 고상권이 주로 이용되고 있다.
③ 정류를 양호하게하기 위해 단절권이 이용된다.
④ 저전압 대전류 직류기에는 파권이 적당하며, 고전압 직류기에는 중권이 적당하다.

풀이
중권과 파권의 비교

비교 항목	단중 중권	단중 파권
전기자의 병렬 회로수(a)	$P(mP)$	$2\,(2m)$
브러시 수(b)	P	2
용도	저전압, 대전류	고전압, 소전류
균압 접속	4극 이상이면 균압 접속을 하여야 한다.	균압 접속은 필요 없다.

여기서, m : 다중도 답 ④

문제 46. 반발전동기(reaction motor)의 특성에 대한 설명으로 옳은 것은?
① 분권특성이다.
② 기동 토크가 특히 큰 전동기이다.
③ 직권특성으로 부하 증가 시 속도가 상승한다.
④ 1/2 동기속도에서 정류가 양호하다.

풀이
단상 반발전동기의 기동토크는 전부하 토크의 400~500 [%] 정도로 **기동 토크가 특히 큰 전동기** 이다. 답 ②

문제 47. 단상 정류자전동기에 보상권선을 사용하는 이유는?
① 정류개선 ② 기동토크조절
③ 속도제어 ④ 역률개선

풀이
단상 정류자 전동기의 **보상 권선**은 직류 직권 전동기와 달리 전기자 반작용으로 생기는 필요 없는 자속을 상쇄하도록 하여, 무효 전력의 증대에 따르는 **역률의 저하를 방지**한다. 답 ④

문제 48. 단상 직권정류자 전동기에 전기자 권선의 권수를 계자 권수에 비해 많게 하는 이유가 아닌 것은?
① 주자속을 작게 하고 토크를 증가하기 위하여
② 속도 기전력을 크게 하기 위하여
③ 변압기 기전력을 크게 하기 위하여
④ 역률저하를 방지하기 위하여

풀이
단상 정류자 전동기에서는 **약계자, 강전기자형**으로 하여 역률을 좋게 하고 **변압기 기전력을 작게** 한다.   답 ③

문제 49 변압기의 병렬운전에서 1차 환산 누설임피던스가 $2+j3[\Omega]$과 $3+j2[\Omega]$일 때 변압기에 흐르는 부하 전류가 50 [A]이면 순환전류[A]는? (단, 다른 정격은 모두 같다.)

① 10 ② 8 ③ 5 ④ 3

풀이
- 임피던스의 크기가 같으므로 부하 전류는 25[A]씩 양분되어 흐른다.
- 순환 전류 $I_c = \dfrac{V_2 - V_1}{Z_1 + Z_2} = \dfrac{I_2 Z_2 - I_1 Z_1}{Z_1 + Z_2}$

$\therefore I_c = \dfrac{25(3+j2) - 25(2+j3)}{(2+j3)+(3+j2)} = \dfrac{75+j50 - 50-j75}{5+j5}$

$= \dfrac{25-j25}{5+j5} = \dfrac{(25-j25)(5-j5)}{(5+j5)(5-j5)}$

$= \dfrac{125-j125-j125+j^2 125}{5^2+5^2} = \dfrac{-j250}{50}$

$= -j5 = 5\angle{-90°}\,[A]$ 답 ③

문제 50 터빈 발전기 출력 1350 [kVA], 2극, 3600 [rpm], 11 [kV]일 때 역률 80 [%]에서 전부하 효율이 96 [%]라 하면 이 때의 손실 전력 [kW]은?

① 36.6 ② 45
③ 56.6 ④ 65

풀이
출력 $P = 1350 \times 0.8 = 1080[kW]$

효율 $\eta = \dfrac{출력}{출력+손실} = \dfrac{P}{P+P_l}$ 에서

$0.96 = \dfrac{1080}{1080+P_l}$ $\therefore P_l = \dfrac{1080}{0.96} - 1080 = 45[kW]$ 답 ②

문제 51 3상 동기발전기를 병렬운전하는 도중 여자 전류를 증가시킨 발전기에서 일어나는 현상은?

① 무효전류가 증가한다.
② 역률이 좋아진다.
③ 전압이 높아진다.
④ 출력이 커진다.

풀이
A, B 두 대의 발전기가 병렬운전 중에 A기의 여자를 증대하면, 즉 A기의 유기전압이 B기의 유기전압보다 높게 되면 A기로부터 B기로 전류가 흐르게 되는데 이때의 전류 I_c는

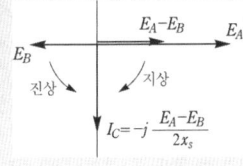

$I_c = \dfrac{E_A - E_B}{j2x_s} = -j\dfrac{E_A - E_B}{2x_s}$

로 A(여자전류를 증가 시킨 발전기)기에는 전압보다 90° 늦은 전류가 흐르게 되어 역률이 나빠지고, B기에는 90° 빠른 전류가 흐르게 되어 역률이 좋아지게 되며, 그 결과 A,B 발전기의 단자전압은 서로 같게 된다.

즉, $I_c = -j\dfrac{E_A - E_B}{2x_s}$ 만큼의 무효전류가 증가하게 된다.   답 ①

문제 52 유도전동기로 직류발전기를 회전시킬 때, 직류 발전기의 부하를 증가시키면 유도전동기의 속도는?

① 증가한다.
② 감소한다.
③ 변함이 없다.
④ 동기속도 이상으로 회전한다.

풀이
직류 발전기의 부하가 증가하게 되면, 유도전동기의 부하가 증가하게 되어 그 결과 유도전동기의 속도는 감소하게 된다.   답 ②

문제 53 5 [kVA], 2000/200 [V]의 단상변압기가 있다. 2차로 환산한 등가저항과 등가리액턴스는 각각 0.14 [Ω], 0.16 [Ω]이다. 이 변압기에 역률 0.8(뒤짐)의 정격부하를 걸었을 때의 전압변동률[%]은?

① 0.026 ② 0.26
③ 2.6 ④ 26

풀이
- 정격2차 전류 $I_{2n} = \dfrac{P}{V_2} = \dfrac{5000}{200} = 25[A]$
- % 저항 강하

$p = \dfrac{I_{2n} r_2}{V_{2n}} \times 100 = \dfrac{25 \times 0.14}{200} \times 100 = 1.75[\%]$

- % 리액턴스 강하

$$q = \frac{I_{2n} x_2}{V_{2n}} \times 100 = \frac{25 \times 0.16}{200} \times 100 = 2\,[\%]$$

- 전압변동률

$$\epsilon = p\cos\theta + q\sin\theta = 1.75 \times 0.8 + 2 \times 0.6 = 2.6[\%]$$

답 ③

문제 54
송전선로에 접속된 동기조상기의 설명으로 옳은 것은?

① 과여자로 해서 운전하면 앞선전류가 흐르므로 리액터 역할을 한다.
② 과여자로 해서 운전하면 뒤진전류가 흐르므로 콘덴서 역할을 한다.
③ 부족여자로 해서 운전하면 앞선전류가 흐르므로 리액터 역할을 한다.
④ 부족여자로 해서 운전하면 송전선로의 자기여자작용에 의한 전압상승을 방지한다.

풀이
동기조상기의 운전
- 과여자 운전 : 콘덴서 작용 – 역률 개선
- **부족 여자 운전 : 리액터 작용 – 이상 전압의 상승 억제**

답 ④

제4과목 회로이론

문제 61
불평형 3상 전류 $I_a = 15 + j2[A]$, $I_b = -20 - j14[A]$, $I_c = -3 + j10[A]$일 때 정상분 전류 I[A]는?

① $1.91 + j6.24$
② $-2.67 - j0.67$
③ $15.7 - j3.57$
④ $18.4 + j12.3$

풀이
정상분 전류 $I_1 = \frac{1}{3}(I_a + aI_b + a^2 I_c)$에서

$$I_1 = \frac{1}{3}\Big\{(15+j2) + \Big(-\frac{1}{2} + j\frac{\sqrt{3}}{2}\Big)(-20-j14)$$
$$+ \Big(-\frac{1}{2} - j\frac{\sqrt{3}}{2}\Big)(-3+j10)\Big\}$$
$$= 15.76 - j3.57\,[A]$$

답 ③

문제 62
리액턴스 함수가 $Z(s) = \dfrac{3s}{s^2 + 15}$ 로 표시되는 리액턴스 2단자망은?

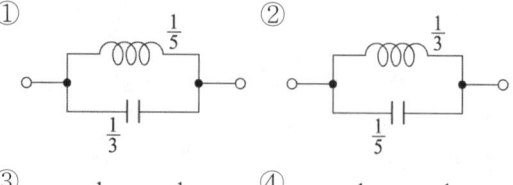

풀이
$Z(s)$의 함수가 주어졌을 때 회로망을 그리는 방법
- 모든 분수의 분자를 1로 만든다.
- 분수 밖의 ⊕는 직렬, 분수 속의 ⊕는 병렬로 그린다.
- 분수 밖에 존재하는 복소함수 s의 계수는 L의 값이고, $\frac{1}{s}$의 계수는 C의 값이다.
- 분수 안에 존재하는 복소함수 s의 계수는 C의 값이고, $\frac{1}{s}$의 계수는 L의 값이다.

따라서, $Z(s) = \dfrac{3s}{s^2+15} = \dfrac{1}{\dfrac{s^2}{3s}+\dfrac{15}{3s}} = \dfrac{1}{\dfrac{1}{3}s + \dfrac{1}{\dfrac{1}{5}s}}$

그러므로 $C = \dfrac{1}{3}$, $L = \dfrac{1}{5}$, 분수 속의 ⊕이므로 병렬을 나타낸다.

답 ①

문제 63
$i = 10\sin\left(\omega t - \dfrac{\pi}{6}\right)$[A]로 표시되는 전류와 주파수는 같으나 위상이 45° 앞서는 실효값 100[V]의 전압을 표시하는 식으로 옳은 것은?

① $100\sin\left(\omega t - \dfrac{\pi}{10}\right)$
② $100\sqrt{2}\sin\left(\omega t + \dfrac{\pi}{12}\right)$
③ $\dfrac{100}{\sqrt{2}}\sin\left(\omega t - \dfrac{5}{12}\pi\right)$
④ $100\sqrt{2}\sin\left(\omega t - \dfrac{\pi}{12}\right)$

풀이
실효값이 100[V]이고 전류보다 위상이 45°($= \dfrac{\pi}{4}$) 앞서므로
$v = 100\sqrt{2}\sin(\omega t - \dfrac{\pi}{6} + \dfrac{\pi}{4}) = 100\sqrt{2}\sin(\omega t + \dfrac{\pi}{12})$[V]

답 ②

문제 64 그림과 같은 회로의 전압비 전달함수 $H(j\omega)$는? (단, 입력 $V(t)$는 정현파 교류 전압이며, V_R은 출력이다.

① $\dfrac{j\omega}{(5-\omega^2)+j\omega}$ ② $\dfrac{j\omega}{(5+\omega^2)+j\omega}$

③ $\dfrac{j\omega}{(5-\omega)^2+j\omega}$ ④ $\dfrac{j\omega}{(5+\omega)^2+j\omega}$

풀이

$H(j\omega) = \dfrac{V_R}{V(j\omega)} = \dfrac{1}{j\omega + 1 + \dfrac{1}{j\omega\dfrac{1}{5}}}$

$= \dfrac{j\omega}{(j\omega)^2 + j\omega + 5} = \dfrac{j\omega}{(5-\omega^2)+j\omega}$ **답** ①

문제 65 저항 6[kΩ], 인덕턴스 90[mH], 커패시턴스 0.01[μF]인 직렬회로에 $t=0$에서의 직류전압 100[V]를 가하였다. 흐르는 전류의 최대값(I_m)은 약 몇 [mA]인가?

① 11.8 ② 12.3
③ 14.7 ④ 15.6

풀이

$R^2 = \dfrac{4L}{C}$, $(6\times10^3)^2 = \dfrac{4\times90\times10^{-3}}{0.01\times10^{-6}} = 36\times10^6$

이므로 임계 진동 전류가 흐르게 되며, 이 경우 전류는

$i(t) = \dfrac{E}{L}t \cdot e^{-\dfrac{R}{2L}t}$ 이다.

전류가 최대로 되는 시간은

$\dfrac{di(t)}{dt} = \dfrac{E}{L} \cdot e^{-\dfrac{R}{2L}t} - \dfrac{R}{2L} \cdot \dfrac{E}{L}te^{-\dfrac{R}{2L}t} = 0$

$1 = \dfrac{R}{2L}t$

$t = \dfrac{2L}{R} = \dfrac{2\times90\times10^{-3}}{6000} = 30[\mu s]$

이므로, 전류의 최대값(I_m)은

$i(t) = \dfrac{E}{L}t \cdot e^{-\dfrac{R}{2L}t}$

$= \dfrac{100}{90\times10^{-3}} \times 30\times10^{-6} \times e^{-\dfrac{6\times10^3}{2\times90\times10^{-3}}\times30\times10^{-6}}$

$= 0.0123[A] = 12.3[mA]$ **답** ②

문제 66 그림과 같은 회로에서 단자 a – b간의 전압 V_{ab} [V]는?

① $-j160$
② $j160$
③ 40
④ 80

풀이

a, b 단자 사이에 흐르는 전류 I_{ab}는

$I_{ab} = 8 \times \dfrac{-j8}{(j20-j4)-j8} = -8[A]$

$V_{ab} = -8 \times j20 = -j160[V]$ **답** ①

문제 67 회로에서 Z 파라미터가 잘못 구하여진 것은?

① $Z_{11} = 8[\Omega]$ ② $Z_{12} = 3[\Omega]$
③ $Z_{21} = 3[\Omega]$ ④ $Z_{22} = 5[\Omega]$

풀이

$Z_{11} = Z_1 + Z_2 = 5 + 3 = 8\ [\Omega]$
$Z_{12} = Z_{21} = Z_2 = 3\ [\Omega]$
$Z_{22} = Z_2 = 3\ [\Omega]$ **답** ④

문제 68 굵기가 일정한 도체에서 체적은 변하지 않고 지름을 $\dfrac{1}{n}$로 줄였다면 저항은?

① $\dfrac{1}{n^2}$로 된다. ② n로 된다.
③ n^2로 된다. ④ n^4로 된다.

풀이

• 체적이 일정하므로

$$\frac{1}{4}\pi d_1^2 \times l_1 = \frac{1}{4}\pi d_2^2 \times l_2 = \frac{1}{4}\pi \left(\frac{1}{n}d_1\right)^2 \times l_2 \quad \therefore l_2 = n^2 l_1$$

• 저항

$$R_2 = \rho \frac{l_2}{\frac{1}{4}\pi d_2^2} = \rho \frac{n^2 l_1}{\frac{1}{4}\pi \left(\frac{1}{n}d_1\right)^2} = n^4 \times \rho \frac{l_1}{\frac{1}{4}\pi d_1^2} = n^4 \times R_1$$

답 ④

문제 69 ㉠ $\mathcal{L}[\sin at]$ 및 ㉡ $\mathcal{L}[\cos \omega t]$를 구하면?

① ㉠ $\dfrac{a}{s+a}$ ㉡ $\dfrac{s}{s+\omega}$

② ㉠ $\dfrac{1}{s^2+a^2}$ ㉡ $\dfrac{s}{s+\omega}$

③ ㉠ $\dfrac{a}{s^2+a^2}$ ㉡ $\dfrac{s}{s^2+\omega^2}$

④ ㉠ $\dfrac{1}{s+a}$ ㉡ $\dfrac{1}{s-\omega}$

풀이

$\mathcal{L}[\sin at] = \dfrac{a}{s^2+a^2}$, $\mathcal{L}[\cos \omega t] = \dfrac{s}{s^2+\omega^2}$

답 ③

문제 70 그림과 같은 회로에서 저항 R에 흐르는 전류 I[A]는?

① -2 ② -1 ③ 2 ④ 1

풀이

① 6[A] 전류원 개방시 R에 흐르는 전류 I_1은

• 회로에 흐르는 전체 전류 $I = \dfrac{6}{2+\dfrac{2\times 2}{2+2}} = 2[A]$

• R에 흐르는 전류 $I_1 = 2 \times \dfrac{2}{2+2} = 1[A]$

② 6[V] 전압원 단락시 R에 흐르는 전류

• R에 흐르는 전류 $I_2 = 6 \times \dfrac{1}{1+2} = 2[A]$

③ 중첩의 정리에 의해 R에 흐르는 전류 I_R은

$I = I_1 + (-I_2) = 1 - 2 = -1[A]$

($\because I_2$ 와 R에 주어진 전류 I와 방향이 서로 반대)

답 ②

문제 71 전압 100[V], 전류 20[A]로써 1.2[kW]의 전력을 소비하는 회로의 리액턴스는 약 몇 [Ω]인가?

① 4 ② 6 ③ 8 ④ 10

풀이

$P = EI\cos\theta$ 에서

$\cos\theta = \dfrac{P}{EI} = \dfrac{1200}{100\times 20} = 0.6$, $Z = \dfrac{E}{I} = \dfrac{100}{20} = 5[\Omega]$

$\therefore X = Z\sin\theta = 5 \times \sqrt{1-0.6^2} = 4[\Omega]$

답 ①

문제 72 각 상의 임피던스 $Z = 6 + j8$ [Ω]인 평형 △부하에 선간전압이 220 [V]인 대칭 3상 전압을 가할 때의 선전류[A] 및 전전력[W]은?

① 17 [A], 5620 [W]

② 25 [A], 6570 [W]

③ 27 [A], 7180 [W]

④ 38.1 [A], 8712 [W]

풀이

① 상전류 $I_p = \dfrac{V_p}{Z} = \dfrac{220}{\sqrt{6^2+8^2}} = 22[A]$

따라서, 선전류 $I_l = \sqrt{3} I_p = \sqrt{3} \times 22 = 38.1[A]$

② 전전력 $P = 3I_p^2 R = 3 \times 22^2 \times 6 = 8712[W]$

답 ④

제5과목 전기설비기술기준

문제 81 345[kV]의 특고압 가공전선로를 사람이 쉽게 들어갈 수 없는 산지에 시설할 때 지표상의 높이는 몇 [m] 이상인가?

① 7.28　　② 7.85
③ 8.28　　④ 9.28

풀이

333.7 특고압 가공전선의 높이

전압의 범위	일반 장소	도로 횡단	철도 또는 궤도횡단	횡단보도교
35 [kV] 이하	5 [m]	6 [m]	6.5 [m]	4 [m] (특고압절연전선 또는 케이블 사용)
35 [kV] 초과 160 [kV] 이하	6 [m]	6 [m]	6.5 [m]	5 [m](케이블 사용)
	산지 등에서 사람이 쉽게 들어갈 수 없는 장소 ; 5 [m] 이상			
160 [kV] 초과	일반장소	가공전선의 높이 = 6 + 단수 × 0.12 [m]		
	철도 또는 궤도횡단	가공전선의 높이 = 6.5 + 단수 × 0.12 [m]		
	산지	가공전선의 높이 = 5 + 단수 × 0.12 [m]		

※ 단수 = $\frac{전압[kV]-160}{10}$ … 단수 계산에서 소수점 이하는 절상

· 단수 = $\frac{345-160}{10}$ = 18.5 → 19단

∴ 전선의 지표상 높이 = 5 + 19 × 0.12 = 7.28[m] **답 ①**

문제 82 시가지에 시설하는 154[kV] 가공전선로를 도로와 제1차 접근상태로 시설하는 경우, 전선과 도로와의 이격거리는 몇 [m] 이상이어야 하는가?

① 4.4　　② 4.8
③ 5.2　　④ 5.6

풀이

333.24 특고압 가공전선과 도로 등의 접근 또는 교차
특고압 가공전선이 도로·횡단보도교·철도 또는 궤도와 **제1차 접근 상태로 시설**되는 경우에는 다음에 따라야 한다.
가. 특고압 가공전선로는 제3종 특고압 보안공사에 의할 것.
나. 특고압 가공전선과 도로 등 사이의 이격거리는 표에서 정한 값 이상일 것.
  다만, 특고압 절연전선을 사용하는 사용전압이 35 [kV] 이하의 특고압 가공전선과 도로 등 사이의 수평 이격거리가 1.2[m] 이상인 경우에는 그러하지 아니하다.

사용전압의 구분	이격거리
35 [kV] 이하	3 [m]
35 [kV] 초과	· 이격거리 = 3 + 단수 × 0.15 [m]　· 단수 = $\frac{(전압[kV]-35)}{10}$　단수 계산에서 소수점 이하는 절상

· 단수 = $\frac{154-35}{10}$ = 11.9 → 12단
· 이격거리 = 3 + 12 × 0.15 = 4.8[m] **답 ②**

문제 83 화약류 저장소에서의 전기설비 시설기준으로 틀린 것은?

① 전용개폐기 및 과전류차단기는 화약류 저장소 이외의 곳에 둔다.
② 전기기계기구는 반폐형의 것을 사용한다.
③ 전로의 대지전압은 300[V] 이하이어야 한다.
④ 케이블을 전기기계기구에 인입할 때에는 인입구에서 케이블이 손상될 우려가 없도록 시설하여야 한다.

풀이

242.5 화약류 저장소 등의 위험장소
화약류 저장소 안에는 전기설비를 시설해서는 안 된다. 다만, 백열전등이나 형광등 또는 이들에 전기를 공급하기 위한 전기설비(개폐기 및 과전류 차단기를 제외한다)는 다음에 따라 시설하는 경우에는 그러하지 아니하다.
가. 전로에 대지전압은 300[V] 이하일 것.
나. **전기기계기구는 전폐형의 것일 것**.
다. 전로에 지락이 생겼을 때에 자동적으로 전로를 차단하거나 경보하는 장치를 시설하여야 한다. **답 ②**

문제 84 조명용 전등을 설치할 때 타임스위치를 시설해야 할 곳은?

① 공장　　② 사무실
③ 병원　　④ 아파트 현관

풀이

234.6 점멸기의 시설
다음의 경우에는 센서등(타임스위치 포함)을 시설하여야 한다.
가. 관광숙박업 또는 숙박업(여인숙업을 제외한다)에 이용되는 객실의 입구등은 1분 이내에 소등되는 것.

나. 일반주택 및 아파트 각 호실의 현관등은 3분 이내에 소등 되는 것. **답 ④**

문제 85 인가에 인접한 22.9[kV] 주상변압기의 중성점 접지공사에 적합한 시공은? 단, 중성선 다중접지식의 것으로서 전로에 지락이 생겼을 때 2초 이내에 자동적으로 이를 전로로부터 차단하는 장치가 되어 있다.

① 접지극은 공칭단면적 2[mm²] 연동선에 연결하여, 지하 75[cm] 이상의 깊이에 매설
② 접지극은 공칭단면적 16[mm²] 연동선에 연결하여, 지하 60[cm] 이상의 깊이에 매설
③ 접지극은 공칭단면적 6[mm²] 연동선에 연결하여, 지하 60[cm] 이상의 깊이에 매설
④ 접지극은 공칭단면적 6[mm²] 연동선에 연결하여, 지하 75[cm] 이상의 깊이에 매설

풀이
142.2 접지극의 시설 및 접지저항
접지극은 지표면으로부터 지하 0.75[m] 이상으로 하되 동결 깊이를 감안하여 매설 깊이를 정해야 한다.
142.3.1 접지도체
중성점 접지용 접지도체는 공칭단면적 16[mm²] 이상의 연동선 또는 동등 이상의 단면적 및 세기를 가져야 한다. 다만, 다음의 경우에는 **공칭단면적 6[mm²] 이상**의 연동선 또는 동등 이상의 단면적 및 강도를 가져야 한다.
가. 7[kV] 이하의 전로
나. **사용전압이 25[kV] 이하인 특고압 가공전선로. 다만, 중성선 다중접지식의 것으로서 전로에 지락이 생겼을 때 2초 이내에 자동적으로 이를 전로로부터 차단하는 장치가 되어 있는 것.** **답 ④**

문제 86 가공전선로의 지지물로서 길이 9[m], 설계하중이 6.8[kN] 이하인 철근 콘크리트주를 시설할 때 땅에 묻히는 깊이는 몇 [m] 이상으로 하여야 하는가?

① 1.2 ② 1.5 ③ 2 ④ 2.5

풀이
331.7 가공전선로 지지물의 기초의 안전율
가공전선로의 지지물에 하중이 가하여지는 경우에 그 하중을 받는 지지물의 기초의 안전율은 2(이상 시 상정하중에 대한 철탑의 기초에 대하여는 1.33) 이상이어야 한다.

다만, 다음에 따라 시설하는 경우에는 적용하지 않는다.

설계하중 전장	6.8 [kN] 이하	6.8 [kN] 초과 ~9.8 [kN] 이하	9.8 [kN] 초과 ~14.72 [kN] 이하
15 [m] 이하	전장 × 1/6[m] 이상	전장×1/6 +0.3[m] 이상	전장×1/6 +0.5[m] 이상
15 [m] 초과	2.5[m] 이상	2.8[m] 이상	-
16 [m] 초과~ 20 [m] 이하	2.8[m] 이상	-	-
15 [m] 초과~ 18 [m] 이하	-	-	3 [m] 이상
18 [m] 초과	-	-	3.2 [m] 이상

∴ 땅에 묻히는 깊이 $= 9[m] \times \frac{1}{6} = 1.5[m]$ **답 ②**

15년 3회 동일 및 유사 문제 (년도-회-번호)

1과목 전기자기학
15 16-2-12
16 20-1,2-07
17 20-1,2-08
18 22-1-19
19 21-3-16
20 16-2-11

2과목 전력공학
35 21-3-32
36 17-1-39
37 17-1-23
38 20-3-37
39 19-3-29
40 19-1-38

3과목 전기기기
55 20-1,2-57
56 21-3-57
57 21-2-44
58 22-2-59
59 20-4-41
60 20-4-42

4과목 회로이론
73 20-1,2-72
74 22-2-79
75 19-3-64
76 18-2-78
77 20-4-80
78 18-2-62
79 20-4-78
80 21-1-70

5과목 전기설비기술기준
87 22-2-86
88 22-3-95
89 21-2-93
90 21-2-95
91 18-1-93
92 21-3-100
93 22-1-87
94 22-1-85
95 18-2-90

D60-2

2014년도 전기산업기사 필기

- 2014년도 제1회 전기산업기사
- 2014년도 제2회 전기산업기사
- 2014년도 제3회 전기산업기사

국가기술자격검정 필기시험 문제

2014년도 전기산업기사 일반검정 제1회

자격종목 및 등급(선택분야)	종목코드	시험시간	문제지형별
전기산업기사	2140	2시간 30분	A

제1과목 전기자기학

문제 01 다음 식에서 관계없는 것은?

$$\oint_c H dl = \int_s J ds = \int_s (\nabla \times H) ds = I$$

① 맥스웰의 방정식
② 암페어의 주회법칙
③ 스토크스(stokes)의 정리
④ 패러데이 법칙

풀이

$$\oint_c H dl = \int_s J dS = \int_s (\nabla \times H) dS = I$$
     (1)   (2)   (3)   (4)

주어진 식으로부터
① 맥스웰의 방정식
   $\int_s (\nabla \times H) dS = I$ (적분형) [(3)=(4)]
② 암페어의 주회적분 법칙
   $\oint_c H \cdot dl = I$ [(1)=(4)]
③ 스토크스(stokes)의 정리
   $\oint_c H \cdot dl = \int_s (\nabla \times H) dS$ [(1)=(3)]
④ 패러데이 법칙(해당 없음)
   rot $E = -\dfrac{\partial B}{\partial t}$

∴ ①, ②, ③ 법칙 및 정리는 포함, ④는 미포함되어 관계 없음   **답** ④

문제 02 다음 중 전자유도 현상의 응용이 아닌 것은?
① 발전기   ② 전동기
③ 전자석   ④ 변압기

풀이
- 전자유도 현상 : 회로에 쇄교하는 자속의 시간적 변화에 의하여 기전력이 유기되는 현상을 말하며, 이 현상을 이용한 것으로서는 **발전기, 변압기, 전동기**, 유량계, 지진계 등이 있다.
- 전자석 : 전류가 흐르면 자성(磁性)을 띠고, 전류가 끊기면 원래의 상태로 돌아가는 일시적 자석   **답** ③

문제 03 다음 설명 중 틀린 것은?
① 저항의 역수는 컨덕턴스이다.
② 저항률의 역수는 도전율이다.
③ 도체의 저항은 온도가 올라가면 그 값이 증가한다.
④ 저항률의 단위는 $[\Omega/m^2]$ 이다.

풀이
- 저항률(고유저항) = $\dfrac{1}{\sigma(도전율)}[\Omega \cdot m]$ **답** ④

문제 04 속도 v[m/s] 되는 전자가 자속밀도 B [Wb/m²]인 평등자계 중에 자계와 수직으로 입사했을 때 전자궤도의 반지름 r은 몇 [m] 인가?

① $\dfrac{ev}{mB}$ ② $\dfrac{mB}{ev}$

③ $\dfrac{eB}{mv}$ ④ $\dfrac{mv}{eB}$

풀이
"전자력 = 구심력" 이므로
$$eBv = \dfrac{mv^2}{r} \quad \therefore r = \dfrac{mv}{eB} = \dfrac{mv}{e\mu_o H} [H]$$
(여기서, e : 전자의 전하[C], m : 질량[kg])   **답** ④

문제 05 비투자율 μ_s인 철심이 든 환상 솔레노이드의 권수가 N회, 평균 지름이 d [m], 철심의 단면적이 A [m²]라 할 때 솔레노이드에 I[A] 의 전류가 흐르면, 자속[Wb]은?

① $\dfrac{2\pi \times 10^{-7} \mu_s NIA}{d}$ ② $\dfrac{4\pi \times 10^{-7} \mu_s NIA}{d}$

③ $\dfrac{2 \times 10^{-7} \mu_s NIA}{d}$ ④ $\dfrac{4 \times 10^{-7} \mu_s NIA}{d}$

풀이

$\phi = \dfrac{NI}{R_m} = \dfrac{\mu_0 \mu_s NIA}{l} = \dfrac{4\pi \times 10^{-7} \mu_s NIA}{\pi d}$

$= \dfrac{4 \times 10^{-7} \mu_s NIA}{d}$ [Wb]

$(\because R_m = \dfrac{l}{\mu A} = \dfrac{l}{\mu_0 \mu_s A},\ l = 2\pi r = \pi d)$ **답** ④

문제 06 동심구형 콘덴서의 내외 반지름을 각각 2배로 증가시켜서 처음의 정전용량과 같게 하려면 유전체의 비유전율은 처음의 유전체에 비하여 어떻게 하면 되는가?

① 1배로 한다. ② 2배로 한다.
③ $\dfrac{1}{2}$로 줄인다. ④ $\dfrac{1}{4}$로 줄인다.

풀이

내외 반지름을 각각 2배로 증가시켜서 처음의 정전용량과 같게 하려면

$C = \dfrac{4\pi \epsilon_1 ab}{b-a} = \dfrac{4\pi \epsilon_2 (2a)(2b)}{2b-2a} = \dfrac{4\pi \times 2\epsilon_2 \times ab}{b-a}$ [F]

에서 $\epsilon_1 = 2\epsilon_2$

따라서, $\epsilon_2 = \dfrac{1}{2}\epsilon_1$이 되어야 한다. **답** ③

문제 07 변위전류에 대해 설명이 옳지 않은 것은?
① 전도전류이든 변위전류이든 모두 전자 이동이다.
② 유전율이 무한히 크면 전하의 변위를 일으킨다.
③ 변위전류는 유전체 내에 유전속 밀도의 시간적 변화에 비례한다.
④ 유전율이 무한대이면 내부 전계는 항상 0(zero)이다.

풀이
• 전도 전류 : 도체 내에서 전계의 작용으로 자유 전자의 이동으로 생기는 것
• 변위 전류 : 전속 밀도의 시간적 변화에 의한 것으로 하전체에 의하지 않는 전류
 (변위 전류 $J_d = \dfrac{dD}{dt}$) **답** ①

문제 08 히스테리시스 손실과 히스테리시스 곡선과의 관계는?
① 히스테리시스 곡선의 면적이 클수록 히스테리시스 손실이 적다.
② 히스테리시스 곡선의 면적이 작을수록 히스테리시스 손실이 적다.
③ 히스테리시스 곡선의 잔류자기 값이 클수록 히스테리시스 손실이 적다.
④ 히스테리시스 곡선의 보자력이 값이 클수록 히스테리시스 손실이 적다.

풀이
히스테리시스 손(hysterisis loss)
히스테리시스 곡선을 다시 일주시켜도 항상 처음과 동일하기 때문에 히스테리시스의 면적에 해당하는 에너지는 열로 소비된다. 이것을 히스테리시스 손이라 한다.
$P_h = \eta f B_m^{1.6}$
따라서, 히스테리시스 곡선의 면적이 작을수록 히스테리시스 손실이 적다. **답** ②

문제 09 그림과 같이 AB = BC = 1 [m]일 때 A와 B에 동일한 +1 [μC] 이 있는 경우 C점의 전위는 몇 [V] 인가?

```
A       B       C
●───────●───────●
```

① 6.25×10^3 ② 8.75×10^3
③ 12.5×10^3 ④ 13.5×10^3

풀이

전위 $V = \dfrac{1}{4\pi\epsilon_0}\left(\dfrac{Q_1}{r_1} + \dfrac{Q_2}{r_2} + \cdots + \dfrac{Q_n}{r_n}\right)$ 에서

$V = \dfrac{1}{4\pi\epsilon_0}\left(\dfrac{1 \times 10^{-6}}{1} + \dfrac{1 \times 10^{-6}}{2}\right)$

$= 9 \times 10^9 \times \dfrac{3}{2} \times 10^{-6} = 13.5 \times 10^3$ [V] **답** ④

문제 10 $C=5\,[\mu F]$인 평행판 콘덴서에 5 [V]인 전압을 걸어 줄 때 콘덴서에 축적되는 에너지는 몇 [J]인가?

① 6.25×10^{-5}
② 6.25×10^{-3}
③ 1.25×10^{-5}
④ 1.25×10^{-3}

풀이

콘덴서에 축적되는 에너지 W는
$$W = \frac{1}{2}CV^2 = \frac{1}{2} \times 5 \times 10^{-6} \times 5^2 = 6.25 \times 10^{-5}[J]$$ 답 ①

문제 11 구(球)의 전하가 5×10^{-6}[C]에서 3 [m] 떨어진 점에서 전위를 구하면 몇 [V]인가? (단, $\epsilon_s = 1$이다.)

① 10×10^3
② 15×10^3
③ 20×10^3
④ 25×10^3

풀이

$$V = \frac{Q}{4\pi\epsilon_0\epsilon_s r} = 9 \times 10^9 \times \frac{Q}{\epsilon_s r}$$
$$= 9 \times 10^9 \times \frac{5 \times 10^{-6}}{1 \times 3} = 15 \times 10^3 \,[V]$$ 답 ②

문제 12 강유전체에 대한 설명 중 옳지 않은 것은?

① 티탄산 바륨과 인산칼륨은 강유전체에 속한다.
② 강유전체의 결정에 힘을 가하면 분극을 생기게 하여 전압이 나타난다.
③ 강유전체에 생기는 전압의 변화와 고유진동수의 관계를 이용하여 발전기, 마이크로폰 등에 이용되고 있다.
④ 강유전체에 전압을 가하면 변형이 생기고 내부에만 정·부의 전하가 생긴다.

풀이

강유전체 : 외부에서 **전기장(電氣場)을 가하지 않아도** 자연 상태에서 전기 분극(分極)을 나타내는 물질로서 음향기기 등의 회로 소자에 쓰인다. 답 ④

제2과목 전력공학

문제 21 공기예열기를 설치하는 효과로 볼 수 없는 것은?

① 화로의 온도가 높아져 보일러의 증발량이 증가한다.
② 매연의 발생이 적어진다.
③ 보일러 효율이 높아진다.
④ 연소율이 감소한다.

풀이

공기예열기(air preheater) : 절탄기를 통과한 배기가스의 남은 열량을 이용하여 보일러 연소용 공기를 200~300 [℃]까지 높이기 위하여 연도의 마지막 출구 부분에 설치한다. 공기예열기는 배기가스의 열량을 회수함으로서 보일러 효율을 높이며, **연소용 공기의 온도를 높임으로서 연소 효율이 증가**되어 연소실 체적을 작게 할 수 있다. 답 ④

문제 22 계통 내의 각 기기, 기구 및 애자 등의 상호간에 적정한 절연강도를 지니게 함으로서 계통 설계를 합리적으로 하는 것은?

① 기준충격절연강도
② 절연협조
③ 절연계급 선정
④ 보호계전방식

풀이

계통 내의 각 **기기, 기구 및 애자 등의 상호간에 적정한 절연강도**를 지니게 함으로써 계통 설계를 합리적, 경제적으로 할 수 있게 한 것을 **절연 협조**라고 하며 피뢰기의 제한 전압이 기본이 된다. 답 ②

문제 23 부하역률이 $\cos\phi$인 배전선로의 저항 손실은 같은 크기의 부하전력에서 역률 1일 때 저항손실의 몇 배인가?

① $\cos^2\phi$
② $\cos\phi$
③ $\dfrac{1}{\cos\phi}$
④ $\dfrac{1}{\cos^2\phi}$

풀이

전력손실 $P_l = 3I^2R = 3\left(\dfrac{P}{\sqrt{3}\,V\cos\phi}\right)^2 R = \dfrac{RP^2}{V^2\cos^2\phi}$ 에서
$$P_l \propto \frac{1}{\cos^2\phi}$$

$$\therefore P_l : P_l' = \frac{1}{1^2} : \frac{1}{\cos^2\phi} \qquad P_l' = \frac{1}{\cos^2\phi} P_l$$

답 ④

문제 24 중성점 접지방식 중 1선 지락고장일 때 선로의 전압상승이 최대이고, 통신장해가 최소인 것은?
① 비접지방식 ② 직접접지방식
③ 저항접지방식 ④ 소호리액터접지방식

풀이
접지방식별 특징

방식	보호계전기 동작	지락 전류	고장중 운전	전위 상승	과도 안정도	유도 장해	특징
직접 접지 (22.9, 154, 345 [kV])	확실	최대	×	1.3	최소	최대	중성점영전위, 단절연가능
저항 접지	↓	↓	×	$\sqrt{3}$	↓	↓	
비접지 (3.3, 6.6 [kV])	×	↓	가능	$\sqrt{3}$	↓	↓	저전압 단거리에 적용
소호 리액터 접지 (66 [kV])	불확실	최소	가능	$\sqrt{3}$ 이상	최대	최소	병렬공진, 고장전류최소

답 ④

문제 25 3상 송배전 선로의 공칭전압이란?
① 그 전선로를 대표하는 최고전압
② 그 전선로를 대표하는 평균전압
③ 그 전선로를 대표하는 선간전압
④ 그 전선로를 대표하는 상전압

풀이
전선로의 **공칭전압**이라 함은, 그 **전선로를 대표**하는 전부하 상태에서의 송전단 **선간 전압**을 말한다.

답 ③

문제 26 무손실 송전선로에서 송전할 수 있는 송전용량은? (단, E_S : 송전단 전압, E_R : 수전단 전압, δ : 부하각, X : 송전선로의 리액턴스, R : 송전선로의 저항, Y : 송전선로의 어드미턴스 이다.)
① $\dfrac{E_S E_R}{X}\sin\delta$ ② $\dfrac{E_S E_R}{R}\sin\delta$
③ $\dfrac{E_S E_R}{Y}\cos\delta$ ④ $\dfrac{E_S E_R}{X}\cos\delta$

풀이

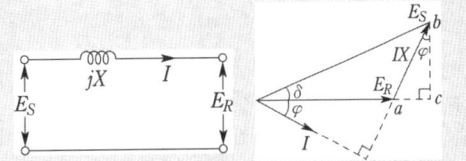

전력 계통은 고효율 전력 전송 목적으로 설계되므로 저항 손과 대지 정전용량은 극히 적으므로 무시한다. 그러므로 그림과 같이 등가로 나타낼 수 있다.

$$\overline{bc} = XI\cos\varphi = E_S \sin\delta$$
$$I\cos\varphi = \frac{E_S}{X}\sin\delta$$
$$P = E_R I\cos\varphi \qquad \therefore P = \frac{E_S E_R}{X}\sin\delta$$

답 ①

제3과목 전기기기

문제 41 브러시 홀더(brush holder)는 브러시를 정류자면의 적당한 위치에서 스프링에 의하여 항상 일정한 압력으로 정류자면에 접촉하여야 한다. 가장 적당한 압력[kg/cm²]은?
① 0.01~0.15
② 0.5~1
③ 0.15~0.25
④ 1~2

풀이
브러시의 압력은 재질에 따라서 0.1~0.2 [kg/cm²]로 조정한다. 전차용 전동기, 크레인 모터 등 진동이 많은 기계는 0.3~0.45 [kg/cm²]로 한다.

답 ③

문제 42 220[V], 6극, 60[Hz], 10[kW] 인 3상 유도전동기의 회전자 1상의 저항은 0.1[Ω], 리액턴스는 0.5[Ω]이다. 정격전압을 가했을 때 슬립이 4[%]일 때 회전자 전류는 몇 [A]인가? (단, 고정자와 회전자는 △결선으로서 권수는 각각 300회와 150회이며, 각 권선계수는 같다.)
① 27 ② 36
③ 43 ④ 52

[풀이]

권선 계수가 같으므로 $k_{w1} = k_{w2}$

권수비 $a = \dfrac{w_1}{w_2} = \dfrac{300}{150} = 2$

2차 유기 전압 $E_2 = \dfrac{E_2'}{a} \fallingdotseq \dfrac{V_1}{a} = \dfrac{220}{2} = 110\,[\text{V}]$

∴ 회전자 전류

$I_2 = \dfrac{sE_2}{\sqrt{r_2^2 + (sx_2)^2}} = \dfrac{0.04 \times 110}{\sqrt{0.1^2 + (0.04 \times 0.5)^2}} = 43\,[\text{A}]$

답 ③

문제 43 동기발전기의 병렬운전에서 기전력의 위상이 다른 경우, 동기화력(P_s)을 나타낸 식은? (단, P : 수수전력, δ : 상차각 이다.)

① $P_s = \dfrac{dP}{d\delta}$ ② $P_s = \int P d\delta$

③ $P_s = P \times \cos\delta$ ④ $P_s = \dfrac{P}{\cos\delta}$

[풀이]

동기화력은 상차각 δ의 미소변동에 대한 출력(P)의 변화율이므로

$P_s = \dfrac{dP}{d\delta} = \dfrac{d}{d\delta} \cdot \dfrac{E^2}{2x_s} \sin\delta = \dfrac{E^2}{2x_s} \cos\delta\,[\text{W}]$

답 ①

문제 44 계자저항 100 [Ω], 계자전류 2 [A], 전기자 저항이 0.2 [Ω]이고, 무부하 정격속도로 회전하고 있는 직류 분권발전기가 있다. 이때의 유기기전력[V]은?

① 196.2   ② 200.4
③ 220.5   ④ 320.2

[풀이]

단자 전압 V는 계자 회로의 전압 강하와 같으므로
$V = R_f I_f = 100 \times 2 = 200\,[\text{V}]$
$I_a = I + I_f$에서 무부하 이므로
$I = 0\,[\text{A}]$ ∴ $I_a = I_f$
유기기전력 $E = V + I_a R_a$
$= V + I_f R_a$
$= 200 + 2 \times 0.2 = 200.4\,[\text{V}]$

답 ②

문제 45 6극, 220 [V]의 3상 유도전동기가 있다. 정격전압을 인가해서 기동시킬 때 기동토크는 전부하토크의 220 [%]이다. 기동토크를 전부하토크의 1.5배로 하려면 기동전압[V]을 얼마로 하면 되는가?

① 163   ② 182
③ 200   ④ 220

[풀이]

$T_s \propto V_1^2$ 이므로

$2.20T : 1.5T = 220^2 : V^2$

∴ $V = \sqrt{\dfrac{1.5}{2.20}} \times 220 = 181.66\,[\text{V}]$

답 ②

문제 46 직류기에서 공극을 사이에 두고 전기자와 함께 자기회로를 형성하는 것은?

① 계자   ② 슬롯
③ 정류자   ④ 브러시

[풀이]

계자는 전기자를 통과하는 **자속을 만드는 부분**으로 자극과 계철로 구성되어 있다.

답 ①

문제 47 단상 반파 정류회로에서 변압기 2차 전압의 실효값을 E [V]라 할 때 직류 전류 평균값[A]은? (단, 정류기의 전압강하는 e [V], 부하저항은 R [Ω]이다.)

① $\left(\dfrac{\sqrt{2}}{\pi}E - e\right)/R$ ② $\dfrac{1}{2} \cdot \dfrac{E-e}{R}$

③ $\dfrac{2\sqrt{2}}{\pi} \cdot \dfrac{E}{R}$ ④ $\dfrac{\sqrt{2}}{\pi} \cdot \dfrac{E-e}{R}$

[풀이]

무부하 직류 전압 E_{d0}는

$E_{d0} = \dfrac{1}{2\pi}\int_0^\pi \sqrt{2}E\sin\theta \cdot d\theta = \dfrac{\sqrt{2}}{\pi}E = 0.45E\,[\text{V}]$

정류기 내의 전압 강하(수은 정류기에서는 아크 전압 강하)를 e라 하면 직류 전압 평균값 E_d는

$E_d = E_{d0} - e\,[\text{V}]$

따라서 직류 전류 평균값 I_d는

∴ $I_d = \dfrac{E_d}{R} = \dfrac{E_{d0} - e}{R} = \dfrac{\dfrac{\sqrt{2}}{\pi}E - e}{R} = \dfrac{0.45E - e}{R}\,[\text{A}]$

단, E : 변압기 2차 상전압(실효값)[V]
R : 부하 저항[Ω]

답 ①

문제 48 4극, 60 [Hz], 3상 권선형 유도전동기에서 전부하 회전수는 1600 [rpm]이다. 동일 토크로 회전수를 1200 [rpm]으로 하려면 2차 회로에 몇 [Ω]의 외부 저항을 삽입하면 되는가?
(단, 2차 회로는 Y결선이고, 각 상의 저항은 r_2이다.)

① r_2 ② $2r_2$
③ $3r_2$ ④ $4r_2$

풀이

$$s_1 = \frac{N_s - N_1}{N_s} = \frac{1800 - 1600}{1800} = 0.11$$

$$s_2 = \frac{1800 - 1200}{1800} = 0.33$$

따라서 비례추이에 의해서

$$\frac{r_2}{s_1} = \frac{r_2 + R_s}{s_2}, \quad \frac{r_2}{0.11} = \frac{r_2 + R_s}{0.33}$$

$$\therefore R_s = \frac{(0.33 - 0.11)r_2}{0.11} = 2r_2$$

답 ②

문제 49 60 [Hz], 12극의 동기전동기 회전자계의 주변속도 [m/s]는? (단, 회전자계의 극 간격은 1 [m]이다.)

① 10 ② 31.4
③ 120 ④ 377

풀이
- 동기속도 $N_s = \frac{120f}{p} = \frac{120 \times 60}{12} = 600$ [rpm]
- 회전자 둘레(πD) = 극수 × 극 간격 = $12 \times 1 = 12$ [m]
- 회전자 주변 속도 $v = \pi D \frac{N_s}{60}$ [m/s]
 (여기서, πD : 회전자 둘레)

$$\therefore v = 12 \times \frac{600}{60} = 120 \, [\text{m/s}]$$

답 ③

문제 50 그림과 같은 동기발전기의 무부하 포화곡선에서 포화계수는?

① $\overline{OA}/\overline{OG}$
② $\overline{OD}/\overline{DB}$
③ $\overline{BC}/\overline{CD}$
④ $\overline{CD}/\overline{CO}$

풀이

동기발전기의 포화 정도를 나타내는 데는 포화율(saturation factor)이 사용된다. 동기기의 무부하 포화곡선상에 정격전압 V_n의 1.2배가 되는 점 c를 잡고 점 c에서 횡축에 평행선을 그어 종축과 만나는 점을 b라고 한다. 다음에 원점 O에서 무부하 포화 곡선 OM에 접선(공극선)을 긋고, 선 bc와 만나는 점을 c'라고 하면,

포화율 σ는 $\sigma = \frac{\overline{cc'}}{\overline{bc'}}$

답 ③

문제 51 단상 직권정류자 전동기의 설명으로 틀린 것은?
① 계자권선의 리액턴스 강하 때문에 계자권선수를 적게 한다.
② 토크를 증가하기 위해 전기자권선수를 많게 한다.
③ 전기자 반작용을 감소하기 위해 보상권선을 설치한다.
④ 변압기 기전력을 크게 하기 위해 브러시 접촉저항을 적게 한다.

풀이
단상 직권정류자 전동기에서 브러시로 단락되는 코일에는 인덕턴스에 의한 유도기전력 외에 주자속의 교번에 의하여 변압기 작용에 의한 기전력이 유도되고, 단락전류가 크므로 정류작용은 직류기의 경우보다 어렵다. 이것을 개선하기 위하여 **브러시에 접촉저항이 어느 정도 큰 것을 사용하여 저항 정류**를 하고, 또 대형으로 된 것은 보극을 설치하거나 전기자 코일과 정류자편 사이를 접속 하는 데 고저항의 도선을 사용하여 단락전류를 제한하기도 한다.

답 ④

문제 52 단상 단권변압기 2대를 V결선으로 해서 3상 전압 3000[V]를 3300[V]로 승압하고, 150 [kVA]를 송전하려고 한다. 이 경우 단상 단권변압기 1대분의 자기용량[kVA]은 약 얼마인가?

① 15.74 ② 13.62
③ 7.87 ④ 4.54

풀이

단권변압기의 V결선에서

자기 용량 $= \dfrac{2}{\sqrt{3}} \times \dfrac{V_h - V_l}{V_h} \times$ 부하 용량

$= \dfrac{2}{\sqrt{3}} \times \dfrac{3300 - 3000}{3300} \times 150 = 15.75 [\text{kVA}]$

따라서, 1대분의 용량은 $\dfrac{15.75}{2} = 7.87 [\text{kVA}]$ **답 ③**

제4과목 회로이론

문제 61 $v_1 = 20\sqrt{2} \sin\omega t [\text{V}]$,

$v_2 = 50\sqrt{2} \cos(\omega t - \dfrac{\pi}{6})[\text{V}]$일 때, $v_1 + v_2$의 실효값[V]은?

① $\sqrt{1400}$ ② $\sqrt{2400}$
③ $\sqrt{2900}$ ④ $\sqrt{3900}$

풀이

$v_2 = 50\sqrt{2}\cos\left(\omega t - \dfrac{\pi}{6}\right) = 50\sqrt{2}\sin\left(\omega t - \dfrac{\pi}{6} + \dfrac{\pi}{2}\right)$

$= 50\sqrt{2}\sin(\omega t + \dfrac{\pi}{3})$ 이므로,

$V_1 = 20\angle 0°$, $V_2 = 50\angle 60°$

∴ $v_1 + v_2 = 20(\cos 0° + j\sin 0°) + 50(\cos 60° + j\sin 60°)$

$= 20 + 50\left(\dfrac{1}{2} + j\dfrac{\sqrt{3}}{2}\right) = 45 + j25\sqrt{3}$

$= \sqrt{45^2 + (25\sqrt{3})^2} = \sqrt{3900}[\text{V}]$ **답 ④**

문제 62 교류회로에서 역률이란 무엇인가?

① 전압과 전류의 위상차의 정현
② 전압과 전류의 위상차의 여현
③ 임피던스와 리액턴스의 위상차의 여현
④ 임피던스와 저항의 위상차의 정현

풀이

역률이란 전압과 전류의 위상차의 여현($\cos\theta$)이다. **답 ②**

문제 63 어떤 회로의 단자 전압 및 전류의 순시값이 $v = 220\sqrt{2}\sin(377t + \dfrac{\pi}{4})[\text{V}]$,

$i = 5\sqrt{2}\sin(377t + \dfrac{\pi}{3})[\text{A}]$일 때, 복소 임피던스는 약 몇 [Ω] 인가?

① $42.5 - j11.4$ ② $42.5 - j9$
③ $50 + j11.4$ ④ $50 - j11.4$

풀이

주어진 식을 실효값 정지 벡터로 표시하면,

$V = 220\angle\dfrac{\pi}{4}$, $I = 5\angle\dfrac{\pi}{3}$

따라서, 임피던스

$Z = \dfrac{V}{I} = \dfrac{220\angle\dfrac{\pi}{4}}{5\angle\dfrac{\pi}{3}} = 44\angle -15°$

$= 44(\cos 15° - j\sin 15°) = 42.5 - j11.4 [\Omega]$ **답 ①**

문제 64 $Ri(t) + L\dfrac{di(t)}{dt} = E$ 에서 모든 초기값을 0으로 하였을 때의 $i(t)$의 값은?

① $\dfrac{E}{R}e^{-\frac{RL}{2}}$ ② $\dfrac{E}{R}e^{-\frac{L}{R}t}$
③ $\dfrac{E}{R}(1 - e^{-\frac{R}{L}t})$ ④ $\dfrac{E}{R}(1 - e^{-\frac{L}{R}t})$

풀이

주어진 시간함수를 라플라스 변환하면

$RI(s) + LsI(s) = \dfrac{E}{s}$

$I(s) = \dfrac{E}{s(R+Ls)} = \dfrac{\frac{E}{L}}{s\left(s+\frac{R}{L}\right)} = \dfrac{\frac{E}{R}}{s} - \dfrac{\frac{E}{R}}{s+\frac{R}{L}}$

$= \dfrac{E}{R}\left(\dfrac{1}{s} - \dfrac{1}{s+\frac{R}{L}}\right)$

∴ $i(t) = \mathcal{L}^{-1}[I(s)] = \dfrac{E}{R}\left(1 - e^{-\frac{R}{L}t}\right)$ **답 ③**

문제 65 단자전압의 각 대칭분 V_0, V_1, V_2가 0이 아니면서 서로 같게 되는 고장의 종류는?

① 1선 지락 ② 선간 단락
③ 2선 지락 ④ 3선 단락

풀이

V_0, V_1, V_2 존재 → 1선 지락 고장
$V_0 = 0$, V_1, V_2 존재 → 선간 단락 고장
$V_0 = V_1 = V_2 \neq 0$ → 2선 지락

답 ③

문제 66 비정현파에서 여현 대칭의 조건은 어느 것인가?

① $f(t) = f(-t)$ ② $f(t) = -f(-t)$
③ $f(t) = -f(t)$ ④ $f(t) = -f(t + \frac{T}{2})$

풀이

우함수는 여현대칭(Y축 대칭)으로 직류분과 여현항(cos 항)만 존재하며, 정현항(sin항)이 없다.

	기함수파 (정현대칭)	우함수파 (여현대칭)	대칭파 (반파대칭)
대칭 조건	$f(t) = -f(-t)$	$f(t) = f(-t)$	$f(t) = -f(t + \frac{T}{2})$
결과	sin항만 존재한다.	cos항 존재 직류분 존재	고조파 차수가 홀수차 항만 존재한다.

답 ①

문제 67 L형 4단자 회로망에서 R_1, R_2를 정합하기 위한 Z_1은? (단, $R_2 > R_1$ 이다.)

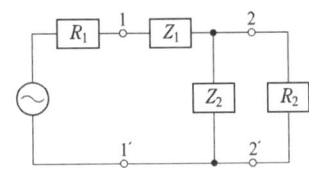

① $\pm jR_2 \sqrt{\dfrac{R_1}{R_2 - R_1}}$ ② $\pm jR_1 \sqrt{\dfrac{R_1}{R_2 - R_1}}$
③ $\pm j\sqrt{R_2(R_2 - R_1)}$ ④ $\pm j\sqrt{R_1(R_2 - R_1)}$

풀이

단자 11'의 영상임피던스 Z_{01}, 단자 22'의 영상임피던스 Z_{02}라 할 때 정합조건은

$R_1 = Z_{01} = \sqrt{Z_1(Z_1 + Z_2)}$ $R_2 = Z_{02} = \sqrt{\dfrac{Z_1 Z_2^2}{Z_1 + Z_2}}$

두 관계식에서 Z_1을 구한다.

$R_1^2 = Z_1(Z_1 + Z_2) \rightarrow Z_1 + Z_2 = \dfrac{R_1^2}{Z_1}$

$R_2^2 = \dfrac{Z_1 Z_2^2}{Z_1 + Z_2} \rightarrow R_2^2 = \dfrac{Z_1^2 Z_2^2}{R_1^2}$

$\therefore R_2 = \dfrac{Z_1 Z_2}{R_1}$

$Z_1 = \dfrac{R_1 R_2}{Z_2}$ ($Z_2 = \dfrac{R_1^2}{Z_1} - Z_1 = \dfrac{R_1^2 - Z_1^2}{Z_1}$)

$\therefore Z_1 = \dfrac{R_1 R_2 Z_1}{R_1^2 - Z_1^2} \rightarrow R_1^2 - Z_1^2 = R_1 R_2$, $Z_1^2 = R_1^2 - R_1 R_2$

$Z_1 = \pm \sqrt{R_1(R_1 - R_2)}$ ($R_2 > R_1$ 이므로)

$\therefore Z_1 = \pm j\sqrt{R_1(R_2 - R_1)}$

답 ④

문제 68 임피던스 궤적이 직선일 때 이의 역수인 어드미턴스 궤적은?

① 원점을 통하는 직선
② 원점을 통하지 않는 직선
③ 원점을 통하는 원
④ 원점을 통하지 않는 원

풀이

직선 궤적의 역궤적은 원점을 통과하는 반원이다. 답 ③

문제 69 $3[\mu F]$인 커패시턴스를 $50[\Omega]$의 용량성 리액턴스로 사용하려면 정현파 교류의 주파수는 약 몇 [kHz]로 하면 되는가?

① 1.02 ② 1.04 ③ 1.06 ④ 1.08

풀이

$X_C = \dfrac{1}{2\pi f C}$ 에서 $f = \dfrac{1}{2\pi C \cdot X_C}$ 이므로

$f = \dfrac{1}{2\pi \times 3 \times 10^{-6} \times 50} \fallingdotseq 1.06 \times 10^3 [Hz] = 1.06[kHz]$

답 ③

문제 70 그림과 같은 회로의 출력전압 $e_o(t)$의 위상은 입력전압 $e_i(t)$의 위상보다 어떻게 되는가?

① 앞선다.
② 뒤진다.
③ 같다.
④ 앞설 수도 있고, 뒤질 수도 있다.

풀이

전류 $i = \dfrac{e_i}{R+j\omega L}$ [A]

$e_o = iR = \dfrac{e_i}{R+j\omega L} \times R = \dfrac{e_i \cdot R}{R^2+\omega^2 L^2}(R-j\omega L)$ [V]

e_o의 허수값이 $-j$ 이므로, e_o는 e_i보다 위상이 뒤진다.

답 ②

제5과목 전기설비기술기준

문제 81 765 [kV] 특고압 가공전선이 건조물과 2차 접근상태로 있는 경우 전선 높이가 최저상태일 때 가공전선과 건조물 상부와의 수직거리는 몇 [m] 이상이어야 하는가?

① 20   ② 22   ③ 25   ④ 28

풀이

333.23 특고압 가공전선과 건조물의 접근

사용전압이 400[kV] 이상의 특고압 가공전선이 건조물과 제2차 접근상태로 있는 경우에는 다음에 따라 시설하여야 한다.

가. 전선높이가 최저상태일 때 **가공전선과 건조물 상부와의 수직 거리가 28[m] 이상**일 것.
나. 독립된 주거생활을 할 수 있는 단독주택, 공동주택 및 학교, 병원 등 불특정 다수가 이용하는 다중 이용 시설의 건조물이 아닐 것.
다. 폭연성 분진, 가연성 가스, 인화성물질, 석유류, 화학류 등 위험 물질을 다루는 건조물에 해당되지 아니할 것.
라. 건조물 최상부에서 전계(3.5[kV/m]) 및 자계(83.3[μT])를 초과하지 아니할 것.

답 ④

문제 82 고압 가공전선이 상부 조영재의 위쪽으로 접근시의 가공전선과 조영재의 이격거리는 몇 [m] 이상이어야 하는가?

① 0.6   ② 0.8   ③ 1.2   ④ 2.0

풀이

332.11 고압 가공전선과 건조물의 접근.
222.11 저압 가공전선과 건조물의 접근
저압 가공전선 또는 고압 가공전선이 건조물과 접근 상태로 시설되는 경우에는 다음에 따라야 한다.

가. 고압 가공전선로는 고압 보안공사에 의할 것.
나. 저·고압 가공전선과 건조물의 조영재 사이의 이격거리는 표에서 정한 값 이상일 것.

사용 전압 부분 공작물의 종류			저압 [m]	고압 [m]
건조물	상부 조영재 위쪽	일반적인 경우	2	2
		전선이 고압절연전선	1	2
		전선이 케이블인 경우	1	1
	기타 조영재 또는 상부 조영재의 옆쪽 또는 아래쪽	일반적인 경우	1.2	1.2
		전선이 고압절연전선	0.4	1.2
		전선이 케이블인 경우	0.4	0.4
		사람이 쉽게 접근할 수 없도록 시설한 경우	0.8	0.8

답 ④

문제 83 22.9[kV]특고압 가공전선로의 중성선의 다중접지 시설에서 각 접지선을 중성선으로부터 분리하였을 경우 각 접지점의 대지 전기저항값은 몇 [Ω] 이하이어야 하는가?

① 100   ② 150
③ 300   ④ 500

풀이

333.32 25[kV] 이하인 특고압 가공전선로의 시설
각 접지도체를 중성선으로부터 분리하였을 경우의 각 접지점의 대지 전기저항 값과 1[km] 마다의 중성선과 대지 사이의 합성전기저항 값은 표에서 정한 값 이하일 것.

사용전압	각 접지점의 대지 전기저항치	1[km] 마다의 합성 전기저항치
15[kV] 이하	300 [Ω]	30 [Ω]
15[kV] 초과 25[kV] 이하	300 [Ω]	15 [Ω]

답 ③

문제 84 고압 옥상전선로의 전선이 다른 시설물과 접근하거나 교차하는 경우 이들 사이의 이격거리는 몇 [cm] 이상이어야 하는가?

① 30   ② 60   ③ 90   ④ 120

풀이

331.14.1 고압 옥상전선로의 시설
가. 고압 옥상 전선로의 전선이 **다른 시설물**(가공전선을 제외한다)**과 접근하거나 교차**하는 경우에는 고압 옥상 전

선로의 전선과 이들 사이의 **이격거리는 0.6[m] 이상**이어야 한다.
나. 고압 옥상전선로의 전선은 상시 부는 바람 등에 의하여 식물에 접촉하지 아니하도록 시설하여야 한다.
답 ②

문제 85 발전기·전동기·조상기·기타 회전기(회전 변류기 제외)의 절연내력 시험시 시험전압은 권선과 대지사이에 연속하여 몇 분 이상 가하여야 하는가?

① 10 ② 15 ③ 20 ④ 30

풀이
133 회전기 및 정류기의 절연내력

종류		시험 전압	시험 방법
회전기	발전기·전동기· 조상기·기타회전기 7[kV] 이하	1.5배 (최저 500[V])	권선과 대지 사이에 연속하여 10분간
	7[kV] 초과	1.25배 (최저 10.5[kV])	
	회전 변류기	직류측의 최대사용전압의 1배의 교류전압(최저 500[V])	

답 ①

문제 86 터널에 시설하는 사용전압이 400[V] 초과 저압인 경우, 이동전선은 몇 [mm²] 이상의 0.6/1[kV] EP 고무 절연 클로로프렌 캡타이어 케이블이어야 하는가?

① 0.25 ② 0.55
③ 0.75 ④ 1.25

풀이
242.7.2 터널 등의 전구선 또는 이동전선 등의 시설
가. 터널 등에 시설하는 사용전압이 400[V] 이하인 저압의 전구선 또는 이동전선은 다음과 같이 시설하여야 한다.
① 전구선은 단면적 0.75[mm²] 이상의 300/300[V] 편조 고무코드 또는 0.6/1[kV] EP 고무 절연 클로로프렌 캡타이어 케이블일 것.
② 이동전선은 300/300[V] 편조 고무코드, 비닐 코드 또는 캡타이어 케이블일 것.
나. 터널 등에 시설하는 사용전압이 400[V] 초과인 **저압의 이동 전선은 0.6/1[kV] EP 고무 절연 클로로프렌 캡타이어 케이블로서 단면적이 0.75[mm²] 이상인 것일 것**.

다. 특고압의 이동전선은 터널 등에 시설해서는 안 된다.
답 ③

문제 87 고압용 기계기구를 시설하여서는 안 되는 경우는?

① 발전소, 변전소, 개폐소 또는 이에 준하는 곳에 시설하는 경우
② 시가지 외로서 지표상 3[m] 인 경우
③ 공장 등의 구내에서 기계 기구의 주위에 사람이 쉽게 접촉할 우려가 없도록 적당한 울타리를 설치하는 경우
④ 옥내에 설치한 기계 기구를 취급자 이외의 사람이 출입할 수 없도록 설치한 곳에 시설하는 경우

풀이
341.8 고압용 기계기구의 시설
고압용 기계기구는 다음의 어느 하나에 해당하는 경우와 발전소·변전소·개폐소 또는 이에 준하는 곳에 시설하는 경우 이외에는 시설하여서는 아니 된다.
가. 기계기구의 주위에 규정에 준하여 울타리·담 등을 시설하는 경우
나. **기계기구를 지표상 4.5[m](시가지 외에는 4[m]) 이상의 높이에 시설**하고 또한 사람이 쉽게 접촉할 우려가 없도록 시설하는 경우
다. 옥내에 설치한 기계기구를 취급자 이외의 사람이 출입할 수 없도록 설치한 곳에 시설하는 경우
라. 기계기구를 콘크리트제의 함 또는 규정에 따른 접지공사를 한 금속제 함에 넣고 또한 충전부분이 노출하지 아니하도록 시설하는 경우
답 ②

문제 88 전로의 중성점을 접지하는 목적에 해당되지 않는 것은?

① 보호장치의 확실한 동작의 확보
② 부하전류의 일부를 대지로 흐르게 하여 전선절약
③ 이상전압의 억제
④ 대지전압의 저하

풀이
322.5 전로의 **중성점의 접지**
① 보호 장치의 확실한 동작의 확보
② 이상 전압의 억제
③ 대지전압의 저하를 위하여
전로의 중성점에 접지공사를 한다.
답 ②

문제 89
시가지에 시설하는 특고압 가공전선로의 철탑의 경간은 몇 [m] 이하이어야 하는가?
① 250
② 300
③ 350
④ 400

풀이
333.1 시가지 등에서 특고압 가공전선로의 시설
특고압 가공전선로는 전선이 케이블인 경우 또는 전선로의 경간을 다음과 같이 시설하는 경우에는 시가지 그 밖에 인가가 밀집한 지역에 시설할 수 있다.

지지물의 종류	경간
A종 철주 또는 A종 철근 콘크리트주	75[m]
B종 철주 또는 B종 철근 콘크리트주	150[m]
철탑	400[m] (단주인 경우에는 300[m]) 다만, 전선이 수평으로 2이상 있는 경우에 전선 상호 간의 간격이 4[m] 미만인 때에는 250[m]

답 ④

문제 90
지중전선로를 직접 매설식에 의하여 시설하는 경우, 차량 기타 중량물의 압력을 받을 우려가 있는 장소의 매설 깊이는 최소 몇 [cm] 이상이면 되는가?
① 100   ② 150   ③ 180   ④ 200

풀이
334.1 지중전선로의 시설
가. 지중 전선로는 전선에 케이블을 사용하고 또한 관로식·암거식 또는 직접 매설식에 의하여 시설하여야 한다.
나. 지중 전선로를 직접 매설식에 의하여 시설하는 경우에는 매설 깊이를 차량 기타 중량물의 압력을 받을 우려가 있는 장소에는 1.0[m] 이상, 기타 장소에는 0.6[m] 이상으로 하고 또한 지중 전선을 견고한 트라프 기타 방호물에 넣어 시설하여야 한다.

답 ①

문제 91
전력보안통신용 전화설비를 시설하지 않아도 되는 경우는?
① 수력설비의 강수량 관측소와 수력발전소간
② 동일 수계에 속한 수력발전소 상호간
③ 발전제어소와 기상대
④ 휴대용 전화설비를 갖춘 상주 감시를 하지 않는 22.9[kV] 변전소와 기술원 주재소

풀이
362.1 전력보안통신설비의 시설 요구사항
발전소·변전소 및 개폐소와 기술원 주재소 간에는 전력보안통신 설비의 시설이 요구된다.
다만, 다음 어느 항목에 적합하고 또한 휴대용 또는 이동용 전력보안통신 전화 설비에 의하여 연락이 확보된 경우에는 그러하지 아니하다.
가. 발전소로서 전기의 공급에 지장을 미치지 않는 것.
나. **상주감시를 하지 않는 변전소(사용전압이 35 [kV] 이하의 것에 한한다.)로서 그 변전소에 접속되는 전선로가 동일 기술원 주재소에 의하여 운용되는 곳.**

답 ④

14년 1회 동일 및 유사 문제 (년도-회-번호)

1과목 전기자기학		5과목 전기설비기술기준	
13	20-4-08	55	17-1-58
14	19-3-10	56	20-1,2-60
15	16-1-01	57	18-3-42
16	20-4-03	58	20-4-58
17	22-2-13	59	20-4-43
18	20-1,2-10	60	18-3-55
19	22-1-15	**4과목 회로이론**	
20	20-4-12	71	18-1-68
2과목 전력공학		72	18-1-79
27	17-1-23	73	19-2-74
28	18-3-34	74	18-2-73
29	20-3-26	75	18-2-67
30	19-1-31	76	21-3-72
31	20-1,2-23	77	22-3-68
32	17-1-34	78	19-1-75
33	19-2-26	79	20-4-79
34	17-2-26	80	22-3-79
35	21-2-35	**5과목 전기설비기술기준**	
36	16-1-23	92	19-1-84
37	19-2-32	93	16-2-84
38	21-1-24	94	21-2-88
39	17-3-34	95	21-3-93
3과목 전기기기		96	18-3-93
53	22-1-57	97	19-2-90
54	20-1,2-59	98	21-2-98

국가기술자격검정 필기시험 문제

2014년도 전기산업기사 일반검정 제2회

자격종목 및 등급(선택분야)	종목코드	시험시간	문제지형별
전기산업기사	2140	2시간 30분	A

제1과목 전기자기학

문제 01 무한 평면에 일정한 전류가 표면에 한 방향으로 흐르고 있다. 평면으로부터 위로 r만큼 떨어진 점과 아래로 $2r$만큼 떨어진 점과의 자계의 비 및 서로의 방향은?

① 1, 반대 방향   ② $\sqrt{2}$, 같은 방향
③ 2, 반대 방향   ④ 4, 같은 방향

풀이
① 자기장 H는 좌표 (y, z)에 관계없으므로 $H = H(x)$
② x, z성분의 H는 존재하지 않고 암페어 주회적분법칙에 의해 $x-y$평면상에 일주경로를 취하면

$\oint H \cdot dl = [H_y(x)j + H_y(-x)(-j)]l = I$
$H_y(x) - H_y(-x) = KI$ 이고,
$H_y(x) = -H_y(-x)$로 부터 $2H_y(x) = KI$
∴ $H_y(x) = \dfrac{KI}{2}$ (상수)

자기장의 x, z성분 $H_x = H_z = 0$, y성분 $H_y = \dfrac{KI}{2}$이므로 자계는 거리에 관계없이 일정하고 방향은 반대이다.

답 ①

문제 02 면적 $S [\text{m}^2]$, 간격 $d [\text{m}]$인 평행판 콘덴서에 그림과 같이 두께 d_1, $d_2 [\text{m}]$이며 유전율 ϵ_1, ϵ_2 [F/m]인 두 유전체를 극판 간에 평행으로 채웠을 때 정전용량[F]은?

① $\dfrac{S}{\dfrac{d_1}{\epsilon_1} + \dfrac{d_2}{\epsilon_2}}$

② $\dfrac{S^2}{\dfrac{d_1}{\epsilon_2} + \dfrac{d_2}{\epsilon_1}}$

③ $\dfrac{\epsilon_1 S}{d_1} + \dfrac{\epsilon_2 S}{d_2}$

④ $\dfrac{\epsilon_1 \epsilon_2 S}{d}$

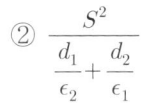

풀이
유전율이 ϵ_1, ϵ_2인 각 유전체의 정전용량을 C_1, C_2라 하면
$C_1 = \dfrac{\epsilon_1 S}{d_1}$, $C_2 = \dfrac{\epsilon_2 S}{d_2}$ 이므로
직렬 합성 용량 C는

∴ $C = \dfrac{1}{\dfrac{1}{C_1} + \dfrac{1}{C_2}} = \dfrac{C_1 C_2}{C_1 + C_2} = \dfrac{\dfrac{\epsilon_1 S \epsilon_2 S}{d_1 d_2}}{\dfrac{\epsilon_1 S}{d_1} + \dfrac{\epsilon_2 S}{d_2}}$

$= \dfrac{\epsilon_1 \epsilon_2 S}{\epsilon_2 d_1 + \epsilon_1 d_2} = \dfrac{S}{\dfrac{d_1}{\epsilon_1} + \dfrac{d_2}{\epsilon_2}}$

답 ①

문제 03 10 [mH] 인덕턴스 2개가 있다. 결합계수를 0.1로부터 0.9까지 변화시킬 수 있다면 이것을 직렬 접속시켜 얻을 수 있는 합성인덕턴스의 최대값과 최소값의 비는?

① 9 : 1   ② 13 : 1
③ 16 : 1   ④ 19 : 1

풀이
결합 계수 $\alpha = 0.9$일 때 합성 인덕턴스 최대값 L_0'와 최소값 L_0의 비가 크므로,

$L_0 = L_1 + L_2 \pm 2\alpha\sqrt{L_1 L_2}$ 에서
최대 : $L_0' = 10 + 10 + 2 \times 0.9\sqrt{10 \times 10} = 38$
최소 : $L_0 = 10 + 10 - 2 \times 0.9\sqrt{10 \times 10} = 2$
∴ 최대와 최소의 비는 $38 : 2 = 19 : 1$ 답 ④

문제 04 유전율 ϵ [F/m]인 유전체 중에서 전하가 Q [C], 전위가 V [V], 반지름 a [m]인 도체구가 갖는 에너지는 몇 [J] 인가?

① $\dfrac{1}{2}\pi\epsilon a V^2$ ② $\pi\epsilon a V^2$

③ $2\pi\epsilon a V^2$ ④ $4\pi\epsilon a V^2$

풀이
반경 a인 도체구의 정전용량은 $C = 4\pi\epsilon a$ [F] 이므로
$W = \dfrac{1}{2}CV^2 = \dfrac{1}{2} \times 4\pi\epsilon a V^2 = 2\pi\epsilon a V^2$ [J] 답 ③

문제 05 자유공간 중의 전위계에서
$V = 5(x^2 + 2y^2 - 3z^2)$일 때 점 $P(2, 0, -3)$에서의 전하밀도 ρ의 값은?

① 0   ② 2   ③ 7   ④ 9

풀이
전위와 공간 전하 밀도의 관계 : 포아송 방정식
$\nabla^2 V = \dfrac{\partial^2 V}{\partial x^2} + \dfrac{\partial^2 V}{\partial y^2} + \dfrac{\partial^2 V}{\partial z^2}$
$= \dfrac{\partial^2}{\partial x^2}[5(x^2+2y^2-3z^2)] + \dfrac{\partial^2}{\partial y^2}[5(x^2+2y^2-3z^2)]$
$\quad + \dfrac{\partial^2}{\partial z^2}[5(x^2+2y^2-3z^2)]$
$= 10 + 20 - 30 = 0$
$[\nabla^2 V]_{x=2, y=0, z=-3} = 0 = -\dfrac{\rho}{\epsilon_0}$
∴ $\rho = -\epsilon_0 \times 0 = 0$ [C/m³] 답 ①

문제 06 다음 중 사람의 눈이 색을 다르게 느끼는 것은 빛의 어떤 특성이 다르기 때문인가?
① 굴절률   ② 속도
③ 편광방향   ④ 파장

풀이
가시광선의 파장

사람의 눈이 빛으로 느낄 수 있는 파장을 가시광선이라고 하며 가시광선의 파장 범위는 380~760[nm] 이다. **각각의 색에 대한 파장은 다음과 같다.**

색	보라	파랑	초록	노랑	주황	빨강
파장 [nm]	380 ~430	430 ~452	452 ~550	550 ~590	590 ~640	640 ~760

답 ④

문제 07 지면에 평행으로 높이 h [m]에 가설된 반지름 a [m]인 가공 직선 도체의 대지간 정전용량은 몇 [F/m]인가? (단, $h \gg a$ 이다.)

① $\dfrac{\pi\epsilon_o}{\ln\dfrac{2h}{a}}$ ② $\dfrac{2\pi\epsilon_o}{\ln\dfrac{2h}{a}}$

③ $\dfrac{\pi\epsilon_o}{\ln\dfrac{a}{2h}}$ ④ $\dfrac{2\pi\epsilon_o}{\ln\dfrac{a}{2h}}$

풀이
두 평행 도선간 정전용량
$C = \dfrac{\pi\epsilon_0}{\ln\dfrac{2h}{a}}$ [F/m]에서

대지간 정전용량은 거리가 $\dfrac{1}{2}$이므로

∴ $C_0 = 2C = \dfrac{2\pi\epsilon_0}{\ln\dfrac{2h}{a}}$ [F/m]

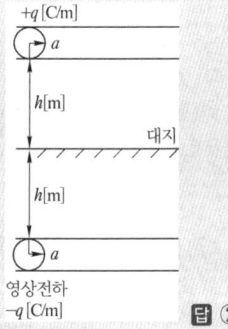

답 ②

문제 08 지름 20 [cm]의 구리로 만든 반구의 볼에 물을 채우고 그 중에 지름 10[cm]의 구를 띄운다. 이 때에 양구가 동심구라면 양구간의 저항[Ω]은 약 얼마인가? (단, 물의 도전율은 10^{-3} [℧/m]이고 물은 충만되어 있다.)

① 159   ② 1590
③ 2800   ④ 2850

풀이
동심구의 정전용량에서 반구이므로
$C = \dfrac{4\pi\epsilon}{\dfrac{1}{a} - \dfrac{1}{b}} \times \dfrac{1}{2} = \dfrac{2\pi\epsilon}{\dfrac{1}{a} - \dfrac{1}{b}}$ [F]

$RC = \epsilon\rho = \dfrac{\epsilon}{\sigma}$ 에서

$\therefore R = \dfrac{\epsilon}{\sigma C} = \dfrac{1}{2\pi\sigma}\left(\dfrac{1}{a} - \dfrac{1}{b}\right) = \dfrac{1}{2\pi \times 10^{-3}}\left(\dfrac{1}{0.05} - \dfrac{1}{0.1}\right)$

$= 1591\,[\Omega]$ 답 ②

문제 09 두 벡터 $A = A_x i + 2j$, $B = 3i - 3j - k$ 가 서로 직교하려면 A_x의 값은?

① 0 ② 2 ③ $\dfrac{1}{2}$ ④ -2

풀이

$A \cdot B = AB\cos\theta$ 에서 $\cos\theta = \dfrac{A \cdot B}{AB}$ 이다.

직교하려면 $\theta = 90°$가 되어야 하므로 $\cos 90° = 0 = \dfrac{A \cdot B}{AB}$

따라서, $A \cdot B = 0$이 되어야 하므로

$0 = A_x \times 3 + 2 \times (-3) + 0 \times (-1)$ 에서

$3A_x = 6 \quad A_x = 2$ 답 ②

문제 10 전하 8π [C]이 8 [m/s]의 속도로 진공 중을 직선운동하고 있다면, 이 운동 방향에 대하여 각도 θ이고, 거리 4 [m] 떨어진 점의 자계의 세기는 몇 [A/m]인가?

① $\cos\theta$ ② $\dfrac{1}{2\sin\theta}$

③ $\sin\theta$ ④ $2\sin\theta$

풀이

등가전류 $I = \dfrac{q}{t} = \dfrac{qv}{l}$ $\left(\because v = \dfrac{l}{t}\right)$

비오사바르 법칙

$H = \dfrac{Il\sin\theta}{4\pi r^2} = \dfrac{qv\sin\theta}{4\pi r^2} = \dfrac{8\pi \times 8 \times \sin\theta}{4\pi \times 4^2} = \sin\theta\,[\text{A/m}]$

답 ③

문제 11 전계 내에서 폐회로를 따라 전하를 일주시킬 때 전계가 행하는 일은 몇 [J]인가?

① ∞ ② π ③ 1 ④ 0

풀이

전계의 주회 적분과 에너지와의 관계에서

$\oint_c Q\mathbf{E}\cdot d\mathbf{l} = Q\oint_c \mathbf{E}\cdot d\mathbf{l} = 0$

즉, 폐회로를 따라 단위 정전하를 일주시킬 때 전계가 하는 일은 항상 0을 의미한다(에너지 보존적). 답 ④

문제 12 두 평행 왕복 도선사이의 도선 외부의 자기인덕턴스는 몇 [H/m]인가? (단, r은 도선의 반지름, D는 두 왕복 도선사이의 거리이다.)

① $\dfrac{\mu_o}{4\pi}\ln\dfrac{D}{r}$ ② $\dfrac{\mu_o}{2\pi}\ln\dfrac{D}{r}$

③ $\dfrac{\mu_o}{\pi}\ln\dfrac{r}{D}$ ④ $\dfrac{\mu_o}{\pi}\ln\dfrac{D}{r}$

풀이

평행 왕복 도체에서의 인덕턴스

- 두 도선 사이 선간의 자기 인덕턴스 $L_0 = \dfrac{\mu_0}{\pi}\ln\dfrac{D}{r}$ [H/m]

- 도체 내부의 자기 인덕턴스 $L_i = \dfrac{\mu}{8\pi}$ [H/m]

- 평행 왕복 도체에서의 전 인덕턴스

$L = L_0 + L_i = \dfrac{\mu_0}{\pi}\ln\dfrac{D}{r} + \left(2 \times \dfrac{\mu}{8\pi}\right) = \dfrac{\mu_0}{\pi}\ln\dfrac{D}{r} + \dfrac{\mu}{4\pi}$ [H/m]

답 ④

제2과목　전력공학

문제 21 옥내배선의 보호방법이 아닌 것은?

① 과전류 보호 ② 지락 보호
③ 전압강하 보호 ④ 절연 접지 보호

풀이

전압 강하는 전기 품질에 관한 것으로서 전압 강하가 적을수록 품질 측면에서는 유리하나 그 반면에 전선의 굵기가 증가하여 시설비가 많이 소요되는 문제점이 있다. 답 ③

문제 22 배전선로 개폐기 중 반드시 차단기능이 있는 후비 보조장치와 직렬로 설치하여 고장구간을 분리시키는 개폐기는?

① 컷아웃 스위치 ② 부하개폐기
③ 리클로저 ④ 섹셔널라이저

풀이

섹셔널라이저(sectionalizer) : 배전선로에 고장이 발생할 경우 리클로저의 동작으로 선로가 무전압 상태가 되면 섹셔널라이저는 이를 감지하여 무전압 상태의 횟수를 기억하였다가 정해진 횟수에 도달하면 섹셔널라이저는 선로의 무전압 상태에서 선로를 개방하여 고장구간을 분리시킨다. 섹셔널라이저는 고장전류를 차단 할 수 있는 능력이 없기 때문에 리클로저와 직렬로 조합하여 사용한다. 답 ④

풀이
- 반사재 : 핵분열에 의하여 발생하는 중성자가 외부로 누설되는 것을 원자로 내부로 다시 반사시키는 목적으로 사용
- 감속재 : 핵분열로 발생한 고속 중성자를 열중성자로 바꾸는 작용
- 냉각재 : 원자로에서 생긴 열을 **노심 밖으로 보내기 위하여 사용되는 열 매체**
- 제어재 : 원자로의 핵분열 반응을 조절하기 위하여 중성자를 흡수할 목적으로 사용

답 ③

문제 23 다음은 무엇을 결정할 때 사용되는 식인가? (단, l은 송전거리[km]이고, P는 송전전력[kW]이다.)

$$5.5\sqrt{0.6l + \frac{P}{100}}$$

① 송전전압
② 송전선의 굵기
③ 역률개선 시 콘덴서의 용량
④ 발전소의 발전전압

풀이
경제적인 송전전압(Alfred still 식)
송전전압 $[kV] = 5.5\sqrt{0.6 \times \text{송전거리[km]} + \frac{\text{송전전력[km]}}{100}}$

답 ①

문제 24 3상 3선식에서 전선의 선간거리가 각각 1 [m], 2 [m], 4 [m]로 삼각형으로 배치되어 있을 때 등가선간거리는 몇 [m] 인가?

① 1   ② 2
③ 3   ④ 4

풀이
등가선간거리 $D_e = \sqrt[3]{D_1 \cdot D_2 \cdot D_3} = \sqrt[3]{1 \cdot 2 \cdot 4} = 2$ 답 ②

문제 25 원자로 내에서 발생한 열에너지를 외부로 끄집어내기 위한 열매체를 무엇이라고 하는가?

① 반사체   ② 감속재
③ 냉각재   ④ 제어봉

문제 26 선로 임피던스 Z, 송수전단 양쪽에 어드미턴스 Y인 π형 회로의 4단자 정수에서 B의 값은?

① Y
② Z
③ $1 + \frac{ZY}{2}$
④ $Y\left(1 + \frac{ZY}{4}\right)$

풀이

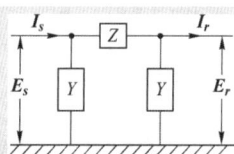

π형 회로
- $E_s = Z(Y \cdot E_r + I_r) + E_r = (1+ZY)E_r + ZI_r$
- $I_s = Y(2+ZY)E_r + (1+ZY)I_r$ 이므로
$A = (1+ZY)$, $B = Z$
$C = Y(2+ZY)$, $D = (1+ZY)$

답 ②

문제 27 출력 20 [kW]의 전동기로서 총양정 10 [m], 펌프효율 0.75일 때 양수량은 몇 [m³/min]인가?

① 9.18   ② 9.85
③ 10.31 ④ 11.02

풀이
펌프용 전동기의 출력 $P = \frac{QH}{6.12\eta}$ 에서
$Q = \frac{6.12P\eta}{H} = \frac{6.12 \times 20 \times 0.75}{10} = 9.18 [\text{m}^3/\text{min}]$

답 ①

제3과목 전기기기

문제 41 다음 중 반자성 특성을 갖는 자성체는?
① 규소강판 ② 초전도체
③ 페리자성체 ④ 네오디뮴자석

풀이
초전도체는 임계온도 이하에서 완전 반자성을 나타낸다.
답 ②

문제 42 전력용 MOSFET와 전력용 BJT에 대한 설명 중 틀린 것은?
① 전력용 BJT는 전압제어소자로 온 상태를 유지하는데 거의 무시할 만큼의 전류가 필요로 된다.
② 전력용 MOSFET는 비교적 스위칭 시간이 짧아 높은 스위칭 주파수로 사용할 수 있다.
③ 전력용 BJT는 일반적으로 턴온 상태에서의 전압강하가 전력용 MOSFET보다 작아 전력손실이 적다.
④ 전력용 MOSFET는 온·오프 제어가 가능한 소자이다.

풀이
BJT는 베이스 전류로 컬렉터 전류를 제어하는 전류 제어 스위치로, **온상태를 유지하기 위해 지속적이고 일정한 크기의 베이스 전류가 필요**하다.
답 ①

문제 43 [보기]의 설명에서 빈칸(㉠~㉢)에 알맞은 말은?

> 권선형 유도전동기에서 2차 저항을 증가시키면 기동전류는 (㉠)하고 기동 토크는 (㉡)하며, 2차 회로의 역률이 (㉢)되고 최대토크는 일정하다.

① ㉠ 감소 ㉡ 증가 ㉢ 좋아지게
② ㉠ 감소 ㉡ 감소 ㉢ 좋아지게
③ ㉠ 감소 ㉡ 증가 ㉢ 나빠지게
④ ㉠ 증가 ㉡ 감소 ㉢ 나빠지게

풀이
3상 권선형 유도전동기에서 2차 저항을 크게 하면 기동전류는 감소하고 기동토크는 증가하나, 최대 토크는 변하지 않는다.
답 ①

문제 44 사이리스터 특성에 대한 설명 중 틀린 것은?
① 하나의 스위치 작용을 하는 반도체이다.
② pn접합을 여러개 적당히 결합한 전력용 스위치이다.
③ 사이리스터를 턴온시키기 위해 필요한 최소의 순방향 전류를 래칭전류라 한다.
④ 유지전류는 래칭전류보다 크다.

풀이
• **래칭전류** : SCR이 ON 되기 위하여 애노우드에서 캐소드 쪽으로 흘러야 할 최소전류
• **유지전류** : ON된 후에 ON 상태를 유지하기 위한 최소전류로서 **래칭전류보다 작다**.
답 ④

문제 45 단상 교류정류자 전동기의 직권형에 가장 적합한 부하는?
① 치과의료용 ② 펌프용
③ 송풍기용 ④ 공작기계용

풀이
직류 직권 전동기에 가해 주는 직류 전압을 그림과 같이 바꿀 경우에도 자속과 전기자 전류의 방향이 동시에 모두 반대가 되므로, 회전 방향은 변하지 않는다.

직·교류 양용 전동기의 원리

따라서, 이 직류 직권 전동기에 교류 전압을 가해 주어도 전동기는 항상 같은 방향의 토크를 발생하고, 회전을 같은 방향으로 계속한다. 직·교류 양용 전동기(만능 전동기)는 이와 같은 원리를 이용한 전동기로서 **단상 직권 정류자 전동기**라고 하며, 믹서기, 재봉틀, 진공청소기, **치과의료용 엔진**, 휴대용 드릴 및 영사기 등에 사용된다.
답 ①

문제 46 $E_1 = 2000$ [V], $E_2 = 100$ [V]의 변압기에서 $r_1 = 0.2$ [Ω], $r_2 = 0.0005$ [Ω], $x_1 = 2$ [Ω], $x_2 = 0.005$ [Ω]이다. 권수비 a는?

① 60　　② 30
③ 20　　④ 10

풀이
권수비 $a = \dfrac{E_1}{E_2} = \dfrac{N_1}{N_2}$ 에서 ∴ $a = \dfrac{2000}{100} = 20$　**답** ③

문제 47 명판(name plate)에 정격전압 220 [V], 정격전류 14.4 [A], 출력 3.7 [kW]로 기재되어 있는 3상 유도전동기가 있다. 이 전동기의 역률을 84 [%]라 할 때 이 전동기의 효율[%]은?

① 78.25　　② 78.84
③ 79.15　　④ 80.27

풀이
효율 $= \dfrac{출력}{입력}$ 에서

$\eta = \dfrac{P}{\sqrt{3}\,VI\cos\theta} \times 100$

$= \dfrac{3700}{\sqrt{3} \times 220 \times 14.4 \times 0.84} \times 100$

$= 80.27[\%]$　**답** ④

제4과목　회로이론

문제 61 1차 지연 요소의 전달함수는?

① K　　② $\dfrac{K}{s}$
③ Ks　　④ $\dfrac{K}{1+Ts}$

풀이
- K : 비례 요소의 전달함수
- $\dfrac{K}{s}$: 적분 요소의 전달함수
- Ks : 미분 요소의 전달함수
- $\dfrac{K}{Ts+1}$: 1차 지연 요소의 전달함수　**답** ④

문제 62 그림과 같은 회로에서 정전용량 C [F]를 충전한 후 스위치 S를 닫아서 이것을 방전할 때 과도전류는? (단, 회로에는 저항이 없다.)

① 주파수가 다른 전류
② 크기가 일정하지 않은 전류
③ 증가 후 감쇠하는 전류
④ 불변의 진동전류

풀이
저항 성분이 없으므로 전력 소모가 없고 L, C내의 보유 에너지는 불변하므로 크기, 주파수가 변함없는 **불변의 진동 전류**가 흐른다.　**답** ④

문제 63 저항 4[Ω]과 유도 리액턴스 X_L[Ω]이 병렬로 접속된 회로에 12[V]의 교류전압을 가하니 50[A]의 전류가 흘렀다. 이 회로의 X_L[Ω]은?

① 8　　② 6　　③ 3　　④ 1

풀이

$V = I_R \cdot R = I_L \cdot X_L$ 에서

$I_R = \dfrac{V}{R} = \dfrac{12}{4} = 3[A]$

$I_L = \sqrt{I^2 - I_R^2} = \sqrt{5^2 - 3^2} = 4[A]$

$V = I_L \cdot X_L = 12[V]$ 에서

$X_L = \dfrac{12}{I_L} = \dfrac{12}{4} = 3[\Omega]$　**답** ③

문제 64 다음 용어 설명 중 틀린 것은?

① 역률 $= \dfrac{유효전력}{피상전력}$

② 파형률 $= \dfrac{평균값}{실효값}$

③ 파고율 $= \dfrac{최대값}{실효값}$

④ 왜형률 $= \dfrac{전 고조파의 실효값}{기본파의 실효값}$

풀이

파형률(form factor) = $\dfrac{\text{실효값}}{\text{평균값}}$ **답 ②**

문제 65 정상상태에서 시간 $t = 0$일 때 스위치 S를 열면 흐르는 전류 i는?

① $\dfrac{E}{R} e^{-\frac{R+r}{L}t}$ ② $\dfrac{E}{r} e^{-\frac{R+r}{L}t}$

③ $\dfrac{E}{r} e^{-\frac{L}{R+r}t}$ ④ $\dfrac{E}{R} e^{-\frac{L}{R+r}t}$

풀이

전원 제거시 $i(t) = I e^{-\frac{R+r}{L}t}$ 에서 $i(t) = \dfrac{E}{r} e^{-\frac{R+r}{L}t}$ [A]

(정상상태에서 직류전압 E가 인가 되었으므로 $i = \dfrac{E}{r}$ [A]가 흐른다.)   **답 ②**

문제 66 그림과 같은 회로에서 임피던스 파라미터 Z_{11}은?

① sL_1
② sM
③ sL_1L_2
④ sL_2

풀이

T형 등가 변환하면

Z_{11} : 단자 1-1'에서의 개방 구동점 임피던스

$Z_{11} = \left. \dfrac{V_1}{I_1} \right|_{I_2 = 0}$ 이므로

$L_{11} = L_1 + M - M = L_1$

$\therefore Z_{11} = sL_1$ **답 ①**

문제 67 RL 병렬회로의 합성 임피던스[Ω]는? (단, ω[rad/s]는 이 회로의 각 주파수이다.)

① $R\left(1 + j\dfrac{\omega L}{R}\right)$ ② $R\left(1 - j\dfrac{1}{\omega L}\right)$

③ $\dfrac{R}{\left(1 - j\dfrac{R}{\omega L}\right)}$ ④ $\dfrac{R}{\left(1 + j\dfrac{R}{\omega L}\right)}$

풀이

$Z = \dfrac{R \cdot j\omega L}{R + j\omega L} = \dfrac{R}{1 + \dfrac{R}{j\omega L}} = \dfrac{R}{1 - j\dfrac{R}{\omega L}}$

$\left(\because \dfrac{R}{j\omega L} = \dfrac{jR}{j^2\omega L} = -j\dfrac{R}{\omega L}\right)$ **답 ③**

문제 68 $f(t) = At^2$의 라플라스변환은?

① $\dfrac{A}{s^2}$ ② $\dfrac{2A}{s^2}$

③ $\dfrac{A}{s^3}$ ④ $\dfrac{2A}{s^3}$

풀이

$\mathcal{L}[at^n] = a\mathcal{L}[t^n] = \dfrac{an!}{s^{n+1}}$ 에서

$\mathcal{L}[At^2] = \dfrac{A \cdot 2!}{s^{2+1}} = \dfrac{2A}{s^3}$ ($\because 2! = 2 \times 1 = 2$)   **답 ④**

문제 69 3상 유도전동기의 출력이 3.7 [kW], 선간전압 200 [V], 효율 90 [%], 역률 80 [%]일 때, 이 전동기에 유입되는 선전류는 약 몇 [A] 인가?

① 8   ② 10
③ 12   ④ 15

풀이

효율 $\eta = \dfrac{\text{출력}}{\text{입력}} = \dfrac{P_0}{\sqrt{3} VI \cos\theta}$ 에서

$\therefore I = \dfrac{P_0}{\eta \sqrt{3} V \cos\theta} = \dfrac{3.7 \times 10^3}{0.9 \times \sqrt{3} \times 200 \times 0.8} = 14.83$ [A]   **답 ④**

제5과목 전기설비기술기준

문제 81 전기설비의 접지계통과 건축물의 피뢰설비 및 통신설비 등의 접지극을 공용하는 통합 접지공사를 하는 경우 낙뢰 등 과전압으로부터 전기설비를 보호하기 위하여 설치해야 하는 것은?
① 과전류차단기 ② 지락보호장치
③ 서지보호장치 ④ 개폐기

풀이
142.6 공통접지 및 통합접지
전기설비의 접지계통·건축물의 피뢰설비·전자통신설비 등의 접지극을 공용하는 **통합접지시스템으로 하는 경우** 낙뢰에 의한 과전압 등으로부터 전기전자기기 등을 보호하기 위해 규정에 따라 **서지보호장치를 설치**하여야 한다.
답 ③

문제 82 가공전선 및 지지물에 관한 시설기준 중 틀린 것은?
① 가공전선은 다른 가공전선로, 전차선로, 가공약전류 전선로 또는 가공 광섬유 케이블선로의 지지물을 사이에 두고 시설하지 말 것
② 가공전선의 분기는 그 전선의 지지점에서 할 것 (단, 전선의 장력이 가하여지지 않도록 시설하는 경우는 제외)
③ 가공전선로의 지지물에는 승탑 및 승주를 할 수 없도록 발판 못 등을 시설하지 말 것
④ 가공전선로의 지지물로는 목주·철주·철근콘크리트주 또는 철탑을 사용할 것

풀이
331.4 가공전선로 지지물의 철탑오름 및 전주오름 방지
가공전선로의 지지물에 취급자가 오르고 내리는데 사용하는 **발판 볼트 등을 지표상 1.8[m] 미만**에 시설하여서는 아니 된다.
답 ③

문제 83 저압 옥내배선을 합성수지관공사에 의하여 실시하는 경우 사용할 수 있는 단선(동선)의 최대 단면적은 몇 [mm²]인가?
① 4   ② 6   ③ 10   ④ 16

풀이
232.11 합성수지관공사
가. 전선은 절연전선(옥외용 비닐 절연전선을 제외한다)일 것
나. 전선은 연선일 것. 다만, 다음의 것은 적용하지 않는다.
  ① 짧고 가는 합성수지관에 넣은 것.
  ② **단면적 10[mm²]**(알루미늄선은 단면적 16[mm²]) 이하의 것.
다. 관의 지지점 간의 거리는 1.5[m] 이하로 할 것.
답 ③

문제 84 저압전로에 사용하는 80[A] 퓨즈는 수평으로 붙일 경우 정격전류의 1.6배 전류에 몇 분 안에 용단되어야 하는가?
① 60   ② 120   ③ 180   ④ 240

풀이
212.3.4 보호장치의 특성
1. 과전류 보호장치는 KS C 또는 KS C IEC 관련 표준(배선차단기, 누전차단기, 퓨즈등의 표준)의 동작특성에 적합하여야 한다.
2. 과전류차단기로 저압전로에 사용하는 범용의 퓨즈는 표에 적합한 것이어야 한다.

정격전류의 구분	시 간	정격전류의 배수	
		불용단전류	용단전류
4 [A] 이하	60분	1.5배	2.1배
4 [A] 초과 16 [A] 미만	60분	1.5배	1.9배
16 [A] 이상 63 [A] 이하	60분	1.25배	1.6배
63 [A] 초과 160[A] 이하	**120분**	**1.25배**	**1.6배**
160[A] 초과 400[A] 이하	180분	1.25배	1.6배
400 [A] 초과	240분	1.25배	1.6배

답 ②

14년 2회 동일 및 유사 문제 (년도-회-번호)

1과목 전기자기학
13	21-3-18
14	19-3-16
15	22-3-14
16	19-1-01
17	21-2-13
18	17-3-08
19	22-1-15
20	22-2-04

2과목 전력공학
28	16-2-24
29	22-1-26
30	19-3-32
31	21-1-23
32	18-3-40
33	15-2-26
34	22-2-33
35	22-2-36
36	20-3-38
37	20-1,2-21
38	17-1-32
39	22-2-30
40	21-1-31

3과목 전기기기
48	22-1-49
49	21-1-57
50	19-2-44
51	19-1-41
52	19-2-52
53	16-3-51
54	16-3-48

55	17-2-44
56	21-3-53
57	21-3-56
58	22-3-42
59	21-3-42
60	22-1-43

4과목 회로이론
70	22-2-64
71	20-1,2-69
72	22-1-70
73	22-2-68
74	22-3-67
75	18-2-66
76	17-3-69
77	20-4-76
78	19-3-62
79	21-2-61
80	20-1,2-76

5과목 전기설비기술기준
85	16-1-81
86	22-2-100
87	18-3-95
88	19-1-88
89	21-3-95
90	20-1,2-92
91	21-3-90
92	18-2-91
93	21-1-89
94	17-2-88
95	22-2-98
96	22-2-91

국가기술자격검정 필기시험 문제

2014년도 전기산업기사 일반검정 제3회

자격종목 및 등급(선택분야)	종목코드	시험시간	문제지형별
전기산업기사	2140	2시간 30분	A

제1과목 전기자기학

문제 01 공기 중에서 무한평면도체 표면 아래의 1[m] 떨어진 곳에 1[C]의 점전하가 있다. 전하가 받는 힘의 크기는 몇 [N] 인가?

① 9×10^9
② $\dfrac{9}{2} \times 10^9$
③ $\dfrac{9}{4} \times 10^9$
④ $\dfrac{9}{16} \times 10^9$

풀이

무한 평면 도체에서 1[m] 떨어진 점전하 Q[C]이 받는 힘은 전기 영상법에 의해

$F = \dfrac{1}{4\pi\epsilon_0} \dfrac{QQ'}{(2r)^2}$

$= 9 \times 10^9 \times \dfrac{1 \times 1}{(2 \times 1)^2} = \dfrac{9}{4} \times 10^9$ [N]

답 ③

문제 02 비투자율 800의 환상철심으로 하여 권선 600회 감아서 환상솔레노이드를 만들었다. 이 솔레노이드의 평균반경이 20[cm]이고, 단면적이 10[cm²]이다. 이 권선에 전류 1[A]를 흘리면 내부에 통하는 자속[Wb]은?

① 2.7×10^{-4}
② 4.8×10^{-4}
③ 6.8×10^{-4}
④ 9.6×10^{-4}

풀이

환상 솔레노이드의 내부 자속

$\phi = BS = \mu HS = \mu \cdot \dfrac{NI}{2\pi r} S$

$\mu = \mu_0 \mu_s = 4\pi \times 10^{-7} \times 800$, $N = 600$[회], $I = 1$[A],

$S = 10 \times 10^{-4}$[m²], $r = 0.2$[m]

$\therefore \phi = \dfrac{4\pi \times 10^{-7} \times 800 \times 600 \times 1 \times 10 \times 10^{-4}}{2\pi \times 0.2}$

$= 4.8 \times 10^{-4}$[Wb]

답 ②

문제 03 단면의 지름이 D[m], 권수가 n[회/m]인 무한장 솔레노이드에 전류 I[A]를 흘렸을 때, 길이 l[m]에 대한 인덕턴스 L[H]는 얼마인가?

① $4\pi^2 \mu_s n D^2 l \times 10^{-7}$
② $4\pi^2 \mu_s n^2 D l \times 10^{-7}$
③ $\pi^2 \mu_s n D^2 l \times 10^{-7}$
④ $\pi^2 \mu_s n^2 D^2 l \times 10^{-7}$

풀이

$L = \dfrac{N\phi}{I} = \dfrac{(nl)\mu HS}{\dfrac{Hl}{(nl)}} = \dfrac{(nl)^2 \mu S}{l} = n^2 l \mu S = n^2 l \mu_0 \mu_s S$

$= 4\pi \times 10^{-7} \times \mu_s n^2 l \times \dfrac{\pi D^2}{4} = \pi^2 \mu_s n^2 D^2 l \times 10^{-7}$ [H]

답 ④

문제 04 Q_1[C]으로 대전된 용량 C_1[F]의 콘덴서에 용량 C_2[F]를 병렬 연결한 경우 C_2가 분배 받는 전기량 Q_2[C]는? (단, V_1[V]은 콘덴서 C_1이 Q_1으로 충전되었을 때 C_1의 양단 전압이다.)

① $Q_2 = \dfrac{C_1 + C_2}{C_2} V_1$
② $Q_2 = \dfrac{C_2}{C_1 + C_2} V_1$
③ $Q_2 = \dfrac{C_1 + C_2}{C_1} V_1$
④ $Q_2 = \dfrac{C_1 C_2}{C_1 + C_2} V_1$

풀이

합성 용량을 C_0라고 하면 $C_0 = C_1 + C_2$ [F]

연결 후의 전위차는 $V_0 = \dfrac{Q_1}{C_1+C_2}$ [V]

C_2가 분배받는 전기량 Q_2는

$$\therefore Q_2 = C_2 V_0 = \dfrac{C_2}{C_1+C_2} Q_1 = \dfrac{C_1 C_2}{C_1+C_2} V_1 \text{ [C]}$$

답 ④

문제 05 다음 중 변위전류에 관한 설명으로 가장 옳은 것은?

① 변위전류밀도는 전속밀도의 시간적 변화율이다.
② 자유공간에서 변위전류가 만드는 것은 전계이다.
③ 변위전류는 도체와 가장 관계가 깊다.
④ 시간적으로 변화하지 않는 계에서도 변위전류는 흐른다.

풀이

변위 전류 : 전속 밀도의 시간적 변화에 의한 것으로 다음과 같이 나타낼 수 있다.

$$i_d = \dfrac{\partial D}{\partial t}$$

답 ①

문제 06 반지름 a[m]인 무한히 긴 원통형 도선 A, B가 중심 사이의 거리 d [m]로 평행하게 배치되어 있다. 도선 A, B에 각각 단위 길이마다 $+Q$ [C/m], $-Q$ [C/m]의 전하를 줄 때 두 도선 사이의 전위차는 몇 [V] 인가?

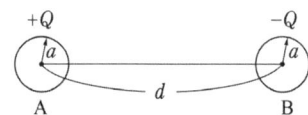

① $\dfrac{Q}{2\pi\epsilon_o}\ln\dfrac{d-a}{a}$
② $\dfrac{Q}{2\pi\epsilon_o}\ln\dfrac{a}{d-a}$
③ $\dfrac{Q}{\pi\epsilon_o}\ln\dfrac{d-a}{a}$
④ $\dfrac{Q}{\pi\epsilon_o}\ln\dfrac{a}{d-a}$

풀이

$C = \dfrac{\pi\epsilon_0}{\ln\dfrac{d-a}{a}}$, $Q=CV$ 이므로

$$\therefore V = \dfrac{Q}{C} = \dfrac{Q}{\dfrac{\pi\epsilon_0}{\ln\dfrac{d-a}{a}}} = \dfrac{Q}{\pi\epsilon_o}\ln\dfrac{d-a}{a} \text{ [V]}$$

답 ③

문제 07 자속 ϕ [Wb]가 $\phi_m\cos 2\pi ft$ [Wb]로 변화할 때 이 자속과 쇄교하는 권수 N회의 코일에 발생하는 기전력은 몇 [V]인가?

① $-\pi f N \phi_m \cos 2\pi ft$
② $\pi f N \phi_m \sin 2\pi ft$
③ $-2\pi f N \phi_m \cos 2\pi ft$
④ $2\pi f N \phi_m \sin 2\pi ft$

풀이

기전력은 시간당 변화하는 자속의 량에 의해 결정된다.

$$e = -N\dfrac{d\phi}{dt} = -N\dfrac{d}{dt}\phi_m\cos 2\pi ft = 2\pi f N \phi_m \sin 2\pi ft \text{ [V]}$$

답 ④

문제 08 반지름 $r = a$[m]인 원통 도선에 I[A]의 전류가 균일하게 흐를 때, 자계의 최대값[AT/m]는?

① $\dfrac{I}{\pi a}$
② $\dfrac{I}{2\pi a}$
③ $\dfrac{I}{3\pi a}$
④ $\dfrac{I}{4\pi a}$

풀이

원통형(원주형) 도체에서 표면($r=a$)에서 자계의 세기가 최대가 되므로

$$H = \dfrac{I}{2\pi r} = \dfrac{I}{2\pi a} \text{ [AT/m]}$$

답 ②

문제 09 ㉠ $\Omega \cdot \sec$, ㉡ $\sec/\Omega$과 같은 단위는?

① ㉠ H, ㉡ F
② ㉠ H/m, ㉡ F/m
③ ㉠ F, ㉡ H
④ ㉠ F/m, ㉡ H/m

풀이

시정수 t[sec]와 R[Ω], L[H], C[F]의 관계에서

$t = \dfrac{L}{R}$ 에서 $L = Rt$, $\therefore$ [H]=[Ω·sec]

$t = RC$에서 $C = \dfrac{t}{R}$, ∴ $[F]=[\sec/\Omega]$ 답 ①

문제 10 유전률 $\epsilon_1 > \epsilon_2$인 두 유전체 경계면에 전속이 수직일 때, 경계면상의 작용력은?
① ϵ_1의 유전체에서 ϵ_2의 유전체 방향
② ϵ_2의 유전체에서 ϵ_1의 유전체 방향
③ 전속밀도의 방향
④ 전속밀도의 반대 방향

풀이

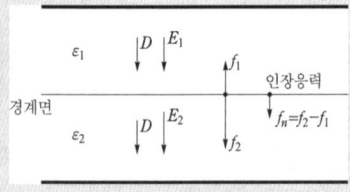

$\epsilon_1 > \epsilon_2$인 경우

전계가 경계면에 수직으로 입사할 때, 경계면을 공통 전극으로 취하는 2개의 콘덴서가 직렬로 되어있는 회로로 볼 수 있다. 따라서, 콘덴서의 두 전극사이에는 흡인력이 작용하므로 f_1과 f_2의 방향은 서로 반대 방향이 되고 이때 단위면적당 작용하는 힘 f_1, f_2는
- $f_1 = \dfrac{1}{2}\dfrac{D^2}{\epsilon_1}$, $f_2 = \dfrac{1}{2}\dfrac{D^2}{\epsilon_2}$
따라서 $\epsilon_1 > \epsilon_2$이면 $f_1 < f_2$가 된다.
- 즉, **경계면에서의 정전력은 유전율이 큰쪽에서 작은 쪽으로 향한다.** 답 ①

문제 11 유도계수의 단위에 해당되는 것은?
① C/F   ② V/C
③ V/m   ④ C/V

풀이
용량계수와 유도계수의 단위는 모두 [C/V]이다. 답 ④

제2과목 전력공학

문제 21 송전 선로의 절연 설계에 있어서 주된 결정 사항으로 옳지 않은 것은?
① 애자련의 개수
② 전선과 지지물과의 이격거리
③ 전선 굵기
④ 가공지선의 차폐각도

풀이
전선 굵기는 선로의 절연 설계와는 무관하고 송전 전력, 즉 선로에 흐르는 **전류의 대소와 허용 전압 강하** 등을 고려하여 **결정**되어진다. 답 ③

문제 22 가공 전선로의 전선 진동을 방지하기 위한 방법으로 틀린 것은?
① 토쇼널 댐퍼(torsional damper)의 설치
② 스프링 피스톤 댐퍼와 같은 진동 제지권을 설치
③ 경동선을 ACSR로 교환
④ 클램프나 전선 접촉기 등을 가벼운 것으로 바꾸고 클램프 부근에 적당히 전선을 첨가

풀이
전선의 진동이 발생하기 좋은 조건
① 가벼운 전선
② 경간이 길 경우
③ 가선 장력이 클 경우
④ 전선의 바깥 지름이 클 경우
따라서, **지름에 비하여 중량이 가벼운 중공 전선이나 강심 알루미늄 전선(ACSR)은 진동의 원인**이 된다. 답 ③

문제 23 중거리 송전선로에서 T형 회로일 경우 4단자 정수 A는?
① $1+\dfrac{ZY}{2}$ ② $1-\dfrac{ZY}{4}$
③ Z ④ Y

풀이
T회로에서 4단자 정수
$$\begin{bmatrix} A & B \\ C & D \end{bmatrix} = \begin{bmatrix} 1 & \dfrac{Z}{2} \\ 0 & 1 \end{bmatrix} \begin{bmatrix} 1 & 0 \\ Y & 1 \end{bmatrix} \begin{bmatrix} 1 & \dfrac{Z}{2} \\ 0 & 1 \end{bmatrix}$$

$$= \begin{bmatrix} 1+\dfrac{YZ}{2} & Z\left(1+\dfrac{YZ}{4}\right) \\ Y & 1+\dfrac{YZ}{2} \end{bmatrix}$$

답 ①

문제 24 수차의 특유속도 크기를 바르게 나열한 것은?
① 펠턴수차 < 카플란수차 < 프란시스수차
② 펠턴수차 < 프란시스수차 < 카플란수차
③ 프란시스수차 < 카플란수차 < 펠턴수차
④ 카플란수차 < 펠턴수차 < 프란시스수차

풀이

수차종류	특유속도(비속도)의 한계	적용 낙차[m]
펠톤	12 ~ 23	300 이상
프란시스	50 ~ 350	50 ~ 300
사류	120 ~ 300	60 ~ 150
프로펠러, 카플란	200 ~ 900	50 이하

답 ②

문제 25 1차 전압 6000 [V], 권수비 30 인 단상 변압기로부터 부하에 20 [A]를 공급할 때, 입력 전력은 몇 [kW]인가? (단, 변압기손실은 무시하고, 부하역률은 1로 한다.)
① 2 ② 2.5 ③ 3 ④ 4

풀이
변압기 2차측 전류를 1차측으로 환산하면
$I_1 = \dfrac{I_2}{a} = \dfrac{20}{30} = \dfrac{2}{3}$ [A]
역률 $\cos\theta = 1$이므로
입력 $P_1 = V_1 I_1 \cos\theta = 6000 \times \dfrac{2}{3} \times 1 = 4000$ [W] = 4[kW]

답 ④

문제 26 전력계통의 전압조정을 위한 방법으로 적당한 것은?
① 계통에 콘덴서 또는 병렬리액터 투입
② 발전기의 유효전력 조정
③ 부하의 유효전력 감소
④ 계통의 주파수 조정

풀이
• 유효 전력 제어 ⇔ 주파수 제어
• 무효 전력 제어 ⇔ 전압 제어
즉, 계통에 콘덴서 또는 **병렬리액터를 투입하여 무효 전력을 조정함으로서 계통의 전압 조정**을 할 수 있다.

답 ①

문제 27 설비 A가 150 [kW], 수용률 0.5, 설비 B가 250 [kW], 수용률 0.8일 때 합성최대전력이 235 [kW]이면 부등률은 약 얼마인가?
① 1.10 ② 1.13
③ 1.17 ④ 1.22

풀이
A 최대 전력 = 설비 용량×수용율 = 150×0.5 = 75[kW]
B 최대 전력 = 설비 용량×수용율 = 250×0.8 = 200[kW]
부등률 = $\dfrac{\text{개개의 최대 전력의 합}}{\text{합성 최대 전력}} = \dfrac{75+200}{235} = 1.17$

답 ③

문제 28 진상콘덴서에 2배의 교류전압을 가했을 때 충전용량은 어떻게 되는가?
① $\dfrac{1}{4}$로 된다. ② $\dfrac{1}{2}$로 된다.
③ 2배로 된다. ④ 4배로 된다.

풀이
충전 용량 $P_c = VI_c = 2\pi f C V^2$ 에서 $P_c \propto V^2$
따라서, 전압 V가 2배로 되면 충전용량은 4배로 된다.

답 ④

제3과목 전기기기

문제 41 유도전동기의 회전력 발생 요소 중 제곱에 비례하는 요소는?
① 슬립 ② 2차 권선저항
③ 2차 임피던스 ④ 2차 기전력

풀이
토크 $T = K_0 \dfrac{s E_2^2 r_2}{r_2^2 + (s x_2)^2}$ 에서 $T \propto E_2^2$(2차 기전력)

여기서, s : 슬립, r_2 : 2차 권선저항, E_2 : 2차 기전력

답 ④

문제 42 분로권선 및 직렬권선 1상에 유도되는 기전력을 각각 E_1, E_2[V]라 하고 회전자를 0°에서 180°까지 변화시킬 때 3상 유도전압조정기의 출력측 선간전압의 조정범위는?

① $\dfrac{(E_1 \pm E_2)}{\sqrt{3}}$ ② $\sqrt{3}(E_1 \pm E_2)$

③ $(E_1 - E_2)$ ④ $3(E_1 + E_2)$

풀이

3상 유도 전압 조정기는 출력 회로의 선간 전압을 $\sqrt{3}(E_1 \pm E_2)$의 범위에 걸쳐 연속적으로 조정할 수가 있다.

답 ②

문제 43 직류기에 탄소 브러시를 사용하는 주된 이유는?

① 고유저항이 작기 때문에
② 접촉저항이 작기 때문에
③ 접촉저항이 크기 때문에
④ 고유저항이 크기 때문에

풀이

저항 정류 : 접촉저항이 큰 탄소 브러시를 사용하여 정류 코일의 단락 전류를 억제해서 양호한 정류를 얻는 방법

답 ③

문제 44 3300/200 [V], 10 [kVA]의 단상 변압기의 2차를 단락하여 1차측에 300 [V]를 가하니 2차에 120 [A]가 흘렀다. 이 변압기의 임피던스 전압[V]과 백분율 임피던스 강하[%]는?

① 125, 3.8   ② 200, 4
③ 125, 3.5   ④ 200, 4.2

풀이

1차 정격 전류 $I_{1n} = \dfrac{P}{V_1} = \dfrac{10 \times 10^3}{3300} = 3.03[A]$

1차 단락 전류 $I_{1s} = \dfrac{1}{a}I_{2s} = \dfrac{200}{3300} \times 120 = 7.27[A]$

2차를 1차로 환산한 등가 누설 임피던스

$Z_{21} = \dfrac{V_s'}{I_{1s}} = \dfrac{300}{7.27} = 41.26 [\Omega]$

임피던스 전압 V_s는

∴ $V_s = I_{1n}Z_{21} = 3.03 \times 41.26 = 125.02[V]$

백분율 임피던스 강하 %Z는

∴ $\%Z = \dfrac{V_s}{V_{1n}} \times 100 = \dfrac{125.02}{3300} \times 100 = 3.8[\%]$

답 ①

문제 45 변압기 결선 방식에서 △-△결선 방식의 특성이 아닌 것은?

① 중성점 접지를 할 수 없다.
② 110 [kV] 이상 되는 계통에서 많이 사용되고 있다.
③ 외부에 고조파 전압이 나오지 않으므로 통신장해의 염려가 없다.
④ 단상 변압기 3대 중 1대의 고장이 생겼을 때 2대로 V결선하여 송전할 수 있다.

풀이

△-△ **결선**은 중성점을 접지할 수 없어서 이상전압이 발생할 수 있으므로 **77 [kV] 이하**의 배전용 변압기에 사용되고 그 이상에는 거의 사용되지 않는다.

답 ②

문제 46 시라게 전동기의 특성과 가장 가까운 전동기는?

① 3상 평복권 정류자전동기
② 3상 복권 정류자전동기
③ 3상 직권 정류자전동기
④ 3상 분권 정류자전동기

풀이

시라게 전동기는 3상 분권 정류자 전동기이므로 직류 분권 전동기와 특성이 비슷한 정속도 전동기이다.

답 ④

문제 47 정·역 운전을 할 수 없는 단상 유도전동기는?

① 분상 기동형   ② 세이딩 코일형
③ 반발 기동형   ④ 콘덴서 기동형

풀이

세이딩 코일형은 돌극형 자극의 고정자와 농형 회전자로 구성된 전동기로 자극에 슬롯을 만들어서 단락된 세이딩 코일을 끼워 넣은 것이다. 구조가 간단하나 기동 토크가 매우 작고 효율과 역률이 떨어지며, **회전 방향을 바꿀 수 없는 큰 결점**이 있다. **답** ②

문제 48 어떤 변압기의 단락시험에서 %저항강하 1.5 [%]와 %리액턴스강하 3 [%]를 얻었다. 부하 역률이 80 [%] 앞선 경우의 전압변동률 [%]은?

① -0.6 ② 0.6
③ -3.0 ④ 3.0

풀이

$p=1.5[\%]$, $q=3[\%]$, $\cos\theta=0.8$(진상)
앞선 역률이므로
$\epsilon = p\cos\phi - q\sin\phi = 1.5\times 0.8 - 3\times 0.6 = -0.6[\%]$ **답** ①

문제 49 교류 발전기의 고조파 발생을 방지하는데 적합하지 않은 것은?

① 전기자 슬롯을 스큐 슬롯으로 한다.
② 전기자 권선의 결선을 Y형으로 한다.
③ 전기자 반작용을 작게 한다.
④ 전기자 권선을 전절권으로 감는다.

풀이

단절권의 장·단점 : 단절권은 전절권에 비해 다음과 같은 장·단점이 있어 동기기에서는 거의 대부분 단절권을 사용한다.
① 장점
 • 고조파를 제거하여 기전력의 파형을 개선하고
 • 코일 단부가 짧게 되어 기계전체 길이가 축소되어 동의 양이 적게 되는 이점이 있다.
② 단점
 • 전절권에 비해 합성 유기기전력이 감소
따라서, 기전력의 파형을 좋게 하고, **고조파를 제거하기 위해서는 전절권이 아닌 단절권**으로 하여야 한다. **답** ④

문제 50 10극인 직류 발전기의 전기자 도체수가 600, 단중 파권이고 매극의 자속수가 0.01 [Wb], 600 [rpm]일 때의 유도기전력[V]은?

① 150 ② 200 ③ 250 ④ 300

풀이

파권이므로 내부 병렬 회로수 $a=2$이다.
$\therefore E = \dfrac{pZ}{a}\phi\dfrac{N}{60} = \dfrac{10\times 600}{2}\times 0.01 \times \dfrac{600}{60} = 300[V]$ **답** ④

제4과목 회로이론

문제 61 다음과 같은 회로가 정저항 회로가 되기 위한 $R\,[\Omega]$의 값은?

① 200
② 2
③ 2×10^{-2}
④ 2×10^{-4}

풀이

정저항 회로 조건 $R^2 = \dfrac{L}{C}$ 에서, $R = \sqrt{\dfrac{L}{C}}$

$\therefore R = \sqrt{\dfrac{4\times 10^{-3}}{0.1\times 10^{-6}}} = 200\,[\Omega]$ **답** ①

문제 62 $Z_1 = 2+j11[\Omega]$, $Z_2 = 4-j3[\Omega]$의 직렬회로에 교류전압 100 [V]를 가할 때 회로에 흐르는 전류는 몇 [A] 인가?

① 10 ② 8 ③ 6 ④ 4

풀이

합성 임피던스 $Z = Z_1 + Z_2$
$= (2+j11)+(4-j3) = 6+j8\,[\Omega]$

$\therefore I = \dfrac{V}{Z} = \dfrac{100}{6+j8} = \dfrac{100}{\sqrt{6^2+8^2}} = 10[A]$ **답** ①

문제 63 그림과 같은 회로에서 $V-i$ 관계식은?

① $V=0.8i$
② $V=i_sR_s-2i$
③ $V=2i$
④ $V=3+0.2i$

풀이

$2[\Omega]$에서의 전압 $2i$

전압분배법칙에 의해 $V = \dfrac{2}{3+2} \times 2i = \dfrac{4}{5}i = 0.8i$ **답** ①

문제 64 주기함수 $f(t)$의 푸리에 급수 전개식으로 옳은 것은?

① $f(t) = \sum_{n=1}^{\infty} a_n \sin n\omega t + \sum_{n=1}^{\infty} b_n \sin n\omega t$

② $f(t) = b_0 + \sum_{n=2}^{\infty} a_n \sin n\omega t + \sum_{n=2}^{\infty} b_n \cos n\omega t$

③ $f(t) = a_0 + \sum_{n=1}^{\infty} a_n \cos n\omega t + \sum_{n=1}^{\infty} b_n \sin n\omega t$

④ $f(t) = \sum_{n=1}^{\infty} a_n \cos n\omega t + \sum_{n=1}^{\infty} b_n \cos n\omega t$

풀이

푸리에 급수는 주파수와 진폭을 달리하는 무수히 많은 성분을 갖는 비정현파를 무수히 많은 정현항과 여현항의 합으로 표현하는 것이다.

$f(t) = a_0 + \sum_{n=1}^{\infty} a_n \cos n\omega t + \sum_{n=1}^{\infty} b_n \sin n\omega t$ **답** ③

문제 65 그림과 같은 4단자 회로의 어드미턴스 파라미터 중 $Y_{11}[\mho]$은?

① $-j\dfrac{1}{35}$

② $j\dfrac{2}{35}$

③ $-j\dfrac{1}{33}$

④ $j\dfrac{2}{33}$

풀이

$Y_{11} = \left.\dfrac{I_1}{E_1}\right|_{E_2=0}$

($\because E_2 = 0$ 이므로 단자 2-2'는 단락 상태임)

$I_1 = \dfrac{E_1}{j5 + \dfrac{j5 \times (-j6)}{j5 - j6}} = \dfrac{E_1}{j5 + \dfrac{30}{-j}} = \dfrac{E_1}{j5 + j30} = \dfrac{E_1}{j35}$

$\therefore Y_{11} = \dfrac{\dfrac{E_1}{j35}}{E_1} = \dfrac{1}{j35} = -j\dfrac{1}{35}[\mho]$ **답** ①

문제 66 $f(t) = te^{-at}$의 라플라스 변환은?

① $\dfrac{2}{(s-a)^2}$ ② $\dfrac{1}{s(s+a)}$

③ $\dfrac{1}{(s+a)^2}$ ④ $\dfrac{1}{s+a}$

풀이

복소 추이 정리에 의해서

$\mathcal{L}[te^{-at}] = \mathcal{L}[t]_{s=s+a} = \left[\dfrac{1}{s^2}\right]_{s=s+a} = \dfrac{1}{(s+a)^2}$ **답** ③

문제 67 $R = 4[\Omega]$, $\omega L = 3[\Omega]$의 직렬회로에 $e = 100\sqrt{2}\sin\omega t + 50\sqrt{2}\sin 3\omega t$[V]를 가할 때 이 회로의 소비전력은 약 몇 [W]인가?

① 1414   ② 1514
③ 1703   ④ 1903

풀이

주어진 비정현파는 기본파와 제3고조파 분으로 이루어져 있다.

$P = I^2 R = \left(\dfrac{E}{\sqrt{R^2+X^2}}\right)^2 R = \dfrac{E^2 R}{R^2+X^2}$ 에서

• 기본파에 의한 전력 P_1은

$P_1 = \dfrac{E_1^2 R}{R^2+X_1^2} = \dfrac{100^2 \times 4}{4^2+3^2} = 1600[\text{W}]$

• 3고조파에 의한 전력 P_3은

$P_3 = \dfrac{E_3^2 R}{R^2+X_3^2} = \dfrac{50^2 \times 4}{4^2+(3\times 3)^2} = 103[\text{W}]$

($\because$ 리액턴스 $X = 2\pi fL$에서 X는 주파수에 비례한다. 그러므로 **3고조파에서의 리액턴스 X_3는 X의 3배가 된다.**)

따라서, 이 회로의 소비전력

$P = P_1 + P_3 = 1600 + 103 = 1703[\text{W}]$ **답** ③

문제 68 정전용량이 같은 콘덴서 2개를 병렬로 연결 했을 때의 합성 정전용량은 직렬로 연결 했을 때의 몇 배인가?

① 2   ② 4   ③ 6   ④ 8

풀이

정전용량을 C, 직렬로 연결할 때의 정전용량을 C_s, 병렬로 연결할 때의 정전용량을 C_p라 하면

$C_s = \dfrac{C \times C}{C+C} = \dfrac{C^2}{2C} = \dfrac{C}{2}$, $C_p = C+C = 2C$

$\therefore C_p = 4C_s$

답 ②

문제 69 전달함수에 대한 설명으로 틀린 것은?

① 어떤 계의 전달함수는 그 계에 대한 임펄스 응답의 라플라스 변환과 같다.
② 전달함수는 $\dfrac{출력\ 라플라스\ 변환}{입력\ 라플라스\ 변환}$으로 정의된다.
③ 전달함수가 s가 될 때 적분요소라 한다.
④ 어떤 계의 전달함수의 분모를 0으로 놓으면 이것이 곧 특성방정식이 된다.

풀이

적분 요소의 전달 함수 : $\dfrac{K}{s}$

답 ③

문제 70 그림과 같은 비정현파의 실효값[V]은?

① 46.9
② 51.6
③ 56.6
④ 63.3

풀이

그림은 크기가 20[V]인 직류 전압과 최대값 $V_m = 60[V]$인 정현파의 합이다.
따라서, 전압 $V = 20 + 60\sin\omega t$ [V]으로 표현된다.
비정현파의 실효값
$V = \sqrt{각\ 파의\ 실효값\ 제곱의\ 합}$
$= \sqrt{20^2 + \left(\dfrac{60}{\sqrt{2}}\right)^2} = 46.90[V]$

답 ①

문제 71 정현파 교류 전압의 평균값은 최대값의 약 몇 [%] 인가?

① 50.1
② 63.7
③ 70.7
④ 90.1

풀이

정현파에서 평균값 $V_{av} = \dfrac{2V_m}{\pi} = 0.637 V_m$이므로,
정현파 교류 전압의 평균값은 최대값의 약 63.7[%]이다.

답 ②

문제 72 4단자 회로에서 4단자 정수가 $A = \dfrac{15}{4}$, $D = 1$이고, 영상 임피던스 $Z_{02} = \dfrac{12}{5}[\Omega]$일 때 영상 임피던스 $Z_{01}[\Omega]$은?

① 9
② 6
③ 4
④ 2

풀이

$Z_{01} \cdot Z_{02} = \dfrac{B}{C}$, $\dfrac{Z_{01}}{Z_{02}} = \dfrac{A}{D}$ 에서

$Z_{01} = \dfrac{A}{D} Z_{02} = \dfrac{\frac{15}{4}}{1} \times \dfrac{12}{5} = \dfrac{180}{20} = 9[\Omega]$

답 ①

제5과목 전기설비기술기준

문제 81 저압 연접인입선은 폭 몇 [m]를 초과하는 도로를 횡단하지 않아야 하는가?

① 5
② 6
③ 7
④ 8

풀이

221.1.2 연접 인입선의 시설
저압 연접인입선은 다음에 따라 시설하여야 한다.
가. 인입선에서 분기하는 점으로부터 100[m]를 초과하는 지역에 미치지 아니할 것.
나. 폭 5[m]를 초과하는 도로를 횡단하지 아니할 것.
다. 옥내를 통과하지 아니할 것.

답 ①

문제 82
고압 보안공사에 철탑을 지지물로 사용하는 경우 경간은 몇 [m] 이하이어야 하는가?
① 100   ② 150   ③ 400   ④ 600

풀이

332.10 고압 보안공사
고압 보안공사는 다음에 따라야 한다.
가. 전선은 케이블인 경우 이외에는 인장강도 8.01[kN] 이상의 것 또는 지름 5[mm] 이상의 경동선일 것.
나. 목주의 풍압하중에 대한 안전율은 1.5 이상일 것.
다. 경간은 표에서 정한 값 이하일 것.

지지물의 종류	경간
목주 · A종 철주 또는 A종 철근 콘크리트주	100[m] 이하
B종 철주 또는 B종 철근 콘크리트주	150[m] 이하
철탑	400[m] 이하

답 ③

문제 83
특고압 가공전선을 삭도와 제1차 접근상태로 시설되는 경우 최소 이격거리에 대한 설명 중 틀린 것은?
① 사용전압이 35[kV] 이하의 경우는 1.5[m] 이상
② 사용전압이 35[kV] 이하이고 특고압 절연전선을 사용한 경우 1[m] 이상
③ 사용전압이 70[kV]인 경우 2.12[m] 이상
④ 사용전압이 35[kV] 초과하고 60[kV] 이하인 경우 2.0[m] 이상

풀이

333.25 특고압 가공전선과 삭도의 접근 또는 교차
특고압 가공전선이 삭도와 제1차 접근상태로 시설되는 경우에는 다음에 따라야 한다.
가. 특고압 가공전선로는 제3종 특고압 보안공사에 의할 것.
나. 특고압 가공전선과 삭도 또는 삭도용 지주 사이의 이격거리는 표에서 정한 값 이상일 것.

사용전압	전선의 종류	이격거리
35[kV] 이하	표 준	2[m]
	특고압 절연전선 사용	1[m]
	케이블	0.5[m]
35[kV] 초과 60[kV] 이하		2[m]
60[kV] 초과	• 이격거리 = 2 + 단수×0.12[m] • 단수 = $\frac{(전압\,[kV]-60)}{10}$ 단수 계산에서 소수점 이하는 절상	

답 ①

문제 84
특고압 가공전선이 도로, 횡단보도교, 철도와 제1차 접근상태로 시설되는 경우 특고압 가공전선로는 제 몇 종 보안공사를 하여야 하는가?
① 제1종 특고압 보안공사
② 제2종 특고압 보안공사
③ 제3종 특고압 보안공사
④ 특별 제3종 특고압 보안공사

풀이

333.24 특고압 가공전선과 도로 등의 접근 또는 교차
가. 특고압 가공전선이 도로 · 횡단보도교 · 철도 또는 궤도와 **제1차 접근 상태로 시설 : 특고압 가공전선로는 제3종 특고압 보안**
나. 특고압 가공전선이 도로 등과 제2차 접근상태로 시설 : 특고압 가공전선로는 제2종 특고압 보안공사에 의할 것.

답 ③

문제 85
가공전선로에 사용하는 지지물의 강도 계산 시 구성재의 수직 투영면적 1[m²]에 대한 풍압을 기초로 적용하는 갑종풍압하중 값의 기준이 잘못된 것은?
① 목주 : 588 [Pa]
② 원형 철주 : 588 [Pa]
③ 철근콘크리트주 : 1117 [Pa]
④ 강관으로 구성된 철탑 : 1255 [Pa]

풀이

331.6 풍압하중의 종별과 적용

풍압을 받는 구분		풍압[Pa]
철근 콘크리트주	원형의 것	588
	기타의 것	882

답 ③

14년 3회 동일 및 유사 문제 (년도-회-번호)

1과목 전기자기학
- 12 20-3-13
- 13 21-2-20
- 14 22-3-09
- 15 20-1,2-10
- 16 20-3-14
- 17 20-4-05
- 18 22-2-17
- 19 19-2-20
- 20 22-3-10

2과목 전력공학
- 29 18-3-23
- 30 18-1-25
- 31 18-3-31
- 32 20-4-33
- 33 19-1-38
- 34 19-1-24
- 35 21-3-24
- 36 22-3-24
- 37 22-3-22
- 38 19-2-25
- 39 17-1-26
- 40 19-3-31

3과목 전기기기
- 51 16-3-42
- 52 20-3-46
- 53 20-1,2-49
- 54 22-3-51
- 55 18-3-49
- 56 20-1,2-50
- 57 15-1-48
- 58 20-1,2-59
- 59 20-4-57
- 60 19-1-43

4과목 회로이론
- 73 19-1-76
- 74 18-2-77
- 75 20-3-65
- 76 20-4-74
- 77 22-3-76
- 78 18-1-69
- 79 18-3-76
- 80 19-1-73

5과목 전기설비기술기준
- 86 21-1-84
- 87 21-3-84
- 88 16-3-86
- 89 22-2-85
- 90 22-2-97
- 91 18-3-84
- 92 19-2-83
- 93 21-1-83

memo

D60-2
2013년도 전기산업기사 필기

- 2013년도 제1회 전기산업기사
- 2013년도 제2회 전기산업기사
- 2013년도 제3회 전기산업기사

국가기술자격검정 필기시험 문제

2013년도 전기산업기사 일반검정 제1회

자격종목 및 등급(선택분야)	종목코드	시험시간	문제지형별
전기산업기사	2140	2시간 30분	A

제1과목 ▶ 전기자기학

문제 01 자계 내에서 도선에 전류를 흘려보낼 때, 도선을 자계에 대해 60도의 각으로 놓았을 때 작용하는 힘은 30도의 각으로 놓았을 때 작용하는 힘의 몇 배인가?

① 2 ② $\sqrt{2}$ ③ $\sqrt{3}$ ④ 4

풀이
$F = BIl\sin\theta$에서 작용하는 힘 $F \propto \sin\theta$ 이므로
$F_1 : F_2 = \sin 30° : \sin 60°$
$F_2 = \dfrac{\sin 60°}{\sin 30°} \times F_1 = \dfrac{\sqrt{3}/2}{1/2} \times F_1 = \sqrt{3} F_1$ **답** ③

문제 02 간격 50 [cm]인 평행 도체판 사이에 10 [Ω/m]인 물질을 채웠을 때 단위 면적당의 저항은 몇 [Ω]인가?

① 1 [Ω] ② 5 [Ω] ③ 10 [Ω] ④ 15 [Ω]

풀이
저항 $R = \rho \dfrac{l}{S}$ [Ω]에서
단위면적당 ($S=1$) 저항 $R = \rho \times \dfrac{l}{1} = 10 \times 0.5 = 5$ [Ω]   **답** ②

문제 03 길이 l [m]인 도선으로 원형코일을 만들어 일정한 전류를 흘릴 때, M회 감았을 때의 중심자계는 N회 감았을 때의 중심자계의 몇 배 인가?

① $\left(\dfrac{M}{N}\right)^2$ ② $\left(\dfrac{N}{M}\right)^2$ ③ $\dfrac{N}{M}$ ④ $\dfrac{M}{N}$

풀이
전체 길이는 동일하므로
$l = M(2\pi a_M) = N(2\pi a_N)$
$a_M = \dfrac{l}{2\pi M}$, $a_N = \dfrac{l}{2\pi N}$
$H_M = \dfrac{M \cdot I}{2 a_M} = \dfrac{M \cdot I}{2 \cdot \dfrac{l}{2\pi M}} = \dfrac{\pi M^2 I}{l}$,
$H_N = \dfrac{N \cdot I}{2 a_N} = \dfrac{N \cdot I}{2 \cdot \dfrac{l}{2\pi N}} = \dfrac{\pi N^2 I}{l}$
$\dfrac{H_M}{H_N} = \dfrac{\dfrac{\pi M^2 I}{l}}{\dfrac{\pi N^2 I}{l}} = \dfrac{M^2}{N^2}$ $\therefore H_M = \left(\dfrac{M}{N}\right)^2 \times H_N$ **답** ①

문제 04 공기 중에서 1 [V/m]의 크기를 가진 정현파 전계에 대한 변위전류 1 [A/m²]를 흐르게 하기 위해서는 이 전계의 주파수가 몇 [MHz]가 되어야 하는가?

① 1500 [MHz] ② 1800 [MHz] ③ 15000 [MHz] ④ 18000 [MHz]

풀이
$f = \dfrac{i_d}{2\pi\epsilon E}$ [Hz]에서
$f = \dfrac{1}{2\pi \times 8.855 \times 10^{-12} \times 1} = 17973 \times 10^6$ [Hz]
$= 17973$ [MHz]   **답** ④

문제 05 1.2 [kW]의 전열기를 45분간 사용할 때 발생한 열량[kcal]은?

① 471 ② 572 ③ 673 ④ 774

풀이

전력량 $W = P \times t = 1.2 \times \dfrac{45}{60} = 0.9 \,[\text{kWh}]$

$1\,[\text{kWh}] = 860\,[\text{kcal}]$ 이므로

열량 $H = 0.9 \times 860 = 774\,[\text{kcal}]$ **답 ④**

문제 06 그림과 같이 공기 중에서 $1\,[\text{m}]$의 거리를 사이에 둔 2점 A, B에 각각 $3 \times 10^{-4}\,[\text{Wb}]$와 $-3 \times 10^{-4}\,[\text{Wb}]$의 점자극을 두었다. 이때 점 P에 단위 정(+)자극을 두었을 때 이 극에 작용하는 힘의 합력은 약 몇 $[\text{N}]$인가? (단, $m(\overline{AP}) = m(\overline{BP})$, $m(\angle APB) = 90°$이다.)

① 0
② 18.9
③ 37.9
④ 53.7

풀이

$\overline{AP} = \overline{BP} = \dfrac{1}{\sqrt{2}}$

$F = \dfrac{m_1 m_2}{4\pi \mu_0 r^2}$

$= 6.33 \times 10^4 \times \dfrac{m_1 m_2}{r^2}\,[\text{N}]$

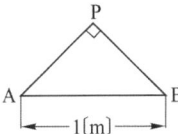

$F_1 = 6.33 \times 10^4 \times \dfrac{1 \times 3 \times 10^{-4}}{\left(\dfrac{1}{\sqrt{2}}\right)^2} = 12.66 \times 3 = 37.98\,[\text{N}]$

$F_2 = 6.33 \times 10^4 \times \dfrac{1 \times (-3) \times 10^{-4}}{\left(\dfrac{1}{\sqrt{2}}\right)^2} = 12.66 \times (-3)$

$= -37.98\,[\text{N}]$

$\therefore F = 2F_1 \cos 45 = 2 \times 37.98 \times \dfrac{1}{\sqrt{2}} = 53.71\,[\text{N}]$ **답 ④**

문제 07 중공도체의 중공부에 전하를 놓지 않으면 외부에서 준 전하는 외부 표면에만 분포한다. 이때 도체내의 전계는 몇 $[\text{V/m}]$가 되는가?

① 0 ② 4π ③ ∞ ④ $\dfrac{1}{4\pi\epsilon_0}$

풀이

- 도체 내의 전계 $E = 0$
- 도체 밖의 전계 $E = \dfrac{Q}{4\pi\epsilon_0 r^2}\,(r > b)$ **답 ①**

문제 08 일반적으로 자구(magnetic domain)를 가지는 자성체는?

① 강자성체
② 유전체
③ 역자성체
④ 비자성체

풀이

자기 모멘트가 서로 접근하여 원자 전체의 모멘트가 동일 방향으로 정렬하고 있는 작은 영역을 자구(magnetic domain)라고 하며, **강자성체에는 처음부터 자구가 존재한다.** **답 ①**

문제 09 용량계수와 유도계수에 대한 성질 중에서 틀린 것은?

① $q_{11}, q_{22}, q_{33}, \cdots, q_{nn} > 0$, 일반적으로 $q_{rr} > 0$
② q_{12}, q_{13} 등 ≤ 0, 일반적으로 $q_{rs} \leq 0$
③ $q_{11} \geq (q_{21} + q_{31} + \cdots + q_{n1})$
④ $q_{rs} = q_{sr}$

풀이

용량계수 및 유도계수의 성질

- $q_{11}, q_{22}, q_{33}, \cdots > 0$: 용량계수$(q_{rr}) > 0$
- $q_{12}, q_{21}, q_{31}, \cdots \leq 0$: 유도계수$(q_{rs}) \leq 0$
- $q_{11} \geq -(q_{21} + q_{31} + q_{41} + \cdots + q_{n1})$ 또는 $q_{11} + q_{21} + q_{31} + q_{41} + \cdots + q_{n1} \geq 0$
- 전위계수 $P_{12} = P_{21}$의 성질이 있으므로 다음의 관계가 성립한다.
  $q_{12} = q_{21}$ 일반적으로 $q_{rs} = q_{sr}$ **답 ③**

문제 10 대전된 구도체를 반지름이 2배가 되는 대전이 되지 않은 구도체에 가는 도선으로 연결할 때 원래의 에너지에 대해 손실된 에너지의 비율은 얼마가 되는가? (단, 구도체는 충분히 떨어져 있다고 한다.)

① $\dfrac{1}{2}$ ② $\dfrac{1}{3}$ ③ $\dfrac{2}{3}$ ④ $\dfrac{2}{5}$

풀이

대전된 도체구의 정전 용량을 C라 하면
$C = 4\pi\epsilon_0 a$

대전되지 않은 구의 정전 용량을 C'라 하면
$C' = 4\pi\epsilon_0 a' = 4\pi\epsilon_0 (2a) = 2C\,[\text{F}]$

연결 전후의 에너지를 W, W'라 하면

$$W = \frac{Q^2}{2C}, \quad W' = \frac{Q^2}{2(C+2C)} = \frac{Q^2}{6C}$$

따라서, 손실비는

$$\therefore 손실비 = \frac{W - W'}{W} = \frac{\frac{Q^2}{2C} - \frac{Q^2}{6C}}{\frac{Q^2}{2C}} = \frac{2}{3}$$

답 ③

제2과목 전력공학

문제 21 차단기의 소호재료가 아닌 것은?

① 수소　　② 기름
③ 공기　　④ SF_6

풀이

차단기별 소호 매질은?

종류	소호매질
유입차단기(OCB)	절연유
진공차단기(VCB)	고진공
자기차단기(MBB)	전자기력
공기차단기(ABB)	압축공기
가스차단기(GCB)	SF_6 가스

그러나 수소가스는 공기와 적당히 혼합하게 되면 폭발하므로 소호재료로 사용할 수 없다.

답 ①

문제 22 전선의 굵기가 균일하고 부하가 균등하게 분산 분포되어 있는 배전선로의 전력손실은 전체 부하가 송전단으로부터 전체 전선로 길이의 어느 지점에 집중되어 있을 경우의 손실과 같은가?

① $\frac{3}{4}$　　② $\frac{2}{3}$　　③ $\frac{1}{3}$　　④ $\frac{1}{2}$

풀이

집중 부하와 분산 부하

구 분	전력 손실	전압 강하
말단에 집중 부하	$I^2 rL$	IrL
균등 분산 분포 부하	$\frac{1}{3}I^2 rL = I^2 r\left(\frac{1}{3}L\right)$	$\frac{1}{2}IrL = Ir\left(\frac{1}{2}L\right)$

여기서, I : 전선의 전류, r : 전선 단위 길이당 저항,
　　　　L : 전선의 길이

답 ③

문제 23 전력 퓨즈(POWER FUSE)의 특성이 아닌 것은?

① 현저한 한류특성이 있다.
② 부하전류를 안전하게 차단한다.
③ 소형이고 경량이다.
④ 릴레이나 변성기가 불필요하다.

풀이

전류 퓨즈의 장·단점

장 점	단 점
• 현저한 한류특성을 가진다. • 고속도 차단할 수 있다. • 소형으로서 큰 차단 용량을 가진다. • 한류형 퓨즈는 차단시 무소음, 무방출이다. • 소형, 경량이다. • 릴레이나 변성기가 불필요하다. • 가격이 저렴하며, 유지 보수가 간단하다.	• 재투입이 불가능하다 (가장 큰 단점). • 차단시 과전압을 발생한다. • 과전류에 의해 용단되기 쉽고 결상을 일으킬 우려가 있다. • 한류형 퓨즈는 용단되어도 차단되지 않는 전류 범위가 있다. • 동작 시간 – 전류 특성을 계전기처럼 자유롭게 조정할 수 없다.

즉, 전력 퓨즈는 단락 보호로 사용되나 부하 전류의 개폐용으로 사용되지 않는다.

답 ②

문제 24 3상의 같은 전원에 접속하는 경우, △결선의 콘덴서를 Y결선으로 바꾸어 연결하면 진상용량은?

① $\sqrt{3}$ 배의 진상용량이 된다.
② 3배의 진상용량이 된다.
③ $\frac{1}{\sqrt{3}}$ 의 진상용량이 된다.
④ $\frac{1}{3}$ 의 진상용량이 된다.

풀이

△결선　　　　　Y결선

$$Q_\triangle = 3 \times 2\pi fCV^2$$

$$Q_Y = 3 \times 2\pi fC\left(\frac{V}{\sqrt{3}}\right)^2 = 2\pi fCV^2$$

$$\therefore Q_Y = \frac{1}{3}Q_\triangle$$

답 ④

문제 25 송전단 전압을 V_s, 수전단 전압을 V_r, 선로의 직렬 리액턴스를 X라 할 때 이 선로에서 최대 송전전력은? (단, 선로 저항은 무시한다.)

① $\dfrac{V_s V_r}{X}$ ② $\dfrac{V_s^2 - V_r^2}{X}$

③ $\dfrac{V_s V_r}{X^2}$ ④ $\dfrac{V_s^2 V_r^2}{X}$

풀이
송전전력 $P = \dfrac{V_s V_r}{X}\sin\theta$ 에서 **최대 송전전력**은 $\theta = 90°$일 때 이며 이때의 최대 송전전력은 $P_m = \dfrac{V_s V_r}{X}$ 가 된다.   **답** ①

문제 26 차단기에서 "$O - t_1 - CO - t_2 - CO$"의 표기로 나타내는 것은? (단, O : 차단 동작, t_1, t_2 : 시간 간격, C : 투입 동작, CO : 투입 직후 차단)
① 차단기 동작 책무
② 차단기 재폐로 계수
③ 차단기 속류 주기
④ 차단기 무전압 시간

풀이
차단기의 동작책무 : 어느 시간 간격을 두고 행하여지는 일련의 동작을 규정한 것
· 일반용 : CO - 15초 - CO
· 고속도 재투입용 : O - t(0.3초) - CO - 1분 - CO   **답** ①

문제 27 배전선로의 접지 목적과 거리가 먼 것은?
① 고장전류의 크기 억제
② 고저압 혼촉, 누전, 접촉에 의한 위험 방지
③ 이상전압의 억제, 대지전압을 저하시켜 보호장치 작동 확실
④ 피뢰기 등의 뇌해 방지 설비의 보호 효과 향상

풀이
접지의 목적
· 고·저압 혼촉에 의한 위험방지
· 이상전압의 억제 및 보호장치의 확실한 동작
· 피뢰기 등의 접지
따라서, 접지는 고장전류의 크기를 억제하기 위한 것과는 관계가 없다.   **답** ①

문제 28 수력발전소의 조압 수조(서지 탱크)설치 목적은?
① 수차 보호   ② 흡출관 보호
③ 수격작용 흡수   ④ 조속기 보호

풀이
조압수조(서지탱크)는 자유 수면을 가진 수조로서 부하가 급격히 변화하였을 때 생기는 **수격 작용을 흡수**하여 **압력수로를 보호**하고, 수차의 사용 유량 변동에 의한 서징(surging)작용을 흡수한다.   **답** ③

문제 29 전력계통의 전압조정과 무관한 것은?
① 변압기
② 발전기의 전압조정장치
③ MOF
④ 동기 조상기

풀이
MOF는 고전압 대전류 등의 전기량을 측정하기 위한 **계기용 변성기**로서 전력 계통의 전압 조정과 무관하다.   **답** ③

문제 30 배전반 및 분전반의 설치장소로 가장 적당한 곳은?
① 벽장 내부   ② 화장실 내부
③ 노출된 장소   ④ 출입구 신발장 내부

풀이
배전반 및 분전반의 설치장소는 습기가 없고 조작 및 유지보수가 용이한 **노출된 장소**가 적당하다.   **답** ③

문제 31 22.9 [kV-Y] 배전 선로의 보호 협조기기가 아닌 것은?
① 컷아웃 스위치
② 인터럽터 스위치
③ 리클로저
④ 섹셔널라이저

풀이
22.9[kV] 배전선로의 **보호 협조는 리클로저, 섹셔널라이저, 라인퓨즈**(배전용 COS : Cut Out Switch) 로 이루어진다.   **답** ②

제3과목 전기기기

문제 41 정격출력 P[kW], 회전수 N[rpm]인 전동기의 토크[kg·m]는?

① $0.975 \dfrac{P}{N}$ ② $1.026 \dfrac{P}{N}$

③ $975 \dfrac{P}{N}$ ④ $1026 \dfrac{P}{N}$

풀이

$T = \dfrac{1}{9.8} \cdot \dfrac{P}{\omega} = \dfrac{1}{9.8} \cdot \dfrac{P \times 10^3}{2\pi \times \dfrac{N}{60}} = 975 \dfrac{P}{N} [\text{kg} \cdot \text{m}]$ **답** ③

문제 42 트랜지스터에 비해 스위칭 속도가 매우 빠른 이점이 있는 반면에 용량이 적어서 비교적 저전력용에 주로 사용되는 전력용 반도체 소자는?

① SCR ② GTO
③ IGBT ④ MOSFET

풀이

MOSFET(Metal Oxide Semiconductor Field Effect Transistor)은 금속 산화막 반도체 전계효과 트랜지스터로서 게이트의 절연체 때문에 **전력손실이 없어 구동 전력이 적고 스위칭 속도가 뛰어나기** 때문에 디지털 회로에 광범위하게 사용된다. **답** ④

문제 43 단권변압기의 3상 결선에서 △결선인 경우, 1차측 선간전압 V_1, 2차측 선간전압 V_2일 때 단권변압기의 자기용량/부하용량은? (단, $V_1 > V_2$인 경우이다.)

① $\dfrac{V_1 - V_2}{V_1}$ ② $\dfrac{V_1^2 - V_2^2}{\sqrt{3}\, V_1 V_2}$

③ $\dfrac{\sqrt{3}\,(V_1^2 - V_2^2)}{V_1 V_2}$ ④ $\dfrac{V_1 - V_2}{\sqrt{3}\, V_1}$

풀이

△결선에서 고압측 전압 V_h, 저압측 전압 V_l 이라고 하면

$\dfrac{\text{자기 용량(등가 용량)}}{\text{부하 용량}} = \dfrac{V_h^2 - V_l^2}{\sqrt{3}\, V_h V_l} = \dfrac{V_1^2 - V_2^2}{\sqrt{3}\, V_1 V_2}$ **답** ②

문제 44 비철극(원통)형 회전자 동기발전기에서 동기리액턴스 값이 2배가 되면 발전기의 출력은?

① 1/2로 줄어든다.
② 1배이다.
③ 2배로 증가한다.
④ 4배로 증가한다.

풀이

비 철극기 1상의 출력 $P \doteqdot \dfrac{EV}{x_s} \sin\delta$[W]에서 동기리액턴스 x_s가 2배로 되면 출력 P는 1/2로 감소한다. **답** ①

문제 45 유도전동기에서 부하를 증가시킬 때 일어나는 현상에 관한 설명 중 틀린 것은? (단, n_s : 회전자계의 속도, n : 회전자의 속도이다.)

① 상대속도 $(n_s - n)$ 증가
② 2차 전류 증가
③ 토크 증가
④ 속도 증가

풀이

부하가 증가하면 회전자의 속도 n이 감소하게 되어 슬립은 증가한다. **답** ④

문제 46 2극 단상 60[Hz]인 릴럭턴스(reluctance) 전동기가 있다. 실효치 2[A]의 정현파 전류가 흐를 때 발생 토크의 최대값[N·m]은? (단, 직축(L_d) 및 횡축(L_q) 인덕턴스는 $L_d = 2L_q = 200$[mH] 이다.)

① 0.1 ② 0.5
③ 1.0 ④ 1.5

풀이

릴럭턴스 전동기의 최대 토크 T_m은 $2\delta = 90°$일 때 발생한다. 즉, $\sin 2\delta = 1$이 된다.

$\therefore T_m = \dfrac{1}{8} I_m^2 (L_d - L_q) \sin 2\delta$

$= \dfrac{1}{8} \times (2\sqrt{2})^2 \times (200 - 100) \times 10^{-3} \times 1$

$= 0.1 [\text{N} \cdot \text{m}]$ **답** ①

문제 47 3상 유도전동기의 슬립과 토크의 관계에서 최대 토크를 T_m, 최대 토크를 발생하는 슬립을 s_t, 2차 저항이 R_2일 때의 관계는?

① $T_m \propto R_2$, s_t = 일정
② $T_m \propto R_2$, $s_t \propto R_2$
③ T_m 일정, $s_t \propto R_2$
④ $T_m \propto \dfrac{1}{R_2}$, $s_t \propto R_2$

풀이

• 최대 토크 $T_m \propto \dfrac{V^2}{2X_2}$: 2차 저항에 무관

• 최대 토크를 발생하는 슬립 $s_t \rightleftharpoons \pm \dfrac{R_2}{X_2}$: 2차 저항에 비례

따라서, 3상 유도 전동기의 **최대 토크**의 크기는 2차저항 R_2와 슬립 s에 관계없이 항상 일정하고 다만 최대 토크가 발생하는 슬립점이 2차 회로의 저항에 비례해서 이동할 뿐이다.

답 ③

문제 48 50 [kW], 610 [V], 1200 [rpm]의 직류 분권전동기가 있다. 70 [%] 부하일 때 부하전류는 100 [A], 회전 속도는 1240 [rpm]이다. 전기자 발생 토크 [kg·m]는? (단, 전기자 저항은 0.1 [Ω]이고, 계자전류는 전기자 전류에 비해 현저히 작다.)

① 약 39.3 ② 약 40.6
③ 약 47.17 ④ 약 48.75

풀이

전동기의 역기전력
$E_c = V - I_a R_a = 610 - 100 \times 0.1 = 600 [V]$
(계자전류는 매우 적다고 했으므로 $I_a \rightleftharpoons I$가 된다)

기계적 동력 $P = E_c I_a = 2\pi n T$에서

토크 $T = \dfrac{E_c I_a}{2\pi n} = \dfrac{600 \times 100}{2\pi \times \dfrac{1240}{60}} = 462.06 [N \cdot m]$

[N·m]를 [kg·m]로 환산하면

$T = \dfrac{462.06}{9.8} = 47.15 [kg \cdot m]$

답 ③

제4과목 회로이론

문제 61 다음과 같이 변환시 $R_1 + R_2 + R_3$의 값 [Ω]은? (단, $R_{ab} = 2$ [Ω], $R_{bc} = 4$ [Ω], $R_{ca} = 6$ [Ω]이다.)

① 1.57 [Ω] ② 2.67 [Ω]
③ 3.67 [Ω] ④ 4.87 [Ω]

풀이

$R_1 = \dfrac{R_{ab} \cdot R_{ca}}{R_{ab} + R_{bc} + R_{ca}}$, $R_2 = \dfrac{R_{ab} \cdot R_{bc}}{R_{ab} + R_{bc} + R_{ca}}$,

$R_3 = \dfrac{R_{bc} \cdot R_{ca}}{R_{ab} + R_{bc} + R_{ca}}$ 이므로

$\therefore R_1 + R_2 + R_3 = \dfrac{R_{ab} \cdot R_{ca} + R_{ab} \cdot R_{bc} + R_{bc} \cdot R_{ca}}{R_{ab} + R_{bc} + R_{ca}}$

$= \dfrac{2 \times 6 + 2 \times 4 + 4 \times 6}{2 + 4 + 6} = 3.67 [\Omega]$

답 ③

문제 62 그림과 같은 회로에서 $t = 0$일 때 스위치 K를 닫을 때 과도전류 $i(t)$는 어떻게 표시되는가?

① $i(t) = \dfrac{V}{R_1}\left(1 - \dfrac{R_2}{R_1 + R_2} e^{-\dfrac{R_1}{L}t}\right)$

② $i(t) = \dfrac{V}{R_1 + R_2}\left(1 + \dfrac{R_2}{R_1} e^{-\dfrac{(R_1 + R_2)}{L}t}\right)$

③ $i(t) = \dfrac{V}{R_1}\left(1 + \dfrac{R_2}{R_1} e^{-\dfrac{R_2}{L}t}\right)$

④ $i(t) = \dfrac{R_1 V}{R_2 + R_1}\left(1 + \dfrac{R_1}{R_2 + R_1} e^{-\dfrac{(R_1 + R_2)}{L}t}\right)$

풀이

- 정상전류 $I_s = \dfrac{V}{R_1}$

  (전원이 직류이므로 인덕턴스 L은 고려 할 필요없다)

- 시정수 $\tau = \dfrac{L}{R_1}$

- 초기전류 $i(0) = \dfrac{V}{R_1+R_2} = \dfrac{V}{R_1}+K$ 에서

  $K = \dfrac{-R_2 V}{R_1(R_1+R_2)}$

- $i(t) = I_s + Ke^{-\frac{1}{\tau}}$ [A]에서

  $i(t) = \dfrac{V}{R_1} - \dfrac{R_2 V}{R_1(R_1+R_2)} e^{-\frac{R_1}{L}}$

  $= \dfrac{V}{R_1}\left(1 - \dfrac{R_2}{R_1+R_2} e^{-\frac{R_1}{L}t}\right)$ [A]

  답 ①

문제 63 그림과 같은 4단자 회로망에서 어드미턴스 파라미터 Y_{12} [℧]는?

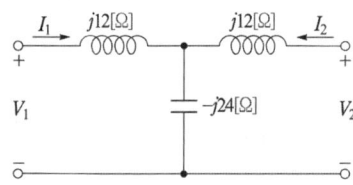

① $-j\dfrac{1}{12}$ ② $j\dfrac{1}{18}$

③ $-j\dfrac{1}{24}$ ④ $j\dfrac{1}{24}$

풀이

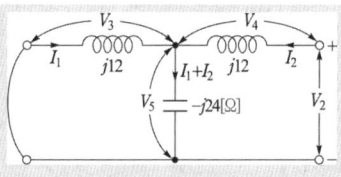

$V_2 = V_4 + V_5 = (j12 I_2) + (-j24 I_1 - j24 I_2) = -j24 I_1 - j12 I_2$

$V_5 = -V_3$

$(-j24 I_1 - j24 I_2) = -j12 I_1$

$-j24 I_2 = j12 I_1$

$\therefore I_2 = \dfrac{j12}{-j24} I_1 = -\dfrac{1}{2} I_1$

$V_2 = -j24 I_1 - j12\left(-\dfrac{1}{2} I_1\right) = -j24 I_1 + j6 I_1 = -j18 I_1$

$Y_{12} = \dfrac{I_1}{V_2}\bigg|_{V_1=0} = \dfrac{I_1}{-j18 I_1} = j\dfrac{1}{18}$

답 ②

문제 64 저항 $R_1 = 10[\Omega]$과 $R_2 = 40[\Omega]$이 직렬로 접속된 회로에 100[V], 60[Hz]인 정현파 교류전압을 인가할 때, 이 회로에 흐르는 전류로 옳은 것은?

① $\sqrt{2}\sin 377t$ [A]

② $2\sqrt{2}\sin 377t$ [A]

③ $\sqrt{2}\sin 422t$ [A]

④ $2\sqrt{2}\sin 422t$ [A]

풀이

- 전류 실효값 $I = \dfrac{V}{R} = \dfrac{100}{10+40} = 2$[A]

- 전류 $i = I_m \sin(\omega t + \theta) = \sqrt{2} I \sin(\omega t + \theta°)$

  저항만의 회로이므로 $\theta = 0°$

  따라서, $i = \sqrt{2} I \sin(2\pi f)t = 2\sqrt{2}\sin 377t$ [A]

답 ②

문제 65 대칭 3상 전압을 그림과 같은 평형 부하에 가할 때 부하의 역률은 얼마인가? (단, $R = 9[\Omega]$, $\dfrac{1}{\omega C} = 4[\Omega]$이다.)

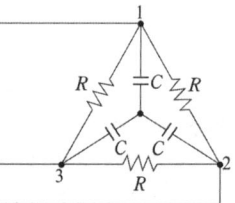

① 0.4   ② 0.6   ③ 0.8   ④ 1.0

풀이

△결선된 저항을 Y로 등가 변환하면 그림과 같은 $R-C$ 병렬 회로가 된다.

$\left(\because R_Y = \dfrac{1}{3} R_\triangle\right)$

$R-C$ 병렬회로에서 역률

$\cos\theta = \dfrac{I_R}{I} = \dfrac{G}{Y} = \dfrac{X_C}{\sqrt{R^2+X_C^2}}$

$= \dfrac{4}{\sqrt{3^2+4^2}} = 0.8$

답 ③

문제 66 100[V] 전압에 대하여 늦은 역률 0.8로서 10[A]의 전류가 흐르는 부하와 앞선 역률 0.8로서 20[A]의 전류가 흐르는 부하가 병렬로 연결되어 있다. 전 전류에 대한 역률은 약 얼마인가?

① 0.66   ② 0.76

③ 0.87   ④ 0.97

풀이

$I_1 = I_1 \times \cos\theta_1 - jI_1 \times \sin\theta_1$
$= 10 \times 0.8 - j10 \times 0.6 = 8 - j6 [A]$
$I_2 = I_2 \times \cos\theta_2 + jI_2 \times \sin\theta_2$
$= 20 \times 0.8 + j20 \times 0.6 = 16 + j12 [A]$
전체전류 $I = I_1 + I_2 = 8 - j6 + 16 + j12 = 24 + j6 [A]$
전 역률 $\cos\theta = \dfrac{I_R}{I} = \dfrac{24}{24+j6} = \dfrac{24}{\sqrt{24^2+6^2}} = 0.97$ **답** ④

문제 67 두 코일이 있다. 한 코일의 전류가 매초 40 [A]의 비율로 변화할 때 다른 코일에는 20 [V]의 기전력이 발생하였다면 두 코일의 상호인덕턴스는 몇 [H]인가?

① 0.2 [H]   ② 0.5 [H]
③ 1.0 [H]   ④ 2.0 [H]

풀이

$V_L = M\dfrac{di(t)}{dt}$, $M = \dfrac{V_L}{\dfrac{di(t)}{dt}} = \dfrac{20}{40} = 0.5 [H]$ **답** ②

문제 68 $t\sin\omega t$의 라플라스 변환은?

① $\dfrac{\omega}{(s^2+\omega^2)^2}$ ② $\dfrac{\omega s}{(s^2+\omega^2)^2}$
③ $\dfrac{\omega^2}{(s^2+\omega^2)^2}$ ④ $\dfrac{2\omega s}{(s^2+\omega^2)^2}$

풀이

$F(s) = (-1)\dfrac{d}{ds}\{\mathcal{L}(\sin\omega t)\}$
$= (-1)\dfrac{d}{ds}\dfrac{\omega}{s^2+\omega^2} = \dfrac{2\omega s}{(s^2+\omega^2)^2}$ **답** ④

문제 69 $\dfrac{2s+3}{s^2+3s+2}$의 라플라스 함수의 역변환의 값은?

① $e^{-t} + e^{-2t}$ ② $e^{-t} - e^{-2t}$
③ $-e^{-t} - e^{-2t}$ ④ $e^{t} + e^{2t}$

풀이

$F(s) = \dfrac{2s+3}{s^2+3s+2} = \dfrac{2s+3}{(s+2)(s+1)} = \dfrac{k_1}{s+2} + \dfrac{k_2}{s+1}$

$k_1 = \lim_{s\to -2}\dfrac{(2s+3)}{(s+1)} = 1$, $k_2 = \lim_{s\to -1}\dfrac{(2s+3)}{(s+2)} = 1$

$\therefore \mathcal{L}\left[\dfrac{1}{s+2} + \dfrac{1}{s+1}\right] = e^{-t} + e^{-2t}$ **답** ①

문제 70 두 점 사이에는 20[C]의 전하를 옮기는데 80[J]의 에너지가 필요하다면 두 점 사이의 전압은?

① 2[V]   ② 3[V]
③ 4[V]   ④ 5[V]

풀이

$W = QV$에서 전압 $V = \dfrac{W}{Q} = \dfrac{80}{20} = 4[V]$ **답** ③

문제 71 RLC 직렬회로에 $t=0$에서 교류전압 $e = E_m\sin(\omega t + \theta)$를 가할 때 $R^2 - 4\dfrac{L}{C} > 0$이면 이 회로는?

① 진동적이다.   ② 비진동적이다.
③ 임계진동적이다.   ④ 비감쇠진동이다.

풀이

- $R^2 = 4\dfrac{L}{C}$: 임계진동
- $R^2 - 4\dfrac{L}{C} > 0$: 비진동
- $R^2 - 4\dfrac{L}{C} < 0$: 진동

답 ②

제5과목 전기설비기술기준

문제 81 특고압 가공 전선로를 제3종 특고압 보안 공사에 의하여 시설하는 경우는?

① 건조물과 제1차 접근상태로 시설되는 경우
② 건조물과 제2차 접근상태로 시설되는 경우
③ 도로 등과 교차하여 시설하는 경우
④ 가공 약전류선과 공용설치하여 시설하는 경우

풀이

333.23 특고압 가공전선과 건조물의 접근
가. **건조물과 제1차 접근상태 : 제3종 특고압 보안공사**
나. 건조물과 제2차 접근상태

① 사용전압이 35 [kV] 이하 : 제2종 특고압 보안공사
② 사용전압이 35 [kV] 초과 400 [kV] 미만 : 제1종 특고압 보안공사   **답 ①**

문제 82
저압 접촉전선을 절연 트롤리 공사에 의하여 시설하는 경우에 대한 기준으로 옳지 않은 것은? (단, 기계기구에 시설하는 경우가 아닌 것으로 한다.)
① 절연 트롤리선은 사람이 쉽게 접할 우려가 없도록 시설할 것
② 절연 트롤리선의 개구부는 아래 또는 옆으로 향하여 시설할 것
③ 절연 트롤리선의 끝 부분은 충전부분이 노출되는 구조일 것
④ 절연 트롤리선은 각 지지점에서 견고하게 시설하는 것 이외에 그 양쪽 끝을 내장 인류장치에 의하여 견고하게 인류할 것

풀이
232.81 옥내에 시설하는 저압 접촉전선 배선
저압 접촉전선을 절연 트롤리 공사에 의하여 시설하는 경우에는 다음에 따라 시설하여야 한다.
가. 절연 트롤리선은 사람이 쉽게 접할 우려가 없도록 시설할 것.
나. 절연트롤리선의 도체는 지름 6[mm]의 경동선 또는 이와 동등 이상의 세기의 것으로서 단면적이 28[mm²] 이상의 것일 것.
다. 절연 트롤리선의 개구부는 아래 또는 옆으로 향하여 시설할 것.
라. **절연 트롤리선의 끝 부분은 충전부분이 노출되지 아니하는 구조의 것일 것.**
마. 절연 트롤리선은 각 지지점에서 견고하게 시설하는 것 이외에 그 양쪽 끝을 내장 인류장치에 의하여 견고하게 인류할 것.   **답 ③**

문제 83
고압 옥내배선이 다른 고압 옥내배선과 접근하거나 교차하는 경우 상호간의 이격거리는 최소 몇 [cm] 이상이어야 하는가?
① 10   ② 15   ③ 20   ④ 25

풀이
342.1 고압 옥내배선 등의 시설
고압 옥내배선이 다른 고압 옥내배선·저압 옥내전선·관등회로의 배선·약전류 전선 등 또는 수관·가스관이나 이와 유사한 것과 접근하거나 교차하는 경우 이격거리
가. **다른 고압 옥내배선·저압 옥내전선·관등회로의 배선·약전류 전선 : 15 [cm]**
나. 수관·가스관이나 이와 유사한 것과 접근하거나 교차하는 경우 : 15 [cm]
다. 애자공사에 의하여 시설하는 저압 옥내전선이 나전선인 경우 : 30 [cm]
라. 가스계량기 및 가스관의 이음부와 전력량계 및 개폐기 : 60 [cm]   **답 ②**

문제 84
가공 전선로의 지지물에 시설하는 통신선은 가공 전선과의 이격거리를 몇 [cm] 이상 유지하여야 하는가? (단, 가공전선은 고압으로 케이블을 사용한다.)
① 30   ② 45   ③ 60   ④ 75

풀이
362.2 전력보안통신선의 시설 높이와 이격거리
가공전선과 첨가 통신선과의 이격거리
가. 통신선은 가공전선의 아래에 시설할 것.
나. 이격거리

가공전선		통신선		
		일반	절연전선	광섬유케이블
중성선	25[kV]이하, 다중 접지중성선	0.6[m] 이상		
저압 가공전선	일반	0.6[m] 이상		
	절연전선 또는 케이블		0.3[m] 이상	
	인입선			0.15[m] 이상
고압 가공전선	일반	0.6[m] 이상		
	케이블		0.3[m] 이상	
특고압 가공전선	일반	1.2[m] 이상		
	케이블		0.3[m] 이상	
	25[kV]이하, 다중 접지방식	0.75[m] 이상		

답 ①

문제 85
저압 옥내배선 버스덕트공사에서 지지점 간의 거리[m]는? (단, 취급자만이 출입하는 곳에서 수직으로 붙이는 경우)
① 3   ② 5
③ 6   ④ 8

풀이
232.61 버스덕트공사
덕트를 조영재에 붙이는 경우에는 덕트의 지지점 간의 거리를 3[m](수직으로 붙이는 경우에는 6[m]) 이하로 하고 또한 견고하게 붙일 것. **답 ③**

문제 86 저압 및 고압 가공전선의 최소 높이는 도로를 횡단하는 경우와 철도를 횡단하는 경우에 각각 몇 [m] 이상이어야 하는가?
① 도로 : 지표상 6 [m], 철도 : 레일면상 6.5 [m]
② 도로 : 지표상 6 [m], 철도 : 레일면상 6 [m]
③ 도로 : 지표상 5 [m], 철도 : 레일면상 6.5 [m]
④ 도로 : 지표상 5 [m], 철도 : 레일면상 6 [m]

풀이
332.5 고압 가공전선의 높이,
222.7 저압 가공전선의 높이
저·고압 가공전선의 높이는 다음에 따라야 한다.

설치장소		가공전선의 높이
도로횡단(번잡하지 않은 도로 제외)		지표상 6 [m] 이상
철도 또는 궤도 횡단		레일면상 6.5 [m] 이상
횡단보도교 위	저압	노면상 3.5 [m] 이상 (단, 절연전선의 경우 3 [m] 이상)
	고압	노면상 3.5 [m] 이상
일반장소		지표상 5 [m] 이상. 단, 저압의 경우 절연전선 또는 케이블을 사용하여 교통에 지장이 없도록 하여 옥외조명용으로 공급하는 경우 4 [m]까지 감할 수 있다.
다리의 하부 기타 이와 유사한 장소		저압의 전기철도용 급전선은 지표상 3.5[m]까지로 감할 수 있다.

답 ①

문제 87 아파트 세대 욕실에 '비데용 콘센트'를 시설하고자 한다. 다음의 시설방법 중 적합하지 않는 것은?
① 충전 부분이 노출되지 않을 것
② 배선기구에 방습장치를 시설할 것
③ 저압용 콘센트는 접지극이 없는 것을 사용할 것
④ 인체감전보호용 누전차단기가 부착된 것을 사용할 것

풀이
234.5 콘센트의 시설
욕조나 샤워시설이 있는 욕실 또는 화장실 등 인체가 물에 젖어있는 상태에서 전기를 사용하는 장소에 콘센트를 시설하는 경우에는 다음에 따라 시설하여야한다.
가. 인체감전보호용 누전차단기(정격감도전류 15[mA] 이하, 동작시간 0.03[초] 이하의 전류동작형의 것에 한한다) 또는 절연변압기(정격용량 3[kVA] 이하인 것에 한한다)로 보호된 전로에 접속하거나, 인체감전보호용 누전차단기가 부착된 콘센트를 시설하여야 한다.
나. 콘센트는 접지극이 있는 방적형 콘센트를 사용하여 규정에 준하여 접지하여야 한다. **답 ③**

문제 88 빙설이 적고 인가가 밀집된 도시에 시설하는 고압 가공 전선로 설계에 사용하는 풍압하중은?
① 갑종 풍압하중
② 을종 풍압하중
③ 병종 풍압하중
④ 갑종 풍압하중과 을종 풍압하중을 각 설비에 따라 혼용

풀이
331.6 풍압하중의 종별과 적용
인가가 많이 연접되어 있는 장소에 시설하는 가공전선로의 구성재 중 다음의 풍압하중에 대하여는 규정에 불구하고 갑종 풍압하중 또는 을종 풍압하중 대신에 **병종 풍압하중을 적용**할 수 있다.
가. 저압 또는 고압 가공전선로의 지지물 또는 가섭선
나. 사용전압이 35 [kV] 이하의 전선에 특고압 절연전선 또는 케이블을 사용하는 특고압 가공전선로의 지지물, 가섭선 및 특고압 가공전선을 지지하는 애자장치 및 완금류 **답 ③**

13년 1회 동일 및 유사 문제 (년도-회-번호)

1과목 전기자기학
- 11 18-2-15
- 12 16-3-05
- 13 16-2-14
- 14 18-3-19
- 15 21-3-01
- 16 21-3-03
- 17 18-1-7
- 18 18-1-15
- 19 17-1-15
- 20 18-1-13

2과목 전력공학
- 32 17-2-35
- 33 19-1-27
- 34 21-3-33
- 35 20-3-34
- 36 20-1,2-21
- 37 19-1-21
- 38 20-3-32
- 39 17-1-35
- 40 17-3-25

3과목 전기기기
- 49 16-3-42
- 50 18-1-42
- 51 20-3-51
- 52 21-3-57
- 53 20-1,2-49
- 54 22-2-42
- 55 20-1,2-59
- 56 20-3-50
- 57 21-3-45
- 58 19-3-54
- 59 22-3-60
- 60 17-1-53

4과목 회로이론
- 72 22-2-78
- 73 14-2-64
- 74 20-1,2-80
- 75 16-3-65
- 76 16-2-76
- 77 22-3-79
- 78 17-3-61
- 79 22-1-70
- 80 22-2-80

5과목 전기설비기술기준
- 89 19-3-89
- 90 21-3-98
- 91 21-3-97
- 92 20-1,2-91
- 93 22-1-86
- 94 14-3-85
- 95 22-3-86
- 96 17-3-82
- 97 21-1-88

국가기술자격검정 필기시험 문제

2013년도 전기산업기사 일반검정 제2회

자격종목 및 등급(선택분야)	종목코드	시험시간	문제지형별
전기산업기사	2140	2시간 30분	A

제1과목　전기자기학

문제 01 유전율이 각각 ϵ_1, ϵ_2인 두 유전체가 접해 있다. 각 유전체 중의 전계 및 전속밀도가 각각 E_1, D_1 및 E_2, D_2 이고, 경계면에 대한 입사각 및 굴절각이 θ_1, θ_2일 때 경계조건으로 옳은 것은?

① $\dfrac{\sin\theta_2}{\sin\theta_1}=\dfrac{\epsilon_2}{\epsilon_1}$ 　② $\dfrac{\cos\theta_2}{\cos\theta_1}=\dfrac{D_2}{D_1}$

③ $\dfrac{\tan\theta_2}{\tan\theta_1}=\dfrac{\epsilon_2}{\epsilon_1}$ 　④ $\dfrac{\cot\theta_2}{\cot\theta_1}=\dfrac{E_2}{E_1}$

풀이
- 전속밀도의 법선 성분(수직 성분)이 같다.
  ($D_1\cos\theta_1 = D_2\cos\theta_2$)
- 전계는 접선 성분(평행 성분)이 같다.
  ($E_1\sin\theta_1 = E_2\sin\theta_2$)
- 두 경계면에서의 전위는 서로 같다. ($V_1 = V_2$)
- $\epsilon_1 > \epsilon_2$이면, $\theta_1 > \theta_2$ 이다.
- $\dfrac{\tan\theta_2}{\tan\theta_1}=\dfrac{\epsilon_2}{\epsilon_1}$ 　**답 ③**

문제 02 진공 중에서 10^{-6}[C]과 10^{-7}[C]의 두 개의 점전하가 50[cm]의 거리에 있을 때 작용하는 힘은 몇 [N]인가?

① 3.6×10^{-3} 　② 1.8×10^{-3}
③ 4×10^{-13} 　④ 0.25×10^{-13}

풀이
쿨롱의 법칙 $F=9\times 10^9 \times \dfrac{Q_1 Q_2}{r^2}$[N]에서

$F=9\times 10^9 \times \dfrac{Q_1 Q_2}{r^2} = 9\times 10^9 \times \dfrac{10^{-6}\times 10^{-7}}{0.5^2}$

$= 3.6\times 10^{-3}$[N]　**답 ①**

문제 03 자기인덕턴스가 10[H]인 코일에 3[A]의 전류가 흐를 때 코일에 축적된 자계에너지는 몇 [J]인가?

① 30　② 45　③ 60　④ 90

풀이
$W = \dfrac{1}{2}LI^2 = \dfrac{1}{2}\times 10\times 3^2 = 45$ [J]　**답 ②**

문제 04 자유공간에서 특성 임피던스 $\sqrt{\dfrac{\mu_0}{\epsilon_0}}$ 의 값은?

① $\dfrac{1}{110\pi}$ [Ω] 　② $\dfrac{1}{120\pi}$ [Ω]
③ 110π [Ω] 　④ 120π [Ω]

풀이
특성 임피던스
$Z_0 = \dfrac{E}{H} = \sqrt{\dfrac{\mu_0}{\epsilon_0}} = \sqrt{\dfrac{4\pi\times 10^{-7}}{\dfrac{1}{36\pi\times 10^9}}}$

$= \sqrt{144\pi^2 \times 100} = 120\pi$ [Ω]　**답 ④**

문제 05 유전체내의 정전 에너지식으로 옳지 않은 것은?

① $\dfrac{1}{2}ED$ [J/m³] 　② $\dfrac{1}{2}\dfrac{D^2}{\epsilon}$ [J/m³]
③ $\dfrac{1}{2}\epsilon D$ [J/m³] 　④ $\dfrac{1}{2}\epsilon E^2$ [J/m³]

풀이

정전 에너지 $w = \frac{1}{2}E \cdot D = \frac{\epsilon E^2}{2} = \frac{D^2}{2\epsilon}$ [J/m^3]

$\left(D = \epsilon E, \ E = \frac{D}{\epsilon}\right)$

답 ③

문제 06 전위분포가 $V = 2x^2 + 3y^2 + z^2$ [V]의 식으로 표시되는 공간의 전하밀도 ρ는 얼마인가?

① $12\epsilon_0$ [C/m^3]
② $-12\epsilon_0$ [C/m^3]
③ $12\epsilon_0$ [C/cm^3]
④ $-12\epsilon_0$ [C/cm^3]

풀이

전위 $V = 2x^2 + 3y^2 + z^2$ 이므로

$\nabla^2 V = \frac{\partial^2 V}{\partial x^2} + \frac{\partial^2 V}{\partial y^2} + \frac{\partial^2 V}{\partial z^2} = 4 + 6 + 2 = -\frac{\rho}{\epsilon_0}$

$12 = -\frac{\rho}{\epsilon_0}$ ∴ $\rho = -12\epsilon_0$ [C/m^3]

답 ②

문제 07 강자성체에서 자구의 크기에 대한 설명으로 가장 옳은 것은?

① 역자성체를 제외한 다른 자성체에서는 모두 같다.
② 원자나 분자의 질량에 따라 달라진다.
③ 물질의 종류에 관계없이 크기가 모두 같다.
④ 물질의 종류 및 상태에 따라 다르다.

풀이

일반적으로 **자구**(磁區)를 가지는 자성체는 강자성체이며, 물질의 종류 및 상태 등에 따라 다르게 나타난다.

답 ④

문제 08 평행한 두 개의 도선에 전류가 서로 같은 방향으로 흐를 때 두 도선 사이에서의 자계강도는 한 개의 도선일 때 보다 어떠한가?

① 더 약해진다.
② 주기적으로 약해졌다 또는 강해졌다 한다.
③ 더 강해진다.
④ 강해졌다가 약해진다.

풀이

자계강도 H는 자력선 밀도와 같으므로 한 개의 자력선 보다 서로 반대 방향의 두 개의 자력선이 흐르면 자력선 밀도가 감소하므로 자계 강도는 더 약해진다.

답 ①

문제 09 점 P(1, 2, 3) [m]와 Q(2, 0, 5) [m]에 각각 4×10^{-5} [C]과 -2×10^{-4} [C]의 점전하가 있을 때, 점 P에 작용하는 힘은 몇 [N]인가?

① $\frac{8}{3}(i - 2j + 2k)$
② $\frac{8}{3}(-i - 2j + 2k)$
③ $\frac{3}{8}(i + 2j + 2k)$
④ $\frac{3}{8}(2i + j - 2k)$

풀이

$F = \frac{1}{4\pi\epsilon_0} \cdot \frac{Q_1 Q_2}{r^2} r_0 = 9 \times 10^9 \times \frac{Q_1 Q_2}{r^2} r_0$

$= 9 \times 10^9 \times \frac{4 \times 10^{-5} \times (-2 \times 10^{-4})}{(1-2)^2 + (2-0)^2 + (3-5)^2}$

$\times \frac{(1-2)i + (2-0)j + (3-5)k}{\sqrt{(1-2)^2 + (2-0)^2 + (3-5)^2}}$

$= 9 \times 10^9 \times \frac{(-8 \times 10^{-9})}{9} \times \frac{(-i + 2j - 2k)}{3}$

$= \frac{8}{3}(i - 2j + 2k)$

답 ①

문제 10 투자율과 유전율로 이루어진 식 $\frac{1}{\sqrt{\mu\epsilon}}$의 단위는?

① [F/H]
② [m/s]
③ [Ω]
④ [A/m^2]

풀이

전자파 전파 속도 $v = \frac{1}{\sqrt{\mu\epsilon}}$ [m/sec]

답 ②

문제 11 자계 B의 안에 놓여 있는 전류 I의 회로 C가 받는 힘 F의 식으로 옳은 것은? (단, dl은 미소 변위이다.)

① $F = \oint_c (I dl) \times B$
② $F = \oint_c (I B) \times dl$
③ $F = \oint_c (I^2 dl) \cdot B$
④ $F = \oint_c (-I^2 B) \cdot dl$

풀이
자속밀도 $B[\text{Wb/m}^2]$ 중에 있는 길이 $l[\text{m}]$의 도선에 전류 $I[\text{A}]$ 흐를 때 작용하는 힘은 $F = IBl\sin\theta[\text{N}]$에서
$$dF = Idl \times B[\text{N}]$$
$$\therefore F = \oint_c (Idl) \times B[\text{N}]$$
답 ①

제2과목 전력공학

문제 21 풍압이 $P[\text{kg/m}^2]$이고 빙설이 적은 지방에서 지름이 $d[\text{mm}]$인 전선 1[m]가 받는 풍압하중은 표면계수를 k라고 할 때 몇 [kg/m]가 되는가?

① $\dfrac{Pk(d+12)}{1000}$ ② $\dfrac{Pk(d+6)}{1000}$

③ $\dfrac{Pkd}{1000}$ ④ $\dfrac{Pkd^2}{1000}$

풀이
풍압 하중(W_w : 수평하중)
- 빙설이 많은 지역 $W_w = \dfrac{Pk(d+12)}{1000}[\text{kg/m}]$
- 빙설이 적은 지역 $W_w = \dfrac{Pkd}{1000}[\text{kg/m}]$

여기서, P : 전선이 받는 압력[kg/m²], d : 전선의 직경[mm], k : 전선 표면계수 답 ③

문제 22 단상 2선식 계통에서 단락점까지 전선 한 가닥의 임피던스가 $6 + j8[\Omega]$(전원포함), 단락전의 단락점 전압이 3300[V]일 때 단상 전선로의 단락 용량은 약 몇 [kVA]인가? (단, 부하전류는 무시한다.)

① 455 ② 500
③ 545 ④ 600

풀이
전선 1가닥의 임피던스
$$Z = \sqrt{R^2 + X^2} = \sqrt{6^2 + 8^2} = 10[\Omega]$$
따라서, 왕복선로의 임피던스
$$Z_s = 2Z = 2 \times 10 = 20[\Omega]$$
$$I_s = \dfrac{E}{Z_s} = \dfrac{3300}{20} = 165[\text{A}]$$
$$P_s = EI_s = 3300 \times 165 \times 10^{-3} = 544.5[\text{kVA}]$$
답 ③

문제 23 전선 a, b, c가 일직선으로 배치되어 있다. a와 b와 c사이의 거리가 각각 5[m]일 때 이 선로의 등가선간거리는 몇 [m]인가?

① 5 ② 10 ③ $5\sqrt[3]{2}$ ④ $5\sqrt{2}$

풀이
등가 선간거리 D_e는,

$$D_e = \sqrt[3]{D_{ab} \cdot D_{bc} \cdot D_{ac}} = \sqrt[3]{5 \times 5 \times (2 \times 5)} = 5\sqrt[3]{2}[\text{m}]$$
답 ③

문제 24 다음 중 송전선의 1선 지락 시 선로에 흐르는 전류를 바르게 나타낸 것은?
① 영상전류만 흐른다.
② 영상전류 및 정상전류만 흐른다.
③ 영상전류 및 역상전류만 흐른다.
④ 영상전류, 정상전류 및 역상전류가 흐른다.

풀이
- 1선 지락고장 : 정상분, 역상분, 영상분
- 선간단락고장 : 정상분, 역상분
- 3상 단락고장 : 정상분
답 ④

문제 25 기력발전소에서 과잉공기가 많아질 때의 현상으로 적당하지 않은 것은?
① 노 내의 온도가 저하된다.
② 배기가스가 증가된다.
③ 연도손실이 커진다.
④ 불완전 연소로 매연이 발생한다.

풀이
과잉공기량이 너무 많으면 연료는 완전히 연소되지만 연도로 빠져나가는 배기가스량이 증가하여 배출되는 열량이 많아지고, 노 내의 온도가 저하되고, 연도손실이 커지게 된다. 따라서 발전소에서는 완전 연소에 필요한 공기 이외는 공급되지 않게끔 감시장치로 제어하고 있다. 답 ④

문제 26 소호리액터 접지방식에서 사용되는 탭의 크기로 일반적인 것은?
① 과보상 ② 부족보상
③ (−)보상 ④ 직렬공진

[풀이]
소호리액터 접지방식에서 직렬 공진에 의한 이상 전압을 억제하기 위하여 10[%] 정도 과보상하는 것이 일반적이다.
답 ①

[풀이]
직권 전동기에서는 토크가 증가하면 속도가 저하하므로 회전속도와 토크와의 곱에 비례하는 출력도 어떤 범위 내에서는 대체로 일정하다. 따라서, 직권 전동기는 **전기철도, 기중기 등의 부하 변동이 심하고 큰 기동 토크가 요구되는 기기에 사용**된다.
답 ①

제3과목 전기기기

문제 41 6극 3상 유도전동기가 있다. 회전자도 3상이며 회전자 정지시의 1상의 전압은 200 [V]이다. 전 부하시의 속도가 1152 [rpm]이면 2차 1상의 전압은 몇 [V]인가? (단, 1차 주파수는 60 [Hz]이다.)
① 8.0   ② 8.3
③ 11.5   ④ 23.0

[풀이]
- 동기속도 $N_s = \dfrac{120f}{p} = \dfrac{120 \times 60}{6} = 1200 [rpm]$
- 슬립 $s = \dfrac{N_s - N}{N_s} = \dfrac{1200 - 1152}{1200} = 0.04$
- 슬립 s로 회전 시 2차측 1상의 전압
  $E_{2s} = sE_2 = 0.04 \times 200 = 8 [V]$
답 ①

문제 42 SCR에 대한 설명으로 옳은 것은?
① 턴온을 위해 게이트 펄스가 필요하다.
② 게이트 펄스를 지속적으로 공급해야 턴온 상태를 유지할 수 있다.
③ 양방향성의 3단자 소자이다.
④ 양방향성의 3층 구조이다.

[풀이]
SCR은 정류기능을 갖는 단일방향성 3단자 소자로서 **게이트에 (+)의 트리거 펄스가 인가되면 통전 상태**로 되어 정류 작용이 개시되고, 일단 통전이 시작되면 게이트 전류를 차단해도 주전류(애노드 전류)는 차단되지 않는다.
답 ①

문제 43 전기철도에 주로 사용되는 직류전동기는?
① 직권 전동기   ② 타여자 전동기
③ 자여자 분권전동기   ④ 가동 복권전동기

문제 44 동기발전기에 관한 다음 설명 중 옳지 않은 것은?
① 단락비가 크면 동기임피던스가 적다.
② 단락비가 크면 공극이 크고 철이 많이 소요된다.
③ 단락비를 적게 하기 위해서 분포권과 단절권을 사용한다.
④ 전압강하가 감소되어 전압변동률이 좋다.

[풀이]
동기 발전기의 전기자 권선을 **분포권과 단절권**으로 하는 이유는 **고조파를 제거하여 기전력의 파형을 개선**하기 위한 것이다. 따라서 단락비와는 관련이 없다.
답 ③

문제 45 440/13200 [V], 단상 변압기의 2차 전류가 4.5 [A]이면 1차 출력은 약 몇 [kVA]인가?
① 50.4   ② 59.4
③ 62.4   ④ 65.4

[풀이]
손실을 무시하면 "1차 입력 = 2차 출력"이 된다.
따라서, 2차 출력 = 1차 입력
$= V_2 I_2 = 13200 \times 4.5 \times 10^{-3}$
$= 59.4 [kVA]$
답 ②

문제 46 변압기의 내부고장 보호에 쓰이는 계전기로서 가장 적당한 것은?
① 과전류 계전기   ② 역상 계전기
③ 접지 계전기   ④ 브흐홀쯔 계전기

[풀이]
부흐홀쯔 계전기는 변압기의 내부 고장으로 발생하는 기름의 분해 가스 증기 또는 유류를 이용하여 버저를 움직여 계전기의 접점을 닫는 것이므로 변압기의 주탱크와 콘서베이터와의 연결관 도중에 설비한다.
답 ④

문제 47 3상 동기발전기에서 그림과 같이 1상의 권선을 서로 똑같은 2조로 나누어서 그 1조의 권선전압을 E [V], 각 권선의 전류를 I [A]라 하고 2중 △형 (double delta)으로 결선하는 경우 선간전압과 선전류 및 피상전력은?

① $3E$, I, $5.19EI$
② $\sqrt{3}\,E$, $2I$, $6EI$
③ E, $2\sqrt{3}\,I$, $6EI$
④ $\sqrt{3}\,E$, $\sqrt{3}\,I$, $5.19EI$

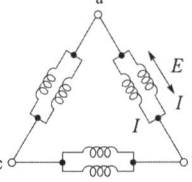

풀이
- △결선에서 "선간전압=상전압"이므로 $V_l = E$
- △결선에서 "선전류=$\sqrt{3}$×상전류"이므로
  $I_l = \sqrt{3} \times 2I$ (2중 권선이므로 $2I$) $= 2\sqrt{3}\,I$
- 피상전력 $P = \sqrt{3}\,V_l I_l = \sqrt{3} \times E \times 2\sqrt{3}\,I = 6EI$ 답 ③

문제 48 권선형 유도전동기에 한하여 이용되고 있는 속도제어법은?
① 1차 전압제어법, 2차 저항제어법
② 1차 주파수제어법, 1차 전압제어법
③ 2차 여자제어법, 2차 저항제어법
④ 2차 여자제어법, 극수변환법

풀이
① 농형 유도 전동기 속도 제어법
  - 주파수를 바꾸는 방법
  - 극수를 바꾸는 방법
  - 전원 전압을 바꾸는 방법
② 권선형 유도 전동기 속도 제어법
  - 2차 저항 제어법 · 2차 여자제어법   답 ③

문제 49 스테핑 모터의 특징을 설명한 것으로 옳지 않은 것은?
① 위치제어를 할 때 각도오차가 적고 누적되지 않는다.
② 속도제어 범위가 좁으며 초저속에서 토크가 크다.
③ 정지하고 있을 때 그 위치를 유지해주는 토크가 크다.
④ 가속, 감속이 용이하며 정·역전 및 변속이 쉽다.

풀이
스텝모터의 장·단점
[장점]
① 피드백루프가 필요 없어 오픈 루프로 손쉽게 속도 및 위치제어를 할 수 있다.
② 다른 디지털 기기와의 인터페이스가 쉽다.
③ 가속, 감속이 용이하며 정·역전 및 변속이 쉽다.
④ 속도제어 범위가 광범위하며, 초저속에서 큰 토크를 얻을 수 있다.
⑤ 위치제어를 할 때 각도오차가 적고 누적되지 않는다.
⑥ 정지하고 있을 때 그 위치를 유지해 주는 토크가 크다.
⑦ 브러시, 슬립 링 등이 없고 부품수가 적기 때문에 유지보수의 필요성이 적다.
[단점]
① 분해 조립 또는 정지위치가 한정된다.
② 효율이 서보모터에 비해 나쁘다.
③ 마찰 부하의 경우 위치 오차가 크다.
④ 오버슈트 및 진동의 문제가 있다.
⑤ 대용량의 대형기는 만들기 어렵다.
⑥ 큰 관성부하에 적용하기는 부적합하다.   답 ②

제4과목 회로이론

문제 61 $e^{j\omega t}$의 라플라스 변환은?
① $\dfrac{1}{s-j\omega}$ ② $\dfrac{1}{s+j\omega}$
③ $\dfrac{1}{s^2+\omega^2}$ ④ $\dfrac{\omega}{s^2+\omega^2}$

풀이
$\mathcal{L}\left[e^{\pm at}\right] = \dfrac{1}{s \mp a}$ 이므로 $F(s) = \mathcal{L}\left[e^{j\omega t}\right] = \dfrac{1}{s-j\omega}$ 답 ①

문제 62 다음 중 LC 직렬회로의 공진 조건으로 옳은 것은?
① $\dfrac{1}{\omega L} = \omega C + R$ ② 직류 전원을 가할 때
③ $\omega L = \omega C$ ④ $\omega L = \dfrac{1}{\omega C}$

풀이

공진조건
- 직렬 회로 : $\omega L = \dfrac{1}{\omega C}$
- 병렬 회로 : $\omega C = \dfrac{1}{\omega L}$

답 ④

문제 63 RL 직렬회로에 $V_R = 100$[V]이고, $V_L = 173$[V]이다. 전원전압이 $v = \sqrt{2}\,V\sin\omega t$ [V]일 때 리액턴스 양단 전압의 순시값 V_L[V]은?

① $173\sqrt{2}\sin(\omega t + 60°)$
② $173\sqrt{2}\sin(\omega t + 30°)$
③ $173\sqrt{2}\sin(\omega t - 60°)$
④ $173\sqrt{2}\sin(\omega t - 30°)$

풀이

전류 I를 기준 벡터로 하면
$V = V_R + jV_L = 100 + j173$
$\quad = 200\angle 60°$
V_L이 V보다 30° 앞서고 문제에서 V의 위상은 0°이므로
$V_L = 173\angle 30°$
$\therefore v_L = 173\sqrt{2}\sin(\omega t + 30°)$

답 ②

문제 64 그림의 $R-L-C$ 직렬회로에서 입력을 전압 $e_i(t)$, 출력을 전류 $i(t)$로 할 때 이 계의 전달함수는?

① $\dfrac{s}{s^2 + 10s + 10}$
② $\dfrac{10s}{s^2 + 10s + 10}$
③ $\dfrac{s}{s^2 + s + 1}$
④ $\dfrac{10s}{s^2 + s + 1}$

풀이

$\dfrac{I(s)}{E(s)} = Y(s) = \dfrac{1}{Z(s)} = \dfrac{1}{R + Ls + \dfrac{1}{Cs}} = \dfrac{Cs}{LCs^2 + RCs + 1}$

$= \dfrac{0.1s}{1 \times 0.1 s^2 + 10 \times 0.1 s + 1} = \dfrac{s}{s^2 + 10s + 10}$

답 ①

문제 65 그림과 같은 톱니파형의 실효값은?

① $\dfrac{A}{\sqrt{3}}$
② $\dfrac{A}{\sqrt{2}}$
③ $\dfrac{A}{3}$
④ $\dfrac{A}{2}$

풀이

$I = \sqrt{\dfrac{1}{\pi}\int_0^\pi i^2 d(\omega t)} = \sqrt{\dfrac{1}{\pi}\int_0^\pi \left(\dfrac{A}{\pi}\omega t\right)^2 d(\omega t)}$

$= \sqrt{\dfrac{A^2}{\pi^3} \cdot \dfrac{1}{3}\left[(\omega t)^3\right]_0^\pi} = \dfrac{A}{\sqrt{3}}$

답 ①

문제 66 그림과 같이 선형저항 R_1과 이상 전압원 V_2와의 직렬접속된 회로에서 $V-i$ 특성을 나타낸 것은?

① ② ③ ④

풀이

$i = \dfrac{V - V_2}{R_1}$ [A]에서

- $V = 0$일 때 $i = -\dfrac{V_2}{R_1}$ [A]
- $V = V_2$일 때 $i = 0$ [A]

답 ④

문제 67 임피던스가 $Z(s) = \dfrac{s+30}{s^2+2RLs+1}$ [Ω]
으로 주어지는 2단자 회로에 직류 전류원 3 [A]를 가할 때, 이 회로의 단자전압 [V]은? (단, $s = j\omega$ 이다.)
① 30 [V] ② 90 [V]
③ 300 [V] ④ 900 [V]

풀이
직류 전원이므로 $f = 0$
$\therefore \omega(=2\pi f) = s = 0$
$Z = \dfrac{s+20}{s^2+2RLs+1}\bigg|_{s=0} = 30\,[\Omega]$
$\therefore E = Z \cdot I = 30 \times 3 = 90\,[V]$ 답 ②

문제 68 그림과 같은 회로에서 지로전류 I_L [A]과 I_C [A]가 크기는 같고 90°의 위상차를 이루는 조건은?

① $R_1 = R_2$, $R_2 = \dfrac{1}{\omega C}$
② $R_1 = \dfrac{1}{\omega C}$, $R_2 = \omega L$
③ $R_1 = \omega L$, $R_2 = -\dfrac{1}{\omega C}$
④ $R_1 = -\omega L$, $R_2 = \dfrac{1}{\omega L}$

풀이
$I_L = \dfrac{V}{R_1+j\omega L}\,[A], \quad I_C = \dfrac{V}{R_2-j\dfrac{1}{\omega C}}\,[A]$

I_L과 I_C의 크기가 같고 위상차가 90°이므로

$\dfrac{I_C}{I_L} = \dfrac{\dfrac{V}{R_2-j\dfrac{1}{\omega C}}}{\dfrac{V}{R_1+j\omega L}} = \dfrac{R_1+j\omega L}{R_2-j\dfrac{1}{\omega C}} = j$ 가 되어야 한다.

따라서, $R_1+j\omega L = jR_2 + \dfrac{1}{\omega C}$
$(R_1 - \dfrac{1}{\omega C}) + j(\omega L - R_2) = 0$
$\therefore R_1 = \dfrac{1}{\omega C}, \quad R_2 = \omega L$ 답 ②

문제 69 두 벡터의 값이
$A_1 = 20\left(\cos\dfrac{\pi}{3} + j\sin\dfrac{\pi}{3}\right)$이고,
$A_2 = 5\left(\cos\dfrac{\pi}{6} + j\sin\dfrac{\pi}{6}\right)$ 일 때 $\dfrac{A_1}{A_2}$의 값은?

① $10\left(\cos\dfrac{\pi}{6} + j\sin\dfrac{\pi}{6}\right)$
② $10\left(\cos\dfrac{\pi}{3} + j\sin\dfrac{\pi}{3}\right)$
③ $4\left(\cos\dfrac{\pi}{6} + j\sin\dfrac{\pi}{6}\right)$
④ $4\left(\cos\dfrac{\pi}{3} + j\sin\dfrac{\pi}{3}\right)$

풀이
$A_1 = 20\left(\cos\dfrac{\pi}{3} + j\sin\dfrac{\pi}{3}\right) = 20\underline{/\dfrac{\pi}{3}}$
$A_2 = 5\left(\cos\dfrac{\pi}{6} + j\sin\dfrac{\pi}{6}\right) = 5\underline{/\dfrac{\pi}{6}}$
$\therefore A_3 = \dfrac{A_1}{A_2} = 20\underline{/\dfrac{\pi}{3}} \div 5\underline{/\dfrac{\pi}{6}} = 4\underline{/\dfrac{\pi}{3}-\dfrac{\pi}{6}} = 4\underline{/\dfrac{\pi}{6}}$
$= 4\left(\cos\dfrac{\pi}{6} + j\sin\dfrac{\pi}{6}\right)$ 답 ③

문제 70 푸리에 급수에서 직류항은?
① 우함수이다.
② 기함수이다.
③ 우함수+기함수이다.
④ 우함수×기함수이다.
   답 ①

제5과목 전기설비기술기준

문제 81 저압 가공인입선에 사용하지 않는 전선은?
① 나전선
② 절연전선
③ 인입용 비닐절연전선
④ 케이블

> **풀이**
>
> 221.1.1 저압 인입선의 시설
> 저압 가공인입선은 다음에 따라 시설하여야 한다.
> 가. 전선은 **절연전선 또는 케이블**일 것.
> 나. 전선이 절연전선인 경우
> ① 경간이 15[m] 초과 : 인장강도 2.30[kN] 이상의 것 또는 지름 2.6[mm] 이상의 인입용 비닐절연전선일 것.
> ② 경간이 15[m] 이하 : 인장강도 1.25[kN] 이상의 것 또는 지름 2[mm] 이상의 인입용 비닐절연전선일 것.
> 다. 전선이 옥외용 비닐 절연 전선인 경우에는 사람이 접촉할 우려가 없도록 시설할 것.   답 ①

문제 82 저압 가공전선과 식물이 상호 접촉되지 않도록 이격시키는 기준으로 옳은 것은?
① 이격거리는 최소 50 [cm]이상 떨어져 시설하여야 한다.
② 상시 불고 있는 바람 등에 의하여 식물에 접촉하지 않도록 시설하여야 한다.
③ 저압 가공전선은 반드시 방호구에 넣어 시설하여야 한다.
④ 트리와이어(Tree Wire)를 사용하여 시설하여야 한다.

> **풀이**
>
> 222.19 저압 가공전선과 식물의 이격거리
> 저압 가공전선은 **상시 부는 바람 등에 의하여 식물에 접촉하지 않도록 시설**하여야 한다.   답 ②

문제 83 고압전로와 비접지식의 저압전로를 결합하는 변압기로 그 고압권선과 저압권선 간에 금속제의 혼촉방지판이 있고 그 혼촉방지판에 접지공사를 한 것에 접속하는 저압 전선을 옥외에 시설하는 경우로 옳지 않은 것은?
① 저압 옥상전선로의 전선은 케이블이어야 한다.
② 저압 가공전선과 고압의 가공전선은 동일 지지물에 시설하지 않아야 한다.
③ 저압 전선은 2구내에만 시설한다.
④ 저압 가공전선로의 전선은 케이블이어야 한다.

> **풀이**
>
> 322.2 혼촉방지판이 있는 변압기에 접속하는 저압 옥외전선의 시설 등
> 고압전로 또는 특고압전로와 비접지식의 저압전로를 결합하는 변압기로서 그 고압권선 또는 특고압권선과 저압권선 간에 금속제의 혼촉방지판이 있고 또한 그 혼촉방지판에 규정에 의하여 접지공사를 한 것에 접속하는 저압전선을 옥외에 시설할 때에는 다음에 따라 시설하여야 한다.
> 가. **저압전선은 1구내에만 시설할 것.**
> 나. 저압 가공전선로 또는 저압 옥상전선로의 **전선은 케이블**일 것.
> 다. 저압 가공전선과 고압 또는 특고압의 가공전선을 **동일 지지물에 시설하지 아니할 것**. 다만, 고압 가공전선로 또는 특고압 가공전선로의 전선이 케이블인 경우에는 그러하지 아니하다.   답 ③

문제 84 가공 전화선에 고압 가공전선을 접근하여 시설하는 경우, 이격거리는 최소 몇 [cm] 이상이어야 하는가? (단, 가공전선으로는 절연전선을 사용한다고 한다.)
① 60　　② 80　　③ 100　　④ 120

> **풀이**
>
> 332.13 고압 가공전선과 가공약전류전선 등의 접근 또는 교차
> 222.13 저압 가공전선과 가공약전류전선 등의 접근 또는 교차
> 저압 가공전선 또는 고압 가공전선이 가공약전류전선 또는 가공 광섬유 케이블과 접근상태로 시설되는 경우에는 다음에 따라야 한다.
> 가. 고압 가공전선은 고압 보안공사에 의할 것.
> 나. 저·고압 가공전선과 가공약전류 전선과의 이격거리는 표에서 정한 값 이상일 것.
>
> | 가공약전류 전선 | 저압 가공전선 | | 고압 가공전선 | |
> |---|---|---|---|---|
> | | 저압 절연전선 | 고압 절연전선 또는 케이블 | 절연전선 | 케이블 |
> | 일반 | 0.6[m] | 0.3[m] | 0.8[m] | 0.4[m] |
> | 절연전선 또는 통신용 케이블인 경우 | 0.3[m] | 0.15[m] | | |
>
>   답 ②

문제 85 고압 옥내배선의 시설 공사로 할 수 있는 것은?
① 금속관공사　　② 케이블공사
③ 합성수지관공사　　④ 버스덕트공사

풀이
342.1 고압 옥내배선 등의 시설
가. **고압 옥내배선**은 다음에 따라 시설하여야 한다.
   ① 애자공사(건조한 장소로서 전개된 장소에 한한다)
   ② 케이블공사
   ③ 케이블트레이공사
나. 전선은 공칭단면적 6[mm²] 이상의 연동선 **답** ②

문제 86 특고압 가공전선이 다른 특고압 가공전선과 접근상태로 시설되거나 교차하는 경우에 양쪽이 특고압 절연전선으로 시설할 경우 이격거리는 몇 [m] 이상인가? 단, 35[kV] 이하인 경우이다.
① 0.8 ② 1.0 ③ 1.2 ④ 1.6

풀이
333.27 특고압 가공전선 상호 간의 접근 또는 교차
특고압 가공전선이 다른 특고압 가공전선과 접근상태로 시설되거나 교차하여 시설되는 경우에는 다음에 따라야 한다.
가. 위쪽 또는 옆쪽에 시설되는 특고압 가공전선로는 제3종 특고압 보안공사에 의할 것.
나. 특고압 가공전선과 다른 특고압 가공전선 사이의 이격거리

사용전압의 구분	이격거리
35[kV] 이하	• 특고압 가공전선에 케이블을 사용하고 다른 특고압 가공전선에 특고압 절연전선 또는 케이블을 사용하는 경우 : 0.5[m] • 각각의 특고압 가공전선에 특고압 절연전선을 사용하는 경우 : 1[m]
60[kV] 이하	2[m]
60[kV] 초과	• 이격거리 = 2 + 단수 × 0.12[m] • 단수 = $\frac{전압[kV] - 60}{10}$ 단수계산에서 소수점 이하는 절상

답 ②

문제 87 저압 가공전선이 상부 조영재 위쪽에서 접근하는 경우 전선과 상부 조영재간의 이격거리 [m]는 얼마 이상이어야 하는가? (단, 특고압 절연전선 또는 케이블인 경우이다.)
① 0.8 ② 1.0 ③ 1.2 ④ 2.0

풀이
332.11 고압 가공전선과 건조물의 접근
222.11 저압 가공전선과 건조물의 접근
저압 가공전선 또는 고압 가공전선이 건조물과 접근 상태로 시설되는 경우에는 다음에 따라야 한다.
가. 고압 가공전선로는 고압 보안공사에 의할 것.
나. 저·고압 가공전선과 건조물의 조영재 사이의 이격거리는 표에서 정한 값 이상일 것.

사용 전압 부분 공작물의 종류		저압 [m]	고압 [m]
건조물	상부 조영재 위쪽	일반적인 경우	2	2
		전선이 고압절연전선	1	2
		전선이 케이블인 경우	1	1
	기타 조영재 또는 상부 조영재의 옆쪽 또는 아래쪽	일반적인 경우	1.2	1.2
		전선이 고압절연전선	0.4	1.2
		전선이 케이블인 경우	0.4	0.4
		사람이 쉽게 접근할 수 없도록 시설한 경우	0.8	0.8

답 ②

문제 88 다도체 가공전선의 을종 풍압하중은 수직 투영면적 1[m²]당 몇 [Pa]을 기초로 하여 계산하는가? (단, 전선 기타의 가섭선 주위에 두께 6[mm], 비중 0.9의 빙설이 부착한 상태임)
① 333 ② 372 ③ 588 ④ 666

풀이
331.6 풍압하중의 종별과 적용
을종 풍압하중은 전선 기타의 가섭선 주위에 두께 6[mm], 비중 0.9의 빙설이 부착된 상태에서 수직 투영면적 372[Pa](다도체를 구성하는 전선은 333[Pa]), 그 이외의 것은 갑종풍압하중의 2분의 1을 기초로 하여 계산한 것.

답 ①

문제 89 저압의 이동용 전기기계의 금속제 외함을 접지 할 경우 다심 코드 및 다심 캡타이어케이블의 일심이외의 가요성이 있는 연동연선으로 접지공사 시 접지선의 단면적은 몇 [mm²] 이상 이어야 하는가?
① 0.75 ② 1.5 ③ 6 ④ 10

풀이

142.3.1 접지도체
이동하여 사용하는 전기기계기구의 금속제 외함 등의 접지시스템의 경우는 다음의 것을 사용하여야 한다.

접지도체	접지선의 종류	접지선의 단면적
특고압·고압 전기설비 중성점 접지	• 클로로프렌캡타이어케이블 (3종 및 4종) • 클로로설포네이트폴리에틸렌캡타이어 케이블의 일심 (3종 및 4종) • 다심캡타이어케이블의 차폐 기타의 금속제	10[mm²]
저압 전기설비	다심 코드 또는 다심 캡타이어케이블의 일심	0.75[mm²]
	다심코드 및 다심 캡타이어케이블의 일심 이외의 가요성이 있는 연동연선	1.5[mm²]

답 ②

문제 90   지상에 전선로를 시설하는 규정에 대한 내용으로 설명이 잘못된 것은?

① 1구내에서만 시설하는 전선로의 전부 또는 일부로 시설하는 경우에 사용한다.
② 사용전선은 케이블 또는 클로로프렌 캡타이어 케이블을 사용한다.
③ 전선이 케이블인 경우는 철근 콘크리트제의 견고한 개거 또는 트라프에 넣어야 한다.
④ 캡타이어 케이블을 사용하는 경우 전선 도중에 접속점을 제공하는 장치를 시설한다.

풀이

335.5 지상에 시설하는 전선로
지상에 시설하는 저압 또는 고압의 전선로는 다음의 어느 하나에 해당하는 경우 이외에는 시설하여서는 아니 된다.
가. 1구내에만 시설하는 전선로의 전부 또는 일부로 시설하는 경우
나. 전선로는 교통에 지장을 줄 우려가 없는 곳에서 전선은 케이블 또는 클로로프렌 캡타이어 케이블일 것.
　① 전선이 케이블인 경우에는 철근 콘크리트제의 견고한 개거 또는 트라프에 넣어야 한다.
　② **전선이 캡타이어 케이블인 경우에는 다음에 의할 것.**
　　• **전선의 도중에는 접속점을 만들지 아니할 것.**
　　• 전선로의 전원측 전로에는 전용의 개폐기 및 과전류 차단기를 각 극(과전류 차단기는 다선식 전로의 중성극을 제외한다)에 시설할 것.
　　• 사용전압이 0.4[kV] 초과하는 저압 또는 고압의 전로 중에는 전로에 지락이 생겼을 때에 자동적으로 전로를 차단하는 장치를 시설할 것.

답 ④

문제 91   옥내 고압용 이동전선의 시설방법으로 옳은 것은?

① 전선은 MI케이블을 사용하였다.
② 다선식 선로의 중성선에 과전류차단기를 시설하였다.
③ 이동전선과 전기사용기계기구와는 해체가 쉽게 되도록 느슨하게 접속하였다.
④ 전로에 지락이 생겼을 때에 자동적으로 전로를 차단하는 장치를 시설하였다.

풀이

342.2 옥내 고압용 이동전선의 시설
옥내에 시설하는 고압의 이동전선은 다음에 따라 시설하여야 한다.
가. 전선은 **고압용의 캡타이어케이블일 것**.
나. 이동전선에 전기를 공급하는 전로에는 전용 개폐기 및 과전류 차단기를 각극(과전류 차단기는 다선식 전로의 중성극을 제외한다)에 시설하고, 또한 **전로에 지락이 생겼을 때에 자동적으로 전로를 차단하는 장치를 시설할 것**.

답 ④

13년 2회 동일 및 유사 문제 (년도-회-번호)

1과목 전기자기학
- 12 14-3-01
- 13 22-2-18
- 14 22-2-05
- 15 22-1-13
- 16 22-2-02
- 17 22-3-06
- 18 21-2-13
- 19 21-3-05
- 20 16-1-08

2과목 전력공학
- 27 17-1-23
- 28 22-2-37
- 29 21-2-36
- 30 16-3-31
- 31 21-1-26
- 32 18-1-27
- 33 17-3-30
- 34 22-3-39
- 35 21-1-33
- 36 22-2-22
- 37 20-4-23
- 38 22-1-24
- 39 22-1-21
- 40 22-1-38

3과목 전기기기
- 50 20-3-48
- 51 20-4-52
- 52 18-1-57
- 53 22-2-50
- 54 20-4-44
- 55 18-3-52
- 56 22-2-43
- 57 22-1-43
- 58 19-1-48
- 59 20-4-45
- 60 20-3-43

4과목 회로이론
- 71 18-1-61
- 72 20-4-75
- 73 18-1-65
- 74 20-3-74
- 75 22-1-74
- 76 21-1-61
- 77 21-2-80
- 78 18-2-71
- 79 17-2-80
- 80 20-3-76

5과목 전기설비기술기준
- 92 19-1-90
- 93 19-1-82
- 94 20-4-91
- 95 20-3-92
- 96 21-2-95
- 97 19-2-94

국가기술자격검정 필기시험 문제

2013년도 전기산업기사 일반검정 제3회

자격종목 및 등급(선택분야)	종목코드	시험시간	문제지형별
전기산업기사	2140	2시간 30분	A

제1과목 전기자기학

문제 01 100 [kW]의 전력이 안테나에서 사방으로 균일하게 방사될 때 안테나에서 1 [km]의 거리에 있는 전계의 실효값은 약 몇 [V/m] 인가?

① 1.73　② 2.45
③ 3.68　④ 6.21

풀이

단위면적당의 전력 $P = \dfrac{P_s}{S} = \dfrac{P_s}{4\pi r^2}$ 에서

$P = \dfrac{100 \times 10^3}{4 \times 3.14 \times (10^3)^2} = 7.96 \times 10^{-3}$ [W/m²]

$H_e = \sqrt{\dfrac{\epsilon_0}{\mu_0}}\, E_e = \sqrt{\dfrac{8.855 \times 10^{-12}}{4\pi \times 10^{-7}}}\, E_e$

$= 2.654 \times 10^{-3} E_e$ [A/m]

$P = H_e E_e$ 이므로

$2.654 \times 10^{-3} E_e^2 = 7.96 \times 10^{-3}$, $E_e^2 = 3$

$\therefore E_e = \sqrt{3} = 1.73$ [V/m]　**답 ①**

문제 02 길이가 50 [cm], 단면의 반지름이 1 [cm]인 원형의 가늘고 긴 공심 단층 원형 솔레노이드가 있다. 이 코일의 자기인덕턴스를 10 [mH]로 하려면 권수는 약 몇 회인가? (단, 비투자율은 1이며, 솔레노이드 측면의 누설자속은 없다.)

① 3560　② 3820　③ 4300　④ 5760

풀이

$L = \dfrac{\mu S N^2}{l}$ [H]에서

$N = \sqrt{\dfrac{L \cdot l}{\mu S}} = \sqrt{\dfrac{10 \times 10^{-3} \times 0.5}{4\pi \times 10^{-7} \times \pi \times (1 \times 10^{-2})^2}} = 3559$ [회]　**답 ①**

문제 03 유전율이 각각 ϵ_1, ϵ_2인 두 유전체가 접해 있는 경우, 경계면에서 전속선의 방향이 그림과 같이 될 때 $\epsilon_1 > \epsilon_2$이면 입사각과 굴절각은?

① $\theta_1 = \theta_2$이다.
② $\theta_1 > \theta_2$이다.
③ $\theta_1 < \theta_2$이다.
④ $\theta_1 + \theta_2 = 90°$이다.

풀이

굴절의 법칙 : 입사각과 굴절각은 유전율에 비례

$\dfrac{\tan\theta_1}{\tan\theta_2} = \dfrac{\epsilon_1}{\epsilon_2}$ (θ_1 : 입사각, θ_2 : 굴절각)

$\epsilon_1 > \epsilon_2$이므로 $\theta_1 > \theta_2$ 이 된다.　**답 ②**

문제 04 지표면에 대지로 향하는 300 [V/m]의 전계가 있다면 지표면의 전하밀도의 크기는 몇 [C/m²]인가?

① 1.33×10^{-9}　② 2.66×10^{-9}
③ 1.33×10^{-7}　④ 2.66×10^{-7}

풀이

전계의 세기 $E = \dfrac{\sigma}{\epsilon_0}$

$\therefore \sigma = \epsilon_0 E = 8.85 \times 10^{-12} \times 300 = 2.66 \times 10^{-9}$ [C/m²]　**답 ②**

문제 05 인접 영구 자기 쌍극자가 크기는 같으나 방향이 서로 반대 방향으로 배열된 자성체를 어떤 자성체라 하는가?

① 반자성체　② 반강자성체
③ 강자성체　④ 상자성체

> **풀이**
> - 반자성체 : 영구자기 쌍극자는 없는 재질
> - 상자성체 : 인접 영구자기 쌍극자의 방향이 규칙성이 없는 재질
> - 강자성체 : 인접 영구자기 쌍극자의 방향이 동일방향으로 배열하는 재질
> - 반강자성체 : 인접 영구자기 쌍극자의 배열이 서로 반대인 재질
>
> 답 ②

문제 06 코일에 있어서 자기인덕턴스는 다음 중 어떤 매질의 상수에 비례하는가?
① 저항률　　② 유전율
③ 투자율　　④ 도전율

> **풀이**
> 원형 코일에서 자기 인덕턴스는
> $$L = \frac{N\phi}{I} = \frac{\pi a \mu N^2}{2} [H]$$ 에서
> 인덕턴스 L은 투자율 μ와 코일의 권수 N^2에 비례한다.
>
> 답 ③

문제 07 무한평면의 표면을 가진 비유전율 ϵ_s인 유전체의 표면전방의 공기 중 d[m] 지점에 놓인 점전하 Q [C]에 작용하는 힘은 몇 [N] 인가?

① $-9 \times 10^9 \times \dfrac{Q^2(\epsilon_s - 1)}{d^2(\epsilon_s + 1)}$

② $-9 \times 10^9 \times \dfrac{Q^2(\epsilon_s + 1)}{d^2(\epsilon_s - 1)}$

③ $-2.25 \times 10^9 \times \dfrac{Q^2(\epsilon_s - 1)}{d^2(\epsilon_s + 1)}$

④ $-2.25 \times 10^9 \times \dfrac{Q^2(\epsilon_s + 1)}{d^2(\epsilon_s - 1)}$

> **풀이**
> 전기영상법에 의한 영상력
> $$F = -\frac{1}{16\pi d^2} \frac{\epsilon_2 - \epsilon_1}{\epsilon_1(\epsilon_2 + \epsilon_1)} Q^2 = -\frac{1}{16\pi \epsilon_0 d^2} \cdot \frac{(\epsilon_s - 1)}{(\epsilon_s + 1)} Q^2$$
> $$= -2.25 \times 10^9 \times \frac{Q^2(\epsilon_s - 1)}{d^2(\epsilon_s + 1)}$$
>
> 답 ③

문제 08 히스테리시스 곡선(Hysteresis loop)에 대한 설명 중 틀린 것은?
① 자화의 경력이 있을 때나 없을 때나 곡선은 항상 같다.
② Y축(세로축)은 자속밀도이다.
③ 자화력이 0일 때 남아있는 자기가 잔류자기이다.
④ 잔류자기를 상쇄시키려면 역방향의 자화력을 가해야 한다.

> **풀이**
>
>
>
> 자화의 경력이 없는 경우에는 곡선 ①의 자화곡선 특성, 자화의 경력이 있는 경우에는 곡선 ②의 자기이력곡선(히스테리시스 곡선)특성을 나타낸다.
> 따라서, **자화의 경력이 있을 때와 없을 때는 곡선이 서로 다르다.**
>
> 답 ①

문제 09 전압 V로 충전된 용량 C의 콘덴서에 용량 $2C$의 콘덴서를 병렬 연결한 후의 단자전압은?
① V　② $2V$　③ $\dfrac{V}{2}$　④ $\dfrac{V}{3}$

> **풀이**
> - 초기 충전 전하 $Q = CV$
> - 콘덴서가 병렬 접속되어 있으므로 합성정전용량
> $C_0 = C + 2C = 3C$
> - 병렬연결 후 전위차 $V_0 = \dfrac{Q}{C_0} = \dfrac{CV}{3C} = \dfrac{V}{3}$
>
> 답 ④

제2과목 전력공학

문제 21 저항 2[Ω], 유도리액턴스 10[Ω]의 단상 2선식 배전선로의 전압강하를 보상하기 위하여 부하단에 용량리액턴스 5[Ω]의 콘덴서를 삽입하였을 때 부하단 전압은 몇 [V]인가?
(단, 전원 전압은 7000[V], 부하전류 200[A], 역률은 0.8(뒤짐)이다.)

① 6080　　　　② 7000
③ 7080　　　　④ 8120

풀이
$V_r = V_s - I(R\cos\theta + (X_L - X_C)\sin\theta)$[V]에서
$\cos\theta = 0.8$ 이면
$\sin\theta = \sqrt{1-\cos^2\theta} = \sqrt{1-0.8^2} = 0.6$ 이므로
$V_r = 7000 - 200(2 \times 0.8 + (10-5) \times 0.6) = 6080$[V]　답 ①

문제 22 △결선의 3상 3선식 배전선로가 있다. 1선이 지락하는 경우 건전상의 전위상승은 지락전의 몇 배인가?

① $\dfrac{\sqrt{3}}{2}$　② 1　③ $\sqrt{2}$　④ $\sqrt{3}$

풀이
비접지 방식에서 1선 지락시 건전상의 전위는 상전압에서 선간전압으로 되기 때문에 대지전압은 $\sqrt{3}$배 올라간다.
답 ④

문제 23 철탑의 사용목적에 의한 분류에서 송전선로 전부의 전선을 끌어당겨서 고정시킬 수 있도록 설계한 철탑으로 D형 철탑이라고도 하는 것은?
① 내장 보강 철탑　　② 각도 철탑
③ 억류 지지 철탑　　④ 직선 철탑

풀이
- **내장 보강 철탑**: 선로의 보강용으로 세워지는 것으로서 직선 철탑이 다수 연속될 경우에는 약 10기마다 1기의 비율로 내장 보강 철탑을 세워 나간다.
- **각도 철탑**: 수평 각도가 3°를 넘는 장소에 세워지는 철탑
- **억류지지 철탑**: 전부의 전선을 끌어당겨서 고정시킬 수 있도록 설계한 철탑으로서 **D형 철탑**이라고도 한다.
- **직선 철탑**: 선로의 직선 부분 또는 수평각도 3° 이내의 장소에 세워지는 철탑
답 ③

문제 24 단거리 3상 3선식 송전선에서 전선의 중량은 전압이나 역률에 어떠한 관계에 있는가?
① 비례　　　　② 반비례
③ 제곱에 비례　　④ 제곱에 반비례

풀이
전력손실　$P_c = \dfrac{\rho l P^2}{A V^2 \cos^2\theta}$에서　$A = \dfrac{\rho l P^2}{P_c V^2 \cos^2\theta}$

전선의 중량　$W = A l = \dfrac{\rho l^2 P^2}{P_c V^2 \cos^2\theta} \propto \dfrac{1}{V^2 \cos^2\theta}$
답 ④

문제 25 충전전류는 일반적으로 어떤 전류인가?
① 앞선전류　　② 뒤진전류
③ 유효전류　　④ 누설전류

풀이
충전 전류는 선로의 작용 정전 용량에 의해 흐르는 전류로 전압보다 $\dfrac{\pi}{2}$ **앞선** 전류이다. 충전 전류 $I_c = j 2\pi f C_w \dfrac{V}{\sqrt{3}}$
답 ①

문제 26 A, B 및 C 상의 전류를 각각 I_a, I_b, I_c라 할 때, $I_x = \dfrac{1}{3}(I_a + a I_b + a^2 I_c)$이고,
$a = -\dfrac{1}{2} + j\dfrac{\sqrt{3}}{2}$이다. I_x는 어떤 전류인가?
① 정상전류　　② 역상전류
③ 영상전류　　④ 무효전류

풀이
대칭 좌표법의 대칭 전류를 보면
- **정상전류**　$I_1 = \dfrac{1}{3}(I_a + a I_b + a^2 I_c)$ ($1 \to a \to a^2$의 순서)
- **역상전류**　$I_2 = \dfrac{1}{3}(I_a + a^2 I_b + a I_c)$ ($1 \to a^2 \to a$의 순서)
- **영상전류**　$I_0 = \dfrac{1}{3}(I_a + I_b + I_c)$

답 ①

문제 27 콘덴서 3개를 선간전압 6600 [V], 주파수 60 [Hz]의 선로에 △로 접속하여 60 [kVA]가 되게 하려면 필요한 콘덴서 1개의 정전용량은 약 얼마인가?

① 약 1.2 [μF] ② 약 3.6 [μF]
③ 약 7.2 [μF] ④ 약 72 [μF]

풀이

$Q = 3EI_c = 3 \times 2\pi f CE^2$

정전용량 $C = \dfrac{Q}{6\pi f E^2} = \dfrac{60 \times 10^3}{6\pi \times 60 \times 6600^2} \times 10^6 = 1.218 [\mu F]$

답 ①

문제 28 차단기 개방시 재점호가 일어나기 쉬운 경우는?

① 1선 지락 전류인 경우
② 3상 단락 전류인 경우
③ 무부하 변압기의 여자전류인 경우
④ 무부하 충전전류인 경우

풀이

재점호란 전류가 0인 점에서 아크가 소호된 후 차단점에서 다시 아크를 일으키는 현상을 재점호라 하며, 이러한 현상은 **무부하 충전 전류를 차단할 때 발생하기 쉽다**.

답 ④

문제 29 선로 길이 100 [km], 송전단 전압 154 [kV], 수전단 전압 140 [kV]의 3상 3선식 정전압 송전선에서 선로정수는 저항 0.315 [Ω/km], 리액턴스 1.035 [Ω/km]라고 할 때 수전단 3상 전력 원선도의 반경을 [MVA]단위로 표시하면 약 얼마인가?

① 200 [MVA] ② 300 [MVA]
③ 450 [MVA] ④ 600 [MVA]

풀이

반지름 $\rho = \dfrac{E_s E_r}{b}$ 에서

b는 직렬 임피던스를 나타내므로
$b = \sqrt{(0.315 \times 100)^2 + (1.035 \times 100)^2} = 108.19$
$\rho = \dfrac{154 \times 10^3 \times 140 \times 10^3}{108.19} = 199.28 \times 10^6 [VA]$
$= 199.28 [MVA]$

답 ①

문제 30 공칭단면적 200 [mm^2], 전선무게 1.838 [kg/m], 전선의 외경 18.5 [mm]인 경동연선을 경간 200 [m]로 가설하는 경우의 이도는 약 몇 [m] 인가? (단, 경동연선의 전단 인장하중은 7910 [kg], 빙설하중은 0.416 [kg/m], 풍압하중은 1.525 [kg/m], 안전율은 2.0 이다.)

① 3.44 [m] ② 3.78 [m]
③ 4.28 [m] ④ 4.78 [m]

풀이

- 수직하중 = 자중 + 빙설하중
  = 1.838 + 0.416 = 2.254 [kg/m]
- 수평하중 = 풍압하중 = 1.525 [kg/m]
- 하중 = $\sqrt{(\text{수직하중})^2 + (\text{수평하중})^2}$
  = $\sqrt{2.254^2 + 1.525^2} = 2.721$ [kg/m]
- 이도 $D = \dfrac{WS^2}{8T} = \dfrac{2.721 \times 200^2}{8 \times \dfrac{7910}{2}} = 3.44$ [m]

답 ①

제3과목 전기기기

문제 41 동기발전기의 자기여자 방지법이 아닌 것은?

① 발전기 2대 또는 3대를 병렬로 모선에 접속한다.
② 수전단에 동기조상기를 접속한다.
③ 송전선로의 수전단에 변압기를 접속한다.
④ 발전기의 단락비를 적게 한다.

풀이

① 발전기의 자기여자
발전기에 진상전류가 흐르면 전기자 반작용의 증자작용에 의해 여자전류를 가하지 않은 상태에서도 전압이 상승하여 정상전압까지 올라가는 현상을 발전기의 자기여자라 한다.

② **자기 여자 방지법**
- 발전기 2대 또는 3대를 병렬로 모선에 접속한다.
- 수전단에 동기 조상기를 접속하고 이것을 부족 여자로 하여 송전선에서 지상 전류를 취하게 하면 충전 전류를 그 만큼 감소시키는 것이 된다.
- 송전선로의 수전단에 변압기를 접속한다.
- 수전단에 리액턴스를 병렬로 접속한다.
- **발전기의 단락비를 크게 한다.**

답 ④

문제 42 단자전압 100 [V], 전기자 전류 10 [A], 전기자 회로 저항 1 [Ω], 회전수 1800 [rpm] 으로 전부하 운전하고 있는 직류 전동기의 토크는 약 몇 [kg·m] 인가?

① 0.049 ② 0.49
③ 49   ④ 490

풀이
- 역기전력 $E_c = V - I_a R_a = 100 - 10 \times 1 = 90 [V]$
- $P = 2\pi n T = E_c I_a$ 에서

토크 $T = \dfrac{E_c I_a}{2\pi n} = \dfrac{90 \times 10}{2\pi \times \dfrac{1800}{60}} = 4.775 [N \cdot m]$

$= \dfrac{4.775}{9.8} [kg \cdot m] = 0.487 [kg \cdot m]$ **답 ②**

문제 43 균압선을 설치하여 병렬 운전하는 발전기는?

① 타여자 발전기   ② 분권 발전기
③ 복권 발전기   ④ 동기기

풀이
균압선의 목적은 병렬 운전을 안정하게 하기 위하여 설치하는 것으로 일반적으로 **직권 및 복권 발전기**에서는 직권 계자 코일에 흐르는 전류에 의하여 병렬 운전이 불안정하게 되므로, 균압선을 설치하여 직권 계자 코일에 흐르는 전류를 분류하게 한다. **답 ③**

문제 44 정격부하를 걸고 16.3 [kg·m]의 토크를 발생하며, 1200 [rpm]으로 회전하는 어떤 직류 분권 전동기의 역기전력이 100 [V]일 때 전기자 전류는 약 몇 [A] 인가?

① 100 ② 150
③ 175 ④ 200

풀이
$T = 0.975 \dfrac{E_c I_a}{N} \quad (P = E_c I_a)$

$16.3 = 0.975 \times \dfrac{100 \times I_a}{1200}$ 에서 $I_a = \dfrac{16.3 \times 1200}{0.975 \times 100} = 200.62 [A]$

(기본식 : $T = 0.975 \dfrac{P}{N} [kg \cdot m]$) **답 ④**

문제 45 동기기에서 동기 임피던스 값과 실용상 같은 것은? (단, 전기자 저항은 무시한다.)

① 전기자 누설 리액턴스
② 동기 리액턴스
③ 유도 리액턴스
④ 등가 리액턴스

풀이
동기 임피던스 $Z_s = r + jx_s [\Omega]$에서 일반적으로 전기자 저항 r은 매우 적으므로 무시하면 $Z_s \fallingdotseq x_s$ 즉, "동기임피던스=동기리액턴스" 라고 한다. **답 ②**

제4과목 회로이론

문제 61 변압비 $\dfrac{n_1}{n_2} = 30$인 단상 변압기 3개를 1차 △결선, 2차 Y결선 하고 1차 선간에 3000 [V]를 가했을 때 무부하 2차 선간전압[V]은?

① $\dfrac{100}{\sqrt{3}} [V]$ ② $\dfrac{190}{\sqrt{3}} [V]$
③ $100 [V]$ ④ $100\sqrt{3} [V]$

풀이
$a = \dfrac{E_1}{E_2}$ 에서 $E_2 = \dfrac{E_1}{a} = \dfrac{3000}{30} = 100 [V]$

2차는 Y결선이므로 선간 전압 V_2는
$V_2 = \sqrt{3} E_2 = \sqrt{3} \times 100 = 173.2 [V]$ **답 ④**

문제 62 어떤 회로의 전압 E, 전류 I 일 때 $P_a = \overline{E} I = P + jP_r$에서 $P_r > 0$이다. 이 회로는 어떤 부하인가? (단, $\overline{E}$는 E의 공액복소수이다.)

① 용량성   ② 무유도성
③ 유도성   ④ 정저항

풀이

공액	$+j$	$-j$
전압공액 $P_a = \overline{E} \cdot I = P \mp jP_r$	용량성	유도성
전류공액 $P_a = E \cdot \overline{I} = P \pm jP_r$	유도성	용량성

답 ①

문제 63 다음과 같은 회로에서 4단자 정수는 어떻게 되는가?

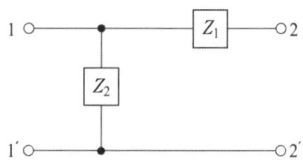

① $A=1,\ B=\dfrac{1}{Z_1},\ C=Z_1,\ D=1+\dfrac{Z_2}{Z_3}$

② $A=0,\ B=\dfrac{1}{Z_2},\ C=Z_3,\ D=2+\dfrac{Z_2}{Z_3}$

③ $A=1,\ B=Z_1,\ C=\dfrac{1}{Z_2},\ D=1+\dfrac{Z_1}{Z_2}$

④ $A=1,\ B=\dfrac{1}{Z_2},\ C=\dfrac{Z_3}{Z_2+Z_3},$
$D=Z_2+Z_3$

풀이

$\begin{bmatrix}A & B \\ C & D\end{bmatrix} = \begin{bmatrix}1 & 0 \\ \dfrac{1}{Z_2} & 1\end{bmatrix}\begin{bmatrix}1 & Z_1 \\ 0 & 1\end{bmatrix} = \begin{bmatrix}1 & Z_1 \\ \dfrac{1}{Z_2} & \dfrac{Z_1}{Z_2}+1\end{bmatrix}$ **답** ③

문제 64 다음 그림과 같은 전기회로의 입력을 e_i, 출력을 e_o 라고 할 때 전달함수는?

① $\dfrac{R_2(1+R_1Ls)}{R_1+R_2+R_1R_2Ls}$

② $\dfrac{1+R_2Ls}{1+(R_1+R_2)Ls}$

③ $\dfrac{R_2(R_1+Ls)}{R_1R_2+R_1Ls+R_2Ls}$

④ $\dfrac{R_2+\dfrac{1}{Ls}}{R_1+R_2+\dfrac{1}{Ls}}$

풀이

$G(s)=\dfrac{E_o(s)}{E_i(s)}=\dfrac{R_2}{R_2+\dfrac{R_1Ls}{R_1+Ls}}=\dfrac{R_2(R_1+Ls)}{R_1R_2+R_1Ls+R_2Ls}$

답 ③

문제 65 그림과 같은 RC 직렬회로에 비정현파 전압 $v=20+220\sqrt{2}\sin120\pi t+40\sqrt{2}\sin360\pi t$ [V]를 가할 때 제3고조파전류 i_3[A]는 약 얼마인가?

① $0.49\sin(360\pi t-14.04°)$

② $0.49\sqrt{2}\sin(360\pi t-14.04°)$

③ $0.49\sin(360\pi t+14.04°)$

④ $0.49\sqrt{2}\sin(360\pi t+14.04°)$

풀이

- 3고조파에 대한 리액턴스

$X_3=\dfrac{1}{2\pi\times 3f\times C}=\dfrac{1}{2\pi\times 3\times 60\times 44.21\times 10^{-6}}=20[\Omega]$

- 3고조파 전류

$I_3=\dfrac{V_3}{\sqrt{R^2+X_3^2}}=\dfrac{40}{\sqrt{80^2+20^2}}=0.49[V]$

- $\theta=\tan^{-1}\dfrac{X_3}{R}=\tan^{-1}\dfrac{20}{80}=14.04°$

따라서, 순시치 $i_3=0.49\sqrt{2}\sin(360\pi t+14.04°)$[A] **답** ④

문제 66 $e^{-at}\cos\omega t$의 라플라스 변환은?

① $\dfrac{s-a}{(s-a)^2+\omega^2}$ ② $\dfrac{s+a}{(s+a)^2+\omega^2}$

③ $\dfrac{s+a}{(s^2+\omega^2)^2}$ ④ $\dfrac{s-a}{(s^2-\omega^2)^2}$

풀이

복소 추이 정리에 의해서

$\mathcal{L}[e^{-at}\cos\omega t]=\mathcal{L}[\cos\omega t]_{s=s+a}$
$=\left[\dfrac{s}{s^2+\omega^2}\right]_{s=s+a}=\dfrac{s+a}{(s+a)^2+\omega^2}$ **답** ②

문제 67 그림과 같은 회로에 교류전압 $E = 100\angle 0°$ [V]를 인가할 때 전전류 I는 몇 [A]인가?

① $6 + j28$
② $6 - j28$
③ $28 + j6$
④ $28 - j6$

풀이

- 저항 $5[\Omega]$에 흐르는 전류 $I_1 = \dfrac{100}{5} = 20$ [A]
- $R-L$ 직렬회로에 흐르는 전류
$$I_2 = \dfrac{100}{8+j6} = \dfrac{100(8-j6)}{(8+j6)(8-j6)} = \dfrac{800-j600}{100}$$
$$= 8 - j6 \text{[A]}$$
- 전전류 $I = I_1 + I_2 = 20 + 8 - j6 = 28 - j6$ [A]   답 ④

문제 68 $G(s) = \dfrac{s+1}{s^2+3s+2}$ 의 특성방정식의 근의 값은?

① $-2, 3$ ② $1, 2$
③ $-2, -1$ ④ $1, -3$

풀이

분모 $s^2 + 3s + 2 = 0$을 인수 분해하면
$(s+1)(s+2) = 0$
$\therefore s = -2, -1$ 답 ③

문제 69 다음 회로에서 정저항 회로가 되기 위해서는 $\dfrac{1}{\omega C}$의 값은 몇 [Ω]이면 되는가?

① 2   ② 4   ③ 6   ④ 8

풀이

$\dfrac{1}{\omega C} = X_c$ 라고 하면
합성임피던스
$$Z = \dfrac{10 \times j5}{10+j5} - jX_c = \dfrac{j50(10-j5)}{(10+j5)(10-j5)} - jX_c$$
$$= \dfrac{j500+250}{125} - jX_c = \dfrac{250}{125} + j\dfrac{500}{125} - jX_c$$

정저항 회로가 되기 위해서는 허수부가 영이 되어야 하므로
$$j\dfrac{500}{125} - jX_c = 0$$

따라서 $X_c = \dfrac{1}{\omega C} = \dfrac{500}{125} = 4[\Omega]$ 답 ②

문제 70 그림과 같이 접속된 회로의 단자 a, b에서 본 등가임피던스는 어떻게 표현되는가? (단, M[H]은 두 코일 L_1, L_2 사이의 상호인덕턴스이다.)

① $R_1 + R_2 + j\omega(L_1 + L_2)$
② $R_1 + R_2 + j\omega(L_1 - L_2)$
③ $R_1 + R_2 + j\omega(L_1 + L_2 + 2M)$
④ $R_1 + R_2 + j\omega(L_1 + L_2 - 2M)$

풀이

화동결합 $L = L_1 + L_2 + 2M$ (전류가 L_1, L_2의 •방향으로 흐름)	차동결합 $L = L_1 + L_2 - 2M$ (전류가 L_1에는 •방향, L_2에는 •반대 방향으로 흐름)

(•와 전류의 방향에 따라 상호 인덕턴스는 $+2M$ 또는 $-2M$이 된다.)   답 ④

제5과목 전기설비기술기준

문제 81 일반 주택의 저압 옥내배선을 점검하였더니 다음과 같이 시공되어 있었다. 잘못 시공된 것은?
① 욕실의 전등으로 방습 형광등이 시설되어 있다.
② 단상 3선식 인입개폐기의 중성선에 동판이 접속되어 있었다.
③ 합성수지관공사의 관의 지지점간의 거리가 2[m]로 되어 있었다.
④ 금속관공사로 시공하였고 절연전선을 사용하였다.

풀이
232.11 합성수지관공사
가. 전선은 절연전선(옥외용 비닐 절연전선을 제외한다)일 것.
나. 전선은 연선일 것. 다만, 다음의 것은 적용하지 않는다.
  ① 짧고 가는 합성수지관에 넣은 것.
  ② 단면적 10[mm²](알루미늄선은 단면적 16[mm²]) 이하의 것.
다. 관의 지지점 간의 거리는 1.5[m] 이하로 할 것. **답** ③

문제 82 고압 옥내배선의 공사법이 아닌 것은?
① 애자공사   ② 케이블공사
③ 금속관공사 ④ 케이블트레이공사

풀이
342.1 고압 옥내배선 등의 시설
고압 옥내배선은 다음 중 하나에 의하여 시설할 것.
가. 애자공사(건조한 장소로서 전개된 장소에 한한다)
나. 케이블공사
다. 케이블트레이공사 **답** ③

문제 83 특고압 지중전선과 고압 지중전선이 서로 교차하며, 각각의 지중전선을 견고한 난연성의 관에 넣어 시설하는 경우, 지중함 내 이외의 곳에서 상호간의 이격거리는 몇 [cm] 이하로 시설하여도 되는가?
① 30   ② 60
③ 100   ④ 120

풀이
334.7 지중전선 상호 간의 접근 또는 교차
지중전선이 다른 지중전선과 접근하거나 교차하는 경우에 지중함 내 이외의 곳에서 상호 간의 거리가 저압 지중전선과 고압 지중전선에 있어서는 0.15[m] 이하, 저압이나 고압의 지중전선과 특고압 지중전선에 있어서는 0.3[m] 이하인 때에는 견고한 난연성의 관에 넣어 시설하여야 한다. **답** ①

문제 84 발전소에 시설하여야 하는 계측장치가 계측할 대상이 아닌 것은?
① 발전기·연료전지의 전압 및 전류
② 발전기의 베어링 및 고정자 온도
③ 고압용 변압기의 온도
④ 주요 변압기의 전압 및 전류

풀이
351.6 계측장치
발전소에서는 다음의 사항을 계측하는 장치를 시설하여야 한다.
가. 발전기의 전압 및 전류 또는 전력
나. 발전기의 베어링 및 고정자의 온도
다. 주요 변압기의 전압 및 전류 또는 전력
라. 특고압용 변압기의 온도 **답** ③

문제 85 전로에 시설하는 기계기구 중에서 외함 접지 공사를 생략할 수 없는 경우는?
① 사용전압이 직류 300 [V] 또는 교류 대지전압이 150 [V] 이하인 기계기구를 건조한 곳에 시설하는 경우
② 철대 또는 외함의 주위에 절연대를 시설하는 경우
③ 전기용품안전 관리법의 적용을 받는 2중 절연의 구조로 되어 있는 기계기구를 시설하는 경우
④ 정격 감도 전류 20 [mA], 동작 시간이 0.5초인 전류 동작형의 인체 감전 보호용 누전차단기를 시설하는 경우

풀이
142.7 기계기구의 철대 및 외함의 접지
전로에 시설하는 기계기구의 철대 및 금속제 외함에는 접지공사를 하여야 하나 다음의 어느 하나에 해당하는 경우

에는 접지를 생략할 수 있다.
가. 사용전압이 직류 300[V] 또는 교류 대지전압이 150[V] 이하인 기계기구를 **건조한 곳에 시설**하는 경우
나. 철대 또는 외함의 주위에 적당한 **절연대를 설치**하는 경우
다. 외함이 없는 계기용변성기가 고무·합성수지 기타의 절연물로 피복한 것일 경우
라. **2중 절연구조**로 되어 있는 기계기구를 시설하는 경우
마. 저압용 기계기구에 전기를 공급하는 전로의 전원측에 절연변압기(2차 전압이 300[V] 이하이며, 정격용량이 3[kVA] 이하인 것에 한한다)를 시설하고 또한 그 절연변압기의 부하측 전로를 접지하지 않은 경우
바. 물기 있는 장소 이외의 장소에 시설하는 저압용의 개별 기계기구에 전기를 공급하는 전로에 **인체감전보호용 누전차단기(정격감도전류가 30[mA] 이하, 동작시간이 0.03[초] 이하의 전류동작형에 한한다)**를 시설하는 경우

답 ④

문제 86 22.9 [kV]의 특고압 가공전선로를 시가지에 시설할 경우 지표상의 최저 높이는 몇 [m] 이어야 하는가? (단, 전선은 특고압 절연전선이다.)
① 4　　② 5　　③ 6　　④ 8

풀이
333.1 시가지 등에서 특고압 가공전선로의 시설

사용전압의 구분	지표상의 높이
35 [kV] 이하	10 [m] (전선이 특고압 절연전선인 경우에는 8 [m])
35 [kV] 초과	10 [m]에 35 [kV]를 초과하는 10 [kV] 또는 그 단수마다 12 [cm]를 더한 값

답 ④

문제 87 한국전기설비규정에서 사용되는 용어의 정의에 대한 설명으로 옳지 않은 것은?
① 접속설비란 공용 전력계통으로부터 특정 분산형전원 설치자의 전기설비에 이르기까지의 전선로와 이에 부속하는 개폐장치, 모선 및 기타 관련 설비를 말한다.
② 제1차 접근상태란 가공 전선이 다른 시설물과 접근하는 경우에 다른 시설물의 위쪽 또는 옆쪽에서 수평거리로 3 [m] 미만인 곳에 시설되는 상태를 말한다.
③ 계통연계란 분산형 전원을 송전사업자나 배전사업자의 전력계통에 접속하는 것을 말한다.
④ 단독운전이란 전력계통의 일부가 전력계통의 전원과 전기적으로 분리된 상태에서 분산형전원에 의해서만 가압되는 상태를 말한다.

풀이
112 용어 정의
"제1차 접근 상태"란 가공 전선이 다른 시설물과 접근하는 경우에 가공 전선이 다른 시설물의 위쪽 또는 옆쪽에서 수평거리로 가공 전선로의 지지물의 지표상의 높이에 상당하는 거리 안에 시설됨으로써 가공 전선로의 전선의 절단, 지지물의 도괴 등의 경우에 그 전선이 다른 시설물에 접촉할 우려가 있는 상태를 말한다.
"**제2차 접근상태**"란 가공 전선이 다른 시설물과 접근하는 경우에 그 가공 전선이 다른 시설물의 **위쪽 또는 옆쪽에서 수평 거리로 3[m] 미만인 곳에 시설되는 상태**를 말한다.

답 ②

13년 3회 동일 및 유사 문제 (년도-회-번호)

1과목 전기자기학
- 10 18-3-19
- 11 21-2-18
- 12 22-2-02
- 13 20-3-12
- 14 16-2-09
- 15 21-3-08
- 16 16-3-12
- 17 22-3-09
- 18 19-2-08
- 19 19-2-01
- 20 18-3-18

2과목 전력공학
- 31 14-3-24
- 32 19-3-22
- 33 19-3-32
- 34 20-3-36
- 35 20-4-33
- 36 19-3-23
- 37 21-1-26
- 38 19-1-25
- 39 22-3-25
- 40 20-1,2-29

3과목 전기기기
- 46 21-1-58
- 47 16-2-46
- 48 21-3-57
- 49 18-1-52
- 50 21-3-54
- 51 18-3-47
- 52 20-1,2-51
- 53 18-1-58
- 54 20-4-55
- 55 20-4-48
- 56 22-2-60
- 57 18-3-53
- 58 18-1-46
- 59 20-4-57
- 60 22-3-42

4과목 회로이론
- 71 20-4-68
- 72 20-4-69
- 73 22-1-66
- 74 20-4-61
- 75 22-1-76
- 76 19-2-73
- 77 21-3-63
- 78 20-1,2-61
- 79 21-3-71
- 80 17-2-69

5과목 전기설비기술기준
- 88 20-3-92
- 89 18-3-89
- 90 21-3-88
- 91 22-2-94
- 92 20-3-82
- 93 17-1-92
- 94 14-1-88
- 95 22-1-83
- 96 18-3-96

memo

D60-2

2012년도 전기산업기사 필기

- 2012년도 제1회 전기산업기사
- 2012년도 제2회 전기산업기사
- 2012년도 제3회 전기산업기사

국가기술자격검정 필기시험 문제

2012년도 전기산업기사 일반검정 제1회

자격종목 및 등급(선택분야)	종목코드	시험시간	문제지형별
전기산업기사	2140	2시간 30분	A

제1과목 전기자기학

문제 01 면적이 $S[m^2]$, 극판 간격이 $d[m]$, 유전율이 $\epsilon[F/m]$인 평행판 콘덴서에 $V[V]$의 전압이 가해졌을 때 축적되는 전하 $Q[C]$는?

① $\dfrac{\epsilon_0 S}{d}V$ ② $\dfrac{\epsilon_0}{dS}V$ ③ $\dfrac{\epsilon S}{d}V$ ④ $\dfrac{dS}{\epsilon}V$

풀이
- 평행판 콘덴서의 정전용량 $C=\dfrac{\epsilon S}{d}[F]$
- 축적되는 전하 $Q=CV=\dfrac{\epsilon S}{d}\cdot V[C]$ **답 ③**

문제 02 다음 설명 중 영전위로 볼 수 없는 것은?
① 가상 음전하가 존재하는 무한원점
② 전지의 음극
③ 지구의 대지
④ 전계내의 대전도체

풀이
전계내의 대전도체는 양전하, 음전하가 모두 존재하므로 영전위로 볼 수 없다.   **답 ④**

문제 03 전원에 연결한 코일에 10[A]가 흐르고 있다. 지금 순간적으로 전원을 분리하고 코일에 저항을 연결하였을 때 저항에서 24[cal]의 열량이 발생하였다. 코일의 자기 인덕턴스는 몇 [H]인가?
① 0.1[H] ② 0.5[H]
③ 2[H] ④ 24[H]

풀이
코일에 축적되는 에너지는 저항에서 모두 열로 소비된다.
$W=\dfrac{1}{2}LI^2$ [J] 에서
$L=\dfrac{2W}{I^2}=\dfrac{2\times 24\times 4.18}{10^2}=2[H]$
(참고로 1[cal] = 4.18[J])   **답 ③**

문제 04 전류 $I[A]$가 반지름 $a[m]$의 원주를 균일하게 흐를 때 원주 내부의 중심에서 $r[m]$ 떨어진 원주 내부 점의 자계의 세기는 몇 [AT/m]인가?

① $\dfrac{Ir}{2\pi a^2}$ [AT/m] ② $\dfrac{Ir}{2\pi a}$ [AT/m]

③ $\dfrac{Ir}{\pi a^2}$ [AT/m] ④ $\dfrac{Ir}{\pi a}$ [AT/m]

풀이
원통 내부에 전류 I가 균일하게 흐른다면
원통내부에서의 자계의 세기 $H_i=\dfrac{I_r}{2\pi r}$
여기서 내부전류 I_r은 원통의 단면적에 비례하므로
$I:I_r=\pi a^2:\pi r^2$
$I_r=\dfrac{\pi r^2}{\pi a^2}I=\dfrac{r^2}{a^2}I$
$\therefore H_i=\dfrac{\frac{r^2}{a^2}I}{2\pi r}=\dfrac{rI}{2\pi a^2}$ [AT/m]   **답 ①**

문제 05 도체의 길이 $l[m]$, 단면적 $S[m^2]$의 저항 $R=\rho\dfrac{l}{S}[\Omega]$으로 표현되는데 여기서 ρ의 역수를 무엇이라고 하는가?
① 저항률 ② 고유저항
③ 도전율 ④ 비례상수

풀이
$\rho = \dfrac{1}{\sigma}$ 여기서, ρ : 저항률, σ : 도전율
답 ③

풀이
- 전압의 단위 : [V]
- 자속의 단위 : [Wb]
- 기자력 $F = IN$ [AT] (전류 I [A], 권수 N [Turn])
- 힘의 단위 : [N]

답 ③

문제 06 반지름 a[m]인 전선을 지상 h[m] 높이에 지면에 나란하게 가설했을 때의 단위 길이당 자기유도계수 L [H/m]은? (단, 도선의 투자율은 μ [H/m]이다.)

① $\dfrac{\mu}{4\pi} + \dfrac{\mu_o}{2\pi} \ln \dfrac{2h}{a}$
② $\dfrac{\mu}{4\pi} + \dfrac{\mu_o}{\pi} \ln \dfrac{2h}{a}$
③ $\dfrac{\mu}{8\pi} + \dfrac{\mu_o}{2\pi} \ln \dfrac{2h}{a}$
④ $\dfrac{\mu}{8\pi} + \dfrac{\mu_o}{\pi} \ln \dfrac{2h}{a}$

문제 09 전하 Q [C]으로 대전된 반지름 a [m]의 구도체가 반지름 r [m]로 비유전율 ϵ_s의 동심구 유전체로 둘러싸여 있을 때 이 구도체의 정전용량[F]은? (단, $a < r$ 이라 한다.)

① $\dfrac{1}{4\pi\epsilon_o \left\{ \dfrac{1}{r} + \dfrac{1}{\epsilon_s}\left(\dfrac{1}{a} - \dfrac{1}{r}\right) \right\}}$

② $\dfrac{1}{4\pi\epsilon_o + \left\{ \dfrac{1}{r} + \dfrac{1}{\epsilon_s}\left(\dfrac{1}{a} + \dfrac{1}{r}\right) \right\}}$

③ $\dfrac{4\pi\epsilon_o}{\dfrac{1}{r} + \dfrac{1}{\epsilon_s}\left(\dfrac{1}{a} - \dfrac{1}{r}\right)}$

④ $\dfrac{\dfrac{1}{r} + \dfrac{1}{\epsilon_s}\left(\dfrac{1}{a} - \dfrac{1}{r}\right)}{4\pi\epsilon_o}$

풀이
전선에 전류 I가 흐를 때 지면에 대칭적으로 영상전류($-I$)를 생각하고, 대지를 제거하여 전선과 영상간의 전류, 즉 평행왕복 도체의 자기 인덕턴스와 같다. 즉, 간격 d, 반지름 a인 평행왕복 도체의 한 선당 단위길이에 대한 자기 인덕턴스는

$L = \dfrac{\mu}{8\pi} + \dfrac{\mu_0}{2\pi} \ln \dfrac{d}{a}$

여기서, $d = 2h$ 이므로

$\therefore L = \dfrac{\mu}{8\pi} + \dfrac{\mu_0}{2\pi} \ln \dfrac{2h}{a}$

답 ③

풀이
구도체 전위 $V = -\displaystyle\int_\infty^r E_2 \, dr - \displaystyle\int_r^a E_1 \, dr$

$= -\dfrac{Q}{4\pi\epsilon_0} \displaystyle\int_\infty^r \dfrac{1}{r^2} dr - \dfrac{Q}{4\pi\epsilon_0\epsilon_s} \displaystyle\int_r^a \dfrac{1}{r^2} dr$

$= \dfrac{Q}{4\pi\epsilon_0 r} + \dfrac{Q}{4\pi\epsilon_0\epsilon_s}\left(\dfrac{1}{a} - \dfrac{1}{r}\right)$

$= \dfrac{Q}{4\pi\epsilon_0}\left[\dfrac{1}{r} + \dfrac{1}{\epsilon_s}\left(\dfrac{1}{a} - \dfrac{1}{r}\right)\right]$

따라서, 정전용량 $C = \dfrac{Q}{V}$ 에서

$C = \dfrac{Q}{\dfrac{Q}{4\pi\epsilon_0}\left[\dfrac{1}{r} + \dfrac{1}{\epsilon_s}\left(\dfrac{1}{a} - \dfrac{1}{r}\right)\right]} = \dfrac{4\pi\epsilon_0}{\dfrac{1}{r} + \dfrac{1}{\epsilon_s}\left(\dfrac{1}{a} - \dfrac{1}{r}\right)}$ [F]

답 ③

문제 07 변위전류밀도를 나타낸 식은?
(단, Φ는 자속, D는 전속밀도, B는 자속밀도, $N\Phi$는 자속 쇄교수이다.)

① $i = \dfrac{d(N\Phi)}{dt}$
② $i = \dfrac{d\Phi}{dt}$
③ $i = \dfrac{dD}{dt}$
④ $i = \dfrac{dB}{dt}$

풀이
변위 전류밀도 i_d : 전속 밀도의 시간적 변화에 의한 것으로 다음과 같이 나타낸다.
변위전류밀도 $i_d = \dfrac{dD}{dt}$ [A/m]
답 ③

문제 08 기자력의 단위는?
① [V]   ② [Wb]
③ [AT] ④ [N]

제2과목 전력공학

문제 21 연간 최대전류 200[A], 배전거리 10 [km]의 말단에 집중 부하를 가진 6.6 [kV], 3상 3선식 배전선이 있다. 이 선로의 연간 손실 전력량은 약 몇 [MWh] 정도인가? (단, 부하율 $F = 0.6$, 손실계수 $H = 0.3F + 0.7F^2$이고, 전선의 저항은 0.25[Ω/km]이다.)

① 685 ② 1135
③ 1585 ④ 1825

[풀이]
손실계수 $H = 0.3F + 0.7F^2 = 0.3 \times 0.6 + 0.7 \times 0.6^2 = 0.432$
1선당 연간 손실전력량 w
$w = HI_m^2 RT = 0.432 \times 200^2 \times 0.25 \times 10 \times 365 \times 24$
$= 378.432 \times 10^6$ [Wh/1선]
따라서, 3선에서의 전력손실 W
$W = 3 \times w = 3 \times 378.432 \times 10^6 = 1135.296 \times 10^6$ [Wh]
$≒ 1135$ [MW]

답 ②

문제 22 케이블의 전력손실과 관계가 없는 것은?
① 도체의 저항손 ② 유전체손
③ 연피손 ④ 철손

[풀이]
철손은 와류손과 히스테리시스손으로 구성되는데 이 손실은 케이블에서 발생되는 손실이 아니고 **철심에서 발생**된다.

답 ④

문제 23 단상 2선식 배전선로에서 대지정전용량을 C_s, 선간정전용량을 C_m 이라 할 때 작용정전용량은?
① $C_s + C_m$ ② $C_s + 2C_m$
③ $2C_s + C_m$ ④ $C_s + 3C_m$

[풀이]
등가 회로를 그려 보면

1선당의 작용정전용량
$C_n = 2C_m + C_s$

답 ②

문제 24 유량을 구분할 때 매년 1~2회 발생하는 출수의 유량을 나타내는 것은?
① 홍수량 ② 풍수량
③ 고수량 ④ 갈수량

[풀이]
- 갈수량 : 1년 365일 중 355일은 이것보다 내려가지 않는 유량
- 저수량 : 1년 365일 중 275일은 이것보다 내려가지 않는 유량
- 평수량 : 1년 365일 중 185일은 이것보다 내려가지 않는 유량
- 풍수량 : 1년 365일 중 95일은 이것보다 내려가지 않는 유량
- 고수량 : 매년 1~2회 생기는 출수의 유량
- 홍수량 : 3~4년에 한 번 생기는 출수의 유량
- 최저 갈수량, 최대 홍수량 : 과거의 기록, 구전 등으로 판정된 최저 또는 최대의 유량

답 ③

문제 25 다음 중 배전 선로에 사용되는 개폐기의 종류와 그 특성의 연결이 바르지 못한 것은?

① 컷아웃 스위치(COS) - 주된 용도로는 주상변압기의 고장이 배전선로에 파급되는 것을 방지하고 변압기의 과부하 소손을 예방하고자 사용한다.
② 부하 개폐기 - 고장 전류와 같은 대전류는 차단할 수 없지만 평상 운전시의 부하전류는 개폐할 수 있다.
③ 리클로저(recloser) - 선로에 고장이 발생 하였을 때 고장 전류를 검출하여 지정된 시간 내에 고속 차단하고 자동 재폐로 동작을 수행하여 고장 구간을 분리하거나 재송전하는 장치이다.
④ 섹셔널라이저(sectionalizer) - 고장 발생 시 신속히 고장 전류를 차단하여 사고를 국부적으로 분리시키는 것으로 후비 보호 장치와 직렬로 설치하여야 한다.

[풀이]
섹셔널라이저(sectionalizer)
배전선로에 고장이 발생할 경우 리클로저의 동작으로 선로가 무전압 상태가 되면 섹셔널라이저는 이를 감지하여 무전압 상태의 횟수를 기억하였다가 정해진 횟수에 도달하면 섹셔널라이저는 선로의 무전압 상태에서 선로를 개

방하여 고장구간을 분리시킨다. 섹셔널라이저는 고장전류를 차단할 수 있는 능력이 없기 때문에 리클로저와 직렬로 조합하여 사용한다. 　답 ④

② 직축리액턴스 및 횡축리액턴스 값이 서로 다르다.
③ 전기자 반작용 및 자속수가 역률의 영향을 받는다.
④ 풍손이 원통형에 비해 크다.
⑤ 수차와 같은 저속기에 사용 　답 ④

문제 26 3상 3선식에서 일정한 거리에 일정한 전력을 송전할 경우 전로에서의 저항손은?
① 선간전압에 비례한다.
② 선간전압에 반비례한다.
③ 선간전압의 2승에 비례한다.
④ 선간전압의 2승에 반비례한다.

풀이
전력손실 $P_l = 3I^2R = 3\left(\dfrac{P}{\sqrt{3}\,V\cos\phi}\right)^2 R = \dfrac{RP^2}{V^2\cos^2\phi}$ 에서
$P_l \propto \dfrac{1}{V^2}$ 　답 ④

문제 43 주상변압기에서 보통 동손과 철손의 비는 (a)이고 최대효율이 되기 위해서는 동손과 철손의 비는 (b)이다. ( ) 안에 알맞은 것은?
① $a = 1:1,\ b = 1:1$
② $a = 2:1,\ b = 1:1$
③ $a = 1:1,\ b = 2:1$
④ $a = 3:1,\ b = 1:1$

풀이
- 주상 변압기의 동손과 철손의 비 ; $P_c : P_i = 2 : 1$
- 변압기의 최대효율은 "동손 = 철손"일 때 발생 　답 ②

제3과목　전기기기

문제 41 3상 서보모터에 평형 2상 전압을 가하여 동작시킬 때의 속도-토크 특성곡선에서 최대토크가 발생할 슬립 s는?
① $0.05 < s < 0.2$
② $0.2 < s < 0.8$
③ $0.8 < s < 1$
④ $1 < s < 2$

　답 ②

문제 44 SCR의 애노드 전류가 10[A]일 때 게이트 전류를 1/2로 줄이면 애노드 전류는 몇 [A]인가?
① 20
② 10
③ 5
④ 2

풀이
SCR는 게이트에 (+)의 트리거 펄스가 인가되면 통전 상태로 되어 정류 작용이 개시되고, 일단 통전이 시작되면 게이트 전류를 차단해도 주전류(애노드 전류)는 차단되지 않는다. 따라서, 게이트 전류를 감소시켜도 주전류(부하 전류)의 크기가 변함이 없는 10[A]가 흐른다. 　답 ②

문제 42 철극형(凸극형) 발전기의 특징은?
① 자극편 부분의 공극이 크다.
② 회전이 빨라진다.
③ 자극편 부분의 자기저항은 크고 그 밖의 부분에서는 자기저항이 현저히 낮다.
④ 전기자 반작용 자속수가 역률의 영향을 받는다.

풀이
돌극형(철극형)의 특징
① 최대출력은 부하각 60°에서 발생

문제 45 1차 권선수 N_1, 2차 권선수 N_2, 1차 권선계수 kw_1, 2차 권선계수 kw_2인 유도전동기가 슬립 s로 운전하는 경우 전압비는?
① $\dfrac{kw_1 N_1}{kw_2 N_2}$
② $\dfrac{kw_2 N_2}{kw_1 N_1}$
③ $\dfrac{kw_1 N_1}{s\,kw_2 N_2}$
④ $\dfrac{s\,kw_2 N_2}{kw_1 N_1}$

풀이
$\dfrac{E_1}{E_2'} = \dfrac{a}{s} = \dfrac{N_1 k_{w1}}{s N_2 k_{w2}}$ 　답 ③

문제 46 20[kVA]의 단상변압기가 역률 1일 때 전부하 효율이 97[%]이다. 3/4 부하일 때 이 변압기는 최고 효율을 나타낸다. 전부하에서 철손(P_i)과 동손(P_c)은 각각 몇 [W]인가?

① $P_i = 222$, $P_c = 396$
② $P_i = 232$, $P_c = 386$
③ $P_i = 242$, $P_c = 376$
④ $P_i = 252$, $P_c = 356$

풀이

변압기의 효율은 $P_i = m^2 P_c$ 일 때 최대 효율이 되므로
$P_i = \left(\frac{3}{4}\right)^2 P_c$ 즉, $P_i = 0.5625 P_c$

전부하 효율 $\eta = \dfrac{P}{P + P_i + P_c} \times 100[\%]$ 에서

$\eta = \dfrac{20000}{20000 + 0.5625 P_c + P_c} \times 100 = 97[\%]$

$\therefore P_c = \dfrac{\left(\dfrac{20000 \times 100}{97} - 20000\right)}{1.5625} = 395.88[W]$

$P_i = 0.5625 P_c = 0.5625 \times 395.88 = 222.68[W]$ **답** ①

문제 47 50[Hz] 4극 15[kW]의 3상 유도전동기가 있다. 전부하시의 회전수가 1450[rpm] 이라면 토크는 몇 [kg · m]인가?

① 약 68.52   ② 약 88.65
③ 약 98.68   ④ 약 10.07

풀이

$T = 0.975 \times \dfrac{P}{N}$ [kg·m] 에서

$T = 0.975 \times \dfrac{15000}{1450} = 10.08$ [kg·m]   **답** ④

제4과목 회로이론

문제 61 그림과 같은 회로에서 부하 R_L에서 소비되는 최대전력은 몇 [W]인가?

① 50
② 125
③ 250
④ 500

풀이

- a, b단자에서 본 합성저항 $R = \dfrac{10 \times 10}{10 + 10} = 5[\Omega]$
  (이때 **전압원은 단락**)
- a, b단자 사이의 전압 $E_{ab} = \dfrac{100}{10+10} \times 10 = 50[V]$
- **최대전력 전달 조건은 $R = R_L$** 이므로 $R_L = 5[\Omega]$이 되어야 한다.

- 전력 $P_L = I^2 R_L = \left(\dfrac{50}{5+5}\right)^2 \cdot 5 = 125[W]$ **답** ②

문제 62 그림과 같은 회로에서 $t=0$의 시각에 스위치 S를 닫을 때 전류 $i(t)$의 라플라스 변환 $I(s)$는? (단, $V_c(0) = 1$ [V] 이다.)

① $\dfrac{3s}{6s+1}$ ② $\dfrac{3}{6s+1}$
③ $\dfrac{6}{6s+1}$ ④ $\dfrac{-s}{6s+1}$

풀이

- 스위치 S 투입시 흐르는 전류 $i(t) = \dfrac{V - V_c}{R} e^{-\frac{1}{RC}t}$
  (∵ $V_c(0) = 1[V]$는 $t=0$일 때 즉, 초기전압 1[V]가 존재한다는 것을 의미)
- $i(t) = \dfrac{2-1}{2} e^{-\frac{1}{2 \times 3}t} = \dfrac{1}{2} e^{-\frac{1}{6}t}$ [A]

- $\mathcal{L}[i(t)] = I(s) = \dfrac{1}{2} \cdot \dfrac{1}{s+\dfrac{1}{6}} = \dfrac{1}{2} \cdot \dfrac{6}{6s+1} = \dfrac{3}{6s+1}[A]$

$\left(\because \mathcal{L}[e^{\pm at}] = \dfrac{1}{s \mp a}\right)$

답 ②

문제 63 RL 직렬회로에 V인 직류 전압원을 갑자기 연결하였을 때 $t=0_+$인 순간, 이 회로에 흐르는 회로전류에 대하여 바르게 표현된 것은?
① 이 회로에는 전류가 흐르지 않는다.
② 이 회로에는 $\dfrac{V}{R}$ 크기의 전류가 흐른다.
③ 이 회로에는 무한대의 전류가 흐른다.
④ 이 회로에는 $\dfrac{V}{(R+j\omega L)}$의 전류가 흐른다.

풀이
$R-L$ 직렬 회로의 전류 $i(t) = \dfrac{E}{R}\left(1-e^{-\frac{R}{L}t}\right)$에서 $t=0$인 경우 $i(t) = 0$이다. ($\because e^0 = 1$)

답 ①

문제 64 그림과 같은 회로의 2단자 임피던스 $Z(s)$는? (단, $s=j\omega$이다.)

① $\dfrac{1}{s^2+1}$ ② $\dfrac{s}{s^2+1}$
③ $\dfrac{2s}{s^2+1}$ ④ $\dfrac{3s}{s^2+1}$

풀이
$Z(s) = \dfrac{\dfrac{s}{s}}{s+\dfrac{1}{s}} \times 2 = \dfrac{2s}{s^2+1}[\Omega]$

답 ③

문제 65 그림과 같은 4단자 회로의 4단자 정수 중 D의 값은?

① $1-\omega^2 LC$ ② $j\omega L(2-\omega^2 LC)$
③ $j\omega C$ ④ $j\omega L$

풀이
$\begin{bmatrix} 1 & j\omega L \\ 0 & 1 \end{bmatrix}\begin{bmatrix} 1 & 0 \\ j\omega C & 1 \end{bmatrix}\begin{bmatrix} 1 & j\omega L \\ 0 & 1 \end{bmatrix} = \begin{bmatrix} 1-\omega^2 LC & j\omega L(2-\omega^2 LC) \\ j\omega C & 1-\omega^2 LC \end{bmatrix}$

답 ①

문제 66 다음과 같은 회로에서 입력전압의 실효치가 12[V]의 정현파일 때 전 전류 $I[A]$는?
① $3-j4[A]$
② $3+j4[A]$
③ $4-j3[A]$
④ $6+j10[A]$

풀이
- $I_R = \dfrac{12}{4} = 3[A]$
- $I_L = \dfrac{12}{j3} = -j4[A]$
- 전 전류 $I = I_R + I_L = 3-j4[A]$

답 ①

제5과목 전기설비기술기준

문제 81 케이블공사로 저압 옥내배선을 시설하려고 한다. 캡타이어 케이블을 사용하여 조영재의 아랫면에 따라 붙이고자 할 때 전선의 지지점간의 거리는 몇 [m] 이하로 하여야 하는가?
① 1 ② 2 ③ 3 ④ 5

풀이
232.51 케이블공사
케이블 배선에 의한 저압 옥내배선은 다음에 따라 시설하여야 한다.

가. 전선은 케이블 및 캡타이어케이블일 것.
나. 전선을 조영재의 아랫면 또는 옆면에 따라 붙이는 경우 전선의 지지점 간의 거리
   ① 케이블 : 2 [m](사람이 접촉할 우려가 없는 곳에서 수직으로 붙이는 경우에는 6 [m]) 이하
   ② **캡타이어 케이블 : 1[m] 이하**   답 ①

문제 82 특고압 가공전선이 케이블인 경우에 통신선이 절연전선과 동등 이상의 절연효력이 있을 때 통신선과 특고압 가공전선과의 이격거리는 몇 [cm] 이상인가?

① 30　　② 60　　③ 75　　④ 90

풀이
362.2 전력보안통신선의 시설 높이와 이격거리
가공전선과 첨가 통신선과의 이격거리
가. 통신선은 가공전선의 아래에 시설할 것.
나. 이격거리

가공전선		통신선		
		일반	절연전선	광섬유케이블
중성선	25[kV]이하, 다중접지중성선	0.6[m] 이상		
저압 가공전선	일반	0.6[m] 이상		
	절연전선 또는 케이블		0.3[m] 이상	
	인입선			0.15[m] 이상
고압 가공전선	일반	0.6[m] 이상		
	케이블		0.3[m] 이상	
특고압 가공전선	일반	1.2[m] 이상		
	케이블		0.3[m] 이상	
	25[kV]이하, 다중접지방식	0.75[m] 이상		

답 ①

문제 83 옥내에 시설하는 전기시설물에 대한 내용 중 틀린 것은?

① 백열전등 또는 방전등에 전기를 공급하는 옥내전로의 대지전압은 300 [V] 이하이어야 한다.
② 정격 소비전력 5 [kW] 이상의 전기기계기구는 그 전로의 옥내배선과 직접 접속할 수 있다.
③ 옥내에 시설하는 저압용의 배선기구는 그 충전부분이 노출하지 않도록 시설하여야 한다.
④ 저압 옥내배선의 사용전선은 단면적 2.5[mm²] 이상의 연동선이어야 한다.

풀이
231.6 옥내전로의 대지 전압의 제한
주택의 옥내전로(전기기계기구내의 전로를 제외한다)의 대지전압은 300[V] 이하이어야 하며 다음 각 호에 따라 시설하여야 한다. 다만, 대지전압 150[V] 이하의 전로인 경우에는 다음에 따르지 않을 수 있다.
가. 사용전압은 400[V] 이하여야 한다.
나. 주택의 전로 인입구에는 감전보호용 누전차단기를 시설하여야 한다. 다만, 전로의 전원측에 정격용량이 3[kVA] 이하인 절연변압기(1차 전압이 저압이고 2차 전압이 300[V] 이하인 것에 한한다)를 사람이 쉽게 접촉할 우려가 없도록 시설하고 또한 그 절연변압기의 부하측 전로를 접지하지 않는 경우에는 예외로 한다.
다. **정격 소비 전력 3[kW] 이상**의 전기기계기구에 전기를 공급하기 위한 전로에는 전용의 개폐기 및 과전류 차단기를 시설하고 **그 전로의 옥내배선과 직접 접속**하거나 적정 용량의 전용콘센트를 시설하여야 한다.

답 ②

문제 84 저압 가공전선이 다른 저압 가공전선과 접근상태로 시설 되거나 교차하여 시설되는 경우에 저압 가공전선 상호간의 이격거리는 몇 [cm] 이상이어야 하는가? (단, 한 쪽의 전선이 고압 절연전선이라고 한다.)

① 30　　② 60　　③ 80　　④ 100

풀이
222.16 저압 가공전선 상호 간의 접근 또는 교차
저압 가공전선이 다른 저압 가공전선과 접근상태로 시설 되거나 교차하여 시설되는 경우 이격거리

전선의 종류구분	다른 저압 가공전선	
	전선 상호간	지지물
저압 절연전선	0.6[m]	0.3[m]
어느 한 쪽의 전선이 고압·특고압절연전선 또는 케이블	0.3[m]	

답 ①

12년 1회 동일 및 유사 문제 (년도-회-번호)

1과목 전기자기학
- 10 14-3-01
- 11 21-2-18
- 12 19-2-18
- 13 16-1-06
- 14 15-1-14
- 15 22-3-03
- 16 17-2-17
- 17 16-2-12
- 18 13-2-01
- 19 22-3-11
- 20 21-3-07

2과목 전력공학
- 27 15-2-26
- 28 20-4-39
- 29 21-2-29
- 30 15-2-29
- 31 22-1-25
- 32 20-3-26
- 33 22-3-34
- 34 20-1,2-27
- 35 18-2-33
- 36 17-1-25
- 37 19-3-39
- 38 13-2-22
- 39 19-1-24
- 40 20-1,2-26

3과목 전기기기
- 48 16-3-46
- 49 20-4-42
- 50 18-1-42
- 51 20-3-53
- 52 17-2-42
- 53 18-3-42
- 54 17-1-41
- 55 15-3-43
- 56 21-1-60
- 57 18-3-55
- 58 16-3-43
- 59 21-3-56
- 60 16-3-48

4과목 회로이론
- 67 19-1-76
- 68 19-2-67
- 69 19-1-80
- 70 22-1-74
- 71 19-3-67
- 72 22-3-61
- 73 22-1-64
- 74 19-1-64
- 75 22-1-73
- 76 22-1-80
- 77 22-2-65
- 78 20-1,2-71
- 79 20-4-77
- 80 15-3-62

5과목 전기설비기술기준
- 85 17-2-94
- 86 21-1-86
- 87 16-2-89
- 88 20-3-87
- 89 18-3-81
- 90 13-3-84
- 91 21-1-96
- 92 19-1-87
- 93 22-1-86
- 94 17-2-95
- 95 22-2-97
- 96 22-2-88
- 97 22-1-92
- 98 18-3-82

국가기술자격검정 필기시험 문제

2012년도 전기산업기사 일반검정 제2회

자격종목 및 등급(선택분야)	종목코드	시험시간	문제지형별
전기산업기사	2140	2시간 30분	A

제1과목 전기자기학

문제 01 원점에 점전하 Q[C]이 있을 때 원점을 제외한 모든 점에서 $\nabla \cdot D$의 값은?

① ∞ ② 0
③ 1 ④ ϵ_o

풀이
전하가 없는 곳이므로 $\text{div}\,D = \nabla \cdot D = 0$ **답** ②

문제 02 같은 평등 자계 중의 자계와 수직방향으로 전류 도선을 놓으면 N, S극이 만드는 자계와 전류에 의한 자계와의 상호작용에 의하여 자계의 합성이 이루어지고 전류 도선은 힘을 받는다. 이러한 힘을 무엇이라 하는가?

① 전자력 ② 기전력
③ 기자력 ④ 전계력

풀이
자계 내에서 전류가 흐르는 도체가 받는 힘을 전자력(electro magnetic force)이라 한다. **답** ①

문제 03 공기 중에서 E[V/m]의 전계를 i_d[A/m²]의 변위전류로 흐르게 하고자 한다. 이때 주파수 f[Hz]는?

① $f = \dfrac{i_d}{2\pi\epsilon E}$ [Hz] ② $f = \dfrac{i_d}{4\pi\epsilon E}$ [Hz]
③ $f = \dfrac{\epsilon i_d}{2\pi^2 E}$ [Hz] ④ $f = \dfrac{i_d E}{4\pi^2 \epsilon}$ [Hz]

풀이
변위 전류 밀도 $i_d = \dfrac{\partial D}{\partial t} = \dfrac{\epsilon V_m}{d} \dfrac{\partial}{\partial t} \sin\omega t$
$= \dfrac{\omega\epsilon}{d} V_m \cos\omega t = \omega\epsilon E\cos\omega t$ [A/m²]
변위전류 밀도와 각속도와의 관계는
$|i_d| = \omega\epsilon E$, $\omega = \dfrac{|i_d|}{\epsilon E}$ 가 된다.
$\omega = 2\pi f$ 이므로 주파수 f는
$\therefore f = \dfrac{i_d}{2\pi\epsilon E}$ [Hz] **답** ①

문제 04 환상솔레노이드의 자기 인덕턴스에서 코일 권수를 5배로 하였다면 인덕턴스의 값은?

① 변함이 없다. ② 5배 증가한다.
③ 10배 증가한다. ④ 25배 증가한다.

풀이
$L = \dfrac{N\phi}{I} = \dfrac{N^2}{R_m} = \dfrac{\mu A N^2}{l}$ [H] $\therefore L \propto N^2$
따라서, 코일 권수를 5배로 하면 인덕턴스는 25배 증가한다. **답** ④

문제 05 전류의 세기가 I[A], 반지름 r[m]인 원형 선전류 중심에 m[Wb]인 가상 점자극을 둘 때 원형 선전류가 받는 힘은?

① $\dfrac{mI}{2\pi r}$ [N] ② $\dfrac{mI}{2r}$ [N]
③ $\dfrac{mI^2}{2\pi r}$ [N] ④ $\dfrac{mI}{2\pi r^2}$ [N]

풀이
반지름 r인 원형 선전류 중심의 자계의 세기
$H_0 = \dfrac{I}{2r}$ [AT/m] $\therefore F = mH = \dfrac{mI}{2r}$ [N] **답** ②

문제 06 전기력선 밀도를 이용하여 주로 대칭 정전계의 세기를 구하기 위하여 이용되는 법칙은?
① 패러데이의 법칙 ② 가우스의 법칙
③ 쿨롱의 법칙 ④ 톰슨의 법칙

풀이
- 패러데이 법칙 : 전자유도 법칙에 의한 기전력
- **가우스의 법칙 : 전계의 세기**
- 쿨롱의 법칙 : 전하들간에 작용하는 힘
- 톰슨의 법칙 : 전계의 최소 에너지

답 ②

제2과목 전력공학

문제 21 지락보호계전기의 동작이 가장 확실한 송전계통방식은?
① 고저항접지식 ② 비접지식
③ 소호리액터접지식 ④ 직접접지식

풀이
직접 접지방식의 장·단점
[장점]
① 1선 지락시에 건전상의 대지 전압이 거의 상승하지 않는다.
② 피뢰기의 효과를 증진시킬 수 있다.
③ 단절연이 가능하다.
④ **지락보호 계전기의 동작이 확실**해진다.
[단점]
① 송전 계통의 과도 안정도가 나빠진다.
② 통신선에 유도 장해가 크다.
③ 기기에 큰 영향을 주어 손상을 준다.
④ 대용량 차단기가 필요하다.

답 ④

문제 22 유효저수량 200,000[m³], 평균유효낙차 100[m], 발전기출력 7,500[kW]이다. 1대를 운전할 경우 약 몇 시간 정도 발전할 수 있는가? (단, 발전기 및 수차의 합성효율은 85[%]이다.)
① 4 ② 5
③ 6 ④ 7

풀이
- 출력 $P = 9.8QH\eta$ [kW]에서 7500[kW]를 발전하는데 필요한 유량 Q [m³/sec]는

$$Q = \frac{P}{9.8H\eta} = \frac{7500}{9.8 \times 100 \times 0.85} \fallingdotseq 9 [\text{m}^3/\text{sec}]$$

- 발전 시간
$$t = \frac{V}{Q} = \frac{200000}{9} = 22222.22 [\text{sec}] = \frac{22222.22}{60 \times 60} \fallingdotseq 6.17[\text{h}]$$

답 ③

문제 23 공칭전압 154[kV]에 대한 250[mm] 현수애자의 연결 개수는 대략 몇 개 정도인가?
① 5~6 ② 9~10
③ 14~15 ④ 19~23

풀이
전압에 따른 현수애자의 연결 개수는 주변 환경에 따라 다르나 일반적으로 다음과 같이 계산할 수 있다.

연결개수 $n = \dfrac{\text{전압}[\text{kV}]}{20[\text{kV}]} + 1 \sim 2(\text{여유})$

따라서, 154[kV] 계통에서
$n = \dfrac{154}{20} + (1 \sim 2) = 8 + (1 \sim 2) = 9 \sim 10 [\text{개}]$

답 ②

문제 24 수관식 보일러의 장점에 속하지 않는 것은?
① 수관의 지름이 적어지고 고압에 견딜 수 있다.
② 드럼안의 순환이 좋으며 증기발생이 빠르다.
③ 용량을 크게 할 수 있고 과열기를 설치하기 쉽다.
④ 구조가 간단하고 증발량이 크다.

풀이
수관식 보일러는 여러 가지 장점이 있는 반면에 축열용량이 작고, 급수를 펌프를 사용해서 고압으로 공급하기 때문에 **구조가 복잡하고 운전비용이 비싸진다는** 단점이 있다.

답 ④

문제 25 송전선로의 매설지선의 가장 중요한 설치 목적은?
① 뇌해방지 ② 코로나 전압감소
③ 구조물 보호 ④ 절연강도 증가

풀이
뇌서지가 철탑에 가격시 철탑의 탑각 접지 저항이 충분히 낮지 않으면 철탑의 전위가 상승하여 철탑에서 선로로 섬

락을 일으키는 경우가 있는데 이를 역섬락이라하며 방지 대책으로는 매설 지선을 설치하여 탑각 접지 저항을 낮추어야 한다. 즉, **매설지선은 뇌해 방지 및 역섬락 방지를 위함**이다.

답 ①

문제 26
3상 3선식 송전선에서 1선의 저항이 15[Ω], 리액턴스는 20[Ω]이고 수전단의 선간전압은 30[kV], 부하역률이 0.8인 경우 전압강하율을 10[%]라 하면, 이 송전선로로는 몇 [kW]까지 수전할 수 있는가?

① 2500[kW] ② 2750[kW]
③ 3000[kW] ④ 3250[kW]

풀이

- 전압강하율 $\varepsilon = \dfrac{P}{V^2}(R + X\tan\theta)$ 에서
- 수전 전력 $P = \dfrac{\varepsilon V^2}{R + X\tan\theta} = \dfrac{\varepsilon V^2}{R + X\dfrac{\sin\theta}{\cos\theta}}$

$$= \dfrac{0.1 \times 30000^2}{15 + 20 \times \dfrac{0.6}{0.8}} = 3000000[W] = 3000[kW]$$

답 ③

문제 27
지중선 계통을 가공선 계통에 비교하였을 때 옳은 것은?

① 인덕턴스, 정전용량이 모두 크다.
② 인덕턴스, 정전용량이 모두 적다.
③ 인덕턴스는 적고, 정전용량은 크다.
④ 인덕턴스는 크고, 정전용량은 적다.

풀이
지중선 계통은 가공선 계통에 비해서 선간 거리가 수십 배 작으므로 **인덕턴스는 작고 정전 용량은 크다.**

답 ③

문제 28
위상 비교 반송 방식에 대한 설명으로 맞는 것은?

① 일단에서의 전압과 타단에서의 전압의 위상각을 비교한다.
② 일단에서 유입하는 전류와 타단에서 유출하는 전류의 위상각을 비교한다.
③ 일단에서 유입하는 전류와 타단에서의 전압의 위상각을 비교한다.
④ 일단에서의 전압과 타단에서 유출되는 전류의 위상각을 비교한다.

풀이
위상 비교 방식 : 일단에서 **유입하는 전류와 타단에서 유출하는 전류의 위상각을 비교**하여 고장 여부를 판단하는 방법.

답 ②

문제 29
어떤 발전소의 발전기가 13.2[kV], 용량 9.3[MVA], 동기임피던스 94[%]일 때, 임피던스는 몇 [Ω]인가?

① 9.8[Ω]   ② 12.8[Ω]
③ 17.6[Ω] ④ 22.4[Ω]

풀이

퍼센트 임피던스 $\%Z = \dfrac{ZP}{10V^2}$ 에서

임피던스 $Z = \dfrac{10V^2}{P} \times \%Z = \dfrac{10 \times 13.2^2}{9300} \times 94 = 17.6[\Omega]$

(여기서, **전압 V의 단위가 [kV], 기준 용량 P의 단위가 [kVA]가 되어야 함**)

답 ③

문제 30
가공전선로의 선로정수에 대한 설명 중 틀린 내용은?

① 송배전선로는 저항, 인덕턴스, 정전용량, 누설 컨덕턴스라는 4개의 정수로 이루어진다.
② 선로정수를 평형 시키기 위해서는 연가를 하지 않는다.
③ 장거리 송전선로에 대해서는 분포정수회로로 취급한다.
④ 도체와 도체사이 또는 도체와 대지사이에는 정전용량이 존재한다.

풀이
연가는 선로정수를 평형시키고 통신선의 유도장해를 방지하기 위하여 선로를 3배수 등분하여 실시하며 특징은 다음과 같다.
① 직렬공진 방지
② 유도장해 감소
③ **선로정수 평형**

답 ②

제3과목 전기기기

문제 41 내철형 3상 변압기를 단상 변압기로 사용할 수 없는 이유는?
① 1차, 2차간의 각 변위가 있기 때문에
② 각 권선마다의 독립된 자기 회로가 있기 때문에
③ 각 권선마다의 독립된 자기 회로가 없기 때문에
④ 각 권선이 만든 자속이 $\frac{3\pi}{2}$ 위상차가 있기 때문에

풀이
외철형 3상 변압기는 각 상마다 독립된 자기 회로를 가지고 있으므로 단상 변압기로 사용할 수 있지만 **내철형 3상 변압기**는 각 권선마다 **독립된 자기 회로가 없기 때문에** 각 권선을 단상으로 사용할 수 없다. 답 ③

문제 42 다음 동기기 중 슬립링을 사용하지 않는 기기는?
① 동기발전기
② 동기전동기
③ 유도자형 고주파발전기
④ 고정자 회전기동형 동기전동기

풀이
유도자형 발전기는 계자극과 전기자를 함께 고정시키고 그 중앙에 유도자라고 하는 권선이 없는 회전자를 갖춘 것으로 주로 수백~수만 [Hz] 정도의 고주파 발전기로 사용되며 **슬립링이 없다**. 답 ③

문제 43 직류발전기의 전기자에 대한 설명 중 잘못된 것은?
① 전기자 권선은 대전류인 경우 평각동선을 사용한다.
② 전기자 권선은 소전류인 경우 연동환선을 사용한다.
③ 소형기에는 반폐 슬롯을 사용한다.
④ 중형 및 대형기에는 가지형 슬롯을 사용한다.

풀이
• 반폐 슬롯 : 소형기 및 고속도 기기에 적용
• 개방 슬롯 : 중형기 및 대형기에 적용 답 ④

문제 44 단상 전파정류로 직류 450 [V]를 얻는데 필요한 변압기 2차 권선의 전압은 몇 [V]인가?
① 525
② 500
③ 475
④ 465

풀이
• 전파 정류에서 $E_d = 0.9 E_s$
∴ $E_s = \frac{E_d}{0.9} = \frac{450}{0.9} = 500[V]$ 답 ②

문제 45 1차 전압 3300[V], 권수비 50인 단상 변압기가 순저항 부하에 10[A]를 공급할 때의 입력 [kW]은?
① 0.66
② 1.25
③ 2.43
④ 2.82

풀이
• 권수비 $a = \frac{I_2}{I_1}$ 에서 1차전류 $I_1 = \frac{I_2}{a} = \frac{10}{50} = 0.2[A]$
• 입력 $P = V_1 I_1 = 3300 \times 0.2 = 660[W] = 0.66[kW]$ 답 ①

문제 46 변압기 단락시험에서 계산할 수 있는 것은?
① 백분율 전압강하, 백분율 리액턴스강하
② 백분율 저항강하, 백분율 리액턴스강하
③ 백분율 전압강하, 여자 어드미턴스
④ 백분율 리액턴스강하, 여자 어드미턴스

풀이
변압기 단락시험으로부터 구할 수 있는 항목
• 권선의 저항
• 권선의 임피던스
• 권선의 누설리액턴스
• 백분율 저항강하
• 백분율 리액턴스강하 답 ②

제4과목 회로이론

문제 61 분류기를 사용하여 전류를 측정하는 경우 전류계의 내부저항이 $0.12\,[\Omega]$, 분류기의 저항이 $0.03\,[\Omega]$이면 그 배율은?

① 6   ② 5   ③ 4   ④ 3

풀이
분류기 : 전류계의 측정범위를 확대하기 위하여 내부저항 $r_a[\Omega]$인 전류계에 병렬로 접속하는 저항

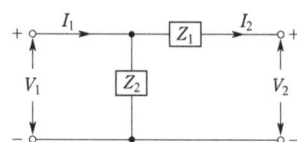

배율 $m = \dfrac{I}{I_a} = 1 + \dfrac{r_a}{R_s} = 1 + \dfrac{0.12}{0.03} = 5$ 답 ②

문제 62 $60[Hz]$, $100[V]$의 교류전압을 어떤 콘덴서에 인가하니 $1[A]$의 전류가 흘렀다. 이 콘덴서의 정전용량$[\mu F]$은?

① 약 $377[\mu F]$ ② 약 $265[\mu F]$
③ 약 $26.5[\mu F]$ ④ 약 $2.65[\mu F]$

풀이
$X_c = \dfrac{V}{I} = \dfrac{100}{1} = 100[\Omega]$

$X_c = \dfrac{1}{\omega C}$에서 $C = \dfrac{1}{\omega X_c}$

$C = \dfrac{1}{2\pi \times 60 \times 100} = 26.5 \times 10^{-6}[F] = 26.5[\mu F]$ 답 ③

문제 63 그림과 같은 회로의 임피던스 파라미터는?

① $Z_{11} = Z_1 + Z_2,\ Z_{12} = Z_1,\ Z_{21} = Z_1,\ Z_{22} = Z_1$
② $Z_{11} = Z_1,\ Z_{12} = Z_2,\ Z_{21} = -Z_1,\ Z_{22} = Z_2$
③ $Z_{11} = Z_2,\ Z_{12} = -Z_2,\ Z_{21} = -Z_2,\ Z_{22} = Z_1 + Z_2$
④ $Z_{11} = Z_2,\ Z_{12} = Z_1 + Z_2,\ Z_{21} = Z_1 + Z_2,\ Z_{22} = Z_1$

풀이
- $Z_{11} = \dfrac{V_1}{I_1}\bigg|_{I_2 = 0}\,[\Omega]\ (I_2 = 0\text{는 2차측 개방})$,
  $V_1 = I_1 \times Z_2$
  $\therefore Z_{11} = \dfrac{V_1}{I_1} = \dfrac{I_1 \times Z_2}{I_1} = Z_2[\Omega]$

- $Z_{12} = \dfrac{V_1}{I_2}\bigg|_{I_1 = 0}\,[\Omega]\ (I_1 = 0\text{는 1차측 개방})$,
  $V_1 = (-I_2) \times Z_2$
  $\therefore Z_{12} = \dfrac{V_1}{I_2} = \dfrac{-I_2 \times Z_2}{I_2} = -Z_2[\Omega]$

- $Z_{21} = \dfrac{V_2}{I_1}\bigg|_{I_2 = 0}\,[\Omega]\ (I_2 = 0\text{는 2차측 개방})$,
  $V_2 = (-I_1) \times Z_2$
  $\therefore Z_{21} = \dfrac{V_2}{I_1} = \dfrac{-I_1 \times Z_2}{I_1} = -Z_2[\Omega]$

- $Z_{22} = \dfrac{V_2}{I_2}\bigg|_{I_1 = 0}\,[\Omega]\ (I_1 = 0\text{는 1차측 개방})$,
  $V_2 = I_2 \times (Z_1 + Z_2)$
  $\therefore Z_{22} = \dfrac{V_2}{I_2} = \dfrac{I_2 \times (Z_1 + Z_2)}{I_2} = Z_1 + Z_2[\Omega]$ 답 ③

문제 64 다음 그림에서 $V_1 = 24[V]$일 때 $V_0[V]$의 값은?

① 8   ② 12   ③ 16   ④ 24

풀이
병렬 부분의 저항
$R = \dfrac{6 \times 3}{6 + 3} = 2[\Omega]$

$\therefore V_0 = 24 \times \dfrac{1}{2} = 12[V]$

답 ②

문제 65 일정 전압의 직류 전원에 저항 R을 접속하고 전류를 흘릴 때, 이 전류값을 $20[\%]$ 증가시키기 위해서는 저항값은 얼마로 하여야 하는가?

① $1.25R$ ② $1.20R$
③ $0.83R$ ④ $0.80R$

풀이

$$I = \frac{E}{R} \quad \cdots\cdots ①$$

$$I_2 = \frac{E}{R_2} = 1.2I \quad \cdots\cdots ②$$

식 ①, ②에서

$$E = IR = I_2 R_2 = 1.2 IR_2$$

$$\therefore R_2 = \frac{IR}{1.2I} ≒ 0.83R$$

답 ③

문제 66 전류가 전압에 비례한다는 것을 가장 잘 나타낸 것은?

① 테브낭의 정리 ② 상반의 정리
③ 밀만의 정리 ④ 중첩의 원리

풀이

테브낭의 정리

$$I = \frac{V}{Z_0 + Z}$$

답 ①

 제5과목 전기설비기술기준

문제 81 인입용 비닐절연전선을 사용한 저압 가공전선은 횡단보도교 위에 시설하는 경우 노면상의 높이는 몇 [m]이상으로 하여야 하는가?

① 3 ② 3.5
③ 4 ④ 4.5

풀이

221.1.1 저압 인입선의 시설
저압 가공인입선의 높이
가. 도로(차도와 보도의 구별이 있는 도로인 경우에는 차도)를 횡단하는 경우 : 노면상 5[m] (기술상 부득이한 경우에 교통에 지장이 없을 때에는 3[m]) 이상
나. 철도 또는 궤도를 횡단하는 경우 : 레일면상 6.5[m] 이상
다. 횡단보도교 위에 시설하는 경우 : 노면상 3[m] 이상

답 ①

문제 82 사용전압이 22900 [V]인 특고압 가공전선이 건조물 등과 접근상태로 시설되는 경우 지지물로 A종 철근 콘크리트주를 사용하면 그 경간은 몇 [m] 이하이어야 하는가? (단, 중성선 다중접지식으로 전로에 단락이 생겼을 때에 2초 이내에 자동적으로 이를 전로로부터 차단하는 장치가 되어있는 경우)

① 100 ② 150
③ 200 ④ 250

풀이

333.32 25 [kV] 이하인 특고압 가공전선로의 시설
사용전압이 15[kV]를 초과하고 25[kV] 이하인 특고압 가공전선로가 건조물·도로·횡단보도교·철도·궤도·삭도·가공약전류전선 등·안테나·저압이나 고압의 가공전선 또는 저압이나 고압의 전차선과 접근 또는 교차상태로 시설되는 경우의 경간은 표에서 정한 값 이하일 것.

지지물의 종류	경간
목주·A종 철주 또는 A종 철근 콘크리트주	100[m] 이하
B종 철주 또는 B종 철근 콘크리트주	150[m] 이하
철탑	400[m] 이하

답 ①

문제 83 태양전지 발전소에 시설하는 태양전지 모듈, 전선 및 개폐기 기타 기구의 시설방법으로 적합하지 않은 것은?

① 충전부분은 노출되지 아니하도록 시설할 것
② 태양전지 모듈에 전선을 접속하는 경우에는 접속점에 장력이 가해지도록 할 것
③ 옥내에 시설하는 경우에는 금속관공사, 금속제 가요전선관공사로 할 것
④ 태양전지 모듈의 지지물은 진동과 충격에 안전한 구조이어야 할 것

풀이

522 태양광설비의 시설
가. 모듈 및 기타 기구에 전선을 접속하는 경우는 나사로 조이고, 기타 이와 동등 이상의 효력이 있는 방법으로 기계적·전기적으로 안전하게 접속하고, **접속점에 장력이 가해지지 않도록** 할 것
나. 모듈의 출력배선은 극성별로 확인할 수 있도록 표시할 것
다. 전선은 공칭단면적 2.5[mm²] 이상의 연동선 또는 이와 동등 이상의 세기 및 굵기의 것일 것.

라. 배선설비 공사는 옥내에 시설할 경우에는 **합성수지관 공사, 금속관공사, 금속제가요전선관공사, 케이블공사**의 규정에 준하여 시설할 것.　　　　　　　　**답 ②**

문제 84 케이블 트레이공사에 사용하는 케이블 트레이에 적합하지 않은 것은?

① 금속재의 것은 적절한 방식처리를 하거나 내식성 재료의 것이어야 한다.
② 비금속재 케이블 트레이는 난연성 재료가 아니어도 된다.
③ 케이블 트레이가 방화구획의 벽 등을 관통하는 경우에는 개구부에 연소방지시설을 하여야 한다.
④ 금속제 케이블 트레이 계통은 기계적 또는 전기적으로 완전하게 접속하여야 한다.

풀이
232.41 케이블트레이공사
케이블트레이공사는 케이블을 지지하기 위하여 사용하는 금속재 또는 불연성 재료로 제작된 유닛 또는 유닛의 집합체 및 그에 부속하는 부속재 등으로 구성된 견고한 구조물을 말하며 사다리형, 펀칭형, 메시형, 바닥밀폐형 기타 이와 유사한 구조물을 포함하여 적용한다.
가. 케이블 트레이의 안전율은 1.5 이상으로 하여야 한다.
나. 금속재의 것은 적절한 방식처리를 한 것이거나 내식성 재료의 것이어야 한다.
다. **비금속제 케이블 트레이는 난연성 재료**의 것이어야 한다.
라. 금속제 케이블 트레이 계통은 기계적 및 전기적으로 완전하게 접속하여야 하며 금속제 트레이는 접지공사를 하여야 한다.　　　　　　　　**답 ②**

문제 85 특고압 전선로에 접속하는 배전용 변압기를 시설하는 경우에 대한 설명으로 틀린 것은?

① 변압기의 2차 전압이 고압인 경우에는 저압측에 개폐기를 시설한다.
② 특고압 전선으로 특고압 절연전선 또는 케이블을 사용한다.
③ 변압기의 특고압측에 개폐기 및 과전류차단기를 시설한다.
④ 변압기의 1차 전압은 35 [kV] 이하, 2차 전압은 저압 또는 고압이어야 한다.

풀이
341.2 특고압 배전용 변압기의 시설
특고압 전선로에 접속하는 배전용 변압기를 시설하는 경우에는 특고압 전선에 특고압 절연전선 또는 케이블을 사용하고 또한 다음에 따라야 한다.
가. 변압기의 1차 전압은 35[kV] 이하, 2차 전압은 저압 또는 고압일 것.
나. 변압기의 특고압측에 개폐기 및 과전류차단기를 시설할 것.
다. **변압기의 2차 전압이 고압인 경우에는 고압측에 개폐기를 시설**하고 또한 쉽게 개폐할 수 있도록 할 것.　**답 ①**

12년 2회 동일 및 유사 문제 (년도-회-번호)

1과목 전기자기학
- 07 20-4-04
- 08 22-1-01
- 09 17-3-15
- 10 17-1-09
- 11 22-1-16
- 12 22-2-09
- 13 20-1,2-10
- 14 20-4-08
- 15 21-1-03
- 16 21-2-05
- 17 22-2-07
- 18 16-2-07
- 19 17-1-20
- 20 22-1-08

2과목 전력공학
- 31 17-2-33
- 32 15-1-25
- 33 12-3-25
- 34 22-3-23
- 35 21-3-26
- 36 18-1-27
- 37 20-1,2-21
- 38 15-3-34
- 39 15-3-21
- 40 22-2-25

3과목 전기기기
- 47 22-1-42
- 48 14-1-45
- 49 13-2-45
- 50 21-3-57
- 51 22-2-49
- 52 15-3-51
- 53 22-1-44
- 54 18-1-45
- 55 22-3-56
- 56 19-3-42
- 57 22-1-49
- 58 15-2-43
- 59 22-1-42
- 60 22-1-48

4과목 회로이론
- 67 19-1-72
- 68 22-2-74
- 69 22-3-70
- 70 19-3-63
- 71 20-1,2-69
- 72 19-1-74
- 73 21-1-61
- 74 15-1-62
- 75 19-1-61
- 76 22-2-69
- 77 17-2-76
- 78 19-1-73
- 79 17-3-63
- 80 19-2-72

5과목 전기설비기술기준
- 86 16-1-85
- 87 21-2-100
- 88 21-2-99
- 89 21-3-92
- 90 18-2-93
- 91 18-3-89
- 92 16-2-84
- 93 15-1-84
- 94 19-3-88
- 95 20-1,2-87

국가기술자격검정 필기시험 문제

2012년도 전기산업기사 일반검정 제3회

자격종목 및 등급(선택분야)	종목코드	시험시간	문제지형별
전기산업기사	2140	2시간 30분	A

제1과목 전기자기학

문제 01 다음 설명 중 옳은 것은?

① 완전 도체가 아닌 일정한 고유저항을 가진 대지상에 대지와 나란히 높이 h인 곳에 가선된 전류 I가 흐르는 원통상 도선의 영상전류는 방향이 반대인 $-I$이고, 땅속 h보다 얕은 곳에 대지면과 나란히 흐르는 영상전류이다.
② 접지 구도체의 외부에 있는 점전하에 기인된 접지 구도체상 유도전하의 영상전하는 2개 있다.
③ 두 유전체가 무한 평면으로 경계면을 이루고 접해있을 때 한 유전체내에 있는 점전하 Q의 영상전하는, 경계면과 Q간 거리의 연장선상 반대편 등거리에 1개 있다.
④ 절연 도체구의 외부에 점전하가 있을 때 절연 도체구에 유도된 전하에 관한 영상 전하는 2개 있다.

풀이
절연 도체구 외부에 점전하 Q가 있는 경우 영상전하는 2개가 있다.
① 제1 영상전하 : 영상점 $\frac{a^2}{d}$, 영상전하 $Q' = -\frac{a}{d}Q$
② 제2 영상전하 : 영상점 : 구의 중심, 영상전하 $Q'' = \frac{a}{d}Q$ **답** ④

문제 02 자화율 χ와 비투자율 μ_s의 관계에서 상자성체로 판단할 수 있는 것은?

① $\chi > 0,\ \mu_s < 1$ ② $\chi < 0,\ \mu_s > 1$
③ $\chi > 0,\ \mu_s > 1$ ④ $\chi < 0,\ \mu_s < 1$

풀이
• 상자성체 : 자화율 $\chi > 0$, 비투자율 $\mu_s > 1$
• 반자성체 : 자화율 $\chi < 0$, 비투자율 $\mu_s < 1$
• 강자성체 : 비투자율 $\mu_s \gg 1$ **답** ③

문제 03 자기인덕턴스가 L_1, L_2이고 상호인덕턴스가 M인 두 코일을 직렬로 연결하여 합성인덕턴스 L을 얻었을 때, 다음 중 항상 양의 값을 갖는 것만 골라 묶은 것은?

① $L_1,\ L_2,\ M$
② $L_1,\ L_2,\ L$
③ $M,\ L$
④ 항상 양의 값을 갖는 것은 없다.

풀이
• 자기 인덕턴스($L_1,\ L_2$)는 항상 정(+)의 값을 갖는다.
• 상호 인덕턴스는 두 회로 사이의 관계로 두 코일에 흐르는 전류가 만드는 **자속이 같은 방향이면 정(+)의 값을, 반대 방향이면 부(-)의 값**을 갖는다.
$L = L_1 + L_2 \pm 2M$
(상호 인덕턴스 $M = k\sqrt{L_1 L_2}$,
여기서, 결합계수 k는 $0 \leq k \leq 1$)
• 합성인덕턴스 L은 항상 정(+)의 값을 갖는다. **답** ②

문제 04 두 개의 자하 m_1, m_2 사이에 작용되는 쿨롱의 법칙으로서 자하간의 자기력에 대한 설명으로 옳지 않은 것은?

① 두 자하가 동일 극성이면 반발력이 작용한다.
② 두 자하가 서로 다른 극성이면 흡인력이 작용한다.
③ 두 자하의 거리에 반비례한다.
④ 두 자하의 곱에 비례한다.

풀이

쿨롱의 법칙 $F = \dfrac{m_1 m_2}{4\pi\mu_0 r^2}$ [N]에서

두 자하간에 작용하는 작용력은 거리의 제곱에 반비례 한다.

답 ③

문제 05 무한 평면도체에서 h[m]의 높이에 반지름 a[m] ($a \ll h$)의 도선을 도체에 평행하게 가설하였을 때 도체에 대한 도선의 정전용량은 몇 [F/m]인가?

① $\dfrac{\pi\epsilon_0}{\ln\dfrac{h}{a}}$ ② $\dfrac{2\pi\epsilon_0}{\ln\dfrac{2h}{a}}$

③ $\dfrac{\pi\epsilon_0}{\ln\dfrac{2h}{a}}$ ④ $\dfrac{2\pi\epsilon_0}{\ln\dfrac{h}{a}}$

풀이

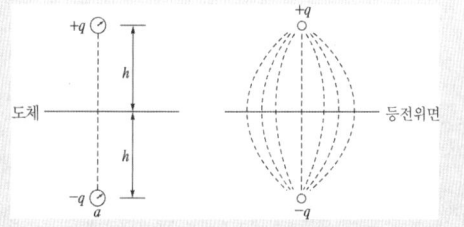

그림과 같이 반지름 a[m]인 도선이 도체면상 h[m]인 높이에서 $+q$[C/m]의 전하를 지니고 있다고 하면 도체면 아래 h[m] 깊이에 $-q$[C/m]의 전하를 지닌 반지름 a[m]인 도선이 있다고 가정하고 풀면 된다.

이때의 정전 용량은 $C_s = \dfrac{2\pi\epsilon_0}{\ln\dfrac{2h}{a}}$ [F/m]가 된다.

답 ②

문제 06 두 도체 A와 B에서 도체 A에는 $+Q$[C], 도체 B에는 $-Q$[C]의 전하를 줄 때 도체 A, B간의 전위차를 V_{AB}라 하면 성립되는 식은? (단, 두 도체 사이의 정전용량은 C 이다.)

① $Q = \sqrt{C} V_{AB}^2$ ② $Q = \sqrt{C} V_{AB}$
③ $Q = C^2 V_{AB}$ ④ $Q = C V_{AB}$

풀이

진공 중에 놓여진 두 도체에 각각 동량 이 부호의 전하 $\pm Q$를 주었을 때 두 도체 사이의 정전용량

$C = \dfrac{Q}{V_{AB}}$ [F]

여기서, V_{AB}: 두 도체 사이의 전위차,
C: 두 도체 사이의 정전용량

답 ④

문제 07 유전율이 각각 ϵ_1, ϵ_2인 두 유전체가 접해 있는 경우 전기력선의 방향을 그림과 같이 표시할 때 $\epsilon_1 > \epsilon_2$이면 θ_1과 θ_2의 관계는?

① $\theta_1 = \theta_2$
② $\theta_1 < \theta_2$
③ $\theta_1 > \theta_2$
④ 전력선의 방향에 따라
 $\theta_1 > \theta_2$ 혹은 $\theta_1 < \theta_2$

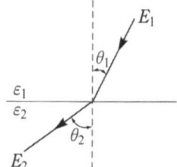

풀이

유전체에서의 경계면 조건

$E_1 \sin\theta_1 = E_2 \sin\theta_2$, $D_1 \cos\theta_1 = D_2 \cos\theta_2$ 에서

$\dfrac{\tan\theta_1}{\tan\theta_2} = \dfrac{\epsilon_1}{\epsilon_2}$의 관계가 성립된다.

따라서, $\epsilon_1 > \epsilon_2$ 이면 $\theta_1 > \theta_2$ 이다.

답 ③

문제 08 유전율 ϵ_1[F/m], ϵ_2[F/m]인 두 종류의 유전체가 무한평면을 경계로 접해있다. 유전체에서 경계면으로부터 r[m]만큼 떨어진 점 P에 점전하 Q[C]가 있을 경우, 점전하와 유전체 ϵ_2[F/m] 사이에 작용하는 힘[N]은?

① $\dfrac{Q^2}{4\pi\epsilon_1 r^2}\dfrac{\epsilon_1 - \epsilon_2}{\epsilon_1 + \epsilon_2}$ [N]

② $\dfrac{Q}{4\pi\epsilon_1 r}\dfrac{\epsilon_1 - \epsilon_2}{\epsilon_1 + \epsilon_2}$ [N]

③ $\dfrac{Q}{16\pi\epsilon_1 r}\dfrac{\epsilon_1 - \epsilon_2}{\epsilon_1 + \epsilon_2}$ [N]

④ $\dfrac{Q^2}{16\pi\epsilon_1 r^2}\dfrac{\epsilon_1 - \epsilon_2}{\epsilon_1 + \epsilon_2}$ [N]

풀이

점전하 Q와 유전체 ϵ_2 사이에 작용하는 힘은 유전체 ϵ_1중에서 점전하 Q와 영상 전하 Q' 사이에 작용하는 힘과 같다. 즉, 전 공간이 ϵ_1의 유전체로 되었을 경우의 Q에 대한 영상 전하 Q'는

$$Q' = \frac{\epsilon_1 - \epsilon_2}{\epsilon_1 + \epsilon_2} Q$$

따라서 점전하 Q가 받는 힘 F는

$$F = \frac{QQ'}{4\pi\epsilon_1 (2r)^2} = \frac{Q^2}{16\pi\epsilon_1 r^2} \frac{\epsilon_1 - \epsilon_2}{\epsilon_1 + \epsilon_2} [N]$$

답 ④

① 전용 계통으로 공급
② 단락 용량이 큰 계통에서 공급
③ 전용 변압기로 공급
④ **공급 전압을 승압**
(2) 수용가 측에서의 대책
① 전원 계통에 리액터 분을 보상
② 전압 강하를 보상
③ 부하의 무효 전력 변동분을 흡수
④ 플리커 부하 전류의 변동분을 억제

답 ①

제2과목 전력공학

문제 21 송전선용 표준철탑 설계의 경우 일반적으로 가장 큰 하중은?
① 빙설
② 애자, 전선의 중량
③ 풍압
④ 전선의 인장강도

답 ③

문제 22 전력용 콘덴서 회로에 방전코일을 설치하는 주된 목적은?
① 합성 역률의 개선
② 전압의 파형개선
③ 콘덴서의 등가용량 증대
④ 전원 개방시 잔류 전하를 방전시켜 인체의 위험 방지

풀이
- 방전 코일은 콘덴서를 전원으로부터 개로할 경우, 콘덴서에 남아있는 잔류 전하에 의한 위험을 방지하기 위한 것이다.
- **방전 코일 : 잔류 전하 방전, 인체 보호**

답 ④

문제 23 플리커 예방을 위한 수용가 측의 대책이 아닌 것은?
① 공급 전압을 승압한다.
② 전원계통에 리액터분을 보상한다.
③ 전압 강하를 보상한다.
④ 부하의 무효전력 변동분을 흡수한다.

풀이
플리커 경감 대책
(1) **전력 공급측에서 실시**

문제 24 반지름 $r[m]$이고 소도체 간격 a인 2도체 송전선로에서 등가선간거리가 $D[m]$로 배치되고 완전 연가된 경우 인덕턴스는 몇 [mH/km]인가?

① $L = 0.4605 \log_{10} \dfrac{D}{\sqrt{ra^2}} + 0.025$

② $L = 0.4605 \log_{10} \dfrac{D}{\sqrt{ra}} + 0.025$

③ $L = 0.4605 \log_{10} \dfrac{D}{\sqrt{ra}} + 0.05$

④ $L = 0.4605 \log_{10} \dfrac{D}{\sqrt{ra^2}} + 0.05$

풀이
n도체인 경우

인덕턴스 $L_n = \dfrac{0.05}{n} + 0.4605 \log_{10} \dfrac{D}{\sqrt[n]{ra^{n-1}}}$ 이므로

$n = 2$인 경우

인덕턴스 $L = 0.025 + 0.4605 \log_{10} \dfrac{D}{\sqrt{ra}}$ [mH/km] 이다.

답 ②

문제 25 전력 계통의 주파수가 기준값보다 증가하는 경우 어떻게 하는 것이 가장 타당한가?
① 발전 출력 [kW]을 감소시켜야 한다.
② 발전 출력 [kW]을 증가시켜야 한다.
③ 무효 전력 [kVar]을 감소시켜야 한다.
④ 무효 전력 [kVar]을 증가시켜야 한다.

풀이
- 발전기 출력(유효 전력) 증가 → 계통 주파수 상승
- **발전기 출력(유효 전력) 감소 → 계통 주파수 하강**
- 진상 무효 전력 증가 → 수전단 전압 상승
- 지상 무효 전력 증가 → 수전단 전압 하강

답 ①

문제 26 파동 임피던스가 $Z_1 = 400[\Omega]$인 선로의 종단에 파동 임피던스가 $Z_2 = 1200[\Omega]$인 변압기가 접속되어 있다. 지금 선로로부터 파고 $e_1 = 1000$ [kV]의 전압이 진입하였다. 접속점에서 전압의 투과파는?

① 500[kV] ② 1000[kV]
③ 1500[kV] ④ 2000[kV]

풀이

투과파 전압 $e_2 = \dfrac{2Z_2}{Z_1+Z_2} \times e_1 = \dfrac{2 \times 1200}{400+1200} \times 1000$
$= 1500[\text{kV}]$ **답** ③

문제 27 가공전선로에 대한 지중전선로의 장점으로 옳은 것은?
① 건설비가 싸다.
② 송전용량이 많다.
③ 인축에 대한 안전성이 높으며 환경조화를 이룰 수 있다.
④ 사고복구에 효율적이다.

풀이
지중전선로는 매설 방법에 따라 직접 매설식, 관로식 및 전력구식이 있으며, 전선로가 지중에 매설 되므로 **인축에 대한 안전성이 높으며 환경조화를 이룰 수 있다**. **답** ③

제3과목 전기기기

문제 41 절연유를 충만시킨 외함 내에 변압기를 수용하고, 오일의 대류작용에 의하여 철심 및 권선에 발생한 열을 외함에 전달하여, 외함의 방산이나 대류에 의하여 열을 대기로 방산시키는 변압기의 냉각방식은?
① 유입송유식 ② 유입수냉식
③ 유입풍냉식 ④ 유입자냉식

풀이
① 유입 송유식 (FOA, FOW)
외함 내에 있는 가열된 기름을 순환펌프에 의해 외부의 수냉식 냉각기 및 풍냉식 냉각기에 의해 냉각시켜 다시 외함 내에 유입 시키는 방식
② 유입 수냉식 (OW)
상부 기름 중에 냉각관을 두어 이것에 냉각수를 순환시켜 냉각하는 방식
③ 유입 풍냉식 (FA)
유입 변압기에 방열기를 부착 시키고 송풍기에 의해 강제 통풍시켜 냉각 효과를 증대시킨 방식
④ 유입 자냉식 (OA)
변압기의 본체를 절연유로 채워진 외함 내에 넣어 **대류작용에 의해 발생된 열을 외기중으로 방산시키는 방식**
답 ④

문제 42 순저항 부하를 갖는 3상 반파 위상제어 정류회로에서 출력전류가 연속이 되는 점호각 a의 범위는?
① $a \leq 30°$ ② $a > 30°$
③ $a \leq 60°$ ④ $a > 60°$

답 ①

문제 43 동기 전동기의 기동법으로 옳은 것은?
① 직류초퍼법, 기동전동기법
② 자기동법, 기동전동기법
③ 자기동법, 직류초퍼법
④ 계자제어법, 저항제어법

풀이
동기 전동기는 동기 속도 이외의 속도에서는 토크를 발생할 수 없으므로 기동시의 토크는 0이다. 따라서, **동기전동기를 기동시키는 방법으로는 자기동법과 기동전동기법이 있다**. **답** ②

문제 44 유도전동기의 속도제어 방식으로 적합하지 않은 것은?
① 2차 여자제어 ② 2차 저항제어
③ 1차 저항제어 ④ 1차 주파수제어

풀이
유도전동기의 속도제어 방법
① 농형 유도 전동기의 속도 제어법은
 • **주파수를 바꾸는 방법**
 • **극수를 바꾸는 방법**

- 전원 전압을 바꾸는 방법
② 권선형 유도 전동기는
- 2차 저항을 제어하는 방법
- 2차 여자법 등이 있다.　답 ③

문제 45 다음에서 동기전동기와 거의 같은 구조는?
① 직류전동기　② 유도전동기
③ 정류자전동기　④ 동기발전기

풀이
동기 전동기와 동기 발전기(교류 발전기)는 동일한 구조를 가지고 있다.　답 ④

문제 46 3상 유도전동기 기동특성에서 기동토크 τ_s가 부하토크 τ_c보다 약간 클 때 가속토크로 작용하는 것은? (단, 전동기 토크는 τ이다.)
① $\tau_c - \tau$　② $\tau - \tau_c$
③ $\tau - \tau_s$　④ $\tau_s - \tau$

풀이
- $\tau - \tau_c = 0$: 일정속도 유지
- $\tau - \tau_c > 0$: 가속
- $\tau - \tau_c < 0$: 감속　답 ②

문제 47 동기기의 전기자 저항을 r, 반작용 리액턴스를 x_a, 누설 리액턴스를 x_l이라 하면 동기 임피던스는?
① $\sqrt{r^2 + \left(\dfrac{x_a}{x_l}\right)^2}$　② $\sqrt{r^2 + x_l^2}$
③ $\sqrt{r^2 + x_a^2}$　④ $\sqrt{r^2 + (x_a + x_l)^2}$

풀이
- 동기 리액턴스 $x_s = x_a + x_l [\Omega]$
- 동기 임피던스 $Z_s = r + jx_s = r + j(x_a + x_l)$
  $= \sqrt{r^2 + (x_a + x_l)^2}\,[\Omega]$

여기서, x_a : 전기자 반작용 리액턴스
　　　x_l : 누설 리액턴스　답 ④

제4과목　회로이론

문제 61 $R-L$ 직렬회로에 $i = I_1 \sin\omega t + I_3 \sin 3\omega t\,[\text{A}]$인 전류를 흘리는데 필요한 단자전압 $e[\text{V}]$는?
① $(R\sin\omega t + \omega L\cos\omega t)I_1$
　　$+ (R\sin 3\omega t + 3\omega L\cos 3\omega t)I_3$
② $(R\sin\omega t + \omega L\cos 3\omega t)I_1$
　　$+ (R\sin 3\omega t + 3\omega L\cos\omega t)I_3$
③ $(R\sin 3\omega t + \omega L\cos\omega t)I_1$
　　$+ (R\sin\omega t + 3\omega L\cos 3\omega t)I_3$
④ $(R\sin 3\omega t + \omega L\cos\omega t)I_1$
　　$+ (R\sin\omega t + 3\omega L\cos\omega t)I_3$

풀이
$i_1 = I_1 \sin\omega t$, $i_3 = I_3 \sin 3\omega t$ 라고 하면 필요한 전압 e_1, e_3의 실효값을 E_1, E_3라 하면

$E_1 = \dfrac{I_1}{\sqrt{2}}(R + j\omega L),\ \theta = \tan^{-1}\dfrac{\omega L}{R}$

$E_3 = \dfrac{I_3}{\sqrt{2}}(R + j3\omega L),\ \theta_3 = \tan^{-1}\dfrac{3\omega L}{R}$

$e_1 = \sqrt{2}E_1 \sin(\omega t + \theta_1) = I_1\sqrt{R^2 + (\omega L)^2}\sin(\omega t + \theta_1)$

$e_3 = \sqrt{2}E_3 \sin(3\omega t + \theta_3) = I_3\sqrt{R^2 + (3\omega L)^2}\sin(3\omega t + \theta_3)$

(삼각함수 합성법 $a\sin x + b\cos x = \sqrt{a^2 + b^2}\sin(x + \theta)$,
단, $\theta = \tan^{-1}\dfrac{b}{a}$)

$e_1 = I_1(R\sin\omega t + \omega L\cos\omega t)$
$e_3 = I_3(R\sin 3\omega t + 3\omega L\cos 3\omega t)$
$\therefore e = (R\sin\omega t + \omega L\cos\omega t)I_1 + (R\sin 3\omega t + 3\omega L\cos 3\omega t)I_3$
답 ①

문제 62 3상 유도전동기의 출력이 3.5[kW], 선간전압이 220[V], 효율 80[%], 역률 85[%]일 때 전동기의 선전류는?
① 약 9.2[A]　② 약 10.3[A]
③ 약 11.4[A]　④ 약 13.5[A]

풀이
선전류 $I = \dfrac{P}{\sqrt{3}\,V\cos\theta} \times \dfrac{1}{\eta}$에서

$I = \dfrac{3500}{\sqrt{3} \times 220 \times 0.85} \times \dfrac{1}{0.8} = 13.5[\text{A}]$　답 ④

문제 63 그림의 회로에서 단자 a-b에 나타나는 전압은 몇 [V]인가?

① 10 [V] ② 12 [V]
③ 14 [V] ④ 16 [V]

풀이
밀만의 정리에 의해
$$V_{ab} = \frac{\frac{E_1}{R_1}+\frac{E_2}{R_2}+\frac{E_3}{R_3}+\frac{E_4}{R_4}}{\frac{1}{R_1}+\frac{1}{R_2}+\frac{1}{R_3}+\frac{1}{R_4}} [V]에서$$
4[V] 전원의 극성이 반대 방향이므로
$$V_{ab} = \frac{\frac{12}{2}-\frac{4}{4}+\frac{24}{8}+\frac{112}{16}}{\frac{1}{2}+\frac{1}{4}+\frac{1}{8}+\frac{1}{16}}$$
$$= \frac{12\times 8 - 4\times 4 + 24\times 2 + 112}{8+4+2+1} = 16[V]$$
(분모, 분자에 16을 곱해서 정리) **답 ④**

문제 64 다음은 과도현상에 관한 내용이다. 틀린 것은?

① RL 직렬회로의 시정수는 $\frac{L}{R}$ [s]이다.
② RC 직렬회로에서 V_o로 충전된 콘덴서를 방전시킬 경우 $t = RC$에서의 콘덴서 단자전압은 $0.632\,V_o$이다.
③ 정현파 교류회로에서는 전원을 넣을 때의 위상을 조절함으로써 과도현상의 영향을 제거할 수 있다.
④ 전원이 직류 기전력인 때에도 회로의 전류가 정현파로 되는 경우가 있다.

풀이
RC 직렬회로에서 충전된 콘덴서를 방전시키는 경우 콘덴서 단자전압 V_c는
$V_c = V_0 e^{-\frac{1}{RC}t}$에서 $t = RC$일 때
$V_c = V_0 e^{-\frac{1}{RC}RC} = V_0 e^{-1} = 0.368\,V_0$ 가 된다. **답 ②**

문제 65 그림의 회로에서 스위치 S를 갑자기 닫은 후 회로에 흐르는 전류 $i(t)$의 시정수는? (단, C에 초기 전하는 없었다.)

① $\dfrac{R+R_1}{RR_1 C}$ ② $\dfrac{C}{RR_1 + R_1}$
③ $\dfrac{RR_1 C}{R+R_1}$ ④ $(RR_1 + R_1)C$

풀이
$\tau = R_0 C = \dfrac{RR_1}{R+R_1}C[\sec]$ **답 ③**

문제 66 2단자 임피던스함수가
$Z(s) = \dfrac{s(s+1)}{(s+2)(s+3)}$일 때 회로의 단락 상태를 나타내는 점은?

① $-1, 0$ ② $0, 1$
③ $-2, -3$ ④ $2, 3$

풀이
$Z(s) = 0$이 되는 s의 값을 영점(zero)이라 하며 회로의 단락 상태를 나타내고 $Z(s) = \infty$가 되는 s의 값을 극점(pole)이라 하며 회로가 개방상태 임을 의미한다.
따라서, $Z(s)$가 0이 되기 위해서는 분자가 0이어야 하므로 s의 값은 $0, -1$이다. **답 ①**

문제 67 어느 회로에 전압 $V = 6\cos(4t+30°)$ [V]를 가했다. 이 전원의 주파수 [Hz]는?

① 2 ② 4
③ 2π ④ $\dfrac{2}{\pi}$

풀이
전압식에서 $\omega t = 4t$ 이므로 $\omega = 2\pi f = 4$
$\therefore f = \dfrac{2}{\pi}[\text{Hz}]$ **답 ④**

문제 68 4단자 정수를 구하는 식으로 틀린 것은?

① $A = \left(\dfrac{V_1}{V_2}\right)_{I_2=0}$ ② $B = \left(\dfrac{V_2}{I_2}\right)_{V_1=0}$

③ $C = \left(\dfrac{I_1}{V_2}\right)_{I_2=0}$ ④ $D = \left(\dfrac{I_1}{I_2}\right)_{V_2=0}$

[풀이]

$V_1 = AV_2 + BI_2$, $I_1 = CV_2 + DI_2$ 에서

$A = \dfrac{V_1}{V_2}\bigg|_{I_2=0}$ $B = \dfrac{V_1}{I_2}\bigg|_{V_2=0}$ $C = \dfrac{I_1}{V_2}\bigg|_{I_2=0}$ $D = \dfrac{I_1}{I_2}\bigg|_{V_2=0}$

답 ②

문제 69 다음 회로해석의 설명 중에서 옳지 않은 것은?

① 전기회로는 특정 목적을 달성하기 위하여 상호 연결된 회로소자들의 집합이다.
② 옴의 법칙과 같은 소자법칙은 회로가 어떻게 구성되는지에 따라 각 개별 소자에서 단자 전압과 전류를 관계 지어준다.
③ 키르히호프의 법칙은 회로의 연결 법칙으로서 전하 불변 및 에너지 불변으로부터 유래되었다.
④ 일반적으로 전압-전류특성에 의하여 회로의 형태를 알 수 있는 것이며, 특히 다이오드와 트랜지스터는 선형적으로 해석할 수 있다.

[풀이]
트랜지스터의 전압-전류특성은 비선형 이다. **답 ④**

제5과목 전기설비기술기준

문제 81 사용전압이 380[V]인 저압 보안공사에 사용되는 경동선은 그 지름이 최소 몇 [mm] 이상의 것을 사용하여야 하는가?

① 2.0 ② 2.6
③ 4.0 ④ 5.0

[풀이]
222.10 저압 보안공사
저압 보안공사시 전선은 케이블인 경우 이외에는 인장강도 8.01[kN] 이상의 것 또는 지름 5[mm](사용전압이 400[V] 이하인 경우에는 인장강도 5.26[kN] 이상의 것 또는 **지름 4[mm] 이상의 경동선**) 이상의 경동선이어야 한다. **답 ③**

문제 82 아크용접장치의 시설 기준으로 옳지 않은 것은?
① 용접변압기는 절연변압기일 것
② 용접변압기의 1차측 전로의 대지전압은 400[V] 이하일 것
③ 용접변압기 1차측 전로에는 용접변압기에 가까운 곳에 쉽게 개폐할 수 있는 개폐기를 시설할 것
④ 피용접재 또는 이와 전기적으로 접속되는 받침대·정반 등의 금속체에는 접지공사를 할 것

[풀이]
241.10 아크 용접기
가반형의 용접 전극을 사용하는 아크 용접장치는 다음에 따라 시설하여야 한다.
가. 용접변압기는 절연변압기일 것.
나. 용접변압기의 **1차측 전로의 대지전압은 300[V] 이하**일 것.
다. 용접변압기의 1차측 전로에는 용접 변압기에 가까운 곳에 쉽게 개폐할 수 있는 개폐기를 시설할 것.
라. 용접기 외함 및 피용접재 또는 이와 전기적으로 접속되는 받침대·정반 등의 금속체는 규정에 준하여 접지공사를 하여야 한다. **답 ②**

문제 83 사용전압 161[kV]의 가공전선이 건조물과 제1차 접근상태로 시설되는 경우 가공전선과 건조물사이의 이격거리는 몇 [m] 이상인가?

① 4.25 ② 4.65
③ 4.95 ④ 5.45

[풀이]
333.23 특고압 가공전선과 건조물의 접근
특고압 가공전선이 건조물과 제1차 접근상태로 시설되는 경우에는 다음에 따라야 한다.
가. 특고압 가공전선로는 제3종 특고압 보안공사에 의할 것.

나. 사용전압이 35[kV] 이하인 특고압 가공전선과 건조물의 조영재 이격거리는 표에서 정한 값 이상일 것.

건조물과 조영재의 구분	전선종류	접근형태	이격거리
상부 조영재	특고압 절연전선	위쪽	2.5[m]
		옆쪽 또는 아래쪽	1.5[m] (전선에 사람이 쉽게 접촉할 우려가 없도록 시설한 경우는 1[m])
	케이블	위쪽	1.2[m]
		옆쪽 또는 아래쪽	0.5[m]
	기타전선		3[m]
기타 조영재	특고압 절연전선		1.5[m] (전선에 사람이 쉽게 접촉할 우려가 없도록 시설한 경우는 1[m])
	케이블		0.5[m]
	기타 전선		3[m]

다. **사용전압이 35[kV]를 초과하는 경우** 이격거리는 다음에 따를 것.
- 이격거리 = 35[kV] 이하인 경우 이격거리 + 단수 × 0.15[m]
- 단수 = $\dfrac{(\text{사용전압 [kV]} - 35)}{10}$

  … 단수계산에서 소수점 이하는 절상

따라서, 단수 = $\dfrac{161-35}{10} = 12.6 \to 13$단 이므로

이격거리 = $3 + 0.15 \times 13 = 4.95$[m]   **답** ③

문제 84 전력보안 통신설비의 보안 장치 중에서 특고압용 배류 중계 코일을 시설하는 경우 선로측 코일과 대지와의 사이의 절연내력은 몇 [V]의 시험전압으로 연속하여 1분간 견디어야 하는가?

① AC 600   ② AC 6000
③ AC 300   ④ AC 3000

풀이

362.5 특고압 가공전선로 첨가설치 통신선의 시가지 인입 제한

특고압 가공전선로의 지지물에 시설하는 통신선 또는 이것에 직접 접속하는 통신선인 경우에는 다음의 보안장치일 것.

- S_2 : 인입용 고압개폐기
- DR_2 : 특고압용 배류 중계 코일(선로측 코일과 옥내측 코일 사이 및 선로측 코일과 대지사이의 **절연내력은 교류 6[kV]의 시험전압으로 시험하였을 때 연속하여 1분간 이에 견디는 것일 것.**)
- E_1, E_2 : 접지

특고압용 제1종 보안장치

답 ②

12년 3회 동일 및 유사 문제 (년도-회-번호)

1과목 전기자기학
- 09 17-3-02
- 10 21-1-06
- 11 19-2-13
- 12 21-2-06
- 13 22-2-18
- 14 13-3-09
- 15 16-2-09
- 16 16-3-14
- 17 22-1-03
- 18 22-2-05
- 19 17-2-16
- 20 20-4-17

2과목 전력공학
- 28 18-1-26
- 29 20-4-22
- 30 22-3-31
- 31 21-3-37
- 32 18-2-25
- 33 18-3-26
- 34 21-2-29
- 35 22-3-38
- 36 21-1-28
- 37 15-3-24
- 38 18-3-27
- 39 16-1-24
- 40 17-1-38

3과목 전기기기
- 48 20-1,2-60
- 49 22-1-54
- 50 18-2-54
- 51 20-4-45
- 52 21-2-45
- 53 22-1-56
- 54 18-1-46
- 55 22-2-56
- 56 17-3-52
- 57 16-2-47
- 58 22-2-48
- 59 18-3-47
- 60 17-1-58

4과목 회로이론
- 70 22-3-77
- 71 15-3-63
- 72 21-3-70
- 73 19-3-74
- 74 19-2-71
- 75 22-2-68
- 76 18-3-61
- 77 18-2-75
- 78 22-3-73
- 79 20-3-63
- 80 19-2-76

5과목 전기설비기술기준
- 85 21-3-92
- 86 20-4-98
- 87 22-2-83
- 88 22-3-90
- 89 22-3-87
- 90 18-3-93
- 91 20-3-87
- 92 17-3-81
- 93 13-3-84
- 94 22-2-98
- 95 22-1-87
- 96 18-3-82

D60-2

2011년도 전기산업기사 필기

- 2011년도 제1회 전기산업기사
- 2011년도 제2회 전기산업기사
- 2011년도 제3회 전기산업기사

국가기술자격검정 필기시험 문제

2011년도 전기산업기사 일반검정 제1회

자격종목 및 등급(선택분야)	종목코드	시험시간	문제지형별	수검 번호	성 명
전기산업기사	2140	2시간 30분	A		

제1과목 전기자기학

문제 01 자장 중에서 도선에 발생되는 유기 기전력의 방향은 어떤 법칙에 의하여 설명되는가?
① 패러데이(Faraday)의 법칙
② 앙페르(Ampere)의 오른나사 법칙
③ 렌츠(Lenz)의 법칙
④ 가우스(Gauss)의 법칙

풀이

유도 기전력 $e = -\dfrac{d\Phi}{dt} = -N\dfrac{d\phi}{dt}$ [V]에서

- **렌츠의 법칙** : 전자유도에 의해 발생하는 기전력은 자속 변화를 방해하는 방향으로 전류가 발생한다. 이것을 렌츠의 법칙(Lenz's law)이라 하고, **기전력의 방향(−)을 결정**한다.
- **페러데이 법칙** : 유도 기전력의 크기는 폐회로에 쇄교하는 자속의 시간적 변화율에 비례한다." 이것을 패러데이 법칙(Faraday's law) 또는 노이만 법칙(Neumann's law)이라 하며, **기전력의 크기를 결정**한다. **답** ③

문제 02 무한장 솔레노이드에 전류가 흐를 때 발생되는 자장에 관한 설명 중 옳은 것은?
① 내부 자장은 평등 자장이다.
② 외부와 내부 자장의 세기는 같다.
③ 외부 자장은 평등 자장이다.
④ 내부 자장의 세기는 0이다.

풀이

- 무한장 솔레노이드 **내부의 자계** $H_i = nI$ [AT/m]
  (위치에 관계없는 평등자계)
- 무한장 솔레노이드 외부의 자계 $H_o = 0$ [AT/m] **답** ①

문제 03 정전차폐와 자기차폐를 비교하였을 때 옳은 것은?
① 정전차폐가 자기차폐에 비교하여 완전하다.
② 정전차폐가 자기차폐에 비교하여 불완전하다.
③ 두 차폐방법은 모두 완전하다.
④ 두 차폐방법은 모두 불완전하다.

풀이

① **정전 차폐**
  - 그림과 같이 도체 2를 접지하여 도체 1과 3 사이의 관계와 같이 도체간에 정전현상이 미치지 않도록 완전히 차단된 상태를 정전차폐라 한다.
  - 정전 차폐는 도체를 사용하여 외부 전계의 영향을 완전히 막을 수 있다.

② **자기 차폐**
  - 투자율이 큰 강자성체를 사용하여 외부자계의 영향을 작게 하는 자기적인 차단을 자기 차폐(magnetic shielding)라 한다.
  - 자계에서는 투자율이 ∞인 자성체가 존재하지 않기 때문에 완전히 차단하는 것은 불가능하다.

따라서, 정전차폐와 자기 차폐를 비교해보면 **정전차폐가 자기차폐에 비해 완전**하다.

정전 차폐 / 자기차폐

답 ①

문제 04 평등 전계내에서 5[C]의 전하를 30[cm] 이동시키는데 120[J]의 일이 소요되었다. 전계의 세기는 몇 [V/m]인가?
① 24 ② 36 ③ 80 ④ 160

풀이

일 $W = 힘 \times 거리 = F \times l = qE \cdot l$ 에서

$E = \dfrac{W}{q \cdot l} = \dfrac{120}{5 \times 30 \times 10^{-2}} = 80[\text{V/m}]$ **답 ③**

문제 05 히스테리시스손은 주파수 및 최대자속밀도와 어떤 관계에 있는가?

① 주파수와 최대자속밀도에 비례한다.
② 주파수에 비례하고 최대자속밀도의 1.6승에 비례한다.
③ 주파수와 최대자속밀도에 반비례한다.
④ 주파수에 반비례하고 최대자속밀도의 1.6승에 비례한다.

풀이
- 히스테리시스손 $P_h = \eta f B_m^{1.6}[\text{J/m}^3]$
- 히스테리시스손은 주파수 f 에 비례하고 최대자속밀도 B_m 의 1.6승에 비례한다. **답 ②**

문제 06 평면도체 표면에서 d의 거리에 점전하 Q가 있을 때 이 전하를 무한원점까지 운반하는데 요하는 일을 구하면 몇 [J]인가?

① $\dfrac{Q^2}{4\pi\epsilon_0 d}$ ② $\dfrac{Q^2}{8\pi\epsilon_0 d}$
③ $\dfrac{Q^2}{16\pi\epsilon_0 d}$ ④ $\dfrac{Q^2}{32\pi\epsilon_0 d}$

풀이

- 작용력 $F = \dfrac{-Q^2}{4\pi\epsilon_0(2d)^2} = \dfrac{-Q^2}{16\pi\epsilon_0 d^2}[\text{N}]$ (흡인력)
- 요하는 일 $W = \displaystyle\int_d^\infty F dr = \dfrac{Q^2}{16\pi\epsilon_0}\int_d^\infty \dfrac{1}{d^2} dr$
$= \dfrac{Q^2}{16\pi\epsilon_0}\left[-\dfrac{1}{d}\right]_d^\infty = \dfrac{Q^2}{16\pi\epsilon_0 d}[\text{J}]$ **답 ③**

문제 07 대전도체의 내부전위는?

① 항상 0이다.
② 표면전위와 같다.
③ 대지전압과 전하의 곱으로 표현된다.
④ 공기의 유전율과 같다.

풀이
대전도체 내부는 전계(전기력선)가 없다. 즉, 전위차가 발생하지 않는다. 따라서 내부의 전위와 표면 전위는 같다 (도체는 등전위이다). **답 ②**

문제 08 어떤 코일에 흐르는 전류가 0.01초 동안에 일정하게 50[A]로부터 10[A]로 바뀔 때에 20[V]의 기전력이 발생한다면 자기인덕턴스는 몇 [mH]인가?

① 5   ② 7   ③ 9   ④ 12

풀이

$e = L\dfrac{di}{dt}$ 에서

$\therefore L = e\dfrac{dt}{di} = 20 \times \dfrac{0.01}{50-10} = \dfrac{0.2}{40} = 0.005[\text{H}] = 5[\text{mH}]$ **답 ①**

문제 09 다음 물질 중에서 비유전율이 가장 큰 것은?

① 운모   ② 유리
③ 증류수   ④ 고무

풀이
- 운모 : 5.5~6.6   · 유리 : 5.4~9.9
- 물 : 80.7   · 고무 : 3 **답 ③**

문제 10 평등자계 H_0 내에서 얇은 철판을 자계와 수직으로 놓았을 때 철판 내부의 자계의 세기 H_i는? (단, 철의 비투자율은 μ_s, 자화율은 χ 이다.)

① $H_i = H_0$ ② $H_i = \chi H_0$
③ $H_i = \mu_s H_0$ ④ $H_i = \dfrac{H_0}{\mu_s}$

답 ④

제2과목 전력공학

문제 21 선간거리가 $2D$[m]이고 선로 도선의 지름이 d[m]인 선로의 정전용량은 몇 [μF/km]인가?

① $\dfrac{0.02413}{\log_{10}\dfrac{4D}{d}}$ ② $\dfrac{0.02413}{\log_{10}\dfrac{2D}{d}}$

③ $\dfrac{0.02413}{\log_{10}\dfrac{D}{d}}$ ④ $\dfrac{0.2413}{\log_{10}\dfrac{4D}{d}}$

풀이

선로의 정전용량 $C = \dfrac{0.02413}{\log_{10}\dfrac{D}{r}}$ [μF/km] 에서

선간거리가 $2D$[m]이고 도선의 지름이 d[m]인 경우 정전용량 C'

$C' = \dfrac{0.02413}{\log_{10}\dfrac{2D}{\frac{d}{2}}} = \dfrac{0.02413}{\log_{10}\dfrac{4D}{d}}$ [μF/km]

여기서, r : 반지름, D : 선간거리   **답** ①

문제 22 저수지의 이용 수심이 클 때 사용하면 유리한 조압수조는?

① 차동조압수조 ② 단동조압수조
③ 수실조압수조 ④ 제수공조압수조

풀이

이용 수심이 큰 경우에는 조압 수조의 높이가 증가하므로 상하 부분에 수실을 두며, 중간은 단면적이 비교적 작은 샤프트(shaft)로 두수실을 연결하는 **수실 조압 수조**가 좋다.   **답** ③

문제 23 200[V], 10[kVA]인 3상 유도전동기가 있다. 어느 날의 부하실적은 1일의 사용전력량 72[kWh], 1일의 최대전력이 9[kW], 최대부하일 때의 전류가 35[A]이었다. 1일의 부하율과 최대 공급전력일 때의 역률은 몇 [%]인가?

① 부하율 : 31.3, 역률 : 74.2
② 부하율 : 33.3, 역률 : 74.2
③ 부하율 : 31.3, 역률 : 82.5
④ 부하율 : 33.3, 역률 : 82.5

풀이

- 일 부하율 $= \dfrac{\text{평균 전력}}{\text{최대 전력}} \times 100 = \dfrac{72/24}{9} \times 100 = 33.33$[%]
- $P = \sqrt{3}\,VI\cos\theta = \sqrt{3}\times 200\times 35\times \cos\theta = 9000$[W]

$\therefore \cos\theta = \dfrac{9000}{\sqrt{3}\times 200\times 35}\times 100 = 74.23$[%]   **답** ②

문제 24 배전선로의 전기방식 중 전선의 중량(전선비용)이 가장 적게 소요되는 전기방식은? (단, 배전전압, 거리, 전력 및 선로손실 등은 같다고 한다.)

① 단상 2선식 ② 단상 3선식
③ 3상 3선식   ④ 3상 4선식

풀이

단상 2선식 기준 소요 전선량

전기 방식	소요 전선량 [%]	비 고
단상 2선식	100	단상 2선식 기준
단상 3선식	37.5	중성선과 전압선의 굵기가 동일
	31.3	중성선의 굵기가 전압선의 1/2
3상 3선식	75	
3상 4선식	33.3	중성선과 전압선의 굵기가 동일
	29.2	중성선의 굵기가 전압선의 1/2

답 ④

문제 25 전압 3300/105-0-105[V]의 단상 3선식 변압기에 60[A], 60[%] 및 50[A], 80[%]의 불평형, 늦은 역률 부하를 걸었을 때 총 유효전력은 약 몇 [kW]인가?

① 5 ② 8 ③ 11 ④ 14

풀이

$P_1 = V_1 I_1 \cos\theta_1 = 105\times 60\times 0.6 = 3.78$[kW]
$P_2 = V_2 I_2 \cos\theta_2 = 105\times 50\times 0.8 = 4.2$[kW]
$\therefore P = P_1 + P_2 = 7.98 \fallingdotseq 8$[kW]   **답** ②

제3과목 전기기기

문제 41 전기자 반작용이 직류발전기에 영향을 주는 것을 설명한 것으로 틀린 것은?
① 전기자 중성축을 이동시킨다.
② 자속을 감소시켜 부하시 전압강하의 원인이 된다.
③ 정류자 편간전압이 불균일하게 되어 섬락의 원인이 된다.
④ 전류의 파형은 찌그러지나 출력에는 변화가 없다.

풀이
전기자 반작용의 영향
① 전기적 중성축 이동
  • 발전기 : 회전 방향으로 이동
  • 전동기 : 회전 방향과 반대 방향으로 이동
② 주자속 감소
③ 정류자 편간의 불꽃 섬락 발생
④ 발전기의 출력감소
답 ④

문제 42 직류발전기의 정류시간에 비례하는 요소를 바르게 나타낸 것은? (단, b : 브러시의 두께[mm], δ : 정류자편사이의 두께[m], v_c : 정류자의 주변속도이다.)
① $v_c - \delta$
② $b - \delta$
③ $\delta - b$
④ $b + \delta$

풀이
브러시의 두께를 b[m], 정류자편사이의 절연물의 두께를 δ[m], 정류자의 주변 속도를 v_c[m/s]라 하면
정류 주기 $T_c = \dfrac{b-\delta}{v_c}$[s]
답 ②

문제 43 3150/210[V] 5[kVA]의 단상변압기가 있다. 2차를 개방하고 정격 1차 전압을 가할 때의 입력은 60[W], 2차를 단락하고 여기에 정격 1차 전류가 흐르도록 1차측에 저전압을 가했을 때의 입력은 120[W]이었다. 역률 100[%]에서의 전부하 효율[%]은?
① 약 96.5
② 약 95.5
③ 약 86.5
④ 약 70.7

풀이
• 철손 $P_i = 60$[W]
• 동손 $P_c = 120$[W]
효율 $\eta = \dfrac{VI\cos\phi}{VI\cos\phi + P_i + P_c} \times 100$
$= \dfrac{5 \times 10^3}{5 \times 10^3 + 60 + 120} \times 100 = 96.5$[%]
답 ①

문제 44 50[Hz] 12극의 3상 유도 전동기가 정격 전압으로 정격출력 10[HP]를 발생하며 회전하고 있다. 이때의 회전수는 약 몇 [rpm]인가? (단, 회전자 동손은 350[W], 회전자 입력은 출력과 회전자 동손과의 합이다.)
① 468
② 478
③ 485
④ 500

풀이
• 2차 입력 $P_2 = P + P_{c2} = 10 \times 746 + 350 = 7810$[W]
• 2차 효율 $\eta_2 = (1-s) = \dfrac{P}{P_2} \times 100 = \dfrac{7460}{7810} \times 100 = 0.955$
• 동기 속도 $N_s = \dfrac{120f}{p} = \dfrac{120 \times 50}{12} = 500$[rpm]
• 회전 속도 $N = (1-s)N_s = 0.955 \times 500 = 478$[rpm]
답 ②

문제 45 동기전동기의 공급 전압, 주파수 및 부하를 일정하게 유지하고 여자 전류만을 변화시키면?
① 출력이 변화한다.
② 토크가 변화한다.
③ 각속도가 변화한다.
④ 부하각이 변화한다.

풀이
동기전동기의 출력 $P = \dfrac{VE}{x_s}\sin\delta$ 이다. 위상 특성 곡선에서 V, P, x_s가 일정할 경우 여자가 증가하여 E가 커지면 부하각 δ이 감소되어야 하고, E가 감소하면 δ가 증가해야 한다.
따라서, **여자 전류가 변화면 부하각이 변화**한다.
답 ④

제4과목 회로이론

문제 61 회로에서 a, b 간의 합성 인덕턴스 L_0[H]의 값은? (단, M[H]은 L_1, L_2 코일사이의 상호 인덕턴스이다.)

① $L_1 + L_2 + L$ ② $L_1 + L_2 - 2M + L$
③ $L_1 + L_2 + 2M + L$ ④ $L_1 + L_2 - M + L$

풀이
- L_1과 L_2의 결합은 **차동결합**(L_1에 흐르는 전류 I는 dot방향, L_2에 흐르는 전류 I는 dot반대 방향)이므로 L_1과 L_2의 합성인덕턴스 $L = L_1 + L_2 - 2M$[H]
- 전체 합성인덕턴스 $L_0 = L_1 + L_2 - 2M + L$[H] **답** ②

문제 62 그림과 같은 T회로에서 임피던스 정수는 각각 얼마인가?

① $Z_{11} = 5[\Omega]$, $Z_{21} = 3[\Omega]$, $Z_{22} = 7[\Omega]$, $Z_{12} = 3[\Omega]$
② $Z_{11} = 7[\Omega]$, $Z_{21} = 5[\Omega]$, $Z_{22} = 3[\Omega]$, $Z_{12} = 5[\Omega]$
③ $Z_{11} = 3[\Omega]$, $Z_{21} = 7[\Omega]$, $Z_{22} = 3[\Omega]$, $Z_{12} = 5[\Omega]$
④ $Z_{11} = 5[\Omega]$, $Z_{21} = 7[\Omega]$, $Z_{22} = 3[\Omega]$, $Z_{12} = 7[\Omega]$

풀이
- $Z_{11} = \dfrac{E_1}{I_1}\bigg|_{I_2=0}$ [Ω] ($I_2 = 0$는 2차측 개방의 의미)

$E_1 = I_1 \times (2+3)$ ∴ $Z_{11} = \dfrac{E_1}{I_1} = \dfrac{I_1 \times (2+3)}{I_1} = 5[\Omega]$

- $Z_{21} = \dfrac{E_2}{I_1}\bigg|_{I_2=0}$ [Ω] ($I_2 = 0$는 2차측 개방의 의미)

$E_2 = I_1 \times 3$ ∴ $Z_{21} = \dfrac{E_2}{I_1} = \dfrac{I_1 \times 3}{I_1} = 3[\Omega]$

- $Z_{22} = \dfrac{E_2}{I_2}\bigg|_{I_1=0}$ [Ω] ($I_1 = 0$는 1차측 개방의 의미)

$E_2 = I_2 \times (3+4)$ ∴ $Z_{22} = \dfrac{E_2}{I_2} = \dfrac{I_2 \times (3+4)}{I_2} = 7[\Omega]$

- $Z_{12} = \dfrac{E_1}{I_2}\bigg|_{I_1=0}$ [Ω] ($I_1 = 0$는 1차측 개방의 의미)

$E_1 = I_2 \times 3$ ∴ $Z_{12} = \dfrac{E_1}{I_2} = \dfrac{I_2 \times 3}{I_2} = 3[\Omega]$ **답** ①

문제 63 그림과 같은 파형의 파고율은 얼마인가?

① 1
② 1.414
③ 1.732
④ 2.449

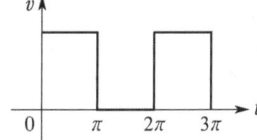

풀이
구형 반파에서
- 실효값 $V = \dfrac{V_m}{\sqrt{2}}$
- 평균값 $V_{av} = \dfrac{V_m}{2}$
- 파고율 $= \dfrac{최대값}{실효값} = \dfrac{V_m}{\dfrac{V_m}{\sqrt{2}}} = \sqrt{2}$ **답** ②

문제 64 그림과 같은 회로에서 저항 R_4에 소비되는 전력은 약 몇 [W]인가?

① 2.38 ② 4.76
③ 9.52 ④ 29.2

풀이

- R_2, R_3, R_4의 합성저항

$$R_t = \cfrac{1}{\cfrac{1}{R_2}+\cfrac{1}{R_3}+\cfrac{1}{R_4}} = \cfrac{1}{\cfrac{1}{2}+\cfrac{1}{4}+\cfrac{1}{8}} = \cfrac{8}{7} = 1.14[\Omega]$$

- R_2, R_3, R_4에 걸리는 전압

$$V_t = \cfrac{12}{2+R_t} \times R_t = \cfrac{12}{2+1.14} \times 1.14 = 4.36[V]$$

- R_4에서 소비되는 전력

$$P_4 = \cfrac{V_t^2}{R_4} = \cfrac{4.36^2}{8} = 2.38[W]$$

답 ①

문제 65 그림과 같이 단상 전력계법을 이용하여 스위치를 P_1에 연결하여 측정하였더니 300[W]이고 스위치를 P_2에 연결하여 측정하였더니 600[W]이었다. 이 3상 부하의 역률은?

① 0.577
② 0.637
③ 0.707
④ 0.866

풀이

$$n = \cfrac{P_2}{P_1} = \cfrac{600}{300} = 2$$

$$\cos\theta = \cfrac{1}{\sqrt{1+3\left(\cfrac{1-n}{1+n}\right)^2}} = \cfrac{1}{\sqrt{1+3\left(\cfrac{1-2}{1+2}\right)^2}} = 0.866$$

답 ④

문제 66 $i = 2t^2 + 8t$[A]로 표시되는 전류를 도선에 3[sec] 동안 흘렸을 때 통과한 전 전기량은 몇 [C]인가?

① 18
② 48
③ 54
④ 61

풀이

$$Q = \int_0^t i\,dt = \int_0^3 (2t^2+8t)dt = \left[\cfrac{2}{3}t^3+4t^2\right]_0^3 = 54[C]$$

답 ③

문제 67 그림과 같은 궤환 회로의 종합 전달함수는?

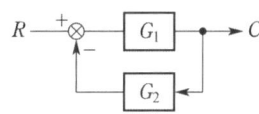

① $\cfrac{1}{G_1}+\cfrac{1}{G_2}$
② $\cfrac{G_1}{1-G_1G_2}$
③ $\cfrac{G_1}{1+G_1G_2}$
④ $\cfrac{G_1G_2}{1+G_1G_2}$

풀이

$(R-CG_2)G_1 = C$
$RG_1 = C+CG_1G_2 = C(1+G_1G_2)$

∴ 전달함수 $\cfrac{C}{R} = \cfrac{G_1}{1+G_1G_2}$

답 ③

제5과목 전기설비기술기준

문제 81 고·저압의 혼촉에 의한 위험을 방지하기 위하여 저압측 중성점에 접지공사를 변압기의 시설장소 마다 시행하여야 한다. 그러나 토지의 상황에 따라 규정의 접지저항 값을 얻기 어려운 경우에는 변압기의 시설장소로부터 몇 [m]까지 떼어서 시설할 수 있는가?

① 75
② 100
③ 200
④ 300

풀이

322.1 고압 또는 특고압과 저압의 혼촉에 의한 위험방지 시설
접지공사는 변압기의 시설장소마다 시행하여야 한다. 다만, 토지의 상황에 의하여 변압기의 시설장소에서 규정에 의한 접지저항 값을 얻기 어려운 경우, 인장강도 5.26 [kN] 이상 또는 지름 4[mm] 이상의 가공 접지도체를 저압가공전선에 관한 규정에 준하여 시설할 때에는 **변압기의 시설장소로부터 200[m]까지** 떼어놓을 수 있다.

답 ③

문제 82 사용전압이 170[kV]을 초과하는 특고압 가공전선로를 시가지에 시설하는 경우 전선의 단면적은 몇 [mm²] 이상의 강심알루미늄 또는 이와 동등 이상의 인장강도 및 내 아크 성능을 가지는 연선을 사용하여야 하는가?

① 22 ② 55
③ 150 ④ 240

풀이
333.1 시가지 등에서 특고압 가공전선로의 시설
가. 사용전압이 170[kV] 이하인 전선로에서의 전선의 굵기

사용전압의 구분	전선의 단면적
100[kV] 미만	인장강도 21.67[kN] 이상의 연선 또는 단면적 55[mm²] 이상의 경동연선
100[kV] 이상	인장강도 58.84[kN] 이상의 연선 또는 단면적 150[mm²] 이상의 경동연선

나. **사용전압이 170[kV] 초과**하는 전선로에서의 전선은 **단면적 240[mm²] 이상**의 강심알루미늄선 또는 이와 동등 이상의 인장강도 및 내(耐)아크 성능을 가지는 연선을 사용할 것.

답 ④

문제 83 발전소 또는 변전소에 준하는 시설에 관한 내용 중 틀린 것은?

① 고압 가공전선과 금속제의 울타리, 담 등이 교차하는 경우 금속제의 울타리, 담 등에는 접지공사를 하여야 한다.
② 상용전원으로 쓰이는 축전지에는 자동차단장치를 시설하지 않아야 한다.
③ 발전기 또는 변전소의 특별고압 전로에는 보기 쉬운 곳에 상별 표시를 하여야 한다.
④ 발전소·변전소 또는 이에 준하는 곳의 특고압 전로에 대하여는 그 접속 상태를 모의모선의 사용 기타의 방법에 의하여 표시하여야 한다.

풀이
351.3 발전기 등의 보호장치
상용 전원으로 쓰이는 축전지에는 이에 **과전류가 생겼을 경우에 자동적으로 이를 전로로부터 차단하는 장치를 시설**하여야 한다.

답 ②

문제 84 고압 가공전선이 안테나와 접근상태로 시설되는 경우, 가공전선과 안테나와의 이격거리는 고압 가공전선으로 사용되는 전선이 케이블이 아니라면 몇 [cm] 이상으로 이격시켜야 하는가?

① 60 ② 80 ③ 100 ④ 120

풀이
332.14 고압 가공전선과 안테나의 접근 또는 교차
저압 가공전선 또는 고압 가공전선이 안테나와 접근상태로 시설되는 경우에는 다음에 따라야 한다.
가. 고압 가공전선로는 고압 보안공사에 의할 것.
나. 가공전선과 안테나 사이의 이격거리

사용 전압 부분 공작물의 종류		저압	고압
안테나	일반적인 경우	0.6[m]	0.8[m]
	전선이 고압절연전선	0.3[m]	0.8[m]
	전선이 케이블인 경우	0.3[m]	0.4[m]

답 ②

문제 85 345[kV] 변전소의 충전 부분에서 5.98[m] 거리에 울타리를 설치할 경우 울타리 최소 높이는 몇 [m]인가?

① 2.1 ② 2.3 ③ 2.5 ④ 2.7

풀이
341.4 특고압용 기계기구의 시설
특고압용 기계기구 충전부분의 지표상 높이

사용전압의 구분	울타리·담 등의 높이와 울타리·담 등으로부터 충전 부분까지의 거리의 합계
35[kV] 이하	5[m]
35[kV] 초과 160[kV] 이하	6[m]
160[kV] 초과	• 거리의 합계 = 6 + 단수 × 0.12[m] • 단수 = $\dfrac{\text{사용전압}[kV]-160}{10}$ 단수 계산에서 소수점 이하는 절상

• 단수 = $\dfrac{345-160}{10}$ = 18.5 → 19단
• 이격거리 + 울타리높이 = 6 + 19 × 0.12 = 8.28[m]
• 울타리에서 충전 부분까지 거리는 5.98[m] 이므로, 울타리 최소 높이 = 8.28 − 5.98 = 2.3[m]

답 ②

11년 1회 동일 및 유사 문제 (년도-회-번호)

1과목 전기자기학
- 11 15-3-02
- 12 19-1-15
- 13 21-3-15
- 14 20-4-07
- 15 19-3-19
- 16 17-1-17
- 17 15-2-09
- 18 16-3-14
- 19 20-3-03
- 20 22-3-12

2과목 전력공학
- 26 22-3-26
- 27 21-2-24
- 28 18-1-32
- 29 20-3-32
- 30 17-1-40
- 31 22-2-33
- 32 22-2-22
- 33 17-3-32
- 34 20-3-31
- 35 19-3-37
- 36 21-1-33
- 37 19-2-36
- 38 16-2-26
- 39 16-1-26
- 40 18-2-31

3과목 전기기기
- 46 21-1-57
- 47 22-1-46
- 48 22-2-54
- 49 14-3-41
- 50 22-1-59
- 51 17-2-55
- 52 20-4-60
- 53 18-1-46
- 54 18-3-54
- 55 13-2-46
- 56 20-3-52
- 57 16-1-48
- 58 19-2-56
- 59 18-1-44
- 60 15-1-50

4과목 회로이론
- 68 13-1-67
- 69 19-3-75
- 70 18-1-73
- 71 22-3-75
- 72 14-1-62
- 73 20-3-78
- 74 14-3-70
- 75 20-4-64
- 76 19-2-68
- 77 17-2-79
- 78 20-1,2-733
- 79 14-1-61
- 80 19-2-74

5과목 전기설비기술기준
- 86 21-3-98
- 87 13-1-87
- 88 16-3-84
- 89 20-4-81
- 90 14-1-84
- 91 18-1-97
- 92 15-2-88
- 93 22-2-96
- 94 21-1-95
- 95 20-3-97
- 96 19-2-90

국가기술자격검정 필기시험 문제

2011년도 전기산업기사 일반검정 제 2 회				수검 번호	성 명
자격종목 및 등급(선택분야)	종목코드	시험시간	문제지형별		
전기산업기사	2140	2시간 30분	A		

제1과목 전기자기학

문제 01 공기콘덴서를 어느 전압으로 충전한 다음 전극 간에 유전체를 넣어 정전용량을 2배로 하였다면 축적되는 에너지는 어떻게 되는가?

① $\frac{1}{4}$로 된다. ② $\frac{1}{2}$로 된다.
③ $\sqrt{2}$배로 된다. ④ 2배로 된다.

풀이
유전체를 삽입한 후 전하량 Q는 변함이 없고 정전용량이 2배로 되었으므로 콘덴서에 축적되는 에너지
$W = \frac{Q^2}{2C}$[J]에서 $W' = \frac{Q^2}{2 \times 2C} = \frac{1}{2}W$ **답 ②**

문제 02 공심 환상철심에서 코일의 권회수 500회, 단면적 6[m²], 평균 반지름 15[cm], 코일에 흐르는 전류를 4[A]라 하면 철심 중심에서의 자계의 세기는 약 몇 [AT/m] 인가?

① 1061 ② 1325 ③ 1821 ④ 2122

풀이
$H = \frac{NI}{2\pi a} = \frac{500 \times 4}{2\pi \times 0.15} = 2122$[AT/m] **답 ④**

문제 03 권수 600, 단면적 100[cm²]의 공심 코일에 전류 1[A]를 흘릴 때 자계가 1.28[AT/m]이었다. 자기인덕턴스는 몇 [H]인가?

① 9.65×10^{-6} ② 8.05×10^{-6}
③ 6.28×10^{-8} ④ 0.64×10^{-8}

풀이
$L = \frac{N\phi}{I} = \frac{NBS}{I} = \frac{N\mu_0 HS}{I}$
$= \frac{600 \times 4\pi \times 10^{-7} \times 1.28 \times 100 \times 10^{-4}}{1}$
$= 9.65 \times 10^{-6}$ [H] **답 ①**

문제 04 시간적으로 변화하지 않는 보존적인 전계가 비회전성(非回轉性)이라는 의미를 나타낸 식은?

① $\nabla \cdot E = 0$ ② $\nabla \cdot E = \infty$
③ $\nabla \times E = 0$ ④ $\nabla^2 E = 0$

풀이
정전계의 보존적인 조건
• 적분형 : $\oint_c E \, dl = 0$
• 미분형 : rot $E = \nabla \times E = 0$(비회전성) **답 ③**

문제 05 일정 전압이 가해져 있는 콘덴서에 비유전율이 ϵ_s인 유전체를 채웠을 때 일어나는 현상은?

① 극판간의 전계가 ϵ_s배가 된다.
② 극판간의 전계가 ϵ_s^2배가 된다.
③ 극판의 전하량이 ϵ_s배가 된다.
④ 극판의 전하량이 $\frac{1}{\epsilon_s}$로 된다.

풀이
전원을 가하여 충전이 된 후 Q가 일정하면 전계의 세기는 $1/\epsilon_s$가 된다. 그러나 문제에서는 전압을 가하고 있는 상태이므로(V 일정)전계의 세기는 $E = \frac{V}{d}$로 변하지 않는다. 또, $Q = CV$에서 V가 일정하므로 Q는 C와 비례하고 C가 유전율과 비례하므로 전하량은 ϵ_s배가 된다. **답 ③**

문제 06 자속 밀도 $B[\text{Wb/m}^2]$인 자계 내를 속도 v[m/s]로 운동하는 길이 dl[m]의 도선에 유기되는 기전력[V]은?

① $v \times B$ ② $(v \times B) \cdot dl$
③ $(v \cdot B)$ ④ $(v \cdot B) \times dl$

풀이
플레밍의 오른손 법칙에 의해
　유도 기전력 $e = (v \times B) \cdot dl$
v와 B의 각이 θ라고 할 때
　유도 기전력의 크기는 $e = Blv\sin\theta[\text{V}]$ 답 ②

문제 07 전계 및 자계가 z방향의 성분을 갖지 않고 동일한 전계와 자계를 합한 면이 z축에 수직이 되는 파를 무엇이라 하는가?

① 직선파 ② 전자파
③ 굴절파 ④ 평면파

풀이
평면파는 진행파의 **진행 방향에 대하여 수직**인 무한 평면내에서 진행파의 크기, 위상이 같은 파를 의미한다.   답 ④

문제 08 그림과 같이 유전율이 ϵ_1, ϵ_2인 두 유전체의 경계면에 중심을 둔 반지름 a[m]인 도체구의 정전용량은?

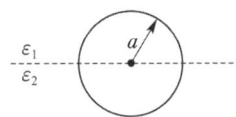

① $4\pi a(\epsilon_1 + \epsilon_2)$ ② $2\pi a(\epsilon_1 + \epsilon_2)$
③ $\dfrac{\epsilon_1 + \epsilon_2}{2\pi a}$ ④ $\dfrac{\epsilon_1 + \epsilon_2}{4\pi a}$

풀이
유전율 ϵ_1인 유전체 내부 도체의 전위 V_a는
$$V_a = -\int_0^a \mathbf{E} \cdot dl = -\int_0^a \frac{Q}{4\pi\epsilon_1 r^2}dr = \frac{Q}{4\pi\epsilon_1 a}[\text{V}]$$
따라서, 반구의 정전 용량은 $2\pi\epsilon_1 a$[F], ϵ_2의 유전체 내의 반구의 정전 용량은 $2\pi\epsilon_2 a$[F]
∴ $C = 2\pi\epsilon_1 a + 2\pi\epsilon_2 a = 2\pi a(\epsilon_1 + \epsilon_2)$ [F]   답 ②

제2과목 전력공학

문제 21 철탑에서의 차폐각에 대한 설명 중 옳은 것은?

① 차폐각이 클수록 보호 효율이 크다.
② 차폐각이 작을수록 건설비가 비싸다.
③ 가공지선이 높을수록 차폐각이 크다.
④ 차폐각은 보통 90° 이상이다.

풀이
차폐각이 적을수록 보호 효율은 크지만 건설비는 많아진다. 66 [kV] 송전선은 45° 정도의 것이 많으며 보호 효율은 90 [%]이고 154 [kV]는 5°로서 95 [%]정도 보호되며 345 [kV] 초고압 선로에서는 0°의 차폐각을 이루면서 100 [%] 보호 효율이 된다.

답 ②

문제 22 수력발전소에서 서보 모터(servo-motor)의 작용으로 옳게 설명한 것은?

① 축받이 기름을 보내는 특수 전동펌프이다.
② 안내날개를 조절하는 장치이다.
③ 전기식 조속기용 특수 전동기이다.
④ 수압관 하부의 압력조정장치이다.

풀이
서보 전동기는 배압 밸브에서 공급되는 압유의 힘에 의하여 피스톤을 동작시켜 피스톤에 연결된 도륜을 회전시킴으로써 안내 날개를 여닫는 장치이다.   답 ②

문제 23 다음 중 가스차단기(GCB)의 보호장치가 아닌 것은?

① 가스압력계
② 가스밀도검출계
③ 조작압력계
④ 가스성분표시계

답 ④

문제 24 지중 케이블에서 고장점을 찾는 방법이 아닌 것은?

① 머리 루프(Murray loop)시험기에 의한 방법
② 메거(Megger)에 의한 측정 방법
③ 임피던스 브리지법
④ 펄스에 의한 측정법

풀이
지중 케이블 고장 수색법
① 머리 루프법
② 정전 용량의 측정으로 발견하는 법
③ 수색 코일로 하는 방법
④ 펄스로 하는 방법
⑤ 음향으로 고장점을 측정하는 방법
※ 메거는 절연저항을 측정하는 계측기기 이다. **답** ②

제3과목 전기기기

문제 41 단상 주상변압기의 2차측(105[V] 단자)에 1[Ω]의 저항을 접속하고, 1차측에 900[V]를 가하여 1차 전류가 1[A]라면, 1차측 탭 전압[V]은? (단, 변압기의 내부 임피던스는 무시한다.)

① 3350 ② 3250
③ 3150 ④ 3050

풀이
$R_1 = a^2 R_2 = a^2 \times 1 = a^2 [\Omega]$
$I_1 = \dfrac{V_1}{R_1} = \dfrac{V_1}{a^2} = \dfrac{900}{a^2} = 1[A]$
$a^2 = 900$ 이므로, $a = 30$
$\therefore V_T = a V_2 = 30 \times 105 = 3150[V]$ **답** ③

문제 42 그림에서 밀리암페어계의 지시[mA]를 구하면 얼마인가? (단, 밀리암페어계는 가동 코일형이고, 정류기의 저항은 무시한다.)

① 9
② 6.4
③ 4.5
④ 1.8

풀이
• 직류 전압 $E_d = \dfrac{2\sqrt{2}}{\pi} E = 0.9 E = 0.9 \times 10 = 9[V]$
• 전류 $I_d = \dfrac{E_d}{R} = \dfrac{9}{5000} = 1.8 \times 10^{-3}[A] = 1.8[mA]$
여기서, **직류 전압이므로 전류의 크기는 리액턴스에 무관하다.** **답** ④

문제 43 직류기의 보상권선은?

① 계자와 병렬로 연결
② 계자와 직렬로 연결
③ 전기자와 병렬로 연결
④ 전기자와 직렬로 연결

풀이
보상권선을 전기자 권선과 직렬로 접속하고 전기자 전류와 반대 방향으로 전류를 흐르게 하면, 전기자 전류에 의한 전기자 반작용 자속은 보상 권선의 자속으로 상쇄되어 전기자 반작용은 상쇄된다. **답** ④

문제 44 직류 분권 발전기를 병렬로 운전하는 경우 발전기용량 P와 정격전압 V 값은?

① P와 V 모두 같아야 한다.
② P는 임의, V는 같아야 한다.
③ P는 같고, V는 임의이다.
④ P와 V 모두 임의이다.

풀이
직류 발전기의 병렬 운전 조건
① 전압의 크기와 극성이 같을 것
② 외부 특성 곡선이 어느 정도 수하 특성일 것.
③ 각 발전기의 부하 전류를 그 정격 전류의 백분율로 표시한 외부 특성 곡선이 거의 같을 것
그러므로 직류 분권 발전기를 병렬 운전하려면 **정격 전압 V는 같아야 하지만 용량 P는 달라도 된다.** **답** ②

문제 45 다음 중 역률이 가장 좋은 전동기는?

① 단상 유도 전동기 ② 3상 유도 전동기
③ 동기 전동기 ④ 반발 전동기

풀이
동기 전동기는 계자 전류의 크기를 조정하여 **역률을 항상 1로 운전할 수 있다.** **답** ③

문제 46 사이리스터에서의 래칭 전류에 관한 설명으로 옳은 것은?

① 게이트를 개방한 상태에서 사이리스터 도통 상태를 유지하기 위한 최소의 순전류
② 게이트 전압을 인가한 후에 급히 제거한 상태에서 도통상태가 유지되는 최소의 순전류
③ 사이리스터의 게이트를 개방한 상태에서 전압을 상승하면 급히 증가하게 되는 순전류
④ 사이리스터가 턴온하기 시작하는 순전류

풀이
- 래칭전류 : SCR이 ON 되기 위하여 애노우드에서 캐소드 쪽으로 흘러야 할 **최소전류**
- 유지전류 : ON된 후에 ON 상태를 유지하기 위한 최소 전류로서 래칭전류보다 작다.　　　　　**답** ④

문제 47 3상 동기 발전기에서 권선 피치와 자극 피치의 비를 $\frac{13}{15}$의 단절권으로 하였을 때의 단절권 계수는?

① $\sin\frac{13}{15}\pi$　　　② $\sin\frac{13}{30}\pi$
③ $\sin\frac{15}{26}\pi$　　　④ $\sin\frac{15}{13}\pi$

풀이
단절권 계수 $K_s = \sin\frac{\beta\pi}{2} = \sin\left(\frac{13}{15}\times\frac{\pi}{2}\right) = \sin\frac{13}{30}\pi$
($\beta = \frac{권선\ 피치}{자극\ 피치}$)　　　　　**답** ②

문제 48 특수 동기기에 대한 설명 중 잘못 연결된 것은?

① 반작용 전동기 : 역률이 좋다.
② 유도 동기 전동기 : 기동 토크와 인입 토크가 크다.
③ 동기 주파수 변환기 : 조작이 간편하고 효율이 좋다.
④ 정현파 발전기 : 부하에 관계없이 정현파 기전력을 발생한다.

풀이
반작용 전동기 : 자극만 있고 여자권선이 없는 회전자를 가진 일종의 동기전동기로서 출력은 작고 역률이 낮지만 직류전원을 필요로 하지 않으므로 **구조가 간단하여 전기시계 및 각종 측정장치 용으로 사용된다**.　　**답** ①

문제 49 직류 발전기의 보극에 관한 설명 중 틀린 것은?

① 보극의 계자권선은 전기자권선과 직렬로 접속한다.
② 보극의 극성은 주자극의 극성을 회전방향으로 옮겨 놓은 것과 같은 극성이다.
③ 보극의 수는 주자극과 동일한 수이지만 어떤 경우에는 주자극의 수보다 적은 것도 있다.
④ 보극에 의한 자속은 전기자전류에 비례하여 변화한다.

풀이

발전기에서 **보극의 극성**은 주자극의 극성을 **회전방향으로** 옮겨 놓은 것과 **반대극성**이다.　　　　　**답** ②

문제 50 3상 유도 전동기에서 $s = 1$일 때의 2차 유기기전력을 $E_2[V]$, 2차 1상의 리액턴스를 $x_2[\Omega]$, 저항을 $r_2[\Omega]$, 슬립을 s, 비례상수를 K_0라고 하면 토크는?

① $K_0\dfrac{E_2^2}{r_2^2 + x_2^2}$　　　② $K_0\dfrac{sE_2^2 r_2}{r_2^2 + sx_2^2}$
③ $K_0\dfrac{E_2^2 r_2}{r_2^2 + (sx_2)^2}$　　　④ $K_0\dfrac{sE_2^2 r_2}{r_2^2 + (sx_2)^2}$

풀이
3상 유도 전동기의 토크 $\tau = K_0\dfrac{sE_2^2 r_2}{r_2^2 + (sx_2)^2}[N\cdot m]$　**답** ④

문제 51 변압기 철심에서 자속변화에 의하여 발생하는 손실은?
① 와전류 손실
② 표유 부하손실
③ 히스테리시스 손실
④ 누설 리액턴스 손실

풀이
- 와류손 : 와류손은 **자속의 변화에 의하여** 철심 내부에 유도되는 와전류에 의한 손실 **답** ①

제4과목 회로이론

문제 61 다음과 같은 회로에서 정 K형 저역 여파기(filter)에 해당되는 것은? (단, 인덕턴스는 L, 커패시턴스는 C 이다.)
① Z_1이 L, Z_2가 C인 경우
② Z_1이 C, Z_2가 L인 경우
③ Z_1, Z_2 모두가 C인 경우
④ Z_1, Z_2 모두가 L인 경우

풀이
정 K형 필터는 인덕턴스 L과 커패시턴스 C의 조합으로 구성된 순수한 리액턴스 4단자망 필터를 말한다.
① 정 K형 저역통과필터   ② 정 K형 고역통과필터

답 ①

문제 62 어떤 사인파 교류전압의 평균값이 191[V]이면 최대값은 약 몇 [V] 인가?
① 150   ② 250
③ 300   ④ 400

풀이
정현파에서 $V_{av} = \dfrac{2V_m}{\pi}$ 이므로
$V_m = \dfrac{\pi}{2} V_{av} = \dfrac{\pi}{2} \times 191 ≒ 300$ [V]   **답** ③

문제 63 어떤 제어계의 임펄스 응답이 $\sin t$ 일 때, 이 계의 전달함수를 구하면?
① $\dfrac{1}{s+1}$ ② $\dfrac{1}{s^2+1}$
③ $\dfrac{s}{s+1}$ ④ $\dfrac{s}{s^2+1}$

풀이
계의 전달 함수는 그 계에 대한 임펄스 응답의 라플라스 변환과 같으므로
$$\mathcal{L}[\sin t] = \dfrac{1}{s^2+1}$$
답 ②

문제 64 그림과 같은 회로에서 인가 전압에 의한 전류 i를 입력, V_o를 출력이라 할 때 전달함수는? (단, 초기조건은 모두 0이다.)
① $\dfrac{1}{Cs}$
② Cs
③ $\dfrac{1}{1+Cs}$
④ $1+Cs$

풀이
$v_0(t) = \dfrac{1}{C}\int i(t)dt$ 이므로 $V_o(s) = \dfrac{1}{Cs} \cdot I(s)$

따라서, 전달함수 $G(s) = \dfrac{V_o(s)}{I(s)} = \dfrac{\dfrac{1}{Cs} \cdot I(s)}{I(s)} = \dfrac{1}{Cs}$

답 ①

문제 65 ϕ가 0에서 π까지는 $i=20$[A], π에서 2π까지는 $i=0$[A]인 파형을 푸리에 급수로 전개할 때 a_0는?
① 5
② 7.07
③ 10
④ 14.14

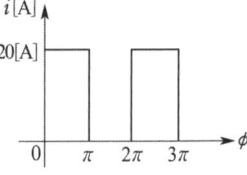

풀이
$a_0 = \dfrac{1}{2\pi}\int_0^\pi i \, d(\phi) = \dfrac{1}{2\pi}\int_0^\pi 20 \, d(\phi) = \dfrac{20}{2\pi} \cdot \pi = 10$[A]

답 ③

제5과목 전기설비기술기준

문제 81 고압 절연전선을 사용한 6600[V] 배전선이 안테나와 접근상태로 시설되는 경우 그 이격거리는 몇 [cm] 이상이어야 하는가?
① 60
② 80
③ 100
④ 120

풀이
332.14 고압 가공전선과 안테나의 접근 또는 교차
저압 가공전선 또는 고압 가공전선이 안테나와 접근상태로 시설되는 경우에는 다음에 따라야 한다.
가. 고압 가공전선로는 고압 보안공사에 의할 것.
나. 가공전선과 안테나 사이의 이격거리

사용 전압 부분 공작물의 종류		저압	고압
안테나	일반적인 경우	0.6[m]	0.8[m]
	전선이 고압절연전선	0.3[m]	**0.8[m]**
	전선이 케이블인 경우	0.3[m]	0.4[m]

답 ②

문제 82 전력보안 가공통신선(광섬유 케이블은 제외)을 조가 할 경우 조가용 선은?
① 금속으로 된 단선
② 알루미늄으로 된 단선
③ 강심 알루미늄 연선
④ 아연도강연선

풀이
362.3 조가선 시설기준
조가선은 **단면적 38[mm²] 이상의 아연도강연선**을 사용할 것.
답 ④

문제 83 다음 중 지선의 시설 목적으로 적절하지 않은 것은?
① 유도장해를 방지하기 위하여
② 지지물의 강도를 보강하기 위하여
③ 전선로의 안전성을 증가시키기 위하여
④ 불평형 장력을 줄이기 위하여

풀이
331.11 지선의 시설
가. 가공전선로의 지지물로 사용하는 철탑은 지선을 사용하여 그 강도를 분담시켜서는 안 된다.
나. 가공전선로의 지지물로 사용하는 철주 또는 철근 콘크리트주는 지선을 사용하지 않는 상태에서 2분의 1 이상의 풍압하중에 견디는 강도를 가지는 경우 이외에는 지선을 사용하여 그 강도를 분담시켜서는 안 된다.
따라서, **유도장해를 방지하기 위해서는 지선이 아닌 차폐선을 설치하여야 한다.**
답 ①

11년 2회 동일 및 유사 문제 (년도-회-번호)

1과목 전기자기학
- 09 16-3-05
- 10 20-4-03
- 11 16-1-16
- 12 15-3-06
- 13 19-1-05
- 14 20-4-17
- 15 20-4-20
- 16 21-3-18
- 17 17-2-01
- 18 16-2-04
- 19 17-3-19
- 20 20-3-09

2과목 전력공학
- 25 22-1-22
- 26 22-1-38
- 27 22-2-21
- 28 21-1-38
- 29 16-1-22
- 30 16-2-28
- 31 22-2-32
- 32 16-3-31
- 33 15-2-21
- 34 21-3-24
- 35 17-3-33
- 36 14-2-27
- 37 19-1-39
- 38 21-1-31
- 39 20-4-21
- 40 18-2-31

3과목 전기기기
- 52 20-3-52
- 53 21-3-50
- 54 20-4-54
- 55 19-1-41
- 56 20-4-46
- 57 19-1-46
- 58 20-3-56
- 59 17-2-59
- 60 18-2-44

4과목 회로이론
- 66 22-3-62
- 67 21-1-76
- 68 21-1-67
- 69 22-1-67
- 70 17-2-75
- 71 18-3-64
- 72 20-3-64
- 73 14-1-70
- 74 19-1-77
- 75 19-2-79
- 76 20-1,2-72
- 77 19-2-62
- 78 18-2-64
- 79 16-1-67
- 80 17-3-61

5과목 전기설비기술기준
- 84 22-2-84
- 85 19-2-96
- 86 22-1-82
- 87 15-1-81
- 88 20-3-93
- 89 19-1-85
- 90 14-3-84
- 91 17-1-98
- 92 17-3-90
- 93 18-2-84
- 94 20-4-94
- 95 21-1-87
- 96 19-3-88
- 97 20-3-82
- 98 20-4-97
- 99 19-3-93

국가기술자격검정 필기시험 문제

2011년도 전기산업기사 일반검정 제3회

자격종목 및 등급(선택분야)	종목코드	시험시간	문제지형별
전기산업기사	2140	2시간 30분	A

수검 번호 / 성 명

제1과목 전기자기학

문제 01 그림과 같은 회로 C에 전류 I[A]가 흐를 때 C의 미소 부분 dl에 의하여 거리 r만큼 떨어진 P점에서의 자계의 세기 dH[AT/m]는? (단, θ는 dl과 거리 r이 이루는 각이다.)

① $\dfrac{Idl\sin\theta}{4\pi r}$

② $\dfrac{Idl\sin\theta}{r^2}$

③ $\dfrac{Idl\sin\theta}{4\pi r^2}$

④ $\dfrac{4\pi Idl\sin\theta}{r^2}$

풀이
비오-사바르의 법칙 : $dH = \dfrac{Idl\sin\theta}{4\pi r^2}$ 답 ③

문제 02 비투자율 $\mu_s = 4$인 자성체 내에서 주파수 1[GHz]인 전자기파의 파장[m]은?
① 0.1 ② 0.15
③ 0.25 ④ 0.4

풀이
전자파의 전파속도
$$v = \dfrac{1}{\sqrt{\epsilon\mu}} = \dfrac{1}{\sqrt{\epsilon_0\mu_0}\sqrt{\epsilon_s\mu_s}} = \dfrac{1}{\sqrt{\epsilon_0\mu_0}} \times \dfrac{1}{\sqrt{\epsilon_s\mu_s}}$$

여기서,
$$\dfrac{1}{\sqrt{\epsilon_0\mu_0}} = \dfrac{1}{\sqrt{\dfrac{1}{4\pi\times 9\times 10^9}\times 4\pi\times 10^{-7}}} = 3\times 10^8 \text{[m/sec]}$$

$$v = \dfrac{3\times 10^8}{\sqrt{\epsilon_s\mu_s}} = \dfrac{3\times 10^8}{\sqrt{1\times 4}} = 1.5\times 10^8 \text{[m/s]}$$

$$\lambda = \dfrac{v}{f} = \dfrac{1.5\times 10^8}{1\times 10^9} = 0.15 \text{[m]}$$ 답 ②

문제 03 전위계수에 대한 설명 중 틀린 것은?
① 도체주위의 매질에 따라 정해지는 상수이다.
② 도체의 크기와는 관계가 없다.
③ 전위계수는 도체 상호간의 배치상태에 따라 정해지는 상수이다.
④ 전위계수의 단위는 [1/F]이다.

풀이
전위계수는 도체의 크기, 상호간의 배치 상태 및 주위 공간의 매질에 따라 정해지고 전위, 전하에 관계없는 상수이다. 답 ②

문제 04 회로가 닫혀있는 코일1과 개방된 코일2가 그림과 같이 평등자계와 직각방향으로 서로 나란한 코일면을 유지하고 있을 때 평등자계의 자속이 일정한 비율로 감소하는 경우 다음 설명 중 옳은 것은?

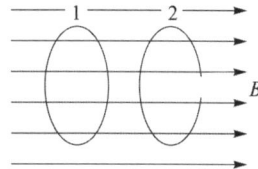

① 유기기전력은 두 코일에 모두 유기된다.
② 유기기전력은 개방된 코일2에만 유기된다.
③ 두 코일에 같은 줄열이 발생한다.
④ 줄열은 어느 쪽도 발생하지 않는다.

풀이

두 코일을 각각 변압기 2차측 코일로 간주하고 철심에 자속이 변화(감소)하는 경우에 코일 1은 변압기 2차측이 단락상태가 되어 전류가 크게 흐르고, 코일2는 개방상태(무부하)가 되어 고전압이 유기된다. 따라서 **두 코일 모두 유기기전력이 유기된다.** 　답 ①

문제 05 비투자율 μ_s, 길이 l인 철심에 권수 N인 환상 솔레노이드 코일이 있다. 이 철심에 길이 l_1인 미소 공극을 만들었을 때 공극 자계 세기 H_A와 철심 자계 세기 H_F의 비($\dfrac{H_F}{H_A}$)는?

① μ_s　　　　② $\dfrac{1}{\mu_s}$

③ $\dfrac{\mu_s(l-l_1)}{l_1}$　　④ $\dfrac{l_1}{\mu_s(l-l_1)}$

풀이

공극에 있어서 자속의 퍼짐이 없으면 철심 내부와 공극 부분의 자속 밀도가 같게 되므로

- 공극 부분의 자계의 세기 $H_A = \dfrac{B}{\mu_0}$
- 철심 부분의 자계의 세기 $H_F = \dfrac{B}{\mu} = \dfrac{B}{\mu_0 \mu_s}$

$$\therefore \dfrac{H_F}{H_A} = \dfrac{1}{\mu_s}$$　답 ②

문제 06 두 개의 똑같은 작은 도체구를 접촉하여 대전시킨 후 1[m] 거리에 떼어 놓았더니 작은 도체구는 서로 9×10^{-3}[N]의 힘으로 반발했다. 각 전하는 몇 [C]인가?

① 10^{-8}　　　② 10^{-6}
③ 10^{-4}　　　④ 10^{-2}

풀이

쿨롱의 법칙 $F = 9 \times 10^9 \dfrac{Q_1 Q_2}{r^2}$[N]에서 두 개의 같은 점전하($Q_1 = Q_2$)가 1[m] 떨어져 있고, 힘($F$)이 9×10^{-3}[N] 이므로

$$F = 9 \times 10^9 \dfrac{Q^2}{1^2} = 9 \times 10^{-3}[N]$$

$$\therefore Q = \sqrt{\dfrac{9 \times 10^{-3}}{9 \times 10^9}} = 10^{-6}[C]$$　답 ②

문제 07 자기회로에서 단면적, 길이, 투자율을 모두 $\dfrac{1}{2}$로 하면 자기저항은 어떻게 되는가?

① $\dfrac{1}{2}$로 된다.　　② 2배로 된다.
③ 4배로 된다.　　　④ 8배로 된다.

풀이

자기저항 $R_m = \dfrac{l}{\mu S} = \dfrac{l}{\mu_0 \mu_s S}$[AT/Wb] 에서

단면적 S, 길이 l, 투자율 μ를 $\dfrac{1}{2}$배로 한 경우의 자기 저항을 $R_m{'}$라 하면

$$R_m{'} = \dfrac{\left(\dfrac{1}{2}l\right)}{\left(\dfrac{1}{2}\mu\right)\left(\dfrac{1}{2}S\right)} = 2\dfrac{l}{\mu S} = 2R_m[AT/Wb]$$　답 ②

제2과목　전력공학

문제 21 그림과 같은 수전단 전력원선도가 있다. 부하직선을 참고하여 다음 중 전압조정을 위한 조상설비가 없어도 정전압운전이 가능한 부하전력은 대략 어느 정도일 때인가?

① 무부하일 때
② 50[kW]일 때
③ 100[kW]일 때
④ 150[kW]일 때

풀이

정전압 송전방식(송전단 전압 V_s는 일정, 수전단 전압 V_r도 일정)에서는 원의 반지름 $\rho = \dfrac{V_s V_r}{b}$이 일정하므로 **송·수전전력은 언제나 원선도의 원주상에 존재**하여야 한다. 따라서, 조상설비가 없어도 정전압운전이 가능한 부하전력은 유효전력 100[kW], 무효전력 50[kVAR]이다.

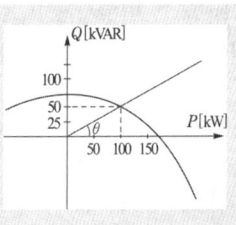

답 ③

문제 22 다음 중 통신선에 대한 유도장해가 가장 큰 배전계통의 접지방식은?

① 소호리액터 접지 ② 저항접지
③ 비접지 ④ 직접접지

풀이
접지방식별 특징

방식	2중 고장 발생 확률	보호 계전기 동작	지락 전류	고장중 운전	전위 상승	과도 안정도	유도 장해	특징
직접 접지 (22.9, 154, 345 [kV])	최대	확실	최대	×	1.3	최소	최대	중성점영전위, 단절연가능
저항 접지	↓	↓	↓	×	$\sqrt{3}$	↓	↓	
비접지 (3.3, 6.6 [kV])	↓	×	↓	가능	$\sqrt{3}$	↓	↓	저전압 단거리에 적용
소호 리액터 접지 (66 [kV])	최소	불확실	최소	가능	$\sqrt{3}$ 이상	최대	최소	병렬공진, 고장전류최소

답 ④

문제 23 그림과 같은 단상 3선식 배전선로에서 100[V], 100[W] 전등을 AN간에 병렬로 5등, BN간에 병렬로 4등이 연결되어 운전하던 중 중성선이 단선되었다. 이때 AN간의 부하전압 V_{AN}은 몇 [V]인가? (단, 선로는 저항뿐이고, 부하까지 1선당 2.5 [Ω]이다.)

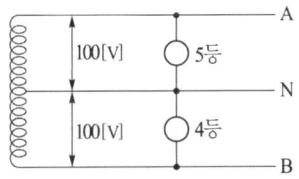

① 80 ② 100 ③ 120 ④ 140

풀이

$R_A = \dfrac{V^2}{P_A} = \dfrac{100^2}{100 \times 5} = 20\,[\Omega]$

$R_B = \dfrac{V^2}{P_B} = \dfrac{100^2}{100 \times 4} = 25\,[\Omega]$

1선당 저항은 2.5 [Ω]이므로, 전압분배 법칙에 의해 AN 간의 부하전압을 구하면 다음과 같다.

$V_{AN} = I_{R_A} \times R = \dfrac{200}{2.5+20+25+2.5} \times 20 = 80\,[V]$ **답** ①

문제 24 소호리액터 접지계통에서 리액터의 탭을 완전 공진상태에서 약간 벗어나도록 하는 이유는?

① 전력손실을 줄이기 위하여
② 선로의 리액턴스분을 감소시키기 위하여
③ 접지 계전기의 동작을 확실하게 하기 위하여
④ 직렬공진에 의한 이상전압의 발생을 방지하기 위하여

풀이
직렬 공진에 의한 이상 전압을 억제하기 위하여 10 [%] 정도 과보상하는 것이 일반적이다. **답** ④

문제 25 송전계통에서 이상전압의 방지대책으로 볼 수 없는 것은?

① 철탑 접지저항의 저감
② 가공 송전선로의 피뢰용으로서의 가공지선에 의한 뇌차폐
③ 기기 보호용으로서의 피뢰기 설치
④ 복도체 방식 채택

풀이
보호 장치 및 기능
• 매설지선 : 철탑의 접지저항을 저감하여 역섬락 방지
• 가공지선 : 뇌의 차폐
• 피뢰기 : 기기 보호
그러나 **복도체 방식**은 1상당 도체의 수가 2개이다. 따라서, 선로의 인덕턴스는 감소되고 정전용량은 증가하게 되나 이상 전압의 방지대책과는 거리가 멀다. **답** ④

제3과목 전기기기

문제 41 권수비 10 : 1인 동일정격 3대의 단상 변압기를 Y-△로 결선하여 2차 단자에 200[V], 75 [kVA]의 평형부하를 걸었을 때 각 변압기의 1차 권선의 전류[A] 및 1차 선간전압[V]은?
(단, 여자전류와 임피던스는 무시한다.)
① 21.6[A], 2000[V]
② 12.5[A], 2000[V]
③ 21.6[A], 3464[V]
④ 12.5[A], 3464[V]

풀이

2차측 상전류 $I_2 = \dfrac{P}{3V} = \dfrac{75000}{3 \times 200} = 125$ [A]

$\dfrac{n_1}{n_2} = \dfrac{V_1}{V_2} = \dfrac{I_2}{I_1}$ 에서

$I_1 = \dfrac{n_2}{n_1} \times I_2 = \dfrac{1}{10} \times 125 = 12.5$ [A]

(Y결선에서는 상전류 = 선전류)

$V_1 = \dfrac{n_1}{n_2} \times V_2 = 10 \times 200 \times \sqrt{3} = 3464$ [V]

(Y결선에서 선간전압 = 상전압의 $\sqrt{3}$ 배) **답** ④

문제 42 정류자형 주파수 변환기의 구조에 관한 설명 중 틀린 것은?
① 소용량의 것으로 가장 간단한 것은 회전자만 있고 고정자는 없다.
② 회전자는 3상 회전변류기의 전기자와 거의 같은 구조이며 정류자와 3개의 슬립링이 있다.
③ 자기회로의 자기저항을 감소시키기 위해 성층 철심만으로 권선이 없는 고정자를 설치한 것도 있다.
④ 용량이 큰 것은 정류작용을 좋게 하기위해 회전자에 보상권선과 보극권선을 설치한 것도 있다.

풀이
정류자형 주파수 변환기는 정류작용의 점에서 **대용량의 것은 제작이 어렵고** 고정자에 보상권선, 보극권선 등을 설치한 것에서도 100 [kVA] 정도가 한도이므로 **대용량의 전동기에는 응용할 수 없다.** **답** ④

문제 43 직류 분권전동기와 권선형 유도전동기와의 유사한 점은?
① 토크가 전압에 비례하며 속도 변동률이 크다.
② 기동 토크가 기동 전류에 비례하며 속도가 변하지 않는다.
③ 저항으로 속도조정이 되며 속도 변동률이 작다.
④ 정류자가 있으며 저항으로 속도조정이 가능하다.

풀이
• 권선형 유도 전동기의 속도제어 : 2차저항제어
• 직류 분권전동기의 속도제어 : 직렬저항제어법 **답** ③

문제 44 내분권 가동복권발전기의 단자전압 V는 얼마인가? (단, Φ_s[Wb] : 직권계자권선에 의한 자속, Φ_f[Wb] : 분권계자의 자속, R_a[Ω] : 전기자권선 저항, R_s[Ω] : 직권계자권선 저항, I_a[A] : 전기자 전류, I[A] : 부하 전류, n[rps] : 속도, $k = \dfrac{PZ}{a}$ 이고, 자기회로의 포화현상과 전기자반작용은 무시한다.)

① $V = k(\Phi_f + \Phi_s)n - I_a R_a - IR_s$ [V]
② $V = k(\Phi_f - \Phi_s)n - I_a R_a - IR_s$ [V]
③ $V = k(\Phi_f + \Phi_s)n - I_a(R_a - R_s)$ [V]
④ $V = k(\Phi_f - \Phi_s)n - I_a(R_a - R_s)$ [V]

풀이

〈내분권 복권발전기〉

• 가동복권 발전기 : $\Phi = \Phi_f + \Phi_s$
 (참고 : 차동복권 발전기 $\Phi = \Phi_f - \Phi_s$)
• 부하전류 I = 전기자 전류 I_a - 계자전류 I_f
• 단자전압 $V = E - I_a R_a - IR_s = \dfrac{PZ}{a}\Phi n - I_a R_a - IR_s$
 $= k(\Phi_f + \Phi_s)n - I_a R_a - IR_s$ **답** ①

문제 45 3상 유도전동기에 직결된 펌프가 있다. 펌프 출력은 80[kW], 효율 74.6[%], 전동기의 효율과 역률은 94[%]와 90[%] 라고 하면 전동기의 입력은 약 몇 [kVA] 인가?

① 95.74 ② 104.4
③ 121.1 ④ 126.7

풀이

- 펌프의 입력 = 전동기의 출력

$$P_m = \frac{\text{펌프 출력}}{\text{펌프 효율}} = \frac{P_0}{\eta_m} = \frac{80}{0.746} = 107.24[\text{kW}]$$

- 전동기의 입력

$$P_i = \frac{\text{전동기 출력}}{\text{전동기 효율}} = \frac{107.24}{0.94} = 114.09[\text{kW}]$$

- 전동기 입력[kVA] $= \dfrac{P_i}{\cos\theta} = \dfrac{114.09}{0.9} = 126.77[\text{kVA}]$

답 ④

문제 46 다음 유도전동기 기동법 중 권선형 유도전동기에 가장 적합한 기동법은?

① Y-△기동법
② 기동보상기법
③ 전전압기동법
④ 2차 저항법

풀이

2차 저항에 의한 기동방법은 권선형 유도전동기의 2차 회로에 가변 저항기(R_s)를 접속하여 비례추이의 원리에 의하여 **기동시 큰 기동토크**를 얻는 반면에 기동전류는 억제하는 기동방법이다.

$$\frac{r_2}{s_m} = \frac{r_2 + R_s}{s_t}$$

여기서, r_2 : 2차 권선의 저항
s_m : 최대 토크시 슬립
s_t : 기동시 슬립(정지상태에서 기동시 $s_t = 1$)
R_s : 2차 외부회로 저항

답 ④

제4과목 회로이론

문제 61 그림에서 전류계는 0.4[A], 전압계 V_1은 3[V], V_2는 4[V]를 지시했다. 저항 R_3의 값[Ω]은? (단, 전류계 및 전압계의 내부저항은 무시한다.)

① 5 ② 11
③ 12.5 ④ 13.7

풀이

키르히호프의 전압법칙에 의해 회로망 내의 임의의 폐회로에 있어서 전원전압의 합은 폐회로내의 전압강하의 합과 같다.

$$V = IR_1 + IR_2 + IR_3 = V_1 + V_2 + IR_3$$
$$= 3 + 4 + IR_3 = 12[\text{V}] \text{ 이므로}$$

$IR_3 = 5[\text{V}]$ ∴ $R_3 = \dfrac{5}{I} = \dfrac{5}{0.4} = 12.5[\Omega]$

답 ③

문제 62 $Z_1 = 3 + j10[\Omega]$, $Z_2 = 3 - j2[\Omega]$의 두 임피던스를 직렬로 연결하고 양단에 $100\underline{/0°}[\text{V}]$의 전압을 가했을 때 $\dot{Z}_1, \dot{Z}_2$에 걸리는 전압 V_1, V_2[V]는 각각 얼마인가?

① $V_1 = 98 + j36$, $V_2 = 2 + j36$
② $V_1 = 98 - j36$, $V_2 = 2 + j36$
③ $V_1 = 98 + j36$, $V_2 = 2 - j36$
④ $V_1 = 98 - j36$, $V_2 = 2 - j36$

풀이

$$V_1 = \frac{\dot{Z}_1}{\dot{Z}_1 + \dot{Z}_2}V = \frac{3 + j10}{3 + j10 + 3 - j2} \times 100$$
$$= \frac{(3 + j10)(6 - j8)}{(6 + j8)(6 - j8)} \times 100 = 98 + j36[\text{V}]$$

$V_2 = V - V_1 = 100 - (98 + j36) = 2 - j36[\text{V}]$

답 ③

문제 63 다음과 같은 브리지 회로가 평형이 되기 위한 Z_4의 값은?

① $2+j4$
② $-2+j4$
③ $4+j2$
④ $4-j2$

풀이
$Z_4(3+j2) = (2+j4)(2-j3)$
$\therefore Z_4 = \dfrac{(2+j4)(2-j3)}{3+j2} = \dfrac{(16+j2)(3-j2)}{(3+j2)(3-j2)} = 4-j2$

답 ④

문제 64 그림과 같은 톱니파의 라플라스 변환은?

① $\dfrac{E}{Ts}(1-e^{-Ts})$
② $\dfrac{E}{Ts^2}(1-e^{-Ts})$
③ $\dfrac{E}{Ts}(1-e^{-Ts}-Tse^{-Ts})$
④ $\dfrac{E}{Ts^2}(1-e^{-Ts}-Tse^{-Ts})$

풀이

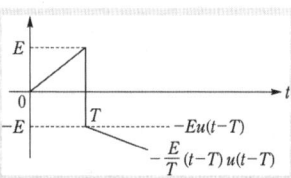

$f(t) = \dfrac{E}{T}tu(t) - Eu(t-T) - \dfrac{E}{T}(t-T)u(t-T)$

이므로 시간 추이 정리를 이용하면

$\therefore F(s) = \dfrac{E}{Ts^2} - \dfrac{Ee^{-Ts}}{s} - \dfrac{Ee^{-Ts}}{Ts^2}$

$= \dfrac{E}{Ts^2}[1-(Ts+1)e^{-Ts}]$

답 ④

문제 65 $R=10[\Omega]$, $L=5[\mu H]$인 RL 직렬회로와 $C=100[pF]$인 콘덴서가 병렬로 연결된 회로에서 공진시 공진임피던스[kΩ]는?

① 0.2
② 0.5
③ 5
④ 200

풀이
공진 조건
$\omega C = \dfrac{\omega L}{R^2 + (\omega L)^2}$ 로부터

공진임피던스
$Z_a = \dfrac{L}{RC} = \dfrac{5 \times 10^{-6}}{10 \times 100 \times 10^{-12}}$
$= 5 \times 10^3[\Omega] = 5[k\Omega]$

답 ③

문제 66 그림과 같이 10[Ω]의 저항에 감은비가 10:1의 결합회로를 연결했을 때 4단자 정수 A, B, C, D는?

① $A=1$, $B=10$, $C=0$, $D=10$
② $A=10$, $B=0$, $C=1$, $D=\dfrac{1}{10}$
③ $A=10$, $B=1$, $C=0$, $D=\dfrac{1}{10}$
④ $A=10$, $B=1$, $C=1$, $D=10$

풀이
$\begin{bmatrix} A & B \\ C & D \end{bmatrix} = \begin{bmatrix} 1 & 10 \\ 0 & 1 \end{bmatrix} \begin{bmatrix} 10 & 0 \\ 0 & \dfrac{1}{10} \end{bmatrix} = \begin{bmatrix} 10 & 1 \\ 0 & \dfrac{1}{10} \end{bmatrix}$

($\because$ 전압비 : 10, 전류비 : $\dfrac{1}{10}$)

답 ③

문제 67 주파수 f[Hz], 단상 교류전압 V[V]의 전원에 저항 R[Ω], 인덕턴스 L[H]의 코일을 접속한 회로가 있을 때, L을 가감해서 R의 전력을 $L=0$일 때의 $\dfrac{1}{5}$로 하면 L[H]의 크기는?

① $\dfrac{R^2}{2\pi f}$
② $\pi f R^2$
③ $\dfrac{R}{\pi f}$
④ $\dfrac{R}{2\pi f}$

풀이

- R, L 회로에서의 전력 $P_1 = I^2 R = \left(\dfrac{V}{\sqrt{R^2+\omega^2 L^2}}\right)^2 R$
- L이 0인 때의 전력 $P_2 = \dfrac{V^2}{R}$
- $\dfrac{1}{5} P_2 = P_1$, $\dfrac{V^2}{R} \times \dfrac{1}{5} = \left(\dfrac{V}{\sqrt{R^2+\omega^2 L^2}}\right)^2 \cdot R$ 이므로

$5R^2 = R^2 + \omega^2 L^2$

$\therefore L = \dfrac{2R}{\omega} = \dfrac{R}{\pi f}$ 　　　답 ③

제5과목 전기설비기술기준

문제 81 저압 가공인입선의 시설에 대한 설명으로 틀린 것은?

① 전선은 절연전선 또는 케이블일 것
② 전선은 지름 1.6[mm]의 경동선 또는 이와 동등이상의 세기 및 굵기일 것
③ 전선의 높이는 철도 및 궤도를 횡단하는 경우에는 레일면상 6.5[m] 이상일 것
④ 전선의 높이는 횡단보도교의 위에 시설하는 경우에는 노면상 3[m] 이상일 것

풀이
221.1.1 저압 인입선의 시설
저압 가공인입선은 다음에 따라 시설하여야 한다.
가. 전선은 절연전선 또는 케이블일 것.
나. 전선이 절연전선인 경우
　① 경간이 15[m] 초과 : 인장강도 2.30[kN] 이상의 것 또는 **지름 2.6[mm] 이상**의 인입용 비닐절연전선일 것.
　② 경간이 15[m] 이하 : 인장강도 1.25[kN] 이상의 것 또는 지름 2[mm] 이상의 인입용 비닐절연전선일 것.
다. 전선의 높이
　① 도로(차도와 보도의 구별이 있는 도로인 경우에는 차도)를 횡단하는 경우 : 노면상 5[m] (기술상 부득이한 경우에 교통에 지장이 없을 때에는 3[m]) 이상
　② 철도 또는 궤도를 횡단하는 경우 : 레일면상 6.5[m] 이상
　③ 횡단보도교 위에 시설하는 경우 : 노면상 3[m] 이상
　　　답 ②

문제 82 가공전선로 지지물에 시설하는 통신선으로 적합하지 아니한 것은?

① 통신선은 가공전선의 아래에 시설할 것
② 통신선과 저압 가공전선 사이의 이격거리는 60[cm] 이상일 것
③ 통신선과 고압 가공전선 사이의 이격거리는 60[cm] 이상일 것
④ 통신선과 특고압 가공전선 사이의 이격거리는 1.0[m] 이상일 것

풀이
362.2 전력보안통신선의 시설 높이와 이격거리
가공전선과 첨가 통신선과의 이격거리
가. 통신선은 가공전선의 아래에 시설할 것.
나. 이격거리

가공전선		통신선		
		일반	절연전선	광섬유케이블
중성선	25[kV]이하, 다중 접지중성선	0.6[m] 이상		
저압 가공전선	일반	0.6[m] 이상		
	절연전선 또는 케이블		0.3[m] 이상	
	인입선			0.15[m] 이상
고압 가공전선	일반	0.6[m] 이상		
	케이블		0.3[m] 이상	
특고압 가공전선	일반	1.2[m] 이상		
	케이블		0.3[m] 이상	
	25[kV]이하, 다중 접지방식	0.75[m] 이상		

답 ④

문제 83 전광표시장치 또는 제어회로의 배선을 금속덕트공사에 의하여 시설하고자 한다. 절연피복을 포함한 전선의 총면적은 덕트 내부 단면적의 몇 [%]까지 할 수 있는가?

① 20
② 30
③ 40
④ 50

풀이
232.31 금속덕트공사
금속덕트에 넣은 전선의 단면적(절연피복의 단면적을 포함한다)의 합계는 덕트의 내부 단면적의 20[%](전광표시장치, 기타 이와 유사한 장치 또는 제어회로 등의 배선만을 넣는 경우에는 50[%]) 이하일 것.
　　　답 ④

문제 84 습기 있는 장소에서 사용전압이 440[V]인 경우의 애자공사시 전선과 조영재 사이의 이격거리는 최소 몇[cm] 이상이어야 하는가?

① 2.5
② 4.5
③ 6
④ 8

풀이
232.56 애자공사
가. 전선의 종류 : 절연 전선. 단, 옥외용 비닐 절연 전선(OW) 및 인입용 비닐 절연 전선(DV)은 제외한다.
나. 이격 거리

전압		전선과 조영재와의 이격 거리	전선 상호 간격	전선 지지점간의 거리	
				조영재의 윗면 또는 옆면에 따라 시설	조영재에 따라 시설하지 않는 경우
저압	400[V] 이하	2.5[cm] 이상		—	
	400[V] 초과	건조한 장소 2.5[cm] 이상	6[cm] 이상	2[m] 이하	
		기타의 장소 4.5[cm] 이상			6[m] 이하

답 ②

문제 85 특고압 지중전선이 가연성이나 유독성의 유체(流體)를 내포하는 관과 접근하기 때문에 상호간에 견고한 내화성의 격벽을 시설하였다. 상호 간의 이격거리가 몇 [m] 이하인 경우 인가?

① 0.4
② 0.6
③ 0.8
④ 1.0

풀이
334.6 지중전선과 지중약전류전선 등 또는 관과의 접근 또는 교차
지중전선이 다음 조건의 이격거리 이하로 설치되는 경우에는 상호간에 내화성의 격벽을 설치하여야 한다.

조 건	전 압	이격거리
지중 약전류 전선과 접근 또는 교차하는 경우	저압 또는 고압	0.3[m]
	특고압	0.6[m]
가연성, 유독성의 유체를 내포하는 관과 접근 또는 교차	특고압	1[m]
	25[kV] 이하, 다중접지방식	0.5[m]
기타의 관과 접근 또는 교차	특고압	0.3[m]

답 ④

문제 86 지중에 매설된 금속제 수도관로는 각종 접지공사의 접지극으로 사용할 수 있다. 다음 중에서 접지극으로 사용할 수 없는 것은?

① 안지름 75[mm] 이상이고 전기저항값이 3[Ω] 이하인 것
② 안지름 75[mm] 이상이고 전기저항값이 2[Ω] 이하인 것
③ 안지름 75[mm]에서 분기한 안지름 50[mm]의 수도관으로 길이가 6[m]이고, 전기저항값이 3[Ω] 이하인 것
④ 안지름 75[mm]에서 분기한 안지름 30[mm]의 수도관으로 길이가 5[m] 이내이고, 전기저항값이 3[Ω] 이하인 것

풀이
142.2 접지극의 시설 및 접지저항
지중에 매설되어 있고 대지와의 **전기저항 값이 3[Ω] 이하**의 값을 유지하고 있는 금속제 수도관로가 다음에 따르는 경우 접지극으로 사용이 가능하다.
가. 접지도체와 금속제 수도관로의 접속은 **안지름 75[mm] 이상인 부분 또는 여기에서 분기한 안지름 75[mm] 미만인 분기점으로부터 5 [m] 이내의 부분**에서 하여야 한다.
나. 금속제 수도관로와 대지 사이의 **전기저항 값이 2[Ω] 이하인 경우**에는 분기점으로부터의 거리는 5[m]을 넘을 수 있다.

답 ③

문제 87 전격살충기는 전격격자가 지표상 또는 마루 위 몇 [m] 이상 되도록 시설하여야 하는가?

① 1.5[m]
② 2[m]
③ 2.8[m]
④ 3.5[m]

풀이
241.7 전격살충기
전격살충기는 다음에 의하여 시설하여야 한다.
가. 전격살충기의 전격격자는 **지표 또는 바닥에서 3.5[m] 이상의 높은 곳**에 시설할 것. 다만, 2차측 개방 전압이 7[kV] 이하의 절연변압기를 사용하고 보호격자에 사람이 접촉될 경우 절연변압기의 1차측 전로를 자동적으로 차단하는 보호장치를 시설한 것은 지표 또는 바닥에서 1.8[m]까지 감할 수 있다.
나. 전격살충기의 전격격자와 다른 시설물(가공전선은 제외한다) 또는 식물과의 이격거리는 0.3[m] 이상일 것.

답 ④

문제 88 분기회로의 시설에서 저압 옥내간선과의 분기점에서 전선의 길이가 몇 [m] 이하인 곳에 개폐기 및 과전류 차단기를 시설하여야 하는가? 단, 분기점과 분기회로의 과부하 보호장치 설치점 사이의 배선 부분에 다른 분기회로나 콘센트 회로가 접속되어 있지 않고, 단락의 위험과 화재 및 인체에 대한 위험성이 최소화 되도록 시설된 경우이다.

① 3   ② 4   ③ 5   ④ 6

풀이

212.4.2 과부하 보호장치의 설치 위치

가. 과부하 보호장치는 전로 중 도체의 단면적, 특성, 설치 방법, 구성의 변경으로 도체의 허용전류 값이 줄어드는 곳(이하 분기점이라 함)에 설치해야 한다.

나. **과부하 보호장치는 분기점(O)에 설치**해야 하나, 분기점(O)점과 분기회로의 과부하 보호장치(P_2) 설치점 사이의 배선 부분에 다른 분기회로나 콘센트 회로가 접속되어 있지 않고, 다음 중 하나를 충족하는 경우에는 변경이 있는 배선에 설치할 수 있다.

① 분기회로에 대한 단락보호가 이루어지고 있는 경우 : 분기회로의 보호장치 P_2는 분기회로의 분기점(O)으로부터 부하 측으로 거리에 구애 받지 않고 이동하여 설치할 수 있다.

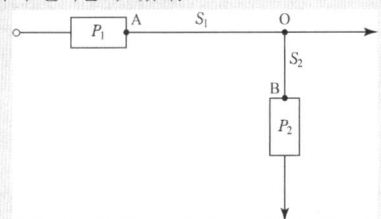

② 단락의 위험과 화재 및 인체에 대한 위험성이 최소화 되도록 시설된 경우 : 분기회로의 보호장치 (P_2)는 분기회로의 분기점(O)으로부터 3[m]까지 이동하여 설치할 수 있다.

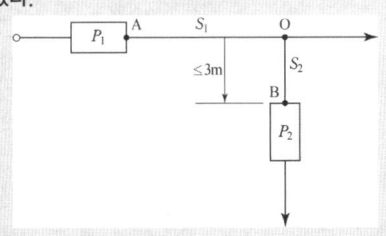

답 ①

11년 3회 동일 및 유사 문제 (년도-회-번호)

1과목 전기자기학
- 08 22-1-07
- 09 20-1,2-14
- 10 18-1-05
- 11 22-2-06
- 12 15-1-05
- 13 20-1,2-02
- 14 17-3-18
- 15 15-1-09
- 16 17-2-08
- 17 20-4-13
- 18 15-2-08
- 19 19-3-11
- 20 17-2-01

2과목 전력공학
- 26 22-2-38
- 27 21-1-38
- 28 21-1-31
- 29 20-3-24
- 30 19-2-37
- 31 21-2-37
- 32 18-3-38
- 33 20-3-21
- 34 18-1-39
- 35 14-3-27
- 36 17-2-38
- 37 20-1,2-32
- 38 17-2-26
- 39 22-3-30
- 40 18-2-37

3과목 전기기기
- 47 22-3-43
- 48 17-2-32
- 49 20-3-47
- 50 22-3-41
- 51 20-4-47
- 52 16-1-44
- 53 17-2-53
- 54 18-3-44
- 55 15-1-49
- 56 13-2-49
- 57 17-1-56
- 58 16-3-42
- 59 19-1-42
- 60 20-1,2-50

4과목 회로이론
- 68 22-3-77
- 69 19-3-61
- 70 20-4-71
- 71 22-2-67
- 72 18-3-80
- 73 22-2-68
- 74 20-4-72
- 75 19-1-73
- 76 17-2-69
- 77 19-1-65
- 78 20-4-67
- 79 18-1-79
- 80 20-3-79

5과목 전기설비기술기준
- 89 22-3-91
- 90 19-2-81
- 91 14-3-85
- 92 21-2-93
- 93 14-1-88
- 94 19-1-87
- 95 19-1-96
- 96 22-2-93

memo

D60-2

2010년도 전기산업기사 필기

- 2010년도 제1회 전기산업기사
- 2010년도 제2회 전기산업기사
- 2010년도 제3회 전기산업기사

국가기술자격검정 필기시험 문제

2010년도 전기산업기사 일반검정 제1회

자격종목 및 등급(선택분야)	종목코드	시험시간	문제지형별
전기산업기사	2140	2시간 30분	A

제1과목 전기자기학

문제 01 권수 500회이고 자기인덕턴스가 0.05[H]인 코일이 있을 때 여기에 전류 5[A]를 흘리면 자속쇄교수는 몇 [Wb]인가?

① 0.15[Wb]   ② 0.25[Wb]
③ 15[Wb]   ④ 25[Wb]

풀이
쇄교 자속수 $\Phi = N\phi = LI$에서
$LI = 0.05 \times 5 = 0.25[\text{Wb}]$ **답** ②

문제 02 내반경 a[m], 외반경 b[m], 길이 l[m]인 동축 케이블의 내원통 도체와 외원통 도체간에 유전율 ϵ[F/m], 도전율 σ[S/m]인 손실유전체를 채웠을 때 양 원통간의 저항[Ω]을 나타내는 식은?

① $R = \dfrac{0.16\sigma}{\epsilon l} \ln \dfrac{b}{a} [\Omega]$

② $R = \dfrac{0.08}{\sigma l} \ln \dfrac{b}{a} [\Omega]$

③ $R = \dfrac{0.32}{\sigma l} \ln \dfrac{b}{a} [\Omega]$

④ $R = \dfrac{0.16}{\sigma l} \ln \dfrac{b}{a} [\Omega]$

풀이
동축 케이블의 정전용량
$C = \dfrac{2\pi\epsilon_0 l}{\ln \dfrac{b}{a}}[\text{F}]$

저항 R과 정전용량 C의 관계식

$RC = \epsilon \rho = \dfrac{\epsilon}{\sigma}$

이고, 따라서 저항 R은

$\therefore R = \dfrac{\epsilon}{\sigma C} = \dfrac{\epsilon}{\sigma} \times \dfrac{\ln \dfrac{b}{a}}{2\pi\epsilon l} = \dfrac{1}{2\pi\sigma l} \ln \dfrac{b}{a} = \dfrac{0.16}{\sigma l} \ln \dfrac{b}{a}[\Omega]$ **답** ④

문제 03 전자계에서 전파속도와 관계없는 것은?

① 도전율   ② 유전율
③ 비투자율 ④ 주파수

풀이
전파 속도 $v = \dfrac{1}{\sqrt{\mu\epsilon}}[\text{m/s}]$
$v = f\lambda$ (주파수, 파장)
두 식에서 **전파 속도** v는 유전율(ϵ), 투자율(μ), 주파수(f), 파장(λ)에 관계된다.   **답** ①

문제 04 진공 중에 미소 선전류 $I \cdot dl$[A/m]에 기인된 r[m] 떨어진 점 P에 생기는 자계 dH[A/m]를 나타내는 식은?

① $dH = \dfrac{I \times a_r}{4\pi r^2} dl$ [A/m]

② $dH = \dfrac{a_r \times I}{8\pi \mu_0 r^2} dl$ [A/m]

③ $dH = \dfrac{I \times a_r}{4\pi \mu_0 r^2} dl$ [A/m]

④ $dH = \dfrac{a_r \times I}{8\pi r^2} dl$ [A/m]

풀이
비오-사바르 법칙

$$dH = \frac{Idl\sin\theta}{4\pi r^2} = \frac{Idl \times r}{4\pi r^3}$$

$$\therefore dH = \frac{Idl \times a_r}{4\pi r^2} = \frac{I \times a_r}{4\pi r^2}dl\,[\text{A/m}]$$

답 ①

문제 05
그림에서 $2\,[\mu\text{F}]$의 콘덴서에 축적되는 에너지 [J]는?

① $3.6 \times 10^{-3}\,[\text{J}]$
② $4.2 \times 10^{-3}\,[\text{J}]$
③ $3.6 \times 10^{-2}\,[\text{J}]$
④ $4.2 \times 10^{-4}\,[\text{J}]$

풀이
- 콘덴서 $2\,[\mu\text{F}]$에 인가되는 전압

$$V = 180 \times \frac{3}{3+(2+4)} = 60\,[\text{V}]$$

- 콘덴서에 축적되는 에너지

$$W = \frac{1}{2}CV^2 = \frac{1}{2} \times 2 \times 10^{-6} \times (60)^2 = 3.6 \times 10^{-3}\,[\text{J}]$$

답 ①

문제 06
그림과 같이 균일한 자계의 세기 H [AT/m] 내에 자극의 세기가 $+m$ [Wb], 길이 l [m]인 막대자석을 그 중심 주위에 회전할 수 있도록 놓는다. 이때 자석과 자계의 방향이 이루는각을 θ라고 하면 자석이 받는 회전력 [N·m]은?

① $mHl\cos\theta$
② $mHl\sin\theta$
③ $2mHl\cos\theta$
④ $2mHl\tan\theta$

풀이
그림에서 자석의 축 방향에 직각인 수직 방향의 분력 F'는

$$F' = F\sin\theta = mH\sin\theta$$

$$\therefore T = 2F'\frac{l}{2} = mHl\sin\theta$$

$$= MH\sin\theta\,[\text{N}\cdot\text{m}]$$

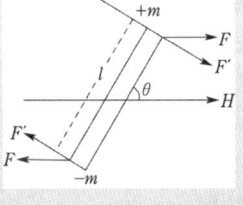

답 ②

문제 07
Q [C]의 전하를 가진 반지름 a [m]의 도체구를 비유전율 ϵ_s인 기름탱크에서 공기 중으로 꺼내는데 필요한 에너지 [J]는?

① $\dfrac{Q^2}{8\pi\epsilon_0 a}\left(1-\dfrac{1}{\epsilon_s}\right)$
② $\dfrac{Q^2}{4\pi\epsilon_0 a}\left(1-\dfrac{1}{\epsilon_s}\right)$
③ $\dfrac{Q^2}{\pi\epsilon_0 a}\left(1-\dfrac{1}{\epsilon_s}\right)$
④ $\dfrac{Q^2}{8\pi\epsilon_0 a}\left(1-\dfrac{1}{\epsilon_0}\right)$

풀이
- 공기 중 구의 정전용량 $C = 4\pi\epsilon_0 a$
- 기름 중 구의 정전용량 $C' = 4\pi\epsilon a = 4\pi\epsilon_0\epsilon_s a$

$\therefore$ 필요한 에너지

$$W = \frac{Q^2}{2C} - \frac{Q^2}{2C'} = \frac{Q^2}{8\pi\epsilon_0 a} - \frac{Q^2}{8\pi\epsilon_0\epsilon_s a} = \frac{Q^2}{8\pi\epsilon_0 a}\left(1-\frac{1}{\epsilon_s}\right)$$

답 ①

문제 08
v [m/s]의 속도로 전자가 B [Wb/m²]의 평등자계에 직각으로 들어가면 원운동을 한다. 이때의 각속도 ω [rad/s]와 주기 T [sec]에 해당하는 것은? (단, 전자의 질량은 m, 전자의 전하는 e이다.)

① $\omega = \dfrac{m}{eB}$, $T = \dfrac{eB}{2\pi m}$
② $\omega = \dfrac{eB}{m}$, $T = \dfrac{2\pi m}{eB}$
③ $\omega = \dfrac{mv}{eB}$, $T = \dfrac{2\pi B}{mv}$
④ $\omega = \dfrac{em}{B}$, $T = \dfrac{2\pi m}{Bv}$

풀이

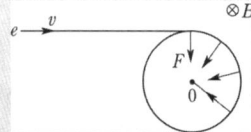

자계내의 운동 전하에 작용하는 힘은

$$\boldsymbol{F} = q\boldsymbol{v} \times \boldsymbol{B}, \quad \boldsymbol{B} = \mu_0 \boldsymbol{H}$$

전자의 전하량을 e라 하면

$$\boldsymbol{F} = e(\boldsymbol{v} \times \mu_0\boldsymbol{H})\;\text{(벡터)}, \quad F = \mu_0 evH\;\text{(크기)}$$

이 힘을 받아서 전자의 운동 방향은 끊임없이 변화하지만 $\boldsymbol{B}$에 직각이 됨은 변함이 없다. 따라서, 전자는 자계 내에서 원운동을 한다.
전자의 질량은 m, 궤도의 반지름을 r이라고 하면 F와 원심력 F_0는 평형이므로

$$F = F_0, \quad \mu_0 evH = \frac{mv^2}{r} \quad \therefore r = \frac{mv^2}{\mu_0 evH} = \frac{mv}{eB} \text{ [m]}$$

가속도 ω는 $\quad \therefore \omega = \frac{v}{r} = \frac{eBv}{mv} = \frac{eB}{m}$ [rad/s]

주기 T는 $\quad \therefore T = \frac{2\pi}{\omega} = \frac{2\pi m}{eB}$ [s]

답 ②

문제 09 진공 중에서 8π[Wb]의 자하(磁荷)로부터 발산되는 총자력선의 수는?

① 10^7[개]
② 2×10^7[개]
③ $8\pi \times 10^7$[개]
④ $\frac{10^7}{8\pi}$[개]

풀이

진공 중에서 m[Wb]의 자하로부터 나오는 자력선의 수는

$$\Phi = \frac{m}{\mu_0} = \frac{8\pi}{\mu_0} = \frac{8\pi}{4\pi \times 10^{-7}} = 2 \times 10^7 \text{ [개]}$$

답 ②

문제 10 등전위면(equipotential surface)에 대한 설명으로 옳은 것은?

① 전기력선은 등전위면과 평행하게 지나간다.
② 전하를 갖고 등전위면에 따라 이동하면 일이 생긴다.
③ 다른 전위의 등전위면은 서로 교차한다.
④ 점전하가 만드는 전계의 등전위면은 동심구면이다.

풀이

전계 중에서 전위가 같은 점끼리 이어서 만들어진 하나의 면을 등전위면이라 하며, 등전위면의 특징은 다음과 같다.
• 등전위면은 폐곡면이다.
• **전기력선은 등전위면과 항상 직교**한다.
• 두 개의 서로 다른 **등전위면은 서로 교차하지 않는다.**
• 등전위면을 따라 전하 Q를 운반할 때 그 면상에서는 **전위가 같으므로 이때의 일은 0** 이다.
• 점전하 Q[C]에서 r[m] 떨어진 점의 전위는 $V = \frac{Q}{4\pi\epsilon_0 r}$

이므로 **등전위면은 반지름 r[m]의 동심구면**이고 무수히 많다.

답 ④

제2과목 전력공학

문제 21 피뢰기의 구조는?

① 특성 요소와 소호 리액터
② 특성 요소와 콘덴서
③ 소호 리액터와 콘덴서
④ 특성 요소와 직렬 갭

풀이

피뢰기의 구조
• **직렬 갭** : 속류 차단, 소호의 역할
• **특성 요소** : 도전도 형성
• **쉴드링** : 전기적, 자기적 충격으로부터 보호

답 ④

문제 22 송전선로에서 코로나 임계전압이 높아지는 경우는?

① 온도가 높아지는 경우
② 상대공기밀도가 작을 경우
③ 전선의 지름이 큰 경우
④ 기압이 낮은 경우

풀이

코로나임계전압 E_0

$$E_o = 24.3 m_o m_1 \delta d \log_{10} \frac{D}{r} \text{ [kV]}$$

여기서, δ : 상대공기밀도 $\left(\delta = \frac{0.386b}{273+t}\right)$
 b : 기압 [mmHg], $\quad t$: 온도 [℃]
 m_o : 전선 표면계수, $\quad m_1$: 기후에 관한 계수
 r : 전선의 반지름 [m], D : 선간거리 [m]
전선의 직경 d가 증가하면 코로나 임계전압은 상승한다.

답 ③

문제 23 증기 터빈의 팽창 도중에서 증기를 추출하는 형태의 터빈은?

① 복수 터빈
② 배압 터빈
③ 추기 터빈
④ 배기 터빈

풀이

증기를 추출하는 형태의 터빈을 추기 터빈이라 한다.

답 ③

문제 24 흡출관이 필요하지 않은 수차는?
① 사류 수차 ② 카플란 수차
③ 프란시스 수차 ④ 펠톤 수차

풀이
흡출관은 반동 수차의 러너의 출구로부터 방수면까지의 접속관을 말한다. 따라서 **충동 수차인 펠톤 수차**에서는 필요가 없다. **답** ④

제3과목 전기기기

문제 41 직류 분권 발전기의 브러시를 중성축에서 회전방향 쪽으로 이동하면 전압은?
① 상승한다. ② 급격히 상승한다.
③ 변화하지 않는다. ④ 감소한다.

풀이
브러시를 중성축에서 회전방향으로 이동시키면 브러시로 단락되는 코일에 단락 전류가 흘러서 불꽃이 발생하고 합성 기전력도 일부가 +, -로 상쇄되어 감소한다. **답** ④

문제 42 유도 전동기의 고정자 철심(규소 강판)의 두께는 보통 몇 [mm]인가?
① 0.25~0.35 ② 0.35~0.5
③ 0.5~0.7 ④ 0.7~0.85

풀이
고정자 : 자속이 통과하는 자기회로로 두께 0.35 [mm] 또는 0.5 [mm]의 **규소 강판**을 수십겹 성층하고, 여기에 3상 코일을 감은 것이다. **답** ②

문제 43 100[kVA]의 단상변압기가 역률 80[%]에서 전부하 효율이 95[%]이면 역률 50[%]의 전부하에서의 효율은 약 몇 [%]인가?
① 84 ② 88
③ 92 ④ 96

풀이
$$\eta = \frac{V_2 I_2 \cos\theta}{V_2 I_2 \cos\theta + p_i + I_2^2 r}$$

$$\eta_{80} = \frac{100 \times 0.8}{100 \times 0.8 + p_l} = 0.95$$

$$\therefore p_l (= p_i + I_2^2 r) = \frac{80}{0.95} - 80 = 4.21$$

손실은 역률과 관계없으므로

$$\eta_{50} = \frac{100 \times 0.5}{100 \times 0.5 + 4.21} = 0.922 = 92.2 [\%]$$ **답** ③

문제 44 동기 발전기의 기전력의 파형을 정현파로 하기위해 채용되는 방법이 아닌 것은?
① 매극매상의 슬롯수 q를 작게 한다.
② 반폐 슬롯을 사용한다.
③ 단절권 및 분포권으로 한다.
④ 공극의 길이를 크게 한다.

풀이
고조파 기전력을 소거하는 방법은 다음과 같다.
• 매극 매상의 슬롯수 q를 크게 한다.
• 부정수(不整數) 슬롯권을 채용한다.
• 단절권 및 분포권으로 한다.
• 반폐 슬롯을 사용한다.
• 전기자 철심을 스큐 슬롯으로 한다.
• 공극의 길이를 크게 한다.
• Y결선을 한다. **답** ①

문제 45 정격 출력 20[kW], 정격 전압 100[V], 정격 회전 속도 1500[rpm]의 직류 직권 발전기가 있다. 정격 상태로 운전하고 있을 때 속도를 1300 [rpm]으로 떨어뜨리고 전과 같은 부하 전류를 흘렸을 때 단자 전압은 몇 [V]가 되겠는가? (단, 전기자 저항은 0.05 [Ω]이다.)
① 68.5 ② 79
③ 85.3 ④ 95.4

풀이
• 부하 전류 $I = \frac{P}{V} = \frac{20000}{100} = 200[A]$
• 유기 기전력 $E = V + R_a I_a = 100 + 0.05 \times 200 = 110[V]$
• $E = p\phi n \frac{Z}{a}$ 에서 $E \propto n$
  따라서, $E : E' = 1500 : 1300$
  $E' = \frac{1300}{1500} E = \frac{1300}{1500} \times 110 = 95.33[V]$
• 속도 변경 후 단자 전압
  $V' = E' - IR_a = 95.33 - (200 \times 0.05) = 85.33[V]$ **답** ③

문제 46 교류 전압제어기를 전원과 부하회로에 연결된 조광기에 교류 실효전압을 변화시켜서 사용 할 수 있는 소자 중 가장 적합한 것은?
① 파워 트랜지스터(Power Transister)
② 트라이액(Triac)
③ 모스 에프이티(MOS-FET)
④ 다이오드(Diode)

풀이
TRIAC은 기능상 2개의 SCR를 역병렬 접속한 것과 같은 것으로서, SCR은 한 방향으로만 도통할 수 있는데 반하여 TRIAC은 양방향 도통할 수 있으며, **교류 실효전압을 변화시켜서 부하를 제어할 수 있다.** 답 ②

문제 47 그림과 같이 단상 전파 정류 회로(단상 중앙탭 사용)에서 피크 역전압(PIV)[V]은?
① $\sqrt{2}\,E$
② $2\sqrt{2}\,E$
③ $\dfrac{\sqrt{2}}{\pi}E$
④ $\dfrac{2\sqrt{2}}{\pi}E$

풀이
- 단상 반파 정류 회로에서의 PIV = $\sqrt{2}\,E = \pi E_d$
- 단상 전파 정류 회로에서의 PIV = $2\sqrt{2}\,E = \pi E_d$ 답 ②

제4과목 회로이론

문제 61 24[Ω] 저항에 미지의 저항 R_X를 직렬로 접속한 후 전압을 가했을 때 24[Ω] 양단의 전압이 72[V]이고 저항 R_X 양단의 전압이 45[V]이면 저항 R_X는?
① 20[Ω] ② 15[Ω]
③ 10[Ω] ④ 8[Ω]

풀이
- 전체 전압 $V = 72 + 45 = 117$[V]
- 전압 분배 법칙에 의해 저항 R_X 양단의 전압

$V_{RX} = V \times \dfrac{R_X}{24 + R_X}$ 에서

$R_X = \dfrac{45 \times 24}{117} \times \dfrac{117}{117 - 45} = 15\,[\Omega]$ 답 ②

문제 62 다음 회로에서 S를 닫은 후 $t = 2$초 일 때 회로에 흐르는 전류는 약 몇 [A]인가?
① 3.7[A]
② 4.6[A]
③ 5.2[A]
④ 6.3[A]

풀이
$R-L$ 직렬 회로에 직류 전압 인가 시 흐르는 전류
$i(t) = \dfrac{E}{R}\left(1 - e^{-\frac{R}{L}t}\right)$ 에서 $t = 2$ [s]이므로

$i(t=2) = \dfrac{10}{1}\left(1 - e^{-\frac{1}{2}\cdot 2}\right) = 10(1 - e^{-1}) = 6.32$ [A] 답 ④

제5과목 전기설비기술기준

문제 81 고압 가공전선과 저압 가공전선을 동일 지지물에 시설하는 경우 고압 가공전선에 케이블을 사용하면 그 케이블과 저압 가공전선의 이격거리는 최소 몇 [cm]이상으로 할 수 있는가?
① 30 [cm] ② 50 [cm]
③ 75 [cm] ④ 100 [cm]

풀이
332.8 고압 가공전선 등의 병행설치
저압 가공전선(다중접지된 중성선은 제외한다. 이하 같다)과 고압 가공전선을 동일 지지물에 시설하는 경우에는 다음에 따라야 한다.
가. 저압 가공전선을 고압 가공전선의 아래로 하고 별개의 완금류에 시설할 것
나. 저압 가공전선과 고압 가공전선 사이의 이격거리는 0.5[m] 이상일 것.
다. 다음의 어느 하나에 해당하는 경우에는 "가" 및 "나"에 의하지 아니할 수 있다.
① 고압 가공전선에 케이블을 사용하고, 또한 그 케이블과 저압 가공전선 사이의 이격거리를 0.3[m] 이상으로 하

여 시설하는 경우
② 저압 가공인입선을 분기하기 위하여 저압 가공전선을 고압용의 완금류에 견고하게 시설하는 경우

답 ①

문제 82
사용전압이 400[V]를 넘는 저압 옥내배선을 애자공사에 의하여 시설하는 경우 전선의 지지점 간의 거리는 몇 [m]이하이어야 하는가? (단, 전선을 조영재의 윗면 또는 옆면에 따라 붙이지 않은 경우이다.)

① 2.0[m]   ② 4.0[m]
③ 4.5[m]   ④ 6.0[m]

풀이
232.56 애자공사
가. 전선의 종류 : 절연 전선. 단, 옥외용 비닐 절연 전선(OW) 및 인입용 비닐 절연 전선(DV)은 제외한다.
나. 이격 거리

전압		전선과 조영재와의 이격 거리	전선 상호 간격	전선 지지점간의 거리	
				조영재의 윗면 또는 옆면에 따라 시설	조영재에 따라 시설 하지 않는 경우
저압	400[V] 이하	2.5[cm] 이상			—
	400[V] 초과	건조한 장소 2.5[cm] 이상	6 [cm] 이상	2 [m] 이하	6 [m] 이하
		기타의 장소 4.5[cm] 이상			

답 ④

문제 83
특고압 가공전선이 저고압 가공전선과 제1차 접근상태로 시설하는 경우, 66[kV] 특고압 가공전선과 저고압 가공전선 사이의 이격거리는 몇 [m] 이상이어야 하는가?

① 2.0[m]   ② 2.12[m]
③ 2.2[m]   ④ 2.5[m]

풀이
333.26 특고압 가공전선과 저고압 가공전선 등의 접근 또는 교차
특고압 가공전선이 가공약전류전선 등 저압 또는 고압의 가공전선이나 저압 또는 고압의 전차선(이하에서 "저고압 가공전선 등"이라 한다)과 **제1차 접근상태로 시설되는 경우**

가. 특고압 가공전선로는 제3종 특고압 보안공사에 의할 것.
나. 특고압 가공전선과 저압 가공 전선 등 또는 이들의 지지물이나 지주 사이의 이격거리는 표에서 정한 값 이상일 것.

사용전압의 구분	이격거리
60[kV] 이하	2[m]
60[kV] 초과	• 이격거리 = 2 + 단수 × 0.12 [m] • 단수 = $\frac{전압[kV]-60}{10}$ 단수 계산에서 소수점 이하는 절상

• 단수 = $\frac{66-60}{10}$ = 0.6 ⇒ 1단
• 이격거리 = 2+1×0.12 = 2.12[m]

답 ②

문제 84
철탑의 강도계산에 사용하는 이상시 상정하중에 대한 철탑의 기초에 대한 안전율은 얼마 이상이어야 하는가?

① 0.9   ② 1.33
③ 1.83   ④ 2.25

풀이
331.7 가공전선로 지지물의 기초의 안전율
가공전선로의 지지물에 하중이 가하여지는 경우에 그 하중을 받는 지지물의 기초의 안전율은 2(이상 시 상정하중에 대한 철탑의 기초에 대하여는 1.33) 이상이어야 한다.

답 ②

문제 85
저압 가공전선 상호간을 접근 또는 교차하여 시설하는 경우 전선 상호간 이격거리 및 하나의 저압 가공전선과 다른 저압 가공전선로의 지지물사이의 이격거리는 각각 몇 [cm] 이상이어야 하는가? (단, 어느 한 쪽의 전선이 고압 절연전선, 특고압 절연전선 또는 케이블이 아닌 경우이다.)

① 전선 상호간 : 30[cm], 전선과 지지물간 : 30[cm]
② 전선 상호간 : 30[cm], 전선과 지지물간 : 60[cm]
③ 전선 상호간 : 60[cm], 전선과 지지물간 : 30[cm]
④ 전선 상호간 : 60[cm], 전선과 지지물간 : 60[cm]

[풀이]
222.16 저압 가공전선 상호 간의 접근 또는 교차
저압 가공전선이 다른 저압 가공전선과 접근상태로 시설되거나 교차하여 시설되는 경우 이격거리

전선의 종류구분	다른 저압 가공전선	
	전선 상호 간	지지물
저압 절연전선	0.6[m]	0.3[m]
어느 한 쪽의 전선이 고압·특고압절연전선 또는 케이블	0.3[m]	

답 ③

문제 86 금속제 수도관로를 접지공사의 접지극으로 사용하는 경우에 대한 사항이다. (㉠), (㉡), (㉢)에 들어갈 수치로 알맞은 것은?

"접지선과 금속제 수도관로의 접속은 안지름 (㉠)[mm] 이상인 금속제 수도관의 부분 또는 이로부터 분기한 안지름(㉡)[mm] 미만인 금속제 수도관의 그 분기점으로부터 5[m] 이내의 부분에서 할 것. 다만, 금속제 수도관로와 대지간의 전기저항치가 (㉢)[Ω] 이하인 경우에는 분기점으로부터의 거리는 5[m]를 넘을 수 있다."

① ㉠ 75, ㉡ 75, ㉢ 2
② ㉠ 75, ㉡ 50, ㉢ 2
③ ㉠ 50, ㉡ 75, ㉢ 4
④ ㉠ 50, ㉡ 50, ㉢ 4

[풀이]
142.2 접지극의 시설 및 접지저항
지중에 매설되어 있고 대지와의 **전기저항 값이 3 [Ω] 이하**의 값을 유지하고 있는 **금속제 수도관로**와 접지도체의 접속은 금속제 수도관로의 **안지름이 75 [mm] 이상인 부분** 또는 여기에서 **분기한 안지름 75 [mm] 미만인 분기점으로부터 5 [m] 이내의 부분**에서 하여야 한다. 다만, 금속제 수도관로와 대지 사이의 **전기저항 값이 2 [Ω] 이하**인 경우에는 분기점으로부터의 거리는 5 [m]을 넘을 수 있다.
답 ①

문제 87 빙설의 정도에 따라 풍압하중을 적용하도록 규정하고 있는 내용 중 옳은 것은?
① 빙설이 많은 지방에서는 고온계절에는 갑종 풍압하중, 저온계절에는 을종 풍압하중을 적용한다.
② 빙설이 많은 지방에서는 고온계절에는 을종 풍압하중, 저온계절에는 갑종 풍압하중을 적용한다.
③ 빙설이 적은 지방에서는 고온계절에는 갑종 풍압하중, 저온계절에는 을종 풍압하중을 적용한다.
④ 빙설이 적은 지방에서는 고온계절에는 을종 풍압하중, 저온계절에는 갑종 풍압하중을 적용한다.

[풀이]
331.6 풍압하중의 종별과 적용

지 역		고온계절	저온계절
빙설이 많은 지방 이외의 지방		갑종	병종
빙설이 많은 지방	일반지역	갑종	을종
	해안지방, 기타 저온 계절에 최대 풍압이 생기는 지역	갑종	갑종과 을종 중 큰 값 선정
인가가 많이 연접되어 있는 장소		병종	병종

답 ①

문제 88 특고압을 직접 저압으로 변성하는 변압기의 시설기준으로 적합하지 않은 것은?
① 전기로 등 전류가 큰 전기를 소비하기 위한 변압기
② 광산에서 물을 양수하기 위한 양수기용 변압기
③ 발전소·변전소·개폐소 또는 이에 준하는 곳의 소내용 변압기
④ 교류식 전기철도용 신호회로에 전기를 공급하기 위한 변압기

[풀이]
341.3 특고압을 직접 저압으로 변성하는 변압기의 시설
특고압을 직접 저압으로 변성하는 변압기는 다음의 것 이외에는 시설하여서는 아니 된다.
가. **전기로 등 전류가 큰 전기를 소비하기 위한 변압기**
나. 발전소·변전소·개폐소 또는 이에 준하는 곳의 **소내용 변압기**
다. 25[kV] 이하인 특고압 가공전선로(중성선 다중접지식의 것으로서 전로에 지락이 생겼을 때에 2초 이내에 자동적으로 이를 전로로부터 차단하는 장치가 되어 있는 것에 한한다.)에 접속하는 변압기
라. 사용전압이 35[kV] 이하인 변압기로서 그 특고압측 권선과 저압측 권선이 혼촉한 경우에 자동적으로 변압기를 전로로부터 차단하기 위한 장치를 설치한 것

마. 사용전압이 100[kV] 이하인 변압기로서 그 특고압측 권선과 저압측 권선사이에 접지저항 값이 10[Ω] 이하인 금속제의 혼촉방지판이 있는 것.
바. **교류식 전기철도용 신호회로에 전기를 공급하기 위한 변압기**

답 ②

문제 89 사용전압이 35 [kV]이하인 특고압 가공전선과 가공 약전류 전선 등을 동일 지지물에 시설하는 경우, 특고압 가공 전선로는 어떤 종류의 보안공사로 하여야 하는가?

① 제1종 특고압 보안공사
② 제2종 특고압 보안공사
③ 제3종 특고압 보안공사
④ 고압 보안공사

풀이

333.19 특고압 가공전선과 가공약전류전선 등의 공용설치
사용전압이 35 [kV] 이하인 특고압 가공전선과 가공약전류전선 등을 동일 지지물에 시설하는 경우에는 다음에 따라야 한다.
가. 특고압 가공전선로는 **제2종 특고압 보안공사**에 의할 것.
나. 특고압 가공전선은 가공약전류전선 등의 위로하고 별개의 완금류에 시설할 것.
다. 특고압 가공전선은 케이블인 경우 이외에는 인장강도 21.67 [kN] 이상의 연선 또는 단면적이 50[mm²] 이상인 경동연선일 것.
라. 특고압 가공전선과 가공약전류전선 등 사이의 이격거리는 2 [m] 이상으로 할 것. 다만, 특고압 가공전선이 케이블인 경우에는 0.5[m] 까지로 감할 수 있다.

답 ②

10년 1회 동일 및 유사 문제 (년도-회-번호)

1과목 전기자기학
- 11 17-1-20
- 12 17-2-01
- 13 19-3-20
- 14 20-4-05
- 15 21-1-03
- 16 22-2-20
- 17 16-1-01
- 18 11-3-02
- 19 13-2-02
- 20 15-1-04

2과목 전력공학
- 25 22-1-28
- 26 17-1-34
- 27 22-1-32
- 28 21-2-25
- 29 16-2-23
- 30 14-3-27
- 31 20-4-34
- 32 21-1-33
- 33 15-2-29
- 34 21-1-24
- 35 17-1-38
- 36 22-3-24
- 37 19-3-35
- 38 21-3-26
- 39 22-2-32
- 40 22-2-21

3과목 전기기기
- 48 19-3-56
- 49 19-1-54
- 50 21-3-47
- 51 18-2-56
- 52 19-1-60
- 53 21-3-48
- 54 22-3-44
- 55 15-3-44
- 56 14-1-41
- 57 22-3-60
- 58 21-3-56
- 59 20-4-45
- 60 20-3-46

4과목 회로이론
- 63 20-1,2-75
- 64 21-3-75
- 65 19-2-78
- 66 22-3-66
- 67 18-2-76
- 68 21-3-80
- 69 22-2-80
- 70 22-3-77
- 71 21-3-79
- 72 16-2-72
- 73 22-2-80
- 74 14-2-69
- 75 22-1-70
- 76 15-2-66
- 77 20-1,2-73
- 78 17-2-80
- 79 19-1-64
- 80 19-1-73

5과목 전기설비기술기준
- 90 21-3-87
- 91 22-1-98
- 92 22-2-99
- 93 14-3-83
- 94 21-3-93
- 95 22-1-87
- 96 18-3-96
- 97 20-3-97
- 98 16-3-84
- 99 22-2-84

국가기술자격검정 필기시험 문제

2010년도 전기산업기사 일반검정 제2회

자격종목 및 등급(선택분야)	종목코드	시험시간	문제지형별
전기산업기사	2140	2시간 30분	A

제1과목 전기자기학

문제 01 감자력은?
① 자속에 비례한다.
② 자화의 세기에 비례한다.
③ 자극의 세기에 반비례한다.
④ 자계의 세기에 반비례한다.

풀이
평등자계 H_0 중에 상자성체를 놓고 자성체 단면에 $-m$ 과 $+m$의 자극을 갖도록 자화가 되었을 때, 자성체 내부에는 외부자계 H_0와 반대 방향으로 자극 $\pm m$에 의한 자계 H'를 생기게 하므로 자성체 내부에서의 자계 H는 $H = H_0 - H'$가 되고 이때 H'를 감자력이라 한다. 감자력 H'는 자화의 세기 J에 비례하며 자성체의 형태에 따라 결정되므로 다음과 같이 놓을 수 있다.

$$H' = \frac{N}{\mu_0} J \propto J$$

따라서, 감자력은 자화의 세기 J에 비례하게 된다. **답** ②

문제 02 넓이 4 [m²], 간격 1 [m]의 진공 평행판 콘덴서에 1 [C]의 전하를 충전하는 경우 평행판 사이의 힘[N]은?

① $\frac{1}{4\epsilon_0}$ [N]   ② $\frac{1}{8\epsilon_0}$ [N]
③ $\frac{1}{16\epsilon_0}$ [N]   ④ $\frac{1}{32\epsilon_0}$ [N]

풀이
평행판 전극 도체에 작용하는 단위 면적당의 힘 f는
$$f = \frac{1}{2}DE = \frac{1}{2}\epsilon_0 E^2 = \frac{1}{2}\frac{D^2}{\epsilon_0} = \frac{1}{2}\frac{\sigma^2}{\epsilon_0} \text{ [N/m}^2\text{]}$$
평행판 전극 도체에 작용하는 힘 F는
$$F = fS = \frac{\sigma^2}{2\epsilon_0} S = \frac{1}{2\epsilon_0}\left(\frac{Q}{S}\right)^2 S = \frac{1}{2\epsilon_0} \times \frac{Q^2}{S}$$
$$\therefore F = \frac{1}{2\epsilon_0} \times \frac{1^2}{4} = \frac{1}{8\epsilon_0} \text{ [N]}$$
답 ②

문제 03 진공 중에서 폐곡면을 통하여 나가는 전력선의 총 수는 그 내부에 있는 점전하의 대수적 합의 몇 배가 되는가?

① ϵ_0 ② $\frac{1}{\epsilon_0}$ ③ ϵ_0^2 ④ 1

풀이
가우스의 정리 $\int_s E \cdot dS = \frac{1}{\epsilon_0} \times \sum_{n=1}^{n} Q_i$
즉, 진공 중의 폐곡면에서 나오는 전 전기력선 수는 폐곡면 내에 있는 전 전하량의 $\frac{1}{\epsilon_0}$ 배와 같다. **답** ②

문제 04 유전체 콘덴서에 전압을 인가할 때 발생하는 현상으로 옳지 않은 것은?
① 속박전하의 변위가 분극전하로 나타난다.
② 유전체면에 나타나는 분극전하 면밀도와 분극의 세기는 같다.
③ 유전체 콘덴서는 공기콘덴서에 비하여 전계의 세기는 작아지고 정전용량은 커진다.
④ 단위 면적당의 전기 쌍극자모멘트가 분극의 세기이다.

풀이
분극의 세기 P
· 단위 면적당의 분극 전하량 $P = \frac{Q}{S}$
· 단위 체적당의 전기 쌍극자 모멘트 $P = \frac{M}{V}$ **답** ④

문제 05
서로 멀리 떨어져 있는 두 도체를 각각 $V_1, V_2 (V_1 > V_2)$의 전위로 충전한 후 가느다란 도선으로 연결하였을 때 그 도선을 흐르는 전하 $Q[C]$는? (단, C_1, C_2는 두 도체의 정전용량이라 한다.)

① $\dfrac{C_1^2}{C_1 + C_2}(V_1 - V_2)$

② $\dfrac{(C_1 + C_2)^2}{C_1 C_2}(V_1 - V_2)$

③ $\dfrac{C_1 C_2}{C_1 + C_2}(V_1 - V_2)$

④ $\dfrac{1}{2}\left(\dfrac{C_1 C_2}{C_1 + C_2}\right)(V_1 - V_2)$

풀이
두 도체의 처음 전하를 각각 Q_1, Q_2[C], 가느다란 도체로 연결한 후의 전하를 Q_1', Q_2'[C]라 하면,
$C_1 V_1 + C_2 V_2 = Q_1 + Q_2 = Q_1' + Q_2' = C_1 V + C_2 V$[C]
공통 전위 $V = \dfrac{C_1 V_1 + C_2 V_2}{C_1 + C_2}$[V]
그러므로 도체를 흐르는 전하량 Q[C]는
$\therefore Q = Q_1 - Q_1' = C_1 V_1 - C_1 V = \dfrac{C_1 C_2}{C_1 + C_2}(V_1 - V_2)$[C]
답 ③

문제 06
표피효과에 관한 설명으로 옳지 않은 것은?
① 도체에 교류가 흐르면 표면으로부터 중심으로 들어갈수록 전류밀도가 작아진다.
② 고주파일수록, 도체의 전도도 및 투자율이 클수록 심하다.
③ 도체 내부는 전류의 전도에 거의 관여하지 않으므로 전기저항이 증가하는 요인이 된다.
④ 도체 내의 전류 또는 자속의 분포는 표면에서의 깊이에 대하여 지수 함수적으로 증가된다.

풀이
표피효과 $\delta = \sqrt{\dfrac{2}{\omega \sigma \mu}}$
여기서, σ : 도전율, μ : 투자율
따라서, 주파수가 높을수록, 도전율이 높을수록, 투자율이 높을수록 표피 두께 δ가 감소하므로 표피효과는 증대되어 도체의 실효저항이 증가한다. 즉, **도체 내부의 전류밀도가 지수 함수적으로 감소**된다.
답 ④

문제 07
20[℃]에서 저항 온도계수가 0.004인 동선의 저항이 100[Ω]이었다. 이 동선의 온도가 80[℃]일 때 저항은?
① 24[Ω]   ② 48[Ω]
③ 72[Ω]   ④ 124[Ω]

풀이
$R_{80} = R_{20}\{1 + \alpha_{20}(T - t)\}$
$= 100\{1 + 0.004(80 - 20)\} = 124$[Ω]
답 ④

제2과목 전력공학

문제 21
가공배전선로의 부하 분기점에 설치하여 선로고장 발생시 선로의 타 보호기기와 협조하여 고장구간을 신속하게 개방하는 개폐장치는?
① 고장구간 자동 개폐기
② 자동 선로 구분 개폐기
③ 자동 부하 전환 개폐기
④ 기중부하 개폐기

풀이
- 고장 구간 자동 개폐기 (ASS : Auto Section Switch) : 수용가의 구내 고장이 배전 선로에 파급되는 것을 방지하기 위하여 설치
- 자동 선로 구분 개폐기 (섹셔널라이저) : 부하분기점에 설치되어 **고장발생시 선로의 타보호기기와 협조하여 고장구간을 신속 정확히 개방하는 자동구간 개폐기**
- 자동 부하 전환 개폐기(ALTS : Automatic Load Transfer Switch) : 수전점에 설치하여 주전원이 정전되면 자동적으로 예비전원으로 절체되어 계속적으로 전력을 공급 할 수 있는 기능을 가진 개폐기
답 ②

문제 22
수소냉각발전기에 대한 설명 중 잘못된 것은?
① 풍손이 감소하고 발전기 효율이 상승한다.
② 수소는 공기보다 코로나 발생전압이 낮다.
③ 수소는 열전도가 크고 냉각효과가 높다.
④ 발전기는 전폐형으로 습기의 침입이 적다.

풀이
수소 냉각의 장·단점
1) 장점
   - 수소의 밀도는 공기의 약 7[%]이므로 풍손이 공기냉각에 비해 1/10로 감소
   - 냉각효과가 크다.
   - 수소는 공기보다 불활성이므로 코일의 절연 수명이 길게된다.
   - 전폐형으로 함으로서 불순물의 침입이 없고 소음을 현저하게 감소시킨다.
   - 코로나 전압이 높아 코로나의 발생이 적다.
2) 단점
   - 수소와 공기가 적당히 혼합 시 폭발하게 된다.
   - 설비비가 많이 든다. **답 ②**

문제 23
3상 동기발전기의 고장전류를 계산할 때, 영상전류 I_0, 정상전류 I_1 및 역상전류 I_2가 같은 경우는 어떤 사고로 볼 수 있는가?
① 선간 지락 ② 1선 지락
③ 2선 단락 ④ 3상 단락

풀이
고장별 대칭분 및 전류의 크기

고장의 종류	대 칭 분	전류의 크기
3상 단락	정상분	$I_1 \neq 0$, $I_2 = I_0 = 0$
선간 단락	정상분, 역상분	$I_1 = -I_2 \neq 0$, $I_0 = 0$
1선 지락	정상분, 역상분, 영상분	$I_0 = I_1 = I_2 \neq 0$

답 ②

문제 24
수용가측에서 부하의 무효전력 변동분을 흡수하여 플리커의 발생을 방지하는 대책으로 거리가 먼 것은?
① 부스터 방식
② 동기조상기와 리액터 방식
③ 사이리스터 이용 콘덴서 개폐방식
④ 사이리스터용 리액터 방식

풀이
수용가측에서 실시하는 **플리커 발생방지 대책**
1) 전원계통에 리액터분을 보상하는 방법
   - 직렬 콘덴서 방식
   - 3권선 보상변압기 방식
2) **전압강하를 보상하는 방법**
   - 부스터 방식
   - 상호 보상 리액터 방식
3) **부하의 무효전력 변동분을 흡수하는 방법**
   - 동기 조상기와 리액터 방식
   - 사이리스터 이용 콘덴서 개폐 방식
   - 사이리스터용 리액터
4) 플리커 부하 전류의 변동분을 억제하는 방식
   - 직렬 리액터 방식
   - 직렬 리액터 가포화 방식 **답 ①**

문제 25
화력 발전소의 재열기(reheater)의 목적은?
① 급수를 가열한다. ② 석탄을 건조한다.
③ 공기를 예열한다. ④ 증기를 가열한다.

풀이
- 절탄기 : 보일러 급수를 예열
- 공기 예열기 : 연소용 공기를 예열
- **재열기 : 터빈에서 팽창한 증기를 다시 가열**
- 과열기 : 포화증기를 가열 **답 ④**

제3과목 ▶ 전기기기

문제 41
200 ± 100[V], 5[kVA]인 3상 유도전압조정기의 직렬권선의 전류는?
① 약 28.9[A] ② 약 50.1[A]
③ 약 57.8[A] ④ 약 16.7[A]

풀이
3상 유도 전압 조정기의 정격 출력 $P = \sqrt{3} E_2 I_2$[VA]
여기서, E_2 : 조정 전압[V]
I_2 : 직렬 권선에 흐르는 정격 2차 전류[A]

$$\therefore I_2 = \frac{P}{\sqrt{3} V_2} = \frac{5 \times 10^3}{\sqrt{3} \times 100} = 28.87[A]$$ **답 ①**

문제 42
어떤 유도전동기가 부하시 슬립(s) 5[%]에서 한상당 10[A]의 전류를 흘리고 있다. 한상에 대한 회전자 유효저항이 0.1[Ω]일 때 3상 회전자출력은?
① 190[W] ② 570[W]
③ 620[W] ④ 780[W]

풀이

기계적 출력은 부하를 대표하는 저항 R중의 소비전력으로 나타낼 수 있으므로

$P = 3I_1^2 R$

$R = \dfrac{1-s}{s} r_2 = \dfrac{1-0.05}{0.05} \times 0.1 = 1.9 [\Omega]$

$\therefore P = 3I_1^2 R = 3 \times 10^2 \times 1.9 = 570 [W]$ **답 ②**

문제 43 10극, 3상 유도전동기가 있다. 회전자는 3상이고 정지시의 2차 1상의 전압이 150[V]이다. 이 회전자를 회전자계와 반대방향으로 400[rpm] 회전시키면 2차 전압은? (단, 1차 전원 주파수는 50[Hz]이다.)

① 150[V] ② 200[V]
③ 250[V] ④ 300[V]

풀이

$N_s = \dfrac{120f}{p} = \dfrac{120 \times 50}{10} = 600 \, [rpm]$

$s = \dfrac{N_s - (-N)}{N_s} = \dfrac{600 + 400}{600} = 1.667$

$\therefore E_{2s} = sE_2 = 1.667 \times 150 = 250 [V]$ **답 ③**

문제 44 전동기에서 회전력이 작용하는 방향으로 맞는 것은?

① 인덕턴스가 증가하는 방향
② 자기저항이 증가하는 방향
③ 시스템의 에너지가 증가하는 방향
④ 전류가 증가하는 방향

풀이

3상 유도 전동기의 회전자는 회전자계의 방향으로 회전한다. 또한, 회전자계는 a, b, c상의 합성 기자력이 증가하는 방향, 즉 인덕턴스가 증가하는 방향으로 발생한다. **답 ①**

문제 45 정격 전압이 120[V]인 직류 분권 발전기가 있다. 전압 변동률이 5[%]인 경우 무부하 단자전압은?

① 114[V] ② 126[V]
③ 132[V] ④ 138[V]

풀이

전압 변동률 $\epsilon = \dfrac{V_0 - V_n}{V_n} \times 100 \, [\%]$ 에서

$V_0 = \dfrac{\epsilon V_n}{100} + V_n = \dfrac{5 \times 120}{100} + 120 = 126[V]$ **답 ②**

문제 46 부하변동이 심한 부하에 직권전동기를 사용할 때 전기자 반작용을 감소시키기 위해서 설치하는 것은?

① 계자권선 ② 보상권선
③ 브러시   ④ 균압선

풀이

- 보상 권선 : 전기자 반작용 방지
- 보극 : 정류작용 개선 **답 ②**

문제 47 2차 권선이 무부하 상태에서 변압기 여자전류의 실효값을 결정하는 요소로 바르게 연결된 것은?

① 1차 권선 자기 인덕턴스, 1차 단자 전압 실효값
② 1차 권선 자기 인덕턴스, 2차 유기 기전력
③ 2차 권선 자기 인덕턴스, 입력 전압 실효값
④ 2차 권선 자기 인덕턴스, 2차 유기 기전력

풀이

무부하 상태에서의 변압기 1차 전류는 여자 전류 이므로

여자전류 $I_0 = \dfrac{V_1}{\omega L_1} [A]$ **답 ①**

문제 48 다음 기기 중 공장에서 역률을 개선하려고 할 때 쓰이는 기기가 아닌 것은?

① 동기조상기   ② 콘덴서용 직렬리액터
③ 전력용 콘덴서   ④ 회전변류기

풀이

- 동기 조상기 : 지상 및 진상 무효 전력을 공급하여 역률 개선
- 콘덴서용 직렬 리액터 : 진상 무효 전력을 공급하는 전력용 콘덴서에 직렬로 접속하여 제5고조파를 상쇄
- 전력용 콘덴서 : 진상 무효 전력을 공급하여 역률 개선.
- 회전 변류기 : 교류 전력을 직류 전력으로 바꾸는 회전기로서 역률 개선과는 무관하다. **답 ④**

문제 49 직류 전동기의 정출력 제어를 위한 속도 제어법은?
① 워드 레오너드 제어법
② 전압 제어법
③ 계자 제어법
④ 전기자 저항 제어법

풀이

직류 전동기의 속도 제어

$$N = K' \frac{E_c}{\phi} = K' \frac{V - I_a R_a}{\phi} \text{ [rps]}$$

전압 제어 (V)	효율이 좋다.	• 정토크 제어 • 광범위 속도제어 • 일그너 방식(부하가 급변하는 곳) • 워드레너드 방식 • 직병렬 제어
계자 제어 (ϕ)	효율이 좋다.	• **정출력 제어** • 세밀하고 안정된 속도 제어 • 속도 조정 범위 좁다.
저항 제어 (R_a)	효율이 나쁘다.	• 속도 조정 범위 좁다.

답 ③

문제 50 3상 직권 정류자 전동기의 중간 변압기는 고정자 권선과 회전자 권선 사이에 직렬로 접속되는데 이 중간 변압기를 사용하는 중요한 이유는?
① 경부하시 속도의 급상승 방지를 위하여
② 주파수 변동으로 속도를 조정하기 위하여
③ 회전자 상수를 감소하기 위하여
④ 역회전을 방지하기 위하여

풀이

3상 직권 정류자 전동기의 **중간 변압기**는 고정자 권선과 회전자 권선 사이에 직렬로 접속되며 이 중간 변압기를 사용하는 주요한 이유는 다음과 같다.
① 전원 전압의 크기에 관계없이 정류에 알맞은 회전자 전압을 선택할 수 있다.
② 중간 변압기의 권수비를 바꾸어 전동기의 특성을 조정할 수 있다.
③ 직권 특성이기 때문에 **경부하에서는 속도가 매우 상승하나 중간 변압기를 사용, 그 철심을 포화하도록 하면 그 속도 상승을 제한할 수 있다.**

답 ①

제4과목 회로이론

문제 61 두 코일의 자기 인덕턴스가 L_1[H], L_2[H]이고 상호 인덕턴스가 M일 때 결합계수 k는?

① $\dfrac{\sqrt{L_1 L_2}}{M}$
② $\dfrac{M}{\sqrt{L_1 L_2}}$
③ $\dfrac{M^2}{L_1 L_2}$
④ $\dfrac{L_1 L_2}{M^2}$

풀이

상호 인덕턴스 $M = k\sqrt{L_1 \cdot L_2}$ 에서

결합계수 $k = \dfrac{M}{\sqrt{L_1 \cdot L_2}}$

답 ②

문제 62 최대치 100[V], 주파수 60[Hz]인 정현파 전압이 $t = 0$에서 순시치가 50[V]이고 이 순간에 전압이 감소하고 있을 경우의 정현파의 순시치식은?
① $100\sin(120\pi t + 45°)$
② $100\sin(120\pi t + 135°)$
③ $100\sin(120\pi t + 150°)$
④ $100\sin(120\pi t + 30°)$

풀이

답 ③

문제 63 전송선로에서 무손실일 때 $L = 96$[mH], $C = 0.6[\mu F]$이면 특성 임피던스는?
① $10[\Omega]$
② $40[\Omega]$
③ $100[\Omega]$
④ $400[\Omega]$

풀이

특성 임피던스 $Z_0 = \sqrt{\dfrac{R + j\omega L}{G + j\omega C}}$

무손실 선로에서 $R = 0$, $G = 0$ 이므로

따라서, $Z_0 = \sqrt{\dfrac{L}{C}} = \sqrt{\dfrac{96 \times 10^{-3}}{0.6 \times 10^{-6}}} = 400[\Omega]$ **답** ④

제5과목 전기설비기술기준

문제 64 어떤 회로 소자에 $e = 125\sin 377t$[V]를 가했을 때 전류 $i = 25\sin 377t$[A]가 흐른다면 이 소자는?
① 다이오드 ② 순저항
③ 유도 리액턴스 ④ 용량 리액턴스

풀이
- L 회로 : $I = \dfrac{E}{j\omega L} = -j\dfrac{E}{\omega L}$: 전류가 전압보다 위상이 $\dfrac{\pi}{2}$ 늦다.
- C 회로 : $I = j\omega CE$: 전류가 전압보다 위상이 $\dfrac{\pi}{2}$ 앞선다.
- R 회로 : $I = \dfrac{E}{R}$: 전압과 전류가 동상이다.

따라서, **전압과 전류의 위상차가 없으므로 순 저항만의 부하**이다. **답** ②

문제 81 특고압 가공전선로를 가공 케이블로 시설하는 경우 잘못된 것은?
① 조가용선에 행거의 간격은 1[m]로 시설하였다.
② 조가용선 및 케이블의 피복에 사용하는 금속체에는 접지공사를 하였다.
③ 조가용선은 단면적 22[mm²]의 아연도강연선을 사용하였다.
④ 조가용선에 접촉시켜 금속테이프를 간격 20[cm] 이하의 간격을 유지시켜 나선형으로 감아 붙였다.

풀이
333.3 특고압 가공케이블의 시설
특고압 가공전선로는 그 전선에 케이블을 사용하는 경우에는 다음에 따라 시설하여야 한다.
가. 케이블은 다음의 어느 하나에 의하여 시설할 것.
　① 조가용선에 행거에 의하여 시설할 것. 이 경우에 **행거의 간격은 0.5[m] 이하로** 하여 시설하여야 한다.
　② 조가용선에 접촉시키고 그 위에 쉽게 부식되지 아니하는 금속 테이프 등을 0.2[m] 이하의 간격을 유지시켜 나선형으로 감아 붙일 것.
나. 조가용선은 인장강도 13.93[kN] 이상의 연선 또는 단면적 22[mm²] 이상의 아연도강연선일 것.
다. 조가용선 및 케이블의 피복에 사용하는 금속체에는 규정에 준하여 접지공사를 할 것. **답** ①

문제 65 그림의 회로에서 단자 a, b에 걸리는 전압 V_{ab}는 몇 [V]인가?
① 12
② 18
③ 24
④ 36

풀이

전류원을 전압원으로 등가 변환하면 밀만의 정리에 의해

$V_{ab} = \dfrac{\dfrac{E_1}{R_1} + \dfrac{E_2}{R_2}}{\dfrac{1}{R_1} + \dfrac{1}{R_2}} = \dfrac{\dfrac{6}{3} + \dfrac{18}{3}}{\dfrac{1}{3} + \dfrac{1}{3}} = 12[V]$ **답** ①

문제 82 도로 등의 전열장치 시설에 맞지 않는 것은?
① 발열선의 전기공급은 전로의 대지전압 300[V] 이하 일 것
② 콘크리트 기타 견고한 내열성이 있는 것 안에 시설할 것
③ 발열선은 그 온도가 80[℃]를 넘지 않도록 시설할 것
④ 발열선은 다른 약전류 전선 등에 자기적인 장해를 줄 것

풀이
241.12 도로 등의 전열장치
가. 발열선에 전기를 공급하는 전로의 대지전압은 300[V] 이하일 것.

나. 발열선은 그 온도가 80[℃]를 넘지 아니하도록 시설할 것. 다만, 도로 또는 옥외주차장에 금속피복을 한 발열선을 시설할 경우에는 발열선의 온도를 120[℃]이하로 할 수 있다.
다. 발열선은 사람이 접촉할 우려가 없고 또한 손상을 받을 우려가 없도록 콘크리트 기타 견고한 내열성이 있는 것 안에 시설할 것.
라. **발열선은 다른 전기설비·약전류전선** 등 또는 수관·가스관이나 이와 유사한 것에 **전기적·자기적 또는 열적인 장해를 주지 아니하도록 시설할 것.** 답 ④

가공공동지선을 설치하여 2 이상의 시설장소에 규정에 의하여 다음과 같이 접지공사를 할 수 있다.
가. 가공공동지선은 인장강도 5.26[kN] 이상 또는 지름 4[mm] 이상의 경동선을 사용하여 저압가공전선에 관한 규정에 준하여 시설할 것.
나. **접지공사는 각 변압기를 중심으로 하는 지름 400[m] 이내**의 지역으로서 그 변압기에 접속되는 전선로 바로 아래의 부분에서 각 변압기의 양쪽에 있도록 할 것.
다. 가공공동지선과 대지 사이의 합성 전기저항 값은 1[km]를 지름으로 하는 지역 안마다 규정에 의해 접지저항 값을 가지는 것으로 하고 또한 각 접지도체를 가공공동지선으로부터 분리하였을 경우의 각 접지도체와 대지 사이의 전기저항 값은 300[Ω] 이하로 할 것. 답 ①

문제 83 시가지에 시설하는 특고압 가공전선로의 지지물이 철탑이고 전선이 수평으로 2이상 있는 경우에 전선 상호간의 간격이 4[m] 미만인 때에는 특고압 가공 전선로의 경간은 몇 [m]이하이어야 하는가?
① 100　② 150　③ 200　④ 250

풀이
333.1 시가지 등에서 특고압 가공전선로의 시설
특고압 가공전선로의 경간은 표에서 정한 값 이하일 것.

지지물의 종류	경 간
A종 철주 또는 A종 철근 콘크리트주	75 [m]
B종 철주 또는 B종 철근 콘크리트주	150 [m]
철 탑	400 [m] (단주인 경우에는 300[m]) 다만, 전선이 수평으로 2이상 있는 경우에 전선 상호 간의 간격이 4[m] 미만인 때에는 250[m]

답 ④

문제 85 사용전압이 440[V]인 이동기중기용 접촉전선을 애자공사에 의하여 옥내의 전개된 장소에 시설하는 경우 사용하는 전선으로 옳은 것은?
① 인장강도가 3.44[kN] 이상인 것 또는 지름 2.6[mm]의 경동선으로 단면적이 8[mm^2] 이상인 것
② 인장강도가 3.44[kN] 이상인 것 또는 지름 3.2[mm]의 경동선으로 단면적이 18[mm^2] 이상인 것
③ 인장강도가 11.2[kN] 이상인 것 또는 지름 6[mm]의 경동선으로 단면적이 28[mm^2] 이상인 것
④ 인장강도가 11.2[kN] 이상인 것 또는 지름 8[mm]의 경동선으로 단면적이 18[mm^2] 이상인 것

풀이
232.81 옥내에 시설하는 저압 접촉전선 배선
가. 전선의 바닥에서의 높이는 3.5[m] 이상으로 하고 또한 사람이 접촉할 우려가 없도록 시설할 것.
나. **전선은 인장강도 11.2[kN] 이상의 것 또는 지름 6[mm]의 경동선으로 단면적이 28[mm^2] 이상인 것일 것.** 다만, 사용전압이 400[V] 이하인 경우에는 인장강도 3.44[kN] 이상의 것 또는 지름 3.2[mm] 이상의 경동선으로 단면적이 8[mm^2] 이상인 것을 사용할 수 있다.
다. 전선의 지지점간의 거리는 6[m] 이하일 것.
라. 전선 상호 간의 간격은 전선을 수평으로 배열하는 경우에는 0.14[m] 이상, 기타의 경우에는 0.2[m] 이상일 것. 답 ③

문제 84 고압과 저압전로를 결합하는 변압기 저압측의 중성점에는 접지공사를 변압기의 시설장소마다 하여야 하나 부득이 하여 가공공동지선을 설치하여 공통의 접지공사로 하는 경우 각 변압기를 중심으로 하는 지름 몇 [m] 이내의 지역에 시설하여야 하는가?
① 400　② 500　③ 600　④ 800

풀이
322.1 고압 또는 특고압과 저압의 혼촉에 의한 위험방지 시설

문제 86 중성점 직접 접지식으로서 최대 사용 전압이 161000[V]인 변압기 권선의 절연 내력 시험 전압은 몇 [V]인가?

① 103040
② 115920
③ 148120
④ 177100

풀이

135 변압기 전로의 절연내력

권선의 종류 (최대사용전압)	접지방식	시험전압(최대 사용전압의 배수)	최저 시험전압
1. 7[kV] 이하		1.5배	500[V]
	다중접지	0.92배	500[V]
2. 7[kV] 초과 25[kV] 이하	다중접지	0.92배	
3. 7[kV] 초과 60[kV] 이하 (2란의 것 제외)		1.25배	10.5[kV]
4. 60[kV] 초과 (8란의 것 제외)	비접지	1.25	
5. 60[kV] 초과 (6란 및 8란의 것 제외)	접지식	1.1배	75 [kV]
6. 60[kV] 초과	직접접지	0.72배	
7. 170[kV] 초과	직접접지	0.64배	

∴ 시험 전압 = 161000 × 0.72 = 115920[V]   **답** ②

문제 87 사람이 접촉할 우려가 있는 접지공사에서 지하 75 [cm]로부터 지표상 2[m]까지의 접지선은 사람의 접촉우려가 없도록 하기 위하여 어느 것을 사용하여 보호하는가?

① 두께 1[mm] 이상의 콤바인덕트관
② 두께 2[mm] 이상의 합성수지관
③ 피막의 두께가 균일한 비닐포장지
④ 이음 부분이 없는 플로어덕트

풀이

142.3.1 접지도체
접지도체는 지하 0.75[m] 부터 지표 상 2[m] 까지 부분은 합성수지관(두께 2[mm] 미만의 합성수지제 전선관 및 가연성 콤바인덕트관은 제외한다) 또는 이와 동등 이상의 절연효과와 강도를 가지는 몰드로 덮어야 한다.   **답** ②

10년 2회 동일 및 유사 문제 (년도-회-번호)

1과목 전기자기학		54	18-1-60
08	18-1-09	55	18-3-45
09	20-3-10	56	22-2-45
10	22-3-07	57	17-2-47
11	20-3-03	58	22-3-53
12	22-1-09	59	20-4-47
13	11-1-06	60	22-2-56
14	15-1-04	**4과목 회로이론**	
15	20-4-03	66	20-4-63
16	20-1,2-10	67	19-2-70
17	13-2-04	68	18-1-78
18	12-3-08	69	22-3-78
19	16-1-14	70	20-3-65
20	14-3-09	71	22-1-68
2과목 전력공학		72	17-2-61
26	20-4-37	73	17-3-79
27	18-3-24	74	20-4-80
28	19-2-28	75	20-4-72
29	18-2-28	76	19-2-71
30	22-2-22	77	22-3-77
31	20-3-25	78	20-3-63
32	21-3-38	79	19-3-61
33	21-2-26	80	11-3-63
34	22-2-33	**5과목 전기설비기술기준**	
35	13-2-23	88	17-1-90
36	18-2-33	89	21-1-82
37	20-4-27	90	22-2-92
38	17-3-32	91	17-1-87
39	13-1-27	92	15-3-86
40	17-3-25	93	21-1-83
3과목 전기기기		94	20-3-93
51	21-3-57	95	18-3-81
52	20-4-56	96	15-1-84
53	21-3-59	97	22-2-86

국가기술자격검정 필기시험 문제

2010년도 전기산업기사 일반검정 제3회

자격종목 및 등급(선택분야)	종목코드	시험시간	문제지형별	수검 번호	성 명
전기산업기사	2140	2시간 30분	A		

제1과목 전기자기학

문제 01 정전용량이 C인 콘덴서에서 극판 사이의 비유전율이 2인 유전체를 제거하고 공기로 채운 경우 그때의 용량을 C_0라고 하면, C와 C_0의 관계는?

① $C = 2C_0$ ② $C = 4C_0$
③ $C = \dfrac{C_0}{4}$ ④ $C = \dfrac{C_0}{2}$

풀이
- $C_0 = \dfrac{\epsilon_0 S}{d}$ • $C = \dfrac{\epsilon_0 \epsilon_s S}{d}$

따라서, $C = \epsilon_s C_0 = 2C_0$ **답** ①

문제 02 두 개의 자력선이 동일한 방향으로 흐르면 자계의 강도는 한 개의 자력선에 비하여 어떻게 되는가?

① 더 약해진다.
② 주기적으로 약해졌다 또는 강해졌다 한다.
③ 더 강해진다.
④ 강해졌다가 약해진다.

풀이
자계강도 H는 자력선 밀도와 같으므로 한 개의 자력선 보다 동일 방향의 두 개의 자력선이 흐르면 자력선 밀도가 증가하므로 자계 강도는 더 강해진다.   **답** ③

문제 03 구의 입체각은 몇 스테라디안[sr : steradian]인가?

① π[sr]   ② 2π[sr]
③ 4π[sr]   ④ 8π[sr]

풀이
- 전구면의 입체각 $\omega_1 = \dfrac{4\pi r^2}{r^2} = 4\pi$[sr]
- 반구면의 입체각 $\omega_2 = \dfrac{2\pi r^2}{r^2} = 2\pi$[sr]   **답** ③

문제 04 공기 중에 10[cm] 떨어져 평행으로 놓여진 두 개의 무한히 긴 도선에 왕복전류가 흐를 때 단위 길이 당 0.04[N]의 힘이 작용한다면 이때 흐르는 전류는 약 몇 [A]인가?

① 58[A]   ② 62[A]
③ 83[A]   ④ 141[A]

풀이
$F = \dfrac{2I_1 I_2}{r} \times 10^{-7}$[N]에서 $I_1 = I_2 = I$이므로
$I = \sqrt{\dfrac{1}{2}Fr \times 10^7} = \sqrt{\dfrac{1}{2} \times 0.04 \times 0.1 \times 10^7}$
$= \sqrt{2 \times 10^4} = 141.4$[A]   **답** ④

문제 05 무한히 넓은 평행판 콘덴서에서 두 평행판 사이의 간격이 d[m]일 때 단위 면적당 두 평행판 사이의 정전용량[F/m²]은? (단, 매질은 공기이다.)

① $\dfrac{1}{4\pi\epsilon_0 d}$[F/m²]   ② $\dfrac{4\pi\epsilon_0}{d}$[F/m²]
③ $\dfrac{\epsilon_0}{d}$[F/m²]   ④ $\dfrac{\epsilon_0}{d^2}$[F/m²]

풀이
무한 평행평판 도체에서 극판 간의 거리 d[m]라 할 때, 두 평판 도체에 면전하 밀도 $\pm\sigma$[C/m²]를 부여한다. 전속밀도 $D = \sigma$ 이므로

- 전계의 세기 $E = \dfrac{D}{\epsilon_0} = \dfrac{\sigma}{\epsilon_0}$
- 두 극판간의 전위차 $V = Ed = \dfrac{\sigma}{\epsilon_0}d$
- 단위 면적당의 정전용량 $C_0 = \dfrac{\sigma}{V} = \dfrac{\epsilon_0}{d}\,[\text{F/m}^2]$ 답 ③

문제 06 암페어의 주회적분의 법칙은 직접적으로 다음의 어느 관계를 표시하는가?
① 전하와 전계 ② 전류와 인덕턴스
③ 전류와 자계 ④ 전하와 전위

풀이
암페어 주회적분 법칙
임의의 폐곡선에 대한 자계의 선적분은 이 폐곡선을 관통하는 전류와 같다.
$$\oint H \cdot dl = I$$
답 ③

문제 07 지름 10 [cm]인 원형코일 중심에서의 자계가 1000 [A/m]이다. 원형코일이 100회 감겨있을 때, 전류는 몇 [A]인가?
① 1 [A]   ② 2 [A]
③ 3 [A]   ④ 5 [A]

풀이
원형코일 중심의 자계의 세기 $H = \dfrac{NI}{2a}$ 에서
$I = \dfrac{2aH}{N} = \dfrac{2 \times \frac{0.1}{2} \times 1000}{100} = 1\,[\text{A}]$ 답 ①

문제 08 그림과 같이 길이 l_1[m], 폭 l_2[m]인 직사각 코일이 자속밀도 B [Wb/m²]인 평등 자계내에 코일면의 법선이 자계의 방향과 θ각으로 놓여 있다. 코일에 흐르는 전류가 I [A]이면 코일에 작용하는 회전력은 몇 [N·m]인가? (단, 코일의 권수는 n 이다.)
① $nBIl_1l_2\sin\theta$
② $nBIl_1l_2\cos\theta$
③ $nBI^2l_1l_2\sin\theta$
④ $nBI^2l_1l_2\cos\theta$

풀이

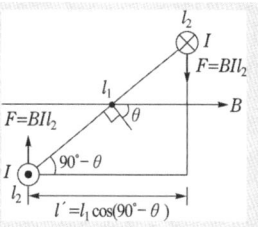

l_1의 두 코일변은 동일축상에서 힘의 크기는 같고, 방향은 서로 반대이므로 힘의 합성은 0이 되어 회전력이 없다.
l_2의 두 코일변은 그림과 같은 힘 $F = BIl_2$가 작용하므로 직사각형 코일이 받는 회전력 T는
$T = Fl' = Fl_1\cos(90°-\theta) = BIl_2l_1\sin\theta\,[\text{N·m}]$
코일의 권수 n이므로 회전력 T는
$\therefore T = nBIl_1l_2\sin\theta\,[\text{N·m}]$ 답 ①

문제 09 그림 (a)의 인덕턴스에 전류가 그림 (b)와 같이 흐를 때 2초에서 6초 사이의 인덕턴스 전압 V_L [V]은?

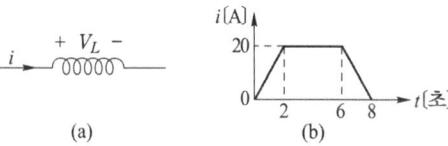

① 0   ② 5   ③ 10   ④ −5

풀이
$2 \le t \le 6$인 구간에서는 **전류의 변화** $\left(\dfrac{di}{dt}\right)$가 없으므로 $V_L = 0$ 이다. $\left(V_L = -L\dfrac{di}{dt}\right)$ 답 ①

문제 10 기전력 V [V], 내부저항 r [Ω]인 전지에 전열기를 연결했을 때 전열기의 발열을 최대로 낼 수 있는 최대전력 [W]은?
① $\dfrac{V^2}{2r}$ [W]   ② $\dfrac{V^2}{4r}$ [W]
③ $\dfrac{2V^2}{r}$ [W]   ④ $\dfrac{4V^2}{r}$ [W]

풀이
최대 전력 전송 조건은 "전지의 내부저항 = 전열기의 저항" 일 때 이다.

전열기의 최대 전력
$$P = I^2 \cdot r = \left(\frac{V}{2r}\right)^2 \cdot r = \frac{V^2}{4r} [W]$$
답 ②

문제 11 10 [μF]의 콘덴서를 100 [V]로 충전한 것을 단락시켜 0.1 [ms]에 방전시켰다고 하면 평균전력은 몇 [W]인가?

① 450 [W] ② 500 [W]
③ 550 [W] ④ 600 [W]

풀이
$$P = \frac{W}{t} = \frac{\frac{1}{2}CV^2}{t} = \frac{\frac{1}{2} \times 10 \times 10^{-6} \times 100^2}{0.1 \times 10^{-3}} = 500[W]$$
답 ②

문제 12 주파수가 100 [MHz]인 전자파가 비투자율 $\mu_r = 1$, 비유전율 $\epsilon_r = 36$인 물질 속에서 전파할 경우 파장 [m]은? (단, 감쇠정수 $\alpha = 0$이다.)

① 0.5 [m] ② 1 [m]
③ 1.5 [m] ④ 2 [m]

풀이
전파 속도 $v = \frac{1}{\sqrt{\mu\epsilon}} = \frac{3\times10^8}{\sqrt{\mu_r \epsilon_r}} = \frac{3\times10^8}{\sqrt{1\times36}}$
$= 0.5 \times 10^8 [m/s]$
∴ 파장 $\lambda = \frac{v}{f} = \frac{0.5\times10^8}{100\times10^6} = 0.5[m]$가 된다.
답 ①

제2과목 전력공학

문제 21 소호리액터의 탭이 공진점을 벗어나고 있는 정도를 나타내는데 합조도라는 용어가 사용된다. 합조도가 정(+)이 되는 상태를 나타낸 것은?

① $\omega L > \frac{1}{3\omega C_s}$ ② $\omega L < \frac{1}{3\omega C_s}$
③ $\omega L = \frac{1}{3\omega C_s}$ ④ $\omega L > \frac{1}{3\omega^2 C_s}$

풀이
합조도 $P = \frac{I_L - I_c}{I_c}$

I_L : 소호 리액터 탭전류, I_c : 전대지 충전 전류
합조도 P가 정(+)인 경우는 과보상 상태를 의미하며
$I_L > I_c$ 즉, $\omega L < \frac{1}{3\omega C_s}$이 된다.
답 ②

문제 22 전등 부하에 공급하고 있는 그림 A, D와 같은 단상 2선식 저압 배전 간선이 있다. A, B, C, D의 각 점의 부하전류 및 각 부하점의 거리는 그림에 표시한 바와 같다. 이 저압 간선 중의 한 점 F에서 공급되는 것으로 하고 FA 및 FD 간의 전압강하를 동일하게 하는 F점의 위치를 구하면? (단, 전선의 굵기는 AD간을 전부 같게 하고, 또 전선의 리액턴스를 무시한다.)

① B에서 C방향으로 80 [m]인 지점
② B에서 C방향으로 90 [m]인 지점
③ B에서 C방향으로 100 [m]인 지점
④ B에서 C방향으로 110 [m]인 지점

풀이

F점을 기준으로 해서 양쪽의 전압 강하가 같아야 하므로 저항 $R = \rho \frac{l}{A} [\Omega]$에서 전선의 굵기가 동일하므로 $R \propto l$이다.
따라서, 양쪽의 전압강하를 계산할 때는 전선의 고유저항 및 단면적을 생략하고 전선의 저항=전선의 길이로 계산할 수 있다.
$(30+15) \times x + 30 \times 200 = (10+10) \times (300-x) + 10 \times 715$
$65x = 7150$ ∴ $x = 110[m]$
즉, B에서 C방향으로 110[m]인 지점에서 전기를 공급하면 양쪽의 전압강하는 동일하게 된다.
답 ④

문제 23 3상3선식 송전선을 연가할 경우 일반적으로 전체 선로길이의 몇 배수로 등분해서 연가하는가?

① 2 ② 3 ③ 4 ④ 5

풀이
3상 3선식에는 상이 셋이므로 **3상의 선로정수를 평형시키려면 3배수**로 하여야 한다.

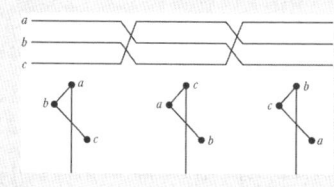

답 ②

문제 24 1선당 저항 5 [Ω], 리액턴스가 6 [Ω]인 3상 4선식 배전선로의 말단(수전단)에 역률(지상) 0.8인 4800 [kW]의 3상 평형부하가 접속되어 있을 경우 수전단 전압이 20 [kV]라면 이 선로의 전압강하 [V]는 약 얼마인가?

① 1316 [V] ② 1824 [V]
③ 2280 [V] ④ 3160 [V]

풀이
전압 강하 $e = \dfrac{P}{V}(R + X\tan\theta)[V]$ 에서

$e = \dfrac{4800}{20}\left(5 + 6 \times \dfrac{0.6}{0.8}\right) = 2280[V]$

답 ③

문제 25 적산 유량곡선상의 임의의 점에서 그은 접선의 기울기는 그 점에서 해당하는 일자에 있어서의 무엇을 표시하는가?

① 하천 유량 ② 적산 유량
③ 하천 수위 ④ 사용 유량

풀이
임의의 점에서의 접선의 기울기는 그 점에서의 $\dfrac{d}{dt}\int Q dt$ 의 값이므로 이 값은 결국 Q, 즉 **하천의 유량**이 누적된다.

답 ①

제3과목 전기기기

문제 41 정류자형 주파수변환기의 설명 중 틀린 것은?

① 유도전동기를 2차여자법으로 속도제어하는데 사용하지만 유도기의 역률을 개선할 수는 없다.
② 회전자는 3상 회전변류기의 전기자와 거의 같은 구조이며 정류자와 3개의 슬립링이 있다.
③ 소용량이고 가장 간단한 것은 회전자만으로 고정자는 없다.
④ 외부에서 회전력을 공급하는데 회전방향과 속도에 따라 다양한 주파수를 얻을 수 있는 전기기계이다.

풀이
정류자형 주파수 변환기를 이것과 동일 전원에 접속하여 슬립 s로 운전하고 있는 권선형 유도 전동기와 조합시키면 유도 전동기의 2차 여자를 행할 수 있으므로 전동기의 속도 제어와 역률의 개선을 행할 수 있다.

답 ①

문제 42 3상 동기발전기에서 그림과 같이 1상의 권선을 서로 똑같은 2조로 나누어서 그 1조의 권선전압을 E [V], 각 권선의 전류를 I [A]라 하고 2중 Y형 (double star)으로 결선한 경우 선간전압 [V], 선전류 [A], 피상전력 [VA]은?

① $3E$, I, $5.19EI$
② $\sqrt{3}E$, $2I$, $6EI$
③ E, $2\sqrt{3}I$, $6EI$
④ $\sqrt{3}E$, $\sqrt{3}I$, $5.19EI$

풀이
• Y결선의 선간전압 $V_l = \sqrt{3}E$
• 2개의 코일이 병렬로 되어 있으므로 전체 선전류 $I_l = 2I$
• 피상전력 $P_a = \sqrt{3}V_l I_l = \sqrt{3} \times \sqrt{3}E \times 2I = 6EI$

답 ②

문제 43 변압기 철심의 구조가 아닌 것은?

① 동심 원통형 ② 외철형
③ 권철심형 ④ 내철형

풀이
철심의 형태에 따른 변압기의 분류
• 내철형 • 외철형 • 권철심형   답 ①

문제 44 SCR을 사용한 단상 브리지 정류 회로에 의하여 실효값 200 [V]의 교류전압을 정류 할 경우 직류 출력 전압은? (단, 제어각은 30°이다.)
① 87.6 [V]   ② 120.5 [V]
③ 155.9 [V] ④ 173.2 [V]

풀이
SCR을 사용한 전파정류
• 부하가 저항 부하인 경우 $E_{d0} = \frac{\sqrt{2}\,V}{\pi}(1+\cos\alpha)$
• 부하가 유도 부하인 경우 $E_{d0} = \frac{\sqrt{2}\,V}{\pi}\cos\alpha$
따라서, 유도 부하인 경우를 고려하면
$E_{d0} = \frac{2\sqrt{2}\,V}{\pi}\cos\alpha = \frac{2\sqrt{2}\times 200}{\pi}\times\cos 30 ≒ 155.9[V]$ 답 ③

문제 45 직류기의 효율이 최대가 되는 경우는?
① 와류손 = 히스테리시스손
② 기계손 = 전기자동손
③ 전부하동손 = 철손
④ 고정손 = 부하손

풀이
최대 효율은 고정손 = 부하손일 때이다.
즉, $m^2 P_c = P_i$
여기서, m : 부하율, P_c : 전부하 동손, P_i : 철손   답 ④

문제 46 60 [Hz], 6극의 권선형 유도전동기의 2차 유기전압이 정지시에 1000 [V]라 한다. 슬립 3 [%]일 때의 2차 전압은?
① 10 [V]   ② 20 [V]
③ 30 [V]   ④ 60 [V]

풀이
$E_{2s} = sE_2 = 0.03 \times 1000 = 30 [V]$
여기서, E_{2s} : 슬립 s로 회전시 2차 유도 기전력
E_2 : 정지시 2차 유도 기전력   답 ③

문제 47 동기 전동기의 특징이 아닌 것은?
① 항상 역률 1로 운전할 수 있다.
② 여자를 약하게 하면 진상역률의 전류를 흘린다.
③ 저속도용은 일반적으로 유도전동기에 비해 효율이 좋다.
④ 기동 토크가 작다.

풀이
동기 전동기의 운전
• 과여자 운전 : 콘덴서 작용 - 진상 전류
• 부족 여자 운전 : 리액터 작용 - 지상 전류   답 ②

제4과목 회로이론

문제 61 $i = 2 + 5\sin(100t + 30°) + 10\sin(200t - 10°)$와 파형이 동일하나 기본파의 위상이 20° 늦은 비정현 전류파의 순시값 i'를 나타내는 식은?
① $i' = 2 + 5\sin(100t + 10°) + 10\sin(200t - 30°)$
② $i' = 2 + 5\sin(100t + 10°) + 10\sin(200t + 30°)$
③ $i' = 2 + 5\sin(100t + 10°) + 10\sin(200t + 50°)$
④ $i' = 2 + 5\sin(100t + 10°) + 10\sin(200t - 50°)$

풀이
각 파에서(직류 제외) 위상을 20°씩 감한다. 이때 기본파는 1배, 2고조파는 2배, 4고조파는 4배를 하여야 한다.
$i' = 2 + 5\sin(100t + [30° - 20°])$
$\quad + 10\sin(200t + [-10° - 2\times 20°])$
$\quad = 2 + 5\sin(100t + 10°) + 10\sin(200t - 50°)$ 답 ④

문제 62 다음과 같은 회로에서 1 [Ω] 저항 양단에 걸리는 전압은?
① 2 [V]
② 3 [V]
③ 4 [V]
④ 6 [V]

풀이
중첩의 정리에 의해
• 6[V] 전압원에 의한 전압 (이때 전류원 개방)

$V_1 = -6 \times \dfrac{1}{2+1} = -2[V]$

(전압원의 방향이 반대이므로 −6[V])

• 6[A] 전류원에 의해 1[Ω] 저항에 흐르는 전류
(이때 전압원 단락)

$I_1 = 6 \times \dfrac{2}{2+1} = 4[A]$

전압 $V_2 = I_1 \times R = 4 \times 1 = 4[V]$

• 1[Ω] 저항 양단에 걸리는 전체 전압

$V = V_1 + V_2 = -2 + 4 = 2[V]$

답 ①

문제 63 다음이 설명하는 것으로 알맞은 것은?

"여러 개의 전압원과 전류원이 동시에 존재하는 회로망에서 회로전류는 각 전압원이나 전류원이 각각 단독으로 인가될 때 흐르는 전류를 합한 것과 같다."

① 노오튼의 정리   ② 중첩의 원리
③ 키르히호프의 법칙   ④ 테브난의 정리

답 ②

문제 64 이상적인 전압원과 전류원의 내부저항은?

① 전압원과 전류원의 내부저항은 모두 0 이다.
② 전압원의 내부저항은 ∞이고, 전류원의 내부저항은 0 이다.
③ 전압원과 전류원의 내부저항은 모두 ∞이다.
④ 전압원의 내부저항은 0 이고, 전류원의 내부저항은 ∞이다.

풀이
• 이상 전압원은 내부 저항이 적을수록 좋다. ⇒ 내부 저항이 적을수록 내부 전압 강하가 적어진다.
• 이상 전류원은 내부 저항이 클수록 좋다. ⇒ 내부 저항이 클수록 내부 저항으로 흐르는 분로 전류가 적어진다.

답 ④

문제 65 저항 8 [Ω]과 용량리액턴스 X_c[Ω]가 직렬로 접속된 회로에 100 [V], 60 [Hz]의 교류를 가하니 10 [A]의 전류가 흐른다면 이 때 X_c의 값은?

① 10 [Ω]   ② 8 [Ω]
③ 6 [Ω]   ④ 4 [Ω]

풀이

$I = \dfrac{E}{Z} = \dfrac{E}{\sqrt{R^2 + X_c^2}} = \dfrac{100}{\sqrt{8^2 + X_c^2}} = 10$

∴ $X_c = 6 [\Omega]$

답 ③

제5과목 전기설비기술기준

문제 81 다음 중 플로어덕트공사에 의한 저압 옥내 배선 공사에 적합하지 않은 것은?

① 전선은 연선일 것
② 덕트의 끝 부분은 막을 것
③ 접지공사를 할 것
④ 옥외용 비닐절연전선을 사용할 것

풀이
232.32 플로어덕트공사
플로어 덕트공사에 의한 저압 옥내 배선은 다음 각호에 의하여 시설한다.
가. 전선은 **절연전선(옥외용 비닐 절연전선을 제외한다)**일 것.
나. 전선은 연선일 것. 다만, 단면적 10[mm²](알루미늄선은 단면적 16[mm²]) 이하인 것은 그러하지 아니하다.
다. 플로어덕트 안에는 전선에 접속점이 없도록 할 것. 다만, 전선을 분기하는 경우에 접속점을 쉽게 점검할 수 있을 때에는 그러하지 아니하다.

답 ④

문제 82 애자공사에 의한 고압 옥내배선을 시설하고자 한다. 다음 중 잘못된 내용은?

① 저압 옥내배선과 쉽게 식별되도록 시설한다.
② 전선은 공칭단면적 6 [mm²] 이상의 연동선을 사용한다.
③ 전선 상호간의 간격은 8 [cm] 이상이어야 한다.
④ 전선과 조영재 사이의 이격거리는 4 [cm] 이상이어야 한다.

풀이
342.1 고압 옥내배선 등의 시설
가. 고압 옥내배선은 다음에 따라 시설하여야 한다.
① 애자공사(건조한 장소로서 전개된 장소에 한한다)

② 케이블공사
③ 케이블트레이공사
나. 전선은 공칭단면적 6 [mm²] 이상의 연동선
다. 이격거리

전 압	전선과 조영재와의 이격 거리	전 선 상 호 간 격	전선 지지점간의 거리	
			조영재의 면을 따라 붙이는 경우	조영재에 따라 시설 하지 않는 경우
고 압	5 [cm] 이상	8 [cm] 이상	2 [m] 이하	6 [m] 이하

라. 고압 옥내배선은 저압 옥내배선과 쉽게 식별되도록 시설할 것. 답 ④

문제 83 저압 가공전선으로 케이블을 사용하는 경우이다. 케이블은 조가용선에 행거로 시설하고 이 때 사용전압이 고압인 때에는 행거의 간격을 몇 [cm] 이하로 시설하여야 하는가?
① 30 ② 50
③ 75 ④ 100

풀이
332.2 가공케이블의 시설
저압 가공전선 또는 고압 가공전선에 케이블을 사용하는 경우에는 다음에 따라 시설하여야 한다.
가. 케이블은 조가용선에 행거로 시설할 것. 이 경우에는 사용전압이 **고압인 때에는 행거의 간격은 0.5[m] 이하로** 하는 것이 좋다.
나. 조가용선은 인장강도 5.93[kN] 이상의 것 또는 단면적 22[mm²] 이상인 아연도강연선일 것.
다. 조가용선 및 케이블의 피복에 사용하는 금속체에는 접지공사를 할 것.
라. 조가용선을 케이블에 접촉시켜 금속 테이프를 감는 경우에는 20 [cm] 이하의 간격으로 나선상으로 한다.

답 ②

문제 84 사용전압이 저압인 전로에서 정전이 어려운 경우 등 절연저항 측정이 곤란한 경우에 누설전류는 몇 [mA] 이하로 유지하여야 하는가?
① 1 ② 2 ③ 3 ④ 5

풀이
132 전로의 절연저항 및 절연내력
사용전압이 저압인 전로에서 정전이 어려운 경우 등 절연저항 측정이 곤란한 경우에는 **누설전류를 1 [mA] 이하로 유지**하여야 한다. 답 ①

문제 85 철탑의 강도계산에 사용하는 이상시 상정하중을 계산하는데 사용되는 것은?
① 미진에 의한 요동과 철구조물의 인장하중
② 풍압이 전선로에 직각방향으로 가하여 지는 경우의 하중
③ 이상전압이 전선로에 내습하였을 때 생기는 충격하중
④ 뇌가 철탑에 가하여졌을 경우의 충격하중

풀이
333.14 이상 시 상정하중
철탑의 강도계산에 사용하는 **이상 시 상정하중은 풍압이 전선로에 직각방향으로 가하여지는 경우의 하중과 전선로의 방향으로 가하여지는 경우의 수직하중, 수평 횡하중, 수평 종하중을 계산**하여 각 부재에 대한 이들의 하중 중 그 부재에 큰 응력이 생기는 쪽의 하중을 채택한다. 답 ②

10년 3회 동일 및 유사 문제 (년도-회-번호)

1과목 전기자기학
- 13 19-2-07
- 14 15-1-02
- 15 20-4-16
- 16 21-2-03
- 17 22-3-18
- 18 22-3-06
- 19 20-4-04
- 20 11-1-06

2과목 전력공학
- 26 20-1,2-26
- 27 15-3-22
- 28 20-4-36
- 29 19-2-33
- 30 22-2-31
- 31 20-1,2-35
- 32 21-2-31
- 33 20-3-23
- 34 21-3-37
- 35 22-2-21
- 36 15-3-28
- 37 15-1-29
- 38 21-2-36
- 39 13-1-26
- 40 20-3-32

3과목 전기기기
- 48 21-1-60
- 49 13-1-41
- 50 22-2-54
- 51 22-3-57
- 52 20-4-57
- 53 19-3-55
- 54 18-1-52
- 55 22-3-47
- 56 17-2-58
- 57 11-3-46
- 58 21-3-57
- 59 12-3-47
- 60 12-3-42

4과목 회로이론
- 66 19-3-68
- 67 22-1-72
- 68 19-1-76
- 69 18-1-66
- 70 19-1-75
- 71 16-1-66
- 72 17-3-72
- 73 18-1-69
- 74 16-3-62
- 75 15-3-71
- 76 20-3-63
- 77 22-3-77
- 78 22-1-66
- 79 19-2-74
- 80 22-2-78

5과목 전기설비기술기준
- 86 18-1-92
- 87 22-1-90
- 88 13-3-84
- 89 21-1-94
- 90 22-2-90
- 91 22-3-99
- 92 20-1,2-92
- 93 21-3-98
- 94 22-1-99
- 95 20-3-92
- 96 16-1-86
- 97 22-2-87
- 98 18-2-91

memo

D60-2
2009년도 전기산업기사 필기

- 2009년도 제1회 전기산업기사
- 2009년도 제2회 전기산업기사
- 2009년도 제3회 전기산업기사

국가기술자격검정 필기시험 문제

2009년도 전기산업기사 일반검정 제1회

자격종목 및 등급(선택분야)	종목코드	시험시간	문제지형별	수검 번호	성 명
전기산업기사	2140	2시간 30분	A		

제1과목 전기자기학

문제 01 내구의 반지름 10[cm], 외구의 반지름 20[cm]인 동심 도체구의 정전용량은 약 몇 [pF]인가?
① 16[pF]   ② 18[pF]
③ 20[pF]   ④ 22[pF]

풀이
$$C = \frac{4\pi\epsilon_0 ab}{b-a} = \frac{\frac{1}{9\times 10^9} \times 0.1 \times 0.2}{0.2 - 0.1} = \frac{2\times 10^{-10}}{9}$$
$$= 2.22 \times 10^{-11} = 22.2 \times 10^{-12} [F] = 22.2[pF]$$ 답 ④

문제 02 진공 중의 MKS 유리화 단위계에서 정전하간의 정전력 $F = \frac{Q_1 Q_2}{\alpha_o R^2}$ [N], 자하간의 자기력 $F = \frac{m_1 m_2}{\beta_o R^2}$ [N] 및 전류와 자계간의 전자력 $F = \frac{mIl\sin\theta}{\gamma_o R^2}$ [N]이다. 상수 α_o, β_o, γ_o 상호간의 관계식 $\frac{\gamma_o^2}{\alpha_o \beta_o}$ 의 값은?
① 3×10^8 ② 3×10^{10}
③ 9×10^{16} ④ 9×10^{20}

풀이
- 정전하간의 정전력 : $F = \frac{Q_1 Q_2}{4\pi\epsilon_0 R^2}$ [N]에서 $\alpha_o = 4\pi\epsilon_o$
- 자하간의 자기력 : $F = \frac{m_1 m_2}{4\pi\mu_0 R^2}$ [N]에서 $\beta_o = 4\pi\mu_o$
- 전류와 자계간의 전자력 : $F = IBl\sin\theta$
  그리고 자속밀도 $B = \frac{m}{4\pi R^2}$ 이므로
  $F = \frac{mIl\sin\theta}{4\pi R^2}$ 에서 $\gamma_o = 4\pi$

$$\therefore \frac{\gamma_o^2}{\alpha_o \beta_o} = \frac{(4\pi)^2}{4\pi\epsilon_0 \times 4\pi\mu_0} = \frac{(4\pi)^2}{(4\pi)^2 (4\pi\times 10^{-7} \times 8.855 \times 10^{-12})}$$
$$= 9 \times 10^{16}$$ 답 ③

문제 03 진공 중에 반경 2[cm]인 도체구 A와 내외 반경이 4[cm] 및 5[cm]인 도체구 B를 동심으로 놓고 도체구 A에 $Q_A = 2\times 10^{-10}$ [C]의 전하를 대전시키고 도체구 B의 전하는 0 [C]으로 했을 때 도체구 A의 전위는 몇 [V]인가?
① 36 [V]   ② 45 [V]
③ 81 [V]   ④ 90 [V]

풀이
$$V = \frac{Q}{4\pi\epsilon_0}\left(\frac{1}{a} - \frac{1}{b} + \frac{1}{c}\right) = \frac{2\times 10^{-10}}{4\pi\epsilon_0}\left(\frac{1}{0.02} - \frac{1}{0.04} + \frac{1}{0.05}\right)$$
$$= 9\times 10^9 \times 2\times 10^{-10} \times (50 - 25 + 20) = 81 [V]$$ 답 ③

문제 04 그림과 같이 진공 중에 서로 평행인 무한 길이 두 직선도선 A, B가 d [m] 떨어져 있다. A, B의 선전하 밀도를 각각 λ_1[C/m], λ_2[C/m]라 할 때, A로부터 $\frac{d}{3}$[m]인 점의 전계의 세기가 0 이었다면 λ_1과 λ_2의 관계는?
① $\lambda_2 = \frac{1}{2}\lambda_1$
② $\lambda_2 = 2\lambda_1$
③ $\lambda_2 = 3\lambda_1$
④ $\lambda_2 = 9\lambda_1$

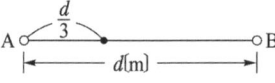

풀이
선 전하에 의한 전계의 세기 $E = \frac{\lambda}{2\pi\epsilon_0 r}$[V/m] 에서

$$\frac{\lambda_1}{2\pi\epsilon_0\left(\frac{d}{3}\right)} = \frac{\lambda_2}{2\pi\epsilon_0\left(\frac{2d}{3}\right)} \quad \lambda_1 = \frac{\lambda_2}{2} \quad \therefore \lambda_2 = 2\lambda_1$$

답 ②

문제 05
공기 중에서 12 [Wb/m²]인 평등자계내에 길이 80 [cm]인 도선을 자계에 대하여 30°의 각을 이루는 위치에 두었을 때 24 [N]의 힘을 받았다면 도선에 흐르는 전류는 몇 [A]인가?

① 2 [A]   ② 3 [A]
③ 4 [A]   ④ 5 [A]

풀이
$F = IlB\sin\theta$ [N]에서
$$I = \frac{F}{lB\sin\theta} = \frac{24}{0.8 \times 12 \times \sin 30°} = 5[A]$$

답 ④

문제 06
평균반지름 10[cm]의 환상솔레노이드에 5 [A]의 전류가 흐를 때 내부자계가 1600[AT/m]이었다. 권수는 약 얼마인가?

① 180회   ② 190회
③ 200회   ④ 210회

풀이
환상 솔레노이드 내부 자계의 세기 $H = \frac{NI}{2\pi r}$ 에서
$$\therefore N = \frac{2\pi r H}{I} = \frac{2\pi \times 10 \times 10^{-2} \times 1600}{5} = 201.06 \text{ [회]}$$

답 ③

문제 07
반지름 $a, b(b>a)$[m]인 동심원통 전극 사이에 도전율 σ[s/m]의 손실유전체를 채우면 단위 길이당의 저항은 몇 [Ω/m]인가?

① $\frac{1}{2\pi\sigma}\ln\frac{b}{a}$ [Ω/m]   ② $\frac{1}{4\pi\sigma}\ln\frac{b}{a}$ [Ω/m]

③ $\frac{1}{\pi\sigma}\ln\frac{b}{a}$ [Ω/m]   ④ $\frac{2\pi}{\sigma}\ln\frac{b}{a}$ [Ω/m]

풀이
$RC = \rho\epsilon$ 에서
$$R = \frac{\rho\epsilon}{C} = \frac{\epsilon}{\sigma C} = \frac{\epsilon}{\frac{2\pi\epsilon\sigma}{\ln\frac{b}{a}}} = \frac{1}{2\pi\sigma}\ln\frac{b}{a} [\Omega]$$

답 ①

문제 08
그림과 같은 유전속 분포에서 ϵ_1과 ϵ_2 사이의 관계는?

① $\epsilon_1 = \epsilon_2$
② $\epsilon_1 > \epsilon_2$
③ $\epsilon_1 < \epsilon_2$
④ $\epsilon_1 = \epsilon_2 = 0$

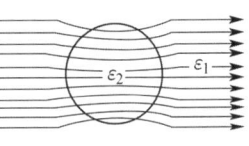

풀이
전속선은 유전율이 큰 쪽으로 모이므로 $\epsilon_2 > \epsilon_1$ 이다. 답 ③

제2과목 전력공학

문제 21
30일간의 최대수용전력이 200 [kW], 소비전력량이 72000[kWh]일 때 월 부하율은 몇 [%]인가?

① 30[%]   ② 40[%]
③ 50[%]   ④ 60[%]

풀이
$$\text{부하율} = \frac{\text{평균 전력}}{\text{최대 수용 전력}} \times 100 = \frac{\frac{72000}{30 \times 24}}{200} \times 100 = 50[\%]$$

답 ③

문제 22
그림에서 계기 Ⓜ 이 지시하는 것은?

① 정상전류
② 영상전압
③ 역상전압
④ 정상전압

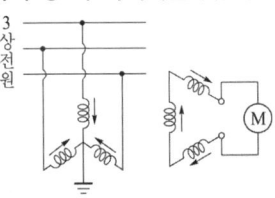

풀이
$V_0 + V_0 + V_0 = 3V_0$의 영상 전압이 나타난다.

답 ②

문제 23 다음 중 원방감시제어(SCADA)의 기능과 관계가 먼 것은?
① 원격 제어 기능 ② 원격 측정 기능
③ 부하 조정 기능 ④ 자동 기록 기능

풀이
원방감시제어의 기능
① 원방 감시 기능 ② 원격 측정 기능
③ 원격 제어 기능 ④ 자동 기록 기능
⑤ 경보 발생 기능 ⑥ 타시스템과의 연계 기능   답 ③

문제 24 유역면적 550 [km²]인 어떤 하천의 1년간 강수량이 1500 [mm]이다. 증발침투 등의 손실을 30 [%]라고 하면 1년을 통하여 평균적으로 흐른 유량은 약 몇 [m³/s]이겠는가?
① 18.3 [m³/s]   ② 21.3 [m³/s]
③ 24.2 [m³/s]   ④ 26.2 [m³/s]

풀이
• 1년 동안에 하천에 유입하는 총수량
$1500 \times 10^{-3} \times 550 \times 10^6 \times (1-0.3) = 577.5 \times 10^6 [\text{m}^3]$
• 평균 유량
1년은 $365 \times 24 \times 60 \times 60 [s]$이므로
평균 유량 $= \dfrac{577.5 \times 10^6}{365 \times 24 \times 3600} ≒ 18.3 [\text{m}^3/\text{s}]$ 답 ①

문제 25 전력이 같고, 단면적과 긍장이 같을 때 전압변동률[%]은?
① 전압에 비례한다.
② 전압의 제곱에 비례한다.
③ 전압에 반비례한다.
④ 전압의 제곱에 반비례한다.

풀이
송전전압과 전압강하율과의 관계
• 조건 : 전력 P, 저항 R, 리액턴스 X, 역률 $\cos\theta$ 일정
• 전압강하율 $\epsilon = \dfrac{e}{V}$에서
$\epsilon = \dfrac{\frac{P}{V}(R+X\tan\theta)}{V} = \dfrac{P}{V^2}(R+X\tan\theta)$
$P, R, X, \tan\theta$가 일정하므로
$\therefore \epsilon \propto \dfrac{1}{V^2}$ 답 ④

문제 26 전선의 장력이 1500 [kgf]일 때, 지선에 걸리는 장력은 몇 [kgf]인가?
① 750 [kgf]
② $750\sqrt{3}$ [kgf]
③ 3000 [kgf]
④ $\dfrac{3000}{\sqrt{3}}$ [kgf]

풀이
$T = \dfrac{1500}{\cos 60°} = 3000 [\text{kgf}]$ 답 ③

문제 27 전압 66000[V], 주파수 60[Hz], 길이 7 [km], 1회선의 3상 지중전선로에서 3상 무부하 충전용량은 약 몇 [kVA]인가? (단, 케이블의 심선 1선 1[km]의 정전용량은 0.4[μF/km]라 한다.)
① 2560[kVA]   ② 4600[kVA]
③ 7970[kVA]   ④ 13800[kVA]

풀이
$Q_c = 3EI_c = 3\omega C \left(\dfrac{V}{\sqrt{3}}\right)^2$
$= 3 \times 2\pi \times 60 \times 0.4 \times 10^{-6} \times 7 \times \left(\dfrac{66000}{\sqrt{3}}\right)^2 \times 10^{-3}$
$= 4598 [\text{kVA}]$ 답 ②

제3과목 전기기기

문제 41 변압기에서 생기는 와류손은 철심 두께와 어떤 관계가 있는가?
① 철심 두께의 1/2승에 비례
② 철심 두께에 비례
③ 철심 두께에 2승에 비례
④ 철심 두께에 3승에 비례

풀이
와류손 $P_e = K_e(t \cdot f \cdot K_f \cdot B_m)^2$
여기서, K_e : 재료에 따라 정해지는 상수
t : 철심의 두께 [m]   답 ③

문제 42 변압기의 원리는?
① 전자유도 작용을 이용
② 정전유도 작용을 이용
③ 자기유도 작용을 이용
④ 플레밍의 오른손 법칙을 이용

풀이
변압기는 전자 유도 작용을 이용하여 교류 전압과 전류의 크기를 변성하는 장치로 2개 이상의 전기회로와 1개 이상의 공통 자기 회로로 이루어져 있다. **답 ①**

문제 43 3상 권선형 유도전동기의 속도 제어를 위해서 2차 여자법을 사용하고자 할 때 그 방법은?
① 1차 권선에 가해주는 전압과 동일한 전압을 회전자에 가한다.
② 직류 전압을 3상 일괄해서 회전자에 가한다.
③ 회전자 기전력과 같은 주파수의 전압을 회전자에 가한다.
④ 회전자에 저항을 넣어 그 값을 변화시킨다.

풀이
2차 여자법
유도전동기의 회전자 권선에 2차 기전력 sE_2와 동일 주파수의 전압 E_c를 슬립링을 통하여 공급하고, 그 크기를 조절함으로써 속도를 제어하는 방법을 2차 여자법 이라고 한다. $I_2 = \dfrac{sE_2 \pm E_c}{r_2}$에서 I_2 및 r_2가 일정하면 $sE_2 \pm E_c$ 도 일정하다. 이때 E_c를 증가시키면 sE_2도 증가, 즉, 슬립 s도 증가하게 되며 반면에 속도는 감소하게 된다. **답 ③**

문제 44 부하전류가 50 [A]일 때, 단자전압이 100 [V]인 직류 직권 발전기의 부하 전류가 70 [A]로 되면 단자전압은 몇 [V]가 되겠는가? (단, 전기자 저항 및 직권계자 권선의 저항은 각각 0.1 [Ω]이고, 전기자 반작용과 브러시의 접촉저항 및 자기포화는 모두 무시한다.)
① 110 [V]   ② 114 [V]
③ 140 [V]   ④ 154 [V]

풀이
전기자 전류 I_a, 부하 전류 I, 단자 전압 V, 유기 기전력 E, 전기자 저항 R_a, 직권 계자 저항 R_s라고 하면, 직권 발전기에서는 다음의 관계가 있다.

$E = V + (R_a + R_s)I_a = V + (R_a + R_s)I$

그러므로, $I = 50$ [A]일 때의 유기 기전력을 E_{50}이라 하면
$E_{50} = 100 + (0.10 + 0.10) \times 50 = 110$ [V]
그런데, 직권 발전기에 있어서 자로가 불포화일 때, 유기 기전력의 크기는 부하 전류에 비례하기 때문에 부하 전류 70 [A]일 때의 유기 기전력을 E_{70}이라 하면
$E_{70}/E_{50} = 70/50 = 1.4$
∴ $E_{70} = 1.4 \times E_{50} = 1.4 \times 110 = 154$ [V]
이 때의 단자 전압을 V_{70}이라 하면
∴ $V_{70} = E_{70} - (R_a + R_s) \times 70 = 154 - 0.20 \times 70 = 140$ [V]
답 ③

문제 45 PWM 인버터에서 나타나는 고조파의 영향이 아닌 것은?
① 손실   ② 기계적인 마찰과 관성
③ 소음과 진동   ④ 토크맥동

풀이
기계적인 마찰은 고조파의 영향이 아니라 **기계적인 원인에 의해 발생**하는 것이다. **답 ②**

문제 46 변압기의 철손을 알 수 있는 시험은?
① 부하 시험   ② 무부하 시험
③ 단락 시험   ④ 유도 시험

풀이
변압기의 시험
1) **개방회로(무부하) 시험**으로 측정할 수 있는 항목
  ① 무부하 전류 ② 히스테리시스손 ③ 와류손
  ④ 여자 어드미턴스 ⑤ **철손**
2) 단락시험으로 측정할 수 있는 항목
  ① 동손 ② 임피던스 와트 ③ 임피던스 전압 **답 ②**

문제 47 단상 유도전압조정기와 3상 유도전압조정기의 비교 설명으로 옳지 않은 것은?
① 모두 회전자와 고정자가 있으며 한편에 1차 권선을 다른 편에 2차 권선을 둔다.
② 모두 입력전압과 이에 대응한 출력 전압 사이에 위상차가 있다.
③ 단상유도전압조정기는 단락 권선이 필요하나 3상에는 필요 없다.
④ 모두 회전자의 회전각에 따라 조정된다.

풀이

항 목	단상 유도전압 조정기	3상 유도전압 조정기
단락권선	필요하다.	필요없다.
입력전압과 출력전압 사이의 위상차	위상차 없다.	위상차 있다.

답 ②

문제 48 리액터 기동방식에 리액터 대신에 저항기를 사용한 것으로서 전동기의 전원측에 직렬로 저항을 접속하고, 전원 전압을 낮게 감압하여 기동한 후 서서히 저항을 감소시켜 가속하고, 전속도에 도달하면 이를 단락 하는 방법에 해당되는 것은?
① 직입 기동방식
② Y-△ 기동
③ 1차 저항 기동방식
④ 기동보상기에 의한 기동

풀이
1차 저항 기동방식 : 전원측에 직렬로 저항을 삽입하고 운전 중에는 이를 단락하는 방식이다. 답 ③

제4과목 회로이론

문제 61 그림과 같은 파형의 교류 전압 v와 전류 i 간의 등가 역률은? (단, $v = V_m \sin\omega t$[V], $i = I_m(\sin\omega t - \frac{1}{\sqrt{3}}\sin 3\omega t)$[A]이다.)
① $\frac{\sqrt{3}}{2}$
② $\frac{\sqrt{4}}{2}$
③ 0.8
④ 0.9

풀이
유효 전력 $P = \frac{V_m I_m}{2}$ 이고 $V = \frac{V_m}{\sqrt{2}}$,

$I = \frac{I_m}{\sqrt{2}}\sqrt{1+\left(\frac{1}{\sqrt{3}}\right)^2} = \frac{\sqrt{2}\,I_m}{\sqrt{3}}$

$\therefore \cos\theta = \frac{P}{VI} = \frac{\frac{V_m I_m}{2}}{\frac{V_m}{\sqrt{2}} \cdot \frac{\sqrt{2}\,I_m}{\sqrt{3}}} = \frac{\sqrt{3}}{2}$

답 ①

문제 62 $R=10[\Omega]$, $L=0.045[H]$의 직렬회로에 실효값 140[V], 주파수 25[Hz]의 정현파 교류전압을 가했을 때 임피던스[Ω]의 크기는 약 얼마인가?
① 17.25 [Ω]
② 15.31 [Ω]
③ 12.25 [Ω]
④ 10.41 [Ω]

풀이
$\omega L = 2\pi f L = 2 \times 3.14 \times 25 \times 0.045 = 7.068\,[\Omega]$
$\therefore Z = \sqrt{R^2+(\omega L)^2} = \sqrt{10^2+7.06^2} = 12.25\,[\Omega]$ 답 ③

문제 63 그림과 같은 단위 계단함수는?
① $u(t)$
② $u(t-a)$
③ $u(a-t)$
④ $-u(t-a)$

풀이
$f(t) = 1 \cdot u(t-a)$ 답 ②

문제 64 그림에서 저항 R이 접속되고 여기에 3상 평형 전압 V가 가해져 있다. 지금 ×표의 곳에서 1선이 단선 되었다고 하면 소비전력은 처음의 몇 배로 되는가?
① 1.0
② 0.7
③ 0.5
④ 0.25

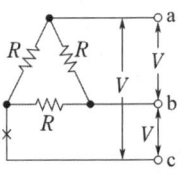

풀이
• 1선 단선 전 소비전력 $P_\triangle = 3\dfrac{V^2}{R}$
• 1선 단선 후 소비전력 P
1선이 단선되면 R의 직·병렬 회로가 되므로

이때의 합성저항 $R_t = \dfrac{2R \times R}{2R + R} = \dfrac{2}{3}R$

소비전력 $P = \dfrac{V^2}{R_t} = \dfrac{V^2}{\dfrac{2R}{3}} = \dfrac{3V^2}{2R}$

$\therefore \dfrac{P}{P_\triangle} = \dfrac{\dfrac{3V^2}{2R}}{\dfrac{3V^2}{R}} = \dfrac{1}{2}$

답 ③

풀이
333.26 특고압 가공전선과 저고압 가공전선 등의 접근 또는 교차
특고압 가공전선이 저고압 가공전선 등과 제2차 접근상태로 시설되는 경우에는 특고압 가공전선로는 제2종 특고압 보안공사에 의할 것. 다만, 사용전압이 35[kV] 이하인 특고압 가공전선과 저고압 가공전선 등 사이에 보호망을 시설하는 경우에는 제2종 특고압 보안공사(애자장치에 관한 부분에 한한다)에 의하지 아니할 수 있다.

답 ②

문제 65
회로에서 저항 0.5[Ω]에 걸리는 전압[V]은?

① 0.62 [V]
② 0.93 [V]
③ 1.47 [V]
④ 1.68 [V]

풀이
중첩의 정리에 의해 풀면
- 6[A] 전류원에 의해 0.5[Ω]에 흐르는 전류
$I_1 = 6 \times \dfrac{0.6}{0.6 + (0.5 + 0.4)} = 2.4[A]$
(이때 다른 전류원은 개방)
- 2[A] 전류원에 의해 0.5[Ω]에 흐르는 전류
$I_2 = 2 \times \dfrac{0.4}{(0.5 + 0.6) + 0.4} = 0.53[A]$
(이때 다른 전류원은 개방)
- 0.5[Ω]에 흐르는 전류의 방향이 서로 같으므로
전체전류 $I = I_1 + I_2 = 2.4 + 0.53 = 2.93[A]$
- 전압 $V = IR = 2.93 \times 0.5 = 1.47[V]$

답 ③

문제 82
저압의 전선로 중 절연 부분의 전선과 대지간 및 전선의 심선 상호간의 절연저항에 대한 기준으로 옳은 것은?

① 사용전압에 대한 누설전류가 최대 공급전류의 $\dfrac{1}{1200}$을 넘지 않아야 한다.
② 사용전압에 대한 누설전류가 최대 공급전류의 $\dfrac{1}{2000}$을 넘지 않아야 한다.
③ 사용전압에 대한 누설전류가 부하전류의 $\dfrac{1}{1200}$을 넘지 않아야 한다.
④ 사용전압에 대한 누설전류가 부하전류의 $\dfrac{1}{2000}$을 넘지 않아야 한다.

풀이
전로의 전선 및 절연성능 (기술기준 제27조)
저압 전선로 중 절연 부분의 전선 및 대지간 및 전선의 심선 상호간의 절연 저항은 사용전압에 대한 **누설 전류**(I_g)가 최대 공급 전류의 1/2000을 넘지 않도록 유지하여야 한다.

답 ②

제5과목 전기설비기술기준

문제 81
특고압 가공전선이 저고압 가공전선 등과 제2차 접근상태로 시설되는 경우 사용전압이 35[kV] 이하인 특고압가공전선과, 저고압 가공전선 등 사이에 무엇을 시설하는 경우에 특고압 가공전선로를 제2종 특고압 보안공사에 의하지 아니하여도 되는가? (단, 애자장치에 관한 부분에 한한다.)

① 접지설비 ② 보호망
③ 차폐장치 ④ 전류제한장치

문제 83
옥내에 시설하는 전동기에는 전동기가 손상될 우려가 있는 과전류가 생겼을 때 자동적으로 이를 저지하거나 이를 경보하는 장치를 하여야 하는데, 단상 전동기인 경우 전원측 전로에 시설하는 과전류차단기의 정격전류가 몇 [A]이하이면 이 과부하 보호장치를 시설하지 않아도 되는가? (단, 단상 전동기는 KS C 4204(2003)의 표준정격의 것을 말한다.)

① 10[A] ② 16[A]
③ 30[A] ④ 50[A]

풀이

212.6.3 저압전로 중의 전동기 보호용 과전류보호장치의 시설

옥내에 시설하는 전동기에는 전동기가 손상될 우려가 있는 과전류가 생겼을 때에 자동적으로 이를 저지하거나 이를 경보하는 장치를 하여야 한다. 다만, 다음의 어느 하나에 해당하는 경우에는 그러하지 아니하다.

가. 전동기를 운전 중 상시 취급자가 감시할 수 있는 위치에 시설하는 경우
나. 전동기의 구조나 부하의 성질로 보아 전동기가 손상될 수 있는 과전류가 생길 우려가 없는 경우
다. 단상전동기로써 그 전원측 전로에 시설하는 **과전류 차단기의 정격전류가 16[A]**(배선용 차단기는 20[A]) **이하인 경우**
라. 정격 출력이 0.2[kW] 이하의 전동기   답 ②

09년 1회 동일 및 유사 문제(년도-회-번호)

1과목 전기자기학
- 09 19-3-13
- 10 17-3-04
- 11 15-3-14
- 12 18-1-06
- 13 17-1-04
- 14 19-3-16
- 15 12-1-04
- 16 17-3-06
- 17 11-1-01
- 18 17-3-12
- 19 17-3-18
- 20 21-3-16

2과목 전력공학
- 28 22-1-31
- 29 20-1,2-38
- 30 09-2-22
- 31 18-3-36
- 32 20-3-40
- 33 17-3-23
- 34 20-3-39
- 35 11-3-25
- 36 21-1-31
- 37 18-2-29
- 38 14-3-22
- 39 21-1-21
- 40 15-1-24

3과목 전기기기
- 49 22-1-49
- 50 20-4-60
- 51 17-1-44
- 52 22-1-50
- 53 18-3-42
- 54 21-2-50
- 55 20-1,2-60
- 56 21-1-57
- 57 21-1-47
- 58 20-1,2-50
- 59 19-1-43
- 60 19-3-52

4과목 회로이론
- 66 19-1-67
- 67 22-2-80
- 68 16-3-69
- 69 19-3-68
- 70 17-2-61
- 71 10-3-64
- 72 19-3-75
- 73 20-1,2-72
- 74 22-3-77
- 75 16-2-76
- 76 12-1-65
- 77 19-1-73
- 78 11-2-64
- 79 19-2-78
- 80 16-1-66

5과목 전기설비기술기준
- 84 21-2-90
- 85 22-3-91
- 86 19-2-94
- 87 21-3-95
- 88 21-1-99
- 89 21-2-92
- 90 22-1-97
- 91 21-2-97
- 92 15-3-82
- 93 13-1-86
- 94 17-1-91
- 95 20-1,2-87
- 96 22-2-84

국가기술자격검정 필기시험 문제

2009년도 전기산업기사 일반검정 제2회

자격종목 및 등급(선택분야)	종목코드	시험시간	문제지형별
전기산업기사	2140	2시간 30분	A

제1과목 전기자기학

문제 01 길이 1[cm]마다 권수가 50인 무한장 솔레노이드에 500[mA]의 전류를 흘릴 때 내부의 자계는 몇 [AT/m]인가?

① 1250[AT/m] ② 2500[AT/m]
③ 12500[AT/m] ④ 25000[AT/m]

풀이

$H = n_0 I$ [AT/m]

여기서, n_0 : 단위 길이당 권수 [회/m]
I : 전류[A]

$\therefore H = 50 \times 100 \times 500 \times 10^{-3} = 2500$[AT/m] **답** ②

문제 02 그림과 같이 반지름 a[m]인 원의 임의의 두 점 A, B(각도 θ) 사이에 전류 I[A]가 흐른다. 원의 중심 O에서의 자계의 세기[AT/m]는?

① $\dfrac{I\theta}{4\pi a^2}$

② $\dfrac{I\theta}{4\pi a}$

③ $\dfrac{I\theta}{2\pi a^2}$

④ $\dfrac{I\theta}{2\pi a}$

풀이

비오-사바르 법칙을 적용하면

$H = \displaystyle\int_0^\theta dH = \int_0^\theta \dfrac{I dl}{4\pi a^2} = \int_0^\theta \dfrac{I a d\theta}{4\pi a^2} = \dfrac{I}{4\pi a} \int_0^\theta d\theta$

$= \dfrac{I}{4\pi a} \theta \Big|_0^\theta = \dfrac{I\theta}{4\pi a}$ [A/m] **답** ②

문제 03 서로 같은 방향으로 전류가 흐르고 있는 평행한 두 도선 사이에는 어떤 힘이 작용하는가?

① 서로 미는 힘
② 서로 당기는 힘
③ 회전하는 힘
④ 하나는 밀고, 하나는 당기는 힘

풀이

평행도선 단위길이당 작용하는 힘은

$F = \dfrac{\mu_0 I_1 I_2}{2\pi r} = \dfrac{2 I_1 I_2}{r} \times 10^{-7}$ [N/m]

이며, 플레밍 왼손법칙에 의해 전류 I_1, I_2의 **방향이 같으면 흡인력**, **방향이 반대이면 반발력**이 작용한다. **답** ②

문제 04 균등자장 H_0중에 비투자율 μ_s, 반지름 a의 자성체구를 놓았을 때 자화의 세기가 M이였다면 자성체 구의 내부자계의 세기는?

① $-\dfrac{M}{2}$ ② $-\dfrac{M}{3}$

③ $\dfrac{M}{2}$ ④ $\dfrac{M}{3}$

풀이

z축의 방향으로 균일하게 자화된 $\boldsymbol{M} = Mk$인 자성체구를 생각하면 구 내부의 스칼라 자기 포텐셜 ϕ는 Laplace의 경계조건을 만족한다. 따라서 M은 r 및 θ의 함수이므로

$\phi = \dfrac{1}{3} M r \cos\theta = \dfrac{1}{3} M z$

$\therefore \boldsymbol{H} = -\text{grad}\,\phi = -\nabla\phi$

$= -\left(\dfrac{\partial}{\partial x}i + \dfrac{\partial}{\partial y}j + \dfrac{\partial}{\partial z}k\right)\left(\dfrac{1}{3}Mz\right) = -\dfrac{1}{3}Mk$

$\therefore H = -\dfrac{M}{3}$

따라서 자계 H는 자화의 세기와 반대방향($-k$) 이다. **답** ②

문제 05
그림과 같이 전속밀도 $D = 1\,[\text{C/m}^2]$ 중에 $\epsilon_s = 5$인 유전체가 놓여 있어서 균일하게 분극이 생겼다면 분극도 P는 몇 $[\text{C/m}^2]$인가?

① $0.3\,[\text{C/m}^2]$
② $0.5\,[\text{C/m}^2]$
③ $0.8\,[\text{C/m}^2]$
④ $1.0\,[\text{C/m}^2]$

풀이
$D = \epsilon_0 E + P$ 식에서
$\therefore P = D - \epsilon_0 E = D\left(1 - \dfrac{1}{\epsilon_s}\right) = 1\left(1 - \dfrac{1}{5}\right) = 0.8\,[\text{C/m}^2]$

답 ③

문제 06
지름이 40 [mm]인 원형 종이관에 일정하게 2000회의 코일이 감겨 있는 솔레노이드의 인덕턴스는 몇 [mH]인가? (단, 솔레노이드의 길이는 50[cm], 투자율은 μ_o라고 한다.)

① 1.26 [mH] ② 12.6 [mH]
③ 126 [mH] ④ 1260 [mH]

풀이
반지름에 비하여 길이가 훨씬 크므로 무한장 솔레노이드로 취급할 수 있다.
무한장 솔레노이드의 인덕턴스는 $L = \mu \pi a^2 n^2 l$ [H]에서
단위 길이당 권수 $n = \dfrac{2000}{0.5} = 4000$회이고
반지름 $a = \dfrac{D}{2} = \dfrac{40 \times 10^{-3}}{2} = 20 \times 10^{-3}$ [m]이므로
$L = \mu \pi n^2 a^2 l = 4\pi \times 10^{-7} \times \pi \times 4000^2 \times (20 \times 10^{-3})^2 \times 0.5$
$\fallingdotseq 0.0126\,[\text{H}] = 12.6[\text{mH}]$

답 ②

문제 07
표면전하밀도 $\rho_s > 0$인 도체 표면상의 한 점의 전속밀도가 $D = 4a_x - 5a_y + 2a_z\,[\text{C/m}^2]$일 때 ρ_s는 몇 $[\text{C/m}^2]$인가?

① $2\sqrt{3}\,[\text{C/m}^2]$ ② $2\sqrt{5}\,[\text{C/m}^2]$
③ $3\sqrt{3}\,[\text{C/m}^2]$ ④ $3\sqrt{5}\,[\text{C/m}^2]$

풀이
$D = \rho_s$에서
$\rho_s = \sqrt{4^2 + (-5)^2 + 2^2} = \sqrt{45} = 3\sqrt{5}\,[\text{C/m}^2]$

답 ④

문제 08
1 [μF]의 콘덴서를 30 [kV]로 충전하여 200 [Ω]의 저항에 연결하면 저항에서 소모되는 에너지는 몇 [J]인가?

① 450[J] ② 900[J]
③ 1350[J] ④ 1800[J]

풀이
콘덴서에 충전된 에너지가 소비되므로
$W = \dfrac{1}{2}CV^2 = \dfrac{1}{2} \times 1 \times 10^{-6} \times (30 \times 10^3)^2 = 450[\text{J}]$

답 ①

문제 09
폐곡면을 통하여 나가는 전력선의 총수는 그 내부에 있는 점전하의 대수합의 몇 배와 같은가?

① $\dfrac{1}{\epsilon_o}$ ② $\dfrac{1}{\pi \epsilon_o}$
③ $\dfrac{1}{2\pi \epsilon_o}$ ④ $\dfrac{1}{4\pi \epsilon_o}$

풀이
가우스의 정리 $\int_s E \cdot dS = \dfrac{1}{\epsilon_o} \times \sum\limits_{n=1}^{n} Q_i$

답 ①

문제 10
표피효과(Skin effect)에 관한 설명으로 옳지 않은 것은?

① 도체에 교류가 흐르면 전류밀도는 표면에 가까울수록 커진다.
② 고주파일수록 심하지 않아 실효저항이 감소한다.
③ 고주파일수록 현저하게 나타난다.
④ 내부 도체는 전도에 거의 관여하지 않으므로 외견상 단면적이 감소하여 저항이 커진 것 같은 현상이다.

풀이
$\delta = \sqrt{\dfrac{2}{\omega \sigma \mu}}$ 여기서 σ : 도전율, μ : 투자율
따라서, **주파수가 높을수록**, 도전율이 높을수록, 투자율이 높을수록 표피 두께 δ가 감소하므로 **표피효과는 증대되어 도체의 실효저항이 증가**한다.

답 ②

제2과목 전력공학

문제 21 변압기의 기계적 보호계전기인 부흐홀쯔계전기(Buchholtzrelay)의 설치위치로 알맞은 것은?
① 유면 위의 탱크내
② 컨서베이터 내부
③ 변압기의 고압측 부싱
④ 주탱크와 컨서베이터를 연결하는 파이프의 관 중

풀이
부흐홀쯔계전기(Buchholtzrelay)는 변압기의 **주탱크와 컨서베이터 사이에 부착**하여 변압기의 내부 고장이 생기는 때에 오일의 분해가스나 오일의 분류를 이용하여 경보를 발하거나 차단기를 작동시킨다. **답** ④

문제 22 임피던스 Z_1, Z_2 및 Z_3을 그림과 같이 접속한 선로의 A쪽에서 전압파 E가 진행해 왔을 때 접속점 B에서 무반사로 되기 위한 조건은?

① $Z_1 = Z_2 + Z_3$
② $\dfrac{1}{Z_1} = \dfrac{1}{Z_3} - \dfrac{1}{Z_2}$
③ $\dfrac{1}{Z_1} = \dfrac{1}{Z_2} + \dfrac{1}{Z_3}$
④ $\dfrac{1}{Z_1} = -\dfrac{1}{Z_2} - \dfrac{1}{Z_3}$

풀이
$Z_A = Z_1$, $Z_B = \dfrac{1}{\dfrac{1}{Z_2} + \dfrac{1}{Z_3}}$ 라고 하면

반사계수 $= \dfrac{Z_B - Z_A}{Z_A + Z_B}$ 에서 무반사 조건은 $Z_A = Z_B$일 때이다.

따라서, $Z_1 = \dfrac{1}{\dfrac{1}{Z_2} + \dfrac{1}{Z_3}}$ ∴ $\dfrac{1}{Z_1} = \dfrac{1}{Z_2} + \dfrac{1}{Z_3}$ **답** ③

문제 23 다음 중 지락전류의 크기가 최소인 중성점 접지방식은?
① 비접지
② 소호 리액터접지
③ 직접접지
④ 고저항접지

풀이
지락 전류의 크기 : 직접 접지 > 고저항 접지 > 비접지 > 소호 리액터 접지 순이다. **답** ②

문제 24 6600[V]로 수전하는 자가용 전기 설비가 있다. 수전점에서 계산한 3상 단락 용량은 90 [MVA]인데 이곳에 시설한 차단기의 최소정격차단전류[kA]로 가장 적당한 것은?
① 2[kA]
② 8[kA]
③ 12[kA]
④ 14[kA]

풀이
단락용량 $P_s = \sqrt{3} V I_s$에서

단락전류 $I_s = \dfrac{P_s}{\sqrt{3} V} = \dfrac{90 \times 10^3}{\sqrt{3} \times 6.6} \times 10^{-3} = 7.87[kA]$

그리고, **차단기의 정격 차단전류가 단락전류 보다 커야**, 단락사고 시 차단기가 고장 전류를 안전하게 차단할 수 있다. **답** ②

문제 25 중성점이 직접접지된 6600[V], 3상 발전기의 1단자가 접지되었을 경우 예상되는 지락전류의 크기는 약 몇 [A]인가? (단, 발전기의 임피던스 $Z_0 = 0.2 + j0.6[\Omega]$, $Z_1 = 0.1 + j4.5[\Omega]$, $Z_2 = 0.5 + j1.4[\Omega]$ 이다.)
① 1578[A]
② 1678[A]
③ 1745[A]
④ 3023[A]

풀이
지락전류 $I_g = 3I_0 = 3 \times \dfrac{E}{Z_0 + Z_1 + Z_2}$

$= 3 \times \dfrac{\dfrac{6600}{\sqrt{3}}}{0.2 + j0.6 + 0.1 + j4.5 + 0.5 + j1.4}$

$= \dfrac{6600 \times \sqrt{3}}{0.8 + j6.5} = \dfrac{6600 \times \sqrt{3}}{\sqrt{0.8^2 + 6.5^2}} = 1745[A]$ **답** ③

문제 26 코로나의 방지대책으로 적당하지 않은 것은?
① 복도체를 사용한다.
② 가선금구를 개량한다.
③ 전선의 바깥지름을 크게 한다.
④ 선간거리를 감소시킨다.

[풀이]

코로나의 방지대책

코로나 임계전압 $E_o = 24.3 m_o m_1 \delta d \log_{10} \dfrac{D}{r}$ [kV]

여기서, δ : 상대공기밀도 $\left(\delta = \dfrac{0.386b}{273+t}\right)$

m_o : 전선 표면계수, m_1 : 기후에 관한 계수
r : 전선의 반지름[m], D : 선간거리[m]

기본적으로 코로나 임계전압 E_o를 높게 하면 코로나 발생이 억제된다.

답 ④

제3과목 전기기기

문제 41 다음 중 부하의 변화에 대하여 속도 변동이 가장 큰 직류 전동기는?
① 분권전동기
② 차동 복권 전동기
③ 가동 복권 전동기
④ 직권전동기

[풀이]

직권전동기는 전기자권선과 계자권선이 직렬로 되어 $I = I_a = I_f$[A]가 된다. 따라서 **부하 전류 I의 증감에 따라서 자속 ϕ도 변화**하게 된다. 직권 전동기에서 R_a 및 R_s값이 매우 적기 때문에 $I_a(R_a + R_s)$값도 적게되어 무시하면 직권전동기의 속도

$n = K \dfrac{V}{\phi}$에서 $n \propto \dfrac{1}{\phi} \propto \dfrac{1}{I}$

로 되어 부하의 변화에 따라 전동기의 속도도 크게 변화게 된다.

답 ④

문제 42 불평형 전압 상태에서 3상 유도전동기를 운전하면 토크와 입력은 어떻게 되는가?
① 토크가 감소하고 입력도 감소한다.
② 토크는 감소하고 입력은 증가한다.
③ 토크는 증가하고 입력은 감소한다.
④ 토크가 증가하고 입력은 증가한다.

[풀이]

전압이 불평형이 되면 불평형 전류가 흘러 **전류는 증가하나 토크는 감소**한다.

답 ②

문제 43 운전 코일과 기동 코일로 구성된 단상 유도 전동기의 내부에 설치되어 있으며 일정한 속도에 도달하면 기동권선을 전원으로부터 분리하는 기능을 가지고 있는 스위치는?
① 리미트 스위치
② 원심력 스위치
③ 캄 스위치
④ 셀렉트 스위치

[풀이]

답 ②

문제 44 병렬운전을 하고 있는 3상 동기 발전기에 동기화 전류가 흐르는 경우는 어느 때인가?
① 부하가 증가할 때
② 여자전류를 변화시킬 때
③ 부하가 감소할 때
④ 원동기의 출력이 변화할 때

[풀이]

병렬 운전 조건이 다른 경우

병렬 운전 조건	다른 경우 흐르는 전류
기전력의 크기가 같을 것	무효 순환 전류
기전력의 위상이 같을 것	동기화 전류
기전력의 주파수가 같을 것	동기화 전류
기전력의 파형이 같을 것	고주파 무효 순환 전류

따라서, 원동기의 출력이 변화하면 발전기 유기기전력의 위상이 변하게 되어 두 발전기 사이에 동기화 전류가 흐르게 된다.

답 ④

문제 45 회전 변류기의 직류측의 전압을 변경하려면 슬립링에 가해지는 교류측 전압을 변화시킨다. 그 방법이 아닌 것은?
① 직렬리액턴스에 의한 방법
② 유도전압조정기에 의한 방법
③ 분류저항 삽입에 의한 방법
④ 부하시 전압조정 변압기에 의한 방법

풀이

회전 변류기는 교류측과 직류측의 전압비가 일정하므로 직류측 여자 전류를 가감하여 직류 전압을 조정할 수 없다. 따라서 **직류 전압을 조정하기 위해서는 슬립링에 가해지는 교류 전압을 조정**하여야 한다. 이 방법은 다음과 같다.
① 직렬 리액턴스에 의한 방법
② 유도 전압 조정기를 사용하는 방법
③ 부하시 전압 조정 변압기를 사용하는 방법
④ 동기 승압기를 사용하는 방법 **답 ③**

문제 46 1000[kW], 500[V]의 분권 발전기가 있다. 회전수 240[rpm]이며 슬롯수 192, 슬롯내부 도체수 6, 자극수가 12일 때 전부하시의 자속수[Wb]는 약 얼마인가? (단, 전기자 저항은 0.006[Ω]이고, 단중 중권이다.)

① 0.001[Wb] ② 0.11[Wb]
③ 0.185[Wb] ④ 1.85[Wb]

풀이

전 부하 전류는
$I = \dfrac{P}{V} = \dfrac{1000 \times 10^3}{500} = 2000[A]$
$E = V + I_a R_a = 500 + (2000 \times 0.006) = 512[V]$
전도체수 Z는
$Z = $ (슬롯수) $\times$ (1슬롯의 도체수) $= 192 \times 6 = 1152$
단중 중권이므로 $a = p$ 이다.
$E = \dfrac{pZ}{a}\phi n = Z\phi \dfrac{N}{60}[V]$
$512 = 1152 \times \phi \times \dfrac{240}{60}$
$\therefore \phi = 0.11[Wb]$ **답 ②**

문제 47 10[kVA], 2000/100[V] 변압기에서 1차로 환산한 등가 임피던스는 $6.2 + j7[Ω]$ 이다. 변압기의 %리액턴스 강하는 얼마인가?

① 0.75[%] ② 1.75[%]
③ 3.0[%]   ④ 6.0[%]

풀이

$I_{1n} = \dfrac{P}{V_{1n}} = \dfrac{10 \times 10^3}{2000} = 5[A]$

$q = \dfrac{I_{1n}X}{V_{1n}} \times 100 = \dfrac{5 \times 7}{2000} \times 100 = 1.75[\%]$ **답 ②**

문제 48 단상 유도 전압 조정기에 대한 설명 중 옳지 않은 것은?
① 전압, 위상의 변화가 없다.
② 회전자계에 의한 유도작용을 한다.
③ 교번자계의 전자유도작용을 이용한다.
④ 무단으로 스무드(smooth)하게 전압이 조정된다.

풀이
- 단상 유도전압 조정기 : 교번자계에 의한 유도작용
- 3상 유도전압 조정기 : **회전자계에 의한 유도작용** **답 ②**

문제 49 단상 직권정류자 전동기의 기본형이 아닌 것은?
① 직권형   ② 보상직권형
③ 유도보상직권형 ④ 톰슨형

풀이

단상 정류자 전동기
1. 직권특성
    (1) 단상 직권 정류자 전동기 – 직권형, 보상직권형, 유도보상 직권형
    (2) **단상 반발 전동기** – 아트킨손형전동기, **톰슨전동기**, 테리전동기
2. 분권특성 : 현재 실용화 되지 않고 있음 **답 ④**

제4과목 회로이론

문제 61 두 개의 코일 a, b가 있다. 두 개를 직렬로 접속하였더니 합성 인덕턴스가 119[mH]이었고, 극성을 반대로 접속하였더니 합성 인덕턴스가 11[mH]이었다. 코일 a의 자기 인덕턴스가 20[mH]라면 결합계수 K는 얼마인가?

① 0.6 ② 0.7
③ 0.8 ④ 0.9

풀이

$L_a + L_b + 2M = 119$ ······ ①
$L_a + L_b - 2M = 11$ ······ ②
식 ①, ②에서 $M = \dfrac{119 - 11}{4} = \dfrac{108}{4}$ $\therefore M = 27[mH]$

$$\therefore L_b = 119 - 2M - L_a = 119 - 27 \times 2 - 20 = 45 [\text{mH}]$$

$$k = \frac{M}{\sqrt{L_a L_b}} = \frac{27}{\sqrt{20 \times 45}} = 0.9$$

답 ④

문제 62 A, B, C, D 4단자 정수의 관계를 올바르게 나타낸 것은?

① $AD + BD = 1$
② $AB - CD = 1$
③ $AB + CD = 1$
④ $AD - BC = 1$

풀이
$AD - BC = 1$

답 ④

문제 63 8[Ω]인 저항과 6[Ω]의 용량 리액턴스 직렬회로에 $E = 28 - j4$[V]인 전압을 가했을 때 흐르는 전류는 몇 [A]인가?

① $3.5 - j0.5$[A]
② $2.48 + j1.36$[A]
③ $2.8 - j0.4$[A]
④ $5.3 + j2.21$[A]

풀이
$Z = 8 - j6$, $E = 28 - j4$ 이므로

$$I = \frac{E}{Z} = \frac{28 - j4}{8 - j6} = \frac{(28 - j4)(8 + j6)}{(8 - j6)(8 + j6)} = \frac{248 + j136}{100}$$
$$= 2.48 + j1.36 [\text{A}]$$

답 ②

문제 64 $\cos \omega t$의 라플라스 변환은?

① $\dfrac{s}{s^2 + \omega^2}$
② $\dfrac{-s}{s^2 + \omega^2}$
③ $\dfrac{\omega}{s^2 + \omega^2}$
④ $\dfrac{\omega}{s^2 - \omega^2}$

풀이
라플라스 변환표

$f(t)$	$F(s)$
$\sin \omega t$	$\dfrac{\omega}{s^2 + \omega^2}$
$\cos \omega t$	$\dfrac{s}{s^2 + \omega^2}$

답 ①

문제 65 위상정수 $\beta = 10$[rad/km], 위상속도 $v = 20$[m/s]일 때 각주파수 ω는 몇 [rad/s]인가?

① 0.1[rad/s]
② 0.2[rad/s]
③ 14.1[rad/s]
④ 200[rad/s]

풀이
위상차가 2π로 되는 거리가 1 파장이므로

$$\beta \lambda = 2\pi \quad \therefore \lambda = \frac{2\pi}{\beta}$$

전파속도 v는

$$v = f\lambda = \frac{2\pi f}{\beta} = \frac{\omega}{\beta}$$

$$\therefore \omega = \beta v = \frac{10}{1000} \times 20 = 0.2 [\text{rad/s}]$$

답 ②

제5과목 전기설비기술기준

문제 81 옥내에 시설하는 고압의 이동전선의 종류로 알맞은 것은?

① 600[V] 비닐절연전선
② 비닐 캡타이어 케이블
③ 600[V] 고무절연전선
④ 고압용의 캡타이어 케이블

풀이
342.2 옥내 고압용 이동전선의 시설
옥내에 시설하는 고압의 이동전선은 다음에 따라 시설하여야 한다.
가. 전선은 고압용의 캡타이어케이블일 것.
나. 이동전선에 전기를 공급하는 전로에는 전용 개폐기 및 과전류 차단기를 각극(과전류 차단기는 다선식 전로의 중성극을 제외한다)에 시설하고, 또한 전로에 지락이 생겼을 때에 자동적으로 전로를 차단하는 장치를 시설할 것.

답 ④

문제 82 전압의 종별을 구분할 때 직류에서의 고압의 범위는?

① 600[V]를 넘고 6.6[kV] 이하인 것
② 1.5[kV]를 넘고 7[kV] 이하인 것
③ 600[V]를 넘고 7[kV] 이하인 것
④ 750[V]를 넘고 6.6[kV] 이하인 것

풀이

111 통칙
전압의 구분은 다음과 같다.

분류	전압의 범위
저압	• 직류 : 1.5 [kV] 이하 • 교류 : 1 [kV] 이하
고압	• 직류 : 1.5 [kV]를 초과하고 7 [kV] 이하 • 교류 : 1 [kV]를 초과하고 7 [kV] 이하
특고압	7 [kV]를 초과

답 ②

문제 83 다음 중 전선로의 종류에 속하지 않는 것은?
① 산간 전선로   ② 수상 전선로
③ 물밑 전선로   ④ 터널 안 전선로

풀이
335 특수장소의 전선로
① 터널 안 전선로
② 수상전선로
③ 물밑전선로
④ 지상에 시설하는 전선로
⑤ 교량에 시설하는 전선로
⑥ 전선로 전용교량 등에 시설하는 전선로
⑦ 급경사지에 시설하는 전선로
⑧ 옥내에 시설하는 전선로

답 ①

문제 84 다음 중 전력보안 통신용 전화설비를 하여야 하는 곳의 기준으로 옳은 것은?
① 2개 이상의 급전소 상호간과 이들을 통합 운용하는 급전소간
② 3개 이상의 급전소 상호간과 이들을 통합 운용하는 급전소간
③ 원격감시제어가 되는 발전소
④ 원격감시제어가 되는 변전소

풀이
362.1 전력보안통신설비의 시설 요구사항
발전소, 변전소 및 변환소에서의 전력보안통신설비의 시설 장소는 다음에 따른다.
가. **원격감시제어가 되지 아니하는 발전소·변전소·개폐소·전선로 및 이를 운용하는 급전소 및 급전분소 간**
나. **2개 이상의 급전소(분소) 상호 간**과 이들을 통합 운용하는 급전소(분소) 간

다. 수력설비의 안전상 필요한 양수소 및 강수량 관측소와 수력발전소 간
라. 동일 수계에 속하고 안전상 긴급 연락의 필요가 있는 수력발전소 상호 간
마. 동일 전력계통에 속하고 또한 안전상 긴급연락의 필요가 있는 발전소·변전소 및 개폐소 상호 간

답 ①

문제 85 철도·궤도 또는 자동차도 전용터널안의 전선로를 시설할 때 저압 전선은 인장강도가 몇 [kN] 이상의 절연전선을 사용하여야 하는가?
① 1.38[kN]   ② 2.30[kN]
③ 2.46[kN]   ④ 5.26[kN]

풀이
335.1 터널 안 전선로의 시설
철도·궤도 또는 자동차도 전용터널 안의 전선로

전압	전선의 굵기	시공방법	애자공사 시 높이
저압	인장강도 2.30[kN]이상 또는 2.6 [mm] 이상의 경동선의 절연전선	• 합성수지관공사 • 금속관공사 • 금속제가요전선관 공사 • 케이블공사 • 애자공사	노면상, 레일면상 2.5 [m] 이상
고압	인장강도 5.26[kN] 이상 또는 4 [mm] 이상의 경동선	• 케이블공사 • 애자공사	노면상, 레일면상 3 [m] 이상
특고압		• 케이블공사	

답 ②

09년 2회 동일 및 유사 문제 (년도-회-번호)

1과목 전기자기학
- 11 19-1-07
- 12 20-4-18
- 13 22-3-14
- 14 18-2-11
- 15 20-4-13
- 16 19-1-05
- 17 16-3-07
- 18 16-2-12
- 19 13-3-01
- 20 21-3-03

2과목 전력공학
- 27 21-2-47
- 28 17-1-22
- 29 21-3-34
- 30 21-1-21
- 31 19-3-24
- 32 17-2-40
- 33 22-1-32
- 34 18-1-27
- 35 22-1-31
- 36 20-3-35
- 37 22-2-31
- 38 22-1-22
- 39 22-3-39
- 40 10-2-25

3과목 전기기기
- 50 20-1,2-54
- 51 14-1-52
- 52 17-1-54
- 53 18-3-58
- 54 20-1,2-47
- 55 22-2-51
- 56 18-3-60
- 57 16-3-42
- 58 21-3-50
- 59 22-2-42
- 60 17-1-44

4과목 회로이론
- 66 18-3-69
- 67 22-2-72
- 68 19-2-74
- 69 19-1-78
- 70 19-1-79
- 71 22-2-63
- 72 16-1-67
- 73 16-1-70
- 74 18-3-76
- 75 20-3-63
- 76 19-3-68
- 77 19-1-73
- 78 22-2-78
- 79 21-3-72
- 80 18-1-65

5과목 전기설비기술기준
- 86 18-2-85
- 87 10-2-81
- 88 10-3-84
- 89 20-4-94
- 90 21-3-98
- 91 22-3-85
- 92 21-1-83
- 93 14-1-90
- 94 10-1-89
- 95 18-2-84
- 96 22-2-94

국가기술자격검정 필기시험 문제

2009년도 전기산업기사 일반검정 제3회

자격종목 및 등급(선택분야)	종목코드	시험시간	문제지형별	수검 번호	성 명
전기산업기사	2140	2시간 30분	A		

제1과목 전기자기학

문제 01 대전도체의 성질 중 옳지 않은 것은?
① 도체 표면의 전하 밀도를 σ [C/m²]이라 하면 표면상의 전계는 $E = \dfrac{\sigma}{\epsilon_0}$ [V/m]이다.
② 도체 표면상의 전계는 면에 대해서 수평이다.
③ 도체 내부의 전계는 0이다.
④ 도체는 등전위이고, 그의 표면은 등전위면이다.

풀이
도체의 성질과 전하분포
- 도체표면과 내부의 전위는 동일하고(등전위), 표면은 등전위면이다.
- 도체 내부의 전계의 세기는 0이다.
- 전하는 도체 내부에는 존재하지 않고, 도체 표면에만 분포한다.
- 도체 면에서의 전계의 세기는 도체 표면에 항상 수직이다.
- 도체 표면에서의 전하밀도는 곡률이 클수록 높다. 즉, 곡률반경이 작을수록 높다. **답** ②

문제 02 다음 중 벡터에 대한 계산식으로 틀린 것은?
① $i \cdot i = j \cdot j = k \cdot k = 0$
② $i \cdot j = j \cdot k = k \cdot i = 0$
③ $A \cdot B = AB \cos\theta$
④ $i \times i = j \times j = k \times k = 0$

풀이
- $A \cdot B = AB \cos\theta$
- $A \times B = AB \sin\theta$
- $i \cdot i = j \cdot j = k \cdot k = 1$ ($\theta = 0°$이므로 $\cos 0° = 1$) **답** ①

문제 03 어떤 막대 철심이 있다. 단면적이 0.4 [m²]이고, 길이가 0.8 [m], 비투자율이 20이다. 이 철심의 자기 저항은 약 몇 [AT/Wb]인가?
① 3.86×10^4 [AT/Wb]
② 3.86×10^5 [AT/Wb]
③ 7.96×10^4 [AT/Wb]
④ 7.96×10^5 [AT/Wb]

풀이
$R_m = \dfrac{l}{\mu_0 \mu_s S} = \dfrac{0.8}{4\pi \times 10^{-7} \times 20 \times 0.4}$
$= 7.96 \times 10^4$ [AT/Wb] **답** ③

문제 04 펠티에 효과에 관한 공식 또는 설명으로 틀린 것은? (단, H는 열량, P는 펠티에 계수, I는 전류, t는 시간이다.)
① $H = P \displaystyle\int_0^t I \, dt$ [cal]
② 펠티에효과는 지벡효과와 반대의 효과이다.
③ 반도체와 금속을 결합시켜 전자냉동 등에 응용된다.
④ 펠티에효과란 동일한 금속이라도 그 도체 중의 2점간에 온도차가 있으면 전류를 흘림으로써 열의 발생 또는 흡수가 생긴다는 것이다.

풀이
서로 다른 두 종류의 금속선으로 폐회로를 만들고 온도를 일정하게 유지하면서 전류를 흘리면 **금속선의 접속점에서 열의 흡수(온도 강하) 또는 발생(온도 상승)이 일어나는 현상을** 펠티에 효과라 한다. **답** ④

문제 05
같은 양, 같은 부호의 전하가 어느 거리만큼 떨어져 있을 때, 전하 사이의 중점에 있어서의 전계[V/m]의 세기는?

① 0
② ∞
③ 9×10^9
④ $\dfrac{1}{9 \times 10^9}$

풀이

전계의 세기 $E = \dfrac{1}{4\pi\epsilon_0} \dfrac{Q}{r^2}$ [V/m]에서 전하 Q의 크기가 같고 같은 부호이므로 전계의 크기는 같고 방향이 반대가 되므로 두 전하의 중점에 있어서의 전계의 세기는 0이 된다.

답 ①

제2과목 전력공학

문제 21
다음 중 열사이클의 효율을 올리는 방법과 거리가 먼 것은?

① 과열증기 사용
② 저압저온 이용
③ 진공도 향상
④ 재생사이클 채용

풀이

열효율 향상대책
① 증기의 압력과 온도를 높인다.
② 단위기의 용량을 크게 한다.
③ 복합사이클 발전의 채용
④ 열병합 발전설비 채용
⑤ 재생, 재열 사이클 도입
⑥ 복수기의 진공도를 높인다.
⑦ 연도가스의 온도를 낮춘다.

답 ②

문제 22
중성점 접지방식 중 소호리액터 접지방식에서 공진조건 $\omega L = \dfrac{1}{3\omega C} - \dfrac{x_t}{3}$ 에서 x_t는?

① 선로 임피던스
② 변압기 임피던스
③ 발전기 임피던스
④ 부하설비 임피던스

풀이

① 변압기 임피던스 x_t를 고려하지 않은 경우 공진조건

$$\omega L = \dfrac{1}{3\omega C_s}, \quad L = \dfrac{1}{3\omega^2 C_s} = \dfrac{1}{3(2\pi f)^2 C_s}$$

② 변압기의 임피던스 x_t를 고려하는 경우 공진조건

$$\omega L = \dfrac{1}{3\omega C_s} - \dfrac{x_t}{3}, \quad L = \dfrac{1}{3\omega^2 C_s} - \dfrac{L_t}{3}$$

답 ②

문제 23
그림과 같이 정수가 서로 같은 평행 2회선에서 일반회로정수 C_0는 얼마인가? (단, 그림에서 좌측은 송전단, 우측은 수전단이다.)

① $\dfrac{C_1}{4}$
② $\dfrac{C_1}{2}$
③ $2C_1$
④ $4C_1$

풀이

1회선 송전선로에 대해서
$$E_s = A_1 E_r + B_1 \cdot \dfrac{1}{2} I_r$$
$$\dfrac{1}{2} I_s = C_1 E_r + D_1 \cdot \dfrac{1}{2} I_r \text{에서}$$
$$I_s = 2C_1 E_r + D_1 \cdot I_r \text{로 된다.}$$

2회선 송전선로의 경우
$$E_s = A E_r + B I_r, \quad I_s = C E_r + D I_r \text{이므로}$$
$$A = A_1, \quad B = \dfrac{1}{2} B_1, \quad C = 2C_1, \quad D = D_1 \text{이 된다.}$$

즉, 2회선의 경우 병렬회로가 되므로 임피던스(B)는 1/2배, 어드미턴스(C)는 2배가 된다.

답 ③

문제 24
원자로에서 카드뮴 봉(rod)에 대한 설명으로 옳은 것은?

① 생체차폐를 한다.
② 냉각재로 사용된다.
③ 감속재로 사용된다.
④ 핵분열 연쇄반응을 제어한다.

풀이
원자로 내에서 **핵 분열의 연쇄 반응을 제어**하고 증배율을 변화시키기 위해서 **제어봉**을 노심에 삽입하고 이것을 넣었다 뺐다 할 수 있도록 한다. **붕소(B), 카드뮴(Cd), 하프늄(Hf)**와 같이 중성자 흡수 단면적이 큰 재료로써 만들어진다. **답** ④

문제 25 전력계통에서 변압기의 유기기전력이 발생할 때 나타나는 고조파 중 제3고조파 및 제5고조파를 각각 제거시키는 방법으로 다음 중 가장 적절한 것은?
① 제3고조파 및 제5고조파 모두 직렬리액터를 설치하여 제거할 수 있다.
② 변압기 결선 방식으로는 고조파를 제거할 수는 없다.
③ 제3고조파는 전력용 콘덴서를 설치하여 제거하고 제5고조파는 직렬리액터를 설치하여 제거한다.
④ 변압기 △결선 방식으로 제3고조파를 제거하고, 제5고조파는 직렬리액터를 설치하여 제거한다.

풀이
- 제3고조파 제거 : △결선 방식
- 제5고조파 제거 : 직렬 리액터 **답** ④

제3과목 전기기기

문제 41 수은 정류기의 역호를 방지하기 위해 운전상 주의할 사항으로 틀린 것은?
① 과도한 부하 전류를 피한다.
② 진공도를 항상 양호하게 유지한다.
③ 철제 수은 정류기는 양극 바로 앞에 그리드를 설치한다.
④ 냉각 장치에 유의하고 과열되면 급히 냉각시킨다.

풀이
역호의 방지법
① 정류기를 과부하로 되지 않도록 할 것
② 냉각 장치에 주의하여 **과냉, 과열을 피할 것**
③ 진공도를 충분히 높게 할 것
④ 양극에 직접 수은 증기가 부착되지 않게 할 것
⑤ 양극의 바로 앞에 그리드를 설치하여 이것을 부전위로 하여 역호를 저지시킨다. **답** ④

문제 42 단상 변압기 3대를 △-Y로 결선했을 때의 1차, 2차의 전압 위상차는?
① 0° ② 30° ③ 60° ④ 90°

풀이
- △결선 : $V_l = V_P \angle 0°$: 선간전압 V_l과 상전압 V_P는 크기가 같고 위상도 같다.
- Y결선 : $V_l = \sqrt{3} V_P \angle 30°$: 선간전압 V_l은 상전압 V_P보다 크기는 $\sqrt{3}$배, 위상은 30° 앞선다. **답** ②

문제 43 직류기의 전기자 권선법 중 파권의 이점은?
① 효율이 크게 좋아진다.
② 전류가 증가된다.
③ 전압이 높아진다.
④ 출력이 증가한다.

풀이
중권과 파권의 비교 요약

비교 항목	단중 중권	단중 파권
전기자의 병렬 회로수(a)	$p(mp)$	$2(2m)$
브러시 수(b)	p	2
용도	저전압, 대전류	고전압, 소전류
균압 접속	4극 이상이면 균압 접속을 하여야 한다.	균압 접속은 필요 없다.

여기서, m : 다중도, p : 극수, a : 전기자 병렬 회로 수, b : 브러시 수 **답** ③

문제 44 동기발전기를 모선에 연결하기 전에 동기 검정기로 모선의 값과 동기발전기의 값들이 일치하는지를 확인하려고 한다. 동기검정기로 알 수 없는 것은?
① 주파수 ② 상회전 방향
③ 전류 ④ 전압의 크기

풀이

동기발전기의 병렬운전 조건은 기전력의 크기, 위상, 주파수 및 파형이 같아야 한다. 따라서, 동기 발전기를 모선(동기 발전기)에 연결하기 전 병렬 운전 조건이 맞는지 확인하기 위하여 동기검정기가 사용되며, **동기검정기로 전압의 크기, 주파수 및 위상이 서로 일치하는지 확인**할 수 있다.

답 ③

문제 45 운전 중인 유도 전동기의 등가회로에서 기계적 출력을 나타내는 것은?

① 2차 회로저항(r_2) ② 부하 저항(r)
③ 2차 임피던스(Z_2) ④ 2차 유기전압(E_2)

풀이

기계적 출력 P_0는 부하를 대표하는 저항 $r = r_2'\left(\dfrac{1-s}{s}\right)$ 중의 소비전력으로 나타낼 수 있다.

답 ②

문제 46 단상 브리지 정류 회로에서 저항 부하에 인가되는 전압이 200 [V]이면 전원 전압은 약 몇 [V]인가? (단, 정류기에서의 전압강하는 무시한다.)

① 50[V] ② 112[V]
③ 222[V] ④ 340[V]

풀이

$E_d = \dfrac{2\sqrt{2}}{\pi}E = 0.9E$ 에서

$\therefore E = \dfrac{E_d}{0.9} = \dfrac{200}{0.9} = 222.22 [V]$

답 ③

문제 47 정전압 계통에 접속된 동기발전기는 그 여자를 약하게 하면?

① 출력이 감소한다.
② 전압이 강하된다.
③ 뒤진 무효 전류가 증가한다.
④ 앞선 무효 전류가 증가한다.

풀이

A, B 동기발전기를 병렬 운전 중 **A기의 여자를 약하게 하면 A기의 유기기전력이 저하하고 A기에는 진상 무효전류가 흐르게 되어 역률이 개선**되고, B기에는 지상무효전류가 흘러 역률이 저하한다.

답 ④

문제 48 동기발전기의 외부특성곡선에서 부하전류가 일정한 경우 전압 변동률이 가장 적게 되는 역률은? (단, 부하는 유도성 부하이다.)

① 0 ② 0.6
③ 0.8 ④ 1

풀이

즉, 역률 1일 경우 전압변동률이 가장 적다.

답 ④

문제 49 다음 중 직류 전동기의 속도 제어법이 아닌 것은?

① 계자 제어법
② 전압 제어법
③ 저항 제어법
④ 주파수 제어법

풀이

직류 전동기의 속도 제어

$N = K\dfrac{E_C}{\phi} = K'\dfrac{V - I_a R_a}{\phi}$ [rps]

전압 제어(V)	효율이 좋다.	· 정토크 제어 · 광범위 속도제어 · 일그너 방식 (부하가 급변하는 곳) · 워드레너드 방식 · 직병렬 제어
계자 제어(ϕ)	효율이 좋다.	· 정출력 제어 · 세밀하고 안정된 속도 제어 · 속도 조정 범위 좁다.
저항 제어(R_a)	효율이 나쁘다.	· 속도 조정 범위 좁다.

또한 **직류기는 주파수의 개념이 없다.**

답 ④

문제 50 다음 중 SCR에 관한 설명으로 옳은 것은?

① 증폭기능을 갖는 1방향성 3단자 소자이다.
② 정류기능을 갖는 1방향성 3단자 소자이다.
③ 제어기능을 갖는 양방향성 3단자 소자이다.
④ 스위치기능을 갖는 양방향성 3단자 소자이다.

[풀이]
SCR의 특징
① 정류기능을 갖는 단일방향성 3단자 소자이다.
② 과전압에 약하다.
③ 열용량이 적어 고온에 약하다.
④ 게이트 신호를 인가할 때부터 도통할 때까지의 시간이 짧다.
⑤ 전류가 흐르고 있을 때 양극의 전압강하가 작다.
⑥ 아크가 생기지 않으므로 열의 발생이 적다.
⑦ 역률각 이하에서는 제어가 되지 않는다. **답 ②**

제4과목 회로이론

문제 61 다음의 회로에서 전류 I_2는 몇 [A]인가?
① 1 [A]   ② 2 [A]   ③ 3 [A]   ④ 5 [A]

[풀이]
각 지로의 전류는 저항의 크기에 반비례하여 분배된다. 따라서, 전류원 10 [A]에서 본 좌·우측 저항값이 동일하므로 전류는 5 [A]씩 양분되어 흐른다. **답 ④**

문제 62 100 [V] 전원에 1 [kW]의 선풍기를 접속하니 12 [A]의 전류가 흘렀다. 선풍기의 무효율은 약 몇 [%]인가?
① 50[%]   ② 55[%]   ③ 83[%]   ④ 91[%]

[풀이]
$\cos\theta = \dfrac{P}{VI} = \dfrac{1000}{100\times 12} = 0.83$
$\sin\theta = \sqrt{1-\cos^2\theta} = \sqrt{1-0.83^2} = 0.55$ **답 ②**

문제 63 실효값이 100[V], 주파수가 50[Hz]인 교류 전압을 저항 100[Ω], 용량 10[μF]인 RC 직렬회로에 가했을 때 역률은 약 얼마인가?
① 0.3   ② 0.5   ③ 0.6   ④ 0.8

[풀이]
$X_c = \dfrac{1}{2\pi f C} = \dfrac{1}{2\times 3.14\times 50\times 10\times 10^{-6}} = 318[\Omega]$
역률 $\cos\theta = \dfrac{R}{\sqrt{R^2+X_c^2}} = \dfrac{100}{\sqrt{100^2+318^2}} = 0.3$ **답 ①**

문제 64 무손실 분포정수 선로에서 인덕턴스가 1[μH/m]이고, 정전 용량이 400[pF/m]일 때 특성 임피던스는 몇 [Ω]인가?
① 25 [Ω]   ② 30 [Ω]   ③ 40 [Ω]   ④ 50 [Ω]

[풀이]
무손실 선로에서 $R=0$, $G=0$이므로
$Z_0 = \sqrt{\dfrac{Z}{Y}} = \sqrt{\dfrac{R+j\omega L}{G+j\omega C}} = \sqrt{\dfrac{L}{C}} = \sqrt{\dfrac{1\times 10^{-6}}{400\times 10^{-12}}}$
$= 50[\Omega]$ **답 ④**

문제 65 4단자 정수 A, B, C, D 중에서 전압 이득의 차원을 가지는 것은?
① A   ② B   ③ C   ④ D

[풀이]
A, B, C, D로 표시되는 4단자 기초 방정식은
$\begin{bmatrix} V_1 \\ I_1 \end{bmatrix} = \begin{bmatrix} A & B \\ C & D \end{bmatrix} \begin{bmatrix} V_2 \\ I_2 \end{bmatrix}$이며, 각 파라미터의 물리적 의미는
$A = \dfrac{V_1}{V_2}\bigg|_{I_2=0}$: 출력을 개방했을 때 전압 이득
$B = \dfrac{V_1}{I_2}\bigg|_{V_2=0}$: 출력을 단락했을 때 전달 임피던스
$C = \dfrac{I_1}{V_2}\bigg|_{I_2=0}$: 출력을 개방했을 때 전달 어드미턴스
$D = \dfrac{I_1}{I_2}\bigg|_{V_2=0}$: 출력을 단락했을 때 전류 이득 **답 ①**

문제 66 $f(t) = te^{at}$의 라플라스 변환은?
① $\dfrac{1}{s-a}$ ② $\dfrac{1}{(s-a)^2}$
③ $-\dfrac{1}{s-a}$ ④ $-\dfrac{1}{(s-a)^2}$

풀이

라플라스 변환 표

$f(t)$	$F(s)$
$e^{\mp at}$	$\dfrac{1}{s \pm a}$
$te^{\mp at}$	$\dfrac{1}{(s \pm a)^2}$
$t^n e^{-at}$	$\dfrac{n!}{(s+a)^{n+1}}$

답 ②

문제 67 저항 5 [Ω], 인덕턴스 10 [H]의 직렬회로에 기전력 20 [V]를 인가하는데 스위치를 닫고 나서 2 [sec] 후의 전류는 약 몇 [A]인가?

① 0.25 [A] ② 2.53 [A]
③ 5.32 [A] ④ 10.02 [A]

풀이

$R-L$ 직렬회로에서 전압 인가 시 흐르는 전류 i는

$i = \dfrac{E}{R}(1-e^{-\frac{R}{L}t})$ [A]에서

$i = \dfrac{20}{5}(1-e^{-\frac{5}{10} \times 2}) = 2.53$ [A]

답 ②

문제 68 $F(s) = \dfrac{s}{(s+1)(s+2)}$ 일 때 $f(t)$를 구하면?

① $1 - 2e^{-2t} + e^{-t}$ ② $e^{-2t} - 2e^{-t}$
③ $2e^{-2t} + e^{-t}$ ④ $2e^{-2t} - e^{-t}$

풀이

$F(s) = \dfrac{s}{(s+1)(s+2)} = \dfrac{A}{s+1} + \dfrac{B}{s+2}$

$A = [(s+1)F(s)]_{s=-1} = \dfrac{s}{s+2}\Big|_{s=-1} = -1$

$B = [(s+2)F(s)]_{s=-2} = \dfrac{s}{s+1}\Big|_{s=-2} = 2$ 이므로

$F(s) = \dfrac{-1}{s+1} + \dfrac{2}{s+2}$

$\mathcal{L}^{-1}[F(s)] = -e^{-t} + 2e^{-2t}$

답 ④

제5과목 전기설비기술기준

문제 81 시가지에서 저압 가공전선로를 도로에 따라 시설할 경우 지표상의 최저 높이는 몇 [m] 이상이어야 하는가?

① 4.5 [m]   ② 5.0 [m]
③ 5.5 [m]   ④ 6.0 [m]

풀이

332.5 고압 가공전선의 높이, 222.7 저압 가공전선의 높이 저·고압 가공전선의 높이는 다음에 따라야 한다.

설치장소		가공전선의 높이
도로횡단(번잡하지 않은 도로 제외)		지표상 6 [m] 이상
철도 또는 궤도 횡단		레일면상 6.5 [m] 이상
횡단보도교 위	저압	노면상 3.5 [m] 이상 (단, 절연전선의 경우 3 [m] 이상)
	고압	노면상 3.5 [m] 이상
일반장소		**지표상 5 [m] 이상.** 단, 저압의 경우 절연전선 또는 케이블을 사용하여 교통에 지장이 없도록 하여 옥외조명용에 공급하는 경우 4 [m]까지 감할 수 있다.
다리의 하부 기타 이와 유사한 장소		저압의 전기철도용 급전선은 지표상 3.5 [m] 까지로 감할 수 있다.

답 ②

문제 82 금속관공사에 관한 사항이다. 일반적으로 콘크리트에 매설하는 금속관의 두께는 몇 [mm] 이상 되는 것을 사용하여야 하는가?

① 1.0 [mm]   ② 1.2 [mm]
③ 2.0 [mm]   ④ 2.5 [mm]

풀이

232.12 금속관공사
가. 전선은 절연전선(옥외용 비닐절연전선을 제외한다)일 것.
나. 전선은 연선일 것. 다만, 다음의 것은 적용하지 않는다.
   ① 짧고 가는 금속관에 넣은 것.
   ② 단면적 10[mm²](알루미늄선은 단면적 16[mm²]) 이하의 것.
다. 전선은 금속관 안에서 접속점이 없도록 할 것.
라. 관의 두께는 다음에 의할 것.

① 콘크리트에 매설하는 것은 1.2 [mm] 이상
② 콘크리트 매설 이외의 것 : 1 [mm] 이상
마. 관에는 접지공사를 할 것.   답 ②

09년 3회 동일 및 유사 문제 (년도-회-번호)

문제 83 최대사용전압이 1차 22000[V], 2차 6600 [V]의 권선으로서 중성점 비접지식 전로에 접속하는 변압기의 특고압측 절연내력 시험전압은 몇 [V]인가?
① 24000[V]　　② 27500[V]
③ 33000[V]　　④ 44000[V]

풀이
135 변압기 전로의 절연내력

권선의 종류 (최대사용전압)	접지방식	시험전압(최대사 용전압의 배수)	최저 시험전압
1. 7[kV] 이하		1.5배	500[V]
	다중접지	0.92배	500[V]
2. 7[kV] 초과 25[kV] 이하	다중접지	0.92배	
3. 7[kV] 초과 60[kV] 이하 (2란의 것 제외)		1.25배	10.5[kV]
4. 60[kV] 초과 (8란의 것 제외)	비접지	1.25	
5. 60[kV] 초과 (6란 및 8란의 것 제외)	접지식	1.1배	75[kV]
6. 60[kV] 초과	직접접지	0.72배	
7. 170[kV] 초과	직접접지	0.64배	

∴ 시험 전압 = 22,000 × 1.25 = 27,500[V]   답 ②

1과목 전기자기학
06	17-1-20
07	22-2-07
08	22-3-01
09	17-1-05
10	15-3-02
11	22-3-08
12	15-3-14
13	17-3-15
14	20-4-12
15	13-1-08
16	12-2-05
17	10-2-07
18	14-3-01
19	14-1-07
20	17-2-01

2과목 전력공학
26	22-2-32
27	18-1-24
28	19-1-37
29	17-1-30
30	21-3-34
31	21-1-30
32	21-1-38
33	14-1-25
34	22-1-24
35	22-3-31
36	18-3-40
37	16-1-23
38	22-3-30
39	20-1,2-27
40	16-3-24

3과목 전기기기
51	14-3-50
52	17-2-50
53	20-4-50
54	19-3-50
55	18-3-46
56	12-2-41
57	22-1-45
58	15-2-49
59	13-2-44
60	16-2-49

4과목 회로이론
69	18-1-80
70	22-1-68
71	22-3-71
72	20-4-63
73	20-3-72
74	22-1-69
75	10-3-62
76	21-1-62
77	22-1-70
78	19-2-73
79	14-3-61
80	20-1,2-76

5과목 전기설비기술기준
84	17-3-86
85	18-3-94
86	18-3-81
87	10-1-89
88	17-1-90
89	21-2-92
90	21-3-100
91	19-1-82
92	11-3-84
93	15-2-82
94	18-3-84
95	16-1-81
96	20-1,2-96

memo

D60-2

2008년도 전기산업기사 필기

- 2008년도 제1회 전기산업기사
- 2008년도 제2회 전기산업기사
- 2008년도 제3회 전기산업기사

국가기술자격검정 필기시험 문제

2008년도 전기산업기사 일반검정 제1회

자격종목 및 등급(선택분야)	종목코드	시험시간	문제지형별	수검 번호	성 명
전기산업기사	2140	2시간 30분	A		

제1과목 전기자기학

문제 01 시변 전자파에 대한 설명 중 옳지 않은 것은?

① 전자파는 전계와 자계가 동시에 존재한다.
② 횡전자파(transver electromagnetic wave)에서는 전파의 진행 방향으로 전계와 자계가 존재한다.
③ 포인팅 벡터의 방향은 전자파의 진행방향과 같다.
④ 수직 편파는 대지에 대해서 전계가 수직면에 있는 전자파이다.

풀이
전자파의 성질
① 전자파는 전계와 자계가 동시에 존재
② TEM파(횡전자파)는 전계와 자계가 전파의 진행 방향과 수직으로 존재한다.
③ 수평 전파는 대지에 대해 전계가 수평면에 있는 전자파
④ 수직 전파는 대지에 대해 전계가 수직면에 있는 전자파
⑤ 포인팅 벡터 $P = E \times H$ 이므로 포인팅 벡터의 방향은 전자파의 진행 방향과 같다.   **답** ②

문제 02 평행판 전극의 단위 면적당 정전용량이 $C = 200[pF]$일 때 두 극판 사이에 전위차 2000[V]를 가하면 이 전극판 사이의 전계의 세기는 약 몇 [V/m]인가?

① 22.6×10^3
② 45.2×10^3
③ 22.6×10^5
④ 45.2×10^5

풀이
정전용량 $C = 200 \times 10^{-12} [F/m^2]$, 전위차 $V = 2000[V]$ 이고, $C = \dfrac{\epsilon_0}{d} [F/m^2]$에서 전극간격 $d = \dfrac{\epsilon_0}{C}$ 이므로

$\therefore E = \dfrac{V}{d} = \dfrac{CV}{\epsilon_0} = \dfrac{200 \times 10^{-12} \times 2000}{8.85 \times 10^{-12}} = 45.2 \times 10^3 [V/m]$

(이 문제의 유전율은 $\epsilon = \epsilon_0$로 한 것)   **답** ②

문제 03 자계에 있어서의 자화의 세기 $J[Wb/m^2]$는 유전체에서의 무엇과 동일한 의미를 가지고 대응되는가?

① 전속 밀도
② 전계의 세기
③ 전기 분극도
④ 전위

풀이
자화의 세기(자화도) J는 정전계인 유전체에서의 분극의 세기(분극도) P에 대응하는 것으로 단위 면적당 자화된 자기량 또는 단위 체적당 발생된 자기 쌍극자 모멘트로 정의하며, 이것은 자성체 내부에서 S극에서 N극으로 향하는 벡터량이다.   **답** ③

문제 04 어느 철심에 도선을 25회 감고 여기에 1[A]의 전류를 흘릴 때 0.01[Wb]의 자속이 발생하였다. 자기 인덕턴스를 1[H]로 하려면 도선의 권수는 얼마로 해야 하는가?

① 25
② 50
③ 75
④ 100

풀이
$L \propto N^2$에서 $L_1 = \dfrac{N\phi}{I} = \dfrac{25 \times 0.01}{1} = 0.25[H]$

$0.25 : 25^2 = 1 : N'^2 \quad N' = \sqrt{\dfrac{25^2}{0.25}} = 50$ **답** ②

문제 05
두 유전체 ①, ②가 유전율 $\epsilon_1 = 2\sqrt{3}\,\epsilon_0$, $\epsilon_2 = 2\epsilon_0$이며, 경계를 이루고 있을 때 그림과 같이 전계가 입사하여 굴절하였다면 유전체 ② 내의 전계의 세기 E_2는 몇 [V/m]인가?

① 95
② 100
③ $100\sqrt{2}$
④ $100\sqrt{3}$

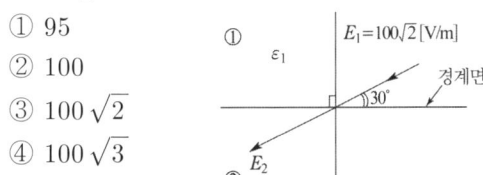

풀이
그림에서
$$\frac{\tan\theta_1}{\tan\theta_2} = \frac{\epsilon_1}{\epsilon_2} = \frac{2\sqrt{3}\,\epsilon_0}{2\epsilon_0} = \sqrt{3}$$

$$\tan\theta_2 = \frac{1}{\sqrt{3}}\tan\theta_1 = \frac{1}{\sqrt{3}}\tan 60°$$
$$= \frac{1}{\sqrt{3}} \times \sqrt{3} = 1$$

$$\therefore \theta_2 = \tan^{-1}1 = 45°$$

$E_1 \sin\theta_1 = E_2 \sin\theta_2$

$$\therefore E_2 = \frac{\sin\theta_1}{\sin\theta_2}E_1 = \frac{\sin 60°}{\sin 45°} \times E_1 = \frac{\sqrt{3}/2}{1/\sqrt{2}} \times 100\sqrt{2}$$
$$= 100\sqrt{3}\,[V/m]$$

답 ④

문제 06
Z축상에 있는 무한히 긴 균일 선전하로부터 2 [m] 거리에 있는 점의 전계의 세기가 1.8×10^4 [V/m]일 때의 선전하 밀도는 몇 [μC/m]인가?

① 2
② 2×10^{-6}
③ 20
④ 2×10^6

풀이
$$E = \frac{\lambda}{2\pi\epsilon_0 r} = 2 \times \frac{1}{4\pi\epsilon_0} \times \frac{\lambda}{r} = 18 \times 10^9 \times \frac{\lambda}{r} \text{에서}$$

$$\lambda = \frac{rE}{18 \times 10^9} = \frac{2 \times 1.8 \times 10^4}{18 \times 10^9} = 2 \times 10^{-6}\,[C/m] = 2\,[\mu C/m]$$

답 ①

제2과목 전력공학

문제 21
공통 중성선 다중접지방식인 22.9 [kV] 계통에 있어서 사고가 생기면 정전이 되지 않도록 선로 도중이나 분기선에 보호 장치를 설치하여 상호 보호 협조로 사고 구간만을 제거할 수 있도록 각종 개폐기의 설치순서를 옳게 나열한 것은?

① 변전소 차단기 - 섹셔너라이저 - 리클로저 - 라인 퓨즈
② 변전소 차단기 - 리클로저 - 라인 퓨즈 - 섹셔너라이저
③ 변전소 차단기 - 섹셔너라이저 - 라인 퓨즈 - 리클로저
④ 변전소 차단기 - 리클로저 - 섹셔너라이저 - 라인 퓨즈

풀이
리클로저는 회로의 차단과 투입을 자동적으로 반복하는 기구를 갖춘 차단기의 일종이며 섹셔너라이저는 유중에서 동작하는 주 접촉자와 사고 전류가 흐르는 것을 계산하는 카운터로 구성되어 있으며, 이 둘은 서로 조합하여 쓰며 **리클로저는 변전소 쪽에, 섹셔너라이저는 부하 쪽에 설치**한다.

답 ④

문제 22
애자가 갖추어야할 구비조건으로 옳은 것은?

① 온도의 급변에 잘 견디고 습기도 잘 흡수해야 한다.
② 지지물에 전선을 지지할 수 있는 충분한 기계적 강도를 갖추어야 한다.
③ 비, 눈, 안개 등에 대해서도 충분한 절연 저항을 가지며, 누설 전류가 많아야 한다.
④ 선로 전압에는 충분한 절연 내력을 가지며, 이상 전압에는 절연 내력이 매우 적어야 한다.

풀이
애자의 구비 조건
① 절연 내력이 클 것
② 비, 눈, 안개 등에 대해 필요한 표면저항을 가지고 누설 전류가 적어야 한다.
③ **충분한 기계적 강도를 가져야 한다.**
④ 전기적 및 기계적 특성의 열화가 적어야 한다.

⑤ 온도의 급변에 견디고 습기를 흡수하지 않아야 한다.

답 ②

문제 23 고압 가공 배전선로에서 고장, 또는 보수 점검시 정전구간을 축소하기 위하여 사용되는 것은?
① 구분개폐기   ② 컷아웃스위치
③ 캐치홀더   ④ 공기차단기

풀이
고압 가공 배전선로에서 고장, 또는 보수 점검시 **정전구간을 축소하기 위하여 사용되는 것은 구분 개폐기**(section switch)이며 종류로는 유입 개폐기(OS), 기중 개폐기(AS), 진공 개폐기(VS) 등이 있다.

답 ①

문제 24 변전소의 역할에 대한 설명으로 옳지 않은 것은?
① 유효전력과 무효전력을 제어한다.
② 전력을 발생하고 분배한다.
③ 전압을 승압 또는 강압한다.
④ 전력조류를 제어한다.

풀이
변전소의 설치 목적
① 전압의 승압 및 강압
② 전력의 집중 및 분배
③ 유효전력 및 무효전력 제어
④ 전압 조정
⑤ 전력 조류제어
그러나 **전력의 발생은 발전소에서 이루어진다.**

답 ②

제3과목 전기기기

문제 41 25 [kW], 125 [V], 1200 [rpm]의 타여자 발전기가 있다. 전기자 저항(브러시포함)은 0.04 [Ω]이다. 정격상태에서 운전하고 있을 때 속도를 200 [rpm]으로 늦추었을 경우 부하전류[A]는 어떻게 변화하는가? 단, 전기자 반작용은 무시하고 전기자 회로 및 부하저항 값은 변화지 않는다고 한다.

① 21.8   ② 33.3   ③ 1200   ④ 2125

풀이
1200[rpm], 200[rpm]일 때의 유기기전력을 E, E'라고 하면 $E=K\phi N$ 식에서, 타여자이므로 자속 ϕ는 일정하므로
$E=K\phi N$, $E'=K\phi N'$
여기서 $E'=\dfrac{N'}{N}\times E=\dfrac{200}{1200}\times E=\dfrac{1}{6}E$
즉, 속도가 $\dfrac{1}{6}$이 되면 유기 기전력도 $\dfrac{1}{6}$이 되고, 또한 부하 전류도 $\dfrac{1}{6}$이 된다. 따라서, 단자 전압도 $\dfrac{1}{6}$이 된다.
$I'=\dfrac{1}{6}I=\dfrac{1}{6}\times\dfrac{25\times10^3}{125}=33.3[A]$

답 ②

문제 42 유도전동기의 제동법이 아닌 것은?
① 회생 제동   ② 발전 제동
③ 역전 제동   ④ 3상 제동

풀이
유도전동기의 제동법
① **회생 제동** : 유도 전동기를 유도 발전기로 동작시켜 그 발생 전력을 전원에 반환하면서 제동하는 방법
② **발전 제동** : 전동기를 전원으로부터 분리한 후 1차측에 직류전원을 공급하여 발전기로 동작시킨 후 발생된 전력을 저항에서 열로 소비시키는 방법
③ **역전 제동** : 회전중인 전동기의 1차 권선 3단자 중 임의의 2단자의 접속을 바꾸면 역방향의 토크가 발생되어 제동하는 방법으로 이 방법은 급속하게 정지시키고자 하는 경우에 사용된다.
④ **단상 제동** : 권선형 유도전동기의 1차측을 단상교류로 여자하고 2차측에 적당한 크기의 저항을 넣으면 전동기의 회전과는 역방향의 토크가 발생되므로 제동된다.

답 ④

문제 43 단상 변압기에서 1차 전압은 3300 [V]이고, 1차측 무부하 전류는 0.09 [A], 철손은 115 [W] 이다. 이때 자화전류[A]는 약 얼마인가?
① 0.072   ② 0.083
③ 0.83   ④ 0.93

풀이
철손 전류 $I_i=\dfrac{P_i}{V_1}=\dfrac{115}{3300}=0.034[A]$
여자전류 $I_0=\sqrt{I_i^2+I_\phi^2}$ 에서
자화 전류 $I_\phi=\sqrt{I_0^2-I_i^2}=\sqrt{0.09^2-0.034^2}=0.083[A]$

답 ②

제4과목 회로이론

문제 61 그림과 같은 캠벨 브리지(Campbell bridge) 회로에 있어서 I_2가 0이 되기 위한 C의 값은?

① $\dfrac{1}{\omega L}$

② $\dfrac{1}{\omega^2 L}$

③ $\dfrac{1}{\omega M}$

④ $\dfrac{1}{\omega^2 M}$

풀이
2차 회로의 전압 방정식은
$-j\omega M I_1 - \dfrac{1}{j\omega C} I_1 + \left(j\omega L_2 + \dfrac{1}{j\omega C}\right) I_2 = 0$
$I_2 = 0$이 되려면 I_1의 계수가 0이어야 하므로
$-j\omega M + j\dfrac{1}{\omega C} = 0 \quad \therefore C = \dfrac{1}{\omega^2 M}$ **답** ④

문제 62 그림과 같은 L형 회로의 4단자 정수 A, B, C, D 중 A는?

① $1 + \dfrac{1}{\omega LC}$

② $1 - \dfrac{1}{\omega^2 LC}$

③ $1 + \dfrac{1}{j\omega L}$

④ $\dfrac{1}{2\sqrt{LC}}$

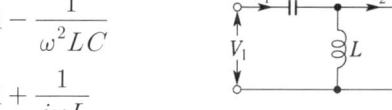

풀이
$\begin{bmatrix} A & B \\ C & D \end{bmatrix} = \begin{bmatrix} 1 & \dfrac{1}{j\omega C} \\ 0 & 1 \end{bmatrix} \begin{bmatrix} 1 & 0 \\ \dfrac{1}{j\omega L} & 1 \end{bmatrix} = \begin{bmatrix} 1 - \dfrac{1}{\omega^2 LC} & \dfrac{1}{j\omega C} \\ \dfrac{1}{j\omega L} & 1 \end{bmatrix}$ **답** ②

문제 63 파형이 반파 정류파일 때 파고율은?
① 1.0
② 1.57
③ 1.73
④ 2.0

풀이

	구형파	3각파	정현파	정류파(전파)	정류파(반파)
파형률	1.0	1.15	1.11	1.11	1.57
파고율	1.0	1.732	1.414	1.414	2.0

답 ④

문제 64 그림과 같은 2단자망에서 구동점 임피던스를 구하면?

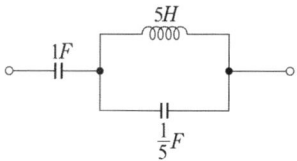

① $\dfrac{6s^2 + 1}{s(s^2 + 1)}$

② $\dfrac{6s + 1}{6s^2 + 1}$

③ $\dfrac{6s^2 + 1}{(s+1)(s+2)}$

④ $\dfrac{s+2}{6s(s+1)}$

풀이
$Z(j\omega) = \dfrac{1}{j\omega C_1} + \dfrac{j\omega L \cdot \dfrac{1}{j\omega C_2}}{j\omega L + \dfrac{1}{j\omega C_2}}$

$Z(s) = \dfrac{1}{sC_1} + \dfrac{sL \cdot \dfrac{1}{sC_2}}{sL + \dfrac{1}{sC_2}} = \dfrac{1}{s} + \dfrac{5s \cdot \dfrac{5}{s}}{5s + \dfrac{5}{s}}$

$= \dfrac{1}{s} + \dfrac{25}{\dfrac{5s^2 + 5}{s}} = \dfrac{s^2 + 1 + 5s^2}{s(s^2 + 1)} = \dfrac{6s^2 + 1}{s(s^2 + 1)}$ **답** ①

문제 65 그림과 같은 이상 변압기에 대하여 성립되지 아니하는 관계식은? 단, n_1, n_2는 1차 및 2차 코일의 권수, n은 권수비 : $n = \dfrac{n_1}{n_2}$

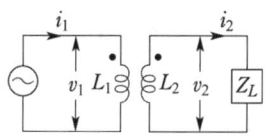

① $v_1 i_1 = v_2 i_2$

② $\dfrac{i_2}{i_1} = \dfrac{n_1}{n_2} = n$

③ $\dfrac{v_2}{v_1} = \dfrac{n_2}{n_1} = \dfrac{1}{n}$

④ $n = \sqrt{\dfrac{L_2}{L_1}}$

풀이

$n = \dfrac{n_1}{n_2} = \dfrac{v_1}{v_2} = \sqrt{\dfrac{L_1}{L_2}} = \dfrac{i_2}{i_1}$

(인덕턴스 L_2은 권수 n_2의 자승에 비례 $L_2 \propto n_2^2$) 답 ④

문제 66 그림과 같은 회로에서 선형 저항 3[Ω] 양단의 전압은 몇 [V]인가?

① 4.5
② 3
③ 2.5
④ 2

풀이

중첩의 정리에 의해
- 2[V] 전압원에 의해 3[Ω]에 인가되는 전압 : 2[V]
  (이때 **전류원 1[A]는 개방**)
- 1[A] 전류원에 의해 3[Ω]에 인가되는 전압 : 0[V]
  (이때 **전압원은 단락 시키므로 0[V]**) 답 ④

문제 67 $R-L$ 직렬 회로에서 스위치 S를 닫아 직류 전압 E[V]를 회로 양단에 급히 가한 후 $\dfrac{L}{R}$[초] 후의 전류 I[A] 값은?

① $0.632\dfrac{E}{R}$ ② $0.5\dfrac{E}{R}$

③ $0.368\dfrac{E}{R}$ ④ $\dfrac{E}{R}$

풀이

$i = \dfrac{E}{R}\left(1-e^{-\frac{R}{L}t}\right) = \dfrac{E}{R}\left(1-e^{-\frac{R}{L} \cdot \frac{L}{R}}\right) = \dfrac{E}{R}(1-e^{-1})$

$= 0.632\dfrac{E}{R}$[A] 답 ①

문제 68 리액턴스 2단자 회로망의 임피던스 함수 $Z(j\omega)$를 $Z(j\omega) = jX(\omega)$라 놓을 때 $\dfrac{dX(\omega)}{d\omega}$는 어떻게 되는가?

① $\dfrac{dX(\omega)}{d\omega} = 0$ ② $\dfrac{dX(\omega)}{d\omega} = \infty$

③ $\dfrac{dX(\omega)}{d\omega} < 0$ ④ $\dfrac{dX(\omega)}{d\omega} > 0$

풀이

일반적으로 한 개의 $L-C$ 직렬 리액턴스에서 $\dfrac{dX(\omega)}{d\omega} > 0$가 성립되면 두 리액턴스 $X_1(\omega)$와 $X_2(\omega)$의 직렬회로에서는

$X(\omega) = X_1(\omega) + X_2(\omega)$

$\dfrac{dX(\omega)}{d\omega} = \dfrac{dX_1(\omega)}{d\omega} + \dfrac{dX_2(\omega)}{d\omega} > 0$

병렬 회로에서는

$X(\omega) = \dfrac{X_1(\omega) \cdot X_2(\omega)}{X_1(\omega) + X_2(\omega)}$

$\dfrac{dX(\omega)}{d\omega} = \dfrac{\left\{X_1(\omega)^2 \cdot \dfrac{dX_2(\omega)}{d\omega} + X_2(\omega)^2 \cdot \dfrac{dX_1(\omega)}{d\omega}\right\}}{\{X_1(\omega) + X_2(\omega)\}^2} > 0$

따라서, 리액턴스 $X(\omega)$는 ω에 비해서 단조 증가 함수가 되며 반공진점을 제외한 모든 점에서 항상 $\dfrac{dX(\omega)}{d\omega} > 0$가 성립한다. $Y(\omega)$의 경우는 $Z(\omega)$의 역수이므로 단조 감소 함수이다. 답 ④

제5과목 전기설비기술기준

문제 81 다음 중 파이프라인 등에 발열선을 시설하는 기준에 대한 설명으로 옳지 않은 것은?

① 발열선에 전기를 공급하는 전로의 사용 전압은 저압일 것
② 발열선은 사람이 접촉할 우려가 없고 또한 손상을 받을 우려가 없도록 시설할 것
③ 발열선은 그 온도가 피 가열 액체의 발화 온도의 90[%]를 넘지 않도록 시설할 것
④ 발열선 또는 발열선에 직접 접속하는 전선의 피복에 사용하는 금속체·파이프라인 등에는 접지공사를 할 것

풀이

241.11 파이프라인 등의 전열장치
가. 파이프라인 등의 전열장치 중 발열선을 파이프라인 등 자체에 고정하여 시설하는 경우 발열선에 전기를 공급하는 전로의 사용전압은 400[V] 이하으로 하여야 한다.
나. 직접 가열장치에 전기를 공급하기 위해 전용의 절연변압기를 사용하고 또한 그 변압기의 부하측 전로는 접지해서는 안 된다.

다. 직접 가열장치에 있어서 **발열체**는 그 온도가 피 가열 액체의 발화 온도의 80[%]를 넘지 아니하도록 시설할 것.
라. 파이프라인 등의 전열장치에 시설하는 경우에는 접지공사를 하여야 한다. 답 ③

문제 82 터널 등에 시설하는 사용 전압이 220 [V] 인 저압의 전구선으로 편조고무 코드를 사용하는 경우 단면적은 몇 [mm²] 이상이어야 하는가?

① 0.5 [mm²] ② 0.75 [mm²]
③ 1.0 [mm²] ④ 1.5 [mm²]

풀이
242.7.2 터널 등의 전구선 또는 이동전선 등의 시설
터널 등에 시설하는 사용전압이 400[V] 이하인 저압의 전구선 또는 이동전선은 다음과 같이 시설하여야 한다.
가. **전구선은 단면적 0.75[mm²] 이상의 300/300[V] 편조 고무코드** 또는 0.6/1[kV] EP 고무 절연 클로로프렌 캡타이어 케이블일 것.
나. 이동전선은 300/300[V] 편조 고무코드, 비닐 코드 또는 캡타이어 케이블일 것. 답 ②

08년 1회 동일 및 유사 문제 (년도-회-번호)

1과목 전기자기학
번호	문제
07	14-3-07
08	22-2-14
09	14-1-06
10	18-1-05
11	16-2-09
12	13-3-01
13	19-2-01
14	20-4-10
15	22-2-07
16	15-3-13
17	12-2-05
18	11-3-04
19	22-3-06
20	22-1-13

2과목 전력공학
번호	문제
25	21-2-26
26	20-4-21
27	20-1,2-21
28	11-3-22
29	20-4-36
30	22-3-30
31	22-2-31
32	16-3-23
33	14-2-25
34	13-2-24
35	22-2-36
36	09-2-23
37	12-3-22
38	14-2-27
39	17-1-34
40	10-1-24

3과목 전기기기
번호	문제
44	18-3-53
45	19-2-53
46	20-3-42
47	22-2-47
48	14-3-46
49	22-3-42
50	22-3-53
51	17-2-44
52	18-2-45
53	20-1,2-59
54	21-3-52
55	15-3-48
56	22-3-60
57	22-3-46
58	22-1-46
59	21-1-47
60	20-3-53

4과목 회로이론
번호	문제
69	22-3-80
70	19-3-77
71	17-2-62
72	19-3-61
73	18-1-65
74	19-2-74
75	15-2-66
76	22-3-78
77	14-1-65
78	22-1-64
79	20-1,2-75
80	13-2-65

5과목 전기설비기술기준
번호	문제
83	18-3-85
84	22-3-87
85	21-1-87
86	20-4-95
87	13-1-82
88	19-1-84
89	22-1-87
90	16-3-81
91	18-3-96
92	14-1-88
93	22-3-91
94	14-3-85
95	16-2-83
96	13-2-85

국가기술자격검정 필기시험 문제

2008년도 전기산업기사 일반검정 제 2 회

자격종목 및 등급(선택분야)	종목코드	시험시간	문제지형별
전기산업기사	2140	2시간 30분	A

제1과목 전기자기학

문제 01 그림과 같은 유한장 직선 도체 AB에 전류 I가 흐를 때 임의의 점 P의 자계의 세기는? 단, a는 P와 AB 사이의 거리, θ_1, θ_2 : P에서 도체 AB에 내린 수직선과 AP, BP가 이루는 각이다.

① $\dfrac{I}{4\pi a}(\sin\theta_1 + \sin\theta_2)$

② $\dfrac{I}{4\pi a}(\cos\theta_1 - \cos\theta_2)$

③ $\dfrac{I}{4\pi a}(\sin\theta_1 - \sin\theta_2)$

④ $\dfrac{I}{4\pi a}(\cos\theta_1 + \cos\theta_2)$

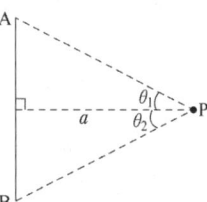

풀이
유한 직선전류에 의한 자계
$H = \dfrac{I}{4\pi a}(\sin\theta_1 + \sin\theta_2)$
$= \dfrac{I}{4\pi a}(\cos\alpha_1 + \cos\alpha_2)$ [AT/m]

답 ①

문제 02 반지름 2[m]인 구도체에 전하 10×10^{-4} [C]이 주어질 때 구도체 표면에 작용하는 정전 응력은 약 몇 [N/m²]인가?

① 22.4 [N/m²]   ② 26.6 [N/m²]
③ 30.8 [N/m²]   ④ 32.2 [N/m²]

풀이
구도체 표면의 전계의 세기 $E = \dfrac{Q}{4\pi\epsilon_0 a^2}$

따라서, 구도체 표면에 작용하는 정전응력은
$f = \dfrac{1}{2}\epsilon_0 E^2 = \dfrac{1}{2}\epsilon_0\left(\dfrac{Q}{4\pi\epsilon_0 a^2}\right)^2 = \dfrac{Q^2}{32\pi^2\epsilon_0 a^4}$ [N/m²]

$\therefore f = \dfrac{(10\times 10^{-4})^2}{32\pi^2 \times 8.855\times 10^{-12} \times 2^4} = 22.4$ [N/m²]가 된다.

답 ①

문제 03 그림과 같이 비투자율 μ_s가 800, 원형단면적 S가 10 [cm²], 평균 자로의 길이 l이 30 [cm]인 환상 철심에 코일을 600회 감아 1 [A]의 전류를 흘릴 때 철심내 자속은 약 몇 [Wb]인가?

① 1.51×10^{-1}
② 2.01×10^{-1}
③ 1.51×10^{-2}
④ 2.01×10^{-3}

풀이
환상 솔레노이드의 내부자속
$\phi = BS = \mu HS = \mu \cdot \dfrac{NI}{2\pi r}\cdot S = \dfrac{\mu_0\mu_s NIS}{l}$ 에서
$\phi = \dfrac{4\pi\times 10^{-7}\times 800\times 600\times 1\times 10\times 10^{-4}}{0.3}$
$\fallingdotseq 2.01\times 10^{-3}$ [Wb]

답 ④

문제 04 반지름이 2 [m], 권수가 100회인 원형코일의 중심에 30 [AT/m]의 자계를 발생시키려면 몇 [A]의 전류를 흘려야 하는가?

① 1.2[A]   ② 1.5[A]
③ $\dfrac{150}{\pi}$[A]   ④ 150[A]

풀이

원형 코일 중심의 자계의 세기는

$$H = \frac{NI}{2a} [\text{AT/m}]$$

에서 전류를 구하면

$$I = \frac{H \times 2a}{N} = \frac{30 \times 2 \times 2}{100} = 1.2[\text{A}]가 된다. \quad \boxed{답 ①}$$

풀이

선로의 특성 임피던스 Z_0는 $Z_0 = \sqrt{\frac{R+j\omega L}{G+j\omega C}}[\Omega]$

주파수가 충분히 높은 무손실 회로에서는 $R=0$, $G=0$로 볼 수 있으므로 $Z_0 = \sqrt{\frac{L}{C}}$로 나타내어진다.

따라서, $Z_0 = \sqrt{\frac{360 \times 10^{-3}}{0.01 \times 10^{-6}}} = 6 \times 10^3[\Omega]$이 된다. $\boxed{답 ④}$

문제 05 자성체의 스핀(spin)배열상태를 표시한 것 중 상자성체의 스핀의 배열상태를 표시한 것은? 단, ϕ 표시는 스핀 자기(磁氣)모멘트의 크기와 방향을 표시한 것임?

①   ②

③

풀이

자성체의 특징

자성체의 종류	투자율	비투자율	비자화율	자기모멘트의 크기와 배열	종류
강자성체	$\mu \gg \mu_0$	$\mu_s \gg 1$	$\chi_m \gg 1$		철(Fe) 니켈(Ni) 코발트(Co)
상자성체	$\mu > \mu_0$	$\mu_s > 1$	$\chi_m > 0$		백금(Pt) 알루미늄(Al) 산소(O_2)
반자성체	$\mu < \mu_0$	$\mu_s < 1$	$\chi_m < 0$		은(Ag) 구리(Cu) 비스무트(Bi) 물(H_2O)
반강자성체					

$\boxed{답 ①}$

문제 06 전송회로에서 무손실인 경우 $L=360$[mH], $C=0.01[\mu F]$일 때 특성 임피던스는 몇 $[\Omega]$인가?

① $\frac{1}{6} \times 10^{-3}[\Omega]$ ② $3.6 \times 10^7[\Omega]$

② $\frac{1}{36} \times 10^{-6}[\Omega]$ ④ $6 \times 10^3[\Omega]$

문제 07 다음 벡터장 중에서 정전계에 해당되는 것은 어느 것인가?

① $E = yz\,a_x + 3x\,a_y$

② $E = -3a_y + 5a_z$

③ $E = \rho\,a_\phi$

④ $E = \left(\frac{10^{-8}}{r^3}\cos\theta\right)a_r + \left(\frac{10^{-8}}{r^3}\sin\theta\right)a_\theta$

풀이

• 정전계의 조건 : 비회전계 ($\nabla \times E = 0$)
• 정자계의 조건 : 회전계 ($\nabla \times E \neq 0$)

정전계의 조건은 $\nabla \times E = 0$(비회전계)를 만족해야 하며, 벡터 E의 미분 연산이므로 각 성분이 상수인 ②가 $\nabla \times E = 0$이 된다. $\boxed{답 ②}$

문제 08 다음 중 정전기와 자기의 유사점 비교로 옳지 않은 것은?

① $\oint_c E \cdot dl = V$ 와 $\oint_c H \cdot dl = NI$

② $E = -\text{grad}\,V$ 와 $B = \text{curl}\,A$

③ $\text{div}\,D = \rho_{ev}$ 와 $\text{div}\,B = \rho_{mv}$

④ $\nabla^2 V = -\frac{\rho_v}{\epsilon_o}$ 와 $\nabla^2 A = -\mu_o i$

풀이

$\text{div}\,B = 0$: 고립된 자극은 존재하지 않으므로 연속이 되고 자속의 발산은 없다. $\boxed{답 ③}$

문제 09 히스테리시스 곡선이 횡축과 만나는 점은 무엇을 나타내는가?

① 투자율 ② 잔류 자속 밀도
③ 자력선 ④ 보자력

풀이
종축과 만나는 점은 잔류 자기(잔류 자속 밀도(B_r))이고, 횡축과 만나는 점은 보자력(H_c)를 표시한다. 답 ④

제2과목 전력공학

문제 21 수차에서 캐비테이션에 의한 결과로 옳지 않은 것은?
① 유수에 접한 러너나 버킷 등에 침식이 발생한다.
② 수차에 진동을 일으켜서 소음이 발생한다.
③ 흡출관 입구에서 수압의 변동이 현저해진다.
④ 토출측에서 물이 역류하는 현상이 발생한다.

풀이
캐비테이션의 장해
① 수차의 효율, 출력, 낙차의 저하
② 유수에 접한 러너나 버킷 등에 침식 발생
③ 수차의 진동으로 소음발생
④ 흡출관 입구에서 수압의 변동이 심함 답 ④

문제 22 다음 그림은 카르노 사이클(carnot cycle)을 표현한 것이다. 단열팽창에 해당되는 구간은? 단, P는 압력이고 V는 부피이다.
① 1 → 2
② 2 → 3
③ 3 → 4
④ 4 → 1

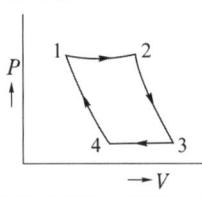

풀이
카르노 사이클(Carnot cycle) : 두 개의 등온 변화와 두 개의 단열 변화로 이루어지며, 가장 효율이 좋은 이상적인 사이클

답 ②

문제 23 직접 접지 방식이 초고압 송전선에 채용되는 이유 중 가장 타당한 것은?
① 지락고장시 병행 통신선에 유기되는 유도전압이 작기 때문에
② 지락시의 지락전류가 적으므로
③ 계통의 절연을 낮게 할 수 있으므로
④ 송전선의 안정도가 높으므로

풀이
직접접지방식은 타 접지방식에 비해 **지락사고시 건전상의 전위상승이 가장 낮으므로** 송전계통의 절연레벨을 저감시킬 수 있다. 따라서, **절연비가 커지는 초고압 송전계통에서는 직접접지방식이 가장 경제적**이다. 답 ③

문제 24 다음 중 피뢰기를 가장 적절하게 설명한 것은?
① 동요전압의 파두, 파미의 파형의 준도를 저감하는 것
② 이상 전압이 내습 하였을 때 방전에 의한 이상 전압을 경감시키는 것
③ 뇌동요 전압의 파고를 저감하는 것
④ 1선 지락할 때 아크를 소멸시키는 것

풀이
전력계통에 뇌서지가 침입하면 피뢰기가 동작하여 뇌서지를 대지로 방전시킴으로서 기기의 절연파괴를 방지한다. 답 ②

문제 25 터빈입구의 엔탈피 815[kcal/kg], 복수의 엔탈피 270[kcal/kg], 유입증기량 300[t/h]일 때 발전기의 출력은 75000[kW]로 된다. 발전기의 효율을 0.98로 한다면 터빈의 열효율은 약 몇 [%]인가?
① 30.3 [%]
② 40.3 [%]
③ 50.3 [%]
④ 60.3 [%]

풀이
터빈 효율 $\eta_t = \dfrac{860P}{G(i-i_e)\eta_g} \times 100[\%]$

단, η_t : 터빈효율
　　η_g : 발전기 효율
　　P : 터빈 축단 출력 [kW]
　　G : 유입 증기량 [kg/h]
　　i : 터빈 입구에서의 증기 엔탈피 [kcal/kg]

i_e : 복수기 진공까지 팽창한 상태에서의 증기 엔탈피 [kcal/kg]

따라서, $\eta_t = \dfrac{860 \times 75000}{300 \times 10^3 \times (815-270) \times 0.98} \times 100 = 40.3[\%]$

답 ②

문제 26
원자력발전에서 제어봉에 사용되는 제어재로 알맞은 것은?
① 하프늄　② 베릴륨
③ 나트륨　④ 경수

풀이
제어재는 원자로의 중성자 수를 적당히 유지하고 노의 출력을 제어하기 위해 사용되며 **하프늄, 카드뮴, 붕소** 등이 사용된다.

답 ①

제3과목　전기기기

문제 41
3상 직권 정류자 전동기의 구조를 설명한 것 중 틀린 것은?
① 고정자에 P극이 될 수 있는 3상 분포권선이 감겨 있다.
② 회전자는 직류기의 전기자와 거의 같다.
③ 정류자 위에 브러시가 전기각 $\dfrac{2\pi}{3}$의 간격으로 배치되어 있다.
④ 중간 변압기를 설치할 때에는 고정자 권선과 병렬로 설치한다.

풀이
3상 직권 정류자 전동기의 **고정자 권선과 회전자 권선은 중간 변압기를 거쳐 직렬로 접속되어 있다**.

답 ④

문제 42
용량 10 [kVA], 철손 120 [W], 전부하 동손 200 [W]인 단상 변압기 2대를 V결선하여 부하를 걸었을 때, 전부하 효율은 약 몇 [%]인가? 단, 부하의 역률은 $\sqrt{3}/2$이라 한다.
① 99.2　② 98.3　③ 97.9　④ 95.9

풀이
$\eta = \dfrac{\sqrt{3}\,V_2 I_2 \cos\theta_2}{\sqrt{3}\,V_2 I_2 \cos\theta_2 + 2P_i + 2P_c}$
$= \dfrac{\sqrt{3} \times 10 \times \sqrt{3}/2}{\sqrt{3} \times 10 \times \sqrt{3}/2 + 2 \times 0.12 + 2 \times 0.2} \times 100$
$= \dfrac{15}{15 + 0.24 + 0.4} \times 100 = 95.9[\%]$

답 ④

문제 43
직류 분권전동기가 있다. 여기에 전원전압 120 [V]를 가했을 때 전기자 전류가 35 [A]가 흐르고 회전수는 1300 [rpm]이었다. 이때 계자전류 및 부하전류를 일정하게 유지하고 전원 전압을 150 [V]로 올리면 회전수[rpm]는 약 얼마인가? 단, 전기자 저항은 0.4 [Ω]이다.
① 1543　② 1668
③ 1625　④ 2031

풀이
- 전원전압 120 [V] 인가시 역기전력
  $E_c = V - I_a R_a = 120 - 35 \times 0.4 = 106[V]$
- 전원전압 150 [V] 인가시 역기전력
  $E_c' = V' - I_a R_a = 150 - 35 \times 0.4 = 136[V]$
- $E_c = P\phi n \dfrac{Z}{a}$에서 $E_c \propto n$ 이므로
  $106 : 136 = 1300 : n'$
  $\therefore n' = \dfrac{136}{106} \times 1300 = 1667.92 [\text{rpm}]$

답 ②

문제 44
중권으로 감긴 직류 전동기의 극수 2, 매극의 자속수 0.09[Wb], 전도체수 80, 부하전류 12[A]일 때 발생하는 토크[kg·m]는 약 얼마인가?
① 1.4　② 2.8
③ 3.8　④ 4.5

풀이
직류 전동기의 토크 τ는
$T = \dfrac{pZ}{2\pi a}\phi I_a$ 식에서 $p = 2$, $Z = 80$, $\Phi = 0.09$, $I_a = 12[A]$, $a = p = 2$ 이므로
$T = \dfrac{2 \times 80}{2 \times 3.14 \times 2} \times 0.09 \times 12 = 13.75 [\text{N} \cdot \text{m}]$
$1[\text{kg} \cdot \text{m}] = 9.8[\text{N} \cdot \text{m}]$ 이므로
$T = \dfrac{13.75}{9.8} = 1.4 [\text{kg} \cdot \text{m}]$

답 ①

문제 45 25 [kW], 125 [V], 1200 [rpm]의 직류 타여자 발전기의 전기자 저항(브러시 저항 포함)은 0.4 [Ω]이다. 이 발전기를 정격상태에서 운전하고 있을 때 속도를 200 [rpm]으로 저하시켰다면 발전기의 유기 기전력[V]은 어떻게 변화하겠는가? 단, 정상 상태에서의 유기 기전력은 E라고 한다.

① $\frac{1}{2}E$ ② $\frac{1}{4}E$ ③ $\frac{1}{6}E$ ④ $\frac{1}{8}E$

풀이
1200[rpm], 200[rpm]일 때의 유기 기전력을 E, E'라고 하면 $E = K\phi N$ 식에서, 타여자이므로 자속 ϕ는 일정하다.
$E = K\phi N$, $E' = K\phi N'$
여기서 $E' = \frac{N'}{N} \times E = \frac{200}{1200} \times E = \frac{1}{6}E$

즉, 속도가 $\frac{1}{6}$이 되면 유기 기전력도 $\frac{1}{6}$이 되고, 또한 부하 전류도 $\frac{1}{6}$이 된다. 따라서, 단자 전압도 $\frac{1}{6}$이 된다.

답 ③

가 n배가 되므로, 유도성 리액턴스 $X_{Ln} = 2\pi(nf)L = nX_L$로 기본파의 n배가 되고, 용량성 리액턴스는
$X_{cn} = \frac{1}{2\pi(nf)C} = \frac{1}{n} \times X_c$로 기본파의 $\frac{1}{n}$배가 된다.)

답 ①

문제 62 저항과 콘덴서를 병렬로 접속한 회로에 직류 100 [V]를 가하면 5 [A]가 흐르고, 교류 300 [V]를 가하면 25 [A]가 흐른다. 이때 콘덴서의 리액턴스는 몇 [Ω]인가?

① 7   ② 10   ③ 14   ④ 15

풀이
직류를 인가한 경우
$R = \frac{E}{I} = \frac{100}{5} = 20\,[\Omega]$
교류를 인가한 경우 저항에 흐르는 전류를 I_R, 콘덴서에 흐르는 전류를 I_C, 전체 전류를 I라 하면
$I_c^2 = I^2 - I_R^2 = 25^2 - \left(\frac{300}{20}\right)^2 = 400$ ∴ $I_c = 20\,[A]$
$X_c = \frac{V}{I_c} = \frac{300}{20} = 15\,[\Omega]$

답 ④

제4과목 회로이론

문제 61 $R = 10[\Omega]$, $\omega L = 5[\Omega]$, $\frac{1}{\omega C} = 30$ [Ω]이 직렬로 접속된 회로에서 기본파에 대한 합성임피던스(Z_1)와 제3고조파에 대한 합성임피던스(Z_3)는 각각 몇 [Ω]인가?

① $Z_1 = \sqrt{725}$, $Z_3 = \sqrt{125}$
② $Z_1 = \sqrt{461}$, $Z_3 = \sqrt{461}$
③ $Z_1 = \sqrt{461}$, $Z_3 = \sqrt{125}$
④ $Z_1 = \sqrt{125}$, $Z_3 = \sqrt{461}$

풀이
기본파 임피던스
$Z_1 = R + j\left(\omega L - \frac{1}{\omega C}\right) = 10 + j(5 - 30) = \sqrt{725}$
제3고조파 임피던스
$Z_3 = R + j\left(3\omega L - \frac{1}{3\omega C}\right) = 10 + j\left(3 \times 5 - \frac{1}{3} \times 30\right) = \sqrt{125}$
(∵ 저항은 기본파일 때나 고조파 일 때나 그 크기의 변화는 없다. 그러나 유도성 리액턴스는 제n차 고조파에서는 주파수

문제 63 그림과 같은 회로에서 $t = 0$인 순간 S를 열었을 때 L의 양단에 발생하는 역기전력은 인가 전압의 몇 배가 발생하는가? 단, 스위치 S를 열기전에 회로는 정상상태에 있었다.

① $\frac{r}{r + r_1}$ ② $\frac{r_1 r}{r + r_1}$
③ $\frac{r + r_1}{r_1 r}$ ④ $\frac{r + r_1}{r}$

풀이
$i = \frac{E}{r}e^{-\frac{r+r_1}{L}t}$ 이므로
$e_L = -L\frac{di}{dt} = -\frac{LE}{r}\left(-\frac{r+r_1}{L}\right)e^{-\frac{r+r_1}{L}t}$
여기서 $t = 0$이면 $E_L = \frac{r+r_1}{r}E$ ∴ $\frac{E_L}{E} = \frac{r+r_1}{r}$

답 ④

문제 64
$f(t) = \delta(t) - be^{-bt}$의 라플라스 변환은? 단, $\delta(t)$는 임펄스 함수이다.

① $\dfrac{b}{s+b}$ ② $\dfrac{s(1-b)+5}{s(s+b)}$
③ $\dfrac{1}{s(s+b)}$ ④ $\dfrac{s}{s+b}$

풀이
선형성 정리에 의해서
$\mathcal{L}[\delta(t)] - \mathcal{L}[be^{-bt}] = 1 - \dfrac{b}{s+b} = \dfrac{s}{s+b}$ 답 ④

문제 65
그림과 같은 π형 4단자 회로의 어드미턴스 파라미터 중 Y_{11}은?

① Y_1
② Y_2
③ $Y_1 + Y_2$
④ $Y_2 + Y_3$

풀이
$Y_{11} = \dfrac{I_1}{V_1}\bigg|_{V_2=0}$ 에서 $V_2 = 0$ (2차측 단락)일 때
$Y_3 = 0$이 되고 Y_1과 Y_2는 병렬이 되므로
이때 흐르는 전체전류 $I_1 = Y_1 V_1 + Y_2 V_1$ 가 된다.
$\therefore Y_{11} = \dfrac{Y_1 V_1 + Y_2 V_1}{V_1} = Y_1 + Y_2$ 답 ③

제5과목 전기설비기술기준

문제 81
목장에서 가축의 탈출을 방지하기 위하여 전기울타리를 시설하는 경우의 전선은 인장강도가 몇 [kN] 이상의 것이어야 하는가?

① 0.39 [kN] ② 1.38 [kN]
③ 2.78 [kN] ④ 5.93 [kN]

풀이
241.1 전기울타리
가. 전기울타리용 전원장치에 전원을 공급하는 전로의 사용전압은 250[V] 이하이어야 한다.
나. 전기울타리는 사람이 쉽게 출입하지 아니하는 곳에 시설할 것.
다. **전선은 인장강도 1.38[kN] 이상의 것 또는 지름 2[mm] 이상의 경동선일 것.**
라. 전선과 이를 지지하는 기둥 사이의 이격거리는 25 [mm] 이상일 것.
마. 전선과 다른 시설물(가공 전선을 제외한다) 또는 수목과의 이격거리는 0.3[m] 이상일 것. 답 ②

문제 82
다음 중 옥내전로의 시설 기준으로 적절하지 않은 것은?
① 주택의 옥내전로의 대지전압은 250 [V] 이하이어야 한다.
② 주택의 옥내전로의 사용전압은 400 [V] 이하이어야 한다.
③ 주택의 전로 인입구에는 인체 보호용 누전차단기가 시설되어 있어야 한다.
④ 정격 소비 전력이 3 [kW] 이상의 전기기계기구는 옥내배선과 직접 접속한다.

풀이
231.6 옥내전로의 대지 전압의 제한
주택의 옥내전로(전기기계기구내의 전로를 제외한다)의 **대지전압은 300[V] 이하**이어야 하며 다음 각 호에 따라 시설하여야 한다. 다만, 대지전압 150 [V] 이하의 전로인 경우에는 다음에 따르지 않을 수 있다.
가. **사용전압은 400[V] 이하**이어야 한다.
나. 주택의 전로 인입구에는 **감전보호용 누전차단기를 시설**하여야 한다. 다만, 전로의 전원측에 정격용량이 3[kVA] 이하인 절연변압기(1차 전압이 저압이고 2차 전압이 300[V] 이하인 것에 한한다)를 사람이 쉽게 접촉할 우려가 없도록 시설하고 또한 그 절연변압기의 부하측 전로를 접지하지 않는 경우에는 예외로 한다.
다. 백열전등의 전구소켓은 키나 그 밖의 점멸기구가 없는 것이어야 한다.
라. **정격 소비 전력 3[kW] 이상의 전기기계기구**에 전기를 공급하기 위한 전로에는 전용의 개폐기 및 과전류 차단기를 시설하고 그 전로의 **옥내배선과 직접 접속**하거나 적정 용량의 전용콘센트를 시설하여야 한다. 답 ①

08년 2회 동일 및 유사 문제 (년도-회-번호)

1과목 전기자기학
- 10 19-1-20
- 11 20-4-01
- 12 19-2-01
- 13 16-2-09
- 14 11-2-04
- 15 19-2-07
- 16 16-1-16
- 17 12-2-06
- 18 17-1-20
- 19 13-1-04
- 20 18-1-07

2과목 전력공학
- 27 18-3-35
- 28 22-1-27
- 29 18-3-29
- 30 21-1-34
- 31 18-2-26
- 32 20-1,2-26
- 33 22-1-34
- 34 21-1-26
- 35 22-2-32
- 36 15-1-26
- 37 21-3-39
- 38 21-3-38
- 39 18-1-32
- 40 19-1-25

3과목 전기기기
- 46 20-1,2-57
- 47 17-2-50
- 48 20-3-55
- 49 22-2-58
- 50 19-1-58
- 51 22-1-54
- 52 20-4-45
- 53 13-2-46
- 54 19-1-42
- 55 11-1-44
- 56 20-1,2-50
- 57 21-3-57
- 58 11-3-46
- 59 22-2-42
- 60 12-1-42

4과목 회로이론
- 66 22-1-68
- 67 22-1-79
- 68 20-4-66
- 69 15-1-67
- 70 12-2-64
- 71 20-1,2-66
- 72 22-2-80
- 73 10-2-65
- 74 21-1-70
- 75 22-1-70
- 76 20-4-79
- 77 10-2-61
- 78 14-2-62
- 79 19-2-67
- 80 22-1-72

5과목 전기설비기술기준
- 83 21-1-100
- 84 18-2-83
- 85 17-1-97
- 86 21-2-92
- 87 18-2-95
- 88 21-2-89
- 89 14-1-86
- 90 18-1-93
- 91 22-3-81
- 92 16-2-86
- 93 18-3-93
- 94 21-3-92
- 95 22-2-91
- 96 18-3-82
- 97 14-1-88

국가기술자격검정 필기시험 문제

2008년도 전기산업기사 일반검정 제3회				수검 번호	성 명
자격종목 및 등급(선택분야)	종목코드	시험시간	문제지형별		
전기산업기사	2140	2시간 30분	A		

제1과목 전기자기학

문제 01 다음 중 자기회로와 전기회로의 대응관계로 옳지 않은 것은?
① 자속-전속
② 자계-전계
③ 투자율-도전율
④ 기자력-기전력

[풀이]

전 기 회 로		자 기 회 로	
기전력	E [V]	기자력	F_m [AT]
전 류	I [A]	자 속	ϕ [Wb]
전 계	E [V/m]	자 계	H [AT/m]
전기저항	R [Ω]	자기저항	R_m [AT/Wb]
콘덕턴스	G [℧]	퍼미언스	$\frac{1}{R_m}$ [Wb/AT]
도전율	σ [S/m]	투자율	μ [H/m]
옴의법칙	$E=IR$ [V] $\therefore I=\frac{E}{R}$ [A]	옴의법칙	$F_m=\phi R_m$ [AT] $\therefore \phi=\frac{NI}{R_m}$ [Wb]

답 ①

문제 02 한 폐곡선에 대한 H(자계의 세기)의 선적분이 이 폐곡선으로 둘러싸이는 전류와 같음을 정의한 법칙은?
① 가우스 법칙
② 쿨롱의 법칙
③ 비오-사바르 법칙
④ 앙페르의 주회적분 법칙

[풀이] **앙페르의 주회적분 법칙** : 임의의 폐곡선에 대한 자계의 선적분은 이 폐곡선을 관통하는 전류와 같다.

즉, $\oint H \cdot dl = I$

답 ④

문제 03 길이 10 [cm], 반지름 1 [cm]의 원형 단면을 갖는 공심솔레노이드의 자기인덕턴스를 1 [mH]로 하기 위해서는 솔레노이드의 권수를 약 몇회로 하여야 하는가? 단, $\mu_s=1$이다.
① 252
② 504
③ 756
④ 1006

[풀이]
$L=\frac{\mu S N^2}{l}$ [H]에서
$N=\sqrt{\frac{L \cdot l}{\mu S}}=\sqrt{\frac{1 \times 10^{-3} \times 0.1}{4\pi \times 10^{-7} \times \pi \times (1 \times 10^{-2})^2}}=503.29$ [회]

답 ②

문제 04 유전율이 각각 $\epsilon_1=1$, $\epsilon_2=\sqrt{3}$인 두 유전체가 그림과 같이 접해있는 경우, 경계면에서 전기력선의 입사각 $\theta_1=45°$이었다. 굴절각 θ_2는 몇 도인가?
① 20
② 30
③ 45
④ 60

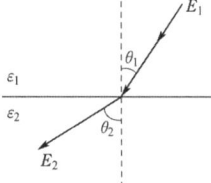

[풀이]
$\frac{\tan\theta_1}{\tan\theta_2}=\frac{\epsilon_1}{\epsilon_2}=\frac{1}{\sqrt{3}}$
$\tan\theta_2=\sqrt{3}\times\tan\theta_1=\sqrt{3}\times\tan 45°=\sqrt{3}$
$\therefore \theta_2=\tan^{-1}\sqrt{3}=60°$

답 ④

문제 05
10 [A]의 전류가 5분간 도선에 흘렀을 때 도선 단면을 지나는 전기량은 몇 [C]인가?
① 50   ② 300
③ 500   ④ 3000

풀이
$Q = I \cdot t$ [C]에서 $Q = 10 \times 5 \times 60 = 3000$ [C] 이 된다. 답 ④

문제 06
그림과 같이 진공 중에 전하량 Q [C]인 점전하 Q를 둘러싸는 경로 C_1과 둘러싸지 않은 폐곡선 C_2가 있다. 지금 +1[C]의 전하를 화살표 방향으로 경로 C_1을 따라 일주시킬 때 요하는 일을 W_1, 경로 C_2를 일주시키는데 요하는 일을 W_2라고 할 때 옳은 것은?
① $W_1 < W_2$
② $W_2 < W_1$
③ $W_1 \neq 0$, $W_2 = 0$
④ $W_1 = W_2 = 0$

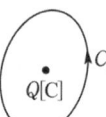

풀이
정전계의 보존성에 의해 폐곡선을 따라 일주했을 때 요하는 일의 양은 경로에 관계없이 항상 0이다.
그러므로 $W_1 = W_2$가 성립한다. 답 ④

제2과목 전력공학

문제 21
원자력발전소에 이용되는 감속재에 대한 설명으로 옳지 않은 것은?
① 중성자 흡수 면적이 클 것
② 감속비가 클 것
③ 감속능이 클 것
④ 경수, 중수, 흑연 등이 사용됨

풀이
감속재는 핵분열로 발생한 **고속 중성자**(약 2 [MeV])의 에너지(=속도)를 떨어뜨려서 **열중성자**(0.025 [eV])로 바꾸는 작용을 하는 것이다.
감속재로서는 **중성자 흡수가 적고** 탄성 산란에 의해 감속되는 정도가 큰 것이 좋으며 중수, 경수, 산화베릴륨, 흑연 등이 사용된다. 또한 감속재의 성질인 감속능(slowing down power)과 감속비(moderating ratio)의 값이 클수록 감속재로서 우수하다. 답 ①

문제 22
전선 지지점간의 고저차가 없는 가공 전선로에서 경간이 100 [m], 전선 1 [m]의 무게 0.2 [kg], 인장하중 550 [kg], 안전율 2.2인 경우 이도는 몇 [m]인가?
① 0.8   ② 0.85   ③ 0.9   ④ 1.0

풀이
이도 $D = \dfrac{WS^2}{8T}$ [m] 이므로
$D = \dfrac{0.2 \times 100^2}{8 \times \dfrac{550}{2.2}} = 1$ [m] 가 된다. 답 ④

제3과목 전기기기

문제 41
다음 중 변압기의 무부하손에 해당되지 않는 것은?
① 히스테리시스손   ② 와류손
③ 유전체손   ④ 표류부하손

풀이
변압기의 무부하손
- 히스테리시스손
- 와류손
- 여자 전류에 의한 동손(값이 적어 일반적으로 무시)
- 유전체손 (고전압에서 발생)

답 ④

문제 42
무부하 전동기는 역률이 낮지만 부하가 증가하면 역률이 커지는 이유는?
① 전류 증가   ② 효율 증가
③ 전압 감소   ④ 2차 저항 증가

풀이
유도 전동기는 자기 회로에 공극이 있기 때문에 여자 전류가 전부하 전류의 20~50[%]에 이른다. 그리고 무부하 상태에서는 유효 전류가 매우 적기 때문에 무부하 전류늦자

화 전류로 보아도 좋다. 따라서, 무부하 전류는 역률이 매우 낮다. 그러나 2차측에 부하가 증가하면 유효분 전류의 증가로 인하여 1차측에서 본 역률은 점점 좋아지게 된다.
답 ①

제4과목 회로이론

문제 61 단위 계단 함수 $u(t)$의 라플라스 변환은?

① 1 ② $\frac{1}{s}$ ③ $\frac{1}{s^2}$ ④ $\frac{1}{s^2}e^{-1}$

풀이

$\mathcal{L}[u(t)] = \int_0^\infty e^{-st} dt = \left[\frac{e^{-st}}{-s}\right]_0^\infty = \frac{1}{s}$

답 ②

문제 62 다음의 파형률 값이 잘못된 것은?

① 정현파의 파형률은 1.414 이다.
② 구형파의 파형률은 1.0 이다.
③ 전파 정류파의 파형률은 1.11 이다.
④ 반파 정류파의 파형률은 1.571 이다.

풀이

파 형	구형파	3각파	정현파	정류파(전파)	정류파(반파)
파형률	1.0	1.15	1.11	1.11	1.57
파고율	1.0	1.732	1.414	1.414	2.0

답 ①

문제 63 그림과 같은 회로에 대한 서술에서 잘못된 것은?

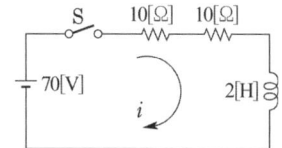

① 이 회로의 시정수는 0.1 초 이다.
② 이 회로의 특성근은 −10이다.
③ 이 회로의 특성근은 +15이다.
④ 정상 전류값은 3.5 [A]이다.

풀이

시정수 $\tau = \frac{L}{R} = \frac{2}{20} = 0.1$ [초]

특성근 $-\frac{R}{L} = \frac{-20}{2} = -10$

정상전류 $I = \frac{E}{R} = \frac{70}{20} = 3.5$ [A]

답 ③

문제 64 전달 함수의 성질 중 틀린 것은?

① 어떤 계의 전달 함수는 그 계에 대한 임펄스 응답의 라플라스 변환과 같다.
② 전달 함수 $P(s)$인 계의 입력이 임펄스 함수(δ 함수)이고 모든 초기값이 0이면 그 계의 출력 변환은 $P(s)$와 같다.
③ 계의 전달 함수는 계의 미분 방정식을 라플라스 변환하고 초기값에 의하여 생긴 항을 무시하면 $P(s) = \mathcal{L}^{-1}\left[\frac{Y^2}{X^2}\right]$와 같이 얻어진다.
④ 어떤계의 전달 함수의 분모를 0으로 놓으면 이것이 곧 특성 방정식이 된다.

풀이

전달 함수는 모든 초기값을 0으로 했을 때, 출력 신호의 라플라스 변환과 입력 신호 라플라스 변환의 비

$P(s) = \frac{C(s)}{R(s)}$를 말한다.

답 ③

제5과목 전기설비기술기준

문제 81 고압용 또는 특고압용 개폐기를 시설할 때 반드시 조치하지 않아도 되는 것은?

① 작동시에 개폐상태가 쉽게 확인될 수 없는 경우에는 개폐상태를 표시하는 장치
② 중력 등에 의하여 자연히 작동할 우려가 있는 것은 자물쇠장치 기타 이를 방지하는 장치
③ 고압용 또는 특고압용이라는 위험 표시
④ 부하전류의 차단용이 아닌 것은 부하전류가 통하고 있을 경우에 개로(開路)할 수 없도록 시설

풀이

341.9 개폐기의 시설
가. 전로 중에 개폐기를 시설하는 경우에는 그곳의 각 극에 설치하여야 한다.
나. 고압용 또는 특고압용의 개폐기는 그 **작동에 따라 그 개폐상태를 표시하는 장치**가 되어 있는 것이어야 한다.
다. 고압용 또는 특고압용의 개폐기로서 **중력 등에 의하여 자연히 작동할 우려가 있는 것은 자물쇠장치 기타 이를 방지하는 장치**를 시설하여야 한다.
라. 고압용 또는 특고압용의 개폐기로서 부하전류를 차단하기 위한 것이 아닌 개폐기는 부하전류가 통하고 있을 경우에는 개로**할 수 없도록 시설**하여야 한다. 다만, 다음의 경우에는 예외로 한다.
① 개폐기를 조작하는 곳의 보기 쉬운 위치에 부하전류의 유무를 표시한 장치
② 전화기 기타의 지령 장치를 시설
③ 터블렛 등을 사용함으로서 부하전류가 통하고 있을 때에 개로조작을 방지하기 위한 조치를 하는 경우는 그러하지 아니하다. **답 ③**

문제 82 발전기 · 전동기 · 조상기 · 기타 회전기(회전 변류기 제외)의 절연내력 시험시 시험전압은 어느 곳에 가하면 되는가?
① 권선과 대지 사이
② 외함과 전선 사이
③ 외함과 대지 사이
④ 회전자와 고정자 사이

풀이

133 회전기 및 정류기의 절연내력

종류		시험 전압	시험 방법
회전기	발전기·전동기·조상기·기타회전기	7[kV] 이하	1.5배 (최저 500 [V])	권선과 대지 사이에 연속하여 10분간
		7[kV] 초과	1.25배 (최저 10.5 [kV])	
	회전 변류기	직류측의 최대사용전압의 1배의 교류전압 (최저 500[V])	

답 ①

문제 83 다음 중 고압 가공인입선의 시설방법으로 옳지 않은 것은?
① 고압 가공인입선 아래 위험 표시를 하고 지표상 3.5 [m] 높이에 시설하였다.
② 전선은 지름이 5 [mm] 의 경동선의 고압 절연전선을 사용하였다.
③ 애자공사로 시설하였다.
④ 15 [m] 떨어진 다른 수용가에 고압 연접인입선을 시설하였다.

풀이

331.12.1 고압 가공인입선의 시설
가. 고압 가공인입선의 전선
① 인장강도 8.01[kN] 이상의 고압 절연전선, 특고압 절연전선
② 지름 5[mm] 이상의 경동선의 고압 절연전선, 특고압 절연전선
나. 고압 가공인입선의 높이는 지표상 5[m]로 하여야 한다. 그러나 그 고압 가공인입선이 케이블 이외의 것인 때에는 그 전선의 아래쪽에 위험 표시를 하면 고압 가공인입선의 높이는 지표상 3.5[m]까지로 감할 수 있다.
다. 횡단보도교의 위에 시설하는 경우에는 그 노면상 3.5[m] 이상
라. **고압 연접인입선은 시설하여서는 아니 된다.** **답 ④**

08년 3회 동일 및 유사 문제 (년도-회-번호)

1과목 전기자기학
- 07 22-1-01
- 08 19-3-01
- 09 16-2-12
- 10 19-1-20
- 11 17-2-04
- 12 18-3-12
- 13 21-2-17
- 14 19-2-20
- 15 22-2-15
- 16 20-3-10
- 17 17-1-09
- 18 15-3-14
- 19 20-4-08
- 20 16-3-05

2과목 전력공학
- 23 21-2-38
- 24 12-1-25
- 25 20-3-23
- 26 10-1-22
- 27 21-3-28
- 28 19-2-28
- 29 20-1,2-21
- 30 14-1-25
- 31 21-1-29
- 32 22-2-30
- 33 21-1-36
- 34 20-3-22
- 35 12-2-21
- 36 15-1-27
- 37 20-3-38
- 38 20-4-27
- 39 22-3-22
- 40 16-2-24

3과목 전기기기
- 43 21-3-09
- 44 22-1-58
- 45 13-2-45
- 46 14-3-50
- 47 19-3-56
- 48 18-1-48
- 49 22-3-45
- 50 20-3-48
- 51 19-3-42
- 52 16-3-42
- 53 20-1,2-49
- 54 20-3-56
- 55 17-3-44
- 56 20-3-42
- 57 18-3-54
- 58 11-3-46
- 59 22-1-44
- 60 18-2-56

4과목 회로이론
- 65 18-2-79
- 66 22-1-62
- 67 18-3-78
- 68 18-2-67
- 69 21-2-69
- 70 22-1-70
- 71 18-1-66
- 72 14-2-69
- 73 22-1-66
- 74 13-1-67
- 75 22-2-61
- 76 17-2-69
- 77 20-1,2-61
- 78 21-3-80
- 79 19-2-74
- 80 19-1-77

5과목 전기설비기술기준
- 84 21-3-96
- 85 21-3-94
- 86 21-2-88
- 87 15-2-89
- 88 15-1-84
- 89 22-2-91
- 90 20-4-95
- 91 19-3-93
- 92 20-4-81
- 93 20-1,2-85
- 94 15-1-81
- 95 21-1-89

memo

D60-2
2007년도 전기산업기사 필기

- 2007년도 제1회 전기산업기사
- 2007년도 제2회 전기산업기사
- 2007년도 제3회 전기산업기사

국가기술자격검정 필기시험 문제

2007년도 전기산업기사 일반검정 제1회

자격종목 및 등급(선택분야)	종목코드	시험시간	문제지형별
전기산업기사	2140	2시간 30분	A

제1과목 전기자기학

문제 01 도체계에서의 전위 계수의 성질로 옳지 않은 것은?

① $P_{rr} \geq P_{rs}$ ② $P_{rr} < 0$
③ $P_{rs} \geq 0$ ④ $P_{rs} = P_{sr}$

풀이
전위 계수의 성질
• $P_{rr} > 0$ • $P_{rr} \geq P_{rs}$ • $P_{rs} \geq 0$ • $P_{rs} = P_{sr}$

답 ②

문제 02 전류에 대한 설명 중 옳지 않은 것은?

① 전하의 이동이다.
② 1[V/s]를 1[A]로 한다.
③ 전하가 전계 방향으로 평균 속도 v로 이동함에 따라 생기는 전류를 드리프트 전류라 한다.
④ div $i = 0$은 전류의 연속성이라 한다.

풀이
전류 $I = \dfrac{Q}{t}$[C/s]이므로 1초당 이동한 전하량으로 정의된다. 따라서, 1[A] = 1[C/s]가 된다.

답 ②

문제 03 도체의 고유 저항과 관계없는 것은?

① 온도   ② 길이
③ 단면적   ④ 단면적의 모양

풀이
고유 저항 $\rho = \rho_0(1 + \alpha t)$, $R = \rho \dfrac{l}{S}$
여기서, t : 온도 변화($\triangle t$), l : 길이, S : 단면적

답 ④

문제 04 15[℃]의 물 4[l]를 용기에 넣어 1[kW]의 전열기로 가열하여 물의 온도를 90[℃]로 올리는데 30분이 필요하였다. 이 전열기의 효율은 약 몇 [%]인가?

① 50   ② 60   ③ 70   ④ 80

풀이
전열기 용량 $P = \dfrac{Cm\theta}{860\eta t}$[kW]에서

$1 = \dfrac{1 \times 4 \times (90-15)}{860\eta \times 0.5}$ 이므로

$\therefore \eta = \dfrac{1 \times 4 \times (90-15)}{860 \times 1 \times 0.5} = 0.697 ≒ 70[\%]$

답 ③

문제 05 벡터 $A = 2i - 6j - 3k$와 $B = 4i + 3j - k$에 수직한 단위 벡터는?

① $\pm \left(\dfrac{3}{7}i - \dfrac{2}{7}j + \dfrac{6}{7}k \right)$

② $\pm \left(\dfrac{3}{7}i + \dfrac{2}{7}j - \dfrac{6}{7}k \right)$

③ $\pm \left(\dfrac{3}{7}i - \dfrac{2}{7}j - \dfrac{6}{7}k \right)$

④ $\pm \left(\dfrac{3}{7}i + \dfrac{2}{7}j + \dfrac{6}{7}k \right)$

풀이
벡터적의 정의를 이용하면
$A \times B = |A \times B| n$
(n : 법선 벡터이므로 A와 B에 수직인 단위 벡터)

$n = \dfrac{A \times B}{|A \times B|} = \dfrac{\begin{vmatrix} i & j & k \\ 2 & -6 & -3 \\ 4 & 3 & -1 \end{vmatrix}}{|A \times B|} = \dfrac{15i - 10j + 30k}{\sqrt{15^2 + (-10)^2 + 30^2}}$

$= \dfrac{1}{35}(15i - 10j + 30k) = \dfrac{3}{7}i - \dfrac{2}{7}j + \dfrac{6}{7}k$

법선 벡터 n의 부(-)의 벡터도 벡터 A와 B에 수직이 되므로

$$n = \pm\left(\frac{3}{7}i - \frac{2}{7}j + \frac{6}{7}k\right)$$ 가 된다. **답** ①

문제 06
안테나에서 파장 20 [cm]의 평면파가 자유 공간에 전파될 때 발신 주파수는 몇 [MHz]인가?

① 1500 ② 800
③ 750 ④ 100

풀이

$v = f\lambda$ ∴ $f = \dfrac{v}{\lambda}$

v(전파 속도) $= C_0 = 3 \times 10^8$ [m/s], λ(파장) $= 0.2$ [m]

∴ $f = \dfrac{v}{\lambda} = \dfrac{3 \times 10^8}{0.2}$ [Hz] $= \dfrac{3 \times 10^8}{0.2} \times 10^{-6}$ [MHz]

$\quad = 1500$ [MHz] **답** ①

제2과목 전력공학

문제 21
송전 선로에서 단선 고장시 이상 전압이 가장 큰 접지 방식은?

① 비접지 방식
② 직접 접지 방식
③ 소호 리액터 접지 방식
④ 저항 접지 방식

풀이
소호 리액터 접지방식은 지락전류는 가장 적고 이상 전압 발생은 가장 크다. **답** ③

문제 22
조압수조 중 서징의 주기가 가장 빠른 것은?

① 제수공 조압수조
② 수실 조압수조
③ 차동 조압수조
④ 단동 조압수조

풀이
수조 내부에 수로 단면적의 70~100[%]의 단면을 갖는 라이저(riser)를 세워서 수로와 직결함과 동시에 수로와 수조를 포트로 연결한 구조를 **차동조압수조**(differential surge tank)라 하며, 서징 주기 및 수격의 감쇠가 빠르고 수조 용량도 단동식의 50 [%] 정도면 된다는 특징이 있다. **답** ③

문제 23
원자로의 감속재로 사용하기에 적당치 않은 것은?

① 중수 ② 경수 ③ 흑연 ④ 납

풀이
감속재로서는 중성자 흡수가 적고 탄성 산란에 의해 감속되는 정도가 큰 것이 좋으며 **중수, 경수, 산화베릴륨, 흑연** 등이 사용된다. 또한 감속재의 성질인 감속능(slowing down power)과 감속비(moderating ratio)의 값이 클수록 감속재로서 우수하다. **답** ④

문제 24
열효율 35 [%]의 화력 발전소에서 발열량 6000 [kcal/kg]의 석탄을 이용한다면 1 [kWh]를 발전하는데 필요한 석탄량은 약 몇 [kg]인가?

① 0.41 ② 0.82 ③ 1.23 ④ 2.42

풀이

화력 발전소 열효율 $\eta = \dfrac{860W}{mH} \times 100$ [%]

∴ 연료 소비량 $m = \dfrac{860W}{\eta H} = \dfrac{860 \times 1}{0.35 \times 6000} = 0.41$ [kg] **답** ①

제3과목 전기기기

문제 41
단상 직권 정류자 전동기의 회전 속도를 높게 하였을 때 나타나는 주된 현상으로 옳은 것은?

① 리액턴스 강하가 크게 된다.
② 전기자에 유도되는 역기전력이 적게 된다.
③ 역률이 개선된다.
④ 병렬 회로수가 증가한다.

풀이
단상 직권 정류자 전동기는 회전 속도에 비례하는 기전력이 전류와 동상으로 유기되어 **속도가 증가할수록 역률이 개선**된다. **답** ③

문제 42 유도전동기의 소음 중 전기적인 소음이 아닌 것은?
① 고조파 자속에 의한 진동음
② 슬립 비트 음
③ 기본파 자속에 의한 진동음
④ 팬 음

풀이
유도전동기의 소음을 계통적으로 분류하여 보면 다음과 같다.
① 전기적 소음 : 기본파 자속에 의한 진동음, 고조파 자속에 의한 진동음, 슬립 비트 음
② 기계적 소음 : 언밸런스에 의한 진동음, 베어링 음, 브러시 음
③ **통풍음** : 팬 음, 덕트 음 **답 ④**

문제 43 출력이 50 [kW]인 3상 농형 유도전동기를 기동하려고 할 때 다음 중 가장 적당한 기동법은?
① Y-△ 기동법   ② 저항 기동법
③ 전전압 기동법   ④ 기동 보상기법

풀이
유도 전동기 기동법
① 전전압 기동법 (5 [kW] 이하 소형)
② 리액터 기동법 (기동 전류를 제한하고자 할 때)
③ Y-△ 기동법 (5~15 [kW] 정도)
④ **기동 보상기법 (15 [kW] 이상)** **답 ④**

문제 44 다음 중 직류 전압을 직접 제어하는 것은?
① 단상 인버터   ② 브리지형 인버터
③ 초퍼형 인버터   ④ 3상 인버터

풀이
초퍼는 일정 입력 전원전압으로부터 초퍼된(짧게 자른) 부하전압을 만들며 전원으로부터 부하를 연결 혹은 단절하는 다이리스터 온/오프 스위치이다.

답 ③

문제 45 다음 중 권선형 유도 전동기의 2차 여자 제어법으로 사용되는 제어 방식은?
① 세르비우스 방식
② 플러깅 방식
③ 발전 방식
④ 회생 방식

풀이
권선형 유도전동기의 2차측에 2차 주파수와 같은 주파수로 적당한 크기와 위상의 전압을 외부에서 가하는 방법을 **2차 여자 제어**라 하고 **크래머(kramer) 방법과 세르비우스(scherbious) 방식**이 있다. **답 ①**

문제 46 가동 복권 발전기의 내부 결선을 바꾸어 직권 발전기로 사용하려면?
① 직권 계자를 단락시킨다.
② 분권 계자를 개방시킨다.
③ 직권 계자를 개방시킨다.
④ 외분권 복권형으로 한다.

풀이
가동 복권 발전기의 **분권 계자 권선을 개방시키면 직권 발전기**로 사용된다. 외분권 또는 내분권은 어느 것이나 복권 발전기의 일종이다. **답 ②**

문제 47 슈라게 전동기는 다음 중 어디에 속하는가?
① 단상 직권 정류자 전동기
② 단상 반발 전동기
③ 3상 직권 정류자 전동기
④ 3상 분권 정류자 전동기

풀이
3상 분권 정류자 전동기(three phase shunt commutator motor)는 여러 가지 종류가 있으나, 그 중에서 가장 많이 사용되고 특성이 좋은 것은 **슈라게 전동기**(schrage motor)이다. **답 ④**

제4과목 회로이론

문제 61 선형 회로와 가장 관계가 있는 것은?
① 중첩의 원리
② 데브낭의 정리
③ 키르히호프의 법칙
④ 패러데이의 전자 유도 법칙

풀이
· 중첩의 원리 : 선형 회로인 경우에만 적용한다.
· 키르히호프의 법칙 : 선형, 비선형에 무관하게 항상 성립된다.   답 ①

문제 62 $R-L-C$ 직렬 회로에서 진동 조건은 어느 것인가?
① $R < 2\sqrt{\dfrac{L}{C}}$ ② $R < 2\sqrt{\dfrac{C}{L}}$
③ $R < 2\sqrt{LC}$ ④ $R < \dfrac{1}{2\sqrt{LC}}$

풀이
· $R^2 = 4\dfrac{L}{C}$: 임계진동   · $R^2 - 4\dfrac{L}{C} > 0$: 비진동
· $R^2 - 4\dfrac{L}{C} < 0$: 진동   답 ①

문제 63 전류 $i = 5 + 10\sqrt{2}\sin 100t + 5\sqrt{2}\sin 200t$ [A]가 1 [H]의 인덕터에 흐르고 있을 때 인덕터에 축적되는 에너지는 몇 [J]인가?
① 75   ② 100   ③ 150   ④ 200

풀이
실효값 $I = \sqrt{I_1^2 + I_2^2 + I_3^2 + \cdots}$ 에서
$I = \sqrt{5^2 + 10^2 + 5^2} = 12.247$ [A]
$W = \dfrac{1}{2}LI^2 = \dfrac{1}{2} \times 1 \times (12.247)^2 = 75$ [J]   답 ①

문제 64 4단자 정수 A, B, C, D 에서 어드미턴스의 차원을 가진 정수는?
① A ② B ③ C ④ D

풀이
4단자 방정식에서
· $E_s = AE_r + BI_r$ · $I_s = CE_r + DI_r$ 에서
A : 전압비 차원, B : 임피던스 차원
C : 어드미턴스 차원, D : 전류비 차원   답 ③

제5과목 전기설비기술기준

문제 81 전압의 구분에 대한 설명으로 옳지 않은 것은?
① 전압은 저압, 고압, 특고압의 3종으로 구분한다.
② 저압은 직류는 600[V] 이하, 교류는 750[V] 이하이다.
③ 고압은 저압을 넘고 7[kV] 이하이다.
④ 특고압은 7[kV]를 넘는 것이다.

풀이
111 통칙
이 규정에서 적용하는 전압의 구분은 다음과 같다.

분 류	전압의 범위
저 압	· 직류 : 1.5 [kV] 이하 · 교류 : 1 [kV] 이하
고 압	· 직류 : 1.5 [kV]를 초과하고 7 [kV] 이하 · 교류 : 1 [kV]를 초과하고 7 [kV] 이하
특고압	7 [kV]를 초과

답 ②

문제 82 플로어덕트공사에 의한 저압 옥내 배선에서 연선을 사용하지 않아도 되는 전선(동선)의 단면적은 최대 몇 [mm²]인가?
① 2.5   ② 4   ③ 6   ④ 10

풀이
232.32 플로어덕트공사
플로어덕트공사에 의한 저압 옥내 배선은 다음 각호에 의하여 시설한다.
가. 전선은 절연전선(옥외용 비닐 절연전선을 제외한다)일 것.
나. 전선은 연선일 것. 다만, 단면적 10[mm²](알루미늄선은 단면적 16[mm²]) 이하인 것은 그러하지 아니하다.

다. 플로어덕트 안에는 전선에 접속점이 없도록 할 것. 다만, 전선을 분기하는 경우에 접속점을 쉽게 점검할 수 있을 때에는 그러하지 아니하다. **답 ④**

문제 83
단면적 50 [mm²]인 경동연선을 사용하는 특고압 가공 전선로의 지지물로 내장형의 B종 철근 콘크리트주를 사용하는 경우, 허용 최대 경간은 몇 [m]인가?

① 150   ② 250   ③ 300   ④ 500

풀이
333.21 특고압 가공전선로의 경간 제한
특고압 가공전선로의 경간은 표에서 정한 값 이하이어야 한다.

지지물의 종류	표준 경간 25[mm²] 이상의 경동연선	인장강도 21.67[kN] 이상 또는 단면적 50[mm²] 이상의 경동연선
목주·A종 철주 또는 A종 철근 콘크리트주	150[m] 이하	300[m]이하
B종 철주 또는 B종 철근 콘크리트주	250[m] 이하	500[m]이하
철탑	600[m] 이하 (단주인 경우 400[m])	600[m]이하

답 ④

문제 84
다음 중 특고압 전선로용으로 사용할 수 있는 케이블은?

① 비닐 외장 케이블   ② MI 케이블
③ CD 케이블   ④ 파이프형 압력 케이블

풀이
122.5 고압 및 특고압케이블
가. 사용전압이 고압인 전로의 전선으로 사용하는 케이블은
   ① 클로로프렌외장케이블
   ② 비닐외장케이블
   ③ 폴리에틸렌외장케이블
   ④ 콤바인 덕트 케이블
나. 사용전압이 **특고압인 전로에 전선**으로 사용하는 케이블은
   ① 절연체가 에틸렌 프로필렌고무혼합물 또는 가교폴리에틸렌 혼합물인 케이블로서 선심 위에 금속제의 전기적 차폐층을 설치한 것
   ② **파이프형 압력 케이블·연피케이블·알루미늄피케이블**
   ③ 금속피복을 한 케이블을 사용하여야 한다. **답 ④**

문제 85
220 [V]용 전동기의 절연 내력 시험시 시험 전압은 몇 [V]로 하여야 하는가?

① 300   ② 330
③ 450   ④ 500

풀이
133 회전기 및 정류기의 절연내력

종류		시험 전압	시험 방법
회전기	발전기·전동기·조상기·기타회전기	7 [kV] 이하	1.5배 (최저 500 [V])	권선과 대지 사이에 연속하여 10분간
		7 [kV] 초과	1.25배 (최저 10.5 [kV])	
	회전 변류기		직류측의 최대사용전압의 1배의 교류전압(최저 500 [V])	

∴ 시험 전압 = 220 × 1.5 = 330[V] 이나 최저 시험 전압이 500[V] 이므로 시험 전압은 500 [V]가 되어야 한다.

답 ④

문제 86
다음 중 저·고압 가공 전선과 가공 약전류 전선 등을 동일 지지물에 시설하는 경우 옳지 않은 것은?

① 가공 전선을 가공 약전류 전선 등의 위로하고 별개의 완금류에 시설할 것
② 전선로의 지지물로 사용하는 목주의 풍압하중에 대한 안전율은 1.5 이상일 것
③ 가공 전선과 가공 약전류 전선 등 사이의 이격거리는 저압과 고압 모두 75 [cm] 이상일 것
④ 가공 전선이 가공 약전류 전선에 대하여 유도 작용에 의한 통신상의 장해를 줄 우려가 있는 경우에는 가공 전선을 적당한 거리에서 연가할 것

풀이
332.21 고압 가공전선과 가공약전류전선 등의 공용설치
가. 전선로의 지지물로서 사용하는 목주의 풍압하중에 대한 안전율은 1.5 이상일 것.
나. 가공전선을 가공약전류전선 등의 위로하고 별개의 완금류에 시설할 것.
다. **가공전선과 가공약전류전선 등 사이의 이격거리는 저압**(다중 접지된 중성선을 제외한다)은 0.75[m] 이상, 고압은 1.5[m] 이상일 것.
라. 가공전선이 가공약전류전선에 대하여 유도작용에 의한 통신상의 장해를 줄 우려가 있는 경우에는 다음의 규정에 준하여 시설할 것.

① 가공전선과 가공약전류전선간의 이격거리를 증가 시킬 것.
② 교류식 가공전선로의 경우에는 가공전선을 적당한 거리에서 연가할 것.
③ 가공전선과 가공약전류전선 사이에 인장강도 5.26 [kN] 이상의 것 또는 지름 4[mm] 이상인 경동선의 금속선 2가닥 이상을 시설하고 규정에 준하여 접지 공사를 할 것.   답 ③

문제 87 변압기 중성점 접지 공사의 접지 저항값을 $\frac{150}{I}[\Omega]$으로 정하고 있는데, 이때 I에 해당되는 것은?

① 변압기의 고압측 또는 특고압측 전로의 1선 지락 전류의 암페어 수
② 변압기의 고압측 또는 특고압측 전로의 단락 사고시의 고장 전류의 암페어 수
③ 변압기 1차측과 2차측의 혼촉에 의한 단락 전류의 암페어 수
④ 변압기의 1차와 2차에 해당되는 전류의 합

풀이
142.5 변압기 중성점 접지
변압기의 중성점접지 저항 값은 다음에 의한다.
가. **변압기의 고압·특고압측 전로 1선 지락전류로 150을 나눈 값**과 같은 저항 값 이하
나. 사용전압이 35[kV] 이하의 특고압전로가 저압측 전로와 혼촉하고 저압전로의 대지전압이 150[V]를 초과하는 경우의 저항 값은 다음에 의한다.
 ① 1초 초과 2초 이내에 고압·특고압 전로를 자동으로 차단하는 장치를 설치할 때는 300을 나눈 값 이하
 ② 1초 이내에 고압·특고압 전로를 자동으로 차단하는 장치를 설치할 때는 600을 나눈 값 이하   답 ①

07년 1회 동일 및 유사 문제 (년도-회-번호)

1과목 전기자기학			
07	19-1-11	52	21-3-53
08	20-3-13	53	22-1-49
09	22-1-12	54	20-4-57
10	14-3-02	55	19-2-44
11	22-2-18	56	10-1-43
12	18-1-07	57	19-3-42
13	20-4-01	58	18-3-42
14	10-1-06	59	20-1,2-57
15	17-2-01	60	13-2-45
16	16-1-16	**4과목 회로이론**	
17	13-2-01	65	18-1-74
18	15-1-02	66	20-1,2-65
19	18-1-15	67	12-3-63
20	11-1-01	68	19-1-79
2과목 전력공학		69	22-3-62
25	15-3-27	70	22-1-62
26	13-1-22	71	19-1-73
27	19-3-28	72	14-2-61
28	17-2-25	73	19-2-62
29	18-1-36	74	21-3-80
30	22-2-21	75	22-2-80
31	16-2-26	76	13-1-68
32	21-3-40	77	21-1-61
33	12-3-23	78	09-2-61
34	21-1-31	79	19-2-78
35	20-1,2-26	80	20-4-74
36	21-1-28	**5과목 전기설비기술기준**	
37	21-1-21	88	21-1-100
38	20-3-26	89	19-3-84
39	22-1-31	90	19-2-88
40	18-3-38	91	18-2-95
3과목 전기기기		92	10-2-85
48	17-2-50	93	21-2-98
49	20-1,2-59	94	16-3-81
50	14-3-50	95	13-2-85
51	22-1-50	96	18-1-92

국가기술자격검정 필기시험 문제

2007년도 전기산업기사 일반검정 제 2 회				수검 번호	성 명
자격종목 및 등급(선택분야)	종목코드	시험시간	문제지형별		
전기산업기사	2140	2시간 30분	A		

제1과목 전기자기학

문제 01 다음 중 단위 체적당 발산 자화력선수를 나타내는 식은?
① $\nabla \times P$
② $\nabla \times M$
③ $\nabla \cdot M$
④ $\nabla \cdot P$

풀이
① $\nabla \times P$: 단위 면적의 폐루프에서 회전 분극선수
② $\nabla \times M$: 단위 면적의 폐루프에서 회전 자화력선수
③ $\nabla \cdot M$: **단위 체적당 발산 자화력선수**
④ $\nabla \cdot P$: 단위 체적당 발산 분극선수
답 ③

문제 02 쿨롱의 법칙을 이용한 것이 아닌 것은?
① 정전 고압 전압계
② 고압 집진기
③ 콘덴서 스피커
④ 콘덴서 마이크로폰

풀이
콘덴서 마이크로폰은 음파에 의한 정전 용량의 변화를 전압의 변화로 변환하는 것이다.
답 ④

문제 03 전위 계수에 있어서 $P_{11} = P_{21}$의 관계가 의미하는 것은?
① 도체 1과 도체 2가 멀리 떨어져 있다.
② 도체 1과 도체 2가 가까이 있다.
③ 도체 1이 도체 2의 내측에 있다.
④ 도체 2가 도체 1의 내측에 있다.

풀이
$P_{11} = P_{21}$: 도체 2가 도체 1속에 포함되어 있는 경우 즉, 도체 1이 도체 2를 감싸고 있다(**도체 2가 도체 1의 내측에 있다**).
답 ④

문제 04 자성체가 균일하게 자화되어 있을 때의 자극의 상태로 옳은 것은?
① 자성체에는 자극이 나타나지 않는다.
② 자성체 전체에 자극이 골고루 분포되어 나타난다.
③ 자성체의 내부에 자극이 나타난다.
④ 자성체의 양단면에 자극이 나타난다.

풀이
자극(magnetic pole)
① 거시적 의미 : 자기 작용이 강한 자석의 양단에 나타나며 극성은 정반대 $(+m, -m)$
② 미시적 의미 : 자성체의 내부 현상으로 전자의 자전운동(스핀 운동)에 의해 자기 쌍극자 모멘트가 생기므로 **자성체 전체에 자극**$(+m, -m)$**이 골고루 분포**한다.
∴ $\oint B \cdot dS = \Sigma m = 0$ (즉, $\text{div } B = 0$)
: 항상 동량의 서로 다른 부호의 자하가 존재 $(+m, -m)$
답 ②

문제 05 다음 ( )안에 들어갈 내용으로 알맞은 것은?

"유도 기전력은 ( )의 변화를 방해하는 방향으로 생기며, 그 크기는 ( )의 시간적인 변화율과 같다."

① 전압
② 전류
③ 전자파
④ 쇄교자속

풀이
유도기전력 $e = -n\dfrac{d\phi}{dt}$
① 패러데이 법칙 : 유도기전력의 크기 결정
  (권선수 n 및 $\dfrac{d\phi}{dt}$에 비례)
② 렌쯔의 법칙 : 유도기전력의 방향 결정
  ("−" 부호 : **자속변화를 방해하는 방향**)
답 ④

문제 06 두 유전체의 경계면에서 정전계가 만족하는 것은?

① 전계의 법선 성분이 같다.
② 전속 밀도의 접선 성분이 같다.
③ 경계면상의 두 점의 전위는 서로 같다.
④ 전속은 유전율이 작은 유전체로 모인다.

풀이
경계 조건
- 전속밀도의 법선 성분(수직 성분)이 같다.
  ($D_1 \cos\theta_1 = D_2 \cos\theta_2$)
- 전계는 접선 성분(평행 성분)이 같다.
  ($E_1 \sin\theta_1 = E_2 \sin\theta_2$)
- **두 경계면에서의 전위는 서로 같다.** ($V_1 = V_2$)
- $\epsilon_1 > \epsilon_2$이면, $\theta_1 > \theta_2$이다.
- $\dfrac{\tan\theta_1}{\tan\theta_2} = \dfrac{\epsilon_1}{\epsilon_2}$
- 전속선은 유전율이 큰 유전체 쪽으로 모이려는 성질이 있다.

답 ③

문제 07 대향면적 $S=100[\text{cm}^2]$의 평행판 콘덴서가 비유전율 2.1, 절연내력 1.2×10^5 [V/cm]인 기름 중에 있을 때 축적되는 최대 전하는 몇 [C]인가?

① 2.23×10^{-6} ② 3.14×10^{-6}
③ 4.28×10^{-6} ④ 6.28×10^{-6}

풀이
$Q = CV = \dfrac{\epsilon_0 \epsilon_s S}{d} \cdot E_d = \epsilon_0 \epsilon_s S E$
$\therefore Q = (8.855 \times 10^{-12}) \times 2.1 \times (100 \times 10^{-4})$
$\qquad \times (1.2 \times 10^5 \times 10^2)$
$\qquad = 2.23 \times 10^{-6} [C]$

답 ①

문제 08 한 쪽 지름이 다른 쪽 지름의 6배인 2개의 금속구가 가늘고 긴 전선으로 접속되어 대전되어 있다. 큰 쪽은 작은 쪽보다 몇 배의 정전 에너지가 축적되는가?

① 3   ② 6   ③ 18   ④ 36

풀이
두 금속구의 정전 용량 $C_1 = 4\pi\epsilon_0 a$, $C_2 = 4\pi\epsilon_0 (6a) = 6C_1$
두 금속구의 전위는 전선으로 접속되어 공통 전위 V
$W_1 = \dfrac{1}{2} C_1 V$

$W_2 = \dfrac{1}{2} C_2 V = \dfrac{1}{2}(6C_1)V = 6 \cdot \dfrac{1}{2} C_1 V = 6 W_1$ (6배)

답 ②

제2과목 전력공학

문제 21 이상 전압의 발생 우려가 가장 적은 중성점 접지 방식은?

① 저항 접지 방식   ② 소호 리액터 접지 방식
③ 직접 접지 방식   ④ 비접지 방식

풀이

방식	보호 계전기 동작	지락 전류	고장중 운전	전위 상승	과도 안정도	유도 장해	특징
직접 접지 (22.9, 154, 345 [kV])	확실	최대	×	1.3	최소	최대	중성점영전위, 단절연가능
저항 접지	↓	↓	×	$\sqrt{3}$	↓	↓	
비접지(3.3, 6.6 [kV])	×	↓	가능	$\sqrt{3}$	↓	↓	저전압 단거리에 적용
소호 리액터 접지(66[kV])	불확실	최소	가능	$\sqrt{3}$ 이상	최대	최소	병렬공진, 고장전류최소

답 ③

문제 22 총낙차 300 [m], 사용 수량 20 [m³/s]인 수력 발전소의 발전기 출력은 약 몇 [kW]인가? (단, 수차 및 발전기 효율은 각각 90 [%], 98 [%]이고, 손실 낙차는 총낙차의 6 [%]라 한다.)

① 49   ② 52   ③ 77   ④ 87

풀이
발전소 출력 $P = 9.8 Q H \eta_t \eta_g$에서
$P = 9.8 \times 20 \times (300 - 300 \times 0.06) \times 0.9 \times 0.98 \times 10^{-3}$
$\quad = 48.75 [\text{kW}]$

답 ①

문제 23 전력선과 통신선과의 상호 인덕턴스에 의하여 발생되는 유도 장해는?

① 전력 유도 장해   ② 고조파 유도 장해
③ 전자 유도 장해   ④ 정전 유도 장해

풀이
- 전자 유도 장해 : 전력선과 통신선과의 상호 인덕턴스에 기인
- 정전 유도 장해 : 전력선과 통신선과의 정전용량에 기인

답 ③

문제 24 계통의 기기 절연을 표준화하고 통일된 절연 체계를 구성하는 목적으로 절연계급을 설정하고 있다. 이 절연계급에 해당하는 내용을 무엇이라 부르는가?
① 제한 전압
② 기준 충격 절연 강도
③ 상용 주파 내전압
④ 보호 계전

풀이
기준 충격 절연 강도(BIL, basic impulse insulation level)는 기기 절연을 표준화할 목적으로 제정되었으며, 또 통일된 절연 체계를 구성할 목적으로 절연계급을 설정하고 있다.

답 ②

문제 25 PWR(Pressurized Water Reactor)형 발전용 원자로에서 감속재, 냉각재 및 반사체로서의 구실을 겸하여 주로 사용되고 있는 것은?
① 경수(H_2O)
② 중수(D_2O)
③ 흑연
④ 액체 금속(Na)

풀이

종류	연료	감속재	냉각재
가스 냉각로(GCR)	천연우라늄	흑연	탄산가스
가압수형 경수로(PWR)	저농축우라늄	경수	경수
비등수형 경수로(BWR)	저농축우라늄	경수	경수
중수로(CANDU)	천연우라늄	중수	중수
고속 증식로(FBR)	농축우라늄, 플루토늄	-	나트륨

답 ①

문제 26 5700 [kcal/kg]의 석탄을 150 [ton] 소비해서 200,000 [kWh]를 발전했을 때, 발전소의 효율은 약 몇 [%]인가?
① 12 ② 16 ③ 20 ④ 24

풀이
$E_2 = 200,000\,[\text{kWh}]$
$E_1 = \dfrac{WC}{860} = \dfrac{150 \times 1000 \times 5700}{860}\,[\text{kWh}]$

$\eta = \dfrac{E_2}{E_1} = \dfrac{860 E_2}{WC} = \dfrac{860 \times 200,000}{150 \times 1000 \times 5700} = 0.2 = 20\,[\%]$

답 ③

문제 27 송전 선로의 코로나 손실을 나타내는 Peek 식에서 E_0에 해당하는 것은? (단, Peek식
$P = \dfrac{241}{\delta}(f+25)\sqrt{\dfrac{d}{2D}}(E-E_0)^2 \times 10^{-5}$
[kW/km/선] 이다)
① 코로나 임계 전압
② 전선에 걸리는 대지 전압
③ 송전단 전압
④ 기준 충격 절연 강도 전압

풀이
δ : 상대 공기 밀도, D : 선간 거리, d : 전선의 지름
f : 주파수, E : 전선에 걸리는 대지 전압,
E_0 : 코로나 임계 전압

답 ①

제3과목 전기기기

문제 41 권선형 유도 전동기의 기동시 2차 저항을 넣는 이유는?
① 기동 전류 증대
② 회전수 감소
③ 기동 토크 감소
④ 기동 전류 감소와 토크 증대

풀이
- 권선형 유도 전동기의 기동법 : 2차측의 슬립링을 통하여 기동 저항을 삽입하고 비례 추이의 특성을 이용하여 속도-토크 특성을 변화시켜 가면서 기동하는 방식으로서, **기동전류는 줄이고 기동 토크는 증가시킨다.**

답 ④

문제 42 단상 변압기에서 전부하시 2차 전압은 115 [V]이고, 전압 변동률은 2 [%]이다. 1차 단자 전압은 몇 [V]인가? (단, 1차, 2차 권선비는 20 : 1이다.)
① 2326
② 2336
③ 2346
④ 2356

풀이

$$V_{10} = V_{1n}\left(1+\frac{\epsilon}{100}\right) = aV_{2n}\left(1+\frac{\epsilon}{100}\right)$$
$$= 20 \times 115 \times \left(1+\frac{2}{100}\right) = 2346 \,[V]$$

답 ③

풀이

$$\text{실효값} = \sqrt{\frac{1}{T}\int_0^T i^2 dt} = \frac{1}{\text{파고율}} \times \text{최대값}$$
$$= \text{파형률} \times \text{평균값}$$
$$= \frac{1}{\sqrt{2}} \text{최대값} = \frac{\pi}{2\sqrt{2}} \text{평균값}$$

답 ②

제4과목 회로이론

문제 61 어느 3상 회로의 선간 전압을 측정하니 $V_a = 120\,[V]$, $V_b = -60-j80\,[V]$, $V_c = -60+j80\,[V]$이었다. 불평형률[%]은?

① 13 ② 27
③ 34 ④ 41

풀이

$$V_1 = \frac{1}{3}(V_a + aV_b + a^2 V_c)$$
$$= \frac{1}{3}\Big\{120 + \left(-\frac{1}{2}+j\frac{\sqrt{3}}{2}\right)(-60-j80)$$
$$+ \left(-\frac{1}{2}-j\frac{\sqrt{3}}{2}\right)(-60+j80)\Big\}$$
$$= \frac{1}{3}(120 + 60 + 80\sqrt{3}) = 106.2\,[V]$$

$$V_2 = \frac{1}{3}(V_a + a^2 V_b + aV_c)$$
$$= \frac{1}{3}\Big\{120 + \left(-\frac{1}{2}-j\frac{\sqrt{3}}{2}\right)(-60-j80)$$
$$+ \left(-\frac{1}{2}+j\frac{\sqrt{3}}{2}\right)(-60+j80)\Big\}$$
$$= \frac{1}{3}(120 + 60 - 80\sqrt{3}) = 13.8\,[V]$$

$$\therefore \text{불평형률} = \frac{|V_2|}{|V_1|} \times 100 = \frac{13.8}{106.2} \times 100 = 13\,[\%]$$

답 ①

문제 62 정현파 교류의 실효값을 구하는 식이 잘못된 것은?

① $\sqrt{\dfrac{1}{T}\int_0^T i^2 dt}$ ② 파고율×평균치
③ $\dfrac{\text{최대값}}{\sqrt{2}}$ ④ $\dfrac{\pi}{2\sqrt{2}} \times$평균치

문제 63 $R-C$ 직렬 회로의 시정수는 RC 이다. 시정수의 단위는 어떻게 되는가?

① Ω ② $\Omega \mu F$
③ sec ④ Ω/F

풀이
- RC 직렬 회로의 시정수 $\tau = RC\,[\text{sec}]$
- RL 직렬 회로의 시정수 $\tau = \dfrac{L}{R}\,[\text{sec}]$

답 ③

문제 64 그림의 사다리꼴 회로에서 출력 전압 V_L [V]은?

① 2
② 3
③ 4
④ 6

풀이 전압분배 법칙을 적용하면 된다. 처음 B점의 우측의 합성 저항은 10 [kΩ]이며, 이 저항이 아래측의 10 [kΩ]과 병렬로 되어 B점의 합성저항은 5 [kΩ]이 된다. A점에서도 동일하게 되어 5 [kΩ]이 된다. 즉 24 [V]는 1/2씩 A점을 중심으로 나누어 걸리게 된다. 따라서, A점의 전위는 12 [V], 마찬가지로 B점의 전위는 6 [V], C점의 전위는 3 [V]가 된다.

답 ②

문제 65 비사인파의 실효값은 어떻게 되는가?

① 각 고조파의 실효값의 합
② 각 고조파의 실효값 제곱의 합의 제곱근
③ 기본파와 3고조파 성분의 합
④ 각 고조파의 실효값의 합의 평균

풀이
왜형파의 실효값은 **각 고조파 실효값 제곱의 합의 제곱근**이다.

$$V = \sqrt{V_0^2 + V_1^2 + V_3^2 + \cdots}$$
$$= \sqrt{V_0^2 + \left(\frac{V_{m1}}{\sqrt{2}}\right)^2 + \left(\frac{V_{m3}}{\sqrt{2}}\right)^2 + \cdots}$$

답 ②

문제 66 2개의 교류 전압
$v_1 = 100\sin\left(377t + \frac{\pi}{6}\right)$[V]와
$v_2 = 100\sqrt{2}\sin\left(377t + \frac{\pi}{3}\right)$[V]가 있다. 옳게 표시된 것은?

① v_1과 v_2의 주기는 모두 1/60[sec] 이다.
② v_1과 v_2의 주파수는 377[Hz] 이다.
③ v_1과 v_2는 동상이다.
④ v_1과 v_2의 실효값은 100[V], 100$\sqrt{2}$[V]이다.

풀이
$\omega = 2\pi f = 377$ 에서 $f = \frac{377}{2\pi} = 60$[Hz]
$T = \frac{1}{f}$ 이므로 $T = \frac{1}{60}$

답 ①

제5과목 전기설비기술기준

문제 81 터널 등에 시설하는 고압 배선이 그 터널 등에 시설하는 다른 고압 배선, 저압 배선, 약전류 전선 등 또는 수관·가스관이나 이와 유사한 것과 접근하거나 교차하는 경우에는 몇 [cm] 이상 이격하여야 하는가?

① 10 ② 15
③ 20 ④ 25

풀이
335.2 터널 안 전선로의 전선과 약전류전선 등 또는 관 사이의 이격거리
터널 안의 전선로의 고압 전선 또는 특고압 전선이 그 터널 안의 저압 전선·고압 전선·약전류전선 등 또는 수관·가스관이나 이와 유사한 것과 접근하거나 교차하는 경우에 이들 사이의 **이격거리는 0.15[m] 이상**이어야 한다.

답 ②

문제 82 전력 보안 가공통신선을 도로 위, 철도 또는 궤도, 횡단 보도교 위 등이 아닌 일반적인 장소에 시설하는 경우에는 지표상 몇 [m] 이상으로 시설하여야 하는가?

① 3.5 ② 4
③ 4.5 ④ 5

풀이
362.2 전력보안통신선의 시설 높이와 이격거리
1. 전력 보안 가공통신선(이하 "가공통신선"이라 한다)의 높이는 다음을 따른다.

구분		지상고	비고
도로 (차도)	일반적인 경우	5.0[m] 이상	
	교통에 지장을 안 주는 경우	4.5[m]이상	
철도 또는 궤도 횡단 시		6.5[m] 이상	레일면상
횡단보도교 위		3.0[m] 이상	그 노면상
기타		3.5[m] 이상	

답 ①

문제 83 3[kV]의 고압 옥내 배선을 케이블 공사로 설계하는 경우 사용할 수 없는 케이블은?
① 연피 케이블
② 비닐 외장 케이블
③ MI 케이블
④ 클로로프렌 외장 케이블

풀이
122.5 고압 및 특고압케이블
가. 사용전압이 **고압인 전로의 전선**으로 사용하는 케이블은
  ① 클로로프렌외장케이블
  ② 비닐외장케이블
  ③ 폴리에틸렌외장케이블
  ④ 콤바인 덕트 케이블
나. 사용전압이 특고압인 전로에 전선으로 사용하는 케이블은
  ① 절연체가 에틸렌 프로필렌고무혼합물 또는 가교폴리에틸렌 혼합물인 케이블로서 선심 위에 금속제의 전기적 차폐층을 설치한 것
  ② 파이프형 압력 케이블·연피케이블·알루미늄피케이블
  ③ 금속피복을 한 케이블
참고로 **MI 케이블은 저압만 사용한다.**

답 ③

문제 84 전기 온상의 발열선의 온도는 몇 [℃]를 넘지 아니하도록 시설하여야 하는가?

① 70 ② 80
③ 90 ④ 100

풀이

241.5 전기온상 등
가. 전기온상에 전기를 공급하는 전로의 대지전압은 300[V] 이하일 것.
나. **발열선은 그 온도가 80[℃]를 넘지 않도록 시설할 것.**
다. 발열선과 조영재 사이의 이격거리는 0.025[m] 이상으로 할 것.
라. 발열선의 지지점 간의 거리는 1[m] 이하일 것. 다만, 발열선 상호 간의 간격이 0.06[m] 이상인 경우에는 2[m] 이하로 할 수 있다.

답 ②

07년 2회 — 동일 및 유사 문제 (년도-회-번호)

1과목 전기자기학
- 09 17-1-08
- 10 21-2-07
- 11 17-3-17
- 12 17-3-04
- 13 20-1,2-10
- 14 10-1-03
- 15 15-1-07
- 16 22-2-07
- 17 09-2-02
- 18 20-4-05
- 19 17-2-01
- 20 18-3-12

2과목 전력공학
- 28 20-4-24
- 29 18-1-37
- 30 18-2-34
- 31 20-3-27
- 32 14-1-25
- 33 10-2-25
- 34 21-2-37
- 35 09-3-24
- 36 20-3-26
- 37 19-1-24
- 38 22-2-31
- 39 21-3-34
- 40 22-2-29

3과목 전기기기
- 43 20-3-58
- 44 17-1-59
- 45 13-3-44
- 46 18-3-52
- 47 20-1,2-57
- 48 20-1,2-59
- 49 22-2-58
- 50 19-3-42
- 51 22-2-59
- 52 21-1-45
- 53 21-3-57
- 54 13-1-41
- 55 22-1-54
- 56 09-2-45
- 57 19-3-50
- 58 14-1-50
- 59 22-3-48
- 60 16-2-49

4과목 회로이론
- 67 19-2-63
- 68 21-2-65
- 69 18-1-71
- 70 22-1-70
- 71 22-3-73
- 72 20-3-62
- 73 18-3-67
- 74 21-3-80
- 75 22-1-67
- 76 15-1-62
- 77 19-2-74
- 78 17-2-69
- 79 09-1-62
- 80 11-1-67

5과목 전기설비기술기준
- 85 21-2-84
- 86 18-3-82
- 87 16-2-89
- 88 20-4-92
- 89 22-1-90
- 90 21-1-83
- 91 22-3-91
- 92 18-3-94
- 93 20-1,2-92
- 94 21-3-98
- 95 09-3-82

국가기술자격검정 필기시험 문제

2007년도 전기산업기사 일반검정 제3회

자격종목 및 등급(선택분야)	종목코드	시험시간	문제지형별
전기산업기사	2140	2시간 30분	A

제1과목 전기자기학

문제 01 그림과 같이 권수 N[회], 평균 반지름 r [m]인 환상 솔레노이드에 I[A]의 전류가 흐를 때 중심 O점의 자계의 세기는 몇 [AT/m]인가? 단, 누설 자속은 없다고 함.

① 0
② NI
③ $\dfrac{NI}{2\pi r}$
④ $\dfrac{NI}{2\pi r^2}$

풀이
환상 솔레노이드의 자계
• 코일 내부 $H = \dfrac{NI}{2\pi r}$
• 코일 외부 $H = 0$

답 ①

문제 02 반지름 r의 직선상 도체에 전류 I가 고르게 흐를 때 도체 내의 전자 에너지와 관계가 없는 것은?

① 투자율
② 도체의 단면적
③ 도체의 길이
④ 전류의 크기

풀이
도체 내의 인덕턴스 $L_i = \dfrac{\mu l}{8\pi}$에서 도체 내의 전자 에너지는

$$W_i = \dfrac{1}{2}L_i I^2 = \dfrac{1}{2} \cdot \dfrac{\mu l}{8\pi} I^2 = \dfrac{\mu l}{16\pi} I^2 [\text{J}]$$

으로서 반지름 r과는 무관하므로 도체의 단면적과도 관계 없다.

답 ②

문제 03 면적 19.6 [cm²], 두께 5 [mm]의 판상 플라스틱 양면에 전극을 설치하고, 정전 용량을 측정하였더니 21.8 [pF]이었다. 이 재료의 비유전율은 약 얼마인가?

① 3.3
② 4.3
③ 5.3
④ 6.3

풀이
평행판 콘덴서의 정전용량 $C = \epsilon \dfrac{S}{d}$ [F]에서

$$21.8 \times 10^{-12} = \epsilon_0 \epsilon_s \dfrac{19.6 \times 10^{-4}}{5 \times 10^{-3}}$$

따라서, $\epsilon_s = \dfrac{21.8 \times 10^{-12} \times 5 \times 10^{-3}}{8.855 \times 10^{-12} \times 19.6 \times 10^{-4}} = 6.28$

답 ④

문제 04 다음 중 실용상 영(0) 전위의 기준으로 가장 적합한 것은?

① 자유공간
② 무한 원점
③ 철제 부분
④ 대지

풀이
지구는 정전 용량이 크므로 많은 전하가 축적되어도 지구의 전위는 일정하다. 모든 전기 장치를 접지시키고 **대지**를 **실용상 영전위**로 한다.

답 ④

문제 05 구리 중에는 1 [cm³]에 8.5×10^{22}개의 자유 전자가 있다. 단면적 2 [mm²]의 구리선에 10 [A]의 전류가 흐를 때의 자유 전자의 평균 속도는 약 몇 [cm/s]인가?

① 0.037
② 0.37
③ 3.7
④ 37

풀이
전류 $I = nevS$

$$i = \dfrac{I}{S} = \dfrac{10}{2 \times 10^{-6}} = 5 \times 10^6 [\text{A/m}^2] = 500 [\text{A/cm}^2]$$

평균 속도 $v = \dfrac{I}{neS} = \dfrac{i}{ne} = \dfrac{500}{8.5\times 10^{22}\times 1.602\times 10^{-19}}$
$= 0.0367 [\text{cm/s}]$ 　　답 ①

문제 06 다음 설명 중 옳은 것은?
① 상자성체는 자화율이 0보다 크고, 반자성체에서는 자화율이 0보다 작다.
② 상자성체는 투자율이 1보다 작고, 반자성체에서는 투자율이 1보다 크다.
③ 반자성체는 자화율이 0보다 크고, 투자율이 1보다 크다.
④ 상자성체는 자화율이 0보다 작고, 투자율이 1보다 크다.

풀이
- 상자성체 : 자화율 $\chi > 0$, 비투자율 $\mu_r > 1$
- 반자성체 : 자화율 $\chi < 0$, 비투자율 $\mu_r < 1$
- 강자성체 : 비투자율 $\mu_r \gg 1$ 　　답 ①

문제 07 벡터의 계산에서 옳지 않은 것은?
① $i \cdot i = j \cdot j = k \cdot k = 1$
② $i \cdot j = j \cdot k = k \cdot i = 0$
③ $i \times i = j \times j = k \times k = 1$
④ $|A \times B| = AB\sin\theta$

풀이
- $A \cdot B = AB\cos\theta$
- $A \times B = AB\sin\theta$
- $i \times i = j \times j = k \times k = 0$
  (i와 i의 위상차는 0°이므로 $\sin 0° = 0$. 따라서, $i \times i = 0$이 된다) 　　답 ③

제2과목 전력공학

문제 21 중유 연소 기력 발전소의 공기 과잉률은 대략 얼마인가?
① 0.05　　② 1.05
③ 2.38　　④ 3.45

풀이
- 공기 과잉율 = $\dfrac{\text{실제 소요 공기량}}{\text{이론 공기량}}$
- 미분탄 연소 1.2~1.4 정도
- 중유 연소 1.05를 목표로 하고 있다. 　　답 ②

문제 22 다음은 수압관 내의 평균 유속을 V [m/s], 사용 유량을 Q [m³/s]라 하고, 관의 직경을 D [m]라고 하면, 사용 유량 Q를 구하는 식은?
① $\dfrac{\pi}{4} \cdot D^2 \cdot V$ [m³/s]
② $\dfrac{4}{\pi} \cdot D^2 \cdot V$ [m³/s]
③ $4\pi \cdot D^2$ [m³/s]
④ $4\pi \cdot D \cdot V$ [m³/s]

풀이
$Q = AV = \dfrac{1}{4}\pi D^2 \cdot V$ [m³/s] 　　답 ①

문제 23 중거리 송전선로의 T형 회로에서 송전단 전류 I_s는? 단, Z, Y는 선로의 직렬 임피던스와 병렬 어드미턴스이고 E_r은 수전단 전압, I_r은 수전단 전류이다.
① $I_r\left(1 + \dfrac{ZY}{2}\right) + YE_r$
② $E_r\left(1 + \dfrac{ZY}{2}\right) + ZI_r\left(1 + \dfrac{ZY}{4}\right)$
③ $E_r\left(1 + \dfrac{ZY}{2}\right) + ZI_r$
④ $I_r\left(1 + \dfrac{ZY}{2}\right) + YE_r\left(1 + \dfrac{ZY}{4}\right)$

풀이
T회로에서 4단자 정수
$\begin{bmatrix} A & B \\ C & D \end{bmatrix} = \begin{bmatrix} 1 & \dfrac{Z}{2} \\ 0 & 1 \end{bmatrix}\begin{bmatrix} 1 & 0 \\ Y & 1 \end{bmatrix}\begin{bmatrix} 1 & \dfrac{Z}{2} \\ 0 & 1 \end{bmatrix}$
$= \begin{bmatrix} 1 + \dfrac{YZ}{2} & Z\left(1 + \dfrac{YZ}{4}\right) \\ Y & 1 + \dfrac{YZ}{2} \end{bmatrix}$

$\therefore I_s = CE_r + DI_r = YE_r + \left(1 + \dfrac{YZ}{2}\right)I_r$ 　　답 ①

문제 24 다음 중 핵연료의 특성으로 적합하지 않은 것은?
① 높은 융점을 가져야 한다.
② 낮은 열전도율을 가져야 한다.
③ 부식에 강해야 한다.
④ 방사선에 안정하여야 한다.

풀이
핵연료의 구비 조건
① 중성자를 빨리 감속시킬 수 있을 것
② 중성자 흡수 단면적이 작을 것
③ **열전도율이 높고, 내식성, 내방사성이 우수할 것**
④ 가볍고, 밀도가 클 것 답 ②

제3과목 전기기기

문제 41 직류기의 전기자 권선에 있어서 m중 중권일 때 내부 병렬 회로수는 어떻게 되는가?
단, a : 내부 병렬 회로수, p : 극수이다.
① $a = \dfrac{p}{m}$ ② $a = mp$
③ $a = p - m$ ④ $a = \dfrac{m}{p}$

풀이
중권과 파권의 비교

비교 항목	단중 중권	단중 파권
전기자의 병렬 회로수(a)	$p(mp)$	2 ($2m$)
브러시 수(b)	p	2
용도	저전압, 대전류	고전압, 소전류
균압 접속	4극 이상이면 균압 접속을 하여야 한다.	균압 접속은 필요 없다.

여기서, m : 다중도 답 ②

문제 42 3000 [V], 60 [Hz], 8극, 100 [kW]의 3상 유도 전동기가 있다. 전부하에서 2차 동손이 3 [kW], 기계손이 2 [kW]이라면 전부하 회전수는 약 몇 [rpm]인가?
① 874   ② 762
③ 682   ④ 574

풀이
2차 입력 $P_2 = P + P_m + P_{c2} = 100 + 2.0 + 3.0 = 105 [\text{kW}]$
$s = \dfrac{P_{c2}}{P_2} = \dfrac{3.0}{105} = \dfrac{1}{35}$
$\therefore N = (1-s)N_s = \left(1 - \dfrac{1}{35}\right) \times \dfrac{120 \times 60}{8} = 874 [\text{rpm}]$ 답 ①

문제 43 변압기 유(油)의 열화에 따른 영향으로 옳지 않은 것은?
① 침식 작용   ② 절연 내력의 저하
③ 냉각 효과의 감소   ④ 공기 중 수분의 흡수

풀이
변압기 기름의 열화의 영향은
① 절연 내력의 저하
② 냉각 효과의 감소
③ 침식 작용
수분 흡수는 열화의 원인에 해당된다. 답 ④

문제 44 변압기의 표유부하손이란?
① 동손, 철손
② 부하 전류 중 누전에 의한 손실
③ 권선이외 부분의 누설 자속에 의한 손실
④ 무부하시 여자 전류에 의한 동손

풀이
총손실
1. 무부하손(철손)
   ① 와류손 : 와전류에 의해 발생
   ② 히스테리시스손 : 잔류 자기와 보자력에 의해 발생
2. 부하손
   ① 전부하 동손 : 권선에 의해 발생
   ② **표유부하손 : 권선 이외 부분의 누설 자속에 의해 발생** 답 ③

문제 45 다음은 SCR에 관한 설명이다. 적당하지 않은 것은?
① 3단자 소자이다.
② 스위칭 소자이다.
③ 직류 전압만을 제어한다.
④ 적은 게이트 신호로 대전력을 제어한다.

풀이
SCR은 게이트에 (+)의 트리거 펄스가 인가되면 통전 상태로 되어 **정류 작용이 개시**되고, 일단 통전이 시작되면 게이트 전류를 차단해도 주전류(애노드 전류)는 차단되지 않는다. 이때에 이를 차단 하려면 애노드 전압을 (0) 또는 (−)로 해야 한다. 그러므로 DC 회로에서는 일단 흐르기 시작한 전류를 차단시키는 방법이 부과되지 않으면 안되지만 AC 회로에서는 애노드 전압이 반주기마다 (0) 또는 (−)가 되므로 문제가 되지 않는다. **답 ③**

문제 46 3상 유도 전동기의 기동법 중 전전압 기동에 대한 설명으로 옳지 않은 것은?
① 소용량 농형 전동기의 기동법이다.
② 소용량의 농형 전동기에서는 일반적으로 기동 시간이 길다.
③ 기동시에는 역률이 좋지 않다.
④ 전동기 단자에 직접 정격 전압을 가한다.

풀이
전전압 기동법은 전동기에 별도의 기동장치를 두지 않고 정격전압을 가하여 기동하는 방식으로 **기동시간이 짧고 용량이 적은 유도전동기에 적합**하다. 기동 전류는 정격 전류의 4~6배 정도 흐르게 된다. **답 ②**

문제 47 100[V], 10[A], 전기자 저항 1[Ω], 회전수 1800[rpm]인 직류 전동기의 역기전력 몇 [V]인가?
① 120 ② 110 ③ 100 ④ 90

풀이
역기전력 $E_c = V - I_a R_a = 100 - 10 \times 1 = 90[V]$ **답 ④**

문제 48 직류 전동기의 제동법 중 발전 제동을 옳게 설명한 것은?
① 전동기가 정지할 때까지 제동 토크가 감소하지 않는 특징을 지닌다.
② 전동기를 발전기로 동작시켜 발생하는 전력을 전원으로 반환함으로써 제동한다.
③ 전기자를 전원과 분리한 후 이를 외부 저항에 접속하여 전동기의 운동 에너지를 열에너지로 소비시켜 제동한다.
④ 운전 중인 전동기의 전기자 접속을 반대로 접속하여 제동한다.

풀이
- **발전 제동** : 전동기를 발전기로 동작시켜 그때 발생된 전력을 열로 소비하여 제동하는 방법
- **회생 제동** : 전동기를 발전기로 동작시켜 발생하는 전력을 전원으로 반환함으로써 제동
- **역상 제동(플러깅 제동)** : 전기자의 결선을 바꾸어 역방향의 토크를 발생하여 급제동하는 방법 **답 ③**

제4과목 회로이론

문제 61 그림에서 a, b단자에 200 [V]를 가할 때 저항 2[Ω]에 흐르는 전류 I_1[A]는?
① 40
② 30
③ 20
④ 10

풀이
회로의 합성 저항 R은
$$R = 2.8 + \frac{2 \times 3}{2+3} = 4[\Omega] \quad \therefore I = \frac{200}{4} = 50[A]$$
다음 전류 분배 법칙에 따라
$$I_1 = \frac{R_2}{R_1 + R_2} \times I = \frac{3}{2+3} \times 50 = 30[A]$$
답 ②

문제 62 그림과 같이 $V = 96 + j28$ [V], $Z = 4 - j3[\Omega]$이다. 전류 I [A]는?
단, $\alpha = \tan^{-1}\frac{4}{3}$, $\beta = \tan^{-1}\frac{3}{4}$이다.

① $20e^{j\alpha}$
② $10e^{j\alpha}$
③ $20e^{j\beta}$
④ $10e^{j\beta}$

풀이
$$I = \frac{V}{Z} = \frac{96+j28}{4-j3} = \frac{(96+j28)(4+j3)}{(4-j3)(4+j3)}$$
$$= 20\underline{/\tan^{-1}\frac{16}{12}} = 20\underline{/\tan^{-1}\frac{4}{3}} = 20e^{j\alpha}$$
답 ①

문제 63 100 [Ω]의 저항에 흐르는 전류가
$i = 5 + 14.14\sin t + 7.07\sin 2t$ [A]
일 때 저항에서 소비하는 평균 전력은 몇 [W]인가?
① 20000 ② 15000
③ 10000 ④ 7500

풀이
비정현파 교류의 실효 전류
$I = \sqrt{I_0^2 + \left(\dfrac{I_{m1}}{\sqrt{2}}\right)^2 + \left(\dfrac{I_{m2}}{\sqrt{2}}\right)^2 + \cdots + \left(\dfrac{I_{mn}}{\sqrt{2}}\right)^2}$ 에서
$I = \sqrt{5^2 + \left(\dfrac{14.14}{\sqrt{2}}\right)^2 + \left(\dfrac{7.07}{\sqrt{2}}\right)^2} = 12.25$ [A]
∴ 전력 $P = I^2 R = 12.25^2 \times 100 = 15006$ [W]가 된다. **답** ②

문제 64 그림과 같은 회로에서 Z_1의 단자 전압 $V_1 = \sqrt{3} + jy$ [V], Z_2의 단자 전압 $V_2 = |V|\underline{/30°}$ [V]일 때 y 및 $|V|$의 값은?

① 1, $\sqrt{3}$
② $2\sqrt{3}$, 1
③ $\sqrt{3}$, 2
④ 1, 2

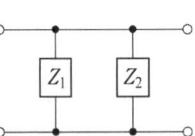

풀이
그림에서 $V_1 = V_2$
$\sqrt{3} + jy = |V|(\cos 30° + j\sin 30°) = \dfrac{\sqrt{3}}{2}|V| + j\dfrac{1}{2}|V|$
실수부와 허수부끼리 같아야 하므로
$\dfrac{\sqrt{3}}{2}|V| = \sqrt{3}$
$|V| = 2$, $y = \dfrac{1}{2}|V| = \dfrac{1}{2} \times 2 = 1$ **답** ④

문제 65 $\dfrac{di(t)}{dt} + 4i(t) + 4\int i(t)dt = 50u(t)$
를 라플라스 변환하여 전류 $i(t)$의 값을 구하면?
단, $t = 0$에서 $i(0) = 0$, $\int_{\infty}^{0} i(t)dt = 0$이다.

① $-50e^{-2t}$
② $-50e^{2t}$
③ $50te^{2t}$
④ $50te^{-2t}$

풀이
양변을 라플라스 변환하면
$sI(s) + 4I(s) + \dfrac{4}{s}I(s) = \dfrac{50}{s}$
$I(s)\left(s + 4 + \dfrac{4}{s}\right) = \dfrac{50}{s}$
$I(s) = \dfrac{\dfrac{50}{s}}{s + 4 + \dfrac{4}{s}} = \dfrac{50}{s^2 + 4s + 4} = \dfrac{50}{(s+2)^2}$
∴ $i(t) = \mathcal{L}^{-1}[I(s)] = 50te^{-2t}$ **답** ④

문제 66 그림과 같은 전류 파형에 있어서 0으로부터 π까지의 사이는 $i = I_m \sin\omega t$ [A]로 π로부터 2π까지는 $-\dfrac{I_m}{2}$으로 주어진다. $I_m = 5$ [A]라 할 때 전류의 평균치는 약 몇 [A]인가?

① 0.234
② 0.342
③ 0.432
④ 0.512

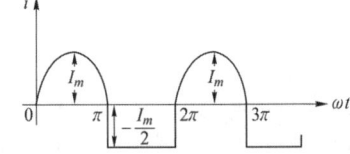

풀이
정현반파 부분의 평균값 $= \dfrac{2I_m}{\pi} = \dfrac{2 \times 5}{\pi} = \dfrac{10}{\pi}$ [A]
구형 반파 부분의 평균값 $= -\dfrac{I_m}{2} = -\dfrac{5}{2} = -2.5$ [A]
$I_{av} = \dfrac{\dfrac{10}{\pi} - 2.5}{2} = 0.342$ [A] **답** ②

문제 67 그림과 같은 회로가 정상 상태로 있을 때 $t = 0$에서 S를 닫은 후 인덕턴스의 전위차 V_L은 몇 [V]인가?

① $\dfrac{(R-r)E}{R}e^{-\dfrac{R}{L}t}$
② $\dfrac{CR + rE}{R}e^{-\dfrac{R}{L}t}$
③ $\dfrac{RE}{R+r}e^{-\dfrac{R}{L}t}$
④ $-\dfrac{RE}{R+r}e^{-\dfrac{R}{L}t}$

풀이

S를 닫았을 때 평형 방정식은

$$L\frac{di(t)}{dt} + Ri(t) = 0$$

$$\therefore i(t) = Ae^{-\frac{R}{L}t}$$

스위치를 닫기 전 $I = \frac{E}{R+r}$ 이므로

$$i(t) = \frac{E}{R+r}e^{-\frac{R}{L}t}$$

$$\therefore v_L(t) = L\frac{di(t)}{dt} = L\frac{d}{dt}\frac{E}{R+r}e^{-\frac{R}{L}t} = -\frac{RE}{R+r}e^{-\frac{R}{L}t}$$

답 ④

문제 68 그림과 같은 회로는?

① 미분 회로
② 적분 회로
③ 가산 회로
④ 미분 적분 회로

풀이

$$G(s) = \frac{R_2 + \frac{1}{Cs}}{R_1 + R_2 + \frac{1}{Cs}} = \frac{R_2Cs + 1}{(R_1 + R_2)Cs + 1} = \frac{1 + T_2s}{1 + \beta T_2s}$$

(단, $T_2 = R_2C$, $\beta = \frac{R_1 + R_2}{R_2} > 1$ 이고,

만일 $T_2s \ll 1$, $\beta T_2s \gg 1$ 이면)

$\therefore G(s) \fallingdotseq \frac{1}{\beta T_2 s}$ 이므로 적분 회로에 해당한다.

답 ②

문제 69 그림과 같은 고역 여파기에서 공칭 임피던스 $K[\Omega]$ 및 차단 주파수 $f_c[kHz]$는 얼마인가?

① 400, 약 25.9
② 460, 약 20.9
③ 480, 약 18.9
④ 500, 약 15.9

풀이

$$K = \sqrt{\frac{L}{C}} = \sqrt{\frac{2.5 \times 10^{-3}}{0.01 \times 10^{-6}}} = 500$$

$$f_c = \frac{K}{4\pi L} = \frac{1}{4\pi CK} = \frac{500}{4\pi \times 2.5 \times 10^{-3}}$$
$$= 15,915.5 [Hz] = 15.9 [kHz]$$

답 ④

문제 70 대칭분을 I_0, I_1, I_2라 하고, 선전류를 I_a, I_b, I_c라 할 때, 역상분 전류는?

① $\frac{1}{3}(I_0 + aI_1 + a^2I_2)$
② $\frac{1}{3}(I_a + aI_b + a^2I_c)$
③ $\frac{1}{3}(I_0 + a^2I_1 + aI_2)$
④ $\frac{1}{3}(I_a + a^2I_b + aI_c)$

풀이

영상분 $I_0 = \frac{1}{3}(I_a + I_b + I_c)$

정상분 $I_1 = \frac{1}{3}(I_a + aI_b + a^2I_c)$ ($1 \to a \to a^2$ 의 순서)

역상분 $I_2 = \frac{1}{3}(I_a + a^2I_b + aI_c)$ ($1 \to a^2 \to a$ 의 순서)

답 ④

문제 71 $R-C$ 저역필터회로의 전달함수 $G(j\omega)$는 $\omega = 0$에서 얼마인가?

① 0
② 1
③ 0.5
④ 0.707

풀이

$$G(j\omega) = \frac{V_2(j\omega)}{V_1(j\omega)} = \frac{1}{RC(j\omega) + 1}, \omega = 0 \text{ 이므로}$$

$$\therefore G(j\omega) = 1$$

답 ②

제5과목 전기설비기술기준

문제 81 450/750 [V] 일반용 단심비닐 절연 전선을 사용한 저압 가공 전선이 위쪽에서 상부 조영재와 접근하는 경우의 전선과 상부 조영재간의 이격 거리는 몇 [m] 이상이어야 하는가?

① 1   ② 1.5   ③ 2   ④ 2.5

풀이
332.11 고압 가공전선과 건조물의 접근
222.11 저압 가공전선과 건조물의 접근
저압 가공전선 또는 고압 가공전선이 건조물과 접근 상태로 시설되는 경우에는 다음에 따라야 한다.
가. 고압 가공전선로는 고압 보안공사에 의할 것.

나. 저·고압 가공전선과 건조물의 조영재 사이의 이격거리는 표에서 정한 값 이상일 것.

사용 전압 부분 공작물의 종류			저압 [m]	고압 [m]
건조물	상부 조영재 위쪽	일반적인 경우	2	2
		전선이 고압절연전선	1	2
		전선이 케이블인 경우	1	1
	기타 조영재 또는 상부조영재의 옆쪽 또는 아래쪽	일반적인 경우	1.2	1.2
		전선이 고압절연전선	0.4	1.2
		전선이 케이블인 경우	0.4	0.4
		사람이 쉽게 접근할 수 없도록 시설한 경우	0.8	0.8

답 ③

문제 82
특고압 절연 전선을 사용한 22.9[kV] 가공전선과 안테나와의 이격(수평 이격)거리는 몇 [m] 이상이어야 하는가? 단, 중성선 다중접지식의 것으로 전로에 지락이 생겼을 때, 2초 이내에 자동적으로 이를 전로로부터 차단하는 장치가 되어 있음

① 1.0 ② 1.2 ③ 1.5 ④ 2.0

풀이
333.32 25[kV] 이하인 특고압 가공전선로의 시설
특고압 가공 전선이 가공약전류 전선 등·저압 또는 고압의 가공전선·안테나, 저압 또는 고압의 전차선과 접근 또는 교차하는 경우

구 분	가공전선의 종류	이격(수평이격) 거리 [m]
가공약전류 전선 등·저압 또는 고압의 가공전선·저압 또는 고압의 전차선·안테나	나전선	2
	특고압 절연전선	1.5
	케이블	0.5

답 ③

문제 83
제1종 특고압 보안 공사에 의하여 시설한 154[kV] 가공 송전 선로는 전선에 지락 또는 단락이 생긴 경우에 몇 초 안에 자동적으로 이를 전로로부터 차단하는 장치를 시설하여야 하는가?

① 0.5 ② 1.0 ③ 2.0 ④ 3.0

풀이
333.22 특고압 보안공사
제1종 특고압 보안공사에서 특고압 가공전선에 지락 또는 단락이 생겼을 경우에 3초(**사용전압이 100[kV] 이상인 경우에는 2초**) 이내에 자동적으로 이것을 전로로부터 차단하는 장치를 시설할 것.

답 ③

07년 3회 동일 및 유사 문제 (년도-회-번호)

1과목 전기자기학
- 08 21-3-13
- 09 20-1,2-09
- 10 17-1-16
- 11 20-3-06
- 12 21-2-12
- 13 10-1-07
- 14 22-2-13
- 15 10-3-04
- 16 16-2-04
- 17 20-3-10
- 18 17-1-20
- 19 16-2-09
- 20 20-4-17

2과목 전력공학
- 25 14-3-27
- 26 18-2-38
- 27 19-2-29
- 28 13-3-21
- 29 22-2-30
- 30 21-1-29
- 31 09-2-23
- 32 15-1-28
- 33 21-3-31
- 34 20-3-39
- 35 19-3-22
- 36 15-2-29
- 37 15-3-26
- 38 22-3-22
- 39 15-3-25
- 40 22-2-31

3과목 전기기기
- 49 15-1-42
- 50 21-1-51
- 51 18-2-47
- 52 20-4-60
- 53 20-3-48
- 54 14-1-48
- 55 13-1-41
- 56 16-3-41
- 57 18-2-44
- 58 15-3-54
- 59 13-2-46
- 60 18-1-52

4과목 회로이론
- 72 21-1-73
- 73 22-1-63
- 74 19-1-76
- 75 17-3-69
- 76 22-3-67
- 77 18-2-78
- 78 14-2-61
- 79 16-1-66
- 80 0-3-63

5과목 전기설비기술기준
- 84 22-1-99
- 85 22-2-94
- 86 16-2-84
- 87 16-1-84
- 88 16-1-85
- 89 13-1-88
- 90 22-2-98
- 91 21-1-87

D60-2

2006년도 전기산업기사 필기

- 2006년도 제1회 전기산업기사
- 2006년도 제2회 전기산업기사
- 2006년도 제3회 전기산업기사

국가기술자격검정 필기시험 문제

2006년도 전기산업기사 일반검정 제1회

자격종목 및 등급(선택분야)	종목코드	시험시간	문제지형별	수검 번호	성 명
전기산업기사	2140	2시간 30분	A		

제1과목 전기자기학

문제 01 내부 저항 20 [Ω] 및 25 [Ω], 최대 지시 눈금이 다같이 1 [A]인 전류계 A_1 및 A_2를 그림과 같이 접속했을 때 측정할 수 있는 최대 전류의 값은 몇 [A]인가?

① 1
② 1.5
③ 1.8
④ 2

풀이

분류 법칙 $I_{A1} = \dfrac{R_2}{R_1+R_2} \times I$

$I = \dfrac{R_1+R_2}{R_2} \times I_{A1} = \dfrac{20+25}{25} \times 1 = 1.8 \,[\text{A}]$

(내부 저항이 적은 A_1 전류계 쪽으로 더 많은 전류가 흐르며 이때 전류값이 1 [A]를 초과하면 안됨) **답 ③**

문제 02 내부 저항 r인 전원에서 저항 R인 부하에 전력을 공급할 경우, 최대 전력이 되기 위한 조건은?

① $r > R$
② $r < R$
③ $r = R$
④ $r = 0, R = \infty$

풀이

$P_m = I^2 R = \left(\dfrac{E}{r+R}\right)^2 R$

$= \dfrac{RE^2}{r^2+2rR+R^2}$

$= \dfrac{E^2}{\dfrac{r^2}{R}+2r+R}$

따라서, 최대 전력 공급 조건은 분모가 최소일 때이므로 $A = \dfrac{r^2}{R}+2r+R$ 라 하고 $\dfrac{\partial A}{\partial R}=0$이 되면 A는 최소가 되므로

$\dfrac{\partial A}{\partial R} = -\dfrac{r^2}{R^2}+1 = 0$

∴ $R = r$ 일 때 최대 전력

즉, 내부 저항 = 부하 저항일 때 최대전력은 공급된다. **답 ③**

문제 03 길이 l [m]인 도체 ab가 속도 v [m/s]로 자계속을 운동할 때 도체에서는 a에서 b 방향으로 유도 기전력이 생기게 된다. 이때 속도와 자속밀도가 평형이 된다면 기전력은 얼마인가?

① 0
② 3.14
③ $vl\sin\theta$
④ $vBl\sin\theta$

풀이

쇄교 자속의 시간적 변화율에 의해 기전력이 발생한다. 그러나 도체의 속도나 자속밀도가 평형이 되면 쇄교 자속은 일정하게 되므로 유도 기전력은 0이 된다.

$e = -\dfrac{d\phi}{dt} = 0$ **답 ①**

문제 04 사용되는 전자파의 파장이 가장 긴 것부터 순서대로 나열한 것은?

① 전자렌지 - 살균 소독 - 사진 전송 - 레이다
② 레이다 - 사진 전송 - 살균 소독 - 전자렌지
③ 사진 전송 - 레이다 - 전자렌지 - 살균 소독
④ 전자렌지 - 살균 소독 - 레이다 - 사진 전송

풀이

전자파의 종류와 파장 관계
저주파 → 통신주파 → 마이크로 웨이브 → 적외선 → 가시광선 → 자외선 → X선 → γ선

순으로 파장이 짧아진다.
① 사진 전송 (통신 저주파)
② 레이더 (통신 고주파)
③ 전자렌지 (마이크로 웨이브, 열적외선)
④ 살균 소독 (자외선)   **답** ③

문제 05 압전기 진동자로 가장 많이 이용되는 재료는?
① 로셀염   ② 실리콘
③ 방해석   ④ 페라이트

풀이
수정, 전기석, 로셀염 등의 압전기가 수정 발진자, 초음파 발진자, crystal pick-up(일정 주파수의 발진 회로, 수중 탐색, 금속 탐상) 등 여러 방면에 이용되고 있다.   **답** ①

문제 06 다음의 MKS 유리화 단위와 CGS 단위에서 그 값이 일치하는 것은?
① 1 [tesla] = 10^{-4} [gauss]
② 1 [ampere] = 0.1 [emu]
③ 1 [coulomb] = 3×10^{-9} [esu]
④ 1 [weber] = 10^5 [maxwell]

풀이
① 1 [T] = 10^4 [Gause]
② 1 [A] = 3×10^9 [sec] = 0.1 [emu]
③ 1 [C] = 3×10^9 [esu] = 0.1 [emu]
④ 1 [Wb] = 10^8 [emu] = 10^8 [Maxwell]   **답** ②

문제 07 $Q = 0.15$ [C]으로 대전하고 있는 큰 구에 그의 반경이 1/2이 되는 작은 구를 접촉했다가 떼면 큰 구와 작은 구 간에 작용하는 반발력은 몇 [N]인가? 단, 양 구를 접촉시켰을 때 전위는 동일 전위이며, 양 구는 서로 1 [m] 떨어져 놓여 있다.
① 4.5×10^5 ② 4.5×10^6
③ 4.5×10^7 ④ 4.5×10^8

풀이
큰 구의 반경을 a라 할 때
  큰 구의 정전용량 : $C = 4\pi\epsilon_0 a$
  작은 구의 정전용량 : $C' = 4\pi\epsilon_0 \frac{a}{2} = 2\pi\epsilon_0 a$

$Q = CV$에 의해 접촉시의 전위는 동일 전위이므로 Q는 C에 비례($Q \propto C$)한다.
따라서, 접촉 후 구의 전하량
  큰 구의 전하량 : $Q = 0.15 \times \frac{2}{3} = 0.05 \times 2 = 0.1$ [C]
  작은 구의 전하량 : $Q' = 0.15 \times \frac{1}{3} = 0.05 \times 1 = 0.05$ [C]
$\therefore F = \frac{QQ'}{4\pi\epsilon_0 r^2} = 9 \times 10^9 \times \frac{0.1 \times 0.05}{1^2} = 0.045 \times 10^9$ [N]
 $= 4.5 \times 10^7$ [N]   **답** ③

문제 08 전도 전자나 구속 전자의 이동에 의하지 않는 전류는?
① 대류 전류   ② 전도 전류
③ 변위 전류   ④ 분극 전류

풀이
• 대류 전류 : 진공 내에 전자, 전해액 중의 이온 등과 같은 하전 입자의 운동에 의한 것
• 전도 전류 : 도체 내에서 전계의 작용으로 자유 전자의 이동으로 생기는 것
• 변위 전류 : 전속 밀도의 시간적 변화에 의한 것으로 하전체에 의하지 않는 전류
• 분극 전류 : 분극 전하의 시간적 변화에 의한 것   **답** ③

문제 09 자유 전자 e가 전계 E중을 열에너지에 의해 진동하고 있는 원자와 충돌하면서 운동하는 경우 평균 자유 시간을 τ라 하면 도전율 σ는 얼마인가? 단, 자유 전자의 밀도는 n, 질량은 m이라 한다.
① $\frac{ne\tau}{2m}$ ② $\frac{ne^2\tau}{2m}$
③ $\frac{ne\tau}{m}$ ④ $\frac{ne^2\tau}{m}$

풀이
충돌과 충돌 사이에서 전하의 운동 방정식
  $m\frac{dv}{dt} = eE$, $\frac{dv}{dt} = \frac{eE}{m}$, $\therefore v = \frac{eE}{m}t + v(0)$
이 식에서 충돌시 초기 속도 $v(0) = 0$, 충돌과 충돌 사이의 시간 $t = \tau$를 대입하면 속도 v는 다음과 같이 된다.
  $v = \frac{eE}{m}\tau$
따라서 전류 밀도 $i = nev = \sigma E$의 관계식으로부터
$ne \times \frac{eE}{m}\tau = \sigma E$ $\therefore \sigma = \frac{ne^2}{m}\tau$ **답** ④

문제 10 철편의 ( ) 부분에 대한 극성의 설명으로 옳은 것은?

① N극이다.
② S극이다.
③ N극과 S극이 교번한다.
④ 자극이 생기지 않는다.

풀이
앙페르의 오른나사법칙을 적용면 ( )는 N극이 된다.
답 ①

문제 11 그림과 같이 등전위면이 존재하는 경우 전계의 방향은?

① a 의 방향
② b 의 방향
③ c 의 방향
④ d 의 방향

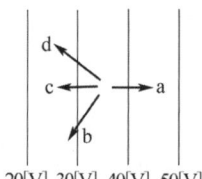

20[V] 30[V] 40[V] 50[V]

풀이
전계의 방향(전기력선)은 전위가 높은 점에서 낮은 점으로 향하고 또한, 등전위면에 수직으로 발생한다.
답 ③

제2과목 전력공학

문제 21 송전선로에 근접한 통신선에서 발생하는 유도장해에 관한 설명으로 옳지 않은 것은?

① 정전유도의 원인은 전력선의 영상전압에 의해 발생한다.
② 전자유도의 원인은 전력선의 영상전류에 의해 발생한다.
③ 유도장해를 억제하기 위하여 송전선에 충분한 연가를 한다.
④ 유도되는 전압은 통신선의 길이에 비례한다.

풀이
• 전자 유도 : 영상 전류에 의해 발생 (사고시)
• 전자 유도 전압($E_m = 2\pi f M l \cdot 3I_0$)은 통신선의 길이에 비례
• 정전 유도 : 영상 전압에 의해 발생 (정상시)
• 정전 유도 전압

$$E = \left(\frac{\sqrt{C_a(C_a-C_b) + C_b(C_b-C_c) + C_c(C_c-C_a)}}{C_a+C_b+C_c+C_0} \times \frac{V}{\sqrt{3}} \right)$$

은 주파수 및 통신선 병행 길이와는 관계가 없다.
즉, 전자 유도전압은 통신선의 길이에 비례하나, 정전 유도전압은 주파수 및 통신선 병행 길이와는 관계가 없다.
답 ④

문제 22 변전소 구내에서 보폭 전압을 저감하기 위한 방법으로서 잘못된 것은?

① 접지선을 얕게 매설한다.
② mesh식 접지 방법을 채용하고 mesh 간격을 좁게 한다.
③ 자갈 또는 콘크리트를 타설한다.
④ 철구, 가대 등의 보조 접지를 한다.

풀이
(1) 보폭전압
보폭전압이란 접지극을 통하여 전류가 대지로 흘러갈 때 접지극 주위의 지표면에 형성되는 전위분포 때문에 양발사이에 인가되는 전위차를 말한다.
(2) 보폭전압 저감 대책
• 전위경도를 낮게한다(접지극을 깊게 매설, 망접지인 경우 접지밀도를 높게 매설)
• 고장 전류 억제(저항접지 또는 소호리액터 접지 채택)
• 접촉 저항 증가(콘크리트 또는 자갈로 포장, 배수를 원활하게 유지)
답 ①

문제 23 역률개선용 콘덴서를 부하와 병렬로 연결할 때 △결선 방법을 채택하는 이유로 가장 타당한 것은?

① 부하 저항을 일정하게 유지할 수 있기 때문이다.
② 콘덴서의 정전용량[μF]의 소요가 적기 때문이다.
③ 콘덴서의 관리가 용이하기 때문이다.
④ 부하의 안정도가 높기 때문이다.

풀이
$$Q_Y = 3 \times 2\pi f C_Y \left(\frac{V}{\sqrt{3}}\right)^2 = 2\pi f C_Y V^2$$
$$Q_\triangle = 3 \times 2\pi f C_\triangle V^2$$
$Q_Y = Q_\triangle$ 의 경우

$2\pi f C_Y V^2 = 3 \times 2\pi f C_\triangle V^2$ ∴ $C_\triangle = \dfrac{1}{3} C_Y$

즉, 콘덴서를 △결선하면 소요 콘덴서의 정전용량이 Y결선에 비해 1/3로 감소하므로 경제적이다. 답 ②

문제 24 고압 배전선로의 보호방식에서 고장 전류의 차단방식이 아닌 것은?
① 퓨즈에 의한 보호방식
② 리클로저(recloser)에 의한 방식
③ 섹셔널라이져(sectionalizer)에 의한 방식
④ 자동부하 전환스위치(ALTS : auto load transfer switch)에 의한 방식

풀이
자동부하 전환스위치(ALTS) : 수용가의 수전점에 설치하여 주전원이 정전되면 자동적으로 예비전원으로 절체되어 계속적으로 전력을 공급할 수 있도록 하는 장치이다. 답 ④

문제 25 그림과 같은 회로의 영상, 정상, 역상 임피던스 Z_0, Z_1, Z_2는?

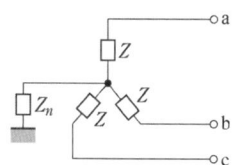

① $Z_0 = Z + 3Z_n$, $Z_1 = Z_2 = Z$
② $Z_0 = 3Z + Z_n$, $Z_1 = 3Z$, $Z_2 = Z$
③ $Z_0 = 3Z_n$, $Z_1 = Z$, $Z_2 = 3Z$
④ $Z_0 = Z + Z_n$, $Z_1 = Z_2 = Z + 3Z_n$

풀이
영상 임피던스(Z_0)는
$Z_0 = Z + 3Z_n$

정상 임피던스와 역상 임피던스는 변압기와 선로가 정지상태이므로 같다.
∴ $Z_1 = Z_2 = Z$

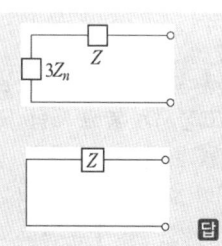

답 ①

제3과목 전기기기

문제 41 전동기의 부하가 증가할 때 다음 설명 중 틀린 것은?
① 전동기의 속도가 떨어진다.
② 역기전력이 감소한다.
③ 전동기의 전류가 증가한다.
④ 전동기의 단자 전압이 증가한다.

풀이
전동기의 단자 전압은 전원 전압과 관계가 있으나 부하와는 무관하다. 답 ④

문제 42 전기자 저항 0.3 [Ω], 직권 계자 권선 저항 0.4 [Ω]의 직권 전동기에 100 [V]를 가하였더니 부하 전류가 8 [A]이었다. 이때 전동기의 속도[rpm]는? 단, 기계정수는 2이다.
① 1000
② 1216
③ 1316
④ 1416

풀이
직류 직권 전동기의 속도 N은,
$$N = K \dfrac{V - I_a(R_a + R_s)}{I_a}$$
이므로 $V = 100[V]$, $I_a = 8[A]$, $R_a = 0.3[\Omega]$, $R_s = 0.4[\Omega]$
$K = 2$를 대입하면,
∴ $N = 2 \times \dfrac{100 - 8(0.3 + 0.4)}{8} = 23.6[\text{rps}] = 1416[\text{rpm}]$

답 ④

문제 43 직류 전동기의 회전수는 자속이 감소하면 어떻게 되는가?
① 불변이다.   ② 정지한다.
③ 저하한다.   ④ 상승한다.

풀이
직류 전동기의 회전수 $n = k \dfrac{V - I_a R_a}{\phi}$ [rpm]
즉, n은 ϕ에 반비례 한다. 따라서, **자속이 감소하는 경우 속도는 상승한다.** 답 ④

문제 44 3상 동기 발전기의 3상 유도 기전력 120 [V], 반작용 리액턴스 0.2 [Ω]이다. 90° 진상 전류 20 [A]일 때의 발전기 단자 전압 [V]은? 단, 기타는 무시한다.
① 116   ② 120   ③ 124   ④ 140

풀이
$E = V + IZ_s$
여기서, E : 유기 기전력, V : 단자 전압,
Z_s : 동기 임피던스 ($Z_s = r_a + jx_s$)
권선의 저항 r_a 를 무시하면
$E = V + jI \times jx_s = V - Ix_s$
$\therefore V = E + Ix_s = 120 + 20 \times 0.2 = 124 [V]$ 답 ③

문제 45 220 [V], 3상, 4극, 60 [Hz]인 3상 유도 전동기가 정격 전압 주파수에서 최대 회전력을 내는 슬립은 16 [%]이다. 지금 200 [V], 50 [Hz]로 사용할 때의 최대 회전력 발생 슬립은 몇 [%]가 되는가?
① 16   ② 18
③ 19.2 ④ 21.3

풀이
$\dfrac{s'}{s} = \left(\dfrac{V}{V'}\right)^2$
$s' = s \times \left(\dfrac{V}{V'}\right)^2 = 0.16 \times \left(\dfrac{220}{200}\right)^2 = 0.1936 = 19.36 [\%]$ 답 ③

제4과목 회로이론

문제 61 인덕턴스 L인 코일에 전류 $i = I_m \sin\omega t$ 가 흐르고 있다. L에 축적된 에너지의 첨두(peak)값은?
① $\dfrac{1}{\sqrt{2}} LI_m^2$ ② $\dfrac{1}{\sqrt{3}} LI_m^2$
③ $\dfrac{1}{2} LI_m^2$ ④ $\dfrac{1}{2} L^2 I_m^2$

풀이
L에 축적되는 자기 에너지의 순시값 W_L
$W_L = \dfrac{1}{2} Li^2 = \dfrac{1}{2} L(I_m \sin\omega t)^2 = \dfrac{1}{2} LI_m^2 \sin^2 \omega t$

그러므로 L에 축적된 에너지의 첨두값은 $\dfrac{1}{2} LI_m^2$이 된다.
답 ③

문제 62 저항과 유도 리액턴스의 직렬 회로에 $E = 14 + j38$ [V]인 교류 전압을 가하니 $I = 6 + j2$ [A]의 전류가 흐른다. 이 회로의 저항과 유도 리액턴스는 얼마인가?
① $R = 4 [\Omega]$, $X_L = 5 [\Omega]$
② $R = 5 [\Omega]$, $X_L = 4 [\Omega]$
③ $R = 6 [\Omega]$, $X_L = 3 [\Omega]$
④ $R = 7 [\Omega]$, $X_L = 2 [\Omega]$

풀이
$Z = \dfrac{E}{I} = \dfrac{14 + j38}{6 + j2} = \dfrac{(14 + j38)(6 - j2)}{(6 + j2)(6 - j2)} = \dfrac{160 + j200}{40}$
$= 4 + j5$
답 ①

문제 63 일반적으로 대칭 3상 회로의 전압, 전류에 포함되는 전압, 전류의 고조파는 n을 임의의 정수로 하여 $(3n+1)$일 때의 상회전은 어떻게 되는가?
① 상회전은 기본파와 동일
② 각 상 동위상
③ 정지 상태
④ 상회전은 기본파와 반대

풀이
• $3n$: 회전자계를 발생하지 않음
• $3n+1$: 상회전 방향이 기본파와 동일
• $3n-1$: 상회전 방향이 기본파와 반대
답 ①

문제 64 $R-L-C$ 병렬 회로에서 L 및 C의 값을 고정시켜 놓고 저항 R의 값만 큰 값으로 변화시킬 때 옳게 설명한 것은?
① 이 회로의 Q (선택도)는 커진다.
② 공진 주파수는 커진다.
③ 공진 주파수는 변화한다.
④ 공진 주파수는 커지고, 선택도는 작아진다.

풀이

병렬 공진회로에서의 선택도 $Q = R\sqrt{\dfrac{C}{L}}$ 에서 **저항값을 증가시키면 주파수는 변화하지 않으며, 선택도는 커지게 된다.**

답 ①

제5과목 전기설비기술기준

문제 81 접지공사에 사용되는 접지선을 사람이 접촉할 우려가 있는 곳에 시설하는 경우로 잘못된 것은?

① 접지선으로 옥외용 비닐절연전선을 제외한 절연전선 또는 케이블을 사용하였다.
② 접지선을 시설한 지지물에 피뢰침용 지선을 시설하였다.
③ 접지극은 지하 75[cm] 이상의 깊이에 매설하였다.
④ 접지선의 지하 75[cm]로부터 지표상 2[m]까지의 부분은 합성수지관 등으로 덮었다.

풀이

142.2 접지극의 시설 및 접지저항
접지극의 매설은 다음에 의한다.
가. **접지극은 지표면으로부터 지하 0.75[m] 이상**으로 하되 동결 깊이를 감안하여 매설 깊이를 정해야 한다.
나. 접지도체를 철주 기타의 금속체를 따라서 시설하는 경우에는 접지극을 철주의 밑면으로부터 0.3[m] 이상의 깊이에 매설하는 경우 이외에는 접지극을 지중에서 그 금속체로부터 1[m] 이상 떼어 매설하여야 한다.

142.3.1 접지도체
가. 접지도체
① **절연전선(옥외용 비닐절연전선은 제외)**
다만, 접지도체를 철주 기타의 금속체를 따라서 시설하는 경우 이외의 경우에는 접지도체의 지표상 0.6[m]를 초과하는 부분에 대하여는 절연전선을 사용하지 않을 수 있다.
② 케이블(통신용 케이블은 제외)을 사용하여야 한다.
나. **접지도체는 지하 0.75[m] 부터 지표 상 2[m] 까지 부분은 합성수지관**(두께 2[mm] 미만의 합성수지제 전선관 및 가연성 콤바인덕트관은 제외한다) **또는 이와 동등 이상의 절연효과와 강도를 가지는 몰드로 덮어야 한다.**

답 ②

문제 82 특고압 가공전선로의 지지물로 사용하는 철탑의 종류 중 인류형은?

① 전선로의 이완이 없도록 사용하는 것
② 지지물 양쪽 상호간을 이도를 주기 위하여 사용하는 것
③ 풍압에 의한 하중을 인류하기 위하여 사용하는 것
④ 전가섭선을 인류하는 곳에 사용하는 것

풀이

333.11 특고압 가공전선로의 철주·철근 콘크리트주 또는 철탑의 종류
특고압 가공전선로의 지지물로 사용하는 B종 철근·B종 콘크리트주 또는 철탑의 종류는 다음과 같다.
가. 직선형 : 전선로의 직선 부분
 (3° 이하의 수평 각도 이루는 곳 포함)에 사용되는 것
나. 각도형 : 전선로 중 수평 각도 3°를 넘는 곳에 사용되는 것
다. **인류형 : 전 가섭선을 인류하는 곳에 사용**하는 것
라. 내장형 : 전선로 지지물 양측의 경간차가 큰 곳에 사용하는 것
마. 보강형 : 전선로 직선 부분을 보강하기 위하여 사용하는 것

답 ④

문제 83 "고압 또는 특고압의 기계 기구, 모선 등을 옥외에 시설하는 발전소, 변전소, 개폐소 또는 이에 준하는 곳에 시설하는 울타리, 담 등의 높이는 (㉠)[m] 이상으로 하고, 지표면과 울타리, 담 등의 하단 사이의 간격은 (㉡)[cm] 이하로 하여야 한다"에서 ㉠, ㉡에 알맞은 것은?

① ㉠ 3 ㉡ 15
② ㉠ 2 ㉡ 15
③ ㉠ 3 ㉡ 25
④ ㉠ 2 ㉡ 25

풀이

341.4 특고압용 기계기구의 시설
특고압용 기계기구는 다음의 규정에 의하여 시설하는 경우 이외에는 시설하여서는 아니 된다.
가. 기계기구의 주위에 규정에 준하여 울타리·담 등을 시설하는 경우
  - 울타리·담 등의 높이 : 2[m] 이상
  - 지표면과 울타리·담 등의 하단사이의 간격 : 0.15[m] 이하
나. 기계기구를 지표상 5[m] 이상의 높이에 시설하고 충전부분의 지표상의 높이를 표에서 정한 값 이상으로 하고 또한 사람이 접촉할 우려가 없도록 시설하는 경우

사용전압의 구분	울타리·담 등의 높이와 울타리·담 등으로부터 충전 부분까지의 거리의 합계
35[kV] 이하	5[m]
35[kV] 초과 160[kV] 이하	6[m]
160[kV] 초과	• 거리 = 6 + 단수 × 0.12[m] • 단수 = $\frac{\text{사용전압}[kV]-160}{10}$ 단수 계산에서 소수점 이하는 절상

답 ②

문제 84 특고압 배전용 변압기의 특고압측에 반드시 시설하여야 하는 것은?
① 변성기 및 변류기
② 변류기 및 조상기
③ 개폐기 및 리액터
④ 개폐기 및 과전류 차단기

풀이

341.2 특고압 배전용 변압기의 시설
특고압 전선로에 접속하는 배전용 변압기를 시설하는 경우에는 특고압 전선에 특고압 절연전선 또는 케이블을 사용하고 또한 다음에 따라야 한다.
가. 변압기의 1차 전압은 35[kV] 이하, 2차 전압은 저압 또는 고압일 것.
나. **변압기의 특고압측에 개폐기 및 과전류차단기를 시설할 것.**
다. 변압기의 2차 전압이 고압인 경우에는 고압측에 개폐기를 시설하고 또한 쉽게 개폐할 수 있도록 할 것.

답 ④

06년 1회   동일 및 유사 문제 (년도-회-번호)

1과목 전기자기학
09	19-1-18
13	19-3-11
14	20-4-18
15	13-2-07
16	09-2-01
17	09-2-02
18	22-2-17
19	13-1-06
20	16-1-13

2과목 전력공학
22	19-2-39
27	22-2-88
28	13-3-25
29	21-2-37
30	22-3-39
31	21-1-26
32	21-3-28
33	19-1-25
34	18-3-26
35	12-1-22
36	13-2-23
37	22-3-25
38	19-2-26
39	15-2-28
40	22-2-29

3과목 전기기기
41	19-1-56
46	20-3-46
48	17-2-45
49	08-3-41
50	17-1-56
51	20-3-56
52	16-3-42
53	21-3-59
54	14-1-49
55	11-1-44
56	09-1-42
57	22-1-54
58	12-3-45
59	14-1-47
60	21-3-47

4과목 회로이론
65	17-3-78
66	08-2-61
67	22-1-70
68	07-3-65
69	18-1-73
70	20-4-80
71	14-1-64
72	22-3-62
73	07-1-64
74	22-1-63
75	15-1-67
76	21-2-61
77	13-1-67
78	15-2-66
79	22-2-78
80	22-2-74

5과목 전기설비기술기준
85	15-2-89
86	18-1-92
87	13-3-84
88	22-1-87
89	09-3-82
90	21-3-96
91	09-2-81
92	22-3-86
93	22-2-97
94	12-1-84
95	21-2-98
96	15-2-90
97	22-3-85

국가기술자격검정 필기시험 문제

2006년도 전기산업기사 일반검정 제2회

자격종목 및 등급(선택분야)	종목코드	시험시간	문제지형별
전기산업기사	2140	2시간 30분	A

제1과목 전기자기학

문제 01 전계의 세기가 E인 균일한 전계 내에 있는 전자가 받는 힘은? 단, 전자의 전하량은 그 크기가 e이다.

① 크기는 $e^2 E$이고 전계와 같은 방향
② 크기는 $e^2 E$이고 전계와 반대 방향
③ 크기는 eE이고 전계와 같은 방향
④ 크기는 eE이고 전계와 반대 방향

[풀이]
전계의 크기는 1[C]이 받는 힘이므로, 전계의 세기가 E인 균일한 전계 내에 있는 전자가 받는 힘의 크기는 eE[N]이고, 전자는 음전하이므로 전계와 반대 방향으로 이동한다. **[답] ④**

문제 02 정전 유도에 의해서 고립 도체에 유기되는 전하는?

① 정·부 동량이며 도체는 등전위이다.
② 정·부 동량이며 도체는 등전위가 아니다.
③ 정전하 뿐이며 도체는 등전위이다.
④ 부전하 뿐이며 도체는 등전위이다.

[답] ①

문제 03 물질의 자화현상을 물성적으로 해석하면?

① 전자의 이동
② 전자의 공전
③ 분자의 운동
④ 전자의 자전

[풀이]
물체의 자화는 물질을 구성하는 각 원자 내의 핵과 전자의 운동으로 인한 미소전류 루프에 의한 것으로 생각된다. 즉, 핵 주위를 회전하는 전자의 궤도운동과 궤도전자 및 핵의 자전운동(spin)에 해당한 미소전류 루프의 자기 쌍극자 모멘트 방향이 외부자계에 의한 회전력에 의하여 일정방향으로 배열됨으로 형성된다. **[답] ④**

문제 04 전자 유도 작용과 관계가 없는 것은?

① 가습기   ② 지진계
③ 유량계   ④ 송화기

[풀이]
변압기, 전동기, 송화기, 유량계, 지진계 등은 전자유도 작용의 원리를 이용한 것들이다. **[답] ①**

문제 05 두 개의 저항 R_1, R_2를 직렬로 연결하면 16[Ω], 병렬로 연결하면 3.75[Ω]이 된다. 두 저항값은 각각 몇 [Ω]인가?

① 4와 12   ② 5와 11
③ 6과 10   ④ 7과 9

[풀이]
직렬 : $R_1 + R_2 = 16$, 병렬 : $\dfrac{R_1 R_2}{R_1 + R_2} = 3.75$

$\therefore R_1 R_2 = 3.75 \times 16 = 60$

$R_1(16 - R_1) = 60$

$R_1^2 - 16R_1 + 60 = 0$

$R_1 = \dfrac{16 \pm \sqrt{16^2 - 4 \times 60}}{2} = \dfrac{16 \pm 4}{2}$

$\therefore R_1 = 10, \ 6$

$R_1 = 10$일 때 $R_2 = 6$, $R_1 = 6$일 때 $R_2 = 10$ **[답] ③**

문제 06
$Q_1 = Q_2 = 6 \times 10^{-6}$[C]인 두 개의 점전하가 서로 10[cm] 떨어져 있다. 전계의 강도가 0인 점은 어느 곳인가?

① Q_1과 Q_2의 중간 지점
② Q_2에서 Q_1쪽으로 15[cm] 지점
③ Q_2에서 Q_1의 반대쪽으로 10[cm] 지점
④ Q_1에서 Q_2의 반대쪽으로 10[cm] 지점

풀이
전계의 강도가 0이 되는 지점은 전하량이 같으므로 양전하의 중간지점이 된다. 답 ①

문제 07
원점에 10^{-8}[C]의 전하가 있을 때 점 (1, 2, 2)[m]에서의 전계의 세기는 몇 [V/m]인가?

① 0.1 ② 1
③ 10 ④ 100

풀이
원점에 10^{-8}[C]
원점과 점(1, 2, 2)간의 거리는 $\sqrt{1^2+2^2+2^2}=3$[m]이므로
$E = k \dfrac{Q}{r^2} = 9 \times 10^9 \times \dfrac{10^{-8}}{3^2} = 10$[V/m] 답 ③

문제 08
그림에서 도체 1, 2, ……, n의 전하 및 전위가 각각 $Q_1, Q_2, \cdots, Q_n$ 및 $V_1, V_2, \cdots, V_n$일 때 이 계의 정전 에너지 W는 어떻게 되는가?

① $W = \dfrac{1}{2}\sum_{i=1}^{n} Q_i^2 V_i$

② $W = \dfrac{1}{2}\sum_{i=1}^{n} Q_i V_i$

③ $W = \sum_{i=1}^{n} Q_i V_i^2$

④ $W = \sum_{i=1}^{n} Q_i V_i$

풀이
각각의 에너지의 합과 같은 정전 에너지가 발생한다.
$W = \dfrac{1}{2}\sum_{i=1}^{n} Q_i V_i$ 답 ②

제2과목 전력공학

문제 21
송전선의 4단자 정수가 $A = D = 0.92$, $B = j80[\Omega]$일 때 C의 값은 몇 [℧]인가?

① $j1.92 \times 10^{-4}$ ② $j2.47 \times 10^{-4}$
③ $j1.92 \times 10^{-3}$ ④ $j2.47 \times 10^{-3}$

풀이
$AD - BC = 1$에서
$C = \dfrac{AD-1}{B} = \dfrac{0.92^2 - 1}{j80} = -\dfrac{0.1536}{j80} = j1.92 \times 10^{-3}$[℧] 답 ③

문제 22
모선의 보호 계전 방식에 해당되는 것은?

① 전력 평형 보호 방식
② 전압 차동 보호 방식
③ 표시선 계전 방식
④ 위상 비교 반송 방식

풀이
모선 보호 계전 방식의 종류
① 전류 차동 계전 방식
② **전압 차동 계전 방식**
③ 위상 비교 계전 방식
④ 방향 비교 계전 방식 답 ②

문제 23
복수기에 냉각수를 보내는 펌프는?

① 순환 펌프 ② 급수 펌프
③ 배출 펌프 ④ 복수 펌프

풀이
냉각수를 복수기에 보내는 것은 **순환 펌프**이며, 복수를 기내로부터 받아내는 것은 복수 펌프라 한다. 답 ①

문제 24
정격 전압 1차 6600[V], 2차 220[V]의 단상 변압기 두 대를 승압기로 V결선하여 6300[V]의 3상 전원에 접속한다면 승압된 전압[V]은?

① 6410 ② 6460
③ 6510 ④ 6560

풀이
$$E_2 = E_1\left(1+\frac{1}{n}\right) = 6300\left(1+\frac{220}{6600}\right) = 6510[V]$$
답 ③

문제 25 가공 송전 선로를 가선할 때에는 하중 조건과 온도 조건을 고려하여 적당한 이도(dip)를 주도록 하여야 한다. 다음 중 이도에 대한 설명으로 옳은 것은?
① 이도가 작으면 전선이 좌우로 크게 흔들려서 다른 상의 전선에 접촉하여 위험하게 된다.
② 전선을 가선할 때 전선을 팽팽하게 가선하는 것을 이도를 크게 준다고 한다.
③ 이도를 작게 하면 이에 비례하여 전선의 장력이 증가되며 심할 때는 전선 상호간이 꼬이게 된다.
④ 이도의 대소는 지지물의 높이를 좌우한다.

풀이
이도(dip)란 전선의 지지점을 연결하는 수평선으로부터 최대 수직 길이를 말한다.
① **이도의 대소는 지지물의 높이를 좌우**한다.
② 이도가 너무 크면 전선은 그만큼 좌우로 진동해서 다른 상의 전선에 접촉하거나 수목에 접촉해서 위험을 준다.
③ 이도가 너무 작으면 이에 전선의 장력이 증가하며 심할 경우에는 전선이 단선된다.
답 ④

문제 26 절연내력을 시험하기 위해 시험용 변압기를 사용하였다. 이때 전압조정을 하기 위하여 일반적으로 가장 많이 사용되는 것은?
① 한류 리액터
② 유도 전압 조정기
③ 소형 발전기의 변속 장치
④ 다단식 저항 전압 조정기

풀이
유도 전압 조정기는 전압의 조정을 ±(5~10[%])로 할 수 있는 전압 조정기로서 유입자냉식, 공냉식, 단상, 3상, 수동식, 전동식, 자동식 등이 있다.
답 ②

제3과목 전기기기

문제 41 변압기의 전부하 효율은?
① $\dfrac{출력}{입력+동손+철손}$
② $\dfrac{입력}{출력+동손+철손}$
③ $\dfrac{출력}{출력+동손+철손}$
④ $\dfrac{입력}{입력+동손+철손}$

풀이
$$규약 효율 \eta = \frac{출력}{출력+손실}\times 100 = \frac{입력-손실}{입력}\times 100[\%]$$
$$= \frac{V_2 I_2 \cos\theta_2}{V_2 I_2 \cos\theta_2 + P_i + I_2^2 r}\times 100[\%]$$
(∵ 입력 = 출력 + 동손 + 철손)
답 ③

문제 42 보호하려는 회로의 전압이 그 예정값 이상으로 되었을 때 동작하는 것으로 기기 설비의 보호에 사용되는 계전기는?
① 거리 계전기
② 방향 계전기
③ 과전압 계전기
④ 지락 과전압 계전기

풀이
과전압 계전기(OVR)는 일정값 이상의 전압이 공급되면 동작하는 것으로 과전압 보호용이다.
답 ③

문제 43 토크 모터 (torque motor)란?
① 특별히 큰 전부하 토크를 발생하는 전동기
② 시동 토크가 특히 큰 전동기
③ 정동 토크가 특히 큰 전동기
④ 중성 위치에서 어느 각도만큼 회전하는 전동기

풀이
토크 모터(torque motor) : 설치된 위치에서 또는 **한정된 동작 범위 내에서 주로 토크를 발생하는 것을 목적으로 하는 전동기**를 말한다.
답 ④

문제 44 소형 유도전동기의 슬롯이나 권선의 잘못된 제작으로 전동기를 기동할 때 발생되는 현상은?
① 토크 증가 현상
② 게르게스 현상
③ 크로우링 현상
④ 제동토크의 증가 현상

풀이
균일하지 않은 슬롯 부분의 자기 저항 차이 때문에 공극의 퍼미언스가 일정하지 않고 위치에 따라 변하기 때문에 공극 내 자속분포에는 많은 고조파 성분이 있으며 이로 인해 유도 전동기에 있어서 정지 상태로부터 동기 속도의 수분의 1인 저속도까지 가속하고, 그 이상은 가속하지 않는(안정하기는 하지만) 이상한 운전 상태가 발생될 수 있으며 이러한 현상을 **크로우링 현상**이라 한다. 답 ③

문제 45
변압기의 정격전류에 대한 백분율 저항강하가 1.5 [%], 백분율 리액턴스 강하는 4 [%]이다. 이 변압기에 정격전류를 통하여 전압변동률이 최대로 되는 부하 역률은 약 얼마인가?

① 0.15 ② 0.28 ③ 0.35 ④ 0.68

풀이
최대 전압 변동률 ϵ_{max} 는

$\epsilon_{max} = \sqrt{p^2+q^2} = \sqrt{1.5^2+4^2} = 4.27[\%]$

$\therefore \cos\phi_m = \dfrac{p}{\sqrt{p^2+q^2}} = \dfrac{1.5}{4.27} = 0.351$ 답 ③

문제 46
유도 발전기의 슬립(slip) 범위에 속하는 것은?

① $0 < s < 1$ ② $s = 0$
③ $s = 1$ ④ $-1 < s < 0$

풀이
유도 전동기의 동작 특성에서 슬립의 영역은
- 유도 전동기의 동작 범위 $1 > s > 0$
- 유도 제동기의 동작 범위 $s > 1$
- **유도 발전기의 동작 범위 $s < 0$**   답 ④

문제 47
변압기의 누설 리액턴스를 줄이는 가장 효과적인 방법은 어느 것인가?

① 권선을 분할하여 조립한다.
② 권선을 동심 배치한다.
③ 코일의 단면적을 크게 한다.
④ 철심의 단면적을 크게 한다.

풀이
변압기의 설계에서 **권선을 분할하여 조립**하면, 누설 리액턴스는 절반 이상 감소된다. 즉, 교호 배치한다. 답 ①

문제 48
다음의 정류 회로 중 가장 큰 출력값을 갖는 회로는?

① 단상 반파 정류 회로
② 3상 반파 정류 회로
③ 단상 전파 정류 회로
④ 3상 전파 정류 회로

풀이
- 단상 반파 정류 : $E_d = \dfrac{\sqrt{2}}{\pi}E = 0.45E$
- 3상 반파 정류 : $E_d = \dfrac{3\sqrt{3}}{\sqrt{2}\pi}E = 1.17E$
- 단상 전파 정류 : $\dfrac{2\sqrt{2}}{\pi}E = 0.9E$
- 3상 전파 정류 : $E_d = 2.34E$ 답 ④

제4과목 회로이론

문제 61
다음의 대칭 다상 교류에 의한 회전 자계 중 잘못된 것은?

① 대칭 3상 교류에 의한 회전 자계는 원형 회전 자계이다.
② 대칭 2상 교류에 의한 회전 자계는 타원형 회전 자계이다.
③ 3상 교류에서 어느 두 코일의 전류의 상순을 바꾸면 회전 자계의 방향도 바뀐다.
④ 회전 자계의 회전 속도는 일정 각속도이다.

풀이
대칭 2상 교류는 존재 의미가 없으므로 **회전 자계는 없다.** 답 ②

문제 62
그림과 같은 회로에서 단자 a, b 사이의 전압은 몇 [V]인가?

① 20
② 40
③ 60
④ 80

풀이
$4[\Omega]$의 저항이 병렬 접속되어 있으므로
합성 저항은 $\frac{4\times 4}{4+4}=2[\Omega]$
단자 a, b 사이의 전압 V_{ab}는 분압 법칙에 의해
$V_{ab}=\frac{2}{8+2}\times 100=20[V]$의 전압이 a, b 양단에 걸린다.

답 ①

문제 63
어떤 회로의 전압 및 전류가 $E=10\underline{/60°}[V]$, $I=5\underline{/30°}[A]$일 때 이 회로의 임피던스 $Z[\Omega]$는?

① $\sqrt{3}+j$ ② $\sqrt{3}-j$
③ $1+j\sqrt{3}$ ④ $1-j\sqrt{3}$

풀이
$Z=\frac{E}{I}=\frac{10\angle 60°}{5\angle 30°}=2\angle 30°=2(\cos 30°+j\sin 30°)$
$=2\left(\frac{\sqrt{3}}{2}+j\frac{1}{2}\right)=\sqrt{3}+j[\Omega]$

답 ①

문제 64
그림과 같은 회로는?
① 가산 회로
② 승산 회로
③ 미분 회로
④ 적분 회로

답 ③

제5과목 전기설비기술기준

문제 81
라이팅덕트공사에 의한 저압 옥내 배선에서 덕트의 지지점간의 거리는 몇 [m] 이하로 하여야 하는가?
① 2 ② 3 ③ 4 ④ 5

풀이
232.71 라이팅덕트공사
가. 덕트는 조영재에 견고하게 붙일 것.
나. **덕트의 지지점 간의 거리는 2[m] 이하로 할 것.**

다. 덕트의 끝부분은 막을 것.
라. 덕트의 개구부(開口部)는 아래로 향하여 시설할 것. 다만, 사람이 쉽게 접촉할 우려가 없는 장소에서 덕트의 내부에 먼지가 들어가지 아니하도록 시설하는 경우에 한하여 옆으로 향하여 시설할 수 있다.
마. 덕트는 조영재를 관통하여 시설하지 아니할 것.
바. 덕트를 사람이 용이하게 접촉할 우려가 있는 장소에 시설하는 경우에는 전로에 지락이 생겼을 때에 자동적으로 전로를 차단하는 장치를 시설할 것.

답 ①

문제 82
사용전압 22.9[kV]의 가공전선이 철도를 횡단하는 경우 전선의 궤조면상 높이는 몇 [m] 이상이어야 하는가?
① 5 ② 5.5 ③ 6 ④ 6.5

풀이
333.7 특고압 가공전선의 높이

전압의 범위	일반 장소	도로 횡단	철도 또는 궤도횡단	횡단보도교
35[kV] 이하	5[m]	6[m]	6.5[m]	4[m](특고압절연전선 또는 케이블 사용)
35[kV] 초과 160[kV] 이하	6[m]	6[m]	6.5[m]	5[m](케이블 사용)
	산지 등에서 사람이 쉽게 들어갈 수 없는 장소 ; 5[m] 이상			
160[kV] 초과	일반장소	가공전선의 높이 = 6 + 단수 × 0.12 [m]		
	철도 또는 궤도횡단	가공전선의 높이 = 6.5 + 단수 × 0.12 [m]		
	산지	가공전선의 높이 = 5 + 단수 × 0.12 [m]		

※ 단수 = $\frac{\text{전압}[kV]-160}{10}$ … 단수 계산에서 소수점 이하는 절상

답 ④

문제 83
옥내에 시설하는 전동기가 과전류로 소손될 우려가 있을 경우 자동적으로 이를 저지하거나 경보하는 장치를 하여야 한다. 정격 출력이 몇 [kW] 이하인 전동기에는 이와 같은 과부하 보호장치를 시설하지 않아도 되는가?
① 0.2 ② 0.75 ③ 3 ④ 5

풀이
212.6.3 저압전로 중의 전동기 보호용 과전류보호장치의 시설
옥내에 시설하는 전동기에는 전동기가 손상될 우려가 있는 과전류가 생겼을 때에 이를 저지하거나 이

를 경보하는 장치를 하여야 한다. 다만, 다음의 어느 하나에 해당하는 경우에는 그러하지 아니하다.
가. 전동기를 운전 중 상시 취급자가 감시할 수 있는 위치에 시설하는 경우
나. 전동기의 구조나 부하의 성질로 보아 전동기가 손상될 수 있는 과전류가 생길 우려가 없는 경우
다. 단상전동기로써 그 전원측 전로에 시설하는 과전류 차단기의 정격전류가 16[A](배선용 차단기는 20[A]) 이하인 경우
라. **정격 출력이 0.2[kW] 이하의 전동기** 답 ①

문제 84 "지지물"의 정의에 대한 설명으로 가장 적당한 것은?

① 지중전선로를 보호하는 설비를 말한다.
② 전주 및 철탑과 이와 유사한 시설물로서 전선류를 지지하는 것을 주목적으로 하는 것을 말한다.
③ 목주나 철근으로 전주를 지지 보호하는 것을 주목적으로 하는 설비를 말한다.
④ 지중에 시설하는 수관 및 가스관 그리고 매설지선을 보호하는 것을 주목적으로 하는 것을 말한다.

풀이
지지물이라 함은 목주, 철주, 철근 콘크리트주 및 철탑과 이와 유사한 시설물로서 **전선 또는 약전류 전선을 지지하는 목적에 사용되는 것**을 말한다. 답 ②

06년 2회 동일 및 유사 문제 (년도-회-번호)

1과목 전기자기학
- 09 22-1-18
- 10 18-1-08
- 11 20-4-20
- 12 18-3-01
- 13 20-1,2-09
- 14 07-3-01
- 15 18-1-13
- 16 10-1-04
- 17 15-3-06
- 18 21-3-10
- 19 15-1-03
- 20 19-2-01

2과목 전력공학
- 27 18-3-30
- 28 13-1-24
- 29 20-3-32
- 30 20-3-34
- 31 19-1-24
- 32 13-1-28
- 33 18-1-27
- 34 15-1-25
- 35 07-2-23
- 36 22-2-30
- 37 22-2-25
- 38 16-2-24
- 39 17-3-34
- 40 21-1-38

3과목 전기기기
- 49 22-1-46
- 50 20-1,2-43
- 51 22-2-53
- 52 17-3-46
- 53 14-1-44
- 54 13-3-42
- 55 08-2-45
- 56 19-1-42
- 57 22-1-49
- 58 20-1,2-54
- 59 15-1-49
- 60 09-3-49

4과목 회로이론
- 65 21-3-68
- 66 19-2-75
- 67 21-3-67
- 68 22-3-66
- 69 18-2-69
- 70 19-1-76
- 71 19-1-61
- 72 20-1,2-66
- 73 20-4-79
- 74 18-1-65
- 75 18-3-69
- 76 19-1-73
- 77 22-3-77
- 78 18-1-68
- 79 22-1-77
- 80 18-3-77

5과목 전기설비기술기준
- 85 20-3-96
- 86 19-2-90
- 87 21-3-100
- 88 19-1-82
- 89 22-2-99
- 90 15-1-81
- 91 21-3-88
- 92 22-1-99
- 93 19-1-88
- 94 07-1-81
- 95 07-1-85
- 96 21-1-100

국가기술자격검정 필기시험 문제

2006년도 전기산업기사 일반검정 제3회

자격종목 및 등급(선택분야)	종목코드	시험시간	문제지형별	수검 번호	성 명
전기산업기사	2140	2시간 30분	A		

제1과목 전기자기학

문제 01 한 변의 길이가 a[m]인 정사각형 A, B, C, D의 각 정점에 각각 Q[C]의 전하를 놓을 때 정사각형 중심 O의 전위는 몇 [V]인가?

① $\dfrac{3Q}{4\pi\epsilon_0 a}$

② $\dfrac{3Q}{\pi\epsilon_0 a}$

③ $\dfrac{\sqrt{2}\,Q}{\pi\epsilon_0 a}$

④ $\dfrac{2Q}{\pi\epsilon_0 a}$

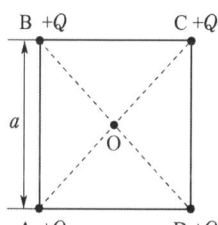

풀이

$r = \overline{AO} = \dfrac{1}{2} \times \sqrt{2}\,a = \dfrac{1}{\sqrt{2}}a$ [m]

1점 전위 $V_1 = \dfrac{Q}{4\pi\epsilon_0\left(\dfrac{a}{\sqrt{2}}\right)} = \dfrac{Q}{2\sqrt{2}\,\pi\epsilon_0 a}$ [V]

중점 전위 $\therefore\ V_0 = 4V_1 = \dfrac{\sqrt{2}\,Q}{\pi\epsilon_0 a}$ [V] **답 ③**

문제 02 그림과 같이 콘덴서 $C_1 = 0.5[\mu F]$와 $C_2 = 0.01[\mu F]$를 접속하여 C_1에 1000 [V]의 약 $\dfrac{1}{100}$ 전압이 걸리도록 하기 위하여 C_x를 C_1에 병렬로 접속하였다. C_x의 용량은 몇 [μF]인가?

① 4.9
② 0.49
③ 1.49
④ 49

풀이

$Q = CV$에서 $C \propto \dfrac{1}{V}$ 이므로

$(C_1 + C_x) : 0.01 = 990 : 10$

$10(C_1 + C_x) = 0.01 \times 990$

$0.5 + C_x = 0.99$

$\therefore\ C_x = 0.49\ [\mu F]$ **답 ②**

문제 03 다음 유전체중 비유전율이 가장 큰 것은?

① 공기
② 운모
③ 파라핀
④ 티탄산바륨

풀이

비유전율 ϵ_s
- 공기 (1.00058)
- 운모 (6.7)
- 파라핀 (2.2)
- **티탄산바륨** (1000~3000)

답 ④

문제 04 평등전계 내에서 얻어지는 전하의 운동속도는?

① 전위차에 비례한다.
② 전위차의 제곱근에 비례한다.
③ 전위차의 제곱에 비례한다.
④ 전위차의 1.6승에 비례한다.

풀이

$W = qV = \dfrac{1}{2}mv^2$

$v^2 = \dfrac{2qV}{m}$

$\therefore\ v = \sqrt{\dfrac{2qV}{m}} \quad \therefore\ v \propto \sqrt{V}$ **답 ②**

문제 05 자기 인덕턴스 L_1, L_2[H], 상호 인덕턴스 M[H]인 두 회로에 자속을 돕는 방향으로 각각 I_1, I_2[A]의 전류가 흘렀을 때 저장되는 자계의 에너지는 몇 [J]인가?

① $\frac{1}{2}(L_1 I_1^2 + L_2 I_2^2)$

② $\frac{1}{2}(L_1 I_1 + L_2 I_2)^2$

③ $\frac{1}{2}(L_1 I_1^2 + L_2 I_2^2 + 2M I_1 I_2)$

④ $\frac{1}{2}(L_1 I_1^2 + L_2 I_2^2 + M I_1 I_2)$

풀이
전체 축적 에너지 $= W_1 + W_2 + 2 \times W_{12}$
$= \frac{1}{2}L_1 I_1^2 + \frac{1}{2}L_2 I_2^2 + M I_1 I_2$ **답** ③

문제 06 도체의 고유 저항에 대한 설명 중 틀린 것은?
① 저항에 반비례한다.
② 길이에 반비례한다.
③ 도전율에 반비례한다.
④ 단면적에 비례한다.

풀이
$R = \rho \frac{l}{S}$ 에서 $\rho = \frac{RS}{l}$ 이므로 **고유저항은 도전율의 역수로 저항과 면적에 비례하며, 길이에 반비례한다**. **답** ①

문제 07 비유전율이 4인 유리를 넣어서 내압이 5[kV], 용량이 50[pF]인 평행판 콘덴서를 제작하려면 평행판 콘덴서의 전극 면적은 몇 [m²]로 하면 되는가? 단, 유리의 절연내력은 5[kV/mm] 이다.
① 1.41×10^{-3} ② 1.41×10^{-2}
③ 2.82×10^{-3} ④ 2.82×10^{-2}

풀이
$E = g$ (절연내력) $= 5000$[V/mm]
$E = \frac{V}{d}$ 에서 $d = \frac{V}{E} = \frac{5000}{5000}$[mm] $= 1$[mm]
정전용량 $C = \frac{\epsilon_0 \epsilon_s S}{d}$ 이므로

$\therefore S = \frac{Cd}{\epsilon_0 \epsilon_s} = \frac{(50 \times 10^{-12}) \times (1 \times 10^{-3})}{8.85 \times 10^{-12} \times 4} = 1.41 \times 10^{-3}$[m²] **답** ①

문제 08 반지름 a인 무한히 긴 원통상의 도체에 전류 I가 균일하게 흐를 때 도체 내외에 발생하는 자계의 모양은? 단, 전류는 도체의 중심축에 대하여 대칭이고, 그 전류 밀도는 중심에서의 거리 r의 함수로 주어진다고 한다.

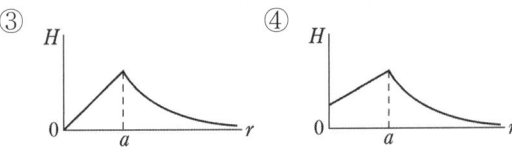

풀이
① 원주 내부의 자계 $H_i(r<a)$는 $H_i = \frac{Ir}{2\pi a^2}$[AT/m]
$\therefore H_i \propto r$
② 원주 외부의 자계 $H_e(r>a)$는 $H_e = \frac{I}{2\pi r}$[AT/m]
$\therefore H_e \propto \frac{1}{r}$
③ 원주 도체 표면의 자계 $H_a(r=a)$는
$H_a = \frac{I}{2\pi a}$ [AT/m]

가 된다. 즉 무한장 원주 전류에 의한 자계가 도체 내부에서는 중심으로부터의 거리에 비례하며, 도체 외부에서는 거리에 반비례한다. **답** ③

문제 09 콘덴서에 대한 설명 중 잘못된 것은?
① 두 도체 사이의 정전 용량에 의해서 전하를 충전하도록 한 장치이다.
② 두 도체 사이의 절연을 유지하기 위해서는 적당한 절연 내력을 갖는 절연체를 넣는다.
③ 정전 용량을 크게 하고 가능한 한 많은 전하를 축적하기 위해서는 도체 사이의 간격을 크게 한다.
④ 전극판의 대향 면적을 변화시키는 것에 의하여 용량이 변화될 수 있다.

풀이

$C = \dfrac{\epsilon_0 S}{d}$ 에서 정전용량을 크게 하기 위해서는 **도체 사이의 간격을 작게** 하여야 한다. 　답 ③

문제 10 고주파를 취급할 경우 큰 단면적을 갖는 한 개의 도선을 사용하지 않고 전체로서는 같은 단면적이라도 가는 선을 모은 도체를 사용하는 주된 이유는?

① 히스테리스손을 감소시키기 위하여
② 철손을 감소시키기 위하여
③ 과전류에 대한 영향을 감소시키기 위하여
④ 표피 효과에 대한 영향을 감소시키기 위하여

풀이

표피효과 깊이 $\delta = \sqrt{\dfrac{2}{\omega\sigma\mu}}$ 가 도체의 두께에 비해서 크면 자속 및 전류는 도체에 균일하게 분포된다. 따라서, 고주파를 취급할 경우 큰 단면적을 갖는 한 개의 도선을 사용하지 않고 전체로서는 같은 단면적이라도 가는 선을 모은 도체를 사용하여 δ가 도체의 두께에 비해 크게하여 **표피 효과를 억제**시킨다.
여기서, σ : 도체의 도전율, μ : 투자율, f : 전원 주파수, δ : 표피 두께 (침투 길이)　답 ④

제2과목 전력공학

문제 21 유입 차단기에 대한 설명으로 옳지 않은 것은?

① 기름이 분해하여 발생되는 가스의 주성분은 수소 가스이다.
② 붓싱 변류기를 사용할 수 없다.
③ 기름이 분해하여 발생된 가스는 냉각작용을 한다.
④ 보통 상태의 공기 중에서보다 소호능력이 크다.

풀이

유입 차단기의 특징
① 보수가 번거롭다 (정기적으로 절연유의 여과 및 교체 필요).

② 방음설비가 필요 없다.
③ 공기보다 소호 능력이 크다.
④ 붓싱 변류기를 사용할 수 있다.　답 ②

문제 22 길이가 35[km]인 단상 2선식 전선로의 유도 리액턴스는 몇 [Ω]인가? 단, 전선로 단위 길이당 인덕턴스는 1.3[mH/km/선], 주파수 60[Hz]이다.

① 17.6　　　② 26.5
③ 34.3　　　④ 68.5

풀이

유도 리액턴스 $X_L = 2\pi f L l = 2\pi \times 60 \times 1.3 \times 10^{-3} \times 2 \times 35$
$= 34.3[\Omega]$　답 ③

문제 23 저압 네트워크 배전 방식에 대한 설명으로 틀린 것은?

① 전압강하가 적다.
② 부하 밀도가 적은 곳에 유용하다.
③ 무정전 공급의 신뢰도가 높다.
④ 부하의 증가에 대한 적응성이 크다.

풀이

네트워크 배전 방식의 장점
① 무정전 공급에 대한 신뢰도 높다.
② 기기 이용률 향상된다.
③ 전압 변동이 적다.
④ 적응성 양호하다.
⑤ 전력 손실이 감소한다.
⑥ 변전소 수를 줄일 수 있다.　답 ②

문제 24 소도체의 반지름이 r[m], 소도체간의 선간 거리가 d[m]인 2개의 소도체를 사용한 345 [kV] 송전선로가 있다. 복도체의 등가 반지름은?

① $\sqrt{r \cdot d}$　　　② $\sqrt{r \cdot d^2}$
③ $\sqrt{r^2 \cdot d}$　　　④ $r \cdot d$

풀이

등가 반지름 $= \sqrt[n]{r d^{n-1}}$ 에서 $n=2$를 대입하면 $\sqrt{r \cdot d}$ 가 된다.　답 ①

문제 25 유도 장해의 방지책으로 차폐선을 이용하면 유도전압을 몇 [%] 정도 줄일 수 있는가?
① 30~50 ② 60~70
③ 80~90 ④ 90~100

풀이
차폐선에 의한 유도전압의 **감쇄율은 30~50[%] 정도**이다.
답 ①

문제 26 송전단 전압이 3300 [V], 수전단 전압이 3000 [V]인 3상 배전선에서 부하 전력이 1200 [kW], 역률이 0.9일 때 선로 저항은 몇 [Ω]인가? 단, 선로의 리액턴스는 무시한다.
① 0.68 ② 0.75
③ 0.88 ④ 0.95

풀이
전류 $I = \dfrac{P}{\sqrt{3}\,V\cos\theta} = \dfrac{1200 \times 10^3}{\sqrt{3} \times 3000 \times 0.9} = 256.6\,[A]$

$V_s - V_r = \sqrt{3}\,I(R\cos\theta + X\sin\theta)$

에서 선로의 리액턴스를 무시하면

∴ $3300 - 3000 = \sqrt{3} \times 256.6(R \times 0.9 + 0)$

$R = \dfrac{300}{\sqrt{3} \times 256.6 \times 0.9} = 0.75\,[\Omega]$
답 ②

제3과목 전기기기

문제 41 직류 전동기에 대한 설명으로 옳은 것은?
① 전동차용 전동기는 차동 복권 전동기이다.
② 직권 전동기가 운전 중 무부하로 되면 위험 속도가 된다.
③ 부하 변동에 대하여 속도 변동이 가장 큰 직류 전동기는 분권 전동기이다.
④ 직류 직권 전동기는 속도 조정이 어렵다.

풀이
직권 전동기의 속도 $n = K\dfrac{V - I_a(R_a + R_s)}{\phi}$

직권 전동기에서 $I_a = I = I_f$ 이고 $I_f \propto \phi$ 이므로

$n = K'\dfrac{V - I(R_a + R_s)}{I}$ 가 된다.

따라서, 무부하 상태($I=0$)에서는 전동기의 속도는 위험 속도가 된다.
답 ②

문제 42 다음 중 정류자형 주파수 변환기의 용도가 아닌 것은?
① 역률 개선
② 전동기 속도제어
③ 교류 여자기
④ 대용량 전동기

풀이
정류자형 주파수 변환기를 이것과 동일 전원에 접속하여 슬립 s로 운전하고 있는 권선형 유도 전동기와 조합시키면 유도전동기의 2차 여자를 행할 수 있으므로 전동기의 속도제어와 역률의 개선을 행할 수 있다. 그러나 이 **주파수 변환기**는 정류작용의 점에서 대용량의 것은 제작이 어렵고 보상권선, 보극권선 등을 설치한 것에서도 100[kVA] 정도가 한도이므로 **대용량의 전동기에는 응용할 수 없다**. 그리고 속도제어의 범위도 동기속도의 상하 10~15[%] 정도로 되어 있다.
답 ④

문제 43 3상 유도 전동기에 불평형 3상 전압을 가한 경우 다음 전동기의 특성 중 옳은 것은?
① 영상분 전압은 존재하지 않는다.
② 영상 전압을 고려하여야 한다.
③ 정상 전압과 역상 전압에 의한 회전 자계의 방향은 같다.
④ 정상 운전 상태에서 역상분은 제동 작용을 하지 않는다.

풀이
불평형 전압이 가해져도 중성점이 접지되어 있지 않으므로 **영상분은 존재하지 않는다**. 정상분과 역상분의 회전 자계는 서로 반대 방향으로 회전하나 정상분에 의한 토크가 더 크므로 전동기는 정상분 회전 자계의 회전 방향으로 회전한다.
답 ①

문제 44 정격 15[kW], 기계손 350[W], 전부하시 슬립이 3 [%]인 3상 유도 전동기의 전부하시의 2차 동손은 약 몇 [W]인가?
① 400 ② 425 ③ 450 ④ 475

풀이

$$P_0 = P + P_m = 15000 + 350 = 15,350 \text{ [W]}$$
$$P_0 = (1-s)P_2 \text{에서}$$
$$P_2 = \frac{P_0}{1-s} = \frac{15,350}{1-0.03} = 15824.7 \text{[W]}$$
$$P_{c2} = sP_2 = 0.03 \times 15824.7 = 474.74 \text{[W]}$$

답 ④

문제 45 1000[kVA] 역률 0.9, 효율 0.9인 동기 발전기 운전용 원동기의 출력은 몇 [kW]인가?

① 520 ② 740
③ 800 ④ 1000

풀이

원동기의 출력 = 동기 발전기의 입력이므로
동기 발전기의 입력 = $\frac{출력}{효율} = \frac{1000 \times 0.9}{0.9} = 1000 \text{[kW]}$

답 ④

문제 46 3상 직권 정류자 전동기의 중간 변압기의 사용 목적이 아닌 것은?

① 실효 권수비의 조정
② 정류 전압의 조정
③ 경부하 때 속도의 이상 상승 방지
④ 직권 특성을 얻기 위하여

풀이

3상 직권 정류자 전동기의 **중간 변압기**는 고정자 권선과 회전자 권선 사이에 직렬로 접속되며 이 중간 변압기를 사용하는 주요한 이유는 다음과 같다.
① 전원 전압의 크기에 관계없이 **정류에 알맞은 회전자 전압**을 선택할 수 있다.
② 중간 변압기의 권수비를 바꾸어 전동기의 특성을 조정할 수 있다.
③ 직권 특성이기 때문에 **경부하에서는 속도가 매우 상승하나 중간 변압기를 사용, 그 철심을 포화하도록 하면 그 속도 상승을 제한**할 수 있다.

답 ④

제4과목 회로이론

문제 61 그림과 같은 회로의 2단자 임피던스 $Z(s)$는? 단, $s = j\omega$라 한다.

① $\dfrac{s^3 + 1}{3s^2(s+1)}$

② $\dfrac{3s^2(s+1)}{s^3 + 1}$

③ $\dfrac{3s^2(s+1)}{s^4 + 2s^2 + 1}$

④ $\dfrac{s^4 + 4s^2 + 1}{s(3s^2 + 1)}$

풀이

$$Z(s) = \frac{1}{s} + \frac{\left(0.5s + \frac{1}{2s}\right) \cdot s}{0.5s + \frac{1}{2s} + s} = \frac{1}{s} + \frac{0.5s^2 + \frac{1}{2}}{1.5s + \frac{1}{2s}}$$

$$= \frac{1}{s} + \frac{\left(0.5s^2 + \frac{1}{2}\right) \cdot 2s}{\left(1.5s + \frac{1}{2s}\right) \cdot 2s} = \frac{1}{s} + \frac{s^3 + s}{3s^2 + 1}$$

$$= \frac{3s^2 + 1 + s^4 + s^2}{s(3s^2 + 1)} = \frac{s^4 + 4s^2 + 1}{s(3s^2 + 1)}$$

답 ④

문제 62 어떤 코일에 흐르는 전류를 0.5[m sec] 동안에 5[A]를 변화시키면 20[V] 전압이 생긴다. 자기 인덕턴스는 몇 [mH]인가?

① 2 ② 4
③ 6 ④ 8

풀이

$$e = L\frac{di}{dt} \text{에서} \quad 20 = L \cdot \frac{5}{0.5 \times 10^{-3}}$$
$$\therefore L = \frac{20 \times 0.5 \times 10^{-3}}{5} = 2 \times 10^{-3} \text{[H]} = 2 \text{[mH]}$$

답 ①

제5과목 전기설비기술기준

문제 81 터널 내에 3.3 [kV] 전선로를 케이블공사로 시행하려고 한다. 케이블을 조영재의 옆면 또는 아랫면에 따라 붙일 경우에는 케이블의 지지점 간의 거리를 몇 [m] 이하로 하여야 하는가?
① 1 ② 1.5
③ 2 ④ 5

풀이
335.1 터널 안 전선로의 시설
가. 자동차도 전용터널 및 사람이 상시 통행하는 터널 안 전선로 이외의 터널 안 전선로의 사용전압은 저압 또는 고압에 한하며, 전선은 케이블을 사용하여야 한다.
나. 전선을 조영재의 아랫면 또는 옆면에 따라 붙이는 경우 케이블의 지지점간의 거리 : 2[m](수직으로 붙이는 경우는 6[m])이하   **답** ③

문제 82 사용전압 400 [V] 이하인 쇼윈도내의 배선에 사용하는 캡타이어 케이블의 단면적은 최소 몇 [mm²] 이상이어야 하는가?
① 0.5 ② 0.75
③ 1.0 ④ 1.25

풀이
231.3.1 저압 옥내배선의 사용전선
가. 저압 옥내배선의 전선 : 단면적 2.5[mm²] 이상의 연동선
나. 옥내배선의 사용 전압이 400[V] 이하인 경우는 다음에 의하여 시설할 수 있다.
① 전광표시 장치 또는 제어 회로
 • 단면적 1.5[mm²] 이상의 연동선
 • 단면적 0.75[mm²] 이상인 다심케이블 또는 다심 캡타이어 케이블을 사용하고 또한 과전류가 생겼을 때에 자동적으로 전로에서 차단하는 장치를 시설
② 진열장 또는 이와 유사한 것의 내부 배선 : 단면적 0.75 [mm²] 이상인 코드 또는 캡타이어케이블   **답** ②

06년 3회 동일 및 유사 문제 (년도-회-번호)

1과목 전기자기학		56	19-1-46
11	16-2-12	57	16-2-46
12	18-1-01	58	18-3-45
13	22-3-16	59	22-3-55
14	17-2-01	60	20-4-47
15	18-3-19	**4과목 회로이론**	
16	21-3-03	63	22-1-66
17	22-2-18	64	16-2-72
18	22-2-14	65	11-1-66
19	08-1-01	66	17-3-72
20	13-1-10	67	22-3-61
2과목 전력공학		68	18-2-75
27	16-2-24	69	13-3-70
28	19-1-31	70	16-2-76
29	12-3-22	71	17-2-79
30	20-1,2-29	72	15-2-66
31	18-1-36	73	13-3-61
32	16-2-26	74	15-3-71
33	14-3-27	75	21-3-70
34	13-1-28	76	20-1,2-61
35	20-3-23	77	22-2-68
36	17-3-33	78	22-1-68
37	11-2-24	79	18-3-76
38	21-1-31	80	19-1-79
39	20-3-28	**5과목 전기설비기술기준**	
40	15-2-27	83	15-1-84
3과목 전기기기		84	15-2-86
47	19-1-54	85	18-1-93
48	20-4-45	86	20-1,2-84
49	09-2-44	87	18-1-93
50	10-2-46	88	13-3-84
51	16-3-42	89	11-3-84
52	17-2-56	90	16-1-86
53	19-3-54	91	18-3-89
54	10-2-43	92	18-3-96
55	09-2-42	93	14-1-88

D60-2

2005년도 전기산업기사 필기

- 2005년도 제1회 전기산업기사
- 2005년도 제2회 전기산업기사
- 2005년도 제3회 전기산업기사

국가기술자격검정 필기시험 문제

2005년도 전기산업기사 일반검정 제1회

자격종목 및 등급(선택분야)	종목코드	시험시간	문제지형별
전기산업기사	2140	2시간 30분	A

제1과목 전기자기학

문제 01 한 개의 전자가 반지름 r[m]인 원궤도상에 속도 v[m/s]로 운동하고 있다. 자기 모멘트는 몇 [Wb·m]인가?

① $\mu_o evr$
② $\dfrac{\mu_o evr}{2}$
③ $\dfrac{ev}{\pi r}$
④ $\dfrac{ev}{2\pi r}$

풀이
궤도상에서 전자의 회전에 의해 발생하는 전류
$I = e \times$ 회전 진동수$(f) = e \times \dfrac{\omega}{2\pi} = \dfrac{ev}{2\pi r}$ [V] $\left(\omega = \dfrac{v}{r}\right)$
자기 모멘트 $M = \mu_0 IS = \dfrac{\mu_0 ev}{2\pi r} \times \pi r^2 = \dfrac{1}{2}\mu_0 evr$ [Wb·m]   답 ②

문제 02 진공 중에서 전하 밀도 $\pm\sigma$ [C/m²]의 무한 평면이 간격 d[m]로 떨어져 있다. $+\sigma$의 평면으로부터 r[m] 떨어진 점 P의 전계의 세기는 몇 [N/C]인가?

① 0
② $\dfrac{\sigma}{\epsilon_0}$
③ $\dfrac{\sigma}{2\epsilon_0}$
④ $\dfrac{\sigma}{2\epsilon_0}\left(\dfrac{1}{r} - \dfrac{1}{r+d}\right)$

풀이
두 장의 무한 평판 도체에 있어서 전계의 세기
• 도체판의 외측 : 전계가 존재하지 않으며 $E = 0$
• 도체판의 내측 : $E = \dfrac{\sigma}{\epsilon_0}$의 평등전계가 형성.   답 ①

문제 03 정전용량이 일정한 정전콘덴서에 축적되는 에너지와 전위의 관계식을 그림으로 나타내면 무엇이 되는가?

① 원
② 타원
③ 쌍곡선
④ 포물선

풀이
정전 에너지 W와 전위 V의 관계식
$W = \dfrac{1}{2}CV^2$에서 **포물선 그래프** 관계가 된다.   답 ④

문제 04 손실 전송선로에서 특성 임피던스는 여러 가지 요소에 의존한다. 다음 중 의존하지 않는 것은 어떤 것인가?

① 선로의 길이
② 도선의 도전율
③ 선로의 동작 주파수
④ 두 도선간 유전체의 유전율

풀이
특성 임피던스는 선로의 재질, 형상 등의 선로 자체의 고유특성에 관계하며, **선로의 길이에는 무관**하다.   답 ①

문제 05 표면 전하 밀도 σ[C/m²]로 대전된 도체 내부의 전속 밀도는 몇 [C/m²]인가?

① σ
② $\epsilon_0 E$
③ $\dfrac{\sigma}{\epsilon_0}$
④ 0

풀이
• 도체 내부의 전계의 세기 $E = 0$
• 전속 밀도 $D = \epsilon_0 E$에서 $E = 0$이므로 전속밀도 D도 0이 된다.   답 ④

문제 06 도전율이 5.8×10^7 [℧/m]이고, 길이가 1 [km]이며, 단면적이 1.309×10^{-6} [m²]인 물체가 갖는 저항값은 약 몇 [Ω]인가?

① 7.64   ② 13.2
③ 21.2   ④ 32.4

풀이
도체 저항
$R = \rho \dfrac{l}{S} = \dfrac{l}{\sigma S} = \dfrac{1 \times 10^3}{5.8 \times 10^7 \times 1.309 \times 10^{-6}} = 13.2 [\Omega]$

답 ②

문제 07 1변의 길이가 l [m]되는 정사각형 도체 회로에 전류 I[A]를 흘릴 때 회로의 중심점 자계의 세기 [A/m]는?

① $\dfrac{I}{\sqrt{2}\pi l}$ ② $\dfrac{2I}{\pi l}$

③ $\dfrac{\sqrt{2}I}{\pi l}$ ④ $\dfrac{2\sqrt{2}I}{\pi l}$

풀이
한 변 AB에 대한 중심점의 자계는
$H_{AB} = \dfrac{I}{4\pi a}(\sin\beta_1 + \sin\beta_2)$

이므로 $a = \dfrac{l}{2}$
$\sin\beta_1 = \sin\beta_2 = \sin 45° = \dfrac{1}{\sqrt{2}}$

을 대입하면
$H_{AB} = \dfrac{I}{4\pi\left(\dfrac{l}{2}\right)} \times 2 \times \dfrac{1}{\sqrt{2}} = \dfrac{I}{\sqrt{2}\pi l}$ [AT/m]

$\therefore H_0 = H_{AB} + H_{BC} + H_{CD} + H_{DA}$
$= 4 H_{AB} = 4 \times \dfrac{I}{\sqrt{2}\pi l} = \dfrac{2\sqrt{2}I}{\pi l}$ [AT/m]

답 ④

문제 08 자유공간에서 완전 유전체, 손실 유전체 및 양도체를 결정해 주는 가장 중요한 인자는 다음 중 무엇인가?

① 도전율, 유전율 및 투자율이다.
② 감쇄 정수이다.
③ 반사계수이다.
④ 유전 손실 정접이다.

풀이
유전 정접 $\tan\delta$는 매질에서의 전력 손실의 척도를 의미한다. 따라서 유전체 혹은 양도체를 구분할 수 있는 중요한 인자이다.
$\tan\delta = \dfrac{\epsilon''}{\epsilon'} = \dfrac{\sigma}{\omega\epsilon}$
$\sigma \gg \omega\epsilon$ (양도체), $\sigma \ll \omega\epsilon$ (양절연체)

답 ④

문제 09 Poisson의 방정식은?

① $\text{div } \boldsymbol{E} = -\dfrac{\rho}{\epsilon_0}$ ② $\nabla^2 V = -\dfrac{\rho}{\epsilon_0}$

③ $\boldsymbol{E} = \text{grad } V$ ④ $\text{div } \boldsymbol{E} = \epsilon_0$

풀이
전하 밀도 ρ와 전위 V의 관계식
$\nabla^2 V = -\dfrac{\rho}{\epsilon_0}$ 를 Poisson의 방정식이라 한다.

답 ②

문제 10 무한히 긴 직선 도체에 선전하 밀도 $+\rho$ [C/m]로 전하가 충전될 때 이 직선 도체에서 r[m]만큼 떨어진 점의 전위는?

① $\dfrac{\rho}{2\pi r^2}$ ② $\dfrac{\rho}{2\pi r}$ ③ ∞ ④ 0

풀이
$V = -\int_\infty^r \boldsymbol{E} \cdot dl = -\int_\infty^r E dr = -\int_\infty^r \dfrac{\rho}{2\pi\epsilon_0 r} dr$
$= \dfrac{-\rho}{2\pi\epsilon_0}[\ln r]_\infty^r = \dfrac{\rho}{2\pi\epsilon_0}[\ln r]_r^\infty = \infty$

답 ③

제2과목 전력공학

문제 21 정격전압 7.2[kV]인 3상용 차단기의 차단용량이 100[MVA]라면 정격차단전류는 몇 [kA]인가?

① 2   ② 4   ③ 8   ④ 12

풀이
$P_s = \sqrt{3} V I_s$
$I_s = \dfrac{P_s}{\sqrt{3} V} = \dfrac{100 \times 10^3}{\sqrt{3} \times 7.2} \times 10^{-3}$ [kA] = 8 [kA]

답 ③

문제 22 터빈 발전기의 과속도시의 보호를 위해 비상 조속기를 설치한다. 정격속도의 몇 [%] 정도에서 동작하도록 조정되어 있는가?
① 5 ± 1
② 10 ± 1
③ 20 ± 1
④ 25 ± 1

풀이
일반적으로 터빈의 **비상 조속기**는 정격 회전수의 110 ± 1 [%]의 **속도 상승에 동작**하도록 정정되어 있다. 답 ②

문제 23 진상 전류만이 아니라 지상 전류도 잡아서 광범위하게 연속적인 전압 조정을 할 수 있는 것은?
① 전력용 콘덴서
② 동기 조상기
③ 분로 리액터
④ 직렬 리액터

풀이

	진상	지상	시충전	조정
콘덴서	○	×	×	단계적
리액터	×	○	×	단계적
동기 조상기	○	○	○	연속적

답 ②

문제 24 루프(loop) 배선의 이점은?
① 전선비가 적게 든다.
② 증설이 용이하다.
③ 농촌에 적당하다.
④ 전압 변동이 적다.

풀이
루프(환상)식
· 선로의 전류 분포가 좋다.
· **전압강하 및 전력손실이 적다.**
· 선로에 고장이 일어난 경우 고장 부분을 제거하고 공급을 계속 할 수 있다.
· 시설비가 많이 든다.
수지식
· 공사비가 저렴하다.
· 전압강하가 크고 사고시 정전범위가 크므로 공급신뢰도가 낮다.
· 부하밀도가 적은 농·어촌에 적당하다. 답 ④

제3과목 전기기기

문제 41 3상 변압기의 병렬 운전 조건에 맞지 않는 것은?
① 1차, 2차의 정격전압 및 극성이 같을 것
② % 저항 강하 및 리액턴스 강하가 같을 것
③ 각 군의 임피던스가 용량에 비례할 것
④ 상회전 방향과 각변위가 같을 것

풀이
변압기 병렬 운전 조건
① 각 변압기의 극성이 같을 것
② 권수비 및 2차 정격전압이 같을 것
③ 각 변압기의 **퍼센트 임피던스 강하가 같으며 저항과 리액턴스비가 같은 것**
④ 상회전 방향이 같을 것
⑤ 위상변위가 같아야 한다. 답 ③

문제 42 농형 유도전동기에 대해서 기동전류가 큰 순서로 나열한 경우 옳은 것은?
① 보통농형 → 디프슬롯농형 → 2중농형
② 보통농형 → 2중농형 → 디프슬롯농형
③ 디프슬롯농형 → 2중농형 → 보통농형
④ 2중농형 → 디프슬롯농형 → 보통농형

답 ①

문제 43 자동화 설비 등에서 위치 결정 기구에 사용되는 것은?
① 반동 전동기
② 전기 동력계
③ 세이딩 모터
④ 스테핑 모터

풀이
스테핑 모터는 디지털 신호에 비례하여 일정각도 만큼 회전하는 모터로 그 총 회전각은 입력 펄스의 수로 정해진다. 스테핑 모터는 자동화설비 등에서 전기적 신호를 위치 신호로 변환시키는데 사용된다. 답 ④

제4과목 회로이론

문제 61 그림과 같은 L형 회로의 4단자 정수는 어떻게 되는가?

① $A = Z_1$, $B = 1 + \dfrac{Z_1}{Z_2}$, $C = \dfrac{1}{Z_2}$, $D = 1$

② $A = 1$, $B = \dfrac{1}{Z_2}$, $C = 1 + \dfrac{1}{Z_2}$, $D = Z_1$

③ $A = 1 + \dfrac{Z_1}{Z_2}$, $B = Z_1$, $C = \dfrac{1}{Z_2}$, $D = 1$

④ $A = \dfrac{1}{Z_2}$, $B = 1$, $C = Z_1$, $D = 1 + \dfrac{Z_1}{Z_2}$

풀이

$A = \left(\dfrac{E_1}{E_2}\right)_{I_2=0} = \dfrac{I_1(Z_1+Z_2)}{I_1 Z_2} = 1 + \dfrac{Z_1}{Z_2}$

$B = \left(\dfrac{E_1}{I_2}\right)_{E_2=0} = \dfrac{I_1 Z_1}{I_1} = Z_1$

$C = \left(\dfrac{I_1}{E_1}\right)_{I_2=0} = \dfrac{I_1}{I_1 Z_2} = \dfrac{1}{Z_2}$

$D = \left(\dfrac{I_1}{I_2}\right)_{E_2=0} = \dfrac{I_1}{I_1} = 1$ 답 ③

문제 62 그림과 같은 R과 C의 병렬 회로에서 C가 변화할 때의 임피던스 Z의 벡터 궤적은 어떻게 되는가?

① 원점을 통하는 반원
② 원점을 통하지 않는 반원
③ 원점을 지나는 직선
④ 원점을 통과하지 않는 직선

풀이

$Z = \dfrac{1}{Y} = \dfrac{1}{\dfrac{1}{R} + j\omega C}$

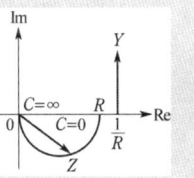

그림과 같이 Y의 궤적은 $\dfrac{1}{R}$ 이상 수이고 $j\omega C$가 변수이므로 1상한

내의 반직선이 되고, 그 역도형인 Z 궤적은 R을 지름으로 하는 4상한 내의 반원이 된다. 답 ①

문제 63 그림에서 직류전압계를 그림과 같은 극성으로 연결할 때 전압계의 지시값 [V]는?

① 4
② -4
③ 8
④ -8

풀이

A점의 전위는 $V_A = 2 \times \dfrac{12}{2+4} = 4[V]$ 답 ①

문제 64 $f(t) = 5\sin 2t$ 를 라플라스 변환하면?

① $\dfrac{10}{s^2+4}$
② $\dfrac{10}{s^2-4}$
③ $\dfrac{5}{s^2+4}$
④ $\dfrac{5}{s^2-4}$

풀이

$\mathcal{L}[5\sin\omega t] = 5\,\mathcal{L}[\sin 2t] = 5\dfrac{2}{s^2+2^2} = \dfrac{10}{s^2+4}$ 답 ①

제5과목 전기설비기술기준

문제 81 345 [kV] 가공전선이 154 [kV] 가공전선과 교차하는 경우 이들 양 전선 상호간의 이격 거리는 몇 [m] 이상인가?

① 4.48
② 4.96
③ 5.48
④ 5.82

풀이

333.27 특고압 가공전선 상호 간의 접근 또는 교차
특고압 가공전선이 다른 특고압 가공전선과 접근상태로 시설되거나 교차하여 시설되는 경우에는 다음에 따라야 한다.
가. 위쪽 또는 옆쪽에 시설되는 특고압 가공전선로는 제3종 특고압 보안공사에 의할 것.
나. 특고압 가공전선과 다른 특고압 가공전선 사이의 이격 거리

사용전압의 구분	이격거리
35 [kV] 이하	• 특고압 가공전선에 케이블을 사용하고 다른 특고압 가공전선에 특고압 절연전선 또는 케이블을 사용하는 경우 : 0.5 [m] • 각각의 특고압 가공전선에 특고압 절연전선을 사용하는 경우 : 1 [m]
60 [kV] 이하	2 [m]
60 [kV] 초과	• 이격거리 = 2 + 단수 × 0.12 [m] • 단수 = $\frac{(\text{전압 [kV]} - 60)}{10}$ 단수계산에서 소수점 이하는 절상

단수 = $\frac{345-60}{10}$ = 28.5 ⇒ 29단

이격거리 = 2 + 29 × 0.12 = 5.48 [m]   답 ③

문제 82 특고압 가공전선로의 지지물로 사용하는 B종 철주, B종 철근콘크리트주 또는 철탑의 종류가 아닌 것은?

① 직선형   ② 각도형
③ 지지형   ④ 보강형

풀이
333.11 특고압 가공전선로의 철주·철근 콘크리트주 또는 철탑의 종류
특고압 가공전선로의 지지물로 사용하는 B종 철근·B종 콘크리트주 또는 철탑의 종류는 다음과 같다.
가. **직선형** : 전선로의 직선 부분
  (3° 이하의 수평 각도 이루는 곳 포함)에 사용되는 것
나. **각도형** : 전선로 중 수평 각도 3°를 넘는 곳에 사용되는 것
다. **인류형** : 전 가섭선을 인류하는 곳에 사용하는 것
라. **내장형** : 전선로 지지물 양측의 경간차가 큰 곳에 사용하는 것
마. **보강형** : 전선로 직선 부분을 보강하기 위하여 사용하는 것   답 ③

문제 83 접지공사를 생략할 수 없는 경우는?

① 사용 전압이 직류 600 [V]인 기계·기구를 습기가 있는 곳에 시설하는 경우
② 저압용의 기계·기구를 건조한 목재의 마루 위에서 취급하도록 시설하는 경우
③ 철대 또는 외함의 주위에 적당한 절연대를 설치한 경우
④ 외함이 없는 계기용 변성기가 고무·합성수지 기타의 절연물로 피복한 것일 경우

풀이
142.7 기계기구의 철대 및 외함의 접지
전로에 시설하는 기계기구의 철대 및 금속제 외함에는 접지공사를 하여야 하나 다음의 어느 하나에 해당하는 경우에는 접지를 생략 할 수 있다.
가. 사용전압이 직류 300[V] 또는 교류 대지전압이 150 [V] 이하인 **기계기구를 건조한 곳에 시설하는 경우**
나. **철대 또는 외함의 주위에 적당한 절연대를 설치하는 경우**
다. 외함이 없는 계기용변성기가 **고무·합성수지 기타의 절연물로 피복한 것일 경우**
라. 2중 절연구조로 되어 있는 기계기구를 시설하는 경우
마. 저압용 기계기구에 전기를 공급하는 전로의 전원측에 절연변압기(2차 전압이 300[V] 이하이며, 정격용량이 3[kVA] 이하인 것에 한한다)를 시설하고 또한 그 절연변압기의 부하측 전로를 접지하지 않은 경우
바. 물기 있는 장소 이외의 장소에 시설하는 저압용의 개별 기계기구에 전기를 공급하는 전로에 인체감전보호용 누전차단기(정격감도전류가 30[mA] 이하, 동작시간이 0.03[초] 이하의 전류동작형에 한한다)를 시설하는 경우   답 ①

문제 84 철주가 강관에 의하여 구성되는 사각형의 것일 때 갑종 풍압 하중을 계산하려 한다. 수직 투영면적 1 [m²]에 대한 풍압을 몇 [Pa]으로 기초하여 계산하는가?

① 588   ② 882
③ 1117 ④ 1412

풀이
331.6 풍압하중의 종별과 적용

풍압을 받는 구분			풍압[Pa]
지지물	철주	원형의 것	588
		삼각형 또는 농형	1412
		강관에 의하여 구성되는 4각형의 것	**1117**
		기타의 것으로 복재가 전후면에 겹치는 경우	1627
		기타의 것으로 겹치지 않은 경우	1784

답 ③

05년 1회 동일 및 유사 문제 (년도-회-번호)

1과목 전기자기학
- 11 18-3-02
- 12 18-2-04
- 13 18-3-08
- 14 09-2-01
- 15 17-3-17
- 16 06-2-04
- 17 20-4-04
- 18 09-1-08
- 19 16-1-08
- 20 15-1-12

2과목 전력공학
- 25 17-2-28
- 26 18-3-21
- 27 18-3-25
- 28 21-1-21
- 29 20-3-26
- 30 09-2-23
- 31 08-1-22
- 32 22-3-30
- 33 11-2-24
- 34 22-2-25
- 35 14-3-24
- 36 20-3-36
- 37 21-3-38
- 38 21-1-31
- 39 14-3-27
- 40 18-3-34

3과목 전기기기
- 44 20-1,2-45
- 45 21-3-51
- 46 21-1-46
- 47 21-3-09
- 48 22-2-58
- 49 19-3-54
- 50 07-3-43
- 51 20-3-58
- 52 20-1,2-59
- 53 20-1,2-57
- 54 21-3-57
- 55 22-3-48
- 56 19-2-44
- 57 16-2-49
- 58 13-1-41
- 59 21-1-47
- 60 15-1-48

4과목 회로이론
- 65 21-2-72
- 66 19-3-79
- 67 14-2-61
- 68 22-1-62
- 69 20-3-63
- 70 08-1-63
- 71 20-4-74
- 72 09-1-61
- 73 19-2-73
- 74 16-1-66
- 75 06-1-64
- 76 18-3-67
- 77 18-2-64
- 78 19-1-76
- 79 19-2-74
- 80 08-1-67

5과목 전기설비기술기준
- 85 15-2-88
- 86 18-2-85
- 87 18-3-85
- 88 19-3-93
- 89 11-3-84
- 90 13-2-85
- 91 12-3-81
- 92 19-3-88
- 93 13-1-86
- 94 21-1-100
- 95 12-3-81
- 96 15-2-82

국가기술자격검정 필기시험 문제

2005년도 전기산업기사 일반검정 제2회

자격종목 및 등급(선택분야)	종목코드	시험시간	문제지형별
전기산업기사	2140	2시간 30분	A

제1과목 전기자기학

문제 01 수신 전계강도가 15[V/m]인 경우에 실효 높이 2[m]의 도선에 유기되는 전압은 몇 [V]인가?

① 7.5 ② 15 ③ 30 ④ 60

풀이
유기전압 V = 전계 강도 × 실효 높이 = $15 \times 2 = 30$[V]

답 ③

문제 02 반지름 a[m]인 반구형 도체를 고유저항 ρ [Ω·m]의 대지 표면에 부딪쳤을 때 접지저항은 몇 [Ω]인가?

① $2\pi a\rho$ ② $\dfrac{\rho}{2\pi a}$ ③ $\dfrac{a}{2\pi \rho}$ ④ $\dfrac{1}{2\pi \rho a}$

풀이
반구의 정전 용량 $C = \dfrac{4\pi\epsilon a}{2} = 2\pi\epsilon a$ 이므로 $RC = \rho\epsilon$ 에서
$\therefore R = \dfrac{\rho\epsilon}{C} = \dfrac{\rho\epsilon}{2\pi\epsilon a} = \dfrac{\rho}{2\pi a}$[Ω]

답 ②

제2과목 전력공학

문제 21 안정권선(△권선)을 가지고 있는 대용량 고전압의 변압기가 있다. 조상용 전력용 콘덴서는 주로 어디에 접속되는가?

① 주변압기의 1차
② 주변압기의 2차
③ 주변압기의 3차(안정권선)
④ 주변압기의 1차와 2차

풀이
안정권선(△권선)의 설치 목적
① 조상 설비 설치
② 제3고조파의 제거
③ 소내용 전원 공급

답 ③

문제 22 우리 나라 양수 발전소의 입력은 주로 어떤 발전소에서 담당하는가?

① 원자력 발전소 및 화력 대용량 발전소
② 소수력 발전소
③ 열병합 발전소
④ MHD 발전소

풀이
양수 발전소란 심야 또는 경부하시의 잉여 전력을 사용하여 낮은 곳에 있는 물을 높은 곳으로 퍼올려서 첨두 부하시에 이 양수된 물을 사용해서 발전하는 것. 즉 잉여 전력의 유효한 활용 방법.

답 ①

문제 23 용량형 전압 변성기 CPD의 장점이 아닌 것은?

① 공진을 이용하므로 주파수 특성이 좋다.
② 절연 내량이 커서 계전기와 공용할 수 있다.
③ 절연의 신뢰도가 높다.
④ 고장이 나더라도 값싼 예비품으로 신속히 수리가 가능하다.

풀이
콘덴서형 계기용 변압기(CPD)의 특징
• 권선형에 비해 소형 경량이고 값이 싸다.
• 절연의 신뢰도가 권선형에 비해 크다.

- 전력선 반송용 결합 콘덴서와 공용할 수 있다.
- 전자형에 비해 **오차가 많고 특성이 나쁘다.** 답 ①

문제 24 늦은 역률의 부하를 갖는 단거리 송전선로의 전압강하의 근사식은? 단, P는 3상 부하전력 [kW], E는 선간전압 [kV], R은 선로저항 [Ω], X는 리액턴스[Ω], θ는 부하의 늦은 역률각이다.

① $\dfrac{\sqrt{3}P}{E}(R+X\cdot\tan\theta)$

② $\dfrac{P}{\sqrt{3}E}(R+X\cdot\tan\theta)$

③ $\dfrac{P}{E}(R+X\cdot\tan\theta)$

④ $\dfrac{P}{\sqrt{3}E}(R\cdot\cos\theta+X\cdot\sin\theta)$

풀이

$P=\sqrt{3}EI\cos\theta$ 에서 $I=\dfrac{P}{\sqrt{3}E\cos\theta}$

3상 전압 강하

$v=V_s-V_r=\sqrt{3}I(R\cos\theta+X\sin\theta)$

$=\sqrt{3}\dfrac{P}{\sqrt{3}E\cos\theta}(R\cos\theta+X\sin\theta)$

$=\dfrac{P}{E}\left(R+X\dfrac{\sin\theta}{\cos\theta}\right)=\dfrac{P}{E}(R+X\tan\theta)$ 답 ③

문제 25 수용가를 2군으로 나눠서 각 군에 변압기 1대씩을 설치하고 각 군 수용가의 총 설비부하용량을 각각 30 [kW] 및 20 [kW] 라 하자. 각 수용가의 수용률을 0.5, 수용가 상호간의 부등률을 1.2, 변압기 상호간의 부등률을 1.3 이라 하면 고압 간선에 대한 최대부하는 몇 [kVA]인가? 단, 부하역률은 모두 0.8 이라고 한다.

① 13 ② 16 ③ 20 ④ 25

풀이

A군 최대 전력 = 설비 용량 × 수용률 = 30×0.5 = 15[kW]

합성 최대 전력 = $\dfrac{\text{최대 전력}}{\text{수용가 부등률}}=\dfrac{15}{1.2}$

B군 최대 전력 = 20×0.5 = 10[kW]

합성 최대 전력 = $\dfrac{10}{1.2}$

총 합성 최대 전력 = $\dfrac{\text{최대 전력의 합}}{\text{변압기 상호 부등률}}$

$=\dfrac{\dfrac{15}{1.2}+\dfrac{10}{1.2}}{1.3\times0.8}=20\,[\text{kVA}]$ 답 ③

제3과목 전기기기

문제 41 3상 직권 정류자 전동기에 중간(직렬)변압기가 쓰이고 있는 이유가 아닌 것은?

① 정류자 전압의 조정
② 회전자 상수의 감소
③ 경부하때 속도의 이상 상승 방지
④ 실효 권수비 선정 조정

풀이

3상 직권 정류자 전동기의 직렬 변압기는 고정자 권선과 회전자 권선 사이에 직렬로 접속되며 이 **직렬 변압기를 사용하는 주요한 이유**는 다음과 같다.
① 정류자 전압의 조정
② 경부하때 속도의 이상 상승 방지
③ 실효 권수비 선정 조정   답 ②

문제 42 단락비가 1.3인 어떤 3상 동기 발전기가 역률 90 [%]에서 정격 전류가 50 [A], 정격 전압이 1000 [V]라 한다. 이 발전기의 정격 출력을 구하면 다음 어느 것인가?

① 75.6 [kW]
② 77.9 [kW]
③ 85.7 [kW]
④ 93.8 [kW]

풀이

$P=\sqrt{3}VI\cos\theta$

$=\sqrt{3}\times1000\times50\times0.9=77942.3\fallingdotseq77.9\,[\text{kW}]$ 답 ②

문제 43 동기 발전기의 부하에 콘덴서를 달아서 앞서는 전류가 흐르고 있다. 다음 중 옳은 것은?
① 단자 전압 강하 ② 단자 전압 상승
③ 편자 작용 ④ 속도 상승

풀이
발전기에서 전류가 기전력보다 90° 앞선 경우($\phi = 90°$ leading)는 자화 작용 또는 증자 작용이 발생되어 발전기의 유기기전력이 무부하 때보다 더 높게 된다. **답 ②**

문제 44 최근 제어 계통에는 유도 전동기의 변형이 많이 사용되고 있다. 이와 같은 계통에서 작은 회전력 또는 운동을 전기적으로 전송키 위한 자동 동기화 기계가 아닌 것은?
① 송량기 장치 ② 자기 동기장치
③ 동기 연계장치 ④ 자동 동기장치

풀이
셀신이라는 말은 self synchronous를 약한 것으로서 **자기 동기 장치**(self synchronizer), **동기 연계 장치**(synchro tie apparatus), **자동 동기 장치**(auto selsyn)라고도 한다. 회전자는 동일 단상 전원에 접속하고, 고정자는 전력 셀신의 회전자와 같이 접속한다. **답 ①**

문제 45 유도 전동기의 토크와 전동기에 가해지는 단자 전압과의 관계에서 가장 올바른 것은?
① 토크는 단자 전압에 비례한다.
② 토크는 단자 전압과 무관하다.
③ 토크는 단자 전압의 세제곱에 비례한다.
④ 토크는 단자 전압의 제곱에 비례한다.

풀이
$T \propto k\phi I_2$, $\phi \propto V_1$ 또는 $I_2 \propto V_1$
$\therefore T \propto kV_1^2$ **답 ④**

문제 46 출력이 10 [kW]인 농형 유도 전동기 기동에 가장 적당한 방법은?
① 저항 기동
② 직접 기동
③ Y-△ 기동
④ 기동 보상기에 의한 기동

풀이
유도 전동기의 기동법
① 전 전압 기동기(5[kW] 이하의 소형)
② Y-△(5~15[kW] 정도)
③ 리액터 기동(기동 전류를 제한하고자 할 때)
④ 기동 보상기(15[kW] 이상) **답 ③**

문제 47 극수 p인 3상 유도 전동기가 주파수 f [Hz], 슬립 s, 토크 T[N·m]로 회전하고 있을 때 기계적 출력[W]은?
① $T \cdot \dfrac{4\pi f}{p}(1-s)$ ② $T \cdot \dfrac{4pf}{\pi}(1-s)$
③ $T \cdot \dfrac{4\pi f}{p}s$ ④ $T \cdot \dfrac{\pi f}{2p}(1-s)$

풀이
$P = T\omega$
$n = \dfrac{2f}{p}(1-s)$ [rps] (여기서, p는 극수)
$\omega = 2\pi n = \dfrac{4\pi f}{p}(1-s)$ [rad/s]
$\therefore P = T\omega = T \cdot \dfrac{4\pi f}{p}(1-s)$ [W] **답 ①**

제4과목 회로이론

문제 61 저항 R과 리액턴스 X의 직렬 회로에서 $\dfrac{X}{R} = \sqrt{3}$일 경우 회로의 역률은?
① $\dfrac{1}{\sqrt{3}}$ ② $\dfrac{1}{2}$
③ $\dfrac{2}{\sqrt{3}}$ ④ $\sqrt{3}$

풀이
$\cos\theta = \dfrac{R}{\sqrt{R^2+X^2}} = \dfrac{1}{\sqrt{1+\left(\dfrac{X}{R}\right)^2}} = \dfrac{1}{\sqrt{1+(\sqrt{3})^2}}$
$= \dfrac{1}{\sqrt{4}} = \dfrac{1}{2}$ **답 ②**

문제 62 내부 임피던스가 순저항 6 [Ω]인 전원과 120 [Ω]의 순저항 부하 사이에 임피던스 정합을 위한 이상변압기의 권선비는?

① $\dfrac{1}{\sqrt{20}}$ ② $\dfrac{1}{\sqrt{2}}$ ③ $\dfrac{1}{20}$ ④ $\dfrac{1}{2}$

풀이
임피던스 정합은 내부 임피던스와 외부 임피던스가 같아야 한다. $Z_{in} = a^2 Z_L$에서
$$a = \sqrt{\dfrac{Z_{in}}{Z_L}} = \sqrt{\dfrac{6}{120}} = \dfrac{1}{\sqrt{20}}$$
답 ①

문제 63 각 상의 전압이 $V_a = 40\sin\omega t$, $V_b = 40\sin(\omega t + 90°)$, $V_c = 40\sin(\omega t - 90°)$이라 하면 영상 대칭분 전압은?

① $\dfrac{40}{3}\cos\omega t$ ② $\dfrac{40}{3}\sin\omega t$
③ $\dfrac{40}{3}\sin(\omega t - 90°)$ ④ $\dfrac{40}{3}\cos(\omega t + 90°)$

풀이
phasor로 표시하면
$V_a = 40\angle 0° = 40$,
$V_b = 40\angle 90° = j40$,
$V_c = 40\angle -90° = -j40$
따라서 영상 전압 V_0는
$$V_0 = \dfrac{1}{3}(V_a + V_b + V_c) = \dfrac{1}{3}(40 + j40 - j40) = \dfrac{40}{3}$$
$\therefore V_0 = \dfrac{40}{3}\sin\omega t$ 가 된다.
답 ②

문제 64 상순이 a, b, c인 불평형 3상 전류 I_a, I_b, I_c의 대칭분을 I_0, I_1, I_2라 하면 이때 대칭분과의 관계식 중 옳지 못한 것은?

① $\dfrac{1}{3}(I_a + I_b + I_c)$
② $\dfrac{1}{3}(I_a + I_b\angle 120° + I_c\angle -120°)$
③ $\dfrac{1}{3}(I_a + I_b\angle -120° + I_c\angle 120°)$
④ $\dfrac{1}{3}(-I_a - I_b - I_c)$

풀이
- 영상분 $I_0 = \dfrac{1}{3}(I_a + I_b + I_c)$
- 정상분 $I_1 = \dfrac{1}{3}(I_a + aI_b + a^2 I_c)$ ($1 \to a \to a^2$의 순서)
- 역상분 $I_2 = \dfrac{1}{3}(I_a + a^2 I_b + aI_c)$ ($1 \to a^2 \to a$의 순서)

답 ④

문제 65 그림의 회로에서 인덕턴스 L을 변화시킬 때 일정 교류 기전력에 대한 전 전류 I의 궤적은?

① 원점을 통하지 않는 반원이 된다.
② 원점을 통하는 반원이 된다.
③ 직선도 아니고 원도 아니다.
④ 원점을 통하지 않는 직선이 된다.

풀이
$$I = YV = (Y_1 + Y_2)V$$
$$= \left(\dfrac{1}{R - jX_C} + \dfrac{1}{j\omega L}\right)V = \dfrac{RV}{R^2 + X_C^2} + j\dfrac{X_C V}{R^2 + X_C^2} - j\dfrac{V}{\omega L}$$

I의 제1항과 제2항은 상수이므로 그림과 같이 1상한 내의 점 P를 나타낸다. 다음 제3항이 변수이므로 점 P에서 4상한으로 변화하는 반직선이 된다.

답 ④

문제 66 정전 콘덴서에 축적되는 에너지와 전위차와의 관계는?

① 직선 ② 타원
③ 포물선 ④ 쌍곡선

풀이
$W = \dfrac{1}{2}CV^2$에서 에너지는 전압에 제곱에 비례하므로 포물선이 된다.
답 ③

제5과목 전기설비기술기준

문제 81 수차 발전기는 스러스트 베어링의 온도가 현저히 상승하는 경우 자동적으로 이를 전로로부터 차단하는 장치를 시설하는데, 이때 수차 발전기의 최소 용량은?
① 500 [kVA] 이상   ② 1000 [kVA] 이상
③ 1500 [kVA] 이상   ④ 2000 [kVA] 이상

풀이
351.3 발전기 등의 보호장치
발전기에는 다음의 경우에 자동적으로 이를 전로로부터 차단하는 장치를 시설하여야 한다.
가. 발전기에 과전류나 과전압이 생긴 경우
나. 용량이 500[kVA] 이상의 발전기를 구동하는 수차의 압유장치의 유압이 현저히 저하한 경우
다. 용량이 100[kVA] 이상의 발전기를 구동하는 풍차의 압유장치의 유압이 현저히 저하한 경우
라. **용량이 2,000[kVA] 이상인 수차 발전기의 스러스트 베어링의 온도가 현저히 상승한 경우**
마. 용량이 10,000[kVA] 이상인 발전기의 내부에 고장이 생긴 경우
바. 정격출력이 10,000[kW]를 초과하는 증기터빈은 그 스러스트 베어링이 현저하게 마모되거나 그의 온도가 현저히 상승한 경우
답 ④

문제 82 고압 가공 전선로의 지지물로 A종 철근 콘크리트주를 시설하고 전선으로는 단면적 22 [mm²]의 경동연선을 사용하였을 경우, 경간은 몇 [m]까지로 할 수 있는가?
① 150   ② 250
③ 300   ④ 500

풀이
332.9 고압 가공전선로 경간의 제한
가. 고압 가공전선로의 경간은 표에서 정한 값 이하이어야 한다.

지지물의 종류	경간
목주·A종 철주 또는 **A종 철근 콘크리트주**	150 [m]
B종 철주 또는 B종 철근 콘크리트주	250 [m]
철탑	600 [m]

나. 고압 가공전선로의 전선에 인장강도 8.71[kN] 이상의 것 또는 **단면적 22[mm²] 이상의 경동연선의 것을 다음에 따라 지지물을 시설하는 때에는 제1의 규정에 의하지 아니할 수 있다.** 이 경우에 그 전선로의 경간은 다음과 같다.

지지물의 종류	22[mm²] 이상의 경동선 사용
목주·A종 철주 또는 **A종 철근 콘크리트 주**	300 [m]
B종 철주 또는 B종 철근 콘크리트 주	500 [m]
철탑	600 [m]

답 ③

문제 83 합성수지관공사에 의한 저압 옥내 배선에 대한 설명으로 옳은 것은?
① 합성수지관 안에 전선의 접속점이 있어도 된다.
② 전선은 반드시 옥외용 비닐절연전선을 사용한다.
③ 단면적 10[mm²] 이하의 것은 연선이 아니어도 사용할 수 있다.
④ 관의 지지점간의 거리는 3 [m] 이하로 한다.

풀이
232.11 합성수지관공사
가. 전선은 절연전선(옥외용 비닐 절연전선을 제외한다) 일 것.
나. **전선은 연선일 것. 다만, 다음의 것은 적용하지 않는다.**
  ① 짧고 가는 합성수지관에 넣은 것.
  ② **단면적 10[mm²](알루미늄선은 단면적 16[mm²]) 이하의 것.**
다. 전선은 합성수지관 안에서 접속점이 없도록 할 것.
라. 관의 지지점 간의 거리는 1.5[m] 이하로 할 것. **답** ③

문제 84 전력 계통의 용량과 비슷한 동기 조상기를 시설하는 경우에 반드시 시설하지 않아도 되는 것은?
① 동기 조상기의 역률 계측장치
② 동기 조상기의 전류 계측장치
③ 동기 조상기의 전압 계측장치
④ 동기 조상기의 베어링 및 고정자의 온도 계측장치

풀이
351.6 계측장치
동기조상기를 시설하는 경우에는 다음의 사항을 계측하는 장치 및 동기검정장치를 시설하여야 한다. 다만, 동기조상기의 용량이 전력계통의 용량과 비교하여 현저히 적은 경우에는 동기검정장치를 시설하지 아니할 수 있다.
가. 동기조상기의 **전압 및 전류 또는 전력**
나. 동기조상기의 **베어링 및 고정자의 온도**
답 ①

문제 85
사용전압이 35[kV] 이하인 특고압 가공전선이 건조물과 제2차 접근상태로 시설된 경우의 기준으로 틀린 것은?

① 특고압 가공전선로는 제2종 특고압 보안공사로 시설한다.
② 특고압 가공전선과 건조물과의 이격거리는 3[m]이상으로 시설한다.
③ 특고압 가공전선으로 케이블을 사용하여 건조물의 상부조영재에서 위쪽에 시설하는 경우, 건조물과 조영재사이의 이격거리는 1.2[m] 이상으로 시설한다.
④ 지지물로 사용하는 목주의 풍압하중에 대한 안전율은 1.5 이상으로 한다.

풀이
333.23 특고압 가공전선과 건조물의 접근
가. 건조물과 제1차 접근상태 : 제3종 특고압 보안공사
나. 건조물과 제2차 접근상태
  ① 사용전압이 35[kV] 이하 : 제2종 특고압 보안공사
  ② 사용전압이 35[kV] 초과 400[kV] 미만 : 제1종 특고압 보안공사
333.22 특고압 보안공사
제2종 특고압 보안공사는 다음에 따라야 한다.
가. 특고압 가공전선은 연선일 것.
나. 지지물로 사용하는 **목주의 풍압하중에 대한 안전율은 2 이상일 것**
다. 사용전압이 35[kV] 이하인 특고압 가공전선과 건조물의 조영재 이격거리

건조물과 조영재의 구분	전선종류	접근형태	이격거리
상부 조영재	특고압 절연전선	위쪽	2.5[m]
		옆쪽 또는 아래쪽	1.5[m] (전선에 사람이 쉽게 접촉할 우려가 없도록 시설한 경우는 1[m])
	케이블	위쪽	1.2[m]
		옆쪽 또는 아래쪽	0.5[m]
	기타전선		3[m]
기타 조영재	특고압 절연전선		1.5[m] (전선에 사람이 쉽게 접촉할 우려가 없도록 시설한 경우는 1[m])
	케이블		0.5[m]
	기타 전선		3[m]

답 ④

05년 2회 동일 및 유사 문제 (년도-회-번호)

1과목 전기자기학
03	04-2-02
04	19-1-06
05	17-3-17
06	21-3-08
07	13-1-09
08	10-1-07
09	17-3-04
10	17-3-12
11	19-2-01
12	11-2-07
13	18-1-15
14	14-3-09
15	13-3-08
16	22-3-06
17	17-2-17
18	16-2-13
19	19-3-16
20	15-1-13

2과목 전력공학
26	19-2-31
27	18-2-27
28	15-2-31
29	18-1-21
30	20-4-29
31	10-1-23
32	21-3-26
33	15-1-29
34	17-1-23
35	11-2-23
36	07-2-24
37	19-1-37
38	21-1-31
39	16-3-29
40	15-3-22

3과목 전기기기
48	22-2-52
49	22-1-52
50	19-1-41
51	20-3-55
52	18-3-54
53	19-1-54
54	20-1,2-50
55	09-3-43
56	17-3-44
57	08-1-43
58	17-1-44
59	18-1-42
60	20-3-35

4과목 회로이론
67	19-2-76
68	21-3-63
69	17-1-76
70	19-1-67
71	18-3-75
72	18-1-68
73	22-2-77
74	22-1-68
75	13-1-67
76	18-2-67
77	07-3-65
78	14-2-61
79	20-3-63
80	22-3-71

5과목 전기설비기술기준
86	21-3-94
87	18-3-85
88	19-1-82
89	11-2-83
90	20-1,2-85
91	18-3-96
92	07-1-81
93	15-1-82
94	22-2-85
95	22-2-91

국가기술자격검정 필기시험 문제

2005년도 전기산업기사 일반검정 제3회

자격종목 및 등급(선택분야)	종목코드	시험시간	문제지형별
전기산업기사	2140	2시간 30분	A

제1과목 ▶ 전기자기학

문제 01 도체를 접지시킬 때 도체의 전위는 어떤 전위에 해당 되는가?
① 영전위   ② 정전위
③ 부전위   ④ ∞전위

풀이
지구는 정전 용량이 크므로 많은 전하가 축적되어도 지구의 전위는 일정하다. 따라서, **대지를 실용상 영전위**로 하며, **도체를 접지시키면 도체의 전위도 영전위에 해당**된다. **답** ①

문제 02 5[C]의 전하가 비유전율 $\epsilon_s = 2.5$인 매질 내에 있다고 한다면, 이 전하에서 나오는 전체 전기력선의 수는?
① $\dfrac{5}{\epsilon_0}$개   ② $\dfrac{25}{2\epsilon_0}$개   ③ $\dfrac{2}{\epsilon_0}$개   ④ $\dfrac{1}{\epsilon_0}$개

풀이
Q[C]에서 나오는 전기력선의 수는 $N=\dfrac{Q}{\epsilon}$이므로
$N=\dfrac{Q}{\epsilon}=\dfrac{Q}{\epsilon_0\epsilon_s}=\dfrac{5}{2.5\epsilon_0}=\dfrac{2}{\epsilon_0}$개 **답** ③

문제 03 a, b, c 3개의 도체에서 도체 a를 도체 b로 정전 차폐했을 때의 조건으로 옳은 것은?
① c의 전하는 a의 전위와 관계 있다.
② a, b간의 유도 계수는 없다.
③ a, c간의 유도 계수는 0이다.
④ a의 전하는 c의 전위와 관계 있다.

풀이
도체 a의 전하는 접지 도체(정전차폐) b때문에 도체 c에 전혀 유도되지 않는다. **답** ③

문제 04 유전율 ϵ [F/m], 고유 저항 ρ[Ω·m]의 유전체로 채운 정전용량 C[F]의 콘덴서에 전압 V[V]를 가할 때 유전체 중에 발생하는 열량은 시간 t 초간에 몇 [cal]가 되겠는가?
① $\dfrac{0.24CV^2t}{\rho\epsilon}$ ② $\dfrac{0.24CVt}{\rho\epsilon}$
③ $\dfrac{4.2CVt}{\rho\epsilon}$ ④ $\dfrac{4.2CV^2t}{\rho\epsilon}$

풀이
$R=\dfrac{\epsilon\rho}{C}$
$Q=0.24I^2Rt=0.24\left(\dfrac{V}{R}\right)^2Rt=0.24\dfrac{V^2}{R}t=\dfrac{0.24CV^2t}{\epsilon\rho}$ **답** ①

문제 05 비유전율이 10인 유리 콘덴서와 동일 크기의 비유전율이 1인 공기 콘덴서가 있다. 유리 콘덴서에 380 [V]의 전압을 가할 때 동일한 전하를 축적하기 위하여 공기 콘덴서에 필요한 전압은 몇 [kV]인가?
① 1.8   ② 3.8   ③ 5.4   ④ 7.6

풀이
유리 콘덴서 $Q_1=C_1V_1$, 공기 콘덴서 $Q_2=C_2V_2$에서 $Q_1=Q_2$의 관계이므로
$C_1V_1=C_2V_2$
$\dfrac{\epsilon_0\epsilon_s}{d}sV_1=\dfrac{\epsilon_0}{d}sV_2$
$\therefore V_2=\epsilon_sV_1=10\times380=3800[V]=3.8[kV]$ **답** ②

문제 06 원점에 전하 0.4 [μC]이 있을 때 두 점 (4, 0, 0) [m]와 (0, 3, 0) [m]간의 전위차는 몇 [V]인가?

① 30　　② 100　　③ 150　　④ 300

풀이
$$V = \frac{Q}{4\pi\epsilon_0}\left(\frac{1}{a} - \frac{1}{b}\right) = 9 \times 10^9 \times 0.4 \times 10^{-6}\left(\frac{1}{3} - \frac{1}{4}\right) = 300 [V]$$

답 ④

문제 07 어느 강철의 자화 곡선을 응용하여 종축을 자속 밀도 B 및 투자율 μ, 횡축을 자화의 세기 J라고 하면 다음 중에 투자율 곡선을 가장 잘 나타내고 있는 것은?

① 　　②

③ 　　④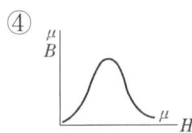

풀이
강자성체는 포화 현상이 있으므로 μ가 일정하지 않고 자화력 H의 증가에 따라 ④와 같이 최대값을 가진다.

답 ④

문제 08 두 도체의 전위 및 전하가 각각 V_1, Q_1 및 V_2, Q_2일 때, 이 도체계가 갖는 에너지는 얼마인가?

① $\frac{1}{2}(V_1Q_1 + V_2Q_2)$

② $\frac{1}{2}(Q_1 + Q_2)(V_1 + V_2)$

③ $V_1Q_1 + V_2Q_2$

④ $(V_1 + V_2)(Q_1 + Q_2)$

풀이
도체계의 전 에너지 W는
$$W = W_1 + W_2 = \frac{1}{2}P_{11}Q_1^2 + P_{21}Q_1Q_2 + \frac{1}{2}P_{22}Q_2^2$$
여기서, $V_1 = P_{11}Q_1 + P_{12}Q_2$, $V_2 = P_{21}Q_1 + P_{22}Q_2$의 관계를 대입하면
$$W = \frac{1}{2}(Q_1V_1 + Q_2V_2) [J]$$ 가 된다.

즉, $W = \sum_{i=1}^{n}\frac{1}{2}Q_iV_i = \frac{1}{2}\sum_{s=1}^{n}\sum_{r=1}^{n}P_{rs}Q_rQ_s$ [J]가 성립한다.

답 ①

문제 09 다음 사항 중 옳은 것은?

① 빛은 회절 및 간섭 현상을 갖는 전자파임과 동시에 입자성을 가진다는 것은 드브로이가 광전 효과를 설명하기 위하여 발견하였다.
② 헤르츠는 라이덴병 전하 방전실험으로 전자파의 발생을 입증하였다.
③ 전계와 자계의 세기를 적절히 조절하여 인공적으로 전자파를 발생시키는 장치로 선형 가속기가 있다.
④ 전자파인 빛을 방출하는 천체의 지구에 대한 운동을 알기 위해서는 본래의 파장에 비하여 받아들인 파장이 어느 정도로 변화되었는가를 관측하는 톰슨 효과를 이용한다.

답 ②

제2과목　전력공학

문제 21 옥내 배선 시설 공사에서 과부하 또는 단락 사고로부터 전선이나 기구를 보호하기 위하여 설치하는 것이 아닌 것은?

① 전류 절환스위치　② 전자 개폐기
③ 브레이커(Breaker)　④ 퓨즈(fuse)

답 ①

문제 22 다음 중 해안 지방의 송전용 나전선으로 가장 적당한 것은?

① 동선　　　　　　② 강선
③ 알루미늄 합금선　④ 강심 알루미늄선

풀이
• 알루미늄선은 염해에 약해 해안지방에서는 사용하지 않는다.

• 강선은 저항값이 커서 강선 단독으로는 송전용 선로에 사용되지 않는다. 답 ①

문제 23 60 [Hz] 2극인 터빈 발전기의 과속도 트립은 몇 [rpm]인가? 단, 과속도 트립은 정격 회전수의 1.1배라고 한다.
① 3440 ② 3960
③ 4110 ④ 4320

풀이
발전기의 주파수 f와 극수 p 및 회전수 N과의 관계는
$$N = \frac{120f}{p} = \frac{120 \times 60}{2} = 3600 \, [\text{rpm}]$$
과속도 트립은 정격 회전수의 110[%] 이상에서 이루어져야 하므로 그 회전수의 한도는
$$\therefore 3600 \times 1.1 = 3960 \, [\text{rpm}]$$
답 ②

문제 24 모선 보호에 사용되는 계전 방식은?
① 과전류 계전 방식   ② 전력 평형 보호 방식
③ 표시선 계전 방식   ④ 전류 차동 계전 방식

풀이
모선 보호 계전 방식의 종류
① 전류 차동 보호 방식
② 전압 차동 보호 방식
③ 위상 비교 방식
④ 환상 모선 보호 방식
⑤ 방향 거리 계전 방식
답 ④

제3과목 전기기기

문제 41 아래 계전기 중 변압기의 보호에 사용되지 않는 계전기는?
① 비율 차동 계전기   ② 차동 계전기
③ 부흐홀쯔 계전기   ④ 임피던스 계전기

풀이
변압기 보호에 사용되는 계전기는 과전류 계전기, 차동 계전기, 부흐홀쯔 계전기, 압력 계전기, 지락 방향 계전기 등이 사용된다.
답 ④

문제 42 일정 토크 부하에 알맞은 유도 전동기의 주파수 제어에 의한 속도 제어 방법을 사용할 때 공급 전압과 주파수는 어떤 관계를 유지하여야 하는가?
① 공급 전압이 항상 일정하여야 한다.
② 공급 전압과 주파수는 반비례되어야 한다.
③ 공급 전압과 주파수는 비례되어야 한다.
④ 공급 전압의 제곱에 반비례하는 주파수를 공급하여야 한다.

풀이
$E = 4.44 f \omega \phi_m \propto f$
즉, **공급전압과 주파수는 비례**되어야 한다. 답 ③

문제 43 정격 출력 2[kVA], 200/100 [V], 50 [Hz]인 변압기의 2차 단락 시험 결과 임피던스 전압 6.8 [V], 임피던스 와트 60 [W]를 얻었다. 이 변압기의 2차를 1차로 환산한 저항과 리액턴스는?
① $r_{21} = 0.68 \, [\Omega]$, $x_{21} = 0.65 \, [\Omega]$
② $r_{21} = 0.5 \, [\Omega]$, $x_{21} = 0.32 \, [\Omega]$
③ $r_{21} = 0.6 \, [\Omega]$, $x_{21} = 0.32 \, [\Omega]$
④ $r_{21} = 0.6 \, [\Omega]$, $x_{21} = 0.4 \, [\Omega]$

풀이
$P = 2[\text{kVA}]$, $V_{1n} = 200[\text{V}]$, $V_{2n} = 100[\text{V}]$, $V_s = 6.8[\text{V}]$
$P_s = 60[\text{W}]$이므로
$$I_{1n} = \frac{P_n}{V_{1n}} = \frac{2 \times 10^3}{200} = 10[\text{A}]$$
임피던스 전압 $V_s = I_{1n} Z_{21}$에서,
$$Z_{21} = \frac{V_s}{I_{1n}} = \frac{6.8}{10} = 0.68[\Omega]$$
$P_s = (r_{21}) I_{1n}^2$에서
$$\therefore r_{21} = \frac{P_s}{(I_{1n})^2} = \frac{60}{10^2} = 0.6[\Omega]$$
$$\therefore x_{21} = \sqrt{(Z_{21})^2 - (r_{21})^2} = \sqrt{0.68^2 - 0.6^2} = 0.32[\Omega]$$
답 ③

문제 44 3상 변압기를 병렬 운전할 경우 조합 불가능한 것은?
① △−△와 △−△   ② Y−△와 Y−△
③ △−△와 △−Y   ④ △−Y와 Y−△

풀이

3상 변압기의 병렬 운전의 결선 조합

병렬 운전 가능	병렬 운전 불가능
△-△와 △-△	
Y-Y 와 Y-Y	
Y-△ 와 Y-△	△-△와 △-Y
△-Y 와 △-Y	△-Y 와 Y-Y
△-△와 Y-Y	
△-Y 와 Y-△	

※ △-△와 △-Y, △-Y와 Y-Y의 결선은 각 변위가 30° 차가 있어 순환 전류가 흐르기 때문에 병렬 운전이 불가능하다.

답 ③

문제 45 직류 전동기의 규약 효율은 어떤 식으로 표시된 식에 의하여 구하여진 값인가?

① $\eta = \dfrac{출력}{입력} \times 100[\%]$

② $\eta = \dfrac{출력}{출력+손실} \times 100[\%]$

③ $\eta = \dfrac{입력-손실}{입력} \times 100[\%]$

④ $\eta = \dfrac{입력}{출력+손실} \times 100[\%]$

풀이

규약효율(전기적 에너지를 기준으로 하여 암기)

• 발전기 (입력: 기계적 에너지, 출력: 전기적 에너지)

$\eta = \dfrac{출력}{출력 + 손실} \times 100 [\%]$ (입력=출력+손실)

• 전동기(입력: 전기적 에너지, 출력: 기계적 에너지)

$\eta = \dfrac{입력-손실}{입력} \times 100 [\%]$ (출력=입력-손실)

답 ③

제4과목 회로이론

문제 61 제동계수 $\zeta = 0$이면 어떤 경우인가?

① 무제동 ② 부족제동
③ 과제동 ④ 임계제동

풀이

• $\zeta < 1$인 경우 : 부족 제동(감쇠 진동)
• $\zeta > 1$인 경우 : 과제동(비진동)
• $\zeta = 1$인 경우 : 임계 제동(임계 상태)

• $\zeta = 0$인 경우 : 무제동(무한 진동 또는 완전 진동)   답 ①

문제 62 그림과 같은 T형 4단자 회로의 4단자 정수 중 B의 값은?

① $1 + \dfrac{Z_1}{Z_3}$

② $\dfrac{1}{Z_3}$

③ $\dfrac{Z_3 + Z_2}{Z_3}$

④ $\dfrac{Z_1 Z_2 + Z_2 Z_3 + Z_3 Z_1}{Z_3}$

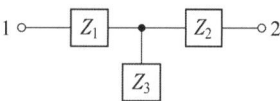

풀이

$\begin{bmatrix} 1 & Z_1 \\ 0 & 1 \end{bmatrix} \begin{bmatrix} 1 & 0 \\ \frac{1}{Z_3} & 1 \end{bmatrix} \begin{bmatrix} 1 & Z_2 \\ 0 & 1 \end{bmatrix} = \begin{bmatrix} \frac{Z_1+Z_3}{Z_3} & \frac{Z_1Z_2+Z_2Z_3+Z_3Z_1}{Z_3} \\ \frac{1}{Z_3} & \frac{Z_2+Z_3}{Z_3} \end{bmatrix}$

답 ④

문제 63 그림과 같은 브리지가 평형되어 있다. 미지 코일의 저항 R_4 및 인덕턴스 L_4의 값은 얼마인가?

① $R_4 = \dfrac{R_1}{R_2} R_3, \quad L_4 = \dfrac{R_1}{R_2} L_3$

② $R_4 = \dfrac{R_1}{R_2} R_3, \quad L_4 = \dfrac{R_1 R_2}{L_3}$

③ $R_4 = R_1 R_2 R_3, \quad L_4 = R_1 R_2 L_3$

④ $R_4 = \dfrac{R_2}{R_1} R_3, \quad L_4 = \dfrac{R_2}{R_1} L_3$

풀이

$R_1(R_4 + j\omega L_4) = R_2(R_3 + j\omega L_3)$
$R_1 R_4 + j\omega R_1 L_4 = R_2 R_3 + j\omega R_2 L_3$

① 실수에서 $R_1 R_4 = R_2 R_3$ ∴ $R_4 = \dfrac{R_2}{R_1} R_3$

② 허수에서 $j\omega R_1 L_4 = j\omega R_2 L_3$ ∴ $L_4 = \dfrac{R_2}{R_1} L_3$ 답 ④

문제 64 다음과 같은 왜형파 교류전압, 전류의 전력은 몇 [W]인가?

$v = 100 \sin \omega t + 50 \sin (3\omega t + 60°)$ [V]
$i = 20 \cos (\omega t - 30°) + 10 \cos (3\omega t - 30°)$ [A]

① 750
② 1000
③ 1299
④ 1732

[풀이]
i를 변형하면
$i = 20\sin(\omega t + 90° - 30°) + 10\sin(3\omega t + 90° - 30°)$
$= 20\sin(\omega t + 60°) + 10\sin(3\omega t + 60°)$
$P = V_1 I_1 \cos\theta_1 + V_3 I_3 \cos\theta_3$
$= \dfrac{100}{\sqrt{2}} \cdot \dfrac{20}{\sqrt{2}} \cos 60° + \dfrac{50}{\sqrt{2}} \cdot \dfrac{10}{\sqrt{2}} \cos 0° = 750$[W]   답 ①

제5과목 전기설비기술기준

문제 81 가공전화선로에 유도장해를 방지하기 위한 특고압 가공전선로의 유도전류 제한사항으로 옳은 것은?

① 사용전압이 60 [kV] 이하인 경우에는 전화선로의 길이 12 [km]마다 유도전류가 1 [mA]를 넘지 않도록 할 것
② 사용전압이 60 [kV] 이하의 경우에는 전화선로의 길이 12 [km]마다 유도전류가 1.5 [mA]를 넘지 않도록 할 것
③ 사용전압이 60 [kV]를 넘는 경우에는 전화선로의 길이 40 [km]마다 유도전류가 1 [μA]를 넘지 않도록 할 것
④ 사용전압이 60 [kV]를 넘는 경우에는 전화선로의 길이 40 [km]마다 유도전류가 3 [μA]를 넘지 않도록 할 것

[풀이]
333.2 유도장해의 방지
가. 사용전압이 60[kV] 이하인 경우에는 전화선로의 길이 12[km] 마다 **유도전류가 2[μA]를 넘지 아니하도록** 할 것.
나. 사용전압이 60[kV]를 **초과**하는 경우에는 전화선로의 길이 40[km] 마다 **유도전류가 3[μA]을 넘지 아니하도록** 할 것.
다. 특고압 가공전선로는 기설 통신선로에 대하여 상시정전 유도 작용에 의하여 통신상의 장해를 주지 아니하도록 시설하여야 한다.   답 ④

문제 82 옥내에 시설하는 전동기가 소손되는 것을 방지하기 위한 과부하 보호 장치를 하지 않아도 되는 것은?

① 전동기 출력이 4 [kW]이며, 취급자가 감시할 수 없는 경우
② 정격 출력이 0.2 [kW] 이하인 경우
③ 전류 차단기가 없는 경우
④ 정격 출력이 10 [kW] 이상인 경우

[풀이]
212.6.3 저압전로 중의 전동기 보호용 과전류보호장치의 시설
옥내에 시설하는 전동기에는 전동기가 손상될 우려가 있는 과전류가 생겼을 때에 자동적으로 이를 저지하거나 이를 경보하는 장치를 하여야 한다. 다만, 다음의 어느 하나에 해당하는 경우에는 그러하지 아니하다.
가. 전동기를 운전 중 상시 취급자가 감시할 수 있는 위치에 시설하는 경우
나. 전동기의 구조나 부하의 성질로 보아 전동기가 손상될 수 있는 과전류가 생길 우려가 없는 경우
다. 단상전동기로써 그 전원측 전로에 시설하는 과전류 차단기의 정격전류가 16[A](배선용 차단기는 20[A]) 이하인 경우
라. **정격 출력이 0.2[kW] 이하의 전동기**   답 ②

05년 3회 동일 및 유사 문제 (년도-회-번호)

1과목 전기자기학
- 10 17-1-01
- 11 15-2-05
- 12 17-2-06
- 13 21-2-01
- 14 22-2-12
- 15 15-1-69
- 16 22-1-12
- 17 20-3-13
- 18 20-4-04
- 19 17-1-20
- 20 10-1-06

2과목 전력공학
- 25 19-1-28
- 26 13-3-27
- 27 20-1,2-29
- 28 07-3-21
- 29 22-2-31
- 30 22-1-27
- 31 21-3-34
- 32 20-3-35
- 33 17-3-30
- 34 15-1-26
- 35 08-2-24
- 36 18-3-23
- 37 15-1-23
- 38 18-3-34
- 39 15-3-32
- 40 14-1-25

3과목 전기기기
- 46 15-2-43
- 47 18-3-47
- 48 22-2-55
- 49 20-3-41
- 50 19-3-50
- 51 07-3-46
- 52 19-3-56
- 53 14-3-50
- 54 22-2-43
- 55 11-2-46
- 56 16-2-49
- 57 19-1-42
- 58 09-3-49
- 59 15-1-48
- 60 17-1-59

4과목 회로이론
- 65 17-3-73
- 66 22-1-68
- 67 21-2-62
- 68 17-1-63
- 69 18-1-72
- 70 19-2-78
- 71 18-2-64
- 72 11-1-67
- 73 13-1-71
- 74 08-3-62
- 75 22-2-72
- 76 07-1-61
- 77 21-1-76
- 78 20-3-65
- 79 07-2-61
- 80 16-1-23

5과목 전기설비기술기준
- 83 22-3-99
- 84 22-1-99
- 85 22-2-91
- 86 20-1,2-85
- 87 21-2-98
- 88 17-3-86
- 89 11-1-84
- 90 11-3-88
- 91 18-3-93
- 92 16-1-85
- 93 15-2-89
- 94 09-3-82
- 95 16-3-84
- 96 12-3-83
- 97 21-1-84

memo

D60-2
2004년도 전기산업기사 필기

- 2004년도 제1회 전기산업기사
- 2004년도 제2회 전기산업기사
- 2004년도 제3회 전기산업기사

국가기술자격검정 필기시험 문제

2004년도 전기산업기사 일반검정 제1회

자격종목 및 등급(선택분야)	종목코드	시험시간	문제지형별	수검 번호	성 명
전기산업기사	2140	2시간 30분	A		

제1과목 전기자기학

문제 01 그림과 같이 구형단면의 심환을 갖는 무단 솔레노이드가 있다. 심환의 내외 반지름은 각각 R_1, R_2[m]이고, 그 축방향의 두께는 l[m], 권수는 N회 일 때, 솔레노이드의 인덕턴스는 몇 [H]인가?

① $\dfrac{\mu l N^2}{\pi} \ln \dfrac{R_2}{R_1}$

② $\dfrac{\mu l N^2}{\pi} \ln \dfrac{R_1}{R_2}$

③ $\dfrac{\mu l N^2}{2\pi} \ln \dfrac{R_2}{R_1}$

④ $\dfrac{\mu l N^2}{2\pi} \ln \dfrac{R_1}{R_2}$

풀이

$d\phi = Bl\,dr = \dfrac{\mu l NI}{2\pi r} dr$

$\phi = \dfrac{\mu l NI}{2\pi} \int_{R_1}^{R_2} \dfrac{1}{r} dr = \dfrac{\mu l NI}{2\pi} \ln \dfrac{R_2}{R_1}$ [Wb]

$\therefore L = \dfrac{N\phi}{I} = \dfrac{\mu l N^2}{2\pi} \ln \dfrac{R_2}{R_1}$ [H]   답 ③

문제 02 자기 인덕턴스 L_1[H], L_2[H]이고, 상호 인덕턴스가 M[H]인 두 코일을 직렬로 연결하였을 경우 합성 인덕턴스는?

① $L_1 + L_2 \pm 2M$
② $\sqrt{L_1 + L_2} \pm 2M$
③ $L_1 + L_2 \pm 2\sqrt{M}$
④ $\sqrt{L_1 + L_2} \pm 2\sqrt{M}$

풀이

$L_\pm = L_1 + L_2 \pm 2M$ [H]

자계가 동일 방향이면 +, 반대 방향이면 −를 취한다.   답 ①

문제 03 자속 밀도 0.5 [Wb/m²]의 균일한 자계내에 길이 1 [m]의 도선을 자계와 수직 방향으로 운동시킬 때 도선에 50 [V]의 기전력이 유기된다면 이 도선의 속도는 몇 [m/s]인가?

① 10   ② 25   ③ 50   ④ 100

풀이

$e = Blv\sin\theta$에서

$\therefore v = \dfrac{e}{Bl\sin\theta} = \dfrac{50}{0.5 \times 1 \times 1} = 100$ [m/s]   답 ④

제2과목 전력공학

문제 21 가공지선에 대한 설명으로 틀린 것은?

① 직격뢰에 대해서는 특히 유효하며, 탑 상부에 시설하므로 뇌는 주로 가공지선에 내습한다.
② 가공지선 때문에 송전 선로의 대지 용량이 감소하므로 대지와의 사이에 방전할 때 유도전압이 특히 커서 차폐 효과가 좋다.
③ 송전선 지락시 지락전류의 일부가 가공지선에 흘러 차폐작용을 하므로 전자유도 장해를 적게 할 수도 있다.
④ 가공지선은 아연도철선, ACSR 등을 사용하며 보통 300[m], 때로는 50[m]마다 접지하기도 한다.

풀이
가공 지선은 뇌해 방지, 전자 차폐 효과를 위해 설치한다.
답 ②

문제 22 그림과 같이 6300/210[V]인 단상 변압기 3대를 △-△ 결선하여 수전단 전압이 6000[V]인 배전선로에 접속하였다. 이 중 2대의 변압기는 감극성이고, RT상에 연결된 변압기 1대가 가극성이었다고 한다. 이때 아래 그림과 같이 접속된 전압계에는 몇 [V]의 전압이 유기되는가?

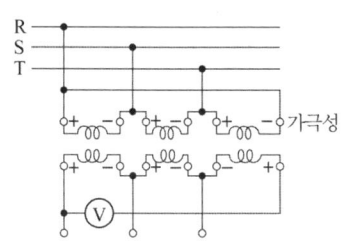

① 0   ② 100   ③ 200   ④ 400

풀이
단상 변압기 2차측 전압 $V = 6000 \times \dfrac{210}{6300} = 200$ [V]
2차측 변압기에서 키르히호프 전압 법칙을 적용하면
$V = V_{RS} + V_{ST} + V_{TR}$
$= 200\underline{/0} + 200\underline{/-120} - 200\underline{/-240}$ [V]
$= 200 + 200\left(-\dfrac{1}{2} - j\dfrac{\sqrt{3}}{2}\right) - 200\left(-\dfrac{1}{2} + j\dfrac{\sqrt{3}}{2}\right)$
$= 200 - j200\sqrt{3}$
$|V| = \sqrt{200^2 + (200\sqrt{3})^2} = 400$ [V]
답 ④

문제 23 터빈 발전기에 있어서 수소 냉각 방식을 공기 냉각 방식과 비교한 것 중 수소 냉각 방식의 특징이 아닌 것은?
① 동일 기계에서 출력을 증가할 수 있다.
② 풍손이 작다.
③ 권선의 수명이 길어진다.
④ 코로나 발생이 심하다.

풀이
수소냉각의 장·단점
1) 장점
 • 수소의 밀도는 공기의 약 7[%]이므로 풍손이 공기냉각에 비해 1/10로 감소
 • 냉각효과가 크다.
 • 수소는 공기보다 불활성이므로 코일의 절연 수명이 길게 된다.
 • 전폐형으로 함으로서 불순물의 침입이 없고 소음을 현저하게 감소시킨다.
 • 코로나 전압이 높아 코로나의 발생이 적다.
2) 단점
 • 수소와 공기가 적당히 혼합 시 폭발하게 된다.
 • 설비비가 많이 든다.
답 ④

문제 24 원자로의 보이드(void)계수란?
① 연료의 온도가 1도 변화할 때의 반응도 변화
② 노심내의 증기량이 1[%] 변화할 때의 반응도 변화
③ 냉각재의 온도가 1도 변화할 때의 반응도 변화
④ 연료 중의 독물질의 독작용을 나타내는 값
답 ①

문제 25 복도체 선로가 있다. 소도체의 지름 8 [mm], 소도체 사이의 간격 40 [cm]일 때, 등가 반지름[cm]은?
① 2.8   ② 3.6
③ 4.0   ④ 5.7

풀이
등가 반지름 $r_e = \sqrt{rs} = \sqrt{0.4 \times 40} = 4.0$ [cm]
답 ③

문제 26 3상 변압기의 %임피던스는? 단, 임피던스는 $Z[\Omega]$, 선간 전압은 $V[kV]$, 변압기의 용량은 P [kW]이다.
① $\dfrac{PZ}{V}$ ② $\dfrac{PZ}{10V}$
③ $\dfrac{PZ}{10V^2}$ ④ $\dfrac{10PZ}{V^2}$

풀이
$\%Z = \dfrac{I_n Z}{E_n} \times 100$ $P = \sqrt{3}\, VI_n$, $V = \sqrt{3}\, E_n$ 이므로
$= \dfrac{\sqrt{3}\, VI_n Z}{\sqrt{3}\, VE_n} \times 100 = \dfrac{P \times Z}{V^2} \times 100$

$$= \frac{P[\text{kVA}] \times 10^3 \times Z[\Omega]}{V^2[\text{kV}] \times 10^6} \times 100$$

$$= \frac{ZP[\text{kVA}]}{10V^2[\text{kV}]} [\%]$$

답 ③

제3과목 전기기기

문제 41 다음 중 변압기의 극성 시험법이 아닌 것은?
① 직류 전압계법   ② 교류 전압계법
③ 표준 변압기법   ④ 스코트법

풀이
스코트법은 극성 시험법이 아니라, 3상-2상간의 **상수 변환법**이다.
답 ④

문제 42 다음 중 정전압형 발전기가 아닌 것은?
① Rosenberg Generator
② Third Brush Generator
③ Bergmann Generator
④ Rototrol

풀이
1) 정전압 발전기기
  • 로젠베르그 발전기
  • 베르그만 발전기
  • 제3브러시 발전기
2) 증폭 발전기
  • 앰플리다인 발전기
  • **로토트롤 발전기**
  • HT 다이나모 발전기
답 ④

문제 43 직류 발전기의 병렬 운전 조건 중 잘못된 것은?
① 단자 전압이 같을 것
② 외부 특성이 같을 것
③ 극성을 같게 할 것
④ 유도 기전력이 같을 것

풀이
병렬 운전 조건
① 정격 전압 및 극성이 같을 것
② 외부 특성 곡선이 어느 정도 수하 특성일 것
③ 용량이 다를 경우 [%] 부하 전류로 나타낸 외부 특성 곡선이 거의 일치할 것
즉, 직류발전기의 병렬운전에서 유기기전력의 크기는 달라도 되지만 단자전압의 크기는 같아야 한다.
답 ④

문제 44 변압기의 철손이 P_i [kW], 전부하 동손이 P_c [kW]일 때 정격 출력의 $\frac{1}{m}$ 의 부하를 걸었을 때 전손실[kW]은 얼마인가?

① $(P_i + P_c)\left(\frac{1}{m}\right)^2$
② $P_i + P_c\left(\frac{1}{m}\right)$
③ $P_i + \left(\frac{1}{m}\right)^2 P_c$
④ $P_i\left(\frac{1}{m}\right) + P_c$

풀이
철손은 부하에 관계없이 일정하고 동손은 I^2r로서 부하 전류의 제곱에 비례하므로 $\frac{1}{m}$로 부하가 감소하면 P_c는 $\left(\frac{1}{m}\right)^2$으로 감소한다. 따라서

$$\frac{1}{m} \text{ 부하 효율} = \frac{\frac{1}{m} V_2 I_2 \cos\theta}{\frac{1}{m} V_2 I_2 \cos\theta + P_i + \left(\frac{1}{m}\right)^2 P_c}$$

이므로, 전손실은 $P_i + \left(\frac{1}{m}\right)^2 P_c$
답 ③

문제 45 직류 전동기의 속도제어 방식중 직병렬 제어법을 사용할 수 있는 전동기는?
① 직류 타여자 전동기
② 직류 분권 전동기
③ 직류 직권 전동기
④ 직류 복권 전동기

풀이
직병렬 제어법
이 방법은 전압 제어법의 일종으로서, **직류 직권 전동기 2대를 직렬로 접속하면** 한 전동기에는 1/2의 전압이 가해지고, 병렬로 접속하면 전 전압이 가해지므로 속도를 제어할 수 있다.
답 ③

문제 46 동기발전기에서 제 5고조파를 제거하기 위해서는 (β = 코일피치/극피치)가 얼마되는 단절권으로 해야 하는가?

① 0.9 ② 0.8 ③ 0.7 ④ 0.6

풀이
제n고조파에 대한 단절권 계수(코일 간격/극 간격)는
$K_{pn} = \sin\dfrac{n\beta\pi}{2}$ 가 된다.
따라서, 제5고조파에 대해서는
$K_{p5} = \sin\dfrac{5\beta\pi}{2} = 0$
이 되면 제5고조파가 제거되므로
$\beta = 0, 0.4, 0.8, 1.2, \cdots$가 구해지나
이 중에서 1보다 작고 1에 가장 가까운 $\beta = 0.8$이 적당하다. **답** ②

문제 47 교류를 직류로 변환하는 전기기기가 아닌 것은?
① 전동 발전기 ② 회전 변류기
③ 단극 발전기 ④ 수은 정류기

풀이
단극 발전기는 직류 발전기의 일종으로 저전압 대전류 용으로 사용된다. **답** ③

제4과목 회로이론

문제 61 대칭 3상 교류 발전기의 기본식 중 알맞게 표현된 것은? 단, V_0는 영상분 전압, V_1은 정상분 전압, V_2는 역상분 전압이다.
① $V_0 = E_0 - Z_0 I_0$
② $V_1 = -Z_1 I_1$
③ $V_2 = Z_2 I_2$
④ $V_1 = E_a - Z_1 I_1$

풀이
발전기의 기본식
- 영상분 : $V_0 = -Z_0 I_0$
- 정상분 : $V_1 = E_a - Z_1 I_1$
- 역상분 : $V_2 = -Z_2 \cdot I_2$ **답** ④

문제 62 정전 용량계 C에 관한 설명으로 잘못된 것은?
① C의 단위에는 F, μF, pF 등이 사용된다.
② 정전 용량의 역(逆)을 엘라스턴스(elastance)라고 한다.
③ 엘라스턴스의 단위에는 Daraf가 사용된다.
④ 정전 용량계 C의 단자 전압은 순간적으로 변화시킬 수 있다. **답** ④

문제 63 그림과 같은 회로의 영상 전달 정수 θ를 $\cosh^{-1}$로 표시하면?

① $\cosh^{-1}\sqrt{1-\dfrac{Z_1}{4Z_2}}$
② $\cosh^{-1}\sqrt{1+\dfrac{Z_1}{4Z_2}}$
③ $\cosh^{-1}\sqrt{\dfrac{Z_1}{4Z_2}-1}$
④ $\cosh^{-1}\sqrt{\dfrac{Z_1}{Z_2}+1}$

풀이
$A = 1 + \dfrac{\frac{Z_1}{2}}{2Z_2} = 1 + \dfrac{Z_1}{4Z_2}$ $B = \dfrac{Z_1}{2}$
$C = \dfrac{1}{2Z_2}$ $D = 1$

그러므로, $\theta = \cosh^{-1}\sqrt{AD} = \cosh^{-1}\sqrt{1+\dfrac{Z_1}{4Z_2}}$ **답** ②

문제 64 그림과 같은 4단자망에서 4단자 정수의 행렬은?

① $\begin{bmatrix} 1 & Z \\ 0 & 1 \end{bmatrix}$
② $\begin{bmatrix} Z & 0 \\ 1 & 0 \end{bmatrix}$
③ $\begin{bmatrix} 0 & 1 \\ Z & 1 \end{bmatrix}$
④ $\begin{bmatrix} 1 & 0 \\ 1 & Z \end{bmatrix}$

답 ①

문제 65 그림과 같은 회로에서 전달함수 $G(s) = \dfrac{V_2(s)}{V_1(s)}$를 구하면?

단, $R_e = \dfrac{R_1 R_2}{R_1 + R_2}$, $K = \dfrac{R_2}{R_1 + R_2}$, $T = \dfrac{L}{R_e}$

① $\dfrac{Ts}{K+Ts}$ ② $\dfrac{KTs}{1+Ts}$

③ $\dfrac{Ts}{1+Ts}$ ④ $\dfrac{KTs}{K+Ts}$

풀이

$V_2 = V_1 \cdot \dfrac{\dfrac{sLR_2}{sL+R_2}}{R_1 + \dfrac{sLR_2}{sL+R_2}} = \dfrac{sLR_2}{R_1R_2 + R_1Ls + sLR_2} \cdot V_1$

$G(s) = \dfrac{V_2}{V_1} = \dfrac{sLR_2}{R_1R_2 + (R_1+R_2)Ls} = \dfrac{s \cdot \dfrac{L}{R_1}}{1 + \dfrac{(R_1+R_2)L}{R_1R_2}s}$

$\dfrac{R_1+R_2}{R_1 \cdot R_2}L = \dfrac{L}{R_e} = T$, $\dfrac{L}{R_1} = KT$ 이므로

$G(s) = \dfrac{KTs}{1+Ts}$

답 ②

제5과목 전기설비기술기준

문제 81 수용 장소의 인입구 부근에 금속제 수도관로가 있는 경우 또는 대지간의 전기 저항값이 몇 [Ω] 이하인 값을 유지하는 건물의 철골이 있는 경우에는 이것을 접지극으로 사용하여 저압 전선로의 접지측 전선에 추가 접지할 수 있는가?

① 1 [Ω] ② 2 [Ω]
③ 3 [Ω] ④ 10 [Ω]

풀이

142.4.1 저압수용가 인입구 접지
수용장소 인입구 부근에서 다음의 것을 접지극으로 사용하여 변압기 중성점 접지를 한 저압전선로의 중성선 또는 접지측 전선에 추가로 접지공사를 할 수 있다.
가. 지중에 매설되어 있고 대지와의 전기저항 값이 3[Ω] 이하의 값을 유지하고 있는 금속제 수도관로
나. 대지 사이의 전기저항 값이 3[Ω] 이하인 값을 유지하는 건물의 철골
다. 접지도체는 공칭단면적 6[mm²] 이상의 연동선   답 ③

문제 82 피뢰기를 시설하지 않아도 되는 곳은?

① 가공 전선로와 지중 전선로가 접속되는 곳으로서 피보호 기기가 보호 범위내에 위치하는 경우
② 발전소, 변전소 또는 이에 준하는 장소의 가공 전선 인입구
③ 특고압 가공 전선로로부터 공급받는 수용 장소의 인입구
④ 특고압 배전용 변압기의 특고압측 및 고압측

풀이

341.13 피뢰기의 시설
가. 고압 및 특고압의 전로 중 다음에 열거하는 곳 또는 이에 근접한 곳에는 피뢰기를 시설하여야 한다.
 ① 발전소·변전소 또는 이에 준하는 장소의 가공전선 인입구 및 인출구
 ② 특고압 가공전선로에 접속하는 배전용 변압기의 고압측 및 특고압측
 ③ 고압 및 특고압 가공전선로로부터 공급을 받는 수용장소의 인입구
 ④ 가공전선로와 지중전선로가 접속되는 곳
나. 다음의 어느 하나에 해당하는 경우에는 피뢰기를 시설하지 않아도 된다.
 ① 직접 접속하는 전선이 짧은 경우
 ② 피보호기기가 보호범위 내에 위치하는 경우   답 ①

04년 1회 동일 및 유사 문제 (년도-회-번호)

1과목 전기자기학
- 04 19-1-13
- 05 19-1-08
- 06 22-2-03
- 07 09-3-01
- 08 17-1-09
- 09 13-2-02
- 10 21-2-12
- 11 09-3-02
- 12 12-1-08
- 13 17-2-01
- 14 19-1-06
- 15 07-3-05
- 16 06-1-08
- 17 13-1-03
- 18 18-3-19
- 19 10-3-07
- 20 15-1-15

2과목 전력공학
- 27 19-3-26
- 28 20-4-32
- 29 17-1-32
- 30 12-3-22
- 31 21-2-17
- 32 16-2-28
- 33 06-3-21
- 34 21-1-21
- 35 21-1-33
- 36 20-3-38
- 37 14-3-27
- 38 11-3-25
- 39 20-3-40
- 40 17-1-39

3과목 전기기기
- 48 22-2-41
- 49 19-2-42
- 50 18-3-52
- 51 22-1-42
- 52 15-2-49
- 53 20-4-56
- 54 22-2-50
- 55 06-1-45
- 56 21-1-62
- 57 08-3-41
- 58 20-1,2-47
- 59 22-2-58
- 60 14-1-45

4과목 회로이론
- 66 16-2-72
- 67 21-1-69
- 68 13-2-62
- 69 18-2-78
- 70 20-3-76
- 71 22-3-67
- 72 07-2-62
- 73 12-1-66
- 74 20-3-63
- 75 19-1-64
- 76 11-2-64
- 77 16-2-76
- 78 07-2-66
- 79 09-3-64
- 80 21-1-61

5과목 전기설비기술기준
- 83 19-1-81
- 84 19-2-96
- 85 21-2-83
- 86 13-1-88
- 87 21-1-89
- 88 20-1,2-85
- 89 19-3-93
- 90 16-2-86
- 91 20-4-92
- 92 15-1-84
- 93 20-3-97
- 94 22-3-91
- 95 06-2-81
- 96 15-2-86

국가기술자격검정 필기시험 문제

2004년도 전기산업기사 일반검정 제 2 회

자격종목 및 등급(선택분야)	종목코드	시험시간	문제지형별	수검 번호	성 명
전기산업기사	2140	2시간 30분	A		

제1과목 ▶ 전기자기학

문제 01 $\operatorname{div} i = 0$에 대한 설명이 아닌 것은?
① 도체 내에 흐르는 전류는 연속적이다.
② 도체 내에 흐르는 전류는 일정하다.
③ 단위 시간당 전하의 변화는 없다.
④ 도체 내에 전류가 흐르지 않는다.

[풀이]
$\operatorname{div} i = -\dfrac{\partial \rho}{\partial t}$에서 정상 전류가 흐를 때 전하의 축적 또는 소멸이 없을 것이므로 $\dfrac{\partial \rho}{\partial t}=0$, 즉 $\operatorname{div} i =0$가 된다.
이 결과 ①, ②, ③의 의미를 가진다. **답 ④**

문제 02 자계의 세기 H[AT/m], 자속 밀도 B[Wb/m²], 투자율 μ[H/m]인 곳의 자성체에 저장되는 에너지 밀도[J/m³]는?
① BH
② $\dfrac{1}{2}BH$
③ $\dfrac{H^2}{2\mu}$
④ $\dfrac{1}{2}\mu B^2$

[풀이]
자성체 단위 체적당 저장되는 에너지, 즉 에너지 밀도는
$w = \dfrac{BH}{2} = \dfrac{B^2}{2\mu} = \dfrac{1}{2}\mu H^2$ [J/m³] 이다. **답 ②**

문제 03 유전 분극의 종류가 아닌 것은?
① 전하 분극
② 전자 분극
③ 이온 분극
④ 배향 분극

[풀이]
분극의 종류
① **전자분극**(electronic polarization) : 헬륨과 같은 단결정에서 원자내의 전자와 핵의 상대적 변위로 발생
② **이온분극**(ionic polarization) : 양으로 대전된 원자와 음으로 대전된 원자의 상대적 변위에 의하여 일어나는 분극 현상을 이온분극 또는 원자분극(atomic polarization)이라 한다.
③ **쌍극자 배향 분극**(orientational polarization) : 유극성 분자(전계를 가하지 않아도 처음부터 영구 쌍극자를 갖는 분자)가 전계 방향에 의해 재배열한 분극 **답 ①**

문제 04 공기 중에서 반지름 a[m]의 도체구에 Q[C]의 전하를 주었을 때 전위가 V[V]로 되었다. 이 도체구가 갖는 에너지는?
① $\dfrac{Q^2}{4\pi\epsilon_0 a}$
② $\dfrac{Q^2}{8\pi\epsilon_0 a}$
③ $\dfrac{Q}{4\pi\epsilon_0 a^2}$
④ $\dfrac{Q}{8\pi\epsilon_0 a^2}$

[풀이]
공기 중의 구의 용량 $C = 4\pi\epsilon_0 a$
정전에너지 $W = \dfrac{1}{2} \cdot \dfrac{Q^2}{C} = \dfrac{1}{2} \times \dfrac{Q^2}{4\pi\epsilon_0 a} = \dfrac{Q^2}{8\pi\epsilon_0 a}$ **답 ②**

문제 05 그림과 같은 회로에서 a, b 양단의 합성 정전용량은 몇 [C]인가?
① 2.6
② 3.6
③ 4.6
④ 5.6

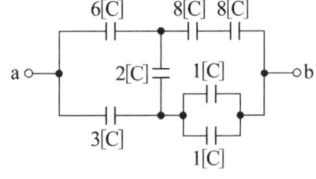

[풀이]
등가회로는 평형브리지 회로가 적용되어 다음과 같다.

$$C_{ab} = \frac{3 \times 2}{3+2} + \frac{6 \times 4}{6+4} = 1.2 + 2.4 = 3.6 \, [C]$$

답 ②

문제 06 그림과 같은 간격 d인 무한히 긴 2개의 평행 도선에 전류 I가 반대 방향으로 흐를 때 임의의 점 P의 자계의 세기는?

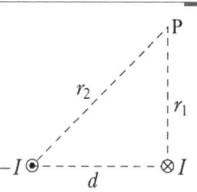

① $\dfrac{Id}{2\pi r_1 r_2}$ ② $\dfrac{Ir_2}{2\pi d r_1}$

③ $\dfrac{Ir_1}{2\pi d r_2}$ ④ $\dfrac{Id}{4\pi r_1 r_2}$

답 ①

제2과목 전력공학

문제 21 % 임피던스에 대한 설명 중 옳은 것은?
① 터빈 발전기의 % 임피던스는 수차의 % 임피던스보다 작다.
② 전기기계의 % 임피던스가 크면 차단용량이 작아진다.
③ % 임피던스는 % 리액턴스보다 작다.
④ 직렬 리액터는 % 임피던스를 작게 하는 작용이 있다.

[풀이]
차단기의 차단 용량은 계통의 단락 용량보다 커야 한다.

단락 용량 $P_s = \dfrac{100}{\%Z} P_n$, $P_s \propto \dfrac{1}{\%Z}$

답 ②

문제 22 피뢰기의 구조에서 전·자기적인 충격으로부터 보호하는 구성 요소는?
① 쉴드링   ② 특성 요소
③ 직렬갭   ④ 소호 리액터

[풀이]
피뢰기의 구조
① 직렬 갭
② 특성 요소 ┘ 속류 차단, 소호의 역할
③ 쉴드링 : 전기적, 자기적 충격으로부터 보호

답 ①

문제 23 전력 계통의 전압 조정 설비의 특징에 대한 설명 중 틀린 것은?
① 병렬 콘덴서는 진상 능력만을 가지며 병렬 리액터는 진상능력이 없다.
② 동기 조상기는 무효 전력의 공급과 흡수가 모두 가능하여 진상 및 지상용량을 갖는다.
③ 동기 조상기는 조정의 단계가 불연속적이나 직렬 콘덴서 및 병렬 리액터는 그것이 연속적이다.
④ 병렬 리액터는 장거리 초고압 송전선 또는 지중선 계통의 충전용량 보상용으로 주요 발변전소에 설치된다.

[풀이]
조상 설비

항목＼설비	동기조상기	리액터	콘덴서
진 상	가 능	불가능	가 능
지 상	가 능	가 능	불가능
조 정	연속적	단계적	단계적
시충전	가 능	불가능	불가능

답 ③

문제 24 중성점 저항 접지 방식에서 1선 지락시의 영상 전류를 I_0라 할 때 저항을 통하는 전류는 어떻게 표현되는가?

① $\dfrac{1}{3}I_0$ ② $\sqrt{3}\,I_0$ ③ $3I_0$ ④ $6I_0$

풀이
지락전류 $I_g = I_0 + I_1 + I_2 = 3I_0$ ($\because I_0 = I_1 = I_2$) **답** ③

문제 25 그림과 같은 4단자 정수를 가진 2개의 회로가 직렬로 연결되어 있을 때 합성 4단자 정수는?

$$\circ\!\!-\!\!\boxed{\begin{array}{cc} A_1 & B_1 \\ C_1 & D_1 \end{array}}\!\!-\!\!\boxed{\begin{array}{cc} A_2 & B_2 \\ C_2 & D_2 \end{array}}\!\!-\!\!\circ$$

① $A = A_1A_2 + B_1C_2$, $B = A_1B_2 + B_1D_2$
　$C = A_2C_1 + C_2D_1$, $D = B_2C_1 + D_1D_2$
② $A = A_1A_2 + B_1C_1$, $B = A_1B_2 + B_1D_2$
　$C = A_2C_1 + D_1C_2$, $D = B_1C_2 + D_1D_2$
③ $A = A_1A_2 + B_2C_1$, $B = A_1B_2 + B_1D_2$
　$C = A_1C_2 + D_1C_2$, $D = B_2C_1 + D_1D_2$
④ $A = A_1A_2 + B_1C_2$, $B = A_2B_1 + B_1D_1$
　$C = A_1C_2 + D_1D_2$, $D = B_1C_1 + D_1D_2$

풀이
$$\begin{bmatrix} A_0 & B_0 \\ C_0 & D_0 \end{bmatrix} = \begin{bmatrix} A_1 & B_1 \\ C_1 & D_1 \end{bmatrix}\begin{bmatrix} A_2 & B_2 \\ C_2 & D_2 \end{bmatrix}$$
$$= \begin{bmatrix} A_1A_2 + B_1C_2 & A_1B_2 + B_1D_2 \\ C_1A_2 + D_1C_2 & C_1B_2 + D_1D_2 \end{bmatrix}$$
답 ①

제3과목 전기기기

문제 41 변압기의 결선 중에서 6상측의 부하가 수은 정류기일 때 주로 사용되는 결선은?
① 포오크 결선(fork connection)
② 환상 결선(ring connection)
③ 2중 3각 결선(double star connection)
④ 대각 결선(diagonal connection)

풀이
수은 정류기, 회전 변류기 다같이 6상을 쓰나 **수은 정류기일 때는 포오크 결선**이다. **답** ①

문제 42 변압기의 백분율 리액턴스 강하가 저항 강하의 3배라고 하면 정격 전류에 있어서 전압 변동률이 0이 되는 앞선 역률의 크기는?
① 약 0.80　② 약 0.85
③ 약 0.9　④ 약 0.95

풀이
앞선 역률이므로 전압변동률 $\epsilon = p\cos\phi - q\sin\phi = 0$ 식에서
$$\frac{p}{q} = \tan\phi = \frac{1}{3}$$
따라서, 역률 $\cos\phi$는
$$\therefore \cos\phi = \frac{1}{\sqrt{1+\tan^2\phi}} = \frac{1}{\sqrt{1+\left(\frac{1}{3}\right)^2}} = \frac{3}{\sqrt{10}} = 0.95$$
답 ④

문제 43 3상 수은 정류기의 직류 부하 전류(평균)에 100 [A]되는 1상 양극 전류 실효값[A]은?
① $100\sqrt{3}$　② $\dfrac{100}{3}$
③ $\dfrac{100\sqrt{3}}{\pi}$　④ $\dfrac{100}{\sqrt{3}}$

풀이
1상의 양극 전류는 100 [A]가 $\dfrac{2\pi}{3}$ 사이에만 흐르고 나머지 $\dfrac{4\pi}{3}$는 흐르지 않으므로
$$I_{rms} = \sqrt{\frac{\left(100^2 \times \frac{2\pi}{3}\right)}{2\pi}} = \frac{100}{\sqrt{3}} [A]$$
답 ④

문제 44 다음은 유도 발전기의 원리를 설명한 것이다. 틀린 것은?
① 회전자 권선은 유도 전동기와 반대로 회전 자속을 자른다.
② 유도 기전력 및 전류의 방향은 유도 전동기와 반대로 된다.
③ 회전자 전류와 회전 자속의 토크의 방향은 회전자의 회전 방향과 같게 된다.
④ 고정자의 부하 전류의 방향은 전동기의 경우와 반대이다.

답 ③

문제 45 1차(고정자측) 1상당 저항이 $r_1[\Omega]$, 리액턴스 $x_1[\Omega]$이고 1차에 환산한 2차측(회전자측) 1상당 저항은 $r_2'[\Omega]$, 리액턴스 $x_2'[\Omega]$이 되는 권선형 유도 전동기가 있다. 2차 회로는 Y로 접속되어 있으며, 비례 추이를 이용하여 최대 토크로 기동시키려고 하면 2차에 1상당 얼마의 외부 저항(1차에 환산한 값)을 연결하면 되는가?

① $\dfrac{r_2'}{\sqrt{r_1^2+(x_1+x_2')^2}}$
② $\sqrt{r_1^2+(x_1+x_2')^2}-r_2'$
③ $\sqrt{(r_1+r_2')^2+(x_1+x_2')^2}$
④ $\sqrt{r_1^2+(x_1+x_2)^2}+r_2'$

풀이
$s_t = \dfrac{r_2'}{\sqrt{r_1^2+(x_1+x_2')^2}}$

$T_m = \dfrac{m_1 V_1^2}{2r_1+\sqrt{r_1^2+(x_1+x_2')^2}}$

기동시에는 $s=1$이므로, 기동 저항을 R_s'라고 하면
$\dfrac{r_2'}{s_t} = \dfrac{r_2'+R_s'}{s}$

∴ $\dfrac{r_2'}{s_t} = \dfrac{r_2'+R_s'}{1}$

$r_2'+R_s' = \sqrt{r_1^2+(x_1+x_2')^2}$

∴ $R_s' = \sqrt{r_1^2+(x_1+x_2')^2}-r_2'$ 답 ②

문제 46 차단기의 트립 방식이 아닌 것은?
① 전압 트립 방식   ② 과전류 트립 방식
③ 부족 전압 트립 방식   ④ 인덕터 트립 방식
답 ④

문제 47 직류 전동기를 전 부하 전류 이하 동일 전류에서 운전할 경우 회전수가 큰 순서대로 나열하면?
① 직권, 화동(가동) 복권, 분권, 차동 복권
② 직권, 차동 복권, 분권, 화동(가동) 복권
③ 차동 복권, 분권, 화동(가동) 복권, 직권
④ 화동(가동) 복권, 분권, 차동 복권, 직권

풀이

답 ①

제4과목 회로이론

문제 61 어떤 $R-L-C$ 병렬회로가 병렬 공진되었을 때 합성 전류는?
① 최대가 된다.
② 최소가 된다.
③ 전류는 흐르지 않는다.
④ 전류는 무한대가 된다.

풀이
병렬 공진시 회로의 어드미턴스는 최소가 되므로 전류는 최소가 된다.
$Y = \dfrac{1}{R}+j\left(\omega C-\dfrac{1}{\omega L}\right)$에서
$Y_r = \dfrac{1}{R}$ ∴ $I_r = Y_r V$ 답 ②

문제 62 3상 전력을 측정하는 데 두 전력계 중에서 하나가 0이었다. 이때의 역률은 어떻게 되는가?
① 0.5   ② 0.8
③ 0.6   ④ 0.4

풀이
2전력계법에서
역률 $\cos\theta = \dfrac{P_1+P_2}{2\sqrt{P_1^2+P_2^2-P_1P_2}}$에서
$P_1=P$, $P_2=0$이면 $\cos\theta = \dfrac{P}{2P} = 0.5$ 답 ①

문제 63 그림과 같은 회로에서 저항 $R[\Omega]$과 정전용량 $C[F]$의 직렬 회로에서 잘못 표현된 것은?

① 회로의 시정수는 $\tau = RC\,[s]$ 이다.
② $t=0$에서 직류 전압 $E[V]$를 가했을 때 $t\,[s]$ 후의 전류 $i = \dfrac{E}{R} e^{-\frac{1}{RC}t}$ [A] 이다.
③ $t=0$에서 직류 전압 $E[V]$를 가했을 때 $t\,[s]$ 후의 전류 $i = \dfrac{E}{R}\left(1 - e^{-\frac{1}{RC}t}\right)$ [A] 이다.
④ $R-C$ 직렬 회로의 직류 전압 $E[V]$를 충전하는 경우 회로의 전압 방정식은 $Ri + \dfrac{1}{C}\int i\,dt = E$ 이다.

풀이
• $R-C$ 직렬회로에 직류전압 인가시 흐르는 전류 :
$i(t) = \dfrac{E}{R} e^{-\frac{1}{RC}t}$ [A]
• $R-L$ 직렬회로에 직류전압 인가시 흐르는 전류 :
$i(t) = \dfrac{E}{R}(1 - e^{-\frac{R}{L}t})$
답 ③

문제 64 대칭좌표법에 의하여 3상 회로에 대한 해석중 잘못된 것은?
① △결선이든 Y결선이든 세 선전류의 합은 영(零)이면 영상분도 영(零)이다.
② 선간전압의 합이 영(零)이면 그 영상분은 항상 영(零)이다.
③ 선간전압이 평형이고 상순이 a-b-c이면 Y결선에서 상전압의 역상분은 영(零)이 아니다.
④ Y결선중 중성선 접지시에 중성선 정상분의 선전류에 대하여서 ∞의 임피이던스를 나타낸다.

풀이
평형 상태에서는 영상분 및 역상분은 0 이다.
답 ③

제5과목 전기설비기술기준

문제 81 전력 보안 통신 설비는 가공 전선로 부터의 어떤 작용에 의하여 사람에게 위험을 주지 않도록 시설해야 하는가?
① 정전 유도 작용 또는 전자 유도 작용
② 표피 작용 또는 부식 작용
③ 부식 작용 또는 정전 유도 작용
④ 전압 강하 작용 또는 전자 유도 작용

풀이
362.4 전력유도의 방지
전력보안통신설비는 가공전선로로부터의 **정전유도작용 또는 전자유도작용**에 의하여 사람에게 위험을 줄 우려가 없도록 **시설**하여야 한다. 다음의 제한값을 초과하거나 초과할 우려가 있는 경우에는 이에 대한 방지조치를 하여야 한다.
가. 이상시 유도위험전압 : 650[V] (다만, 고장 시 전류제거시간이 0.1초 이상인 경우에는 430[V]로 한다)
나. 상시 유도위험종전압 : 60[V]
다. 기기 오동작 유도종전압 : 15[V]
라. 잡음전압 : 0.5[mV]
답 ①

문제 82 특고압전로와 비접지식 저압전로를 결합하는 변압기로서 그 특고압 권선과 저압 권선간에 혼촉방지판이 있는 변압기에 접속하는 저압 옥상전선로의 전선으로 사용할수 있는 것은?
① 케이블
② 절연 전선
③ 경동 연선
④ 강심 알루미늄선

풀이
322.2 혼촉방지판이 있는 변압기에 접속하는 저압 옥외전선의 시설 등
고압전로 또는 특고압전로와 비접지식의 저압전로를 결합하는 변압기로서 그 고압권선 또는 특고압권선과 저압권선 간에 금속제의 혼촉방지판이 있고 또한 그 **혼촉방지판에 규정에 의하여 접지공사를 한 것에 접속하는 저압전선을 옥외에 시설**할 때에는 다음에 따라 시설하여야 한다.
가. 저압전선은 1구내에만 시설할 것.
나. **저압 가공전선로 또는 저압 옥상전선로의 전선은 케이블일 것.**
다. 저압 가공전선과 고압 또는 특고압의 가공전선을 동일 지지물에 시설하지 아니할 것. 다만, 고압 가공전선로 또는 특고압 가공전선로의 전선이 케이블인 경우에는 그러하지 아니하다.
답 ①

문제 83 23 [kV] 특고압 전로와 저압 전로를 결합한 주상 변압기의 2차측 접지선의 굵기는 최저 몇 [mm²]인가? 단, 중성점 다중 접지식의 것으로서 전로에 지락이 생겼을 때 2초 이내에 자동적으로 이를 전로로부터 차단하는 장치가 되어 있다.

① 2.5 ② 4.0
③ 6.0 ④ 16

풀이
142.3.1 접지도체
중성점 접지용 접지도체는 공칭단면적 16[mm²] 이상의 연동선 또는 동등 이상의 단면적 및 세기를 가져야 한다. 다만, **다음의 경우에는 공칭단면적 6[mm²] 이상의 연동선** 또는 동등 이상의 단면적 및 강도를 가져야 한다.
가. 7[kV] 이하의 전로
나. 사용전압이 25[kV] 이하인 특고압 가공전선로. 다만, **중성선 다중접지식의 것으로서 전로에 지락이 생겼을 때 2초 이내에 이를 전로로부터 차단하는 장치가 되어 있는 것.** 답 ③

문제 84 고압용 또는 특고압용의 개폐기로 부하전류를 차단하기 위한 것이 아닌 개폐기는 부하전류가 있을 때 개로할 수 없도록 시설하여야 한다. 다만 부하전류의 유무를 확인할 수 있으면 그러하지 않아도 되는데 부하전류의 유무를 확인할 수 있는 조치나 장치로 볼 수 없는 것은?

① 부하전류 계측장치 및 전자유도장해 경감장치
② 터블렛 등을 사용함으로서 부하전류가 통하고 있을 때에 개로 조작을 방지하기 위한 조치
③ 개폐기를 조작하는 곳의 보기 쉬운 위치에 부하전류의 유무를 표시한 장치
④ 전화기나 기타의 지령장치

풀이
341.9 개폐기의 시설
고압용 또는 특고압용의 개폐기로서 **부하전류를 차단하기 위한 것이 아닌 개폐기는 부하전류가 통하고 있을 경우에는 개로할 수 없도록 시설하여야 한다.** 다만, 다음의 경우에는 예외로 한다.
가. 개폐기를 조작하는 곳의 보기 쉬운 위치에 **부하전류의 유무를 표시한 장치**
나. **전화기 기타의 지령 장치를 시설**
다. **터블렛 등을 사용함으로서 부하전류가 통하고 있을 때에 개로조작을 방지하기 위한 조치**를 하는 경우는 그러하지 아니하다. 답 ①

04년 2회 동일 및 유사 문제 (년도-회-번호)

1과목 전기자기학		5과목 전기설비기술기준	
07	19-3-09	53	14-1-41
08	14-1-04	54	20-1,2-54
09	17-2-02	55	21-3-52
10	16-3-12	56	10-2-44
11	16-1-16	57	18-3-46
12	20-4-05	58	07-2-42
13	21-3-15	59	20-1,2-54
14	15-1-10	60	07-1-41
15	10-1-06	**4과목 회로이론**	
16	19-3-11	65	20-1,2-65
17	13-3-07	66	08-2-647
18	22-3-06	67	19-2-74
19	16-2-12	68	13-2-67
20	16-1-07	69	07-3-61
2과목 전력공학		70	08-1-65
26	18-2-22	71	07-3-71
27	22-3-24	72	08-1-62
28	12-3-21	73	22-1-70
29	22-2-29	74	20-3-64
30	06-1-23	75	18-1-69
31	22-2-36	76	22-3-73
32	18-1-27	77	19-3-61
33	15-1-25	78	20-3-63
34	22-1-34	79	21-1-70
35	15-2-29	80	15-3-69
36	15-1-23	**5과목 전기설비기술기준**	
37	17-3-32	85	20-4-93
38	17-1-30	86	20-1,2-85
39	14-1-25	87	21-3-88
40	17-3-35	88	15-2-89
3과목 전기기기		89	11-3-83
48	21-3-60	90	13-2-84
49	19-1-51	91	22-2-91
50	19-1-59	92	06-2-83
51	20-4-45	93	15-3-86
52	07-1-46	94	22-3-81

국가기술자격검정 필기시험 문제

2004년도 전기산업기사 일반검정 제3회

자격종목 및 등급(선택분야)	종목코드	시험시간	문제지형별	수검 번호	성 명
전기산업기사	2140	2시간 30분	A		

제1과목 전기자기학

문제 01 도전율이 연동선의 62[%]인 알루미늄선의 고유 저항은 몇 [$\Omega \cdot m$]인가? 단, 표준 연동선의 도전율은 58×10^6 [℧/m] 이다.

① 2.78×10^{-8} ② 2.93×10^{-8}
③ 3.41×10^{-8} ④ 3.60×10^{-8}

풀이
$\rho = \dfrac{1}{\sigma} = \dfrac{1}{58 \times 10^6 \times 0.62} = 2.78 \times 10^{-8}\,[\Omega \cdot m]$ **답** ①

문제 02 반지름 r[m], 권수 N회의 원형 코일이 자속 밀도 B[T]의 균일한 자계 중을 중심축이 자계와 직교하도록 하고 매분 n회전할 때 코일에 발생하는 전압의 진폭은 몇 [V]인가?

① $\dfrac{\pi^2 NnBr^2}{60}$ ② $\dfrac{\pi^2 NnBr^2}{30}$
③ $\dfrac{\pi NnBr^2}{60}$ ④ $\dfrac{\pi NnBr^2}{30}$

풀이
자속 $\phi = BS\cos\omega t$
기전력 $e = -N\dfrac{d\phi}{dt} = N\omega BS\sin\omega t = N\left(\dfrac{2\pi n}{60}\right)B(\pi r^2)\sin\omega t$
$\therefore$ 기전력 진폭 $E_m = \dfrac{\pi^2 NnBr^2}{30}$[V]   **답** ②

문제 03 전기 쌍극자로부터 r만큼 떨어진 점의 전위 크기 V는 r과 어떤 관계에 있는가?

① $V \propto r$ ② $V \propto \dfrac{1}{r^3}$
③ $V \propto \dfrac{1}{r^2}$ ④ $V \propto \dfrac{1}{r}$

풀이
전기 쌍극자 전위 : $V = \dfrac{M\cos\theta}{4\pi\epsilon_0 r^2}$[V] $\therefore V \propto \dfrac{1}{r^2}$

전계 : $E = \dfrac{M\sqrt{1+3\cos^2\theta}}{4\pi\epsilon_0 r^3}$[V/m] $\therefore E \propto \dfrac{1}{r^3}$ **답** ③

문제 04 반지름 a인 액체 상태의 원통상 도선 내부에 균일하게 전류가 흐를 때 도체 내부에 자장이 생겨 로렌츠의 힘으로 전류가 원통 중심방향으로 수축하려는 효과는?

① 펠티에 효과 ② 톰슨 효과
③ 핀치 효과 ④ 제에벡 효과

풀이
- **핀치 효과** : 액체 도체에 전류를 흘리면 **전류의 방향과 수직방향으로 원형 자계**가 생겨서 전류가 흐르는 액체에는 **구심력의 전자력이 작용**한다. 그 결과 액체단면은 수축하여 저항이 커지기 때문에 전류의 흐름은 작게 된다. 전류의 흐름이 작게 되면 수축력이 감소하여 액체 단면은 원상태로 복귀하고, 다시 전류가 흐르게 되어 수축력이 작용한다. 이와 같은 현상을 핀치 효과(pinch effect)라 한다.   **답** ③

문제 05 자계의 세기에 관계없이 급격히 자성을 잃는 점을 자기 임계온도 또는 큐리점(Curie point)이라고 한다. 순철의 경우 이 온도는 약 몇 [℃]인가?

① 0 ② 370 ③ 570 ④ 770

풀이
자화된 철의 온도를 높이면 자화가 서서히 감소하다가 690~870[℃]에서(순철에서는 770 [℃]) 급격히 강자성을 잃어버리는데 이점을 **큐리점**이라고 한다. **답** ④

문제 06 공기 중에서 접지된 무한 넓이 평면 도체 판으로부터 r[m] 떨어진 점에 Q[C]의 점전하를 놓을 때, 이 점전하에 작용하는 힘(引力)의 크기는 몇 [N]인가?

① $\dfrac{Q}{2\pi\epsilon_o r}$ ② $\dfrac{Q^2}{4\pi\epsilon_o r^2}$
③ $\dfrac{Q^2}{8\pi\epsilon_o r^2}$ ④ $\dfrac{Q^2}{16\pi\epsilon_o r^2}$

풀이
영상력 $F = -\dfrac{Q^2}{4\pi\epsilon_o (2r)^2}$
$= -\dfrac{Q^2}{16\pi\epsilon_o r^2}$ [N]
(−부호는 흡인력을 의미) **답** ④

제2과목 전력공학

문제 21 송전계통의 중성점 접지 방식에서 유효접 지라 하는 것은?
① 소호 리액터 접지방식
② 1선 접지시에 건전상의 전압이 상규 대지전압의 1.3배 이하로 중성점 임피던스를 억제시키는 중성점 접지
③ 중성점에 고저항을 접지시켜 1선 지락시에 이상전압의 상승을 억제시키는 중성점 접지
④ 송전선로에 사용되는 변압기의 중성점을 저 리액턴스로 접지시키는 방식

풀이
• **유효 접지** : 1선 지락 사고시 건전상의 전압이 **상규 대지 전압의 1.3배 이하**가 되도록 하는 접지 방식으로 **중성점 직접 접지 방식**이 있다.

• **비유효 접지** : 1선 지락시 건전상의 전압이 상규 대지 전압의 1.3배를 넘는 접지 방식으로 저항 접지, 비접지, 소호 리액터 접지 방식이 있다. **답** ②

문제 22 250 [mm] 현수 애자 1개의 건조 섬락 전압은 몇 [kV] 정도인가?
① 50 ② 60 ③ 80 ④ 100

풀이
250[mm] 현수 애자 1개의 섬락 전압
• **건조 섬락 전압** : 80 [kV]
• 주수 섬락 전압 : 50 [kV]
• 충격 섬락 전압 : 125 [kV]
• 유중 파괴 전압 : 140 [kV] **답** ③

문제 23 경간 200 [m]인 가공 전선로가 있다. 사용 전선의 길이는 경간보다 몇 [m] 더 길게 하면 되는가? 단, 사용 전선의 1 [m]당 무게는 2.0 [kg], 인장 하중은 4000 [kg]이고 전선의 안전율을 2로 하고 풍압하중은 무시한다.

① $\dfrac{1}{2}$ ② $\sqrt{2}$
③ $\dfrac{1}{3}$ ④ $\sqrt{3}$

풀이
$D = \dfrac{WS^2}{8T} = \dfrac{2 \times 200^2}{8 \times \dfrac{4000}{2}} = 5[m]$

$L = S + \dfrac{8D^2}{3S}$ 에서

$L - S = \dfrac{8D^2}{3S} = \dfrac{8 \times 5^2}{3 \times 200} = \dfrac{1}{3}$ [m] **답** ③

문제 24 부하율이란?
① $\dfrac{최대 전력}{평균 전력}$ ② $\dfrac{최대 전력}{설비 용량}$
③ $\dfrac{설비 용량}{최대 전력}$ ④ $\dfrac{평균 전력}{최대 전력}$

풀이
부하율 = $\dfrac{평균 전력}{최대 전력}$ **답** ④

문제 25 출력 30000[kW]의 화력 발전소에서 6000[kcal/kg]의 석탄을 매시간당 15톤의 비율로 사용하고 있다고 한다. 이 발전소의 종합 효율은 약 몇 [%]인가?
① 28.7 ② 31.6
③ 33.7 ④ 36.6

풀이
1 [kWh] = 860 [kcal]
효율 $\eta = \dfrac{출력}{입력} \times 100 = \dfrac{30000 \times 860}{6000 \times 15 \times 10^3} \times 100 = 28.7[\%]$
답 ①

문제 26 농축 우라늄을 제조하는 방법이 아닌 것은?
① 물질 확산법 ② 열 확산법
③ 기체 확산법 ④ 이온법
답 ④

문제 27 그림에서와 같이 폭 B[m]인 수로를 막고 있는 구형 수문에 작용하는 전압력[kg]은? 단, 물의 단위 체적당의 무게를 W[kg/m³]라 한다.
① $\dfrac{1}{2}HWB$
② $\dfrac{1}{2}H^2WB$
③ H^2WB
④ HWB

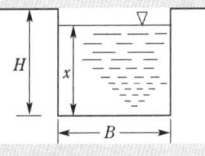

풀이
수면에서 수심 x[m]인 곳의 압력은 Wx[kg/m²], 폭이 B[m]이므로 수심 x[m]인 곳의 수문 수평선에 걸리는 수압은 WxB[kg/m] 이다.
그러므로 수문 전체에 걸리는 수압 P[kg]은
$P = \int_0^H WxB\,dx = \dfrac{1}{2}WBH^2$[kg]
답 ②

문제 28 평형 3상 송전선에서 보통의 운전상태인 경우 중성점 전위는 항상 얼마인가?
① 0 ② 1
③ 송전 전압과 같다. ④ ∞(무한대)

풀이
불평형 상태에서는 중성점 전위가 존재하나 **평형 상태에서는 항상 0**이다.
답 ①

제3과목 전기기기

문제 41 3상 농형 유도 전동기 기동법 중 옳은 것은?
① Y-△ 기동을 한다.
② 콘덴서를 이용하여 기동한다.
③ 2차 회로에 저항을 넣어 기동한다.
④ 기동저항기법을 사용한다.

풀이
농형유도 전동기의 기동법
① 전 전압 기동기(5 [kW] 이하의 소형)
② Y-△기동(5~15 [kW] 정도)
③ 리액터 기동(기동 전류를 제한하고자 할 때)
④ 기동 보상기(15 [kW] 이상)
답 ①

문제 42 변압기의 1차 권선에 $v_1 = \sqrt{2} \cdot 220\cos\omega t$[V]의 전압을 가하면 철심 자속은 $\phi = 9 \times 10^{-3}\sin\omega t$ [Wb], 여자 전류의 순시치 $i_0 = \sqrt{2}(5.0\sin\omega t - 2.0\sin3\omega t + 1.0\cos\omega t - 0.5\cos3\omega t)$이다. 이때 철손[W]은?
① 200 ② 1205 ③ 440 ④ 220

풀이

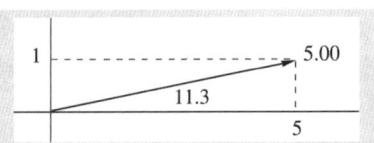

전압과 전류의 주파수가 다르면 전력은 존재하지 않는다.
전류는 기본파와 제3고조파가 주어졌지만, 전압이 기본파만 주어졌으므로 기본파만 고려하여 계산한다.
$i_0 = \sqrt{2}(5.0\sin\omega t - 2.0\sin3\omega t + 1.0\cos\omega t - 0.5\cos3\omega t)$에서
$i_0 = \sqrt{2}(5\sin\omega t + 1\cos\omega t) = 5.09\sqrt{2}\sin(\omega t + 11.3°)$
$v_1 = \sqrt{2} \cdot 200\sin(\omega t + 90°)$
∴ $P_0 = 220 \times 5.09 \times \cos(90° - 11.3°) = 219.42$[W]
답 ④

문제 43 다음은 무슨 회로인가?
① 배전압 정류 회로
② 다이오드 특성 측정 회로
③ 전파 정류 회로
④ 반파 정류 회로

풀이
배전압 정류 회로 : 변압기를 사용하지 아니하고 전원 전압의 약 두 배의 직류 전류 출력이 얻어지는 정류기 회로 **답** ①

문제 44 동기발전기의 부하가 불평형이 되어 발전기의 회전자가 과열 소손되는 것을 방지하기 위하여 설치하는 계전기는?
① 과전압 계전기
② 역상 과전류 계전기
③ 계자 상실 계전기
④ 부족 전압 계전기

풀이
역상과부하 보호 계전기는 동기 발전기가 접속되어 있는 계통에 불평형 고장이 발생하면 발전기에 역상 전류가 흐른다. 이 역상 전류는 회전자와 반대 방향으로 회전하는 자계를 만들어 회전자에 2배의 주파수(제2고조파)의 전류를 유기한다. 이에 의해서 회전자 표면에는 맴돌이 전류가 발생, 그 끝부분에서는 국부 과열이 일어나 기계적 강도를 위험하게 되므로 이것을 방지하기 위하여 설치하는 것이다. **답** ②

제4과목 회로이론

문제 61 어떤 회로의 단자 전압이
$e = 20\sin\omega t + 10\sin 30t$ [V]이고 전압 강하의 방향으로 흐르는 전류가 $i = 10\sin\omega t + 20\sin 30t$ [A]일 때 회로의 역률은 몇 [%]인가?
① 60   ② 80   ③ 96   ④ 98

풀이
$$P = \frac{V_m}{\sqrt{2}} \times \frac{I_m}{\sqrt{2}} \times \cos\theta$$
$$= \frac{20}{\sqrt{2}} \times \frac{10}{\sqrt{2}} \times \cos 0° + \frac{10}{\sqrt{2}} \times \frac{20}{\sqrt{2}} \times \cos 0° = 200 \text{ [W]}$$

$$P_a = VI = \sqrt{\left(\frac{V_{m1}}{\sqrt{2}}\right)^2 + \left(\frac{V_{m2}}{\sqrt{2}}\right)^2} \cdot \sqrt{\left(\frac{I_{m1}}{\sqrt{2}}\right)^2 + \left(\frac{I_{m2}}{\sqrt{2}}\right)^2}$$
$$= \sqrt{\frac{20^2}{2} + \frac{10^2}{2}} \cdot \sqrt{\frac{10^2}{2} + \frac{20^2}{2}} = 250 \text{ [VA]}$$
$$\therefore \cos\theta = \frac{P}{P_a} = \frac{200}{250} = 0.8$$
답 ②

문제 62 $R = 5[\Omega]$, $L = 10[\text{mH}]$, $C = 1[\mu\text{F}]$의 직렬 회로에서 공진 주파수 f_r [Hz]는 약 얼마인가?
① 3181   ② 1820
③ 1592   ④ 1432

풀이
$$f_r = \frac{1}{2\pi\sqrt{LC}} = \frac{1}{2\pi\sqrt{10\times 10^{-3} \times 1 \times 10^{-6}}} = 1591.55 \text{ [Hz]}$$
답 ③

문제 63 $\dfrac{B(s)}{A(s)} = \dfrac{2}{2s+3}$ 의 전달 함수를 미분 방정식으로 표시하면?
① $2\dfrac{d}{dt}b(t) + 3b(t) = a(t)$
② $\dfrac{d}{dt}b(t) + b(t) = a(t)$
③ $2\dfrac{d}{dt}b(t) + 3b(t) = 2a(t)$
④ $3\dfrac{d}{dt}a(t) + (t) = 2b(t)$

풀이
$\dfrac{B(s)}{A(s)} = \dfrac{2}{2s+3}$, $2sB(s) + 3B(s) = 2A(s)$
$\therefore 2\dfrac{d}{dt}b(t) + 3b(t) = 2a(t)$
답 ③

문제 64 어떤 제어계의 임펄스 응답이 $\sin\omega t$ 일 때 계의 전달함수는?
① $\dfrac{\omega}{s+\omega}$ ② $\dfrac{\omega^2}{s^2+\omega^2}$
③ $\dfrac{\omega}{s^2+\omega^2}$ ④ $\dfrac{\omega^2}{s+\omega}$

풀이

계의 전달함수는 그 계에 대한 임펄스 응답의 라플라스 변환과 같으므로

$$\mathcal{L}[\sin \omega t] = \frac{\omega}{s^2 + \omega^2}$$

답 ③

제5과목 전기설비기술기준

문제 81 전력보안 가공 통신선을 교통에 지장을 줄 우려가 없는 곳의 도로위에 시설할 경우에는 지표상 몇 [m]까지로 감하여 시설 할 수 있는가?

① 4   ② 4.5   ③ 5   ④ 5.5

풀이

362.2 전력보안통신선의 시설 높이와 이격거리
전력 보안 가공통신선(이하 "가공통신선"이라 한다)의 높이는 다음을 따른다.

구분		지상고	비고
도로 (차도)	일반적인 경우	5.0[m] 이상	
	교통에 지장을 안 주는 경우	4.5[m] 이상	
철도 또는 궤도 횡단 시		6.5[m] 이상	레일면상
횡단보도교 위		3.0[m] 이상	그 노면상
기타		3.5[m] 이상	

답 ②

문제 82 과전류 차단기로 시설하는 퓨즈 중 고압전로에 사용하는 비포장 퓨즈는 정격전류의 1.25배의 전류에 견디고 또한 몇 배의 전류로 몇 분안에 용단되는 것이어야 하는가?

① 1.5배로 1분   ② 1.5배로 2분
③ 2배로 1분   ④ 2배로 2분

풀이

341.10 고압 및 특고압 전로 중의 과전류차단기의 시설
가. 과전류차단기로 시설하는 퓨즈 중 고압전로에 사용하는 포장 퓨즈는 정격전류의 1.3배의 전류에 견디고 또한 2배의 전류로 120분 안에 용단되는 것.
나. 과전류차단기로 시설하는 퓨즈 중 **고압전로에 사용하는 비포장 퓨즈는 정격전류의 1.25배의 전류에 견디고 또한 2배의 전류로 2분 안에 용단되는 것.**

답 ④

04년 3회 동일 및 유사 문제 (년도-회-번호)

1과목 전기자기학
07	22-2-05
08	22-1-04
09	15-3-07
10	20-3-11
11	13-3-02
12	21-3-01
13	13-2-05
14	09-1-04
15	21-3-15
16	12-2-06
17	17-1-04
18	22-3-14
19	20-4-17
20	11-1-08

2과목 전력공학
29	19-3-30
30	21-1-21
31	18-3-24
32	19-1-21
33	15-2-26
34	13-1-26
35	22-2-29
36	08-2-26
37	14-1-24
38	22-2-22
39	21-2-26
40	14-1-24

3과목 전기기기
45	18-1-51
46	20-4-59
47	19-3-50
48	22-3-50
49	19-2-53
50	09-2-47
51	20-1,2-57
52	19-3-42
53	20-4-60
54	22-1-49
55	13-3-43
56	14-3-50
57	20-3-48
58	12-2-44
59	20-3-57
60	16-1-49

4과목 회로이론
65	18-3-62
66	19-1-62
67	19-1-67
68	20-4-78
69	13-2-69
70	20-1,2-62
71	08-3-63
72	20-1,2-61
73	19-2-63
74	21-3-80
75	13-3-66
76	17-2-79
77	19-1-73
78	21-3-72
79	21-2-70
80	18-2-66

5과목 전기설비기술기준
83	20-4-94
84	20-3-97
85	09-3-82
86	22-1-87
87	21-1-83
88	15-1-81
89	21-2-92
90	19-2-88
91	22-3-91
92	22-3-81
93	13-2-81
94	06-1-84
95	15-1-86
96	21-2-84
97	14-1-83

D60-2
2003년도 전기산업기사 필기

- 2003년도 제1회 전기산업기사
- 2003년도 제2회 전기산업기사
- 2003년도 제3회 전기산업기사

국가기술자격검정 필기시험 문제

2003년도 전기산업기사 일반검정 제1회

자격종목 및 등급(선택분야)	종목코드	시험시간	문제지형별	수검 번호	성 명
전기산업기사	2140	2시간 30분	A		

제1과목 전기자기학

문제 01 자기 회로의 자기 저항이 일정할 때 코일의 권수를 1/2로 줄이면 자기 인덕턴스는 원래의 몇 배가 되는가?

① $\dfrac{1}{\sqrt{2}}$ 배   ② $\dfrac{1}{2}$ 배

③ $\dfrac{1}{4}$ 배   ④ $\dfrac{1}{8}$ 배

풀이

$L = \dfrac{N^2}{R}$ 에서 자기 저항이 일정한 경우 **인덕턴스는 권수의 자승에 비례**하므로

$$L' = \left(\dfrac{1}{2}\right)^2 L = \dfrac{1}{4}L$$

답 ③

문제 02 그림과 같이 CD와 PQ의 2개의 저항을 연결하고, A, B 사이에 일정 전압을 공급한다. 이런 경우 PD에 흐르는 전류를 최소로 하려면 CP와 PD의 저항의 비를 얼마로 하면 좋은가?

① 1 : 1
② 1 : 2
③ 2 : 1
④ 1 : 3

풀이

CP를 흐르는 전류 I는

$$I = \dfrac{E}{R_{CP} + \dfrac{R_{PD} \cdot R_{PQ}}{R_{PD} + R_{PQ}}}$$

PD를 흐르는 전류 I_{PD}는

$$I_{PD} = I \times \dfrac{R_{PQ}}{R_{PD} + R_{PQ}}$$

I_{PD}가 최소가 되려면 $\dfrac{d}{dR_{PD}}(I_{PD}) = 0$ 이 되어야 하므로

$$\dfrac{d}{dR_{PD}}(I_{PD}) = \dfrac{d}{dR_{PD}}\left(\dfrac{R_{PQ}E}{R_{CD}R_{PD} - R_{PD}^2 + R_{CP}R_{PQ}}\right)$$
$$= \dfrac{R_{CD} - 2R_{PD}}{(R_{CD}R_{PD} - R_{PD}^2 + R_{CP}R_{PQ})^2} = 0$$

$R_{CD} - 2R_{PD} = 0$

∴ $R_{PD} = \dfrac{1}{2}R_{CD}$ ∴ $R_{CP} : R_{PD} = 1 : 1$

답 ①

문제 03 도체 Ⅰ, Ⅱ 및 Ⅲ이 있을 때 도체 Ⅱ가 도체 Ⅰ에 완전 포위되어 있음을 나타내는 것은?

① $P_{11} = P_{21}$ ② $P_{11} = P_{31}$

③ $P_{11} = P_{33}$ ④ $P_{12} = P_{22}$

풀이

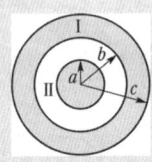

그림과 같이 반지름 a [m]인 도체구 Ⅱ를 안 반지름 b [m], 바깥 반지름 c [m]인 동심 도체구 Ⅰ로 포위하는 경우 도체 Ⅰ에만 $+Q$ [C]의 전하를 주었다면 $V_1 = P_{11}Q$, $V_2 = P_{21}Q$의 관계식이 성립한다.

여기서

$$P_{11} = \dfrac{V_1}{Q} = \dfrac{1}{4\pi\epsilon_0 c}$$

도체구 Ⅰ의 외부 표면 전위는 $\dfrac{Q}{4\pi\epsilon_0 c}$

$$P_{21} = \dfrac{V_2}{Q} = \dfrac{1}{4\pi\epsilon_0 c}$$

도체구 Ⅰ, Ⅱ 사이의 전위차 = 0 이므로

∴ $P_{11} = P_{21}$

답 ①

문제 04 면적 $S[\text{m}^2]$, 간격 $d[\text{m}]$인 평행판 콘덴서에 $Q[\text{C}]$의 전하를 충전시킬 때 흡인력[N]은?

① $\dfrac{Q^2}{2\epsilon_0 S}$ ② $\dfrac{Q^2 d}{2\epsilon_0 S}$

③ $\dfrac{Q^2}{4\epsilon_0 S}$ ④ $\dfrac{Q^2 d}{4\epsilon_0 S}$

풀이

정전 에너지 $W = \dfrac{Q^2}{2C} = \dfrac{Q^2}{2\left(\dfrac{\epsilon_0 S}{d}\right)} = \dfrac{Q^2 d}{2\epsilon_0 S}[\text{J}]$

정전력 $F = -\dfrac{\partial W}{\partial d} = -\dfrac{Q^2}{2\epsilon_0 S}[\text{N}]$ **답** ①

문제 05 전기 쌍극자 모멘트 $M[\text{C}\cdot\text{m}]$인 전기 쌍극자에 의한 임의의 점의 전위는 몇 [V]인가? 단, 전기 쌍극자 간의 중심점에서 임의의 점까지의 거리는 $R[\text{m}]$이고, 이들 간에 이루어진 각은 θ이다.

① $9 \times 10^9 \dfrac{M\cos\theta}{R}$ ② $9 \times 10^9 \dfrac{M\cos\theta}{R^2}$

③ $9 \times 10^9 \dfrac{M\sin\theta}{R}$ ④ $9 \times 10^9 \dfrac{M\sin\theta}{R^2}$

풀이

$U = \dfrac{M\cos\theta}{4\pi\mu_0 R^2} = 9 \times 10^9 \times \dfrac{M\cos\theta}{R^2}[\text{AT}]$ **답** ②

문제 06 공기 중에 고립된 금속구가 반지름 r일 때, 그 정전용량은 몇 [F]인가?

① $\dfrac{\epsilon_o r}{4\pi}$ ② $\epsilon_o r$

③ $4\pi\epsilon_o r$ ④ $8\pi\epsilon_o r$

풀이

고립된 반구 도체의 정전용량 : $4\pi\epsilon_o r$ **답** ③

문제 07 경동선의 고유저항은 몇 $[\Omega\cdot\text{mm}^2/\text{m}]$인가?

① $\dfrac{1}{35}$ ② $\dfrac{1}{38}$ ③ $\dfrac{1}{55}$ ④ $\dfrac{1}{58}$

풀이

- 연동선의 고유저항 $\rho = \dfrac{1}{58}[\Omega\cdot\text{mm}^2/\text{m}]$
- 경동선의 고유저항 $\rho = \dfrac{1}{55}[\Omega\cdot\text{mm}^2/\text{m}]$ **답** ③

문제 08 전기 분극이란?

① 도체내의 원자핵의 변위이다.
② 유전체내의 원자의 흐름이다.
③ 유전체내의 속박전하의 변위이다.
④ 도체내의 자유전하의 흐름이다.

풀이

전기분극(유전분극) : 절연체의 경우 **전자에 대한 원자핵의 구속력이 강한 속박전자로 인해** 전하의 분리가 일어나지 않고 원자핵과 전자의 변위만 일으킨다. 이러한 현상을 **전기분극**이라고 한다. **답** ③

제2과목 전력공학

문제 21 송전선 보호에 있어서 주로 교류 표시선 방식인 표시선 계전방식(pilot wire relaying)에 해당되는 것은?

① 전송차단방식(transfer trip relaying)
② 주파수비교방식(frequence comparision relaying)
③ 위상비교방식(phase comparision relaying)
④ 전압반향방식(opposed voltage method)

풀이

파일럿 계전방식
- **표시선 계전방식** : 전류 순환식, **전압반향식**
- **반송 계전방식** : 방향 비교방식, 위상 비교방식, 전류차동 및 전송 차단방식 **답** ④

문제 22 발열량 5500 [kcal/kg]의 석탄 10 [ton]을 연소하여 24000 [kWh]의 전력을 발생하는 화력 발전소의 열효율은 약 몇 [%]인가?

① 27.5 ② 32.5
③ 35.5 ④ 37.5

풀이

- 발전소 열효율 = $\dfrac{출력}{입력}$ = $\dfrac{발전전력에 해당하는 열량}{연료의 열량}$
- $\eta = \dfrac{860\,W}{mH} = \dfrac{860 \times 24000}{10 \times 1000 \times 5500} \times 100 = 37.52\,[\%]$

(∵ 1[kWh]=860[kcal])   답 ④

문제 23 그림과 같은 3상 3선식 전선로의 단락점에 있어서의 3상 단락 전류[A]는? 단, 22[kV]에 대한 %리액턴스는 4[%], 저항분은 무시한다.

① 5560
② 6560
③ 7560
④ 8560

풀이

단락 전류 $I_s = \dfrac{100}{\%Z}I_n = \dfrac{100}{4} \dfrac{10{,}000}{\sqrt{3}\times 22} = 6560\,[A]$ 답 ②

문제 24 ACSR은 동일한 길이에서 동일한 전기저항을 갖는 경동연선에 비하여 어떠한가?

① 바깥 지름과 중량이 모두 크다.
② 바깥 지름은 크고 중량은 작다.
③ 바깥 지름은 작고 중량은 크다.
④ 바깥 지름과 중량이 모두 작다.

풀이

알루미늄선은 경동선에 비하여 고유저항이 크므로 동일저항을 얻기 위해서는 지름이 큰 전선을 사용해야 한다. 그러나 비중은 약 1/3 정도로 가볍다. 따라서, ACSR은 동일한 길이에서 동일한 전기저항을 갖는 경동연선에 비하여 바깥 지름은 크고 중량은 가볍다.   답 ②

문제 25 특유속도를 선정할 때 그 한계를 표시하는 식으로 $N_s \leq \dfrac{13000}{H+20}+50$이 사용되는 수차는?

① 펠턴 수차
② 프란시스 수차
③ 프로펠러 수차
④ 카플란 수차

풀이

카플란 수차의 특유 속도 한도는 $N_s \leq \dfrac{20000}{H+20}$

이며, 프란시스 수차의 것은 $N_s \leq \dfrac{13000}{H+20}+50$ 이다.   답 ②

문제 26 동기 조상기와 전력용 콘덴서를 비교할 때 전력용 콘덴서의 이점으로 옳은 것은?

① 진상과 지상의 양용이다.
② 단락고장이 일어나도 고장전류가 흐르지 않는다.
③ 송전선의 시송전에 이용 가능하다.
④ 전압조정이 연속적이다.

풀이

	진 상	지 상	시충전	조 정
콘덴서	○	×	×	단계적
리액터	×	○	×	단계적
동기 조상기	○	○	○	연속적

답 ②

제3과목 전기기기

문제 41 그림과 같은 단상 전파 정류 회로를 사용하여 직류 전압 100[V]를 얻으려고 한다. 회로에 사용한 D_1, D_2는 몇 [V]의 PIV인 다이오드를 사용해야 하는가? 단, 부하는 무유도 저항이고 정류 회로 및 변압기 내의 전압 강하는 무시한다.

① 314
② 222
③ 111
④ 100

풀이

PIV (첨두역전압)
- 단상 반파 정류 회로 : PIV $=\sqrt{2}E=\pi E_d$
- 단상 전파 정류 회로 : PIV $=2\sqrt{2}E=\pi E_d$

∴ PIV $=\pi \times 100 = 314\,[V]$ 답 ①

문제 42 권선형 유도 전동기의 슬립 s 에 있어서의 2차 전류는? 단, E_2, X_2는 전동기 정지시의 2차 유기 전압과 2차 리액턴스로 하고 R_2는 2차 저항으로 한다.

① $\dfrac{E_2}{\sqrt{(R_2/s)^2 + X_2^2}}$

② $sE_2 / \sqrt{R_2^2 + \dfrac{X_2^2}{s}}$

③ $E_2 / \sqrt{\left(\dfrac{R_2}{1-s}\right)^2 + X_2}$

④ $E_2 / \sqrt{(sR_2)^2 + X_2^2}$

풀이

$I_2 = \dfrac{sE_2}{\sqrt{R_2^2 + (sX_2)^2}} = \dfrac{E_2}{\sqrt{\left(\dfrac{R_2}{s}\right)^2 + X_2^2}}$ **답** ①

문제 43 변압기 권선의 층간 절연 시험은?
① 가압 시험 ② 유도 시험
③ 충격 시험 ④ 단락 시험

풀이
변압기 절연 내력 시험은 내전압법, 충격 전압 시험, 유도 시험 등이 있다.
- 절연 내력 시험 : 정격 주파수의 고전압에 대한 절연의 안정 여부를 확인하는 시험
- **유도 시험 : 권선간의 절연 시험(층간 절연 시험)**
- 충격 전압 시험 : 벼락(lightning)에 직격될 우려가 있는 것을 전제로 하는 시험
- 권선 저항 측정, 무부하 시험, 단락 시험 등 : 변압기 등가 회로 작성에 필요한 시험 **답** ②

문제 44 직권 전동기에서 위험 속도가 되는 경우는?
① 정격 전압, 무여자
② 저전압, 과여자
③ 전기자에 저저항 접속
④ 정격 전압, 과부하

풀이
직권 전동기에서는 $I_a = I = I_f$ 이므로 $I = I_f \propto \phi$가 된다. 회전 속도 $n = K\dfrac{V - I_a(R_a + R_s)}{\phi}$ 에서 알 수 있듯이 무부

하 상태($I = 0$, 즉 $\phi = 0$)가 되면 속도가 급히 상승하여 원심력으로 파괴될 우려가 있다. 그러므로, 직권 전동기로 다른 기계를 운전하려면, 반드시 직결하거나 기어(gear)를 사용하여야 한다. **답** ①

문제 45 정격 전압이 일정하고 일정한 파형에서 주파수가 상승하면 변압기 철손은 어떻게 변하는가?
① 불변이다.
② 감소한다.
③ 증가한다.
④ 어떤 기간 동안 증가한다.

풀이
- 히스테리시스손 $P_h = \sigma_h f B_m^2 = Kf\left(\dfrac{V}{f}\right)^2 = K\dfrac{V^2}{f}$
- 와류손 $P_e = \sigma_e (tfB_m)^2 = K\left(f \cdot \dfrac{V}{f}\right)^2 = KV^2$

정격 전압이 일정하고 주파수가 상승하면 와전류손은 일정, 히스테리시스손은 감소하므로 결국 **철손은 감소**한다. **답** ②

문제 46 100 [kW], 효율 93 [%]인 직류발전기를 3상 유도 전동기에 직결하여 운전할 때, 전동기 유입 전류를 구하시오. 단, 전동기의 단자전압은 3300 [V], 효율 95 [%], 역률 85 [%] 이다.
① 약 23.3 [A] ② 약 36.6 [A]
③ 약 42.9 [A] ④ 약 48.7 [A]

풀이
유도 전동기로 발전기를 운전하는 것이므로 전동기가 원동기의 역할을 한다. 따라서, 전동기의 유입 전류는

$I = \dfrac{\dfrac{100 \times 10^3}{0.93}}{\sqrt{3} \times 3300 \times 0.85 \times 0.95} = 23.3 \,[A]$ 가 된다. **답** ①

제4과목 회로이론

문제 61 3상 불평형 회로가 있다. 각 상전압이 $V_a = 220[\text{V}]$, $V_b = 220\underline{/-140°}[\text{V}]$, $V_c = 220\underline{/100°}[\text{V}]$일 때 정상분 전압 $V_1[\text{V}]$는?

① 약 $197.31\underline{/13.06°}$ ② 약 $197.31\underline{/-13.36°}$
③ 약 $217.03\underline{/13.06°}$ ④ 약 $217.03\underline{/-13.36°}$

풀이
정상분 전압 $V_1 = \dfrac{1}{3}(V_a + aV_b + a^2V_c)$
$= \dfrac{1}{3}\{220 + (1\underline{/120°})(220\underline{/-140°}) + (1\underline{/240°})(220\underline{/100°})\}$
$= 217.03\underline{/-13.36°}$ [V] **답** ④

문제 62 $F(s) = \dfrac{s^2 + s + 3}{s^3 + 2s^2 + 5s}$일 때 $f(t)$의 초기값은 얼마인가?

① 1 ② 2 ③ 3 ④ 5

풀이
초기값 정리
$\lim\limits_{t \to 0} f(t) = \lim\limits_{s \to \infty} s \cdot F(s) = \lim\limits_{s \to \infty} s \cdot \dfrac{s^2 + s + 3}{s^3 + 2s^2 + 5s}$
$= \lim\limits_{s \to \infty} \dfrac{1 + \dfrac{1}{s} + \dfrac{3}{s^2}}{1 + \dfrac{2}{s} + \dfrac{5}{s^2}} = 1$ **답** ①

문제 63 인덕턴스 $L = 50[\text{mH}]$의 코일에 $I_0 = 200[\text{A}]$의 직류를 흘려 급히 그림과 같이 용량 $C = 20[\mu\text{F}]$의 콘덴서에 연결할 때 회로에 생기는 최대 전압 [kV]은?

① 10
② $10\sqrt{2}$
③ 20
④ $20\sqrt{2}$

풀이
L, C의 직렬 회로에 전류 i가 흐르면
$L\dfrac{di}{dt} + \dfrac{1}{C}\int i\,dt = 0$, $\therefore L\dfrac{di^2}{dt} + \dfrac{1}{C}i(t) = 0$

$\therefore i(t) = (A\cos\omega_r t + B\sin\omega_r t)$, $\omega_r = \dfrac{1}{\sqrt{LC}}$
$t = 0$일 때 $i = 200$이므로 $A = 200$, $B = 0$
$e_L = L\dfrac{di}{dt} = -\sqrt{\dfrac{L}{C}} \cdot 200 \cdot \sin\dfrac{t}{\sqrt{LC}}$
$e_c = \dfrac{1}{C}\int i(t)dt = \sqrt{\dfrac{L}{C}} \cdot 200 \cdot \sin\dfrac{t}{\sqrt{LC}}$
$e_{L_m} = e_{C_m} = \sqrt{\dfrac{L}{C}} \cdot 200 = \sqrt{\dfrac{50 \times 10^{-3}}{20 \times 10^{-6}}} \cdot 200 = 10[\text{kV}]$
답 ①

문제 64 전장 중에 단위 정전하를 놓을 때 여기에 작용하는 힘과 같은 것은?
① 전하 ② 전위
③ 전속 ④ 전장의 세기

풀이
전장의 세기 : 전계 중에 단위 정전하를 놓았을 때 **단위 정전하에 작용하는 힘**을 전계의 세기 또는 전장의 세기라 한다. **답** ④

제5과목 전기설비기술기준

문제 81 옥내에 시설하는 사용 전압이 400 [V] 이하인 전구선으로 0.6/1[kV] EP 고무절연 클로로프렌 캡타이어 케이블을 사용할 경우, 단면적이 몇 [mm²] 이상인 것을 사용하여야 하는가?

① 0.75 ② 1.5
③ 2.5   ④ 4.0

풀이
234.3 코드 및 이동전선
가. 조명용 전원코드 또는 이동전선은 단면적 $0.75[\text{mm}^2]$ 이상의 코드 또는 캡타이어케이블을 용도에 따라서 선정하여야 한다.
나. 옥내에서 조명용 전원코드 또는 이동전선을 습기가 많은 장소에 시설할 경우에는 고무코드(사용전압이 400 [V] 이하인 경우에 한함) 또는 **0.6/1 [kV] EP 고무 절연 클로로프렌캡타이어케이블로서 단면적이 $0.75[\text{mm}^2]$ 이상**인 것이어야 한다. **답** ①

문제 82
고압 전로와 비접지식의 저압 전로를 결합하는 변압기로 금속제의 혼촉 방지판이 붙어 있고 또한 이 혼촉 방지판에 접지 공사를 한 것에 접촉하는 저압 전선을 옥외에 시설할 때 저압 가공 전선로의 전선으로 사용할 수 있는 것은?

① 450/750 [V] 일반용 단심 비닐 절연 전선
② 옥외용 비닐 절연 전선
③ 케이블
④ 다심형 전선

풀이
322.2 혼촉방지판이 있는 변압기에 접속하는 저압 옥외전선의 시설 등
고압전로 또는 특고압전로와 비접지식의 저압전로를 결합하는 변압기로서 그 고압권선 또는 특고압권선과 저압권선 간에 금속제의 혼촉방지판이 있고 또한 그 혼촉방지판에 규정에 의하여 접지공사를 한 것에 접속하는 저압전선을 옥외에 시설할 때에는 다음에 따라 시설하여야 한다.
가. 저압전선은 1구내에만 시설할 것.
나. 저압 가공전선로 또는 **저압 옥상전선로의 전선은 케이블일 것.**
다. 저압 가공전선과 고압 또는 특고압의 가공전선을 동일 지지물에 시설하지 아니할 것. 다만, 고압 가공전선로 또는 특고압 가공전선로의 전선이 케이블인 경우에는 그러하지 아니하다.

답 ③

03년 1회 동일 및 유사 문제 (년도-회-번호)

1과목 전기자기학
번호	문제
09	19-1-08
10	19-3-03
11	10-3-09
12	19-1-05
13	22-2-18
14	22-1-01
15	20-1,2-10
16	16-2-09
17	15-3-06
18	20-4-12
19	18-2-01
20	20-3-13

2과목 전력공학
번호	문제
27	21-2-39
28	22-2-34
29	21-3-21
30	21-1-26
31	19-3-22
32	11-2-24
33	20-3-39
34	18-1-24
35	11-1-21
36	22-2-30
37	17-1-23
38	14-3-27
39	16-1-28
40	15-3-31

3과목 전기기기
번호	문제
47	21-2-52
48	19-3-41
49	20-1,2-49
50	18-3-47
51	09-3-50
52	08-2-45
53	19-1-46
54	19-2-53
55	19-1-46
56	17-3-52
57	18-3-58
58	16-3-50
59	21-2-44
60	15-1-42

4과목 회로이론
번호	문제
65	20-4-79
66	22-2-67
67	08-2-62
68	19-1-65
69	16-1-67
70	19-3-63
71	21-1-70
72	19-2-62
73	11-1-67
74	15-1-62
75	20-4-80
76	18-3-69
77	21-3-80
78	21-3-72
79	09-2-63
80	18-1-69

5과목 전기설비기술기준
번호	문제
83	07-3-81
84	21-2-84
85	20-4-97
86	15-1-81
87	22-1-97
88	22-2-97
89	21-2-93
90	22-1-99
91	14-3-85
92	18-1-93
93	16-3-81
94	11-3-88
95	22-3-99
96	16-2-88

국가기술자격검정 필기시험 문제

2003년도 전기산업기사 일반검정 제2회

자격종목 및 등급(선택분야)	종목코드	시험시간	문제지형별
전기산업기사	2140	2시간 30분	A

제1과목 전기자기학

문제 01 강자성체의 자화의 세기 J와 자화력 H 사이의 관계는?

①
②
③
④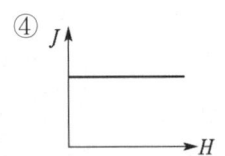

풀이
강자성체의 자화는 천천히 증가하지만 그 **한계를 넘으면 자기 포화**를 일으켜 H의 증가에도 불구하고 J는 일정하게 된다.   **답** ③

문제 02 무한히 넓은 평면에 면밀도 $\sigma\,[\text{C/m}^2]$의 전하가 분포되어 있는 경우 전계의 세기는 몇 [V/m]인가?

① $\dfrac{\sigma}{\epsilon_0}$ ② $\dfrac{\sigma}{2\epsilon_0}$ ③ $\dfrac{\sigma}{2\pi\epsilon_0}$ ④ $\dfrac{\sigma}{4\pi\epsilon_0}$

풀이
무한 평면 전하에서는 전계가 수직으로 발산한다. 원통면을 가우스 표면으로 취하면
$$\oint_s E \cdot ds = \dfrac{Q}{\epsilon_0} \text{에서}$$
$$E \times 2s = \dfrac{\sigma s}{\epsilon_0} \quad \therefore\ E = \dfrac{\sigma}{2\epsilon_0}$$
답 ②

문제 03 DC 전압을 가하면 전류는 도선 중심쪽으로 흐르려고 한다. 이러한 현상을 무슨 효과라 하는가?

① Skin 효과
② Pinch 효과
③ 압전기 효과
④ Peltier 효과

풀이
액체 **도체에 전류를 흘리면** 전류의 방향과 수직방향으로 원형 자계가 생겨서 전류가 흐르는 액체에는 **구심력의 전자력이 작용**한다. 그 결과 액체 단면은 수축하여 저항이 커지기 때문에 전류의 흐름은 작게된다. 전류의 흐름이 작게되면 수축력이 감소하여 액체 단면은 원상태로 복귀하고 다시 전류가 흐르게 되어 수축력이 작용한다. 이와 같은 현상을 **핀치효과**라 한다.   **답** ②

문제 04 그림과 같은 자속 밀도 100 [Wb/m²]의 평등 자계 내에 한 변이 10 [cm]인 정방향 회로가 자계와 직각인 중심축 둘레를 매분 3600 회전할 때 이 회로의 유기 기전력은 몇 [V]인가?
단, 권선수는 1이라고 한다.

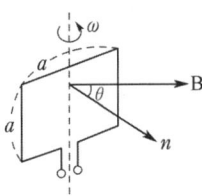

① $60\pi \sin(60\pi t)$
② $60\pi \cos(60\pi t)$
③ $120\pi \sin(120\pi t)$
④ $120\pi \cos(120\pi t)$

풀이
$$e = -\dfrac{d\phi}{dt} = -\dfrac{d}{dt}a^2 B\cos\omega t = \omega a^2 B\sin\omega t$$
$$= \dfrac{2\pi \times 3600}{60} \times (10 \times 10^{-2})^2 \times 100 \times \sin\dfrac{2\pi \times 3600}{60}t$$
$$= 120\pi \sin 120\pi t\ [\text{V}]$$
답 ③

문제 05 정전용량이 0.03 [μF]인 평행판 공기 콘덴서가 있다. 지금 전극판 간격의 1/2 두께인 유리판을 전극에 평행하게 넣으면 용량은 약 몇 [μF]가 되는가? 단, 유리의 비유전율 10이다.

① 0.055   ② 0.060
③ 0.155   ④ 0.333

풀이
$$C = \frac{2C_0}{1+\frac{1}{\epsilon_s}} = \frac{2 \times 0.03 \times 10^{-6}}{1+\frac{1}{10}} = 0.055\ [\mu F]$$ **답** ①

문제 06 공기 중에 0.1×10^{-6} [C]의 점전하가 있다. 전하 Q에서 거리 $a = 1$[m], $b = 2$[m]에 있는 두 점 a, b 사이의 전위차는 몇 [V]인가?

① 4.5   ② 45
③ 450   ④ 4500

풀이
두 점간의 전위차 V_{ab}는
$$V_{ab} = \frac{Q}{4\pi\epsilon_0}\left(\frac{1}{a} - \frac{1}{b}\right) = 9 \times 10^9 \times 0.1 \times 10^{-6}\left(1 - \frac{1}{2}\right) = 450 [V]$$
답 ③

문제 07 철심이 든 환상 솔레노이드에서 2000 [AT]의 기자력에 의하여 철심 내에 4×10^{-5} [Wb]의 자속이 통하면 이 철심 내의 자기 저항은 몇 [AT/Wb]가 되겠는가?

① 2×10^7 ② 3×10^7
③ 4×10^7 ④ 5×10^7

풀이
$$R = \frac{F}{\phi} = \frac{NI}{\phi} = \frac{2000}{4 \times 10^{-5}} = 5 \times 10^7\ [AT/Wb]$$ **답** ④

제2과목 전력공학

문제 21 가공지선에 대한 설명 중 옳지 않은 것은?
① 가공지선은 일반적으로 아연도금 강연선을 사용한다.
② 가공지선은 뇌해방지를 위하여 1~2조 가선으로 하는 것이 많다.
③ 가공지선의 이도는 전선의 이도보다 크게 한다.
④ 가공지선은 사고시에 고장전류의 일부분이 흐를 경우가 많다.

풀이
가공지선(over head ground wire)은 송전선 위에 나란히 가설된 도선으로 각 철탑에 접지되어 있으며, 이와 같이 하여 뇌운에 의한 전선로에서의 정전 유도 작용을 차폐할 수 있어 유도뢰에 의한 피해를 줄일 수 있다.   **답** ③

문제 22 지중 전선로인 전력 케이블의 고장 검출 방법으로 머리(Murray) 루프법이 있다. 이 방법을 사용하되 교류 전원 수화기를 접속시켜 찾을 수 있는 고장은?
① 1선 지락   ② 2선 단락
③ 3선 단락   ④ 1선 단선

답 ④

문제 23 직렬 축전기를 선로에 삽입할 때의 현상으로 옳은 것은?
① 장거리 선로의 인덕턴스를 보상하므로 전압 강하가 많아진다.
② 부하의 역률이 나쁜 선로일수록 효과가 좋다.
③ 수전단의 전압 변동률을 증가시킨다.
④ 정태 안정도가 감소하여도 최대 송전 전력이 커진다.

풀이
직렬 콘덴서의 장·단점
[장점]
① 유도 리액턴스를 보상하고 전압 강하를 감소시킨다.
② 수전단의 전압 변동률을 경감시킨다.

2003년도 2회

③ 최대 송전 전력이 증대하고 정태 안정도가 증대한다.
④ 부하 역률이 나쁠수록 효과가 크다.
⑤ 용량이 작으므로 설비비가 저렴하다.
[단점]
① 단락 고장시 콘덴서 양단에 고전압이 걸린다.
② 무부하 변압기에 직렬 콘덴서를 투입하는 경우 선로 전류가 증대한다.
③ 고압 배전선에 설치하는 경우 자기 여자 현상이 일어날 경우가 있다.
④ 과보상이 되면 동기기에 난조가 생기거나 탈조하는 수가 있다.
답 ②

문제 24 가공 전선로에서 전선의 단위 길이당 중량과 경간이 일정할 때 이도는 어떻게 되는가?
① 전선의 장력에 반비례한다.
② 전선의 장력에 비례한다.
③ 전선의 장력의 2승에 반비례한다.
④ 전선의 장력의 2승에 비례한다.

풀이
$D = \dfrac{WS^2}{8T}$ $D \propto \dfrac{1}{T}$
답 ①

문제 25 수조에 대한 설명으로 옳은 것은?
① 무압 수로의 종단에 있으면 조압 수조, 압력 수로의 종단에 있으면 헤드 탱크라 한다.
② 헤드 탱크의 용량은 최대 사용 수량의 1~2시간에 상당하는 크기로 설계된다.
③ 조압 수조는 부하변동에 의하여 생긴 압력 터널 내의 수격압이 압력 터널에 침입하는 것을 방지한다.
④ 헤드 탱크는 수차의 부하가 급증할 때에는 물을 배제하는 기능을 가지고 있다.

풀이
조압 수조는 수격 작용으로부터 수압관을 보호하는 목적으로 설치되며 용량은 최대 사용 수량의 1~2분에 상당하는 크기로 설계한다.
답 ③

문제 26 퓨즈를 시설하여도 좋은 것은?
① 온기가 있는 토양에 시설한 대지 전압 150[V] 이하의 전동기 철대의 접지선
② 단상 3선식 100/200 [V]의 실내 전로의 중성선
③ 단상 2선식 100 [V]의 실내 전로의 접지측 전선
④ 3상 4선식 400 [V]의 실내 전로의 접지측 전선

풀이
단상 2선식의 경우 접지측 전선에 Fuse를 삽입해도 좋다.
답 ③

제3과목 전기기기

문제 41 3300/210 [V], 5 [kVA]의 단상 주상 변압기를 승압용 단권 변압기로 접속하고, 1차에 3000 [V]를 가할 때의 출력[kVA]은?
① 약 69   ② 약 76
③ 약 82   ④ 약 84

풀이
$V_2 = V_1 + \dfrac{210}{3300} V_1$
$= 3000 + \dfrac{210}{3300} \times 3000$
$= 3190 \, [\text{V}]$

2차 정격 전류
$I_{2n} = \dfrac{5 \times 10^3}{210} = 23.8 \, [\text{A}]$

따라서 2차에 부하할 수 있는 부하 용량 [kVA]은
∴ $P = 3190 \times 23.8 \times 10^{-3} = 75.92 \, [\text{kVA}]$
답 ②

문제 42 직류 분권 발전기의 전기자 권선을 단중 중권으로 감으면?
① 병렬 회로수는 항상 2이다.
② 높은 전압, 작은 전류에 적당하다.
③ 균압선이 필요 없다.
④ 브러시 수는 극수와 같아야 한다.

풀이

중권과 파권의 비교

구 분	중권 (병렬권)	파권 (직렬권)
전기자 병렬회로 수 a	p ($a=mp$)	2 ($a=2m$)
브러시 수 b	p	2
용 도	저전압, 대전류	고전압, 소전류
균압접속	4극 이상	

여기서, p : 극수, m : 다중도   **답 ④**

문제 43 4극 전기자 권선이 단중 중권인 직류 발전기의 전기자 전류가 20 [A]이면 각 전기자 권선의 병렬 회로에 흐르는 전류는?

① 10 [A] ② 8 [A]
③ 5 [A]   ④ 2 [A]

풀이
중권에서는 전기자 병렬 회로수 a는 p와 같다. $a=p$

$$i_a = \frac{I_a}{p} [A] = \frac{20}{4} = 5 [A]$$

I_a : 전기자에서 외부에 흐르는 전류, p : 극수
i_a : 병렬 회로에 흐르는 전류   **답 ③**

문제 44 회전수 N[rpm]으로 단자 전압이 E_t[V]일 때, 정격 부하에서 I_a[A]의 전기자 전류가 흐르는 직류 분권 전동기의 전기자 저항이 R_a[Ω]이라고 한다. 이 전동기를 같은 전압으로 무부하 운전할 때 그 속도 N'[rpm]는? 단, 그 전기자 반작용 및 자기 포화 현상 등은 일체 무시한다.

① $\dfrac{N}{E_t - I_a R_a}$ ② $\left(\dfrac{E_t}{E_t - I_a R_a}\right)N$

③ $\left(\dfrac{E_t - I_a R_a}{E_t}\right)N$ ④ $\left(\dfrac{E_t + I_a R_a}{E_t}\right)N$

풀이
정격 부하시의 역기전력 $E_c = E_t - I_a R_a$, Φ는 단자 전압에 비례하고 무부하시의 역기전력 $E_c' = E_t$이다. 무부하시의 회전수 N'는 역기전력에 비례하므로

$$N' = N \frac{E_c'}{E_c} = \left(\frac{E_t}{E_t - I_a R_a}\right)N$$ **답 ②**

문제 45 권선형 유도 전동기의 회전자 권선의 접속을 원심력 개폐기에 의해서 직렬 또는 병렬로 바꾸어 속도를 제어하는 방법은?

① 게르게스법   ② 2차 여자법
③ 2차 저항법   ④ 주파수 변환법

풀이
3상 권선형 전동기의 기동법으로는 기동 저항기(starter)법, 게르게스(Gerges)법 등이 있다.   **답 ①**

제4과목 회로이론

문제 61 용량 30 [kVA]의 단상 변압기 2대를 V결선하여 역률 0.8, 전력 20 [kW]의 평형 3상 부하에 전력을 공급할 때 변압기 1대가 분담하는 피상 전력 [kVA]은 얼마인가?

① 14.4   ② 15
③ 20   ④ 30

풀이
변압기 1대가 분담할 피상 전력을 P_a, 부하의 피상 전력을 P_a'이라 하면
$\sqrt{3} P_a = P_a'$

$$\therefore P_a = \frac{P_a'}{\sqrt{3}} = \frac{P/\cos\theta}{\sqrt{3}} = \frac{20/0.8}{\sqrt{3}} = 14.4 [kVA]$$ **답 ①**

문제 62 $R-L-C$ 직렬 회로에서 일정 각주파수의 전압을 가하여 R만을 변화시켰을 때 R의 어떤값에서 소비 전력의 최대가 되는가?

① $\dfrac{V^2 R}{R^2 + X^2}$ ② $\dfrac{V^2 X}{R^2 + X^2}$

③ $\omega L + \dfrac{1}{\omega C}$ ④ $\omega L - \dfrac{1}{\omega C}$

풀이
최대 전력 전송 조건 : 임피던스 정합(내부 임피던스=외부 임피던스)

그러므로 $R = \omega L - \dfrac{1}{\omega C}$이 되어야 한다.   **답 ④**

문제 63 그림과 같은 회로에 대한 설명으로 잘못된 것은?

① 이 회로에 시정수는 0.2 [s]이다.
② 이 회로의 정상전류는 6 [A]이다.
③ 이 회로의 특성근은 -5이다.
④ $t = 0$에서 직류 전압 60[V]를 제거할 때 $t = 0.4$[s] 시각의 회로의 전류는 5.26 [A]이다.

풀이
① 시정수 $\tau = \dfrac{L}{R} = \dfrac{2}{10} = 0.2[\sec]$
② 정상 전류 $I = \dfrac{E}{R} = \dfrac{60}{10} = 6[A]$
③ 특성근 $= -\dfrac{R}{L} = -\dfrac{10}{2} = -5$
④ $i(t) = \dfrac{E}{R}e^{-\frac{R}{L}t} = \dfrac{60}{10}e^{-\frac{10}{2} \times 0.4} = 4.912[A]$ 답 ④

제5과목 전기설비기술기준

문제 81 발전기를 구동하는 수차의 압유장치의 유압이 현저히 저하한 경우 자동적으로 이를 전로로부터 차단하는 장치를 하여야 한다. 용량 몇 [kVA] 이상인 발전기에 반드시 자동차단장치를 시설하여야 하는가?
① 500   ② 1000
③ 1500   ④ 2000

풀이
351.3 발전기 등의 보호장치
발전기에는 다음의 경우에 자동적으로 이를 전로로부터 차단하는 장치를 시설하여야 한다.
가. 발전기에 과전류나 과전압이 생긴 경우
나. **용량이 500[kVA] 이상의 발전기를 구동하는 수차의 압유장치의 유압이 현저히 저하한 경우**
다. 용량이 100[kVA] 이상의 발전기를 구동하는 풍차의 압유장치의 유압이 현저히 저하한 경우
라. 용량이 2,000[kVA] 이상인 수차 발전기의 스러스트 베어링의 온도가 현저히 상승한 경우
마. 용량이 10,000[kVA] 이상인 발전기의 내부에 고장이 생긴 경우
바. 정격출력이 10,000[kW]를 초과하는 증기터빈은 그 스러스트 베어링이 현저하게 마모되거나 그의 온도가 현저히 상승한 경우   답 ①

문제 82 22.9[kV] 가공 전선로의 다중 접지를 한 중성선은 어느 공사의 규정에 준하여 시설하는가? 단, 중성선 다중 접지식의 것으로서 전로에 지기가 생겼을 때에 2초 이내에 자동적으로 이를 전로로부터 차단하는 장치가 되어 있다고 한다.
① 가공 공동 지선   ② 저압 가공 전선
③ 고압 가공 전선   ④ 특고압 가공 전선

풀이
333.32 25[kV] 이하인 특고압 가공전선로의 시설
특고압 가공전선로의 다중접지를 한 중성선은 저압 가공전선의 규정에 준하여 시설할 것.   답 ②

문제 83 옥내 저압용의 조명용 전원코드를 시설하려고 한다. 사용 전압이 몇 [V] 초과인 조명용 전원코드는 옥내에 시설할 수 없는가?
① 250   ② 300
③ 350   ④ 400

풀이
234.3 코드 및 이동전선
가. 조명용 전원코드 또는 이동전선은 단면적 0.75[mm²] 이상의 코드 또는 캡타이어케이블을 용도에 따라서 선정하여야 한다.
나. 옥내에서 조명용 전원코드 또는 이동전선을 습기가 많은 장소에 시설할 경우에는 고무코드(**사용전압이 400[V] 이하인 경우에 한함**) 또는 0.6/1[kV] EP 고무절연 클로로프렌캡타이어케이블로서 단면적이 0.75[mm²] 이상인 것이어야 한다.   답 ④

문제 84 고압용 기계기구를 시가지에 시설할 때 지표상 몇 [m] 이상의 높이에 시설하고, 또한 사람이 쉽게 접촉할 우려가 없도록 하여야 하는가?
① 4   ② 4.5
③ 5   ④ 5.5

풀이

341.8 고압용 기계기구의 시설
고압용 기계기구는 다음의 어느 하나에 해당하는 경우와 발전소·변전소·개폐소 또는 이에 준하는 곳에 시설하는 경우 이외에는 시설하여서는 아니 된다.
가. 기계기구의 주위에 규정에 준하여 울타리·담 등을 시설하는 경우
나. **기계기구를 지표상 4.5[m](시가지 외에는 4[m]) 이상의 높이에 시설하고 또한 사람이 쉽게 접촉할 우려가 없도록 시설하는 경우**
다. 옥내에 설치한 기계기구를 취급자 이외의 사람이 출입할 수 없도록 설치한 곳에 시설하는 경우
라. 기계기구를 콘크리트제의 함 또는 규정에 따른 접지공사를 한 금속제 함에 넣고 또한 충전부분이 노출하지 아니하도록 시설하는 경우

답 ②

문제 85 농촌 지역에서 고압 가공 전선로에 접속되는 배전용 변압기를 시설하는 경우, 지표상의 높이는 몇 [m] 이상이어야 하는가?
① 3.5　　② 4
③ 4.5　　④ 5

풀이

341.8 고압용 기계기구의 시설
고압용 기계기구는 다음의 어느 하나에 해당하는 경우와 발전소·변전소·개폐소 또는 이에 준하는 곳에 시설하는 경우 이외에는 시설하여서는 아니 된다.
가. 기계기구의 주위에 규정에 준하여 울타리·담 등을 시설하는 경우
나. **기계기구를 지표상 4.5[m](시가지 외에는 4[m]) 이상의 높이에 시설하고 또한 사람이 쉽게 접촉할 우려가 없도록 시설하는 경우**
다. 옥내에 설치한 기계기구를 취급자 이외의 사람이 출입할 수 없도록 설치한 곳에 시설하는 경우
라. 기계기구를 콘크리트제의 함 또는 규정에 따른 접지공사를 한 금속제 함에 넣고 또한 충전부분이 노출하지 아니하도록 시설하는 경우

답 ②

03년 2회 동일 및 유사 문제 (년도-회-번호)

1과목 전기자기학
번호	유사
08	19-2-16
09	20-3-03
10	11-1-06
11	10-1-06
12	19-1-06
13	22-3-11
14	09-2-07
15	22-2-02
16	09-2-09
17	06-2-06
18	20-3-09
19	13-1-07
20	11-1-09

2과목 전력공학
번호	유사
27	20-4-40
28	15-2-32
29	13-3-24
30	07-1-23
31	06-3-24
32	20-3-26
33	18-3-29
34	22-3-25
35	15-2-26
36	19-1-31
37	05-1-23
38	13-1-24
39	17-2-26
40	19-3-23

3과목 전기기기
번호	유사
46	21-3-60
47	20-3-60
48	18-3-47
49	17-3-47
50	18-3-55
51	19-2-44
52	21-3-59
53	10-3-45
54	20-1,2-59
55	19-3-42
56	18-1-58
57	21-3-57
58	15-1-41
59	18-1-58
60	15-1-44

4과목 회로이론
번호	유사
64	21-1-73
65	21-3-67
66	20-4-79
67	21-3-80
68	21-2-72
69	17-3-72
70	11-2-63
71	20-3-64
72	22-1-63
73	18-3-67
74	22-3-70
75	18-2-75
76	21-2-69
77	05-1-62
78	22-2-62
79	13-3-66
80	22-3-64

5과목 전기설비기술기준
번호	유사
86	21-2-98
87	15-1-81
88	18-3-84
89	19-1-88
90	22-3-91
91	13-2-83
92	22-2-97
93	22-1-87
94	22-3-81
95	22-3-85
96	12-3-81
97	15-2-83

국가기술자격검정 필기시험 문제

2003년도 전기산업기사 일반검정 제3회

자격종목 및 등급(선택분야)	종목코드	시험시간	문제지형별	수검 번호	성 명
전기산업기사	2140	2시간 30분	A		

제1과목 전기자기학

문제 01 전위 함수 $V = 2xy^2 + x^2yz^2$ [V]일 때 점 (1, 0, 0) [m]의 공간 전하 밀도는 몇 [C/m³]인가?
① $-2\epsilon_0$ ② $-4\epsilon_0$
③ $-6\epsilon_0$ ④ $-8\epsilon_0$

풀이
$$\nabla^2 V = \frac{\partial^2 V}{\partial x^2} + \frac{\partial^2 V}{\partial y^2} + \frac{\partial^2 V}{\partial z^2} = 2yz^2 + 4x + 2x^2y = -\frac{\rho}{\epsilon_0}$$
$$[\nabla^2 V]_{x=1, y=0, z=0} = 4 = -\frac{\rho}{\epsilon_0}$$
$$\therefore \rho = -4\epsilon_0 \text{ [C/m}^3\text{]} \qquad \text{답 ②}$$

문제 02 자속밀도 B [Wb/m²] 내에서 전류 I [A]가 흐르는 도선이 받는 힘 [N]을 바르게 표시한 것은?
① $F = Idl \times B$ ② $F = Idl \cdot B$
③ $F = IB/dl$ ④ $F = dl/IB$

풀이
자속 밀도 B [Wb/m²]인 자계 내를 흐르는 전류 I [A]의 미소 길이 dl의 부분에 작용하는 힘
$$dF = Idl \times B \text{ [N]} \qquad \text{답 ①}$$

제2과목 전력공학

문제 21 주상 변압기에 시설하는 캐치 홀더는 다음 어느 부분에 직렬로 삽입하는가?
① 1차측 양선   ② 1차측 1선
③ 2차측 비접지측선   ④ 2차측 접지된 선

풀이
주상 변압기의 1차측 보호는 프라이머리 컷 아웃(primary cut out), 2차측 보호는 캐치 홀더(catch holder)이다.
답 ③

문제 22 다음의 감속재 중 감속비가 가장 큰 것은?
① 경수   ② 중수   ③ 흑연   ④ 헬륨

풀이
감속재로서는 중성자 흡수가 적고 탄성 산란에 의해 감속되는 정도가 큰 것이 좋으며 중수, 경수, 산화베릴륨, 흑연 등이 사용된다. 또한 감속재의 성질인 감속능(slowing down power)과 감속비(moderating ratio)의 값이 클수록 감속재로서 우수하며, 중수의 감속비가 제일 크다.
답 ②

문제 23 연간 전력량 E [kWh], 연간 최대 전력 W [kW]인 연부하율은 몇 [%]인가?
① $\frac{E}{W} \times 100$ ② $\frac{W}{E} \times 100$
③ $\frac{8760 W}{E} \times 100$ ④ $\frac{E}{8760 W} \times 100$

풀이
연부하율 $= \frac{\text{연간 전력량} / (365 \times 24)}{\text{연간 최대 전력}} \times 100$

$= \frac{E}{8760 W} \times 100 \, [\%]$ 답 ④

제3과목 ▶ 전기기기

문제 41 몰드 변압기(mold transformer)는 변압기 코일을 직접 에폭시(Epoxy)수지로 몰드하는 고체 절연방식의 변압기로 그 절연 방식 중 금형을 사용하는 금형 방식의 종류는?
① 프리 프레그 절연법 ② 디핑법
③ 부유 경화법 ④ 함침법

풀이
금형방식(주형몰드) 으로는 **주형법, 함침법, 함침주형법, FRP 주형법**(신뢰성이 높고, 양산성이 우수하다.) 등이 있으며, 금형방식의 단점을 보완하기 위한 방식으로 무 금형방식(함침몰드)가 있다.   답 ④

문제 42 반도체 사이리스터를 사용하여 위상제어를 하는 것은?
① 2차 저항 제어
② 1차 저항 제어
③ 전압 제어
④ 회생 제동

답 ③

문제 43 직류기를 구성하고 있는 3요소는?
① 전기자, 계자, 슬립링
② 전기자, 계자, 정류자
③ 전기자, 정류자, 브러시
④ 전기자, 계자, 보상권선

풀이
직류기의 3요소라 함은 **전기자, 계자, 정류자**를 말한다.
답 ②

제4과목 ▶ 회로이론

문제 61 그림과 같은 Y결선에서 기본파와 제 3 고조파 전압만이 존재한다고 할 때 전압계의 눈금이 $V_p = 150[V]$, $V_l = 220[V]$로 나타났다면 제 3 고조파 전압[V]은?
① 약 145.4
② 약 150.4
③ 약 127.2
④ 약 79.9

풀이
기본파와 제 3 고조파 전압만 존재하므로 상전압 V_p는
$V_p = \sqrt{V_1^2 + V_3^2}$, $150 = \sqrt{V_1^2 + V_3^2}$ …… ①
선간 전압은 제 3 고조파분이 존재하지 않으므로
$V_l = \sqrt{3} \, V_1$, $220 = \sqrt{3} \, V_1$ …… ②
식 ①, ②에서
$V_1 = \frac{220}{\sqrt{3}} = 127 \, [V]$
$V_3 = \sqrt{150^2 - V_1^2} = \sqrt{150^2 - 127^2} = 79.9 \, [V]$ 답 ④

문제 62 그림과 같은 어떤 정K형 필터가 있다고 할 때 이 필터는?
① 고역 필터
② 저역 필터
③ 대역 필터
④ 대역 소거 필터

답 ①

문제 63 $\mathcal{L}\left[\frac{d}{dt}\sin\omega t\right]$의 값은?
① $\frac{s^2}{s^2 + \omega^2}$
② $\frac{-s^2}{s^2 + \omega^2}$
③ $\frac{\omega s}{s^2 + \omega^2}$
④ $\frac{\omega}{s^2 + \omega^2}$

풀이
실미분의 정리 $\mathcal{L}[f'(t)] = sF(s) - f(0)$에서

$$\mathcal{L}\left[\frac{d}{dt}\sin\omega t\right] = s\cdot\frac{\omega}{s^2+\omega^2} - 0 = \frac{\omega s}{s^2+\omega^2}$$ 답 ③

문제 64 그림과 같은 회로에서 R_2 양단의 전압 E_2 [V]는?

① $\dfrac{R_1}{R_1+R_2}E$

② $\dfrac{R_2}{R_1+R_2}E$

③ $\dfrac{R_1 R_2}{R_1+R_2}E$

④ $\dfrac{R_1+R_2}{R_1\cdot R_2}E$

풀이

$E_2 = IR_2$ 이고 $I = \dfrac{E}{R_1+R_2}$

$E_2 = \dfrac{E}{R_1+R_2}\times R_2 = \dfrac{R_2}{R_1+R_2}E$ 답 ②

문제 65 반지름 30 [cm]인 원판 전극의 간격이 0.2 [cm]인 평행한 콘덴서의 정전용량 [μF]은? 단, 유전체의 비유전율은 8.0이다.

① 0.04 ② 0.01
③ 0.02 ④ 0.03

풀이

$$C = \frac{\epsilon S}{d} = \frac{\epsilon_0 \epsilon_S \pi r^2}{d} = \frac{8.85\times10^{-12}\times8\times\pi\times0.3^2}{0.2\times10^{-2}}$$
$$= 10^{-8}\,[\text{F}] = 0.01\,[\mu\text{F}]$$ 답 ②

문제 66 어떤 회로에 전압 $v(t) = V_m \cos(\omega t+\theta)$를 가했더니 전류 $i(t) = I_m \cos(\omega t+\theta+\phi)$가 흘렀다. 이때 회로에 유입하는 평균 전력은?

① $\dfrac{1}{4}V_m I_m \cos\phi$ ② $\dfrac{1}{2}V_m I_m \cos\phi$

③ $\dfrac{V_m I_m}{\sqrt{2}}$ ④ $V_m I_m \sin\phi$

풀이

$P = VI\cos\theta$ 에서 $\theta = \phi$ 이므로
$$P = \frac{V_m}{\sqrt{2}}\cdot\frac{I_m}{\sqrt{2}}\cos\phi = \frac{V_m I_m}{2}\cos\phi$$ 답 ②

문제 67 힘 f에 의해 움직이고 있는 질량 M인 물체의 좌표를 y라 할 때 가한 힘에 대한 전달함수는?

① Ms ② Ms^2 ③ $\dfrac{1}{Ms}$ ④ $\dfrac{1}{Ms^2}$

풀이

$$f(t) = M\frac{d^2 y(t)}{dt^2}$$

초기값을 0으로 하고 라플라스 변환하면

$F(s) = Ms^2 Y(s)$ $\therefore G(s) = \dfrac{F(s)}{Y(s)} = \dfrac{1}{Ms^2}$ 답 ④

문제 68 대칭분 전압을 $\overline{E_0}$, $\overline{E_1}$, $\overline{E_2}$, 대칭분 전류를 I_0, I_1, I_2라 할때 대칭분으로 표시된 전전력은?

① $3\overline{E_0}\,I_0 + 3\overline{E_1}\,I_1 + 3\overline{E_2}\,I_2$

② $3E_0 I_1 + 3E_1 I_2 + 3E_2 I_0$

③ $E_0 I_0 + E_1 I_1 + E_2 I_2$

④ $E_0 I_1 + E_1 I_2 + E_2 I_0$

풀이

3상 전력은 1상의 전력에 3배가 되어야 한다. 답 ①

문제 69 L 및 C를 직렬로 접속한 임피던스가 있다. 지금 그림과 같이 L 및 C의 각각에 동일한 무유도 저항 R을 병렬로 접속하여 이 합성 회로가 주파수에 무관계하게 되는 R의 값을 구하여라.

① $R^2 = \dfrac{L}{C}$

② $R^2 = \dfrac{C}{L}$

③ $R^2 = L\cdot C$

④ $R^2 = \dfrac{1}{LC}$

> **풀이**
> 어떤 회로망의 임피던스가 주파수에 관계없이 항상 일정한 실효 저항이 되는 회로를 정저항 회로라 하며 **정저항 회로의 조건**은 $R^2 = \dfrac{L}{C}$ 이다. **답** ①

제5과목 전기설비기술기준

문제 81 고압 가공 케이블을 설치하기 위한 조가용선은 단면적 몇 [mm²]인 아연도 철연선 또는 이와 동등 이상의 세기 및 굵기의 연선을 사용하여야 하는가?

① 8 ② 14 ③ 22 ④ 30

> **풀이**
> 332.2 가공케이블의 시설
> 저압 가공전선 또는 고압 가공전선에 케이블을 사용하는 경우에는 다음에 따라 시설하여야 한다.
> 가. 케이블은 조가용선에 행거로 시설할 것. 이 경우에는 사용전압이 고압인 때에는 행거의 간격은 0.5[m] 이하로 하는 것이 좋다.
> 나. **조가용선은 인장강도 5.93[kN] 이상의 것 또는 단면적 22 [mm²] 이상인 아연도강연선일 것.**
> 다. 조가용선 및 케이블의 피복에 사용하는 금속체에는 접지공사를 할 것.
> 라. 조가용선을 케이블에 접촉시켜 금속 테이프를 감는 경우에는 20 [cm] 이하의 간격으로 나선상으로 한다.

답 ③

문제 82 플로어덕트공사에서 금속제 박스는 강판이 몇 [mm] 이상되는 것을 사용하여야 하는가?

① 1.0 ② 1.2 ③ 2.0 ④ 2.5

> **풀이**
> 232.32 플로어덕트공사
> 금속제의 플로어덕트, 박스 및 부속품으로서 **두께 2[mm] 이상의 강판으로 견고하게 제작**되고, 이것에 아연도금을 하였거나 에나멜등으로 피복하여야 한다. **답** ③

03년 3회 동일 및 유사 문제 (년도-회-번호)

1과목 전기자기학		47	06-3-46
03	22-3-16	48	06-3-44
04	18-1-06	49	21-1-45
05	18-1-18	50	20-4-44
06	19-2-02	51	20-4-60
07	10-3-01	52	21-3-54
08	10-1-09	53	21-3-45
09	22-2-17	54	15-1-49
10	16-3-07	55	07-3-42
11	13-3-01	56	06-1-41
12	15-1-02	57	18-1-46
13	21-3-13	58	17-2-44
14	18-1-01	59	16-3-52
15	21-3-16	60	18-3-42
16	12-2-01	**4과목 회로이론**	
17	21-1-03	70	19-2-64
18	11-2-01	71	17-3-66
19	22-2-09	72	18-2-78
20	14-2-02	73	22-3-67
2과목 전력공학		74	22-2-61
24	18-2-23	75	18-1-78
25	18-1-28	76	12-3-61
26	19-1-23	77	11-3-63
27	13-3-27	78	22-3-68
28	06-2-26	79	07-2-65
29	07-3-23	80	12-2-63
30	22-2-31	**5과목 전기설비기술기준**	
31	14-1-25	83	21-2-96
32	15-1-26	84	10-2-81
33	18-2-31	85	18-1-93
34	16-3-31	86	21-2-83
35	10-1-21	87	13-3-81
36	21-3-39	88	18-3-84
37	20-1,2-38	89	10-1-88
38	17-3-30	90	21-2-99
39	15-2-24	91	22-2-97
40	06-3-23	92	22-3-81
3과목 전기기기		93	16-1-85
44	17-3-59	94	16-3-85
45	20-1,2-51	95	20-3-97
46	18-3-51		

|판 권|
|소 유|

D60-2
전기산업기사필기

발　　행 / 2025년 12월 1일

저　　자 / 검정연구회
펴 낸 이 / 이 지 연
펴 낸 곳 / 엔트미디어
주　　소 / 서울시 강서구 강서로 47-8 302호
　　　　　(화곡동 평인빌딩)
전　　화 / 02) 2608-8339
팩　　스 / 02) 2608-8314
등록번호 / 제839-91-00430

낙장 및 파본된 책은 구입서점이나 본사에서 교환해 드립니다.

ISBN : 979-11-92810-67-6 13560

값 / 32,000원

이 책은 저작권법에 의해 저작권이 보호됩니다.
엔트미디어 발행인의 승인자료 없이 무단 전재하거나 복제하는 행위는 저작권법 제136조에 의해 5년 이하의 징역 또는 5,000만원 이하의 벌금에 처하거나 이를 병과(倂科)할 수 있습니다.